生物工学ハンドブック

日本生物工学会 編

コロナ社

『生物工学ハンドブック』正誤表

位　　置	誤	正
p. 85　左13行目	spore mutant	sporulation-deficient mutant
p. 85　左30行目	泡なし変異株	泡なし変異株（non-foaming mutant）
p. 135　右3行目, 4行目	Pan 1/2	Pan 2/3
p. 197　右10行目	製法としては，(株)カネカ…	製法としては，京都大学と（株)カネカ…
p. 235　図4.24 図内説明 12～13行目	図（b）では標本の下の部分… …標本の上の部分から…	図（b）では標本の上の部分… …標本の下の部分から…
p. 287　左18行目	…分野といえる。	…分野といえる（図4.82）。
p. 287　左21行目	…試みられている（図4.82）。	…試みられている。
p. 452　左18行目	半径	直径
p. 491　図8.53	（図）	（図）
p. 552　左7行目	…菌糸伸長期間である。	…菌糸伸長期間である…
p. 631　表2.2　3行目	クラスターデキストリン	高度分岐環状デキストリン
p. 675　表3.2 注*1	…抗TN-α抗体および…	…抗TNF-α抗体および…
p. 682　図3.4 枠外	構造解析	機能解析
p. 688　右13行目	4-9	264-269, 341-346, 411-416, 481-487, 555-560, 622-627
p. 737　図4.19	*adh* II ADC	*adh* B ADH
p. 830　左19行目	…啓蒙し…	…啓発し…

①

発刊によせて

　社団法人日本生物工学会は平成14年に創立80周年を迎えた。この「生物工学ハンドブック」の編纂は80周年記念事業の一つである。バイオの世紀，21世紀の大命題は，膨大なゲノムと遺伝子産物の情報を集積・活用し，人の福祉に役立てるとともに緑の地球を次の世紀に引き継ぐことである。そのなかで，生物工学の役割は生命科学の応用理論の確立と実践である。いまや，対象とする生物素材もカバーする学問領域も基礎・応用科学ともにきわめて広範囲になってきた。そこで，生物工学会の会員の共通のバイブルとして本書の編纂が企画された。

　塩谷捨明編集委員長をはじめ，12名の編集委員が3年間の歳月をかけた議論を経て，229名に及ぶ執筆者の努力で，ここに発刊を迎えたことは大きな喜びであり，本書が本会の歴史と今後の発展に向けた過程で大きなマイルストンになると確信している。編集委員・執筆者各位，コロナ社，そして80周年記念事業に拠金いただいた会員諸氏に深く感謝申し上げます。

　会員各位は80周年記念事業の一つとしてすでに刊行された「生物工学実験書 改訂版」とともに本書を座右の書として，研究・開発に活用され，会員相互の理解を深め，生物工学の発展に寄与していただくようお願い申し上げます。

2005年4月

社団法人 日本生物工学会
会長　新名　惇彦

序

　21世紀はバイオテクノロジーの時代といわれています。輝かしい未来が期待される一方，地球環境，食糧，エネルギーなど人類生存のための問題を解決し，持続発展可能な循環型社会へと英知を傾けて築き上げていく必要があります。このような問題解決のために，生物工学の果たす役割は大きく，その発展にかけられる期待もまた非常に大きいといえます。

　このような生物工学分野の発展を支えてきた日本生物工学会は現在，創立80有余年を迎え，カバーする分野も大きな広がりを見せ，当初の醸造学・発酵学を基礎とした醸造製品生産工学体系から，今や，微生物から動植物，醸造飲料・食品から医薬品・生体医用材料，遺伝学から生物化学工学まで，対象生物，対象製品，方法論に関する幅広い展開と広大な対象分野での貢献をなしてきています。

　バイオテクノロジー発展の歴史をたどっていくと，応用微生物学と発酵工学がその根幹にあることがわかります。戦後の好気攪拌培養による抗生物質生産プロセスの開発に始まり，有機酸，抗生物質の大量生産が行われ，このころさかんに研究された技術である代謝制御発酵技術はおおいに発酵工業の発展に貢献しました。その後の大きな流れ，遺伝子操作，分子生物学，細胞工学，組織培養といったいわゆるニューバイオテクノロジーの時代を経て，ヒトゲノムが完全に解読された現在では，ゲノム・ポストゲノム時代を迎えています。この時代に，生物工学がカバーしており，またカバーすることが期待されている分野は多岐にわたっています。

　したがって，一会員にとっては同じ生物工学でありながら分野が異なると必ずしもその分野の事項に関して精通していないという悩みがありました。そこで，80周年を契機に日本生物工学会は，学会がカバーする分野に関するハンドブックを編纂することになりました。

　編集にあたっての基本方針は以下のとおりです。

1. 生物工学会がカバーする各分野について，生物工学会の特徴を生かしたかたちで記述する総合的なハンドブックにすること。
2. 本書は，生物工学のいずれかの分野を専門とする大学院生から実務者までが，生物工学の別の分野（非専門分野）の知識を修得できる実用書を目指すこと。
3. 便覧，データ集を意図していないので，あくまで基本なところを記述し，記述内容面からも長年の使用に堪えられるようにすること。

　このような編集方針のもと，多くの執筆者の方々の協力を得て，本ハンドブックは編纂されました。本書が，生物工学会の会員の皆様や生物工学に携わる大学院生，技術者，研究者の方々のお役に立てればと思っております。

2005年4月

編集委員一同を代表して
編集委員会委員長　塩谷　捨明

編 集 委 員 会

編集委員長 塩 谷 捨 明 〔大阪大学〕

編 集 委 員 五十嵐 泰 夫 〔東京大学〕
(五十音順)
　　　　　　 加 藤 滋 雄 〔神戸大学〕

　　　　　　 小 林 達 彦 〔筑波大学〕

　　　　　　 佐 藤 和 夫 〔広島国税局〕

　　　　　　 澤 田 秀 和 〔武田薬品工業株式会社〕

　　　　　　 清 水 和 幸 〔九州工業大学〕

　　　　　　 関 　 達 治 〔大阪大学〕

　　　　　　 田 谷 正 仁 〔大阪大学〕

　　　　　　 土 戸 哲 明 〔関西大学〕

　　　　　　 長 棟 輝 行 〔東京大学〕

　　　　　　 原 島 　 俊 〔大阪大学〕

　　　　　　 福 井 希 一 〔大阪大学〕

(所属は編集当時)

執筆者一覧 (五十音順)

青柳 秀紀 〔筑波大学〕Ⅰ編7.3.5
秋田 修 〔酒類総合研究所〕Ⅱ編1.1.3〔1〕
朝日 知 〔武田薬品工業株式会社〕Ⅱ編3.1.5
跡見 晴幸 〔京都大学〕Ⅱ編4.5.3
阿部 貴志 〔国立遺伝学研究所〕
　　　　　Ⅰ編2.5.4〔4〕(d)
天野 仁 〔天野エンザイム株式会社〕
　　　　　Ⅱ編1.1.5〔2〕
荒巻 功 〔酒類総合研究所〕Ⅱ編1.1.2
飯島 信司 〔名古屋大学〕Ⅰ編編2.5.4〔4〕(a)
五十嵐 泰夫 〔東京大学〕Ⅱ編4
池 道彦 〔大阪大学〕Ⅰ編2.5.4〔3〕(b)
池村 淑道 〔総合研究大学院大学〕
　　　　　Ⅰ編2.5.4〔4〕(d)
石井 哲 〔雪印乳業株式会社〕Ⅱ編2.13
石崎 文彬 〔新世紀発酵研究所〕
　　　　　Ⅰ編1.1.1, 1.1.2
磯貝 泰弘 〔理化学研究所〕Ⅰ編3.2.3〔3〕
礒部 公安 〔岩手大学〕Ⅱ編2.9
五十部 誠一郎 〔食品総合研究所〕Ⅰ編9.6
井上 弘一 〔埼玉大学〕Ⅰ編2.5.4〔2〕(c)
今中 忠行 〔京都大学〕Ⅱ編4.5.3
岩崎 雄吾 〔名古屋大学〕Ⅰ編3.2.1〔1〕
上園 幸史 〔東京大学〕Ⅰ編2.5.4〔5〕(a)
上田 宏 〔東京大学〕Ⅰ編3.3〔5〕,〔6〕
上野 嘉之 〔鹿島技術研究所〕Ⅱ編4.1.4
上原 秀章 〔ヤエガキ醗酵技研株式会社〕
　　　　　Ⅱ編2.8.1, 2.8.2
植本 弘明 〔電力中央研究所〕Ⅱ編4.1.6
宇佐美 昭次 〔元早稲田大学〕Ⅱ編2.1
牛木 辰男 〔新潟大学〕Ⅰ編4.4.1
内山 進 〔大阪大学〕Ⅰ編4.1.2
遠藤 銀朗 〔東北学院大学〕Ⅱ編4.3.5
近江戸 伸子 〔神戸大学〕Ⅰ編4.2.2
大嶋 寛 〔大阪市立大学〕
　　　　　Ⅰ編8.3.1, 8.6.1, 8.6.2
大島 正弘 〔農業・生物系特定産業技術研究機構〕
　　　　　Ⅱ編5.2.1
大竹 久夫 〔大阪大学〕Ⅱ編4.3.2
太田 元規 〔東京工業大学〕Ⅰ編3.2.3〔3〕
大場 利治 〔タカラバイオ株式会社〕Ⅰ編4.3.3
大政 健史 〔大阪大学〕Ⅰ編1.4, 4.2.6
大村 直也 〔電力中央研究所〕Ⅱ編4.4.2
岡田 光正 〔広島大学〕Ⅱ編4.3.4
尾形 智夫 〔アサヒビール株式会社〕Ⅱ編1.3.2
岡本 晋 〔食品総合研究所〕Ⅰ編6.1.4
岡本 正宏 〔九州大学〕Ⅰ編5.6
奥村 一 〔株式会社ミツカングループ本社〕
　　　　　Ⅰ編2.1.1〔6〕
小原 仁実 〔トヨタ自動車株式会社〕
　　　　　Ⅰ編1.1.4
蔭山 文次 〔千里ライフサイエンス振興財団〕
　　　　　Ⅱ編5.1.5
梶山 直樹 〔キッコーマン株式会社〕
　　　　　Ⅰ編3.3〔4〕
柏木 豊 〔食品総合研究所〕Ⅱ編1.5
片倉 啓雄 〔大阪大学〕Ⅱ編5.4
加藤 晃 〔奈良先端科学技術大学院大学〕
　　　　　Ⅰ編4.3.5
加藤 滋雄 〔神戸大学〕
　　　　　Ⅰ編4.3.9, 8, 8.1～8.2.1, 8.2.3
加藤 純一 〔広島大学〕Ⅰ編2.2.1, 2.2.2
加藤 博章 〔京都大学〕Ⅰ編4.1.5
門多 真理子 〔武蔵野大学〕Ⅰ編2.1.1〔5〕
金谷 重彦 〔奈良先端科学技術大学院大学〕
　　　　　Ⅰ編2.5.4〔4〕(d)
金子 嘉信 〔大阪大学〕
　　　　　Ⅰ編2.1.2〔1〕, 4.3.7〔3〕
神谷 典穂 〔九州大学〕
　　　　　Ⅰ編3.2.2〔6〕,〔7〕
川口 秀夫 〔地球環境産業技術研究機構〕
　　　　　Ⅱ編4.2.2
川崎 寿 〔東京電機大学〕Ⅰ編6.1.3
川崎 浩子 〔大阪大学〕Ⅰ編1.2.1, 1.2.2

執筆者一覧

川村　邦　夫	〔大塚製薬株式会社〕	Ⅱ編 5.1.3
木川　隆　則	〔理化学研究所〕	Ⅰ編 3.2.1 [4], [5]
岸本　通　雅	〔京都工芸繊維大学〕	Ⅰ編 7.4.1
木田　建　次	〔熊本大学〕	Ⅱ編 4.1.2
北村　昌　也	〔大阪市立大学〕	Ⅰ編 2.5.4 [4] (c)
木ノ内　　誠	〔山形大学〕	Ⅰ編 2.5.4 [4] (d)
紀ノ岡　正博	〔大阪大学〕	Ⅰ編 7.1.3, 7.1.4
木村　英　二	〔新潟大学〕	Ⅰ編 4.4.1
桐村　光太郎	〔早稲田大学〕	Ⅱ編 2.1
楠本　憲　一	〔食品総合研究所〕	Ⅰ編 2.5.4 [2] (a), Ⅱ編 1.4
倉田　の　り	〔国立遺伝学研究所〕	Ⅰ編 2.6.3
倉田　博　之	〔九州工業大学〕	Ⅰ編 5.4
黒木　良　太	〔日本原子力研究所〕	Ⅰ編 3.1.3, 3.1.4, 3.2.3 [1]
高麗　寛　紀	〔徳島大学〕	Ⅰ編 9.2
児島　宏　之	〔味の素株式会社〕	Ⅱ編 2.2
小谷　博　一	〔かずさDNA研究所〕	Ⅰ編 2.5.4 [1] (b)
五斗　　　進	〔京都大学〕	Ⅰ編 5.1
後藤　達　乎	〔ダイセル化学工業株式会社〕	Ⅱ編 3.3.3
小畠　英　理	〔東京工業大学〕	Ⅰ編 3.2.2 [5]
小林　昭　雄	〔大阪大学〕	Ⅱ編 4.5.1
小林　　　薫	〔三菱ウェルファーマ株式会社〕	Ⅰ編 2.5.4 [5] (c)
小林　元　太	〔九州大学〕	Ⅱ編 4.2.4
小林　　　猛	〔中部大学〕	Ⅰ編 7.5.1, Ⅱ編 4.5.2
小林　達　彦	〔筑波大学〕	Ⅰ編 6, 6.2
小林　幸　夫	〔創価大学〕	Ⅰ編 3.2.3 [2]
駒木　　　勝	〔日本缶詰協会・研究所〕	Ⅱ編 5.1.4 [1]
五味　勝　也	〔東北大学〕	Ⅰ編 2.1.2 [2], 2.5.4 [2]
米虫　節　夫	〔近畿大学〕	Ⅱ編 5.1.1, 5.1.2
近藤　昭　彦	〔神戸大学〕	Ⅰ編 3.1.1, 3.1.2
近藤　俊　三	〔日本電子株式会社〕	Ⅰ編 4.2.1
斉木　　　博	〔東京工科大学〕	Ⅱ編 4.4.2
崔　　　宗　均	〔東京大学〕	Ⅱ編 4.2.1
酒井　謙　二	〔大分大学〕	Ⅱ編 4.2.3
阪井　康　能	〔京都大学〕	Ⅰ編 2.5.4 [5] (b)
榊原　正　樹	〔大日本インキ化学工業株式会社〕	Ⅱ編 2.8.3
坂田　修　作	〔新日本石油株式会社〕	Ⅱ編 2.7
桜井　　　徹	〔東レ株式会社〕	Ⅱ編 3.2.2
佐藤　和　夫	〔広島国税局〕	Ⅱ編 1, 1.1.1
佐藤　雅　英	〔サッポロビール株式会社〕	Ⅱ編 1.3.3
佐野　千　明	〔味の素株式会社〕	Ⅰ編 8.6.3
澤田　秀　和	〔武田薬品工業株式会社〕	Ⅱ編 3, 3.1.4
塩谷　捨　明	〔大阪大学〕	Ⅰ編 7.5.2
重松　　　亨	〔熊本大学〕	Ⅱ編 4.1.2
宍戸　和　夫	〔東京工業大学〕	Ⅰ編 2.1.2 [3]
柴野　裕　次	〔サントリー株式会社〕	Ⅱ編 5.2.2
島　　　康　文	〔大阪大学〕	Ⅰ編 2.3 [1]
島田　裕　司	〔大阪市立工業研究所〕	Ⅱ編 2.6
清水　和　幸	〔九州工業大学〕	Ⅰ編 5, 5.3
清水　　　浩	〔大阪大学〕	Ⅰ編 7.5.3
下飯　　　仁	〔酒類総合研究所〕	Ⅱ編 1.1.4 [2]
下田　雅　彦	〔三和酒類株式会社〕	Ⅱ編 1.2
白川　昌　宏	〔横浜市立大学〕	Ⅰ編 4.1.3
新谷　英　晴	〔国立医薬品食品衛生研究所〕	Ⅱ編 5.1.4 [2]
末原　憲一郎	〔広島市立大学〕	Ⅰ編 7.2.1～7.2.3
杉本　俊二郎	〔化学及血清療法研究所〕	Ⅱ編 3.1.2
鈴木　博　章	〔筑波大学〕	Ⅰ編 4.4.2
須藤　茂　俊	〔東京国税局〕	Ⅱ編 1.1.3 [2]
関　　　達　治	〔大阪大学〕	Ⅰ編 1, 1.2.1, 1.5
関　　　　　実	〔大阪府立大学〕	Ⅰ編 7.3.6
関口　順　一	〔信州大学〕	Ⅰ編 2.1.1 [2]
関根　政　実	〔石川県立大学〕	Ⅰ編 1.3
園元　謙　二	〔九州大学〕	Ⅱ編 4.2.4
高木　　　忍	〔ノボザイムズ ジャパン株式会社〕	Ⅰ編 3.3 [3]
高木　昌　宏	〔北陸先端科学技術大学院大学〕	Ⅰ編 2.5.2
髙木　　　睦	〔北海道大学〕	Ⅰ編 7.3.4

高橋　　　聡	〔大阪大学〕	I編4.2.8
高山　晴夫	〔鹿島技術研究所〕	II編4.5.6
瀧浪　欣彦	〔塩野義製薬株式会社〕	I編4.1.1
竹川　　　薫	〔香川大学〕	I編2.5.4〔4〕(e)
竹鼻　健司	〔味の素株式会社〕	I編2.5.4〔3〕(a)
武本　　　浩	〔塩野義製薬株式会社〕	II編3.1.3
多田　節三	〔キリンビール株式会社〕	II編1.3.1
橘　　邦隆	〔明治製菓株式会社〕	II編3.2.1
辰巳　仁史	〔名古屋大学〕	I編4.2.3
田中　孝明	〔新潟大学〕 I編7.2.4, 7.3.3, 8.2.2	
田中　猛訓	〔花王株式会社〕	I編7.1.1, 7.1.2
田中　俊樹	〔名古屋工業大学〕	I編4.3.2
田中　秀夫	〔筑波大学〕	I編7.3.5
田中　良和	〔サントリー株式会社〕	I編2.3〔2〕
田中　好幸	〔東北大学〕	I編4.3.1
谷口　正之	〔新潟大学〕	I編7.2.4, 7.3.3
田渕　眞理	〔徳島大学〕	I編4.3.7〔2〕
玉田　太郎	〔日本原子力研究所〕 I編3.1.3, 3.1.4, 3.2.3〔1〕	
民谷　栄一	〔北陸先端科学技術大学院大学〕 I編4.4.3	
田村　正紀	〔旭松食品株式会社〕	II編2.12
田谷　正仁	〔大阪大学〕	I編7, 7.1.3, 7.1.4
塚原　正義	〔キリンビール株式会社〕 I編3.2.1〔2〕	
柘植　丈治	〔東京工業大学〕	II編4.5.4
土戸　哲明	〔関西大学〕	I編9, 9.1, II編5
綱澤　　　進	〔株式会社島津製作所〕	I編4.3.4
津本　浩平	〔東京大学〕 I編3.2.2〔1〕～〔3〕, 4.3.8	
土居　克実	〔九州大学〕	I編2.4.2
土肥　義治	〔理化学研究所〕	II編4.5.4
中川　恭好	〔製品評価技術基盤機構〕 I編1.2.1, 1.2.3	
中沢　伸重	〔秋田県立大学〕	I編2.3〔3〕
中島(神戸)敏明	〔筑波大学〕	I編6.1.2
中西　一弘	〔岡山大学〕	I編8.3.2
中西　真人	〔産業技術総合研究所〕 I編2.5.3〔2〕	
中野　秀雄	〔名古屋大学〕	I編3.2.1〔3〕
長棟　輝行	〔東京大学〕	I編3
中村　　　史	〔産業技術総合研究所〕	II編4.4.1
中森　　　茂	〔福井県立大学〕	I編2.2.3
南條　博道	〔南條特許事務所〕	II編5.3
難波　弘憲	〔株式会社カネカ〕	I編3.3〔2〕
西沢　正文	〔慶應義塾大学〕	I編2.5.4〔4〕(b)
西原　　　力	〔大阪大学〕	II編5.2.1
西村　　　顕	〔白鶴酒造株式会社〕	II編1.1.6
西矢　芳昭	〔東洋紡績株式会社〕 I編2.5.1, 3.3〔1〕	
仁平　卓也	〔大阪大学〕	I編2.1.1〔7〕
乗岡　茂巳	〔大阪大学〕	I編4.3.6
朴　　龍洙	〔静岡大学〕	I編4.2.5
橋本　義輝	〔筑波大学〕	I編6.2
長谷川　直樹	〔ヤエガキ醗酵技研株式会社〕 II編2.8.1, 2.8.2	
秦　　洋二	〔月桂冠株式会社〕	II編1.1.3〔3〕
秦野　琢之	〔福山大学〕	I編2.6.1
花井　泰三	〔九州大学〕	I編5.2
馬場　嘉信	〔名古屋大学〕	I編4.3.7〔2〕
原　　敏夫	〔九州大学〕	I編2.4.2
原島　　　俊	〔大阪大学〕	I編2
春木　　　満	〔日本大学〕	I編4.1.4
春田　　　伸	〔東京大学〕	II編4.2.1
日高　寛真	〔協和発酵工業株式会社〕	I編8.4
日比　一雄	〔協和発酵工業株式会社〕	I編8.3.3
広瀬　芳彦	〔天野エンザイム株式会社〕 II編3.3.1	
広常　正人	〔大関株式会社〕	II編1.1.4〔3〕
福居　俊昭	〔東京工業大学〕	I編2.1.3
福井　希一	〔大阪大学〕	I編4
福田　秀樹	〔神戸大学〕	I編7.3.1, 7.3.2
藤井　建夫	〔東京海洋大学〕	II編2.16
藤尾　達郎	〔東京大学〕	II編2.5
藤原　健一朗	〔横浜市立大学〕	I編4.1.3
藤原　伸介	〔関西学院大学〕	I編2.1.3
古川　憲治	〔熊本大学〕	II編4.1.5
古川　謙介	〔九州大学〕	I編2.1.1〔3〕

芳坂 貴弘 〔北陸先端科学技術大学院大学〕 　　　　　Ⅰ編3.2.2〔4〕	森　　治彦 〔株式会社アンデルセンサービス〕 　　　　　Ⅱ編2.15
星　　　治 〔新潟大学〕Ⅰ編4.4.1	森　　英郎 〔協和発酵工業株式会社〕 　　　　　Ⅰ編2.1.1〔1〕, Ⅱ編2.5
星野 貴行 〔筑波大学〕Ⅰ編2.5.4〔1〕(a)	森川 弘道 〔広島大学〕Ⅱ編4.3.3
堀内 淳一 〔北見工業大学〕 　　　　　Ⅰ編5.5.1～5.5.4, 7.4.2	矢木 修身 〔東京大学〕Ⅱ編4.3.1
本多 裕之 〔名古屋大学〕Ⅰ編5.5.5, 7.5.1	安枝　寿 〔味の素株式会社〕Ⅰ編2.5.4〔3〕(a)
舛本　　寛 〔名古屋大学〕Ⅰ編2.6.2	柳本 正勝 〔食品総合研究所〕 　　　　　Ⅱ編1.6, 2, 2.10
松浦 一雄 〔株式会社本家松浦酒造場〕 　　　　　Ⅱ編1.1.5〔1〕	簗瀬 英司 〔鳥取大学〕Ⅰ編6.1.1
松岡 正佳 〔崇城大学〕Ⅰ編2.5.4〔2〕(b)	矢野 卓雄 〔広島市立大学〕Ⅰ編7.2.1～7.2.3
松崎 浩明 〔福山大学〕Ⅰ編2.6.1	山川　理 〔農業・生物系特定産業技術研究機構〕 　　　　　Ⅰ編1.1.3
松永 幸大 〔大阪大学〕Ⅰ編4.2.4	山下　洋 〔株式会社林原〕Ⅱ編2.4
松前 裕明 〔田辺製薬株式会社〕Ⅱ編3.3.2	山本 修一 〔山口大学〕 　　　　　Ⅰ編8.5, 8.7, 8.8, 9.3
松山 彰収 〔ダイセル化学工業株式会社〕 　　　　　Ⅱ編3.3.3	山本 泰彦 〔筑波大学〕Ⅰ編4.2.7
水澤　進 〔株式会社ヤクルト本社〕Ⅱ編2.14	湯川 英明 〔地球環境産業技術研究機構〕 　　　　　Ⅱ編4.2.2
溝口 晴彦 〔菊正宗酒造株式会社〕 　　　　　Ⅱ編1.1.4〔1〕	油谷 克英 〔理化学研究所〕 　　　　　Ⅰ編3.1.3, 3.1.4, 3.2.3〔1〕
三谷 啓志 〔東京大学〕Ⅰ編4.1.6	横関 健三 〔味の素株式会社〕Ⅱ編2.3
三田村 俊秀 〔大阪大学〕Ⅰ編2.5.4〔1〕(c), (d)	横田　篤 〔北海道大学〕Ⅰ編2.1.1〔4〕
光島 健二 〔塩野義製薬株式会社〕 　　　　　Ⅱ編5.1.5	横山 伸也 〔東京大学〕Ⅱ編4.5.5
味埜　俊 〔東京大学〕Ⅱ編4.1.1	横山 理雄 〔食品産業戦略研究所〕Ⅰ編9.4
宮　晶子 〔株式会社荏原総合研究所〕 　　　　　Ⅱ編4.1.3	吉川 博治 〔三共株式会社〕Ⅱ編3.1.1
宮尾 茂雄 〔東京都立食品技術センター〕 　　　　　Ⅱ編2.11	吉田 和哉 〔奈良先端科学技術大学院大学〕 　　　　　Ⅰ編2.5.3〔3〕
三宅　淳 〔産業技術総合研究所〕Ⅱ編4.4.1	若山　樹 〔産業技術総合研究所〕Ⅱ編4.4.1
宮脇 長人 〔石川県立大学〕Ⅰ編9.5	脇坂　靖 〔株式会社カネカ〕Ⅱ編1.1.4〔3〕
三輪 治文 〔味の素株式会社〕Ⅰ編1.1.5	和田　明 〔大阪医科大学〕Ⅰ編4.3.7〔1〕
村田 幸作 〔京都大学〕Ⅰ編2.5.3〔1〕	和田　大 〔北海道大学〕Ⅰ編2.1.1〔4〕
室岡 義勝 〔大阪大学〕Ⅰ編2.4.1	

（所属は編集当時）

凡　　　例

1.　構成および編・章・節・項の区分

（a）全体を2編構成とし，章・節・項はポイントシステムを採用した．

（b）はじめに編・章から成る総目次を設け，章・節・項から成る目次を，各編のはじめに示した．

（c）本文中において，担当箇所の文章末尾に執筆者名を名字で示した．ただし，同じ名字の執筆者が複数いる場合はフルネームとした．

（d）図および表は，各編の中で章ごとの一連番号とした．

（e）ページの付け方は全体の通しページとした．

2.　用　　語

（a）原則として，化学便覧（丸善），学術用語集「化学編」（文部科学省）によることとした．これらに決められていない用語については，なるべく広く使われている標準的な用語をとることにした．

（b）各編・章における観点の違い，独自性を尊重するため，同じ事項を別の術語で表現する場合を認めている．

（c）術語中の数字は，原則として算用数字とした．

（d）外来語の表記については，そのまま日本語の用語として使用されているものは片仮名書きとし，日本語の用語が統一されていないものは原語で表記した．

（e）外国語の略語には原則として原語を示した．

（f）外国人名は，一般的な人名および定理や方法などに冠するときは片仮名書きとし，その他の場合は原語で表記した．

（g）主要な用語に対しては，その初出時に対応英語を括弧書きで付けた．

3.　単　　位

単位は国際単位系（SI）を用いることを原則とした．ただし，文献を引用した場合や広く慣用的に用いられている場合は，SI以外の単位表記を認めている．

4.　数学記号・量記号・単位記号および図記号

（a）一般の数学記号，量記号，単位記号および図記号は，JISによることを原則とした．

（b）ただし，分野が多方面にわたるため，各章の独自な記号表記を認め，そのつど定義して使用することにした．

5.　引用文献と参考文献

（a）引用・参考文献は各章の節末に一括し，文献番号は節ごとの一連番号とした．

（b）引用文献は，例えば図の説明の後に〔　〕を付けて表記した．

（c）文献の記載の仕方は，つぎのとおりとした．

〈雑誌，論文誌の場合〉

著者名：誌名，巻（Vol.），ページ（発行年）．

ただし，必要に応じて標題が入っているものもある．

〈図書の場合〉

著者名：書名，ページ，発行所名（発行年）．

または

著者名：書名，（監修，編者名），ページ，発行所名（発行年）．

6.　索　　引

巻末に五十音順，アルファベット順，ギリシャ文字順で付けた．

総目次

I. 生物工学の基盤技術

1. 生物資源・分類・保存 ……………………………… 5
2. 育種技術 ……………………………………………… 49
3. プロテインエンジニアリング ……………………… 152
4. 機器分析法・計測技術 ……………………………… 209
5. バイオ情報技術 ……………………………………… 298
6. 発酵生産・代謝制御 ………………………………… 348
7. 培養工学 ……………………………………………… 376
8. 分離精製技術 ………………………………………… 450
9. 殺菌・保存技術 ……………………………………… 513

II. 生物工学技術の実際

1. 醸造製品 ……………………………………………… 541
2. 食品 …………………………………………………… 618
3. 薬品・化学品 ………………………………………… 665
4. 環境にかかわる生物工学 …………………………… 714
5. 生産管理技術 ………………………………………… 793

索引 ……………………………………………………… 833

I. 生物工学の基盤技術

1. 生物資源・分類・保存 ··· 5
1.1 発酵原料としての生物資源 ················ 5
- 1.1.1 キャッサバデンプン ···················· 5
- 1.1.2 サゴヤシデンプン ······················ 7
- 1.1.3 サツマイモ ····························· 8
- 1.1.4 トウモロコシデンプン ················ 10
- 1.1.5 モラセス ······························· 12

1.2 微生物資源 ···································· 14
- 1.2.1 微生物の分類 ··························· 14
- 1.2.2 微生物の同定 ··························· 24
- 1.2.3 微生物の保存 ··························· 26

1.3 植物資源 ······································ 29
- 1.3.1 宿主としての植物資源 ················ 30
- 1.3.2 遺伝子としての植物資源 ·············· 31
- 1.3.3 保存方法 ································ 34
- 1.3.4 保存機関 ································ 34

1.4 動物資源 ······································ 39
- 1.4.1 宿主としての動物資源 ················ 39
- 1.4.2 保存方法 ································ 42
- 1.4.3 保存機関 ································ 43

1.5 生物多様性条約 ······························ 45
- 1.5.1 生物多様性条約の概要 ················ 46
- 1.5.2 生物多様性条約関連の国際的な動き ··· 48

2. 育種技術 ··· 49
2.1 産業微生物の取扱い技術と遺伝学的特性 ·········· 51
- 2.1.1 原核微生物 ······························ 51
- 2.1.2 真核微生物 ······························ 64
- 2.1.3 始原菌 ··································· 71

2.2 突然変異誘起技術 ··························· 77
- 2.2.1 突然変異誘起剤 ························ 77
- 2.2.2 突然変異誘起のメカニズム ············ 78
- 2.2.3 種々の有用突然変異株 ················ 81

2.3 細胞融合 ······································ 86
2.4 生体内遺伝子操作 ··························· 90
- 2.4.1 接合, 接合伝達 ························ 90
- 2.4.2 形質導入(ファージ取扱い技術) ······ 92

2.5 生体外遺伝子操作 ··························· 98
- 2.5.1 遺伝子操作関連酵素 ··················· 98
- 2.5.2 PCRとその応用 ······················· 100
- 2.5.3 遺伝子導入技術(形質転換法) ······· 103
- 2.5.4 宿主・ベクター系 ···················· 108

2.6 染色体工学，ゲノム工学 ……………… 145
 2.6.1 微生物ゲノム工学 ………………… 145
2.6.2 動物ゲノム工学 ……………………… 147
2.6.3 植物ゲノム工学 ……………………… 149

3. プロテインエンジニアリング …………………………………………………………… 152

3.1 基　礎　知　識 ……………………… 153
 3.1.1 タンパク質の生合成 ……………… 153
 3.1.2 タンパク質の立体構造形成 ……… 155
 3.1.3 タンパク質の立体構造 …………… 157
 3.1.4 タンパク質の安定性 ……………… 159
3.2 基　礎　技　術 ……………………… 163
 3.2.1 構造解析用タンパク質の発現・調製技術
  …………………………………………… 163
 3.2.2 タンパク質の改変技術 …………… 171
 3.2.3 タンパク質の構造解析・構造予測技術 … 181
3.3 タンパク質工学の産業への応用例 … 195

4. 機器分析法・計測技術 ………………………………………………………………… 209

4.1 物理的計測技術とその利用法 ……… 209
 4.1.1 質量分析法とその利用 …………… 209
 4.1.2 超遠心分析法とその利用 ………… 213
 4.1.3 磁気共鳴分析法とその利用 ……… 216
 4.1.4 表面プラズモン共鳴とその利用 … 220
 4.1.5 X線結晶構造解析法 ……………… 222
 4.1.6 放射線測定技術とその利用 ……… 225
4.2 光・レーザー計測技術とその利用法 … 229
 4.2.1 電子顕微鏡とその利用 …………… 229
 4.2.2 光学顕微鏡とその利用 …………… 232
 4.2.3 三次元顕微鏡とその利用 ………… 235
 4.2.4 顕微操作法とその利用 …………… 237
 4.2.5 画像解析法とその利用 …………… 239
 4.2.6 フローサイトメトリーとその利用 … 242
 4.2.7 蛍光，りん光，分光法とその利用 … 244
 4.2.8 赤外吸収およびラマン散乱分光法とそれら
  の利用 ……………………………………… 247
4.3 生化学的分析技術とその利用法 …… 252
 4.3.1 核酸合成法とその利用 …………… 252
 4.3.2 タンパク質合成法とその利用 …… 255
 4.3.3 核酸配列決定法とその利用 ……… 257
 4.3.4 アミノ酸配列決定法とその利用 … 261
 4.3.5 核酸操作関連装置とその利用 …… 265
 4.3.6 アミノ酸分析法とその利用 ……… 267
 4.3.7 電気泳動法とその利用 …………… 270
 4.3.8 クロマトグラフィーとその利用 … 276
 4.3.9 イムノアッセイとその利用 ……… 281
4.4 ナノ計測技術とその利用法 ………… 286
 4.4.1 走査プローブ顕微鏡とその利用 … 286
 4.4.2 センサ技術とその利用 …………… 288
 4.4.3 チップ技術とその利用 …………… 291

5. バイオ情報技術 ………………………………………………………………………… 298

5.1 データベースとその検索 …………… 298
 5.1.1 各種データベース ………………… 298
 5.1.2 配列比較とデータベース検索 …… 302
5.2 遺伝子およびタンパク質発現解析 … 305
 5.2.1 遺伝子発現解析 …………………… 305
 5.2.2 タンパク質の発現解析 …………… 310
5.3 代　謝　解　析 ……………………… 312
 5.3.1 代謝量論に基づいた代謝解析 …… 312
 5.3.2 同位体を利用した代謝システム解析 … 313
 5.3.3 いくつかのバイオプロセスの代謝解析 … 317

5.4 細胞のモデリングとシミュレーション…321
   5.4.1 細胞のモデリング……………321
   5.4.2 シミュレーションツール…………324
   5.4.3 生命システムのシミュレーション………325
5.5 知的情報処理とバイオプロセスへの応用……………328
   5.5.1 知的情報処理とバイオプロセス…………328
   5.5.2 ファジィ制御……………329
   5.5.3 エキスパートシステム………332
   5.5.4 遺伝的アルゴリズム…………332
   5.5.5 ニューラルネットワーク………332
5.6 バイオインフォマティクスおよびシステム生物学の最近の動向……………337

6. 発酵生産・代謝制御 …………348
6.1 発酵生理と生産技術 ……………348
   6.1.1 嫌気代謝 ……………348
   6.1.2 好気代謝 ……………353
   6.1.3 構成代謝 ……………357
   6.1.4 二次代謝 ……………363
6.2 バイオコンバージョン ……………371

7. 培養工学 …………376
7.1 増殖速度論 ……………376
   7.1.1 細胞増殖および生産物生成様式………376
   7.1.2 細胞増殖の量論的取扱い…………378
   7.1.3 細胞増殖速度式…………382
   7.1.4 基質消費速度，生産物生成速度………384
7.2 培養操作論 ……………386
   7.2.1 回分培養 ……………386
   7.2.2 流加培養 ……………390
   7.2.3 連続培養 ……………393
   7.2.4 分離を伴う培養操作…………396
7.3 培養装置 ……………400
   7.3.1 微生物バイオリアクター………400
   7.3.2 固定化生体触媒バイオリアクター………403
   7.3.3 固体培養バイオリアクター………409
   7.3.4 動物細胞バイオリアクター………412
   7.3.5 植物細胞バイオリアクター………415
   7.3.6 マイクロバイオリアクター………419
7.4 通気攪拌とスケールアップ ……………426
   7.4.1 通気攪拌操作と酸素移動容量係数………426
   7.4.2 スケールアップ指標と事例………429
7.5 バイオプロセスにおける計測と制御……………433
   7.5.1 計測項目と手法…………433
   7.5.2 バイオプロセス制御手法………438
   7.5.3 代謝工学的手法と培養操作の実際………444

8. 分離精製技術 …………450
8.1 バイオプロセスにおける分離精製技術……………450
   8.1.1 バイオ分離の特徴…………450
   8.1.2 バイオ分離プロセスの流れ………451
8.2 菌体分離と破砕 ……………452
   8.2.1 遠心分離 ……………452
   8.2.2 濾過，膜による分離…………453
   8.2.3 菌体破砕法 ……………457
8.3 濃縮と粗分画 ……………458
   8.3.1 沈殿分離 ……………458
   8.3.2 限外濾過 ……………461
   8.3.3 吸着・抽出 ……………469

- 8.4 蒸　　留 …………………………… 474
  - 8.4.1 単蒸留理論 ……………………… 474
  - 8.4.2 精　　留 ………………………… 477
- 8.5 クロマトグラフィー ……………… 480
- 8.6 晶　　析 …………………………… 493
  - 8.6.1 晶析理論 …………………………… 494
  - 8.6.2 晶析の動力学と装置 ……………… 500
  - 8.6.3 バイオプロセスにおける晶析操作 ……… 501
- 8.7 バイオプロダクトの脱水・乾燥・濃縮および安定化の理論 ……………… 507
- 8.8 バイオ分離プロセスの設計 ……… 509

9. 殺菌・保存技術 …………………………………………………………………… 513

- 9.1 加　　熱 …………………………… 514
- 9.2 化学薬剤 …………………………… 516
  - 9.2.1 化学薬剤による殺菌作用機構 …… 517
  - 9.2.2 化学薬剤による殺菌 ……………… 517
  - 9.2.3 抗菌剤（殺菌剤・静菌剤）……… 521
- 9.3 乾燥・濃縮 ………………………… 521
  - 9.3.1 乾燥の原理 ………………………… 521
  - 9.3.2 乾燥時の品質変化 ………………… 523
  - 9.3.3 添加物の効果 ……………………… 524
  - 9.3.4 凍結乾燥 …………………………… 524
  - 9.3.5 非加熱濃縮方法 …………………… 525
- 9.4 包　　装 …………………………… 525
  - 9.4.1 包装の定義 ………………………… 525
  - 9.4.2 包装の目的 ………………………… 526
  - 9.4.3 保存と包装技術 …………………… 526
  - 9.4.4 包装材料 …………………………… 526
- 9.5 冷蔵・冷凍 ………………………… 528
  - 9.5.1 冷蔵・冷凍による保存の原理 …… 528
  - 9.5.2 溶液の凍結における状態図 ……… 528
  - 9.5.3 凍結・解凍の伝熱現象 …………… 528
  - 9.5.4 凍結と氷結晶構造 ………………… 530
  - 9.5.5 凍結と凍結傷害 …………………… 531
- 9.6 その他の方法 ……………………… 532
  - 9.6.1 高圧処理 …………………………… 532
  - 9.6.2 高電圧パルス処理 ………………… 532
  - 9.6.3 高電界通電処理 …………………… 533
  - 9.6.4 電解水処理 ………………………… 533
  - 9.6.5 ソフトエレクトロン処理 ………… 533
  - 9.6.6 光パルス処理 ……………………… 534
  - 9.6.7 ガスの溶解作用 …………………… 534
  - 9.6.8 非熱処理による殺菌の評価 ……… 535

1. 生物資源・分類・保存

　生物資源は，持続的利用が可能であることで，鉱物資源などとは大きく異なる。生物工学の根幹をなすバイオテクノロジーは，「ものまたは方法を特定の用途のために作り出し又は改変するため，生物システム，生物又はその派生物を利用する応用技術」と国際機関で定義されているように，微生物はもちろんのこと，植物や動物細胞など，生物資源あるいは遺伝子資源を用いて人類の福祉や地球環境を守る工学である。

　本章では，生物資源のうち，発酵原料として用いる生物資源について述べるとともに，生物工学で大きな割合を占める微生物について，その分類体系を解説している。また，利用の観点から微生物，植物細胞，動物細胞を利用と，そのための細胞保存機関の紹介をしている。最後には，1992年に締結された生物多様性条約とそれに関連する国際的な取決めについて解説し，グローバルな生物資源利用における問題点を示した。　　　　　（関　達治）

1.1　発酵原料としての生物資源

　微生物による発酵工業では，大量に消費される炭素源としての糖質資源の確保は重要な要素である。大型発酵工業として発展してきたアミノ酸や核酸発酵ではモラセス（廃糖蜜）やキャッサバデンプンがおもな炭素源として用いられてきた。しかし，将来の食糧危機を考えると，キャッサバは食糧としてのデンプン資源として工業原料と拮抗が予想される。また，環境問題から近い将来，生分解性プラスチックの大量生産が期待されており，ますますデンプン資源の需要が見込まれ，新しいデンプン資源の確保が望まれている。

　ここでは，従来から利用されているキャッサバデンプン，トウモロコシデンプン，モラセスの現状を解説し，また，作物としては新しくないが，生産が期待されるサツマイモデンプン，また，新しいプランテーション型のデンプン資源であるサゴヤシデンプンについても解説する。

1.1.1　キャッサバデンプン

　キャッサバ（cassava, *Manihot esculenta* Crantz）は別称タピオカとも呼ばれるが，赤道を挟んで南北緯度30°範囲の最低気温18〜20℃の熱帯，亜熱帯低地に生育する多年性植物である。根茎にデンプンを蓄積することから，人類がもっとも早く食糧として栽培するに至った作物と考えられているが，原産地は南米で，これがアフリカ大陸に伝わったのは16世紀，アジアには18世紀に伝播したものと考えられている。キャッサバはやせた土地でも生育すること，病虫害の被害を受けにくいこと，イモを掘り出さないでそのまま地中に放置しておけば貯蔵できることなどから，必ずしも農業技術の高くない開発途上国，貧困地帯などでの食糧供給手段として適していると考えられ，国連（FAO）が貧困飢餓対策として普及につとめてきた作物である。

　キャッサバは人類にとっては米，サトウキビ，トウモロコシにつぐ主食であり，いわば四大作物の一つといえる。人間が生きていくための主要なエネルギー供給源の一つであり，地球上の人口の1割，5億人がキャッサバによって生命を維持していることになる。キャッサバの全世界生産量は1960年時点で7000万t (root base) であったが，1990年には1億5000万t，2000年には1億7500万tに増加している（表1.1）[1]。

　ちなみに，全世界の穀物生産量は，米，小麦，トウモロコシの総計で年間約15億tであるから，1億5000万tのキャッサバはちょうどその1割に相当する。最近の全世界生産量の地域別内訳を見ると，アフリカ諸国43％，アジア35％，ラテンアメリカ22％となっている。アフリカ諸国の生産量の増加が著しいが，1985年から1990年の6年間には48.5百万tから52百万tに増加しておりその年成長率1.5％は，この間のアフリカ諸国の人口増加率と一致している。アジアにおけるキャッサバの増産はタイとインドネシアのみで起こっているが，これらアジア地域での増加はアフリカとは異なった理由によるもので，それは食糧増産，飢餓対策ではなく，経済発展に伴う（EUおよび日本への輸出が増加したことによる）ものである。いずれにせよ，これらの変化によって，世界の主要キャッサバ生産地域は，1960年代にはラテンアメリカ中心で

表1.1 全世界のキャッサバ生産量（FAO統計）〔百万t〕[1]

	1985年	1990年	2000年
全 世 界	136.6	150.0	175.5
アフリカ	58.2	62.9	92.7
ナイジェリア			33.9
コンゴ			16.0
ガーナ			7.5
タンザニア			5.8
ウガンダ			5.0
モザンビーク，マダガスカルほか			24.5
アジア	48.5	52.0	50.5
タイ			20.2
インドネシア			15.7
インド			6.2
中国，フィリピン，ベトナムほか			8.4
ラテンアメリカ	29.6	33.7	32.1
ブラジル			23.4
パラグアイ，コロンビアほか			8.7

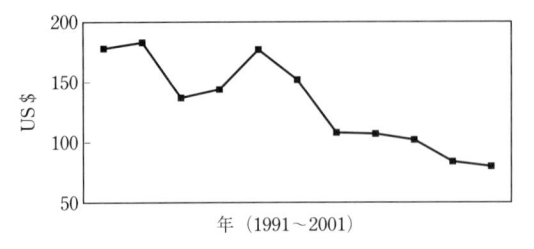

図1.1 キャッサバの価格変動

あったものが，現在ではアフリカ（ついでアジア）に変わってしまったのである。しかし，アフリカのキャッサバはわが国の甘蔗（サトウキビ）と同じように食品として直接食されているもので，食品工業用途，発酵原料として市場取引されるものではない。そこで，国際市場におけるキャッサバの取引量を見てみると**表1.2**に示すとおりその大部分はタイが輸出を行い，ヨーロッパおよび日本が輸入中心国となっている。食糧と並んで，飼料用途のキャッサバも全世界で約3500万tに達するが，これらは主として南米ブラジルが主生産国である。しかしブラジルではアルコール発酵の原料としても使用されている[2]。

キャッサバの国際市場におけるここ10年の価格変化を見てみると**図1.1**に示すように1991年にキャッサバチップトン当り180 US$程度であったものが，現

表1.2 キャッサバの輸出入量（キャッサバチップ：生イモとして〔百万t〕，2000年）

輸出	全 世 界	7.1
	タイ	6.5
	インドネシア	0.4
	その他	0.2
輸入	全 世 界	7.1
	EC	3.1
	中国	1.0
	日本	0.6
	インドネシア	0.5
	マレーシア	0.2
	韓国	0.1
	米国	0.1
	その他	0.9

在（2001年）では80 US$と暴落している（図1.1）。そのため，バンコクにおけるキャッサバデンプンの価格は358 US$/t（1995）から150 US$/t（2001年12月）に下落している。このためタイではキャッサバからトウモロコシやサトウキビへの転換が進んでいる。しかし一方では，中国や韓国ではタピオカデンプンの工業原料としての需要が増加している。また量としては小さいが，近年ではベトナムにおけるキャッサバ生産が急成長しているが，これはベトナムにおけるアミノ酸発酵工業の急成長によるもので，グルタミン酸発酵，リジン発酵の原料としてプランテーション栽培も増加している。

キャッサバの土地生産性について，ブラジルの場合をKelvin Leiboldの統計[3]（2001年9月）で見てみると，作付け面積総計は420万エーカー（168万ha）と報告されているので，root baseで14 t/haである。生イモのデンプン含量は25～30%であるから，ブラジルにおけるキャッサバデンプンの土地生産性は3.5～4.2 t/haであることがわかる。最近タイやベトナムでは栽培技術の向上や，アミノ酸発酵工業の原料確保のための企業との契約栽培の増加などによって土地生産性の高いキャッサバ栽培が普及してきている。工業用途のデンプン生産を目的にした栽培では，根茎ベースで20 t/ha（デンプンとして5～6 t/ha）のような高い生産性が得られているものもあるという。

発酵原料としてのキャッサバは，イモやチップからデンプンを抽出したキャッサバデンプン（タピオカデンプン）である。ブラジルではアルコール発酵に，タイやベトナムではグルタミン酸（MSG）やリジンを生産するアミノ酸発酵の原料として消費されている[4],[5]。しかしこれら発酵原料としての消費量は，世界のキャッサバ生産に占める比率としては微量であり，食糧用途，飼料用途に比較できるほどではない。それでもタイではタピオカデンプンの約12%がアミノ酸発酵原料として消費されているし，ベトナムではもっと発酵原料としての比率は高い。

1.1.2 サゴヤシデンプン

（a）サゴヤシの生育地 サゴヤシ（*Metroxylan sagu*）は東南アジアの赤道をまたぐ熱帯地域のピート土壌の低地に限定的に生育する多年生樹木で，その樹幹に大量のデンプンを蓄積することから，近年工業資源としての活用を目的にしたバイオマスとしての期待がにわかに高まってきた開発途上の作物である[7]。サゴヤシの主たる生育地はインドネシア，パプアニューギニア，マレーシアである。その他タイ南部のスンガイパタニやフィリピンミンダナオ島南部のダバオ近郊にもわずかに生育しており，これが北限と考えられるが，生育量はきわめて少ない[6]。資源として可能な量の生育が認められているのは先に述べた3カ国であるが，これらの国でも，どこでも生育が可能なのではなく，インドネシアではイリアンジャヤ，マルク諸島，南カリマンタンに，マレーシアでは東マレーシアサラワク州に限定的に生育している。この作物の生育には土壌からの灌漑水と栄養供給，空中窒素固定や栄養成分供給のための樹木の周囲の植生の適正化などが土壌，気候，地形や高度，雨量などに支配されているためであると考えられている[7]。サゴデンプン（sago flour）の全生産量については正確な統計がないので東南アジアのデンプン市場での取引実績で推察するしかないが，現在輸出・内需あわせて年間300万t程度が食品工業原料などとして利用されている。しかし未開発ながら資源のポテンシャルはイリアンジャヤで年間500万t，パプアニューギニアでは1500万tにも達するといわれている。

（b）デンプンの品質と蓄積量 サゴヤシは現在のところプランテーションのような人工栽培は確立していない。現在市場で取り引きされているサゴデンプンはすべて野生の樹木から抽出されたもので，そのほとんどは原住民の農家で食糧のために製造したものの余剰品である。一部はデンプン工場で工業用途の製品を製造しているものもあるが多くはない。サゴデンプンは樹幹に蓄積するので，木質由来の不純物を含む。特徴として繊維の含量が高く，リグニン由来のポリフェノール残量があるために褐色に変色しやすく，またタンパク質をほとんど含まないため栄養価が低い。このため同じ東南アジア産のキャッサバデンプンに比べ価格的には1段階下に置かれて取り引きされている。しかしサゴデンプンの市場価格はキャッサバデンプンの相場変動に完全にリンクしている。野生のサゴヤシは米などのように特に手入れすることなく自然のまま放置されて生育する。1本の親木の脇にタケノコのようにシュート（shoot）が芽を出し，これが約10年で樹頂に花を付け種を着生するが，開花の直前に全高10mを超える樹幹に総量約250 kgの貯蔵デンプンを蓄積する。開花するとデンプンは消失するので，直前に伐採すれば大量のデンプンを回収できる。

（c）サゴヤシのプランテーション栽培 前述のようにサゴヤシは樹木1本当り250 kgという大量のデンプンが得られる魅力あるデンプン作物であるが，現在のところこれを作物として人工的に計画栽培する技術は確立していない。しかしサゴヤシの高い光合成能力に注目して，デンプン生産を目的にした計画栽培の技術開発が進行中である。その考えはつぎの二つに分けられる。

① 天然ゴムやオイルパームと同様なプランテーション栽培技術を開発する。

② 野生のサゴヤシ密生地を整理して人的管理を行って計画的に増殖と収穫が可能な森林に作り変える。

①の考えで世界で初めてサゴヤシプランテーションを立ち上げたのはマレーシアサラワク州政府である。SEDC（サラワク州経済開発局）は1988年同州ムカ（Mukah）で総面積7 642 haに及ぶプランテーション計画をスタートさせ約1 000 haの植付けを行った。この計画は最終的にサラワク州全体で約85 000 haを開発し，2027年には年間760万本のサゴ原木（デンプン換算190万t）を収穫しようとするものである。一方，民間のプランテーション開発も行われている。シンガポール資本のインドネシア企業National Timber and Forest Product社はリアウ州（Riau）Teibing Tinggi島でサゴヤシ栽培を計画し（図1.2），1996年以来順次，開墾，苗木植付けを行い，現在9 000 haに拡大している[8]。最終的には今後約20年後，総面積23 000 haのプランテーションから年間約350万tのデンプン生産を見込んでいる。一方，上述②の方法での開発は，イリアンジャヤやパプアニューギニアで行われているとのことであるが，詳細は明らかになっては

図1.2 インドネシアのNational Timber and Forest Products 社で開発中のサゴヤシプランテーション

いない。このように官民あげてサゴヤシの人工栽培技術の開発に参入が相ついでいるのは，Flachによれば年間ha当り25tのデンプン生産が可能という[6]サゴヤシの大きな光合成能力の魅力のほか，ゴムやオイルパームのように20年ごとの伐採植替えが必要でなく，畑が立ち上がってしまえばほぼ永久に成木を収穫できることにある。しかし実際，事業を始めてみると，土壌の適正がきわめて狭いこと，窒素固定のために周囲の植生の管理に厳重な注意を払わねばならないうえに，追加の肥料の使用が不可欠であること，など技術的難問がつぎつぎに明らかになってきたうえ，事業立上げ後最初の収穫まで約12年間の初期投資と維持経費が回収できないという大きな問題に悩まされている。

(d) **Sago Industry について** サゴヤシは樹木全体がイモの根茎と同じようにデンプンを蓄積する。プランテーション栽培で1 ha当り年間100本の原木を収穫できるとすれば，ha当りのデンプン収穫量は25 t/年に達する。わが国の米の平均収穫高は5.5 t/年にすぎないので，サゴヤシの光合成効率がいかに大きいかがわかる。プランテーション栽培で7 m間隔に植林すれば1 haにつき196本のサゴヤシを育てることができるので，上の収穫量を得ることは十分可能であると考えられている。原木を粉砕後，水洗・遠心分離を行い乾燥すれば水分14％程度を含むデンプンとなるので，食品工業原料としてはむろん，発酵工業原料としても優れた炭素源となるので，グルタミン酸発酵の原料として使用されている。発酵原料にする場合，プロセスによってはデンプンをあらかじめブドウ糖に転換しておく必要があるが，この行程は各種のデンプン糖化酵素によって簡単に行える。酵素糖化法によればデンプンからブドウ糖を得る収率（転換率）はデンプン価に対して105％であるから，サゴデンプン1 tから約900 kgのブドウ糖が得られる計算となる。

サゴデンプンはこのように優れた発酵原料となるので，これを乳酸発酵の原料として得られた乳酸からポリマーを合成すれば，石油化学に変わるバイオマスからのプラスチック生産が可能となり，化石燃料の使用量削減，炭酸ガス発生量の削減と炭酸ガス循環の強化に貢献できる（図1.3）[9]。 （石崎）

1.1.3 サツマイモ

サツマイモ（*Ipomoea batatas*）はヒルガオ科イポメア属に分類され，種名をバタータスという。イポメアとはつるが虫のように地面をはうこと，バタータスはサツマイモを示す西インド諸島の現地語（タイノ語）である。起源として，アメリカ説，アジア説，アフリカ説などが提案された。しかし，アジアやアフリカで古くから栽培されていたのは *I. mammosa* や *I. paniculata* などで，肥大部分が植物形態学的にサツマイモ（*I. batatas*）の塊根とは異なることから，まったく別種であると思われ，これら地域はサツマイモの起源としてふさわしくない。一方，紀元前1万年から8 000年前のペルーのチルカ谷遺跡から炭化したサツマイモの塊根が見つかっており，また古代アンデス文明の遺跡からはサツマイモをモチーフとしたさまざまな土器や綿布などが見つかっている。さらに近縁野生種の *I. trifida* などもこの地域に多く分布している。このようなことから南米のペルー周辺を起源とすることが適当と思われる。

コロンブスのアメリカ大陸発見（1492年）により，サツマイモがアジア・ヨーロッパへ伝播したといわれているが（バタータスルート），実際には紀元前のもっと早い時期に南太平洋の島々を経由して東南アジアにもたらされたと考えられる（クマラルート）。中国南部では16世紀の終わりごろからサツマイモ栽培が広まり，ほどなく琉球（沖縄）に渡来したと思われる。琉球から種子島への伝来は1697年となっており，日本甘藷栽培初地とされている。サツマイモの生育適温は25℃であり，生育適温が100日程度あれば北海道でも収穫可能な塊根が着く。

塊根のデンプン含量は品種や生育時期により異なる。塊根は苗を植えてから40日前後で形成が始まり，同時にデンプンの集積も起こる。生育適温さえ確保できれば塊根の増大は続くが，内部の空洞化や周辺部の

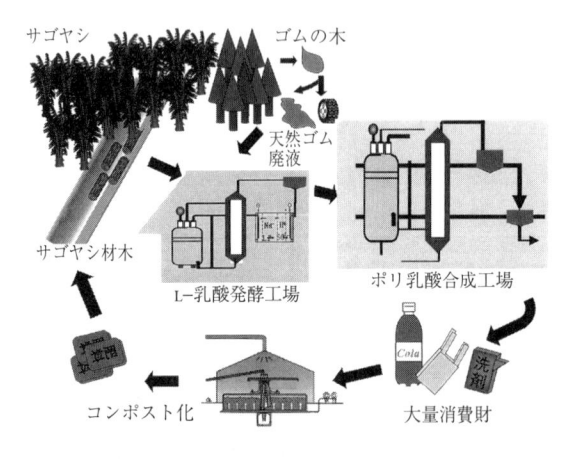

図1.3 サゴヤシプランテーションに乳酸発酵工場を設置しポリ乳酸原料を供給する Sago Industry 構想
［Ishizaki, A.: Sago, an alternative renewable resource for the "lactate industry", *New Frontiers of Sago Palm Studies*, (Kainuma, K., et al.), Universal Academy Press, Tokyo, pp. 307–313 (2002)］

木質化も進行するため，収量やデンプン含量には限度がある。これまでの育種試験の結果から，品種別のデンプン含量は最低で5％，最高で35％程度と考えられる。現在のデンプン原料用品種を使っても，生育期間を10カ月とれば70 t/ha程度の収量と30％のデンプン含量を上げることは十分に可能である。

世界のサツマイモの栽培面積は1934～1938年時点で660万ha，1969～1971年時点では1400万haに増加したが，その後減少に転じ，1990年の後半からはおおむね900万haで推移している。しかし，ha当りの収量は1970年代までは10 t以下であったが，1980年代に入って著しく伸び，15 t近くに達しているため，生産量は13 000万 t以上を維持している。生産の世界分布を見ると（**表1.3**），アジアが最も多く，ついでアフリカであり，サツマイモ発生の地である中南米での栽培は数％にすぎない。またヨーロッパでの栽培はラテン系国家以外ほとんど認められない。アジアのなかでは中国での栽培が圧倒的に多く，世界の栽培面積の70％，生産量では80％以上を占める。アジアではこのほかにベトナム，インドネシア，インドなどで多く栽培されているが，収量性が中国と比べ半分以下であるため，生産量ではずっと少なくなる。日本の栽培面積は年々減少し，2000年現在で4万ha強にすぎないが，収量性が世界の最高水準にあるため，生産量ではアジアで第4位，世界で第7位となっている。

サツマイモの用途は，食用が主であるが，アジアやアフリカでは主食あるいは準主食，中南米，北米，ヨーロッパでは嗜好品として加工利用されている。最近中国では飼料用としての利用が急増しているといわれている。工業用としての利用は，中国，日本，韓国，フィリピン，タイなどアジアの一部の国に限られ，その大部分がデンプン用途である。

わが国におけるデンプンの価格（トン当り）をみると，サツマイモが14万円弱，ジャガイモが10万円強（いずれも2002年の基準価格），トウモロコシが7万円程度となっている。サツマイモデンプンの価格がかなり高いが，これは原料イモの値段が高いことや製造工場の近代化，合理化が遅れているためと考えられる。

サツマイモは不良土壌でもよく育ち，肥料や水の要求量がきわめて小さい環境フレンドリーな作物である。また，地下にできる塊根だけでなく，地上の茎や葉も食料や飼料として利用可能である。宇田川が計算した，作物生産にかかわる投入・産出エネルギー比をみると，米0.6，大麦1.0弱に対し，サツマイモは1.4と産出エネルギーが投入エネルギーを大きく超えている。さらに最近ではサツマイモが空中窒素を固定する能力を持つことも明らかにされており，バイオマス作物としてその生産能力はきわめて大きい。

トヨタ自動車では2002年にインドネシアでサツマイモ生産利用プロジェクトを立ち上げた。当面はサツマイモ塊根を乾燥して飼料とする計画であるが，将来

表1.3 世界のサツマイモの生産統計（FAO，2000）

地　域	栽培面積〔千·ha〕		単収〔kg/ha〕		生産量〔千 t〕	
	1989～1991	2000	1989～1991	2000	1989～1991	2000
アフリカ計	1 360	2 026	4 764	4 498	6 483	9 114
タンザニア	246	267	2 067	1 799	541	480*
ウガンダ	414	555	4 132	4 321	1 712	2 398
北・中アメリカ計	170	151	6 286	7 342	1 068	1 112
キューバ	54	40*	3 581	4 911	194	195*
ハイチ	66	60	3 351	3 000	220	180
南アメリカ計	297	254	10 191	11 861	1 297	1 222
アルゼンチン	22	19*	13 638	17 297	297	320*
ブラジル	64	48*	10 167	10 417	647	500*
アジア計	7 327	7 101	15 614	18 140	114 406	128 812
中　国	6 268	6 210*	16 816	19 489	105 390	121 024*
ベトナム	335	258	5 948	6 430	1 992	1 658
日　本	60	43	22 272	24 733	1 346	1 073
ヨーロッパ計	6	5	12 677	8 764	75	46
ポルトガル	3	3*	8 391	7 333	27	22*
大洋州計	114	111	4 942	5 390	564	596
パプア	101	102*	4 603	4 706	463	480*
世界の合計	9 105	9 498	13 608	14 836	123 893	140 903

* はFAO推定あるいは非公式の数値である。

的にはバイオプラスチックやバイオエネルギーへの変換も視野に入れている。原料コストがわが国の10分の1以下であり，さらに季節を問わず生産できるメリットは大きい。4カ月以内で栽培すればアリモドキゾウムシの被害も回避できる。もしわが国のデンプン原料用品種を使えば，キャッサバの半分の栽培期間で，より以上のバイオマス生産が期待できる。現在の目標を4カ月栽培でイモ収量20 t/haと設定しているが，高品質苗の生産と栽培法の基準化に成功すればこれはきわめて現実的な数値であると思われる。　　（山川）

1.1.4　トウモロコシデンプン

トウモロコシは，学名をZea mays Linnaeus，英語名をcorn, maizeという。日本語のトウモロコシは，江戸時代にキビの一種と誤って考えられ，玉のようなモロコシキビ（玉蜀黍）と呼ばれたことが語源となっている。被子植物門・単子葉植物綱・顕花目・イネ科に属する一年生植物で，原種はメキシコ，グアテマラ，ホンジュラスのトウモロコシ畑にみられるテオシント（teosinte）という雑草と考えられている。紀元前3000年頃には栽培が始まったとされているが，今日の姿に改良したのはアズティクやマヤ，インカ帝国の農民たちといわれている。コロンブスによってヨーロッパにもたらされ，現在では熱帯から寒冷地まで栽培されている。品種としてはデント（dent），フリント（flint），スイート（sweet）など8種類に分類されている。トウモロコシの穀粒はデンプンと糖が主であり，タンパク質も含むが必須アミノ酸であるリジン，トリプトファンをほとんど含まない。そのため，食料をトウモロコシに依存しすぎるとトリプトファンから誘導されるナイアシンが欠乏し，皮膚炎や胃腸障害を起こすペラグラ病になりやすくなる。

トウモロコシの一次加工法としては，ウェットミリングとドライミリングがある。前者は0.1〜0.2％の希薄亜硫酸に浸漬し軟化したコーンを粉砕しデンプン，タンパク質などの化学的成分に分離する方法である。この方法では糖化まで一貫して行う場合が多い。また，浸漬水を濃縮したものはコーンスティープリカーと呼ばれ，アミノ酸，ミネラル，ビタミンを豊富に含むので，抗生物質やビタミンを製造するための発酵副原料として利用されている。それに対して，後者は胚乳，胚芽などの植物組織ごとに分離する方法である。

ハイブリッド種子が1950，1960年代に導入されて以来，トウモロコシの収穫量は1920年の約6倍になっている。過去10年間におけるトウモロコシの収穫量と収穫率を図1.4に示す。米国は高い生産性を維持しており，世界の収穫高の50％近くを占め，最大のトウモロコシ輸出国となっている。米国ではトウモロコシはミシシッピー川の流域の「コーンベルト」と呼ばれる穀倉地帯でおもに生産されている。米国の生産性が高いのはコーンベルトがトウモロコシの栽培に適していることに加え，効率的な肥料の投入の結果と考えられる。最近，肥料に使われた窒素分のメキシコ湾への流入や，コーンベルトの腐葉土の減少が問題になっている。中国は世界のトウモロコシの20％近くを生産しているが，WTOへの加盟とも絡み，中国の家畜飼料用のトウモロコシが中国内で供給できなくなると，世界的な需給の逼迫が懸念される。

虫害を防止するためにBacillus thuringiensisの遺伝子を組み込んだCBH351（商品名：スターリンク）と呼ばれる飼料用のトウモロコシが食料用に混入し，安全性が議論されている。表1.4に各国における組換

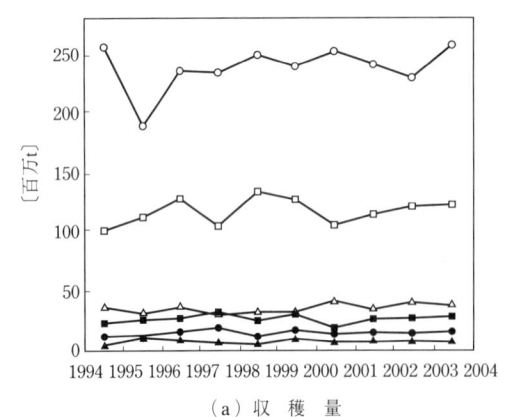

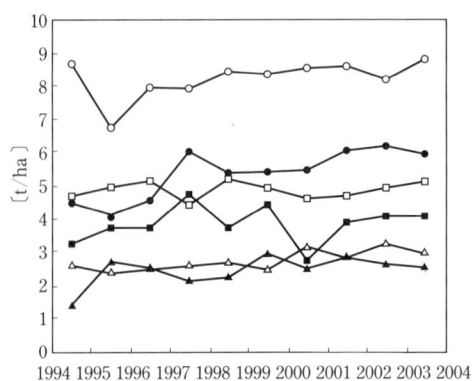

（a）収穫量　　　　　　　　　（b）ヘクタール当りの収穫率

○：アメリカ，□：中国，●：アルゼンチン，■：東ヨーロッパ，△：ブラジル，▲：南アフリカ

図1.4　トウモロコシの収穫量とヘクタール当りの収穫率

1.1 発酵原料としての生物資源

表1.4 遺伝子組換えトウモロコシの作付面積〔万ha〕

	1996	1997	1998	1999
米 国	170	1100	2050	2870
カナダ			280	400
アルゼンチン			430	670
中 国				30
オーストラリア			10	10
その他			10	10
世界全体	170	1100	2780	3990

えトウモロコシの作付面積を示す。

農家は収穫したトウモロコシを，カントリー・エレベーターと呼ばれる産地倉庫業者のところに売りに行く。値段は刻々と変わる全米最大の商品取引所であるシカゴ商品取引所の相場をもとに，エレベーターのマネジャーが決める。相場は「天候相場期」（春～秋）「需給相場期」（秋～春）に区分される。1986年から始まったガット・ウルグアイラウンドで農作物の暫定的な自由化が合意された。完全自由化を唱える米国は自国で1996年に新農業法を施行し，市場原理に基づく農業経営を進めている。その結果，1998年の穀物相場下落時に，農家はトウモロコシから収益性の高い遺伝子組換え大豆に作付けを切り換えている。1993年に起こったミシシッピー川の洪水や，1988年北米中西部の干ばつ，2002年のエルニーニョ懸念などにより市場は急騰している（図1.5）。また，小麦など他の穀物につられて相場が変動する場合もある。

トウモロコシは軍事力と並んで米国の強大な政治力の源泉といえる。それゆえトウモロコシにはつねにバイオテクノロジー，政治経済などその時々の先端の問題にかかわっている。近年，非分解性プラスチックが環境中へ散乱することが問題となり，生分解性プラスチックが開発されている。トウモロコシを原料とした生分解性プラスチックとしては，変性デンプン，微生物産生系のPHB，デンプンを乳酸発酵させ製造したL-乳酸からポリ-L-乳酸が製造されている。特にポリ-L-乳酸は物性や成型加工性に優れ，価格低減のめども立ったため，米国では10万t/年規模での工場も建設されている。さらに，1998年8月にクリントン大統領が声明（Developing and Promoting Biomassed Products and Bioenergy Executive Order 13134）を発効し，バイオマスとしてのトウモロコシが注目されている。ガソリンに添加するガソホール用としてのエタノール製造工場はドライミルに併設される場合が多い。近年における燃料用エタノールの生産量の推移を図1.6に示す。ポリ-L-乳酸も生分解性プラスチックとしてよりもバイオマスを原料としたプラスチックとして再認識されつつある。また，食料との競合を避けるため，トウモロコシの芯（corn cob）や茎や葉な

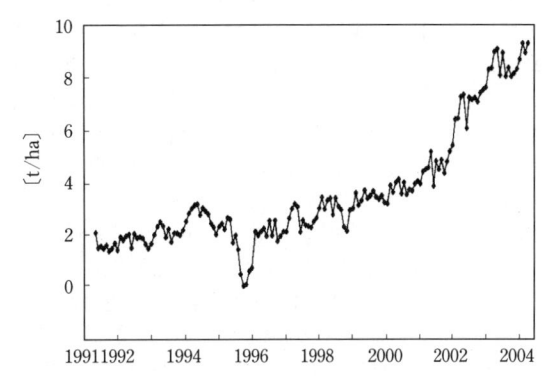

図1.6 米国における燃料用エタノールの生産

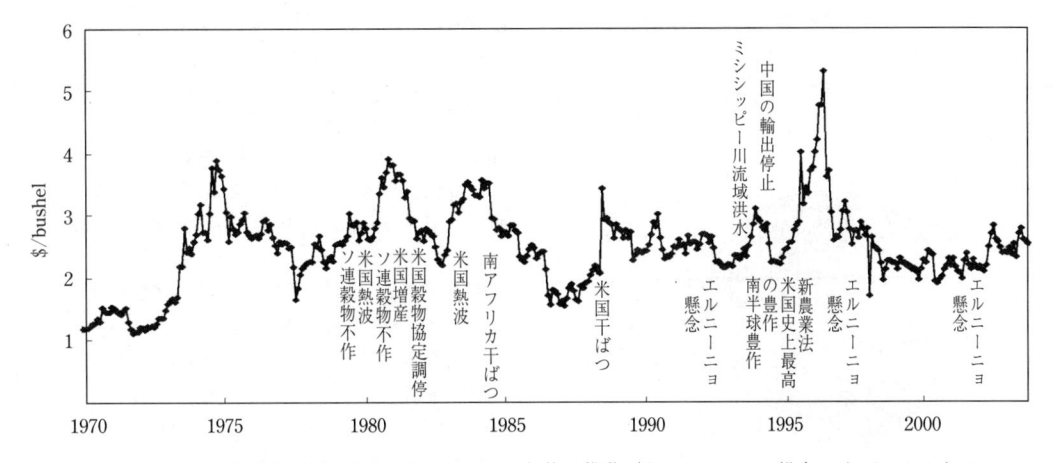

図1.5 シカゴ商品取引所におけるトウモロコシ価格の推移（トウモロコシの場合には1 bushelは56 poundsに相当する）

ど（corn stover）のセルロース系バイオマスを糖化し，エタノールや乳酸製造のための原料にしようという研究開発もさかんに行われている。このように，今後トウモロコシは食料資源としてだけでなく，燃料やプラスチックの原料として世界の政治経済の要であり続けると考えられる。　　　　　　　　　　（小原）

1.1.5　モラセス

モラセスとは，砂糖作物原料の搾汁を濃縮し砂糖を晶析分離した後の母液のことをいう。砂糖大根（ビート）を原料とした場合はビートモラセス（BM），サトウキビ（ケイン）を原料とした場合はケインモラセス（CM）となる。モラセスは糖分（スクロース，グルコース，フルクトース等の混合）を40～60％含有し，さらに原料作物由来のアミノ酸等，微生物の生育に有効な有機物も多く含むため良好な発酵原料となり，糖当りの価格としては約100 \$/tと，発酵原料のなかでは最も安価である。

ビートは欧州，北米等の寒冷地が主産地であるが，一部エジプト，トルコ，南米でも生産されている（**図1.7**）。各国の栽培面積を比較するとロシア，ウクライナが圧倒的に大きく，それぞれ約80万haでビート栽培がなされている。米国が約55万haでこれにつぐ。西ヨーロッパ地域では約45万haのドイツが最大の栽培面積を誇り，フランス（約40万ha），イタリア（約25万ha）がこれに続く。中国（約50万ha）やトルコ（約40万ha）も栽培面積は大きい。ところがビートの収穫量はフランスが3 000万tで最も多く，2 000数百万tのドイツや米国がこれに続いている。これは国により単収に大きな差があるためで，西ヨーロッパ諸国，特にフランスは約70 t/haの高収量を実現している。アメリカ，エジプトなどは約50 t/ha。ロシア，ウクライナ，中国などでは経済や農業政策の混乱などから約20 t/haと低い値となっている。

ケインは熱帯性作物であり，インド，東南アジア諸国，中南米，オーストラリア，南アフリカなどで栽培されている（**図1.8**）。国別の栽培面積としてはインドとブラジルがともに約250万haと最大規模を有している。キューバ，タイ，中国がそれに続き，それぞれ約100万haであり，メキシコが約60万ha，オーストラリア，米国が40～50万haとなっている。フィリピン，インドネシア，南アフリカなどは30～40万haである。ケインの収穫量もインド，ブラジルが最大で約2億t，タイや中国が6 000～7 000万tでこれにつぐ生産量である。栽培面積が多いキューバは，従来ソ連に依存していた農業資材が入手困難となり，通常70～100 t/haの単収が30 t/haと極端に低下したため，収穫量も約3 000万tと低迷している。

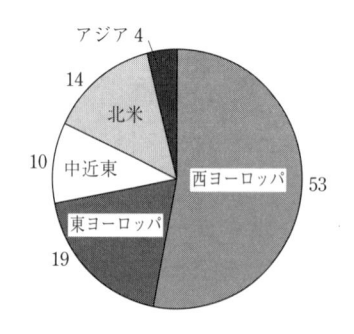

図1.7　2000年度地域別ビート栽培量〔％〕

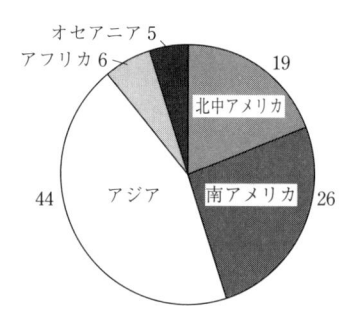

図1.8　2000年度地域別サトウキビ栽培量〔％〕

1 tのビートから得られる砂糖の量は，西ヨーロッパの北部の各国は170～180 kgと高い値を示しているが，南部のギリシャ，イタリア，スペインなどは130～150 kgとやや低くなる。この原因は，収穫したビートが気温が高いため処理されるまでの数日の間に劣化を起こすからである。トルコ，エジプトなども同様な理由でビート当りの砂糖収率が低くなっている。また，ロシアなど旧ソ連邦地域ではビート栽培状況の悪化によるビート中の糖含量低下や合理化が進まない精糖工場の老朽化が原因で，ビート1 t当り110～120 kgの砂糖しかとれていない（**表1.5**）。

同様に，ケインの場合も栽培環境が良好でケイン中の糖含量が10％以上と高く精糖工場も合理化された新しい技術が導入されているオーストラリアや南アフリカ，グアテマラなどでは1 tのケインから120～140 kgの砂糖が得られるが，逆に農業環境悪化でケイン中の糖含量が低下したり，精糖工場の合理化が進んでいないインドネシアやフィリピンではケイン1 tからの砂糖収量が60～70 kgと大きく落ち込んでいる。

砂糖や副産物であるモラセスのコストは，ビートやケインの価格，製糖工場の稼働率など生産性の差によ

表1.5　主要国の砂糖生産量（2000年度）

国　名		砂糖生産量〔千t〕	原料作物1t当り産糖量〔kg〕
（ビート）	ドイツ	4 760	171
	フランス	4 881	159
	イタリア	1 686	146
	イギリス	1 441	159
	ロシア	1 667	119
	ポーランド	2 104	160
	トルコ	2 902	167
	米　国	4 199	146
（ケイン）	インド	19 752	112
	タイ	5 438	112
	南アフリカ	2 937	122
	オーストラリア	5 542	140
	ブラジル	16 987	113
	メキシコ	5 236	118
	キューバ	3 597	103
	米　国	7 868	118

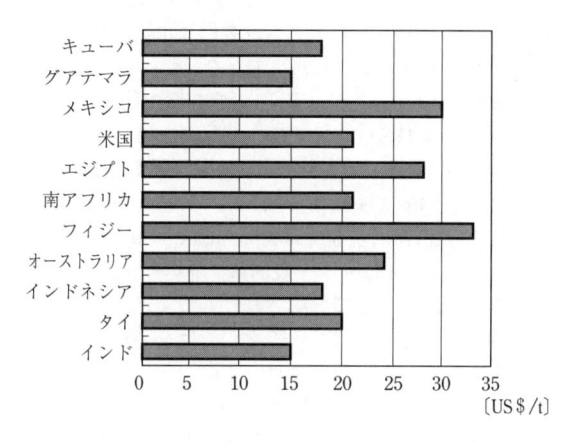

図1.9　ケイン価格

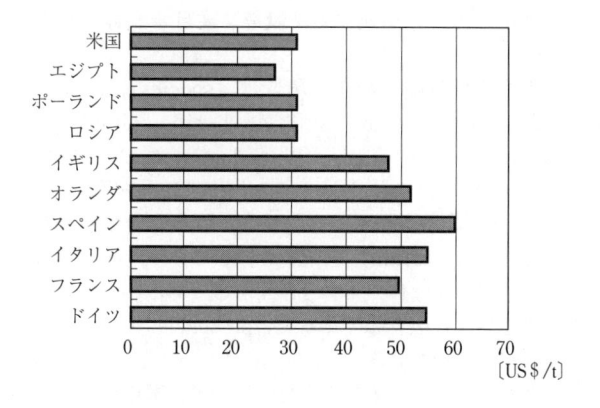

図1.10　ビート価格

って左右される。農産物であるビートやケインの価格は国の定めたルールによって管理されている場合も多くあるが，おおよそ西ヨーロッパ諸国で栽培されるビートは50～60 US$/tと比較的高く，ロシア，ポーランド，米国などは約30 US$/tと安価である（**図1.9**，**図1.10**）。さらに米国は工場の稼働期間も長く，原料ビート当りの砂糖収量も比較的高いことからビート糖製造コストは最も安いと推定される。メキシコ，フィジー，エジプトなどのケインが約30 US$/tと高いのに対し，インド，インドネシア，キューバ，グアテマラなどのケイン価格が20 US$/t以下と安い。米国，オーストラリア，南アフリカなどのケインが20～25 US$/tと中間的な価格になっている。また，米国，南アフリカは工場の合理化も進み，稼働期間も長いことから，十分安価なコストで生産されていると考えられる。

ビートやケインの搾汁液から砂糖をとった残りがモラセスであり，通常は原料作物中の糖の15～20 %がモラセスへ移行する。量的には原料作物重量の数%に相当する量のモラセスが産出される。ただし，米国や欧州の一部では，BMに残った砂糖をさらに回収する技術（ステフェン法，樹脂法）が開発実施され，糖含有量の高いモラセスは得られなくなった。

モラセスの用途は，BMでもCMでも飼料添加あるいはアルコール発酵の原料が主体である。多くの精糖工場で併設のアルコール工場が運営されている。ブラジルでは他の国と異なり，モラセスではなく直接ケインの搾汁を原料としてアルコール発酵がなされている。アルコール以外にはアミノ酸発酵の原料としてモラセスが使用されている例がある。モラセスは糖以外の多くの有機物を含んでおり，これが目的生産物を培養液から単離精製する際の妨げとなる。したがって，晶析や蒸留といった効率的な不純物淘汰技術が使えない発酵には原料として不向きである。さらに従来モラセスが比較的多く使用されていたグルタミン酸発酵なども，良質原料化が試みられデンプン糖化液の使用比率アップや置換えの傾向がみられる。

また，モラセスを商業規模で大量に輸出できているのはタイであり，近隣のアジア諸国で発酵原料や飼料添加に使われている。　　　　　　　　　　（三輪）

引用・参考文献

1) FAO/*GIEWS Food Outlook* 3, FAO Rome (2001).
2) Grace, M. R.: *Cassava Processing* (FAO Plant Production and Processing Series 3), FAO (1977).
3) Leibold, K.: Brazil's soybean production, *AgDM*

4) Chulavatnatol, M.: Starch utilization in Asia, *New Frontiers of Sago Palm Studies*, (Kainuma, K. et al.), pp. 9-14, Universal Academy Press, Tokyo (2002).
5) Badger, P. C.: Ethanol from cellulose: A general review, Trends in New Crops and New Uses, (Janich, J., Whipkey, A.), pp. 17-21, ASHS Press, Alexandria, VA (2002).
6) Flach, M., van Kraalingen, D. W. G. and Simbardio, G.: Evaluation of present and potential production of natural sago palm stands, *Sago-'85, Proc. Third International Sago Symposium*, (Yamada, N., Kainuma, K.), Tokyo, 86-93 (1986).
7) 山本由徳:サゴヤシ(熱帯農業シリーズ 熱帯作物要覧25), 国際農林業協力協会 (1993).
8) Jong, F. S.: *Research for the Development of Sago Palm (Metroxylan sagu Rottb.) Cultivation in Sarawak, Malaysia*, Sading Press Sdn. Bhd., Kuching (2000).
9) Ishizaki, A.: Sago, an alternative renewable resource for the "lactate industry", *New Frontiers of Sago Palm Studies*, Kainuma, K., et al.), pp. 307-313, Universal Academy Press, Tokyo (2002).
10) *FAO Production Yearbook*, 54 (2000).
11) 坂井健吉:サツマイモ, 法政大学出版局 (1999).
12) 岩城英夫, 他:自然と食と農耕 (人間選書82), 農山漁村文化協会 (1986).
13) いも類に関する資料, 農林水産省生産局特産振興課 (2002).
14) 瓜谷郁三編:ストレスの植物生化学・分子生物学.――熱帯性イモ類とその周辺――, 学会出版センター (2001).
15) Adachi, K., Nakatani, M. and Mochida, H.: Isolation of an endophytic diazotroph, *Klebsiella oxytoca*, from sweet potato stems in Japan. *Soil Sci. Plant Nutr.*, **48**, 6, 889-895 (2002).
16) 刑部謙一:エタノール製造の最近の動き, バイオサイエンスとインダストリー, **60**, 46-49 (2002).
17) 菊池一徳:トウモロコシの生産と利用, 光琳 (1987).
18) www.sparksco.com (2003年7月現在)
19) 農畜産業振興事業団砂糖類ホームページ: http://sugar.lin.go.jp/world (2003年4月現在)

1.2 微生物資源

1.2.1 微生物の分類

分類学 (taxonomy) は, 分類体系の理論構築を目的とする classification と, 目的とする微生物株を各種性質のデータから別に与えられた分類体系に帰属させる identification (同定), さらに学名に関する約束を定める nomenclature (命名) からなっている。

生物全体の分類体系については, Ernst H. Haeckel が動物と植物のほかに, 微生物を第三の生物界とし原生生物界 (Protista) として生物三界説を提唱して以来, 種々の提案がされたが, Whittaker[1] は, 生物の栄養の獲得方法などに基づき, モネラ界 (Monera: 細菌, 藍藻以下原始段階の生物), 原生生物界 (Protista: ミドリムシほか単細胞動物, ヒカリモ, 渦鞭毛藻など), 菌界 (Fungi: ツボカビ, 卵菌, 接合菌, 子嚢菌, 担子菌, 変形菌), 植物界 (Plantae: 多細胞藻類, コケ植物, 維管束植物), 動物界 (Animalia: 多細胞動物) からなる生物五界説を提案し, 広く受け入れられてきた。

1970年後半にはRNAの塩基配列の決定が可能となり, リボソームRNAの配列による分子系統からの生物種の相違が論じられるようになった。Woese ら[2] は, 小サブユニットリボソームRNA (ssu rRNA) から, 通常の細菌とは異なる archaebacteria (古細菌あるいは始原菌) の存在を提案した。1980年代に入り, 迅速なDNAの塩基配列決定法が確立されると, rRNA遺伝子の塩基配列のデータベース作りが始まり, 生物の分子系統を論ずることが可能となった。

Woese[3,4] らはssu rRNA (原核微生物では16S, 真核生物では18S) 遺伝子の塩基配列を用いて微生物を含む生物全般にわたる分子系統樹 (図1.11) により, 生物分類の概念を一新し, 生物を Eukarya, Archaebacteria (現在では Archaea), Bacteria 三つのドメイン (domain: 一般的に, 界 (Kingdom) より大きい分類群として提唱されたもので, 分類階級としては公式に認められているものではない) に分類することを提唱した。現在では, この三ドメイン説が広く受け入れられ, 生物の分類に利用されている。しかし, 分類体系はあくまでも形質を基準としているために, 従来の形質を主とした分類体系との相違も多く, 分子系統を考慮しつつ分類体系の再検討が進んでいるところであり, 関連する文献等を注目する必要がある。

生物の分類階級の基本単位は (species) であり, (属名generic name + 種形容語 specific epithet) で示される。この2命名法 (binominal system) といわれる生物分類の体系は, Carl von Linne によって1750年代に確立された。ただし, 種といえども個々の個体 (株, strain) を指すものではなく, ある分類基準に属する個体の集合を示すものである。その種の定義を表す代表株は基準株 (type species) として慎重に保存されている。

菌類 (きのこ, カビ, 酵母) の命名は国際植物命名規約[5] (International code of botanical nomencla-

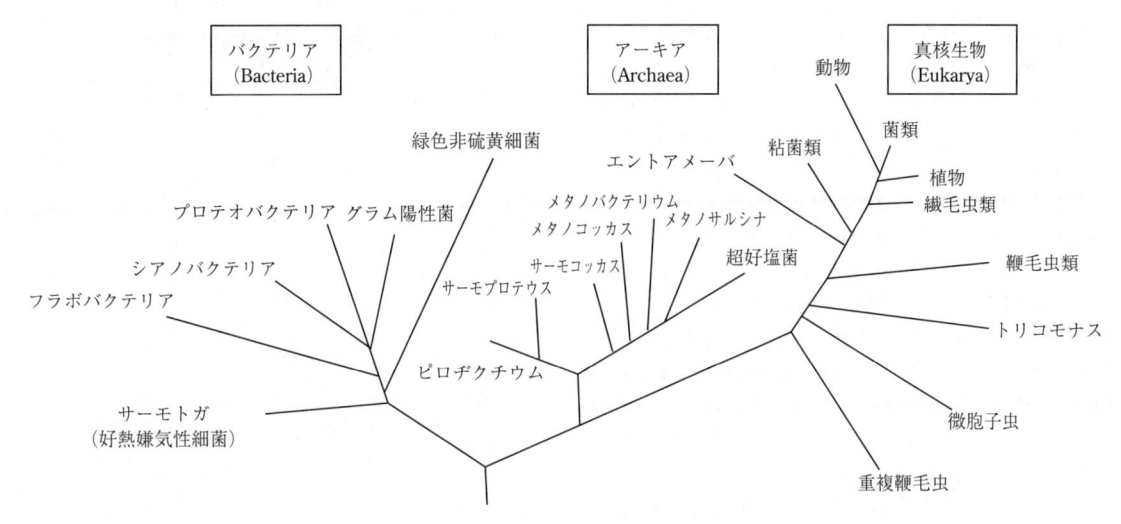

図1.11 リボソームRNA遺伝子塩基配列による分子系統樹（ここでは，微生物としてバクテリア，アーキアおよび真核生物のうち菌類を扱う．G. J. Olsen and C. R. Woese[4] 改変）

ture）により，また，細菌の命名は国際細菌命名規約[6]（International code of nomenclature of bacteria）に従っている．細菌については国際細菌分類命名委員会が新しい種などについて検討し報告しているので注意しておく必要がある．

現在，菌類分類の階級名は**表1.6**のとおりである．属の上位の各階級名は，一定の語尾を基準属名の語幹につけて作ることが定められている．細菌も本基準に準じている．

（a）バクテリア（真正細菌）の分類 細菌は，細胞の直径が一般的に0.5～数μmの大きさの原核生物であるが，*Epulopiscium fishelsoni*のように巨大な細胞を形成するものもある．分類学的には，大きさ，形状（桿菌，球菌，らせん菌，密な渦巻き状細菌，繊維状細菌など），内生を含む胞子形成，鞭毛の形成など形態学的特長を有するが，カビなどの菌類に比べて特徴は少ない．そのため，染色性，糖の資化性をはじめとする生理学的性質，細胞壁組成，キノンの種類やGC含量などの生化学的性質を用いて分類基準が作成され，分類体系が構築されてきた．

細菌の分類体系は，1923年にDavid H. Bergeyが編纂した*Bergey's Manual of Determinative Bacteriology*にまとめられ，以後，第9版（1994年）[7]まで出版されており，分類体系を知るうえで，また，分離

表1.6 菌類の分類階級名と語尾

階　級		菌類名語尾
門	Division（Phylum）	-mycota
亜門	Subdivision	-mycotina
綱	Class	-mycetes
亜綱	Subclass	-mycetidae
目	Order	-ales
亜目	Suborder	-ineae
科	Family	-aceae
亜科	Subfamily	-oideae
連（族）	Tribe	-eae
亜連（亜族）	Subtribe	-inae
属	Genus	
区	Section	
列	Series	
種	Species	

属，区，列にはそれぞれ亜属，亜区，亜列を設けることがある．また，種には亜種，変種を設けることがある．

表1.7 *Bergey's Manual of Systematic Bacteriology*第1版と*Bergey's Manual of Determinative Bacteriology*第9版における門（division）およびカテゴリー[8]

*Bergey's Manual of Systematic Bacteriology*第1版（1984）	*Bergey's Manual of Determinative Bacteriology*第9版（1994）
Division	Major category
Gracilicutes	Gram-negative Eubacteria that have cell walls
Firmicutes	Gram-positive Eubacteria that have cell walls
Tenericutes	Eubacteria lacking cell walls
Mendosicutes	The Archaeobacteria

〔Holt, G. L.: Bergey's Manual of Systematic Bacteriology, 1st ed., vol. 1, Williams & Winkins, Baltimore（1986）〕

菌等の同定をするうえで，非常に重要なものとなっている（**表1.7**）。なお，*Bergey's Manual* は公的な機関が発行しているものではなく，Bergey's Manual Trust のもとに集まった分類学者によって編纂されるのである。

また，1984年から1988年にかけて出版された *Bergey's Manual of Systematic Bacteriology*（1巻～4巻）[8)~11)] では，Archaea を含む細菌を四つの門（division）に分け，その分類基準（criteria）を示しており，各種の性質を知るうえで重要なものとなっている。

2002年から刊行されている *Bergey's Manual of Systematic Bacteriology* [13),14)] は，16S rRNA の塩基配列に基づく分子系統解析を基準として（**図1.12**），生理学的，化学的諸性質を統計的に解析することにより，新しい分類体系を示している。2004年7月現在，第2巻までしか刊行されていないが，全4巻が完成すると，Archaea と細菌はこの分類基準に準じて同定されると思われる。同書では原核微生物を二つの界（Archaea と Bacteria）に分け，合計5224の種を掲載している（**表1.8**）。

ただし，第2版では，分類群の設定を急いだため，現時点において国際細菌分類命名委員会で公認（validation）されていない学名も用いられているが，順次整理されるものと考えられる。年次ごとの改訂版が Bergey's Manual Trust のホームページ〔http://www.cme.msu.edu/Bergeys/（2004年12月現在）〕に掲載されている。また，ミシガン州立大学の rRNA のデータベースを編纂している Ribosomal Database Project II〔http://rdp.cme.msu.edu/html（2004年12月現在）〕における系統分類とは必ずしも一致して

表1.8 *Bergey's Manual of Systematic Bacteriology* 第2版に採用された分類学階級

分類学階級	総　数	Archaea	Bacteria
Domain	2	1	1
Phylum	25	2	23
Class	40	8	32
Subclass	5	0	5
Order/Subsection	89	12	77
Suborder	14	0	14
Family	203	21	182
Genus	941	69	871
Species	5 224	217	5 007

〔Garrity, G. M.: Bergey's Manual of Systematic Bacteriology, 2nd ed., vol. 1, Springer-Verlag, New York (1986)〕

いない。また，毎年，新種の報告も多く，同定や特許申請や新種報告に際しては十分注意する必要がある〔http://www.the-icsp.org/（2004年12月現在）〕。

Bergey's Manual of Bacterial Systematics 第2版[13)] では，バクテリア界は23の門（Phylum）に分けられているが，これらは，大きく四つのグループに大別されている（**表1.9**）。また，それぞれの門の特徴を**表1.10**にまとめている。

（b）Archaea の分類　　Archaea は，日本語では当初は古細菌と訳されていたが，原義から始原菌と訳されている場合もある（本書では混乱を避けるため原語表記とした）。真正細菌と同じように単細胞微生物であるが，胞細胞表層構造や，遺伝子の構造などが大きく異なっており，新しい生物として認められている。詳しい相違点は成書を参照していただきたい[15)]。

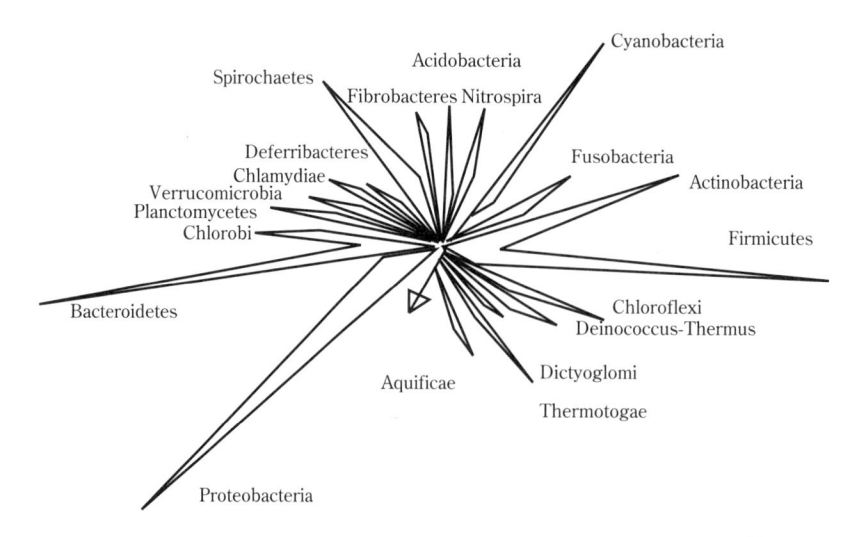

図1.12　おもなバクテリアの門の16S rRNA に基づく系統樹〔Ludwing と Klenk の報告[12)] から引用〕

表1.9 バクテリアドメインにおける四つのグループと対応する門 (Phylum)

グループ	対応する門
16S rRNA の分子系統樹においてほかのグループと大きくはなれているもの	Aquificae Thermotogae Thermodesulfobacteria Dictyoglomi Deinococcus-Thermus Chloroflexi
Cyanobacteria（藍藻）	Cyanobacteria
Gram-positive bacteria（グラム染色陽性菌）	Firmicutes Actinobacteria
Gram-negative bacteria（グラム染色陰性菌）	Chrysiogenetes Thermomicrobia Nitrospira Deferribacteres Chlorobi Proteobacteria Planctomycetes Chlamydiae Spirochaetes Fibrobacteres Acidobacteria Bacteroidetes Fusobacteria Verrucomicrobia

表1.10 バクテリアの各門の特徴[13]

Phylum	性質など
1. Aquificae	グラム陰性の桿菌。化学合成独立栄養あるいは化学合成従属栄養。超好熱性（65〜85℃）で、多くの種が嫌気性で硝酸を還元する。微好気性から好気性のものもある。*Aquifex*, *Hydrogenobactor* など4属からなる。
2. Thermotogae	グラム陰性の桿菌で、特徴的な鞘様構造を細胞外側に有する。嫌気性従属栄養である。*Thermotoga* など5属からなる。運動性があるものもある。超好熱性で、最適生育温度は70〜80℃。
3. Thermodesulfobacteria	グラム陰性の卵型から桿菌。絶対嫌気性で硫黄を硫化水素に還元する。好熱性で、最適生育温度は65〜70℃。温泉などから分離される。*Thermodesulfo bacterium* 属のみで構成される。
4. Deinococcus-Thermus	放射線耐性や高温耐性細菌を含む。*Deinococcus*, *Thermus* など3属からなる。*Deinococcus* はグラム染色陽性を示す。

表1.10 （つづき）

Phylum	性質など
5. Chrysiogenetes	グラム陰性の嫌気性桿菌。*Chrysiogenes* の1属からなる。好熱性細菌。
6. Chloroflexi	嫌気性光合成細菌あるいは好気性化学栄養従属細菌。糸状性緑色細菌である *Choloflexus* など4属からなる。
7. Thermomicrobia	グラム陰性で胞子非形成の好熱性細菌。*Thermomicrobium* 属のみ。
8. Nitrospira	グラム陰性の湾曲、ビブリオ型、あるいはらせん型細菌。好気性で化学合成無機栄養型の代謝をし、硝化もしくは硫酸還元を行う。
9. Deferribacteres	有機栄養型嫌気性細菌で、電子伝達の受容体として Fe(II), Mn(IV), S^0, 硝酸を利用できる。好熱性細菌。
10. Cyanobacteria	藍藻。非常に分子系統的に多様な群で、細菌命名法よりは植物命名法によるところが大きい。植物のクロロプラスト（Chloroplast）を含む分子系統のグループ。グラム陰性で、単細胞、群細胞、あるいは糸状細胞を示し、好気性の光合成細菌である。五つの Subsection で構成される。*Cyanobacterium*, *Anabaena*, *Nostoc* などの56種で構成されている。
11. Chlorobi	グラム陰性の球形、卵形、桿状、あるいは湾曲した細菌。絶対嫌気性で光合成をする緑色硫黄細菌 *Chlorobium* など1目1科5種からなる。
12. Proteobacteria	グラム陰性で好気性から絶対嫌気性までの細菌。形状は球菌、桿菌、湾曲型からせん型まで多様な細胞形態を示す。84属、1300を超える種からなる細菌のなかで最も大きいグループ。以下の5綱に分けられる。 1) Alphaproteobacteria Rhodospirillales, Rickettsiales, Rhodobacteriales, Spingomonadales, Caulobacteriales, Rhizobiales の6目からなる。紅色非硫黄光合成細菌、酢酸菌、窒素固定菌、メタノール資化性菌などを含む。 2) Betaproteobacteria Burkholderiales, Hydrogenophilales（水素酸化菌）, Methylophilales（水素酸化菌）, Neisseriales, Nitrosomonadales（アンモニア酸化菌）, Rhodocyclales の6目からなる。

表1.10（つづき）

Phylum	性質など
	3) Gammaproteobacteria 14目からなるが，Pseudomonadalesを除いて公認されていない。おもな属としては *Clomatium*（紅色硫黄細菌），*Xanthomonus*, *Thithrix*, *Lejionella*, *Methlococcus*, *Pseudomonus*, *Vibrio*, *Enterobacter* などがある。 4) Deltaproteobacteria 7目からなるが，Myxococcales以外は未公認。おもな属としては *Desulfurella*, *Desulfuromonas* などがある。 5) Epsilonproteobacteria *Campylobacter*, *Heliobactor* 属など病原性細菌が含まれる。
13. Firmicutes	グラム陽性で低GC含量DNA細菌。耐熱性の内生胞子を作るものを含む。絶対嫌気性から好気性まである。Clostridia, Mollicutes, Bacilli の3綱が提案されている。*Clostridium*, *Mycoplasma*, *Bacillus*, *Staphylococcus*, *Lactobacillus* などの種がある。*Heliobacteria* は光合成を行う。なお，*Mycoplasma* 属を含む Mollicutes綱のものは細胞壁を有しないのでグラム陰性である。
14. Actinobacteria	放線菌と呼ばれる一群の細菌を含む。グラム陽性高GC含量DNA細菌。多様な外生胞子を作る。桿菌から球菌までの単細胞から糸状細胞まで多様である。種々の形の外生胞子を作るものが多い。1綱4亜綱に分けられている。おもな属としては，*Acidimicrobium*, *Rubrobacter*, *Coriobacterium*, *Sphaerobactor*, *Actinomyces*, *Micrococcus*, *Corynebacterium*, *Micromonospora*, *Propionibacterium*, *Pseudonocardia*, *Streptomyces*, *Frankia*, *Glycomyces*, *Bifidobacterium* などがある。
15. Planctomycetes	グラム陰性細菌で出芽細胞を作る。基準属は *Planctomyces*。
16. Chlamydiae	通性寄生性のグラム陰性球菌。細胞の形状は変化することがある。基準属は *Clamidia*。
17. Spirochaetes	グラム陰性のらせん菌でフレキシブルである。宿主動物で生活することもある。基準属は *Spiroheata*。

表1.10（つづき）

Phylum	性質など
18. Fibrobacteres	グラム陰性の好気性桿菌であるが，多様な形態を示すことがある。基準属は *Fibrobacter*。
19. Acidobacteria	グラム陰性で好気性，嫌気性の桿菌。基準属は *Acidobacterium*。
20. Bacteroidetes	グラム陰性菌で多様な性質を示す。基準属は *Bacteroides*, *Flabobacterium*, *Spingobacterium*。
21. Fusobacteria	グラム陰性の桿菌。基準属は *Fusobacterium*。
22. Verrucomicrobia	グラム陰性の偏性嫌気細菌。基準属は *Verrucomicrobium*。
23. Dictyoglomi	グラム陰性嫌気性光熱菌。基準属は *Dictyoglomus*。

新しい分類体系は，真正細菌と同様に，*Bergey's Manual of Systematic Bacteriology*[13] に示されている。Archaea は二つの門からなっており，その特徴を表1.11 に示すように，絶対嫌気性菌，好熱菌，塩耐性菌など特殊な環境から分離されるものも多く，今後も新種の発見や，新たな利用方法の開発が期待される。

(c) 菌類の分類　真核微生物としての菌類は，色素体を欠き，従属栄養型で，吸収により栄養を摂取する。葉状体（栄養体）は単細胞か糸状である。細胞壁は通常キチンと β-グルカンを含む。また，リシンは，γ-アミノアジピン酸経路で生合成される。

菌類はカビ，酵母，きのこなどと呼ばれる微生物の集合体であるが，これらの呼称は分類学的には必ずしも正確な分類群を示すものではない。菌類は，細菌とともに生態系で有機物を分解するものとして重要な役割を担っている。また，植物寄生菌や真菌症として，農業や健康にも大きく影響している。一方では，工業的に重要な微生物の一群であり，醸造・発酵工業に寄与している。また，*Saccharomyces cerevisia*, *Aspergillus nidulans* や *Nurospora crassa* は真核生物の遺伝学において重要なモデル生物とて用いられてきた。

菌類の分類は，形態学的性状によるところが大きく，顕微鏡などによる観察が重要となる。特に，有性生殖にかかわる器官の発達形式は，分類学において非常に重要であり，無性生殖および有性生殖との生活環様式も重要な要素である。

菌類としては約2400属，13000種からなるといわれている。近年，細菌の分類と同様に，18S rDNA な

表1.11 アーキア (Archeae) の各門の特徴

Phylum	性質など
Crenarchaeota	三つの目 (Thermoproteaceae, Desulfrococcales, Sulfolobaceae), 22の属から構成される。形態は桿菌，球菌，糸状細胞，盤状など種々の形態からなる。大きさは $0.1 \sim 0.5 \times 1 \sim 100\ \mu m$。球菌の場合の半径は $0.5 \sim 5\ \mu m$。グラム染色陰性，好熱性 (obligately thermophilic) で $70 \sim 113$℃で生育する。耐酸性。好気 (aerobic), 通性嫌気性 (facultative anaerobic), 絶対嫌気性 (absolute anaerobic) まである。化学合成独立栄養 (chemoautotroph) が多い。硫黄還元あるいは酸化，あるいは有機化合物の硫黄呼吸を行う。酸性の温泉，深海の高熱環境に生息する。
Euryarchaeota	形態はさまざまで，桿菌，球菌，変形球菌，両刃のメス状，らせん状，盤状，三角形，四角形などがある。細胞壁に pseudomurein が存在するかどうかにより，グラム陽性，陰性を示す。細胞壁がタンパク質からなるもの，欠落するものがある。 綱Ⅰ Methanobacteria 絶対嫌気性で最終代謝産物としてメタンを生成する。$H_2\text{-}CO_2$, formate, acetate, methanol などを基質とする。psuedomurein を細胞壁に含む。 綱Ⅱ Methanococci 海洋環境から分離され，絶対嫌気性で最終代謝産物としてメタンを生成する。$H_2\text{-}CO_2$, formate, acetate, methanol などを基質とする。細胞壁はタンパク質。 綱Ⅲ Halobacteria 好熱で好酸性。細胞壁を欠き，細胞膜はマンノースに富んだグリコプロテインとリポグリカンからなる。 綱Ⅴ Thermococci 偏性好温性，絶対嫌気性で変形した球菌。従属栄養体。 綱Ⅵ Archaeoglobi 絶対嫌気性で硫化水素を生産する。超好熱菌。 綱Ⅶ Methanopyri 好熱桿菌。80℃以下では生育しない。絶対嫌気性で最終代謝産物としてメタンを生成する。

菌類の分類は，Aisworth による体系[16]をもとにした Hawksworth[17] による分類体系が1990年代中ごろまで広く採用され，菌類界 (Kingdom Fungi) のもとに，**表1.12** に示すような Division（門）あるいは Subdivision（亜門）に体系化された。

表1.12 Hawksworth による菌類の分類体系[17]

Division (門)	Subdivision (亜門)	分類学上の性質
Myxomycota (変形菌門)		葉状体は遊離の変形体からなる。粘菌 Slime mold ともいわれる。
Eumycota (真性菌門)		葉状体は変形体ではない。
	Mastigomycotina (鞭毛菌亜門)	有鞭毛細胞を形成する。
	Zygomycotina (接合菌亜門)	有鞭毛細胞がなく，若い菌糸に隔壁がない。優性生殖器官として接合胞子を形成する。
	Ascomycotina (子嚢菌亜門)	有鞭毛細胞がなく，菌糸に隔壁がある。優性生殖器官として子嚢胞子を形成し，減数分裂は子嚢内で行われる。
	Basidiomycotina (担子菌亜門)	有鞭毛細胞がなく，菌糸に隔壁がある。優性生殖器官として担子胞子を形成し，減数分裂は担子器内で行われる。
	Deuteromycotina (不完全菌亜門)	有鞭毛細胞がなく，菌糸に隔壁があるが，有性生殖は不明。

〔長谷川武治編著：微生物の分類と同定，上（改訂版）(1987) より引用〕

ど遺伝子の塩基配列情報をもとにした分子系統学的解析手法による高次分類群に関する研究が行われつつあるが，遺伝子情報の蓄積は細菌に比べて不十分である。しかしながら分子系統分類学の展開は，菌類の分類体系を大きく変えつつある。

しかし，近年の rDNA の塩基配列による分子系統解析の結果から（**図1.13**），変形菌類は菌類に属さず独立した分類群を形成するとして，原生動物 (protozoa) 界または原生生物群 (protists) に帰属すると考えられるようになった[19),20)]。また，鞭毛菌類の一部は分子系統的に他の菌類とはかけ離れたものがあり，クロミスタ界 (Chromista) あるいはストラミニピラ界 (Stramenopila) として独立させることが妥当と考えられている[21)]。

これらの結果から，現在，真の菌類界 (Kingdom Fungi) は，鞭毛菌類の一部であるツボカビ門 (Chytridiomycota)，接合菌門 (Zygomycota)，子嚢菌門 (Ascomycota)，担子菌門 (Basidiomycota) の

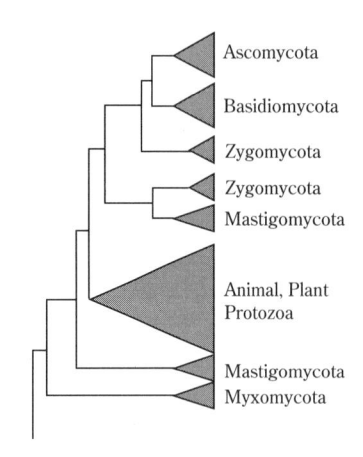

図1.13 従来の菌類の分子系統的関係（杉山の報告から改変[25]）

4門から構成されていると考えられている[22]。なお，不完全菌類はその性質や分子系統分類の結果から，子嚢菌門あるいは担子菌門に帰属させている。

本ハンドブックでは，バイオテクノロジー分野での利用が認められない変形菌を除いた菌類の分類体系の概要を説明する。

（1）鞭毛菌類　鞭毛菌類は鞭毛を有する遊走子Zoosporeを形成することで特徴づけられるが，細胞の微細構造の比較研究や分子系統解析などから鞭毛菌類の全体像が明らかになりつつある。約200属，1200種が報告されている。

そのうち，18S rDNAに基づく分子系統解析などから，2本の不等鞭毛をもつ卵菌や，1本の羽型鞭毛を前方に持つものは，従来の菌類から独立させクロミスタ界あるいはストラミニピラ界（Stramenopila）として扱われるようになり[19]，ラビリンツラ門（Labyrinthulomycota），サカゲツボカビ門（Hyphochytriomycota），卵菌門（Oomycota）の3門Phylumに分けることが提案されている。サカゲツボカビは1本の羽型鞭毛を有し，卵菌は1本の羽型鞭毛と1本の尾型鞭毛を有する。工業的な利用は知られていないが，一般的に下水などに生息し，特に卵菌のミズカビ（*Saprolegnia*）は魚の病虫害菌として知られている。卵菌類の一種である *Phytophthora infestans* はジャガイモ疫病として知られ19世紀にはアイルランドの大飢饉を引き起こしていいる。

他方，ツボカビは，後方に1本のムチ型鞭毛のある遊走子を有するが，分子系統からツボカビ門（Chytridiomycota）として菌界の分類体系に含められている[21),23]。ツボカビ門はツボカビ綱（Chytridiomycestes）のみからなる。ツボカビは多核管状体の菌糸を形成し，有性生殖である配偶子嚢接合が認められることから，また，18S rDNAの塩基配列による系統から，つぎに述べる接合菌の一部と近縁であると考えられている[24]。

（2）接合菌類　接合菌門は，ZygomycetesとTrichomycetesの2綱からなる。葉状体は菌糸状で通常は隔壁を欠いており，多核である。細胞壁はキトサン－キチン（接合菌綱），あるいはポリガラクトサミン（トリコミケス菌綱）を含む。遊走子を欠き運動性のない無性の胞子嚢胞子sporangiosporeをつくる。有性生殖は配偶子接合により接合胞子Zygosporeをつくり，図1.14に示すような生活環が特徴である。ケカビやクモノスカビなど応用微生物工業で利用されてきたものも多い。

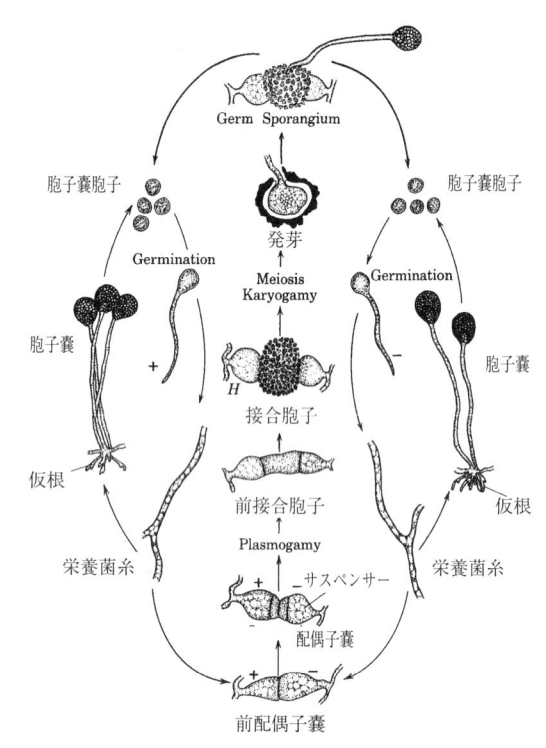

図1.14 接合菌類の生活環

接合菌の特徴はZychaら[26]の分類学的研究がよく知られている。分類には胞子嚢（sporangium）の形，子嚢胞子の種類，仮根（rhizoid）の形状などが分類基準として用いられる（図1.15）。また，接合胞子を形成する器官の特徴も基準に用いられる。

工業的に利用される多くのケカビはZygomycetesに属するもので，土壌に多く生息し，その他食品にも

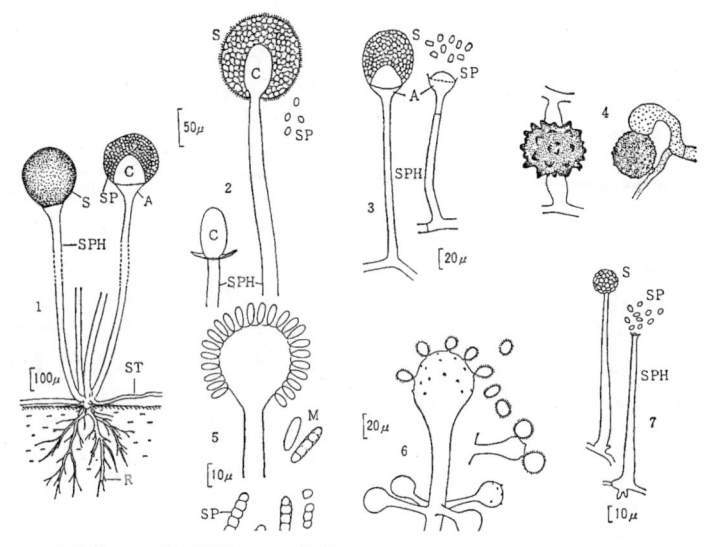

S: 胞子嚢, SP: 胞子嚢胞子, C: 柱軸, A: アポフィーゼ, SPH: 胞子嚢柄, ST: 葡萄菌糸, R: 仮根, M: 分節胞子嚢, 1: *Rhizopus*, 2: *Mucor*, 3: *Absidia*, 4: 接合胞子（左，雌雄異体；右，同体），5: *Syncephalastrum*, 6: *Cunninghamella*, 7: *Mortierella*

図1.15 接合菌類の各種器官の形態学的特長[18]

生育する Tricomycetes は昆虫に共生寄生するもので実用化されているものはない。

接合菌綱（Zygomycetes）は Mucorales, Endogonales, Dimargaritales, Zoopagales, Kickxellales, Entomophthorales の6目（order）のほかに，VA（vesicular-arbuscular）菌根菌として知られている Glomales を加えて7目とされている。しかし，これらの目は18S rDNA 塩基配列による分子系統関係において担系統を示さないものもあり，必ずしも対応していない。種としては，約850種が提案されているが，詳しい分類については成書[27]にゆだねる。

Mucorales（ケカビ目）は，おもに腐生性であり，無性生殖として1ないし多数の胞子嚢胞子を内包する胞子嚢をつくる。おもな科には，接合胞子支持柄が釘抜き型をしている Choanephoraceae（ユウガイケカビ科），ほとんど柱軸がない Mortierallaceae（クサレケカビ科），胞子嚢に柱軸があり多胞子を胞子嚢に内包する Mucoraceae（ケカビ科），胞子嚢が細長く胞子が直列に並ぶ（分節胞子嚢）をつくる Syncephalastraceae（ハリサシカモドキ科），小胞子嚢をつくる Thamnidiaceae（エダケカビ科）などがある。

Mucoraceae 科（ケカビ科）には *Mucor*（ケカビ），*Absidia*（ユミカビ）や *Rhizopus*（クモノスカビ）などがあり，食品などの汚染を起こすが，一方，*R.*

delemar はアミラーゼやリパーゼ生産に，*R. stolonifer* はアミロ法によるアルコール生産やインドネシアにおける大豆発酵食品テンペの製造など醸造・発酵工業によく用いられるものが含まれている。

Entomophthorales（ハエカビ目）や，Zoopagales（トリモチカビ目）はおのおの昆虫や線虫などに寄生する。

（3）子嚢菌門（Ascomycota） 葉状体（主に栄養細胞をいう）は単細胞もしくは糸状を呈する菌類であり，糸状の場合は隔壁を有する。アナモルフ（無性世代）は，無性胞子を形成するものが多く，テレオモルフ（有性世代）では子嚢核中に子嚢をつくる。

杉山ら[25], [28]は，18S rDNA に基づく分子系統から子嚢菌類を大きな三大系統群に分け，それぞれを

・古生子嚢菌門（Archiascomycetes）
・半子嚢菌門（子嚢菌酵母）（Hemiascomycetes）
・真正子嚢菌門（Ascomycetes）

としている（**図1.16**）。しかし，一般的には，従来の高次の分類体系と，分子系統との対応は不十分であり，分類体系をより複雑にしている。子嚢菌門の高次分類体系については Alexopoulos[27] らの提案もあるが，本書では『岩波生物学辞典』[29]の付録・生物分類表（pp. 1564-1574）を参考にする。なお，従来不完全菌類に分類されていた菌類は，テリオモルフの発見や，分子系統解析の結果から独立した菌群ではないことが

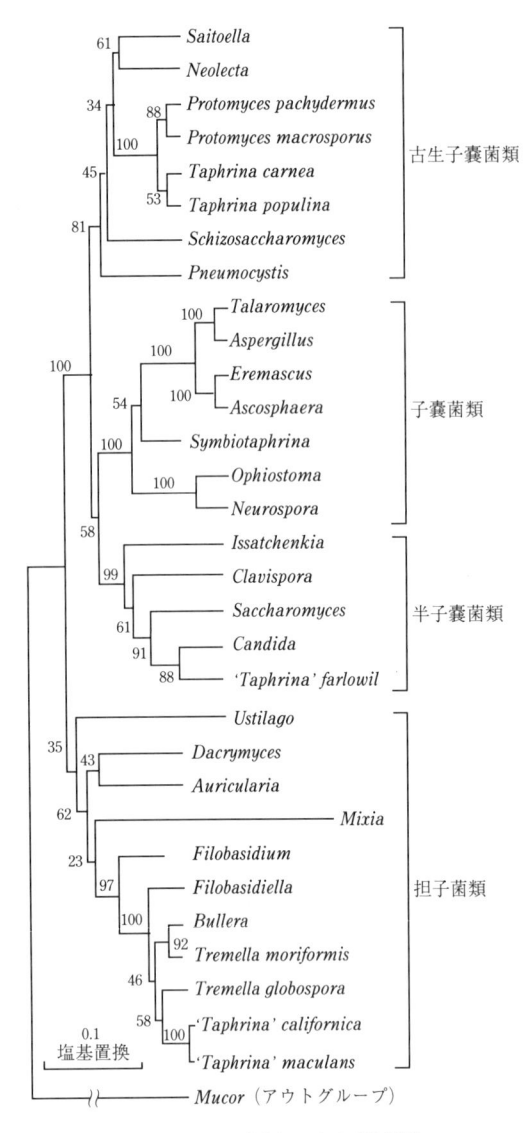

図1.16 子嚢菌類の分子系統樹[28]

系統とは一致しない。増殖は出芽であり，*Saccharomyces*酵母に代表されるように子嚢果が未発達で，単細胞の子嚢の中に子嚢胞子を内生する。

真正子嚢菌類は造嚢糸を生じ，さまざまな形態的特徴を有する子嚢殻を形成し，子嚢殻内部に子嚢（ascus）を作り，子嚢胞子（ascosore）を内包する（図1.17）。子嚢殻および類似器官としては，閉子嚢殻（cleistothecium），子嚢殻（perithecium），子嚢盤（apothecium），偽子嚢殻（ascotromaまたはpseudothecium）がある（図1.18）。アナモルフ時代では種々の分生子を作る（図1.19）。分子系統的にはAscomycetesの1綱と考えられているが，これらの形態的性状により以下に示す5グループ（岩波生物学辞典第4版では綱として扱われている）に分けられている。なお，[ ]内はアナモルフを示す。

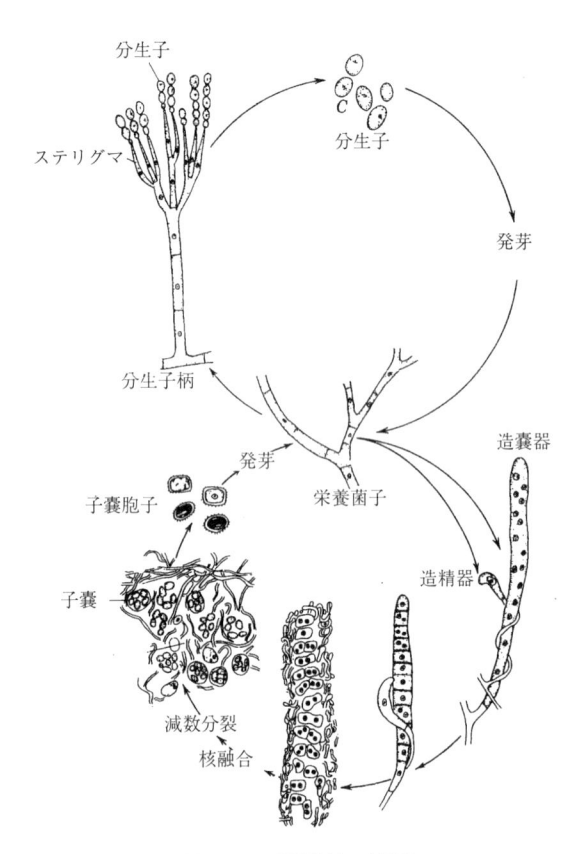

図1.17 子嚢菌類の生活環

明らかになったことから高次分類群としては扱われなくなった。

古生子嚢菌類は，その栄養細胞は酵母状であり，Pneumocysidales, Schizosaccharomycetalesなど4目で構成される。分裂酵母*Schizosaccharomyces*，不完全菌類酵母*Saitoella*や，植物寄生菌類である*Taphrina*, *Protomyces*が，また，カリニ肺炎菌*Pneumocystis*が含まれており，多様な菌類のグループであると考えられている。

半子嚢菌類は，子嚢菌酵母であり，Saccharomycetalesの1目8科で構成されるが，必ずしも分子

① 不整子嚢菌類（Plectomycetes）　裸子嚢殻または閉子嚢殻を作る菌類。Onygenales, Ascosphaerales, Eurotialesの3目で構成される。Eurotialesには，工

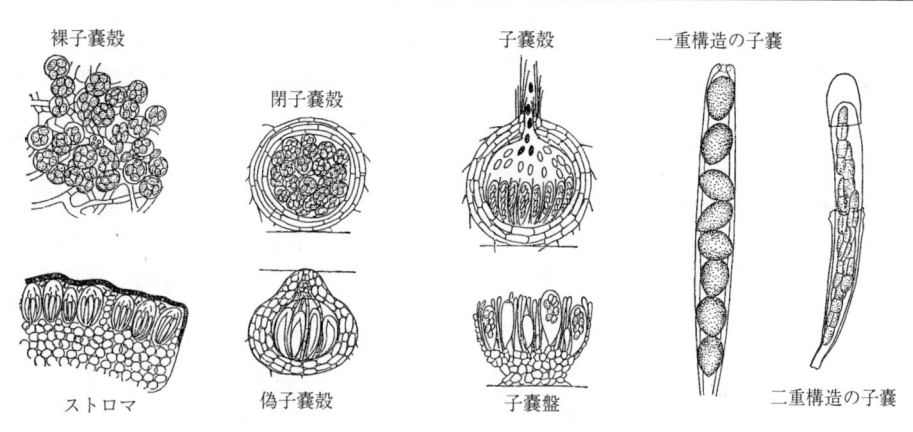

裸子嚢殻　　　　　　　　　　　子嚢殻　　一重構造の子嚢
　　　　　　閉子嚢殻

ストロマ　　偽子嚢殻　　　　子嚢盤　　二重構造の子嚢

図1.18　子嚢菌類の子嚢殻の特徴〔長谷川武治編著：微生物の分類と同定，上，学会出版センター（1984）〕

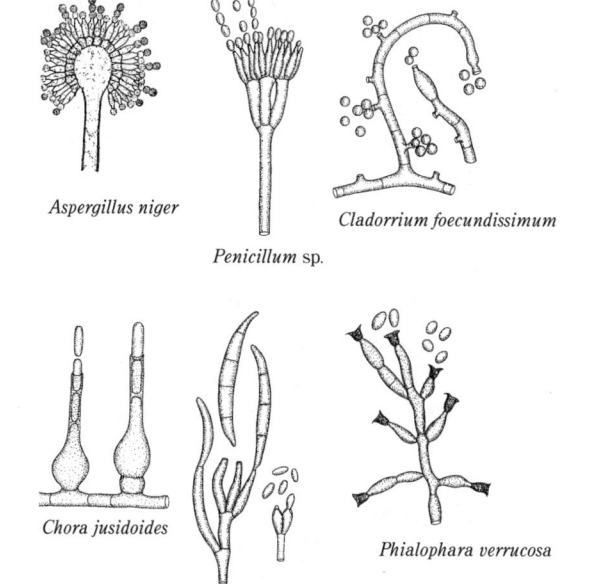

Aspergillus niger

Penicillum sp.

Cladorrium foecundissimum

Chora jusidoides

Phialophara verrucosa

Fusarium desnazierri

図1.19　子嚢菌類の無性世代（アナモルフ）の分生子コニディウム

業的に多用される麹菌などの菌類が多く，ベニコウジカビとして知られる *Monuscus*，特徴的な頂嚢とフィアライド（phialide）を作るコウジカビ *Aspergillus* のテリオモルフである *Emericella, Eurotium, Scleroclesta* （=*Neosartoria*：*A. niger* 群）など，*Penicillium* のテリオモルフである *Eupenicillium* [*Penicilium*]，*Taromyces* [*Penicilium*]，*Trichoma* [*Penicilium*]，*Thermoascus* [*Penicilium*] などが含まれる。

② 核菌類（Pyrenomycetes）　フラスコ型の子嚢殻をつくる菌類で，15目で構成される。ウドンコ病菌である Elysiphaceae（科）に属する *Erysiphe* [*Oidium*]，Clavicipitaceae に属し，バッカク菌として知られる *Claviceps*，冬虫夏草である *Cordyceps*，アナモルフが *Fusarium* として知られる Hypocreaceae の *Giverella*，*Nectria*，繊維を変質させる Chaetomiaceae の *Chaetomium* [*Humicola* など]，遺伝解析に使われる Sordariaceae の *Neurospora* などが含まれる。

③ ラブルベニア菌類（Laboulbeniomycetes）　昆虫などの節足動物の外部寄生菌であり，1目からなる。

④ 盤菌類（Discomycetes）　子嚢盤を形成し，16目があり，地衣類を含む。多くは糞生あるいは土壌菌で，培養可能なものは少ない。代表的な

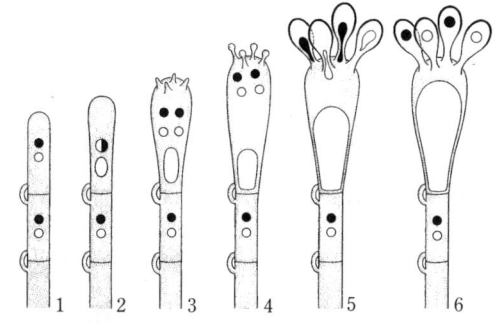

1：二核菌糸の先端，2：核融合に続く二倍体細胞，
3：減数分裂後の四つの単核を持つ担子器，
4：初期小柄（steringmata）の形成，
5：核の端子胞子への移行，6：完成した担子器

図1.20　担子菌の担子器および担子胞子の生長過程

Pezizales（チャワンタケ目）のうち，純粋培養下で完全な子嚢盤，子嚢，子嚢胞子を作るものは数種にしかすぎない。

⑤ 小房子嚢菌類（Loculoascomycetes） 二重壁の子嚢を形成し（図1.17），その多くは子嚢座が発達する。一般に培養は困難で，偽子嚢殻が発達するまで長期間を必要とする。4目で構成される。

（4） 担子菌門（Basidiomycota） 担子菌は，担子器の種類や，子実体の形態的性状によって分類されてきた（図1.20）。rDNAの塩基配列による分子系統的研究によれば短系統を示す短親類はつぎの3群に大別されるが，いまだデータベースにある情報が少なく全体像は明らかでない。

① Ustilagniomycetes（クロボキン綱） *Ustilago*（クロボキン属）を含むUstilaginales（目）とGraphiolales（目）の2目からなる。*Malassezia*, *Pseudozyma*, *Sympodiomycopsis*, *Tilletiopsis*（いずれもアナモルフの属名）などの酵母も含む。

② Urediniomycetes（サビキン綱） UredinalesとSporidialesの2目からなる。酵母様のものが多い。

③ Hymenomycetes（菌蕈綱） 子実体を形成するものが多く，32目が挙げられている。おもなキノコとしては，*Amanita*（テングタケ），*Coprinus*（ヒトヨタケ），*Volvariella*（フクロタケ），*Flammulina*（エノキタケ），*Lentinula*（シイタケ），*Lyophyllum*（シメジ），*Grifola*（マイタケ），*Auricularia*（キクラゲ），*Russula*（ベニタケ）などがある。

（d） 酵母の分類 酵母（Yeasts）は単細胞状態で出芽あるいは分裂により栄養増殖する菌類の呼称であり，分類学的には前述のように，子嚢菌門および担子菌に属する菌類である。酵母分類学で多用される *The Yeasts: A Taxonomic Study*（第4版）[30]では57属499種の子嚢菌酵母が記載され，40属224種の担子菌酵母が記載されている。*Yeasts: Characteristics and Identification*（第3版）[31]では93属678種が記載されている。

子嚢菌酵母は，DBB染色が陰性であることから担子菌酵母と区別される。子嚢菌酵母の多くは，前述のように分子系統学研究により，明らかに子嚢菌綱と区別され半子嚢菌綱に属するが，分裂により栄養細胞が増殖する古生子嚢菌がある。おもな属を表1.13に示す。
〔中川，川崎浩子，関 達治〕

1.2.2 微生物の同定

微生物同定とは，微生物の分類学上の帰属分類群を，微生物の分類体系に従い特定することである。従来は，形態観察，生理・生化学的性状試験，化学的性状分析などの手法により同定されてきたが，時間と専門的技術を要した。1990年代に入り，rDNAの塩基配列データベースが整備されて以来，先にrDNAの系統解析により属や種の推定を行う方法が取られるようになってきた。しかし，種名の特定，新種の提案や特許上で種名が求められる場合は，形態，生理・生化学的性状，化学的性状を調べる必要がある。

微生物の同定の詳細については，成書[32],[33]を参照されたい。

また，微生物同定サービスを提供する会社も数社あるので依頼することができるが，受託項目や受託内容および費用について事前に見積もることが必要である。

表1.13 酵母の代表種

Ascomycota（子嚢菌門）
Archiascomycetes（古生子嚢菌綱）
Schizosaccharomyces,
Taphrina*, *Lalaria**, *Protomyces*,
Saitoella*, *Pneumocystis*
Euascomycetes（真正子嚢菌綱）
Oospridium*
Hemiacomycetes（半子嚢菌綱）
Ambrosiozyma, *Arxiozyma*, *Ascidea*,
Candida*, *Cephaloascus*, *Clavispora*,
Debaryomyces, *Dekkera*, *Dipodascus*,
Eremothecium, *Endomycetesm*,
Galactomyces, *Geotrichum**,
Hanseniaspora, *Kloechera**, *Kluyveromyces*,
Lipomyces, *Metschnkowia*, *Pichia*,
Saccharomyces, *Saccharmycodes*,
Saccharomycopsisi, *Torulaspora*,
Trigonopsis*, *Yarrowia*, *Zygozyma*
Basidiomycota（担子菌門）
Ustilaginomycetes（クロボキン綱）
Malassezia*, *Pseudozyma**,
Sympodiomycopsis*, *Tilletiopsis**
Urediniomycetes（サビキン綱）
Bensingtonia*, *Chinosphaera*,
Erythrobasidium, *Kondoa*,
Kurtzmanomyces*, *Leucosporidium*,
Reniforma, *Rhodotorukla**, *Sakaguchia*,
Sporidiobolus, *Sporobolomyces**,
Sterigmatomyces*
Hymenomycetes（菌蕈綱）
Apiotrichum*, *Bullera**, *Bulleromyces*,
Cryptococcus*, *Cystofilobasidium*,
Fellomyces*, *Filobasidium*,*Itersonilia**,
Kockovaella*, *Mrajia*, *Phaffia**,
Sterigmatosporidium, *Trichosporon**,
Tsuchiyaea*, *Udebiomyces**,
Xanthophyllomyces

*アナモルフのみの属

(a) 分子系統解析 微生物の分類における分子系統解析には，おもにリボソームRNAの小サブユニット（細菌にあっては16S，菌類にあっては18Sリボソーム RNA）遺伝子のDNA（rDNA）塩基配列が用いられ，既知菌種のデータベースと比較解析を行い，既知菌種と遺伝的な距離関係を明らかにすることにより，最も近縁な種を推定する。カビ・酵母の場合は，18S rDNAの塩基配列の相違が少ないこともあり，28S rDNAのD1/D2領域の配列解析を用いて分子系統解析を行うことが多い[34]。

細菌においては，rDNAの相同値が97％以上であれば類縁関係があり，99％以上であれば同種である可能性が高いとしている。菌類の場合，28S rDNAのD1/D2領域の塩基配列が3塩基以内の相違であれば同種の可能性が高いとされるが，後述のDNA-DNA相同性試験などから必ずしもこの基準が適応できるとは限らない。そのため，DNAトポイソメラーゼII型に属する酵素，DNAジャイレースのβサブユニットであるDNA gyrase B配列（gyrB）の塩基配列を指標にする分類が提案されている[35]。

例えば16S rDNAによる分子系統解析を行うには，通常，① DNAの調整，② PCRによる16S rDNAの増幅，③ 増幅DNAの精製，④ 塩基配列決定，⑤ 分子系統解析の手順で進められる。細菌では16S rRNA遺伝子は5～6のコピーが存在するが，それぞれが異なる配列を示すことがあり，その場合はPCRにより増幅した16S rDNAを塩基配列決定に直接用いることができないので，適当なベクターDNAにクローニングする必要がある。菌類の28S rDNAのD1/D2領域の塩基配列もほぼ同様の方法で決定される。

得られた塩基配列に基づいた系統解析は，① データ処理，② ホモロジー検索，③ データセットの作成，④ データセットのアラインメント，⑤ 系統樹の作成の手順で行われる。データ処理では，分断して決定した塩基配列を全長の配列に連結する。連結にはDNAシーケンサーに附属しているプログラムやGenetyx（ソフトウエア開発）などの市販のプログラムを使用する。データセットの作成では，決定した塩基配列に類似した配列をデータベースから検索する。近縁株が推測できる場合は，菌名から相当のDNA配列を検索する。データベースとしてはDNA Data Bank of Japan〔DDBJ: http://www.ddbj.nig.ac.jp（2004年12月現在）〕やNCBI-GenBank〔http://www.ncbi.nlm.nih.gov/Genbank/indez.html, http://www.ncbi.nlm.nih.gov/htbinpost/Taxonomy/wgetorg?mode=Root（2004年12月現在）〕などが利用できる。

ホモロジー検索用のプログラムとしてはBLAST ver.2.0（Altschul et al., 1997）がよく用いられ，つぎのインターネット上のサイトで利用できる。
〔DDBJ:http://www.ddbj.nig.ac.jp/E-mail/homology-j.html（2004年12月現在）〕
〔NCBI:http://www.ncbi.nlm.nih.gov/BLAST/（2004年12月現在）〕
また，ミシガン州立大学のリボソームRNAデータバンク〔http://www.cme.msu.edu/RDP/html/index.html（2004年12月現在）〕でも行え，種々のデータ解析ソフトが用意されている。

データセットのアラインメントは，Clustal W[31]またはClustal X[32]を用いてコンピュータ上で行える。それぞれのプログラムはサイト〔ftp://ftp.ebi.ac.uk/pub/software/mac/clustalw/, ftp://ftp-igbmc.u-strasbg.fr/pub/ClustalW/, ftp://ftp-igbmc.u-strasbg.fr/pub/ClustalX/（2004年12月現在）〕から入手できる。rDNAの場合は予測二次構造に配慮したアラインメントを行う必要がある。

系統解析のための系統樹作成には，距離行列法（distance matrix metod），最大節約法（maximum parsimony method），最尤法（maximum likelifood method）などがある。距離行列法には平均距離法（UPGMA）や近隣接合法（neighbor-joining method[33]）がある。近隣接合法は，多くのデータを比較的短時間で処理できるので多用されている。ソフトウエアは，サイト〔PHYLIP: http://www.evolution.genetics.washington.edu/phylip/software.html（2004年12月現在）〕から入手できる。また，njplotはClustalとともに入手できる。より信頼性の高い系統関係を求めるには，2種以上の方法で系統樹を作成し，検討することが求められる。得られた系統樹から，同定すべき株と最も近縁な種を探し，以降の同定作業に利用する。

上記の各種手順の具体的な方法については，前述の「微生物の分類・同定実験法」[32]や「放線菌の分類と同定」[33]などの実験書を参照されたい。

(b) 形態的性質ならびに生理学試験

(1) 形態学的性状 細菌の形態的性状，すなわち球菌，桿菌等の性状は，分子系統解析によるグループとは一致しないことから，分類学的にはあまり問題とはならない。しかし，特徴的な形態もあることから観察する必要がある。また，グラム染色は分類上の重要な基準となる。

菌類のうち，酵母として分類されるものは増殖様式を知ることで，出芽により増殖するHemiascomycetesと，分裂によるArchiascomycetesに属するもの，例

えば *Schizosaccharomyces* が区別できる．また，子嚢菌系酵母と担子菌系酵母の区別にはDDB染色が有効である．

子嚢菌類では，テリオモルフにおける胞子形成観察は重要な分類学的基準となる．その他の菌類では，アナモルフにおける胞子嚢やコニディア性状の観察と，テリオモルフにおける接合胞子や子嚢殻，子嚢の形状観察が重要となる．また，担子菌類では，担子器の性状が観察のポイントとなる．

（2）機能による分類　細菌においては，偏性嫌気性，微好気性，通性嫌気性・偏性好気性，絶対嫌気性などの対酸素挙動や，独立栄養・従属栄養などのエネルギーの生産に関する性状，窒素固定や光合成などの性質は属や種を決定する際の重要な基準となる．

（3）生理生化学的性状　細菌や酵母においては，糖類の発酵・アミノ酸同化作用・酵素活性などが分類の基準となる．細菌の生理試験については種々の実験書を参照されたい[35),36)]．これらの生理性状試験は，市販のキット（APIテストなど）を利用することも可能である．

（c）化学分類

（1）DNAのG＋C含量　細菌では，DNAの全塩基中に対するG＋C含量〔％〕が分類基準となっている．G＋C含量の測定にはDNAの融解温度曲線のT_m値（温度による260 nmにおける吸光度増加が完全乖離の50％に相当する温度）から求める方法と，DNAを酵素により加水分解し，その塩基組成を液体クロマトグラフィーにより測定し，分率を求める方法がある．最近ではより正確な値が得られる後者が用いられる．菌類ではG＋C含量がほぼ50％であるので，分類基準とはならない．

（2）DNA–DNA相同性試験　DNA–DNA相同試験は，未知菌株の帰属する種を決めるうえで重要な試験であり，新種を提案する場合は必須である．国際細菌分類命名委員会特別部会（1987）では，「種は70％あるいはそれ以上のDNA相同値がある菌を含む」と定義され，相同値が70％以上であれば同一菌種とする考えが一般的となっている．

DNA相同性試験はアイソトープ標識したDNAを用いるメンブラン法が一般的であったが，手間の煩雑さから，江崎ら[36),37)]の開発したマイクロプレートを用いた蛍光発色による測定方法が一般的となっている．

（3）キノン　呼吸に関与する補酵素であるユビキノン・メナキノンなどのイソプレン側鎖の長さと飽和度を分類基準として用いている．側鎖の単位長を数字で表し，Q9, MK8などと表現する．特に酵母では同定に必須な分類基準である．

（4）細胞壁構造と脂質組成　ペプチドグリカンのアミノ酸組成比・グラム陰性桿菌のリポ多糖体の構成糖や脂肪酸組成などを分類の一つの基準として用いることがある．また，種や属レベルで特有なリン脂質組成があり，その組成パターンを分類指標とすることがある．
〔川崎浩子〕

1.2.3　微生物の保存

（a）保存方法　微生物の長期保存方法にはいくつかの方法がある．一般的な留意点は，死滅させないことと変異などによる微生物株の変化を避けることである．また，長期保存期間中に他の微生物の侵入や汚染を起こさないことも重要である．

（1）継代培養保存法　微生物を寒天培地または液体培地にて培養し，定期的に植え継いで保存する方法．最も基本的な保存方法だが，生存期間が短く，菌の変異，退化の危険がある．生育後の保存温度は2〜10℃の低温が用いられるが，低温で死滅する株もある．

（2）流動パラフィン重層法　寒天斜面または高層培地に穿刺後培養し，滅菌流動パラフィンを重層する方法．保存は低温または室温で行う．酵母などの保存に適しているが，糸状菌には適さない．保存期間は1〜10年であるが微生物によって異なる．

（3）凍結保存法　寒天培地などで培養した微生物を適当な分散剤に懸濁し，セラムチューブなどに密栓して−80℃で凍結し保存する．分散剤としては通常，10〜15％グリセリン溶液が使用される．細菌や酵母の保存に適しており，菌類にも適応できるが，死滅するものもあるので事前試験が必要である．保存期間は，微生物によっても異なるが，半永久的である．

（4）凍結乾燥保存法　凍結乾燥保存法では，分散剤に培養細胞を懸濁し凍結後，高真空下にて水分を昇華させる方法である．通常，アンプルを使用し，開栓後のことを考慮し，アンプルの半ばに棉栓をしている．分散剤としてはスキムミルク（10％）などが用いられる．凍結乾燥機や，アンプルのシーラーが必要となる．保存できる微生物種は細菌，酵母を含む菌類など広いが，保存できないものもある．保存は低温（4℃）で行い，期間は5年から10年が目安である．

（5）L-乾燥保存方法　凍結乾燥と同じ原理であるが，分散剤に懸濁した培養細胞を，高真空中にて直接水分を昇華させる方法である．分散剤としてはグルタミン酸を主成分（菌類：3.0％グルタミン酸ナトリウム，0.01％アクトコール，0.1 Mリン酸緩衝液，pH 7.0，細菌：3.0％グルタミン酸ナトリウム，1.5％アドニトール，0.05％システイン塩酸塩，0.1 Mリン酸

緩衝液，pH 7）などが用いられている。
（b）微生物株保存機関
（1）保存機関　微生物株保存機関が所属する日本微生物資源学会には25機関が登録されている〔http://www.jscc.nig.ac.jp/member.html（2004年12月現在）〕。そのうち産業上重要な微生物株を保存する代表的な微生物株保存機関を**表1.14**に示す。これらの保存機関は，保存株の分譲ならびに分離株などの寄託保存も行っている。代表的な保存機関の一つである理化学研究所バイオリソースセンター・微生物材料開発室（旧称は微生物系統保存施設）では，学術的および応用的に価値の高い約7500株（細菌約4400株，アーキア約200株，真菌約2900株）を分譲対象として公開している。また，製品評価技術基盤機構の生物遺伝資源センターでは，（財）発酵研究所の微生物保存株を移転し，細菌約4400株，アーキア約200株，真菌約2900株を分譲している。

表1.14　わが国におけるおもな微生物株保存機関

略称	機関名（ウエブサイトアドレス）
JCM	（独）理化学研究所バイオリソースセンター・微生物材料開発室（旧称は微生物系統保存施設）http://www.jcm.riken.go.jp/JCM/JCM_Home_J.html
MAFF	農業生物資源研究所ジーンバンク　http://www.gene.affrc.go.jp/micro/index_j.html
MBIC	海洋バイオテクノロジー研究所釜石研究所　https://seasquirt.mbio.co.jp/mbic/index.php?page=mbichome
NBRC	（独）製品評価技術基盤機構生物遺伝資源センター　http://www.nbrc.nite.go.jp/index.htmlindex.html
NIES	国立環境研究所環境研究基盤技術ラボラトリー微生物系統保存施設　http://www.nies.go.jp/biology/mcc/strainlist_j.htm
RIB	（独）酒類総合研究所微生物研究室　http://www.nrib.go.jp/ken/kininfo.htm

また，産業技術総合研究所特許生物寄託センター〔http://unit.aist.go.jp/ipod/（2004年12月現在）〕と（独）製品評価技術基盤機構の特許微生物寄託センター〔http://www.nbrc.nite.go.jp/npmd/（2004年12月現在）〕では，特許登録されている微生物株などの寄託と分譲を行っている。分譲要件としては，意見書を作成するために必要な場合，警告を受けた場合，および設定登録された特許を確認する場合とされており，特許微生物の分譲を受けることができるものは，寄託者本人，寄託者の承諾を得たもの，法令上の有資格者の三者となっている。

さらに，病原菌などの分譲では，分譲株受入研究機関設備等の条件が求められる。国内の分譲機関としては，大阪大学微生物病研究所エマージング感染症研究センター〔RIMD：http://www.biken.osaka-u.ac.jp/kenkyu/kansen/bacinf/framepage1.htm（2004年12月現在）〕，千葉大学真菌医学研究センター〔IFM：http://www.pf.chiba-u.ac.jp/（2004年12月現在）〕などがあるが，日本微生物資源学会のホームページを参照されたい。

一方，外国における微生物株保存機関よりも分譲を受けることができる。米国のAmerican Type Culture Collection〔ATCC：http://www.atcc.org/（2004年12月現在）〕は18000株の細菌，27000株の糸状菌および酵母を保存分譲している。また，農務省傘下のNational Center for Agricultural Utilization ResearchにあるAgricultural Research Service Culture Collection〔NRRL：http://nrrl.ncaur.usda.gov/（2004年12月現在）〕が質的にも整備された保存株を有している。欧州では，ベルギーの4保存機関の集合体であるBelgian Co-ordinated Collections of Micro-organisms〔BCCMTM：http://www.belspo.be/bccm/（2004年12月現在）〕，ドイツのDeutsche Sammlung von Mikroorganismen und Zellkulturen GmbH (German Collection of Microorganisms and Cell Cultures)〔DSMZ：http://www.dsmz.de/（2004年12月現在）〕，オランダのCentraalbureau voor Schimmelcultures〔CBS：http://www.cbs.knaw.nl/（2004年12月現在）〕，そしてイギリスのNCIMB Ltd〔NCIB：http://www.ncimb.co.uk/（2004年12月現在）〕など，いずれも質的に整備された保存株分譲を行っている。また，遺伝子方法の提供，寄託株の受入，同定の依頼受入も行っている。

また，微生物株保存は行っていないが世界的な保存株の情報の提供を行っているWFCC-MIRCEN World Data Centre for Microorganisms（事務局は国立遺伝学研究所：http://wdcm.nig.ac.jp/index.html），欧州の情報を提供しているCommon Access to Biological Resources and Information（CABRI：http://www.cabri.org/）があり，種々の情報を提供している。

なお，世界の微生物株保存機関のリストは，上記の情報提供機関，JCM，NBRCなどの保存機関のホームページにリンクされているので，参照されたい。

（2）微生物株の分譲
① 再分譲の禁止　分譲株の再分譲，すなわち保

存機関から分譲を受けた株を他人に分譲することは固く禁じられていることを銘記したい．それぞれの分譲機関は，分譲株の品質を保持するため多大な努力を払っており，再分譲は思わぬ事故につながりかねないし，場合によっては訴訟になるリスクもあるので注意するべきである．

② 分譲株の金額と国外分譲機関への申込み先
分譲は，通常，有償で行われるが，その金額はそれぞれの機関の案内を参照すること．金額は，1株につきおおよそ1万円以下であるが，研究機関と企業によって金額が異なる場合や，教育用株の指定があり特別な価格が設定されている場合がある．外国の場合は，日本の代理店や支店を経由して申し込む場合もある．この場合は，日本の機関の分譲額よりかなり高額となる．以下にATCCとNCIMBの国内申込み先を示す．

ATCC：住商ファーマインターナショナル株式会社 ATCC事業部
TEL：03-3294-1619 FAX：03-3294-1645
E-Mail：atcc@summitpharma.co.jp
〔http://www.summitpharma.co.jp/atcc_form.html（2004年12月現在）〕

NCIMB：株式会社エヌシーアイエムビー・ジャパン研究センター
〒424-8610 静岡県静岡市清水折戸3-20-1 東海大学内
TEL：0543-34-6180 FAX：0543-37-1005
〔http://www.ncimb.co.jp/contact.html（2004年12月現在）〕

③ 分譲の手続き　分譲を受けるに当たっては，それぞれの機関が用意した申込書に記入のうえ，分譲を依頼する．分譲依頼に当たっては，カタログを参照して分譲希望株を特定する必要があるが，市販のカタログを見るか，電子カタログで確認する．微生物の性質からも検索できる場合はあるのでそれぞれのホームページで確認する．

分譲に際しては，「生物遺伝資源の分譲と使用に関する同意書」（Agreement of Biological Resource Transfer and Treatment）が求められる場合がある．特に特許など知的財産権に関する制限がある場合があるので注意すること．

④ 分譲株の形態　微生物株は，凍結乾燥あるいはL-乾燥をしたアンプルで送られてくるので，説明書に従って培地に生育させて使用する．凍結および凍結あるいはL-乾燥によって保存できない株については凍結もしくは寒天培地による送付の場合もある．

⑤ 法律による規制
植物防疫法に基づく植物防疫法施行規則植物防疫法〔http://www.pps.go.jp/law/shourei/reg_contents.html#REG014（2004年12月現在）〕による規制適用される株については，分譲に先立って所轄地域の植物検疫所〔http://www.pps.go.jp/list/index.html（2004年12月現在）〕に移動制限植物等移動許可申請書〔http://www.pps.go.jp/law/index.html（2004年12月現在）〕を提出し，許可を得てから分譲申請をしなければならない．なお，菌株受入れ後も，受入れの立入り検査，保存中の立入り検査，廃棄検査を受けなければならない．

また，「外国為替及び外国貿易法」に規定される戦略物資の分譲規制〔http://www.houko.com/00/01/S24/228.HTM#s6（2004年12月現在）〕，「カルタヘナ法」に規定される遺伝子組換え生物等についての規制〔http://www.bch.biodic.go.jp/hourei1.html（2004年12月現在）〕により誓約書の提出が求められることがある．

（c）微生物株の寄託　自らの微生物株を保存機関に寄託することができる．特に *International Journal of Systematic and Evolutionary Bacteriology* (*IJSEM*) 誌に新種等を発表する場合などには，当該種等の基準株が2カ国以上のカルチャーコレクションに寄託され，一般に公開されることの証明が求められている．

寄託には，一般寄託，制限付き寄託，安全寄託などがある．一般寄託の場合は，リストなどで公開して研究機関等に分譲される．また，制限つき寄託は，分譲を行うに当り，分譲依頼者から寄託者の同意を得る必要があり，寄託した生物遺伝資源を追跡・管理することが可能である．安全寄託は，依頼微生物が適切な方法で保管され，第三者への分譲や，寄託されている事実についても公表されない．保存機関によりサービスの内容が異なるので事前に確認をする必要がある．なお，通常，寄託された菌株の生残性や汚染などについて予備的なチェックを行ったのちに株番号などが発行される．特許株の場合は寄託方法が異なるのでそれぞれの機関の方法に従う．

また，生物遺伝資源センター（NBRC）などでは，保存のためのL-乾燥標品調製作成の受託サービスを行っている． 　　　　　　　　　　　　　　　（中川）

引用・参考文献

1) Whittaker, R. H.: *Science*, **163**, 150-160 (1969).
2) Woese, C. R. and Fox, G. E.: *Proc. Natl. Acad. Sci. USA*, **74**, 5088-5090 (1977).
3) Woese, C. R.: *Microbiol. Rev.*, **51**, 221-271 (1987).
4) Woese, C. R., et al.: *Proc. Natl. Acad. Sci. USA*, **87**,

4576-4579 (1990).
5) Greuter, E. H. M., et al.: *International code of Botanical Nomenclature*, Koeltz Scientific Books, Konigstein, Germany (1994).
6) 長谷川武治，他訳編：国際細菌命名規約，菜根出版 (1990).
7) Holt, G. J. ed.: *Bergey's Manual of Determinative Bacteriology*, 9th ed., Williams & Wilkins, Baltimore (1994).
8) Holt, G. J. ed.: *Bergey's Manual of Systematic Bacteriology*, 1st ed., Vol. 1, Williams & Wilkins, Baltimore (1984).
9) Holt, G. J. ed.: *Bergey's Manual of Systematic Bacteriology*, 1st ed., Vol. 2, Williams & Wilkins, Baltimore (1986).
10) Holt, G. J. ed.: *Bergey's Manual of Systematic Bacteriology*, 1st ed., Vol. 3, Williams & Wilkins, Baltimore (1989).
11) Holt, G. J. ed.: *Bergey's Manual of Systematic Bacteriology*, 1st ed., Vol. 4, Williams & Wilkins, Baltimore (1989).
12) Ludwing, W. and Lenk, H.-P.: *Bergey's Manual of Systematic Bacteriology*, Vol. 1, (Boone, D. R., Castenholz, D. R.), pp. 49-65, Springer-Verlag, New York (2001).
13) Garrity, G. M. ed.: *Bergey's Manual of Systematic Bacteriology*, 2nd ed., Vol. 1, Springer-Verlag, New York (2001).
14) Garrity, G. M. ed.: *Bergey's Manual of Systematic Bacteriology*, 2nd ed., Vol. 2, Springer-Verlag, New York (2004).
15) 古賀洋介：古細菌，東京大学出版会 (1988).
16) Ainthworth, G. C.: *Ainthworth & Bisby's dictionary of the fungi*, 6th ed., Commowealth Mycol. Inst., Kew (1971).
17) Hawksworth, D. L., et al.: *Ainthworth & Bisby's dictionary of the fungi*, 7th ed., Commowealth Mycol. Inst., Kew (1983).
18) 長谷川武治編著：微生物の分類と同定，上，学会出版センター (1984).
19) Patterson, D. J. and Sogin, M. L.: *The origin and Evolution of Prokaryotic and Eukaryotic Cells*, (Hartman, H., Matsuno, K.), pp. 13-46, World Scientific, Singapore (1992).
20) Bruns, T. D., et al.: *Mol. Phylogenet. Evol.*, **1**, 231-241 (1993).
21) Barr, D. J. S.: *Mycologia*, **84**, 1-11 (1992).
22) Hawksworth, D. L., et al.: *Ainthworth & Bisby's dictionary of the fungi*, 8th ed., CAB International, Wallingford (1995).
23) Bruns, T. D., et al.: *Annu. Rev. Ecol. Syst.*, **22**, 525-564 (1991).
24) Nagahama, T., et al.: *Mycologia*, **87**, 203-209 (1995).
25) Sugiyama, J.: *Mycoscience*, **39**, 487-511 (1998).
26) Zycha, H., et al.: *Mucorales*, Lehre (1969).
27) Alexopoulos, C. J., et al.: *Introductory Mycology*, 4th ed., pp. 127-179, John Wiley & Sons, New York Chichester Brisbane Toronto Singapore (1995).
28) Nishida, H. and Sugiyama, J.: *Mycoscience*, **35**, 361-366 (1994).
29) 杉山純多：岩波生物学辞典（第4版）付録生物分類表，（八杉，他編），pp. 1564-1574，岩波書店 (1996).
30) Kurtzman, C. P. and Fell, J. W.: *The yeasts, a Taxonomic Study*, North-Holland, Amsterdam (1996).
31) Barnett, J. A., et al.: *Yeasts: Characteristics and Identification*, 2nd ed., Cambridge University Press (1995).
32) 鈴木健一朗，平石 明，横田 明編：微生物の分類・同定実験法，シュプリンガー・フェアラーク，東京 (2001).
33) 日本放線菌学会編：放線菌の分類と同定，日本学会事務センター (2001).
34) Kurzman, C. P.: *Anton v. Leeuw.*, **63**, 165-174 (1993).
35) Yamamoto, S. and Harayama, S.: *Int. J. Syst. Bacteriol.*, **46**, 506-511 (1996).
36) Ezaki, T., et al.: *Int. J. Syst. Bacteriol.*, **39**, 224-229 (1989).
37) Ezaki, T., et al.: *J. Clin. Microbiol.*, **29**, 1596-1603 (1991).

1.3 植 物 資 源

　植物資源の利用範囲は，従来の品種改良にとどまらず，近年のバイオテクノロジー研究の急速な進歩により拡大を続けている。植物資源は単なる作物育種のための資源としてだけではなく，遺伝資源として遺伝子自体の機能解析を行い，生物種の壁を超えた組換え体作出の素材として用途が多様化してきている。

　しかしながら，その反面，生物種の多様性は地球規模での栽培品種の均一化，熱帯雨林の減少等により急激に失われつつある。このように遺伝資源の重要性は日々増加していることから，遺伝資源を総合的に国内外から収集して保存利用しようとする目的で，日本においても1985年に農林水産省ジーンバンク事業が開始された。

　一方，近年の分子生物学的研究手法や分析機器の著しい進展に伴い，シロイヌナズナやイネではすでに全ゲノム構造が決定されるなど膨大なデータが蓄積されつつある。これらのデータはデータベース化され，WWW (World Wide Web) を通して公開されるよう

になってきた。データベースには，遺伝資源に関するデータベースとゲノムおよび遺伝子に関するデータベースがある。遺伝資源データベースは，野生種，在来および栽培品種，突然変異系統などの情報や各品種や系統の個別情報で構成されている。ゲノムおよび遺伝子に関するデータベースは，cDNA の一部の塩基配列を決定した EST（expressed sequence tag）[†] 情報，遺伝子地図（または連鎖地図）および物理地図情報，ゲノムシーケンス情報などで構成されている。

1.3.1 宿主としての植物資源

宿主としての植物資源は，新品種育成の素材となる植物を保存・増殖することが一つの最終目的になるが，そのためには生物遺伝資源の収集点数の拡大および特性評価の充実を図る必要がある。さらに，情報管理および公開用データベースの高精度化や利用者への配付が望まれる。こうした状況のもとで，日本の公立農業試験場や大学・研究機関，世界各国の農業研究機関などでは，野生種，在来品種，育成品種・系統，実験系統が保存され，その一部は入手可能である。

宿主としての植物資源の活用，すなわち新品種育種を考えた場合，従来の交配のほかに，植物に外来遺伝子を導入してトランスジェニック植物を作出する分子育種が近年さかんに行われるようになった。植物に外来遺伝子を導入するには大きく分けてつぎの二つの方法がある。一つは土壌細菌 *Agrobacterium* を用いるもので，もう一つは直接導入による植物の形質転換法である。

イネなどの主要な作物の多くは単子葉植物であるが，単子葉植物は *Agrobacterium* の宿主ではないことから，*Agrobacterium* を用いた単子葉植物の形質転換は長い間不可能であった。しかし，1994 年に *Agrobacterium* を介したイネの形質転換方法が確立されるなど，現在では *Agrobacterium* を介した形質転換による遺伝子導入が植物では広く普及している[1]。

一方，*Agrobacterium* を用いた植物の形質転換法では数々の改良にもかかわらず，依然として宿主による制約があり，現在でも効率的な形質転換系が確立されていない主要作物もある。直接導入法はその欠点を補う方法として開発されてきた。直接導入法にはプロトプラストを用いたエレクトロポレーション（電気穿孔）による方法[2]のほかに，DNA をコーティングした微粒子を低真空下で植物組織または細胞に高速で打ち込んで外来遺伝子を導入するパーティクルガン法[3]がある。しかし，直接導入法では多くの植物種に適応できる利点をもつ反面，一般的に外来遺伝子がゲノムに挿入される際に複雑な形式で組み込まれる場合が多く，大きな遺伝子を導入するには適しておらず，導入遺伝子がメンデルの法則に従わないで後代に遺伝する場合が多い欠点もある。なお，核ゲノムへの遺伝子導入のほかに葉緑体ゲノムに外来遺伝子を導入することも可能で，パーティクルガン法が一般的に使用されている。高等植物ではタバコ葉緑体で直接導入による形質転換法が確立されている[4]。

葉緑体を用いた形質転換の利点は，母性遺伝により形質を継代でき，細胞当り数十〜数百個の葉緑体が存在し，ジーンサイレンシング（gene silencing）[†]も見られないことから導入した遺伝子産物の生産が非常に高く，しかも葉緑体では相同組換えによりあらかじめ指定した遺伝子座に正確に遺伝子を形質転換することができる[5]。核ゲノムへの遺伝子の導入では，形質転換植物の系統ごとにしばしば遺伝子発現の程度の違い，いわゆる "position effect" が観察されるが，葉緑体では導入した遺伝子の発現が確認された特定の遺伝子座に挿入することが可能で，核ゲノムのように遺伝子座間でのクロマチンなどの高次構造による遺伝子発現への影響を無視できる。このように，葉緑体への形質転換は単に葉緑体の遺伝子機能を改良するだけではなく，葉緑体の中で有用物質を生産させる葉緑体工学への応用など新しい分子育種法としても期待されている。

組換え植物作出のための基盤技術の開発として，組織・器官特異的または各種誘導性プロモーター等，多様な特異性を示すプロモーターを開発することは欠かせない。有用植物の分子育種にはそれぞれの目的に合わせたプロモーターの使用が望まれ，例えば耐病性には病気の原因となる因子（カビ，細菌，ウイルスなど）が感染した際に誘導されるプロモーターの活用が適している。しかしながら，組織・器官特異的または各種誘導性プロモーターを用いた場合に必ずしも最適な発現量を確保できるとは限らない。すなわち，プロモーターのみで発現の特異性と生産物の量を同時に制御することは非常に難しいことが多い。そこで，翻訳の効

[†] EST は cDNA のランダムシーケンスプロジェクトにより生じた。発現している遺伝子の部分配列の総称で，挿入 cDNA 断片の片側から読まれたものが多い。

[†] 導入した遺伝子の発現が抑制される現象で，コサプレッション（co-suppression）ともいわれる。転写された mRNA が RNA 依存 RNA ポリメラーゼ（RdRp）により二本鎖 RNA に変換されると，Dicer と呼ばれる RNase III ヌクレアーゼにより 21〜25 ヌクレオチド程度の RNA 断片に切断されることで，標的 RNA の分解が引き起こされる。この現象は転写後遺伝子サイレンシング（post-transcriptional gene silencing：PTGS）の機構によるもので，ゲノム複製過程で二本鎖 RNA を合成する RNA ウイルスの感染でも見みられる。

率を制御する各種の5′UTR（untranslated region）と組み合わせたり，イントロンを挿入して発現量を増大させるなどの転写後制御を活用して生産物の量を制御する方法が採用されている[6]。さらに，植物では一般に相同組換えが低頻度でしか起こらず[7]，相同組換え技術は形質転換効率の不十分な作物について効率を向上させる技術の開発とともに今後必要不可欠の課題である。

形質転換体を選抜する選択マーカーにはカナマイシンやハイグロマイシンなどの抗生物質やビアラホスなどの農薬に対する耐性遺伝子が通常用いられ，これらの耐性遺伝子は優性に働き，形質転換体を選抜できる。しかし，遺伝子組換え植物の作出を考えた場合には，これらのマーカー遺伝子がないマーカーフリー植物は安全性の面で非常に有効である。MATベクターでは醤油酵母（Zygosaccharomyces rouxii）が持つ部位特異的組換え機構を利用して，二つの部位特異的組換え配列（RS）の間に ipt（isopentenyltransferase）遺伝子を挿入している[8]。ipt遺伝子は植物ホルモンであるサイトカイニンを合成する酵素をコードし，ipt遺伝子を高発現させるとサイトカイニンの過剰生産が起こり，多芽体と呼ばれる多数の不定芽が生じる。形質転換後に部位特異的組換えによりipt遺伝子が脱落すると細胞内のサイトカイニンのレベルが正常に戻り，正常な形態に回復したマーカーフリーの形質転換体が得られる[8]。初期段階では，導入遺伝子とipt遺伝子を組み込むベクターおよび部位特異的組換えを起こす酵素（recombinase）は別々のベクターに分けて植物に形質転換していたが，その後1回の形質転換ですむようにシステムの改良が行われている[9]。また，多くの植物ではマンノースをマンノース6-リン酸という有害な物質に変換するが，細菌由来のpmi（phosphomannose isomerase）遺伝子を形質転換した植物では，マンノース6-リン酸がさらに無害のフルクトース6-リン酸に変換される。したがって，マンノースを含む培地ではpmi遺伝子を形質転換した植物のみが選抜される[10]。今後植物由来の遺伝子による植物の代謝系を利用した新たな選抜技術が開発されることが期待され，これは植物にもともと存在する遺伝子を選抜マーカーに利用するもので，マーカーフリー植物とともに組換え体の安全性を考えるうえでも有効である。

1.3.2 遺伝子としての植物資源

現代社会では生活習慣の多様化が進み，より高機能でかつ良質の生物資源の活用が求められている。そのために，生物資源の効率的な品質改良や新規開発あるいはより有効な利用が望まれ，生物資源の維持管理あるいは迅速な新規資源の開発を行う必要に迫られている。これらの必要性を満たすための一手段として，近年遺伝子解析に関心が持たれている。その研究成果として各種の遺伝子がクローニングされ，構造および機能解析が行われ，主として大腸菌を宿主として得られる遺伝子産物の特性が短期間でかつ容易に明らかにされる状況になった。この方法により遺伝子産物の有用性を確認したうえで，これらの遺伝子を各種生物に組み込んで大量発現させることにより目的産物の効率的確保も可能になってきた。この遺伝子操作の過程で従来利用されていなかった生物を宿主として用いることにより，新たな資源生物を育種したことになる。伝統的な交配による遺伝特性の改良に加え，このような新規の遺伝子導入手法の併用により，人類に有用な物質生産がより効率的になってきている。このような観点に基づいて，クローニングされた膨大な種類の遺伝子は「生産活動のもとになるとともに人類が活用できる物質」すなわち「資源」として位置づけられるようになり，「遺伝子資源」という概念が生まれた。

上記の考えに基づいて，資源生物から直接的に目的物質を単離する伝統的な手法とは別に，遺伝子操作により簡便かつ迅速な大規模生産が可能になると，どのようにして新しい有用遺伝子を見つけるかに大きな関心が持たれるようになった。さらに，産業的価値の高い遺伝子資源を求めて，分子生物学分野の先進国が開発されていない地域の資源生物に埋蔵している新規な遺伝子を求めて途上国の生物資源を乱獲する状況が生まれた。しかし途上国は当然のことながら，自国に自生する生物の保護とそれらの持つ資源としての価値を尊重するとともに保全確保する立場から，遺伝子資源に対する認識が著しく高まった。

一般に，新しい遺伝子資源が発見された場合，その有用性をどのように評価するかが問題となる。迅速かつ正確な評価法の一つとして，DNA任意増幅法（random amplified polymorphic DNA（RAPD）analysis）が用いられ始めている[11]。まず，貴重な遺伝子を持つ資源生物のDNAに任意の配列を持つプライマーを用いてPCR法でDNAを増幅させる。その結果得られた増幅DNAを電気泳動法により解析し，その多型性から新種の同定を行ったり，形質と対応させて交配新種あるいは形質転換品種の選別を行う方法である。この手法で得られる多種類の品種の電気泳動パターンの比較により，これまでは評価する検査官の長年の経験で表してきた官能評価を，目に見える形で客観性の高い遺伝特性のデータに基づいて判定できるようになってきた。

また，1塩基多型（single nucleotide polymorphism：SNP）と呼ばれる遺伝子解析手法も遺伝子資源の評価法として検討されている[12]。例えばヒトであれば，顔や体型が個人により違うように，遺伝子の塩基配列も異なる部位が存在する。一般にこの塩基配列の違いは「多型」と呼ばれ，遺伝病などの表現型と関連するケースがあり，このため特定の1塩基の違いである「1塩基多型（SNP）」の持つ機能の解明は重要な研究対象になっている。SNPは植物でも品種間の差の解明などについて研究が進んでいる。SNPは進化過程や長年の栽培過程で突然変異によって生じるが，遺伝子を構成するDNA配列中のどの位置に塩基の変化が起こるかによって作用が異なり，遺伝子固有の作用を調節する部分や，タンパク質の特性の変化にかかわる部分に突然変異が起きると，形質の差，品種間や個体差などを生じる要因となる場合がある。

岡山大学資源生物科学研究所では国立遺伝学研究所との共同研究によって，cDNAクローンの大量シーケンシングプロジェクトが進められている。現在までに約43 000個のcDNAクローンのシーケンスを解析し，約1万個の独立した遺伝子が得られている[13]。これらの基礎的な情報に基づき，醸造用オオムギ「はるな二条」，在来ハダカムギ「赤神力」および野生オオムギからcDNAライブラリーが作製され，各クローンの3′および5′の両端からシーケンス解析され，遺伝子データベースを用いてグループ分けを行い，それぞれの遺伝子型で異なる配列が2クローン以上あるSNPが同定された。SNPの総数は約1 000個であり，特にはるな二条と野生オオムギの間に存在する多型が最も多く，これらのSNPをクラスター別に整理すると，352個に集約できた。また，クラスター内に一つのSNPを有するクラスターが最も多いものの，複数のSNPを有するクラスターも存在し，クラスター内に最大20の多型配列が認められたものがあった。

エクソン領域に存在するSNPにはアミノ酸残基が変化しないsilent SNP（sSNP）とアミノ酸残基が変化するcoding SNP（cSNP）が存在するが，プロモーター領域に存在するSNPのなかにも遺伝子発現にかかわるSNPが存在する可能性がありregulatory SNP（rSNP）と呼ばれている。オオムギで発見されたSNPは，遺伝子領域以外の繰返し配列などのgenome SNP（gSNP）は含まれておらず，遺伝子をマッピングしたり検出したりするのに有用なrSNPが約2割，cSNPあるいはrSNPの可能性があるものが多数含まれており，今後の解析で重要な形質と関連するSNPを特定することが期待されている[13]。

SNPが優れている点は，これまでマップ作成などに利用されてきたDNAマーカーより圧倒的に数が多いことと，共優性を示し識別能力が高いことが挙げられる。現在多数の企業がSNPを用いた大量タイピングシステムの開発を開始しており，その手法も標識したプライマーを用いてSNP部分を蛍光や偏光によって検出するものから，TOF/MASによって塩基の質量そのものを測定する方法，短い配列をシーケンス解析するものなどさまざまである。そのなかでもオリゴヌクレオチドをスライドガラス上に貼り付けるDNAチップまたはマイクロアレイと呼ばれる技術は，非常に多数のSNPを短時間で一度に検出することが可能となる。

近年の分子生物学的手法や分析機器の発展，およびバイオインフォマティクスなどのゲノム情報解析システムの開発に伴い，ゲノム生物学を利用した生命科学研究が急速に進展している[14]。ゲノムを構造解析するには，まず多数の表現型マーカーやDNAマーカーをゲノム上にマップすることから始まる。表現型マーカーとは形態や耐病性などの表現型によって位置付けされた遺伝子座位で，その表現型を指標として原因遺伝子の遺伝子座と他の遺伝子座のゲノム上での相対的な位置関係を，交配実験による組換え頻度から計算することができる。DNAマーカーとは，ゲノム上の塩基配列の多型に基づいたマーカーで，制限酵素で切断したDNA断片や電気泳動度の違い（RFLP（restriction fragment length polymorphism）[†1]）や，PCRで増幅される特定のDNA断片の有無や大きさなどが多型として用いられる（RAPD（random amplified polymorphism DNA）[†2], CAPS（cleaved amplified polymorphic sequences）[†3], SSLP（simple sequence length polymorphism）[†3]など）。このような表現型マーカーやDNAマーカーを用いて作成された遺伝子地図（または連鎖地図）は，ゲノムを構成する長大なDNA鎖をある長さのDNA断片にしてつなぎ合わせる物理地図の作成にも大いに役立つ。物理地図の作成には，YAC（yeast artificial chromosome）[†4]やP1[†5]，BAC（bacterial artificial chromosome）[†6]などの巨大クローンが活用されている。物理地図が作成されれ

---

†1 ゲノムDNAを用いたサザンハイブリダイゼーション法により，同じプローブDNAを用いても制限酵素による切断において異なる系統間で検出されるDNA断片の長さや数が異なる場合をいう。

†2 10塩基程度の任意の配列のプライマーを用いてゲノムDNAでPCRを行い，増幅されてくるDNA断片に系統間で多型が認められる場合にRADPと呼ぶ。

†3 RADPと同様にPCRを行うが，2本のプライマーを制限酵素部位の多型またはマイクロサテライトの多型を利用する点が異なり，RFLPやRADPに比べて操作が簡単で結果の判定が容易な点が優れている。

1.3 植物資源

表1.15 植物遺伝子の機能解析に有用なデータベース

名　称	URL
EST	
ダイズESTプロジェクト	http://macgrant.agron.iastate.edu/soybeanest.html
トマトESTプロジェクト	http://www.tigr.org/tdb/lgi/index.html
ヒメツリガネゴケESTプログラム	http://www.moss.leeds.ac.uk/
ウマゴヤシゲノムプロジェクト	http://sequence.toulouse.inra.fr/Mtruncatula.html
マツ遺伝子プロジェクト	http://www.cbc.umn.edu/ResearchProjects/Pine/DOE.pine/index.html
ほかの植物種のEST	http://www.ncbi.nlm.nih.gov/dbEST/dbEST_summary.html
データベース	
シロイヌナズナ トランスポゾン挿入データベース	http://formaggio.cshl.org/~h-liu/attdb/index.html
シロイヌナズナ ノックアウトデータベース	http://www.biotech.wisc.edu/Arabidopsis
シロイヌナズナ SNP	http://www.arabidopsis.org/cereon/index.html
プロジェクト2010	http://www.arabidopsis.org/workshop1.html
マイクロアレー・データベース	
EBI: ArrayExpress データベース	http://www.ebi.ac.uk/arrayexpress/
Affymetrix（アフィメトリクス）	http://www.affymetrix.com/products/Arabidopsis_content.html
TIGER シロイヌナズナアレー	http://atarrays.tigr.org/
AFGC	http://afgc.stanford.edu/
GARNet	http://www.york.ac.uk/res/garnet/may.htm
イネ転写データベース	http://microarray.rice.dna.affrc.go.jp
プロテオミクス・データベース	
EBI プロテオーム解析	http://www.ebi.ac.uk/proteome/
シロイヌナズナ膜タンパク質ライブラリー	http://www.cbs.umn.edu/arabidopsis/
シロイヌナズナ Annotation データベース	http://luggagefast.Stanford.EDU/group/arabprotein/
ExPASy: シロイヌナズナ2Dプロテオームデータベース	http://www.expasy.ch/cgi-bin/map2/def?ARABIDOPSIS
PlantsP: 植物リン酸化のゲノム解析	http://PlantsP.sdsc.edu/
PPMdb: 植物細胞質膜データベース	http://sphinx.rug.ac.be:8080/ppmdb/index.html

〔Holtorf, H., Guitton, M. C. and Reski, R.: Plant functional genomics. *Naturwissenschaften.*, **89**, 235-249 (2002)〕

ば，各巨大クローンの塩基配列をつなぎ合わせるコンティグ（conting）[†7]と呼ばれる作業を経て全ゲノムの配列が決定されていくことになる。

2000年にシロイヌナズナの全ゲノム構造が決定され[15]，2002年にイネで全ゲノム配列の正確な決定が完了した[16), 17]。特にイネは他のイネ科穀類のゲノム構造解析において基本となる情報を提供した意義は大きい。イネは主要穀類のなかでゲノムサイズが最小であることから，シンテニー（synteny）[†1]を利用してイネゲノムから他の穀類ゲノムの相同遺伝子をまず検索し，つぎにそれぞれの穀類ゲノム研究に利用する方法が取られるようになった[18]。有用植物の育種を考えた場合，モデル植物のゲノム解析に基づいてシンテニーを利用したゲノム構造の特徴を踏まえたうえで，ゲノムの全域にわたるDNAマーカーの利用は非常に有用である。特に，QTL解析（quantitative trait loci）[†2]

†4　出芽酵母のなかで染色体として機能するのに必要な配列（セントロメア，テロメア，複製開始点）に，任意のDNAを組み込んで作られた人工染色体で，100 kbから数Mbまでの巨大DNAをクローニングできる。

†5　P1ベクターは，大腸菌のファージP1を用いて作成され，95 kbまでのDNAをクローニングできる。挿入できるDNAの長さがYACとコスミドの中間で，YACに比べて取扱いが簡便で，YACよりも安定で異なるクローンが混ざったキメラクローンがほとんどないことが特徴である。

†6　大腸菌のF因子に由来するベクターシステムで，300 kbまでのDNA断片をクローニングできる。P1と同様に，挿入DNAの安定性や取扱いの簡便性は，通常のプラスミドに準じて優れている。

†7　コンティグとは連続してつながったという意味で，物理地図作成においてYACやP1，BAC，コスミドクローンなどで隣どうしの塩基配列の重なりが確認された場合コンティグと表す。

†1　シンテニーとは異種ゲノム上で相同な塩基配列あるいは遺伝子が同一の順序で並んで存在することをいう。

†2　背丈や耐寒性などは単一遺伝子によって支配されているのではなく，多くの遺伝子座が関与する量的な形質で，原因遺伝子群のゲノム上の位置を，表現型マーカーやDNAマーカーと同様に，交配における組換え率から推定する方法。多数のDNAマーカーを用いることで原因遺伝子群の位置の特定ができるようになり，この原因遺伝子座のDNAマーカーを用いれば，育種における早期選抜や，これまでは困難であった量的形質の原因遺伝子の解析が可能となる。

と組み合わせて，多重遺伝子が関連する遺伝的要因によって支配される形質の解析と応用に威力を発揮することが期待されている[19]。また，シロイヌナズナでは約25 500個の遺伝子が存在することが明らかになっているが[15]，実際に発現している遺伝子を網羅的にカタログ化する目的で，ESTや完全長cDNAクローンの解析が進んでいる植物種も多くなってきた（表1.15）。

ゲノム構造解析が進行するなか，植物の全遺伝子の機能解析を行うための新しい解析手法が現れてきた。一つはDNAチップまたはマイクロアレイを用いて，転写レベルの発現の変動を解析するトランスクリプトミクスと呼ばれる手法である。異なる環境条件下でのmRNAの発現の違いに基づいて，例えばストレスに応答する遺伝子などを全ゲノムに対して網羅的に検索することができる[14]。また，LC/MSなどの高精度解析技術を導入したタンパク質の網羅的解析および立体構造解析などを目指したプロテオミクスが注目を集めている[14]。通常二次元電気泳動法によりタンパク質を分画したプロテオームを作成し，各スポットを抽出してN末端配列および部分的に切断したペプチド断片の配列の決定によりタンパク質の同定を行う。さらに，酵母two-hybrid法[†]などの手法によりタンパク質-タンパク質間の相互作用を網羅的に解析するインタラクトームや，リン酸化されたタンパク質を解析するホスフォリロームなどに応用されている（表1.15）。また，代謝産物を網羅的に解析するメタボロミクスも登場し，多様な解析手法を用いてゲノムワイドに機能解析を行う研究が現在の一つの大きな潮流になっている[14]。なお，既述したように高等植物では相同組換えの頻度が低いため，逆遺伝学（reverse genetics）を利用するのに制約があるが，*Physcomitrella*（ヒメツリガネゴケ）というコケでは相同組換えが高頻度で起こるため，遺伝子ターゲティングを用いた機能解析の一つのモデル生物として注目されている[20]。

しかしながら，つい最近カルスを致死にするジフテリア毒素をコードする遺伝子を，ターゲットとなるイネ*Waxy*遺伝子と薬剤耐性遺伝子の両側に挿入することにより，薬剤耐性で選抜した株の約1%という高率で相同組換えする技術の開発に高等植物で初めて成功したことが報告された[21]。*Waxy*遺伝子はモチ性を支配するため，相同組換えによる置換によって不活性化

[†] 出芽酵母を用いて*in vivo*でタンパク質間相互作用を検出する方法。例えば，相互作用を調べたい二つの遺伝子の片方に酵母由来の転写因子Gal4のDNA結合領域と，もう一方には転写活性化領域との融合タンパク質を酵母で発現させる。Gal4のDNA結合配列の下流に位置したレポーター遺伝子（*His3*や*lacZ*）の発現により，二つの遺伝子の相互作用を検出できる。

されると，ウルチ米がモチ米に変換する。しかも遺伝子ターゲッティングにより稔性のあるトランスジェニックイネが作出されることから，この技術は今後他の植物種に応用されることで，植物の遺伝子機能の解明や育種に与える意義は大きいと思われる。

1.3.3 保存方法

（a）**種子の保存** 一般的に被子植物の多くのものでは種子で保存するのが最も保存に適している。種子は，乾燥状態で低温に保存することが基本である。植物種により適切な乾燥方法に従って種子を乾燥させた後，通気性のよい袋またはチューブなどで密閉し，通常室温においてデシケーターの中で保存する。低温（例えば -1〜5℃）乾燥条件下の保存，または -20〜-30℃の冷凍庫での保存により長期間保存可能な場合もある。種子の保存方法の詳細は実験書を参照されたい[22]。

（b）**栄養繁殖性遺伝資源の超低温保存法** 種子の取得が困難な植物では塊茎などの栄養器官が保存される。しかしながら，栄養繁殖での保存は病虫害等による消失の危険があり，より確実に保存するために超低温保存法が開発されている。ジャガイモ，イチゴ，ユリなどではガラスビーズを用いた超低温保存法が確立され，このビーズガラス化法では植物の茎頂を脱水した後，急速に冷却することでガラス状にして，液体窒素中で半永久的に保存できることが報告されている[23]。

1.3.4 保存機関

日本の公立農業試験場や大学，世界各国の農業研究機関などでは，野生種，在来品種，育成品種・系統，実験系統が保存され，その一部は配付申請可能である。以下にいくつかの植物種で保存機関をまとめる。

（a）**シロイヌナズナ** 2000年に高等植物では初めて全ゲノム構造が決定されたシロイヌナズナでは，植物のなかでは最も国際協力・支援体制が確立されている。

公的な種子バンクとしては，米国のArabidopsis Biological Research Center（ABRC），およびイギリスのNottingham Arabidopsis Stock Centre（NASC）がある。これらの保存機関では，変異体を含む各種系統の維持管理と新規系統の収集および配付を行っているが，ABRCでは特定の遺伝子やcDNAクローン，YAC，cosmid，BAC，P1クローンとライブラリーの収集と配付も行っている。なお日本には，理化学研究所バイオリソースセンター（RIKEN Bio Resource Center）があり，アクチベーションタグライン[24]や

表1.16 シロイヌナズナ関連のストックセンターとデータベース

総合データベース・ストックセンター

The Arabidopsis Information Resource (TAIR) [http://www.arabidopsis.org/]
シロイヌナズナのゲノムやアミノ酸の配列に対してBLASTによる検索が行える。

Arabidopsis Biological Resource Center Stocks (ABRC) [http://www.arabidopsis.org/abrc/]
TAIRデータベースに登録されているエコタイプ，変異株，マッピング系統，T-DNA挿入系統などの種子，またはcDNAやYAC，BACクローンなどのDNAストックを取り寄せることができる。

Nottingham Arabidopsis Stock Centre (NASC) [http://www.nott.ac.uk/]
エコタイプ，変異株，マッピング系統，T-DNA挿入系統等の種子を取り寄せることができる。BLASTサーチによる遺伝子破壊株の検索もできる。

Kazusa DNA Research Institute (KDRI) [http://www.kazusa.or.jp/en/plant/arabi/EST/]
53 233個のESTクローンからキーワード検索やBLAST検索で目的の遺伝子を探し，取り寄せることができる。

The RIKEN BioResource Center (Riken BRC) [http://www.brc.riken.go.jp/lab/epd/index.html]
MIPSのAGI (Arabidopsis Genome Initiative) gene codeで検索して，予定では15 000個以上のトランスポゾン挿入系統を検索し，目的のトランスポゾン挿入株を取り寄せることができる。スクリーニングのためにアクティベーションタグラインの種子プールを提供している。また，MIPSのAGI gene codeやNCBIのアクセッションナンバーから検索して完全長cDNAを取り寄せることができる。

Salk Institute Genomic Analysis Laboratory (SIGnAL) [http://signal.salk.edu/cgi-bin/tdnaexpress]
123 347個のT-DNA挿入系統を提供している。目的の系統はキーワードやBLASTで検索できる。

Flanking Sequence Tag (FST) Project [http://flagdb-genoplante-info.infobiogen.fr/projects/fst/]
14 658個のT-DNA挿入系統を提供している。目的の系統はBLASTで検索できる。

GABI-Kat (GABI: Genom Analyse im BIologischen system pflanze, Kat: Kölner Arabidopsis TDNA lines) [http://www.mpiz-koeln.mpg.de/GABI-Kat/]
31 734個のT-DNA挿入系統を提供している。目的の系統はMIPSのAGI gene codeやBLASTで検索できる。

Cold Spring Harbor Laboratory (CSH) Genetrap DB [http://genetrap.cshl.org/]
ジーントラップラインとエンハンサートラップラインを提供している。MIPSのAGI gene code1やNCBIのアクセッションナンバー，BLSATから検索できる。トラップラインなので，うまく挿入されたラインではレポーター遺伝子であるGUSの活性を調べてその遺伝子の発現パターンを推測できる。発現パターンや変異体の表現系も調べることが可能である。

SASSC (The Sendai Arabidopsis Seed Stock Center) [http://www.shigen.nig.ac.jp/arabidopsis/]
シロイヌナズナおよび関連種1 100以上の系統を保存し，検索可能で種子を取り寄せることができる。

情報公開サイト

The Kazusa Arabidopsis data opening site (KAOS) [http://www.kazusa.or.jp/kaos/]
現在（2003年6月時点）は休止中である。

The Institute for Genomic Research (TIGR) [http://www.tigr.org/tdb/e2k1/ath1/]
遺伝子名やキーワードからその遺伝子に関する情報を調べることができる。TIGRのデータベースから遺伝子の配列，エキソン・イントロンの構造，地図上の位置などの情報が得られる。またBLASTサーチによっても情報を検索できる。

Munich Institute for Protein (MIPS) [http://mips.gsf.de/proj/thal/db/index.html]
遺伝子名やキーワードからその遺伝子に関する情報を調べることができる。遺伝子のほかに，タンパク質に関する情報も豊富である。

〔URLは2004年12月現在〕

完全長cDNAクローンの配付を行っている（**表1.16**）。

（b）イ　ネ　イネ属の種子は一部の近縁野生種を除けば，低温・乾燥条件下で長期保存が可能で，日本および世界の研究機関には多くのイネ遺伝資源が保存されている。イネ関連データベースの主要なサイトを**表1.17**に示した。なお，イネとシロイヌナズナの種子および情報の入手方法に関しては実験書に詳しい[25), 26)]。

（c）オオムギ・コムギ　オオムギ・コムギは世界の四大穀物に含まれ，イネとともに農業上の重要性は大きい。オオムギ・コムギ関連データベースの主要

表1.17　イネ関連のストックセンターとデータベース

ストックセンター

九州大学農学部 遺伝子資源開発研究センター〔http://w3.grt.kyushu-u.ac.jp/Rice_Kyushu/rice-kyushu/htdocs/main.html〕
国内外の品種系統（HO系統，1398系統），FAO国際共同研究供試品種（IBP系統，276系統），国内外の陸稲品種（UP系統，342系統）の保存と配付。系統番号，系統名を検索できる。

Oryzabase（国立遺伝学研究所生物遺伝資源情報総合センター）〔http://www.shigen.nig.ac.jp/rice/oryzabase/〕
イネ系統情報，突然変異体情報，染色体マップ情報，遺伝子情報などから構成。各種系統，突然変異系統など10749個の系統を提供。

農林水産省農業生物資源研究所 業務管理課 農林水産DNAバンク〔http://bank.dna.affrc.go.jp/indexJ.html〕
遺伝地図および物理地図の情報，EST情報，イネ品種間のRFLP分析データおよびイネゲノムシーケンスデータなどを公開。各種cDNAクローン，RFLPマーカー，YACのフィルターを配付。

データベース

農林水産省ジーンバンク植物遺伝資源部門〔http://www.gene.affrc.go.jp/plant/index_j.html〕
農作物およびその近縁野生種の資源情報。

RGP（Rice Genome Research Program）〔http://rgp.dna.affrc.go.jp/〕
農林水産省のイネゲノムプロジェクトホームページ。

IRGSP（International Rice Genome Sequencing Project）〔http://rgp.dna.affrc.go.jp/IRGSP/index.html〕
国際イネゲノムシーケンスプロジェクトのホームページ。イネゲノムに関する各種の情報。

CGIAR Centers, CGIAR（Consultative Group on International Agricultural Research）〔http://www.cgiar.org/〕
国際農業研究協議グループのネットワーク。

Rice cDNA Sequences, University of Minnesota〔http://www.cbc.umn.edu/ResearchProjects/Rice/index.html〕
イネcDNA類似性検索によるWAIS索引検索。

Seed and Plant Genetic Resources Service〔http://www.fao.org/ag/agp/agps/〕
国連食糧農業機関の植物遺伝資源の情報。

BAC/EST Resource Center, Clemson University〔http://www.genome.clemson.edu/〕
国際イネゲノムプロジェクト。

NPGS, GRIN（Germplasm Resources Information Network），National Plant Germplasm System（USA）〔http://www.ars-grin.gov/npgs〕
植物多様性保全を目的としたアメリカ官民組織。

IGGI（International Grass Genome Initiative）〔http://www-iggi.bio.purdue.edu〕
イネ科作物のDNA情報。

IITA（International Institute of Tropical Agriculture）〔http://www.cgiar.org/iita/〕
国際農業研究協議グループの機関で植物遺伝資源の情報。

IRRI（International Rice Research Institute）〔http://www.cgiar.org/irri/〕
国際農業研究協議グループの機関で植物遺伝資源の情報。

GRC（Genetic Resources Center）〔http://www.irri.org/GRC/GRChome/home.htm〕
国際農業研究協議グループの機関で植物遺伝資源の情報。

WARDA（West Africa Rice Development Association）〔http://www.cgiar.org/warda〕
国際農業研究協議グループのの機関で植物遺伝資源の情報。

World Information and Early Warning System〔http://apps3.fao.org/wiews/〕
国連食糧農業機構による早期警告システム。

Gramene〔http://www.gramene.org/〕
イネDNA配列，物理地図，遺伝子地図などの情報。

Genoscope〔http://www.genoscope.cns.fr/〕
フランスのGenoscopeのゲノムプロジェクト。染色体12のゲノム情報。

Genome Sequencing Center, Washington University School of Medicine〔http://genome.wustl.edu/〕
国際イネゲノムプロジェクト（アメリカ）。

Rice Genome Analysis, Cold Spring Harbor Laboratory〔http://nucleus.cshl.org/riceweb/〕
国際イネゲノムプロジェクト（アメリカ）。

表1.17 (つづき)

Plant Genome Initiative at Rutgers (PGIR), Rutgers 〔http://pgir.rutgers.edu/〕
国際イネゲノムプロジェクト（アメリカ）。

Rice Genome Project, TIGR 〔http://www.tigr.org/tdb/rice/〕
国際イネゲノムプロジェクト（アメリカ）。

US Rice Genome Site 〔http://www.usricegenome.org/〕
アメリカグループ（TIGR, CCW, PGIR, ウィスコンシン大学）による染色体3, 10, 11のゲノム情報とBLAST検索。

Wisconsin Rice Genome Project 〔http://www.gcow.wisc.edu/Rice/index.htm〕
ウィスコンシン大学ゲノムセンターによる染色体11のゲノム情報。

Monsanto Rice Genome Sequence Database 〔http://www.rice-research.org/〕）
モンサント社のイネゲノム配列データベース。

NPGRC (National Plant Genetic Resources Center) 〔http://www.npgrc.tari.gov.tw〕
台湾の国立遺伝資源センター。

The Korea Rice Genome Network 〔http://www.mju.ac.kr〕
国際イネゲノムプロジェクト（韓国）。

National Center for Gene Research 〔http://www.ncgr.ac.cn/index.html〕
国際イネゲノムプロジェクト（中国）。

Rice Genome Project in Republic of China, Taiwan 〔http://genome.sinica.edu.tw/index_e.htm〕
国際イネゲノムプロジェクト（台湾）。

Genome Database of Chinese Super Hybrid Rice 〔http://btn.genomics.org.cn/rice〕
中国が解析したインディカイネのゲノム塩基配列。

The Korea Rice Genome Research Program, Korea 〔http://biogen.niast.go.kr/english/egframe.htm〕
韓国のイネゲノムプロジェクト。

Rice Web 〔http://www.riceweb.org/〕
イネに関連するサイトの情報。

〔URLは2004年12月現在〕

表1.18　オオムギ・コムギ関連のストックセンターとデータベース

ストックセンター

岡山大学資源生物科学研究所大麦・野生植物資源研究センター 〔http://www.rib.okayama-u.ac.jp/barley/index.sjis.html〕
約5 200の栽培品種，野生種274系統，突然変異体421系統，連鎖分析用検定系統172系統，トリソミック13系統，同質遺伝子系統377系統などオオムギ遺伝資源の収集と保存，種子およびcDNAの検索と配付。

国立遺伝学研究所，KOMUGI 〔http://www.shigen.nig.ac.jp/wheat/wheat.html〕
国内の13機関が維持しているコムギ系統情報。各種品種・系統など16 418個の種子，2 036個のDNAクローンの配付。116 232個のESTの検索。

データベース

IGGI (International Grass Genome Initiative) 〔http://www-iggi.bio.purdue.edu/〕
イネ科植物の情報提供。

Wheat Genetics Resource Center, Kansas State University 〔http://www.ksu.edu/wgrc/〕
コムギの実験系統の情報と種子の配付。

Nordic Gene Bank 〔http://www.ngb.se/〕
スカンジナビア諸国の共同運営による遺伝資源バンク。

ITEC (International Triticeae EST Cooperative) 〔http://wheat.pw.usda.gov/genome/〕
コムギ，オオムギ，ライムギ，エンバク，サトウキビの分子的情報と表現型情報。

Barley Genetic Newsletter 〔http://wheat.pw.usda.gov/ggpages/bgn/〕
オオムギ遺伝子，特に変異遺伝子の情報。

Wheat DNA Repository Database 〔http://www.shigen.nig.ac.jp/wheat/dna/〕
コムギのゲノムと遺伝子情報。

〔URLは2004年12月現在〕

表 1.19　その他のストックセンターとデータベース

東北大学アブラナ科種子バンク〔http://www.agri.tohoku.ac.jp/pbreed/Seed_Stock_DB/SeedStock-top.html〕
アブラナ科および近縁種の 58 属 177 種 758 系統の保存と種子の配付。

九州大学，アサガオ〔http://mg.biology.kyushu-u.ac.jp/〕
遺伝子・系統リスト，連鎖地図などのアサガオに関する総合的な情報と種子の配付。

The Kew Seed Bank at Wakehurst Place〔http://www.rbgkew.org.uk/msbp/index.html〕
英国王立植物公園の種子バンク。遺伝資源の配布申請ができ，カタログも発行されている。

作物研究所〔http://nics.naro.affrc.go.jp/〕
作物研究所では水稲，コムギなどの麦類，ダイズなどの豆類，サツマイモに加え，ゴマなどの資源作物の品種改良と新技術開発を行っている。また，これらの作物の栽培・生理研究と品質成分の生理遺伝研究を行い，低コスト・高品質栽培技術を開発している。

果樹研究所〔http://fruit.naro.affrc.go.jp/〕
果樹研究所は，果樹農業の発展と豊かな食生活に貢献するために，品質の優れた果実を安定的かつ効率的に供給することを目的とした基礎的・先導的な試験研究を行っている。

花き研究所〔http://www.flower.affrc.go.jp/〕
花き研究所では，花きの多様化，周年化，低コスト化，国際化等の要請に応えるため，花き・緑化植物の遺伝資源の収集・保存・評価に関する研究，新しい育種技術の開発と新品種・素材の育成，主要病害の発生生態の解明と防除技術の開発などを目的として，基礎研究に重点を置いた研究を行っている。

野菜茶研究所〔http://vegetea.naro.affrc.go.jp/〕
野菜茶研究では，葉根菜や果菜の省力・低コスト・安定生産技術の開発，葉根菜や果菜の病害虫抵抗性育種素材の開発および病害発生機構の解明，茶の環境保全型生産システムの確立のための研究等，野菜・茶の総合的な研究と環境保全を志向した新品種の開発を行っている。

IITA（国際熱帯農業研究所）〔http://www.iita.org/〕
国際農業研究協議グループ（CGIAR, Consultative Group on International Agricultural Research）の一つで，アフリカでは世界規模のネットワークを持つ最初の農業研究センターである。研究作物は，キャッサバ，ヤムイモ，トウモロコシ，ササゲ，ダイズおよびバナナで，これらの作物について栽培および食品加工の研究が行われている。

CIP（国際イモ類研究センター）〔http://www.cipotato.org/index2.asp〕
CIP は 16 の研究機関からなる国際農業研究協議グループ（CGIAR）の一つで，1971 年に設立された。ペルーにある本部の遺伝資源バンクにはジャガイモが約 5000 品種，6500 品種のサツマイモ，1300 系統の他のイモ類の品種が貯蔵されている。

ICRISAT（国際半乾燥熱帯地域作物研究センター）〔http://www.icrisat.org/web/index.asp〕
ICRISAT は開発途上国の半乾燥熱帯地域に焦点を置いて，農業生産力向上や貧困の削減，自然環境の保全に役立てることを目標に設立された。ソルガム，ラッカセイ，ヒヨコマメ，キマメ，キビなどの作物の種子（13 万以上の系統）を保存しており，その収穫量を増やし，病害虫の抵抗性を高めるための品種改良を行っている。

IPGRI（国際植物遺伝資源研究所）〔http://www.ipgri.cgiar.org/〕
IPGRI（1974 年設立）は，遺伝資源の保存と利用に取り組んでおり，当該分野では最大の国際機関である。IPGRI は CGIAR のメンバーとして，遺伝資源の活用と保存，バナナ（生食用および加工調理用に使用）改良の国際ネットワークの構築，CGIAR の遺伝資源のサポート等を行っている。

ICARDA（国際乾燥地域農業研究センター）〔http://www.icarda.cgiar.org/〕
ICARDA は 1977 年に設立され，世界中にある CGIAR 傘下の機関。本部をシリアに置き，開発途上地域の研究機関，大学，政府，NGO なども，先進国の先進的研究機関との協力のネットワークを通じて，オオムギ，ヒラマメ，ソラマメ等の改良を行っている。

広島市立大学，サクラ〔http://www.db.its.hiroshima-cu.ac.jp/~kitakami/prunus.html〕
サクラに関するデータベース。

Gateway to the New Crop Resource Online Program〔http://www.hort.purdue.edu/newcrop/〕
世界各国で研究されている新作物の研究情報へアクセスでき，日本の文献に未紹介の新作物に関する情報を入手できる。

Maize Cooperation in Genomics and Genetics〔http://www.agron.missouri.edu/index.html〕
トウモロコシのゲノム・遺伝情報。

〔URL は 2004 年 12 月現在〕

なサイトを**表 1.18** に示した。

（d）その他の保存機関　その他の保存機関とデータベースを**表 1.19** に示した。

（関根）

引用・参考文献

1) Hiei, Y., Ohta, S., Komari, T. and Kumashiro, T.: Efficient transformation of rice, (*Oryza sativa* L.) mediated by *Agrobacterium* and sequence analysis of the boundaries of the T-DNA, *Plant J.*, **6**, 271–282 (1994).
2) 伊藤紀美子：細胞工学別冊 モデル植物の実験プロトコール イネ・シロイヌナズナ編，(島本 功，岡田清孝監修)，pp. 82–88, 秀潤社 (2001).
3) 島田多喜子：細胞工学別冊 モデル植物の実験プロトコール イネ・シロイヌナズナ編，(島本 功，岡田清孝監修)，pp. 89–92, 秀潤社 (2001).
4) Heifetz, P. B.: Genetic engineering of the chloroplast, *Biochimie*, **82**, 655–666 (2000).
5) Daniell, H., Khan, M. S. and Allison, L.: Milestones in chloroplast genetic engineering: an environmentally friendly era in biotechnology, *Trends Plant Sci.*, **7**, 84–91 (2002).
6) Koziel, M. G., Carozzi, N. B. and Desai, N.: Optimizing expression of transgenes with an emphasis on post-transcriptional events, *Plant Mol. Biol.*, **32**, 393–405 (1996).
7) Mengiste, T. and Paszkowski, J.: Prospects for the precise engineering of plant genomes by homologous recombination, *Biol. Chem.*, **380**, 749–758 (1999).
8) Ebinuma, H., Sugita, K., Matsunaga, E. and Yamakado, M.: Selection of marker-free transgenic plants using the isopentenyl transferase gene, *Proc. Natl. Acad. Sci. USA*, **94**, 2117–2121 (1997).
9) Endo, S., Sugita, K, Sakai, M., Tanaka, H. and Ebinuma, H.: Single-step transformation for generating marker-free transgenic rice using the *ipt*-type MAT vector system, *Plant J.*, **30**, 115–122 (2002).
10) Joersbo, M.: Advances in the selection of transgenic plants using nonantibiotic marker genes, *Physiol. Plant*, **111**, 269–272 (2001).
11) Cheng, Z., Lu, B. R., Baldwin, B. S., Sameshima, K. and Chen, J.: Comparative studies of genetic diversity in kenaf (*Hibiscus cannabinus* L.) varieties based on analysis of agronomic and RAPD data, *Hereditas*, **136**, 231–239 (2002).
12) Rafalski, A.: Applications of single nucleotide polymorphisms in crop genetics, *Curr. Opin. Plant Biol.*, **5**, 94–100 (2002).
13) 武田和義，小原雄治，小原英雄：オオムギ遺伝子の一塩基多型(SNP)大量検出に成功，科学技術振興事業団報，第209号〔http://ume.tokyo.jst.go.jp/pr/report/report209/〕(2004年12月現在)
14) Holtorf, H., Guitton, M. C. and Reski, R.: Plant functional genomics, *Naturwissenschaften*, **89**, 235–249 (2002).
15) The Arabidopsis Genome Initiative: Analysis of the genome sequence of the flowering plant *Arabidopsis thaliana*, *Nature*, **408**, 796–815 (2000).
16) Yu, J., et al.: A draft sequence of the rice genome (*Oryza sativa* L. ssp. *indica*), *Science*, **296**, 79–92 (2002).
17) Goff, S. A., et al.: A draft sequence of the rice genome (*Oryza sativa* L. ssp. *japonica*), *Science*, **296**, 92–100 (2002).
18) Yuan, Q., Ouyang, S., Liu, J., Suh, B., Cheung, F., Sultana, R., Lee, D., Quackenbush, J. and Buell, C. R.: The TIGR rice genome annotation resource: annotating the rice genome and creating resources for plant biologists, *Nucleic Acids Res.*, **31**, 229–233 (2003).
19) Maloof, J. N.: QTL for plant growth and morphology, *Curr. Opin. Plant Biol.*, **6**, 85–90 (2003).
20) Schaefer, D. G.: A new moss genetics: targeted mutagenesis in *Physcomitrella patens*, *Annu. Rev. Plant Biol.*, **53**, 477–501 (2002).
21) Terada, R., Urawa, H., Inagaki, Y., Tsugane, K. and Iida, S.: Efficient gene targeting by homologous recombination in rice, *Nature Biotechnol.*, **20**, 1030–1034 (2002).
22) 常脇恒一郎編：植物遺伝学実験法 (遺伝学実験講座 4)，共立出版 (1982).
23) 平井 泰，酒井 昭：ビーズガラス化法により超低温保存した植物の生育，北海道立農試集報，**80**, 55–64 (2001).
24) 柿本辰男：細胞工学別冊モデル植物の実験プロトコール イネ・シロイヌナズナ編，(島本 功，岡田清孝監修)，pp. 135–142, 秀潤社 (2001).
25) 長峰 司，白田和人，國廣泰史：細胞工学別冊 モデル植物の実験プロトコール イネ・シロイヌナズナ編，(島本 功，岡田清孝監修)，pp. 234–239, 秀潤社 (2001).
26) 中村保一，田畑哲之：細胞工学別冊 モデル植物の実験プロトコール イネ・シロイヌナズナ編，(島本 功，岡田清孝監修)，pp. 244–248, 秀潤社 (2001).

1.4 動物資源

1.4.1 宿主としての動物資源

生物工学の究極の目標は人類への貢献と位置づけてよいだろう。その際には資源としてのヒトを含む動物，そして動物由来の細胞を用いた研究・応用が欠かせない。宿主としての動物資源は動物個体そのものを利用する場合と，動物個体，組織，器官から得られた細胞

を利用する場合がある。本項目では，特に細胞を中心に宿主としての動物資源について解説する。

（a）細胞培養の始まりと培地開発[1)〜3)]　動物細胞の利用は，細胞を生体外に取り出し，これを培養する手法が出発点となっている。1800年代後半から，動物の組織から細胞を取り出すことは試みられていたが，実際に動物細胞を*in vitro*で培養する技術は1907年にR. G. Harrisonによって行われたオタマジャクシの脊索から取り出した細胞を培養する実験にて本格的に始められたと考えられる[4)]。

これをもとにして，生体由来の抽出液や血清を用いた生体外細胞培養の研究が本格的に開始された。つぎの大きなステップは，NIHのW. R. EarleやH. Eagleらのグループによって1950年代になってさかんに研究された生体必須アミノ酸の研究と，それに伴って開発された合成培地である。これは，血清中のアミノ酸組成を基準にして血清を補う役目として，多種のアミノ酸，ビタミンなどから合成されている。

しかし，これらの培地はあくまでも血清を補うために開発されたものであり，細胞培養には血清が必要とされた。しかし，血清は試料ごとに細胞増殖が異なり，さらにその組成もはっきりとは解明されていないことなどから，組成不明の血清を既知の物質で置き換えて培養する無血清培養がさまざまに考案されてきた。

1970年代後半から本格的に始まる無血清培地の開発は，G. H. Satoによる血清の主要な機能は成長因子（growth factor）の供給にあるという考えに基づいて，彼およびそのグループによって長足の進歩を遂げた。なかには成長因子といってもタンパク質ではなく，必須元素や栄養源としての分類が適当なものもあったが，明らかに血清の代替としての機能を果たす多数の物質が解明された。この考え方に基づき，村上らは，ハイブリドーマの培養に必要な細胞成長因子としてエタノールアミンを見出し，現在でもハイブリドーマの無血清培養に有効なRDF-ITES培地を考案した。これは，合成培地の混合物（RPMI1640, Dulbecco改変 Eagle's minimum essential medium, Ham's F12培地の2：1：1混合物）に成長因子ITES（insulin, transferrin, ethanolamine, selenium）を添加したものである。

現在，さまざまな細胞培養分野にて用いられている培地は，前述のアミノ酸などの合成培地に血清を添加した血清培地と，合成培地に上記に代表されるような成長因子を添加した無血清培地と大きく二つに分類することができる。**表1.20**に，よく知られている無血清培地であるeRDF-ITES培地の組成を示す。

細胞培養培地の特徴は，培地中に含まれている$NaHCO_3$にある。すなわち，気相中の炭酸ガス（通常5％）との緩衝作用により，培養中のpHを一定に保つ働きをしている。また，培地にはpH指示薬のフェノールレッドが添加され，培養中のpH変化を視覚的にモニターし，培地交換のタイミングや雑菌汚染，細胞増殖把握に利用されている。

表1.20 eRDF-ITES無血清培地の組成〔mg/*l*〕

種類	濃度	種類	濃度	種類	濃度
アラニン	7	チロシン	87	ピルビン酸	110
アルギニン・HCl	582	バリン	109	チミジン	5.72
アスパラギン	83	ビオチン	0.1	グルコース	3 420
アスパラギン酸	40	葉酸	1.8	フェノールレッド	5
システイン・HCl・H_2O	106	リポ酸	0.05	HEPES	1 190
グルタミン酸	40	ニコチンアミド	1.5	NaCl	6 430
グルタミン	999	*p*-アミノ安息香酸	0.51	KCl	373
グルシン	43	パントテン酸	0.59	$CaCl_2$	109
ヒスチジン・HCl・H_2O	75	ピリドキサール・HCl	1.0	$MgSO_4 \cdot 7H_2O$	66.2
ヒドロキシプロリン	31	ピリドキシン・HCl	0.51	$Na_2HPO_4 \cdot 7H_2O$	4 915
イソロイシン	157	リボフラビン	0.13	$NaHCO_3$	1 050
ロイシン	165	チアミン・HCl	1.59	$CuSO_4 \cdot 5H_2O$	7.5×10^{-4}
リジン・HCl	197	ビタミンB_{12}	0.34	$FeSO_4 \cdot 9H_2O$	0.25
メチオニン	49	コリン・HCl	12.3	$ZnSO_4 \cdot 7H_2O$	0.23
フェニルアラニン	74	*i*イノシトール	46.8	インスリン	10
プロリン	55	グルタチオン	0.49	トランスフェリン	20
セリン	85	ヒポキサンチン	1.02	エタノールアミン	2 μ*l*
スレオニン	111	リノール酸	0.02	セレニウム	1.7×10^{-5}
トリプトファン	18	プトレッシン・HCl	0.04		

(b) 初代細胞と細胞株 上記に述べたように，細胞培養技術の発展に伴って，生体外細胞培養が可能となった。通常，生体内においては，細胞は単独にて存在するのではなく，複数の種類の細胞と一緒に混在し，組織・器官を形成している。初期の生体外培養は，これら組織・器官から生体片を取り出し，培養することで実現した。やがて，20世紀前半にかけて，トリプシン，コラゲナーゼなどの酵素を用いて細胞を個々ばらばらに分散させ，種類の同じ細胞を取り出して培養し，その機能について研究する手法が確立された。これは微生物の純粋培養に相当する手法であり，独立した細胞を取り扱うことにより，生体内での細胞の機能を生体外にて，個々に独立した形で検討することが可能となった。

生体外に取り出した細胞は，十分な栄養源，環境条件下において継代を繰り返しても，ある程度細胞分裂を繰り返すとそれ以降は分裂増殖を繰り返すことができない（有限寿命）。ところが，継代した初代細胞中の一部細胞や，がん細胞などは無限増殖能を獲得し（株化），生体外において無限に分裂増殖を繰り返すことができる。通常，その場合は，生体内にて維持していた機能の一部が低下もしくは欠損している場合が多い。また，取り出した細胞は血球系由来細胞を除き，増殖には接着面を必要とする。このようにして樹立した細胞株を用いることにより，実験室内において，長期培養や繰り返し実験を再現よく行うことが可能となった。さらに，細胞凍結保存技術の発達により，いったん樹立した細胞株をいつどこででも利用することが可能となり，資源としての有効性が確立された。

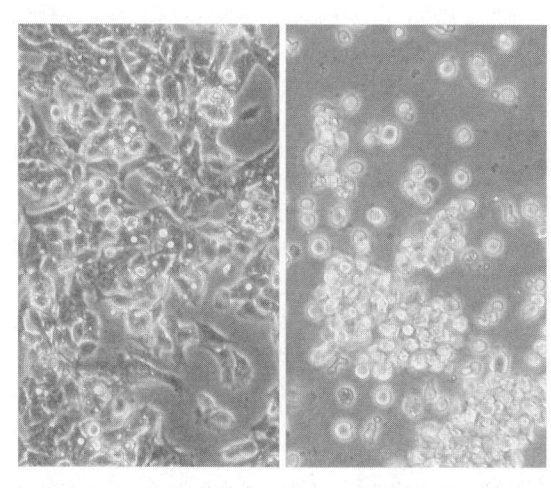

(a) 接着性細胞（ヒト肝由来HepG2） (b) 浮遊性細胞（ヒト白血球由来MTA）

図1.21 接着性細胞と浮遊性細胞

(c) 細胞培養の産業応用：物質生産 細胞培養技術の発展に伴い，細胞自身を産業応用しようとする試みもさかんに行われるようになってきた。細胞自身を産業応用する場合には，組換え微生物のように物質生産の媒体（場）として利用する場合と，細胞自身を利用対象として，評価系や医療等に直接利用するという大きく二つの視点からの産業応用がある。

細胞培養を物質生産に利用しようとする試みは，エリスロポエチン，インターフェロン，ウロキナーゼ，モノクローナル抗体に代表されるような生体由来の生理活性物質の解明とともに，広がってきた。一方で，本分野の大きな発展は，後にノーベル賞を受賞した1949年のJ. F. Endersによるポリオウイルスの培養細胞を用いた増殖の成功である[5]。これによって，動物ウイルスを人為的条件下で取り扱え，ワクチン開発・生産への利用が広がった。1950年代後半になると，微生物発酵の技術を応用して，ジャーファーメンターを用いた動物細胞培養，いわゆる通気攪拌培養がさかんに行われるようになった。また，CHO（チャイニーズハムスター卵巣細胞株）やBHK（ベイビーハムスター腎臓細胞株）などが遺伝子組換えに適した宿主細胞株としてさかんに利用されるようになってきた。現在では培養法として連続灌流を組み合わせた高度生産までも行われ，高密度流加（回分）培養では $8\sim15\,kl$ 規模，連続灌流培養では $500\,l$ 規模の濃度では最大 $5\,g/l$ のレベル（流加培養）の組換えバイオ医薬品大量生産培養が行われている。また，宿主としての動物細胞の利点は，原核生物，下等真核生物，植物と異なり，本来のヒトに近い翻訳後修飾が可能である点にある。これら翻訳後修飾，特に糖鎖修飾は細胞内酵素反応によって行われるため，培養条件によって変化し，これを厳密に制御する品質管理技術が求められている。

わが国では2001年時点で動物細胞培養によるバイオ医薬品生産の売上は2500億円程度にまで達しており，全世界でのアミノ酸生産（2000億円程度）と比較しても遜色のないレベルにまで拡大している[6]。また，海外では，日本同様の生理活性物質生産のみならず，ワクチン生産にも大規模に応用されている。

(d) 細胞培養の産業応用：評価系，医療応用[7]~[9]

動物細胞の産業応用は上述のようにバイオ医薬品生産の宿主としての発展が大きいが，細胞を用いた評価系や，近年になってさかんに研究されている細胞自身の医療応用の分野での応用も活発になってきている。細胞自身を評価系に用いる場合は，生理活性物質の探索と単離，食品成分の機能評価，細部毒性試験を用いた環境汚染物質の評価，各種医薬品の機能評価，安全性試験やアレルギー検定などに用いられている。また，

近年では動物実験代替法として医薬品・化粧品の毒性試験や安全性試験にも用いられている[1]。

また，細胞療法/再生医療として細胞自身を治療手段・医薬品として用いる試みも近年さかんになされるようになってきている。細胞自身を治療の手段として利用する試みは，近年になって始まったものではなく，そのルーツは古く輸血等の治療法にたどることができる。近年の再生医療/ティッシュエンジニアリングと総称される手法での最初の例は，1970年代後半から1980年代初頭にかけてのH. Greenら[10] 3グループによる皮膚の再生にさかのぼることができる。彼らは，生体外培養を利用して，細胞もしくはマトリックスを足場として，その上に皮膚組織構造を再生するという手法にて人工皮膚を開発した。ティッシュエンジニアリングという学問分野の名称はR. LangerおよびJ. P. Vacantiによって1993年に発表された耳の形をした軟骨再生の報告によって大いに広まった[11]。こちらは生体外での培養を利用せずに，マウス生体内に再建した足場を利用した再生手法である。

現在の再生医療/ティッシュエンジニアリングを支える大きな要素技術は，治療に利用可能なさまざまな幹細胞と呼ばれる細胞種の概念が提唱され，発見されたことに由来する。幹細胞は自己増殖する能力とさまざまな機能を持つ細胞に分化する能力をあわせ持つ細胞と定義づけられ，これを用いることによりさまざまな器官のもととなる細胞源を供給することが可能となる。すなわち，幹細胞を生体より分離し，これを生体外にて培養・分化させて生体外にて細胞/組織/器官を再生させ，これを生体内に戻すという治療法の可能性が再生医工学/ティッシュエンジニアリングという分野の現在の発展につながっている[12]。

（e） 宿主としての動物個体 1981年にM. J. EvansおよびM. H. Kaufmanによって樹立されたマウスES細胞（胚性幹細胞）（embryonic stem cell）株の樹立と，このES細胞株に対する遺伝子導入技術の開発により[13]，細胞レベルでの知見が，一気に動物個体レベルへの知見に展開することが可能となった。すなわち，目的とする遺伝子を組み込み/破壊したES細胞を初期胚に導入してキメラマウスを作成してさらに交配させることにより，目的の遺伝子を欠損/改変したマウスを構築することが可能となる。ES細胞を用いる以外に，マイクロインジェクションや体細胞核移植を用いることによりトランスジェニック動物を作成する技術も開発されてきており，作成された個体は疾患モデル動物のみならず，移植用代替臓器としての利用や，動物工場としての医薬品生産の可能性についても検討されているが，実際の産業応用への道のりはまだ遠い。これらのトランスジェニック動物作成には通常，個体発生と同じ程度の長い時間が必要とされ，開発スピードの観点から，生産系というよりは，医薬品開発のためのツールとしての利用が有望視されている。

1.4.2 保存方法

（a） 凍結保存法の発見と凍結保存の原理[14] 細胞株の凍結保存法が開発されるまで，実験室レベルで細胞を保存するためには，無限増殖能を持つ細胞を，ひたすら継代を繰り返して維持するしか手段はなかった。したがって，有限寿命の初代細胞については生体より分離した後，ただちに行う実験のみ可能であった。

1940年代後半のC. Polgeらのニワトリ精子に対するグリセリンの凍害防御効果の発見[15]についで，1959年のJ. E. LovelockおよびM. W. H. BishopによるDMSO (dimethylsulfoxide) の凍害防御作用[16]が明らかになり，動物細胞の凍結による傷害を防止しながら，長期間細胞を保護する手法が確立された。現在では，主としてDMSOを用いて，液体窒素下にて凍結保存を行うことにより，通常数年，場合によっては10年以上の長期保存が可能となっている。凍結による細胞障害のメカニズムは詳しく解明されていない点も多々あるが，いくつかの点から，細胞個々の固有の凍結保存に適した冷却速度が存在することが知られている。

細胞を凍結する際に起こる傷害としては，細胞を急速に冷却した際の傷害と，ゆっくり冷却した際に生じる障害の2種類がある。すなわち，最適の冷却速度は両者のバランスのうえに成り立っている。

細胞を急速に冷却すると，細胞内の水の多くが細胞内に過冷却の状態で存在し，凍らないままの状態となる。この状態で細胞内になんらかの因子やショックを与えられると，植氷され，細胞内凍結を引き起こし，細胞内に氷晶を形成する。この氷晶形成が，細胞内小器官，構造の破壊を引き起こし，細胞に対して傷害となる。通常，凍結保護剤を添加しない場合，−10〜20℃で細胞内凍結を引き起こしてしまう。一方，さらに冷却速度を上げていくと，細胞内に形成される氷晶は小さくなり，非常に高い冷却速度（毎秒1000℃以上）においては，細胞内の水がガラス化（ビトリフィケーション）し，細胞の構造は生きたまま保たれる。

一方，ゆっくりと冷却した場合の細胞障害は，主として細胞外凍結によるものと考えられている。すなわち，ゆっくり凍結する際には細胞内の水は脱水収縮された形をしており，氷晶は見受けられない。細胞外凍

結による傷害の機構は諸説あるが，細胞外凍結によって生じる溶液効果（細胞内外の溶液の濃縮），脱水収縮の行き過ぎによる細胞傷害，未凍結部位の氷晶，細胞相互による機械的ストレスなどが挙げられる。

一般的に凍結保護防止剤の効果としては溶液の氷点を下げて凍結温度での氷晶形成を少なくさせ，さらに細胞内外の塩の濃縮を抑える，すなわち前述の凍結保存に適した冷却速度の範囲を広げる効果がある。グリセリンやDMSOは細胞膜透過型凍結防御剤であり，細胞膜を透して細胞内に拡散することにより，上記の効果を担う。これらの凍結保護剤を添加して，ゆっくり凍結することにより，過冷却の状態が維持され，防御剤の濃縮効果によってガラス転移温度も上昇し，氷晶核を形成することなく，ガラス状態に移行し，安定保存が可能となる。原理から考えると，凍結保護剤の濃度が高いほど防御効果は高くなるが，多くの保護剤は高濃度で細胞に毒性を示すため，動物細胞においては，凍結保護剤の至適濃度は10〜15％程度に限られている。通常，動物細胞の保存には−80℃で1年程度，ガラス化状態を保つ液体窒素（−196℃）中では10年以上の長期保存が可能である。融解時においては，昇温過程において脱ガラス化，氷晶形成，再結晶が起こり，この場合においてもこれらの現象の起こる温度域をすみやかに通過させる必要がある。

（b） **実際の凍結保存/解凍操作** （a）項で説明したように，細胞を凍結保存する場合には最適な凍結速度を保つ必要がある。動物細胞は，微生物に比較して細胞傷害を受けやすく，厳密な保存にはプログラムフリーザーを利用した凍結保存法が利用されているが，近年ではこれに代わる予備凍結容器（例えばBICELL（日本フリーザー））を用いて−80℃にていったん予備凍結を行った後に液体窒素中にて保存する簡便な凍結保存法が一般に用いられている。

細胞凍結時のポイントは，凍結保存を行う前の細胞の状態をいかによい状態に保っているかにある。実際には対数増殖中期から後期の状態の細胞を利用するのが好ましい。凍結保護剤としてはDMSOの利用が一般的であるが，細胞株によりその至適濃度（通常10〜15％），細胞凍結濃度（通常$1 \sim 5 \times 10^6$ cells/ml），凍結に用いる培地組成（血清濃度等）が異なるため，あらかじめ予備実験にて条件を検討しておく必要がある。近年では，氷晶をほとんど形成させないガラス化による受精卵の凍結保存法も一般に利用されてきている[17), 18)]。

1.4.3 保存機関

宿主としての動物資源を保存している機関としては，系統実験動物，遺伝子操作動物など，いわゆる個体としての動物資源を保存している機関から，ヒトを含む個体から得られた細胞を保存している機関まで存在する。また，運営母体に関しても，研究を目的とした公的機関から，治療を目的とした細胞バンク，さらには，営利企業まで存在する。本項目では，個体から得られた動物細胞を保存分譲する，いわゆる研究を目的とした細胞バンクについて，国内外の保存機関を紹介する。

（a） **国内動物細胞バンク**[19)] 国内において細胞を提供可能な機関は下記のものが挙げられる。詳細は各バンクのホームページを参照していただきたい。URLアドレスなど，掲載情報は2004年12月現在のものである。

（1）理化学研究所バイオリソースセンター（つくば市）

〔http://www.brc.riken.jp/〕

動物，ヒト由来などの約650種類の細胞株を提供可能な細胞銀行。細胞の供給のみならず，細胞銀行への細胞株の寄託と第三者への配布，構築した細胞の保護預かり制度なども充実している。

（2）JCRB細胞バンク（2005年4月より（株）医薬基盤研究所）

〔http://jcrb.nihs.go.jp/〕

厚生労働省対がん10カ年計画のもとで，細胞バンク事業として1984年に設立された国内で最も古い細胞バンク。分与可能な細胞株についての情報のみならず，細胞培養や倫理問題に関する詳しい情報提供も行っている。

（3）ヒューマンサイエンス研究資源バンク（HSRRB）（泉南市）

〔http://www.jhsf.or.jp/bank/intro.html〕

JCRB細胞バンクが分譲する細胞株は現在，本バンクを通して分譲されている。本バンクには，高等動物細胞バンク，ヒト組織バンク，動物胚バンクの三つの細胞バンクが存在している。なお，ヒト組織利用に関しては倫理審査委員会の審査を経る必要がある。

なお，上記（1）〜（3）にて分譲可能な細胞株に関しては，それぞれのバンク以外に下記のページにて検索可能である。

科学技術振興事業団 生物系研究資材共有データベース〔http://bio.tokyo.jst.go.jp/biores/〕

（4）東北大学加齢医学研究所医用細胞資源センター（仙台市）

〔http://www.idac.tohoku.ac.jp/dep/ccr/〕

がん細胞株の管理，供給の必要性の声を受けて発足したがん細胞に特化した細胞バンク。日本で維持され

ている可移植性腫瘍株一覧も掲載されている。現在ではがん細胞だけでなく，ハイブリドーマなど多種類の細胞を分与している。

（5）（株）林原生物化学研究所 藤崎細胞センター（岡山市）
〔http://jcrb.nihs.go.jp/jtca/book/hayashibara.htm〕

藤崎細胞センターにて分与可能な血球由来細胞中心の細胞株一覧（約600種類）が上記ページにて確認できる。

（6）（独）産業技術総合研究所特許生物寄託センター（つくば市）
〔http://unit.aist.go.jp/ipod/index.html〕

特許生物の寄託制度に基づいて受精卵を含む特許動物細胞が寄託され，必要に応じて第三者に分与している。

（7）NPO法人エイチ・エー・ビー研究機構（文京区）
〔http://www.hab.or.jp/〕

米国 National Disease Research Interchange（NDRI）と協定を行い，研究試料としてのヒト由来組織の供給を行っている。現在，供給はエイチ・エー・ビー研究機構会員に限られている。供給にあたっては研究倫理審査が必要とされる。

（b） 海外動物細胞バンク[1]　国外において細胞を提供可能な機関は多数にわたる。ここでは代表的なものをいくつか紹介する。なお，網羅的な検索に関しては，培養生物世界データセンター〔http://wdcm.nig.ac.jp/〕が微生物や培養細胞を系統保存している系統保存機関の網羅的ディレクトリーとして培養生物材料のデータベースのゲートウェイとなっているので，これを利用するとよい。

（1）ATCC（American type culture collection）
〔http://www.atcc.org/〕

1925年に創立された米国細胞・微生物・遺伝子バンク。約4 000種類の細胞，1 200種以上のハイブリドーマなどを取り扱っている。日本国内で利用する場合には代理店である住商ファーマインターナショナル（株）〔http://www.summitpharma.co.jp/〕経由で分譲依頼を行う。なお，輸入にあたっては，動物検疫所ならびに植物防疫所からの確認が必要となる。また，細胞の寄託に関しては代理店では受け付けておらず，直接ATCCとコンタクトをとる必要がある。

（2）ECACC（European collection of cell cultures）
〔http://www.ecacc.org.uk/〕

欧州細胞バンク。一般細胞900種類以上，ハイブリドーマ400種類以上などについて取り扱っている。

（3）Korean Cell Line Bank
〔http://cellbank.snu.ac.kr/〕

1982年から運営されている韓国細胞バンク。

（c） 資源としての組織・細胞：倫理的な側面から

近年の生物工学分野の広がりから，生物工学者が動物資源としてのヒト由来組織・細胞を取り扱うケースも非常に増えてきた。動物由来の組織・細胞を取り扱う場合と，ヒト由来の組織・細胞を取り扱う場合，その両者に技術的な相違点は特にない。ところが，ヒトは人であるがゆえに，ヒト由来組織，細胞を取り扱う場合にはたとえ公的なバンクや民間企業を経て利用するにしても，倫理面での配慮・意識がつねに必要とされる。ヒト由来組織・細胞の取扱いに関しては，現在のところもさまざまな議論の対象であり，ここですべてを網羅することは不可能である。そこで，細胞・組織を利用する側としての面からに絞って紹介する。なお，実験動物の取扱いに関しても，さまざまな倫理的側面があるが，これに関しては関連法規，関連学会等をご参照いただきたい[20), 21)]。

まず，ヒト由来組織・細胞を取り扱い，培養し，なんらかの生物工学的研究を行うという場合を想定する。この場合，実験結果を解析するためには，対象とする組織・細胞の生化学的，分子生物学的な解析が当然のごとく利用される。ところが，対象とする組織・細胞の生化学的，分子生物学的な解析を行うということは当然のことながら，それを提供したドナーである人個人の遺伝子を解析することにほかならない。すなわちこれはヒトゲノム・遺伝子解析研究となり，2001年3月29日に告示されたいわゆる三省ゲノム指針「ヒトゲノム・遺伝子解析研究に関する倫理指針」に準じた取扱いが求められる[22)〜24)]。

本指針の中身はまず第1において，研究現場において遵守されるべき本指針の基本方針および適応範囲をきちんと定義づけている。第2においては，すべての研究者，研究責任者，研究機関の長の責務を明確にし，個人情報管理者の責務および倫理審査委員会の責務と構成についても定義している。第3においては，提供者に対する基本姿勢を明確にし，第4においては，試料の取扱い，保存，廃棄の方法について述べられている。用語の定義は第6において行われている。ここで扱っている「試料」とは，血液，組織，細胞，体液，排泄物およびこれらから抽出したDNAなどの人の体の一部ならびに提供者の診療情報（死者から提供されたものを含む）となっているが，学術的な価値が定まり，実績が十分に認められ，研究用に広く一般に利用され入手可能なものは含まれない。また，日本組織培養学会倫理問題検討委員会では「非医療分野」におけるヒト組織・細胞の取扱いについてのレポートをまと

めている[25]。本報告はヒト組織・細胞を取り扱う実務者としての遵守事項と参考事項の紹介を行っている。基本的留意事項として，①専門家と一般社会人との倫理的同等性，②人体とそれ以外の物体との相違の認識，③社会受容性の認識，④安全の基本を掲げ，自主ルール構築のための参考事項について詳しく述べている。細胞バンクに登録された組織・細胞は通常，無償で提供されている。無償で提供されたヒト由来物から発生するさまざまな知的所有権（特許所属）についても十分に考慮する必要がある[26],[27]。 (大政)

引用・参考文献

1) 日本動物細胞工学会編：動物細胞工学ハンドブック，朝倉書店（2000）．〔動物細胞工学に関するあらゆる事柄を丁寧に解説したハンドブック〕
2) 杉野幸夫編：細胞培養技術，講談社サイエンティフィク（1985）．〔動物細胞培養黎明期において，細胞培養の歴史的成り立ちから始まって，産業応用にまで詳しく解説した成書〕
3) 日本組織培養学会編：組織培養の技術 第三版（基礎編，応用編），朝倉書店（1996）．〔組織培養に利用される技術的手法の原理から実際の操作まで詳しく解説した実用書。基礎テクニックについて解説した基礎編と，最新のテクニックについて紹介した応用編に分かれる〕
4) Harrison, R. G.: *Proc. Soc. Exp. Biol. Med.*, **4**, 140-143 (1907).
5) Enders, J. F., Weller, T. H. and Robbins, F. C.: *Science*, **109**, 85 (1949).
6) 日経バイオビジネス，**10**, 50-54 (2002).
7) 浅島 誠，岩田博夫，上田 実，中辻憲夫編：再生医学と生命科学，蛋白質 核酸 酵素，**45**, 13, 1996-2362, 共立出版（2000）．
8) 筏 義人編：再生医工学，化学同人（2001）．
9) 室田誠逸編：再生医学・再生医療，東京化学同人（2002）．〔7)～9)は再生医療に関する最新の成果をわかりやすく紹介した特集本〕
10) Green, H., Kehinde, O. and Thomas, J.: *Natl. Acad. Sci. USA*, **76**, 5665-5668 (1979).
11) Langer, R. and Vacanti, J. P.: *Science*, **260**, 920-926 (1993).
12) 日本生物工学会セル&ティッシュエンジニアリング研究部会編：再生医療実用化にむけた生物工学研究，三恵社（2003）．
13) Evans, M. J. and Kaufman, M. H.: *Nature*, **292**, 154-156 (1981).
14) 酒井 昭：凍結保存——動物・植物・微生物——，朝倉書店（1987）．〔原理から方法までを詳細に解説した書〕
15) Polge, C., Smith, S. U. and Parkes, A. S.: *Nature*, **164**, 666 (1949).
16) Lovelock, J. E., Bishop, M. W. H.: *Nature*, **183**, 1394-1395 (1959).
17) 酒井 昭：組織培養，**22**, 345-347 (1996).
18) 葛西孫三郎：組織培養工学，**26**, 40-43 (2000).
19) 日本組織培養学会細胞バンク委員会編：細胞バンク・遺伝子バンク——情報検索と研究資源の入手法——，共立出版（1998）．
20) 動物の愛護及び管理に関する法律 等
21) 日本実験動物学会：http://www.soc.nii.ac.jp/jalas/（2004年12月現在），日本動物実験代替法学会，日本実験動物協会：http://www.soc.nii.ac.jp/jsaae/（2004年12月現在）他
22) 丸山英二：ジュリスト，**1247**, 37-48 (2003).
23) 増井 徹，林 真，田辺秀三，水澤 博：国立医薬品食品衛生研究所報告，**119**, 40-46 (2001).
24) 文部科学省研究振興局長，厚生労働省大臣官房厚生科学課長及び経済産業省製造産業局長 ヒトゲノム・遺伝子解析研究にかかる倫理指針 2001年3月39日告示〔例えば本文はhttp://www.meti.go.jp/policy/bio/rinri-shishin/shishin-tsuchi.html（2004年12月現在）やヒトゲノム・遺伝子解析研究に関する倫理指針ホームページhttp://www.mext.go.jp/a_menu/shinkou/seimei/genomeshishin/index.htm（2004年12月現在）において閲覧可能〕
25) 日本組織培養学会倫理問題検討委員会：非医療分野におけるヒト組織・細胞の取り扱い．〔http://jtca.umin.jp/sosiki_（2004年12月現在）において閲覧可能〕
26) 宇都木伸，菅野純夫，角田政芳，恒松由記子，増井 徹：ジュリスト，**1247**, 6-28 (2003).
27) 増井 徹：現代思想，**30**, 194-210 (2002).

1.5 生物多様性条約

工業の発展などによる地球上の自然破壊に伴い，生物の多様性を保持することの重要性が認識され，開発と生物資源の保存との共存の必要性が，1990年になり強く認識されることとなった。この認識のうえに立ち，1992年に開催された地球サミット（ブラジル，リオネジャネイロ）において，国際条約である「生物多様性条約」[4]（Convention on Biological Diversity：CBD）が採択された。CBDは1993年に発行し，2003年までに日本を含む183カ国が締結している。

CBDは地球上の生物の多様性保全，その構成要素の持続可能な利用，および遺伝資源の利用から生ずる利益の公正な配分の実現を目的とする条約である。CBDは，生物工学に携わるものが持っていた生物資源へのアクセスに関するそれまでの考え方を大きく変えることとなった。それまでは比較的自由であった生

物資源，あるいはそれを含む試料（土壌なども含む）へのアクセスが，生物資源が資源国に帰属するとの概念が取り入れられた結果，大きく制限される可能性が高くなった（表1.21）。

アジアや南米諸国は豊富で多様な生物資源を有していると考えられており，これら地域の生物資源の積極的な利用は，利用国のみならず資源原産国にとっても重要な課題であり，人類の福祉に必須である。しかし，原産国の多くが発展途上国であり，利用国が先進国である現状から，南北問題として取り上げられることも多く，生物資源の利用を困難にしているところがある。一方，わが国においても，科学技術基本法（平成7年11月施行）や科学技術基本計画（平成13年3月閣議決定），またこれを受けた「BT戦略会議」による答申をもとにした「BT研究開発の推進について」（平成14年12月総合科学技術会議決定）などにおいても，生物資源の確保と持続的利用の促進がうたわれている。

生物資源の利用を主とする生物工学に携わる研究者は，このCBD，および関連する「バイオセーフティに関するカルタヘナ議定書」[5]，「ボン・ガイドライン」[6]などを広く理解しつつ研究の推進を図る必要がある。

これらの条約については，締約国会議やOECDの会議において新しい見解が示されることもあり，つねに新しい情報の確保に努めなければならない。情報はCBDの主務省庁である環境庁自然環境局〔http://www.biodic.go.jp/（2004年12月現在）〕や，経済産業省のバイオ政策〔http://www.meti.go.jp/policy/bio/（2004年12月現在）〕のウエブサイトや，（財）バイオインダストリー協会の「生物資源へのアクセスと利益配分」[7]のウエブサイトを閲覧しておくとよい。

1.5.1 生物多様性条約の概要

（a）目　　的　　第1条の目的では，「この条約は，生物の多様性の保全，その構成要素の持続可能な利用及び遺伝資源の利用から生ずる利益の公正かつ衡平な配分をこの条約の関係規定に従って実現することを目的とする。この目的は，特に，遺伝資源の取得の適当な機会の提供及び関連のある技術の適当な移転（これらの提供及び移転は，当該遺伝資源及び当該関連のある技術についてのすべての権利を考慮して行う）ならびに適当な資金供与の方法により達成する」と述べられており，生物多様性条約（CBD）が，以下に示す三つの柱から構成されていることを示している。

・生物多様性の保全
・その構成要素（生物資源）の持続可能な利用
・その利用から生ずる利益の公正かつ衡平な分配

ここで定義される構成要素（生物資源）とは，生物そのもの以外に，その遺伝子ならびに派生物，さらには土壌など生物資源を含むものすべてを指すことに注意しなければならない。第2条では用語の定義が述べられている（表1.22）。

（b）生物多様性の保全　　生物多様性の保全に関しては，第8条で生物資源の生息域内保全の重要性を

表1.21　生物多様性条約の条項

前文	
第1条	目的
第2条	用語
第3条	原則
第4条	適用範囲
第5条	協力
第6条	保全及び持続可能な利用のための一般的な措置
第7条	特定及び監視
第8条	生息域内保全
第9条	生息域外保全
第10条	生物の多様性の構成要素の持続可能な利用
第11条	奨励措置
第12条	研究及び訓練
第13条	公衆のための教育及び啓発
第14条	影響の評価及び悪影響の最小化
第15条	遺伝資源の取得の機会
第16条	技術の取得の機会及び移転
第17条	情報の交換
第18条	技術上及び科学上の協力
第19条	バイオテクノロジーの取扱い及び利益の配分
第20条	資金
第21条	資金供与の制度
第22条	他の国際条約との関係
第23条	締約国会議
第24条	事務局
第25条	科学上及び技術上の助言に関する補助機関
第26条	報告
第27条	紛争の解決
第28条	議定書の採択
第29条	この条約及び議定書の改正
第30条	附属書の採択及び改正
第31条	投票権
第32条	この条約と議定書との関係
第33条	署名
第34条	批准，受諾又は承認
第35条	加入
第36条	効力発生
第37条	留保
第38条	脱退
第39条	資金供与に関する暫定的措置
第40条	事務局に関する暫定的措置
第41条	寄託者
第42条	正文

1.5 生物多様性条約

表 1.22 生物多様性条約にあるおもな用語の定義

「生物の多様性」
　すべての生物（陸上生態系，海洋その他の水界生態系，これらが複合した生態系そのほか生息または生育の場のいかんを問わない）の間の変異性をいうものとし，種内の多様性，種間の多様性および生態系の多様性を含む。

「生物資源」
　現に利用され，もしくは将来利用されることがある，または人類にとって現実のもしくは潜在的な価値を有する遺伝資源，生物またはその部分，個体群その他生態系の生物的な構成要素を含む。

「バイオテクノロジー」
　ものまたは方法を特定の用途のために作り出し，または改変するため，生物システム，生物またはその派生物を利用する応用技術。

「遺伝資源の原産国」
　生息域内状況において遺伝資源を有する国。

「遺伝資源の提供国」
　生息域内の供給源（野生種の個体群であるか飼育種または栽培種の個体群であるかを問わない）から採取された遺伝資源または生息域外の供給源から取り出された遺伝資源（自国が原産国であるかないかを問わない）を提供する国。

「生息域外保全」
　生物の多様性の構成要素を自然の生息地の外において保全すること。

「生息域内保全」
　生態系および自然の生息地を保全し，ならびに存続可能な種の個体群を自然の生息環境において維持しおよび回復することをいい，飼育種または栽培種については，存続可能な種の個体群を当該飼育種または栽培種が特有の性質を得た環境において維持しおよび回復すること。

「遺伝素材」
　遺伝の機能的な単位を有する植物，動物，微生物その他に由来する素材。

「遺伝資源」
　現実のまたは潜在的な価値を有する遺伝素材。

「持続可能な利用」
　生物の多様性の長期的な減少をもたらさない方法および速度で生物の多様性の構成要素を利用し，もって，現在および将来の世代の必要および願望を満たすように生物の多様性の可能性を維持すること。

「技術」
　バイオテクノロジーを含む。

表 1.23 生物多様性条約第15条のおもな条項

1. 各国は，自国の天然資源に対して主権的権利を有するものと認められ，遺伝資源の取得の機会につき定める権限は，当該遺伝資源が存する国の政府に属し，その国の国内法令に従う。
2. 締約国は，他の締約国が遺伝資源を環境上適正に利用するために取得することを容易にするような条件を整えるよう努力し，また，この条約の目的に反するような制限を課さないよう努力する。
3. この条約の適用上，締約国が提供する遺伝資源でこの条，次条及び第19条に規定するものは，当該遺伝資源の原産国である締約国又はこの条約の規定に従って当該遺伝資源を獲得した締約国が提供するものに限る。
4. 取得の機会を提供する場合には，相互に合意する条件で，かつ，この条の規定に従ってこれを提供する。
5. 遺伝資源の取得の機会が与えられるためには，当該遺伝資源の提供国である締約国が別段の決定を行う場合を除くほか，事前の情報に基づく当該締約国の同意を必要とする。
6. 締約国は，他の締約国が提供する遺伝資源を基礎とする科学的研究について，当該他の締約国の十分な参加を得て及び可能な場合には当該他の締約国において，これを準備し及び実施するよう努力する。
7. 締約国は，遺伝資源の研究及び開発の成果並びに商業的利用その他の利用から生ずる利益を当該遺伝資源の提供国である締約国と公正かつ衡平に配分するため，次条及び第19条の規定に従い，必要な場合には第20条及び第21条の規定に基づいて設ける資金供与の制度を通じ，適宜，立法上，行政上又は政策上の措置をとる。その配分は，相互に合意する条件で行う。

（c）**生物資源の持続可能な利用**　CBDは，生物資源の保全を求めているだけではなく，人類の福祉のために，生物資源の持続可能利用を図ることを求めている。第15条「遺伝資源の取得の機会」の第1項には，各国は，自国の天然資源に対して主権的権利を有することが認められており，利用国の研究者や企業が資源を取得しようとするときは，主権を有する国の法律等に従う必要がある（表 1.23）。また，第5項にあるように事前の情報に基づく当該締約国の同意を必要とすることに注意しなければならない。

　これらの条項に対する原産国の法律が未整備であったり，制度が整備されていない場合も多く，生物資源へのアクセスを困難にしている。特に，大学などの研究者の場合でも，原産国の研究者と共同研究を行い生物資源を原産国から持ち出す場合には，共同研究協約や材料移転契約（material transfer agreement）などの手続きを忘れずに交わすことが重要である。

（d）**利益の公正かつ衡平な分配**　第15条7項にもあるように遺伝資源の研究および開発の成果ならびに商業的利用その他の利用から生ずる利益を当該遺伝資源の提供国である締約国と公正かつ衡平に配分する

述べ，締約国に必要な措置を求めている。さらに，遺伝子組換え生物の十分な管理や，生態系，生息地もしくは種を脅かす外来種の導入の防止を求めている。また，第9条で必要に応じた生息域外保全の必要性を示している。具体的には植物園などにおける保存，微生物については菌株保存機関におけるカルチャーコレクションなどが挙げられる。しかし，今後は遺伝子そのものの保存など新しい域外保全が求められることが予想される。

ことが求められており，第16条および第19条に関連する事項が示されている。

ここで注意しなければならないことは，生物の多様性の保全および持続可能な利用に関連する伝統的な生活様式を有する原住民の社会および地域社会の知識，工夫および慣行を尊重し，それらの利用がもたらす利益の衡平な配分をすることが求められていることである。すなわち，漢方薬的な伝統的な利用にヒントを得て，新薬を開発する場合には十分な配慮を行う必要があり，不用意な行為は訴訟を招くことになる。

1.5.2 生物多様性条約関連の国際的な動き

生物多様性条約をより実効的なものにするため締約国会議が継続的に持たれている。最近では第7回締約国会議（COP 6）（2004年2月，マレーシア）が開催された。そのほかOECDをはじめとする多くの国際会議や作業部会会議が持たれているので，新しい情報の取得に努める必要がある。

（a）バイオセーフティに関するカルタヘナ議定書[5),8)]　生物多様性条約第8条では（g）で遺伝子組換え生物の利用，放出に際しての生物多様性へのリスクを規制，管理，制御するための措置をとるよう，締約国に求めている。また，第19条第3項で遺伝子組換え生物の移送，取扱い，利用に関する手続きを定めた議定書について検討することを求めている。これらの問題に対処するため特別締約国会議がコロンビアのカルタヘナで開催され（1999年），バイオセーフティに関する議定書が提案され，翌年2000年の特別締約国再会議（カナダ，モントリオール）で議定書が締結された。この議定書は，生きている改変された生物（living modified organisms：LMO）の国境を越える移動に先立ち，輸入国がLMOによる生物多様性の保全および持続可能な利用への影響を評価し，輸入の可否を決定するための手続きなど，国際的な枠組みを定めたものである（環境省自然環境局生物多様性センター，およびバイオセーフティークリアリングハウスのサイトを参照のこと[8)]）。

日本では2004年2月に「遺伝子組換え生物等の使用等の規制による生物の多様性の確保」に関する法律が決められているので，LMOの輸入輸出に際しては注意すること。

（b）ボン・ガイドライン[6)]　正式な名称は「遺伝資源へのアクセスとその利用から生じる利益の公正・衡平な配分に関するボン・ガイドライン」という。この指針は，つねに問題となる生物多様性条約第8条（j）項，第10条（c）項，第15条，第16条および第19条の規定に特に関連したアクセスと利益配分についての法律上，行政上または政策上の措置，また，アクセスと利益配分に関する相互に合意する条件に基づく契約およびその他の取決めを起草および策定する際の参考例を提供しているものである（**表1.24**）。

表1.24　ボン・ガイドラインの項目

- 一般条項
- 生物多様性条約第15条に従ったアクセスと利益配分における役割および責任
- 利害関係者の参加
- アクセスと利益配分プロセスの各ステップ
- その他の規定

2001年にボンで開催されたワーキンググループの討議を経て，第6回締結国会議（2002年4月，ハーグ）で採択された。先進国および途上国間の議論を経て，ある一定のコンセンサスをふまえた国際ルールとして採択されたことに意義があり〔林希一郎：http://www.mri.co.jp（2004年12月現在）〕，生物多様性条約による生物資源へのアクセスの際の参考となる。

（関　達治）

引用・参考文献

1) バイオインダストリー協会編：遺伝資源へのアクセスと利益配分に関する方針（2000）．
2) Japan Bioindustry Association, ed: On Access to Genetic Resources and BenefitSharing —— Statement of Policy ——（2000）．
3) バイオインダストリー協会編：生物資源センター（BRC）——生命科学とバイオテクノロジーの未来を支えるために——（2002）．
4) 生物多様性条約全文：http://www.biodic.go.jp/, http://www.mabs.jp/（2004年12月現在）
5) 生物の多様性に関する条約のバイオセーフティに関するカルタヘナ議定書（外務省）：http://www.mofa.go.jp/mofaj/gaiko/treaty/treaty156_6.html（2004年12月現在）
6) ボン・ガイドライン，バイオインダストリー協会：http://www.mabs.jp/cbd_kanren/guideline/index.html（2004年12月現在）
7) 生物資源へのアクセスと利益配分，バイオインダストリー協会：http://www.mabs.jp/kunibetsu/index.html（2004年12月現在）
8) バイオセーフティに関するカルタヘナ議定書，バイオセーフティクリアリングハウス（環境庁）：http://www.bch.biodic.go.jp/bch_1.html（2004年12月現在）

2. 育種技術

　生物工学で取り扱う生物は微生物から植物，動物まであらゆる生き物にわたっており，たいへん幅広い。しかし，どのような生物を扱うにせよ，生物工学における大きな命題の一つは，いかにして生産（分解）収率を上げるかであろう。生産収率を上げるアプローチは，生産プロセスの上流から下流まで，あらゆるステップで可能であろうが，その中心的なものの一つが育種である。本章では，そうした重要性にかんがみ，育種に関連する事項をできるだけ多く取り上げた。

　現在の生物工学における育種で中心となるのはやはり微生物の（分子）育種である。したがって，本章でも2.1節の産業微生物の取扱い技術と遺伝学的特性，および2.4節の生体内遺伝子操作に，大きく紙面を割いた。しかし，2.3節の細胞融合，2.5節のなかの遺伝子導入技術，2.6節の染色体工学，ゲノム工学では，微生物だけでなく動物・植物についても等しく取り上げてある。また，2.2節は，微生物，動・植物のいずれを扱う読者にとっても共通に有用な事項である。執筆者の方々の努力によって，本章は，育種を専門とする読者だけでなく，酵素やタンパク質，あるいは生物化学工学など，育種とは少し距離のあるところで仕事をしてこられた読者にとっても，生物工学における育種を短時間で俯瞰できる便利な内容になっているものと思っている。

　まず2.1節では，生物工学でしばしば用いられる代表的な微生物を原核生物，真核生物に分けて取り上げた。いくつかの微生物については詳細な実験書もあるが，それらは，多くの場合，基礎生物学的な観点から執筆されたものである。そうした書籍と一線を画したい願望もあって，執筆者には，可能なかぎり生物工学の観点からそれぞれの微生物を記述していただくようお願いをした。一方，生物工学で取り扱う（微）生物は，拡大の一途をたどっており，例えば，新規な有用物質を生産する微生物，興味深い代謝経路を有する環境微生物などが，つぎつぎと発見されている。しばしば普遍性に焦点があてられる基礎生物学に対し，生物工学では，（微）生物の多様性にこそ，その神髄がある。残念ながら，そうした多彩な（微）生物については，紙面の都合で取り上げることができなかった。しかし本節では，代表的な微生物について，それらを取り扱ううえでの基本的な事項が網羅されているので，本節で取り上げることができなかった（微）生物を取り扱う読者にとっても，有用な道しるべになっているものと思っている。

　つぎに2.2節では突然変異を取り上げた。育種には，近年の組換えDNA技術もさることながら，突然変異技術についての知識が必要不可欠である。突然変異は，基礎生物学的な観点から詳細な知見が蓄積されている事項である。一方，生物工学では，有用な突然変異株をいかにして効率よく分離するかの実際的な面が重要になってくる。しかし，たとえそうであっても，例えば，それぞれの突然変異誘起剤がどのような種類の突然変異を引き起こすのかや，その分子メカニズムはどのようなものかなど，基本的な事柄を理解しておくことは，仕事の能率を上げるうえでも必要であるに違いない。さらに，この節では，生物工学において重要な種々の有用突然変異株について総括的あるいは原理的な側面を記述していただいた。

　2.3節では，微生物だけでなく，植物，動物にわたって細胞融合を取り上げた。特に，微生物や植物の細胞融合技術は，現在，いろいろな理由で組換えDNA技術を適用しがたい食品や醸造分野にも利用可能な育種技術という点で，組換えDNA技術とは違った観点から生物工学には欠かせない技術である。また，動物細胞の融合技術は，例えば，モノクローナル抗体作成における必須の技術としてよく知られている。現在までに，生物工学の分野で，細胞融合技術がどのように応用されているかを概観していただけると思う。

2.4節では,生体内遺伝子操作(生体内遺伝子組換え技術)を取り上げた。遺伝子操作といえば,ともすれば,制限酵素などを使った生体外での遺伝子組換え技術のみが想起される傾向にある。しかし,歴史を思い起こすと,生体外遺伝子組換え技術の基盤となったのは,とりもなおさず,生体内遺伝子組換え現象である。本節は,そうしたことを思い出していただく意味で,また,生体内遺伝子組換え現象の重要性を知っていただく意味で設けたものである。生体内遺伝子操作において重要な役割を果たしてきた,接合,接合伝達,ファージの取り扱いについて基本的な事項を記述していただいた。組換えDNA技術の基礎知識として,またファージによる培養の汚染など,物質生産の実際的な側面においても有用な節になっているものと思っている。

2.5節は,いわゆる組換えDNA技術についての項である。前節の生体内遺伝子操作と対比していただく意味もあって,本節のタイトルを「組換えDNA技術」とせず,「生体外遺伝子操作」とした。組換えDNA技術では,いろいろな酵素が使われるが,日常,ツールとして頻繁に使われるわりには,正確な作用や性状を知っているかどうかを問われると,編者自身も疑わしい。したがって,まず初めに,そうした事項をまとめていただいた。組換えDNA技術では,遺伝子を生体外(試験内)で組み換える技術に加え,組み換えた遺伝子を細胞に導入する技術(形質転換技術)が重要である。遺伝子導入技術については,2.1節にも記述はあるが,本節では,つぎに微生物,動物,植物にわたって総括的に記述していただいた。ついで,組換えDNA技術の根幹となる宿主・ベクター系を取り上げた。特定の生物について,宿主・ベクター系が確立している意義は三つに分けて考えることができる。まず,第一番目の意義は,「遺伝子のクローニング系」としての意義である。第二番目には,その生物自身における「遺伝子機能の解析系」としての意義である。第三番目は,いうまでもなく「物質生産(分解)系」としての意義である。今日,遺伝子クローニングには,多くの場合,大腸菌の宿主・ベクター系が用いられている。ここでは,クローニングを目的とする遺伝子の大きさによって,小さいサイズから中くらいのサイズ,そして,中サイズから大きいサイズ,と二つの場合に分けて執筆をお願いした。それは,効率的なクローニングを考える場合,DNAのサイズによって考え方や実際の手技が違うと考えたからである。また,クローニングに関連する技術として,生物工学では,多様な(微)生物から遺伝子ライブラリーを作成することが,しばしば行われる。そうしたことを想定して,ゲノミックライブラリー,cDNAライブラリーの作成について記述していただいた。実験手技の詳細については実験書を参照いただくことにして,ライブラリー作成における考え方を理解していただくには有用な項目になっていると思う。物質生産系としての宿主・ベクター系については,これまでに生物工学分野で使われてきた代表的な宿主・ベクターを取り上げていただいた。

本節では,その生物の宿主・ベクター系を用いて仕事をしてこられた読者以外には,案外知られていない有用な知識が随所にちりばめられていることに気づかれると思う。例えば,大腸菌宿主がしばしば持っている$lacI^q$変異,damやdcm変異は何のために付与されているのか,$lac'Z\Delta M15$遺伝子は何を意味するのか,大腸菌宿主がF因子を持つことの意味,これと関連してM13ファージが大腸菌の雄特異的ファージであること,また,大腸菌による組換えタンパクの生産には宿主として,通常使われるK12株ではなくB株が使われている場合もあり,その意義や組換えDNA実験の宿主として申請をするときに注意を要することなど,案外知られていないのではないだろうか。

また,本節には,生産収率の上昇に影響を与えるベクター側因子と宿主側因子の項を設けた。特に,宿主側因子については,宿主・ベクター系による有用物質生産において重要であるにもかかわらず,ベクター(DNA)を扱う場合と違って,その宿主生物を取り扱ううえでの専門的な知識が必要なためか意外に取り上げられていない。既述のように,生物工学では,いかにして生産収率を上げるかが重要な課題の一つであるので,可能なかぎり,生産収率の観点から関連事項を記述していただいた。「組換えDNA技術の発展によって,

生命科学における基礎と応用の垣根が取り払われた」とはよくいわれることである。このことは，本節で取り上げた事項，例えば，ベクターの複製やコピー数の問題，発現プロモーターや異種タンパク質分解の問題，シグナルペプチドと分泌の問題などが，いずれも現代基礎生命科学の主要な課題であることから容易におわかりいただけるものと思う。本項によって，生物工学においても基礎生命科学の研究が重要であることを読者に再認識していただければと思う。

最後に，2.6節では，染色体工学，ゲノム工学技術を取り上げた。その理由は，染色体工学技術，ゲノム工学技術が，21世紀の生物工学，生命工学における基盤的技術の一つになると思われるからである。組換えDNA技術の発展によって，遺伝子の改変は自在に行われるようになったが，遺伝子が存在する場である染色体を自在に操作する技術，それによってゲノムを大規模に改変する技術は，いかなる生物においても確立されていない。現在，こうした染色体工学技術，ゲノム工学技術が，直接的に生物工学や生産の場面で応用されている例はないが，PCR技術を考えていただくと容易に理解できるように，基盤的な技術というものは，当初の予想をはるかに超えて，非常に大きな応用や広がりを持つものである。生物工学の領域を広げる新しい基盤技術としての有望性を感じ取っていただければと思う。繰返しになるが，生物工学という非常に幅広い科学技術に携わる読者にとって，本章が，なんらかの意味で有用な章となっていることを願っている。　　　　　　　　　（原島）

2.1 産業微生物の取扱い技術と遺伝学的特性

2.1.1 原核微生物
〔1〕大　腸　菌

〔**歴史的背景**〕　遺伝という生命の基本原理の正体を明らかにしようという研究は，メンデルの遺伝学に始まったといえるが，1953年，ついにDNA分子の二重らせん構造の解明に至った[1]。これを皮切りに遺伝子工学技術が飛躍的な進展を遂げることになる。1950年代は分子生物学の創始期といえるが，この時期に実験材料として広く利用され始め，現在も遺伝子工学技術の中心として利用し続けられている生物が非病原性の大腸菌K-12株である。大腸菌K-12株が広く用いられるようになった理由は，本生物が原核微生物でありながら，接合（conjugation）による形質導入（transduction）という有性的な遺伝子伝達機構を保有していたことにあった。この遺伝子伝達機構をメーティング（mating）と呼ぶこともある。増殖が早く，扱いやすい細菌で遺伝学実験ができるようになったことは，形質とその背景にある遺伝子との距離を一気に縮め，分子レベルで遺伝や生命を記述する分子生物学の勃興を生むことになった。大腸菌の接合とその原因因子Fを発見した米国のJoshua Lederbergは1958年にノーベル医学生理学賞を受賞している[2]。大腸菌K-12株が生物工学分野での主役の一人に躍り出たのは，まさに彼の業績といえる。大腸菌K-12株が基礎生命科学の分野で重要な実験材料となり，F因子以外にもλファージ，各種プラスミドなどさまざまな因子が見出され，K-12株を宿主とした遺伝子組換え系が急速に発達する。それと同時に大腸菌において遺伝子発現制御の研究も進み，組換えタンパク質の大量発現も可能となってきた。遺伝子発現制御研究の礎を築いたのはフランスのFrançois JacobとJacques Monodによる*lac*オペロンの発現制御系の解明であった[3]。1965年には彼らもまたノーベル医学生理学賞を受賞した。

〔**生物工学における重要性**〕　世界中の研究者が基礎研究に用いたことで，大腸菌K-12株は応用利用面から見ても非常に使いやすい細胞システムとなった。1970年代の後半にはすでに，ヒトの生理活性タンパクが大腸菌を宿主とした遺伝子組換え手法により生産された[4]。DNAクローン化のための組換えDNA実験用宿主細胞としては，K-12株が今なお最も効率的なシステムの一つとして多く用いられ，また組換えタンパク質の発現用宿主としても重要な位置を占めている。また大腸菌変異株や組換え株による各種アミノ酸の発酵生産に関する報告も多い[5]。さらに最近では，大腸菌K-12株に外来の代謝系遺伝子を導入し，大腸菌が本来作らない低分子化合物を発酵生産させたという成功事例も報告された[6], [7]。このように大腸菌K-12株を用いた宿主ベクター系は，生物工学分野にとって重要な存在となっている。

〔**分類学的な位置，系統**〕　大腸菌（*Escherichia coli*）という種は各種動物の腸管系をおもな生息場所とする原核単細胞生物であり，腸内細菌科（*Entero-*

bacteriaceae）に分類される。志賀毒素の生産などにより腸管出血といった強い病原性を示す赤痢菌（Shigella属）と大腸菌とは，系統学的には非常に近い存在である。もともと大腸菌が基礎研究用に利用されたのは，下痢などの原因菌も含まれるものの，この細菌が比較的弱い病原性しか示さなかったことも一つの理由であった。K-12株は回復期にあるジフテリア患者の便から分離されたことになっているが，O型あるいはH型といった血清に対する反応性を持っておらず，もともと人体とのかかわりが薄い系統株であったと考えられる。またこれまでの長い研究の歴史において，K-12株が安全に利用されてきた実績から，K-12株は非病原性大腸菌として一般的に認知され，産業界においても安全な細菌として広く利用されている。K-12株以外にも大腸菌B株が非病原性大腸菌として一般的に認知されている。文部科学省の「組換えDNA実験指針」にも安全と考えられる宿主としてB株が掲載され，広く利用されている。近年，腸管出血性の病原菌として病原性大腸菌O157株が注目を集めている。この系統株においては比較的最近，志賀毒素遺伝子をファージによって水平伝搬によって獲得したのではないかと考えられている[8]。ひとくくりに大腸菌といっても，非病原性株から，下痢を起こす程度の弱い病原性を示すもの，O157のように重篤な食中毒を起こす系統株までさまざまである。以下の記述ではK-12株を中心として，その特色をまとめる。

〔培　養〕　培養の最適温度は37℃であり，好気的にも嫌気的にも生育できる通性嫌気性菌である。十分な栄養を含む液体培地で好気的に培養してやると，対数増殖期での細胞分裂速度（doubling time）は20～25分程度であり，比較的生育が早い細菌である[9]。細胞の凝集性はほとんどなく，寒天平板培地上に塗り広げることで，簡単に一細胞由来のクローンをコロニーとして単離することができる。また，完全培地を含む寒天平板培地上では一晩の培養で十分な大きさのコロニーを形成させることができるので，変異株あるいは形質転換株の純化作業（colony isolation）が容易である。組換え株の保存には15～25％のグリセロール溶液に懸濁して-80℃にて保存する方法がよく用いられるが，変異株の保存は穿刺培養で生育させたスタブストック（stab stock）を用いることもできる。スタブストックであれば室温でも数年間は安定に保存できる。

〔ゲノム解析の現状〕　大腸菌のゲノム配列であるが，すでにいくつかの系統株の配列が決定された。K-12系統の株としては，オリジナルアイソレートからF因子と溶原化したラムダファージを排除したMG1655株とW3110株（実験室用の野生型株として一般的に用いられている）のゲノム配列が，それぞれ米国[10]，日本の研究チーム[11]により決定されている。両株のゲノム構造は大きなインバージョン領域が1箇所あるものの全体的にはほぼ同一であり，全長は約4.6 Mbpである。MG1655株のゲノム配列を決定した米国ウィスコンシン大のグループは，そのほかにもO157系統のEDL933株（5.5 Mbp）と尿路感染性のCFT073株（5.2 Mbp）の全ゲノム配列を決定した[12],[13]。日本でもO157堺株（5.5 Mbp）の全ゲノム配列が決定されている[14]。このほかにも血清型の異なるいくつかの病原性大腸菌株のゲノム配列解析が進行中である。

ゲノム配列が決定する以前にもすでにK-12株の遺伝子地図（genetic map）が作製されていたが，それはおもにF因子による接合を利用して作製されたものである。F因子が染色体上に組み込まれた株をHfr株と呼ぶ。この株はF因子を保有しないF⁻株に対し，Fピリと呼ばれる針状構造体による直接的な結合を通して，染色体DNAを導入することができ，37℃では約100分ですべての染色体DNAがHfr株からF⁻株へ導入される。この染色体の移行は，Hfr挿入位置から一定方向にほぼ等速度で進行する。そこで時間を区切って接合実験を行い，特定のマーカーの導入に必要な接合時間を測定することで，Hfr挿入位置からどれぐらい離れた位置にマーカーが存在するかを求めることができる。スレオニン要求性を示すマーカー（つまりは変異の入ったスレオニン生合成系オペロン）の位置を0分として，さまざまなマーカーの相対位置を求めて，接合時間を単位として表すことで，全長100分の遺伝子地図（linkage map）が作製された[15]。新しく変異株を作製し，その原因遺伝子のマッピングを行う際にも，同様にHfr株との接合実験を行うことで，既知マーカーとの相対位置を求めることが可能である。Hfr株を用いたマッピングでは，1～2分の精度で既存マーカーとのリンケージを見積もることができる。

〔プラスミド，ファージ〕　大腸菌にはさまざまなファージ，プラスミドが報告されており，それらを利用したクローニングベクターが各種作製されてきた。最も知られている大腸菌ファージの一つは，溶原性のλファージであろう。λファージを利用して作製されたクローニングベクターが各種あり，現在でも広く利用されている。K-12株を宿主とするプラスミドも多種分離されており，目的に応じて，コピー数の異なるさまざまな種類のプラスミドを利用できる。

〔形質転換法〕　大腸菌を用いる遺伝子組換え実験において形質転換（transformation）というと，プラスミドの導入を指すことが一般的である。一方，枯草菌

など自然形質転換能を保有する細菌においては，形質転換というと染色体上への遺伝子組込みをさすことが一般的である．大腸菌 K-12 株は，枯草菌のような自然形質転換能を持たず，染色体上での遺伝子組換えの効率が比較的低い細菌種である．最近になり，λ ファージの DNA 組換えシステム Red を利用することで，大腸菌染色体上での遺伝子組換えを効率よく実施できる方法が開発された[16]．多様なプラスミドを利用できると同時に，染色体加工も容易になった現在では，大腸菌 K-12 株を中心とした宿主ベクター系は，非常に汎用性が高いシステムになったといえる．

例えば特定の化合物の生産システムを，K-12 株を用いて構築するような場合，これまでであれば変異処理をした後に煩雑なスクリーニングによって目的化合物分解系の破壊変異株を取得しておくことが必要であった．しかし現在では，ゲノム構造も解明されたうえに染色体加工も容易となったので，あらかじめ特定の分解系を破壊した変異株を作製しておくことも容易となった．生物工学分野における大腸菌そのもの，あるいは大腸菌宿主ベクター系の重要性は今後ますます高まるのではないかと考えられる．　　　　　　（森　英郎）

〔2〕 枯草菌および枯草菌関連細菌

〔歴史的背景〕 1872 年 Ferdinand Cohn により "Bacillus 属" が誕生した．1876 年には Cohn や Koch により B. subtilis（枯草菌），B. anthracis（炭疽菌）が耐熱性を有する胞子形成細菌であり，また胞子から栄養細胞が生じることが示された[17]．一方日本では伝統的発酵食品である納豆が枯草菌に属する納豆菌でつくられ，また近年工業酵素が枯草菌でつくられている[18]．枯草菌が基礎的な側面から注目され始めたのは，1958 年 Spizizen らによる Marburg 株を用いた DNA 形質転換が契機である．その後遺伝学的，分子生物学的研究が広く行われ，いまではグラム陽性細菌のなかで最もよく知られた種となっている[19]．

〔生物工学における重要性〕 枯草菌の重要性としては，生物のモデル，基軸生物としての重要性で，特に胞子形成・発芽，タンパク質の分泌機構，形質転換機構の研究が挙げられる．物質生産の上からの重要性では，アミラーゼ，プロテアーゼ，セルラーゼなどの工業酵素の生産やアミノ酸・核酸の生産，納豆生産が挙げられる．一方 Bacillus 属の重要性としては，B. brevis（新分類名：Brevibacillus brevis）による異種タンパク質を含めたタンパク質生産，B. thuringiensis による昆虫毒素（BT トキシン）の害虫防除への利用，B. polymyxa (Paenibacillus polymyxa) などによるペプチド系抗生物質の生産，B. stearothermophilus による耐熱性酵素の生産，B. amyloliquefaciens によるアミラーゼ生産，ほかに B. licheniformis, B. circulans も酵素や低分子物質の発酵生産に使われている．一方病原性の側面から生物兵器として記憶に新しい炭疽菌（B. anthracis），食中毒菌として B. cereus，食品汚染の観点から B. coagulans も重要である[18]．

〔分類学的な位置，系統〕 グラム陽性で有胞子菌のうち嫌気性の細菌は Clostridium 属に，好気性の細菌はバチルス属に分類された．現在は 16S rRNA の遺伝子を用いた分類に変わりつつあり，B. brevis, B. polymyxa がそれぞれ Brevibacillus brevis, Paenibacillus polymyxa と改名された．枯草菌は GC 含量の低い分類に入り，National Center for Biotechnology Information（NCBI）では Firmicutes/"Bacilli"/Bacillales/Bacillaceae/Bacillus/Bacillus subtilis と分類されている．Bacillales にはブドウ球菌（Staphylococcus）や Listeria が属し，Clostridium は Firmicutes/"Clostridia"/Clostridiales/Clostridiaceae/ に属している．従来細菌分類のバイブルともいうべき Bergey's Manual of Determinative Bacteriology では 16S 分類に対応できなくなっている．一方 Bergey's Manual of Systematic Bacteriology 第 2 版では五つの巻に分けて 16S を基準とした分類が書籍化されつつある[20]．16S 分類は属以上の分類に使われるとき，系統樹が描けて有効であるが，種のレベルでは適当でないとの考えもあり，Bacillus および近縁種でこれらを統合した分類が待たれるところである[21], [22]．

枯草菌（B. subtilis）と分類されるものでも，形質転換能を有する Marburg 株といわれるグループ（168 株が代表）と形質転換能のない B. subtilis, 納豆菌として知られ粘質性のポリグルタミン酸をつくる B. natto, アミラーゼ生産力の高い B. amylosacchariticus などが知られているが，現在は枯草菌に分類されている．なお，最近の研究から，納豆菌は枯草菌の持つ形質転換遺伝子の一部が欠損したものであり，それを付与することにより，形質転換能（コンピテンス能）が回復することが報告された[24]．

〔培養〕 Bacillus 属細菌の培養には天然培地として Nutrient broth（3 g beef extract, 5 g peptone, pH 7.0）や大腸菌でもよく使われる LB medium（L-Broth; 10 g tryptone, 5 g yeast extract, 5 g NaCl, pH 7.0），ほかに Tryptose blood agar base, Penassay broth も使われる[23]．一方合成培地として Spizizen's minimal medium, 胞子形成培地として Schaeffer's sporulation medium が使われる[23]．

〔ゲノム解析の現状〕 1997 年枯草菌 168 株の全ゲノム配列が報告された[25]．約 4.2 Mb のサイズで，4 100 余りの遺伝子を含み，271 の必須遺伝子を含んでい

た[25], [26]。ほかに Bacillus 属では B. halodurans, B. anthracis, B. cereus, B. thuringiensis, B. licheniformis の全ゲノム配列がすでに報告されている。枯草菌のゲノム配列については，〔http://bacillus.genome.jp/（2004年12月現在）〕および〔http://genolist.pasteur.fr/SubtiList/（2004年12月現在）〕を，Bacillus 属については〔http://www.genome.jp/kegg/（2004年12月現在）〕を参照のこと。

〔遺伝解析法〕 枯草菌ではトランスポゾンやプラスミドを用いて接合による遺伝子導入が知られているが低頻度であり，遺伝解析法としては使われていない[27]。枯草菌での遺伝子解析は形質転換と形質導入の二つの方法で進められ，前者が比較的狭い領域の解析（25 kb まで），後者が広い領域の解析（250 kb まで）に用いられて，染色体地図も作製された[27]。最近では溶菌プロトプラストを用いて，長い DNA の形質転換が可能となっている[28]。枯草菌染色体地図も早くから整備され，現在は塩基配列決定に伴って構築されたゲノム地図が用いられている〔http://bacillus.genome.jp/（2004年12月現在）〕。枯草菌以外の Bacillus 属細菌については遺伝解析法は限られている。細胞融合による雑種交雑と遺伝解析も行われている[27]。

〔プラスミド，ファージ〕 枯草菌は染色体上にプロファージ SPβ や不完全ファージ PBSX を持っている。納豆菌にもいくつかのファージが知られており，Bacillus 属全般にも多くのファージが見つかっている[29]。

枯草菌 168 株はプラスミドは持たないが，他の枯草菌や Bacillus 属細菌にはプラスミドがしばしば認められる[30]。また B. thuringiensis が昆虫毒素遺伝子を含むプラスミドを持つことは，よく知られている。

〔有用生産物，発酵生産物〕 酵素ではアミラーゼやプロテアーゼが枯草菌，B. amyloliquefaciens をはじめ多くの Bacillus 属細菌で作られている。特にプロテアーゼの一つ thermolysin が B. thermoproteolyticus で作られている。またセルラーゼが枯草菌や Bacillus 属細菌で，pullulanase が B. acidopullulyticus で，cyclodextrin glucosyltransferase が枯草菌，B. circulans, B. macerans, B. stearothermophilus で，penicillinase が B. licheniformis, ribonuclease が B. amyloliquefaciens で作られている。一方酵素以外の物質としては，adenylic acid, 5'-nucleotide, 5'-inosinic acid, inosine, 5'-guanylic acid, guanosine, hypoxanthine, D-ribose など核酸およびその関連物質，L-arginine, L-histidine, L-tryptophan などのアミノ酸，biotin, riboflavin などのビタミンが枯草菌で作られている[18], [31]。ペプチド系抗生物質としては polymyxin が Paenibacillus polymyxa で，gramicidin や tyrocidine が Brevibacillus brevis で，iturin, surfactin, subtilin が枯草菌で，bacitracin が B. licheniformis で作られている[32]。

〔DNA 導入法〕 枯草菌 Marburg 株では形質転換法，形質導入法が確立されている[27]。形質転換法では，染色体を用いる場合と，プラスミドを用いる場合でそれぞれ特徴があり，通常の Spizizen の competent cell を用いた方法では，染色体 DNA は問題ないが，プラスミドの形質転換にはプラスミドの concatemer を用いなければならない。大腸菌とのシャトルベクターでは，E. coli C600 からプラスミドを調製すれば，concatemer が得られる。一方プロトプラスト形質転換法はプラスミドの形質転換に適しており，concatemer を作る必要はないが，プロトプラスの再生に技術を要する。一方エレクトロポレーションによる形質転換法は[33]，枯草菌以外の Bacillus 属細菌にも有効な方法である。ベクターとして Staphylococcus 由来のプラスミド〔pUB110（Km^r），pE194（Em^r），pC194（Cm^r）など〕が Bacillus 属全般に用いられている。最近では大腸菌とのシャトルベクターである pHY300PLK や大腸菌での複製能を持つが枯草菌では複製できない挿入ベクター pMUTIN 誘導体が汎用されている。

〔ライブラリー〕 枯草菌の変異株は Bacillus Genetic Stock Center（BGSC; Department of Biochemistry, Ohio State University, 484 West 12th Avenue, Columbus, OH 43210, USA）から取得できる。最近では挿入プラスミド pMUTIN を使った枯草菌遺伝子破壊株のライブラリーが奈良先端科学技術大学院大学情報科学研究科の小笠原直毅研究室で保存されている。また破壊株の表現型については，BSORF〔http://bacillus.genome.jp/（2004年12月現在）〕や文献 34）で見ることができる。　　　　　　　（関口）

〔3〕分解系細菌

〔生物工学における重要性〕 地球上の微生物は多種多様で物質循環，元素循環の主役を演じている。地球上で生産される膨大なバイオマスのほとんどは微生物によって分解される。しかし，今日では天然物ばかりでなく，10万種類を超える大量の人工化合物が生産されている。それらの一部は地球環境中に放出され，環境汚染物質として土壌，地表水，地下水，そして大気を汚し，重大な環境問題を引き起こしている。特に塩素置換した有機化合物は微生物分解を受けにくい。その代表的なものは DDT, γ-HCH，クロルデンなど過去に大量に製造された有機塩素系農薬である。また，電気関連の絶縁油や熱媒体などとして広く使用されたポリ塩化ビフェニル（PCB）は地球的規模で環境を汚

染し，脂溶性のため食物連鎖を経て海洋の大型動物の脂肪組織に高濃度に蓄積している。これまでに水道中に検出されたことのある有機化合物としてハロゲン化合物では塩化メチレン，クロロフェノール類，クロロフォルム，四塩化炭素，トリクロロエチレン，テトラクロロエチレン，クロロベンゼン，クロロトルエンなど，非ハロゲン有機物としてキシレン，クレゾール，フタール酸，カンファー，トルエン，ナフタレン，ニトロベンゼン，n-パラフィン，フェノール，ヘキサン，ベンゼン，ベンツピレン，合成洗剤などが挙げられる。これらの人工化合物を酸化分解する微生物としてはPseudomonas属細菌に代表される諸種の土壌細菌が知られている。また，高塩化化合物を効率よく脱クロル化する偏性嫌気性細菌が注目されている。これらの細菌はさらなる環境浄化への利用が期待されている。

〔分類学的な位置，系統〕 Pseudomonas属細菌は土壌など自然界に広く存在している。分類学的にはプロテオバクテリアのγ-サブクラスに属している。DNAのGC含量は58～69％の範囲にある。植物の病原菌や人の日和見感染菌も存在するが，強力な酸化機能により諸種の炭化水素，難分解性有害化合物を分解するものが多数分離されており，環境浄化に重要な役割を演じている。以前は桿菌で極鞭毛を持つ細菌はPseudomonasに分類されていたが，最近の16S rDNAの塩基配列を用いる分類法でSphingomonas, Burkholderia, Comamonasなどに再分類されたものも多く存在する。このほか，酸化分解能の強い細菌としてグラム陰性細菌ではAchromobacter, Acinetobacter, Alcaligenes, Aerobacter, Agrobacterium, Alcaligenes, Ancylobacter, Azotobacter, Escherichia, Flavobacterium, Klebsiella, Ralstonia, Staphylococcus, Thauea, Xanthobacter, などが，また，グラム陽性菌ではArthrobacter, Bacillus, Brevibacterium, Clostridium, Corynebacterium, Flavobacterium, Rhodococcus, Streptomycesなどがある。

土壌や地下水などの環境汚染物質であるトリクロロエチレンやテトラクロロエチレンを効率よく脱クロル化する嫌気性菌としてDesulfitobacterium, Dehalococcoides, Dehalospirillum, Dehalobacter, Desulfitobacteriumなどの偏性嫌気性菌が分離されている。

〔有害物質の分解など〕 分解される化学物質も多岐にわたっており，諸種の炭化水素，上記の有機ハロゲン化合物，有機リン化合物，洗剤，農薬などであり，主要な化合物については分解経路が解明されており，分解酵素（系）と遺伝子（群）が明らかにされている。

芳香族炭化水素は化石燃料に大量に含まれているが，ベンゼン，トルエン，アルキルベンゼン，ビフェニル，ナフタレン，アントラセン，フェナンスレンなどを分解する微生物，その代謝経路，分解酵素，遺伝子については詳細に研究されている。例えばトルエンは五つの異なる代謝系により分解される。すなわち，トルエンの2,3-位に酸素分子が導入される分解経路，メチル基の酸化により安息香酸を経て分解する経路，オルソ位，メタ位あるいはパラ位が水酸化され，o-，m-あるいはp-クレゾールを経て分解する経路が存在する。

ビフェニル資化菌は自然界に広く存在しており，植物リグニンの末端分解に関与していると考えられるが，環境汚染物質であるPCBを分解するため詳細に研究された。ビフェニル資化菌としては，これまでにグラム陰性菌ではPseudomonas, Burkholderia, Comamonas, Sphingomonas, Acinetobacterなど，グラム陽性菌ではRhodococcusなどが分離されている。これらの微生物はビフェニル代謝酵素によりPCBを塩化安息香酸へとコメタボリズムにより酸化分解するが，PCBの生分解性は塩素数とその置換位置により大きく異なる。また，ビフェニル資化菌のPCB分解能力は菌株により大きく異なる。

芳香環に塩素が1個でも導入されると微生物分解がきわめて困難になるが，これまでに塩化安息香酸，クロロベンゼン，2,4-D，2,4,5-Tを単一炭素源として生育する細菌が発見された。γ-ヘキサクロロヘキセン（γ-HCH）は殺虫剤として広く使用された代表的な有機塩素農薬である。Sphingomonas paucimobilisの一株はγ-HCHを単一炭素源エネルギー源として生育する。この菌はγ-HCHを二段階の脱塩素化反応と二段階の加水分解的脱塩素化反応によって無機化する。

一般的に高塩素化合物は微生物により酸化分解され難いが，偏性嫌気性菌のなかにはこれらを最終電子伝達体として利用して，エネルギーを生成するものが存在する。これは脱ハロゲン呼吸（dehalorespiration）あるいはハロゲン呼吸（halorespiration）と称され，コメタボリズムによる脱ハロゲン化と比べて，きわめて効率のよい脱ハロゲン化機構である。脱ハロゲン化され塩素の少なくなった化合物は，前記の好気性菌により酸化分解を受けやすくなる。

〔培 養〕 自然界には多種多様な微生物が生息しているが，その大部分の細菌が"viable but non-culturable"といわれている。しかし，これまでにさまざまな化合物を資化，分解する細菌が自然界から分離されている。好気性細菌の場合，最少無機塩培地に炭素源およびエネルギー源として対象化合物を入れて

集積培養を行うのが定法である。Pseudomonas属細菌およびその関連細菌は通常，中性付近で20〜30℃で通気攪拌するとよく生育する。脱ハロゲン化能を持つ偏性嫌気性菌の場合は栄養要求性，炭素源，電子供与体，電子受容体など複雑で，文献等を参考にして培養条件を工夫する必要がある。

[分解遺伝子，プラスミド，ゲノムなど] 多くの薬剤耐性，および金属耐性遺伝子はおもにP. aeruginosaから見出されている。物質分解をコードしている分解系プラスミドはPseudomonasおよび関連細菌から数多く発見されている。分解系プラスミドは50 kb以上のものが多く，接合伝達能を有している。代表的な分解系プラスミドとしてはトルエン/キシレン分解に関与するTOLプラスミド（pWW0など），ナフタレン代謝に関与するNAH7，カンファー分解に関与するCAM，アルカン分解に関与するOCT，除草剤2,4-D分解プラスミド（pJP4など），塩化安息香酸分解プラスミド（pAC27など），ナイロンオリゴマー分解プラスミド（pOAD1）および有機水銀分解プラスミドなどで多くの知見が蓄積されている。pWW0はサイズが117 kbと大きく，高頻度にP. putidaおよびその類縁菌へ接合伝達する。トルエン/キシレンからカルボン酸への上流代謝経路はxylCABオペロン，カルボン酸からアセトアルデヒド/ピルビン酸への下流代謝経路はxylDLEGFJHIオペロンにコードされている。両オペロンは二つの調節遺伝子xylRとxylSにより正に制御されている。このトルエン/キシレン代謝をコードする二つのオペロンを含む領域は巨大なトランスポゾンとして機能し，P. putidaの染色体や薬剤耐性プラスミドに転移する。pWW0の全塩基配列が2002年に決定された。

NAH7プラスミドはサイズが89 kbで近縁菌へ接合伝達する。このプラスミド上にはナフタレンの完全分解に関与する二つのオペロンが存在する。一つはナフタレンからサリチル酸への分解酵素をコードする上流オペロンnahAaAbAcAdBCDEFで，もう一つはサリチル酸からピルビン酸とアセトアルデヒドへの分解酵素をコードする下流オペロンnahGTHINLOMKJである。二つのオペロンはnahG上流に存在するnahR遺伝子により正に制御されている。このナフタレン代謝遺伝子群を含む37.5 kb領域はtransposase遺伝子に欠損を持つII型トランスポゾンである。

CAMプラスミドは約500 kbの巨大プラスミドでカンファーをイソブチル酸へ代謝する一連の遺伝子クラスターを持つ。カンファーモノオキシゲナーゼはcamCABにコードされた三つのサブユニットからなり，その構造が詳細に研究されている。camRDCABオペロンはcamRにより負に制御されている。

γ-HCH分解Sphingomonas paucimobilisの四つの脱ハロゲン化酵素遺伝子linA, linB, linC, linDはオペロンを形成せず，linA遺伝子はそのGC含量の違いから外来遺伝子と考えられている。

PCB分解遺伝子（bph）はP. pseudoalcaligenes KF707株から最初にクローン化され，その後多くの菌株から単離された。bph遺伝子は染色体，プラスミドおよびトランスポゾン上に見出されているが，その遺伝子クラスターを構成するシストロンの並びと塩基配列は類似している。しかし，bphクラスターのシストロンが再編成を受けている例が多く見られる。P. putida KF715株のbph遺伝子クラスターとサリチル酸代謝遺伝子クラスターはともに染色体上に存在するが，この二つの遺伝子クラスターを含む約90 kbは接合型トランスポゾンとして機能し，他の類縁土壌細菌に接合伝達，受容菌の染色体に挿入される。Rhodococcus属細菌のbph遺伝子クラスターは巨大な線状プラスミドに存在する。これらの細菌にはビフェニル環の開裂に関与するオキシゲナーゼ遺伝子（bphC）が最大七つ見出されており，プラスミドのほか，染色体上にも複数存在する。

Pseudomonas属細菌のなかで詳細な遺伝生化学的研究が行われているのは緑膿菌として知られているP. aeruginosa，蛍光菌P. putidaである。P. aeruginosa PAO1株のゲノムは2000年に6.3 Mbの塩基配列が解読された。また，P. putida KT2440株のゲノム6.18 Mbの塩基配列は2002年に明らかとなった。両菌株のゲノムを比較するとタンパク質をコードしている読み枠（ORF）の85％に高い相同性が認められるが，病原性や毒素タンパク質に関与する遺伝子はP. aeruginosa PAO1株のみに認められ，P. putida KT2440株には存在しない。KT2440株は1967年，わが国で分離されたPseudomonas arvilla mt-2株（のちにP. putida mt-2と命名）由来で，トルエン分解プラスミドpWW0を欠失した株である。KT2440株はG＋C含量が61.6％，5420のORF（平均998 bp）が認められている。多くの芳香族化合物の分解系遺伝子が認められ，そのうちのいくつかは植物リグニンの末端分解に関連している。ゲノムの再編成に関与する遺伝子として82のtransposase遺伝子，七つの新規なISエレメント，九つのgroup II intron，代謝遺伝子群として18のdioxygenase遺伝子，15のmonooxygenase遺伝子，80のoxidoreductase遺伝子，51のhydrolase遺伝子，62のtransferase遺伝子，40のdehydrogenase遺伝子などが認められ，P. putida株の高い進化能力と多様性に富む物質分解機能を反映している。

〔宿主・ベクター系と遺伝子導入法〕 *P. putida* KT2440株は1982年,欧州で安全な宿主として認定された最初のグラム陰性土壌細菌である。わが国の「組換えDNA実験指針」(別表5)に*P. putida*は安全性の高い宿主・ベクター系として記載されている。ベクターとして広宿主プラスミドRSF1010由来のベクターが種々開発されている。DNA導入には大腸菌で汎用される塩化カルシウム法,エレクトロポレーションが用いられる。*tra*遺伝子を染色体に組み込んだ大腸菌に組換えプラスミドをいったん導入して,つぎに接合伝達により*Pseudomonas*宿主菌に伝達する方法も多用される。

〔その他〕 分解系細菌はバイオレメディエーションなど環境浄化に向けた研究開発が国内外で行われている。
(古川謙介)

〔4〕 アミノ酸・核酸発酵菌(コリネ型細菌)

〔生物工学における重要性〕 1957年に協和発酵工業(株)の木下らによってグルタミン酸生産菌 *Corynebacterium glutamicum* が報告されて以来,精力的な研究が行われ,グルタミン酸,リジンをはじめ発酵法による工業的アミノ酸生産では,ほとんどの場合これらのコリネ型細菌を親株とした生産菌が用いられている。

一方,核酸生産においては *Corynebacterium ammoniagenes* が主として用いられている。本項ではアミノ酸生産に用いられる *C. glutamicum* と核酸生産に用いられる *C. ammoniagenes* の2種のコリネ型細菌を取り上げる[35]。これらのコリネ型細菌は代表的な産業用微生物であり,多数の特許情報があるが,本項では原則として論文の情報に基づいて記述する。

(a) *Corynebacterium glutamicum*

〔分類学的な位置,系統〕 本菌は好気性のグラム陽性桿菌であり,高GC含量グラム陽性菌に属する。運動性はなく,胞子も形成しない。細胞分裂時に特徴的なV字型を示すことからコリネ型細菌と呼ばれている。16S rRNA遺伝子の配列から,本菌は *Nocardia*, *Mycobacterium*, *Rhodococcus* などと類似した一群を構成することがわかり,放線菌群と同一系統とされている[36]。また,歴史的な経緯からグルタミン酸生産菌として *C. glutamicum* のほかに *Brevibacterium flavum*, *Brevibacterium lactofermentum*, *Microbacterium ammoniaphilum* などの名前がつけられた菌も存在するが,その後の研究によりこれらの菌は,分類学的にはすべて *C. glutamicum* とされている[37]。

協和発酵工業(株)によって報告された *C. glutamicum* ATCC13032が標準株とされている。*B. flavum*, *B. lactofermentum* などの名称も存在し,個々の遺伝子の微妙な配列の違いなども報告されているが,基本的に *C. glutamicum* と同一種である(例えば *B. flavum* = *C. glutamicum* ATCC14067, *B. lactofermentum* = *C. glutamicum* ATCC13869など)[36],[37]。しかし,保持しているプラスミドなどに相違も認められる[38]。

〔有用生産物〕 発酵法で生産されるほとんどすべてのアミノ酸,すなわちグルタミン酸,リジン,フェニルアラニン,スレオニン,アルギニン,トリプトファンなど。スレオニンについては最近,大腸菌を用いる方法に優位性があるとの報告もある。

〔培養〕 本菌は唯一の生育因子としてビオチンを要求する。実験室においては,ペプトン,酵母エキスなどからなる栄養培地でも,ビオチンを十分量加えた単純な合成培地でも旺盛な生育を示す。実際のアミノ酸生産は,デンプンを糖化したグルコースや,廃糖蜜を炭素源,アンモニアを窒素源として,ビオチン制限条件下で行われる。

本菌の最適生育温度は32℃付近,グルタミン酸発酵の最適温度は30〜35℃とされている。また最近,45℃で生育可能なグルタミン酸生産菌 *Corynebacterium efficiens* が報告されている[39]。

〔ゲノム解析の現状〕 複数の研究グループ(協和発酵工業(株),ドイツのBASF社,デグッサ社)によってゲノム配列が決定され,産業用微生物としては早い段階でゲノム情報が明らかとなった[40]。いずれの報告でもゲノムサイズは約3.3 Mbp,遺伝子数は3000前後とされている。協和発酵工業(株)のデータが公的なデータベースで公開されている[41]。

〔プラスミド,ファージ〕 アミノ酸発酵に用いられる *C. glutamicum* においては,大きく分けて2種類のプラスミドが知られている(表2.1)。一つはサイズが3 kbp程度のもので *C. glutamicum* ATCC13058株およびその関連株からpMH1519, pSR1, pCG100などのプラスミドが単離されている[38]。なお,ATCC 13032株にはプラスミドの存在は報告されていない。もう一つは4.4 kbpのもので,*C. glutamicum*(*B. lactofermentum*)ATCC13869株およびその変異株からpBL1, pAM330, pWS101などのプラスミドが単離されている[38]。それぞれ,複数の名称が付されているが同一のプラスミドと考えられる。

ファージに関してはアミノ酸発酵の際の汚染源としての報告がある[42]。しかし,ファージを遺伝子解析などに応用した例は報告されていない。なお,大腸菌から *C. glutamicum* へのプラスミドの移行が報告されている[43]。

〔DNA導入法〕 初期の段階ではプロトプラスト法などの報告もあるが[44],現在はエレクトロポレーショ

表2.1 *C. glutamicum* より単離されたプラスミド

プラスミド名	由来	サイズ	レプリコン
pHM1519	*C. glutamicum* ATCC13058	2.7	pHM1519
pSR1	*C. glutamicum* ATCC19223	3.0	〃
pCG100	*C. glutamicum* ATCC13058	3.0	〃
pCG1	*C. glutamicum* ATCC31801	3.2	〃
pBL1	*C. glutamicum* (*B. lactofermentum*) ATCC21798	4.4	pBL1
pAM330	*C. glutamicum* (*B. lactofermentum*) ATCC21798	4.4	〃
pWS101	*C. glutamicum* (*B. lactofermentum*) ATCC13869	4.4	〃
pGX1901	*C. glutamicum* (*B. lactofermentum*) ATCC13869	4.4	〃

ン法が主流となっている[45]。大腸菌に比べて形質転換効率はやや低く，その改善法が多数報告されている[46]。細胞融合法なども報告されているが[47]，実用的なベクター系が開発されたため，用いられることはほとんどない。

〔その他〕 本菌は50年近い研究の歴史を持ち，ポストゲノム時代に突入した今日において，その科学的重要性がますます増大している[40]。しかし，グルタミン酸発酵のメカニズムがいまだに完全に解明されていないなど，大腸菌や酵母（*Saccharomyces cerevisiae*）などに比べると遺伝学的・代謝生理学的なデータの蓄積は不十分である。

(b) *Corynebacterium ammoniagenes*

〔分類学的な位置，系統〕 本菌も好気性のグラム陽性桿菌であり，高GC含量グラム陽性菌に属する。運動性はなく，胞子を形成しないなどの性質は *C. glutamicum* と同様であるが16S rRNA遺伝子の配列から *C. glutamicum* とは区別される[48]。本菌は以前 *Brevibacterium ammoniagenes* と呼ばれていたが，現在は *C. ammoniagenes* に名称変更されている[49]。またこれとは別に，以前グルタミン酸生産菌として分離され，*Brevibacterium ammoniagenes* と呼称されていた菌（ATCC13745，ATCC13746など）は，現在 *C. glutamicum* に統合されている[50]。

本菌の標準株は *C. ammoniagenes* ATCC6871とされている。工業的には 協和醗酵工業（株）によって報告された *C. ammoniagenes* ATCC6872から取得された各種の変異株が核酸生産に用いられている。

〔有用生産物〕 5′-イノシン酸，5′-グアニル酸など。また最近は酵素法（異菌体間共役反応法）による5′-イノシン酸，5′-グアニル酸，CDP-コリンなどの生産にも用いられる[51]。核酸および核酸関連物質の生産において重要な菌である。

〔培養〕 *C. glutamicum* と同様の培地で生育するが，核酸化合物の発酵生産には Mn^{2+} の濃度を厳密に制御することが必要であると報告されている。 *C. glutamicum* とほぼ同様と考えられる。

〔ゲノム解析の現状〕 現状では解析されていない。

〔プラスミド，ファージ〕 *C. glutamicum* から単離されたプラスミド（pCG1）由来のレプリコンを持つ *C. ammoniagenes* で複製可能なプラスミド（pGC11，pGC116など）が報告されている[52]。*C. ammoniagenes* 自身がプラスミドを持つかどうかに関しては，報告がない。なお，ファージについても，これまでのところ報告されていない。

〔DNA導入法〕 遺伝子導入は *C. glutamicum* と同様のエレクトロポレーション法が適用できる。

(横田，和田 大)

〔5〕 乳 酸 菌

〔生物工学における重要性・有用生産物〕 乳酸菌は，ヨーグルトやチーズ等乳製品の乳酸発酵を担うほか，開放発酵で作られる伝統食品の醤油や味噌，漬物，清酒酒母などでは，乳酸を生成して酸味を呈したり酵母以外の多くの微生物の生育を抑えるため活躍する。後者の場合，自らナイシン等のバクテリオシンを生産している場合もある。いずれの場合も製造者が自前の株を用いていることが多い。なお，*Streptococcus* 属には口腔や腸内に生息する細菌や病原菌も含まれる。

また，プロバイオティクス[53]としての応用が可能な微生物，すなわちヒトや動物の腸内で菌叢改善や免疫賦活作用等を示し宿主の健康を増進させることができる微生物の多くが乳酸菌で，近年注目を浴びている。上記の有用な性質は株ごとに異なり，日本の特定保健用食品の関与する成分として認められた株もある[54]。

〔分類学的な位置，系統〕 いわゆる「乳酸菌」とは糖を発酵した際の最終代謝産物として乳酸をモル比で50％以上生成するグラム陽性細菌の慣用名で，分類学上の正式に定義された名称ではない。最新の Bergey's Manual ではこのような古典的乳酸菌はすべて低 G + C グラム陽性細菌のなかの *Lactobacillaceae* 科に属するとされる[55]。乳酸菌のおもな属としては，*Lactobacillus* 属，*Streptococcus* 属，*Lactococcus* 属，

*Leuconostoc*属等が挙げられる。胞子は作らない。*Bifidobacterium*属細菌は動物腸管から多く分離され乳酸を生成するが，高G＋Cグラム陽性細菌で，最終産物中の乳酸の占める割合が50％未満なので，通常は乳酸菌に含めない。乳酸菌の分類の現状と問題点については文献56)に詳しい。

乳酸菌は一般にカタラーゼを持たず酸化的リン酸化経路が不完全で通性嫌気性を示す。糖資化の際に，解糖系によりピルビン酸からすべて乳酸を生成するホモ乳酸発酵を行うものと，アルドラーゼを欠損していてペントースリン酸経路でグリセルアルデヒド三リン酸を生成してから解糖系経路後半を用いてピルビン酸に至り，乳酸とともに，二酸化炭素やエタノール等を生成するヘテロ乳酸発酵を行うものがある[57]。

〔培養〕乳酸菌は，長年栄養豊富な環境に生育していたためか，生合成経路上の酵素の遺伝子に変異が入って機能しなくなり，生育因子や生育促進物質として多数のアミノ酸・核酸・ビタミンなどを要求する菌株が一般的である[57]。通常の生育用の培地として，乳タンパクを加水分解させたものに糖源と要求因子を多く含む天然物を加えた濃厚な培地が広く使われている[57]。また乳酸菌の生育に伴って自ら排出する乳酸により，培地のpHが下がりすぎて生育が遅くなることを避けるため，培地に緩衝剤や炭酸カルシウムのような不溶性の中和剤を加えることもある。簡便に使え使用可能な株の多い市販の培地として，Difco MRS培地がある。

培養温度は動物腸管由来のものは体温の37℃，その他の場合は30℃が一般的である。また通性嫌気性のため液体培養では通常攪拌しない。平板培養では脱酸素剤を用いて生育速度を上げることもできる[57]。厳密な酸素濃度管理が不要なときは，食品保存用などの脱酸素剤と密閉容器を用いれば簡便である。細かい分離・培養・保存については文献58)に詳しい。

〔ゲノム解析の現状〕乳酸菌は株ごとに機能が異なり，それぞれの解明を目指して多数の株でゲノムプロジェクトが同時進行中である。全ゲノムDNA配列が決定され公開された菌株も増えてきた[59]〜[61]。ゲノムサイズは，桿菌である*Lactobacillus*属で1.8〜3.3Mbと種間，株間の多様性が大きいが，*Lactococcus*属では2.4〜2.6Mb，*Streptococcus*属では1.8〜2.2Mbと，球菌では多様性はそれほど大きくないようである[62]。

〔プラスミド〕乳酸菌ではプラスミドを保有する株が一般的である。乳糖資化，タンパク質分解，バクテリオシン生産など乳酸菌の応用上重要な性質をプラスミドが担っている場合も多く報告されている。一部のプラスミドは接合伝達できる[57]。また乳酸菌は，桿菌・球菌を問わず低G＋Cグラム陽性細菌の多くを宿主とできる広域接合型プラスミド，pAMβ1やpIP501などの受容菌となることができる。これらのプラスミドのDNA複製はθ型で行われて脱落が少ないため，実験用のプラスミドベクターとして多用されている[57]。なお，乳酸菌はアルカリ法では溶菌できず，株によりテイコ酸や莢膜多糖などを細胞表層に持つため卵白リゾチームが効かない場合も多い。そのような株でプラスミドやゲノムのDNAを抽出する際には，溶菌酵素処理前にエタノール等の溶媒で菌体を洗浄して表層多糖を一部除いたり，溶菌酵素として放線菌由来のmutanolysinを用いることが有効な場合もある。また溶菌時に細胞は大量の乳酸を排出するので，酵素反応時にはpHが下がりすぎないよう緩衝能の高い細胞懸濁液を用いるとよい。

〔ファージ〕開放発酵で行われるチーズや醤油の製造時にファージ感染の事故が世界各地で多発し，ビルレントファージが多数分離されている。実用上，ファージ増殖を許さない宿主のファージ耐性遺伝子の研究がさかんである[63]。また乳酸菌では他の細菌と同様，ゲノム上にプロファージを保持している株が多く，そのなかには欠損ファージも含まれる[62]。閉鎖系で大量培養を工業的に行った場合，プロファージにビルレント変異が起きたことによるファージ汚染事故の報告もある[64]。なお，乳成分を増殖の場としたファージでは，吸着因子としてCa^{2+}を要求する場合が多い。またファージ増殖用培地は宿主菌のコロニー形成用培地とは異なる場合が多いので注意を要する[57]。

〔DNA導入法〕*Streptococcus pneumoniae*のように自然DNA受容能を持つものはまれなので，細胞へDNAを導入する場合には通常，電気穿孔法を用いる[57]。高電圧パルス発生装置の作るパルス波形は減衰波が一般的だが，一部の乳酸菌では矩形波のほうが高い形質転換頻度が得られる場合もあるので注意を要する。電気穿孔法で形質転換を行う場合の受容菌細胞の培養と調製，およびパルス印加の条件は，種・株，装置により大きく異なり，一般的方法と呼べるものはない。しかし形質転換頻度はよく検討された株にプラスミドDNAを導入する場合$10^7/\mu g \cdot DNA$に達することもある。

多くの株で制限・修飾系が見出されているものの，染色体上に存在するそれらの遺伝子の欠損変異株を分離することは難しく，外来DNAを導入する際の形質転換頻度を上げられないことが多い。その場合，乳酸菌へ導入すべきプラスミドに大腸菌等形質転換頻度の高い宿主で機能する複製領域を加え，目的プラスミド

DNAをそのような宿主で十分増やした後に使用することが多い。なお，二点交差で一気に直線状DNAを染色体に組み込むことは自然DNA受容能を持つ株以外では知られていない。したがって乳酸菌染色体上に外来DNAを保持させる場合は，導入したいDNA配列に加えて組み込みたい染色体上のDNA配列も持たせた環状プラスミドを用いてCampbell型組込み（相同組換え，またはプロファージ組込み能を利用した部位特異的組換え）をさせた後，目的部分が脱落しないよう相同部分を相同組換えで欠失させる二段階の方法をとっている[65]。工業レベルで乳酸菌に目的遺伝子を安定に保持させるためには，このような染色体組込みの方法は優れている。 (門多)

〔6〕 酢酸菌および酢酸菌関連細菌

〔生物工学における重要性〕 酢酸菌はエタノールを酸化して酢酸を生産する能力に優れ，酒類を原料とする食酢の製造に古くから利用されてきた。また，各種糖質に対する強い酸化能を利用して，ビタミンC製造上の中間物質であるソルボースを，ソルビトールの酸化発酵によって工業生産する上でも利用されている有用細菌である。最近では，セルロース生産への応用も検討されている。

〔分類学的位置，系統〕 酢酸菌はグラム陰性で絶対好気性の細菌であり，エタノールを酸化して酢酸を生成する能力を有し，*Acetobacter*や*Gluconobacter*が代表的である[66]。

しかし，高酢酸濃度食酢の発酵菌*Acetobacter polyoxogenes*や*Acetobacter europaeus*，窒素固定能を持つ*Acetobacter diazotrophicus*，セルロース生産性*Acetobacter xylinum*などには*Gluconacetobacter*（*Gluconoacetobacter*）が，またメタノール資化性の*Acetobacter methanolicus*に対しては*Acidomonas*などの新属が提唱[67]されるなど，酢酸菌の分類は完全には定まっていない。

表面発酵法による食酢の発酵生産に利用される*Acetobacter pasteurianus*，通気攪拌培養法による高酢酸濃度の食酢の製造に用いられる*Acetobacter polyoxogenes*や*Acetobacter europaeus*，ソルボース発酵に用いられる*Gluconobacter oxydans*，バクテリアセルロース生産への利用が期待される*Acetobacter xylinum*などが重要なものとして挙げられる。

〔培養〕 生育に酢酸を要求し，かつ固体培地では湿潤軟寒天培地でないと増殖しない特殊な菌株（*Acetobacter polyoxogenes*）もあるが，基本的にはグルコースなどの糖質，酵母エキスやポリペプトンなどの有機窒素源を含有する弱酸性の培地（YPG培地）で生育可能である。なお，完全合成培地では一部のものを除いて培養は難しい。

生育には酸素を絶対的に要求し，培養温度は30℃前後が適温であるが，発酵温度がより低いほうが，より高い酢酸濃度の食酢を発酵生産可能になる。また，生物にとって阻害的である酢酸が高濃度に蓄積するなかで発酵できる酢酸耐性を酢酸菌は有するが，通気攪拌培養中のエタノール欠除や酸素供給中断などは，酢酸菌の失活を引き起こす[68]ので，エタノール酸化によるエネルギー獲得と酢酸耐性の間になんらかの相関があるものと推定されている。

〔ゲノム解析の現状，プラスミド，ファージ〕 酢酸菌のゲノムサイズについては，約1.7 Mdaltonであるとした一例があるが詳細な解析は少ない。また，ライブラリー構築やゲノム塩基配列の決定が行われた例はない。

ファージは*Gluconobacter*を中心に報告されており，*Acetobacter europaeus*でも確認されていて[69]，高酢酸濃度の食酢発酵における発酵停止原因の一つと推定されている。なお，*Acetobacter methanolicus*で形質導入の例があるが，ファージをベクターとして利用した例は少ない。

プラスミドはほとんどすべての酢酸菌が保有しており，かつ複数個保有する例が多い[70]が，これまでになんらかの形質がコードされていることがはっきりしたものは少ない。ほとんどの場合は，大腸菌ベクターなどと連結し，薬剤耐性遺伝子を選択マーカーに用いたシャトルベクターとして利用されている。

また，ISを多コピー数保有する菌株もあり，エタノール酸化やセルロース生産に関与する遺伝子中に挿入が起こりこれらの形質を欠損させる例[71]が確認されており，従来から認められていた酢酸菌の自然変異現象の一因とも考えられている。

〔遺伝子導入法〕 酢酸菌での実質的な宿主ベクター系の開発は，塩化カルシウム法によりプラスミドベクターを利用して*Acetobacter aceti* No.1023株で最初行われ[72]，その後，実用酢酸菌を含む多くの菌株で宿主ーベクター系が開発されている。その他，遺伝子断片による相同組換え法や，接合伝達法，エレクトロポレーション法による遺伝子導入も可能となっている。

〔遺伝子クローニングと解析，育種〕 酢酸菌の遺伝子解析は，おもに酢酸菌固有の形質について実施されてきている。

酢酸生成：酢酸菌のエタノール酸化は，PQQを補酵素とするアルコール脱水素酵素，アルデヒド脱水素酵素およびチトクロームオキシダーゼなどの細胞膜に局在するエタノール酸化酵素系の作用による，酸素を電子受容体とする酸化反応によること[73]が明らかに

されており，さらに各構成成分の遺伝子[74),75)]がクローニングされて解析され，育種も行われている。また，酢酸耐性やエタノール耐性遺伝子などの酢酸発酵に関連する遺伝子も分離され，解析されている。

ソルボース発酵：ソルボース発酵に直接関与するソルボース脱水素酵素遺伝子[76)]や，他の中間体である2-ケトグロン酸生合成のためのソルボソン脱水素酵素遺伝子[77)]などが分離され，育種が試みられている。

セルロース生産：セルロース合成酵素遺伝子群（bcsA, bcsB, bcsC, bcsD）やCMCase遺伝子がクローニングされ，酢酸菌のセルロース生合成反応に関与する遺伝子の全容が明らかになりつつある[78)]。

窒素固定：窒素固定能を有する酢酸菌の窒素固定に関与する遺伝子群[79)]がクローニングされ，反応機構の解析が行われている。

〔その他〕 水溶性酸性多糖類（Acetan）の生合成反応に関与する遺伝子群や，レバンシュクラーゼ，エステラーゼ，ロイシン合成酵素，制限酵素など多くの遺伝子がクローニングされている。　　　　（奥村）

〔7〕 放線菌（抗生物質生産菌）

〔生物工学における重要性〕 放線菌は，細菌の一分類群であるグラム陽性細菌に属している。すなわち，細胞内の染色体DNAが核膜に囲まれていない原核生物である。この放線菌が，ほかの原核微生物と区別された微生物群として特に取り扱われる理由は，(1) 多くの抗生物質を初めとする有用二次代謝産物のきわめて優良な生産菌群であることと，(2) 胞子から基底菌糸，気菌糸，そして最終的には胞子形成へと至るきわめて複雑な形態分化能を示すことによる。典型的な放線菌は，まず胞子が発芽し，基底菌糸（=栄養菌糸，substrate mycelia）として伸張し，分岐する。つぎに基底菌糸から，培地表面と垂直に気菌糸（aerial mycelia）が形成され，菌糸の隔壁形成を経て，胞子（spore）へと熟成する。原核生物でありながら，真核生物の糸状菌ときわめて類似した形態分化能を示すのが，放線菌の第一の特徴である。一方，これまでに発見された微生物由来の抗生物質のうちほぼ70％は放線菌の生産物である。Waksmanらによって発見されたstreptomycinをはじめ，医薬，農薬，動物薬として実用化された化合物も多く，近代生活においてなくてはならない生理活性物質群の生産菌が放線菌である。放線菌研究者として著名な英国のD. A. Hopwoodが，放線菌は有用二次代謝産物の王であると述べているように，ほかの微生物と比べて，圧倒的に多種・多様な化合物を生産する能力を示してきたのが放線菌であり，この点が放線菌の第二の特徴である。

〔分類学的な位置，系統〕 放線菌は代表的な土壌細菌であり，好気性のグラム陽性細菌である。肥沃な土壌には1g当り10^6個あるいはそれ以上という膨大な数の放線菌が生息しており，自然界の物質循環と環境浄化の面で大きな役割を果たしている。土壌が放線菌の主要な分離源であり，新規な有用生理活性物質の生産菌を取得すべく，過去半世紀以上にわたって，世界各地の土壌から放線菌が分離されてきている。頻度は低いが植物や自然水からも分離される。

かつては，放線菌の定義として「少なくとも生活史の一時期，分岐を伴う糸状形態をとる」という概念が採用されていたが，近年の系統解析の進歩により，1997年にStackebrandtらが16S rDNAの類縁性に基づいて創設した綱（class）Actinobacteriaのなかの目（order）Actinomycetalesと定義されるようになっている。この定義に従えば，放線菌は，10の亜目（suborder），35の科（family），約110の属（genus），約1000の種（species）を擁する一大分類群となり，目としては最大規模である（表2.2）。放線菌の分類と同定に関しては，日本放線菌学会編『放線菌の分類と同定』（日本学会事務センター）を参照されたい。

〔有用生産物〕 ペニシリンの発見に始まり過去60年以上にわたる有用物質スクリーニングの歴史から，放線菌，特にStreptomyces属放線菌は有用二次代謝産物の生産性に異常に優れていることが判明している。代表的な産物としては，エリスロマイシンやストレプトマイシンなどの抗菌性抗生物質，ダウノルビシンなどの抗ガン剤，FK-506などの免疫抑制剤，アカルボースなどの糖尿病治療薬などがある。

〔培養〕 土壌放線菌のうち95％以上がStreptomyces属放線菌である。また，有用生理活性物質の生産菌としての放線菌のうち，約70％がStreptomyces属放線菌であり，残りがMicromonospora, Amycolatopsis, ActinoplanesなどのいわゆるNon-Streptomyces属放線菌であるため，以下では，Streptomyces属放線菌を扱う際の主要な方法を述べる。

Streptomyces属放線菌は，固体培地上でのみ形態分化を示すものが多数を占めるため，種々の寒天培地上で生育させ，その形態分化を観察するとともに，熟成した胞子を回収し，長期保存の用に付す。用いる培地は，ISP（International streptomyces project）培地No. 2, 3, 4，イーストスターチ培地，ベネット寒天培地などで，用いる菌株により，気菌糸形成や胞子形成のよい培地を使い分けるのが常法である。

上記培地の培地組成（滅菌は特に記さない限り121℃，20分，高圧滅菌を行う）

表2.2 *Actinomycetales*（放線菌）に属する亜目，科，属

Order *Actinomycetales*	Genera（属）	Order *Actinomycetales*	Genera（属）
Suborder *Actinomycineae*（4属）		Suborder *Propionibacterineae*（11属）	
Family *Actinomycetaceae*	*Actinomyces, Actinobaculum, Arcanobacterium* etc.	Family *Propionibacteriaceae*	*Propionibacterium, Fredmaniella, Luteococcus* etc.
Suborder *Micrococcineae*（35属）		Family *Nocardioidaceae*	*Nocardioides, Aeromicrobium, Hongia, Kribbella* etc.
Family *Micrococcaceae*	*Micrococcus, Arthrobacter, Renibacterium, Rothia* etc.	Suborder *Pseudonocardineae*（14属）	
		Family *Pseudonocardiaceae*	*Pseudonocardia, Amycolatopsis, Sacchropolyspora* etc.
Family *Bogoriellaceae*	*Bogoriella*		
Family *Brevibacteriaceae*	*Brevibacterium*	Family *Actinosynnemataceae*	*Actinosynnema, Actinokineospora, Saccharothrix*
Family *Cellulomonadaceae*	*Cellulomonas*		
Family *Dermabacteraceae*	*Dermabacter, Brachybacterium*	Incertae sedis	*Kutzneria, Streptoalloteichus*
Family *Dermacoccaceae*	*Dermacoccus, Demetria, Kytococcus*	Suborder *Streptosporangineae*（16属）	
Family *Dermatophilaceae*	*Dermatophilus*	Family *Streptosporangiaceae*	*Streptosporangium, Microbispora, Microtetraspora, Nonomuraea, Planomonospora, Herbidospora* etc.
Family *Intrasporangiaceae*	*Intrasporangium, Janibacter, Terrabacter* etc.		
Family *Jonesiaceae*	*Jonesia*		
Family *Microbacteriaceae*	*Microbacterium, Agromyces,*	Family *Nocardiopsaceae*	*Nocardiopsis, Thermobifida*
Family *Promicromonospraceae*	*Promicromonospora*	Family *Thermomonosporaceae*	*Thermomonospora, Actinomadura, Spirillospora* etc.
Family *Rarobacteriaceae*	*Rarobacter*		
Family *Sanguibacteriaceae*	*Sanguibacter*	Suborder *Glycomycineae*（1属）	
Incertae sedis	*Beutenbergia, Ornithinicoccus*	Family *Glycomycetaceae*	*Glycomyces*
Suborder *Corynebacterineae*（10属）		Suborder *Streptomycineae*（2属）	
Family *Corynebacteriaceae*	*Corynebacterium, Turicella*	Family *Streptomycetaceae*	*Streptomyces, Kitasatospora*
Family *Dietziaceae*	*Dietzia*	Suborder *Frankineae*（7属）	
Family *Gordoniaceae*	*Gordonia*	Family *Frankiaceae*	*Frankia*
Family *Mycobacteriaceae*	*Mycobacterium*	Family *Acidothermaceae*	*Acitothermus*
Family *Nocardiaceae*	*Nocardia, Rhodococcus*	Family *Geodermatophilaceae*	*Geodermatophilus, Blastococcus*
Family *Tsukamurellaceae*	*Tsukamurella*	Family *Microsphaeraceae*	*Microsphaera*
Incertae sedis	*Skermania, Williamsia*	Family *Sporichthyaceae*	*Sporichthya*
Suborder *Micromonosporineae*（9属）		Incertae sedis	*Cryptosporangium*
Family *Micromonosporaceae*	*Micromonospora, Actinoplaces, Dactylosprangium* etc.		

1. ISP 培地 No. 2
   酵母エキス　　　4 g
   麦芽エキス　　　10 g
   グルコース　　　4 g
   蒸留水　　　　　1 l
   pH 7.3 に調整後
   寒天　　　　　　15〜20 g
2. ISP 培地 No. 3
   オートミール（オートミール20 gを蒸留水1 l中で20分間煮た後，チーズ濾布で濾過し，減量分を蒸留水で補う）
   微量塩液　　　　1 ml
   寒天　　　　　　15〜20 g
   pH 7.2
   微量塩液
   $FeSO_4 \cdot 7H_2O$　　0.1 g
   $MnCl_2 \cdot 4H_2O$　　0.1 g
   $ZnSO_4 \cdot 7H_2O$　　0.1 g
   蒸留水　　　　　100 ml
3. ISP 培地 No. 4
   液I：可溶性デンプン10 gを冷蒸留水少量でペースト状にし，さらに薄めて500 mlとする。
   液II：K_2HPO_4　1 g
   $MgSO_4 \cdot 7H_2O$　1 g
   NaCl　　　　　　1 g
   $(NH_4)_2SO_4$　　2 g
   $CaCO_3$　　　　2 g
   蒸留水　　　　　500 ml
   微量塩液　　　　1 ml（ISP No. 2培地と同組成）
   pH 7.0〜7.4
   I液およびII液を混和し，寒天15〜20 gを加える。
4. イースト・スターチ培地
   酵母エキス　　　2 g
   可溶性デンプン　10 g
   蒸留水　　　　　1 l
   寒天　　　　　　15〜20 g
   pH 7.3
5. ベネット寒天培地
   酵母エキス　　　1 g
   牛肉エキス　　　1 g
   NZ-アミン，タイプA　2 g
   グルコース　　　10 g
   蒸留水　　　　　1 l
   寒天　　　　　　15〜20 g
   pH 7.3

一般に放線菌は好気性細菌であり，嫌気性条件では生育できない。生育の至適pHは中性付近，生育の至適温度は大部分が25〜35℃の中温域にあり，一部の放線菌では45〜55℃の高温域にある。培養は通常28〜30℃で，生育のよいものでは1週間から10日程度で十分な胞子を着生する。固体培地上での生育に伴い，基底菌糸から気菌糸，さらに胞子へと，菌の見かけ，色調，菌体周囲への色素の生産など，種々の変化が見られる。注意すべき点は，完全に純化した菌であっても，放線菌は変異を起こしやすく，固体培地上での生育時に，気菌糸生成の悪いものや，胞子着生の程度が異なるもの，さらには，色素生産の度合いが異なるものを結構高頻度で生じてくるという点である。放線菌を安定に保存するということは，放線菌研究者が皆苦労する点であり，種々の工夫が凝らされている。各人が扱う菌に対して，一定期間保存後の胞子懸濁液を用いて固体培養を行い，胞子の生存率を確認するとともに，種々性状の異なるコロニーの出現頻度にも留意する。胞子の保存液としては，20％（v/v）グリセロール液が汎用されるが，異なる組成の保存液や保存温度などをも検討する必要がある。

〔胞子縣濁液の調製〕 十分に胞子が熟成した平板培地に対し，滅菌水，もしくは滅菌0.1％ Tween 80水溶液5 ml程度を加え，表面を白金耳で丹念にこする。胞子は疎水性なので，表面に浮き上がりやすいが，胞子，気菌糸縣濁液をP-5000のピペットマンで，15 ml滅菌ファルコンチューブなどに回収後，十分Vortexを行い，胞子を遊離させる。その後，胞子濾過器を用いて，気菌糸や寒天断片などを除去する。胞子を含んだ濾過液は，3 000 rpm，10分程度の軽い遠心で胞子を沈殿させ，上清を捨て，滅菌水を適当量加えて，縣濁・遠心により胞子を洗浄する。最終的には，滅菌20％グリセロール液1 mlを加えて，胞子縣濁液とし，−80度，もしくは−20度で保存する。この胞子縣濁液について，ヘマチトメーターを用いて，見かけの胞子濃度を算出しておくとともに，ISPNo.2培地などにまき，雑菌汚染がないことや，発芽可能な胞子（viable spores）の数を決定しておくことが重要である。

〔ゲノム解析の現状〕 古くから遺伝学的研究が行われ放線菌の遺伝学的基準菌とみなされている *Streptomyces coelicolor* A3（2）(8.66 Mbp, Sanger Institute, 〔http://www.sanger.ac.uk/Projects/S_coelicolor (2005年1月現在)〕) と抗寄生虫薬として著名なアバメクチン生産菌 *Streptomyces avermetilis*（9.02 Mbp, 北里大学，〔http://avermitilis.ls.kitasato-u.ac.jp (2005年1月現在)〕）の2種類についてデータが公開されている。これら以外にも製薬系企業によって全ゲ

〔プラスミド，ファージ〕 放線菌には600 kbp程度までの大きさの巨大線状プラスミドと数十kbp程度の環状プラスミドの大きく分けて2種類のプラスミドが報告されている．巨大線状プラスミドには抗生物質生合成クラスター全体がのっている例もあり，末端反復配列を持つ．環状プラスミドは多数報告されており，クローニング用，プロモーター検索用，タンパク質の誘導発現用や大腸菌からの接合伝達用など，種々の用途に改変されて用いられている．きわめて多種類にわたるので，詳細はPractical Streptomyces Genetics（英国John Innes研究所発行）などの成書を参照されたい．ファージに関しては，宿主域の広いものから狭いものまで，種々のファージの存在が知られ，特に ϕC31についてはきわめて詳細な研究が報告されている．

〔遺伝子導入法〕 一般に放線菌は，制限-修飾系が非常に強く，外来DNAの導入は特定の菌株でなければ困難である．宿主としては，制限修飾系が非常に弱くなっているStreptomyces lividans TK21株が汎用され，従来はプロトプラスト化後にポリエチレングリコール存在下DNAを導入するプロトプラスト法が用いられてきた．近年になって，エレクトロポレーション法や，上述の大腸菌を介した接合伝達法などが用いられ始めている． (仁平)

2.1.2 真核微生物
〔1〕酵母菌

〔酵母とは〕 酵母は，分類学的にはカビやキノコと同じ仲間で，子嚢菌門（Ascomycota）と担子菌門（Basidiomycota）に含まれ，おもに出芽あるいは分裂で栄養増殖する真核単細胞生物である．The yeasts, a taxonomic study[80]には97属723種の酵母が記載されている．また，Yeasts: Characteristics and identification[81]には93属678種の酵母が記載されている．産業上よく利用されている酵母はパン酵母やワイン酵母のSaccharomyces cerevisiaeを筆頭に子嚢菌門に属する酵母が多く，この子嚢菌酵母のほとんどは半子嚢菌綱（Hemiascomycetes）に属しており，糸状菌を含む真正子嚢菌綱（Euascomycetes）とは系統的に異なる．分裂酵母であるSchizosaccharomycesは植物寄生菌類TaphrinaやProtomycesとともに別系統の古生子嚢菌綱（Archiascomycetes）に位置づけられている．担子菌酵母は担子菌門の三つの系統であるクロボキン綱（Ustilaginomycetes），サビキン綱（Urediniomycetes），菌蕈綱（Hymenomycetes）のすべての綱に分布している．クロボキン綱にはトウモロコシ病原性菌Ustilago maydisやMalasseziaなど，サビキン綱にはRhodosporidium，Sporobolomycesなど，菌蕈綱には魚類養殖の餌に添加されているカロチノイド色素アスタキサンチンを生産するPhaffia rhodozymaやCryptococcus，Trichosporonなどの酵母が含まれる．

〔酵母の産業的利用〕[80]～[84] ビール，ワイン，清酒などのアルコール発酵飲料やパン製造にS. cerevisiaeとその近縁種が紀元前の昔から利用されており，現在菌体としても世界で年間約200万t製造されている．発酵物の利用だけでなく，細胞自体もそのままあるいは酵母エキスなどとして利用されている．日本特有の調味料である醤油，味噌の製造にはZygosaccharomyces rouxiiが，ラクトース不含ミルク製造のためのラクトース発酵や乳漿からのアルコール発酵にはKluyveromyces lactisとその近縁種が利用されている．家畜飼料などになるSingle Cell Protein（SCP）の生産ではCandida maltosa, Candida utilis, Yarrowia lipolyticaなどの酵母が有名である．デンプン，イヌリン，セルロース，ヘミセルロース，ペクチン，脂質の分解やinvertase, β-galactosidase, inulinase, lipaseなどの酵素生産にも酵母が使用されている．例えば，Candida rugosa, Rhodotorula glutinis, Y. lipolyticaはlipase生産で利用されている．Candida tropicalisはdodecanedioic acidとその誘導体あるいはトリプトファン生産に利用されている．デンプン分解酵母Schwaniomyces occidentalisはデンプンやイヌリンからのエタノール生産に利用されている．S. cerevisiae, Pichia pastoris, Hansenula polymorpha, Candida boidiniiなどは組換えタンパク質の生産宿主として医薬品製造でも利用されている．また，S. cerevisiaeやSchizosaccharomyces pombeはモデル生物として，細胞周期やシグナル伝達の研究成果が医薬品開発などに間接的に役に立っている．

〔酵母の培養〕[80], [84] 酵母は好気性か通性嫌気性であり，偏性嫌気性の酵母は知られていない．K. lactisやS. pombeのように容易に呼吸能を失うクローンが出現しないpetite negativeと呼ばれる酵母がある．実験室での汎用培地としては，YM（0.3％酵母エキス，0.5％ペプトン，0.3％麦芽エキス，1％グルコース）とYPD（1％酵母エキス，2％ペプトン，2％グルコース）がある．合成培地としては，Yeast Nitrogen Base（Difco Laboratories, USA）にグルコースなどの炭素源とその他の栄養要求物を加えた培地がよく使用される．炭素源の違いや栄養飢餓状態で菌糸や偽菌糸をさかんに形成する酵母がある．酵母バイオマス生

産では廃糖蜜，パルプ廃液，n-アルカン，メタノールなどが利用されている。液体静置培養で，表面に皮膜や皮輪を形成して生育する酵母がある。また，出芽以外に有柄分生子や射出胞子を形成したり，菌糸が分断して，分節胞子を形成する酵母も知られている。

〔酵母のゲノム解析〕　真核生物で最初にゲノムの全塩基配列が決定されたのは S. cerevisiae[85]で，1996年に報告され，現在も重要なモデル生物としてDNAマイクロアレイ解析などポストゲノム時代の新しい解析手法の最先端を支えつつ，産業的にもゲノム解析の成果を取り入れて利用されている。2002年にはS. pombeのゲノム解析が完了し[86]，下面発酵ビール酵母についてもほぼ完了したと発表された。また，フランスの研究グループを中心に産業的に重要な14種の子嚢菌酵母のゲノム解析も行われており，現時点ではほぼゲノム解析が完了している酵母と半分ほどで中断している酵母がある[87]。病原性酵母 Candida albicans のゲノム解析もほぼ完了している。また，S. cerevisiae の近縁種数種のゲノム解析も行われ，比較ゲノム学的研究も進行している[88]。

〔*Saccharomyces cerevisiae*〕[83], [85]　古くからパンやアルコール発酵飲料の製造に使用されているので，K. lactis とともに最も安全性の高い酵母として広く認知されている。S288C系統株のゲノムは230～2400 kbのサイズからなる16本の染色体から構成され，その合計サイズは13.4 Mbである。遺伝子数は約5500と推定されている[88]。イントロンを持つ遺伝子は220個検出されている。約50個のレトロトランスポソン様配列Tyが染色体に散在している。染色体XIIには，5S，5.8S，18S，26Sの各rRNA遺伝子が含まれる9.1 kb単位の繰返し配列が100～200コピー存在している。接合型にはa型とα型があり，接合型変換が起こるホモタリック株と接合型が安定なヘテロタリック株がある。接合型の異なる細胞どうしを混合培養することにより接合が起こり，二倍体細胞が形成される。二倍体細胞は栄養飢餓条件下で減数分裂を起こし，4個の一倍体子嚢胞子を形成する子嚢になる。実用株では二倍体以上の高次倍数体のものも見られ，また，正倍数体ではなく異数体になっている場合もある。したがって，接合しない，あるいは接合能力が著しく低下している場合もよくある。染色体サイズの多型が観察されており，清酒酵母やワイン酵母などの実用酵母では系統の識別に役立っている。遺伝子操作技術は酵母のなかで最も整備されており，染色体組込み（YIp）型，コピー数の多い自立複製型としてYRp型とYEp型，セントロメア配列を持つため1～2コピーで安定に維持されるYCp型，人工染色体として線状で維持

できるYACといろいろなタイプのベクターが利用可能である。最近は遺伝子操作だけでなく，染色体工学の技術が開発され，ゲノム工学の対象酵母として最先端にある。

スフェロプラスト法による形質転換が最初に報告されたが，現在では酢酸リチウム法や電気穿孔法がよく使用されている。しかし，YACベクターを使用した巨大サイズDNAによる形質転換は特定の株（例えばAB1380）を用いてスフェロプラスト法による形質転換をしなければならない。多くの株が2μプラスミドと呼ばれる6318 bpの環状二重鎖（ds）DNAプラスミドを保持しているが，いまのところ特別な細胞機能は知られていない。このプラスミドの複製分配機能単位をYEp型ベクターとして利用している。キラー現象を支配するウイルス様粒子に包まれた二つの線状dsRNAも知られている。Mと呼ばれる1.6 kbのdsRNAにキラー毒素遺伝子と免疫にかかわる遺伝子がある。4.6 kbのL-AにはRNAポリメラーゼ遺伝子とコートタンパク質遺伝子がある。

〔*Kluyveromyces lactis*〕[84]　約1億5000万年前にS. cerevisiaeと種分化したと考えられているK. lactisは1050～2760 kbの6本の染色体で構成されており，11.5 Mbサイズのゲノムである。フランスのグループがゲノム配列解読を進めている[87]。接合型はS. cerevisiaeと同じくaとαとされており，その生活環はS. cerevisiaeとよく似ている。培地も同じものが使用できるが，接合，胞子形成は麦芽エキス培地で行う。ラクトースをはじめ炭素源として利用できる物質がS. cerevisiaeより多く，グルコース抑制非感受性であることが特徴である。IFO1267株からキラー毒素をコードしている線状プラスミドpGKL1（8.8 kb）とその複製に必要な線状プラスミドpGKL2が見つかっている。S. cerevisiaeの2μプラスミドと配列相同性はないが，構造が似ているプラスミドpKD1も知られている。YRp型，YEp型およびYCp型プラスミドが知られており，遺伝子操作技術も完備している。

〔*Schizosaccharomyces pombe*〕[86], [89]　S. pombeは東アフリカのビールから分離された分裂により増殖する酵母で，pombeはスワヒリ語でビールという意味がある。染色体は3本（5.7 Mb，4.6 Mb，3.5 Mb）で，サイズ合計は13.8 Mbである。遺伝子数は約4900と推定されていて，約43％がイントロンを持つ遺伝子である。接合型はプラスとマイナスで，h^+とh^-と表記される。また，ホモタリック株はh^{90}と表記される。実験室研究株として使用されているのはL968（h^{90}）およびその派生株L972（h^-）とL975（h^+）の系統である。栄養飢餓条件で接合をし，ただ

ちに減数分裂，胞子形成を行い，四つの子嚢胞子を形成する。

　形質転換法としてはスフェロプラスト法や酢酸リチウム法，電気穿孔法が適用でき，相同組換え頻度も高く，S. cerevisiae とほぼ同じ遺伝子操作が可能である。細胞周期や細胞分裂の研究に利用され，重要な成果を生み出しているが，この酵母内で哺乳類のイントロンが正常にスプライスされ，SV40 のプロモーターも働き，タンパク質のガラクトース修飾も起こるので，組換えタンパク質発現宿主としても開発されている。

〔*Pichia pastoris*〕[84), 90)]　メタノール資化酵母の一つで，SCP生産として130 g/l 乾燥細胞重量以上の高密度培養が可能である。メタノール培地生育細胞ではペルオキシソームがよく発達し，細胞容積の80％以上を占めるようになり，メタノール資化に必要なアルコールオキシダーゼ量も総タンパク質量の30％を超えるようになる。このことから，この酵母はペルオキシソーム形成・分解機構の研究と組換えタンパク質発現系で有名である。ヒト血清アルブミンやインターロイキン-2などの生産では4 g/l の収量が報告されている。Invitrogen Corp. からメタノールによる誘導がかかるアルコールオキシダーゼI遺伝子（*AOX1*）や構成的発現のグリセルアルデヒド3-リン酸脱水素酵素遺伝子のプロモーターを利用した発現系とα因子の分泌シグナル配列を融合するようにした分泌発現系などの遺伝子発現キットが販売されている。宿主としてGS115（*his4*）やアルコールオキシダーゼ欠損やプロテアーゼ欠損を追加した株などが作製されている。選択符号として *HIS4*，G418耐性，Blasticidin耐性，Zeocin™耐性などが使用されている。

　形質転換にはスフェロプラスト法，PEG法，電気穿孔法，塩化リチウム法が開発されており，相同組換えによる染色体への組込みあるいは自己複製可能な環状プラスミドの導入により形質転換が成立する。現在知られている菌株はホモタリック株だが，窒素源飢餓により接合が起こり，栄養要求性選択符号の相補性を利用して二倍体を作成できる。接合に引き続いて減数分裂が進行し，4個の子嚢胞子を形成するが，胞子の生存率が悪く，メンデル分離が観察できない場合が多いと報告されている。ランダム胞子解析がおもに行われている。

〔*Hansenula polymorpha*〕[84), 91)]　分類学的には現在 *Pichia angusta* とされているが，*H. polymorpha* として広く認知されている。*P. pastoris* と同じメタノール資化酵母で，100 g/l 乾燥細胞重量以上の高濃度菌体培養も可能である。知られている株はホモタリック株で，三つの系統（CBS4732，NCYC495，DL-1）がよく使用されている。栄養培地では一倍体が安定であり，栄養飢餓条件下で接合型変換を起こし，接合して二倍体を形成する。マルトースやグリセロールなどが接合を強く誘導するといわれている。*P. pastoris* や *S. pombe* と同じく接合後そのまま減数分裂に入り，4個の子嚢胞子を形成するが，減数分裂に入る前に栄養培地に移すと二倍体細胞を回収できる。したがって，相補性試験や四分子分析などの遺伝解析が可能である。生育至適温度は37℃で，48℃でも生育可能な株があり，ほかのメタノール資化酵母では見られない特徴である。CBS4732のゲノム塩基配列は約半分が解読されている[87)]。900 kb～2.2 Mbの6本の染色体が電気泳動で確認されており，ゲノムサイズは約10 Mbと推定されている。rDNAクラスターは1.2 Mbの染色体IIに存在し，8.1 kb単位で約50コピー繰り返している。プラスミドは見つかっておらず，*S. cerevisiae* のTy5に似たトランスポゾンが20コピーほどあると予想されている。ペルオキシソームに局在するメタノールオキシダーゼ（*MOX*）遺伝子のプロモーターなどを利用して組換えタンパク質を発現させるシステムが構築されており，医薬品タンパク質だけでなく，産業利用できる酵素の生産あるいは生体触媒としての利用も行われている。

　酢酸リチウム法や電気穿孔法で形質転換が行われているが，安定に自己複製するベクターは今のところなく，染色体に組み込まれて安定な形質転換体となる。rDNA遺伝子座を組み込み標的とするベクターや分泌シグナル配列を融合できるベクターなども開発されている。

〔その他の代表的な酵母〕　*Y. lipolytica* は菌糸を形成する二形性酵母で，チーズやソーセージなどの脂質やタンパク質の多い試料から分離される。ゲノムは6本の染色体からなり，合計約20 Mbのサイズである[87)]。接合型はAとBで，二倍体株はグルコース枯渇条件で減数分裂を起こし，菌糸上に子嚢胞子を内包した子嚢を形成する。グルコース以外の糖はあまり資化できず，ポリアルコールや有機酸，*n*-パラフィンを資化し，クエン酸や2-ketoglutaric acid の生産に利用されている。また，プロテアーゼやリパーゼの生産酵母でもある。酢酸リチウム法と電気穿孔法でおもに形質転換されており，YIp型，YRp型，YCp型ベクターが利用されている。メタノール資化酵母 *C. boidinii* と *n*-アルカン資化酵母 *C. maltosa* では有性世代が知られていないので，通常の遺伝解析は行えないが，スフェロプラスト法や酢酸リチウム法や電気穿孔法による形質転換が可能で，宿主ベクター系が開発，整備されている[84)]。*C. maltosa* では本来Leuとして読まれるべきCUGコ

ドンがSerとして読まれていることがわかっている。醤油・味噌酵母 Z. rouxii は耐塩・耐浸透圧性の酵母である。CBS732株ゲノムのランダム配列解析が行われており，1～2.75 Mbの7本の染色体からなる12.8 Mbのゲノムと推定されている[87]。2μプラスミドと配列相同性はないが構造が似ているプラスミドpSR1（6251 bp）が存在し，宿主・ベクター系が開発されている[92]。　　　　　　　　　　　　　　（金子）

〔2〕糸　状　菌

〔生物工学における重要性〕 糸状菌は，文字どおり成長する細胞が糸状の菌糸となり，その先端を伸ばして分岐しながら成長（先端成長，apical growth）する微生物で，一般には「カビ」とも称される。日本をはじめとする東アジア地域のように温暖で湿度の高い地域で日常的に見られる微生物であり，パンや餅などの食品や浴室の壁など湿気がある場所に，黒，赤，緑などのさまざまな色の糸状菌が生育しているのを目にすることが多い。糸状菌のなかには，酒や醤油，味噌など食生活に身近な発酵醸造食品の製造にとって必要な種類が多く，また世界で最初に抗生物質として発見されたペニシリンや，食品加工などに利用される多種類の酵素剤やクエン酸などの有機酸類の生産に至るまで，産業的に有用な菌が多く存在している。

〔分類学的な位置〕 糸状菌は，最近の分子系統進化学的研究に基づく新しい分類体系に従えば，ツボカビ門，接合菌門，子嚢菌門，担子菌門の4門と不完全菌類からなる菌類界（Fungi）に属することになるが，産業上重要な糸状菌は接合菌・子嚢菌・担子菌・不完全菌類のいずれかである。糸状菌には，通常の菌糸成長を続けて無性胞子（正しくは分生子）を着生するという生活環を繰り返す無性世代（アナモルフ）と，雌雄株間で核融合した後に減数分裂によって胞子（有性胞子）を形成する有性生活環（有性世代：テレオモルフ）が知られており，接合菌類・子嚢菌類・担子菌類は有性胞子の形成器の構造の違いに基づいて分類されている。普通に観察される糸状菌の色は，主として無性胞子の色に由来する。糸状菌の多くはテレオモルフが見つかっておらず，これらは不完全菌類に分類されるが，元来は子嚢菌類か担子菌類に属するものと考えられる。このように糸状菌にはテレオモルフとアナモルフがあるために，同じ菌でありながら異なる学名がつけられている種がある（二元的命名法）。例えば，欧米で古くから遺伝学的研究に利用されてきた Aspergillus nidulans はアナモルフにつけられた名前であり，テレオモルフは Emericella nidulans と呼ばれる。一方，産業上重要な菌のほとんどはテレオモルフが知られていないので，アナモルフの属名で呼ばれることが多い（Aspergillus, Penicillium, Trichoderma など）。菌類界に属する微生物は，既知の種類で約7万種，さらに未知の菌が150万種は存在するといわれ，その大部分が糸状菌であってそのバラエティの豊富さも考えると，今後も産業的に利用価値が高い未知の糸状菌種が発見される可能性が高いものと期待される。

〔多核細胞を特徴とする糸状菌〕 ヒトのような複雑な大型生物から小さな細菌に至るまで，一つの細胞には核は1個しか含まれていないのが普通であるが，糸状菌は菌糸中に多くの核を持つ多核細胞であるという他の生物にない特徴を有している。接合菌類の菌糸には隔壁（septum）がないので，菌糸の末端から先端まで長い一つの細胞の中に無数の核が存在する。また，子嚢菌や担子菌の菌糸には隔壁があるとはいえ（穴があり完全ではない），この細胞中にも2個から10個以上の核が存在している。このように，多核細胞であるため，一つの細胞に異なる遺伝的背景の核が存在することが可能となる。一般に糸状菌は一倍体で増殖するが，遺伝的に異なった菌糸どうしが生育中に接触すると細胞壁の部分的溶解が起こり（吻合，anastomosis），同一の細胞内に双方の核が共存した状態が生じる。このような細胞をヘテロカリオン（heterokaryon）という。一方，菌糸や胞子に含まれる核が遺伝的に同一である場合はホモカリオン（homokaryon）と呼ぶ。これは多核細胞である糸状菌に特有な現象であり，ヘテロカリオン状態が生じるために，突然変異処理や細胞融合，さらに遺伝子組換えによって有用菌株を育種する際には，得られた菌株の形質の安定性などに注意しておく必要がある。特に，産業的に有用な菌では単細胞と考えられる無性胞子も多核の場合が多いので，安定なホモカリオンにして取り扱うことが重要である。

〔産業的に利用される糸状菌〕

（1）Aspergillus　不完全菌類に分類される糸状菌で，Aspergillus という学名はこの糸状菌のアナモルフに与えられた名前である。わが国では Aspergillus に属する糸状菌を酒や醤油，味噌などの発酵食品製造の麹として古くから利用していることから，「コウジカビ」と呼ぶこともある。

Aspergillus oryzae：古くから酒，味噌，醤油，味醂，甘酒など多くの発酵食品製造に必要な麹をつくるのに利用されている糸状菌で，麹菌といえば普通はこの A. oryzae をさす。分生子が黄から黄緑色になるため黄麹菌とも呼ばれる。α-アミラーゼやグルコアミラーゼなどのデンプン分解酵素の生産性が高い菌株は酒類製造に，またプロテアーゼやペプチダーゼなどの

タンパク質分解酵素の生産性が高い菌株は醤油や味噌の製造に適している。酵素剤（α-アミラーゼ，プロテアーゼ，β-ガラクトシダーゼなど）の工業的な生産にも用いられており，小麦ふすま麹から抽出された酵素は「タカヂアスターゼ」として消化剤に利用されているが，高峰譲吉によって世界で最初に工業化された（1894年）酵素剤である。A. oryzae は古くから発酵食品の製造に利用されていることから，安全性が高い微生物として GRAS（generally regarded as safe）グレードに評価され，各種有用酵素タンパク質の生産に最も適した微生物の一つである。洗剤に使用されている好熱性カビ Thermomyces lanuginosa 由来のアルカリ・リパーゼが遺伝子組換えにより麹菌を宿主として工業的に生産されている。A. oryzae の近縁種に A. sojae があるが，醤油麹菌として醤油製造に利用される糸状菌で，自然界にはほとんど存在せず，醤油製造現場からのみ分離される。なお，わが国により A. oryzae の全ゲノム解析が2004年に終了し，ゲノムサイズ約37 Mb，約14 000個の全遺伝子の情報が明らかにされた。

A. niger：分生子が黒いため黒麹菌とも呼ばれる。有機酸の生産能が高く，クエン酸やグルコン酸などの工業的生産に利用されている。特にクエン酸は食品の酸味料として最も多く使用されており，その全量が A. niger を用いた発酵法によって生産され，世界における総生産量は年間約50万tにのぼる。また，A. oryzae と同様に加水分解酵素を多く生産し，グルコアミラーゼ，グルコースオキシダーゼ，ペクチナーゼなど食品製造用の酵素剤生産に利用される。焼酎製造に用いられている A. awamori や A. kawachii，また飼料中のリンの有効利用のために添加されるフィターゼ生産菌の A. ficuum などが分類学上近縁である。また，チーズ製造に使用されるウシのキモシンが A. awamori を宿主にして生産されている。

A. terreus：多種類の生理活性物質を生産する糸状菌で黄褐色の分生子を着生する。産業的には合成樹脂の原料に用いられるイタコン酸や，高脂血症治療薬として利用されるロバスタチンの生産菌として重要である。

A. nidulans：テレオモルフは Emericella nidulans と呼ばれるが，有性生活環を持ち単核の分生子を着生することから遺伝解析が可能な糸状菌として，アカパンカビ（Neurospora crassa）と並んで古くから遺伝学的研究に用いられてきた。多くの突然変異株が単離されており，現在も遺伝子組換え技術を駆使した分子レベルでの研究に大いに役立っている。米国を中心に実施された全ゲノム解析が2004年に終了し，8本の染色体からなる約30 Mb のゲノム配列が明らかになった。産業的に有用な物質生産などには利用されていない。

（2） Penicillium　餅やミカンなどのカンキツ類に生育しているなど生活の場でよく観察される糸状菌で，特徴的な分生子由来の青緑色から「アオカビ」と呼ばれている。学名の Penicillium はアナモルフの種をさし，ラテン語の「筆」または「箒」に由来するが，これはアオカビの分生子柄の形状から名づけられた。

ペニシリンは1928年に A. Fleming によって世界で最初に発見された抗生物質で，効果が高いうえにヒトに対しても安全性が高いので現在でも多く利用されているが，Penicillium notatum が生産菌として当初は使用されていた。その後，工業生産に適した株として P. chrysogenum Q-176株が単離され，現在はこの株を変異処理によって改良した高生産性株が用いられている。P. griseofulvum が生産するグリセオフルビンは，水虫，特に治りにくい爪白癬（爪水虫）などの治療に用いられる経口薬として利用されている。また，P. citrinum にはシトリニンという有害なマイコトキシンを生産する株もあるが，上述したロバスタチンに類似したコンパクチン（ML-236B）も生産する。コンパクチンはわが国で発見された物質で，放線菌 Streptomyces carbophilus によりメバロチンに微生物変換され，高脂血症治療薬として最も大量に製造・利用されている。一方，食品製造に関係する Penicillium としては，チーズの熟成に重要な役割を果たしている P. roqueforti と P. camemberti がある。名前のとおり，前者はロクフォールチーズ，後者はカマンベールチーズの製造に用いられるアオカビである。ロクフォールチーズは P. roqueforti の生育に従って緑色の斑点がはいるためブルーチーズとも呼ばれている。また，カマンベールチーズの表面は P. camemberti の白色菌糸が厚い膜をつくっている。アオカビに属していても P. camemberti のように白色の種もある。

（3） Neurospora　代表的な種は Neurospora crassa（アカパンカビ）で，A. nidulans と同様に有性生活環を有していて遺伝解析が可能なため，変異株を用いた遺伝学的な研究に汎用されている。特に N. crassa は「一遺伝子一酵素説」の確立に貢献した糸状菌でもある。また，全ゲノム解析が2003年に終了しており，約10 000個の遺伝子が存在することが明らかになっている。ゲノムサイズは約38 Mb であって A. oryzae と同程度にもかかわらず，遺伝子数が3割ほど少ないが，これは N. crassa では RIP（repeat-induced point mutation）という現象により，重複で増えた遺伝子が減数分裂を経ることによってメチル化

を受けて不活化されやすいことによると考えられている。そのため，ほかの生物に比べて相同性の高いファミリー遺伝子の数が少ない。N. crassaでは外から同じ遺伝子を導入すれば，このRIPによって目的遺伝子をノックアウトできるので，遺伝子破壊法を用いなくてもよいという利点がある。

（4） MucorおよびRhizopus　いずれも接合菌類に属しており，一般にはMucor（ケカビ），Rhizopus（クモノスカビ）と呼ばれている。ケカビとクモノスカビともに中国や東南アジアの醸造食品の麹製造に利用されてきたものが多い。Mucor rouxiiはデンプン分解活性が高く，古くはアミロ法によるアルコール製造に用いられていた。また，M. pusillus（Rhizomucor pusillus）は，チーズ製造に必要な凝乳酵素（ウシ・キモシン）の代用として用いられるムコールレンネットの生産菌として知られている。クモノスカビは菌糸と胞子嚢柄の分岐点に仮根（rhizoid）を生じる点がケカビとは異なっており，それが学名のRhizopusに反映されている。グルコアミラーゼの工業生産に利用されるRhizopus niveusやR. delemar，リパーゼ生産に用いられるR. japonicus，フマル酸生産能が高いR. nigricansやR. arrhizus，大豆発酵食品のテンペ製造に用いられるR. oligosporusなど，産業的にも重要な菌が多く含まれている。また，従来の汎用プラスチックの環境への負荷を軽減するため，生分解性プラスチックへの転換が注目されているが，その有望な素材となるポリ乳酸の原料のL-乳酸を生産する菌としてR. oryzaeの有用性も大きい。

（5） その他の産業的に重要な糸状菌　Trichodermaは土壌中に多く分布する不完全菌類の糸状菌でツチアオカビとも称される。キノコ栽培のホダ木や菌床に繁殖して被害を及ぼすことがあるが，セルラーゼやキチナーゼなどの植物やカビの細胞壁を分解する酵素生産能が高く，T. reeseiやT. virideなどはこれらの酵素剤の工業生産に利用されている。タンパク質の分泌能力が高く，菌体外プロテアーゼ活性が低いということから，異種の有用タンパク質の生産用宿主としての期待も大きい。Acremonium chrysogenumは以前はCephalosporium acremoniumと呼ばれていた不完全菌であるが，ペニシリンの類縁抗生物質であるセファロスポリンの生産菌として医薬工業上重要な糸状菌である。Monascusはモナスコルブリンという赤色色素を生産し，菌糸も培養液も鮮やかな紅色となることからベニコウジカビとも呼ばれる子嚢菌に属する糸状菌である。中国ではアンチュウ（紅酒）製造の麹（アンカ）に利用されており，わが国でも赤い酒や豆腐ようの製造に使われている。また，A. terreusやP. citrinumと同様に，高脂血症治療に効果があるモナコリンという物質も生産する。

〔糸状菌のバイオテクノロジー技術〕　糸状菌はさまざまな産業的に重要な酵素や生理活性物質を生産することが知られており，これまでそれらの生産性の高い菌株の育種については主として人工突然変異誘発により行われてきた。一方，生産にかかわる遺伝子などを同定することにより，遺伝子組換え技術によって，より効率的かつ迅速に高生産性株の育種が可能となってきた。しかし，糸状菌に遺伝子組換え技術を適用する場合，他の微生物に比べていくつかの不利な点があり，それらを克服した手法の開発がなされている。大腸菌などの原核生物や酵母では，染色体とは別に自己複製できるプラスミドを持つことから，このプラスミドをもとに形質転換用のベクターが構築され用いられていたが，糸状菌ではプラスミド様のDNAが見出される菌はほとんど存在しない。例外的にこのようなDNAを有する菌があっても，他の菌株においても自己複製能を示すことは認められておらず，遺伝子組換えに汎用することは不可能である。また，ウイルス様のDNAが見出される菌もわずかにあるが，感染能を示すことは認められずベクターへの適用はできない。反面，感染能力のあるウイルスやファージが存在しないことは，物質生産の現場における大量培養時にファージ感染による生菌数減少という危険性がないというメリットになっている。

したがって，糸状菌において外来DNAを細胞内に導入するベクターとしては，一般的に利用される大腸菌由来のプラスミドに糸状菌の選択マーカーを付与したものが用いられている。導入したベクターが糸状菌の染色体に組み込まれることによって，安定な形質転換体として取得することができる。このため，形質転換効率が低いという欠点はあるが，得られた形質転換体の形質は安定であるという長所にもなる。糸状菌にベクターを導入する方法としては，最近エレクトロポレーション法も利用されるようになってきたが，ほとんどの場合は，細胞壁を溶解酵素で処理して得られたプロトプラストにDNAを加えて，ポリエチレングリコールと塩化カルシウムからなる溶液により細胞融合を起こさせる方法がとられている。　　　　（五味）

〔3〕 担子菌（キノコ）

〔生物工学における重要性〕　担子菌，あるいはキノコは典型的な工業微生物とはいいがたく，農業微生物的側面を持っているが，ここでは，キノコの大量生産も広義の生物工学の範疇と解釈して解説する。さて，食用キノコ類[93]〜[95]の平成14年度年間総生産額は2314億円（ほぼ醤油の総売上高に相当）と報告され

ている。キノコは自然食品，健康食品として脚光を浴びており，その薬理作用[96]～[98]と相まって食品産業上さらなる発展が期待されている。キノコはまた地球に優しい代表的な生き物といえる。すなわち，動物（消費者），植物（生産者），菌類（分解者）のバランスのうえに成り立っている地球上の生態系のバイオマスの9割は植物であり，その植物体の主要構成成分であるリグニン，セルロース，ヘミセルロースなどを分解し，生態系の物質循環を担っているのがキノコである。リグニンは地球上で最も難分解性の高分子芳香族化合物であるが，天然のリグニンに作用し，これを炭酸ガスと水に分解できるのはキノコだけといって過言ではない。このような機能を持つキノコは有害芳香族塩素化合物のダイオキシン，PCB，ペンタクロロフェノールなども分解できる。以上のような分解性キノコ以外に，生きた植物の根に菌根（根と菌が一体となって肥大化したもの）を作り，植物の成長を促進する植物共生性キノコが存在する。これまでに，各種の未利用植物体破砕物を培地基質とした食用キノコの大量生産が実際に行われてきた。また，上記の分解力を遺伝子工学的に高めたキノコ菌による植物バイオマス資源の再利用と環境汚染物質の分解・無毒化が図られようとしており，共生性キノコ菌による各種樹木の成長促進をベースとした荒廃地の緑化などが考えられている。

〔分類学的な位置/系統〕 キノコ（Mushroom）は分類学的には担子菌（Basidiomycetes）あるいは子嚢菌（Ascomycetes）に属するが，キノコの数としては担子菌キノコのほうが圧倒的に多い[93]～[98]。生物工学的研究の対象もほとんどが担子菌キノコである。マツタケ，シイタケ，西洋マッシュルーム，ヒラタケ，エノキタケ，マイタケ，ヒトヨタケ，カワラタケなど馴染みのキノコのほとんどは担子菌である。ちなみに，子嚢菌キノコとしては，アミガサタケ，トリュフ，冬虫夏草などがある。キノコにおける系統の識別は，遺伝・育種や遺伝資源保存のうえで重要なことである。比較的よく用いられる系統識別法としては，対峙培養法[99]，アイソザイム分析法[99]，制限酵素断片長多型（Restriction Fragment Length Polymorphism：RFLP）解析法[97],[98]がある。

〔有用生産物〕 まず，白色腐朽性キノコの生産するリグニン分解酵素，すなわちリグニンペルオキシダーゼ（略称LiP），マンガンペルオキシダーゼ（略称MnP），およびラッカーゼなどがある。LiPやMnPはダイオキシンなどの分解にもかかわる酵素である。また，種々のキノコの生産する抗菌・細胞毒性物質，抗腫瘍性物質，抗ウイルス性物質，各種酵素阻害物質，神経系作用物質などがある。以上については，文献[96]～[98])に詳しい。

〔生物的・遺伝的特徴，ゲノム解析の現状〕 担子菌には菌糸細胞内に一つの核を持つ一核菌糸と，性的に異なる二つの核を持つ二核菌糸がある。子実体（いわゆる"キノコ"）は通常，後者のみから発生する。単相（n）の担子胞子が発芽したものが一核菌糸で，和合性の一核菌糸どうしが融合してできるのが重相（$n+n$）の二核菌糸である。二核菌糸だけが各菌糸細胞間の隔壁部にクランプと呼ばれる，こぶ状の構造を持つのですぐにわかる。二核菌糸は光，温度，湿度などの条件が整うと子実体を形成し，ひだや管孔に担子器と呼ばれる胞子形成細胞を分化し，このなかで二つの核は初めて融合し（$2n$となり），引き続いて起こる減数分裂により，多くの場合四つの胞子を生ずる。

担子菌キノコの細胞核（単相）内には7～14本の染色体が入っており，ゲノムDNAは平均35 Mbpで，大腸菌，出芽酵母，高等動植物のDNAのそれぞれ7倍，2.5倍，1/100程度である。食用キノコではないが，リグニン分解力の高い Phanerochaete chrysosporium（和名なし）ではゲノム30 Mbp分のドラフト配列が決定されており，http://genome.jgi-psf.org/whiterot1/whiterot1.home.html（2004年12月現在）で検索が可能である。ネナガノヒトヨタケ（Coprinus cinereus）については，ゲノム96％分のドラフト配列がhttp://www.broad.mit.edu/annotation/fungi/coprinus_cinereus/（2004年12月現在）で公開されている。食用キノコとしてはヒラタケ（Pleurotus ostreatus），西洋マッシュルーム（Agaricus bisporus），シイタケ（Lentinula edodes）などでゲノム解析（染色体地図の作成，遺伝子構造解析など）が進んでいる。キノコの遺伝子の総数は，出芽酵母（Saccharomyces cerevisiae）の6 000より多く，カビ類の10 000～14 000とほぼ同程度と予想されている。以上については文献[96]～[98]および[100]を参照のこと。

〔プラスミド，ウイルス，トランスポゾンの有無〕

環状で自律複製するいわゆる典型的なプラスミドはこれまで分離されていない。しかし，シイタケやヒラタケの大部分の株は，ミトコンドリア内に線状プラスミドを有する[96],[98]。これらプラスミドDNAのサイズは7～11 kbpで，線状分子の5'末端にはタンパク質が結合している。また，分子内には出芽酵母内で自律複製活性を示す領域がある。これまでキノコからウイルスは分離されていないが，シイタケなどには二本鎖RNA分子が存在し，マツタケやシイタケにはレトロウイルス関連のレトロトランスポゾンが存在する[96]。また，西洋マッシュルームにはDNA型のトランスポ

〔キノコの採集，分離および同定〕 採集の対象は通常，子実体であるが，ときには菌糸集合体の場合もある。キノコの具体的採集法や分離・同定法については，文献99)に詳しい。

〔キノコの育種〕 旧来型育種法[96)～99)]：食用キノコの育種に使われてきた方法で，和合性の一核菌糸を交配させ，優良な形質を持つ二核菌糸を作出するというものである。これには同一品種の子実体由来の一核菌糸を交配させる場合と，異なる品種由来の一核菌糸を交配させる場合とがある。

バイオテクノロジー型育種：細胞融合法[96), 98), 99)]と遺伝子導入法[96), 98), 101)]とがある。両者に共通したことはプロトプラストの調製である。プロトプラストは液体培地中(後出)で培養した若い一核あるいは二核菌糸にセルラーゼ，キチナーゼなどの酵素を作用させて得られる。細胞融合法は種内融合，種間融合，属間融合法に分かれる。これまで，種間融合法による育種がヒラタケなどの異なる品種間で行われている。属間融合法による育種はいろいろと試みられてはいるものの，子実体の発生に至った例はない。遺伝子導入法，すなわち遺伝子工学的方法による分子育種はネナガノヒトヨタケ，アラゲカワラタケ(*Coriolus hirsutus*)，ヒラタケなどで行われている。育種の対象は通常，飛沫感染の原因となる胞子を作らない一核菌糸である。これまで筆者らを中心に各種の染色体挿入型発現ベクターが開発され，リグニンやキシラン(ヘミセルロースの主成分)を高効率で分解できるキノコ菌が作出されている[96), 101), 102)]。これら育種菌株は，廃植物バイオマスからグルコースを経てエタノールへの変換が可能なセルロースを取り出すのに有用であることが示されている。また，リグニン高分解株はダイオキシンやペンタクロロフェノールなどの分解・無毒化においてその有効性が示されている。

〔キノコの生産・培養法〕 食用キノコの生産(栽培)法[96), 98), 99)]：植物枯死体分解性の食用キノコの生産は，通常，原木および木粉(おが屑)培地を用いて行われる。種菌を植菌した原木あるいは木粉培地は"ほだ木"あるいは"菌床"と呼ばれる。シイタケはほだ木と菌床両方で生産され，原木は主としてクヌギやコナラが，木粉は広葉樹由来のものが用いられる。ヒラタケとエノキタケ(*Flammulina velutipes*)は菌床で生産され，6カ月間以上加水堆積したスギ，ヒノキ，エゾマツの木粉が用いられる。ナメコ(*Pholiota nameko*)はほだ木と菌床両方のタイプで，原木は主としてブナ，トチ，サクラやナラが，木粉はシイタケと同じものが用いられる。マイタケ(*Grifola frondosa*)は菌床タイプで，木粉はシイタケと同じである。以上に共通して，ほだ木生産の場合は室外であり10～25℃で，菌床生産の場合は18～25℃，湿度70～75％の部屋で子実体を発生させる。西洋マッシュルームの生産は，稲ワラ破砕物のコンポストを培地として行われる。植物共生性の食用キノコの生産は分解性キノコの場合に比べて簡単ではない。人工培地で子実体発生にまでこぎ着けた例としては，ホンシメジ(*Lyophyllum shimeji*)，ナガエノスギタケ(*Hebeloma radicosum*)などごく限られている。ホンシメジの栽培用培地としては広葉樹の木粉，小麦粉，特殊な添加液を加え一夜放置した麦の混合物を広口瓶に入れたものが用いられ，菌糸を蔓延させるときは20～23℃で湿度40～60％とし，子実体を発生させるときは15℃で湿度90～95％が好適条件とされる。ナガエノスギタケもほぼ同様の培養条件であるが，針葉樹の木粉でも可能である点が違う。

遺伝子工学的分子育種株菌糸体の培養法[96), 99), 102)]：担子菌菌糸体の培養は，酵母やカビなどの場合と同様に，SMY(ショ糖，麦芽エキス，酵母エキス)，PD(ジャガイモ煎汁，ブドウ糖)などの培地中で，場合によっては廃植物バイオマス(ワラ，バガス，ビールかす(麦汁の絞りかす)など)をベースとした培地中で，静置あるいは振とう培養型式で，25～27℃にて行われる。

(宍戸)

2.1.3 始原菌

近年，分子生物学の進歩に伴い，生物間の進化を遺伝子の変異履歴に基づいて数理統計学的に解析する技術(分子進化学)が確立された。系統解析に最も広く利用されているのは16SリボソームRNA(16S rRNA)であるが，これは多くの構造遺伝子と異なり進化の過程で生じた塩基置換を蓄積しているためである。1977年から1990年にかけて米国イリノイ大学のWoeseらの研究グループを中心に世界中の分子系統科学者が生物の系統分類を行った結果，原核細胞でありながら系統的に他の細菌と区別されるグループの存在が示された。この新しい生物群にはメタン生成菌のほかに高温・高塩・強酸といった極限環境に生育する微生物が属し，生理的・生化学的にも他の細菌群とは区別された。Woeseはこの新しい細菌群を古細菌(Archaebacteria)と命名し，従来の細菌群を真正細菌(Eubacteria)とした[103)]。その後，数多くの遺伝子塩基配列やタンパク質アミノ酸配列が明らかになるにつれ，古細菌は真正細菌とはまったくの遠縁で真核生物に近いことが示されてきた。これを受けてWoeseはすべての生物を三つの新しい分類単位であるドメイン

(Domain) によって分けることを提唱した[104]。この三つの単位がEucarya（真核生物），Bacteria（細菌），そしてArchaeaである。これら3ドメインの関係を**図2.1**に示す。Woeseの分類には批判も多くあったものの，現在国際的にはArchaeaの概念が受け入れられつつあり，Archaebacteria（古細菌）という慣用名は用いられていない。わが国ではArchaeaに属する微生物を「始原菌」と表現することがある[105]。ここでは新しい慣例に従い，ドメインArchaeaの微生物を始原菌と記す。始原菌にはメタン菌（Methanogens），高度好塩菌（Halophiles），そして超好熱菌（Hyper-thermophiles）が含まれる。

メタン菌と呼ばれる微生物は厳密にはメタン生成菌を指す。好気環境下でメタンを酸化してメタノールを生成するメタン酸化細菌としばしば混同して扱われることがあるが，メタン生成菌は始原菌である。絶対嫌気性でグラム陽性・陰性の両方が存在し，湖沼の底の堆積物や水田あるいは，シロアリ後腸に共生して棲息している。

好塩菌は塩田や塩湖に生育し，生育に高濃度の食塩（NaCl）を要求する。既知の好塩菌はすべて高濃度KClでは生育できない。多くの種が低酸素分圧下で光照射を受けるとバクテリオロドプシンを含む紫膜を合成する。

超好熱菌は90℃以上で生育する微生物の総称（80℃から115℃の範囲で生育する微生物と分類することもある）であり，一部の細菌（*Thermotoga*属，*Aquifex*属，*Geothermobacterium*属）を除くほとんどが始原菌である。温泉や海底の熱水噴出口，硫気坑から分離されている。超好熱菌は例外なく系統樹の根に近いところに現れる。このことは生命が高温環境下で誕生したことを強く示唆するものである。

〔分類学的な位置〕始原菌はメタン菌，高度好塩菌，超好熱菌という3種類の特殊環境微生物に分けられることを述べた。分子系統学的にはEuryarchaeota, Crenarchaeota, Korarchaeota, Nanoarchaeotaの四つの門（phylum（phyla））に分かれる。メタン菌，高度好塩菌はEuryarchaeota門に，*Sulfolobus*属，*Pyrobaculum*属などの好熱菌はCrenarchaeota門に属する。よく研究されている始原菌*Pyrococcus*属，*Thermococcus*属は超好熱菌であるが，これらはEuryarchaeota門に属し，この点ではメタン菌に近縁である。Korarchaeotaは環境試料中から直接，16S rRNAの配列を分析することで明らかにされた新しい門である[106]。一方で，最近，自然環境下での微生物の生育が共生により成り立っている事例が多く報告さ

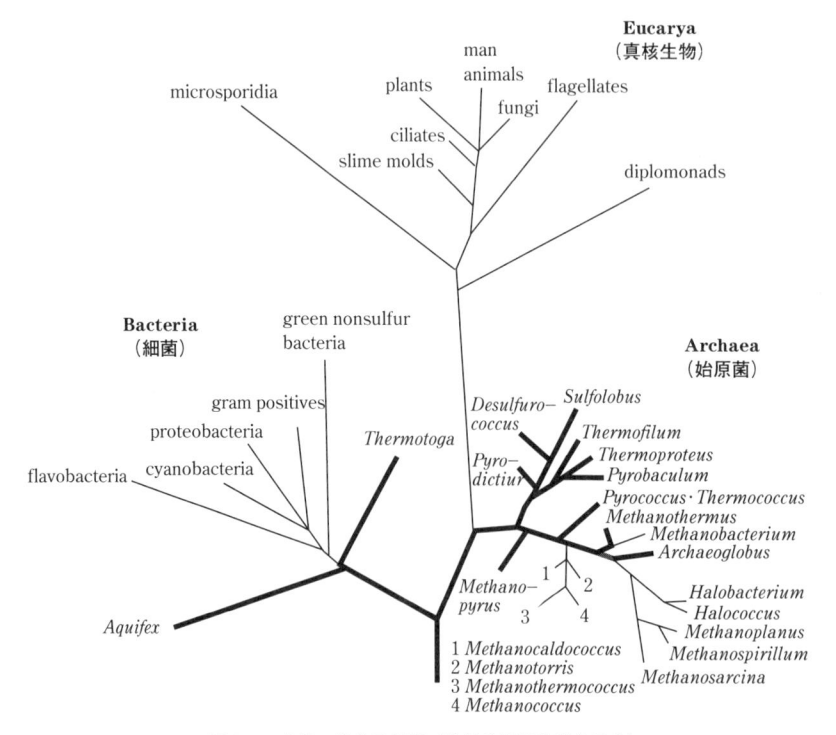

図2.1　生物の進化系統樹（太線は超好熱菌を示す）

れるようになった。Nanoarchaeotaは高温で共生して生育する超好熱菌として発見された微生物門である[107]。KorarchaeotaおよびNanoarchaeotaについては不明な点が多いが，これらが自然界でどのような役割を果たしているのかは興味深い。

〔生物工学における重要性〕 産業上，最も利用されている特殊環境微生物は好熱菌であろう。好熱性微生物の生産する耐熱性酵素を利用するといくつかのバイオプロセス上のメリットがある。まず，反応温度が高いため雑菌の繁殖を抑えることができる。また，一般的に基質の溶解度は温度に比例するが，高温にすると高濃度で基質を溶解する（高濃度仕込み）ことが可能となる。これは生産コストを下げるほか，精製コストの低減にもつながるため結果として生産性を向上させる。多くの工業プロセスで発生する余剰熱を利用して反応器を稼働させるとトータルで省エネルギーにもなる。

耐熱性酵素で最も有名な酵素はPCRなどで利用されるDNAポリメラーゼである。これまでいくつかの超好熱始原菌からさまざまな種類のDNAポリメラーゼが得られているが，なかでも*Thermococcus kodakaraensis*由来のKODポリメラーゼは正確性，伸長速度とも優れている[108]。一般的に始原菌由来のDNAポリメラーゼはエキソヌクレアーゼ活性を有するドメインを持ち，PCR反応中に誤って取り込まれた塩基を除去できる。耐熱性酵素の持つもう一つの利点は変性環境下における安定性である[109]。従来の酵素が変性する環境下でも耐熱性酵素は変性しにくく，この性質を利用した新しい酵素の利用技術が開発されている[110]。

〔培養方法〕 始原菌のエネルギー獲得様式もほかの生物と同様，発酵と呼吸に分けることができる。光合成を行うものは報告されていない。好塩菌は好気で培養することができるが，メタン生成菌は絶対嫌気性である。超好熱菌の多くは絶対嫌気性であるが，一部は好気下でもよく生育する。これらの菌を培養するためにはその生育必要条件やエネルギー獲得形式に合わせて培地を最適化しなければならないが，純粋培養が確認されている微生物においては菌に合わせた培地組成が発表されているのでそれに従って調製するとよい[111]。

最近では組換えDNA技術を利用して目的とする遺伝子をクローン化し，組換えタンパク質として得ることが多い。その場合，遺伝子さえ入手できれば菌の培養は必ずしも必要ではない。従来から行われてきた純粋培養が可能な微生物からの遺伝子資源の探索に加えて，ゲノム情報に基づく遺伝子資源の探索（ポストゲノム戦略），純粋培養を伴わない環境試料中からの遺伝子資源の探索が可能になりつつある。特に環境試料中からの遺伝子資源を確保することはこれまで培養のできなかった99％の微生物からのDNAを得ることである。遺伝子資源確保を目指して米国を中心に各国で研究が活発化している。

〔ゲノム解析〕 始原菌としては，これまでCrenarchaeota門4種，Euryarchaeota門17種のゲノム解析が終了し，公開されている[112]。ゲノムサイズは一般に2 Mbp前後（1.5～2.2 Mbp）であり，大腸菌（4.6 Mbp），枯草菌（4.2 Mbp），シアノバクテリア（3.6 Mbp）と比較して約半分程度である。多くの始原菌ゲノム上には約1800～2500個の遺伝子がコードされている。始原菌はこのように少ない遺伝子の機能で生育していることからその生命維持メカニズムは非常に単純化されていると予想され，さまざまな生命システムの基本形を理解するうえで適した研究対象であるといえる。特に複製，転写，翻訳などの機構は真核生物に類似しており，真核生物の複雑な機構を理解するためのモデルとして注目されている。一方で，一次構造より機能推定可能な遺伝子は約半分であり，残りの機能未知遺伝子の機能解明が今後の大きな課題である。

〔ウイルス，プラスミド〕 真核生物に感染するウイルスや細菌のバクテリオファージと同様に，始原菌に感染するウイルスが知られており，特にCrenarchaeota門*Sulfolobus*属や*Thermoproteus*属，*Acidianus*属に感染する二本鎖DNAウイルスが数多く単離されている[113], [114]。なかでも*S. shibatae*のUV照射によって誘導されるレモン型ウイルスSSV1が近縁の*S. solfataricus*にも感染しプラークを形成することから注目され，よく研究されている。Euryarchaeota門ではメタン菌，高度好塩菌から二本鎖DNAウイルスが報告されている[115]。

プラスミドも*Sulfolobus*属やその近縁属には数多く見出されている[114]。pRNファミリーは多コピーの潜在性プラスミドであるが，高く保存されているダイレクトリピートの存在などから，上述のSSV1ウイルスとの関連が指摘されている。またpNOB8などの接合性プラスミドも多く単離されている。Euryarchaeota門始原菌におけるプラスミドの報告はそれほど多くないものの，超好熱菌，メタン菌，好塩菌から潜在性プラスミドが単離されている[115], [116]。

また始原菌ゲノムにはトランスポザーゼ遺伝子も多く見出されており，始原菌においても挿入配列（IS）の転移や水平伝播が起こっていることが推測されている。*S. solfataricus*では活性な挿入配列（IS）の転移

により高頻度で自然発生突然変異体が出現することが示されている[117]。

〔形質転換技術とDNA導入法〕 始原菌における遺伝子組換え技術の開発は細菌と比較すると遅れている。その理由として、始原菌の特殊な生育条件（嫌気、高温、高塩濃度）・形態や独特のコドン使用頻度・プロモーターなどのために、細菌や酵母の形質転換で蓄積されてきた手法が適用できないことが挙げられる。例えば、形質転換体の選抜に必須な選択マーカーとして、細菌で汎用される抗生物質耐性遺伝子を使用できない。これは同じ原核生物であっても細胞構造や代謝が細菌と異なる始原菌では既知の抗生物質が有効でない場合も多く、さらに細菌由来の薬剤耐性遺伝子は高塩濃度や高温などの特殊環境では機能しないためである。しかし近年ではいくつかの選択マーカーが開発され、形質転換に応用されている。高度好塩菌ではHMG-CoA reductase阻害剤であるmevilolinやDNA gylase阻害剤novobiocinを薬剤とし、その耐性変異遺伝子の利用が報告されている[115]。中温メタン菌はpuromycinやneomycinに感受性であり、細菌由来耐性遺伝子のプロモーター領域をメタン菌由来のものに置換した遺伝子をマーカーとする系が開発されている[115,116]。超好熱菌においてはピリミジンヌクレオチド合成系欠損によるウラシル要求性株の欠損相補をマーカーとする系が報告されている[117,118]。これら選択マーカーと上述の始原菌由来プラスミドやウイルスを骨格とした始原菌−大腸菌シャトルベクターが各種開発されている[114〜117]。

遺伝子導入法としては、中温メタン菌・高度好塩菌ではプロトプラスト/PEG法がよく利用される[115,116]。菌種や方法にもよるが、10^8形質転換体/μg DNAの高い形質転換効率が達成されているものもある。Methanosarcina acetivoransでは、プロトプラスト/リポソーム法により高い形質転換効率が得られている。Methanocaldococcus jannaschiiなどの好熱性メタン菌においては遺伝子導入の報告はない。超好熱菌Sulfolobus属においてはエレクトロポレーション法がよく利用され、SSV1ウイルスDNAの導入では10^6形質転換体/μg DNAと高効率である[114]。超好熱菌Pyrococcus abyssiにおいては、プロトプラスト/PEG法[117]、T. kodakaraensisにおいては$CaCl_2$法[118]が報告されている。

遺伝子のin vivo機能解明においては対象とする染色体上の遺伝子を破壊し、その表現系を解析する手法が有効である。一部の始原菌においても相同的組換えによる遺伝子破壊が報告されており、中温メタン菌では各種の染色体挿入用ベクターが開発されている[115,116]。好塩菌ではHaloferax volcaniiにおいて二重相同的組換えによる遺伝子破壊が可能である。最近、超好熱菌T. kodakaraensisでピリミジンヌクレオチド生合成の鍵酵素 orotidine-5′-monophosphate decarboxylase遺伝子（pyrF）欠損株を宿主、野生型pyrF遺伝子をマーカーとし、二重相同性組換えによる特異的遺伝子破壊が報告されている[118]。

〔有用生産物〕 メタン菌によるメタン発酵は食品廃棄物・畜産排泄物・有機性汚泥などの廃棄物系バイオマスから燃料ガス（メタン60〜65％、二酸化炭素35〜40％程度）と有機肥料を生産することができるため、高効率な発酵プラントの開発がさかんに研究されている。また湖沼や農地からメタン菌により発生・排出されるメタンは地球温暖化の原因ガスの一つとされており、地球環境問題の観点からも重要である。水素は燃焼してもCO_2を発生しないことからクリーンな次世代エネルギーとして期待されている。Thermococcus属、Pyrococcus属超好熱菌は、硫黄非存在化ではプロトンを最終電子受容体として水素を発生することから、バイオマスを原料とした生物的水素発生法として検討されている。

（福居、藤原伸介）

引用・参考文献

1) Watoson, J. and Crick, F. H.: *Nature*, **171**, 737–738 (1953).
2) Lederberg, J.: *Nobel Lecture* (1959).
3) Jacob, F. and Monod, J.: *J. Mol. Biol.*, **3**, 318–356 (1961).
4) Itakura, K., et al.: *Science*, **198**, 1056–1063 (1977).
5) Ikeda, M.: *Adv. Biochem. Eng. Biotechnol.*, **79**, 1–35 (2003).
6) Mori, H., et al.: *J. Bacteriol.*, **179**, 5677–5683 (1997).
7) Zhu, M. M., et al.: *Biotechnol. Prog.*, **18**, 694–699 (2002).
8) Ohnishi, M., et al.: *Trends Microbiol.*, **9**, 481–485 (2001).
9) Neidhardt, F. C. ed.: *Escherichia coli and Salmonella*, 2nd ed., pp. 1627–1639, ASM Press (1996).
10) Blattner, F. R.: *Science*, **277**, 1453–1474 (1997).
11) Yamagishi, K., et al.: *DNA Res.*, **9**, 19–24 (2002).
12) Perna, N. T., et al.: *Nature*, **409**, 529–533 (2001).
13) Welch, R. A., et al.: *PNAS*, **99**, 17020–17024 (2002).
14) Ohnishi, M., et al.: *DNA Res.*, **6**, 361–368 (1999).
15) Neidhardt, F. C. ed.: *Escherichia coli and Salmonella*, 2nd ed., pp. 2511–2526, ASM Press (1996).

16) Murphy, K. C.: *J. Bacteriol.*, **180**, 2063-2071 (1998).
17) Claus, D. and Fritze, D.: *Bacillus*, (Harwood, C. R.), pp. 5-26, Plenum Press, New York (1989).
18) Zukowski, N. M.: *Biology of Bacilli*, (Doi, R. H., McGloughlin, M.), pp. 311-337, Butterworth-Heinemann, Boston (1992).
19) Ferrari, E. and Hoch, J. A.: *Bacillus*, pp. 57-72, Plenum Press (1989).
20) Garrity, G. M. ed.: *Bergey's Manual of Systematic Bacteriology*, 2nd ed., Springer-Verlag, New York (2001).
21) Stackebrandt, E. and Swiderski, J.: *Applications and Systematics of Bacillus and Relatives* (Berkeley, R., et al.) pp. 8-36, Blackwell Publishing, Oxford (2002).
22) 平石 明：微生物利用の大展開，(今中忠行監修), pp. 23-34, エヌ・ティー・エス (2002).
23) Wang, L.-F.: *Biology of Bacilli*, pp. 349-352, Butterworth-Heinemann (1992).
24) Ashikaga, S., Nanamiya, H., Ohashi, Y. and Kawamura, F.: *J. Bacteriol.*, **182**, 2411-2415 (2000).
25) Kunst, F., et al.: *Nature*, **390**, 249-256 (1997).
26) Kobayashi, K., et al.: *Proc. Natl. Acad. Sci. USA*, **100**, 4678-4683 (2003).
27) Dubnau, D.: *Bacillus subtilis and Other Gram-Positive Bacteria*, (Sonenshein, A., Hoch, J. A., Losick, R.), pp. 555-584, American Society for Microbiology, Washington, DC (1993).
28) Akamatsu, T. and Taguchi, H.: *Biosci. Biotechnol. Biochem.*, **65**, 823-829 (2001).
29) Zahler, S. A.: *Bacillus subtilis and Other Gram-Positive Bacteria*, pp. 831-842, American Society for Microbiology (1993).
30) Janniere, L., Cruss, A. and Ehrlich, S. D.: *Bacillus subtilis and Other Gram-Positive Bacteria*, pp. 625-644, American Society for Microbiology (1993).
31) Ferrari, E., Jarnagin, A. S. and Schmidt, B. F.: *Bacillus subtilis and Other Gram-Positive Bacteria*, pp. 917-937, American Society for Microbiology (1993).
32) Zuber, P., Nakano, M. M. and Marahiel, M. A.: *Bacillus subtilis and Other Gram-Positive Bacteria*, pp. 897-916, American Society for Microbiology (1993).
33) 日本生物工学会編：生物工学実験書（改訂版），pp. 198-201, 培風館 (2002).
34) Schumann, W., Ehrlich, S. D. and Ogasawara, N.: *Functional Analysis of Bacterial Genes*, John Wiley & Sons, Chichester (2001).
35) バイオインダストリー協会 発酵と代謝研究会編：発酵ハンドブック, pp. 141-145, pp.175-181, 共立出版 (2001).
36) Balows, A. ed.: *The Prokaryotes*, 2nd ed., Springer-Verlag, New York (1992).
37) Liebl, W., et al.: Transfer of *Brevibacterium divericatum* DSM20297T, *Brevibacterium flavum* DSM20411, *Brevibacterium lactofermentum* DSM20412 and DSM1412 to *Corynebacterium glutamicum* and their distinction by rRNA gene restriction patterns, *Int. J. Syst. Bacteriol.*, **41**, 255-260 (1991).
38) Deb, J. K. and Nath, N.: Plasmids of corynebacteria, *FEMS Microbiol. Lett.*, **175**, 11-20 (1999).
39) Fudou, R.: *Corynebacterium efficiens* sp. nov., a glutamic-acid-producing species from soil and vegetables, *Int. J. Syst. Evol. Microbiol.*, **52**, 1127 (2002).
40) 池田正人：ゲノム時代を迎えたL-アミノ酸キラルテクノロジー——ゲノム育種へのチャレンジ——ファルマシア, **39**, 523-527 (2003).
41) http://gib.genes.nig.ac.jp/single/index.php?spid=Cglu_ATCC13032 (2004年12月現在)
42) アミノ酸・核酸集談会編：アミノ酸発酵（上），p. 88, 共立出版 (1972).
43) Schäer, A., et al.: High-frequency conjugal plasmid transfer from gram-negative *Escherichia coli* to various gram-positive coryneform bacteria, *J. Bacteriol.*, **172**, 1663-1666 (1990).
44) Katsumata, R., et al.: Protoplast transformation of glutamate-producing bacteria with plasmid DNA, *J. Bacteriol.*, **159**, 306-311 (1984).
45) Yoshihama, M., et al.: Cloning vector system for *Corynebacterium glutamicum*, *J. Bacteriol.*, **162**, 591-597 (1985).
46) Liebl, W., et al.: High efficiency electroporation of intact *Corynebacterium glutamicum* cells, *FEMS Microbiol. Lett.*, **65**, 299-304 (1989).
47) Kaneko, H. and Sakaguchi, K.: Fusion of protoplasts and genetic recombination of *Brevibacterium flavum*, *Agric. Biol. Chem.*, **43**, 1007-1013 (1979).
48) Ruimy, R., et al.: Phylogeny of the genus *Corynebacterium* deduced from analyses of small-subunit ribosomal DNA sequences, *Int. J. Syst. Bacteriol.*, **45**, 740-746 (1995).
49) Collins, M. D.: Transfer of *Brevibacterium ammoniagenes* (Cooke and Keith) to the genus *Corynebacterium* as *Corynebacterium ammoniagenes* comb. nov., *Int. J. Syst. Bacteriol.*, **37**, 442-443 (1987).
50) Seiler, H.: Identification key for cortyneform bacteria derived by numeric taxonomic studies, *J. Gen. Microbiol.*, **129**, 1433-1471 (1983).
51) Fujio, T. and Maruyama, A.: Enzymatic production

of pyrimidine nucleotides using *Corynebacterium ammoniagenes* cells and recombinant *Escherichia coli* cells: enzymatic production of CDP-choline from orotic acid and choline chloride, *Biosci. Biotech. Biochem.*, **61**, 956–959 (1997).
52) Koizumi, S. and Teshiba, S.: Riboflavin biosynthetic genes of *Corynebacterium ammoniagenes*, *J. Ferment. Bioeng.*, **86**, 130–133 (1998).
53) Fuller, R.: *J. Appl. Bacteriol.*, **66**, 365–378 (1989).
54) http://www.jhnfa.org/ (2004年12月現在)
55) Ludwig, W. and Klenk, H. P.: *Bergey's Manual of Systematic Bacteriology*, 2nd ed., Vol. I, (Boone, D. R.), pp. 49–65, Springer-Verlag, New York (2001).
56) 鈴木健一朗：日本乳酸菌学会誌, **11**, 49–59 (2000).
57) 乳酸菌研究集談会編：乳酸菌の科学と技術, 学会出版センター (1996).
58) 内村 泰, 岡田早苗：乳酸菌実験マニュアル——分離から同定まで——, 朝倉書店 (1992).
59) http://spock.jouy.inra.fr/ (2004年12月現在)
60) http://www.cmbi.ru.nl/plantarum/ (2004年12月現在)
61) http://www.jgi.doe.gov/ (2004年12月現在)
62) Klaenhammer, T., et al.: *Antonie van Leeuwenhoek*, **82**, 29–58 (2002).
63) Forde, A. and Fitzgerald, G. F.: *Antonie van Leeuwenhoek*, **76**, 89–113 (1999).
64) Shimizu-Kadota, M., et al.: *Appl. Environ. Microbiol.*, **45**, 669–674 (1983).
65) Shimizu‐Kadota, M.: *J. Biotechnol.*, **89**, 73–79 (2001).
66) De Ley, J., Swing, J. and Gossele, F.: *Bergey's Manual of Systematic Bacteriology*, **1**, 268–274 (1984).
67) Yamada, Y., Hoshino, K. and Iwashita, T.: *Biosci. Biotech. Biochem.*, **61**, 1244–1251 (1997).
68) Hitschmann, A. and Stockinger, H.: *Appl. Microbiol. Biotechnol.*, **22**, 46–49 (1985).
69) Stamm, W. W., Kittelmann, M., Follmann, H. and Trueper, H. G.: *Appl. Microbiol. Biotechnol.*, **30**, 41–46 (1989).
70) Fukaya, M., Iwata, T., Entani, E., Masai, H., Uozumi, T. and Beppu, T.: *Agric. Biol. Chem.*, **49**, 1349–1355 (1985).
71) Takemura, H., Horinouchi, S. and Beppu, T.: *J. Bacteriol.*, **173**, 7070–7076 (1991).
72) Okumura, H., Uozumi, T. and Beppu, T.: *Agric. Biol. Chem.*, **49**, 1011–1017 (1985).
73) Matsushita, K., Toyama, H. and Adachi, O.: *Adv. Microb. Physiol.*, **36**, 247–301 (1994).
74) 別府輝彦編：微生物機能の多様性, pp. 359–367, 学会出版センター (1995).
75) Fukaya, M., Tayama, K., Tamaki, T., Ebisuya, H., Okumura, H., Kawamura, Y., Horinouchi, S. and Beppu, T.: *J. Bacteriol.*, **175**, 4307–4314 (1993).
76) Saito, Y., Ishii, Y., Hayashi, H., Imao, Y., Akashi, T., Yoshikawa, K., Noguchi, Y., Soeda, S., Yoshida, M., Niwa, M., Hosoda, J. and Shimomura, K.: *Appl. Environ. Microbiol.*, **63**, 454–460 (1997).
77) Shinjoh, M., Tomiyama, N., Asakura, A. and Hoshino, T.: *Appl. Environ. Microbiol.*, **61**, 413–420 (1995).
78) 外内尚人：化学と生物, **39**, 538–541 (2001).
79) Lee, S., Sevilla, M., Kennedy, C., Reth, A. and Meletzus, D.: *J. Bacteriol.*, **182**, 7088–7091 (2000).
80) Kurtzman, C. P. and Fell, J. W.: *The yeasts, a taxonomic study*, 4th ed., Elsevier, Amsterdam (1998).
81) Barnett, J. A., Payne, R. W. and Yarrow, D.: *Yeasts, characteristics and identification*, 3rd ed., Cambridge University Press, Cambridge (2000).
82) 清酒酵母・麹研究会編：清酒酵母の研究——90年代の研究——, 日本醸造協会 (2003).
83) Walker, G. M.: *Yeast physiology and biotechnology*, John Wiley & Sons, Chichester (1998).
84) Wolf, K.: *Nonconventional yeasts in biotechnology, a handbook*, Springer-Verlag, Berlin (1996).
85) Saccharomyces Genome Database: http://www.yeastgenome.org/ (2003年7月1日現在)
86) The S. pombe Genome Project: http://www.sanger.ac.uk/Projects/S_pombe/ (2003年7月現在)
87) Génolevures: http://cbi.labri.fr/Genolevures/ (2003年7月現在)
88) Kellis, M., Patterson, N., Endrizzi, M., Birren, B. and Lander, E. S.: Sequencing and comparison of yeast species to identify genes and regulatory elements, *Nature*, **423**, 241–254 (2003).
89) Alfa, C., Fantes, P., Hyams, J., McLeod, M. and Warbrick, E.: Experiments with fission yeast, *A laboratory course manual*, Cold Spring Harbor Laboratory Press, New York (1993).
90) Higgins, D. R. and Cregg, J. M.: *Pichia* protocols, *Methods Mol. Biol.*, **103**, Humana Press, New Jersey (1998).
91) Gellissen, G.: *Hansenula polymorpha, Biology and applications*, Wiley-VCH Verlag, Weinheim (2002).
92) Oshima, Y., Araki, H., Mori, H. and Ushio, K.: *Manual of industrial microbiology and biotechnology*, 2nd ed., (Demain, A. L., Davies, J. E., et al.), pp. 520–526, ASM Press, Washington, D.C. (1999).
93) 今関六也, 本郷次雄編：原色日本新菌類図鑑 I, 保育社 (1987).

94) 今関六也, 本郷次雄編：原色日本新菌類図鑑 II, 保育社 (1989).
95) 今関六也, 大谷義夫, 本郷次雄編：日本のきのこ, 山と渓谷社 (1988).
96) 宍戸和夫編著：キノコとカビの基礎科学とバイオ技術, アイピーシー (2002).
97) 古川久彦編：きのこ学, 共立出版 (1992).
98) きのこ技術集談会編集委員会編：きのこの基礎科学と最新技術, 農村文化社 (1991).
99) 最新バイオテクノロジー全書編集委員会編：きのこの増殖と育種, 農業図書 (1992).
100) 宍戸和夫：きのこの分子生物学——最近の進歩——, 蛋白質 核酸 酵素, **39**, 906-919 (1994).
101) 宍戸和夫：担子菌きのこの分子育種, 化学と生物, **37**, 790-797 (1999).
102) 宍戸和夫：遺伝子改良キノコによる植物資源再利用と環境保全, バイオサイエンスとインダストリー, **60**, 523-526 (2002).
103) Woese, C. R. and Fox, G. E.: *Proc. Natl. Acad. Sci. USA.*, **74**, 5088-5090 (1977).
104) Woese, C.R., Kandler, O. and Wheelis, M. L.: *Proc. Natl. Acad. Sci. USA.*, **87**, 4576-4579 (1990).
105) 今中忠行：生化学, **68**, 1730 (1996).
106) Barns, S. M., Delwiche, C. F., Palmer, J. D. and Pace, N. R.: *Proc. Natl. Acad. Sci. USA.*, **93**, 9188-9193 (1996).
107) Huber, H., Hohn, M. J., Rachel, R., Fuchs, T., Wimmer, V. C. and Stetter, K. O.: *Nature*, **417**, 63-67 (2002).
108) Takagi, M., Nishioka, M., Kakihara, H., Kitabayashi, M., Inoue, H., Kawakami, B., Oka, M. and Imanaka, T.: *Appl. Environment. Microbiol.*, **63**, 4504-4510 (1997).
109) Fujiwara, S.: *J. Biosci. Bioeng.*, **94**, 518-525 (2002).
110) 藤原伸介, 福崎英一郎：現代化学, 9月号, 14-20 (2002).
111) Robb, F. T., Place, A. R., Sowers, K. R., Schreier, H. J., DasSarma, S. and Fleischmann, E. M.: *Archaea A laboratory manual*, p. 197, Cold Spring Harbor Lab. Press (1995).
112) http://www.ncbi.nlm.nih.gov/genomes/static/a_g.html (2005年1月現在)
113) Prangishvili, D., Stedman, K. and Zillig, W.: *TRENDS Microbiol.*, **9**, 39-43 (2001).
114) Zilig, W., Arnold, H. P., Holz, I., Prangishvili, D., Schweier, A., Stedman, K., She, Q., Phan, H., Garrett, R. and Kristjansson, J.: *Extremophiles*, **2**, 131-140 (1998).
115) Sowers, K. R. and Schreier, H. J.: *TRENDS Microbiol.*, **7**, 212-219 (1999).
116) Lange, M. and Ahring, B. K.: *FEMS Microbiol. Rev.*, **25**, 553-571 (2001).
117) Lucas, S., Toffin, L., Zivanovic, Y., Charlier, D., Moussard, H., Forterre, P., Prieur, D. and Erauso, G.: *Appl. Environment. Microbiol.*, **68**, 5528-5536 (2002).
118) Sato, T., Fukui, T., Atomi, H. and Imanaka, T.: *J. Bacteriol.*, **185**, 210-220 (2003).

2.2　突然変異誘起技術

2.2.1　突然変異誘起剤

（a）突然変異誘起法の重要性　生物を活用した有用物質の生産を目指す場合，まず有用物質生産生物のスクリーニングが行われる。有用物質を生産する生物が見出されても，当初から実用化に耐え得る量の生産物を生産する能力を持っていることはきわめてまれである。したがって，生産収率を向上させるために，突然変異を導入したり，遺伝子操作を行うことによりスクリーニングした生物を育種する必要がある。遺伝子工学的な手法を用いると特定の遺伝子の欠失および増幅を容易に行うことができるとともに，染色体の位置特異的な変異を生じさせることも可能である。それに対して，紫外線照射や変異剤処理による突然変異誘起法では，特定の遺伝子もしくは部位に変異を導入することは困難であり，ほぼランダムに変異が導入される。したがって，変異導入の効率面から考えると，従来の突然変異誘起法は遺伝子操作技術にはるかに劣っているといわざるを得ない。このことから，生命現象の遺伝学的な解析では，遺伝子操作技術が重用される傾向にある。しかし，こと有用生物の育種となると，必ずしも遺伝子操作が有利であるとはいえなくなってくる。例えば，有用生物において形質転換技術が確立されていないことがあるし，また，有用生産物の生成経路が不明であったり，それに関与する遺伝子が取得されていない場合も多々ある。これでは，遺伝子操作技術の適応は不可能である。しかし，突然変異誘導法を用いれば，そのような状況でも育種が可能である。以上の理由から，突然変異誘起法は遺伝子操作技術と並び，有用生物の育種のための重要な技術として今後とも利用され続けることは間違いない。

（b）誘起される突然変異の種類　突然変異で導入される変異は，1～2塩基が変化する小規模変異と染色体構造が大きく変化する大規模変異がある。塩基対置換および1～2塩基の挿入・欠失変異が小規模変異にあたる。塩基対置換が遺伝子の読取り枠（ORF）内に生じると，中立変異（同義コドンへの変化），ミスセンス変異（異なるアミノ酸に対応するコドンへの変化）もしくはナンセンス変異（ストップコドンへの

変化）となる。ミスセンス変異が生じると遺伝子産物の二次・三次構造が変化し，遺伝子産物の性状が変わったり，機能が失われたりする。ナンセンス変異が生じると変異部位で翻訳が停止してしまうので，しばしば遺伝子産物の失活につながる。1～2塩基の挿入・欠失変異がORF内に生じると変異部位以降のフレームがずれる（フレームシフト）ために，まったく異なったアミノ酸配列を持つ遺伝子産物ができてしまう。したがってフレームシフト変異が生じると，多くの場合遺伝子産物の機能は失われる。強いX線を照射すると染色体の切断が生じる。その修復過程で，大きな領域の欠失，重複，逆位，転位などが生じる場合がある。このような染色体の大規模な構造変化を伴う変異が大規模変異である。

（c）**育種で多用される変異原** 育種の対象となるのは，フィードバック阻害および抑制の解除，有用生産物生成に関与する酵素の活性および安定性の向上，またその遺伝子発現の増加，膜透過性の向上，有用生産物の分解系の欠失などである。いずれも塩基対置換やフレームシフト変異により達成し得るので，有用微生物の育種では小規模変異を誘起する変異原がもっぱら用いられている。塩基対置換を誘起する変異原は，塩基アナログ（5-ブロモウラシル，4-アミノプリン），アルキル化剤（N-メチル-N'-ニトロ-N-ニトロソグアニジン［NTG］，エチルメタンスルホン酸［EMS］），その他の塩基修飾剤（$NaNO_2$，ヒドロキシルアミン），紫外線（UV），X線などである。変異誘起率が高いことから，アルキル化剤が好んで使われる傾向にあるが，操作が簡便なことから変異誘起効率は劣るもののUVもしばしば変異原として利用されている。フレームシフト変異を誘起するのは，インターカレーター（アクリフラビン［AF］，ICR-191）である。NTGと$NaNO_2$は塩基対置換を引き起こすのに加え，フレームシフト変異も誘起することが知られている。しかし，そのフレームシフト変異誘起の機構はよくわかっていない。

（d）**自然突然変異** 突然変異誘起処理を行わなくとも，ごく低頻度（10^{-8}程度の頻度）であるが突然変異は発生する。これを自然突然変異と呼ぶ。したがって，効率的な変異株のスクリーニング法があれば，自然突然変異を起こした変異株から有用な変異株を取得することができる。自然突然変異株では多重に変異が生じていることがまれである。一方，突然変異誘起処理で得られた変異株では多重変異が生じている場合が少なくない。また，自然突然変異では，塩基対置換，フレームシフト変異ともに生じる。これらのことから自然突然変異株のほうが重宝がられる傾向にある。し

かし，多くの場合，自然突然変異株を対象にできるほどスクリーニング法の効率が高くないので，突然変異誘起処理を施して突然変異発生率を増加させる必要がある。

（e）**トランスポゾンや相同組換えによる変異導入**
現在，いろいろな機能を付加したトランスポゾンが開発され，遺伝学的解析に頻繁に用いられている。トランスポゾンは転位後，再転位したり，染色体の逆位や欠失を引き起こす場合があるので，育種にはあまり用いられていない。しかし，トランスポゾンの転位にかかわるトランスポザーゼ遺伝子を転位単位からはずしたミニトランスポゾンなどは育種にも利用できよう。微生物の全ゲノム配列を決定することは，現在ではそれほど困難なことではなくなっている。したがって，ゲノムの塩基配列を利用して育種を行う機会がこれからどんどん増えていくものと思われる。その場合，染色体相同組換えによる変異の導入が基本的な育種の技術となろう。トランスポゾンや相同組換えを利用した変異導入については，文献1）を参照されたい。

2.2.2 突然変異誘起のメカニズム

（a）**塩基対置換** 塩基対置換は，プリンからプリン（A⇔G）およびピリミジンからピリミジン（T⇔C）に置換するトランジションと，プリンからピリミジンおよびピリミジンからプリンに置換するトランスバージョンに分類される（図2.2）。塩基対置換の多くはトランジションであり，トランスバージョンが起きるのはまれである。

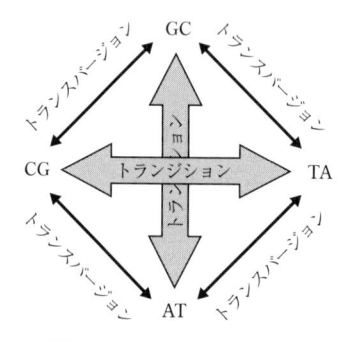

図2.2 トランジションとトランスバージョンによる塩基対置換

自然突然変異では，塩基の互変異性（tautomerism）によって塩基対置換が起きる。GとTはまれな頻度であるが，エノール型の互変異性体を形成する。また，AとCも低頻度ではあるが，イミノ型の互変異性体で存在する。GとTのエノール型互変異性体はそれぞれTとGに対合する（図2.3(a)）。またAとCのイミ

図2.3 互変異性体（a）およびイオン化した塩基アナログ（b）によって形成される不正塩基対合

ノ型互変異性体はそれぞれCとAに対合する。この不正対合が生じる頻度は$10^{-5} \sim 10^{-7}$と高頻度であるが，そのほとんどはDNAポリメラーゼの校正修復を受けて修復されてしまう。しかし，校正修復の網からもれてしまった場合，G/C⇔A/Tのトランジション変異が固定されてしまう。

塩基アナログは複製の段階でDNAに取り込まれる。そして，つぎのDNAの複製の段階で不正対合を起こし，塩基対置換を生じせしめる。5-ブロモウラシル（5-BU）はTとしてDNAに取り込まれる。5-BUは高い頻度でイオン化し，Gと対合する（図2.3（b））。その結果，T/A→5-BU/A→5-BU/G→C/Gとなり，トランジションが起こる。またイオン化した5-BUはCとしてDNAに取り込まれる。イオン化していない55-BUはAと対合するので，この場合C/G→5-BU/G→5-BU/A→A/Tとトランジションが起きる。2-アミノプリンの場合，イオン化することによりGとして振る舞う（図2.3（b））。その結果，5-BUと同じような機構でG/C⇔A/Tのトランジションを引き起こす。

NTGやEMSのアルキル化剤によりGのO^6（図2.4）がアルキル化されると，アルキル化GはTと対合するようになる。また，TのO^4のアルキル化によって生じたアルキル化TはGと不正対合する。以上のことから，アルキル化剤による塩基のアルキル化修飾により，G/C⇔A/Tのトランジションが生じる。また，アルキル化剤はトランスバージョンも引き起こすことが知られている。

NO_2^-処理は塩基の脱アミノ化をもたらす。AおよびCの脱アミノ化で生じたヒポキサンチンとUはそれぞれCおよびTと不正対合し，結果としてG/C⇔A/Tのトランジションが起きる。

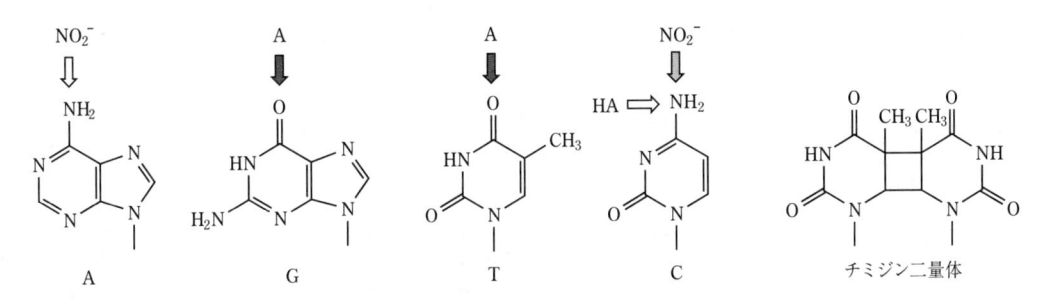

図2.4 アルキル化剤（A），亜硝酸イオン（NO_2^-）およびヒドロキシルアミン（HA）の修飾の対象となる箇所とUV照射で生じるチミジン二量体の分子構造

ヒドロキシルアミンによって引き起こされるアミノ基の水酸化で塩基対置換につながるのは，Cの修飾である。修飾の結果生じたN^4-ヒドロキシCはAと不正対合する。したがって，ヒドロキシルアミンはC/G⇒T/Aのトランジションを引き起こす。

UVを照射すると同一のDNA鎖に並んでいるピリミジン残基どうしで二量体が生じる。そのうち最も多く見られるチミジン二量体の構造を図2.4に示す。この二量体は，ヌクレアーゼ/ポリメラーゼによる除去修復および複製時の組換え修復により修復される。また生物によっては，可視光や近紫外線のエネルギーを利用して二量体の架橋を開裂する光回復により修復を行う。これらはいずれも正確度が高い修復機構である。一方，二量体の形成は，RecAタンパク質に依存したもう一つの修復系，SOS修復系を誘導する。SOS修復系は，DNA複製の際ピリミジン二量体に対合する箇所に塩基の相補性を無視して適当な塩基を当てはめて複製を進めてしまう応急措置的な修復系である。そのため，SOS修復系はエラーしがちな修復系（error-prone repair system）と呼ばれている。したがって，UV照射によりトランジションおよびトランスバージョンともに起こり得る。

（ b ） **フレームシフト**　自然突然変異におけるフレームシフト変異は，DNAポリメラーゼの複製におけるミスが原因と考えられている。**図2.5**に示すようなミス対合や複製スリップが塩基の挿入や欠失を引き起こし，結果としてフレームシフト変異につながる。複製スリップは同一塩基が続いた場合に生じやすい。

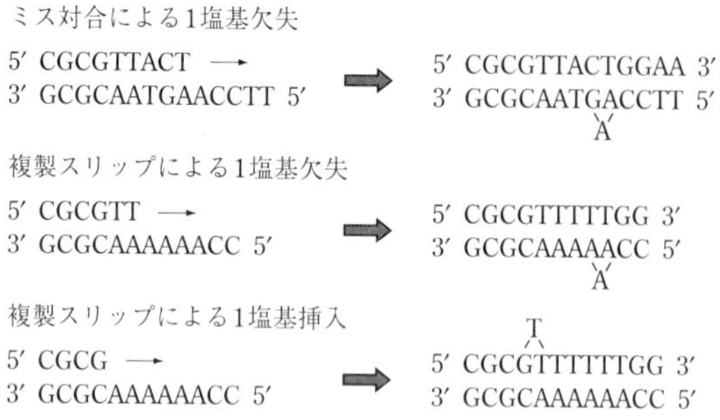

AFとICR-191はDNA鎖の塩基間に入り込み（インターカレーション），複製の際，塩基の欠失や挿入を引き起こす。このため，フレームシフトが生じる（**表2.3**）。

（ c ）　**突然変異誘起処理の注意点**
① 多くの変異は劣性変異であるので，二倍体ではなく単相世代の細胞を変異処理の対象とするのが望ましい。単相世代の細胞でも糸状菌のように多核細胞を形成する場合は，栄養細胞ではなく，分生胞子や胞子嚢胞子を用いるべきである。

② 塩基アナログおよびインターカレーターによる変異はDNA複製の際に生じるので，増殖している細胞を変異処理する必要がある。

③ UV照射で生じるピリミジン二量体は可視光もしくは近紫外線の照射で光回復してしまうので，薄暗い部屋もしくは黄色ランプの照明下で作業するのがよい。

④ 変異が固定され，さらに変異形質が発現するまで数世代を経なければならない（表現遅延）。したがって，突然変異誘起処理を施した後，細胞を増殖させてから変異株のスクリーニングに取りかかるべきである。

（ d ）　**突然変異誘起処理の実際**　1965年にAbelbergらが行ったNTGによる突然変異誘起法の検討[2]により，突然変異誘起の基本的操作は確立したといっても過言ではない。つぎに彼らの報告の要点を記述する。

ミス対合による1塩基欠失
5' CGCGTTACT →　　　5' CGCGTTACTGGAA 3'
3' GCGCAATGAACCTT 5'　3' GCGCAATGACCTT 5'
　　　　　　　　　　　　　　　　　　A

複製スリップによる1塩基欠失
5' CGCGTT →　　　　　5' CGCGTTTTGG 3'
3' GCGCAAAAAACC 5'　　3' GCGCAAAAACC 5'
　　　　　　　　　　　　　　　　A

複製スリップによる1塩基挿入
　　　　　　　　　　　　　　T
5' CGCG →　　　　　　　5' CGCGTTTTTTGG 3'
3' GCGCAAAAAACC 5'　　3' GCGCAAAAAACC 5'

図2.5　ミス対合および複製スリップによる1塩基挿入・欠失の発生

表2.3　突然変異誘起のための代表的な変異原

変異原	突然変異の様式
2-アミノプリン	塩基アナログ。G/C⇔A/Tのトランジションを引き起こす。
5-ブロモウラシル	塩基アナログ。G/C⇔A/Tのトランジションを引き起こす。
エチルメタンスルホン酸（EMS）	アルキル化剤。G/C⇔A/Tのトランジションのほか，トランスバージョンも引き起こす。
N-メチル-N'-ニトロ-N-ニトロソグアニジン（NTG）	アルキル化剤。G/C⇔A/Tのトランジションのほか，トランスバージョン，フレームシフトも引き起こす。
$NaNO_2$	脱アミノ剤。G/C⇔A/Tのトランジションのほか，フレームシフトも引き起こす。
ヒドロキシルアミン	アミノ基の水酸化。C/G⇒T/Aのトランジションを引き起こす。
紫外線	ピリミジン二量体の形成。トランジション，トランスバージョン，欠失を引き起こす。
アクリフラビン	インターカレーター。フレームシフトを引き起こす。
ICR-191	インターカレーター。フレームシフトを引き起こす。

① 対象の微生物を培養し対数増殖期で集菌する。大腸菌では定常期の細胞より対数増殖期の細胞のほうが変異誘発効率がよい。ただし，変異処理に適当な生活環は個々の微生物で検討すべきである。

② 適当な緩衝液に菌体を懸濁し，100～300 μg/mlのNTGを添加する。原報ではトリス–マレイン酸緩衝液を用いているが，リン酸緩衝液でも問題はない。pHは6.0～7.0が適当である。適当なNTG添加量は微生物によって大きく異なるので，条件検討が必要である。

③ 適当な時間培養温度で振とうする。処理時間は，50～90％の死滅率を与える時間が目安である。

④ NTG処理後，すみやかに菌体を緩衝液や培地で洗浄しNTGを除く。洗浄後，変異形質を発現させるために，適当な栄養培地で数世代間培養する。この培養は一晩行っても問題ない。

⑤ 変異形質発現後，変異株の選択を行う。すぐに選択操作を行わない場合は，培養液に最終濃度20％程度のグリセロールを添加し-70℃で保存する。

突然変異誘起剤の濃度や処理時間，処理に適した生活環は生物によって異なるので，個々の細胞で検討する必要があろう。栄養要求性変異株や薬剤耐性株の出現頻度を指標にすれば，容易に突然変異誘起処理の至適条件を求めることができよう。詳しい実験手法については，実験書[3]～[5]を参考にされたい。（加藤純一）

2.2.3 種々の有用突然変異株

突然変異株とは，野生型株（あるいは親株）のものとは異なる性質を持ち，その性質が遺伝する子株のことで，その性質の変化の由来は遺伝子上のDNAの塩基配列の変化として理解される。微生物の突然変異株はコロニーの形態，色素生産，胞子形成，糖類の資化性，栄養要求性，薬剤やアナログの耐性と感受性，温度感受性，酵素活性やタンパク質の増加や欠損など，さまざまな形で現れるが，これら突然変異株の多くはシャーレ上の微生物の培養法の工夫によって検出して選択される。本項ではこれら突然変異株のなかから有効活用されているものを記述する。

（a） 突然変異株の誘導 伝統的な発酵や醸造技術のなかで，多くの優良菌株が選択されてきたが，これらは，一定の確率で発生する自然突然変異株（spontaneous mutant）が利用されたものである。微生物細胞を物理的あるいは化学的な変異源に暴露することによって変異の頻度が格段に上昇することが示されてからは，もっぱらこれらの方法で変異株が誘導されている。物理的な方法としては紫外線，放射線の照射，化学的な方法としてはN-メチル-N'-ニトロ-N-ニトロソグアニジン，エチルメタンスルホン酸，亜硝酸，塩基のアナログなどに暴露する方法などが行われる。変異発生のメカニズムは別項で述べられている。高頻度で変異が生じることは，染色体上に多くの望まれない変異が同時に生じていることを意味する。この欠点を除くために，最近では遺伝子工学的な手法で，特定の遺伝子をクローニングし，ねらった箇所に変異を導入する部位特異的突然変異誘発法（site-directed mutagenesis）も多く採用されている。

（b） 変異株の種類

（1） 栄養要求性変異株 この変異株は代謝物の生合成経路の酵素をコードする遺伝子上に変異が起こり，酵素活性が欠損し，欠損した酵素反応の下流に位置する代謝物（＝栄養）が合成できなくなるもので，栄養要求性変異株（auxotrophic mutant）や生化学的変異株（biochemical mutant）と呼ばれている。最少培地には生育できず，ここに要求物質を添加した培地で生育できることで選択される。アミノ酸，塩基，ビタミンなどの要求株がよく知られている。利用法の一つは研究用の菌株の遺伝的なマーカーである。遺伝学的な研究，あるいは生化学的な研究には不可欠の特性である。

もう一つの利用法は代謝物の生産である。微生物の代謝物の生合成は主として最終生産物による初発の鍵酵素のフィードバック阻害と酵素合成の抑制（repression）によって制御され，過剰生産が抑えられている。この代謝制御を突然変異や培養法の工夫などの人為的な手段で解除して過剰生産を起こさせることができるが，この方法は代謝制御発酵と呼ばれている。栄養要求性変異株を用いる代謝制御発酵の典型的な例として，*C. glutamicum* のオルニチン（図2.6），リジン（図2.7）の生産の例を示す。

図2.6（a）に示す野生型株では初発の酵素，N-acetylglutamate kinase（AGK）がアルギニンによって阻害されるため，オルニチン，アルギニンが過剰生産されることはないのに対し，図2.6（b）に示すornithine carbamoyltransferase（OCT）が欠損したアルギニン要求株では，アルギニンを制限して培養することによってアルギニンによる阻害が除かれ，相対的にAGK活性が向上し，しかも，OCTが欠損しているため，オルニチンが過剰生産される。

図2.7（a）は，野生型株ではスレオニンとリジンが共存する場合にaspartokinase（AK）が阻害される（この阻害のタイプは協奏阻害と呼ばれる）が，図2.7（b）はhomoserine dehydrogenase（HD）を欠損させたホモセリン要求株をホモセリン（＝スレオニン＋メチオニン）を低濃度に制限して培養することに

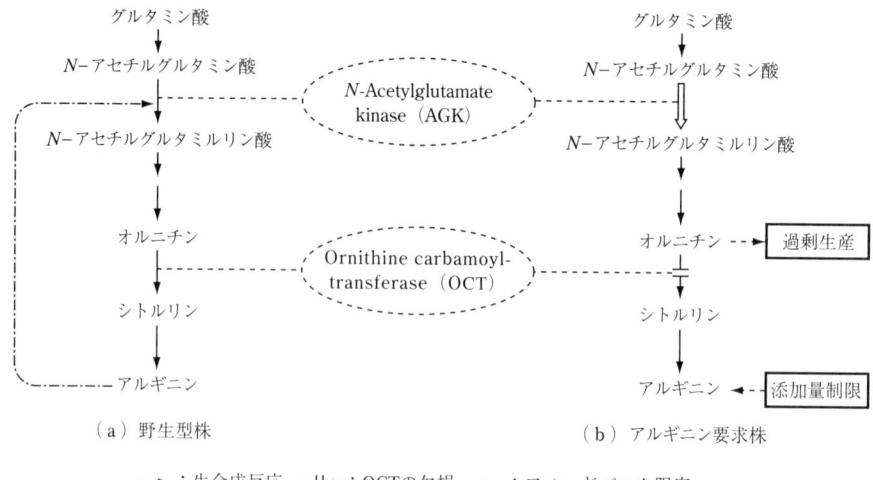

2. 育種技術

```
グルタミン酸                          グルタミン酸
   ↓                                    ↓
N-アセチルグルタミン酸                N-アセチルグルタミン酸
   ↓  ←---- N-Acetylglutamate            ⇓
N-アセチルグルタミルリン酸  kinase (AGK)   N-アセチルグルタミルリン酸
   ↓                                    ↓
オルニチン  ←---- Ornithine carbamoyl-   オルニチン ---→ 過剰生産
   ↓            transferase (OCT)        ⊥
シトルリン                              シトルリン
   ↓                                    ↓
アルギニン                              アルギニン ←-- 添加量制限
```

（a）野生型株　　　　　　　　　　　（b）アルギニン要求株

　　⟶：生合成反応，⊣⊢：OCTの欠損，◄---：フィードバック阻害，
　　⟹：アルギニンの制限によるAGKの活性上昇

（a）野生型株ではアルギニンがAGKを阻害するが，（b）アルギニン要求株ではアルギニンの添加量を制限することによって阻害がなくなりオルニチンが過剰生産される（詳細本文参照）。

図2.6　*C. glutamicum* 野生型株のアルギニン生合成の制御とアルギニン要求株によるオルニチン生産

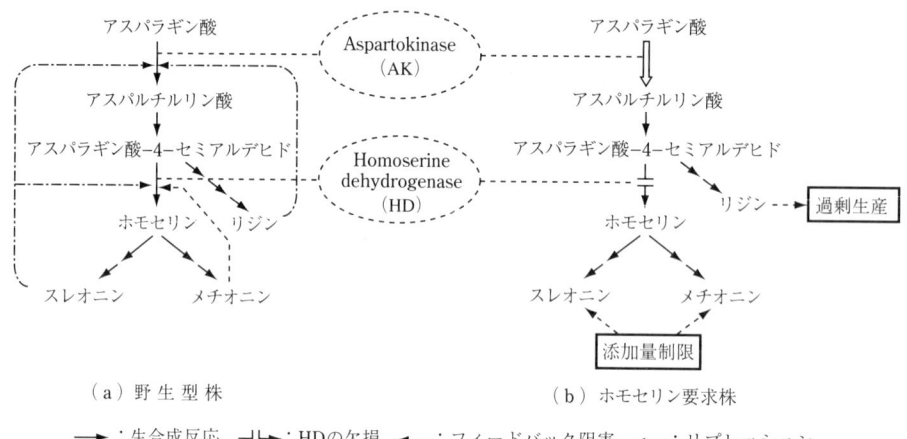

```
アスパラギン酸                        アスパラギン酸
   ↓  ←---- Aspartokinase               ⇓
アスパルチルリン酸  (AK)              アスパルチルリン酸
   ↓                                    ↓
アスパラギン酸-4-セミアルデヒド        アスパラギン酸-4-セミアルデヒド
   ↓ ←---- Homoserine                   ⊥
ホモセリン   リジン  dehydrogenase     ホモセリン    リジン ---→ 過剰生産
   ↙  ↘         (HD)                     ↙  ↘
スレオニン メチオニン                スレオニン メチオニン
                                              添加量制限
```

（a）野生型株　　　　　　　　　　　（b）ホモセリン要求株

　　⟶：生合成反応，⊣⊢：HDの欠損，◄---：フィードバック阻害，◄--：リプレッション，
　　⟹：ホモセリンの制限によるAKの相対的な活性上昇

（a）野生型株ではリジンとスレオニンによりAKが協奏阻害されるが，（b）ホモセリン要求株ではホモセリン（＝スレオニン）の量を制限することによってAKの協奏阻害がなくなりリジンが過剰生産される。

図2.7　*C. glutamicum* 野生型株のリジン，スレオニン生合成の制御とホモセリン要求株によるリジン生産

よって，AKの阻害が解除され，リジンが過剰に生産されることを示す。

栄養要求性変異株による過剰生産の例を**表2.4**に示した。実用生産に使用されるほどの生産が見られた例はリジン，オルニチン，プロリン，イノシンなどしかなく，どれもが大量に生産されるわけではない。もっとも，これらの要求性変異は後述のアナログ耐性との組合せによる生産量の向上に有効な例が多く報告されている。また，培養液中には目的物質のほかに副生物が同時に生成することがよく見られるが，副生物を減らすために，対応する化合物の要求性変異株を採取することが通常行われている。*Brevibacterium thiogenitalis* ではオレイン酸，グリセロール要求株によるグルタミン酸の高生産が報告されている。オレイ

2.2 突然変異誘起技術

表2.4 栄養要求変異株による代謝物の過剰生産の例

要求物質	生産物	菌株
アルギニン	オルニチン	C. glutamicum など
〃	シトルリン	B. subtilis など
スレオニン	ホモセリン	C. glutamicum など
DAP*1	スレオニン	E. coli
メチオニン	〃	
イソロイシン	プロリン	B. flavum*2
ホモセリン	リジン	C. glutamicum など
スレオニン		
ヒスチジン	ヒスチジノール	B. flavum*2
チロシン	フェニルアラニン	C. glutamicum など
アデニン	イノシン, ヒポキサンチン	B. subtilis など
〃	イノシン酸	B. ammoniagenes*3
グアニン	キサントシン, キサンチル酸	〃
ウラシル	オロチン酸	〃

*1 ジアミノピメリン酸
*2 *Corynebacterium glutamicum* の呼称が勧められているが, 原報の表記に従った。
*3 *Corynebacterium ammoniagenes* の呼称が勧められているが, 原報の表記に従った。

ン酸, グリセロールは細胞膜の材料であるため, これらの化合物を制限することによって, 細胞膜としては不完全ではあるが, グルタミン酸の透過性にとっては好適な細胞膜が形成された結果, グルタミン酸の高生産がもたらされたと説明されている[6]。

(2) 復帰変異株 (back mutant または revertant)
突然変異がもとに戻るものが復帰変異株である。栄養要求性変異株から誘導され, 要求性は復帰するが, 対応する酵素活性が野生型株のものより低下したものは漏出型変異株 (leaky mutant あるいは bradytroph)

と呼ばれる。このタイプの変異株につぎのような活用例がある。(1)で述べたように, B. flavum (C. glutamicum) のホモセリン要求株はリジンを生産するが, この復帰変異株のなかから, 要求性がなくなっても高いリジン生産を示す株が得られ, この株を用いたリジン生産が一時工業化された。この株の特徴は, 生育がスレオニンあるいはメチオニンによって阻害され, それらの阻害が, それぞれ, メチオニンとスレオニンの添加によって回復することである。この現象は, 欠損した酵素 (HD) が回復はしたが, 活性はもとの約 1/30 に低下し, AK を阻害するほどではないが, 生育に必要な最低限量のスレオニンやメチオニンの合成は可能となったものと解釈されている。したがって, スレオニンを過剰に加えれば HD が阻害されてメチオニンの合成が, またメチオニンを過剰に加えれば HD のリプレッションによってスレオニンの合成がそれぞれ停止し, ここにメチオニンとスレオニンが供給されると生育が回復する。この現象をシャーレ上の培養では 図2.8 のように示される[7]。

また, 復帰変異株では欠損した酵素の復活と同時に, 制御部位に変化が生じて代謝物の過剰生産を示すものがある。例えば E. coli の野生型株ではシステイン合成の鍵酵素, serine acetyltransferase (SAT) はシステインで阻害されるが, システイン要求株の復帰変異株 (Cys$^+$) では, この阻害がなくなり, 少量のシステインを蓄積し, また, 野生型株の SAT の制御部位にある 256 番目の Met 残基が Ile に置換されている (M256I) ことが示されている[8]。

(3) 耐性変異株 微生物の遺伝子マーカーとし

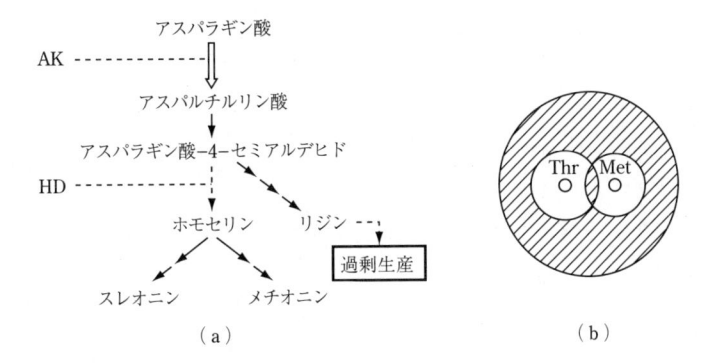

──→:生合成反応, ---→:活性の低下した HD
⇒:スレオニン合成の低下により相対的に活性が上昇した AK

(a)では図2.7と同じメカニズムでリジンが生産され, (b)では最少培地にスレオニンまたはメチオニンを添加すると生育が阻害され, 両者が供給される場合には相互に補填し合うため生育が回復する (生育部分を斜線で示す) (詳細は本文参照)。

図2.8 B. flavum のホモセリン要求復帰変異株によるリジン生産と本菌株のスレオニンとメチオニンに対する生育挙動

てアンピシリンやテトラサイクリンなど，多くの抗生物質の耐性が広く用いられている。

一方，アミノ酸や塩基のアナログ（構造類似体）耐性変異はアミノ酸や核酸化合物などの生産株の育種に活用されている。野生型株をアナログを加えた最少培地で培養すると，生体内ではアナログは本来のアミノ酸や塩基が果たす機能と拮抗するため，生育できない。このことは，アナログとともに，対応する本来のアミノ酸や塩基を添加すると生育が回復することで示される。したがって，アナログ耐性変異株には，つぎの3種の存在が考えられる。

① アナログの取込み能が欠損したもの
② アナログを変換して無毒化できるもの
③ 本物のアミノ酸や塩基を合成する能力が向上したもの

アナログ耐性変異を利用する過剰生産株の育種は③の変異株を利用するものである。過剰生産の原理は，代謝制御を受ける鍵酵素が，いわゆるアロステリック酵素で，構造上の制御部位に変異が起こり，最終生産物による代謝制御に非感受性となった（脱感作された）ために生合成の制御が解除されるものである。これらのいくつかの変異株では酵素タンパク質のC末端領域に位置する制御部位のアミノ酸残基が置換され，野生型株のものと異なっていることが証明されている。

アナログ耐性変異株を用いて，多くの実用生産株が育種された（表2.5）。アミノ酸発酵での最初の成功例は B. flavum の α-アミノ-β-ヒドロキシ吉草酸耐性株を用いるスレオニン生産である。この変異株では鍵酵素，ホモセリンデヒドロゲナーゼ（HD）のスレオニンによる阻害が，親株のものより約1300倍脱感作され，また，HDのC末端領域のアミノ酸残基の置換が証明されている[9]。しかし，必ずしもすべての耐性変異株が明確に酵素の変化と対応づけて説明されているわけではない。

一方，多くの抗生物質のような，生合成経路がわからないものについても，いろいろなアナログを用いたランダムな耐性変異株の選択を行って生産の向上に成功を収めている例も多く報告されている。

表2.5 アナログ耐性株による生産物と変異した酵素の例

使用されたアナログ	生産物	変異した酵素	菌株
α-アミノ-β-ヒドロキシ吉草酸	スレオニン 〃	homoserine dehydrogenase 〃 + aspartokinase A	B. flavum[*2]など E. coli
s-(2-アミノエチルシステイン)	リジン	aspartokinase	B. flavum[*2]など
1,2,4-トリアゾルアラニン	ヒスチジン	ATP phosphoribosyl-transferase	S. typhimulium C. glutamicum など S. marcescens
2-チアゾールアラニン		〃	B. flavum[*2]
β-チエニルアラニン m-フロロフェニルアラニン	フェニルアラニン	− DAHP[*1] synthase prephenate dehydratase 〃	E. coli B. flavum[*2]など
p-フロロフェニルアラニン			C. glutamicum など
m-フロロフェニルアラニン	チロシン	DAHP[*1] synthase	B. flavum[*2]
5-メチルトリプトファン 5-フロロトリプトファン	トリプトファン	anthranilate synthase 〃	B. flavum[*2]など B. subtilis
α-アミノ-β-ヒドロキシ吉草酸 イソロイシンヒドロキサメイト	イソロイシン	homoserine dehydrogenase threonine deaminase	B. flavum[*2] S. marcescens
α-アミノ酪酸	バリン	acetohydroxyacid synthase	S. marcescens
8-アザグアニン	キサントシン グアノシン	IMP dehydrogenase 〃 + GMP synthase	B. subtilis
8-アザグアニン	ヒポキサンチン イノシン	PRPP amidotransferase 〃	B. subtilis
サイコフラニン デコイニン	グアノシン 〃	GMP synthase 〃	B. subtilis

[*1] 3-デオキシ-D-アラビノ-ヘプツロン酸-7-リン酸
[*2] 現在 Corynebacterium glutamicum の呼称が勧められているが，原報の表記に従った。

酵母ではプロリンが冷凍に対する保護効果があることから，プロリンのアナログ耐性変異を利用して，冷凍耐性変異株の育種が行われている[10]。

（4）**色素形成変異株**（color mutant） ペニシリンはアオカビ（*Penicillium chrysogenum*）によって生産されるが，同時に生産される色素を除去するための行程が必要であり，製品の収率低下の原因となっていた。この問題は有馬らによる色素形成変異株の採用によって解決され，太平洋戦争後の日本でさかんとなったペニシリン工業に大きく貢献した。この例は人工変異株が工業的に活用された最初のものといわれている[11],[12]。

（5）**無胞子変異株**（spore mutant） 有胞子性微生物が生育に不利な環境下で見せる生育形態が胞子であり，胞子を形成するような条件下では代謝系の変換が起こりやすく，発酵生産には不利と考えられている。細菌の胞子の形成過程は *B. subtilis* で詳細に研究されているが，これらの研究結果が直接実用的に活用されたという報告はない。一方，重要な工業微生物で無胞子変異株が活用されている実績がある。*B. subtilis* K株（*B. amyloliquefaciens*）の変異株を用いるイノシン，グアノシン発酵や *B. megaterium* のプリン要求株を用いる AICAR（5-aminoimidazole-4-carboxamide ribonucleotide）発酵では無胞子変異株が使用され，有胞子型の株で観察される生産物の収率の不安定さが大きく改善された。野生型株はラフ型のコロニーを形成するが，無胞子変異株はスムース型のコロニーを形成する変異株として採取されたものである[13],[14]。

（6）**泡なし変異株** 発酵プロセスに発泡は付き物であるが，異常に大量の発泡が起こることがある。発泡の程度は CO_2 の発生のほかに，微生物の表層構造，微生物の生産物，および培地成分と通気量の関係で決まると思われるが，決定的な要因はわかっていない。大量発泡の弊害は発酵液の張込み量が減り，バッチ当りの生産性が低下すること，および，しばしば雑菌汚染の原因となることである。対応策として消泡剤による処理が一般的に行われているが，大量の発泡については対応策はないのが現状である。

一方，清酒醸造の世界では泡なし酵母が活用されている。もともと清酒醸造の工程では，もろみの発泡状態の観察が工程管理の指標の一つとして取り入れられているように，発泡は普通に見られる現象であったが，発泡がなくても，発酵は正常に行われているという現象が醸造の現場で観察され，このもろみの解析の結果，この現象は自然発生した酵母の変異株，泡なし酵母，によるものであることが明らかにされた。その後，酒の品質や味が発泡性の酵母のものと，まったく変わらないものが得られて実用化された。泡なし酵母の電子顕微鏡による観察では，発泡性の酵母で見られる表層の膜がなく，また，発泡性の酵母よりも気泡に対する吸着性がなく，細胞表層の疎水性が低下していることが示されている[15],[16]。最近この泡なし性を相補する遺伝子，*AWA1*がクローニングされ，泡なし酵母ではこの遺伝子に変異が生じたことが推定されている[17]。

（7）**タンパク質分解酵素欠損変異株** 生産物が酵素などのタンパク質である場合には，生産物は，宿主の菌株が本来的に持っているタンパク質分解酵素によって分解され，生産性の低下の原因になっている可能性がある。特に組換えタンパク質生産の宿主として広く使用されている枯草菌やサッカロミセス酵母では多数のタンパク質分解酵素が同定されており，これらの酵素を失活や破壊させた変異株を用いることによって，生産性が向上した例が報告されている[18]。しかしこれらのうち，どれほどが実用的に活用されているかは不明である。

〔中森〕

引用・参考文献

1) 今中忠行監修：微生物利用の大展開, p. 454, エヌ・ティー・エス（2002）.
2) Adelberg, E. A., et al.: *Biochem. Biophys. Res. Commun.*, **18**, 788–795 (1965).
3) 武部 啓：別冊蛋白質 核酸 酵素, p. 12 (1972).
4) 微生物学研究法懇談会編：微生物学実験法, p. 288, 講談社（1975）.
5) 日本生化学会編：微生物学実験法（新生化学実験講座 17）, p. 347（1992）.
6) 菊池正和, 中尾義雄：アミノ酸発酵,（相田, 他編）, pp. 195–215, 学会出版センター（1986）.
7) Shiio, I. and Sano, K.: Microbial Production of L-lysine. II. Production by mutants sensitive to threonine and methionine, *J. Gen. Appl. Microbiol.*, **15**, 267–275 (1969).
8) Denk, D. and Böck, A.: L-Cysteine biosynthesis in *Escherichia coli*: nucleotide sequence and expression of the serine acetyltransferase (*cysE*) gene from the wild type and a cysteine excreting mutant, *J. Gen. Microbiol.*, **133**, 515–525 (1987).
9) 中森 茂：微生物利用の大展開,（今中忠行監修）, pp. 680–688, エヌ・ティー・エス（2002）.
10) Takagi, H, Iwamoto, F. and Nakamori, S.: Isolation of freeze-torelant laboratory strains of *Saccharomyces cerevisiae* from proline-analogue resistant mutants, *Appl. Microbiol. Biotechnol.*, **47**, 405–411 (1997).
11) 有馬 啓, 小笠原長宏：ペニシリン生産菌に関する研

12) 有馬　啓：農芸化学の100年，p. 37, 日本農芸化学会（1987）．
13) 百瀬春生：私信
14) 城　照雄：私信
15) 秋山裕一：酒づくりの神秘，p. 136, 技報堂出版（1983）．
16) 秋山裕一，岩田知栄子，長縄真琴：泡なし酵母に関する研究，醱酵工学，**43**, 629-634 (1965).
17) 下飯　仁：清酒酵母の醸造特性に関する遺伝子解析，生物工学，**80**, 64-69 (2002).
18) 原島　俊：微生物利用の大展開，（今中忠行監修），pp. 427-439, エヌ・ティー・エス（2002）．

2.3 細胞融合

〔1〕動　　　　物

細胞融合は，隣り合う細胞の細胞膜が融合し一つの細胞のなかに複数の核が存在する多核細胞を形成する現象のことをいい，1957年岡田善雄によりHVJ (Hemagglutinating Virus of Japan, 別名 Sendai virus) によるマウス腹水がん細胞の融合現象として世界で最初に発見された[1), 2)]。正常組織では細胞融合は見られず，受精や筋原細胞から骨格筋細胞が形成されるときに見られるぐらいである。その後，ハシカウイルス，ヘルペスウイルス，インフルエンザウイルスなど外膜を有するある種のウイルスによっても培養細胞において細胞融合が引き起こされることが知られるようになった。いずれもウイルスの外膜に存在する膜タンパク質（HVJの場合はFタンパク質とHNタンパク質）が細胞融合に関係していることが明らかになっている。しかしウイルスによる細胞融合では，融合する細胞の種類が限られていたうえにウイルスを調製しなければならなかった。一方，植物細胞ではプロトプラストをポリエチレングリコール（PEG）で処理して細胞を融合させる技術が開発され，Pontecorvoはこれを動物細胞に応用し，動物細胞においてもPEGにより細胞が融合することを示した[3)]。これにより細胞の種類によらず，容易に細胞を融合させることができるようになった。通常50％前後のPEG1000～PEG4000が用いられているが，PEGは細胞に対する毒性も強く至適範囲は狭い。その他，電気刺激による融合方法も開発されている。

HVJを用いた細胞融合では，紫外線で不活化したHVJ（感染性のみ失わせ細胞融合活性は保持している状態）を低温で細胞に加えると細胞が凝集し，37℃にすると隣接する細胞の膜が融合し数個の核を有する多核細胞ができる。細胞融合により生じた多核細胞は，その細胞周期がうまく同調すれば細胞分裂を経て，核融合を起こし一つの核にそれぞれの染色体を有する雑種細胞を形成する。一つの細胞に含まれる核の数が多くなり4核以上になると細胞周期がうまく同調せず雑種細胞はできにくい。雑種細胞は異なる動物種由来の細胞間でも作製することができる。また得られた雑種細胞は，継代培養することができそれぞれの染色体の遺伝子を発現している。このように細胞融合により継代培養可能な雑種細胞を作製できるようになったことが，その後の細胞遺伝学，免疫学の発展に大きく貢献した。

その一つにヒト染色体の遺伝子地図の作成がある。ヒトとマウスの細胞の雑種細胞では，最初はそれぞれの染色体を有しているが継代培養していくうちにヒトの染色体が優先的に脱落していく現象が観察された[4)]。どの染色体が脱落するかはランダムに起こるので，数世代継代すると，ヒトの染色体を異なる組合せで数本しか持たないような雑種細胞ができる。こうして得られた雑種細胞において，目的とするヒト遺伝子の発現が特定の染色体の保持と関連しているかを調べることによってヒト染色体の遺伝子地図が作成された。しかし，この方法はヒトについてあてはまる方法であり，すべての動物種について適用できるものではない。

またヒト遺伝病の研究においては交配実験が不可能だが，細胞融合により異なる家系の患者の細胞を融合させ雑種細胞を作り欠損した形質が補われるかの相補性試験を行えるようになった。その結果一つの遺伝病でも複数の相補群に分かれることもあることがわかり，遺伝病を遺伝子レベルで解析することができるようになった。

しかし，細胞融合を一躍有名にしたのは，KöhlerとMilsteinによるモノクローナル抗体の作製であろう。動物を免疫するとその血液中には免疫に用いた抗原に対する抗体が何種類もでき，いわゆる抗血清は抗体の混合物になっている（ポリクローナル抗体）。1個の抗体産生細胞は1種類の抗体しか作らないが，その細胞を継代培養することはできない。ミエローマ（骨髄腫）は，ある抗体産生細胞が腫瘍化したものと考えられており，その細胞は *in vitro* で継代培養が可能で，単一の抗体タンパク質（ミエロータンパク質）を血液中あるいは培養液中に分泌している。しかし，特定の抗原に対する抗体を分泌しているミエローマ細胞を，数あるミエローマ細胞の株から選択する，あるいはそのようなミエローマ細胞を作製することは困難であった。そのようななかKöhlerとMilsteinたちは，

2.3 細胞融合

免疫したマウスの脾臓細胞とミエローマ細胞とを融合させることによって，免疫に用いた抗原に対する抗体を産生し，かつ in vitro で継代培養可能な細胞（ハイブリドーマ）を得ることに成功した[5]。

ハイブリドーマなど雑種細胞を選択するには，核酸の生合成経路を利用する方法がよく用いられている。細胞は核酸の原料であるdNTPを，アミノ酸や糖から合成する de novo 経路と核酸の分解産物である塩基を再利用するサルベージ経路で合成している。De novo 経路では葉酸が重要な役割を果たしており葉酸アナログであるアミノプテリンを培地に加えると図の太い矢印の反応が阻害されるので，hypoxanthine, aminopterin, thymidine を含む HAT 培地では，サルベージ経路を利用して核酸を合成し増殖する。しかし，サルベージ経路の酵素である hypoxanthine-guanine phosphoribosyltransferase（HGPRT），や thymidine kinase（TK）を欠損している細胞を HAT 培地で培養すると de novo 経路もサルベージ経路も断たれ，細胞は核酸を合成できず死滅する（**図2.9**）。そこで HGPRT を欠損したミエローマ細胞を用い脾臓細胞と融合したのち，HAT 培地で培養すると，ミエローマ細胞あるいはそれどうしが融合した細胞は HAT 培地で生育できず死滅する。脾臓細胞は in vitro で継代培養ができない。これに対し，ミエローマ細胞と脾臓細胞が融合したハイブリドーマは，脾臓細胞から HGPRT が供給されるので HAT 培地で増殖でき，選別することができる。

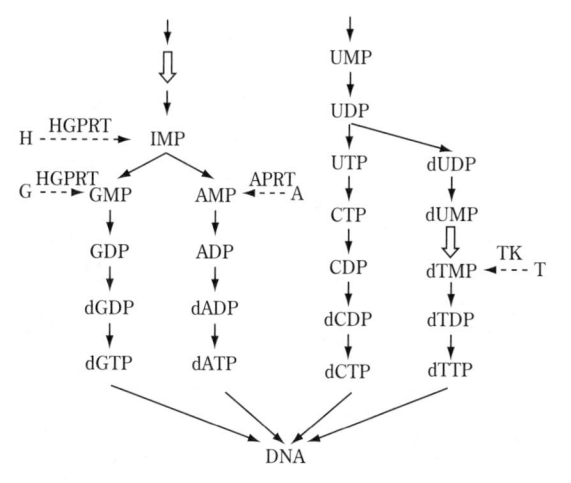

こうして特定の抗原に対する単一の抗体を作製できるようになり，いまではモノクローナル抗体は医療をはじめさまざまな分野において欠かすことのできない道具になっている。こうした背景から細胞融合は，モノクローナル抗体の作製をはじめ現代の細胞生物学，免疫学における重要な基盤技術の一つといわれている。　　　　　　　　　　　　　　　　　　　　（島）

〔2〕 植　　　　物

通常の交配では越えることができない種の壁を植物の細胞を融合することによって打破し，すぐれた形質を集積し，新しい植物を育種しようとする試みは1970年代から1990年代にかけてさかんに行われた[6]〜[8]。また細胞融合を用いると核のみならず細胞質（おもに葉緑体，ミトコンドリア）も混合した細胞を得ることができることも交配にはない特徴である。

植物の細胞融合の最も有名な例は，ナス科のトマト（*Lycopersicon esculentum*）の葉肉細胞とポテト（*Solanum tuberusm*）由来のカルス細胞を融合して作製したポマトである[9]。花などはトマトとポテトの中間的性質を示したが，得られた系統によって染色体数が異なるためか，形態的に多様であった。利用できる実や根茎は得られず，地上にトマトの実がなり，地下にはポテトができる夢の植物ではなかった。

細胞融合の手順はつぎのようになる[7],[8]。植物細胞の細胞壁をペクチナーゼやセルラーゼなどの酵素により分解することによりプロトプラスト（裸の細胞）を大量に調製する，2種のプロトプラストを融合する（おもに，ポリエチレングリコール，デキストラン，ポリビニルアルコールなどの化学物質による処理やあるいは電気処理（プロトプラストの細胞膜を破壊して融合）が用いられる），そして融合した細胞を選抜し，in vitro の培養により再分化させ一人前の植物に再生させる。作製した植物が雑種であることはDNAや染色体，タンパク質の解析，形態などにより確認できる。

2種の細胞の核と細胞質をともに融合する場合を対称細胞融合と呼ぶ。その代表例であるオレンジ（*Citrus sinensis*）とカラタチ（*Poncitrus trifoliate*）を細胞融合した体細胞雑種オレタチ[10]はつぎのように作製された。オレンジの珠心カルスとカラタチの葉由来のプロトプラストをポリエチレングリコールを用いて融合し，高いショ糖濃度で培養することにより融合細胞を選抜した。再分化した植物は，オレンジとカラタチの中間的な形態を示した。染色体数は36で，オレンジとカラタチ（ともに$2n = 18$）の合計であった。果実はオレンジに近い大きさの果実が形成される

```
                    ↓
         ⇩          ↓
         ↓         UMP
   HGPRT           UDP
H ------→ IMP      ↓ ↘
   HGPRT  ↓   APRT UTP  dUDP
G ------→ GMP  AMP ←--- A  ↓    ↓
          ↓    ↓        CTP  dUMP
         GDP  ADP        ↓    ⇩        TK
          ↓    ↓        CDP  dTMP ←--- T
         dGDP dADP       ↓    ↓
          ↓    ↓        dCDP dTDP
         dGTP dATP       ↓    ↓
              ↘         dCTP dTTP
                  ↘      ↙    ↙
                      DNA
```

H：ヒポキサンチン，G：グアニン，T：チミジン，A：アデニン

核酸の合成には，de novo 経路（実線）と，サルベージ経路（点線）がある。アミノプテリンは，de novo 経路の太い矢印の反応を阻害するが，野生型株ではサルベージ経路を利用して成育できる。しかし，HGPRTやTKを欠損している細胞はサルベージ経路も断たれるので，アミノプテリンを含む培地では生育できない。

図2.9 核酸の生合成

が，生食用には不向きだった。花粉の稔性があり，種子も形成される。同様に，ウンシュウミカン（*C. unshu*）とネーブルオレンジ（*Citrus sinensis*）の体細胞雑種シュウブル，グレープフルーツ（*Citrus paradisi*）とネーブルオレンジの体細胞雑種グレーブルなどが作製された。これらは農林水産省に種苗登録されており，品種改良のための中間育種母本として利用されている。また，ハクサイ（*Brassica rapa* var. *amplexicaulis*）とキャベツ（カンラン）（*B. oleracea* var. *capitata*）の融合したバイオハクランも種子を形成するため育種素材として利用されている。なお，通常のハクランはハクサイとキャベツの種間雑種で交配により作出された。

実用性の可能性があるものとしてナスの台木として利用されている *Solanum integrifolium* と青枯病に抵抗性のある野生のナス（*S. violaceum*）を細胞融合し，*S. integrifolium* に抵抗性を導入した報告，ハクサイとブロッコリー/カリフラワーキャベツ（*B. oleracea* var. *italica/botrytis*）を融合し後者の軟腐病耐性を前者に導入した例，キャベツとカブ（*B. rapa* var. *glabra*）の細胞融合によりカブの耐病性をキャベツに導入した例，山形青菜（*B. juncea*）とハクサイの細胞融合により山形青菜に晩抽性を導入した例などが挙げられる。

細胞融合の成功例としては，イネ（*Oryza sativa*）とオオムギ（*Hordeum vulgare*），*Microcitrus papuana* と *C. jambhiri*（ともにミカン科），ハナショウブ（*Iris ensata*）とジャーマンアイリス（*Iris germanica*），ネギ（*Allium ampeloprasum*）とタマネギ（*A. cepa*）など数多く報告されている。

非対称細胞融合[8]は，細胞質の形質と核の形質が異なる植物に由来する融合細胞を得ることを目的としている。手順としては，例えば，核をX線照射により不活性化した植物細胞と，細胞質をヨードアセトアミドで不活性化した別の植物細胞を融合する。これにより，細胞質の形質（例えばミトコンドリアが支配する細胞質雄性不稔の形質）を導入することができる。核を不活化したタバコ（*Nicotiana tabacum*）品種MSバーレー21と品種つくば1号との細胞の部分融合により育成されたタバコの雄性不稔品種MSつくば1号は，つくば1号と同様の各種病害抵抗性および実用形質を有し，一代雑種品種育成の母本として利用できるとして種苗登録されている。ほかに，ダイコン（*Raphanus sativus*）の細胞質雄性不稔の形質をナタネ（*B. rapa*）に導入した例がある。また，この方法を用いると従来長い年月を要した核置換体の作製（例えばインディカ種とジャポニカ種のイネ）を短期間で行える[8]。

しかしながら，細胞融合は，それぞれの段階に植物種や品種ごとに条件を設定しなければならないうえに，必ずしも植物体への再分化が成功するとはかぎらない。さらに，最終的に得られた融合植物にはもとの植物の望ましくない形質も導入されること，雑種としての性質が不安定である場合が多いこと，稔性がなくなる，あるいは低下する場合も多いことなど問題が多く，多くの努力にかかわらず，実用化されたものは少ない。また遠縁の植物を融合した場合は，正常な植物が得られない場合が多く，融合が成功するのはやはり近縁種に限定されている。

最近では異種植物の形質を導入するには遺伝子組換え法を用いることが一般的であると思われる。ただ科内の細胞融合の利用には，遺伝子組換え植物と異なり何の規制もないため，実用的な植物を取得できた場合には商業利用の障害は少ないという利点がある（なお，科のレベルを超える細胞融合は遺伝子組換え植物と同様にモダンバイオテクノロジーに位置づけられ，生物多様性条約の議定書の対象になる）。　　　（田中良和）

〔3〕微生物の細胞融合

微生物プロトプラストの酵素法による造成は1950年代末から報告されたが，注目されたのは1960年代前半である。この頃，高等植物の単離細胞やプロトプラストが完全植物体に再生したことで体細胞の全能性が実証され，続いてエンバクとトウモロコシとの間で，異種プロトプラストの融合現象が報告された。1970年代中頃には，融合剤ポリエチレングリコール（PEG）の発見と，ポテトとトマトが融合したポマトにおいて実と塊茎の両方が有用性を持っていたことにより，微生物を含む種々の細胞にも細胞融合が有用であると考えられ，この技術が使われてきた。以来，基礎研究から応用研究の分野で細菌，放線菌，酵母，糸状菌およびきのこにおいて，細胞融合技術は2種類の菌株の性質を兼ね備えた新しい菌株を取得する方法として利用されている。近縁種間で交配不可能な場合でも，融合すれば再生する組合せがある。例えば，真菌では，*Aspergillus* と *Trichoderma*，酵母各種等，相当数の異種・異属融合の報告がある。プロトプラストの融合現象自体は非特異的であり，遠縁生物種間の融合も容易に観察されるが，得られた融合体が維持されるのは困難である。現存生物種は，長い進化の過程で適者生存の選択圧を受けて生き残ったのであり，融合体がたまたま発生し始めてもその絶対多数は不安定で，すぐに導入形質の脱落が起き，生活環を完成できないことや世代の継続ができない場合がある[11]。

細胞融合技術は，菌体のプロトプラスト化，融合処

理，プロトプラストの再生および融合株の選択という四つの操作からなる。プロトプラスト化においては，細菌や放線菌では溶菌酵素であるリゾチームが，酵母ではザイモリアーゼが，きのこではキチナーゼとグルカナーゼが用いられている。プロトプラスト化の過程は安定率や再生率に影響を及ぼすため，プロトプラストを得るための最適条件を検討する必要がある。融合処理には歴史的にさまざまな試薬が試みられたが，現在では40％前後のPEG（4000～6000）が使われており，10^6～10^7個以上のプロトプラスト細胞を用いなければならない。PEGの濃度は高濃度のほうが融合率は高くなるが，巨大融合体ができたり粘度が高くなり扱いにくかったりする。融合実験では遠心操作で集菌・洗浄を行うが，堅いペレットにしないように必要最小限の遠心を用いることが重要である[11]。また，電気融合装置を用いたエレクトロポレーション法が開発されている[12]。顕微鏡下で観察しながら実験できる利点があるものの，好適条件の設定は非常に難しく，融合体を識別して傷つけずに数多く取り上げるのは至難である。プロトプラストの再生には，浸透圧調節材を含む選択培地が用いられている。目的とする融合株の選択は，再生培地の上で行えると非常に便利である。例えば選択マーカーとして栄養要求性が用いられる場合には，要求成分を含まない再生培地の上で直接融合株を選択する方法がとられる。

Bacillus属細菌においては，納豆菌（B. natto）の育種に種内細胞融合が頻繁に行われるようになってきており，実用の段階に入ったといえる。B. amyloliquefaciens[13]，B. brevis[13] B. licheniformis[14]，B. mesentricus[15] およびB. megateriumu[16] との異種間で細胞融合が報告されており，ビタミンB_{12}を含む納豆を生産するために，納豆菌（B. natto）とビタミンB_{12}を生産するB. megateriumu IAM1166との融合株が取得されている[16]。乳酸菌においては，Lactococcus属やLactobacillus属の種間細胞融合が報告されており，またL. lactisとLb. ruteri, Bacillus subtilisとL. lactis[17]～[19] の異属間細胞融合も試みられている。放線菌においては，代表的な属であるStreptomycesで遺伝解析を目的として，同種の株どうしで細胞融合が行われている。また，S. fradiaeとS. narbonnensis[20]，S. lincolensisとS. venezuelae[21]，S. mycarofaciensとS. kitasatoensis[22] の種間細胞融合も行われている。しかし，近年はプロトプラスト融合を目的にして開発されてきたプロトプラスト化の技術がもっぱら形質転換に使われるようになってきている。酵母において，同種間細胞融合はSaccharomyces cerevisiaeを用いた報告が多い。清酒酵母では高温発酵性酵母[23],[24]や香気高生成酵母[25]～[30]，ワイン酵母では低温発酵性酵母[31]が育種されている。S. cerevisiae以外ではCandidaやTrichosporon属での報告がある。属間細胞融合としては，S. cerevisiaeとZygosaccharomyces fermentatiとの細胞融合でセルロース分解性エタノール高生産酵母が取得され[32]，S. cerevisiaeとZygosaccharomyces rouxiiとから香気高生成酵母[33],[34]や耐塩性醤油酵母[35],[36]の育種が行われている。麹菌においては，醤油Aspergillus sojaeで種内融合により育種が試みられ，プロテアーゼおよびグルタミナーゼ生産能の高い株が造成されている[37]。種間融合としては，清酒麹菌A. oryzaeと焼酎麹菌A. awamori var. kawachiiの融合株が造成されている[38]。きのこにおいては，Phanerochaete chrysosporium（白色腐朽菌）[39]やネナガノヒトヨタケ（Coprius macrorhizus）の栄養要求性変異株を用いた種内融合[40]が報告されている。また，栽培品種ヒラタケ（Pleurotus ostreatus）の種内融合が行われ子実体形成が報告されている[41]。さらに，種内，種間の融合がPleurotus ostreaus, P. columbinus, P. pulmonariusおよびP. sajor-caju間で行われている。

〔中沢〕

引用・参考文献

1) Okada, Y., Suzuki, T. and Hosaka, Y.: *Med. J. Osaka Univ.*, **7**, 709-717 (1957).
2) Okada, Y.: *Exp. Cell Res.*, **26**, 98-107 (1962).
3) Pontecorvo, G.: *Somatic Cell Genetics*, **1**, 397-400 (1975).
4) Weiss, M. and Green, H.: *Proc. Natl. Acad. Sci. USA*, **58**, 1104-1111 (1967).
5) Köhler, G. and Milstein, C.: *Nature*, **256**, 495-497 (1975).
6) Schieder, O. and Kohn, H.: *Cell Culture and Somatic Cell Genetics of Plants.*, (Vasil, I. K.), vol. 3, p. 569 (1986).
7) Glimelius, K., Fahlesson, J., Landgren, M., Sjodin, C. and Sundberg, E.: *Trends in Biotechnol.*, **9**, 24-30 (1991).
8) 藤村達人（駒嶺 穆，野村港二編）：植物細胞工学入門, p.159, 学会出版センター (1998).
9) Melchers, G., Sacristan, M. D. and Holder, A. A.: *Carlsberg Res. Commun.*, **43**, 203-218 (1978).
10) Ohgawara, T., Kobayashi, S., Ohgawara, E., Uchimiya, H. and Ishii, S.: *Theor. Appl. Genet.*, **71**, 1-4 (1985).
11) 宍戸和夫編著：キノコとカビの基礎科学とバイオ技術, p.268, アイピーシー (2002).
12) 野田幸太朗, 十川好志：島津評論, **46**, 167-178 (1989).

13) Akamatsu, T., et al.: *Adv. Biotechnol.*, **3**, 63-68 (1981).
14) Akamatsu, T. and Sekiguchi, J.: *Arch. Microbiol.*, **134**, 303-308 (1983).
15) 都築 清, 村野良子: 日本獣医畜産大学研究報告, **39**, 72-76 (1990).
16) 長谷川喜衛, 他: 食工誌, **35**, 154-159 (1988).
17) Baigori, M., et al.: *Appl. Environ. Microbiol.*, **54**, 1309-1311 (1988).
18) Cocconcelli, P. S., et al.: *FEMS Microbiol. Lett.*, **35**, 211-214 (1986).
19) Fujita, Y., et al.: *Agri. Biol. Chem.*, **47**, 2103-2105 (1983).
20) Ikeda, H., et al.: *J. Antibiotics*, **37**, 1224-1230 (1984).
21) Xu, J.-N. and Tang, X.-X.: *Chin. J. Antibiot.*, **14**, 192-196 (1989).
22) Sun, S. and Yuan, L.-R.: *Chin. J. Antibiot.*, **14**, 344-348 (1989).
23) 北本勝ひこ: 化学と生物, **26**, 353-354 (1988).
24) 宮崎伸一: 醸酵工学, **65**, 1-7 (1987).
25) 蟻川幸彦: 長野県食工試研報, **15**, 101-105 (1987).
26) 蟻川幸彦: 食品の試験と研究, **25**, 28-30 (1990).
27) 井上和春, 他: 埼玉県食工試業務報告, **1988**, 35-37 (1989).
28) 井上和春, 他: 埼玉県食工試業務報告, **1989**, 42-45 (1990).
29) 榛葉芳夫: 長野県食工試研報, **18**, 7-19 (1990).
30) 上追純子, 二井谷純: *J. Brew Soc. Japan*, **82**, 125-129 (1987).
31) 横森洋一: 醸協, **84**, 532-536 (1989).
32) Pina, A., et al.: *Appl. Environ. Microbiol.*, **51**, 995-1003 (1986).
33) 近藤君夫, 他: 長野県食工試研報, **14**, 81-84 (1986).
34) 近藤君夫, 他: 長野県食工試研報, **15**, 95-97 (1987).
35) 西田豊彦, 他: 醸協, **86**, 372-377 (1991).
36) 山田哲也, 他: *Bull. Fac. Bioresour. Mie Univ.*, **3**, 71-78 (1990).
37) Ushijima, S., et al.: *Agric. Biol. Chem.*, **51**, 2781-2786 (1987).
38) 杉並孝二, 今安 聡: 醸協, **84**, 532-536 (1989).
39) Gold, M. H., et al.: *Appl. Environ. Microbiol.*, **46**, 260-263 (1983).
40) Kiguchi, R. and Yanagi, S.: *Appl. Microbiol. Biotechnol.*, **22**, 121-127 (1985).
41) Ohmasa, M.: *Jap J. Breed.*, **36**, 429-433 (1986).

2.4 生体内遺伝子操作

2.4.1 接合, 接合伝達

（a） **接合の定義** 細胞どうしの接触によって, 染色体ゲノムまたはプラスミドを一方の細胞から他方の細胞に移行させる遺伝子導入方式を「接合」(conjugation) および「接合伝達」(conjugative transfer) と呼ぶ。酵母など真核生物では交配 (mating) とも呼ばれる。細菌における最初の形質転換はLederbergとTatumによって大腸菌の栄養変異株間の接合によりなされ, ゲノムの移行順と相補遺伝子の特定によって遺伝子地図が作製された[1]。形質転換体は接合体 (transconjugant) とも呼ばれる。

（b） **接合伝達機構** 大腸菌をはじめグラム陰性菌では, 供与菌 (例えばFプラスミド保持菌) の性線毛が受容菌 (Fマイナス菌) の細胞表面に接触し, 橋が形成される。続いてプラスミドDNAの一方の鎖の $oriT$ 部位にプラスミド由来遺伝子 $TraYZ$ 産物のエンドヌクレアーゼにより切れ目が入れられる。一本鎖の一端が橋を通って受容菌に入る。同時に, 供与菌に残ったプラスミドDNA鎖でDNA合成が始まり, ローリングサークル方式により新しいDNA鎖ができる。受容菌に入ったDNA鎖の相補鎖が合成される[2]。FプラスミドDが染色体に組み込まれた場合, Fプラスミドの $oriT$ 部分が運搬役となり細菌のDNAを受容菌に移行させる。供与菌の染色体が移動後に受容菌のDNAとの間で起こす組換えは主としてRecBC経路を介している。

プラスミドのなかには自身で接合伝達できないColElのような非自己伝達性プラスミドが多く, これらは接合に関与する自己伝達性プラスミドの tra 遺伝子産物の助けを借りて接合し, mob と呼ばれる遺伝子産物がトランスに働いて, $oriT$ 部位に切れ目を入れてDNA伝達を引き起こす (**図 2.10**)。$oriT$ のニッキングには cyclic AMP が関与している[3]。大腸菌のColE1[4] や *Erwinia carotovora* 菌では mob 遺伝子は $mobABCD$ の4個が知られている[5]。

（c） **グラム陰性菌** 自己伝達性プラスミド例えば大腸菌のF, 広宿主プラスミドRP4 (RK2), R100, R64などがよく知られている。これらは約30〜100kbと大きく, 染色体当りのコピー数は1〜3個と少なく, 接合伝達に必要な性線毛の合成およびDNA移行に関与するすべての遺伝子 (tra, $oriT$, mob など) がプラスミド上にのっている。一方非自己伝達性プラスミド上にはDNA移行にかかわる遺伝子 (mob, $oriT$) のみがのっており, プラスミドも小さくコピー

2.4 生体内遺伝子操作

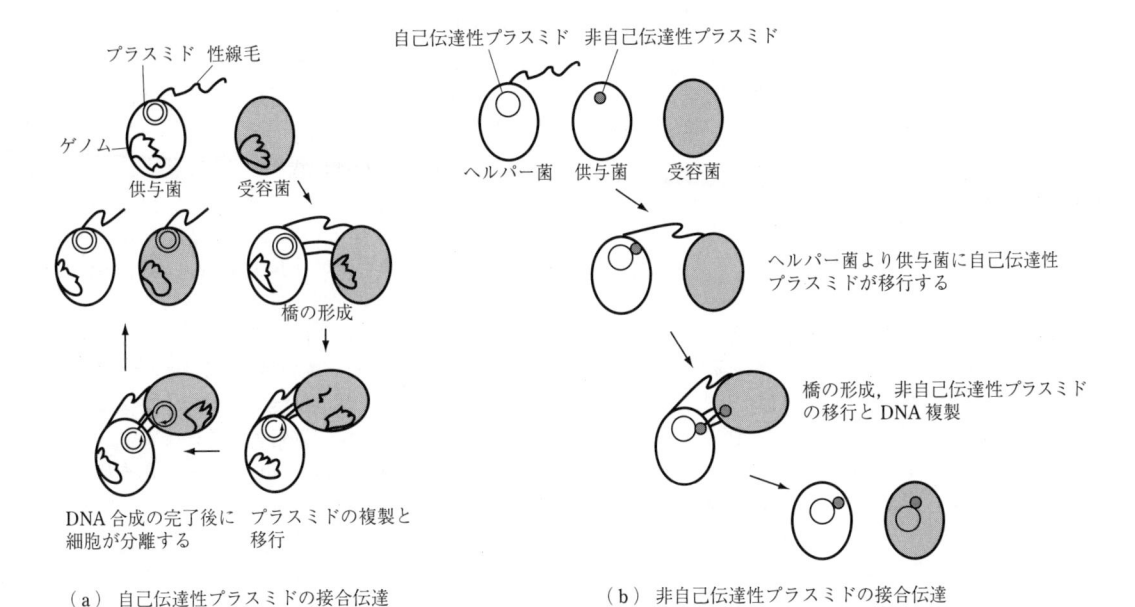

図2.10 接合伝達の模式図

(a) 自己伝達性プラスミドの接合伝達
(b) 非自己伝達性プラスミドの接合伝達

数も染色体当り5〜20とハイコピーである。自己伝達性プラスミド存在下にのみ伝達可能となる。この場合，技術的には供与菌，受容菌および伝達性プラスミドを保持するヘルパー菌の三者を接触させる。多くの場合，メンブランフィルター上で三者を接触（接合）させ，寒天培地上にフィルターをのせてDNAを移行（伝達）させる[6]。

大腸菌以外では，植物病原菌の*Erwinia*菌[7]，*Xanthomonas*菌[8]，*Agrobacterium*菌[9]や好塩細菌の*Halomonas*菌[10]などで接合伝達技術が用いられている。これは植物病原菌が接合伝達に適しているからではなく，病原性の研究などに形質転換体を必要としたことからこの系が開発された。特に*Agrobacterium*由来のTiプラスミドは，大腸菌内で目的遺伝子を組み込んで*A. tumefaciens*に接合伝達し，接合体を植物細胞に感染させて目的遺伝子を植物細胞の核に組み込むために頻繁に用いられている[11]。また，*E. carotovora*より分離されたpEC3プラスミドを基盤として作製された非自己伝達性プラスミドベクターpETC3とRP4を保持した細菌のバイナリー系により*Enterobacter*, *Salmonella*, *Citrobacter*, *Proteus*, *Serratia*, *Erwinia*, *Xanthomonas*, *Rhizobium*，および*Agrobacterium*間において接合体が得られている[5]。広宿主プラスミドのRP4とMuファージとのハイブリッドであるRP4::Muファスミドを利用して，*Escherichia*, *Klebsiella*, *Enterobacter*, *Salmonella*, *Citrobacter*, *Proteus*, *Serratia*, *Erwinia*, *Agrobacterium*, *Rhizobium*, *Pseudomonas*, *Acetobacter*など，ほぼすべてのグラム陰性菌株において接合伝達の可能性が実証されている[12]。この接合伝達系を利用して，特定遺伝子の生体内（*in vivo*）クローニングも行われている[13]。

（d）グラム陽性菌 接合伝達は，*Streptococcus*, *Staphylococcus*, *Streptomyces*, *Bacillus*, *Lactobacillus*, *Propionibacterium*など多くのグラム陽性菌で知られている。歴史的にも，アベリーらによる遺伝子の本体がDNAであることの証明は，肺炎双球菌*Streptococcus pneumoniae*の病原遺伝子の接合伝達によるものであった[14]。これらの接合にフェロモンが関与しているという報告はあるが，性線毛が関与しているという証拠は得られていない。*Bacillus subtilis*などの菌では長時間の接合により，ゲノム全体が移行した形質転換体も得られている。

Streptococcus Nグループにおいてラクトースプラスミドの株間移行も報告されている。広宿主プラスミドも発見されており，pAMβl（エリスロマイシン耐性）またはpIP501（エリスロマイシン耐性）プラスミドと大腸菌のpACYC184（クロラムフェニコールおよびテトラサイクリン耐性）プラスミドとのシャトルベクターpSA3は，大腸菌，枯草菌，*Streptococcus lactis*, *S. thermophilus*, *Lactobacillus acidophilus*, *L. casei*内で複製できる。そこで，大腸菌や枯草菌で

目的遺伝子をクローニングして，乳酸菌などに接合伝達によって遺伝子導入する[15]。RP4プラスミドを基盤にして大腸菌と放線菌間の接合伝達系も開発されている[16]。試験管内形質転換・再生系の開発が困難であったり，効率が著しく低い場合，この接合伝達系が使用されている。

酵母，カビ，植物への接合伝達はそれぞれの項目を参照されたい。　　　　　　　　　　　　　　　（室岡）

2.4.2　形質導入（ファージ取扱い技術）

形質導入（transduction）とはウイルスが媒介体となってある宿主細胞（供与体）から他の細胞（受容体）へとDNAが移行することを指す。本現象はZinderとLederbergによって発見され，細菌とそのウイルスであるバクテリオファージ（ファージ，phage）を用いた系で研究が進んできたが，近年ではレトロウイルスによる真核細胞への形質導入も生じることが報告されている。一般にファージによる形質導入では，ファージが宿主細胞内で増殖する際に，自身のゲノムDNAに加えて宿主DNAの一部をキャプシドに取り込んだ娘ファージ粒子が生じる場合がある。ついで，このようにして生じたファージが新しい宿主細胞に感染し，注入されたDNAが新たな遺伝形質を与える。このようにして新たな遺伝形質を獲得した細胞を形質導入体と呼ぶ。導入される遺伝形質としては栄養要求性，薬剤抵抗性，抗原性，糖分解性，運動性などが知られている。特に，いくつかの細菌毒素遺伝子が形質導入によって獲得されることが報告されており，また，自然界でのDNA伝播と細菌の進化と多様性にも，形質導入が深く関与することが知られている。

一方，形質導入は細菌の微細な遺伝子マッピングや有用遺伝子の導入による分子育種に応用されてきたが，プラスミドの形質転換に比べ，操作が煩雑であることや，遺伝子ライブラリー作製においてもBAC，YACなどと比べ短い領域しかカバーできない点など，その活躍の場は減少しつつあった。また，発酵産業の現場において，ファージ汚染は操業トラブルの一因となっており，ファージには負のイメージがつきまとっている。しかし，近年，ファージディスプレイ法を用いた新機能分子の創出や臨床応用，ファージセラピーによる細菌防除法の開発，部位特異的組換え機構を利用した動植物細胞への高効率遺伝子導入など，ファージが再度脚光を浴びつつある。本項では形質導入をはじめ，「古くて新しい遺伝子資源」としてのファージ（ウイルス）の取扱い技術について記述する。

（a）形質導入の分子機構　DNAを直接用いる形質転換とは違い，形質導入においては，ファージが細菌の細胞表層に吸着することが必須となる。そのため，細胞表層中のリポ多糖の構造に起因するファージの吸着選択性が宿主特異性を規定し，形質導入の可否を決定する。

ファージには，T偶数系ファージを代表例とする強毒性のビルレントファージ（溶菌ファージ，virulent phage）とλやP1などのような弱毒性のテンペレートファージ（溶原性ファージ，temperate phage）がある。ビルレントファージでは，感染したファージは新たなファージ粒子構成成分を生成して，その中に自身の核酸をパッケージし，ついで宿主菌を溶菌して娘ファージを放出する（溶菌サイクル）。これに対し，テンペレートファージでは宿主染色体の特定部位（付着部位，attachment（att）site）に組み込まれ，あたかも宿主染色体DNAの一部として複製・増殖する（溶原化）。これをプロファージ（prophage）と呼ぶ。プロファージは自発的または外部刺激に対応して染色体から切り出され（誘発），溶菌ファージと同様の溶菌サイクルをとる[14]。

形質導入はファージの生活環に深く関連しており，P1やT4ファージの突然変異体であるT4dCなどによって介在される供与菌染色体のいかなる領域でも運ばれる普遍（一般）形質導入（generalized transduction）（図2.11）とλで見られるような供与菌染色体の特定領域のみを運ぶ特殊形質導入（specialized transduction）（図2.12）に大別される。また，形質導入によって運ばれるDNAサイズの最大値は，それぞれのファージが頭部にパッケージングできるDNAのサイズに規定されており，最大でも160 kb（T4dCの場合）程度である。

（b）普遍形質導入

（1）P22ファージ　P22ファージは*Salmonella typhimurium*を宿主とする43 kbpのテンペレートファージである。感染後，溶菌サイクルが開始されるとP22 DNAは長鎖重合体から切り出され頭部に充填される（満頭機構，headful mechanism）。この際，パッケージングに機能する酵素が誤って，ファージDNAの代わりに宿主染色体DNAを用いることによって普遍形質導入ファージ粒子が生成される。パッケージングされる宿主染色体DNAに特異性はなく，いかなるDNAでもファージ粒子内に含まれる。生じたファージ粒子のうち，宿主（供与菌）染色体DNAのみをもつ形質導入粒子は全体の2〜5％である。このような普遍形質導入粒子はいかなるウイルスDNAとも結合していないことから疑似ウイルス粒子とも呼ばれる。これらの粒子が受容菌に感染し，供与菌DNAが注入される。このDNAは通常単独での複製は行えず，

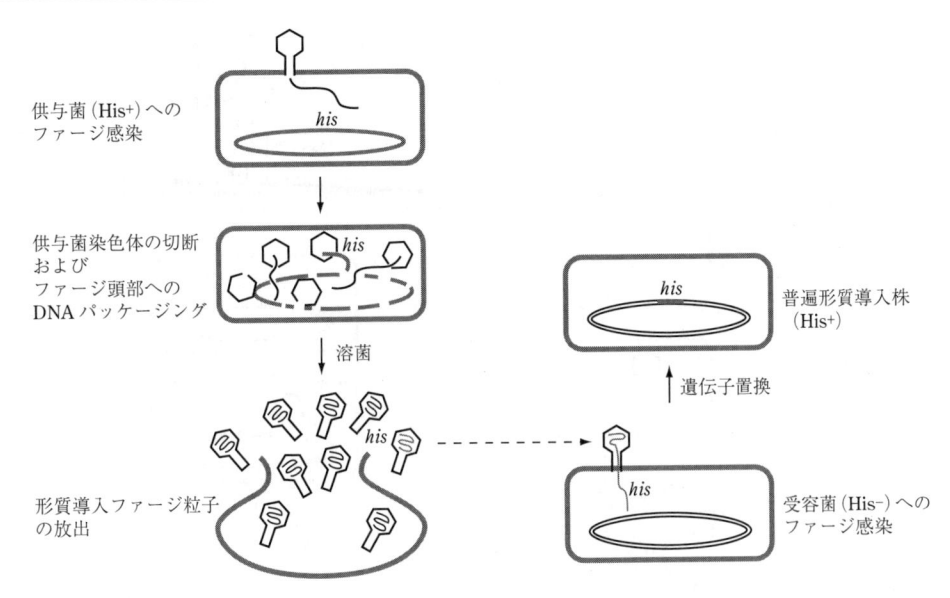

ヒスチジン生産能（His⁺）を持つ供与菌にファージが感染し，供与菌染色体の切断とファージ頭部への DNA パッケージングが行われる。この過程で誤ったパッケージングによってヒスチジン生合成遺伝子 *his* を含む断片が取り込まれた形質導入ファージが生じる。

つぎに，溶菌によって形質導入ファージが放出され，*his* 遺伝子を欠失または変異型 *his* 遺伝子を保持する受容菌（His⁻）に感染すると，遺伝子置換によって受容菌染色体中に *his* 遺伝子が組み換えられ，普遍形質導入株（His⁺）が得られる。これを応用して *S. azureus* ではヒスチジン生合成遺伝子の遺伝子ターゲティングが行われた[16]。

図 2.11 普遍形質導入（ヒスチジン生合成遺伝子の例）

受容菌染色体と置換される。このような過程を経て生じる普遍形質導入であるが，置換される供与菌 DNA のサイズは約 1〜7 kb であり，新たな表現型を示すものは $10^6 \sim 10^8$ に 1 個の細胞にすぎない。

（2）P1 ファージ　P1 ファージは大腸菌を宿主とし，ファージ DNA を細胞内に注入し，染色体中に組み込まれないで，プラスミドの状態で細胞内因子として溶原化状態をとり，誘発により複製するため，通常は普遍形質導入ファージと考えられている。P1 の形質導入機構は P22 と類似しているが，頭部の大きさは P22 に比べ大きく，約 2.5 倍の DNA（約 100 kb）を運ぶことが可能である。

しかし，すべての P1 溶原菌が P1 の制限修飾系を獲得することから，P1 を形質導入ファージとして利用する場合は，*virB* 遺伝子変異体（アンチリプレッサータンパク質過剰生産によって常に溶菌複製を引き起こす）を通常用いる。

（3）その他の普遍形質導入ファージ　*S. typhimurium* や大腸菌のほかに，*Vibrio cholerae* の CP-T1，*Bordetella avium* の Ba1，*Actinobacillus actinomycetemcomitans* の Aaφ23，*Serpulina hyodysenteriae* の VSH-1，*Pseudomonas aeruginosa* の UT1，*Xanthomonas campestris* の XTP1 などのほか，*Staphylococcus aureus*，*Serratia marcescens*，*Listeria monocytogenes*，*Sphaerotilus natans*，*Shigella flexneri*，*Proteus vulgaris* など多種多様な細菌で普遍形質導入ファージが報告されている。

（c）特殊形質導入

（1）λファージ　大腸菌を宿主とするλ（48.5 kbp）は最もよく研究されているファージの一つで，多数の派生体がベクターとしても開発されており，遺伝子工学には不可欠な存在である。λファージの特殊形質導入のメカニズムは Campbell モデル（図 2.12）によって理解できる。

すなわち，宿主細胞内に注入されたλDNA は付着末端（cohesive ends site：*cos* site）で環状化した後，溶菌サイクルまたは溶原化サイクルへと移行するが，溶原化されたλDNA の *att* site は宿主染色体の *gal* 遺伝子と *bio* 遺伝子に挟まれた位置に座乗しており，誘発によって得られた特殊形質導入ファージ粒子は *gal* と *bio* に挟まれた領域の遺伝子しか運ばない。また，誘発によって生成する溶菌液中の特殊形質導入ファー

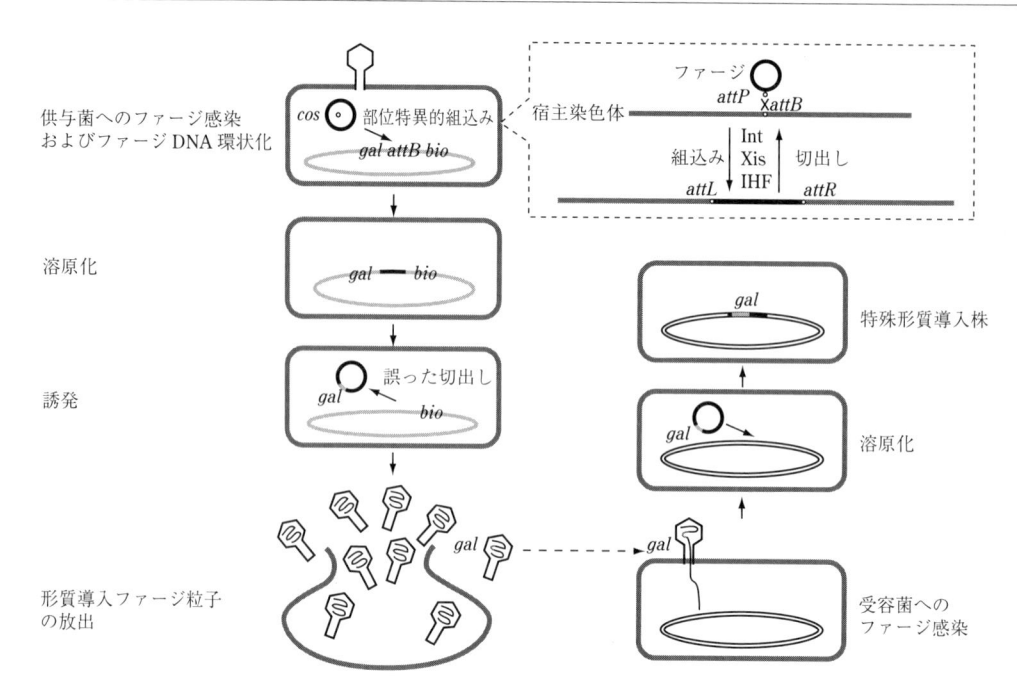

図2.12 特殊形質導入（λファージの例）

供与菌に感染したλファージDNAはcos siteで環状化され，部位特異的組込みによって宿主染色体の特定部位（attB site）に挿入される。attBはgal（ガラクトース発酵性）遺伝子とbio（ビオチン生合成）遺伝子に挟まれた部位に座乗している。

部位特異的組込みによって生じた溶原化株内ではλファージDNAは宿主染色体の一部として複製されるが，UV照射などの誘発によって切り出され，溶菌サイクルへと向かう。この際，誤った切出しが起こると，gal遺伝子もファージ遺伝子とともに染色体から切り出され（誤った切出しはbio遺伝子でも起こるが，galとbioの両遺伝子が同時に切り出されることはない），ファージ粒子中にパッケージングされる。

つぎに，溶菌によって放出された形質導入ファージが受容菌（gal遺伝子非保持または変異型gal遺伝子保持株）に感染し，溶原化されるとgal遺伝子を保持した特殊形質導入株が得られる。

部位特異的組換えのCampbellモデル（点線枠内）。部位特異的組換えはファージと宿主染色体の付着部位（attPとattB）間で生じる可逆的組換え反応である。組込みにはInt（integrase）とIHF（Integration host factor）の2種のタンパク質が必須であり，切出しには両者とともにXis（Excisionase）を要する。attPとattB間では相同の塩基配列（core領域）が存在し，λファージでは15 bp，φC31ではわずか3 bpであり，この短さが，動植物染色体中への組込み効率や組込み部位の数に関連する。

ジ粒子の割合は全体の10^{-6}でしかなく，これは低頻度形質導入（low-frequency transducing：LFT）溶菌液と称される。得られた特殊形質導入ファージを受容菌に感染させ，溶原化を起こさせることで特殊形質導入体を得る。一方，特殊形質導入ファージが溶原化された菌株を誘発することで，ファージ粒子の約半分を形質導入ファージ粒子とすることが可能である。このような溶菌液を高頻度形質導入（high-frequency transducing：HFT）溶菌液と呼ぶ[15]。

（2）φ80ファージ　大腸菌ファージであるφ80の生活環は特殊形質導入粒子を形成する点を含め，λファージのそれと類似しているが，att site近傍に座乗するtrp遺伝子，tdk遺伝子，su3⁺遺伝子，tonB遺伝子などが特殊形質導入マーカーとして知られている。これらのうち，tonB遺伝子はT1ファージとφ80ファージのレセプターをコードしており，形質導入によって受容株へ運ばれる。このため，任意のDNAを挿入したtonB遺伝子を形質導入すると，受容株はT1抵抗性を示す。さらに受容株がφ80溶原菌である場合は，挿入DNAも形質導入粒子の一部となる。このような性質を利用して指向性転移（directed transposition）が考案されている。

（3）P22ファージ　(b)(1)で記述したようにP22ファージは普遍形質導入を行う一方，λと類似の生活環をとり，特殊形質導入ファージ粒子を産生することができる。この際，P22ファージは染色体上の

att site の認識が甘く，二次的付着部位にも組み込まれることから，λファージと比べ形質導入される遺伝子領域は多様である。

また，特殊形質導入粒子にはRプラスミド由来の抗生物質耐性遺伝子を含んだトランスポゾンの挿入が起こることがある。

（4）P1ファージ　P1ファージは普遍形質導入を行う一方，約 10^{-5} の頻度で宿主染色体に組み込まれる。この組込みには宿主由来の *rec* 遺伝子またはファージのCreタンパク質が機能する。生じたP1プロファージは誘発によって低頻度で特殊形質導入ファージ粒子を産生する。

また，P1派生体はphagemidとして多数のグラム陰性腸内細菌（大腸菌，*S. flexneri*，*Shigella dysenteriae*，*Klebsiella pneumoniae* および *Citrobacter freundii*）や *Pseudomonas* 属細菌の遺伝子工学ツールとして利用されている。

（5）その他の特殊形質導入ファージ　*Mycobacterium tuberculosis* のTM4ファージを用いて *Mycobacterium bovis* BCGや，*Mycobacterium smegmatis* の特殊形質導入を行った例や *Corynebacterium diphtheriae* の γ-tsr-1, *P. aeruginosa* PAO の D3, *Rhizobium meliloti* の 16-3 などの特殊形質導入が報告されている。

（d）形質導入の応用例

（1）枯草菌ファージ　*Bacillus* 属細菌における形質導入研究の歴史は古く，1959年にはStamatinによって報告がなされている。なかでも *Bacillus subtilis* では多くのファージが報告されておりビルレントファージφ1，テンペレートファージφ101，φ105，ρ11，φ3Tなどである。テンペレートファージρ11はゲノムサイズが約130 kbの大型ファージで大きなDNA断片をクローン化するのに適している。本ファージの特殊形質導入を用いて *his*A1, *lys*21, *spo* 遺伝子群，α-アミラーゼ遺伝子など多くの遺伝子がクローン化されている。また，ρ11にクローン化したDNAを小型ファージであるφ105（50 kb）に再クローン化し，断片を切り出して解析する方法も知られている。さらにφ105では *phe*A, *leu*B, *leu*C および *ilv* 遺伝子のLFTが知られている。

（2）放線菌ファージ　抗生物質生産菌である放線菌でも形質導入の研究はさかんに行われており，*Streptomyces aureus* のテンペレートファージSAt1による *his* 遺伝子の形質導入[16]，tylosin生産株である *Streptomyces fradiae* における tylosin 生合成遺伝子の研究，*Streptomyces griseofuscus* の広宿主域テンペレートファージFP43を用いたHFT，*Streptomyces hygroscopicus* IMET株のテンペレートファージSH10による低頻度の普遍形質導入，SV1ファージを用いた *Streptomyces venezuelae* のクロラムフェニコール生合成遺伝子のmappingなどが知られている。

このほかにφC31とR4が主要な放線菌ファージベクターとして用いられている。φC31は41.5 kbの広宿主域テンペレートファージで，リプレッサーをコードする *c* 遺伝子領域と *attP* 領域はプラーク形成に必要でなく，*attP* または *attP* と *c* 領域をともに欠失させたファージと大腸菌プラスミドpBR322を連結したシャトルベクターが作製されている。本ベクターは放線菌ではファージとして，大腸菌ではプラスミドとして機能する。また，φC31にさまざまな薬剤耐性遺伝子を導入した派生体も開発され，利用されている。

R4は53.7 kbの広宿主域テンペレートファージであり，本ファージの *cos* site とpIJ365プラスミドを利用して構築されたpR4C1（6.9 kb）はR4感染の際に容易に *in vivo* パッケージングされ，形質導入に利用可能となる。

また，広宿主域テンペレートファージFP43の満頭機構に関与する *pac* site をクローニングしたpRHB101とFP43を用いたFP43/pRHB101形質導入システムは形質転換が困難とされている菌株への遺伝子導入を容易にすることが知られている[17]。

（3）乳酸菌ファージ　乳酸菌では *Lactobacillus acidophilus* ADHのファージφadh，*Lactobacillus salivarius* のファージPLS-1，*Lactococcus lactis* のファージsk1，*Lactococcus lactis* subsp. *cremoris* 901-1のファージTP901-1などが知られており，*L. lactis* のラクトース発酵に関与する遺伝子が形質導入によって明らかとなっている。

乳酸菌ではプロトプラスト再生は容易ではないため，ポリエチレングリコールによるDNA取込み現象がファージDNAを用いた系で利用されている。本系は，感染後に放出されるファージ粒子をプラーク数として計測でき，かつ，プロトプラストを再生する必要がないため，乳酸菌のプロトプラスト形成率とDNA取込みを検討する有力な手法の一つとなっている。本法を利用して *Lactobacillus diacetilactis* プロトプラストへのP008ファージ感染，および，DNaseから供与株DNAを保護する目的でリポソームを利用した形質導入が *Lactobacillus casei* や *Lactobacillus bulgaricus* で試みられ，高い感染効率が得られている。

また，乳酸菌は食品製造に不可欠な菌群であり，かつ，プロバイオティクスとしてヒトの健康への寄与が求められており，generally recognized as safe（GRAS）として食品レベルでの安全性が重要視され

ている。このため，乳酸菌ではテンペレートファージを利用した組込みベクターの開発がさかんに行われている[18]。

（4）バキュロウイルス　バキュロウイルス（*Autographa californica* nuclear polyhedrosis virus：AcNPV）は昆虫を宿主とするウイルスで，環状二本鎖DNAをゲノムに持ち，感染した細胞の核内に多核体（polyhedra）と呼ばれる封入体をつくる。封入体を構成するタンパク質の一つである多核体タンパク質（ポリヘドリン）はその遺伝子に強力なプロモーターを持ち，感染後期に細胞内の全タンパク質の20～30％になる。1983年，Smithらによりこの遺伝子の強力なプロモーターを利用したタンパク質発現系が開発され，現在広く用いられている。

本系の特徴は，脊椎動物に感染せず，安全性が高い，分子量の大きいタンパク質も可溶性タンパク質として高発現できる，糖鎖修飾，リン酸化，脂質の付加などの翻訳後修飾が期待できる，複数のタンパク質を同時発現できる。欠点として，操作が煩雑で，時間がかかる。特に，プラークアッセイは熟練を要する。付加された糖鎖構造など翻訳後修飾の質が挙げられる。

バキュロウイルス昆虫細胞発現系は，トランスファーベクターに目的のDNA断片をサブクローニング，ウイルスDNA（約130 kb）と目的遺伝子をサブクローニングしたトランスファーベクターを昆虫細胞Sf9やSf21（*Spodoptera frugiperda*）あるいはHigh Fiveにトランスフェクションし，相同組換えを利用することによって組換え体ウイルスを作製する。トランスフェクションの上清に組換え体ウイルスと非組換え体ウイルスが混在するため，この上清を細胞に感染後，アガロースを重層し，プラーク形成後にウイルスの精製を行う。非組換え体ウイルスは多核体を合成するため白色のプラークを形成する。一方，組換え体ウイルスは多核体を合成できず透明なプラークを作るため，肉眼で識別できる。この組換え体ウイルスの精製操作を3～5回繰り返すことによりウイルスタイターを上げる。最後に，精製された組換え体ウイルスを昆虫細胞に感染させ，タンパク質を発現させる。

従来，環状野生型AcNPV DNAをトランスフェクションに用いていたため，組換え体のできる効率が0.1～1％と低く，プラークアッセイを数回繰り返し行い，ウイルスを精製する必要があった。その後，線状野生型AcNPV DNAを用いることにより組換え体ウイルスが30～50％の効率で作製できるようになり，1回のプラーク精製ですむようになった。最近，ほぼ100％に近い効率で組換え体ウイルスのみが得られるバキュロウイルスDNA（Linearized Baculovirus DNA）が市販されており，必ずしもプラーク精製する必要がなくなった。

（e）新たなファージ利用技術

（1）ファージディスプレイ法　ファージはクローニングやシーケンスのためのライブラリー構築といった遺伝子解析ツールから，他の分子と相互作用のあるペプチドやタンパク質を同定する方法にも利用されている。Smithらは標的分子に結合するペプチド配列をライブラリー群から効率よく同定するファージディスプレイ法を開発した。本法はファージの生活環を利用して，表現型を示すタンパク質とそれをコードするDNAとの対応を一粒子上で実現させた優れたウイルス型対応付け技術である。

ファージディスプレイ法はM13などの繊維状ファージのコートタンパク質であるg3pやg8pなどのN末端側にファージの感染能を失わないように外来遺伝子を融合タンパク質として発現させる。これによって任意のタンパク質やペプチドをファージの表層に提示でき，これらの遺伝情報はファージDNA解析を行うことで容易に同定できる。さらにファージを用いることで，一度に多量のクローンを取り扱うことが可能となり，さまざまなタンパク質あるいはペプチドの遺伝子をファージDNAの中に組み込み，一度に10^8～10^{12}程度のライブラリーを構築することが可能であり，膨大な組換え体のなかから目的の機能や性質を持った分子種を選択できる。このような特徴を利用して，多様な遺伝子プールから有用な生理活性ペプチドの探索や新機能タンパク質の創出などがさかんに行われている。

なお，ファージディスプレイ法ではM13やfdといった繊維状ファージがおもに利用されているが，タンパク質がファージ表層に提示される際に，宿主菌の膜透過を伴うため，非分泌型タンパク質の提示には利用できない場合がある。このような場合には膜透過のプロセスを経ないλファージ系のファージディスプレイ法が利用される。

（2）ファージセラピー　1900年初頭にファージによる溶菌現象が発見され，本現象を利用した病原菌の除菌法（ファージセラピー，phage therapy）が提唱された。しかし，抗生物質の発見と開発によって病原菌治療の主役は抗菌スペクトルが広く，扱いの簡単な抗生物質へと移っていった。ところが多剤耐性菌の出現や抗生物質の副作用などの問題から，ファージセラピーの有効性が再度提唱されつつある。

近年，φENB6を用いたバンコマイシン耐性*Enterococcus faecium*（VRE）に対するファージセラピーのほか，*E. coli* O157:H7のSP15とPP17，*Vibrio* *vulnificus* の CK-2, *Bacillus anthracis* の $\phi\gamma$, *Clostridium perfringens* の 3626 など, 多剤耐性菌や抗生物質の使用が困難な食品加工の現場などにおけるファージ自身またはファージ溶菌酵素の利用がさかんに行われ始めている[19]。

（3）部位特異的組換えを利用したトランスジェニック生物の作出　トランスジェニック生物の作出には，染色体への異種遺伝子挿入が不可欠である。このため，マイクロインジェクション法を用いてDNAを受精卵の前核に注入する方法やレトロウイルスベクターによって受精胚または胚の幹細胞に導入する方法が用いられている。これらの方法では導入異種遺伝子はランダムな組込み，もしくは相同組換えによって標的染色体中に挿入される。しかしこれらの組換え効率は $10^{-4} \sim 10^{-6}$ と低く，トランスジェニック生物作出の困難さの一因となっていた。

この問題を解決する手段として，ファージの部位特異的組換えを利用したシステムが開発されている。ファージの部位特異的組換えは組込み酵素（integrase）および切出し酵素（exicisonase）が触媒するが，特にintegraseが本システムに重要な役割を果たしている。Integraseは λ ファージがコードしている比較的広範囲の att site を認識し，スーパーコイル状DNAと組込みに関与する，宿主由来の補因子を必要とする Tyrosine integrase と ϕC31, R4 や TP901-1 などにコードされ，attPとattB間に相同性が低くとも効率的な組換えを行える Serine integrase に大別される。

λ integrase を用いた場合，ヒト BL60 細胞，HeLa 細胞やマウス ES 細胞，NIH3T3 細胞などに高頻度（6〜30％）で染色体組込みが報告されている。一方，Serine integrase をコードする ϕC31 では att site が非常に短く，レトロウイルスのようなランダムに挿入を行うベクターより10倍以上高頻度で染色体中に組み込まれることから，ϕC31 integrase 系は遺伝子治療や高等植物への遺伝子導入の有効なシステムとしての期待が非常に高まっている[20]。　　　（原，土居）

引用・参考文献

1) Lederberg, J. and Tatum, E. L.: *Cold Spring Harbor Symp. Quant. Biol.*, **11**, 113-114（1946）.
2) Alberts, B., et al.: Essential 細胞生物学, p. 283, 南江堂（1999）.
3) Nomura, N., Yamashita, M. and Murooka, Y.: *J. Ferment. Bioeng.*, **86**, 534-538（1998）.
4) Boyd, A. C., Archer, J. A. K. and Sherratt, D. J.: *Mol. Gen. Genet.*, **217**, 488-498（1989）.
5) Nomura, N., Yamashita, M. and Murooka, Y.: *Gene*, **170**, 57-62（1996）.
6) 室岡義勝, 遺伝子組換え実用化技術3集, p. 78, サイエンスフォーラム社（1982）.
7) Hamamoto, A. and Murooka, Y.: *Appl. Microbiol. Biotechnol*, **26**, 242-247（1987）.
8) Murooka, Y., Iwamoto, H., Hamamoto, A. and Yamauchi, T.: *J. Bacteriol.*, **169**, 4406-4409（1987）.
9) Zambryski, P., Temple, J. and Schell, J.: *Cell*, **56**, 193-201（1989）.
10) 林奈々絵, 小野比佐好, 室岡義勝：日本生物工学会大会講演要旨集, 56（2002）.
11) Watson, J. D., et al.: ワトソン・組換えDNAの分子生物学, p. 245, 丸善（1993）.
12) Murooka, Y., Takizawa, N. and Harada, T.: *J. Bacteriol.*, **145**, 358-368（1981）.
13) Murooka, Y., Oka, M., Yamashita, M., Sugiyama, M. and Harada, T.: *Agic. Biol. Chem.*, **47**, 1807-1815（1983）.
14) Avery, O., Macleod, T. and Macarty, M.: *J. Exp. Med.*, **79**, 137（1944）.
15) Dao, M. L. and Ferretti, J. J.: *Appl. Environ. Microbiol.*, **49**, 115-119（1985）.
16) MacNeil, D. J.: *J. Bacteriol.*, **170**, 5607-5612（1988）.
17) 松代愛三：溶原性, pp. 101-126, 東京大学出版会（1975）.
18) バージ, E. A., (高橋秀夫, 宍戸和夫訳)：バクテリアとファージの遺伝学, pp. 227-241, シュプリンガー・フェアラーク東京（2002）.
19) 土居克実, 太田一良, 緒方靖哉：微生物の遺伝子ターゲッティング, 遺伝子ターゲッティングの基礎と応用, (緒方靖哉, 村上浩紀編著), pp. 1-38, コロナ社（1995）.
20) Kieser, T., Bibb, M. J., Buttner, M. J., Chater, K. F. and Hopwood, D. A., eds.: *Practical Streptomyces Genetics*, pp. 271-288, John Innes Foundation, Norwich（2001）.
21) 土居克実, 緒方靖哉：遺伝子資源として, 乳酸菌とその寄生因子の特殊性と有用性を展望する, 日本乳酸菌学会誌, **10**, 72-89（2000）.
22) McGrath, S., Fitzgerald, G. F. and van Sinderen, D.: The impact of bacteriophage genomics, *Curr. Opin. Biotechnol.*, **15**, 94-99（2004）.
23) Groth, A. C. and Calos, M. P.: Phage integrases: biology and applications, *J. Mol. Biol.*, **335**, 667-678（2004）.

2.5 生体外遺伝子操作

2.5.1 遺伝子操作関連酵素

分子生物学の基礎研究あるいは応用研究を支えている遺伝子操作技術は，特定の酵素を使用することで成り立っている。例えば，染色体DNA中の特定の遺伝子を単離し増幅する，すなわちクローニングには，特定の配列を切断する制限酵素とDNAを結合するDNAリガーゼを用いる。また，テンプレートDNAをもとにDNAを合成するDNAポリメラーゼの触媒反応を利用して，ポリメラーゼチェインリアクション（PCR）で特定のDNA断片を増幅することができる。増幅したDNA断片は，遺伝子の検出や配列解析，クローニングなどに供される。一方，逆転写酵素（リバーストランスクリプターゼ）は，メッセンジャーRNA（mRNA）をテンプレートとして相補DNA（cDNA）を合成することができる。合成したcDNAは，ラベリング反応やPCRなどのテンプレートとして次ステップの遺伝子操作に用いられる。

1980年代初めに制限酵素の工業生産，販売が始まって以来，さまざまな酵素がライフサイエンス研究用に提供されてきた。現在では，制限酵素だけでも二百種類以上販売されている。また，DNAリガーゼやDNAポリメラーゼ，逆転写酵素（これも正確にはDNAポリメラーゼの一種だが別々に分類されることが多い），アルカリフォスファターゼ，ポリヌクレオチドキナーゼなど広範な酵素が商品化され，種々の遺伝子操作実験に頻繁に活用されている。

以下，遺伝子操作で利用する頻度の高い酵素を取り上げて解説する。また，**図2.13**には，それぞれの酵素の立体構造を示している。

（a）DNAポリメラーゼ 現在，DNAポリメラーゼの用途の大半はPCR向けである。PCR反応ではDNAポリメラーゼによるポリヌクレオチド合成と熱変性（95℃前後：DNAの二本鎖を分離するために必要）のサイクルを交互に繰り返す必要があるので，熱安定性の高いDNAポリメラーゼが要求される。Taqポリメラーゼが，最初に市販されたPCR用耐熱性DNAポリメラーゼである。この酵素は*Thermus aquaticus*由来で，至適温度は75～80℃だがさらに高温でも十分な安定性がある。引き続いて，耐熱性DNAポリメラーゼが数多く市場に送り込まれた。これらの酵素はさまざまな超好熱菌を起原とし，組換えDNA技術により生産される。超好熱菌のDNAポリメラーゼは，95℃で数時間レベルの半減期を示す。

実験目的に合わせて市販のDNAポリメラーゼの品

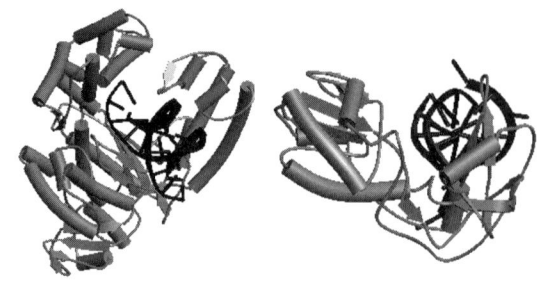

（a）DNAポリメラーゼ（Taqポリメラーゼのポリメラーゼ・ドメイン）

（b）逆転写酵素（MMLV由来）

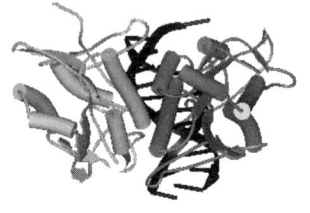

（c）制限酵素（*Bam*HI）

円筒はα-ヘリックス，矢印はβ-ストランドを示す（Protein Data Bankの座標データ 4KTQ, 1DOE, 2BAM よりそれぞれ作成）。核酸はラダーで示した。

図2.13 遺伝子操作関連酵素の立体構造

質も多様化している。以下に，耐熱性DNAポリメラーゼを用いる実験の目的とおもに必要とされる性能をまとめた。

- PCR（検出）：増幅効率が高い（低濃度のテンプレートでも高収率）。至適条件が広範囲。反応が速い。
- PCR（クローニング）：増幅効率が高い。信頼性（DNA合成の忠実度：フィデリティー）が高い（つまり増幅した配列にエラーが少ない）。
- 塩基配列解析：基質の取込み効率がよく，基質の選択性が低い。
- 部位特異的変異処理：信頼性が高い。したがって，目的の箇所以外に変異が入らない。
- ランダム変異処理：信頼性が低い。したがって，いろいろな箇所に変異が入る。

また，DNAポリメラーゼの性能評価にはプロセッシビティーと呼ばれる尺度がある。これは，酵素とDNAが一度結合したときのDNA伸長能（つまり取り込まれるヌクレオチドの数）と定義される。プロセッシビティーが高い酵素はPCRで大きなサイズのDNAを増幅することができるし，塩基配列解析でも長い配列を読み取ることができる。

（b）逆転写酵素 MMLV（moloney murine leukemia virus）由来とAMV（avian myeloblastosis virus）由来の逆転写酵素が使用されている。もともと，逆転写酵素はRNaseH活性も持っており，テンプレートRNAの分解とDNA合成開始が競合したり，完全な長さのcDNAの合成に支障をきたしたりと負の効果をもたらす。そこで，タンパク質工学技術でRHaseH活性を除去したものが使われている。さらには，高い温度での反応性を改良したものも市販されている。

逆転写酵素はおもにmRNAからcDNAライブラリーを作製するとき，あるいはmRNAをテンプレートとしてRT-PCR（逆転写PCR）を行う際に用いられる。また，逆転写酵素によるcDNAの合成は，mRNAの5′末端転写開始部位の解析を可能にする。

逆転写酵素もDNA合成を触媒するので，DNAポリメラーゼの一種であり，立体構造も他のポリメラーゼファミリーと同様に右手を広げたような形をしている（図2.13（a）（DNAポリメラーゼ：手のひらが正面）と（b）（逆転写酵素：手の甲側））。実際，DNAポリメラーゼには *T. thermophilus* 由来の酵素のように実用上十分な逆転写酵素活性を示すものがある。この酵素はMn^{2+}存在下で強い逆転写酵素活性を示し，RTとPCRを同一の酵素で行うことができるので，RNAの簡便な検出や診断用途としてRNAウイルスの検出に広く用いられている。

（c） **DNAリガーゼ**　DNAリガーゼはDNA内にホスホジエステル結合を形成する反応を触媒するため，おもにクローニングの手順の一環として標的DNA断片を特定のプラスミドに結合するために用いられる。

市販のDNAリガーゼとしては，バクテリオファージT4由来のT4リガーゼが大部分を占める。この酵素は，反応にMg^{2+}とATPを要求し，二本鎖DNAの平滑末端および突出末端，ニックの入った二本鎖DNAに作用するが，RNAとRNAおよびRNAとDNAの連結にはほとんど作用しない。また，平滑末端に対する反応性は突出末端に比べてかなり低い（Km値が突出末端の約100倍）。したがって，末端形状に合わせて反応条件を変更する必要があるが，現在では組成が至適化されたプレミックス試薬を利用することができる。

Taq DNAリガーゼなどの熱安定DNAリガーゼも市販されているが，これらはおもにリガーゼチェインリアクション（LCR）による遺伝子増幅，検出用である。

（d） **制限酵素**　微生物は，病原体に感染するのを防ぐためのいろいろな機構を作り上げてきた。その一つが制限酵素による機構で，制限酵素は外来の二本鎖DNAを切断できるため外来DNAの複製が抑制される。宿主微生物のDNAは通常，特定のDNA配列がメチル化により修飾されているため，自身の制限酵素での分解に耐性である。微生物はいずれも，決まった配列を認識する1種類以上の制限酵素を産生する。

制限酵素は三つのタイプに分類される。タイプI制限酵素とタイプIII制限酵素は複雑な構造で，複数の異なるサブユニットから構成され，活性を維持するためには種々の補因子が必要である。さらにタイプIは，制限酵素が認識するDNA配列から離れた任意の位置でDNAを切断する。一方タイプII制限酵素はより単純な構造で，一般的に一つのサブユニットで構成され，活性に必要なのはMg^{2+}のみであり，ほとんどは酵素が認識し結合する配列部位でDNAを切断する。したがって，タイプII制限酵素が遺伝子操作に幅広く活用されてきた。

制限酵素は特定のDNA配列のみを認識，結合し切断する。通常この認識配列は特定の点で2回対称になっており，長さはふつう4～8塩基対である。この2回対称部位はパリンドロームと呼ばれる。図2.13（c）は制限酵素 *Bam*HI の立体構造だが，対称部位のそれぞれにサブユニットが結合している様子がよくわかる。認識配列が長くなるほどその配列はDNA分子内には少なくなるので，酵素反応で生じるDNA断片の数も少なくなる。用いる制限酵素の種類により，DNA切断部位は平滑末端か突出末端になる。ちなみに，同じ配列を認識する制限酵素はアイソシゾマーと呼ばれる。例えば，*Sma*I と *Xma*I は切断部位が異なるが，どちらもCCCGGGという配列を認識する。

クローニングの際に，標的DNA断片や特定のプラスミドを制限酵素で切断し，DNAリガーゼで両者を連結する。この際，制限酵素は単独で使用したり2種類以上を合わせて使用する。制限酵素は遺伝子解析，例えば遺伝子制限断片長多型（RFLP）分析による塩基配列の変異や修飾の検出にも用いられる。

（e） **その他のおもな遺伝子操作関連酵素**

（1）クローン化されたDNAをテンプレートにしてRNA合成を行う際に，バクテリオファージT7，T3，SP6に由来するRNAポリメラーゼが用いられる。合成したRNAは，DNAやRNA解析のプローブ，無細胞タンパク質合成などの用途がある。

（2）制限酵素による切断やPCR，化学合成によって得られたDNA断片をさらに解析，操作するときに，末端のリン酸基を除去したり，逆に付加することが有効となる場合がある。リン酸基の除去には，おもに仔ウシ腸由来アルカリホスファターゼが用いられ，ATP

を基質とした5′末端へのリン酸基の付加には，バクテリオファージT4由来ポリヌクレオチドキナーゼが用いられる。

（3）一本鎖DNAを分解するエキソヌクレアーゼIと小エビ由来アルカリホスファターゼをPCR産物に反応させると，余分なプライマーDNAが分解されてdNTPとなり，さらにアルカリホスファターゼで脱リン酸される。結果として，DNAポリメラーゼの反応を邪魔しない形になるので，精製操作なしに塩基配列解析のテンプレートDNAとして直接用いることができる。

（4）DNAトポイソメラーゼIは，特定のDNA配列を認識して片方のDNA鎖を切断し再結合することで二重らせんを回転させる酵素である。この酵素をDNAリガーゼの代わりに用いると，PCR産物をさらに効率よくクローニングすることができる。

（5）PCRでは微量のテンプレートDNAを増幅するため，クロスコンタミネーション（他サンプルによる汚染）が大きな問題となり得る。そこで，まずTaqポリメラーゼを用いたPCRの際dTTPの代わりにdUTPを取り込ませる。そして，PCRの前にウラシルDNAグリコシダーゼを作用させることにより増幅産物は分解されるので，キャリーオーバー（増幅産物の持込み）を防ぐことができる。

（6）PCR中，dCTPからわずかにdUTPが生成するが，これは超好熱性始原菌のDNAポリメラーゼの活性を阻害する。そこでdUTPaseを反応系に加えることにより，dUTPが分解され，PCRの効率が全般的に向上する。

それでは，より具体的なイメージをつかむため，典型的な遺伝子操作実験を事例として用いる酵素を挙げてみたい。

図2.14には，対象とする生物種の細胞より核酸を抽出し，PCR，クローニング，配列解析，変異処理によるタンパク質工学的検討といった一般的な研究の流れと各実験ステップに用いる代表的な酵素を示している。まず，核酸抽出の際には得ようとする核酸種を効率よく精製するために，それ以外の高分子を分解する酵素が利用される。例えば，マウステールよりDNAを抽出するときは，前処理としてプロテイナーゼKによりタンパク質を分解しておく。プラスミドの調製では，後の分析で邪魔になるリボソームRNAをRNaseで分解除去しておく。RNA抽出でも，DNAが混入していると後でPCRに用いた際に影響がでるので，あらかじめDNaseで分解する。

以降のステップでは，DNAポリメラーゼの出番が多く，遺伝子操作になくてはならない酵素であることがわかる。クローニングを目的としたPCRや部位特異的変異処理の際には，通常は高い信頼性を有する酵素を選択する。超好熱性始原菌のDNAポリメラーゼは校正機能を持っているので，この用途に最も適している。

クローニングや配列解析，変異処理には，酵素および必要な試薬とコントロールを含む簡便なキットを利用することが多い。図2.14の各ステップの実験操作に用いる酵素も，実際には酵素単独ではなくキットの形で市販されているため，あらかじめバッファーや基質などを調製する必要はない。標準的な実験内容であれば，メーカーのプロトコールに従って操作することで期待する結果が得られる。

(西矢)

2.5.2 PCRとその応用

1973年に報告された遺伝子クローニングの手法は，それまでの生物学のイメージを覆し，遺伝子組換え植物や，遺伝子治療の例に見られるように，大きな影響をわれわれの日常生活にまで及ぼした。しかしながら，

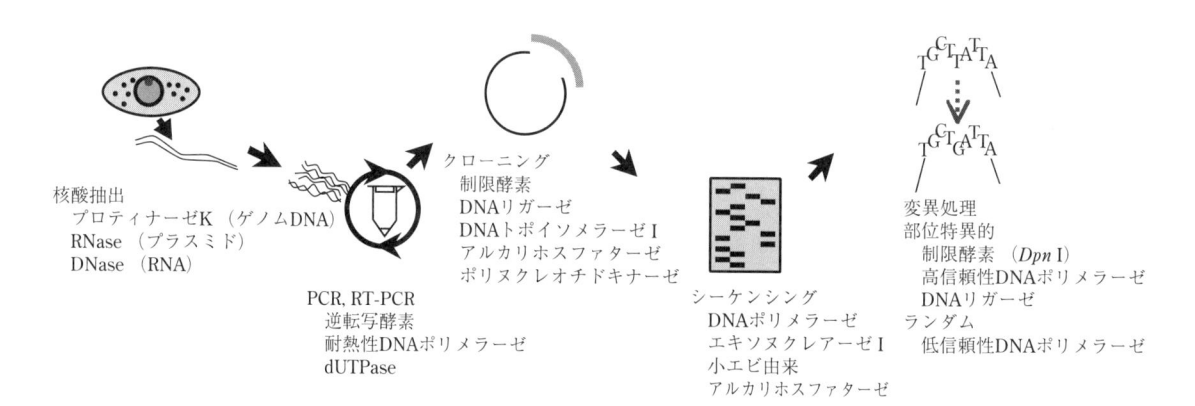

図2.14 遺伝子操作実験の一例：各実験操作に用いられる酵素

核酸抽出
　プロテイナーゼK（ゲノムDNA）
　RNase（プラスミド）
　DNase（RNA）

PCR, RT-PCR
　逆転写酵素
　耐熱性DNAポリメラーゼ
　dUTPase

クローニング
　制限酵素
　DNAリガーゼ
　DNAトポイソメラーゼI
　アルカリホスファターゼ
　ポリヌクレオチドキナーゼ

シーケンシング
　DNAポリメラーゼ
　エキソヌクレアーゼI
　小エビ由来
　アルカリホスファターゼ

変異処理
　部位特異的
　　制限酵素（DpnI）
　　高信頼性DNAポリメラーゼ
　　DNAリガーゼ
　ランダム
　　低信頼性DNAポリメラーゼ

2.5 生体外遺伝子操作

初期の遺伝子組換え実験操作は，面倒なライブラリー作製と時間のかかるスクリーニングの繰返しであった．1983年に遺伝子組換え技術に革新をもたらす新たな手法が，マリスらにより開発された．それが，DNAポリメラーゼを用いて目的の遺伝子断片を1時間程度の短時間に試験管内で合成してしまうポリメラーゼ連鎖反応（polymerase chain reaction）である．

2本の向かい合うオリゴヌクレオチドプライマーを用いて試験管内でDNAを合成させた場合に，一方のプライマーからの鎖が反対側のプライマー結合部位まで伸びたならば，テンプレートDNAが完全に複製したことになる．さらに，生じたDNAを加熱して2本の一本鎖にし，プライマーとデオキシヌクレオチドと高温環境下でも失活しない耐熱性DNAポリメラーゼ（高度好熱菌 *Thermus aquaticus* 由来の耐熱性DNAポリメラーゼ（Taq DNAポリメラーゼ））を用いて反応を行えば，つぎつぎと目的のDNAの増幅を行うことができ，同じ操作を20回繰り返せば理論上100万倍のDNAが得られる[1]．この技術は，分子生物学，基礎医学，遺伝学のみならず幅広い分野で利用され，1993年その功績をたたえ，マリスにノーベル医学生理学賞が与えられた．

（a）具体的な手法　PCR反応液は，テンプレートDNA（100 ng〜1 μg），基質となるデオキシヌクレオチド（dGTP, dATP, dTTP, dCTP各200 μM），目的の配列を挟む形でアニーリングするプライマー（20塩基程度の長さのものをそれぞれ0.5 μM），そして耐熱性DNAポリメラーゼ（2.5ユニット）からなり，① 反応液を加熱（94℃）して，一本鎖にする，② 冷却（55℃）して，プライマーをアニーリングさせる，③ 加熱（72℃）してポリメラーゼに新しい相補鎖を合成させる，④ 再び反応液を加熱して合成された二本鎖を一本鎖にする，のステップをサーマルサイクラーで30回程度繰り返し行うのが一般的な方法である（図2.15）．

DNA増幅が認められない場合には，アニーリング温度を下げる，反応時間を延ばす，熱変性時間を長くするなどの方法が有効である．一方，目的のDNA以外の非特異的な増幅が認められる場合には，アニーリング温度を上げる，合成時間を短くする，プライマーのデザインを変更する（繰返し配列を避ける）などの方法が有効である．方法の詳細に関しては，成書を参考にするのがよいと思われる[2〜5]．

（b）DNAポリメラーゼ　PCRは優れた遺伝子増幅法であるが，反応速度や正確性などにおいて改善すべき点も多く残されていた．PCR用酵素として使用されているDNAポリメラーゼは，大きく分けて，細菌由来のPol I型酵素（*Thermus aquaticus*, *Thermus flavus*, *Thermus 'ubiquitos'*, *Thermus thermophilus*, *Thermotoga maritima* 由来など）と，始原菌（Archaea）由来の真核細胞型DNAポリメラーゼを含むα型酵素（*Pyrococcus furiosus*, *Pyrococcus woesei*, *Thermococcus kodakaraensis*, *Thermococcus litoralis* 由来など）に分けられる．Taq DNAポリメラーゼに代表される細菌由来Pol I型酵素は，DNA合成活性が高いが，校正機能としての3′–5′エキソヌクレアーゼ活性がない場合が多く，増幅の際の正確性に問題がある．α型酵素は強い3′–5′エキソヌクレアーゼ活性を有しており，正確な増幅反応を行えるが，伸長活性は低い場合が多い．したがって目的に応じた酵素の使用が望ましい．つまり，プローブの作製などあまり正確性を要求されない場合にはPol I型を，短い配列だが正確に増幅させたい場合には，α型のDNAポリメラーゼを使用するのがよい．市販されている酵素には，さまざまな改良が施されているものがあり，例えば *Thermococcus kodakaraensis* 由来KOD DNAポリメラーゼ[6]は，Pol I型に匹敵する速い合成速度（138塩基/秒）と高いプロセッシビティー（酵素が一度基質に結合してから離れるまでに合成することのできる塩基数，1反応当り約300塩基）を示し，短時間で正確なPCRを行うことができる．非特異的増幅とプライマーダイマー形成が起こる原因には，反応液を混合してサーマ

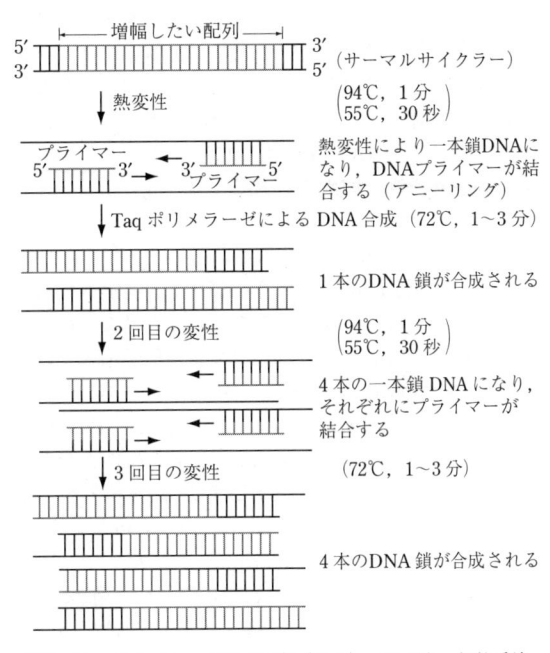

図2.15 ポリメラーゼ連鎖反応（PCR）の原理と一般的手法

ルサイクラーへの設定後，DNA合成酵素が本来酵素活性を発揮してはならない最初の昇温時のプライマーダイマーや，非特異的に結合したプライマーからの増幅反応を触媒してしまうことが考えられる。そこで，テンプレートDNAが変性温度に達するまでの望ましくない酵素活性を抑える目的で，高い温度になってから酵素反応を開始できる「ホットスタート法」が考案され[7),8)]，キットとして市販されている。

（c） PCR法の応用　PCR法は，遺伝子を扱う実験を行っている研究室でのきわめて有効な手段として日常的に使用されている。ゲノム遺伝子増幅に限らず，mRNA情報に基づいた，cDNAクローニングに利用されるのがRT（reverse transcriptase）-PCR法である。一般に，微量のRNAに由来するcDNAを取得するのはかなり困難であるが，PCR法を組み合わせれば比較的容易に取得できる。方法の概略としては，逆転写酵素（reverse transcriptase）を用いてmRNAをcDNAに逆転写し，その後PCRを行う（図2.16）。完全長のcDNAを一度に取得するのが困難な場合には，N末端コード領域とC末端コード領域をそれぞれ取得後，混合して完全長を取得するRACE（rapid amplification of cDNA ends）-PCRが用いられる。遺伝子研究以外においても，PCR法は，犯罪捜査，遺伝子診断等において，きわめて重要な手法として利用されている。

遺伝子の配列は個々人において共通部分が多いが，当然ながら異なっている部分も存在する（遺伝子多型）。遺伝子配列中に同じ配列が繰り返して現れる部分があり，人によって繰返しの回数が異なること（縦列型反復配列多型）を指標として，個人を特定する犯罪捜査にPCR法は威力を発揮している。DNA型鑑定法は，血液型鑑定等とあわせて使用されることが多く，豊富な型分類から同一の型が現れる確率がきわめて低い点を利用して，犯罪現場で犯人のものと判断して採取した血液，体液等のDNA型と，容疑者のDNA型が一致するか否かで正確に同一人物であると判断できる。日本では，1992年に犯罪捜査に導入され，現在では公判で証拠として採用されている場合も少なくない。

ヒトゲノム計画が山を越え，ポストゲノムの大きな流れのなかで，遺伝子多型は，容貌や性格の違いに反映したり，生物としての寿命や疾患リスクとも密接にかかわる。病気と遺伝子の関係を理解する上でもきわめて重要である。遺伝子多型の約80％は配列中のわずか一塩基の違いに起因しており，それをSNP（single nucleotide polymorphism，1塩基多型）と呼び，ヒトゲノム中には300〜1000万存在すると考えられている。個人レベルでの遺伝的な背景が今後ますます明らかになると，病気の原因に直接働きかける治療や，個人の体質の違いを考慮した「オーダーメード医療」が実現すると期待されており，遺伝子増幅法を基本にしてさまざまなビジネスが生まれつつある。半面，個人情報としての遺伝子情報の利用の仕方に関しては，今後も十分な議論がなされる必要が指摘されている。

ヒトゲノム・遺伝子解析研究について，2001年3月29日付で「ヒトゲノム・遺伝子解析研究に関する倫理指針」を文部科学省，厚生労働省および経済産業省の三省が共同で告示した。倫理審査委員会の設置および運営の状況についても国民に対する情報提供の一環として公開するものとしており，それらの情報を適切に提供するために，文部科学省，厚生労働省および経済産業省が共同で「ヒトゲノム・遺伝子解析研究に関する倫理指針ホームページ」〔http://www.mext.go.jp/a_menu/shinkou/seimei/genomeshishin/（2005年1月現在）〕を設けている。

それ以外にも，食中毒菌の遺伝子の検出を目的として，食品工場の品質管理部門で利用されたり，雑菌の遺伝子を検出することで環境汚染をモニターするなど，PCR法はさまざまな場面で用いられている。

〔高木昌宏〕

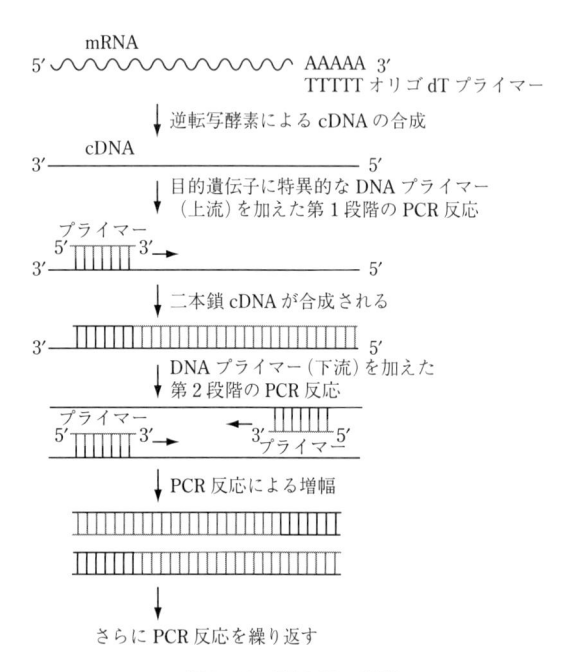

図2.16 RT-PCRの原理

2.5.3 遺伝子導入技術（形質転換法）
〔1〕 遺伝子導入技術（微生物）

微生物細胞への遺伝子（プラスミドベクターDNA，組換え体DNA：以下，DNAと記す）導入法は，バイオテクノロジーの基礎技術である。酵母，カビ，放線菌，および細菌へのDNA導入法は，生物学的方法（プロト（スフェロ）プラスト法[9]，自然形質転換法[10]），化学的方法（金属処理法[11]）および物理的方法（エレクトロポレーション法[12]，パーティクルガン法[13]）に大別される。これらDNA導入法のすべては，酵母 Saccharomyces cerevisiae に適用されており，そのなかのどれかは他の微生物へのDNA導入法となっている。そこで，酵母 S. cerevisiae へのDNA導入法（つまり，形質転換法）を最初に記述する。自然形質転換法以外の細胞機能に基づくDNA導入法，および導入するDNAの特徴と作製法は，2.4節と2.5.4項に記載されている。なお，記述したDNA導入条件は標準的なものである。対象とする微生物について，培養条件，試薬の種類と濃度，DNA（通常，0.1～数 μg）や細胞の濃度，あるいは処理時間などを最適化しておくのが望ましい。

（a）酵母への遺伝子導入法
（1）出芽酵母（S. cerevisiae）

① プロトプラスト法　S. cerevisiae を適当な栄養（YPD）培地で培養する。対数増殖期の細胞を Zymolyase などの細胞壁溶解酵素で処理し，プロトプラストに転換する。細胞を 2-mercaptoethanol で前処理しておくとプロトプラストへの転換効率が上がる。プロトプラストは不安定なため，スクロース（約0.6 M）や sorbitol（約1.0 M）を含む等張液中で扱う。プロトプラスト懸濁液に $CaCl_2$（約10 mM）とDNAを加えて10分間ほど放置した後，polyethylene glycol（PEG4000，約20％）を加え，さらに10分間ほど放置する。この間に形質転換が進行する。プロトプラストを洗浄後，37℃前後に保温した形質転換株選択用の寒天培地に混和し，固化する。30℃で5～6日間保温し，寒天内に再生した細胞を取り出す。バイオゲルを用いた巨大DNA（yeast artificial chromosome：YAC）の導入にもプロトプラスト法が適用されている[14]。

② 金属処理法　アルカリ1価金属で処理した細胞にDNAを導入する方法である。CH_3COOLi が多用される。YPD培地で対数増殖期まで培養し，集洗菌した細胞懸濁液に CH_3COOLi（約0.1 M）を加え，30℃で60分間ほど振とうする。高いDNA取込み能を示す細胞（コンピテント細胞）は，細胞の死滅が始まる処理時間に得られる。コンピテント細胞にDNAを加えて30℃で30分ほど保温した後，PEG4000（約35％）を加え，さらに熱ショック（42℃，5分）を付加する。細胞を洗浄し，形質転換株選択用の寒天プレートに塗布する。

③ エレクトロポレーション法　電気穿孔法ともいう。細胞に高電圧パルスを印加すると一過性の可逆的な膜破壊が生じる現象を利用した方法である。YPD培地で対数増殖期にある細胞を高濃度（フレーク状態）に濃縮し，DNAを加えて数kVの高電圧パルスを印加する。パルス発生装置としては，Bio-Rad社のGene Pulser などが用いられる。形質転換頻度は，$2～3 \times 10^5$/μg-DNAである。

④ パーティクルガン法　バイオリスティック法ともいう。導入すべきDNAを白金やタングステンなどの微粒子（サイズ：0.5 μmφ程度）の表面にコーティングした後，高速（約500 m/s）で細胞に打ち込む。装置としては，Bio-Rad社のPDS-1000/He などがある。形質転換頻度は概して低い（10^4/μg-DNA程度）。本法は，ミトコンドリアの酵母細胞への導入にも適用される。

⑤ 自然形質転換法　S. cerevisiae も自然形質転換（（d）参照）に類似した能力を有し，この性質を利用してDNAを導入する[15]。YPD培地で対数増殖期初期まで増殖させる。集洗菌した細胞懸濁液に，DNA，glutathione（特に，酸化型を約30 mM）とPEG4000（約35％）を加えてよく混和し，30℃で5～10分間ほど保温する。この間に形質転換が終了する。熱ショック（42℃，2分）やpHジャンプ（溶液のpHを，酸性，またはアルカリ側に急激に変化させる）の賦与により形質転換頻度が上昇する。細胞を洗浄し，形質転換株選択用の寒天プレートに塗布する。形質転換頻度は，$10^5～10^6$/μg-DNAに達する。

（2）その他の酵母　基本的には，S. cerevisiae のDNA導入法に準じる。分裂酵母 Schizosaccharomyces pombe および Candida 属酵母（おもに，Candida maltosa と C. albicans）へのDNA導入には，プロトプラスト法と金属処理法が用いられる。Pichia 属酵母，特に Pichia pastoris へのDNA導入は，プロトプラスト法で行われる。Kuryveromyces 属酵母へのDNA導入には，プロトプラスト法，アルカリ1価カチオン法，およびエレクトロポレーション法が適用される。

（b）カビ（糸状菌）への遺伝子導入法
Neurospora 属（N. crassa），Aspergillus 属（A. nidulans, A. oryzae, A. niger など）や Penicillium 属細胞へのDNA導入法が開発されている。通常は，菌糸体から調製したプロトプラストにDNAを導入する方法が採

用されるが，多核細胞のため酵母の場合ほど容易ではない。金属（アルカリ1価カチオン）処理法は適用しにくく，*N. crassa* などで部分的に使用されている。カビの場合には，0.7 M 程度の NaCl や KCl が等張剤として用いられる。*Aspergillus* 属のような子嚢菌のプロトプラスト調製には，chitinase や β-1,3-glucanase を含む酵素含有製剤が効果的である。DNA導入法は，基本的には *S. cerevisiae* の条件に準じる。プロトプラストに DNA を接触させた後に，PEG4000（約30％）と $CaCl_2$（約30 mM）を加えて細胞融合を起こさせる方法と，PEG の代わりに高電圧パルスを印加するエレクトロポレーション法がある。後者の場合には等張剤を sorbitol にする。プロトプラスト法以外に，パーティクルガン法の使用例もある。

（c） 放線菌への遺伝子導入法 放線菌は *Actinomycetales* 目に属し，*Streptomyces* が最大の属を形成する。特徴的な菌糸形態を有するグラム陽性細菌であり，プロトプラスト法[16]が唯一の DNA 導入手段である。ほかのグラム陽性菌に有効なエレクトロポレーション法は適用できない。一般的には，グリシン（lysozyme の感受性を高める）を含む栄養培地で培養した後，菌糸に lysozyme を作用させる。得られたプロトプラスト懸濁液（等張剤スクロース：約 0.3 M）に，PEG1000（約25％）と DNA を加え，数分間放置する。プロトプラストを洗浄して PEG を除き，形質転換株選択用の寒天プレート表面に穏やかに塗布する。

（d） 細菌への遺伝子導入法
（1） 大腸菌 大腸菌は，遺伝子操作で頻用されるグラム陰性細菌であり，特に *Escherichia coli* K-12株に関して詳細な DNA 導入法が検討されている。一般的には，Luria-Bertani（LB）栄養培地で対数増殖期まで培養し，集洗菌した細胞懸濁液に，$CaCl_2$（約50 mM）を加えて，約30分間氷中に保つ。この状態でコンピテントになっており，DNA を加えると形質転換が起こる。熱ショック（42℃，2分）の付加も形質転換頻度の向上に効果的である。市販のコンピテント細胞を用いることもできる。細胞は，形質転換株選択用の寒天プレートに塗布する。高い形質転換頻度が必要な場合には，Hanahan 法[17]が好ましい。エレクトロポレーション法も適用され，$10^9 \sim 10^{10}$/μg-DNA の形質転換頻度が得られる。

（2） 枯草菌 枯草菌への DNA 導入は，通常，自然形質転換法とプロトプラスト法で行われる。自然形質転換法は，細菌が増殖の特定時期（一般的には，対数増殖期）に DNA を取り込む能力（コンピテンス）を発現する現象を利用している[10]。*Bacillus subtilis* Marburg 系で詳細な解析が行われている。特定培養時期の細胞に DNA を加えてさらに培養した後，形質転換株選択用の寒天プレートに塗布する。本法では，生育相の厳密な把握，培地の栄養源の制御，DNA の形状など，形質転換頻度に影響を与える因子の調整が重要である。プロトプラスト法では，対数増殖期の細胞懸濁液に lysozyme を加え，37℃で30～60分間ほど処理する。プロトプラストの懸濁液に，DNA と PEG6000（約40％）を加えて数分間放置した後，プロトプラストを洗浄し，形質転換株選択用の寒天培地を重層してプレートに埋没させる。37℃で2～3日間培養する。二量体 DNA で約 $10^5 \sim 10^6$/μg-DNA の形質転換体が得られる。*B. brevis* の場合には，細胞を弱アルカリで処理し，ペプチドグリカン層のみを外層に持つ細胞を調製し，これに DNA と PEG を加える。菌株によっては，エレクトロポレーション法も可能である。

（3） シュードモナス 代表的菌株 *Pseudomonas aeruginosa*（緑膿菌）や *P. putida*，および *P. fluorescens* への DNA 導入には，エレクトロポレーション法が用いられる。最適条件下で 10^8/μg-DNA 程度の形質転換頻度が得られる。

（4） 乳酸菌 グラム陽性菌である乳酸菌（*Lactobacillus* 属細菌）への DNA 導入は，一部の例外を除きエレクトロポレーション法で行われる。*L. casei* や *L. lactis* などの菌では，コンピテント細胞を凍結保存できる。

（5） 酢酸菌 グラム陰性の好気性細菌であり，*Acetobacter* 属や *Gluconobacter* 属に分類される。DNA 導入には，おもに $CaCl_2$ や CH_3COOLi などで処理した細胞が用いられる。エレクトロポレーション法の適用も可能である。

（6） その他の細菌 *Salmonella* 属細菌は大腸菌と近縁であり，*Salmonella typhimurium* や *S. abony* への DNA 導入は，大腸菌の場合と同様に行うことができる。通性嫌気性菌であるザイモモナス（*Zymomonas*）属細菌への DNA 導入には，プロト（スフェロ）プラスト法が用いられる。D-cycloserine 存在下で培養し，不完全なスフェロプラストを調製する。この細胞に PEG4000（約20％）と DNA を加え，氷中で1時間放置する。熱ショック（42℃，2分）を施した後に，形質転換株選択用の寒天プレートに塗布する。形質転換頻度は，約 10^4/μg-DNA である。その他，*Staphylococcus* 属細菌への DNA 導入には，エレクトロポレーション法が適用されている。*Streptococcus pneumoniae*，*Haemophilus influenzae*，*Neisseria gonorrhoeae* などへの DNA 導入には，自然

形質転換法が応用できるが，パーティクルガン法も有効である。　　　　　　　　　　　　　　　（村田）

〔2〕動　　　物
（a）**生物工学で使われる動物細胞**　現代の生物学研究に用いられている動物細胞は，株細胞・初代培養細胞・卵細胞に大きく分類されるが，生物工学の分野では主として株細胞が用いられている。株細胞は，不死化能（永久に分裂する能力）を持つとともに種々の合成培地での増殖に適応しているので，遺伝子導入した細胞のなかから適当な方法で形質転換細胞を選び出し，細菌のコロニーのようにクローン化することができる（ただし，クローン化の容易さは細胞によってまちまちである）。また一般的に初代培養細胞に比べて遺伝子導入効率は高いが，なかには293細胞や COS 細胞のように特別に導入効率の高い細胞も存在し，一過性の遺伝子発現を見るのに適している。

株細胞は一般に，線維芽細胞・上皮細胞・血球系細胞など，その由来した組織の性質の一部を残してはいるが，高度に分化した性質は失われていることが多いため，研究にあたっては，国内外の細胞バンクや研究者から目的に応じて必要な性質を維持している細胞を入手して用いるのが一般的である。ただし，同じ名前の細胞でも入手先によって異なる形質を持っていることがあるので注意が必要である。

（b）**動物細胞への遺伝子導入手法の選択**　動物細胞へ遺伝子を導入する実験はさまざまな場面で使われるので，目的に応じた実験系を組むことが重要である。現在，動物細胞で安定に自立複製可能な DNA は，ヒトの EB ウイルス複製系・齧歯類の Bovine Papilloma virus 複製系や2.6節で述べられる人工染色体などごく限られているため，実験にあたっては，①導入した遺伝子を染色体中にランダムに組み込んだ細胞を使う，②導入した遺伝子が染色体の特定の位置に導入された細胞を使う，③導入した遺伝子が染色体に組み込まれない状態で一過性に発現するのを利用する，といった三つのアプローチのいずれかを選択するのが一般的である。②は相同組換えを使って遺伝子を置き換えるもので，ノックアウトマウスの作成に使われる手法であるが，生物工学ではそれほど頻用されないので本項では説明を省略する。

遺伝子導入の手法は，これらの研究方法に合わせて最も適したものを選択する。実験室レベルで容易に採用できる手法は，①electroporation 法（電気パルスで細胞膜に穴を開ける）などの物理的手法，②陽荷電脂質やリン酸カルシウムゲルと DNA の複合体を使う化学的手法，③レトロウイルスベクターを使う生物学的手法である。①は少ないコピー数の DNA を導入するのに適しており，浮遊細胞・接着性細胞（培養皿に接着して増殖する細胞）の双方で使われている。②は一般に多コピーの DNA を導入することができ，おもに接着性細胞で使われている。③は他の方法に比べて非常に導入効率がよく，染色体に安定に遺伝子を組み込んだ細胞が得られるが，手技はやや複雑である。

このほかにも④微小な注射針で直接細胞に導入するマイクロインジェクション法，⑤ウイルスの膜融合活性を用いた方法，⑥アデノウイルスベクターを使った方法等も開発されているが，まだ実験室レベルでの一般的手法とはいえないので本項では説明を割愛する。アデノウイルスベクターに関しては，最近，簡便に作成するキットが多く発売されるようになったが，動物実験以外でこれを必要とする場面はそれほど多くないと思われる。

遺伝子導入の確認は，動物細胞では発現していないマーカー遺伝子で行う。一般的には，大腸菌 galactosidase・chloramphenicol acetyl transferase（CAT）・luciferase・分泌性 alkaline phosphatase 等の酵素活性で見る方法と，green fluorescent protein（GFP）のような蛍光タンパク質を使う方法が用いられている。前者は定量的な活性測定に優れており，特に luciferase は感度・直線性が高く内在性の活性がないので優れているが，測定にはルミノメーターを必要とする。galactosidase の活性は吸光計で測定可能だが，内在性の酵素活性が少しあるため弱い活性の定量には向かない。GFP は視覚的に簡単に観察できる優れた方法であるが，蛍光顕微鏡を必要とする。最近は抗 GFP 抗体が発売されているので，酵素標識法を使って観察することも可能であるが，簡便さという利点は失われる。

（c）**遺伝子を染色体中にランダムに組み込む方法**
これは，動物細胞を使って目的とするタンパク質を安定に発現させるための標準的な方法である。物理的・化学的手法を使う場合には，導入する遺伝子の側に特別な配列等を付与する必要はないため，大腸菌などで増殖させたプラスミド DNA 等をそのまま使うことができる。また導入する DNA のサイズに特に制限はなく，酵母の人工染色体などの巨大な DNA の導入が報告されている。

手法としては，特別な機器を必要としない陽荷電脂質を使った方法（リポフェクション法）が最も一般的であり，最初の報告で使われた Lipofectin が市販されているほか，さらに改良を加えた試薬が多数市販されている。また動物細胞に初めて遺伝子導入を可能にした古典的なリン酸カルシウム法（DNA と塩化カルシウムの混合液をリン酸緩衝液とゆっくりと混ぜて作成

する複合体を使う方法）も，非常に多いコピー数のDNAを導入したいときや293細胞への遺伝子導入にまだよく使われている．また，エレクトロポレーション法は，やや高価な機器を必要とするのが難点だが，現在市販されているものはPBS（phosphate buffered saline）に懸濁した細胞を使えるなど改良が進んでいて使いやすい．

　物理的・化学的方法でDNAを導入した場合，一過性に遺伝子を発現できる細胞の割合は高いが，染色体に外来DNAが挿入された細胞ができる頻度は低く（多くの場合10^{-3}以下で），遺伝子が導入された細胞だけを効率的に選択する方法が必要となる．現在では，動物細胞に毒性を持つ抗生物質に対する薬剤耐性遺伝子をDominant Selection Markerとして使う方法が最も一般的で，この目的で最初に使用されたG418のほかにも，Hygromycin B・Puromycin・Blastcidin S・Zeocin等の抗生物質が使われている．これらの薬剤はいずれも微生物が作り出すもので，動物細胞はこれらに対する薬剤耐性遺伝子を持っていない．そこで，微生物由来の耐性遺伝子のcDNAを動物細胞で発現するようにしたものが選択マーカーとして使われる．実際に使用する場合は，これらの選択マーカーを含むDNAを導入遺伝子の一部として組み込むか，導入遺伝子と選択マーカーを10：1程度の比率で混合して導入する（co-transfection）．遺伝子導入後48時間後から薬剤存在下で1週間程度培養して生き残った細胞集団には，選択マーカーと同時に目的遺伝子を発現している細胞が高頻度で濃縮されてくる．この集団からクローン化して安定な発現をする細胞を得ることも可能だが，薬剤耐性になった細胞をクローン化せずにそのまま使うpooled cultureと呼ばれる手法もよく使われる．なお，こうして得られた細胞は通常，選択に使った薬剤存在下で培養を続ける．

　レトロウイルスを使う方法は，動物細胞の染色体に自らの遺伝子をランダムに挿入する活性を持つMMLV（moloney murine leukemia virus）などのゲノムの大部分をそっくり外来遺伝子と置き換えて作る組換えウイルスを使うものである．この方法はウイルス感染の機構を利用しているため非常に効率がよく，活性の高いウイルスストックを使えば，100％に近い細胞に遺伝子導入することが可能である．組換えウイルスの作成は，導入したい遺伝子の両末端にパッケージングシグナルと呼ばれる配列をつないだDNAを，レトロウイルス粒子を作るのに必要な遺伝子を発現しているパッケージング細胞に導入し，培養上清をウイルスストックとして使用する．導入できる遺伝子の大きさに制限がある（約7 kbp）こと，パッケージング細胞の種類によって導入できる細胞種が異なることに注意が必要である．

（d）　**一過性の遺伝子発現を使った実験方法**　染色体に遺伝子を挿入するには10日以上かかるのが欠点であるが，外来遺伝子を動物細胞に導入すると染色体に組み込まれなくても通常3～4日ほどは細胞内に存在するので，その間に観察される遺伝子発現（通常，導入後48時間頃にピークに達する）で十分な場合もある．遺伝子導入の手法自体は染色体に組み込む場合と同じであるが，クローニングには不向きでも遺伝子導入の効率がよい293細胞やCOS細胞がよく使われる．特に，COS細胞には，SV40というウイルスのゲノムが組み込まれているため，SV40の複製起点を挿入したDNAが細胞内で急速に複製してコピー数が増えるため，一過性で強い発現を見たい場合に適している．

　一過性発現を使った実験方法が使われるケースの代表的なものに，二つの外来遺伝子の産物どうし，あるいは外来遺伝子の産物（転写因子等）と外部から導入した核酸（マーカー遺伝子をつないだプロモーター領域等）の相互作用を見る実験がある．このような場合は，効果を与える側の遺伝子と標的となる遺伝子を20：1から50：1に混合してから導入すればうまく観察することができる．

　ここでは，動物培養細胞への遺伝子導入技術の現状について概説したが，特に物理的・化学的手法はほぼ確立した技術となっているので，これらの技術の詳細については，他の成書や各メーカーが出している資料を参考にされたい．一方，生きている動物の組織細胞への遺伝子導入の手法は，遺伝子治療等への応用のための基礎技術としても注目されているにもかかわらずまだ確立された方法がなく，現在も活発に開発が進められている．　　　　　　　　　　　　　　（中西真人）

〔3〕　植　　　　物

（a）　**遺伝子組換え植物**　おもに農作物の品種改良に利用されてきた交雑育種に対して，外来遺伝子導入による目的形質の改良・付加は分子育種と呼ばれる．分子育種技術の発達によって植物の工学的価値が飛躍的に高まった．工業原料や医薬品を作らせる植物工場や環境汚染物質の分解・吸収能を高めた植物は，省エネルギー，省コストの環境調和型リアクターとして利用できる．植物バイオテクノロジーが，環境，食糧，エネルギーといった生物工学の重要課題を解決する手法の一つとして期待されるゆえんである．なお，遺伝子組換え植物を野外栽培するには，法律で定められた安全性評価試験が義務づけられている[18]．本項で

は，植物分子育種の基盤となる外来遺伝子法（形質転換法）を解説する。

（b）核の染色体への外来遺伝子導入 植物の核ゲノムへ遺伝子を導入する方法はいくつかあるが，土壌細菌のアグロバクテリウム（*Agrobacterium tumefaciens*）を利用した形質転換法が一般的である[19]。アグロバクテリウムは，Tiプラスミド（150〜240 kb）を細胞当り1〜数コピー持っており，宿主植物に感染すると，Tiプラスミド中の約20 kbのDNA領域（T-DNA）が植物細胞へ移行して核の染色体に組み込まれる。T-DNAの染色体挿入には，その両末端に位置する25 bpのボーダー配列（右：BR，左：LB）が機能し，BRからBLの向きに染色体DNAに挿入される。T-DNA領域には，オパインなどの特殊なアミノ酸の合成酵素遺伝子，および植物ホルモン（オーキシンとサイトカイニン）の合成に関与する遺伝子が存在し，これらの遺伝子の働きによって宿主細胞が腫瘍化する。T-DNAの切出し，細胞移行，DNA組換えには，Tiプラスミド上の*vir*遺伝子群が必要であるが，T-DNAと同じプラスミドに存在する必要はない。そこで，アグロバクテリウムと大腸菌の両宿主で複製可能なプラスミドにBRとLBを組み込み，両配列の間に外来遺伝子連結用の制限酵素切断部位と抗生物質耐性マーカー遺伝子を持つバイナリーベクターが開発された（図2.17）。抗生物質耐性マーカーとしては，カナマイシン耐性遺伝子やハイグロマイシン耐性遺伝子が用いられている。目的遺伝子を連結したバイナリーベクターを導入したアグロバクテリウム（T-DNA領域を欠失したヘルパーTiプラスミドを持つ系統）を植物組織（細胞）に感染させると，ヘルパーTiプラスミドの*vir*遺伝子群の働きによってバイナリーベクターのT領域が感染植物細胞の染色体DNAに挿入される。感染させた植物組織は，抗生物質を含む培地上で培養すると，やがて抗生物質耐性の形質転換植物が再生してくる。

アグロバクテリウム感染法から派生した手法として，*in planta*形質転換法がある。この方法は，植物体の花序にアグロバクテリウムを直接感染させ，開花，結実後に採取した種子の発芽段階で形質転換植物を選抜する。モデル植物として汎用されているシロイヌナズナの形質転換は*in planta*法が主流となっている。さらに，バイナリーベクターを改良して形質転換後に選抜マーカー遺伝子を除去できるシステム（MATベクター）が開発されている[20]。MATベクターは，植物ホルモン合成に関与する*ipt*遺伝子をマーカー遺伝子として用いており，マーカー遺伝子両端に付加された酵母由来の部位特異的組換え配列と組換え酵素遺伝子の働きによって，ベクターが宿主細胞の染色体に組み込まれた後にマーカー遺伝子領域のみが脱落する。MATベクターを利用するとマーカーフリー形質転換植物が得られ，多重遺伝子導入などに応用できる。

アグロバクテリウム感染法以外に，遺伝子銃（パーティクルガン）を用いて導入遺伝子DNAを細胞（核）へ直接導入する方法がある[21]。導入したい遺伝子DNAを付着させた小さな金粒子（1〜4 μm）を高圧ガスによって加速させ宿主植物の組織へ撃ち込む。この組織をアグロバクテリウム感染法と同様に抗生物質を含む個体再生培地で培養することによって形質転換植物体が得られる。

植物細胞内で外来遺伝子を発現させるためには，構造遺伝子の5'上流に植物細胞で機能するプロモーターを連結しなければならない。現在，カリフラワーモザイクウイルスの35S RNA遺伝子（CaMV35S）のプロモーターが，導入遺伝子を植物体全身で高発現させることができるプロモーターとして汎用されている[22]。しかしながら，導入する遺伝子の機能を十分に発揮させるためには，器官・組織特異的プロモーターやon-off制御可能なプロモーターなどを目的に応じて選択すべきである。植物におけるon-off制御可能な発現系としては，熱ショックプロモーターや動物のステロイドホルモン受容体を利用したシステム（合成グルココルチコイドホルモンによる誘導系）などがある[23]。

（c）葉緑体の形質転換 葉緑体は，プラスチド（色素体）と呼ばれるオルガネラが地上部の光合成組織において光合成を行うオルガネラに分化した形態である。葉緑体は50〜400 kbの独自の環状ゲノムを持っており，原核生物型の遺伝子発現を行う。高等植物の葉緑体形質転換系はタバコにおいて確立されており[24]，イネやシロイヌナズナといったほかの植物における系も開発が進められている。葉緑体ゲノムでは，核ゲノムへの遺伝子導入と違って，導入されたDNAが相同組換えによって組み込まれる。そのため，葉緑体の形質転換に用いるベクターは，導入する目的遺伝子の両側に葉緑体のゲノム配列を配置した構造になっ

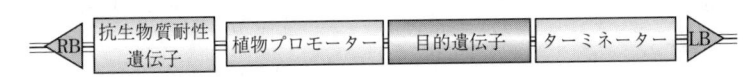

図2.17 バイナリーベクターの構造

ている．目的遺伝子を連結したベクターDNAを遺伝子銃で宿主植物の葉に撃ち込み，抗生物質耐性の再生植物を選抜する（スペクチノマイシンなどの葉緑体特異的な抗生物質が用いられる）．葉緑体はタンパク質合成能が高いことに加え，葉緑体ゲノムのコピー数は核ゲノムの5 000～10 000倍になるため導入遺伝子産物の高蓄積が期待できる．また，葉緑体は母性遺伝されるために，遺伝子組換え植物を野外栽培する際に花粉の飛散による導入遺伝子の拡散が起こらないというメリットもある．実際，葉緑体ゲノムへ外来遺伝子を導入することによって，葉緑体が有する光合成能や窒素・イオウ同化代謝系を改良する試み，あるいは，光合成によって生み出される還元力とATPを有用物質生産に利用する葉緑体工学は植物分子育種技術として有用である．　　　　　　　　　　　　　　　（吉田）

2.5.4　宿主・ベクター系
〔1〕クローニング系としての宿主・ベクター系
（a）小，中サイズDNAのクローニング系としての宿主・ベクター系　ここでは，1 kb程度から最大50 kbまでのDNAをクローニングするための宿主・ベクター系について述べる．

まず，このような小，中サイズのDNAをクローニングする目的について考えてみると，1 kbから数kbをターゲットとする場合は，当然のことながら，一つの遺伝子のクローニング（cDNAのクローニングを含め）となる．これに対して，数kbから2～30 kbのクローニングは，原核生物の生合成系や分解系の遺伝子クラスター全体のクローニングを図る場合がほとんどと思われる．これ以上，50 kb程度までのサイズのDNAクローニングは，ゲノムライブラリー，とりわけ原核生物（古細菌を含む）の整列ライブラリーの作製を目的として行われると考えられる．

これらのうち，ライブラリーの作製については，クローンした遺伝子の発現はまったく必要とされない．これに対して，前の二つのケースの場合には，クローン化した遺伝子の発現を指標としてクローニングを行うか，あるいは別の選択方法で当該遺伝子（またはクラスター）の選択を行うかの2通りが考えられる．

ライブラリーの作成を目的とした20～50 kbのDNAのクローニングは，大腸菌の宿主・ベクター系以外を用いることは現時点では非現実的である．また，1遺伝子をターゲットとした場合のクローニングについても，後述の例外的なケースを除けば，ほとんどの場合大腸菌の宿主・ベクター系で対応できる．遺伝子クラスター全体のクローニングの場合にも，クラスター全体の機能的発現による最終産物の産生を指標としたクローニングにこだわらなければ，大腸菌宿主・ベクター系の利用が最適と考えられる．

以上のような観点から，本項では，まず大腸菌宿主・ベクター系について述べる．大腸菌の宿主株，ベクターは多くのメーカーから市販されており，その種類もきわめて多岐にわたっている．詳細はメーカーのカタログなどに記載されているので，本項では最も基本的な部分についてのみ述べることとする．

（1）大腸菌宿主・ベクター系
① 大腸菌宿主菌株および形質転換法　大腸菌の形質転換には，塩化カルシウム処理菌体を用いたコンピテントセル法か，電気穿孔法（electroporation法）のいずれかが用いられる．それぞれの菌体の調製方法は実験書に述べられているので割愛するが，形質転換効率の高い菌体の調製には多少の熟練を要する．しかし，これから述べる主要菌株を含め，多くの菌株で，コンピテントセルや電気穿孔法用に調製された菌体が市販されているので，初めての場合や高い形質転換効率が必要なクローニングの場合には，市販品を利用するのがよいと思われる．

大腸菌宿主株としては，数十株が知られているが，小，中サイズのDNAクローニングには，JMシリーズ（JM101, JM109, JM110など）の菌株でほとんどの場合目的が達成されると考えられる．ここに示した3株は，いずれもF′[*traD36*, *proAB*$^+$, *lacI*^{q}, *lacZΔM15*]を保有しており，このためM13系ベクター（後述）の利用も可能である．大腸菌ゲノム上の*proAB*領域の欠失株であるので，最少培地（厳密にはチアミンを含む最少培地）で増殖可能なコロニーを選択することによりF′を保有した株が得られるようになっている．*lacI*^{q}は*lac*プロモーターのレプレッサーの過剰発現変異であり，誘導をかけない条件下では*lac*プロモーター下流に挿入された遺伝子の発現が起こらないようになっている．*lacZΔM15*はN-末・α領域が欠失したβ-ガラクトシダーゼ遺伝子を有していることを意味している．このため，pUC系ベクターなどを用いた場合の組換え体のカラーセレクション（後述）が可能となる．JM101はK12タイプの制限修飾系を有したままの株であるが，JM109, JM110はともに制限欠損株（修飾酵素は有している）である．JM109は*recA*変異（相同組換え能欠損），JM110は*dam*, *dcm*変異（ともにDNAのメチル化酵素遺伝子であり，前者がGATC配列中のAを，後者がCCWGG配列中2番目のCを，それぞれメチル化する．このメチル化によって切断できなくなる制限酵素も存在するので，一次クローニング後の組換えDNAの切断にそのような酵素を利用する予定がある場合には本

株が有用となる）を有していることが特徴である。JMシリーズ以外の宿主株を用いる必要がある場合については，次項のベクターのなかで述べる。

②大腸菌用ベクター

〔プラスミドベクター〕 大腸菌用ベクターとして汎用されており，かつ市販もされているもののうちおもなものを**表2.6**に示した。

pBR322, pUC18/pUC19, pET3/pET11にクローニング可能なDNAのサイズは，表中には10 kbまでと示したが，数kb程度までを対象と考えたほうが現実的であると思われる。

数kbまでのDNAのクローニングには，通常の場合pUCを用いることで目的が達せられる。pUCベクターは，lacプロモーター・オペレーターとβ-ガラクトシダーゼのN-末領域（α-領域（lacZ'））を有しており，lacZ'遺伝子内に外来DNAの挿入のためのマルチクローニングサイト（MCS）が賦与されている。pUCプラスミドを保有するJMシリーズの大腸菌にIPTGによる誘導をかけると，プラスミド由来のα-領域が供給されるようになり，宿主側由来のα-領域が欠損したβ-ガラクトシダーゼと共同して，β-ガラクトシダーゼ活性を示すようになる（α-相補）。このとき，培地中にX-galを加えておくと，pUCプラスミド保有株は青色のコロニーとして検出される。MCSに外来DNAが挿入された場合には，活性のあるα-領域が供給されなくなるので，外来DNAを有する組換えプラスミド保有株は白色のコロニーとして区別される（ただし，まれに挿入断片があっても青色コロニーとなる場合もある）。

また，pUC系ベクターはIPTGによる誘導が可能であるので，外来遺伝子の発現ベクターとしても利用できる。これらの特徴から，通常のクローニングの場合にはpUC系ベクターを用いればよいという訳である。しかし，pUC系ベクターとJMシリーズの菌の組合せでは，IPTGによる誘導を行わなくとも挿入された遺伝子の発現が若干起こるとされている。このため，挿入遺伝子の発現が宿主に悪影響を及ぼすような場合には，目的クローンが得られない。したがって，そのような可能性のある遺伝子をクローニングの対象とする場合には，表中のpBR322もしくはpETベクターを用いるほうがよい。

pBR322はpUC系ベクターのもととなった古典的なベクターであり，MCSはなく，またカラーセレクションも行えない。アンピシリンとテトラサイクリンの二つの抗生物質耐性遺伝子を有しており，それぞれの遺伝子中にクローニング部位があるので，これらの部位へ外来DNAを挿入すると，negative selectionによる組換え体の選択が可能である。外来遺伝子の発現のためのプロモーターが特に賦与されていないので，宿主に悪影響を及ぼす遺伝子のクローニングに適するとされているが，挿入断片が抗生物質耐性遺伝子に対して順向きに挿入された場合には，抗生物質耐性遺伝子プロモーターからの転写のスルーによって外来遺伝子が発現する可能性も残されている。

pETベクターは，本来は外来遺伝子の高発現のために開発された発現ベクターであるが，遺伝子発現の制御が厳密に行えるようにデザインされている。pET3は，バクテリオファージT7のプロモーター下流にMCSを有する。このため，挿入遺伝子はT7プロモーター支配下で発現されるので，T7 RNAポリメラーゼを有していない宿主では挿入遺伝子の発現は起こらない。pET11は，T7プロモーターとMCSの間にlacオペレーターも有するベクターであり，挿入遺伝子の発現をT7 RNAポリメラーゼだけではなくIPTGによってもコントロールできるようになっている。これらのベクターを用いる場合，挿入遺伝子の発現を望まない場合にはJMシリーズの宿主で差し支えないが，挿入遺伝子の高発現を目的とする場合にはBL21（DE3），BL21（DE3）pLysSなどの，T7 RNAポリメラーゼ遺伝子保有株を宿主に用いる必要がある。ただし，こ

表2.6 小，中サイズDNAクローニング用の大腸菌ベクター（プラスミド・ファージ・コスミド）

名前	サイズ〔kb〕	選択マーカー	プロモーター	クローニング可能なDNAのサイズ〔kb〕
pBR322	4.4	Ap, Tc	なし	～10
pUC18/19	2.7	Ap	lac	～10
pET3/11	4.6	Ap	T7	～10
M13mp18/19	4.3	なし	lac	～数
λEMBL3	43	なし	なし	9～23
pAT5	4.6	Ap, Cm	なし	～50

pBR322からpET3/11までがプラスミドベクター，M13mp18/19とλEMBL3がファージベクター，pAT5がコスミドベクターである。pUC18/19, pET3/11, M13mp18/19のスラッシュ（/）は，または，の意。pUC18/19, M13mp18/19では，それぞれMCSが逆向きに挿入されている。Ap：アンピシリン耐性，Tc：テトラサイクリン耐性，Cm：クロラムフェニコール耐性。

れらの株は *E. coli* K12株ではなく *E. coli* B株由来であり，EK-1系宿主に属さないので注意が必要である。

〔M13系ファージベクター〕 M13系ベクターはpUCのクローニング領域（*lacZ'* と MCS）を有するファージベクターであり，組換え体（ファージプラーク）のカラーセレクションも可能である。組換えDNAはファージ粒子中から一本鎖として回収可能である（ファージ粒子は，宿主の溶菌を伴わず，1匹の宿主当り約1000個生産されるので，培養上清から容易にファージ粒子を得ることができる）が，必ずF^+の株（JMシリーズなど）を受容菌として用いることが必要である。ジデオキシ法によるDNAシーケンシングが一本鎖DNAを用いなければならなかった時代には汎用されたが，DNAシーケンシング技術の進歩により，塩基配列決定のためにM13系ベクターを用いる必要はもはやなくなった。一本鎖DNAプローブの作成を必要とする場合などにのみ使用されるベクターであろう。

〔λファージベクター・コスミドベクター〕 これまで述べてきたベクターが，小サイズのDNAクローニング用のものであったのに対して，ここで述べるベクターは中サイズのDNAクローニングに用いられるものである。

λファージは，大腸菌に感染する溶原性ファージの一つであり，約48.5 kbのゲノムサイズを持つ。ファージDNAがファージ粒子へ取り込まれるためには*cos*配列と呼ばれる特有の配列が必要であるが，この配列さえあれば，約44〜52 kbの範囲のDNAは，すべてファージ粒子中に取り込まれる。また，このDNAのファージ粒子中への取込みは試験管内でも可能である（*in vitro*パッケージング）。この性質を利用して，λファージから非必須領域を除いて（制限酵素部位などの除去も含めて）作製されたものがλファージベクターである。初期に作製されたものとしては，λgt11などがよく知られているが，それらは，野生型λファージからの欠失領域が少なかったために，挿入できる外来DNAのサイズが7 kb程度以下と限定されていた。表に示したλEMBL3では，欠失領域が大きくなっているので，9〜23 kbの外来DNAのクローニングが可能となっている。挿入可能DNAサイズが0〜10 kbの範囲のファージベクターは，真核生物由来cDNAライブラリー作製に用いられることが多い。それらのなかには，動物細胞でのcDNAの発現が可能なプロモーター等が賦与されているものもある。

コスミドベクターは，プラスミドベクターに*cos*配列を賦与したものである。供与DNAのベクターへのライゲーション後，*in vitro*パッケージングによってファージ粒子とした後宿主に導入することが可能である。上述のファージベクターでは，λファージがファージとして増殖するために必要な領域を欠失させることができないため，前出のλEMBL3での最大クローニングサイズ（23 kb）が，クローニングできる外来DNA断片の長さの限界となっていた。コスミドベクターではこの制約がないので，ファージ粒子に導入可能な最大サイズである約52 kbからコスミドベクターのサイズを引いた大きさの断片までクローニングすることが可能である。多くのコスミドは10 kb弱であるので，40 kb程度までのDNAのクローニングができる。表に示したpATは，コスミド本体のサイズが4.5 kbと小さいので，50 kbまでの外来DNAのクローニングが可能とされている。

ファージベクター，コスミドベクターとも，本体の大きさが異なるさまざまなものが市販されているので，それらを使い分けることによって，クローン化したい断片のサイズをある程度の幅で限定することが可能となる。

（2） その他の宿主・ベクター系　文部科学省の組換えDNA実験指針で，認定宿主・ベクター系とされているものは大腸菌以外に**表2.7**に挙げた4種のみである。これら以外にも，放線菌，アミノ酸生産菌，乳酸菌，*Pseudomonas*，コウジカビ，アカパンカビなど，産業上有用性の高い微生物約50種で宿主・ベクター系が開発されており，これらは特定のDNA供与体を用いる場合に限って使用が認められている。

ここでは認定宿主・ベクター系について，それらの特徴を述べる。

酵母および動植物細胞用のベクターは，ほとんどが大腸菌とのシャトルベクターとして作製されており，

表2.7　認定宿主・ベクター系

宿　　主	ベクター
Saccharomyces cerevisiae（酵母）	*S. cerevisiae* のプラスミド，ミニクロモゾーム
Bacillus subtilis 168　（枯草菌）	枯草菌を宿主とするプラスミド，ファージ
動植物培養細胞	ウイルス（感染性粒子を生じないもの）
Thermus 属細菌	*Thermus* 属細菌を宿主とするプラスミド

ベクターについては，記載のものの誘導体を含む。

多くが市販されている。クローニングは，通常まず大腸菌で行われ，その後にそれぞれの宿主へ導入される。したがって，最初のクローニングについては，大腸菌宿主・ベクター系としての取扱いになる。宿主細胞へ導入する目的に応じて，適当なシャトルベクターを選択することとなる。酵母，培養細胞用のベクターは，酵母で近年多用されるようになったタンパク質間相互作用検出システムであるtwo-hybrid system用のものを含め，種々のタイプのものが市販されているので，メーカーのカタログを参照されたい。

枯草菌は，大腸菌についで遺伝学，分子生物学研究がさかんに行われた菌株であるが，異種DNAを最初にクローニングするための宿主としての役割は，ほとんどすべてを大腸菌に譲ってしまった。そのため，ベクターとして市販されているものも限られている。枯草菌を用いて直接異種DNAのクローニングを行う場合として考えられるのは，Bacillus属細菌を中心とする近縁のグラム陽性細菌のまったく新規な遺伝子を，その発現を指標にしてショットガンクローニングするなどであろう。枯草菌の宿主・ベクター系については文献25）を参照されたい。

Thermus属細菌は，52〜80℃で生育する高度好熱性真正細菌であり，T. thermophilusが代表菌種である。現時点では，宿主・ベクター系が確立されている生物のなかで最も高温で生育できる。ベクターとして市販されているものはないが，筆者らが開発したベクター（2,3）は要望があればいつでも提供できる。

Thermusの宿主・ベクター系は，超好熱菌を含む種々の好熱性細菌に由来する新規遺伝子の，遺伝子発現を指標にしたクローニングを可能にするものであるが，Thermus属細菌の形質転換機構との関係から，ショットガンクローニングを行うことはきわめて困難な状況にある。

ゲノムプロジェクトの進展に伴い，多くの超好熱菌，好熱菌のゲノム情報が明らかとなった。好熱菌由来のタンパク質は安定性に優れており結晶化もしやすいので，構造生物学研究の主対象となっている。しかし，超好熱菌遺伝子のなかには大腸菌では発現されないものがいくつか知られている。その原因については種々考えられるが，正しいfoldingのために高温を必要とするようなタンパク質の存在も考えられる。このようなタンパク質の効率的な発現のために，また常温生物酵素の好熱菌宿主内での耐熱化（生体内タンパク質工学もしくは進化工学）のために，T. thermophilusの宿主・ベクター系が利用されていくものと考えられる。

（星野）

（b）中，大サイズDNAのクローニング系としての宿主・ベクター系　大きなサイズのゲノムライブラリーは，ゲノム地図の作製，ゲノム地図に基づくポジショナルクローニング，あるいは調節領域を含む遺伝子全領域のクローニング等に有用な実験材料である。一方1990年代に入って，動植物ゲノムプロジェクトが進行し，大きなサイズのゲノムライブラリーはゲノム地図の作製（コンティグマップ），塩基配列決定用材料としても汎用され，プロジェクトの成功に大きく貢献している。中，大サイズDNAのクローニングに用いられる宿主・ベクター系としては，酵母（Saccharomyces cerevisiae）を宿主とするYAC（yeast artificial chromosome）ベクター[28]，大腸菌（Escherichia coli）を宿主とするBAC（Bacterial artificial chromosome）[29]，PAC（P1 phage vector）[30]ベクター等が開発されている。

（1）YACベクター　YACベクターは，数百kbからメガベースにわたる大きなサイズのDNAのクローニングに用いられるもので，Burkeらが開発したpYAC4がよく用いられる。このpYAC4はpBR322を基本骨格とし，酵母細胞内で染色体として安定に複製，分配，伝達されるように，テトラヒメナのテロメア（TEL），酵母4番染色体のセントロメア（CEN4），複製開始点（ARS1）のそれぞれの配列を配置した大腸菌，酵母間のシャトルベクターである。酵母での選択マーカーとしてトリプトファン遺伝子（TRP1），ウラシル遺伝子（URA3）が，またクローニング部位（EcoRI site）にはサプレッサー遺伝子（SUP4）が導入されている。そのほか，クローニング部位の制限酵素の違いによって，pYAC2（SmaI），pYAC3（SnaBI），pYAC55（NotI）などが構築されている。また，動物細胞導入後ネオマイシン耐性で選択できるneo遺伝子を組み込んだものなども構築されている。

〔宿　主〕宿主としては，YACベクター選択マーカーであるTRP1，URA3で相補される遺伝子型（trp1，ura3）を持つ酵母であれば利用できるが，一般に形質転換効率の高いAB1380株（MATa, ade2-1, can1-100, his5, lys2-1, trp1, ura3）が用いられる。

（2）PACベクター　1990年SternbergによりP1ファージベクターを用いたライブラリー構築法が報告された。大腸菌を宿主とするP1ファージの複製に必要な領域（レプリコン）を利用したベクターで，細胞当り1コピーのみ存在することからコスミドなどの多コピーベクターに比べ挿入DNAは，より安定に保持される。初期に構築されたPACベクター（pAD10, pAD10SacBII）は，挿入断片を含むDNA分子のパッケージングに必要な配列（pac, loxP1），フ

ァージレプリコン，DNA調製時に作用するP1溶菌レプリコン，選択マーカーとしての薬剤耐性遺伝子（カナマイシン耐性），ベクター調製用レプリコン（pBR322ori），およびベクター調製時に除かれる配列（Ad-2stuffer）より構成されている。クローニング部位としてpAD10はテトラサイクリン遺伝子領域，pAD10SacBIIは，SacB遺伝子（レバンスークラーゼ）を持ち，挿入断片を持つクローンのみ生育する（図2.18）。

パッケージングを行う方法は，挿入断片のサイズが85〜100 kbに限定されるものの，導入効率が高く優れた方法である。これらPACベクターはパッケージング操作がやや煩雑であること，またBACベクターの開発が進んだことなどの理由であまり利用されなくなった。しかしファージレプリコンの機能のみを残したベクターが作製されており，BACベクター同様100 kb以上の挿入断片を持つライブラリーの作製が可能になっている。

〔宿　主〕パッケージング操作を行った場合には，形成されたファージ粒子を大腸菌に感染させることによりDNAを導入する。導入されたDNAは二つのloxP1部位間のスタッファー領域がCre recombinaseにより除去される必要があり，そのためCre recombinaseを発現している宿主（E. coli NS3529等）が用いられる。エレクトロポレーションにより導入する場合には，BACベクターと同様E. coli DH10Bが一般によく使用される。

（3）BACベクター　1992年静谷らによりF因子レプリコンを利用したBACベクターが開発された。彼らの報告したpBAC108Lは，複製に関するoriS，repE遺伝子および，菌体内でのコピー数を1〜2個に維持するためのparA，perB遺伝子領域を基本骨格とし，選択マーカーとしてクロラムフェニコール耐性遺伝子，クローニング部位および部位特異的切断の可能なcosN（λ terminase），lox P1（Cre recombinase）配列を含んでいる。その後，さまざまな改良を加えたベクターが開発されている。BACベクターは，PACベクターのようにパッケージングを行わずエレクトロポレーションにより大腸菌に導入することができるため，挿入DNAのサイズに限定されない。300 kbの挿入DNAを持つライブラリーの作製が報告されている。またベクターとして必要な領域がPACベクターに比べ少なく，塩基配列決定用材料としても優れている。

〔宿　主〕ゲノムライブラリー作製の宿主の遺伝子型は，作製効率に大きく影響する。そのため挿入されたDNAを持つベクターが大腸菌へ導入され，安定に維持されるためにさまざまな宿主が開発されてきた。BAC，PACベクターでよく利用される宿主は，E. coli DH10B株であり，F$^-$ mcrA Δ (mrr-hsdMRS-mcrBC) φ80dlac ΔM15 Δ lacX74 deoR recA1 endA1 araD139 Δ(ara, lue)7697 galU λ$^-$ rpsL nupGの遺伝子型を有する。HsdMRSは宿主の制限修飾系，mcrA，BCはメチル化DNA制限系，recA1は組換え遺伝子であり，そのいずれも欠損しているため，大きなプラスミドの導入効率，安定な保持に重要である。またdeoRは大きなプラスミドの保持に影響するといわれている。　　　　　　　　　　　　　　　　（小谷）

（c）ゲノミックライブラリー作製法　"ゲノミックライブラリー"の作製法は，その細部における改良（特にベクターの改良）はあり得るとしても，大綱はMolecular Cloning [31]，Current Protocols in Molecular Biology [32]などの実験書にまとめられて

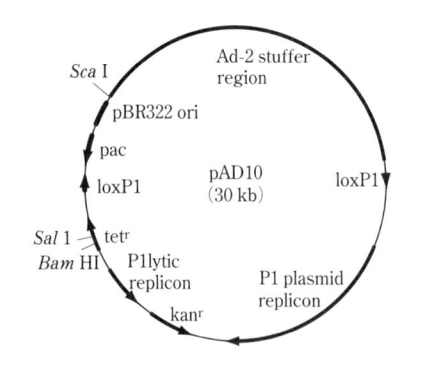

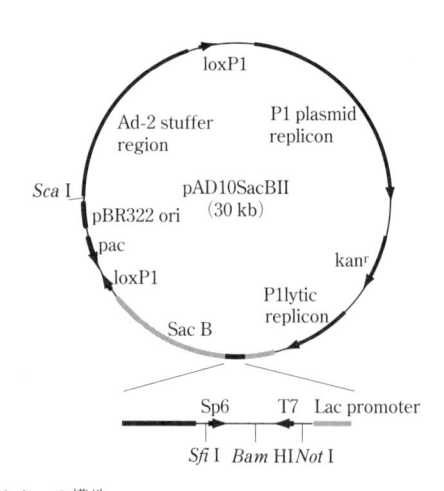

図2.18　PACベクターの構造

いるものが確立された方法といってよい。したがって，本項では，"ゲノミックライブラリー"の変遷について，今後の発展に関する推察をまじえて概説する。

"ゲノミックライブラリー"は，歴史的には遺伝学が進んでおり，かつ，宿主－ベクター系が確立されている生物種（大腸菌，酵母など）において，染色体上における各種遺伝子の連関地図の作製，あるいは，ある種の変異形質を相補する遺伝子のクローニングなどの手段としての用途が始まりである。その後，原核生物一般において，タンパク質の情報をもとに設計されたオリゴDNA，もしくは相同遺伝子を用いたハイブリダイゼーション法を基本とした遺伝子クローニングにも応用の範囲が広がっていった。以上のような目的とする遺伝子クローニングのための有用な手段という観点からすると，次項で述べる真核生物における"cDNAライブラリー"の用途に相当するものと考えてよいであろう。もちろん，目的とした遺伝子のクローニング以外の用途にも利用されてきた。例えば，原核生物においては，複数のオープンリーディングフレーム（ORF）から形成されるオペロン中の各ORFのつながりを知るための材料として利用されてきた。一方，真核生物においても，ある遺伝子のエキソン－イントロンの配置，また対象とする遺伝子の発現制御を担っている領域（プロモーター，エンハンサー，サイレンサーなど）を解析するうえで重要な材料としても利用されてきた。

ゲノムプロジェクトが各種生物でさかんに行われている現状においては，"ゲノミックライブラリー"の用途は大きく変わり，ゲノムワイドのシーケンシングを行ううえでの必須材料という位置づけとなった。今後，ゲノミクス，プロテオミクスといったゲノムワイドでの遺伝子機能の網羅的解析という研究の方向性が，ますます重要性を増していくことは想像に難くなく，"ゲノミックライブラリー"は，ゲノムプロジェクトへの用途が主流となるであろう。

生物工学において，"ゲノミックライブラリー"が必要となる局面を考えてみても，これまで述べてきた他の生物種における用途と大きな差異はあまり考えられず，個々の遺伝子をクローニングするということは限局されていき，有用微生物という観点から，先に述べたゲノムワイドの遺伝子機能の網羅的解析が主流となると推察される。

（d）cDNAライブラリー作製法　"cDNAライブラリー"，"cDNAクローン"という用語は，逆転写酵素（RNA依存的DNAポリメラーゼ）の発見が端緒であることはいまさらいうまでもないであろう。この分子生物学史上の偉大な発見により，1970年中頃から真核生物の特異的なcDNAをクローン化するという試みが始まり，その後cDNAの合成法の改良が進み，1980年初めから中頃にかけて，現在汎用されているcDNA合成法が確立され，cDNAライブラリーという形で使用されていた[31],[32]。その後，cDNA合成に使用される各種酵素類（特に逆転写酵素）の品質の向上とともに，cDNA合成時に用いるプライマーや各種クローニングベクター（プラスミドベクター，λファージベクター）などに数々の改良が加えられた。さらに，cDNAライブラリー作製の各ステップ（全RNAの抽出，ポリA RNAの精製，cDNAの合成，ベクターへのクローン化）を進めていく過程において，便利で信頼性のある各種キットが市販されるようになった。その結果，1990年以前に比べるとcDNAライブラリーの作製は，特殊なものではなく，むしろ分子生物学的解析において必須な材料の一つを調整する方法として，ごく一般的に行われるようになった。確かに，品質の高い各種のキットが市販されるようになったことにより，実験操作そのものの労力はかなり軽減された。しかしながら，全RNAの抽出，ポリA RNAの精製，cDNAの合成，そしてベクターへのクローン化という一連の操作をそつなく完了するためには，熟練した技術が要求されることは今も昔も変わりはない。cDNAライブラリー作製に関する一般的な概説は，Molecular Cloning [31]，Current Protocols in Molecular Biology [32] などの実験書を参照していただくとして，本項では，cDNAライブラリー作製の現状を踏まえて，目的とするcDNAクローンを得るための最短な方法を選択するときに注意すべき重要な点を取り上げ概説する。

cDNAライブラリーの作製法が進歩していく一方で，分子生物学におけるcDNAライブラリーの有用性が大きいことからその需要は年々高まってきた。その結果として，現在では，多岐にわたる生物種や細胞株由来のcDNA，また各種臓器由来のcDNA，さらには，異なる発生段階の胚細胞由来のcDNAなどを，ライブラリー作製後のダウンストリームの用途に適合するベクターに組み込まれた多種多様なcDNAライブラリーとして市販されている。のみならず，RNAの供給源となる生物材料，全RNA，もしくはpoly A RNAのいずれかを調整すれば，それ以後のライブラリー作製の過程を受託により依頼できるようになった。つまり，現在では，各研究者の使用用途に応じたベクターに組み込まれたcDNAライブラリーは，カタログから探し出すか，もしくは，先に示した材料を調整し受託合成を依頼するかにより，購入することができる。ここで，市販のcDNAライブラリーを購入する場合，その品

質，特に目的とするcDNAがより完全長に近い形でクローン化されているか，という点が気になるところである。これについては，最近の科学雑誌のなかで，市販のcDNAライブラリーから目的の遺伝子をクローン化したという記載が日常的に見られることから，市販のcDNAライブラリーの品質は，少なくともオープンリーディングフレームを得るという目的においては，それほど悪くはなく，むしろかなり品質の高いものが供給されているといえよう。同様に，受託合成についても，このような上質のcDNAライブラリーを供給している会社が，受託合成のサービスを行っている場合が多いことから，後に述べるcDNA合成の材料となる全RNAの品質にさえ注意を払えば，かなり高品質のcDNAライブラリーを期待できることが容易に想像できる。

さて，生物工学において，cDNAライブラリーが必要となった場合について考えてみる。一般に，生物工学において対象となる生物は，特殊なものである場合が多く，市販されているcDNAライブラリーのリスト中に存在するということはあまり期待できない。したがって，残された選択は，研究者自身でcDNAライブラリーを作製するか，もしくは，先に述べた受託合成を利用するか，ということなる。実際にcDNAライブラリー作製の受託合成を依頼する場合，RNAの供給源となる生物材料からの作製依頼は，あまり推薦できないということを述べておきたい。理由は，物質自体が不安定なRNAを，生理的条件から外れた生体試料中で保存し，かつ最低1回の凍結融解を行わなければならないということは，RNAの不安定性をより助長し，最終的にcDNA合成に供せられるRNAは，分解産物が多く含まれている合成には適さない試料となってしまっている可能性が非常に高いからである。つまり，受託合成を依頼する場合においては，少なくとも，できるだけ新鮮な生物試料から，できるだけ迅速に全RNAを調整し，そこからのcDNA合成を依頼することが薦められる。これまでの説明からすでにお気づきだと思うが，研究者自身がcDNAライブラリーを作製する方法を選択したとしても，また受託合成を利用する方法を選択したとしても，cDNA合成に供するための全RNAは，研究者自身が調整しなければならない。ここで強調しておきたい重要な点は，調整する全RNAの品質のよしあしが，その後のすべての過程に影響し，最終的にはできあがるcDNAライブラリーの品質に反映されるということである。言い換えると，どれだけ品質の高い，具体的には分解が最小限に抑えられ，より長いmRNAを多く含むような全RNAを調整することが，目的とする遺伝子が完全に含まれているcDNAクローンを得るための近道となる。

最後に，本項の"cDNAライブラリー作製法"の主題から少々外れるが，ゲノムプロジェクトが各種生物でさかんに行われており，豊富なゲノム情報が蓄積され続けている。このような状況が今後さらに発展することは想像にかたくないことから，cDNAライブラリーを介さずに，直接cDNAからPCRにより目的とする遺伝子をクローン化することが一般的になる日が近々来る可能性は高い。しかしながら，この場合においてもPCRに必須な材料であるcDNA，さらには，cDNA合成に必要な全RNAやpoly A RNAは，研究者により調製しなければならない。想像するような状況になったとしても，これまで述べてきたとおり，目的とする完全長のcDNAクローンを得るためには，全RNAの調製が鍵となる。需要の高いモデル生物においては，cDNA，全RNA，またはpoly A RNAが市販されており，それらを利用したcDNAクローニングが実際なされている。　　　　　　　　　　（三田村）

〔2〕 解析系としての宿主・ベクター系

通常の宿主・ベクター系は，遺伝子ライブラリーの構築や目的の遺伝子のクローニング・塩基配列解析などに利用されたり，異種遺伝子をはじめとするさまざまな遺伝子を目的の生物で発現させるために用いられるのが一般的であるが，その一方で遺伝子の転写制御にかかわるプロモーター領域中のシスエレメントやそれと相互作用する転写因子などを解析するために利用されている。その目的のために，真核微生物では，対象とする遺伝子のプロモーター活性を検出することができるレポーター遺伝子（reporter gene）として，大腸菌由来のβ-ガラクトシダーゼ遺伝子（lacZ）またはβ-グルクロニダーゼ（GUS）遺伝子（uidA）を持つベクターが利用される。これらのレポーター遺伝子は，対象となる遺伝子のプロモーターの下流に連結され，プロモーター活性により発現した場合に細胞内で安定にその酵素活性が維持されると同時に，プレート上でコロニー染色法によって容易にその活性が検出できるものが利用しやすいため，前述したようなレポーター遺伝子が多用されている。

レポーター遺伝子をプロモーター領域の下流に連結する方法としては，転写融合法（transcriptional fusion）と翻訳融合法（translational fusion）の2種類の方法が用いられている。転写融合法では，目的の遺伝子のプロモーター領域（5'-非翻訳領域も含む）をレポーター遺伝子のコーディング領域（ORF）の翻訳開始点に近接して連結する。一方，翻訳融合法はタンパク質融合法（protein fusion）とも呼ばれ，目的遺伝子のプロモーター領域と翻訳開始点の若干下流ま

で含んだ配列をレポーター遺伝子のORFと読み枠が一致するように連結する方法である。構築方法から予想できるように，転写融合法のほうがプロモーター領域とレポーター遺伝子を連結する際にあまり制約がないので，プラスミドベクターの構築は容易である。しかし，レポーター遺伝子のORFとプロモーター領域の間の配列がKozak配列に一致していない場合や，また翻訳開始点のすぐ上流の5'-非翻訳領域の存在の有無により，翻訳段階における影響が無視できないことも考えられるため，遺伝子の発現制御に関する詳細なプロモーター解析を行うためには，構築は困難ではあるが翻訳融合法によるほうが好ましい。他方で，レポーター遺伝子の上流に染色体DNAのランダムな配列を挿入したライブラリーを構築して，高発現するプロモーター配列や多様な条件下における発現制御を受けるプロモーター配列の単離を行うためには，構築の容易な転写融合法によりとりあえず候補配列をスクリーニングすることが有効である。したがって，目的にあった連結方法を選択することが肝要である。

（1）レポーター遺伝子を利用したプロモーター活性の解析　酵母などではもともとβ-ガラクトシダーゼを有していないことから，通常の宿主酵母株において大腸菌由来のlacZを使用することができる。しかし，糸状菌では自分自身がβ-ガラクトシダーゼを生産するため，lacZをレポーター遺伝子として利用することは好ましくなく，その代わりにGUS遺伝子（uidA）を用いることが一般的である。lacZをレポーター遺伝子として利用する場合には，5-bromo-4-chloro-3-indolyl-β-D-galactopyranoside（X-gal）を培地中に加えておくことにより，コロニー染色の際に感度よく活性が検出できる。一方，uidAを用いる場合にも類似した5-bromo-4-chloro-3-indolyl-β-D-glucuronide（X-gluc）を使用できるが，X-galに比べて試薬の価格が高いのが欠点であり，構築したプロモーター領域-レポーター融合遺伝子を用いて発現制御に関する突然変異株のスクリーニングなどで多量のプレートを使用する場合にはコスト面で不利である。そのため，糸状菌でもlacZが使用できるように，自身のβ-ガラクトシダーゼを生産しない変異株が造成されている。例えば，Aspergillus nidulansではオランダのグループによってbgaO変異株が単離されてこの目的で使用されている[33]。また，糸状菌のβ-ガラクトシダーゼは乳糖やアラビノースなどの特殊な炭素源によって誘導生産されることが多いため，これらの糖類を使用しない条件下では自身のβ-ガラクトシダーゼの影響はあまりないことから，スクリーニングなどの目的には野生型株でlacZを利用してもそれほど問題はない。

酵母でも糸状菌でもlacZをレポーター遺伝子として利用するベクターは，いずれも翻訳融合法でプロモーター領域と連結するものが利用されている。図2.19には，それぞれ酵母（Saccharomyces cerevisiae）とAspergillus属糸状菌で用いられるlacZ融合遺伝子ベクター，YEp356[34]およびpAN923-41, -42, -43[35]を示した。目的遺伝子のORFのN末端とどのように連結しても読み枠が一致するように，制限酵素のクローニング部位がずらしてあることが特徴である。酵母では染色体外に遊離型のプラスミドとして存在し得るために，YEp型のベクターが利用できるが，このほかにも染色体に組み込まれるYIp型のベクターも構築されている。一方，糸状菌の場合にはプラスミドとして存在し得るベクターが利用できないことが多く，プロモーター解析には染色体組込み型のベクターを用いざるを得ない。その際には酵母と異なり，ベクターが染色

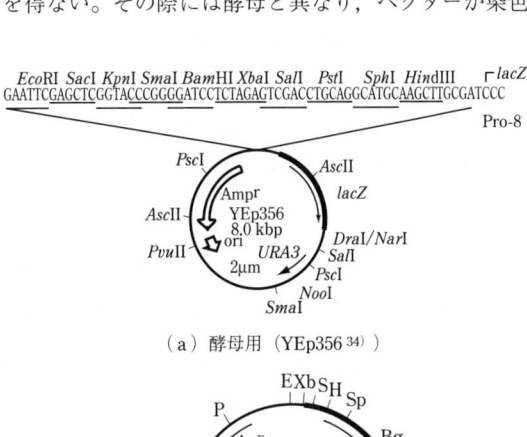

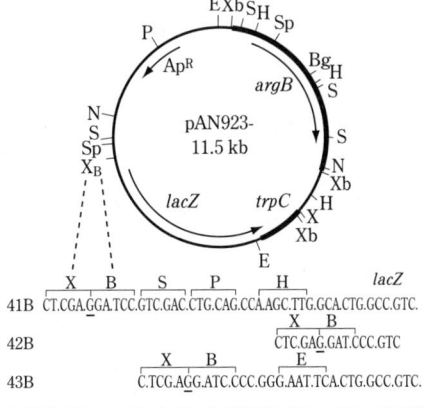

（a）酵母用（YEp356[34]）

（b）糸状菌（Aspergillus）用（pAN923-41B, -42B, -43B[35]）

大腸菌lacZ遺伝子がコードする第8番目のPro，または第9番目のValと目的のプロモーター領域に続くN末端アミノ酸配列の読み枠が一致するように連結して用いる。

酵母用のベクターYEp356には姉妹ベクターとしてYEp357とYEp358があり，それぞれ1塩基ずつ読み枠をずらせたクローニング部位を持っている。

図2.19　lacZをレポーター遺伝子として持つ酵母および糸状菌のプロモーター解析用ベクター

体の非相同部位に多コピーで組み込まれることが多いため，得られた形質転換体についてはサザーン解析などにより，相同部位に1コピー組み込まれた株を選択してプロモーター解析を行うことが必要である。非相同部位に組み込まれた場合には位置効果によって発現量に差が生じることから，相同部位にベクターが組み込まれた株を選択して活性を比較することが重要となる。このような相同部位に組み込まれた株の得られる頻度を高めるために，A. nidulans ではベクター上の選択マーカーとして利用する argB 遺伝子の一部に変異を持たせ（argB*），宿主の染色体上の argB 部位と相同的な組換えによってのみ正常な argB 遺伝子が生じるように改変したベクターが構築されている[36]。相同的な組換え頻度が低いために取得できる形質転換体の数はきわめて少ないが，得られた株ではほとんどが argB 部位にベクターが組み込まれているので利用価値は高い。

また，遺伝子の発現制御に重要なシスエレメントまたは転写活性化配列（upstream activation sequence：UAS）の解析には，発現に必要な最小のプロモーター領域を lacZ に連結した融合遺伝子が利用される。酵母用には CYC1 プロモーター[34]，糸状菌用としては gpdA プロモーターから必要な配列を除いたもの[37] が使われており，目的のシスエレメントまたはその周辺領域をこれらの最小プロモーター中に挿入し，レポーター遺伝子由来の酵素活性を測定することにより機能を解析する。

一方，微生物でレポーター遺伝子として uidA 遺伝子を利用するのはほとんど糸状菌に限られており，この場合には転写融合法によるベクターが主として利用されている。コウジ菌（Aspergillus oryzae）は β-ガラクトシダーゼ製剤（ラクターゼ）の生産菌として工業的に利用されていることから，β-ガラクトシダーゼの生産能が高いことが知られており，lacZ をレポーター遺伝子として利用することが難しいので，もっぱら uidA が使われている。前述したように，コウジ菌でもプロモーター解析のためには相同的に1コピー挿入された形質転換体を選択する必要があるが，麹菌では選択マーカーとして硝酸還元酵素遺伝子（niaD）を用いることで，自身の染色体の niaD 部位に相同的組換えによりベクターが組み込まれる頻度が高くなる。なぜ niaD 遺伝子で相同的組換え頻度が高いのかいまのところ不明であるが，相同的にかつ1コピーで組み込まれた形質転換体が得られやすいので解析には便利である[38]。

レポーター遺伝子としては lacZ と uidA のほかに，酵母では酸性ホスファターゼ遺伝子（PHO5）が，糸状菌ではホタル・ルシフェラーゼ（Luc）などが利用されている。さらに最近，オワンクラゲ（Aequorea victoria）由来の緑色蛍光タンパク質（green fluorescent protein：GFP）がレポーターとして利用されている。GFP は特別な化合物を添加することなく，励起光を照射するだけで検出可能な緑色蛍光を発することから，細胞を生きた状態のまま観察ができるという特徴を有しており，オルガネラなどに局在するタンパク質と融合させて，それらの挙動を可視的に追跡するなど広く利用されている。GFP はレポーターとしてプロモーターに直接連結して発現させることによって，分生子形成などの形態分化を示す糸状菌などにおいて空間的な遺伝子発現を蛍光顕微鏡下でリアルタイムに観察できる。

（2）レポーター遺伝子を利用したタンパク質間相互作用の解析[34]　レポーター遺伝子を利用した強力な解析ツールとして，酵母を宿主にしたツーハイブリッドシステム（two-hybrid system）が挙げられる。この方法によって複合体を形成する2種のタンパク質の相互作用を解析することが可能となった。

酵母のガラクトース代謝にかかわる遺伝子群の発現を正に制御する転写因子 GAL4 は，N 末端側に UAS 結合に関与するドメイン（DNA-binding domain：BD）を，C 末端側に転写活性化に関与するドメイン（activation domain：AD）を持つ。この2種のドメインを別々にクローン化し，それぞれと融合タンパク質を作るようなベクターを構築する。宿主株には lacZ あるいはヒスチジン要求性を相補する HIS3 をレポーターとして GAL4 の結合する UAS を持つプロモーターに連結したベクターを導入しておき，この宿主に相互作用を調べたいタンパク質（餌，bait）と BD との融合遺伝子を導入する。この状態では AD が存在しないため，レポーター遺伝子は発現せず，lacZ の場合には X-gal を含んだプレートで酵母コロニーは白いままである。bait として用いたタンパク質と複合体を形成する未知のタンパク質を単離するためには，AD と融合タンパク質を作るように作製された cDNA ライブラリーを導入して，その中に bait と複合体を作るようなタンパク質（target）遺伝子があれば，bait と target のタンパク質を介して BD と AD がプロモーター上に近接して存在できるので，レポーター遺伝子（ここでは lacZ）の発現が誘導されてコロニーは青くなる（図2.20）。ちなみにレポーター遺伝子として HIS3 を用いた場合には，ヒスチジン要求性が相補されてヒスチジンを含まない最少培地で生育するコロニーとして検出できる。このようにして，bait と複合体を形成する未知のタンパク質の遺伝子を容易に単離・同定するこ

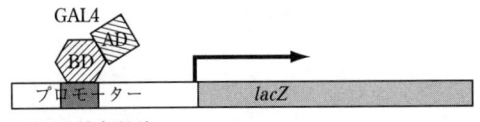

(a) 完全型の転写因子 GAL4 がある場合：*lacZ* が発現しコロニーが青く染まる

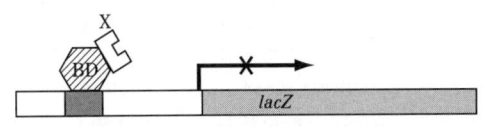

(b) X (bait) と GAL4-BD の融合遺伝子だけの場合：*lacZ* が発現せずコロニーは白いまま

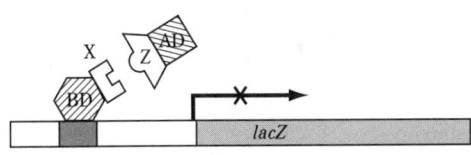

(c) X と Z (target) が結合しない場合：*lacZ* が発現せずコロニーは白いまま

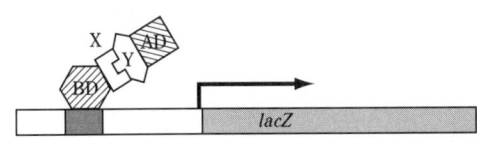

(d) X と Y (target) が結合する場合：*lacZ* が発現しコロニーが青く染まる

図 2.20　酵母ツーハイブリッドシステムの原理

とができる。また，同様に既知のタンパク質間における相互作用もこのシステムを利用することによって解析することが可能である。なお，ツーハイブリッドシステムでは，3種類のベクター（レポーター遺伝子，BD融合遺伝子，AD融合遺伝子）を導入することになるので，少なくとも3種類以上の遺伝子マーカーを持った酵母宿主が必要である。

さらに，ツーハイブリッドシステムの発展形としてワンハイブリッドシステム（one-hybrid system）も開発されている。これは主として転写因子のようなDNA結合タンパク質の遺伝子をクローニングするために用いられる。目的とする未知の転写因子が結合するシスエレメント配列を複数個有するプロモーターにレポーター遺伝子を連結して発現させた宿主株に，GAL4のADと融合タンパク質を作るように作製したcDNAライブラリーを導入する。ライブラリーの中にシスエレメントに結合するタンパク質が含まれていれば，ADを介してレポーター遺伝子の転写が活性化されるため，コロニーが青くなることにより，目的とする転写因子遺伝子がクローニングできるというもので

ある。　　　　　　　　　　　　　　　　（五味）

(a) *Aspergillus nidulans* 糸状菌（カビ）の一種 *Aspergillus nidulans* は，生物学や遺伝学の研究材料として用いられてきた歴史が長く，多くの変異株が取得され，遺伝解析のデータが蓄積している。近年の分子生物学の発展に伴い，*A. nidulans* でも遺伝子組換え技術が開発された。加えて，2003年，ゲノムの全塩基配列が明らかになったこともあり，糸状菌独自の形態形成や有性生殖，物質生産，遺伝子制御系等の現象解明に，研究材料としての需要が今後さらに増加すると予想される。ここでは，上述のような現象の生物学的解析ツールとして，*A. nidulans* の宿主・ベクター系について解説する。

基本的な *A. nidulans* の宿主・ベクター系の組合せとしては，宿主は核酸あるいはアミノ酸等の要求変異株，ベクターはその変異を補う遺伝子を連結したDNAである。ベクターはゲノム中への組込みによる安定化を目的とした環状プラスミドの場合と，*A. nidulans* 由来の自己複製配列AMA1約5 kbを連結した自己複製型環状プラスミドの場合がある。一般的な *A. nidulans* の形質転換では，プロトプラストをポリエチレングリコール存在下でDNAと混合して行う。組込み型ベクターでは，1 μg DNA当り数株から数十株の形質転換体が得られ，形質転換効率は低いが，形質転換体の導入DNA保有率は継代培養後もほぼ100％と高い。一方，自己複製型ベクターでは，1 μg DNA当り数千から数万株の形質転換体が得られ，形質転換効率は高いが，形質転換体の導入DNA保有率は10～50％程度で，選択培地で継代培養を行う必要がある。

A. nidulans の形質転換でよく用いられている遺伝的マーカーは，ウリジン要求変異である *pyrG* である。*pyrG* 変異を遺伝子型として持つ宿主に，*A. nidulans* 自身の *pyrG* 遺伝子を連結した環状あるいは線状プラスミドを導入する。*A. nidulans* は相同的組換えが起きやすい種であるため，導入したDNAは高い確率で宿主ゲノムの変異型 *pyrG* 遺伝子の部分でゲノムDNAに組み込まれる。例えば，*pyrG* 遺伝子を連結したプラスミドに，対象となる遺伝子あるいはそれと比較したい遺伝子を連結し，それぞれを宿主に導入する。そうすれば，比較する遺伝子がゲノム上の同一領域に組み込まれるため，遺伝子発現の比較を直接行うことができる。ただし，同一の組込み位置であることは，別途サザン法等により確認する必要がある。

ほかによく用いられるマーカーとしては，アルギニン要求変異とその遺伝子 *argB*，トリプトファン要求変異とその遺伝子 *trpC*，硝酸還元酵素遺伝子 *niaD* な

どがある．また，チアミンアナログであるピリチアミンの耐性遺伝子 ptrA が A. oryzae から分離され，A. nidulans など4種の Aspergillus 属糸状菌のピリチアミン耐性マーカーとして使用可能なことが示された[39]．

A. nidulans の近縁種である麹菌 Aspergillus oryzae の pyrG や，ヒトの病原菌である Aspergillus fumigatus の pyrG 遺伝子は，A. nidulans の pyrG 変異を補うことができるが，塩基配列での相同性が低いため，これらの遺伝子を連結したプラスミドは宿主の pyrG 部分には組み込まれない．このことを利用して，特定遺伝子の形質転換による破壊が可能となる．すなわち，A. nidulans ゲノム中で破壊したい遺伝子の内部を A. oryzae の pyrG に置換した DNA を試験管内で作成し，この DNA をベクターから切り離して A. nidulans に導入すれば，ゲノム上の対象遺伝子が A. oryzae の pyrG により破壊された株が取得できる．例えば，A. nidulans の細胞膜に存在する薬剤排出タンパク質（multidrug transporter）の遺伝子 atrB の破壊には A. oryzae の pyrG 遺伝子が用いられた[40]．また，aurA（抗真菌剤オーレオバシジンの耐性遺伝子で，細胞周期進行に必要）の破壊には，A. fumigatus の pyrG 遺伝子が用いられた[41]．

逆にマーカー遺伝子をゲノム上のさまざまな部位に挿入することにより遺伝子を破壊した変異株を作出する場合がある．これを DNA-tagged mutagenesis といい，このようなときには挿入により破壊した遺伝子を，挿入プラスミドに隣接した DNA として回収することができ，変異形質の原因遺伝子を特定することができる．この操作を行う場合，DNA とプロトプラストを混合する際に適当な制限酵素を100単位程度添加する restriction enzyme-mediated integration（REMI）法を利用すると，酵素によりゲノム DNA が切断を受けた部位にプラスミドが高効率で挿入され，形質転換効率は通常法の数十倍となる．A. nidulans の形態形成遺伝子（A. nidulans の argB マーカー利用）[42] や A. oryzae のリパーゼ生産向上に関与する変異遺伝子（A. oryzae の pyrG マーカー利用）[43] の研究例がある．上述で解説した遺伝的マーカーが付与された菌株については，米国のカンサス州立大学の Fungal Genetics Stock Center〔http://www.fgsc.net/（2004年12月現在）〕から有料配布されている．　　　　（楠本）

(b) *Yarrowia lipolytica*　　Yarrowia lipolytica は以前 Candida, Endomycopsis または Saccharomycopsis lipolytica と呼称されていた酵母である．特に Candida lipolytica は1970年代に n-アルカンを炭素源としたクエン酸生産に工業的に使用している．n-アルカンの工業的利用はオイルショック以後下火となったが，この酵母の特徴である油脂の資化性，菌体外分泌酵素生産などに焦点を当てた物質生産系の宿主として今日に至るまで研究が続けられている．そのなかでも，宿主・ベクター系の基本である自律複製プラスミドの研究と遺伝子解析系について述べる．

(1) 自律複製プラスミド　　自然界から単離された Y. lipolytica の株には現在まで RNA ウイルス様粒子[44] 以外の内在性プラスミドは報告されていない．したがって，自律複製配列（autonomously replicating sequence：ARS）を染色体 DNA より単離する試みが行われた．Saccharomyces cerevisiae では ARS の必要十分条件は，複製起点（replication origin：ORI）を含むことである．それに対して Y. lipolytica は染色体 ORI だけでは ARS として不完全であり，高頻度形質転換および自律複製をもたらす ARS にはセントロメア（centromere：CEN）の配列が不可欠である[45],[46]．Y. lipolytica の ORI および CEN はそれぞれ約100 bp，約200 bp の大きさに限定でき，一部の染色体では CEN 機能領域が重複している（図2.21）．Y. lipolytica の ORI は Saccharomyces と同様に～20 kb に1個の割合で存在すること[47]，ORI とともに ARS として機能する DNA は CEN 以外には存在しないこと[48] が証明されている．

CEN-ORI から構成される ARS プラスミドは核内に存在し，そのコピー数は細胞当り1である．CEN-ORI プラスミドを保有する形質転換体の有糸分裂安定性は，非選択培地において生育している細胞1世代当り0.91～0.95であり，かなり安定である．CEN にタンパク質が結合することにより動原体を形成し，プラスミドの安定な分配が達成されると考えられた．しかし，CEN を縮小していくと ARS 機能は維持されたまま動原体機能を失った縮小 CEN 配列が得られる．これらの縮小 CEN がどのような機構でプラスミド分配を達成しているか今後の解析に期待される．

(2) 遺伝子解析系　　Y. lipolytica は絶対好気性でミトコンドリアの呼吸機能を生育に必要とする．通常は出芽により増殖するが，ある条件下では菌糸状の生育を行う（dimorphism，二形性）．Y. lipolytica は自然界ではほとんど一倍体として生育し，その染色体数は通常6本である[49]．染色体は2.6～4.9 Mb の大きさであり，染色体分離電気泳動法による核型分析の結果，さまざまな場所から単離された Y. lipolytica 株の染色体長に差異が見られるけれども，遺伝子の連鎖地図はほとんど同一である．ヘテロタリックな有性生活環があるが，核型が異なった株間での接合，胞子形成は困難である．しかし，同種交配によって，二倍体の

2.5 生体外遺伝子操作

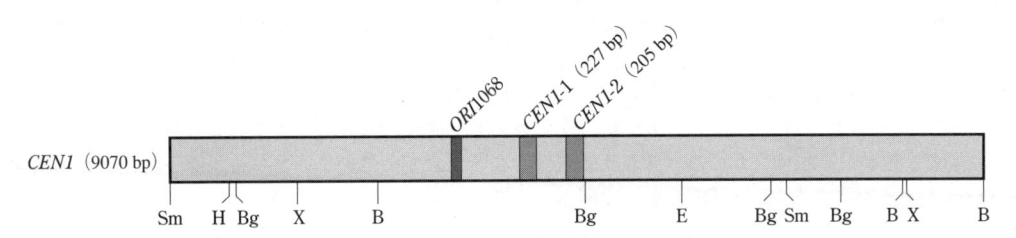

(a) *CEN1* の制限地図および限定された複製起点（*ORI*1068）と重複した *CEN* 配列（*CEN1*-1, *CEN1*-2）
制限部位：B, *Bam*HI：Bg, *Bgl*II：E, *Eco*RI：H, *Hin*dIII：Sm, *Sma*I：X, *Xho*I

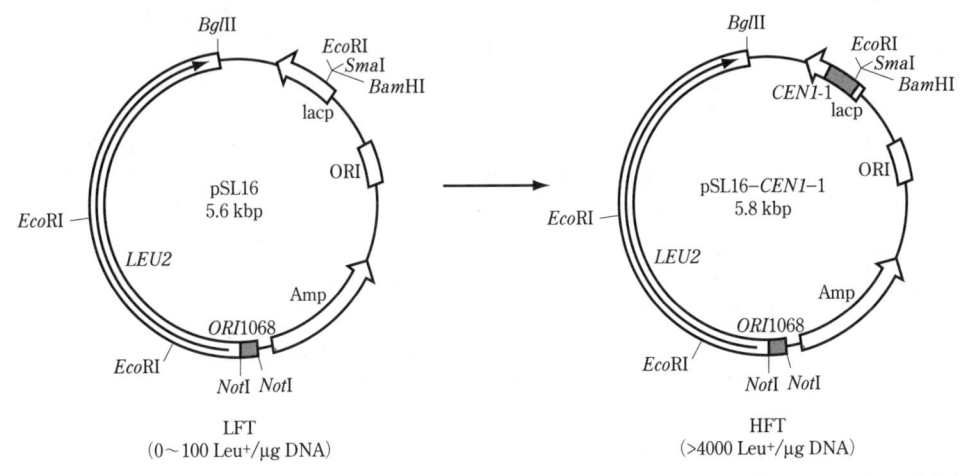

(b) *LEU2* 遺伝子をマーカーとしたプラスミドに *ORI* を連結したものは低頻度形質転換（low-frequency transformation：LFT）であり，染色体に組み込まれる。

(c) 左のプラスミドに *CEN* を付加したものは高頻度形質転換（high-frequency transformation：HFT）を示し，自律複製される。

図 2.21 *Y. lipolytica* の第一番染色体のセントロメア領域（*CEN1*）の構造

形成，4分子解析が可能となった株が作成された。フランスの Génolevures 酵母ゲノム解読計画に *Y. lipolytica* が取り入れられ，全ゲノム DNA 配列（22 Mb）が解析されている[50]。

系統発生学的に *Y. lipolytica* は高等真核生物に類似している面がある。rRNA 遺伝子（rDNA）と 5S RNA 遺伝子がいくつかの染色体に重複して存在すること，小胞体への分泌タンパク質の移動が翻訳と同時（co-translational）であることなどの点が指摘されている。18S および 26S rDNA 配列解析から，*Y. lipolytica* は他の酵母とは早い時期に分岐したと推測される[51]。

Y. lipolytica が本来持っているプロテアーゼ，リパーゼ，RNase などのタンパク質の高い分泌能を利用して，異種タンパク質を発現させるベクターが構築されている[52]。これらのベクターは染色体組込み型であり，*LEU2* や *URA3* 遺伝子などの栄養要求性マーカーを利用した相同組換えにより組換え体を作製する。他の酵母で開発されたほとんどすべての組込み型ベクターの技術が *Y. lipolytica* にも適用可能である。プロモーターの発現制御については他の酵母と同様に，上流活性化配列（upstream activating sequence：UAS）に結合する種々の転写因子の特異性により決定される。レトロトランスポゾン Ylt1 が染色体上に約 30 コピー存在する株も知られている[53]ので，染色体への多コピー組込みにより高コピー数を達成する方法も可能である。

(松岡)

（c）*Neurospora crassa* アカパンカビは遺伝学的な解析が容易であるため，多くの実験に利用されてきた。7本の染色体の上にこれまで単離され，解析されてきた多くの遺伝子がマッピングされ，それに対応する形で塩基配列が記載されている。これらのデータについては糸状菌のストックセンターである Fungal Genetics Stock Center（FGSC）のホームページ〔http://www.fgsc.net/（2004年12月現在）〕を参照願いたい。

アカパンカビの遺伝子クローニング法としては姉妹選択法[54]が一般に使用されている。姉妹選択法とは，突然変異株の表現型を相補するDNA断片を，複数の96穴タイター上に作製されたゲノムライブラリーから探し出す方法である。アカパンカビのゲノムサイズは40 Mb程度であるが，このゲノムDNAを制限酵素で30 kb程度の大きさのさまざまなDNAに部分消化し，これをベノミル耐性マーカーを持つコスミドベクター（pSV50）につなぎ in vitro でパッケージを行った後，大腸菌に導入する。こうしてそれぞれ異なるDNA断片を運ぶ大腸菌ができる。これら大腸菌のそれぞれのコロニーを96穴タイター30枚あまりにおさめ，アカパンカビのゲノムライブラリーとする。上記FGSCではこのようにして作製されたライブラリーを販売している。ハイグロマイシンB耐性遺伝子を持つベクター pMOcosX で作製された同様のライブラリー[55]も販売されている。またこれらのライブラリーを染色体別にまとめた染色体別ライブラリーも販売されている。明らかな表現型を示す突然変異株は，原則として，これらのライブラリーを使って，姉妹選択法によりその原因遺伝子をクローニングすることができる。姉妹選択には効率のよい形質転換法が必須である。以前はNovo社のNovozymが細胞壁を溶解するのに使用され，スフェロプラストの融合法で満足のいく結果を出していたが，製造中止になり，今日では細胞壁の溶解にシグマ社のLyzing enzymeが使われている。この酵素はNovozymほどはよくない。20 kbほどのDNAによる形質転換であればエレクトロポレーション法がはるかに有効である。エレクトロポレーション法については後述する。遺伝子のサブクローニングや増幅，修飾などを行うには大腸菌とアカパンカビの両方で働くことができるシャトルベクターが必要である。アカパンカビでは以下の選択マーカーを持つベクターが利用されている（**表2.8**）。

これらの耐性遺伝子を発現させるプロモーターとして一般的に使用されているのが Aspergillus の trpC 遺伝子のプロモーターである。アカパンカビでは目的に応じて発現が制御できるよいプロモーターがなく，現在新たに使いでのよいプロモーターを開発する研究が進められている。

アカパンカビでは2003年にゲノムの解析が終了し[61]，それをもとにコンピュータ解析が行われた[62]。多くの機能未知の遺伝子があり，これら遺伝子の機能解析がこれから進められる。遺伝子のターゲッティングによる破壊はこうした研究に有効な手段であり，そのなかでも相同組換え機構を使う方法は最も期待できる。しかしながらアカパンカビも他の多くの生物と同様，相同組換えを利用した特定遺伝子の破壊が難しい。細胞外からのDNAがゲノムの相同部分に組み込まれる率は，野生型株で数％である。そこでアカパンカビでは特定の遺伝子を破壊するために RIP（repeat induced point mutations）という現象を利用する[63]。RIPは，同一ゲノムに相同な配列を持つ遺伝子が複数個存在する場合，premeioticなステージでこれら複数の相同DNAのすべてに多数の点突然変異が生じる現象で，これにより確実にねらった遺伝子を不活化することができる。この方法は多くの研究者によって利用されている。この方法では一度交雑することが必要なので，時間がかかるのと（約1カ月），どこに，どのようなタイプの変異を起こさせるかを制御できない点が問題である。最近，われわれはエレクトロポレーション法による遺伝子導入，形質転換を試みているが，単なるスフェロプラスト/PEG法に比べ相同組換え頻度が数倍は高くなることを確認している。エレクトロポレーション法は，無性胞子を用い，特別な細胞壁分解酵素を使うこともなく，操作が簡単で，短時間ですむことなど多くの点で有効な手段である。

アカパンカビにおける基礎研究や，新たな方法の開発は他の生物，とりわけ糸状菌全般への応用が期待できることから，今後ますます重要性を増すと考えられる。

(井上)

〔3-a〕 物質生産系としての宿主・ベクター系

遺伝子工学技術による物質生産の最初の事例は，板倉らによるヒト成長ホルモン放出抑制因子であるソマトスタチンの大腸菌での生産であろう[64]。そののち，バイオ医薬品開発を旗印に，ごく微量しか得ることができないヒト由来の生理活性を有するさまざまなタンパク質性因子を，大腸菌や酵母をはじめとした各種微生物，あるいは，動物細胞を宿主として効率的に大量生産させる方法が世界的に開発されてきた。そこには，多くのバイオベンチャーが熾烈な開発競争を繰り広げ

表2.8 アカパンカビで使用されるベクター

マーカー	ベクター	参考論文
Hyg[r]	pCSN43, pCSN44 pCB1003, pCB1004	Staben et al. (1989) Carrol et al. (1994)
Phleo[r]	pBC-phleo	Silar (1995)
Basta[r]	pBARGEM5-1 pBARGEM7-1	Pall and Brunelli (1993) ibid
Sul[r]	pCB1528, pCB1637	Sweigard et al (1997)

Hyg[r]：ハイグロマイシン耐性
Phleo[r]：フレオマイシン耐性
Basta[r]：バスタ耐性
Sul[r]：サルフォニルウレア耐性

てきた背景がある。一方，医薬品以外の工業用酵素として洗剤に使用されるプロテアーゼやリパーゼ，あるいは食品加工用酵素として凝乳酵素であるキモシンなどの開発例も遺伝子工学的手法による有用タンパク質の大量生産の成功例として挙げられる。最近では，ユニークな特徴を備えた微生物を活用し，顧客が希望するタンパク質の大量生産を請け負う専門企業も多くなってきている。本項では現在用いられている代表的な有用タンパク質生産系のうち，各種微生物と動物細胞を宿主に用いた例を中心に概括し紹介したい。

宿主別の事例

(1) 大腸菌の系

〔特　徴〕 基本的には安価で簡便に，目的とするタンパク質を生産させることができる。大腸菌の遺伝子および特性に関する膨大な情報をもとに，遺伝子発現系はさまざまに改良されており一般に使用できる。

〔代表的なベクター〕 pSC101（低コピー数（2～3個/細胞）プラスミド），pBR322やpACYC177（中程度のコピー数（15～30個/細胞）），pUC19（高コピー数（約100個/細胞））など，さまざまなプラスミドベクターが開発されている。

〔発現ベクターの例〕 lacプロモーター，trpプロモーターといった大腸菌が本来有するプロモーターを利用したものから，ハイブリッド型としてtacやtrcプロモーターを持つもの，さらに，遺伝子発現の強度を正確に調節できるものとして，アラビノースオペロンのaraBADプロモーター[65]を使用する例も多い。最近では，バクテリオファージT7のRNAポリメラーゼとT7プロモーターを利用したpET（plasmid for Expression by T7 RNA polymerase）システム[66],[67]が汎用されている。

〔宿　主〕 主要なプロテアーゼであるLonやOmpTを欠損させた変異株を用いることで，目的タンパク質の分解を抑制することや，導入している遺伝子中に大腸菌にとってマイナーとなるコドンが多くある場合には，それら不足するtRNAの補給系を導入した宿主[68]を利用するなどの工夫が行われている。一方，SURE株（Stratagene社）では，導入した特殊な配列を持つDNAに生じやすい一部欠失やリアレンジメントを，DNA修復酵素の遺伝子（umuC, uvrC等）を欠損させることで抑制している。また発現タンパク質の菌体内での不溶化には，各種シャペロニンの共発現も効果があるようである[71]。

〔発現生産された例〕 成長ホルモン，インターフェロンなど各種生理活性因子やキモシンなど食品加工用酵素，各種工業用酵素類など多数。

〔展　望〕 最近，Campylobacter jejuniのN結合型糖鎖付加の系を大腸菌に導入し，動物細胞の糖鎖付加とよく似たオリゴ糖での翻訳後修飾が可能との報告がなされた[69]。今後も，大腸菌の系はその簡便さを損なわずに，さまざまに工夫され，タンパク質生産工場としての性能は，大いに改善されていくものと思われる。

(2) グラム陽性細菌での代表的な系

① *Bacillus subtilis*

〔特　徴〕 菌体外へのタンパク質分泌能が優れている。安全性がきわめて高いことが実証されている系である。

〔宿主・ベクター系〕 分泌生産系が中心であるために，各種プロテアーゼ欠損株が作製されている。例えば，MT600株[70]ではアルカリプロテアーゼ（apr），中性プロテアーゼ（npr），菌体外プロテアーゼ産生の調節遺伝子（degQ），胞子生成能に関与する遺伝子（spoOA），さらに，マルチコピーでプロテアーゼ産生を抑制するpai変異を導入し，菌体外プロテアーゼ活性の大幅低減に成功している。プラスミドとしては大腸菌とのシャトルベクターであるpHY300PLK[72]やpDG148[73]がよく利用される。

〔異種タンパク質の生産例〕 細菌由来の，特に分泌性酵素の生産性は高いが，ヒト由来タンパク質ではあまり生産効率が高くないようである。α-アミラーゼ（*Bacillus licheniformis*由来）では1 g/lの蓄積[74]。ヒルジン（ヒト由来）では350 mg/lなど[75]。

〔展　望〕 1997年に，いちはやく全ゲノム配列が決定され，網羅的な遺伝子破壊株の作製とその解析，そしてプロテオーム解析なども進行している。EUではBACELL[76]と名づけられた産学のコンソーシアムが結成され，網羅的に枯草菌を機能解剖し，本菌の有効利用を探っている。さらに，そこで抽出された情報は各参加企業の所有する独自の生産用微生物へと応用が図られるようである。

② *Bacillus brevis*（*Brevibacillus choshiensis*）

〔特　徴〕 菌体外への高いタンパク質分泌能と低いタンパク質分解能が特徴である。

〔宿主・ベクター系〕 *B. brevis* 47株[77]，HPD31株[78]を宿主に，ベクターとしてはpUB110, pHY481[79]，pHT926[80]などが使用されている。

〔発現タンパク質の例〕 一般に原核生物由来酵素であるα-アミラーゼ（*Bacillus licheniformis*由来，蓄積値：3.7 g/l）やスフィンゴミエリナーゼ（*Bacillus cereus*由来，2.0 g/l）などの生産量は高い。一方，真核生物由来タンパク質の発現例として，ヒト上皮細胞増殖因子（hEGF）ではHPD31株を宿主に，多コピープラスミドpHT926にて細胞壁タンパク質の遺伝

子のプロモーターおよびシグナル配列を利用することで，1.5 g/l の生産量に至っており，オーストラリアにおいて羊の採毛薬として開発が進んでいる[81]。

〔展　望〕 ヒゲタ醤油（株）から分離独立した ProteinExpress 社が，本生産系を受け継ぎ，さらに分泌効率の向上や誘導発現系の開発などに取り組み，他研究機関との共同研究を展開している[81]。

③　*Corynebacterium glutamicum*

〔特　徴〕 アミノ酸生産菌として培養特性や代謝系が詳細に研究され，近年では本菌での遺伝子組換えツールも整備されつつあり，またゲノム解読も終了している。大規模なアミノ酸発酵生産の宿主として，いくつかのコリネ型細菌は実績がある。最近では，タンパク質分泌発現系の研究がなされている[82]。

〔宿主・ベクター系〕 汎用されているベクターとしては 2 種類（pAM330, pHM1519）[83] ある。一方，タンパク質発現に適する宿主株の報告も最近なされている[84]。菌体外へのタンパク質分泌には，コリネ型細菌の細胞表面タンパク質（CspB）のシグナル配列部分を利用している例が多い。

〔発現タンパク質の例〕 枯草菌のサチライシン[85]では，約 2.5 g/l の蓄積値を示している。また放線菌由来のプロトランスグルタミナーゼの生産量としては約 930 mg/l，ヒト上皮細胞増殖因子（hEGF）では約 290 mg/l が報告されている[84]。

〔展　望〕 アミノ酸発酵での工業化実績に基づき，新たな育種ツールやゲノム情報の導入により，タンパク質生産菌株としても今後の進展が期待される。

(3)　酵母（*S. cerevisiae*，*S. pombe*，*P. pastoris*）の系

①　*Saccharomyces cerevisiae*

〔特　徴〕 古くから酒類やパンの製造などに工業的に応用され，発酵工学の知見が豊富である。また，最も単純な真核生物であり，細胞内の構造や分泌経路，代謝経路，タンパク質の翻訳後修飾，とりわけ糖鎖合成系などが高等真核生物と酷似している。さらに膨大な遺伝学的知識を背景にさまざまなモデル系として基礎生物学の研究に汎用されている。しかし，保有する強固な細胞壁の処理が煩雑であり，工業的な物質生産への応用には限界もある。

〔宿主・ベクター系〕 宿主には，液胞プロテアーゼの成熟に関する変異株（*pep4*）をはじめとするタンパク質分解の抑制された変異株が汎用される[86], [87]。ベクターとしては 2 μm プラスミド由来の ori によって複製する多コピープラスミドである YEp ベクターがよく使われるが，用途によってはその他の低コピープラスミド（YRp, YCp, YIp）が利用されることも多い。

強力なプロモーターとして，PGK や ADH などの解糖系酵素遺伝子のプロモーターがよく用いられるほか，GAL などの誘導性プロモーターも知られている。

〔組換えタンパク質発現の例〕 α-アミラーゼからインスリン，インターフェロンなどさまざまな生理活性タンパク質の分泌生産の報告がある[88]〜[90]。

〔展　望〕 遺伝学的および細胞学的な解析が最も進んだ真核生物であり[91]，多彩な変異株を応用したまったく新しい発想の物質生産が期待される。

②　*Schizosaccharomyces pombe*

〔特　徴〕 出芽酵母 *S. cerevisiae* とは異なり，動植物細胞と同様の分裂により増殖する。細胞周期や細胞内情報伝達系は哺乳類のものと共通点が多く，また翻訳後の修飾でも他の酵母とは異なる特徴を持ち，高等動物由来遺伝子発現の宿主として期待されている。発現のキットとして ESP システム（Stratagene 社）が市販されているし，発現の受託製造サービスとして ASPEX（旭硝子（株））[92] が提供されている。

〔宿主・ベクター系〕 哺乳類動物細胞由来の種々プロモーターが機能するが，そのなかでもヒトサイトメガロウイルス（hCMV）のプロモーターは強力である。誘導型のプロモーターとしては，*S. pombe* 自身のインベルターゼ遺伝子のプロモーターが利用できる。また，培地中に添加する薬剤濃度に呼応してコピー数が増加するベクターや，染色体中へ目的遺伝子を組み込むためのベクターも開発されている。

〔組換えタンパク質発現の例〕 ヒトリポコルチン I，ヒトインターロイキン 6 など。

〔展　望〕 ゲノム配列は 2002 年に決定され，この情報を生かしてさらに遺伝子発現効率が向上した宿主などが作製されてくると思われる。最近，飼料添加物フィターゼの商業生産に ASPEX システムが利用されたという報告がなされた。

③　*Pichia pastoris*

〔特　徴〕 安価なメタノールを炭素源として増殖できる。培地中の菌体濃度（乾燥重量にて 130 g/l 以上）が高く，タンパク質の分泌系も優れている。

〔宿主・ベクター系〕 メタノールにより強力に発現誘導がかかるアルコールオキシダーゼ遺伝子の AOX1 プロモーターや構成的発現の GAP プロモーターを用いた系がある。Invitrogen 社から宿主・ベクター系が市販されている。導入遺伝子は染色体へ組み込ませる手法が一般的であり，この場合，導入した遺伝子の構造安定性は高く，薬剤を含まない非選択培地でも安定に保持される。また，薬剤耐性遺伝子を利用して目的遺伝子発現ユニットを多コピー化して染色体に組み込ませた株を選択することも可能となっている。

〔組換えタンパク質発現の例〕 ヒト血清アルブミン（3 g/l）[93]やゼラチン（14.8 g/l）[94]の分泌生産例が有名であるが，そのほかにも多くの異種遺伝子の発現例が報告されている[95]。

〔展　望〕 やはり分泌させるタンパク質の種類により大きく生産量が変化するが，分泌性タンパク質の安価かつ大量生産には適する発現系と思われる。メタノールの資化経路やタンパク質輸送系の解析の進展により，今後も異種の分泌性タンパク質の生産系として改良されることが期待される。

（4）動物培養細胞の系

〔特　徴〕 大腸菌を代表とする微生物を用いた安価で安定した物質生産が工業的に多くの成功を生むなかで，哺乳動物に由来するタンパク質の機能発揮においては特有の翻訳後修飾がきわめて重要な役割を有することが明らかとなり，こうした翻訳後修飾に乏しい微生物宿主系での物質生産に対する問題点が指摘されてきた。それに対する解決策が，宿主として動物細胞を用いた方法である。しかしながら動物細胞を用いた物質生産は依然として生産コストが高いため，現在の時点では主として医療用医薬の生産に用いられているのみである。

〔宿主・ベクター系〕 動物細胞においてベクター自身が染色体外で自律複製するエピソーマル宿主ベクター系としては，SV40 の ori 配列を含むベクターを，SV40 の T 抗原を構成的に発現するサル腎由来の COS 細胞に導入した系がよく用いられる[96]。このシステムでは高い遺伝子導入効率と発現レベルが期待できるが，その発現は一過性であり，長期の安定性に欠けるため，実験室レベルでの物質生産には有用であるが，工業的には適してはいない。その他のエピソーマルに複製が可能な系としては，ウイルス由来ベクター（EBウイルス，BPVウイルスなど）が用いられることもある。一方で，導入遺伝子を宿主染色体に組み込んだ安定遺伝子導入法として物質生産によく用いられるのは，dhfr（ジヒドロ葉酸還元酵素）欠損の CHO 細胞株への dhfr 遺伝子増幅系を利用した方法である[97]～[99]。この方法では導入遺伝子は染色体に組み込まれ，選択に用いる核酸代謝拮抗物質に対する耐性度の増加に従い，染色体に組み込まれた遺伝子の増幅が生じ，最大では数十コピーにまで増幅され，安定した物質生産性が期待できる。遺伝子発現のプロモーターとしては構成的に強力な CMV プロモーターなどのウイルス由来のものが使われることが多いが，ホルモンなどの物質により発現誘導の可能なプロモーターが用いられることもある。

〔組換えタンパク質の発現例〕 インターフェロンや各種サイトカイン，組換えモノクローナル抗体をはじめとした医療用の組換えタンパク質の生産に用いられている。

〔展　望〕 動物細胞といっても由来する臓器によりタンパク質合成能力や，二次的修飾，分泌能はさまざまである。例えば，ある種の神経細胞や内分泌細胞，抗体産生B細胞は物質生産にきわめて有利な細胞内環境を備えていると考えられる。今後は，こうした特定の細胞固有の性質を最大限に生かした宿主ベクター系の開発が望まれる。また，最近ではトランスジェニックアニマル技術やクローン技術を駆使して，動物の個体そのものを宿主にして，物質生産に応用しようという試みもある。例えば，遺伝子組換え動物の母乳にある種の機能タンパク質を発現するといったアイデアである。宿主への遺伝子導入方法も，相同染色体組換えやウイルスなどに由来する部位特異的な組換え技術を用いた方法が開発されており，種々の条件に応じた特異的な生産制御に関しても新しい展開が想定される。

（5）植物培養細胞，昆虫細胞の系

〔概　況〕 その他の宿主としては，植物や昆虫を用いた物質生産がある。植物では，アグロバクテリウムの Ti プラスミドやウイルスベクター，トランスポゾンなどをベクターとして遺伝子導入したトランスジェニックプラントを作製し，農業的にある種の機能タンパク質を安価かつ大量に産生しようという試みがある。これまでにモノクローナル抗体を大量生産する試みや[100]，穀物に弱毒化病原タンパク質などを発現させた「食べるワクチン」の試みが報告されている。一方で，バキュロウイルスをベクターに用いた昆虫細胞やカイコ幼虫におけるタンパク質の発現はすでに研究室では広範に用いられる技術となっており，インターフェロンなどのサイトカインの生産に用いられるほか，高等生物由来の微量タンパク質の結晶化や構造決定に用いるタンパク質の生産において，多くの成功例が報告されている[101]。わが国でも，受託サービスが提供されている[102]。

〔展　望〕 植物や昆虫には固有の細胞内輸送や分泌の仕組みが存在すると考えられる。ゲノム情報の解析などにより宿主の生物としての解析が進めば，その特徴を生かした物質生産の新しい方法が提示され，将来的には有用な宿主ベクター系として開発されることが期待される。

上記では記載できなかったが，糸状菌を宿主にした各種酵素やタンパク質の生産も最近では大きな進歩が見られている。いくつかの種ではゲノム配列も解読され，遺伝子解析も加速されると思われる。古来より発

酵食品や醸造に利用されてきた安全な宿主としても，身近な製品の大量生産にはたいへん魅力ある宿主である。一方，健康志向という観点から，乳酸菌の応用も今後ますます開発が期待される。さらに上述したが，最近ではどんどん微生物ゲノムが解読され，多種多様な生物をそれぞれの目的に応じて，物質生産のための宿主として利用できるようになってきた。特に，枯草菌や大腸菌ではそれらの微生物工場化を目指した基礎研究と応用研究が互いに融合した形で産学協同プロジェクトなどが進行中であり，天然型と寸分違わぬ目的の生産物が，完全に，簡便に，かつ安価に生産でき，基礎研究や産業応用ができる系の確立も近いかもしれない。
(安枝，竹鼻)

〔3-b〕 物質分解系としての宿主・ベクター系

物質分解を担う微生物の育種は，主として廃水・廃棄物処理やバイオレメディエーションなど環境浄化への適用を目的として行われる。野生型微生物による難分解性あるいは有害化学物質の分解能力の限界を取り払うためのものであり，以下のような育種の戦略が提案されている[103],[104]。

① 複数の物質の分解経路を組み合わせることで，新たな化学物質の分解を可能にする。
② 分解遺伝子の発現制御遺伝子（群）を操作することにより，誘導物質を必要としない構成的な物質分解を可能とする（特に共代謝分解）。
③ 特定菌にのみ認められる分解遺伝子の宿主域を拡張し，混合微生物系における普遍化を図る。
④ 分解経路上の律速反応を強化し，全体としての物質分解速度を向上させる。
⑤ 分解過程で生じる毒性中間体の生成をブロックする，あるいは耐性を有する宿主を用い，物質分解の停止，阻害を防ぐ。

遺伝子組換え体を活用した環境浄化は，現時点では実用化を目指した研究・開発の段階にあり，育種のツールや方法論が試行錯誤的に開発され，評価されている状態である。したがって，いわゆる定番の宿主ベクター系はないが，大腸菌以外の細菌宿主にプラスミドベクターを用いて分解遺伝子を導入する育種例が圧倒的に多い。また，物質生産系と異なる特徴は，さまざまな育種の目的，戦略と使用環境に適合させるため，きわめて多様な宿主が用いられること，必ずしも遺伝子の高発現は求められないこと，抗生物質などの有効な選択圧がかけられない場での利用を想定しなければならないこと，混合微生物生態系において定着しやすい宿主を選定すること，開放系/野外利用での意図的放出における一定以上の安全性が確保されること，などである。

(1) グラム陰性菌用広宿主域ベクター　活性汚泥などの生物学的廃水処理系を含め，物質分解の場となる土壌・水環境中においては，*Pseudomonas*属，*Alcaligenes*属などの好気性グラム陰性桿菌が優占種であることから，これらいわゆるpseudomonadsを遺伝子操作の対象とするのが最も一般的である。pseudomonadsには芳香族化合物や合成高分子など広範な化学物質の分解能が認められており，パッチワーク的に分解遺伝子を組み合わせ，新たな代謝経路を確立する場合の宿主として有利な菌株も多い。

多種多様なグラム陰性菌に遺伝子導入を行うことのできる広宿主域ベクターは，土壌細菌などから発見されたいくつかの野生型プラスミドを改良して構築されており，年々洗練され使いやすいものになってきている。18属22種以上のグラム陰性菌で複製されることが確認されているRSF1010（図2.22）をベースにBagdasarianらが開発した一連のベクター（pKT，pMMBシリーズ：表2.9）は最も実績がある[105]〜[107]。RSF1010は広宿主域のプラスミドとしてはサイズが小さく（約8.7 kb），コピー数も10〜15と比較的多いという長所を有しており，薬剤耐性マーカーやクローニングサイトの付与によって使いやすい多様なベクターが作られてきた。また，*mob*を有する可動性プラスミドであるため，ヘルパーを介した三親接合で容易に受容菌に導入できるが，野外放出後の安全性という観点からはむしろ欠点となるため，これを欠失させたベクターも開発されている[105]。同様に野生型多剤耐性プラスミドRK2をベースとした広宿主域ベクターの開発も進んでおり，pRKシリーズ[108]やpJBシリーズ[109],[110]が知られている。RSF1010およびRK2はそれぞれ，Inc. P-4およびInc. P-1の異なる不和合成

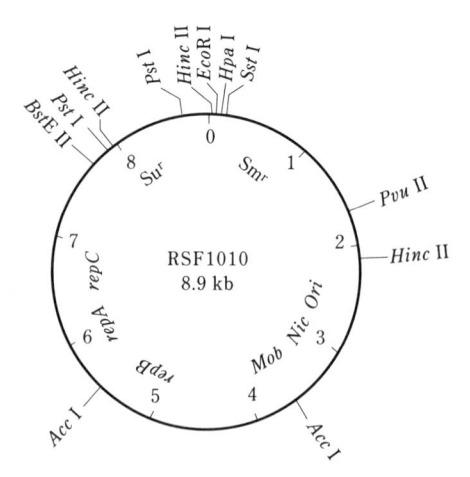

図2.22　RSF1010の構造

群に属しているため，おのおのを起源とするベクターは併用することが可能である。

（2）グラム陽性菌用ベクター　　Bacillus属，Arthrobacter属などのグラム陽性菌は，コンポスト化や土壌浄化の現場ではしばしば優占種として分離されることがあり，物質分解に重要な役割を果たしているものと考えられている。Mycobacterium属などグラム陽性の放線菌も多環芳香族化合物やアルカン類等の油分分解に優れていることが知られており，pseudomonads同様育種の対象として魅力的である。

グラム陰性菌と比較すると，グラム陽性菌用のベクター開発は立ち遅れている部分も多いが，初期にはおもにStaphylococcus aureus由来のプラスミドpUB110をベースにBacillus属細菌用のベクターが開発され（表2.10）[111]，その後さまざまな改良が加えられてきている。pUB110は数十とコピー数が多く宿主への負担がかかることから，比較的コピー数が少ないベクターとしてpTBシリーズ[112]などの開発も行われている。グラム陽性菌とグラム陰性菌の両者で機能するシャトルベクターの開発もめざましく，pBR322, RK2およびStreptococcusのベクターpAMβ1を組み合わせて構築されたpAT187[113]は，大腸菌とEnterococcus, Streptococcus, Listeria, Staphylococcus, Bacillusを含む多様なグラム陽性菌の両者で幅広く利用できる。しかし，グラム陽性菌を対象としたベクター系は，自由に環境浄化菌の育種を行えるほど洗練されたツールとなっているとはいえないのが現状といえよう。

（3）トランスポゾンベクター　　環境中では選択圧の欠如によりプラスミドの脱落が生じる可能性が高いため，組換え体育種のベクターとしてトランスポゾンを利用する試みもポピュラーになりつつある。トランスポゾンベクターは，二つの繰返し配列（IS）間に挿入した外来遺伝子を，両ISの外側のDNAにコードされた転移酵素（トランスポゼース）の作用によって宿主の染色体に埋め込むものであり，野生型トランスポゾンTn5, Tn10をベースにグラム陰性菌に幅広く活用できるpUT, pLOF[114], pVTR[115], pBSL[116]などのシリーズが開発されてきた。これらはクローニングサイトを導入したトランスポゾン，トランスポゼース遺伝子，選択マーカーなどを組み込んだ広宿主域プラスミドベクターであり，トランスポゾンを宿主に運ぶdelivery plasmidと呼ばれる。本システムによれば遺伝的に安定な実用的環境浄化菌の育種が可能となるが，遺伝子の埋込みが染色体の任意の位置に生じるため，必ずしもデザインどおりの組換え体育種が行えないという制約がある。

（4）フィールドアプリケーションベクター（FAVs）　　環境中で十分に機能を発揮することのできる組換え体の育種では，活用の場に適応しやすい宿主を選定することが重要であるが，Lajoieら[117]は環境中における分解遺伝子の機能発現を確実なものとす

表2.9　pKTおよびpMMBシリーズのおもなプラスミドベクター

pKT/pMMBベクター	特　徴	文　献
pKT210, pKT215, pKT230, pKT231, pKT248	基本的ベクター（RSF1010にクローニングサイト，選択マーカー（Cm, Km）を付与）	105)
pKT247, pMMB33, pMMB34	コスミドベクター	105), 107)
pMMB22, pMMB24	高発現ベクター（tacプロモーター）	106)
pKT261, pKT262, pKT263, pKT264	mob欠損ベクター（野外利用における可動化防止）	105)

表2.10　初期のBacillus用プラスミドベクター

プラスミド		起　源	マーカー
野生型プラスミド	pBC16	*Bacillus cereus*	Tc
	pAB124	*Bacillus stearothermophilus*	Tc
	pUB110	*Staphylococcus aureus*	Km
	pSA501	*Staphylococcus aureus*	Sm
	pSA2100	*Staphylococcus aureus*	Cm
	pC194	*Staphylococcus aureus*	Cm
ベクター	pDB6	pUB110, pSA501	Sm, Km
	pDB8	pUB110, pSA2100	Sm, Km, Cm
	pBD64	pUB110, pC194	Km, Cm

〔Hardy, K. G.: *DNA Cloning II*, pp. 109-135, IRL Press, Oxford（1985）より作成〕

る宿主として，FAVs（field application vectors）という概念を提案している。これは，特異的な基質で増殖する微生物を宿主（FAVs）に用いて環境浄化菌を育種し，この基質を添加しながら浄化を実施するという戦略であり，理論上は現場における育種菌の増殖を人為的に制御することができる。実例として，界面活性剤 Igepal CO-720 を特異的に資化し増殖する Pseudomonas 属細菌を FAV とし，PCB 分解遺伝子を導入して構築した組換え体を土壌汚染浄化に適用した試験が行われている[118]。このケースでは，界面活性剤は育種菌の増殖をサポートするのみでなく，脂溶性の高い PCB を土壌から解離させ利用性（bioavailability）を高めるというダブルメリットをねらっており，非常に合理的なデザインとなっている。　（池）

〔4〕 生産収率に影響を与えるベクター側因子

（a） 発現ベクターのコピー数制御　遺伝子コピー数による異種遺伝子産物生産量の増加は gene dosage effect とも呼ばれ，生産性に大きな影響を与えるファクターとして注目を浴びてきた。その効果は多くの場合プラスミドコピー数の大小と同義と考えることができるが，動物細胞では複製原点付近の遺伝子を利用して選択圧をかけることにより，染色体中での遺伝子コピー数を増やすことも行われている。

遺伝子コピー数による制御が最もよく研究されているのは大腸菌であり，通常のクローニング実験でもコピー数が100程度のマルチコピープラスミドが用いられる。さらに培養温度依存的にコピー数が変化するランアウェイプラスミドも開発されており，この場合培養温度を42℃程度に設定することによりコピー数が1000以上に達する[119]。水谷らはこれらのうちの一つである pCP3 についてファーメンターレベルでの培養実験を行い，温度シフトによりプラスミドコピー数は数千にも達するが，試験管レベルでの培養と同様に菌が死滅することを観察している[120]。このことが原因とも考えられるが，大腸菌での生産にランアウェイプラスミドが使われることは少ない。また大腸菌ではコピー数を増やさずとも，強力なプロモーターを用いれば菌体全タンパクの数十パーセントに達するまで生産が可能であり，特殊な場合を除いてプロモーターの改変のほうが効果的である。

一方，酵母（Saccharomyces cerevisiae）においては歴史的に染色体組込みを期待する YIp 型ベクター（yeast integrating vector）が用いられていたが，これに酵母由来の複製原点（autonomously replicating sequence：ARS）を導入し，酵母内で複製・多コピー化する YRp 系ベクター（yeast replicating vector）が構築された。しかしこのベクターは，遺伝子の分配に関する機構を持たないため容易に脱落する。そこで動原体が結合するセントロメア配列や，染色体の末端にあるテロメア配列を導入した YAC（yeast artificial chromosome）ベクターが開発された。このベクターは酵母中で安定に複製し分配されるが，コピー数は1である。このベクターは，もっぱら巨大 DNA を連結し人工染色体として利用されている。一方，酵母2μm 環状 DNA に基づく YEp（yeast episomal plasmid）も構築されている。コピー数は50程度であるが比較的安定に子孫に分配されるため多用されている。

動物細胞で一般的に用いられるのは宿主染色体へ組み込まれるタイプのベクターであり，大腸菌の薬剤耐性因子に見られるような染色体外環状 DNA の利用はあまり進んでいない。したがって，実際の生産においてプラスミドのコピー数を増加させる効果により生産性の向上を図る試みは少ない。動物細胞で染色体外に存在する DNA としては各種ウイルス（アデノウイルスや SV40，ポリオーマウイルスなど）があるが，必ずしも宿主中で安定に存在しないなどの理由でその利用が遅れているものと考えられる。

このような状況ではあるが，動物細胞用プラスミドベクターとしてはアデノウイルス，ウシパピローマウイルス，各種パポバウイルスに基づくベクターが開発されている。パポバウイルスに基づくベクターにはポリオーマウイルス，SV40 ウイルスゲノム DNA などが用いられている。SV40 ウイルスの場合は，ウイルスの複製に必要な large T 抗原遺伝子をサル腎由来の CV-1 細胞に組み込んだ COS 細胞が開発されている[121]。この細胞ではウイルスの複製に必要な large T タンパクが宿主から供給されるので，SV40 ゲノムの複製原点を有するプラスミドベクターは複製が可能で，そのコピー数は10万にも達する。同様に，ポリオーマウイルス由来のベクターについても，プラスミド状での複製を可能とする細胞として MOPS 細胞が開発されている。

一方，これをさらにおし進め，切中らは[122]，SV40 ウイルスの複製に必要な large T 抗原が温度感受性の変異株を用い，培養温度によりコピー数が変化し37℃では約500，30℃では10000～50000 コピー/細胞になるベクターを開発した。このベクターは広くヒトおよびサル由来の細胞で複製可能であり，比較的安定に保たれる[123]。切中らはこのベクターを用いてヒトエリスロポイエチンの生産を培養温度により誘導できると報告している[123]。同様のベクターはポリオーマウイルスの系でも確立されている[124],[125]。

動物細胞では染色体に導入遺伝子 DNA が挿入される効率が低く，うまく挿入されたクローンを選択する

必要がある．このために種々のマーカーと薬剤の組合せによる選択法が開発されているが，これらのうち，Dehydrofolate reductase（DHFR）遺伝子を用いて遺伝子を増幅することも行われている．この場合，DHFR遺伝子と連結した目的遺伝子をDHFR欠損CHO細胞などに導入し，メトトレキセート濃度を順次上げながら培養，選択し，DHFR遺伝子とともに目的遺伝子が増幅されたクローンを選択する[126]．成功するか否かは，メトトレキセートの濃度や，DHFR遺伝子の発現の強さ（プロモーター，エンハンサー）にも依存し，条件は複雑である．遺伝子増幅法としてはこのほかに，グルタミン合成酵素遺伝子に目的遺伝子を連結し，培地中にメチオニンスルフォキシアミンを加え耐性株をとる方法なども報告されている[127]．

動物細胞への遺伝子導入法として近年注目されているものにウイルス法がある．物質生産という観点からは，カイコ多角体ウイルスがその高い生産性から注目をあびたがこれはそのコピー数による．一方，遺伝子治療や遺伝子導入動物の作製では，遺伝子導入効率のよさという点からアデノウイルスやレトロウイルスをもとにしたベクターが使用されている．

レトロウイルスベクターはマウスのモロニー白血病ウイルスを利用したものがその代表格であるが，非増殖細胞への遺伝子導入を可能にするため，HIVなどのレンチウイルスを利用するベクターの開発も行われている．また，モロニー白血病ウイルスをベースにして，宿主域を広げ多くの動物および細胞に感染するよう改良されたパントロピックウイルスベクターが開発され一部市販されている．これらのうちの代表的なものはウシ Vasicular stomatitis ウイルスの外皮タンパクVSV-Gを，モロニー白血病ウイルスのenvタンパクの代わりに利用するものである．VSV-Gは細胞毒性が高いため，*gag*, *pol*を持つプロデューサー細胞に直接組み込むことができず，この点種々の工夫がなされている．このウイルスは感染力が強いため，動物の細胞に多コピーを遺伝子導入し生産性を上げることが可能である[128]．　　　　　　　　　　　（飯島）

（b）　発現プロモーターの強弱と転写制御

（1）　プロモーターの構造と種類　　プロモーターはRNAポリメラーゼが結合する部位であり転写開始に必須な領域である．発現プロモーターの強度とは，要するにどれだけたくさんのRNAポリメラーゼを呼び込んできて転写を起こすことができるかということである．これにかかわるプロモーター側の要素は，原核生物ではRNAポリメラーゼが結合する−35領域と−10領域およびリプレッサーが結合するオペレーター配列，真核生物では転写活性化因子が結合するエンハンサーもしくはUAS（上流転写活性化配列）および転写開始複合体形成に重要なTATA配列が主要なものである（図2.23）．これらはシス配列と呼ばれる．細胞内で多量に発現している遺伝子ではこれらのシス配列が最適な配置をしていると考えられる．そこで発現量をさらに上げるために，細胞内で多量に発現している遺伝子のプロモーターのシス配列を組み合わせたハイブリッドプロモーターや転写活性化因子の結合部位の数を増やす工夫が行われている．前者では後述するように実用化された例があり，後者でもいくつかの成功例がある．ただし，コピー数を増やしたら増やしただけの効果が必ずあるというわけではなく，シス配列間の距離も重要な要因となることが多く，適切な配置を決めるのには手間がかかる．またキメラ転写活性化因子を作り，転写量を上げる工夫もなされている（後述）．プロモーターには構成的に発現するものと誘導発現するものがある．構成的発現の場合は当然ながら細胞内で大量に発現する遺伝子のプロモーターがよく用いられ，誘導発現の場合は非誘導時の発現を極力抑え，誘導時に大量発現する系が作られている．

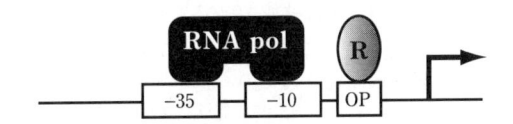

RNAポリメラーゼは−35領域（TTGACA）と−10領域（TATAAT）に結合する．リプレッサー（R）はオペレーター配列（OP）に結合し，転写を抑制する．

（a）原核生物のプロモーター領域

mRNAを合成するRNAポリメラーゼIIは基本転写因子とともに転写開始複合体をTATA配列上に形成する．UASあるいはエンハンサーに結合する転写活性化因子（Act）は転写開始複合体の形成および維持を助ける．図には示さないが，エンハンサーは転写開始点下流からでも転写を活性化できる．

（b）真核生物のプロモーター領域

図2.23　プロモーター領域の模式図

表2.11に微生物，昆虫，動物細胞で使用されている代表的な発現プロモーターを示す．大腸菌では，ほとんどが誘導発現できるものであり，ラクトースオペロンのプロモーターを使いIPTG（Isopropyl-β-thiogalactoside）で誘導ができる*lac*，*trp*と*lac*の融合プロモーターである*tac*および*trc*（両者は−35領域

表2.11 微生物，昆虫，動物細胞で使用されている代表的な発現プロモーター

宿主		プロモーター	
		構成的発現	誘導発現
微生物	大腸菌		lac, tac, trc, pBAD, P_L, T7
	枯草菌	プロテアーゼ遺伝子，アミラーゼ遺伝子	
	出芽酵母	ADH1, TDH3, PGK1	GAL, PHO, tetR
	P. pastoris	GAP	AOX
昆虫細胞		PH（バキュロウイルス）	
動物細胞		CMV, SV40初期, 5′-LTR, Sα	MMTV, tetR, メタロチオネイン

と−10領域の距離が異なる），araBADオペロン由来のpBAD，λファージ初期遺伝子由来のP_Lプロモーター（温度感受性のλリプレッサーで制御する），T7ファージ遺伝子由来のT7プロモーターなどがある。枯草菌ではプロテアーゼやアミラーゼ由来のプロモーターがよく使われている。出芽酵母（Saccharomyces cerevisiae）では構成的発現をするプロモーターとして，解糖系酵素遺伝子由来のADH1，TDH3，PGK1などがよく使われている。誘導発現できるGAL1やPHO5などのプロモーターでは，それぞれ培地中のグルコースをガラクトースに置き換えたり，高リン酸培地から低リン酸培地に移すことで誘導もしくは脱抑制が起こる。またテトラサイクリン誘導体で制御できるプロモーターも開発されている。メタノール資化性酵母のPichia pastorisでは構成的発現をするGAP，メタノールで誘導されるAOXプロモーターが使われている。

昆虫培養細胞系では，バキュロウイルスの多核体遺伝子プロモーターが用いられる[129]。動物細胞系では，構成的発現をするものとしてサイトメガロウイルス由来のCMVプロモーター，SV40ウイルスの初期プロモーター，レトロウイルス由来の5′-LTR（末端反復配列），さらにSV40初期プロモーターとレトロウイルスLTRのハイブリッドであるSαなどがある[130]。誘導発現をするものとして，マウス乳がんウイルスLTR由来のMMTVプロモーター（グルココルチコイドで誘導），テトラサイクリン誘導体で制御可能なもの，重金属で誘導されるメタロチオネインプロモーターなどがある。動物細胞系ではプロモーターおよびエンハンサーと宿主細胞との組合せも発現量に影響することに注意する必要がある[131]。

（2）**誘導発現と転写制御**　強力なプロモーターが必要とされるのは，多量のmRNAを合成することで多量のタンパク質を得ようという目論見からである。しかし，mRNAを作り続ける結果，蓄積するタンパク質が細胞の生育を阻害したり，タンパク質分解系を活性化したりして結果的に目的とするタンパク質の生産量を低下させることがある。目的産物が細胞にとって毒性を持つ場合はなおさらである。そこで必要なときにだけ発現を強力に行わせる誘導発現プロモーターが開発されている。

大腸菌における誘導発現系はほとんどが大腸菌由来の各種オペロンを利用したものである。代表的なlacプロモーター（tac, trcも同様である）は，lacIがコードするリプレッサーがオペレーターに結合して転写を阻害している。インデューサーであるIPTG添加により，リプレッサーがオペレーターから外れ転写が活性化される。T7プロモーターを利用した発現系では，T7RNAポリメラーゼをlacの系で発現制御することにより，T7プロモーターからの発現を制御している。araBADオペロンの発現制御系を利用したpBADプロモーターではaraCタンパク質がリプレッサーとしてもアクチベーターとしても機能している。この系ではグルコースが存在し，アラビノースがないときには強力に転写抑制がかかり，その逆のときに転写誘導される。

出芽酵母における誘導発現系で広く利用されているGALプロモーターは，グルコース存在下で転写活性化因子であるGal4タンパク質にGal80タンパク質が結合してGal4の転写活性化能を抑制している。グルコースがなくなり，ガラクトースが添加されるとGal80による阻害がかからなくなり，Gal4がDNAに結合して転写を活性化する。グルコースによる強力な発現抑制がかかるという利点があるが，培地を交換しなければならないという手間がある。大腸菌の場合と同様に，物質添加で簡便に発現誘導あるいは抑制がかかる系として，動物細胞でも利用されているテトラサイクリンリプレッサーを用いた系が開発されている（**図2.24**)[132]。これはTATA配列上流にテトラサイクリンオペレーター配列を持たせた発現ベクターと，テトラサイクリンリプレッサーと単純ヘルペスウイルス由来の転写活性化因子VP16の融合タンパク質（tetR-VP16）を発現させるベクターの二つからなっている。テトラサイクリン誘導体のドキシサイクリンがあると，tetR-VP16がオペレーターから外れ転写が

図2.24 テトラサイクリンリプレッサー誘導体を用いた誘導発現系

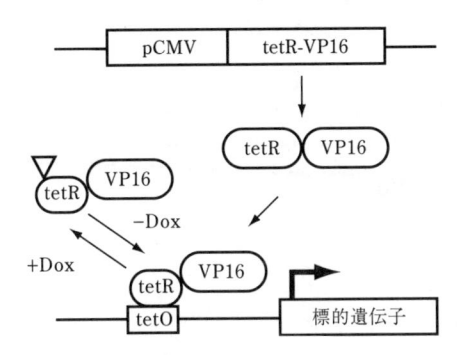

テトラサイクリンリプレッサーとVP16の融合タンパク質をCMVプロモーター（酵母細胞内で働く）で発現させるプラスミドと，発現させたい遺伝子をテトラサイクリンオペレーター配列を持つプロモーター下流に連結したプラスミドを細胞内に導入する．合成されたtetR-VP16はドキシサイクリン（Dox）存在下ではオペレーターに結合できないが，ドキシサイクリンがないとオペレーターに結合し，転写を活性化できる．

抑制されているが，ドキシサイクリンを除くことで，tetR-VP16がオペレーターに結合し転写が活性化される．これとは逆に，ドキシサイクリン存在下でオペレーターに結合するようなtetR'-VP16融合タンパク質も作られている．この場合は，ドキシサイクリン添加により転写が活性化される．

P. pastorisのAOXプロモーターは，メタノールを添加することで誘導され，発現量が多いことと高密度培養（450 g/l 湿重量）ができることから，タンパク質生産量が非常に高くなることが期待できる系である．紙幅の都合で詳細は総説を参照されたい[133]．

動物細胞での誘導発現系として，上述したテトラサイクリンリプレッサーを用いた系[134]のほかに，古典的なステロイドホルモンによる誘導系の改良型として，ヒトプロジェステロン受容体変異体とGal4のDNA結合ドメインおよびVP16のキメラ転写因子を用い，プロモーター上流にGal4結合部位を導入した遺伝子の転写をプロジェステロン低分子アゴニストで制御する系が開発されている[135]．

ここに記した発現プロモーターはほとんど市販されているプラスミドとして入手可能であり，すぐにでも実験に使用できる[136]．目的とする物質の生産量を上げるにはmRNAの転写量を上げるのが第一であるが，それが目的タンパク質の収量アップにつながるためには，mRNAの安定性，翻訳効率，タンパク質の安定性など，多くの関門がある．転写産物の量を増やすことは必要ではあるが，それだけでは目標に到達できないこともある． （西沢）

（c）ターミネーターの付加効果 遺伝子発現調節において，転写は，最も重要な段階であるが，その終結に関する研究例は，決して多くない．しかし，生産収量の観点から，目的遺伝子のmRNAをいかに効率よく，多量に，また，安定に存在させるかという命題に対して，転写終結は，今後，考えなければならない重要な因子となるだろう．不必要に長い転写物の生産は，余計なエネルギーの損失を招くし，目的遺伝子のコード領域中に，宿主がターミネーターと認識するような配列があれば，完全長のmRNAが得られず，発現効率の低下を招くことになる．まず，原核生物の転写終結の仕組みを概説したうえで，ターミネーターの付加の例を説明する．つぎに，真核生物の転写終結について概説し，真核生物を用いた発現系において注意すべき点を説明する．

（1）原核生物の転写終結 RNAの合成は，コア酵素が転写終結部位（ターミネーター，terminator）へ到達して終結する．原核生物のターミネーターは，作用の機構や効率が多様である．転写終結シグナルとして働くDNA構造は，2種類に分類されている．一つは，RNAポリメラーゼのみによって（ほかのタンパク質因子を必要とすることなく）転写終結を起こすもので，I型終結シグナル（type I terminator）ないし単純ターミネーター（simple terminator）と呼ばれている（**図2.25**）．もう一つは，タンパク質因子を要求するものでII型終結シグナル（type II terminator）と呼ばれている．I型の終結シグナルは，頻繁に存在しており，そのDNAは，数塩基のGCに富む逆位繰返し配列に4～8個のT塩基が続く構造を持っている．逆位繰返し配列部位の共通（コンセンサス）一次構造としてCGGG（C/G）が，また，終結点に続く共通構造としてTCTGが提案されている．RNAポリメラーゼがこのような配列を通過すると，mRNAの3'末端がステムアンドループ構造となるが，この構造によって，RNA合成速度が低下し，RNAポリメラーゼは，オリゴrU部位で停止する．比較的不安定なrU・dA塩基対は，新生RNA鎖の放出を促進させたり，転写複合体の分離を促進させたりする．このような転写終結機構は，塩基置換実験によって証明されている．

II型終結シグナルのなかで，最も研究されているものは，その作用にRho（ρ）因子（Rhoタンパク質）が関与するものであって，Rho依存性終結シグナル（Rho-dependent terminator）と呼ばれている．大腸菌のかなり多くの遺伝子の転写反応において，Rho因子による終結が起こることがわかっている．Rho因子は，ATP分解活性を有する六量体タンパク質であり，

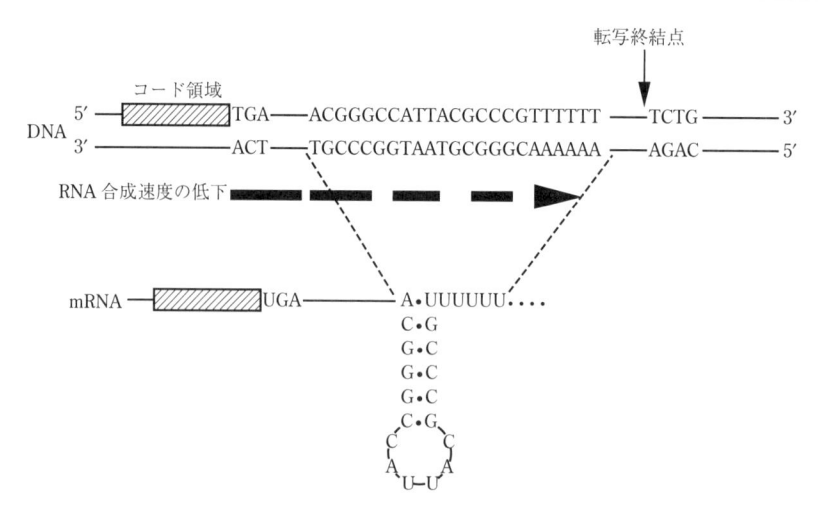

```
                                                          転写終結点
                                                              ↓
              コード領域
          ┌─────────┐
DNA    5'─┤/////////├─TGA──ACGGGCCATTACGCCCGTTTTTT──TCTG──────3'
          └─────────┘
       3'─────────────ACT──TGCCCGGTAATGCGGGCAAAAAA──AGAC──────5'

    RNA合成速度の低下  ━ ━ ━ ━ ━ ▶

              ┌─────────┐
mRNA    ──────┤/////////├──UGA─── A•UUUUUU....
              └─────────┘        C•G
                                 G•C
                                 G•C
                                 G•C
                                 C•G
                                C   C
                                 A A
                                 U-U
```

図2.25 I型転写終結シグナル

新たに合成されたRNAに直接作用する。Rho因子の正確な作用様式はわかっていないが，RNAにC残基を多く含むRho認識部位があり，その認識部位から比較的近い下流で終結が起こるのではないかと仮定されている。この場合の転写産物は，とりわけGCが多いわけではないステムアンドループ構造を持っている場合があるが，一般的にオリゴrU配列や，他の明らかに意味のある配列はなく，むしろ，ある長さのDNA転写領域が必要であると考えられている[137]。

(2) **原核生物発現系におけるターミネーターの付加** I型の転写終結機構を考えると，終止コドンの下流に適当なヘアピン構造が存在すれば，転写は終結するものと思われる。しかし，特定の遺伝子を遺伝子操作によって強力に発現させた場合，その下流にまで転写が及ぶと，宿主にとって余分な負担になるばかりでなく，プラスミドの安定性を低下させることも知られている。そこで，汎用されている発現ベクターは，目的の遺伝子産物の生産性の向上を目指し，目的遺伝子の挿入部位の下流にターミネーター領域が存在できるように設計されている。例えば，大腸菌の発現系において汎用されている*tac*プロモーターを持つ発現ベクターpKK223-3においては，リボソームRNA遺伝子*rrnB*のターミネーターが挿入されているので，この上流に目的遺伝子をクローニングすることによって，強力なターミネーターが付加されることになる。また，ファージ由来のT7プロモーターを持つ発現ベクターpET-3aやその誘導体には，T7ターミネーター（$T_{\phi 10}$：バクテリオファージT7のキャプシドタンパク質遺伝子T7 gene10のターミネーター）が遺伝子挿入部位の下流に存在しており，同様の効果が期待できる。また，これらの二つのターミネーターがタンデムに連結された発現ベクターも市販されている。

(3) **真核生物の転写終結** 真核生物の系においても，転写終結機構が遺伝子発現制御に対して重要な役割を果たしている可能性が指摘されている。しかし，真核細胞の系における転写単位は一般に大きいため，どのような機構によって転写終結を起こすのか，大腸菌の場合ほどにはわかっていない。真核細胞の多くのmRNAは，3'末端にポリAを持つ。この末端構造の形成には，コード領域の下流に存在するAAUAAAの共通配列（ポリAシグナル）が必要である。実際に転写が終結するのは，ポリAシグナルよりも下流の位置であって，ポリAシグナル認識に伴ってmRNA鎖の3'末端が切断され，それに引き続いてポリA付加が行われると考えられる。実際の転写終結は，ポリAシグナルよりも1〜4 kbも下流で行われていることが，数種の遺伝子によって確かめられており，転写の終結とポリAの付加は，別々の制御によって行われていることが示唆されている[138]。一方，ヒストン遺伝子は，ポリAが付加されないが，これは，コード領域のすぐ下流に大腸菌のI型転写終結シグナルに似た構造を持っており，この構造によって転写を終結させていると考えられている。しかし，この構造領域を欠失させても，その約200 bp下流域で起こる転写終結には影響を与えていないことから，この領域は，mRNAの成熟に関係しているのではないかと考えられている。酵母のある遺伝子においては，コード領域下流の部分の欠失によって，3'側が1 kbも長くなったmRNA分子が検出されたが，一方で，mRNAが不安定化したことも観察されている。

（4）真核生物発現系におけるターミネーターの付加　以上のように，真核細胞系の転写終結には，不明な点が多い。しかし，遺伝子下流にポリAシグナルを設けることにより，適当な位置で転写が終結するとともに，ポリAが付加され，成熟mRNAへと修飾されることが期待できる。COS細胞やHeLa細胞のような哺乳動物細胞を用いた発現系に用いられるベクターには，遺伝子挿入部位の下流にSV40など，その宿主に感染性があるウイルス由来のポリAシグナルの領域が挿入されている。SV40 earlyポリAシグナルを同じSV40由来のlateポリAシグナルに置換することにより，定常状態のmRNA量が約5倍増加したという報告がある[139]。そのほか，昆虫細胞の発現系や植物細胞の発現系に使われるベクターには，それぞれの細胞に感染性があるウイルスの遺伝子のポリAシグナルが挿入されており市販されている。真核生物は，その細胞の状態によって合成するmRNA量を厳密に制御しているので，他の遺伝子由来のポリAシグナルに置換することにより，mRNA量を変化させることが可能であると考えられる。　　　　　　　　　　　（北村）

（d）コドン利用頻度と生産収量との関連

（1）コドン使用パターンの生物種による特徴

同一アミノ酸に対応するコドンは同義コドンと呼ばれる。同義コドンのどれが選択されても，タンパク質の機能には関係しないので，その選択は生物的意味に乏しいと考えられる傾向にあった。しかしながら，単細胞微生物のコドン選択パターンに生物種による明瞭な特徴が存在することが判明し，興味深いことに，タンパク生産量の高い遺伝子ほどその特徴が顕著であった[140,141]。コドン選択の特徴を生む要因の一つが，その生物の細胞内tRNAの量比であることも明らかになった。高等動植物のコドン選択パターンには，より複雑な因子が関係することも知られている[142]。医薬学ならびに産業的に有用なタンパク質を，遺伝子工学の手法で微生物細胞内で多量に生産させる際に，宿主微生物のタンパク質合成系にコドン使用を適合させておくことが望ましい[141]。遺伝子工学の初期においては，遺伝子を化学合成する研究者はこの重要性を指摘したが，クローン化した遺伝子を使用するグループは，コドン使用の最適化は重要でないと主張する時期もあった。クローン化した遺伝子をそのまま用いても，異種微生物中で通常の研究に必要な量のタンパク質が生産される例が多いことや，コドンを若干変更しただけではタンパク質生産量に顕著な差が見られない例も複数報告されている。しかしプラスミドのコピー数を大きく増大させ，また強いプロモーターを使用する場合，少量tRNAが解読するコドンが頻度高く出現する遺伝子では，明瞭なタンパク生産量の低下や，不完全タンパク質の産生が見られた[143]。タンパク質を産業的なレベルで生産する場合には，コドン選択はタンパク質の純度や生産量に明瞭な影響を及ぼすことが明らかになっている[144)~146]。産業レベルでの大量生産を目的にする際には，最適なコドンを選択して遺伝子をデザインすることが望ましい。

（2）適合コドンと不適合コドン　最大量isoaccepting tRNAが解読するコドンを適合コドンと呼び，少量tRNAが解読するコドンを不適合コドンと呼ぶ。タンパク生産量の高い遺伝子では，翻訳効率上最も適している最適コドンの割合が顕著である一方，少量しか生産されないタンパク質では不適合コドンを使用する割合が高まる。特殊な例としては，大量に生産される遺伝子でも開始コドンから20コドン程度の領域で，不適合コドンが頻度高く出現している場合がある[144]。翻訳レベルでの調節機構や，これと関連する開始コドン周辺のmRNA高次構造の形成と関係していると考えられる。遺伝子工学的にタンパク質を大量に生産する際には，このような不適合コドンの連なりは避けておくべきであろう。しかし，産業的な目的以外では，クローン化した遺伝子を用いてタンパク質を生産する場合が多い。プロモーターやプラスミドのコピー数を適正に選択しても，必要量のタンパク質が得られない場合には，不適合コドンが連続して頻度高く出現している可能性が考えられる。簡単な解決法として，大腸菌のように研究の進んだ宿主細胞系では，少ないtRNAの遺伝子を増加させたCodon Plusと呼ばれる宿主菌株が市販されている。別の方法としては，連続して出現する不適合コドンの部分を適合コドンに置き換えることも有益であろう。

（3）生物種ごとの適合コドンを知る方法　各宿主生物の適合コドンを知る方法としては，遺伝暗号データベース（かずさDNA研究所の中村が公開している〔http://www.kazusa.or.jp/codon/（2005年1月現在）〕）を参照し，着目生物が多用する同義コドンを選択するのが便利である[147]。しかしこの方法には注意すべき点もある。遺伝暗号データベースでは，生物種ごとのコドン使用の集計を行う際，ゲノム計画等で配列が決定されたタンパク質遺伝子の全体を集計している。したがって最近では，通常の生育条件下ではまったく産出されないタンパク質や極微量しか産出されないタンパク質，計算機の予測した遺伝子等が大きな割合を占めるようになっている。これらのタンパク質は，それらを合計しても，細胞内での含有量は少量であるが，遺伝子数としては多量である。このようなタンパク質は不適合コドンを多く使用する傾向にある。

適合コドンと不適合コドンを区別するうえでは，10年以上前に生物種ごとに集計したコドン集計表を用いるほうが，傾向が鮮明である。当時，遺伝子配列の決定がなされたものは，生化学的にタンパク質の存在が確証されたものが大半であり，生産量の高い遺伝子の割合が高かった。その種のコドン選択の集計については，筆者らのNucl. Acids Res.の集計表[148], [149]を参照されたい。現時点で，より正確に適合コドンを推定する方法としては，リボソームタンパク質のみを選択して，その複数リボソームタンパク質類の集計値を参照することが望ましい。さらに確実にするためには，そこで得られた結果とタンパク質合成因子tuf遺伝子やアミノアシルtRNA合成酵素の遺伝子類の集計と合致したものを選ぶことが望ましい。いずれもタンパク質生産量の高い遺伝子の例であり，これら遺伝子のコドン使用がザナジェン社のWebページ〔http://xanagenome.xanagen.com/（2005年1月現在）〕で公開されている。かずさDNA研究所の遺伝暗号データベースと併用すると，正確な情報が入手可能になる。ゲノムの全塩基配列が既知になると各生物ゲノムに存在するtRNA数を知ることができる。細胞内のtRNA量とゲノム上のtRNA遺伝子コピー数との間に相関があることが大腸菌，枯草菌，および酵母で示されている[140], [142], [150], [151]。tRNA量が測定されていない生物についても，tRNA遺伝子数からtRNA量が推定でき，最適なコドンを特定できる。これらを集計したものがザナジェン社のWeb pageで適合コドン表として公開されているので，それらを参照することでも宿主選択をより確実なものにできる。

（4）最適な宿主微生物探索のための新規な情報学的手法　多様な有用遺伝子産物の生産を考えた場合，宿主細胞としては，実験室系で研究の進んだ微生物種が最適とは限らない。現在，環境微生物を含む多様な微生物ゲノムの解析が進行しているが，それらのなかに宿主細胞に適した生物種が存在する可能性が考えられる。例えば，化学合成せずに，高等動植物のクローン化遺伝子を用いて，できるだけ効率的にタンパク質合成を行う微生物を探索することは，重要な課題となる。各高等動植物によって，ないしは遺伝子の種類によって，最適な宿主微生物が異なる可能性が考えられる。この種の探索を行う際に，自己組織化地図法（self-organizing map：SOM）が有効に思える。SOMは大量なゲノム配列に潜む多様な特徴を抽出するのに有効な手法である。広範囲のバクテリアの多数の遺伝子を対象に，コドン選択パターンの種固有の特徴を正確に把握することが可能になってきている。自己組織化地図法に関しては，筆者らの原著論文[152], [153]

を参照されたい。将来的には，多数のバクテリアゲノムが塩基配列決定され，SOMにより各ゲノムのコドン使用の特徴を正確に特定できるようになる。大量生産を目指す有用遺伝子のコドン使用パターンを参照して，不適合コドンが少数であり，適合コドンが多数となるような宿主生物種を選択できる時期が遠からず来ると考えられる。多様な微生物のゲノム配列解読後の，新しい微生物の利用法の一つになると考えられる。

（池村，金谷，木ノ内，阿部）

（e）**シグナルペプチドの特性と分泌制御**　あるタンパク質の遺伝子を得て，そのタンパク質を活性を保持した状態で機能解析を行いたい場合には，細胞の増殖速度が速く取扱いが容易な微生物は異種タンパク質生産の宿主として適している。しかしながら生産するタンパク質の種類によっては菌体内で生産することが問題を生じる場合がある。例えば細胞内で毒性を示す異種タンパク質を生産させる場合や，過剰生産によるタンパク質の不溶性顆粒（inclusion body）形成などを避けたい場合などには，タンパク質を細胞外へ分泌生産させる手法はきわめて有効である。細胞外へ目的のタンパク質を生産させた場合には，正しくフォールディングされた構造をとっており，大量の生産物の蓄積が可能で，かつ精製も容易であることが期待される。

タンパク質を細胞外へ輸送するためには，（細胞）膜を通過しなければならないが，純粋なリン脂質膜はタンパク質を通さない。疎水性に富む（細胞）膜という「布」を「糸（タンパク質）」が通過するためには，糸の先端に「針」が必要である。この「針」の役割を果たすのがシグナルペプチドである。1970年代にロックフェラー大学のGunter Blobelらは分泌タンパク質の解析結果から，分泌タンパク質はN-末端側に特別なシグナル配列を持ち，このペプチド部分がリボソームと合成中ポリペプチドを小胞体へと向かわせるという「シグナル仮説」を提唱した。その後，シグナル仮説は植物や高等動物の細胞だけではなく，細菌の細胞膜を通過するタンパク質輸送にも適用できることが明らかになった[154]。本項ではシグナルペプチドの特性とシグナルペプチドを用いた，タンパク質の分泌生産方法について紹介する。

（1）**シグナルペプチドの特性**　ほとんどのシグナルペプチドはそれぞれの分泌タンパク質のN-末端領域に存在しており，15～30個のアミノ酸からなる。シグナル配列の特徴としてはN-末端あるいはすぐ近くには極性のあるアミノ酸が数個存在し（N-region），配列中央には7～8個以上の疎水性アミノ酸クラスターからなる領域（H-region）がある。そしてシグナ

ルペプチドの末端にはシグナルペプチダーゼにより切断される配列が存在する。なお切断部位の上流1個目と3個目のアミノ酸が比較的分子量の小さなアミノ酸であることが指摘されている[155]。これらの特徴を点突然変異などにより失わせたシグナルペプチドは効率のよい膜透過が起こらないことから、上述の特徴はシグナルペプチドの機能に重要である。

シグナルペプチドの重要な点は、タンパク質を分泌させるために必要かつ十分条件であることが挙げられる。つまりプロモーターとシグナルペプチド部分を含むベクターに目的の遺伝子を連結させれば、タンパク質を細胞外へ分泌することができる。このため、各種シグナルペプチドを利用したベクターが開発されている。これまでに報告されているシグナルペプチドを利用したタンパク質の分泌ベクターについて、原核および真核生物に分けて解説する。

(2) バクテリアによるタンパク質分泌生産　バクテリアはグラム陽性およびグラム陰性細菌に大別されるが、グラム陰性細菌では大腸菌が、またグラム陽性細菌ではBacillus属細菌によるシグナルペプチドの解析とタンパク質分泌に関する研究が進んでいる。

大腸菌の場合、タンパク質を培地中に分泌させることは大腸菌由来のタンパク質を除去するために望ましいが、大腸菌由来のシグナルペプチドを使用してもこれまでに効率よく培地中にタンパク質を生産した報告はほとんどない。そこでペリプラズム画分にタンパク質を分泌・局在させる方法が一般的である[156]。ペリプラズム画分は細胞全タンパクの4%しか存在しないことやタンパク質の分解も少ないことから異種タンパク質を濃縮して調製可能である。大腸菌由来のシグナルペプチドとしてはOmpA、LamB、β-ラクタマーゼなどが用いられている[157]。これらのシグナルペプチドについてはどのアミノ酸が分泌に重要であるか変異体による詳細な解析が行われている[158]。

Bacillus属はアミラーゼやプロテアーゼを大量に細胞外に分泌するものが多く、タンパク質分泌生産の宿主として利用されている[159]。特に枯草菌Bacillus subtilisは全ゲノム配列も明らかにされ、ほぼすべてのシグナルペプチド配列が明らかにされた[160]。枯草菌の菌体外分泌用プラスミドとして類縁のB. amyloliquefaciens由来のアミラーゼ、アルカリプロテアーゼや中性プロテアーゼや枯草菌自身のアルカリプロテアーゼのシグナルペプチドが用いられている。またわが国で開発された高タンパク質生産菌であるB. brevisは自身の細胞壁タンパク質(MWP)のシグナルペプチドを用いたベクターを用いて高い異種タンパク質生産量を達成している[161]。

(3) 酵母、カビによるタンパク質分泌生産　バクテリアでは菌の細胞膜を通過することによりタンパク質を分泌させることができるが、酵母やカビなどの真核生物の場合は、リボソーム上で合成されたタンパク質が小胞体(ER)からゴルジ体、そして分泌顆粒から細胞膜へと輸送された後、最終的に成熟タンパク質として菌体外へと分泌される。すなわち、バクテリアのタンパク質の分泌に相当するステップは真核生物の場合はER内腔へタンパク質を移行させる過程である。真核微生物の場合もバクテリアと同様にシグナルペプチドをタンパク質のN-末端に付加することで異種タンパク質の分泌生産に成功した例が多く報告されている。とりわけ酵母の場合は培地中へ自身が生産する総タンパク質の約0.5%程度しか分泌しないために、異種タンパク質を培地中へ分泌生産することができれば、分離精製を容易に行うことが期待できる。出芽酵母Saccharomyces cerevisiaeの異種タンパク質の分泌生産には数種のシグナルペプチドの利用が報告されているが、酵母自身のシグナルペプチドとしてはSUC2遺伝子がコードするインベルターゼや性フェロモンのαファクター前駆体のシグナルペプチドがプラスミドとして市販されている[162]。特にαファクターのプロ配列部分はER膜の透過や小胞輸送の間に介助的(シャペロン様)な役割を果たすと考えられ、生産性が高まることが知られている。

出芽酵母以外にも異種タンパク質の生産系が開発されており、Pichia pastris[163]、Candida boidinii[164]、Yarrowai lipolytica[165]、Schizosaccharomyces pombe[166]などの酵母でシグナルペプチドを利用した分泌生産に関する報告がある。そのなかでもP. pastrisはメタノールにより強力に誘導されるAOX1プロモーターがあることや分泌された糖タンパク質糖鎖部分の構造が比較的小さく、高等動物の糖鎖構造と類似していることから分泌生産例も多い[167]。またAspergillus属やTrichoderma属などのカビ類も多くのタンパク質を分泌することが知られており、古くから食品として利用されており安全性も問題ないことから、分泌タンパク質用宿主として用いられている[168]。これまで報告された異種タンパク質分泌生産ベクターに用いられている各種生物起源のシグナルペプチドを表2.12にまとめた。

(4) どのシグナルペプチドを利用するか　例えばバクテリアのシグナルペプチドが酵母細胞内で正常にプロセスされて効率よく分泌されるか、また高等動物由来のシグナルペプチドがどの微生物で正常に機能するかなど、各種生物間のシグナルペプチドの相補性について一般則があれば有用であるがいまだ不明な点

表2.12　異種タンパク質分泌生産ベクターに用いられている各種生物起源のシグナルペプチド

大腸菌		
OmpA	MKKTAIAIAVALAGFATVAQA	G
LamB	MMITLRKLPLAVAVAAGVMSAQAMA	V
β-ラクタマーゼ	MSIQHFRVALIPFFAAFCLPVFA	H
枯草菌		
アルカリプロテアーゼ	MRSKKLWISLLFALTLIFTMAFSNMSVQA	A
Bacillus brevis MWP	MKKVVNSVLASALAITVAPMAFA	A
出芽酵母		
インベルターゼ（Suc2p）	MLLQAFLFLLAGFAAKISA	S
酸性ホスファターゼ（Pho5p）	MFKSVVYSILAASLANA	G
α-ファクター	MRFPSIFTAVLFAASSALA	A

それぞれのシグナルペプチドは15〜30個程度のアミノ酸からなり、中央部分に疎水性の高い領域がある。なお最後のアミノ酸の一つ手前でシグナルペプチダーゼにより切断される。

が多い。一般的に酵母-カビなどの比較的近縁の場合には両者のシグナルペプチドが分泌シグナルとして機能する場合が多いと考えられる。また実際にこれまでバクテリア-酵母間や酵母-高等動物間などで異種のシグナルペプチドが機能した報告例はあるが、例えば酵母で高等動物起源の分泌タンパク質を発現させたい場合には、酵母自身のプロモーターを利用することが望ましい。

真核生物を宿主に用いた場合、適当なシグナルペプチドを使った場合には粗面小胞体内腔にタンパク質は輸送されるが、その後、ERからゴルジ体を経て小胞輸送により細胞表層へ輸送される。この間、100以上ものタンパク質が分泌タンパク質を正常に細胞表層へ輸送するために関与していることが知られている。さらにERやゴルジ体内腔ではタンパク質のクオリティコントロールにも多くのタンパク質が関与するので、効率のよいタンパク質生産を達成するためにはER以降の分泌経路も重要であることを付け加えておく。

(竹川)

〔5〕　生産収率に影響を与える宿主側因子

（a）　mRNAの安定性　　細胞内のmRNA量は合成と分解によって調節されている。たとえ転写による合成が停止してもmRNAが存在する限り遺伝子発現は停止しない。mRNAの半減期は遺伝子種に応じて数分から24時間以上のものまで多様なため、mRNAの安定性は転写とともに遺伝子発現量を決定する重要な要素の一つである。ここではおもに真核生物のmRNA安定性にかかわる細胞質側の因子と分解機構について述べる。

（1）　mRNAの安定性に寄与するシス領域とトランス因子[169),170)]　　真核生物のmRNAは5'末端に7-メチルグアノシン（m^7Gppp）からなるキャップ、3'末端にポリアデニル基（ポリ（A）鎖）という特殊な構造によって修飾されており、その間に5'非翻訳領域（5'UTR）、翻訳領域、3'非翻訳領域（3'UTR）が存在する（図2.26）。UTRは遺伝子種に応じて多様性があるが、キャップとポリ（A）鎖は真核生物に共通の構造である。ただしポリ（A）鎖の長さは遺伝子種に応じて多様性がある。

①　キャップ構造とポリ（A）鎖　　細胞質ではキャップ構造にeIF4Eという翻訳開始因子が結合し、ポリ（A）鎖にはPab（polyA-binding protein）というタンパク質が結合している。これらの因子は酵母から高等動物まで保存されている。キャップ構造とポリ（A）鎖はこれらのトランス因子を介して翻訳に必要であるが、mRNA安定性においてはそれぞれ5'側、3'側からの分解のプロテクターとして機能している。

②　UTR[171),172)]　　mRNAの安定性にかかわる3'UTR内の特定領域は動物細胞でよく研究されており、その代表的な例をいくつか示す。ARE（AU-rich element）はAとUに富む配列で、AUUUAというコンセンサス配列がUに富む領域の上流にタンデムに配置されている場合が多い。ヒトのc-mycやc-fosなどのがん遺伝子、またサイトカインなど多くの短寿命のmRNAに見られる構造でmRNAの不安定化に関与する。AREに作用する因子として、mRNAの不安定化に関与するAUF1や安定化に関与するELAVファミリーのHuRタンパク質が知られている。

ヒトのIRE（iron-responsible element）は30塩基ほどのステムループ構造で、鉄の取込みに必要なトランスフェリンレセプター（TfR）のmRNA内に見られる。細胞内鉄レベルの減少時にIRPタンパク質が結合して安定化に寄与する。

動物細胞のコアヒストンのmRNAにはポリ（A）鎖

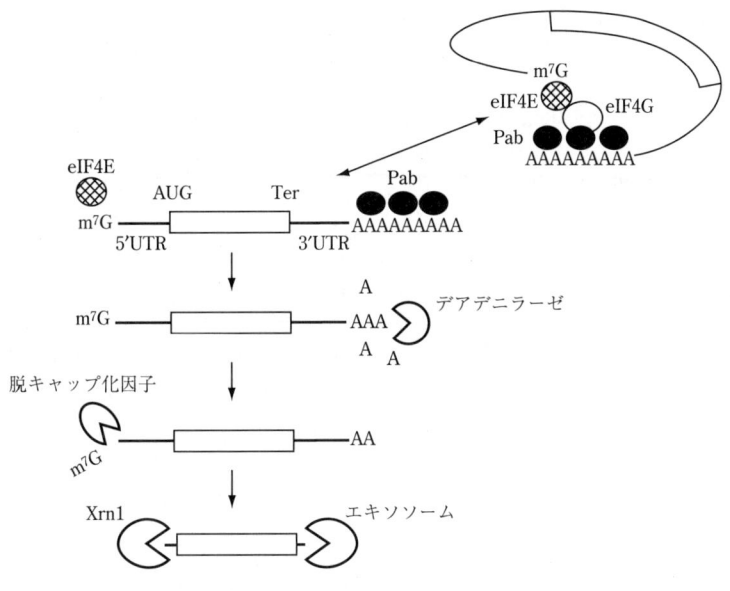

図2.26 mRNAの構造とポリ（A）短鎖化依存的分解

がなく3'端に20 bp程度のステムループ構造がある。結合因子はSLBPタンパク質で細胞周期のS期特異的な安定化に寄与する。

5'UTR内での報告例は少ないが，T細胞活性化の際，インターロイキン2 mRNAの安定化に必要なJRE（JNK-response element）配列が知られている。結合タンパク質としてヌクレオリンとYB-1が同定されている。

③ 翻訳領域　翻訳領域内でmRNAを不安定化させる配列として，動物細胞のc-fosのロイシンジッパーをコードする320塩基（CRD-1），c-mycのC末側180塩基，またβチューブリンのN末側13塩基などが知られている。CRD配列にはAUF1やNSAP1タンパク質を含む複合体が作用している[171]。

翻訳領域に本来のストップコドン以外のナンセンス変異が入ったmRNAはNMD（nonsense-mediated mRNA decay）システムによって急速に分解される。NMDに関与するUpf1, Upf2（Nmd2），Upf3タンパク質は真核生物で保存されている[173]。一方，ストップコドンを失ったmRNAもNMDとは異なるNSD（non-stop decay）システムによって急速に分解される[174]。これらは変異によって生じた異常なタンパク質の蓄積をmRNAレベルで除去する真核生物共通の品質管理システムとして知られている。

(2) mRNA分解に関与する因子[172]　キャップ構造を除去する脱キャップ化因子としてDcp1とDcp2のタンパク質複合体が真核生物で知られているが，ヒ

トにはDcpSという別の脱キャップ化因子も存在する。ポリ（A）鎖を分解するデアデニラーゼとしてCcr4, Pan1/2, PARN（DAN）が同定されている。Ccr4やPan1/2は真核生物で保存されているが，PARN（DAN）のホモログは酵母やショウジョウバエにない。

キャップ構造やポリ（A）鎖除去後のmRNA本体の分解はおもにエキソ型のリボヌクレアーゼが行う。細胞質で5'→3'方向に分解するXrn1エキソリボヌクレアーゼや，3'→5'方向に分解するエキソソームと呼ばれるタンパク質複合体が真核生物では知られている。

エンド型の分解を受けるmRNAは多数報告されているが，分解を行うエンドヌクレアーゼの報告例は少ない。マウスc-myc mRNAを切断するRas GTPase活性化因子の一つであるG3BPやアフリカツメガエルのアルブミンmRNAを切断するPMR-Iなどが知られている。

(3) mRNAの分解様式[170),172]　mRNAの分解様式はおもに出芽酵母の解析から明らかになっているが，基本的な様式は真核生物に共通である。

通常のmRNAはポリ（A）短鎖化依存的に分解される。これはデアデニラーゼによりポリ（A）鎖が分解され短縮した後，脱キャップ化因子によりすみやかにキャップ構造が除去される。両末端構造を失ったmRNA本体はXrn1やエキソソームなどのエキソリボヌクレアーゼによって，それぞれ5'側，3'側から分解される（図2.26）。出芽酵母ではDcp1やXrn1の遺

伝子を破壊するだけで多くのmRNAが安定化することから，5′側からの分解が主要な経路と考えられている。

NMDシステムで検知された異常なmRNAはポリ（A）短鎖化非依存的に分解される。この様式ではポリ（A）短鎖化をスキップして脱キャップ化が起こり，Xrn1によっておもに5′側からmRNA本体が分解される。これに対してNSDシステムで検知された異常なmRNAはキャップ構造の除去や5′側からの分解を伴わず，ポリ（A）鎖を含む3′側からエキソソームを介して分解される[174]。

エンド型分解を初発反応とする様式は特殊な制御を受けるmRNAに見られる。エンドヌクレアーゼによる特定領域での切断後，キャップ構造やポリ（A）鎖の除去を伴わず，切断箇所からエキソリボヌクレアーゼでそれぞれ5′側，3′側へと消化される。これは動物細胞の9E3や前述のTfRのmRNAで報告されている。また5′側からのエキソ型分解はないが，大腸菌などの原核生物で見られる様式とも似ている[175]。

（4） mRNAの安定性と環状構造[172]　mRNAの末端構造に結合するeIF4EとPab1はeIF4Gというアダプター分子を介して相互作用する。この事実はmRNAが直鎖状だけでなく，環状にもなり得ることを示している（図2.26）。環状構造をとる利点はいくつか考えられている。まず真核生物のmRNAはおもに末端から分解されるので，環状構造により末端がマスクされると安定性が増すという点である。またリボソームをリサイクルできるため，効率よくタンパク合成を行えるとも考えられている。さらに前述したmRNA内の各種制御領域が物理的に近い位置に集まるため，制御因子が相互作用しやすい状況が生まれるという利点もある。

mRNAの分解機構は近年，急速に解明されつつある。遺伝子産物を効率よく生産するためには，mRNAの構造や分解システムに留意して安定性をいかに制御するかという視点も重要であろう。　　　　（上園）

（b） 異種タンパク質生産におけるタンパク質分解系とその回避への戦略　どのような宿主・ベクター系を用いても，発現させるタンパク質の種類によって，その生産収率が大きく異なっていることはだれもが認識していることであろう。まずタンパク質の発現が，抗体を用いたウエスタン解析などにより期待するほどに認められなかったら，構築したプラスミドの設計（塩基配列とコドン頻度）・mRNAレベルでの発現を確認したい。ここで正しいサイズのmRNAの強い発現が認められたなら，発現量が少ない理由はタンパク質分解に起因すると考えてよい。

タンパク質分解は大きく2通りに分けられる。第一のケースは，目的の発現産物が正しく発現しているにもかかわらず，プロテアーゼ活性などにより，その蓄積量がのびない例である。これは分泌生産などによく見られる。第二のケースは発現産物が，その合成過程において，なんらかの細胞内品質管理を受けて，合成までに至らず，分解されてしまう例である。残念ながら後者については不明な点も多く問題を回避するための一般的な戦略はまだ確立したとはいえない。したがって既知のいくつかのタンパク質分解経路について，突然変異株を試し，そのなかから最も効果のあるものを選択する，というのが最も合理的な戦略に思われる。

本項ではこのような現状を踏まえ，細菌については実際に用いられているプロテアーゼ欠損株や融合タンパク発現によるタンパク質分解の回避法を述べる。つぎに出芽酵母を中心に，異種タンパク質生産におけるタンパク質分解のかかわりやタンパク質分解を抑えるための宿主側の工夫について，いくつか紹介し，今後の研究分野の発展に期待することとしたい。

（1） 細菌発現系におけるプロテアーゼ活性とその回避[176]

① プロテアーゼ変異株の利用　最近，遺伝子発現実験として，pETベクターと組み合わせて最も頻繁に用いられている大腸菌宿主 *Escherichia coli* BL21 [DE3]では，宿主にOmpT変異が導入されており，膜画分に存在するプロテアーゼ活性を欠損している。本変異は生産時のみならず，精製時における分解に寄与していると考えられている。一方，lonプロテアーゼは，異常タンパク質の分解などに用いられているATP依存型プロテアーゼであり，本変異により異種タンパク質の生産を向上できる。

枯草菌（*Bacillus*属細菌）を宿主として用い，特に異種タンパク質の高分泌発現を目的とした場合，もともと宿主が持っているプロテアーゼによる分解が大きな問題となる。主要分泌性プロテアーゼ遺伝子である *aprE*，*nprE*欠損株をはじめ，7種類の遺伝子を欠損した株も育種されているが，完全にプロテアーゼによる分解が阻止されている，とはいえない。大腸菌のOmpTやlonに相当するプロテアーゼの欠失も必要であろう。

② 融合タンパク質の利用　目的とする遺伝子産物を，グルタチオンS-トランスフェラーゼ（GST）やマルトース結合タンパク（MBP）あるいはヒスチジン残基を6～10残基並べたHis-タグとの融合タンパク質として発現させるための発現プラスミドが多数市販されている。このようなプラスミドでは高発現を

得るための設計（プロモーター・SD配列・融合タンパク質部分のコドン頻度の最適化など）がすでに終わっているので，目的遺伝子産物を得やすい。さらに，これらのタグを用いた場合，目的遺伝子産物の精製が迅速に行え，精製中におけるタンパク質分解を最小に抑えることができる。また，タンパク質の可溶性が増す，タグ配列に対応する抗体が市販されているので発現産物をウエスタン解析により検出できる，など遺伝子発現量を向上するためのプロセスでもメリットが得られる。

（2）酵母におけるタンパク質分解系とその回避

酵母細胞におけるタンパク質分解系は大きく，液胞に局在するプロテアーゼによる分解とユビキチン修飾系に依存するプロテアソームによるエネルギー依存的な分解に分類できる。

（2-1）液胞プロテアーゼ[177]

① 液胞プロテアーゼ変異株の利用　カビや枯草菌とは異なって，酵母細胞にはほとんど分泌性のプロテアーゼは知られていない。しかし，液胞内には少なくとも7種類のプロテアーゼが知られており，その活性はかなり高い。異種遺伝子発現のために高密度培養などを行うと，溶菌した菌体の液胞プロテアーゼが培養液中に放出されて，分泌された目的遺伝子産物の分解を行っているようである。

酵母の液胞内にはプロテアーゼ以外にも，グリコシダーゼやホスファターゼなどの加水分解酵素が局在している。このなかの多くのものは，プレプロ型前駆体として粗面小胞体上で合成され，小胞体ルーメンに入った後，ゴルジ体・エンドソームを経て，液胞に到達する（VPS経路）。最後のプロペプチド部分の切断は，液胞プロテアーゼのなかで最も強い活性を示すプロテアーゼであるカルボキシペプチダーゼY（Prc1）も含めて，別の液胞プロテアーゼであるプロテアーゼA（Pep4）and/orプロテアーゼB（Prb1）依存的に行われる。興味深いことに，Pep4，Prb1自身のプロセシングならびに活性発現も，たがいに依存している。また*pep4 prb1*二重遺伝子破壊株あるいは，*pep4 prb1 prc1*三重遺伝子破壊株は致死性を示さないので，異種タンパク質生産用の宿主として有用である。このようなプロテアーゼ遺伝子破壊株では，遺伝子破壊を行った当該プロテアーゼのみならず，液胞に局在するほとんどの加水分解酵素の活性発現を抑制できる。一方，細胞質から液胞への輸送はオートファジー経路などにより定常的にも行われており，細胞質における異種タンパク質生産においても，多重プロテアーゼ変異株では，生産性の向上が認められる。

② プロテアーゼ阻害剤の利用　おもな液胞プロテアーゼであるPep4, Prb1, Prc1は，いずれも，セリン残基を活性部位に持つセリンプロテアーゼであり，酵素阻害剤であるPMSF感受性である。1mM程度のPMSFを培地中に添加することでこれらのプロテアーゼ活性を阻害できる。培養中にPMSFを添加したり，無細胞抽出液を調製する際，プロテアーゼ阻害剤を添加することは，菌体内に発現させた異種タンパク質を調製するうえできわめて重要である。プロテアーゼ阻害剤カクテルも市販されている。

一方，高密度培養を用いた分泌発現の場合，常時，高価なプロテアーゼ阻害剤を加えておくことは経済的に難しいが，プロテアーゼ阻害剤の代わりにポリペプトンを培地中に加えるのも安価な方法である。ポリペプトンには，プロテアーゼの基質となり得るポリペプチドが大量に含まれているので，これが培地中に存在するプロテアーゼに対して拮抗阻害剤としてはたらき，結果として分泌した発現産物の生産性を向上させることができる。

（2-2）ユビキチンとプロテアソーム系[178]　ユビキチンは分子量約8500のタンパク質で，すべての真核生物に共通して存在し，構造上の保存性がきわめて高い。タンパク質のユビキチン化のおもなはたらきは，それが分解シグナルとして働き，ユビキチン化されたタンパク質が巨大なプロテアーゼ複合体であるプロテアソームの標的となり，急速に分解されることにある。発現タンパク質の生産量が，液胞プロテアーゼ欠損株あるいはプロテアーゼ阻害剤の添加によっても向上できない場合は，プロテアソームによるタンパク質分解である可能性が高い。発現させた遺伝子産物がユビキチンと結合しているなら，そのタンパク質の抗体を用いたウエスタン解析によって，当該タンパク質の分子量の位置から，8kDaずつ加えた位置にシグナルがラダーとして検出できることがある。これらのラダーはユビキチンが1分子ずつ増えた形で標的タンパク質と結合したものである。

ユビキチン化は，以下に示すような一連の反応カスケードにより起こる。まずユビキチンは，ユビキチン活性化酵素（E1）とATPによりC末端のグリシンがアデニル化され，活性化酵素の特定のシステイン残基に高エネルギー結合する。つぎにユビキチン結合酵素（UBCまたはE2）の特定のシステイン残基に転移する。E2から直接に，あるいはその際もう1種類の酵素，ユビキチンリガーゼ（E3）が介在して最終標的タンパク質のリシン残基のε-アミノ基にユビキチンのC末端グリシンがイソペプチド結合する。標的タンパク質が分解系の基質になるためには，通常，ユビキチン鎖が必要で，このため標的タンパク質に結合した

ユビキチン分子内の48番目のリシン残基がつぎつぎとユビキチン化されていく（E3が不要な系もある）。これらのE1，E2，E3の酵素系をユビキチン系と総称している。

一方，その分子種の多様性を象徴するように，ユビキチン系によるタンパク質分解を用いた細胞機能制御系は多岐にわたっているが，不明な点も多い。ここではユビキチンが関与するタンパク質分解経路について，酵母細胞で知られているものを列挙するとともに，いくつかの解決策を列挙する。

① N-末端則[179] さまざまなN-末端を持つβガラクトシダーゼを酵母内で発現させるとN-末端に存在する1アミノ酸の種類によってタンパク質の寿命がまったく異なるという現象で，N-末端則またはVarshavsky則と呼ばれている[180]。そのN-末端への付加によって，βガラクトシダーゼを不安定化させるアミノ酸（半減期2～30分）として，塩基性アミノ酸であるアルギニン・リシン・ヒスチジン，疎水性アミノ酸であるロイシン・フェニルアラニン・チロシン・イソロイシン・トリプトファンが挙げられる。これに加えて，生体内で不安定化アミノ酸に変換され，同様の不安定化作用を及ぼすアスパラギン酸・グルタミン酸・アスパラギン・グルタミンも不安定化アミノ酸である。一方，それ以外のシステイン・アラニン・セリン・スレオニン・グリシン・バリン・メチオニンをN-末端に付加したβガラクトシダーゼの半減期は20時間以上もある（プロリンについては不明）。N-末端則に関与するユビキチン系は，E1としてUbr1，E2としてUbc2が用いられ，これ以外に，N-末端アミダーゼ Nta1，アルギニントランスフェラーゼAte1が関与して，ポリユビキチン化の後，プロテアソームで分解される。したがって，発現タンパク質のN-末端アミノ酸が短寿命のもので，酵素活性やタンパク質構造に大きく影響のないものである場合には，長寿命のアミノ酸に変えると安定性が変化することが予測できる。

② ERにおける品質管理[181] 分泌タンパク質が小胞体に入ると，シャペロン分子の助けを受けてフォールディングされるが，うまくそこでフォールディングできない異種タンパク分子は，Sec61により構成されるトランスロコンにより逆行輸送され，小胞体膜表面に局在するE2酵素Ubc7やCue1の助けを受けてプロテアソームで分解される。おそらく小胞体膜上でフォールディングされる膜タンパク質の品質管理も同じように行われていると考えられる。

③ PEST配列[182] Rechsteinerらにより1986年に発表された短寿命タンパク質に頻繁に見られるモチーフである。塩基性アミノ酸で区切られた10残基以上の領域で，プロリン・グルタミン酸・セリン・スレオニン・アスパラギン酸に富む構造である。実際にPEST配列部分を取り除いた発現タンパク質の寿命が長くなることが多くの例で知られており，ユビキチン系による分解システムが働いていることが予測されているものの，いまだその分子機構やタンパク質分解にかかわる分子については不明である。

④ ユビキチン系突然変異株の利用[183] 現在のところ地道にどの変異が効果的か，試していくほかはないが，ユビキチン分子がおもにコードされている*UBI4*の遺伝子破壊株，E2である*UBC1*～*UBC6*の変異株はいずれも致死性を示さないので利用できそうである。また，*ubc4 ubc5*の二重変異株では，寿命の短いタンパク質の分解が著しく抑えられていることが知られている。

⑤ オルガネラ内生産[184] もともと細胞質にあるタンパク質をオルガネラへ輸送して細胞質タンパク質の分解を免れる方法も考えられる。メタノール資化性酵母ではメタノール誘導時にはペルオキシソームが細胞内体積の80％にまで発達する。このスペースに糖尿病診断薬であるフルクトシルアミノ酸オキシダーゼを封入して生産することで，mRNA量に変化はないにもかかわらず，4～5倍，生産性の増強に成功した。この手法は毒性タンパク質を生産するのにも有効である。

（阪井）

（c） 生産収率上昇宿主変異 遺伝子操作技術の進歩に伴い，これまでにさまざまな種類の有用物質の生産が組換え体を用いて試みられてきた。物質生産の目的は研究試料の調達や，工業用（医薬品含め）などさまざまであるが，生産収率は高いほうが好ましいことについては論を待たない。組換え体であるか否かにかかわらず，最も単純に生産収率の向上を試みる手段として変異原処理を実施して生産収率（性状を含め）を評価する手法は古くから用いられてきた。本項では，このような生産系全体をブラックボックス的に扱った変異原処理による高産生株の取得については言及せず，生産収率と関連する宿主側の因子が存在し，それを克服するための手段として遺伝子操作手法や変異原処理が用いられ，その結果として生産収率の向上が認められた事例を中心に紹介する。ただし，これら知見の適用性という点ではあくまでもケースバイケースであり，使用する宿主株や目的とする物質の構造・性質によって異なるものと考えられ，万能薬ではないことを最初にお断りしておかなければならない。

まず，大腸菌に代表されるグラム陰性菌を宿主とした異種タンパク質の生産系においては，生産物は細胞

質内に蓄積されるか，ペリプラズムに蓄積されるのが一般的である．また，inclusion bodyと呼ばれる不溶化した状態で蓄積されることが多く，その場合は生体外で人為的にタンパク質をリフォールディングする作業が必要となる．これらのことから，この宿主系において生産性を向上させるため，つぎの2点が注目され，種々検討されてきた．

① 菌体密度の向上　細胞質内あるいはペリプラズムであろうと生産物が蓄積される空間が限定されてしまう．この場合，培養液中の菌体密度を上昇させることで生産性の向上が期待される．しかしながら，大腸菌の高密度培養を実現する場合，代謝産物である酢酸による増殖阻害が問題となる．酢酸は，余剰に生産されたacetyl-CoAより生じる．したがって，酢酸生成を避けるため，Chouら[185]はptsG遺伝子（phosphotransferase system：PTS）のglucose-specific enzyme II）の不活化により解糖系の太さを制限している．さらに極端な例としては，PTS全体を停止させるというFloresら[186]の試みもある．従来，培養工学の世界では大腸菌の高密度培養を実現するために酢酸の蓄積をきたさないようグルコースを制限しながら流加する方策がとられてきた．上記の例はその延長線上にあるものといえる．また，これらとは異なるアプローチとしてFarmerら[187]は，グルコース消費を制限するのではなく，phosphoenol pyruvate（PEP）carboxylaseの発現量を増加させることによりPEPを直接oxaloacetateに向かわせること，さらに，fadR遺伝子の不活化によりグリオキシル酸シャントを活性化することでacetyl-CoAの蓄積を防ぎ，酢酸生成を抑制している．いずれにせよ，酢酸の蓄積を防ぐことにより増殖阻害を回避することを目的として宿主機能の改良が試みられている．

② フォールディング効率の向上　大腸菌においてもinclusion bodyを形成することなく，正しい立体構造を保持した状態で目的生産物を得ることが可能である．その第1選択としてペリプラズムへの移送とそこでの効率的なS-S結合の形成ならびに結合位置の調整について種々検討されている．大腸菌におけるシグナルペプチドとしてOmpA, OmpT, OmpF, LamB, ST-IIやPelB等が汎用されるが，Jeongら[188]はhuman leptin（146アミノ酸）の発現においてBacillus sp.のendoxylanaseのシグナル配列を用い，さらに，S-S結合の形成に関与するとされるDsbAを共発現することにより菌体タンパク質の26％にのぼる可溶化leptinをペリプラズムで発現することに成功している．一方，Qiuら[189]は分子内に17本のS-S結合を持つhuman tissue plasminogen activator（tPA，527アミノ酸）を正しい構造を持った活性化体でペリプラズムに発現させている．ここでは，STIIシグナル配列を用い，S-S結合位置の調整に関与するとされるDsbCを共発現している．DsbAとの共発現も試みられたが，DsbCの場合と比べると少量の発現にとどまっている．tPAの場合，S-S結合が多く存在することから誤ったS-S結合を解消するisomerase活性を持つDsbCの共発現により律速段階が解消され，また，leptinの場合はS-S結合が1本のみであるため架橋に関与するDsbAの共発現が効果的であったと一応の解釈は可能である．しかしながら，Insulin-like growth factor I（IGF-I）をペリプラズムにて発現させた場合[190]，DsbAあるいはDsbCを共発現するとフォールドされたIGF-Iの収量は低下する代わりにinclusion bodyとして得られる収量は飛躍的に増加するとの報告もあり，まだ謎が多い．

目的生産物を発現し，貯蔵するという観点から見た場合，体積が大きい細胞質内での発現はやはり魅力的である．しかし，細胞質内では，発現された多くのタンパク質がinclusion bodyを形成してしまう．これを防ぐため種々の方策が検討されてきた．Mujacicら[191]は低温での発現を試みているが，あくまで基礎レベルである．また，chaperoneを共発現する方策もとられており，Jeongら[192]はTNF-αの発現において，GroELとGroESを共発現することで，ほぼ完全に可溶化型となることを報告している．Mavrangelosら[193]は，可溶化型抗体（scFv）の発現において，Skp chaperoneを用いて良好な成績を上げている．

大腸菌における細胞質内での可溶化型発現については，Bessetteら[194]の報告が非常に興味深い．Bessetteらは，細胞質とペリプラズムの環境条件の違いとS-S結合形成に着目した．ペリプラズムは，酸化的条件下にあるためS-S結合が形成されやすく，逆に，細胞質は還元的条件下であるためS-S結合が形成されにくいということを作業仮説とし，thioredoxin reductaseおよびglutathione reductase欠損株にもかかわらず増殖速度が野生型株と遜色のないFA113株を取得した．この株を用いてTruncated-tPAの発現を試みた結果，DsbCを細胞質内に共発現（通常，DsbCはペリプラズムに向かうのでリーダー配列を削除）することで活性化体が細胞質内に20倍程度高濃度（DsbCとも発現なしとの比較）に発現すると報告している．現在，FA113株はNovagen（Bad Soden, Germany）より市販されており，Venturiら[195]はFab抗体の細胞質内発現を試み，従来のペリプラズム発現に比べて活性化体を50～250倍の高収率で得たと報告している．

また，細胞質内発現に共通する問題点として，目的産物のN末端にmethionineが付加されることが挙げられる。これに対してSandmanら[196]は，大腸菌由来のmethionine aminopeptidaseを共発現することで解決できる可能性を示している。

最後に分泌発現系での収率向上について紹介する。グラム陰性菌においても，分泌発現は異種タンパク質の蓄積による宿主への影響が回避できること，精製工程も含めた生産性が優れていること，N末端メチオニンの問題もないなど魅力的な系である。グラム陰性菌が菌体外に分泌するタンパク質は非常に限られていることもあり，遺伝子操作技術によって異種タンパク質を分泌発現させる試みが古くからなされている。ただし，グラム陰性菌では分泌発現といわれているものでも中身をよく見ると本当の分泌経路を利用したものとペリプラズムからの透過性を亢進させるものの二つに分けることができる。前者の例としてKernら[197]のhemolysinの輸送系を利用したstreptokinase融合タンパクの分泌発現に関する報告が挙げられる。また，後者の例として，kil遺伝子を利用するMikschら[198]の報告が挙げられる。特に，Mikschらは，グラム陰性菌であるKlebsiellaを宿主とし，kil遺伝子を弱く発現させることで好成績を得ている。また，高密度培養での発現も試みられており，大腸菌に代わる系として期待できる。

また，Bacillus subtilisに代表されるグラム陽性菌をはじめ，酵母，動物細胞等を宿主として異種タンパク質の生産系を構築する際には，目的生産物を培地中へ分泌発現する系が広く利用される。そして，これらを宿主とした分泌発現系において目的生産物の収量を増加させるためには，プロモーター，エンハンサー，リーダー配列やプロテアーゼに関する知見が利用されるのが一般的である。これらについてはいずれも他節で述べられており，それ以外の宿主側因子についての報告は非常に少ないのが現状である。そのなかで興味ある報告を以下に紹介する。まず，B. subtilisにおいては，分泌タンパク質のフォールディング過程に関与するタンパク質とされるPrsAに関するVitikainenら[199]の報告がある。Vitikainenらによると PrsA は転移因子と独立して機能し，AmyQ の分泌量は PrsA 量に比例すると報告されており，共発現させる PrsA 量を操作することにより目的生産物の分泌発現量を増大させ得る可能性を示唆している。また，Kimら[200]は，Saccharomyces cerevisiaeにおけるhirudinの発現においてBiPとの共発現が有効であったと報告している。BiPは，いまではendoplasmic reticulumに存在するchaperoneと考えられており[201]，やはりフォールディングや分泌経路を効率化することで発現量の増大をもたらすと考えられる。Kimら[200]以外にもBiPを用いてS. cerevisiaeにおける分泌発現量の増大に成功した例として，Robinsonら[202]によるhuman platelet derived growth factor B homodimerの発現，Harmsenら[203]によるウシプロキモシンの発現に関する報告がある。しかしながら，thaumatin[203]，ヒトG-CSFやウシトリプシンインヒビター[204]の発現においてはBiPの効果は認められなかったようである。

一方，動物細胞においては，異種タンパク質の発現量増大を目的として遺伝子増幅系が古くから検討されており，dihydrofolate reductaseやglutamine synthetaseの系が有名である[205]。遺伝子増幅系以外では，宿主染色体上における異種タンパク質の発現効率が元来高い場所（いわゆるhot spot）をねらって発現ベクターを導入しようとする試みがなされている[206]。動物細胞に異種タンパク質の発現ベクターを導入する場合，多くの場合，染色体上にランダムに導入される。細胞の染色体は非常に大きいため，ランダムに導入された場合，発現量の高い細胞を得るチャンスは小さくなってしまう。あらかじめ発現効率の高い場所を知り，効率よく高生産株を得ようとするものである。これらと手法はまったく異なるが，Dyring[207]は，Chinese hamster ovary細胞を用いた異種タンパク質の発現において，ポリエチレングリコールを用いた細胞融合（autofusion）により生産性の向上した株を得ている。遺伝子レベルから分泌器官に至るまですべてを増加させようとする試みである。

以上，異種タンパク質の生産性を向上すべく種々検討された知見を例示してきたが，それら手法の有効性はやはりケースバイケースであろうといわざるを得ない。さらに，他節に記載されている手法との組合せの問題も存在するものと考えられる。逆に考えれば，それだけ未知の因子が存在するということであり，今後のさらなる解明が期待される。

〔小林　薫〕

引用・参考文献

1) Saiki, R. K., et al.: *Nature*, **324**, 163-166 (1986).
2) White, B. A.: PCR Protocols: Current Methods and Applications (Methods in Molecular Biology, 15) Humana Press (1993).
3) 駒野徹編著：PCR実験マニュアル（生物化学実験法47），学会出版センター (2002).
4) 真木寿治監修：PCR Tips（細胞工学別冊Tipsシリーズ），秀潤社 (1997).
5) 中山広樹：バイオ実験イラストレイテッド③ 本当にふえるPCR，秀潤社 (1998).

6) Takagi, M., et al.: *Appl Environ Microbiol.*, **63**, 4504-4510 (1997).
7) Kellog, D. E., et al.: *BioTechniques*, **16**, 1134-1137 (1994).
8) Mizuguch, H., et al: *J. Biochem.*, **126**, 762-768 (1998).
9) Hinnen, A., Hicks, J. B. and Fink, G. R.: *Proc. Natl. Acad., Sci., USA*, **75**, 1929-1933 (1978).
10) Dubnau, D.: *Annu. Rev. Microbiol.*, **53**, 217-244 (1999).
11) Ito, H., Fukuda, Y., Murata, K. and Kimura, A.: *J. Bacteriol.*, **153**, 163-168 (1983).
12) Becker, O. M. and Guarente, L.: *Methods Enzymol.*, **194**, 182-187 (1991).
13) Armaleo, D., Ye, G. N., Klein, T. M., Shark, K. B., Sanford, J. C. and Johnston, S. A.: *Curr. Genet.*, **17**, 97-103 (1990).
14) 水上温司, 長森英二, 高倉友紀子, 曽根岳史, 原島俊, 小林昭雄, 福井希一：日本生物工学会大会講演要旨集, 60 (2002).
15) Hayama, Y., Fukuda, Y., Kawai, S., Hashimoto, W. and Murata, K.: *J. Biosci. Bioeng.*, **94**, 166-171 (2003).
16) Hopwood, A., Bibb, M. J., Chater, K. F., Kieser, T., Bruton, C. J., Kieser, H. M., Lydiate, D. J., Smith, C. P., Ward, J. M. and Schrempf, H.: *Genetic Manipulation of Streptomyces: A Laboratory Manual*, The John Innes Foundation, Norwich (1985).
17) Sambrook, J., Fritsch, E. F. and Maniatis, T.: *Molecular Cloning. A Laboratory Mannual*, 2nd ed. Cold Spring Harbor Laboratory Press, Cold Spring Harbor, New York (1989).
18) 浅尾浩史, 他：生物工学, **81**, 57-63 (2003).
19) Lichtenstein, C. and Drapper, J.: *DNA cloning*, p. 67, IRL Press, Oxford (1985).
20) Ebinuma, H., et al.: *Proc. Natl. Acad. Sci. USA*, **94**, 2117-2121 (1997).
21) Morikawa, H., et al.: *Appl. Microbiol. Biotechnol.*, **31**, 320-322 (1989).
22) Odell, J. T., et al.: *Nature*, **313**, 810-812 (1985).
23) 長屋進吾, 吉田和哉：植物代謝工学ハンドブック, p. 244, エヌ・ティー・エス (2002).
24) Svab, Z. and Maliga, P.: *Proc. Natl. Acad. Sci. USA*, **90**, 913-917 (1993).
25) 安藤忠彦, 坂口健二編：遺伝子工学（微生物学基礎講座8), pp. 168-215, 共立出版 (1987).
26) 別府輝彦編：微生物機能の多様性, pp. 379-386, 学会出版センター (1995).
27) Maseda, H and Hoshino, T.: *J. Ferment. Bioeng.*, **86**, 121-124 (1998).
28) Burke, D., et al.: *Science*, **236**, 806-812 (1987).
29) Shizuya, H., et al.: *Proc. Natl. Sci. USA*, **89**, 8794-8797 (1992).
30) Sternberg, N.: *Proc. Natl. Sci. USA*, **87**, 103-107 (1990).
31) Sambrook, J., Fritsch, E. F. and Maniatis. T. eds.; *Molecular Cloning A: A Laboratory Manual*, 2nd ed., Cold Spring Harbor Laboratory Press, NY (1989).
32) Ausubel, F. M., Brent, R, Kingston, R. E., Moore, D. D., Seidman, J. G., Smith, J. A. and Struhl, K. eds.: *Current Protocols in Molecular Biology.*, Greene Publishing Associates and Wiley-Interscience, Canada (1989).
33) van Gorcom, R. F., Pouwels, P. H., Goosen, T., Visser, J., van den Broek, H. W., Hamer, J. E., Timberlake, W. E. and van den Hondel, C. A.: *Gene*, **40**, 99-106 (1985).
34) 大嶋泰治 編著：酵母分子遺伝学実験法, 学会出版センター (1996).
35) van Gorcom, R. F., Punt, P. J., Pouwels, P. H. and van den Hondel, C. A.: *Gene*, **48**, 211-217 (1986).
36) Punt, P. J., Kramer, C., Kuyvenhoven, A., Pouwels, P. H. and van den Hondel, C. A.: *Gene*, **120**, 67-73 (1992).
37) Punt, P. J., Kuyvenhoven, A. and van den Hondel, C. A.: *Gene*, **158**, 119-123 (1995).
38) Minetoki, T., Nunokawa, Y., Gomi, K., Kitamoto, K., Kumagai, C. and Tamura, T.: *Curr. Genet.*, **30**, 432-438 (1996).
39) Kubodera, T., et al.: *Biosci. Biotechnol. Biochem.*, **66**, 404-406 (2002).
40) Andrade, A., et al.: *Microbiology*, **146**, 1987-1997 (2000).
41) Cheng, J., et al.: *Mol. Cel. Biol.*, **21**, 6198-6209 (2001).
42) Sanchez, O., et al.: *Mol. Gen. Genet.*, **258**, 89-94 (1998).
43) Yaver, D., et al.: *Fungal Genet. Biol.*, **29**, 28-37 (2000).
44) Groves, D. P., Clare, J. J. and Oliver, S. G.: *Current Genetics*, **7**, 185-190 (1983).
45) Matsuoka, M., Matsubara, M., Daidoh, H., Imanaka, T., Uchida, K. and Aiba, S.: *Mol. Gen. Genet.*, **237**, 327-333 (1993).
46) Fournier, P., Abbas, A., Chasles, M., Kudla, B., Ogrydziak, D. M., Yaver, D., Xuan, J. W., Peito, A., Ribet, A.-M., Feynerol, C., He, F. and Gaillardin, C.: *Proc. Natl. Acad. Sci. USA*, **90**, 4912-4916 (1993).
47) Vernis, L., Abbas, A., Chasles, M., Gaillardin, C. M., Brun, C., Huberman, J. A. and Fournier, P.: *Mol. Cell. Biol.*, **17**, 1995-2004 (1997).
48) Vernis, L., Poljak, L., Chasles, M., Uchida, K., Casarégola, S., Käs, E., Matsuoka, M., Gaillardin, C. and Fournier, P.: *J. Mol. Biol.*, **305**, 203-217

49) Casarégola, S., Feynerol, C., Diez, M., Fournier, P. and Gaillardin, C.: *Chromosoma*, **106**, 380-390 (1997).
50) Casarégola, S., Neuvéglise, C., Lépingle, A., Bon, E., Feynerol, C., Artiguenave, F., Wincker, P. and Gaillardin, C.: *FEBS Lett.*, **487**, 95-100 (2000).
51) Keogh, R. S., Seoighe, C. and Wolfe, K. H.: *Yeast*, **14**, 443-457 (1998).
52) Madzak, C., Blanchin-Roland, S., Cordero, R. R. and Gaillardin, C.: *Microbiology*, **145**, 75-87 (1999).
53) Schmid-Berger, N., Schmid, B. and Barth, G.: *J. Bacteriol.*, **176**, 2477-2482 (1994).
54) Vollmer, S. and Yanofsky, C.: *Proc. Natl. Sci. USA*, **83**, 4869-4873 (1986).
55) Orbach, M.: *Gene*, **150**, 159-162 (1994).
56) Staben, C., et al.: *Fungal Genet. Newsl.*, **36**, 79-81 (1989).
57) Carroll, A. M., et al.: *Fungal Genet. Newsl.*, **41**, 22 (1994).
58) Silar, P.: *Fungal Genet. Newsl.*, **42**, 73 (1995).
59) Pall, M. L. and Brunelli, J. P.: *Fungal Genet. Newsl.*, **40**, 59-62 (1993).
60) Sweigard, J. A., et al.: *Fungal Genet. Newsl.*, **44**, 52-53 (1997).
61) Galagan, J. E., et al.: *Nature*, **422**, 859-868 (2003).
62) Borkovich, K. A., et al.: *Micro. Molec. Biol. Rev.*, **68**, 1-108 (2004).
63) Selker, E. U.: *Ann. Rev. Genet.*, **24**, 579-613 (1990).
64) Itakura, K., et al.: *Science*, **198**, 1056-1063 (1977).
65) Hahn, S. and Schleif, R.: *J. Bacteriol.*, **155**, 593-600 (1983).
66) Studier, F. W., et al.: *Methods in Enzymol.*, **185**, 60-89 (1990).
67) Weiner, M. P., et al.: *Strategies*, **7**, 41-43 (1994).
68) Carstens, C., et al.: *Strategies*, **12**, 49-51 (1999).
69) Wacker, M., et al.: *Science*, **298**, 1790-1793 (2002).
70) Honjo, M., et al.: *J. Bacteriol.*, **172**, 1783-1790 (1990).
71) Yokoyama, K., et al.: *Biosci. Biotechnol. Biochem.*, **62**, 1205-1210 (1998).
72) Ishiwa, H. and Shibahara-Sone, H.: *Jpn. J. Genet.*, **61**, 515-528 (1986).
73) Stragier, P., et al.: *Cell*, **52**, 697-704 (1988).
74) Sloma, A., et al.: *Genetics and Biotechnology of Bacilli*, (Ganesan, A., Hoch, J.), Vol.2, pp. 23-26, Academic Press (1988).
75) 本城 勝：農化, **67**, 861-865 (1993).
76) BACELLのホームページ：http://www.ncl.ac.uk/bacell/ (2003年4月現在)
77) Udaka, S., et al.: *Biotechnol., Genet., Eng. Rev.*, **7**, 113-146 (1989).
78) Takagi, H., et al.: *Int. J. Syst. Bacteriol.*, **43**, 221-231 (1993).
79) Yamagata, H., et al.: *Appl. Environ. Microbiol.*, **49**, 1076-1079 (1985).
80) Ebisu, S., et al.: *Biosci. Biotech. Biochem.*, **56**, 812-813 (1992).
81) ProteinExpress社のホームページ：http://www.proteinexpress.co.jp/ (2003年4月現在)
82) Date, M., et al.: *Appl. Environ. Microbiol.*, **69**, 3011-3014 (2003).
83) Miwa, K., et al.: *Gene*, **39**, 281-286 (1985).
84) Kikuchi, Y., et al.: International Patent WO02/081694 (2002).
85) Billman-Jacobe, H., et al.: *Appl. Environ. Microbiol.*, **61**, 1610-1613 (1995).
86) Chen, D. C., et al.: *Appl. Microbiol Biotechnol.*, **51**, 185-192 (1999).
87) Sakai, A., et al.: *Bio/Technology*, **9**, 1382-1385 (1991).
88) Nakamura, Y., et al.: *Gene*, **50**, 239-245 (1986).
89) Thim, L., et al.: *Proc. Natl. Acad. Sci. USA*, **83**, 6766-6770 (1986).
90) Hitzeman, R. A., et al.: *Science*, **219**, 620-625 (1983).
91) Saccharomycesゲノムのデータベース：http://www.yeastgenome.org/ (2003年4月現在)
92) ASPEXのホームページ：http://www.agc.co.jp/aspex/index2.html (2004年12月現在)
93) Ohtani, W., et al.: *Anal. Biochem.*, **256**, 56-62 (1998).
94) Werten, M. W. T., et al.: *Yeast*, **15**, 1087-1096 (1999).
95) Cereghino, J. L. and Cregg, J. M.: *FEMS Microbiol. Rev.*, **24**, 45-66 (2000).
96) Kaufman, R. J.: *Methods Enzymol.*, **185**, 537-566 (1990).
97) Onomichi, K., et al.: *J. Biochem.* (Tokyo), **102**, 123-131 (1987).
98) Murata, M., et al.: *Biochem. Biophys. Res. Commun.*, **151**, 230-235 (1988).
99) Tonouchi, N., et al.: *Agric. Biol. Chem.*, **54**, 2685-2688 (1990).
100) Drake, P. M., et al.: *FASEB J.*, **16**, 1855-1860 (2002).
101) Luckow, V. A., et al.: *Bio/Technology*, **6**, 47-55 (1988).
102) Superworm systemのホームページ：https://www.katakura.co.jp/s_worm1/index.htm (2004年12月現在)
103) McClure, N. C., Fry, J. C. and Weightman, A. J.: *J. IWEM.*, **5**, 608-616 (1991).

104) Fujita, M. and Ike, M.: *Wastewater Treatment Using Genetically Engineered Microorganisms*, Technomic Publ. (1994).
105) Bagdasarian, M., Lurz, R., Rueckert, B., Franklin F. C. H., Bagdasarian, M. M., Fry, J. and Timmis, K. N.: *Gene*, **16**, 237-247 (1981).
106) Bagdasarian, M. M., Amann, E., Lurz, R., Rueckert, B. and Bagdasarian, M.: *Gene*, **26**, 273-282 (1984).
107) Fry, J., Bagdasarian, N., Feiss, D., Franklin, F. C. H. and Deshusses, J.: *Gene*, **24**, 299-308 (1983).
108) Haas, D: *Experimentia*, **39**, 1199-1213 (1983).
109) Blantly, J. M., Brautaset, T., Winther-Larsen, H. C., Haugan, K. and Valla, S.: *Appl. Environ. Microbiol.*, **63**, 370-379 (1997).
110) Blantly, J. M., Brautaset, T., Karunakaran, P. and Valla, S.: *Plasmid*, **38**, 35-51 (1997).
111) Hardy, K. G.: *DNA Cloning II*, pp.109-135, IRL Press, Oxford (1985).
112) Imanaka, T., Takagaki, K. and Aiba, S.: *Gene*, **43**, 231-236 (1986).
113) Trieu-Cuot, P., Carlier, C., Martin, P. and Courvalien, P.: *FEMS Microbiol. Lett.*, **48**, 289-297 (1987).
114) Herrero, M., deLorenzo, V. and Timmis N. T.: *J. Bacteriol.*, **172**, 6557-6567 (1990).
115) Perez-Martin, J. and DeLorenzo, V.: *Gene*, **43**, 231-236 (1996).
116) Alexeyev, M. and Shokolenko, I. N.: *Gene*, **160**, 59-62 (1995).
117) Lajoie, C. A., Chen, S. Y., Oh, K. C. and Strom, P. F.: *Appl. Environ. Microbiol.*, **58**, 655-663 (1992).
118) Sayler, G.: *7th Symp. Environ. Release of Biotechnology Products; Risk Assessment Methods and Research Progress*, Florida, USA (1995).
119) Uhlin, B. E.: Nordstrom., *Mol. Gen. Gent.*, **165**, 167-172 (1978).
120) Mizutani, S., Iijima, S. and Kobayashi, T. J.: *Chem. Eng. Japan*, **19**, 111-116 (1986).
121) Gerard, R. D. and Glutzman, Y.: *Mol. Cell Biol.*, **5**, 3231-3240 (1985).
122) Kirinaka, H., Iijima, S. and Kobayashi, T.: *Appl. Microbiol. Biotechnol.*, **41**, 591-596 (1994).
123) Kirinaka, H., Miyake, K. and Iijima, S.: *Biosci., Biotechnol., & Biochem.*, **59**, 912-914 (1995).
124) Kern, F. G. and Basilico, C.: *Gene*, **43**, 237-245 (1986).
125) Camenisch, G., Gruber, M., Donoho, G., Sloun, P., Wenger, R. H. and Gassmann, M.: *Nucleic. Acid Res.*, **24**, 3707-3713 (1996).
126) Crouse, G. F., McEvan, R. N. and Peason, M. L.: *Mol. Cell Biol.*, **3**, 257-266 (1983).
127) Cockett, M. I., Bebbington, C. R. and Yarranton, G. T.: *Bio/Technol.*, **8**, 662-667 (1990).
128) Ono, K., Kamihira, M., Nakamura, N., Matsuda, H. and Iijima, S.: *J. Bios. Bioeng.*, **95**, 231-238 (2003).
129) 松浦善治：蛋白質 核酸 酵素, **37**, 211-222 (1992).
130) Takebe, Y., Seiki, M., Fujisawa, J., Hoy, P., Yokota, K., Arai, K., Yoshida, M. and Arai, N.: *Mol. Cell. Biol.*, **8**, 466-472 (1988).
131) Wenger, R. H., Moreau, H. and Nielson, P. J.: *Anal. Chem.*, **221**, 416-418 (1994).
132) Belli, G., Gari, E., Piedrafita, L., Aldea, M. and Herrero, E.: *Nucl. Acids Res.*, **26**, 942-947 (1998).
133) Rosenfeld, S. A.: *Methods Enzymol.*, **306**, 154-169 (1999).
134) Gossen, M. and Bujard, H.: *Proc. Natl. Acad. Sci. USA*, **89**, 5547-5551 (1992).
135) Wang, Y., Tsai, S. Y. and O'Malley, B. W.: *Methods Enzymol.*, **306**, 291-294 (1999).
136) 塚越規弘編：組換えタンパク質生産法（生物化学実験法45），学会出版センター (2001).
137) Henkin, T. M.: Transcription termination control in bacteria, *Curr. Opin. Microbiol.*, **3**, 149-153 (2000).
138) Batt, D. B., Luo, Y. and Carmichael, G. G.: Polyadenylation and transcription termination in gene constructs containing multiple tandem polyadenylation signals, *Nucleic Acids Res.*, **22**, 2811-2816 (1994).
139) Carswell, S. and Alwine, J. C.: Efficiency of utilization of the simian virus 40 late polyadenylation site: effects of upstream sequences: *Mol. Cell Biol.*, **9**, 4248-4258 (1989).
140) Ikemura, T.: *J. Mol. Biol.*, **151**, 389-409 (1981).
141) 池村淑道：細胞工学, **5**, 212-221 (1986).
142) Ikemura, T.: *Mol. Biol. Evol.*, **2**, 13-34 (1985).
143) Varenne, et al.: *J. Mol. Biol.*, **180**, 549-576 (1984).
144) Chen, G. F. and Inouye, M.: *Nucl. Acids Res.*, **18**, 1465-1473 (1990).
145) Rosenberg, A. H., et al.: *J. Bacteriol.*, **175**, 716-722 (1993).
146) Chen, G. F., et al.: *Genes Dev.*, **8**, 2641-2652 (1994).
147) Nakamura, Y., Gojobori, T. and Ikemura, T.: *Nucl. Acids Res.*, **28**, 292-293 (2000).
148) Wada, K., Wada, Y., Ishibashi, F., Gojobori, T. and Ikemura, T.: *Nucl. Acids Res.*, **20**, Supplement 2111-2118 (1992).
149) Wada, K., et al.: *Nucl. Acids Res.*, **18**, Supplement 2367-2411 (1990).
150) Kanaya, S., Kudo, Y., Nakamura, Y. and Ikemura, T.: *CABIOS*, **12**, 213-225 (1996).
151) Kanaya, S., et al.: *Gene*, **238**, 143-155 (1999).
152) Kanaya, S., et al.: *Gene*, **276**, 89-99 (2001).

153) Abe, T., et al.: *Genome Research*, **13**, 693-702 (2003).
154) Walter, P. and Johnson, A. E.: *Annu. Rev. Cell. Biol.*, **10**, 87-119 (1994).
155) Von Heijne, G.: *J. Membr. Biol.*, **115**, 195-201 (1990).
156) Pines, O. and Inouye, M.: *Methods Mol. Biol.*, **62**, 73-87 (1997).
157) Markrides, S. C.: *Microbiol. Rev.*, **60**, 512-538 (1996).
158) Gennity, J., Goldstein, J. and Inouye, M.: *J. Bioenerg. Biomembr.*, **22**, 233-269 (1990).
159) Wong, S.: *Curr. Opin. Biotechnol.*, **6**, 517-522 (1995).
160) Tjalsma, H., Bolhuis, A., Jongbloed, J. D. H., Bron, S. and van Dijl. J. M.: *Microbiol. Mol. Biol. Rev.*, **64**, 515-547 (2000).
161) Miyauchi, A., Ebisu, S., Uchida, K., Yoshida, M., Ozawa, M., Toji, T., Kadowaki, K. and Takagi, H.: *J. Indust. Microbiol. Biotechnol.*, **21**, 208-214 (1998).
162) Romanos, M. A., Scorer, C. A. and Clare, J. J.: *Yeast*, **8**, 423-488 (1992).
163) Cereghino, J. L. and Cregg, J. M.: *FEMS Microbiol. Rev.*, **24**, 45-66 (2000).
164) 由里本博也, 阪井康能：化学と生物, **38**, 132-139 (2000).
165) Micaud, J., Madzak, C., van den Broek, P., Gysler, C., Duboc, P., Niederberger, P. and Gaillardi, C.: *FEMS Yeast Res.*, **2**, 371-379 (2002).
166) Giga-Hama, Y. and Kumagai, H.: *Biotechnol. Appl. Biochem.*, **30**, 235-244 (1999).
167) Cregg, J. M., Cereghino, J. L., Shi, J. and Higgins, D. R.: *Mol. Biotechnol.*, **16**, 23-52 (2000).
168) Canesa, A., Punt, P. J., van Luijk, N. and van den Hondel, C. A.: *Fung. Genet. Biol.*, **33**, 155-171 (2001).
169) Ross, J.: *Microbiol. Rev.*, **59**, 423-450 (1995).
170) Caponigro, G. and Parker, R.: *Microbiol. Rev.*, **60**, 233-249 (1996).
171) Guhaniyogi, J. and Brewer, G.: *Gene*, **265**, 11-23 (2001).
172) Tourriere, H., Chebli, K. and Tazi, J.: *Biocimie*, **84**, 821-837 (2002).
173) Mitchell, O. and Tollervey, D.: *Curr. Opin. Cell Biol.*, **13**, 320-325 (2001).
174) van Hoof, A., Frischmeyer, P. A., Dietz, H. C. and Parker, R.: *Science*, **295**, 2262-2264 (2002).
175) Dreyfus, M. and Regnier, P.: *Cell*, **111**, 611-613 (2002).
176) 今中忠行監修：微生物利用の大展開, pp. 418-444, エヌ・ティー・エス (2002).
177) Jones, E. W., Webb, G. C. and Hiller, M. A.: The *Molecular and Cellular Biology of the Yeast Saccharomyces*, (Pringle, J. R., Broach, J. R., Jones E. W.), pp. 363-470, Cold Spring Harbor Laboratory Press, New York (1997).
178) 田中啓司：実験医学, **19**, 112-119 (2001).
179) 八代田英樹：実験医学, **19**, 120-125 (2001).
180) Varshavsky, A.: *Proc. Natl. Acad. Sci. USA*, **93**, 12142-12149 (1996).
181) Plemper, R. K. and Wolf, D. H.: *Trends Biochem. Sci.*, **24**, 266-270 (1999).
182) Rogers, S., Wells, R. and Rechsteiner, M.: *Science*, **234**, 364-368 (1986).
183) Seufert, W. and Jentsch, S.: *EMBO J.*, **9**, 543-550 (1990).
184) Sakai, Y., Yoshida, H., Yurimoto, H., Yoshida, N., Fukuya, H., Takabe, K. and Kato, N.: *FEBS Lett.*, **459**, 233-237 (1999).
185) Chou, C. H., Bennett, G. N. and San, K. Y.: Effect of modified glucose uptake using genetic engineering techniques on high-level recombinant protein production in *Escherichia coli* dense cultures, *Biotechnol. Bioeng.*, **44**, 952-960 (1994).
186) Flores, N., Xiao, J., Berry, A., Bolivar, F. and Valle, F.: Pathway engineering for the production of aromatic compounds in *Escherichia coli*, *Nat. Biotechnol.*, **14**, 620-623 (1996).
187) Farmer, W. R. and Liao, J. C.: Reduction of aerobic acetate production by *Escherichia coli*, *Appl. Environ Microbiol.*, **63**, 3205-3210 (1997).
188) Jeong, K. J. and Lee, S. Y.: Secretory production of human leptin in *Escherichia coli*, *Biotechnol. Bioeng.*, **67**, 398-407 (2000).
189) Qiu, J., Swartz, J. R. and Georgiou, G.: Expression of active human tissue type plasminogen activator in *Escherichia coli*, *Appl. Env. Microbiol.*, **64**, 4891-4896 (1998).
190) Joly, J. C., Leung, W. S. and Swartz, J. S.: Overexpression of *Escherichia coli* oxidoreductases increases recombinant insulin-like growth factor I accumulation, *Proc. Natl. Acad. Sci. USA*, **95**, 2773-2777 (1998).
191) Mujacic, M., Cooper, K. W. and Baneyx, F.: Cold-inducible cloning vectors for low-temperature protein expression in *Escherichia coli*: application to the production of a toxic and proteolytically sensitive fusion protein, *Gene*, **238**, 325-332 (1999).
192) Jeong, W., Shin, N.-K. and Shin, H.-C.: Bacterial chaperones increase the production of soluble human TNF-alpha in *Escherichia coli*, *Biotech. Lett.*, **19**, 579-582 (1997).
193) Mavrangelos, C., Thiel, M., Adamson, P. J., Millard, D., Nobbs, S., Zola, H. and Nicholson, C.

N.: Increased yield and activity of soluble single-chain antibody fragments by combining high-level expression and the Skp periplasmic chaperonin, *Protein Express. Purif.*, **23**, 289-295 (2001).

194) Bessette, P. H., Aslund, F., Beckwith, J. and Georgiou, G.: Efficient folding of proteins with multiple disulfide bonds in the *Escherichia coli* cytoplasm, *Proc. Natl. Acad. Sci. USA.*, **96**, 13703-13708 (1999).

195) Venturi, M., Seifert, C. and Hunte, C.: High level production of functional antibody Fab fragments in an oxidizing bacterial cytoplasm. *J. Mol. Biol.*, **315**, 1-8 (2002).

196) Sandman, K., Grayling, R. A. and Reeve, J. N.: Improved N-terminal processing of recombinant protein synthesized in *Escherichia coli*, *Bio-Technology*, **13**, 504-506 (1995).

197) Kern, I. and Ceglowski, P.: Secretion of streptokinase fusion protein from *Escherichia coli* cells through the hemolysin transporter. *Gene*, **163**, 53-57 (1995).

198) Miksch, G., Neitzel, R., Friehs, K. and Flaschel, E.: High-level expression of a recombinant protein in *Klebsiella planticola* owing to induced secretion into the culture medium, *Appl. Microbiol. Biotechnol.*, **51**, 627-632 (1999).

199) Vitikainen, M., Pummi, T., Airaksinen, U., Wahlström, E., Wu, H., Sarvas, M. and Kontinen, P.: Quantitation of the capacity of the secretion apparatus and requirement for PrsA in growth and secretion of α-amylase in *Bacillus subtilis*. *J. Bacteriol.*, **183**, 1881-1890 (2001).

200) Kim, M.-D., Han, K.-C., Kang, H.-A., Rhee, S.-K. and Seo, J.-H.: Coexpression of BiP increased antithrombotic hirudin production in recombinant *Saccharomyces cerevisiae*, *J. Biotechnol.*, **101**, 81-87 (2003).

201) Gething, M.-J.: Role and regulation of the ER chaperone BiP, *Cell. Dev. Biol.*, **10**, 465-472 (1999).

202) Robinson, A. S. and Wittrup, K. D.: Protein disulfide isomerase overexpression increases secretion of foreign proteins in *Saccharomyces cerevisiae*, *Biotechnology*, **12**, 381-384 (1994).

203) Harmsen, M. M., Bruyne, M. I., Raué, H. A. and Maat, J.: Overexpression of binding protein and disruption of the *PMR1* gene synergistically stimulate secretion of bovine prochymosin but not plant thaumatin in yeast, *Appl. Microbiol. Biotechnol.*, **46**, 365-370 (1996).

204) Robinson, A. S., Bockhaus, J. A., Voegler, A. C. and Wittrup, K. D.: Reduction of BiP levels decreases heterologous protein secretion in *Saccharomyces cerevisiae*, *J. Biol. Chem.*, **271**, 10017-10022 (1996).

205) Sharma, R. C. and Schimke, R. T.: The propensity for gene amplification: a comparison of protocols, cell lines and selection agents, *Mutat. Res.*, **304**, 243-260 (1994).

206) Koduri, R. K., Miller, J. T. and Thammana, P.: An efficient homologous recombination vector pTV (I) contains a hot spot for increased recombinant protein expression in Chinese hamster ovary cells, *Gene*, **280**, 87-95 (2001).

207) Dyring, C.: Increased production of recombinant hIGFBP-1 in PEG induced autofusion of Chinese hamster ovary (CHO) cells, *Cytotechnolgy*, **24**, 183-191 (1997).

2.6 染色体工学, ゲノム工学

2.6.1 微生物ゲノム工学

(a) 微生物におけるゲノム工学　遺伝子工学技術の開発により, 遺伝子DNAを自由に操作できるようになった。微生物における遺伝子工学は主としてプラスミドベクターを使用し遺伝子のクローニングや分子レベルの解析には適していた。しかし, プラスミドベクターは, 操作可能なDNAのサイズが小さく, また, 染色体とは独立に存在し, 染色体に比べ細胞から脱落しやすい。そこで, 染色体工学 (chromosome engineering) あるいはゲノム工学 (genome engineering) と呼ばれる技術が生まれた。これら工学は, 染色体の全部あるいは大きな領域を操作する技術であり, 約100 kb以上の巨大なサイズが対象となる。ゲノム工学と染色体工学は同様の意味で使われる。ゲノム工学は, 巨大な人工染色体を構築し細胞に導入する技術, 大きな欠失や逆位の導入や染色体の分断など染色体の構造を細胞内で大きく改変する技術, 1本の染色体をまるごと脱落あるいは増幅させる技術など, 大別して3種類ある。これら技術の多数が酵母*Saccharomyces cerevisiae*で開発された。真核細胞には, 線状の染色体が複数存在し, 原核細胞には, 環状の染色体が1個存在する。真核微生物と原核微生物の間で染色体の構造や複製・分配機構は異なるが, *S. cerevisiae*で開発された技術のいくつかは原核微生物を含めさまざまな微生物に応用できる。

(b) 人工染色体　*S. cerevisiae*では, 染色体の複製と子孫細胞への正確な分配は, 自律複製配列 (autonomously replicating sequence : ARS), セントロメア配列 (*CEN*配列), テロメア配列 (*TEL*配列) の3種類の機能配列によって担われる[1]。ARSはDNA複製起点であり, *CEN*配列と*TEL*配列が, おのおの

染色体分配,および染色体末端の複製・保護に働く。Burkeら[2]は,それら機能配列を組み合わせて,数百kbの巨大DNAをクローニングできる画期的なベクターを開発した。このベクターは,S. cerevisiaeで染色体として維持され,酵母人工染色体(yeast artificial chromosome:YAC)ベクターと呼ばれる。酵母染色体は線状で240～1700 kbであるが,YACベクターは本来約10 kbの環状DNAで,S. cerevisiaeの染色体機能配列であるARSとCEN配列が連結され,さらに,Tetrahymena由来のTEL配列(酵母細胞内で酵母TEL配列が付着し機能する)がスペーサーを介して逆向きに連結されている。また,クローニング部位となる制限酵素部位,および酵母選択マーカーを持つ。試験管内でクローニング部位へ巨大外来DNA断片を連結し,線状とした後,酵母細胞に導入すれば,人工染色体として保持される。通常,数百kbのDNAをクローニングでき,さらに,1 000 kbを超えるDNAも可能である[3]。YACベクターは,高等生物の巨大遺伝子のクローニングやライブラリー作製に利用されている。YACベクターは,プラスミドベクターやファージベクターより10倍以上長いDNAをクローニングでき,ライブラリー作製や目的クローン選択における労力を削減できる。一方,大腸菌では,Fプラスミドをベースとして細菌人工染色体(bacterial artificial chromosome:BAC)が構築され,約300 kbのDNAをクローニングできる[4]。

(c) **染色体の改変** 巨大DNAは切断されやすく,その試験管内操作は高度な技術を要する。そこで,染色体を細胞内で大きく改変する技術が,種々開発されている。S. cerevisiaeでは,相同組換えを利用して,染色体上の指定部位へDNAを組み込むことができる。指定部位に機能配列DNAを組み込むことにより,さまざまなDNA組換え現象を誘導して,染色体分断,染色体上の大きな欠失と逆位,非相同染色体間の組換えなどを計画どおりに起こせる。

染色体分断法(chromosome fragmentation)は,染色体を切断して断片に分ける技術で,2種類ある。第一は,テロメア解離現象を利用する方法である[5],[6]。2個のTEL配列(Tetrahymena由来)を逆向きに連結したDNAを相同組換えにより染色体上の標的部位に組み込む。染色体は,テロメア解離現象によりTEL配列の逆向き連結部で自然に切断され,末端に酵母テロメアが形成される。第二は,テロメア復元現象を利用する方法である[7]。TEL配列を失って近傍のY'配列が末端になると,末端部はほかの染色体と組換えを起こしTEL配列が復元される。Y'配列と標的部位の配列を末端に持つ短いDNAを酵母細胞に導入すると染色体は標的部位で切断され,末端にテロメアが復元される。この方法で簡単に染色体を分断できる酵母染色体断片化(yeast chromosome fragmentation:YCF)ベクターが開発されている。CEN配列のない断片は,細胞から脱落するので,染色体上の領域欠失に有用である。一方,環状ゲノムを持つB. subtilisでは,相同組換えによりゲノムの一部を切り出し,主ゲノムとサブゲノムに分けて維持できた[8]。

染色体上の2箇所の部位間で相同組換えを起こし染色体を大きく改変できるが,部位特異的組換え(site-specific recombination)を利用する方法[9],[10]は,大きな改変を効率よく起こすことができ,さらに強力である。部位特異的組換えはDNA上の短いユニークな配列(組換え標的配列)の間で起こる組換えである。組換え酵素が,2個の組換え標的配列間でのDNA鎖のつなぎ換えを触媒する。よく利用される部位特異的組換え系は,P1ファージ由来のCre-lox系,S. cerevisiae由来のFlp-FRT系,酵母Zygosaccharomyces rouxii由来のpSR1プラスミドのR-RS系である[10],[11]。染色体の改変操作は,基本的にこれらの組換え系で同じである。組換え標的配列を相同組換えで染色体上の標的部位2箇所に組み込んだ後,発現プラスミドなどを利用して組換え酵素を生産させ,組換えを誘導する。2個の組換え標的配列の染色体上における位置と方向に応じて,欠失,逆位,非相同染色体間の組換えが起こる(図2.27)。この方法で100 kbを超える大きな領域の欠失や逆位を起こすことが可能である。S. cerevisiaeでは,R-RS系を利用して180 kbの欠失を80%以上の効率で起こしている[9]。さらに,環状DNAを染色体の指定した位置に挿入できる[12]。部位特異的組換えによる改変は,微生物ではすでに,酵母[9],[12]に加え,大腸菌[13]や放線菌[14]で利用されている。

(d) **染色体の脱落と増幅** 二倍体で1対の相同染色体のうち片方を脱落させ,もう一方の遺伝形質だけを発現できる。染色体は,セントロメアが機能しないと有糸分裂における不等分配の頻度が上昇し,脱落頻度も高まる。そこで,標的染色体のCEN配列に強い転写を導入したり[15],部位特異的組換えを利用してCEN配列を切り出すこと[16]により,セントロメア機能を停止させ,染色体を脱落できる。また,多コピーで働く弱い選択マーカーを挿入した染色体のセントロメア機能を停止した場合,その染色体が10～20コピーに増幅した細胞を選択できる[17]。細胞からの染色体の回収効率は増幅操作により高くなる。

(e) **ゲノム工学の利用** 人工染色体ベクター,染色体の改変,脱落,増幅などさまざまな技術が確立

(a) 欠失　　　(b) 逆位

(c) 挿入　　　(d) 非相同染色体間の組換え

▶：組換え部位，　⬇：部位特異的組換え，
—：染色体あるいはプラスミドDNA

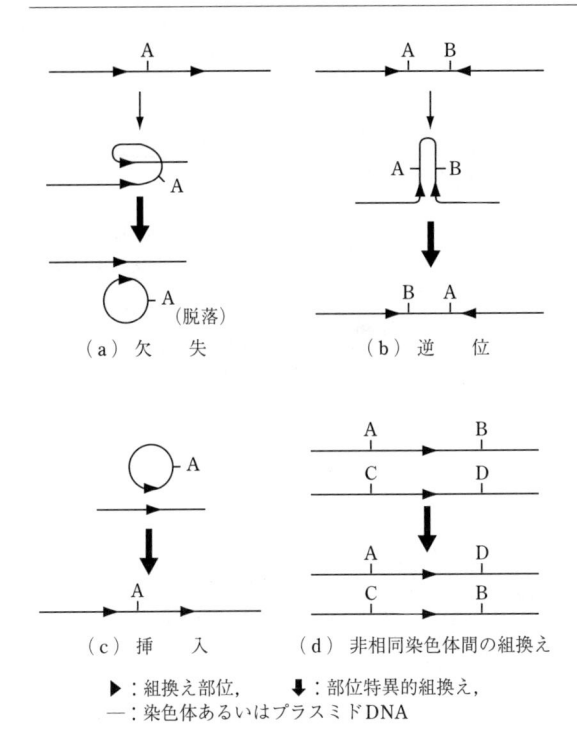

図2.27 部位特異的組換えを利用した染色体操作法

された．今後，これら技術を組み合わせて微生物の大幅な改良が試みられるであろう．放線菌 S. lividans では巨大DNAを導入したBACを部位特異的組換えを利用して染色体に組み込める[14]．将来，有用物質代謝系の導入など産業的な利用が期待される．また，S. cerevisiae では部位特異的組換えとセントロメアの機能停止を利用して2本の非相同染色体を融合できる[18]．ゲノム工学は，遺伝子導入以外の育種やゲノム解析にも有用である．逆位や欠失の導入は真核生物への不稔性付与が期待できる．大腸菌ではゲノム配列の機能解析や有用物質の精製コスト削減を目指してゲノムの不要領域の欠失により，ゲノム最小化が行われた[13]．また，染色体分断や部位特異的組換えによる改変は，パルスフィールドゲル電気泳動法と組み合わせると遺伝子マッピングなどのゲノム構造解析に役立つ．さらに，さまざまな微生物でゲノム解読が進み，ほしいゲノムDNAはPCR法で簡単に得られるので，操作可能な生物種は増加し，思いどおりの改変もできるだろう．

（松崎，秦野）

2.6.2 動物ゲノム工学

（a）真核細胞染色体の基本構造　染色体には（1）染色体DNAの複製に必要なDNA配列（自律複製配列：ARS），（2）染色体の末端に位置し安定化にかかわるテロメア，（3）細胞分裂時染色体の分配機能にかかわるセントロメア，の少なくとも三つの基本要素が必要である[19]．出芽酵母ではARSをはじめとして1980年代にはこれらの基本要素がつぎつぎに明らかにされ，基本要素を組み合わせた酵母人工染色体（yeast artificial chromosome：YAC）が構築された（図2.28（a））[20]．人工染色体は本来の染色体とは独立に複製，分配，維持されるため，遺伝子挿入による変異や位置効果からの制約を除外できる理想的なベクターであると考えられる．哺乳類細胞でも，近年セントロメアやテロメアの機能配列の解析が進み，ヒト人工染色体やミニ染色体技術が進展しつつある．

（b）セントロメア機能とDNA配列　セントロメアは分裂期ヒト染色体では一次狭窄部に位置し，その両外側部に沿ってキネトコア構造体が形成される．キネトコアには紡錘体微小管が結合し，キネシン様タンパクCENP-Eやダイニンなどの微小管モータータンパクとの相互作用により染色体の動きを制御する．染色体の正確な分配には分裂期チェックポイント機構と姉妹染色分体分離のタイミング制御も重要であり，このような機能を担うタンパク質群もセントロメア・キネトコア領域へ集合する．そのほかにもCENP-A, -B, -C, -F, -H, -I/hMis6, hMis12など現在わかっているだけでも14種類以上の成分がこの領域に集合する[21]．DNA成分としては，α-サテライト（アルフォイド）DNAと呼ばれる171 bpを基本単位とする繰返しDNAのファミリーがX，Yの性染色体を含むすべてのヒト染色体セントロメア領域に分布し，数メガベースにも及ぶ巨大領域を形成している．

（c）テロメアによる断片化能を用いたミニ染色体の構築　染色体の末端構造であるテロメア配列（TTAGGGの繰返し配列）を染色体アーム部に挿入するとその部位で染色体の断片化(末端化)を引き起こす．そこでトップダウン方式により，テロメア配列を天然のヒト染色体へランダムに挿入し染色体を切り縮め，基本要素だけのミニ染色体を構築する研究が進められた（図2.28（b））[22]．安定なミニ染色体は必ずアルフォイドDNA領域を含んでいた結果から，アルフォイドDNAとセントロメア機能との相関が示唆された．初期のこの方法ではミニ染色体構築までに膨大な数の細胞株の解析を要したが，相同組換えが高頻度で起こるニワトリDT40細胞へヒト染色体をいったん導入することで，部位特異的なテロメア配列の挿入や組換えを起こすことが可能となり，飛躍的にミニ染色体技術の実用性が増した（図2.28（d））[23]．現在ではほかの染色体との組換えによりミニ染色体上へ巨大ヒト遺伝子領域を挿入し，さらにES細胞や体細胞クローン

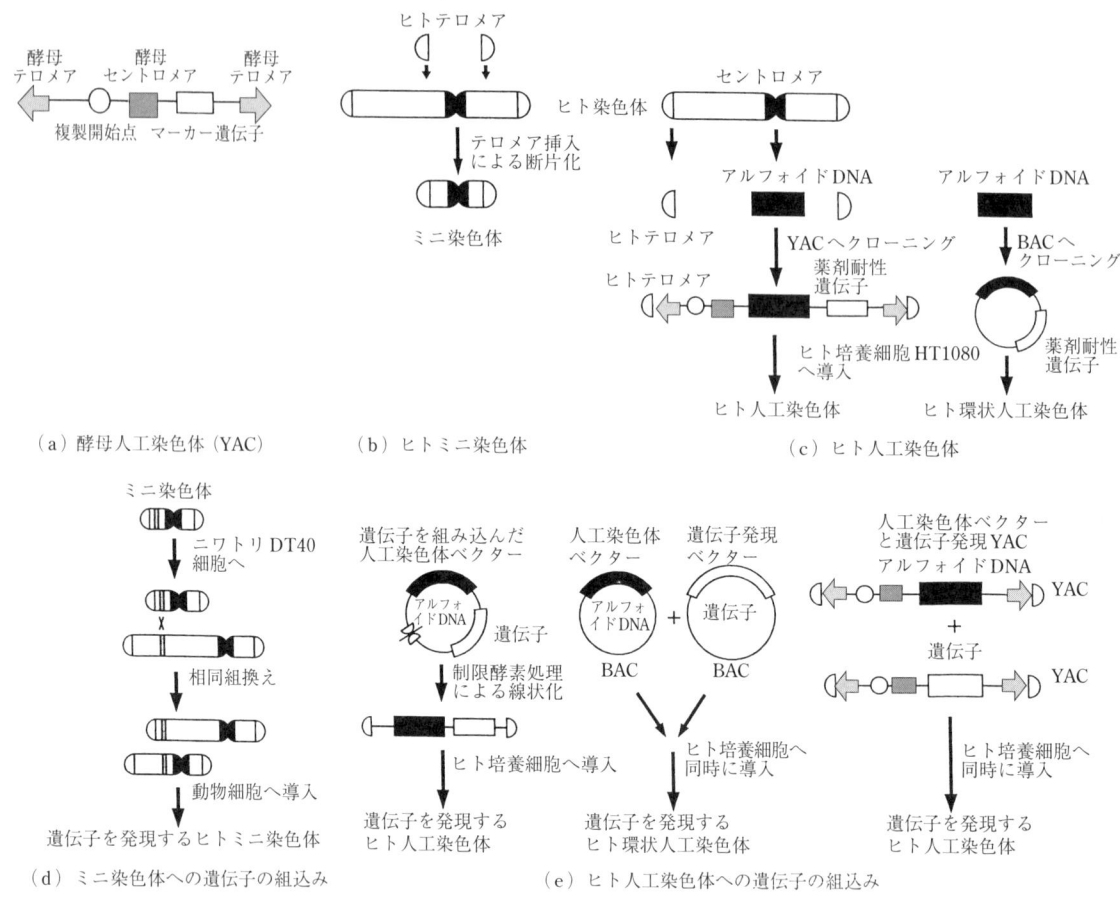

図2.28 酵母人工染色体, ヒトミニ染色体とヒト人工染色体の構成を示した模式図

技術と組み合わせ、ミニ染色体をマウスやウシ個体へ導入することも可能になった[24]。ミニ染色体は、染色体としての必須要素を含んでいるが、どの配列がそれぞれの染色体基本機能を担っているか特定するにはまだ巨大すぎる。

(d) セントロメアとテロメアを組み合わせたヒト人工染色体 酵母人工染色体（YAC）をモデルにボトムアップ方式で必須要素を組み合わせヒト人工染色体を構築する研究も進められている。YACベクター上の酵母セントロメアや酵母テロメア配列等は哺乳類細胞中では機能しない。そこでヒト染色体アルフォイドDNAの約100 kbのDNA断片やヒトテロメア配列、薬剤耐性遺伝子などを、酵母内での組換え反応を利用しながらYACベクター上へ組み込み、このYAC DNAを精製し、ヒトHT1080細胞へ導入する研究が行われた（図2.28（c））[25), 26)]。既知の複製開始配列を含んではいないが、細胞へ導入したYAC DNA上に機能するセントロメア構造が形成され、宿主染色体に組み込まれることなく、人工染色体として細胞分裂を経ても安定維持されることが示された。ただし導入YACは単独分子では人工染色体を形成できず、YACが約30コピー前後に増幅し末端どうしでつながり、巨大化して安定なヒト人工染色体を形成することがわかった。これらの研究により特定アルフォイド配列には、機能するセントロメア構造を形成する能力があることが明らかにされた。

(e) テロメアを持たない環状人工染色体 線状染色体では末端のテロメア構造が必須であるが、環状染色体では体細胞分裂に限れば必ずしもテロメアは必要ではない。大腸菌の環状人工染色体（bacterial artificial chromosome：BAC）や環状YACをベースにアルフォイド配列をセントロメアとして組み込み、構造をより簡便化した環状ヒト人工染色体もすでに開発されている（図2.28（c））[27]。この環状人工染色体と合成反復アルフォイドDNAを用い、ヒトセントロメア構造形成にはアルフォイド配列上のCENP-B

タンパク結合配列が必要であることも証明された[28]。また，基本的にはYACを用いた線状ヒト人工染色体と同じであるが，BACをベースにアルフォイド配列やテロメア配列を組み込み，テロメア部分で制限酵素処理により開環した後，細胞へ導入するタイプの人工染色体も作成されている（図2.28 (e)）[29]。さらに，このような線状や環状の人工染色体前駆体DNAを他の遺伝子とともに同時に細胞へ導入すると形成された人工染色体上へ効率よく遺伝子が組み込まれることも判明し，このような遺伝子は組織特異的な本来の発現能も有していると報告されている（図2.28 (e)）[30], [31]。

(舛本)

2.6.3 植物ゲノム工学

植物は，自然あるいは人為的交雑により，自らが持つ遺伝的な機構を用いて，さまざまな組合せの遺伝子組成を持つ個体や系統を作り出してきた。より長いスパンで見ると，ゲノムの再編による種や属の分化，植物の7割を占めるといわれる倍数体種の成立なども，植物本来のメカニズムに依拠したゲノム遺伝学的産物ということができよう。

ここでは，染色体，あるいはゲノム断片を用いた工学的手法で人為的なゲノム改変や染色体改変を行う方法や染色体の解析法，およびそれらの基本的考え方について簡単に紹介する。これらの改変や解析を行うには，もちろん細胞融合や遺伝子導入の方法などとの組合せが必要な場合も多いが，それらについては他の章を参照されたい。

植物の染色体工学は古くから，染色体操作[32]として，コルヒチン処理による染色体倍加，葯培養による半数体化，交配や変異体を用いた異数体の作成といった方法で行われてきたといえる。また放射線やガンマ線を照射して染色体を断片化し，望みの断片染色体のみを持つ系統，あるいは転座，逆位，重複，欠失などを持つ系統が選抜されてきた。これらの方法は，広い意味での染色体工学というべきものである。植物は遺伝的可塑性が高く，ゆえに種々の異数体や倍数体，変異系統などが生存可能であり，これまでの広義の染色体工学を用いた研究や実用化もいまだ幅広く活用されている。

染色体やゲノムを直接工学的手法で取り扱う方法は，分子生物学の発展に伴って，植物においてもこの10年余りの間に開発，研究されてきた。その進展は，いまだゲノム解析や細胞生物学的手法が開発されているいくつかの植物種に限られているが，今後の展開，利用が期待される。染色体やゲノムの工学的な取扱いについて，方法や目的別に解説しよう。まず，染色体レベルでの工学的手法として，顕微鏡レベルの解析が挙げられる。植物の中期染色体や間期細胞核全体をデンシトメトリーによりそのDNAやクロマチン含量によって定量化する方法は，さまざまな解析に用いられる。特に，小型で他の染め分け法などでの解析が困難な染色体のパターン認識や，異なる種や生物種のゲノムサイズの測定などには威力を発揮する[33]。反対にゲノムサイズが巨大でゲノム解析が困難な植物には，目的の染色体や染色体領域を残して残りの染色体を顕微的にレーザー光線で焼いて消失させる，あるいは微細なガラス針で必要部分を回収するというような方法で，対象とする領域の解析を行うことも可能である。これらの手法は研究的な活用が主であるが，今後細胞工学的な研究がより進展すれば，染色体やゲノム動態の解析技術としても，さらに洗練された形での利用が可能になるだろう。

染色体とゲノムに関して近年最も進んだ分野は，ゲノム解析である。モデル植物としてのシロイヌナズナやイネ，あるいは代表的な穀類や豆類，アブラナなど，さまざまな植物に関する多様なゲノムライブラリーが構築されている。これらのなかでも特に100 kb以上のDNAをクローニングしたBAC（bacterial artificial chromosome）やPAC（P1 phage artificial chromosome）ライブラリー，数百kb～1 MbにわたるDNAをクローン化したYAC(yeast artificial chromosome)ライブラリーはゲノムおよび染色体工学の素材としても欠かせないものである。これらのライブラリーの作成法は確立されており，さらにイネやシロイヌナズナでは全ゲノム塩基配列がほぼ解読され，ゲノム全体ほぼすべての染色体領域をカバーする形でこれらのDNAクローンが配置されている[34], [35]。

どの染色体のどの領域に由来し，どのような遺伝子を含んでいるかが明らかとなっているこれらのDNA断片クローンを用いて，人工染色体の構築や，異種ゲノム植物への導入とその改変などの試みが行われている。これらの試みは，まさに染色体工学，ゲノム工学の意図するところである。哺乳動物や鳥類では，すでに人工染色体が構築され，培養細胞への導入と細胞中での染色体としての維持が確認されている。しかしこれらの研究における染色体の導入と維持は，特殊な細胞を用いた場合に限られており，通常の体細胞やES（embryonic stem）細胞での維持，さらに生殖細胞を経た次世代への伝達を可能にするためにはさらに多くの時間が必要であろう。その意味では，染色体の構造や数の変異を容易に受け入れることができ，しかも単一体細胞からの個体再生が可能な植物では，人工染色体の構築と導入および細胞内での維持は，利用価値の

高い技術と考えられる。

人工染色体構築の原理は動物のものと同じであるので詳細は省くが，各生物種に特異的な効率的セントロメア（centromere）の配列と，構築のために必要な100 kb以上のサイズを持つYACクローン，染色体の末端構造を守るテロメア（telomere）配列，さらに酵母と植物細胞内への導入を確認するための選抜マーカー遺伝子が必要である。これらを酵母細胞内で組み立てて人工染色体を構築する。すでにイネ，アラビドプシスなどでは，特異的セントロメア配列の候補がクローニングされ，それらを用いた人工染色体の構築が進行中である。イネで現在構築されている人工染色体は400 kbほどのサイズで，酵母の中での維持は安定なものの，イネ細胞へ人工染色体を導入することはきわめて困難で（未公開情報），このステップでのさらなる展開が必要であろう。この意味で，巨大DNAをリポフェクトアミン（lipofectoamin）やその他の微粒子に無傷で取り込み，レーザーピンセットなどのデリバリーシステムを用いて，あるいは効率のよいエンドサイトーシス（endocytosis）などを誘導して細胞内に導入できるような技術の向上が待たれる。

これらの技術のほか，植物ではしばしばゲノム工学と細胞工学を組み合わせた手法が用いられる。例えばBACライブラリーを作成する際，植物への導入用に開発されたアグロバクテリウム（Agrobacterium）ベクターであるBiBAC vectorに直接ゲノム断片をつないでライブラリーを作る。このライブラリーのなかの種々の巨大DNAつまり染色体断片を持つクローンを，直接交配不可能な植物種の細胞に取り込ませ，どのような新たな性質を付与できるかを大規模に調べるような，ゲノムシャッフリング計画も検討されている。植物における染色体およびゲノム工学の文字どおりの大きな壁は細胞壁の存在であるが，ひとたび壁を打破できれば，植物の可塑性が発展のキーを提供すると考えられる。

（倉田のり）

引用・参考文献

1) Olson, M. V.: *The Molecular and Cellular Biology of the Yeast Saccharomyces*, (Broach, J. R., Pringle, J. R., Jones, E. W.), Vol. 1, pp. 1–39, Cold Spring Harbor Laboratory, New York (1991).
2) Burke, D. T., Carle, G. F. and Olson, M. V.: *Science*, **236**, 806–812 (1987).
3) Cohen, D., Chumakov, I. and Weissenbach, J.: *Nature*, **366**, 698–701 (1993).
4) Shizuya, H., Birren, B., Kim, U. J., Mancino, V., Slepak, T., Tachiiri, Y. and Simon, M.: *Proc. Natl. Acad. Sci. USA*, **89**, 8794–8797 (1992).
5) Murray, A. W., Schultes, N. P. and Szostak, J. W.: *Cell*, **45**, 529–536 (1986).
6) Widianto, D., Mukai, Y., Kim, K.-H., Harashima, S. and Oshima, Y.: *J. Ferment. Bioeng.*, **82**, 199–204 (1996).
7) Vollrath, D., Davis, R. W., Connelly, C. and Hieter, P.: *Proc. Natl. Acad. Sci. USA*, **85**, 6027–6031 (1988).
8) Itaya, M. and Tanaka, T.: *Proc. Natl. Acad. Sci. USA*, **94**, 5378–5382 (1997).
9) Matsuzaki, H., Nakajima, R., Nishiyama, J., Araki, H. and Oshima, Y.: *J. Bacteriol.*, **172**, 610–618 (1990).
10) Oshima, Y., Araki, H. and Matsuzaki, H.: *Methods Mol. Biol.*, **53**, 217–225 (1996).
11) Kilby, N. J., Snaith, M. R. and Murray, J. A. H.: *Trends Genet.*, **9**, 413–421 (1993).
12) Sauer, B. and Henderson, N.: *New Biol.*, **2**, 441–449 (1990).
13) Yu, B. J., Sung, B. H., Koob, M. D., Lee, C. H., Lee, J. H., Lee, W. S., Kim, M. S. and Kim, S. C.: *Nat. Biotechnol.*, **20**, 1018–1023 (2002).
14) Sosio, M., Giusino, F., Cappellano, C., Bossi, E., Puglia, A. M. and Donadio, S.: *Nat. Biotechnol.*, **18**, 343–345 (2000).
15) Hill, A. and Bloom, K.: *Mol. Cell. Biol.*, **7**, 2397–2405 (1987).
16) 松本雄大, 松崎浩明, 荒木弘之, 大嶋泰治: 日本分子生物学会年会講演要旨集, 155 (1991).
17) Smith, D. R., Smyth, A. P. and Moir, D. T.: *Proc. Natl. Acad. Sci. USA*, **87**, 8242–8246 (1990).
18) Widianto, D., Yamamoto, E., Mukai, Y., Oshima, Y. and Harashima, S.: *J. Ferment. Bioeng.*, **83**, 125–131 (1997).
19) Murray, A. W. and Szostak, J. W.: *Nature*, **305**, 189–193 (1983).
20) Burke, D. T., et al.: *Science*, **236**, 806–812 (1987).
21) Cleveland, D. W., et al.: *Cell*, **112**, 407–421 (2003).
22) Heller, R., et al.: *Proc. Natl. Acad. Sci. USA*, **93**, 7125–7130 (1996).
23) Mills, W., et al.: *Hum. Mol. Genet.*, **8**, 751–761 (1999).
24) Kuroiwa, Y., et al.: *Nature. Biotech.*, **20**, 889–894 (2002).
25) Harrington, J. J., et al.: *Nature Genetics*, **4**, 345–355 (1997).
26) Ikeno, M., et al.: *Nature Biotech.*, **16**, 431–439 (1998).
27) Ebersole, T. A., et al.: *Hum. Mol. Genet.*, **9**, 1623–1631 (2000).
28) Ohzeki, J., et al.: *J. Cell Biol.*, **159**, 765–775

(2002).
29) Mejia, J. E., et al.: *Am. J. Hum. Genetics*, **69**, 315–326 (2001).
30) Grimes, B., et al.: *Mol. Therapy*, **5**, 798–805 (2002).
31) Ikeno, M., et al.: *Genes to Cells*, **7**, 1021–1032 (2002).
32) 藤巻 宏, 鵜飼保雄, 山本皓二：植物育種学基礎編, pp. 61–74, 培風館 (1992).
33) Kurata, N. and Fukui, K.: *Chromosome Research in genus Oryza*, in Monograph in genus Oryza, (Nandi, J.) Oxford and IBH., Publ. New Delhi (2004).
34) ArabidopsisのYAC contigのページ：http://nasc.nott.ac.uk/JIC-contigs/JIC-contigs.html 他（2004年12月現在）
35) RiceのYAC contigのページ：http://rgp.dna.affrc.go.jp/publicdata/estmap2001/index.html（2004年12月現在）

3. プロテインエンジニアリング

　1970年代に遺伝子操作技術が開発され，特定のタンパク質を大腸菌で大量に生産することや，さらに，遺伝子の特定の部分の塩基配列を人為的に変えることにより，天然のタンパク質の特定部位のアミノ酸を置換した変異体を容易に作製することができるようになった。また，このような部位特異的変異技術によって作製された変異体の機能解析や，X線，NMR，電子顕微鏡を用いた立体構造解析も可能になりつつあった。そこで得られた知見をもとに新たな変異体をデザイン・作製して機能・構造解析を行うというプロセス（図3.1）を繰り返すことによってタンパク質の構造－機能相関を明らかにし，目的にかなった改変タンパク質を創製することが，1980年頃には可能になりつつあった。このような要素技術を総合化してタンパク質機能を改善する技術や，有用な機能を持つ新規なタンパク質を設計，創製する技術は「プロテインエンジニアリング（タンパク質工学）」と命名され，1983年にK. M. Ulmerがその基本的な概念と将来展望を示した〔Ulmer, K. M., Science, **219**, 666 (1983)〕。

　ここで挙げられたおもな目標は酵素の性質や機能の改変に関与するものであったが，医薬，医療分野への応用という観点から，タンパク質工学の対象となるタンパク質は最近では抗体，サイトカイン，受容体，輸送タンパク質，シグナル伝達タンパク質，転写因子など多岐にわたっている。

　「プロテインエンジニアリング」という言葉をより広くとらえれば，目的とする機能や性質を具備するタンパク質を設計し，生産するための工学技術体系ということができる。したがって，アミノ酸配列からタンパク質の構造や機能を正確に予測し，望む構造や機能を有するタンパク質を天然のアミノ酸のみならず非天然アミノ酸や化学合成した分子を用いて自由自在に作ることができる技術体系を確立することが，究極のタンパク質工学の目標といえる。本章では，タンパク質の生合成，立体構造形成，立体構造と安定性に関する基礎知識，タンパク質工学の要素技術である①タンパク質発現・調製技術，②改変技術，③構造解析技術，④構造予測技術等の基本的な技術内容について当該分野の専門家が平易

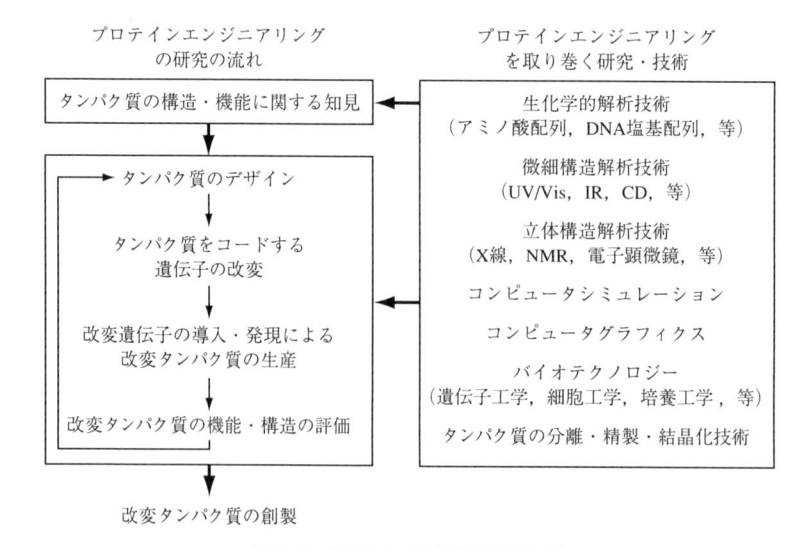

図3.1 改変タンパク質創製の流れ図

に解説している。また，このようなタンパク質工学の産業への応用例についても，企業の研究開発現場で活躍中の研究者が最新の動向を紹介している。生物工学の他分野の研究者や大学院生の方々にタンパク質工学の基礎を理解していただき，今後の生物工学分野の研究を発展させる一助となれば幸いである。

(長棟)

3.1 基礎知識

3.1.1 タンパク質の生合成

タンパク質は，細胞のなかにおいて最も大量に存在し（細胞の乾燥重量の30〜70％），細胞が構造を保つうえで，また各種の機能を発揮するうえで，最も重要な機能性分子である。タンパク質は，20種のアミノ酸がペプチド結合で重合した，枝分かれのない直鎖状の高分子であり，平均的な分子量は，生物種によっても異なるが，およそ4万〜5万程度である。

すべての生物におけるタンパク質の生合成において，その設計図となるのが，遺伝子である。遺伝子上には，細胞内において，いつ，どのタンパク質をどれぐらい合成するかの情報も書き込まれている。遺伝子が複製されて親から子に伝わる機構や，遺伝子情報がタンパク質に発現される機構は遺伝情報のセントラルドグマとして知られている。遺伝情報は，DNA→mRNA→タンパク質へと流れていく。DNAからmRNAが合成される過程は転写，mRNAからタンパク質が合成される過程は翻訳と呼ばれる。

転写は，DNAを鋳型として，その塩基配列からmRNAの相補的塩基配列に遺伝子情報を写し取る反応であり，RNAポリメラーゼと呼ばれる酵素によって進行する。この際，RNAポリメラーゼは，DNA配列上にある転写開始点の配列（プロモーター配列）を認識して結合して，そこから転写終結点の配列（ターミネーター配列）までを転写する。

細胞内において，mRNAからのタンパク質の翻訳・合成は，リボソームで行われる。原核生物のリボソームは3種類（5S, 16S, 23S）のRNA（rRNA）と約50種類のタンパク質からなり，真核生物のものは4種類（5S, 5.8S, 18S, 28S）のrRNAと約80種類のタンパク質からなる巨大な超分子集合体である。mRNAが翻訳されるにあたっては，翻訳開始配列から3個のヌクレオチドを一組として，1個のアミノ酸が対応する形で順次結合してタンパク質が完成する。ヌクレオチド3個を1組とした場合，4種類の塩基を3個並べる順列は64（4^3）通りあるため，余裕を持って20種類のアミノ酸を指定できる。この3個一組の単位をコドンと呼ぶ（**表3.1**）。コドンには64種と余裕がある

表3.1 遺伝暗号表

		2番目の塩基				
		U	C	A	G	
1番目の塩基	U	UUU, UUC } Phe UUA, UUG } Leu	UCU, UCC, UCA, UCG } Ser	UAU, UAC } Tyr UAA, UAG } 停止	UGU, UGC } Cys UGA 停止 UGG Trp	U C A G	3番目の塩基
	C	CUU, CUC, CUA, CUG } Leu	CCU, CCC, CCA, CCG } Pro	CAU, CAC } His CAA, CAG } Gln	CGU, CGC, CGA, CGG } Arg	U C A G	
	A	AUU, AUC } Ile AUA AUG Met (開始)	ACU, ACC, ACA, ACG } Thr	AAU, AAC } Asn AAA, AAG } Lys	AGU, AGC } Ser AGA, AGG } Arg	U C A G	
	G	GUU, GUC, GUA, GUG } Val	GCU, GCC, GCA, GCG } Ala	GAU, GAC } Asp GAA, GAG } Glu	GGU, GGC, GGA, GGG } Gly	U C A G	

ために，同じアミノ酸を指定するのに，いくつかのコドンが使われる（コドンの縮退と呼ばれる）。アミノ酸に対するコドンは，まれな例を除くと，原核，真核生物を問わずすべての生物で同一である。さらに翻訳開始や翻訳停止も同一のコドンによって指定される。翻訳開始コドンはAUGであり，翻訳停止コドンは，UAA, UAG, UGAの3種類である。これが，生物は多様であると同時に，高い共通性も持つと呼ばれるゆえんの一つである。ただし，各コドンの使用頻度は，生物によってかなり偏りがある。一つのタンパク質を指定する遺伝子の単位は，翻訳開始コドンからつぎの翻訳停止コドンまでとなるが，これはシストロンと呼ばれている。

転写・翻訳，すなわち遺伝子発現の機構は，原核生物と真核生物でかなり異なる（**図3.2**）。原核生物では，遺伝子発現は，たいてい複数のシストロンを含むオペロンと呼ばれる単位で行われるのに対して，真核生物では，遺伝子発現はすべて単一シストロンで行われる。オペロン単位の遺伝子発現は，オペロン内の一群の遺伝子の発現をまとめて制御するうえでは便利である。

3. プロテインエンジニアリング

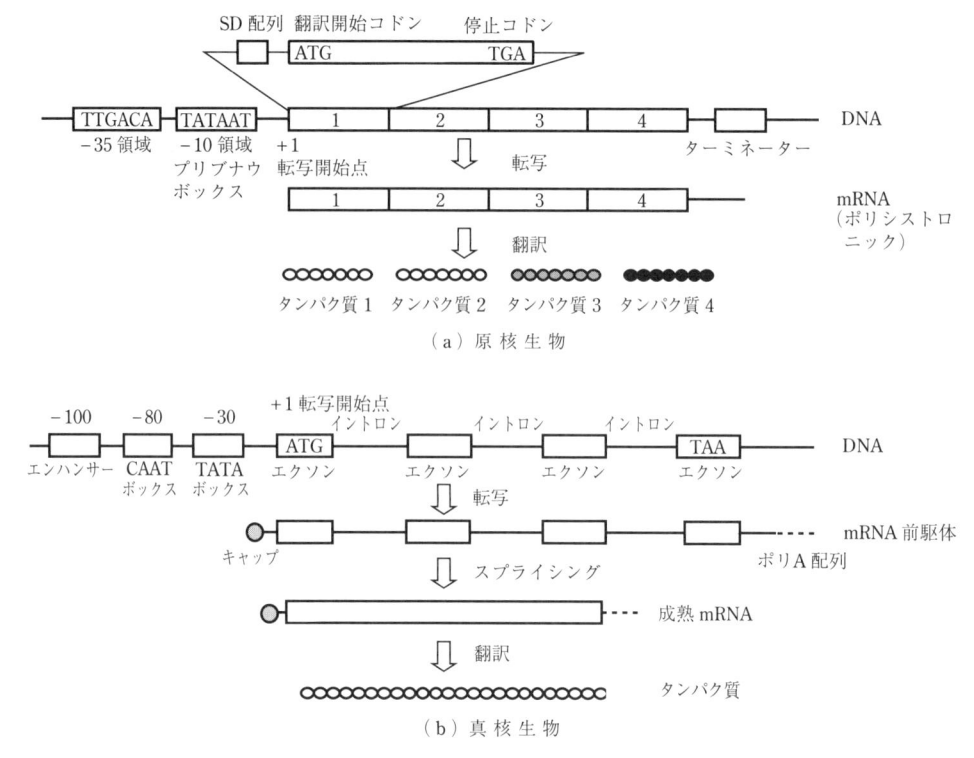

図3.2 原核生物および真核生物における遺伝子発現

まず原核生物における遺伝子発現について述べる。原核生物のなかでも，大腸菌においては多数のプロモーターの配列が決定され，調節機構に関する詳細な研究が行われてきている。図には大腸菌におけるプロモーター領域の共通配列を示す。転写開始点を+1として5′側（RNAが伸びるのと反対方向なので，上流側と呼ぶ）の塩基を順に-1，-2，-3…と表示し，3′側（RNAが伸びる側なので，下流側と呼ぶ）の塩基を順に+1，+2，+3…と表示する。転写開始点の上流側-10塩基付近にはTATAAT，-35塩基付近にはTTGACAという共通性の高い配列が見出され，おのおの-10領域（またはプリブナウ（Pribnow）ボックス）および-35領域と呼ばれる。遺伝子発現の調節はリプレッサーと呼ばれる転写制御タンパク質によって行われる。転写調節が行われているプロモーター配列の下流には20塩基程度からなるオペレーター領域が重なり合って存在する。この領域にリプレッサータンパク質が結合してプロモーターからの転写を抑制する，逆に誘導剤によってリプレッサーが不活性化することでプロモーターからの転写が誘導される，などによって転写が制御される。

ターミネーター配列は，本来的ターミネーターとロー因子（ρ）というタンパク質が関与するターミネーターとの2種類がある。本来的ターミネーターには，通常，逆方向反復塩基配列があり，mRNAがステムループ構造をとる（逆方向反復配列が相補的となるために二本鎖を形成する）ため，RNAポリメラーゼが停止し，その下流にあるTの連続配列（Tクラスター）で転写が終結する。一方，ρ因子が関与するターミネーターでは，転写終結点のすぐ上流に，Cが多くてGが少ない50～90塩基の配列があるが，共通配列はない。

つぎに翻訳であるが，原核生物の翻訳開始コドンの10数塩基上流には，リボソームの16SrRNAに部分的に相補的な配列，シャイン・ダルガーノ（Shine-Dalgarno：SD）配列がある。リボソームはこのSD配列でmRNAに結合し，そのすぐ下流にある翻訳開始コドンから翻訳を開始する。リボソーム上において，翻訳開始コドンから順にコドンに対応したアミノ酸が順次，tRNA（転位RNA）によって運搬されて重合することでタンパク質が合成される。mRNAがリボソームをすべりながらタンパク質が合成され，mRNAの停止コドンがリボソームのA部位に達すると，遊離因子と呼ばれるタンパク質の関与によって翻訳が終了し，タンパク質ポリペプチド鎖，mRNAはリボソームから遊離し，タンパク質合成は終結する。

真核細胞では，転写はDNAの存在する核内で行われ，生成したmRNAが細胞質に移動して，リボソーム上でタンパク質合成が起こる。真核細胞における遺伝子発現においては，転写機構が原核細胞と大きく異なり複雑である。RNAポリメラーゼは3種類知られており（I，II，III），通常のmRNAはRNAポリメラーゼIIにより合成される。一方RNAポリメラーゼIとIIIはrRNAやtRNAを合成する。ここではRNAポリメラーゼIIのプロモーター領域について述べる。転写開始点の上流−30および−80付近にはTATA（A/T）A（A/T）およびGC（G/T）CAATCTといった共通な配列（おのおのTATA（タタ）ボックスおよびCAAT（キャット）ボックスと呼ばれる）が存在する。さらに−100より上流にはエンハンサーと呼ばれる転写促進効果を持つ要素が存在する場合がある。

RNAポリメラーゼIIが転写を行うためには，転写因子と呼ばれる別のタンパク質を必要とする。RNAポリメラーゼIIと数種の転写因子からなる転写開始複合体が形成され，転写が開始される。一方，転写の調節においては，エンハンサーに結合した遺伝子調節タンパク質が転写因子にも結合することで，RNAポリメラーゼIIによる転写を促進する。

核内で合成されたmRNAの5′末端には，キャップ構造ができるが，これはmRNAの安定性を上げるとともにリボソームへの結合を助けると考えられている。一方，3′末端には，ポリ（A）ポリメラーゼによって，100〜200塩基のAが付加されるが，RNA分解酵素からの保護のためと考えられている。もう一つの真核細胞の遺伝子の特徴として，遺伝子がアミノ酸配列をコードするエクソン配列とコードしないイントロン配列からなることが挙げられる。したがって，合成されたmRNAは，核内に存在するスプライソゾーム（小さなRNAとタンパク質の複合体）で，イントロンが切り出されてエクソンだけが連結される（スプライシングと呼ばれる）ことで，成熟mRNAとなる。

真核細胞における翻訳の開始部位に関しては，原核細胞でいうところのSD配列のようなものはないが，Kozak配列（G/A）CCAUGGがあると翻訳効率が著しく上がる。真核細胞のmRNAは5′末端のキャップ構造でリボソームに結合し，mRNAが少し滑って，最初の翻訳開始コドンに遭遇したときに，翻訳が開始される。一方，伸長と停止過程は，真核細胞も原核細胞とほぼ同様の機構で進行すると考えられている。

翻訳されたタンパク質は，そのまま細胞質において機能することも多いが，細胞膜で機能する，あるいは細胞表層や細胞外に分泌されて機能するタンパク質もあり，このような場合は輸送の過程で翻訳後修飾を受けて成熟型のタンパク質になる。タンパク質輸送の過程では，タンパク質はどうしても細胞膜を透過する必要がある。このようなタンパク質の多くは，N末端に15〜30アミノ酸残基からなるシグナル配列を付加された前駆体として合成され，シグナルは膜透過後にシグナルペプチダーゼによって切断除去される。このシグナル配列は，① 疎水性アミノ酸の多い疎水性コアを持ち，② そのN末端側に塩基性のアミノ酸があり，③ 膜透過後の切断箇所付近にグリシンやアラニンなど小さな側鎖を持つアミノ酸が比較的多い，などの特徴を持つが，明確な共通配列はない。さらにタンパク質によっては輸送過程において，糖鎖の付加などの別の翻訳後修飾を受ける。また，細胞内小器官に輸送され，細胞内局在化するタンパク質の場合も，最終的な場所を決める細胞内局在シグナルが利用されている。

3.1.2 タンパク質の立体構造形成

遺伝子情報から転写と翻訳によって合成されたタンパク質ポリペプチド鎖は，各タンパク質独自の三次元的な立体構造を持って初めて，その本来の機能を発揮する。タンパク質が，一次元的なアミノ酸配列から独自の立体構造に変換される過程は，タンパク質のフォールディングと呼ばれる。1960年代初頭にAnfinsenは，高濃度の尿素と還元剤で完全に立体構造を失わせた（アンフォールドした）酵素リボヌクレアーゼAについて，透析により尿素と還元剤を除いて天然条件に戻すと，タンパク質は再び活性のある天然構造に戻ることを実験的に示した。すなわちタンパク質のフォールディングは可逆的であることを見出した[3]。この事実からAnfinsenは「タンパク質の天然立体構造はそのアミノ酸の一次配列（＝遺伝情報）から一意的に決定づけられる」とした（Anfinsenのドグマ）。このことは，タンパク質の天然構造が自由エネルギー最小の状態に対応する，すなわちタンパク質のフォールディングは熱力学的過程であることを意味する。また見方を変えると；生物は，遺伝子配列（＝アミノ酸配列）という一次元的な配列情報（少ない情報量）から三次元的な構造を作り出すという，優れた情報伝達の方法をとっているといえる。

これに対して，1968年頃，Levinthalは，「もしタンパク質のフォールディングが熱力学的過程であるとするなら，アンフォールド状態のタンパク質がランダムサーチで天然の構造を見つけることになるが，それには天文学的時間が必要であり，現実と矛盾する」（Levinthalのパラドックス）と異を唱えた[4]。このことは，個々のタンパク質のフォールディングには，そ

れぞれに固有な経路があり，それによってタンパク質は素早くフォールディングできることを意味する。特有な経路があるならば，アンフォールドしたタンパク質と天然型のタンパク質の間に特定の中間体が見出されるはずであり，その探索が精力的に行われた。その結果，中間体として，主鎖の構造は天然のタンパク質と同じで，分子はコンパクトな球状（グロビュール）であるが，分子内部の特異的な三次構造が溶解（モルテン）したような状態，モルテン・グロビュール状態（MG）が見出された[5]。

アンフォールドタンパク質の巻き戻し研究においては，ストップトフロー法が用いられる。この方法では，ミリ秒の時間領域で二つの溶液を高速混合し，混合後の変化を分光学的な手法で解析する。例えば，アンフォールドしたタンパク質の溶液を，天然条件となる溶液と急速混合することで，変性剤の濃度を低くして，タンパク質が巻き戻る過程を分光学的に追跡する。多くの研究から，反応の初期にMG状態のタンパク質が蓄積して，それからゆっくり天然状態の構造が形成されることが示された。

こうしたことから，現在では，タンパク質のフォールディング機構に関しては以下のように考えられている。まず，アミノ酸の一次配列で比較的近距離に位置するアミノ酸間の相互作用（局所相互作用）によって安定化される二次構造が形成され，その後に，離れたアミノ酸の相互作用（非局所的相互作用）やコンパクトな分子内での疎水的相互作用などによって分子全体の構造化が起こり，側鎖の特異的な三次構造が形成される（枠組みモデル）。このモデルにおいて，枠組みができた状態がMG状態に対応すると考えられる。ただし，すべてのタンパク質において，MG状態を経てフォールディングが進行するわけではなく，MG状態を経ずに直接天然状態となる場合もあると考えられている。

最近のコンピュータの計算能力の増大により，タンパク質フォールディングに関する理論的な研究が活発になっている。すなわちタンパク質がアンフォールド状態から天然状態にわたってとり得る個々の構造状態についてエネルギー計算を行い，タンパク質のとり得るエネルギー曲面を描く。このエネルギー曲面はちょうどファネル（ろうと）状となることから，「フォールディング・ファネル」と呼ばれる[6]。このモデルでは，タンパク質のフォールディングは，ちょうどこのファネルの曲面の水の流れとなり，エネルギー最小の天然状態に落ち込んでいくことになる。上述したMG状態は，当初考えられた特有な経路の中間体として存在するのではなく，タンパク質フォールディングが階層的な構造を持つファネルにそって進むために検出される中間体であると考えられるようになった[7]。すなわちファネルは入口からMG状態までは滑らかで，フォールディング過程でタンパク質はスムーズに落ち込むのに対して，MG状態より底部では大きな起伏があるため，局所的な準安定状態に落ち込みながらゆっくり巻き戻っていくと考えられている。

さて，こうしたフォールディングの結果できあがるタンパク質の立体構造を安定化している力は，疎水的な相互作用，ファンデルワールス力，水素結合等である。タンパク質においては，疎水的な側鎖を持ったアミノ酸が，水との接触を避けて内部に集まり，タンパク質の外部には親水的なアミノ酸が露出する。これにより溶媒のエントロピーが増大する。タンパク質の内部は密な状態となりファンデルワールス力が働く。この際，タンパク質内部に引き込まれたペプチド結合や親水的な側鎖はできるだけ水素結合を作って構造を安定化する。一方，タンパク質の構造を不安定化する力で，主要なものはコンフォメーションのエントロピーである。すなわち，特定の構造に固定されるよりさまざまな構造をとるほうが，エントロピーが増大するために構造が不安定化するのである。このような安定化力と不安定化力の相殺として，タンパク質の正味の安定性は10 kcal/mol程度と小さい。

タンパク質のフォールディングとタンパク質の正味の安定性が小さいことは深い関係があるものと考えられている。すなわち，ぎりぎりの安定性を持ったタンパク質では，フォールディング・ファネルが浅く，落ち込む準安定な状態が少なく，すみやかなフォールディングが可能となると考えられる。また，結果としてタンパク質が柔らかくて，揺らげる状態であることは，さまざまな活性発現において重要である。

細胞内におけるタンパク質フォールディングにおいては，さまざまな構造形成の介助因子が必要であることが，近年明らかになってきている。これはタンパク質フォールディングが自発的に進むとするAnfinsenのドグマに反するように見える。しかしながら，細胞内は，タンパク質濃度で100 mg/ml（10％）以上（新生タンパク質だけでも1 mg/ml以上）と，どろどろのスープ状に近いきわめて高濃度な環境であることを考える必要がある。このような環境下で，フォールディング途中にある不完全なタンパク質が絡まりあって凝集体を形成しないためには，介助因子が必要なのである。

図3.3には，大腸菌を例として，タンパク質が生まれてから，フォールディングを完了するまでの代表的な介助因子を示す。分子シャペロンは，非共有結合

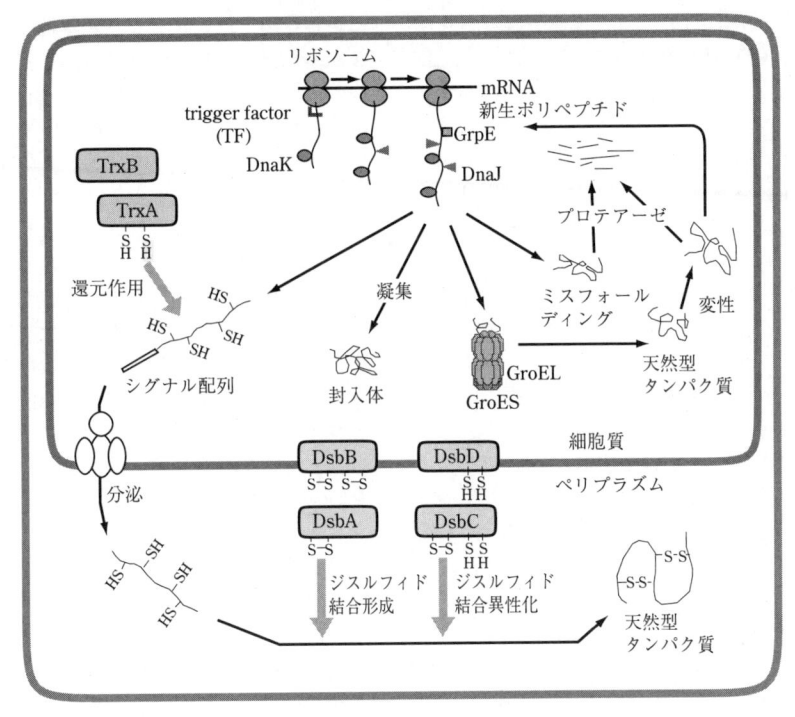

図3.3 大腸菌におけるタンパク質フォールディングの介助因子

的な相互作用によってタンパク質フォールディングが正しく進行するように働くが，できあがったタンパク質や集合体の構成要素にはならないタンパク質である。図中の，trigger factor, DnaK, DnaJ, GrpE, GroEL, GroES などである。ただし，タンパク質のなかには，一部の介助因子のみを必要とするものや，自発的にフォールディングできるものもある。分子シャペロンのなかで，最も解析が進んでいるのは，GroELである。GroELは7個のサブユニットからなるリングが二つ合わさったドーナツ状の構造を持っており，ドーナツの内部にフォールディング途上のタンパク質を取り込みATP依存的にタンパク質の構造形成を介助する。一方，正しいジスルフィド結合の形成やプロリンの異性化などの遅い反応は，おのおの，タンパク質ジスルフィドイソメラーゼ（大腸菌ではDsbタンパク質），およびプロリン異性化酵素等が促進する。これらの介助因子は総称してフォールダーゼと呼ばれる。分子シャペロンとフォールダーゼ群は，細胞内でタンパク質フォールディングが円滑に行われるように共同して作用するとともに，タンパク質の変性を防ぎ，変性したタンパク質の再生を行うことで品質管理を行っている。ただし再生不能な状態まで変性したタンパク質は，プロテアーゼ分解によって，アミノ酸に戻されることになる。

組換えタンパク質を大腸菌で生産する場合，菌体内に不溶性の封入体（inclusion body）として蓄積する場合も多い。この場合，封入体を精製した後，変性による可溶化と天然型への巻き戻し（リフォールディング）操作が必要となる。タンパク質のリフォールディング操作においては，いかに高濃度の天然型タンパク質を収率よく得るかが重要であり，各種の添加剤やリフォールディング操作法に関する検討が行われている。
〔近藤昭彦〕

3.1.3 タンパク質の立体構造
（a）立体構造の階層性と分類 タンパク質の化学構造であるポリペプチド鎖のアミノ酸配列は一次構造と呼ばれるが，タンパク質の立体構造は二次構造から四次構造までの階層性で表現される（**図3.4**）。

一次構造
｜
二次構造
｜
（超二次構造）
｜
三次構造
｜
四次構造

図3.4 タンパク質立体構造の階層性

二次構造は，空間的に近い位置に配置されるポリペプチド主鎖間が，CO-HN間の水素結合により安定化され，規則構造をとる。二次構造としては，αヘリックス，βシートおよびターン構造が知られている。αヘリックスは，主鎖ペプチド結合のカルボニル（C=O）が，4残基後の主鎖ペプチド結合のアミド（N-H）との水素結合を形成し，右巻きのらせん構造をとることによって安定化されている。らせん1回転当りの残基数が3.6なので，疎水性または親水性のアミノ酸が3～4残基おきに現れることがある。また，3残基で1回転する3_{10}ヘリックス，まれに左巻きのαヘリックスも存在するが，いずれも天然のタンパク質に現れるのは数残基程度からなる短いヘリックスである。

βシートは，ポリペプチド鎖が直線状に伸びたβストランドが，平行または逆平行に並んだ構造をとったものである。平行βシートではβストランドのN末端からC末端へ向きがすべて同一で，水素結合がβストランド間を斜めに一定間隔で横切っている。一方，逆平行βシートは隣接したβストランドの向きが逆で，水素結合の間隔は交互に異なっている。まれに，βストランドいくつかが平行に，いくつかが逆平行に組み合わさった混合βシートも見られる。相対的な傾向として，Ala，Leu，Metなどの疎水性側鎖を有するアミノ酸や，側鎖に電荷を有するGluおよびLysはヘリックスを，芳香族アミノ酸のようにかさ高いアミノ酸やC^βで分岐したValやIleのアミノ酸はストランド構造を形成しやすいことが知られている。

最終的な二次構造形成には，その周囲の環境的要因が強く影響することが多い。また，側鎖が主鎖と環構造を形成しているProや側鎖を持たないGlyは，規則構造を壊すアミノ酸として知られ，二次構造の領域には少ないが，逆にターン構造には多く現れる。

二次構造が一定の組合せで集合したものを，超二次構造あるいはモチーフと呼ぶ。数個の二次構造の特定の幾何学的配置をもつ簡単な組合せがモチーフである。多くのモチーフはそれだけでは生物機能を持たないが，DNA結合モチーフのように機能発現と密接に関連しているものも存在する。モチーフは遺伝子配列のなかでもよく保存されている部分であると考えられており，例えばZinc fingerモチーフ中にはCysとHisが2残基ずつ規則的に含まれている。これらの配列モチーフはPROSITE[10]〔http://kr.expasy.org/prosite/（2004年12月現在）〕にデータベース化されている。

モチーフとはまったく異なった概念から見つかったタンパク質の構造単位が提唱されている。タンパク質の立体構造をもとに各残基間の距離を総当り的に計算し距離地図を作成すると，距離地図中に一次構造上つながった20残基程度の空間的に近い領域が現れる。この領域をモジュールと呼び，遺伝子配列上ほぼ1個のエキソンに対応することが指摘されている[11]。エキソンシャッフリングやモジュールの交換によってタンパク質の機能を変換させることができるので，タンパク質の分子進化や人工タンパク質創製の観点から注目されている。

二次構造や構造モチーフがさまざまな組合せで集まったものが三次構造である。三次構造には，球状タンパク質やドメインと呼ばれる球状構造も含まれる。さらに大型の球状タンパク質の立体構造は，いくつかのドメイン構造が組み合わさって形成されることが多い。また異なるドメイン構造がつながったタンパク質や類似な構造を持つドメインが繰り返しつながったタンパク質も存在する。

三次構造の分類は，ドメイン（小型の球状タンパク質を含む）単位で行われ，ドメインを構成する二次構造の組合せ方の特徴（トポロジーまたはフォールドと表現される）が用いられる。フォールドはChothiaにより1000種類程度存在すると推定されているが[12]，その数倍は存在するという意見もある。これらのすべてのフォールドをNMRおよびX線結晶構造解析により決定しようとする国際プロジェクトが進行中である。フォールドの分類は大まかに，αヘリックスからなるタンパク質（立体構造データベースの20％），βシートからなるタンパク質（同25％），αヘリックスとβシートを両方含むタンパク質（同50％），そして明確な二次構造を持たないタンパク質に分類される。タンパク質の分類を詳細，および階層的に表現したデータベースとして，CATH[13]〔http://www.biochem.ucl.ac.uk/bsm/cath/（2004年12月現在）〕，SCOP[14]〔http://scop.mrc-lmb.cam.ac.uk/scop/（2004年12月現在）〕が公開されている。ほかにも目的（構造比較，新規構造のフォールド確認，など）に応じて使い分けることができるデータベースが整備されている。

タンパク質の機能的性質は，多くの場合三次構造に現れるが，いくつかの球状タンパク質が会合することによって，初めて機能発現する場合がある。このような会合構造を四次構造と呼ぶ。この場合には四次構造を構成する各球状タンパク質はサブユニットと呼ばれる。細胞内で遺伝子の働きを制御するRNAポリメラーゼや転写因子群は，複雑な四次構造を形成することが知られている。

（b）可溶性タンパク質と膜タンパク質の立体構造

ヒトの遺伝子にコードされるタンパク質の約70％

は可溶性タンパク質であるが，残りの30％程度は膜に存在するタンパク質と考えられている。可溶性タンパク質は，細胞の中に存在する（細胞内タンパク質）か，あるいは外に存在するか（分泌タンパク質）によって翻訳後修飾などに特徴的な差が現れるが，立体構造を構成するドメイン構造には共通性も見られる。膜タンパク質は，膜表面に局在する酵素のように細胞膜近傍で生じる反応を触媒するものや，受容体，チャネル，トランスポーター，ポンプなどのように膜を貫通して存在し膜を隔てた物質輸送やシグナル伝達におけるゲートの役割を担うものなどがある。

膜タンパク質には，分子内にきわめて脂溶性の高い領域が存在するため，生合成に伴って膜内に局在化する。膜の貫通回数によって膜1回貫通型や複数回貫通型などに分類されることがある。膜タンパク質が膜を貫通して存在する場合には，膜貫通部分の外側（細胞膜の外側）は分泌タンパク質に，内側は細胞内タンパク質の特徴を有する。したがって細胞膜貫通領域以外の部分をタンパク質分解酵素等によって切断し，可溶性タンパク質として調製できる場合がある。さらに細胞外機能性領域を組換え可溶性タンパク質として調製し，構造や機能の解析も行われている。サイトカイン受容体ファミリー（成長ホルモン受容体，エリスロポエチン受容体，顆粒球コロニー刺激因子受容体など）のリガンド結合領域の立体構造やG-タンパク質共役型受容体に属する代謝型グルタミン酸受容体の細胞外リガンド結合領域の立体構造決定が代表的な例であり，創薬への重要なヒントを与えている。

複数の膜貫通領域を有するタンパク質では，膜ごと結晶化し，構造決定が試みられる。これは現在でもきわめて難しい技術である。それはタンパク質の立体構造データベースに登録されている膜貫通型タンパク質が非常に少ないことからもわかる。そのなかには，ノーベル賞受賞対象となったマックスプランク研究所グループによる光合成活性中心の立体構造[15]が含まれる。この研究によって膜タンパク質であっても球状タンパク質と同様な解析が可能であることが示された。その後1995年にはミトコンドリア内膜に存在するチトクロームc酸化酵素の立体構造が相次いで二つのグループで解析された[16],[17]。1997年にはプロトンポンプである紫膜バクテリオロドプシンの立体構造が3Åの解像度で，X線回折法[18]と電子線回折法[19]の両方で決定されたが，それも1999年には，1.55Åという高分解能に達し[20]，その機能解明に役立っている。2000年には$Ca^{2+}ATPase$[21]とGタンパク質共役型受容体の一つであるウシ・ロドプシン[22]の立体構造が相次いで決定された。この分野での日本人研究者の貢献はきわめて大きい。

すでに解析された膜タンパク質の立体構造によると，膜貫通領域の基本構造モチーフは，可溶性タンパク質と同じくαヘリックスからなるバンドル構造と，βシートからなる逆平行β-バレル構造に分類できる。ただし膜貫通領域では可溶性タンパク質とは異なり，細胞膜内部の疎水性環境に存在することからタンパク質外側には疎水性のアミノ酸が，内部には親水性アミノ酸が集まるという大きな違いがある。

3.1.4 タンパク質の安定性
(a) タンパク質の安定性 タンパク質は一般的に不安定な分子であり，熱，有機溶媒，酸・アルカリあるいは変性剤などによって容易に変性する。これらの原因で引き起こされる変性は，熱力学的安定性と相関することが多い。すなわち熱力学的な安定性を改善すれば，さまざまな条件での安定性を改善することができる。希薄な球状タンパク質水溶液では，熱変性または変性剤変性は可逆的である。このときタンパク質は天然状態（N状態）と変性状態（D状態）間でつぎのような平衡状態にある。

$$N \rightleftarrows D$$

D状態にあるタンパク質とN状態にあるタンパク質の割合（f_d/f_n）は分光学的な手法で観測できる。タンパク質の熱力学的安定性は，D状態とN状態の平衡定数K_dによりつぎのように表現される。

$$K_d = \frac{f_d}{f_n} = \frac{f_d}{(1-f_d)} \tag{3.1}$$

ここでf_dとf_nはそれぞれD状態にあるタンパク質とN状態にあるタンパク質の割合である。タンパク質の変性のギブズエネルギー変化（ΔG）は，K_dによってつぎのように表される。

$$\Delta G = -RT\ln K_d \tag{3.2}$$

ここでRは気体定数，Tは絶対温度である。タンパク質の熱力学的安定性の解析では，温度変化あるいは変性剤濃度変化に対するK_d値の変化を分光学的に観測する方法と熱測定によって変性のエンタルピー変化を直接観測し変性における全エネルギーパラメーターを算出する方法がある。また，生理的な環境ではタンパク質はプロテアーゼなどによる消化を受けるが，プロテアーゼに対する安定性は熱力学的安定性と相関する場合が多い。

(1) 変性剤変性による安定性の評価 尿素やグアニジン塩酸塩などは，タンパク質の立体構造を変性させることが知られている。そこでこれらの変性剤による変性を分光学的な手法で観測することによってタンパク質の安定性が解析される。安定性の解析では，

タンパク質の変性がN状態とD状態の2状態で起こると仮定できる場合，ある変性剤濃度における変性の平衡定数K_dを変性タンパク質と天然タンパク質の量比(f_d/f_n)として表し，K_dからΔGを算出する。このΔGは，変性剤濃度の関数としてつぎのように表される[23]。

$$\Delta G = \Delta G_{H_2O} - m[D] \tag{3.3}$$

ここで，ΔG_{H_2O}は，変性剤が存在しないときのΔG，mは，ΔGの変性剤濃度依存係数，[D]は変性剤濃度である。一般的にΔGは，変性剤濃度に対して直線となり，mは一定の数値を示す。変性剤濃度を0〔M〕に外挿することによって変性剤のない状態におけるタンパク質個別の安定性を見積もることができる。

（2）**分光学的測定による熱変性の評価** タンパク質の熱変性は，その変性に伴う二次構造変化や芳香環の存在状態の変化を円偏光二色性（CD）スペクトル，吸収スペクトル，または蛍光スペクトルによって検知できる。変性のK_d値を，温度の関数として測定すると，van't Hoffの式により変性のエンタルピー変化を算出することができる。

$$\Delta H = \frac{d(-R\ln K_d)}{dT} \tag{3.4}$$

さらに，変性のエンタルピー変化が温度の関数として測定できれば，キルヒホッフの式を用いて変性に伴う比熱変化（ΔC_p）を算出することができる。

$$\Delta C_p = \frac{d(\Delta H)}{dT} \tag{3.5}$$

これらのパラメータが算出できれば，つぎのように変性のΔGを温度関数として表現することができる。

$$\Delta G(T) = \Delta H_m \frac{1-T}{T_m} - \Delta C_p \left[T_m - T + T\ln\frac{T}{T_m} \right] \tag{3.6}$$

式（3.6）を用いると，比較したいタンパク質の安定性（ΔG）を一定の温度で比較することができる。

（3）**過剰熱容量曲線の測定による熱安定性の評価**
タンパク質の熱安定性の評価には，高感度の示差走査熱量計（DSC）が用いられることがある。この装置を用いれば，タンパク質の変性エンタルピー変化（ΔH）をはじめとするさまざまな熱量変化を直接測定することができる。タンパク質溶液を入れたサンプルセルを一定の速度で昇温させると，タンパク質の変性に伴い熱量を吸収するので，対照セルの昇温よりも多くの電気エネルギーが必要となる。このとき過剰に必要な電気エネルギーを記録したものが過剰熱容量曲線である（図3.5）。この曲線を解析することによって，変性温度（T_d）だけでなく，平衡定数（K_d）の温度依存性からファントホッフエンタルピーの変化$\Delta H_{(vH)}$

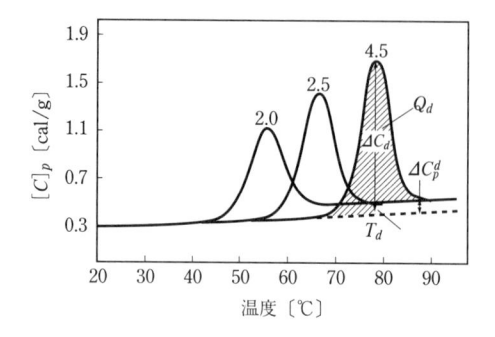

T_dは変性温度，$[C]_p$は熱容量，ΔC_p^dは変性の比熱変化，Q_dは変性のエンタルピー変化，ΔC_dは過剰熱容量曲線のピーク高さを表す。

図3.5 ニワトリ卵白リゾチームのpH 2.0, 2.5, 4.5における過剰熱容量曲線〔Privalov, P.L. and Khechinashvili, N. N.: *J. Mol. Biol.*, **86**, 668（1974）〕

を，熱測定から直接カロリメトリックエンタルピー変化$\Delta H_{(cal)}$（Q_dの値）を1回の測定で決定できる。さらに$\Delta H_{(vH)}$と$\Delta H_{(cal)}$を比較すると，熱変性過程のメカニズムに関する知見を得ることができる。すなわち$\Delta H_{(cal)}/\Delta H_{(vH)} = 1$ならば，2状態変性であり，その比が0.5ならば二つのドメインが変性単位であることが示唆される。示差走査熱量計を用いた熱安定性の精密な評価では，用いるタンパク質試料において変性時に可逆性が保たれていることが必須である。

（a）アミノ酸置換とタンパク質の安定性

（1）**疎水性相互作用とタンパク質の安定性** タンパク質の安定性には，多くの疎水性残基が関与している。アミノ酸残基の疎水性を変化させた場合の安定性の変化が二つのタンパク質で詳細に検討されている。大腸菌のトリプトファン合成酵素αサブユニット[24]やT4ファージリゾチームの例[25]では，比較的分子表面に近い場所に埋没したアミノ酸残基を疎水性度の異なるアミノ酸残基に置換し安定性の変化を解析したところ，芳香族アミノ酸を除き，置換したアミノ酸側鎖の疎水性が増大するにつれてタンパク質の安定性も直線的に向上した（図3.6）。またT4ファージリゾチームの内部に存在するLeuをより疎水性の低いアミノ酸（Ala）に置換した場合，変異体の立体構造解析によって置換箇所に現れた空孔を観測し，その空孔の大きさ（表面積または体積）が増加するのに伴ってタンパク質の安定性が低下した。この相関図において空孔の体積を0に外挿した値は，LeuとAlaにおける有機溶媒中から水中への移相エネルギー（疎水性度）に一致した。一連のアミノ酸置換の効果は，空孔の大きさとアミノ酸置換による疎水性度の差によって説明できた。

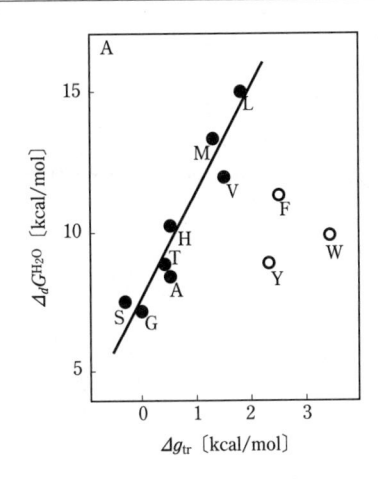

図 3.6 アミノ酸の疎水性とタンパク質の安定性〔Yutani, K., Ogasahara, K., Tsujita, T. and Sugino, Y.: *Proc. Natl. Acad. Sci.*, **84**, 4443（1987）〕

ジリゾチームのThr-157が，Ileに変異したT157I変異体は，古くから温度感受性変異体（ts-ミュータント）として知られていた。そこで157位において13種類の異なったアミノ酸を有する変異体が調製され，その安定性が解析された。その結果，Thrと同様に側鎖に水素結合能があるAsnおよびSerでは安定性の低下が少なかったが，まったく水素結合能を持たないアミノ酸では極端に安定性が低下することがわかった。さらにこれら変異体のX線結晶構造解析を行った結果，変異体の安定性は，Thr-157の側鎖（OG）とAsp-159主鎖（NH）との水素結合が存在するかどうかに大きくかかわっていることが確認された。

水素結合のタンパク質の安定性への寄与が，RNaseT1やヒト・リゾチームで見積もられた。ヒト・リゾチームでは，4種類の置換（Tyr→Phe，Ser→Ala，Thr→Ala，Thr→Val）によって水素結合1本が欠損すると，約8 kJ/molの不安定化が起こった[26]。また，タンパク質と水和水，あるいは水和水どうしの水素結合もタンパク質の安定化に寄与しており，その量は約5 kJ/molであることがわかった。

（3） ペプチド鎖のエントロピーとタンパク質の安定性　ペプチド鎖のエントロピーは，ジスルフィド結合（S-S結合）などの架橋によって大きく影響を受ける。S-S結合は，分泌タンパク質に特徴的な翻訳後修飾の一つであるが，タンパク質の安定性にも大きく寄与することが知られている。この場合の架橋効果は，主としてD状態の構造が架橋によって制限を受け，D状態がエントロピー的に不安定化することに起因するとして説明されている。Paceら[27]によれば，S-S結合によって形成されるループの残基長をnとした場合，そのD状態のエントロピーの減少は，つぎの式で簡便に見積もることができる。

$$\Delta S = -2.1 - \frac{3}{2} R \ln n \quad (3.7)$$

このとき，Rは気体定数である。実際にこの式に基づいて変性状態の自由度の変化を見積もると，S-S結合を切断した場合には安定性の変化をうまく説明することができるが，S-S結合を導入した場合には必ずしもその安定化を説明できない。S-S結合導入の場合には，架橋導入と同時にタンパク質に歪みが生じている可能性がある。

側鎖を持たないアミノ酸残基Glyは，側鎖を有する他のアミノ酸残基に比べてペプチド鎖の自由度が大きい。また，タンパク質を構成する唯一のアミノ酸であるProは，ペプチド鎖の二面角の一つであるϕ角がその環状構造によって制限されるためペプチド鎖の自由度が低下する。もしこのようなペプチド鎖の自由度の

逆にタンパク質の内部に完全に埋没したアミノ酸をより疎水性の高いアミノ酸に置換（タンパク質疎水性コアの充填）しても安定化されなかった場合もある。T4ファージリゾチームにおいて見つかった2箇所の空隙を充填するアミノ酸置換体（L133FおよびA129V）が調製され，その安定性と立体構造が決定された。しかしながらアミノ酸置換によって空隙は充填されたものの，その安定性はむしろ低下した。立体構造解析の結果，導入したアミノ酸側鎖の角度χ_1や結合角に歪みが観測され，周囲のアミノ酸残基との不適切なファンデルワールス接触も観測された。疎水コアの再充填では充填後の歪みを精度よく予測する必要がある。

このように疎水性アミノ酸残基の置換効果は，そのアミノ酸が存在する環境によって異なると考えられる。疎水性アミノ酸の置換が，存在する立体構造上の特徴ごとに調べられた。ヒト・リゾチームに存在する5個のIleをValに，9個のValをAlaへ置換し，その安定性の熱力学量の変化と立体構造を解析した。これらの一連のアミノ酸置換では熱安定性の変化とメチル基1個ないし2個分の体積が減少した効果が観測されるはずである。ところがアミノ酸置換による安定性の変化は一見まったく相関がないように見えた。そこで個々のアミノ酸置換が立体構造上の特徴で分類された。変異箇所をヘリックス上とそれ以外（ターン，ループ）にグループ分けすると，ヘリックス上のアミノ酸置換では，疎水性の低下による不安定化はあまり大きくなかった。これは，アミノ酸置換そのものがαヘリックスの安定性を高めているからであろうと考察されている。

（2） 水素結合とタンパク質の安定性　T4ファー

変化がタンパク質のD状態でのみ生ずるとすると，GlyやProへの置換はタンパク質の安定性に影響を与えるはずである。このような観点からT4ファージリゾチームにおいて二つの変異体A82PとG77Aが調製され，その安定性と立体構造が解析された[28]。その結果いずれの変異体も熱安定性がわずかに向上した。それはアミノ酸置換によるペプチド鎖の自由度の減少から期待される安定化よりも50〜60％小さかったが，タンパク質のペプチド鎖の自由度を制限することにより安定化が可能であることが示された。

(4) **イオン対の形成とタンパク質の安定性** タンパク質の立体構造には，しばしばイオン対の形成が見られる。タンパク質の表面に存在するイオン対を除去してもタンパク質の安定性にはそれほど影響しないという報告があるが，熱安定性の高い好熱菌由来のタンパク質にはイオン対が多く見られるという相反する知見が報告されている。好熱菌由来のタンパク質の立体構造においてイオン対はタンパク質内部に埋もれていることが多い。そこでイオン対の安定性への寄与が，その溶媒露出度を考慮して評価された結果，両者の間には相関があり，イオン対の露出面積が小さいほど安定性への寄与が大きいことが明らかになった（**図3.7**）[29]。

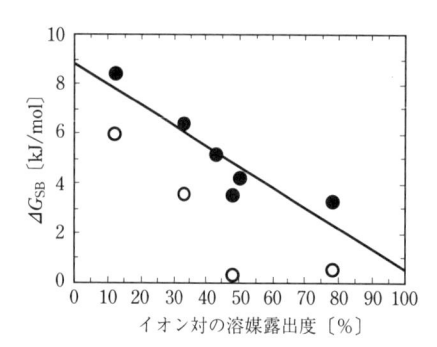

図3.7 イオン対の露出表面積と安定性への寄与〔Takano, K., Tsuchimori, K., Yamagata, Y. and Yutani, K.: *Biochemistry*, **39**, 12375-12381 (2000)〕

(5) **リガンドの結合とタンパク質の安定性** タンパク質は基質や阻害剤あるいは金属イオンなどのリガンドの添加によって安定性が向上することが知られている。リガンド結合によるタンパク質の安定化は，N状態へのリガンド結合によってN状態をとる分子の割合が増加する化学平衡のずれに起因することが論理的に示されている[30]。n〔mol〕のリガンドが平衡定数Kでタンパク質のN状態にのみ相互作用するとき，リガンド濃度Lにおける変性温度をT，リガンド濃度

0 Mのタンパク質の変性温度をT_0，その変性のエンタルピー変化をΔHとすると，変性温度の上昇（ΔT）は

$$\Delta T = T - T_0 = \frac{TT_0 R}{\Delta H} \ln(1 + KL)^n \tag{3.8}$$

と表される。この式を用いて，タンパク質のリガンド結合時の安定性を見積もることができる。また，リガンド結合部位がN状態のタンパク質において1箇所であれば，次式で，ΔGを算出することができる。

$$\Delta(\Delta G) = RT \ln[1 + KL] \tag{3.9}$$

(f) **立体構造変化とタンパク質の安定性** 以上のようにタンパク質の安定性に対する個々の因子の効果はきわめて複雑である。これらの結果を統一的に説明するために，系統的で網羅的なヒト・リゾチーム変異体が作製された。アミノ酸置換の安定性への影響は示差走査熱量計で，立体構造への影響はX線結晶構造解析で調べられた。この解析の結果，アミノ酸置換の立体構造への影響はわずかであったが，置換箇所だけでなく分子全体にも及んでおり，そのわずかな変化が安定性の変化となって現れていることが示された。得られたデータをもとに「安定性変化/構造変化」の相関を示す経験式が示された。これまでに発表された他のタンパク質に関する同様の解析結果を加えて，タンパク質の安定性の変化（$\Delta\Delta G_{exp}$）は，式（3.10）によって表すことができる[31]。

$$\begin{aligned}\Delta\Delta G_{exp} =\ & 0.146\Delta\Delta ASA_{non-polar} + 0.021\Delta\Delta ASA_{polar} \\ & - 0.073\Delta V_{cavity} + T\Delta\Delta S_{conf} + 22.08\Sigma\gamma^{-1}_{HBpp} \\ & + 9.13\Sigma\gamma^{-1}_{HBpw} + 7.70\Sigma\gamma^{-1}_{HBww} - 4.51\Delta n_{H_2O} \\ & + 3.33\Delta pro\alpha + 0.11\Delta pro\beta \end{aligned} \tag{3.10}$$

ここで，$\Delta\Delta ASA_{non-polar}$および$\Delta\Delta ASA_{polar}$は，それぞれ非極性および極性原子に関する溶媒接触表面積の変化，ΔV_{cavity}は，空孔の体積変化，$\Delta\Delta S_{conf}$は，側鎖の構造エントロピー変化，γ_{HBpp}，γ_{HBpw}，およびγ_{HBww}は，それぞれタンパク質内，水-タンパク質，水-水間の水素結合距離，Δn_{H_2O}は，空孔内に導入された水分子の数，$\Delta pro\alpha$および$\Delta pro\beta$は，それぞれαヘリックスとβ構造の傾向性の変化である。単位はkJ/molである。この経験式によって，これまで説明できなかったアミノ酸置換による安定性変化（$\Delta\Delta G_{exp}$）を立体構造の変化から統一的に説明できるようになった。

（黒木，玉田，油谷）

引用・参考文献

1) ブラウン，T. A.（西郷 薫監訳）：分子遺伝学（第2版），東京化学同人 (1994).
2) ロディッシュ，H.，バーク，A.，ジパースキー，S. L.，松平，P.，バルティモア，D.，ダーネル，J.（野田春彦，丸

山工作, 石川 統, 須藤和夫, 山本啓一, 石浦章一訳)：分子細胞生物学（第4版），東京化学同人 (2001).
3) Anfinsen, C. B.: "Principles that govern the folding of protein chains", *Science*, **181**, 223-230 (1973).
4) Levinthal, C.: "Are there pathways for protein folding ?" *J. Chem. Phys.*, **65**, 44-45 (1968).
5) Kuwajima, K.: "The molten globule state as a clue for understanding the folding and cooperativity of globular-protein structure", *Proteins*, **6**, 87-103 (1989).
6) Onuchi, J. N., Socci, N. D., Luthey-Schulten, Z. and Wolynes, P. G.: "Protein folding fannels: the nature of the transition state ansemble", *Folding & Design.*, **1**, 441-450 (1996).
7) Arai, M. and Kuwajima, K.: "Role of the molten globule state in protein folding", *Advan. Protein Chem.*, **53**, 209-282 (2000).
8) パイン, R. H., ed. (山崎文夫監訳, 河田康志, 桑島邦博訳)：タンパク質のフォールディング（第2版），シュプリンガー・フェアラーク東京 (2002).
9) 中村春木, 有坂文雄編：タンパク質のかたちと物性, 共立出版 (1997).
10) Bairoch, A.: *Nucleic Acids Res.*, **19**, 2241-2245 (1991).
11) Go, M.: *Nature*, **291**, 90-92 (1981).
12) Chothia, C.: *Nature*, **357**, 543-544 (1992).
13) Orengo, C. A., Michie, A. D., Jones, S., Jones, D. T., Swindells, M. B. and Thornton, J. M.: *Structure*, **5**, 1093-1108 (1997).
14) Murzin, A. G., Brenner, S. E., Hubbard, T. and Chothia, C., : *J. Mol. Biol.*, **247**, 536-540 (1995).
15) Deisenhofer, J., Epp, O., Miki, K., Huber, R. and Michel, H.: *Nature*, **318**, 618-624 (1985).
16) Tsukihara, T., Aoyama, H., Yamashita, E., Tomizaki, T., Yamaguchi, H., Shinzawa-Itoh, K., Nakashima, R., Yaono, R. and Yoshikawa, S.: *Science*, **269**, 1069-1074 (1995).
17) Iwata, S., Ostermeier, C., Ludwig, B. and Michel, H.: *Nature*, **376**, 660-669 (1995).
18) Pebay-Peyroula, E., Rummel, G., Rosenbusch, J. P. and Landau, E. M.: *Science*, **277**, 1676-1681 (1997).
19) Kimura, Y., Vassylyev, D. G., Miyazawa, A., Kidera, A., Matsushima, M., Mitsuoka, K., Murata, K., Hirai, T. and Fujiyoshi, Y.: *Nature*, **389**, 206-211 (1997).
20) Luecke, H., Schobert, B., Richter, H. T., Cartailler, J. P. and Lanyi, J. K.: *J. Mol. Biol.*, **291**, 899-911 (1999).
21) Toyoshima, C., Nakasako, M., Nomura, H. and Ogawa, H.: *Nature*, **405**, 647-655 (2000).
22) Palczewski, K., Kumasaka, T., Hori, T., Behnke, C. A., Motoshima, H., Fox, B. A., Trong, I., Le Teller, D. C., Okada, T., Stenkamp, R. E., Yamamoto, M. and Miyano, M.: *Science*, **289**, 739-745 (2000).
23) Pace, C. N.: *Methods in Enzymol.*, **131**, 266-280 (1986).
24) Yutani, K., Ogasahara, K., Tsujita, T. and Sugino, Y.: *Proc. Natl. Acad. Sci. USA*, **84**, 4441-4444 (1987).
25) Matthews, B. W.: *FASEB J.*, **10**, 35-41 (1996).
26) Takano, K., Yamagata, Y., Funabashi, J. Hioki, Y., Kuramitsu, S. and Yutani, K.: *Biochemistry*, **38**, 12698-12708 (1999).
27) Pace, C. N., Grimsley, G. R., Thomson, J. A. and Barnett, B. J.: *J. Biol. Chem.*, **263**, 11820-11825 (1988).
28) Matthews, B. W., Nicholson, H. and Becktel, W. J.: *Proc. Natl. Acad. Sci. USA*, **84**, 6663-6667 (1987).
29) Takano, K., Tsuchimori, K., Yamagata, Y. and Yutani, K.: *Biochemistry*, **39**, 12375-12381 (2000).
30) Schellman, J. A.: *Biopolymers*, **14**, 999-1018 (1975).
31) Funahashi, J., Takano, K. and Yutani, K.: *Protein Eng.*, **14**, 127-134 (2001).
32) 油谷克英, 中村春木：蛋白質工学（応用化学講座），朝倉書店 (1991).
33) 日本生化学会編：タンパク質工学（新生化学実験講座タンパク質VII），東京化学同人 (1993).
34) 井本泰治：生物化学実験法 タンパク質工学研究法, 学会出版センター (1996).
35) 城所俊一編：生体ナノマシンの分子設計, 共立出版 (2001).

3.2 基 礎 技 術

3.2.1 構造解析用タンパク質の発現・調製技術
〔1〕原核細胞を用いた組換え発現技術
（a）原核細胞を用いた発現系の特徴　原核生物は酵母・糸状菌等の高等微生物や動物細胞等の真核細胞に比べて，増殖速度が速い，物理的なストレスに強い，培地に血清や成長因子のような高価な成分を必要としないといった特徴がある．したがって，それを用いた組換え発現系は組換え体の作出や，その後の培養を含めた遺伝子組換え操作の簡便さ・手軽さにおいては真核生物の発現系よりも有利である．

一方，発現されたタンパク質のリン酸化，糖鎖付加，アシル化のような翻訳後修飾は原核細胞では行われない．したがって，ターゲットの翻訳後修飾がその生理機能に必須である場合は，原核細胞による活性型タンパク質の生産は不可能となる．また，特に大腸菌の発現系では後述するように，細胞内で発現させた目的タ

ンパク質が封入体を形成し，活性のあるタンパク質が得られない場合もしばしば見られる。

（b）大腸菌での発現系　大腸菌は最も手軽で応用範囲の広い発現系である。その背景には大腸菌が遺伝子工学技術発展の初期からツールとして用いられてきたこと，分子遺伝学のモデル生物として研究され豊富な知見が蓄積されてきたことがある[1]。

（1）**大腸菌による組換え発現系の基本構成**　図3.8に大腸菌でのタンパク質発現プラスミドの典型的な構造を示す。目的遺伝子の上流にプロモーター・オペレーター領域，シャイン・ダルガーノ（SD）配列が下流にはターミネーター配列が配置される。これらの発現プラスミドは宿主細胞にコンピテントセル法あるいはエレクトロポレーション法により導入される。

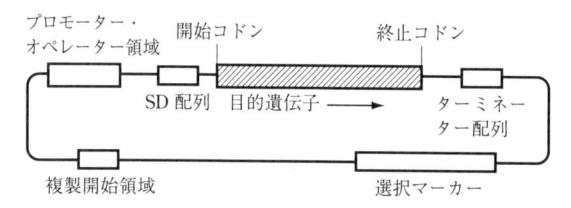

図3.8　典型的なタンパク質発現プラスミドの構造

① **複製開始領域（ori領域）**　目的遺伝子を含むプラスミドが宿主細胞内で，染色体DNAとは独立して維持されるための必須領域であり，天然に見出された各種プラスミドに由来する配列が利用される。ori領域の種類によって細胞内で維持されるプラスミドのコピー数は異なる。

代表的なクローニングベクターであるpBR322はpMB1（ColE1）由来のoriが使われており，コピー数は20コピー程度である。また，pUCシリーズベクターではpMB1（ColE1）oriの一部（*rop* gene）に変異を有し，500〜700程度の高コピー数となる。pACYCシリーズプラスミドはp15A由来のレプリコンを持ち，コピー数は10程度，pSC101由来のプラスミドは5以下の低コピーである[2]。

② **選択マーカー**　プラスミドを保持している細胞と保持していない細胞を区別するための選択圧を付与する遺伝子である。通常，アンピシリン，カナマイシン，テトラサイクリン，クロラムフェニコールなどの抗生物質に対する耐性遺伝子が用いられる。

③ **プロモーター・オペレーター領域**　プロモーター配列は宿主のRNAポリメラーゼが認識して結合し，mRNAの転写をするために必須な領域である。プロモーターは発現様式の違いにより，構成的プロモーターと誘導性プロモーターに大別される。構成的プロモーターではつねにmRNAは合成されている。一方，誘導性のプロモーターではオペレーター領域がおもにプロモーター下流に存在し，転写抑制を行うリプレッサータンパク質が結合する。インデューサーの添加などにより転写抑制が解除され，目的遺伝子の転写が開始される。

目的タンパク質の毒性が強い場合，誘導性のプロモーターを用いて発現プラスミドを構築し，通常は遺伝子の転写を抑制しておき，必要なときにのみ転写を強力に誘導することが必要となる。代表的な誘導性プロモーターには，*lac*（IPTG添加により誘導），*trp*（インドールアクリル酸添加により誘導），*tac*（IPTG添加により誘導），λpL（温度感受性リプレッサーcI857ts保持菌を高温処理により誘導），*tet*（テトラサイクリン添加により誘導）等がある。

④ **シャイン・ダルガーノ（SD）配列**　SD配列はリボゾーム結合部位であり，目的遺伝子mRNAの翻訳開始に重要である。目的遺伝子の開始コドン上流に見られるAGに富んだ配列で，16S rRNAの3'端の配列と相補的に結合し，リボゾームによるよるタンパク質合成の開始複合体形成に関与する。開始コドンとSD配列の距離は7〜9塩基が最適であるとされている。

⑤ **ターミネーター配列**　目的遺伝子の転写を終結させるための配列であり，目的遺伝子の下流領域の転写（リードスルー）を防ぐ。

（2）**封入体の形成**　細胞内で目的遺伝子を発現させると，目的タンパク質が不活性な封入体として不溶化することがしばしばある。これを避けるには低温で培養する，目的遺伝子のコピー数を少なくする，誘導の時間を短くするなどするとうまくいくことがある。封入体の形成がどうしても避けられない場合は，それを高濃度の尿素や塩酸グアニジン等の変性剤を用いて可溶化した後，透析あるいは希釈によって変性剤を除去することでリフォールディングして活性なタンパク質を得ることができる。

封入体は細胞破砕液から遠心分離と洗浄によって簡単に精製できるため，状況によっては（効率のよいリフォールディング法が確立されている場合など）封入体の形成が好都合なこともある。

（3）**pETシステム**　pETシステムは宿主内でT7ファージ由来のRNAポリメラーゼを発現させ，T7プロモータ支配下に配した目的遺伝子を特異的に発現させるシステムである[3]。T7RNAポリメラーゼを持たない通常の大腸菌では目的遺伝子の発現が起こらないため，毒性の高いタンパク質を発現させるための発現プラスミドの構築の際，目的のコンストラクトが得られないといったトラブルは起こらない。目的遺伝子を

発現させるときには BL21（DE3）等の T7 RNA ポリメラーゼ遺伝子を染色体に組み込んだ宿主を用いる。T7 RNA ポリメラーゼ自体の発現は，*lacUV5* プロモータの支配下にあり，IPTG 誘導により制御される。このシステムの特徴は非誘導時の発現リークが非常に低いことや，T7 ポリメラーゼの転写効率が大腸菌ポリメラーゼと比較して高いため，目的タンパク質の高発現が期待できる点である。

（4）融合タンパク質としての発現　目的タンパク質の N または C 末端にタグ配列を融合させて発現させ，発現後にタグに特異的なアフィニティーレジンを用いて簡便に精製する方法がある。使用されるタグ配列としては，His-tag，マルトース結合タンパク質，カルモジュリン結合ペプチド，グルタチオン-S-トランスフェラーゼ等が用いられる。目的タンパク質の精製後は Factor Xa やエンテロキナーゼなどの配列特異的プロテアーゼを用いてタグを切り離すことができる。

（5）分泌発現　目的タンパク質を膜透過型タンパク質由来のシグナルペプチドを付加して発現させることで，目的タンパク質をペリプラスムに分泌させることができる。発現後の精製操作が簡単になることや，ペリプラスム内は非還元的であるために SS 結合形成を促進させたい場合には有利である。

（6）SS 結合の形成　大腸菌細胞内は還元的雰囲気下にあるため，分子内 SS 結合はかかりにくい。SS 結合還元経路に関与する *trxB* と *gor* 遺伝子を欠損させて，細胞内での SS 結合形成能を強化させた菌株が開発されている[4]。

(c) 枯草菌を用いた発現系

（1）枯草菌による発現系の特徴　枯草菌（*Bacillus subtilis*）を宿主とする発現系の大きな利点は，宿主が安全な微生物であること，およびグラム陽性菌であるためにタンパク質の培地への分泌生産が可能であることである[5]。

ベクターは多くの場合 pAMα1 の複製開始点が使われており，これを利用した大腸菌とのシャトルベクター pHY300PLK が市販されている。形質転換はコンピテントセル法，あるいはプロトプラスト法が主に用いられる。枯草菌を用いた異種タンパク質合成では，培地への分泌発現が大きな目的となる。分泌シグナルとしては *Bacillus* 属類縁菌のアミラーゼやプロテアーゼなどの菌体外酵素由来のものが用いられる。

（2）*Bacillus brevis* による高効率分泌発現系　枯草菌類縁菌による分泌発現系で，特筆すべきは *Bacillus brevis* を宿主とする高効率分泌発現システムである[6]。このシステムは鵜高らによって開発された *B. brevis* 47 株による異種タンパク質分泌発現系に端を発しており，培養に伴って細胞表層タンパク質が剥離し，培地中に放出されていくことを利用したものである。この発現系を用いて多くの異種タンパク質の分泌発現が検討され，タンパク質によっては培地 1 l 当りグラムオーダーでの生産が可能となっている。このシステムは ProteinExpress 社により商業化されている[7]。

〔岩崎〕

〔2〕真核細胞を用いた組換え発現技術

大腸菌などの原核細胞の発現系と比較した場合，真核細胞のメリットとして，糖鎖の付加やリフォールディングが不要な点，デメリットとして発現量が低い，培養期間が長い，コスト高などが挙げられる。翻訳後修飾が重要で天然型に近いタンパク質の発現を期待する場合や原核細胞では発現が困難な場合，真核細胞での発現が必要となる。代表的な発現系として動物細胞，昆虫細胞，酵母について紹介する。概略を**表3.2**に示す。

(a) 動物細胞

（1）特徴　ヒトやマウスのタンパク質を発現させる場合，翻訳後修飾は最も天然型に近い構造をとり，他の細胞系では発現困難なタンパク質や膜貫通ドメインの多い膜タンパクなどの発現も可能と期待される。このため，培養のための設備投資，培養期間の長さ，割高なランニングコストを無視すれば，最も確実な発現系といえる。

（2）細胞　細胞は CHO（ハムスター・卵

表3.2　各発現系の特徴

発現系	発現量	発現までの期間	設備投資 ランニングコスト	N 型糖鎖	哺乳類型の 翻訳後修飾	フォールディング S-S 結合
動物細胞	～100 mg/l	2～3 カ月	高い	複合型	期待できる	問題なし
昆虫細胞	～200 mg/l	1～2 カ月	高い	高マンノース型*	一部異なる	問題なし
酵母	～1 g/l	2～4 週間	安い	高マンノース型	一部異なる	リフォールディングが必要な場合あり

* 複合型を発現する糖鎖改変細胞も市販されている。

巣），COS（サル・腎臓），HEK293（ヒト・腎臓）などが組換えタンパク質発現に広く用いられ，ATCC[8]や理研セルバンク[9]などから購入できる。これらは接着性・浮遊性など培養方法の違い，構成的・一過的などの発現方法での適性に違いがある。ほかにもいくつかの細胞株があるので，目的タンパク質が細胞に影響を与える場合，種特異的なプロテアーゼがある場合などには選択の余地がある。また，特定のベクターとの組合せにより誘導発現が可能な細胞や高発現用などに組み換えた細胞も試薬メーカーから販売されている。

(3) 発現ベクター　発現ベクターも豊富に市販されており，構成的・誘導性・ウイルスベクターなどの発現方法，薬剤耐性遺伝子，分離・精製用タグなど目的に応じて選択の幅は広い。ウイルスベクターもキット化が進み，使いやすくなっている。構成的に発現させる場合，CMVプロモーターで発現させ，neo遺伝子（G418耐性）での選択が一般的である。セルソーターが利用できれば，GFP等の蛍光タンパク質を発現するベクターを用いて高発現細胞をスクリーニングすることも可能である。

(4) 形質転換法　ベクターの導入にはカチオン脂質試薬，リン酸カルシウム法，エレクトロポレーション法などがある。市販の脂質試薬は代表的な細胞株での遺伝子導入実績が示されており，マニュアルどおりに行えば問題なく導入可能である。エレクトロポレーション法は専用の装置を必要とするが，細胞の種類を選ばず，一連の作業を30分程度で済ますことができる。導入効率は浮遊性のCHO細胞の場合で1％程度と低く，また，大量処理には向かないので一過的発現には脂質試薬やリン酸カルシウムがよい。

(5) 構成的発現細胞の大量培養　接着細胞を用いた数l規模の培養であればローラーボトル（培養面積850 cm^2，液量200～300 ml）がよい。炭酸ガスを直接ボトルに吹き込めば，CO_2インキュベーターも不要である。コンフルエント後に血清培地を基礎培地に置き換え，細胞が死滅しはがれる直前まで培養する。これで精製や分析における血清の影響を排除することができる。

発現量は目的タンパク質によって異なることはいうまでもないが，一般的に酵母・昆虫細胞に劣る。しかし，分泌タンパク質の場合，培養条件の最適化や遺伝子増幅などで生産性を10倍近く高めることも可能である。

近年，組換えタンパク質や植物由来ペプチド等を含む無血清培地の開発により，接着細胞を容易に浮遊系に馴化できる[10]。浮遊細胞は，拡張培養時の細胞の取扱いが容易で大量培養や高密度化に適している。しかし，高発現・高密度培養には，酸素濃度，温度，pHなどを制御できるリアクターが必要であり，培養や機器の操作に専門知識がいる。一方，1～20 lの培養が可能なディスポのプラスチックバック[11]も売り出されている。専用の振とう器が必要ではあるが，操作は簡単でスピナーフラスコに比べて遜色ない培養ができる。

(6) 一過的発現による大量培養　一過的発現にはアデノウイルスを利用した感染発現系で高発現が期待できる。キット化が進み利用しやすいが，ウイルスの調整には専門知識・ウイルス実験を行う設備が必要である。浮遊系に馴化した293細胞を用いリアクター中で遺伝子導入する大量調整に適した一過的発現系も報告されている[12]。

(7) 分離・精製　動物細胞に限らず，昆虫細胞，酵母とも分離・精製用にタグを付加したベクターが市販されている。タグの種類も多く，これを利用すれば専用のアフィニティーカラムにより容易に精製できる。これを利用する限り，各発現系間で大きな違いはない。

(b) 昆虫細胞

(1) 特　　徴　動物細胞に比べ，発現量が高い，培養期間が短い，高密度で培養できるなどのメリットがある。また，動物細胞では発現タンパク質が細胞自身に影響を及ぼすことがあるが，そのような場合などに有用である。動物細胞と同様な細胞の維持・管理は必要であり，作業性は大差ない。

(2) 細　　胞　バキュロウイルス系とDrosophila細胞系に大別でき，バキュロウイルス系ではSpodoptera frugiperda由来のSf9やSf21，Trichoplusia ni由来のHigh Five™（Invitrogen社）などがある。一般論であるが，High Five™は高発現であり分泌タンパク質の発現に，Sf21は細胞内タンパク質の発現に適している。また，哺乳類糖転移酵素遺伝子を導入したSf9[13]も市販されている（Invitrogen社）ほか，Estigmena acrea由来のEa4のN型糖鎖改変体も作製されており[14]，複合型糖鎖を持つタンパク質の発現も可能となっている。

Drosophila melanogaster由来のD.Mel-2では動物細胞のように発現ベクターを導入して用いる。一過的発現，構成的発現どちらにも利用でき，発現細胞の構築・培養の流れは基本的に動物細胞と同じである。

(3) 発現ベクター　バキュロウイルス作製用のベクターおよびD.Mel-2用の発現ベクターがそれぞれキット化され市販されているのでこれらを用いるのが簡便である。

(4) 形質転換法　動物細胞と同様にカチオン脂

質試薬，リン酸カルシウム法の試薬が市販されている。

（5）大量培養　培養の手法は，培養温度の違いやCO_2制御が不要な点を除けば動物細胞と大きな違いはない。数l規模の培養には，スピナーフラスコを用いての浮遊培養が簡便であるが，エアーションが重要なため，液量を少なくしスピナーフラスコの本数で対応するか，酸素濃度を制御できるリアクターを用いる。大量培養の報告例が少なく，試行錯誤も必要である。

（c）酵母

（1）特徴　大腸菌と類似の扱いが可能で，高発現，低コストがメリットである。構造が複雑なタンパク質の発現には向かない。

（2）細胞　メチロトロフ酵母（*Pichia pastris*）は発現量が高く発現系として実績も多い。複合型糖鎖発現株も作製されている[15]。出芽酵母（*Saccharomyces cerevisiae*）は発現量で劣るが，各種の遺伝子破壊株が作製されており，目的タンパク質によってはプロテアーゼ破壊株などや糖鎖変異株などが有効であろう。ほかに翻訳後修飾が異なる分裂酵母（*Schizosaccharomyces pombe*）がある。

（3）発現ベクター　各酵母用に数種の発現ベクターが市販されている。*P. pastris*用のアルコールオキシダーゼ（AOX1）のプロモーターを持つベクターは培地にメタノールを添加することで発現を誘導できる。分泌シグナルの有無で細胞内発現・分泌発現が選択できる。

（4）形質転換法　エレクトロポレーション法，スフェロプラスト法などがある。専用の機器が必要であるが，エレクトロポレーション法は簡便で効率もよい。

（5）大量培養　培養は坂口フラスコ，バッフル付き三角フラスコで可能であるが，エアレーションが重要であるため，高密度培養にはリアクターが必要である。

動物細胞，昆虫細胞，酵母のいずれの発現系においても細胞やベクターが容易に入手でき，またマニュアルも充実しているので発現細胞の構築・小スケールでの培養はどの発現系でも難しくない。しかし，カタログや論文に記載されている発現量は最適化された培養環境でのデータであり，それを達成するためには試行錯誤も必要である。一方，組換えタンパク質の製造を受託する各種発現系に対応可能な会社も増えているので小スケールで発現を確認した後に大量調製を依頼するのも有効であろう。

どの発現系を選択するかは，研究室の設備，目的タンパク質の性質・必要量によるところが大きく，一般化は難しいが，分子量が大きい，構造が複雑といったタンパク質は動物細胞が確実と思われる。　　（塚原）

〔3〕無細胞タンパク質合成系を用いた発現技術

（a）無細胞タンパク質合成系　無細胞タンパク質合成系（cell-free protein synthesis system）は，細胞抽出液中に存在するリボソームや翻訳因子，tRNAなどの諸因子の働きにより，DNAあるいはmRNAからその遺伝子産物を生合成させるシステムであり，生体外タンパク質合成系とも呼ばれている。この系は典型的にはS30抽出液（細胞組抽出液を30 000×gで遠心した上清：リボソームと翻訳因子，tRNA，アミノアシルtRNAシンテーゼなどを含む）に，アミノ酸，ATP，GTPやATP再生系などを加えて作製する。その際，内在性のmRNAやDNAを除く必要がある。反応系に新たに加えたmRNAや遺伝子に由来するペプチドやタンパク質に，放射性同位体ラベルしたアミノ酸を取り込ませることができるため，遺伝暗号の解読，遺伝子産物の同定，タンパク質機能の解析などさまざまな分子生物学的実験に用いられている。この反応系の歴史は古く，1950年代後半から1960年代にかけて大腸菌を用いた反応系を皮切りに，小麦胚芽，ウサギ網状赤血球などいろいろな生物由来の抽出液を用いたものが開発されている。現在キット化された市販品も多く存在するが，自作することも比較的容易である[16]。

反応の様式として大きくmRNAを鋳型として用いる翻訳反応とDNAを鋳型とする転写-翻訳共役反応系とに分けられる。前者ではウイルスや細胞から抽出したmRNA，あるいは化学合成したRNAを直接鋳型として用いる。DNAを鋳型とする場合は，一般的にはファージのプロモーター下流に目的とするDNAを連結し，転写反応によりmRNAを合成して用いる。真核細胞ではmRNAに5′Cap構造があると翻訳効率が飛躍的に高まる。そこでSP6ファージRNAポリメラーゼやT7ファージRNAポリメラーゼを用いて，鋳型DNAをCapアナログ（$m^7G(5′)pppG$構造）存在下で転写させることで，5′末端にCap構造が導入されたRNAを調製し，それを鋳型とすることで効率的な翻訳反応が可能になる。しかしRNAに取り込まれなかったフリーのCapアナログは翻訳反応の強力な阻害剤として働くため，合成したmRNAはゲル濾過やPEG沈殿などにより精製する必要がある。

一方Cap構造に依存しない5′非翻訳領域で働く翻訳促進配列もあり，それらを用いることでも比較的効率よく翻訳される[17]。Cap構造を取り込ませた

mRNAの場合のようにmRNAを精製する必要がないため，転写反応と連続あるいは同時に真核生物由来の翻訳反応系を動かす際には，非常に有用である。

後者の転写-翻訳共役反応系は，Zubayが開発した大腸菌S30抽出液を用いた内在性のRNAポリメラーゼを使う系が最初である[18]。90年代になってファージRNAポリメラーゼを用いる系が開発され，現在ではそれが主流になっている。その理由は，タンパク質合成量が多いことと，大腸菌RNAポリメラーゼ阻害剤を用いることで，ベクターに由来した目的産物以外のタンパク質，例えばβ-ラクタマーゼなどの合成を抑えることができるためである。さらに真核細胞由来の翻訳反応系とファージ由来RNAポリメラーゼを用いて，転写と翻訳を連続的に行わせる系も開発され市販されている[19]。合成効率の高い5'末端にキャップされたmRNAを利用できないが，非常に不安定なRNAを実験的に扱わなくてすむ便利なシステムである。

無細胞タンパク質合成系では翻訳反応に必要な因子の供給元として，一般に細胞の粗抽出液を用いる。したがって原理的にはすべての種類の細胞由来のものを用いることができるが，市販品として販売され広く用いられているものは，大腸菌抽出液，小麦胚芽抽出液，網状赤血球抽出液の3種類である。各抽出液を用いたタンパク質合成系の特徴を以下にまとめる。

大腸菌系：単位時間当りの合成量は一番多い。プロテアーゼ，RNase活性が比較的高い。最近，翻訳因子をすべて精製し，リボソームと再構成した反応系（the PURE system）も開発されており[20]，この場合上記の分解活性は低い。

小麦胚芽系：プロテアーゼ，RNase活性などが低い。比較的どのようなタンパク質でも合成することができる。

網状赤血球系：動物由来のcDNAの発現には最もよく用いられる。合成量は上記二つに比べ少ない傾向にある。

（b） **無細胞系によるタンパク質大量合成技術**　細胞粗抽出液には，ヌクレアーゼ，プロテアーゼ，ホスファターゼなど，翻訳反応に直接は関係しないさまざまな酵素系も存在する。例えば大腸菌や小麦胚芽の系では反応液中の抽出液に内在するフォスファターゼにより，ATPなどのヌクレオチド3リン酸が急速に加水分解されてしまうため，反応系に加えられているクレアチンリン酸-クレアチンキナーゼなどのATP再生系により，ATPレベルが一定に保たれるようになっている。しかしリン酸基供与体の枯渇によりATPの再生反応が行われなくなると，ATP濃度の低下およびADP，GDP，AMPなどが蓄積が起こり，翻訳反応は停止する。またほかにもアミノ酸の欠乏，mRNAの分解，翻訳阻害物質の蓄積，リボソームの不活化など多くの停止要因があり，どれが律速になるかは反応系によって異なる。

近年になり，反応液に透析膜，限外濾過膜を介してATP，GTP，アミノ酸，クレアチンリン酸などの小分子量基質を供給し，あわせて老廃物を除去するセミバッチ方式，あるいは膜を介して生産物も除去する連続式が開発された[21],[22]。これらの手法により反応時間はバッチ式の反応系の数十倍にも延長できる。また小麦胚芽を洗浄し胚乳などの混入を極力低減した胚芽より調製した抽出液を用いることで，供雑酵素の混入を抑え，長時間翻訳反応が継続する翻訳系も開発され市販されている[23]。このような進歩により，無細胞系のタンパク質合成量は近年飛躍的に増大している。

（c） **翻訳後修飾**　無細胞タンパク質合成の反応系は，通常細胞内の条件と同じく還元的条件で行われる。しかし翻訳反応を酸化的に調整することで，単鎖抗体[24]や抗体のFab断片，リパーゼなど[25]の分泌酵素のジスフィド結合を導入し，活性型として合成することもできる。さらに反応系中にヘミンを加えておくことでヘムタンパク質を合成した例も報告されている。またウサギ網状赤血球抽出液を用いた系の場合，イヌ脾臓ミクロソームを加えることで，プロセッシングやN-グルコシル化などの翻訳後修飾も可能である[26]。

（d） **応用技術**　無細胞タンパク質合成系は，プラスミドDNAだけでなく，PCRによる増幅遺伝子産物を鋳型として用いることができる。この特長を生かし，タンパク質の特定のアミノ酸残基の置換効果を，遺伝子組換えを行うことなく容易に調べることができる。さらにリボソームディスプレイ，RNAディスプレイなどのように遺伝子型と表現型の関連づけ技術が開発され，新機能タンパク質の創製などにも用いられている[27]。以下にリボソームディスプレイ法を例として説明する。まず翻訳終結コドンを持たないmRNA分子集団を鋳型として翻訳反応を行わせると，リボソームはペプチド鎖を合成しながらmRNA上の端まで動き，そこでmRNAとペプチドとの複合体を形成する。この状態で標的分子に対し，結合，洗浄，遊離の操作を行い，標的分子に結合するペプチドとそれをコードするmRNA分子を濃縮する。その後RT-PCRにより鋳型を増幅し，同様のサイクルを繰り返すことで，標的分子と強く結合する分子を選択することができる。

（中野）

〔4〕 NMR構造解析用の安定同位体標識タンパク質の調製技術

NMRを用いてタンパク質の立体構造を解析する場合，対象タンパク質の分子量が1万以上になると，^{1}Hスペクトルのシグナルのオーバーラップが激しくなってしまい，解析が困難となる．このオーバーラップを克服するために，主としてNIHのグループにより確立された多核種多次元NMR法[28]は，重なりの激しい^{1}Hシグナルを新たに^{13}C，^{15}N軸を導入して分離することにより，あいまいさのない解析を可能とした画期的な方法であった．

解析対象となるタンパク質の分子量がさらに大きくなると，^{1}H核が結合している^{13}C核の緩和時間が著しく短くなり，多核種多次元NMRスペクトルの感度が極端に低下してしまう．しかしながら，タンパク質を重水素化すると，^{13}C核の緩和時間が長くなることにより，分子量が2万を超えるタンパク質に関しても感度の高い多核種多次元NMRスペクトルが得られるようになる[29),30)]．

さらに，近年開発されたTROSY法[31)]を適用すると，特に分子量が大きいタンパク質において著しい感度の向上が得られ，合計分子量が100万を超えるような巨大分子複合体についてもNMRシグナルを得ることが可能となってきた[32)]．

これらの方法を適用してタンパク質の立体構造を解析するためには，^{13}C，^{15}N，さらには^{2}Hといった安定同位体で標識したタンパク質試料がmgオーダーで必要であり，そのため，組換えDNA技術によるタンパク質の大量発現技術は必須となる．

本書では，安定同位体標識タンパク質試料を調製するために，広く利用されている生細胞を用いた発現系による調製方法を紹介する．さらに，近年普及し始めた無細胞タンパク質合成系を用いた調製方法についても簡単に触れる．

(a) 生細胞を用いた発現系による安定同位体標識試料の調製

(1) 均一標識体の調製　　いずれの発現系を利用するにしても，目的タンパク質を過剰発現する組換え体を，安定同位体標識された窒素源と炭素源を用いた培地で培養することにより，^{13}C，^{15}N標識が均一に導入される．

一般的に利用されているのは大腸菌を用いた発現系であり，この場合は，D-[^{13}C$_6$]グルコースを唯一の炭素源とし，[^{15}N]塩化アンモニウムを唯一の窒素源としたM9最少培地で培養を行うことが多い．LB培地などの富栄養培地を用いる場合と比べて，著しく発現量が減少することが多く，そのうえ，D-[^{13}C$_6$]グルコースは高価な試薬であることから，発現条件の詳細な検討が有効である．発現誘導のタイミング，培養温度，宿主細胞の選択など，タンパク質を大量発現する際の一般的な検討事項に加えて，グルコースや塩化アンモニウムの濃度，ビタミン類や微量の金属の添加などを検討することにより，高い発現量が得られることも多い．安定同位体標識された既成培地の利用も検討すべきであろう．

^{2}H標識を導入する場合，50～80%程度の重水素化率が目的の場合は，目標より10%程度多めの率の重水で作製したM9最少培地を用いて培養を行う．100%近い重水素化率が目的の場合は，グルコースからのプロトンの持ち込みが無視できなくなるため，重水素化されたグルコースを使用することが必要となる．なお，培地の重水素化率が96～97%を超えると，極端に菌の生育速度が低下するので注意が必要である．タンパク質の重水素化については，Kayらの総説[33)]が参考になる．

大腸菌以外の生物を用いて安定同位体標識試料を調製した報告もいくつかあり，酵母，昆虫や動物の培養細胞が用いられている．

(2) アミノ酸選択的標識体の調製　　多核種多次元NMR法によるシグナルの全帰属が困難である場合や，解析の対象となる残基が限定されている場合，アミノ酸選択的に標識されたタンパク質試料を用いた解析が有効である．特に，甲斐荘らにより開発された選択的^{13}C，^{15}N−二重標識法[34)]は，目的残基のシグナルを迅速に特定するために有用である．

アミノ酸選択的標識体を調製する場合には，標識対象となるアミノ酸の生合成系の変異株を宿主として用いて，安定同位体標識アミノ酸を添加した最少培地で培養するのが一般的である[35)]．しかしながら，アミノ酸の種類によっては適切な変異株が存在しないこともあり，存在していてもタンパク質の大量発現には適さない株であることもある．さらに，代謝系により標識が代謝されて目的アミノ酸の標識効率が低くなるために，一般的に標識アミノ酸の必要量が多く，しかも他のアミノ酸へ標識が及んでしまう場合もあるため，目的試料の調製が困難な場合も多いのが問題である．

(b) 無細胞タンパク質合成系による安定同位体標識試料の調製　　無細胞タンパク質合成系は，タンパク質の発現という目的のみに系を特化することができるため制約を受けにくく，さらに，系を人為的に改変することが容易であることから，生細胞の発現系が抱える問題点を解決できる有望な手法であると期待されてきた．いくつかの研究グループの成果[36)～38)]により，合成量の問題も克服されており，現在では，mgオー

ダーの試料調製にも利用できるようになっている。

安定同位体試料を調製する場合には，通常の系の反応液中のアミノ酸を，安定同位体標識アミノ酸に置き換えて合成反応を行うだけでよい。アミノ酸代謝の影響をほとんど考慮する必要がないため，均一標識体を得る場合には20種類の標識アミノ酸を用い[37]，選択的標識体を得る場合には目的アミノ酸のみを標識アミノ酸とすればよい[39]。均一標識体の場合には，標識された藻類の加水分解物をアミノ酸源として用いることも可能である[37]。

生細胞を用いた発現系の場合，利用する培地の種類ごとに発現条件が変わるため，標識体の種類ごとに条件検討が必要となり煩雑であるが，無細胞系の場合は，標識の種類に応じてアミノ酸を置き換える以外は共通の条件が適用できることは大きな利点である。

無細胞系は，PCR法と組み合わせることにより，遺伝子をクローニングすることなくタンパク質を発現することができ，自動化にも適していることから，従来とは桁違いに大きい規模でのタンパク質発現が，無細胞系を用いることにより可能となっている。構造・機能解析に適した試料のスクリーニングから構造解析のための試料調製に至るまで，無細胞系を核とした，一貫したタンパク質発現ワークフローが確立され[40]，100個近くのタンパク質の立体構造がNMR法を用いて決定されており，NMR構造解析用の安定同位体標識タンパク質を調製する技術としての，無細胞系の有用性が実証されつつある。

（c） NMR試料の調製にあたって留意すべきこと

どのような発現系を利用して，どのような標識体を調製するにせよ，発現したタンパク質の精製にあたっては，プロテアーゼの除去に極力努めるべきである。なぜなら，NMR測定は1カ月以上にわたり，その間，試料は室温かそれ以上の温度に保たれることが多いため，プロテアーゼが微量でも混入していると，試料が分解してしまうこともあるからである。また，調製後の試料は，質量分析などによる検定を行い，目的タンパク質の均一な試料であることを確認しておくべきである。大腸菌を用いてタンパク質を過剰発現させた場合，一部のアルギニンコドンがリジンとして翻訳されてしまうことがあり[41]，SDS-PAGEでみる限りは均一な試料が，じつは，変異体との混合体であった，ということもある。いずれにしても，NMR測定をいったん開始してしまうとやり直ししにくいので，試料の検定は十分に行ってから測定を開始すべきである。

〔5〕 X線結晶構造解析用のタンパク質試料・膜タンパク質の調製技術

（a） X線結晶構造解析用試料の調製

（1） 発現系とセレノメチオニンの導入　X線結晶構造解析用のタンパク質試料の調製法として，一般的に広く用いられているのは，大腸菌を用いた発現系である。また，糖鎖付加やリン酸化などの翻訳後修飾を受けるタンパク質を調製したい場合には，バキュロウイルスを使用した昆虫細胞の発現系がよく用いられている。おのおのの発現技術の詳細は，3.2.1〔1〕，〔2〕を参照されたい。

X線結晶構造解析の位相決定の手段として，従来用いられてきた重原子同形置換法は，複数の重原子誘導体結晶を必要とするため，結晶作成作業に，時間と手間がかかってしまうことが多い。これに対して，単一の結晶で位相決定を行うことができる多波長異常分散法[42]が，近年大型放射光施設が一般的に利用できるようになったことにより，広く利用されるようになってきた。この多波長異常分散法に用いる試料としては，メチオニンの代わりにセレノメチオニンを導入したタンパク質が利用されることが多い[43]。

どのような発現系を利用するにしても，目的タンパク質を過剰発現する組換え体を，メチオニンの代わりにセレノメチオニンを添加した制限培地で培養することにより，セレノメチオニンを目的タンパク質に導入できる。大腸菌を用いるのであれば，DL41株[43]やB834株（Novagen社）といったメチオニン要求株を用いる必要がある。動物細胞を用いる場合は，元来がメチオニン要求性であるため，特別な株を使う必要はない。ただ，セレノメチオニンは，強弱の差はあるにしても細胞に対して毒性を持つため，組換え体が思ったようには増えなかったり，セレノメチオニンへの置換率が低かったりする場合がある。そのため，培地組成や発現誘導手順など，発現条件の詳細な検討が必要になることが多い。この点において，無細胞タンパク質合成系の利用がきわめて有効である。無細胞系ではセレノメチオニンの細胞毒性が問題にならないため，目的タンパク質の種類にかかわらず，高い置換率が原理的に期待でき，実際にほぼ100％の置換率が達成できている[44]。

なお，セレノメチオニンは，メチオニンと比較して酸化されやすいため，調製の際には，以下に挙げる一般的な留意事項だけでなく，使用する溶液は脱気したり還元剤を添加する，できるだけ素早く精製するなどして，酸化を極力防ぐ工夫も必要となる。また，セレノメチオニン導入タンパク質は，ネイティブタンパク質と比べて溶解度が減少することが多いため，高濃度

状態にならないような注意が必要である。

なお，セレノメチオニンをはじめとして，セレン含有化合物は有毒物質であることから，手袋・白衣を着用して取り扱いには細心の注意を払うとともに，培地などの廃液は，廃液処理規則にのっとって適切に処理しなくてはならない。

（2）一般的な留意事項　X線結晶解析法によるタンパク質の立体構造決定においては，良質の反射データを得ることが，精度の高い結果を迅速に得るために重要であり，その実現には，良質の結晶を得ることがきわめて重要な要件の一つである。

良質の結晶を作製するためには，結晶化を行う条件が重要であることはいうまでもないが，結晶を作製するために用いる試料の調製過程においても，考慮・注意すべきことがある。

一般に，目的タンパク質以外の混入物（＝不純物）の多くは，結晶化を妨げる，ないしは，結晶の質を落とす，と考えられている。そのために，生化学的な解析など一般的な用途に用いる場合と比較して，格段に高い精製度が必要であるとされている。実際には，結晶化を妨げない不純物であれば除去する必要はないこともあるはずであるが，"結晶化を妨げない不純物"が，特定されているわけではなく，個々のケースで異なる場合も多いため，原則的には，精製度を可能な限り高めることが要求されている。

しかしながら，精製度を高めるために利用するカラムの段数を増やしたりするなど，工程数を多くすると，その分，試料の最終収量は減少してしまう。また，特に巨大分子複合体を対象とする場合に多く見られることとして，長時間カラムに吸着させておくと目的タンパク質が損傷してしまうことがある。そのため，精製度と他の要素とのバランスをとることも，現実的には大切である。

また，目的試料の構造の同一性も配慮すべき事項である。一般に，構造の同一性が高い方がよりよいと考えられている。ここで，あえて"構造"と書いたのは，化学構造から立体構造まで，すべての意味を含むからである。

まず，化学構造としての同一性については，十分考慮すべきである。SDS-PAGEで単一バンドになることは当然ではあるが，それで十分とはいえない場合もある。調製過程において，プロテアーゼによる切断を行ったり，翻訳後修飾が行われる発現系を用いた場合などは特に，目的試料が化学構造として均一でない状態になっていることがある。そのため，質量分析など分子量を高い精度で分析できる手法を用いて，試料が化学構造として均一であることは是非確認する必要がある。

また，化学構造としては均一であっても，立体構造の観点からは均一でない場合もある。タンパク質の末端領域やループ領域などは，しっかりとした立体構造を形成せず構造多型の状態になっていることがある。こういった構造多型は，タンパク質分子の整列に影響を与えることから，結晶化を妨げたり，反射データの精度を落とすと考えられている。したがって，結晶化がうまくいかなかったり，反射データの質が低い場合には，しっかりとした立体構造を形成しない（と考えられる）末端領域を切り落とした発現コンストラクトを試してみることが，よい結果を生むこともある。

（b）膜タンパク質の調製技術　一言で膜タンパク質といっても，膜に単に結合しているもの，膜を貫通する形になっているもの，貫通回数も1回から7回までと，さまざまな形態のタンパク質が含まれる。Gタンパク質共役型受容体に代表される7回膜貫通型のタンパク質は，多くの薬のターゲットとして注目度が高いことから，構造解析の対象としても選ばれやすい。しかしながら，多くの場合，調製が難しく，手法が確立されているとはいいがたい。

一般的に利用されている調製法は，なんらかの組織から目的タンパク質を抽出することである。この場合は，第一段階として，脂質二重膜に組み込まれた膜タンパク質を，界面活性剤を用いることによって可溶化させてやることになる。そのうえで，水溶性タンパク質と同様に，カラムクロマトグラフィーなどの手法により，他の不純タンパク質を除去して純化していくことになる。これまでのところ，すべての膜タンパク質が可溶化できるような界面活性剤は見出されておらず，可溶化効果が高ければ変性効果も高くなってしまうため，現状では，目的タンパク質ごとに適した界面活性剤の検討が必要となる。

ニューロテンシン受容体では，大腸菌を用いた発現系による調製が成功しており[45]，β2アドレナジック受容体では，翻訳後修飾を受けた形でバキュロウイルス粒子に発現することに成功している[46]。しかしながら，組換え体技術を用いた発現の成功例は少数であり，一般的な手法となるまでには至っていない。　　（木川）

3.2.2　タンパク質の改変技術
〔1〕ランダム変異

（a）原理：ランダム変異技術の特徴と適用性

理論的にあるいは合理的に新規な結合活性，触媒活性をデザインすることは，いまだに難しく，自然界で起こっているランダム変異と表現型あるいは機能による選択を繰り返す，といういわゆるダーウィン型のア

プローチを人工的に行うことが現実的である。1980年代にダーウィン型のアプローチによるデザイン，という概念はすでに存在していたが，80年代後半からのPCR法の開発やさまざまな酵素の改良などにより，タンパク質工学への適用は現実的なものとなり，進化分子工学と呼ばれる領域に発展してきた（詳細は3.2.2〔3〕を参照）。

ランダム変異は，このようなアプローチの上で，遺伝子レベルの多様性を創出する上で重要な技術である。かつては，ヒドロキシルアミンのような化学試薬による処理，あるいは細胞に直接UV光を照射することにより人為的に変異を誘導，表現型で選択する，という方法が主流であったが，現在では遺伝子工学を駆使したさまざまな手法が開発されている。それらは大きく，遺伝子レベルでの人工合成により無作為変異を導入し目的遺伝子に導入するもの，DNAポリメラーゼ反応における基質特異性（忠実度）の低下を利用するもの，DNA修復酵素を欠損した株を用いるもの，に分けることができる。

（b）方法の概要　ここでは，Error-prone PCR法[47]を中心に述べる（図3.9）。PCR法に汎用されるTaqDNAポリメラーゼは，もともと基質の取込みミスによる変異導入が起こりやすい酵素である。さらに，Mn^{2+}の存在下またはMg^{2+}を通常とは異なる濃度で加えた場合，あるいは，反応に添加するオリゴデオキシリボヌクレオチド（A,C,G,Tと略す）のうち，ある特定のヌクレオチドの濃度を1/10程度にすることにより，DNA合成反応がさらに誤りがち（これをError-proneと呼ぶ）になる。PCR反応の周期（cycle）を増やすことにより，より多くの変異を導入できるほか，一度増やしたDNA産物を鋳型にしてもう一度同様のError-prone PCRを行うことにより，より効率的にランダム変異を導入できる。

変異導入プライマーとして，目的の変異導入部位あるいはその周辺に相当する遺伝子をスクランブル状態にしたものを用意する。制限酵素切断部位を両末端に作りカセット遺伝子として調製して，目的遺伝子に挿入して変異導入ライブラリーを構築するか，もしくはPCRにおける鋳型に用い，変異導入を施した遺伝子を増幅，ベクターに挿入し変異ライブラリーを構築する，という手法がよく用いられる。いずれの場合も，完全にランダムとはいかずにどうしても変異傾向に偏りを生じてしまう場合が多く，十分な考慮が必要である。

（c）応用例　さまざまな酵素に関してランダム変異による機能改良，機能改変が報告され，商品化されているものも数多い。ここでは，それらのごく一部を紹介したい。田口ら[48]は，産業現場で使用されている微生物プロテアーゼであるズブチリシンを取り上げ，細胞の成育，表現型による選択をリンクさせて，低温適応酵素の選択に成功している。Arnoldらは同じ酵素[49]や枯草菌由来エステラーゼ[50]で，有機溶媒耐性酵素の取得を報告している。宮崎らは好冷菌由来のプロテアーゼについて，8世代にわたり遺伝子変異・耐熱性選択を繰り返すことにより，好熱菌由来酵素レベルにまで耐熱性を上昇させることに成功している。西宮ら[51]は，ニワトリリゾチーム特異的抗体HyHEL-10の抗原認識領域の一部4残基にPCRにより無作為変異を導入し，異種リゾチームへの特異性変換に成功し，熱力学と結晶構造解析によりその分子認識機構を議論している。

〔2〕部位特異的変異

（a）原理と方法の概要：部位特異的変異技術の特徴と適用性，具体例　部位特異的変異導入技術（site-specific mutagenesis, site-directed mutagenesis, 部位指定突然変異法，と呼ぶこともある）は，あるタンパク質をコードする遺伝子に対して，そのタンパク質の機能，構造，フォールディング機構等を詳細に解析するため，あるいは人為的な機能改変を施すために，特定の部位に変異を導入する方法のことをいう。部位特異的変異導入法が確立するまでは，ある特定の部位のみに選択的に変異を導入することはほぼ不可能であり，変異原（化学的あるいはUV照射など）を直接細胞全体に処理し，その細胞の表現型，遺伝型を分析することでしか遺伝子変異の効果を見ることができず，ごく少数の研究例にとどまっていた。タンパク質DNAオリゴマーの人工合成法，プラスミドDNAを用いた遺伝子工学的技術の発展，各種酵素の発見と利用

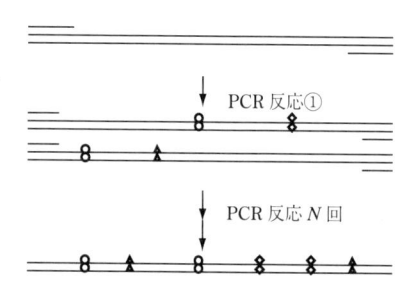

おのおののPCR反応において，A,C,G,Tの濃度を不均一にしたり，反応に加えるMg^{2+}やMn^{2+}濃度を調節したり，変異を誘発しやすい変異型酵素を用いることにより，複数の無作為変異導入を誘起する。1回目の反応が終了したPCR産物を鋳型にして2回目，というように繰り返すことによって多重変異が可能となる。

図3.9　Error-prone PCRの概略

が，この技術の開発と改良に結びついた。

部位特異的変異導入は基本的には以下のような原理に基づいている。変異を導入したい配列をオリゴヌクレオチド（変異プライマーと呼ぶ）中に合成，目的とする遺伝子を一本鎖として変異プライマーをアニールさせ，その遺伝子を鋳型に，なんらかの酵素により*in vitro*で，遺伝子全長（例えばプラスミド）を合成することにより，変異を導入する（図3.10）。このような原理から，本手法をオリゴヌクレオチド指定変異導入（oligonucleotide-directed mutagenesis）と呼ぶこともある。塩基置換はもちろんのこと，欠失や挿入も行うことが可能である。

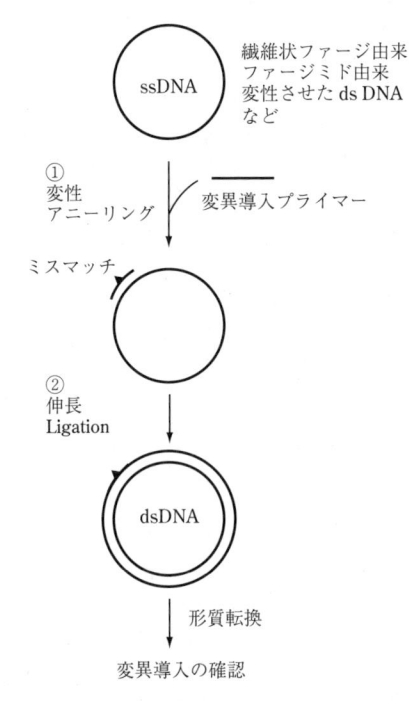

までにいくつかの手法が提案されたが，特に，ZollerとSmithにより1982年に報告されたHetero-duplex法[52]，ウラシルを取り込ませた一本鎖DNAを鋳型に変異導入を行い，変異体を迅速に効率よく選択する手法（1985年，Kunkel法）[53), 54]は，変異導入効率を80％程度にまで高めることに成功し，これまでに最もよく用いられてきた（図3.11）。ウラシルではなくチオヌクレオチドを鋳型に取り込ませる方法もよく用いられている（Amersham法とも呼ばれる）[55]。これらの手法では，純度の高い一本鎖DNAの調製が必要となるが，特に，ファージミドの開発により，その効率を著しく向上させることとなった。また，T7DNAポリメラーゼなど，忠実度（fidelity）が高くかつ伸長速度（processibility）の高い酵素の利用も，本手法の汎用性を高めた。

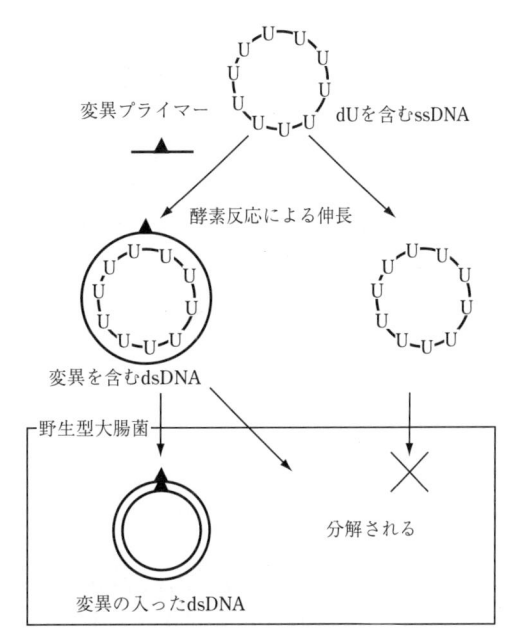

図3.10 部位特異的変異導入技術の原理

変異を導入したい配列をオリゴヌクレオチド（変異プライマーと呼ぶ）中に合成，目的とする遺伝子を一本鎖として変異プライマーをアニールさせ（①），その遺伝子を鋳型に，なんらかの酵素により*in vitro*で，遺伝子全長（例えばプラスミド）を合成（②），大腸菌を形質転換して，DNAシークエンシングなどで変異導入を確認する。

CJ236などの大腸菌を用いることにより，ウラシル（U）を含む一本鎖（ss）DNAを調製，変異プライマーをアニールさせた後に，DNAポリメラーゼにより伸長反応を行い，大腸菌に導入する。通常の大腸菌では，Uを含むDNAは分解されるので，目的の変異を含むプラスミドを含む大腸菌の割合がきわめて高くなる。

図3.11 Kunkel法の概略図

当初は，DNAを合成する酵素としていわゆる大腸菌由来DNAポリメラーゼIのKlenow断片を用い，プラスミドDNAやファージDNAに目的の遺伝子を挿入，一本鎖DNAを調製することで変異導入が試みられていたが，1～10％程度の導入効率にとどまっていた。これは，変異導入箇所に対する*in vivo*での修復が働くことに起因していた。そこで，1980年代中頃

本技術については，*in vitro*で調製した変異導入遺伝子のみをいかに選択的に大腸菌内で増幅させ，鋳型とした野生型遺伝子をなくすか（バックグラウンドを減らすか），という点に多くの改良が重ねられてきた。最近では，通常大腸菌から調製したDNAがある一定

の配列を持っている場合に特異的にメチル化することを利用して，メチル化された特定の配列（5′-Gm6ATC-3′）を特異的に加水分解するDpnIエンドヌクレアーゼにより鋳型DNAを除去するQuik Change法[56]，あるいは，TaqDNAポリメラーゼなど各種耐熱性酵素，変異プライマーとその相補鎖を用いたPCRもよく用いられている。PCRを用いた変異導入法を図3.12に示す。PCRを用いた変異導入に関しては，さまざまな技術改良が重ねられており，最近では，今中らが見出したKODなど，より反応が忠実でかつ効率の高い耐熱性酵素を用いることで，その効率を著しく高めている。

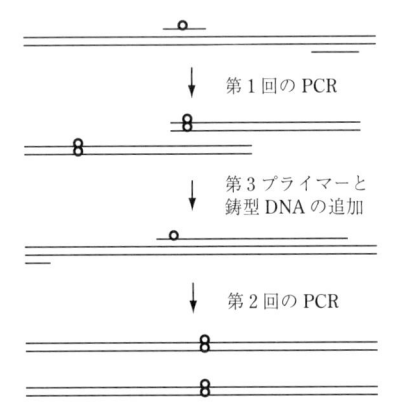

第1回のPCR産物をプライマーと同様に用いて，第2回のPCRを行う場合を示した。変異導入プライマーを＋鎖，－鎖2本用意して行う方法もある。

図3.12 PCRを用いた部位特異的変異導入

部位特異的変異導入は，ある特定の部位のアミノ酸残基を別のものに置換できる。その際，変異導入箇所に相当するDNAの配列をNNN（NはA, C, G, Tのどれでもよい）としたり，NN（G/C）やNN（G/T）にすることで，20種類すべてのアミノ酸への変異導入が可能となる。これをsaturation mutagenesisと呼ぶ。野生型のコドンとのミスマッチ数によって，若干効率に差があるものの，原理的には，ミックスした状態でオリゴヌクレオチドを合成しておけば，すべてのアミノ酸残基への変異を導入できることになる。

（b）応用例 数多くの酵素，タンパク質について，部位特異的変異導入によってその構造，機能，フォールディング機構等が解析されてきた。タンパク質の諸性質を理解する上で，あるいは生命現象をつかさどる核酸，タンパク質とそれらの相互作用を解析するうえで，変異体を用いた解析は必要不可欠なものとなっている。古くは，FershtらのTyrアミノアシルtRNA合成酵素の研究がよく知られており，その一連の研究は *Structure and Mechanism in Protein Science*（1999）[57]によくまとめられている。脱水素酵素，プロテアーゼ，リボヌクレアーゼ，リゾチームなど，その触媒機構の本質に迫ることができた研究例も多い。セリンプロテアーゼ阻害剤であるStreptomyces Subtilisin Inhibitor（SSI）においては，反応部位への1アミノ酸置換のみで，その酵素特異性を完全に変換できている[58]。また，トリプトファン合成酵素[59]，T4リゾチーム，ヒトリゾチームへの系統的変異導入により，タンパク質の構造形成機構に迫ることができた研究例[60]もある。また，抗原抗体相互作用，受容体リガンド相互作用などの特異性・親和性に関する議論[61]も，部位特異的変異導入による解析により，その本質的理解が進んだ，といってよい。もちろん，変異体の機能解析のみでは，その変異導入が標的分子の構造機能に及ぼす効果を十分には議論できず，結晶構造解析などを行うことにより得られる構造情報を組み合わせて，統合的に議論を展開することが重要である。

〔3〕遺伝子シャッフリング

（a）原理と方法の概要：DNAシャッフリング技術の特徴と適用性 部位特異的変異導入によるタンパク質分子の機能改変，改良は，いくつかの成功を収めているものの，基本的には，立体構造あるいは詳細な生化学的解析がなされていないとなかなか戦略を立てづらい。進化分子工学が，このような問題を大幅に改善している。

進化分子工学は，1980年代にEigenによって提唱され，その後遺伝子工学技術の発展とともに急成長し，近年，酵素などタンパク質の分子改質に多く用いられている手法である。ランダムに変異を導入した遺伝子に基づいて新機能・高機能分子種を選択する進化分子工学は，進化の原理をベースにしたシステム工学である[62]。この手法のプロセスの概要は，①変異（変異の導入）→②淘汰圧による選択（スクリーニング）→③増殖（個別の測定）→変異→…」のダーウィン進化（括弧内は実験室内での操作）で表される（図3.13）。このプロセスそれぞれの改良によって，母数となるタンパク質の種類を増やし可能性を広げることができる。また，適切なスクリーニングによって効率よく目的とする酵素を選択することが可能となる。

この手法は，いかに規模の大きなかつ意味のある変異が導入された遺伝子のプールを準備できるか，という点と，いかに効率よく機能による選択が可能であるか，という点の二つの技術基盤を整備できるか否かに，成功の鍵がある。変異－淘汰の進化プロセスを有効に

3.2 基礎技術

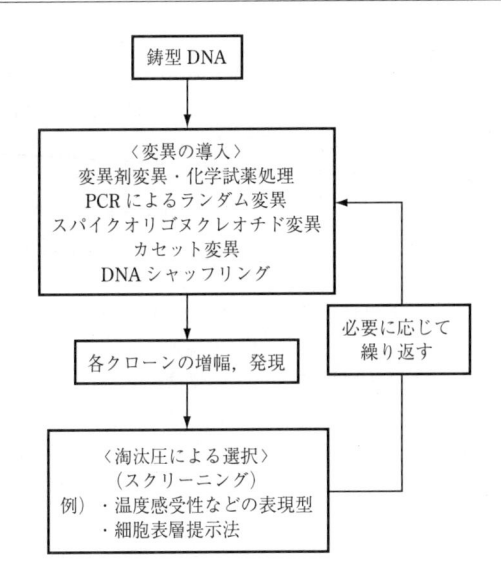

```
鋳型DNA
   ↓
〈変異の導入〉
変異剤変異・化学試薬処理
PCRによるランダム変異
スパイクオリゴヌクレオチド変異
カセット変異
DNAシャッフリング
   ↓
各クローンの増幅,発現     ← 必要に応じて繰り返す
   ↓
〈淘汰圧による選択〉
(スクリーニング)
例) ・温度感受性などの表現型
    ・細胞表層提示法
```

図3.13 進化分子工学の基本的な流れ

行わせるための変異手法として,DNAシャッフリング[63]やError-prone PCR（PCR誤複製）が用いられている（Error-prone PCRについては,ランダム変異の項を参照のこと）。特に遺伝子シャッフリング法としてのDNAシャッフリングは,Stemmerらが考案したものであり,以下の工程からなる[64]（図3.14）。まず,ある酵素遺伝子について,すでに機能改良などが施された変異遺伝子を複数用意する。これら複数の変異導入遺伝子をDNaseIによりランダムに切断し,20から50塩基対程度の切断断片を分離する。ついでこれらの断片を混合し,プライマーを用いないPCRを行う。この操作により,断片化されたDNAは再結合され,有意な変異を組み合わせることが可能となる。このように,複数の有意な変異を組み合わせ,表現型の選択系が確立すれば,従来のタンパク質工学的手法ではなし得なかった基質特異性の変換も可能となる。この手法により,酵素の安定化,触媒能改良などが図られている[64]。臨床応用が図られているものとして,ヘテロ二量体を形成するサイトカインであるInterleukin(IL)-12の安定性を向上させた例もある[65]。

天然には,機能と祖先を共有するタンパク質（タンパク質ファミリーと呼ぶことがある）が多く見出されている。同じファミリーに属するタンパク質は,そのアミノ酸配列に類似性が見られるが,配列相同性そのものは,完全に一致するものから25％程度のものまでさまざまある。こうした多様性は,生物の長い進化の過程で選択されてきたものであり,構造安定性,機能発現という意味から,有用な変異であると考える

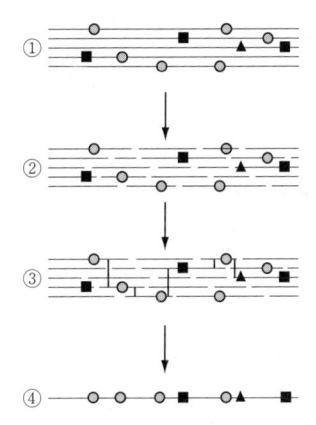

ある遺伝子について,すでに機能改良などが施された変異遺伝子を複数用意する（①）。これら複数の変異導入遺伝子をDNaseIによりランダムに切断し,20から50塩基対程度の切断断片を分離する（②）。ついでこれらの断片を混合し,プライマーを用いないPCRを行い,さらにプライマーを用いてPCRにより断片化されたDNAは再結合され（③）,有意な変異を組み合わせることが可能となる（④）。各段階でError-prone PCRを組み合わせることで,あるいは④で得られた遺伝子を①に戻すことで,さらに多様性を増すことが可能である。

図3.14 DNAシャッフリング(Sexual PCR)の模式図

ことができる。このような天然に蓄積された変異を混合したキメラタンパク質を作り出し,そのなかから性質の優れたものを選択していく,という作戦が考えられる。Stemmerら[66]や原山ら[67]は,このような発想に基づいて,ファミリーシャッフリング（分子育種ともいわれる）という概念を提案している。

生体内ではスプライシングによって,エキソンが複数集まってタンパク質をコードするmRNAができることが知られている。このことは,エキソンをタンパク質の機能・構造単位ととらえ,それらをシャッフリングするあるいは組み合わせることで,新規なタンパク質を作り出すことが可能であることを示唆する。郷は,モジュールと呼ばれる遺伝子ブロックが,構造・機能創出の基本単位であることを提案している[68]。

(b) 応用例　鏡山らは,アスパラギン酸アミノ転移酵素について,これらの手法により,野生型が触媒できない基質（β分岐アミノ酸）に対しては10^5倍高い触媒能,天然基質に対しては1/30倍に低下した触媒能を有する変異体を獲得できた[69]。13個の変異が導入されており,そのうち6個が機能変換に重要であること,このうち一つしか,基質との直接的な相互作用に関与していないこと,を見出しており,DNAシャッフリングの威力をまざまざと見せつける結果となっている。Minshullらはこの概念に基づき,

26種類のBacillus由来のプロテアーゼ遺伝子をもとに，同様の手法により，低pHで活性を示す酵素，安定性が向上した酵素などの選択に適用している[66]。もっとも，DNAシャッフリングによるキメラ遺伝子の取得率は非常に低いことが筆者らの実験結果も含めて明らかになっており，技術的に改良すべき点も多い。

原山らは，一本鎖DNA，制限酵素切断を用いたファミリーシャッフリングを行うことで，キメラ遺伝子の形成効率を著しく高めている[67]。彼らはカテコール2,3-ジオキシゲナーゼをモデルとして，二つの遺伝子についてそれぞれ制限酵素消化した断片を調製し，それらを混合した後，PCR増幅することで，100％のシャッフリングを行うことに成功している。ファージミドベクターへの挿入方向を互いに逆にし，大腸菌に導入，ヘルパーファージを感染させ，一本鎖DNAを調製した後，同様のシャッフリングを行うことで，キメラ遺伝子を効率よく構築できている。

エキソンシャッフリングに基づくタンパク質の機能改良，機能改変については，熊谷らのラクトアルブミンへのリゾチーム活性の付与[70]，森島らのヘモグロビンでの置換例[71]がある。進化工学的アプローチも含んだ最近の研究は参考文献に挙げた総説を参照されたい[72]。　　　　　　　　　　　　　　　　　　　(津本)

〔4〕 非天然アミノ酸導入

生物由来のすべてタンパク質は基本的に20種類のアミノ酸から合成されている。これは，遺伝暗号表において64個のコドンが20種類のアミノ酸（あるいは終結シグナル）のみをコードしているために生じる制約である。しかし最近，この制約を超えて天然の20種類以外のアミノ酸「非天然アミノ酸」をタンパク質へ導入する方法が開発されている。この方法を用いることで，生物が本来持ち得ないまったく新しい機能をタンパク質へ付与することや，タンパク質の構造機能解析のためにプローブを部位特異的に導入することなどが可能になっている。

非天然アミノ酸をタンパク質へ導入するためには，まずなんらかのコドンを非天然アミノ酸用に割り当てる必要がある。そのようなコドンの一つとして，通常3塩基からなるコドンを4塩基へ拡張した「4塩基コドン」が開発されている[73],[74]。図3.15には例として4塩基コドンCGGGを用いた非天然アミノ酸導入法の概略を示している。まず，4塩基コドンCGGGを発現遺伝子上で非天然アミノ酸を導入したい部位へ組み込んでおく。一方，それに相補的な4塩基アンチコドンCCCGを持つtRNAに，化学的アミノアシル化法と呼ばれる手法（3′末端の2個のヌクレオチドを欠損させたtRNAを作製しておき，これと別途化学合成したアミノ酸-ジヌクレオチド結合体とをT4RNAリガーゼによって連結させてアミノアシルtRNAを得る手法）によって非天然アミノ酸を結合させておく。このアミノアシルtRNAを，4塩基コドンを組み込んだ遺伝子DNAあるいはmRNAとともに無細胞翻訳系へ加えることで，4塩基コドンで指定した部位に非天然アミノ酸が導入されたタンパク質を合成することができる。この場合，4塩基コドンの最初の3塩基のみを天然のアミノアシルtRNAが読み取ることもあるが，その場合は読み枠がずれ，やがて下流に現れる終止コドンによってタンパク質合成は停止する。またこの3塩基のみの読み取りは使用頻度の低いコドンに1塩基付加した場合には抑制され，実際に大腸菌系において使用頻度の低いCGGやGGGに1塩基付加した4塩基コドンCGGGやGGGUでは，非天然アミノ酸ニトロフェニルアラニンを導入したタンパク質を，野生型に対して70〜80％の収率で得ることができる。さらに複数種類の4塩基コドンを使用することで，2種類以上の非天然アミノ酸をタンパク質のそれぞれ指定した部位へ導入することも可能である。これにより，電子移動やエネルギー移動のような複数の分子種を必要とす

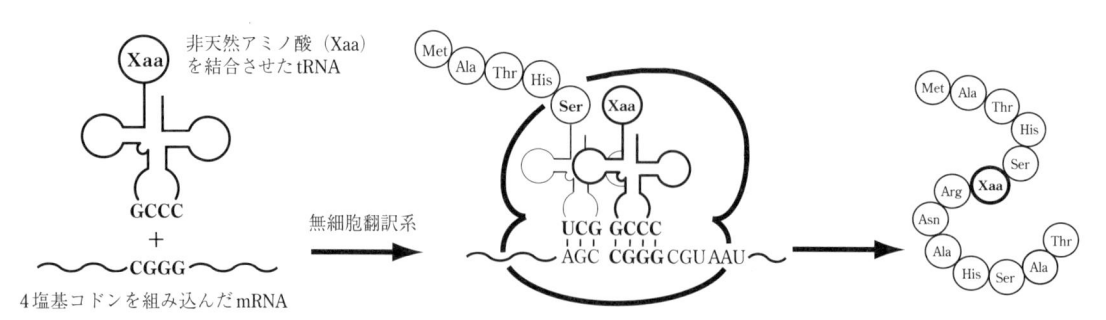

図3.15　4塩基コドンを使用した非天然アミノ酸のタンパク質への導入法

るプロセスを単一のタンパク質中で行うことができる。

また，終止コドンの一つアンバーコドンUAGを非天然アミノ酸用に使用することも可能である[75]。通常，UAGは終結因子と呼ばれるタンパク質によって認識され，タンパク質合成の終結を引き起こす。しかし，UAGに相補的なアンチコドンCUAを持ち，かつ，非天然アミノ酸を結合させたtRNAの存在下では，4塩基コドンの場合と同様に，UAGを非天然アミノ酸へ翻訳させることができる。ただしこの場合は終結因子との競合が起こるために，非天然アミノ酸の導入効率はあまり高くない。また，終止コドンは三つしかないために，そのうちの二つを使用して最大でも2種類の非天然アミノ酸しか導入することはできない。実際には終結因子との競争が少ないUAGのみ使用可能なため，1種類の非天然アミノ酸の導入にとどまっている。

また新たな試みとして，非天然型の核酸塩基対を用いる手法も検討されている[76]。これは天然のA–U，G–Cとは異なる核酸塩基対を新たに合成し，それを含むコドン-アンチコドン対を使用して非天然アミノ酸の導入を行うものである。ただしこのためには，A–T(U)，G–Cと完全に区別されてDNAポリメラーゼおよびRNAポリメラーゼの基質となる非天然核酸塩基対の設計・合成が必要不可欠である。

このようなタンパク質への非天然アミノ酸の導入法を利用すると，実にさまざまな応用が可能になる。これまでに，**図3.16**に示すような非天然アミノ酸を導入することで，①天然アミノ酸類似体の導入による構造機能相関解析[77]，②蛍光プローブなどの導入による局所的構造機能解析[78],[79]，③光などの外部信号に応答するタンパク質の作製[77],[80],[81]，④蛍光標識アミノ酸の導入によるタンパク質の部位特異的蛍光標識[82]，などが行われている。これらはいずれも従来の変異導入法や化学修飾法では不可能であり，非天然アミノ酸導入技術によって初めて実現されたものである。

ただし，タンパク質合成系は本来20種類の天然アミノ酸のみを基質としているため，tRNAに結合させた非天然アミノ酸は必ずしも基質として受け入れられるとは限らない。実際に種々の芳香族非天然アミノ酸について系統的に調べた結果，大きな側鎖であっても主鎖に対して垂直方向に延びた構造の場合は基質として許容されやすく，一方，水平方向に広がった構造の場合は基質として受け入れられにくい，ということが明らかとなっている[83]。この知見に基づいて側鎖構造

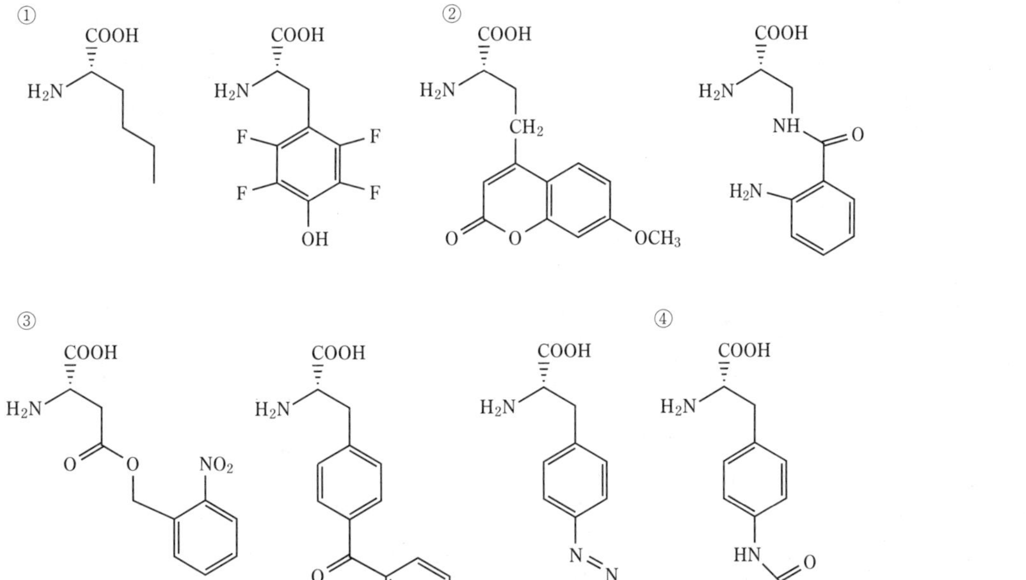

図3.16 タンパク質へ導入された非天然アミノ酸の例（①〜④は本文中の応用例に対応）

を設計することで，望みの非天然アミノ酸をタンパク質合成系の基質として取り込ませる可能性を高めることができるだろう。

その他，非天然アミノ酸導入における問題点としては，無細胞翻訳系を使用するために発現量が低い，アミノアシルtRNAの作製が煩雑，非天然アミノ酸の導入の結果タンパク質が変性・失活する，等が挙げられるが，これらは関連技術の進歩により徐々に解決されていくものと思われる。　　　　　　　　　　（芳坂）

〔5〕遺伝子融合
（a）遺伝子融合技術の特徴　　生体内において高度な機能を発現しているタンパク質分子を組み合わせて複合化することにより，タンパク質の応用範囲は飛躍的に拡大するものと期待される。遺伝子工学技術の確立により，異種タンパク質をコードする遺伝子の融合が可能となり，その結果複合タンパク質を比較的容易に作製することができるようになった。遺伝子融合による複合タンパク質の作製は，多くの利点を有している。従来の化学結合法ではタンパク質に複数存在するアミノ基やカルボキシル基，チオール基などを利用してタンパク質同士を結合することによって複合タンパク質を作製する。このため結合分子の数や反応部位を制御することが困難である。その結果，酵素の活性部位近傍が修飾を受けタンパク質機能が低下すること，不均一な複合体が形成されることなどが危惧される。これに対し遺伝子融合により複合タンパク質を作製する場合，部位特異的な結合が可能であり，均一なタンパク質を大量に調製することができ，化学結合における上記問題点は回避できると考えられる。

（b）複合タンパク質の作製法　　遺伝子融合における複合タンパク質の作製法を模式的に図3.17に示す。タンパク質Aとタンパク質Bの複合タンパク質を作製する場合，タンパク質Aをコードする構造遺伝子の終止コドンを取り除き，タンパク質Bをコードする遺伝子を，フレームを合わせて連結する。タンパク質は立体構造を形成して初めてその機能を発現する分子であるため，両者の結合によりそれぞれのタンパク質が適当な立体構造をとれず，失活する場合がある。この場合，それぞれのタンパク質が適切な立体構造を形成できるように，両タンパク質の間に柔軟性の高いリンカー配列を挿入する必要がある。リンカー配列としてはグリシン（G）とセリン（S）をベースにした(GGGS)nなどがよく使用される。

（c）目的タンパク質のアフィニティー精製　　遺伝子融合はタンパク質の生産・精製に威力を発揮しており，数多くの遺伝子融合用発現ベクターが市販されている。目的タンパク質の精製プロセスを図3.18に

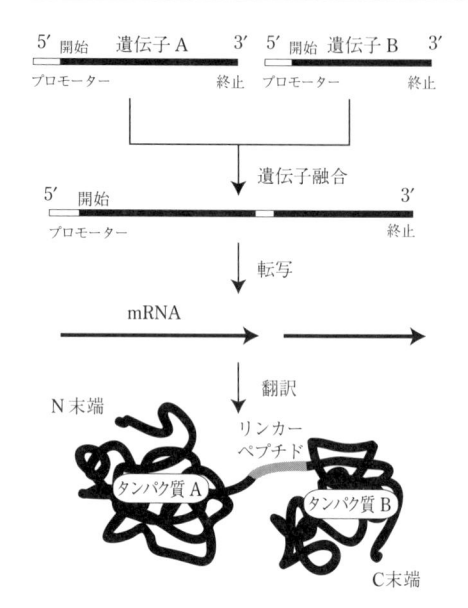

図3.17 遺伝子融合による複合タンパク質の作製

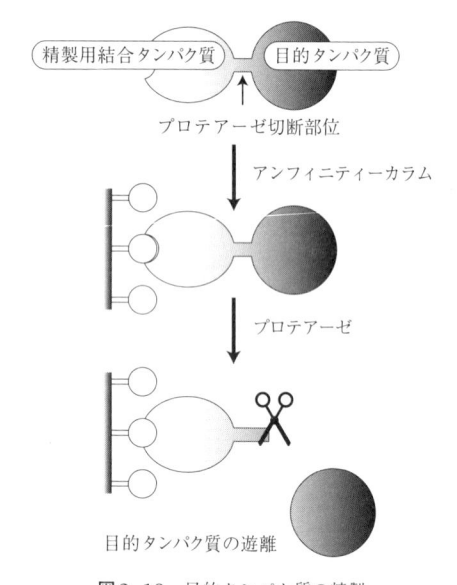

図3.18 目的タンパク質の精製

示す。強力な発現プロモータ下に置かれ発現量が多く，しかも大腸菌体内で可溶化しやすいグルタチオン-S-トランスフェラーゼ（GST）[84] マルトース結合タンパク質（MBP）[85]，チオレドキシン（TRX）[86]などのタンパク質をコードする遺伝子下流のマルチクローニングサイト（MCS）を利用して目的タンパク質の遺伝子を挿入し，両遺伝子を融合する。GSTならばグルタチオン固定化カラム，MBPならばアミロースカラムというようにそれぞれのタンパク質に対するアフィニ

ティーカラムが用意されており，宿主大腸菌が生産する数多くのタンパク質の中から融合タンパク質のみを特異的に精製できる。また融合タンパク質から目的タンパク質のみを単離できるように，ファクターXやトロンビンなどのプロテアーゼが認識・切断する特定のペプチド配列をコードする遺伝子がMCS近辺に配置されている。したがってアフィニティー精製後，プロテアーゼ反応を行い，再度カラムを通すことにより不必要なタンパク質を除去し，フロースルーから目的タンパク質のみを回収できる。

（d）**タグ融合タンパク質** 特定のアミノ酸配列をもつ短いペプチド鎖を，目的のタンパク質分子の一部に標識（タグ）として導入することにより，そのタンパク質の分離や検出が容易になる。タグ配列として最も頻繁に利用されるのは，ヒスチジン残基6個の配列からなるヒスチジンタグ（His-tag）であり，これをコードするDNA配列を目的タンパク質遺伝子に付加する。ヒスチジンタグはZn^{2+}，Ni^{2+}など2価金属イオンとの親和性を有するため，これら金属をチャージしたカラムに特異的に結合する。結合したタンパク質はイミダゾールを添加することにより，温和な条件で拮抗的に溶出できる。短い配列のため，合成DNAにより容易に導入が可能であり，またタグが付加されたままでも目的タンパク質の活性に影響を与えることが少ないため重宝されている。

（e）**複合タンパク質の応用** 融合遺伝子により作製される複合タンパク質の応用の代表例として，酵素免疫測定が挙げられる。酵素免疫測定では，触媒能を持つ酵素タンパク質と，優れた分子認識能を有する抗体タンパク質の機能の複合により達成される（**図3.19**）。従来，酵素と抗体あるいは抗体結合タンパク質との複合体の作製は化学結合により行われていたが，遺伝子融合によっても作製することができる[87]。遺伝子融合による方法は化学結合法とは異なり，それぞれのタンパク質が失活しないような設計が可能である。また両者の結合比は正確に1：1に制御できるため，酵素免疫測定における問題点の一つである複合体分子の巨大化による固相表面への非特異的吸着が軽減され，測定の高感度化が期待できる。

遺伝子融合により作製される複合タンパク質は無限の組合せが考えられる。目的に応じた分子設計により，さまざまな分野で有用なタンパク質が創出されることが期待される。　　　　　　　　　　　　　　　　（小畠）

〔**6**〕**酵素的修飾**

生体内で遺伝子から翻訳された新生タンパク質は，特定の酵素により特定の部位に修飾を受ける場合がある。この過程は「翻訳後修飾」と呼ばれ，細胞内の情報伝達，タンパク質の安定性の向上，細胞や組織の強度の向上などの場面で，重要な役割を演じている。翻訳後修飾にかかわる酵素は，基本的にはタンパク質の修飾ツールとして利用することができると考えられるが，タンパク質工学分野への応用例はそれほど多くない。しかしながら，翻訳後修飾反応は，リン酸化，アセチル化，ミリストイル化，グリコシル化，アミド化，ユビキチン化等多岐にわたり，これらの反応は酵素により触媒されるため特異性が高いことから，タンパク質の特定の部位（裏を返せば，特定の部位以外には影響を与えず）に種々の修飾を施す技術として，今後重要性を増す可能性は高い。本項では，工学的観点から興味深いいくつかの翻訳後修飾について述べる。

（a）**リン酸化** タンパク質のリン酸化は最もよく知られている翻訳後修飾の一つであり，さまざまな細胞活動に関与しているためプロテオーム解析の重要なターゲットとなっている[88]。タンパク質に存在する特定のセリン・トレオニン・チロシン残基側鎖水酸基のリン酸化/脱リン酸化は，それぞれプロテインキナーゼ/ホスファターゼという酵素により触媒されている。これらの酵素により，対象タンパク質の荷電状態，水溶性，金属イオンキレート能を可逆的に制御することが可能である。

（b）**糖鎖修飾** 糖タンパク質は，タンパク質のアスパラギン残基やセリン・トレオニン残基にオリゴ糖が結合したタンパク質であり，前者に結合した糖鎖はN型，後者二つに結合した糖鎖はO型と区別される。糖鎖修飾により，対象タンパク質の水溶性の向上，プロテアーゼ耐性の向上が可能である。タンパク質の糖鎖修飾の威力を明確に示した例として，サイトカイン，抗体といった医薬タンパク質の糖鎖修飾部位の改変による血中滞留時間の大幅な長期化や，薬理活性の大幅な向上が挙げられる。N型糖鎖は，ペプチド-N-グリコシダーゼ（PNGase）による加水分解によってタンパク質から切り出すことができる。この反応を$H_2{}^{18}O$中で行うと，糖鎖修飾を受けたアスパラギン残

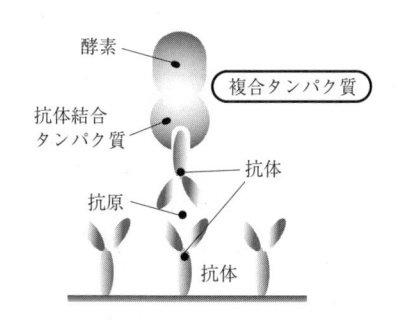

図3.19 複合タンパク質の酵素免疫測定への応用

基が選択的に^{18}Oでラベル化されるので，糖鎖修飾部位の同定に応用することができる[89]。

(c) 脂質修飾　脂質二重膜上に存在する膜タンパク質は，いくつかの方法で膜状に固定化される。固定化様式の一つに，タンパク質N末端アミノ基の脂肪酸修飾がある。ミリスチン酸（C_{14}）によるN末端修飾は，対象タンパク質の脂質二重膜への可逆的なアンカリングに加え，細胞内情報伝達への関与も示されている。このような部位特異的脂肪酸修飾は，疎水性表面や人工二分子膜へのタンパク質固定化等への応用が期待される。

(d) 架橋化　トランスグルタミナーゼ（TG）は，タンパク質間の架橋化反応を触媒する酵素である。血液凝固因子XIIIはTGの一種であり，基質タンパク質であるフィブリンの架橋化を通して血栓形成に寄与している。微生物由来のTGは，食品素材の改質用触媒として（株）味の素よりすでに実用化されている。架橋化反応の本質は，グルタミンおよびリジン残基側鎖間のアミド結合の形成である（図3.20）。リジン残基は種々の一級アミン誘導体に置き換えることができるため，広範な機能性分子の導入が可能となる。

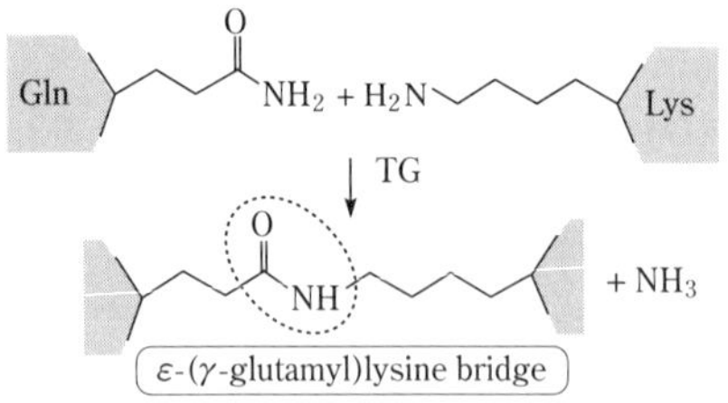

図3.20　TGにより触媒される架橋化反応

対象タンパク質にTG認識サイトが備わっている場合，目的化合物のアルキルアミン誘導体化によりタンパク質を部位特異的にラベル化することができる。この方法により，薬理活性タンパク質の部位特異的ポリエチレングリコール修飾[90]や糖鎖修飾などが達成されている。対象タンパク質に適当な架橋化サイトが存在しない場合，TGが認識可能なペプチド配列を遺伝子工学的手法により目的タンパク質に導入すれば，導入ペプチド間での部位特異的架橋化が可能となる[91]。TGにより生理活性ペプチドが導入されたタンパク質性ゲルは，組織工学分野への応用が試みられている[92]。このように，TGは化学的修飾では困難なタンパク質の部位特異的修飾が可能なため，さまざまな分野での応用が検討されている。

[7] 化学的修飾
タンパク質表面は，化学的に見ると種々の官能基で覆われた反応性の高い表面である。したがって，タンパク質分子表面に存在する官能基を有機化学的に修飾することができる。また，触媒機能に関与するアミノ酸残基の官能基は異常な反応性を示すことが多く，適当な化学試薬によりそのような残基の同定が可能となる。タンパク質の化学修飾に関しては多くの成書[93]があり，詳細はそちらを参照されたい。ここではその基本的な考え方と応用例を述べる。

(a) 化学修飾試薬の選択　タンパク質の化学修飾試薬に求められる性質として，特定の残基に対する特異性，水溶性，反応溶液中での安定性（反応速度と試薬自身の分解速度のバランス）などが挙げられる。

(b) ターゲットとなる官能基の選択　リジン残基およびN末端に存在するアミノ基は求核性が高く，種々の化学試薬による修飾のターゲットとなる。しかしながら，前者は，タンパク質分子中に多く存在するため，特定のリジン残基のみを選択的に修飾することは現実的には不可能である。N末端アミノ基のpKaが，リジン残基のそれに比べ若干低いことを利用して選択性を上げることは可能であるが，これらを完全に区別するのは難しい。アスパラギン酸，グルタミン酸，C末端に存在するカルボキシル基は，種々求核試薬により修飾することが可能であるが，アミノ基の場合と同様残基選択的修飾は難しい。一方，システイン残基のチオール（SH）基は，特異性という観点からきわめて有望な選択肢となる。SH基は酸化されるとジスルフィド（S-S）結合を形成する。また，SH基はマレイミド基とほぼ特異的に反応し，チオエーテルを形成する。システイン残基はタンパク質表面にそれほど多く存在せず，遺伝子工学的手法により対象タンパク質に唯一のシステイン残基を作り出せることから，化学的修飾における部位特異的修飾の最有力手段となっている。対象タンパク質が糖タンパク質である場合，過ヨウ素酸酸化により糖鎖部位を活性化することで，求核性試薬による糖鎖選択的な修飾が可能である。広義には部位特異的であるといえるが，強力な酸化剤を使用するため，副反応の抑制を考慮する必要がある。

(c) 化学的修飾の応用例
(1) 共有結合的修飾

① 蛍光標識　タンパク質の蛍光標識は，目的タンパク質の高感度検出に応用される。例えば，蛍光標識された抗体は，特定の抗原の有無を知らせる情報発信分子となる。さまざまな活性化型蛍光標識用試薬が市販されており，簡便な標識が可能となっている。

② ポリエチレングリコール（PEG）修飾　タンパク質のPEG修飾は，きわめて広い分野でその応用が検討されている[94]。血中半減期の短い医薬タンパ

ク質のPEG修飾による安定化は，PEGの生体適合性がうまく生かされている。また，PEGは両親媒性分子であるため，これにより修飾された酵素は有機溶媒に可溶化し，均一系触媒として利用できる。

③ 酵素機能の制御　化学的修飾による酵素の触媒機能の制御は，最もチャレンジングな研究テーマの一つである。これを達成するには，酵素機能を担うアミノ酸残基に摂動を与える部位（通常，活性部位極近傍）に，目的とする機能性分子を厳密に導入する必要があり，例えば前述のマレイミド基の特異性を利用して，外部刺激応答性酵素[95]が作製されている。

④ 架橋化試薬　グルタルアルデヒド（二価性試薬）による架橋化は，簡便であるが反応性が高いため適切な実験条件の設定が必要である。また，タンパク質ヘテロ二量化用試薬として，異なる官能基を分子内に有する二官能性架橋化試薬が市販されている。

(2) 非共有結合的修飾

① 脂質修飾　脂質（界面活性剤）とタンパク質を適切に組み合わせると，それらの複合体を簡便に得ることができる[96]。イオン性あるいは非イオン性どちらのタイプの界面活性剤も利用することが可能であり，有機溶媒や超臨界流体中での酵素反応，タンパク質製剤のデリバリー等へ応用されている。

② 補欠分子族の置換　複合タンパク質は，補欠分子族と呼ばれる有機分子を，タンパク質分子中の特定部位に取り込むことで機能を発揮する。このようにタンパク質の特定部位と親和性の高い有機分子の脱着が可能な場合，化学修飾された補欠分子族の再構成により，対象タンパク質に新たな機能性を付与することが可能となる[97]。　　　　　　　　　　　（神谷）

3.2.3　タンパク質の構造解析・構造予測技術
〔1〕構造解析技術

(a) 概要　タンパク質は物質的には一次構造であるアミノ酸配列によって規定されるが，そのタンパク質が機能を発現するためには立体構造をとる必要がある。したがってタンパク質の機能を理解するためには立体構造の解析が重要である。立体構造の解析を大別すると，分光学的な測定法と電磁波や粒子線との直接作用を利用する回折法からなる。分光学的な手法では紫外吸収（UV）スペクトル分析，蛍光スペクトル分析，あるいは円偏光二色性（CD）スペクトルなどによるアミノ酸残基の状態を解析する方法，核磁気共鳴を利用したディスタンスジオメトリー法による詳細な立体構造決定法が用いられる。一方，回折法には，X線回折法，中性子回折法，電子線回折法が実用化されており，タンパク質の原子レベルに至る高精度の解析が可能である。いずれの方法もタンパク質分子が規則正しく配列した結晶を入手することが第一歩である。

(b) 分光学的手法による構造解析

(1) 紫外可視吸収スペクトル分析　紫外吸収スペクトルでは，タンパク質の芳香族残基やペプチド結合に由来する吸収を観測できる。図3.21(a)に芳香族アミノ酸のUVスペクトルを示す[98]。タンパク質を構成するアミノ酸残基の種類やその数は，タンパク質ごとに異なるため，それぞれのタンパク質に特徴的なスペクトルを与える。遠紫外領域（200～210 nm）ではペプチド結合に由来する吸収，近紫外領域では芳香環を有するアミノ酸残基の強い吸収が観測される。芳香族性のアミノ酸側鎖は，溶媒の誘電率の低下（側鎖のタンパク質内部への移行）に伴い吸収スペクトルが低波長側にシフト（図3.21(b)）することが知られているので，タンパク質内部に埋もれた芳香族残基の存在環境を検知することができる。

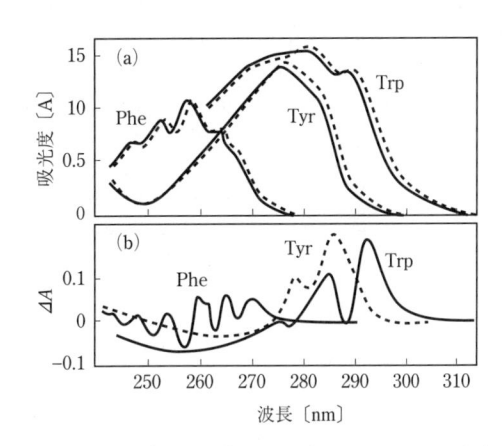

(a) 実線は水溶液中，波線は20％ジメチルスルホキシド水溶液中のスペクトル，(b) 水溶液中と20％ジメチルスルホキシド水溶液中での差スペクトル

図3.21　芳香族アミノ酸の紫外吸収スペクトル〔Yanari, S. and Bovey, F. A.: *J. Biol. Chem.*, **235**, 2818-2826 (1960)〕

また可視光の波長領域に吸収を有するヘムタンパク質，ニコチンアミド（NAD）やフラビンアミド（FAD）などの補欠分子族を有するタンパク質，ピリドキサールリン酸（PLP）を反応中心に持つアミノ基転移酵素やホスホリラーゼなどにおいては，可視吸光スペクトルの測定によって補欠分子の状態を知ることができる。

(2) 蛍光スペクトル分析　タンパク質の蛍光分析では，主としてトリプトファンやチロシンなどが紫

外光や可視光によって励起されて発する蛍光を測定する。蛍光分析では非常に感度を高く設定することができるので、芳香族アミノ酸の存在環境の検知に利用されるほか、タンパク質に蛍光プローブを結合させタンパク質間の距離や相互作用を調べたり、トレーサーとして体内動態を調べたり、細胞内の成分の染色にも使用される。近年、グリーン蛍光タンパク質（GFP）が蛍光標識として広く利用されている。目的タンパク質をGFPと融合させることによる1分子計測にも応用されている。

（3）円偏光二色性スペクトル分析（CD分析）　タンパク質の立体構造には、αヘリックスやβシートなどの規則正しい二次構造が存在するので、遠紫外領域（190～230 nm）の円偏光二色性はその二次構造の特徴を現す。図3.22にポリLリジンの典型的な二次構造スペクトルを示した[99]。実際のタンパク質におけるCDスペクトルはそのタンパク質に含まれる二次構造の寄与をおおむね加算したものになる。二次構造の含量はタンパク質によって異なるので、CDスペクトルは個々のタンパク質に特徴的なスペクトルを与える。よって、構造既知のタンパク質のCDスペクトルを参照することにより目的タンパク質に含まれている二次構造の含量を知ることができる。

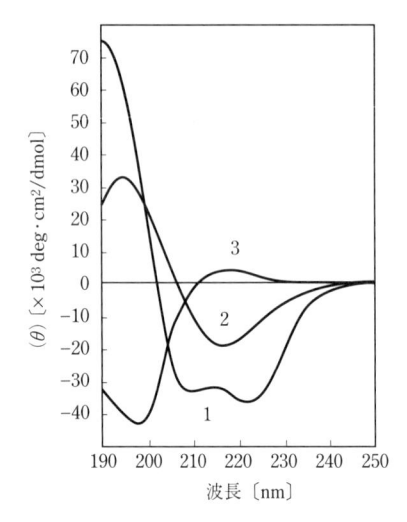

1：αヘリックス, 2：βシート, 3：ランダムコイル

図3.22 ポリLリジンの典型的な二次構造スペクトル
〔Greenfield, N. J. and Fasman, G. D.: *Biochemistry*, **8**, 4108-4116 (1969)〕

一方、タンパク質に紫外吸収を有するアミノ酸残基（Trp, Tyr, Phe, Cys）が存在したり、補酵素や金属錯体がリガンドとして結合する場合には、近紫外または可視領域に吸収を有するため、CDスペクトルの測定が可能である。一般にタンパク質は、これらの分子の存在環境がタンパク質ごとに異なるため、近紫外部においても個々のタンパク質固有の立体構造を反映するCDスペクトルを与えることになる。

（4）核磁気共鳴（NMR）スペクトルによる構造解析　電荷を持った粒子が回転すると磁場が発生する。原子核は陽電子を持ち、核の軸を中心に自転運動をしているため、自転軸方向に磁場を生ずるが、外部磁場を与えるとその分子構造によって異なる共鳴周波数を示す。低分子化合物のNMR解析では、化学シフトなどから化学構造に関する情報を直接取得することができるが、タンパク質のような複雑な分子の構造解析においては、おのおののアミノ酸残基の化学シフトは、その存在環境を反映して大きく変化し、タンパク質固有のシグナルを与える。これはタンパク質が固有の立体構造をとっている証拠でもある。そこで、タンパク質のNMR測定では、まず複雑なシグナルの帰属が行われる。帰属には高分解能のNMRを用いて二次元～多次元測定を行うための測定技術の開発や、シグナル帰属に有利な安定同位体（^{15}Nや^{13}Cなど）によるラベル化が実施される。実際には目的タンパク質を発現する大腸菌を、ラベル化されたアミノ酸を含む最少培地（M9培地など）で培養し、ラベル化タンパク質を調製する。また、発現量が高く分泌生産できるメタノール酵母（*Pichia pastris* など）を利用したラベル化も実施されている。最近では、これらの高発現系で不可避な問題である"ラベル化の選択性の低下"を回避する方法として、無細胞タンパク質発現（cell-free protein expression）系による高選択性ラベル化タンパク質の調製も実用化されている。

NMRによる三次構造決定では、ディスタンスジオメトリー（distance geometry）法という手法がとられる。タンパク質が立体構造を形成している場合に空間的に近接したプロトン間で観測される核オーバーハウザー効果（NOE）の情報を集め、その距離情報を満たす立体構造を計算機的に算出する。1986年、Wüthrichらのグループはディスタンスジオメトリー法によってアミノ酸74残基からなるアミラーゼインヒビター（tendamistat）の立体構造の決定に成功した[100]。この立体構造は、X線結晶回折によって決定された立体構造と基本的に同一であった（図3.23）。

NMRは回折法による構造解析において不可欠な"結晶の作製"が不要という長所を有している。1986年にNMRによってタンパク質の立体構造が決定されて以来、NMRは分子量の上限が20 000程度の細胞内タンパク質の構造決定、また上記の分子量範囲内に断

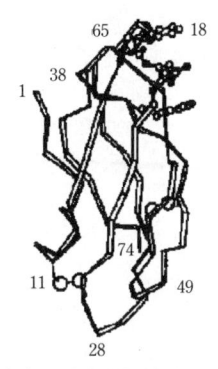

(a) NMRにより決定された構造　　(b) X線結晶構造解析により決定された構造

図3.23　Tendamistatの立体構造〔Kline, A. D., Braun, W., Wüthrich, K.: *J. Mol. Biol.*, **189**, 377-382 (1986), Pflugrath, J. W., Wiegand, G. and Huber, R.: *J. Mol. Biol.*, **189**, 383-386 (1986)〕

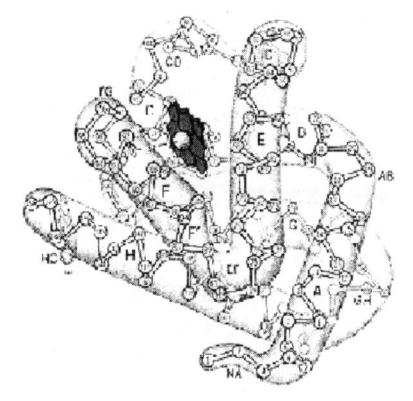

図3.24　ミオグロビンの立体構造（Kendrewモデル）〔Kendrew, J. C., Bodo, G., Dintzis, H. M., Parrish, R. G., Wyckoff, H. and Phillips, D. C.: *Nature*, **181**, 662-666 (1958)〕

片化されたドメイン構造の決定において，有効な手法として用いられている．さらに高分子量のタンパク質の解析には不向きとされてきたが，最近は1 GHzに近い周波数のNMR装置が実用化され，Wüthrichらが開発した新しい測定法（TROSY法）との併用により，分子量30 000を超えるタンパク質もNMR構造解析の対象となりつつある．さらに，制限分子運動環境下でのタンパク質双極子測定，極低温プローブによる感度向上，等の技術的進歩も近年のNMRによる構造決定数の増加に寄与している．2000年には，タンパク質の立体構造を構築する基本フォールドの全構造を原子レベルで決定することを目的として，横浜市鶴見区に理化学研究所のゲノム科学総合研究センターが開設され，40台近くの高分解能NMR装置が稼働している．

（c）　回折法による構造解析

（1）　X線結晶構造解析　　タンパク質のX線結晶構造解析は50年に及ぶ歴史と実績を有し，PDB（Protein Data Bank）に登録されているタンパク質構造の約80％がX線結晶構造解析により決定されている．タンパク質の最初のX線結晶構造解析例は1958年にKendrewらによって決定されたミオグロビンである（**図3.24**）[101]．その後1984年にはDeisenhoferらによって膜タンパク質である光合成細菌の反応中心複合体の構造が決定され（**図3.25**）[102]，X線結晶構造解析の対象はほとんどすべてのタンパク質にまで広がった．

X線結晶構造解析は，三次元的にタンパク質分子が規則的に配列した結晶を作製しさえすれば，解析対象タンパク質の分子量の制限がない．また，優れた回折能を有する結晶であれば市販のX線発生器と回折計を

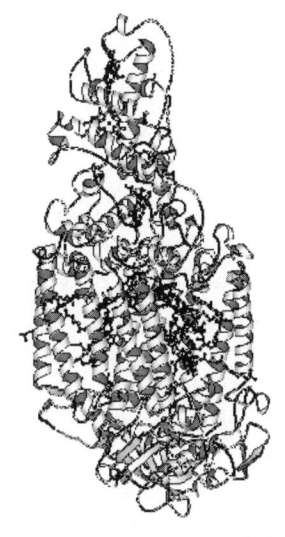

中央のαヘリックスが膜貫通領域

図3.25　光合成反応中心複合体の立体構造（PDBの座標（1PRC）をプログラムMOLSCRIPTにより描写）

用いて解析が可能である．市販の装置では十分な回折像を得られない結晶（特に大きさが0.1 mm以下の微結晶）でも，シンクロトロン放射光を用いた測定により原子レベルでの解析可能な回折データが取得可能である．国内の放射光施設としては，つくばの高エネルギー加速器研究機構のフォトンファクトリー（PF）と西播磨のSPring-8が稼働しており，数多くの構造解析に寄与している．前述の大規模NMR施設とともに，X線結晶構造解析においてもこれらの施設において網羅的な構造決定を目的とした国家プロジェクトが推進されている．

X線結晶構造解析の手順は，i) タンパク質試料の結晶化，ii) 回折データの収集，iii) 位相問題の解決，iv) 分子モデル構築と構造の精密化である。タンパク質の結晶化は，試料を沈殿剤溶液中に過飽和の状態で保存し，結晶を析出させる。このとき通常は蒸気拡散によって徐々にタンパク質と沈殿剤濃度が向上する条件が設定される。結晶化に適する条件を見出すためにpHや沈殿剤および塩の種類と濃度をスクリーニングする。現在では簡便なスクリーニングキットも市販されている。結晶化における重要な点は，タンパク質が溶液状態において不均一な会合体ではなく，単一な分散系を構成していることである。結晶化に先立って，タンパク質溶液の動的光散乱測定を行い，単一分散であることを確認すると，効率よい結晶化実験が可能となる。膜タンパク質の結晶化においては，水溶液下で結晶化に適した会合状態にするために，そのタンパク質に適した界面活性剤を加える必要がある。また，親水性部分の割合を増やすために，膜タンパク質に対する抗体を結合させることによる結晶化も成功している[103]。また，目的のタンパク質の安定性や分子の柔らかさも結晶化に影響を与える因子である。適切な変異導入，ペプチドの切り取りによりこれらの因子を向上させることにより，結晶化に成功した例も多い。単独では結晶化が難しいタンパク質においては，目的タンパク質に強く結合する基質，阻害剤，抗体などと複合体状態で結晶化させることが効果的である。

タンパク質の結晶は，X線に対して損傷しやすく，結晶格子は低分子の結晶に比べてはるかに大きいので，回折像は非常に淡く間隔が狭い。このような回折像を迅速に記録するために，ダイナミックレンジの広いイメージングプレート（富士写真フィルム製）や，読み取り時間が速く高感度な荷電結合型素子（CCD）検出器が用いられる。あわせて近年は，結晶の損傷を抑えるために，適切な抗凍結剤を含む溶液に結晶を浸した後に，液体窒素温度に急速冷却し，そのまま低温下で回折データを収集することが一般的である。構造解析においてはその結晶の規則性（格子定数や空間群等の結晶学的データ）を最初に決定する必要がある。以前はあらかじめプレセッション写真を撮影することにより，人間が目視で直接決定しなければならなかった。しかしながら，最近では回折像の記録が迅速にできるようになったので，先にできるだけ多く回折データを収集し，後で計算機的に決定することが一般的である。

回折データには位相情報が欠けているので，位相を別な方法で決定しなければならない。位相決定には，重原子同型置換法（MIR法），分子置換法（MR法），および多波長異常散乱法（MAD法）がとられている。重原子同型置換法は，従来から用いられている方法で，白金や水銀などを結晶中のタンパク質に付着させ，パターソン関数を解くことによって重原子位置を決定し，位相を決定する。現在でも新規構造の解析の際の位相決定に一般的に用いられる方法である。すでに目的タンパク質とアミノ酸配列において相同性の高いタンパク質が知られている場合は，その立体構造をサーチモデルとして利用して分子置換法により位相決定することができる。近年の立体構造データベースの拡充により，分子置換法で位相決定できる機会が広がっている。また，近年，原子の異常散乱効果を利用した多波長異常散乱法による位相決定も広く実施されている。特に，硫黄原子の代わりにセレン原子を導入したセレノメチオニン（Se-Met）を目的タンパク質に取り込ませ，セレン原子の異常分散効果を利用した解析が一般的である[104]。多波長異常散乱法による解析は，X線を目的原子の異常散乱効果が大きい波長に変化させることができる放射光の利用が前提である。前述の放射光施設は精度よく異常散乱データを収集できるシステムが確立されており，多波長異常散乱法による迅速な構造決定を担っている。

位相問題が解決できると，目的タンパク質の立体構造に由来する電子密度が計算できる。電子密度分布図をグラフィックス・ワークステーションに表示し，分子モデルを構築する。この作業を支援する種々のソフトウエアが市販されている。また，測定された電子密度と分子モデルから計算された電子密度の差を計算し，その差を減少させ，モデルを精密化するためのソフトウエアも市販されている。

（2）中性子回折法　X線回折が原子核を取り巻く電子からの現象であるのに対し，中性子回折は原子核そのものから生じる回折現象である。水素原子の中性子散乱能は炭素，酸素原子などと同程度である。このため，X線結晶構造解析では1Å以上の高分解能でなければ決定できない水素原子の位置決定を，中性子解析では通常の分解能で容易に決定できる。また，水素と重水素では中性子散乱能が大きく異なるため，重水素置換を併用することにより，水素原子の位置決定の高精度を高めることができる。このように中性子によるタンパク質の構造決定により，タンパク質を取り巻く水和水の構造や水素結合の状態などの興味深い情報が得られる。

中性子回折法では線源である原子炉，および中性子専用のモノクロメーターや回折データを効率よく収集するための検出器を備えた回折装置が必要である。そのため中性子構造解析が可能な研究グループは世界で

も数少ない。そのうちの一つは東海村の日本原子力研究所にあり，水素位置情報を含む構造解析に精力的に取り組んでいる[105]。現在のところ単独で位相情報を決定できないので，新規構造の決定には利用されず，X線結晶構造解析で決定された立体構造をさらに詳細に解析するために用いられている。回折データの処理から立体構造の精密化に至る一連の処理には，X線結晶構造解析と同様な解析ソフトウエアを用いることができる。しかしながら，線源の確保が実験室単位では不可能なこと，中性子の強度がX線と比べてはるかに弱く回折データ収集には約1 mm³以上の大きさの結晶を必要とすることから，中性子結晶構造解析は一般的な手法ではなかった。しかしながら2008年に大型陽子加速器施設が上記施設に完成予定となり，原子炉由来の約100倍の強度の中性子の利用が可能となることから，その稼働が期待されている。

(3) 電子線回折法　電子顕微鏡は電子線を試料に照射して，それがどう透過したかを記録する。電子顕微鏡の理論上の最高分解能は1Å程度であるが，1968年に初めて決定されたタンパク質は30Å程度の分解能で[106]，分子の全体像が見えたにすぎなかった。1975年にHendersonとUnwinによって実施された紫膜のバクテリオロドプシンの構造解析[107]では，電子線回折を併用することによって分解能は7Åに達し，このタンパク質が7本のヘリックスからなる膜貫通構造を有していることが明らかになった。その後，電子線によるタンパク質試料の損傷を防ぐため極低温にタンパク質試料を保つ装置を付加した極低温電子顕微鏡が開発され，1997年には，二次元結晶化したバクテリオロドプシンの立体構造が3.0Å分解能で決定された[108]。電子線回折では電子と原子核との強い相互作用を利用するので，きわめて薄い層状の結晶（二次元結晶）で実用的な構造解析が可能である。膜タンパク質の二次元結晶作製は脂質二重層で構成される生体膜内に存在するという特徴から，比較的容易である。その三次元結晶作製の困難さと相まって，電子線回折による構造解析のターゲットのほとんどが膜タンパク質である。
　　　　　　　　　　　　　　　　（黒木，玉田，油谷）

〔2〕 二次・三次構造予測技術
(a) タンパク質の構造予測　ゲノム情報解析が進展しているが，ゲノムそのものではなく，タンパク質が生命活動に直接かかわっている。タンパク質の巧みな機能は，タンパク質ごとに異なる特定の構造で決まる。このため，タンパク質の構造予測法の開発がクローズアップされ，ポストゲノム時代の重要な課題の一つに挙がっている。構造予測とは「アミノ酸残基の鎖状のつながりが折れたたむと，どんな立体構造を形成するのか」という問題の答を見つける試みである。

1本の鎖状の高分子がとる複雑だが安定な構造は，自然界の生み出した精巧な作品といえる。再生実験によると，分または秒のオーダーで，ポリペプチド鎖が折れたたむ。とり得る構造のすべてを試行錯誤しながら安定な構造に達するとしたら，宇宙の年齢をはるかに超える。現実には，アミノ酸配列自身が，あたかも自らの将来の姿を初めから知っているかのようなイメージである。ここに，アミノ酸配列からタンパク質の立体構造を予測する道がひらけるに違いないという期待感が生まれる。しかし，現在のところ，折りたたみの原理の解明と計算技術の両者の困難のため，タンパク質の構造予測法は完全には確立していない。

(b) タンパク質の構造予測法の変遷　Anfinsenの仮説（3.1.2項）を信じれば，タンパク質を一種の情報システムとみなせる。アミノ酸配列がタンパク質の立体構造を決める情報を与える。つまり，立体構造を予測する試みは，一次元情報から三次元情報を得る方法の開発といえる。さまざまな方法論が提案され，構造予測法は年代を重ねるごとに変遷してきた。

1970年代から1980年代にかけて，構造予測法の開発には二つの方向があった[110]。一つはアミノ酸配列から二次構造を予測して立体構造にパッキングする方法である。この方法の開発を目指して1980年代後半には，アミノ酸配列のホモロジー（相同性）に基づいた二次構造予測法が発展した。二次構造予測法とは，αヘリックスとβストランドがアミノ酸配列の中のどの部分にできるかを予測する方法である。一方，タンパク質分子の力場のポテンシャル関数を極小化して立体構造を予測する方法も進んだ。この方法もアミノ酸配列によって力場が決まるという考え方に基づいている。どちらの方法でも，原理上は解ける問題とはいえ，計算量が膨大になるため実用上は困難であるというジレンマに直面した。

1990年代になると，構造予測法は，おもに分子シミュレーション，ホモロジー法，フォールド予測法の3本柱で進展した（図3.26）。1980年代までの傾向と大きく異なる特徴は，フォールド予測法が出現したことである。分子シミュレーションとホモロジー法は，従来の三次構造予測，二次構造予測の延長線上で進んできた。他方，フォールド予測法は，アミノ酸配列をタンパク質の既知の立体構造群と直接比較するという新しい発想である。この予測法は，タンパク質の典型的な立体構造の種類が1 000のオーダーであるという見積りに支えられている。このため，新しい構造の存在を予測することはできない。

このように，どの予測法も完全に確立したわけでは

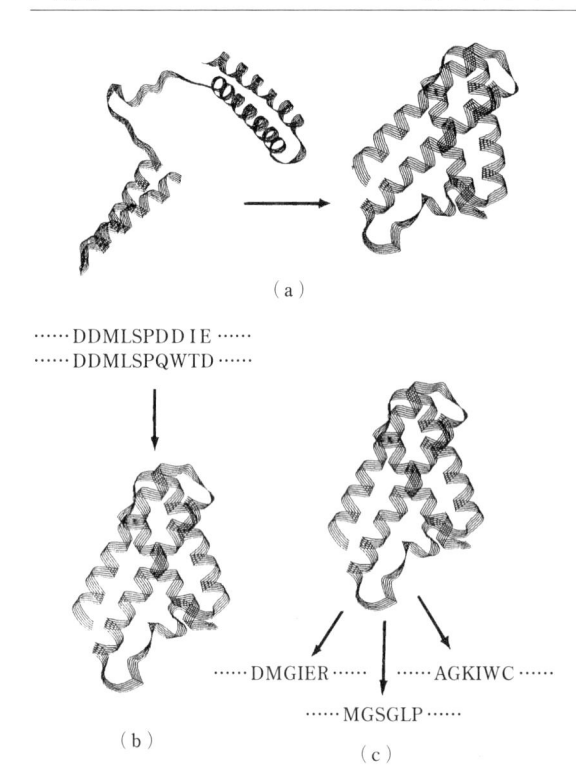

......DDMLSPDDIE......
......DDMLSPQWTD......

......DMGIER...... ......AGKIWC......
......MGSGLP......

(a) 分子シミュレーションでは，ポテンシャル関数の極小状態を探す．伸びた構造よりも折れたたまった構造のほうがポテンシャル関数の値は小さい．(b) ホモロジー法では，アミノ酸配列同士を比較して立体構造を予測する．(c) フォールド予測法では，想定した立体構造に適合するアミノ酸配列を探す．(a)は(b)，(c)と違って，アミノ酸配列の情報は力場に反映している．(c)は(b)とまったく対照的な方法であることに特徴がある．

図3.26 立体構造予測法の三つの分類

ない．しかし，予測法を開発する過程で，生命科学と情報科学が有機的に融合し，バイオインフォマティクスという分野を生み出す契機となった．本来の構造予測のねらいは，アミノ酸配列からタンパク質の立体構造を直接予測する方法の確立である．1990年代後半以降，コンピュータの演算能力の向上に伴って，*ab initio*法（from the beginningの意味のラテン語）の開発が従来よりも進展しつつある．

（c）二次構造予測法の特徴 1990年代の新しい予測法は，過去の方法を基礎に発展したので，代表的な予測法に絞って概観する．

（1）Chou-Fasmanの方法（確率論の方法） アミノ酸とアミノ酸配列がαヘリックス，βストランドに存在する傾向値を使って，新規のタンパク質の二次構造を予測する．この傾向値はX線結晶解析で得たタンパク質構造群から決まる．核の形成，核の伸展，二次構造の形成条件による調整という手順でαヘリックス，βストランドを別々に予測する．つぎに，傾向値の大きさでαヘリックスとβストランドの重複を解除する．62種のタンパク質に対して3状態予測（αヘリックス，βストランド，コイル）の結果は50％である[111]．

（2）GOR法（確率論の方法） Garnier, Osguthorpe, Robsonが開発した方法であり，アミノ酸残基の有向情報量の伝播の傾向から二次構造の形成能を考える．i番目のアミノ酸が存在するという条件のもとで$(i+k)$番目が各状態（αヘリックス，βストランド，コイル，ターン）にある確率を既知のタンパク質群から推計する．この確率はN末端側とC末端側によって異なるので有向情報量となる．推計した確率から残基ごとに各状態の形成能を評価して，最も大きい形成能を示す状態を見つける．当初62種のタンパク質に対して，3状態予測の結果は56％にすぎなかった[111]．1978年から1996年まで改良が続き，ホモロジー法と結びつけて予測率を伸ばし，67種のタンパク質に対して63％に達した[110]．GOR法は，その後発展した二次構造予測法の基礎になった．

（3）Limの方法（立体化学の方法） 安定な充填構造の形成に対する親水性残基と疎水性残基の寄与に着目する．アミノ酸配列上の疎水性残基の配置を基本にして，この配置を安定にするために他の残基の配置を考慮する．62種のタンパク質に対して，3状態予測の結果は59％である[111]．この方法は，5残基のアミノ酸対ごとに組み立てる方式なので，残基間の長距離相互作用が考慮できないという難点がある．

（4）ホモロジー法 1980年代後半にLevinらが発展させた方法であり，「アミノ酸配列が類似のタンパク質は，立体構造と機能も似ている」という仮定に基づいている．このような発想は古くからあったが，肝心の相同性検索（ホモロジーサーチ）の方法の進歩を待たなければならなかった．情報科学の文字列パターンマッチング（ダイナミックプログラミング法）が効力を発揮する．67種のタンパク質に対して，3状態予測の結果は63％である[110]．データベース内に相同タンパク質が含まれるかどうかが予測率に影響する．立体構造のデータベースが増えるほど予測率の向上が期待できる．一方，配列ホモロジーが低くても立体構造が似ているサンプルが見つかっているため，配列ホモロジーだけに頼ることはできない．ホモロジー法のこの限界を克服することがフォールド予測法を開発する契機の一つになった．

（5）新しい方法の試み ニューラルネット，人工知能の学習理論を導入して，二次構造予測法を開発

する試みも現れた。予測の対象に選ぶタンパク質によっては70％近い予測率を示す。類縁タンパク質にマルチプルアラインメント（5.1.2項）を利用して予測すると80％に達する場合もある。しかし，確率論，学習理論に基づいて予測できたとしても，二次構造形成機構が説明できないという難点もある。

現在では，二次構造予測用ツールがインターネット（例えばhttp://pbil.ibcp.fr/html/pbil_index.html（2004年12月現在））で公開されている。このため，利用の容易さはどの二次構造予測法でもほとんど変わらない。種々の予測法の結果を出力し，それらの多数決が実行できるしくみにもなっている。

（d）三次構造予測法の特徴　タンパク質の変性・再生は熱力学の相転移現象である。安定な立体構造は，相空間（各原子の位置と運動量を座標軸とする空間で，N個の原子には$6N$個の座標軸がある）の中の自由エネルギー極小の状態にある。しかし，この状態を見出すことは，コンピュータを駆使してもきわめて難しい。タンパク質分子の力場のポテンシャル関数の極小化に置き換えても，膨大な計算量になる。このため，既知の立体構造の情報を利用する方法（ホモロジー法，フォールド予測法）が現れた。

（1）ポテンシャル関数の極小化（分子シミュレーション）　タンパク質分子を取り巻く空間は，たとえ真空であっても，分子を構成する原子の存在によってゆがんだ状態になっている。このゆがみを力場という。力場は原子に運動の勢い（エネルギー）を与える。このとき，各原子に力が働き，力場の蓄えている勢い（ポテンシャル）が減る。ポテンシャルの大きさは，各原子の配置の仕方で決まるから，各原子の位置の関数である。分子のつり合いとは，各原子に働く力が打ち消し合っている状態である。分子全体に正味の力が働いていない状態は，ポテンシャル関数の極小状態にあたる。しかし，多自由度（大まかには，極小化の変数にあたる原子座標の個数と考えればよい）のため，無数の極小状態が見つかるという難点がある。一度落ち込んだ極小状態から脱出して，あらゆる構造を探索するという改良法の開発が進んでいる。今後のコンピュータの演算能力の向上が，極小化法の発展に反映する[112]。

（2）ホモロジー法　アミノ酸配列のホモロジーが30〜50％を超えるタンパク質の既知構造を手がかりにする。その既知構造の一部分を修正（比較モデリング）するので，概形そのものを仮定していることになる。修正した構造に対してポテンシャル関数を計算して立体障害を避ける。一方，概形が似ていても，配列のホモロジーが低いタンパク質の組がある。つまり，立体構造は配列よりも保存性が高い。この難点を克服する試みの一つがフォールド予測法である。

（3）フォールド予測法（構造識別法）　構造未知のタンパク質のアミノ酸配列を既知構造にあてはめ，配列と立体構造の適合性を評価し，最も適合する構造を見つける。この方法には3Dプロファイル法（Bowie-Eisenberg[113]）とスレディング法（Sipple[114]，Jones-Taylor-Thornton[115]）がある。

3Dプロファイル法は，各残基の部位にはどんな性質（疎水性，極性などの属性とαヘリックス形成能，βターン形成能など）のアミノ酸が適合するかを表す構造プロフィール（$20 \times N$のマトリックス，Nは既知構造の残基数）を使う。3D–1D評価関数を決めて，立体構造とアミノ酸配列の適合性を判断する。二次構造予測法を併用して予測率を高める試みもあるが，二次構造予測が正しくないと立体構造もまちがう。

スレディング法は，挿入・欠失を考慮したうえで，アミノ酸配列を既知構造にあてはめて（スレディングという操作），構造と配列の適合性を評価する。この評価のために，残基間相互作用を考えて統計ポテンシャルを計算する。統計ポテンシャルとは，立体構造のうえで，どのアミノ酸どうしがどれだけ離れた位置に配置しやすいかという情報を表す量である。全アミノ酸対の統計ポテンシャルの合計が最小になるアミノ酸配列が，選んだ既知構造に適していると考える。

予測精度を向上するために，3Dプロファイル法とスレディング法を融合した方法も現れた。フォールド予測法は，インターネット（国内の代表的なサイトはhttp://www.ddbj.nig.ac.jp（2004年12月現在））で利用できる。

（e）タンパク質の構造予測の問題点　どの構造予測法も完全な予測に成功していない。立体構造の形成機構に関与する要因が複雑だからである。まちがった中間状態に陥らないために分子シャペロン（3.1.1項）の介在が必要なタンパク質がある。しかし，正しく折りたたまれる道筋が決まっていると考えれば，構造形成機構を考慮した構造予測法の道をひらかなければならない。ポテンシャル関数の単なる極小化では，構造形成機構が追跡できないからである。

二次構造予測は，立体構造予測の過程で必要な操作である。このため，二次構造がどの程度予測できれば，立体構造を正しく予測できるのかということが問題になる。他方，$\alpha\beta$転移を示すタンパク質があるので，二次構造予測にも難しい問題が生じる。αヘリックスがβストランドに転移するサンプルは，αヘリックスという予測結果を使うと正しい立体構造が予測できない。

（f） 構造形成機構を解明する試み　物理化学の観点から，タンパク質の構造形成機構を島模型[116]というモデルで説明する試みがある。ポリペプチド鎖上の二次構造が，近接した疎水基間の疎水性相互作用によって島（局所的規則構造）を作る。島の内部で，側鎖の排除体積効果のような種々の残基間相互作用が働いて島が成長すると，隣接した島が融合する。最後に，タンパク質の特異な立体構造に達する。島模型は構造予測法の開発の指針となり得る。

二次構造の位置を仮定し，それらを固定したうえで，ポリペプチド鎖を折りたたんで立体構造を予測する。島模型の立場では，疎水基の分布に従って鎖の折りたたみの道筋が決まる。このため，限定した相空間でポテンシャル関数の極小状態を探す問題に帰着する。正しい三次構造を予測するためには，二次構造の位置を正しく予測したうえで，二次構造どうしをつなぐ領域の疎水基の分布に注意することが肝要である。SS結合の効果を評価する方法を考案し，BPTIのSS結合再生実験と比較したという例もある。

さらに，ヘリックス-コイル転移の統計力学を発展させて，島模型に基づいたタンパク質の統計力学を立てることができる。タンパク質の構造形成反応の実験と比較すると，その構造形成機構が理解できる。中間状態を経由して最終構造に達する道筋を予測するときの手がかりになる。　　　　　　　　　　　（小林幸夫）

〔3〕 タンパク質の分子設計

たった20種類のアミノ酸が数珠つなぎにつながってできたひも状分子（タンパク質）が，常温で，しかも高い基質特異性を保持しつつ働く有能な触媒であったり，化学エネルギーを力学エネルギーにほとんど損失なく変換するマシンであったりすることには，感嘆を通り越して驚愕せざるを得ない。このようなすばらしい物質があるからには，それの成り立ちとなる設計原理を解き明かしたいと願う気持ちに，科学者ならば共感を覚えるであろう。また，タンパク質の機能を自由にコントロールすることができれば工業的にも，また医薬品開発やヒューマンヘルスケアという観点からも大きな意義が認められる。タンパク質の分子設計の持つ裾野の広さを考えると，これを成し遂げることは人類共通の夢の一つという言い方も過言ではない。

ひも状のタンパク質は生理的環境下で折りたたまれ配列特異的な立体構造を形成する。この立体構造がタンパク質の機能発現に重要な役割を果たす。形が崩れたタンパク質はもはや働けない。つまり機能は形の中に内在されている。タンパク質の分子設計を非常に困難としている要因の一つは，タンパク質の構造形成原理が解明されていない点にある。以上のことを念頭に

おき，ここでは機能の設計というよりは，思い描いた形に折りたたまれるタンパク質の配列設計に関する研究を紹介したい。

（a） 4本ヘリックスバンドル　1980年代後半から，種々の天然タンパク質に見られる4本ヘリックスバンドル構造をとるような人工アミノ酸配列の設計と合成が行われてきた[117],[118]。設計の基礎的な方法はMinimalist Approachと呼ばれ，最少種類のアミノ酸を，ヘリックスバンドルのトポロジーを考慮に入れた単純な基本原則のもとに配列する。このとき，図3.27のようなαヘリックスの車輪モデルを参照する。

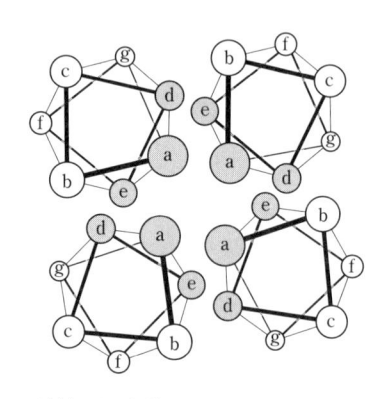

abc…gの連続した7部位の繰返しでヘリックスを表現する。adeの位置に疎水性のアミノ酸，例えばロイシンをおき，他のサイトはリジン，グルタミン酸などの親水性のアミノ酸をおく。

図3.27　4本ヘリックスバンドルの車輪モデル

車輪モデルにおける設計原理を一言で表現すればヘリックスの両親媒性，すなわち，ヘリックスをとりやすい親水性アミノ酸を外側に，疎水性アミノ酸を内側に配置する，ということになる。具体的には疎水性アミノ酸残基（おもにロイシン）と親水性残基（おもにリジンとグルタミン酸）を交互に並べ，ループ配列（プロリン-アルギニン-アルギニン-など）で連結する。LKKL…を繰り返した配列をリンカーでつなげば，それで万事うまくいくというわけではないが，この構造モチーフは繰り返し設計が行われた結果，現在では天然タンパク質がもつ構造特性を示す人工タンパク質も合成できるようになった[119],[120]。

ヘリックスバンドル以外にも，対称性が高く二次構造の単純な組合せからなる構造モチーフについて，各アミノ酸の疎水-親水性と二次構造の取りやすさを考慮に入れた手作業による方法で設計が行われている。

（b） より複雑な構造　4本ヘリックスバンドルのように立体構造の特徴を人間が直感的に把握できる

場合は，例えば車輪モデルを想定して適当なアミノ酸を一つずつ配置していく，というアプローチも可能であろう。しかし，SCOP[121]やCATH[122]のようなタンパク質の立体構造を分類したデータベースを閲覧すればただちにわかるように，立体構造ワールドの広がりは大きい。そこで，構造を与えたときにそれに適合するようなアミノ酸を選定するアルゴリズムを書き下し，コンピュータによって解を求めるということがなされるようになった。このような方針の研究のうち，最も特筆すべき成果はカリフォルニア工科大学のMayoらによるジンクフィンガーモチーフの設計である[123]。彼らの方法を適合性関数と最適化アルゴリズムという観点から述べる。

ある配列が目的とする構造にどの程度適合しているかを表すスコア関数のことを，構造-配列適合性関数と呼ぶ。Mayoらの関数は，おもに二つの要素からなっている。一つは，分子動力学プログラムなどで利用されるアトムレベルの相互作用関数のうち，ファンデルワールス相互作用と呼ばれるもので，各アミノ酸残基を構成する原子どうしが，引き合ったり反発し合ったりする効果を表現している。これの補助的な項としてアミノ酸の二次構造の傾向性を加える。もう一つは経験的に導入した水和項である。NやOなどいわゆる極性を担う原子は水と接することを好むのに対し，Cはタンパク質内部に埋もれることを好む。つまり，伸びたタンパク質がフォールドすれば，Cには都合がよいがNやOには不利になる。各原子の埋もれ具合を接触表面積で表現し，極性/非極性原子別に，総合スコアにかかる重みを求める。この際，すでにわかっているタンパク質変異体の安定性のデータを利用して，それがうまく再現されるように重みを決める。

アミノ酸配列を立体構造にのせる際，アミノ酸側鎖の自由度をどう処理すればよいか。Mayoらは代表的な側鎖構造をロータマーライブラリに格納し，その要素ですべての側鎖構造を代用する。一般的には側鎖のアングル一つ当りに3状態を割り当てる。つまり，x_1, x_2をもつロイシンなどでは9状態のロータマーを考える。x_3以上が存在する場合は適宜ロータマーの数を増やしていく[124]。計算量の観点からはロータマーは必要最小限に抑えるほうが望ましい。

計算機の中で，ロータマー表現されたアミノ酸を何度も取り替えながら，どういうロータマーをとるアミノ酸配列が構造に適しているかを計算する。この計算を実行するときのアルゴリズムとしてMayoらはDead End Elimination（DEE：行き止まり除去法）という方法を用いた。ある部位におけるロータマー（A）について，それがとる相互作用エネルギーの最高スコアが，同じ部位における別のロータマー（B）の，それがとる相互作用エネルギーの最低スコアよりも悪かった場合を想定する。この場合，Aはいくらがんばってもロータマーとして最適となる可能性は"ない"のでAを選択枝から除去する[125]。この手順を重ねることにより，最適なロータマー候補を絞り込む。以上の方法で設計した28残基からなる配列（FSD-1）を合成してみると，鋳型としたタンパク質構造（図3.28（a））と類似の立体構造をとることが，NMRの実験で確認された[123]（図3.28（b））。

（c）より大きな構造 Mayoの方法はアトムレベルの相互作用を含む詳細な関数を利用していること，側鎖構造を可能な限り考慮していること，および，DEEを利用して最適解を求めていること，などの制約から小さなタンパク質に適用範囲が限られる。28

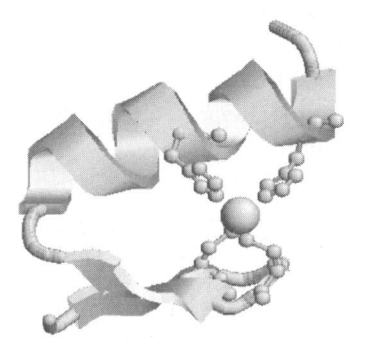

システインとヒスチジンが亜鉛を挟み込んでいる。

フェニルアラニンなどによってコア部分が形成されている。

（a）鋳型にしたジンクフィンガーモチーフ　　　（b）FSD-1の立体構造

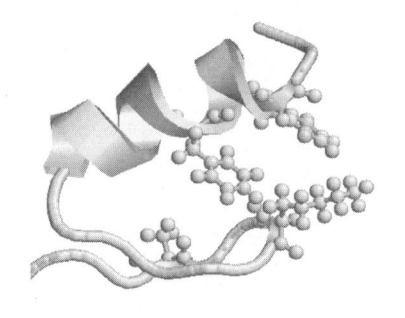

図3.28 MayoらによるFSD-1の設計[123]〔Dahiyat, B. I. and Mayo, S. L.: *Science*, **278**, 82-87（1997）〕

残基のタンパク質が設計できたことはエポックメーキングではあるが，酵素相当の分子量を持つタンパク質を設計するためには計算量のより少ない設計法が望まれる。

タンパク質の立体構造予測法の一つであるフォールド認識法（threading法）では問題配列と既知構造の適合具合を評価する[126]。この手法を逆に利用すれば，任意の構造に適合する配列を算出することができる。ここで利用する関数は，一つのアミノ酸を一つの代表点でまとめてしまい，その間の相互作用を議論するようなもので，Mayoの関数と比べかなり粗視化されている[127]。タンパク質の全配列設計を行う前段階として1部位での設計可能性を問うことができる。各部位のアミノ酸がどの程度構造に適しているかは3Dプロフィールという表に記載されるが，ここで見積もられたスコアと点突然変異体の安定性の実験値は相関する[128]。

実際に153残基からなるグロビンの全配列を設計する場合には，グロビン構造の3Dプロフィールから得られた各部位の最適配列を逐次更新して収束配列を求める[129]（図3.29）。つぎに得られた配列をターゲット構造にのせモデリングを実行する。側鎖の不適切なぶつかりがあった場合は3Dプロフィールを参照してシステマティックに小さい残基への置換を施す。その結果，収束配列で多く見られたトリプトファンは減り，ロイシンを多く含む配列ができあがった。

設計配列を大腸菌で合成した後，タンパク質の構造特性がCD，X線溶液散乱，NMRなどで調べられた。設計したタンパク質はおおよそアポミオグロビンのような立体構造を保持していることがわかったが，側鎖の揺らぎが大きく構造単一性が欠如していることも判明した[129]。ロイシンを増やしたことと構造単一性の欠如はじつは相関している。つまりロイシンの何箇所かをイソロイシンに置換すると構造単一性が向上した[130]（詳しくは（e）を参照）。

最近ではコンピュータの処理能力が向上したため，Mayoたちの方法による大きなタンパク質の設計も報告されている[131]。

（d）アミノ酸置換による構造変換 長さが同一で異なる立体構造をもつタンパク質を二つ用意する。タンパク質Aのある部位のアミノ酸をタンパク質Bの対応する部位のアミノ酸に置換したとしても，タンパク質Aの立体構造はほとんど変化しない。これはタンパク質Bでも同様で，2～3残基の置換が及ぼす立体構造への影響は少ない。では中間的な領域ではどうなっているのか。AとBのランダムなキメラ体を作っただけでは，フォールドしないタンパク質ができるだけだろう。しかし，上手に作れば少ない置換数で（50%以下の配列類似性を保持したまま）タンパク質Aの配列がタンパク質Bの立体構造をとるよう改変することができるのではないだろうか。1994年にRoseらはこの問題をProteins誌上で問いかけた[132]。いくつかのグループが改変に挑戦したが，最後にはReganのグループがβ構造を多く含むB1ドメインを，ダイマーで4ヘリックスバンドルとなり転写制御を行うタンパク質（Rop）へと変換することに成功した[133]（図3.30）。

彼女らのデザイン法は，4ヘリックスバンドル設計の知識と経験に裏打ちされたもので職人芸的色彩が強い。つまり，図3.27のような車輪モデルのa，dにアラニンとロイシンがくるよう配慮し，ターン部分に天然のRopには見られないが，構造を安定化することが実験的にわかっていたグリシンを配置し，Ropが持つアルギニンとアスパラギンの塩橋を導入した[133]。Ropへの構造変換と転移の協同性はCD，NMRによって確認された。それら具体的な設計法以前に，挑戦のモチーフとしてB1ドメインとRopを選択した戦略

N	I	H	S	R	O	3Dプロフィール表
1	V	3	e	16	P	EKQTHSGDNRACYM**V**WIFL
2	L	8	e	2	P	**L**IMCTFVYWSHGNAREKQD
3	S	1	e	2	D	**S**TPNGEKHACQRMLVWIF
4	E	1	a	2	P	**E**DSKQRATGNHVCYLMWIF
5	G	1	a	11	E	DSKNQPATR**G**MHCVYLWFI
6	E	4	a	1	**E**	DWQARNTSKYHMGFLCPVI
7	W	3	a	4	E	AQ**W**MKDFLRTNHSVYICGP
8	Q	1	a	5	K	EDA**Q**RNTSGHMCPLYVWFI
9	L	6	a	4	W	AM**L**FQCVIRYHTSNEDKGP
0	V	7	a	4	L	WI**V**FMRYAQCTHEKNDSGP
⋮	⋮	⋮	⋮	⋮	⋮	⋮

（a）天然ミオグロビンの3Dプロフィール

N	I	H	S	R	O	3Dプロフィール表
1	P	3	e	1	**P**	EQKSGTHDNRAYCWVMFIL
2	P	8	e	1	**P**	CVYLIFTHMSWNRGAEDQK
3	D	1	e	1	**D**	STPNGPKHAQCRYMLVWIF
4	P	1	a	1	**P**	EDSKQATRGNHCVYLFMWI
5	E	1	a	1	**E**	DKNQSRPTAGHMCYWILVF
6	R	4	a	1	**R**	DEQNTHYVMWFKSCALPGI
7	K	3	a	1	**K**	REQDMNWAYHLTFSVCIGP
8	K	1	a	1	**K**	EQDRANSTGHMPLVCYWIF
9	R	6	a	1	**R**	WFYMAHLNIQEVCKDSTGP
10	W	7	a	1	**W**	FLMYHAQVICERTDNSKGP
⋮	⋮	⋮	⋮	⋮	⋮	⋮

（b）集束計算終了時の3Dプロフィール

N：部位番号，I：構造にのせた配列，H：部位の埋もれ度，S：二次構造。続いて表記されているアミノ酸列は，部位への適合度順に並べ替えてあり，入力とした配列は白抜き文字で記してある。天然ミオグロビンでは入力配列（天然配列）が必ずしも最適配列ではないが（a），1番適合した配列（Oのカラムが示す配列）を入力として計算を続けると，やがて，すべての配列が最適配列となる（b）。

図3.29 設計に利用した3Dプロフィール

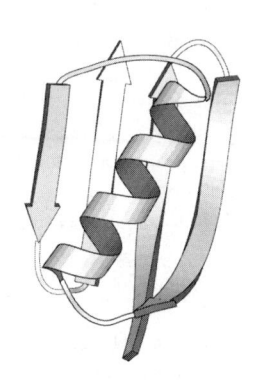

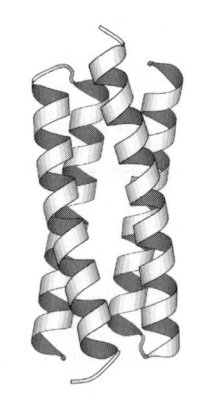

（a）タンパク質A　　　（b）タンパク質B

A：イムノグロブリン結合タンパク質のB1ドメイン．
B：Ropタンパク質．ダイマー構造をとっている．

図3.30　Reganらが利用した構造〔Dalal, S., Balasubramanian, S. and Regan, L.: *Nature Struct. Biol.*, **4**, 548–552(1997)〕

が成功の秘訣であろう．Reganらの仕事からタンパク質の配列空間が有するしなやかさと複雑さを実感することができる†．

（e）構造単一性を目指して　ほとんどの人工タンパク質は，人工グロビンのように構造単一性を有していない．これを克服して構造解析まで行われたのがMayoのFSD-1（図3.28）だが，Mayoの方法でつねに構造単一性が獲得されるのかは不明である．これまでの成功例/失敗例を概観する限り，フォールドの設計まではだいたい成功するが構造単一性に関してはかなり確率的だと思われる．では，どういうアプローチが構造単一性の獲得に有効なのであろうか．問いへの答として，ターゲット構造以外の構造安定性を低くすることでターゲット構造の構造単一性を向上させる"ネガティブデザイン"という概念が挙げられる[134]．しかし一言にネガティブデザインといってもそのアプローチはさまざまで，包括的な方法論はまだ提出されていない．ここでは構造単一性を目指した試みをいくつか紹介する．

車輪モデルを念頭にヘリックスバンドル構造を設計するとヘリックスの相互作用面にアラニンやロイシンが並ぶことになる．しかしこういった設計では側鎖の配位に特異性が反映されにくい．田中らは3本ヘリックスの設計においてロイシンの代わりにあえてヘリックス傾向性の低いトリプトファンを導入した．トリプトファンと相補する部位にはアラニンを入れる．こうすることによりWAAのかみ合わせが一意に決まるようになり，構造単一性が実現する[135]．ヘリックス内部でも，βブランチのあるバリンやイソロイシンを側鎖の大きいトリプトファンやフェニルアラニンの前後4残基目に導入することによりロータマーの数を制限することが中村らにより提唱されている[136]．また天然タンパク質立体構造のコア部分のロータマーの分布と残基間接触を調べることにより，構造単一性の獲得（ロータマーのエントロピーを減少させる）に効果的な疎水性アミノ酸ペアが二次構造別に抽出されている[137]．Faridらは側鎖エントロピーの減少具合を設計のスコア関数に陽に足し込むことで，配列設計を行う手法を提案している[138]．

タンパク質の分子設計はコンピュータの進歩，実験の成功/失敗の蓄積，立体構造データベースの拡充などの結果，90年代初頭に比べ実用的にも知的にも，実りが豊かな分野に成長した．鋳型構造へのデザインがほぼできるようになった後には，機能の付与に関する大きなハードルが待ち受けている．それとは別に，設計可能な構造の鋳型を特徴づけるという問題にも取り組む必要がある．これはひいては，タンパク質として可能な立体構造を数え上げる手法にもなるだろうし，すでに絶滅した構造（があれば，だが）の蘇生や，新規構造の創出[139]にもつながるだろう．タンパク質の分子設計の未来には興味がつきない．（太田，磯貝）

引用・参考文献

1) 饗場浩文，水野　猛：大腸菌および関連細菌，組換えタンパク質生産法，（塚越規弘編著），pp. 7–28，学会出版センター（2001）．
2) Sambrook, J. Fritsch, E. F. and Maniatis, T.: *Molecular Cloning*, p. 101, Cold Spring Horbor Laboratory Press（1989）.
3) Studier, F. W. and Moffatt, B. A.: *J. Mol. Biol.*, **189**, 113–130（1986）.
4) Prinz, W. A., Aslund, A., Holmgren, F. and Beckwith, J.: *J. Biol. Chem.*, **272**, 15661–15667（1997）.
5) 星野貴行：枯草菌および関連細菌，組換えタンパク質生産法，（塚越規弘編著），pp. 29–54，学会出版センター（2001）．
6) 山縣秀夫，鵜高重三：細菌によるタンパク質の分泌生産，タンパク質の分泌と細胞内輸送，（水島昭二，鵜高重三編著），pp. 119–141，学会出版センター（1995）．
7) Protein Express社のホームページ：http://www.proteinexpress.co.jp/（2004年11月現在）

---

† 一連のイベントは16世紀の著名な錬金術師の名を冠した"パラセルススの挑戦"として知られている．最初の改変成功者には1 000ドルの賞金が用意され，Reganが見事1 000ドルを手中にした．設計されたタンパク質は昼と夜の顔を持つギリシャ神話の神にちなみJanus（ヤヌス）と名づけられた．

8) ATCC: http://www.atcc.org/ (2004年12月現在)
9) 理研セルバンク: http://www.brc.riken.jp/lab/cell/ (2004年12月現在)
10) WAVE BIOTECH 社 : http://www.wavebiotech.com/ (2004年12月現在)
11) Kallel, H., et al.: *J. Biotechnology*, **95**, 195-204 (2002).
12) Durocher, Y., et al.: *Nucleic Acids Res.*, **30**, E9 (2002).
13) Hollister, J., et al.: *Biochemistry*, **41**, 15093-15104 (2002).
14) Chang, G. D., et al.: *J. Biotechnology*, **102**, 61-71 (2003).
15) Choi, B. K.: *PNAS*, **100**, 5022-5027 (2003).
16) 中野秀雄:基礎生化学実験法(第3巻),(日本生化学会編), p. 125, 東京化学同人 (2001).
17) Kawarasaki, Y., Kasahara, S., Kodera, N., Shinbata, T., Sekiguchi, S., Nakano, H. and Yamane, T., *Biotechnol Prog.*, **16**, 517-521 (2000).
18) Zubay, G.: *Annual Rev. Genetics*, **7**, 267-287 (1973).
19) Craig, D., Howell, M. T., Gibbs, C. L., Hunt, T. and Jackson, R. J.: *Nucleic Acids Res.*, **20**, 4987-4995 (1992).
20) Shimizu, Y., Inoue, A., Tomari Y., Suzuki, T., Yokogawa, T., Nishikawa, K. and Ueda, T.: *Nature Biotechnol.*, **19**, 751-755 (2001).
21) Spirin, A. S., Baranov, V. I., Ryabova, L. A., Ovodov, S. Y. and Alakhov, Y. B.: *Science*, **242**, 1162-1164 (1988).
22) Kigawa, T., Yabuki, Y., Yoshida, M., Tsutsui, Y., Ito, T., Shibata, S. and Yokoyama, S.: *FEBS Lett.*, **442**, 15-19 (1999).
23) Madin, K., Sawasaki, T., Ogasawara, T. and Endo, Y.: *Proc. Natl. Acad. Sci. USA*, **97**, 559-564 (2000).
24) Ryabova, L. A., Desplancq, D., Spirin, A. S. and Plückthun, A.: *Nature Biotechnol.*, **15**, 79-84 (1997).
25) Yang, J., Kobayashi, K., Iwasaki, Y., Nakano, H. and Yamane, T.: *J. Bacteriol.*, **182**, 295-302 (2000).
26) 伊藤菊一:遺伝子発現研究法(生物化学実験法43), p. 264, 学会出版センター (2000).
27) Amstuts, P., Forrer, P., Zahnd, C. and Plückthun, A.: *Curr. Opin. Biotechnol.*, **12**, 400-405 (2001).
28) Ikura, M., Kay, L. E. and Bax, A.: *Biochemistry*, **29**, 4659-4667 (1990).
29) Grzesiek, S., Anglister, J., Ren, H. and Bax, A.: *J. Am. Chem. Soc.*, **115**, 4369-4370 (1993).
30) Yamazaki, T., Lee, W., Revington, M., Mattiello, D. L., Dahlquist, F. W., Arrowsmith, C. H. and Kay, L. E.: *J. Am. Chem. Soc.*, **116**, 6464-6465 (1994).
31) Pervushin, K., Riek, R., Wider, G. and Wuthrich, K.: *Proc. Natl. Acad. Sci. USA*, **94**, 12366-12371 (1997).
32) Fiaux, J., Bertelsen, E. B., Horwich, A. L. and Wuthrich, K.: *Nature*, **418**, 207-211 (2002).
33) Gardner, K. H. and Kay, L. E.: *Annu. Rev. Biophys. Biomol. Struct.*, **27**, 357-406 (1998).
34) Kainosho, M. and Tsuji, T.: *Biochemistry*, **21**, 6273-6279 (1982).
35) McIntosh, L. P. and Dahlquist, F. W.: *Q. Rev. Biophys.*, **23**, 1-38 (1990).
36) Spirin, A. S., Baranov, V. I., Ryabova, L. A., Ovodov, S. Y. and Alakhov, Y. B.: *Science*, **242**, 1162-1164 (1988).
37) Kigawa, T., Yabuki, T., Yoshida, Y., Tsutsui, M., Ito, Y., Shibata, T. and Yokoyama, S.: *FEBS Lett.*, **442**, 15-19 (1999).
38) Madin, K., Sawasaki, T., Ogasawara, T. and Endo, Y.: *Proc. Natl. Acad. Sci. USA*, **97**, 559-564 (2000).
39) Yabuki, T., Kigawa, T., Dohmae, N., Takio, K., Terada, T., Ito, Y., Laue, E. D., Cooper, J. A., Kainosho, M. and Yokoyama, S.: *J. Biomol. NMR*, **11**, 295-306 (1998).
40) Yokoyama, S., Hirota, H., Kigawa, T., Yabuki, T., Shirouzu, M., Terada, T., Ito, Y., Matsuo, Y., Kuroda, Y., Nishimura, Y., Kyogoku, Y., Miki, K., Masui, R. and Kuramitsu, S.: *Nat. Struct. Biol.*, **7** Suppl., 943-945 (2000).
41) Seetharam, R., Heeren, R. A., Wong, E. Y., Braford, S. R., Klein, B. K., Aykent, S., Kotts, C. E., Mathis, K. J., Bishop, B. F., Jennings, M. J., et al.: *Biochem. Biophys. Res. Commun.*, **155**, 518-523 (1988).
42) Hendrickson, W. A.: *Science*, **254**, 51-58 (1991).
43) Hendrickson, W. A., Horton, J. R. and LeMaster, D. M.: *EMBO J.*, **9**, 1665-1672 (1990).
44) Kigawa, T., Yamaguchi-Nunokawa, E., Kodama, K., Matsuda, T., Yabuki, T., Matsuda, N., Ishitani, R., Nureki, O. and Yokoyama, S.: *J. Struct. Funct. Genomics*, **2**, 29-35 (2002).
45) Tucker, J. and Grisshammer, R.: *Biochem. J.*, **317** (Pt 3), 891-899 (1996).
46) Loisel, T. P., Ansanay, H., St-Onge, S., Gay, B., Boulanger, P., Strosberg, A. D., Marullo, S. and Bouvier, M.: *Nat. Biotechnol.*, **15**, 1300-1304 (1997).
47) Michel, F., Sylvain, B. and Pierre, P.: Anal. Biochem., **224**, 347-353 (1994); Cadwell, R. C. and Joyce, G. F.: *PCR Methods and Application*, **2**, 28-33 (1992). 〔Error-prone PCRの実験に関する初期の報告〕
48) Taguchi, S., et al.: *Appl. Environm. Microbiol.*, **64**, 492-495 (1998).

49) Arnold, F. H.: *Acc. Chem. Res.*, **31**, 125 (1998).
50) Arnold, F. H., Wintrode, P. L., Miyazaki, K. and Gershenson, A.: How enzymes adapt: *Lessons from Directed Evolution.*, TIBS, **26**, 100-106 (2001). 〔定方向進化の研究例〕
51) Nishimiya, Y., Tsumoto, K., et al.: *J. Biol. Chem.*, **275**, 12813-12820 (2000); Kumagai, I., Nishimiya, Y., Kondo, H. and Tsumoto, K.: *J. Biol. Chem.*, **278**, 24929-24936 (2003). 〔抗体の特異性変換の研究例〕
52) Zoller, M. J. and Smith, M.: *Methods Enzymol.*, **154**, 329-351 (1987). 〔Heteroduplex法による変異導入の総説〕
53) Kunkel, T. A.: *PNAS*, **82**, 488-492 (1986).
54) Kunkel, T. A., et al.: *Methods Enzymol.*, **154**, 367-382 (1987). 〔ウラシルを含む鋳型を用いた変異導入（Kunkel法）の総説〕
55) Taylor, J. W., et al.: *Nucleic Acids Res.*, **13**, 8765-8785 (1985).
56) Stratagene, QuikChange Site-Directed Mutagenesis Kit Manual (1998).
57) Fersht, A.: *Structure and Mechanism in Protein Science* (Freeman, 1999). 〔タンパク質科学，酵素学に関する良書であるが，変異導入を用いた酵素の反応機構に関する研究例がよくまとめられている〕
58) Kojima, S., Obata, S., Kumagai, I. and Miura, K.: *Biotechnology* (N Y), **8**, 449-452 (1990). 〔変異導入を用いたプロテアーゼ阻害剤の特異性変換に関する研究例〕
59) Yutani, K., et al.: *PNAS*, **84**, 4441-4444 (1987). 〔トリプトファン合成酵素αサブユニット49位の変異体と安定性の関連を議論した先駆的研究例〕
60) 春木 満：酵素工学，生命工学，pp. 83-104，共立出版（2000）．〔変異導入を用いた酵素の機能改良に関する研究例がよくまとめられている〕
61) Tsumoto, K., et al.: *J. Biol. Chem.*, **270**, 18551-18557 (1995); Yokota, et al.: *J. Biol. Chem.*, **278**, 5410-5418 (2003) など．〔変異導入を用いた抗体の分子認識機構に関する研究例〕
62) Arnold, F. H. ed.: *Advances in Protein Chemistry*, Vol. 55, Academic Press (2000). 〔進化分子工学に関する優れた総説集〕
63) Harayama, S.: *TIBTECH*, **16**, 76-82 (1998). 〔DNAシャッフリングに関する優れた総説〕
64) Stemmer, W. P.: *Nature*, **370**, 389-391 (1994); Ness, J. E., et al., *Nature Biotechnol.*, **17**, 893-896 (1999) など．
65) Leong, S. R., Chang, J. C., Ong, R., Dawes, G., Stemmer, W. P. and Punnonen, J.: *Proc. Natl. Acad. Sci. USA*, **10**, 1163-1168 (2003). 〔インターロイキン12へのDNAシャッフリングの適用例〕
66) Crameri, A., et al.: *Nature*, **391**, 288-291 (1998).
67) Kikuchi, M., Ohnishi, K. and Harayama, S.: *Gene*, **243**, 133-137 (2000). 〔ファミリーシャッフリングによる酵素の分子進化〕
68) Yanagawa, H., Yoshida, K., Torigoe, C., Park, J. S., Sato, K., Shirai, T. and Go, M.: *J. Biol. Chem.*, **268**, 5861-5865 (1993).
69) Yano, T., Oue, S. and Kagamiyama, H.: *Proc. Natl. Acad. Sci. USA*, **95**, 5511-5515 (1998). 〔鏡山らのアスパラギン酸アミノ転移酵素の機能変換例〕
70) Kumagai, I., Takeda, S. and Miura, K.: *Proc. Natl. Acad. Sci. USA*, **89**, 5887-5891 (1992). 〔エキソン単位での遺伝子入換えによるタンパク質の機能創出の研究例〕
71) Shirai, T., Fujikake, M., Yamane, T., Inaba, K., Ishimori, K. and Morishima, I.: *J. Mol. Biol.*, **287**, 369-382 (1999). 〔モジュールシャッフリングを用いたタンパク質の機能改質の研究例〕
72) Kolkman, J. A. and Stemmer, W. P.: *Nature Biotechnol.*, **19**, 423-428 (2001). 〔エキソンシャッフリングを用いたタンパク質の機能改質に関する総説〕
73) 芳坂貴弘：遺伝暗号を拡張した人工タンパク質合成システム，化学と工業，**53**，169-172 (2000).
74) Hohsaka, T., Ashizuka, Y., Taira, H., Murakami, H. and Sisido, M.: *Biochemistry*, **40**, 11060-11064 (2001).
75) Noren, C. J., Anthony-Cahill, S. J., Griffith, M. C. and Schultz, P. G.: *Science*, **244**, 182-188 (1989).
76) Hirao, I., Ohtsuki, T., Fujiwara, T., Mitsui, T., Yokogawa, T., Okuni, T., Nakayama, H., Takio, K., Yabuki, T., Kigawa, T., Kodama, K., Yokogawa, T., Nishikawa, K. and Yokoyama, S.: *Nat. Biotechnol.*, **20**, 177-182 (2002).
77) Cornish, V. W., Mendel, D. and Schultz, P. G.: *Angew. Chem. Int. Ed. Engl.*, **34**, 621-633 (1995).
78) Murakami, H., Hohsaka, T., Ashizuka, Y., Hashimoto, K. and Sisido, M.: *Biomacromolecules*, **1**, 118-125 (2000).
79) Taki, M., Hohsaka, T., Murakami, H., Taira, K. and Sisido, M.: *FEBS Lett.*, **507**, 35-38 (2001).
80) Kanamori, T., Nishikawa, S., Shin, I., Schultz, P. G. and Endo, T.: *Proc. Natl. Acad. Sci. USA*, **94**, 485-490 (1997).
81) Muranaka, N., Hohsaka, T. and Sisido, M.: *FEBS Lett.*, **510**, 10-12 (2002).
82) Hohsaka, T. and Sisido, M.: *Curr. Opinion Chem. Biol.*, **6**, 809-815 (2002).
83) Hohsaka, T., Kajihara, D., Ashizuka, Y., Murakami, H. and Sisido, M.: *J. Am. Chem. Soc.*, **121**, 34-40 (1999).
84) Smith, D. B. and Jphnson, K. S.: Single-step pubrification of polypeptides expressed in *Escherichia coli* as fusions with glutathione S-transferase., *Gene*, **67**, 31-40 (1988).
85) Maina, C. V., Riggs, P. D., Grandea, A. G., Slatko, B. E., Moran, L. S., Taigliamonte, J. A.,

McReynolds, L. A. and Guan, C.: An *Escherichia coli* vector to express and purify foreign proteins by fusion to and separation from maltose-binding protein., *Gene*, **74**, 365-373 (1988).

86) LaVallie E. R., DiBlasio, E. A., Kovacic, S., Grant, K. L., Schendel, P. F. and McCoy, J. M.: A thioredoxin gene fusion expression system that circumvents inclusion body formation in the *E. coli* cytoplasm., *Biotechnology*, **11**, 187-193 (1993).

87) Kobatake, E., Iwai, T., Ikariyama, Y. and Aizawa, M.: Bioluminescent immunoassay with a protein A-luciferase fusion protein., *Anal. Biochem.*, **208**, 300-305 (1993).

88) 小田吉哉：リン酸化プロテオーム，プロテオミクス──方法とその病態解析への応用──（現代化学増刊42），（平野 久，鮎沢 大編），pp. 24-30, 東京化学同人 (2002).

89) Kaji, H., et al.: *Nat. Biotechnol.*, **21**, 667-672 (2003).

90) 佐藤晴哉：バイオサイエンスとインダストリー，**56**, 613-616 (1998).

91) Kamiya, N., et al.: *Bioconjugate Chem.*, **14**, 351-357 (2003).

92) Schense, J. C., et al.: *Nat. Biotechnol.*, **18**, 415-419 (2000).

93) 大野素徳，他：蛋白質の化学修飾（上，下巻）（生物化学実験法12），学会出版センター (1981)；Hermanson, G. T.: *Bioconjugate Techniques*, Academic Press (1996) など.

94) 稲田祐二，前田 浩編：続タンパク質ハイブリッド──これからの化学修飾──，共立出版 (1988).

95) Saghatelian, A., et al.: *J. Am. Chem. Soc.*, **125**, 344-345 (2003)；Shimoboji, T., et al.: *Bioconjugate Chem.*, **14**, 517-525 (2003).

96) Hayes, D. G.: *Modern Protein Chemistry*, (Howard G. C., Brown W. E.), pp. 179-225, CRC Press (2002).

97) 浜地 格：人工タンパク質，生命化学のニューセントラルドグマ，（杉本直己編），pp. 152-159, 化学同人 (2002).

98) Yanari, S. and Bovey, F. A.: *J. Biol. Chem.*, **235**, 2818-2826 (1960).

99) Greenfield, N. J. and Fasman, G. D.: *Biochemistry*, **8**, 4108-4116 (1969).

100) Kline, A. D., Braun, W. and Wüthrich, K.: *J. Mol. Biol.*, **189**, 377-382 (1986).

101) Kendrew, J. C., Bodo, G., Dintzis, H. M., Parrish, R. G., Wyckoff, H. and Phillips, D. C.: *Nature* (London), **181**, 662-666 (1958).

102) Deisenhofer, J., Epp, O., Miki, K., Huber, R. and Michel, H.: *Nature*, **318**, 618-624 (1985).

103) Iwata, S., Ostermeier, C., Ludwig, B. and Michel, H.: *Nature*, **376**, 660-669 (1995).

104) Hendrickson, W. A., Horton, J. R. and LeMaster, D. M.: *EMBO J.*, **9**, 1665-1672 (1990).

105) Niimura, N.: *Curr. Opin. Struct. Biol.*, **9**, 602-608 (1999).

106) DeRosier, D. J. and Klug, A.: *Nature*, **217**, 130-134 (1968).

107) Henderson, R. and Unwin, P. N.: *Nature*, **257**, 28-32 (1975).

108) Kimura, Y., Vassylyev, D. G., Miyazawa, A., Kidera, A., Matsushima, M., Mitsuoka, K., Murata, K., Hirai, T. and Fujiyoshi, Y.: *Nature*, **389**, 206-211 (1997).

109) 日本生物物理学会　シリーズ・ニューバイオフィジックス刊行委員会編：構造生物学とその解析法，共立出版 (1997).

110) Fasman, G. D.: *Prediction of Protein Structure and the Principles of Protein Conformation*, Plenum, New York (1989).

111) Kabsh, W. and Sander, C.: *FEBS Lett.*, **155**, 179-182 (1983).

112) 杉田有治，光武亜代理，岡本祐幸：物理会誌，**56**, 591-599 (2001).

113) Bowie, J. U., Luthy, R. and Eisenberg, D.: *Science*, **253**, 164-170 (1991).

114) Sipple, M. J.: *J. Mol. Biol.*, **213**, 859-883 (1990).

115) Jones, D. T., Taylor, W., R. and Thornton, J. M.: *Nature*, **358**, 86-89 (1992).

116) Saitô, N. and Kobayashi, Y.: *The Physical Foundation of Protein Architecture*, World Scientific, Singapore (2001).

117) Regan, L. and DeGrado, W. F.: *Science*, **241**, 976-978 (1988).

118) Hecht, M. H., Richardson, J. S., et al.: *Science*, **249**, 884-891 (1990).

119) Schafmeister, C. E., et al.: *Nature Struct. Biol.*, **4**, 1039-1046 (1997).

120) Gibney, B. R., et al.: *J. Am. Chem. Soc.*, **121**, 4952-4960 (1999).

121) SCOPのホームページ：http://scop.mrclmb.cam.ac.uk/scop/（2003年6月現在）

122) CATHのホームページ：http://www.biochem.ucl.ac.uk/bsm/cath/（2003年6月現在）

123) Dahiyat, B. I. and Mayo, S. L.: *Science*, **278**, 82-87 (1997).

124) Dunbrack, R. L. and Karplus, M.: *J. Mol. Biol.*, **230**, 543-574 (1992).

125) Desmet, J., De Maeyer, M., Hazes, B. and Lasters, I.: *Nature*, **356**, 539-542 (1992).

126) Jones, D. T., Taylor, W. R. and Thornton, J. M: *Nature*, **358**, 86-89 (1992).

127) Sippl, M. J.: *J. Mol. Biol.*, **213**, 859-883 (1990).

128) Ota, M., Kanaya, S. and Nishikawa, K.: *J. Mol. Biol.*, **248**, 733-738 (1995).

129) Isogai, Y., Ota, M., Fujisawa, T., Izuno, H., Mukai,

M., Nakamura, H., Iizuka, T. and Nishikawa, K.: *Biochemistry*, **38**, 7431–7443 (1999).
130) Isogai, Y., Ishii, A., Fujisawa, T., Ota, M. and Nishikawa, K.: *Biochemistry*, **39**, 5683–5690 (2000).
131) Offredi, F., Dubail, F., Kischel, P., Sarinski, K., Stern, A. S., Van de Weerdt, C., Hoch, J. C., Prosperi, C., Francois, J. M., Mayo, S. L. and Martial, J. A.: *J. Mol. Biol.*, **325**, 163–174 (2003).
132) Rose, G. and Creamer, T. P.: *Proteins*, **19**, 1–3 (1994)
133) Dalal, S., Balasubramanian, S. and Regan, L.: *Nature Struct. Biol.*, **4**, 548–552 (1997)
134) 古川功治, 中村春木: 生物物理, **38**, 94–98 (1998)
135) Kashiwada, A., Hiroaki, H., Kohda, D., Nango, M. and Tanaka, T.: *J. Am. Chem. Soc.*, **122**, 212–215 (2000).
136) Nakamura, H., Tanimura, R. and Kidera, A.: *Proc. Japan Acad.*, **72B**, 143–148 (1996).
137) Isogai, Y., Ota, M., Ishii, A., Ishida, M. and Nishikawa, K.: *Protein Eng.*, **15**, 555–560 (2002).
138) Jiang, X., Farid, H., Pistor, E. and Farid, R. S.: *Protein Sci.*, **9**, 403–416 (2000).
139) Kuhlman, B., Dantas, G., Leton, G., Varani, G., Stoddard, B. and Baker D.: *Science*, **302**, 1364–1368 (2003).

3.3 タンパク質工学の産業への応用例

〔1〕臨床診断用酵素

多くの人々は定期的に血液検査や尿検査を受けており,そのときにさまざまな酵素の恩恵も受けている。専門医が正確な診断や医学的な異常の予知を行い,最適な治療法をとるために,これらの臨床診断はおおいに役立っている。

酵素を診断薬へ応用するという試みは,酵素学に並行して発展してきた。例えば,1913年にウレアーゼの利用による尿素の測定方法が開発されたが,これはウレアーゼが酵素として初めて結晶化された年より10年以上前であり,同時期にMichaelis, Mentenにより酵素作用の速度論が詳説されている。現在では,酵素は生体試料中に存在する医学的に有意義な種々の代謝物を検出,定量するために広く利用されている。また,代謝物の測定の際に試料中に存在する特定の化合物が妨害物質となる場合,これを酵素の触媒作用で除去することもできる。

酵素法の特徴は,酵素の特異性や反応時間の速さを生かした簡便,迅速,正確な測定系を構築できることにある。そして,多項目自動分析装置にのせることができ,用いる試料も数μlに微量化できる。もちろん,化学法に比べ環境にもやさしい。したがって,酵素は理想的な診断用試薬の一つといえる。

以下に,臨床診断用酵素に求められるおもな性質をまとめてみた。

・比活性 (k_{cat}, V_{max}) が高いこと
・基質特異性が厳密で,副次的な反応が起きないこと
・安定性 (温度, pH, 各種化学物質) に優れること
・適度な基質との親和性 (K_m) があること; エンドポイントアッセイ (反応生成物量を測定) の場合は高い親和性,レートアッセイ (反応速度を測定) の場合は測定濃度域に対応した親和性

現在の診断薬の形状は従来の凍結乾燥品に代わって使用時の利便性から液状タイプが主流となったが,液状診断薬に酵素法を用いるにはシビアな酵素性能が要求される。精製酵素に混入している微量のコンタミ酵素が試薬の劣化を招くため,酵素の高純度化が必要であり,長期間の液中での保存安定性も重要となる。

ここでは,臨床診断用酵素をタンパク質工学的手法によりさらに実用的な酵素へ機能改変し,診断薬へ適用した研究について述べる。

(a) サルコシンオキシダーゼ:抗菌剤耐性,安定性 クレアチニンは,生体組織中に広く存在しているクレアチン,クレアチンリン酸の最終代謝産物としてつねに一定量代謝され尿中へ排泄されている。クレアチニン量は,外因性の影響あるいは腎以外の影響を受けない。そのため臨床診断において血中および尿中のクレアチニン量の測定は,腎機能の程度を知る最もよい指標となる。また,透析移行時の判定にも利用されている。

クレアチニンの臨床診断は,クレアチニンをクレアチニナーゼ,クレアチナーゼ,サルコシンオキシダーゼにより遂次分解し,生じた過酸化水素をペルオキシダーゼ発色系で測定する方法が今日では主流となっている。クレアチニン診断薬に用いるサルコシンオキシダーゼのタンパク質工学的改良は,診断薬分野の先駆け的な研究となった。基質との親和性,補酵素との親和性,基質特異性,至適pH,安定性など種々の機能について検討された[1]。

特に,抗菌剤耐性変異体は実用性が高く,すでに1994年に商品化され,現在では種々の診断薬に用いられている。臨床診断用酵素は,冷蔵状態での長期 (1~2年) の保存安定性とともに抗菌剤を含めさまざまな化合物に対する安定性が要求される。抗菌剤には酸化剤として反応するものが多いが,タンパク質中のメチオニンやシステインの側鎖は酸化修飾を受けやす

くなっていることがあり，修飾により酵素活性などの機能を損なうことが予想される。そこで，サルコシンオキシダーゼの分子表面に存在するシステイン（C265）をセリンに置換し，酵素特性をまったく変化させずに防腐剤耐性を大幅に改善することができた（図3.31）。実際，C265の側鎖は非常に酸化しやすくかつ修飾により失活するため，置換により種々の化合物に対する安定性や精製工程における安定性なども向上した[2]。

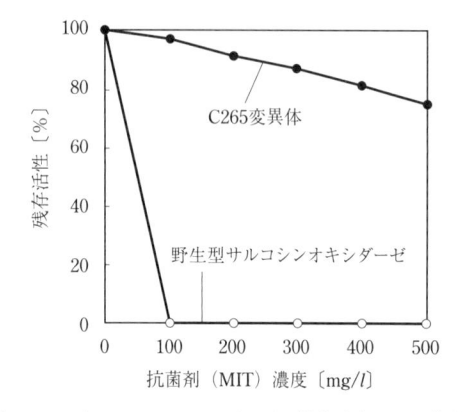

図3.31 サルコシンオキシダーゼの機能改変による抗菌剤耐性の付与（一例として，抗菌剤MITに対する耐性を示す）

当時はこのようにタンパク質工学の成果が商品化に結びついた例がまだまだ少なかったが，その後さまざまな機能改変型の臨床診断用酵素が商品化されるようになった。

（b）コレステロールオキシダーゼ：安定性，pH反応性 *Streptomyces* 由来のコレステロールオキシダーゼ（ChoA）は基質との親和性のよい酵素で（K_m = 13 μM），コレステロール測定用酵素として優れている。しかし，安定性があまりよくなく，弱アルカリ性における相対活性も低かった。そこでChoAの立体構造をホモロジーモデリングにより構築し，基質結合部位や補酵素結合部位といった酵素の基本的な性質に必須な部分を極力避けるように変異体を作製し，熱安定性が向上した変異をスクリーニングした。結果として効果的な変異がいくつか得られ，60℃での半減期を4倍以上高めることができた（図3.32）。さらに，変異効果により弱アルカリ性における相対活性を向上させることにも成功した。特に効果のあった変異は145番目のバリンをグルタミン酸に置換したV145Eで，性質が向上したのは水素結合の増加と電荷のバランスがよくなったためと予想される。ChoAの変異体はすでに工業生産に成功し，現在，各種コレステロール診断薬へ適応されている[3]。

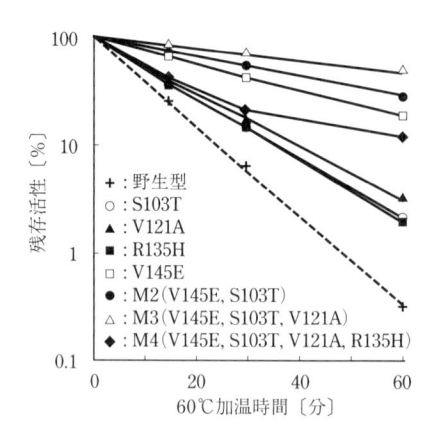

Wild type; 野生型コレステロールオキシダーゼ，S103T; セリン103→スレオニン，V121A; バリン121→アラニン，R135H; アルギニン135→ヒスチジン，V145E; バリン145→グルタミン酸，M2; 二重変異体，M3; 三重変異体，M4; 4重変異体，他の性質も加味して，最終的にM2変異体が商品化された。

図3.32 コレステロールオキシダーゼ変異体の熱安定性

（c）塩素イオン依存性酵素 タンパク質工学技術により人工的にイオン依存性酵素を造成することが可能な場合もある。塩素イオンは細胞外液の主要な陰イオンで，ナトリウムイオンやカリウムイオンとともに濃度測定すれば病態を知る手掛かりとなるが，よい酵素法がなかった。塩素イオンがサルコシンオキシダーゼと補酵素の相互作用に対し効果的であるという知見をもとに，塩素イオン依存的な活性を示す変異サルコシンオキシダーゼが部位特異的変異により作製された。そして，この変異体を用いた血中塩素イオンの酵素的測定法が開発され（図3.33），臨床診断に応用可能であることが示された[4]。また，機能改変酵素の作製により，補酵素類の酵素的測定も可能になる。サルコシンオキシダーゼは，システイン残基（C318）に

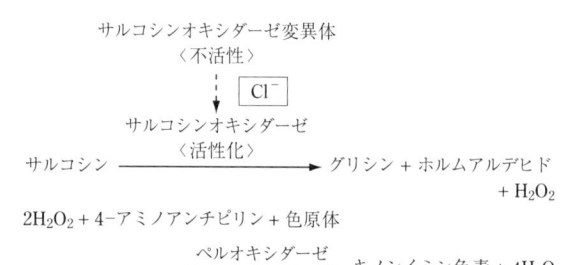

サルコシンオキシダーゼ変異体
〈不活性〉
↓ Cl^-
サルコシンオキシダーゼ
〈活性化〉

サルコシン ──────→ グリシン + ホルムアルデヒド + H_2O_2

$2H_2O_2$ + 4-アミノアンチピリン + 色原体
　　　　　ペルオキシダーゼ
　　　　　──────→ キノンイミン色素 + $4H_2O$

塩素イオン濃度に依存して活性化された酵素活性を，ペルオキシダーゼの発色系にて発色定量する。

図3.33 塩素イオン依存性の改変酵素を用いた血中塩素イオン濃度測定原理

て補酵素であるフラビンアデニンジヌクレオチド (FAD) と共有結合している。C318のアミノ酸置換により，非共有結合性補酵素としてFADを要求する変異体を作製することができた[5]。この変異体は酵素活性がFAD濃度に依存するため，補酵素測定に利用可能である。

(d) レートアッセイ用酵素 酵素活性を測定する場合，エンドポイントアッセイでは K_m 値の小さい酵素ほど少ない活性で反応が完結することになり，経済性と迅速性の点で有利である。一方，レートアッセイでは酵素の K_m 値は測定対象物質の濃度以上であることが望ましい。反応速度は少なくとも K_m の約1/10までは基質濃度とほぼ比例関係にあるので，K_m が大きいほど高濃度域まで測定可能となる。

レートアッセイにおいて適切な K_m 値を持つ酵素を使えば，自動分析装置の計算機能を利用して2成分を同時に測定することもできる。酵素の機能改変では，基質との親和性を低下させることは比較的容易である。一例として，コレステロールオキシダーゼの K_m 値を大きくして遊離コレステロールと総コレステロールを同時に測定することが原理的に可能となる[6]。

このように，臨床診断分野はタンパク質工学の応用の場として非常に有望なものの一つといえる。今後は，タンパク質構造解析技術や計算科学的技術をさらに発展させ，酵素特性を酵素の高次構造と結びつけた普遍的な機能改変技術の確立が期待されている。　　　（西矢）

〔2〕バイオリアクター用酵素

酵素を触媒として物質生産プロセスに用いる，いわゆるバイオリアクターの有用性については，すでに多くの工業的な実用例があることからも容易に理解できる。しかしながら，酵素を利用しようとした場合，触媒効率，安定性，基質特異性，立体選択性，あるいは反応の選択性などの機能が不十分で，バイオプロセスの採用をあきらめざるを得ない場合も少なくない。また，すでに工業的に利用されている場合でも酵素の機能を改善できれば，さらなる効率化につながる場合もある。そこで，より実用に適した酵素を得る手段の一つとして，タンパク質工学的手法により酵素の機能を改良することが挙げられる。方法論としては，タンパク質の立体構造情報などに基づく論理的な改変法と，ランダム変異の後に改良型酵素を選択する方法が考えられ，いずれも，すでに豊富な研究例がある。ここでは，改変酵素の工業的な有用物質生産への応用例として，進化分子工学的手法を用いた，N-carbamyl-D-amino acid amidohydrolase（DCase）の高度耐熱化によるD-アミノ酸生産プロセスのバイオリアクター化，および，リン酸基転移活性を高めた変異型酸性ホスファターゼによる呈味性ヌクレオチド生産プロセスの構築について紹介する。

（a）DCaseの高度耐熱化によるD-アミノ酸生産プロセスのバイオリアクター化　D-アミノ酸は，半合成ペニシリンや生理活性ペプチドなどの合成原料として用いられる重要な化合物である。中でもD-p-hydroxyphenylglycineは，広い抗菌スペクトルを有し大型商品となっているamoxicillinなどの β-ラクタム抗生物質の合成原料として最大の需要を有しており，製法としては，(株)カネカで共同開発されたhydantoinase (Hase) プロセスが1980年に工業化されている[7],[8]（図3.34）。これは，化学合成したDL-5置換hydantoin[9]を自発的なラセミ化を伴いつつ，HaseによりD-立体選択的に開環加水分解させて定量的に N-carbamyl-D-amino acid へと変換した後，亜硝酸酸化により化学的に脱カルバミル化してD-アミノ酸を得る方法である。その他の製法としては，Haseと脱カルバミル反応を触媒するDCaseをあわせもつ *Agrobacterium* 属菌株を用いる菌体反応により，5置換hydantoinを原料に一段反応する方法が実用化されている[10]。ここでは，前法をもとにした(株)カネカによる改良法の開発について，すなわち，DCaseの改変，安定化により固定化酵素法が可能になったことについて紹介する[11],[12]。本法は，化学的な脱カルバミル反応を固定化酵素反応に置き換え，さらに，固定化Haseとあわせた2段階の固定化酵素反応法としたもので，より効率化された製法となっている。

固定化酵素の実用化には長期間の反応に耐え得る高い安定性と高い活性を有する酵素が必要となる。Haseについては従来の好熱性菌由来の酵素をそのまま固定化利用できたが，DCaseの場合，その存在はすでに報告されていたものの[10]，前記目的にかなう酵素は知られていなかった。そこで，新たな酵素を求めて土壌を対象にスクリーニングされた結果，高活性菌として *Agrobacterium* sp. KNK712株が分離され，さらに，DCase遺伝子のクローニングと *E. coli* での高発現化に成功している[13]。このとき，活性値は実用レベルであったが，固定化DCaseの反応安定性は不十分であったため，耐熱化による安定性の向上が試みられた[11],[12],[14]。

まず，平均1～数箇所のランダム変異が入るようにhydroxylamineまたは $NaNO_2$ で処理されたDCase遺伝子がベクターに組み込まれ，変異遺伝子ライブラリーが調製された。これを用いて形質転換された多数の組換え *E. coli* から耐熱化酵素を生産するクローンを効率的に選択するために，コロニーが濾紙にレプリカされ，野生型や耐熱性の低い酵素は失活する条件で熱水

図3.34 D-アミノ酸の合成スキーム

中で浸漬処理された後，DCase, D-amino acid oxidase, peroxidaseを共役させて色素を生成させる活性染色が行われた。約34 000個のコロニーアッセイの結果，赤色に着色するコロニーが得られ，さらに，これら耐熱化酵素のなかで活性低下のない16種について遺伝子の解析が行われた。この結果，His57がTyr，Pro203がLeuあるいはSer，Val236がAlaと，それぞれ1アミノ酸の置換により耐熱化し，また，耐熱化に関与する部位はこの3箇所に集約されていることが明らかになった。得られた組換えE. coliの粗酵素液を用いたDCaseの耐熱温度（10分間の熱処理で酵素活性が50％残存する温度と定義）の評価では，野生型の61.8℃と比較して，His57あるいはPro203の置換で約5℃，Val236の置換で約10℃上昇していることが明らかになった（図3.35）。

つぎに，これら3箇所のそれぞれの部位について，不特定のアミノ酸にランダムに置換するよう設計したミックスプライマーを用いてPCRを行うことで，部位特異的なランダム置換を有する変異型酵素ライブラリーが調製された。このなかから前述同様に耐熱化酵素を選択して解析した結果，先の変異体のほかにHis57がLeu，Pro203がAla, Asn, Glu, His, Ile, Thr，Val236がSer, Thrに置換したものが得られていた。さらに，置換を多重化させた各種変異体を作製したところ，耐熱温度は相加的に上昇しておりHis57Tyr/Pro203Gluで約12℃，His57Tyr/Val236Alaで約14℃，Pro203Glu/Val236Alaで約17℃，最も高い耐熱温度を示した三重変異体の

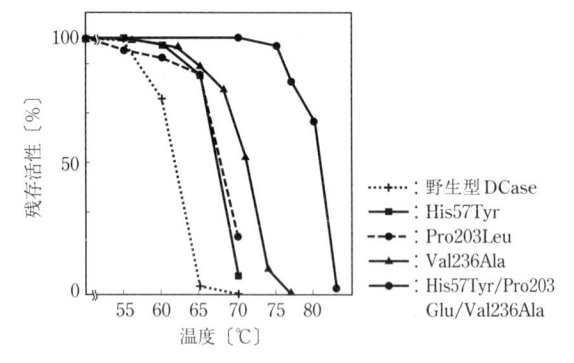

図3.35 変異型酵素の耐熱性

DCaseを各温度で10分間，熱処理した後の活性を，熱処理前の活性に対する割合で示した。

His57Tyr/Pro203Glu/ Val236Alaで約19℃の上昇を示した[14]（図3.35）。

この三重変異体について，その他の性質を野生型酵素と比較したところ，低pH，高pH側ともに安定性が向上し，反応至適温度は10℃高い75℃で，立体選択性や基質特異性については大きな変化は認められなかった。また，K_m, V_{max}は，それぞれ，50％の増大，16％の低下が認められたが実生産上は問題となるものではなかった。さらに，改変酵素を固定化したところ，反応時の安定性は実用レベルにまで向上していた。

耐熱化DCaseは，Haseとともに固定化酵素として，D-p-hydroxyphenylglycineの年間2 000 tを超える工

業生産に使用されており，反応収率はほぼ100％を維持しつつ，700回を超える長期のバッチ式繰返し反応が可能になっている．そして，本製法への転換の結果，副生成物，廃棄物量が減少し，反応収率，精製収率が向上して製造コストと環境負荷が低減されている．

（b）変異型酸性ホスファターゼによるヌクレオシドのリン酸化　5′-イノシン酸（5′-IMP）および5′-グアニル酸（5′-GMP）はうまみ調味料の原料として有用な核酸化合物である．これらヌクレオチドの工業的スケールでの製法の一つとして，発酵法で生産したヌクレオシドを化学的，あるいは酵素的にリン酸化する方法が用いられている．酵素的リン酸化法は *Escherichia coli* のイノシンキナーゼを *Corynebacterium ammoniagenes* のATP再生系と共役させて用いる方法が協和発酵（株）によって開発されている．これに対してピロリン酸をリン酸供与体とする，ATP再生系を必要としないリン酸化法が味の素（株）で開発された．ここでは，この新規ヌクレオシドリン酸化反応について，すなわち，改変型酸性ホスファターゼによるリン酸基転移反応について紹介する．

初めに，無機リン酸化合物を利用してヌクレオシドをリン酸化する活性が動植物，微生物に広く存在するという知見に基づき，ピロリン酸（PP_i）をリン酸供与体として以下の反応で，5′-ヌクレオチドを合成する活性を持つ菌がスクリーニングされた[15), 16)]．ピロリン酸が選択されたのは，食品添加物として使用されている安全で安価な化合物であること，また，反応によって副生したリン酸を加熱することによってピロリン酸に重合して，再利用できるためである．

$$\text{ヌクレオシド} + PP_i \longrightarrow 5′\text{-ヌクレオチド} + P_i$$

ヌクレオチドはリン酸化される位置により異性体が存在するが，呈味性を示すのは5′-ヌクレオチドのみであるため，スクリーニングに際しては，位置特異性が高く，ヌクレオシドの5′位を選択的にリン酸化することが第一の指標とされた．スクリーニングの結果，腸内細菌群に属するいくつかの菌株にピロリン酸をリン酸供与体として，ヌクレオシドの5′位を選択的にリン酸化する活性が存在することが見出された．

ついで，最も5′-ヌクレオチドの蓄積が高かった *Morganella morganii* を選抜し，リン酸化酵素遺伝子のクローニングと酵素の性質検討が行われた[17)]．その結果，本酵素は，リン酸基転移活性を持つ酸性ホスファターゼであることが明らかとなった．本酵素はホスファターゼであるため，本酵素を用いてピロリン酸とイノシンからの5′-IMP生産反応を行うと，リン酸基転移反応が停止した後，一度生成した5′-IMPが同じ酵素のホスファターゼ活性によってすみやかに加水分解を受け，再びイノシンに戻ってしまう現象が認められ，実用的には満足のいく収率で5′-IMPを生産することはできなかった（図3.36）．

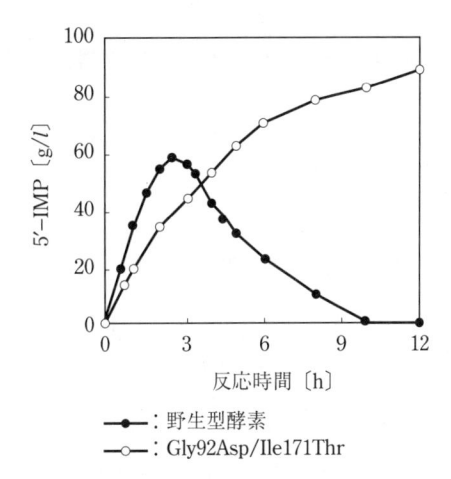

図3.36　野生型および変異型酵素高発現 *E. coli* 菌体による5′-IMP生産反応のタイムコース

凡例：●：野生型酵素　○：Gly92Asp/Ile171Thr

転移反応と分解反応の解析より，本酵素を5′-ヌクレオチドの生産に適用するためにはリン酸基転移反応の効率を上げ，逆にヌクレオチドの分解活性を抑える必要があると考えられたため，つぎに進化工学的手法により，本酵素をヌクレオチド生産に適した性質に改変するための検討が行われた[18)]．PCRにより酵素遺伝子にランダム変異を導入し，変異型酵素を発現させた組換え菌から5′-ヌクレオチド合成能力の向上した株がスクリーニングされた．変異導入とスクリーニングを繰り返して，生産性の向上が試みられ，2ラウンドのランダム変異導入によって，野生型酵素に比べて生産性が大きく向上した株が得られた．得られた変異型酵素にはGly92AspおよびIle171Thrの変異が導入されていた．変異型酵素は野生型酵素に比べてイノシンに対する親和性が大きく向上しており，これが生産性の向上に寄与したものと考えられた．変異型酵素を大量発現させた *E. coli* 菌体を用いた5′-IMP生産反応では，生産性が大幅に向上するとともに，生成した5′-IMPの急速な分解も抑えられた（図3.36）．生成するヌクレオチドは5′-ヌクレオチドのみで，2′および3′-ヌクレオチドはまったく副生しなかった．また，本酵素は基質特異性が広いため，各種の5′-Iヌクレオチドの合成にも適用可能であった．

ついで，変異型酵素の構造活性相関を解明し，論理的な酵素の改変を行うために，酵素の立体構造解析が行われた．立体構造は，X線結晶構造解析に最も適し

た結晶が得られたEscherichia blattae由来酵素を用いて検討され，本酵素の立体構造が0.19 nmの分解能で決定された[19]。そして，この立体構造情報に基づいて，イノシンのプリン環との相互作用が強くなるようなアミノ酸置換がデザインされ，イノシンに対する親和性がさらに高くなるような改変が試みられた。Ser90Pheの変異が導入されると，この1残基置換によって，イノシンに対するK_m値が2.5倍に低下する一方，V_{max}値は2.4倍に向上し，さらに酵素の能力が高まった[20]。

これらの知見を組み合わせて，新たな酵素菌のスクリーニング，酵素の改変，酵素生産菌の育種が行われ，より効率的にヌクレオシドをリン酸化する活性を持った菌株が構築された。さらに，実用に適した菌の構築，核酸結晶の単離・精製プロセスの開発，製品品質の確保，副生物の処理等，工業化を実現するうえで必要な項目が検討された。そして，新規酵素的リン酸化法による核酸系うま味調味料の工業的生産技術が確立され，2003年より生産が開始されている。

以上，機能改変による実用的な酵素の創製と有用物質生産への応用について述べた。現在，種々の酵素のX線結晶構造解析による高次構造の解明や改変型酵素の評価データの蓄積は加速度的に進んでおり，また，遺伝子の変異法も各種考案されてきていることから，ますます，酵素機能の改良の幅が広がり，実用化の可能性が大きくなることが期待される。　　　　　(難波)

〔3〕 洗剤用酵素

洗剤用酵素は，いまでは家庭用洗剤には必要不可欠といっても過言ではなく，その需要は世界市場（約7億USドル，2003年ノボザイムズ社推定）でなお増加の傾向にある。これに伴い，よりよい洗浄力や新たな効果など酵素の性能に対する期待も高まっている。そのため，各種酵素の併用によって洗浄効果の向上を図るとともに，タンパク質工学による個々の酵素の機能改善が精力的に行われており，現在では，市販の洗剤用酵素の約3分の1がタンパク質工学によって改変されたものと考えられている。

実際の応用例

(1) プロテアーゼ　プロテアーゼは洗剤用酵素のなかで最も使用量の多い酵素であり，タンパク質工学による機能の改善が各洗剤用酵素メーカーにより精力的に行われている。

洗剤中に含まれる漂白剤は，しばしば保存中に酵素を不活化するが，これはおもに活性中心付近に存在するメチオニン（Met）残基が酸化されることに起因する。このMetを別のアミノ酸に置換することにより，酸化剤に対する耐性を向上させることができる。例え

ばBacillus属由来のアルカリプロテアーゼ，サブチリシンに存在する222番目のMet残基M222をアラニンに置換したところ，100 mMの過酸化水素の存在下15分後の残存活性が野生型は30％であったのに対し，変異型は70％にまで向上した[21]。このようなM222の変異型酵素は，エバラーゼ®（ノボザイムズ社），ピュラフェクト® OxP（ジェネンコア社）など各洗剤酵素メーカーから市販されている。エバラーゼ®と野生型酵素の漂白剤耐性を比較した例を図3.37に示した。

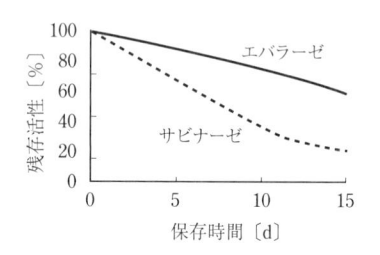

洗剤：ヨーロッパ漂白剤と漂白剤アクティベーター入り洗剤
保存条件：37℃，湿度RH 70％，開放したサンプル瓶中で測定

図3.37 サビナーゼとエバラーゼの漂白剤入り洗剤中での安定性〔池田衆一，社領正樹，黒坂玲子：フレグランスジャーナル，**12**，61-67（2002）より転載〕

家庭における洗浄条件は，使用する温度や水の硬度など国により異なる。そのため，欧米の条件下で最適化された酵素が日本の洗濯条件下では洗浄力が劣るという問題があった。これを解決するため，日本の洗浄条件に合った低温プロテアーゼが開発された。B.clausii由来のサブチリシンタイプのプロテアーゼサビナーゼ®の遺伝子に部位特異的変異あるいはランダム変異を導入したライブラリーを，大腸菌-枯草菌シャトルベクターを用いて構築し，これを枯草菌にて発現させて高速自動法でスクリーニングを行った。すなわち，マイクロプレートで培養した菌体培養液を，界面活性剤を含んだ96穴アッセイプレートに移し，低温で酵素反応を行うことにより選抜した。得られた変異型酵素は，15℃における洗浄効果が野生型酵素に比べて顕著に上昇していた（図3.38）[23]。この酵素カンナーゼ®は，1997年に日本で市販化された。

このほか，ノボザイムズ社では，卵白中に存在するプロテアーゼ阻害物質に対する耐性を付与することにより，卵汚れの洗浄力を強化した自動食器洗浄用プロテアーゼが開発されたほか，ジェネンコア社は，独自に開発した免疫反応分析法を利用し，食器洗い用液体洗剤向けの低アレルゲン性変異型プロテアーゼを開発した[24]。また，花王（株）では，既存のものとは異な

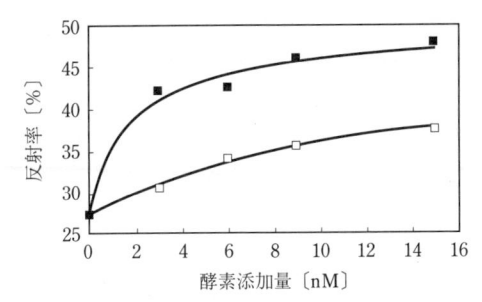

3.3 タンパク質工学の産業への応用例

図3.38 低温性変異型プロテアーゼと野生型プロテアーゼの洗浄性評価〔Bect, T. C., et al.: *Proc. Novo Nordisk Enzyme Symposium*, 56 (1998)〕

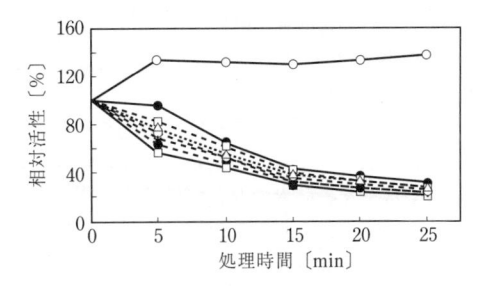

■:低温性変異型プロテアーゼ, □:野生型プロテアーゼ

汚染布 EMPA117 を,上記プロテアーゼを各濃度で加えた粉末洗剤中で15℃,12分間洗浄し,洗浄効果を残存する汚染の反射率により測定した。

-○-:野生型, -□-:M8L, -△-:M15L, -○-:M197L,
-○-:M256L, -*-:M304L, -●-:M366L, -●-:M438L

0.1 M過酸化水素存在下,pH 9.0,40℃の残存活性の経時的変化

図3.39 種々の変異型α-アミラーゼの酸化剤耐性〔上島孝之:生物工学, **77**, 439–442 (1999)〕

るアプローチから,酸化剤耐性の洗剤用プロテアーゼの開発を試みているようである[25),26)]。

(2) アミラーゼ　アミラーゼは自動食器洗浄用に多く用いられる。*B. licheniformis* 由来の α-アミラーゼは熱安定性や作用 pH の幅が広く優れた産業用酵素だが,酸化剤に弱いという欠点があった。このα-アミラーゼには7個のメチオニン残基が存在するが,これを各々ロイシンに置換したところ,197番目のメチオニン残基M197だけが酸化剤の影響を受けることがわかった(**図3.39**)[27)]。このM197を種々のアミノ酸に置換したところ,ヒスチジンやフェニルアラニンなど大きなアミノ酸は酵素の比活性を80〜90％低下させるのに対し,グリシンやアラニンは比活性を維持することができた[28)]。選ばれた変異型酵素デュラミル®は,酸化剤耐性が著しく向上し,市販の漂白剤入り洗剤中5週間後の残存活性が90％を維持していた。デュラミル®は1995年から市場に出ており,他社相等商品(プラスター® OxAm (ジェネンコア社))も市場にある。

(3) リパーゼ　洗剤用リパーゼは,襟垢などの皮脂汚れやその他の油汚れの洗浄に有用な酵素である。リパーゼには活性中心付近にリッドと呼ばれる短いヘリックス構造に覆われた脂質接触部位が存在し,反応の際はリッドが開いて脂質接触部位が酵素の表面に露出する。この部位の負電荷を減少させることにより,アルカリ条件下による脂質との親和性の向上が期待できる。*T. lanuginosus* 由来の洗剤用リパーゼの脂質接触部位に存在する酸性アミノ酸残基 D96, E210, E87, D254, E56を塩基性あるいは疎水性アミノ酸残基に置換して洗浄試験を行ったところ,D96Lの置換を持った変異型酵素に洗浄効果の上昇が見られた[29)]。特に低温での洗浄効果に著しい改善が見られたため,この酵素はリポラーゼ®ウルトラとして1995年に市販化された[22)]。

一般に洗剤用リパーゼの効果は,洗浄を繰り返すことにより際立つことが知られているが,上記リパーゼの脂質接触部位あるいはリッド付近を中心に部位特異的ランダム変異を行い,初回の洗浄効果が向上した変異型リパーゼを得ることに成功した。大腸菌と酵母のシャトルベクターを用いてライブラリーを構築し *S. cerevisiae* に発現させた後,フィルターアッセイ法により界面活性剤中での残存活性の高い変異型酵素を選抜した[30)]。得られた変異を検討した結果,酵素の立体構造上でのN末端近傍またはC末端付近に正の電荷を付加させた場合に,高い洗浄効果が得られる傾向が見られた。これをもとに新たな部位特異的ランダム変異を行ったところ,より幅広い洗浄条件下で初回の洗

■:野生型リパーゼ　□:改良型リパーゼ

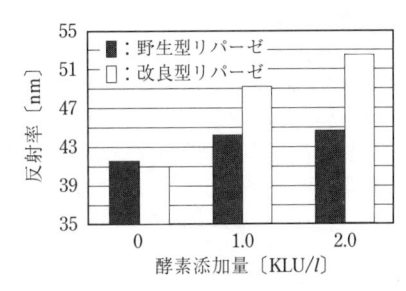

各濃度におけるリパーゼの洗浄効果を,ラード・スーダンレッド汚染100μlを施した汚染布(綿WfK80A, 8×8 cm)を用い,欧州の洗浄条件(40℃, pH 9, 液状洗剤使用)にて評価した。洗浄効果は残存する汚染の反射率により測定した。

図3.40 改良型リパーゼによる洗浄力の向上(ノボザイムズ社技術データ)

効果が向上した変異型リパーゼが得られた（図3.40）。この変異型酵素はライペックス®として2002年から市販されている[22]。

（4） 新しい技術と今後の展望　洗剤用酵素の機能改善の要望はとどまることがなく，今後もタンパク質工学による種々の酵素の改良が続けられることであろう。技術の改良により，ランダム変異を制御する手法が向上し，不要な変異を避けて望ましい変異を増やすなど，効率のよいスクリーニングが可能となった。今後はシャフリング技術[31],[32]等の活用により，さらにダイナミックな変異導入による迅速な機能の向上が期待される。

なお，3.3〔3〕において，商品名のあとに社名が省略されている場合は，ノボザイムズ社の商品である。　　　　　　　　　　　　　　　　　　（高木　忍）

〔4〕 標識用タンパク質

各種細胞や組織における遺伝子の発現制御機構の解析，さらにはそこに結合する転写因子の研究など，多くの領域で標識用タンパク質は使われている。標識用タンパク質の条件としては，用いる細胞や組織に存在しないタンパク質であり，検出感度が高いことなどが挙げられる。このようなタンパク質として，従来はクロラムフェニコールアセチルトランスフェラーゼ（CAT）などが利用されていたが，検出にアイソトープを必要とする，操作が煩雑であるなどの問題があった。こういった状況のなか，上記の問題を克服し，近年多くの研究で使用されているのが，ホタルルシフェラーゼと緑色蛍光タンパク質GFP（green fluorescent protein）である。

（a） ホタルルシフェラーゼ　生物発光反応に基づく分析法は，高感度な超微量成分の分析法として研究されてきた。特に，ホタルの発光反応（図3.41）は，現在知られている生物発光のなかでは最も発光効率が高く，標識用タンパク質としての応用も研究されている。また，タンパク質工学的手法を用いたルシフェラーゼの改良や機能付加なども進められており，新たな応用の途も広がりつつある。ここでは，ルシフェラーゼの機能付加および応用展開について紹介する。

（1） 耐熱性ルシフェラーゼ　タンパク質の安定性を増強させることは，触媒能力や反応持続性の向上など，高感度検出のためにたいへん重要である。特に，標識用タンパク質の一つの利用として，細胞内での発現量の確認や局在化のイメージングを考えた場合，ルシフェラーゼが不安定であると定量性のある解析ができない。しかしながら，野生型ルシフェラーゼは熱に対してたいへん不安定であり，より安定なタンパク質への改良が望まれていた。

ホタルのルシフェラーゼとしては，これまでに10種類以上が知られている。そのなかでも，ヘイケボタル（*Luciola lateralis*）由来の酵素は最も安定性に優れたルシフェラーゼの一つとして知られていた。このルシフェラーゼの217位のAla残基をLeu残基に置換することで，熱安定性を著しく向上させることに成功している[33]。また，同様にアメリカ産のホタルルシフェラーゼも同等位置のアミノ酸をLeu残基に置き換えることにより安定性が大きく向上したと報告されている[34]。

（2） ビオチン化ルシフェラーゼ　ビオチンはアビジンと特異的かつ強固に結合するため，エンザイムイムノアッセイ（EIA）の標識酵素として用いられている。もし，ルシフェラーゼとビオチンを融合できれば，ルシフェラーゼの標識用タンパク質としての応用に広がりを持たせることができる。しかしながら，従来の化学修飾の手法でルシフェラーゼをビオチン化させると，ルシフェラーゼ活性が著しく低下することが知られていた。

近年のタンパク質工学の進歩は著しく，二つの機能を持ちあわせた融合タンパク質の創成も可能となってきている。耐熱性を付加したルシフェラーゼ遺伝子のC末端にビオチン受容ペプチド遺伝子配列を融合させることにより，ルシフェラーゼ活性を100％保持したビオチン化ルシフェラーゼを作ることに成功している[35]。このビオチン化ルシフェラーゼを標識用タンパク質として用いると，検出したい物質（酵素や微生物など）の高感度かつ迅速な測定が可能となる。図3.42に，ビオチン化ルシフェラーゼと抗プロテインA抗体を用いた，黄色ブドウ球菌の検出原理を示した。プロテインAは多くの黄色ブドウ球菌が分泌しており，免疫グロブリンのFc領域と結合することが知られている。この免疫グロブリンのFc領域に特異的に結合したプロテインAを，ビオチン化抗プロテインA抗体を介してビオチン化ルシフェラーゼの発光で検出する。検出限界は1 pg/mlで，従来の比色EIAに比べ，100倍の感度が達成された。

（3） 発光色変異ルシフェラーゼ　タンパク質工学の手法を用いると，ルシフェラーゼの発光色を変化させることもできる。ルシフェラーゼの発光色は黄緑

$$\text{ルシフェリン} + \text{ATP} + \text{O}_2 \xrightarrow[\text{ルシフェラーゼ}]{\text{Mg}^{2+}} \text{オキシルシフェリン} + \text{AMP} + \text{PPi} + \text{CO}_2 + \text{光}$$

図3.41　ホタルの発光反応

3.3 タンパク質工学の産業への応用例

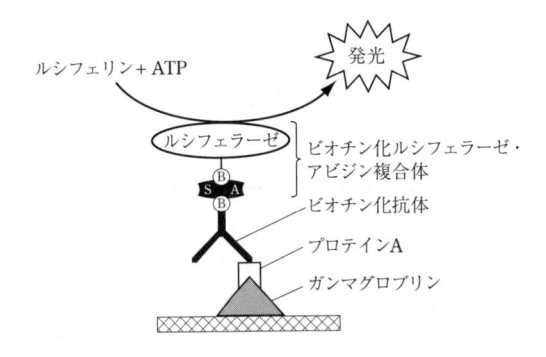

図3.42 ビオチン化ルシフェラーゼの応用例

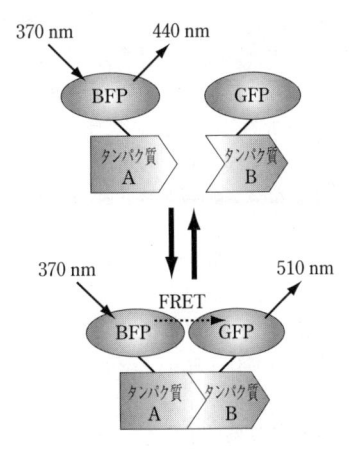

図3.43 GFP-BFPによるFRET応用例

色であるが，配列中の特定の1アミノ酸を置換することにより，その発光色は赤，オレンジ，緑などに変化する[36]。この発光色変異ルシフェラーゼと，先に紹介したビオチン化ルシフェラーゼの技術を組み合わせることにより，複数成分の同時検出が可能となる[37]。Ohkumaらは，黄緑色ビオチン化ルシフェラーゼと赤色ビオチン化ルシフェラーゼを用いて，ペプシノーゲンIとIIを同時に検出することに成功している[38]。

（b） GFP GFPはオワンクラゲが持つ蛍光タンパク質である。蛍光とは，特定の波長の光を吸収して，より波長の長い光を発する現象であり，GFPは，紫外線（波長395 nm）を吸収し，緑色の光（波長510 nm）を発する。ルシフェラーゼと異なり，蛍光を発する際に基質を必要としないので，GFPを発現した細胞を生きたまま継続して観察できる。つまり，特定遺伝子の発現やタンパク質の局在化性，また細胞内小器官への物質輸送などをリアルタイムで解析できる。1992年にcDNAがクローニングされたことにより，GFPを標識タンパク質として用いた蛍光バイオイメージングが一気に普及した[39]。

（1） GFPの蛍光色 オワンクラゲ由来のGFPは緑色の蛍光を発するが，タンパク質工学により青色のBFP，シアンのCFP，黄色のYFPなども作られている。また近年，六放サンゴ由来の赤色蛍光タンパク質（RFP）もクローニングされ，色（波長）の違う蛍光タンパク質を複数使うことで，多角的な観察が可能になった[40]。

（2） GFPのFRETへの応用 蛍光共鳴エネルギー移動（fluorescence resonance energy transfer；FRET）は，蛍光分子から他の分子へ，その励起エネルギーが移動する現象のことである[41]。GFPの各種変異体が開発されたことにより，現在までにさまざまな応用が報告されている。**図3.43**に，GFPとその変異体であるBFPを用いたFRETの例を示す。BFP-タンパク質AとGFP-タンパク質Bが共存する環境下に，370 nmの光を照射すると，両タンパク質が相互作用を及ぼさない状態では，BFP由来の440 nmの蛍光が観察できる。しかし，両タンパク質が結合し，BFPとGFPの分子間距離が縮まるとFRETが起こり，440 nmの蛍光が減少し，510 nmが強くなる。つまり，440 nmと510 nmの蛍光波長強度比を測定することにより，リアルタイムで両タンパク質の挙動を確認できる。

GFPはルシフェラーゼのような酵素ではないため，感度的に劣る場合があるとか，蛍光発現可能な型へフォールディングするまでに時間がかかるなどの問題点も指摘されてはいたが，タンパク質工学的手法を用いることによりこれらの問題も解決されつつある。今後，より使いやすい型へ改良され，強力な研究ツールになると期待されている。

（梶山）

〔5〕 融合タンパク質

近年，多種多様な機能性タンパク質のクローニング，さらにはヒトを含む各種生物でのゲノムプロジェクトの進展に伴い，さまざまなタンパク質およびそのドメインに関する一次構造情報が加速度的に蓄積されてきている。さらに同定された遺伝子を大量発現させ，構造生物学的手法を駆使して解明された三次構造既知のタンパク質の数も著しく増加している。これらの情報を用い，個々のタンパク質の機能ドメインをコードする複数の遺伝子を適切に融合することで，それぞれのドメインの機能をあわせ持つタンパク質をデザインすることができる。これを融合タンパク質という。

融合タンパク質を構成する機能ドメインとして実際に最もよく用いられるのは，目的タンパク質の効率のよい発現精製あるいは検出を可能にするためのドメイン，あるいはタグ配列である。目的タンパク質にこれ

らの配列を結合させることにより，単独で発現させる場合に比べて発現量を増やすことができ，精製をより短時間に行うことができ，またタグ配列に対する抗体を用いてその解析の効率を上昇させることができる。最近ではこれらをコードし，目的タンパク質遺伝子が容易に挿入可能なクローニングサイトを持つ発現用ベクターDNAが数多く市販されてきており，容易に入手し融合タンパク質作製のために利用することができる。

それらの一例として，例えばN末端側に大腸菌チオレドキシンをコードし，His_6タグ，特異的プロテアーゼ（エンテロキナーゼ，トロンビン等）認識配列を介して目的タンパク質遺伝子のクローニングサイトを配したベクターがある（図3.44）。可溶性の高いチオレドキシンと目的タンパク質とを融合させることで，菌の不溶性画分にしか発現されなかったタンパク質を多くの場合可溶性画分に発現させることができる。またHis_6タグ部位を用いてNi^{2+}，Co^{2+}などを配位させた金属キレートカラムで容易に精製することができ，さらに融合させた部分を除くため，特異的プロテアーゼで切断することもできる。また，抗体可変領域のように，元来分泌性タンパク質で活性発現のためにジスルフィド結合形成を必要とするものであっても，細胞質が通常より酸化的条件になった変異株大腸菌をホストとすることで活性あるタンパク質を可溶性発現させることができる。以下にそのような例を2例示す。

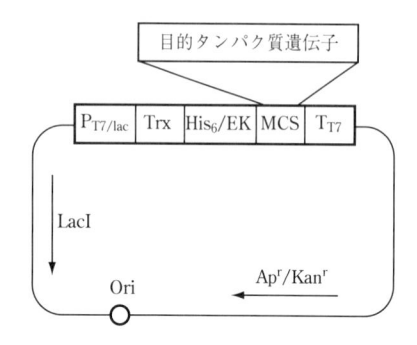

(a) **抗体可変領域：GFP融合タンパク質の発現**[42)]　抗体はその認識物質（抗原）に対する高い特異性および高い親和性から，基礎生化学実験や臨床診断における微量物質の検出，さらにがんを含む難癒性疾患治療にまで幅広く用いられている。特に抗原濃度測定の際には多くの場合，抗体をなんらかの検出のためのラベル，具体的には蛍光物質や酵素で修飾する必要がある。現状ではこのような修飾は化学的クロスリンクで達成されているが，最初からポリペプチドとして抗体と蛍光タンパク質，あるいは酵素を融合させ，これらを融合タンパク質として大腸菌等で発現させることができれば，化学修飾の手間が省け，また抗原結合を妨げずに修飾できて品質の向上が期待される。

一方，抗体可変領域Fvを構成する二つの鎖VH, VLは，その両者の間の相互作用が抗原結合の有無によって顕著に変化する場合があり，この現象を利用するとVH/VL間の相互作用の強弱を測定することで間接的に抗原濃度が決定できる。この方法（以下オープンサンドイッチ法と呼ぶ）は，小分子からタンパク質までを1個の抗体のみを用いて非競合的に検出できる特徴があるが，異なる蛍光色素でラベルしたVH, VL断片の混合溶液を用意しておくと，この原理に従い抗原添加により近づいた蛍光色素間の共鳴エネルギー移動現象により，溶液中の抗原濃度を迅速に測定できる（オープンサンドイッチFIA法）。しかしながら抗原結合能に影響を与えず可変領域を蛍光ラベルするための条件設定が難しく，蛍光タンパク質を用いた蛍光ラベルが試みられた。

発現ベクターとしては，T7プロモータ，チオレドキシン，Sタグ，His_6タグ，EK認識配列の後にマルチクローニングサイトのついたpET32が用いられた。このマルチクローニングサイトに順番に抗リゾチーム抗体HyHEL-10のVHあるいはVLドメイン，$(Gly_4Ser)_4$のフレキシブルリンカー，そして蛍光タンパク質GFPの2種類の変異体eBFPあるいはeGFPをコードする配列がそれぞれ結合され，2種類のベクターpET32-VH-eBFP（VH－青色蛍光タンパク質を発現）およびpET32-VL-eGFP（VL－緑色蛍光タンパク質を発現）が作製された。そして酸化的細胞質を持つ変異体大腸菌AD494（DE3, pLysS）をホストとして融合タンパク質が発現された。菌体より調製された2種類のライセートは混合され，抗原ニワトリ卵白リゾチーム（HEL）を固定化したカラムによりアフィニティー精製された。SDSポリアクリルアミド電気泳動の結果，予想どおり2種類の融合タンパク質が精製されていることが確認され，また収量は6 mg/l程度であった。そこで100 μg/mlの融合タンパク質溶液に，

図3.44　融合タンパク質発現ベクターの一例

強力なT7プロモーター下流に大腸菌チオレドキシン(Trx)，ポリヒスチジンタグ（His_6），特異的プロテアーゼエンテロキナーゼ切断部位（EK），目的遺伝子挿入のためのマルチクローニングサイト（MCS），および転写終結配列が，薬剤耐性遺伝子（Ap^r/Kan^r）を持った大腸菌プラスミド上に配置されている。発現誘導は，染色体DNA上にLacプロモーターで制御されるT7ポリメラーゼ遺伝子を持った大腸菌に，このプラスミドを形質転換させて行う。非誘導時の，異種タンパク質発現ストレスによるプラスミド脱落を極力抑えるため，プラスミド上のT7プロモーター直後にラクトースオペレーター，および別にラクトースリプレッサー遺伝子（LacI）を載せてある場合もある。

380 nm の励起光を当て蛍光スペクトルを測定し，これに段階的に抗原 HEL を加えていったところ，蛍光共鳴エネルギー移動に由来すると考えられる eBFP 由来の 444 nm 付近のピークの減少と，eGFP 由来の 506 nm 付近のピークの増大が観察された。これらの蛍光強度比を計算することにより，抗原濃度を 1 μg/ml から 100 μg/ml の範囲で決定することができた（図3.45）。

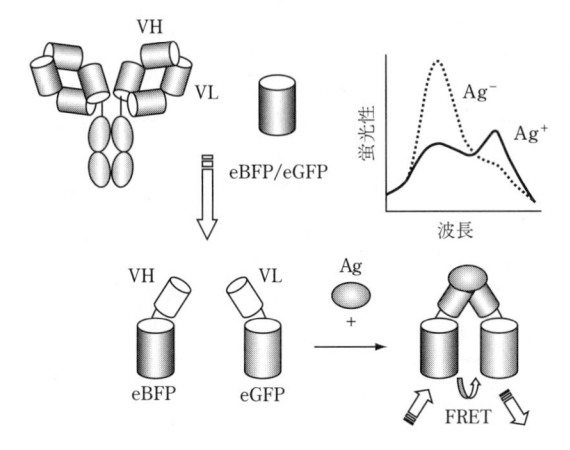

そこで，オープンサンドイッチ法の原理と酵素の変異体間の活性相補を組み合わせ，2種類の融合タンパク質の会合を感度よく検出することで抗原濃度をより高感度に決定できないかどうか，検討された。具体的には LacZΔα, lacZΔω の2種類の β ガラクトシダーゼ変異体が空間的に近接すると酵素が活性化する現象を利用し，VH-LacZΔα, VL-lacZΔω の2種類の融合タンパク質発現ベクターの pET32-VH-eBFP および pET32-VL-eGFP を利用して作製された（図3.46）。

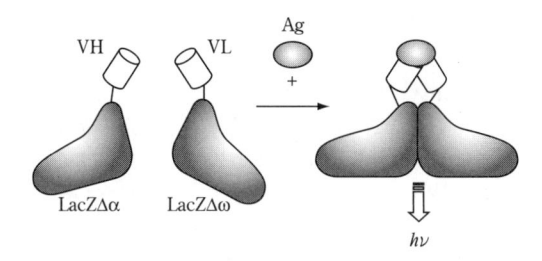

抗原結合により近づいた VH/VL 断片の割合を融合タンパク質間の蛍光共鳴エネルギー移動（FRET）の量から決定し，これを元に抗原濃度を決定する。VH, VL 断片の代わりに同一抗原の異なる部位を認識する2種類の一本鎖抗体を利用して同様の測定を行うことも可能である。その場合 GFP 変異体間の距離を近づけるため，両者の C 末端側に二量体形成を促進する配列を入れておく必要がある[45]。

図3.45 抗体可変領域-GFP 変異体融合タンパク質を用いた均一系免疫測定の模式図

実際には LacZ は四量体で活性を持つ。

図3.46 抗体可変領域-LacZ 変異体融合タンパク質を用いた均一系免疫測定の模式図

抗体可変領域断片（特に一本鎖抗体 scFv）の GFP 類似体との融合タンパク質はこの他にもいくつか報告されている[43)~45)]。ただし通常の大腸菌を用いてペリプラズムに分泌させて抗体中のジスルフィド結合形成を誘導，あるいは細胞質で融合タンパク質を生産した場合，それぞれ GFP の分泌効率と抗体のジスルフィド結合効率の低さのために収量は多くて数百 μg/l 程度にとどまるようである。これら遺伝子工学的に作製可能な蛍光抗体は，免疫測定用試薬以外にも細胞や個体におけるタンパク質の局在を効率よく分析するツールとして，その有用性が期待される。

（b）抗体可変領域-β ガラクトシダーゼ融合タンパク質[46), 47)] 上記の蛍光抗体は化学修飾なしに再現性よく迅速に分子の会合と局在を観察できる点で優れているが，その検出感度は蛍光タンパク質の蛍光強度に依存し，用途によっては不十分とも考えられた。

前回同様酸化的条件の細胞質を持つ大腸菌で発現されたタンパク質は，His$_6$ タグを介しコバルト固定化カラムへ結合され，洗浄後にエンテロキナーゼを用いてカラムから切断溶出されて精製され，ほぼ単一バンドの融合タンパク質 40〜80 μg/l が得られた。得られた2種類の融合タンパク質を混合し，これに抗原リゾチームを加えた場合と加えなかった場合に，発光基質添加後における発光量比（抗原応答）が最大になる融合タンパク質濃度が調べられた。その結果，最も活性変化の大きい融合タンパク質濃度は 200 ng/ml 付近で，GFP 変異体同士の FRET の場合の約 1/1000 であった。この条件で抗原濃度に対する発光量の検量線を作製したところ，0.1 ng/ml から 100 μg/ml 以上までの幅広い濃度範囲で発光量が変化し，抗原濃度測定が可能であった。この濃度範囲は，通常の洗浄操作を行うヘテロジニアス系オープンサンドイッチ固相免疫測定のそれより広く，また測定限界も1けた以上小さいものであった。さらに1回の測定に必要な融合タンパク質を作るための培養液量は GFP 融合タンパク質の場合よりむしろ少なかった。現状ではリンカー長や反応液を最適化しても最大発光量が抗原なしの場合の約2.5倍程度にとどまる点に改良の余地があるが，同じ系で小分子の高感度非競争的測定が可能であることも示されており，新たな高感度ホモジニアス免疫測定法として発展が期待される。

（c） その他の融合タンパク質　このほかにも，蛍光タンパク質あるいは酵素と各種タンパク質ドメインを融合することで，bi-functional な有用分子を作製した例は枚挙にいとまがない。さらにバクテリオファージのコートタンパク質や細胞表層タンパク質と，目的タンパク質を融合させファージや細胞表面に目的タンパク質を提示させることで，より優れた機能を持ったタンパク質を取得する手段として融合タンパク質が用いられる機会も増えてきた。タンパク質の機能解明，さらに新規機能を持つタンパク質創製のための有力な方法論として，融合タンパク質の利用は今後も探求されていくであろう。

〔6〕 キメラ抗体，ヒト型抗体

（a） ヒト・マウスキメラ抗体　特定の抗原を特異的かつ高い親和性で認識できるモノクローナル抗体は，いまや生物工学をはじめとする生命科学の発展に欠くことのできないツールとなっている。モノクローナル抗体作製を可能にしたのは，1974年にKohlerとMilsteinによって発見されたハイブリドーマ技術である。この技術により免疫動物の脾臓細胞と，不死化したミエローマ細胞を融合し，その後に適切な選択をすることにより高い確率で目的の特異性と親和性を持った抗体を産生し，かつ不死化した細胞が得られるようになった。その後約30年，細胞表面抗原や小分子を含む数々の標的分子に対する特異的抗体が作られ，基礎研究や診断に用いられている。

しかしながらこれらの抗体は通常，免疫動物であるマウスあるいはラット由来であるため，調製した抗体は試験管内での実験には向いているがヒト体内への大量投与を必要とする治療には不向きであった。これまで作製されたモノクローナル抗体のなかには白血病などのヒト疾患治療に応用可能と期待されるものも多かったが，つねに human anti-mouse antibody (HAMA) と呼ばれるマウス抗体に対するアナフィラキシー反応などの拒絶反応が起こり，繰り返し投与が不可能で，その効果も限られたものでしかなかった。

この問題を解決するため，ハイブリドーマ技術で，あるいはEBウイルスを用いてヒトB細胞を不死化させてヒト型抗体を得ようとする試みもなされてきた。しかし個体免疫が困難，ヒトハイブリドーマがマウスのそれに比べ不安定で樹立しにくい，あるいはEBウイルスががんウイルスでありここで得た抗体をヒトに投与できないなどの理由から，現在に至るまで治療用抗体として実用化に至った例はない。

そこで問題を軽減するため，マウスハイブリドーマより抗体可変領域mRNAを抽出し，これから作製したマウス可変領域cDNAと，ヒト定常領域ゲノムDNAを結合させ，別のミエローマ細胞にこれを導入する（トランスフェクトーマ細胞と呼ばれる）ことでマウス由来の可変領域とヒト由来の定常領域を持つキメラ抗体の作製が試みられた。このキメラ抗体をヒトに投与したところ，確かに拒絶反応は低減したが，依然として可変領域の免疫原性によりHAMAを完全に抑えることはできなかった。

この頃，polymerase chain reaction (PCR) 技術を駆使して，マウス抗体の6個の超可変領域 (CDR) をヒト型抗体のフレームワーク領域に移植することにより，抗リゾチーム抗体をCDRを除いてほぼ完全にヒト型化できることが報告された[48]。このCDR graftingと呼ばれる手法を治療用抗体に応用することで，HAMAはほぼ完全に抑えることができるようになり，現在までに多くのマウス抗体のヒト化が成功し，臨床応用が可能になっている。例えば抗TNF-α抗体は患部の炎症を抑えることで，臨床において実際にリウマチ症状の改善が認められている。しかしこの究極のキメラ抗体にも問題点がないわけではない。一つには立体構造情報を利用してできるだけ構造が似ているヒトフレームワークを利用するとはいえ，CDRの移植によってアフィニティーが失われたり，顕著に下がる例がかなりあること，また残存するCDRに由来する拒絶反応の可能性が完全には否定できないことである。

（b） 各種提示系の利用によるヒト型抗体の取得

そこでこれらの問題を回避するため，1988年に機能的タンパク質・ペプチドの選択のための技術として登場したファージ提示系が抗体選択に応用された。ファージ提示法とは，大腸菌のウイルスであるファージが自分自身のゲノムをコンパクトな粒子中に持つことを利用して，ファージのコートタンパク質（例えば線維状ファージのprotein3にランダムなペプチド部分を含むタンパク質を融合させて粒子表面に提示し，ターゲットに結合するファージを選ぶ操作（バイオパンニング）を繰り返すことでターゲットへの結合能の高いペプチド配列とその遺伝子を選び出すことができる方法である[49]（**図3.47**）。この1回の選択サイクルは2～3日ですむので，これを4～5回繰り返しても，2週間程度で目的の結合分子を取得できることになり，通常のハイブリドーマ法による抗体の取得に早くても2～3カ月かかるのに比べてはるかに早いことになる。

この方法が最初にヒト型抗体の選択に応用されたのは，Guided selectionと呼ばれるヒト化技術である[50]。この方法では，一本鎖化した可変領域scFvあるいはFabを提示した線維状ファージを用いて，H鎖とL鎖のどちらか片方をまず多様性を持ったヒト由来ライブ

図3.47 ファージ提示系による抗原特異的一本鎖抗体選択の模式図

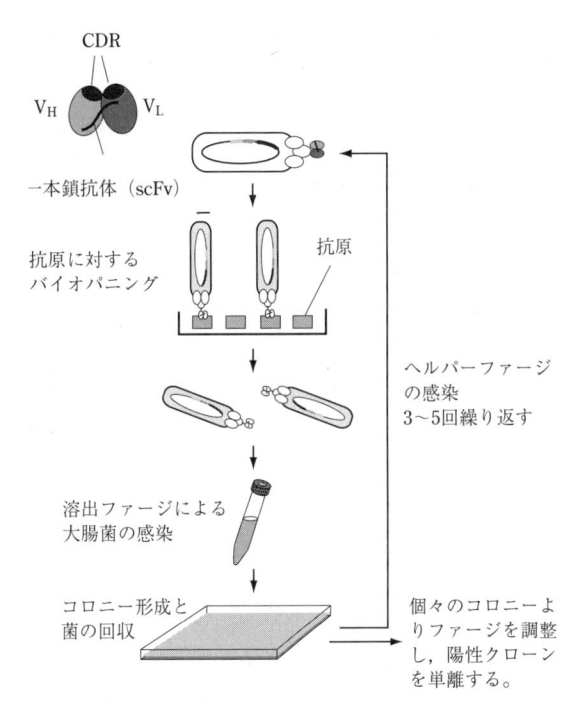

抗体遺伝子がコードされるのはファージの複製起点を持つプラスミド（ファージミド）であり，これを持った大腸菌は，ヘルパーファージの感染により一本鎖抗体を提示したファージを生産する．抗原をコートした固相表面に結合したファージを回収し，大腸菌に感染させてコロニーを作らせ，この菌から再びファージを調製する．このサイクルを数回繰り返すことにより，抗原に特異的に結合するクローンが濃縮される．

ラリーに交換したファージ抗体ライブラリーを作製し，このなかから抗原に対して高い親和力で結合するクローンを選んでくる．その後，このヒトーマウス「ハイブリッド」抗体について，今度は残りのマウス由来の鎖を多様性を持ったヒト由来ライブラリーに交換したライブラリーを作製し，これを抗原に対する結合能で選択し，最終的にすべてヒト化されたモノクローナル抗体を得る．ライブラリー作製のステップ，および選択が2度必要な手間はあるものの，この方法でこれまで多くのマウスモノクローナル抗体のヒト化が達成されている．

さらに，既存のモノクローナル抗体のヒト化でなく，免疫動物を介さずゼロからヒト型抗体を作製する手法も現実化しつつある．具体的には健康な個人由来の多数のヒト抗体可変領域cDNAをプールして大きな多様性（$>10^{10}$）を持つファージ抗体ライブラリーを作製し，ここから抗原特異的結合クローンを直接バイオパ

ニングでスクリーニングすることにより，内在性，外来性を問わず多くの抗原に対して親和性の高い抗体を取得することが可能となってきた[51]．この方法でとられたヒト型抗体はマウス由来の配列をまったく含まないため，治療用抗体としては少なくとも理論的には最高の性質を持っている．なおこのような免疫しない（Naïve）ライブラリーでは，多様性の高い高品質のライブラリー作製がよい抗体を得るためのかぎとなる．最近ではこの目的のためにファージ提示法を用いず，より大きなサイズ（$>10^{13}$）のライブラリーが作製可能なリボソーム提示法を利用することで，ファージ提示系を使うより親和性の高い抗体が得られるとの報告がなされており[52]，今後の進展が注目される．

最近，日本を含むいくつかのグループでマウス由来抗体遺伝子を欠損しヒト抗体遺伝子座を導入されたヒト抗体産生マウスの樹立が報告された[53]．これらのマウスの免疫系は通常のマウス由来でなくヒト由来抗体のみを産生するので，このマウスを用いれば既往のハイブリドーマ作製法によりヒト型抗体を飛躍的に簡単に得ることができることになる．今後これらの技術で作られたヒト型抗体が，抗体医薬として多数市場に出回る日も近いであろう．　　　　　　　　　　　（上田）

引用・参考文献

1) 西矢芳昭，他：農化，**75**，3-8(2001)．
2) Nishiya, Y., et al.: *Appl. Environ. Microbiol.*, **61**, 367-370(1995).
3) 西矢芳昭，室岡義勝：生物工学，**77**，429-432 (1999)．
4) Nishiya, Y., et al.: *Anal. Biochem.*, **245**, 127-132 (1997).
5) Nishiya, Y.: *Protein Expr. Purif.*, **20**, 95-97 (2000).
6) Nishiya, Y. and Hirayama, N.: *Clin. Chim. Acta.*, **287**, 111-122(1999)．
7) Yamada, H., Takahashi, S., Kii, Y. and Kumagai, H.: *J. Ferment Technol.*, **56**, 484-491 (1978).
8) Takahashi, S.: *Hakkokogaku*, **61**, 139-151(1983).
9) Ohashi, T., Takahashi, S., Nagamachi, T., Yoneda, K. and Yamada, H.: *Agric. Biol. Chem.*, **45**, 831-839 (1981).
10) Olivieri, R., Fascetti, E., Angelini, L. and Degen, L.: *Biotechnol. Bioeng.*, **23**, 2173-2183(1981).
11) Nanba, H. and Takahashi, S.: *Seibutsu-kogaku*, **77**, 433-435(1999).
12) Takahashi, S., Nanba, H., Ikenaka, Y. and Yajima, K.: *Nippon Nogeikagaku Kaishi*, **74**, 961-966 (2000).
13) Nanba, H., Ikenaka, Y., Yamada, Y., Yajima, K.,

Takano, M. and Takahashi, S.: *Biosci. Biotechnol. Biochem.*, **62**, 875–881 (1998).

14) Ikenaka, Y., Nanba, H., Yajima, K., Yamada, Y., Takano, M. and Takahashi, S.: *Biosci. Biotechnol. Biochem.*, **63**, 91–95 (1999).

15) Nakazawa, H., Utagawa, T., Yoshinaga, F. and Mitsuki, K.: *Abstr. Annu. Meet. Japan Soc. Biosci. Biotechnol. Agrochem.*, **483** (1978).

16) Asano, Y., Mihara, Y. and Yamada, H.: *J. Mol. Catalysis B: Enzymatic*, **6**, 271–277 (1999).

17) Asano, Y., Mihara, Y. and Yamada, H.: *J. Biosci. Bioeng.*, **87**, 732–738 (1999).

18) Mihara, Y., Yamada, H., Utagawa, T. and Asano, Y.: *Appl. Environ. Microbiol.*, **66**, 2811–2816 (2000).

19) Ishikawa, K., Mihara, Y., Gondoh, K., Suzuki, E. and Asano, Y.: *EMBO J.*, **19**, 2412–2423 (2000).

20) Ishikawa, K., Mihara, Y., Shimba, N., Ohtsu, N., Kawasaki, H. and Asano, Y.: *Protein Engneering*, **19**, 2412–2423 (2002).

21) von der Osten, C., et al.: *J. Biotechnology*, **28**, 55–68 (1993).

22) 池田衆一, 社領正樹, 黒坂玲子：フレグランスジャーナル, **12**, 61–67 (2002).

23) Beck, T. C., et al.: *Proc. Novo Nordisk Enzyme Symposium*, 56 (1998).

24) Genencor International, Inc.: Press Release, Oct. 30, 2000 (http://www.genencor.com (2004年12月現在))

25) 特許出願公開番号：特開平15 (2003)-304876

26) 欧州特許出願：EP1347044 A2

27) 上島孝之：生物工学, **77**, 439–442 (1999).

28) Jensen, G.: *XXVII CED Meeting on Surfactants*, (1997).

29) Svendsen, A., et al.: *Methods in Enzymology*, **284**, 317–340 (1997).

30) Okkels, J. S., et al.: *Proc. Novo Nordisk Enzyme Symposium*, 19 (1996).

31) Ness, J. E., et al.: *Nature Biotechnology*, **17**, 893–896 (1999).

32) Ness, J. E., et al.: *Nature Biotechnology*, **20**, 1251–1255 (2002).

33) Kajiyama, N., et al.: *Biosci. Biotech. Biochem.*, **58**, 1170–1171 (1994).

34) Price, R. L., et al.: *Bioluminescence and Chemiluminescence*, John Wiley & Sons (1997).

35) Tatsumi, H., et al.: *Anal. Biochem.*, **243**, 176–180 (1996).

36) Kajiyama, N., et al.: *Protein Eng.*, **4**, 691–693 (1991).

37) 辰巳宏樹：ぶんせき, **6**, 345–346 (2000).

38) Ohkuma, H., et al.: *Anal. Chim. Acta*, **395**, 265–272 (1999).

39) Prasher, D. C., et al.: *Gene*, **111**, 229–233 (1992).

40) Matz, M. V., et al.: *Nat. Biotech.*, **17**, 969–973 (1999).

41) 御橋廣真：螢光測定――生物科学への応用――, 1巻, 学会出版センター (1983).

42) Arai, R., et al.: *Protein Eng.*, **13**, 369–376 (2000).

43) Griep, R. A., et al.: *J. Immunol. Methods*, **230**, 121–130 (1999).

44) Casey, J. L., et al.: *Protein Eng.*, **13**, 445–452 (2000).

45) Ohiro, Y., et al.: *Anal. Chem.*, **74**, 5786–5792 (2002).

46) Yokozeki, T., et al.: *Anal. Chem.*, **74**, 2500–2504 (2002).

47) Ueda, H., et al.: *J. Immunol. Methods*, **279**, 209–218 (2003).

48) Jones, P. T., et al.: *Nature*, **321**, 522–525 (1986).

49) Kay, B. K., Winter, J. and McCafferty, J.: *Phage display of peptides and proteins: a laboratory manual*, Academic Press (1996).

50) Hoogenboom, H. R., et al.: Converting rodent into human antibodies by guided selection, in *Antibody Engineering*, pp. 169–185, IRL Press (1996).

51) Winter, G., et al.: *Annu. Rev. Immunol.*, **12**, 433–455 (1994).

52) Hanes, J., et al.: *Nat. Biotechnol.*, **18**, 1287–1292 (2000).

53) Bruggemann, M. and Neuberger, M. S.: *Immunol. Today*, **17**, 391–397 (1996).; Tomizuka, K., et al.: *Proc. Natl. Acad. Sci. USA*, **97**, 722–727 (2000).

4. 機器分析法・計測技術

　本章は生物工学関連で広く用いられている機器分析・計測技術について，実際に使っておられる第一線の研究者の方々に分担執筆していただいたものである。もとより広大かつ日々拡大しつつある生物工学分野のすべての機器分析法・計測技術を限られた紙幅のなかに収めることは不可能である。そこで今後の生物工学分野の発展を考慮して，大きく四つの分野，すなわち物理的計測技術とその利用法，光・レーザー計測技術とその利用法，生化学的分析技術とその利用法，ナノ計測技術とその利用法，を設定してそのなかで主要な技術について取り上げた。特に光・レーザー計測技術，ナノ計測技術については今後重要になると考えられる新技術も項目として取り入れ，読者諸賢に今後の機器分析法・計測技術の新たな展開を知るうえで有益な情報をもたらすことを期待した。

　本章における個々の項目の構成については，まずその技術の原理が述べられ，ついで装置の概要が説明され，典型的な応用例がいくつか述べられた後，数編の参考文献が例示されるというスタイルになっている。装置の概要ではなるべく図を多用してわかりやすく示すことを心がけ，参考文献にはいちいちそれらについて当たらなくとも筆者の簡単な解説により，必要な参考文献を容易に選び出すことができるように配慮した。ただ，それぞれの技術の特殊性もあり上記とは異なって，筆者の判断で読者の理解が最も容易になる形で解説されている場合もある。

　現在の生物工学分野における機器分析法・計測技術の発展は著しく，まさに機器分析・計測技術が生物工学を支えているといって過言でない情況を呈しつつある。本章が読者諸賢の研究，開発さらには事業の推進に役立つことを願っている。　　　　　　（福井）

4.1　物理的計測技術とその利用法

4.1.1　質量分析法とその利用

（a）原　　理　質量分析法は1897年のJ. J. Thomsonの研究に始まる。彼は陰極線が荷電粒子であると主張し，陰極線管の真空度を上げて実験して陰極線が電界と磁界によって曲げられることを示し，電子の質量電荷比を測定することに成功した。その後，彼は今日の質量分析計の原点ともいえる装置を作り，ネオンの同位体を発見して物理学に大きな功績を残すことになる。

　Thomsonの装置は，イオンが電界や磁界中を飛行すると，その電荷の大きさによって横向きの力を受けて軌道が曲げられることに基づいており，今日の装置も基本的にはその原理に基づいて分析を行っている。

　質量分析計は文字どおり原子や分子の質量を測定する装置であるが，対象となる原子や分子の質量は非常に小さいため天秤のように重力を利用して質量を測定することは事実上不可能である。そこで今日でも，前述のJ. J. Thomsonと同様に，目的の原子や分子をイオン化し，電気や磁気の力を利用してそれらの質量を測定している。原子や分子の種類によってイオン化のしやすさは異なるため，測定されたイオン強度からもとの原子や分子の存在比率や存在量を正確に見積もることは一般に難しい。また，目的物質をイオン化しなければ測定できないことから質量分析法は破壊分析法であり，多くのイオン化法でマトリックスと呼ばれる物質を混合することもあって，NMRやIRなどとは異なりサンプルの回収は非常に難しい。

　質量分析法の原理で最も重要なのが，イオンを生成する方法と生成したイオンを質量電荷比（m/z）によって分離する方法であるが，いずれにも複数の方法が用いられており，それらの組合せによって質量分析計の性格が決定される。

　以下，今日よく用いられているいくつかのイオン化法と質量分離法について，その原理を簡単に述べる。

（b）イオン化法

（1）電子イオン化（electron ionization：EI）法
　レニウムやタングステン製のフィラメントから放出される熱電子e^-を加速し，加熱して気化したサンプルに衝突させてイオンを作り出す方法。一般的には70

eV程度の熱電子を用いてサンプルをイオン化するが，生成した分子イオン（M$^{+\cdot}$）は過剰な内部エネルギーを持つため，分解してフラグメントイオンを生成する。このイオン化法ではサンプルを加熱気化しなければイオン化できないため，難揮発性化合物や熱分解しやすい化合物には使えない。

（2）化学イオン化（chemical ionization：CI）法

電子イオン化法でイオン化した試薬ガス中に加熱気化したサンプル分子を導入し，イオン–分子反応によるプロトン付加反応やハイドライド引抜き反応によって分子量関連イオンが生成する。これらの反応では過剰なエネルギーは生じないので，フラグメンテーションは起きにくくなる。CI法で要求されるイオン源の構造はEI法のそれと非常に似通っているため，市販の質量分析計ではイオン源の交換をすることなくEI法とCI法を切り替えることができるものが多い。

（3）高速原子衝撃（fast atom bombardment：FAB）法　サンプルをマトリックスと呼ばれる化合物に溶解してサンプル溶液としておき，これに数kV程度で加速したキセノン原子やアルゴン原子を衝突させてイオンを生成する方法。高速原子がサンプル溶液に衝突するとその運動エネルギーはサンプル溶液に移動し，サンプル溶液の表面を急激に気化させる。気化した分子はほとんどがマトリックスであるが，なかにはサンプル分子も含まれ，サンプル分子がエネルギーを得たマトリックス分子と衝突することによってイオン化する。マトリックスは高真空中でも容易に気化しないよう粘度の高い溶媒で，プロトン供与性の水酸基やチオール基を持ったものが一般に使われている。FABイオン化はソフトなイオン化法であり，主として分子量関連イオンを生成する。

（4）マトリックス支援レーザー脱離イオン化（matrix-assisted laser desorption/ionization：MALDI）法　レーザー光と，その光の波長によって効率よく励起される結晶性のマトリックスを用いてサンプルをイオン化する方法。サンプルはその結晶性マトリックスに均質に包み込まれるようにしておき，そこにパルスレーザーを照射すると，マトリックスがレーザー光のエネルギーを吸収して爆発を起こし，マトリックス分子やサンプル分子を気相中に放出させる。このときエネルギーを得たマトリックス分子とサンプル分子間のプロトン授受によってサンプルがイオン化する。レーザー光のエネルギーはほとんどがマトリックス分子によって吸収されるため，サンプル分子が直接レーザー光のエネルギーにさらされて分解することはまずない。

（5）大気圧化学イオン化（atmospheric pressure chemical ionization：APCI）法　イオン化部であるとともにHPLCと質量分析計をつなぐインターフェースとしての役割を兼ね備えたイオン化法である。メタノール水溶液などに溶解したサンプルを，ノズル先端部のヒーターによって加熱しつつ噴霧し，窒素ガスなどによって溶媒を蒸発させて気相中に取り出して針電極によるコロナ放電によりイオン化する方法。イオン化に際しては，過剰に存在する溶媒分子や窒素分子がコロナ放電によってイオン化し，これらの反応イオンとサンプル分子とのイオン–分子反応によるプロトン授受によってサンプルがイオン化する。サンプル溶液はノズル先端部分でヒーターによって加熱されるが，熱エネルギーの大部分は溶媒が気化する際の気化熱として奪われるため，サンプルが顕著な熱分解を受けることは避けられる。このイオン化法では，実際のイオン化過程は化学イオン化と同様であり，見た目は似ている後述のエレクトロスプレーイオン化法とは異なり，もっぱら1価のイオンを生成する。

（6）エレクトロスプレーイオン化（electrospray ionization：ESI）法　今日一般的に利用されている最もソフトなイオン化法で，APCIと同様に，HPLCと質量分析計とのインターフェースを兼ねたイオン化法。サンプル溶液をサンプルノズルを通して送液しながらそのサンプルノズルに数kV程度の高電圧を印加すると，溶液中のサンプル分子は電荷分離してイオン化し，ノズルに正電圧を印加している場合には先端部に正イオンが集まる。この溶液が噴霧されると正に帯電した液滴が多数作られ，溶媒の蒸発とともにクーロン爆発を繰り返しながら蒸発して，最後にはイオン化したサンプル分子が気相中に取り出される。一般には，スプレーの形成や脱溶媒のために窒素ガスなどのガスが用いられる。

（c）質量分離法

（1）四重極（quadrupole：Q）型質量分析計

平行に置かれた4本の電極柱からなるためこの名がある。1953年にW. Paulによって考案された装置で，対向する2組の電極に$\pm(U+V\cos\omega t)$の直流電圧Uと交流電圧Vを印加する。低い加速電圧（数十V程度）で四重極に入ったイオンは高周波電場中を振動しながら進むことになる。このとき，特定の質量電荷比を持つイオンだけが四重極中を安定した振動で通過でき，UとVとを変化させることによって通過できるイオンの質量電荷比を変化させることができる。イオンの透過率が高く，広いダイナミックレンジを持つのが特徴で，そのため定量分析などで多く利用されている。

（2）イオントラップ（ion trap：IT）型質量分析計　現在では先述の四重極型質量分析計と似た形状

のイオントラップ型質量分析計も製造されているが，イオントラップ型質量分析計の基本形は先の四重極型質量分析計と同様にW. Paulによって提案されたものであり，リング型電極とその上下に蓋のようなエンドキャップを用いるという形状の違いのほかは，同じ原理を用いて質量分離を行う．直流電圧と交流電圧を調節することで，特定の質量電荷比を持つイオンのみをトラップすることができることから，特定のイオンのみをトラップしておいて衝突ガスを送り込んでCIDを起こし，生成したフラグメントイオンを観測するMS/MS（tandem-in-time）測定が1台の装置のみで可能である．さらには，これを繰り返すことでMS/MSにとどまらずMS^{n}測定も可能である．イオンをトラップする特性から，質量分析計内でイオンの濃縮が可能であり高感度の測定ができる．しかし，トラップできるイオンの量には制限があるため広い質量範囲を測定しようとすると感度が悪くなってしまう．

（3）飛行時間（time-of-flight：TOF）型質量分析計　イオン加速部で一定電圧により加速されたイオンは，自由飛行空間で$(m/z)^{1/2}$に反比例する速度で飛行し検出器に到達する．このとき，自由空間を飛行するのに要した時間を計測することで質量電荷比を求める方法．1946年にW. Stephensにより提案されたが実用化まで長い時間を要し，1970年代以降のパルス計測技術やコンピュータ技術の発達を待って広く用いられるようになった．

（4）磁場（magnetic sector）型質量分析計　一定の磁場の中を飛行するイオンの軌道半径が質量電荷比に依存することを利用して質量分離を行う方法．磁場だけでなく電場も併用する2セクター型質量分析計が一般的で，磁場では収束できない初速の角度の違いや初期エネルギーの違いによるイオン軌道の広がりを電場で収束させることにより高分解能を得ることができる．

（5）FT-ICR（Fourier-transform ion cyclotron resonance）型質量分析計　一様な磁場の中にあるイオンのサイクロトロン運動を利用してセル内のイオンを分析する方法．一様磁場をかけたセル内にイオンを閉じ込め，励起電極に高周波電圧をかけると，セル内のイオンはそれぞれの質量電荷比に応じた周期で回転運動を行う．この運動による誘導電流を検出電極で検出すると，観測された誘導電流はそれぞれのイオンの質量電荷比による周波数が重ね合わされた複雑なものとなるので，それをフーリエ変換することで質量スペクトルを得ることができる．

（d）**装置の概要**　典型的な質量分析計は**図4.1**のような構成になっており，サンプルを装置に導入するサンプル導入部，導入された試料をイオン化するイオン化部，生成したイオンを装置に導入するイオン導入部，導入されたイオンを質量電荷比によって分離する質量分離部，分離されたイオンを検出する検出部，および装置内を規定の真空度に保つ真空排気部より構成されている．また，市販の装置では，これら各部を制御するためにコンピュータが用いられ，装置の制御と得られたデータの解析を行うソフトウエアが付属する．

今日では，一般的なイオン化法として電子イオン化法やFABイオン化法，MALDI，ESIなどが，また一般的な質量分離法として四重極型やイオントラップ型，飛行時間型，FT-ICR型，磁場型などがそれぞれ用いられており，原理の項で述べたようにその性格は異なっているため，組み合わせるイオン化法と質量分離法によってその装置の基本的な性格が決定される．反対にいえば，使用目的に応じて質量分析計の構成を考えるべきであり，目的に見合った装置の選択が研究の鍵となるともいえる．また，図4.1では質量分離部は一つだけ描かれているが，質量分離部を二つ直列に接続した（tandem-in-space）装置もあり，MS/MS測定ができる．

以下に，現在市販されている主要な質量分析計の構成と，その特徴について述べる．

（1）GC-Q（GC-IT）MS，GC-Sector MS　これら2種の機器ではイオン化法としてEIもしくはCIが主として組み合わされ，GCによる濃縮効果とあわせて，揮発性物質の高感度分析を可能としており，水質分析や環境分析などの用途に広く用いられている．GC-Sector型の機器では高分解能を生かした分析が行えるが，電磁石のヒステリシスの影響などによって高速スキャンができないことから，使用にあたっては注意が必要である．

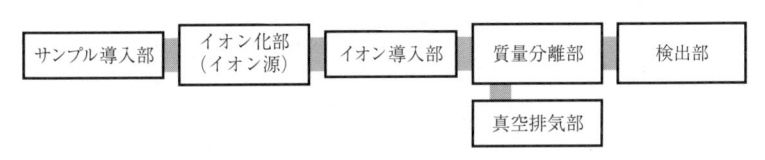

図4.1　典型的な質量分析計の構成

（2） FAB-Sector MS　　1980年代から1990年代にかけて有機化合物の質量分析では主流であった装置の一つ。液体マトリックスを用いるFABは長時間安定してイオンを生成することから，高分解能測定や各種のMS/MS測定などさまざまな測定を行うことが可能である。その大きさや取扱いの複雑さ，また他の形式に比べて実効感度が低いこともあって，現在ではあまり頻繁には使われなくなっている形式の装置であるが，特に4セクター型のタンデム装置では，その高分解能と高エネルギーCIDを生かして側鎖や修飾まで含めたペプチドの構造解析が可能であるなど，この形式の装置ならではの解析能力と得られる情報の多さは現在でも並ぶものがない。

（3） MALDI-TOF MS　　1990年代中期以降，二次元電気泳動とペプチドマスフィンガープリント法の普及とともに急速に一般的になった装置。MALDIによるパルスイオン化と相性がよいこともあってペプチドマスフィンガープリント法では主力の装置である。一般的に用いられるマトリックスでは，マトリックス自身に由来するイオン群のために低分子領域のサンプル測定が困難であることから，分子量800程度以上のサンプルに適用されるケースが多い。最近ではSELDI (surface enhanced laser disorption/ionization) と呼ばれるアプリケーションもさかんに研究されており，臨床分野での応用が期待される。

（4） MALDI-TOF/TOF MS　　MALDI-TOF質量分析計をタンデム化した装置である。執筆時現在，市販の装置はすべてリフレクトロン型MALDI-TOF質量分析計に高効率のイオン選択装置とコリジョンセルを組み込んだような内容となっており，これはあくまでも私見であるが，再加速を行っていないことから，狭義のタンデム質量分析計にはあたらないと考えている。それでもなお，MALDI-TOF/TOF MSは有用な装置であり，プロテオミクス研究において，ペプチドマスフィンガープリント法による解析だけでなく，同じ量のサンプルで疑似MS/MS分析ができる意義は大きい。

（5） LC-TOF MS　　この形式の装置ではイオン化法としてESIやAPCIが用いられ，垂直方向へのパルス加速によってリフレクトロン型TOF質量分析計にイオンが導入される。HPLCによる分離/濃縮効果と飛行時間型質量分析計による高分解能を生かした測定が可能であり，MS/MS測定は行えないものの，高分解能を生かして分子式が決定できるなど，低価格でありながら低分子化合物の定性分析などが行えることが特徴である。

（6） LC-QqQ MS　　イオン源としてESIやAPCIを用い，2組の四重極型質量分析計を直列に接続した装置である。一般には2組の四重極型質量分析計の間にCIDを効率よく起こすための四重極あるいは八重極が挿入されていることから，三連四重極（QqQ）型質量分析計と呼ばれる。この形式の質量分析計は定量分析の分野で広く用いられており，四重極質量分析計のイオン透過率の高さやダイナミックレンジの広さを生かして，さまざまな目的で使用されている。また，この形式の質量分析計では，特定のイオンが分解して生成するイオンを探索する通常のMS/MS（プロダクトイオンスキャン）だけでなく，分解して特定のイオンを生成するもとのイオンを探索するプリカーサイオンスキャンや，分解するときに特定の質量電荷比を持つ中性種が脱離するイオンを探索するニュートラルロススキャンなど多様なMS/MS測定ができる。

（7） LC-IT MS　　イオン化法としてESIやAPCIを用い，これにイオントラップ型質量分析計を組み合わせた装置である。取り立てて高機能ではなく，高分解能でも高精度でもないが，安価であることや使いやすいこと，また高感度で生産性が高いことなど多くの美点を持つ。特にプロテオミクス研究では，その生産性の高さから，この形式の装置を用いた「ショットガンプロテオミクス」が広く用いられている。

（8） LC-QqTOF MS　　LC-QqQの最後段の四重極型質量分析計を飛行時間型質量分析計に置き換えた形式の装置で，飛行時間型質量分析計の精度と分解能を生かした de novo アミノ酸配列解析も可能で，LC-ITと同様のMS/MSスペクトルのデータベース検索によるタンパク質同定にとどまらず，ペプチドシーケンスタグ法によるタンパク質同定も可能である。

（9） LC-IT/FT-ICR MS　　LC-IT MSの後段にFT-ICR MSを接続した形式の装置で，ITによるイオン選択/濃縮とFT-ICRによる高分解能測定が可能である。

（e）応用例　　質量分析法ではサンプル分子由来の分子量関連イオンが観測されるほか，そのイオンから生成し分子構造情報を与えるフラグメントイオンが観測される。サンプル調整法を適切に設定し，イオン化法/質量分離法を選択することで，さまざまな目的に対応する質量スペクトルを得ることが可能となる。

1990年代から2000年代初めにかけて，生物工学領域における最も顕著な応用例は，プロテオミクス研究に関係する分析法ではないかと考えられる。その端緒を開いたのは，タンパク質をプロテアーゼ処理して得たペプチド混合物のMALDI-TOFマススペクトルを測定し，得られた複数のペプチド分子量をもとにタン

パク質を同定するペプチドマスフィンガープリント法であろう．タンパク質配列データベースの整備に伴って実用化された本法は，特定のプロテアーゼ処理によって生成するペプチドの分子量の組合せがタンパク質によって特異的であることを利用したもので，HenzelらやMannらのグループによって開発され，タンパク質同定にかかる時間を著しく短縮した．

続いて登場したペプチドシーケンスタグ法は，タンパク質のペプチド断片のMS/MS解析からそのペプチドのアミノ酸配列を決定し，得られたアミノ酸配列をもとにデータベース検索を行ってタンパク質を同定する方法で，タンパク質同定精度を高めるためにMannらによって開発された．

1990年代の終わり頃に二次元電気泳動法によるタンパク質分離の問題点が議論されるようになると，二次元電気泳動法に代わってLCや多次元LCを用いてタンパク質やペプチド断片を分離しようという動きが活発になった．その同定法として開発されたのが，観測されたMS/MSフラグメントをもとにタンパク質を同定する方法である．この方法はペプチドシーケンスタグ法と混同されていることが多いが，MS/MSスペクトルから解析されたアミノ酸配列を用いてデータベース検索を行うペプチドシーケンスタグ法とは異なり，MS/MSスペクトルから読み取ったフラグメントイオンの質量のみを用いてデータベース検索を行う．また，これらの方法を利用して安定同位体ラベルを用いた定量的プロテオミクス研究も，1990年代後半からさかんに行われている．

(f) その他 質量分析法（mass spectrometry）は一般にMSと表され「エムエス」と読む．MSを「マス」と読むのは誤りである． (瀧浪)

4.1.2 超遠心分析法とその利用

(a) 原理 超遠心分析法は遠心力下での溶液中の分子の沈降する様子を測定することで，分子形状や分子量についての情報を得る手法である．装置は測定のための光学系を備え，その測定原理は熱力学および流体力学の理論に基づいている点から，分離用超遠心法とは大きく異なっている．開発された時期は50年以上前にさかのぼるが，近年は解離会合などの分子間相互作用の定量的評価に用いられるケースも多く，生体高分子の溶液中での性質を知る手法としては最も強力なツールの一つである．測定には，速い回転数の遠心で分子の沈降する様子を測定する"沈降速度法"と比較的遅い回転数（数千〜40000 rpm）程度で溶液中の分子の濃度勾配を測定する"沈降平衡法"の二つがある．以下それぞれの簡単な原理と測定から得られる情報について記述する．詳細な式の導出は他の専門書や総説を参考にされたい．

(1) 沈降速度法 ある遠心力（ここでは角速度ωで表記）のもと，一定速度で沈降する分子に働く力（遠心力，摩擦力，および浮力）を考慮すると式（4.1）が導かれる．Mが分子量，$\bar{v}$が偏比容，ρが溶媒の密度，Nがアボガドロ数，fが分子の摩擦係数，回転軸からの距離が半径rである．

$$\frac{M(1-\bar{v}\rho)}{Nf} = \frac{(dr/dt)}{r\omega^2} = s \quad (4.1)$$

ここで粒子の沈降の速度dr/dtを$r\omega^2$で割った値，sが沈降係数であり，この値は遠心力下での分子の沈降する速度を表し，分子形状と分子量を反映する．分子量の大きい分子ほど早く沈降するため大きい沈降係数を持ち，また，同じ分子量でも棒状分子と比べ，球状分子は溶媒との摩擦が少ないため早く沈降し，結果として大きい沈降係数を持つ．アミノ酸配列などから分子量が既知の分子の沈降係数を測定すれば分子形状を推定することが可能となる．具体的には式（4.1）で摩擦係数fがわかればStokesの法則（$f=6\pi\eta a$，η, aはそれぞれ溶媒の粘度と分子の半径）より，流体力学的半径aを知ることが可能である．しばしば，リボソームなどの複合体がスヴェードベリ定数S（$1S=10^{-13}$ s，超遠心法の開発者であるSvedbergに由来）により特徴づけられてきたが，これはS値が分子量と分子形状の双方の情報を含んだたいへん便利な数値であるためである．一方で，沈降する分子は沈降と同時に拡散するので，時間に対する拡散の程度を測定することで，分子形状を反映する数値である拡散定数，Dを得ることも可能である．さらに，沈降速度法では沈降係数の分布から溶液中の分子の均一性についての情報を得ることができ，この場合van Holde-Weishet解析がたいへん有効である．沈降係数と拡散定数から分子量を得ることも可能であるが，沈降速度法から得られる分子量は一般に精度が低い分子量測定にはつぎに述べる沈降平衡法を用いる．

(2) 沈降平衡法 ある遠心力のもとでは溶液中の分子には遠心力，浮力，拡散力が働き，平衡状態においてはこれら三つの力の釣り合いに従った式（4.2）で記述される濃度勾配が形成される．

$$C(r) = C(r_0) \exp\left[\frac{M(1-\bar{v}\rho)\omega^2}{2RT}(r^2 - r_0^2)\right] \quad (4.2)$$

したがって，半径rにおける濃度$C(r)$の測定からその測定濃度での見かけの分子量Mを求めることができる．加えて，沈降平衡法では濃度を変化させ，それ

それの濃度での分子量を測定することで分子間相互作用についての情報が得られる。一般に濃度を変化させても見かけの分子量がほとんど変化しない場合は単分散系と判断でき，一方，濃度増加に伴って分子量が増加する場合は会合系であり，濃度勾配から会合数と平衡定数を決定できる。このように，沈降平衡法では溶液中の分子の分散状態をそのまま測定可能であり，結晶化やNMR測定を行う際にも有用な情報を与える。加えて，2種類以上の分子が溶液中で解離会合を伴う場合にも濃度勾配を測定後，非線形の最小二乗フィッティングにより化学量論と平衡定数といった定量的な数値を得ることができる。

（3）偏比容について　偏比容は超遠心法から分子量を求めるうえで重要なパラメーターで，分子1gが溶液中で占める体積である。一般にタンパク質の場合，アミノ酸組成より計算により導出が可能であり，多くの生体高分子の偏比容については文献12）に網羅されているが，糖鎖修飾を受けた試料や溶媒のイオン強度が高い場合は，実際に振動式密度計などにより実測が必要である（**図4.2**）。

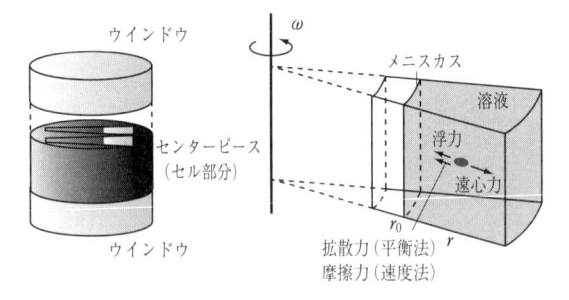

図4.2　超遠心場での溶液中の分子の様子

（b）**装置の概要**　現在ベックマン・コールター社より市販されている分析用超遠心機，XL-AおよびXL-Iは，遠心やデータ処理部分は現代のテクノロジーが投入されたものとなっているが，基本的な設計は1950年代に開発されたベックマンモデルE型超遠心機と変わっていない（**図4.3**）。最高60 000 rpmでローターを回転させることが可能な遠心機部分，セル内の濃度分布を測定するための光学系部分，およびそれらを制御するコンピュータ部分から構成されている。

遠心中，温度制御のためチャンバー内はロータリーポンプとオイル拡散ポンプにより高真空に保たれている。ローターは材料にチタンを用い，さらに形状的にも工夫することにより短時間で高回転に達する設計となっている。2枚のウインドウで挟んだセル部分に試料を入れ（図4.2），ローターにセットし測定を行う。

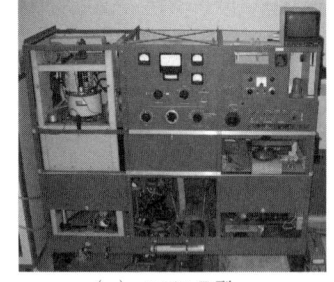

（a）モデルE型　　　　（b）XL-I
図4.3　分析用超遠心機

セル内の濃度分布を測定するための測定光学系は紫外吸収系とレイリー干渉系を備えており，前者は220～700 nmの範囲に吸収を持つ試料（タンパク質，ペプチドや核酸など）の測定に用いられ，後者はこの範囲に吸収がない場合や試料濃度が濃い（1～20 mg/ml）場合に用いられる。紫外吸収系の場合，光源には十分な光量を得るためにキセノンフラッシュランプが使用され，チャンバー内にセットされた回折格子を用いた分光器により分光された光はセルに垂直に入射し，試料側，溶媒側を順次通過し，通過光はそれぞれチャンバー下部にある光電子倍増管により検出される。検出部はステッピングモーターにより0.001 µmまで制御され高精度の位置分解能を獲得しており，通常は280 nmで吸光度1.5程度まで測定が可能である（**図4.4**）。

一方，レイリー干渉系には干渉性が高いレーザーを光源に用いている。チャンバー内にセットされた複数

（a）レイリー干渉光学系

（b）紫外吸光光学系

図4.4　それぞれの光学系での測定例

のレンズとミラーを通過後，スリットで分けられた二つの平行光がセル中の試料と溶媒に上部より同時に入射する．試料と溶媒からの光はチャンバー下部のレンズとミラーを通ったあと干渉縞を形成するが，試料濃度変化に応じた屈折率の変化により干渉縞は移動する．このようにして，干渉縞の移動度から濃度分布を測定する．

（c）応用例

（1）沈降速度法による沈降係数決定　大腸菌から精製したリボソームを260 nmでの吸光度が1.2になるように調製し，沈降させたときの様子を**図4.5**に示した．ここでは異なるマグネシウム（Mg^{2+}）濃度で測定を行った．時間の経過とともに試料と溶媒の界面の位置rが移動し，リボソームが沈降する様子がわかる．Mg^{2+}濃度が1 mMのときには界面が二つ存在し，二つの異なる沈降係数を持つ成分があることがわかる．最も簡単な解析としては式（4.1）を積分して得られる関係式から，時間に対して$\ln(r)$をプロットすることにより沈降係数を求める方法があるが，ここでは複数の成分が存在するときも正確に解析できる方法である time-delivative法を用いた解析法を示す．この解析法では連続した複数の沈降データを用い，式（4.3）に従って直接フィッティングすることで，ある試料濃度での沈降係数の分布$g(s^*)_t$を算出することができる．

$$g(s^*)_t = \left(\frac{\partial c}{\partial s^*}\right)_t$$
$$= \left[\left(\frac{\partial c}{\partial t}\right)_r + 2\omega^2 \int_{s=0}^{s=s^*} s^* \left(\frac{\partial c}{\partial s^*}\right)_t ds^*\right]$$
$$\cdot \left(\frac{\partial t}{\partial s^*}\right)_r \quad (4.3)$$

解析結果からリボソームはMg^{2+}濃度によって解離状態が大きく影響を受け，Mg^{2+}濃度が10 mMのときは70 Sとして存在し，1 mM程度の低濃度の場合には30 Sと50 Sに解離することがわかる．このように，分子の解離会合あるいは大きな構造変化についてS値の変化から情報を得ることが可能である．

（2）沈降平衡法による分子量の決定　コラーゲンモデルペプチドを4℃，32000 rpmで回転させ3時間ごとにスキャンし，24時間後には平衡に達したことを確認した．濃度勾配を式（4.2）でフィッティングすることで見かけの分子量を得た．同様の解析を濃度3点について行い，濃度ゼロへ外挿することで分子量7200を得た．この分子量は三量体に対応し，このモデルペプチドはコラーゲンのように三本鎖を形成することを証明することができた．このように濃度を変

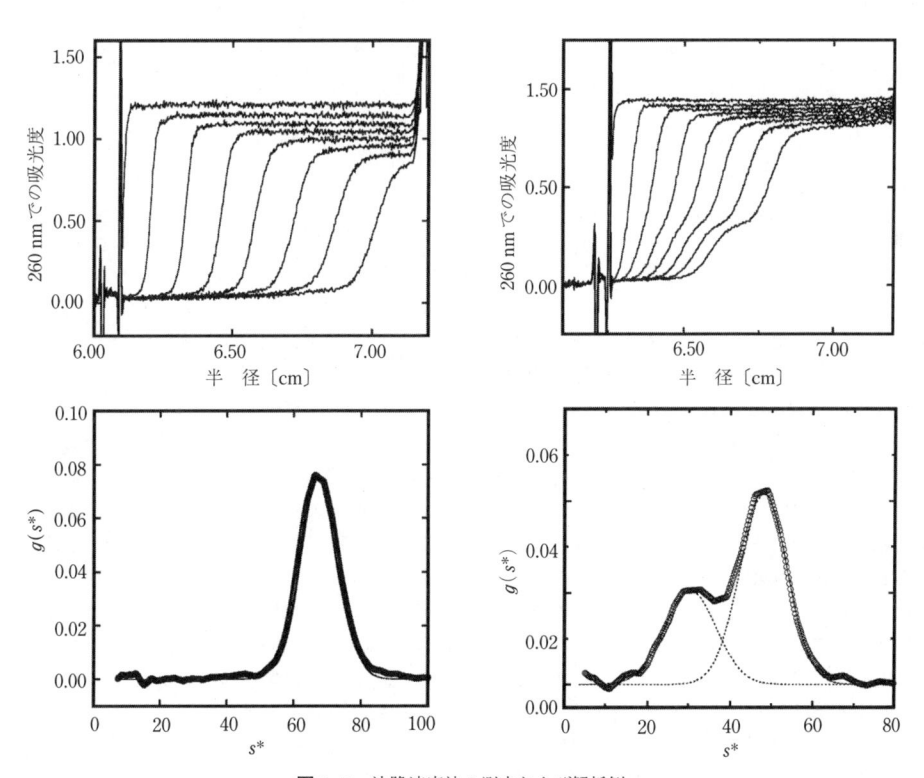

図4.5　沈降速度法の測定および解析例

化させ，各濃度での見かけの分子量を得ることが分子量決定には不可欠である．

(3) 超遠心法による相互作用パラメーターの決定

ここでは例としてマウスIgGのFc部分とそのレセプターFcγRとの相互作用について，超遠心法から化学量論および平衡定数を決定した例を示す．それぞれの成分については個別に平衡法を行い，それぞれ単分散かつ単量体で存在していることをあらかじめ確認しておいた．そのうえで両者を1：1程度の量比で混合し沈降平衡実験を行った結果を図4.6に示した．結合の化学量論が1：1と1：2それぞれのモデルを用いた非線形フィッティングから1：1で結合し，解離定数は2.2×10^{-6}（μM）であると決定した．

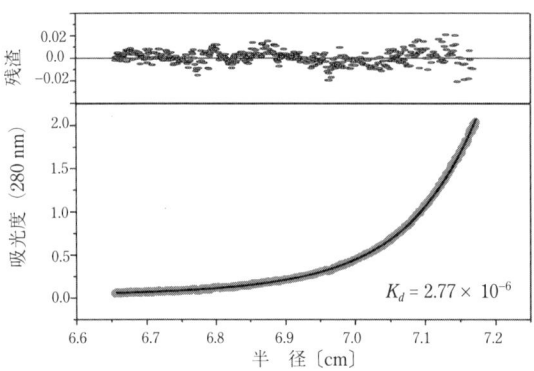

1:1 モデル
$A(r) = A_{Fc}(r_0)\exp\{M_{Fc}H_{Fc}(r^2 - r_0^2)\}$
$\quad + A_R(r_0)\exp\{M_R H_R(r^2 - r_0^2)\}$
$\quad + A_{Fc}(r_0)A_R(r_0)\exp\{\ln(K) + (M_{Fc}HF_c + M_R H_R)(r^2 - r_0^2)\}$
$\quad + \text{Baseline}$
M_{Fc}：Fcフラグメントの分子量 52 000
M_R：Fcレセプターの分子量 26 000
k：平衡定数

図4.6 解離会合系の測定例

以上，示したように超遠心分析法から溶液中での分子の分散状態，分子量，分子形状，および定量的相互作用パラメーターを得る際には強力なツールとなる．生体高分子を溶液中で取り扱う場合には，一度測定することが望ましい．

（内山）

4.1.3 磁気共鳴分析法とその利用

(a) 核磁気共鳴 (NMR)

(1) 原理　NMRは核スピンと磁場との相互作用を利用した分光法である．核スピンは固有のスピン量子数をもっており，これが0でない値を持つものがNMRの観測対象となる．このうち，スピン量子数が1/2の核が利用されることが多い．^{1}H，^{13}Cはスピン量子数が1/2であり，かつ有機化合物の主要構成元素であるためにNMRの測定対象核として広く用いられる．

NMRの現象をスピン量子数が1/2の核について説明する．核スピンを磁場中に入れると核スピン+1/2と-1/2の二つのエネルギー状態に分裂する．この状態間のエネルギー差ΔEは$2\mu H_0$と記述できる．ここで，μは磁気モーメント，H_0は磁場強度である．ここに，エネルギー差に相当する電磁波を試料に照射すると，二つの状態間に遷移が起こり，電磁波が吸収される．磁気モーメントμは核に固有の値であり，つぎの式で表される．

$$\mu = \frac{\gamma h I}{2\pi} \quad (4.4)$$

ここでγは磁気回転比と呼び，核それぞれに固有の値である．また，hはプランク定数，Iは核スピン量子数である．照射する電磁波の周波数をνとすると$E = h\nu$である．これが核スピンのエネルギー差に等しい場合

$$h\nu = 2\left(\frac{\gamma h I}{2\pi}\right) H_0 \quad (4.5)$$

であるので

$$\nu = \frac{\gamma I H_0}{\pi} \quad (4.6)$$

が成り立つ．いま$I = 1/2$であるので

$$\nu = \frac{\gamma H_0}{2\pi} \quad (4.7)$$

となる．この周波数をラーモア周波数と呼ぶ．νの値は磁場強度，核種によって異なるが，通常ラジオ波（数十〜数百MHz）の領域である．

(2) 装置　ついで装置について説明を行う．NMR装置は外部磁場を与える磁石，試料にラジオ波を照射し，得られた信号を検出するユニット，およびラジオ波照射を制御し，得られたスペクトルを解析するユニットから成り立つ．

他の分光法と比較して，NMRの感度は低い．これは上述した外部磁場によって分裂する状態間のエネルギー差が小さいからである．上述のようにエネルギー差は外部磁場強度に比例するので，強い磁場を与えるほうが感度よくシグナルを検出することができる．さらに，強磁場下におけるスペクトルは信号の分離がよく解析しやすいスペクトルが得られるというメリットがある．現在では高い磁場を達成できる超伝導磁石を用いるのが一般的である．良好なスペクトルを得るために測定中の磁場強度は一定である必要があるが，磁場の変動を補正するのを目的として，溶媒の信号を検出することで磁場の変動をモニターし補正するロック回路が取り付けられている．

つぎにデータの検出について述べる。検出法には連続波法とパルスフーリエ法がある。連続波法は，ラジオ波の周波数を徐々に変化しながら照射するかラジオ波を一定にして磁場を変化させる方法である。一方，パルスフーリエ法は試料に磁場方向と垂直方向にラジオ波を短時間照射し，その応答を検出する方法である。ラジオ波照射をした場合，熱平衡状態にあった核スピンは上述のラーモア周波数で歳差運動する（図4.7(a)）。これはFIDと呼ばれる。この運動を電気信号として検出しフーリエ変換するとスペクトルが得られる（図4.7(b)）。この方法は連続波法に比べ，高いSN比のスペクトルを短時間で得られる長所を持つ。また，後述する多次元NMRに拡張することができる利点も持つため現在では幅広く用いられている。

（3）試　料　つぎに試料について述べる。他の分光法と同様，NMRの場合も溶液・固体を問わず測定できるが，後述するように溶液状態のほうが解析の容易な共鳴線を与える。したがって詳細な構造情報を得るには溶液状態にして測定するのが一般的である。以下に溶液試料の際に重要であると思われることについてまとめる。まず^{1}H-NMRを測定する際は，溶媒は重水素化されたものを用いる。これは溶媒に由来するシグナル強度を軽減させるためと，前述のロックに使われるのが目的である。必要に応じて脱気・濾過などの操作を行う。共鳴線の位置を決定するために，あらかじめ既知のシグナルを与える物質を内部標準として少量加えることも多い。粘性の高い試料などは高温にして測定を行うこともある。

（4）スペクトルから得られる情報　個々の核スピンは，周辺に存在する電子によって誘起される磁場が外部磁場を遮蔽することで異なる共鳴周波数を持つ。これと基準となる核の共鳴周波数との差を共鳴周波数で割ったものを化学シフトと呼ぶ。化学シフトは核スピン周辺の化学的環境を鋭敏に反映するため，スペクトルの解析の際の有力な情報として利用されることが多い。化学シフトは，共鳴周波数で割った値〔ppm〕を単位として用いられるため磁場強度に依存しない。

Jカップリングは電子を通した核スピン間の相互作用である。共鳴周波数とは異なり，大きさは外部磁場強度に依存しない。単位はHzが用いられる。相互作用強度は弱く，観測されるのは近傍のスピン間の相互作用である。これはおもに共有結合や二面角の大きさなどの局所的構造情報を与える。

もう一つの情報として緩和時間がある。緩和時間はラジオ波によってじょう乱されたスピンがもとの熱平衡状態に戻る過程の時定数を示す量である。戻る過程の違いによって縦緩和時間（T_1），横緩和時間（T_2）がある。緩和時間はスピンの運動性を反映するものであり，分子運動に関する情報を与えることができる。

（5）多次元NMR　上述のパルスフーリエ法の発展のなかから多次元NMRが作られた。これは異なるスピンハミルトニアンで歳差運動したスピンの相関をスペクトルとして得るものである。多次元NMRの原理を二次元NMRによって説明する。二次元NMRは準備・展開・混合・検出の四つのプロセスによって

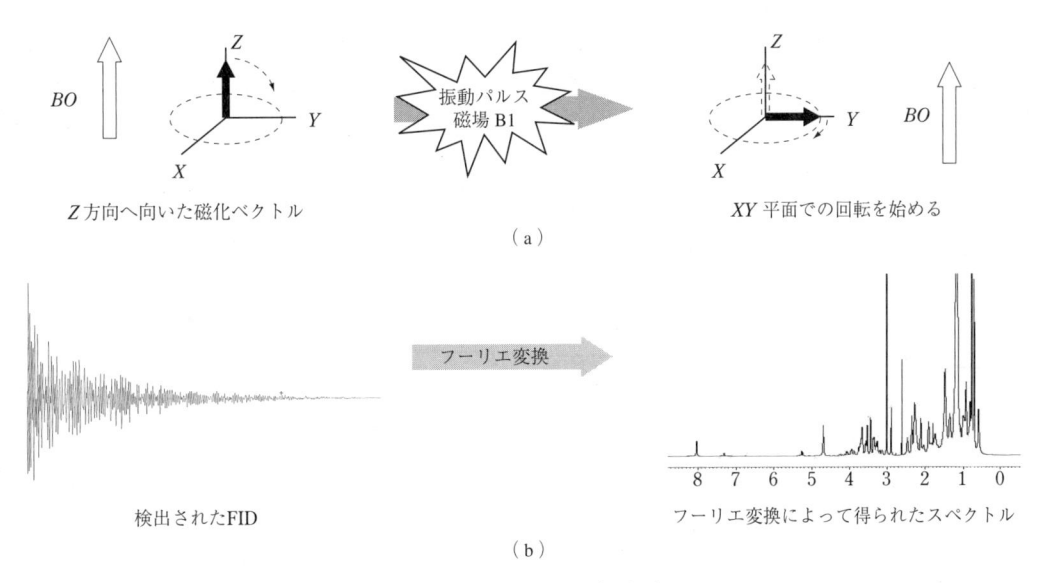

図4.7　パルスフーリエ法の概略図

構成される。まず準備期によって平衡状態にある核スピンをラジオ波パルスによって励起する。続く展開期(t_1)で励起された核スピンは特定のハミルトニアンで展開する。混合期で核スピンコヒーレンスは移動し，検出期(t_2)で移動した核のシグナルとして，FIDとして検出される。展開期の時間を系統的に変化させることによって，位相変調された複数のFIDが得られる。これをt_1，t_2でフーリエ変換することによってスペクトルが得られる。三次元，四次元NMRも二次元NMRと同様の原理であり，展開・混合期の数が増えたものにすぎない。多次元NMRのメリットは通常の一次元のNMRでは解析することができない，核スピン間の相互作用を観察することができることと，複雑なスペクトルを単純化できることにある。展開期，混合期に使用されるパルス系列は数多く考案されており，それらを組み合わせることによってさまざまな測定法が開発されている。ここでは例として，J-分解NMR，COSY，NOESYを挙げる。まず，J-分解NMRであるが，核スピンは展開期でJカップリング，検出期で化学シフトでそれぞれ展開する。得られたシグナルからシグナルそれぞれの持つJカップリングの値を求めることができる。一方，COSYの場合，核スピンは展開・検出期両者においてそれぞれ化学シフトで展開する。また，混合期で核スピンコヒーレンスはスピン結合している核に移動する。この結果，得られたスペクトルから，スピン結合しているスピン対を同定することができる。同種核の相関として^{1}H-^{1}H COSY，異種核の相関として^{1}H-^{13}C COSYなどが挙げられる。複雑な共鳴線を持ったシグナルの信号帰属に使われることが多い。最後にNOESYであるが，これは混合期に核オーバーハウザー効果（NOE）による磁化の移動を行う。NOEは空間的に近接した核間に働く双極子-双極子相互作用によって起きる現象であり，得られたスペクトルから空間的に近くにあるスピン対を同定する方法である。後述のようにタンパク質の構造解析において広く利用されている。

（b） スペクトルの解析について　低分子のスペクトル解析は一次元NMRスペクトルを用いて解析することができる。これまでの研究から化学シフトやJカップリングの値と構造に関する経験的な法則が存在しており，それを利用することで解析が可能である。また，市販の化合物を用いたスペクトルデータベースが存在する。そのなかには，質量分析，IRなどのデータを含んだものもあり，これら他の手法の結果と組み合わせることによって迅速に構造決定を行うことができる。複雑な構造の化合物の場合必要に応じて，前述の二次元NMRを利用して測定・解析することもある。

（c） タンパク質構造解析への応用　NMRを用いてタンパク質の三次元立体構造を求めることができる。立体構造を決定するためには，①シグナルの帰属，②NOESYスペクトルの解析による近接した核間距離と二面角情報の収集，と③計算による立体構造の決定，の順に行うのが一般である。

タンパク質は一般的なNMR測定の対象となる低分子化合物に比べると，分子量がきわめて大きいため得られるシグナルは複雑となる。したがって一次元NMRスペクトルによって解析するのは不可能であり（図4.8(a)），多次元NMRを用いる必要がある。まず主鎖の核間の相関スペクトル（図4.8(b)）を測定することによって，主鎖のシグナルを帰属する。ついで，主鎖の核-側鎖の核の相関スペクトルを測定して，側鎖のシグナルを帰属する。当初は安定同位体ラベルされていないタンパク質では^{1}Hのみが観測核として利用されたので，解析できる最大の分子量は1万程度であった。90年代に入って大腸菌等を利用した大量発現系を利用し安定同位体で標識した試料を使っ

(a) 一次元NMRスペクトル　　(b) 二次元^{15}N-^{1}H HSQCスペクトル

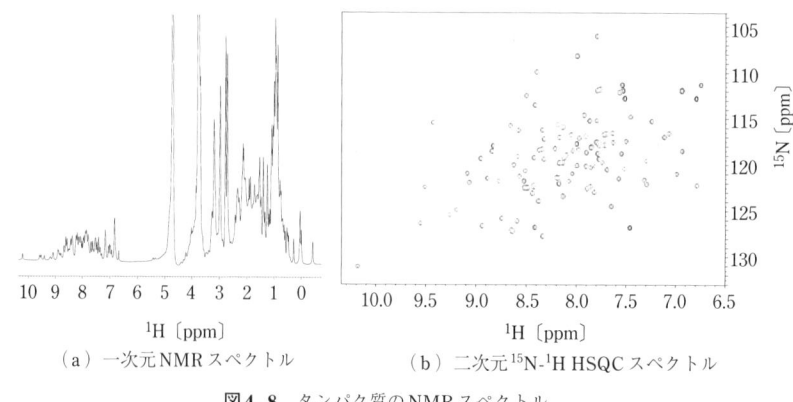

図4.8　タンパク質のNMRスペクトル

た異種核多次元NMRによるシグナル帰属法が確立された。その結果，三次元，四次元NMRによりシグナルの分離が劇的に向上し，より高分子量のタンパク質でも信号帰属，構造決定が容易となった。従来はこれら多次元NMRスペクトル上のシグナル帰属は手作業で行われていたが，これを自動的に行うソフトの開発がなされている。

信号が帰属されたら，NOESYスペクトルによる核間距離情報の収集と構造計算を行う。構造計算はNOESYスペクトル結果に矛盾しない三次元構造を探索する方法である。また構造計算には核間距離情報のほかに重水素交換実験などから求められる水素結合の有無やJカップリングの測定によって得られる二面角の情報，主鎖の化学シフトから推定される二次構造の有無を補助的に利用することが多い。

安定同位体標識したタンパク質を用いる異種核多次元NMR法により解析できるタンパク質の分子量の上限は2〜3万程度まで増大した。最近は，さらに巨大なタンパク質の構造解析を可能にする試みが行われている。これらの方法について，以下に述べる。

（1）配向試料を用いた方法　バイセルなどの配向媒体を溶媒中に共存させることにより，試料溶液中のタンパク質を配向させる方法が開発された。配向させることによって，通常の溶液では直接観測できない双極子-双極子相互作用を反映した構造情報が取得できる。これによってNOEのみでは解析が困難な巨大タンパク質の構造やマルチドメインのタンパク質のドメイン間の相対的位置を決定することができる。

（2）TROSY法の利用　NMRの線幅は，分子の回転相関時間に依存する。回転相関時間は，分子量が大きくなるにつれ増大する。したがって，巨大タンパク質の構造解析は良好なシグナルを得ることは難しい。TROSY法は緩和干渉現象を利用して緩和の遅いシグナル成分のみを選択的に観測する方法である。これにより，通常の測定法では観測不可能であった大きな分子量のタンパク質についても良好なシグナルを得ることが可能になった。試料タンパク質の重水素化と組み合わせることで使用されることが多い。

（3）安定同位体標識法の開発　安定同位体で標識する場合，これまでは均一に同位体標識された試料を使用することが多かった。巨大タンパク質の解析の場合，特定のドメイン・特定のアミノ酸残基のみを選択的に標識した試料を用いることによって，検出されるシグナルを単純化させる方法が使われるようになった。

（4）固体NMR　固体試料のNMRスペクトルは溶液のそれとは大きく異なる。これは，溶液状態では観測されない磁場と核の配向に依存した相互作用（異方的相互作用）が直接スペクトルに反映するからである。代表的な異方的相互作用に双極子-双極子相互作用や化学シフトの異方性がある。前者はスピン間の直接的な磁気的相互作用であり，相互作用している核間距離および相互作用しているスピン間ベクトルと外部磁場との方向に依存する量である。化学シフト異方性は，核周囲の電子分布の方向依存性が原因で起きる。溶液試料の場合，分子回転による平均化のため，通常異方性は観測されない。これに反して固体試料の場合は回転運動が制限されているため，スペクトルに現れることになる。これら異方的相互作用の大きさは溶液状態で観測される相互作用と比較してきわめて大きい。この結果，広幅な共鳴線を与えることが多く，スペクトルの解析から情報を抽出することは不可能に近い。これを克服するため，異方的相互作用を消失させる測定法が発達している。代表的な方法の一つにマジック角回転がある。これは試料を静磁場に対しマジック角（54.77°）だけ傾けて高速回転させることによって異方的相互作用を消失させる方法である。最近ではこの方法と，複数のラジオ波パルスを連続的に照射する多重パルス法を併用することで特定の異方的相互作用のみを観測し，構造情報として利用する手法が開発されている。

（d）電子スピン共鳴分光（ESR）　NMR同様，ESRはスピンと外部磁場の相互作用によって起きる現象である。異なる点は前者が核スピンと外部磁場の相互作用であるのに対して，後者は電子スピンと外部磁場の相互作用が原因で起こる点である。ESRは，常磁性原子中の電子スピンが測定対象となる。常磁性原子は不対電子を持つものであり，遷移金属やラジカルが該当する。電子スピンに関する相互作用の基本的な機構はNMRに等しい。ただ，電子スピンの磁気モーメントは核スピンに比べ1000倍程度大きい。この結果，感度はNMRと比較して強く，少量の試料でシグナルを得ることができる。またNMRと比較して共鳴周波数も高く，通常の測定に用いる電磁波はマイクロ波領域の周波数を持つ。

測定装置の構成に関してもNMRと基本的に同様であり，外部磁場発生装置とマイクロ波発生装置，受信機から成り立っている。高周波数帯のマイクロ波発生装置の開発とともに高磁場化も進んでいる。

検出法もNMRと同様，連続波法とパルスフーリエ法がある。ESRの場合，感度も強く，得られるシグナルも複雑ではないため，連続波法も広く使われる。パルスフーリエ法はハードウエア的に困難な点があったが，最近実用化されるようになってきた。

（1） スペクトルから得られる情報　スペクトルに影響を与える相互作用は，NMRとほとんど同様であって，質的には本質的に同様の情報が得られる。ただ，前述のように磁気モーメントの大きさが異なるので，NMRと量的に異なる情報を得ることができる。

ESRから得られる情報として，g値，超微細構造（hfc），双極子相互作用，緩和時間の四つがある。g値は外部磁場との相互作用によるもので，共鳴線の位置として観測される。この値によって不対電子の環境に関する情報を得ることができる。ただ，多くのラジカルの場合この値のずれはそれほど大きくない。したがって，実際にはラジカル種の同定に使用されることが多い。ついでhfcであるが，これは核スピンの作り出す微小な磁場と電子スピンとの相互作用に起因するものである。前述のように核スピン量子数が0でない核は，外部磁場存在下では複数のエネルギー的に非等価な状態をとる。核スピンが作り出す磁場の大きさは，この状態に依存する。したがって，得られるESRのスペクトルは，近傍の核スピンのとり得る状態の数に分裂する。核スピン量子数がIの核がある場合，$2I+1$本にスペクトルは分裂する。hfcによる共鳴線の分裂は，電子スピンに存在する核の種類，数に依存するため，ラジカルの化学種の同定に使用されることが多い。最後に，双極子-双極子相互作用についてであるが，これは電子スピン間の双極子-双極子相互作用によるものである。NMRの場合と同様，この量は異方的な量であって，固体試料において観測される。同一分子内に二つの不対電子がある場合，これを測定することによって，不対電子間の距離を精度よく決定することができる。また，緩和時間はNMRと同様分子の運動性に関する情報を得ることができる。

（2） 多重共鳴法　NMRと同様にESRスペクトルには複数の相互作用が寄与していることもあり，そのままのスペクトルでは情報を抽出するのに困難を伴う場合がある。ESRの場合，NMRに比べて緩和時間がきわめて短いので，NMRのように多次元化する代わりに多重共鳴法を使うことが多い。

多重共鳴の代表的なものにELDOR，ENDORがある。前者はある電子スピンを遷移させ，別の電子スピンのESR信号変化をモニターする方法である。これによって電子スピン間の相互作用を得ることができる。後者は核スピンの遷移を行いながらESRの信号変化をモニターする方法である。この方法では核スピン-電子スピン間の相互作用を求めることができる。これらの方法によって，特定の電子スピン間・核スピン間の相互作用のみをスペクトルから抽出することが可能となっている。

（3） 生体高分子への適用　金属タンパク質の場合，金属イオンのESRシグナルをモニターすることで，金属周辺の配位子の構造，金属イオンの電子状態に関する情報を得ることができる。一方，その他のタンパク質の場合は不対電子を持たないため，ESRの測定対象外である。このため，ラジカルを持った小分子を結合し，そのESRシグナルを用いてタンパク質の構造・運動性に関する情報を得る方法がとられている。これをスピンラベル法と呼び，ニトロキシドラジカルが用いられ，タンパク質中のシステイン残基のチオール基と結合させることが多い。用途に応じてさまざまなスピンラベル用のラジカルが市販されている。スピンラベルによって修飾したタンパク質は，線幅を測定することによって運動性に関する情報を得ることができる。また，複数のスピンラベルを同一分子内に導入し，ラジカル間の双極子相互作用をモニターすることで巨大タンパク質の構造情報を得ようとする試みもなされている。

生体膜を構成する脂質もESRの測定対象になることが多い。この場合上述のスピンラベル法に加え，常磁性分子を脂質分子に化学結合させず，試料中に共存させた状態でESR測定を行う方法もとられる。これはスピンプローブ法と呼ぶ。これらの方法によって導入された常磁性分子のESRシグナルの解析から脂質の運動性に関する情報が得られている。

（e） 核四極共鳴（NQR）　核スピン量子数が1以上の核は電気四極子モーメントを持つが，核の周辺に存在している電荷が与える電場勾配と核との相互作用（核四極相互作用）を検出するのがNQRである。核四極共鳴の原理は上述のNMR，ESRと同様であり，装置の構成もこれらと基本的に違いはない。測定対象核として^{35}Clなどのハロゲン，^{63}Cuなどの金属，さらに^{14}Nが広く用いられている。

測定で得られる情報は，緩和時間測定によって得られる。緩和時間の機構はNMRやESRと同一であり，測定方法もNMRの緩和時間測定と基本的に変わりはない。分子の運動性や化学結合の状態に関する情報を得ることができる。NQRの場合，NMRやESRに見られる鋭い共鳴線を与えない。このため，タンパク質に代表される生体高分子についての適用には困難があり，測定の例があまりないのが現状である。

〔白川，藤原健一朗〕

4.1.4　表面プラズモン共鳴とその利用

（a） 原　　理　1983年にLiedbergらは，表面プラズモン共鳴（surface plasmon resonance：SPR）が，生体分子間の相互作用を検出するバイオセ

ンサーとして利用できることを報告した[19]。1990年にPharmacia社（当時）は，これを初めて製品化し，BIAcore™を発売した（現在はBIACORE社が発売）。このほか，同様の原理に基づいた装置が数社から市販されている。

ガラスに貼り付けた金などの金属の薄膜（センサーチップ）に，P偏光（入射面上に電場ベクトルの振動方向をもつ偏光）がガラス側から全反射条件で入射すると（図4.9），界面近傍の金属表面を伝わるエバネッセント波が発生する。エバネッセント波が，金属表面の自由電子を励起する現象を，表面プラズモン共鳴と呼ぶ。特定の波数のエバネッセント波により，共鳴は引き起こされる。共鳴が生じると，光のエネルギーが消費されるので，反射光の強度は減衰する。エバネッセント波の波数は，入射光の波長が一定ならば，入射角度に依存するので，ある入射角度（共鳴角）で共鳴が生じ，反射光の強度が減衰する。また，共鳴を生じる波数は，金属薄膜の外側に接している溶液の屈折率に依存する。金属薄膜に標的分子（リガンド）を固定し，これに他の分子（アナライト）が結合すると，金属薄膜近傍の物質濃度が高くなり，屈折率が変化する。すると，共鳴を生じる波数が変化し，共鳴角が変化することになる。したがって，このような共鳴角の変化を利用して，分子間の相互作用を検出することができる。

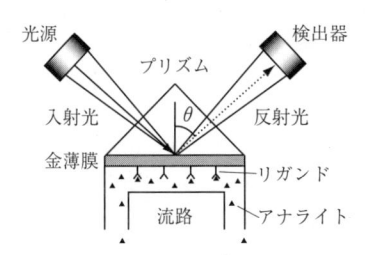

(a) センサーチップと流路系および検出系

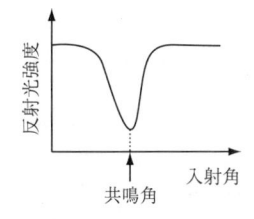

(b) 表面プラズモン共鳴による共鳴角での反射光の減衰

図4.9　SPRを用いた分子間相互作用検出装置

(b) 装置の概要　測定装置は，リガンドを固定化したセンサーチップに接して微細な流路を設け，その中にアナライト溶液を送液する方式のものが代表的である（図4.9（a））。リガンドのセンサーチップへ

の固定化法としては，アミノ基やチオール基，アルデヒド基などを介した共有結合による方法，ストレプトアビジン-ビオチンの結合による方法，His-tagと金属イオンのキレートによる方法，アルキル基の単分子膜に埋め込む方法などが用いられている。

流路にアナライト溶液を一定速度で送液すると，アナライトのリガンドへの結合による共鳴角の変化が観測される。この共鳴角の変化は，通常resonance unit (RU) という単位で表される。1000 RUは0.10°の共鳴角の変化に対応し，センサーチップ上における1.0 ng/mm²の物質量の変化に相当する。このようなRU値の変化を記録したものは，センサーグラムと呼ばれる（図4.10）。RU値の増加速度から，アナライトのリガンドへの結合速度（k_{on}）を求めることができる。アナライト溶液の送液後，アナライトを含まない溶液を流路に送液すると，アナライトがリガンドから解離することにより，RU値は減少していく。このRU値の減少速度から，リガンドからのアナライトの解離速度（k_{off}）を求めることができる。測定可能範囲は，$k_{on} = 10^3 \sim 10^8$ M^{-1}s^{-1}，$k_{off} = 10^{-6} \sim 100$ s^{-1}程度である。解離定数（K_d）はk_{off}/k_{on}によって求められる。解析に最も適しているK_dの範囲はnM～μMであるが，pM以下やmM以上での解析例も報告されている[20]。アナライトの結合が平衡に達したときのRU値の変化（RU_{eq}）を用いて，Scatchard plotによりK_dを求めることもできる。この方法は，k_{on}やk_{off}を測定することが困難な場合に有用である。また，アナライトのリガンドへの結合が飽和に達したときのRU値の変化（RU_{max}）をScatchard plotから求めることができる。RU値の変化は分子量に比例するので，リガンドをセンサーチップに固定化する際のRU値の変化と，アナライトがリガンドへ結合する際のRU_{max}を比

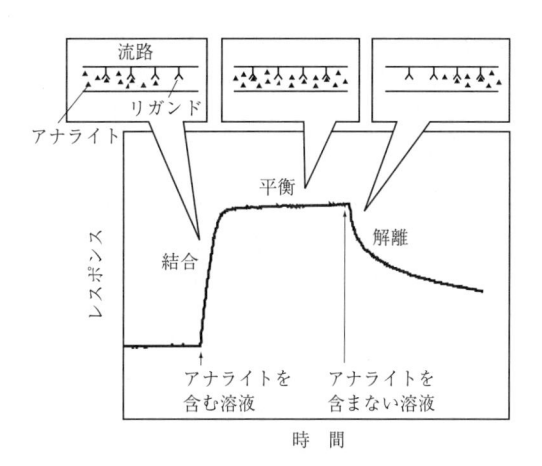

図4.10　SPRセンサーグラム

較することにより，リガンドに結合するアナライトの個数を求めることができる．

（c）応 用 例 SPR法は，検出のためのラベルを必要としない，結合速度と解離速度をリアルタイムで測定できる，弱い結合でも検出が可能である，必要とする試料が微量でよい，解析時間が短く，自動化も容易である，などの利点を有している．このため，レセプターとリガンド，核酸結合タンパク質とDNAやRNA，抗体と抗原，酵素と基質，シグナル伝達因子とそのターゲット，リン脂質二重膜と薬剤など，さまざまな生体分子間相互作用の解析にさかんに用いられている[19]．特に，ゲルシフト法やフィルターアッセイ法などの従来の方法では検出が困難であった，弱い結合の解析に効力を発揮している．また，親和性だけでなく，結合速度と解離速度を知ることができるので，より詳細な結合過程の解析が可能である．

例えば，DNAのハイブリダイゼーションにおいて，k_{off}がミスマッチの影響をより強く受けることが示されており，DNAチップを用いた変異の検出への応用が期待される[20]．また，Mybタンパク質とDNAとの結合において，特異的結合と非特異的結合の親和性の違いは，おもにk_{off}の違いに起因し，非特異的結合ではk_{off}はイオン強度に大きく影響されることが，SPRを用いて示されている[21]．これらのことから，非特異的結合は静電的相互作用が主体であり，特異的結合では，さらに水素結合や疎水的相互作用により強い結合が形成され，解離速度を低下させることが示唆された．また，EGFやTGFに比べて1/10の濃度で細胞増殖促進効果をもつEGF/TGFキメラ増殖因子は，EGFレセプターへの結合速度，解離速度ともに野生型の3～5倍になっているのに対し，解離定数はほとんど変化していないことが示された[22]．

SPRシグナル強度は分子量に比例するので，低分子の結合は検出しにくいが，装置や解析法の改善により，数百の分子量の分子についても解析可能となっている[23],[24]．例えば，HIVプロテアーゼと，種々の低分子性阻害剤との結合について解析が行われている[25]．結合時と解離時のそれぞれ一点におけるRU値を観測することにより，HIVプロテアーゼに結合する化合物と結合しない化合物を，精度よく識別できることが示されている．また，高密度に固定化した抗体に対しては，解離定数1 mM程度のリガンド結合の検出も報告されており，ハイスループットスクリーニングへの応用が期待される．

食品成分などの分析にも利用されている．RU値の変化はアナライト濃度に依存するので，濃度既知の標準溶液で検量線を作成すれば，特異性を利用した正確な定量が可能である．

アナライトが結合したセンサーチップを直接MALDI-TOF MSに使用することにより，分子量の決定も試みられている[26]．このような方法は，ターゲットに結合する分子を迅速に同定することを可能とするので，プロテオミクスへの応用が期待される．

SPR法は，生体分子間相互作用を解析するのに最も有用な方法であり，ポストゲノム研究においても，細胞内のタンパク質相互作用ネットワークの全体像の解明に威力を発揮すると期待される．SPR法を用いて測定された解離定数は，他の方法によって測定された解離定数とおおむね一致することが示されているが，場合によっては固定化などの影響も考慮する必要があると考えられる．また，検出された相互作用が有意なものであるかどうか，注意を必要とする．その判断の方法としては，ターゲットを固定化していないチップへの結合をコントロールとして用いたり，遊離のリガンドによる結合阻害が見られるかを調べる，などが挙げられる．
〔春木〕

4.1.5 X線結晶構造解析法

（a）原　　理 X線結晶構造解析法は，タンパク質や核酸など生体高分子の構造を原子レベルで決定できる最良の方法である．その原理は，結晶中の分子を構成している原子（実際には，原子の周りの電子）によって散乱されたX線がフィルム（検出器）上に結ぶ回折斑点の強度を測定し，散乱の原因となった電子の密度図をフーリエ変換によって復元するというものである．X線の波長は1 Å（0.1 nm）程度であるため，原子間距離と同等であり，分子内部の原子の位置を分離することに適している．ただし，復元されるのは電子の密度図であり，観測者がそこへ分子モデルを当てはめることにより分子の構造が判明することになる（図4.11）．

X線結晶構造解析には結晶が必要である．単なる分子にX線を照射しても，そこから得られるX線回折像は不鮮明である．ところが，分子が結晶中に規則正しく並べられることによって，その構造情報は増幅され，SN比のよいX線回折斑点が得られるようになる．つまり，結晶は，分子構造情報の信号増幅器であるといえる．

X線結晶構造解析の分解能を決定するのは，結晶の質である．タンパク質の立体構造を明らかにする場合，ペプチド主鎖の構造決定には，3 Å以上（数字自体は3 Åより小さくなる）の分解能を必要とする．側鎖の正確な決定にはだいたい2.2 Å以上が必要である．さ

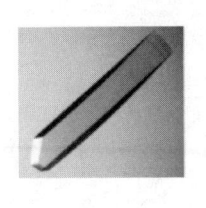

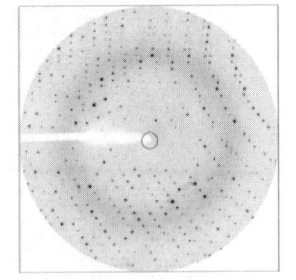

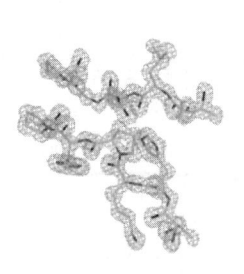

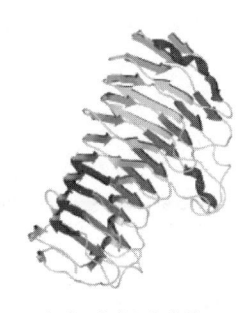

(a) 結晶調整　　(b) X線回折強度測定　　(c) 電子密度図の解釈
　　　　　　　　　　　　　　　　　　　　　（分子モデル構築）　　(d) 完成した分子モデルの表示

図4.11 タンパク質のX線結晶構造解析の進め方

らに，1 Å以上の分解能が得られれば，タンパク質であっても水素原子の位置まで正確に決定することが可能である．

シンクロトロン放射光をX線源として用いることができるようになり，解析のスピードアップ（多波長異常分散法の開発など），解析精度の向上，そして，ウイルスや膜タンパク質複合体などの巨大分子複合体の解析が可能になるなど，X線結晶構造解析は飛躍的に発達した．結晶さえできれば，いかなる試料でも解析可能であるといっても過言ではない．結晶の大きさも0.1 mm程度であれば解析可能である．分解能の高い（< 2 Å）結晶が得られたなら，大きなタンパク質でも数日以内に立体構造を決定することが可能となっている．

X線回折現象をフーリエ変換の式で表すと式（4.8）のようになる．$F(hkl)$は，構造因子と呼ばれ，分子を電子密度分布として表した$\rho(xyz)$にX線を照射したときにできる散乱X線の集まりである．フーリエ変換の性質から式（4.8）の逆フーリエ変換が可能であり，特に結晶の場合は，X線回折は，不連続な斑点の集まりとなることから，その式はフーリエ級数（式（4.9））として表される．この式を解くことによって，分子構造の決定ができる．ところで，波動である構造因子$F(hkl)$は，ベクトルである．したがって，式（4.10）のように，振幅$|F|$と位相角αとから構成されている．そのうち，振幅は，測定した回折斑点強度の平方根として得られるが，位相角の情報は，この測定からは得られない．この位相角を求めることが，X線結晶構造解析の主要な課題である．

$$F_P(hkl) = \int_0^1 \int_0^1 \int_0^1 \rho(xyz) \exp[2\pi i (hx + ky + lz)] \, dxdydz \quad (4.8)$$

$$\rho(xyz) = \sum_h \sum_k \sum_l F_P(hkl) \exp[-2\pi i (hx + ky + lz)] \quad (4.9)$$

$$F_P(hkl) = |F_P(hkl)| \exp i\alpha_P(hkl) \quad (4.10)$$

位相角の決定には，タンパク質などの高分子の結晶の場合，状況に応じて三つの方法が選択される．すなわち，類似の構造情報が存在せず，新規の構造解析を進める場合は，多重同形置換（multiple isomorphous replacement：MIR）法や多波長異常分散（multiple-wavelength anomalous dispersion：MAD）法が用いられる．また，すでに類似の構造情報が存在する場合は，分子置換（molecular replacement：MR）法が用いられる．一方，低分子化合物（だいたい分子量数千以下）の結晶の場合は，直接法と呼ばれるコンピュータによる繰返し計算によって位相角を求めることができる．以下に，高分子の結晶解析に用いられる三つの位相決定法について解説する．

（1）MIR法　同形な結晶とは，空間群や格子定数が同じことはもちろん，結晶中の分子の並び方も基本的に同一であるものを指す．その分子の一部に特異的に重原子（電子数が多いためX線を散乱する能力が高い）が結合している場合，native結晶と同形な重原子誘導体結晶との差を求めることによって，重原子のみの構造情報を取り出すことができる．これにより，位相角の情報を再生する方法が，重原子同形置換法である．なお，位相角を一義的に決定するには，少なくとも，2種類以上の重原子誘導体結晶が必要となることから，多重同形置換法と呼ばれる．

（2）MAD法　この方法も，重原子誘導体結晶を用いる方法であるが，MIR法がnative結晶と重原子誘導体結晶の差を利用するのに対して，一つの重原子誘導体結晶から得た複数のX線波長での回折強度の差から位相角の情報を引き出す方法である．これは，Hg，Ptなどの重原子は，特定の波長（エネルギー）のX線を吸収するため，その吸収波長の端で，異常分散と呼ばれる効果が顕著になることを利用している．この場合，重原子としてSeやBrも利用可能である．

したがって，大腸菌などでタンパク質を調製する際にメチオニンの代わりにセレノメチオニンを導入して結晶化を行えば，セレノメチオニン化された結晶のみで構造決定することが可能となる．Brは核酸に修飾基として導入することが可能なことから，核酸の結晶構造決定やタンパク質と核酸の複合体の構造決定に用いることが可能である．

（3）ＭＲ法　この方法は，立体構造既知のタンパク質とよく似たタンパク質（アミノ酸配列の相同性が40％以上ある場合）の構造を決定する場合や，すでに判明しているタンパク質単独の構造をもとに，タンパク質とリガンドとの複合体の構造をさらに決定したい場合などに利用される．MR法は，パターソン関数の特徴を利用する．すなわち，パターソン関数は，位相角の情報なしに計算可能なので，試行モデル（既知構造）から計算したパターソン関数と測定した回折強度から求めたパターソン関数を比較することにより，試行モデルを解析したい結晶格子のなかに当てはめるための回転と並進の変数を求めることができる．そして，この結晶格子のなかに当てはめた試行モデルの構造をもとに，位相情報を計算するのである．この方法は，MIR法やMAD法よりもごく簡単に位相情報を推定することが可能であるものの，もとにした類似分子の構造と新たに構造決定したい分子の構造の違いが大きなところほど得られる電子密度図が不鮮明になる傾向があるため，解析結果の信憑性には注意が必要である．

上記のいずれかの方法で位相情報を決定した場合，フーリエ変換により電子密度図を得ることができる．電子密度の高い部分に原子を当てはめていくことにより，最終的な分子モデルを得ることができる．

結晶解析結果の検証には，R値と呼ばれる値が用いられる．この値は，観測した構造因子の大きさと解析結果の構造モデルから計算したそれとの違いを表している．タンパク質などの場合，この値が20％未満になることが求められる．なお，低分子の場合は，数％以下になる．R値の計算では，観測値と計算値の独立性（客観性）に問題があるため，タンパク質の解析では，客観性に優れたR_{free}値という指標を併用する．

（ｂ）装置の概要　図4.12に，代表的なX線結晶解析装置とその概略を示す．装置は，X線発生機，ゴニオメーター，X線を放射するための光学系，回折X線の検出器，結晶を装着するための顕微鏡系，結晶の冷却装置などから構成されている．実験室の場合，X線は高電圧により加速した電子を陽極（対陰極）に当てることによって生じる特性X線を利用する．陽極としてCuかMoを用いることにより，波長1.5418 Å

図4.12　X線結晶構造解析装置の概略

のCuKα線，または，0.7107 ÅのMoKα線が利用できる．シンクロトロン放射光をX線源とする場合は，モノクロメーターにより0.6～2 Å程度の波長のX線を選んで用いることが可能である．代表的なX線検出器には，感度が高く，読出し時間の短い，charge-coupled device（CCD）タイプのものと，受光面積が大きく，ダイナミックレンジの広いimaging plate（IP）タイプのものがある．一般に，輝度の高いシンクロトロン放射光には，CCDタイプが適しているが，格子定数の大きな結晶の場合や，回折強度の弱い結晶の場合には，IPタイプが優れている．

一方，シンクロトロン放射光のビームラインは，対象とする試料結晶の性質や解析法に合わせて特徴的に作られている．たとえるなら，カメラが使用者の習熟度や撮影目的などに応じて，コンパクトカメラや一眼レフカメラが用いられるようなものである．したがって，目的に応じたビームライン選びが重要となる．また，最終的なデータはシンクロトロン放射光を用いて測定する場合でも，実験室系の装置を用いて入念な予備実験をして測定の戦略を策定しておくことが肝要である．

従来，結晶の装着は，専用キャピラリー中に封入することが行われていた．しかし，最近では，ナイロン繊維のループにすくい取った結晶を液体窒素温度（100 K程度）に急激に冷却する（flash cooling（迅速冷却）と呼ばれる）方法を用いる（図4.12）．この方法を用いると，タンパク質結晶中に含まれる水分子が，氷すなわち結晶状になることなく，アモルファス（ガラス）状になるため，タンパク質の結晶を破壊することなくごく低温に冷却することが可能となる．この方法の開発によって，X線被曝による結晶の破壊が抑えられるとともに，熱運動を減じて結晶の分解能を向上させることが可能となった．

X線結晶解析装置のほかに構造解析（決定）に必要

なのは，結晶を観察したり調製したりするための実体顕微鏡，結晶化を行うための定温保温庫，そして，位相角や電子密度図の計算，解析結果のグラフィックス表示などに用いるコンピュータである。さらに，結晶化を行うためのクリーン度の高い実験室があれば申し分ないであろう。

（c）応用例

（1）多波長異常分散法による構造決定　担子菌のエンドポリガラクツロナーゼの構造決定の例を示す。エンドポリガラクツロナーゼは，分子量35 K Daの糖タンパク質であり，結晶化能の向上のため，糖鎖を除去したものを結晶化に用いた。得られた結晶は，三斜晶系で空間群は $P1$ すなわち，単位格子中に対称性のないものであった（格子定数は，$a = 37.26$ Å, $b = 46.34$ Å, $c = 52.05$ Å, $\alpha = 67.17°$, $\beta = 72.44°$, $\gamma = 68.90°$）。そして，非常に高い分解能（< 0.96 Å）を持っていた。位相角の決定は，1個のPt誘導体結晶を用いるMAD法で行った。X線回折強度の測定には，大型放射光施設SPring-8のビームラインBL44B2を用いた。その結果，1個の結晶から解析に必要な三つの波長における回折強度の測定ができた。そして，2.2 Å分解能での電子密度図が得られた。

このnative結晶からは，超高分解能の回折強度データが得られていることを利用して，構造モデルの自動構築を行った。図4.13にプログラムARP/wARPを用いて自動構築されるモデルの残基数と解析精度の指標である R 値との推移を示す。だいたい，20サイクルの計算によって，335残基中315残基が自動構築されており，そのモデルの R 値は，20％以下という，論文投稿可能な水準までになっていた。この解析例では，X線回折データの測定からモデルの構築と精密化まで24時間以内に終了できたことになる。もっとも，MAD測定に適した重原子誘導体結晶の調製（条件の最適化）に1年近い予備実験を繰り返しているのが現実である。

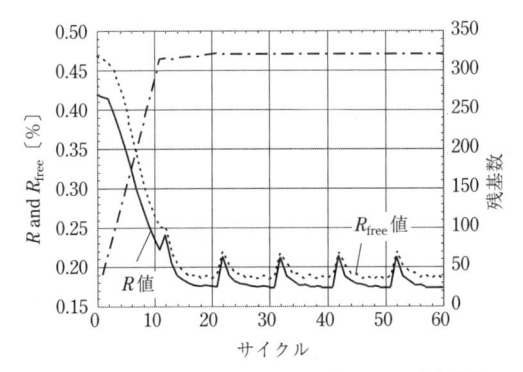

図4.13 ARP/wARPによる分子モデルの自動構築

（2）MR法による構造解析　MARKSタンパク質の機能性領域部分とカルモジュリンの複合体の結晶構造を解析した例を示す。得られた結晶は，六方晶系で空間群P6122（$a = b = 40.2$ Å, $c = 343.5$ Å）であった。この結晶の場合，c軸の長さが340 Åを超えていることから，X線回折斑点の間隔がかなり短くなってしまう。そこで，X線回折強度の測定は，きわめて並行性の高いビームが得られるSPring-8のアンジュレータービームラインの一つBL-45XUにおいて，大型（40 × 40 cm）のIPタイプ検出器を用いて行った。**図4.14**に示すように，各回折斑点が完全に分離できていることがわかる。位相角の決定は，カルモジュリンの既知構造モデルをもとにMR法にて行った。

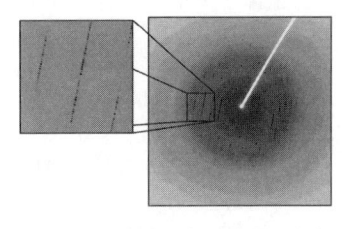

図4.14 MARCKSペプチドとカルモジュリン複合体結晶のX線回折像

これらの例は，いずれも解析が困難な結晶の例をSPring-8の特徴を生かして解析した例である。通常の結晶であれば，実験室系のX線解析装置でも十分解析可能である。

(加藤博章)

4.1.6 放射線測定技術とその利用

放射性同位元素は，放射性の有無にかかわらず同じ化学的性質を持ち，高感度で定量的に検出できるため，トレーサーを中心とした利用は生物工学分野の多岐にわたって利用されている。ここでは，^{3}Hや^{14}Cなどのような低エネルギーの電子放出体（β線放出核種）に高感度な測定を可能とする液体シンチレーションカウンターとイメージングプレートを利用したラジオルミノグラフィーについて概説する。

（a）液体シンチレーションカウンター

（1）原理　液体シンチレーションカウンターは，生体試料に含まれる低レベル放射性同位元素の核種とその定量測定をする方法として広く利用されている。これは，放射線のエネルギーを光エネルギーに変換するための液体シンチレーター（シンチレーションカクテル）を用いて以下の手順で行う測定方法である（**図4.15**）。

① 試料を液体シンチレーターと混和する。
② 試料中の放射性同位元素から放出された放射線

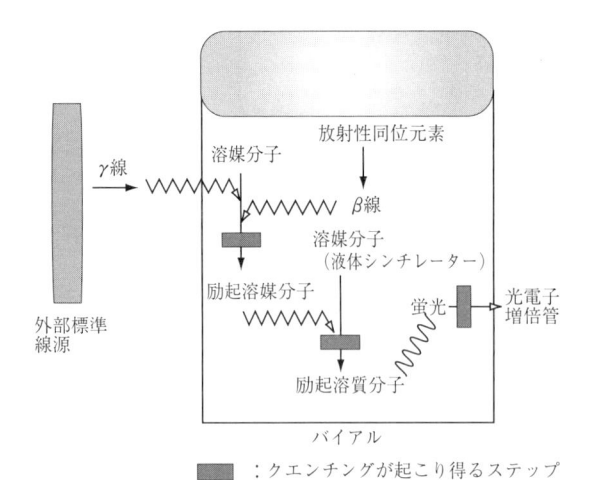

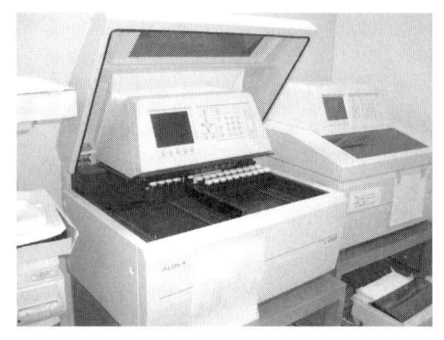

図4.15 液体シンチレーションカウンターの原理

エネルギーが溶媒（基本的にはトルエン，キシレンなどの芳香族炭化水素など）を励起する。

③ 溶媒の励起エネルギーが溶質（蛍光剤）に伝達され，青紫色パルス光を放出して基底状態に戻る。このときの光強度は放射線のエネルギーに依存する。

④ 青色パルス光が光電子増幅管により電気的パルスに変換される。

⑤ 波高の分布を計測し，計数率と計数効率から放射能の単位に変換する。

シンチレーション現象は，γ線放出核種を，固体シンチレーター（NaI）を利用したウェル型のガンマカウンターや^{11}C，^{13}N，^{15}Oのような短半減期ポジトロン放出核種がβ^+崩壊に伴い発生する消滅γ線を固体シンチレーターで検出して画像化するポジトロンCT（PET，陽電子断層撮影装置）にも応用されている。

(2) 装置の概要

① 機器本体　典型的な液体シンチレーションカウンター機器本体はバイアルラック運搬装置・シンチレーション測定装置・外部標準線源・多重パルス波高分析装置・クエンチング補正装置・ディスプレイ・プリンターからなる（**図4.16**）。^{3}Hのような低エネルギー核種から発生する光は，光電子増倍管から発生する熱雑音と同等なレベルであるため，両者を分離測定することは非常に困難である。したがって，通常の液体シンチレーションカウンターは，2本（または3本）の光電子増倍管および電子回路を使用し，それぞれの出力信号を高速同時計数回路に通じて，両方の回路から同時に信号が入ったときのみ信号を検出することで，個別の光電子増倍管に生じたノイズと信号を分別している。

液体シンチレーションカウンターで得られる測定値

図4.16　液体シンチレーションカウンターの外観

は，計数率〔cpmまたはcps〕として表示される。この計数率をクエンチング補正装置により得られる計数効率（e）で割ることにより，絶対的な放射能の単位〔dpmまたはdps〕に変換される。

$$cps \times \frac{100}{e} = dps = Bq$$

$$cpm \times \frac{100}{e} = dpm$$

測定サンプルの計数効率は，シンチレーション現象を阻害する消光現象（クエンチング）の程度によって変わるので，サンプルの放射能量を定量分析しようとする場合，サンプルごとにクエンチングの程度を正確に知ることが必要となる。例えば，シンチレーターが試料により着色すると蛍光が吸収されて，計測できなくなる。特に黄褐色ではこの現象が顕著である。また，化学変化により，溶媒分子から溶質分子へのエネルギー移動が妨げられることが起こる。そのためにさまざまなクエンチング校正方法が各機器メーカーから考案されている。代表的なものとしては，機器本体に内蔵された線源よりγ線（^{137}Cs）を試料の外側から一定時間照射して，得られた発光光子の数やパルス波高が試料のクエンチングの強度により左右されることを利用した外部標準法や，サンプル自体のβ線スペクトルの変位からクエンチングの程度を調べるチャネル比法がある。

② シンチレーションカクテル　市販のシンチレーションカクテルは一般に非水溶性（疎水性）サンプル用のカクテルと，界面活性剤を混和している水溶性（親水性）サンプル用のカクテルに大別される。後者は，乳化シンチレーターと呼ばれている。シンチレーターは褐色瓶に入れ，冷暗所に保存する（強い光が当たると，バックグラウンドが上昇することがある）。

③ バイアル　専用のバイアル中に放射性試料を移し，これをシンチレーションカクテルとよく混和した後，カウンターにセットする。天然のRI（^{40}Kな

ど）の含量が少ない珪ホウ素（低カリ）ガラスバイアルや使い捨て用のポリエチレンバイアルが使用されている。ポリエチレンバイアルは，ガラスバイアルに比べ多少バックグラウンドが低く，計数効率が高く，より均一な厚さのバイアル壁を持つ。また，低バック液体シンチレーションカウンタ用として内部がテフロン加工されたタイプのバイアルもある。

（3）応用例　液体シンチレーションカウンターを用いると，放射性核種で標識された前駆体を投与後の，各種核酸・タンパク質等の生合成量を高感度に検出することが可能である。さらに異なるエネルギーの放射線を放出する核種を利用して2種類の生体分子を同時にトレースする二重標識実験も多用されている。ただし，生体試料を直接または，高分子を精製後にシンチレーションカクテルと混ぜて測定する際には，それぞれの試料の性質を理解し，最適な方法を選択することが重要である。計数時にクエンチング補正を行う際のパラメーター（機種により異なるので説明書を参照すること）が標準サンプルのそれと大きく異なる場合，以下の点を確認することが必要である。

放射性同位元素を取り込ませた血液や組織等は市販の可溶化剤を加えて直接計測することが可能である。ただし，通常の可溶化剤は強アルカリであり，化学ルミネッセンスという化学反応に基づくシンチレーション以外の発光が生じるため，測定前に中和することが必要となる（特に低エネルギーβ線放出核種を利用した場合）。ある種のタンパク質試料，可溶化剤，各種バイアル，白バイアルキャップ等は，光の照射でリン光を発することがあるので，直射日光などの強い光にさらさないように注意する。また，試料によっては，逆にシンチレーションを阻害するクエンチングが起こる。アルデヒド，フェノール，ヨウ化物，脂肪酸アルコール，カルボン酸，塩化物，臭化物，ケトン等が試料中に混入しないように注意する。また，溶質の発光スペクトルと，重畳するような吸収スペクトルを持つ物質が試料中に含まれていると，生じた発光スペクトルの一部が吸収されてしまう。特に組織などの試料では，血液の混入などが問題になりやすい。測定が困難な場合には，過酸化水素（H_2O_2），過酸化ベンゾイル（$C_{14}H_{10}O_4$）などで，脱色してから測定してするとよい。非密封の放射性同位元素を使用した実験では，汚染検査のために専用のスミア濾紙で検査場所をふき取り，液体シンチレーションカウンターで測定するが，例えば床や机に付着した物質により上記の化学ルミネッセンスやクエンチングが起き，誤った判断をしてしまうことがあるので注意する必要がある。

（4）チェレンコフ効果を利用した^{32}P測定法　チェレンコフ効果は，ある媒質中を荷電粒子が光速よりも速く通過する場合，粒子の進行方向に対してある角度で光を放射する現象である。溶質を水とした場合，電子が水中で光速より早くなるためのエネルギーは約250 eV以上であるので，500 keV以上のβ線放射体では液体シンチレーションカウンターで検出可能な光量を得ることができる。この方法では，^{32}Pについては，^{3}Hと同じ条件で，40％弱程度の計数効率で計測することができ簡便であるため，DNAの標識効率チェックに汎用されている。チェレンコフ光を測定する場合は，ポリエチレンバイアルのほうが適している。これは，ガラスバイアルよりもポリエチレンバイアルのほうが透過できる短波長側の限界が短く，チェレンコフ光（シンチレーターの蛍光よりも短波長側）が計数されやすいためである。

（b）イメージングプレートを利用したラジオルミノグラフィー　液体シンチレーションカウンターは，簡便かつ高感度であるが，放射能の試料内での位置を特定することができない。そのためには，写真乳剤膜を利用したオートラジオグラフィーが古くから利用されているが，イメージングプレートを利用したラジオルミノグラフィーは，より簡便かつ高感度で測定が可能である（図4.17）。これは，放射線が照射されたイメージングプレートの部位が可視光により発光する現象に基づいた方法である。

図4.17　ラジオルミノグラフィーイメージアナライザーの外観

（1）原理　放射線エネルギーが物質に吸収される場合，物理的あるいは化学的性質の変化がただちに緩和せずにその状態が持続する場合，その被照射固体に，熱や光学的な刺激を与えると，光放出を伴ってもとの状態に回復することがある。熱による緩和に伴う発光現象は，熱刺激ルミネッセンス（thermally stimulated luminescence：TSL）と呼ばれ，個人被曝線量計などに広く応用されている。熱に代わって，ある特定の波長の光を用いて刺激を行って発光が観測

される場合は，光刺激ルミネッセンス（photostimulated luminescence：PSL）と呼ばれており，上述のTSL現象同様，この現象も放射線量計測へ応用されている。市販されている（BaFBr：Eu）からなるイメージングプレート（imaging plate：IP）は，放射線照射後，約500〜700 nmの刺激光を照射することにより，約390 nmにピークを持つ，放射線量に比例したPSLを発する。この方法は，紫外線，X線およびγ線などの電磁波はもとより，β線，α線および中性子線などの粒子線にも感度を有することから，医療X線診断用写真フィルムに代わるものとして汎用されており，遺伝子工学分野でもフィルムによるオートラジオグラフィーより以下の点からよく利用されている。

① 各種放射線（X線，γ線，α線およびβ線）に対して有効である。
② 写真フィルムより高感度・低バックグラウンドである。
③ 広い放射線量域にわたって直線性がよい。
④ ディジタル化した画像信号を得ることができる。
⑤ 繰り返し使用が可能である。

（2）装置の概要　各社から販売されているラジオルミノグラフィーイメージアナライザーは，以下のような機器構成からなる。

① イメージングプレートとそれを収納するカセット
② レーザービームで放射線にさらされた部位後のプレートを走査し，発光を液体シンチレーションカウンターと同様に光電子増倍管により電気信号に変化させる画像読取り装置
③ 強光により記録された光刺激ルミネッセンスをキャンセルし，イメージングプレートを再利用するための消去器
④ 読取り装置からの電気信号を画像情報に変換し，各種定量解析するコンピュータ

計測には，イメージングプレートに，サザンブロットのハイブリ後のフィルター等をポリ塩化ビニリデンのシートなどで包んで密着させて曝露する。イメージングプレートは，水と接触すると感度低下や黄化を起こすので注意が必要であるが，水分に耐性のあるイメージングプレートも販売されている。露光させたイメージングプレートは専用の読取り用カセットに収納して画像読取り装置に入れ，解析ソフトにより定量を行う。

（3）応　用　例　ラジオルミノグラフィーは，前述のように高感度で試料中の放射能を定量的に解析できる点から，^{32}P，^{35}S，^{125}Iを用いて標識した核酸・タンパク質試料を用いた遺伝子工学分野を中心に利用

され，医療診断やX線結晶構造解析等への応用にも威力を発揮している。IPには^{3}H用と一般用がある（中性子用IPもある）。^{3}H用IPは^{3}H以外のRIの検出・定量にも使える。^{3}H用IPには保護層がないこと，蛍光体層が一般用IPより薄いことである。^{3}H標識の試料の露出を行う場合は，試料を直接IPの検出面に密着露出する。これは，^{3}Hのβ線はエネルギーが非常に弱いために，ラップを通過できないためである。露出後は試料の放射能がIP表面に一部転写する場合もある。
（三谷）

引用・参考文献

1) 日本質量分析学会出版委員会編：マススペクトロメトリーってなあに（2001）．〔質量分析の基礎をわかりやすく解説した入門書〕
2) 日本質量分析学会用語委員会編：マススペクトロメトリー関係用語集（1998）．〔質量分析関係の用語集〕
3) 原田健一，田口　良，橋本　豊編：生命科学のための最新マススペクトロメトリー／ゲノム創薬をめざして，講談社サイエンティフィク（2002）．〔生命科学領域における質量分析法の基礎やさまざまな応用例についての総説〕
4) Godovac-Zimmermann, J. and Brown, L. R.: *Mass Spectrom. Reviews*, **20**, 1–57 (2001). 〔質量分析によるファンクショナルプロテオミクス研究に関する総説〕
5) Hamdan, M. and Righetti, G.: *Mass Spectrom. Reviews*, **21**, 287–302 (2002). 〔質量分析による定量的プロテオミクス研究に関する総説〕
6) Dreger, M.: *Mass Spectrom. Reviews*, **22**, 27–56 (2003). 〔質量分析法を用いる subcellular proteomics に関する総説〕
7) Steen, H. and Jensen, O. N.: *Mass Spectrom. Reviews*, **21**, 163–182 (2002). 〔フォトクロスリンクと質量分析法によるタンパク質‐核酸相互作用解析に関する総説〕
8) Gorman, J. J., et al.: *Mass Spectrom. Reviews*, **21**, 183–216 (2002). 〔質量分析によるタンパク質のジスルフィド結合位置の特定についての総説〕
9) Forde, C. E. and McCutchen-Maloney, S. L.: *Mass Spectrom. Reviews*, **21**, 419–439 (2002). 〔質量分析によるトランスクリプションファクター解析に関する総説〕
10) van Holde, K. E.: *Principles of Physical Biochemistry*, Prentice Hall (1998). 〔超遠心分析法の原理が平易に記載されている。生物物理化学の入門書として最適〕
11) Schuster, T.M. and Laue, T.M.: *Modern Analytical Ultracentrifugation*, Birkhauser (1994). 〔時間微分法を含む超遠心分析の解析法が記載されている〕

12) Kato, K., et al.: *J. Mol. Biol.*, **295**, 213-224 (2000). 〔速度法と平衡法の両方を用いて相互作用パラメーターを決定した例 (応用例(3))〕
13) 小林祐次, 八田知久, 西 義則, 内山 進 : 分子間相互作用の解析における超遠心法の活用, プロテオミクスの最新技術, pp. 39-48, シーエムシー出版 (2001). 〔式の導出も記載した超遠心法の総説〕
14) Hensley, P.: *Structure*, **15**, 367-373 (1996). 〔超遠心分析を含む定量的分子間相互作用解析に用いられる生物物理化学的手法の総説〕
15) Ernst, R. R., Bodenhausen, G. and Wokaun, A.: *Principles of Nuclear Magnetic Resonance in One and Two Dimensions*, Oxford University Press (1990).
16) Slichter, C. and Fulde, P.: *Principles of Magnetic Resonance*, Springer (1992).
17) Cavanagh, J., Fairbrother, W., Skelton, N. and Palmer, A. G.: *Protein NMR Spectroscopy: Principles and Practice*, Academic Press (1995).
18) Berliner, L. J., Eaton, S. S. and Eaton, G. R.: *Distance Measurements in Biological System by EPR*, Kluwer Academic (2000).
19) McDonell, J. M.: *Curr. Opin. Chem. Biol.*, **5**, 572-577 (2001). 〔SPR法のさまざまな応用についての総説〕
20) Silin, V. and Plant, A.: *Trends Biotechnol.*, **15**, 353-359 (1997).
21) Oda, M. and Nakamura, H.: *Genes Cells*, **5**, 319-326 (2000).
22) Lenferink, A. E. G., et al.: *J. Biol. Chem.*, **275**, 26748-26753 (2000).
23) Myszka, D. G. and Rich, R. L.: *Pharm. Sci. Tech. Today*, **3**, 310-317 (2000). 〔ドラッグディスカバリーへの応用についての総説〕
24) Rich, R. L. and Myszka, D. G.: *Curr. Opin. Biotechnol.*, **11**, 54-61 (2000).
25) Markgren, P.-O., et al.: *Anal. Biochem.*, **265**, 340-350 (1998).
26) Williams, C. and Addona, T. A.: *Trends Biotechnol.*, **18**, 45-48 (2000). 〔プロテオミクスへの応用についての総説〕
〔http://www.biacore.co.jp/ (2003年6月現在)〕
27) Blow, D.: *Outline of Crystallography for Biologists*, Oxford University Press, Oxford, UK (2002). 〔タンパク質のX線結晶構造解析の入門書。原理と解析の実際が生物学を専攻している者向けに, 丁寧に書かれている。入門書として最適〕
28) Rhodes, G.: *Crystallography Made Crystal Clear*, 2nd ed., Academic Press, San Diego, CA (2000). 〔タンパク質のX線結晶構造解析に関する専門外向けの解説書〕
29) 大場 茂, 矢野重信編: X線構造解析, 朝倉書店 (1999). 〔日本化学会が化学者のための基礎講座として編集した教科書。低分子の結晶解析からタンパク質の結晶解析まで取り扱っている。少し記述内容が古い。また, 入門書とはいえ, 物理化学の素養があることを前提に書かれている〕
30) Shimizu, T., et al.: *Biochemistry*, **41**, 6651-6659 (2002). 〔MAD法を用いて位相決定した後, 自動で分子モデル構築を行った構造解析例 (応用例(1))〕
31) Yamauchi, E., et al.: *Nat. Struct. Biol.*, **10**, 226-231 (2003). 〔MR法を用いて構造解析を行った例 (応用例(2))〕
32) 西沢邦秀 : 放射線安全取扱の基礎――アイソトープからX線・放射光まで――, 名古屋大学出版会 (2001). 〔放射線安全取扱い方法一般を中心に扱ったテキスト〕
33) 東京大学医科学研究所制癌研究部編 : 新細胞工学実験プロトコール, 秀潤社 (1991). 〔非密封アイソトープを用いた分子生物学的手法を具体的に紹介してある入門書〕
34) 日本化学会編 : 核・放射線 (実験化学講座14), 丸善 (1992). 〔液体シンチレーションカウンター測定方法の原理が紹介されている〕
35) 宮原諄二 : イメージング・プレート――新しい放射線画像センサー――, 現代化学, **223**, 29-36, 東京化学同人 (1989). 〔IP装置の原理と応用方法が紹介されている〕
36) 森 啓司, 他 : 画像情報解析装置 IPオートラジオグラフィ・システム (BAS), 蛋白質 核酸 酵素, **39**, 1877-1887, 共立出版 (1994). 〔IP装置の原理と応用方法が紹介されている〕

4.2 光・レーザー計測技術とその利用法

4.2.1 電子顕微鏡とその利用

電子顕微鏡 (電顕) は, 光学顕微鏡で用いる光と光学レンズの代わりに電子と磁界レンズを用いて像を拡大する。装置は, レンズで細く絞った電子プローブを試料に照射し, 試料を透過した電子の影絵を蛍光板上で観察する透過電子顕微鏡 (透過電顕) と電子プローブを試料面上で走査し, そこから発生した二次電子を電気信号に変換してブラウン管に像を表示する走査電子顕微鏡 (走査電顕) に分けられる。電顕の一般的な表現は, 透過電顕は試料内部を観察する装置, 走査電顕は試料表面の形状を観察する装置と解釈されている。図4.18は装置による観察像の違いを示す。いずれの装置も電子の通路は高真空 (10^{-5}以上) に保たれている。

(a) 電子と試料の相互作用で生じる情報 電子プローブ (一次電子) を試料に照射するとさまざまな情報が放出される。これらの情報は専用の検出器で捕捉することでさまざまな目的に使用されている。電子プローブの照射で試料から生じる情報を図4.19に示

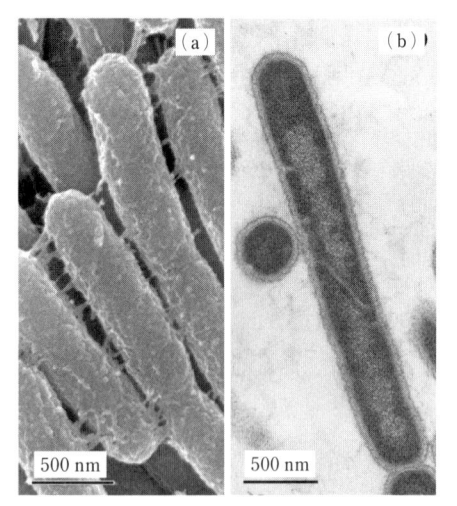

(a) 走査電顕像（三菱化学生命科学研究所，日野原良美提供）
(b) 透過電顕像（三菱化学生命科学研究所，斎藤多佳子提供）

図4.18 培養した高熱菌

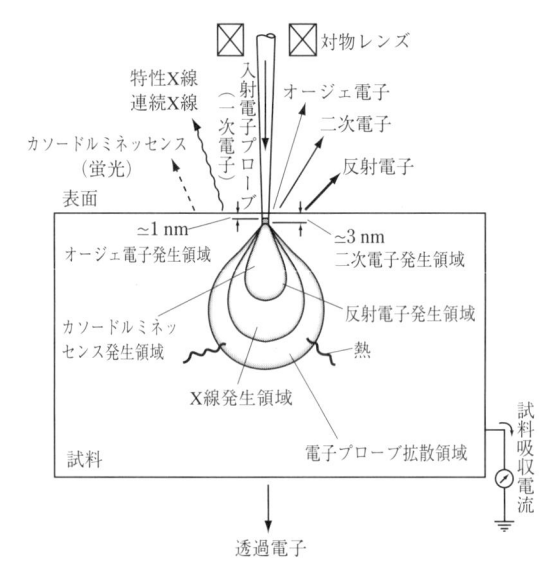

図4.19 電子と試料の相互作用で生じる情報〔中川清一（日本電子顕微鏡学会関東支部編）：医学生物学電子顕微鏡観察法（1982）の図を改変〕

す。

（1）透過電子　電子が試料を通過するとき，試料の構成原子との相互作用でエネルギーを失いつつ拡散あるいは吸収される。しかし，きわめて薄い試料では電子の散乱は生じるがエネルギー損失の少なかった電子は透過する。試料内部を透過した電子はさまざまな情報を含む。透過電顕で利用している。

（2）二次電子　電子プローブを試料に照射したとき，試料表面から3 nmほどまでの領域で発生した数eVの弱いエネルギーの電子。二次電子の放出量は試料の構成元素や試料傾斜角によって異なる。その情報は試料表面の凹凸を表すことから走査電顕で利用している。

（3）反射電子　試料に入射した電子はわずかに失われるが入射電子とほぼ同程度のエネルギーを持って，再び試料面から放出された電子。高加速電圧や重い元素になるほど発生率は増し，試料内部の情報を表す。生物系では免疫・組織化学的検索，非生物では試料の組成解析等の走査電顕解析に用いられている。

（4）特性X線　電子は試料の構成元素との相互作用によって特性X線を放出する。X線の波長は元素固有のエネルギーを持つことから，X線の波長（波長分散型）あるいはエネルギー（エネルギー分散型）を分析することで試料の元素分析が可能である。

（5）オージェ電子　発生領域が試料のごく表面であることからX線分析の不得意な試料表層（数原子層）分析や軽元素の分析にきわめて有効である。

（6）カソードルミネッセンス（蛍光）　電子が物質に当たったとき，紫外線や可視光線，赤外線などを発生する現象である。透過電顕で像観察用の蛍光板に用いられている。走査電顕では，検出器の効率向上から，物質の結合状態や結晶・格子欠陥，などの研究に使用されている。

(b) 透過電子顕微鏡の原理　1931年 E. Ruska[†]により二段電子レンズを用いて得られた13倍の像が世界初の電子顕微鏡像である。国内においては1941年に試作されている。現在の装置は高分解能（0.14 nm）を有し，医学生物学領域や食品関係，金属，セラミックス，半導体，高分子・材料その他幅広い領域で活用されている。装置は，照射系と呼ばれる電子銃とコンデンサーレンズ，結像系と呼ばれる対物レンズ，中間レンズ，投影（射）レンズ，ならびに観察室と操作パネルで構成される。試料は電子線が通過できる程度に薄く加工（切片や研磨など）して電子線の通路に装填する。**図4.20**に光学顕微鏡（光顕）と電子顕微鏡の原理図を示す。

（1）電子の性質　電子は粒子であり波動性を持ち，磁場により屈折される。電子銃から放射された電子線は観察のため細く絞られる。これを電子プローブと呼ぶ。

（2）電子銃　照明の電球とその傘に相当し，フィラメントとそれを包むウエーネルト，アノードの

[†] E. Ruskaは電子顕微鏡の発明で1986年ノーベル物理学賞を受賞。

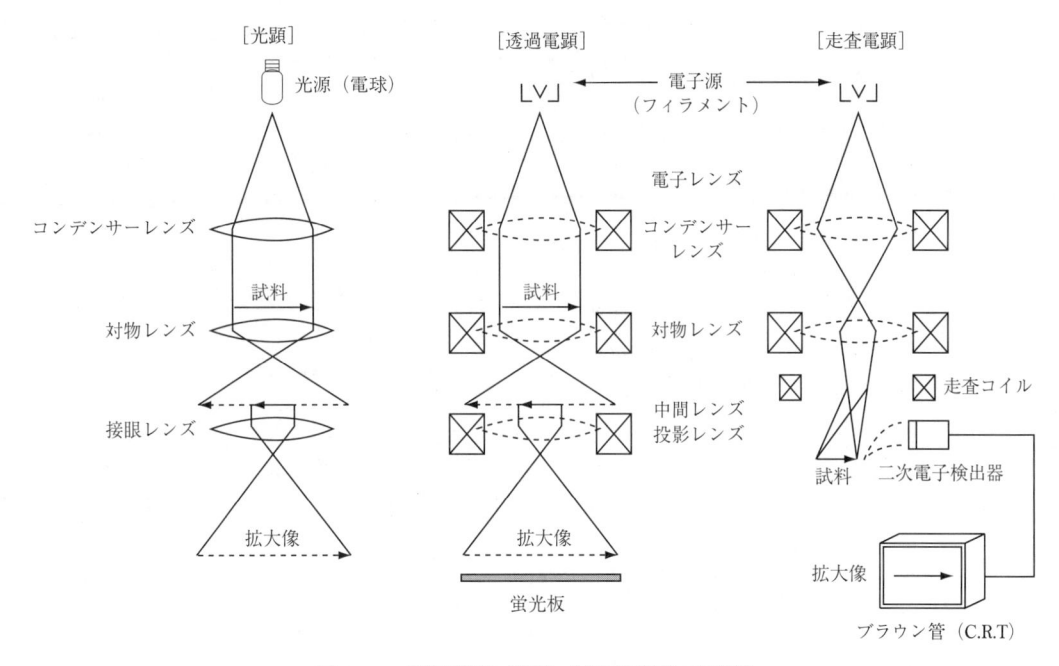

図4.20 光学顕微鏡（光顕）と電子顕微鏡の原理図

三つで構成される。フィラメントには汎用型のヘヤピンフィラメント，照度で勝るランタンヘキサボライト（LaB_6）やフィールドエミッション（FE）フィラメントがある。

（3）加速電圧　フィラメントとアノード間に印加すると電子はアノードに向かって加速される。加速電圧は高くなるほど電子の物質透過力は増し，波長の振幅が短くなり分解能が上がる。光顕で用いられる可視光線の波長は400〜800 nm。一般的な電顕（加速電圧100 kV）の波長は約0.004 nmである。

（4）電子レンズ　磁界型レンズが用いられている。このレンズはコイルと電流によって磁界を得ている。流す電流は励磁電流といい，その強弱によって焦点距離を連続的に変換できる。

① コンデンサーレンズ　試料への電子線の照射密度（明るさ）や開き角，照射面積などの条件を調整する。

② 対物レンズ　最初の像拡大に関与する。この像は最終的な像質に影響することから透過電顕の機能として最も重要な部分である。日常操作では焦点合わせとして用いられている。

③ 中間レンズ・投影レンズ　対物レンズで作られた像を拡大する。日常操作では倍率表示として用いられている。投影レンズは拡大された像を蛍光板あるいはフィルムまで導くためのレンズである。

（5）蛍光板　電子線は肉眼で見ることはできない。したがって，試料を透過した電子を蛍光色素を塗布した板上に投影して観察する。

（c）超高圧電子顕微鏡　一般的には300 kV以上の加速電圧を有するものを指す。超高圧電顕は1941年ドイツの220 kV，アメリカで300 kVの装置が試作され，1962年フランスで1 200 kVが開発されて本格的な超高圧電顕の時代に入った。装置の利点は厚い試料が観察できることにある。

（d）走査型電子顕微鏡の原理　1935年M. Knollは走査電顕の可能性を示唆したが，本格的な研究は1948年ケンブリッジ大学のC. W. Oatley一派による。1953年にD. McMullanによる分解能50 nmの走査電顕を試作，1963年にはR. F. W. Peaseは分解能5 nmを達成した。1965年英国から市販品，続いて1966年には日本でも製品化されている。

装置の特長は，電子プローブを試料面上で走査し，試料から放出された二次電子を検出器で捕捉する。試料の凹凸や試料の構成元素により二次電子の放出量が異なり像に明暗を生じる。さらに焦点深度が深いことから凹凸のある試料も明瞭で立体感のある観察ができる。試料は対物レンズの外に装填し，電子プローブを偏向コイルを用いて試料面を走査する。走査電顕はトンネル顕微鏡や原子間力顕微鏡を含めて走査プローブ顕微鏡と呼ばれている。その活用範囲は透過電顕と同様多方面にわたる。

装置の構成は，電子銃，コンデンサーレンズ，対物

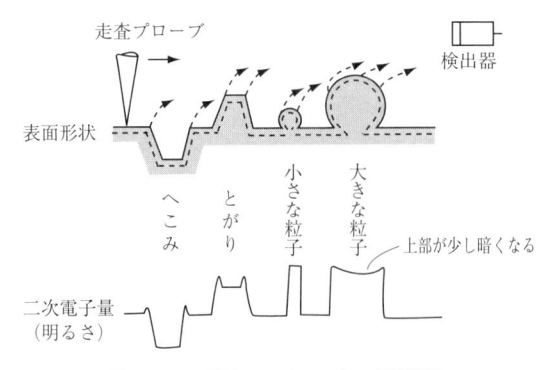

図4.21 形状とコントラストの相関関係

レンズ，偏向コイル，二次電子検出器，CRTと操作パネルからなる（図4.20）。

（1）電子銃　透過電顕と同様である。走査電顕の分解能は電子プローブをいかに細く絞るかで決まる。したがって，高分解能観察を目的にするならばFEフィラメントが優れている。

（2）電子レンズ　コンデンサーレンズと対物レンズ，さらに対物レンズ下に電子プローブを試料面上で走査する偏向コイルで構成される。

（3）倍率　電子プローブの試料面での走査幅とCRT表示面の比で決まる。例えば，試料面上の電子プローブ走査幅が10 μmでCRT表示面が10 cmであれば10 000倍となる。CRTのサイズは一定であるから，倍率を上げるためには走査幅を少なくする。

（4）コントラスト　二次電子の発生量の差異がコントラストとなる。電子プローブが試料面に垂直に入射した場合は二次電子の発生量は少なく，斜めに入射したときは発生量が増加する。生物試料の場合は金や白パラジウムなどの金属をごく薄くコーティングすることで二次電子の放出量を増加させている。形状とコントラストの相関関係を図4.21に示す。

（近藤俊三）

4.2.2　光学顕微鏡とその利用

顕微鏡は，試料の大きさを見かけ上拡大することによって，試料の構造を観察するために用いる機器である。古くは，17世紀のイギリスのフックが作成した複式顕微鏡で，コルクの細胞が観察されて以来，植物，動物，微生物の多くの細胞や組織が観察され，生物の微細な構造の情報が得られるようになった。光学顕微鏡にはさまざまな種類がある。見るべき対象物を照らし，照明光が対象物に当たって光が吸収され，色がついたように見えたり，光が散乱されたり，位相のずれや変化で結像させることによって可視化することができる。現在では，多くの研究室において，光学顕微鏡で試料を観察することは日常的に行われている。光学系顕微鏡の特性をよく理解したうえで，目的と研究試料に適した顕鏡方法を選択することが肝要である。本項では，各種顕微鏡について，その特徴と利用例を紹介する。

（a）分解能　光学顕微鏡の分解能とは，異なる隣接する2点間の間の距離をいう。分解能を決める要素は，光源の光の波長とレンズの性能である。分解能はつぎの式によって示される[3]。

$$分解能 = \frac{光源の波長}{2} \times 開口数$$

この式からわかるように，レンズの重要な性能は，倍率ではなく開口数である。開口数とはレンズの集光能を示し，レンズを通過する光源の角度と試料標本と対物レンズとの間の溶媒の屈折率を乗じた値（屈折率 $\times \sin\theta$）である。通常の光学顕微鏡レンズで用いる溶媒の屈折率（n）は，空気（$n = 1$），油浸用オイル（$n = 1.5$）である。分解能は波長と開口数によって決定され，光の波長が短ければ分解能は向上し，レンズの開口数が大きければ分解能は上がる。そして，対物レンズの倍率をいくら上げても，拡大率が上がるだけで，光の波長を超える微細な構造を識別することはできない。通常，光学顕微鏡で使用する波長は紫外域から近赤外域の330～700 nm程度であり，開口数1.40の油浸レンズを用いても200 nm以下の微細構造の観察はできないと考えられる。したがって，もっと生体試料の微細な構造を解析したい場合には，別項にある電子顕微鏡や原子間力顕微鏡など，光学系とは原理がまったく異なる顕微鏡を用いて，試料を観察することが必要になる。そうであっても，光学顕微鏡は，電子顕微鏡やレーザー顕微鏡に比べて，安価で操作も簡単，それでいて試料から得られる情報も多いため，汎用性のある顕微鏡としての役割はきわめて重要である。

以下におもな光学顕微鏡の特徴と観察に適する資料を示す。

（b）明視野顕微鏡

（1）原理と構造　明視野顕微鏡は，最も一般的な顕微鏡で染色を施された試料を観察するものである。組織や細胞をガラス製のスライドグラス上に展開したプレパラート標本に，直接照明光を当てて観察する。照明は，ケーラー照明法と呼ばれ，光源にはハロゲンランプが用いられる。明視野顕微鏡の構造は，光源のハロゲンランプの光が数枚の内蔵フィルターを通って，視野絞りを通り，ミラーによって角度を変えられた光が上方に通過する[4]。照射光は，下方にある窓レンズ，開口絞り，コンデンサーレンズを上方へ通過

して，試料にあたる．対物レンズから結像レンズへ集光された光は，接眼レンズによって拡大され，肉眼で観察することができる．

(2) 顕微鏡観察の目的と特徴　固定された組織，細胞，微生物などを染色し，多様な染色法に対応できる．観察のためのおもな染色法には，染色体や核を染めるギムザ染色，カーミン，オルセイン染色，組織切片を染めるヘマトキシリン・エオジン染色，フクシン染色などがある．染色液の特性にそって，試料をむらなく染め，記録のための写真撮影を行える．

(3) 観察結果の例：ギムザ染色　明視野顕微鏡，BX51（オリンパス社），対物レンズ100倍の開口数1.3のレンズを用いて，観察したヒト染色体標本を示す．染色体標本は，1%ギムザ液で染色した（図4.22（a））．

(c) 暗視野顕微鏡
(1) 原理と構造　観察対象物以外の部分を真っ暗にしてしまうことによって，試料が暗黒に輝く光のように見える顕微鏡である．暗視野顕微鏡の構造は，暗視野用のコンデンサーを用いて，対物レンズには照明光を入れず，試料からの散乱光を集光するように設計している[5]．試料によって散乱した光は対物レンズに入るが，試料に当たらなかった照明光は，対物レンズには入らないので像を結ばない．その結果，真っ暗な中で明るく光った試料が観察できることになる．散乱光は照射光に比べて非常に弱いが，それらを増大した暗視野顕微鏡では，明暗のコントラストがはっきりつくことによって観察がしやすい．また，光の特性であるにじみの現象を利用して，他の光学顕微鏡よりも高い拡大率を期待できる．

(2) 顕微鏡観察の目的と特徴　暗黒のバックグラウンドの中に試料が輝いて見えるのでコントラストが高く，小さな対象のものでも観察が可能である．特に細菌などの生体試料で，生きたままの観察を必要とし，染色を行わない場合に適している．ほとんどの生体試料は無色透明なので，明視野観察では試料を染色しない限り，ほとんど見えない．しかしながら，バックを暗くすることによって，通常の光学顕微鏡の分解能の限界を終えた小さな点（最小の報告は4 nmの金属粒子）までもが光の点として観察できる．

(3) 観察結果の例　直径20 nmの細菌の鞭毛繊維の観察が報告されている．また最近では，レーザー暗視野顕微鏡を用いて，鞭毛の立体的形態や経時的構造変化や，リボソームの形状変化を観察した例がある．

(d) 位相差顕微鏡
(1) 原理と構造　試料の厚みを利用して，構造を観察するのが，位相差顕微鏡である．光が厚みのある物体を透過するときに，物体の屈折率が周囲の屈折率と異なれば，透過した光は周囲を透過した光よりも遅く検出器に届く[3], [4]．これを位相と呼び，位相差顕微鏡では，生じた位相の違いにより，無色透明の物体を可視化することができる．光は波の特性を持つために回折や干渉という現象が生じる．光源を出て，試料には当たらなかった直接光は位相板によって一定の位相の差を与える．試料に当たって回折光と直接光が干渉したときに明暗のコントラストを得ることができる．

(2) 顕微鏡観察の目的と特徴　顕微鏡で観察する生体試料は無色透明であることが多いため，染色液を用いて観察すると，染色液の影響で，ダメージが出ることがある．また試料を前もって固定すると，その影響で死滅してしまい，*in vivo* の実際の状態を観察することは困難である．そこで，プレパラートへの染色の影響を取り除き，生きた細胞の観察や無染色の試料の観察を行うために用いられる．位相差顕微鏡は位相の小さい物体すなわち比較的厚みの小さい試料の検出に適しているので，$\lambda/100 \sim \lambda/2$程度の位相差のある微細構造の観察に用いる．おおよそ試料の厚さとしては10 μm程度まで観察が可能である．厚すぎる試

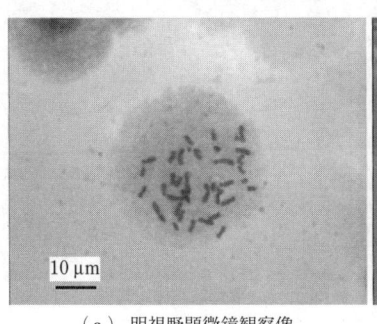

(a) 明視野顕微鏡観察像 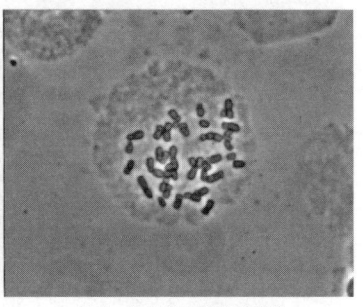　　　　(b) 位相差顕微鏡観察像

図4.22 ヒト染色体の顕微鏡観察像

料では位相差顕微鏡像に独特のハローといわれる像を縁取る影ができ，微小な観察ができなくなる。厚みのある試料の場合は，（e）項に述べる微分干渉法がより適している。

（3）観察結果の例　位相差顕微鏡BX51（オリンパス社），対物レンズ100倍の開口数1.3のレンズを用いて，観察したヒト染色体標本を示す（図4.22（b））。明視野顕微鏡による観察結果（図4.22（a））と比較すると輪郭が明瞭になり，明暗のコントラストは明らかである。また，染色体がいくぶん膨張しているように見える。細胞質の部分も明瞭となっている。

（e）微分干渉顕微鏡

（1）原理と構造　偏光を利用して，わずかに離れた二つの光を作り，それを無色透明の物体に通過させ，その後二つの光を干渉させることによって，無色透明の物体を立体感のある明暗のコントラストが高い像に見えるようにしたものを微分干渉顕微鏡という。

ポラライザとDICプリズムを通って2方向に分けられた偏光は，試料面で離れた点を通過する[3), 4)]。偏光は試料の厚さや屈折率の傾きに応じて光路差ができる。この光を干渉させると試料のないところとあるところを通った光に光路差によって生じる明暗や色の変化が生じる。

（2）顕微鏡観察の目的と特徴　厚さの傾斜が色または明暗のコントラストとなり，立体的に見える。また，物体の大きさや位相の幅にコントラストは影響を受けない。したがって，標本の位相差が大きい，厚い試料についても観察が可能である。位相差像のようにハローが出ることがないので，0.5mm程度の厚みのある組織切片の試料でも観察することができる。

（f）蛍光顕微鏡

（1）原理と構造　試料を照明することによって，励起された試料からの蛍光を観察する装置を備えた顕微鏡である。蛍光物質は，光エネルギーを吸収したときにそのエネルギーを再び放出できる（光発光）。蛍光物質に光を照射すると分子あるいは原子が光エネルギーを吸収し，基底状態から励起状態へと偏移する[3), 4)]。この励起状態から基底状態へと移る際に放出されるのが蛍光である。蛍光顕微鏡では，水銀ランプ光源から特定の励起光を選抜するための励起フィルターとその蛍光を励起から選抜するための吸収フィルターによって，特定波長の蛍光のみを取り出すことができる。落射光を用いる蛍光観察では，観察したい蛍光色素について適切な励起フィルター，ダイクロイックミラー，吸収フィルターの組合せを選ぶことが必要である。フィルターセットの選別について，ユーザーは顕微鏡メーカーにフィルターの特性を問い合わせることを薦める。また，Omega Optical社やChroma社などのフィルター専門メーカーが，蛍光試薬の特性と推奨する励起法の例を公開しているので，それを参考にしていただきたい。オプトサイエンス社〔http://www.optoscience.com（2005年1月現在）〕で優れた日本語のカタログが入手できる。

（2）蛍光顕微鏡観察の目的と特徴　蛍光顕微鏡のおもな用途は蛍光染色を行った試料の観察である。蛍光色素には明視野で観察できない細胞内器官や核酸やタンパク質を特異的に染色することができる。核酸を選択的に染めるDAPIやヘキスト，特定のタンパク質と結合する抗体に蛍光色素を結合したものが販売されている。近年では，組織や細胞上で，FISH（蛍光 in situ ハイブリダイゼーション）法による遺伝子の蛍光検出や免疫蛍光抗体染色によるタンパク質抗原の検出を行うことによって，固定した細胞での生体分子の局在性の研究に用いられている。またGFPやDsRedなどの生きた細胞で機能する蛍光タンパク質をコードする遺伝子と融合した目的タンパク質の利用により細胞内，細胞間のタンパク質の存在やその動態を観察することもできる。コンピュータ制御できるCCDカメ

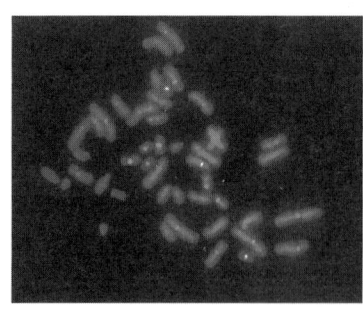

（a）FISH法によるセントロメア特異的配列検出結果　　（b）染色体特異的プローブの検出結果

図4.23　ヒト染色体の蛍光顕微鏡観察像

ラ，オートフォーカスやオートフォイールチェンジと組み合わせた蛍光顕微鏡によって，細胞内や細胞間の複数のシグナルの変化を経時的に追跡する方法も発展している．

(3) 観察結果の例　図4.23に蛍光顕微鏡を用いた，FISH法によるヒトの染色体上でのセントロメア特異的配列の検出（a）ならびに染色体特異的プローブの検出（b）結果を示す．蛍光顕微鏡の大きな利点は，他種類の蛍光シグナルを同時に観察できることで，近年では，CCDカメラとフィルターセットを組み合わせて数十種類の蛍光シグナルを可視化することで，ヒト染色体の識別同定が可能となっている（図4.23（b））．

光学顕微鏡により良質のデータを得るためには，試料を自らが調整し，繰り返し顕微鏡で試料を観察することで操作に慣れていく必要がある．ここで取り上げた光学顕微鏡について，その取扱い方は，引用文献や専門書に詳しく記載されているので参照していただきたい．

(近江戸)

4.2.3　三次元顕微鏡とその利用

三次元顕微鏡の概念とその利用例についての解説をする．ミクロな物質の量や状態を三次元的に分析し評価することは顕微鏡の大きな役割である．またその評価をもとにして時間的な変化を追跡することは顕微鏡観察の最近の発展方向である．

蛍光物質の分布をより正確に評価するために，共焦点レーザー顕微鏡や，二光子顕微鏡が考え出された．これらの顕微鏡装置は観察対象のある面での断層像をつくる．それに比べて以前から使われている蛍光顕微鏡では，観察対象の厚みに変化がある場合に，得られた1枚の蛍光像の蛍光の強度分布が観察対象の物質の分布を反映しない．物質の分布密度は同じであっても厚みのある部分は蛍光が強く測定される．それに対して共焦点レーザー顕微鏡や二光子顕微鏡による断層像は断層面内での物質の分布（密度）を比較的正確に反映している．デコンボリューション法は，ぼけを含む画像群から計算によってボケを除去する画像処理技術であり，上記の顕微鏡観察において組み合わせて使用される．共焦点レーザー顕微鏡や，二光子顕微鏡，デコンボリューション法の概要とそれぞれが組み合わされて使用される状況について述べる．さらに詳しいバイオイメージングの内容は文献[7]にゆずる．顕微鏡および三次元イメージングについては文末のホームページアドレス[8]から情報が得られる．

(a) 共焦点顕微鏡　一般的に，蛍光顕微鏡では焦点が合っている部位以外の蛍光も重なって見えてしまうため像がぼやけてしまう．共焦点レーザー顕微鏡ではピンホール（あるいはスリット）を用いることによって，焦点面以外の蛍光が見えないようにすることで，ピントの合ったところだけからなる蛍光画像を得ることが可能となる．実際の共焦点レーザー顕微鏡は，レーザー光を標本の1点に集光して，その場所から発する蛍光のみをピンホールを通して受光素子で測定する．レーザーの集光点は三次元の中の1点であるので，レーザー光の集光点を観察対象の上をx軸y軸に沿って走査することで，ある断面における蛍光強度分布を得ることができる．さらにフォーカス面を移動することで，高さ方向に異なる蛍光物質の分布の断面像を制作することができる．これら断面像を合成することで，三次元における物質の分布をコンピュータのなかで構成することができる（立体再構成：XYZ画像）．ここで共焦点とは光源の1点から出た光が検出器の1点に集まる状態をいう．厚い試料中の特定の面に焦点を合わせ，かつその上下の焦点が合っていない面からの光を排除するのである．共焦点レーザー顕微鏡の原理を図4.24に示す．より詳細な光学配置は文献[7]を参照されたい．

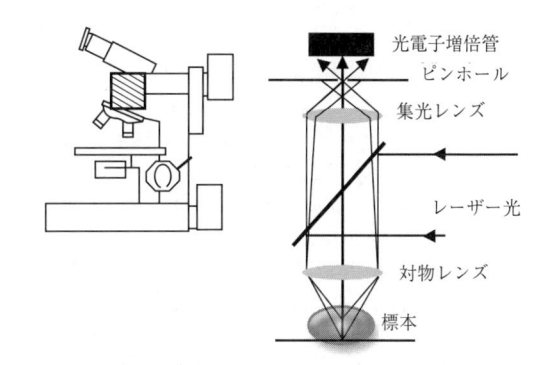

（a）蛍光顕微鏡　　　（b）共焦点レーザー顕微鏡

（a）は蛍光顕微鏡の模式図．対物レンズの上のカセットの中にダイクロイックプリズムがある（斜線ブロックで示す）．（b）では共焦点レーザー顕微鏡の場合のダイクロイックプリズムの周辺の光学系を模式的に示す．レーザー光をダイクロイックプリズムを介して標本に照射すると，蛍光はレーザー光が通過する蛍光標本のすべての場所から発生する．しかし，ピンホールを通過して光電子増倍管に到達するのは焦点から発生する蛍光のみである．このことから集光点を標本の上をx軸y軸に沿って走査することで，ある断面における蛍光強度分布を得ることができる．焦点からずれた場所から発生する蛍光のほとんどはピンホールを通過することができない．図（b）では標本の下の部分に焦点が合っている．標本の上の部分から発した蛍光のほとんどはピンホールを通過することができない．ピンホールを通った光の量は光電子増倍管で測定される．

図4.24　共焦点断層イメージングの原理

最近は細胞へのダメージの少ない白色光を用い，安価・省スペースを実現した独自のディスクスキャン方式も開発されている。スキャンした像をクールドCCDカメラで撮影して得られた光学的な断層像から，細胞の形態観察や機能解析が行える顕微鏡ユニットもある。これらの装置は生物系ディスク走査型顕微鏡と呼ばれている。

（b）共焦点顕微鏡の展開　研究の高度化に伴って，共焦点レーザー顕微鏡の機能が増えている。立体再構成（XYZ画像）に加えて，立体再構成された細胞構造の時間変化（XYZと時間T）を記録観察できるようになっている。また画像分析ソフト（メタモルフなど）も三次元的な変化に対応した分析が可能になっている。縦方向の断面画像（XZイメージ）の高速イメージングも行われている。これは，従来の顕微鏡では不可能な共焦点顕微鏡の特性を生かした測定法である。共焦点顕微鏡のステージのZ軸をピエゾ素子で駆動して同時にXZ断層像をつくる装置も開発されている（カールツァイス社）。

スペクトルを共焦点測定された各点で分析して複数の物質の分布を詳細に分析する機能も搭載されている（カールツァイスの共焦点顕微鏡付属装置：メタ）。各点のスペクトル分析を行って，そのスペクトルの違いから各点の物質を特定し，物質分布を画像化する。従来よりも多種類の蛍光色素による染色像の分析を可能としている。

高速XYZイメージングはこれからの課題として残されている。これまで数社から（ノラン社，メリディアン社，ニコン社，横河電機）からビデオレートで撮影が可能な共焦点レーザー顕微鏡が出されていた。現在は横河電機（株）のニポウフィルター（ディスクスキャン方式）の共焦点用顕微鏡ユニットを用いたシステムおよびカールツァイス社スリットスキャンシステムにより高速XYイメージングが可能である。

（c）多光子顕微鏡　二光子励起顕微鏡は，フェムト秒（1フェムト=1/1000兆）レーザーと呼ばれる超短パルスの近赤外線レーザーで観察対象をスキャン（走査）する。このレーザーは10兆分の1秒といいうきわめて短い時間に強い光を出すため，色素分子が複数の光子（一般には二つ）を吸収し，蛍光を発する。そして光った様子をカメラでとらえて画像化する。励起に関与する光子の数が増えると多光子顕微鏡と呼ばれる。共焦点レーザー顕微鏡と同様に二光子顕微鏡でもレーザー光を1点に集光するが，蛍光物質の励起が光子の密度が高い焦点に限られるために，焦点の合った1点からのみ蛍光が発生するので，ピンホールを用いずに断層像を得ることができる。二光子顕微鏡では，紫外光もしくは青色光で励起する蛍光物質に対して，波長が800 nm前後の光を励起光として使う。この波長では1光子では蛍光物質の励起ができないが，光子密度が十分に高いと2光子がほぼ同時に働いて励起が起こり蛍光が発生する。二光子顕微鏡で使用するパルスレーザー光の波長が800 nm前後にあるため生体組織の中に深く光を導入することができるので，組織の奥深く（300 μm以上）の蛍光断層像を得ることができる。二光子顕微鏡は高い深部到達性と空間解像を持つ新しい断層顕微鏡法である。細胞や臓器の機能の可視化に有効である。二光子顕微鏡のためのレーザーとしてはモードロックチタンサファイアレーザーがよく用いられる。

（d）デコンボリューション法　蛍光顕微鏡を実際に肉眼で観察すると，ピントを変えるたびに画像が変化して，標本の三次元的なイメージを頭の中に構成することができる。たとえていうならばデコンボリューション法では人間が頭の中でやっている演算をコンピュータが行って蛍光の三次元イメージを作り出す。デコンボリューション法は従来の蛍光顕微鏡とZ軸コントローラーおよびカメラと画像処理ソフトから構成され，レーザー走査型の共焦点顕微鏡に比べローコストに三次元画像構築ができる。この装置の核となる部分はデコンボリューションと呼ばれるディジタル画像処理技術で，通常の顕微鏡画像からピントの合っていない部分に起因するヘイズ（haze：かすみ），ブラー（blur：ぼけ）を取り除く。これにより，特別なハードウエアを使用せずに，デジタル画像処理のみで断層像をつくり出す。実際には従来の蛍光顕微鏡による1枚の蛍光像をデコンボリューションする場合と，Z軸を操作して得られる3枚以上のZ軸スライス像より共焦点画像を1枚（あるいは複数枚）ソフト的に合成する場合がある。デジタル共焦点処理は，撮影時のさまざまなパラメータ（溶液の屈折率，レンズの倍率開口数，蛍光の波長，スライスの間隔など）を入力することによって，顕微鏡における微小な光点の広がりをPSF（点像分布関数point-spread function）として数学的にモデル化し，その結果CCDカメラで撮影された画像から余計な光点の広がり（ぼけ）を計算で取り除くことにより所望のスライスだけの画像を取り出す。顕微鏡における微小な光点の広がりにPSFをコンボリューション（たたみこみ積分）したものが観察蛍光画像であるので，蛍光画像をPSFでデコンボリューション（逆変換）して，もとの微小な光点の広がりに戻すことがその原理である。デコンボリューション法は従来の蛍光像および透過光像，ならびに共焦点顕微鏡の画像に対しても同様の原理で処理できる。〔辰巳〕

4.2.4 顕微操作法とその利用

（a）開発の歴史　光学顕微鏡を使用して細胞，細胞内小器官，生体物質を移動，回収，手術，解剖，注入などを行う技術を顕微操作法（マイクロマニュピレーション）という。顕微操作法の代表例としてマイクロインジェクション（microinjection），レーザーダイセクション（laser dissection），光ピンセット（optical tweezers）を紹介する。

マイクロインジェクションは微細なガラスピペットを用いて細胞内に物質を注入する方法である。1904年 Marshall Barber 博士により発明されたピペット法に由来する[9]。ピペット法はガラス管を加熱により引き延ばした細いマイクロピペットを用いて顕微鏡下で微生物を単離する方法として開発された。その後1920年代に捕捉した細胞核を細胞質に挿入する方法としてマイクロインジェクションが開発された。1930年代から40年代にかけてマイクロピペットを三次元的に操作するマイクロマニピュレーター装置が開発され，1952年にカエルの細胞核の人工移植の報告例がなされた。その後，哺乳類に応用され，クローン動物の作成や人工授精に活用されている。さらに，1960年代からマイクロインジェクションは細胞への生体物質注入実験に活用されるようになり，特に DNA 注入による形質転換，抗体注入によるタンパク質の機能阻害実験や蛍光タンパク質注入による細胞間の物質移動の可視化などに応用されている。

レーザーダイセクションはレーザービームを顕微鏡の対物レンズを通して対象物に集光することにより切断・焼却・昇華といった微細加工を施す方法である。最初の報告例は1969年 Michael Berns 博士によるアルゴンレーザービームを用いた染色体切断である[10]。その後，1980年代から1990年代にかけてレーザーダイセクションを用いて切断回収した染色体の特異的領域からライブラリーが作成され遺伝子単離に活用された[11], [12]。さらにレーザーメスとして細胞膜や細胞壁に孔をあけて生体物質を取り込ませる光穿孔（レーザードリリング）にも応用されている。

光ピンセットはレーザービームを顕微鏡の対物レンズを通して対象物に集光させることにより焦点付近に微小な物体を捕捉する方法である。1970年 Arthur Ashkin 博士により開発された[13]。光ピンセットによって直接捕捉可能な生物試料としてはウイルス，細菌，細胞内小器官，染色体，細胞骨格などがある。また，レーザーの出力を計測することで，分子モーターの力やタンパク質複合体間の結合力などの細胞内の微小な力の計測器としても活用されている。さらに，1991年には光ピンセットを用いて細胞膜タンパク質を操作することが可能であると報告された。現在では，抗体やリガンドを付着した金コロイドの微粒子を結合させ，間接的にタンパク質1分子を光ピンセットによって操作することが可能になっている[14]。

（b）装置の概要　マイクロインジェクション装置はマイクロキャピラリーを三次元的に動かすマイクロマニピュレーターとキャピラリー内の物質を細胞内へ導入する加圧装置（マイクロインジェクター）から構成される。細胞内圧力よりも高い圧力をかけることで，キャピラリー内の物質を押し出す方法が主流であるが，ピペットと細胞間に電圧差を生じさせ電気泳動的に物質を注入する方法もある。マイクロキャピラリーはガラスピペットからピペットプラーによって作成する（図4.25）。加熱によって引き伸ばして先端が細く鋭利なマイクロキャピラリーを作成後，マイクロピペットベベラーによって先端を研ぎ，適当な開口度と角度をもったキャピラリーを完成させる。キャピラリーに毛細管現象で溶液を充填後，顕微鏡ステージとマイクロマニピュレーターを操作して，キャピラリーの先端を細胞に挿入する。インジェクターを調整してキャピラリーに圧力をかけて物質を注入した後に，圧力を下げキャピラリーを細胞から抜く。

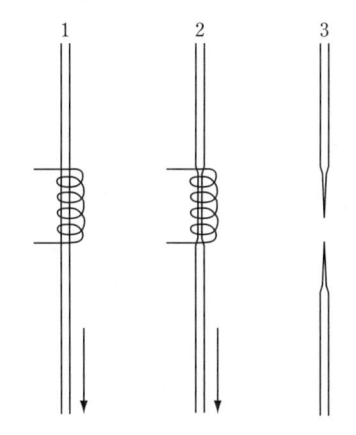

下側に装着した重りの重さと中央の電熱線の熱量によりさまざまな太さと長さのキャピラリーが作成可能である。

図4.25　マイクロキャピラリーの作成

レーザーダイセクションシステムは顕微鏡にパルスレーザーを装着し光路にレーザー光を導入したシステムである。レーザーの種類は UV レーザービーム（波長337 nm）を発射する窒素レーザーが主流であるが，アルゴンイオンレーザー（波長488 nm）や二酸化炭素レーザー（波長10 000 nm）が用いられることもある。レーザーから発射されたレーザービームはレーザ

ーインターフェースで細く鋭く加工された後，顕微鏡鏡筒内に導入され，対物レンズから染色体標本に照射される（**図4.26**）。レーザー発進と顕微鏡ステージ制御を連動させることで自動的に特定の領域を昇華することが可能である。

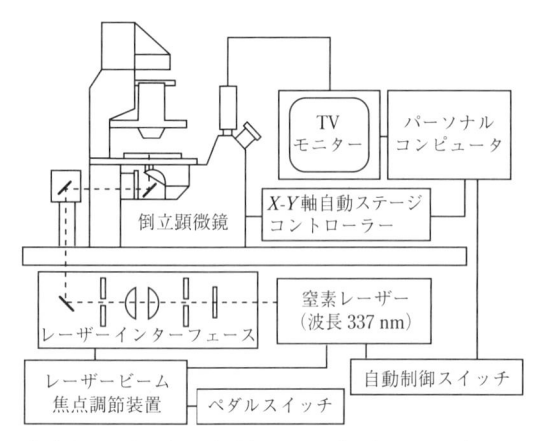

図4.26 レーザーダイセクションシステム
点線はレーザービームを示す。ミラーを回転させることでレーザービームの位置を動かす。

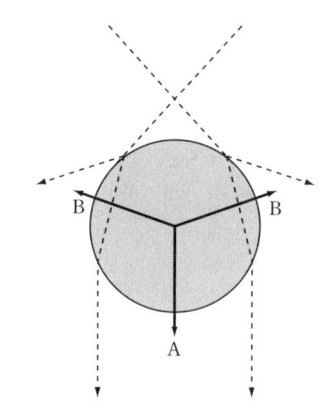

光ピンセットも顕微鏡の光路にレーザー光を導入する方法がとられる。試料の破壊を避けるために生物試料の吸収がない近赤外レーザービーム（波長1 064 nm）を発射するYAGレーザーが用いられる。物体に近赤外光が集光したとき，物体を透過した光の屈折の反作用力は物体を光軸上に引き上げる方向に働き，反射光と重力は下向きの力を及ぼす。この二つの力が釣り合ったとき，物体がレーザー光によって保持される（**図4.27**）。

（c）応用例 哺乳類の人工授精や遺伝子導入にマイクロインジェクションを用いる場合，精子やDNA注入用のキャピラリーのほかに，受精卵保持用キャピラリーを用いてインジェクションの際の卵を固定する（**図4.28**）。

図4.27 光ピンセットによる物質の捕捉
点線はレーザービームを示す。反射光は矢印Aの力を物質に及ぼし，屈折光は矢印Bの力を物質に及ぼす。

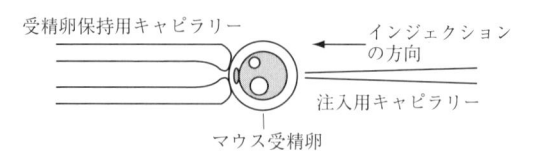

図4.28 マウス受精卵へのマイクロインジェクション

レーザーダイセクション法を生体物質の回収に使用するために，レーザービーム吸収メンブレンとともに特定細胞や微小領域を切除して回収する応用方法が開発されている。UVレーザービームの物質破壊の影響を回避できることで，回収後の生体試料の核酸解析やタンパク質解析などが可能になった。植物の花粉1個を顕微解剖学的に解析した応用例を示す（**図4.29**）[15]。花粉をポリリジンコートしたポリエチレンメンブレン上に付着させカバーガラス上にセットする。花粉は強固な花粉壁に囲まれ細胞核の抽出は困難であるため，初めに花粉壁にUVレーザービームを集光させ孔を開ける（レーザードリリング）。つぎに花粉周囲のメンブレンをレーザービームで昇華して，周囲のメンブレンと切り離す。この花粉付着メンブレンを光圧力で上

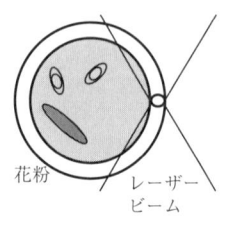

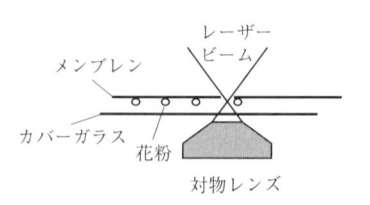

（a）レーザードリリング　（b）レーザーマイクロダイセクション　（c）レーザー光圧力による回収

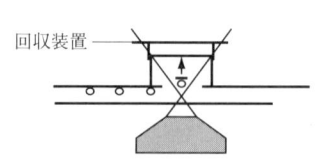

図4.29 UVレーザービームによる花粉の顕微解剖学的解析

図4.30 光ピンセットによる単細胞単離法

方に吹き飛ばし回収装置に捕捉する。類似の方法は，組織内のがん細胞群，細胞内小器官，染色体，精子などの回収に活用されている。

光ピンセット法も特定細胞や細胞内小器官の回収に応用されている。水溶液中を自由に移動させることができるので特定の生体物質を回収領域に集積・移動させることが可能である。図4.30に単細胞回収用に用いられるカバーガラスを組み合わせたマイクロチャンバーを示す。チャンバー内を溶液で満たした後，チャンバーの端に細胞培養液を注入する。拡散速度よりも速く反対側の端に光ピンセットで目的の細胞を移動させる。移動後，底面ガラスに付けた溝部分に力を加えチャンバーを切断後，片側のチャンバーのみサンプルチューブに回収して解析する。　　　　　（松永）

4.2.5 画像解析法とその利用

（a）原理　17世紀前半頃から微小な対象を拡大して直接観察する光学顕微鏡が利用され，細胞や微小な生物の微細な構造の観察，発見が行われてきた。しかし，これらの観察結果は定性的なアナログ画像であったので定性的なデータしか取れない。アナログ画像は時間的な連続信号であるので，時間的に連続していないディジタル画像に変換することによって画像情報をパーソナルコンピュータで取り扱うことができるようになり，定量化が可能となった。ディジタル画像とは整然と並んだ一つひとつの値を持った正方形のピクセルという点からできている。このピクセルが1インチの長さにいくつ並んでいるかを解像度（dots per inch，略して dpi）で表現する。ディジタル画像は正方形のピクセルという小さな単位から構成されているので，画像解析は基本的にピクセルの演算である。例えば図4.31のような三角形の画像解析を行うとする。正方形のますをピクセル（P_{xy}）とすると三角形の面積（A）は以下のようになる。

$$A = a \sum P_{xy} \tag{4.11}$$

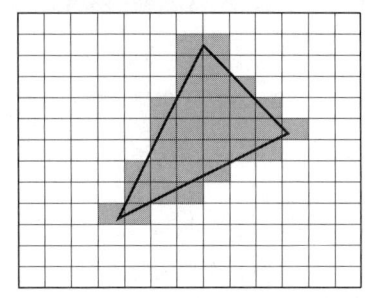

三角形の画像は，細かい正方形のます（ピクセル）によって構成されている。三角形の面積は灰色のピクセルの面積に比例する。

図4.31 アナログ画像をディジタル画像に変換した模式図

ここで a は，ピクセル面積を実面積に換算するための比例係数であり，あらかじめ解析ソフトウエアに入力しておく必要がある。この形態の平均輝度（B_{av}）を求めるためにはそれぞれのピクセルの輝度の値（I_{xy}）からつぎのように算出できる。

$$B_{av} = \sum \frac{I_{xy}}{N} \tag{4.12}$$

ここで N は領域内のピクセルの数である。解像度が低いほど画像は粗くなり，解析の正確度が落ちる。また，高いほど画像はきれいになり正確な解析ができるが，膨大なメモリが必要となる。しかし，最近コンピュータの処理能力の高速化，大容量化が進み，現在は小型コンピュータでも解像度の高い画像が扱われ，さまざまな工業分野をはじめ，家庭，セキュリティ，軍事ならびに医療などの幅広い分野で活用されている。

（b）装置の概要　画像処理システムは，顕微鏡，カメラ等による画像撮影部，スキャナーやビデオカメラによるアナログ・ディジタル変換部，画像メモリ，ワークステーションによる画像解析部によって構成される。図4.32は実際研究に用いられる画像解析システムの写真である。観察する対象を採集し，できるだけきれいな画像を得る。もし特定の組織を観察しよう

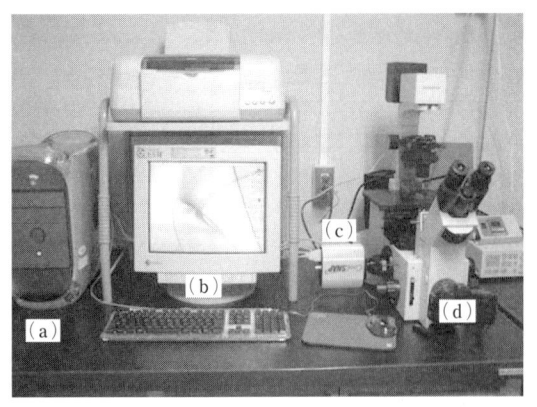

（a）画像処理用コンピュータ　（b）モニター
（c）CCDカメラ　（d）顕微鏡

図4.32　画像解析装置

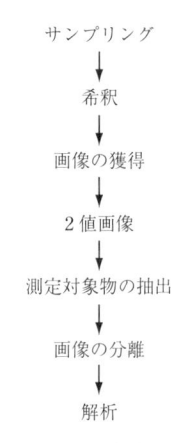

図4.33　画像解析の流れ

とする場合，蛍光染色のように部位特異的ラベルを行ってから画像を撮るとよい。画像がアナログ画像であるならば，ビデオスキャナやイメージスキャナを用いてディジタル画像に変換してからしきい値処理（thresholding）を行う。さらに，画像の対象領域を1に，背景領域を0に割り当てる2値画像（binary image）に変換する。2値化処理後，解析しようとする画像を分離し，解析を行う。このような一連の過程を**図4.33**に示す。

このような解析を行うために，画像解析ソフトウエアが必要となる。汎用の画像ソフトウエアを用いれば物体の長さや面積，粒子の測定，光の強度測定等はできる。最近，さまざまな解析ソフトウエアが開発され，ほとんどの学問分野において強力なツールとして用いられている。DNAやRNA解析，ブロッティングの画像解析はおもに画像の濃度分布（density slice）を土台に定量化を行うもので，このような機能はほとんどの解析ソフトウエアに備えられている。サイエンス全般に使用可能な市販ソフトウエアを**表4.1**に挙げるが，一般にNIH-Image[17)]が幅広く使われている。NIH-Imageは米国National Institutes of Healthで開発され，無償で使えるソフトウエアである。当初はX線CT画像など医療用の目的で開発されたものであるが，現在はあらゆる分野の研究者が使用している。ハードウエアとしては最近のWindowsかMacintoshで，メモリ128MByte以上，および10GByte以上のハードディスクが搭載されていれば，まったく使用上問題はない。

（c）応用例　糸状菌の菌糸形態の画像解析を行った研究例を**表4.2**に示す。菌糸形態の幾何学的

表4.1　画像解析用ソフトウエア

ソフトウエア名	用　途
ImageMaster 2D Elite Software (Amersham Biosciences)	二次元電気泳動のスポット検知および定量
ImageMaster 1D Elite Software (Amersham Biosciences)	DNAフラグメントの解析，タンパク質のSDS-PAGE，等電点電気泳動のバンド検出および定量化，分子量計算
IPLab（Solution Systems）	科学一般汎用画像解析ソフトウエア
Ultimage Pro（Solution Systems）	カラー画像の色検出，形態解析
VoxBlast（Solution Systems）	二次元画像データから三次元画像の構築
SigmaScan Pro（hulinks）	面積，周囲，角度，傾き，距離，密度，形状，質量中心，線の輝度，領域の平均輝度，ピクセルの輝度の測定
SigmaGel（hulinks）	電気泳動のレーン，スポットの測定
Gel-Pro Analyzer (Planetron, Inc.)	一次元ゲル・ドットブロット解析，コロニーの面積，平均輝度，クラスタ内個数などの測定

4.2 光・レーザー計測技術とその利用法

表4.2 画像解析を糸状菌の菌糸形態の解析に応用した例

分　類	内　容
菌糸の形態学的特徴	菌糸の長さの測定[18]
	菌体ペレットの大きさの測定[19]
	菌体の幾何学的解析および幾何学的分類[20]
	物質生産性におけるペレットの大きさの影響[21]
菌糸の形態形成の動力学的研究	菌糸の形態形成の構造モデル[22]
	菌糸先端の増殖速度解析[23]
菌糸形態の生理学的研究	ペレットの内部構造の解析[24]
	ペレット内部の菌体生存率の測定[25]
	菌糸形態のレオロジー[26]

解析が多いが，画像の情報を用いて，菌糸形態形成の解析や菌糸内部の生理的な現象を解明しようとする研究例[27]もある。

（1）菌糸の長さや面積を求める例　解析対象を図4.34のような模式図で示した場合，菌糸の長さ，先端の数，菌糸により枝の数および菌糸の形成するペレットコアの面積などの解析ができる。例えば，糸状菌の菌糸の画像処理を行う場合，可能な限り鮮明な画像を検鏡により撮り（図4.35（a）），この画像のターゲットを背景から分離し，その上にカラーオーバレイ（セグメント化）を表示する2値画像に変換する（図4.35（b））。それから目的の画像を他の画像から分離し（図4.35（c）），ターゲット画像の面積を求めることができる。画像は正方形のピクセルから構成されているので，ピクセルの合計を求め，式（4.11）のように面積が求められる。さらに，図4.35（a）画像の菌糸の長さを測定する場合，菌糸画像の細線化を行い，構成している最小のピクセルで菌糸の長さを表す。したがって，総ピクセルの面積をピクセル1片で割ることによって実際の菌糸長さを測定することができる。

（2）糸状菌ペレットの面積を求める例　ペレット状の菌糸形態の画像解析を行う場合，解析しようとするサンプルを用意し，観察しやすく希釈し，顕微鏡で画像を撮る（図4.36（a））。この画像を2値画像に変換すると白黒画像になる（図4.36（b））。その後目的とするターゲットの画像を分離し（図4.36（c）），図4.35（c）のように面積を求め，この形態の総面積とする。それから，2値化した画像（図4.36（b））からしきい値を決め，ペレットコア部分を抽出すると図4.36（d）のようになる。ペレットコア部分の面積は図4.36（d）の画像から求めることができる。したがってこのような菌糸形態のフィラメント部分の面積は全面積からペレットコア部分の面積を引いた値となり，平面上フィラメント菌糸が占める割合も簡単に算出できる。

（3）菌糸ペレット内蛍光密度分布を求める例　糸状菌のペレット *Mortierella alpina* 内部構造の解析のために，菌糸と菌糸内の脂肪酸を蛍光色素FITCを用

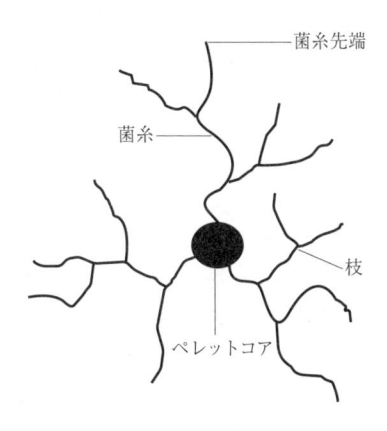

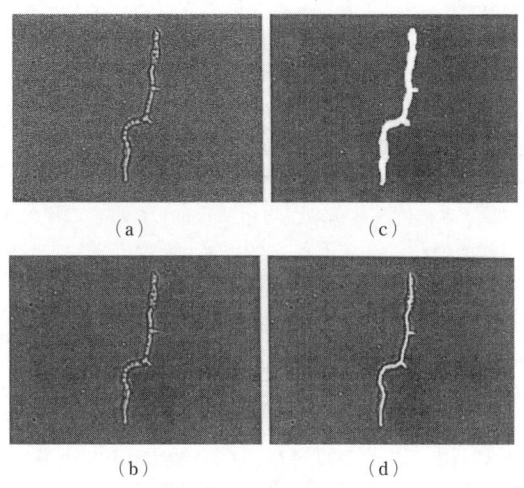

図4.34　菌糸形態の模式図

Mortierella alpina の菌糸を顕微鏡で撮り（a），2値化を行い（b），菌糸の面積（c）や菌糸の長さ（d）を求めることができる。

図4.35　菌糸の長さおよび面積

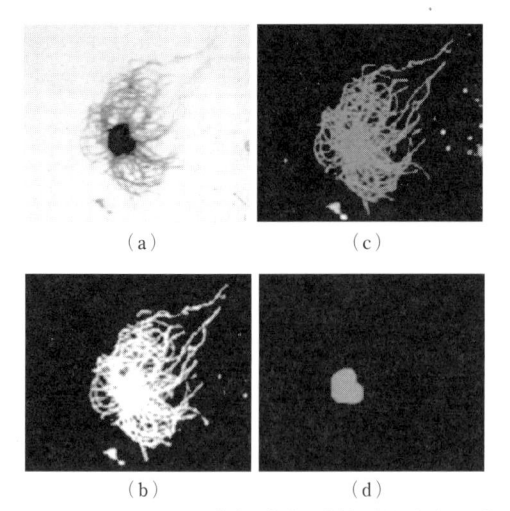

図4.36 ペレット形態の面積

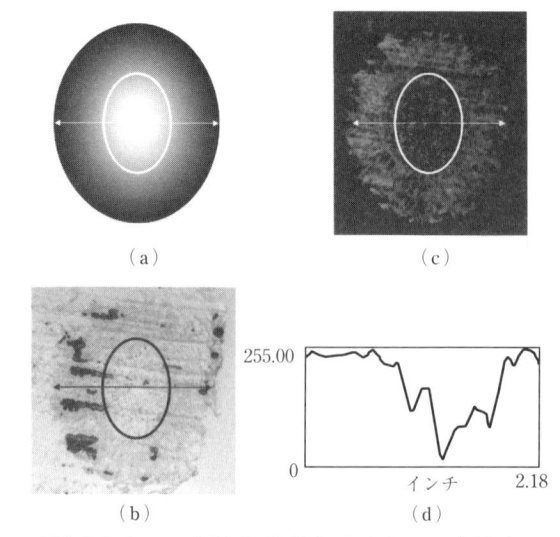

Spreptomyces fradiae の菌糸形態を顕微鏡で撮り(a)，2値化を行い(b)，解析を行うターゲットを決め(c)，しきい値を調節してペレットコア(d)を抽出する。ペレットコアの面積および菌体全部の面積を求め，フィラメント部分の割合を調べることができる。

図4.37 *Mortierella alpina* ペレット断面の画像

画像(a)はペレット断面の模型図，(b)はペレット断面の光学顕微鏡画像，(c)はペレット断面のFITC画像，(d)は画像(c)の断面の蛍光強度分布である。矢印はペレットの直径を，楕円は蛍光密度の境目を示す。

い菌糸の蛍光染色を行った。波長520 nmで画像を撮影することによって菌糸の蛍光密度を知ることができる。ペレットをFITCで染色を行った後，グルタルアルデヒドで固定した。その後，エポキシ樹脂に固定し，厚さ450 nmの切片を作製した。蛍光顕微鏡でペレット切片の断面画像を撮り，IPLab（Solution Systems Co. Ltd.）とNIH画像ソフトウエアを用いて解析を行った。ペレット内FITC蛍光の強度をそれぞれ図4.37（c）に示し，蛍光強度の分布のヒストグラムを図4.37（d）に示す。両蛍光強度は中心に近づくほど薄くなっていることが確認できる。これは，ペレットの中心部は空洞の状態であることを示唆している。FITC画像から蛍光強度を解析することにより，ペレット内部の平面空洞率を算出することができる。ペレットの内部に菌糸が均一に分布した場合の平均蛍光強度を I_{pellet} とすると，ペレット断面の平均蛍光強度（I_{avg}）は以下のように表現できる。

$$I_{avg} = \frac{1}{D} \int_0^D f(I) \, dl \tag{4.13}$$

D，$f(I)$ および I はペレットの直径，蛍光強度分布およびペレット断面の距離である。I_{avg} の値は I_{pellet} に比べて小さく，その割合 I_{avg}/I_{pellet} は，1より小さい。この値はペレット断面全体の蛍光強度に比べ，ペレット中心断面の弱い蛍光強度を示すので，この値をペレットの平面空洞率と定義することができる。もちろん誤差を最低限にするため，多数の画像から解析を行う必要がある。

最近，さまざまな解析ソフトウエアが開発され，画像解析はほとんどの学問分野において強力なツールとして用いられている。DNAやRNA解析，ブロッティングの画像解析はおもに画像の濃度分布（density slice）を土台に定量化を行うものである。また，平面画像を重ねて三次元画像の構築等による立体のモデル化など，分子生物学分野において欠かせない道具として定着している。現在，ゲルイメージアナライザー，IPオートラジオグラフィーシステム，生物画像解析システム，およびコロニーカウンターには画像解析を行うプログラムが組み込まれ，結果を定量的に処理することができるようになった。今後，生物工学分野における培養をはじめ，組織学的な研究，細胞の生理学的解析などさまざまな分野の研究のために，画像情報を定量化できる画像解析手法は，欠かせない道具となっている。

(朴)

4.2.6 フローサイトメトリーとその利用

生物を用いる研究者にとって，対象である生物の最小構成単位である細胞一つひとつの性質を追うことのできる計測技術は非常に興味深い。フローサイトメトリー（flow cytometry）は，まさに細胞個々の性質を解析するための計測技術であるといえよう。

（a）歴史と原理 細胞の性質を細胞集団から細

胞個々に分割して測定する手法は，そのルーツを，1940年代後半においてW. H. Coulterにより考案された電気抵抗を利用したCoulter原理の発明にまでさかのぼることができる。これは電解質溶液に浮遊した絶縁体とみなせる粒子（すなわち，細胞がこれにあたる）が，細孔を通過する際に細孔領域での電気伝導度が変化することを利用したもので，この電気抵抗の変化は絶縁体の体積に比例する。この原理を用いた「コールターカウンター」は，溶液中の細胞の数，また，個々の細胞の体積を測定することができ，細胞集団から細胞個々の解析が可能となった。同原理を用いた血球数（粒子数）測定器も，「コールターカウンター」と呼ばれ，現在でも溶液中の細胞（粒子）のサイズ，数（濃度）を測定する装置として用いられている。

1965年にFulwylerは，コールターカウンターを改造して，ノズルに超音波をかけて振動させて液滴を発生させ，落下する液滴に荷電をつけて分離する装置を開発した[28]。これが細胞を分取するセルソーター（cell sorter）の原型と考えられる。一方，同年，Kamentskyらは顕微鏡を改造した細胞個々のDNA含量を吸光度で高速に測定する装置を開発し，細胞個別の光を用いた高速分析手法を考案した[29]。細胞個々をレーザーを用いて解析し，分取することのできる現在のFACS（fluorescence activated cell sorter）はこの二つの装置にルーツをたどることができる。

現在のフローサイトメトリーは，細く絞った液体の流れ（フロー）の中に，粒子（細胞，染色体，ウイルスなど）を懸濁した溶液を流し，この溶液にレーザー光線を当てて発生する散乱光や蛍光を測定することにより，個々の粒子の性質を測定する手法を指す。この装置の原理を支えているのが「流体工学」，「レーザーによる散乱光・蛍光励起測定」である。

（b）装置の概要 図4.38に高速細胞分取が可能なセルソーターの一般的な構造を示す。セルソーターは，細胞を含む懸濁液から細胞を個別に分けて解析・分取する液体系，流れにレーザーを照射してその散乱・励起光を測定する光学系，さらに得られた情報を解析する電気系の大きく三つのシステムから構成される。図4.38は液体系と光学系を中心に記載している。

まず，液体系であるが，細胞を高速かつ個別に解析するためには，細胞を多数含む懸濁液から，細胞を個別にバラバラにする技術が必要となる。通常用いられているのが，層流を用いた手法である。細胞を個別にする部分はフローチャンバーと呼ばれ，細胞懸濁液が内側に，外側にはシース液と呼ばれる液が円筒状に流れる構造となっている。この流れを急激に細く絞り込

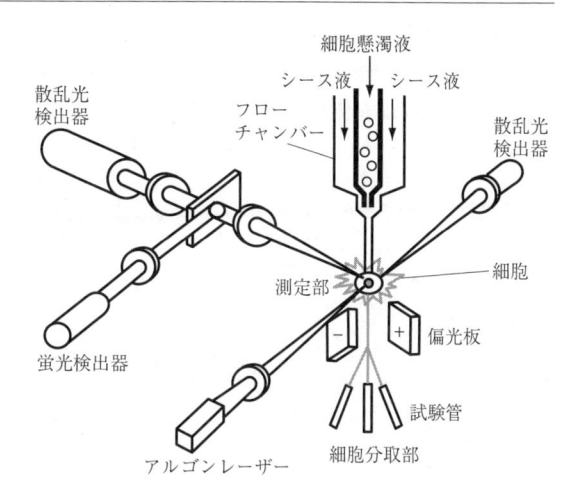

図4.38 一般的なセルソーターの構造

むことによって層流を実現し，細胞懸濁液がシース液でできた液のトンネルを非常に細い流れでシース液と混合することなくレーザー照射部に流れ込む。さらに，このシース液の流れに超音波振動をかけることによって，水流を縦方向に振動させ，最終的には細胞1個を含む液滴にまで分割する。さらに，測定パラメーターに応じた＋または－の電荷を水柱にかけることにより，分割された液滴に個別に荷電することができる。荷電された水滴はその荷電に応じて細胞分取部にて集められる。

光学系においては，層流中においてバラバラになった細胞個々に光を照射して得られる散乱光もしくは蛍光を測定する。細胞の大きさは数μmから数十μmであり，試料液中の細胞に対して個別に光を照射するためには，ビーム径が小さく，焦点深度が深いレーザー光が用いられる。レーザー光は，試料液に直角になるように照射され，発生する散乱光や蛍光を測定する。図4.39に，レーザー光の細胞への照射の模式図を示す。

試料液水柱に対して直角に照射されたレーザー光は，細胞に当たり，細胞内の核，顆粒などの構造体によって散乱される。これらの微小構造体によって散乱された光を測定したものが側方散乱光であり，細胞内

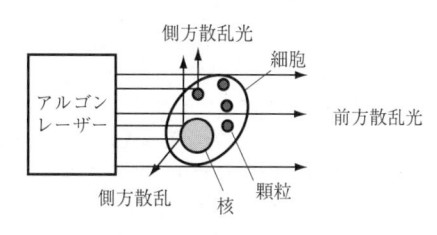

図4.39 散乱光の原理

の複雑さを代表する測定値である。一方，照射レーザー光に対して，直進方向に散乱された光が前方散乱光である。これは細胞の大きさに依存して変化するパラメータであり，この二つを用いることにより，細胞の大きさ，複雑さを「相対的に」評価することが可能である。また，レーザーによって励起されて細胞自身の発する自家蛍光や，DNA，RNAを染色する蛍光色素，細胞表面抗原や，細胞内抗原に対する蛍光標識抗体を用いることにより，個々の細胞のさまざまなパラメーターを測定することができる。さらに，Hoechst33342に代表されるような，生細胞の状態での細胞内蛍光標識可能な蛍光色素を用いて解析すれば，生きたままで目的の細胞内部を染色し，それに基づいて分取することも可能である。

セルソーターを支えるシステムのなかで，近年最も進歩が著しいのが電気系（データ測定・処理）である。レーザーを当てて得られる蛍光は，バンドパスフィルターと呼ばれる特定の幅の波長の光を透すフィルターによって分解され，波長ごとの測定データが検出器によって集められ，解析される。この光の強さは装置の状態やサンプルの状態によって異なり，絶対値で比較することができない。そこで，光の強度を例えば1024階調のチャネルナンバーに分割し，この値をもって強度の相対値を表す。近年では，測定に際して数種類の蛍光物質を利用する場合も増え，一つの粒子（細胞）について，前方，側方散乱光，数種類の蛍光強度，得られた光強度の時間変化や積分値など，非常に多くのデータを同時に，しかも最大数万個/分のオーダーで得ることができる。

得られた大量のデータはそのままで利用できるわけではない。例えば多重蛍光染色の場合にはcompensationと呼ばれる励起波長の重なりの除去，また測定条件によっては，2個の細胞が同時に測定（ダブレット）される場合もあり，光強度の積分値，散乱光が観測された時間等のデータから，ダブレットデータ除去操作が必要となる。

（c）応用例　フローサイトメトリーの応用は動物，植物，微生物と多岐にわたっている。下記に代表的なものを紹介する。

（1）細胞周期解析　今日ではフローサイトメーターを用いない細胞周期の解析は考えられない。通常フローサイトメーターに用いられている空冷アルゴンレーザーは488 nmの青色光を発する。そこで，488 nmで励起され，測定可能なDNA結合性蛍光色素propidium iodide（PI）が最も一般的な測定に用いられる。PIは二重鎖核酸に結合することにより蛍光量が10倍になる。サンプルとなる細胞集団をエタノール処理で固定し，これにPIを取り込ませ，RNaseで処理することにより，サンプルを調製する。得られた細胞集団の蛍光量はそのDNA含量に基づいて分布し，G_0/G_1，S，G_2/M期の3期に分類することができる。より詳細な解析にはBrdU（bromodeoxyuridine）と蛍光標識抗BrdU抗体およびPIを用いた二重染色が用いられる。

（2）細胞表面抗原解析　細胞の表面に存在するcluster of differentiation（CD）抗原は，細胞の分化に伴ってその発現が変化する。CD抗原は現在，国際的に定義，分類が行われており，蛍光標識抗CD抗体を用いることにより，末梢血等に存在する血液細胞の分類や疾患診断等に応用されている[30],[31]。

（3）その他　DNA含量に基づく植物融合体の解析[31]や，ワイン中の酵母とバクテリアの解析[32]，染色体解析・分取[31]等，多くの種類の細胞や微小粒子の解析・分取に用いることが可能である。　（大政）

4.2.7 蛍光，りん光，分光法とその利用

分光法の本質は，光と分子との相互作用により起こる現象を観測することにある。その現象は，大まかに分類してつぎの三つがある。まず，一つ目は，最も単純なケースであるが，照射された光が分子によって吸収または散乱される現象である。この現象は，紫外線，可視光線，赤外線など種々の吸収スペクトル，弾性光散乱などで観測される。二つ目は，照射光が分子により吸収された後，分子が照射光の波長とは異なる波長の光を放出する現象である。この現象は，蛍光，りん光，ラマン散乱，非弾性光散乱などで観測される。そして，最後は，光の強度や波長の変化だけではなく，偏光の種類や程度などが変化する現象であり，旋光分散，円二色性，蛍光偏光解消などで観測される。量子的過程である光と分子との相互作用の本質的理解には量子力学的記述が必要であるが，ここでは，蛍光，りん光，分光法を研究のツールの一つとして利用するユーザーを対象に，それらの分光法の基本原理を現象論的かつ定性的に説明する。

（a）分子のエネルギー状態　光と分子との相互作用について考える前に，まず，分子を量子化学的観点から見てみよう。つまり，分子のエネルギー状態を理解するということである。通常存在する分子の状態は基底状態と呼ばれ，その状態の分子の立体構造は，私たちが分子模型などで目にする構造におおむね類似した構造であると考えることができる。ただし，当然のことではあるが，サイズの違い以外に，両者は多くの点で決定的に異なっている。そのうちの一つは，分子を構成する原子は，熱運動のために平衡位置の付近

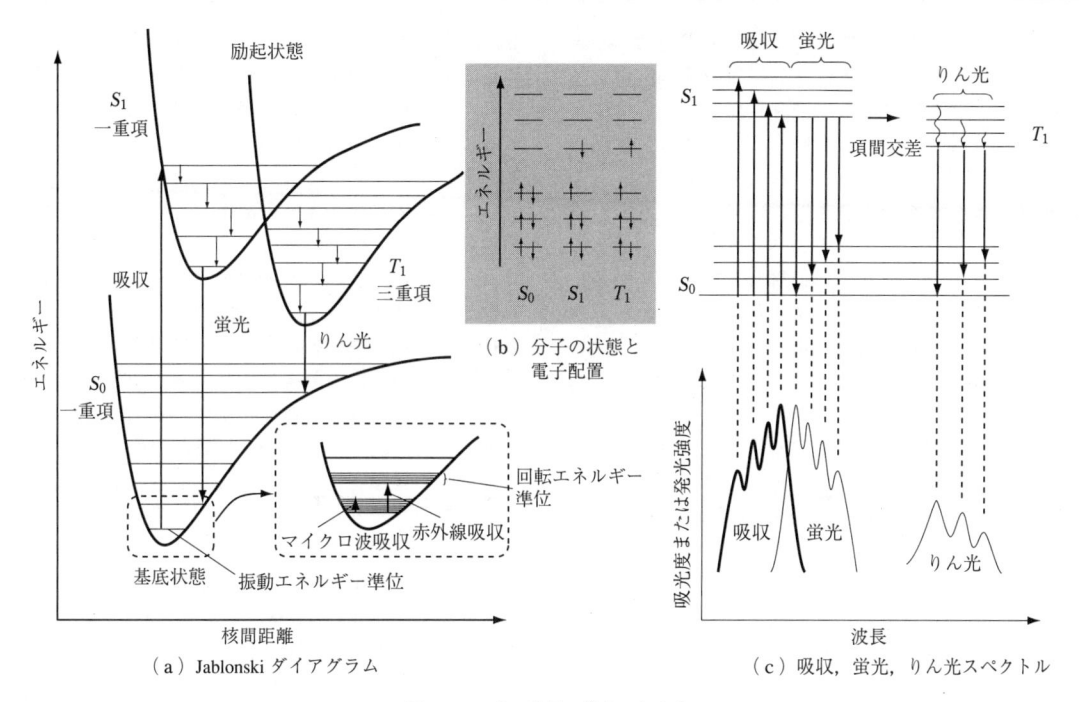

図4.40 光の吸収, 蛍光, りん光

で振動運動を行っているということである。ここで, 熱運動というと無秩序な運動を想像するかもしれないが, 分子の振動数はある定められた値しかとることができない。したがって, 分子のエネルギー状態は, 分子振動の振動数に応じて量子化された一連のエネルギー準位を内包している。話を単純にするために, 2原子分子でのエネルギー準位をポテンシャルエネルギー曲線で**図4.40**（a）に示す。ただし, 以下の説明は, 多原子分子の場合でも一般論としては通用する。基底状態の分子のエネルギー状態として, 2原子間のポテンシャルエネルギー曲線と分子振動による振動エネルギー準位が描かれているが, 分子のエネルギーは平衡核間距離で最小となり, さらに, より高い一連のエネルギー準位が分子振動によって生じていることがわかる。ここで, それぞれのエネルギー準位に存在する分子の数はボルツマン分布により決まる。また, それぞれの振動エネルギー準位をさらに細かく見ると, 分子の回転による多くのエネルギー準位が見えてくる。このように, 分子のエネルギー状態は, 分子が時空間で示すさまざまな挙動に対応するエネルギー準位により細分化かつ階層化されている。

（b）エネルギー準位間の遷移 一般に, 分光法では, 量子化されたエネルギー準位間の遷移を検出する。したがって, 測定に用いる光（電磁波）の波長（または, 振動数）は, 検出したい遷移を引き起こすために必要なエネルギーの大きさによって決まる。分子の回転エネルギーはマイクロ波のエネルギーと同程度であるので, マイクロ波の照射により分子の回転エネルギー準位間の遷移が起こる。マイクロ波より大きなエネルギーを持つ赤外線の照射は, 回転エネルギー準位だけでなく振動エネルギー準位間の遷移も引き起こす。そして, さらに大きなエネルギーを持つ可視光線や紫外線を分子に照射すると, 分子の回転状態, 振動状態に加えて, 電子状態の遷移も引き起こすことができる。電子状態の遷移により, 分子は, 基底状態から, よりエネルギーの高い状態である励起状態になる。励起状態は無数にあるが, 可視光線や紫外線による電子状態の励起の場合, 最もエネルギーの低い第一励起状態への遷移を考えればよい。

（c）基底状態と励起状態 電子状態の遷移とは, 分子の電子配置が変わることを意味する。基底状態と第一励起状態は, スピン多重度を用いて, それぞれS_0, S_1と示されることが多い。ここで, スピン多重度の定義は,「原子または分子の全電子の電子スピン量子数がSのとき, $2S+1$をスピン多重度という」である。スピン多重度による表記法は, 原子や分子のエネルギー状態と分光学的性質を関連づけるのに都合がよい。なぜなら, たがいに同じスピン多重度の状態間でのみ遷移が許され, 異なる状態間の遷移は第一近似では禁制となるからである。後で示すように, Sはベクトル

量であり，特定の方向（例えば外部磁場の方向）の成分としては$-S, -S+1, \cdots, +S$の$2S+1$個の値をとることができるが，外部磁場が存在しないときにはこれらの状態が縮退しているということがスピン多重度の語源となっている。

Sを簡単に説明するとつぎのようになる。電子の運動としては，自転と原子核の周りの公転の二つがあるとみなされており，それぞれに対して角運動量が存在する。ここで，自転，公転による角運動量をそれぞれスピン角運動量，軌道角運動量と呼ぶ。ただし，スピン角運動量は，単にスピンと呼ばれることが多く，Sで表される。図4.40（b）に示すように，ラジカルやイオンではない通常の分子の基底状態では，電子はエネルギーの低い分子軌道から順番に2個ずつ入っている。ここで，Fermi粒子である電子は，Pauliの原理に従うため，同一軌道に入っている2個の電子のスピンはたがいに反対向きになっている。図4.40（b）で，矢印の方向は電子の自転の向きが時計回りと反時計回りの場合を区別し，上向き矢印は$+1/2 (h/2\pi)$，下向き矢印は$-1/2 (h/2\pi)$（hは，Planck定数）の角運動量を示す。通常は$(h/2\pi)$は省略され，$S = +1/2, -1/2$で示される場合が多い。基底状態の分子の場合，電子のスピンの総和（ベクトル和）$S = 0$となり，スピン多重度$2S+1 = 1$となる。1電子が励起された場合，励起された電子と同じ軌道に入っていた残りの電子がそれぞれ不対電子になる。これら電子2個のスピンが反平行であれば$S = (1/2) + (-1/2) = 0$，平行であれば$S = (1/2) + (1/2) = 1$となり，スピン多重度はそれぞれ1, 3となる。これらを一重項（singlet），三重項（triplet）といい，頭文字を用いてS, Tとそれぞれ表される。また，S_0, S_1で，0, 1はそれぞれ基底状態，第一励起状態であることを表している。

図4.40（a）に示された第一励起状態のポテンシャルエネルギー曲線からわかるように，一般的に第一励起状態にある分子での核間距離は基底状態の値よりも大きい。また，当然ながら，エネルギー準位も基底状態のものより高くなる。言い換えれば，励起状態の分子は，解裂しやすい（反応性が高い）ことになる。電子遷移の過程は非常に短時間（10^{-14} s程度）で起こるため，電子遷移に際して原子核の変位は無視できる。したがって，基底状態と第一励起状態の間の電子遷移は両者のポテンシャル曲線間で図4.40（a）に示すように縦軸に平行に起こる。これを，Franck-Condonの原理という。ここで，励起状態のポテンシャル曲線が極小を持たなければ核間距離が大きくなり，結合の解裂が起こる。また，たとえ極小があっても，結合エネルギーを超えるほど高いエネルギー状態にまで励起すると結合の解離が起こることになる。さらに，励起状態の分子の解裂反応の生成物は他の分子とさまざまな化学反応を起こすことがあり，それらの反応を光化学反応と呼ぶ。

（d）**励起エネルギーの放出**　電子遷移によって励起された分子が長時間そのままの状態を保つことはほとんどない。励起状態の分子はなんらかの過程でその励起エネルギーを失う。励起エネルギーの一部が，振動エネルギーや回転エネルギーに変換する場合があり，その過程を内部転換という。多原子分子での内部転換は$10^{-14} \sim 10^{-11}$ sの時間で起こることがわかっている。また，励起エネルギーの質的な変化によりスピン多重度の異なる電子状態を生じる過程もあり，この過程は項間交差と呼ばれる。これらの過程では，光は放出されないので，無放射過程と呼ばれる。無放射過程によって，分子の電子励起エネルギーは，振動，回転エネルギーに変わり，熱エネルギーとして散逸する。また，励起状態にある分子は，発光過程によりエネルギーを放出したり，分子間の励起エネルギー移動により他の分子にエネルギーを渡したりする。図4.40（a）に示す二つの発光過程のうち，S_1からS_0への遷移による発光を蛍光という。蛍光の寿命は$10^{-9} \sim 10^{-5}$ s程度である。一方，T_1からS_0への遷移による発光は，りん光と呼ばれ，蛍光よりも長い寿命（$10^{-3} \sim 10^2$ s程度）を持つ。りん光が生じるためには，項間交差によりS_1からT_1にエネルギーが移らなければならない。スピン多重度が異なる状態間の遷移は禁制であると上述したが，電子のスピンと軌道運動との相互作用がある場合，三重項状態のなかに部分的に一重項状態の要素が混ざり，遷移が可能になる。項間交差はS_1とT_1のポテンシャル曲線の交わりによって，両電子状態の振動準位の間にエネルギー的に等しいものがあるときに起こる現象である。この場合，振動は原子核の運動によるものなので，電子の運動によるものに比べて遅い。そのために，りん光は蛍光よりも遅れて観察される。また，図4.40（c）にあるように，蛍光の波長は必ず吸収光の波長よりも長く，りん光の波長はさらに長い。

（e）**光の吸収と発光の強度の定量的評価**[33]　分子による光の吸収と発光の強度を定量的に考えてみよう。光の強度は試料溶液を透過することにより減衰する。入射光と透過光の強度の関係はLambert-Beerの法則により次式で与えられる。

$$I(\lambda) = I_0(\lambda) \times 10^{-\varepsilon(\lambda) LC} \qquad (4.14)$$

ここで，$I(\lambda), I_0(\lambda)$は，それぞれ波長λの透過光，

入射光の強度, $\varepsilon(\lambda)$ は試料のモル吸光係数〔dm³/(mol·cm)〕, L は透過長〔cm〕, C は試料濃度〔mol/dm³〕である. また, 式を書き換えると

$$A(\lambda) = \log \frac{I_0(\lambda)}{I(\lambda)} = \varepsilon(\lambda) LC \quad (4.15)$$

となり, 吸光度 $A(\lambda)$ は通常の吸収スペクトルに対応する. また, $\varepsilon(\lambda) \neq 0$ の任意の波長で $A(\lambda) \propto C$ となり, この関係は分光法による試料濃度の決定に利用される.

入射光と発光の強度の関係は, 光の吸収の場合ほど単純ではない. 図 4.40（c）にあるように, たとえ単色光で分子を励起したとしても, 発光はある波長範囲にわたる連続スペクトルを与える. 蛍光, りん光は, 内部転換, 項間交差, 電子移動, 分解, さまざまな光化学反応など, 励起分子に起こり得るすべての過程と競合する. 全過程に対する蛍光, りん光過程の占める比率をそれぞれ蛍光, りん光量子収率という. 蛍光物質に吸収された光の強度 $I_0(\lambda) - I(\lambda)$ は

$$I_0(\lambda) - I(\lambda) = I_0(\lambda)(1 - 10^{-\varepsilon(\lambda)LC}) \quad (4.16)$$

であるので, 蛍光スペクトル域全体の強度 F は, 蛍光量子収率 Φ を用いて

$$F \propto (I_0(\lambda) - I(\lambda))\Phi = I_0(\lambda)(1 - 10^{-\varepsilon(\lambda)LC})\Phi \quad (4.17)$$

と表される. ここで, Φ は励起波長に依存しない場合が多い. また, C が小さい場合には, $F \propto C$ であるので, 蛍光強度から試料濃度の決定が可能となる.

蛍光過程は一次反応式で解析できるが, 速度定数の逆数を蛍光寿命と呼ぶ. また, 偏光を分子に照射すると, 偏光に応じた遷移モーメントを持つ分子だけが励起される. 遷移モーメントは遷移前後の状態により決まるベクトル量であるが, 簡単にいうと, 偏光の照射により, ある特定の配向の分子だけが選択的に励起されるということである. 個々の分子からの蛍光は遷移モーメントの方向に一致した偏光となるから, 観測される蛍光の偏光の程度は分子の回転拡散運動により影響を受ける. この現象は蛍光偏光解消と呼ばれ, 分子運動などの解析に利用される.

（f）生物工学的研究における蛍光の利用[34] 生体分子のサイズは可視光線の波長に比べてずっと小さいため, 古典的な光学顕微鏡では直接観察することはできないが, 蛍光色素などで標識することにより蛍光顕微鏡による観察が可能となり, 標識された分子の存在状態, 空間分布, 拡散過程, 分子間相互作用, 分子運動, 内部運動などを解析することができる. 標識に用いる蛍光色素は, 化学的に安定であること, 生体分子の立体構造, 機能, 分子間相互作用などに大きな影響を与えないこと, できるだけ長波長の光に対してモル吸光係数が大きいこと, 蛍光量子収率が大きいこと, 蛍光の波長と励起波長との差が大きいこと, などの性質を持っていることが望ましい. また, 測定上の一般的な注意事項としては, 励起状態の蛍光色素から酸素へのエネルギー移動により生じる活性酸素が研究試料を損傷する場合があるので, 長時間測定などの際には溶存酸素の除去が必要となる.

さまざまな標識手法が研究目的に応じて考案されている. 例えば, 蛍光 in situ ハイブリダイゼーション法（fluorescence in situ hybridization : FISH）による遺伝子やRNAの標識, オワンクラゲ（Aequorea）の発光器官から発見された緑色蛍光タンパク質（green fluorescent protein : GFP）の遺伝子を目的タンパク質の遺伝子に融合させて細胞に導入する手法, 抗体を標識して細胞や組織における特定のタンパク質を検出する手法, 色素との錯体形成反応を利用した細胞内 Ca^{2+} 濃度の定量法などがある. また, ケージド蛍光化合物と呼ばれる, 励起光の照射による光化学反応の生成物として蛍光色素を生じる化合物が合成されており, 細胞内の分子の拡散の研究に利用されている. さらに, 複数の蛍光色素を利用することにより, 異なる分子を同時に観測することが可能となる.

革新的な光技術の進歩, 蛍光色素の開発, 標識技術や画像処理技術の発展などにより, 1分子の蛍光イメージングも可能になった. 蛍光を利用して細胞や組織内の特定の分子やイオンを非破壊で観察する研究は, 生命現象の分子論的理解に役立つだけでなく, 医療分野などにも大いに貢献すると期待される.（山本泰彦）

4.2.8 赤外吸収およびラマン散乱分光法とそれらの利用

赤外吸収分光法とラマン散乱分光法は, ともに振動分光法と呼ばれ, 分子の振動スペクトルをもとに, 分子構造を推定する手段である. 振動分光法は, 生体分子の全体構造を決めることはできないが, NMR分光法やX線結晶構造解析法では不可能な空間と時間分解能で, 分子構造の詳細な変化を検出できる. そのため, 切れ味よく振動分光法を利用することで, 生体分子の機能に直結した構造情報を得ることができる. 本項では, 赤外吸収およびラマン散乱分光法の基礎となる分子振動と光の相互作用と, これらの分光法の生体分子研究への利用について説明する.

（a）分子振動と光の相互作用[35]～[37] 分子の振動は, 原子がばねで結ばれた分子モデルを使って, ほぼ正確に捉えることができる. このモデルは, 分子構

造と原子の重さ，およびばねの強さで決まる固有の振動を示す．この振動を基準振動という．分子を構成する原子の数をN個とすると，一般に基準振動は$3N-6$個存在する．基準振動の性質と振動数は，原子とばねのモデルに基づいて古典力学で計算できる．これは，基準振動解析と呼ばれ，分子振動を理解する基礎である．

振動数を表す単位として，分子振動と同じ振動数を持つ光（電磁波）が，1 cm当りに示す波の数（波数）が使われる．200 cm^{-1}から3 000 cm^{-1}の波数範囲に表れる分子振動は，数原子から数十原子がかかわった比較的局所的な振動である．これらの振動を実験的に観測するために，以下に説明する分子の振動と光との間の相互作用が利用される．

はじめに，一酸化炭素（CO）を例に説明する．COは，Oがややマイナスに，Cがややプラスに荷電した永久電気双極子を持つ．この電気双極子は，CとOの距離が伸縮する分子振動とともに振動し，電磁波を発生する．すなわち，COの伸縮振動に伴い，振動と同じ波数を持つ赤外光が放出される．逆に，この赤外光をCOに照射すると，赤外光はCOに吸収され，CO伸縮振動が励起される．COを封じたセルに赤外光を透過させると，CO伸縮振動の波数に対応する赤外光のみが吸収される．横軸に赤外光の波数を，縦軸に赤外光の吸収の程度を表示したグラフを，赤外吸収スペクトルという．

つぎに，酸素（O_2）と可視光の相互作用について考察する．O_2に強い可視光が照射されると，光の電場によって分子の電荷分布に変化が生じる．これは，誘起電気双極子と呼ばれ，照射された光と同じ波数で振動する．そのため，強い可視光を照射されたO_2は，入射した光とは別の方向に同波数の光を放出する．これは，レイリー散乱光と呼ばれる．また，O_2の誘起電気双極子には，OO伸縮振動で変調を受け，入射した光よりもOO振動の波数だけ高い波数か，低い波数で振動する成分も存在する．その結果，レイリー散乱光とともに，OO伸縮振動の波数だけ異なった光も放出される．これは，ラマン散乱光と呼ばれる．

ある試料のラマン散乱光の強度を，散乱光と励起レーザー光の波数の差（ラマンシフト）を横軸として表示したグラフを，ラマン散乱スペクトルという．O_2は永久電気双極子を持たないために赤外光を吸収しないが，ラマン散乱スペクトルからOO伸縮振動を観測できる．

（b）**振動分光法の利用方法** 振動分光法を生体分子に利用することで，分子の化学構造やコンフォーメーションなどについて，詳細な情報を得ることができる．振動分光法の使われ方を，他の分光法との比較とともに，以下にまとめる．

振動分光法の第一の使われ方は，未知試料の化学構造の推定である．多くの官能基は，特徴的な波数の分子振動を持つ．例えば，カルボン酸はプロトン化した状態で1700 cm^{-1}付近に，イオン化した状態で1550 cm^{-1}付近に振動を示す．そのため，未知試料の振動スペクトルを，赤外あるいはラマン分光法で測定することで，官能基の存在を検出できる．

振動分光法を使うことで，分子のコンフォーメーション変化も敏感に検出できる．例えば，タンパク質の主鎖を作るアミド結合は，アミドI，II…と呼ばれる一連の振動を示し，タンパク質主鎖の二次構造の違いを敏感に反映して波数をシフトさせる．そのため，赤外吸収スペクトルは，タンパク質主鎖の二次構造を推定するためにしばしば測定される．

同じ目的で，紫外光領域の円二色性（CD）スペクトルも使われる．両者は相補的な特徴を持ち，CD分光法がαヘリックス構造を敏感に検出するのに対し，振動分光法は，βシート構造をより敏感に検出できる．また，アミドIの振動スペクトルは，局所的な二次構造を検出するのに対し，CDスペクトルはαヘリックスの長さやβシートの大きさなどにも左右される．詳細な二次構造推定のためには，両スペクトルを測定することが望ましい．

最近は，生体分子の三次元構造を得る手段が発達したため，未知試料の構造解析に振動分光法を使う機会は減っている．しかし，どのような分子量の分子でも，結晶を作らずに測定できる振動分光法は，未知試料の構造推定のために，つねに検討すべき手法である．

振動分光法がより威力を発揮するのは，基本的な構造が調べられた生体分子について，オングストローム以下の詳細な構造変化を調べる場合である．振動分光法を使って，数cm^{-1}程度の波数シフトを検出することは容易である．これは，分子結合の長さに換算すると0.1 Å以下のわずかな変化であり，X線結晶構造では検出不可能な空間分解能である．そのため，振動分光法を使うことで，水素結合の形成や静電相互作用の変化など，弱い相互作用の変化を直接検出できる．これらの弱い相互作用を使い，生体分子の機能が制御される例が，振動分光法により数多く明らかにされている．

振動分光法が威力を発揮するもう一つの使い方は，高速の時分割測定である．NMR分光法の場合，測定感度が低いために，高速運動の測定は原理的に難しい．振動分光法の場合，フロー混合セルを工夫することで，サブミリ秒領域での測定も容易である．パルスレーザ

ーを使うことでピコ秒からナノ秒の時間領域でも測定が可能である。

振動分光法は数々の特徴を持つが，生体分子に応用した場合，測定される基準振動の数が多すぎるために，スペクトルの解釈が難しいという欠点を持っている。以下のセクションでは，この欠点を解決するために使われる手法を，各分光法の紹介とともに説明する。

（c） 赤外吸収分光法 赤外吸収分光法はよく普及しており，多くの研究機関がフーリエ変換赤外（FTIR）分光器を所有している。最近の装置には，使いやすいソフトウエアや，潮解性の光学部品を守る密閉型の干渉計などが備えられ，分光器に関する細かい知識を持たなくとも装置を扱える工夫がなされている。

赤外分光法の利点は，長時間の積算によりSN比を向上させることで，スペクトル強度を正確に観測できることである。そのため，試料セルを分光器にセットしたまま，試料の温度を変える測定を丁寧に行うと，異なる温度の間の差スペクトルを正確に測定できる。また，試料セルに光を照射した前後の差も正確に検出できる。これらの差スペクトルを解析することで，温度変化や光反応に伴うアミノ酸1残基レベルの構造変化も検出可能である。差スペクトルの帰属には，多くの場合に部位特異的アミノ酸変異体や同位体ラベルしたタンパク質が使われる[38]。

試料のわずかな差スペクトルが正確に測定できることを利用して，赤外吸収の偏光特性を調べる実験も有効である。タンパク質結晶や生体膜の配向試料などについて，特定の振動が結晶や膜に対してどのような角度を持つか，という情報を得ることができる[39]。

（d） ラマン散乱分光法 ラマン散乱スペクトル測定のために，レーザー光を光源としたレーザーラマン分光装置が使われる。ラマン散乱スペクトルの測定には，試料の設置や光学系の調節などに，多少の経験が必要である。また，レーザー光の強度揺らぎなどが原因で，アミノ酸-残基レベルの差スペクトルの測定は容易ではない。そのため，ラマン散乱分光法は，赤外吸収分光法ほどには普及していない。しかし，試料の状態を選ばない特性を利用し，アミロイドを形成した沈殿物の分子構造を調べるなどの研究がなされている[40]。

（e） 共鳴ラマン散乱分光法 生体分子が示す多くの振動のなかから，有用な情報を引き出すために，ラマン散乱分光法では，励起レーザー光の波長を選択することで，生体分子の色素部分の情報を集める手法を使うことができる。この手法は，共鳴ラマン散乱分光法と呼ばれる。

手法の原理を簡単に説明する。可視光の吸収を示す分子に，吸収と同じ波長のレーザー光を照射すると，分子には電荷分布の大きな変化が生じる。このとき，光の吸収が起きるだけではなく，レイリー散乱やラマン散乱も特異的に強くなる。これは，共鳴現象と呼ばれ，非共鳴のラマン散乱に比べ，1 000倍以上もの散乱光の強度増大が得られる。この手法を生体分子に適応すると，光吸収を持つ色素部分の振動スペクトルを，選択的に得ることができる。

共鳴ラマン散乱スペクトルが測定された最初の生体分子はヘムタンパク質である。ヘムとは，鉄ポルフィリン錯体の総称で，ヘモグロビンやシトクロム酸化酵素など，多くの生体分子の補欠分子属として使われる。400 nm付近の波長で励起した共鳴ラマン散乱スペクトルから，ヘムの周辺環境を決定できる[41]。

数多くの金属錯体や有機化合物が，生体分子の補欠分子族として使われる。これらの多くは吸収を持ち，分子の活性中心としても使われるため，共鳴ラマン散乱分光法を応用するよいターゲットである[42]。また，チロシンやトリプトファンなどの芳香族アミノ酸の側鎖周辺の情報を，紫外光（220〜250 nm）励起のラマン散乱スペクトルから得ることもできる[43]。

現在では，多くの補欠分子族や金属錯体の共鳴ラマンスペクトルが測定され，データの基礎的な解釈方法はほぼ確立されている。また，ピコ秒の時間領域の観測と[44]，紫外光から近赤外光までの広い波長領域で励起した共鳴ラマン散乱の観測が可能である。

（f） ポリグルタミン酸のαヘリックス形成過程への応用 振動分光法の応用例として，ポリグルタミン酸（poly-L-glutamic acid：PGA）がαヘリックスを形成する過程を，赤外吸収測定により追跡した実験を紹介する[45]。タンパク質構造の基本要素であるαヘリックスが，どのように作られるのか，現在でも十分な理解がされていない。この実験では，中性溶液ではランダムコイル構造を，酸性溶液ではαヘリックス構造を持つPGAをモデルに使い，時分割赤外吸収測定によりαヘリックス形成過程を直接観察した。

コイル状のPGAを含んだpD 8.0の溶液を，高速の溶液混合装置でpD 4.9にジャンプさせたのち，100 μsの時間分解能で，赤外吸収スペクトルを測定した。得られた結果は，PGAのアミドI'（重水中のアミドI）の波数が，はじめの100 μs以内に1 645 cm^{-1}から1 639 cm^{-1}にシフトすることを示した。この結果は，PGAの主鎖が，ランダムコイルからαヘリックスに100 μs以内に変化したと解釈できる。その後1 msまでの時間領域では，赤外吸収スペクトルの変化は観察されなかった。

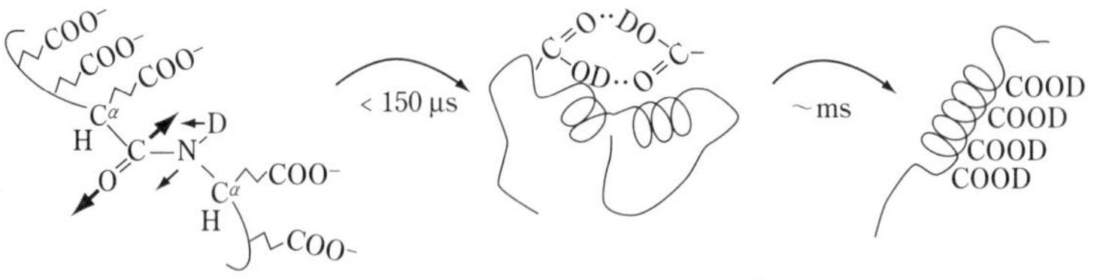

(a) アミドI' = 1 645 cm^{-1}　　　(b) 1 639 cm^{-1}　　　(c) 1 639 cm^{-1}

pD 8.0のD$_2$O溶液中でランダムコイルの形状を持つPGA（a）を，pD 4.9の条件にジャンプさせると，150 μs以内に短いヘリックスが形成され（b），さらに1 ms程度の時間をかけて長いヘリックス（c）が作られた。短いヘリックス（b）は，側鎖間の水素結合により過渡的に安定化されたと思われる[45]。ポリペプチド主鎖のアミドI'振動を，（a）に矢印で示した。

図4.41 ポリグルタミン酸（PGA）のヘリックス形成過程

　PGAの同じpHジャンプ過程について，つぎに円二色性分光法による測定を行った。得られた結果から，150 μsの時点では，アミノ酸残基数で10残基以下の短いαヘリックスができるが，1 ms以降では10残基以上の長いαヘリックスができることが示唆された。

　二つの分光法による結果を統合すると，**図4.41**に示したαヘリックス形成機構を提案できる。pHジャンプ後100 μs以内に，PGAにはいくつかの短いαヘリックスが作られる。つぎに，約1 msの時間をかけて，短いαヘリックスが連結した長いαヘリックスが形成される。100 μsと1 msで，赤外吸収スペクトルに変化がなかったことは，短いαヘリックスが連結しても，αヘリックスの総量に大きな変化がないことと対応する。

　この結果は，単純なαヘリックス形成過程にも，中間状態が存在することを示している。プロトン化したカルボン酸は，強い水素結合によって二量体を作る。そのため，PGAの側鎖間に水素結合が生じ，折り曲がったαヘリックスが中間体として生じるのではないかと思われる。

　振動分光法の実験方法とデータ解析方法の開発は，1990年代に大きく進んだ。現在では，理論限界に近い時間分解能と感度で振動スペクトルの測定が可能である。また，生体分子の観測データが増え，データの解釈方法もほぼ確立されている。多くの研究者の努力による蓄積を生かした研究が，今後も生体分子についてなされることを期待したい。
　　　　　　　　　　　　　　　　　（高橋）

引用・参考文献

1) 日本電子顕微鏡学会関東支部編：医学生物学電子顕微鏡観察法，丸善（1982）．
2) 日本電子顕微鏡学会関東支部編：走査電子顕微鏡，共立出版（2000）．
3) 野島　博編：改訂　顕微鏡の使い方ノート，pp. 21-98，羊土社（1997）．
4) 稲澤譲治，津田　均，小島清嗣編：顕微鏡フル活用術イラストレイテッド，pp. 16-68，秀潤社（2000）．
5) 宝谷紘一，木下一彦編：限界を超える生物顕微鏡　見えないものを見る，pp. 1-30，学会出版センター（1991）．
6) 石川春律，鈴木和男，中西　守，猪飼　篤編：見る技術　分子・細胞のバイオイメージング，蛋白質　核酸　酵素，**42**，1026-1032，共立出版（1997）．
7) 曾我部正博，臼倉治郎編：バイオイメージング，共立出版（1998）．
8) http://www.nikon-instruments.jp/jpn/index.aspx （2004年12月現在）ニコンインステック
http://www.olympus.co.jp/jp/lisg/（2004年12月現在）オリンパス
http://www.zeiss.co.jp/（2004年12月現在）ツァイス
http://www.leica-microsystems.co.jp/　ライカ（2004年12月現在）
http://cellscience.bio-rad.com/products/confocal.htm（2004年12月現在）バイオラッド（共焦点，二光子顕微鏡）
http://www.yokogawa.co.jp/SCANNER（2004年12月現在）ニポウディスク共焦点顕微鏡　横河電機（株）
http://www.sekitech.co.jp/product/bio/diagnes/soft.html（2004年12月現在）画像解析ソフトウエアIPLabのデコンボリューション・ソフトウエア
http://www.lexi.co.jp/soft/medical/autod/index.htm（2004年12月現在）AutoQuant社の三次元デコンボリューション・ソフトウエアAutoDeblur
http://updates.universal-imaging.com/（2004年12月現在）イメージングソフト：メタモルフ
9) Korzh, V. and Strahle, U.: *Differentiation*, **70**, 221-226（2002）．〔マイクロインジェクションの開発から応用まで述べた総説〕
10) Berns, M. W., et al.: *Methods Cell Biol.*, **55**, 71-98（1998）．〔レーザーダイセクション法の総説〕

11) Fukui, K., Minezawa, Y., Kamisugi, Y., et al.: *Theor. Appl. Genet.*, **84**, 787–791 (1992). 〔アルゴンレーザーを用いた染色体レーザーダイセクションシステム例〕
12) Matsunaga, S., Kawano, S., Higashiyama, T., et al.: *Plant Cell Physiol.*, **40**, 60–68 (1999). 〔レーザーダイセクションを用いた染色体特異的ライブラリー作成例〕
13) Ashkin, A.: *Proc. Natl. Acad. Sci. USA*, **94**, 4853–4860 (1997). 〔光ピンセットの開発から最近の応用例まで述べた総説〕
14) 佐甲靖志：遺伝, **10**, 16–20, 裳華房 (1997). 〔レーザーの解説から顕微操作の原理やタンパク質操作法までわかりやすく解説した総説〕
15) Matsunaga, S., Schutze, K., Grant, S. R., et al.: *Plant J.*, **20**, 371–378 (1999). 〔レーザービームを活用した顕微操作法の花粉解析への応用例〕
16) Nishimura, Y., Misumi, O., Matsunaga, S., et al.: *Proc. Natl. Acad. Sci. USA*, **96**, 12577–12582 (1999). 〔光ピンセットを応用した細胞の単離法の開発報告例〕
17) 沼原利彦・小島清嗣編著：医学・生物学のための画像解析ハンドブック実践（NIHImage 講座），羊土社 (1996).
18) Tucker, K. G., Kelley, T., Delgrazia, P. and Thomas, C. R.: *Biotechnol. Prog.*, **8**, 343–359 (1992).
19) Reichl, U., King, R. and Gilles, E. D.: *Biotechnol. Bioeng.*, **39**, 164–170 (1992).
20) Yang, Y. K., Morikawa, M., Shimizu, H., Shioya, S., Suga, K. I., Nihira, T. and Yamada, Y.: *J. Ferment. Bioeng.*, **81**, 7–12 (1996).
21) Tamura, S., Park, Y., Toriyama, M. and Okabe, M.: *J. Ferment. Bioeng.*, **83**, 523–528 (1997).
22) Paul, G. C. and Thomas, C. R.: *Biotechnol. Bioeng.*, **51**, 558–572 (1996).
23) Carlsen, M., Spohr, A. B., Nielsen, J. and Villadsen, J.: *Biotechnol. Bioeng.*, **49**, 266–276 (1996).
24) Hamanaka, T., Higashiyama, K., Fujikawa, S. and Park, E. Y.: *Appl. Microbiol. Biotechnol.*, **56**, 233–238 (2001).
25) Park, Y., Tamura, S., Toriyama, M. and Okabe, M.: *J. Ferment. Bioeng.*, **84**, 483–486 (1997).
26) Warren, S. J., Keshavarz-Moore, E., Shiamlou, P. A., Thomas, C. R., Dixon, K. and Lilly, M. D.: *Biotechnol. Bioeng.*, **45**, 80–85 (1995).
27) 清水　浩編：バイオプロセスシステムエンジニアリング, p.251, シーエムシー出版 (2002).
28) Fulwyler, M. J: *Science*, **150**, 910–911 (1965).
29) Kamentsky, L. A., Melamed, M. R. and Derman, H.: *Science*, **150**, 630–631 (1965).
30) 河本圭司, 赤城　清編：フローサイトメトリー入門, 医学書院 (1989). 〔フローサイトメトリーに関する原理, 測定例を丁寧に解説した入門書〕
31) 江川　一, 他：フローサイトメトリー自由自在, 秀潤社 (1999). 〔原理から始まって, フローサイトメーターの応用例まで幅広く実例を示した書〕
32) Malacrino, P., Zappavoli, G., Towiani, S. and Pellglio, F.: *J. Microbiol. Methods*, **45**, 127–134 (2001).
33) Cantor, C. R. and Schimmel, P. R.: Part II: Techniques for the Study of Biological Structure and Function, in *Biophysical Chemistry*, pp. 349–480, W. H. Freeman (1980). 〔さまざまな分光法の基本原理が解説されている〕
34) 船津高志編：生命科学を拓く新しい光技術, 日本光生物学協会, 共立出版 (1999). 〔光技術の基礎から生命科学における応用までが, わかりやすく解説されている〕
35) 日本化学会編：物理化学 下（実験化学講座 基礎編III 第五版）丸善 (2003). 〔最近出版された化学者向けの実験書。振動分光法の基礎から最近の実験技術まで, 丁寧にまとめられている〕
36) 田隅三生：FT-IR の基礎と実際, 東京化学同人 (1994).
37) 浜口宏夫, 平川暁子：ラマン分光法, 学会出版センター (1988). 〔36）とともに日本語で書かれた代表的な教科書〕
38) Noguchi, T. and Sugiura, M.: *Biochemistry*, **42**, 6035–6042 (2003). 〔38）以降は, 振動分光法による生体分子研究を展開されている日本の研究者の文献を引用した〕
39) Kandori, H., Yamazaki, Y., Shichida, Y., Raap, J., Lugtenburg, J., Belenky, M. and Herzfeld, J.: *Proc. Natl. Acad. Sci. USA*, **98**, 1571–1576 (2001).
40) Miura, T., Suzuki, K., Kohata, N. and Takeuchi, H.: *Biochemistry*, **39**, 7024–7031 (2000).
41) Uchida, T., Ishikawa, H., Ishimori, K., Morishima, I., Nakajima, H., Aono, S., Mizutani, Y. and Kitagawa, T.: *Biochemistry*, **39**, 12747–12752 (2000).
42) Unno, M., Kumauchi, M., Sasaki, J., Tokunaga, F. and Yamauchi, S.: *Biochemistry*, **41**, 5668–5674 (2002).
43) Hashimoto, S., Sasaki, M., Takeuchi, H., Needleman, R. and Lanyi, J. K.: *Biochemistry*, **41**, 6495–6503 (2002).
44) Mizutani, Y. and Kitagawa, T.: *Chem. Rec.*, **1**, 258–275 (2001).
45) Kimura, T., Takahashi, S., Akiyama, S., Uzawa, T., Ishimori, K. and Morishima, I.: *J. Am. Chem. Soc.*, **124**, 11596–11597 (2002).

4.3 生化学的分析技術とその利用法

4.3.1 核酸合成法とその利用

(a) 原理 合成核酸はホスホルアミダイト法による「固相合成」により合成される。ホスホルアミダイト法ではヌクレオシドの3'-ホスホルアミダイト体[†]をブロックとして、3'末端側から5'末端に向けてDNA/RNA鎖を有機化学的に伸長していく核酸合成法である[1), 2)](図4.42)。DNAポリメラーゼ、RNAポリメラーゼのような酵素による鎖伸長反応とは伸長方向が逆方向なので注意されたい。つぎに「固相合成」とは、溶媒に不溶な固相担体(有機ポリマーまたはグラスビーズ等)の上で反応を行う合成法のことである。基質(出発原料)を担体上に共有結合で担持し、その担体に対して試薬を送液し化学修飾を行う合成法である。反応後は固相担体を濾過するのみで(カラムクロマトグラフィー等による精製なしに)、未反応の試薬や触媒を取り除くことができ、つぎの化学反応に連続して用いることができる。したがって、固相合成はペプチドや核酸のような決まった主鎖骨格を有したオリゴマーの伸長反応に適した合成法といえる。このように固相合成は核酸の機械による自動合成を可能にした最も大きな要因の一つである。また核酸成で用いられる固相担体としてはグラスビーズの一種であるCPG (controlled pore glass) レジンが最も多く用いられる。上述のように、ホスホルアミダイト法では鎖伸長方向が3'末端側から5'末端となっているため、CPG上に固定されたヌクレオシドは合成予定の配列の3'末端の塩基である必要があるので注意が必要である[†]。

核酸合成の具体的な注意点とホスホルアミダイト法の詳細および簡易精製法については総説がでているのでそちらを参考にしていただきたい[1), 2)]。通常のPCRプライマー程度の用途の場合には文献1), 2)にあるような簡易精製でよいが、シーケンシング用プライマーではHPLCによる精製、物理化学実験用(スペクトル測定、結晶化)ではカウンター・イオンの交換(イオン交換カラムによる精製)および脱塩操作(ゲル濾過)が必要となる。

(b) 装置の概要 DNA/RNA合成機では、固相担体の入った反応容器は合成機の送液および廃液ラインにつながれる。反応試薬や触媒は液体(溶液)として機械内部のラインを通じて固相担体のところまで

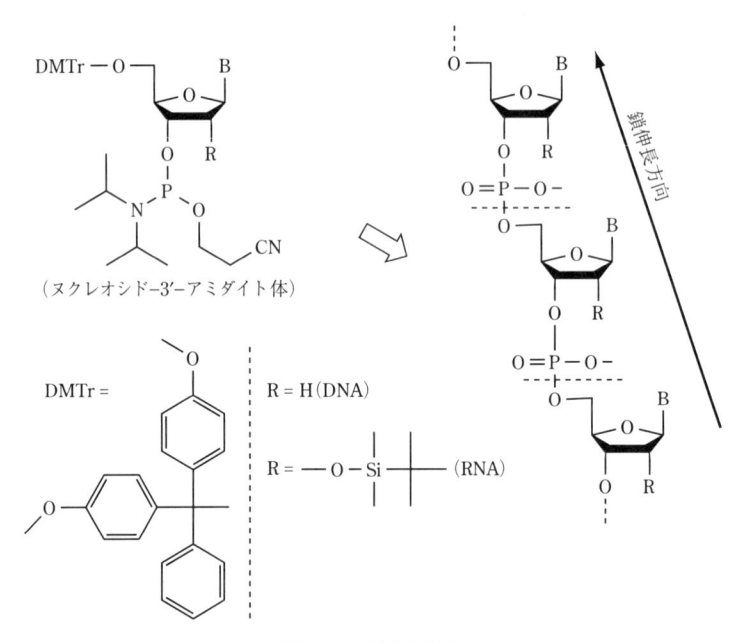

図4.42 核酸合成法

[†] ヌクレオシドの3'-水酸基にリン原子が結合したヌクレオシド誘導体。また、ヌクレオシド塩基部のアミノ基および糖部の水酸基には保護基をかけたものを用いる。詳細は文献1)を参照。

[†] 実際の合成では、ヌクレオシドをリンカーを介して担持したCPGが反応容器(カラム)ごと売られているので、それを購入して用いる。反応容器の上下の送廃液口にはフィルターがついており、固相担体が反応容器中に保持されるように作られている。

送液される。多くのDNA/RNA合成機メーカーで，アルゴンボンベやヘリウムボンベのガスにより，試薬の入ったボトルに加圧して送液する方法をとっている（**図4.43**）。また反応試薬のガスによる加圧，送液のオン・オフは電磁弁によって行われている。このように，DNA/RNA合成機は非常に単純な構成をしており，DNA/RNA合成に特化した固相合成装置といえる。実際のDNA/RNA合成機では試薬の数に応じた送液ラインとそれらの開閉をつかさどる電磁弁が組み合わさった構成となっている。またDNA/RNA合成機では塩基配列のみを入力することにより，目的の配列を合成するために必要な試薬を自動的に送液するようにプログラムされている。ライン図の詳細については，DNA/RNA合成機に関する総説[1), 2)]および各メーカーのマニュアルを参照していただくこととし，ここでは概念図のみ示すこととする[†]（図4.43）。

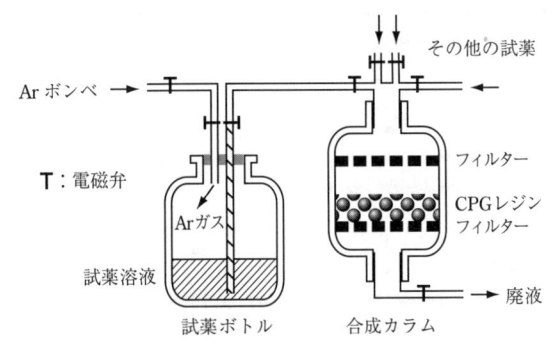

図4.43 DNA/RNA合成機

（c） 合成核酸の応用例　合成核酸の用途としては，シーケンシングやPCR用のプライマー，ハイブリダイゼーション用のプローブ，蛍光プローブを結合したDNAオリゴマーを用いた蛍光 *in situ* ハイブリダイゼーション（FISH），合成RNAを用いたRNA干渉（RNAi）（遺伝子発現抑制による遺伝子機能解析）等が挙げられる。ここで，合成核酸をこれらの実験に使用するにあたって，どのような化学修飾が市販の試薬で可能であるかについて知っておくのは無駄ではないと思われる。非修飾のDNA/RNAを合成できるのは上述のとおりだが，一般のDNA/RNA合成機を用いて糖リン酸骨格に化学修飾を施すことができる。例え

ばリン酸基のチオリン酸化（以下，チオ化）は，リン原子の酸化剤を市販の硫化試薬と取り替えることにより，配列中の任意のリン酸基をチオ化可能である。チオ化された核酸は酵素分解を受けにくく，アンチセンス核酸として利用されている。またリボース2'位の水酸基をメトキシ基（$-OCH_3$）で置換した合成試薬も売られている。2'-メトキシ化された核酸は構造的にはRNAに近いが，2'位酸素原子に求核性がないためにDNAと同様の操作により脱保護，精製可能で，多くのリボヌクレアーゼに耐性である。蛍光プローブに関しても，核酸の5'末端，3'末端あるいは配列の途中に有した核酸を合成することができる。ビオチンをオリゴマーの5'末端あるいは3'末端に結合させることも可能である。さらに修飾塩基をオリゴマー中に組み込むための合成試薬も売られている[†1]。

（d） PCRの原理　まずはじめにpolymerase chain reaction（PCR）の基本原理について説明する。PCRではDNA複製酵素であるDNA polymeraseを用い，*in vitro* で鋳型DNA依存的にDNA分子を増幅する手法である（詳細は文献2)参照）。*in vitro* でのDNA polymeraseによるDNA合成では，helicaseのような積極的に鋳型DNA二重らせんを解裂させるタンパク質因子がないため[†2]，鋳型DNA溶液を高温とすることにより二重らせんを物理的に解裂させる。そのつぎにプライマーが鋳型DNAに対して結合するように温度を下げ，続いてDNA polymeraseの伸長反応に適した温度に上げる。このサイクルを繰り返すことにより，二つのプライマーによって挟まれた領域のDNAのみが増幅を受けて，主生成物としてとれてくる。

PCRにおいては鋳型DNA分子の解裂およびプライマーの結合は，DNA二重らせん分子が高温では解離し，低温では二重らせんを形成するという物理化学的性質を利用している。またタンパク質では熱変性過程は不可逆であることが多いのに対して，核酸の熱変性過程は可逆的であり，この性質がPCRを可能としたもう一つの理由である。また多くのPCRのマニュアルにはプライマーと鋳型DNAのT_m値を算出するための式が載っている。

[†] 実際に合成機を稼働して自身で核酸合成を行う場合は，メンテナンス上の注意点がある。合成試薬を取り付けたまま長期間放置すると，試薬がライン中で固化してしまい，ラインを装置から取り外して洗浄するといった，かなり大がかりな修理が必要となる。合成の間隔があく場合には，試薬を取り外してラインをアセトニトリルで洗浄し，洗浄後は空のボトルを装着しておく必要がある。

[†1] これらのバリエーションは製造業者の都合で増減するので，その年のメーカー，GLER RESEARCH（http://www.glenres.com/），ChemGene〔http://www.chemgenes.com/〕等のカタログを見て確認する必要がある。ある種の修飾核酸（チオ化された核酸等）の合成は，受託合成の業者で扱っている場合もある。また，化学修飾を施した核酸分子は，通常の精製法では精製できない場合もあるので，自ら修飾核酸の精製あるいは合成を行う際には，試薬に付随した説明書きに注意する必要がある。

[†2] 近年になって，helicaseを用いた常温PCRも可能となってきた。

$$T_m = 2 \times (A+T) + 4 \times (G+C) \qquad (4.18)$$

プライマーの塩基組成のみからT_m値を算出し，アニーリング温度を決めるのに非常に便利な式である。しかしこの式の用途にはいくつかの制限がある。式(4.18)はPCRを行う際の標準的なDNA濃度（鋳型DNAおよびプライマー）および溶液条件（種々の金属イオン濃度）でしか成り立たない。物理化学的には，T_m値は核酸濃度，金属イオン濃度および塩基配列（塩基組成ではない）に依存して変化するものである。一般に，プライマーと鋳型DNAの解離会合のような分子間相互作用によるものでは，それらの核酸濃度が高くなるとT_m値も上昇する。また金属イオン濃度が上昇してもT_m値の上昇がもたらされる。したがって，標準的な条件からはずれた条件でPCRを行わなければならないときには，上記の核酸分子の物理化学的性質を考慮して，PCRの条件設定をすることによりトラブルを回避できる場合もある。その他の一般的な注意点については成書を参考にしていただきたい[2), 3)]。

（e）装置の概要　PCRを実用化するにあたって，重要な役割を果たしたものが二つある。一つは耐熱性の Taq DNA polymeraseであり，もう一つは温度サイクルを自動で行ってくれる機械，PCRサーマルサイクラー（図4.44）の出現である。サーマルサイクラーには種々の改良が加えられ，現在ではハードウエア構成はつぎのようなものに落ち着いている。PCRチューブは温度変化が伝わりやすいように薄手の専用チューブとなっており，反応溶液の量に合わせて，200 μl，500 μl 等のチューブが市販されている（図4.44）。また蓋の部分にもヒーターが備えられており，キャップ部位での結露を防ぎ，反応溶液が減らないように工夫されている（図4.44）。またチューブを加熱する部分はヒートブロックとなっており，温度コントロールにペルチェ素子を用いたものも出回るようになってきた（図4.44）。

（f）PCRの応用例　近年，PCRの新たなハードウエアとして定量PCR（リアルタイム検出法）用のサーマルサイクラーが市販されるようになってきた。この方法を用いれば，PCRによってDNA分子がどの程度増幅されたかがリアルタイムで検出できる。ここでリアルタイム検出法の原理[4)]について説明する（図4.45）。

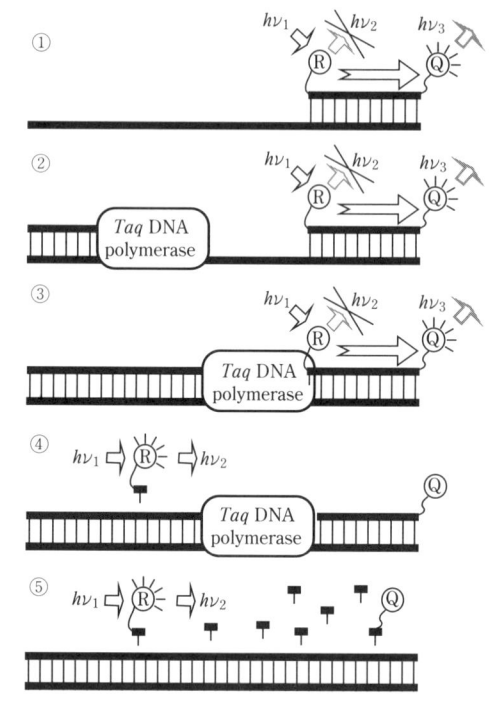

① 鋳型DNA-プローブDNA複合体，② Taq DNA polymeraseによる相補鎖の伸長，③ Taq DNA polymeraseによるプローブDNA 5′末端の認識，④ Taq DNA polymeraseの5′→3′ exonuclease活性によるプローブDNAの分解，⑤相補鎖DNA合成の終了

図4.45　リアルタイム検出法の原理

リアルタイム検出では蛍光標識したDNAプローブを用いている。ここではいくつかの会社ですでに採用されているTaqManケミストリー（TaqManはアプライド・バイオシステムズ社の登録商標）[4)]について解説する。この場合，DNAプローブの両末端にはそれぞれ別々の蛍光色素が共有結合されている。このとき，二つの蛍光色素は fluorescence resonance energy transfer （FRET）を起こし得る組合せのものが用いられる。リアルタイム検出法ではそれぞれの色素のことをレポーター，クエンチャーと呼び，それぞれFRETにおけるドナー蛍光色素とアクセプター蛍光色素に対応する[†]。まずレポーター蛍光色素の励起

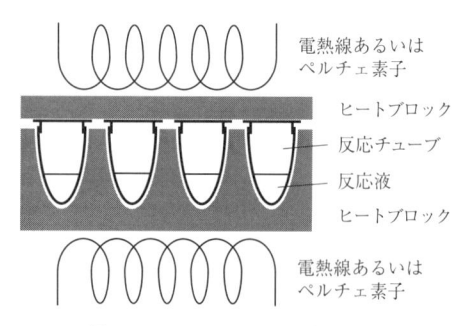

図4.44　PCRサーマルサイクラー

[†] クエンチャーといっても蛍光分光法の蛍光消光剤のことではないので注意が必要である。

光を照射すると，同一のDNA分子上に存在するクエンチャー色素にFRETによりそのエネルギーが移動して，レポーター色素からの蛍光はほとんど観測されない（図4.45①）。一方，蛍光色素が結合しているDNAがDNA polymeraseの$5'\rightarrow 3'$ exonucleaseにより切断を受けると，レポーター色素とクエンチャー色素の距離が離れるためFRETは起こらず，レポーター色素からの蛍光が検出できるという原理に基づいている（図4.45④）。

PCRのリアルタイム検出法ではまず，蛍光色素標識されたDNAプローブを鋳型DNAの増幅を行う領域に結合させる（図4.45）。PCRの際にDNA polymeraseの$5'\rightarrow 3'$ exonuclease活性によって，鋳型に結合していたプローブDNAが分解を受けるとレポーター色素からの蛍光が観測されるようになる（図4.45）。したがってレポーター色素の蛍光強度をリアルタイムに観測することにより，プローブDNAの分解の程度，すなわち，鋳型DNAの増幅の程度を知ることができるという手法である。

しかし，もしリアルタイム検出法が増幅の程度を知ることしかできない手法だとすると，単にPCRのサイクルをいつ止めるかを決めるためだけの用途しかない。定量PCRが注目されているのは名前のとおり，その定量性にある。鋳型DNAの初期濃度とPCRによる対数増殖期に入るまでの時間には一定の関係があり，反応溶液に含まれていた鋳型DNAの初期濃度を逆算することができる。特にRT-PCRとの組合せで，ノザンブロッティングで検出できないほど少量のmRNAの発現量を知りたいときには威力を発揮する。この場合，逆転写酵素（revers transcriptase：RT）により着目しているRNA配列をいったんDNAとした後，PCRによりできたDNAを増幅する。リアルタイム検出により，対数増殖期に入るまでの時間を計測し，もともと存在したmRNAの初期濃度を算出するというものである。このようにPCRによる増幅を利用することにより，従来法では検出できなかったmRNAの存在量（発現量）が測定可能となった。今後，定量PCR（リアルタイム検出法）を用いた新たな実験手法の開発がなされることと思われる。　　　　（田中好幸）

4.3.2 タンパク質合成法とその利用

(a) 原理　タンパク質の固相合成は不溶単体に結合させたアミノ酸に，順次アミノ酸を伸長することで行われる[5), 6)]。固相合成の概略を図4.46に示す。まず樹脂上にリンカーを介して固定されたアミノ酸の主鎖アミノ基の保護基を除去する。遊離したアミノ基とつぎのアミノ酸を縮合してアミノ酸の鎖長を伸ばす。この操作を目的の長さのペプチドが得られるまで繰り返す。アミノ酸をつける縮合反応はほぼ100％であるためペプチド自動合成機が開発された。ペプチド自動合成機は合成までの操作を行う。最後に保護されたペプチドからすべての保護基の除去，樹脂からペプチドを切り離し，粗ペプチドを精製する。

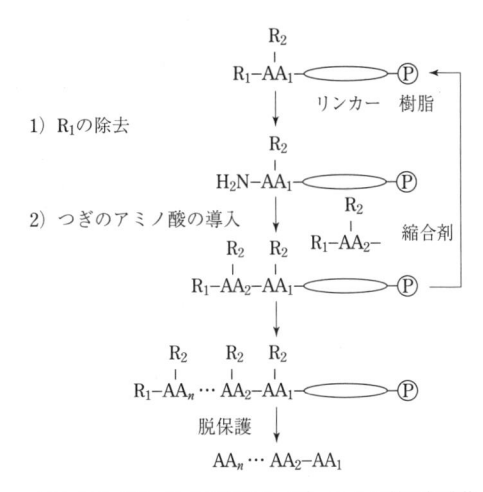

AA：アミノ酸，R_1：主鎖アミノ酸，R_2：側鎖の保護基

図4.46　固相合成法の原理

(1) 方　　法　ペプチドの固相合成はtBoc法とFmoc法がある。違いは主鎖アミノ基の保護基の種類である。tBoc法ではt−ブトキシカルボニル基，Fmoc法ではフルオレニルメトキシカルボニル基である。前者は強酸（例えば塩化メチレン中50％トリフルオロ酢酸（TFA）），後者はより緩和な塩基性の条件（DMF中30％ピペリジン）で除去できる。ペプチド合成はまずtBoc法により発達したが，脱保護時の強酸の使用や側鎖の保護基の選択に問題があり，最近はFmoc法が主流である。

(2) 樹　　脂　ペプチドは，目的に応じてペプチドのカルボキシ末端部をカルボン酸（COOH）かアミド（$CONH_2$）の形にする。そのため種々のリンカーが開発されている（**図4.47**）。代表的な例として，tBoc法ではカルボキシ末端部をカルボン酸にする場合はPam樹脂，アミドにする場合はMBHA樹脂がある。Fmoc法ではそれぞれはHMPA樹脂やRinkアミド樹脂などである。合成後，ペプチドをリンカー部分から切り離す場合，tBoc法ではHFやトリフルオロメタンスルホン酸（TFMSA），一方，Fmoc法ではTFAでペプチドが樹脂から遊離する。

(3) 縮合剤　縮合剤は初期にはジシクロヘ

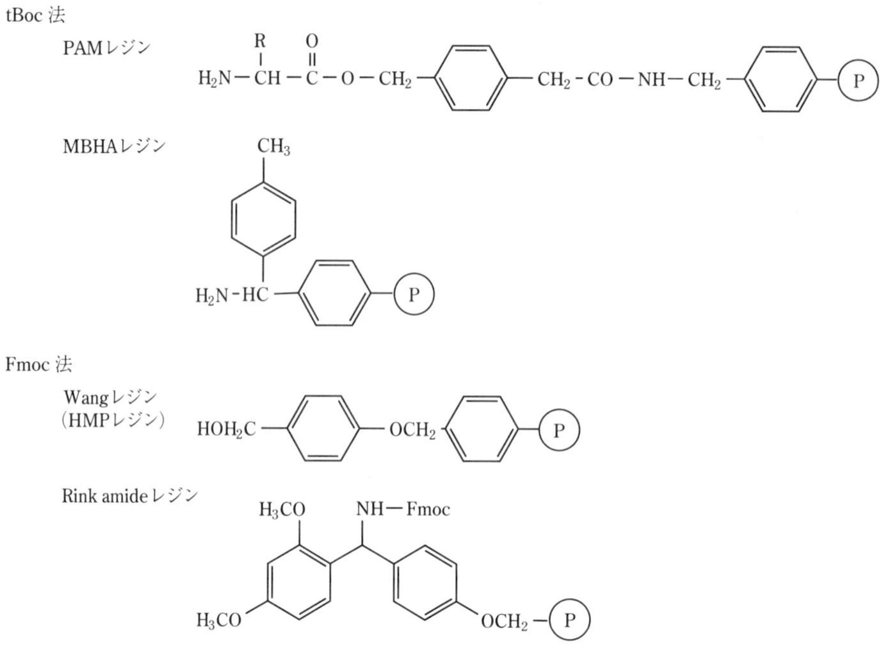

tBoc法
PAMレジン

MBHAレジン

Fmoc法
Wangレジン
（HMPレジン）

Rink amideレジン

図4.47 ペプチド固相合成用の樹脂（リンカー部分を示す）

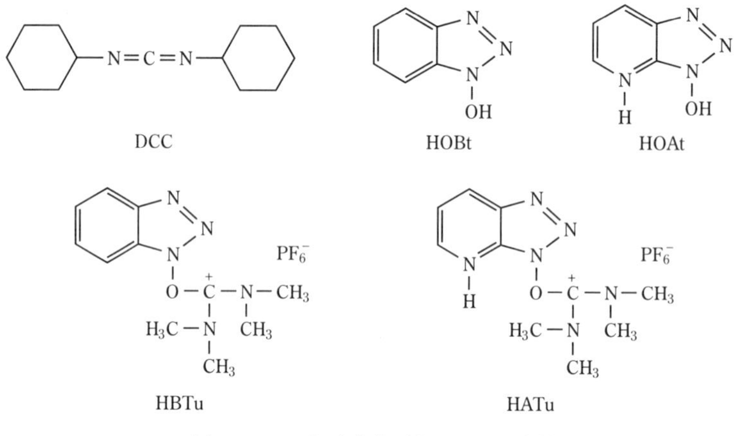

DCC　　HOBt　　HOAt

HBTu　　HATu

図4.48 ペプチド合成に用いられる縮合剤

キシルカルボジイミド（DCC）が用いられた。その後，より反応時間を短縮するためDCC-HOBt，さらにHBTu-HOBtが開発された（**図4.48**）。後者の場合は縮合時間は15～30分である。さらに高価であるが，より強い縮合剤であるHATuを用いると縮合反応は2～10分に短縮できる。通常，ペプチド合成において縮合収率は99％以上である。

実際にペプチド合成する際には，R_1の除去や縮合反応の間に試薬を除くための洗浄の操作が必要である。洗浄にはCH_2Cl_2，DMFやNMPがよく用いられる。

未反応のアミノ基をつぎの縮合反応に関与させないためアセチル化で保護する操作を入れる場合もある。これらの操作はマニュアルで行うことができる。例えばグラスフィルター内に樹脂を入れ，順次アミノ酸との縮合，脱保護，その途中の洗浄を繰り返し行う。この操作を自動的に行うのがペプチド自動合成機である。

（**b**）**装置の概要**　アミノ酸を順次縮合し，樹脂上で保護基が付いたペプチドの合成までを図4.46に示した順に行う。ペプチド自動合成機はこれらの操作を自動で行う装置であり，アミノ酸を付ける樹脂を入

れる反応部と種々の溶媒の容器からなる（図4.49）。反応部は樹脂とアミノ酸がよく混ざり合うようにボルテックスと連動されていたり，半回転するようになっている。溶媒や試薬の反応容器への挿入はアルゴンや窒素などの不活性ガスの圧力やシリンジポンプで送られる。各溶媒，溶液の送液はコンピュータ制御で容量，時間が制御されている。アミノ酸と縮合剤をマニュアルで加え，そのほかは自動で行う半自動合成機もある。合成できるペプチド鎖長は，目安として30残基のペプチドなら比較的容易に合成できる。アミノ酸配列によっては50残基以上でも合成できた例がある。ただペプチド合成はアミノ酸配列によるところが多い。たとえ10残基でも合成が容易でない場合もある。

ペプチドの化学合成が終わった後，すべての保護基の除去や固相単体からの切出しを行う。通常，tBoc法ではHFやTFA中，TFMSA（トリフルオロメタンスルホン酸）で行う。Fmoc法はTFAで行う。この際，カチオンラジカルなどによる副反応を防ぐため水などのスカベンジャーを加える。エーテル中に沈殿させた粗ペプチドを酢酸水に溶解し逆相（C4やC18）のHPLCにかけ精製する。通常アセトニトリルの濃度勾配を利用して精製する。精製したペプチドはペプチド配列の決定やマススペクトルの測定で確認する。

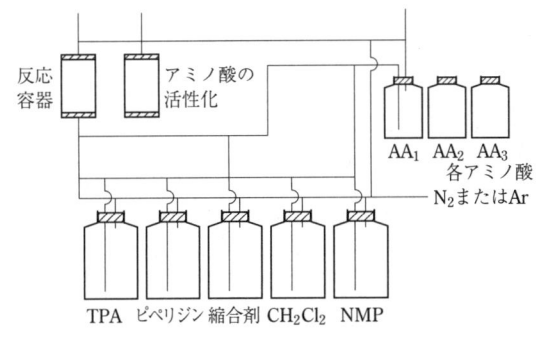

（c）応用例　ペプチドの化学合成の特徴は非天然アミノ酸を加えたり，天然と違った構造を作ることができる点にある。例えば，アミノ酸誘導体，フッ化アミノ酸，光で除去できるケージドペプチドの合成，光クロスリンク剤のベンゾフェノン誘導体，蛍光物質であるフルオレセイン，さらに核酸，糖や脂質の導入も可能である。セリンなどにリン酸基がついたリン酸化ペプチドの合成も可能である。構造の例として，デンドリマーが挙げられる[7]。リジンの側鎖を利用して一つのペプチド内に枝分かれ状に多くのペプチドを付けることができる。例としてMAP（multiple antigen peptide）は，大きなタンパク質にコンジュゲートすることなくペプチド抗原としてそのまま用いることができる。そのほか，三つのペプチドを一つにすることでコラーゲン構造の合成例もある[8]。

（田中俊樹）

図4.49　ペプチド自動合成機の概略図

4.3.3　核酸配列決定法とその利用

核酸配列決定法は，1970年代のSangerによる塩基

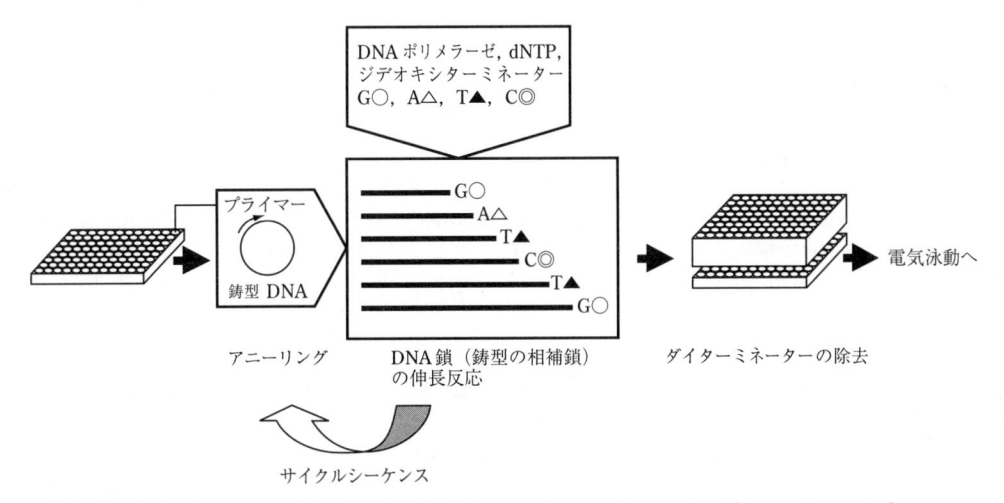

4種類の蛍光色素（○，△，▲，◎）で標識されたジデオキシヌクレオチド三リン酸（ddNTP，図ではG○，A△，T▲，C◎）存在下でDNA鎖伸長反応を行うと，ddNTPが取り込まれた時点で反応が停止し，長さの異なる標識DNAができる。未反応の蛍光色素を除いた後，電気泳動し1塩基長さの異なるDNAを分離，蛍光を検出することで各DNAの末端の塩基を特定でき，テンプレートDNA配列を決定できる。

図4.50　ダイターミネーター法の原理

配列決定法（ジデオキシ法，酵素法），Maxam と Gilbert による塩基配列決定法（化学分解法）の開発以来，機器，検出器の進歩によって目覚しい発展を遂げてきている。そういったなかで2000年6月のヒューマンゲノム配列概要解読の発表があった。これにはブレークスルー技術として，大量サンプルの自動解析ができるキャピラリー型のシーケンサーの開発やサンプルの調製のためのオートメーション装置の開発，大量に算出される配列データの処理をするコンピュータ技術が必要であった。これらの技術は，さまざまな生物種のゲノム解析のスピードアップに貢献したばかりでなく，より高度なデータマネージメントの必要な完全長 cDNA 解析やテーラーメード医療につながる SNP (single nucleotide polymorphism) 解析に利用されている。

（a）原　　理　配列解析に現在最も多く利用されている核酸配列決定法はジデオキシ法[9]である。この方法は DNA ポリメラーゼによる DNA 鎖の伸長反応をジデオキシヌクレオチドを利用して配列特異的に停止することでできる長さの異なる DNA 断片（シーケンス反応物）を電気泳動解析することにより配列を決定する方法である。ゲノム解析が本格化する以前は断片の検出方法としてラジオアイソトープ標識が用いられてきたが，自動化高速化に適した蛍光標識による方法が現在では主流となっている。蛍光標識による方法には蛍光標識プライマーを用いるダイプライマー法と蛍光標識されたジデオキシヌクレオチドを利用するダイターミネーター法がある。ダイプライマー法は，シグナル強度の安定性が優れるが，決定する塩基ごとに反応が必要であるなど煩雑な点や任意の位置の蛍光標識プライマー合成ではコスト高になるデメリットがある。ダイターミネーター法は，任

表4.3　市販されている主要なキャピラリー型シーケンサーの違い

メーカー	Amersham Biosciences 社	Applied Biosystems 社	島津製作所	Beckman Coulter 社
名　　前	MegaBACE® 4000	Applied Biosystems 3730xl DNA Analyzer	RISA-384	CEQ™8000
キャピラリー数	384-capillary	96-capillary	384-capillary	8-capillary
分離媒体	linear polyacrylamide (LPA)	POP-7™ Polymer	ポリアクリルアミド系クロスリンクゲル	linear polyacrylamide (LPA)
キャピラリー長	40 cm	36 cm/50 cm	48 cm/38 cm	33 cm
キャピラリー外径/内径	200 μm/75 μm	150 μm/50 μm	300 μm/100 μm	200 μm/75 μm
キャピラリー再利用	可	可	不可	可
装置の大きさ	約 W 103 × D 87 × H 81 cm, 272 kg	W 100 × D 73 × H 89 cm, 180 kg	約 W 95 × D 97 × H 165 cm, 150 kg	W 61 × D 61 × H 94 cm, 70.3 kg
使用電圧，電流	200 V ± 10 %, 16 A	200〜220V もしくは 230〜240V ± 10 %, 15A	200 V, 25 A (MAX)	100〜240 V, 5 A
サンプル容器	384 well plate	96 well もしくは 384 well plate	384 well plate	96 well plate
シーケンスキット	DYEnamic™ ET Dye Terminator Kit, DYEnamic™ ET Primers	BigDye® Terminator V3.1, V3.0, V1.1	DYEnamic™ ET Terminator	CEQ™ DTCS (Dye terminator cycle sequencing) Kit
同時泳動サンプル数	384	96	384	8
泳動時間	105分	36〜60分/120分	210分	35〜90分
解読長	650 bases	550〜700 bases/1 100 bases	600 bases	650〜900 bases
出力ファイル形式	ESD (MegaBACE format), ABD (ABI), SCF, FASTA	ABI, SCF, PHD, FASTA	SCF, FASTA	SCF, PHD, ESD, CEQ (CEQ™ 8000 format), FASTA

Amersham Biosciences 社のホームページ：http://www.amershambiosciences.com/ （2003年6月現在）
Applied Biosystems 社のホームページ：http://www.appliedbiosystems.com/ （2003年6月現在）
島津製作所のホームページ：http://www.shimadzu-biotech.jp/ （2003年6月現在）
Beckman Coulter 社のホームページ：http://www.beckman.com/ （2003年6月現在）

意の位置からシーケンスしたい場合にプライマー合成がコスト安である点が有利だが，シグナル強度のバラツキというデメリットがあった．その後，蛍光色素間の蛍光共鳴エネルギー転移（fluorescence resonance energy transfer：FRET）[10]を利用した手法で，Amersham Biosciences社は Sequenase® ET System を開発，Applied Biosystems社も BigDye® の色素系を開発し蛍光検出感度を上げた．これにより欠点であったシグナル強度のばらつきも解消されてきており，操作の容易さもありダイターミネーター法が主流となっている．代表的な核酸配列決定法ダイターミネーター法の原理を図4.50に示す．

また，PCRに用いられる耐熱性DNAポリメラーゼとサーマルサイクラーを利用したサイクルシーケンス法，さらに最近では，RNAポリメラーゼを利用して二本鎖DNAをそのまま鋳型として使用する転写シーケンス法など一本鎖になると高次構造を生じて解析のできない鋳型に対応できる技術開発もなされている[11]）．

（b）**DNAシーケンサー**　DNAシーケンサーはシーケンス反応物を電気泳動分離する装置であり，その形状からスラブ型とキャピラリー型に分けられる．高い放熱効率より高電圧をかけても高分離能が保持でき，高速の電気泳動のできる，キャピラリー型に主流は移りつつある．使用するキャピラリーカラムは内径50〜100 μm，外径150〜300 μmで，長さ30〜50 cm程度あり，内部にポリマーやゲルを充填して電気泳動する．現在では大量のサンプルを高速に処理できる多本化キャピラリーシーケンサーが市販され，世界の多くのゲノム解析センターで使用されている．各社から出されているキャピラリーシーケンサーの比較を表4.3にまとめた．それぞれ一長一短があるので設置目的，設置場所などによって判断される．

（c）**DNAシーケンスのハイスループット化**　大量配列の解析には，高性能のシーケンサーばかりでなく，サンプルの自動処理ロボットや大量に出される配列データまでの処理の流れを作ることが重要になる（図4.51）．

DNAシーケンサーに供するサンプルの大量処理に利用できるオートメーション装置に関してはいろいろと市販されている．一般的に大腸菌を用いたDNAクローニング，プラスミドDNA調製といった流れでシーケンス反応に用いられるDNAサンプルが調製される．大腸菌のコロニーを自動的にピッキングしシーケンスに使われる96穴や384穴プレートに分注する装置として，Genetix社のQ-Bot，Q-Pixのシリーズを挙げることができる．また，Beckman Coulter社の Biomek® FX，ORCA® ロボットシステムを用いると，プレート単位でのプラスミド調製，DNAシーケンス反応の前処理，シーケンスダイの除去などの自動化を達成することができる．PerkinElmer社の4チップま

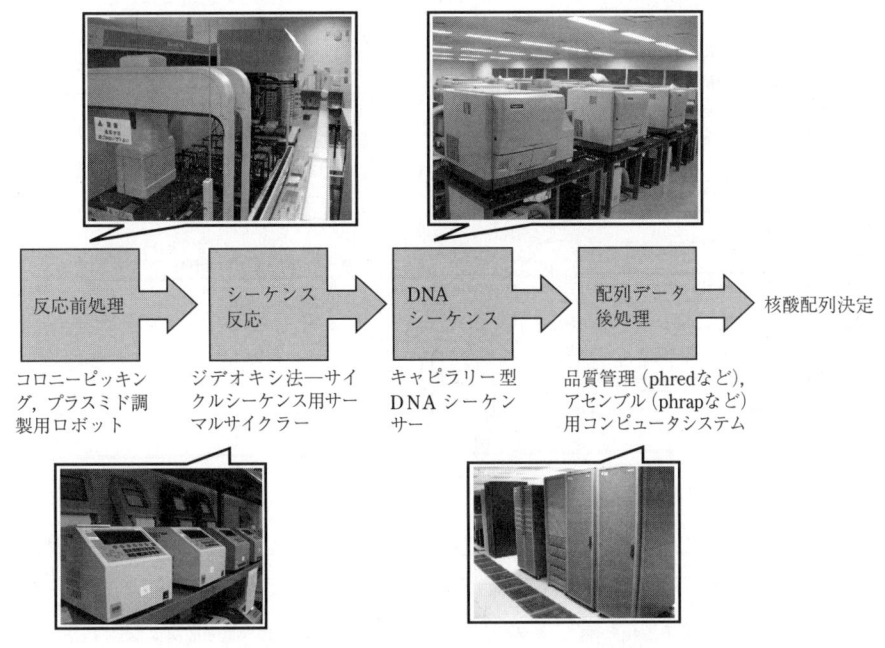

図4.51　大量の核酸配列決定までの流れと用いられる主要機器
（写真協力：タカラバイオ(株)ドラゴンジェノミクスセンター）

たは8チップのサンプルプロセッサ MultiPROBE® II ファミリー，バイオテック社のマルチディスペンス・ステーション（1536/384/96ウェルプレート対応の自動分注装置）やTECAN社の溶液サンプリング・ロボットGenesis Seriesなど大量シーケンス解析の前処理のプレートでの分注やウェル間の並べ替えなどを扱うシステムは多い。

シーケンサーによって出力された配列データはベースコールされ同時に品質値がつけられ管理される。代表的なベースコールプログラムにはシアトルのワシントン大学で開発されたphred[12]が挙げられ，解析された配列データはphred Quality Valueによって品質管理される。配列のファイル情報，サンプル情報，品質値など膨大なデータが生まれるために，それを管理するデータベースシステムも必要となる。決定された配列は，コンピュータを用いて解析配列の重なり合う領域をつなぎ合わせる（アセンブル）ことによりサンプルの全長配列，大規模になるとゲノム配列まで決定される。アセンブルのプログラムとしては，ワシントン大学で開発された phrap，MITで開発された arachne や CAP4 アルゴリズムを応用した Paracel 社の PGA/PTA，PC上では Gene Codes 社の sequencer® などが用いられる。

（d）ポストゲノム時代の新しい核酸配列決定法

DNAマイクロアレイを用いたハイブリダイゼーション実験により塩基配列を決定する方法としてSBH（sequencing by hybridization）[13]がある。SBH法は，マイクロアレイに搭載の8から12塩基程度の長さのオリゴDNAとサンプルDNAのハイブリダイゼーションですべての配列の有無を1回の実験によって判別する。配列の有無の情報から，もとの配列が何であったのかをアセンブルすることで決定する。最近では，

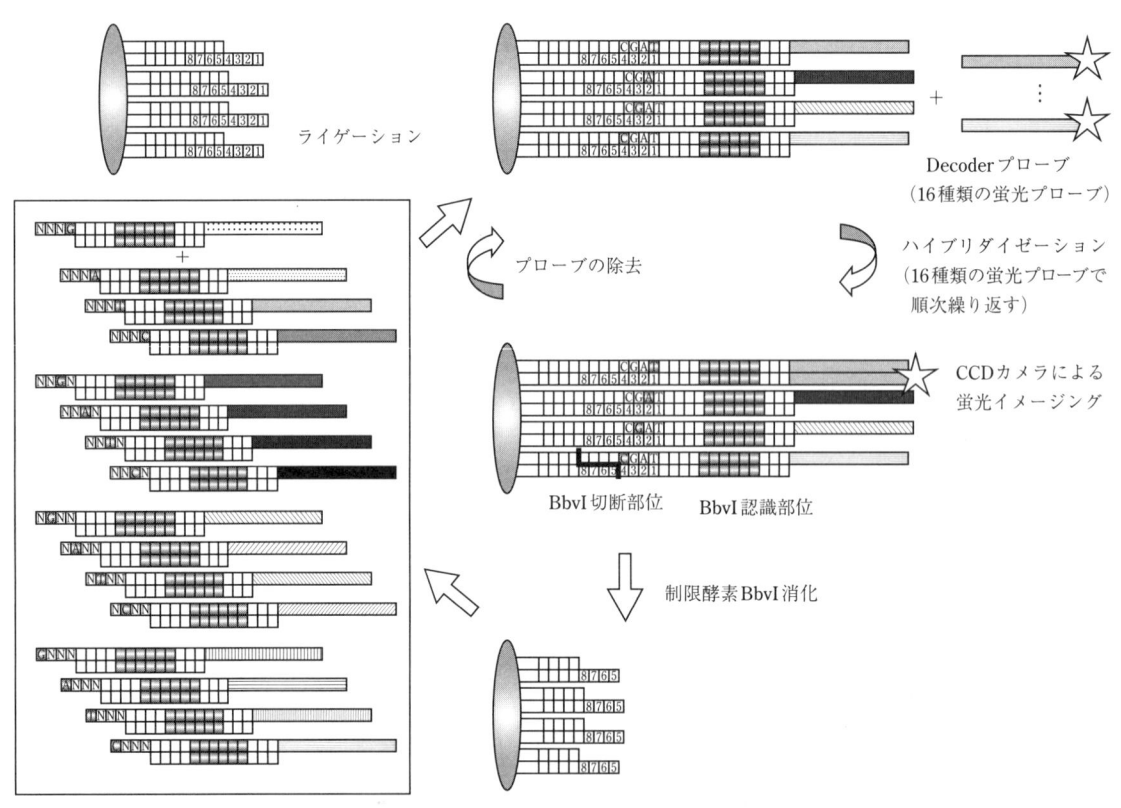

encoded adapter（16グループ，1グループ=64種類の混合物）

encoded adapterは，検出用の4塩基の突出部分とdecoder probeとのハイブリダイゼーション用の突出部分を持ち，中央部分が二本鎖（BbvI認識部位を含む）のアダプターであり，16グループからなる。ビーズ上のDNA配列にアダプターを特異的にライゲーションした後，16種類のプローブを順次，ハイブリダイゼーション，CCDカメラによるイメージング，プローブ除去，を繰り返すことにより1，2，3，4の塩基が決定される。この場合は，1=A，2=T，3=C，4=Gと決定される。その後，BbvIによる消化を行い，アダプターのライゲーションから繰り返し順次塩基配列を決定する。

図 4.52 MPSSの原理

ゲノム配列の決定や大量のcDNA配列解析に伴って，多くのSNPが発見されデータベース化されており，SBH法はこのSNPのタイピングの分野で応用されている．既知のSNPターゲット配列をもとにオリゴDNAをデザインしDNAチップに搭載することで，目的の部分のみを大量に高速にシーケンス可能となる．Affymetrix社はこの技術を応用したGeneChip®を商品化している．

また，細胞内における遺伝子発現産物を一度にすべてを同定する目的で，MPSS®（massively parallel signature sequencing）[14]というシーケンス手法がLynx社によって開発された．MPSS®では，まずMegaclone技術[15]により細胞内で発現しているほぼすべてのpolyA RNAをpopulationを維持したまま個々にマイクロビーズ化した後，全マイクロビーズ上のcDNAを並列的に一気に17 baseシーケンスする技術である．電気泳動によるシーケンス技術と異なり，フローセル内に単層に敷き詰められたビーズ上で配列認識用アダプター（encoded adapter）のライゲーションおよび16種類の蛍光プローブ（decoder probe）のハイブリダイゼーション操作を繰り返すことで配列が決定される（図4.52）．この方法は一度に100万個以上の核酸配列（signature配列）を得ることができるまったく発想の異なるパラレルシーケンス法である．MPSS®技術により得られたsignature配列により，細胞内で発現しているほぼすべての遺伝子の種類と発現頻度に関する情報を得ることができる．そのため，いわゆる絶対的発現プロファイルを得ることが可能であり，発現量の差に関する網羅的な正確な情報を得ることができる．アジアではタカラバイオが受託解析を行っている[16]．

生物工学の分野において，核酸配列決定法は20世紀に最もインパクトを与えた技術の一つである．今後トランスクリプトーム解析やSNPのタイピングなどDNAシーケンスの必要な場面がますます多くなると考えられ，さらなる効率化と自動化，また，目的に特化した新技術の進展が予想される．

本文中の社名，商品名は各社の商標または登録商標である． （大場）

4.3.4 アミノ酸配列決定法とその利用

（a）原　　理　アミノ酸配列決定法の開発は1945年にウシインシュリンの一次構造決定に用いられたSangerのジニトロフェノール法（DNP法）[17]に始まるが，現在，一般に手動あるいは自動化され用いられている方法は1949年に開発されたEdmanのフェニルイソチオシアナート法（この方法はEdman法あるいは試薬の頭文字を取ったPITC法とも呼ばれる）[18]によるN末端アミノ酸配列決定法である．この方法の基本はタンパク質/ペプチドのアミノ基とPITCを反応させN末端アミノ基との反応で生成するフェニルチオカルバミル（PTC-）タンパク質/ペプチド誘導体をさらに無水のトリフルオロ酢酸（TFA）で処理することによりN末端アミノ酸のみをアニリノチアゾリノン（ATZ-）誘導体としてもとのタンパク質/ペプチドから切り出すという反応に基づく．切り出されたN末端アミノ酸のATZ誘導体は，さらに酸性処理することにより，より化学的に安定な異性体であるフェニルチオヒダントイン（PTH-）誘導体に変換された後，逆相カラムクロマトグラフィー等の方法で標準のPTH-アミノ酸との溶出位置を比較することによって同定される．一方，N末端アミノ酸が切り出されたタンパク質/ペプチドは，再びPITCとの反応によりつぎのアミノ酸の同定に供される．この反応と同定を順次繰り返すことによりタンパク質/ペプチドのN末端からのアミノ酸配列が決定できる（図4.53）．

この反応で原理的にはタンパク質/ペプチドのN末端からC末端まで全アミノ酸配列を決定できるわけであるが，実際には，反応収率が90～95％程度であり，アミノ酸配列にもよるが，60～80残基程度の決定にとどまる．したがって，実際にこの方法でタンパク質の全アミノ酸配列を決定しようとする場合，タンパク質を特定のアミノ酸残基に特異的なプロテアーゼでまず大まかな断片ペプチドにして，それぞれのペプチドをHPLC等で分離した後，各ペプチドのアミノ酸配列を決定し，それらのデータを用い，もとのタンパク質のアミノ酸配列を決定する方法がとられる．ただし，この場合，一つのプロテアーゼで生成される各断片ペプチドをつなぎ合わせるため，別のアミノ酸残基に特異性を持つプロテアーゼでさらにもとのタンパク質を断片化して，各断片ペプチドについて少なくともN末端アミノ酸配列の一部を決定しておく必要がある．

しかし，有核生物の細胞内タンパク質に多く見られるN末端アミノ基がアセチル基や高級脂肪酸であるミリスチル基等で修飾されている場合やタンパク質/ペプチドの生成時にN末端にあるグルタミンあるいはグルタミン酸が環化してピログルタミンになっている場合，N末端のアミノ基を利用するEdman法で直接タンパク質のアミノ酸配列を決定することは不可能で，別途それに適した方法を用いなければならない[19]．

一方，タンパク質/ペプチドのC末端からのアミノ酸配列決定の方法も開発され[20]，装置化もされたが（本装置は現在市販されていない），決定できるアミノ酸配列が2～3残基と少なくあまり普及していない．

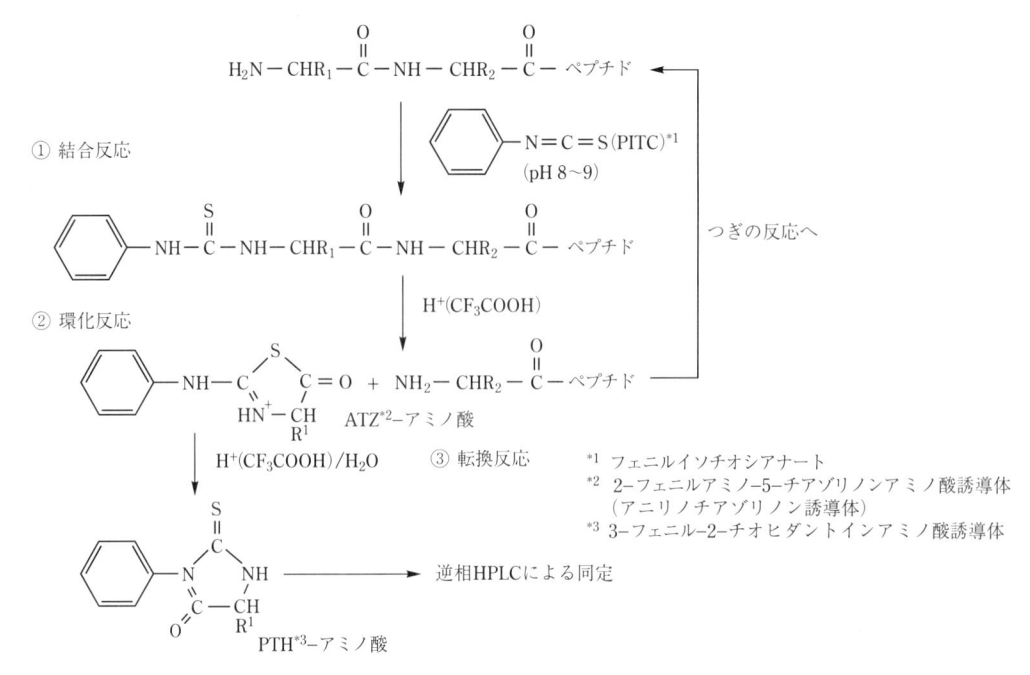

図4.53 Edman法によるタンパク質/ペプチドのN末端からのアミノ酸配列決定法の原理

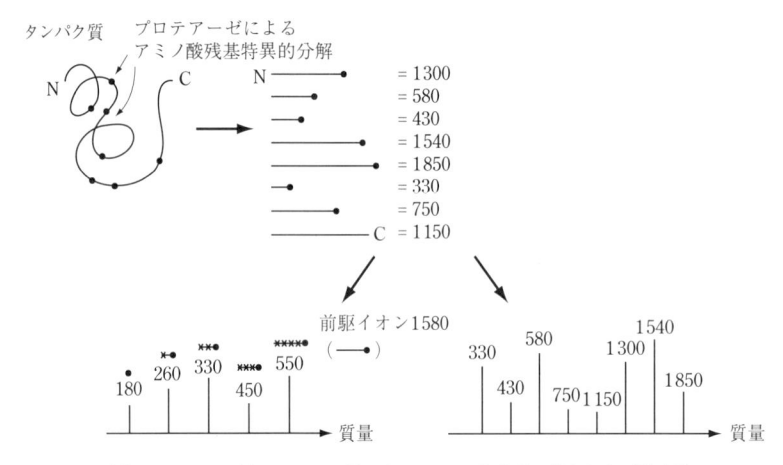

図4.54 PMF法，MS-Tag法によるアミノ酸配列の推定および決定法
（質量数およびMSデータは模式的）

最近，多くの生物種でゲノムDNA（あるいはRNA）の塩基配列が決定され，そこで作られるタンパク質のアミノ酸配列が遺伝子の塩基配列のデータベースを活用することによって一義的に推定できるようになり（実際には，多くのタンパク質ではN末端部位でプロセシングや翻訳後修飾があったり[21]，mRNA生成段階での再構成（mRNAエディティング），タンパク質生成段階での再構成（プロテインスプライシング）などがあって，必ずしも遺伝子の塩基配列からアミノ酸配列が一義的に決まらない場合もあるが），ハイスループットでのタンパク質のアミノ酸配列決定法（正確には推定法）として，質量分析法による方法が汎用されつつある。質量分析法とその利用については4.1.1項に記載されているが，本装置を用いたアミノ酸配列決定法としてはペプチドマスフィンガープリント法（PMF）とマスタグ法（MS-Tag）がある。これらの基本原理を図4.54に示す。

（b）装置の概要 Edman法に基づいたアミノ

4.3 生化学的分析技術とその利用法

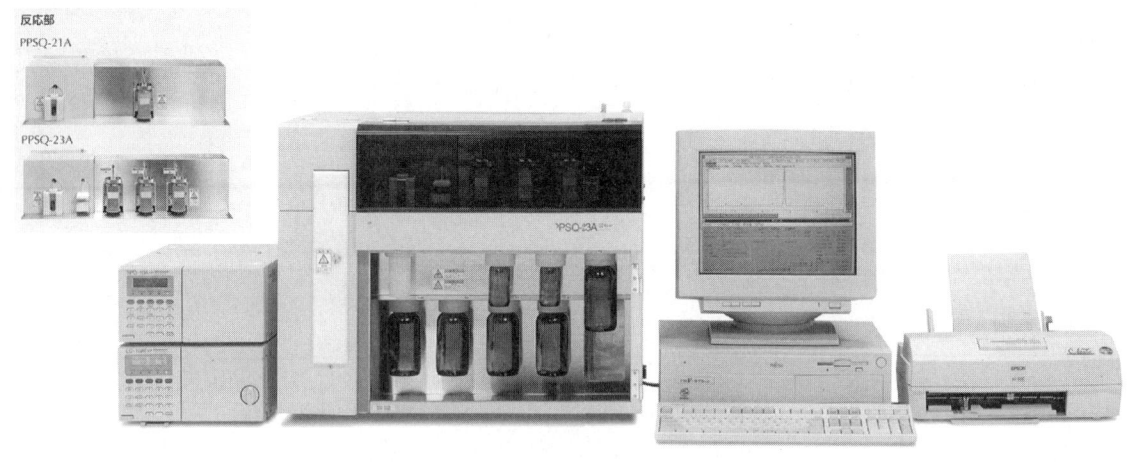

図4.55 PPSQ-21A型気相式プロテインシーケンサー（島津製作所）

N末端からのbイオンとC末端からのyイオンが同定によく用いられる。

図4.56 MS/MSで観察されるフラグメントイオンとアミノ酸配列解析

酸配列自動分析装置は，反応様式によって，液相，固相，気相式[22]の3種類が開発されてきたが，反応収率と操作性のよさから，現在はもっぱら気相式の装置が用いられている。図4.55に一例として，（株）島津製作所のPPSQ-21A型気相式プロテインシーケンサーを示す。装置は，大まかには反応部，試薬供給部，分離部（HPLC），データ処理部より構成され，反応部はさらに反応槽と転換槽で構成されている。反応槽のガラスブロック間のくぼみにガラス繊維濾紙やPVDF（ポリビニリデンジフルオリド）膜に添加したタンパク質試料やアクリルアミドゲルから電気的にPVDF膜にブロッティングした試料をのせ，装置のプログラムに従ってEdman反応とHPLCによるPTH-アミノ酸の同定，データ処理を自動的に行えるようになっている。試料の最低必要量は1 pmol程度であるが，つねに信頼度の高い結果を得るためには10 pmol程度の試料は必要である。装置には反応槽が1個のものと複数個（PPSQ-23Aは3個の反応槽を持つ）のものがある。複数個の反応槽を有する装置では，第一の反応槽での分析が終了すると順次，反応槽が自動的に替わり別の試料を連続的に分析できる。

一方，アミノ酸配列を質量分析法を用いて決定あるいは推定する方法として，タンパク質を特異的プロテアーゼで消化し生成するペプチド群のイオン化をESI（エレクトロスプレーイオン化）法やMALDI（マトリックス支援レーザー励起イオン化）法などで行い，イオン化された各ペプチドの質量を四重極型（Q）や飛行時間型（TOF）の質量分析計で測定し，タンパク質データベースから，理論的に生成されるペプチドと照合してタンパク質をサーチする方法，さらに，このなかから特定のペプチドを選んでもう一度イオン化と質量測定を繰り返し（MS/MSと呼ばれる）アミノ酸単位にまで分解して（図4.56），もとのペプチドのアミノ酸配列を決定し，データベースでサーチする方法がある。これらの方法に適応した種々の質量分析装置が開発されているが，装置の概要については，4.1.1項を参照されたい。ただし，これらの方法は遺伝子の塩基配列が既知であることが前提条件で，また，決定（あるいは推定）されたタンパク質のN末端やC末端のアミノ酸配列が直接に決定されたものではないことを留意しておく必要がある。

（c）応用例

（1）気相式プロテインシーケンサーによるウマグロビンのN末端からのアミノ酸配列解析　　10 pmol

サイクル1以降は差スペクトルを示す。
DMPTU：ジメチルフェニルチオ尿素，DPTU：ジフェニルチオ尿素，DPU：ジフェニル尿素
図4.57 気相式プロテインシーケンサーによるウマグロビンのN末端アミノ酸配列解析

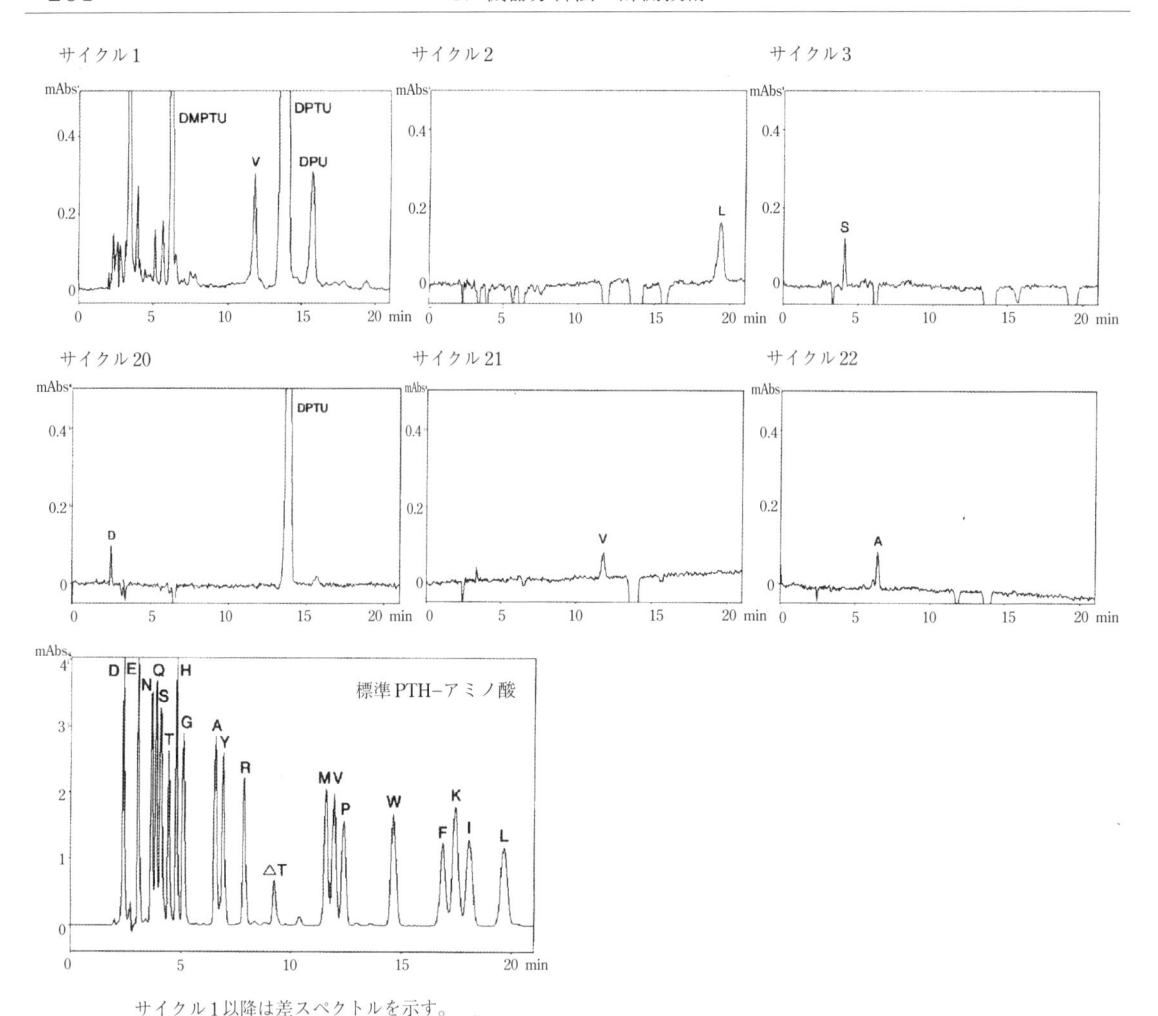

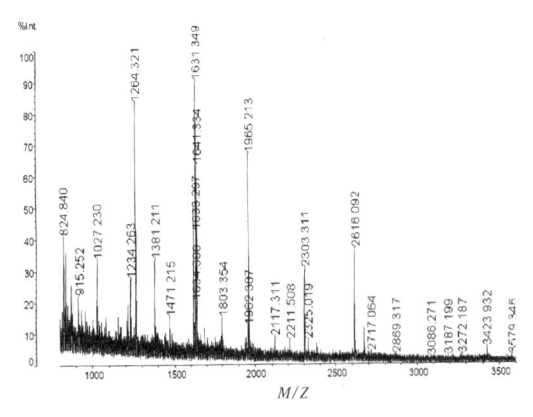

図4.58 質量分析法によるSalmonella typhimurium外膜タンパク質の同定（AXIMA-CFR®（島津製作所）を使用）

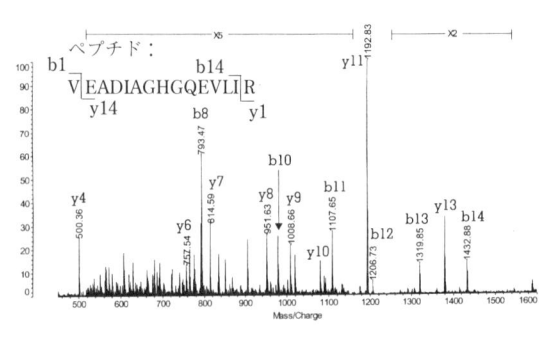

図4.59 ウマミオグロビンのトリプシン消化ペプチドの質量分析法によるアミノ酸配列解析（AXIMA-QIT®（島津製作所）を使用）

量のウマグロビンを0.1％トリフルオロ酢酸に溶解し，その全量をガラス繊維濾紙に添加後，装置付随のプログラムに従い，そのアミノ酸配列を解析した。標準PTH-アミノ酸のHPLCクロマトグラムとEdman反応での1, 2, 3, 20, 21, 22サイクル（1回のEdman反応をサイクルと呼ぶ）でのHPLCクロマトグラムおよび各サイクルでの収率の推移を図4.57に示す。

（2）二次元電気泳動で分離された *Salmonella typhimurium* の特定のタンパク質のペプチドマスフィンガープリントによるアミノ酸配列の推定　*Salmonella typhimurium* 細胞を培養後，含まれるタンパク質を通常の方法[23]で二次元電気泳動で分離後，その一つのスポットをトリプシンで消化し，消化物をMALDI-TOF型質量分析計で分析した（図4.58）。生成される消化物ペプチドのマスパターンをデータベースで検索することによって，このタンパク質を外膜タンパク質Aと同定した。しかし，N末端配列解析はしていないので，外膜タンパク質Aの前駆体である可能性も否定できない。

（3）ウマミオグロビンのトリプシン消化ペプチドのアミノ酸配列解析　質量分析（MALDI-QIT-TOF）スペクトル上で検出されたウマミオグロビンのトリプシン消化ペプチドの一つについて，さらにMS/MS分析を行い，そのアミノ酸配列を決定した（図4.59）。　　　　　　　　　　　　　（綱澤）

4.3.5　核酸操作関連装置とその利用

核酸操作のなかで，外来遺伝子を細胞に導入する方法は，基礎的な方法として広く用いられており，生物学的に導入する方法，化学的に導入する方法および物理的に導入する方法が知られている。導入する目的，細胞の種類，効率，そのために要する準備，費用などさまざまな要因により，幅広い選択が可能である。本項では，核酸操作関連装置のうちで，物理的に遺伝子を導入する方法に用いられるパーティクルガン（遺伝子銃）とエレクトロポレーション装置について概説する。

（a）パーティクルガン（遺伝子銃）　パーティクルデリバリー法と呼ばれる細胞への遺伝子導入法は，DNAやRNAなどの生理活性物質を吸着させた金属粒子を高圧ガスなどの圧力を利用し，高速で物理的に目的細胞内へ直接撃ち込む方法で，米国コーネル大学のSanford（1987）らによって開発された[24]。この導入法に用いられる装置がパーティクルガン（遺伝子銃）である。この装置は，導入されたDNAがゲノムに組み込まれることによる形質転換体の作出およびレポーター遺伝子の発現を指標としたプロモーター解析やタンパク質の局在を調べるための一過性発現実験に利用されている。

開発された当初は，遺伝子銃の名前のとおり火薬を爆発させ，その爆発力でDNAを付着させた金属粒子を細胞に撃ち込んでいた。しかし，実際に火薬を扱う装置の使用には，免許が必要であったため，現在では，ヘリウムなどのガス圧を利用した装置が一般的である。パーティクルガンの特徴は，物理的な作用を利用しているため，対象とする細胞が培養細胞に限られることなく，動物・植物の生体や組織などへの広範囲な応用が可能である。また，導入するDNAが準備できていれば，生物試料の前後処理が少なく，導入操作は短時間で終了するため，マイクロインジェクション法などと比べ，非常に手軽に試験することができる。最近では，生物学的・化学的導入法や他の物理的導入法（エレクトロポレーション法やマイクロインジェクション法）ではDNA導入が困難な細胞にも応用されている。用いられる金属粒子は，おもに金とタングステンであるが，金粒子は，比重が大きく加工しやすいため粒子径が均一で，生体内での毒性が少ないことなどから，使用に適した性能を有している。また，導入するDNAは，高純度に精製されたものが望ましく，不純物をなるべく含まないものがよい。

現在，パーティクルガンにはその使用目的によって大きく分けて2種類（チャンバータイプとハンドヘルドタイプ）の装置がある。

（1）チャンバータイプ　チャンバータイプで最も使用されているのはPDS-1000/He（バイオ・ラッド社）で，8種類の圧力により破裂するラプチャーディスクにより，金粒子の撃込み速度が調節できる（図4.60）。破裂したラプチャーディスクの先には，DNAを付着させた金粒子を塗布したマクロキャリヤーが設置されており，開放されたガス圧力の衝撃で飛

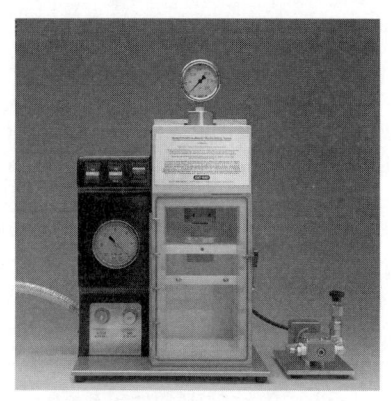

図4.60　パーティクルガン（チャンバータイプ）〔PDS-1000/He（バイオ・ラッド社）〕

ばされる。その先に置かれたストッピングスクリーンという網がマクロキャリヤーを止め、DNAが付着した金粒子のみが目的細胞に撃ち込まれる。金粒子は放射状に発射されるため、最大 50 cm^2 の対象領域に導入される。ラプチャーディスクは、450, 650, 900, 1100, 1350, 1550, 1800, 2000 psi のいずれかより選択可能で圧力値が大きいほど、金粒子が撃ち込まれる速度が速くなる。市販されている金粒子の粒径は 1.6 μm、1.0 μm、0.6 μm の 3 種類で、金粒子の発射位置から対象試料までの距離も段階的に変えることができる。金粒子を物理的に細胞へ導入するという原理上、導入細胞へのダメージが問題となる。そこで、細胞の大きさ、強度、目的到達深度とダメージの大きさを考慮し、ラプチャーディスクの選択、金粒子の粒径、試料との距離等最適な条件の検討が必要となる。

現在、このタイプのパーティクルガンが利用されているのは、植物（葉・根などの組織）、培養細胞（植物細胞・付着性動物細胞）、真核微生物（藻類・菌類）で、おもには植物細胞が対象とされている。なかでも、イネなどでの形質転換体の作出、タバコ葉緑体形質転換体の作出、タマネギの表皮細胞を用いた一過性発現実験による GFP 融合タンパク質の局在解析、培養細胞等を用いたプロモーター解析などの研究応用例が多く報告されている。しかし、装置内に入れることのできる試料の大きさが限られ、また、チャンバー内を減圧するため、動物などでは応用が限定される。

（2）ハンドヘルドタイプ　ハンドヘルドタイプは、簡易型のパーティクルガンで、装置内に生物試料を入れる必要はなく、拳銃のように撃込み角度を 360 度あらゆる方向から行える特徴を備えている。日本国内では、1996 年から販売が開始された HeliosGene-Gun（バイオ・ラッド社）がおもに使用されている（図 4.61）。PDS-1000/He とは異なり、ラプチャーディスクは使用せず、あらかじめゴールドコートチューブの内壁に DNA を付着させた金粒子を貼り付け、そこへ高圧ガスを送り込み、貼り付いている金粒子を吹き飛ばし目的細胞へ撃ち込む。ガス圧の設定（撃込み速度）は、減圧弁にて 100〜600 psi の範囲で可変である。HeliosGeneGun には、最大 12 のゴールドコートチューブが装着できるため、場合によっては連続の撃込みも可能である。しかし、発射された金粒子が撃ち込まれる領域は、銃口の形状から 2 cm^2 に限られる。

このタイプのパーティクルガンは、対象とする試料の大きさに限定がなく汎用性が広い。動物の皮膚・臓器などの器官や植物の茎頂分裂組織を対象とした報告があるが、おもに動物での研究に利用されている。特に遺伝子疾患の治療、がん治療、DNA ワクチンの研

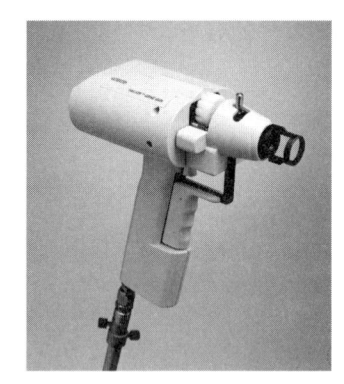

図 4.61　パーティクルガン（ハンドヘルドタイプ）〔HeliosGene-Gun（バイオ・ラッド社）〕

究応用例に関する報告が多い。しかし、堅い組織を対象とした DNA 導入には限界がある。

（b）エレクトロポレーション装置　エレクトロポレーションは、コンデンサー内に蓄電した電気を放電することにより、懸濁細胞溶液に一過的な電気刺激を与え、原核・真核細胞の膜に一瞬穴をあけ、それが修復する間に DNA などを取り込ませる装置である[25]。この装置も、パーティクルガンと同様に安定形質転換体の作出や一過性発現実験に用いられている。また、この導入法は、すでに標準的な遺伝子導入操作として広く利用されており、初心者でも比較的容易に扱える手法（装置）である。

国内でおもに用いられているのはバイオ・ラッド社のジーンパルサーもしくはジーンパルサーⅡシステムで、キュベット内に懸濁した細胞にコントロールされたパルスを与えることによって DNA などの生理活性物質が導入できる（図 4.62）。発生させるパルスは、二つのパラメーター（初期電場強度：kV/cm とタイムコンスタント：τ）によって定義される。初期電場

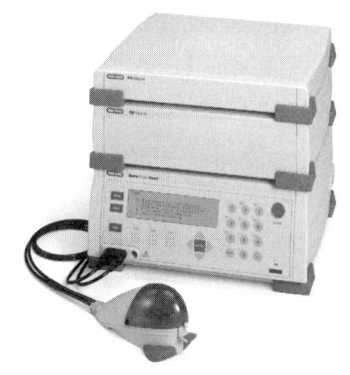

図 4.62　エレクトロポレーション装置〔ジーンパルサー Xcell（バイオ・ラッド社）〕

強度は，使用するキュベットの電極間距離〔cm〕と設定した電圧〔V〕により決まり，タイムコンスタントは，初期電圧（V_0）が37％に減衰するまでの放電時間である。このタイムコンスタントは，全抵抗値とパルス回路のキャパシタンスにより規定される。全抵抗値は，細胞の大きさ，細胞膜・細胞壁の構成成分，エレクトロポレーション用緩衝液の組成によって異なるため，初期電圧〔V〕，キュベットタイプ（電極間距離，cm），コンデンサー値〔μF〕，抵抗値〔Ω〕などそれぞれの細胞に適したパラメーターの検討が必要となる。なお，これまでに対象とされた細胞に関しての最適パラメーターについては，バイオ・ラッド社のホームページ（www.bio-rad.com/genetransfer（2004年12月現在））で公開されているので参考にできる。

応用例としては，キュベット内でパルスを発生させる装置の特性から，浮遊細胞やプロトプラストなど懸濁できる細胞に関して多く報告されている。具体的には，動物培養細胞，植物プロトプラスト，真核微生物（藻類・菌類），原核微生物であるが，植物カルス細胞，単離葉緑体や卵での応用例も報告されている。細胞に導入する生理活性物質としては，DNAやRNAなどの核酸のみならず，蛍光標識した化学物質やタンパク質の報告もあり，その機能や局在解析にも応用されている。現在購入できる機種は，ジーンパルサーIIの後継機種であるジーンパルサーXcellである。　　　（加藤　晃）

4.3.6　アミノ酸分析法とその利用

アミノ酸分析は，体液や尿などに含まれる遊離アミノ酸を分析する場合とタンパク質のアミノ酸組成を分析する場合に分類されるが，ここではタンパク質のアミノ酸組成分析に焦点を絞って解説する。

ひと昔前，未知のタンパク質のアミノ酸配列を決定するのにアミノ酸分析は必要不可欠な操作であった。タンパク質全体および断片化したペプチドのアミノ酸配列を確かなものにするために，それぞれのアミノ酸組成をアミノ酸分析計で定量的に求めなければならなかったからである。しかし，ゲノム科学や質量分析法の著しい発展に伴い，もはやタンパク質の構造解析にアミノ酸分析を行う必然性は失われた。アミノ酸分析は，臨床検査における生体内遊離アミノ酸測定の分野では現在も広く利用されているが，タンパク質科学の分野ではタンパク質の絶対的な定量と修飾アミノ酸の確認にその存在価値をわずかに保っているのが現状である。

（a）試料の調製　アミノ酸分析で最も注意すべき点は，タンパク質の純度である。不純物が混入していると，それ自体にアミノ酸が含まれていたり，加水分解の際の副反応の原因などになり，正確なアミノ酸組成比が求められない。高濃度の塩の混入も副反応やアミノ酸分析計での各アミノ酸の溶出時間のずれを引き起こすため避けなければならない。そのため，タンパク質精製の最終段階に揮発性溶媒を用いた逆相HPLC（0.1％トリフルオロ酢酸-アセトニトリル（2-プロパノール）系，0.01 M ギ酸（酢酸）アンモニウム-アセトニトリル系など）かゲル濾過（0.01 M酢酸（炭酸水素）アンモニウムなど）を行うのがよい。透析による脱塩は透析チューブからの不純物の混入のため勧められない。揮発性溶媒は，減圧乾燥（凍結乾燥）の操作で除去することができる。ただし，アンモニアはそれ自体がアミノ酸発色試薬と反応するため，アンモニウム系緩衝液を用いた場合，試料を減圧乾燥した後，少量の蒸留水に溶かし再度減圧乾燥する操作を2～3回繰り返して，試料に含まれるアンモニアを完全に除去する。

つぎに注意すべき点は，外界からの不純物の混入を避けることである。試料が微量になればなるほど，大気中のごみやほこり，汗や唾液の混入に注意しなければならない。

（b）加水分解　タンパク質は20種類のアミノ酸がペプチド結合により連結したポリペプチド鎖である。そのためアミノ酸分析を行うには，ペプチド結合を完全に加水分解しタンパク質をアミノ酸にまで分解しなければならない。加水分解の方法として，酸，アルカリおよび酵素による方法があるが，塩酸（5.7 N 共沸塩酸）による酸加水分解[26]が最も一般的に用いられている。通常，チロシンのベンゼン環の塩素化を防ぐ目的で，0.1％フェノールを塩酸に加えておく。酸加水分解では，シスチン，システインは定量的に回収されず，トリプトファンはほとんど分解する。シスチン，システインは，還元アルキル化[27]後，加水分解して定量する。トリプトファンの定量法としては，塩酸の代わりに4 Mメタンスルホン酸を用いる加水分解法[28]が広く用いられている。

（1）塩酸加水分解　塩酸加水分解の具体的な操作を以下に示す。

① 加水分解用試験管（内径8 mm，長さ9 cmぐらい）は6 N塩酸に浸したのち蒸留水で洗浄し乾燥させる。さらに，電気炉に入れ，500℃，5時間加熱し有機物を完全に除去しておく。

② 加水分解用塩酸は，市販の12 N特級塩酸を蒸留水で2倍に希釈し，全ガラス製の蒸留装置で蒸留する。水との共沸混合物として留出する108℃の留分を集め，再蒸留して使用する（5.7 N共沸塩酸）。この

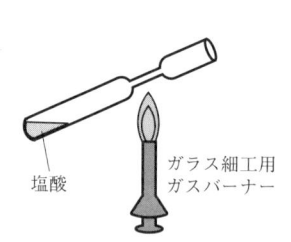

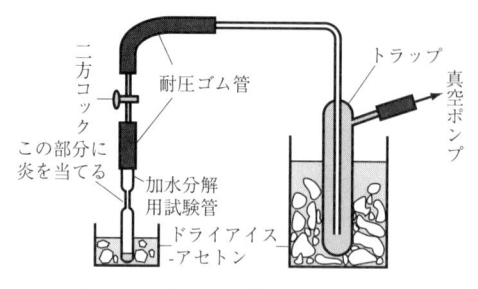

(a) 加水分解用試験管のガラス細工　　(b) 加水分解用試験管の脱気と減圧封管

図4.63　塩酸加水分解

5.7 N共沸塩酸100 mlに生化学用フェノール0.1 gを加えて溶かす。

③　数µgのタンパク質を含む溶液を加水分解用試験管に入れ，デシケーター中で減圧乾燥させ，5.7 N塩酸50 µlを試験管に入れ撹拌する。ガラス細工用バーナーで試験管の口から2～3 cmの部分を加熱し，内径1～2 mm程度に引き伸ばす（図4.63（a））。

④　塩酸溶液をドライアイス–アセトンで凍結させ，減圧にする（図4.63（b））。

⑤　試験管をドライアイス–アセトンから取り出し，融解させ，塩酸に溶存している空気を除去する。

⑥　引き伸ばした部分をバーナーで加熱して封管する。

⑦　封管した試験管を恒温器に入れ，110℃24時間加温し加水分解を行う。

⑧　開管してデシケーター中で減圧乾燥し塩酸を除去する。

＜注意点＞　試料が微量の場合（100 pmol以下）は，塩酸に含まれる不純物も問題になってくる。そこで，塩酸を直接タンパク質に加えるのではなく，塩酸の蒸気で加水分解するほうがよい。タンパク質溶液をピペットマンで小試験管（内径4 mm，長さ4.5 cmぐらい，500℃，5時間の熱処理を行っておく）に入れ，デシケーター中で減圧乾燥する。つぎに，小試験管をミニナートバルブ付きのバイアル（内径2.5 cm，長さ8 cmぐらい）に入れ，小試験管に塩酸が入らないように注意しながらバイアルに5.7 N塩酸300 µlを入れる（図4.64）。バイアル内部を減圧にしてバルブのコックを閉じ，110℃で24時間加水分解を行う。小試験管を持つときはけっして素手で触らず，ピンセットを使用すること。

（2）メタンスルホン酸加水分解[28]　塩酸加水分解と同じ手順である。5.7 N塩酸の代わりに4 Mメタンスルホン酸50 µlを試験管に入れるとよい。0.2％トリプタミンを含む4 Mメタンスルホンは，加水分解

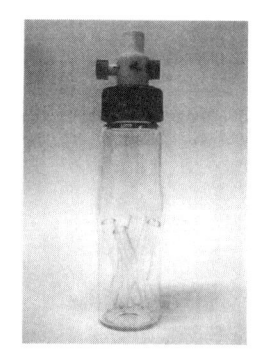

図4.64　ミニナートバルブ付きバイアル

4 Mメタンスルホン酸として市販されている。加水分解後，加えた4 Mメタンスルホン酸と等容量（50 µl）の3.5 M NaOHを加え中和する（塩酸とは異なり不揮発性のために，減圧乾燥では除去できない）。

（c）アミノ酸分析計　アミノ酸分析法はポストカラム法とプレラベル法に大別される。加水分解物をイオン交換クロマトグラフィーなどで各アミノ酸に分離した後，発色試薬と反応させ定量する方法がポストカラム法である。一方，加水分解物を誘導化試薬と反応させた後，逆相クロマトグラフィーなどで分離し定量する方法をプレラベル法と呼んでいる。代表的なポストカラム法はニンヒドリン発色法によるアミノ酸分析である[29]。検出感度が低い（検出限界50 pmol）という欠点を持っているが，分析値の信頼性と再現性において最も優れた方法である。近年，蛍光試薬を用いるプレラベル法やポストカラム法がいくつか開発され，分析の微量化が進められている。しかし，試薬由来の不純物やアミノ酸誘導体の不安定性のため，定量性はニンヒドリン法より劣る。このなかで，アミノキノリン誘導体を用いるAQC法は上記の問題点も少なく，高感度分析の有力な方法である[30]。

本項では分析値の信頼性が最も高いニンヒドリン法について解説する。ニンヒドリン法を全自動化したア

ミノ酸分析計が，日立，日本電子，ベックマンなどから市販されている。日立アミノ酸分析計 L-8500 の外観を図4.65に示す。0.02 N 塩酸に溶かした加水分解物は，スルホン酸型ポリスチレン樹脂の陽イオン交換クロマトグラフィー（4種類の溶出液のステップワイズ方式）で各アミノ酸に分離し，反応槽でニンヒドリン試薬と反応させる。プロリンを 440 nm，その他のアミノ酸を 570 nm の吸光で定量するため，検出器は二波長測定方式である。測定値はデータ処理装置に送られ，濃度既知のアミノ酸の吸光度との比で定量計算される。

図4.65 アミノ酸分析計 L-8500（日立製作所）

加水分解後，減圧乾燥によって塩酸を除去した（メタンスルホン酸の場合は NaOH で中和した）試料に適当量の 0.02 N 塩酸を加えて攪拌し，アミノ酸分析計にセットする。アミノ酸分析計の保守・管理には長年の経験が必要で，初心者が取り扱う場合，加水分解まで各自で行い，アミノ酸分析計の作動は専門技官の指導のもとに行うのがよい。

（d） データの解析 図4.66に日立アミノ酸分析計での標準アミノ酸の分析例を示す。データ処理装置により各アミノ酸量がモル数で計算される。これをタンパク質1分子当りの残基数に換算するには，タンパク質の分子量の情報が必要である。分子量は，ゲル濾過，SDS 電気泳動，質量分析計などによりあらかじめ求めておく。加水分解反応とアミノ酸分析計での定量性に優れているアミノ酸（アラニン，ロイシン，フェニルアラニンのいずれか）の残基数を任意に定め，その他のアミノ酸の残基数は分析値の比例計算で算出する（表4.4）。最後に，アミノ酸の残基数にその分子量を掛けた値を総和して，タンパク質の分子量の測定値とおよそ一致するかを確認する。

＜注意点＞ 分析値の補正が必要なアミノ酸は，セリン，スレオニン，バリン，イソロイシンである。セリン，スレオニンは 110℃，24 時間の加水分解中に

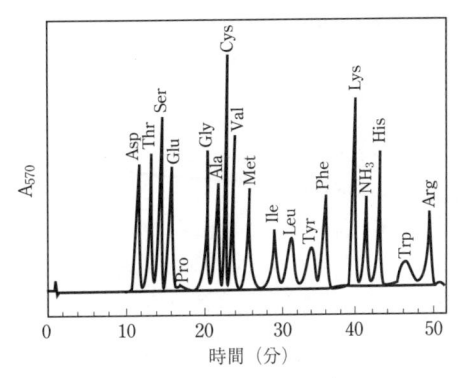

カラム：4.6 mm×60 mm（2622SC-Na），
アンモニアカラム：4.6 mm×60 mm（2650 l），
流速：0.40 ml/分，試料：200 pmol，
分析時間：55 分（80 分サイクル）

図4.66 標準アミノ酸の分析例

表4.4 アミノ酸分析のデータ解析例

アミノ酸	アミノ酸分析計での分析値（nmol）	Ala = 6.0 としたときの組成値	
Asp	0.271	27.1	(27)[*5]
Thr	0.178[*1]	17.8	(18)
Ser	0.095[*1]	9.5	(10)
Glu	0.170	17.0	(17)
Pro	0.120	12.0	(12)
Gly	0.106	10.6	(11)
Ala	0.060	6.0	(6)
PE-Cys[*2]	0.076	7.6	(8)
Val	0.096[*3]	9.6	(10)
Met	0.032	3.2	(3)
Ile	0.086[*3]	8.6	(9)
Leu	0.104	10.4	(10)
Tyr	0.058	5.8	(6)
Phe	0.076	7.6	(8)
Lys	0.155	15.5	(16)
His	0.048	4.8	(5)
Trp	0.058[*4]	5.8	(6)
Arg	0.083	8.3	(8)
アミノ酸残基数		190	
分子量		21 849[*6]	

*1 0 時間に外挿した値
*2 ピリジルエチルシステイン
*3 72 時間加水分解したときの値
*4 4 M メタンスルホン酸で加水分解した値
*5 最も近い整数
*6 アミノ酸組成値から計算した分子量，実験的に求めた分子量とほぼ一致すればよい

10 ％前後分解するので，24 時間，48 時間，72 時間の3点で定量し，0 時間に外挿した値を採用する。逆にバリン，イソロイシンは加水分解速度が遅いために 72 時間の値を採用する。シスチン，システイン，トリプ

トファンは前述の特別な方法で定量し，メチオニンは加水分解時の脱気が十分であれば，ほぼ定量的に回収される。また，セリン，グリシン，グルタミン酸は外部からの不純物の影響を受けやすく，実際より多めの分析値を示すことがあるので注意を要する。　（乗岡）

4.3.7　電気泳動法とその利用
〔1〕　タンパク質の二次元電気泳動法

1970年にマックス・プランク研究所のKaltschmidtとWittmannによって最初の二次元ポリアクリルアミドゲル電気泳動法が考案された[31]。Kaltschmidt-Wittmann（K-W）法は一次元をpH8.6，二次元をpH4.5に固定し，尿素存在下で泳動させ，一次元はタンパク分子のネットチャージで，二次元はネットチャージと分子量で分離する。彼らはこの方法で大腸菌のリボソームタンパクを分離し，初めてリボソームタンパクの定義と命名法を確立した。このK-W法の流れをくむ二次元電気泳動法はその後もリボソームタンパクなど塩基性タンパク質の分離に適用されてきた。

他方，1970年のLaemmliによるSDS電気泳動法の開発[32]を受けて，1975年にO'Farrellによって新しい二次元電気泳動法が確立された[33]。O'Farrell法はカラムクロマトグラフィーに用いられていた合成両性担体（synthetic carrier ampholyte：SCA）を一次元に導入して，一次元ゲル中にpH勾配を形成し，タンパク質をそれぞれの等電点に静止濃縮させる。また二次元はLaemmliによるSDS電気泳動法を導入し，タンパク質をSDS化することによってネットチャージの違いを近似的に消去して分子量で分離する。O'Farrellはこの方法を大腸菌の可溶性全タンパク質に適用して，二次元ゲル上に1000を超えるスポットを検出することができた。プロテオーム解析はここに出発点を得たといってよい。タンパク質のポリアクリルアミドゲル二次元電気泳動は主としてこのO'Farrell法とK-W法を起源として発展してきた。ここでは両法の現状を紹介する。

（a）　固定化pH勾配（IPG）二次元電気泳動法

O'Farrell法は一次元目にタンパク分子を等電点に静止濃縮させることによって，きわめて高い分離能を獲得したが，二次元ゲル上のタンパクスポットパターンの再現性がよくないという欠点を持っていた。その原因は一次元ゲルのpH勾配形成に用いた両性担体にあった。両性担体は1分子中のカルボキシル基と三級アミノ基の含量が多様なポリマーの混合物であるが，その合成過程が複雑なため最終産物の組成の再現性が悪いうえ，通電中に起こる電気浸透によって両性担体が陰極方向に徐々に移動するので，形成されたpH勾配が不安定になる。この欠点は1982年Bjellqvistらがイモビライン試薬を用いて，アクリルアミドゲルにpH勾配を固定したことによって解決された[34]。イモビライン試薬はその基本構造として$CH_2=CH-CO-NH-R$を持つアクリルアミド誘導体である。Rはカルボキシル基または三級アミノ基で，両者の比率を連続的に変化させ，アクリルアミドモノマーに混合してゲル化することによって，pH勾配をゲルに固定できるようになった。これによって長時間の高電圧に耐える安定なpH勾配が確立した。

現在行われている二次元ポリアクリルアミドゲル電気泳動法は大部分この固定化pH勾配（IPG）ゲルを用いるものであり，プロテオーム解析のタンパク分離の段階をほぼ独占しているといってよい。IPG法の装置は現在多くのメーカーから発売されているが，この方法の開発を中心的に担ってきたアマーシャム（旧ファルマシア）社には一，二次元両用のMultiphor IIと，さらに自動化を進めたEttan IPGphor・DALTがある（アマーシャム社パンフレット「二次元電気泳動のすべて」参照）。

（1）　分離原理と分離用ゲル

① 一 次 元　上記したように，一次元目は泳動すること自体がそれぞれの等電点pHへの濃縮を伴うため，きわめて高い分離能を持つ。固定化pH勾配ゲルはイモビライン試薬を使って自作できるが，イモビライン・ドライストリップと呼ばれる乾燥させたプレキャストゲルが市販されている。これを使えば，規格化されているので高い再現性が期待できる。イモビライン・ドライストリップは膨潤後のゲル濃度5％（T），ゲルの幅3.3 mm，厚み0.5 mmでゲル長は7，11，13，18，24 cmの5種類である。pHレンジはnarrow（pH 3.5〜4.5, pH 4.0〜5.0, pH 4.5〜5.5, pH 5.0〜6.0, pH 5.5〜6.7），medium（pH 3〜7, pH 4〜7, pH 6〜9, pH 6〜11）およびwide（pH 3〜10, pH 6〜11）と用意されているので用途に応じて選択する。

専用のストリップホルダーにゲルを横たえ，膨潤液を加えて膨潤させる。膨潤液は8 M尿素，0.5〜4％非イオン性（NP-40, TritonX-100など）または両イオン性（CHAPS）界面活性剤，15 mM DTTおよび適当なpHレンジの0.5％ SCAからなる。

② 二 次 元　二次元目はタンパク分子をSDSの負電荷で覆うことによって近似的に各タンパク質の電気的性質を均一化させるため，泳動速度はアクリルアミドゲルの分子ふるいによる分子の大きさと形の違いだけを反映するようになる。

二次元ゲルも自作できるが，プレキャストゲル

(Excel Gel）を使えば，より高い再現性とシャープなスポットを期待できる．Excel Gel は柔軟なプラスチックの支持体に結合させているので取り扱いやすい．ゲル濃度は 12.5％（T），厚みは 0.5 mm で，幅は一次元ゲルの長さに対応している．ゲル中の溶液は Laemmli が開発した不連続緩衝液系が用いられ，ゲルの SDS 濃度は 2％である．12～15％の濃度勾配ゲルも用いられる．**図 4.67** は三つの pH レンジの泳動結果を比較したものである．

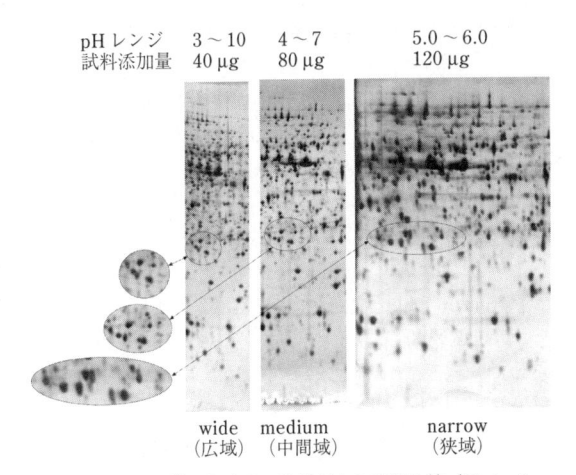

図 4.67 IPG 法における一次元ゲルの分離比較（アマーシャム・バイオサイエンスの提供による）

（2）サンプル試料の作成と添加　タンパク試料の可溶化は O'Farrell の溶解緩衝液によるのが普通である．その組成は 9.5 M 尿素，4％（w/v）非イオン性界面活性剤 NP-40，1％ DTT および適当な比率の 2％ SCA である．膜タンパク質を溶解するには CHAPS の添加が有効である．

サンプル試料をゲルに添加する方法は 2 通りある．一つは一次元ゲル（イモビライン・ドライストリップ）を膨潤させるとき，その膨潤液にサンプル試料を混ぜておき，膨潤と同時にサンプル試料を取り込ませる方法であり，もう一つはサンプルカップをストリップホルダーの適当な位置に取り付け，サンプル試料を添加する方法である．このいずれを選択するか，あるいはサンプルカップの位置取りをどうするかは経験の積み重ねを必要とする．

（3）泳動操作

① 一次元　一次元ゲルの pH レンジは目的に応じて選択する．例えば迅速簡便な結果を必要とするときは wide タイプを，精密なプロテオーム解析には narrow タイプを用いる．いま narrow pH 5.0～6.0，ゲル長 18 cm を選んだとする．Multiphor II は高電圧電源と恒温循環装置に接続して使用する．一次元ゲルの膨潤とサンプル添加を同時に行った後，Multiphor II 上に置いたイモビライン・ドライストリップキットのアライナーの溝に一次元ゲルを横たえる．ついで電極をセットし，泳動を開始，3 500 V 定電圧で約 24 時間通電する．

② 二 次 元　一次元の泳動を終えた後，同じ Multiphor II を使って，そのクーリングプレート上に二次元ゲル（Excel Gel）を置く．ついでゲル上に陽極と陰極の電極液をしみ込ませたバッファーストリップを置いた後，Laemmli の SDS 緩衝液系に平衡化した一次元ゲルを二次元ゲルの陰極側に横たえる．電極をセットし，定電流 50 mA で約 2 時間泳動する．

③ 染色と同定　二次元ゲルの染色はコマジーブリリアントブルー（CBB）染色または銀染色が一般的である．スポットのタンパク質を質量分析で同定する場合は CBB 染色が望ましい．

（4）特徴と問題点

① 特　　徴

・一次元目の分離原理として等電点法を採用したことによって，IPG 法は高いタンパク分離能を獲得した．特に弱塩基性から酸性領域にかけての分離能は他のいかなる方法よりも優れており，二次元ゲル上にきわめて多数のタンパクスポットを形成できる．

・この方法の装置，資材，試薬類ともよく整備され，研究支援体制が高度にシステム化している．

② 問　題　点

・塩基性領域のタンパク分離能が不十分である．その結果，現在のプロテオーム解析において塩基性タンパク質の多くが事実上無視されている．

・一次元泳動中にタンパク分子のコンフォメーションが多様化し，人為的に複数のスポットに分裂する傾向がある．この欠点は翻訳後修飾などの研究に困難をもたらしている．

・二次元ゲル上のスポットのタンパク同定率が低い．これはゲルのタンパク添加容量が小さいことと，2. に述べた分裂したスポットにタンパク質が分散することに原因がある．

（b）**RFHR 二次元電気泳動法**　Kaltschmidt-Wittmann 法[31]は塩基性タンパク質に対して高い分離能を持つ半面，以下の弱点を持っていた．ゲル中に残存するフリーラジカルによるタンパク質の修飾およびゲルへの捕捉，タンパク質分子内および分子間のシステイン S-S 架橋の成立による人為的スポットの発生，分子量 5 000 以下のタンパク質の分離不十分，などである．これに対して 1986 年に発表された RFHR（radical-free and highly reducing）法[35]はこれらの

弱点を克服するため，チャージを持ったラジカルスカベンジャーをプレランしてフリーラジカルを完全に除去する，チャージを持った還元剤をタンパク質と同時に泳動してS-S架橋を阻止する，二次元のpHを4.5から3.6に下げ，すべてのタンパク質を泳動フロントから開放して正常なスポットを形成できるようにする，一次元泳動の前にサンプルを濃縮する零次元泳動を導入する，などの改良を施し，定量性と分離能を飛躍的に向上させた方法である（http://www.osaka-med.ac.jp/yhide/（2004年12月現在）参照）。このRFHR法は最近プロテオーム解析にもIPG法の弱点を克服する形で使われ始めている。

(1) 分離原理と分離ゲル

① 零次元　RFHR法では一次元泳動の前に，タンパク質を濃縮するための零次元泳動を行う。ディスク電気泳動法の濃縮原理を応用してleading ionとしてK$^+$をtrailing ionとしてグリシン，システインを用い，1 mgのタンパク混合物を1 mm以内のバンドに濃縮する。

ゲル濃度7%（T），厚み2 mm，幅10 mm，高さ50 mm。4本同時に使用する。ゲルバッファーは7 M尿素を含むK Acetateバッファーである。プレランはゲルバッファーと同じ電極液を用い，陽極側にラジカルスカベンジャーとして1%メルカプトエチルアミンHClを加えて，100 V定電圧で室温下1時間泳動する。

② 一次元　一次元は泳動ゲル全長が一定pHに固定される。塩基性領域の分離にはpH 8.6に，また中性から酸性領域はpH 9.8に設定される。タンパク分子はそのpHにおけるネットチャージを駆動力として等速に泳動し，その速度の差で分離する。

ゲル濃度7%（T），厚み2 mm，幅10 mm，高さ250 mm。4本同時に使用する。ゲルバッファーは7 M尿素と0.32% EDTA·2Naを含むTris Borateバッファー（pH 8.6または9.8）である。プレランはゲルバッファーと同じ電極液を用い，陽極側にラジカルスカベンジャーとして0.5%メルカプトエチルアミンHClを加えて，100 V定電圧で室温下6時間泳動する。

③ 二次元　二次元はゲル全体が一定pH 3.6に固定される。4枚同時に使用する。このpHではすべてのタンパク質が陰極に向かって泳動する。ゲル濃度16%（T），厚み2 mm，幅165 mm，高さ135 mmで4枚同時に使用。ゲルバッファーは7 M尿素を含むK Acetateバッファー（pH 3.6）である。プレランはゲルバッファーと同じ電極液を用い，陽極側にラジカルスカベンジャーとして0.5%メルカプトエチルアミンHClを加えて，100 V定電圧で室温下15時間泳動する。

(2) サンプル試料の作成と添加　通常，脱塩し凍結乾燥したタンパク試料を，1.4% 2-メルカプトエタノールを含む8 M尿素に溶かし，40℃，30分のプレインキュベートを行う。ついでフロントマーカーとしてピロニンYとアクリジンオレンジを含む零次元のゲルバッファーの50倍液を1/50容加える。濃度は2～4 mg/0.1 mlで，ゲル当り数mg添加できる。

(3) 泳動操作

① 零次元　プレインキュベーションが終わった零次元ゲルにサンプル溶液を上乗せする。電極液は陽極に4 M尿素と3.5%システインHClを含むグリシン酢酸バッファー，陰極に零次元のゲルバッファーを用いる。室温下定電圧100 Vで約15分泳動し，ピロニンYとアクリジンオレンジのバンドを含む上方10 mmのゲルをサンプルゲルとして切り出し，一次元ゲルに挿入する。

② 一次元　プレインキュベーションが終わった一次元ゲルの中間に設定されたウィンドウを開き，10 mmだけ一次元ゲルを切除し，代わりにサンプルゲルを挿入する。電極液は一次元ゲルバッファーと同じで，陽極側に還元剤として0.5%メルカプトエチルアミンHClを加えて泳動する。4℃，定電圧500 Vで塩基性領域の場合6時間，中性～酸性領域の場合20時間泳動する。

③ 二次元　プレインキュベーションを終えた二次元ゲル上に一次元ゲルを横たえる。電極液は陽極に4 M尿素と3.5%システインHClを含むグリシン酢酸バッファー，陰極には尿素とシステインHClを含まない同じバッファーを用いる。泳動は4℃，定電圧300 Vで塩基性領域の場合12時間，中性～酸性領域の

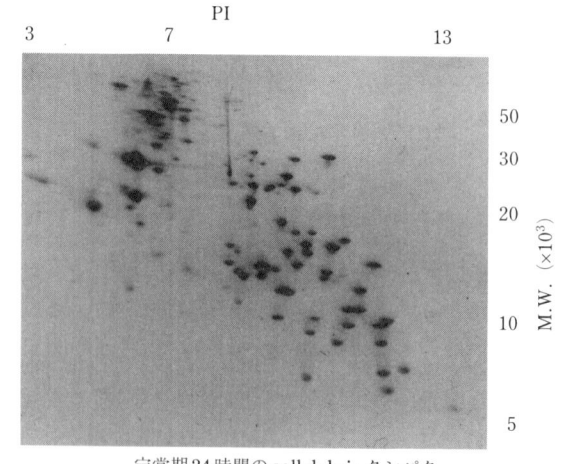

定常期24時間のcell debrisタンパク

図4.68 RFHR法による大腸菌膜タンパク質の分離

場合30時間泳動する。

RFHR法はより詳細な解析を行う場合，一，二次元とも泳動時間を延長するだけで，拡大した二次元画面を作成することができる。例えば中性〜弱酸性領域を拡大するときは一次元目を40時間，二次元目を60時間にする。図4.68は大腸菌膜タンパク質の塩基性領域中心の二次元画面である。

④　染色と同定　IPG法の場合とほぼ同じである。

(4) 特徴と問題点

① 特　　徴

・等電点の制約がないため，塩基性から酸性まで全領域で同等の分離能を持つ。

・ゲルへのタンパク質添加容量が大きく，かつスポットの人為的分裂を起こさないため，スポットからの遺伝子同定率が高い。

・SDSを用いず，可溶化剤を尿素に限るため，分離後の構造と機能回復の可能性を高める。

② 問　題　点

・等電点法を採用しないため，IPG法に比べて弱塩基性〜酸性領域の分離能が劣る。

・現状では操作にマニアックな側面を残しており，便利な方法にするためのいっそうの改良が必要である。

(和田　明)

〔2〕キャピラリー電気泳動法とその利用

(a) 原　　理　電気泳動とは，溶液中で電位差により荷電粒子が移動する現象として定義される。分離技法としての電気泳動は，1937年Tiseliusによって開発された。管にバッファーを満たしてその中にタンパク質の混合物をおき，電圧を印加すると，試料の成分がその電荷と移動度によって，ある方向と速度で移動することを発見した（1948年ノーベル化学賞受賞）。1980年代の初めには，JorgensonとLukacsが，内径75 μmのフューズドシリカキャピラリーを用い，この技術を発展させた。現在のキャピラリー電気泳動（capillary electrophoresis）は，電気泳動の分離メカニズムとクロマトグラフィーの自動化技術が結合して生まれたものである。

ゲル電気泳動と異なる点は，ゲル電気泳動では，泳動用緩衝液として，架橋ポリアクリルアミドやアガロースゲルのようなゲルを用いるのに対し，緩衝液や非架橋ポリアクリルアミドやセルロース誘導体などのポリマーを緩衝液に添加したものなどが用いられる。キャピラリー内で分離が行われ，試薬・検体量の少量化，手間・時間が省け，試料の導入から分離，検出，データ処理まで自動化が可能である。

キャピラリー電気泳動には，分離メカニズムから分類して，現在では種々の分離モードがあるが，荷電の大きさの違いと電気浸透流または分子ふるい効果を組み合わせて被検成分を分離分析する[36),37)]。代表的なものに，①キャピラリーゾーン電気泳動：リン酸やホウ酸などの緩衝液（自由溶液）を用い，電気浸透流を用いたもの，②動電クロマトグラフィー：ミセル等を添加し，分離を補助するもの，③キャピラリーゲル電気泳動：ポリマー溶液等のマトリックスを利用し，分子ふるい効果によるもの，DNAで一般的に用いられている，④等電点電気泳動：pH勾配を利用したもの，などがあり検体試料の荷電状態，分離目的等により使い分ける。

(b) 装置の概要　電圧をかける本体（高電圧電源，電極，オートサンプラー，検出器等を含む），キャピラリーとデータ処理装置からなる（図4.69）。キャピラリーは，高純度シリカを素材とした内径100 μm以下，長さ10〜数十cm（装置により異なる）で，強度を増すために外側をポリイミドコーティングしている。キャピラリーに泳動用緩衝液を充填し，キャピラリーの一端より試料（数〜数十nl程度）を電気的，加圧・吸引，あるいは落差的に注入し，両端を緩衝液に浸ける。キャピラリー両端に電圧（10〜30 kV）を印加すると，試料は検出側へ向かって移動し，その間に分離が達成される。検出器は，UV検出器かフォトダイオードアレイ検出器，レーザー蛍光検出器等が用いられている。試料はそのまま，あるいは蛍光標識化して，検出部でモニタリングされる。

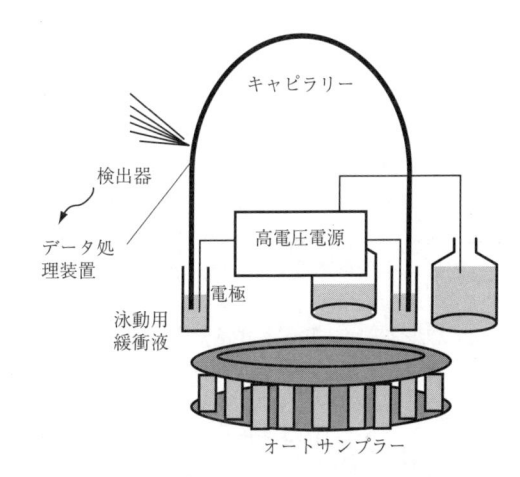

図4.69　キャピラリー電気泳動装置の概略図

(c) 応　用　例　アミノ酸，ペプチド，タンパク質，核酸などのイオン性有機化合物のほか，無機イオンの分析に利用され，さらに糖類の分析もできる。タンパク質やDNAなどのイオン性高分子化合物を分

離分析できることから，種々の疾患の診断に利用される。血清タンパク質の分離等で，分離パターンを正常なものと比較することにより，炎症性疾患，遺伝疾患，悪性腫瘍などの病態解明に応用されている。またDNAの分離においてはポリメラーゼ連鎖反応（PCR法）と組み合わせて，DNAシーケンサーやDNA診断，犯罪捜査におけるDNA鑑定などに利用されている。特に，96～384本のキャピラリーを並列化したキャピラリーアレイ電気泳動に基づくDNAシーケンサーは，約30億塩基対のヒトゲノムの配列の解読の高速化に貢献した。また，多型（polymorphism）解析（SNP，RFLP，VNTR，マイクロサテライト）に応用され，SSCPによるSNPs解析にもさかんに応用されている[38]。既知のラダーや既知濃度のマーカー等を利用することにより，未知試料の正確なDNAのサイズ決定や定量化が行える。

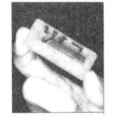

図4.70 マイクロチップ（左）とマイクロチップ電気泳動装置（MCE-2010）（写真提供島津製作所）

さらに近年にはマイクロチップ電気泳動が開発され，キャピラリーの代わりに，手のひらサイズのマイクロチップ内に加工されたマイクロチャネル（深さ～数十μm，幅数十～μmの細溝，長さ～数十mm）内で分離が行われ，より高速化が達成されている（図4.70）。一例として，図4.70に示したマイクロチップ電気泳動装置では，1検体当り，注入から検出まで数分以内に完了し，96サンプル連続測定可能である。
(田渕，馬場)

〔3〕パルスフィールドゲル電気泳動法とその利用
（a）原　理　DNA断片の分画にはふつうアガロースゲル電気泳動が使用されている。しかし，20 kb以上の長さのDNA断片になってくるとサイズに応じて泳動されずにすべて同じ移動度を示すようになり，圧縮領域が形成されてしまう。しかし，1984年にSchwartzとCantorが二方向の電場を一定間隔で交互にかけるというパルスフィールドゲル電気泳動（PFGE）を考案し，200～2000 kbの酵母染色体DNAをそのままのサイズで分画できることを示した[39]。このことにより，アガロースゲル電気泳動で分離できるDNAサイズが格段に大きくなり，5～6 Mbサイズも分離されている。PFGEでは二方向の電場がある決められた時間間隔（パルス時間あるいはスイッチング時間と呼ばれる）で交互に切り換わる。泳動中のDNA断片分子はその一端を先頭にしてヘビのようにアガロースゲルマトリックス中をニョロニョロと陽極方向に伸びながら移動していくが，ある一定サイズ以上になるとアガロースゲルマトリックスの分子ふるい効果がなくなり，サイズによらず一定の移動速度になる。しかし，電場が新しい方向に変わると，DNA分子はその新しい電場方向に対応するため方向転換して移動を再開する。このとき，大きなDNA分子ほど方向転換に時間がかかり，時間が経つにつれて移動距離に差が生じてDNA分子がサイズに応じて分離されると説明されている[40]。DNAは2方向の電場に対応しながらゲル中をミクロ的にはジグザグに移動してマクロ的には直進するわけである。PFGEで注意しておかなければならないのは，泳動条件により分離能のよい領域が異なり，ある泳動条件のゲル中でも分離能の異なる領域が存在することである。また，ゲルの上のほうのDNAバンド圧縮領域付近では移動度の逆転が起こる場合がある。環状DNA分子の分離は線状DNA分子の場合と違い，パルス時間の影響が小さく，サイズが大きくなるにつれて環状DNA分子はアガロースマトリックスに引っかかりやすくなり，細菌の環状染色体DNAはそのままではうまくゲル中に進入しないことが知られている。

（b）装置の概要　PFGE装置としては，初期の四つの点電極型から泳動パターンの歪みを軽減するために改良したヘキサゴナル電極型以外にも，直交線電極型タイプや電場ではなく泳動ゲルのほうが機械的に回転するタイプ，さらには垂直ゲルで泳動を行うタイプなどが考案された。しかし，現在ではこれらの方式の市販品を入手することができなくなっている。一番普及したPFGE装置は，Chuら[41]によって考案されたcontour clamped homogeneous electric field gel electrophoresis（CHEF）方式のものである。CHEFで使用される泳動槽には24個の電極が設置され，その電極間に抵抗器を入れることにより均一な電場を実現し，DNA断片の移動速度を一定に制御している。そのため，泳動パターンの歪みがほとんどない。Bio-Radから電場角度が120°固定のCHEF-DRIIシステムと90°～120°に調節できるCHEF-DRIIIシステムが販売されている。さらにCHEFとprogrammable autonomously controlled electrodesを兼ね備えたタイプの上級機種CHEF Mapper XAシステム（図4.71）もあり，電場の方向，電圧，パルスタイムを

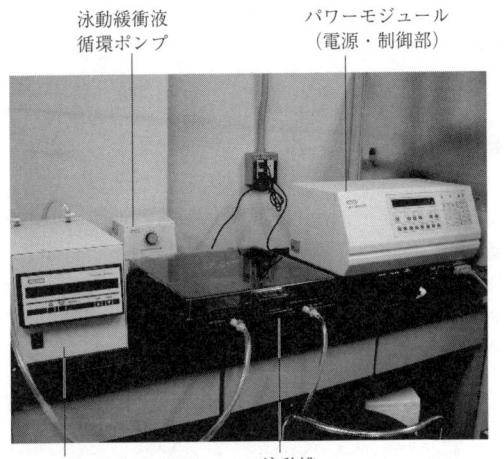

図4.71 CHEF Mapper XAチラーシステム

自在に設定できる。また，分離するサイズ領域の最適泳動条件を決定するアルゴリズムを内蔵しているため，分離したいサイズ領域に対する泳動条件の最適化作業を省くことができる。

泳動緩衝液が循環可能な通常のサブマリン泳動槽を使用する field inversion gel electrophoresis (FIGE)[42] も考案されている。これはPFGEの電場角度を180°にした変法で，200 kb以下の比較的小さなサイズのDNA断片の分離に適している。最近では微細加工技術を駆使して直径2 μm，高さ2 μmの微小円柱を2 μm間隔で3 mm×9 mmに整列させたチップ上で非対称パルスフィールド電気泳動を行う DNA prismという手法も開発されている[42]。

泳動装置とともに重要なことはいかにして切断されていない無傷のDNA試料を調製するかということである。生物種により細かな違いはあるが，DNA切断をできるだけ防ぐため細胞を低融点アガロースでブロックあるいは微小ビーズの形状にまず包埋してから，細胞破壊と除タンパク質などの処理を0.5 M EDTA溶液中で行う。処理を終えたアガロースブロックは適当なサイズの切片にして試料溝に入れる。微小ビーズの場合はピペット操作で試料溝に注入できる。パン酵母などの子嚢菌酵母ではzymolyaseなどの細胞壁溶解酵素処理をしてから溶菌・タンパク質分解処理を行っている。

泳動ゲルには通常1％アガロースゲルを使用する。アガロース濃度を下げるとDNAの移動度は早くなり，大きなサイズ領域の分離が可能になるが，バンドのシャープさが落ちる。泳動緩衝液は通常のアガロース電気泳動と同じくトリス-ホウ酸緩衝液（0.5 × TBE, 45 mM Tris-45 mM borate-1 mM EDTA, pH 8.3）あるいはトリス-酢酸緩衝液（1 × TAE, 40 mM Tris-40 mM acetate-2 mM EDTA, pH 8.0）を使用する。TAEのほうがTBEよりDNAの移動度は少し大きく，2 Mb以上の大きなサイズのDNAの場合に使用される。泳動緩衝液温度は循環により一定に保持し，通常14℃設定で行うことが多い。高い温度のほうがDNAは早く移動するが，分離能は低くなる。電圧とパルス時間が最も分離能に影響を及ぼし，分画したいサイズにより最適条件を使用する必要がある。一般に分離したいDNAサイズが大きくなるほど，電圧は低く，パルス時間は長く設定し，泳動時間は長くなる。泳動中にパルス時間を一定にして泳動する方法と徐々に傾斜させる（ramping）方法があるが，パルス時間を傾斜させるとサイズと移動距離の直線性が向上する。電場の切換え角度はCHEFで120°が一般であるが，分裂酵母の染色体のようなMbサイズのDNA断片に対しては少し小さな角度106°にすると泳動時間が短くなる。

（c）応用例　多くの生物種のゲノム解析やBAC，PAC，YACを用いたゲノムライブラリー作製では，PFGEを利用して出現頻度の低い制限酵素の切断地図を作製したり，大きなサイズのDNA断片を回収したりする[40]。制限酵素処理は1 mM PMSFを加えたTE（10 mM Tris-HCl, pH 8.0, 0.1 mM EDTA）などでよく洗浄したアガロースブロック試料で行う。大きなDNA断片の回収は，目的のDNA断片を含むアガロースゲルを切り出して，電気泳動により溶出させるか，低融点アガロースゲルでPFGEを行い，切り出したゲル断片を加熱融解してβ-agarase処理でアガロースの分解を行って回収する。サザンブロット解析をする場合には通常のサザントランスファー処理を行えばよいが，対象とするDNA断片サイズが大きいのでそのままでは膜への移行効率が悪い。塩酸処理による脱プリン処理あるいは紫外線処理による小断片化が必須である。サイズマーカーとして *Saccharomyces cerevisiae* などの酵母染色体DNA（0.2～5.7 Mb）やλファージDNAの多量体（50～1000 kb）などがBio-RadやNew England BioLabsから市販されている。

細菌では制限酵素処理した染色体DNAのPFGEにより，種あるいは株特異的な泳動パターンが得られるので，院内感染や食中毒の原因菌の比較・特定に利用されている。また，巨大プラスミド存在の有無あるいは線状染色体の判定にも利用されている。酵母では染色体DNAの泳動パターンを電気泳動核型として菌種の同定や細胞融合株の確認などに利用している。クロ

ーン化遺伝子がどの染色体に存在しているかという遺伝子マッピングや酵母染色体構造変化の確認，DNA複製中かどうかの判定にも利用されている．また，人工染色体の構築や染色体の分断法が考案され，PFGEは染色体工学の発展に不可欠なアイテムにもなっている．　　　　　　　　　　　　　　　　　　　　（金子）

4.3.8 クロマトグラフィーとその利用

化学の基本は，合成したものであれ抽出したものであれ，さまざまな分離手段により，目的の分子種をいかに均一な標品にするか，であり，この段階を経て初めて，さまざまな議論が可能となる．生化学においては，クロマトグラフィーで分子を分離精製できる技術の発展とともに，大きく進化した，といっても過言ではない．

クロマトグラフィーは，基本的には，二相間分配，すなわち，固定された一相，すなわち目的物に対して選択的に吸着特性を持つ媒体（固定相）に対して，もう一方をこれに接して分離する物質が溶けている溶液（移動相）として移動，透過させ，両者の間で連続的に分配を繰り返すことにより，分離する手法である．液相に溶けている物質がいかに早く固定相から移動，透過するかは，基本的に固定相にいかに強く相互作用するかと逆相関にある，といってよい．タンパク質など生体分子の精製には通常液体カラムクロマトグラフィーを使うことがほとんどである．ここでは，クロマトグラフィーは特に断らない限り液体カラムクロマトグラフィーのことを指すことにする．なお，移動相が気体の場合である，ガスクロマトグラフィーについては，最終項に簡単にまとめた．

溶質が固定相に保持される機構によって，クロマトグラフィーの種類を**表4.5**のように分けることが可能である．試料中の成分がカラムに保持され，固定相と移動相に分布するときに働く相互作用は，吸着，疎水性，イオン交換，浸透（あるいは排除）に大きく分けられる．まず，クロマトグラフィーの一般的原理について述べてみたい．

（a） 液体クロマトグラフィーの一般的原理　　基本的には以下のような操作を行うことになる．表4.5に示したような種類のうち，どれかを選び，分子のなんらかの化学構造の差を選択的に識別可能な担体を固定相としてカラムに充填，適切な緩衝液で平衡化しておいた後，分離しようと思う分子の混合物をカラムにかけ，緩衝液を流してカラムから溶出する．

クロマトグラフィーの結果，溶質が分離される様子（これをクロマトグラムと呼ぶ）の例を**図4.72**に示した．理想的な条件下においては，溶質はそれぞれクロマトグラム上で正規分布を持つ形をしたピークを示す．V_0はカラムを素通りする溶質が溶出する容積であり，カラム内での移動相の容積すなわち充填剤の空隙容積に等しいことから，ボイド容積と呼ばれる．実際に溶出される容積をV_Rとし

$$k' = \frac{V_R - V_0}{V_0} \tag{4.19}$$

を定義する．これを保持比（キャパシティー比）または保持能と呼ぶ．素通りした溶質のk'は0となり，保持が強くなるほど大きな値をとる．保持時間と保持容積は同義であることから

$$k' = \frac{t_R - t_0}{t_0} = \frac{t_r'}{t_0} \tag{4.20}$$

とも表せる．t_0はカラムを素通りする溶質が溶出する時間，t_rは溶出される時間からt_0を引いたものである．

試料中の各成分はクロマトグラフィーの一定条件のもとでそれぞれ固有の保持比をとることができる．二つの成分の保持比の比を両成分の分離係数と呼び，αで表す．

$$\alpha = \frac{k_2'}{k_1'} \tag{4.21}$$

表4.5　生体分子の精製，分析に用いられる各種クロマトグラフィー

種　　　類	保持または分配の機構
逆相クロマトグラフィー	液–液分配
イオン交換クロマトグラフィー	静電的相互作用
ゲル濾過 （分子ふるいクロマトグラフィー， サイズ排除クロマトグラフィー）	分子ふるい
疎水性クロマトグラフィー	疎水的相互作用
アフィニティクロマトグラフィー	分子種由来の特異的親和力
吸着クロマトグラフィー	水素結合，ファンデルワールス相互作用など
等電点クロマトグラフィー	等電点

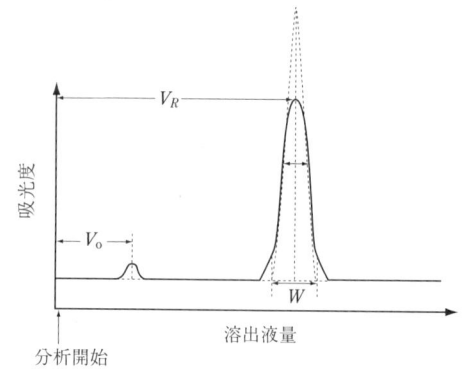

図4.72　典型的なクロマトグラム

実際のクロマトグラムは，クロマトグラフィーの進行に伴って，添加された状態よりも広がった存在状態を示すようになる。この広がりをバンドまたは分布帯と呼ぶ。例えば，図4.72に示したようなガウス型ピークに対して，その分布帯の保持時間をt_R，幅Wの間の保持時間をt_Wとして，つぎのような定数を定義する。

$$n = 16\left(\frac{t_R}{t_W}\right)^2 \quad (4.22)$$

これを理論段数nと呼ぶ。理論的にはこの段数，すなわち平衡の数がこれだけあると考えられ，このカラムの分離効率を示すものである。nはカラムの長さLに比例することから

$$H = \frac{L}{n} \quad (4.23)$$

という定数（理論段高という）がカラムの単位長さ当りの効率を表すことになる。Hが大きいほど，そのカラムは効率がよい，と考えられる。Hの値は分子の拡散に大きく支配され，分布体の広がりの要因によって決まる。

クロマトグラフィーの分離能を決定する項はいま述べたような四つの定数，すなわち系の選択性を示す分離係数α，保持比k'，それにカラム長Lと理論段高Hである。

（b）**方法の概要**　ここでは，高速液体クロマトグラフィー（HPLC），イオン交換クロマトグラフィー，ゲル濾過，アフィニティークロマトグラフィー，疎水性クロマトグラフィーについてまとめ，最後にガスクロマトグラフィーについて簡単に記した。

（1）**高速液体クロマトグラフィー**　high performance liquid chromatographyともいい，HPLCと略すことが多い。HPLCそのものは，以前はhigh pressure liquid chromatographyの略であったが，さまざまな手法の開発，分離能や効率，再現性の高さから，現在では高速液体クロマトグラフィーそのものをHPLCと略す場合がほとんどである。

液体クロマトグラフィーの基本構成図を**図4.73**に示した。ポンプを高性能にする，カラムについての技術開発，高感度の検出器の開発により，諸分野で不可欠な分離分析手段になった，ということができるわけである。

カラムの入口に添加された試料中の各成分は，固定相と移動相が平衡をなしている場で両方の相へ分布して平衡に達し，新しい平衡がつぎの平衡へというように繰り返されることによって分離される。このような分離は，試料が運ばれる移動相の移動速度と，平衡に達するための拡散速度が支配していることになる。平衡に達する速度は，固定相と移動相とが形成している平衡場で，試料中の各成分が両相に拡散し，平衡に達するために必要な時間によって決定される。これは，拡散が律速段階にある，または拡散律速である，と呼ばれる。液体の拡散定数は気体に比してきわめて小さいことから，液体クロマトグラフィーは移動相を気体とするガスクロマトグラフィーに比べてはるかに長い時間が必要であること，移動相である液体を移動させ十分な分離を達成させるためには流速を上げる必要がある。これらを克服するために以下のような工夫がなされた。

① 拡散平衡を容易に達成するために，固定相を薄層化もしくは微粒子化して，細いカラムを作る。

② 試料の迅速な移動のために，移動相液体の流速を上昇させる。流速の上昇により非平衡移動が起こることから，これを防ぐために固定相の性能を向上させる。

③ カラムの圧力が上昇することに対して，高圧化でも微少量液体を定量的に送液可能な高性能送液ポンプを開発する。また，これらの条件下でも安定に機能する検出器を開発する。

特に，①，②において液体クロマトグラフィーの高速化のための充填剤の開発が行われた。例えば微粒子化，さらにはその結果として起こる高圧化を最小限にとどめるための球状化が図られ，結果，流速のみならず，分離能の著しい向上が見られた。1960年代に粒径30から40 μmのシリカゲルによりこれらが可能であることが見出され，70年代前半には市販，さらに粒径10 μmの球状型，破砕型充填剤が開発された。このような1970年代の爆発的な技術的進歩から，現在では，2 μm程度の粒径を持つ粒子による分析用から50 μm程度の分取用まで幅広く市販されているほか，

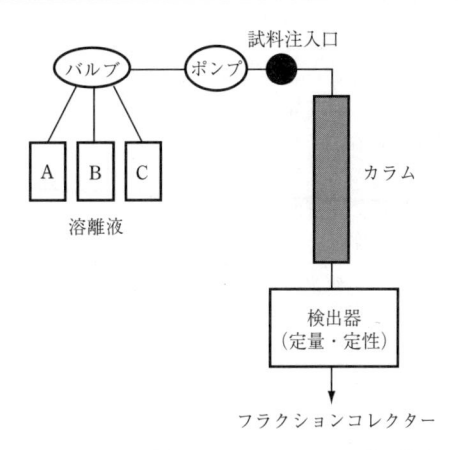

図4.73　高速液体クロマトグラフィーの基本構成図

吸着，イオン交換，ゲル浸透（分子ふるい），逆相，疎水性分離，などさまざまなクロマトグラフィーへの応用が図られ，生化学，生物工学の発展にも大きく寄与してきている。

HPLCの特徴として，以下の点が挙げられる。
① 定量性，再現性に富んでいること。
② 試料が微量でしかも分析が短時間で終了する。
③ 分離がきわめて高性能である。
④ ガスクロマトグラフィーで問題になるような不揮発性，熱安定性がまったく問題にならない。

イオン交換系，ゲル濾過，リガンドとの親和性を利用したクロマトグラフィーについては後述するので，ここでは，逆相系について簡単に述べてみたい。試料成分，固定相，移動相の三者の間にはたらく相互作用の力は，ファンデルワールス相互作用，双極子-相互作用，水素結合，静電相互作用（クーロン力を含む）などが組み合わさったものであり，すべての見かけの作用は溶媒和と呼ばれる。溶媒和の強さは極性の強さで表され，極性の強さは親水性と疎水性の溶媒和の程度によって表される。例えば，疎水性の固定相に対して極性の大きい親水性の移動相からなる平衡系においては，試料中の各成分の極性の代償により分離が行われる。このような分離を逆相分離と呼ぶ。生体分子を精製する場合は，この逆相系が威力を発揮する。

担体として，多孔性シリカ系と多孔性高分子系がよく使われている。使用できるpH範囲はシリカ系でpH 2から8，高分子系は広い範囲で可能である。充填剤の置換基には吸着力の強いC18やC8，フェニル基などが用いられるほか，タンパク質や疎水性の高いペプチドの分析に関してはC4を用いることが多い。粒子系は分析用で5 μm前後を用いる。溶媒系は有機溶媒についてはアセトニトリルを使うことが圧倒的に多く，ほかにメタノールやプロパノールを用いることもある。水溶媒系はトリフルオロ酢酸を用いることがほとんどである。これは，ペプチドなどの検出に用いる波長である220 nm付近の吸収がほとんどなく，揮発性で，よく用いる0.1％という濃度でpHが2になる，といった点による。

（2）イオン交換クロマトグラフィー　イオン交換クロマトグラフィーは，分子をその電荷によって分離する目的で用いられる。荷電基を持つ充填剤が溶質分子上の反対の符号を持つ荷電基と静電的に相互作用することで溶質を保持することになる。充填剤にはポリ陽イオンあるいはポリ陰イオン性のイオン交換樹脂（イオン交換体とも呼ぶ）を用いる。樹脂の性質は，基本的には，荷電基とマトリックスにより分類することができる。荷電基に関しては，特に生体高分子に限定した場合は，陰イオン交換用としてジエチルアミノエチル（DEAE）基，さらに塩基性の強い第四級アミノエチル（QAE）基を，陽イオン交換用としてカルボキシメチル（CM）基，さらに酸性の強いスルホプロピル（SP）基を用いる場合がほとんどである。一方，マトリックスには，巨大分子が入り込めるような親水性の網目構造を持ち，かついわゆる非特異的または不可逆的な吸着が最小限に抑えられているようなものを用いなければならない。加えて，高圧下高流速下での使用が可能となるようなマトリックスの開発も必要となる。

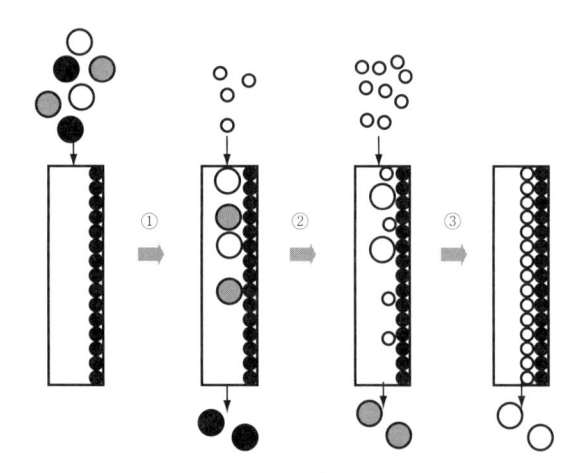

陽イオン交換の場合を示した。①樹脂（イオン交換体）は負電荷を持っており，同じ負電荷を持つ分子は樹脂と結合することなく，すぐに溶出される。そのあと，②NaClなどの塩を加えることにより，樹脂にイオンが結合し，弱く結合した分子が溶出される。塩濃度を高めていくことにより，最終的に，③樹脂に強く結合した分子種が溶出されることになる。

図4.74 イオン交換クロマトグラフィーの原理

わかりやすい例として，あるpHにおいて，強く正に荷電した分子，弱く正に荷電した分子，負に荷電した分子の3分子が混在している試料の分離を考えてみる（**図4.74**）。最初に，負に荷電した基を持つ陽イオン交換樹脂に，この試料を通す。負に荷電した分子は吸着せず，そのまま流れ出る。正に荷電した分子は吸着するが，その樹脂への吸着，結合力は異なる。緩衝液の塩濃度を上昇させていくと，静電相互作用の吸着への寄与は小さくなっていくはずである。そこで，NaClなどの塩濃度を徐々に上昇させていくと，Na^+イオンがイオン交換樹脂の負電荷と中和，打ち消し，結果として，樹脂への結合力の弱いものほど，早く溶出されていくことになる。強く正に荷電した分子は塩濃度をかなり上昇させたのち，溶出される。

（3）ゲル濾過　ゲル濾過（gel filtration）は，

溶質分子の化学的性質ではなく，その大きさの違いを利用するクロマトグラフィーであり，ゲル浸透クロマトグラフィー（gel permeation chromatography：GPC），あるいはサイズ排除クロマトグラフィー（size exclusion chromatography）とも呼ばれる。大きさの異なる高分子間の分離あるいは高分子に混在する低分子物質の除去，緩衝液の置換，などに用いられる。吸着を利用しない，という意味で，その原理は他のクロマトグラフィーと大きく異なる。

担体としては，多糖類を架橋した多孔性のゲル状粒子が用いられることが多い。このような粒子の多孔性は，低分子物質はゲル中を通り抜けることが可能で，高分子物質はゲル中を通り抜けられないような程度にすることになる。この多孔性の程度が，各種用いられる担体の分画分子量に相当する。

網目構造を持つゲルを充填したカラム内を分子量の大きな分子と小さな分子が通過する場合を考えてみよう（図4.75）。前者は，ゲル中を通り抜けられないような巨大分子，後者は，自由に入り込めるくらいの低分子，とすると，分子量の大きな分子には，流路の体積は，ゲル粒子間の空隙容積V_0に等しくなる。このV_0をボイド容積または排除容積と呼ぶ。一方，分子量の小さな分子はV_0だけでなく，ゲル粒子内部に入り込める体積V_1だけ余計に流路をもつことになり，$V_0 + V_1$だけ溶媒を流すことでゲルから溶出されることになる。この多孔性ゲルで分離され得る分子量を持つ分子種の場合は，ゲルの網目構造が分布を持っていて，その分布サイズに応じてゲル粒子内の体積の一定の割合を流路に持つことから，その割合をK_dとおくことで，ある特定の分子の溶出体積V_eは

$$V_e = V_0 + K_d \cdot V_1 \quad (4.24)$$

で表され，これを変形すると

$$K_d = \frac{V_e - V_0}{V_1} \quad (4.25)$$

となる。V_1を求めることは，実際は困難であることから，これを全カラム体積V_tからボイド容積V_0を引いたもの，すなわちゲル粒子が占める体積で置き換えて

$$K_{av} = \frac{V_e - V_0}{V_t - V_0} \quad (4.26)$$

というパラメーターとする。このK_{av}は，ゲル粒子の体積のうち，溶質分子が入り込める部分の割合を示していることになる。通常，球状タンパク質の多くの場合，K_{av}と分子量の対数との間に直線関係が成り立つことが経験的に知られている。そこで，分子量既知の複数のタンパク質を用いてクロマトグラムを得，その溶出体積と分子量の対数との間の直線関係を求め（これを検量線と呼ぶ），実際の分子量未知の分子種を分析して分子量を推定する，ことになる。

ゲル濾過は，固定相への吸着を利用していないこともあり，タンパク質の変性を最小限に抑えて分離精製できる，という利点があること，分子の形状のみに依存することから，pHやイオン強度の影響が最小限であり，条件設定を幅広くとることが可能であること，などを特徴として挙げることができる。

（4）アフィニティークロマトグラフィー　生命現象は基本的に生命分子間の相互作用の組合せで起こる。この相互作用，あるいは特異的分子認識能を生かして，分子種を精製あるいは分析するのがアフィニティークロマトグラフィー（親和性クロマトグラフィー）である。表4.6に，アフィニティークロマトグラフィーにおける原理として用いられるような特異的相互作用の例を挙げた。

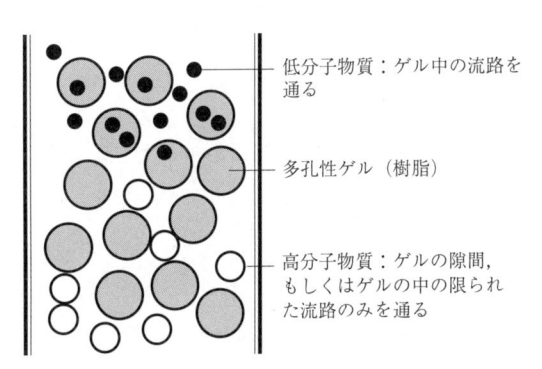

網目構造を持つゲル（多孔性ビーズ）中を容易には通り抜けられないような巨大分子は，流路の体積は，ゲル粒子間の空隙容積V_0に等しくなる。このV_0をボイド容積または排除容積と呼ぶ。一方，分子量の小さな分子はV_0だけでなく，ゲル粒子内部に入り込める体積V_1だけ余計に流路を持つことになり，$V_0 + V_1$だけ溶媒を流すことでゲルから溶出されることになる。この多孔性ゲルで分離され得る分子量を持つ分子種の場合は，ゲルの網目構造が分布を持っていて，その分布サイズに応じてゲル粒子内の体積の一定の割合を流路に持つ。

図4.75　ゲル濾過の原理

表4.6　アフィニティークロマトグラフィーにおける原理として用いられる相互作用

生体高分子類	相互作用する生体物質類
酵素	基質，阻害剤，生成物 コファクター，エフェクターなど
抗体	抗原，Protein A，Protein G
抗原	抗体
受容体	ホルモン，サイトカイン（アゴニスト，アンタゴニスト），成長因子，毒素など
チャネル	阻害剤，毒素
His-tag融合タンパク質	Ni-NTAなど

そのリガンドが明らかになっているようなある特定のタンパク質の精製を考えてみよう。そのリガンドを，親水性ゲルに共有結合で結合（固定化）し，それをアフィニティークロマトグラフィーにおける担体として用いることになる。目的のタンパク質を含む溶液を，このゲルと共存させると，特異的な相互作用により，吸着する。この相互作用を打ち消すことができるような適切な条件により担体からタンパク質を解離させ溶出させれば，原理的には，そのリガンドに特異的なタンパク質のみが精製できることになる。

このような精製は，表4.6に示したような，リガンドとなる物質との特異的分子認識能が解析されていることが条件となり，その情報に基づいて担体を調製し，クロマトグラフィーが行えることになる。また，通常，特異的な相互作用には，精製しようと考える物質と特異的に相互作用する物質との間に1：1の対応がつくことを原則としているが，なかには，その特異的に相互作用する物質に対して，複数の分子が結合することがある。そのような物質を固定した担体を用いたクロマトグラフィーによる精製を群特異的アフィニティークロマトグラフィーと呼ぶ。例えば，色素やヘパリンを用いたリガンドクロマトグラフィーがその例である。また，最近では，Ni-NTAのような金属錯体に対して，Hisの多量体が配位子になることができることを利用した，固定金属キレートアフィニティークロマトグラフィー (immobilized metal affinity chromatography) が汎用されている。最近の遺伝子工学の発展により，目的タンパク質をHisの多量体との融合タンパク質として発現，調製し，金属キレートアフィニティークロマトグラフィーにより精製する方法であり，諸分野におけるタンパク質の利用範囲を大きく高めるものとなった。

（5）疎水性クロマトグラフィー　疎水性クロマトグラフィーは，タンパク質とゲルに結合したリガンド間における疎水的相互作用に基づいたクロマトグラフィーである。基本的には，移動相が親水性であり，固定相には疎水性のリガンドを持つゲルを用いる，吸着型のクロマトグラフィーと，移動相が極性有機溶媒であり，固定相には疎水性で無極性のリガンド（例え

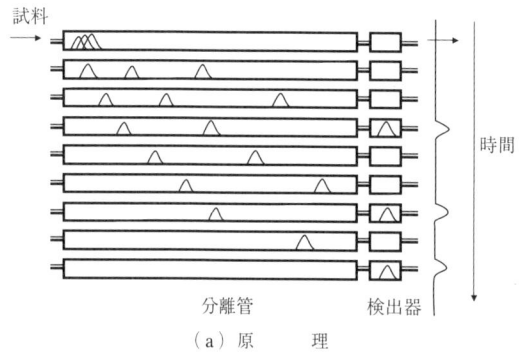

図4.76 ガスクロマトグラフィーの原理と基本装置

（a）原理

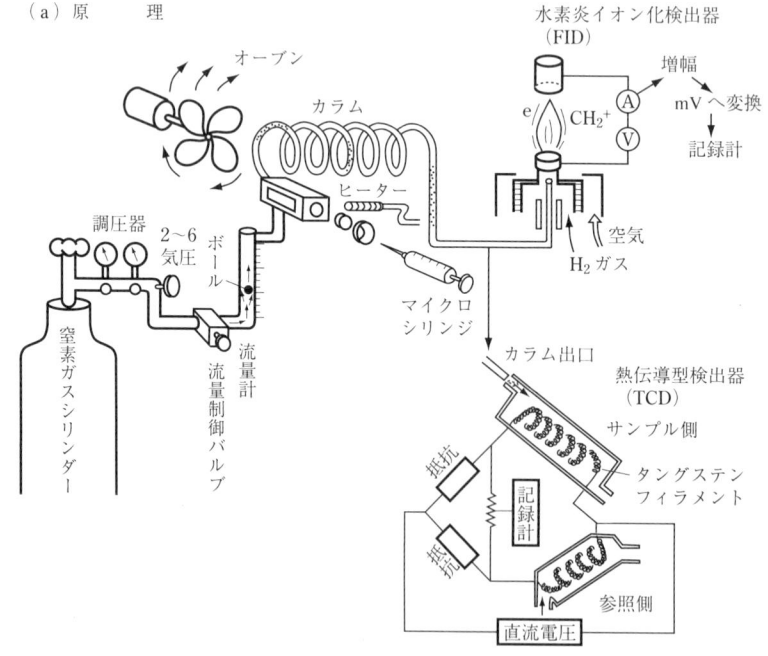

（b）基本装置〔津田孝雄：クロマトグラフィー，丸善（1995）〕

ば長鎖の脂肪族化合物）である，分配型のクロマトグラフィーに分けられる．後者は，先に，高速液体クロマトグラフィーの項で説明したように，逆相クロマトグラフィーと呼ばれる．本項では，前者の疎水性クロマトグラフィーについて述べる．

（6）ガスクロマトグラフィー　これまでの項では，移動相として液体の場合に限った．本項では，移動相を気体とするガスクロマトグラフィー（gas chromatography：GC）について，簡単に述べてみたい．原理と基本装置を図4.76に示した．

ガスクロマトグラフィーは700℃までの沸点を持つ揮発性物質で熱安定な試料の分離，同定，定量に用いられる．これより沸点の高いものについては，トリクロロ酢酸などによって誘導化したのち分離する．試料はクロマトグラフィーにおいてガス状となってカラムを通り移動する．カラム中にある固定相は，固体吸着剤，液体または化学結合された薄膜のいずれかがほとんどである．また，試料成分をカラム中で移動させる移動相としてはヘリウム，窒素，アルゴン，水素などのガスを用い，これをキャリアガスと呼ぶ．固定相により溶質のカラム中での移動が選択的に遅延し，分析試料中の各成分がそれぞれ異なった速さでカラム中を移動することになる．その結果，各成分が分離を起こし，分離帯もしくはバンドを生じる．一般に，沸点の違いで分離することが可能となる

ガスクロマトグラフィーの特徴として，豊富なデータ量から分析結果を容易に解析できること，カラム自体が安定であること，分離がドライな条件で進行するため，液体クロマトグラフィーのように展開溶媒を必要とせずランニングコストが安価であること，優れた検出器があること，などを挙げることができる．検出器に関しては，炭素に応答する水素炎イオン化検出器（FID），ハロゲン類に高い感度を示す電子捕獲検出器（ECD），イオンやリンに選択的に応答できる炎光光度検出器（FPD），熱伝導型検出器（TCD）などがあり，特に，FIDは有機化合物に関してはほぼ万能であるといってよい．

カラムには充填カラムとキャピラリーカラムがある．単純な分離，沸点が数十度以上異なる場合は耐用性が高くかつコストが安い充填カラムを用いる．充填カラムの場合は，カラムの材質としてステンレススチール，ガラス，ニッケルなどがあり，固体吸着剤としてはシリカゲル，活性アルミナなどがある．固定液相は多種にわたる．一方，キャピラリーカラムの場合は比較的容易にきわめて高い理論段数を実現できる．中空キャピラリーカラムを用いることが多く，迅速な分析，試料負荷量などによって，内径，液相の厚さ，カラムの長さ，液相の種類をうまく選択して，効率よく分離できることになる．

クロマトグラフィーの溶出成分は，標準試料との保持比の一致によって確定することになるが，同様の保持比を持つ複数の化合物の存在が否定できない．そこで，性質の異なるカラムを複数用いて分析し，結果を裏づけることが重要であろう．しかしながら，保持比によって分子の構造が確実に推定できるわけではなく，各成分の定性情報を得るために，リンやイオウなどの選択検出器を用いたり，FT-IRやMSなどのスペクトル測定を同時に行ったりして，確定することが望ましい．特に，キャピラリーガスクロマトグラフィーと質量分析計を組み合わせた装置，GC/MSは，高分離能カラムと，定性的に優れた情報を与えるマススペクトルの二つの分析法の組合せであり，幅広く用いられている．

クロマトグラフィーの原理と応用には数多くの優れた著書，総説がある．ここでは，本項をまとめるにあたり，参考にさせていただいたいくつかについてのみまとめておく[45]〜[49]．　　　　　　　　　　　　　　（津本）

4.3.9　イムノアッセイとその利用

（a）原　　理　抗体分子の有する抗原に対する高い特異的親和性を利用して，多成分中の微量の生化学物質を同定・検出する方法をイムノアッセイと総称する．多価抗原と抗体とが，等量点付近で凝集体沈殿を生じることに基づいた免疫沈殿法が，1940年代後半から利用され，オクタロニー（Ouchterlony）法，免疫電気泳動法などが，抗体，抗原間の反応性の確認に現在でも用いられているが，その検出限界は高いものではなく，μgのオーダーである[50],[51]．

微量生化学物質の定量に最も広く用いられているのは酵素免疫測定法（enzyme immunoassay：EIA）と放射性免疫測定法（radio immunoassay：RIA）である．抗原抗体の結合状態を，標識した抗体，あるいは抗原から得られるシグナル（放射線強度，酵素と基質の反応による発色，蛍光，化学発光など）によって測定する方法であり，前者は酵素分子を，後者は放射性同位元素を標識に用いる．放射性免疫測定法は1959年R. S. Yalow[52]によって，放射性ヨウ素標識インスリンを用いて後に述べる競合法によるインスリン測定法として開発された．これによってpg以下の物質を測定できるようになってきたが，放射性同位元素の取扱い上の難点から，酵素免疫測定法が普及してきた．

両方法とも測定対象の特性，抗原抗体反応の起こさせ方，抗原抗体結合物と遊離物の分離法（B/F分離），その検出法などによって，さまざまな手法が提案され

ているが[53],[54]，両方に共通なものが多く，抗原測定にも抗体測定にも同様な手法が適用されるので，ここではおもに酵素免疫測定法による抗原測定を対象として説明する。表4.7に示すように，B/F分離を要しない均一法と，その操作を要する不均一法に大別され，それぞれに競合法（competitive assay）と非競合法（noncompetitive assay）が存在する。このうち，固相に抗体，あるいは抗原を固定化してB/F分離を行うものをELISA（enzyme-linked immunosorbent assay）と呼ぶ。

表4.7 各種酵素免疫測定法

不均一法	競合法	2抗体法 2抗体固相法 図4.77(a) 1抗体固相法
	非競合法	直接固相法 図4.77(b) サンドイッチ法 図4.77(c) 　forward sandwich法 　simultaneous two site法 リポソーム免疫測定法
均一法	競合法	enzyme multiple immunoasssay technique 図4.77(d)
	非競合法	liposome immune lysis assay

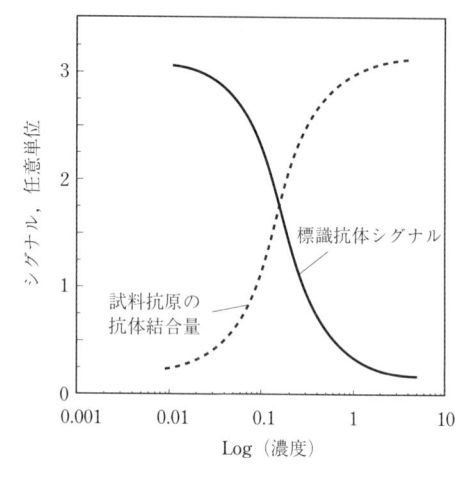

図4.78 競合法におけるシグナルと試料濃度

（b）測定法 表4.7に示した方法のうち，現在広く用いられ，測定キットなどにも応用されている代表的なものについて，操作概要を述べる。

（1）2抗体固相法（不均一競合固相法） 図4.77（a）に示すように，試料である非標識抗原と，それに対する抗体および酵素標識抗原を一定量加え，抗原抗体複合体を固相に固定化した第2抗体との結合によって分離する。その後，結合酵素標識抗原量を基質との反応によるシグナルから求める。競合法では図4.78に模式的に示すように，試料中の抗原量が増加するにつれて，標識，非標識抗原間の抗体結合サイトへの競合の結果，抗体と結合する酵素標識抗原量が減少し，したがってシグナルが減少することに注意する必要がある。また，固相法では各操作ステップごとに固相に結合したものと，溶液中に存在するものを洗浄によって十分に分離する（B/F分離）ことが必要である。検出限界は使用する抗体の結合親和性に影響されるとともに，加える抗体，酵素標識抗原濃度の適切な設定にもよる。

（2）直接固相法（不均一非競合固相法） 図4.77（b）に示すように，試料中の抗原を固相に直接固定化し，これに対する標識特異抗体を加え，洗浄後シグナルを測定する。標識特異抗体を用いる代わりに，非標識特異抗体と抗原を結合させた後，特異抗体に対する標識抗体を用いるほうがより一般的である。最もシンプルな方法であるが，検出限界が低くなく，また測定結果が試料中の夾雑不純物の影響を受けやすい。

（3）サンドイッチ法（不均一非競合固相法） 図4.77（c）に示すように，固相に固定化した抗体に試料中の抗原を結合させ，洗浄後酵素標識抗体を加えて抗原に結合させ，その後シグナルを測定する。固相固

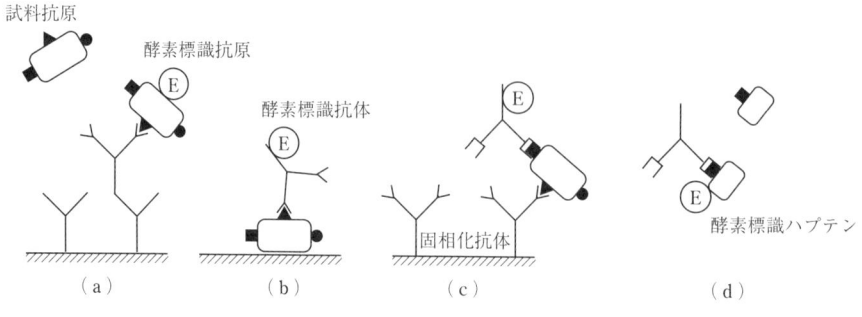

図4.77 各種酵素免疫測定法模式図

定化抗体，標識抗体とも抗原量に対して大過剰に存在させる。また，この方法は測定対象抗原を抗体でサンドイッチにするので，多価抗原にしか適用できず，ハプテンなどの測定は行えない。モノクローナル抗体を用いれば抗原エピトープが一定位置にあり，両抗体の競合が起こらないので，試料抗原と標識抗体を同時に加え，洗浄操作が少なくてすむ simultaneous two sites 法が実施できる。(b)，(c) のような非競合法では図 4.79 に示すように試料中の抗原量とともにシグナルが増加する。

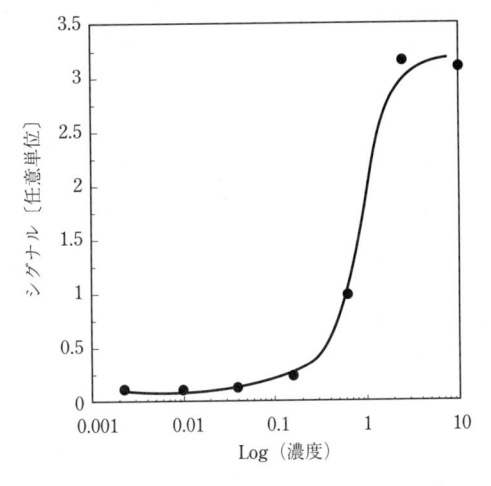

図 4.79 非競合法におけるシグナルと試料濃度

(4) enzyme multiplied immunoassay technique（均一競合法） 図 4.77 (d) に示すように，測定対象ハプテン（抗原）と酵素を結合させ酵素標識ハプテンを得る。この酵素は活性を有しているが，このハプテンに抗体が結合すると酵素活性が低下する。したがって，試料中のハプテンとこの酵素標識ハプテンの競合測定を行えば，試料中のハプテンの増加とともに酵素活性の低下割合が抑えられ，シグナルが増加する。この方法によれば低分子対象物を B/F 分離を行わずに測定できる。

(5) そ の 他 シグナル強度を上げるためにビオチン，アビジン間の高い親和力を利用して，多数の標識物を結合させる方法や，標識物を内包したリポソーム表面に抗体を結合したものを標識抗体の代わりに用いる方法[55]などが考案されている。また，抗原抗体結合を利用して相互作用する 2 分子を近接させ，そこで生じる蛍光共鳴エネルギー移動（FRET）や酵素活性相補性に基づく均一非競合測定法なども提案されている。

(c) 装置の概要 EIA，RIA の測定装置は抗原抗体反応を行い，B/F 分離するための器具と，標識物からのシグナルを定量的に測定する装置とに分けられる。抗原抗体反応は多検体を一時に処理するために，プラスチックビーズ（直径数 mm）や，多数（24, 96, 384 など）のくぼみ（ウェル）を有するプラスチックプレート（約 125 × 80 mm）が使用され，特に 96 ウェルプレートが最も一般的である。通常の発色検出には透明プレートが用いられるが，蛍光，化学発光などにはシグナルのクロストークを防ぐために不透明プレートが，さらに細胞培養や，シンチレーション用などに特殊なものも市販されている。

シグナルの検出・定量にはシグナルに応じて種々のものが使用されるが，プレートや測定キットのフォーマットに従って，多検体を同時・自動測定できるものが多い。通常 RIA では γ 線を，EIA では酵素，基質反応による発色，蛍光，化学発光を測定する。プレートに対してはプレートカウンター，プレートリーダーなどとして市販されている。

(d) 応 用 例
(1) 抗 体 免疫測定法に用いる抗体としては，抗原結合親和性，エピトープ特異性が高いものが検出限界，検出特異性の点から望ましく，また測定再現性の点からもモノクローナル抗体が有用である。サンドイッチ法で同一エピトープへの競合結合のためシグナルが低下するなどの問題点もモノクローナル抗体では解決できる。しかし，入手の容易さ，高親和力のものまでポピュレーションのなかに含まれていることなどのためにポリクローナル抗体も，現在でも広く用いられている。

(2) 標識物と標識法 RIA では分子中構成原子に放射性同位体を用いる場合には ^3H，^{14}C が，タンパク質に標識する場合には ^{125}I が多く利用される。後者では $Na^{125}I$ とクロラミン T によってチロシン残基をヨウ素化する。EIA の標識酵素としては西洋ワサビペルオキシダーゼ，アルカリフォスファターゼ，β-ガラクトシダーゼなどが一般的である。標識法はタンパク質はマレイミド法によることが酵素，抗体の活性保持，効率の点から優れており，ハプテンについてはその特性（有する官能基）に応じて種々の方法がある。種々の標識抗体が市販されている。

(3) 固相の選択 抗原の吸着量を適切に保つため吸着力の異なる固相が用意されている。特に低分子抗原の場合は，吸着量が低いため感度が低下する場合がある。一方，吸着力が強すぎると非特異吸着によるバックグラウンドの増加が生じる。さらに，プレートでは周辺部ウェルや，ロット間の吸着力のばらつきが生じることがある。

（4）非特異的吸着防止のためのブロッキングならびに洗浄　固相法では抗原抗体複合体以外のものが非特異的に吸着すると測定誤差，特に測定時のバックグラウンドが高くなるので，抗体あるいは抗原吸着後，固相表面を不活性なタンパク質（ウシ血清アルブミン，カゼインなど）でコートし，抗原，抗体の非特異的吸着を防止する。この操作をブロッキングと呼び，必須の操作である。また，B/F分離のために，抗原，抗体溶液添加の各操作ステップ間で十分な洗浄が必要となる。

（5）シグナル検出法　RIAでは光電子増倍管を用いたシンチレーションカウンター，EIAでは，酵素基質を一定反応時間させた後の可視吸光度，蛍光強度，生物または化学発光強度などによって定量的に測定される。発色法では酵素反応10～100分後の発色を吸光度計で，発光法ではこの間の蓄積光量をフィルムや冷却CCDカメラなどで測定する。反応時間が長いほど感度を上げることができるが，バックグラウンドも増加することになる。測定限界は，放射性同位元素あるいは吸光度ではfmolオーダー，蛍光や発光法によれば数十amolオーダーの標識からのシグナルの検出が可能であるとされているが，もちろん抗原抗体間の親和力によって，標識物の結合量が影響されることに注意しなければならない。

（6）測定キット　医薬品，サイトカイン，ホルモン，農薬，毒素などのほか，最近では遺伝子食品の免疫測定キットが多数市販されている。高分子抗原に対してはサンドイッチ法，低分子については競合法に基づくものが多く，適当な抗体や抗原が固相に固定化され，標識物も用意され，簡便に検出できるように工夫されている。
〔加藤滋雄〕

引用・参考文献

1) 岩井成憲，大塚栄子：DNA/RNA合成機，蛋白質 核酸 酵素，**39**，1788-1799，共立出版（1994）．〔DNA/RNA合成機の詳細な配線図および合成法確立までの歴史背景に関する総説。合成核酸の精製法および機械の保守にまで言及した詳細な総説〕

2) 下西康嗣，永井克也，長谷俊治，本田武司共編：新生物化学実験のてびき3　核酸の分離・分析と遺伝子実験法（井手口隆司：1章 核酸の取扱い方法，藤田祐一：2章 遺伝子をクローニングする実験），化学同人，京都（1996）．〔遺伝子組換え操作にかかわる種々の実験の手引き書。遺伝子クローニング，構造解析，組換えDNA発現を中心に，PCR，DNA/RNA化学合成の関連技術に言及した総説〕

3) Ausubel, F. M., et al., eds.: *Current Protocol in Molecular Biology*, John Wiley & Sons, New York (1989).〔分子生物学実験の手引き書。順次，内容が更新される〕

4) Livak, K. J., Flood, S. A. J., Marmaro, J., Giusti, W. and Deetz, K.: *PCR Methods and Applications*, **4**, 357-362 (1995).〔PCRのリアルタイムモニタリングに関する原著論文〕

5) 固相合成ハンドブック，(Dörner, B., White, P.), メルク(2002).〔樹脂，保護基，縮合剤，脱保護などペプチド合成に関するテクニカルノート〕

6) Fields, G. B.: Solid-phase peptide synthesis, *Methods in Enzymology*, **289**, 67-83 (1997).〔ペプチドの固相合成の総説〕

7) Spetzler, J. C. and Tam, J. P.: *Int. J. Peptide Protein Res.*, **45**, 78-85 (1995).〔ペプチドデンドリマー合成によるMAPの合成法を報告した論文〕

8) Field, G. B. and Prockop, D. J.: *Biopolymers*, **40**, 345-357 (1996).〔コラーゲンの三次元構造の構築方法と性質をまとめた総説〕

9) Sanger, F., et al.: *Proc. Natl. Acad. Sci. USA*, **74**, 5463-5467 (1977).

10) Ju, J., et al.: *Proc. Natl. Acad. Sci. USA*, **92**, 4347-4351 (1995).

11) Sasaki, N., et al.: *Proc. Natl. Acad. Sci. USA*, **95**, 3455-3460 (1998).

12) Ewing, B. and Green, P.: *Genome Res.*, **8**, 186-194, (1998).

13) Drmanac, R., et al.: *Genomics*, **4**, 114-128 (1989).

14) Brenner, S., et al.: *Nature Biotech.*, **18**, 630-634 (2000).

15) Brenner, S., et al.: *Proc. Natl. Acad. Sci. USA*, **97**, 1665-1670 (2000).

16) タカラバイオのホームページ：http://www.takara-bio.co.jp/（2004年12月現在）

17) Sanger, F.: *Biochem. J.*, **39**, 507 (1945).〔世界初のタンパク質一次構造決定。決定したタンパク質はウシインシュリン〕

18) Edman, P.: *Arch. Biochem. Biophys.*, **22**, 475 (1949).〔N末端からの逐次分解法によるタンパク質一次構造決定法〕

19) 綱澤 進：蛋白質 核酸 酵素，**45**，186，共立出版(2000).〔N末端修飾タンパク質でのN末端アミノ酸配列決定法〕

20) Boyd, V. L., Bozzini, M., Zon, G., Noble, R. l. and Mattaliano, R. J.: *Anal. Biochem.*, **206**, 344 (1992).〔C末端からのアミノ酸配列決定法〕

21) 綱澤 進：蛋白質 核酸 酵素，**40**，389，共立出版(2000).〔タンパク質のN末端プロセシングの法則性〕

22) Hewick, R. M., Hunkapiller, M. W., Hood, I. E. and Dreyer, W. J.: *J. Biol.Chem.*, **256**, 7990 (1981).〔気相式プロテインシーケンサー〕

23) 平野 久：プロテオーム解析，p. 15，東京化学同人(2001).〔二次元電気泳動法のための試料調製法〕

24) Klein, T. M., et al.: *Nature*, **327**, 70–73 (1987).〔現在，おもに使用されているパーティクルガンの原理となった装置および遺伝子導入法に関する論文〕

25) Toriyama, K., et al.: *Bio/Tecnol.*, **6**, 1072–1074 (1988).〔細胞への電気刺激によるDNA導入法に関する論文〕

26) Moore, S. and Stein, W. H.: *Methods in Enzymol.*, Vol. 6, pp. 819–831, Academic Press (1963).〔塩酸加水分解の方法を示している古典的実験書〕

27) 滝尾拡士：タンパク質II 一次構造（新生化学実験講座1），pp. 75–80，東京化学同人 (1990).〔アミノ酸分析について詳細に説明している実験書．システイン残基の修飾法についても説明している〕

28) Simpson, R. J., et al.: *J. Biol. Chem.*, **251**, 1936–1940 (1976).〔メタンスルホン酸加水分解を行っている論文〕

29) 雁野重威，他：タンパク質・ペプチドの高速液体クロマトグラフィーII，pp. 3–12，化学同人 (1990).〔ニンヒドリン法だけでなくプレラベル法によるアミノ酸分析も詳しく説明している単行本〕

30) 岩松明彦：機器分析のてびき2（第2版），pp. 81–93，化学同人 (1996).〔AQC法によるアミノ酸分析を詳しく説明している実験ノート〕

31) Kaltschmidt, E. and Wittmann, H. G.: *Anal. Biochem.*, **36**, 401–412 (1970).〔最初の二次元電気泳動法を考案，大腸菌のリボソームタンパクの命名法を統一した〕

32) Laemmli, U. K.: *Nature*, **227**, 680–685 (1970).〔初めて電気泳動法にSDSを導入し，分子ふるいを用いて分子の大きさと形によって分離した〕

33) O'Farrell, P. H.: *J. Biol. Chem.*, **250**, 4007–4021 (1975).〔初めてpH勾配を二次元電気泳動法に導入し，きわめて高い分離能を実現した〕

34) Görg, A., et al.: *Electrophoresis*, **9**, 531–546 (1988).〔イモビライン試薬を用いてゲルに固定したpH勾配を作成，二次元スポットパターンを安定させた〕

35) Wada, A.: *J. Biochem.*, **100**, 1583–1594 & 1595–1605 (1986).〔K-W法を改良して定量性と分離能を飛躍的に向上させ，大腸菌リボソームタンパクを発見した〕

36) 本田 進，寺部 茂編：キャピラリー電気泳動 基礎と実際，講談社 (1995).〔キャピラリー電気泳動に関する基礎から実際までがわかりやすく記載された基本書〕

37) Mitchelson, K. R. and Cheng, J. eds.: *Capillary Electrophoresis of Nucleic Acids*, Vol. I, Humana Press, Totowa, NJ (2001).〔キャピラリー電気泳動が網羅された専門書（基礎編）〕

38) Mitchelson, K. R. and Cheng, J., eds.: *Capillary Electrophoresis of Nucleic Acids*, Vol. II, Humana Press, Totowa, NJ (2001).〔キャピラリー電気泳動が網羅された専門書（応用編）〕

39) Schwartz, D. C. and Cantor, C. R.: *Cell*, **37**, 67–75 (1984).〔PFGEで出芽酵母の染色体を分離した最初の論文〕

40) Birren, B. and Lai, E.: *Pulsed Field Gel Electrophoresis*: A Practical Guide, Academic Press, San Diego, CA (1993).〔PFGEに関する原理，方法，応用例のバイブル〕

41) Chu, G., Vollrath, D. and Davis, R. W.: *Science*, **234**, 1582–1585 (1986).〔泳動の歪みを低減したCHEFの論文〕

42) Carle, G.F., Frank, M. and Olson, M. V.: *Science*, **232**, 65–68 (1986).〔電場角度を180°にしたPFGEの変法〕

43) Huang, L. R., Tegenfeldt, J. O., Kraeft, J. J., Sturm, J. C., Austin, R. H. and Cox, E. C.: *Nature Biotech.*, **20**, 1048–1051 (2002).〔チップテクノロジーを利用した新しいタイプの分離技術〕

44) 小笠原直毅，高見英人，久原 哲，服部正平：ホールゲノムショットガン法によるゲノム解析とアノテーション（生物化学実験法46），pp.1–22，学会出版センター (2001).〔ゲノム解析におけるPFGEの応用〕

45) 津田孝雄：クロマトグラフィー――分離のしくみと応用――（化学セミナー），丸善 (1995).〔クロマトグラフィーの原理から応用までが，わかりやすくまとめられている〕

46) 波多野博行，花井俊彦：新版 実験高速液体クロマトグラフィー，化学同人 (1988).〔高速液体クロマトグラフィーに関して，原理から実際まで，わかりやすくまとめられている〕

47) 日本生化学会編：タンパク質I 分離・精製・性質（新生化学実験講座1），東京化学同人 (1991).〔タンパク質の分離，精製に関して，簡単な原理から実験例までをまとめた優れた実験書である〕

48) 笠井堅一：アフィニティークロマトグラフィー，東京化学同人 (1991).〔アフィニティークロマトグラフィーに関して最もよくまとめられている〕

49) *Current Protocols in Protein Science.*; *Current Protocols in Molecular Biology*, John Wiley & Sons (1993).〔タンパク質科学周辺の諸技術に関して，基礎原理から実験例までを丁寧にまとめている〕

50) 大沢利昭編：免疫化学，南江堂 (1983).〔抗原抗体の特性，取扱い法，各種免疫測定法に関する総合的解説〕

51) 日本生化学会編：分子免疫学III 抗原・抗体・補体（新生化学実験講座 第12巻）(1992).〔抗原抗体の特性，取扱い法，各種免疫測定法に関する総合的解説〕

52) Yalow. R. S. and Berson, S. A.: Assay of plasma insulin in human subjects by immunological methods, *Nature*, **184**, 1648–1649 (1959).〔RIAについての論文〕

53) 石川栄治，河合 忠，宮井 潔編：酵素免疫測定法，医学書院 (1982).〔酵素免疫測定法の原理，実験法に関する解説〕

54) 北川常廣，南原利夫，辻 章夫，石川栄治編：酵素免

疫測定法, 蛋白質 核酸 酵素, **31**, 共立出版 (1987).〔酵素免疫測定法の原理, 実験法に関する解説〕
55) Rongen, H. A. H., Bult, A. and van Bennekom, W. P.: Liposome and immunoassay, *J. Immunol. Method*, **204**, 105-133 (1997).〔リポソームの免疫測定への応用に関する総説〕

4.4 ナノ計測技術とその利用法

4.4.1 走査プローブ顕微鏡とその利用

（a） 原　理　走査プローブ顕微鏡は, レンズの代わりに鋭い探針（プローブ）を用い, これを試料表面で走査して画像を得る一連の顕微鏡の総称である（図4.80）。1981年に発明された走査トンネル顕微鏡に端を発する。例えば, 探針・試料間に電圧を加えた状態で金属探針を導電性試料に近接させた場合, 一定（1 nm程度以下）の距離まで近づくと探針・試料間のごく狭い障壁を飛び越えるトンネル電流が生じる。このトンネル電流は探針・試料間の距離に指数関数的に依存するので, トンネル電流を制御しながら試料表面を探針で走査することにより, 試料表面の微細な形状変化の測定が可能となる。このようにトンネル電流を制御する走査プローブ顕微鏡のことを走査トンネル顕微鏡と呼ぶ。一方, 探針と試料の表面の間に生じる引力や斥力といった相互間力（原子間力）を制御しながら, 探針で標本面をxy方向に走査するものが原子間力顕微鏡である。さらに, 走査プローブ顕微鏡では, 探針と標本の間に生じるこれ以外の情報（摩擦力, 磁気力, 近接場光など）を検知・制御しながら探針を制御することも可能で, それぞれ制御する信号情報の種類から摩擦力顕微鏡, 磁気力顕微鏡, 近接場光学顕微鏡（光プローブ顕微鏡）などと呼ばれる。

（b） 装置の概要　ここでは生物系で多く用いられている原子間力顕微鏡の装置の概要を述べる（図4.81）。現在市販されている原子間力顕微鏡の多くは,

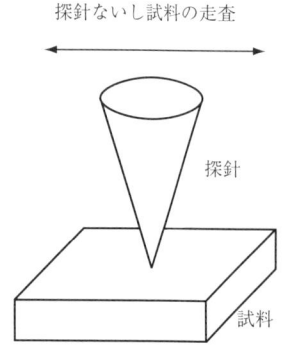

図4.80　走査プローブ顕微鏡の原理

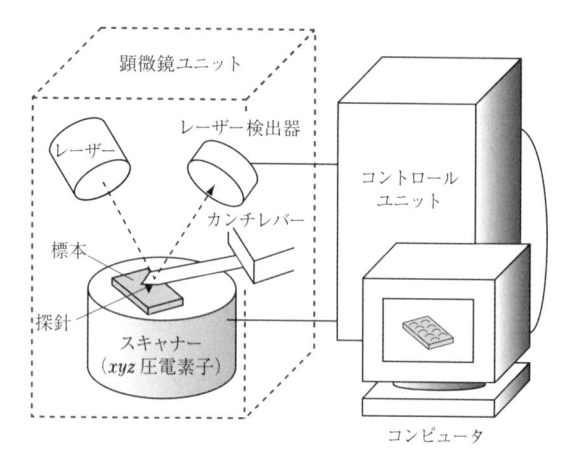

図4.81　原子間力顕微鏡の構造

探針が先端に取り付けられたカンチレバー（板ばね）を用い, 探針・試料間の力の変化（z方向の変異）をカンチレバーのたわみや振動の変位量として検出している。この変位量は, カンチレバーの背面に照射されたレーザー光の反射をフォトダイオードで検出する方法（光てこ方式）によって検知する。一方, 試料台ないし探針はスキャナーに固定されている。通常このスキャナーは電圧を加えることにより伸縮する圧電素子でできており, xyzのそれぞれの方向に可動する圧電素子が組み込まれている。したがって検出された探針・試料間の変位量に応じた電圧をz方向に可動する圧電素子に加えることで, 探針・試料間の原子間力がつねに一定になるように制御することが可能となる。この状態でxy方向に可動する圧電素子により探針をx, y方向に走査し, xy平面のそれぞれの部位でのz方向の変位量やフィードバックの加えた電圧の補正値をコンピュータ上で画像化したのが, 原子間力顕微鏡像である。

カンチレバーの変位量を測定する場合, カンチレバーを試料に単純に接触させる方法（コンタクトモード）とカンチレバーを共振周波数付近で振動させた状態で試料に近づける方法（共振モード）が用いられている。コンタクトモードでは, 探針・試料間に加わる力をカンチレバーのたわみとして検出する。一方, 共振モードでは, 振動するカンチレバーの振幅や位相が探針・試料間に加わる力によって変化する様子を検出する。したがって, 共振モードでは, コンタクトモードよりも小さい力を検出することができ, 標本へのダメージを軽減することができる。共振モードのなかで, 特に引力領域の測定を行う方法はノンコンタクトモードと呼ばれる。

(c) 応用例 走査プローブ顕微鏡のなかで現在最も生物学領域へ応用されているのは原子間力顕微鏡であるが，その理由として，この顕微鏡が ①試料の表面形状を原子オーダーというきわめて高い分解能で解析できる能力をもつこと，②高さ（垂直）方向の情報を数値として正確に測定できること，③試料の導電性に関係なく観察ができること，④真空中のみならず，大気中や液中でも観察できること，などが挙げられる。そのため，走査電子顕微鏡のような標本の導電処理は不要で，自然に近い状態での観察が期待できるのである。原子間力顕微鏡によるこれまでの生物応用については，つぎのようなものがある。

(1) 生体高分子の観察　DNA，脂質二重層，タンパク分子（コラーゲン分子やミオシンなど）などの構造解析に利用されている。原子間力顕微鏡によるこうした高分子の観察は，大気中でも透過電子顕微鏡のシャドウイング法と同程度の解像度での観察ができるので，今後の活用が最も期待できる分野といえる。

(2) 細胞内外から単離・精製された構造物の観察
アクチンフィラメント，染色体，コラーゲン細繊維などの立体微細構造の解析が試みられている（**図4.82**）。

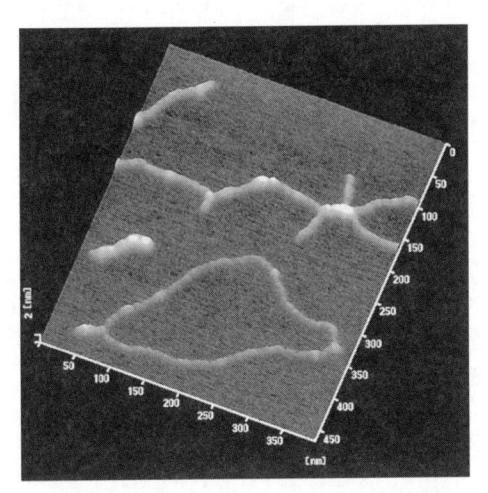

図4.82 原子間力顕微鏡で見たプラスミドDNA

(3) 細菌やウイルスの表面解析　グラム陽性・陰性菌の表面形状による識別や，表面タンパクの微細配列の解析などに利用されている。

(4) 細胞や組織の観察　生物組織の樹脂切片，脱包埋切片，凍結切片標本を用いた微細構造の観察に加えて，培養細胞を生きたまま液中で測定することが行われている。この液中観察では，細胞突起の形状や，細胞膜直下の細胞骨格の形状を解析することができる。また細胞の動きを数分間隔でコマ撮り撮影し，画像をコンピュータ上でつなぎ合わせて動画を作製するという試みもある。

これまでの原子間力顕微鏡は，1枚の画像を得るために数十秒から数分という時間を必要としたが，ごく最近ビデオレートの原子間力顕微鏡も出現しはじめている。また，従来は，柔らかい標本を液中観察するさいの探針の制御が難しかったが，最近こうした液中での探針制御法も改善されてきている。したがって，原子間力顕微鏡を用いたハイスピード観察や液中観察については今後さらなる発展が期待できそうである。

一方，原子間力顕微鏡の探針先端に特定の分子を結合させてタンパク分子の延伸特性を解析する試みや，抗原・抗体間の結合力を測定するというような応用例も報告されている。また原子間力顕微鏡によるナノダイセクションの試みもある。こうした流れも原子間力顕微鏡の将来的方向の一つとして注目される。

原子間力顕微鏡以外の走査プローブ顕微鏡の生物学領域への応用では，走査トンネル顕微鏡による生体高分子観察の報告例が最も多い。これまでDNAなどの高分解能解析においては原子間力顕微鏡よりも走査トンネル顕微鏡のほうが解像度が高いとされていたためである。しかし原子間力顕微鏡の測定法の進展に伴い，今後は同レベルの解像度が期待できそうである。

その他の走査プローブ顕微鏡としては，マイクロ粘弾性顕微鏡，走査型近接場光学顕微鏡などの生物応用は注目に値する。マイクロ粘弾性顕微鏡は原子間力顕微鏡と同様の凹凸像を測定しながら，同時にその局所の粘性や弾性を測定する顕微鏡である。この顕微鏡で生きた細胞を液中で観察し，局所の弾性の経時的変化を細胞の立体形状と結びつけながら解析するような試みが行われている。

走査型近接場光学顕微鏡（SNOM，光プローブ顕微鏡）は，探針試料間に差し込んだ近接場光を利用して光学像を得るもので，標本の表面の光情報を数nmの分解能で解析することが可能である。特にこの顕微鏡と原子間力顕微鏡をドッキングさせたタイプの顕微鏡では，標本の表面凹凸形状とともに，測定部位の光情報が得られる。例えば蛍光免疫染色をした標本をこの顕微鏡で観察することにより，表面凹凸像（AFM像）とその部位の蛍光像（近接場光学像）を同時に測定することが可能である。このように原子間力顕微鏡と他の機能を持った走査プローブ顕微鏡を併用することで，単に試料表面の立体超微形状の情報だけでなく，同一部位が持つ局所的な物理情報を同時解析することが可能である。

〔牛木, 星, 木村〕

4.4.2 センサ技術とその利用

生物工学の研究を進めていくうえで，しばしばなんらかの化学物質の存在を調べたり，その濃度を測定しなければならない必要が生じる。このため，さまざまな化学センサが開発されている。また，これらにさらに酵素，抗体，DNAなどの生体関連物質を固定し，バイオセンサとすることで，測定対象物質を増やすことができる。化学センサとしては，電気化学的センサ，光学的センサ，質量変化検出型センサ，温度変化検出型センサがある。ここではそれぞれの特徴について述べる。

（a） 電気化学センサ 図4.83（a）に電気化学測定で一般的に用いられる3電極系を示す。電極反応を起こすための作用極，電位基準となる参照極，電流を流すための対極からなる。測定にはポテンショスタットを使用する。参照極を基準に作用極に電位を印加する。電極反応で発生した電流は，作用極－対極間に流れる。作用極としては白金やカーボン等が用いられる。

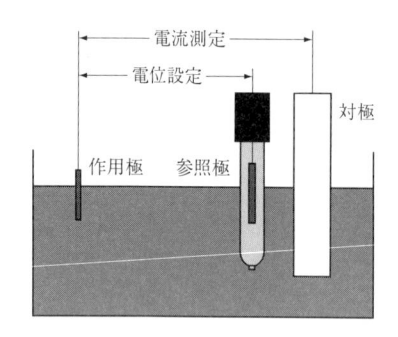

(a) 3電極系

(b) Clark型酸素電極

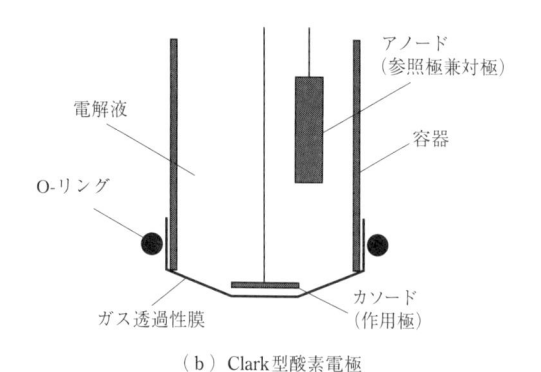

図4.83 アンペロメトリックセンサ

電極活物質は，ある作用極電位で酸化または還元され，この際電流が発生する。一般的な電気化学計測では，作用極電位を掃引して電極反応に伴い発生する電流値を測定して，分子の同定や濃度測定を行う場合もあるが，実用上は作用極電位を固定して測定を行うほうが取り扱いやすい。このように定電位で電流値を測定するタイプのセンサを，総称してアンペロメトリック（電流測定型）センサという。測定対象物質が電極活物質であれば，電流値から容易に濃度を求めることができる。電流値と濃度の関係は通常直線的である。

有用なアンペロメトリックセンサの一つにClark型酸素電極がある（図4.83（b））。通常は2極形式で用いるが，これは図4.83（a）の参照極と対極が一つにまとめられたものと考えればよい。これらが電解液を満たされた容器中に収容され，ガス透過性膜により外部と隔てられる。作用極上での酸素の還元に伴う電流値を測定する。酸素電極は光合成や微生物の呼吸に伴う酸素の生成，消費を測定する場合に有用である。溶存酸素の計測一般に用いられるが，酵素や微生物を感応部に固定したバイオセンサも数多く作られている。微生物を用いたバイオセンサでは，物質が微生物により資化される際の呼吸活性の増大に伴う酸素の消費量の変化を調べる。

過酸化水素は酸素と同様，代表的な電極活物質である。過酸化水素の測定は，バイオセンサを構築するうえで重要である。例えば，図4.83（a）の構成で，白金作用極上に酸化還元酵素を固定する。グルタミン酸センサを作製する場合には，グルタミン酸オキシダーゼ（E.C. 1.4.3.11）による以下の酵素反応を利用する。

$$\text{L-glutamate} + H_2O + O_2 \xrightarrow{\text{L-glutamate oxidase}} \alpha\text{-ketoglutarate} + NH_3 + H_2O_2$$

生成された過酸化水素を測定すれば，グルタミン酸濃度がわかる。ニューロトランスミッターの測定のように非常に微小な作用極が必要とされる場合には，先端部を直径数μm程度にまで先鋭化したカーボンファイバーを用いることもできる。このような電極は微小電極と呼ばれるが，電極周辺の物質輸送が非常に速いため，攪拌の影響を受けにくく，電解質を十分含まない溶液中でも測定が行えるという特長がある。

感応膜/溶液界面に生じる膜電位変化を検出し，物質濃度を求めるタイプのセンサを総称してポテンショメトリック（電位測定型）センサと呼ぶ。K^+, Na^+, Cl^-等，測定対象はおもにイオンである。pH測定に広く用いられているガラス電極は，代表的なポテンショメトリックセンサである。測定に際しては，1対のイオンを測定するためのイオン電極と電位基準となる参照電極を用いる（図4.84（a））。図では2本の電極を分けて描いてあるが，これらを一体化して複合電極

の形にしたものも用いられる。指示電極としては，イリジウム酸化膜のような無機膜のほか，イオンを選択的に認識するイオノフォアを含むPVCやシリコーンゴムなどの有機膜が用いられる。イオン交換をする表面の感応基やイオノフォアに測定対象となるイオンが結合すると，感応膜–溶液界面の電位差が変化する。図の指示電極電位を参照電極に対して測定すると，電位の濃度依存性は図4.84（b）のようになる。ポテンショメトリックセンサでは，感応膜/溶液界面の化学平衡に基づき発生する電位変化を測定するため，測定時に電流が流れるのは好ましくない。このため，測定にあたっては，高入力抵抗の電圧計（エレクトロメータ）を用いる。

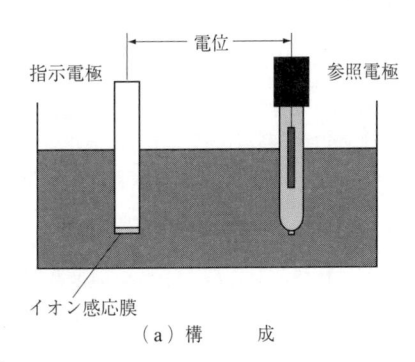

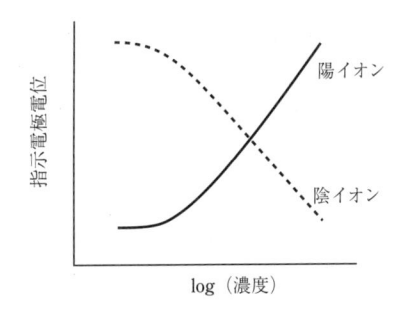

図4.84 ポテンショメトリックセンサ

Severinghaus型二酸化炭素電極は溶存二酸化炭素の計測に有用である。構造的には図4.83（b）の酸素電極に類似であり，ガラス電極等のpH指示電極と参照電極が電解液とともに容器の中に収容される。感応部はガス透過性膜で被覆される。この電極を二酸化炭素を含む溶液中に浸漬すると，二酸化炭素は膜を透過し，感応部の薄い電解液層に浸入する。この際，電解液層中のpHが変化するため，この変化をpH指示電極で測定し，二酸化炭素濃度（分圧）を求める。なお，このようなガス状の測定対象物質がなんらかの酸・塩基平衡にかかわるものであれば，同様の構造原理に基づくセンサを作ることができる。アンモニア電極はその例である。

狭小領域での測定を行う場合には，先端部を数μm程度まで細く引き伸ばしたガラスキャピラリーの先端部に感応膜を形成したものも用いられる。イオン感応膜は高抵抗のものが多いため，微小化を進めると膜抵抗が増大し，応答が不安定になる。この問題を解決するため，増幅機能を有するイオン感応性電界効果型トランジスタ（ISFET）も開発されている。

（b）光学的センサ　光学的センサでは，生体関連物質の関与する光学的変化を調べる。その変化としては，吸光度，蛍光・りん光，反射率の変化などが挙げられる。これらはもちろん従来型の分析機器でも測定可能であるが，光ファイバーセンサの形態にすれば，狭小領域の化学物質濃度をその場で直接測ることができる。

光ファイバーはコアとクラッド層からなり，前者の屈折率が大きいため，ある範囲内の入射角で入射した光は，わずかな減衰で長距離を伝播することができる（図4.85）。光ファイバー型センサで最も基本的なものは，吸光度の変化を調べるものである。pHセンサはその代表であり，光ファイバー先端部にpH感応性色素を固定して作製する。光ファイバーの一端から，入射光を入れ，測定対象物質を含む媒質中を通し，また光ファイバーを通して光を伝播させ，吸光度の変化を検出する。なお，これを電解液中に浸してガス透過性膜を形成し密封すると，前述のSeveringhaus型センサを光ファイバーセンサとして実現することができる。同様になんらかの化学物質に関係する蛍光色素を励起し，蛍光を光ファイバーを通して検出器に送り，検出することもできる。酸素センサ，ハロゲンイオンセンサなどは，蛍光がこれらにより減少することを利用して作製することができる。

光ファイバーのコアとクラッドの界面では全反射が起こっているが，この際，低屈折率のクラッド中にご

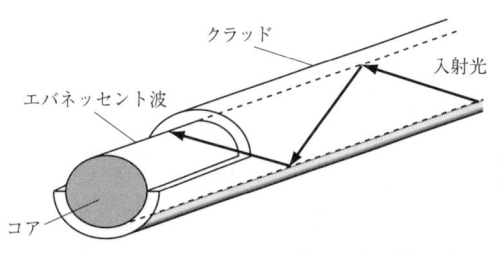

一部クラッド層を除去し，内部が見えるように描いてある。色素等は図の断面のところに固定する。

図4.85　光ファイバーの構造

くわずかであるが，光が染み出している．これをエバネッセント波という．染み出し距離はおおよそ光の波長のオーダーの長さになる．エバネッセント波を用いた光ファイバーセンサも作られている．ファイバーの感応部付近のクラッド層を除去し，コア表面上に抗体を固定する．ここに蛍光色素で標識された検出対象分子が結合すると，蛍光色素はエバネッセント波により励起され，蛍光を発する．蛍光は再度光ファイバーに入り検出される．光ファイバー型センサは，微小化が容易で電磁気的ノイズの影響を受けにくいという利点はあるが，その反面，測定濃度範囲が狭く，周辺光の影響を受けるという問題点がある．

光学的センサのなかで，近年さかんに用いられているものに表面プラズモン共鳴（surface plasmon resonance：SPR）センサがある．SPRセンサでは，図4.86に示すプリズムを用いたクレッチマン配置と呼ばれる構成を用いる．プリズムの一面には数十nm程度の金，銀などの薄膜が形成される．金属薄膜の形成された面に全反射となる条件下で図のように光（直線偏光）をプリズム中に入射すると，ある角度のところでフォトンと表面プラズモンの波数のマッチングが起こり，フォトンのエネルギーが表面プラズモンの励起に使われる．その結果，反射光強度の入射角θ依存性を調べると，ある角度のところで表面プラズモンの吸収が認められる（図4.86（b））．その吸収は金属薄膜に接している媒質の誘電率に依存する．基板上になんらかの分子認識機能を持った分子を固定化しておき，ここにDNAやタンパク質などの測定対象分子が結合すると，わずかであるが誘電率が変化する．この変化を吸収角の変化として高感度にリアルタイムで測定することができる．ここでは波長一定で入射角を変化させる方法を述べたが，入射角を固定して波長を変える方法もある．

（c）質量変化検出型センサ　質量変化の測定は身近で一般的であるが，非常に高感度な測定ができるため，抗体やDNAを固定し，アフィニティー・バイオセンサを作製するのに用いられる．このタイプのセンサを作製するためには，薄い単結晶水晶板の両面に金電極を形成した水晶振動子が多く用いられる．共振周波数の変化Δfは，つぎのSauerbreyの式

$$\Delta f = -2.3 \times 10^6 f^2 \frac{\Delta m}{A} \tag{4.27}$$

で与えられる．fは共振周波数〔Hz〕，Δmは吸着した物質量〔g〕，Aは面積〔cm^2〕である．空気中，真空中では，共振周波数の変化は質量に対して直線的に変わるが，溶液中で使用する場合には，さらに溶液の粘度，密度などに依存するようになる．水晶の切断方法により特性が異なるが，最も小さい温度係数を持つATカットのものがよく用いられる．片面の金電極表面にプローブとなる分子を固定することにより，タンパク質やDNAを測定するセンサを作製する．単位面積当り数ngの変化は数Hz程度の変化を引き起こすが，この変化は問題なく測定できる．したがって，報告されたセンサでは，pgオーダーの検出限界を有するものも珍しくはない．

（d）温度変化検出型センサ　酵素反応等，化学反応に伴う温度変化を測定するものである．原理は一般的で，どのような化学反応にも適用できる．温度測定には，サーミスタがしばしば用いられる．サーミスタは複数の酸化物からなる半導体であり，その抵抗は温度に依存して大きく変化する．Wheatstoneブリッジやマルチメータなどに接続して測定を行う．初期のデザインでは，サーミスタ上に直接生体関連物質を固定したものを用いていたが，熱の発散により効率が悪かった．この点を解決するため，サーミスタをフローシステム中に導入し，酵素固定カラムと結合することも行われている．適当な断熱を施せば，十分な温度分解能が得られる．また，生体関連物質を固定していない比較用サーミスタを用いた差動方式にすることにより，さらに効果的に分解能を上げることもできる．報告されたシステムでは$10^{-4} \sim 10^{-5}$ Kの温度分解能があり，μMオーダーの濃度が検出できる．　　　　　（鈴木）

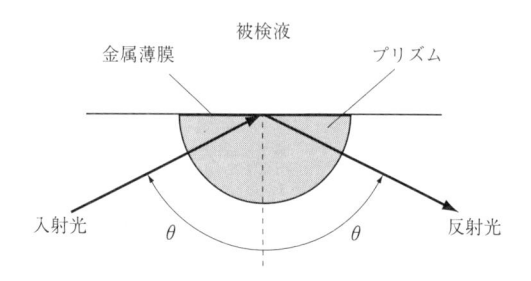

（a）クレッチマン配置によるSPRセンサ

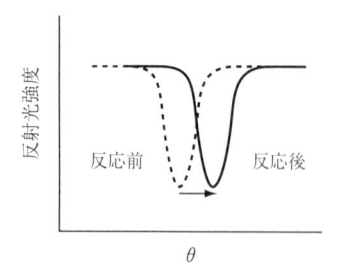

（b）反射光強度の入射角θ依存性

図4.86　SPRセンサ

4.4.3 チップ技術とその利用

半導体集積化技術に代表されるチップテクノロジーを利用すると,各種機能ユニットを一体化したシステムをチップ上に設計,作成することができる.すでに酵素センサー,遺伝子センサー,抗体センサーなどのバイオセンサーにチップ技術が応用されている.さらにこうしたバイオセンサーのみならず各種のバイオテクノロジー基盤技術ツールにも展開できる.例えば,遺伝子増幅チップ,タンパク合成チップ,細胞チップなどのバイオデバイスが開発されているが,こうしたマイクロバイオデバイスには,図4.87に示すように,微小化,集積化技術に基づく種々の優位な点がある.ここでは,マイクロチャンバー型およびマイクロ流体型のバイオチップの開発例を示す.

(a) プロテインチップと免疫センサー ヒトの全遺伝子のシーケンスが明らかとなり,この情報に基づいたテーラメイドな診断・治療を目指した研究が注目されているが,疾病のほとんどが環境要因に左右されるものが多く,先天的な遺伝子情報のみでは明らかに限界があることが指摘されている.そこで発現タンパクに焦点を当てたプロテインチップの開発が進んでいる.ここでは,アレイ型とマイクロ流路型のプロテインチップについて示す.

(1) アレイ型プロテインチップ 一個人の発現タンパクを網羅的に解析するため,抗体などの認識分子を多数配置したプロテインチップが注目されている.すでに従来のDNAチップで開発されたアレイ技術を用いて抗原となるタンパク,ペプチド,DNAをチップ上にスポットし,自己免疫疾患の診断に応用している[8].同様にしてチップ上にスポットしたプロテインアレイを用いてプロテインGと相互作用するタンパクやプロテインキナーゼの基質の探索などが可能なことも示されている[9].しかし,これらは,チップ上に共有結合や吸着によって認識分子を結合させた状態で,反応や洗浄を行っており,抗原抗体反応の系はよいとしても一般のプロテイン-プロテイン相互作用の測定のためのチップとしては限界も指摘されている.一方,筆者らは,マイクロチャンバー構造のアレイチップを作成し,そのチャンバー内で各種の反応(PCR,タンパク合成,抗体抗原,酵素反応)を行わせることに成功している[10], [11].これらはこうしたチャンバー構造にすることにより,固定化による問題を解決できる.ただし,洗浄操作の不要な反応系や測定系を設定することが必要となる.また,ビーズをチャンバーに配置した抗体アレイチップも開発している[12].最近抗体ビーズを1個ずつシリコンチャンバーにアレイ上に配置する筆者らと同様の方法で,心臓病のリスク因子を同時測定するチップの報告もある[13].

(2) マイクロ流路型イムノチップ マイクロフローチャンバーを用いた免疫センサーとしては,北森らが,抗体を被覆したビーズを流路内に配置固定し,洗浄,試薬導入を連続的に行い,血清中のがん抗原やインターフェロンの測定に応用している.この場合は,独自に開発した熱レンズ顕微鏡による測定を採用している[14], [15].また,6種類のイムノアッセイを同時に行うチップも開発されている.これは,試料と抗体試薬との混合部,ダブルT構造の試料導入部,キャピラリー電気泳動による抗原抗体結合体と未反応抗体とを分離し,抗体にラベルされた蛍光物質を測定するものである.この方法は,流路内に抗体などを固定せずにすべてを流れのなかで反応,分離,検知を行うシステムである[16].さらに,マイクロ流路内で用いる抗体ビ

---

1. 超微量
   ナノ〜ピコリットル
   $1\,pl, 1\,pM$　　　1分子

2. 高速反応
   高速物質輸送
   $\langle r^2 \rangle = 6Dt$
   サイズの2乗で速くなる

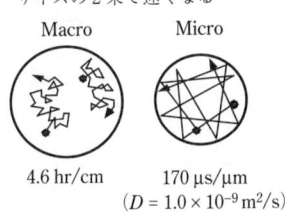

   Macro　　　Micro

   $4.6\,\text{hr/cm}$　　$170\,\mu\text{s}/\mu\text{m}$
   $(D = 1.0 \times 10^{-9}\,\text{m}^2/\text{s})$

3. 比界面積大
   吸着効果大,固定化
   バルク層が小さい

4. 低レイノルズ数流体
   安定層流,界面
   抽出,分離容易

5. 超集積化が可能
   $10^5 \sim 10^9/\text{chip}$
   遺伝子:3×10^4　　mRNA:10^6/細胞
   抗体:10^8　　リンパ細胞:10^{10}
   脳細胞:10^{11}(これらはヒトの場合)

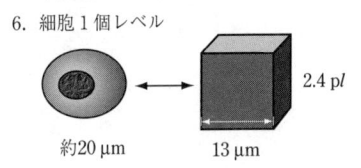

6. 細胞1個レベル

   約20 μm　　13 μm　　2.4 pl

図4.87 マイクロバイオデバイスの特徴

ーズをあらかじめ最適化することでセンサーの特性が向上することも報告されている[17]）。筆者らは，抗原抗体反応をキャピラリー泳動のなかで行い，分離後，標識酵素であるアルカリフォスファターゼの活性の蛍光生成物を測定する原理に基づいたイムノアッセイを先行して開発している[18), 19)]。一方，ユニークな方法としてT字型のフローチップを用いて2種類の試料（ここでは，抗原と抗体）がフローの出合う部分で起こる抗原抗体反応の進行を測定しようとするもので，反応が二つの流れの垂直方向の拡散に依存するため，2層の界面付近を観測することにより，簡便，迅速（1分以内）にイムノアッセイができる[20)]。また，並列のマイクロチャネルを用いて複数の抗原をそれぞれ直線上に固定化し，つぎにこれと直角になるように抗体試料を流すことによって，抗原と抗体が出合う交差部分のドットのパターンを観測する方式も報告されている[21)]。

一方，光ディスクのCD加工技術を利用したチップが実用化している[22)]。これは，回転による遠心力を試料の移送に利用するため，円板上にチップを配置している。これは，CDの作製技術や光検出技術をそのまま利用できる長所がある。すでに，血液生化学検査で重要な12から14項目を同時に測定できる，円形（直径83 mm）状にチップを配置した製品も開発されている[23)]。また，各種抗体を配置したCDアレイも開発されている[24)]。これは，試料量を正確に調整するため，一度チャンバー（容積60 nl）に試料を毛管現象でためた後，回転遠心力によって抗体を固定化した充填層に移送される。特に疎水加工した部位を設け，毛管現象では通過しないが，遠心力では通過できるような工夫もしている（図4.88，図4.89）。測定は，蛍光ラベルされた二次抗体とのサンドイッチ法により行っており，レーザーを用いた高感度蛍光測定を採用しているため，全体として小型化されていない。

また，筆者らは，抗体ビーズとマイクロフローチップを用いたイムノセンサーを開発した。ここでは，ダイオキシンの一種であるコプラナーポリ塩化ビフェニル（Coplanar polychlorobiphenyl：Co-PCB）に特異的なモノクローナル抗体を用いて，マイクロフロー型抗体チップの開発を行った。定量には，測定対象物質が低分子であることから競合法を採用し，酵素免疫

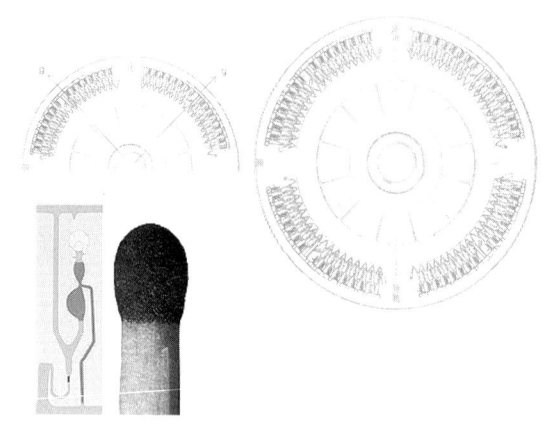

図4.88 CD型流路アレイ

1. 毛管現象により試料溶液導入
2. 低速回転によりオーバーフローした分だけを外へ流す
3. 60 nlのチャンバーのみに導入
4. 高速回転により60 nlの試料を反応カラムへ導入

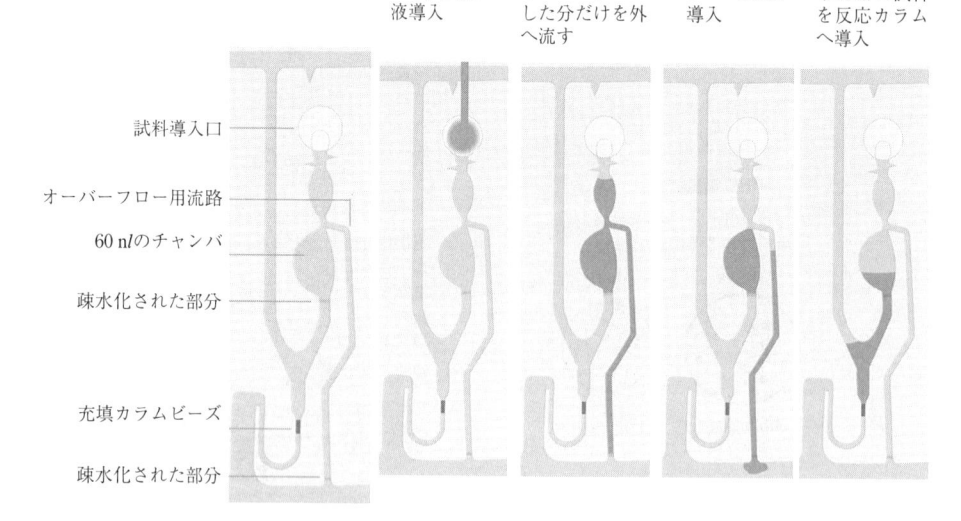

試料導入口
オーバーフロー用流路
60 nlのチャンバ
疎水化された部分
充填カラムビーズ
疎水化された部分

図4.89 CD型アレイにおける溶液の導入操作

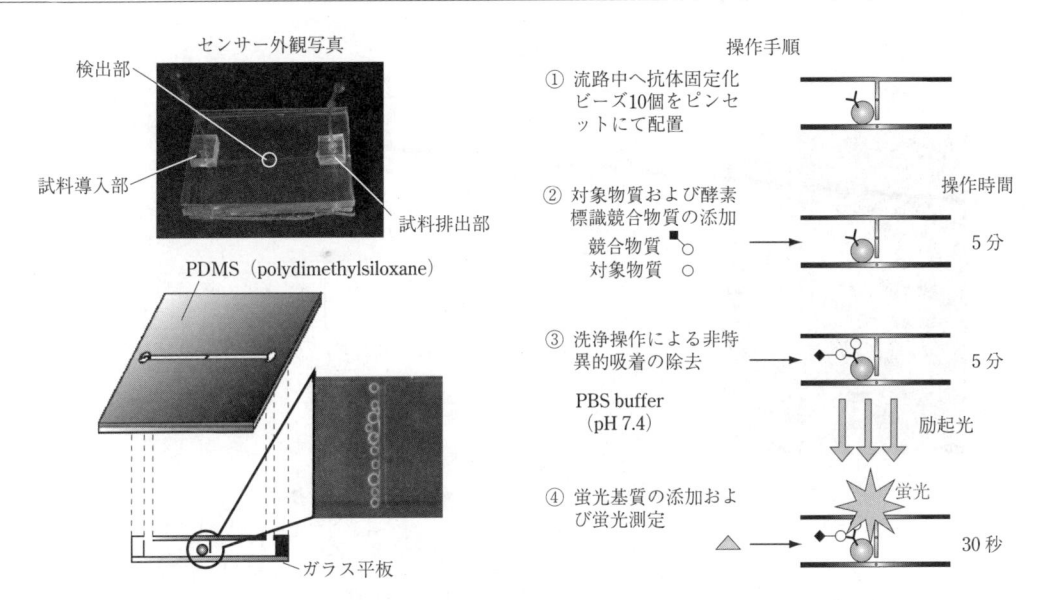

図4.90 抗体ビーズを配置したフローチップを用いるコプラナーPCBの測定

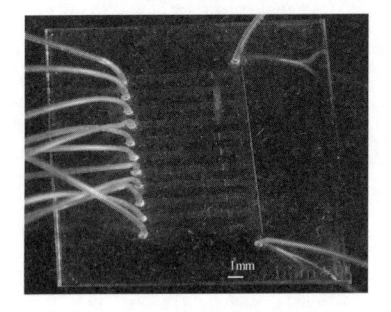

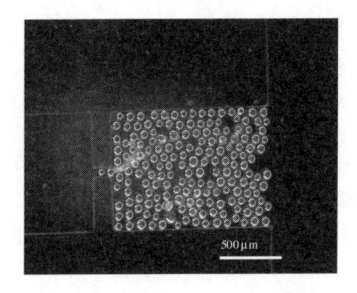

(a) マルチフロー型イムノチップ　(b) 各フローに設置された抗体固定化ビーズ

図4.91 くし形マルチフロー抗体チップ

検定法（ELISA）をチップ上で行った。測定原理を図4.90に示す。まず，Si基板上へフォトリソグラフィーによりSU-8による鋳型を作製した。これをPDMS（polydimethylsiloxane）に転写し，抗体固定化ビーズを一定個数流路中へ配置可能であり，しかも1枚のチップで検量線作成および目的とする試料の定量を可能としたくし型マルチフロー抗体チップの作製を行った。チップは，検量線作成用流路および定量用流路から構成されており，流路構造は深さ$100~\mu m$，流路幅$1000~\mu m$で，流路中に直径$90~\mu m$のポリスチレンビーズ表面へ3,3′,4,4′-Tetra chlorobiphenyl（TeCB）に対して特異的な抗体を固定化した抗体固定化ビーズが配置可能な構造を有している（**図4.91**）。また本チップは96穴プレートを用いた定量よりも高感度であった。高感度化された理由として，ビーズを整列させたことによる微小空間の持つ短い拡散移動距離と大きな比界面積という特徴を生かせたことが挙げられる。

（b）遺伝子センサー　遺伝子を検出するためのチップとしては，蛍光法が主流であるが，これに関してはすでに多くの成書があるので，ここでは，2種の異なる電気化学的方法について示す。電気化学的に検出することにより検出システムの大きさが縮小化するなどの利点がある。電極上にプローブDNAを固定化し，ターゲットDNAとハイブリダイズして測定する方法[25]と，電極には固定せずに，溶液で起こる増幅反応を測定するものがある[26]。前者はアレイ型電極を用い，後者は，フロー型電極が用いられた。いずれもマイクロチップ作成技術により作成された。また，金コロイド[27]やカーボンナノチューブなどのナノ機能材料を用いた電気化学計測型遺伝子センサーも開発さ

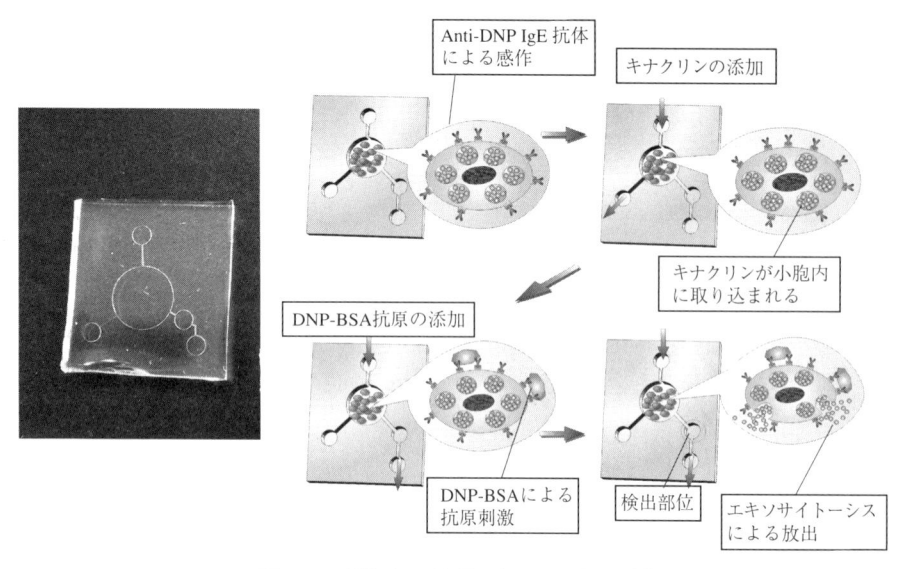

図4.92 細胞チップを用いたアレルゲンの測定

(c) **細胞チップとその応用** 細胞チップ開発の例としては，細胞センサー[28), 29)]，セルソーター[30)]，遺伝子治療[31)]，ドラッグの探索[32), 33)]，DDS，例えばインシュリンを放出する細胞を有する人工膵臓チップ[34)]，神経細胞ネットワーク形成チップ[35), 36)]などがある。また，再生や移植のための細胞チップなども高度な医療を支援するバイオチップとして期待されている。ここでは，アレルギー応答センサー，抗体探索細胞チップの例について示す。

(1) 細胞チップを用いたアレルゲンの測定[28)]

マイクロチップ作製技術を用いてアレルギー抗原を注入し，チップ上に配置した肥満細胞に刺激を与え，細胞から放出される蛍光物質を光学検出系によって検出した。肥満細胞は，抗原の刺激によってエキソサイトーシスを起こし，細胞内部からおもにヒスタミンを放出する。アレルギー応答の検出は，ヒスタミンを光学的または，電気化学的に検出できる。簡便にアレルギー応答を検出する方法として，蛍光色素であるキナクリン（quinacrine）を用いた光学的検出法を採用した。キナクリンは，肥満細胞に添加すると，細胞内のヒスタミン含有小胞内に取り込まれる。抗原の刺激により，エキソサイトーシスが起こると，ヒスタミンと同時にキナクリンも小胞内から放出されるので，放出されたキナクリンを検出すれば，アレルギー応答を検出することができる（図4.92）。そこで，チップ上に細胞を配置し，microfluidic systemによって抗原刺激をして得られたPMTのシグナルの結果を図4.93に示す。抗原はDNP-BSAを終濃度20 ng/mlとなるように添加した。抗原刺激から約2分後に蛍光強度のピークが見られ，その後も抗原架橋の時間差により，肥満細胞からキナクリンが引き続き放出されていることが検出された。こうした細胞センサーを用いると，細胞の応答を直接得ることができるため，いままで知られていなかった新規なアレルギー物質の検索や，抗アレルギー物質を設計評価するためのツールとして利用できる。

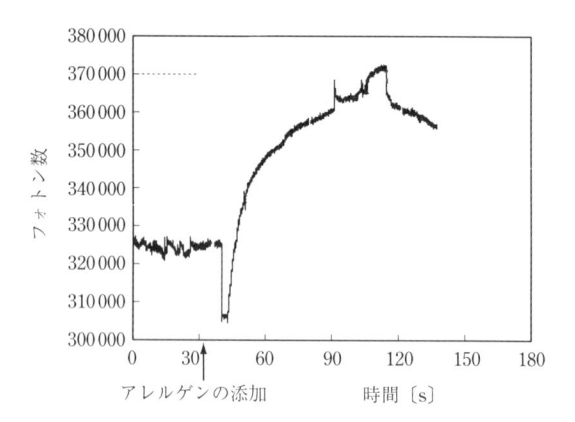

図4.93 細胞チップ上でのアレルギー応答の検出

(2) 集積型Single B Cellチップと抗体スクリーニング[32), 33)] 外部からの異物を認識する抗体分子は生体内のB細胞によって合成される。B細胞は多くの

人の場合，10^8 以上の種類の抗体を生産できるとされている。B細胞の1個の細胞が産生する抗体は1種類であり，これをモノクローナル抗体と呼んでいる。通常の抗体作製の方法においては，抗原を動物に注射，刺激しその後体内で産生する抗体を入手する方法が用いられている。この場合には，複数のB細胞が産生する抗体の混合物として得られるため，いわゆるポリクローナル抗体が得られることになる。がん細胞や特定のウイルスを測定や診断する場合には，認識の優れたモノクローナル抗体のほうが有利と考えられている。一方，モノクローナル抗体を入手する方法としてハイブリドーマを用いる方法が知られているが，煩雑な操作と時間を要するばかりか，必ずしもすべての抗原に対してモノクローナル抗体が得られるというものではない。そこで，細胞チップを用いるモノクローナル抗体の作製に関する技術が検討されている。ここでは，筆者らの方法について示す。

すでに，筆者らは，マイクロチャンバーアレイをチ

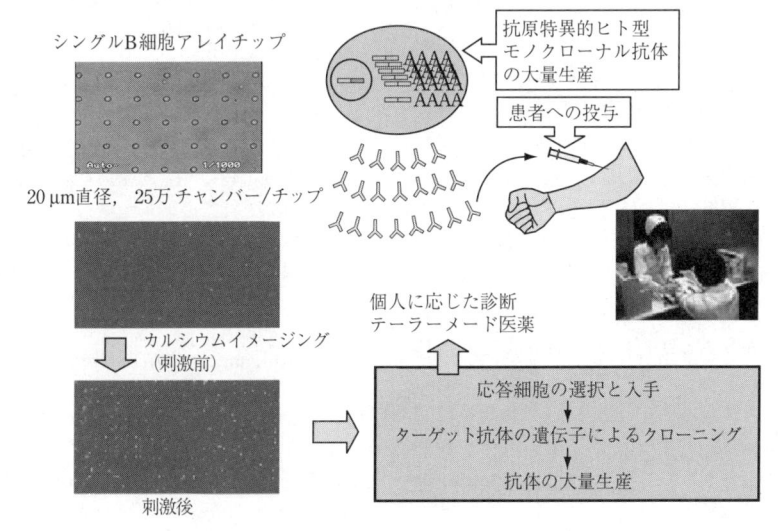

図4.94 集積型B細胞アレイチップによる抗体作成

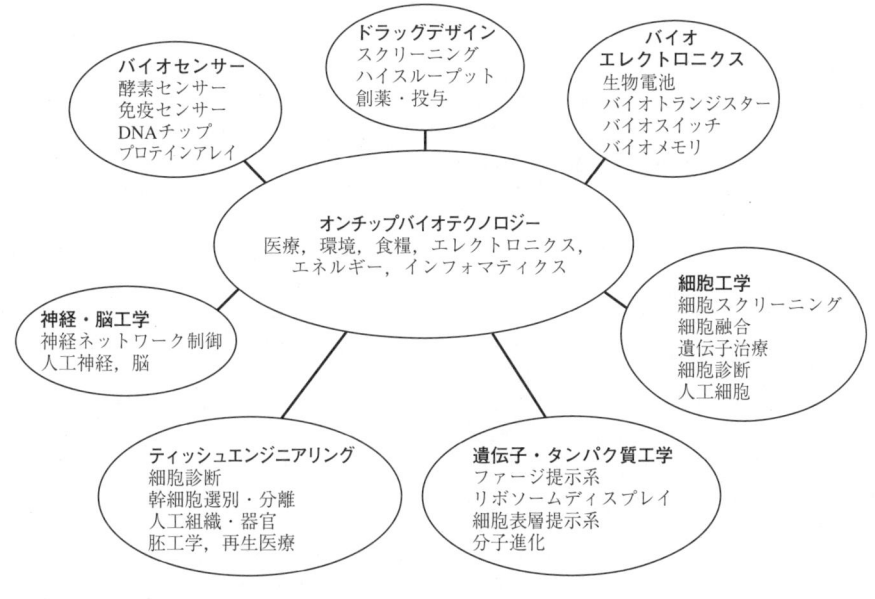

図4.95 オンチップバイオテクノロジーの研究分野

ップ技術にて作製し，これを用いてPCRやタンパク合成などを実現している。このマイクロチャンバーアレイは，一つのチャンバーの大きさが10〜100 μm程度であり，チャンバーの数も10^4〜10^7程度まで作製することができている。チップの材料はシリコン基盤や透明なポリマー材料（PDMSなど）が用いられている。すなわち，各マイクロチャンバー上にB細胞を1個ずつ配置し，その後特定の抗原刺激後を調べることにより，特定のB細胞を選別することが可能となる。これにより任意の抗原に対するモノクローナル抗体を選択することができると考えられる。すでに図4.94に示すような1細胞の配置できるチップアレイを作製し，抗原刺激後のカルシウム応答の測定に成功している。こうした抗原刺激応答のあったB細胞については，所定の方法でこれを回収することも可能である。回収されたB細胞は1細胞PCRにより，特定認識部位の遺伝子配列を増幅，入手することが可能である。この遺伝子を解析すれば，認識部位の構造についてのデータが得られる。このようにして，特定モノクローナル抗体を作製するB細胞が入手できれば，特定の抗体分子を選択して入手することが可能となる。また，抗体分子の遺伝子を入手することも可能であるため，この遺伝子をクローニング，あるいはタンパク合成系に適用することにより，所定のモノクローナル抗体を作製入手することも可能である。現在このような検討が進められている。

以上に示すように，チップテクノロジーを用いるとバイオセンサーはもとよりバイオテクノロジーにかかわる基本技術としてのプロテイン，細胞チップなどを構成できる。また，ここで示した研究課題のみならず，きわめて大きな発展分野が期待されている。筆者らは，"オンチップバイオテクノロジー"なるコンセプトを提唱している。すなわち，図4.95に示すようにチップテクノロジーの幅広いバイオテクノロジー分野への応用が期待される。 （民谷）

引用・参考文献

1) 森田清三：はじめてのナノプローブ技術，工業調査会 (2001). 〔走査プローブ顕微鏡の原理をやさしく解説した入門書〕
2) Ushiki, T., Hitomi, J., Ogura, S., Umemoto, T. and Shigeno, M.: *Arch. Histol. Cytol.*, **59**, 421-431 (1996). 〔原子間力顕微鏡の医学・生物学への一般的な応用を示した総説〕
3) Czajkowsky, D. M., Iwamoto, H. and Shao, Z.: *J. Electron Microsc.*, **49**, 395-406 (2000). 〔原子間力顕微鏡の生物学への応用，特に高分解能観察例を示した総説〕
4) Ushiki, T., Yamamoto, S., Hitomi, J., Ogura, S., Umemoto, T., Shigeno, M.: *Jpn. J. Appl. Phys.*, **39**, 3761-3764 (2000). 〔原子間力顕微鏡による生きた細胞の観察についての総説〕
5) Ushiki, T., Hoshi, O., Iwai, K., Kimura, E. and Shigeno, M.: *Arch. Histol. Cytol.*, **65**, 377-390 (2002). 〔原子間力顕微鏡をヒト染色体の構造解析に応用した例〕
6) Haga, H., Nagayama, M., Kawabata, K., Ito, E., Ushiki, T. and Sambongi, T.: *J. Electron Microsc.*, **49**, 473-481 (2000). 〔マイクロ粘弾性顕微鏡の細胞観察への応用例〕
7) Kimura, E., Hitomi, J. and Ushiki, T.: *Arch. Histol. Cytol.*, **65**, 435-444 (2002). 〔走査型近接場光学顕微鏡の染色体構造解析への応用例〕
8) William, H. R.: *Nature Medicine*, **8**, 295-301 (2002).
9) MacBeath, G.: *Science*, **289**, 1760-1763 (2000).
10) Nagai, H.: *Anal. Chem.*, **73**, 1043-1047 (2001).
11) 民谷栄一：現代化学，**372**(3), 23-30, 東京化学同人 (2002).
12) Murakami, Y.: *Micro Total Analysis Systems 2000*, pp. 191-194, Kluwer Academic Publishers (2000).
13) Christodoulides, N.: *Anal. Chem.*, **74**, 3030-3036 (2002).
14) Sato, K.: *Anal. Chem.*, **73**, 1213-1218 (2001).
15) Sato, K.: *Electrophoresis*, **23**, 734-739 (2002).
16) Cheng, S. B.: *Anal. Chem.*, **73**, 1472-1479 (2001).
17) Buranda, T.: *Anal. Chem.*, **74**, 1149-1156 (2002).
18) Koizumi, A.: *Anal. Chim. Acta*, **399**, 63-68 (1999).
19) Murakami, Y.: *Biosens. Bioelectron.*, **16**, 1009-1014 (2001).
20) Hatch, A.: *Nature Biotechnol.*, **19**, 461-465 (2001).
21) Bernard, A.: *Anal. Chem.*, **73**, 8-12 (2001).
22) Duffy, D. C.: *Anal. Chem.*, **71**, 4669-4678 (1999).
23) ABAXIS Inc.: http://www.abaxis.com（2005年1月現在）
24) Gyros AB: www.gyros.com（2005年1月現在）
25) Kobayashi, M., et al.: Electrochemical DNA sensor array, *Electrochem.*, **69**, 1013-1016 (2001).
26) Kobayashi, M., et al.: *Electrochem. Commun.*, **6**, 337-343 (2004).
27) Kerman, K., Morita, Y., Takamura, Y., Ozsoz, M. and Tamiya, E.: *Anal. Chem.*, **76**, 1877-1884 (2004).
28) Matsubara, Y., et al.: *Biosens. Bioelectron.*, **19**, 741-747 (2004).
29) Sakaguchi, T., Kitagawa, K., Ando, T., Murakami, Y., Morita, Y., Yamamura, A., Yokoyama, K. and Tamiya, E.: *Biosens. Bioelectron.*, **19**, 115-121

30) Fu, A. Y.: *Anal. Chem.*, **74**, 2451-2457 (2002).
31) Le Pioufle, B.: *Mater. Sci. Eng. C*, **12**, 77-81 (2000).
32) 民谷栄一：バイオセンサーチップと抗体エンジニアリング，バイオインダストリー，**20**, 60-67 (2003).
33) 民谷栄一：バイオセンサーの急激な進歩を担うスピリット―― 先端技術が拓く医工学の未来――，(古川俊之編), pp. 160-205, アドスリー (2002).
34) Desai, T. A.: *J. Biomedical Microdevices*, **2**, (1999).
35) Griscom, L.: *Jpn. J. Appl. Phys.*, **40**, 5485-5490 (2001).
36) Degenaar, P.: *J. Biochem.*, **130**, 367-376 (2001).

5. バイオ情報技術

　生命科学や生命工学と情報処理技術は，年々密接な関係になってきており，両者の融合から，新しい研究分野も生まれはじめている。特に，生命科学の分野では，塩基配列データ，遺伝子発現データ，タンパク質発現データ，代謝に関するデータなど，さまざまなデータが多様な形（文字，イメージ，グラフィックス，動画など）で，世界中の各地で蓄積され，年々更新されている。このため，マルチメディアデータベースの情報検索には，コンピュータネットワークの重要性が指摘されているが，さらに，こういった，いわゆる分子情報を，いかに生命科学や生命工学のために利用するかが鍵となってきており，モデリングやシミュレーション技術を含む情報技術の果たす役割が大きくなってきている。また，細胞を生命の構成単位とすれば，ゲノム情報は，いわゆる生命の設計図であり，遺伝子やタンパク質の発現解析，代謝ネットワークの解析などを通して，生命を細胞レベルからシステムとして解析する，いわゆるシステム生物学あるいはシステム生命科学に関する研究が重要になってきている。一方，知的情報処理，特に人工知能に関する研究で開発された手法を，さまざまなバイオプロセスに応用し，その有効性を検討することも，実用的な観点からは大変重要である。

　この章では，これらバイオ情報技術に関する最近の研究や技術を紹介し，基本原理などについてもわかりやすく解説する。

　　　　　　　　　　　　　　　　　　　　　　　　　　　　　　（清水和幸）

5.1 データベースとその検索

　バイオ情報技術発展の歴史はデータベースとその検索技術の発展の歴史でもある。バイオ情報とはゲノム時代ではDNAの塩基配列，タンパク質のアミノ酸配列，タンパク質立体構造情報がおもなものであったし，現在もそれらの重要性は変わらない。データ数の増加も指数関数的になってきており，それらを検索したり解析したりするための手法の開発も重要である。

　ポストゲノム配列の時代といわれる2000年以降は遺伝子の発現情報やタンパク質間相互作用の情報なども網羅的に解析できるようになってきており，そこから得られる情報をデータベース化し，検索・解析する必要性も出てきた。ここでは，まずバイオ情報の解析に必要とされるデータベースを紹介し，それらを検索するために開発されてきた手法を配列解析という観点から述べる。本節で紹介するデータベースのWebサイトは表5.1にまとめたので，こちらも参考にしてほしい。

5.1.1 各種データベース

（a）塩基配列データベース　　1970年代の塩基配列決定技術の発明とそれに続く自動シーケンサーの開発により，ゲノムプロジェクトによるデータをはじめとする膨大な量の塩基配列データが生産されてきた。塩基配列データは文献に発表する際のデータベース登録が義務づけられたこともあり，着実にデータ数を増やしている。

　現在，塩基配列データベースには国立遺伝学研究所のDDBJ（DNA Data Bank of Japan），米国NCBI（National Center for Biotechnology Information）のGenBank，英国EBI（European Bioinformatics Institute）のEMBLがあるが，これらは1980年代のGenBankに端を発しており，その後三者で協力する体制が確立された。フォーマットはそれぞれ異なるもののデータの内容は同じであり，データの作成者（配列決定者）が登録した内容をそのまま公開している。塩基配列情報のほかに，どの部分が遺伝子か，またその機能は何かなどの付加的な情報が記述されているが，これらはデータ作成者により記述方法や内容が異なるので解析に使うにはかなりの再構成が必要となる。

　これに対し，NCBIではデータを遺伝子ごとにまとめたRefSeqを作成している。GenBankでは作者ごとにデータが作成されるので，同じ遺伝子でもゲノム配列，mRNA配列，cDNA配列などが別のデータエントリーとして登録されている。RefSeqでは同じ遺伝子由来のデータは同じエントリーとしてまとめられてお

表5.1 バイオ情報データベースのWebサイト

データベース名	データの種類	URL
DDBJ	塩基配列	http://www.ddbj.nig.ac.jp/
GenBank	塩基配列	http://www.ncbi.nih.gov/Genbank/
EMBL	塩基配列	http://www.ebi.ac.uk/embl/
RefSeq	塩基配列	http://www.ncbi.nih.gov/RefSeq/
TIGR Genome Database	ゲノム	http://www.tigr.org/tdb/
かずさDNA研究所	ゲノム	http://www.kazusa.or.jp/ja2003/database/database.html
PIR	アミノ酸配列	http://pir.georgetown.edu/
SWISS-PROT	アミノ酸配列	http://www.expasy.org/sprot/
GenBank (Entrez Protein)	アミノ酸配列	http://www.ncbi.nih.gov/entrez/uery.fcgi?db=Protein
TrEMBL	アミノ酸配列	http://www.ebi.ac.uk/trembl/
PROSITE	配列モチーフ	http://www.expasy.org/prosite/
PFAM	配列モチーフ	http://pfam.wustl.edu/
BLOCKS	配列モチーフ	http://blocks.fhcrc.org/
InterPro	配列モチーフ	http://www.ebi.ac.uk/interpro/
PDB	立体構造	http://www.rcsb.org/pdb/
SCOP	立体構造分類	http://scop.mrc-lmb.cam.ac.uk/scop/
CATH	立体構造分類	http://www.biochem.ucl.ac.uk/bsm/cath/
Enzyme Nomenclature	酵素反応	http://www.chem.quml.ac.uk/iubmb/enzyme/
ENZYME	酵素反応	http://www.expasy.org/enzyme/
BRENDA	酵素反応	http://www.brenda.uni-koeln.de/
LIGAND	酵素反応, 化合物	http://www.genome.ad.jp/ligand/
PATHWAY	パスウェイ	http://www.genome.ad.jp/kegg/pathway/
Biochemical Pathways	パスウェイ	http://www.expasy.org/cgi-bin/search-biochem-index
BioCyc	パスウェイ	http://biocyc.org/
WIT	パスウェイ	http://wit.mcs.anl.gov/WIT2/
UM-BBD	パスウェイ	http://umbbd.ahc.umn.edu/
SoyBase	パスウェイ	http://soybase.agron.iastate.edu/
TRANSPATH	パスウェイ	http://www.biobase.de/pages/products/transpath.html
BioCarta	パスウェイ	http://www.biocarta.com/
DIP	相互作用	http://dip.doe-mbi.ucla.edu/
BIND	相互作用	http://www.blueprint.org/bind/
BRITE	相互作用	http://www.genome.ad.jp/brite/
Entrez	統合データベース	http://www.ncbi.nih.gov/Entrez/
SRS	統合データベース	http://srs.ebi.ac.uk/
DBGET/LinkDB	統合データベース	http://www.genome.ad.jp/dbget/

(2004年1月現在)

り，使い勝手は若干よくなっている。また，GenBank，EMBL，DDBJの三者はサードパーティーアノテーションというデータベースの開発にも着手しており，これまで著者にしか許されなかったデータの修正を一般にも許すようにしてデータの一貫性を保とうとする試みも始まっている。

このほかにも全ゲノム決定のプロジェクトにかかわっている研究機関が独自にさまざまなゲノムのデータベースを開発している。例えば，多くのバクテリアゲノムを決定している米国TIGR（The Institute of Genomic Research）や日本のかずさDNA研究所のデータベースが有名である。これらは生物種ごとにゲノムの塩基配列以外に各遺伝子の塩基配列，アミノ酸配列，機能情報などが検索できるようになっており，ホモロジー検索（5.1.2項参照）もできるようになっているところが多い。

（b）アミノ酸配列データベース　アミノ酸配列データベースの歴史は塩基配列データベースよりも古い。1950年代のアミノ酸配列決定技術の発明から蓄積されてきた配列情報をファミリー解析およびアミノ酸置換行列作成のために1970年代に作成されたNBRF（National Biomedical Research Foundation）が最初である。現在は米国，日本，ドイツの国際協力によって管理されているPIR（Protein Information Resources）となっている。

アミノ酸配列データベースとして有名なものにはス

イスとEBIで作成されているSWISS-PROTがある。SWISS-PROTは機能アノテーション情報を独自に統一して行っており，モチーフや構造情報に関するリンクを作成しているなど，他のデータベースとの関連情報が充実している。そのため，ユーザーはPIRよりも多いと思われるが，最近は企業に対しては有償となっている。

前記のデータベースは質，特に機能情報を重視して作成されているのに対し，量を重視しゲノムから得られる情報すべてを含むことを目的として作成されているデータベースもある。そのおもなものがGenPeptやTrEMBLである。GenPeptはGenBankに登録された塩基配列からタンパク質をコードしている部分をアミノ酸配列に翻訳したものと他のアミノ酸配列データベースの情報をマージしたものである。TrEMBLはEMBLをもとにしてSWISS-PROTの情報をマージしたものである。

(c) モチーフデータベース　モチーフとは一般に配列や構造中の機能的，構造的に特徴のある部分を指すが，モチーフデータベースという場合には機能的に特徴のある部分配列（配列モチーフ）を集めたデータベースを指すことが多い。配列モチーフの表現方法はいくつか考案されているが，大きくパターンとプロファイルの二つに分けられる。パターンの代表的なデータベースとしてPROSITE，プロファイルの代表的なデータベースとしてPFAMが挙げられるが，これらについては，5.1.2項で詳しく述べる。

(d) タンパク質立体構造データベース　X線結晶解析やNMRなどの実験技術が確立したことにより，タンパク質の立体構造を原子の三次元座標情報として蓄積できるようになってきた。実験的に決定された立体構造の座標情報は，PDB（Protein Data Bank）に登録される。タンパク質の立体構造に関しては，塩基配列などと同じように論文として出版する際には原則としてPDBに登録する必要がある。PDBの本体は米国ラトガース大学にあるが，実際にはRCSB（Research Collaboratory for Structural Bioinformatics）というコンソーシアムによって管理されている。日本では大阪大学蛋白質研究所が登録受付の窓口となっている。なお，PDBには数はそれほど多くはないがDNAやRNAの構造情報も登録されている。

立体構造がわかると配列レベルではわからなかったことも明らかになることがある。例えば，配列レベルではほとんど似ていないのに，立体構造はよく似ているというタンパク質はよく見つかる。したがって，タンパク質の立体構造をその形で分類するということは機能との関連を見るうえで重要である。そのような観点からタンパク質の立体構造を分類したデータベースとしてSCOPとCATHが挙げられる。どちらも構造レベルの分類から配列レベルの分類まで階層的な分類になっている。

(e) 酵素反応データベース　ゲノムプロジェクトから直接得られるデータは基本的には配列データのみである。したがって，塩基配列やアミノ酸配列のデータ数はゲノムプロジェクトの進展と同時に爆発的に増加している。また，ポストシーケンスプロジェクトの一つとして構造ゲノムプロジェクトも立ち上がっており，立体構造情報も増えつつある。さらに，遺伝子（mRNAレベル）やタンパク質の発現パターンを網羅的に解析したデータやタンパク質間相互作用を網羅的に調べたデータも蓄積されつつある。

これらのデータはゲノムデータから直接予測することは難しいが，いずれも遺伝子から派生した情報であり，セントラルドグマに直接関連するデータである。しかし，生体内では遺伝子・タンパク質の情報だけでなく，低分子の代謝産物，糖鎖，脂質などの化合物も重要な役割を果たしており，それらを抜きにしては生命の理解は不可能である。そこで，遺伝子やタンパク質の情報と化合物の情報を結びつけて解析するためのデータベースが必要となる。

遺伝子レベルの情報と化合物レベルの情報を結びつけるものとして最もわかりやすいのは酵素反応である。酵素反応は酵素によって触媒される化学反応であるが，酵素はタンパク質またはRNAである。したがって，酵素反応の情報，基質となる化合物の情報，遺伝子と酵素の対応をデータベース化することによって，ゲノムが決定された生物種の遺伝子リストから生物種が合成したり分解したりできる化合物を予測することができる。

酵素反応のデータベースは国際生化学分子生物学連合（IUBMB：International Union of Biochemistry and Molecular Biology）が管理している分類に準じて作られており，各酵素にユニークなIDであるEC（Enzyme Commission）番号が割り当てられている。ここで管理されている情報は，各酵素反応とそれを報告した文献情報，それに反応タイプに基づいた分類情報であり。このデータをもとにさまざまな情報を付加したデータベースがいくつか構築されている。

スイスのExPASyデータベースの一つとして作成されているのがENZYMEデータベースであり，これはアミノ酸配列データベースであるSWISS-PROTとの関係を重視している。ドイツのケルン大学で構築されいているBRENDAは反応速度論的なデータを充実させたものとなっており，大量の文献から抽出した詳細

な情報（生物種，実験条件，反応速度定数など）が付加されている．

日本では，KEGG プロジェクトの一つとして LIGAND/ENZYME が構築されている．これは後述のパスウェイデータベースやゲノムが決定された生物種の遺伝子情報とのリンクを充実させている．また，化合物情報を蓄積した LIGAND/COMPOUND，酵素反応に限らず生体内で使われる化学反応情報を集めた LIGAND/REACTION，糖鎖の構造情報を集めた LIGAND/GLYCAN も独自に開発しており，これらを含めて遺伝子，酵素，化合物の情報を統合的に解析できるデータベースとして構築されている．

（f）**パスウェイデータベース** パスウェイデータベースとは酵素反応やタンパク質相互作用の情報を連続する反応や相互作用をネットワークとして登録し，さらにグラフィカルに表示できるようにしたデータベースである．パスウェイデータベースは大きく2種類に分類される．一つは酵素反応のネットワークである代謝系のデータベースであり，もう一つはシグナル伝達系などのタンパク質相互作用のネットワークを中心とするものである．

代謝系のデータベースとしては京都大学の KEGG で構築されている PATHWAY データベースが有名であるが，ほかにも ExPASy の Biochemical Pathways や米国 SRI International の BioCyc，米国アルゴンヌ国立研究所の WIT（What Is There）などがある．これらはいずれもいくつもの生物種のデータを統合した参照パスウェイと呼ばれるものをベースとし，そこからゲノム情報をもとにして生物種ごとのパスウェイを再構築するというアプローチをとっている．ちなみに BioCyc はもともと EcoCyc という大腸菌のパスウェイ情報とゲノム情報を統合したデータベースから出発している．

前記以外にも生物種や系を限定してデータを収集したパスウェイデータベースがある．典型的なものとしてミネソタ大学の UM-BBD（University of Minnesota Biocatalysis/Biodegradation Database）が挙げられる．このデータベースは環境汚染物質などをバクテリアが分解する経路を中心に集めている．ほかにも植物のパスウェイを集めたアイオワ州立大学の SoyBase などがある．

タンパク質相互作用の情報を集めてパスウェイデータベースとしているものとしては，やはり KEGG や BioCyc が挙げられる．これらはアカデミックに対しては無料のデータベースであるが，有料のデータベースもいくつか構築されており，例えば，BIOBASE 社の TRANSPATH や BioCarta 社のデータベースなどが挙げられる．

前記のデータベースは文献から得られた知識を統合し，パスウェイのデータとして構築し直したものであるが，近年，実験で網羅的にタンパク質相互作用を解析する手法がいくつか開発されてきており，実際に生体内で働いているかどうかは別にして，たがいに相互作用する可能性のあるタンパク質のペアの情報が大量に得られるようになってきた．これらのデータは新しいパスウェイの発見に有効に利用できると考えられており，タンパク質ペアの情報をデータベース化したものがいくつか開発されている．例として，カリフォルニア大学の DIP（Database of Interacting Proteins），カナダの BIND（Biomolecular Interaction Nnetwork Database），ボストン大学の Predictome，京都大学の BRITE（Biomolecular Relations in Information Transmission and Expression）などが挙げられる．これらのデータベースのなかには実験で明らかにされた相互作用だけでなく，計算機上で予測された相互作用情報や機能的な関連があると予測された遺伝子間の関係も遺伝子（タンパク質）のペアとしてデータベース化されているものも多い．これらのデータベースは，相互作用や関連情報を組み合わせてさらに多くの機能的に関連している遺伝子を予測するために利用できると考えられている．

（g）**統合データベース** これまで紹介してきたデータベースは，それぞれ開発したサイトでサービスされている．また，それぞれのデータベースのフォーマットや管理システムはさまざまである．したがって，そのままではいろいろなデータベースにまたがった検索をすることは難しい．そこで，いくつかのデータベースを統合して検索できるようにしたシステムが構築されている．ここでは，そのうちキーワード検索を中心にした統合データベースを三つ紹介する．

一つ目は米国 NCBI で構築されている Entrez システムである．Entrez の大きな特徴は塩基配列，アミノ酸配列，立体構造データとともに PubMed に登録されている文献情報を検索できることである．分子生物学分野の研究者にとってこのデータベースを利用した文献検索は欠かせないものとなっている．Entrez のもう一つの特徴は，文献，配列，構造間で関連しているエントリーどうしを結んでいることである．さらに，関連している文献どうし，類似配列どうし，類似構造どうしの関係もあらかじめ計算してデータベース化しており，ユーザは検索結果から関連情報を容易に検索することができる．

二つ目は英国 EBI で開発されている SRS（Sequence Retrieval System）である．SRS の特徴はフラットフ

ァイル形式のデータベースをユーザが容易に統合できるシステムになっていることである。EMBLやSWISS-PROTなどの有名なデータベースはあらかじめ登録できるようになっているうえに，ユーザが独自に作成したデータベースもシステム中に簡単に組み込める仕組みを作っている。また，データベースエントリーどうしのリンク情報も自動的に抽出して検索できるようになっている。

三つ目は京都大学で開発されているDBGETである。DBGETもSRSと同様にフラットファイル形式のデータを統合して検索できるようにするシステムである。このシステムの特徴として，データベースエントリーどうしのリンク情報だけを抜き出してデータベース化したLinkDBを構築していることが挙げられる。これにより，逆引きのリンクや間接的なリンクをユーザーが指定したパスをたどって検索することができるようになっている。

なお，毎年1月に *Nucleic Acids Research* 誌でデータベース特集号が発行される[1]。この特集号はNARのウェブサイトから無料でダウンロードすることができ，ここで紹介したデータベースを含め多くのデータベースが紹介されているので興味のある方は参照されるとよい。

5.1.2 配列比較とデータベース検索

(a) 配列比較 二つの遺伝子の塩基配列どうしまたはアミノ酸配列どうしを比較して，たがいに進化的な関連があるかどうかを調べることをペアワイズアラインメント（pairwise alignment）をとるという。ここで，進化的に関連があるかどうかは，配列どうしがある基準のもとで似ているかどうかで判断する。遺伝子の配列は進化の過程で，一部が入れ換わったり，他の遺伝子と融合したりすることもあるので，進化的に関連があっても配列の一部しか似ていない場合もある。その場合，配列の一部が似ているかどうかを調べるが，それを局所的アラインメント（local alignment）という。これに対し，配列全体が似ているかどうかを調べることを大域的アラインメント（global alignment）という。

3本以上の配列を比較する場合は特にマルチプルアラインメント（multiple alignment）と呼ぶ。ペアワイズアラインメントが，おもに二つの配列間に進化的な関連があるかどうかを調べる方法であるのに対し，マルチプルアラインメントは，進化的関連があるとわかっている配列を比較する。そうすることにより，進化の過程を表す系統関係を調べたり，複数の配列のなかで特によく保存された部分を抽出したりすることができる。進化的によく保存された部分は機能的に重要な部分と考えられるので，その部分を切り出して機能や構造と関連づけて配列モチーフとして定義することもある。

配列が似ているかどうかを判断する場合，配列の要素（塩基やアミノ酸）どうしが同じであるかというだけでなく，似ているかどうかということも考慮することが重要である。特にアミノ酸の場合，電荷や疎水性などの性質が似ていれば置き換えられても機能は変わらないこともあるので，アミノ酸どうしがどの程度似ているかを評価するアミノ酸置換行列（substitution matrix）がいくつか開発されている。その代表的なものとして，PAM（percent accepted mutations）やBLOSUM（blocks amino acid substitution matrix）が挙げられる。

(b) データベース検索 ペアワイズアラインメントを用いて，配列データベース中から与えられた配列と進化的に関連がある配列を探すことをホモロジー検索（homology search）という。ホモロジー検索の代表的な利用方法は，機能がよくわからない遺伝子の塩基配列またはアミノ酸配列が得られたときにその機能を予測するということである。ゲノムプロジェクトで網羅的に明らかにされる遺伝子に対して機能を割り当てる場合にも使われる。ちなみに，ホモロジーとは進化的に関連のあるという意味であり，単なる類似性とは厳密には違うが，計算機でその違いを考慮するのは非常に困難なので，実際には区別せずに使うことが多い。

代表的なホモロジー検索法としてSmith-Waterman（SW）法[2]，FASTA[3,4]，BLAST[5,6]の三つが挙げられる。このうち，SW法は動的計画法（dynamic programming）に基づいた方法で最適なアラインメントが得られることが保証されているが，実行時間は遅くなる。一方，FASTAとBLASTは近似的なアラインメントを計算するが，実行時間はSW法に比べ格段に速い。実際の検索ではSW法の厳密さを求めずともFASTAやBLASTの近似解でそこそこよい結果が得られることが経験的にわかっているので，最も効率のよいBLASTがよく使われている。特に，巨大データベースに対する検索や，ゲノムプロジェクトで大量に明らかになる遺伝子の機能予測などにはBLASTを用いないと計算が1日経っても終わらないということもある。

初めて動的計画法を配列アラインメントに応用したのはNeedlemanとWunschである。彼らは大域的アラインメントに応用したが，データベース検索に大域的アラインメント法を用いると，局所的に似ている意

味のある配列の検索ができなくなってしまう。そこで，Needleman と Wunsch の方法を局所的アラインメント用に改良したのが Smith と Waterman である。動的計画法を用いたデータベース検索には，Smith と Waterman の方法に基づいた SW 法が使用されている。動的計画法では質問配列とデータベース配列をそれぞれ縦と横に並べた行列を作成し，対応する塩基やアミノ酸の比較結果を埋めていくことにより計算される。計算はひととおりこの行列を埋めた後，最もよい値から逆にたどってアラインメントを完成する。したがって，（質問配列の長さ）×（データベース配列の長さ）に比例した計算時間が必要となる。

この計算量は二つの配列を比較するだけであれば大したことはないが，データベース検索の場合は膨大になる。特に GenBank などの塩基配列データベースに含まれる塩基の総数は 2003 年現在で約 400 億塩基もあるため，WWW でのサービスを前提としたデータベース検索では計算結果を得ることができない。

動的計画法では質問配列とデータベース配列の行列をすべて埋めることによって計算したが，実際にアラインメントされる部分はそのなかのごく一部である場合がほとんどである。FASTA や BLAST では，アラインメントに必要そうな部分だけを先に抽出し，その周辺だけ詳しくアラインメントし直すという方法で効率化を実現している。

FASTA ではまずハッシュを用いて質問配列と一致する領域を大雑把に探し出す。ここでハッシュとは，質問配列から数残基の部分配列を切り出してきたときに，それぞれが質問配列のどこから切り出されたかを保存しておくテーブルである。このテーブルを用いてデータベース中の配列と質問配列が部分的に一致する部分を抽出する。その後，抽出された領域の近傍だけに動的計画法を適用する。

質問配列から切り出す数残基の部分配列のことをタプルと呼ぶが，通常は塩基配列とアミノ酸配列とでタプルの長さを変える。塩基配列では長さ 4～6 のタプル，アミノ酸配列では長さ 2 のタプルを用いることが多い。FASTA ではこのタプル長で精度と速度を調節することができる。タプル長が大きいほど高速な検索ができるが，本来必要なアラインメントが見落とされる可能性が高くなる。逆に，タプル長が小さいと検索速度は落ちるが，より動的計画法に近い結果が得られるようになる。

BLAST（basic local alignment search tool）では，まず二つの配列中で共通の文字パターンを持つ領域を抽出し，そこをコアにしてアラインメントを両側に伸ばす方法をとる。

共通の文字パターンの抽出では，質問配列から数残基の部分配列を切り出してくるところまでは FASTA と同じだが，BLAST ではそれらの部分配列と類似配列をあらかじめ計算しておき，完全一致ではなく類似配列の抽出を行う。このパターン抽出には有限オートマトンを用いて高速な複数パターンの同時検索を実現している。

つぎに，抽出された共通パターンからギャップを入れずに両側に伸ばすことによって，アラインメントを作成する。こうして得られたギャップなしのアラインメントを HSP（high-scoring segment pair）と呼び，HSP のなかから統計的に有意なものを選択して結果とする。BLAST では最初から類似パターンを抽出することにより高速な検索ができるが，ギャップが入らないのでギャップがある場合は複数の HSP の組合せで全体のアラインメントを作成することになる。第二世代の BLAST では検索速度を落とさずにギャップも考慮されるようになったので，BLAST が現在最もよく使われているホモロジー検索アルゴリズムといってよいだろう。

FASTA や BLAST では最適解は得られない可能性があるが，実用上は問題ない程度の検索結果が得られると考えられている。したがって，よほど精度の高い解析が必要でない場合は，BLAST を使用することが多い。また，これらの実用性を判断する基準として，検索結果がどの程度有意かを示す指標も考えられている。これらはデータベース中にほかにどれぐらい似た配列があるかどうかを統計的に判定して得られる指標であり E-value として表示される。

（c）**配列モチーフとモチーフ検索** 配列アラインメントは二つの配列が進化的・機能的に関連があるかどうかを判断するために使われるが，配列中にはよく保存されている部分と，あまり保存されていない部分がある。よく保存されている部分は機能的・構造的にも重要な部分であることが多く，機能単位として抽出できる場合もある。このように機能的・構造的によく保存された部位に特徴的な配列パターンのことをモチーフと呼ぶ。

機能部位としては，タンパク質では酵素の活性部位，基質認識部位，転写因子の DNA 結合部位，シグナル配列などが挙げられる。また RNA の翻訳開始点や DNA のプロモーター領域にも共通パターンがあり，これらもモチーフである。

アミノ酸配列のモチーフは同じ機能を持つことがわかっている複数の配列をマルチプルアラインメントをすることによって抽出する。塩基配列の場合はパターンが短いことや配列上の位置が保存されていないこと

も多いので，より柔軟なパターン検索によって抽出する方法も開発されているが，一般にアミノ酸配列に比べて難しい。

モチーフの表現方法は大きくパターンとプロファイルの二つに分けられる。パターンはコンセンサス配列と呼ばれる保存された配列を正規表現などの方法で表現する方法である。この方法は見た目にわかりやすく，理解しやすい反面，あいまいな表現に限界がある。例えば，PROSITEのパターン表現において[LIVMFYWC]は[ ]で囲まれた八つのアミノ酸のどれかが出現する部位ということを表しているが，実際には八つが均等に出現するわけではなく，例えば，Cが他のアミノ酸に比べて2倍出やすいということはよくある。パターンではこのような定量的（確率的）な情報が落ちてしまう。

もう一つの表現方法であるプロファイルは見た目にはちょっとわかりにくいが，パターンの欠点である定量的な情報を表現することができる。プロファイルにはいくつかの表現方法があり，その代表的なものとして，マトリックス，ブロック，隠れマルコフモデル（hidden Markov model：HMM）が挙げられる。

マトリックス表現は，各ポジションにどのアミノ酸残基がどの程度出やすいかという情報を数値で表した表を用いる。したがって，20×（パターン長）のマトリックスで表現することになる。ブロックはマルチプルアラインメントで保存されている部分をそのまま切り出して作成したものである。ギャップを含まない短いパターンを表現することが多い。HMMは確率モデルに基づいた表現方法で，各ポジションでのアミノ酸出現確率とギャップ，挿入，マッチへの遷移確率とが同時に表現されたものである。

マトリックスで表現されたモチーフを収集したデータベースとしてはPROSITEが，ブロック表現のモチーフを収集したデータベースとしてはBLOCKSが，HMM表現のデータベースはPFAMが有名である。PROSITEはパターン表現もデータベース化している。また，最近はこれらの表現をすべてまとめて検索できるようにしたInterProというデータベースも開発されている。

モチーフを用いたデータベース検索には二つのパターンが考えられる。一つはアミノ酸配列を質問配列として，その配列中に特徴的なモチーフが存在するかどうかをモチーフデータベースに対して検索することである。ホモロジー検索では類似配列が見つからなくても機能部位だけ保存されている場合もあるので，機能未知の配列の機能の手がかりを得るための検索に利用する場合がある。また，ホモロジー検索の結果を補完する意味で使う場合もある。

もう一つのデータベース検索は自分で抽出したモチーフを持つアミノ酸配列がデータベース中にあるかどうかを検索する場合で，この場合はモチーフを質問として配列データベースを検索することになる。

パターンに対する検索ではUNIXのgrepコマンドで利用されているのと同じような正規表現によるパターンマッチがそのまま使われる。プロファイルに対する検索は表現方法によって異なる。マトリックス表現に対する検索は専用のツールProfileFindなどが開発されている。ブロックに対する検索では各配列に対するBLAST検索を用いるのが一般的である。HMMについては専用のプログラムが開発されている。これらの検索プログラムはゲノムネットのモチーフサーバー〔http://motif.genome.ad.jp/（2004年1月現在）〕で利用できる。

直接のモチーフ検索ではないが，第二世代のBLASTでもPSI-BLAST（Position Specific Iterative BLAST）を用いて似たようなことができる。PSI-BLASTはモチーフ生成と検索を同時に行いながら，より微弱なホモロジーを検索する。BLASTの検索結果をもとにマルチプルアラインメントを実行してプロファイルを作成した後に，そのプロファイルを質問として再度データベースを検索するのである。これを複数回繰り返すのでPSIという名前がついている。

ホモロジー検索にしても，モチーフ検索にしても結果の有意性には気をつける必要がある。例えば，短いパターンは機能部位以外でも見つかる場合があるし，長くて特殊なパターンで探すと本来は見つかってほしいものが見つからないこともある。デフォルトのパラメーターでもそこそこよい結果は得られるが，検索時のパラメーター調整も重要であるということは心にとどめておいてほしい。

（五斗）

引用・参考文献

1) *Nucleic Acids Res.* **31**, Database Issue（2003）.
2) Smith, T. F. and Waterman, M. S.: Identification of common molecular subsequences, *J. Mol. Biol.*, **147**, 195–197（1981）.
3) Wilbur, W. J. and Lipman, D. J.: Rapid similarity searches of nucleic acid and protein data banks, *Proc. Natl. Acad. Sci. USA*, **30**, 726–730（1983）.
4) Lipman, D. J. and Pearson, W. R.: Rapid and sensitive protein similarity searches, *Science*, **227**, 1435–1441（1985）.
5) Altschul, S. F., Gish, W., Miller, W., Myers, E. W. and Lipman, D. J.: Basic local alignment search

tool, *J. Mol. Biol.*, **215**, 403–410 (1990).
6) Altschul, S. F., Madden, T. L., Schaeffer, A. A., Zhang, J., Zhang, Z., Miller, W. and Lipman, D. J.: Gapped BLAST and PSI-BLAST: A new generation of protein database search programs, *Nucleic Acids Res.*, **25**, 3389–3402 (1997).

5.2 遺伝子およびタンパク質発現解析

5.2.1 遺伝子発現解析[1]〜[4]

(a) **DNAマイクロアレイおよびDNAチップによる遺伝子発現量測定の原理**　DNAマイクロアレイおよびDNAチップとは数千から数万種類の遺伝子の発現量（mRNAの量）を一度に観測することができるものである。DNAマイクロアレイはスライドガラス上に遺伝子由来のcDNA断片またはオリゴヌクレオチドを高密度に配置したものであり（図5.1）、DNAチップは半導体の製造技術を応用し、マイクロアレイより高密度にチップ上にオリゴヌクレオチドを合成したものである。このほか、フィルターにDNAプローブを固定したマクロアレイと呼ばれるものも存在する。マクロアレイは、面積が大きくなったマイクロアレイと考えればよい。これらの方法のなかでマイクロアレイは、近年、機械的精度に難があったDNAプローブの固定にインクジェット技術が応用され、固定化されるDNAプローブ量のアレイ間での再現性および測定結果の信頼性が向上するとともに、実験に要するコストも下がってきている。また、マイクロアレイから遺伝子の発現量を測定するスキャナーと呼ばれる機器の値段も、ある程度低下しつつある。現在、大腸菌、酵母、マウス、ヒトなどの遺伝子が数千から数万種類固定されたマイクロアレイが市販されている。そのため、さまざまな場面においてマイクロアレイを使用した研究が多く行われるようになった。このため、以下ではマイクロアレイを用いた場合を中心に説明を進める。ただし、解析に関してはどの方法でも同様の解析が必要となる。

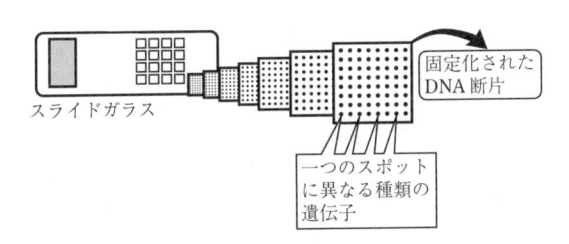

一般的な測定法としては、測定したい細胞群と、対照となる細胞群のそれぞれからmRNAを抽出し、逆転写反応を行いcDNA化する。逆転写反応を行う際に、おのおのの細胞群に対して別々の蛍光色素で標識されたヌクレオチドを用いるため、別々の蛍光色素を有するcDNAとなる。これらのcDNAを混合し、DNAマイクロアレイ上でハイブリダイズ（スライドガラス上のcDNAと相補的cDNAがDNA-DNAハイブリッドを形成すること）させる。ハイブリダイズ後、スキャナーで各遺伝子に対する蛍光強度の測定を行う（図5.2）。励起光を変化させることで、おのおのの蛍光色素の強度を別々に測定することができる。この際、スライドガラス上のある遺伝子由来のcDNA断片にハイブリダイズした逆転写cDNA量は、もとの細胞中のmRNA量に依存しており、測定したい細胞群のmRNA量が対照細胞群中のmRNA量より多ければ、測定したい細胞群に対する蛍光色素の蛍光強度が多く観測されることとなる。この結果、蛍光強度を測定す

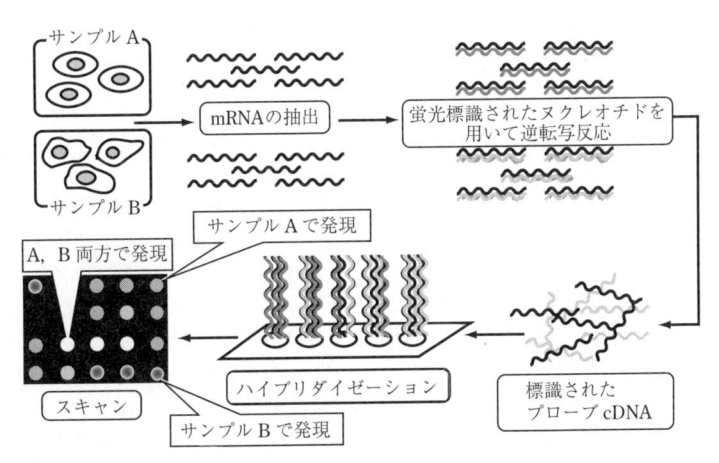

図5.1 DNAマイクロアレイ

図5.2 DNAマイクロアレイの測定原理

れば，おのおのの細胞群の遺伝子発現量を測定できることとなる。この方法は，二つの細胞群由来のcDNAが競合的にスライドガラス上のcDNA断片とハイブリダイズすることから競合ハイブリダイズと呼ばれる。このほか，一つの細胞群由来のcDNAのみでハイブリダイズを行う方法も存在する。

　測定したい細胞群の細胞量が少なく，mRNA量がマイクロアレイによる解析に十分量ない場合は，T7 RNAポリメラーゼを用いてRNAの増幅を行う。T7 RNAポリメラーゼを利用した増幅法では，指数関数的ではなく直線的に増幅される。初期のmRNA量がある程度存在すれば，1回の増幅操作でマイクロアレイによる解析に十分な量まで増幅される。しかし，初期のmRNA量が非常に少ない場合は，2回，3回と繰り返し，増幅操作を行うこととなる。ただし，2回目以降の増幅には，ランダムプライマーを利用することになるので，増幅で得られるaRNA（amplified RNA）は短くなることに注意する必要がある。また，増幅を繰り返した場合には，配列による増幅効率の違いにより，初期mRNA中で少ない存在比であったあるDNA由来のmRNAと，多い存在比であった別のDNA由来のmRNAなどの存在比率が増幅によって異なる可能性があることに注意する。

（b）　**詳しい解析に入る前に行うこと**　　スキャナーから取り込まれた画像のうち，cDNA断片が配置された部分（スポット）とそうでない部分（バックグラウンド）を画像解析ソフトによって判別させる。つぎに，認識したスポット中の蛍光強度を数値化する。この際，DNAプローブのスライドガラスへの固定を行う装置（スポッター）の機械的精度が低いと，スポットが正確にグリッド上に配置されず，画像解析ソフトでうまく認識できない可能性がある。うまく認識できない場合は，手動で数千個のスポットを画像解析ソフトに認識させるという気の遠くなるような作業をする必要が出てくる。最近では，画像解析ソフトの能力も高く，ある程度のスポットのずれは，ソフトが認識してくれるうえ，上記のようにスポッターの精度も高くなり，このような問題は減ってきている。ただし，スキャナーで読み取った画像は目視で確認し，読み取られたスポットの画像が明らかに通常のものとは異なる場合は，その測定値は除外して解析を行ったほうがよい。

　競合ハイブリダイズの場合でも問題となるが，一つの細胞群由来のmRNAのみでハイブリダイズを行う際に特に問題となるのが，マイクロアレイ測定結果どうしの比較ができるかということである。実験に用いた全mRNA量が実験間で異なることなどが原因で，同じ細胞を用いた発現解析でも，マイクロアレイごとで測定値が異なることがあり，問題となる。この場合は，恒常的に発現していると考えられるハウスキーピング遺伝子の発現量をあらかじめ他の方法で測定しておき，この測定値とマイクロアレイによる測定値をもとに，実験間どうしのデータを比較できるように数値処理する。また，他の生物由来の遺伝子をDNAプローブとして使用し，ネガティブコントロールとして用いることもある。このほかに，実験間の比較を行う際に有用な方法は，細胞中のmRNA全体量を一定であるとして数値処理する方法である。

（c）　**遺伝子発現量変化が大きい遺伝子の決定**
　マイクロアレイで得られたデータ解析で最も基本的な解析は，対照とする細胞群と測定したい細胞群で大きく発現量が異なる遺伝子を決定することである。通常は，対照細胞群の結果と比較して1/2倍以下の測定値になった遺伝子，および2倍以上の測定値になった遺伝子を，大きく発現量が異なった遺伝子として決定する。しかし，実験誤差が大きい場合は，同じ細胞の同じ遺伝子の測定値は実験ごとで大きく異なり，繰り返し実験を行うとこの測定値の分散が大きいことがわかる。このように分散が大きな場合は，1/2倍以下，あるいは2倍以上の測定値の変化でも，大きな発現量の変化とは考えにくく，誤差であると結論づけられるべきであろう。分散も考慮に入れて，発現量が大きく異なる遺伝子を決定するためには，統計分野でよく用いられる有意差検定が必要である。

（d）　**クラスタリング**　　クラスタリング解析は，データ（マイクロアレイ解析の場合は細胞）あるいは項目（遺伝子）相互の似ている度合によって，いくつかのグループ（クラスター）に分類する方法である。例えば，多くのがん患者から採取したさまざまながん細胞をDNAマイクロアレイで遺伝子発現量を測定し，遺伝子の発現パターンがよく似ている細胞どうしをグループ化したり，逆に発現パターンがよく似ている遺伝子どうしをグループ化したりする解析手法である。この解析を行うことで，細胞のグループごとで特徴的に発現している遺伝子をターゲットにしてその細胞に特異的に作用する薬剤の設計を行ったり，遺伝子のグループを観察することでがん細胞のなかで起こっている現象を考察する助けにしたりできる。このほか，クラスタリング解析を行う場合に，例えば抗がん剤を加えたがん細胞を，一定時間間隔でサンプリングし，DNAマイクロアレイで，発現遺伝子量の時系列変化を測定したデータに適用する場合もある。この場合，時系列変化がよく似た遺伝子どうしをグループ分けすることとなる（**図5.3**）。機能既知の遺伝子と同じグ

(a) 各遺伝子の遺伝子発現データ   (b) クラスタリング後の代表パターン

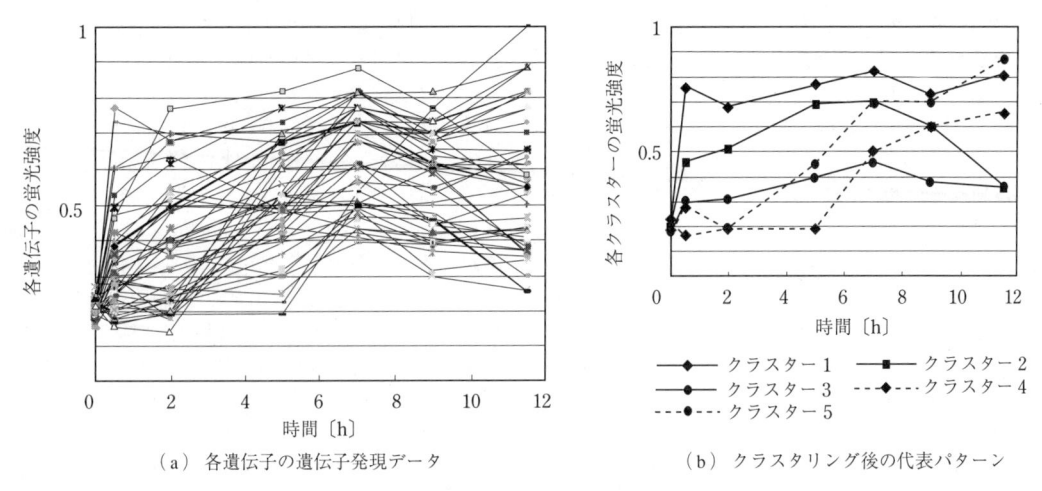

図5.3 ARTによるマイクロアレイデータのクラスタリングの例

ループに分類された機能未知遺伝子は，機能既知遺伝子と同じ転写制御関係にある可能性があるか，機能そのものも類似である可能性があると考えられる。クラスタリング解析には，階層的クラスタリング，k-means（c-meansと呼ぶ場合もある）クラスタリング，その他の方法が存在する。

（1）**階層的クラスタリング**　最も似ているデータあるいは項目から順に発見し，似ているデータあるいは項目が隣り合うように，樹形図の形で表現する方法である。求めるクラスターの数は樹形図を見ながら，解析者が決めることとなる。この際，がん細胞の形など，医学・生物学的な知識が役立つことが多い。このほかの解析にもいえることだが，クラスタリング解析した結果は，医学・生物学的な知識に基づいて妥当であるかを確認したり，結果をグラフ化してみるなどして妥当性を確認する必要がある。この結果，うまく解析できていないと考えられる場合には，クラスター数の変更，解析方法の変更，場合によってはもとのデータの数値化の再検討なども必要である。なんらかの解析を行うことで，結果が出てきたからといってその結果を鵜呑みにすることは危険である。

（2）**k-meansクラスタリング**　あらかじめ決めたk個のクラスターにデータあるいは項目を分類する方法である。この際，クラスター内のデータおよび項目相互の類似度はなるべく高く，クラスター相互の類似度はなるべく低くなるようにクラスターを形成させる。この方法では，計算の一部に乱数を使用するため，同じデータに対して同じクラスター数に分類しようとしても，同じ結果が得られない場合があるので注意が必要である。また，階層的クラスタリング同様，クラスター数の決定は解析者が行う必要がある。このため，さまざまなクラスター数に分類を行い，得られた結果を医学・生物学の知見や統計的な妥当性をもとに検討し，どのクラスター数が適当であるのかを決定すべきである。

（3）**その他の方法**　その他の方法としては，自己組織化マップ（self-organizing map：SOM）および適応共鳴理論（adaptive resonance theory：ART）が挙げられる。これらの方法は，人工ニューラルネットワーク（ANN）の一種であり，パラメータの調整や得られた結果の解釈などさまざまな問題点もあるが，階層的クラスタリングやk-meansクラスタリングを利用した場合よりよい結果が得られているとの報告がある。特に，ARTはわれわれのグループがマイクロアレイデータの解析に初めて適用した手法[5]であり，ARTによるクラスタリング結果を，階層的クラスタリング，k-meansクラスタリング，SOMによる結果と比較したところ，より医学・生物学知識に一致していることが明らかになった。先にも示したように，マイクロアレイのデータには多くの実験誤差が入る可能性がある。マイクロアレイのデータに人工的に誤差を付加したデータを用意し，これらの手法でクラスタリングを行ったところ，他の方法では誤差を加えなかったときの結果と大きくクラスタリング結果が異なったが，ARTは誤差を加えてもあまり結果が異ならないことが明らかになり，よりマイクロアレイデータのクラスタリングに適していると考えられた。

類似度の評価には，ユークリッド距離，Pearson相関係数距離などが存在する。さまざまな類似度を用いて解析すると，結果が大きく異なる。どの類似度を用いればよいかは，結果を見ながら決めるべきである。細胞群や遺伝子どうしを比較するクラスタリングの結

果を直感的に理解するためには，緑は発現量が少なく，赤は発現量が多いなどのカラーマトリックスを利用した方法などを用いるとよい。時系列データのクラスタリング結果は，横軸に時間，縦軸に発現量をとった折れ線グラフで表すとよい。

（e）判別モデル　クラスタリング解析は，細胞や遺伝子に関する情報がない状況下で，遺伝子発現量のパターンがよく似ている細胞や，遺伝子どうしをクラスターと呼ばれるまとまりにして分類する方法である。しかし，事前にいくつかの細胞群について「この細胞群はがん細胞で，この細胞群は健常な細胞である」などの情報と遺伝子発現量の値が利用できる場合は，これらの細胞の種類に関する情報がない細胞群についても遺伝子発現量の値のみから判別モデルを利用して分類することが可能となる。これは，事前に与えられるいくつかの細胞群についての情報（ラベルと呼ばれる。この場合，がん・健常という情報）と遺伝子発現量の値をコンピュータに教え込み，事前にラベル情報がない細胞群の遺伝子発現量から細胞群の情報を類推させることで可能となる。事前に何例かの典型的な症例に対する遺伝子発現量のデータを収集し，ある病気が疑われる患者の遺伝子発現量を測定すれば，その病気にかかっているか否かが判別できることとなる。このため，この解析は医学的な応用を考えると大変重要だと考えられる。判別は，通常2群に分けることを目的に行われる。判別モデルとしてはさまざまな方法が提案されているが，ここでは，線形判別分析，ANN，サポートベクターマシン（SVM）などの方法を紹介する。

（1）線形判別分析　線形判別関数式（5.1）を用いて，AおよびBという2群に分類するモデルを作成する方法である。n個の項目（マイクロアレイデータの場合は遺伝子数）に対する測定値x（遺伝子発現量）から計算されたyの値が「正である場合はA，負である場合はB」などとして2群を判別する。A群に属するデータのyの和とB群に属するデータのyの和について，これらの差が最大になるように，$a_1 \sim a_n$およびbのパラメータは調整される。

$$y = a_1 x_1 + a_2 x_2 + \cdots + a_n x_n + b \quad (5.1)$$

パラメータ調整に用いたデータを学習用データまたは教師データと呼ぶ。上記のようにパラメータを調整することによって，学習用データはうまく判別できることが多い。しかし，一般に学習用データ以外のデータを与えたときにはうまく判別できない場合も多くある。このため，ラベル未知のデータの分類を行った際に，どの程度うまく分類できるのかが疑問になる。この指標としてよく用いられるのが，学習データ以外でラベルが既知のデータに対するこのモデルの正答率である。このようなデータは，（モデルの）評価用データまたは汎化用データと呼ばれている。

線形判別分析に限らず，判別モデルを作成する際には，評価用データに対する正答率（汎化能力）をできる限り高くする必要性がある。汎化能力の評価には，クロスバリデーションやleave-one-outと呼ばれる方法がある。現在のところ，一つの症例に対するマイクロアレイデータは，コストなどの問題点から，数十例から100例程度収集することも難しい。このため，測定される遺伝子の種類n（通常，数百から1万数千）に比べ，学習用データの数は大変少ないものとなる。遺伝子発現量の値をすべて利用して線形判別関数を作成しようとした場合，パラメータの数よりパラメータを決めるために与えるデータの数が非常に少ないこととなる。これは，数学上問題となるため，判別に利用する遺伝子種類の数を絞り込む必要が出てくる。また，線形判別関数に利用する遺伝子の種類が減れば，少ない遺伝子がこの症例と健常者を分ける重要なキーであることがわかり，新薬開発やこの症例専用のカスタムマイクロアレイを作成するために利用できるであろう。

どの遺伝子を用いて線形判別関数を作成するかで大きく結果が異なるため，どの遺伝子を残せばよいかを選択する方法（特徴選択，変数選択と呼ばれる）はモデルを作成する際に重要となる。例えば，遺伝子どうしの相関が高い項目の一方を削除したり，yと相関の高い遺伝子のみでモデルを作ることも行われる。

（2）人工ニューラルネットワーク　神経細胞の情報伝達の様子を数学モデル化し，このモデルを判別に用いる方法である。線形判別分析ではうまく判別できないような，より複雑な関係の判別でも，さまざまな分野で良好な結果が得られているため，マイクロアレイデータの解析にも用いられている。値が入力される縦に並んだユニットをまとめて入力層，出力されるユニットを出力層，入力層と出力層で挟まれたユニットの並びを中間層または隠れ層と呼ぶ。三層タイプのANNの場合，入力層から値（マイクロアレイデータの場合は遺伝子発現量）が入力され，ユニットと結合加重に基づいて計算が行われ，出力層から値（例えばがんの場合は1，健常の場合は0など）が出力される。線形判別分析と同様に，学習用データを与えることで，出力値が学習データで与えた値に近づくように，パラメーターである結合加重を変更する。線形判別分析と同様に，パラメーター（結合加重）の数より学習データが多すぎることは問題となるので，中間層のユニットの数，入力として用いる遺伝子の数および種類の決

定は大きな問題となる。

線形判別分析の場合と比較して，ANNは優れた判別能力を有しているため，判別モデルとしては大変有効であると考えられる。しかし，線形判別分析では求めたパラメーターの値を詳しく見ることで，どの遺伝子発現量が正または負の症例の判定にどの程度の大きさで関与しているかを知ることができるが，ANNでは結合加重としてネットワーク全体でモデルの挙動を表現しているため，線形判別分析のような遺伝子の発現量と症例の関係を定性的に知ることは難しい。この問題を克服するために，ANNのネットワーク構造を変更し，学習後のネットワーク構造からファジィルールを取り出すことができるファジィニューラルネットワーク（FNN）もマイクロアレイ解析に利用できる。例として，われわれが行った研究を紹介する。

われわれは，FNNを利用して，あるがん患者に対して治療を行って，一定期間後に死亡/生存しているかをDNAマイクロアレイデータから推定するFNNモデルを作成した[6]。この際，測定された遺伝子10000種類程度から，欠損値等がないデータを選んだところ約6000種類の遺伝子が残った。これらの遺伝子から変数増加法と呼ばれる特徴選択法で，判別に重要な遺伝子を絞り込んだところ4種類の遺伝子のみが選ばれ，正答率92.5％で判別できることがわかった。このときのファジィルールを図5.4に示す。

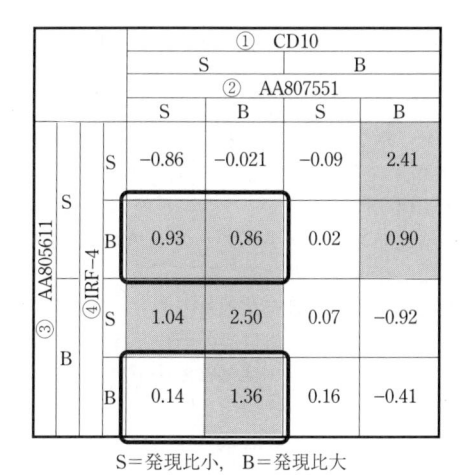

		① CD10			
		S		B	
		② AA807551			
		S	B	S	B
③ AA805611	④ IRF-4 S	−0.86	−0.021	−0.09	2.41
S	B	0.93	0.86	0.02	0.90
B	S	1.04	2.50	0.07	−0.92
	B	0.14	1.36	0.16	−0.41

S＝発現比小，B＝発現比大

図5.4　学習後に得られたFNNルール

Sはその遺伝子の発現量が小さいとき，Bはその遺伝子の発現量が高いときを表している。表中の数字が大きければ大きいほど，一定期間後に死亡する可能性が大きいことを示している。この図から，さまざまなことが読み取れるが，例えば「CD10の発現量が小さく，IRF-4の発現量が大きいと死亡する確率が大きい」などのルールが読み取れる。このようにルールを読み取ることで，新たな新薬の開発などのヒントになることが予想される。

（3）**サポートベクターマシン**[7]　近年開発され，評価用データに対する汎化能力の高さから，さまざまな分野で応用されている判別モデル化手法である。汎化能力を高めるために，マージン最大化という手法を用いている。図5.5は，サポートベクターとマージンを模式的に示した図である。

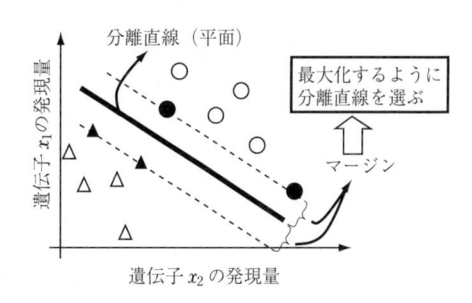

図5.5　SVMの模式図

遺伝子発現量 x_1 および x_2 の値から，丸印のがん患者と三角印の健常者のデータを分ける直線を引くことを考える。二つのグループを分ける際，グループ内で境界線に近いと考えられる数点のデータを選ぶ。これらのデータ（図5.5では黒く塗られたデータ）をサポートベクターと呼び，グループどうしを分離する直線とグループの端までの距離をマージンと呼ぶ。SVMでは，マージンを最大化するようにパラメーターを決定することで汎化能力が上がることが数学的に証明されている。この図面ではグループを分ける判別面が直線であるが，カーネルトリックという手法を用いることで，複雑な曲線で判別面を構成することも可能である。

他の方法と同様，学習用データの数に比べて遺伝子数が多いモデルを構築することは避けるべきであり，特徴選択を行う必要がある。また，ソフトマージンの調整やカーネルトリックを行う際にはさまざまなカーネル関数の選択が必要になるので，これらの選択や調整には十分注意が必要である。

（**f**）**遺伝子相互作用ネットワークの解析**[8]　さらに新しい解析方法として，ここ数年，注目されているのが，遺伝子発現の相互作用（ネットワーク）推定である。この研究では，時系列の遺伝子発現データや遺伝子破壊株と親株の遺伝子発現データなどを用い，情報工学的な手法で，遺伝子の相互作用を明らかにしようとする研究である。解析の方法としては，ブーリア

ンネットワークや微分方程式に基づく方法などが存在する。

(1) ブーリアンネットワーク[9]　遺伝子発現量をある規則に従って,発現している(1)/発現していない(0)の2値で表し,ある時間の遺伝子発現状態がつぎの時間の遺伝子発現状態を制御しているという考えに基づいて,解析されるネットワークモデルである。

例として,三つの遺伝子の相互作用を明らかにする場合を考える。それぞれの遺伝子の発現状態 (X_1, X_2, X_3)がある時間tで(0, 0, 0),$t+1$で(1, 0, 0),また別の時間Tで(1, 0, 0),$T+1$で(1, 0, 1)となったとする。この場合,tおよびTのある一つの遺伝子発現状態がつぎの時間の遺伝子発現状態を制御していると仮定すると,時間tとTの遺伝子発現状態で異なっているのは1番目の遺伝子発現状態だけであり,これらのつぎの時間で異なっているのは3番目の遺伝子の発現状態だけであるので,「1番目の遺伝子が発現しているとつぎの時間で3番目の遺伝子の発現を誘導する」と推定できる。実際の遺伝子相互作用ネットワークの推定では,解析対象の遺伝子数が多く,複数の遺伝子の発現状態がつぎの時間の遺伝子発現状態を制御するとして推定を行う。

ブーリアンネットワークによって推定した結果は,**図5.6**に示すように,遺伝子が四角,相互作用が直線のグラフと呼ばれる図で示される。相互作用は直線のみでなく,制御の方向を明らかにした矢印を使う場合もある。遺伝子発現情報から,遺伝子の相互作用ネットワークを推定する問題は,いわゆる逆問題と呼ばれ,多くの実験条件下におけるデータがない場合は,さまざまな解(さまざまなパターンの遺伝子相互作用ネットワーク)の候補が得られる。得られた解の候補から,新たな実験によって最も解の候補が減るような実験計画を提案する方法も提案されているが,生物学的な知見に基づいて解を絞り込む方法も実際のデータ解析では重要な方法である。また,発現している/発現していないという2値に遺伝子発現量を変換する際の方法によって,大きく結果が異なる場合があるので,注意が必要である。

(2) 微分方程式に基づく方法[10]　生化学反応の詳細があらかじめわかっている場合は,化学量論に基づく物質収支式をたて,それらの式を解くことで生化学物質濃度の時間変化などをシミュレートすることが可能となる。しかし,遺伝子相互作用ネットワークの解析では,生化学物質濃度(マイクロアレイデータの場合は遺伝子発現量)の時系列データなどから,逆に物質収支式に相当する式を導出することになる。反応の詳細がわからない場合に質量作用則に基づいた数式を利用して,このような問題を解くには,遺伝子数nとすると$2n^2(n+1)$個のパラメーター同定が必要となる。一方,同様の問題に,質量作用則に基づく式の近似に相当するS-system(synergistic system)を利用すると,$2n(n+1)$個のパラメータを同定すればよい。このパラメーターの数でも,その値を決定するためには大変な労力を要すると考えられるが,質量作用則に基づく式に比べて,パラメーターの数が大幅に少ない。このため,反応の詳細がわからない条件下で時系列データのみが存在する際の,反応機構の同定に,S-systemが用いられている。

遺伝子相互作用ネットワークの解析には,このほかに,ベイジアンネットワーク,グラフィカルモデリングの手法が利用されている。ベイジアンネットワークは,人工知能分野で研究が進んでおり,条件付き確率の考え方をベースに,項目間の因果関係を調べるために用いられている。グラフィカルモデリングは,統計分野で開発され,項目間の因果関係を明らかにするために用いられている。

5.2.2　タンパク質の発現解析[1), 11]

(a) 二次元電気泳動によるタンパク質の同定と定量　二次元電気泳動とは,細胞または組織に存在する数百から数千種類のタンパク質を一度に測定する方法である。細胞または組織からタンパク質を抽出し,二つの異なる種類の電気泳動を続けて行うことによって,精密な分離を達成することが可能となる。細胞からのタンパ

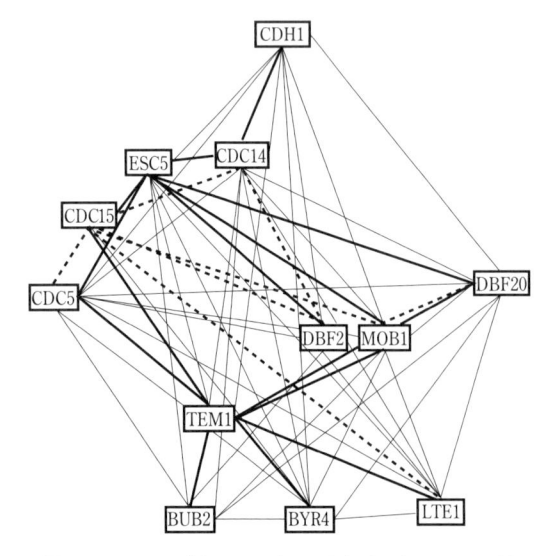

図5.6　DNAマイクロアレイデータとブーリアンアルゴリズムを用いて遺伝子相互作用ネットワークを推定した例

ク質抽出液から個々のタンパク質を分離同定する方法としては，現在，最も広く行われている。

まず，細胞から抽出されたタンパク質は，棒状に整形されたゲルを用いた等電点電気泳動により分離が行われる。このゲルには，pH 勾配が形成されるように，その位置に応じて化学修飾が行われており，両端に電圧を与えても pH 勾配が安定に保たれるように設計されている。タンパク質は酸性基および塩基性基を有しているため，周囲の pH により正および負の電荷を持つことができ，ある pH で電荷が 0 となる。この pH は等電点と呼ばれ，タンパク質それぞれで固有の値を有する。pH 勾配が安定して形成されている場所で，複数のタンパク質の混合溶液に電圧を加えると，おのおののタンパク質はそれぞれの等電点と同じ位置まで泳動し，分離・濃縮が行われる。これが等電点電気泳動の原理である。ただし，等電点が非常に近いタンパク質も存在するために，等電点電気泳動のみでは細胞内タンパク質のすべてを分離することは難しい。

細胞から得られた抽出タンパク質のさらなる分離を目指して，等電点電気泳動により分離・濃縮されたタンパク質を平面状のゲルに移す。このゲルに，等電点電気泳動と直交する方向に電圧を加えると，タンパク質はさらに分子量の違いによって分離される。平板状のゲルに横方向に等電点，縦方向に分子量に基づいてタンパク質が分離されるため，二次元電気泳動法と呼ばれる。分離後，タンパク質は染色または放射能ラベルされ，スキャナまたはカメラにより画像化される。実験条件やラベルの方法によっても異なるが，数百種類程度のタンパク質が分離され，スポットとして観察される。

電気泳動条件などを標準化した電気泳動結果のデータベースが存在し，この実験条件に従えば，データベースの電気泳動結果と比較することでタンパク質の同定が可能となる。さらに，スポットの大きさや染色された色の濃さ（スポットの光の強さ）により定量も可能となる。また，二つの異なる細胞や実験条件の二次元電気泳動結果を比較することで，さまざまな知見を得ることが可能となる。例として，がん細胞と正常細胞の抽出タンパク質の二次元電気泳動結果を比較し，がん細胞では大きく，正常細胞では小さいスポットが存在する場合を考える。このスポットは，正常細胞とがん細胞を区別する重要なタンパク質と予想され，このスポットを同定することでこのがん細胞に対する薬剤設計に重要な指針が得られる可能性もある。

興味あるスポットのタンパク質がデータベースで同定可能である場合も多いが，今までに報告のないタンパク質である場合など同定不可能である場合も多い。このような場合には，このスポットを含むゲルを切り出し，次に述べる質量分析を行う必要がある。

（b）質量分析によるタンパク質の同定 質量分析とは，イオン化した物質の質量を電界と磁界をうまく調整することによって，正確に測定する分析法である。タンパク質やタンパク質の分解物であるペプチドを分解せずにイオン化する方法が存在せず，タンパク質の分析にはほとんど使用されることはなかったが，近年，マトリックス支援レーザー脱着イオン化飛行時間型（matrix assisted laser desorption ionization time of flight：MALDI-TOF）質量分析に代表されるソフトイオン化法が開発され，タンパク質の同定に不可欠な技術となっている。質量分析によるタンパク質の同定には，おもにペプチドマスフィンガープリンティング法とシークエンスタグ法がある。

ペプチドマスフィンガープリンティング法は，二次元電気泳動後の興味あるスポットを含むゲルを切り出し，特異的なアミノ酸配列で切断するタンパク質分解酵素などでタンパク質をペプチド断片化し，このペプチド断片の質量分析を行う方法である。断片化されたペプチドは，長さや構成アミノ酸が異なる複数のペプチドから構成される。これらのペプチドはそれぞれ質量が異なるため，質量分析を行うとさまざまな質量にピークを有した「質量スペクトル」が得られる。この質量スペクトルは，タンパク質と断片化に使用した酵素で特異的に決定されるので，指紋にならって，ペプチドフィンガープリントと呼ぶ。得られた質量スペクトルは，データベース中のさまざまなタンパク質を今回使用した断片化方法でペプチド化した場合の予想質量スペクトルと比較し，同定を行う。

シーケンスタグ法は，質量分析装置を 2 台連結したような構造を持つ装置を使用し，1 台目の質量分析装置でペプチドの分離を，2 台目の質量分析装置で分離したペプチドの分析を行う方法である。1 台目の質量分析装置に相当する部分に，断片化ペプチドを投入するところまでは，ペプチドマスフィンガープリンティング法と同じである。ただし，この部分で分析を行うのではなく，特定の質量を持ったペプチドのみを選択し，2 台目の質量分析装置に相当する部分に投入する。投入直前の部分には，選択されたペプチドを切断する装置が用意されており，ペプチドのさまざまな場所が 1 箇所または複数箇所で切断される。切断はアミド結合の部分で行われる。再断片化されたペプチドは，2 台目の質量分析装置に相当する部分で質量分析が行われる。この再切断はアミノ酸単位で行われるため，質量ピークの間隔である質量の差から切断されたアミノ酸を順次決定でき，選択されたペプチドのアミノ酸配列

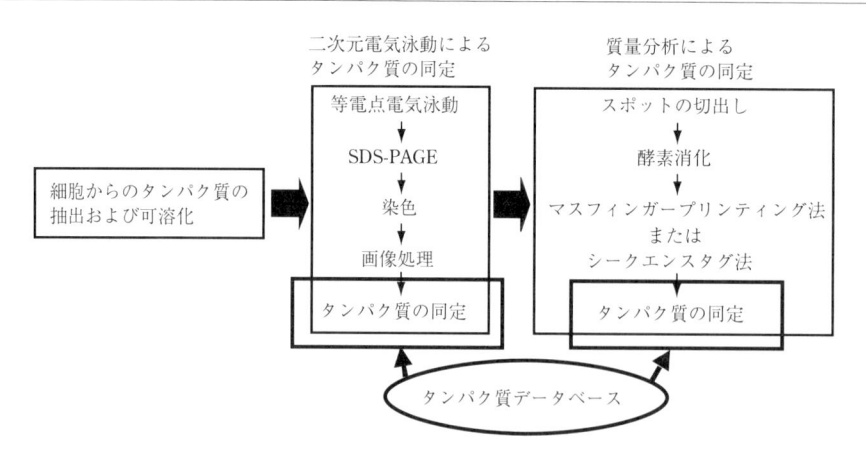

図5.7 タンパク質発現解析の流れ

を予想する。予想されたアミノ酸配列はタンパク質の一部分ではあるが，データベース中のタンパク質アミノ酸配列から高い可能性で同定可能となる。

以上のようなタンパク質の発現解析を図にまとめると，**図5.7**のようになる。　　　　　　　　（花井）

引用・参考文献

1) 高木利久監修：これからのバイオインフォマティクスのためのバイオ実験入門，羊土社（2002）．
2) 林﨑良英監修：必ずデータが出るDNAマイクロアレイ実践マニュアル，羊土社（2000）．
3) 中村祐輔編：基礎からわかるゲノム解析実験法，羊土社（2002）．
4) クヌドセン，S.（塩松 聡，松本 治，辻本豪三監訳）：わかる！使える！DNAマイクロアレイデータ解析入門，羊土社（2002）．
5) Tomida, S., Hanai, T., Honda, H. and Kobayashi, T.: Analysis of expression profile using fuzzy adaptive resonance theory, *Bioinformatics*, **18**, 1073–1083 (2002).
6) Ando, T., Suguro, M., Hanai, T., Kobayashi, T., Honda, H. and Seto, M.: Fuzzy neural network applied to gene expression profiling for predicting the prognosis of diffuse large B-cell lymphoma, *Japanese J. Cancer Res.*, **93**, 1207–1212 (2002).
7) Cristianini, N. and Shawe-Taylor, J.: *An Introduction to Support Vector Machines*, Cambridge University Press (2000).
8) 阿久津達也：遺伝子発現情報解析のための数理モデルとアルゴリズム，国際高等研究所（2003）．
9) Hakamada, K., Hanai, T., Honda, H. and Kobayashi, T.: Identifying genetic network using experimental time series data by Boolean algorithm, *Genome Informatics*, **12**, 272–273 (2001).
10) 高木利久，冨田 勝編：ゲノム情報生物学，中山書店（2000）．
11) 伊藤隆司，谷口寿章編：プロテオミクス，中山書店（2000）．

5.3 代 謝 解 析

最近，代謝工学（metabolic engineering：メタボリックエンジニアリング）あるいは代謝解析に関する研究が注目されている[1]〜[6]が，代謝工学の目的は，目的とする代謝産物の生産性や収率を向上させたり，特定の環境汚染物質を効率よく分解させるために，生物の代謝経路網の調節制御に関する情報を整理し，遺伝子組換えや培養環境の制御といった手段によって代謝経路を操作し，目的とする代謝産物の生産性や収率を向上させることと考えられる。特に，生物の代謝をネットワークシステムとして，丸ごと解析するという視点が重要である。

5.3.1 代謝量論に基づいた代謝解析

着目している細胞について，代謝量論式をまとめて，行列・ベクトル表記するとつぎのようになる[7]。

$$Av = q \tag{5.2}$$

ここで，A は代謝量論係数行列，v は代謝流束ベクトル，q は基質比消費速度あるいは代謝産物比生成速度といった比速度のベクトルである。解析したい代謝経路について，A 行列は既知であり，q の各比速度も測定できたとすると，問題はこれらの値をもとに，式（5.2）を利用して代謝流束ベクトル v を推定することである。A 行列は一般に正方行列とは限らないので，式（5.2）の両辺に左から A^T を乗じ，さらに $(A^T A)^{-1}$ を乗じると v はつぎのように求められる[7]。

$$v = (A^T A)^{-1} A^T q \quad (5.3)$$

このように，細胞培養の入出力データを測定し，物質収支を利用して代謝流束分布を計算する方法は，それなりに有効であるが，この方法ではペントースリン酸 (PP) 経路や TCA（トリカルボン酸）回路のような，リサイクルを含む経路や，細胞内で分岐してまた合流するような経路，さらには各代謝経路（可逆反応）の前向き反応と後ろ向き反応の流束を正確に求めることは本質的にできない。代謝量論係数行列が特異 (singular) になってしまうからである。この場合，細胞を培養するときの，基質である糖や有機酸の特定の炭素を，安定同位体^{13}Cで標識（ラベル）しておき，代謝反応で得られる代謝物の，どの位置の炭素がどれくらい^{13}Cで標識されたかを測定できれば，代謝がどのような反応経路で行われたかに関する，もっと多くの情報が得られ，上記のようなリサイクルを含む系の代謝流束分布も正確に求めることができるはずである。

5.3.2 同位体を利用した代謝システム解析
（a）簡単な例による代謝流束分布計算の原理

まず，細胞の同位体分布に関する測定データから，どのようにして細胞内の代謝流束分布を求めることができるかの基本原理について考えてみる。このため，**図5.8**に示される簡単な代謝経路について考えてみる[8]。ここではまず，同位体分布のわかった基質Sが細胞に取り込まれ，細胞内代謝物A，B，Cに変換され，最後に代謝物Pとして細胞外に放出される簡単なシステムを考える。ここで，Bのみが1原子分子で，その他は2原子分子だと仮定する。また，V1は細胞への入力の流束で測定可能，またV2，V3，V4，V5は細胞内の代謝流束で，V6は細胞外に放出される代謝物Pの生成速度である。また，V2は両方向が可能（可逆）で，他の流束は一方向のみ（非可逆）の流束とする。すなわち，$\overleftarrow{v_1}=\overleftarrow{v_3}=\overleftarrow{v_4}=\overleftarrow{v_5}=\overleftarrow{v_6}=0$ である。ここで，$\overrightarrow{v_i}$はi番目の前向き流束，$\overleftarrow{v_j}$はj番目の後ろ向き経路の流束である。もちろん，すべての$\overrightarrow{v_i}$と$\overleftarrow{v_j}$は非負 (nonnegative) を仮定している。定常状態を仮定し，細胞内代謝物A，B，Cのそれぞれについて，物質収支をとると次式が得られる。

$$\begin{aligned}
A: & \; \overrightarrow{v_1}+\overleftarrow{v_2}=\overrightarrow{v_2}+\overrightarrow{v_3}+\overrightarrow{v_4} \\
B: & \; \overrightarrow{v_4}=\overrightarrow{v_5} \\
C: & \; \overrightarrow{v_2}+\overrightarrow{v_3}+\overrightarrow{v_5}=\overleftarrow{v_2}+\overrightarrow{v_6}
\end{aligned} \quad (5.4)$$

いま，$\overrightarrow{v_1}$は測定可能と仮定しているので，$\overrightarrow{v_2}$，$\overleftarrow{v_2}$，$\overrightarrow{v_3}$，$\overrightarrow{v_4}$，$\overrightarrow{v_5}$，$\overrightarrow{v_6}$の6個の未知変数に対して，3個の式が与えられており，6個のうち3変数の値がわかれば，残りは決まることになる。例えば$\overrightarrow{v_1}$のほかに$\overrightarrow{v_2}$，$\overrightarrow{v_3}$，$\overrightarrow{v_4}$，の値がわかったとすると，他の変数の値は，式 (5.4) からつぎのようにして計算できる。

$$\begin{aligned}
\overrightarrow{v_6} &= \overrightarrow{v_1} \\
\overrightarrow{v_5} &= \overrightarrow{v_4} \\
\overleftarrow{v_2} &= \overrightarrow{v_2}+\overrightarrow{v_3}+\overrightarrow{v_4}-\overrightarrow{v_1}
\end{aligned} \quad (5.5)$$

実際には，$\overrightarrow{v_2}$，$\overrightarrow{v_3}$および$\overrightarrow{v_4}$などの細胞内代謝流束の値はわからないので，式 (5.4) 以外の条件式がないと細胞内代謝流束分布を求めることができない。そこで，NMR（核磁気共鳴装置）やMS（マススペクトロメトリー）などを利用して，細胞内の同位体分布を測定し，この情報を利用することが考えられる。つぎに，この同位体分布を利用した解析法について説明する。

いま，ある代謝物Aの何番目の炭素が，どれくらい^{13}Cで標識されているかを示すために，標識度ベクトル (metabolite activity vector：MAV) を導入する。このベクトルのi番目の要素は，i番目の炭素がどれくらい^{13}Cで標識されているかを割合で示したものである[9]。例えば，2原子分子のAの場合は，つぎのように表される。

$$A = \begin{bmatrix} a_1 \\ a_2 \end{bmatrix}$$

つぎに，ある代謝反応において，反応基質の何番目の炭素が，反応物の何番目の炭素になるかを規定した原子写像行列 (atom mapping matrix：AMM)[2] を導入する。図5.8の場合について，MAVとAMMを用いて物質収支を表現すると，つぎのようになる。

$$\begin{aligned}
A: & \; \overrightarrow{v_1}\mathrm{AMM}_{S>A}S + \overleftarrow{v_2}\mathrm{AMM}_{C>A}C \\
& \quad = \left(\overrightarrow{v_2}\mathrm{AMM}_{A>C}+\overrightarrow{v_3}\mathrm{AMM}_{A>C}+\overrightarrow{v_4}\mathrm{AMM}_{A>B}\right)A \\
B: & \; \overrightarrow{v_4}\mathrm{AMM}_{A>B}A = \overrightarrow{v_5}\mathrm{AMM}_{B>C}B \\
C: & \; \overrightarrow{v_2}\mathrm{AMM}_{A>C}A = \overrightarrow{v_3}\mathrm{AMM}_{A>C}A
\end{aligned}$$

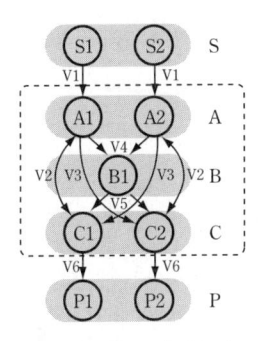

図5.8 簡単な代謝経路

$$+\vec{v_5}\text{AMM}_{B>C}B = \vec{v_6}\text{AMM}_{C>P}C \quad (5.6)$$

ここで，S, A, B, Cはそれぞれ，対応する代謝物の標識度ベクトルを表しており，$\text{AMM}_{i>j}$はiからjへのAMMを示している．例えば，$\text{AMM}_{S>A}$はSからAへの原子写像行列である．このようにして，各代謝物について，炭素同位体の収支を利用すれば，量論収支以外に，多くの情報が得られることになる．このように，各代謝物の何番目の炭素がどれくらい^{13}Cで標識されているかを示す標識度ベクトルは理解しやすいが，NMRやMSの測定データを利用することを考えると，この表現法はあまり有効ではない．

このため，Schmidtら[10]は，代謝物の同位体分布を記述するのに，別の表記法である同位体分布ベクトル（isotopomer distribution vector：IDV）を導入した．ある分子の炭素原子は，^{13}Cで標識されているか，いないかの2通りであるから，0と1の2進数で表現でき，n個の炭素原子を持った分子の同位体分布ベクトルは2^n個の要素を持つことになる．例えば，二つの炭素原子からなるAの同位体分布ベクトルはつぎのように表される．

$$\text{IDV}_A = \begin{bmatrix} I_A(0) \\ I_A(1) \\ I_A(2) \\ I_A(3) \end{bmatrix} = \begin{bmatrix} I_A(00_{\text{bin}}) \\ I_A(01_{\text{bin}}) \\ I_A(10_{\text{bin}}) \\ I_A(11_{\text{bin}}) \end{bmatrix}$$

ただし

$$\sum_{i=0}^{3} I_A(i) = 1$$

である．ここで，下付き添え字の"bin"は，2進数（binary）表現を意味している．すなわち，代謝物Aについて，$I_A(0)$は^{12}Cのみで，$I_A(3)$はすべて^{13}Cで標識された分子の割合（分率）を示している．

位置表記の原子写像行列に対応するものとして，Schmidtら[10]はさらに，同位体写像行列（isotopomer mapping matrix：IMM）を導入した．同位体写像行列は原子写像行列と同様，一つの反応基質と一つの反応生成物について定義され，同位体写像行列の行は反応生成物の同位体分布ベクトルの要素の数に等しく，列は反応基質のIDVの要素の数に等しい．すなわち，$\text{IMM}_{A>B}$の第1列は，標識されていないA分子（00_{bin}）に対応し，$\text{IMM}_{A>B}$の第2列は，1番目の炭素だけが^{13}Cで標識されたA分子（01_{bin}）に対応している．

例として，A+B→Cで表される反応例について考えてみる．ここで，Aは2原子分子，Bは1原子分子，Cは3原子分子だと仮定する．また，原子写像行列は次式で表されるものとする．

$$\text{AMM}_{A>C} = \begin{bmatrix} 0 & 1 \\ 1 & 0 \end{bmatrix}, \quad \text{AMM}_{B>C} = \begin{bmatrix} 0 \\ 0 \\ 1 \end{bmatrix}$$

この場合，同位体分布ベクトルはつぎのようになる．

$$\text{IDV}_A = \begin{bmatrix} 0 & 0 \\ 0 & 1 \\ 1 & 0 \\ 1 & 1 \end{bmatrix}, \quad \text{IDV}_B = \begin{bmatrix} 0 \\ 1 \end{bmatrix}, \quad \text{IDV}_C = \begin{bmatrix} 0 & 0 & 0 \\ 0 & 0 & 1 \\ 0 & 1 & 0 \\ 0 & 1 & 1 \\ 1 & 0 & 0 \\ 1 & 0 & 1 \\ 1 & 1 & 0 \\ 1 & 1 & 1 \end{bmatrix}$$

また，同位体写像行列は次式で与えられる．

$$\text{IMM}_{A>C} = \begin{bmatrix} 1 & 0 & 0 & 0 \\ 1 & 0 & 0 & 0 \\ 0 & 0 & 1 & 0 \\ 0 & 0 & 1 & 0 \\ 0 & 1 & 0 & 0 \\ 0 & 1 & 0 & 0 \\ 0 & 0 & 0 & 1 \\ 0 & 0 & 0 & 1 \end{bmatrix}, \quad \text{IMM}_{B>C} = \begin{bmatrix} 1 & 0 \\ 0 & 1 \\ 1 & 0 \\ 0 & 1 \\ 1 & 0 \\ 0 & 1 \\ 1 & 0 \\ 0 & 1 \end{bmatrix}$$

同位体写像行列を使うと，生産物分子Cの同位体分布は次式で計算できる．

$$\text{IDV}_C = (\text{IMM}_{A>C} \cdot \text{IDV}_A) \otimes (\text{IMM}_{B>C} \cdot \text{IDV}_B) \quad (5.7)$$

ここで，演算子 $\otimes (R^8 \times R^8 \to R^8)$ は二つの同次元ベクトルの要素ごとの掛け算を表している．

図5.8の例に戻って，同位体分布を利用した代謝流束分布の求め方について，具体的に見てみると，細胞内炭素同位体についての収支は次式のように表される．

$$A_{01} : (\vec{v_2} + \vec{v_3} + \vec{v_4}) a_{01} = \overleftarrow{v_2} c_{01} + \vec{v_1} s_{01}$$
$$A_{10} : (\vec{v_2} + \vec{v_3} + \vec{v_4}) a_{10} = \overleftarrow{v_2} c_{10} + \vec{v_1} s_{10}$$
$$A_{11} : (\vec{v_2} + \vec{v_3} + \vec{v_4}) a_{11} = \overleftarrow{v_2} c_{11} + \vec{v_1} s_{11}$$
$$B_1 : 2\vec{v_5} b_1 = \vec{v_4} a_{01} + \vec{v_4} a_{10} + 2\vec{v_4} a_{11}$$
$$C_{01} : (\overleftarrow{v_2} + \vec{v_6}) c_{01} = \vec{v_2} a_{01} + \vec{v_3} a_{10} + \vec{v_5}(1 - b_1) b_1$$
$$C_{10} : (\overleftarrow{v_2} + \vec{v_6}) c_{10} = \vec{v_2} a_{10} + \vec{v_3} a_{01} + \vec{v_5}(1 - b_1) b_1$$
$$C_{11} : (\overleftarrow{v_2} + \vec{v_6}) c_{11} = \vec{v_2} a_{11} + \vec{v_3} a_{11} + \vec{v_5} b_1^2 \quad (5.8)$$

ここで，a_{ij}, b_i, c_{ij}, s_{ij} ($i, j = 0$ あるいは 1) は，それぞれ代謝物A，B，C，Sの同位体分布（分率）である．Cの同位体分布は，代謝産物Pのそれと同じである．上式では，A_{00}, B_0, C_{00}に関する式が含まれていない

が，これらの変数は，それぞれの代謝物分子について，同位体分率の値を足し合わせれば1になるという条件から求められる。式 (5.8) から，つぎの関係が得られる。

$$a_{01}+a_{10}+2a_{11}=2b_1=c_{01}+c_{10}+2c_{11}\\=s_{01}+s_{10}+2s_{11} \quad (5.9)$$

式 (5.9) の1番目と3番目の式は，それぞれ代謝物AとCの二つの炭素原子に対する^{13}Cの標識値の和を表している。この式から，位置表記では第1炭素原子の^{13}Cによる標識度と第2炭素原子のものとは区別できないことがわかる。しかし，同位体分布が測定できれば，これらの違いも区別でき，結局すべての代謝流束を求めることができる。

$$a_{01}-a_{10}=\frac{(\vec{v}_1\vec{v}_2+\vec{v}_1\vec{v}_3+\vec{v}_1\vec{v}_4)\cdot(s_{01}-s_{10})}{\delta}$$

$$c_{01}-c_{10}=\frac{(\vec{v}_1\vec{v}_2-\vec{v}_1\vec{v}_3)\cdot(s_{01}-s_{10})}{\delta}$$

$$a_{11}=\left[4(\vec{v}_1\vec{v}_2+\vec{v}_1\vec{v}_3+\vec{v}_1\vec{v}_4)s_{11}\right.\\\left.+(\vec{v}_2\vec{v}_4+\vec{v}_3\vec{v}_4+\vec{v}_4^2-\vec{v}_1\vec{v}_4)(s_{01}+s_{10}+2s_{11})^2\right]/\zeta$$

$$c_{11}=\left[4(\vec{v}_1\vec{v}_2+\vec{v}_1\vec{v}_3)s_{11}\right.\\\left.+(\vec{v}_2\vec{v}_4+\vec{v}_3\vec{v}_4+\vec{v}_4^2)(s_{01}+s_{10}+2s_{11})^2\right]/\zeta \quad (5.10)$$

ここで，δ と ζ は次式で与えられる。

$$\delta\equiv 2\vec{v}_4^2+\vec{v}_4^2+2\vec{v}_2\vec{v}_3+\vec{v}_2\vec{v}_4+3\vec{v}_3\vec{v}_4+\vec{v}_1\vec{v}_2-\vec{v}_1\vec{v}_3$$

$$\zeta\equiv 4(\vec{v}_4^2+\vec{v}_2\vec{v}_4+\vec{v}_3\vec{v}_4+\vec{v}_1\vec{v}_2+\vec{v}_1\vec{v}_3)$$

このように，式 (5.9) と式 (5.10) から，AとCのすべての同位体標識の分布（分率）は，既知である基質の同位体分布および代謝流束分布で表すことができる。

さて，MSのデータを利用する場合について考えてみる。^{12}Cと^{13}Cでは，質量が1だけ異なるので，標識度に応じて異なるスペクトルパターンが得られる。ただし，MSの場合は，分子の重さの違いについては識別できるが，どの位置の炭素が^{13}Cで標識されているかはわからない。いま，A分子について，すべての炭素原子が^{12}Cである割合をA_m，1個だけ^{13}Cで標識された割合をA_{m+1}，2個すべて^{13}Cで標識された割合をA_{m+2}とすると，つぎの関係が成り立つ。

$$\begin{bmatrix}A_{m+1}\\A_{m+2}\end{bmatrix}=\begin{bmatrix}1&1&0\\0&0&1\end{bmatrix}=\begin{bmatrix}A_{01}\\A_{10}\\A_{11}\end{bmatrix} \quad (5.11)$$

ここで，A_{ij}は同位体分布ベクトルの要素を表している。ここで左辺のベクトルを質量分布ベクトル（mass distribution vector：MDV）[11]と呼ぶことにする。式 (5.11) では，A_mに関する式が含まれていないが，これは，質量分布ベクトルおよび同位体分布ベクトルの各要素を足し合わせると1になるという条件から求められるからである。

つぎに，NMRのデータを利用する場合について考える。図5.9に示すように，炭素原子が三つの場合について考えると，同位体分布から，NMRのシングレットパターンへの変換は次式で表せる。

$$\begin{bmatrix}0&0&0&0&1&1&0&0\\0&0&1&0&0&0&0&0\\0&1&0&0&0&1&0&0\end{bmatrix}I_A=\begin{bmatrix}S'_{C1}\\S'_{C2}\\S'_{C3}\end{bmatrix} \quad (5.12)$$

ここで，$I_A=\begin{bmatrix}0&0&0\\0&0&1\\0&1&0\\0&1&1\\1&0&0\\1&0&1\\1&1&0\\1&1&1\end{bmatrix}$である。

この式 (5.12) の左辺の，変換行列の1行目を見てみると，5，6列が1になっている。これは，Aの同位体分布ベクトルの5番目と6番目がC1のシングレット信号に寄与していることを示している。同様にして，ダブレット（doublet：D1, D2），および二重ダブレ

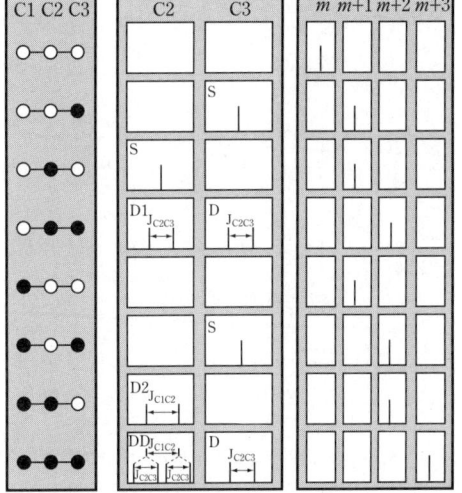

図5.9　3原子分子の同位体とNMRおよびGC-MSの測定スペクトルパターン

ット（doublet of doublets：DD）もつぎのように変換できる。

$$\begin{bmatrix} 0 & 0 & 0 & 0 & 0 & 0 & 0 \\ 0 & 0 & 0 & 1 & 0 & 0 & 0 \\ 0 & 0 & 0 & 1 & 0 & 0 & 1 \end{bmatrix} I_A = \begin{bmatrix} D1'_{C1} \\ D1'_{C2} \\ D1'_{C3} \end{bmatrix} \quad (5.13)$$

$$\begin{bmatrix} 0 & 0 & 0 & 0 & 0 & 1 & 1 \\ 0 & 0 & 0 & 0 & 0 & 1 & 0 \\ 0 & 0 & 0 & 0 & 0 & 0 & 0 \end{bmatrix} I_A = \begin{bmatrix} D2'_{C1} \\ D2'_{C2} \\ D2'_{C3} \end{bmatrix} \quad (5.14)$$

$$\begin{bmatrix} 0 & 0 & 0 & 0 & 0 & 0 & 0 \\ 0 & 0 & 0 & 0 & 0 & 0 & 1 \\ 0 & 0 & 0 & 0 & 0 & 0 & 0 \end{bmatrix} I_A = \begin{bmatrix} DD'_{C1} \\ DD'_{C2} \\ DD'_{C3} \end{bmatrix} \quad (5.15)$$

実際には，それぞれの信号の値を，全体の割合で表すことにし，例えばC2についてのシングレットはつぎのように相対値で表す．

$$S_{C2} = \frac{S'_{C2}}{S'_{C2} + D1'_{C2} + D2'_{C2} + DD'_{C2}} \quad (5.16)$$

上記のように，MSおよびNMRでは，同位体分布が直接得られるのではなく，同位体分布の一次結合として得られる．いま，AとPの質量同位体分布 $A(m_0^a, m_1^a, m_2^a)$ および $P(m_0^p, m_1^p, m_2^p)$ がGC-MSによって測定され，Aの第2炭素のマルチプレットパターン $A(s_{C2}^a, d_{C2}^a)$ および $P(s_{C2}^p, d_{C2}^p)$ がNMRによって測定されたと仮定する．このとき，同位体分布（分率）と測定データとの関係はつぎのように表すことができる．

$$\begin{aligned} a_{01} + a_{10} &= m_1^a \\ a_{11} &= m_2^a \\ c_{01} + c_{10} &= m_1^c \\ c_{11} &= m_2^c \\ \frac{a_{01}}{a_{01} + a_{11}} &= s_{C2}^a \\ \frac{c_{01}}{c_{01} + c_{11}} &= s_{C2}^c \end{aligned} \quad (5.17)$$

このようにして，関数関係
$$\gamma : (\vec{v_2}, \vec{v_3}, \vec{v_4}) \to (m_1^a, m_2^a, m_1^c, m_2^c, s_{C2}^a, s_{C2}^c) \quad (5.18)$$

を構築できる．例えば，m_1^a はつぎのように表せる．

$$m_1^a = s_{01} + s_{10} + 2s_{11} - \left[8(\vec{v_1}\vec{v_2} + \vec{v_1}\vec{v_3} + \vec{v_1}\vec{v_4})s_{11} \right.$$
$$\left. + 2(\vec{v_2}\vec{v_4} + \vec{v_3}\vec{v_4} + \vec{v_4}^2 - \vec{v_1}\vec{v_4})(s_{01} + s_{10} + 2s_{11})^2 \right] / \zeta$$
$$(5.19)$$

これらの式は，基質の同位体分布はわかっているので，細胞内代謝流束分布を仮定すると，MSおよびNMRの信号値を上式で計算できることを意味している．すなわち，問題はこの値と実測値を比較し，その値が小さくなるように代謝流束分布を求めればよいことになる．ただし，式（5.19）からもわかるように，式（5.18）の関数関係は非線形になるため，一般に代謝流束分布決定問題はコンピュータを利用した繰返し計算が必要になる．つぎに，一般的な代謝流束分布計算法の概略について考えてみる．

（b）一般的な場合の代謝流束分布計算法 コンピュータを利用して細胞内代謝流束分布を求める手法については，さまざまなアプローチが考えられるが，ここではそのうちの手順の一例を示す．

（1）まず，解析したい代謝経路を決め，代謝量論式あるいは代謝量論係数行列を作成する．

可逆反応の $\vec{v}$ と $\overleftarrow{v}$ を表現するのに，図5.10に示すように，正味の流束 v^{net} とその可逆反応の共通部分の流束（exchange flux）v^{exch} に分けて考えることもできる．また，数値計算のことを考えて，v^{exch} をさらに変換してつぎの $v^{exch\,[0,1]}$ （exchange coefficients）[10), 12)] に変換しておいたほうがよい．

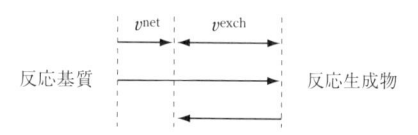

図5.10 可逆反応における，正味の流束（net flux）と共通部分の流束（exchange flux）

$$v^{exch} = \min(\vec{v}, \overleftarrow{v}) \quad (5.20)$$

$$v^{exch\,[0,1]} = \frac{v^{exch}}{\beta + v^{exch}} \quad (5.21)$$

ここで，β は任意定数で，一般には基準化した基質消費速度の値，例えば1（あるいは100％）などがよく用いられる．

（2）つぎに，求めたい代謝流束（フリーフラックス）$(v^{net}, v^{exch\,[0,1]})$ に適当な値を仮定する．代謝量論式は線形制約条件を課すことに等しいが，一般にこれだけでは正味の流束すべてを決めることはできない．このため，いくつかの代謝流束は，測定するか，仮定するかして与えてやらなければならない．

（3）測定した基質消費速度および代謝物生成速度などを用いて，代謝量論式から式（5.3）を利用してすべての正味の流束を求める．

（4）つぎに，$(v^{net}, v^{exch\,[0,1]})$ を式（5.20）（5.21）を使って $\vec{v}, \overleftarrow{v}$ に変換する．

（5）一般に，A + B → Cといった反応に対して，代謝物Cに関する同位体収支は，次式のように表せる．

$$\frac{dI_c}{dt} = v_i(\text{IMM}_{A>C}I_A) \otimes (\text{IMM}_{B>C}I_B) - v_j I_C \quad (5.22)$$

定常状態における同位体分布は，この左辺をゼロと置き，一般的に，k 番目の代謝物については，次式のように表せる[10),12)]。

$$I_k = \frac{\sum v_i^{(\leftarrow/\rightarrow)} I_i}{\sum v_j^{(\leftarrow/\rightarrow)}} \quad (5.23)$$

ここで，$v_i^{(\leftarrow/\rightarrow)}$ は，i 番目の前向き，あるいは後ろ向き流束を表している。

（6）式（5.23）で求めた定常状態での同位体分布を，質量変換行列およびNMR変換行列を用いて，MSおよびNMRの信号値に変換する。

（7）次式の F の値を計算し，この F の値が最小になるように，上記（2）〜（6）の手順を繰り返し，代謝流束 v を求める。

$$F(v) = \sum_{i=1}^{M} \left(\frac{W_i - E_i(v)}{\delta_i}\right)^2 + \sum_{j=1}^{N} \left(\frac{Y_j - v_k}{\delta_j}\right)^2 \quad (5.24)$$

ここで，v は代謝流束ベクトルで，W_i は M 個の同位体測定データ，E_i は仮定した v に対する，対応する i 番目の推定値である。Y は N 個の測定した代謝流束値。v_k は v の k 番目の要素で，j 番目の測定データ Y_j に対応している。また，δ_i および δ_j は測定値の絶対誤差で，測定誤差の大きい項は，その項の，F に対する寄与率，すなわち重み係数を小さくすることを意味している。

このようにして，MSやNMRを利用して，原理的には細胞内代謝流束分布を求めることができる。しかし，細胞内代謝物の量は非常に少ないので，NMRやGC-MSを利用しても，細胞内代謝物の同位体分布を測定することは困難である。そこで一般には，細胞，特に細胞に含まれるタンパク質を加水分解して豊富に得られるアミノ酸の同位体分布を測定し，アミノ酸の炭素原子と，その前駆体である細胞内代謝物の炭素原子との対応関係を利用して，代謝流束分布を計算する[13)]。また，同位体を用いた実験では，すべての炭素が ^{13}C で標識された基質 $[U-^{13}C]$，あるいは1番目の炭素だけが ^{13}C で標識されたもの $[1-^{13}C]$ などを一部用い，残りは標識されていない炭素源を用いることがよく行われている。しかし，これらの組合せは，得られた代謝流束分布の信頼性評価に影響を与えるので注意が必要である。また，"標識されていない"といっても，自然界のものは，ごくわずかに ^{18}O，^{17}O，^{15}N，^{13}C，^2H などの同位体で標識（汚染）されているため，GC-MSを使う場合はこれらについても補正が必要である[11),14),15)]。ちなみに，市販のグルコースや酢酸などの炭素原子は，それぞれ1.1％程度 ^{13}C で標識されているので，実際の流束計算では，これらを考慮して補正する必要がある。

また，得られた流束値の信頼性を統計的に評価することも，実用上は大変重要である。信頼限界を求める方法には，大きく分けて二つのアプローチがある。第一の方法は，同位体標識モデルを線形化し，重みつき出力感度行列を数値的[16),17)]に，あるいは，解析的[18)]に求める方法である。別のアプローチは，モンテカルロ法を利用する方法で，この場合は，測定値に正規分布誤差を人為的に発生させて，数値計算を繰り返し，推定した流束の確率分布関数を求める方法である[8),12),19)]。

代謝流束分布解析では，物質収支および炭素同位体収支のみを利用しており，反応動力学や酵素活性などはいっさい用いていない。また，一般に，質量効果については無視してもよいと思われるが，CO_2 のような小さな分子については注意が必要である[20)〜22)]。

また，一般に各代謝反応の方向や非可逆性は，自由エネルギー ΔG のような熱力学パラメータ値に基づいて決定されるが，このような値がわからなくても，同位体を利用した代謝流束分布解析では，前向き反応と後ろ向き反応の流束を，それぞれ求めることができるので，非可逆度を計算できるということに注目すべきである。

5.3.3 いくつかのバイオプロセスの代謝解析
（a） シアノバクテリアの代謝流束分布解析

Yangらは最近，シアノバクテリアを三つの異なる条件（autotrophic, mixotrophic, heterotrophic conditions）で培養し，$^1H-^{13}C$ 二次元NMRおよびGC-MSを用いた同位体分布の測定データをもとにして細胞内代謝流束分布を計算し，代謝解析を行っている[8),23)]。この場合，基質としては，10％の $[U-^{13}C]$ グルコースおよび90％の標識されていない通常のグルコースの混合物を用いて *Synechocystis* sp. PCC6803 を培養しており，培養途中（対数増殖期）で細胞を採取し，6N HClで細胞を加水分解し，アミノ酸の同位体分布をNMRおよびGC-MSによって測定した。NMRの測定結果を**表5.2**に示す。また，GC-MSを用いて測定した結果を**表5.3**に示す。先に述べた方法で得られた代謝流束を**図5.11**および**表5.4**に示す。表5.2，表5.3からわかるように，測定データと収束した後の計算値は，かなり近い値を示していることがわかる。また，図5.11に示すように，単位グルコース消費当り（モルベースで）カルビン回路での CO_2 の固定は211.4％になることを示している。ホスホエノールピ

表5.2 光を照射し，グルコースを炭素源として培養したときのシアノバクテリア細胞を加水分解して得られたアミノ酸のNMRの測定データ（左半分），および代謝流束分布計算で最終的に収束した値（右半分）

着目している炭素原子の位置	測定値				推定値			
	S	D1	D2	DD	S	D1	D2	DD
α-Ala	0.39	0.31	0.14	0.16	0.34	0.32	0.10	0.24
β-Ala	0.46	0.54	–	–	0.44	0.56	–	–
α-Asp	0.37	0.30	0.24	0.09	0.42	0.22	0.21	0.16
β-Asp	0.40	0.28	0.21	0.11	0.36	0.31	0.26	0.07
α-Glu	0.39	0.26	0.22	0.13	0.36	0.31	0.26	0.07
β-Glu	0.51	0.42	–	0.07	0.55	0.41	–	0.04
γ-Glu	0.43	0.52	0.02	0.03	0.39	0.50	0.05	0.06
α-Gly	0.70	0.30	–	–	0.68	0.32	–	–
β-His	0.51	0.19	0.01	0.29	0.41	0.18	0.05	0.36
δ^2-His	0.53	0.47	–	–	0.50	0.50	–	–
α-Ile	0.63	0.04	0.29	0.44	0.57	0.07	0.32	0.04
γ^2-Ile	0.44	0.56	–	–	0.44	0.56	–	–
δ-Ile	0.69	0.31	–	–	0.67	0.33	–	–
α-Leu	0.31	0.04	0.56	0.09	0.39	0.05	0.50	0.06
β-Leu	0.85	0.14	–	0.01	0.79	0.20	–	0.01
δ^1-Leu	0.40	0.60	–	–	0.44	0.56	–	–
δ^2-Leu	0.86	0.14	–	–	0.89	0.11	–	–
β-Lys	0.34	0.65	–	0.01	0.38	0.56	–	0.06
δ-Lys	0.35	0.55	–	0.10	0.38	0.56	–	0.06
ε-Lys	0.51	0.49	–	–	0.53	0.47	–	–
α-Phe	0.27	0.47	0.07	0.19	0.28	0.40	0.03	0.29
β-Phe	0.19	0.74	0.03	0.04	0.28	0.61	0.03	0.08
α-Pro	0.41	0.27	0.23	0.09	0.36	0.31	0.26	0.07
β-Pro	0.53	0.46	–	0.01	0.55	0.40	–	0.04
γ-Pro	0.38	0.50	–	0.12	0.39	0.55	–	0.06
β-Ser	0.56	0.44	–	–	0.56	0.44	–	–
δ^x-Tyr	0.19	0.80	–	0.11	0.18	0.73	–	0.09
α-Val	0.52	0.08	0.36	0.04	0.59	0.07	0.30	0.04
γ^1-Val	0.42	0.58	–	–	0.44	0.56	–	–
γ^2-Val	0.85	0.15	–	–	0.89	0.11	–	–

ルビン酸カルボキシラーゼによるCO_2の固定（ppc^{net}）は73.4％であり，これは資化したCO_2の約25％である．TCA回路から解糖系への糖新生経路の流束（me^{net}）は84.6％になることもわかる．このことは，β-Ala，γ^1-Val，γ^2-Ile，δ^1-Leu，β-Pheの^{13}Cマルチプレットパターン（表5.1参照）解析から，PEPでのC2-C3結合の保存に比べて，ピルビン酸でのC2-C3分解のほうが増加していることからもわかる．図5.11の< >に示す数字は可逆反応の度合を示している．グルコース6-リン酸イソメラーゼ（図のhxi$^{exch [0,1]}$），リボース5-リン酸イソメラーゼ（図のppi$^{exch [0,1]}$），エノラーゼ（図のeno$^{exch [0,1]}$）での可逆度（exchange coefficients）は大きく，PEP合成酵素は活性化されていないことがわかる．推定した細胞内同位体分布の信頼度を求めるために，統計解析を行い，推定した代謝流束分布に対する90％信頼区間を表5.4に示す．表5.4からわかるように，すべての正味の代謝流束（net flux）は信頼区間が小さいが，可逆反応の流束（exchange coefficients）については比較的大きいので，これらの結果の扱いには注意が必要である．

（b）その他の細胞の代謝流束分布解析 同位体を利用した代謝流束分布解析は，すでにいくつか報告されているが，Marxら[24]はリジン生産菌である*Corynebacterium glutamicum*の培養について^{1}H-^{13}C NMRを利用した代謝解析を行っている．その結果によると，ペントースリン酸経路の流束は66.4％であり，TCA回路は62.2％，リジン合成のsuccinylase経路は13.7％であったことが報告されている．また，Klapaら[25]は，TCA回路のように，閉回路を含む代謝経路について，厳密な解析法を提案している．さらに，Wiechertらは当初，同位体の位置表記に基づく

5.3 代謝解析

表5.3 光を照射し，グルコースを炭素源として培養したときのシアノバクテリア細胞を加水分解して得られたアミノ酸のGC-MSの測定データ (exp.)，および代謝流束分布計算で最終的に収束した値 (est.)

アミノ酸	イオンクラスター	測定値/推定値	m	$m+1$	$m+2$	$m+3$	$m+4$	$m+5$	$m+6$	$m+7$	$m+8$
Ala	116	exp.	0.845	0.091	0.064						
		est.	0.841	0.097	0.061						
Asp	188	exp.	0.759	0.164	0.075	0.002					
		est.	0.752	0.173	0.068	0.007					
Gly	102	exp.	0.892	0.108							
		est.	0.888	0.112							
	175	exp.	0.844	0.106	0.050						
		est.	0.840	0.108	0.052						
Ile	158	exp.	0.638	0.208	0.124	0.022	0.008	0.000			
		est.	0.633	0.219	0.120	0.024	0.005	0.000			
Leu	158	exp.	0.640	0.209	0.124	0.016	0.010	0.001			
		est.	0.630	0.224	0.119	0.023	0.005	0.000			
Lys	156	exp.	0.636	0.232	0.084	0.035	0.012	0.001			
		est.	0.633	0.219	0.120	0.024	0.005	0.000			
Phe	192	exp.	0.615	0.146	0.111	0.025	0.082	0.016	0.005	0.000	0.000
		est.	0.623	0.135	0.123	0.018	0.075	0.012	0.013	0.001	0.000
Pro	142	exp.	0.693	0.188	0.107	0.011	0.001				
		est.	0.691	0.195	0.099	0.012	0.003				
Thr	146	exp.	0.754	0.156	0.089	0.001					
		est.	0.752	0.173	0.068	0.007					
Val	144	exp.	0.704	0.175	0.100	0.021	0.000				
		est.	0.708	0.164	0.113	0.012	0.004				

表5.4 計算で求めた代謝流束値とその90％信頼区間

代謝流束	代謝流束値	90％信頼区間
rbc^{net}	211.4	[208.8, 214.0]
me^{net}	84.6	[81.0, 88.2]
hxi$^{exch[0,1]}$	0.92	[0.00, 0.95]
pfk$^{exch[0,1]}$	0.06	[0.06, 0.07]
eno$^{exch[0,1]}$	0.87	[0.00, 0.95]
pyk$^{exch[0,1]}$	0.00	[0.00, 0.02]
ppi$^{exch[0,1]}$	0.74	[0.72, 0.76]
ppe$^{exch[0,1]}$	0.54	[0.44, 0.63]
tk1$^{exch[0,1]}$	0.64	[0.00, 0.95]
tk2$^{exch[0,1]}$	0.58	[0.00, 0.95]
mdh$^{exch[0,1]}$	0.08	[0.00, 0.11]

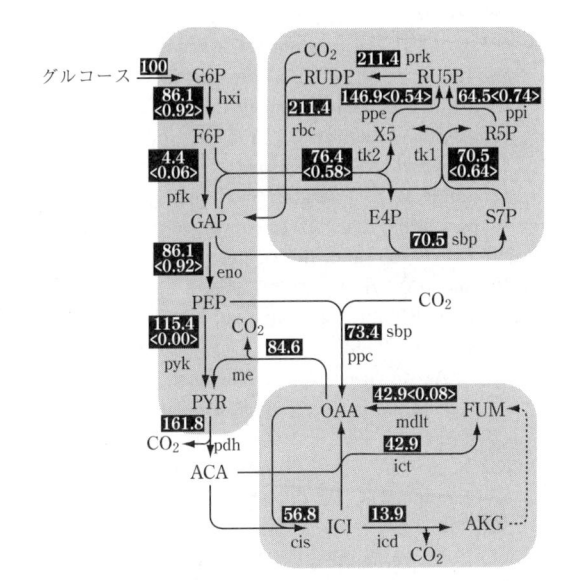

各代謝経路の数字は正味の流束 (net flux) で，< >の数字は可逆反応の，共通部分の流束 (exchange flux) の割合を示している。

図5.11 光を照射し，グルコースを炭素源として培養したときのシアノバクテリア細胞の代謝流束分布

手法を検討し，さらに拡張して，一般化同位体標識システムに対して統計解析を行っている[17), 22), 26)]。Mollneyら[16)]は^{1}H NMR，^{13}C NMR，MSおよび二次元^{1}H–^{13}C NMRを用いた解析法について比較検討している。われわれのグループでも，大腸菌のさまざまな遺伝子欠損株の代謝解析を行っている[27)〜30)]。

NMRを利用した代謝解析については多くの報告があるが，GC-MSもNMRに比べて，(1) わずかの試料で測定でき，(2) 測定が迅速であるなどの利点がある。GC-MSではまず，クロマトグラフィーで代謝物質を分離し，マススペクトロメトリーを利用して，

^{13}Cで標識された量の割合を測定する。GC-MSを用いた場合は，誘導体化に起因する，追加の情報が得られるので，これらについても考慮する必要がある[31),32)]。ChristiensenとNielsen[33)]は，GC-MSを使って，*Penicillium chrisogenum*を培養したときの代謝流束分布解析を行っている。われわれは，基質として，10％の[U-^{13}C]グルコース，10％の[1-^{13}C]グルコース，および80％の通常のグルコースの混合物を用い，NMRとGC-MSの利点を最大限利用して代謝解析を行っている。

以上，ここでは安定同位体を利用した代謝流束分布解析法について説明したが，得られた代謝流束分布が，培養条件によってどのように変化するかが定量的にわかれば，つぎに代謝調節制御機構なども解析することができ，より高度の培養制御に利用できるはずである。ただし，こういった代謝流束分布解析は，物質変換の情報だけに基づいているので，物質変換を制御している酵素やタンパク質の発現制御，さらには遺伝子発現制御などもあわせて解析することができれば，細胞の代謝調節制御機構全体を調べることもできると思われる[29),30),34)]。

遺伝子組換えによって代謝経路を制御したい場合，どの代謝経路（遺伝子あるいは酵素活性）の流束を阻害したり，増強したりすればよいかを見つけなければならない。このための理論的手法として，いわゆる代謝制御解析（metabolic control analysis：MCA）による手法が開発されており，過去非常に多くの研究成果が報告されているが，その多くは理論的研究もしくはシミュレーション結果であり，実際の培養系に適用するには，まだまだ多くの問題を克服しなければならない[6),35)〜38)]。 　　　　　　　　（清水和幸）

引用・参考文献

1) Bailey, J. E., *Science*, **252**, 1668-1681 (1991).
2) Cameron, D. C. and Tong, L.-T.: *Appl. Biotechnol.*, **38**, 105-140 (1993).
3) Stephanopoulos, G. and Vallino, J.J.: *Science*, **252**, 1675-1681 (1991).
4) Liao, J. J. and Delgado, J.: *Biotechnol. Prog.*, **9**, 221-233 (1993).
5) Nielsen, J.: *Biotechnol. Bioeng.*, **58**, 125-132 (1998).
6) StephanQpoulos, G., Aristidou, A. A. and Nielsen, J.: *Metabolic Engineering*, MacGraw-Hill (2002) (清水　浩，塩谷捨明訳：代謝工学——原理と方法論——，東京電気大学出版局 (2002)).
7) 清水和幸：バイオプロセス解析法，コロナ社 (1997).
8) Yang, C., Hua, Q. and Shimizu, K.: *J. Biosci. Bioeng.*, **93**, 78-87 (2002).
9) Zupke, C. and Stephanopoulos, G.: *Biotechnol. Prog.*, **10**, 489-498 (1994).
10) Schmidt, K., Carlsen, M., Nielsen, J. and Villadsen, J.: *Biotechnol. Bioeng.*, **55**, 831-840 (1997).
11) Wittmann, C. and Heinzle, E.: *Biotechnol. Bioeng.*, **62**, 739-750 (1999).
12) Schmidt, K., Nielsen, J. and Villadsen, J.: *J. Biotechnol.*, **71**, 175-190 (1999).
13) Szyperski, T.: *Eur. J. Biochem.*, **232**, 433-448 (1995).
14) Lee, W.-N. P., Byerley, L. O., Bergner, E. A. and Edmond, J.: *Biol. Mass Spectrometry*, **20**, 451-458 (1991).
15) Lee, W.-N. P., Bergner, E. A., and Guo, Z. K.: *Biol. Mass Spectrometry*, **21**, 114-122 (1992).
16) Mollney, M., Wiechert, W., Kownatzki, D. and de Graaf, A. A. : *Biotechnol. Bioeng.*, **60**, 86-103 (1999).
17) Wiechert, W. W., Mollney, M., Isermann, N., Wurzel, M. and de Graaf, A. A.: *Biotechnol. Bioeng.*, **66**, 69-85 (1999).
18) Arauzo, M. and Shimizu, K.: *J. Biotechnol.*, **105**, 117-133 (2003).
19) Zupke, C., Tompkins, R., Yarmush, D. and Yarmush, M.: *Analytical Biochemistry*, **247**, 287-293 (1997).
20) O'Leary, M. H.: *Analytical Chemistry Symposia Series*, (Schmidt, H. L., Foerstel, H., Heinzinger, K.), Vol. 11, Elsevier, Amsterdam (1982).
21) Winkler, F. J., Kexel, H., Kranz, C. and Schmidt, H. L.: *Analytical Chemistry Symposia Series*, (Schmidt, H. L., Foerstel, H., Heinzinger, K.), Vol. 11, pp. 83-89, Elsevier, Amsterdam (1982).
22) Wiechert, W. and de Graaf, A. A.: *Biotechnol. Bioeng.*, **55**, 101-117 (1997).
23) Yang, C., Hua, Q. and Shimizu, K.: *Metabolic Eng.*, **4**, 202-216 (2002).
24) Marx, A., de Graaf, A. A., Wiechert, W., Eggeling, L. and Shohm, H.: *Biotechnol. Bioeng.*, **49**, 111-129 (1996).
25) Klapa, M. I., Park, S. M., Sinskey, A. J. and Stephanopoulos, G.: *Biotechnol. Bioeng.*, **62**, 375-391 (1999).
26) Wiechert, W., Siefke, C., de Graaf, A. A. and Marx, A.: *Biotechnol. Bioeng.*, **55**, 118-135 (1997).
27) Zhao, J., Baba, T., Mori, H. and Shimizu, K.: *FEMS Microbiol. Lett.*, **220**, 295-301 (2004).
28) Hua, Q., Yang, C., Baba, T., Mori, H. and Shimizu, K.: *J. Bacteriol.*, **185**, 7053-7067 (2004).
29) Siddiquee, K. Al. Z., Arauzo, M. J. and Shimizu, K.: *Appl. Microbiol. Biotechnol.*, **63**, 407-417 (2004).

30) Yang, C., Hua, Q., Baba, T., Mori, H. and Shimizu, K.: *Biotechnol. Bioeng.*, **84**, 129-144 (2004).
31) Christensen, B. and Nielsen, J.: *Metabolic Eng.*, **1**, 282-290 (1999).
32) Zhao, J. and Shimizu, K.: *J. Biotechnol.*, **101**, 101-117 (2003).
33) Christensen, B. and Nielsen, J.: *Biotechnol. Bioeng.*, **68**, 652-659 (2000).
34) Yang, C., Hua, Q. and Shimizu, K.: *Appl. Microbiol. Biotechnol.*, **58**, 813-822 (2002).
35) Fell, D.: *Understanding the Control of Metabolism*, Portland Press (1997).
36) Heinrich, R. and Schuster, S.: *The Regulation of Cellular Systems*, Chapman & Hall (1996).
37) Stephanopoulos, G. and Simpson, T.: *Chem. Eng. Sci.*, **52**, 2607-2627 (1997).
38) 清水 浩：バイオプロセスシステムエンジニアリング，代謝工学，（清水　浩編著），pp. 167-175，シーエムシー出版（2002）．

5.4　細胞のモデリングとシミュレーション

5.4.1　細胞のモデリング

ヒトゲノム解読終了後の生物学の新しい課題は，細胞機能を生じさせる分子的メカニズムの解明，すなわち，代謝物，タンパク質とDNAの相互作用のダイナミクスを精密に理解することである．信号伝達・物質変換ネットワークマップは，生命分子ネットワークの反応メカニズムを集積するための共通の基盤である．信号伝達経路の初期の研究は，成長因子にかかわる遺伝子制御に焦点が当てられていたが，現在では，バクテリアから人間まで，広範な生物種で驚くほど速いスピードで研究が進展し，その生物学的重要性が証明されている．

ゲノムの全塩基配列は生命の設計図といわれてきたが，ゲノム情報に基づいて合成されるmRNA，タンパク質や代謝物を含む生命分子間の相互作用を理解しなければ，生命をシステムとして理解することはできないことは明らかである．そのため，細胞内の全mRNA解析（トランスクリプトーム），全タンパク質解析（プロテオーム），全代謝物解析（メタボローム）が精力的に行われている．信号伝達経路の解明は，バイオテクノロジー，製薬，農業の発展に貢献することが期待されている．細胞システムは，生体内の内的変化，または環境変化に適応するための細胞機能を実現する信号伝達経路・物質変換のための生化学的相互作用を組織化した．それゆえに，生命現象を解読するためには，個々の相互作用の機能だけでなく，その機能が組み合わさって創発する全体の仕組みを理解することが重要である．

細胞をモデリングするためには，分子機能や分子間相互作用の精密なカタログを作り，生化学の相互作用情報からネットワークマップを構築することからはじめなければならない．細胞モデリングの共通の基盤が生命分子ネットワークマップである．しかし，静的マップからどのように動的システムとして細胞を理解するのであろうか．ここでは，ネットワークマップの基本的構築法と，静的・動的システムのシミュレーション方法と解析方法について，具体的に述べる．

（a）　生命分子ネットワークマップの記述方法

大規模なゲノム知識データベース中にある代謝反応の表記は，ノードが反応物，生成物，あるいは遺伝子を表し，エッジが反応を表すグラフを用いて記述されている．一方，遺伝子制御ネットワークでは，多彩な種類の分子（例えば，ホルモン，伝達物質，膜受容体，イオンチャネル，転写因子など）が，信号伝達因子としてかかわっている．そのような多彩な分子が担う複雑な反応（例えば，複合体形成，タンパク質修飾，転写など）については，これまで詳細でわかりやすい記述がされていなかった．それに加えて，遺伝子制御ネットワークは，不完全で不確実な知識を含むことが多い．

生命分子ネットワークを記述するための問題は，反応分子数や反応数の大きさではない．それは，代謝回路の大規模な地図がKEGG[1]とEcoCyc[2]で表現されていることからもわかる．問題は，既知と未知の反応を含む，複雑で多様な信号伝達経路を明確に表現できる表記法の定義を行うことである[3]~[5]．TRANSFACが転写制御に関係している信号伝達ネットワークをデータベース化し，ネットワークのダイナミクスをシミュレーションするために必要なデータを集積しているが，詳細な信号伝達経路地図を正確にシミュレーションするためには，より洗練された定義をもつ表記法が必要である．TRANSFAC[6]を含むこれまでの表記法では，エッジ（矢印）とノードのシンボルの意味はあいまいであり，それらは本質的な混乱を引き起こしている．したがって，図が本当に記述していることを理解するために，テキスト（文献等）を読まなくてはならなかった．表記するうえでの確実で完全なルールがないのならば，情報を失うだけでなく，間違った情報を広めることがあり得る．

信号伝達経路を表記するこれらの問題を解決するために，Kohnは反応と構成分子を表す新しい記述方法を導入することによって，細胞周期の詳細な地図を提示した[4]．MaimonとBrowningはLINK/LIKE BOXを導入して，Kohnの方法をさらに発展させた[3]．彼らの図式表記法は，信号伝達経路の数学的なシミュレ

ーションを行うことに特化された方法である。遺伝子制御ネットワークの解明に伴って，遺伝子制御イベントを支配する因子の探索と，詳細な信号伝達経路地図の表現のために，包括的な情報システムがますます必要になってくる。そのような要求を実現するためには，信号伝達経路や物質変換経路を構造化して表現するための洗練された表記法が開発されなければならない。信号伝達経路の表現は，二つの特徴を有することが求められる。一つは，人間によって容易に理解できる図式データベースであり，もう一つは，コンピュータで自動的に処理することができるテキストデータベースである。そして，すべての可能なネットワークマップを記述して，精密なモデル経路を保存することが可能であり，USERが利用しやすいソフトウエアの開発が重要である（**図5.12**）。このような方針にそって，倉田らは，生命分子ネットワークを記述するための制御反応方程式（**表5.5**）と，それらの図的表記法（**表5.6**）を開発した[5]。

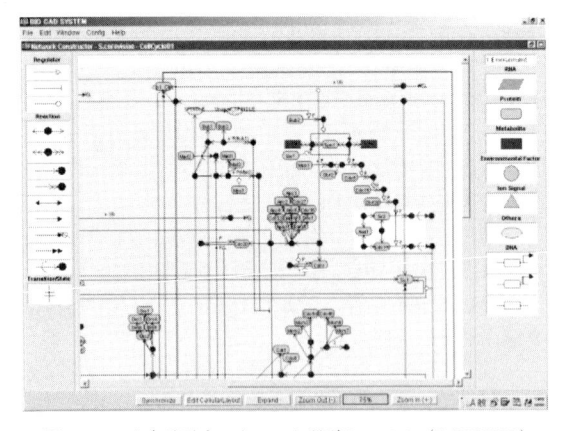

図5.12 生命分子ネットワーク設計システム（CADLIVE）

表5.5 生命分子ネットワークを表現する制御反応モデル

	制御反応式	化学反応式	記述法
メカニズムのモデル	S→P	S→P	S→P
	E−○S→P E: Enzyme	E+S↔E:S→E+P	S→P ↑ E
現象的モデル	A→S→P A: Activator		S→P ↑ A
	I−⊣S→P I: Inhibitor		S→P ↑ I

（b）**代謝工学** 生物化学工学において，有用物質生産の向上を目指して，定常状態における代謝流束を予測するための理論的方法や実験的手法（代謝工学）の開発が行われてきた。ポストゲノム時代の代謝工学は，ポストゲノム技術として，細胞内の全mRNA発現分布を調べるトランスクリプトーム，全タンパク質の発現を調べるプロテオーム，そして，全代謝物濃度を測定するメタボローム技術を取り入れて，新しい展開をみせつつある。有用物質生産向上のために微生物の代謝を理解して，改変していくために，代謝工学が大きな役割を果たすであろうし，今後も大きな期待が寄せられている。代謝工学の最近の動向は他のセクションで詳述されるので，ここでは割愛する。

（c）**経路探索法とネットワーク解析** あとに詳細を説明するが，微分方程式による数学モデル化は生命分子ネットワークのダイナミクスを表現できる強力な手法である。しかし，TCA回路や解糖系のような一部分の代謝回路の数値シミュレーションは行われているが，反応速度にかかわる測定データの不足や未知ネットワークの存在のために，大規模なネットワークシステムをシミュレーションした例は少ない。一方，代謝流束を線形モデル化する代謝工学においては，代謝流束変化の予測は，流束の測定精度や測定可能な流束に依存するため，代謝全体のモデル化において工学者が満足するような結果はまだ出ていない。近年，生命分子ネットワークの反応経路図から，大規模な代謝（TAC回路，アミノ酸合成，ペントースリン酸回路など）ネットワークの性質を評価し，工業的に有用な代謝物濃度の変化を定性的に予測することが試みられているので紹介する。

（1）**生命分子ネットワークの性質評価** 生命分子ネットワーク図はこれまでの研究成果より，KEGGにみられるように，広範な代謝回路の化学量論的記述が行われている。グラフ化した，生命分子ネットワークのノードに集まるエッジの数や，クラスター係数の計算から，生命分子ネットワークは，WEBや電力グリッドのような人工のネットワークと同様に，フリースケール性[7],[8]，モジュール性，階層性をもっており，それらに類似していることがわかってきた[9]。スケールフリーとは，ノードN個のグラフにおいて，エッジ数をk個持つノード数の密度分布$P(k)$をとったとき，$P(k)$はNに依存しないことを示す。すなわち，ネットワークの規模とは無関係の性質を表すことになる。モジュール性はクラスター係数から推定するが，大腸菌では高い値を持ち，モジュール構造の存在が示された。そして，構造的重複度を計算することから，それらのモジュールに階層構造があることが示唆された。

5.4 細胞のモデリングとシミュレーション

表5.6 生命分子ネットワークを表記する記号の定義

No	反応属性	シンボル	制御反応式
1	binding	←●→	A+B ←→ A：B
2	binding with chemical process	⇐●⇒	A+B > A−B
3	homo association	→●	2A ←→ A：A
4	homo association or modification with chemical process	⇒●	2A ←→ A：A or A+X > A−X
5	elimination	←●	A：A ←→ 2A or A：A ←→ A+X
6	elimination with chemical process	⇐●	A−A > 2A or A−X > A+X
7	reversible conversion	◀——▶	A <> B
8	ireversible conversion	——→	A > B
9	reversible conversion regarding multicomponent	⫢◀——▶	A+B <> C+D
10	irreversible conversion regarding multicomponent	⫢——→	A+B > C+D
11	transport	⊃→	A (cytoplasm) → A (nucleoplasm)
12	transcription	─□─→	gene (A) → mRNA (A)
13	translation	──→	mRNA (A) → A
14	protein synthesis	─□─→	gene (A) → A
15	decomposition	──→▶⊘	A → & or A：B → A
16	other	──→	none

多数のノードが結合して，小さいモジュールが作られ，それらが集まって大きなモジュールを構成し，さらに大きなモジュールが集まってというように，潜在的な自己相似的な性質が代謝ネットワークにあることが示唆された．

（2）Elementary Mode と Extreme Pathway を用いた代謝解析　Elementary Mode（EM）の定義は，定常状態において，ネットワークマップ上の基質と生成物の分子間の流れを不可逆反応だけを用いてたどれる経路中にある酵素の最小セットと定義されている．大規模な定常状態の代謝ネットワーク中におけるすべてのEMを検出するアルゴリズムが，線形方程式を解くためのGauss–Jordan法に基づいて開発された[10]．化学反応方程式が不可逆か可逆であるかという情報，反応分子が中間代謝物か環境中の分子であるのかを理解できれば，すべてのEMを求めることができる．EMは代謝ネットワーク内におけるすべての基礎生物変換における独立の基本経路のセットであるので，定常状態の流束パターンは，EMの線形結合として表現できる．理論的に可能なEMの線形結合の組合せを計算することにより，遺伝子操作を行った場合における生成物の濃度変化の範囲を予測できる．

一方，Extreme Pathway（EP）は基質と生成物を結ぶ反応の直線的な反応セットではなく，ネットワークの恒常性を保つために必要な副生成物や分泌する反応物を考慮した，基質と生成物の反応経路であり，相対的な流束レベルを評価することができる．個々のEPは代謝流束の解空間の端側にあるので，そのように命名され，ネットワークの極端な状況を示す[11],[12]．すべての可能な定常状態流束はEPの正の凸線形結合で記述される．結果的に，EPは基質から生成物への変換の理論的な上限や下限を特定する．EPはEMの既約かつ重複のないサブセットである．与えられたネットワークのEMの数はEPの数よりも多いが，定常状態流束は，EPの正の線形結合で記述することが可能である．

EPやEMは，大規模な代謝ネットワークに，突然変異などの摂動を与えた場合，目的の生成物がどのくらい変化するのかを予測したり，ネットワークのトポロジカルな性質を明らかにするために有効な手法であ

る。Palssonらは，EPを用いて，微生物の代謝モデルを構築し，そのモデルによる増殖予測が，実験データときわめて近いことを示した[13],[14]。遺伝子の発現表現型と細胞代謝の表現型の定量的関係が得られることを示した。

（d）微分方程式法　微分方程式を用いて代謝回路をシミュレーションする研究は精力的に行われてきたが，おもなアプローチとして二つある。一つは，詳細な反応メカニズムに基づいて，個々の酵素反応方程式の総体として，代謝回路を記述する方法である。もう一つは，酵素反応の詳細なメカニズムに固執せずに，個々の反応をべき乗則に基づいて，General Mass Action（GMA），あるいは，S-systemを用いて表現する方法である[15]。

詳細なメカニズムに基づいて，微分方程式を記述する場合に，膨大な速度論的パラメータの測定が必要であり，また，試験管のなかで行った反応速度実験を生体内に適用するとき，大きな誤差が生じるという問題がある。ポストゲノム時代となって，代謝にかかわる膨大な数の速度論的パラメータの測定データが網羅的に蓄積されれば，Michaelis-Menten型の微分方程式による数学モデル化が可能となるが，現在のところ発展途上である。一方，S-system法は，現象論的モデルであるが，測定に必要なパラメータ数が大幅に軽減できること，定常状態においては，代謝物濃度の定常値を解析的に求めることができるという大きな利点があるため，今後期待される方法であろう。

近年の動向として，細胞内の全mRNA濃度（トランスクリプトーム），全タンパク質濃度（プロテオーム），全代謝物濃度測定（メタボローム）の情報を取り入れた解析が行われている。例えば，慶應義塾大学の冨田らが，大腸菌の代謝回路シミュレーションのために，ポストゲノム情報の取込みを行っている。また，Voitらは，酵素反応プロセスをトランスクリプトーム解析の情報を取り込んで，Biochemical Systems Theory（BST）を用いて定式化し，熱ショックによるATPやトレハロースの時間応答のシミュレーションを行っている[16]。

5.4.2　シミュレーションツール

細胞のモデリングを定式化して，実際にシミュレーションを行うためには，CやFORTRANなどのコンピュータ言語を用いて，プログラムを作成しなければならない。例えば，代謝工学を行うためには，大規模な行列演算や，経路探索のためには，探索木アルゴリズムのプログラム化が求められる。生命分子ネットワークを記述する微分方程式は，一般的に，対象とする分子濃度の差や反応速度の差がきわめて大きく，かたい（Stiff）微分方程式になる。問題に応じて，Stiffnessを軽減させるために，数式の変換を行うこと，あるいは，適切なソルバーを選択するための知識や技術が必要である。一方，ソフトウエア工学上の課題であるが，シミュレーションの規模が大きくなると，数式のコード化にミス入力などの人為的な問題が含まれ，正確かつ効率的にプログラムを書くことが難しくなる。人為的なミスをなくし，正確なプログラムを効率的に記述するためのソフトウエア開発が求められる。

微分方程式解法にかかわる技術的課題を解決し，プログラムのために要する時間的浪費や労力の負担を軽減するために，一連のシミュレーション操作をパッケージ化することが試みられてきた。数値計算を効率的に行うために，MatlabやMathematicaが一般的に用いられているように，生命システムのシミュレータは，生命化学反応に特化したパッケージである。

（a）経路探索シミュレータ　Elementary Mode（EM）を計算する経路探索アルゴリズムは，C言語を用いて，METATOOLとして開発された[17]。さらにuser-friendlyにするために，Matlabをベースにして，FLUXANALYERが開発された[18]。FLUXANALYERは，EP，EMAの経路探索だけでなく，代謝工学一般にかかわる，流束演算を含めた総合的ネットワーク解析ツールである。

（b）微分方程式系シミュレータ　生命分子ネットワークを表す化学反応式群を直接的に数学モデルに変換するシミュレータが開発されている。現在のところ，Conventional Mass Action（CMA），GMA，S-systemのようなシンプルなモデルへの変換は行われている。GMAは代謝ネットワークの数学モデル変換にしばしば用いられる。CMAは，遺伝子制御ネットワークの反応メカニズムの詳細を反映することができるが，パラメータ数が非常に大きくなること，また，生命反応特有のかたい微分方程式となるため，数学モデルを既存の微分方程式解法のためのアルゴリズムで解くことはあまり容易ではない。

そこで，CMAのかたい微分方程式を速度の速い部分と遅い部分に分けて，前者を代数方程式，後者を微分方程式とする，微分代数方程式法が開発された。この場合，代謝反応・遺伝子制御ネットワークモデルの数式変換は複雑になるが，専用のソフトウエアを用いれば，微分代数方程式への変換が容易に行える[19]。

微分方程式に基づくシミュレータの具体例を挙げると，MetaModel，SCAMP[20]，Gepasi[21]などがあり，これらは定常状態解析やMetabolic Control Analysis（MCA）に用いられる係数を求めることができる。代

謝物濃度の経時変化のシミュレーションを行うことができる。DBSolverはMCAを行うだけでなく，かたい微分方程式を計算するためのソルバーやパラメータチューニングのための最適化モジュールを備えたシミュレータである[22]。近年では，GUIを用いて，大規模システムの数学モデルを作成して，効率的にシミュレーションすること，あるいは，生物学者が理解できるような視覚的効果の高い方法を備えたシミュレータの開発が行われている。特に日本から特筆すべきものが多いので，以下にそれらのいくつかを紹介する。

（1）E-CELL　冨田らは細胞内代謝を丸ごとシミュレーションすることを究極の目的として，1996年以来，E-CELLシステムの開発を行っている〔http://www.e-cell.org（2004年12月現在）〕[23]。彼らは，E-CELLシステムを用いて，バクテリアやイネの細胞活動のモデルをコンピュータ上に構築している。1999年には，ヒト赤血球細胞のモデルがほぼ完成し，このほかには心筋細胞や神経細胞，そして糖尿病のモデルもE-CELLを使って開発されている。E-CELLは反応速度式をベースとした数学モデルの構築を支援する。反応器（reactor）と呼ばれるプログラム化された反応速度式が，E-CELLを介して，物質（substance）の量を操作する。おもなインターフェースとして，reactorの活性やパラメーターなどの動作状況を表示するreactor windowや，物質の表示や操作を行うsubstance windowがある。ほかにtracerと呼ばれるグラフ機能がついており，substanceの量やreactorの活性の変化を視覚化する。

（2）Genomic Object Net　生命分子ネットワークを図的に記述することに重点をおいた，シミュレーションシステムである。生命分子ネットワークを記述するモジュール，シミュレーションのためのモジュール，結果を視覚化するモジュール，結果を解析するモジュール，データベースにアクセスするモジュールから構成される[24],[25]。オブジェクト指向に拡張したハイブリッドペトリネットを用いて生命分子ネットワークを図的に記述する方法を用いている。ハイブリッドペトリネットは，離散ペトリネットの性質を変えることなく，連続値をとるオブジェクトと制御関数をもつ離散値の関係を記述することができる。シミュレーション結果をわかりやすく表示するアニメーションを効率的に行うために，XML形式のファイルを採用している。視覚的効果の高いシミュレータである。これまでに，ラムダファージのスイッチングメカニズム，ショウジョウバエの概日リズム，大腸菌の*lac*オペロン，FASリガンドからのアポトーシスのシミュレーションを行っている。

（3）Virtual Cell　GUIを用いてコンピュータ上で細胞質，核，膜構造を含む細胞を作成して，生命分子ネットワークの信号伝達や拡散現象を記述することによって，自動的に数学モデルに変換して，シミュレーションを行うツールである[26]。拡散の影響を無視できないシステムのシミュレーションに適しており，視覚的効果の高いソフトウエアである。これまでに，神経細胞の動的挙動，受精卵のカルシウムウエーブ，核膜の崩壊，ミトコンドリアの輸送のシミュレーションを行った実績がある。GUIを用いた細胞内ネットワーク記述のシステムは，おもにコンピュータ言語があまり得意でない生物学者を対象に作られたものである。一方，直接的に数学モデルを編集することも可能である。これは，Virtual Cell Mathematics Description Language（VCMDL）という言語を用いた編集作業となる。実際は，VCMDLはC++に変換されて，プログラムを実行する。

（c）シミュレーションモデルの共通化　システムレベルのモデル化や解析のためには，データの格納，操作，視覚化を行うためのツールやシミュレーターが用いられるが，問題は，個々に開発されたシステムレベルのデータの互換性や拡張性である。現状では，各種ツールやシミュレーターでデータのフォーマットの互換性はないので，その都度データの変換を行わなければならない。そのために，既存のツールやシミュレーターとのデータの共有化や，データのフォーマットの標準化が重要である。北野らは，データフォーマットの策定とその標準化，各種ツールやシミュレーターパッケージの統合化基盤の開発を進めている。前者はSBML（Systems Biology Markup Language，JSTのERATOプロジェクトとして開発中）として，ネットワークモデルの記述体系であり，ソフトウエア間のデータの交換を可能とするフォーマットの開発である[27]。後者はSBW（Systems Biology Workbech）と呼び，各種ソフトウエアをオープンソースベースで統合化する基盤の提供を行っている[28]。SBMLはシグナル伝達系，代謝回路，遺伝子発現を含む生化学反応ネットワークを表現することを目指して，2001年にスタートした。初版は，化学反応式，反応の起こる場所，分子の種類，濃度，速度パラメーター，反応中に起こるイベントを含む情報XMLを用いて記述されている。関係の研究者が定期的に会議を開いて，書式の拡張や改良を行っている発展途上の状態であるが，今後，標準化されていくことが期待される。

5.4.3　生命システムのシミュレーション

生命システムのシミュレーションは大きく分けて二

つある．一つは，ネットワークのトポロジカルな構造をもとにして，生命のロバストネスや安定性を解明するためのシステム工学的研究である．もう一つは，微生物や動物細胞培養において，目的の有用生産物の収量を定量的に予測し，あるいは，収量を増加させるための生物工学の研究である．

遺伝子制御ネットワークは，外部の環境変化や細胞自身の遺伝子突然変異に対して，ロバストネスや安定性を発揮するために，フィードバックを基本とする安定な制御構造を構成している場合が多い．システムの挙動は，その回路の構造自体に起因するところが大きく，特定のパラメータやシステムの初期値に依存する割合が小さいということである．基本的にはフィードバック制御によってシステムのロバスト性が維持される．

ロバストネスを論じた論文は近年しばしば見受けられる．大腸菌の走化性の適応現象は，生命分子ネットワークへの内乱や外乱に対して，完璧にロバストであり，その性質はネットワークの構造自体に起因する[29]．また，発生過程におけるセグメントポーラリティーに関する遺伝子ネットワークのシミュレーションが行われたが，速度パラメータの変化や初期分子濃度の値にかかわらず，広いパラメータや，初期値の変動する範囲で，発生パターンは再現された．これもシステムのロバスト性が構造依存性であることを示している[30]．

一方，重要な回路として，遺伝子ネットワークのスイッチングの機構が，ラムダファージを用いて調べられている．正のフィードバックと負のフィードバックからなる多重のフィードバック制御によって，環境変化に対して，溶菌と溶原の選択を行っている[31]．同様に，MAPキナーゼカスケードによる遺伝子発現制御は，転写因子の共同性，すなわち，複数の転写因子が同時にエンハンサー領域に結合することによって，デジタル的なスイッチングを可能としている[32],[33]．

大腸菌の熱ショック応答では，複数のフィードフォワードやフィードバック制御が共同して，相乗的に高いロバスト性を発揮していることが示されている．フィードフォワードは，外乱に対するロバスト性，フィードバックは内乱と外乱に対するロバスト性，そして，自己ループ的フィードバックは揺らぎに対する安定性を獲得するために必要であった．その制御構造は人工物のシステムと酷似している[34]．

1993年以来，Tysonらは酵母の細胞分裂の分子ネットワークシミュレーションを行って，システム生物学の理論的な側面から多大な成果をもたらした．細胞システムを理解することとは，細胞の動的挙動を予測して，試験することであると考えられる．生命現象を単純化し，高次のレベルのモデルを作成して，一般的な原理を見つけることが大切であり，有用な理論とは，予測性があることである．彼らは，さらに，真核生物における細胞分裂サイクルの制御の一般的原理を見つけるために，分岐解析を主として行った[35],[36]．

以上のような生命分子ネットワークのシミュレーションとシステム解析は，速度パラメータの値，分子濃度という要因よりも，むしろ，ネットワークの構造（フィードバックやフィードフォワードの組合せ）によって，その挙動が予測できる．詳細な速度論的パラメータがなくても，システムの性質を十分に論じて，生命の設計原理を解明することが可能である．

さて，バイオテクノロジーの面からみると，設計原理はもちろんシステムの動的予測に不可欠であるが，それよりも，速度パラメータの値や，分子濃度の初期値を変えたとき，目的の有用物質の生産量が予測できることに重点がおかれている．そのような目的の性質上，生化学的パラメータの正確な測定が重要である．生化学的ネットワークのトポロジカルな性質だけでなく，測定できるパラメータ，すなわち，現実的に手に入れることができる知識とデータをもとにして，動的システムを定量的に予測することが求められる．

最も有力な手法として，代謝流束解析がある．反応定数等の測定の困難なパラメーターは使用せずに，代謝経路の構造を一連の線形不等式で表現し，代謝回路の生産性を予測する方法であり，現在までに，多数の研究報告例がある．その詳細は，他節にゆずるとして，ここでは，代謝解析に，EMAの手法を導入し，DNAマイクロアレイデータを用いて，代謝挙動を予測する研究が発表されたので，それについて紹介する．

Stellingらは，代謝流束解析とネットワーク指向構造解析を組み合わせた新規の方法論を用いて，大腸菌の中心的な代謝回路（89基質，110反応）のシミュレーションを行った．工学者が求めるような精緻な物質生産挙動をシミュレーションできるレベルではないが，酵素遺伝子ノックアウトが増殖に与える影響や遺伝子発現変化の予測を行うことが可能であった[37]．Stellingらの技術は，Elementary Mode Analysis（EMA）を基盤としている．まず，EMAをもとにして，ネットワークのロバスト性を考えた．すなわち，互換経路が多い反応ほど，遺伝子ノックアウト等の内乱，あるいは，外乱に強いということである．その結果，ネットワークのロバスト性や，それに付随する脆弱性をあわせて予測することができる．さらに，細胞増殖を定量的に予測するために，酵素反応速度の重み付けを代謝流束解析に基づいて用いて行った．両者を組み合わせることによって，control-effective flux と

いう概念を提案した．簡単にいえば，全代謝反応のなかで，おのおのの反応が寄与する率を計算することである．代謝流束解析や代謝ネットワークのトポロジー解析それぞれの単独アプローチからは，遺伝子発現の定量的変化を予測することはできなかったが，control-effective flux を用いれば，個々の遺伝子発現の変化を予測できる（ことが示された）．代謝回路と遺伝子発現の関係を理論的に関係づけることによって，代謝解析とマイクロアレイによるトランスクリプトームの統合方法が示された．マクロな視点からみて，ネットワークの全体像を予測することを可能にした．ポストゲノムテクノロジーは精緻な測定データというよりは，大量のデータを供給するための手法であり，それらの情報に基づいて生命システムをシミュレーションするためには，データの質と量に見合ったシミュレーション方法が必要である．その観点から見れば，control-effective flux はポストゲノム時代のデータの量と質を考慮した，有用なアイデアであろう．

〔倉田博之〕

引用・参考文献

1) Kanehisa, M., Goto, S., Kawashima, S. and Nakaya, A.: *Nucleic Acids Res.*, **30**, 42-46 (2002).
2) Karp, P. D., Riley, M., Saier, M., Paulsen, I. T., Collado-Vides, J., Paley, S. M., Pellegrini-Toole, A., Bonavides, C. and Gama-Castro, S.: *Nucleic Acids Res.*, **30**, 56-58 (2002).
3) Maimon, R., Browning, S.: *Proc. Second International Conference on Systems Biology*, 311-317 (2001).
4) Kohn, K. W.: *Mol. Biol. Cell*, **10**, 2703-2734 (1999).
5) Kurata, H., Matoba, N. and Shimizu, N.: *Nucleic Acids Res.*, **31** (2003).
6) Wingender, E., Chen, X., Fricek, E., Geffers, R., Hehl, R., Liebich, I., Krull, M., Matys, V., Michael, H., Ohnhauser, R., Prusz, M., Schacherer, F., Thiele, S. and Urbach, S.: *Nucleic Acids Res.*, **29**, 281-283 (2001).
7) Strogatz, S. H.: *Nature*, **410**, 268-276 (2001).
8) Watts, D. J. and Strogatz, S. H.: *Nature*, **393**, 440-442 (1998).
9) Ravasz, E., Somera, A. L., Mongru, D. A., Oltvai, Z. N. and Barabasi, A. L.: *Science*, **297**, 1551-1555 (2002).
10) Schuster, S., Fell, D. A. and Dandekar, T.: *Nat. Biotechnol.*, **18**, 326-332 (2000).
11) Schilling, C. H., Edwards, J. S., Letscher, D. and Palsson, B. O.: *Biotechnol. Bioeng.*, **71**, 286-306 (2000).
12) Schilling, C. H., Letscher, D. and Palsson, B. O.: *J. Theor. Biol.*, **203**, 229-248 (2000).
13) Papin, J. A., Price, N. D. and Palsson, B. O.: *Genome Res.*, **12**, 1889-1900 (2002).
14) Price, N. D., Papin, J. A. and Palsson, B. O.: *Genome Res.*, **12**, 760-769 (2002).
15) Voit, E. O.: *Computational Analysis of Biochemical Systems*, Cambridge University Press (2000).
16) Voit, E. O. and Radivoyevitch, T.: *Bioinformatics*, **16**, 1023-1037 (2000).
17) Pfeiffer, T., Sanchez-Valdenebro, I., Nuno, J. C., Montero, F. and Schuster, S.: *Bioinformatics*, **15**, 251-257 (1999).
18) Klamt, S., Stelling, J., Ginkel, M. and Gilles, E. D.: *Bioinformatics*, **19**, 261-269 (2003).
19) Kurata, H. and Taira, K.: *Genome Informatics*, **11**, 185-195 (2000).
20) Sauro, H. M.: *Comput. Appl. Biosci.*, **9**, 441-450 (1993).
21) Mendes, P.: *Comput. Appl. Biosci.*, **9**, 563-571 (1993).
22) Goryanin, I., Hodgman, T. C. and Selkov, E.: *Bioinformatics*, **15**, 749-758 (1999).
23) Tomita, M., Hashimoto, K., Takahashi, K., Shimizu, T. S., Matsuzaki, Y., Miyoshi, F., Saito, K., Tanida, S., Yugi, K., Venter, J. C. and Hutchison, C. A., 3rd: *Bioinformatics*, **15**, 72-84 (1999).
24) Matsuno, H., Murakami, R., Yamane, R., Yamasaki, N., Fujita, S., Yoshimori, H. and Miyano, S.: *Pac. Symp. Biocomput.*, 152-163 (2003).
25) Matsuno, H., Doi, A., Nagasaki, M. and Miyano, S.: *Pac. Symp. Biocomput.*, 341-352 (2000).
26) Schaff, J. and Loew, L.: *Pac. Symp. Biocomput.*, 228-239 (1999).
27) Hucka, M., Finney, A., Sauro, H. M., Bolouri, H., Doyle, J. C., Kitano, H., Arkin, A. P., Bornstein, B. J., Bray, D., Cornish-Bowden, A., Cuellar, A. A., Dronov, S., Gilles, E. D., Ginkel, M., Gor, V., Goryanin, II, Hedley, W. J., Hodgman, T. C., Hofmeyr, J. H., Hunter, P. J., Juty, N. S., Kasberger, J. L., Kremling, A., Kummer, U., Le Novere, N., Loew, L. M., Lucio, D., Mendes, P., Minch, E., Mjolsness, E. D., Nakayama, Y., Nelson, M.R., Nielsen, P. F., Sakurada, T., Schaff, J. C., Shapiro, B. E., Shimizu, T. S., Spence, H. D., Stelling, J., Takahashi, K., Tomita, M., Wagner, J. and Wang, J.: *Bioinformatics*, **19**, 524-531 (2003).
28) Hucka, M., Finney, A., Sauro, H. M., Bolouri, H., Doyle, J. and Kitano, H.: *Pac. Symp. Biocomput.*, 450-461 (2002).
29) Barkai, N. and Leibler, S.: *Nature*, **387**, 913-917 (1997).

30) von Dassow, G., Meir, E., Munro, E. M. and Odell, G. M.: *Nature*, **406**, 188–192 (2000).
31) Arkin, A., Ross, J. and McAdams, H. H.: *Genetics*, **149**, 1633–1648 (1998).
32) Ferrell, J. E., Jr.: *Trends Biochem. Sci.*, **21**, 460–466. (1996).
33) Ferrell, J. E., Jr. and Machleder, E. M.: *Science*, **280**, 895–898 (1998).
34) Kurata, H., El-Samad, H., Yi, T.-M., Khammash, M. and Doyle, J.: *Proc. 40th IEEE Conference on Decision and Control*, 837–842 (2001).
35) Tyson, J. J., Csikasz-Nagy, A. and Novak, B.: *Bioessays*, **24**, 1095–1109 (2002).
36) Chen, K. C., Csikasz-Nagy, A., Gyorffy, B., Val, J., Novak, B. and Tyson, J. J.: *Mol. Biol. Cell*, **11**, 369–391 (2000).
37) Stelling, J., Klamt, S., Bettenbrock, K., Schuster, S. and Gilles, E. D.: *Nature*, **420**, 190–193 (2002).

5.5 知的情報処理とバイオプロセスへの応用

5.5.1 知的情報処理とバイオプロセス

バイオプロセスでは，生体内の複雑な代謝反応を利用し，回分培養・流加培養など経時的に変化する非定常な反応操作を多用する。このため，その挙動を高い精度で定量的に予測し得る，実用的なプロセスモデルの構築はきわめて困難で，通常，バイオプロセスの運転条件の決定や最適化は，繰返し実験や，日々の運転操作を通じてなされることが多い。その結果，長年の経験を通じ，ノウハウが蓄積され，経済的かつ信頼性のある運転を実現するために，それらの経験的な知識が必要とされるようになる。例えば杜氏による高品質の清酒製造や，経験豊かなオペレータによる発酵プロセスの運転などは，その典型的な例であろう。

これらの経験的な知識は，バイオプロセスの設計・制御において，生物化学工学や微生物学・生化学の知識と同様の重要性を持つことが多い。しかしながらこのような経験的知識やオペレータの思考形態は，定性的な表現で表されることが多く，数値化・定式化することが難しいため，従来型の制御システムに取り込み，活用することは難しかった。また製造現場では日々の運転により，多くの運転データが蓄積されているが，その有効活用も課題である。

このような背景のもと，経験的な知識，定性的な情報やマクロ的入出力データに基づいて，モデリングや制御，最適化を扱うことのできるファジィ制御やエキスパートシステム，ニューラルネットワーク，遺伝的アルゴリズムなどといった知的情報処理，あるいは知識工学的な手法によって，バイオプロセス分野において種々検討が進められている[1],[2]。ここでは，これらの手法の概要について述べる。

表5.7に，バイオプロセス分野で検討されている各種の知識情報処理手法をまとめている。

ファジィ制御（fuzzy control）は，Zadehにより提唱された，ファジィ集合論をもとに展開された制御手法であり，IF〜THENルールとメンバーシップ関数により，経験的な知識をシステムに取り込み利用することができる。バイオプロセス分野ではおもに，オペレーターの経験的知識に基づくオンライン制御に利用されており，実用化例も多い。

ニューラルネットワーク（artificial neural network：ANN）は，脳の神経組織の基本構造を模倣した学習能力を持つ，非線形システムのモデリングに強いアルゴリズムである[6]。バイオプロセス分野では入出力データに基づく，さまざまな非線形プロセスのモデリングに利用されている。

エキスパートシステム（expert system）は，知識ルールに基づいて推論を行うことができるシステムである。知識ルールとして熟練者（エキスパート）の知識を用いることで，熟練者と同等の推論をコンピュータ上で再現できる。バイオプロセス分野では，熟練者（エキスパート）の知識を活用した異常診断や，培養操作の決定に活用されている。

遺伝的アルゴリズム（genetic algorithm：GA）[7]は，生物の遺伝と進化を模倣して，最適な組合せを探

表5.7 バイオプロセス分野における知的情報処理

手法	特徴	主たる利用目的	利用する情報	適用例
ファジィ制御	経験的知識の利用・オンライン向き	オンライン制御	運転のための経験的知識・定性的情報	流加培養のオンライン制御・培養状態推定
ニューラルネットワーク	学習能力・非線形システムに有力	モデリング	プロセスへの入出力データ	バイオプロセスの各種モデリング
エキスパートシステム	熟練者の思考形態のシステム化	異常診断・操作支援	熟練者の知識	培養の異常診断・条件決定
遺伝的アルゴリズム	探索的近似解法	最適化	培養特性を表すデータ	培養操作の最適化

索し，最適解を得ることができる手法である。バイオプロセス分野では，流加培養などを対象とした最適化問題にしばしば用いられている。

これらのうち，おもにファジィ制御およびニューラルネットワークにおいて実用化例が多く見られる。またそれぞれ手法の特長を生かし，おのおのの手法を組み合わせた応用例も報告されている。

5.5.2 ファジィ制御

ファジィ制御[4),5)]は，「高い」，「少し」など人間の言語に特有の，あいまいさを含んだ概念をメンバーシップ関数で表現する。そしてそのメンバーシップ関数を用いて，"温度が高いときは少し冷やそう"などという運転員の経験的なルールをIF～THEN形式のプロダクションルールで表し，通常の言語表現に近い形でコンピュータの知識ベースに取り込み，制御システムを構築することができる[8)]。

バイオプロセスへのファジィ制御の適用方法としては，運転員の制御ルールをそのまま知識ベースに取り込む直接推論法と，ファジィ推論により培養状態の把握や同定を行い，間接的に制御を行う間接推論法に分類できる[8)]。

直接推論法は，オンラインデータからファジィ推論により直接的に，温度・基質流加量などの制御値そのものを決定する方法で，最も一般的な適用法である。これらの方法は，経験的に得られた操作ノウハウに基づく制御を，容易に自動化できる点に特徴があるが，反面，オペレーターの操作手順を計算機に記憶させ，プログラム化しただけであるといった一面を持っている。

一方，バイオプロセスの状態を，代謝活性・培養フェーズといった定性的表現で示し，経時的に変化する代謝活性・培養フェーズに対応して，経験的な制御策を実行し，柔軟な最適制御を実現していることがしばしばある。このような制御は，まず運転員により，全体の培養経過のなかで，現在どのような状態にあるのか，といった培養状態の認識がなされ，ついでその状態に即した制御策が決定・実行される，2段階の過程で行われる。間接推論法は，この培養状態の同定にファジィ推論を用い，その推論結果に基づいて制御を行う試みである。KonstantinとYoshidaはプロセスに関与する微生物の生理学的状態に基づき制御を行う"physio-logical state control"の概念を提唱している[9)]。Kishimotoらは，グルタミン酸発酵において，培養経過をいくつかの培養フェーズに分割し，ファジィ推論を用いてフェーズの分類を行い，制御方策を切り換えて基質の流加制御を行った[10)]。これらの考え方は，定性的な培養特性を用いたフレキシブルな制御システムに対する示唆を与えたものとして興味深い。

図5.13にMamdaniらのmin-max重心法による方法[11)]をもとに，培養フェーズの同定を行う間接推論法によるファジィ演算過程を示す。まず，知識ベースに含まれるすべてのプロダクションルールの前件部，すなわち状態変数のメンバーシップ関数に対し，オンラインデータがどれだけ適合するかを，各状態変数について計算する。図では，培養フェーズbおよびcを

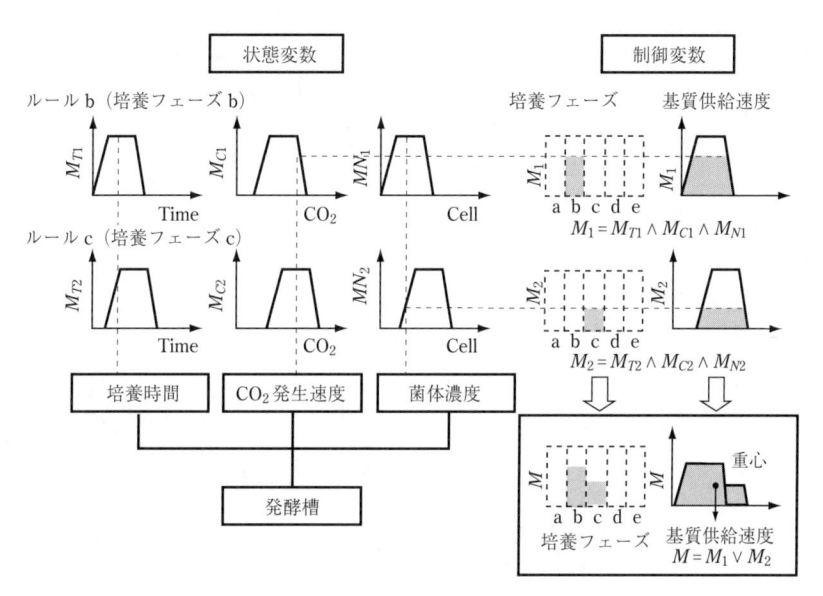

図5.13 培養フェーズの推定を伴うmin-max演算によるファジィ推論方法

表す二つのルールを示している。ルールとしては，例えば培養初期の誘導期を表現するルールとして

"培養開始後間もなく，菌体濃度もCO_2発生速度も小さい場合は，培養フェーズは誘導期であると判断して，グルコースの流加はまだ行わないこと"

といった運転ルールを

IF 培養時間＝SS and 菌体濃度
　＝SS and CO_2発生速度＝SS
THEN 培養フェーズ
　＝"誘導期" and グルコース供給速度＝0

のように記述する。

ここでは培養時間，菌体濃度およびCO_2発生速度の三つの状態変数を用いているが，オンラインデータの各メンバーシップ関数に対する適合度のうちminimumのものがそのルールに対するデータの適合度とされる。培養フェーズの判定も同様に，各培養フェーズを表現するルールに対するプロセスデータの適合度，すなわち現在のオンラインデータがどのルールにどの程度当てはまっているか，を追跡することにより行う。例えば，誘導期を表現するルールに対する適合度が1.0の場合は，培養状態は完全に誘導期にあり，また，誘導期に対する適合度が0.4で減少しており，遷移期に対する適合度が0.8で増加している場合は，誘導期から遷移期に移りつつあると判定される。つぎに，この適合度を用いて，制御変数であるグルコースの流加速度を決定する。計算方法は，出力値のメンバーシップ関数を，各ルールの適合度で頭打ちし，それらの最大値をとり，出力値のメンバーシップ関数を作成し，最終的にはその図形の重心を求めることにより脱ファジィ化（defuzzification）を行い，グルコース流加速度を得る。これをオンライン制御系で，一定時間ごとに繰り返すことによりファジィ制御が実現できる。

一例として，日本ロシュ（株）袋井工場における流加培養による工業規模の組換えビタミンB_2生産のファジィ制御を紹介する[12]。まず，培養経過を誘導期・増殖期・生産期1・生産期2の四つのフェーズに分割し，それぞれのフェーズに対し，培養時間・CO_2発生速度・総CO_2発生量・溶存酸素濃度（DO）をそれぞれ状態変数，糖流加速度およびpHを制御変数として制御ルールを作成した。ルールやメンバーシップ関数は，おもに商業化の検討段階（最適培養条件およびスケールアップ）で得られた培養ノウハウに基づき作成され，シミュレーションシステム等でチューニングを十分検討を行い，実用に供した。その結果を図5.14に示す。図5.14（a）は，ファジィ制御システムによる培養フェーズの同定結果を示したもので，誘導期から生産期2に至る培養フェーズの推移を適切に表している。その結果，基質流加およびpHは各フェーズごとに適切に制御され，マニュアル生産を上回る，高い生産性を維持しつつ，自動化することが可能となった。ほぼ2年以上にわたり，本システムによる商業生産が継続され，生産性および収率に関して5～10％程度の向上が実現した。

このような制御方法は，あらかじめ定められた設定値や，プログラムに基づく制御手法とは異なり，培養経過や培養条件を反映した微生物の代謝活性や培養フェーズといったプロセス状態に基づいて，経験的な知識を加味して制御を行い得る点に特徴がある。また方

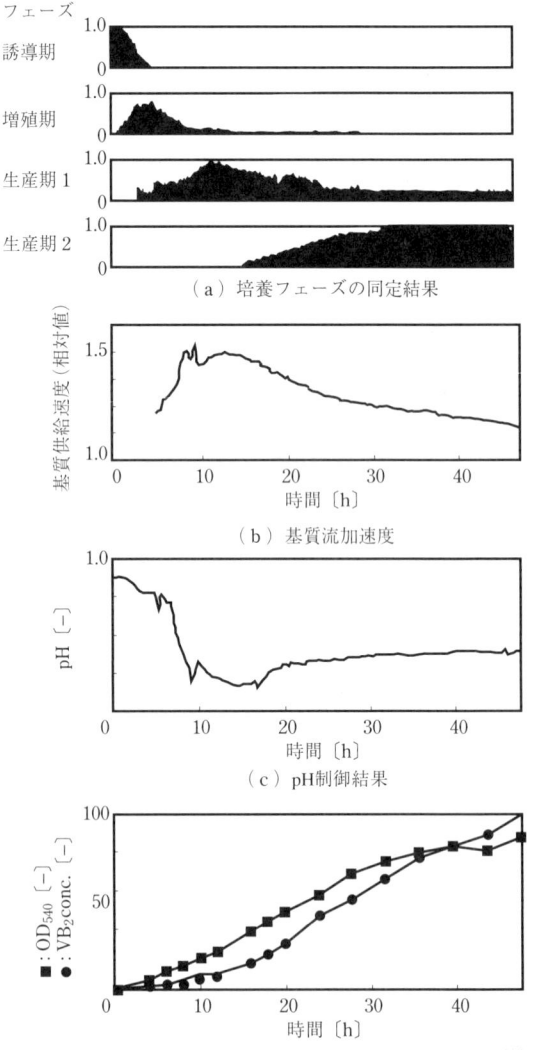

（a）培養フェーズの同定結果

（b）基質流加速度

（c）pH制御結果

（d）菌体濃度およびビタミンB_2濃度の経時変化（相対値）

図5.14　組換えビタミンB_2生産のファジィ制御

法論的には，ファジィ制御における菅野モデル[13]の自然な拡張であると考えられる．

表5.8に，これまでおもに企業で検討されたファジィ制御の適用例をとりまとめた[5]．味の素(株)によるグルタミン酸発酵への適用例は，この分野における先駆的な例で，オペレーターが手動で行っていた残糖濃度制御の補正操作の自動化に，ファジィ制御を適用した．三共(株)によるプラバスタチン前駆体ML236B生産のファジィ制御は，工業的に最も成功したファジィ制御の適用例の一つであろう．日本甜菜精糖(株)では，指数流加培養によるパン酵母生産のファジィ制御について報告している．月桂冠(株)は，清酒製造工程の自動化においてファジィ制御の発酵もろみ工程への適用を検討した．

各例の培養方法を見ると，固有の管理が要求される清酒製造を除き，すべてが流加培養である．これは，一般に流加培養が発酵生産に多用されていることはもちろんだが，流加培養では多様な基質の流加方法が考えられ，熟練運転員や蓄積されたノウハウに基づき操作が決められるケースが多い．そのような場合，経験的知識を活用できるファジィ制御が，有効な事例が多いことを示していると考えられる．

制御目的は，どれも基本的にオンラインで基質濃度やpH，温度などの，重要な管理指標を最適に制御することである．管理指標の種類は対象プロセスにより異なるが，これは培養系ごとにそれぞれ管理のポイントが異なることを示している．

培養時間を見ると，できるだけ短時間で生産性を上げることが望まれる，パン酵母生産の12時間を除き，いずれも比較的長時間の培養にファジィ制御が適用されている．これは一般に流加培養では長時間培養されることが多いことによるが，そのような場合，人的管理のみでは運転管理上の制約も多く，ファジィ制御等による自動化へのニーズは強いと考えられる．

ファジィ制御システムへの入力として用いられる状態変数としては，CO_2発生速度・発生量が比較的多用され，またpHやDO，エタノールなどに加え，その変化率(微分値)も利用されている点に注目すべきである．バイオプロセスの場合，オンラインで測定できる項目は限定されており，現状では計測可能な状態変数と，それらから導かれる変化率等の二次的データを有効に活用することが重要である．

制御変数としては，流加培養では基質流加量の制御が用いられているが，日本ロシュのケースのようにpHも同時に変化させている例もある．清酒製造では品温が管理される．

このようにバイオプロセスでは，状態変数として多くの培養データを考慮して，培養操作を決定する必要がある．この点でも，ファジィ制御では，従来のPID制御等では比較的難しかった，多入力・多出力の制御システムを容易に構築することが可能で，バイオプロセス制御に合った方法であるといえる．

ファジィ推論方法としては，一般的なmin-max演算が用いられるケースが多いが，三共や日本ロシュの例のようにファジィ推論により培養のフェーズをまず推定し，そのフェーズに合った制御策を実行する間接推論も適用されている．

必要な制御ルールの数は，それぞれの適用事例ごとに大きく異なっている．一般にファジィ推論において，ルール数が増加すると，システムのチューニングが難しくなったり，ルールを変更したときに制御特性がどのように変わるかの見通しが立ちにくくなるといった問題があるが，三共や日本ロシュのように間接推論を適用した場合には，ルール数が少なくてすむ利点があ

表5.8 バイオプロセス分野におけるファジィ制御の適用事例比較

	味の素(株)	三共(株)	日本甜菜精糖(株)	月桂冠(株)	日本ロシュ(株)/TEC
生産物名	グルタミン酸	ML-236B	パン酵母	清酒(もろみ)	ビタミンB_2
培養方法	流加培養	流加培養	流加培養	清酒発酵	流加培養
制御目的	残糖濃度制御	pH制御	糖蜜流加量制御	品温制御	グルコース流加量制御
培養時間	約35 [h]	約350 [h]	12 [h]	18 [d]	48 [d]
状態変数	経過時間・DO DOの変化速度	全CO_2発生量・pH pH変化速度	エタノール濃度，DO エタノール変化速度	ボーメとその変化率の偏差 エタノールおよびピルビン酸濃度	経過時間，CO_2発生速度 全CO_2発生量・DO
制御変数	糖蜜流加速度	糖流加速度	糖流加速度	設定温度	糖流加速度・pH
推論方法	min-max演算	間接推論	min-max演算	min-max演算	間接推論
ルール数	18	5	15	196	4
ルール獲得方法	熟練運転員	熟練運転員	培養特性の解析	熟練運転員	商業化段階の知識
適用効果	自動制御の実現	生産性の向上	生産性の向上	高品質の醸造	収率・生産性の向上
実用化進捗度	パイロット	実用化	パイロット	実用化	実用化
文献	19)	20)	21)	22)	12)

る。
　ファジィ制御で重要となる制御ルールの獲得方法では，熟練運転員からの聞き取りによる獲得例が多いが，培養特性の解析や商業化段階の実験から得られたノウハウを利用している例もある。
　ファジィ制御の適用の結果は，すべての例において，従来難しかった自動制御が実現されているが，いくつかの例では生産性の向上もあわせて実現されており，ファジィ制御の有効性が示唆される。また原報告の多くに「比較的簡単に」制御を実現できるとの表現がしばしば見られることが従来の制御手法にない特徴の一つである。ファジィ制御では従来型の手法で多く見られる複雑なモデル構築や最適化計算が不要であり，一方それまで有効な情報ではありながら自動制御系に取り込むことの難しかった熟練運転員の知識をそのまま活用できる点が評価されていると考えられる。

5.5.3　エキスパートシステム

　エキスパートシステムは，各分野の専門家（エキスパート）が持っている知識や判断方法を，プログラム化し，推論を行い，適切な解答を得ることを目的としたシステムである。バイオプロセス分野においては，熟練者の知識に基づいた運転支援や，経験的知識の保存・活用，培養操作条件の決定等に利用されている。
　通常，エキスパートシステムは，市販のエキスパートシェルと呼ばれるツールを用いて構築され，エキスパートシェルは知識ベース，推論エンジン，ユーザインターフェース部分からなる。ユーザは，問題（推論目標）に応じた知識を知識ベースに与えることによりシステムを構築する。
　運転支援に適用された例としては，Konstantinovらによる，細胞の生理的状態の推定に基づく培養制御への応用[14]，中嶋らによる乳酸発酵プロセスの異常診断への応用[15] などがある。
　また，培養操作条件の決定に適用された例として，Kishimotoらが，大腸菌の高密度培養における培地組成の決定[16] およびグルタミン酸発酵におけるペニシリン添加時期の最適化[17] にエキスパートシステムを適用した。実験データに基づく培養条件の最適化は，主観的な判断を伴うことも多く，プロセスモデルの構築が困難な場合であっても，このようなシステムを用いて，合理的に行うことが望ましい。
　エキスパートシステムは，シェルシステムそのものの構造が複雑なため，市販のものを使用せざるを得ない点や，定量的なデータの取扱いが難しいなどの欠点があるが，推論操作を通じて経験則や情報の探索等を行い得る機能は有用と考えられる。

5.5.4　遺伝的アルゴリズム

　遺伝的アルゴリズムは，生物進化の遺伝的法則をモデルに開発された手法で，探索的最適化を行い得るアルゴリズムである。すなわち，最適化する対象を離散的遺伝子の組合せで構築される染色体で表し（コーディング），その遺伝子の組合せを淘汰（結果がよいものを選ぶ）・交差（結果がよいものどうしの一部の遺伝子の交換を行う）・突然変異（部分的な遺伝子の変更を行う）の繰返しにより最適解に近づくように変化させ，最適解の探索を行う方法である。そのため，並列的な山登り探索と，ランダム探索の両方の特徴を持ち，組合せ最適化問題の高速近似解法として期待されている。
　バイオプロセス分野では，各種の培養操作の最適化に適用例がある。例えば松浦らは，清酒もろみ発酵において，酢酸イソアミル濃度を最大化する培養温度制御の最適化に遺伝的アルゴリズムを適用した[18]。この場合，培養温度の経時的設定値を離散的な組合せ値に置き換え，その組合せを最適化することとなる。流加培養をはじめとするバイオプロセスの最適化においては，従来ダイナミックプログラミング（DP）など，数式モデルに基づく高度な数学的最適化手法が用いられることが多かったが，遺伝的アルゴリズムは，同様の最適化をより容易かつ高速で行い得る点で優れており，今後の展開が期待される。
　　　　　　　　　　　　　　　　　　　　（堀内）

5.5.5　ニューラルネットワーク

　人工ニューラルネットワーク（ANN）はこれまで，多くの研究者が具体的な事例に対して実践してきた，すぐれた知的情報処理手法である。本項では，ANNやその一種で著者らがよく用いているファジィニューラルネットワーク（FNN）について解説し，さらに食品のデザインと廃水処理プロセスの管理への適用例を示す。

（a）　人工ニューラルネットワーク（ANN）　一般に，人工ニューラルネットワークは，非線形もしくは線形の信号変換を行うニューロンをユニットとしたネットワーク構造を持ち，その構成にはニューロンが相互に結合しているリカレントニューラルネットワークと，階層的な構造で信号の流れが1方向である多層ニューラルネットワークに分けることができる[23]。リカレントニューラルネットワークは時系列データの処理に有効で，多層ニューラルネットワークはパターン認識に効果的であるといわれている。
　ニューラルネットワークは，生体の神経回路網の研究から生まれたものであるが，工学的には神経回路網をモデル化した一つのシステムである。ネットワーク

内の要素であるニューロンは，実際の機能を単純化した多入力1出力系のモデルが用いられる。これを数学的に表現するとつぎのようになる。

入力： $x = \sum_{j=1}^{N} w_j z_j - \theta$ (5.25a)

出力： $y = f(x)$ (5.25b)

ここで，x, y はそれぞれ，着目しているニューロンへの入力および出力であり，z_j はこのニューロンに結合している他のニューロンのうちの第 j 番目のニューロンからの出力である。w_j は j 番目のニューロンから，このニューロンへの結合強度である。また θ はしきい値と呼ばれている。$f(x)$ は，図5.15で示されるシグモイド関数であり，つぎの関数がよく用いられる。

$$f(x) = \frac{1}{1 + \exp(-x)}$$ (5.26)

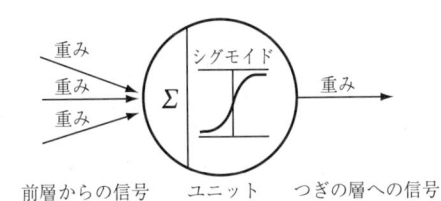

図5.15 ニューラルネットワークのユニット構造

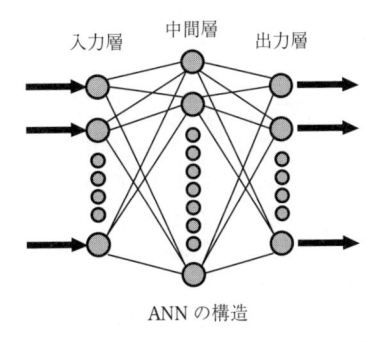

ニューラルネットワークの構造は，信号が前向きにのみ伝達する多層型ネットワークと，フィードバックがある相互結合型ネットワークに大別することができる。

多層型ネットワークは，入力層，いくつかの中間層，そして出力層からなり，各層は前向き方向にのみつぎの層に結合している。図5.16に3層の場合を示す。

結合強度 w を調整することにより，真の関数形を表現できるようにすることができる。これは学習と呼ばれている。ニューラルネットワークの学習は，ある入力が与えられたとき，ネットワークの出力が望ましい値（これを教師信号と呼ぶ）になるように結合強度を定めることである。このためにはあるパターンが入力されたときのニューラルネットワークの出力値と，それに対応する教師信号との差の2乗和

$$E_p = \frac{1}{2} \sum_{j=1}^{N_M} (d_{ip} - y_{ip}^M)$$ (5.27)

をとり，さらにすべてのパターンについての総和

$$E = \sum_{p=1}^{P} E_p$$ (5.28)

が最小になるようにすればよい。ここで，添字 p は p 番目のパターンが入力された場合を示し，d は教師信号を示している。これは非線形最適化問題である。一般に非線形最適化問題を解く場合，もし評価関数の独立変数に関する勾配が計算できるならば，収束速度が向上する。

ニューロンの学習（結合強度 w の修正）としては，Rumelhartら[24]によって導かれたエラーバックプロパゲーション（error back-propagation）法がよく使われている。すべてのパターンが入力された後で，まとめて結合強度を修正する一括修正法もある。

いったん学習を完了すると，学習に用いたデータの組とは少し異なるデータの組から，出力を内挿（あるいは外挿）によって，意味のある結果を推定することが可能であり，これを学習による汎化（または一般化）と呼んでいる。ネットワークのサイズが小さすぎると学習が十分にできない。一方，大きすぎると自由度が大きすぎて，特殊パターンやノイズまでも学習し汎化能力が低下してしまうので，適当な大きさにするよう試行錯誤を繰り返す必要がある。しかし，このような試行錯誤は煩雑であるので，小さめのネットワークから出発して，必要なネットワークになるようにニューロンの数を増加させていく方法や，あるいは逆に，大きめのネットワークから不必要なニューロンや結合を取り除いていく方法も提案されている。

(b) FNNの構造 ファジィニューラルネットワーク（FNN）は，① 入力データさえあれば自動的にモデル化でき，数式モデルのような煩雑さがなく，② 得られるモデルの推定精度が高く，かつ，③ 構築されたモデルからIF-THEN形式で，言語記述可能なプロダクションルール（例えば「もし（IF）最終製品中のアルデヒドの量が多いと（THEN）コーヒーの香りが高くなる」）を，抽出できる，といった特徴を持つ。特に，三つ目の特徴は重要で，ルールとして取り出せるということは，他者にモデリングの結果を説明できるということであり，それがこれまでの経験と一

図5.16 3層型ニューラルネットワークの構造

致していれば，使用者にとって安心できるツールになるということである．ニューラルネットワークの応用例が増えない一つの理由が，ルールの見えないブラックボックスモデルであるという点だとすると，この特徴のもつ意味は非常に大きい．

図5.17に，FNN（古橋のタイプ1）の構造を示す[25]．シグモイド関数を用いて，前件部メンバーシップ関数を表現し，人工ニューラルネットワーク（ANN）で簡略化ファジィ推論を表現したものである．すなわち，入力変数x_1（例えばカフェイン含量）が0.75（実値で40 mg/l）であった場合，ANNモデルでは直接0.75という数値が入力されるが，FNNでは0.75という値がx_1のデータセットのなかで，大きい（Big）か，中間（Medium）か，小さい（Small）かをメンバーシップ関数（前件部で決定する）に当てはめて判断し，Big，Medium，Smallの各グレードを算出し，後件部の推論に受け渡す構造になっている．後件部では，各ルールの適応度（0.75という値がx_1 = Bigかつx_2 = Bigである割合）をE層で算出後，w_fでルール（x_1 = Bigかつx_2 = Bigであれば総合評価値は高い）につなげ，F層で総和にして出力することになる．

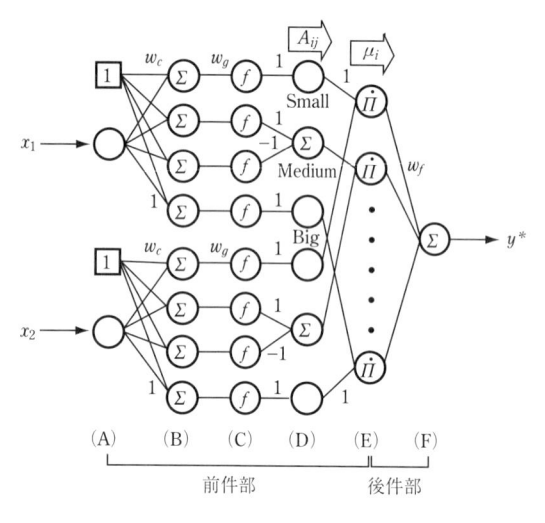

図5.17 ファジィニューラルネットワーク（FNN）の構造

FNNの学習は，バックプロパゲーションアルゴリズムにより行う．自動的に結合荷重w_c，w_g，w_fのチューニングができ，因果関係をIF-THEN型のファジィルールとして取り出すことができる．また入力変数として，多数の候補項目のなかから選択する手法として変数増加法（PIM）を採用し，自動的に選別できるようにしている．PIMとは，1ステップごとに入力項目の異なるモデルを評価し，最も推定精度の高いモデルを選び，つぎのステップで入力を増やし，同様に選択していく方法である．

（c）ケーススタディ1：コーヒーの官能評価値の推定とブレンド比の決定 食品の品質を評価するうえで，においセンサーや味センサーなどの新しいセンサーシステムの開発も重要である．この方法をハードウエア的なアプローチとするならば，既存の分析方法による既存の分析結果を利用して，情報処理の手法のみで，推定する方法は，いわば，ソフトウエア的なアプローチといえる．そこで一例として，FNNを用いたレギュラーコーヒーのブレンド比の解析を紹介する．

レギュラーコーヒーのプロセス変数は，個々の豆の種類と煎り方，そしてそれらのブレンド比である．そのため，3種類の代表的な豆のブレンド比から，官能評価項目を直接推定する研究を行った[26]．Scheffeの応答曲面法（RSM）と重回帰分析（MRA）も比較のため用いた．熟練パネルは5点以内の誤差で評価したのに対し，RSMモデルでは，最大誤差が5点を超える評価項目が多く，信頼性が低かった．MRAモデルもRSMに比べて最大誤差が小さくなっていたものの，信頼性はまだ十分ではなかった．一方FNNモデルは，平均誤差・最大誤差どちらも小さい値を示し，モデルの信頼性は十分であった．

新しい商品のコンセプトが固まり，品質が官能評価項目で語られるようになったとき，逆にそこからプロセス変数（コーヒーの場合は豆の種類，煎り方とブレンド比）を決定する必要がある．「Bitter tasteが8点でNeutralが7点で，Overall flavorが6点になるようなブレンド比はいくつか」という問題を解くということである．

探索方法としては全探索も可能だが，推定精度と計算時間から，遺伝的アルゴリズムに基づく方法が好ましい．遺伝的アルゴリズムでは探索空間をまんべんなく探索し，最も誤差の小さい解を決定してくれる．しかし，その解が実際に実現可能かどうかを含め解の信頼性は，誤差が小さいこととは無関係である．解の信頼性は近傍の学習データからの距離と，近傍の学習データのモデリング誤差による．これらを考慮した逆演算方式として，信頼度指標（reliability index）を組み込んだ遺伝的アルゴリズム（RIGA）を提案した[27]（図5.18）．先に構築したFNNモデルを使って，目的の官能評価値を示すブレンド比を探索した結果，RIGAで探索した結果はすべて5％以下であった．通常のGA探索で14点，全探索でも7点が5％以上であることを考えると，RIGAできわめて誤差が小さいこ

5.5 知的情報処理とバイオプロセスへの応用

解の候補の推定精度の仮定
・学習点との距離が近い
・近傍の学習点の推定誤差が低い

⇒ 解の候補の推定精度は高い

解の候補の評価方法

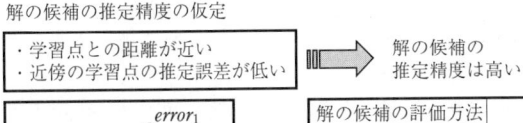

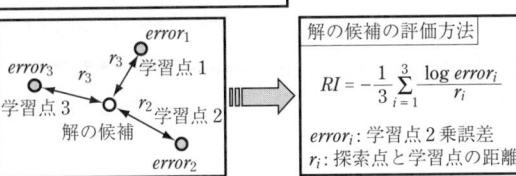

$$RI = -\frac{1}{3}\sum_{i=1}^{3}\frac{\log error_i}{r_i}$$

$error_i$：学習点2乗誤差
r_i：探索点と学習点の距離

解の候補の近傍3点について

図5.18 逆演算のための信頼度指標（Reliability index）

とがわかる。

コーヒーなどの嗜好品は消費者の評価を受けることになる。したがって，消費者の好みが推定できるモデルを構築し，それに基づいて商品設計する必要がある。われわれはこの点に関しても検討し，650名の消費者パネラーの88種類のレギュラーコーヒーの評価結果データを活用した。消費者が四つのクラスターに分けられることを示し，そのそれぞれに最適と思われるブレンド比を探索することに成功した[28]（**表5.9**）。

表5.9 RIGAで探索したブレンド比のコーヒーサンプルの消費者パネラーによる評価

サンプル（そのサンプルで最高の嗜好度を示すクラスター）	FNNモデルで推定した嗜好度				各クラスターの消費者パネラーが評価した嗜好度
	Cluster-1	Cluster-2	Cluster-3	Cluster-4	
Sample-A (Cluster-1)	**7.00**	5.35	5.42	6.15	6.88
Sample-B (Cluster-2)	6.39	**6.83**	5.83	6.25	6.78
Sample-C (Cluster-3)	6.34	6.16	**6.92**	4.66	6.96
Sample-D (Cluster-4)	6.48	6.61	5.91	**7.10**	7.19

（d）ケーススタディ2：活性汚泥プロセスのシミュレーション 活性汚泥法による廃水処理は最大の生物利用プロセスであり，環境問題に対する関心の高さから，高度でかつ厳密な制御と管理が必要とされるプロセスである。また，処理されるべき廃水は質，量ともに時々刻々と変化するため，放流水（処理水）の質を制御することはきわめて難しい。多数の微生物が存在し，季節によって微生物の全体的な状態は常に変化していることも問題をさらに複雑にしており，数学

モデルを構築し，シミュレーションを行うことは長年努力されつづけているが大変難しい。

現在，廃水処理場では，測定されたオンラインデータをもとに，エキスパートの経験と勘による判断で，運転状況の予測および管理が行われている。このような経験と勘をコンピュータ制御またはシミュレーションに生かす方法としてファジィ推論が注目されており，ファジィルールの自動調整が可能なFNNは重要なツールになる。

N市U処理場のプロセスフロー図，および測定項目を**図5.19**に示す。プロセス変数としてよく測定される項目には，廃水中の浮遊物質量であるSS，菌体量に関係していると考えられるMLSS，溶存酸素濃度のDO，酸化還元電位のORPなどである。この処理場では（a）～（g）の各場所にオンラインの計測器が設置され，それぞれの測定項目が1時間に1回測定されている。これらの項目を使って放流水の化学的酸素消費量（COD）を推定するFNNモデルの構築を試みた[29]。

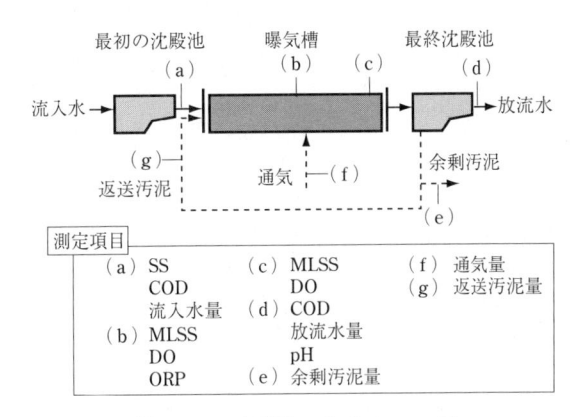

最初の沈殿池（a） 曝気槽（b）（c） 最終沈殿池（d）
流入水 → □ → ■ → □ → 放流水
　　　　　　　　↑　　　　↓
　　　　　（g）　通気—（f）　余剰汚泥
　　　　　返送汚泥　　　　　　（e）

測定項目
（a） SS　　　（c） MLSS　　（f） 通気量
　　　 COD　　　　　 DO　　　　（g） 返送汚泥量
　　　 流入水量　（d） COD
（b） MLSS　　　　　放流水量
　　　 DO　　　　　　pH
　　　 ORP　　　（e） 余剰汚泥量

図5.19 U処理場のプロセスフロー図

FNNを用い，U処理場のシミュレーションを行った結果を**図5.20**に示す。全データのうち，1週間の約半分である81点をFNNの学習用，残りの82点を評価用に用いた。全期間を通じてCODの急速な増加，減少も十分にシミュレーションできていることがわかる。また平均絶対誤差が0.13，相対誤差で約1％の精度で推定することができた。この誤差範囲では，運転管理の際のシミュレーションとしては十分な推定精度であると考えられる。

通常の処理場では，U処理場のように1時間に1回の測定が行われているケースはまれで，1日に1回の測定が多い。しかし，処理場の流入水は時々刻々と変化する。したがって，測定項目によっては，また処理場によっては，頻回にデータ計測している項目もある。

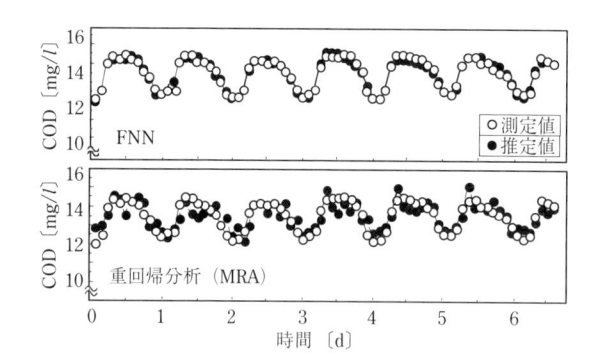

図5.20 FNNとMRAのシミュレーション結果

これらのデータを用いて逐次学習する逐次更新型FNN（Recurrent FNN：R-FNN）を構築すれば，季節変化にもフレキシブルに対応できるモデルになろう．逐次学習法とは学習データとしてつねに一定の数のデータを用い，新しいデータが入手できると，一番古いデータを破棄して学習し直すという方法である．このR-FNNでは，推定ごとにFNNの学習用データを更新するので，処理水中のCODを高精度に推定することができる．

9週間分のデータを使って，R-FNNと従来法FNNの推定結果を比較した[30]．従来法FNNの平均誤差は1.50 mg/lであったのに対し，R-FNNの平均誤差は0.36 mg/lで，4倍以上推定精度が向上した．さらに，1年間を通して，処理水中のCODを予測したところ，年平均誤差は0.40 mg/lであった（**表5.10**）．モデリングに使われた入力変数は，季節ごとに若干異なったが，年間を通してよく用いられたのは，〈時刻〉，〈a点でのCOD〉，〈放流水流量〉，〈曝気槽の通気速度〉，〈水温〉であった．構築したモデルを解析したところ，「冬期，温度が低ければ，所定のCODを達成するためには曝気槽の通気速度を上げる必要がある」，「昼食時は午前中の洗濯廃水の流入で処理プロセスへの流入水の負荷が大きくなるので，曝気量は上げる必要がある」といった，これまでのオペレーターの経験と合致するルールが抽出できた．

本節では，ニューラルネットワークを解説するとともに，その実践例としてFNNモデリングによる食品デザインへの応用と，バイオプロセス管理のためのシミュレータの構築を紹介した．どちらも信頼性のあるデータが十分にあれば推定精度は向上するし，推定精度はかなり高くなる．

食品のような嗜好品では，味の再現はきわめて困難であったが，推定精度の高いモデリング手法が提案できたことで，再現性のある食品デザインへの応用の道が切り開かれたと考えている．構築したモデルを用いてRIGAによる逆演算を行えば，商品開発で狙ったコンセプトを実現できる商品開発が可能になる．この方法は"先端技術"ではなく商品開発の"標準技術"になるのではないかと思われる．

また，（d）項で紹介した例では，多数の微生物が関与する活性汚泥プロセスに対してFNNを用い，精度の高いシミュレータを構築することができた．（c）項で紹介した例が品質モデリングであるなら，これはプロセスモデリングであり，これまで困難とされてきた活性汚泥プロセスの管理に光明をもたらす手法である．長期にわたってダイナミックに変化する活性汚泥微生物群のポピュレーションやその季節変動にも追随することが可能であり，優れた手法である．他のバイオプロセスの運転管理，運転支援の有効な手段になりうることが期待される．

（本多）

表5.10 RFNNを用いた1994年10月から1995年9月までの1年間の推定結果

	解析データ数	最大誤差 [mg/l]	平均誤差 [mg/l]
1994年10月	744	2.25	0.34
1994年11月	720	1.90	0.35
1994年12月	744	1.51	0.27
1995年1月	744	2.49	0.39
1995年2月	672	2.69	0.31
1995年3月	744	3.80	0.50
1995年4月	720	5.34	0.43
1995年5月	744	1.92	0.38
1995年6月	720	2.18	0.33
1995年7月	744	2.56	0.42
1995年8月	744	3.71	0.36
1995年9月	720	3.40	0.72
総計，最大誤差および平均誤差	8760	5.34	0.40

引用・参考文献

1) Shioya, S., et al.: *J. Biosci. Bioeng.*, **87**, 261-266 (1999).
2) 山根恒夫・塩谷捨明編：バイオプロセスの知的制御，共立出版 (1997).
3) Zadeh, L. A.: *Inf. Control*, **8**, 338-353 (1965).
4) Honda, H. and Kobayashi, T: *J. Biosci. Bioeng.*, **89**, 401-408 (2000).
5) Horiuchi, J.: Fuzzy modeling and control of biological processes, *J. Biosci. Bioeng.*, **94**, 574-578 (2002).
6) Rumelhart, D. E., Hinton, G. E. and Williams, R. J.: *Nature*, **323**, 533-536 (1986).

7) Goldberg, D. E.: *Genetic Algorithm in Search*, Addison-Wesley (1989).
8) 岸本通雅, 吉田敏臣: 醗酵工学, **69**, 107–116 (1991).
9) Konstantinov, K. B. and Yoshida, T.,: *Biotechnol. Bioeng.*, **39**, 479–486 (1992).
10) Kishimoto, M., Kitta, Y., Takeuchi, S., Nakajima, M. and Yoshida, T.: *J. Ferment. Bioeng.*, **72**, 110–114 (1991).
11) Mamdani, E. H.: *Proc. IEEE*, **121**, 1585–1588 (1974).
12) Horiuchi, J. and Hiraga, K.: *J. Biosci. Bioeng.*, **87**, 358–364 (1999).
13) Sugeno, T. and Takagi, T.: *IEEE Trans. Fuzzy Syst.*, **1**, 7–31 (1993).
14) Konstantinov, K. B. and Yoshida, T.: *J. Ferment. Bioeng.*, **70**, 48–57 (1990).
15) Nakajima, M., et al.: *Appl. Microbiol. Biotechnol.*, **42**, 204–209 (1994).
16) Kishimoto, M., et al.: *J. Ferment. Bioeng.*, **80**, 58–62 (1995).
17) Kishimoto, M., et al.: *Bioprocess Eng.*, **6**, 163–172 (1991).
18) 松浦一雄, 他: 生物工学, **71**, 171–188 (1993).
19) Nakamura, T., et al.: *Proc. IFAC Modeling and Control of Biotechnological Process*, 211–215 (1985).
20) Hosobuchi, M., et al.: *J. Ferment. Bioeng.*, **76**, 482–486 (1993).
21) 石栗 秀: バイオプロセスシステム工学, (清水和幸編著), pp. 644–651, アイピーシー (1994).
22) 大石 薫: バイオサイエンスとインダストリー, **50**, 223–228 (1992).
23) 臼井支朗, 岩田 彰: 基礎と実践 ニューラルネットワーク, コロナ社 (1995).
24) Rumelhart, D. E., et al.: *Nature*, **323**, 533–536 (1986).
25) 古橋 武: 日本ファジィ学会誌, **5**, 204–217 (1993).
26) Tominaga, O., et al.: *J. Food Sci.*, **67**, 363–368 (2002).
27) Hanai, T., et al.: *Preprints of the 7th International Conf. on Comput. Appl. in Biotechnol.*, 215–218, Osaka, Japan (1998).
28) Tominaga, O., et al.: *J. Chem. Eng. Jpn.*, **35**, 137–143 (2002).
29) 小林 猛, 他: 環境システム計測制御学会誌, **1**, 106–109 (1996).
30) Tomida, S., et al.: *J. Biosci. Bioeng.*, **88**, 215–220 (1999).

5.6 バイオインフォマティクスおよびシステム生物学の最近の動向

分子生物学の発展により, 生体内の個々の遺伝子の解析からゲノム解析へ目が向けられ, そこから遺伝子セットとしての機能解析が進みつつある。また, 同様に細胞内の個々の代謝過程(酵素反応)から代謝系の解析へ進展し, 代謝セット(細胞内タンパク質ネットワーク)としての機能解析も行われようとしている。さらには, 情報科学的手法を用いてのゲノム・代謝系統合システムのモデル化の必要性, 重要性が指摘され, 今後, 生命のシステム論的解析が進むものと期待される[1]。これらの動向は, 個々の機能解析を進めても, 必ずしも系としての機能が予測できるとは限らないのではないかという考えに基づいている。最近, ゲノム, プロテオーム, メタボローム, フィジオロームのように○○オームという言葉が頻繁に使われているが, これらは単体ではなく集合体(セットあるいはネットワーク)を研究対象とするものととらえてよい。

生物学とりわけ生化学領域でのシステム論的解析(システムバイオロジーと現在ではいわれている)はいまに始まったものではなく, 欧米では1960年代から酵素反応系の振動現象解析, 大腸菌オペロンモデルのシミュレーションなどがアナログコンピュータを用いて行われていた。わが国でも1980年代に九州大学農学部と筑波大学工学部と三井情報開発(株)の共同研究の成果が出版されている[2]。しかし, 当時の国立大学の大型計算機センターのコンピュータの計算速度は, 現在のパソコンと比較してはるかに劣るもので, 細胞内のタンパク質ネットワークのコンピュータシミュレーションなど夢のまた夢の話であった。数値計算にしても多くの近似を必要としていた。そういった意味では, 解析できるシステム規模が格段に大きくなった(生命ソフトウエアという言葉がそれを物語っている)のはコンピュータのcpu性能の急速な向上に負うところが大きい。さらに, 情報科学分野の研究の発展により, バイオインフォマティクス(生物情報科学)といったバイオ+情報の新しい学際分野が作られ, 日本でも人材養成がさかんに行われようとしている。細胞内タンパク質のネットワーク解析を行うことで何が見えてくるだろうか。そのいくつかを挙げてみる。① 遺伝子の欠損, 過剰発現が代謝過程にどのような影響を与えるかの予測, ② 代謝物質の濃度の異常値がどの遺伝子の影響かの予測, ③ 代謝物質の濃度の異常値を抑えるための方策の提案(代謝病の治療), ④ ある代謝酵素のキネティックパラメーターの値の変化が

代謝全体にどのように影響するか（感度解析，個々の変化が全体に与える影響力）。これらのことを解析するためには，情報科学的手法は必須である。バイオインフォマティクスの研究領域は多岐にわたっており，ホモロジー検索やコード領域予測を中心とした配列解析技術の研究がこれまで主流であったが，本節ではこれとは異なり，ネットワーク（パスウェイ）のダイナミクスを取り扱うシステムバイオロジーに焦点を当て，遺伝子ネットワーク解析と代謝経路解析を例として，情報科学的手法がどのように使われているのかを概説する。

（a）遺伝子ネットワーク解析 2003年は，ワトソン・クリックのDNA二重らせん構造発見から50周年目にあたる。それに合わせたように，2003年4月にヒトゲノムの全塩基配列（28億3000万塩基対）の最終版が発表された。また，2004年10月にはヒトゲノムの遺伝子数は20 000から25 000と予測された。名実ともにポストゲノム（正確にはポストシーケンス）時代の到来である。DNAマイクロアレイやDNAチップなどの最新技術により，遺伝子（mRNA）の発現量の時系列測定が可能となってきた。ポストゲノム時代における最も重要なプロジェクトの一つは，このような観測データを用いて遺伝子の相互作用および遺伝子ネットワークを推定することである。

一般に，観測されるシステム要素の動的挙動（タイムコース）からシステム要素間の相互作用を推定することは，一種の逆問題（inverse problem）である。この場合，データとネットワークの記述の方法が問題となるが，発現データをどのように処理するかについては，現在，二つの方法がある。一つは，2値（発現，非発現）で，他方は連続値で表現するものである。前者の表現を用いた解析は，ブーリアンネットワークモデル[3]でさかんに行われている。しかし，この方法は各遺伝子の発現量をあるしきい値を境にして，以上なら1，以下なら0に単純化することから，より詳細な相互作用推定には不向きであるとの批判がある。それに対して，後者の連続値を取り扱う解析では，相互作用ネットワークを連立微分方程式でモデル化する方法が一般に用いられるが，現段階では，遺伝子間の詳細な相互作用に関する知見が十分でなく，遺伝子ネットワークを構成する物質の生成過程や分解過程がそれぞれいくつのパス（経路）からなるのか特定できないため，質量作用則による表記は不適当である。野生株や，ある特定の遺伝子の破壊あるいは強制発現条件下での，遺伝子ネットワークを構成する物質（mRNAなど）の動的挙動（タイムコース）が観測され，data-richな時代に入ってきたが，観測タイムコースデータから相互作用を推定するための有効な情報科学的手法は現時点では確立されていない。

筆者の研究グループは，これまで逆問題解決のための革新的な突破口として，微分方程式の立式に，べき乗則（power-law formalism）に基づいたS-systemモデル[4]を，観測データを再現する多数の内部パラメーターの自動推定法に実数値遺伝的アルゴリズム（Genetic Algorithm，以下GAと略す）を適用する方法を提案してきた[5]〜[7]。S-systemモデルはつぎのようなものである。n個のシステム構成要素（状態変数）X_i ($i = 1, 2, \cdots, n$) の値（濃度，発現量に相当）が時間的に変動し，X_iどうしが相互作用しているネットワークシステムを考える。ここではX_iの値は負でないもの（非負）とする。このシステムの各X_iの時刻tの速度式（ここでは偏微分項のないn元連立常微分方程式を取り扱う）は一般に次式で表される。

$$\frac{dX_i}{dt} = F_i^+(X_1, X_2, \cdots, X_n) - F_i^-(X_1, X_2, \cdots, X_n)$$
$$(n = 1, 2, \cdots, n) \qquad (5.29)$$

式 (5.29) において，右辺第1項，第2項はそれぞれ，状態変数X_iの生成および消費（分解）を表す関数である。通常は，質量作用則に基づいて立式するが，われわれが取り扱う系には遺伝子ネットワークのように，反応のメカニズム，相互作用の仕方に関する情報がほとんど得られないものが多い。状態変数の数（n）は既知で，非線形的な相互作用のあるシステムをどのように記述するかが問題である。Savageauらはその解決策として，べき乗則に基づくS-system，あるいはBST（biochemical system theory）を提案した[4],[8],[9]。それは，式 (5.29) のF_i^+，F_i^-を以下のように近似するものである。

$$\frac{dX_i}{dt} = \alpha_i \prod_{j=1}^{n} X_j^{g_{ij}} - \beta_i \prod_{j=1}^{n} X_j^{h_{ij}}$$
$$(n = 1, 2, \cdots, n) \qquad (5.30)$$

式 (5.30) において，g_{ij}は，状態変数X_iの生成過程に関与する状態変数X_jの相互作用係数であり，同様にh_{ij}は，X_iの分解過程（消費過程）に関与するX_jの相互作用係数である。例えば，g_{ij}が正の値なら，X_iの生成過程に対しX_jは＋の作用を及ぼし，同様にh_{ij}の値が負なら，X_iの分解過程に対しX_jは－の作用を及ぼすことになる。α_i, β_iは，それぞれX_iの生成項，分解項に乗じる係数である。式 (5.30) は，状態変数X_iの生成過程（右辺第1項）と分解過程（右辺第2項）に，システムを構成しているすべての状態変数X_j ($j = 1, 2, \cdots, n$) が関与していると仮定する全結線モデルである。もし，X_iの生成過程（あるいは分解過程）に

X_j が関与していない（相互作用がない）場合，g_{ij}（あるいは h_{ij}）の値はゼロということになる．しかし，生成過程，分解過程がそれぞれ一つの項で表現されているため，生成項，分解項が複数の経路で構成されている場合は，一般質量作用則（generalized mass action law（GMA））を近似した表現[4]になる．現在のところ，それぞれの遺伝子の mRNA の生成過程，分解過程の詳細な機構は明らかになっておらず，式（5.30）の近似表現法は有効なものと思われる．つまり，g_{ij}, h_{ij} の値を推定することで，相互作用ネットワークが推定できると思われる．

逆問題では，観測される状態変数（X_i）の動的挙動（タイムコース）が与えられ，その挙動を説明するような状態変数間の相互作用パラメーター値を推定しなければならない．つまり，観測データ（X_i のタイムコース）を再現するような式（5.30）の実数パラメーター（$\alpha_i, \beta_i, g_{ij}, h_{ij}$）を効率よく（高速かつ高精度に）探索する必要がある．なんらかの方法でこれらの実数パラメーターの値を予測し，これにより，仮に定義されるモデル（式（5.30））の動的挙動を計算し，実験的に得られている時系列データ（X_i のタイムコースデータ）と比較することで，予測されたパラメーター値のよしあしを判断することになる．このような比較をさまざまな実験条件での時系列データに対して行い，モデルを最終的に決定していく．しかし，式（5.30）では，推定すべきパラメーターの個数が非常に多いため（合計 $2n(n+1)$ 個），実用的，かつ限られた範囲の時間で，モデルを完全に決定できるような探索アルゴリズムを開発することは容易ではない．筆者らはこれまで，GA を基本とする多次元非線形数値最適化法を独自に開発し，上記の逆問題に適用してきた[10)~12]．GA を数値最適化問題に導入する場合に最も問題となるのは，個体をどのように定義するかである．定義の仕方によって最適化の効率（収束の速さや局所解へのとらわれにくさ）が大きく左右される．ここでは，一つのモデルを定義する実数パラメーターの組（n 個の α_i と β_i，n^2 個の g_{ij} と h_{ij}）で，図5.21に示すような一つの行列を作り，これを GA における一つの個体とした．すなわち，1 個体で一つのモデルを表すことになる．モデルが示す動的挙動は，S-system 表記（式（5.30））に特化した微分方程式の数値計算で得られる．GA ではまず，多くの個体（多くの図5.21 で示される行列）を乱数で生成し，各個体で与えられるシステムの動的挙動がどの程度，理想値（実験データ（観測されるシステムの動的挙動））に近いかを数値で評価する．このような数値を，GA では適応度（fitness）と呼ぶが，この評価関数には，実験値

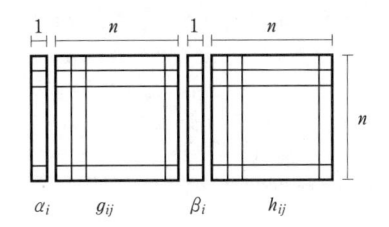

図5.21 S-system のパラメーター（式（5.30）に含まれるすべてのパラメーターの行列表現）

として与えられるタイムコースデータとモデルから計算されるタイムコースデータとの累積二乗誤差を用いた（実際の適応度は，この累積二乗誤差の逆数とした）．実用的には，累積二乗誤差は完全にゼロになることはなく，あるしきい値を定め，累積二乗誤差がこの値以下になったら，収束したと判定する．各個体から計算される累積二乗誤差（f）は，式（5.31）で表される．ここで，$X_{i, \exp, t}$ は，時刻 t における，状態変数 X_i の観測値（実験値），$X_{i, \mathrm{cal}, t}$ は時刻 t における状態変数 X_i の計算値，N は観測される状態変数の数，T は実験値のサンプリングポイント数である．GA における各個体の評価値（適応度）は f の逆数として計算される．つまり，最適化では，f をできるだけ小さくする個体（図5.21 で示される行列要素）を探索していくことになる．GA では，個体集団の進化に伴い，最適解に個体が漸近していくことが多い．

$$f = \sum_{i=1}^{N} \sum_{t=1}^{T} \left(\frac{X_{i, \mathrm{cal}, t} - X_{i, \exp, t}}{X_{i, \exp, t}} \right)^2 \quad (5.31)$$

また，遺伝子ネットワークの場合，すべての要素間（遺伝子間）に直接的な相互作用があるとは考えにくいため，最適解のモデルでは，図5.21 の行列の多くの要素（パラメーター）の値がゼロであると予想される（分子機構に関する知見から明らかにゼロである要素については，はじめからゼロに固定し最適化の対象からはずす）．GA の多くの手法は親個体に選択圧をかける（優秀な親個体ほど次世代に残す確率を高くする）いわゆる，単純 GA[13] であるが，われわれは実数値 GA を用いて，新しい世代交代モデルとして MGG（minimal generation gap）を採用し，交叉法として UNDX（unimodal normal distribution crossover）を採用し，より単純なネットワーク構造を推定するための構造骨格化と統計学的手法を組み入れた独自のネットワーク構造推定システムを設計・開発した[7), 14]．

その推定システムの有効性を検証するために，図5.22 に示す，システムの要素数が五つ（遺伝子数が五つ）のネットワーク推定問題に適用した[7), 13]．図5.22 のネットワークを S-system 表記法（式（5.30））

で表し,相互作用パラメーターを**表5.11**のように与えた。推定システムに与えるものは,表5.11のパラメーターではなく,表5.11を用いて数値計算を行った6セットの各遺伝子のタイムコースデータ(**図5.23**,これらを観測データと見立てる)である。つまり,図5.23の観測データのみを用いて,表5.11の実数値パラメーター(60個)を推定できるかどうかを検証した。図5.23(a)は,すべての遺伝子が働いている野生株(wild type),(b)~(f)は,それぞれ遺伝子1,2,3,4,5が欠損している1遺伝子破壊株(single gene disrupted strain)を想定している。具体的には,例えば遺伝子1が破壊された場合(b)は,$\alpha_1 = 0$として数値計算を行う。その結果,20回の試行のうち,19回で図5.23の現象を再現するネットワーク構造が推定され,このうち4回は図5.22に示すもとの構造を推定した。残りの15はもとの構造(図5.22)とは異なるものの,図5.23の現象を再現するネットワーク構造が推定できた[14]。

この結果からもわかるように,観測データ(系の出力)からネットワークを推定する逆問題では,無数の

図5.22 遺伝子ネットワークモデル

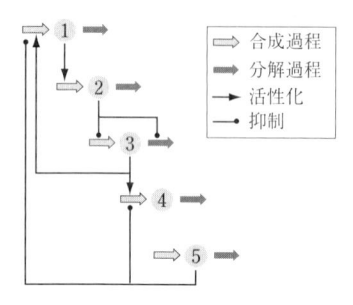

それぞれの遺伝子の合成過程(synthesis),分解過程(degradation)に他の遺伝子(その遺伝子も含む)から,活性化(induce),抑制(suppress)の相互作用があると仮定している。

表5.11 図5.22のネットワークを表すS-systemパラメーター

α_i	g_{i1}	g_{i2}	g_{i3}	g_{i4}	g_{i5}	β_i	h_{i1}	h_{i2}	h_{i3}	h_{i4}	h_{i5}
5.0	0.0	0.0	1.0	0.0	−1.0	10.0	2.0	0.0	0.0	0.0	0.0
10.0	2.0	0.0	0.0	0.0	0.0	10.0	0.0	2.0	0.0	0.0	0.0
10.0	0.0	−1.0	0.0	0.0	0.0	10.0	0.0	−1.0	2.0	0.0	0.0
8.0	0.0	0.0	2.0	0.0	−1.0	10.0	0.0	0.0	0.0	2.0	0.0
10.0	0.0	0.0	0.0	2.0	0.0	10.0	0.0	0.0	0.0	0.0	2.0

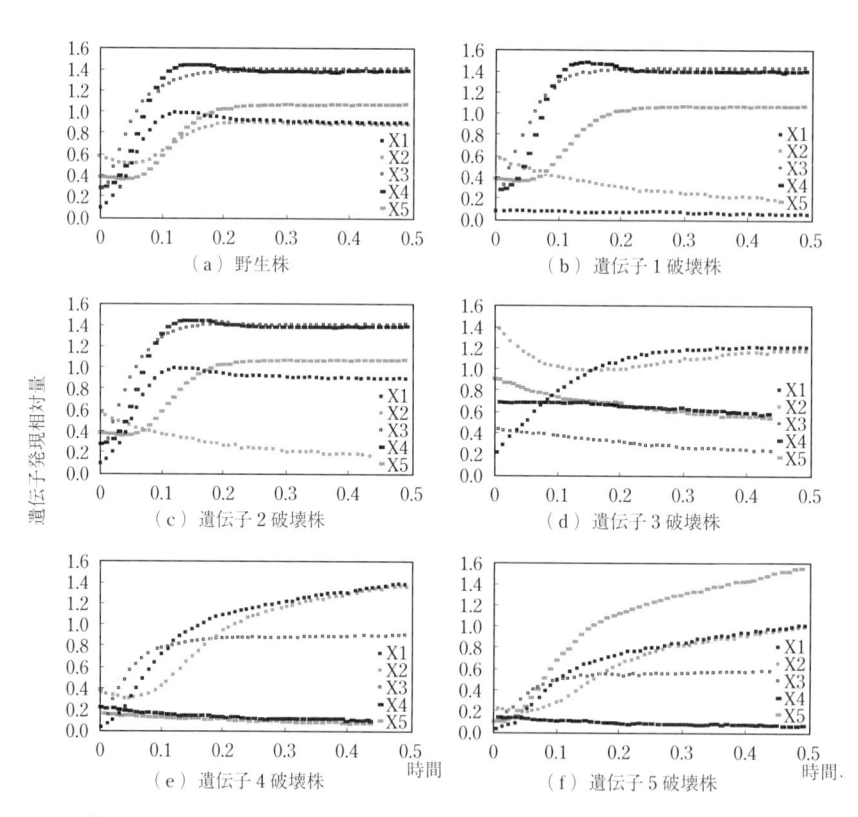

図5.23 推定システムに与えるタイムコースデータセット(これらのデータセットを用いて,表5.11に示す60個の実数値パラメーターを推定させる)

(a) 野生株
(b) 遺伝子1破壊株
(c) 遺伝子2破壊株
(d) 遺伝子3破壊株
(e) 遺伝子4破壊株
(f) 遺伝子5破壊株

5.6 バイオインフォマティクスおよびシステム生物学の最近の動向

解候補が考えられる。多くの工学系の数値最適化問題の研究は、いかに効率よい探索で、最適解を発見できるかに焦点がおかれている。しかし、遺伝子ネットワーク推定のように生命系の逆問題では、多くの解候補から最適解を模索することは至難の業である。また、生命系は外界からの多種多様の摂動に対して、臨機応変に適応しながら進化を遂げてきたことから、解候補がすべて、摂動に応じて最適解となり得る可能性もある。このことから、筆者らは、コンピュータが唯一無二の最適解を提示するのではなく、分子生物学実験を行っている生物学者と対話しながら、計算と実験をフィードバックしながらネットワークの推定を行っていく、対話型遺伝子ネットワーク推定システム（interactive inference system of genetic networks）を開発している。この開発によって、ネットワークに関する生物学的知見を考慮しながら、解候補を絞り込むことが可能になる。そのためには、パラメーター推定については、コンピュータは限られた実験観測データを再現しうるパラメーターセットをできるだけ多く提示できるようなアルゴリズムを用いる必要があり、クラスターコンピュータやグリッドコンピュータが必須となる。さらには、最適化の進行状況を描画したり、最終結果を解析するGUIも必要である。**図5.24**は、20プロセス（20CPU）を用いて、先の五つの遺伝子間相互作用の推定を行っているシステムを管理するGUIのスナップショットである。図の上半分は、20プロセスのそれぞれの最適化の進行状況を表しており、縦軸は、観測データ1点当りの計算値との誤差（％）を示している（横軸は世代数）。下半分は、あるプロセスの世代ごとの、推定したネットワーク構造を表している。さらに、推定システムは、すべての試行で推定したネットワーク構造の共通構造を抽出するモジュールも付帯している。例えば、2遺伝子からなる系で、**図5.25**の左上で示すタイムコース（観測データ）を再現し得るネットワークを10プロセスで推定したところ、図5.25で示すネットワーク構造が推定された（観測データ1点当りの計算値との誤差が5％以下）。図5.25の太枠で囲んでいるネットワークがオリジナルの構造であるが、当然のことながら、他のネットワーク構造でも左上のタイムコースを再現し得る。ここで、システムはこれらの共通構造（common core interaction）を**図5.26**のように抽出する。このような抽出は、観測タイムコースを再現し得る必須の最小相互作用条件（minimum requirements on interaction）を提示することになり、実験研究者にとって有効な情報となる。

ここでは、60個の実数値パラメーターの最適化について述べたが、われわれはすでに、S-systemのパラメーター構造（図5.21）の1行ずつを決定していくという、step-by-stepアルゴリズムを組み入れた実数値GAを開発しており[16]、それを用いて、遺伝子数30個（パラメーター数960個）の相互作用推定に成功している。今後、MGGの並列化を軸とする推定システムを完成させ、より多くの（できれば10000のオーダー）実数パラメーターを推定する予定である。また、大規模数値最適化プラットフォームを開発することを

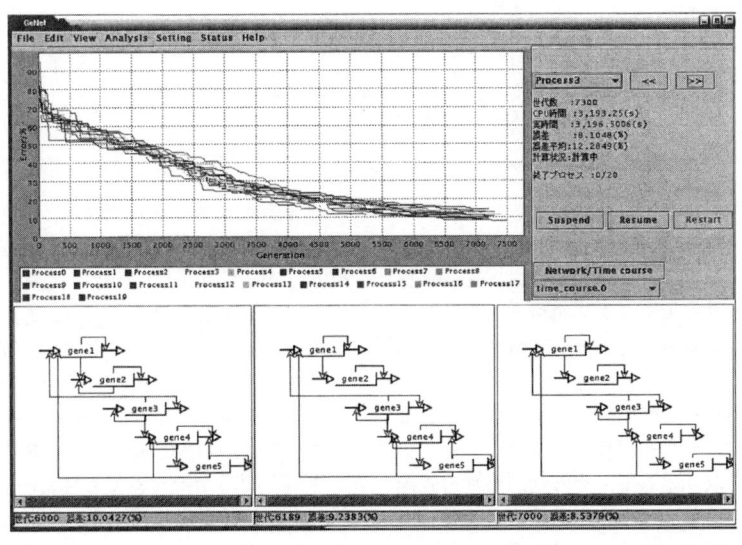

図5.24 並列コンピュータを用いた遺伝子ネットワーク推定のためのGUI画面（全プロセスの時々刻々のネットワーク推定状況を描画できる）

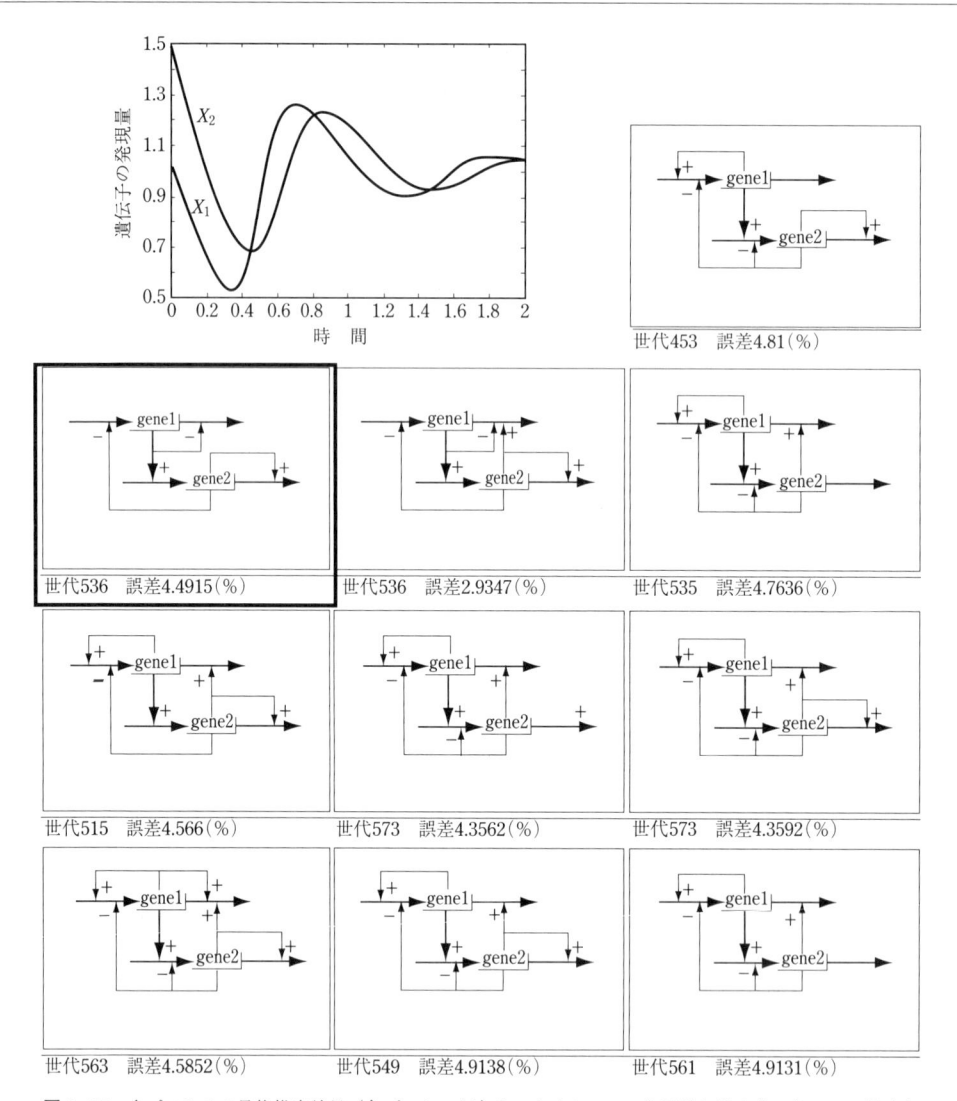

図5.25 全プロセスの最終推定結果（各プロセスが左上のタイムコースを再現し得るネットワーク構造を推定した最終結果を表している）

目的としたOBIグリッドのプロジェクト，OBIPOP（open bioinformatics parameter optimization platform），を早急に立ち上げ，グリッドコンピュータを介して，バイオインフォマティクス領域の大規模な数値最適化計算がだれでも行えるような環境整備を行うように計画している．

（b） 代謝経路解析 代謝経路などに代表される生体内非線形反応システムを解析する場合，目的とする反応系の一部分を取り出して，その動的挙動を観測する実験的アプローチと，反応系を数理モデル化して数値計算を行うことによって，系の動的挙動をシミュレートする理論的アプローチの2通りの手法がある．

この理論的アプローチにおいて，反応系の数理モデルを導出する際には，質量作用則に基づく方法と，Michaelis-Menten式などに代表される，定常状態近似式や平衡状態近似式を用いる方法がある．前者は反応系を詳細に記述できる半面，物質間の相互作用がすべて明確でなければ数理モデルを導出することができず，また決定しなければならないキネティックパラメーターの数が増大してしまう．後者は逆に，詳細な相互作用が明らかでなくても酵素－基質複合体が定常状態（あるいは平衡状態）にあると仮定することで数理モデルを導出でき，キネティックパラメーターの数も少なくてすむが，数理モデルを導出する際に近似を行

Visualize common interactions

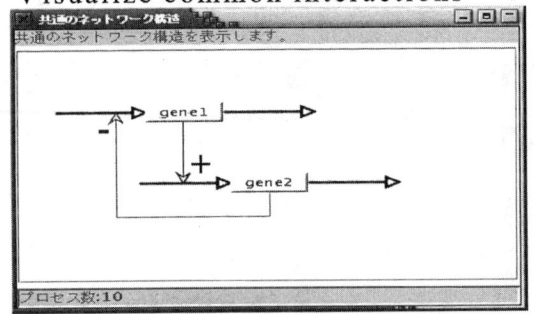

このことから，図5.25の左上のタイムコースを再現する必須の最小相互作用条件は，$g_{12} < 0$，$g_{21} > 0$ ということになる。g_{12}およびg_{21}は，それぞれ，遺伝子2の遺伝子1の合成過程に及ぼす相互作用，遺伝子1の遺伝子2の合成過程に及ぼす相互作用である。

図5.26 図5.25のネットワークの共通構造

っているため，反応系を正確にシミュレートすることができない。シミュレーターを設計するうえで最重要点は，"だれが，何を明らかにしたいがために，どのように使うシミュレーターなのか"の基本方針を明確にすることである。もし，これから生物を学ぼうとする学生が，細胞内の代謝経路制御系の様子を概念的に，しかも視覚的に学習するためのシミュレーターなら，個々の酵素反応のキネティックパラメーター値や詳細な反応形式にはあまりとらわれる必要はないであろう。しかし，生化学実験研究者が，実験データを解析するためのシミュレーターなら，反応形式やパラメーター値に細かな配慮がなされなければならない。また，数理モデルを構築するときにも，すべての考えられる要素を組み入れるのではなく，実験で観測できる要素を中心に，必要最小限の大きさをもったモデルにするべきである。"木を見て森を見ず，森を見て木を見ず"の言葉のように，森全体のシミュレーションを試みるときに，一つひとつの葉の細胞の構成要素までモデルに組み入れる必要はないであろう。現在，数多くの生化学反応・代謝経路解析用シミュレーターが開発されている；A-Cell[17] (by Ichikawa)，BEST-KIT[18] (by Okamoto)，CADLIVE[19] (by Kurata)，Bio-calculus[20] (by Kitano)，BioSpice[21] (by Arkin)，DBSolve[22] (by Goryanin)，E-cell[23] (by Tomita)，Genomic Object Net[24] (by Matsuno)，Gepasi[25] (by Mendes)，MIST[26] (by Ehlde)，PLAS[27] (by Ferreira)，WinSCAMP[28] (by Sauro)，Virtual Cell[28] (by Schaff) など。これらはすべて同種ではなく，得意とする解析領域も使用法も異なっている。ユーザはそれぞれを使用してみて，自分の解析領域に最も適したシミュレーターを選び，

その開発サイトに積極的に質問や要望をフィードバックして，より改善されたしたシミュレーターの開発に協力することが望まれる。

（c）生化学反応系解析シミュレーター BEST-KIT

われわれは生体内非線形反応系を解析するための統合コンピュータシミュレーションシステム "BEST-KIT"（biochemical engineering system analyzing tool-KIT）を設計・開発している[29],[30]。このシミュレーターを使用すれば，マウスを使って，解析したい反応系を視覚的に構築でき，種々のパラメーターを入力するだけで，数理モデルの導出や数値計算が内部で自動的に行われるので，利用者は反応系の動的挙動を容易にシミュレートすることができる。

しかし現時点では，実際に生体内で起こる反応系について，すべての反応機構が詳細に解明されているわけではない。よって代謝経路のような大規模な反応系をシミュレートする場合，ある部分は質量作用則を用いて詳細に記述できるが，別の部分は定常状態近似式を用いなければ記述できないというようなことが考えられる。この点を考慮して，BEST-KIT〔http://www.best-kit.org/（2004年12月現在）〕のMassAction++〔http://www.best-kit.org/bestkit/MassAction.html（2004年12月現在）〕では，質量作用則に基づく微分方程式と定常状態近似式が混在した数理モデルでも導出できるようになっている。シミュレーターの開発にはJAVA言語（JDK1.1.3）を使用し，Webブラウザ上で，機種に依存せずに動作するJAVAアプレットとして作成した。そして開発したシミュレーターを研究室内のBEST-KIT専用サーバマシン上で公開し，インターネットに接続されているマシンであれば，どの機種であっても本シミュレーターを利用できるようにした（図5.27）。

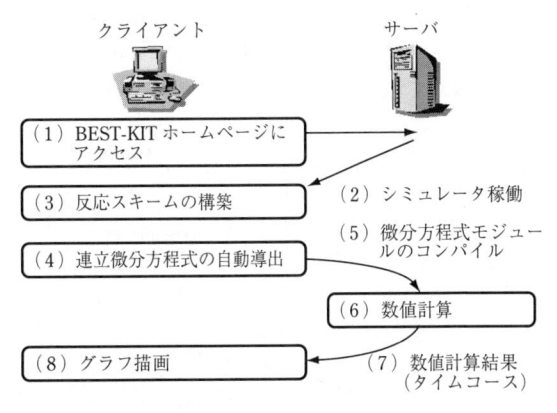

図5.27 Web-based BEST-KITを用いたシミュレーションの流れ（クライアント・サーバ形式でシミュレーションが行われる）

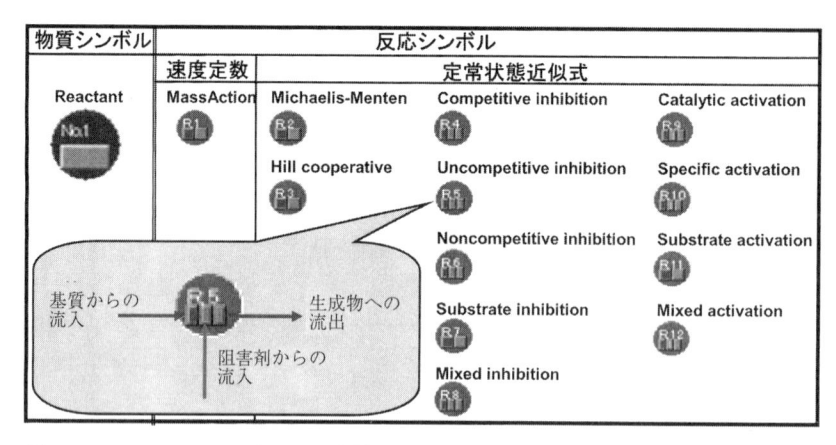

図5.28 MassAction++で用いる反応種および反応様式のシンボル（これらのシンボルをマウスクリックで結線することで反応式が構築される）

このとき，Webサーバの構築には，Apache ver.1.3.12を用いた。解析対象となる反応スキームの構築方法に関しては，Web-based BEST-KITでは，反応スキームをマウスクリックのみで視覚的に構築できるように，物質や反応をシンボルで表し，それらを線で結ぶことにより反応スキームを構築できるようにしている（図5.28）。

物質シンボルはその名前が表示されているラベル部分（図5.28のReactant）と，線を結ぶときに使用するconnectボタン（Reactantの長方形のボタン）の二つから構成されている。反応シンボルとしては，質量作用則の速度定数を表すもの（図5.28のMassAction）と，Michaelis-Menten式に代表される酵素反応定常状態近似式（関数ボックス）を表すものを11種用意している（図5.28）。反応シンボルの中央下にあるボタンは物質の入出力用のconnectボタンである。

図5.28のUncompetitive inhibitionを例にとって説明すると，左のボタンが基質の入力，真中のボタンが阻害剤の入力，右側のボタンが生成物への出力を表している。これらの物質シンボルと反応シンボルを結線することで大規模な反応ネットワークを構築でき，パラメーター値を入力すれば，ネットワークの反応種のタイムコースがサーバ側で計算され，ブラウザ上に可視化される。質量作用則で表す反応過程と酵素反応定常状態近似式で表す反応過程が混在する反応システムが解析できることから，ユーザは，反応機構が詳細に明らかになっている過程は質量作用則で，定常状態近似が許容できる過程は近似式で自由に簡単に立式できるという特徴を持っている。

新バージョンでは，値が未知のキネティックパラメーターを，最適化により推定するモジュールを開発し，"MassAction++"に組み込んだ[31]。このモジュールを用いることにより，ユーザは"MassAction++"のGUI上にマウスを用いて反応スキームを構築し，未知パラメーターのinitial guess（初期推定値）とタイムコースデータを入力するだけで，微分方程式の導出や，最適化の計算などは意識せずに，未知パラメーターの値推定を行うことができる。このモジュールでは，最適化手法に目的関数の勾配（1階導関数の値）を用いることなく，二次収束が得られる修正Powell法や遺伝的アルゴリズム，あるいは二つのハイブリッド法を用いている。また"MassAction++"自体はJava言語で開発されているが，インタプリタ型の言語であるJava言語には，計算にかかる時間が多くなるという欠点がある。そこでコンパイル型の言語であるC言語で開発を行い，サーバ上で実行されるようにした。

図5.29に示す実例を用いて説明する。ユーザは，まず上で説明したような方法で反応スキームを構築していく（図5.29（a）および（b））。ここでは，反応系A→B→Cにおいて，最終生成物CがA→Bの反応過程の拮抗阻害剤として働くものとする（図5.29（a）参照）。なお，B→Cの反応過程はMichaelis-Menten型の反応で表されるものとする。ここで反応パラメーターの値が未知のものに関しては，値を入力する欄に"unknown"と入力しておく（ここでは，A→Bの拮抗阻害定数K_{i1}の値とB→CのMichaelis定数K_{m2}の値が未知（unknown）としている）。その後"Calculate"メニュー中の"Optimize"を選択する。すると，値未知のパラメーターのinitial guessやタイムコースデータ1点当りの誤差の許容範囲，最適化の

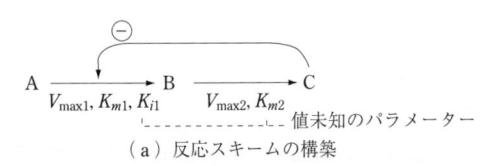

(a) 反応スキームの構築

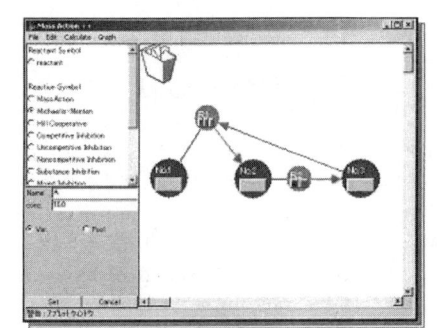

(b) 値未知のパラメーターの指定と初期条件設定

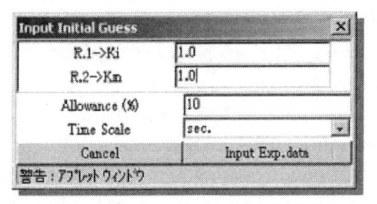

(c) 最適化計算の条件設定

反応種AからBへの反応は拮抗阻害で，反応種BからCはMichaelis-Menten形式であると仮定し，AからBの拮抗阻害定数K_{i1}とBからCのMichaelis定数K_{m2}が未知パラメーターであるとしている

図5.29 パラメーターフィッティングモジュール

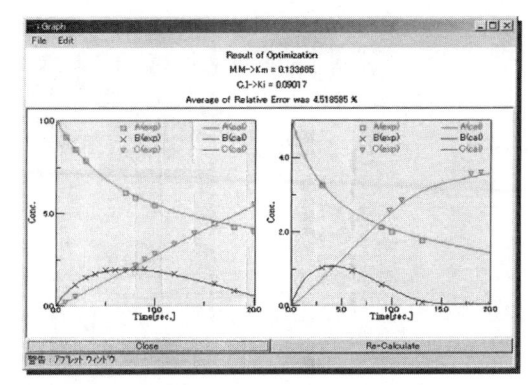

実験で求められたタイムコースデータ（2セット）とのフィッティングの様子を表している。

図5.30 図5.29の反応スキームのパラメーターフィッティングの結果

手法などを入力（あるいは選択）するダイアログが表示される（図5.29（c））ので，それぞれの値を入力してダイアログ中の"Input Exp.Data"ボタンを押すと，タイムコースデータ（実験値）を入力するダイアログが表示される。そこで，タイムコースデータを入力し，"Optimize"ボタンを押すと，後は待つだけで，推定された未知パラメーターの値と，そのときの計算結果を表すグラフが表示される（図5.30）。

この場合，求めるA→B過程のCの拮抗阻害定数K_{i1}は，0.09017，B→C過程のMichaelis定数K_{m2}は，0.133685と推定された。2セットとも，実験データ（図中のシンボル）とよくフィットしている様子がわかる（この場合，実験値1点当りの平均相対誤差は4.5%）。タイムコースデータの入力はデータの個数や点数，物質数が増えるに従って大変な手間がかかる。そこで，一度入力したタイムコースデータを，ユーザのマシン上に保存し，それをまた読み込む機能もつい

ている。この保存したデータはテキストファイルであるので，フォーマットがあっていればユーザの用意したファイルからも読み込むことができる。また，結果のグラフについても保存（セーブ），呼出し（ロード）が可能であるMassAction++のユーザズマニュアル（PDFあるいはPS）をWeb上に公開しているので，ぜひ利用していただきたい。

つぎに，現在開発中の新モジュールについてその概要を説明する。第一は，図5.28で示す関数近似式以外の式をユーザが定義し，ユーザ好みにさまざまなシンボルを追加できるようにした，Windows版（Delphi版）BEST-KIT（WinBEST-KIT）であり，前橋工科大学と共同開発している。第二は，インターネット上に公開されているデータベースから，各代謝酵素反応の反応様式や速度パラメーターに関する情報を自動的に検索・抽出するエージェントシステムである。エージェントシステムとは，例えばユーザが，ある酵素のK_m値やV_{max}値を知りたい場合に，その酵素のEC番号をキーワードとして入力すると，インターネット上に公開している各データベース（CGIデータベース）に問い合わせ（query）して，HTML形式で取り出し，必要なデータをそこから抽出するシステムである。

われわれはすでに，図5.31のように，代謝マップ上から，解析したいサブシステムをマウスでクリッピングすると，自動的にMassAction++解析用に変換するモジュールを開発しているので[32]，将来的にキネティックパラメーターや酵素反応機構に関するエージェントシステムと結合することで，in silicoで細胞内代謝ネットワークの挙動を予測，解析することが可能になり，遺伝子と代謝系を統合したゲノム・メタボロー

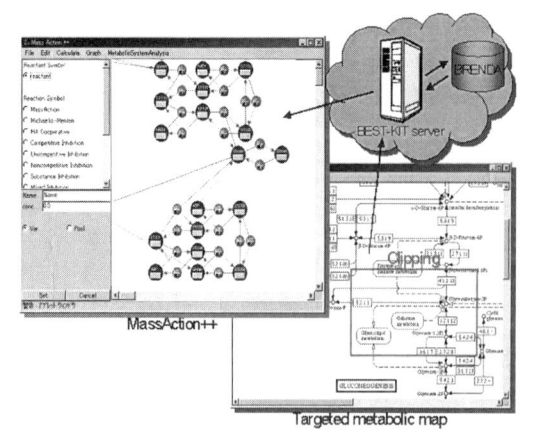

図中のBRENDA〔http://www.brenda.uni-koeln.de/（2004年12月現在）〕はさまざまな酵素のMichaelis定数（K_m）を集めたCGIデータベースである（エージェントシステムを用いて，解析反応システム（クリッピングした領域）に含まれる酵素のK_mをCGIデータベースより検索・抽出し，MassAction++にその値を組み込むことができる）．

図5.31 BEST-KITのMetabolicモジュールの概念図

ムの解析研究が飛躍的に進むものと思われる．

先にも示したように，数多くの生体反応解析用シミュレーターが開発されているが，最近これらのシミュレーターの設計に関する標準化の動きが始まっている．その代表的なものが，Caltech ERATO Kitanoグループの提唱するSBML（systems biology markup language）[33]である．現在，20を超えるシミュレーターおよびそのツールキット（アプリケーションタイプとしては，editor, simulator, databaseがある）がSBML対応型になっており，国際的に拡大していくであろう．

代謝工学では，ここ数年，測定技術の開発により，代謝系の流束制御解析（flux control analysis）に関する研究[34]がかなり進んでいる．キャピラリー電気泳動とマススペクトロメトリーを組み合わせて代謝経路の各種中間反応物質濃度の時間的変動を測定する実験技術[35],[36]はかなり高精度であることから，今後，個々の代謝経路の詳細なキネティックモデリングや，基質投与などの各種摂動に対する系の時間的応答解析が期待できる．

ヒトゲノム解析に対するシステム生物学（システム論的解析）は始まったばかりであり，どのように情報科学的技術と分子生物学的実験技術を組み合わせていくのか，暗中模索の段階である．そこで最近，モデル生物として大腸菌にターゲットを絞り，実験とシミュレーションを統合した網羅的なゲノム・メタボローム解析，および結果のデータベース化を進める国際的動きがある[37]．そのまま，ヒトゲノム解析に適用できるかどうかわからないが，実験と計算をタイアップしたシステム生物学の研究の試金石として注目に値する．

（岡本正宏）

引用・参考文献

1) 北野宏明：システムバイオロジー，秀潤社（2000）．
2) 林 勝哉，坂本直人：酵素反応のダイナミクス，学会出版センター（1981）．
3) Akutsu, T., Miyano, S. and Kuhara, S.: Algorithms for inferring qualitative models of biological networks, *Pacific Symposium on Biocomputing 2000*, (Altman, R., Dunker, A., Hunter, L., Lauderdale, K., Klein, T.), 293-304, World Scientific, New Jersey (2000).
4) Savageau, M.: *Biochemical Systems Analysis: A Study of Function and Design in Molecular Biology*, Addison-Wesley, New York (1976).
5) Sato, H., Ono, I. and Kobayashi S.: A new generation alternation model of genetic algorithms and its assessment, *J. Jpn. Soc. for Artif. Intell.*, **12**, 734-744 (1997).
6) 小野 功，佐藤 浩，小林重信：単峰性正規分布交叉UNDXを用いた実数値GAによる関数最適化，人工知能学会誌，**14**, 1146-1155（1999）．
7) Ueda, T., Koga, N., Ono, I. and Okamoto, M.: Efficient numerical optimization technique based on real-coded genetic algorithm for inverse problem, *Proc. 7th Int. Symp. on Artificial Life and Robotics*, 290-293 (2002).
8) 岡本正宏：バイオシステムシミュレーション，バイオプロセスシステム工学，（清水和幸編著），pp. 351-360，アイピーシー（1994）．
9) Voit, E.: *Computational Analysis of Biochemical Systems: a Practical Guide for Biochemists and Molecular Biologists*, Cambridge University Press, New York (2000).
10) 富永大介，岡本正宏：逆問題（inverse problem）解決のための遺伝的アルゴリズムを用いた多次元非線形数値最適化手法の開発，化学工学論文集，**25**, 220-225（1999）．
11) 岡本正宏：S-systemによる遺伝子の相互作用推定，ゲノム情報生物学，（高木利久，富田 勝編），pp. 165-188，中山書店（2000）．
12) Maki, Y., Tominaga, D., Okamoto, M., Watanabe, S. and Eguchi, Y.: Development of a system for the inference of large scale genetic networks, *Pacific Symposium on Biocomputing 2001*, (Altman, R., Dunker, A., Hunter, L., Lauderdale, K., Klein, T.),

13) 北野宏明：遺伝的アルゴリズムの基礎，遺伝的アルゴリズム，（北野宏明編著），pp. 3–41，産業図書 (1993).
14) 岡本正宏，小野 功：実数値GAのバイオ分野での応用：大規模遺伝子ネットワークの相互作用推定，人工知能学会誌, **18**, 502–509 (2003).
15) 上田尚学，小野 功，岡本正宏：実数値GAに基づく効率的な数値最適化手法の開発：逆問題における多変数最適化への応用，MPSシンポジウム（進化的計算シンポジウム2002）論文集, 127–134 (2003).
16) Maki, Y., Ueda, T., Okamoto, M., Uematsu, N., Inamura, K., Uchida, K., Takahashi, Y. and Eguchi, Y.: Inference of genetic network using the expression profile time course data of mouse P19 cells, *Genome Informatics*, **13**, 382–383 (2002).
17) Ichikawa, K.: A-cell: Graphical user interface for the construction of biochemical reaction models, *Bioinformatics*, **17**, 483–484 (2001).
18) BEST-KITのホームページ：http://www.best-kit.org/
19) Kurata, H., Matoba, N. and Shimizu, N.: CADLIVE for constructing a large-scale biochemical network based on a simulation-directed notation and its application to yeast cell cycle, *Nucleic Acids Res.*, **31**, 4071–4084 (2003).
20) http://recomb2000.ims.u-tokyo.ac.jp/Posters/pdf/15.pdf（2004年12月現在）
21) BioSpiceのホームページ：http://biospice.lbl.gov/home.html（2004年12月現在）
22) Goryanin, I., Hodgman, T. C. and Selkov, E.: Mathematical simulation and analysis of cellular metabolism and regulation, *Bioinformatics*, **15**, 749–758 (1999).
23) E-cellのホームページ：http://www.e-cell.org/（2004年12月現在）
24) Genomic Objectのホームページ：http://www.genomicobject.net/member3/index.html（2004年12月現在）
25) Gepasiのホームページ：http://www.gepasi.org/（2004年12月現在）
26) MISTのホームページ：http://cse.ogi.edu/DISC/projects/mist/（2004年12月現在）
27) WinSCAMPのホームページ：http://www.cds.caltech.edu/~hsauro/Scamp/scamp.htm（2004年12月現在）
28) Virtual Cellのホームページ：http://www.ibiblio.org/virtualcell/index.html（2004年12月現在）
29) Okamoto, M., Morita, Y., Tominaga, D., Kinoshita, N., Ueno, J.-I., Miura, Y., Maki, Y. and Eguchi, Y.: *Pacific Symposium on Biocomputing '97* (PSB97), 304–315, World Scientific, New Jersey (1997).
30) Okamoto, M., Sakuraba, K., Yoshimura, J., Tanaka, K., Ueno, J.-I., Mori, M., Shimonobou, T. and Sekiguchi, T.: Web-based BEST-KIT: Development of Web-based biochemical engineering system analyzing tool-KIT, *Chem-Bio. Informatics J.*, **2**, 1–17 (2002).
31) Yoshimura, J., Shimonobou, T., Sekiguchi, T. and Okamoto, M.: Development of the parameter-fitting modeule for Web-based biochemical reaction simulator BEST-KIT, *Chem-Bio. Informatics J.*, **3**, 114–129 (2003).
32) Shimonobou, T., Yoshimura, J., Sekiguchi, T. and Okamoto, M.: *Proc. Intl. Symp. on Design, Operation and Control of Chemical Processes (PSEAsia 2002)*, 357–362 (2002).
33) SBMLのホームページ：http://sbml.org/index.psp（2004年12月現在）
34) ステファノポーラス, G. N., アリスティッド, A. A., ニールセン, J.（清水 浩，塩谷捨明訳）：代謝工学——原理と方法論——，東京電機大学出版局 (2002).
35) Soga, T., Ueno, Y., Naraoka, H., Ohashi, Y., Tomita, M. and Nishioka, T.: Simultaneous determination of anionic intermediates for *Bacillus subtilis* metabolic pathways by capillary electrophoresis electrospray ionization mass spectrometry, *Anal. Chem.*, **74**, 2233–2239 (2002).
36) Soga, T., Ueno, Y., Naraoka, H., Matsuda, K., Tomita, M. and Nishioka, T.: Pressure-assisted capillary electrophoresis electrospray ionization mass spectrometry for analysis of multivalent aminos, *Anal. Chem.*, **74**, 6224–6229 (2002).
37) International *E. coli* Alliance（IECA）ホームページ：http://www.EcoliCommunity.org/（2004年12月現在）

6. 発酵生産・代謝制御

　地球上にはきわめて多様な種類の微生物が存在し，それぞれにおいてさまざまな代謝が行われている。人類は古来より，これらの一部を利用してチーズ・味噌・酒類を作ってきた。これらは微生物の生命活動に基づいた"発酵"によって生産される醸造飲食品であるが，第二次世界大戦以降は，アミノ酸・核酸・抗生物質なども発酵によって作られるに至っている。

　発酵の形式は微生物の種類や環境により異なるが，おもに，「嫌気代謝」「好気代謝」「構成代謝」「二次代謝」の四つの代謝に分けることができる。通常の代謝においては，目的とする物質は過剰には生産されないことがしばしばであることから，人為的な操作によって代謝をコントロールすることで物質の大量生産を行わせる"代謝制御発酵"が，アミノ酸生産を対象として開発された。さらに現在は，遺伝子組換え技術を用いることで，遺伝子破壊・遺伝子導入などにより，生体内の代謝を厳密に制御し，多くの新規物質の生産が可能になりつつある。

　一方，発酵とは異なり，生命活動を必ずしも必要としない微生物菌体あるいは酵素を用いた「バイオコンバージョン」により，近年，多くの物質生産プロセスが開発されている。化学分野では，環境に優しい"グリーンケミストリー（green chemistry）"という考え方が広まりつつあり，21世紀は"環境調和型"の技術が望まれている。バイオコンバージョン法は本質的にグリーンケミストリーの概念に適しており，緻密な酵素機能と精密化学合成法とを組み合わせることで，高収率・高効率・高選択性のある物質生産プロセスを構築することが可能である。発酵法を含め，これらのバイオ生産技術は日本が世界をリードする数少ない領域の一つであり，多くの有用物質生産研究が現在も展開されている。

〔小林達彦〕

6.1　発酵生理と生産技術

6.1.1　嫌気代謝

　酸素が存在しない条件下では，微生物は有機物からエネルギーを獲得するために嫌気的呼吸（anaerobic respiration）と発酵（fermentation）を利用する。嫌気的呼吸では酸素（O_2）の代わりに硝酸（NO_3^-），硫酸（SO_4^{2-}），フマル酸，あるいはトリメチルオキサイドなどが電子受容体として利用され，電子伝達鎖を経ることによりエネルギーが生成される。一方，発酵代謝は外部電子受容体を必要とせず，有機物はバランスのとれた一連の酸化還元反応によりエネルギーを生成する。そのため，発酵は生物工学産業の分野において物質生産に最も利用される代謝経路として位置づけることができる。

　代表的な発酵代謝としては，酵母のアルコール（エタノール）発酵，乳酸菌の乳酸発酵，*Clostridium* 属細菌のアセトン・ブタノール発酵が知られている（図6.1）。これらの代謝では，出発物質である炭水化物，すなわち糖質が利用され，共通の代謝中間体であるピルビン酸を経て，酸素が存在しない場合にエタノール，乳酸，あるいはアセトン・ブタノールへと変換してエネルギーを獲得する。以下に，発酵を構成する解糖と呼ばれる糖質からのピルビン酸までの代謝と嫌気的条件下でのピルビン酸からのさまざまな有機物変換経路

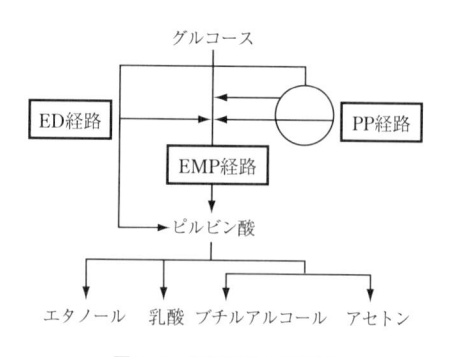

図6.1　嫌気代謝の概略図

6.1 発酵生理と生産技術

をまとめた。

（a）解　糖　1897年にEduard Buchnerが酵母の細胞抽出液の保存にショ糖を添加して，偶然にもアルコール発酵を観察して以来，このグルコースからのピルビン酸生合成経路は酵母と哺乳動物の筋肉細胞を研究対象として研究され，1940年にEmbden-Meyerhof-Parnas pathway (EMP) と呼ばれる代謝経路の全貌が明らかにされた。一方，ある種の微生物は，グルコースを酸化的に代謝する解糖経路であるEntner-Doudoroff pathway (ED)，また，核酸合成のための糖質部分を供給するPentose Phosphate cycle (PP) を利用する（図6.2）。

（1）Embden-Meyerhof-Parnas (EMP) 経路[1]

EMP経路では，1分子のグルコースは2分子のピルビン酸に変換され，2分子の高エネルギー化合物（ATP）を生成する。解糖経路は，動物において酸素が存在しない条件下でATPを生産できる唯一の代謝経路である。解糖は細胞質内で進行し，10段階の連続した酵素反応からなるが，前半と後半に分けて理解することができる。前半の経路は6炭糖であるグルコースのリン酸化を伴う3炭素化合物への開裂からなる5段階の酵素反応，後半の経路は3炭素化合物からピルビン酸までの5段階の酵素反応である（図6.2）。

細胞内に取り込まれたグルコースは広い基質特異性

①ヘキソキナーゼ，②グルコース-6-リン酸イソメラーゼ，③ホスホフルクトキナーゼ，④フルクトースビスリン酸アルドラーゼ，⑤トリオースリン酸イソメラーゼ，⑥グリセルアルデヒド-3-リン酸脱水素酵素，⑦ホスホグリセリン酸キナーゼ，⑧ホスホグリセリン酸ムターゼ，⑨2-ホスホグリセリン酸デヒドラターゼ，⑩ピルビン酸キナーゼ，⑪グルコース-6-リン酸脱水素酵素，⑫6-ホスホグルコノラクトナーゼ，⑬6-ホスホグルコン酸デヒドラターゼ，⑭2-ケト-3-デオキシホスホグルコン酸アルドラーゼ，⑮6-ホスホグルコン酸脱水素酵素，⑯リボース-5-リン酸イソメラーゼ，⑰リブロースリン酸-3-エピメラーゼ，⑱トランスアルドラーゼ，⑲トランスケトラーゼ

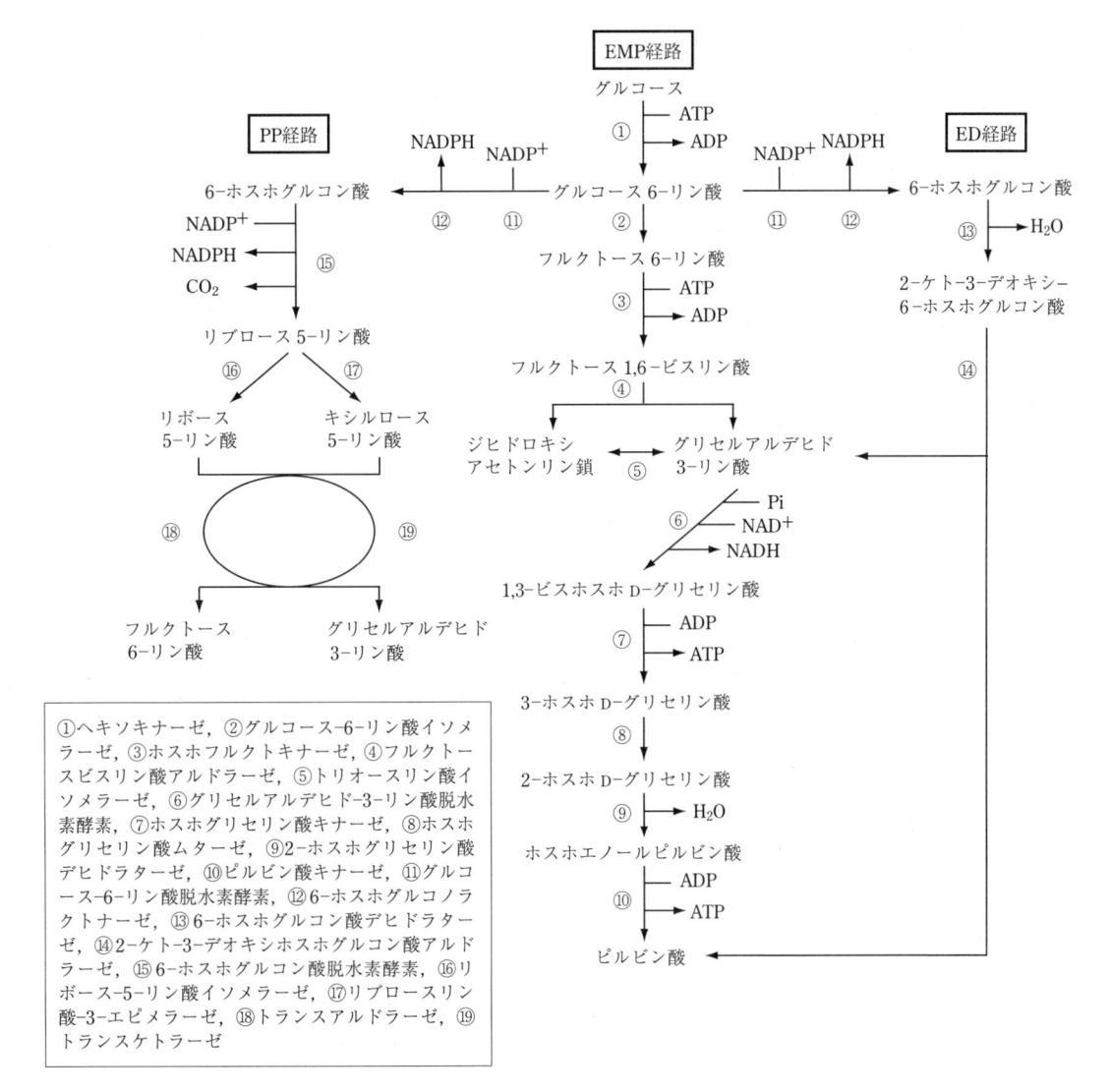

図6.2　解糖経路

を示すヘキソキナーゼによりATPからリン酸基が転移されてグルコース6-リン酸を生成する。この初発反応での自由エネルギー変化は-4.0 kcal/molであり反応のリン酸化反応は不可逆的に進行し，さらに，リン酸化により極性が高まったグルコース分子は細胞質内にとどまることになる。グルコース6-リン酸はグルコース-6-リン酸イソメラーゼによりフルクトース6-リン酸へと異性化される。この反応は可逆的な平衡状態にある。つぎに，フルクトース6-リン酸はホスホフルクトキナーゼによりATPからのリン酸基転移を受けてフルクトース1,6-ビスリン酸へとリン酸化される。この反応は解糖の代謝制御の観点から重要な反応であるとされ，植物細胞および動物細胞でのホスホフルクトキナーゼはATPによるアロステリックな阻害を受け，フルクトース6-リン酸への親和性が低下し，一方，ADP，AMP，リン酸はフルクトース6-リン酸への親和性を増加させる。しかし，酵母や大腸菌以外の微生物由来のホスホフルクトキナーゼではATPによる阻害を受けないとされている。フルクトース1,6-ビスリン酸はフルクトースビスリン酸アルドラーゼにより，その分子内のC3-C4の間で開裂されて，C4-C5-C6から構成されるD-グリセルアルデヒド3-リン酸とC1-C2-C3から構成されるジヒドロキシアセトンリン酸を生成する。ジヒドロキシアセトンリン酸はトリオースリン酸イソメラーゼによりD-グリセルアルデヒド3-リン酸へと異性化される。すなわち，1分子のグルコースが2分子のATPの消費により2分子のトリオースリン酸へと変換する経路がEMP経路の前半である。

解糖系の後半は，消費されたATP，すなわちエネルギーをD-グリセルアルデヒド3-リン酸から回収する反応経路である。D-グリセルアルデヒド3-リン酸はNAD+依存性グリセルアルデヒド-3-リン酸脱水素酵素によりリン酸とNAD$^+$とから1,3-ビスホスホD-グリセリン酸とNADHを生成する。この反応では，D-グリセルアルデヒド3-リン酸のアルデヒド基のカルボキシル基への酸化反応と無機リン酸の取り込みが同時に進行し，高エネルギーの混合酸無水物が生成される。このようなATPやADPを利用しないリン酸化を「基質レベルでのリン酸化」と呼ぶ。細胞内では，先のトリオースリン酸イソメラーゼとグリセルアルデヒド-3-リン酸脱水素酵素は協力して，解糖をピルビン酸の方向に流す役割を果たしており，この反応によりNAD$^+$がNADHへと還元される。高エネルギー化合物である1,3-ビスホスホD-グリセリン酸はホスホグリセリン酸キナーゼによりADPのATPへのリン酸化を伴い3-ホスホD-グリセリン酸を生成する。この反応により，1分子のグルコースから2分子の3-ホスホD-グリセリン酸と2分子のATPが生産されることになり，グルコースからフルクトース1,6-ビスリン酸の生成に消費されたATPを回収することになる。グリセルアルデヒド-3-リン酸脱水素酵素とホスホグリセリン酸キナーゼの反応は共役して進行し，アルデヒドのカルボン酸への酸化とADPのATP生成は共役して進行する。この反応の自由エネルギー変化はATP水解より大きく，-4.5 kcal/molであり，3-ホスホD-グリセリン酸とATP生成反応に強く偏っている。3-ホスホD-グリセリン酸はホスホグリセリン酸ムターゼによりリン酸結合エネルギーを保ったまま2-ホスホグリセリン酸へ変換される。生成した2-ホスホグリセリン酸は2-ホスホグリセリン酸デヒドラターゼによりC2-C3から水分子の可逆的な脱水反応により高エネルギーのエノールエステル化合物であるホスホエノールピルビン酸を生成する。最終段階は，ATP生成を伴う反応であり，ピルビン酸キナーゼによりホスホエノールピルビン酸のリン酸基がADPに転移されATPとピルビン酸を生成する。解糖はこの反応により完結し，最終生産物であるピルビン酸が酸素の存在の有無によりさまざまな代謝系へと導入される。なお，ホスホエノールピルビン酸のリン酸基転移ポテンシャルは14.5 kcal/molで，ATP（7.5 kcal/mol）に比較して高いことから，この反応の平衡はホスホエノールピルビン酸からのADPへのリン酸基転移によるATPとピルビン酸生成反応に偏っている。また，ピルビン酸キナーゼはATPにより阻害され，ATP/ADP比が高い条件下では解糖系は阻害されることになる。

$$D-グルコース + 2Pi + 2ADP + 2NAD^+$$
$$\longrightarrow 2ピルビン酸 + 2ATP + 2NADH + 2H^+$$
$$+ 2H_2O$$

上記反応式に示すように，1分子のグルコースから2分子のピルビン酸と2分子のATPと2分子のNADHが生成する。

（2） Entner-Doudoroff（ED）経路[2]　　ある種の微生物，*Pseudomonas*, *Gluconobacter*, *Rhizobium*, *Thiobacillus*, および *Xanthomonas* などの細菌は，グルコースをEMP経路とは異なる酸化的な反応経路で代謝する（図6.2）。また，通常，大腸菌ではグルコースをEMP経路で代謝するが，ED経路の酵素合成能力は存在しており，グルコン酸で誘導される。ED経路では，グルコースはヘキソキナーゼとATP消費によりグルコース6-リン酸が生成された後，グルコース6-リン酸脱水素酵素によりグルコノラクトン6-リン酸を経て，さらに6-ホスホグルコノラクトナーゼによりグルコン酸6-リン酸へと変換される。グ

ルコン酸6-リン酸は6-ホスホグルコン酸脱水酵素により水分子が取り除かれ，2-ケト-3-デオキシホスホグルコン酸に変換される。2-ケト-3-デオキシホスホグルコン酸は，ED経路が特徴とする2-ケト-3-デオキシホスホグルコン酸アルドラーゼによりピルビン酸とグリセルアルデヒド3-リン酸に開裂される。ピルビン酸はつぎの代謝へと導かれるが，グリセルアルデヒド3-リン酸はEPM経路と同様に1,3-ビスホスホグリセリン酸，3-ホスホD-グリセリン酸，2-ホスホD-グリセリン酸，ホスホエノールピルビン酸を経てピルビン酸へと変換される。

$$\text{D-グルコース} + ADP + Pi + NAD^+ + NADP^+$$
$$\longrightarrow 2\text{ピルビン酸} + ATP + NADH + NADPH$$
$$+ 2H_2O + 2H^+$$

上記反応式に示すように，EMP経路とは異なり，ED経路では1分子のグルコースから2分子のピルビン酸と1分子のATPと1分子のNADPHが生成する。一般的に，ED経路は好気性細菌に見出されるが，嫌気性細菌の最初の報告例としてエタノール発酵性に優れた *Zymomonas mobilis* がある。*Z. mobilis* ではEMP経路上の6-ホスホフルクトキナーゼが欠損していることから，グルコースはED経路を経てピルビン酸へと変換される。また，解糖に伴うグルコースからのATP生産量はEMP経路に比べて1/2であることから，生成する菌体量もEMP経路を解糖に利用する菌に比べて少なくなる。

（3） Pentose-Phosphate（PP）経路[3]　PP経路はNADPHおよび核酸合成に不可欠なリボース5-リン酸と芳香族アミノ酸の合成ブロックとしてのエリトロース4-リン酸の供給のために機能するが，乳酸菌はPP経路を利用してグルコースをアセチルリン酸とグリセルアルデヒド3-リン酸へと変換する（図6.2）。解糖はグルコースのリン酸基転移により開始し，生成されたグルコース6-リン酸は6-ホスホグルコン酸へと酸化された後，PP経路に導入される。6-ホスホグルコン酸はホスホグルコン酸脱水素酵素によりリブロース5-リン酸とCO_2へと変換される。この反応により1分子のグルコース6-リン酸から1分子のNADPHが生成する。つぎに，リブロース5-リン酸はリボース-5-リン酸イソメラーゼによりリボース5-リン酸へ，あるいはリブロースリン酸-3-エピメラーゼによりキシルロース5-リン酸へと変換される。つぎに，これら代謝中間物はトランスケトラーゼ（炭素2個よりなるグリコアルデヒド基の転移）とトランスアルドラーゼ（炭素3個よりなるジヒドロキシアセトン基の転移）の作用により，グリセルアルデヒド3-リン酸とフルクトース6-リン酸へと代謝され，EMP経路へと再導入されることになる。すなわち，1分子のグルコースと6分子の$NADP^+$から1分子のグリセルアルデヒド3-リン酸と3分子のCO_2と6分子のNADHを生成することになる。

（b）　**アルコール（エタノール）発酵**[4]　解糖によりグルコースから生成されるピルビン酸は代謝経路の分岐に位置し，エタノール発酵は酸素がない嫌気的な条件下で進行する代表的な代謝である（図6.3）。酵母では，ピルビン酸は，チアミンピロリン酸依存性のピルビン酸デカルボキシラーゼにより脱炭酸されてアセトアルデヒドとCO_2を生成する。つぎに，アセトアルデヒドはNAD^+依存性のアルコール脱水素酵素により還元されてエタノールを生成する。この還元反応により，解糖により生成したNADHはNAD^+へと酸化され，NAD^+が再生されることにより，解糖経路上のグリセルアルデヒド-3-リン酸脱水素酵素反応が停止することなく，嫌気条件下においても解糖が進行することになる。酵母のアルコール脱水素酵素には4種類，ADHI，ADHII，ADHIII，ADHIVの存在が報告されている。嫌気的な条件下でのエタノール合成反応には，細胞質内に局在して構成的に発現しているADHIが関与する。一方，ADHIIは好気的な条件下で発現し，エタノール酸化と資化に利用されている。ADHIIIはミトコンドリアに局在し，その機能は不明である。最近，DNAマイクロアレイ技術を用いて酵母のアルコール発酵における代謝制御が遺伝子発現の観点から解析された[5]。酵母を嫌気的培養条件下，すなわちアルコール発酵条件下から好気的条件下に移行させることにより，ピルビン酸からのエタノール合成反応の初発酵素であるピルビン酸脱炭酸酵素遺伝子の発現が著しく低下し，それに伴い，ピルビン酸をオキザロ酢酸へ変換するピルビン酸カルボキシラーゼ遺伝子およびピルビン酸からのアセチル-CoA合成に関与するアセチル-CoA合成酵素遺伝子の発現が増加することにより，代謝の流れがTCA回路へと偏ることが報告されている。

一方，酵母よりも発酵速度とエタノール生産収率に優れた細菌として *Z. mobilis* が知られている[6]。先に述べたように，*Z. mobilis* ではグルコースはED経路を経てピルビン酸に変換された後，酵母と同様にエタノールを生成する。*Z. mobilis* の細胞内可溶性タンパク質の30～50％は解糖系酵素が占めるとされているが，これら解糖系酵素のなかで，グリセルアルデヒド-3-リン酸脱水素酵素とホスホグリセリン酸キナーゼは中心的な酵素として高い発現量を示す。ED経路により生成したピルビン酸の脱炭酸反応を触媒するピルビン酸脱炭酸酵素は酵母，糸状菌，植物などの真核

6. 発酵生産・代謝制御

```
                            ピルビン酸
            CO₂ ←―――/――┬――\→ NADH       CoA
                   ①    ③    NAD⁺      NAD⁺
      アセトアルデヒド      乳酸       ④  → NADH
            ├NADH                      → CO₂
          ② ├NAD⁺      乳酸発酵
         エタノール                   アセチル-CoA   ⑯ → アセチルリン酸  ADP→ATP
                                         ├アセチル-CoA                ⑰       酢酸
       アルコール発酵       ブチリルリン酸←  ⑤ ├CoA          アセチル-CoA
                             ├ADP        アセトアセチル-CoA   Acetate →←   アセト酢酸
                          ⑫ ├ATP            ├NADH              ⑬
                             酪酸           ⑥ ├NAD⁺                  ⑭ → CO₂
                                         β-OH-ブチリル-CoA             アセトン
                                              ⑦                         ├NADH
                                         クロトニル-CoA               ⑮ ├NAD⁺
                                              ├NADH                  イソプロパノール
                                           ⑧ ├NAD⁺
                                         ブチリル-CoA         アセトン・ブタノール発酵
                                              ├NADH
                                           ⑨ ├NAD⁺
                                         ブチルアルデヒド
                                              ├NADH
                                           ⑩ ├NAD⁺
                                           ブタノール
```

①ピルビン酸脱炭酸酵素，②アルコール脱水素酵素，③乳酸脱水素酵素，④ピルビン酸脱水素酵素複合体，⑤アセチル-CoAアセチルトランスフェラーゼ，⑥ヒドロキシブチリル-CoA脱水素酵素，⑦1,3-ヒドロキシアシル-CoAハイドラーゼ，⑧ブチリル-CoA脱水素酵素，⑨ブチルアルデヒド脱水素酵素，⑩ブタノール脱水素酵素，⑪ホスホトランスブチリラーゼ，⑫ブチレートキナーゼ，⑬CoAトランスフェラーゼ，⑭アセトアセテート脱炭酸酵素，⑮イソプロパノール脱水素酵素，⑯ホスホトランスアセチラーゼ，⑰アセテートキナーゼ

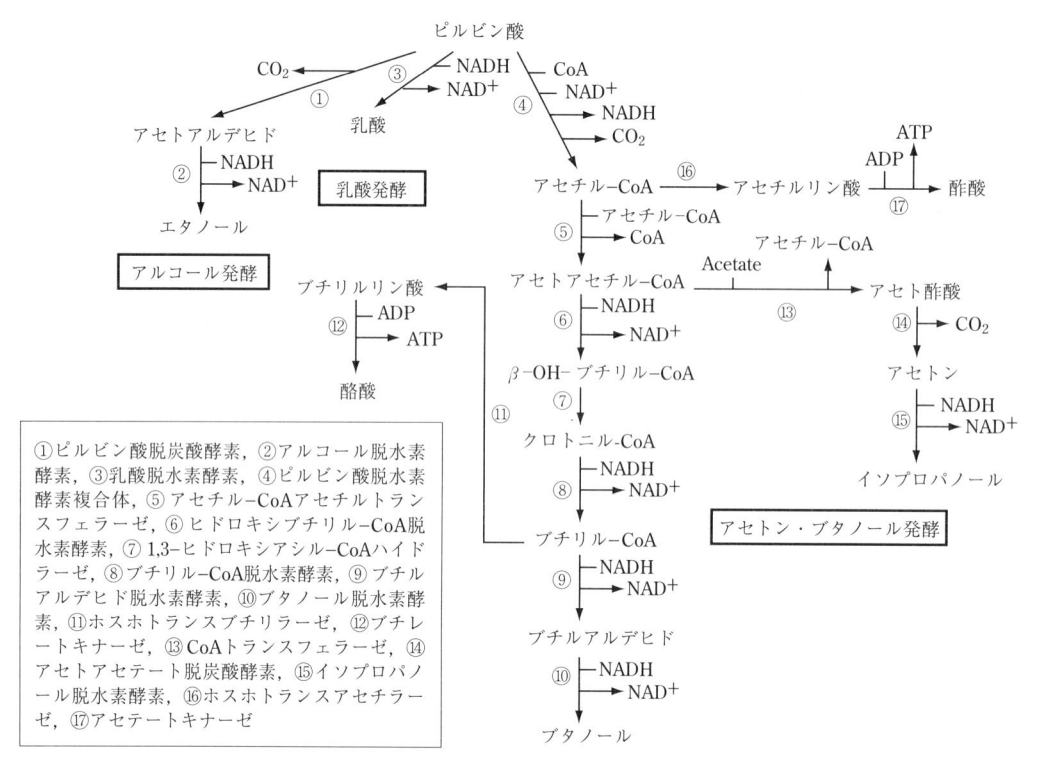

図6.3 代表的な発酵経路

生物には存在がよく知られているが，細菌に存在することはまれである。また，Z. mobilis のピルビン酸脱炭酸酵素の特徴はピルビン酸に対する K_m 値が小さく，解糖により生成したピルビン酸はすみやかにアセトアルデヒドへと変換されることから，細胞内での代謝平衡はエタノール合成に偏っている。アルコール脱水素酵素には2種類，ADHIとADHIIが報告されており，ADHIは亜鉛原子を，ADHIIは鉄原子を含み，エタノール合成には構成的に発現するADHIIが関与している。

アルコール発酵代謝に関与する酵素遺伝子群がクローン化され，その機能が詳細に明らかにされることにより，代謝工学的な育種技術を利用した新規なアルコール発酵菌が作り出されている。微生物の解糖系はEMP経路，ED経路，あるいはPP経路などそれぞれ異なっているが，いずれの経路においてもグルコースはピルビン酸へと変換される。BrauとSahmらはZ. mobilis 由来のピルビン酸脱炭酸酵素遺伝子を大腸菌内にクローン化し，グルコースを炭素源として嫌気条件下で培養することにより著量のエタノールの生成を観察した[7]。大腸菌内では，EMP経路を経てグルコースから生成されたピルビン酸は乳酸脱水素酵素により乳酸へと代謝されるが，組換え菌ではZ. mobilis のピルビン酸脱炭酸酵素によりすみやかにアセトアルデヒドに変換された後，大腸菌がもつアルコール脱水素酵素によりエタノールへと還元され，エタノール合成へ代謝の流れが変換することを示している。この報告は代謝工学的な技術を用いた新規なエタノール発酵菌の育種の先駆けとなった。その後，Ingramらの研究グループは，ピルビン酸脱炭酸酵素遺伝子に加え，Z. mobilis 由来のアルコール脱水素酵素（ADHII）遺伝子をタンデムに連結して大腸菌内に導入し，これら遺伝子を lac プロモーターを利用して高発現させることにより，グルコースからの理論収率でのエタノール生成が可能であることを明らかにした[8]。Z. mobilis 由来のピルビン酸脱炭酸酵素遺伝子とアルコール脱水素酵素遺伝子をタンデムに連結した遺伝子は pet オペロン（an artificial operon for the production of ethanol）と呼ばれており，新規なエタノール発酵菌の育種を可能にしている。

（c）乳酸発酵[9]　ピルビン酸からの乳酸生成機構は，哺乳類の筋肉細胞内の酸素欠乏環境下でのエネルギー生成系として解明された。微生物では乳酸菌が糖を代謝してエネルギーを獲得する経路としてよく

知られており，ホモ乳酸発酵とヘテロ乳酸発酵に大別される（図6.3）。

（1）ホモ乳酸発酵　ホモ乳酸発酵では，グルコースはEMP経路によりピルビン酸まで代謝された後，ピルビン酸はD-，あるいはL-乳酸脱水素酵素により1段階で乳酸へと変換される。すなわち，1分子のグルコースから2分子の乳酸と2分子のATPを生産する。なお，解糖系にて還元されて生成するNADHはピルビン酸の乳酸への還元反応に利用されてNAD$^+$が再生され，解糖経路は継続して進行する。

（2）ヘテロ乳酸発酵　ホモ乳酸発酵が消費したグルコースを乳酸に変換するのに対して，ヘテロ乳酸発酵では乳酸以外にエタノール，酢酸，ギ酸，ジアセチルまたはアセトインなどのC_4化合物を生成する。ヘテロ乳酸発酵型の乳酸菌では，EMP経路上のフルクトース1,6-ビスリン酸をグリセルアルデヒド3-リン酸とジヒドロキシアセトンリン酸へと解裂するフルクトースビスリン酸アルドラーゼを欠損していることから，解糖にはPP経路（もしくは6-phospho gluconate pathway），ED経路，あるいはビフィズム経路が利用される。

（d）アセトン・ブタノール発酵[10]　糖類やデンプンの発酵性が高い嫌気性の *Clostridium* 属細菌はグルコースからアセトンやブタノールを生成する（図6.3）。アセトンは塗料の溶剤として，ブタノールは高オクタン価燃料や不凍潤滑油として利用され，化学工業原料や溶剤として幅広い用途が期待されている。*C. acetobutylicum* や *C. butylicum* では，グルコースはEMP経路によりピルビン酸へと変換された後，ピルビン酸脱水素酵素によりアセチル-CoAが生成する。つぎに，アセチル-CoAにアセトアルデヒド脱水素酵素とアルコール脱水素酵素が作用することによりエタノールが，ホスホトランスアセチラーゼとアセテートキナーゼが作用することによりアセチルリン酸を経て酢酸が生成される。一方，アセチル-CoAアセチルトランスフェラーゼが作用することによりアセチル-CoAが2分子縮合したアセトアセチル-CoAが生成され，アセトンやブタノール合成経路へと導入される。アセトアセチル-CoAはCoAトランスフェラーゼとアセト酢酸脱炭酸酵素によりアセト酢酸を経てアセトンへと変換される。最終的に，アセトンはイソプロパノール脱水素酵素によりイソプロパノールへと変換される。一方，ブタノールの生成では，アセトアセチル-CoAはL-(β)-ヒドロキシブチリル-CoA脱水素酵素，1,3-ヒドロキシアシル-CoAヒドロラーゼ，ブチリル-CoA脱水素酵素からなる一連の酵素によりブチリル-CoAへと変換される。アセトアセチル-CoAから酢酸とエタノールが生成されるように，ブチリル-CoAからはブチリルリン酸を経て酪酸が，ブチルアルデヒドを経てブタノールが生成されることになる。

（簗瀬）

6.1.2　好気代謝

微生物の好気代謝を利用した発酵生産工業は，振とう培養法が考案されて飛躍的に発展した。従来の静置培養では培地内への酸素供給が不十分なため，好気的発酵生産には液体表面での菌蓋培養や固体培養が可能であるカビがおもに用いられていた。振とう培養法の普及とともに，これまで液体での好気培養が困難であった酵母やバクテリアが生産菌としてさかんに研究されるようになった。ペニシリンの発見を契機に抗生物質生産を目的として開発された通気攪拌のタンクが普及するのに伴い，現在では培養条件の制御やスケールアップの容易さから，カビにおいても液内培養法が主流となりつつある。

解糖系を経て生成されるピルビン酸は，好気的条件下でTCAサイクルを介して二酸化炭素にまで完全に分解される。この際のエネルギー収支として，1 molのピルビン酸から，基質レベルのリン酸化で1 mol，電子伝達系を介して14 molの計15 molのATPが最終的にTCAサイクルから生じる。図6.4にTCAサイクルを示す。TCAサイクルは真核生物に普遍的に存在し，炭水化物の主要な代謝経路となっているが，原核生物のなかには不完全な種もある。微生物が生産するクエン酸，フマル酸，リンゴ酸などのいわゆるTCA関連有機酸は本経路から生じることが明らかとなっている。TCAサイクルは異化的代謝のみでなく，アミノ酸などの生合成にも深くかかわっている重要な両義的代謝経路である。

また，酢酸や脂肪酸，n-アルカン等の分解によって生じるアセチル-CoAも，本サイクルに入って代謝される。微生物のなかにはこれらを唯一の炭素源として生育可能なものが存在するが，TCAサイクルに入ったアセチル-CoAはすべて分解されてしまうため，このままでは菌体成分を生合成できない。そのためには2 molのアセチル-CoAからC_4化合物を生合成する必要があり，前記の微生物にはこのための経路としてグリオキシル酸サイクルが働いている。TCAサイクルの側経路として存在する本サイクルの鍵酵素は，イソクエン酸リアーゼとリンゴ酸シンターゼである。TCAサイクルで生じたイソクエン酸は，前者によってグリオキシル酸とコハク酸になり，生じたグリオキシル酸は後者によってアセチル-CoAと結びついてリンゴ酸を生じる（図6.4）。このグリオキシル酸サイクルの

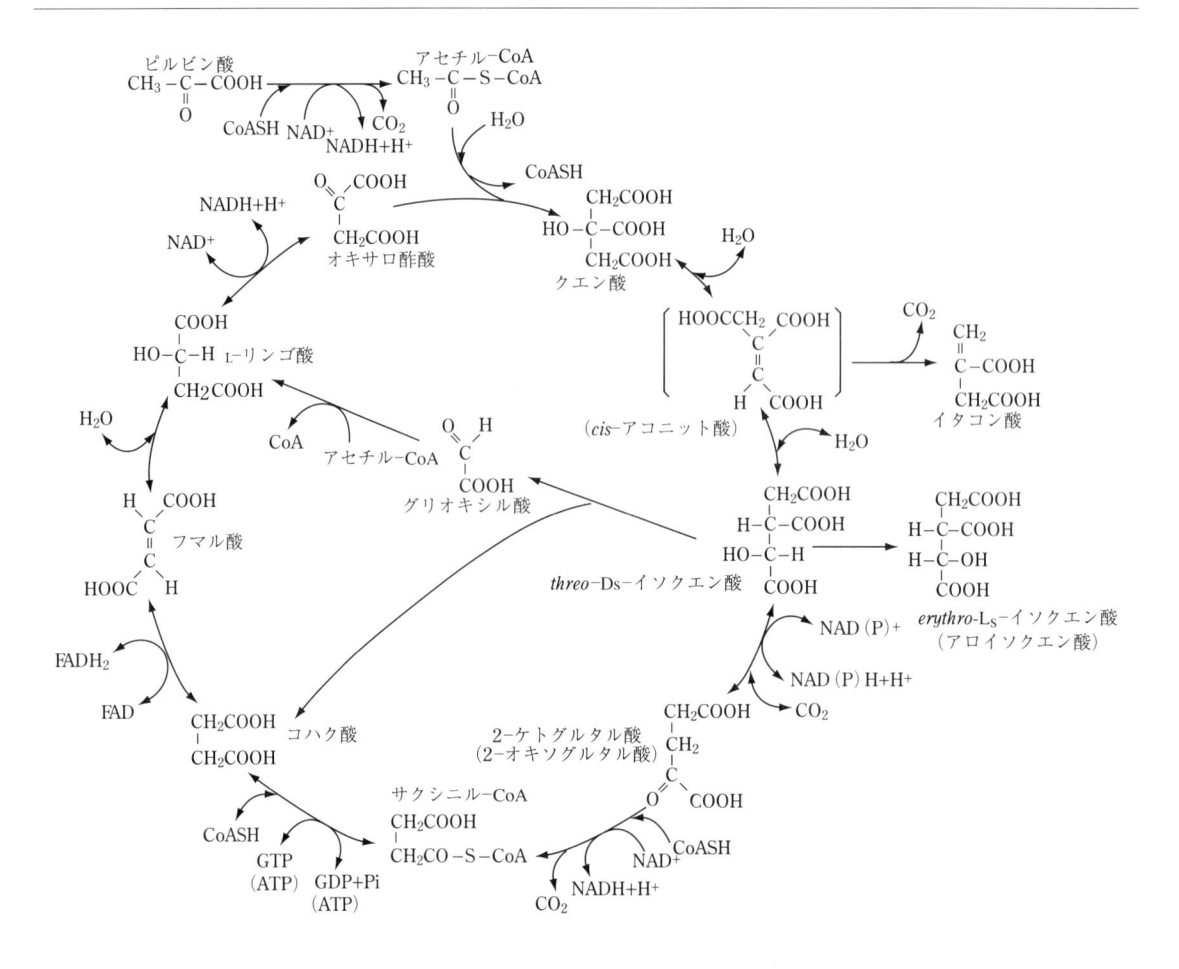

図6.4 TCAサイクルとグリオキシル酸サイクル

働きによって，2 molのアセチル-CoAからC₄ジカルボン酸（コハク酸など）が供給される．本サイクルにはエネルギーを生じる反応や脱炭酸反応は含まれないことから，アセチル-CoAを介した生合成が目的のサイクルである．このため，脂質やn-アルカン等を炭素源とした発酵生産においては重要な意味を持つサイクルといえる．ここでは微生物の好気代謝について，おもにTCAサイクル関連の有機酸生産を述べる．

（a） TCAメンバーの有機酸の発酵生産

（1） クエン酸　カンキツ類に含まれる酸味成分であり，酸味料のなかで最も使用されているのがクエン酸である．また，医薬品や樹脂原料としても使用されているが，ナトリウム塩は強力なキレート作用を示すため，洗剤のビルダーや防錆剤としての用途もある．

古くはレモンや夏みかんなどから抽出，生産されていたが，1893年にWehmerは，*Penicillium*属のカビが糖から大量のクエン酸を蓄積することを見出した．現在ではクエン酸のほとんどすべてがクロカビである*Aspergillus niger*による発酵法で生産されている．

カビを用いた発酵法によるクエン酸生産は，当初はすべて表面培養法によって生産されていた．1950年代になって液内培養法が工業的に実用化されると，大規模なファーメンターを用いた液内通気培養法が急速に普及した．現在ではその多くが液内培養法によって生産されている．しかし，国によっては現在でもデンプン粕を原料とした固体培養が行われている．

解糖系で，1 molのグルコースから2 molのピルビン酸が生成し，1 molは脱炭酸されてアセチル-CoAとなり，別の1 molにその炭酸が固定されて（補充経路），オキサロ酢酸となり，両生成物が縮合して1 molのクエン酸が合成される．したがって，グルコースを

炭素源とした理論収率は107％であるが，実際の収率は約90％である．

発酵原料としてはおもに廃糖蜜などが高濃度（10～20％程度）で用いられている．窒素源などの他の過剰な栄養素の存在はクエン酸収率を低下させる．これはクエン酸発酵のみならずほとんどの有機酸発酵に当てはまる．また，培養液中の金属イオンが生産性を低下させることが知られている．特にFe^{2+}の影響が大きく，著しい生産阻害を示す．このため発酵原料として糖蜜などを用いる場合，黄血塩（$K_4[Fe(CN)_6]$）の添加やイオン交換樹脂を用いて金属含量を減らす処理が行われており，良好な結果をもたらしている．また，2～3％（v/v）の低級アルコール（メタノールなど）の添加によりクエン酸収率が向上することが多い．発酵中のpHは，2～3が最適であり，これより高いとグルコン酸やシュウ酸の副生が起こることが知られている．典型的な好気発酵であるので，通気量は多いほど好ましく，生産性に大きな影響を与える．

一方，1970年代には石油を原料とした有用物質生産（石油発酵）に関する研究の一つとして，n-アルカンなどの炭化水素からのクエン酸生産がさかんに研究された．特に酵母である *Candida*（現在では *Yarrowia*）*lipolytica* は生産性が高く，鉄を制限することによって，対原料140～150％の高収率を誇る生産法[11]がわが国で開発されている．なお，この研究の過程において，奇数のn-アルカンが順次β酸化を受けて残ったC_3のプロピオン酸の新たな代謝経路である，メチルクエン酸サイクルの存在がTabuchiら[12]によって見出された．プロピオニル–CoAはオキサロ酢酸と縮合して2–メチルクエン酸となり，2–メチル–*cis*–アコニット酸，2–メチルイソクエン酸を経てピルビン酸とコハク酸に開裂され，コハク酸はTCAサイクルで酸化されて出発のオキサロ酢酸となる．すなわちプロピオニル–CoAがピルビン酸に酸化されたことになる（図6.5）．本経路の生理的意義は，バリン，イソロイシンなどのアミノ酸の酸化過程で生ずるプロピオニル–CoAの代謝にあり[13]，多くの菌類や一部の細菌に存在することが知られている[14]．

（2）イソクエン酸　　酵母によるn-アルカンのクエン酸発酵の検討過程で，TCAサイクルのメンバーであるイソクエン酸が副生していることが判明した[15]．さらに，酵母 *Candida brumptii*（現在では *C. catenulata* の系統に帰属）がイソクエン酸のみを大量に蓄積することが見出された．大量生産法が確立されているので，今後の用途拡大が期待される．

（3）α-ケトグルタル酸　　α-ケトグルタル酸は

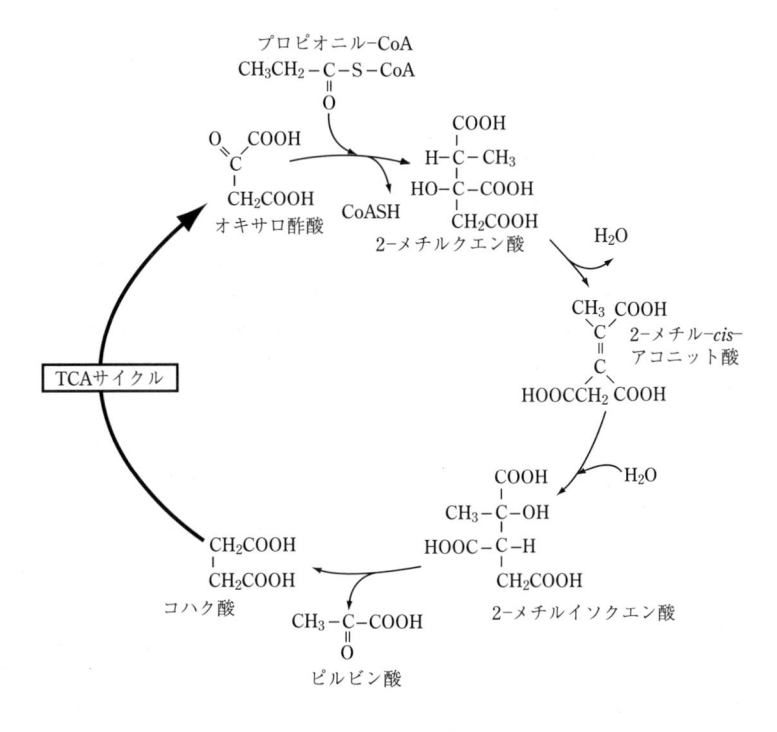

図6.5　メチルクエン酸サイクル

グルタミン酸の前駆物質であるため，古くから研究対象として注目されていたが，1946年，LockwoodとStodolaら[16]は*Pseudomonas fluorescens*がグルコースからα-ケトグルタル酸を生産することを見出した。グルタミン酸生産の前駆体としての期待からさかんに研究が進められ，*Serratia marcescens*[17]や*Bacterium ketoglutamicum*[18]などの細菌が優良株として見出された。また，1970年代にはn-アルカンからの生産が検討され，*Candida lipolytica*[19]や*Corynebacterium hydrocarboclastus*[20]などが高濃度のα-ケトグルタル酸を蓄積することが見出された。しかし，グルタミン酸を直接生産する細菌が発見され，工業化されるに至り，他の用途開発が進まなかったことなどから，現在はほとんど研究されてない。

（4）コハク酸　コハク酸は清酒，醤油，貝類などの呈味成分として知られており，食品添加物として清酒や味噌等の調味料に添加されている。また，香料原料，可塑剤として使用され，近年では生分解性プラスチックの原料としても用いられている。1961年に，グルタミン酸生産菌である*Brevibacterium flavum*が，グルコースを炭素源として通気条件を制限することによって，著量のコハク酸を蓄積することが報告された[21]。その対糖収率は30％以上と報告されている。また，n-アルカンからの生産も試みられており*Candida*属酵母，なかでも*Candida brumptii*は窒素制限下で高効率でコハク酸を生産することが知られている[22]。

現在コハク酸の工業生産は，化成品として得られるマレイン酸の水素添加によって行われており，発酵法による実績はない。しかし，デンプン等の植物由来原料からのコハク酸生産が可能であることから，脱石油原料・CO_2削減が叫ばれるなか，発酵法が再び注目されている。特に生分解性プラスチックの合成原料として有望視されており，商業生産を目指して研究が進んでいる。

（5）フマル酸　フマル酸は特異な酸味を持つため，酸味料として食品産業に利用されている。また，アスパラギン酸やL-リンゴ酸の生産原料としても用いられているが，主要な用途は不飽和ポリエステルの合成原料である。1911年Ehrlichは*Rhizopus nigricans*がフマル酸を大量に生産することを見出した。その後の研究でも，生産能の高い菌はほとんど*Rhizopus*属菌であった。一方，n-アルカンからの生産も検討されており，Yamadaら[23]は*Candida hydrocarbofumarica*を用いた振とう培養により，65％の収率でフマル酸を得ている。しかし現在，フマル酸のほとんどは化学合成法によって作られている。

（6）L-リンゴ酸　リンゴ酸はクエン酸とは異なる独特の酸味を持ち，食品添加物として清涼飲料水や菓子類，果実酒などに広く用いられている。また医薬品や無塩醤油にも使用されるほか，酸洗浄用の洗剤，界面活性剤のビルダーなどにも用いられている。また，リンゴ酸はヒドロキシカルボン酸であるので，ポリマー化が可能である。これは生体適合性・水溶性ポリマーとしてドラッグデリバリーシステムとしての用途が考えられている。

L-リンゴ酸の生産菌としては，*Aspergillus*属菌がよく知られており，その対糖収率は30～55％程度である。当初は他の有機酸生産と同様，優秀な単独菌による発酵生産が検討されていたが，佐々木と高尾[24]はフマル酸生産菌である*Rhizopus chinensis*と，強いフマラーゼ活性を有する*Pichia membranaefaciens*とを組み合わせて培養する「転換発酵」によって，対糖収率63％を達成している。

他の有機酸発酵と同様にn-アルカンからの生産も試みられている。Furukawaら[25]もフマル酸生産菌*Candida hydrocarbofumarica*と高フマラーゼ活性菌*Pichia membranaefaciens*とを組み合わせて，対原料収率70％でL-リンゴ酸を生産させている。また，プロピオン酸や酢酸からの生産も報告されている。

リンゴ酸のDL体は，マレイン酸やフマル酸から工業的に化学合成されている。しかしL-リンゴ酸の製造には，高フマラーゼ活性を持つ*Brevibacterium flavum*などの休止菌体を用いたバイオコンバージョン法で，フマル酸からほぼ100％の効率で生産されている。この方法はKitaharaら[26]によって報告された，*Lactobacillus brevis*のフマラーゼを巧みに利用した方法に基づいている。フマル酸とリンゴ酸のカルシウム塩の溶解度の差を利用することによって，リンゴ酸のみをカルシウム塩として析出させることに特徴があり，生成するリンゴ酸はすべてL体である。

ユニークなところでは黒色酵母である*Aureobasidium*属菌がグルコースから著量のポリリンゴ酸を生産することが報告されている。これはすべてL-リンゴ酸のみからなり，分子量は1万程度に及ぶ。発酵法[27]と休止菌体法[28]による生産が報告されているが，その生合成経路は不明である。

（b）TCA関連有機酸の発酵生産

（1）イタコン酸　イタコン酸は二つのカルボキシル基と一つの二重結合を持ち，きわめて反応性に富む有機酸である。1929年に木下[29]は，梅酢から分離した緑色のカビが糖からイタコン酸を多量に生産することを発見し，このカビを*Aspergillus itaconicus*と命名した。

その後，A. terreus にも優れたイタコン酸生成能があることが見出され，現在イタコン酸は A. terreus によって粗糖などから工業生産されており，全世界の年間生産量は1万t以上と推定されている。培養の最適pHは約2である。用途は樹脂や塗料の原料，接着剤であり，食品添加物にも指定された。

イタコン酸は TCA サイクルで生じる cis-アコニット酸の脱炭酸によって生成することが知られており（図6.4），その先の代謝経路はないと考えられていた。しかし，その後，植物病原菌の一種である Ustilago 属の多種のカビが，イタコン酸から2-ヒドロキシパラコン酸，イタ酒石酸を生産することが発見され，これらの酸を順次経由するエネルギー生成系の存在が提案されている[30]。

（2） ピルビン酸　ピルビン酸は解糖系と TCA サイクルをつなぐ代謝上きわめて重要な有機酸である。しかし，このため生体内でのターンオーバーは短いと考えられ，通常の培養条件では微生物による蓄積例はほとんど報告されていなかった。ピルビン酸を蓄積させるためには，これを基質としてアセチル-CoA を生成する酵素・ピルビン酸デヒドロゲナーゼを阻害する必要がある。本酵素は，3種の酵素サブユニット（ピルビン酸デヒドロゲナーゼ，リポ酸アセチルトランスフェラーゼ，ジヒドロリポアミドデヒドロゲナーゼ）からなる酵素複合体であり，前二者はそれぞれチアミン，リポ酸を補酵素として要求する。そこでスクリーニングや変異処理などにより，補酵素を合成できない要求株を取得し，培養液中の補酵素を制限することによって生産量を増大させる試みが行われてきた。

チアミン要求性株を用いた糖類からのピルビン酸生産としては，酵母を用いた Tsugawa と Okumura の報告[31]をはじめ，カビ，細菌などが知られている。Yonehara と Miyata[32]は酵母 Torulopsis glabrata に高いピルビン酸生産性を見出した。本菌株はニコチン酸，チアミン，ピリドキシン，ビオチンの4種のビタミン要求性を持ち，これらを適切に制限することにより，グルコースからピルビン酸を50％の収率で蓄積させ，工業化している。また，糖類以外では Izumi ら[33]による1,2-プロパンジオールからの生産が報告されているが，この株（Acinetobacter sp.）もチアミン要求性である。

リポ酸要求株によるピルビン酸生産では，近年 Yokota ら[34]が大腸菌の変異株を用いてリポ酸制限下での大量生産を報告している。さらに，この菌株の F_1-ATPase を欠損させて酸化的リン酸化による ATP 合成を阻害することによって，菌をエネルギー不足に陥らせ，解糖系の代謝活性を促進し，さらに高い生産性を得ることにも成功[35]している。ピルビン酸はバイオコンバージョンによるアミノ酸の生産やL-ドーパの原料などとして用いられている。

（3） アロイソクエン酸　別府ら[36]は Penicillium purpurogenum およびその類縁菌がイソクエン酸の異性体であるアロイソクエン酸を大量に生産し得ることを見出した。本発酵はpHを中性に維持することが不可欠で，過剰の炭酸カルシウムの存在下の好気発酵で消費糖当り90％の高収率で得られると報告されているが，用途は検討されていない。TCAサイクルのイソクエン酸のα位のヒドロキシル基が，エピメラーゼによって反転して生成するものとされている[37]。

有機酸の生産は好気発酵の歴史のなかでは最も古く，優良株の選出や生産技術についてはほぼ成熟状態にあるといえる。しかし，これらのなかでもピルビン酸の生産に見られるように，代謝制御による新しい技術革新が起こっている。また，コハク酸のようにコスト的には化学合成法より不利な場合でも，地球環境保護・脱石油の観点から発酵法が再び着目される場合もあり，今後もこの傾向は続くと考えられる。

TCA関連有機酸についてはその生化学的な研究も古くから行われているが，カビをはじめとする各種微生物がなぜこのような酸を大量に菌体外に放出するのかという根本的な問題についてはいまだ不明である。

（中島（神戸））

6.1.3　構 成 代 謝

生物は外界から無機物や有機物を取り入れ，これらを利用して活動に必要なエネルギーを獲得するとともにさまざまな物質を生産している。この生体内で行われる反応全体を代謝という。

代謝は二つのタイプに分けることができる。一つは，高分子や複雑な化合物をより単純な化合物に分解し，その過程でエネルギーを獲得する分解代謝（異化代謝），もう一つは，単純な化合物から高分子化合物やより複雑な化合物を合成する構成代謝（同化代謝）である。後者の化合物を合成する代謝は，広義には，生命活動に必須な化合物を合成する一次代謝と，特に必須ではない化合物を合成する二次代謝を含むが，ここでは，生命活動に必須な化合物を合成する代謝を構成代謝と呼ぶ。

構成代謝産物としては，核酸，アミノ酸（タンパク質），脂質，糖，ビタミン・補酵素などが挙げられる。

（a） **構成代謝による発酵生産**　構成代謝は，生命活動に必須な化合物をより単純な化合物から合成す

る代謝であり，その産物である核酸，タンパク質（アミノ酸），脂質，糖，ビタミン・補酵素などが発酵生産のターゲットとなる。さらに，これら構成代謝の最終産物ばかりでなく，これらの生合成中間体の発酵生産も構成代謝による発酵生産のターゲットとなる。

生物システムには生存環境に適応する機構が存在しており，生存環境での生命活動に応じた構成代謝産物を生産しているため，特定の構成代謝産物が過剰生産されることはない。このことは，エネルギー代謝バランスの観点からも理解できる。すなわち，構成代謝産物の合成にはエネルギーが必要であり，生物はそのエネルギーを分解代謝によって獲得していることから，構成代謝産物を必要以上に生産することは，エネルギーおよびエネルギー源の浪費となる。したがって，構成代謝産物を発酵生産するためには，生物システムに本来備わっている代謝制御を解除し，目的産物への代謝フラックスを高め，それを維持する必要がある。

代謝制御機構としては，酵素の活性レベルでの制御と酵素量の制御がよく知られている。しかし，細胞内のさまざまな代謝は，それぞれが独立に存在しているのではなく，グルーバルな制御因子，代謝産物の生合成出発物質の供給，代謝産物の生合成の材料となる他の代謝産物の合成，代謝産物の分解，細胞のエネルギー状態などを通じてネットワークを形成しており，細胞全体で複雑に制御されている。したがって，ある構成代謝産物の発酵生産を目的とした育種を行う場合，着目している代謝産物固有の生合成経路での制御のみに注目してその解除を実施しても，所期の目的が達成されないことも多い。例えば，リジン発酵においては，リジン生合成固有経路の調節部位であるアスパラギン酸キナーゼの調節解除ばかりでなく，リジン生合成の出発物質となるオキサロ酢酸の供給が重要であることが示されている[38]。実際，リジンを大量に生産する *Corynebacterium glutamicum* の変異株は，ピルビン酸からオキサロ酢酸を生成するピルビン酸カルボキシラーゼをコードする遺伝子に変異が認められている[39]。

構成代謝産物を発酵生産する生物の育種を行う際，目的の代謝産物の分解経路を遮断することが必要であることはいうまでもないが，これは，目的の代謝産物を蓄積させるためだけでなく，制御の解除という視点からも重要である。

また，目的代謝産物生合成経路の分岐経路を遮断することも重要であるが，これも，目的産物へのフラックスを高めるという視点ばかりでなく，制御の解除という視点からもきわめて重要である。この例として，リジン発酵のホモセリン要求株の取得や，核酸発酵のアデニン要求株の取得が挙げられる。

細胞内で合成される代謝産物を効率よく培養液中に分泌させることも，構成代謝発酵の成立因子として重要である。実際，リジン排出担体遺伝子を保有しないが微量のリジンを生産する微生物にリジン排出担体遺伝子を導入すると，培養液中に蓄積するリジン量が大幅に増大する[40]。近年，細胞内で合成された構成代謝産物を細胞外へ排出するシステムが分子レベルで明らかにされつつある。構成代謝産物の細胞外への排出システムとしては，*C. glutamicum* のリジン排出担体がよく知られている[41]。このリジン排出担体は，能動輸送によりリジンを輸送する。排出システムは，構成代謝産物の細胞内プールを低下させ，代謝制御を解除するという面からも重要である。

生物は，環境中に構成代謝産物またはその前駆物質，例えばアミノ酸などが存在する場合，それを有効に活用し，不必要な構成代謝産物を合成することはない。このような環境中に存在する化合物を利用するために，これを細胞内に取り込むシステムを有しているが，この取込み過程は能動輸送である。したがって，このような化合物の細胞内への取込みシステムを破壊することも，代謝制御の解除や構成代謝産物およびエネルギー浪費の回避という意味で，構成代謝産物の発酵生産に対する効果が知られている。

構成代謝産物を発酵生産する生物の育種を行う際には，このような複雑な代謝制御機構を解除し，また目的産物の分解経路を遮断する必要がある。この目的を達成するために，従来は，ランダムに変異を導入し，主として栄養要求性，アナログ耐性，目的産物の生産性などを指標にした変異株の選抜を繰り返すという育種が行われてきた。しかしながら，この方法では不都合な変異も同時に導入される可能性がきわめて高い。最近では，遺伝子組換え技術が進展し，また，代謝フラックス解析やゲノム解析などにより育種に有用と考えられる知見が豊富に得られつつあることから，より合理的に，かつ，不都合な変異を導入することなく育種を行うという試みがなされており，*Escherichia coli* や *C. glutamicum* を用いたアミノ酸生産菌育種などでは，高い生産能力を有する株の構築に成功している[39]。

構成代謝による発酵生産は，1935年に工業化された子嚢菌によるリボフラビン生産にさかのぼることができる[42]。しかし，構成代謝による工業レベルでの発酵生産の可能性を広げ，その後の発展の端緒となったのは，1956年の鵜高らによるグルタミン酸生産菌，*C. glutamicum* の発見である[43], [44]。これを契機として，それまで分解代謝に限られていた大量生産プロセ

ス開発のターゲットが一挙に広がり，今日では，さまざまな構成代謝産物が工業レベルで発酵生産されている．構成代謝による発酵生産の例として，アミノ酸，核酸，ATP，リボース，リボフラビン，リノレン酸，アラキドン酸などがよく知られている．

(b) 酵素の活性レベルでの制御 細胞内にすでに存在する酵素の活性を制御するものであり，酵素合成量の調節に基づく酵素量の制御に比較して，一般に環境変化への応答速度が速い．酵素の活性レベルでの制御は，ある代謝経路の最終産物がその代謝系を制御するフィードバック阻害と，酵素が，アデニリル化，リン酸化，アセチル化，メチル化などにより，活性型，不活性型に変化する化学修飾によるものとの2種類に大別される．

(1) フィードバック阻害による制御　フィードバック阻害では，生合成経路上，特定の代謝産物への行先が決定される段階（committed step）が重要であることから，経路の最終産物が，この段階を触媒する酵素を阻害する場合が多い（図6.6）．

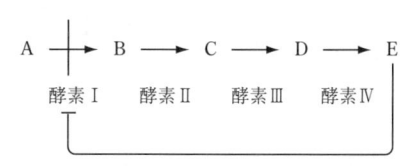

```
A ─┬─→ B ──→ C ──→ D ──→ E
   │ 酵素I   酵素II  酵素III  酵素IV
   └──────────────────────────┘
```

Aはこの経路の出発物質，B, C, Dは生合成中間体，Eは生合成経路の最終産物を表す．また，酵素Iから酵素IVは，それぞれの反応を触媒する酵素を表す．この図は，最終産物Eが，この生合成経路の最初の反応を触媒する酵素Iを阻害するフィードバック阻害を表している．

図6.6　フィードバック阻害の概念図

生合成経路が途中で分岐し，複数の最終産物が生成する場合，生成する複数の最終産物が，共通の生合成経路における最初の酵素を阻害する例もよく知られている．フィードバック阻害は，最終産物が酵素の基質結合部位と立体構造上異なる部位（アロステリック部位）に結合し，酵素の活性を変化させるアロステリック阻害による場合が多い．アロステリック阻害は，アロステリック部位へのエフェクターの結合が，酵素の立体構造を可逆的に変化させることによって生じる．

よく知られているフィードバック阻害の例として，リジン生合成経路におけるアスパラギン酸キナーゼのリジンなどによる阻害が挙げられる．アスパラギン酸キナーゼは，アスパラギン酸ファミリーに属するアミノ酸，リジン，スレオニン，メチオニン，イソロイシン生合成経路における最初の反応である，アスパラギン酸 + ATP ─→ アスパラギン酸-4-リン酸 + ADPの反応を触媒する．*E. coli*においては，三つのアイソザイムの存在が知られているが，このうち，一つのアイソザイムはリジンにより，もう一つのアイソザイムはスレオニンにより阻害を受ける．

(2) 化学修飾による制御　化学修飾による制御としては，*E. coli*グルタミン合成酵素のアデニリル化による制御がよく知られている．グルタミン合成酵素は，グルタミン酸 + NH_3 + ATP ─→ グルタミン + ADP + P_iの反応を触媒する．細菌においては，培地中のNH_3濃度が低い条件でのNH_3の菌体内代謝への取込みに関与している．このグルタミン合成酵素は，アデニル酸の共有結合による修飾を受ける．この修飾は可逆的であり，アデニリル化，脱アデニリル化，いずれもアデニリル転移酵素により触媒される．アデニリル転移酵素は，ATPをアデニル酸残基供与体として，酵素の活性中心近傍のチロシン残基を修飾する．修飾された酵素は，低活性型となり，フィードバック阻害への感受性が高くなる．アデニリル転移酵素の活性は，調節タンパク質によって制御されており，グルタミン過剰存在下では，アデニリル化反応を触媒し，グルタミン欠乏下では，脱アデニリル化反応を触媒する．

(c) 酵素量の制御　前述した酵素の活性レベルでの制御が，細胞内にすでに存在する酵素の活性を制御するものであるのに対し，酵素量の制御は，細胞内の酵素の分子数を制御するものである．酵素の活性レベルでの制御に比較して，環境変化への応答速度が遅い．酵素量の制御は，転写開始，転写終結，翻訳，転写産物や酵素の分解など，さまざまな段階で実行される．原核生物のほとんどの遺伝子は転写レベルでの制御を受けている．代謝産物による遺伝子発現の抑制を通じた制御をフィードバック抑制という（図6.7）．

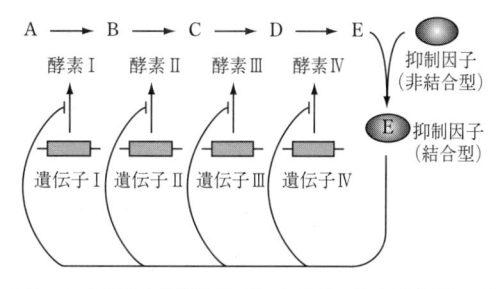

```
A ──→ B ──→ C ──→ D ──→ E ──→ 抑制因子
    酵素I  酵素II  酵素III  酵素IV        (非結合型)
     ↑     ↑      ↑      ↑              ↓
   ┌──┐ ┌──┐  ┌──┐  ┌──┐         E  抑制因子
   │遺│ │遺│  │遺│  │遺│            (結合型)
   │伝│ │伝│  │伝│  │伝│
   │子│ │子│  │子│  │子│
   │I │ │II│  │III│ │IV│
   └──┘ └──┘  └──┘  └──┘
```

Aは，この経路の出発物質，B, C, Dは，生合成中間体，Eは生合成経路の最終産物を表す．また，酵素Iから酵素IVは，それぞれの反応を触媒する酵素を表し，遺伝子IからIVはそれぞれの酵素遺伝子を表す．この図は，最終産物Eが，遺伝子発現を抑制する因子と結合し，各酵素遺伝子の発現を抑制するフィードバック抑制を表している．

図6.7　フィードバック抑制の概念図

構成代謝における酵素量の制御機構としては，*E. coli*のトリプトファン新規合成経路における転写開始と転写終結での制御がよく知られている。以下，それぞれについて説明する。

（1）*E. coli*のトリプトファン新規合成経路における転写開始での制御　トリプトファンの新規合成は，コリスミン酸を出発物質として行われる。図6.8に示すように，トリプトファンオペロンには，コリスミン酸からのトリプトファン合成を触媒する五つの酵素の遺伝子が含まれている。また，トリプトファンオペロンのプロモーターと一部重複して，リプレッサーが結合するオペレーターが存在している。*trpR*遺伝子にコードされているリプレッサーは，107アミノ酸残基のサブユニットからなる四量体で，リプレッサーのみの状態ではオペレーターへの結合能がない。このリプレッサーは，トリプトファンとの複合体の形成によってオペレーターへの結合能を獲得する。すなわち，トリプトファン非存在下では，リプレッサーはオペレーターへの結合能がなく，結合しない。その結果，プロモーターへのRNAポリメラーゼの結合が阻害されずに，トリプトファンオペロンの転写が開始される。一方，トリプトファン存在下では，リプレッサーはトリプトファンとの複合体形成によってオペレーターへの結合能を獲得し，結合する。その結果，プロモーターへのRNAポリメラーゼの結合を阻害し，トリプトファンオペロンの転写は開始されない。

（2）*E. coli*のトリプトファン新規合成経路における転写終結での制御　前述のように，トリプトファンが豊富に存在している場合，リプレッサーとトリプトファンとの複合体がトリプトファンオペロンのオペレーターに結合し転写開始が阻害されるが，トリプトファンの存在量が減少すると転写が開始されるようになる。しかし，トリプトファンが存在する場合，開始された転写の多くは，転写開始直後に終結し，トリプトファンオペロン全体の転写には至らない。トリプトファンの存在量が減少するにつれ，転写開始直後の転写終結の割合が減少し，トリプトファンオペロン全体の転写が行われる割合が高くなる。この転写減衰（アテニュエーション）の機構を以下に述べる（図6.9）。

トリプトファンオペロンのプロモーター・オペレーターと酵素遺伝子の間には，リーダー配列と呼ばれる領域が存在する。リーダー配列は，162塩基対よりなり，前半部分に14アミノ酸残基からなるペプチド（リーダーペプチド）をコードする領域が存在し，後半部分にアテニュエーターと呼ばれる転写終結部位が存在する。リーダーペプチドは，二つのトリプトファ

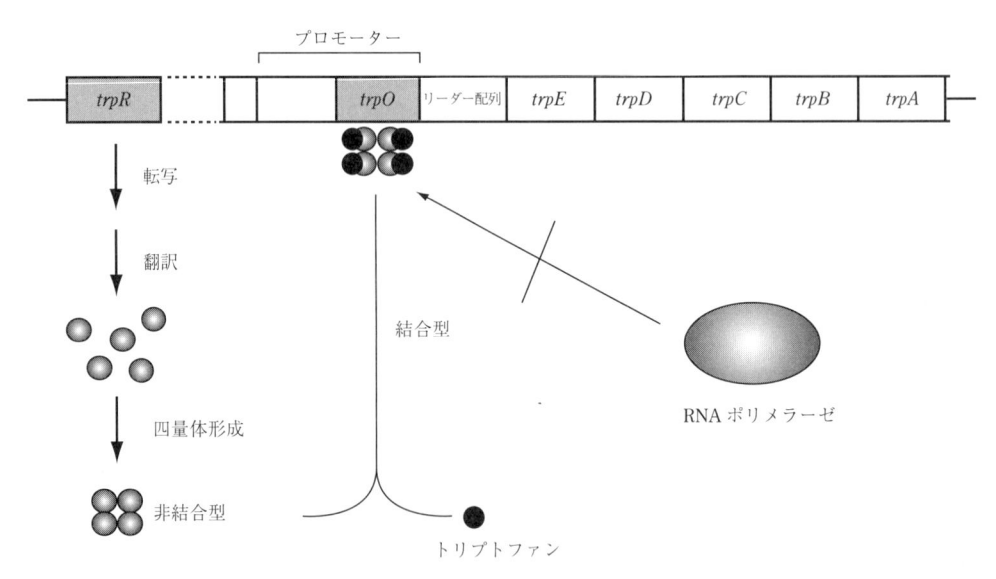

トリプトファンオペロンには，五つの酵素の遺伝子が含まれている。また，トリプトファンオペロンのプロモーターと一部重複して，リプレッサーが結合するオペレーターが存在している。*trpR*遺伝子にコードされているリプレッサーは，四量体で，リプレッサーのみの状態ではオペレーターへの結合能がない（非結合型）。トリプトファン存在下では，リプレッサーはトリプトファンとの複合体形成によってオペレーターへの結合能を獲得し（結合型），結合する。その結果，プロモーターへのRNAポリメラーゼの結合を阻害し，トリプトファンオペロンの転写は開始されない。

図6.8　*E. coli*のトリプトファン新規合成経路における転写開始での制御

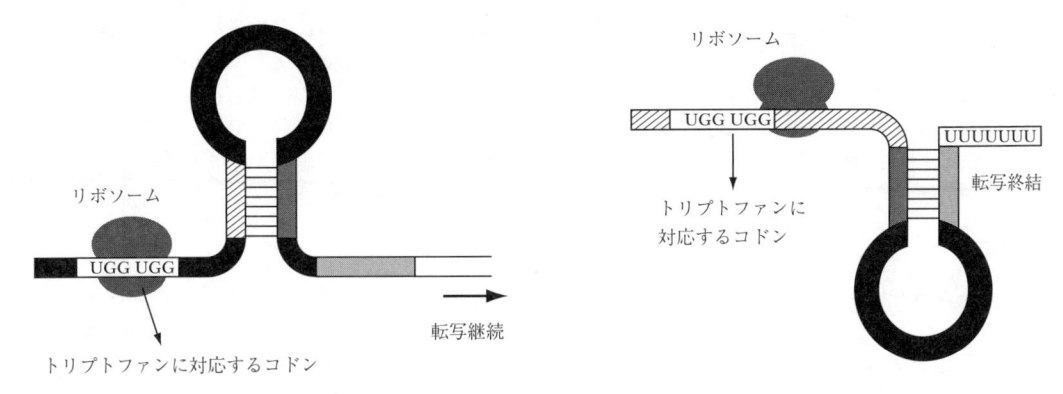

(a) トリプトファンが少ない場合　　　　　　　　　　(b) トリプトファンが豊富に存在する場合

図の太線部分は，トリプトファンオペロンのリーダー配列領域を表す。リーダー配列前半部分には，14アミノ酸残基からなるペプチド（リーダーペプチド）をコードする領域（□部分）が存在し，後半部分にアテニュエーターと呼ばれる転写終結部位が存在する（■および▨部分）。リーダーペプチドは，二つのトリプトファン残基を含んでいる。
(a) 細胞内トリプトファン量が少ない場合，トリプトファン-tRNAが不足するため，翻訳途中のリボソームは，リーダー配列のトリプトファンに対応するコドンの部分で停滞する。この結果，転写終結シグナルとなるステムを形成する配列のうち，転写開始部位に近い部分（■部分）は，リーダーペプチド直後の配列（▨部分）と塩基対を形成するため，リーダー配列部分での転写は終結せず，トリプトファン合成にかかわる酵素遺伝子群部分の転写が行われる
(b) 細胞内にトリプトファンが豊富に存在する場合は，トリプトファン-tRNAが十分に存在することから，リーダーペプチドの翻訳は支障なく進行する。その結果，転写されつつあるmRNAはアテニュエーター領域（■部分および▨部分）でヘアピン構造を形成し，これが転写終結シグナルとなる。したがって，この部分で転写が終了し，以降のトリプトファン合成にかかわる酵素遺伝子群の部分は転写されない。

図6.9　E. coli のトリプトファン新規合成経路における転写終結での制御

ン残基を含んでおり，また，アテニュエーターの配列は，一般の転写終結部位同様のGCに富む2回回転対称性を示す配列とそれに続くATに富む配列からなる。

細胞内にトリプトファンが豊富に存在する場合は，トリプトファン-tRNAが十分に存在することから，リーダーペプチドの翻訳は支障なく進行する。その結果，転写されつつあるmRNAはアテニュエーター領域でヘアピン構造を形成し，これが転写終結シグナルとなる。したがって，この部分で転写が終了し，以降のトリプトファン合成にかかわる酵素遺伝子群の部分は転写されない。一方，細胞内のトリプトファン量が少ない場合，トリプトファン-tRNAが不足するため，翻訳途中のリボソームは，リーダー配列のトリプトファンに対応するコドンの部分で停滞する。この結果，上記の転写終結シグナルとなるステムを形成する配列のうち，転写開始部位に近い部分は，リーダーペプチド直後の配列と塩基対を形成するため，リーダー配列部分での転写は終結せず，トリプトファン合成にかかわる酵素遺伝子群部分の転写が行われる。

E. coli では，トリプトファンオペロンのほか，フェニルアラニン，ヒスチジン，ロイシン，スレオニンなどのオペロンもアテニュエーションにより制御されている。

転写終結による調節機構としては，上記のほかに，転写されたmRNAのリーダー配列部分にアミノアシル化されていないtRNAや代謝産物そのもの（S-アデノシルメチオニン）が直接結合することによって転写終結を阻害する機構の存在が，特にグラム陽性細菌において知られるようになってきている[45), 46)]。

（d）構成代謝による発酵生産の具体例

（1）グルタミン酸発酵　　L-グルタミン酸ナトリウムは，昆布のうま味成分であることが1908年に池田菊苗によって見出され，翌年からうま味調味料として販売された。グルタミン酸は，長期間にわたってタンパク質の加水分解により製造されていたが，1956年の鵜高・木下によるグルタミン酸を過剰生産する微生物，*C. glutamicum* の発見以来，発酵法により製造されている。グルタミン酸ナトリウムの世界での年間生産量は，現在では150万tを超えている。

前述のように，構成代謝産物の発酵生産はかつては不可能と考えられていたが，この発見はその常識を打ち破った画期的なものである。この発見を契機として，さまざまな構成代謝産物が発酵生産されるようになった。グルタミン酸発酵の詳細は別項目を参照いただき

たいが，ここでは，構成代謝という観点から若干解説する．

C. glutamicum のグルタミン酸過剰生成機構は，従来，漏出説により説明されてきた．糖質からのグルタミン酸生合成経路は，解糖系からTCAサイクルを一部経て，生成した2-オキソグルタル酸がアミノ化される経路と考えられている．当初，*C. glutamicum* の2-オキソグルタル酸デヒドロゲナーゼ（ODHC）活性は，ないかきわめて微弱であるとされていたことから，この株では代謝フラックスが元来グルタミン酸生成に向かっているものと理解されていた．*C. glutamicum* は，要求物質であるビオチンの制限量添加，ある種の界面活性剤添加，ペニシリンの適当量添加などの培養条件でグルタミン酸を過剰生成する．ビオチンは，細胞膜を構成する脂肪酸の生合成経路の最初の段階を触媒するアセチルCoAカルボキシラーゼの補酵素であることがすでに知られていたことから，これら *C. glutamicum* のグルタミン酸過剰生成を引き起こす因子はすべて細胞表層の構造に影響を及ぼすものと考えられた．これらのことから，上記のグルタミン酸を過剰生成する条件下では，細胞膜の透過性が向上して細胞内グルタミン酸が細胞外に漏出し，その結果，細胞内グルタミン酸濃度が低レベルに保たれ，もともとグルタミン酸生成に向かっている代謝フラックスに抑制がかからずにグルタミン酸が細胞外に著量蓄積すると考えられていた．

ところが近年，ODHC活性が存在すること，グルタミン酸過剰生成条件下でもグルタミン酸以外の物質の膜透過性は変化しないこと[47]，グルタミン酸の細胞外への排出はエネルギー依存的であること[48]など，漏出説では説明できない実験結果が相次いで報告されてきた．さらに興味深いことに，上記のグルタミン酸を過剰生成する条件下では，いずれの場合でもODHC活性が低下していることが示された[49]．また，ODHCのサブユニットの一つをコードする *odhA* 遺伝子を破壊した株は，過剰量のビオチン存在下でもグルタミン酸を過剰生成することが示された．したがって，*C. glutamicum* のグルタミン酸過剰生成は，培養条件の変化によって代謝フラックスが変化することによって引き起こされるものと考えられる．

それでは，この代謝フラックスの変化はいかなる機構によってもたらされるのであろうか．1996年，野生株よりも低濃度の界面活性剤に感受性を示す変異株を相補する遺伝子，*dtsR* が取得された[50]．この遺伝子がコードするタンパク質はアシルCoAカルボキシラーゼのカルボキシルトランスフェラーゼドメインと相同性を示し，この遺伝子の破壊株はオレイン酸要求性を示したことから，この遺伝子は脂肪酸生合成経路の最初の段階を触媒するアセチルCoAカルボキシラーゼのサブユニットの一つをコードするものと推定された．*dtsR* 破壊株は，過剰量のビオチン存在下でもグルタミン酸を過剰生成し，*dtsR* 増幅株のグルタミン酸過剰生成条件下でのグルタミン酸生成量は，野生株に比較して大幅に減少する[51],[52]．また，この酵素のもう一つのサブユニットは，前述のようにビオチンを含むビオチンカルボキシラーゼであることから，*C. glutamicum* のグルタミン酸過剰生成と脂肪酸生合成との関連があらためて注目されることとなった．上記のように *dtsR* 破壊株はグルタミン酸を過剰生成するが，このときのODHC活性は，野生株のグルタミン酸過剰生成条件下でのODHC活性と同レベルに低下していた[52]．以上のことから，アセチルCoAカルボキシラーゼ活性の低下（酵素タンパク質量の低下を含む）がなんらかのシグナルを介してODHC活性の低下を引き起こし，その結果，代謝フラックスが変化してグルタミン酸過剰生成が誘導されるものと考えられる．

（2）核酸発酵　イノシンやグアノシンといったヌクレオシドも含めた核酸関連化合物の発酵による製造全般を核酸発酵と呼ぶ．核酸塩基などの前駆物質から微生物などを用いて目的の核酸を得るいわゆる酵素法も，広義には核酸発酵の範疇に含まれる．ここでは，代表例としてイノシン発酵を取り上げ，構成代謝という観点から簡単に解説する．

イノシンは，医薬品の原料としても使用されるが，主として鰹節のうま味成分である5′-イノシン酸ナトリウム[53]の製造原料として用いられている．5′-イノシン酸は，当初，RNAの酵素分解法により生産が行われたが，発生する副産物の量が多いことなど課題があった．また，5′-イノシン酸の直接発酵による製造法も工業化されているが，リン酸基を有する化合物を菌体外に分泌させる必要があるため，高い収率を得るには至っていない．現在では，発酵法によって比較的容易に生産できるイノシンをリン酸化することによって5′-イノシン酸を得る製造法が主流となっている[54]〜[56]．イノシンの工業生産には，*Bacillus subtilis* 変異株，*C. ammoniagenes* 変異株が用いられている．

イノシン生合成の固有経路は，ペントースリン酸経路で生成するリボース5-リン酸のC-1へのATPからのピロリン酸基の転移によって形成される5-ホスホリボシル-1-ピロリン酸（PRPP）が出発物質となる．PRPPは，11段階の反応を経て5′-イノシン酸（5′-IMP）へと変換され，5′-IMPの脱リン酸によってイノシンが生成する．なお，5′-IMPは，プリンヌクレ

オチド生合成の中間体であり，5′-AMPおよび5′-GMPは，5′-IMPよりそれぞれ2段階の反応で生合成される。この固有経路の最初の反応を触媒する酵素，グルタミンPRPPアミドトランスフェラーゼは，5′-AMPと5′-GMPにより協奏的なフィードバック阻害を受けることが知られている。さらに，リボース5-リン酸からPRPPを生成する酵素，PRPP合成酵素も，プリンヌクレオチドによる阻害を受けることが知られている。また，PRPPから5′-IMPを生合成する経路の酵素遺伝子は，プリン核酸塩基存在下では，リプレッサーによってその発現が抑制されることが知られている。以上のような代謝制御機構を解除する目的で，イノシン生産菌の育種には以下のような戦略が用いられた。

① 5′-IMPから5′-AMP生合成への分岐反応を触媒するアデニロコハク酸合成酵素，および5′-GMP生合成への分岐反応を触媒するIMPデヒドロゲナーゼの両酵素活性が欠失しているかまたは微弱である変異株を取得する。これらは，代謝フラックスを目的生産物であるイノシンへ向けるために分岐を遮断するという点でも重要であるが，フィードバック阻害のエフェクターである5′-AMPと5′-GMPの濃度を低下させるという意味でも重要である。

② フィードバック阻害および抑制などの解除された変異株を取得する。具体的には，5′-AMP，5′-GMPのアナログとなる8-アザアデニン，8-アザグアニンなどの耐性変異株を取得する。

③ 目的生産物であるイノシンを分解する活性を欠失した変異株を取得する。このことは，目的生産物を効率よく生産するために重要であることはいうまでもないが，ヌクレオシドの分解産物である核酸塩基はフィードバック抑制のエフェクターであることから，抑制解除の十分でない育種段階では，抑制解除の観点からも効果がある。以上のような戦略で育種されたイノシン生産菌は，対糖収率20％以上でイノシンを生産することが報告されている[57], [58]。また近年，イノシン生合成の前駆物質であるリボース5-リン酸を効率よく供給するための中央糖代謝の改変もイノシンの生産性向上に有効であることが報告されている[59], [60]。

(川崎　寿)

6.1.4 二次代謝

一般的に，生物の生命維持に必要な物質，すなわちタンパク質，核酸，エネルギー源，脂質等を供給する代謝を一次代謝とし，その産物を一次代謝産物と呼ぶ。これに対して，少なくとも実験室においては生命の維持への直接的関与が認められない物質（二次代謝産物）を合成する代謝経路を二次代謝と総称する。二次代謝産物は多様な化学構造を特徴としており，微生物が生産する有用な生理活性物質，すなわち抗生物質，農薬，抗がん剤，各種阻害剤等はほとんど例外なく二次代謝産物である。近年，抗生物質生合成遺伝子をはじめとし，多くの二次代謝生合成遺伝子のクローニングが行われており，その情報を活用した新規物質の生産技術［コンビナトリアル・バイオシンセシス（combinatorial biosynthesis）］が確立しつつある。ここでは，抗生物質生産を中心に，二次代謝産物生産に特徴的な発酵・代謝制御技術について概説，さらにはコンビナトリアル・バイオシンセシスについても簡単に触れる。

(a) 二次代謝の発酵生理　微生物による，二次代謝産物の生産はカビ，放線菌，その他の細菌といったさまざまな菌群を用いて行われる。それにもかかわらず，以下に述べるような二次代謝に共通する特徴的な発酵生理が認められる[61]〜[63]。

(1) 発酵過程の二相性　二次代謝は一次代謝の分岐あるいは延長とみなすことができ，二次代謝産物はアミノ酸，核酸，有機酸，糖といった一次代謝産物（またはその前駆体）を原料として生合成される。一次代謝が細胞の増殖期（対数増殖期）に活発であるのに対し，二次代謝は対数増殖期後期あるいは定常期に開始・活性化されるのが一般的であり，その発酵過程は二相性を示す（図6.10）。細胞増殖期を栄養増殖期（trophophase），二次代謝産物生産期を特異生産期（idiophase）として区別することもある。このような発酵過程から培養期間が1週間以上の長期に及ぶことも珍しくない。特異生産期における細胞は，いわゆるresting cell（休止菌体）として二次代謝産物を合成しているものと考えられる。

(2) 類縁体の生成　目的物質のほかに複数の類

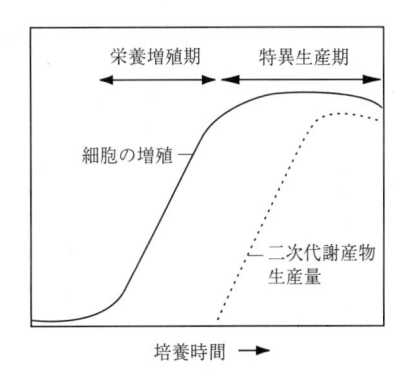

図6.10　二次代謝発酵過程の二相性

縁体が同時に生産されるのが普通である（抗寄生虫薬 avermectin の発酵生産では8種類[64]，抗生物質 actinomycin の生産では20種類以上の類縁体の生成が認められている[62]）。これは，目的物質が最終生成物ではない場合があること，二次代謝系の酵素の基質特異性が必ずしも高くなく，類似した構造の化合物を基質として利用すること，に起因する。したがって，目的物質を優先的に生産するための発酵制御技術または目的物質を効率よく分離・精製する技術の開発が求められる。

（3）　各種発酵パラメーターへの高い依存性　二次代謝産物の発酵生産は一次代謝産物の生産と比較して，炭素源，窒素源，無機塩類，金属といった培地組成，さらにはpH，温度，通気量といった物理的因子も含めた各種発酵パラメーターに対する依存性が一般的に高い。したがって生産条件の確立にはこれらのパラメーターの十分な検討が必要である。さらには，培地成分に大豆粉，コーンスティープリカーなどの天然成分を用いている場合，それらのロットの違いにより生産性に影響が出る場合も珍しくない。また，試験管からフラスコ，フラスコからジャーへのスケールアップにおいて期待される生産性が得られないこともある。

（4）　前駆体の添加効果　培地中への前駆体の添加により目的物質の生産性が増加することがしばしばある。ペニシリンGの発酵生産におけるフェニル酢酸の添加効果は最も有名な例である。また，（2）でも述べたように二次代謝系の酵素はある程度広い基質特異性を有していることが少なくない。この特性を利用し，類似の構造をもった化合物を前駆体として添加することにより通常は天然には存在しない構造を有した化合物を得ることもできる。ペニシリン発酵ではさまざまなアシル基を培地中に添加することにより，天然には見られないアシル基を側鎖に持つペニシリン類が，またactinomycinではその構造中に見られるD-valineがD-alloisoleucineで置換された化合物が同様の手法により得られている。

（5）　生産性の低下あるいは消失　二次代謝産物生産菌においては，高温での培養あるいは度重なる継代培養によって，その生産性が低下あるいは消失してしまうことが珍しくない。過去においてはそのおもな原因が，二次代謝産物の生産に関与するプラスミドの脱落であると考えられた時期もあった。しかしながら，多くの二次代謝生合成遺伝子がクローン化されている現在，プラスミド上に生合成遺伝子（制御遺伝子を含む）が存在するケースはむしろ例外であることがわかっており，プラスミドの脱落だけでは一般的に見られる生産性の消失をうまく説明できない。多様な二次代謝産物を生産することで知られている菌群である Streptomyces 属放線菌では，その染色体が環状ではなく線状であることが明らかにされている[65]。さらには，線状染色体の両末端部分においては大規模な欠失がしばしば起こること，二次代謝生合成関連遺伝子は染色体上の末端部に存在することが多い，といった事実も知られている。Streptomyces 属放線菌の場合に限っていえば，こういったゲノム構造の特徴による遺伝的不安定性が生産性消失の原因の一つであると考えられる。継代培養中に生じる自然突然変異も生産性消失の一因であろうことはいうまでもない（二次代謝に関与する遺伝子は多数存在することから，一次代謝よりも突然変異の影響も受けやすいと考えられる）。

（b）　二次代謝の制御　先に述べたように，二次代謝は菌の生育が停止する培養後期に開始されるのが普通であり，その誘導は生合成遺伝子の発現レベルで起こる。この発現制御には一次代謝と密接に関連した複雑な機構が存在する[61]～[63]。放線菌に関していえば，二次代謝産物生合成遺伝子クラスターの中にしばしば見出される「放線菌抗生物質生産制御タンパク質（Streptomyces antibiotic regulatory protein：SARP）」と呼ばれる転写因子の発現量が，それぞれの二次代謝遺伝子の発現を最終的に決定しているようである[66]。二次代謝の制御に関与する一般的な因子として，以下のようなものが知られている。

（1）　炭素源による制御（カタボライトリプレッション）　カタボライトリプレッションとは，培地に加えた炭素源によって，特定の酵素系の発現が抑制される現象の総称である。この現象は1940年代にはすでに知られており，当初グルコース効果と呼ばれていた。その後，グルコース以外の炭素源でも程度の違いはあれ酵素の発現抑制が見られること，また炭素源そのものではなく，その異化物（カタボライト）が抑制効果を示すものと考えられるようになり，カタボライトリプレッション（異化物抑制）と呼ばれるようになった。

Penicillium chrysogenum（アオカビ）によるペニシリン発酵においてグルコースによる生産抑制が知られて以来，さまざまな抗生物質生産においても同様の現象が見出されており（カビ，放線菌，細菌といった生産菌の種を問わず），二次代謝におけるカタボライトリプレッションの概念は広く受け入れられている。

カタボライトリプレッションのメカニズムに関しては，大腸菌および枯草菌を中心に詳細に解析されており，大腸菌においては，ホスホエノールピルビン酸：糖リン酸転移系（phosphoenolpyruvate：sugar phosphotransferase system：PTS）を情報伝達系の中心とし，cAMPとその受容体タンパク質（CRP），グローバルな転写因子であるMlcなどが複雑に関与する制御系[67]が，一方，枯草菌などのlow-G＋C細菌ではPTSおよびCcpA（catabolite control protein A）タンパク質を中心とした制御系[68]が明らかにされている。しかしながら，放線菌，カビといった有用二次代謝産物生産菌においては，その生合成遺伝子群の転写がグルコース存在下で抑制されるといった事実が断片的に認められているものの，カタボライトリプレッションのメカニズムの詳細についてはほとんどわかっていない。

実際の二次代謝発酵生産においては，まずグルコースなどの容易に資化される炭素源で細胞を増殖させ，その後の生産期においては①ラクトースや植物油などの資化速度の緩慢な炭素源を用いる，②炭素源を少量ずつ添加する，といった手法によりカタボライトリプレッションを解除している。

（2）無機リン酸による制御　無機リン酸による二次代謝産物の生産阻害も一般的に見られる。通常，培地中の無機リン酸濃度が至適濃度より高いと菌体の生育そのものはよくなるが，二次代謝産物の生産は著しく低下する。

Demainらは，*Streptomyces clavuligerus*によるcephalosporin（β-ラクタム抗生物質）生産をモデルとしてリン酸制御について解析を行った[69]。その結果，過剰のリン酸存在下においては，cephalosporinの骨格形成に関与する4種類の生合成酵素ACV synthetase, cyclase, epimeraseおよびexpandaseの生成が抑制されることが明らかにされている。また，*Streptomyces griseus* IMRU 3570株によるポリエン抗生物質candicidinの生産もリン酸による阻害に高い感受性を示す（＞1 mMで阻害される）。本抗生物質生産におけるリン酸制御の作用点はp-aminobenzoic acid synthase, polyketide synthaseといった生合成酵素をコードする遺伝子群の転写抑制であることが明らかにされている[70]。しかしながら，その転写抑制のメカニズムの詳細については不明である。

リン酸抑制が認められる二次代謝産物の発酵生産においては，リン酸補足剤であるAllophane（アロフェン，ケイ酸塩鉱物）の添加により，その生産を増加させ得ることが示されている[63]。

（3）窒素源による制御　菌体の生育にとっては好都合な窒素源により二次代謝生産が抑制（阻害）される現象を窒素（源）制御と呼ぶ。特に，アンモニア態窒素（NH_4^+）による二次代謝生産抑制は，しばしば認められる。

*S. clavuligerus*によるcephalosporin生産は過剰のNH_4^+により著しく抑制されるが，その原因は生合成酵素（cyclaseおよびexpandase）の生成抑制であることが示されている[71]。また，高濃度のNH_4^+存在下で生育した細胞内では遊離L-アラニンの濃度が高まっていること，さらにはcephalosporin合成に関与する3種類の酵素（ACV synthetase, cyclaseおよびexpandase）の活性がL-アラニンにより阻害されることも明らかにされている[72]。したがって，本抗生物質の生産における窒素制御の作用点は，生合成酵素の生成抑制およびその活性阻害の2箇所であることになる。

大村，田中らのグループはマクロライド抗生物質（leucomycin, erythromycin, tylosinなど）の生産におけるNH_4^+の阻害効果について検討を行うとともに，その阻害を解除する培養方法の確立を行った[63]。*Streptomyces fradiae*によるtylosin生産はNH_4^+に感受性であるが，この場合の阻害点はアグリコンの生合成の基質となる低級脂肪酸を供給するコハク酸およびアミノ酸の代謝系（分解系）であった。一方，ポリケタイド合成酵素あるいは糖転移酵素といった生合成酵素の生成はNH_4^+には影響されないようであった。さらに彼らは，NH_4^+によるマクロライド系抗生物質の生産阻害が，NH_4^+補足剤であるリン酸三マグネシウム［$Mg_3(PO_4)_2 \cdot 8H_2O$］やゼオライト（沸石）の添加により低減され，その生産性が著しく増大（～7倍）することを示した。NH_4^+補足剤の添加効果は，cephalosporin（β-ラクタム），nanaomycin（ベンゾイソクロマンキノン）やストレプトマイシン（アミノグリコシド）の生産においても見られ，この発酵方法は「窒素制限発酵」と呼ばれている。

（4）緊縮制御　細菌（放線菌を含む）の培養液からアミノ酸を取り除くとstable RNA（rRNAやtRNAなどの安定なRNA）の合成が急激に低下する。一方，アミノ酸生合成系の遺伝子などはその発現が上昇する。この現象は緊縮制御（stringent response）と呼ばれ，細胞が環境中の栄養源を感知し速やかに適応するメカニズムの一つである[73]。緊縮制御では，栄養源の枯渇に呼応してリボソーム上で合成される信号物質ppGpp（グアノシン5′-二リン酸3′-二リン酸）がメディエーターとして働いており，本物質がRNAポリメラーゼに結合し，その転写特異性を変化させることによって遺伝子発現の大規模な変化をもたらすものと考えられているがその詳細は明らかではない。

放線菌（おそらくすべての細菌）における二次代謝遺伝子発現誘発の引き金の一つが緊縮制御（ppGpp）であろうことは，これまでの遺伝学および生理学的な

解析から示されていた。この仮説は，最近になり，ベンゾイソクロマンキノン（芳香族ポリケタイド）抗生物質 actinorhodin 生産菌である *Streptomyces coelicolor* A3(2) を材料として行われた分子生物学的解析（ppGpp 合成酵素遺伝子破壊株および ppGpp 合成酵素の活性化が起こらない変異株の解析）により証明された[74]。ただし actinorhodin 生産誘発における ppGpp の必要性は絶対的なものではなく，培地中のリン酸濃度を制限することによりその必要性をバイパスできることが示されている。放線菌（細菌）を用いる実際の二次代謝産物の発酵生産において，その生合成遺伝子の発現誘発に緊縮制御がどの程度関与しているかはよくわかっていない。

（5）自己調節因子　*Streptomyces* 属放線菌においては，細胞外に分泌され，自身の二次代謝や形態分化（胞子形成）を正に制御する低分子信号伝達物質の存在が知られており，自己調節因子（autoregulator）と呼ばれている。これまでに見出された自己調節因子はいずれも γ-butyrolactone 骨格を有していることから，butyrolactone autoregulator とも称される（**図 6.11**）。

自己調節因子による二次代謝制御のメカニズムに関しては，A-factor による *Streptomyces griseus* のストレプトマイシン生産制御，virginiae butanolide 類による *Streptomyces virginiae* の virginiamycin 生産制御をモデル系として詳細な解析が行われている[75), 76)]。A-factor に関していえば，その制御メカニズムの基本は，リプレッサーである A-factor 受容体タンパク質（autoregulator receptor）が，A-factor 非存在下においては標的遺伝子（ある種の転写因子）のプロモーター領域に結合しその転写を抑制しているが，A-factor との結合により立体構造の変化が生じて DNA から解離，結果的に標的遺伝子の転写抑制が解除され，順次カスケードの下流に位置する遺伝子の発現が誘導される，というものである[75)]。したがって，このモデルから，自己調節因子が生産されない変異株ではリプレッサーによる抑制が解除されないためにストレプトマイシン生産は抑制されること，またリプレッサーである受容体タンパク質の欠損株ではストレプトマイシンの高生産が予想される。実際 *S. griseus* においては，A-factor 生合成に関与すると考えられる遺伝子 *afsA* が線状染色体の末端に存在し，しばしばその領域が欠失，結果的にストレプトマイシン非生産性の変異株が出現することが認められている。またこれとは逆に，ストレプトマイシンを安定的に高生産する株のなかには，受容体タンパク質の変異により A-factor による制御が解除されたものも見つかっている。実際の発酵生産で使用される高度に育種された菌株においても，この例のように自己調節因子による制御が解除されているものが存在すると考えられる。

（c）二次代謝産物生合成経路の人為的制御・改変による有用物質の生産　微生物二次代謝系の生合成酵素およびその遺伝子に関する情報がほとんどなかった 1960 年代から，二次代謝産物生合成経路の人為的制御・改変により新規化合物を生産する試みは行われてきた。先にも述べたように，二次代謝に関与する生合成酵素のいくつかは比較的低い基質特異性を有していることから，本来の基質以外にも類似の基質を取り込むことができる。このような二次代謝系酵素の特性を利用して，人工基質の添加により新規ペニシリン類縁体が生産されることは前述のとおりである。しかしながらこの方法では，添加する人工基質の酵素に対する親和性が低い場合，本来の基質が優先的に利用されるために目的とする化合物はほとんど得られないことになる。Gottlieb らのグループは生合成閉鎖株（blocked mutant）を利用することにより，この問題を解決した（**図 6.12**）[77)]。彼らは，アミノグリコシド抗生物質 neomycin 生産菌である *S. fradiae* を変異処理し，その構成糖である 2-deoxystreptamine（DOS, aminocyclitol の一種）を培地に添加した場合にのみ neomycin を生産する変異株を取得した。本変異株の

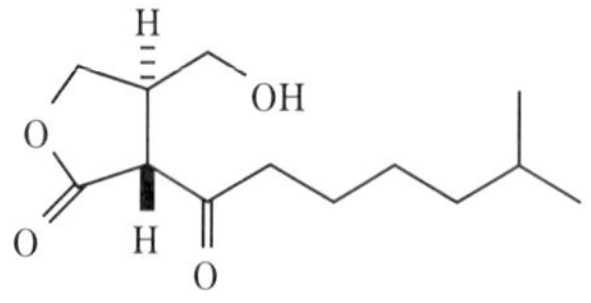
A-factor
(*S. griseus*)

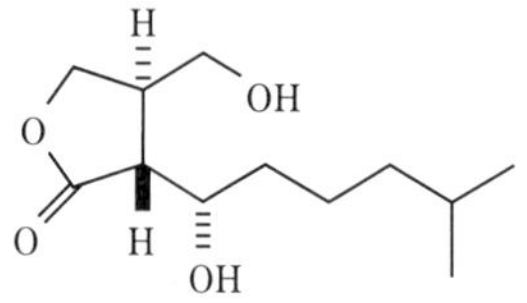
Virginae butanolide A
(*S. virgineae*)

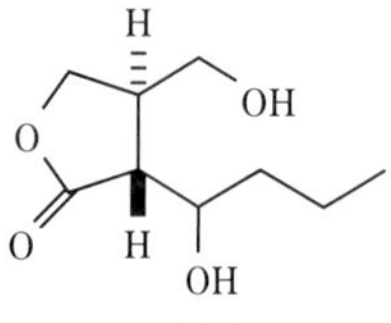
IM-2
(*S. lavendulae* FRI-5)

図 6.11　butyrolactone autoregulator の構造

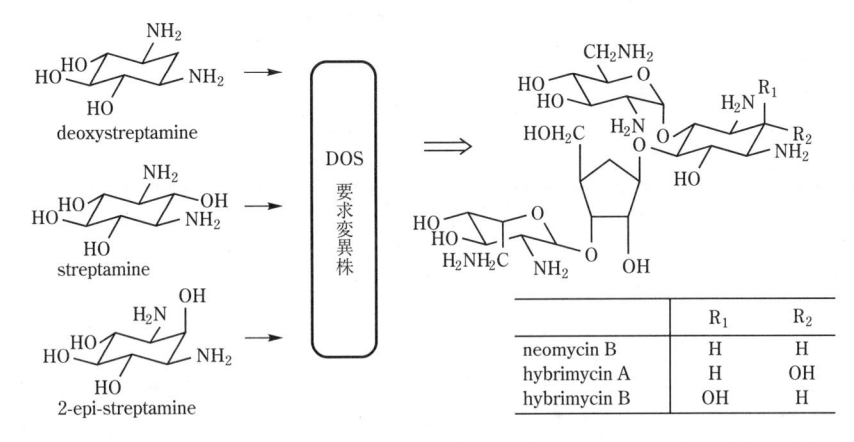

図6.12 mutational biosynthesis による hybrimycin 類の生成〔Shier, W.T., Rinehart, K.L. and Gottlieb, D.: *Proc. Natl. Acad. Sci. U.S.A.*, **63**, 198-204（1969）〕

	R_1	R_2
neomycin B	H	H
hybrimycin A	H	OH
hybrimycin B	OH	H

培養液に，DOS類似のaminocyclitolであるstreptamineあるいは2-epi-streptamineを添加することにより，これらの基質を分子中に取り込んだ新規neomycin類縁体hybrimycin Aおよびhybrimycin Bの生産に成功した。このように，生合成閉鎖株を積極的に利用して新規化合物を生産する手法をmutational biosynthesisと呼ぶ。これとは別に，大村らは，酵素阻害剤を用いた新規マクロライド化合物の生産法である「ハイブリッド合成法」を考案した（**図6.13**）[78]。この方法では，ポリケタイド生合成酵素の阻害剤であるceruleninの使用がその鍵となる。すなわち，cerulenin存在下でspiramycin生産菌 *Streptomyces ambofaciens* を培養し，本マクロライド化合物のアグリコン（ポリケタイド）の生産を抑制する。それと同時に別のマクロライド化合物tylosinのアグリコンであるprotylonolideを添加することにより，protylonolideにspiramycinの構成糖であるmycarose, mycaminoseおよびforosamineが結合した新規ハイブリッドマクロライドchimeramycinが得られている。

1980年代になり，放線菌における遺伝子操作法が確立されると，抗物質生合成遺伝子のクローニングが行われはじめた。最初に全生合成遺伝子がクローン化されたのは，*S. coelicolor* A3(2) の生産する抗生物質actinorhodinである。このactinorhodin生合成遺伝子を利用し，遺伝子操作による最初のハイブリッド抗生物質を創出したのはHopwood, Floss, 大村らの研究グループである[79]。彼らは，actinorhodin生合成遺伝子を含むDNA断片を，同じベンゾイソクロマンキノン抗生物質であるmedermycinの生産菌 *Streptomyces* sp. AM-7161 に導入することにより，新規ハイブリッド抗生物質 mederrhodin Aおよび mederrhodin Bの生産に成功した[80]。また，actinorhodin生合成遺伝子をgranaticin（やはりベンゾイソクロマンキノン抗生物質）生産菌である *Streptomyces violaceoruber* に導入することでも同様にハイブリッド抗生物質が得られている。

遺伝子操作による最初のハイブリッド抗生物質の創出以降，微生物二次代謝産物生合成遺伝子のクローン化が相次いで行われ，さらにはその遺伝情報から生合成反応のメカニズムが明らかにされてきている。また，この間，遺伝子操作技術も急速に発展，比較的簡単に個々の遺伝子を改変することが可能となってきた。このような状況のもと，酵素の基質特異性を変化させる，二次代謝経路を特定のステップで停止させる，あるいは種々の二次代謝経路を組み合わせることによって新たな生合成経路を構築する，といったことが現実のものとなってきた。これにより，特定の類縁体または中間体のみを生産させる，あるいはまったく新しい化合物を作り出すことが可能となる。この技術はコンビナトリアル・バイオシンセシス（組合せ生合成）と呼ばれている[81]。最初に全生合成遺伝子がクローン化された二次代謝産物が放線菌によって生産されるポリケタイドであるactinorhodinであることに加え，やはり放線菌によって生産されるマクロライド系ポリケタイドであるerythromycinの生合成遺伝子も比較的初期にクローン化されたことから，これまでコンビナトリアル・バイオシンセシスの研究は，放線菌の生産するポリケタイド化合物を中心に展開されてきた。以下，芳香族ポリケタイドの生合成系を対象にしたコンビナトリアル・バイオシンセシスの例について簡単に述べる。

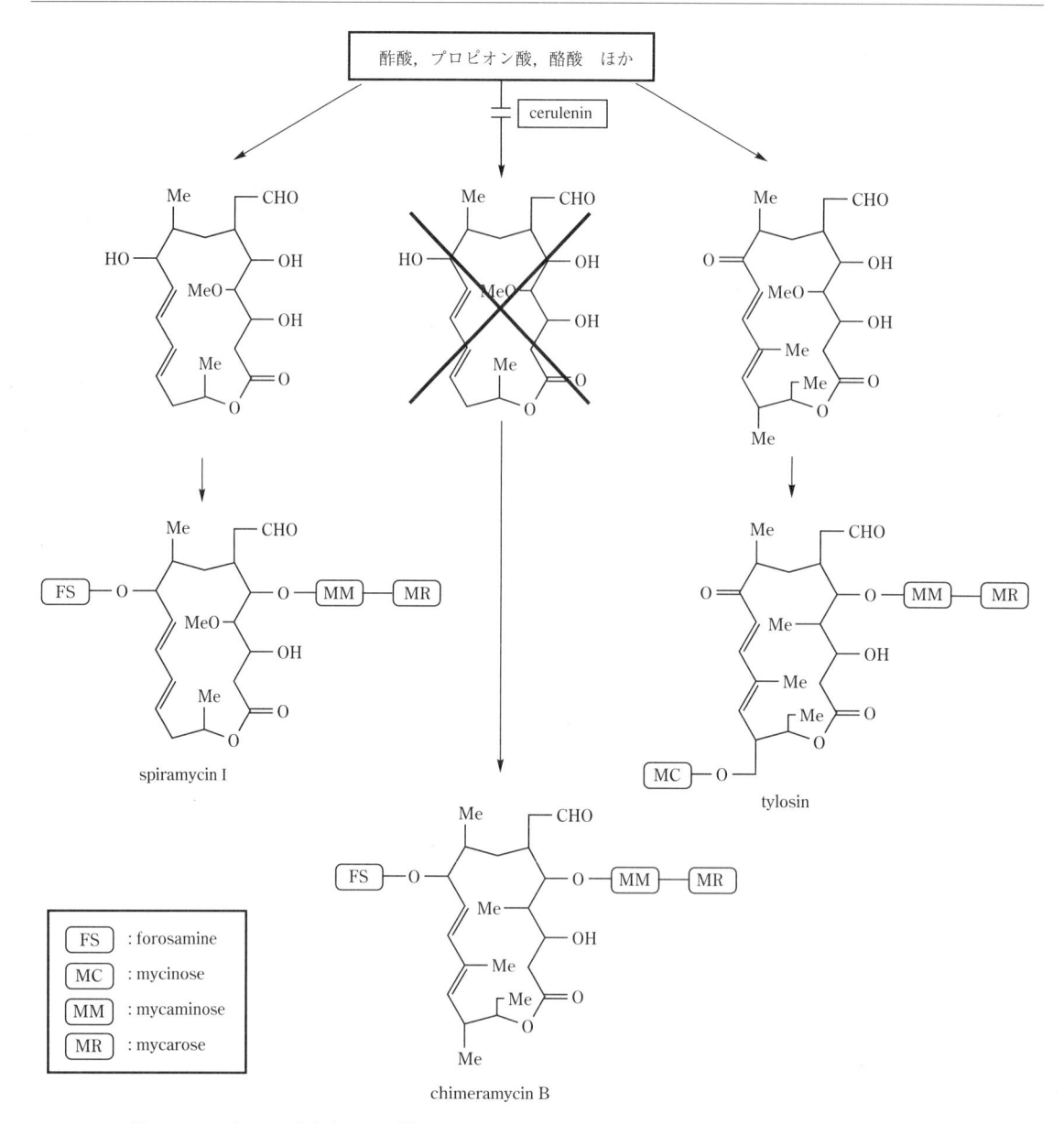

図6.13 ハイブリッド合成による新規マクロライド化合物 chimeramycin の生成〔Omura, S., Sadakane, N., Tanaka, Y. and Matsubara, H.: *J. Antibiot.*, **36**, 927-930 (1983)〕

FS : forosamine
MC : mycinose
MM : mycaminose
MR : mycarose

　放線菌の生産するポリケタイド化合物はその構造から，ベンゼン環を有する芳香族ポリケタイド（actinorhodin など）とそれを持たないマクロライド系ポリケタイド（erythromycin など）の2種類に分けられる。これらのポリケタイドの基本骨格は低級脂肪酸（実際にはアシル CoA）の縮合反応により形成されるが，その反応をつかさどるのはポリケタイド合成酵素（polyketide synthase：PKS）である。芳香族ポリケタイドの骨格は，縮合反応酵素（KS）および縮合回数を規定すると考えられる鎖長決定因子（CLF）の二つのサブユニットからなる PKS（タイプⅡ型 PKS）により合成される（マクロライド系ポリケタイドはこれとは別構造のタイプⅠ型 PKS によって合成される）。さらに，この二つのサブユニットに，基質となるアシル基の供給に関与するアシルキャリヤータンパク質（ACP）を加えたものが反応に必要な基本因子

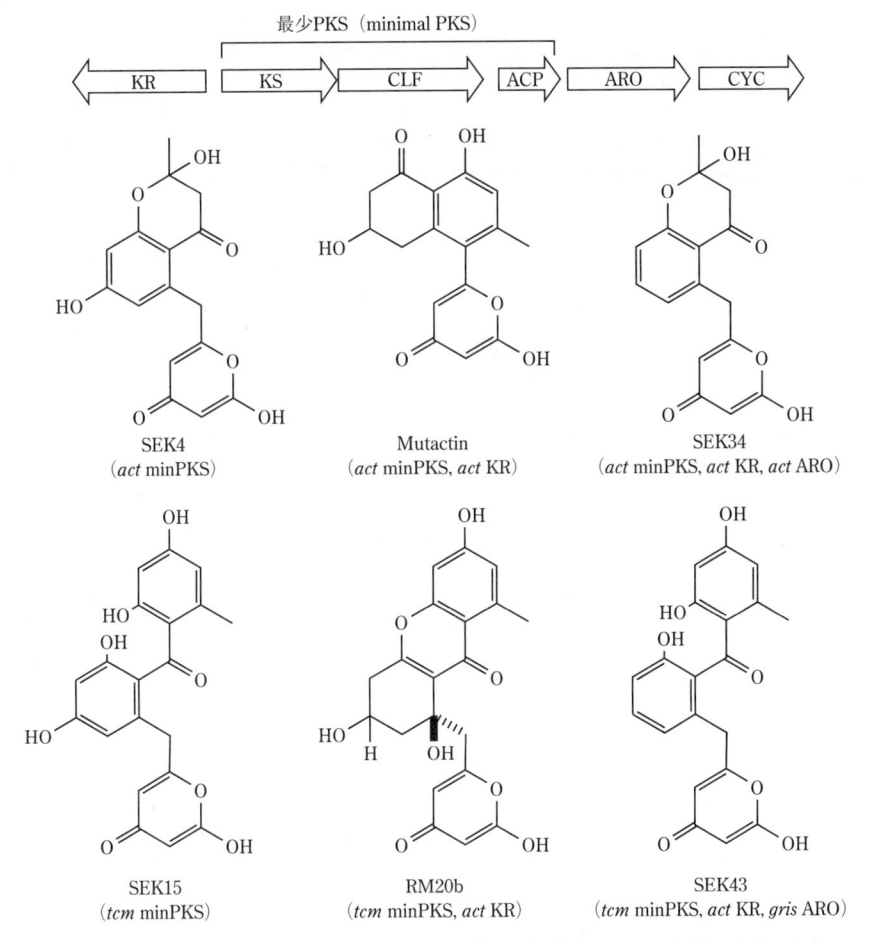

図6.14 タイプⅡ型PKS遺伝子のモデル図およびコンビナトリアル・バイオシンセシスによる新規ポリケタイド化合物の生成

となる（**図6.14**）。実際の芳香族ポリケタイドに見られる骨格は，これらの基本因子に加えて，β-ケトアシルACP還元酵素（KR），芳香化酵素（ARO）および環化酵素（CYC）などの酵素群による修飾を経て完成される[81]。

acinorhodinのポリケタイド骨格生成に必要な遺伝子のうち，KS, CLFおよびACPの三つの遺伝子を同時に発現させたところactinorhodinと同じ鎖長を有する新規化合物が合成された[82]。さらには，granaticinあるいはtetracenomycinといった別の芳香族ポリケタイドにおいても，上記3遺伝子を取り出し発現させると，やはりそれぞれの化合物に特徴的な鎖長の新規ポリケタイドが形成された。これらの事実からKS, CLFおよびACPの三つの遺伝子群を，化合物特異的な鎖長のポリケタイド鎖形成に必要な最少因子という意味で「最少PKS（minimal PKS）」と呼ぶ。

最少PKSの発現によって合成される化合物は本来の生産菌には認められない新規な化合物である。さらにはactinorhodin, griseusinおよびtetracenomycinの各生合成遺伝子に由来する最少PKS, KR, AROおよびCYCの各遺伝子を組み合わせることによって，いろいろな修飾が起きたポリケタイド化合物が得られている（**図6.14**）[83]。これらの化合物は，やはりそれぞれの生産菌からは認められない新規物質である。

これまでの研究は，基本骨格であるポリケタイド部分の改変例が大半であるが，ポリケタイド形成後の修飾反応に関与する遺伝子群の改変・組合せによってさらにバリエーションに富んだ化合物の生産が期待できる。

（岡本　晋）

引用・参考文献

1) ヴォート（田宮信雄，村松正美，八木達彦，吉田　浩訳）：生化学（第2版），pp. 378-396，東京化学同人（1997）．
2) 高尾彰一，栃倉辰六郎，鵜高重三編：応用微生物学，pp. 256-257，文永堂出版（1997）．
3) スタニエ，イングラム，ウィーリス，ペインター（高橋　甫，斉藤日向，手塚泰彦，水島昭二，山口英世訳）：微生物学（第5版），pp. 72-82，培風館（1989）．
4) Stephanopoulos, G. N., Aristidou, A. A. and Nielson, J. eds.: *Metabolic Engineering*, pp. 205-212, Academic Press, New York (1998).
5) DeRisi, J. L., Iyer, V. R. and Brown, P. O.: *Science*, **278**, 680-689 (1997).
6) Murooka, Y. and Imanaka, T. eds.: *Recombinant Microbes for Industrila and Agricultural Applications*, pp. 723-739, Marcel Dekker, New York (1994).
7) Brau, B. and Sahm, H.: *Arch Microbiol.*, **144**, 296-301 (1986).
8) Alterhum, F. and Ingram, L. O.: *Appl. Environ. Microbiol.*, **55**, 1943-1948 (1989).
9) 乳酸菌研究集談会編：乳酸菌の科学と技術，pp. 89-100，学会出版センター（1986）．
10) 山中健生：微生物のエネルギー代謝，pp. 18-21，学会出版センター（1985）．
11) 田淵武士，田中優行，阿部又三：農化，**43**, 154-158 (1969).
12) Tabuchi, T., Serizawa, N. and Uchiyama, H.: *Agric. Biol. Chem.*, **38**, 2571-2572 (1974).
13) Miyakoshi, S., Enami, K., Uchiyama, H. and Tabuchi, T.: *Agric. Biol. Chem.*, **51**, 1017-1021 (1987).
14) Miyakoshi, S., Uchiyama, H., Someya, T., Satoh, T. and Tabuchi, T.: *Agric. Biol. Chem.*, **51**, 2381-2387 (1987).
15) Abe, M. and Tabuchi, T.: *Agric. Biol. Chem.*, **32**, 392-393 (1968).
16) Lockwood, L. B. and Stodola, F. H.: *J. Biol. Chem.*, **164**, 81-83 (1946).
17) Asai, T., Aida, K., Sugisaki, Z. and Yakeishi, N: *J. Gen. Appl. Microbiol.*, **1**, 308-346 (1955).
18) 増尾栄太郎，脇坂義治：農化，**29**, 550-555 (1955).
19) Tsugawa, R. and Nakase, T.: *Agric. Biol. Chem.*, **33**, 158-167 (1969).
20) Imada, Y. and Yamada, K.: *Agric. Biol. Chem.*, **33**, 1326-1332 (1969).
21) 岡田　弘，亀山　巌，奥村信二，角田俊直：*Amino Acids*, **3**, 26-36 (1961).
22) Sato, M., Nakahara, T. and Yamada, K.: *Agric. Biol. Chem.*, **36**, 1745-1749 (1972).
23) Yamada, K., Furukawa, T. and Nakahara, T.: *Agric. Biol. Chem.*, **34**, 670-675 (1970).
24) 佐々木酉二，高尾彰一：農化，**40**, 190-195 (1966).
25) Furukawa, T., Nakahara, T. and Yamada, K.: *Agric. Biol. Chem.*, **34**, 1833-1838 (1970).
26) Kitahara, K., Fukui, S. and Misawa, M.: *J. Gen. Appl. Microbiol.*, **6**, 108-116 (1960).
27) Nagata, N., Nakahara, T. and Tabuchi, T.: *Biosci. Biotechnol. Biochem.*, **57**, 638-642 (1993).
28) Nakajima-Kambe, T., Hirotani, N. and Nakahara, T.: *J. Ferment. Bioeng.*, **82**, 411-413 (1996).
29) 木下廣野：日本化学会誌，**50**, 583-593 (1929).
30) Guevarra, E. D. and Tabuchi, T.: *Agric. Biol. Chem.*, **54**, 2353-2358 (1990).
31) Tsugawa, R. and Okumura, S.: *Agric. Biol. Chem.*, **33**, 676-682 (1969).
32) Yonehara, T. and Miyata, R.: *J. Ferment. Bioeng.*, **78**, 155-159 (1994).
33) Izumi, Y., Matsumura, Y., Tani, Y. and Yamada, H.: *Agric. Biol. Chem.*, **46**, 2673-2679 (1982).
34) Yokota, A., Shimizu, H., Terasawa, Y., Takaoka, N. and Tomita, F.: *Appl. Microbiol. Biotechnol.*, **41**, 638-643 (1994).
35) Yokota, A., Terasawa, Y., Takaoka, N., Shimizu, H. and Tomita, F.: *Biosci. Biotechnol. Biochem.*, **58**, 2164-2167 (1994).
36) 別府輝彦，阿部重雄，坂口謹一郎：農化，**32**, 207-211 (1958).
37) Hoshiko, S., Kunimoto, Y., Arima, K. and Beppu, T.: *Agric. Biol. Chem.*, **46**, 143-151 (1982).
38) Koffas, M. A., et al.: *Metab. Eng.*, **5**, 32-41 (2003).
39) Ohnishi, J., et al.: *Appl. Microbiol. Biotechnol.*, **58**, 217-223 (2002).
40) 郡司義哉，他：特開平15 (2003)-61687.
41) Viljic, M., et al.: *Mol. Microbiol.*, **22**, 815-826 (1996).
42) Florent, J.: *Biotechnology*, No. 4, pp. 115-157, VCH Verlagsgesellschaft, Weinheim (1986).
43) Kinoshita, S., et al.: *J. Gen. Appl. Microbiol.*, **3**, 193-205 (1957).
44) Udaka, S., et al.: *J. Bacteriol.*, **79**, 754-755 (1960).
45) Gerdeman, M. S., et al.: *Nucleic Acids Res.*, **30**, 1065-1072 (2002).
46) McDaniel, B. A. M., et al.: *Proc. Natl. Acad. Sci. USA*, **100**, 3083-3088 (2003).
47) Hoischen, C., et al.: *Arch. Microbiol.*, **151**, 342-347 (1989).
48) Gutmann, M., et al.: *Biochem. Biophys. Acta*, **1112**, 115-123 (1992).

49) Kawahara, Y., et al.: *Biosci. Biotech. Biochem.*, **61**, 1109-1112 (1997).
50) Kimura, E., et al.: *Biosci. Biotech. Biochem.*, **60**, 1565-1570 (1996).
51) Kimura, E., et al.: *Biochem. Biophys. Res. Commun.*, **234**, 157-161 (1997).
52) Kimura, E., et al.: *Biosci. Biotech. Biochem.*, **63**, 1274-1278 (1999).
53) Kuninaka, A., et al.: *Bull. Agric. Chem. Soc. Jpn.*, **23**, 239-243 (1959).
54) Yoshikawa, M., et al.: *Bull. Agric. Chem. Soc. Jpn.*, **42**, 3505-3508 (1969).
55) Mori, H. et al.: *Appl. Microbiol. Biotechnol.*, **48**, 693-698 (1997).
56) Ishikawa, K., et al.: *Protein Eng.*, **15**, 539-543 (2002).
57) Matsui, H., et al.: *Agric. Biol. Chem.*, **46**, 2347-2352 (1982).
58) 古屋 晃:発酵と工業, **36**, 1036-1048 (1978).
59) 松井 裕, 他:国際特許出願, WO99/03988 (1999).
60) Kamada, N., et al.: *Appl. Microbiol. Biotechnol*, **56**, 710-717 (2001).
61) 鮫島廣年, 奈良 高:微生物と発酵生産, pp. 127-145, 共立出版 (1979).
62) 岡見吉郎, 大村 智:抗生物質生産要説, 共立出版 (1979).
63) 大野雅二, 大村 智:抗生物質研究の最先端, pp. 101-109, 東京化学同人 (1989).
64) 池田治生, 大村 智:化学と生物, **34**, 761-771 (1996).
65) Volf, J.-N. and Altenbuchner, J.: *Mol. Microbiol.*, **27**, 239-246 (1998).
66) 市瀬浩志:蛋白質 核酸 酵素, **44**, 1562-1571, 共立出版 (1999).
67) 木全恵子, 饗場弘二:蛋白質 核酸 酵素, **45**, 559-569, 共立出版 (2000).
68) 小笠原直毅, 定家義人, 藤田昌也, 吉田健一, 藤田泰太郎, 吉川博文, 三輪泰彦, 山本博規, 関口順一, 熊野みゆき, 山根國男, 村田麻喜子, 大木玲子:蛋白質 核酸 酵素, **44**, 1449-1459, 共立出版 (1999).
69) Jhang, J., Wolfe, S. and Demain, A. L.: *FEMS Microbiol. Lett.*, **48**, 145-150 (1989).
70) Gil, J. A. and Campelo-Diez, A. B.: *Appl. Microbiol. Biotechnol.*, **60**, 632-642 (2002).
71) Brana, A. F., Wolfe, S. and Demain A. L.: *Can. J. Microbiol.*, **31**, 736-743 (1985).
72) Kasarenini, S. and Demain, A. L.: *J. Ind. Microbiol.*, **13**, 217-219 (1994).
73) Cashel, M., Gentry, D. R., Hernandez, V. J. and Vinella, D.: *Escherichia coli and Salmonella*, (Neidhrdt, F.C.), Vol. I, pp. 1458-1496, ASM Press, Washington, D.C. (1996).
74) 越智幸三, 川本伸一, 岡本(細谷)仁子:化学と生物, **37**, 731-737 (1999).
75) 大西康夫, 堀之内末治:蛋白質 核酸 酵素, **44**, 1552-1561, 共立出版 (1999).
76) 仁平卓也:バイオサイエンスとインダストリー, **59**, 515-520 (2001).
77) Shier, W. T., Rinehart, K. L. and Gottlieb, D.: *Proc. Natl. Acad. Sci. USA*, **63**, 198-204 (1969).
78) Omura, S., Sadakane, N., Tanaka, Y. and Matsubara, H.: *J. Antibiot.*, **36**, 927-930 (1983).
79) Hopwood, D. A., Malpartida, F., Kieser, H. M., Ikeda, H., Duncan, J., Fujii, I., Rudd, B. A., Floss, H. G. and Omura, S.: *Nature*, **314**, 642-644 (1985).
80) Omura, S., Ikeda, H., Malpartida, F., Kieser, H. M. and Hopwood, D. A.: *Antimicrobiol. Agents Chemother.*, **29**, 13-19 (1986).
81) 池田治生, 大村 智:蛋白質 核酸 酵素, **43**, 1265-1277, 共立出版 (1998).
82) McDaniel, R., Ebert-Khosla, S., Hopwood, D. A. and Khosla, C.: *J. Am. Chem. Soc.*, **116**, 10856-10859 (1994).
83) McDaniel, R., Ebert-Khosla, S., Hopwood, D. A. and Khosla, C.: *Nature*, **375**, 549-554 (1995).

6.2 バイオコンバージョン

　バイオコンバージョン(bioconversion)とは,微生物を"特定の反応を触媒する酵素"(bio-)とみなして,基質から有用物質を直接的に反応転化(conversion)する方法である。酵素が菌体内にできていれば微生物自体の生命活動は必ずしも必要ではなく,休止菌体や処理菌体でも使用可能である。また,基質は酵素の作用により変換されるものであれば天然物でも人工の類似アナログ化合物でもかまわない。すなわち,バイオコンバージョンは意図して人工基質から非天然型の化合物の合成に利用できる。また,触媒としての菌体や酵素の量,基質の添加量も人為的に自由に制御できることから,高濃度,高純度の合成・変換産物を得ることも可能であり,濃縮や単離工程に要するエネルギーを軽減することができるという利点がある。

　従来より微生物反応を利用して有用物質を生産する方法として発酵法(fermentation)があるが,バイオコンバージョンはこの発酵法を中心とした微生物利用技術を基盤として発展してきた。発酵法では代謝を利用して,炭素源・窒素源から物質を生産する。したがって,生育過程の微生物を生産工場として利用するため,エネルギー変換や複雑な代謝が物質生産のために共役する生命活動が不可欠である。従来のアルコール発酵,アミノ酸発酵などがこの例であり,微生物の営

む代謝生理を利用した安価な炭素源・窒素源からの物質生産法である。発酵法には，①反応時間が長い，②生成物濃度が低い，③生成物は天然物に限られ，④その単離が困難などのさまざまな欠点があるが，これらを補おうと複雑な他段階反応を経る微生物生産系をより機能的にとらえ，特定の反応を触媒する酵素としてみなすことでバイオコンバージョンは誕生した。そのため，バイオコンバージョンは酵素の触媒としての特徴をそのまま保持する。すなわち，①温和な反応条件下でその機能が効率よく発揮され，②反応の選択性が著しく高く，③特定の構造上の特定の位置（regiospecific）に，しかも立体選択的（stereospecific）に反応が起こるので，④副生産物が少なく収率の向上が可能であり，⑤基質特異性が厳密なため種々の化合物の混在下でも特定の基質のみを選択的に変化させることができる。触媒としての菌体や酵素を通常の化学触媒と置き換えて考えると，手法的には有機化学合成とほとんど変わりがなく，ある意味，きわめて非生物学的な側面を有する。しかし，酵素はタンパク質からなるため，通常の触媒とは著しく異なる物性を示す。酵素の立体構造が維持できる条件が必要であるため，一般的に有機溶媒，酸性やアルカリ性溶液，熱に対して不安定であり，これらの不安定性はバイオコンバージョンの欠点となっている。しかし，非生物学的な物質生産の代表例である触媒を利用した化学反応と比較して，高温，高圧といった反応条件やその環境を整えるためのエネルギー消費を必要としないといった利点を有する。

このような長所を持つバイオコンバージョンにおいては微生物酵素あるいは微生物菌体（増殖菌体，休止菌体または熱，表面活性剤その他の薬品で処理した菌体）を触媒として用いるのが最も実用的である。固定化酵素，固定化菌体は，酵素などの生体触媒のもつ不安定性，取り扱いにくさ，繰り返し使用ができないなどの欠点を除くために考案されたもので，①保存時および使用時の安定性が著しく増加する，②繰り返し利用できる，③反応の連続化が可能である，④反応生成物の純度および収率が高くなる，⑤（水に難溶性化合物の合成変換，疎水性環境での脂溶性基質の変換など）生体触媒に新しい機能を発揮させる場所を与えることができる，⑥使用目的に適した性質，形状のものを調製できる，⑦資源，エネルギーなどの点でも遊離の状態の酵素，菌体を用いる場合よりも有利である，など数多くの利点を有する。

バイオコンバージョンによる物質生産は，①まず合成ルートをデザインし，②目的の反応を触媒する酵素をスクリーニングすることより始まる。スクリーニングでは，集積法，馴養法などの技法を取り入れることにより自然界から優れた反応活性を有する微生物を効率よく分離する。③つぎに，酵素の大量発現条件の最適化を行う。最近の遺伝子組換え技術の進歩に伴い，高発現宿主・ベクター系の構築により酵素の大量生産が可能になり，部位特異的変異導入法により酵素の性質の改良も可能になった。④反応条件の適正化，⑤安定的な使用方法の開発を経て，⑥最終的にバイオリアクターによる連続反応によって目的生成物を高濃度・高収率で得る。

工業化まで考慮したバイオコンバージョンの利用は，生産物として比較的付加価値の高いファインケミカルや光学活性な化合物を対象とした生産に集中している。触媒として用いる酵素の特徴を利用して，合成プロセス中に位置特異性あるいは立体選択性を要求する化学合成が困難な有機化合物の合成・変換に試みられている。しかし，大量生産型コモディティケミカル（汎用化学品）の合成にもバイオコンバージョンが利用可能になった。石油化学が生み出した大量生産型原料素材の生産にもバイオコンバージョンが代替できる意義は非常に大きく，不向きといわれていた常識を打破した例としてアクリルアミドの生産開発を以下に示す。

アクリルアミドは水溶性ビニル系ポリマーの原料モノマーであり，紙力増強剤，高分子凝集剤，石油回収用ポリマー，繊維処理剤，接着剤など多くの重要な用途がある。アクリルアミドの単独重合体は非イオン性ポリマーであるが，このポリマーのアミド基を加水分解するかアクリル酸と共重合するとアニオン性ポリマーが，また，カチオン性モノマーとの共重合ではカチオン性ポリマーが得られることから各種重合体原料としても幅広い用途がある。世界で年間約50万t，日本でも年間約6万tの需要がある大型商品であり，年々その需要量は増加している。従来より工業的化学合成法は還元銅などの金属系触媒を用いる水和法（図6.15）で行われていたが，①原料や触媒の脱酸素といった調製の煩雑性や不活性環境維持の不便性，②モノマー品質を低下させる反応副産物の生成，③高温加圧によるエネルギー消費，④脱触媒，濃縮，脱色などの工程の複雑さ，などの問題点を抱えている。このような状況のなかで日東化学工業(株)（現，三菱レイヨン(株)）は，特に不純物を含まない高品質のアクリルアミドを得る方法として，バイオコンバージョンに着目し研究開発を1976年に開始した[1]。

ニトリル化合物の微生物代謝研究から，ニトリルの分解には，ニトリルを直接カルボン酸に加水分解する反応（ニトリラーゼ反応；式（6.1））と，ニトリル

6.2 バイオコンバージョン

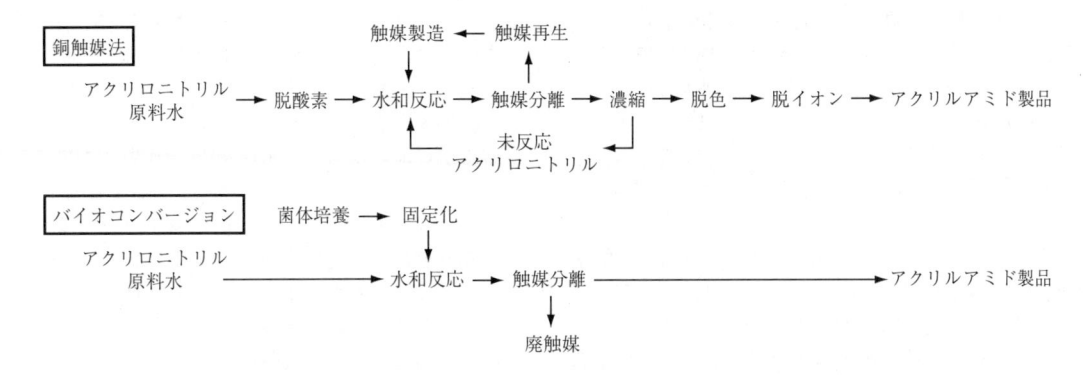

```
[銅触媒法]
                    触媒製造 ← 触媒再生
                       ↓        ↑
アクリロニトリル → 脱酸素 → 水和反応 → 触媒分離 → 濃縮 → 脱色 → 脱イオン → アクリルアミド製品
原料水                       ↑        ↓
                         未反応
                      アクリロニトリル

[バイオコンバージョン]
              菌体培養 → 固定化
                          ↓
アクリロニトリル ──────→ 水和反応 → 触媒分離 ──────────→ アクリルアミド製品
原料水                             ↓
                                 廃触媒
```

図6.15 化学合成法 (銅触媒法) とバイオコンバージョン法 (R. rhodochrous J1) の比較

をいったん水和してアミドを生成し (ニトリルヒドラターゼ反応；式 (6.2)) [2]，さらに加水分解してカルボン酸を生成する反応 (アミダーゼ反応；式 (6.3)) との2種類がある [3]。

$$R-CN + 2H_2O \longrightarrow R-COOH + NH_3 \quad (6.1)$$
$$R-CN + H_2O \longrightarrow R-CONH_2 \quad (6.2)$$
$$R-CONH_2 + H_2O \longrightarrow R-COOH + NH_3 \quad (6.3)$$

このようにニトリルヒドラターゼは，ニトリルを加水分解してアミドを生成し，まったくカルボン酸を生成しないことから，本酵素を利用するアクリロニトリルからのアクリルアミドの有効な合成法 (式 (6.4)) が開発されることを期待して酵素生産菌のスクリーニングが開始された。

$$CH_2=CH-CN + H_2O \longrightarrow CH_2=CH-CONH_2 \quad (6.4)$$

微生物を用いてアクリルアミドを生産する場合，まずとるべき一つの方法はアクリロニトリル資化性菌を取得し，アクリロニトリルからアクリルアミドへの反応転化率が高く，かつ生成したアクリルアミドからのアクリル酸へ変換効率 (アミダーゼ活性) が低い微生物を選抜することである。または反応系にアミダーゼ阻害剤を添加するか，あるいはニトリルヒドラターゼを構成酵素化してアミダーゼ欠損株を作成することなどである。しかしながら，アクリロニトリルの強い毒性のため，通常の方法でアクリロニトリル資化性菌のスクリーニングは容易でなく，さらに，ニトリラーゼが生成した場合にはアクリルアミドの蓄積は期待できない。そこで比較的分離が容易な低分子脂肪族ニトリル分解菌が分離され，それらのなかからアクリルアミド生産能が高く，かつアクリル酸生産能が低い株が探索された。このようにしてアセトニトリル資化性菌の中から，*Rhodococcus* sp. N-774 (図6.16) が選抜された。

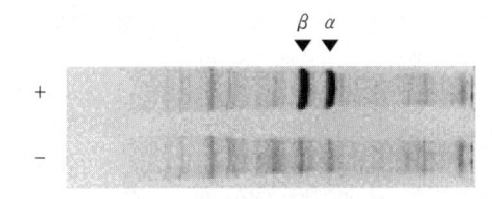

図6.16 誘導剤として尿素を添加 (＋)，非添加 (－) して培養した *R. rhodochrous* J1 の無細胞抽出液

α：ニトリルヒドラターゼ α サブユニット
β：ニトリルヒドラターゼ β サブユニット

(アクリロニトリルに作用する) 本菌のニトリルヒドラターゼは培養により構成的に生成する。工業的な培養条件の検討が行われ，グルコースが炭素源として使用できること，酵素活性の向上に鉄イオンがきわめて有効であることなどの知見が得られ，工業化に要請される活性のレベルと量を十分に満足する培養技術がまず確立された。本菌の無細胞抽出液中のアミダーゼ活性 (式 (6.3)) は，ニトリルヒドラターゼ活性 (式 (6.2)) に比較して著しく低い。すなわち，菌体にアクリロニトリルを基質として作用させると，ニトリルヒドラターゼの働きでアクリルアミドが生成するが，アミダーゼ活性が低いためアクリルアミドが高濃度に蓄積するものと考えられた。

さらに，生成物阻害を回避しアクリルアミド20％以上を可能とした低温反応法，光照射によるニトリルヒドラターゼ活性高発現化の発見および菌体固定化法の開発により，化学系触媒に匹敵する寿命と反応器容積効率を持つ第1世代バイオ触媒が誕生した。

本技術が確立された後も，アミド生産性向上による触媒コストの低減，反応系アミドの高濃度化による生産能力の増強およびいっそうの品質向上を目的として，より優れた微生物の探索が継続された。①N-774

株よりアミド耐性が高い，②誘導的な酵素生成が見られる，③ニトリルヒドラターゼ活性発現に光が影響しないなど，興味深い性質を持つ有効菌株として*Pseudomonas chlororaphis* B23（図6.16）が選出された[4]。本菌はイソブチロニトリル資化性菌として分離され，アクリロニトリル含有培地で生育できないが，イソブチロニトリル含有培地で生育する菌体はニトリルヒドラターゼを強力に生成する。加えて著量の酵素生成にきわめて有効な誘導剤としてメタクリルアミドが発見された。実際に，本菌をイソブチロニトリル含有培地で培養後，その休止菌体をアミダーゼ活性が低下する10℃付近に設定した温度で，基質アクリロニトリルを分別フィード方式で添加し反応させた。その結果，7.5時間の反応で400 g/lのアクリルアミドが合成され，収率は約100％，アクリル酸の副生は0.1％以下であった。このように40％にも達するアクリルアミドの生成は，これまでの化学的合成法によっては不可能とされ，バイオコンバージョンの工業的製法としてのさらなる有効性が示唆された。粘性物質非生産変異株および高活性変異株の取得などにより菌性能の大幅改良に成功し，N-774株ではわずかに認められたアクリル酸の副生はまったくなくなった。B23株を第2世代バイオ触媒として導入することにより，大幅な既設プラントの変更を伴わず生産能力を増強することが可能になった[5]。

さらに，その後のスクリーニングの結果，コバルトイオンをコファクターとするニトリルヒドラターゼを大量に生産する*Rhodococcus rhodochrous* J1が単離された。本菌をコバルトイオン添加条件下で，安価かつ無毒な尿素を誘導剤として添加した最適培地で培養した場合，無細胞抽出液中の50％以上を占めるほどニトリルヒドラターゼが著量に発現する（図6.16）。

本酵素は，きわめて強いアクリロニトリルおよびアクリルアミド耐性を示す。よって反応時に高濃度の基質が添加できるようになり，アクリルアミドの高い生産蓄積が可能になった。本菌を直接触媒的に用いて基質アクリロニトリルを分別フィード方式で添加し転換反応させた結果，結晶として析出するほど大量蓄積し，結晶部分も換算した場合650 g/l以上のアクリルアミド生産が達成された。①アクリル酸の副生が無視できない，②菌体からの色素溶出で反応液が着色するなど問題点があったが，色素が出ないアミダーゼ欠損株を得ることで解決が図られた。プロセス的にも脱色および濃縮工程が不要となり，よりコンパクトなプラントとすることができた。*R. rhodochrous* J1の使用により生産能力は大幅に増強した（図6.15）[6]。

1991年から日東化学工業（株）（現，三菱レイヨン（株））において，*R. rhodochrous* J1のニトリルヒドラターゼは，バイオコンバージョンによるアクリルアミド工業生産の第3世代バイオ触媒として使用されるに至っている。さらに，三菱レイヨン（株）から技術ライセンスを受けたフランスのSNF社は，フランスだけでなくアメリカや中国にもアクリルアミド生産工場を建設し，欧米・アジアの三極生産体制を整え，グローバル生産能力は年間16万トンを超えている。すなわち，世界のアクリルアミド総生産量の約1/3が*R. rhodochrous* J1のニトリルヒドラターゼを利用したバイオコンバージョンで現在作られている。

バイオコンバージョンでは特定の反応を触媒する酵素の性質がプロセス全体の構成を左右する。そのため，*Rhodococcus* sp. N-774，*P. chlororaphis* B23，*R. rhodochrous* J1とバイオ触媒が進化するに従い（表

表6.1 バイオコンバージョンによるアクリルアミド工業生産におけるニトリルヒドラターゼ生産菌の変遷

	第1世代バイオ触媒 *Rhodococcus* sp. N-774	第2世代バイオ触媒 *Pseudomonas chlororaphis* B23	第3世代バイオ触媒 *Rhodococcus rhodochrous* J1
アクリル酸の副生	少しあり	ほとんどなし	ほとんどなし
アクリルアミドに対する耐性〔％〕	27	40	50
光活性化	あり	なし	なし
培養時間〔h〕	48	45	72
菌体収量〔g/l〕	15	17	28
培地1ml当りの活性〔単位/ml〕	900	1 400	2 100
菌体の比活性〔単位/mg〕	60	85	76
アクリルアミド生産性〔g/g細胞〕	500	850	>7 000
アクリルアミド終濃度〔％〕	20	27	40
アクリルアミド生産量〔t/年〕	4 000	6 000	>30 000
実用化年度	1985	1988	1991

6.1)，製造コストも大きく低減してきた。実際に触媒として使われている *R. rhodochrous* J1のニトリルヒドラターゼの分子レベルの解析[7]も進んでおり，これらの情報をもとにした酵素に対する変異操作や遺伝子組換え操作による菌の改良などの研究開発が行われ，より高度な活性および基質特異性を有する酵素の創製が期待される。

　化学合成法により安価に供給される基質から，バイオコンバージョンを用いて有用物質を生産する研究は活発に進められており，今後も発展していくことは疑いない。新しい用途にバイオコンバージョンを利用する場合には，その応用に適した性質を持つ酵素の生産菌をスクリーニングすることから始まる。スクリーニング，伝統的な発酵工業の基盤といったわが国が世界に誇れる技術の高さを駆使し，これからも日本発の多彩な有用物質の生産開発が期待される。　　　（橋本，小林達彦）

引用・参考文献

1) 化学工学会 SCE-NET編：進化する科学技術，pp. 193-198，工業調査会（2003）．
2) Asano, Y., Tani, Y. and Yamada, H.: *Agric. Biol. Chem.*, **44**, 2251-2252（1980）．
3) Kobayashi, M., Nagasawa, T. and Yamada, H.: *Trends in Biotechnol.*, **10**, 402-408（1992）．
4) Asano, Y., Yasuda, T., Tani, Y. and Yamada, H.: *Agric. Biol. Chem.*, **46**, 1183-1189（1982）．
5) Nagasawa, T., Ryuno, K. and Yamada, H.: *Experientia*, **45**, 1066-1070（1989）．
6) Yamada, H., Shimizu, S. and Kobayashi, M.: *Chemical Records*, **1**, 152-161（2001）．
7) Kobayashi, M. and Shimizu, S.: *Nature Biotechnol.*, **16**, 733-736（1998）．

7. 培養工学

　バイオインダストリーにおいては，微生物，動物・植物細胞，およびそれらの細胞から分離された酵素などの生体触媒機能を使用して，原料から目的とする物質を計画どおりに生産することが重要である。そのためには，細胞の代謝と増殖特性を十分に理解し，合理的なバイオリアクターの設計と操作が必要不可欠となる。特に，バイオリアクターは，生体触媒の効率的な機能発現を実現する場を提供するものであり，その果たす役割は非常に大きい。バイオリアクターという用語は，当初，固定化生体触媒を用いた反応器に対して定義されていたが，最近では，微生物や動物・植物細胞用の培養槽も含め，広義な意味で使用することが定着しているように思われる。

　以上のような観点から，本章では，培養工学における基礎としての「増殖速度論」と「培養操作論」を，それぞれ7.1節と7.2節で述べ，目的や使途に応じてその仕様や操作などが異なるバイオリアクターの特徴を，7.3節で項目別に整理する。7.4節では，バイオインダストリーで重要な問題となるスケールアップについて記述し，最終節では，バイオプロセスデータの計測システム，バイオリアクターおよびそのなかで営まれるバイオプロセスを合理的に制御するためのモデル理論ならびに方法論について，培養操作論と関連づけながら説明する。

〔田谷〕

7.1 増殖速度論

7.1.1 細胞増殖および生産物生成様式

　微生物の増殖という現象は，細胞が周辺の物質を利用して，自己と同じ細胞を再生することである。すなわち微生物細胞が低分子であれ，高分子であれ，その周りに存在する物質を分解・変化させ，適宜細胞内に取り込み，細胞構成成分に変化させ，それらを組み合わせて，有機的な機能を持った細胞に組み立てている。細胞の多くは簡単な炭素源，窒素源から細胞内成分である高分子を合成することができる。酵母，カビでは，ビタミンやアミノ酸を与えないと増殖しないものが多い。本項では，微生物の増殖ならびに増殖に伴って微生物の体内に蓄積または体外に分泌される生産物の生成に影響を及ぼす環境因子について概説した後，増殖ならびに生産物生成様式について数式表現を交えて説明する。

（a）微生物の増殖，代謝に影響する環境因子

（1）栄養源　微生物細胞は，その周囲から無機あるいは有機の溶存物質を取り込んで分解系代謝の過程で，それらを用いてエネルギーの獲得あるいは細胞構成成分の合成を行っている。これらの溶存物質を栄養源といいエネルギー源，炭素源，窒素源，無機塩類，微量栄養素あるいは生育因子（ビタミンなど）に分けられる。

　窒素源は，タンパク質合成の素材としてのアミノ酸の合成に必須な栄養源である。窒素固定菌は窒素ガスを利用することができるが，その他の微生物は，アンモニウム塩，硝酸塩，亜硝酸塩などの無機窒素源や，尿素，アミノ酸類，タンパク質などの有機窒素源を利用する。工業用培地の窒素源としては，硫安，尿素，カゼイン，大豆粕，綿実油，酵母エキス，ペプトン，コーンスティープリカーなどが用いられる。

　微生物の生育に必要な無機元素のうち，P，S，MgおよびKが，比較的多量必要であり，Ca，Mn，Fe，Co，Cu，Znなどが微量金属元素として生育必須成分として要求される。その他の金属もまれに必要になるときがあるが，通常の井戸水や，水道水中に含まれている量で十分である。天然の有機物質でできている天然培地（natural medium）中には通常十分量の無機元素が含まれているが，成分がはっきりしている合成培地（synthetic medium）には，K_2HPO_4，KH_2PO_4，$MgSO_4 \cdot 7H_2O$，$CaCl_2 \cdot 2H_2O$，$FeSO_4$などの無機塩ならびに微量金属塩を加える必要がある。

　炭素源，窒素源，無機塩類のほかに，生育因子（growth factor）と呼ばれているビタミン類，核酸塩基など微量因子を必要とする場合がある。これら成長因子は，単に増殖促進効果があるのみならず，代謝調節因子として目的とする生産物の収量に影響を及ぼす

ことがあり，最適な濃度を調べ，その濃度に調節する必要がある。

（2）温　度　増殖およびその他生物細胞の代謝反応の速度は温度の影響を受ける。微生物細胞の増殖が可能な温度には限られた範囲があり，その範囲を超えると増殖速度は急激に低下する。すなわち，微生物はその種類により一定の発育し得る最低速度と最高速度があり，それらの間に増殖速度が最高になる最適温度が存在する。増殖速度が最高温度で急激に低下するのはタンパク質そして細胞構造が熱変性するためと考えられる。微生物を生育温度によって分類すると，**表7.1**のようになる。

表7.1 微生物の生育温度による分類[1]

種　類	最低温度	最適温度	最高温度	例
好冷菌 psychrophile	0～10℃	10～20℃	25～30℃	発光細菌 腐敗菌
好温菌 mesophile	0～7℃	20～40℃	40～45℃	カビ，酵母 一般細菌
好熱菌 thermophile	25～45℃	50～60℃	70～80℃	温泉細菌

温度の影響の定量的な表現としては，酵素反応において，速度がArrheniusの式で温度の関数として表されるように，比増殖速度 μ（式（7.35）参照）を絶対温度の逆数の指数関数として表すことができる。

$$\mu = A \exp\left(-\frac{E_\mu}{RT}\right) \tag{7.1}$$

ここで，A は頻度因子〔s^{-1}〕，E_μ は活性化エネルギー〔J/mol〕，R は気体定数〔J/(mol·K)〕，T は絶対温度〔K〕である。

しかし，この式が成立するのは狭い温度範囲であって，高温になると比増殖速度は急激に低下する。

（3）pH　微生物の増殖ならびに代謝反応に対するpHの影響はきわめて強く，増殖に最適なpHの範囲はわずか1～2であることが多い。増殖可能なpHの範囲も2～3と非常に狭い。菌株によって増殖可能なpHあるいは増殖が最大となるpHは異なる。一般に，細菌では中性から弱アルカリ性で増殖が最大となり，酵母，カビ類では酸性のpHが適している。細菌でも，乳酸菌や，酢酸菌など酸を生産する菌は，低いpHに対して抵抗性がある。

（4）酸　素　微生物は環境中に存在する種々の物質を変化させてエネルギーを獲得し，生命を維持しているが，その多くは有機物を酸化する反応を利用している。細胞内での多くの酸化反応は脱水素反応であるが，それは呼吸鎖反応に連結しており，最終的な電子受容体は酸素である。したがって，これらの微生物はエネルギー獲得のために酸素を必要とすることから好気的微生物と呼ばれている。ところが，ある種の微生物はエネルギー獲得反応で酸素を必要とせず，なかには酸素毒となる場合もある。このような対酸素挙動から微生物を分類すると**表7.2**のようになる。

表7.2 対酸素挙動に基づく微生物の分類[2]

種　類	性　質	例
（絶対）好気性菌 (obligate) aerobe	生育に酸素を必要とする。	カビ，酢酸菌
通性嫌気性菌 facultative anaerobe	酸素の有無によらず生育する。	乳酸菌，酵母
（絶対）嫌気性菌 (obligate) anaerobe	酸素が微量のときだけ生育する。	酪酸菌，アセトン／ブタノール菌

（5）そ の 他　ほとんどすべての細胞内反応は水溶液中で起こるものであり，微生物の生存にとって水はきわめて重要な物質である。液体深部培養を行う場合は，細胞を取り巻く環境自体が水であるのに対して，固体培養の場合は水分が不足して増殖が抑制されることが起こりやすい。しかし，水分の微生物代謝に対する影響は，水の量そのものではない。生体に対する水の影響を検討するための指標には，水分含量，溶質濃度，浸透圧，平衡相対湿度，水分活性がある。水分活性（a_w）は微生物の生育や酵素活性に必要な水分を表したり，微生物の成育や酵素活性と水の関係を表すために最もよい方法であることが広く認められており，次式で与えられる。

$$a_w = \frac{p_s}{p_0} \tag{7.2}$$

ここに，p_s および p_0 はそれぞれ，水分活性を有する水溶液および純水の蒸気圧である。

（b）微生物増殖様式　本項冒頭で述べたように，微生物増殖という現象（反応）は，一般の化学反応や生化学反応に比べて，きわめて複雑であり多数の物質が関与し多数の反応が互いに干渉しあって成立している。しかし，そのような複雑な増殖様式を素反応に分解してすべてを記述することは不可能であり，実用的な意味をなさない。本項では，回分培養における微生物増殖の基本パターンと増殖様式の特徴を実用的に矛盾なく記述できる巨視的なモデルについて述べる。

（1）回分培養における微生物増殖　微生物を閉鎖系で培養した場合，培養液中の微生物濃度の変化を見ると，**図7.1**に示されるような増殖曲線が得られる。すなわち，培養開始当初見かけ上菌体濃度に変化

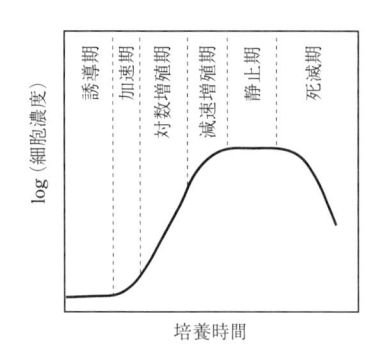

図7.1 回分培養における微生物増殖曲線

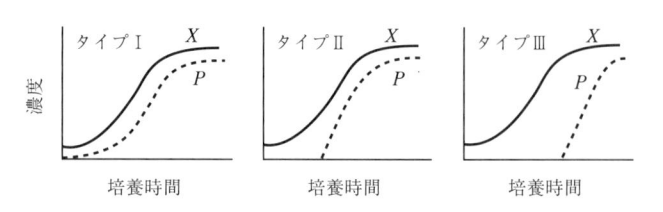

図7.2 回分培養における細胞増殖と代謝産物生成の関係（Gadenの分類法）〔Gaden, E. L.: *J. Biochem. Microbiol. Technol. Eng.*, **1**, 413 (1959)〕

のない誘導期を経て，菌体濃度が時間とともに指数的に増加する指数増殖期に至り，その後増殖速度はしだいに低下する減速増殖期，菌体濃度の変わらない静止期があり，最後の死滅期では細胞の自己消化（autolysis）または胞子形成（spoluration）が起こる。誘導期と指数増殖期の間に増殖加速期を考える場合もあり，両者をあわせて増殖遅延期（lag phase）ということもある。この時期は細胞が増殖を開始する準備期間であり，胞子を接種した場合は胞子から栄養細胞に変化するのに要する時間である。また，胞子でなくても，種培養で増殖活性の低い細胞を接種する場合も同様の準備期間が必要となり，結果として増殖遅延期が長くなる。種培養で増殖のさかんな時期の菌を接種しても，しばしば誘導期，遅延期が観察される。これは，接種後菌体濃度が一気に希薄になり，細胞が環境変化に順応するのに時間を要するためと推察される。また，種培養において増殖曲線のどの時期にある種菌を接種するかで接種後の増殖遅延期が異なることがしばしばあり，種培養のどの時点の培養液を接種するかは培養管理上のポイントであり，工業生産に先立ち確認すべき重要な項目である。

（c）発酵生産様式 微生物の機能を利用した有用物質の生産は，清酒，味噌，醤油など伝統的発酵食品からアルコール，有機物，アミノ酸，核酸，抗生物質などのファインケミカルズ，酵素やインターフェロン等のタンパク質まで多岐にわたっている。これらの発酵生産プロセスを設計，運転するにあたって合理的な数式表現を得ることはきわめて重要である。

本項では，実用的見地に立って，7.1.3項で紹介する各種数式モデルの導出の基礎となる，回分培養における細胞増殖と代謝物生産の挙動について述べる。

図7.2にGadenの分類に基づく増殖速度と生産物の生産速度の関係を示す。タイプIは，アルコール発酵などが属し，増殖に比例して生産物生成が起こる最も単純な系であり，増殖連動型と呼ばれている。代謝産物は微生物の主要なエネルギー代謝の結果として生成され，その結果，増殖曲線と生産曲線は類似の形状を示す。タイプIIIは，ペニシリン発酵などが属し，微生物増殖と生成物生成は独立の関係にあるため増殖非連動型と呼ばれる。タイプIIは，タイプIおよびIIIの中間的なタイプであり，微生物増殖と生産物増殖は緩やかな連動を示す。

Gadenの分類は，複雑な素反応の組合せを経て生産される生産物の場合でも，おおむね当てはめることが可能であり，生産物生成活性が一定のベース活性に増殖活性に連動する部分が付加されるという概念がほぼ汎用的に適用できるということがいえる。

以降，さまざまなモデルが提案されているが，対象とする発酵生産系の培養開始から培養終了までの各フェーズ（例えば，回分培養における誘導期，指数増殖期，静止期，減衰期）でGadenの分類に基づく分類を行い，その挙動から当該発酵生産系の特性をつかむことが解析の基本であろう。

7.1.2 細胞増殖の量論的取扱い

（a）培養における化学量論 微生物反応を物質生産に利用するという目的において，インプット（基質や酸素）がどれくらい効率的にアウトプット（菌体や代謝産物）に変換したか（収率）を把握することはきわめて重要である。一方，微生物反応も一般の化学反応と同様に量論的な考察が可能である。本項では，微生物反応の生産プロセスとしての効率性を表すパラメータ（収率）を説明した後，巨視的な量論関係の記述法を紹介し，収率パラメータと量論係数の関係に言及する。

（1）増殖収率 投入した基質がどれくらいの割合で菌体に変換したかを表すパラメータ（有効利用率）は，増殖収率と呼ばれ次式で定義される。

$$Y_{X/S} = \frac{\Delta X}{\Delta S} = \frac{CGR}{SCR} \tag{7.3}$$

ここに，ΔXは生成した菌体の乾燥重量〔kg〕，ΔSは

消費された基質の重量〔kg〕，CGR (cell growth rate) は増殖速度〔kg-cell/(m³·s)〕，SCR (substrate consumption rate) は基質消費速度〔kg/(m³·s)〕を示す。

1行目は一般的な定義式，2行目は速度基準の定義式である。消費された酸素（呼吸）に対する増殖収率も重要なパラメータであり，次式で定義される。

$$Y_{X/O} = \frac{\Delta X}{\Delta O_2} = \frac{CGR}{OCR} \tag{7.4}$$

ここに，$Y_{X/O}$ は酸素基準の増殖収率〔kg-cell/kmol-O_2〕，ΔO_2 は消費された酸素のモル数〔kmol〕，OCR (oxygen consumption rate) は酸素消費速度〔kmol/(m³·s)〕である。さらに，生体内のエネルギー媒体であるATP（アデノシン5′-三リン酸）基準の増殖収率もエネルギー収支の面からよく議論される。

$$Y_{ATP} = \frac{\Delta X}{\Delta ATP} = \frac{CGR}{ACR} \tag{7.5}$$

ここに，Y_{ATP} はATP基準の増殖収率〔kg-cell/kmol-ATP〕，ΔATP はATPの消費モル数〔kmol〕，ACR (ATP consumption rate) はATP消費速度〔kmol/(m³·s)〕である。

（2）生産物収率　同様に，投入した基質がどれくらいの割合で代謝産物に変換したかを表す指標は，生産物収率と呼ばれ次式で定義される。

$$Y_{PS/S} = \frac{\Delta P}{\Delta S} = \frac{PPR}{SCR} \tag{7.6}$$

ここに，ΔP は生成した代謝産物の乾燥重量〔kg〕であり，PPRは代謝産物生成速度〔kg/(m³·s)〕である。また，菌体基準の生産物収率も重要なパラメータであり次式で与えられる。

$$Y_{P/X} = \frac{\Delta P}{\Delta X} = \frac{Y_{P/S}}{Y_{X/S}} = \frac{PPR}{CGR} \tag{7.7}$$

（3）呼吸商　広義の収率という意味では，消費された酸素に対する生成した二酸化炭素の比で定義される呼吸商 (respiratory quotient : RQ) も収率パラメータに該当し，次式で定義される。

$$RQ = \frac{\Delta CO_2}{\Delta O_2} = \frac{CER}{OCR} \tag{7.8}$$

ここに，CER (carbon dioxide evolution rate) は二酸化炭素発生速度〔kmol/(m³·s)〕である。

（4）量論関係式と収率パラメータとの関係　前節でも述べたように，細胞内の反応は複雑であり，これを網羅して量論式を設定することは不可能である。しかし巨視的に見れば，細胞の増殖は，炭素源および窒素源が細胞内に取り込まれ，その結果，細胞の増殖，代謝産物の生成，二酸化炭素，水が排出される反応ととらえられる。これは，つぎのような量論式

で表される。

$$aCH_iO_j（炭素源）+ bO_2 + cCH_lO_mN_p（窒素源）$$
$$\longrightarrow CH_xO_yN_z（菌体）+ dH_2O + eCO_2$$
$$+ fCH_uO_vN_w（代謝産物） \tag{7.9}$$

ここに，$a \sim f$ は $CH_xO_yN_z$，$CH_uO_vN_w$ をそれぞれ菌体，代謝産物の構造式とした場合の（便宜上の）量論係数である。炭素源，窒素源の構造式は培地組成から推定でき，菌体や代謝産物の構造式は元素分析から推定する。このうち，菌体の構造式は，いくつかの菌種のものが知られている（**表7.3**）。

表7.3　無灰乾燥菌体の元素組成（$CH_xO_yN_z$）

微生物	x	y	z
Torulopsis ulitis	1.62	0.48	0.16
Klebsiella pneumoniae	1.62	0.42	0.24
Candida brassicae	1.78	0.51	0.15
微生物一般	1.65	0.53	0.20
	1.74	0.52	0.17

〔山根恒夫：生物化学工学（第3版），p.172，産業図書（2002）〕

これら量論係数の比は，増殖に伴う基質，菌体，代謝産物，酸素，二酸化炭素のモル数基準の増減関係を示すので，収率パラメータとはつぎのような関係が成立する。

$$Y_{X/S} = \frac{1}{a} \frac{MW_X}{MW_S} \tag{7.10}$$

$$Y_{X/O} = \frac{1}{b} \frac{MW_X}{32} \tag{7.11}$$

$$Y_{P/S} = \frac{f}{a} \frac{MW_P}{MW_S} \tag{7.12}$$

$$Y_{P/X} = f \frac{MW_P}{MW_X} \tag{7.13}$$

$$RQ = \frac{e}{b} \tag{7.14}$$

ここに，MW は分子量を示し〔kg/kmol〕，添え字X，S，Pはそれぞれ菌体，基質，代謝産物を示す。したがって，それぞれの構造式との関係は，以下のようになる。

$$MW_S = 12 + i + 14j \tag{7.15}$$
$$MW_X = 12 + x + 16y + 14z \tag{7.16}$$
$$MW_P = 12 + u + 16v + 14w \tag{7.17}$$

（b）エネルギー収支（維持代謝と増殖）　量論式である式 (7.9) の左辺のうち，炭素源および酸素は主としてエネルギー源として寄与する。また，エネルギーを媒介するのがATPである。この三者が，維持代謝，増殖，細胞構成，代謝産物生成にどのような

割合で消費されているかを解析する方法論を述べる。

(1) 炭素収支　基質の消費を維持代謝，増殖，細胞構成，代謝産物生成に分けて考えると最小培地の場合，SCRはつぎのように分解できる。

$$SCR = SCR_M + SCR_G + SCR_A + SCR_P \quad (7.18)$$

ここに，添え字M, G, AおよびPはそれぞれ維持代謝（エネルギー消費），増殖（生合成など）に対するエネルギー消費，細胞構成成分としての同化および代謝産物の生成を意味する。詳細については，7.1.3項を参照されたい。

式（7.17）の右辺各項はつぎのように書ける。

$$SCR_M = mX \quad (7.19)$$

$$SCR_G = \frac{CGR}{Y_G} = \frac{\mu X}{Y_G} \quad (7.20)$$

$$SCR_A = \frac{MW_S}{MW_X} CGR \quad (7.21)$$

$$SCR_P = \frac{PPR}{Y_{P/S}} \quad (7.22)$$

ここに，mは炭素源に対する維持定数〔kg-substrate/(kg-cell·s)〕，Y_Gは炭素源に対する真の増殖収率〔kg-cell/kg-substrate〕を示す（表7.9参照）。式（7.19）～（7.22）を式（7.18）に代入すると

$$\frac{SCR - \frac{PPR}{Y_{P/S}}}{X} = \frac{m + (MW_X + MW_S Y_G)}{(MW_S Y_G)\mu}$$

$$= m + \frac{1}{Y_G'}\mu \quad (7.23)$$

ここに，Y_G'は増殖収率定数〔kg-cell/kg-substrate〕である。代謝産物が生成されない場合は，式（7.23）において$PPR = 0$となるので，次式のように簡略化される。

$$\frac{SCR}{X} = \frac{m + (MW_X + MW_S Y_G)}{(MW_X Y_G)\mu}$$

$$= m + \frac{1}{Y_G'}\mu \quad (7.24)$$

一方，複合培地の場合は，炭素源はほとんどエネルギー源として異化代謝されるので，式（7.22）において$SCR_A = SCR_P = 0$とおくことができ，次式のように簡略化される。

$$\frac{SCR}{X} = m + \frac{1}{Y_G}\mu \quad (7.25)$$

式（7.23）～（7.25）は，いずれも相似形であり，比増殖速度μに対して左辺の値を点綴すると傾きからY_G'およびY_Gが，切片からmが求められる（図7.3参照）。

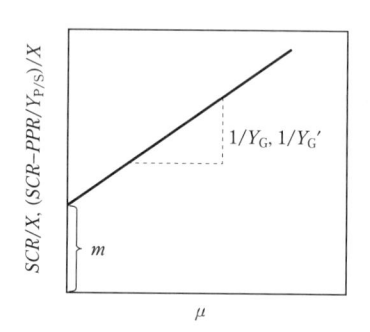

図7.3 維持定数と増殖収率の推定法

(2) ATP収支　ATPは，生体内でのエネルギー媒体であり，ADP（アデノシン-5'-二リン酸）に分解されるときに窒素源から細胞を合成する同化代謝にエネルギーを供給する。分解されたADPは，基質の異化代謝によりATPに再生される（複合培地中では図7.4のように進行する）。

このように，ATPの大部分はタンパク質，核酸等の高分子物質の生合成に共役して利用されるが，維持代謝にも相当量のATPが使用される。したがって，ATPの収支も炭素収支と同様に維持代謝と増殖に分けて考える必要がある。ATP消費速度で表現すると

$$ACR = ACR_M + ACR_G \quad (7.26)$$

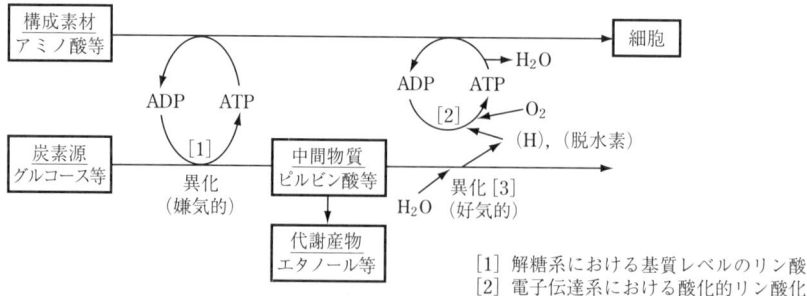

[1] 解糖系における基質レベルのリン酸化
[2] 電子伝達系における酸化的リン酸化
[3] TCAサイクルにおける脱炭酸，脱水素反応

図7.4 複合培地におけるATPを媒体とする異化と同化

式（7.26）の右辺各項はつぎのように書ける。

$$ACR_M = m_A X \quad (7.27)$$

$$ACR_G = \frac{CGR}{Y_{ATP}'} = \frac{\mu X}{Y_{ATP}'} \quad (7.28)$$

ここに，m_AはATPに対する維持定数〔kmol-ATP/(kg-cell・s)〕，Y_{ATP}'は消費ATP量に対する最大増殖菌体量〔kg-cell/kmol-ATP〕である。式（7.27）および（7.28）を式（7.26）に代入して整理すると

$$\frac{ACR}{X} = m_A + \frac{1}{Y_{ATP}'}\mu \quad (7.29)$$

式（7.5）と式（7.29）を比較すると，Y_{ATP}とY_{ATP}'の関係は

$$Y_{ATP} = \frac{CGR}{ACR} = \frac{\mu X}{\left(m_A + \dfrac{1}{Y_{ATP}'}\mu\right)X}$$

$$= \frac{Y_{ATP}'\mu}{m_A Y_{ATP}' + \mu} \quad (7.30)$$

式（7.29）は，炭素収支における式（7.24）および（7.25）と相似であり，図7.3と同様にACR/Xをμに対して点綴すると，傾きからY_{ATP}'が，切片からm_Aが求められる。m_Aは微生物や培地の種類によって大きく変動することが知られている（$1.4 \times 10^{-7} \sim 1.4 \times 10^{-5}$ kmol-ATP/(kg-cell・s)）。

（3）酸素収支　酸素消費は，酸化的リン酸化経路における最終段階でオキシダーゼ（oxidase）を介しての酸化反応で水を生成する。この経路はATP生成の主要経路であり，好気的培養の場合，酸素消費はATP生成に比例するものと考えられる。したがって，式（7.29）と相似な次式が成立する。

$$\frac{OUR}{X} = m_O + \frac{1}{Y_{GO}}\mu \quad (7.31)$$

ここに，m_Oは酸素に対する維持定数〔kmol-O_2/(kg-cell・s)〕，Y_{GO}は酸素基準の増殖菌体量〔kg-cell/kmol-O_2〕である。

菌体以外の代謝産物を生成しかつ生成にATPを必要とする場合は，式（7.31）を補正する必要がある。また，酸素消費はオキシダーゼによる呼吸以外，オキシゲナーゼ（oxygenase）によって物質の酸化に酸素が用いられる（ATPが生成しない）場合があり，この場合式（7.31）は成立しない。ただ，ほとんどの場合オキシゲナーゼによる酸素消費は呼吸によるそれに比べて無視できるレベルである。

式（7.31）も，式（7.24），（7.25）および式（7.29）と同じ形なので，図7.3と同様にOUR/Xをμに対して点綴すると，傾きからY_{GO}が，切片からm_Oが求められる。

（c）増殖における熱収支　発酵生産においては，微生物の培養はその最適温度を保って実施する必要があるので，培養に伴って生成する代謝熱は必ず除去する必要がある。大型の発酵槽を用いて発酵生産を行う場合，除熱のための冷却機の負荷は小さいものではなく，培養システムの設計において代謝熱量を予測しておくことはたいへん重要である。

（1）量論関係と文献値に基づく計算法　増殖の化学量論式（7.9）を基準にすると代謝熱は次式で計算できる。

$$\Delta H_h = \Delta H_S \Delta S - \Delta H_P \Delta P - \Delta H_X \Delta X \quad (7.32)$$

ここに，ΔH_hは代謝熱〔kJ/m^3〕，ΔH_S, ΔH_P, ΔH_Xはそれぞれ炭素源，代謝産物，菌体の燃焼熱〔kJ/kg〕である。例として，次式で示される酵母の培養を考えてみよう。

$$0.51 C_6H_{12}O_6 + 1.97 O_2 + 0.15 NH_3$$
$$\longrightarrow CH_{1.72}O_{0.44}N_{0.15} + 2.10 CO_2 + 2.42 H_2O \quad (7.33)$$

この場合，代謝産物はないので基質（グルコース）と菌体の燃焼熱のみを考えればよい。グルコースおよび菌体の燃焼熱を便覧などからそれぞれ1.57×10^4 kJ/kg, 1.89×10^4 kJ/kgとすると，$\Delta H_X = 1$ kg/m^3を基準として

$$\Delta H_h = 0.51 \frac{180}{22.86}(1.57 \times 10^4) - 1.89 \times 10^4$$
$$= 4.41 \times 10^4 \text{ 〔kJ/}m^3\text{〕}$$

と計算できる。微少熱量計の容器を培養槽として，式（7.33）に従う培養を行ったときの実測値は$4.51 \times$

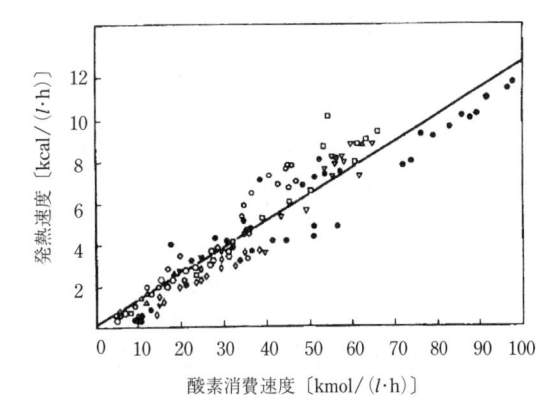

○ E. coli-GLU　　　○ C. intermedia-GLU
△ C. intermedia-MOL　▽ B. subtilis-GLU
□ B. subtilis-MOL　　● B. subtilis-SBM
◇ A. niger-GLU　　　● A. niger-MOL

GLU：グルコース培地，MOL：糖蜜培地，SBM：大豆粕培地

図7.5　酸素消費速度対発熱速度の関係〔Cooney, C. L., et al.: *Biotechnol. Bioeng.*, **11**, 277 (1969)〕

10^4 kJ/m³であり，妥当な推定値を得ることができる。

(2) 呼吸速度を基準とした計算法　式(7.32)を用いると量論関係に基づく厳密な代謝熱を計算することができる。しかし実際問題として工業スケールの発酵生産においては天然原料を用いるケースが多く，ΔS, ΔP, ΔX を経時的に測定することは困難であり，式(7.32)に基づく厳密な計算は事実上不可能である。

これに対して実用的な方法として酸素消費量 ΔO_2 をもとにした計算方法が提案されている。

$$\Delta H_h = \Delta H_0 \Delta O_2 \tag{7.34}$$

ここに，ΔH_0 は酸素消費量基準の発熱量〔kJ/kmol-O_2〕である。ΔH_0 の値は実験的に定められた値と理論値に若干差があるが，実用的には $4.61 \times 10^5 \sim 5.03 \times 10^5$ kJ/kmol-O_2（110〜120 kcal/mol-O_2）くらいの値を用いればよい。図7.5に ΔH_0 の実験値を導くもとになったデータを示す。　　　　　（田中猛訓）

7.1.3 細胞増殖速度式

生物反応に影響を及ぼす因子として，炭素源や窒素源などの培地成分の濃度，溶存酸素濃度，圧力，pH，剪断応力などがある。種々の因子に対して，律速となる反応に着目してモデル化するか，環境を故意に変化させて増殖速度がどのように変化するかを実験的に調べ，経験式で数学的に表現する方法がとられる。

生物の増殖に関しては，いままで数多くのモデルが提案されてきた。それらは，個々の細胞の性質の差を考える確率論的モデルと，細胞の個性は考えず，平均的な性質，量を取り扱う決定論的モデルに大別できる[6]。多くは，パラメータを単純化した決定論モデルを採用することが多いが，近年では，計算機援用技術の発展により，モンテカルロモデル，ポピュレーションバランスモデル，セルラーオートマトンモデルのような確率論モデルも利用され，対象細胞に対する不均質性や空間的不均一性を考慮して表現することが可能となってきた。

決定論的モデルにおいては，表7.4に示すように，細胞が培養液に均一化されている（均相化）集中定数系と生物相として分離されている（生物相分離化）分布定数系が挙げられる。一方，分子生物学の進歩に伴い，細胞の構成成分の機能が解明されてきており，構造化モデルでは，細胞の特性を表現する指標として細胞構成成分を用い，細胞反応を解析しモデル化する。このモデルは，細胞特性をより正確に記述できる半面，複雑であり数学的には依然取り扱いにくい。これに対して，非構造化モデルは，細胞構成成分の挙動を考慮に入れず，細胞濃度をその成分を表す量とし，反応を平均的かつ巨視的にとらえるため取扱いが容易で汎用性は高い。

山根[7]によると，モデルの設計指針とその採用は，以下の要件により判断される。

(1) まず，モデルの目的を明確に認識しておく必要がある。細胞増殖という複雑な現象をより深く統一的に理解する目的よりも，むしろ，細胞反応用バイオリアクターを設計したり，最適操作条件を見出したり，反応プロセスの合理的管理に役立てることを目的とすることが多い。

(2) モデルを立てるうえでの仮定が明確にされている必要がある。これはモデルの適用範囲を明らかにすることにつながる。

(3) 含まれるパラメータは，独立変数として実験的に決定できることが望ましい。

(4) 可能な限り単純であること。

以上の点を考えると，一般には，決定論的でかつ集中定数系モデルが現在のところ最も使いやすいモデルといえる。

図7.1に示す回分培養の対数増殖期における細胞の増殖速度は次式で表される。

$$\frac{dX}{dt} = \mu X \tag{7.35}$$

ここで，X は細胞濃度，μ は比増殖速度である。

また，細胞量が2倍になる時間は倍加時間 t_d と呼ばれ，μ と以下のように関係づけられる。

$$t_d = \frac{\ln 2}{\mu} \tag{7.36}$$

表7.5に代表的な微生物の比増殖速度と倍加時間を示す[7]。

図7.1の減衰期において，細胞の一部が死滅することを考慮すると，増殖速度は次式のように表される。

表7.4　増殖モデルの分類

		細胞構成	
		非構造化モデル	構造化モデル
細胞群	集中定数系	単一構成成分で細胞が表され，培養を通して均一に分散している。	細胞は，複数の構成成分で表され，それらは，たがいに影響を及ぼしあっている。
	分布定数系モデル	単一構成成分で細胞が表され，不均一な混合状態となっている。	細胞は複数の成分からなり，不均一な混合状態となっている。

〔Tsuchiya, H. M., Fredrickson, A. G. and Aris, R.: *Adv. Chem. Eng.* (Drew, T. E., Hoopes, J.W. Jr., Verneulen, T.) vol. 6, pp.125–206, Academic Press, New York (1966)〕

7.1 増殖速度論

表7.5 微生物・培養細胞の比増殖速度と倍加時間

微生物または培養細胞	温度 [℃]	比増殖速度 [h^{-1}]	倍加時間
Bacillus stearothermophilus	60	5.0	8.4 min
Pseudomonas nitriegens	30	4.2	10 min
Escherichia coli	40	2.0	21 min
Aerobacter aerogenes	37	2.3～1.4	18～30 min
Bacillus subtilis	40	1.6	26 min
Pseudomonas ptida	30	0.92	45 min
Aspergillus niger	30	0.35	2 h
Spirulina platensis	35	0.35	2 h
Saccharomyces cerevisiae	30	0.35～0.17	2～4 h
Rhodopseudomonas spheroides	30	0.32	2.2 h
Trichderma viride	30	0.14	5 h
Nicotiana tabacum	25	0.046	15 h
Hela 細胞	37	0.014～0.023	30～50 h
ヒトリンパ球ナマルバ細胞	37	0.024	29 h
ヒト胎児繊維芽細胞	37	0.025	28 h

〔山根恒夫：生物反応工学，産業図書（1991）〕

表7.6 種々の基質を利用する微生物増殖の飽和定数（K_S値）

微生物	基質	K_S [g/m^3]	K_S [$10^{-2} mol/m^3$]
Escherichia	マンニトール	2.0	1.1
Escherichia	グルコース	6.8×10^{-2}	3.8×10^{-2}
Escherichia	グルコース	4.0	2.2
Aspergillus	グルコース	5.0	2.8
Candida	グリセロール	4.5	4.9
Escherichia	ラクトース	20.0	5.9
Saccharomyces	グルコース	25.0	14.0
Pseudomonas	メタノール	0.7	2.0
Pseudomonas	メタン	0.4	2.6
Klebsiella	炭酸ガス	0.4	9.0×10^{-1}
Escherichia	リン酸イオン	1.6	1.7
Klebsiella	マグネシウムイオン	5.6×10^{-1}	2.3
Klebsiella	カリウムイオン	3.9×10^{-1}	1.0
Klebsiella	硫酸イオン	2.7	2.8×10^{-1}
Candida	酸素	4.5×10^{-1}	1.4
Candida	酸素	4.2×10^{-2}	1.3×10^{-1}
Aspergillus	アルギニン	5.0×10^{-1}	2.9×10^{-1}
Escherichia	トリプトファン	1.1×10^{-3}	5.4×10^{-3}
Escherichia	トリプトファン	4.9×10^{-4}	3.4×10^{-3}
Cryptococcus	チアミン	1.4×10^{-7}	4.7×10^{-10}
Penicillium	グルコース	1.0×10^3	5.6×10^2
Azotobacter	グルコース	1.0×10^2	5.6×10^1

〔Pirt S. J. : Principles of microbe and cell cultivation, p.12, Blackwell Scientific Publication (1975), 川瀬義矩：生物反応工学の基礎，化学工業社 (1993)〕

表7.7 増殖速度式

数式モデル	要 点
$\mu = \dfrac{\mu_m S}{K_S + S}$	Monod 式 (J.Monod)
$\mu = \dfrac{\mu_m S^n}{K_S + S^n}$	Monod タイプモデル (H. Moser)
$\mu = K \cdot S^n$	n次反応
$\mu = \dfrac{\mu_m}{\dfrac{K_S}{S} + 1 + \dfrac{S}{K_I}}$	基質阻害 (Andrews Noack)
$\mu = \dfrac{\mu_m}{\dfrac{K_S}{S} + 1 + \sum_{j=1}^{n}\left(\dfrac{S}{K_j}\right)^j}$	一般化基質阻害 (矢野ら)
$\mu = \dfrac{\mu_m}{\dfrac{K_S}{S} + 1 + \left(\dfrac{S}{K_j}\right)^n}$	一般化基質阻害
$\mu = \mu_m\left\{1 - \exp\left(-\dfrac{S}{K_S}\right)\right\}$	飽和型 (C.Tessier)
$\mu = \dfrac{\mu_m S}{K_S + S}\exp\left(-\dfrac{S}{K_j}\right)$	増殖遅延期
$\mu = \mu_m\left\{\exp\left(-\dfrac{S}{K_j}\right) - \exp\left(-\dfrac{S}{K_S}\right)\right\}$	増殖遅延期
$\mu = \dfrac{\mu_m S}{g_{(x)} + S}$	菌体濃度の関与 (D. E. Contois)
$\mu = \dfrac{\mu_m S}{K_S X + S}$	菌体濃度の関与 (藤本)
$\mu = \dfrac{\mu_m S}{A + BX + S}$	菌体濃度の関与
$\mu = \mu_0 \exp(-KP)$	生産物阻害 (永谷ら)
$\mu = \mu_m \exp(1 - k'P)$	生産物阻害 (Hinshelwood)
$\mu = \dfrac{\mu_m}{\left(1 + \dfrac{P}{K_P}\right)\left(1 + \dfrac{K_S}{S}\right)}$	生産物阻害 (非拮抗阻害, Jerusalimsky Neronova)
$\mu = \dfrac{\mu_m}{\left\{1 + \left(\dfrac{P}{K_P}\right)^n\right\}\left(1 + \dfrac{K_S}{S}\right)}$	生産物阻害 (生産物非拮抗阻害, 一般化)
$\mu = \dfrac{\mu_m}{1 + kP + k'P^2}$	生産物阻害 (森ら)
$\mu = \mu_m\left(1 - \dfrac{P}{P_{cri}}\right)^n\left(1 + \dfrac{K_S}{S}\right)$	生産物阻害 (Levenspiel)
$\mu = \dfrac{K_1 S + K_2 S}{K_3 S + S + K_4 S^2}$	その他 (Chen ら)
$\dfrac{\mu^2}{k} - (K_S + S)\mu - \mu_m S = 0$	その他 (沢田ら)
$\mu = k\left(1 - \dfrac{X}{X_f}\right)$	ロジスティックモデル (P. F. Verhulst)

表7.7 (つづき)

数式モデル	要点
$\dfrac{dX}{dt} = \mu' X - uX$ $\dfrac{dS}{dt} = -\dfrac{1}{Y}\mu' X + u(S_0 - S)$ $\dfrac{dR}{dt} = \dfrac{\dfrac{bV_2\mu}{K_2 + b\mu}\cdot\eta}{\dfrac{K_1 K_2}{K_2 + b} + \eta} X - k_1\eta X - uR$ $\mu' = \dfrac{\eta}{K_1 + \eta}\mu,\quad \mu = \dfrac{V_1 S}{K_S + S}$ $\eta = \dfrac{R}{X} - R_{X_e}$ $V_i = V_{im}(1 + f_i G_S)(1 + D_i(1 - e^{-k_2 t}))$ $\qquad i = 1, 2$	RNA量を導入した速度論
$\dfrac{dX}{dt} = \mu X - KTX - uX$ $\dfrac{dS}{dt} = -a_S \mu X + u(S_0 - S)$ $\dfrac{dT}{dt} = a_T \mu X + K a_{T1} XT - uT$ $\mu = \dfrac{\mu_m S}{K_S + S}$	不活性菌体
$\dfrac{dX}{dt} = \mu X - \dfrac{KX}{\nu} - uX$ $\dfrac{dS}{dt} = -a_S \mu X + \dfrac{b_1 SX}{\nu} + u(S_0 - S)$ $\dfrac{dP}{dt} = a\mu X + \dfrac{b_2 SX}{\nu} - uP$ $\mu = \dfrac{\mu_m S}{K_S + S},\quad \nu = \dfrac{1}{K_{SP} + k_{SP} S + P}$ $b_1 = b_S\left(\dfrac{K \cdot k_{SP}}{K_{SP}}\right),\quad b_2 = a_P\left(\dfrac{K}{K_{SP}}\right)$	活性菌と死滅
$\dfrac{dX}{dt} = \mu_i X - uX$ $\dfrac{dS}{dt} = -\mu X + u(S_0 - S)$ $\dfrac{dS_i}{dt} = -\dfrac{1}{Y}\mu X - a_{S1}\mu_1 X - a_{S2} X - u S_i$ $\mu_i = \dfrac{\mu_m S_i}{K_S + S_i},\quad \mu = \dfrac{\mu'_m S}{K'_S + S}$	中間物質
$X = x + y$ $\dfrac{dx}{dt} = (\mu_0 + a)y - \mu_1 x - ux$ $\dfrac{dy}{dt} = \mu_1 x + (\mu_2 - b)y - uy$ $\dfrac{dS}{dt} = -\dfrac{1}{Y}(\mu_1 x + \mu_0 y + \mu_2 y)$ $\qquad + u(S_0 - S)$ $\mu_0 = \dfrac{\mu_{0m} S}{K_0 + S},\quad \mu_1 = \dfrac{\mu_{1m} S}{K_1 + S}$ $\mu_2 = \dfrac{\mu_{2m} S}{K_2 + S}(C + \exp(-K_S S))$	2グループのポピュレーション
$\dfrac{dX}{dt} = a\mu X - uX$ $\dfrac{dS}{dt} = -\left(\dfrac{1}{Y}a\mu + \mu_d\right)X + u(S_0 - S)$ $\dfrac{da}{dt} = C\exp\left(\dfrac{-ba}{1-a}\right)\dfrac{S}{K_R + S}$ $\qquad - a(a + d)\left(\mu - \dfrac{S}{K_R + S}\right)$ $\mu = \dfrac{\mu_m S}{K_S + S},\quad \mu_d = \dfrac{V_d S}{K_d + S}$	活性度の導入

〔山根恒夫:生物反応工学,産業図書(1991);日本生物工学会編:発酵工学20世紀のあゆみ,日本生物工学会(2000)〕

$$\frac{dX}{dt} = \mu X - k_d X \tag{7.37}$$

ここで,k_dは死滅速度定数。減速期,静止期あるいは減衰期の増殖に不適当な環境では,細胞内で種々の加水分解酵素の生成が活発となり,細胞自身の自己分解のため細胞は死滅する。なお,対数増殖期のように増殖がさかんなときにも細胞の一部は死滅する。

比増殖速度は,一般に,温度,pH,基質濃度,代謝産物濃度の関数で表される。

比増殖速度を基質濃度に相関づけるため,Monod式がよく採用されている[8]。

$$\mu(S) = \frac{\mu_m S}{K_S + S} \tag{7.38}$$

ここで,μ_mは最大比増殖速度,K_Sは飽和定数と呼ばれるモデルパラメータであり,$\mu = \mu_m/2$を与える基質濃度に等しい。同じ微生物でも基質が変わればK_Sの値も変化する。種々の微生物に対するK_S値を**表7.6**に示す[10],[11]。ここで,K_S値が小さいということは,その細胞が基質に対して親和性が高いことを意味する。

制限基質が多種類の場合は,Monod式は式(7.39)のように表される。

$$\mu(S) = \mu_m \prod_i \left(\frac{S_i}{K_{Si} + S_i}\right) \tag{7.39}$$

そのほか,**表7.7**に示すように,エタノール発酵などの生産物阻害を考慮した式や基質阻害を考慮した式などさまざまなモデル式が提案されている[7],[11]。

7.1.4 基質消費速度,生産物生成速度

7.1.2項で示したように,基質消費速度は式(7.40)により,生物増殖速度と関係づけられてモデル化されていることが多い。

$$-\frac{dS}{dt} = \frac{1}{Y_{X/S}}\frac{dX}{dt} \quad (7.40)$$

$Y_{X/S}$は表7.8に示すように，細胞や基質の種類によって値が変化する[12]。

$Y_{X/S}$を維持代謝のための消費と増殖のための消費に分けた式で表現すると，つぎのように表される。

$$\frac{1}{Y_{X/S}} = \frac{m_S}{\mu} + \frac{1}{Y_G} \quad (7.41)$$

ここで，m_Sは維持定数（維持代謝のための基質消費を示す係数），Y_Gは基質に対する真の増殖収率で，それらの代表的な値を表7.9および表7.10に示す[9), 13)]。基質のうちエネルギー源および炭素源については，生物の維持代謝のためにも消費される。それゆえ基質が低濃度の場合の基質消費においては維持代謝の項を加えなければならない。

表7.8 増殖収率の実測値

微生物	基質	$Y_{X/S}$〔g-cells/g-substrate〕
Saccharomyces cerevisiae	グルコース（好気）	0.53
	グルコース（嫌気，最少培地）	0.14
Aerobacter aerogenes	グルコース（好気，最少培地）	0.40
	リボース	0.35
	グリセロール	0.45
	乳酸	0.18
	ピルビン酸	0.20
Candida utilis	グルコース	0.51
	酢酸	0.36
	エタノール	0.68
Candida lipolytica	n-アルカン	0.90
Methylomonas methanolica	メタノール	0.48
Pseudomonas methanica	メタン	0.56

〔小林 猛，本田裕之：生物化学工学，pp. 49-65，東京化学同人（2002）〕

表7.9 微生物における基質をグルコースとしたときの Y_G と m_S の値

微生物	Y_G〔g-cell/g-substrate〕	m_S〔g-substrate/(g-cell·h)〕
Escherichia coli	0.5	0.05
Azotobacter vinelandii	0.173	3.90

〔合葉修一，永井史郎：生物化学工学，科学技術社（1975）〕

生産物の生成速度に関しては，比生成速度 π として次式で定義される。

$$\frac{dP}{dt} = \pi X \quad (7.42)$$

生産物の生成も基質消費と同様に，細胞濃度に比例した項と増殖速度に比例した項に分けて以下のような式（Leudeking-Piretの式）で説明される[14), 15)]。

$$\frac{dP}{dt} = \alpha\frac{dX}{dt} + \beta X \quad (7.43)$$

このほかには，表7.11に示すように[16)]，物質生産の活性の強い細胞と弱いものとを区別し表現する細胞活性分布モデルや細胞群を成熟した細胞と未熟な細胞に分け，成熟細胞のみが目的産物を生成するとみなす細胞成熟モデル，細胞が分裂した瞬間をエイジ零歳として，その後の生長時間に応じて生産能が変化する細胞エイジモデル，などが挙げられる。　（紀ノ岡，田谷）

引用・参考文献

1) 相田　浩：応用微生物学，p. 47，同文書院（1967）.
2) 相田　浩：応用微生物学，p. 46，同文書院（1967）.
3) Gaden, E. L.：*J. Biochem. Microbiol. Technol. Eng.*, **1**, 413-429（1959）.
4) 山根恒夫：生物化学工学（第3版），p. 172，産業図書（2002）.
5) Cooney, C. L., et al.：*Biotechnol. Bioeng.*, **11**, 269-281（1969）.

表7.10 グルコースを基質とした場合の維持定数

微生物	培養条件	m_S〔g-substrate/(g-cell·h)〕
Aerobacter cloacae	好気，グルコース制限	0.094
Klebsiella aerogenes	嫌気，トリプトファン制限，NH_4Cl濃度2 g/*l*	2.88
	嫌気，トリプトファン制限，NH_4Cl濃度4 g/*l*	3.69
Saccharomyces cerevisiae	嫌気	0.036
	嫌気，NaCl 1.0 M	0.360
Penicillium chrysogenum	好気	0.022
Azotobacter vinelandii	窒素固定，酸素分圧0.2 atm	1.5
	窒素固定，酸素分圧0.02 atm	0.15

〔川瀬義矩：生物反応工学の基礎，化学工業社（1993）〕

表7.11 種々の代謝産物生成モデル

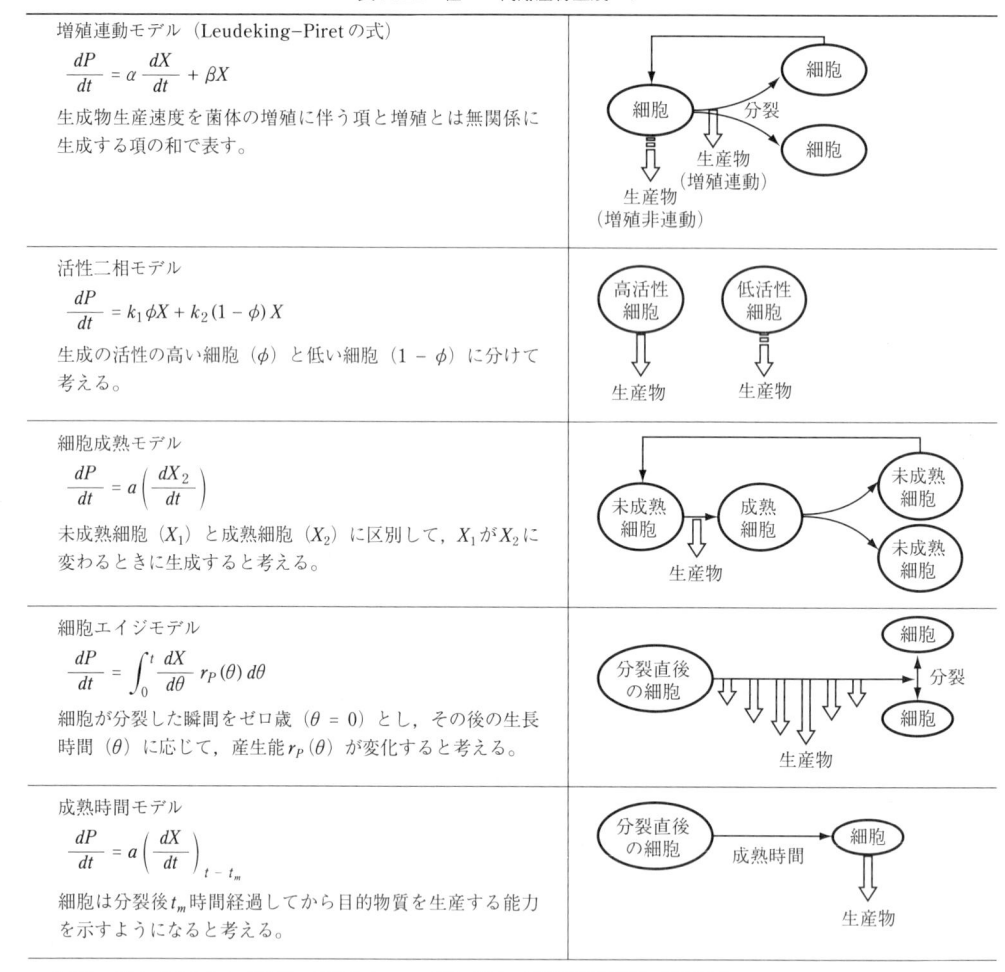

増殖連動モデル（Leudeking–Piret の式） $$\frac{dP}{dt} = \alpha \frac{dX}{dt} + \beta X$$ 生成物生産速度を菌体の増殖に伴う項と増殖とは無関係に生成する項の和で表す。	
活性二相モデル $$\frac{dP}{dt} = k_1 \phi X + k_2 (1-\phi) X$$ 生成の活性の高い細胞 (ϕ) と低い細胞 ($1-\phi$) に分けて考える。	
細胞成熟モデル $$\frac{dP}{dt} = a\left(\frac{dX_2}{dt}\right)$$ 未成熟細胞 (X_1) と成熟細胞 (X_2) に区別して，X_1がX_2に変わるときに生成すると考える。	
細胞エイジモデル $$\frac{dP}{dt} = \int_0^t \frac{dX}{d\theta} r_P(\theta)\, d\theta$$ 細胞が分裂した瞬間をゼロ歳 ($\theta = 0$) とし，その後の生長時間 (θ) に応じて，産生能 $r_P(\theta)$ が変化すると考える。	
成熟時間モデル $$\frac{dP}{dt} = a\left(\frac{dX}{dt}\right)_{t-t_m}$$ 細胞は分裂後t_m時間経過してから目的物質を生産する能力を示すようになると考える。	

〔戸田 清：バイオテクノロジーのはなし，pp. 171–174，日刊工業新聞社（1983）〕

6) Tsuchiya, H. M., Fredrickson, A. G. and Aris, R.: *Adv. Chem. Eng.*, (Drew, T. E., Hoopes, J. W., Jr., Verneulen, T.), vol. 6, pp.125–206, Academic Press, New York (1966).
7) 山根恒夫：生物反応工学，産業図書 (1991).
8) Monod J.: *Recherches sur la croissance des cultures bacteriennes*, Hermann et Cie, Paris (1942).
9) Pirt S. J.: *Principles of microbe and cell cultivation*, p. 12, Blackwell Scientific Publication (1975).
10) 川瀬義矩：生物反応工学の基礎，化学工業社 (1993).
11) 日本生物工学会編：発酵工学20世紀のあゆみ，日本生物工学会 (2000).
12) 小林 猛，本田裕之：生物化学工学，pp. 49–65, 東京化学同人 (2002).
13) 合葉修一，永井史郎：生物化学工学，科学技術社 (1975).
14) Luedeking, R. and Piret, E. L.: *J. Biochem. Microbiol. Technol. Eng.*, **1**, 393–412 (1959).
15) Luedeking, R. and Piret, E. L.: *J. Biochem. Microbiol. Technol. Eng.*, **1**, 431–459 (1959).
16) 戸田 清：バイオテクノロジーのはなし，pp. 171–174，日刊工業新聞社 (1983).

7.2 培養操作論

7.2.1 回分培養

回分培養とは，あらかじめすべての培地成分（栄養源）を培養槽に仕込んで細胞を培養する方法である[1]。発酵槽（バイオリアクター）による培養においては，pH制御のための酸やアルカリの添加は行うが，培養

終了まで培地成分の添加や生産物の回収などは行わない。したがって，各培地成分の濃度は経時的に単調減少するので，細胞や生産物の収量などは仕込んだ培地成分量や生産された阻害物質の蓄積などに影響される。

回分培養における一般的な細胞量 (X)，培地成分濃度（基質 S_1, S_2 …）および生産物濃度 (P) の経時変化を図7.6に示す。細胞の増殖においては，一般に誘導期，対数増殖期，転移期（減速増殖期），静止期および死滅期に分けられる。図7.6に示すように，死滅期においては細胞量が減少する。工業的な回分培養操作においては，対数増殖期後期あるいは静止期付近までを操作対象として考えることが多い。これは死滅期における細胞は自己消化（溶菌）を始めているため，生産物の分解もまた起こっているなど工業生産上好ましくない場合（生産性の低下や時間的な無駄）があるためである。

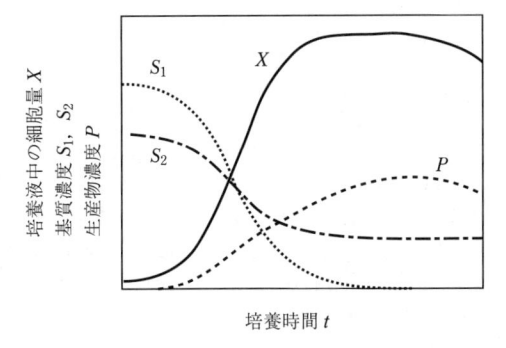

図7.6 回分培養における細胞，基質および生産物濃度の経時変化

また図7.6においては，便宜上培地成分は2種類のみを示しているが，通常は培地には多種多様な成分が入っている。回分培養においては，培養途中で培地成分の添加を行わないので，培地成分が枯渇すると細胞の増殖は停止する。しかし，多くの培地成分がいっせいに枯渇することはまれであり，通常はある特定の成分が不足することによって細胞の増殖速度が低下する。その原因となる成分のことを制限基質と呼ぶ。図7.6においては，S_1 が制限基質であり，多くの場合はグルコースなどの炭素源である。しかし，窒素源などが制限基質となる場合もある。もし制限基質を大量に培地中に仕込んで回分培養を行えば，理論的には制限基質 S_1 が枯渇する前に細胞増殖が限界（細胞の高密度化による溶存酸素不足や空間的な限界）を迎え，S_1 は制限基質でなくなる。

しかし，グルコースなど，濃度が高いと培養液の浸透圧が高くなる物質であれば細胞増殖が阻害されることがあり，また異化物質抑制により目的生産物の生産性が低くなるなどの悪影響が見られることがある。したがって，回分培養においては仕込む培地成分の量にはおのずと限界が存在する。S_2 はその濃度がゼロになる前に細胞増殖が停止しており，制限基質ではないことがわかる。また，生産物 P は細胞増殖とともに増加しているが，一般には7.1節の図7.2に示したような3タイプに分類されることが多い。多くの場合は中間生成物を経て生産物が生成する中間型を示すが，常時プロモーターが働くタイプの遺伝子組換え菌を用いた場合は増殖連動型，光やヒートショックによりプロモーターが働く組換え菌を用いた場合には非連動型になる。多くの野生株による有用物質生産においては，中間型のパターンを示すことが多い。

また，回分培養プロセスにおいては生産物が細胞の増殖を阻害することがあり，その場合も細胞の増殖が停止する。いずれにしても，回分培養においては，細胞の環境が時間的に変化することから，生産物の生産性は後述する流加培養や連続培養に比べて低い。しかし，生産工程が単純であり，雑菌汚染の危険性が比較的低いことから，工業化プロセスにおいては回分培養が用いられることが多い。

（a）培地の設計 回分培養においては，培養開始時に細胞増殖と生産物合成に必要な成分を培地に添加する必要がある。そこで培地組成を最適に設計することが重要となる。一般に培地成分に含まれる栄養源は，エネルギー源，炭素源，窒素源，無機塩類，微量栄養成分や増殖促進因子などに分けられる。これらの栄養源の種類と濃度を，培養する細胞に適した組成で配合するためには，個々の栄養源について細胞増殖とその消費速度などの関係[2]を解析して培地設計することが望ましい。しかし，すべての培地成分に対して解析を行うことは大変な手間と労力が必要である。したがって，炭素源や窒素源と特に重要な成分以外は，既存の培地に必要な改変（微量成分の添加や増減など）を施したほうが賢明である。炭素源や窒素源に関しては，培養する細胞に適したものを選択し，さらに細胞による消費速度などをよく考慮した培地設計がなされるべきである。また，培地に配合する炭素と窒素の割合（C/N比）もまた，あらかじめ消費速度などから計算しておくとよい。

最少培地（炭素源＋無機塩類など）においては，炭素源は異化代謝にも同化にも用いられるが，複合培地（最少培地にさらに有機窒素源や他の炭素源などが添加される）においては，炭素源はおもに異化代謝される。しかし，比消費速度との関係はいずれの場合においても，7.1節で説明したように式（7.25）で表され

る。ちなみに式（7.25）は経験的に導き出されたものであるが，炭素源や窒素源のみならず，リン酸イオンやその他の栄養源についても成り立つ場合が多い。その他の培地成分としては，pH変動を吸収するためのリン酸バッファーなどの緩衝剤や浸透圧調整剤なども必要な場合がある。

酵母エキスや糖蜜，ペプトンなどの天然物により構成されている培地を天然培地という。天然培地の一つであるGYP培地は，培地1 m³当り5 kgの酵母エキス，5～10 kgのペプトン，10 kgのブドウ糖からなり，おもに酵母や細菌の培養に使用される。また，成分のわかった炭素源や窒素源（ブドウ糖，ショ糖や尿素など）に必要な無機塩類を加えたものを合成培地という。微生物の生育に必要な無機元素として，比較的多く培地中に添加すべきものはP，S，MgおよびKである。微量だがCa，Mn，Fe，Co，Cu，Znなども必要な場合がある。天然培地では，天然の有機物中にこれらの無機元素が存在しているが，合成培地においては，これらは無機塩類の形で培地に配合する。合成培地に酵母エキスなどを入れてこれらの微量成分を補う場合もある。合成培地の一つであるUschinsky培地は，培地1 m³当り30～40 kgのグリセリン，6～10 kgの乳酸アンモニウム，3～4 kgのアスパラギン酸ナトリウム，5 kgのNaCl，1～2.5 kgのK₂HPO₄，0.2～0.4 kgのMgSO₄·7H₂O，0.1 kgのCaCl₂からなり，おもに細菌の培養に使用される。ただし，実験室レベルで培地として使用する炭素源や窒素源は高価であり，工業的には炭素源としてデンプンや糖蜜，窒素源として魚粉や大豆絞り粕や工業用酵母エキスなどを培地に用いる。

（b）**回分培養における細胞増殖** 回分培養における細胞の増殖過程で最も予測が難しいのが誘導期における細胞の挙動であろう。誘導期の長短は回分培養プロセスの生産性に直接影響することから，これを短くすることが必要である。誘導期は細胞が分裂増殖を始めるための準備期間であり，見かけ上細胞の増殖は止まっているが，増殖に必要な細胞内物質や培地に不足している成分の生合成が行われている。誘導期の短縮に有効な手段としては，対数増殖期にある細胞を接種する，あるいは静止期に達した培養濾液の一部を還流する方法などが経験的に知られている。

一般に細胞の増殖速度は，7.1節で述べたように細胞濃度Xや基質濃度Sの関数として定義され，比増殖速度μとXの関係は式（7.35）のようになる。また，μは制限基質濃度の関数であるMonodの式（7.39）で表現できる。

対数増殖期では，細胞は最大の増殖速度で増殖する。

ただし，制限基質の消費によってその濃度Sが小さくなってくると，μはμ_{max}より小さくなり，対数増殖期から減速増殖期を経て静止期に移行する。このような増殖速度の低下は，制限基質濃度の低下によるものとは限らず，増殖阻害物質の蓄積などもその原因となり得る。そこで，基質濃度の低下や増殖阻害物質の蓄積など，すべての影響を包括的に考慮した式（7.44）を考えることにする。

式（7.44）は一般にロジスティック曲線と呼ばれるものであり，増殖速度が細胞量Xのみの関数として表現できるという特徴がある。これを変数分離法で積分すると，培養時間tのみの関数である式（7.45）となる。すなわち，培養後期において増殖速度が低下する原因が複数存在し，なおかつその原因がよくわからない場合においても，培養中における細胞の増殖曲線を経時的に表現できることから，回分培養のみでなく流加培養における増殖シミュレーションにも適用可能である。

$$\frac{dX}{dt} = \mu X(1 - \gamma X) \tag{7.44}$$

$$X = \frac{X_0 \exp(\mu t)}{1 - \gamma X_0 (1 - \exp(\mu t))} \tag{7.45}$$

式（7.44）における$(1 - \gamma X)$は，比増殖速度μが細胞量Xの増加に伴って制限を受ける形になっている。μ_{max}は細胞に固有の値であるが，μは制限基質濃度に依存する。式（7.44）および（7.45）においては，μはさまざまな環境因子によって影響を受けており，それを一括して$(1 - \gamma X)$で表現している。ただし$(1 - \gamma X)$中のパラメーターγは，細胞の最終到達濃度X_{st}の逆数となる点に注意が必要である。したがって，式（7.44）は式（7.46）と同義である。

$$\frac{dX}{dt} = \mu X \left(1 - \frac{X}{X_{st}}\right) \tag{7.46}$$

細胞の限界の最終到達濃度（酸素供給や空間的な細胞密度の限界など）に達するような流加培養か，最終到達濃度がおおよそ一定となるような培養条件にそろえた培養については適用しやすい式である。しかし，回分培養において増殖停止の原因が明らかに制限基質によるものと考えられる場合には，これを考慮したMonodの式などのほうが適するかもしれない。

（c）**回分培養プロセスにおける培養操作** 回分培養プロセスの概略を**図7.7**に示す[3]。図に従って回分培養における操作手順について説明する。

（1）坂口フラスコなどを用いて使用菌株を培養する。すなわち，斜面培地上や液体窒素中，胞子状で保存してある菌株をフラスコなどの小規模の液体培養系に移行して接種用菌体を得る。

7.2 培 養 操 作 論

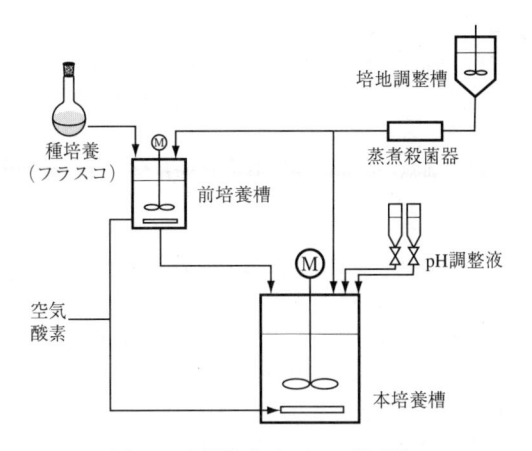

図7.7 回分培養プロセスの概略図

(2) あらかじめ蒸気殺菌した前培養槽に，調製・殺菌した培地を供給しておく。これに先の接種用菌体を含む培養液を入れ，前培養（本培養開始に必要な菌体量を得るために菌体を増殖させる）を行う。通常はフラスコから種培養，さらにそのつぎの本培養への移行は10倍程度の規模で培養スケールを拡大していく。本培養が大規模な場合は，複数段の前培養が必要である。

(3) 本培養槽においては，前培養槽と同様に蒸気殺菌して培地を供給しておく。これに前培養により得られた菌体を接種し，本培養を行う。所定の培養時間あるいは目的生産物濃度に達したら培養を終了する。

(4) 培養液は分離精製プロセスに送られ，生産物の回収を行う。本培養槽は洗浄・蒸気殺菌を経てつぎの培養に供される。

ちなみに図7.7には，培地と菌体の大まかな流れの

み表現してあり，培養槽の温度調節のための冷却加温水や蒸気殺菌のための蒸気の流路は省略されている。また，培養温度，pHおよび溶存酸素濃度などの計測制御系（ループ制御系）や培養槽の蒸気殺菌や培地供給などの時系列的な管理を行うシーケンシャル制御系，センサーやポンプなどの付属装置も省略されているので，実際の回分培養システムではより複雑なシステム構成となる。

回分培養における細胞増殖と操作時間の関係について，回分培養の操作サイクルを増殖誘導期，対数増殖期，生産物の回収，およびつぎの培養準備期間の4段階に分けて考えると，それぞれの所要時間の合計が1回の回分培養における操作時間となる。

操作時間を短縮する手段の一つとして，反復回分培養法がある。これは回分培養終了後の培養液から細胞を分離し，その全量または一部を新たに調製・殺菌した培地に還流する方法である。前培養の必要がなく，初期細胞濃度を高くできるので増殖誘導期が短縮できる。また，本培養槽の殺菌工程が省略できるので培養準備期間も短縮できるが，繰り返し使用した場合の細胞の活性低下や，本培養槽における雑菌汚染の危険性が増大するなどの問題点がある。

(d) 回分培養における実例と問題点 図7.8に，酵母の一種で糖脂質生産菌である *Kurtzumanomyces* sp. I-11株における回分培養例と培養経過を示す。図7.8(a)は培養システムの概略図であり，図7.8(b)は培養液中の菌体濃度，大豆油濃度，脂肪酸濃度および糖脂質濃度の経時変化である。また，図7.8(b)における点線は式(7.45)などを用いたシミュレーションによる計算結果である。

この菌は大豆油を原料として生分解性洗剤（糖脂質

(a) 培養システムの概略図　　　　(b) 経時変化

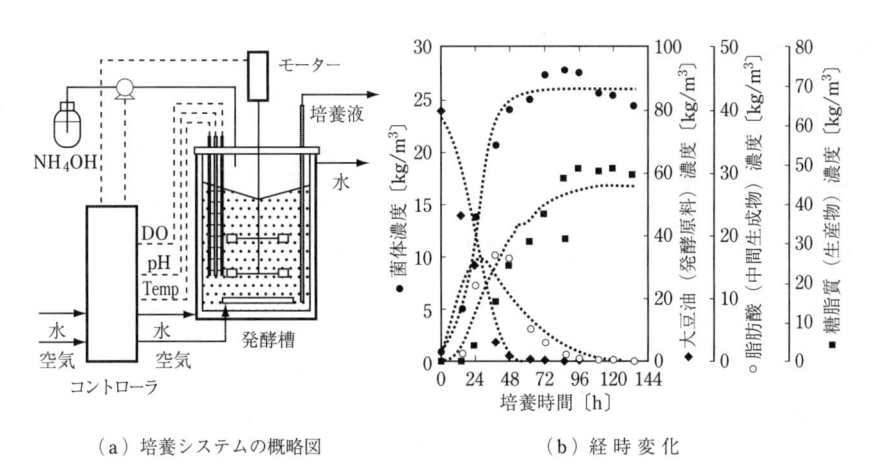

図7.8 酵母 *Kurtzumanomyces* sp. I-11株を用いた回分培養による糖脂質系界面活性剤の生産

系界面活性剤）を生合成する。この培養例では，炭素源である大豆油は菌体増殖と糖脂質生産の両方に使われる。糖脂質の生産パターンは，脂肪酸が中間生成物となる中間型である。炭素源である大豆油は脂肪酸とグリセリンに分解され，菌の増殖のみでなく生産物合成にも利用される。計算結果と実測値が若干ずれるのは，リパーゼによる大豆油分解の反応を考慮していないことや，生成した中間生成物（脂肪酸）が菌体増殖と生産物生成にどのような割合で使われるかが正しく記述されていないことが原因であると考えられる。すなわち，点線の計算結果は単純な中間生成物を経て生産物が生合成されるようなモデルを用いて計算したものであるが，それでもある程度回分培養における細胞，基質および生産物の関係を解析することができる。

回分培養のプロセス構成は比較的シンプルであり，非常に実用的な培養法であるといえる。しかし，図7.8の例でもわかるように，菌体の最終到達密度は低い。これは，炭素源である大豆油をあらかじめ大量に培養液中に添加した場合，生産物である界面活性剤と原料である大豆油が逆ミセルとなるため，初発大豆油濃度を高く設定できないためである。すなわち，培養液が乳化して固形状となってしまうため，事実上培養が不可能となるので，初発大豆油濃度を高くできないのである。一般にはグルコースなどの炭素源の初発濃度を高くすると，異化代謝抑制などの形で生産物の収量が落ちる場合が多い。本培養例の場合は，その他の理由で初発炭素源濃度を高く設定できない例であるが，結果として炭素源の枯渇によって細胞および生産物の収量が低い結果となった。いずれにしても，回分培養においては細胞増殖と生産物収量に限界が存在する。このような場合には，基質を適時添加していく流加培養が適しているといえる。

7.2.2 流加培養

流加培養とは，培養途中に培養液を抜き出すことなく，栄養源（基質など）を培養槽に供給する方法であり，半回分培養ともいう。培養液中の栄養源濃度を任意に制御できる利点を持つ。供給される栄養源の流加速度と細胞による栄養源消費速度を等しくすることで，回分培養において問題となる以下のような培養系に有効な方法である[4]。

（1）増殖阻害を引き起こす物質（メタノール，エタノールや酢酸など）を基質とした培養の場合，これらを低濃度に制御しつつ少しずつ供給することで，増殖阻害を回避しながら培養が可能である。

（2）グルコースなどのように，基質濃度が高いと異化代謝抑制によって生産性が低くなる場合，これを

回避することができる。

（3）特定の基質濃度を制御できる。例えばアミノ酸の濃度制御が必要なアミノ酸要求性株の培養などに有効である。

（4）細胞を高密度培養したい場合や，これに伴う細胞収率の増加によって代謝産物の生産性が向上できる場合に有効である。

したがって，流加培養は高濃度の基質によって増殖阻害が起こる場合や，その他の栄養源濃度に依存して生産性が低下する細胞に適用することで，回分培養より対数増殖期を長く維持することができ，生産性の効率化が達成できる。しかし，細胞密度の増加とともに溶存酸素濃度（DO）の不足が問題となってくる。一般に溶存酸素濃度が低下した場合，攪拌翼の回転数や空気流量を上げるか，酸素を富化した空気を通気する。酸素の供給速度が細胞による酸素消費速度に追いつかなくなると，酸素が制限基質となり，増殖速度は酸素供給速度に依存する。一般に流加培養の場合は，酸素供給の限界か増殖阻害物質の蓄積が原因で細胞増殖が止まる場合が多い。また，培養液中に細胞が存在し得る空間に限りがあるので，これも増殖停止の原因となり得る。

（a）流加培養における基礎理論 流加培養の概略を図7.9に示した。濃度S_f〔kg/m³〕の基質溶液を体積流量F〔m³/h〕で発酵槽に供給した場合を考える。発酵槽中の培養液量，細胞濃度，基質濃度および生産物濃度をそれぞれV〔m³〕，X〔kg/m³〕，S〔kg/m³〕およびP〔kg/m³〕とすると，流加培養における細胞増殖，基質の消費速度および生産物の生成速度に関する基礎式は，物質収支を考慮して式（7.47）〜（7.49）のように定義される。

$$\frac{d(VX)}{dt} = \mu VX \tag{7.47}$$

$$\frac{d(VS)}{dt} = FS_f - \frac{1}{Y_{X/S}}\frac{d(VX)}{dt} \tag{7.48}$$

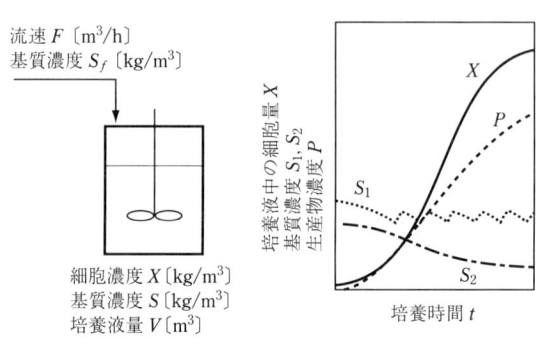

図7.9 流加培養の概略図

$$\frac{d(VP)}{dt} = q_p VX \tag{7.49}$$

$$\frac{dV}{dt} = F \tag{7.50}$$

ここで，q_p は生産物の比生産速度〔kg/(kg·h)〕である．式（7.47）～（7.49）は質量基準の式であり，これを回分培養の項で示した濃度基準の式に置き換えると，式（7.51）～（7.53）となる．

$$\frac{dX}{dt} = \mu X - \frac{F}{V} X \tag{7.51}$$

$$\frac{dS}{dt} = \frac{F}{V}(S_f - S) - \frac{1}{Y_{X/S}} \frac{dX}{dt} \tag{7.52}$$

$$\frac{dP}{dt} = q_p X - \frac{F}{V} P \tag{7.53}$$

基質の流加方法は，大きく分けてフィードバックがない場合とある場合とに分けられるが，いずれにしても流加によって式（7.50）に示したように培養液量 V は増加する．

(b) フィードバック制御がない場合の流加培養

流加方法により，基質溶液の流量をあらかじめ決定しておく定流量流加と，細胞の増殖速度に応じた割合で流加流量を指数的に増加する指数流加がある．

定流量流加においては，基質溶液の流量 F が一定であることから，式（7.50）において dV/dt は定数となる．したがって，時間 t における培養槽内の細胞量は，V_0 を初発培養液量，S_0 を初発基質濃度として，物質収支によって式（7.54）で表される．

$$VX = V_0 X_0 + Y_{X/S} V_0 S_0 + Y_{X/S} FS_f t \tag{7.54}$$

ここで，式（7.48）に式（7.47）を代入すると

$$\frac{d(VS)}{dt} = FS_f - \frac{\mu VX}{Y_{X/S}} \tag{7.55}$$

ここで，FS_f が $\mu VX/Y_{X/S}$ より大きい場合は，基質は過剰供給となる．逆に FS_f が $\mu VX/Y_{X/S}$ より小さい場合は，基質の供給量が律速となって細胞増殖が制限を受け，時間 t における細胞量 X_t は，式（7.56）によって計算できる．

$$X_t = \frac{V_0 X_0 + Y_{X/S} V_0 S_0 + Y_{X/S} FS_f t}{V_0 + Ft} \tag{7.56}$$

したがって定流量流加においては，$FS_f < \mu VX/Y_{X/S}$ となる範囲で基質供給量 FS_f を決定することで，細胞の増殖をある程度の範囲で調節することが可能である．

また，対数増殖期において FS_f と $\mu VX/Y_{X/S}$ が釣り合っている場合は，$d(VS)/dt = 0$ となり，細胞は最大比増殖速度に近い速度で増殖し，対数増殖期を長く維持することができる．培養プロセス全般で考えると，式（7.55）において，$d(VS)/dt = 0$ となるような基質供給量 FS_f があらかじめ時系列的に決定できれば，より効率的なシステムの構築ができる．この場合，式（7.55）の左辺がゼロとなり，基質供給速度 F は μ の関数として与えられる．

$$F = \frac{\mu VX}{Y_{X/S} S_f} \tag{7.57}$$

指数流加を行うためには，過去の培養データより μ の経時変化を予測するか，実際に細胞量 X を測定して基質溶液の流量 F を順次決定することが必要になる．

時刻 t_i から t_{i+1} における微小時間 Δt における細胞増殖は

$$X_{t_{i+1}} V_{t_{i+1}} = X_{t_i} V_{t_i} \exp(\mu \Delta t) \tag{7.58}$$

また，式（7.57）より，時刻 t_{i+1} における $F_{t_{i+1}}$ は

$$F_{t_{i+1}} = \frac{\mu X_{t_{i+1}} V_{t_{i+1}}}{Y_{X/S} S_f} \tag{7.59}$$

式（7.58）および（7.59）より

$$F_{t_{i+1}} = \frac{\mu X_{t_i} V_{t_i}}{Y_{X/S} S_f} \exp(\mu \Delta t) \tag{7.60}$$

$$= F_{t_i} \exp(\mu \Delta t)$$

すなわち，微小時間間隔 Δt の変化において，細胞の比増殖速度に対応した分だけ基質溶液の流加速度 F を調節してやればよい．ちなみに基質濃度 S_f と初発流加速度 F_0 は，発酵槽容量 $V_{\max}$ と最終細胞到達濃度 X_{st} および菌体収率 $Y_{X/S}$ によって以下の式により与えられる．

$$S_f = \frac{X_{st} V_{\max} - X_0 V_0}{Y_{X/S}(V_{\max} - V_0)} \tag{7.61}$$

$$F_0 = \frac{\mu X_0 V_0}{S_f Y_{X/S}} \tag{7.62}$$

すなわち，指数流加においては比増殖速度 μ が操作指標となるため，細胞量を正確にモニターして比増殖速度を推定する必要があることから，そのわずかな誤差が培養結果に直接影響する．したがって，定流量流加のほうが安定的な培養結果を得やすい場合が多い．そこで，定流量流加と指数流加の中間的な方法として，間欠的に必要量の基質を供給していく方法がある．定流量流加よりも若干の収率アップが望めるが，いずれの方法を用いても安定な流加培養を行うには限界がある．したがって，なんらかの計測可能な変数を制御指標として，それをもとに基質溶液の流量を決定するフィードバック制御のほうが，より安定なシステムが構築できる．

(c) フィードバック制御がある場合の流加培養

フィードバック制御とは，プロセスに連動したなん

らかの計測値を指標にして，目的変数の変更やオンオフ制御を行う方法である．流加培養に関して行われるフィードバック制御には，大きく分けて直接的な制御と間接的な制御がある．直接的な制御の方法とは，培養液中の基質濃度を直接計測し，これを制御指標とする方法である．間接的な方法とは，細胞の増殖やその状態に連動して変化するような間接的な変数をもとに基質流量を制御する方法である．制御指標となり得る変数としては，pH，DO，二酸化炭素の比生成速度や呼吸商などが考えられる．特にpHやDOを指標とした流加培養のフィードバック制御をpHスタットおよびDOスタットという．

pHスタットは，細胞の増殖によって代謝産物である有機酸が生成してpHが低下する場合や，培地中のアンモニアが窒素源として消費されてpHの変動が起こる場合などに有効な手段である．もし培養途中で細胞の代謝様式が変わらず，またpH変動の要因が複数存在しないならば，細胞の増殖とpHの変化は連動する．したがって，あらかじめ求めておいたpH調整のための酸やアルカリの供給速度と基質供給速度の比にしたがって，酸やアルカリを供給するポンプに連動させて基質供給をオンオフする，つまりpH変化を指標として基質の流加を行えばよい．

DOスタットは，炭素源の欠乏によって細胞の増殖速度が遅くなった場合，細胞の酸素消費量も低下するため，培養液中の溶存酸素濃度が急激に上昇する現象を検出し利用する．すなわち，DOの上昇を指標として炭素源などの基質を流加する．原理的にはある程度の範囲で基質濃度が変動したり，一時的な基質の欠乏が起こる可能性があるが，比較的基質濃度を低いレベルで制御することが可能である．溶存酸素濃度の測定法としては，酸素電極を用いて培養液中の酸素濃度を測定する方法が一般的であるが，排ガス分析計によってDOの上昇に由来した排ガス中の酸素分圧上昇を検出する方法もある．呼吸商を用いた制御を行う場合には，排ガス中の二酸化炭素濃度もあわせて測定する．

(d) 流加培養における実例と問題点 メタノール資化性菌 *Protaminobacter ruber* のDOスタットによる流加培養例を図7.10に示した．この培養系においては，発酵槽の撹拌速度と空気および酸素流量を調節してDOを2～3 ppmに制御している．DOの経時変化において，ときどき上方向に伸びる棒状の変動は，菌が炭素源であるメタノールを消費して培養液中のメタノールが枯渇し，これによって菌の酸素消費速度が遅くなったために起こるDOの急上昇を示している．この例では，DOが急上昇して4 ppmを超えたらメタノールの供給を行う，いわゆるDOスタットを行って

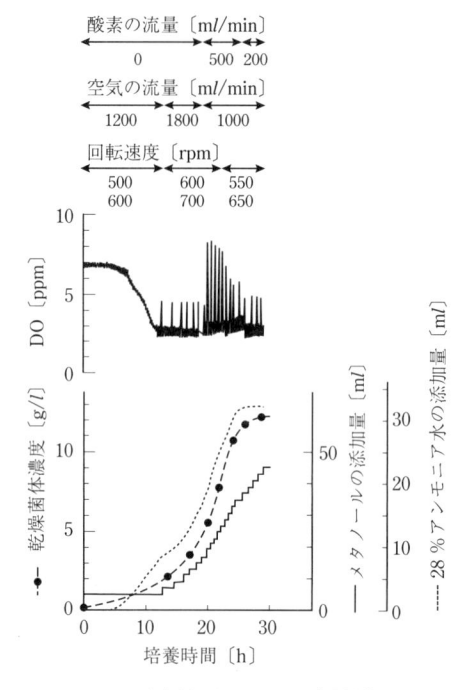

図7.10 DOスタットを用いたメタノール資化性菌 *Protaminobacter ruber* の流加培養〔矢野卓雄，他：*J. Ferment. Technol.*, **56**, 416-420 (1978)〕

いる．したがって，メタノールは菌体濃度が低い培養初期には添加されていないが，対数増殖期以降において，DOの急上昇にそってメタノールの添加を行っている．このため，図に示したようにメタノールの積算添加量が段階的に増加している．なお，この培養系においては，いくつかの金属イオンと窒素，リン化合物が制限基質となっていたため，最終的な菌体濃度はあまり高いとはいえない．図7.11にDOスタットによるメタノール流加とこれらの制限基質を適時添加した場合の菌体濃度の経時変化を示した．図中のMはMg，Ca，Co，Fe，Mnなどの金属イオンの無機塩類を，NPは窒素，リン化合物を示しており，DOスタットによるメタノール流加培養において，矢印の時間にこれらを適量添加している．その結果，最終菌体濃度が約85〔kg-dry cell/m^3〕という高密度に達した．

この培養例のように，メタノールを炭素源として使用する場合には，メタノールの増殖阻害を回避しつつこれを供給する必要がある．流加培養はこのような系に適した培養方法である．また，流加培養は細胞の高密度培養による生産性の改善や，細胞の代謝を制御するような場合にも効果がある．さまざまな制御パラメーターの研究やそれを用いたコンピュータ制御に関して多くの報告例があることからも，実用的な利点が多

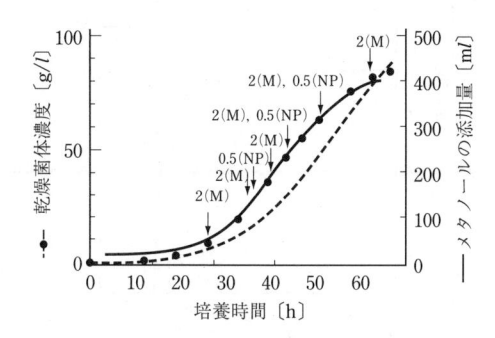

図7.11 DOスタットと栄養源添加による高密度培養
〔矢野卓雄, 他: *J. Ferment. Technol.*, **56**, 416-420 (1978)〕

い培養法であるといえる。

7.2.3 連続培養

連続培養とは, 発酵槽へ一定速度で新鮮培地を供給し, 同量の培養液を連続的に発酵槽外へ抜き取る方法である[5]。理論的には永久的に培養を持続できる。一般に回分培養においては, 細胞や基質の濃度, 生産物濃度は培養時間とともに変化する。しかし, 連続培養においては培地供給速度を適当に選択することで, **図7.12**に示したようにこれらを一定の状態に保つことができる。すなわち定常状態が実現できる。

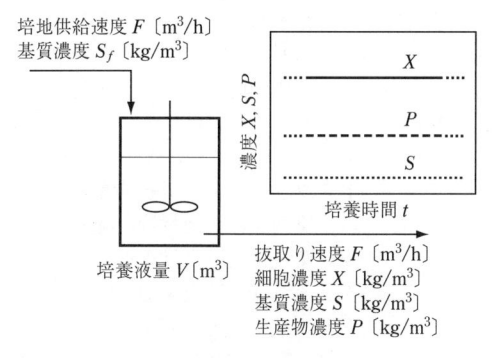

図7.12 連続培養の概略図とその定常状態における細胞, 基質および生産物濃度の様子

定常状態を実現するには, ケモスタットとタービドスタットと呼ばれる方法がある。前者は流加する基質に着目した方法であり, あらかじめ決定しておいた濃度の基質溶液を一定の速度で供給する。すなわち細胞増殖は希釈率(基質流量)に依存する。後者は細胞増殖に着目した方法であり, 細胞濃度が一定になるように基質溶液の流量を調節する方法である。タービドスタットにおいては, レーザー濁度計などを用いて細胞濃度を連続的に測定してフィードバック制御を行う必要があるので, より簡単にシステムが構築できるケモスタットのほうが多く用いられている。また, ケモスタットにおいて, 培養槽から抜き出した培養液中の細胞を分離し, 発酵槽へ返送する方法もある。

(a) ケモスタットによる連続培養 ケモスタットは, 一定の速度で培地供給を開始し, 供給された基質量に応じて細胞が増殖する。ある適当な希釈率Dで操作しつづけると, 細胞増殖量と培養槽外へ抜き取る培養液中の細胞量が釣り合うようになり, 定常状態が実現できる。なお, Dは培地供給速度Fを培養液量Vで割った値である。

図7.12に示すような完全混合型培養槽について, 細胞Xにおける物質収支を考える。

$$V\frac{dX}{dt} = -FX + V\left(\frac{dX}{dt}\right)_{growth} \quad (7.63)$$

$$\mu = \frac{1}{X}\left(\frac{dX}{dt}\right)_{growth} \quad (7.64)$$

ここで, 希釈率$D = F/V$とすると,

$$\frac{dX}{dt} = (\mu - D)X \quad (7.65)$$

つぎに, 基質Sにおける物質収支を考える。

$$V\frac{dS}{dt} = FS_f - FS - V\left(-\frac{dS}{dt}\right)_{consumption} \quad (7.66)$$

$$\left(-\frac{dS}{dt}\right)_{consumption} = \frac{dS}{dX}\frac{dX}{dt} = \frac{1}{Y_{X/S}}\mu X \quad (7.67)$$

$$\frac{dS}{dt} = D(S_f - S) - \frac{1}{Y_{X/S}}\mu X \quad (7.68)$$

また, 生産物Pについて物質収支を考える。

$$V\frac{dP}{dt} = -FP + V\left(\frac{dP}{dt}\right)_{production} \quad (7.69)$$

$$\left(\frac{dP}{dt}\right)_{production} = \frac{dP}{dS}\frac{dS}{dX}\frac{dX}{dt} \quad (7.70)$$

$$= \frac{Y_{P/S}}{Y_{X/S}}\mu X = Y_{P/X}\mu X$$

$$\frac{dP}{dt} = Y_{P/X}\mu X - DP \quad (7.71)$$

$Y_{P/S}$および$Y_{P/X}$は, それぞれ基質および細胞量の単位重量当りの生産物収率である。

ここで, 連続培養において定常状態に達した場合は, $dX/dt = 0$, $dS/dt = 0$および$dP/dt = 0$となる。したがって式(7.65)より

$$\mu = D = \frac{F}{V} \quad (7.72)$$

すなわち, 定常状態に達した連続培養における細胞の比増殖速度μは, 希釈率Dまたは培地供給速度Fに依

存することから，培地供給速度を適当に調節することで比増殖速度を任意に調節できる。しかしながら，細胞の比増殖速度 μ が有限の値であるので，操作変数としての D には上限が存在する。もし D を μ_{max} 以上に設定したならば，培養液の抜取りによる細胞量の減少が細胞増殖を上回ってしまうため，培養槽内の細胞量が急激に減少し，ついには細胞が培養槽内から洗い流されてしまう。この現象をウォッシュアウトという。

ここで，細胞の生産性が最大になる希釈率 D_{max} について考える。比増殖速度を Monod の式で表現すると

$$\mu = D = \frac{\mu_{max} S}{K_S + S} \tag{7.73}$$

$$S = \frac{K_S D}{\mu_{max} - D} \tag{7.74}$$

また，式(7.68)の左辺をゼロとして，式(7.72)より $\mu = D$ を代入すると，細胞濃度 X は式(7.75)で表される。

$$X = Y_{X/S}(S_f - S) \tag{7.75}$$

式(7.75)に式(7.74)を代入すると

$$X = Y_{X/S}\left(S_f - \frac{K_S D}{\mu_{max} - D}\right) \tag{7.76}$$

さらに細胞の生産性を DX とすると

$$DX = Y_{X/S} D\left(S_f - \frac{K_S D}{\mu_{max} - D}\right) \tag{7.77}$$

細胞の生産性が最大となる希釈率 D_{max} は，$Y_{X/S}$ が一定（D に依存しない）であると仮定して式(7.77)を D について微分し，$d(DX)/dt = 0$ として求められる。

$$D_{max} = \mu_{max}\left(1 - \sqrt{\frac{K_S}{K_S + S_f}}\right) \tag{7.78}$$

一般に連続培養においては，$S_f \gg K_S$ で操作するので，D_{max} は μ_{max} よりも小さい値となり，ウォッシュアウトが起こる限界の希釈率 D_{crit} はほぼ μ_{max} となる。すなわち，D_{crit} は式(7.76)において $X = 0$ として

$$D_{crit} = \frac{\mu_{max} S_f}{K_S + S_f} \tag{7.79}$$

希釈率 D [h^{-1}]，細胞濃度 X [kg/m^3]，細胞の生産性 DX [kg/(m^3·h)] および基質濃度 S [kg/m^3] の関係を図7.13に示した。細胞濃度と生産性は，それぞれ式(7.76)と式(7.77)によって計算した。また，基質濃度は，式(7.68)の左辺をゼロとした式(7.80)または式(7.74)により計算できる。

$$S = S_f - \frac{\mu X}{D Y_{X/S}} = S_f - \frac{X}{Y_{X/S}} \tag{7.80}$$

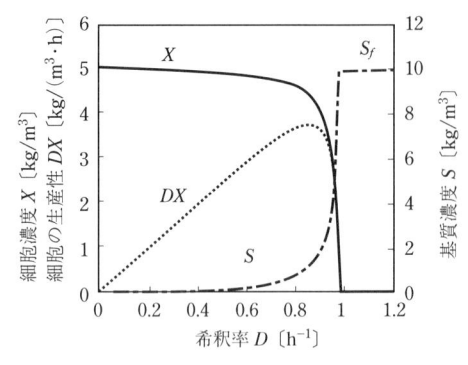

流加する培地の基質濃度 S_f を 10 kg/m^3，菌体収率 $Y_{X/S}$ を 0.5 kg/kg，μ_{max} を 1.0 h^{-1}，基質の飽和定数 K_S を 0.2 kg/m^3 として計算した場合

図7.13 連続培養（単槽）における希釈率と細胞濃度，制限基質濃度および細胞生産性との関係

流加する培地の基質濃度 S_f を 10 kg/m^3，菌体収率 $Y_{X/S}$ を 0.5 kg/kg，μ_{max} を 1.0 h^{-1}，基質の飽和定数 K_S を 0.2 kg/m^3 として計算した場合，D_{max} と D_{crit} の理論値はそれぞれ 0.860 および 0.980 h^{-1} となる。

これまで述べてきた理論は，菌体収率 $Y_{X/S}$ を一定と仮定しているが，実際の培養においては $Y_{X/S}$ は必ずしも一定であるとは限らない。希釈率 D が小さい場合や D_{crit} に近い場合は $Y_{X/S}$ の変動が激しい。特に D が D_{crit} に近い場合は，図7.13のように D の変化に対して細胞濃度 X の変化が非常に大きい。すなわち，ケモスタットにおける連続培養において，希釈率（比増殖速度）を限界まで高めて培養している状況においては，基質供給速度のわずかな変動によって X が変化することから，定常状態を得ることが難しくなる。

(b) タービドスタットによる連続培養　ケモスタットにおいては，原理的に培地供給速度 F が一定であることから，安定な定常状態が得られない場合がある。タービドスタット法は，細胞濃度を指標にして培地流量 F を制御することで，連続培養における定常状態を実現する方法である。すなわち，レーザー濁度計などを用いて細胞濃度 X を連続的に測定し，X の目標値より測定値が高い場合には培地供給速度 F を上げて（または培地供給を開始して）X を下げる。逆に X が目標値を下回った場合は，培地供給速度を下げて（または停止して）X を増加させる方法である。細胞濃度を直接測定する方法以外にも，pHや基質濃度の測定により間接的に細胞増殖を推定し，これを指標として培地供給速度を調節する方法もタービドスタットに含まれることもある。

タービドスタットの利用法の一つに，増殖阻害物質の培養解析が挙げられる[6]。タービドスタットを用い

た連続培養では，図7.14に示したように $S \fallingdotseq S_f \gg K_S$ であり，μ は μ_{max} に近い状態で増殖しているが，細胞濃度は低い状態になっていると考えられる．阻害物質が存在しない状態で定常に達した培養液中に阻害物質を添加すると，その影響で比増殖速度が低下し，それが基質供給量の差として検出できる．すなわち阻害物質の濃度に応じて比増殖速度が低下することから，細胞に対する増殖阻害物質の影響や培養特性を解析する手法の一つとしてしばしば用いられる．

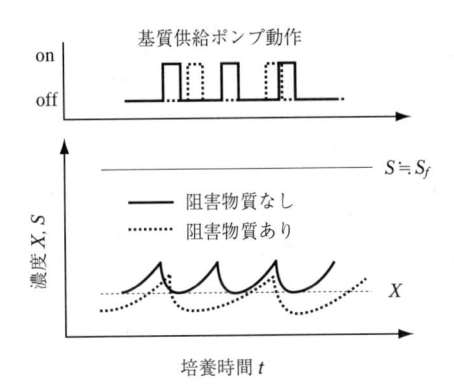

図7.14 タービドスタット法の応用例（細胞濃度変化と増殖阻害物質，基質流加量（ポンプ動作）の関係において，阻害物質の影響は基質流加量の違いとして解析できる）

（c）細胞リサイクルを伴うケモスタット　図7.15に細胞リサイクルを伴う連続培養の概略図を示す．ケモスタットによる連続培養操作において，抜き取った培養液中の細胞を一部分離して培養槽に返送すると，D_{crit} が大きくなる．すなわち，F をより大きくすることができる．また，同じ F に対して培養槽の体積を小さくすることができる．しかしながら，無菌的に細胞を分離して返送することが難しいため，雑菌汚染の危険性が高い．そのため，凝集性酵母を用いたアルコール発酵や，高性能な分離膜を用いた細胞返送を伴うプロセスなどの例が一部存在するが，おもに活性汚泥法による排水処理などに用いられる方法である．

図7.15に示したシステムにおいて，流出液の循環比を α，分離装置による細胞の濃縮率を β とすると，細胞と基質についての物質収支から

$$V\frac{dX}{dt} = \alpha\beta FX - (1+\alpha)FX + V\mu X \quad (7.81)$$

定常状態では，式（7.81）の左辺はゼロであることから

$$\mu = D\{1 + \alpha(1-\beta)\} \quad (7.82)$$

また，基質 S に関する物質収支を考えると

$$V\frac{dS}{dt} = FS_f + \alpha SF - (1+\alpha)FS - \frac{V}{Y_{X/S}}\mu X$$

$$= F(S_f - S) - \frac{V}{Y_{X/S}}\mu X \quad (7.83)$$

定常状態であれば，左辺はゼロである．よって

$$X = \frac{Y_{X/S}}{\mu} D(S_f - S) \quad (7.84)$$

また，基質濃度 S は，式（7.74）の D を式（7.82）の右辺に置き換えて

$$S = \frac{K_S D\{1 + \alpha(1-\beta)\}}{\mu_{max} - D\{1 + \alpha(1-\beta)\}} \quad (7.85)$$

よって，細胞濃度 X は式（7.84）と（7.85）から式（7.86）によって表される．

$$X = \frac{Y_{X/S}}{\mu} D\left(S_f - \frac{K_S D\{1 + \alpha(1-\beta)\}}{\mu_{max} - D\{1 + \alpha(1-\beta)\}}\right) \quad (7.86)$$

また，D_{crit} は式（7.86）において，$X = 0$ とすると

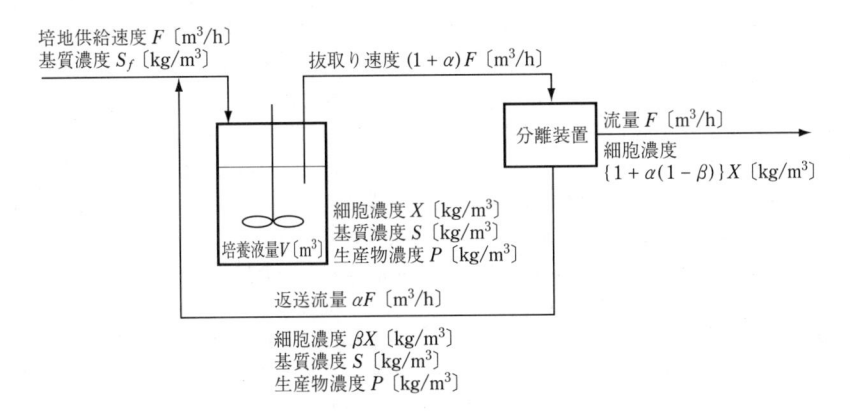

図7.15 細胞リサイクルを伴うケモスタット

$$D_{\text{crit}} = \frac{1}{\{1+\alpha(1-\beta)\}} \frac{\mu_{\max} S_f}{K_S + S_f} \qquad (7.87)$$

ここで式 (7.86) と (7.87) において，細胞濃縮率 β を大きくすると，$\{1+\alpha(1-\beta)\}$ が小さくなるので，X と D_{crit} は大きくなることがわかる。したがって，より高い希釈率 D (すなわち F) の設定が可能となり，細胞の生産性 DX も増加する。

（d）連続培養における問題点 連続培養においては長期にわたる培養操作を伴う。したがって，連続的な新鮮培地の供給や長期にわたる酸素供給，細胞返送操作などにおいて雑菌汚染の危険性が増大する。また，培養槽内の状態（発泡や邪魔板などへの細胞付着，培養液の不均一など）により培養液量を一定に保つことができない場合がある。そのほか，長期培養を続けていると，その環境に適した変異株が出現することがある。特に遺伝子組換え菌の培養などでは，野生株のほうが増殖速度が速いことがあり，わずかな操作変数の変動から組換え菌よりも野生株が優勢になることがある。これらの問題から，連続培養よりも生産性が低い回分培養が発酵工業の中心となっているのが現状である。

（矢野，末原）

7.2.4 分離を伴う培養操作

（a）分離型バイオリアクター 培養装置や操作を改善することによって，効率的な生産と特定の目的物質の分離が同時に行える分離型バイオリアクターを開発することは，生産性の向上やダウンストリームの簡略化を図るうえで重要である[7]〜[11]。各種細胞を培養槽内に閉じ込めて再利用するためには，これらの生体触媒をなんらかの方法で固定化するか，またはなんらかの分離手法を利用して生体触媒を培養槽外へ漏出させないようにすればよい。固定化生体触媒を用いるバイオリアクターは，生産と分離を同時に達成し得るという意味で，広義には分離型バイオリアクターと解釈できる。また，生体触媒を培養槽内に閉じ込めながら，生産物を分離する手法としては，限外濾過膜や精密濾過膜を用いる濾過，真空フラッシュ，浸透気化（パーベーパレーション），沈降，遠心分離，抽出，吸着，電気透析などがある。

分離手法と培養を組み合わせるおもな目的は，①生体触媒としての生物細胞を固定化または再利用して高濃度に維持することおよび，②増殖に阻害になる代謝産物（生産物）を分離しながら効率的に生産することの二点である。細胞の固定化方法と固定化細胞を用いた培養法は 7.3 節において述べられているので，ここでは，膜分離[7]〜[9]，抽出[10]〜[12]，沈降[10],[13],[14]，電気透析[15]，吸着[10] などの分離手法と組み合わせた培養について紹介する。

（b）膜分離を伴う培養

（1）膜分離 細胞の分離に用いられる膜は，一般に 0.1〜1 μm の孔径を有する精密濾過膜あるいは限外濾過膜である。細胞の培養には管状型と中空糸モジュール型の膜がおもに用いられる。分離操作に使用する膜を選択するうえで注意すべき点は，濾過流束，孔径の分布，耐熱性，耐薬品性，機械的強度，洗浄・再生法，付帯設備の必要性などである。合成高分子膜は，濾過流束が高く，コンパクトであり，吐出量の大きなポンプを必要としないが，耐熱性が弱く，蒸気殺菌できない。一方，セラミック膜は，機械的強度が強く，耐薬品性や耐熱性に優れているが，もろく，濾過流束を上げるためには大きなポンプを必要とする。これらの長所と短所に加えて，特にコストと洗浄・再生法を考慮して，使用する分離膜を選択しなければならない[8]。

（2）透析培養 透析培養（diffusion culture）は，透析膜を介して培養槽とリザーバー間で阻害物質の透析と同時に栄養源の供給を行う培養形式であり，本培養法は典型的な膜分離を伴う培養である。例えば，0.2 μm の孔径を有する酢酸セルロース膜を用いた透析培養において，*Streptococcus cremoris* は 10^{11} cell/cm^3 以上の濃度に達する。この濃度は，このまま濃縮せずにスタータとして凍結保存できるレベルである。しかし，透析培養においては，大容量の栄養源貯槽が必要なこと，膜を利用するために装置が複雑になり，雑菌汚染の機会が増加するなどの短所がある。そのため，培地リザーバーの小型化，膜の培養槽内への装着，膜の目詰まり防止機構の設置などの改良が必要である[8]。

（3）濾過培養 濾過培養（culture with filtration）装置には内膜式のセラミックフィルターまたは中空糸膜モジュールを培養槽の外部に設置するタイプと外膜式のセラミックフィルターを培養槽内部に挿入するタイプがある。前者のタイプは，スケールアップが可能であるが，後者のタイプは実験室規模の装置である。両タイプとも典型的なメンブランリアクター（membrane reactor）であり，培養槽内に細胞を維持することができ，同時に最大比増殖速度以上の希釈率で新鮮培地の供給と培養液の抜取り操作ができる。このため有用細胞の高濃度培養や細胞の繰返しまたは連続利用による有用代謝産物の効率的な生産に応用されている。すなわち，この培養方式を用いて乳酸菌やビフィズス菌などのスタータ微生物の生産が行われている。また，濾過を伴う培養は，ビタミン B_{12} や酵素などの細胞内有用物質の生産にも有用である。さ

らに繰返し回分操作や連続操作をすることによって，エタノール，乳酸，酢酸，抗生物質などの効率的な生産が達成されている[8]。

濾過培養を高濃度培養に適用した例を紹介する。セラミックフィルターを外部に設置した濾過培養装置と濾材の断面を**図7.16**に示す[9], [10]。本培養方式では，培養液を濾材内に送り，クロスフロー濾過を行うことによって，増殖に阻害となる代謝産物を含む培養液と微生物菌体を分離する。濾過された液量に合わせて新鮮培地を供給し，培養槽内の液量が一定になるように調節する。また，濾過流束の低下を防止するために，一定間隔で圧縮ガスを用いて外側から加圧することによって，逆洗を行う。*Streptococcus cremoris* の培養において，濾過によって生成する乳酸を除去することができ，対数増殖期間を長く維持することができる。この濾過培養において，菌体濃度は18時間後に 3.5×10^{11} cell/cm^3 に達している。この濃度は，乾燥菌体濃度として約 81 kg/m^3 であり，通常の回分培養の約30倍である[9]。

（4）その他の濾過を伴う培養　濾過培養は，培養環境を短時間のうちに切り換えたい場合にも利用できる。*trp* プロモーターの下流に β-ガラクトシダーゼ（β-Gal）遺伝子を組み込んだプラスミドを用いて形質転換した大腸菌が培養されている。培養の初期は，トリプトファン（Trp）を添加することによって転写を抑制して増殖を図り，任意の時点で濾過することによって培養液から Trp を除去し，β-Gal を量産することが試みられている。この培養において，濾過開始後に培養液中の Trp 濃度はすみやかに低下し，β-Gal 活性は菌体の増殖に伴って急激に増加する。濾過培養を継続することによって，菌体は増殖阻害を受けることなく，乾燥菌体重量として約 60 kg/m^3 まで増加し，β-Gal は全菌体タンパク質の約10％に達する[11]。この例のように微生物を用いて物質生産を行うために設定される環境条件は，必ずしもその微生物の増殖にとって最適な増殖条件とは限らない。したがって，微生物を増殖させた後に，膜分離によって物質生産に適した培養液と入れ換え，さらに濾過培養を継続する方法は，物質生産のための有力な培養法（二段階培養法）である。この方法を適用した他の例として，リン酸濃度によって制御できる *pho* プロモーターを用いた物質生産や食塩濃度を徐々に高めた濾過培養による耐塩性乳酸菌の高速生産などが知られている[8]。

（5）濾過を伴う培養の課題　膜分離を伴う培養は，新鮮培地を用いて増殖阻害物質を洗い流すことを基本した培養方式である。このため多量の新鮮培地が必要であり，代謝産物の生産を目的とした場合には生産性を高くできるが，その濃度は低くなる。したがって，精製や廃液処理における負担が増大する。これらの欠点を克服するためには，阻害物質を選択的に分離できる膜が必要となる。また，好気性細胞の培養において，外部設置型膜を用いる場合には酸素不足が生じる可能性があり，内部設置型膜を用いる場合には，気泡の付着などによって濾過流束が低下することがある[8]。

（c）抽出を伴う培養

（1）アセトン・ブタノール発酵　抽出培養（extractive culture）は，抽出によって回収すべき阻害物質がわかっており，増殖を阻害しない抽剤が選択できる場合には効果的である[11]。アセトン・ブタノール発酵においては，抽剤としてオレイルアルコールが優れている。オレイルアルコールを用いたときのブタノールの分配係数は4.3であり，この値は，毒性のない抽剤のなかでは最大である。各種抽剤を用いたとき

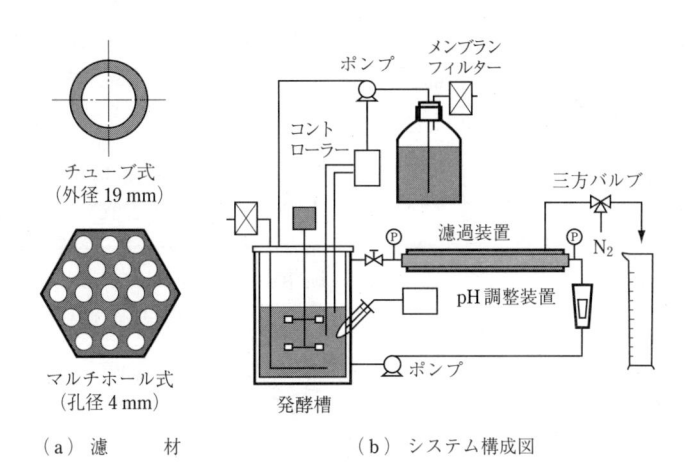

(a) 濾　　材　　　　(b) システム構成図

図7.16　セラミックフィルターを外部に設置した濾過培養装置

のブタノール，アセトンおよびエタノールの分配係数 m を**表7.12**に示す[11]。また，オレイルアルコールを間欠的に交換しながらアセトン・ブタノール発酵を行った結果を**図7.17**に示す[12]。この培養では，基質であるグルコースを流加しながら抽出を繰り返し行うことによって，培養期間を通してブタノール濃度を阻害がかからないレベルに保つことでき，全ブタノールの生産量が対照実験に比べて増加している[12]。

（2）**乳酸発酵とエタノール発酵** 乳酸発酵においては，トリ-n-オクチル，デシル-t-アミンを主成分とするAlamine 336が抽剤として利用されている[11]。しかし，この抽剤は乳酸菌に対する毒性が無視できないために，固定化乳酸菌や膜分離と組み合わせた抽出発酵が考案されている。エタノール発酵においては，オレイン酸などを抽剤として用いた研究例がある。κ-カラギーナンに酵母を固定化することによって，抽剤の毒性を低減化し，高いグルコース濃度において高活性を示すように工夫されている。しかし，分配係数が低いこと，乳化性があることなどの問題があり，エタノール発酵の場合には，他の分離手法と組み合わせる培養システムのほうが有利である。

（d）**沈降を伴う培養**

（1）**凝集性酵母によるエタノール生産** 培養槽内に高濃度に酵母を保持するには，膜分離や遠心分離などの手段と組み合わせるか，固定化酵母を用いる必要がある。しかし，これらの方法を用いる場合には，プロセスが複雑になる。燃料用や工業用エタノールのように大量生産を目的とする場合には，プロセスが単純であることが重要である。凝集性酵母を用いれば，1サイクルの発酵が終了した時点で撹拌を停止すれば，酵母自身の凝集・沈降性を利用して固液分離ができる。沈降した酵母に新しい培地を供給して撹拌すれば，つぎの発酵サイクルを開始できる。この繰返し回分発酵法は，実用化されている[13]。また，発酵槽を2段直列にして，第1槽で凝集性酵母を生産し，それを第2槽に供給する二槽直列連続発酵法も開発されている[13]。

（2）**沈降を伴う灌流培養** 微生物と比較して動物の培養細胞は，複雑で高価な培地を必要とし，増殖速度が遅く，乳酸やアンモニアなどの代謝老廃物によって増殖阻害を受けやすく，機械的な衝撃に弱いなどの欠点がある。そこで，細胞濃度が 10^8 cell/cm^3 のオーダーの高密度な培養を達成するためには，新鮮培地を培養槽に供給するとともに，動物細胞を培養槽に保持しつつ，有用代謝産物と老廃物を含む培養液を除去する灌流培養（perfusion culture）を行う必要がある。細胞を保持し，培養液を取り出す分離方法としては，重力沈降，遠心沈降，膜濾過などが試みられている。膜濾過法は，時間の経過とともに目詰まりが起こり，長期間安定な操作は困難である。逆洗や回転フィルターの使用などによって，濾過流束の低下をある程度防止できるが，フィルターを用いている限り，目詰まりは避けられない。コーン型沈降管を培養槽内に設置した灌流培養装置を**図7.18**に示す[14]。このほかに培養ゾーンの周囲に沈降ゾーンを有するタイプや上下に複

表7.12 抽出におけるブタノール，アセトン，エタノールの分配係数

溶媒	乳化性	m_{BT} (-)	m_A (-)	m_E (-)
フレオンE	-	0.31	0.74	0.20
オクタデカフルオロデカリン	-	0.65	0.12	0.74
オキソコール	+	4.7	0.089	0.022
C-16ゲルベアルコール	++	4.5	0.44	ND
ファインオキソコール	-	3.0	0.14	0.034
オレイン酸	++	3.0	0.29	0.047
オレインアルコール	-	4.3	0.52	0.22
イソステアリン酸	+	2.2	0.15	ND
C-20ゲルベアルコール	-	3.5	0.27	0.17

++：激しく乳化，+：乳化せず，ND：検出できず，
BT：ブタノール，A：アセトン，E：エタノール

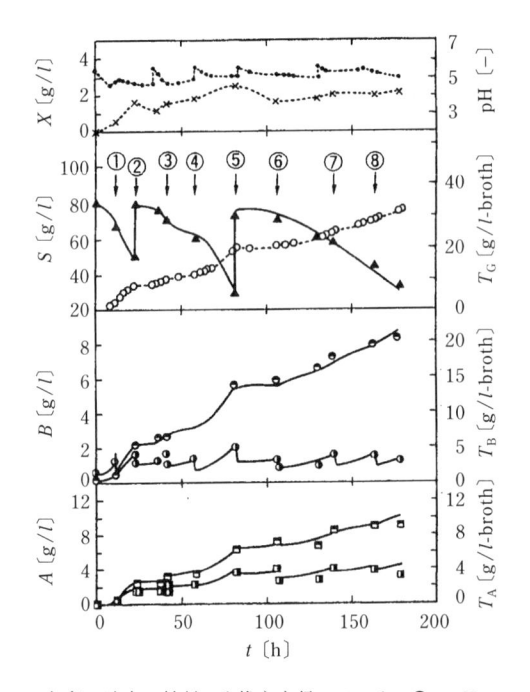

矢印の時点で抽剤の入換えを行っている。●：pH，×：菌体濃度（X），▲：グルコース（S），○：ガス発生量（T_G），■，●：培地中のアセトンおよびブタノール濃度（A, B），■，●：培養液当りの総アセトンおよびブタノール生成量（T_A, T_B）

図7.17 抽出発酵によるアセトン・ブタノールの生産

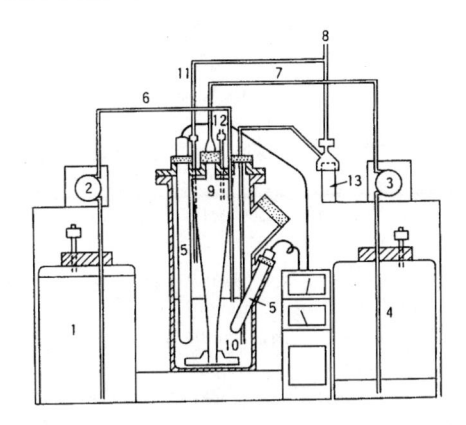

1：新鮮培地貯蔵槽，2：培地添加用ポンプ，3：培養液抜取り用ポンプ，4：使用培地貯蔵槽，5：センサー類，6：添加ライン，7：回収ライン，8：通気ライン，9：細胞沈降管，10：攪拌翼，11：通気口，12：排気口，13：サンプリング口

図7.18　細胞沈降管を用いた灌流培養装置

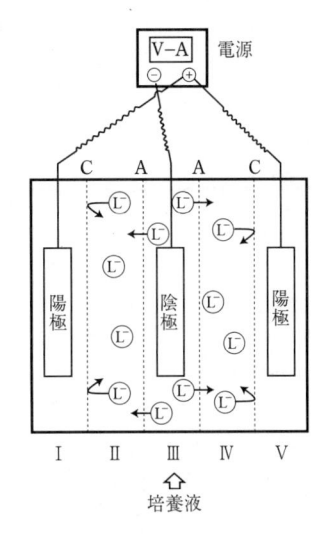

図7.19　電気透析装置

数の沈降ゾーンを有するタイプも報告されている[4]。これらの重力沈降によって細胞分離を行う灌流培養は，分離能力に余裕がある状態で操作すれば，きわめて安定である。しかし，重力場における動物細胞の沈降速度は遅く，比灌流速度を一定にしてスケールアップをした場合には，沈降面積を培養容積に合わせて大きくすることが困難となる。そこで，遠心分離によって細胞と培養液を分離する遠心沈降型灌流培養法が開発されている。無菌状態を保ちながら細胞と培養液を分離した後，細胞の増殖能力を維持した状態で培養槽に戻さなければならない。この方法の問題点は，細胞を遠心場にさらさなければいけないことである。したがって，遠心沈降法を採用する場合には，遠心力がそれぞれの細胞の増殖や物質生産能力に及ぼす影響を事前に把握する必要がある。

（e）電気透析を伴う培養　有機酸やアミノ酸のように培養液中で解離している場合には，電気透析を用いて分離することができる。電気透析を酢酸や乳酸の分離に適用した研究例が報告されている。乳酸発酵に使用した電気透析装置を図7.19に示す[15]。電気透析装置は，二つの陽極槽（IとV），二つの濃縮槽（IIとIV）および一つの陰極槽（III）の五つの部分から構成されている。それぞれの部分は陽イオン交換膜（C）と陰イオン交換膜（A）で仕切られている。陰極と陽極は，白金板である。陰極では，還元反応が起こるため培養液は還元状態になる。そこで，培養液は陰極槽を通し，アノライトとして$0.1N\ H_2SO_4$をIとVに循環し，水をIIとIVに循環して通電すると，マイナスに荷電している乳酸イオンは陰イオン交換膜を通り，IとVの陽極槽の方に引きつけられる。しかし，陽イオン交換膜を通過しにくいので，最終的に乳酸はIIとIVの部分に蓄積してくる。このようにして，培養液から連続的に乳酸を除くことができ，結果として培養液中の乳酸濃度を低く保つことができるために増殖阻害を軽減できる。通電は，pHコントローラにより，培養液のpHが設定値より低下した場合に行われる。透析装置内の培養液のpHは酸の除去によって上昇する。したがって，培養液のpHはアルカリ液を添加することなく制御できる。電気透析を行うことによって，乳酸の生産速度は高めることができたが，細胞を含む培養液を直接透析装置に供給する場合には，陰イオン交換膜に菌体が付着し，透析速度が低下する。また，乳酸と同じ荷電をもったリン酸イオンも除去され，乳酸生産に影響することが認められている。そこで，リン酸塩溶液を供給しながら，中空糸型精密濾過膜モジュールで菌体を濾過した後に，その濾液を電気透析装置に通して循環する改良法が開発されている[15]。今後，この分離手法の利用分野を拡大するためには，目的物質だけを選択的に分離できる耐熱性のイオン交換膜の開発が必要である。

（f）吸着およびイオン交換を伴う培養　植物細胞による有用成分の連続生産において，吸着剤が利用されている。すなわち，スコポラミンを漏出する *Duboisia leichhardtii*（ズボイシア）毛状根を用いた培養槽に，培地交換のシステムとスコポラミン吸着樹脂（Amberlite XAD-2）カラムを組み合わせたシステムが構築されている[10]。培地に漏出したスコポラミン

を樹脂カラムで吸着しない場合には，スコポラミンの生産は3週間後に停止するが，培養期間中，連続的にスコポラミンをカラムに吸着させることによって6週間まで連続生産が可能になる。また，培地の一部を定期的に交換することによって，スコポラミンの漏出量を増加させることができ，12週間の連続生産ができる。このとき，吸着したスコポラミンは，メタノールとアンモニアの混合液（19：1）で溶出でき，培地に漏出したうちの90％を回収できる[10]。

一方，乳酸，クエン酸などの有機酸の吸着平衡が調べられており，微生物を用いた生産と吸着剤またはイオン交換樹脂を用いた分離を組み合わせた培養システムも考案されている。しかし，これらの方法によって有機酸の分離は可能であるが，増殖や物質生産能力に必須な成分も除去される可能性がある。吸着やイオン交換の選択性について十分に検討する必要がある。

（g）その他の分離を伴う培養 真空フラッシュや浸透気化を組み合わせる培養も報告されているが，生産物がエタノールのような揮発性成分の場合だけしか利用できない。有機酸の場合には，液膜による分離，塩として沈殿を形成させることによる分離なども考案されている[7], [10]。また，微生物が生産した増殖阻害物質を，共存する別の微生物によって消費する新しい試みが報告されている[16], [17]。すなわち，増殖阻害物質であるプロピオン酸を共存する *Ralstonia eutropha* を用いて消費することによって，プロピオン酸菌が生産するビタミン B_{12} 濃度が増加し，使用培地量当りのビタミン B_{12} 生産性も増大している[16]。同じように，乳酸を共存する酵母を用いて消費することによって，*Lactobacillus kefiranofaciens* のケフィラン生産速度が向上している[11]。　　　　　　　（谷口，田中孝明）

引用・参考文献

1) 佐田榮三，小林　猛，本多裕之：生物工学序論，p. 114，講談社（1996）．
2) バイオインダストリー協会編：発酵ハンドブック，p. 466（2001）．
3) 鈴木智雄監修：微生物工学技術ハンドブック，p. 14, 朝倉書店（1990）．
4) 小林　猛，本多裕之：生物化学工学，p. 92，東京化学同人（2002）．
5) 小林　猛，本多裕之：生物化学工学，p. 98，東京化学同人（2002）．
6) 田口久治，永井史郎編：微生物培養工学，p. 136，共立出版（1985）．
7) 化学工学協会編：分離を伴うバイオリアクター（最近の化学工学39），化学工業社（1987）．
8) 国眼孝雄，松本幹治編著：メンブレンバイオリアクター応用ハンドブック，サイエンスフォーラム（1990）．
9) Taniguchi, M., Kotani, N. and Kobayashi, T.: *J. Ferment. Technol.*, **65**, 179–184 (1987).
10) 小林　猛編著：バイオリアクターの世界──実践者のためのその基礎と応用──，ハリオ研究所（1992）．
11) 小林　猛，本多裕之：生物化学工学（応用生命科学シリーズ8），東京化学同人（2002）．
12) Taya, M., Ishii, S. and Kobayashi, T.: *J. Ferment. Technol.*, **63**, 181–187 (1985).
13) 木田建次，森村　茂，Zhoug, Y. L.：生物工学，**75**, 15–34（1997）．
14) 藤吉宜男，佐藤征二：大量培養のための培養技術，細胞培養技術，（福井三郎，杉野幸夫編），pp. 125–158 講談社（1985）．
15) 野村善幸：醸酵工学，**70**, 205–216（1992）．
16) Miyano, K., Ye, K. and Shimizu, K.: *Biochem. Eng. J.*, **6**, 207–214 (2000).
17) Cheirsilp, B., Shimizu, H. and Shioya, S.: *J. Biotechnol.*, **100**, 43–53 (2003).

7.3 培養装置

7.3.1 微生物バイオリアクター

工業的に使用するための微生物反応用バイオリアクターの条件は，殺菌が容易なこと，構造が簡単なこと，高い酸素移動容量係数を有すること，消費動力が低いこと，pH，溶存酸素濃度などの制御が容易であること，などが挙げられる。特に，好気的微生物を使用する場合，できるだけ低い動力費で高い酸素移動容量係数を与えることが望ましく，このため，各種バイオリアクターの性能を評価するパラメータとして，酸素移動速度や酸素利用効率などが使用される。ここでは，おもに各種バイオリアクターの特徴，酸素移動速度について概説する。

（a）バイオリアクター形式 微生物培養用バイオリアクターは，通気撹拌槽型，気泡塔型，充填槽型に大別される。

（1）通気撹拌槽型バイオリアクター 通気撹拌槽は好気的微生物用として最も広く用いられる形式である。標準的なバイオリアクター（図7.20（a））は，撹拌羽根として平羽根タービンか下羽根タービンを使用し，低部に設けたスパージャーから空気を供給し培養液を撹拌する。撹拌羽根は実験室規模では普通1段であるが，工業規模のバイオリアクターでは2段あるいは3段の羽根が取りつけられる。

通気撹拌槽は，自動制御が容易，スケールアップ技術が確立されている，連続培養に適している，などの利点を有するが，反面，消費動力が気泡塔型に比べ大

7.3 培養装置

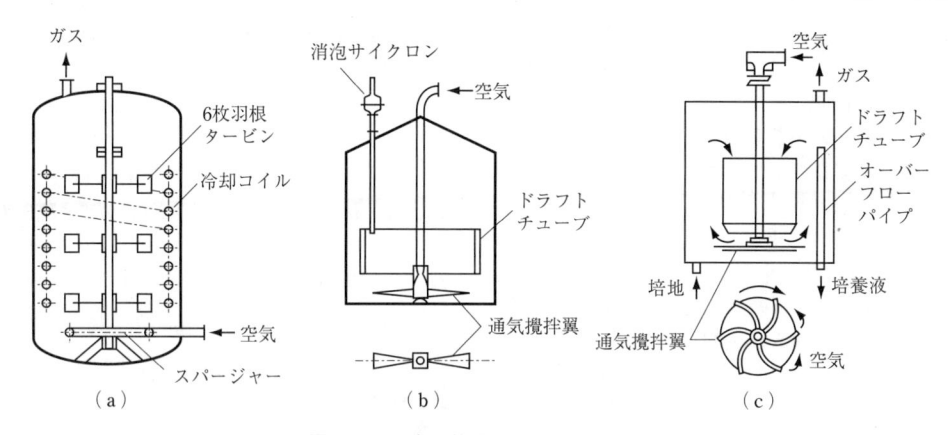

図7.20 通気撹拌槽型バイオリアクター

きい，軸封部のシールに工夫が必要，放線菌や糸状菌の培養では撹拌羽根の剪断力によって損傷を受けやすい，固定化微生物の培養では固定化担体の損傷を受けやすい，などの欠点を有する。

酸素要求量が比較的大きな酵母などの培養を行う場合，フォーゲルブッシュ（Vogelbusch）型バイオリアクター（図7.20(b)）あるいはワルドホッフ（Wald-Hof）型バイオリアクター（図7.20(c)）が工業的に用いられている。フォーゲルブッシュ型バイオリアクターは，流線型の羽根に通気用の孔があけてあり，羽根が回転するときに孔から放出される気泡が剪断力によって微細な気泡になるので気液接触面積を高めることができる。ワルドホッフ型バイオリアクターは，通気用の空気が撹拌翼の中空軸を経て翼先端より液中に分散供給される。液はドラフトチューブ内外部の圧力差により外側から内側へ矢印の方向に循環する。

(2) 気泡塔型バイオリアクター　気泡塔型バイオリアクター（図7.21(a)）は，機械的撹拌を伴わず，円筒状の槽内へ下部より空気を供給する形式であって，構造が簡単で操作・保守が容易，軸封部が不用，消費動力が少ない，気液の分散がよく，気液接触面積が大きい，撹拌による剪断力がないため，放線菌や糸状菌の培養に適している，固定化微生物の培養に適している，などの利点を有する。

実用的には，酸素移動容量係数や培養液の混合を改良した種々の改良型バイオリアクターが報告されている。塔内での液循環や固定化担体の循環を改良したドラフトチューブ型（図7.21(b)），液混合の抑制および気泡の再分散を改良した多孔板型（図7.21(c)），大容量の培養に適した外部循環型[1]（図7.21(d)），高酸素移動容量係数を有し高密度培養に適したドラフトチューブと多孔板との結合型[2]（図7.21(e)）などが開発されている。

図7.21(b)および(d)に示すバイオリアクターはいずれもノルマルパラフィンを原料としたSingle

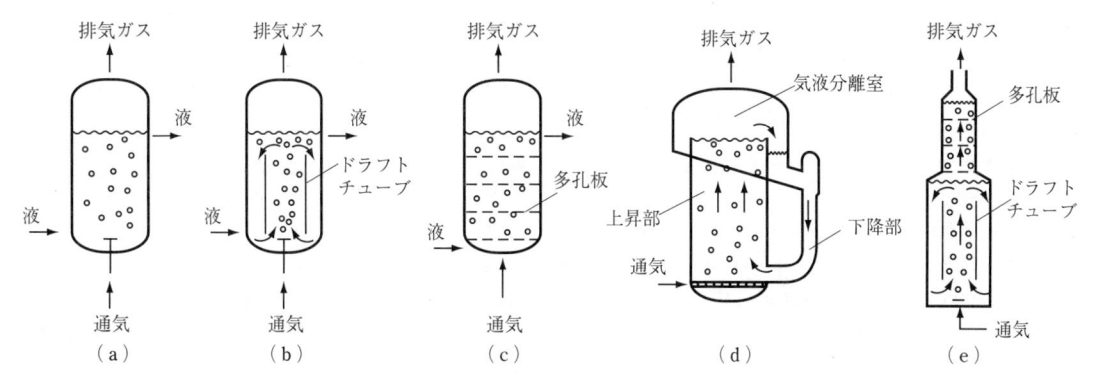

図7.21 各種気泡塔型バイオリアクター

Cell Protein（微生物タンパク質）の工業生産用として開発されたものである。いずれのバイオリアクターも総容量は1000 m³以上にも達し，大容量では気泡塔型バイオリアクターの消費動力が少なく撹拌型に比べ優れていることが実証されている。

図7.21（e）に示すバイオリアクターは，通気ガスの流量の増大とともにドラフトチューブ部の酸素移動容量係数がきわめて大きくなり，全体として図7.21（b）や図7.21（c）型バイオリアクター単独の場合に比べ2倍以上も高い酸素移動容量係数が得られている。このバイオリアクターによりパン酵母の培養を行った結果，最終菌体濃度は従来の約2倍の120 kg/m³の高濃度に達している[3]。

非懸濁性の凝集性微生物や固定化微生物などの微生物塊を対象とした場合には，微生物塊は槽底部から送入された気泡および基質の流れによって上昇するが，重力により上昇が制限され槽内を流動する。このような形式は，流動層型とも呼ばれているが構造的には気泡塔型と同じである。凝集性酵母によるビールの連続生産はこの典型例である。

(3) 充填層型バイオリアクター　微生物塊を充填固定し，空気および基質を底部から供給する方式で，気泡塔型に比べ操作が簡単である。しかし，層内における流体の流れ状態が押出し流れに近く，層内の環境因子の制御が困難であること，空気，ガスおよび基質の偏流が発生しやすい，などの欠点を有する。ブナ材の細片表面に酢酸菌を付着させ充填した食酢生産や固定化微生物によるエタノール生産などに利用されている。

(b) 培養液中における酸素移動　酸素は難溶性気体に属し，常温では1気圧の空気と平衡な水中の溶存酸素濃度（略称：DO）は10×10^{-3} kg/m³（ppm）以下ときわめて低く，通常の最大酸素消費速度6.94〜27.8×10^{-3} mol-O_2/（m³·s）の培養において通気を停止するとほぼ10秒以内にDOはゼロまで低下する。したがって，好気的培養において微生物の酸素要求を連続的に充足し，臨界DO濃度以上に保つように酸素を供給することが重要となる。気泡塔型バイオリアクターの酸素移動容量係数について以下に説明する。なお，通気撹拌槽における酸素移動速度については，7.4.1項を参照されたい。

酸素移動容量係数k_La中のk_Lおよびaは装置の特性や操作条件に依存するので，一般的相関式は得がたいが，気泡群のk_Lに関しては通気撹拌槽で求められたCalderbankとMoo-Youngの相関式[4]（7.88）および式（7.89）や気泡塔で求められた秋田-吉田の相関式[5]（7.90）が参考になる。

$$Sh = 0.31 Gr^{1/3} Sc^{1/3} \quad (d_G < 0.8 \times 10^{-3} \text{ m})$$
(7.88)

$$Sh = 0.42 Gr^{1/3} Sc^{1/2} \quad (d_G > 2.5 \times 10^{-3} \text{ m})$$
(7.89)

ただし，Shはシャーウッド数（$= k_L d_G/D_L$）〔−〕，Grはグラショフ数（$= d_G^3 \rho_G (\rho - \rho_G)/\mu^2$）〔−〕，$Sc$はシュミット数（$= \mu/\rho D_L$）〔−〕を表す。

$$Sh = 0.5 Sc^{1/2} Ga^{1/4} Bo^{3/8}$$
(7.90)

ただし，Gaはガリレイ数（$= g d_G^3/\nu^2$）〔−〕，Boはボンド数（$= g d_G^2 \rho/\sigma$）〔−〕で，d_Gは気泡径〔m〕，D_Lは液本体中の酸素の拡散係数〔m²/s〕，ρは液密度〔kg/m³〕，ρ_Gはガス密度〔kg/m³〕，μは液の粘度〔kg/m/s〕，gは重力加速度〔m/s²〕，νは液の動粘度〔m²/s〕，ρは液の表面張力〔kg/s²〕を表す。

いずれの式においても，通常のニュートン流体の培養液ではk_Lは2.78×10^{-4} m/s前後と考えられる。

k_Laはバイオリアクターの操作条件，培養液中のイオン強度，界面活性物質，微生物菌体，懸濁性微粒子などの影響を受け，特に，消泡剤や界面活性剤あるいは微生物菌体粒子[3],[6]の存在はk_Laをかなり低下させる。各種気泡塔バイオリアクターに関するk_Laの実験式を表7.13に示しておく。

工業的規模のバイオリアクターでは，槽内の溶存酸素濃度に分布があるので，$(c^* - c)$は槽全体の平均値を採用すべきであって，式（7.91）で与えられる対数平均が用いられる。

$$(c^* - c)_{\text{mean}} = \frac{\{(c_{\text{in}}^* - c_{\text{in}}) - (c_{\text{out}}^* - c_{\text{out}})\}}{\ln\left\{\dfrac{(c_{\text{in}}^* - c_{\text{in}})}{(c_{\text{out}}^* - c_{\text{out}})}\right\}} \quad (7.91)$$

ここで，inは通気口側，outは排気口側を表す。

(c) バイオリアクターのスケールアップ　バイオリアクターのスケールアップとは，小規模の装置で得られた実験データを工業的規模で再現する際に生ずる種々の問題を解明することであり，スケールアップに対する指標として，単位液量当りの消費動力，撹拌レイノルズ数，混合時間，酸素移動速度，溶存酸素濃度，などが用いられる。幾何学的相似の通気撹拌槽をスケールアップした場合，単位液量当りの消費動力や撹拌レイノルズ数などいずれを基準にしても他の指標の値は同一とならないので，好気的培養においては最も律速段階となりやすい酸素移動速度を基準としてスケールアップすることが多い。ここでは，撹拌槽型および気泡塔型バイオリアクターのスケールアップ時における留意点を示しておく。

表7.13 各種気泡塔型バイオリアクターのk_La

形式	装置寸法	実験式	
図7.21(a)[7]	塔径：0.6〜5.5 m	$\dfrac{k_L a D_1^2}{D_L} = 0.6 \left(\dfrac{\nu}{D_L}\right)^{0.5} \left(\dfrac{g D_1^2 \rho}{\sigma}\right)^{0.62} \left(\dfrac{g D_1^3}{\nu^2}\right)^{0.31} \varepsilon_G^{1.1}$	
図7.21(b)[3]	塔径 = 20 cm, 高さ = 92 cm, ドラフトチューブ径 = 15.7 cm, ドラフトチューブ高さ = 78 cm	$k_L a = 95.5\, u_s^{1.11}$	$4.2 \leq u_s \leq 19.4$
図7.21(c)[3]	塔径 = 15 cm, 段数 = 5 段, 多孔板孔径 = 2 mm, 開口率 = 1.97 %	$k_L a = 101\, u_s^{1.57}$	$1.7 \leq u_s \leq 7.0$
図7.21(d)[1]	総容量 = 1 m³, 本体胴部径 = 36 cm	$k_L a = 222\, u_s^{0.78}$	$8.7 \leq u_s \leq 24.6$
図7.21(e)[2]	「ドラフトチューブ部」塔径 = 20 cm, ドラフトチューブ径 = 15.7 cm, ドラフトチューブ高さ = 92 cm 「多孔板部」塔径 = 15 cm, 多孔板孔径 = 2 mm, 開口率 = 2.0 %	$k_L a = 53.5\, u_s^{1.53}$	$8.3 \leq u_s \leq 25.6$

D_1：塔径〔m〕, u_s：ガス空塔速度〔cm/s〕

なお，撹拌槽のスケールアップに関する詳細は7.4.2項で述べる。

(1) 撹拌槽型バイオリアクター　細菌や酵母など培養液がニュートン性を示す場合には，酸素移動速度を同一にすることによりスケールアップが可能であるが，糸状菌や放線菌など菌糸やペレットを形成し非ニュートン性を示す場合には酸素移動速度のみならず，培養液の流動にも考慮を払う必要がある。また，$k_L a$を同一にする培養条件を設定しても，撹拌羽根の先端速度が大きくなり，微生物の損傷を受けたり，混合時間が増大したりするので，非幾何学的相似の系についての検討も必要である。

(2) 気泡塔型バイオリアクター　気泡塔型バイオリアクターを使用する場合も，一般的に酸素移動速度を基準としてスケールアップされる。多孔板，多孔質板あるいはノズルなどから生成される気泡の大きさは，使用する形式，操作条件などにより大きく異なるが，塔高が大きくなると気泡の合一が促進され，生成時の形状はほとんど維持されない。したがって，塔容積が大きくなれば分散器の種類による影響は小さくなる。

また，塔径が大きくなれば気泡の偏流（チャネリング現象）が生じやすく，酸素移動速度や混合特性が減少する。例えば，標準型気泡塔（図7.21(a)）では，複雑な気泡の合一・分散が発生，また多孔板式気泡塔（図7.21(c)）においては，多孔板全面から均一に気泡が噴出されないなどチャネリング現象が発生しやすくなる。したがって，大容量のスケールアップを行う場合，気液混相流のスムーズな流路を形成できるドラフトチューブ形バイオリアクター（図7.21(b)）や外部循環型バイオリアクター（図7.21(d)）などのバイオリアクターが比較的よく用いられる。

7.3.2　固定化生体触媒バイオリアクター

固定化生体触媒は化学的あるいは物理的な手段により微生物や酵素などの生体触媒をある一定の空間内に閉じ込める方法であり，生体触媒と培養液との分離が容易，再利用が可能，反応装置の小型化が可能，などの利点を有する。休止細胞や死細胞を固定化した場合には，固定化酵素のように細胞内の酵素を利用できるが，固定化増殖微生物の場合には，細胞内の複数の酵素を利用できるので，複雑な反応を一挙に行わせることができる。本項では，おもに固定化微生物に関して概説する。

(a) 固定化微生物法　固定化微生物法には，図7.22に示すように各種試薬あるいはゲル化剤などを使用する架橋法，共有結合法，包括法などの「activeな固定化法」と物理的な作用を利用する吸着法や微生物固有の付着力や結合力を利用するコロニー（集落）法などの「passiveな固定化法」とに大別できる[8]。

(1) activeな固定化法　① 架橋法は，2個またはそれ以上の官能基を有する試薬を用いて酵素と酵素あるいは微生物と微生物とを架橋することによって固定化する方法である。架橋試薬としては，グルタルアルデヒド，イソシアン酸誘導体，N, N'-エチレンビスマレイミド，ビスジアゾベンジジンなどが利用できるが，微生物の固定化にはグルタルアルデヒドが最も多く使用されている。

② 共有結合法は，タンパク質分子に対する化学修飾であり，アミノ基やカルボキシル基などと担体高分

7. 培養工学

```
                        固定化微生物法
                       /            \
              active 固定化法        passive 固定化法
              /    |    \              /      \
          架橋法  共有結合法  包括法    吸着法   コロニー法
```

架橋法
グルタルアルデヒド
イソシアン酸誘導体
N,N'-エチレンビスマ
レイミド
ビスジアゾベンジジン

共有結合法
ジアゾ法
ペプチド法
アルキル化法
臭化シアン活性化法

包括法
合成高分子
　ポリアクリルアミド
　光架橋性樹脂プレポリマー
　ウレタン樹脂プレポリマー
　ポリビニルアルコール
天然高分子
　アルギン酸
　寒天
　χ-カラギーナン
　キトサン
　コラーゲン
　ゼラチン

吸着法
多糖類
　セルロース
　デキストラン
不活性化タンパク質
　ゼラチン
　アルブミン
無糖類
　イオン交換樹脂
　多孔性ガラス
　セラミックス

コロニー法
発泡体
　ポリウレタンフォーム
　シリコンフォーム
　ポリエステルフォーム
　セルロースフォーム
天然スポンジ
ポリビニルフォルマール樹脂
ステンレススチール

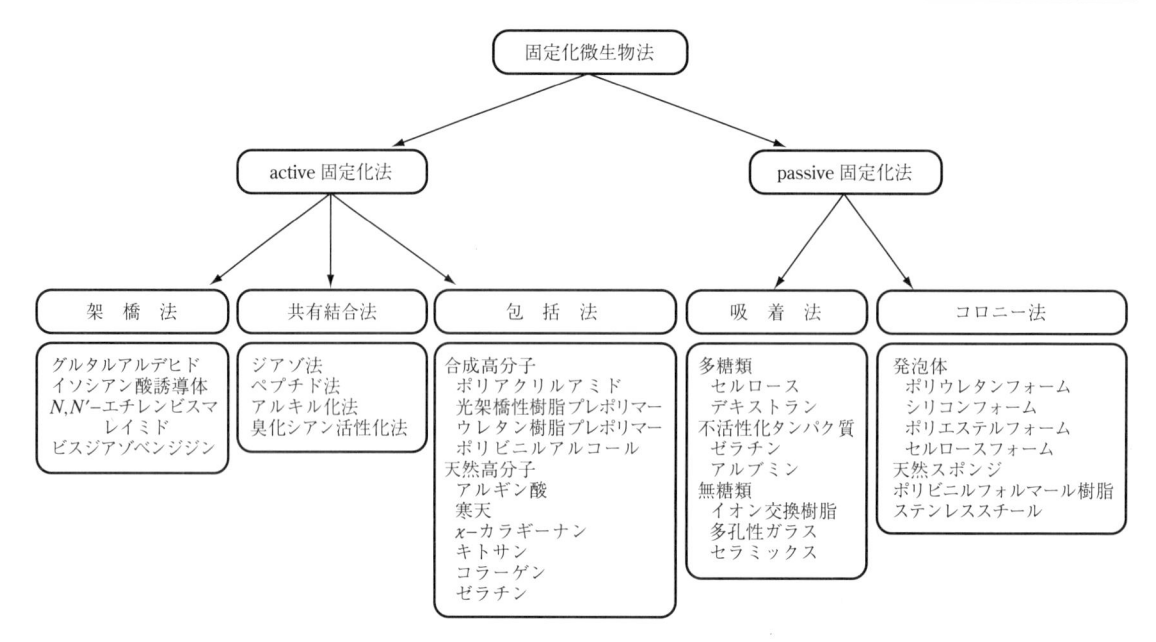

図7.22 固定化微生物法の分類

子の反応性の官能基との間を適当な試薬によって化学的に結合させる方法で，結合様式によって，ジアゾ法，ペプチド法，アルキル化法，臭化シアン活性化法などに分類できる。しかしながら，結合が強固である反面，反応操作が複雑で，しかも化学修飾による著しい特性の変化などが起こる可能性があるので，微生物菌体や動植物細胞の固定化にはあまり適していない。

③ 包括法は微生物菌体を高分子素材を用いて包み込む方法（格子型）や半透膜状のポリマーの皮膜によって被覆する方法（マイクロカプセル型）がある。格子型の合成高分子剤として，ポリアクリルアミド，光架橋性樹脂プレポリマー，ウレタン樹脂プレポリマー，ポリビニルアルコールなど，天然高分子剤としてアルギン酸，寒天，χ-カラギーナン，キトサン，コラーゲン，ゼラチンなどが利用される。ポリアクリルアミド法は，低コストであるが，モノマーに毒性のあること，ゲルの機械的強度が低いなどの理由でほとんど使われていない。これに対し，海藻より抽出されるアルギン酸やχ-カラギーナンなどの天然高分子による方法は，簡単でしかも操作条件が緩和なことから得られた微生物の活性が高く，安定性もよいことから広く用いられている。

また，光架橋性樹脂プレポリマーやウレタン樹脂プレポリマーの特徴は，固定化操作がきわめて簡便であり，しかもゲル格子の大きさを規制したり，ゲルの親水性-疎水性のバランスを任意に変えることができる点にある。したがって，脂溶性化合物を有機溶媒中で生化学的に変換する反応に対しても有効であり，酵素，微生物，オルガネラなどの固定化に応用されている。

マイクロカプセルの調製には相分離法，界面重合法あるいは水中乾燥法などが用いられ酵素には適用されているが，微生物菌体や動植物細胞にはほとんど適用されない。

（2）passiveな固定化法　① 吸着法は，微生物菌体を直接水不溶性担体に物理的あるいは静電気的相互作用にて固定化させる方法である。担体として用いられるのは，セルロース，デキストランのような多糖類，ゼラチン，アルブミンなどの不活性化タンパク質，イオン交換樹脂，多孔性ガラス，セラミックスなどの無機物である。この方法は，操作が簡単で固定化条件も緩和なため，比較的活性の高い固定化微生物が得られるが担体との結合力が弱く剥離しやすい。

② コロニー法[9]は，微生物が増殖過程で形成するコロニーと比較的大きな孔径を有する多孔質担体（biomass support particles：BSPs）との物理的な結合により自然固定化させる方法であり，担体としてポリウレタンフォーム，シリコンフォーム，ポリエステルフォーム，セルロースフォームなどの発泡体や天然スポンジ，ポリビニルフォルマール樹脂，ステンレススチールなどの多孔性物質が使用される。

コロニー法は，ゲル化剤が不要，担体内粒子内物質移動速度が大きい，無菌操作が容易，担体の再利用が

可能，担体の機械的強度が高く，長期的に安定，バイオリアクターのスケールアップが容易，反復回分あるいは反復流加法の適用が容易，などの利点を有している。また，使用される微生物の種類に応じて適切なBSPs担体を選択することにより，種々の微生物のみならず動物・昆虫細胞や植物細胞などの固定化まで可能である（表7.14）。また，BSPsを用いた固定化法において増殖組換え微生物菌体を用いた場合，BSPs内には目的とする酵素を高発現している微生物が選択的に自然に固定化され，低発現あるいは死滅微生物が自然にBSPsから剥離するという興味ある現象も報告されている。このような現象からBSPs固定化を用いたバイオリアクターは，高い反応率や生産効率が達成できるものと期待されている[15]。

(b) **固定化微生物用バイオリアクター** 固定化微生物用バイオリアクターは，フローパターンにより攪拌層型，充填層型，流動層型に分類される（図7.23参照）。物質移動特性や制御性を改善するために種々の改良型バイオリアクターあるいはリサイクルシステムなども採用されている。

固定化微生物に対するリアクターの選定は，基質および酸素の供給や生成ガスの除去などに関する物質移動特性，固定化粒子の特性，反応速度式および反応操作，基質の性質，などが重要な因子となる。

（1）**攪拌層型バイオリアクター** 攪拌層型バイオリアクター（図7.23(a)）は，縣濁系微生物の培養に一般的に使用される形式であり，温度，pHの制御が簡単で，充填層型バイオリアクターの欠点である高粘性流体に基づく圧力損失や生成ガスによる困難さは避けられる。また，連続操作においては，リアクター内の基質濃度は低くなるので基質阻害のあるような反応に適している。

しかしながら，バイオリアクター内の混合状態はほぼ完全混合となり反応速度は比較的低く，また固定化

表7.14 BSPs固定化培養の応用例

生物の種類	BSPs	生産物および反応	文　献
A. 微生物			
Mixed culture	PUF	廃水処理	Cooper et al.[10]
Methanogen sp.	PUF	メタン	Fynn et al.[11]
Escherichia coli	SF	アミラーゼ	Oriel[12]
Saccharomyces cerevisiae & *S. uvarum*	SS & PEF	エタノール	Black et al.[13]
Saccharomyces diastaticus	PUF	グルコアミラーゼ	Furuta et al.[14]
Saccharomyces diastaticus	PUF	アセトアミノフェン	Liu et al.[15]
Clostridium acetobutylicium	NS	アセトン，ブタノール，エタノール	Park et al.[16]
Trichoderm viride	SS	セルラーゼ	Webb et al.[17]
Mucor ambiguus	PUF	γ-リノレン酸	Fukuda et al.[18]
Rhizopus chinensis	PUF	リパーゼ	Nakashima et al.[19]
Rhizopus arrhizus	PUF	フマール酸	Kautola et al.[20]
Rhizopus oryzae	PUF	リパーゼ	Ban et al.[21]
Phanerochaete chrysosporium	PUF	リグニンペルオキシダーゼ	Capdevia et al.[22]
Penicillium chrysogenum	PUF	ペニシリン	Kobayashi et al.[23]
Botryococcus braunii	PUF	炭水化物	Bailliez et al.[24]
Thiobacillus ferrooxidans	PUF	鉄イオン酸化	Armenta et al.[25]
Streptoverticillium cinnamoneum	PUF	フォスフォリパーゼD	Fukuda et al.[26]
B. 動物・昆虫細胞			
Mouse myeloma	PVF	IgG	Yamaji et al.[27]
Hepatocytes	PVF	—	Miyoshi et al.[28]
CHO-K1 & Vero	PUF	—	Matsushita et al.[29]
Mouse-Mouse hybridoma	CEF	IgG	Terashima et al.[30]
Spodoptera frugiperda (Sf9)	PVF	β-ガラクトシダーゼ	Yamaji et al.[31]
C. 植物細胞			
Capsicum frutescens	PUF	キャプサイシン	Lindsey et al.[32]
Humulus lupulus	PUF	ホップフレーバー	Rhodes et al.[33]
Coffea arabica L.	PUF	カフェイン	Koge et al.[34]

PUF：ポリウレタンフォーム，SF：シリコンフォーム，SS：ステンレススチール，PEF：ポリエステルフォーム，NS：天然スポンジ，PVF：ポリビニルフォルマール樹脂，CEF：セルロースフォーム

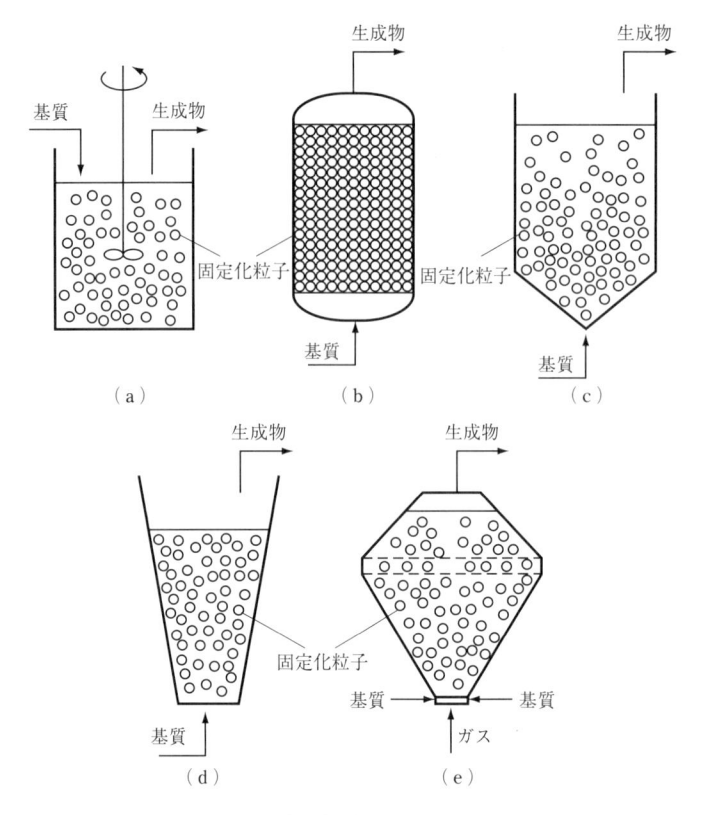

図7.23 固定化微生物用バイオリアクター

粒子の空隙率が大きいことからリアクター容積当りの生産性が低くなる。

撹拌によって生じる機械的剪断応力が著しく大きいので、粒子の機械的強度が高いものに限定される。剪断力の損傷を極力避けるために、タービン翼やプロペラ翼よりもラセン翼あるいはリボン翼のほうが望ましい。

(2) 充填層型バイオリアクター　充填層型バイオリアクター（図7.23(b)）は、固定化粒子の充填量が多い、構造が簡単でスケールアップが容易、剪断力が小さいので摩耗に弱い固定化粒子にも適している、などの利点を有し、固定化生体触媒用バイオリアクターとして最もよく利用されている。また、このリアクターは、式(7.92)で定義されるペクレ数 [-] が一般的にきわめて大きくプラグフロー流と考えられる。

$$Pe = \frac{uZ}{D_Y} \tag{7.92}$$

ここで、u は間隙を流れる速度 [m/s]、Z は充填層の高さ [m]、D_Y は軸方向混合拡散係数 [m²/s] である。したがって、基質や生成物が近似的にプラグフロー流となり軸方向に基質および生成物の濃度分布が生じ、酵素や微生物の活性の変化も軸方向に分布が生じる場合がある。このことから、連続反応において高濃度基質阻害を受けない場合、反応速度は撹拌層型バイオリアクターに比べ大きくなる。

一方、より高い物質移動速度や熱移動速度が要求される場合には、リサイクルシステムが適応される場合がある。このシステムでは、バイオリアクター内の反応液を適切量リサイクルするのでペクレ数が低下し、リアクター内の混合は完全混合流に近づくが、高い流体速度が得られ基質と固定化粒子間との物質移動速度が改善されるとともにリアクター内の基質濃度などの制御性が向上する[35]。

充填層の圧力損失 ΔP [Pa] は Kozeny-Carman の半理論式 (7.93) で求められる。

$$\Delta P = 180 \frac{(1-\varepsilon)^2}{\varepsilon^3} \cdot \frac{\mu u_0 Z}{d_p^2} \tag{7.93}$$

ここで、ε は空隙率 [-]、μ は粘度 [kg/(m·s)]、d_p は粒子径 [m]、u_0 は空塔基準の液流速 [m/s] である。したがって、液粘度、液流速が高かったり、粒

また，固定化増殖微生物の場合，十分な酸素の供給と生成した炭酸ガスの除去が必要となるが，充填層型バイオリアクターではガスの滞留あるいはフラッディングや偏流などが生じることがある。

(3) 流動層型バイオリアクター 流動層型バイオリアクター（図7.23(c)）は，気体，液体あるいは気液の両者により固定化粒子が流動状態に維持されたリアクターで，熱や物質移動特性がよい，圧力損失が少ない，粒子径が小さく比表面積の大きな固定化粒子に対しても適応が可能である，などの利点を有する。気・液・固の三相流動層の場合，ペクレ数が液・固系の場合よりも著しく低い値となり，完全混合流に近い状態となるが，気・液接触効率がよく，生成ガスの除去も容易なことから，固定化増殖微生物を使用する場合に有効である。

しかしながら，ペクレ数が低いことから反応効率が低い，空隙率が充填層型バイオリアクターよりも大きくリアクター容積当りの生産性が低い，流動操作範囲が比較的狭い，スケールアップが困難，などの欠点も有する。

液・固系流動層では，固定化粒子が浮遊した状態になるので，式（7.94）に示す流動化に必要な最低流動化速度u_{mf}〔m/s〕以上の液流速であれば，圧力損失ΔPは，浮力を差し引いた粒子重量を流動層断面積で割った値に等しく一定となる。

$$u_{mf} = \frac{\psi_s^2 \varepsilon_{mf}^3}{180(1-\varepsilon_{mf})} \cdot \frac{gd_p^2(\rho_s-\rho)}{\mu} \quad (7.94)$$

ここで，ψ_sは固定化粒子の形状係数〔-〕，ε_{mf}は最低流動化時の空隙率〔-〕，ρ_sおよびρはそれぞれ固定化粒子および液体の密度〔kg/m³〕を表す。

流動層型バイオリアクターに関して多くの改良型が検討されているが，以下に二つの例を示しておく。

改良型のテーパー付き流動層[36]（図7.23(d)）では，リアクターの層断面積が下層部では小さく上層部に沿って拡大した形式である。このリアクターは，安定な流動範囲が大きく，軸方向逆混合係数D_Lも小さくなるといわれている。

上下円錐三相流動層[37]（図7.23(e)）は，ほぼ中央が円筒状で上下が次第に径が小さくなっている。リアクター下部にある分散板を通ったガスは気泡群となってリアクター中央部を上昇し，大きな気泡はそのままガスとして送出されるが，小気泡は粒子と同じように反転して壁に沿って下向きに流下する。リアクター下部ではガス気泡群に同伴され，固定化粒子，気泡，液は上向きに転じる。このようなフローパターンを形成させることにより粒子の破損が少なく，粒子，気泡，液の流動が円滑に行える。

(c) 固定化生体触媒の反応モデル 固定化生体触媒の反応には拡散抵抗の影響を無視することができないので，図7.24に示すようなモデルによって解析される。このモデルにおいては，生体触媒は，半径R〔m〕の球状固定化粒子担体内に均一に固定化されており，担体より十分離れた液本体はよく攪拌され基質濃度S〔kg/m³〕はどの場所でも一定で，液本体での攪拌の効果は固定化生体触媒内部へはもちろん，境膜内（厚さδ〔m〕）へも及ばないと仮定する。

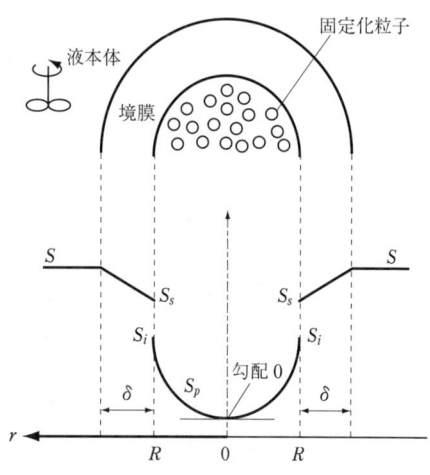

図7.24 固定化生体触媒のモデル

(1) 固定化粒子外部の境膜物質移動 定常状態では，境膜内での基質の移動は分子拡散のみに由来し，Fickの第一法則が適用できるものと仮定すると，単位断面積当りの基質の移動速度N〔kg/(m²·s)〕（流束と呼ぶ）は，$\delta \ll R$と考えられるので次式となる。

$$N|_{r=R} = \frac{D}{\delta}(S-S_s) = k_L(S-S_s) \quad (7.95)$$

ここで，k_L，Dおよびδはそれぞれ液側境膜物質移動係数〔m/s〕，液中での基質の拡散係数〔m²/s〕および境膜の厚さ〔m〕である。SおよびS_sはそれぞれバルク中および粒子外表面における基質濃度〔kg/m³〕を表す。

k_L値は，物性値，固定化粒子の大きさ，操作変数などの関数として各種相関式が求められている。

充填層型バイオリアクターに対しては次式が提案されている[38]。

$$j = \frac{0.250}{\varepsilon} Re^{-0.31}, \quad 55 < Re < 1500 \quad (7.96)$$

$$j = \frac{1.09}{\varepsilon} Re^{-\frac{2}{3}}, \quad 0.016 < Re < 55 \tag{7.97}$$

流動層型バイオリアクターに対しては次式が提案されている[32]。

$$j = 5.7 \frac{Re}{1-\varepsilon}, \quad \frac{Re}{1-\varepsilon} < 30 \tag{7.98}$$

ここで, j は j-因子=$(k_L\rho/G)Sc^{2/3} = Sh/(Re\, Sc^{1/3})$ [-], Sh (シャーウッド数)=$k_L d_p/D$ [-], Re (レイノルズ数)=$d_p G/\mu$ [-], Sc (シュミット数)=$\mu/\rho D$ [-] である。また, ρ および G はそれぞれ液体の密度 [kg/m^3] および単位断面積当りの質量速度 [kg/(m$^3\cdot$s)] である。

(2) 固定化粒子内部の物質移動　固定化粒子内部においては, 流れは存在しないので, 基質は拡散しながら反応を受けることになる。すなわち, 拡散と反応が並列的にあるいは同時に起こっていると考えられる。このような場合, 粒子内での流束は, 次式で示すFickの法則が適応できる。

$$N = -D_e \frac{dS_p}{dr} \tag{7.99}$$

ここで, D_e は粒子内有効拡散係数 [m^2/s] である。

定常状態における粒子内微小球殻での基質の物質収支式に上式を代入すると

$$D_e \left(\frac{d^2 S_p}{dr^2} + \frac{2}{r} \frac{dS_p}{dr} \right) = -r_S \tag{7.100}$$

ここで, $-r_S$ は基質の消費速度 [kg/(m$^3\cdot$s)] で一般的につぎのミハエリス・メンテン (Michaelis-Menten) 式で表される。

$$-r_S = \frac{V_m S_p}{K_m + S_p} \tag{7.101}$$

ここで, V_m および K_m は, それぞれ最大反応速度 [kg/(m$^3\cdot$s)] および Michaelis 定数 [kg/m^3] である。

式 (7.100) の境界条件は

$$\frac{dS_p}{dr} = 0, \quad r = 0 \tag{7.102}$$

$$S_p = S, \quad r = R \tag{7.103}$$

あるいは

$$D_e \frac{dS_p}{dr}\bigg|_{r=R} = k_L \left(S - \frac{S_i}{K_p} \right), \quad r = R \tag{7.104}$$

となる。ここで, K_p および S_i はそれぞれ分配係数 [-] および粒子内表面の基質濃度 [kg/m^3] を表す。式 (7.103) および式 (7.104) はそれぞれ, 粒子外部の液境膜内の移動抵抗が無視できる場合および移動抵抗が無視できず粒子の界面のすぐ内側と外側との間で $K_p = S_i/S_S$ の関係がある場合の境界条件である。

無次元濃度 $S^* (= S_p/S)$ [-], 無次元半径 $r^* (= r/R)$ [-] および $\beta (= K_m/S)$ [-] を導入することにより, 式 (7.100)〜(7.104) から以下に示す無次元式を得ることができる。

$$\frac{d^2 S^*}{dr^{*2}} + \frac{2}{r^*} \frac{dS^*}{dr^*} = \phi_1^2 \frac{\beta S^*}{\beta + S^*} \tag{7.105}$$

$$\frac{dS^*}{dr^*} = 0, \quad r^* = 0 \tag{7.106}$$

$$S^* = 1, \quad r^* = 1 \tag{7.107}$$

あるいは

$$\frac{dS^*}{dr^*}\bigg|_{r^*=1} = Bi \left(1 - \frac{S^*|_{r^*=1}}{K_p} \right), \quad r^* = 1 \tag{7.108}$$

ここで, ϕ_1 はシーレモジュラス (thiele modulus) [-] および Bi は Bio 数 [-] と呼ばれ, それぞれ式 (7.109) および式 (7.110) で定義される。

$$\phi_1 = R \sqrt{\frac{V_m}{K_m D_e}} \tag{7.109}$$

$$Bi = \frac{k_L R}{D_e} \tag{7.110}$$

シーレモジュラス ϕ_1 は反応速度と拡散速度の尺度の比を意味しており重要なパラメータである。ϕ_1 が小さいと反応律速であり拡散抵抗が無視でき, ϕ_1 が大きいと拡散律速であり反応抵抗が無視できる。

固定化生体触媒の総括反応速度に及ぼす物質移動抵抗の影響に関する指標として, 有効係数 (η) [-] の考え方があり, 次式で定義される。

$$\eta = \frac{\text{粒子1個当りの実際の反応速度}}{\begin{pmatrix}\text{触媒粒子内部の濃度が外部と等しい}\\ \text{ときの粒子1個当りの反応速度}\end{pmatrix}} \tag{7.111}$$

定義から, 一般に $0 \leq \eta \leq 1$ であるが, 基質の固定化粒子への分配係数の値や基質阻害がある場合には $\eta > 1$ となる場合もある。

球形の固定化粒子に対しては, 式 (7.111) より次式を得る。

$$\eta = \frac{D_e \frac{dS_p}{dr}\bigg|_{r=R} \times 4\pi R^2}{(-r_s) \frac{4}{3}\pi R^3} \tag{7.112}$$

$$= \frac{3}{\phi_1^2 \frac{\beta}{\beta+1}} \frac{dS^*}{dr^*}\bigg|_{r^*=1} \tag{7.113}$$

有効係数 η は式 (7.101) が非線形のため解析解を得ることが不可能であり, 数値解に頼ることになる。

液境膜内の物質移動抵抗が無視でき，$K_p = 1$の場合については，式（7.105）～（7.107）および式（7.113）から数値解が得られ，結果をηとϕ_1との関係で**図7.25**に示す。ϕ_1が小さい場合，ηは実質的に一定値（= 1）となるが，このような状況を反応律速であるという。逆に，ϕ_1が大きいところでは，ηは1よりずっと低くなり，反応は粒子の表面近傍のみで完了してしまう。このような状況を拡散律速であるという。

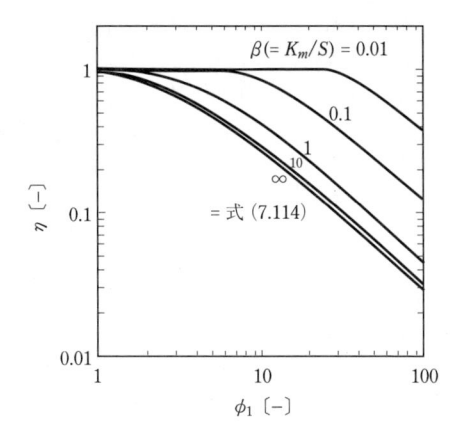

図7.25 固定化生体触媒の有効係数ηとシーレモジュラスϕ_1との関係

βが無限大の場合，反応は一次反応となり，ηは式（7.113）の解析解として式（7.105）～（7.107）から次式が得られ，図中の$\beta = \infty$の場合と一致する。

$$\eta = \frac{3}{\phi_1^2}(\phi_1 \coth \phi_1 - 1) \tag{7.114}$$

このように，シーレモジュラスϕ_1とηとの関係から，ηが求められるので，液本体の基質濃度Sに対する粒子当りの実際の反応速度が式（7.112）より求めることができる。

液境膜内の物質移動抵抗が無視できない場合，$S \ll K_m$のときは式（7.101）は一次反応式に，$S \gg K_m$のときは0次反応式に近似できる。これらの場合には，式（7.105），（7.106）および（7.108）が解けてηが求まる[40]。

$S \ll K_m$のときは

$$\frac{1}{\eta} = \frac{\phi_1^2}{3K_p(\phi_1 \coth \phi_1 - 1)} + \frac{\phi_1^2}{3Bi} \tag{7.115}$$

$S \gg K_m$で$\phi_0 \geq \sqrt{\dfrac{6}{1/K_p + 2/Bi}}$のときは

$$\frac{1}{\phi_0^2} - \frac{\eta_0}{3Bi}$$

$$= \frac{1}{6K_p}\left\{1 - (1-\eta)^{\frac{1}{3}}\right\}^2\left\{2(1-\eta)^{\frac{1}{3}} + 1\right\} \tag{7.116}$$

$\phi_0 \leq \sqrt{\dfrac{6}{1/K_p + 2/Bi}}$のときは

$$\eta = 1 \tag{7.117}$$

ただし

$$\phi_0 = R\sqrt{\frac{V_m}{D_e S}} \tag{7.118}$$

ここで，ϕ_0は0次反応のシーレモジュラス〔－〕である。

以上の関係式からηが求まり，粒子当りの実際の反応速度を求めることができるが，そのために境膜物質移動係数k_L，基質の拡散係数D，粒子内有効拡散係数D_e，分配係数K_Pの値などが必要となる。k_Lについては式（7.96）～（7.98）などが利用できるが，ほかは実験によって別に求める必要があり，詳細は成書[40), 41)]を参照されたい。

（福田）

7.3.3 固体培養バイオリアクター

(a) 固体培養の特徴 酵素，抗生物質，有機酸などの多くの有用物質は，おもに液体培地を用いた深部培養によって生産されている。液体培養は，大量培養に適している，温度やpHなどの培養環境が制御しやすい，などの利点を有している。しかし，雑菌汚染（コンタミネーション）の危険が大きい，酸素の供給が律速になりやすい，撹拌により菌糸が損傷を受けやすい，などの欠点も多い。特に，液体培養では高い溶存酸素濃度を維持することが必要であり，通気，撹拌などに伴う動力コストが高くなることが多い。一方，固体培養には，液体培地を寒天，ゼラチンなどで固化した固形培養と，米粒，小麦ふすま，大豆かす，米ぬかなどの固体培地を使用した固体培養があり，前者は微生物種の保存，スクリーニングなどに適しており，後者は米麹などに代表されるような複数の酵素の同時生産に適している。このほかに堆肥の製造，きのこの栽培，牧草サイレージの調製，一部の漬物の製造なども固体培養であるが，ここでは触れない。固体培養の利点として，低水分活性に調節された固体基質表面で菌体を増殖させるため，コンタミネーションの機会が少ない，目的生産物はおもに固体基質表面に蓄積されるため，その回収は容易である，酸素の供給が容易であるため，好気的発酵に適している，培地は安価な農産物または農産廃棄物であり，培地のコストはきわめて低い，などが挙げられる[42)～44)]。したがって，固体

培養のほうが液体培養よりも省エネルギー的であり，農産廃棄物を有効に利用できる。しかし，固体培養においては，基質である固体培地を静置して培養を行うために，培地中の温度や水分などが不均一になることが避けられないこと，また培地の層高さを増加させると培地の深部への酸素供給が不足することが知られている。これらの欠点を解決するためには，培地を数cm以下の薄い層状にして培養を行う方法が考案されているが，広い面積を必要とするため設備コストがかかることになる[43), 44)]。

（b）固体培養の分類 工業的に利用されている固体培養の例として清酒，味噌，醤油などの醸造食品工業における麹生産や種々の加水分解酵素などの有用酵素の生産が挙げられる。すなわち，カビなどの糸状菌を用いて複数の酵素を菌体外に生産させる場合に，固体培養は液体培養に比べて有利な方法であるといえる。固体培養を支配する重要な因子として，固体培地の成分，pH，物性，水分および殺菌条件，培養中の温度，培養中の通気量などが挙げられる。これらのうち最も制御が難しいのが温度である。すなわち，微生物の増殖に伴う発熱による温度上昇をいかにして抑制するかが大量培養する場合に重要な問題となる。固体培養は，固体培地と空気の接触の形式によって，つぎの三つに分類できる[4)]。

（1）静置培養 静置培養（fixed bed culture）は培地を数cm以下の薄い層にして培養し，培地の温度は培養室の室温で制御する。空気は自然換気または表面強制通風で流す。静置培養法は，以前より醸造業において麹を製造するために使われていた方法で断熱のよい建物のなかで木の床の上または3cm程度の深さの木箱（麹蓋）のなかに薄く広げて行われていた。いまでも種麹の製造や酵素製剤の小規模な生産などに使われている。雑菌汚染を避けたいときには，下側の箱に上から重なり合う上蓋を持つ箱を銅やステンレスで作り，培地を箱ごと蒸気殺菌した後に植菌し，清浄な部屋のなかで培養する。厳密な意味では密閉培養ではないが，空気の出入速度が非常に小さいので，雑菌の侵入は少ない。

（2）通風培養 通風培養（through flow bed culture）は堆積培養ともいう。金網または多孔板の上に培地を数十cmの高さに堆積し，風を上向きまたは下向きに培地層を貫通して流す。風温によって培地の温度を制御する。通風培養法は，昭和30年代から醸造業界で使用され始め，現在では，ほとんどの業者が使用している。省エネルギー対策，サニタリー対策，環境対策，運転の自動化・無人化などを目的として，種々の改良が加えられてきている。しかし，完全な密閉構造の装置はほとんど使用されていない。完全な密閉構造を有する装置は，コストの上昇に見合うメリットがなければならない。

（3）流動層培養 流動層培養（fluidized bed culture）の流動層とは，粉末粒子間を流れる風の抵抗で粒子が持ち上げられ粒子間隙が大きくなり，あたかも粒子が流動性をもったかのように見える状態をいう。金網または多孔板の上に粉末状の培地をのせ，上向きの風で流動層の状態を形成させて培養する。風温によって培地の温度を制御し，層高さは数mまで可能である。流動培養法は，実験室規模の装置またはパイロットプラントを用いた研究段階にある。装置の構造が簡単でスケールアップも容易であり，密閉構造も自動制御も容易である。したがって，流動層培養装置は，液体培養における通気攪拌培養槽と同じように，使いやすい固体培養装置になる可能性がある。醤油麹の生産において，プロテアーゼ，ペプチダーゼ，アミラーゼなどの加水分解酵素の培養物グラム当りの活性が，通気培養法の5～10倍になることが報告されている[45)]。また，同じように担子菌によるリグニン分解酵素の培養物グラム当りの活性が，静置培養の3～5倍になることが知られている[46)]。

（c）固体培養装置 固体培養の方式として，トレイ方式，多段表面通風方式，回転ドラム方式，堆積強制通風方式などの装置が実用化されている。トレイ方式は，わが国の伝統的な麹の製造法である麹蓋法と原理は同じであり，薄い小型容器に固体培地を入れ，保温された培養室（麹室）内へこの容器を数多く並べて培養する。酵素生産の場合には有蓋の金属トレイを使用し，あらかじめ殺菌しておく場合が多い。この方式は，培養物グラム当りの酵素生産性に優れているが，労力を要し，大量生産には適していない。最近，吟醸酒用の麹を製造するために，麹蓋法の原理を利用した完全無通風自動製麹装置（(株)フジワラテクノアート）が開発された[6)]。これは，高さを6cmとして麹層の上面と下面からほぼ均等に水蒸気を放出させ，その潜熱で品温をコントロールする装置である。多段表面通風方式は，培養槽内に無蓋の薄い大型トレイを多段に並べ，調湿空気を側面から通して培養する。回転ドラム方式は，横型の円筒容器内の堆積槽に培養物を収容し，調湿空気を下から通し，一定時間ごとにドラムを回転させて空気の置換と除熱を図る。

（1）回分式通風培養装置 培地層を貫通して空気を流せば，培地の層高さを高くでき，培地層内部へも酸素が供給でき，また微生物の放出する熱も除去できる。わが国の醸造業界の麹製造法として広く普及しているのは，堆積強制通風方式の装置である。回転円

7.3 培養装置

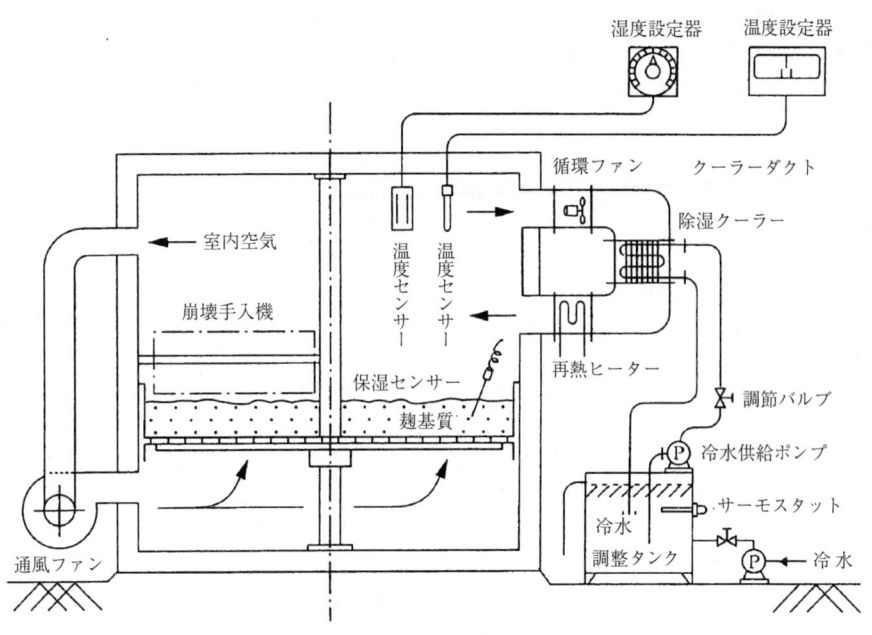

図7.26 堆積強制通風培養装置(永田醸造機械(株))

盤式の通風培養装置(永田醸造機械(株))の一例を**図7.26**に示す[43),44)]。穀物を用いた麹培養物は多孔板を有する平らな培養槽に堆積し,温度と湿度を調節した空気を下から強制的に通風して培養する。培地の搬入,培養物の撹拌と搬出は,機械的にバッチ式で行われる。一般に培養室は独立し,ダクトは付属施設になっている。循環空気は一定温度の水と接触させて過剰の熱を除去する。ブロアと培養室との間にシャワー室を設け,温度と湿度が調節される。近年の自動制御系の進歩により,培養の完全自動化も実現されている。

(2) 連続式通風培養装置　醸造機械業者が市販している麹の製造装置は,清酒用も醤油・味噌用もほとんど同じ装置である。しかし,清酒と味噌は,発酵して麹にするのが原料の一部であるのに対して,醤油は原料である大豆と小麦の全部を麹の培地として使用する。したがって,大型の培養装置は,醤油業界に多く,連続式の製造装置も醤油業界において工業化されている。回転円板式の連続醤油麹製造装置の平面図と断面図をそれぞれ**図7.27**に示す[45)]。中心部に広い内庭を有する円状の部分が培養室で,建物内を環状の円板が回転する。円板の直径は37 mであり,その上に約400 m³の培地がのっている。培養の1サイクルは46時間であり,培養自体に42時間,原料の供給,製品の排出,円板の洗浄乾燥などに残りの時間が使われる。原料の供給は,円板上を半径方向に動くベルトコンベアーで行われる。空気の温湿条件は,5個のゾーンに分割されて,それぞれ別に調節できる。すなわち,おのおのの小空気室に通じる空気供給口には,それぞれ制御弁があって任意の風速分布を設定することができる。盛込み後,15時間と20時間後の位置で撹拌機が培地を混合する。撹拌機のほかに,培地のひび割れ

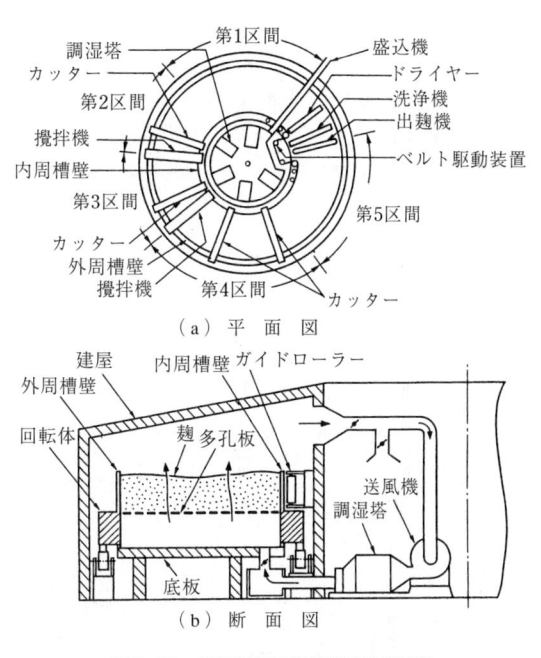

図7.27 回転円盤形連続通風培養装置
(a) 平面図
(b) 断面図

防止のために3箇所にカッターが設置されている。このように温度と水分含量を制御し、かつ空気の吹抜け防止と菌糸の損傷を最小限に抑えるために、数多くの工夫がなされている。

(3) 流動層培養装置　　固体培養では、菌糸の伸長に伴って培地が塊となって、熱の放散、ガスの交換を阻害する。しかし、菌糸の損傷を少なくするため、塊をほぐすための操作は、培養期間中に2〜3回しか行われていない。したがって、通風培養を行った場合でも、培地内に温度差や水分含量に差が生じることになる。また、培養途中に水を添加することは、培地を十分に攪拌できないので、局所的に水分過多の部分を生じ、雑菌汚染の原因となる。一般に、培養中には水分が低下するので、培養の終期には水分が欠乏する。培養途中に自由に加水も攪拌もできないので、当然pHの調整も不可能である。

これらの培養の欠点を改良し、液体培養と同じように自由に培養環境を制御する培養法として流動層培養が考案された。流動層の直径が1.5 m、層高が2 m、培養室の高さが6 mの流動層培養装置を図7.28に示す[45]。培養室本体は直径が2段階に変化した円筒状であり、下側の細い部分は培地が流動する空間であり、上側の太い部分が沈降室である。沈降室は舞い上がった微粉を沈降させて、もとの流動層に戻す役目をする。さらに捕集できない粒子は、塔頂の排気口の直前に設置した回転翼ではじき落としてもとの沈降室に戻す。

流動層の底部には、数rpmで回転する攪拌翼を設置し、攪拌することによって多孔板上に堆積している培地を崩し、流動化を促進する。培地の水分含量は、攪拌翼によって崩れる程度が限度であり、45%が上限である。流動化用の空気は、除菌フィルターを通り、さらに冷却または加熱増湿されて所定の条件に調節された後、多孔板の下から約30 cm/sで送られる。運転中の培地水分の調節は、流動層の上部からスプレーノズルで水を吹きつけることによって行う。培地の水分含量は、流動層内に電極を挿入し、装置の壁との間の静電容量を測定することによって推定され、その値に基づいて制御できる。流動層培養において小麦ふすまなどの培地原料は、安定した流動状態を保つために、粉砕後にスクリーンを通過させることによって粒度をそろえる必要がある。しかし、流動層培養装置は縦長でコンパクトな円筒型の密閉装置であり、内部に複雑な形状の部品がなく自動洗浄や自動殺菌が容易である。培養中に水などを添加することも可能であり、pHの制御や栄養源の添加も可能である。（谷口、田中孝明）

7.3.4　動物細胞バイオリアクター

1970年代に入り動物細胞大量培養はインターフェロン、血栓溶解剤ティッシュープラスミノーゲンアクティベータ（tPA）など医薬品生産の手段として需要が高まり、さかんに技術開発が行われている。また最近では、ハイブリッド型人工臓器や再生医療の実現のために欠かせない技術となっている。

動物細胞には接着依存性細胞と浮遊細胞の二つのタイプがあり、浮遊細胞には微生物発酵の技術がかなり応用できるが、接着依存性細胞の大量培養には従来にない技術的問題が多い[48),49)]。

(a) 接着依存性細胞　　ハイブリッド型人工臓器や再生医療には主として正常な初代細胞が使用されるがそのほとんどすべては接着依存性細胞であり、これらの最初の大量培養にローラーボトルが使用されている（図7.29）。ボトルが回転するに応じて、ボトル内表面に接着した細胞は培養液および気相中の酸素と交互に接触する。しかし、ボトル体積当りに使用可能な細胞接着面積は低く、効率がいいとはいえない。例えば、標準的なローラーボトル（内容積2300 cm^3、接着面積850 cm^2）で培養できる細胞は8×10^7個程度である。また、個々のボトルにより培養環境のばらつきがあり、培養をモニタリングして培養環境を制御するには不向きである。1個のプラスチック培養器当りの接着面積を増大したものとしてセルファクトリー™（6300 cm^{2}以上可能）がある。培養体積に対する接着面積の向上のために、種々の動物細胞培養用担体（表

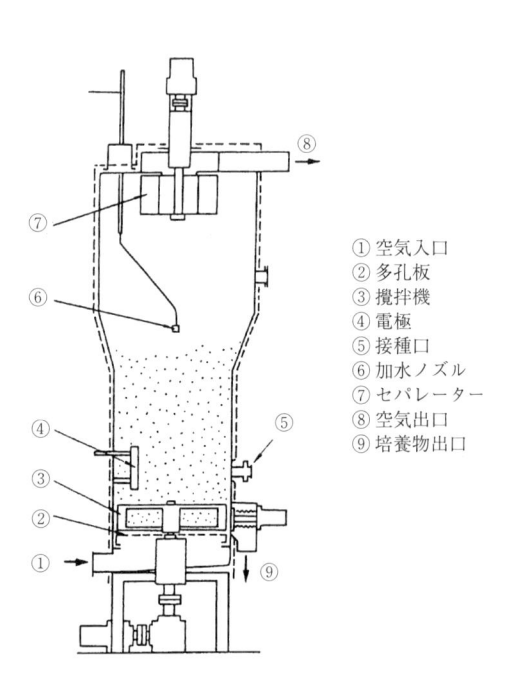

① 空気入口
② 多孔板
③ 攪拌機
④ 電極
⑤ 接種口
⑥ 加水ノズル
⑦ セパレーター
⑧ 空気出口
⑨ 培養物出口

図7.28　流動槽型培養装置

7.3 培養装置

(a) ローラーボトル　(b) セルファクトリー™　(c) マイクロキャリヤー撹拌培養槽

(d) プラスチックバッグ　(e) 中空糸膜培養器　(f) ラジアルフローリアクター

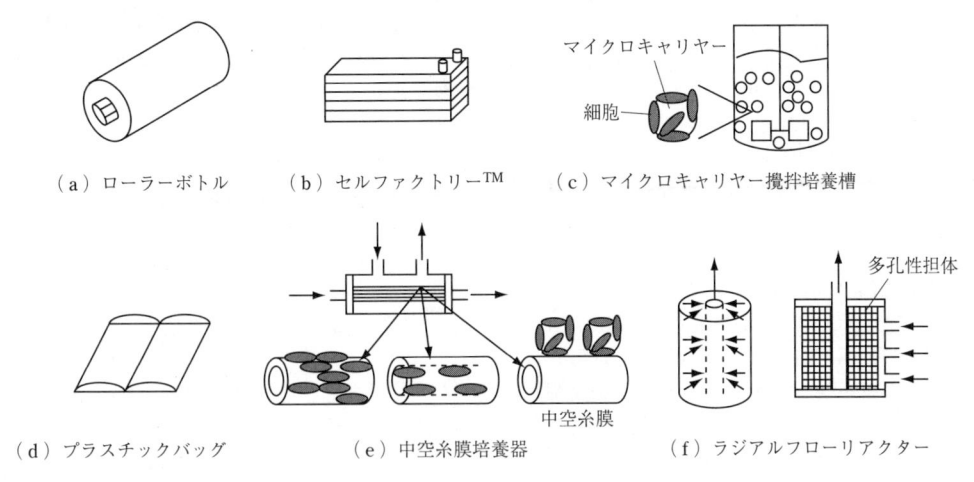

図7.29　動物細胞大量培養用リアクター

7.15)があり，その一つにマイクロキャリヤー法が開発されている。表面に荷電を有するデキストランマイクロキャリヤー5 g/lを培養液に懸濁し，5×10^6 cell/ml 以上の細胞密度が達成されている50), 51)。さらなる高細胞密度や組織構築のためには多孔性マイクロキャリヤーが有効である52)。また，中空糸膜の内側あるいは外側に細胞が充填され，他方を培養液が循環する中空糸膜モジュール培養器も高密度の細胞に効果的に栄養分を供給するために優れている53), 54)。体積当りの接着面積は小さいがプラスチックバッグは使い捨て可能である55)。多孔性担体を用いた充填層型高密度培養における物質移動問題の一つの解決法としてラジアルフローリアクター56)が提案されている。これはドーナツ状に充填した細胞接着多孔性担体に対して外周側から中心部に向けて培養液を灌流するもので，単位細胞当りに供給される栄養分や溶存酸素量の外周部と中心部との間での差異を低減化できる。

(b) 撹拌型培養槽　HeLa細胞，リンパ芽球細胞など腫瘍細胞や，正常初代細胞のうち造血細胞は，増殖するための接着面を必要としない浮遊細胞であり微生物培養用と同じ形状の撹拌型培養槽で培養できる。また，接着依存性細胞でもマイクロキャリヤー培養では撹拌型培養槽を使用できる。しかし，動物細胞には細胞壁がなく，液流により生じるせん断力により損傷を受けやすいうえ，マイクロキャリヤー培養ではせん断力により接着細胞が剥離しやすいため，せん断力を低く抑えながら培養液を撹拌したり，次項で述べる溶存酸素供給を行う必要がある。細胞のマイクロキャリヤーへの接着には次式に示すせん断係数が40以下である必要があるが，接着後の増殖や浮遊細胞の培養には80まで許容されるとの報告がある57)。

表7.15　代表的な動物細胞培養用担体

分類	商品名	メーカー	材質	特徴
表面型マイクロキャリヤー	Cytodex 1	Pharmacia	DEAEデキストラン	粒子径 200 μm 比重 1.03
	Cytodex 3	Pharmacia	コラーゲンコートデキストラン	粒子径 200 μm 比重 1.04
多孔性マイクロキャリヤー	Cytopore	Pharmacia	DEAEセルロース	粒子径 200 μm 細孔径 約100 μm
	Micro-cube	バイオマテリアル	セルロース	細孔径 約200 μm
	Cultispher G	Percell Biolytica	ゼラチン	粒子径 200 μm
	Fibra-cel	NBS	ポリエステル	不織布
中空糸膜	Cultureflo	旭メディカル	ポリスチレン	2.0 m²/6 600本

$$\frac{2\pi N D_i}{D_t - D_i}$$

N：回転数〔rpm〕
D_t：槽径〔cm〕
D_i：攪拌翼径〔cm〕

攪拌翼としては，傾斜タービン翼やプロペラ翼が多用されるが，4枚の柔らかい布を帆のように架けた特殊な羽根も報告されている[58]。攪拌速度設計の目安としては微生物培養の場合の10分の1程度とし，細胞の機械的損傷を防ぐためには上部攪拌が適している。また，細胞への損傷を防ぐため，振動発生は極力避け，邪魔板（バッフル）も設置しない。また，動物細胞は微量の金属の影響を受けやすいことから，槽材質としては溶出の少ないSUS316Lが用いられることが多い。

（c） 溶存酸素供給 動物細胞の大量培養，特に攪拌型培養槽を用いる場合は，溶存酸素（DO）供給がスケールアップに際して最大の障害となる。図7.30にその通気法を示す。低いDOでは増殖が遅く乳酸蓄積が多く，逆にDOが高すぎると毒性を示し，最適DO濃度は3〜20％飽和あるいは15〜100％飽和など種々の例[59]があり，また増殖とタンパク質生産とでは最適DOが異なるとの報告[60]もある。

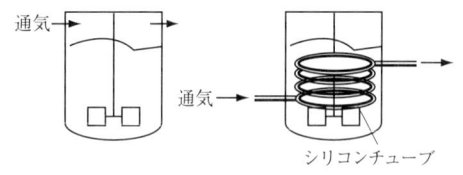

（a）表面通気法　（b）シリコンチューブ通気法
（c）エアースプレー法　（d）ケージスパージング法

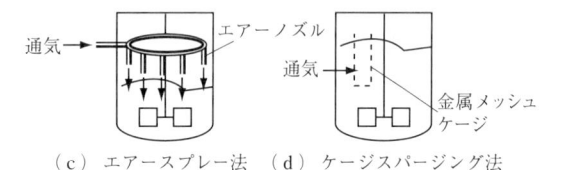

図7.30 動物細胞攪拌培養槽への通気法

比酸素消費速度はおよそ0.05〜1 mmol／(10^9-cell・h)の範囲内にあるが[59),61),62)]，細胞種や培養系によっても異なると考えられるため，実測することが望ましい。動物細胞培養の細胞密度は低いため，微生物培養で常用される培養槽入口，出口の酸素濃度差は小さく測定限界以下である。したがって，いったん通気を止めてDO変化をモニタリングするダイナミック法[63]などのほか，DO濃度測定値と槽内気相の酸素分圧測定値を併用する連続測定法[62]がある。

次式により示される酸素移動速度を細胞による酸素消費速度以上に維持しつつスケールアップする必要がある。

$$No = k_L a(C^* - C)$$

No：酸素移動速度〔mmol／(l・h)〕
k_L：液境膜酸素移動係数〔m/h〕
a：単位培養液体積当りの気液界面積〔m^2/m^3〕
$k_L a$：酸素移動容量係数〔h^{-1}〕
C^*：気相中の酸素濃度に平衡なDO濃度〔mmol／l〕
C：培養液中のDO濃度〔mmol／l〕

微生物培養で通常用いられている深部通気（スパージング）は培地を発泡させ細胞に損傷を与えるので使用できない[59),64)]。したがって通常は培養槽上部の気相部から培養液上面を介した表面通気が採用されるが，培養液体積当りの培養液上面の気液界面積（上式中のa，またはs/V）は，培養槽を相似形に保ってスケールアップするに従い小さくなるため，スケールアップに伴い$k_L a$が低下しDO供給が困難となる。

これに対して種々の工夫ができる。培養液中に設置したシリコンチューブを通じて培地中に酸素を拡散させる方法[65]があるが，長いチューブ（0.1〜1 m／l）[61),65),66)]が必要で槽内部の構造が複雑となり洗浄が困難などの欠点がある。培養液上面に対して垂直下向きに設置した多数の通気ノズルから通気ガスを吹き付けることにより液面を振動させるエアースプレー法では$k_L a$を表面通気の最大約2倍にできる[67]。培養槽内を加圧することにより上式中のC^*を増大させN_Oを高める方法もあり，高静圧では細胞によるタンパク質生産性が向上する場合のあることがわかっている[68)〜70)]。

プルロニックF-68のような界面活性剤を培養液に添加することにより泡による細胞損傷を緩和したり[59)〜71)]，シングルオリフィススパージャーを用いて大きな気泡を少量通気すれば泡をほとんど立てずに$k_L a$を約10倍に上げられる[59),72)]。培養液中に設置した細胞が通過できない金属メッシュ製のカゴの中にスパージングするケージスパージング法では，泡と細胞とを接触させずに$k_L a$を上げることができる[73]。

（d） 培地交換方法 培養液中の栄養分の枯渇を防ぐために微生物培養で通常用いられる流加操作は，動物細胞培養では培養液の浸透圧を増大させ細胞に損傷を与えるため用いられない。そのため，栄養分の枯渇に対しては，培養液全体を新鮮培地に置換する"培地交換"が行われる。培地交換法を図7.31に示す。この培地交換に際して使用済みの培養液上清のみを培養槽内から取り出すために，培養液上清と細胞との分

(a) 遠心分離法
(b) 傾斜沈降法
(c) 中空糸膜濾過法
(d) スピンフィルター法

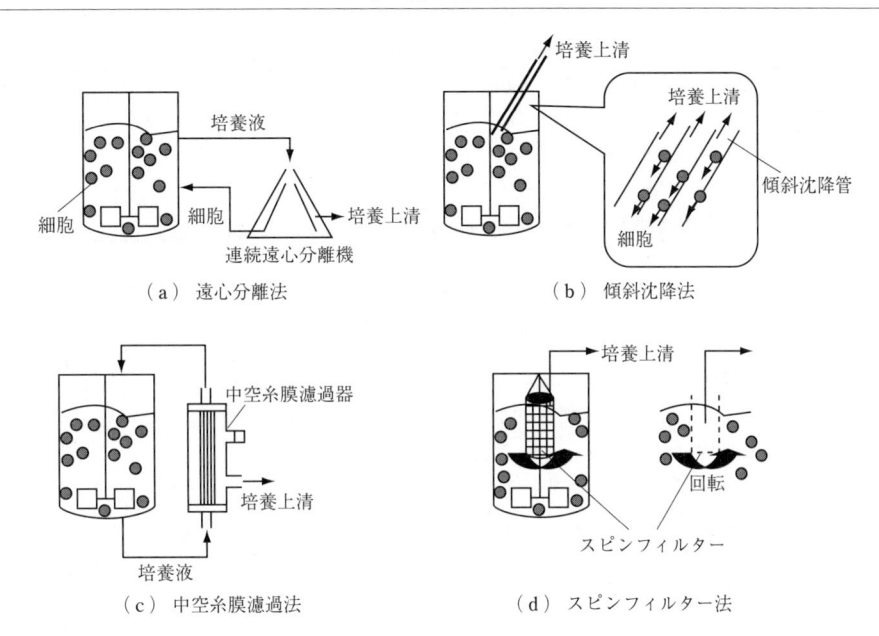

図7.31 動物細胞攪拌培養における培地交換法

離操作が必要となる。

マイクロキャリヤー培養の場合には比重1.03程度のマイクロキャリヤーに細胞が接着しているため沈降分離が採用できるほか，培養槽内に設置された金属製メッシュなどによる濾過も容易である。これに対して浮遊培養の場合には細胞と上清との分離が困難である。これに対して，特殊な密閉型の連続遠心分離機を用いて培養中に細胞と培養液上清を分離する方法が開発されている[74)~76)]。遠心速度を比較的低く設定することにより代謝活性の高い細胞を選択的に培養槽内に保持できることも示されている[77)]。デンプンなどの微小粒子を核にして浮遊細胞を凝集させ自然沈降を容易にする試みがある[78)]。沈降法の一種として，培養液上部に接して設置された傾斜した管（傾斜沈降管）を通して培養液を低速度で引き抜き，培養液上清が培養系外へ除去される一方で細胞は沈降管内で沈降し培養槽内へ戻る傾斜沈降法[79), 80)]がある。培養槽外に設置した中空糸膜に培養液を循環して濾過する中空糸膜濾過法[81), 82)]や，培養槽内の攪拌軸に結合され回転する金属メッシュ製の円筒形フィルターを介してフィルター内側に透過した培養液上清を培養槽外へペリスタポンプなどで除去するスピンフィルター法[83)~86)]などの濾過法もあるが，使用中に濾材が詰まることが問題である。　　　　　　　　　　　　　　（髙木　睦）

7.3.5 植物細胞バイオリアクター

一般的な植物細胞の特色として，増殖速度が微生物細胞に比べて圧倒的に遅い（平均世代時間が最も短いタバコ細胞の場合でも約15時間を要する），有用代謝産物の大部分を細胞内に蓄積するため，代謝的，空間的に制限を受け，大量の有用物質を得にくい，細胞自体のサイズが40～60 μmと微生物細胞に比べて数十倍大きいとともに，単一細胞の状態よりもむしろ複数の細胞で構成される細胞集塊の状態で存在することが多く，細胞（集塊）がさまざまなサイズ（数十～数千μm）および形状を有する不均一系となり，機械的攪拌に伴う液の剪断応力や，インペラーや邪魔板などの接触，衝突などの物理的ストレスの影響を非常に強く受ける，といった点が挙げられる。植物細胞による有用物質生産を実用的なものにするためには，植物細胞の特色を十分に考慮し，培養時間を短縮して経済性を高める工夫が必要である。植物細胞および細胞内有用代謝産物を，短時間で大量に，高濃度で得るためには，培養環境が不均一で平面的な固体培養法に比べて，均一で立体的な液体培養法のほうが細胞への種々の栄養源や酸素の供給面から見て優れている。そのため，これまで数多くの種類の液体培養用のバイオリアクターが開発されてきている。

（a）懸濁培養法で得られる植物細胞の高濃度の限界　懸濁培養法で得られる高濃度細胞とはどの程度の濃度を考えればよいのであろうか。このような疑問は，有用細胞や細胞内有用代謝産物の工業生産を行うにあたり，それらの生産コストを論じる際にまず生じる疑問である。懸濁培養で得られた種々の生細胞とそ

表7.16 種々の植物培養細胞の諸物性 (25℃)

植物細胞名	培養時間〔d〕	増殖phase	生細胞密度〔g/cm³〕	乾燥細胞密度〔g/cm³〕	生細胞含水率容積基準 (v/v)〔%〕	生細胞乾物含有率 (w/v)〔%〕
ニチニチソウ	7	対数増殖期	1.016～1.018	1.28	93.5～94.3	8.58～9.46
ニチニチソウ	12	定常期	1.014～1.016	1.36	95.6～96.1	6.40～7.08
ムギ	7	対数増殖期	1.023～1.026	1.30	91.3～92.3	11.2～12.5
ジギタリス	7	対数増殖期	1.013～1.015	1.35	95.7～96.6	6.08～6.88
イネ	7	対数増殖期	1.053～1.055	1.33	83.1～83.7	22.4～23.2
イネ	12	定常期	1.035～1.040	1.42	90.5～91.7	12.8～14.5

れらの乾燥細胞の両密度より計算で求められる，培養液中での生細胞での含水率 (v/v) の例を表7.16に示した[87]．増殖の定常期の細胞に注目して見ると，イネ細胞のように含水率が90%前後と小さいものもあるが，ニチニチソウ，ジギタリス，ここには示していないが，タバコ，ハリグワなど，一般的に，94～96%程度である[88]．したがって，一般的な含水率を有する細胞が増殖し，単位容積において一杯になった場合，4～6%に相当する細胞が入る計算になる．しかしながら実際には，細胞間隙に存在する水分量や通気撹拌操作により均一な懸濁状態を維持しなければならないため，単位容積に懸濁できる細胞量は，その水分だけ低く見積もる必要がある．仮にその水分量を全容積の半分程度と見積もった場合，植物細胞の懸濁培養により得られる高濃度細胞は3～5% (w/v) 程度と考えるのが妥当である．なお，7.5%という高濃度のオウレン細胞が培養できたことが報告されているが[89]，この細胞の含水率は80～85%ぐらいであることが推定される．

(b) 高濃度細胞を実際に得るために必要なバイオリアクターの条件 WagnerとVogelmann[90]は種々のタイプのバイオリアクターでヤエヤマアオキ細胞の懸濁培養を行い，細胞増殖とアントラキノンの生産について収量と生産性の比較検討を行い，通気撹拌型バイオリアクターよりもエアリフト型バイオリアクターのような通気型バイオリアクターのほうが好ましいことを報告している．エアリフト型バイオリアクターにおいて得られた好結果は，培養液が十分に混合され，酸素の供給が十分に行われ，しかも，酸素供給のために用いられる通気や撹拌の操作より生じる剪断応力が小さく，細胞集塊に破壊損傷などの物理的な悪影響を与えることが少ないことによると説明しており，この装置が他の装置に比べて植物細胞培養用のバイオリアクターとして種々の点で優れていると述べている．しかしながら，Wilson[91]はこのエアリフト型バイオリアクターについて低濃度の細胞培養には適しているが，2%以上の高い細胞濃度になると培養液の見かけ粘度は大きく増大し，通気のみで機械的撹拌を行わないため，高粘性の培養液の均一混合が不可能となり，バイオリアクターとしての能力を失うと指摘している．

したがって，高濃度細胞用のバイオリアクターの条件として，細胞集塊を破壊損傷しないような剪断応力の小さい酸素供給操作で，高粘性の培養液の均一混合を行い，しかも効率よい酸素供給が可能な機能を備えた装置であるといえよう．このような背景からバイオリアクターの性能を評価するために，下記の2指標に基づき，高濃度の細胞培養に適したバイオリアクターの選定を行っている．

(1) 培養系における酸素供給能の定量的指標[92]
細胞存在下の培養液における酸素移動速度は式(7.119) で示すことができる．

$$\frac{dC}{dt} = k_L a (C^* - C) - Kr \cdot M \tag{7.119}$$

ここで C は培養液中の溶存酸素濃度〔mg-O_2/l〕，t は時間〔h〕，$k_L a$ は酸素移動容量係数〔h^{-1}〕，C^* は飽和溶存酸素濃度〔mg-O_2/l〕，Kr は細胞の比酸素消費速度〔mg-O_2/(g-dry-cell·h)〕，M は細胞濃度〔g-dry-cell/l〕である．実際の高濃度細胞培養液の $k_L a$ の測定にあたっては，細胞の酸素消費量の項 $Kr \cdot M$ があるため測定が不正確であるばかりでなく技術的に問題があり，解析も複雑となってしまう．そこで，呼吸活性の欠如した模擬の植物細胞を用いて培養系における酸素供給能の測定を行うことが望ましい．この場合，用いる模擬細胞は形状，大きさ，比重，含水量などの諸物性が植物細胞の諸物性と類似するだけでなく，それらを含む懸濁液の流動特性が植物細胞の培養液の流動特性と類似することが必要十分条件となる．種々検討した結果，模擬植物細胞として，5.8%の寒天ゲルをホモジナイザーで細かに破砕して，必要な大きさにふるい分けした粒状寒天がそれらの条件を満たすことが見出された．この粒状寒天の懸濁液において得られる酸素供給能 $k_L a$ をもって，培養系における酸素供給能の定量的指標とすることができる．なお，$k_L a$ の測定

は窒素ガスによるgassing-out法により,溶存酸素計を用いて行っている[92]。

(2) 酸素供給のための機械的操作による細胞への物理的影響の強さの定量的指標[93]　植物細胞に与える剪断応力などの物理的影響を定量的に測定する方法は唯一,筆者が開発した方法があるのみである。HixonとCrowell[94]は攪拌槽において固体粒子の液中における物質溶解速度係数 (K) が,用いる装置の攪拌操作条件,構造や規模,固体や液体の物性,固体粒子の形状や大きさなどの関数であることから攪拌系においてKの値の大きさにより,攪拌の強さが比較できることを明らかにした。固-液系の攪拌において,固体粒子の溶解速度は式 (7.120) で表せる。

$$\frac{dS}{dt} = K \cdot \frac{A}{V}(S^* - S) \quad (7.120)$$

ここでSは時間t [s]における固体の溶解濃度 [mg/ml], S^*は固体の溶液における飽和濃度 [mg/ml], Aは固体粒子の総表面積 [cm^2], Vは溶液量 [ml] である。いま,難溶性の固体の場合,短時間での溶解による粒子表面積の変化が無視でき,Aを一定として式 (7.120) を積分すると式 (7.121) が得られる。

$$K = \frac{V}{A \cdot t} \ln \frac{S^*}{S^* - S} \quad (7.121)$$

所定条件下でのK値は,$\ln(S^*-S)$とtの直線関係の傾きより求められる。そこで,筆者は固-液系においてK値の大きさを支配している因子のほとんどが細胞集塊の破壊損傷にかかわる因子と同じであろうという考えのもとに,剪断応力などの物理的ストレスが細胞に与える影響の強さを間接的な方法で定量的に把握することを提案した。すなわち,培養液中の細胞系に代わる類似したモデル系を選定し,同じバイオリアクターで,同じ培養条件下で得られる固-液モデル系のK値をもって,その条件における物理的ストレスが細胞に与える強さを示す指標とした。植物細胞の比重とほぼ等しい,水に難溶性のβ-ナフトール-水系を用いた。β-ナフトールは,大きな細胞集塊の粒状サイズにほぼ等しい円筒型(径および長さが2 mm)の粒子に整形して用いた(この理由は,植物細胞集塊のサイズが大きいものほど物理的影響を受けやすいためである)。なお,微量のβ-ナフトールの溶存濃度は分光光度計により275 nmの吸光度で測定することができる。

(c) 植物の高濃度細胞培養用のバイオリアクター

上述のように確立した2指標を用いて,つぎに種々のバイオリアクターの性能を比較し,植物の高濃度細胞培養用のバイオリアクターの選定を行った。バイオリアクターの性能の判定のための基礎的検討として,種々の培養条件での懸濁培養における細胞増殖とそれぞれの培養条件の細胞に与える物理的影響の強さ(K値)の関係をハリグワ細胞を用いて検討した結果,ハリグワ細胞の場合,細胞への物理的影響の強さがK値で4.4×10^{-3} cm/s程度までは,ほぼ正常な値を示すことが推定された。つぎにこのハリグワ細胞の高濃度培養を行うという前提で,種々のバイオリアクターがどの程度の性能を示すかを検討した。用いた装置は図7.32に示すように,通気攪拌型バイオリアクターとして微生物細胞培養に一般的に用いられている,平羽根タービン型インペラー付きバイオリアクター (J-T) と,筆者が開発した変形パドル型インペラー付きバイオリアクター (J-M) の2種類,通気型バイオリアクターとしてエアリフト型バイオリアクター (A) と気泡塔型バイオリアクター (B) の2種類である。これ

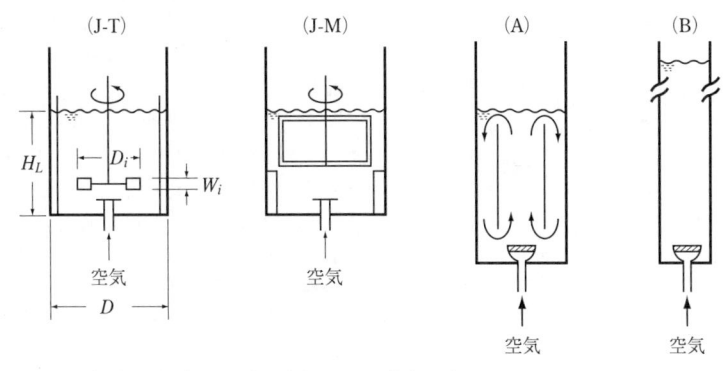

(J-T):平羽根タービン型インペラー付きバイオリアクター
(J-M):変形パドル型インペラー付きバイオリアクター
(A):エアリフト型バイオリアクター,　(B):気泡塔型バイオリアクター

図7.32　種々の植物細胞バイオリアクターの概略図〔Tanaka, H.: *Biotechnol. Bioeng.*, **23**, 1203-1218 (1981)〕

らのバイオリアクターにおいてハリグワ細胞が正常な増殖を示す，細胞への物理的影響の強さが，K値で$4.4×10^{-3}$ cm/s以下の培養条件を設定し，その条件下における高濃度細胞懸濁液の混合状態の観察と酸素供給能（k_La）の測定を，植物細胞の代わりに模擬細胞（5.8％粒状寒天）を用いて行った（図7.33）。いずれの装置においても細胞濃度の増大に伴い，懸濁液の混合状態が不均一となり，気泡の分散度合が低下することが観察され，その結果，k_Laは減少した。その減少度合は，通気型バイオリアクターが通気撹拌型バイオリアクターに比べて顕著であることがわかる。通気型バイオリアクター（A）および（B）では，Wilson[92]がすでに指摘したように，細胞濃度が2％を超すと，リアクター内の混合状態が不均一になり，溶存酸素の値も正確に得られなくなり，k_Laの測定が不可能となる。通気撹拌バイオリアクターのうち，（J-T）も同様に細胞濃度が2％を超すとk_Laの測定が不可能であるが，（J-M）では装置の均一性および気泡の分散は十分に保たれ，k_Laの減少はわずかであることがわかる。以上の結果より，高濃度細胞培養用バイオリアクターとしては，通気型バイオリアクターよりも通気撹拌型バイオリアクターのほうが優れており，特に変形パドル型インペラー付きバイオリアクターのような，大きなインペラーで液全体を撹拌するタイプのリアクターが適していることがわかる。

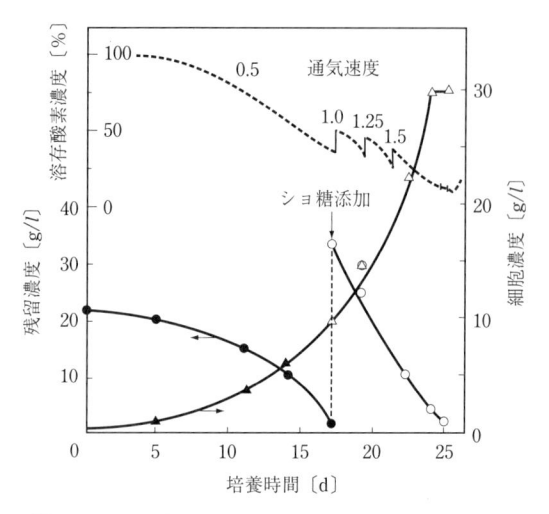

図7.34 10 l 変形パドル型インペラー付きバイオリアクター（J-M）におけるハリグワ培養細胞の流加培養の経過〔Tanaka, H.: *Biotechnol. Bioeng.*, **23**, 1203-1218（1981）〕

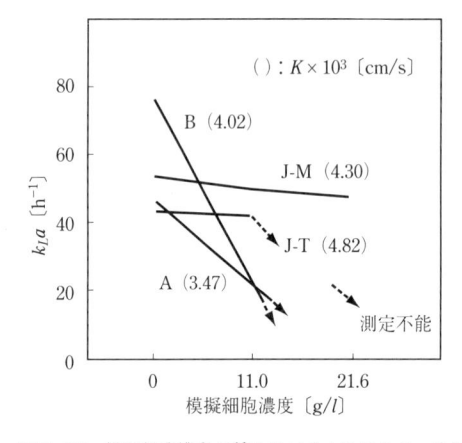

図7.33 模擬細胞濃度が種々のバイオリアクターにおける酸素供給能（k_La）に及ぼす影響〔Tanaka, H.: *Biotechnol. Bioeng.*, **23**, 1203-1218（1981）〕

条件下で培養した。撹拌速度60 rpm，溶存酸素濃度が細胞増殖の律速因子とならないように，通気量を細胞増殖に合わせて，0.5～1.5 vvmに段階的に増大させた。基質（sucrose）阻害を避けるために，初発濃度を2.2％とし，培養途中で3％添加した。その結果，25日間の培養でほぼ3％の高濃度細胞を得ることができた。この濃度は，前述したようにハリグワ細胞の培養において得られる最高の細胞濃度に相当するものである。藤田らはムラサキ細胞によるシコニンの生産において，液量2.5～600 lの本バイオリアクターを用い，高収率でシコニンを得ている[95]。

本項で紹介した変形パドル型バイオリアクター以外にも，物理的ストレスを低減させた撹拌機能を有する種々の通気撹拌型バイオリアクターが報告されている[96]～[98]。高粘性バイオポリマーを生産する微生物細胞用のバイオリアクターとして開発されたマックスブレンドファーメンター（図7.35）は，植物細胞の高濃度細胞培養用バイオリアクターの設計思想と一致する部分が多く，高濃度細胞培養用のバイオリアクターとしての性能を十分に有していることが示され，本装置を用いてイネやニチニチソウの細胞の高濃度培養が達成されている[96]。

このほかに高濃度細胞培養用のバイオリアクターとして，剪断応力などの物理的ストレスが少なく，培養液の均一混合能や酸素供給能が高いバイオリアクターとして，筆者が開発した回転ドラム型バイオリアクター[99]がある（図7.36）。本バイオリアクターはタービン型インペラー付きバイオリアクターでの細胞増

わせることにより，高濃度細胞培養がさらに容易となるであろう。なお空気の代わりに純酸素を用いた培養において，必ずしも最良な結果が得られない場合もあることを考慮しておく必要がある。特に，通気するガスの組成（酸素，二酸化炭素，エチレンなどの量や比率）が有用代謝産物の生産量や細胞の増殖に大きく影響を与えることが報告されている[101]。

本項では植物の高濃度細胞培養を行うにあたり，細胞集塊を破壊しない物理的影響の少ない酸素供給操作で，バイオリアクターを用いるという培養工学的な問題を中心に述べてきたが，高濃度細胞培養の実現にあたり考慮すべき他の要因として，高濃度の細胞が要求する多量の基質や培地成分の添加に伴う基質阻害や，培地中に蓄積される生産物や老廃物による阻害などの細胞生理学サイドの問題がある。これらの阻害を除去する培養法として，槽内の培養液の一部をフィルターを通して排出する一方，新たな培地を供給する灌流流加培養法がある。藤田ら[89]はオウレン細胞の培養において縦型の通気撹拌型培養装置（液量1.5 l）を用いて高濃度培養を行っている。通常の回分培養法では1.4％の細胞が得られたことから，仕込み種細胞濃度および培地濃度を高めた結果，3％の細胞が得られた。つぎに，高濃度の培地成分による増殖阻害を除くために，流加培養することにより4.2％の細胞が得られた。さらに，細胞の代謝産物（タンパク質）の蓄積による阻害を軽減するために流加培地濃度を下げて培養液の更新を行う灌流流加培養法で，7.5％の高濃度細胞培養に成功した。オウレン細胞以外にも，さまざまな植物細胞の培養において灌流流加培養法の有用性が報告されている[101]。

紙面の関係で，記載することができなかったが，植物細胞による有用物質の実用的生産を考えた場合，細胞の増殖段階と有用物質生産の段階を分けて行う二段階培養法[102]，エリシターの利用[101],[103],[104]，生産物の回収[101],[103]，毛状根や培養根などの器官の利用[97]，細胞壁を除去したプロトプラストの利用[104]は重要である。また，植物細胞用のバイオリアクターとして光バイオリアクターも重要であろう。光バイオリアクターで最も問題となるのはスケールアップであるが，光源の能力を1ユニットとして把握し，ユニット数を増やすことでスケールアップする新規な方法が提案されており[105]，今後，実用面での利用が期待される。

（青柳，田中秀夫）

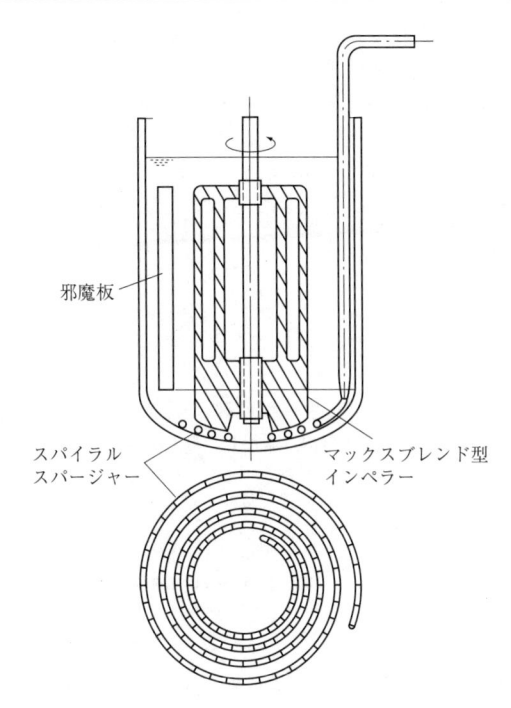

図7.35 マックスブレンドファーメンター〔Yokoi, H., Koga, J., Yamaura, K., Seike, Y. and Tanaka, H.: *J. Ferment. Bioeng.*, **75**, 48-52（1993）〕

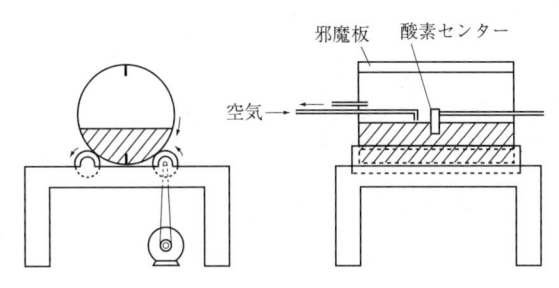

図7.36 回転ドラム型バイオリアクター〔Tanaka, H., Nishijima, F., Suwa, M. and Iwamoto, T.: *Biotechnol. Bioeng.*, **26**, 2359-2370（1983）〕

殖経過と比べて好ましい結果を得ている。また，実容積750 lの大規模な本バイオリアクターを用いて，ムラサキ細胞によるシコニンの工業生産も報告されている[95]。また，本バイオリアクターは物理的ストレスの影響をさらに受けやすいサイズが大きな植物器官の培養にも用いられている[100]。

なお，空気の代わりに純酸素ガスを通気したり，空気に純酸素を混合して通気することは，式（7.119）右辺第1項のC^*を増大することになり，酸素供給能を著しく高めるのに有効である。この場合，機械的撹拌に伴う細胞への物理的影響を低減させた培養条件の設定が可能となり，上述のバイオリアクターと組み合

7.3.6 マイクロバイオリアクター

マイクロバイオリアクター（microbioreactor）は，発展途上の技術分野であるため，確立した基盤技術と

して明確に記述することは困難である。しかし，将来，生物工学分野において重要な意味を持ち，研究開発に不可欠なものになると考えられている。

上述のような理由でマイクロバイオリアクターを明確に定義することも困難であるが，いわゆる，広義のバイオリアクターのうち，内部の主要な構造がμmから数百μm程度のサイズで，培養容積が数μl程度以下のものを指している。

(a) 技術的背景 電子機器産業の基盤的技術の一つである半導体微細加工技術（チップテクノロジー）の目覚ましい進歩により，今日ではサブミクロンオーダーの微細構造を正確に再現性よく大量に作ることが可能になっている。半導体製造プロセスの特徴は，単に縮小化して集積するだけでなく，製造方法が標準化されており，異なる機能をもった回路でも基本的に同じ方法を用いて大量生産が可能なことにある。このように成熟した（マイクロ）チップテクノロジーはエレクトロニクス以外の技術・産業分野にも大きな影響を与えるようになった。

1980年代後半から，チップテクノロジーを応用した微小機械（システム）に関する研究がさかんになり，マイクロマシン（micromachine）[106]，MEMS（微小電気機械システム：micro-electro-mechanical systems）[107]，microsystems technologyなどと呼ばれ，インクジェットプリンターの中核技術などとして実用化されてきている。一方，チップテクノロジーの応用分野として，化学やバイオテクノロジーの分野も大きな期待を集めて研究開発がさかんに行われてきた。

(b) 関連する技術分野

(1) バイオチップ バイオ分野に応用されたマイクロチップは，マイクロアレイやマイクロ流体素子（microfluidic device）を含めて一般にバイオチップと総称されている。マイクロバイオリアクターはマイクロ流体素子の技術を含んでいるので，バイオチップに関連する技術と考えられるが，チップと呼べるような大きさや形状をしているとは限らない。

(2) マイクロ流体素子とマイクロリアクター

マイクロ流体素子は，通常，直径（断面が矩形の場合には幅と深さ）が数μmから数百μmのマイクロチャネル（microchannel，微細流路），同程度の大きさのマイクロチャンバ（microchamber，微小容器），あるいはそれらのネットワークに，液体，気体，粉粒体などを導入し，生化学反応や有機化学的な合成反応，細胞培養，各種溶液の混合，生成物の分離・精製・分析などを行うことを目的に作られた微小構造物である。マイクロ流体素子にセンサーやアクチュエーターなどを集積化したシステムを分析目的に使用する場合には「マイクロトータルアナリシスシステムズ（micro total analysis systems：μTAS）」と呼び，マイクロ流体素子上での反応による物質生産（変換）に重点がおかれている場合には「マイクロリアクター（microreactor）」と呼ぶことが多いが，両者が明確に区別されているわけではない。

(3) マイクロバイオリアクターとマイクロアレイ

前述の定義によれば，酵素や細胞などの生体触媒を利用しているマイクロリアクターは，「マイクロバイオリアクター」ということになる。しかしながら，応用として分析と物質生産が明確に区分されているわけではないので，「生体触媒反応が組み込まれたマイクロ流体素子とそのシステム」は広く「マイクロバイオリアクター」と呼ばれている。さらに，このようなマイクロバイオリアクターを，ハイスループットスクリーニング（high throuput screening：HTS）システムなどに応用するために，高度に並列化・集積化したものをマイクロバイオリアクターアレイ（micro-bioreactor array）などと呼ぶこともある。また，マイクロバイオリアクターはチップのような平面的な構造物であるとは限らず，内径が上述のサイズのキャピラリーで構成される三次元的なネットワークなども考えられる。

(c) 特徴

(1) マイクロ化の利点 バイオリアクター（システム）をマイクロ化することの利点として期待されていることは，通常のマイクロリアクターと同様に以下の3点に要約される。

第一に，スケールダウンの直接的な効果として，特に分析やハイスループットスクリーニングを目的とした場合には，貴重な試料や高価な試薬・触媒（細胞や酵素）の必要量および廃液の排出量が低減するため，効率的で環境負荷が小さく，小型で可搬性のあるシステムの実現が期待されている。また，物質生産においても，多品種少量生産に有効な手法となる。

第二は，マイクロスケールに特徴的な現象を利用することができる点である。体積に対する表面積比の向上により熱移動・物質移動の高速化が実現でき，温度や濃度分布の影響を軽減することが可能となる。その結果，例えば，細胞培養条件や酵素反応条件を精密に制御できる。また，安定な層流系が実現でき滞留時間や混合時間の精密な制御が可能となるため，酵素反応や基質・生成物分離の精密制御，高速・高効率化，副反応抑制などが期待される。さらに，マイクロスケールでは重力や慣性力などの体積力に比べて表面張力や粘性力などの面積力の影響が強く現れることから，こ

れを利用した新規反応分離システムも期待されている。

第三に，微細加工技術の高度化よるトータルシステムの製造コスト軽減と操作の簡略化が期待される。例えば，半導体集積回路製造技術を利用して，比較的容易に，集積化，並列化，複合化，標準化が可能で，HTS系などの多種サンプルの並行同時処理，前処理・反応・分離精製などのシーケンシャル処理，あるいは，同種の構造のナンバリングアップによる小規模物質生産システムの実現も容易になる。

(2) マイクロ化に伴う問題点　マイクロスケールのシステムにおける流動や伝熱現象はまだ十分に解明されておらず，マイクロ流体の操作・制御方法についても研究例は少ない。また，流路の閉塞や汚れの問題，材料や微細加工法に起因する構造設計上の制約などのために，必要とされる性能が十分に発揮できないような例も見られる。

(d) 作製技術　スケールが異なっていても，バイオリアクターの基本的な要素である酵素反応の様式や細胞の培養方法などに大きな違いがあるわけではない。しかし，バイオリアクターの反応容器に相当するμmオーダーの構造の設計および作製の方法は大きく異なる。

マイクロ流体力学（microfluidics）という言葉が提案され[108]，微小空間での粘性領域の流れを考慮したマイクロ流体素子の設計が強調されるようになってきている。マイクロチャネル内では安定な層流が形成され，乱流混合は期待できないが，逆に安定層流を利用した拡散分離など，マイクロ流体の特性を生かしたシステム設計も可能である。また，流路壁と流体の相互作用の影響が大きいため，適切な材料の選択とその表面修飾法が重要になっている。一方，前述のように，材料とその加工法に依存する構造設計上の制約や，システム化技術，特に計測・制御方法についても十分に検討する必要がある。

(e) マイクロチャネル・チャンバの微細加工技術[109],[110]　μmオーダーの精度をもった微細加工技術として，紫外線およびX線を用いたフォトリソグラフィーが多用されている。この技術は基本的に二次元のパターニングによる加工技術であるが，実際に必要とされる流路は三次元的な構造であるため深さ方向の流路形状も重要となる。また，近年，超精密研削加工技術も急速に進歩しており，マイクロ流体素子の作製にも利用可能になってきている。以下，対象とする材料別に概説する。

(1) ガラス・石英　ガラスや石英は，耐薬品性・耐溶媒性・耐熱性が高く，比較的安価，透明性が高いなどの理由から，多くの研究例がある。加工は，HFによる等方性ウェットエッチングによる場合が多い。マイクロチャネルはガラス平板に掘った溝を別のガラス平板によって蓋をし，熱融着することにより形成する。

(2) シリコン　シリコンは耐熱性・耐圧性に優れ，比較的安定で，半導体プロセスとの整合性の高い加工法が多く，高精度の微細加工が期待できるため，マイクロ流体デバイス研究においても，より微細な構造や研究用途では主要な材料である。加工には，強アルカリによる結晶異方性ウェットエッチング，酸混合液を用いた異方性ウェットエッチングが利用される。前者の場合，矩形断面の流路や傾斜壁を有する流路などをデザインすることができ，うまくデザインすれば複雑な形状の構造を作製できるが，結晶面の方向依存性のために設計の自由度は小さい。一方，DRIE装置を用いた異方性ドライエッチングを利用すれば，矩形の流路や深い貫通孔を高いアスペクト比で作製でき，加工精度および自由度の高い設計も可能であるが装置は高価である。シリコン流路に蓋をする際にはシリコンあるいはガラス平板と陽極接合することが多い。

(3) 金属　金属は耐熱性・耐溶媒性に優れ，強度が高く，比較的安価であるため，高温・高圧反応用のマイクロリアクターや，化学プロセス用の反応器として期待される材料であるが，必ずしも接合を含めた微細加工が容易とはいえない。近年，マイクロ放電加工，精密ビーム加工，各種ウェットエッチング，超精密切削・研磨法などの進歩も著しいことから，より精密で簡便な加工が可能になってきており，今後バイオ分野でも用途が拡大されるものと期待される。

(4) ポリマー　各種のポリマー材料は，耐薬品性・耐溶媒性・耐熱性の点で十分とはいえないものの，きわめて安価に大量生産できる可能性があるため，バイオ分野では研究・開発がさかんに行われている。加工法としては，通常のプラスチック成型に準じた射出成型法，ホットエンボシングなどが試みられているが，精密な金型をいかに作るかが問題である。前項に示した各種の方法に加えて，マイクロ構造のための特殊な方法としてドイツで開発されたLIGA（lithographie galvanoformung abformung）プロセス[111]が知られている。この方法では，100を超える高アスペクト比の構造体ができることが報告されているが，簡便性やコストの面では問題が残る。また，プラスチックの加工にも，レーザー直接加工，精密機械加工などが利用できる。

このほか，IBM社の開発した厚膜のネガティブフォトレジストSU-8を利用した構造体形成，さらにこ

れを鋳型とした，シリコーン系ポリマーの一種であるポリジメチルシロキサン（PDMS）を用いた構造体形成が近年頻用されている。後者の方法は，いわば，フォトリソグラフィーとプラスチックの金型成形を簡便に組み合わせたような方法でレプリカモールディング（replica molding）法[112]，あるいは，ソフトリソグラフィー（soft lithography）と呼ばれる簡便な方法である（図7.37）。微細加工に要する時間が短いことから，基礎研究や開発段階での迅速原型作製（rapid prototyping）では威力を発揮している。また，PDMSは，生体適合性が高く，透明で安定であることから，バイオ分野での安価なマイクロ流体素子の材料としても有望視されている。

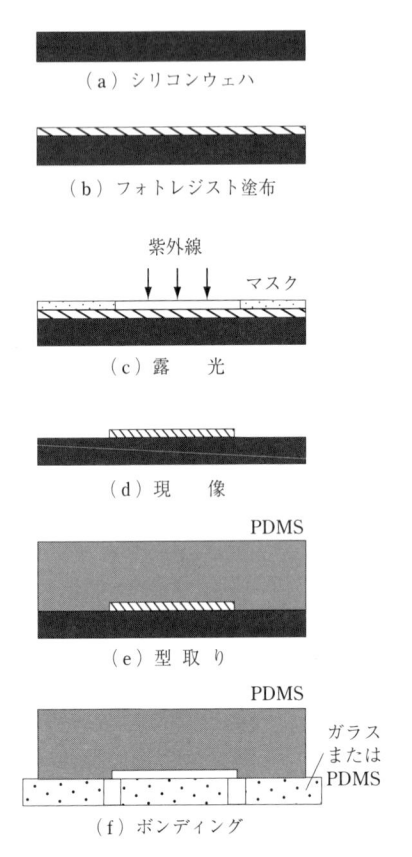

図7.37 レプリカモールディング法によるマイクロチャネルの作製

(a) シリコンウェハ
(b) フォトレジスト塗布
(c) 露光
(d) 現像
(e) 型取り
(f) ボンディング

(f) 構成要素

（1）マイクロポンプ　微少量の流体を動かす方法として，通常の圧力流による方法と電気浸透流による方法が知られている。後者は分析を目的とした場合には簡便で一般的な方法であるが，電場の影響が避けられず，高吐出圧を得るのが難しいなどの問題がある。圧力流ポンプとしては，研究の場面では，市販のシリンジポンプやマイクロHPLC用の高精度ポンプなどを使用することが多いが，デバイスに比べて大型で高価なものである。デバイス組込み型のポンプでは，圧電素子，静電気，空気熱膨張などによるダイアフラムの駆動に基づくものが多い。

（2）マイクロバルブ　マイクロ流体素子では，デッドボリュームを減らし，迅速な応答を得るために，バルブを小型化する必要がある。ON-OFF弁と一方向弁が必要である。能動弁についてはMEMS技術やポリマー・空気流等を利用したさまざまなアイデアがあるが，構造や制御系を簡単するためには受動弁が望ましい。壁面の濡れ性と圧力制御のみで流路内の流れを制御するシンプルな方法[113],[114]も提案されておりHTS系では重要な技術となろう。

（3）計測・制御技術　流体の体積が減少すると種々の計測が困難になるため，マイクロ流体素子に適した計測・制御方法の開発が必要である。化学センサーについては，可視紫外領域の吸光度測定が可能であれば問題はないが，対象物質が低濃度の場合には，レーザ誘起蛍光法（LIF），化学発光（CL）検出法，櫛形電極法，SPRセンサー，熱レンズ顕微鏡法などが開発されつつある。超並列化したマイクロバイオリアクターシステムでは，個別にリアクターの制御を行うことは経済的に見合わない。システムの安定性を簡便な方法で評価し制御する必要がある。

(g) 応用分野

マイクロバイオリアクターは，研究のツールとしての利用のみならず，医薬・医療・食品など広くバイオテクノロジー分野全般で応用されることが強く期待されている。具体的には，酵素や細胞を利用した生化学的な分析，臨床検査・法医学的検査，遺伝子操作・治療，細胞操作，単細胞解析，移植臓器の生体外構築，ハイブリッド型人工臓器，DDS，バイオプロセスモニタリング，環境計測，酵素・細胞を利用したHTS系，酵素・細胞を用いた不安定中間体・微量生理活性物質の生産などが挙げられる。

（1）研究ツール　マイクロ流体デバイスは，生物工学分野の研究ツールとして今後ますます重要なものとなろう。特に，単細胞あるいはきわめて少量の細胞にかかわる微量物質を対象とした研究がさかんに行われている。これは単に量が少ないだけではなく，細胞スケールで局所の条件設定が可能で，同時にその狭い領域の情報を取り出すことができるからでもある。例えば，流路の幅の方向に対象物質の濃度が階段状に異なる層流を形成し，その流れのなかに細胞を静置させると，細胞周囲の特定の場所ごとの微細環境を変化

させることが可能となる．この手法を利用して，細胞内でのミトコンドリア移動過程の溶存酸素濃度に対する応答[115]，細胞局所のEGF刺激後のシグナル伝達過程などが観察されており，細胞工学的な研究への広範な応用が期待されている．

（2）分　析　　分析目的ではDNAポリメラーゼを用いた遺伝子増幅反応（PCR）に関する研究が数多くなされている．PCRは，少量のサンプルを用いた高速の温度周期操作が必要な点がマイクロ化に適しており，遺伝子解析高速化の必要性からも関心が高い．温度制御方式や反応の連続化[116],[117]に種々の試みがあるほか，マイクロチップ上のキャピラリー電気泳動（CE）システムと統合したデバイス[118],[119]なども発表されている．今後，単細胞解析や遺伝子診断・法医学検査などの分野で発展が期待される．また，酵素反応・免疫反応を利用した微量血液診断は近年のPOC（point of care）の流れから実用化への期待が大きい．生細胞を利用した微量有害物質分析の試みもいくつか[120],[121]あり，培養細胞による動物実験代替の流れとも合致している．

（3）スクリーニング　　ハイスループットスクリーニングは微細加工技術を駆使した超並列・シーケンシャル処理のメリットが生かせる．例えば，変異剤処理や遺伝子導入などによってランダムに改変されたヘテロな細胞集団から細胞を選抜するような場合には強みを発揮すると思われる．また，細胞増殖・代謝や酵素反応に対する温度，pH，基質濃度などの至適条件を探索するような場合にも有効となろう．しかし，そのためには，個々の反応器の温度，pH，DO濃度などの精密制御を簡単な仕組みで安価に行うことも必要となってくる．最近，さまざまな細胞をマイクロチップ上で培養することが可能になってきたが，まだ，環境因子を精密に制御して細胞選抜を行うことなどはできていない．そのためには，マイクロチャネルの表面修飾による微細環境の精密制御，細胞の導入方法，細胞の計測・分取技術なども重要となる．

（4）物質生産・細胞生産　　物質や細胞の生産を目的としたマイクロバイオリアクターの研究はまだ少ない．システムのマイクロ化が必須の宇宙・軍事などの特殊用途ではいずれ基本技術となろう．しかし，民生用途ではコストやメンテナンスなど未解決の問題も多い．

マイクロバイオリアクターによる物質生産が有効になる可能性がある例としては，物質移動（混合）速度の増大による酵素反応速度の向上，滞留時間を精密制御した多段酵素反応による代謝中間体の合成やタンパク質・脂質などの修飾反応における収率向上などがある．また，分離プロセスと統合することによって，例えば，層流系の安定な界面を利用した生産物分離と基質循環利用による反応率の向上や，膜分離システムを用いた無細胞タンパク合成システムのマイクロ化なども期待できる．動植物細胞を利用する場合には細胞周辺の微細環境を精密制御したマイクロユニットを多数利用することも考えられる．例えば，ハイブリッド型の人工臓器，分化段階が制御された細胞を生産するマイクロバイオリアクターなどが考えられる．

（h）マイクロバイオリアクターの今後　　マイクロバイオリアクターは，分子生物学や生物工学の研究効率化の道具としては，煩雑な実験操作の統合化，反応条件最適化のためのHTS系，コンビナトリアル合成など，分析目的では，血液診断，遺伝子診断，法医学検査，環境計測など，生産目的では，多段階酵素反応，細胞生産，無細胞タンパク合成などが有望であろう．いずれにしても，目的に合わせてスケールダウンメリットを明確にすることが重要である．（関　　実）

引用・参考文献

1) Kanazawa, M.: *Single-Protein*, II, (Tannenbaum, S. R., Wang, D. I. C.), pp. 438–444, MIT Press (1975).

2) Fukuda, H., Shiotani, T., Okada, W. and Morikawa, H.: Oxygen Transfer in a New Tower Bioreactor Containing a Draft Tube and Perforated Plates, *J. Ferment. Technol.*, **56**, 619–625 (1978).

3) 福田秀樹：高菌体濃度培養法に適した培養装置に関する研究，醱酵工学，**59**, 259–270（1981）．

4) Calderbank, P. H. and Moo-Young, M. B.: The Continuous Phase Heat and Mass-Transfer Properties of Dispersions, *Chem. Eng. Sci.*, **16**, 39–54 (1961).

5) Akita, K. and Yoshida, F.: Bubble Size, Interfacial Area, and Liquid-Phase Mass Transfer Coefficient in Bubble Columns, *Ind. Eng. Chem. Process Des. Develop.*, **13**, 84–90 (1974).

6) Yagi, H. and Yoshida, F.: Oxygen Absorption in Fermenters — Effects of Surfactants, Antiforming Agents, and Sterilized Cells, *J. Ferment. Technol.*, **52**, 905–916 (1974).

7) Akita, K. and Yoshida, F.: Gas Holdup and Volumetric Mass Transfer Coefficient in Bubble Column, *Ind. Eng. Chem. Process Des. Develop.*, **12**, 76–80 (1973).

8) Fukuda, H.: *Bioreactor System Design*, (Asenjo, J. A., Merchuk, J. C.), pp. 339–375, Marcel Dekker, Inc. (1995).

9) Atkinson, B., Black, G. M., Lewis, P. J. S. and

Pinches, A.: Biological Particles of Given Size, Shape, and Density for Use in Biological Reactors, *Biotechnol. Bioeng.*, **21**, 193–200 (1979).

10) Cooper, P. F., Walker, I., Crabtree, H. E. and Aldred, R. P.: *Process Engineering Aspects of Immobilized Cell System*, (Webb, C., Black, G. M., Atkinson, B.), pp. 205–217, Institute of Chemical Engineers (1986).

11) Fynn, G. H. and Whitemore, T. N.: Colonisation of Polyurethane Reticulated Foam Biomass Support Particle by Methanogen Species, *Biotechnol. Lett.*, **4**, 577–582 (1982).

12) Oriel, P.: Amylase Production by *Escherichia coli* Immobilized in Silicone Foam, *Biotechnol. Lett.*, **10**, 113–116 (1984).

13) Black, G. M., Webb, C., Matthews, T. M. and Atkinson, B.: Practical Reactor Systems for Yeast Cell Immobilization Using Biomass Support Particles, *Biotechnol. Bioeng.*, **26**, 134–141 (1984).

14) Furuta, H., Arai, T., Hama, H., Shiomi, N., Kondo, A. and Fukuda, H.: Production of Glucoamylase by Passively Immobilized Cells of a Flocculent Yeast, *Saccharomyces diastaticus*, *J. Ferment. Bioeng.*, **84**, 169–171 (1997).

15) Liu, Y., Kondo, A., Ohkawa, H., Shiota, N. and Fukuda, H.: Bioconversion Using Immobilized Recombinant Flocculent Yeast Cells Carrying a Fused Enzyme Gene in an 'Intelligent' Bioreactor, *Biochem. Eng. J.*, **2**, 229–235 (1998).

16) Park, C. H., Okos M. R. and Wankat, P. C.: Acetone-Butanol-Ethanol (ABE) Fermentation in an Immobilized Cell Trickle Bed Reactor, *Biotechnol. Bioeng.*, **34**, 18–29 (1989).

17) Webb, C., Fukuda, H. and Atkinson, B.: The Production of Cellulase in a Spouted Bed Fermentor Using Cells Immobilized in Biomass Support Particles, *Biotechnol. Bioeng.*, **28**, 41–50 (1986).

18) Fukuda, H. and Morikawa, H.: Enhancement of γ-Linolenic Acid Production by *Mucor ambuguus* with Nonionic Surfactants, *Appl. Microbiol. Biotechnol.*, **27**, 15–20 (1987).

19) Nakashima, T., Fukuda, H., Kyotani, S. and Morikawa, H.: Culture Conditions for Intracellular Lipase Production by *Rhizopus chinensis* and Its Immobilization within Biomass Support Particles, *J. Ferment. Technol.*, **66**, 441–448 (1988).

20) Kautola, H. and Linko, Y.-Y.: Fumaric Acid Production from Xylose by Immobilized *Rhizopus arrhizus* Cells, *Appl. Microbiol. Biotechnol.*, **31**, 448–452 (1989).

21) Ban, K., Kaieda, M., Matsumoto, T., Kondo, A. and Fukuda, H.: Whole Cell Biocatalyst for Biodiesel Fuel Production Utilizing *Rhizopus oryzae* Cells Immobilized within Biomass Support Particles, *Biochem. Eng. J.*, **8**, 39–43 (2001).

22) Capdevila, C., Corrieu, G. and Asther, M.: A Feed-Harvest Culturing Method to Improve Lignin Peroxidase Production by *Phanerochaete chrysosporium* INA-12 Immobilized on Polyurethane Foam, *J. Ferment. Technol.*, **68**, 60–63 (1989).

23) Kobayashi, T., Tachi, K., Nagamune, T. and Endo, I.: Production of Penicillin in a Fluidized-bed Bioreactor Using Urethane Foams as Carriers, *J. Chem. Eng. Japan*, **23**, 408–413 (1990).

24) Bailliez, C., Largeau, C., Casadevall, E., Yang, L. W. and Berkaloff, C.: Photosynthesis, Growth and Hydrocarbon Production of *Botryococcus braunii* Immobilized by Entrapment and Adsorption in Polyurethane Foams, *Appl. Microbiol. Biotechnol.*, **29**, 141–147 (1988).

25) Armentia, H. and Webb, C.: Ferrous Sulphate Oxidation Using *Thiobacillus ferrooxidans* Cells Immobilised in Polyurethane Foam Support Particles, *Appl. Microbiol. Biotechnol.*, **36**, 697–700 (1992).

26) Fukuda, H., Tsurugida, Y., Nakajima, T., Nomura, E. and Kondo, A.: Phospholipase D Production Using Immobilized Cells of *Streptoverticillium cinnamoneum*, *Biotechnol. Lett.*, **18**, 951–956 (1996).

27) Yamaji, H., Fukuda, H., Nojima, Y. and Webb, C.: Immobilisation of Anchorage-Independent Animal Cells Using Reticulated Polyvinyl Formal Resin Biomass Support Particles, *Appl. Microbiol. Biotechnol.*, **30**, 609–613 (1989).

28) Miyoshi, H., Yanagi, K., Fukuda, H. and Ohshima, N.: Long-term Performance of Albumin Secretion of Hepatocytes Cultured in a Packed-bed Reactor Utilizing Porous Resin, *Artif. Organs*, **20**, 803–807 (1996).

29) Matsushita, T., Ketayama, M., Kamihira, K. and Funatsu, K.: Anchorage Dependent Mammalian Cell Culture Using Polyurethane Foam as a New Substratum for Cell Attachment, *Appl. Microbiol. Biotechnol.*, **33**, 287–290 (1990).

30) 寺嶋修司, 小川達也, 上平正道, 安田公昭, 飯島信司, 小林 猛：多孔性セルロース担体によるハイブリドーマ細胞の固定化とモノクローナル抗体の連続生産, 生物工学, **71**, 165-170 (1993).

31) Yamaji, H., Tagai, S., Sakai, K., Izumoto, E. and Fukuda, H.: Production of Recombinant Protein by Baculovirus-Infected Insect Cells in Immobilized Culture Using Porous Biomass Support Particles, *J. Biosci. Bioeng.*, **89**, 12–17 (2000).

32) Lindsey, K., Yeoman, M. M., Black, G. M. and Mavituna, F.: A Novel Method for the Immobilisation and Culture of Plant Cells, *FEBS Lett.*, **155**, 143-149 (1983).
33) Rhodes, M. J. C. and Kirsop, B. H.: Plant Cell Cultures as Sources of Valuable Secondary Products, *Biologist*, **29**, 134-140 (1982).
34) Koge, K., Orihata, Y. and Furuya, T.: Effect of Pore Size and Shape on the Immobilization of Coffee (*Coffea arabica* L.) Cells in Porous Matri-ces, *Appl. Microbiol. Biotechnol.*, **36**, 452-455 (1992).
35) Kyotani, S., Nakashima, T., Izumoto, E. and Fukuda, H.: Continuous Interesterification of Oils and Fats Using Dried Fungus Immobilized in Biomass Support Particles, *J. Ferment. Bioeng.*, **71**, 286-288 (1991).
36) Scott, C. D. and Hancer, C. W.: Use of a Tapered Fluidized Bed as a Continuous Bioreactor, *Biotech. Bioeng.*, **18**, 1393-1403 (1976).
37) 福嶋 達, 藤居靖久, 仲野晃弘, 中村弘成, 森田三郎：化学工学第11回秋季大会要旨集, (1977).
38) Wilson, E. J. and Geankoplis, C. J.: Liquid Mass Transfer at Very Low Reynolds Numbers in Packed Beds, *Ind. Eng. Chem. Fundam.*, **5**, 9-14 (1966).
39) Chu, J. C., Kalil, J. and Wetteroth, W. A.: Mass Transfer in a Fluidized Bed, *Chem. Eng. Prog.*, **49**, 141-149 (1953).
40) 山根恒夫：生物反応工学（第3版），産業図書 (2002).
41) 田中渥夫, 松野隆一：酵素工学概論，コロナ社 (1995).
42) Doelle, H. W., Mitchell, D. A. and Rolz, C. E.: *Soild Substrate Cultivation*, Elsevier Applied Science, London and New York (1992).
43) 小巻利章：麹学，(村上英也編), pp. 459-473, 日本醸造協会 (1987).
44) 林 和也：発酵ハンドブック，(バイオインダストリー協会 発酵と代謝研究会編), pp. 168-169, 共立出版 (2001).
45) 赤尾 剛：バイオエンジニアリング，(日本醗酵工学会編), pp. 235-257, 日刊工業新聞社 (1985).
46) 谷口正之：流動層型バイオリアクターを用いた微生物の培養と有用酵素の生産，粉体と工業，**28**, 69-78 (1996).
47) フジワラテクノアート社のホームページ: http://www.fujiwara-jp.com/ (2003年8月現在)
48) Glacken, M. W., et al.: *Trends Biotechnol.*, **1**, 102-108 (1983).
49) Reuveny, S., et al.: *Adv. Appl. Microbiol.*, **31**, 139-179 (1986).
50) Wezel, A. L., et al.: *Nature*, **216**, 64-65 (1967).
51) Levine, D. L., et al.: *Somat. Cell. Genet.*, **3**, 149-155 (1977).
52) Takagi, M., et al.: *Cytotechnol.*, **31**, 225-231 (1999).
53) Gerlach, J. C., et al.: *Int. J. Art. Org.*, **17**, 301-306 (1994).
54) Hu, W.-S., et al.: *Cytotechnol.*, **23**, 29-38 (1997).
55) Munder, P. G., et al.: *FEBS Let.*, **15**, 191-196 (1971).
56) Yoshida, H., et al.: *J. Ferment. Bioeng.*, **84**, 279-281 (1997).
57) Tyo, M. A., et al.: *Advances in Biotechnology*, Vol. 1, pp. 141-146, Pergamon Press, New York (1981).
58) Feder, J., et al.: *Sci. Am.*, **248**, 36-43 (1983).
59) Spier, R. E., et al.: *Dev. Biol. Standard.*, **55**, 81-92 (1984).
60) Takagi, M., et al.: *Appl. Microbiol. Biotechnol.*, **41**, 565-570 (1994).
61) Fleischaker, R. J., et al.: *Eur. J. Appl. Microbiol. Biotechnol.*, **12**, 193-197 (1981).
62) Takagi, M., et al.: *J. Ferment. Bioeng.*, **77**, 709-711 (1994).
63) Fleischaker, R. J., et al.: *Adv. Appl. Microbiol.*, **27**, 137-167 (1981).
64) Kilburn, D. G., et al.: *Biotechnol. Bioeng.*, **10**, 801-814 (1968).
65) Sinskey, A. J., et al.: *Ann. N.Y. Acad. Sci.*, **81**, 47-60 (1981).
66) Griffith, B., et al.: *Eur. J. Cell. Biol.*, **22**, 606-610 (1980).
67) Takagi, M., et al.: *J. Ferment. Bioeng.*, **77**, 301-306 (1994).
68) Takagi, M., et al.: *J. Ferment. Bioeng.*, **80**, 619-621 (1995).
69) Gong, H., et al.: *J. Biosci. Bioeng.*, **94**, 271-274 (2002).
70) Gong, H., et al.: *J. Biosci. Bioeng.*, **96**, 79-82 (2003).
71) Michaels, J. D., et al.: *Biotechnol. Bioeng.*, **38**, 169-180 (1991).
72) van Wezel, A. L., et al.: *J. Chem. Technol. Biotechnol.*, **32**, 318-323 (1982).
73) Spier, R. E., et al.: *Dev. Biol. Standard.*, **51**, 151-152 (1984).
74) Wie, B. J. V., et al.: *Biotechnol. Bioeng.*, **38**, 1190-1202 (1991).
75) Tokashiki, M., et al.: *Cytotechnol.*, **3**, 239-244 (1990).
76) Johnson, M., et al.: *Biotechnol. Prog.*, **12**, 855-864 (1996).
77) Takagi, M., et al.: *J. Biosci. Bioeng.*, **89**, 340-344 (2000).
78) Takagi, M., et al.: *J. Biosci. Bioeng.*, **88**, 693-695 (1999).
79) Batt, B. C., et al.: *Biotechnol. Prog.*, **6**, 458-464

80) Searles, J. A., et al.: *Biotechnol. Prog.*, **10**, 198–206 (1994).
81) Mercille, S., et al.: *Biotechnol. Bioeng.*, **43**, 833–846 (1994).
82) Velez, D., et al.: *Biotechnol. Bioeng.*, **33**, 938–940 (1989).
83) Avgerinos, G. C., et al.: *Bio/Technology*, **8**, 54–58 (1990).
84) Yabannavar, V. M., et al.: *Biotechnol. Bioeng.*, **40**, 925–933 (1992).
85) Yabannavar, V. M., et al.: *Biotechnol. Bioeng.*, **43**, 159–164 (1994).
86) Deo, Y. M., et al.: *Biotechnol. Prog.*, **12**, 57–64 (1996).
87) Aoyagi, H., Yokoi, H. and Tanaka, H.: *J. Ferment. Bioeng.*, **73**, 490–496 (1992).
88) Tanaka, H.: *Biotechnol. Bioeng.*, **24**, 425–442 (1982).
89) 藤田泰宏, 吉岡利紘: 発酵と工業, **45**, 1204–1208 (1987).
90) Wagner, F. and Vogelmann, H.: *Plant Tissue Cultures and Its Bio-Technological Application*, (Barz, W., Reinhard, E., Zenk, M. H.), pp. 245–252, Springer-Verlag, Heidelberg (1976).
91) Wilson, G.: *Frontiers of Plant Tissue Culture*, (Thorpe, T. A.), IAPTC, Calgary (1978).
92) Tanaka, H.: *Biotechnol. Bioeng.*, **24**, 2591–2596 (1982).
93) Tanaka, H.: *Biotechnol. Bioeng.*, **23**, 1203–1218 (1981).
94) Hixon, A. W. and Crowell, J. H.: *Ind. Eng. Chem.*, **23**, 923–931 (1931).
95) 森本悌次郎: *Bio Industry*, **7**, 655–661 (1990).
96) Yokoi, H., Koga, J., Yamaura, K., Seike, Y. and Tanaka, H.: *J. Ferment. Bioeng.*, **75**, 48–52 (1993).
97) 魚住信之: 生物工学, **77**, 187–196 (1999).
98) Wang, S. J. and Zhong, J. J.: *Biotechnol. Bioeng.*, **51**, 511–519 (1996).
99) Tanaka, H., Nishijima, F., Suwa, M. and Iwamoto, T.: *Biotechnol. Bioeng.*, **26**, 2359–2370 (1983).
100) Kondo, O., Honda, H., Taya, M. and Kobayashi, T.: *Appl. Microbiol. Biotechnol.*, **32**, 291–294 (1989).
101) Zhong, J. J.: *J. Biosci. Bioeng.*, **94**, 591–599 (2002).
102) 藤田泰宏, 菅 忠三, 松原浩一, 原 康弘: 農化, **60**, 849–854 (1986).
103) Asada, M. and Shuler, M. L.: *Appl. Microbiol. Biotechnol.*, **30**, 475–481 (1989).
104) 青柳秀紀: 生物工学, **79**, 105–112 (2001).
105) Ogbonna, J. C., Yada, H., Masui, H. and Tanaka, H.: *J. Ferment. Bioeng.*, **82**, 61–67 (1996).
106) http://www.mmc.or.jp/（2004年12月現在）
107) *Technical Digest of 17th IEEE Intnal. Conf. on Micro Electro Mechanical Systems*, IEEE (2004).
108) Gavesen, G.: *J. Micromech. Microeng.*, **3**, 168–182 (1993).
109) Madou, M.: *Fundamentals of Microfabrication*, CRC Press (1997).
110) 小林 昭監修: 超精密生産技術体系, フジ・テクノシステム (1995).
111) Becker, E. W., et al.: *Microelectronic Eng.*, **4**, 35–56 (1986).
112) Duffy, D. C., et al.: *Anal. Chem.*, **70**, 4974–4984 (1998).
113) Yamada, M., et al.: *Anal. Chem.*, **76**, 895–899 (2004).
114) Lee, N. Y., et al.: *Anal. Sci.*, **20**, 483–487 (2004).
115) Takayama, S., et al.: *Proc. Natl. Acad. Sci.*, **96**, 5545–5548 (1999).
116) Kopp, M. U., et al.: *Science*, **280**, 1046–1048 (1998).
117) Lagally, E. T., et al.: *Proc. MicroTAS 2002*, pp. 217–220, Kluwer Academic Publishers (2000).
118) Hong, J. W., et al.: *Electrophoresis*, **22**, 328–333 (2001).
119) Burns, M. A., et al.: *Science*, **282**, 484–487 (1998).
120) DeBusschere, B. D., et al.: *Proc. MicroTAS'98*, pp. 443–446, Kluwer Academic Publishers (1998).
121) Choi, J. W., et al.: *Proc. MicroTAS2001*, pp. 83–84, Kluwer Academic Publishers (2001).

7.4 通気撹拌とスケールアップ

7.4.1 通気撹拌操作と酸素移動容量係数

アミノ酸発酵や抗生物質生産においては好気条件を維持することが必要なケースが多い。嫌気状態を維持した場合はグルコース1 molから2 molのATPが生成され，増殖や生産に悪影響を及ぼす有機酸を生産するのに対して，好気状態を維持した場合はグルコース1 molから38 molのATPが生成されることから好気状態を維持すべき培養プロセスが多い。しかし酸素が非常に水に溶けにくい性質を有することが好気状態を維持する上で非常に大きな問題であり，多くの場合バイオリアクターの性能を評価するうえで，酸素をどの程度スムーズに培養液内に取り込ませ得るかが重要なファクターとなる。

酸素が水に溶け込んでいく様子を以下の二重境膜説に従って説明していく。

（a） **二重境膜説** 発酵槽などバイオリアクターにおける酸素の移動はどのように行われるのだろうか。図 **7.38** に示すように気泡中にある酸素分子はまず気泡内の乱流状態にある気相本体から気液界面に移

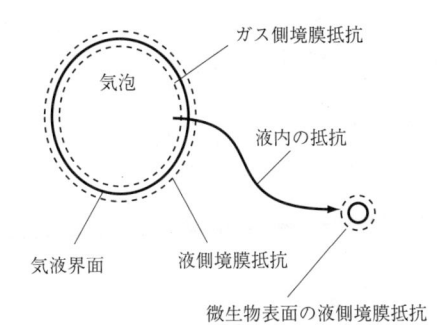

図7.38 気泡から微生物への酸素の物質移動

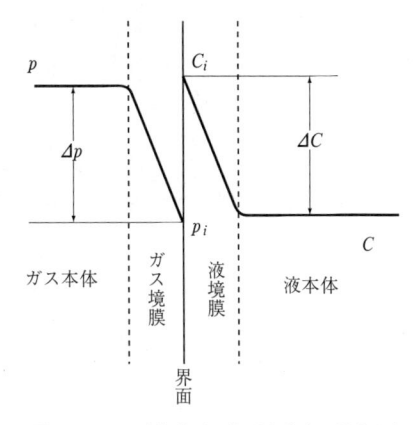

図7.39 二重境膜説に基づく酸素の濃度分布

動する。その際，界面近傍には界面に垂直な方向へはガス本体の移動がほとんどなく，乱れが抑制されている境膜が存在すると考えられる。そのガス側境膜では拡散によって酸素分子は移動する。また気液界面では液中の溶存酸素濃度は気液界面に接するガス相での酸素分圧に平衡な濃度と考えられる。酸素分子はさらに液側境膜を拡散によって通過し，液側本体へと移動する。このように気液界面近傍にガス境膜，液境膜の存在を想定した仮説を二重境膜説という。

液側本体ではやはり十分な乱流状態にあるから，酸素分子は媒体である水溶液の動きに合わせて簡単に移動し，微生物の表面に形成されている境膜に到達し，境膜を拡散で通過した酸素分子は微生物表面に到達する。

このように酸素分子はいくつかの特徴的な性質を持った段階をへて微生物に到達するのであるが，どの段階が酸素の移動を妨げているのであろうか。まず境膜以外の段階すなわちガス相本体や液相本体では乱流状態であるので，媒体であるガスや液本体の移動に伴って活発に酸素分子は移動する。したがってこの部分の移動抵抗は無視できる。また微生物は非常に小さいので（直径数ミクロン以下）体積に対し面積は非常に大きく，さらに増殖とともに表面積も比例して増加するからこの部分の移動抵抗も増殖を抑えるほどではないと考えられる。したがって気泡の周りの気液界面に沿って液側，ガス側境膜における酸素の移動に対する抵抗を考える必要がある。

図7.39に二重境膜説に基づく気液界面の濃度分布を示す。pはガス本体中の酸素分圧〔atm〕，Cは液本体中の酸素濃度〔mol/m^3〕，添え字のiは界面を示す。境膜においては酸素分子は分子拡散によって移動することとなり，乱流状態における本体に比べ，酸素移動に対して強い抵抗を示す。したがって二つの境膜においては本体に比べて大きな濃度勾配が存在することとなる。しかし界面においては気・液が常に平衡状態に

あり，この部分の物資移動抵抗は無視できる。したがって境膜のいずれかが支配的な移動抵抗を示すと考えられるが，ここで重要なことは酸素が水に非常に溶けにくいことがある。すなわち大気中の酸素分圧（0.21 atm）に平衡な溶存酸素濃度は培養液に溶けている培地組成などによっても影響を受けるが，だいたい5～8 ppm程度であり，したがって図中のΔCはたかだか8 ppmとなり，ドライビングフォースとなる濃度勾配を大きくとることができなくなる。このことはここで酸素の移動が著しく制限されてしまうことを示している。したがって培養プロセスにおける酸素移動はこの液境膜抵抗が大きいため，後に述べる亜硫酸ソーダ法やダイナミックメジュアメント法で酸素移動係数を測定したり，また酸素移動を促進する方法がいろいろ検討されてきたのである。

ところで境膜の厚さLを測定することは実際上できない。したがって発酵槽の酸素移動の場合にはFickの拡散式はそのまま使えず，界面の単位面積当りの移動速度N_A〔mol-O$_2$/(m^2·s)〕をドライビングフォースであるΔC〔mol-O$_2$/m^3〕で割ったk_L（液境膜移動係数）〔m/s〕を用いる。これは拡散係数を見かけの境膜厚さLで割ったものに相当する。さらに気泡の表面積を測定することも困難なことから単位体積当りの表面積（$a = A/V$）を乗じた$k_L a$（液境膜酸素移動容量係数）が用いられている。この$k_L a$はその装置が単位容積当り酸素を溶け込ませる能力を示し，その培養システムがどの程度までの菌体による酸素消費に対して好気条件を維持できるかに直接関係するので，運転上また設計上の重要な指標である。

さらに酸素移動において図7.39に従い定量的に考察する。まずk_Lと同じく，ガス境膜においても酸素の単位面積当りの移動速度N_A〔mol-O$_2$/(m^2·h)〕はドライビングフォースであるΔp〔atm〕に比例し，そ

の比例定数，すなわち N_A を Δp で割った値を k_G 〔mol-O_2 m^2 atm/h〕とすると以下の関係式が成立する。

$$N_A = k_G(p - p_i) = k_L(C_i - C) \quad (7.122)$$

ここでヘンリーの法則が成立すると仮定すれば，$P_i = HC_i$ となる。さらに p に対して平行な溶存酸素濃度を C^* と仮定すれば

$$N_A = \frac{p - p_i}{\dfrac{1}{k_G}} = \frac{H(C^* - C_i)}{\dfrac{1}{k_G}} = \frac{C^* - C_i}{\dfrac{1}{Hk_G}} \quad (7.123)$$

式（7.122）と式（7.123）から

$$N_A = \frac{C^* - C}{\dfrac{1}{k_L} + \dfrac{1}{Hk_G}} \quad (7.124)$$

酸素の水に対する溶解度は非常に低いことからヘンリー定数は非常に大きな値となり，$1/Hk_G$ は $1/k_L$ と比べて無視できる。したがってガス境膜での抵抗は無視でき，液境膜抵抗が支配的となるのである。

それではこの酸素を水に溶け込ませる能力を高めるにはどのようにしたらよいであろうか。酸素移動容量係数の定義に戻って考えるとそれは明白である。すなわち k_La は k_L と a に分離できるので k_L と a についてそれぞれ増加させる方法を検討すればよいのである。k_L は前述のように拡散係数を見かけの液境膜厚さで割ったものに相当するのであるから，液境膜厚さを薄くすればよいことになる。このためには液の乱れを強くし小さな渦などを発生させ，境膜の一部を物理的に破壊すればよいことがわかる。また a を大きくするにはまず通気量を上げて気泡の量を多くすること，つぎに気泡を細かくすることによって単位気泡容積当りの表面積を大きくすることなどが考えられる。図7.40に示すように左に示した1辺の長さ $5r$ の立方体1個と，右に示した1辺 r の立方体125個とは体積は同じでも，1辺 r の立方体のほうが表面積は5倍大きくなる。したがって気泡も細かく分散すればするほど気液界面積が増大し，酸素が水に溶けやすくなるのである。

要約すると通気量を大きくとり，強く撹拌して気泡を細かく分散させることがよいということになり，そのためバイオリアクターとして最も普及しているタイプは通気撹拌タイプとなる。コンプレッサー，無菌フィルターを介して送られてきた空気はスパージャーによって培養液中に気泡として吹き込まれ，さらにその上部に設けられた高速で回転する撹拌翼によって，培養液の中を激しく運動する。このような槽内では気泡は細かく分散し，気泡表面に形成される境膜の厚みは薄くなることが予想される。したがって酸素の供給がスムーズに行えるので k_La は増加するのである。

それでは k_La はどのようにして測定されるのであろうか。ここでは代表的な亜硫酸ソーダ法と酸素電極を利用したダイナミックメジュアメント法について説明する。

（b） **亜硫酸ソーダ法**　図7.41に示すように k_La を測定したい発酵槽などのバイオリアクターに所定の亜硫酸ソーダ溶液と硫酸銅などの触媒を入れ，通気撹拌を開始して亜硫酸ソーダの酸化反応を起こさせる。定期的にサンプリングして，下記のヨードメトリーを利用した滴定操作により，酸化反応速度を測定し k_La を求める方法である。

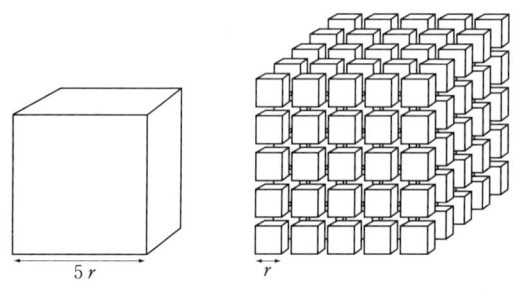

図7.40　気泡の大きさと気液界面積

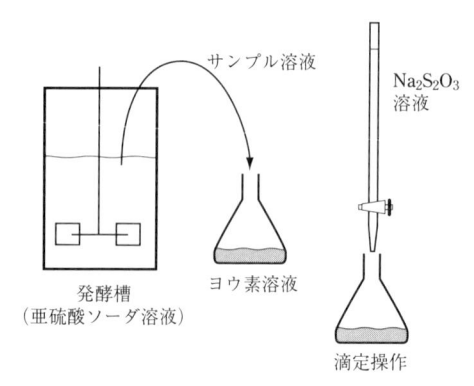

図7.41　亜硫酸ソーダ法の測定手順

亜硫酸ソーダ Na_2SO_3 の酸化反応はつぎのとおりである。

$$Na_2SO_3 + \frac{1}{2}O_2 \longrightarrow Na_2SO_4 \quad (7.125)$$

この反応式で，未反応の Na_2SO_3 の量をヨードメトリーによって求め，その量から吸収された酸素量を求める。

サンプリング後，0.1 N I_2 (25 ml) 溶液中に投入する。このときの反応は，次式で表される。

$$Na_2SO_3 + I_2 + H_2O \longrightarrow 2NaI + H_2SO_4 \quad (7.126)$$

ここで，過剰のI_2の量を滴定により求めれば，式(7.125)の反応に携わらなかった未反応のNa_2SO_3の量を求めることができる。

滴定には，0.1 N $Na_2S_2O_3$（チオ硫酸）溶液を使用する。この反応式は，次式のように表される。

$$2Na_2S_2O_3 + I_2 \longrightarrow 2NaI + Na_2S_4O_6 \quad (7.127)$$

（c）ダイナミックメジュアメント法 この方法は田口久治らによって開発された方法である。培養中に通気を一時停止して，培養液中の溶存酸素濃度を低下させる。その濃度低下は測定精度を上げるには大きいほどよいが，低下しすぎると菌体の活性が影響されるので，適度なレベルまで下がるのを待って再び通気を開始する。そうして溶存酸素濃度が上昇してくるが，これら一連の操作において，溶存酸素濃度の変化を追跡し，以下に述べる計算方法によって$k_L a$を求める。なお溶存酸素電極により測定された溶存酸素濃度の経時変化は**図7.42**のようになる。

図中，通気停止後の減少直線の勾配が呼吸速度OURであり，通気再開後の溶存酸素濃度の経時変化は次式で示される。

$$\frac{dC}{dt} = k_L a\,(C^* - C) - OUR \quad (7.128)$$

C^*は空気に対する飽和溶存酸素濃度であり，OURは微生物による酸素の消費速度（呼吸速度）である。式(7.128)を積分すれば式(7.129)のようになる。

$$\ln\left(\frac{C_\infty - C_0}{C_\infty - C}\right) = -k_L a \cdot t \quad (7.129)$$

ただしC_∞は定常時の溶存酸素濃度でありC_0は通気再開時の溶存酸素濃度である。$\ln(C_\infty - C_0)/(C_\infty - C)$を時間$t$に対してプロットすればその勾配から$k_L a$が求められる。

(岸本)

7.4.2 スケールアップ指標と事例
（a）スケールアップ指標

（1）スケールアップの特性 スケールアップとは，小規模の実験により得られた基礎データをもとに，大型装置の計画・設計・操作条件の設定を合理的に行うことである。

バイオリアクターや発酵槽のスケールアップにおいては，フラスコやジャーファーメンターなどの小スケールの検討で得られた培養条件をもとに，大型の装置で高い生産性や収率を安定して実現することが要求される。このためには，小型培養槽で最適化された培養条件と同じ培養状態を，スケールアップ後も再現することが必要となる。

しかしながら**表7.17**に示すように，培養装置において，攪拌動力など各種の物理的指標をすべて一定に保ちながら，スケールアップを行うことは不可能である。このため，実際には各種の培養系ごとに，これらの指標のうち，生産性に影響を及ぼす因子に着目してスケールアップを行う。

着目すべきスケールアップ指標は，培養系ごとに異なる。ここでは（通気）攪拌型の完全混合型培養槽を対象に，通気を行わない嫌気培養と通気を行う好気培

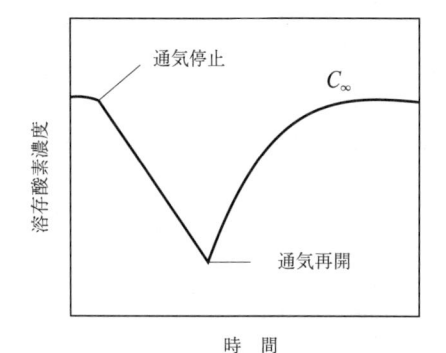

図7.42 溶存酸素濃度の経時変化

表7.17 通気攪拌型培養槽のスケールアップにおける各種指標の変化

指 標	小型培養槽 有効容量 80 l	大型培養槽 有効容量 10 000 l			
攪拌動力，$P\;(\propto N^3 D^5)$	1	125	3 125	25	0.2
単位容積当りの攪拌動力，$P/V\;(\propto N^3 D^2)$	1	1	25	0.2	0.0016
攪拌回転数，N	1	0.34	1	0.2	0.04
代表径，D	1	5	5	5	5
培養液循環流量，$Q\;(\propto ND^3)$	1	42.5	125	25	5
培養液循環率，$Q/V\;(\propto N)$	1	0.34	1	0.2	0.04
攪拌羽根周速度，ND	1	1.7	5	1	0.2
レイノルズ数，$(\propto ND^2)$	1	8.5	25	5	1

〔Oldshue, S. Y.: *Biotechnol. Bioeng.*, **8**, 3-24 (1966)〕

養に分けて考える。

(2) 攪拌のみを考慮したスケールアップ指標

嫌気性微生物などを用いる，通気を行わない完全混合型培養槽のスケールアップは，単に発酵槽の容量を比例的に大きくし，完全混合状態が維持できれば十分であることが多く，比較的容易である。その場合には，表7.17における単位容積当りの動力 P/V〔HP/m³〕が，同一となることがスケールアップの基準となる。

乱流条件下では，単位容積当りの攪拌動力 P/V〔HP/m³〕は，攪拌速度 N〔s⁻¹〕と代表径 D〔m〕の関数となり

$$\frac{P}{V} \propto N^3 D^2 \tag{7.130}$$

で表される。攪拌条件を一定に維持すればよいスケールアップにおいてはこの関係が基本となる。

また，所要動力 P〔HP〕に関し，標準平羽根タービン翼の場合，動力数 N_p と以下の関係がある。

$$N_p = \frac{Pg}{N^3 D_i^5 \rho} = 6n_i \tag{7.131}$$

ここで N：攪拌速度〔s⁻¹〕，D_i：攪拌羽根径〔m〕，ρ：流体の密度〔kg/m³〕，g：重力加速度(9.8 m/s²)，P：無通気条件下の所要攪拌動力〔HP〕，n_i：平羽根段数。この式は一定の攪拌条件のもとでの所要動力 (P) を推定するために用いられる。

(3) 好気的培養におけるスケールアップ　通気を行う好気性微生物・細胞の培養では，酸素供給が反応の律速となりやすく，溶存酸素濃度が生産性・収率に密接に影響することが多い。このため培養液単位容積当りの酸素移動速度 (volumetric oxygen transfer rate, OTR〔kmol O₂/(m³·h)〕) が一定となるように，酸素移動容量係数 (volumetric oxygen transfer coefficient) を指標に，スケールアップを行うことが一般的である。

酸素移動容量係数は，濃度基準では $k_L a$〔h⁻¹〕で表され

$$OTR = K_L a (C^* - C_L) \tag{7.132}$$

圧力基準では容量係数を K_d〔kmol/(m³·h·atm)〕として

$$OTR = K_d (P^* - P_L) \tag{7.133}$$
$$\cong K_d P^*$$

となる。ここで，C^* は飽和酸素濃度〔kmol/m³〕，C_L は培養液中の酸素濃度，P^* および P_L は，供給空気および培養液中の酸素分圧〔atm〕である。

これらの関係から明らかなように，OTR を一定にするためには，飽和溶存酸素濃度や運転圧力が一定の場合には容量係数 ($k_L a$ または K_d) が一定となるようにスケールアップすればよい。また，飽和溶存酸素濃度や圧力が高くなる場合には，容量係数 ($k_L a$ または K_d) は，その分小さくても OTR は維持できることとなる。

通気攪拌槽において OTR, K_d, $k_L a$ は，ガス空塔速度 u_s〔m/h〕，通気条件下における所要攪拌動力 P_g〔HP〕を用いた単位容積当りの攪拌動力 P_g/V〔HP/m³〕および攪拌速度 N〔rpm または s⁻¹〕に影響される。これらの関係については以下のような各種の近似式が提案されている。

$$k_L a = C_1 \left(\frac{P_g}{V}\right)^\alpha u_s^\beta \tag{7.134}$$

$$k_L a = C_2 \left(\frac{P_g}{V}\right)^{0.4} u_s^{0.5} N^{0.5} \tag{7.135}$$

$$K_d = C_3 \left(\frac{P_g}{V}\right)^{0.95} u_s^{0.67} \tag{7.136}$$

ただし，$\alpha, \beta, C_1 \sim C_3$ は，それぞれ実験的に決定される定数である。これらの係数は，発酵槽や攪拌羽根の形式により値が異なるので，事前に実験により OTR, K_d, $k_L a$ と各操作変数の関係を調べ，係数・指数を決定しておく。

また，機械的攪拌を行わず通気のみを行い，培養中液の物性が培養中変化しない場合に，$k_L a$ は

$$k_L a \propto \frac{F}{V} H_L^{2/3} \tag{7.137}$$

の関係で示される。ここで，F は空気流量〔m³/h〕，H_L は液深〔m〕を示す。この式は，気泡塔における $k_L a$ の相関式として知られるもので，スケールアップ後の通気量を推定するために用いられる。

さらに，攪拌通気を行う場合の所要攪拌動力 (P_g) は，通気による攪拌効果があるため無通気時に比べ減少し，平羽根タービン型翼を用いる場合，以下の Michel-Miller の実験式で表される。

$$P_g = 0.5 \left(\frac{P^2 N D_i^3}{F^{0.56}}\right)^{0.45} \tag{7.138}$$

ここで，P：通気を行わない場合の所要動力〔HP〕，N：攪拌速度〔s⁻¹〕，F：空気流量〔m³/h〕，D_i：攪拌羽根径〔m〕である。

また，大型の多段攪拌型発酵槽の場合，容量係数 K_d[6] および所要攪拌動力 P_g[7] について，以下の実験式が提案されている。

$$K_d = (2.0 + 2.8 n_i) \left(\frac{P_g}{V}\right)^{0.58} u_s^{0.7} N^{0.7} \times 10^{-3} \tag{7.135'}$$

$$P_g = 2.4 \left(\frac{P^2 N d_i^3}{Q^{0.08}}\right)^{0.39} \times 10^{-3} \tag{7.138'}$$

記号は前式と同様であるが，u_s は，ガス空塔速度〔cm/min〕，Q は，空気流量〔cm^3/min〕，d_i は，攪拌翼径〔cm〕である。

実際の好気性培養のスケールアップにあたっては，剪断力に強い大腸菌・酵母などと，剪断応力に弱い糸状菌や動植物細胞の培養とを，区別して考える必要がある。また，液深の増加による運転圧の上昇など，装置の大型化に付随する補正点も考慮しなくてはならない。

大腸菌・酵母などは剪断応力に強く，厳しい攪拌条件下でも生産性が影響されにくい。このため，酸素供給にかかわる OTR, K_d, k_La を，最適な値に維持するように攪拌速度・通気量を決定すればよく，その際，制約条件として剪断応力を考慮する必要はない。このため比較的自由度の高いスケールアップが可能である。

一方，剪断応力に弱い糸状菌や動植物細胞の培養では，培養中の剪断応力を，一定値以下に保つ必要がある。剪断応力はニュートンの粘性の法則により速度勾配に比例するため，培養槽では攪拌子の周速度 ND に比例する。このため周速度を一定値以下に維持してスケールアップをする必要があるが，その場合，表 7.17 によれば攪拌速度 N は大幅に少なくなり，その結果 k_La は大幅に減少し，酸素供給不足が生じる。

このような場合には，溶存酸素濃度や剪断応力が生産性にどのような影響を与えるかを，個別に検討したうえで，攪拌速度とガス空塔速度 u_s を生産性が低下しない範囲で，増大させることで対応する。また可能であればより効率的な攪拌羽根を検討する。それでも不足する場合には，酸素移動容量係数 K_d, k_La の増加では対応できないため，式 (7.132) または式 (7.133) において，運転圧を上昇させ P^* を大きくするか，酸素富化空気（40～100％）を用いて飽和酸素濃度 C^* を増加させ，酸素濃度勾配を大きくとることで酸素移動速度 OTR を増加させる。

さらに，商業生産においては，既設の発酵槽を転用することや発泡への対処，通気・攪拌動力などの運転コストの削減も重要な課題であり，これらの点も加味しつつ計画が進められる。詳細については文献 2)～7) を参照されたい。

（b）スケールアップ事例

（1）攪拌のみを考慮したスケールアップ　通気を行わない嫌気培養などでは，攪拌条件を一定にしたスケールアップが行われる。表 7.17 と同様に，有効容量 80 l の小型培養槽における攪拌速度 200 rpm の運転条件を，有効容量 10 000 l の大型発酵槽に適用した場合，同じ攪拌条件を実現するための攪拌速度を検討してみよう。小型培養槽のサイズは，直径 D_a を 0.4 m，高さ H_{La} を 0.65 m，培養液密度 ρ を 1 000 kg/m^3，とし，大型培養槽は幾何学的に相似とする。また攪拌方式は 2 段式の平羽根タービン翼形式とし，発酵槽直径と攪拌翼径の比 $D_a/D_{ia}=3$ とする。なお変数の添字，a, b はそれぞれ小型・大型発酵槽を示す。

この場合，単位容積当りの攪拌動力 P/V が一定となるようにスケールアップを行う。

代表径は

$$\sqrt[3]{\frac{10\,000}{80}} = 5 \qquad (7.139)$$

となるので 5 倍となる。式 (7.130)

$$\frac{P}{V} \propto N^3 D^2 \qquad (7.130)$$

の関係を用い，スケールアップ後の攪拌速度を N_b とすると

$$(200)^3 \times 1^2 = N_b^3 \times 5^2 \qquad (7.140)$$

$$\therefore N_b = 68.4 \ \text{〔rpm〕}$$

となり，この数値を基準に計画すればよい。

一般に，代表径が X 倍となる発酵槽の攪拌速度 N_x は，小型発酵槽の攪拌速度を N_s として

$$N_x = N_s \times \left(\frac{1}{X}\right)^{2/3} \qquad (7.141)$$

で求めることができる。

また，平羽根型 2 段タービン翼を用いる場合のスケールアップ後の攪拌動力 P は式 (7.131) において $n_i = 2$ として

$$N_p = \frac{Pg}{N_b^3 D_{ib}^5 \rho} = 6n_i = 12 \qquad (7.142)$$

P について整理し

$$P = 12 \times \frac{N_b^3 D_{ib}^5 \rho}{g}$$

$$= 12 \times \frac{\left(\frac{68.4}{60}\right)^3 \left(\frac{2.0}{3}\right)^5 (1\,000)}{9.8}$$

$$= 239 \ \text{〔kg·m/s〕} = 3.14 \ \text{〔HP〕} \qquad (7.143)$$

と求めることができる。

（2）好気的培養におけるスケールアップ　好気性菌の培養では，酸素供給が反応を律速することが多い。このため単位容積当りの酸素移動速度 OTR，あるいは酸素移動容量係数 k_La が，スケールアップ後の大型の発酵槽においても，再現できるようにスケールアップを行うことが一般的である。

前項と同様に，有効容量 80 l の小型培養槽のデータから有効容量 10 000 l の大型発酵槽にスケールアップする事例を考える。

小型培養槽のサイズは，直径 D_a を 0.4 m，高さ H_{La} を 0.65 m，培養液密度 ρ を 1 000 kg/m^3 とし，大型培養槽は幾何学的に相似とする。また撹拌方式は 2 段式の平羽根タービン翼形式とし，発酵槽直径と撹拌翼径の比 $D_a/D_{ia}=3$ とする。小型培養槽における最適培養条件を，通気量 1.0 vvm，$OTR=0.3$〔kmol-O$_2$/(m^3/h)〕としたとき，大型培養槽において，同じ培養条件を実現するための操作条件を求める。なお変数の添え字，a，b はそれぞれ小型・大型発酵槽を示す。また，剪断力の影響については考慮しないこととする。

相似形にスケールアップするためには各寸法を式 (7.139) により 5 倍すればよく，大型発酵槽の有効容量サイズは直径 $D_b=2.0$〔m〕，高さ $H_{La}=3.25$〔m〕となる。また，タービンの撹拌翼径は，$D_{ib}=2.0/3=0.67$〔m〕となる。

ここでは単位容積当りの酸素移動速度 OTR を指標に，工業的に利用しやすい圧力基準でスケールアップすることとする。

まずスケールアップ前後において OTR が等しくなることから式 (7.133) より

$$OTR = K_{da} P_a^* = K_{db} P_b^* \tag{7.144}$$

いま，スケールアップ後の酸素分圧は，液深が深くなることにより増加する。

平均酸素分圧を採用することとすると，スケールアップ後の酸素分圧は

$$P_b^* = \frac{1+\left(1+\dfrac{H_{Lb}}{10.3}\right)}{2} \times 0.21 \tag{7.145}$$
$$= 0.243 \text{〔atm〕}$$

となる。

したがってスケールアップ後の K_{db} が

$$K_{db} = \frac{OTR}{P_b^*} = \frac{0.3}{0.243} \tag{7.146}$$
$$= 1.23 \text{〔kmol/(m}^3\cdot\text{h}\cdot\text{atm)〕}$$

となる必要がある。

式 (7.135) において係数に Cooper らによる $C_2=0.063\,5$〔kmol-O$_2$/(m$^3\cdot$h$\cdot$atm)〕を用いると

$$K_{db} = 0.063\,5 \left(\frac{P_{gb}}{V_b}\right)^{0.95} u_{sb}^{0.67} \tag{7.147}$$

上式により，P_gb/V_b，u_{sb} を求めるが，変数が二つとなり一意に決められないので，まず，前述の式 (7.137)

$$k_L a \propto \frac{F}{V} H_L^{2/3} \tag{7.137}$$

の関係を用いて，大型発酵槽の通気量 F_b，ガス空塔速度 u_{sb} を最初に決定する。すなわち通気のみによる $k_L a$ が小型および大型発酵槽において同一となるように通気条件を設定すると仮定する。小型および大型発酵槽に対する以下の関係から

$$k_L a = \frac{F_a}{V_a} H_{La}^{2/3} = \frac{F_b}{V_b} H_{Lb}^{2/3} \tag{7.148}$$

すなわち

$$\frac{F_b}{V_b} = \frac{V_a}{F_a}\left(\frac{H_{La}}{H_{Lb}}\right)^{2/3} \tag{7.149}$$

いま，$F_a/V_a=1.0$ vvm，$H_{Lb}/H_{La}=5.0$ なので

$$\frac{F_b}{V_b} = \left(\frac{1}{5}\right)^{2/3} = 0.34 \text{〔vvm〕} \tag{7.150}$$

となる。これから大型発酵槽における通気量 F，ガス空塔速度 u_s はそれぞれ

$$F_b = 0.34 \times 10 = 3.4 \text{〔m}^3\text{/min〕} \tag{7.151}$$
$$= 0.057 \text{〔m}^3\text{/s〕}$$

$$u_{sb} = \frac{3.4}{1^2 \times \pi} = 1.08 \text{〔m/min〕} \tag{7.152}$$
$$= 64.8 \text{〔m}^3\text{/h〕}$$

と求められる。

つぎに，これらを用いて単位容積当りの撹拌動力 P_{gb}/V_b および撹拌動力 P_{gb} を決定する。式 (7.147) から

$$\left(\frac{P_{gb}}{V_b}\right)^{0.95} = \frac{1.23}{0.0635 \times 64.8^{0.67}} = 1.18 \tag{7.153}$$

となるので

$$\frac{P_{gb}}{V_b} = (1.18)^{1/0.95} \tag{7.154}$$
$$= 1.19 \text{〔HP/m}^3\text{〕}$$

とすればよい。したがって，$K_{db}=1.23$ とするために必要な撹拌動力は

$$P_{gb} = 1.19 \times 10 = 11.9 \text{〔HP〕} \tag{7.155}$$

となる。

この条件を 2 段タービン型撹拌翼で実現するには，式 (7.131) において $n_i=2$ として

$$N_p = \frac{Pg}{N_b^3 D_{ib}^5 \rho} = 6n_i = 12 \tag{7.156}$$

P について書き換えて

$$P = 12 \times \frac{N_b^3 D_{ib}^5 \rho}{g} \tag{7.157}$$

$$= 12 \times \frac{N_b^3 \left(\dfrac{2.0}{3}\right)^5 (1\,000)}{9.8}$$

$$= 161.2 N_b^3 \text{〔kg}\cdot\text{m/s〕} = 2.12 N_b^3 \text{〔HP〕}$$

一方，式 (7.138) と式 (7.154) より

$$P_b = 0.5\left(\frac{P^2 N_b D_{ib}^3}{F_b^{0.56}}\right)^{0.45} = 11.7 \qquad (7.158)$$

Pについて整理すると

$$P = \left\{\left(\frac{11.9}{0.5}\right)^{1/0.45} \times \frac{F_b^{0.56}}{N_b D_{ib}^3}\right\}^{0.5}$$

$$= \left\{1145 \times \frac{0.057^{0.56}}{N_b \left(\frac{2.0}{3}\right)^3}\right\}^{0.5} \qquad (7.159)$$

$$= 27.9 N_b^{-0.5} \text{ [HP]}$$

式 (7.157),(7.159) から

$$P = 2.12 N_b^3 = 27.9 N_b^{-0.5} \qquad (7.160)$$

これを解いて大型発酵槽において攪拌回転数は,

$$N_b = 2.09 \text{ [s}^{-1}\text{]} = 125 \text{ [rpm]} \qquad (7.161)$$

とすればよい。　　　　　　　　　　　（堀内）

引用・参考文献

1) Oldshue, S. Y.: *Biotechnol. Bioeng.*, **8**, 3-24 (1966).
2) 田口久治, 永井史郎：発酵槽への酸素供給, 微生物培養工学, pp. 153-199, 共立出版 (1985).
3) 吉田敏臣：培養装置と操作, 培養工学, pp. 26-66, コロナ社 (1998).
4) 小林　猛, 本多裕之：通気と攪拌, 生物化学工学, pp. 116-133, 東京化学同人 (2002).
5) 田中秀夫：バイオリアクターとそのスケールアップ法, バイオプロセスエンジニアリングの新展開（最近の化学工学54）, pp. 62-81, 化学工学会 (2002).
6) 福田秀雄, 隅野靖弘, 神埼俊彦：発酵槽のScale-upに関する研究（第1報）酸素移動容量係数に関する改変式, 醗酵工学, **46**, 829-837 (1968).
7) 福田秀雄, 隅野靖弘, 神埼俊彦：発酵槽のScale-upに関する研究（第2報）酸素移動容量係数に関する改変式, 醗酵工学, **46**, 838-845 (1968).

7.5 バイオプロセスにおける計測と制御

7.5.1 計測項目と手法

(a) 従来の計測技術[1),2)]　計測技術は, 機械, 化学あるいはバイオ等のあらゆる生産プロセスで, 効率的な生産や安全な運転管理のために必要不可欠である。歴史的には, 機械的生産プロセスに対して発達してきた計測および制御技術が, 化学プロセスに応用され, さらにバイオプロセスに適用されるようになってきた。微生物培養プロセスなどのバイオプロセスの計測技術は, ペニシリン発酵が実用化した1940年代から端を発し, 1970年代以降に急速に発展した。

バイオプロセスは, 一般の化学プロセスなどと異なり, 常温・常圧の条件下, 水溶液中で進行する。微生物は生育の至適条件が決まっており, 少しの温度, 少しのpHの変化が生物活性を大きく左右するので, 温度, 圧力, pH, 溶存酸素, ガス流量などの環境因子を正確に計測する必要がある。**表7.18**にバイオプロセスで計測される項目を示す。回分操作といえどもある時間内は連続運転されており, 細菌の増殖では数分で致命的な状態変化が起きることもあり得るので, リアルタイムでの測定が可能な, いわゆるオンライン型センサーが用いられるのが普通である。試料を抜き取り試験室に運んで分析するオフライン型分析計も品質管理などによく用いられるが, バイオプロセスでは, できればオンライン型センサーが望まれる。

オンライン型センサーの条件として, 信頼性, 高精度, 耐環境性が挙げられる。信頼性とは故障しにくいということであり, プロセス運転中に指示値が実際の値と違ってくると微生物の生育そのものに直接影響する。信頼性の高いセンサーが使われるが, 大事な計測値に関しては, 複数のセンサーが設置される。変異や遺伝子操作を繰り返して育種されている生産菌は, その生育至適条件が従来の菌株より著しく狭くなっていることが多い。このような生産菌を順調に培養するために, ますますSN比の小さい高精度のセンサーが要求される。バイオプロセスは他のプロセスと比較して, 温度や圧力はよりマイルドであるが, 湿度が高い, 懸濁している固形物が付着しやすい, 発酵液に泡が存在するといった特有の現象があるため, これらの影響を受けないようにする必要がある。それ以外にも, あまり複雑な構造にすると培養微生物がたまりやすくなって, 雑菌汚染の原因になるので注意を要する。また, 攪拌機の振動も受けやすいので, ある程度の耐振性も必要である。

具体的には温度, 流量, 重量, 液位, 圧力・差圧などの物理量計測センサー, 水溶液中のpH, 排ガス分析計, 溶存酸素濃度などの電気化学的成分測定用センサー, などを使用する。

(1) 温度センサー　温度の制御はバイオプロセスでは最も重要である。このため, 培養液の温度の計測には, 高い信頼性が求められる。培養液の測温には測温抵抗体やサーミスタといった抵抗式温度センサーが多用される。

測温抵抗体は金属の電気抵抗が温度と一定の関係にあることを利用している。そのうち白金は, 空気中で

表7.18 バイオプロセスにおける測定項目

分類	測定項目	測定方法	オンライン化
基礎的計測値	温度*	白金抵抗体など	◎
	圧力*	ブルドン管など	◎
	攪拌速度	ディジタル式	◎
	空気流量	オリフィスなど	◎
	pH*	ガラス電極式	◎
	液面*	電極式	○
	攪拌トルク	トルクメーター	◎
発酵経過に関する計測値	溶存酸素*	ガルバニ電池式	○
	溶存炭酸ガス*	隔膜/pH電極式	△
	出口酸素	磁気式	◎
	出口炭酸ガス	赤外線式	◎
	全体重量	ロードセル	◎
	糖濃度	グルコースアナライザー	△
	生産物濃度	(対象によって異なる)	△
研究的計測値	細胞濃度*	光学式	○
	酸化還元電位*	金属電極	○
	粘度*	振動式	○
	発生熱量	熱量計	○

*印は発酵槽内直接挿入。◎:完全にオンライン化済み。○:若干問題があるがほぼ達成、△:まだ問題点多し。グルコースアナライザーに関しては槽内より発酵液をサンプリングする必要あり。

酸化せず,抵抗と温度の関係が単純なため最も良好である。金属の酸化物を利用して作られた温度センサーをサーミスタと呼ぶ。温度係数の特性から,白金より狭い温度範囲で正確に測温できるが,温度係数が温度によって変化するという欠点も持っている。

(2) 流量センサー　流量計測には絶対精度を重視したものと,条件の一定化を目指した再現性を重視したものがある。前者はおもに容積式が,後者には絞り式,面積式,電磁式などの流量計が用いられる。バイオプロセスでは,基質や添加物の流入量,通気量,排気ガス量などの計測に用いられる。

容積式は2個の回転子からなり,回転子とケースの間にできる空間に入った流体が,回転子の回転によって吐出される構造である。主として液体に用いられる。絞り式流量センサーは,流路にオリフィスやベンチュリのような絞りを入れて,絞り前後の圧力差を差圧センサーに接続して測定する。構造上堅牢であるため,流体の種類,流量の大小,圧力,温度を問わず汎用性のある測定方法で,広く用いられている。同様の差圧計測方式としてピトー管を用いるものもある。半導体差圧センサーは,可動部のない信頼性の高いセンサーで,数百から数千分の1の差圧を測定できる。汎用性の高い差圧センサーが使えるため,この方式もよく使われている。面積式センサーは鉛直のテーパをなす管内に浮子を浮かべ,浮子の高さで流量を求める方式である。テーパ管ではなく直管にボールを入れただけの流量計もある。いずれにしても浮子の大きさと形状,ボールの直径と比重により測定できる流量範囲が決まる。電磁式流量センサーは,電磁誘導の法則に基づいて磁界中を導体が移動するとき,その導体に起電力が生じることを利用する。流路内を流れる流体を導体とし,その温度での質量流量が測定できる。流体がガスのように均一で,温度変化がない場合に適する。電磁弁を組み合わせてマスフローコントローラーとし,発酵槽への流入ガスの流量制御によく用いられる。

(3) 重量センサー　一般に重量を電気的に計測する方法はよく知られており,歪みゲージ,磁歪式,圧電式,静電容量式などがある。これらのなかで,最も安定なセンサーとして知られているのが歪みゲージ方式である。金属に力を負荷すると微小変異を生じるので,その変異を金属に貼付してある歪みゲージの抵抗変化から検出する。圧電式重量センサーは圧電素子の両面に機械的歪みを与えると,歪みに比例した正負の電荷が生じ,それを検出する原理に基づいている。圧電素子として水晶,高分子圧電素子膜がよく使われる。

(4) 液位センサー　発酵槽内の液量を正確に計測したり,制御したりする目的で用いられる。差圧式の液位センサーは測定したいタンクの底部の水圧 p と大気 p_0 の間の差圧を測定し,密度が ρ である場合に,次式で液位 h を求めるセンサーである。

$$p = p_0 + \rho g h$$

静電容量式センサーはタンク内に1本の電極を差し込み、タンク壁との間に形成されるコンデンサーの静電容量を検出することで液面を知ることができる。タンクの形状や取付け位置によっても違ってくるので、きちんとした校正が必要である。また、誘電率が温度の影響を受けるといった欠点もある。

その他として、ロードセルによりタンク全体の重量を計測する方式もある。抗生物質生産のように固形物があり、その量が発酵の進行とともに変化する場合、適用される。

発酵液はタンパク質成分が含まれており、好気性微生物では通気を必要とすることから、必ず発泡する。このため、泡面センサーが重要である。上述の静電容量式センサーを応用して、タンク上部より泡面検出用電極を適当な長さまで挿入しておけば、泡がそこまで上昇したときに静電容量の変化で検出できる。

(5) pHセンサー　pH電極としてはガラス電極が用いられる。これは、ガラス薄膜を介してpHの違う液が接触するとpHの差に比例して膜電位が生じることによる。塩化銀電極（E）を内蔵したガラス電極（G）、比較電極（R）、およびサーミスタを用いる温度補償電極（T）の3本で構成され、ガラス薄膜上の膜電位をガラス電極と比較電極の間の電位差として取り出す。ガラス電極、比較電極は飽和に近いKClなどの電解質を内部液とする。比較電極には多孔質セラミックなどを用いた液絡部（B）があり、比較電極内部と測定液との拡散混合が起こりにくく、電気的には接続されている状態を作る。プロセス用センサーとしては取扱いが容易なように、もっぱら3本を一つにまとめた複合電極が用いられる（図7.43）。

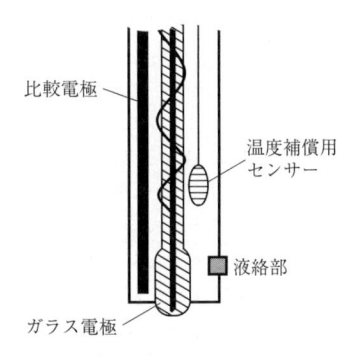

図7.43 ガラスpH電極

pH電極は、発酵槽に取り付けたまま蒸気滅菌できるものが使われるが、一般に数十回の使用で劣化する。ガラス成分の溶出や内部電極の疲労が原因である。液絡部の汚れによる目詰まりは応答の遅れにつながる。

(6) 溶存酸素電極　好気性微生物を培養するためには溶存酸素濃度（dissolved oxygen concentration：DO）の計測が重要である。DO電極内部液は測定液と酸素透過性隔膜で仕切られている。この隔膜に近接して白金などのカソード（陰極）があり、間は電解液の薄層が入り込んでいる（図7.44）。透過してきた酸素分子はカソード表面で反応し、対局のアノード（陽極）との間の電流値を測定する。測定原理はポーラログラフ式とガルバニ電池式に大別される。前者はアノードに銀を、電解液に塩化カリウムを用いるが、後者はアノードに鉛やスズを、電解液にはアルカリ溶液が用いられる。両者ではアノード側での反応が異なるが、ポーラログラフ式ではアノード・カソード間に電圧をかけて酸素濃度に応じた電流値を検出するのに対して、ガルバニ電池式は基本的に電池であり、電圧印加は必要ないというところが根本的に異なる。ポーラログラフ式では反応の進行とともに内部液の塩素イオンが消費されて感度が悪くなる。一方、ガルバニ電池式もOH^-イオンの濃度が低くなると$Pb(OH)_2$が析出して電極反応が悪くなる。DO電極もpH電極と同様、数十回の使用で劣化する。内部電極の劣化は電気的な再生処理も可能だが、pH電極と同様消耗品である。

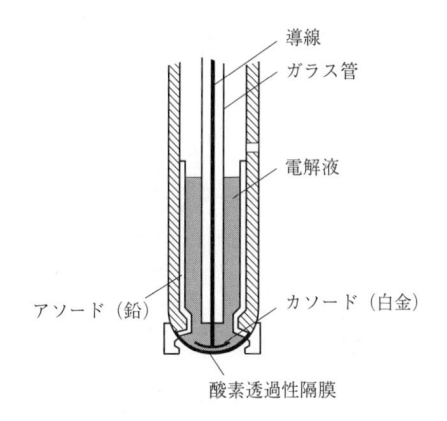

図7.44 ガルバニ式溶存酸素電極の構造

(7) 排ガス分析計　発酵槽内に装着するわけではないが、出口ガス中の酸素濃度、炭酸ガス濃度の分析が行われる。基本的にはDO濃度を反映しているはずである。しかし、DO電極の指示が局所で、しかも微小な変化をとらえにくいのに対して、排ガス中の濃度分析はガス流量を変えることで高感度を保てる。このため、特に菌体濃度が高くなってきたとき、菌体の生育活性の変化の指標としてDO電極より高感度な場

酸素濃度は酸素分子が常磁性である特性を生かして，磁気式分析計が用いられる。炭酸ガス濃度は他のプロセスセンサーとしても使われている赤外線分析計が用いられる。いずれも発酵槽の排ガス分析であるため，湿度が高い条件で使用できるよう工夫する必要がある。

(b) 新しい計測技術[3]　通常のバイオプロセスは従来の計測技術でモニタリングされている。しかし，それらの情報だけでは，十分とはいえない。グルコースやアンモニアなどの培地成分は，少ない添加量に抑えるべきである。生産物の高生産株では培地成分の濃度に感受性が高い株になっているケースも多い。これらの項目を正確に計測するための，比較的新しい計測技術，あるいは現在まだ研究レベルで用いられている計測技術を示す。

(1) 濁度センサー　培養液が固形分を含んでおらず，比較的透明な培地の場合，濁度（turbidity）を測定して菌体濃度に換算する方法が使える。一定間隔の光路を作り，その間に入った微生物による散乱が濃度に依存して透過光強度を低下させることを利用する。光路長を調節することで高菌体濃度用，中程度用，低濃度用と使い分けることができる。光源にレーザー光線を用いたものをレーザー濁度計（図7.45）と呼ぶ。光源に強い光を用いることでダイナミックレンジを1000倍くらいまで広くとれるようになった。

(2) バイオセンサー　酵素を用いたセンサーが種々考案されている。しかし，主として加熱蒸気滅菌に耐えられないことが原因で，発酵槽に直接挿入するオンラインセンサーとしてはいまだに実用化していない。

グルコース濃度は微生物培養において最も測定したい培地成分である。グルコースオキシダーゼを酸素透過膜の表面に固定化したDO電極はグルコース測定用のバイオセンサーとして使える。この測定原理を用いた分析システムが市販されている。これは，発酵槽から無菌的に培養液を抜き取る装置が組み込んであり，抜取りから測定まで約5分を要する。オンラインセンサーではないがインラインセンサーとしての使用である。同様の方法を用いれば各種の培地成分濃度をインラインセンシング法として検出できる。例えばエタノールオキシダーゼを用いると，酵母の培養でエタノールとグルコースが同時にかつ厳密に制御できる。

図7.46にアンモニア濃度の測定法を示す。この場合はネスラー法が測定原理である。培養液以外に2液を要するため，フローインジェクション分析（FIA）が用いられた。

グルコース濃度の測定のみであれば，簡易型グルコースセンサーが安価に市販されている。測定時間も数分であるため，サンプリング直後に測定可能である。半導体技術を組み込んだマイクロテクノロジーが進展すると思われる。チップ上に流路を作り，分離検出も行えるようになる。近い将来にはオンチップでの分析装置が培養槽の管理と制御に使えるようになるであろう。

(c) ソフトセンサー　上記のような実際のセンサーが使用できない物理化学値の場合，他のセンサーの情報から間接的に目的の値を推定する方法が検討されている。例えば，培養液中のグルコース濃度は測定したいデータではあるが，オンラインセンサーがない。この場合，菌体収率がほぼ同じであると仮定できれば，菌体濃度の変化からグルコースの消費量を推定し，残存グルコース濃度を推量できる。また，炭素源が酢酸などのような有機酸であるような場合，pHの変化から酢酸濃度を推定することもできる。しかし，この方法では菌体収率が一定であるという仮定，あるいは他の物質の消費によるpH変化を無視するといった仮定がどうしても必要である。プロセス制御に応用する場合，推定値に誤差を生じ，制御が成り立たなくなる可能性も否定できない。このため，より綿密な推定を目指して，ニューラルネットワークやファジィ推論といった知識工学的な手法（5.5節参照）が検討されている。どちらも複数の変数から目的変数の値を推論でき

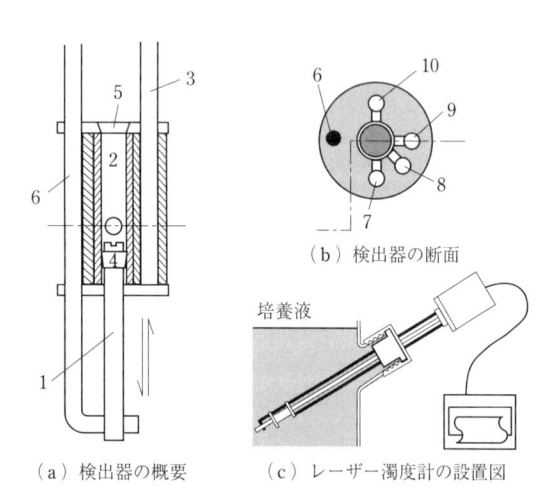

1のピストンがゆっくりと上下し，5から気泡を含まない培養液が2のセルに導入される。10の光ファイバーを通してレーザー光が照射され，7（低濃度域用），8（中濃度域用），9（高濃度域用）の光ファイバーを通して透過光および反射光の光強度が測定される。3は光ファイバーのガイド，4はセルのワイパー，6はワイパーシャフト。

図7.45　レーザー濁度計

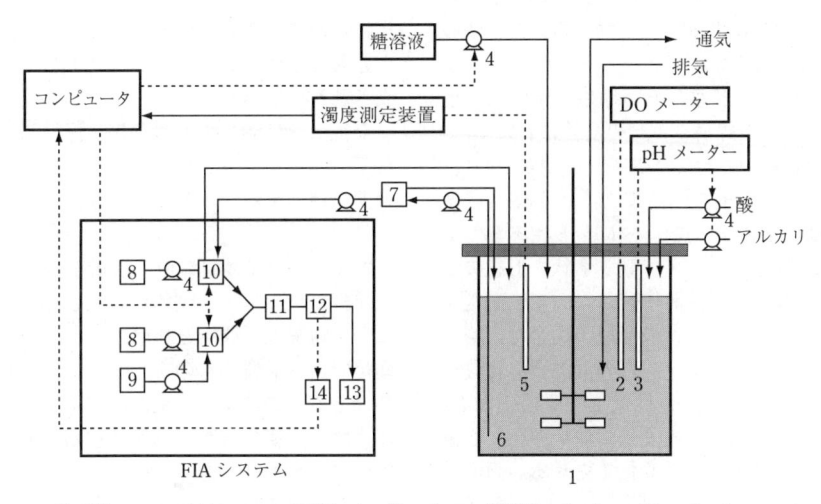

図7.46 FIAシステムを組み込んだアンモニア分析システム

1：発酵槽，2：DO電極，3：pH電極，4：ポンプ，5：濁度計，6：サンプリング，7：フィルター，8：NaOH (0.5 N)，9：ネスラー試薬，10：六方弁，11：反応コイル，12：紫外可視検出器，13：ドレイン，14：インテグレーター

る。抗生物質生産の発酵プロセスで，グルコース濃度をソフトウェアセンシングによって推定する試みがなされている[4]。いくつかある入力候補から，酸素取込み速度，培養時間，通気流量の3項目を選択し，その値をニューラルネットワークアルゴリズムで学習させることで，実際の培養液中のグルコース濃度を平均推定誤差1 kg/m^{3}以下で推定できた。これは，ほぼ測定誤差のレベルである（**図7.47**）。

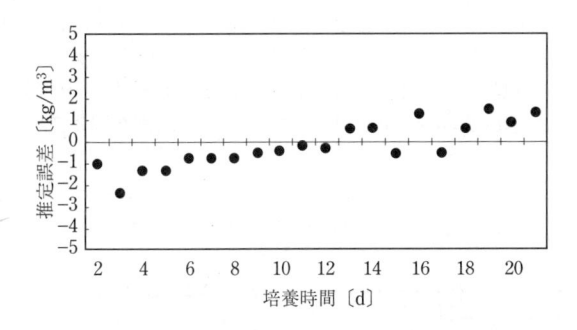

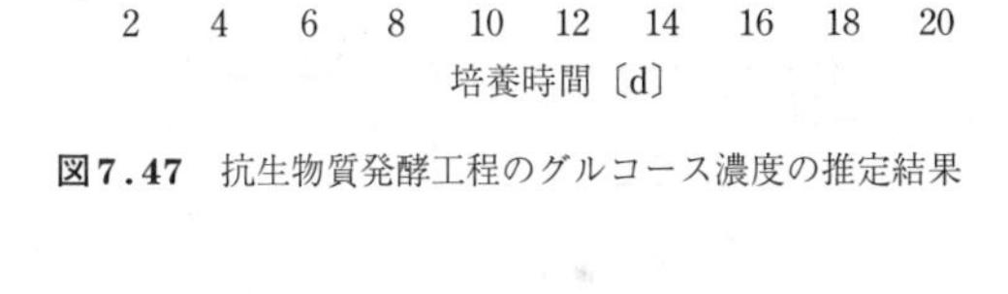

図7.47 抗生物質発酵工程のグルコース濃度の推定結果

ソフトウェアセンサーは，グルコース濃度などの推定したい項目を，菌体濃度といった単一の測定値のみから推論するのではなくて，そのときの培養時間と炭酸ガス発生量から培養フェーズを推定した上で，収率の変化を見通して推論することもでき，フレキシビリティの高い方法である。

（d） その他の計測項目と手法

（1）網羅的な代謝産物，遺伝子発現，発現タンパク質量の計測 代謝産物の計測技術は，突き詰めれば培養している微生物の生理活性の推定と制御を目標としている。したがって，代謝経路がどのような状態にあり，どのように変化しつつあるのかを正確に把握できれば，バイオプロセスの制御にとってきわめて重要な技術になる。この目的のために，代謝産物濃度から代謝経路のフラックス（代謝流れ）推定が行われている。この技術は代謝工学とも呼ばれ，7.5.3項に解説されているので参照されたい。最近では^{13}Cを用いた代謝産物の網羅的計測などが組み合わされてきている。

DNAチップは遺伝子発現変化を網羅的に検出できる。このため，代謝経路の変化を理解する上で利用可能なツールになる。高価で，一度しか使えないため，自由に使うことはできないが，遺伝子を絞ってカスタム化することで，価格を安く抑え，オフラインの計測技術にすることも可能と思われる。

網羅的なタンパク質発現解析技術も研究が進んでいる。二次元電気泳動が主流であったが，最近ではLC-MSの発展もあり，プロテインチップも市販されている。網羅的なデータから，目的のタンパク質を絞り込み，その変化を追うことができれば，計測技術になろう。

いずれの網羅的な計測技術においても，そのなかから必要な情報を拾い上げる手法の開発が重要である。

情報処理技術との融合によるデータマイニング手法の構築が必要不可欠であろう。

（2）**画像計測** 形態の識別は生物学的には重要な計測項目である。放線菌やカビの培養においては，培地の栄養源の種類，栄養源の濃度およびC/N（炭素/窒素）比，また物理的な因子である溶存酸素濃度やpH，また剪断応力によって，ペレット状あるいはフィラメント状の形態をとる。ペレット状の形態のときは，ペレット内部の物質拡散律速によって生産性が低下する。またフィラメント状の形態の場合は，培養液の粘度が上昇し，リアクター内部の液混合，物質移動を悪くするので，これも生産性低下の原因になる。植物のカルスでは不定胚の発達段階で球状型胚，心臓型胚，魚雷型胚へと多様な形態変化を見せる。画像計測技術そのものは4.2.5項を参照されたい。画像データの処理方法に関して，知識情報処理手法が援用されることもある。

バイオプロセスの計測項目と計測手法を解説した。酵素を用いたバイオセンサー技術は感度が高く，特異性も非常に高いことから依然待望されているが，オンラインセンサーとしての利用には至っていない。最近では情報処理技術との組合せによるソフトセンサーも研究されている。この方法は，情報処理の手法とリンクして，今後さらに発展すると思われる。画像処理技術の進展はめざましく，いろいろな生物プロセスでのオフライン計測に利用されようとしている。現在は測定に時間がかかるため，まずは，カビや高等生物の培養といった変化速度の遅い生物プロセスの制御に応用されよう。有用性が確かめられれば，さらに，速い解析速度が望まれる。ついで，網羅的な代謝産物，遺伝子発現が測定できるようになろう。今後は半導体技術と組み合わせて，オンチップでの極少量かつ迅速な分析技術が開発されていくと思われる。網羅的なデータをきちんと解析し，データマイニングできる手法が確立される必要がある。

今後は，計測技術も，計測装置の開発のみにとどまらず，解析ソフトと組み合わせた高度な解析システムの開発が主流になると思われる。　　（本多，小林　猛）

7.5.2　バイオプロセス制御手法

発酵プロセスを工業的に成立させるためには，生物による物質生産機能を利用して，できるだけ経済的に，満足できる品質のものを，安全に，生産することが必要である。このような生産は，生産プロセスの操業に伴う諸々の変動要因，例えば初期仕込み条件や外界環境の変化，外乱に対して安定に行われることが期待されており，これを実現することが，発酵制御に課せられた命題である。このため，種々の方法が開発されており，それらはいろいろな側面から類別・特徴づけることができる。

まず，バイオプロセス制御とはどのようなものか，ジャーファーメンターにおける撹拌回転数の操作による溶存酸素濃度（DO）制御を例にとって説明しよう。微生物による酸素取込み速度やガス流量の変化による溶存酸素濃度の変化を，撹拌回転数を調節することにより，一定に保とうという操作を，図に書いてみると，**図7.48**のようになる。すなわち，設定値とDOセンサーの実測値との偏差により，設定値のほうが高ければ回転数を減らし，逆であれば増やそうとする。これは回転数（入力，原因）を変えるとDO濃度（出力，結果）が変化するという，因果関係からいえば，結果から原因への信号の流れ，フィードバックが存在する。このように信号の伝達経路がフィードバックループによって閉じられている制御をフィードバック制御（feedback control）という。一方，**図7.49**に示

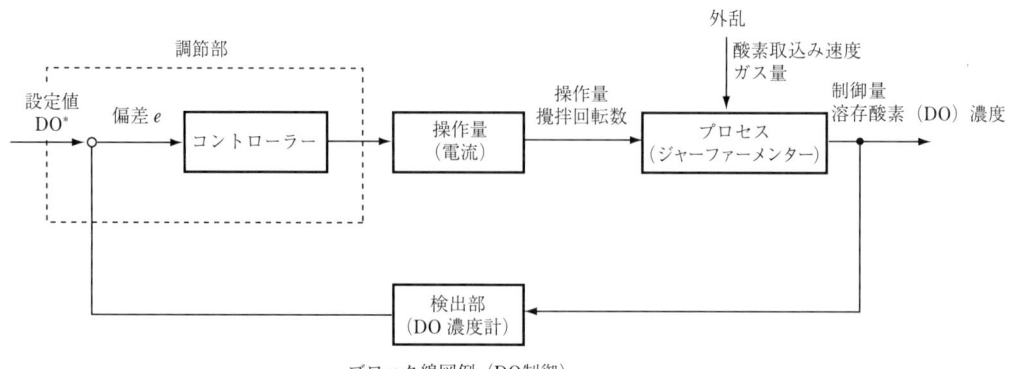

ブロック線図例（DO制御）

図7.48　バイオプロセスのフィードバック制御

7.5 バイオプロセスにおける計測と制御

```
                    ┌─────────┐         外乱
                    │  検出部  │◄──── 酸素取込み速度
                    └─────────┘       ガス量
                     ▲      ▲         増殖
                     │      │          │
  設定値     ┌────────┐  操作量  ┌──────────┐ 制御量
   DO*  ──►│コントロー│─────►│  プロセス  │──► DO濃度
          │  ラー   │ 操作量  │(ジャーファー│
          │ (電流)  │攪拌回転数│ メンター) │
          └────────┘         └──────────┘
```

ブロック線図（DO制御）

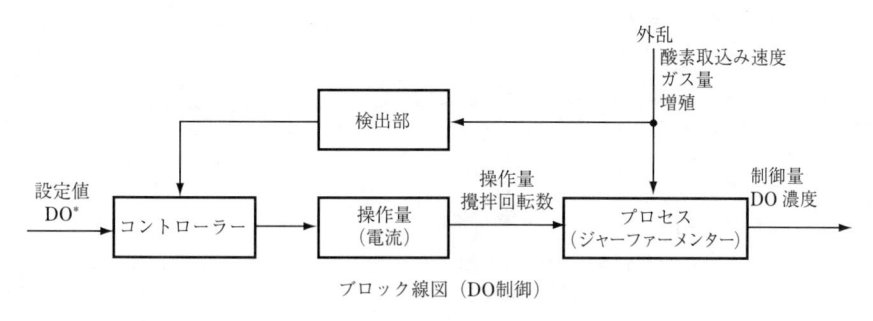

図7.49 フィードフォワード制御

すように，あらかじめ微生物増殖量から酸素取込み量増加の外乱が予測され，この量に対して攪拌回転数を増やすという操作も考えられる．このような制御は，フィードフォワード制御（feedforward control）と呼ばれる．

さて，制御系の設計とはこの偏差に対してどの程度回転数を増減させるかを自動的に算出するメカニズムを与えることである．また，一般的なバイオプロセスでは制御すべき変数と操作可能な変数が複数存在し，そのような変数を同時に考慮する場合，これを多変数制御という．ただし，通常はジャーファーメンターのDO制御と温度制御のように，本来多変数系ではあるが，独立に考えて制御できる場合のほうが多い．多変数でない場合を，1入力1出力プロセスという．

プロセス制御を行うためには，入出力間の動的関係，（これを動特性という）を表現するモデルが必要である．
一般にプロセスの状態Zは

$$\frac{dZ}{dt} = f(Z, u) \tag{7.162}$$

と非線形微分方程式で表現される．しかし，プロセスの多くは，定常点（Z^*, u^*）の近傍で運転されており，定常点からのずれx（$x = Z - Z^*$）を用いれば，式（7.162）は線形化され

$$\frac{dx}{dt} = Ax + Bu \tag{7.163}$$

ただし

$$A = \left(\frac{\partial f}{\partial x}\right), \quad B = \left(\frac{\partial f}{\partial u}\right)$$

と書ける．また，出力yは

$$y = Cx \tag{7.164}$$

制御理論の多くは式（7.163），（7.164）を対象にuをいかに求めるかを議論しており，その方法によって，状態方程式に基づく方法，伝達関数表示に基づく方法に大別できる．本来，式（7.163），（7.164）で書けるシステムは不安定であり（$u = 0$で$x = 0$を保持できない），不安定なシステムをいかに安定化させるかが制御系設計に課せられる課題であるが，プロセス制御の多くは安定であり，定常点からの偏差をいかに少なくするかの制御性能を問題にすることが多い．プロセス制御でしばしば用いられるのは式（7.165）

$$u = K_P \left\{ e(t) + \frac{1}{T_I} \int_0^t e(\tau) d\tau + T_D \frac{de(t)}{dt} \right\} \tag{7.165}$$

で表されるような偏差に比例する量（比例（P）制御），偏差の過去から現在までの積分値に応じた量（積分（I）制御），偏差の時間的挙動，微分値に応じた量（微分（D）制御）を合わせたPID制御[5]であり，入出力の動特性からこれらP, I, Dの重みを決定する設計法が伝達関数表示に基づく周波数応答法（いわゆる古典制御系の設計法）として確立されている．一方，状態変数表示に基づく方法でも，偏差と入力の二乗和を最小にするLQR制御則も理論的に求められている[6]．これら一般制御理論をそのままバイオプロセス制御に持ち込める場合は，これらの参考書を基本として設計できるが，回分や流加培養系を主流とする培養系では，適用にあたっての注意が必要である．以下では図7.48を基準に，バイオプロセス制御の特徴を挙げ，注意点や解決方法を述べる．

（a）制御目標 制御に課せられた直接の目標が，ある変数（制御変数，制御量，出力）を一定に保つように（定値制御），別のある変数（操作変数，操作量，入力）を操作するもの，例えば培養槽のpHを一定に保つように酸やアルカリを添加する制御と，いくつかの変数の終端値で評価される希望の品質を達成するよう運転するもの（終端値制御），これを達成するためある変数の時間変化パターン（トラジェクトリー）を追随させる（トラッキング制御），などさまざまある．また，製品がある基準を満たしつつ経済性，利益など，ある評価基準を最大（最小）にするような制御（最適化制御）は，究極の目標といえる．

（b）**制御対象とその特徴**　発酵プロセスは，上流（育種），中流（培養），下流（分離，精製）に分けられるが，これらのプロセスでは，回分操作の開始，終了時等を管理・制御するシーケンス制御と出力値を制御する出力値制御およびこれら両者を含む制御に分けられる。例えば，原料仕込み，殺菌，冷却，種菌接種など，単位行程の実施を制御するシーケンス制御，培養プロセスの中心となる出力値制御などがある。出力値制御という観点で，培養プロセスの特徴を挙げると，入出力関係が非線形，プロセスパラメーターが操業中に変動する（時変系），直接計測できる状態量が少ない，対象プロセスの多くは回分，半回分操作である（非定常状態で運転されている），プロセス時定数（応答時間）を基準にすると，操業時間が比較的短く定常特性より過渡特性が問題となる，などが挙げられる。いずれの特徴も式（7.162）において定常点が存在しない，式（7.163）において A，B が定係数ではなく，時間 t の関数であるなどから，プロセス制御によく使われている単純なPIDフィードバック制御では，十分な成果を挙げられないであろうことを示唆している。

（c）**制御量と操作量**　入出力量が一つの場合，一入力一出力系（SISO）という。複数の場合，SISOが単純に複数集まった場合と，相互干渉があり単純にSISOの組に分けられない場合がある。後者の場合を通常，特に多入力多出力系（MIMO）ということが多い。例えば，純粋培養プロセスにおいて，酸，アルカリによるpH制御と，攪拌速度による溶存酸素（DO）濃度制御は相互干渉があり，厳密にいえばMIMOである。操作量と制御量の数は一致しているのが通常であるが，ファジィ制御やニューラルネットを用いる場合は操作量の数のほうが制御量の数より多くなることもある。制御量は計測できることを前提にしているので，計測できない場合はなんらかの方法で観測・推定しなければならない。

（d）**ソフトセンサー**　直接計測できない状態量を，直接観測できる量と因果関係のある，ある種のモデルを用いて推定（間接的に計測）しようとする方法をソフトセンサーと呼ぶ。ソフトセンサーには，諸々あるが，中心的なのはカルマンフィルターおよび状態観測器である。状態観測器は，所与の数式モデル（通常，常微分方程式），パラメーターのもとで，いくつかの測定できる状態量から残りの状態量を観測するメカニズムのことで，ある条件のもとでは，観測値は真値に収束することが保証されている。しかし，この状態観測器では観測値はノイズを含んではいない。カルマンフィルターは，システムが確率的入力を受ける場合や観測値がノイズを含む場合に，効率よく最も確からしい状態量の値を推定する推定機構である[7]。すなわち，カルマンフィルターは，信号を生成するシステムの動特性，雑音（ノイズ）の統計的性質，初期値に関する先験情報および時々刻々与えられる測定データ，をもとにシステムの状態の最小二乗推定値を逐次的に与えるオンラインデータ処理アルゴリズムである。多くは，ノイズについて白色・正規分布を仮定する。システム方程式が非線形で与えられるような場合（培養プロセスのほとんどが該当）には，線形近似して上述の理論を適用する拡張カルマンフィルターが知られている。

（e）**カルマンフィルターによる比増殖速度の推定例**　発酵プロセスでは菌体の増殖能を表す比増殖速度 μ は，プロセスを監視，制御していく上で重要な指標である。この μ の推定のため拡張カルマンフィルターが利用できる。カルマンフィルターを用いる上で問題となるのは，システム方程式，ノイズ共分散，初期値の与え方などである。推定誤差（これをイノベーションと呼ぶ）の白色性の検討より，数式モデルの妥当性などがいえる。イノベーションの白色性を調べるため，横軸に周波数，縦軸にパワースペクトル密度をとって示し，ある特定の周波数のところにピークがなく平坦であれば，イノベーションはあらゆる周波数の信号から合成されている，すなわち白色であることがわかる。結局，妥当なモデル式のもとでの拡張カルマンフィルターは精度よく μ の推定を行っていることがわかる[8]。

（f）**フィードフォワード・フィードバック制御**

上述したように，対象である発酵プロセスの特徴から，PIDフィードバック制御では不十分な場合も多い。特に，回分，半回分操作が主流である培養プロセスでは，時変系であることを考慮した工夫が必要である。

一般に流加培養制御の問題では原点に極を持つ無定位形または原点にゼロ点を持つ定常ゲインゼロとなるような応答を示すものが多い。すなわち，たとえ定値制御で，外乱の存在を無視しても，これを実現する操作量は一定とはならないことを意味する。これは時変系システムとして解釈できるし，また定常点が存在しないため定常点周りの線形化という概念がそのままでは使えないともいえる。このようなプロセスに対しいろいろな制御系の応用が考えられてきた。それら制御系構成上の究極の目的は，目標パターンを達成できる操作量を生成する「逆システム」を近似的にしろ，いかに構成できるかという点に集約できる。この一方法として，制御対象の数式モデルを利用しようというのが**図 7.50** に示す制御系である。

7.5 バイオプロセスにおける計測と制御

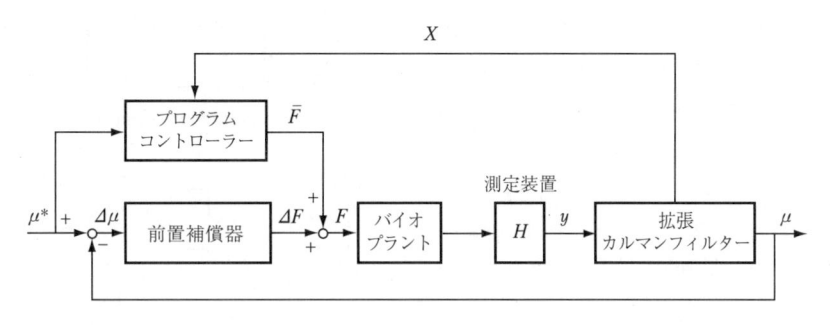

図7.50 プログラム・フィードバック制御系の構造

半回分培養（流加培養）において，比増殖速度を一定に保つように基質流加量を操作する制御系は，図7.50に示すような構造が有効である[9),10)]。図中，プログラムコントローラーと書かれている部分は，目標値の比増殖速度 μ^* を与える流加量であり，モデルを用いた目標パターンからの操作量が算出され，ここが逆システムになっている。よく知られているように比増殖速度を一定値 μ^* に保つ糖流加量 F は，対糖菌体収率 $Y_{X/S}$ が変化しなければ

$$F = \frac{V(0) X(0) \mu^* e^{\mu^* t}}{Y_{X/S} S_f} \tag{7.166}$$

で与えられるような時間 t に関して指数増加する指数流加となる。ここに，$V(0)$, $X(0)$ は液量，菌体濃度の初期値（$t=0$ での値），S_f は流加糖濃度である。したがって，式（7.166）中のパラメーター，$V(0)$, $X(0)$, S_f, $Y_{X/S}$, が正確であればこの糖流加量で希望の μ^* が達成できることが期待される。プログラムコントローラーはフィードフォワード制御の一種である。さて，パラメーター $Y_{X/S}$ や $X(0)$ には誤差が含まれている可能性がある。そこでこれらの誤差を補償するようにフィードバック制御にあたる前置補償器が設計されている。このような考慮のうえに計画されたフィードフォワード・フィードバック制御システムの一種である図7.50のプログラム・フィードバック（PF）制御システムは，流加培養制御の有力な制御系であると考えられている。図中にはカルマンフィルターによる推定機構をも付加している。前置補償器には場合により，PI制御，後述の適応制御，ファジィ制御が用いられている。

（g）適応制御 プロセスの動特性が変動したり，前もって正確に把握することが困難だったり，制御対象が時変系である場合には，フィードバック制御の外乱抑制効果のみでは対処できなくなってしまう場合がある。このような場合，プロセスの特性変動に対応して制御系の特性を調整し，制御性能をいつも最良に保つように設計された制御系を，特性変動に適応できるという意味で適応制御と呼ぶ。適応制御の代表的なものに，STR（self-tuning regulator）とモデル規範型適応制御（MRACS）がある[11)]。MRACSでは設定値変更に対するプロセスの望ましい動特性を規範モデルで与え，このモデルの動特性に，プロセスとコントローラーを結合した系の動特性が一致するように，コントローラーを適応的に構成しようとするものである。この方式では，まずプロセスの未知パラメーターが逐次推定され，その結果を用いて所要の制御入力が適応的に合成される。例えば，図7.48の前置補償器にこのMRACSを用い，時変系のプロセスを単純なPID制御よりもより精度よく制御できる[10)]。ただ，測定誤差と推定精度のバランスを考えて，パラメーター調整度合を考えないと制御がなかなか整定しないという傾向があり，この調整が難しいという使用上の問題点がある。一方，STRの基本構成はMRACSと同様，プロセスパラメーター推定をもとにした制御に基づいており，従来の制御系設計法をオンライン化したようなものである。STRにも制御方策やパラメーター同定法の組合せにより，種々の方法があり，問題に応じた適切な選定が必要である。

（h）モデル予測制御 操作量変化に対する出力の応答をモデルを使って予測しながら制御を加える方法の総称である。すなわち，プロセスの時系列データを利用してモデルを構築し，このモデルにより，将来の挙動を予測しながら最適な操作量を決定する制御手法である。通常線形モデルが使われるが，この場合特段の事前情報を必要としない点，多変数制御に対して有効，チューニングパラメーターが少なくオンサイト調節可能である点など現場で使いやすいと，化学プラントでは普及している手法である。モデル予測制御の代表的なものにMAC（model algorithmic control）やDMC（dynamic matrix control）が挙げられる[5),12)]。

いずれもインパルス応答モデル（ステップ応答から求められる）を用いているが，培養プロセスで主流を占める回分・半回分反応では，定常状態が存在しないので，あるトラジェクトリー周りのステップ応答を利用するなどの変法を用いざるを得ない。したがって，線形モデル予測制御は培養プロセスでは，それほど有力な手段とは考えられない。しかし，プロセス特性を組み込んだ非線形モデル予測制御には期待が残されている。

（i） 繰返し学習制御　　この制御系は，前回の目標値に対する操作量パターンと追従特性を記憶しておき，今回は前回よりもさらによい追従特性を得るため，前回の先見情報をうまく生かし操作量パターンを修正しながら制御対象に加える。この制御動作を繰り返し行うことにより高精度の追従特性を得ようとするものである。同じ目標パターンが与えられる回分・半回分反応では有効であると期待される。図7.51には繰返し学習機構付きプログラム・フィードバック制御系の構成図を示す。ここではpHスタットによる酵素反応速度の測定にこの学習制御を用いた。第3回目にはほぼ完全なpH制御ができ，用いた水酸化ナトリウム流加速度のデータよりMichaelis–Mentenの式のパラメーターを推定できる[13]。

（j） カスケード制御　　この制御系は，カスケードを組んで制御目標を達成する方法である。例えば，DO制御を介してpH制御を行うのである。乳酸菌培養におけるpH制御を，共培養している酵母の資化能力を利用して達成しようというものである。この混合培養系では[14]，乳酸菌はマルトースを資化して乳酸と抗菌物質ナイシンを生産する。乳酸の生産に伴ってpHが低下する。このpH低下は共培養している酵母の増殖に伴う乳酸資化によって抑えられ，制御することができる。酵母の増殖を制御する一つのファクターは，DO濃度である。したがって，培養槽の回転攪拌速度を操作してDO濃度を，DO濃度によって乳酸資化速

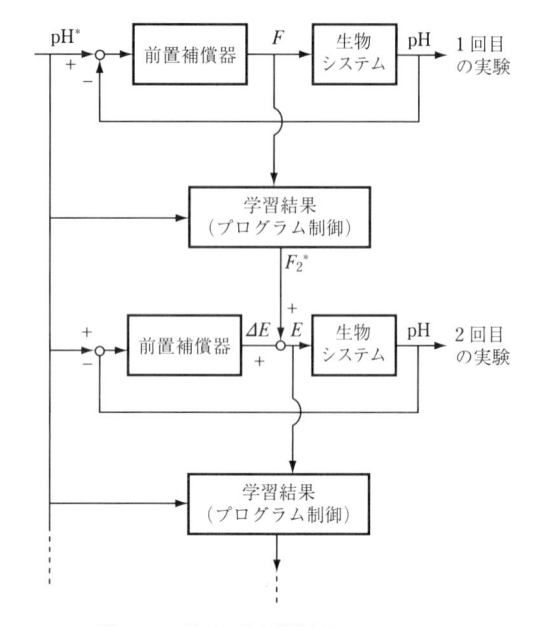

図7.51　繰返し学習機構付きPFシステム

度を，乳酸資化速度によってpHを制御することができる。結局，回転攪拌速度によりpH制御が達成される。このカスケード制御系の構成図を図7.52に示す。結局，この共培養系ではアルカリによるpH制御による培養に比較して，1.5倍もの高濃度ナイシン生産を達成でき，共生系を上手に使った一例といえる[14]。

（k） 知 的 制 御　　発酵プロセスは，主として回分・半回分操作（流加培養）で行われ，プロセスの非線形性，制御目標の多さに対して，操作量が限られている，数式モデルがなかなか得にくい，などの問題点のために普通の制御系ではなかなか満足のいく制御性能の得にくい対象と考えられている。そこでこれらを対象に，エキスパートシステム，ファジィ制御，ニューラルネットワークといった知識依拠型（knowledge-based）制御[15]，知的制御[16]，の適用が考えられてい

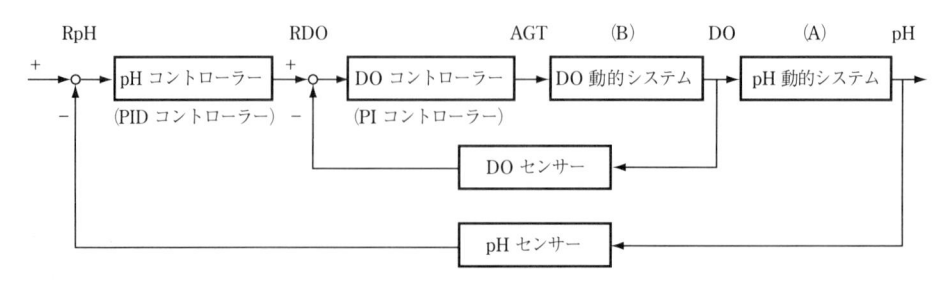

AGT：攪拌回転速度，RDO：DO設定値，RpH：pH設定値

図7.52　カスケード制御によるpH制御システム

る。これらはまた，計算知能（computing intelligence：CI）とかそれぞれのイニシアルをとってFANとか呼ばれることも多い。

エキスパートシステムは熟練者の知識を用いて推論を行うシステムであり，知識ベース，推論エンジン，ユーザーインターフェースから成り立っている。熟練者から得られた知識は，ユーザーインターフェースを介して知識ベースに格納し，発酵プロセスの運転中に起きたなんらかの事象に対して推論エンジンは知識ベースを用いて推論を行い，推論結果をユーザーインターフェースに表示，発酵プロセスの運転に利用する。知識表現の型，推論エンジンの構成などによってさまざまの具体的なエキスパートシステムが作られているが，発酵プロセスの運転にも利用されている[16]。

ニューラルネットワークは，神経生理学によって明らかにされた神経細胞の数理モデルをもとに神経網を模倣した非線形モデルといえる。神経細胞は多入力一出力系の情報処理系であり，多くは重み付き入力を飽和非線形関数の一つであるシグモイド関数の出力として与えるものと，モデル化される。このように表現された人工ニューロンをいくつか結合させ，多入力多出力系の非線形モデルを構成する。ニューロンの数，モデルの構造や階層がモデルの性能を決定づける要素であり，その選択は設計者の選択にゆだねられている。通常は過去の学習データに一致させるよう，このモデルの重み係数を学習してモデルが完成する。このようなニューラルネットは培養プロセスを表現する非線形モデルとしてやファジィ制御と融合させ，ファジィ制御の前件部のモデルとしての利用[16]や清酒醸造行程での利用[16]，また培養プロセスの異常検知[17]に用いられる。

（1）ファジィ制御　ファジィ制御は，ファジィ（あいまい）集合という概念を出発点としており，言語記述によるあいまいさを扱えるという利点がある。例えば，「DOが低い」といっても，それは1 ppmであるか，0.5 ppmであるかははっきりしない。言い換えれば，1 ppmはこの集合の要素であるかどうかははっきりしない。ふつうの集合（クリスプ集合という）だと，その集合の要素であるかないかにはあいまいさは残らない。そこで，ファジィ集合を数値的に扱えるように，ファジィ集合の帰属度関数（メンバーシップ関数）を定義する。例えば1 ppmは「DOが低い」集合に帰属する度合は0.4であるというように。このようにすると，言語記述によるルールを推論や意思決定に用いることができる。すなわち，IF，THEN型のプロダクションルールで言語表現された規則があること，言語表現されたファジィ集合に対するメンバーシップ関数が定義されていること，推論方法が与えられていること，を満たしていれば過去の経験則から導き出された，言語表現によるルールを運転操作に利用することができる。ファジィ制御の格好の適用例は，清酒醸造における杜氏の経験則のコンピュータ制御化[16]に見ることができる。

このようにファジィ制御の利点は，言語記述された経験則を取り込めることのほかに，非線形制御であること，制御量に関するデータのみならず諸々の情報が盛り込めること，など多いが，ルールの選定，メンバーシップ関数の決定など考慮すべき要素も多く，ファジィ制御を活用するにはプロセスについて習熟していることが必要となる。

（m）知的制御の運転管理への利用　ファジィ制御は，直接制御対象の制御にも用いられるが，培養状態の診断とその状態に適した制御系の選択に威力を発揮する[15]。例えば，図7.50のフィードフォワード・フィードバック制御系の前置補償器にPIファジィ制御を用いることもできるが，プロセスの運転状態診断に用いて上位の制御（supervisory control）に用いることも考えられる。図7.53はその一例で，酵母によるグルタチオン発酵流加培養の制御チャートである。その結果，増殖フェーズと生産フェーズに比増殖速度を最適に制御でき，通常培養に比較し2倍以上の生産量を得ることができることを示している[10]。

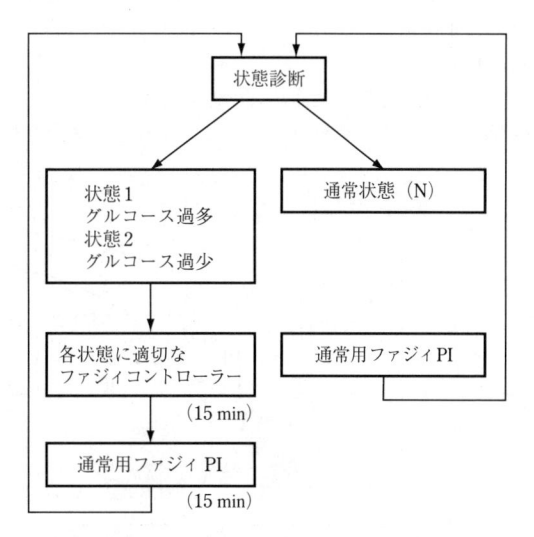

図7.53　状態診断に基づくファジィ制御

このように，ファジィ制御は培養フェーズの診断と運転管理への上位制御にうまく利用され得ると考えられている[15]。また，エキスパートシステムなどいわゆ

7.5.3 代謝工学的手法と培養操作の実際

(a) 代謝経路　培養操作により物質生産を行う際に，与えられた目的（例えば，生産量最大，生産物収率最大などの目的）を達成するための意思決定法として最適化手法や制御手法が開発されてきた．意思決定を行うために，その考察のよりどころ（ベース）となるものがモデルであるが，バイオプロセスは，その複雑性，多様性の大きさから，このモデルをどのように表すかまた，意思決定の実現のために，どれだけ扱いやすいモデルを提唱するかが，従来，重要な事項として研究されてきた．

微生物細胞の挙動は，細胞内部の代謝反応の変化によって，大きく変動する．したがって，最適な生産方策の開発を行うには，代謝反応を基点にして，方法論を展開するのが自然である．ここでは，微生物の代謝経路を定量的に取り扱うことによって，優良微生物の育種から培養操作までを体系的に行うことを目的とした代謝工学的手法と培養操作の実際について解説する．

代謝経路の情報を定量的に取り扱おうとする技術の開発は，1970年代から見られる[18),19)]が，代謝工学（Metabolic Engineering）という言葉が使われ始めたのは，1990年代に入ってからである．最初にこの言葉を創出したのは，ETHのBailey[20)]とMITのStephanopoulos[21)]とであり，彼らによれば，代謝工学とは「利用可能な代謝反応の情報を用いて，生化学反応ネットワークを解析することにより，代謝の流れを体系的に改良する方法」と定義されている．

図7.54に生物プロセスシステム工学と代謝情報，ゲノム情報の関係について示す．上に述べたように，生物プロセスシステム工学では，まず，はじめに，物質生産における目的が存在し，その目的を達成するためのプロセス解析が行われる．古典的な生物化学工学では，反応工学のアナロジーとして微生物の活性を表す比速度というパラメーターが考案され，これを指標にして操作や最適化へのアプローチがなされた．この比速度は細胞外の代謝物質（細胞増殖を含む）の変化速度として定義されているため，培養操作の有効な指標として機能してきたといえる．代謝工学は，細胞内部の代謝反応に焦点をあて，細胞外の代謝物質の変化速度と細胞内の代謝の流れ（フラックスと呼ぶ）を扱うため，よりミクロな視点に立って生物プロセスを解析しようという試みであるといえる．より細胞内部の仕組みに注目すれば，代謝を制御しているタンパク質や遺伝子のネットワーク解析が重要となろう．ここでは代謝経路の反応速度分布と従来用いられてきた比増殖速度や比生産速度の関係に意識しながら，培養操作に実際どのように生かすのかについて例を挙げて解説する．

(b) 代謝フラックス解析　VallinoとStephanopoulos[22)]は，アミノ酸生産菌である*Corynebacterium glutamicum*のリジン生産における代謝反応モデルを構築した．このモデル構築は，この分野における先駆的な研究である．この研究では，代謝反応モデルには34の生化学反応r_c，25の菌体内代謝物質に関する化学量論（物質収支）の線形方程式を含んでおり

$$Ar_c = r_m \tag{7.167}$$

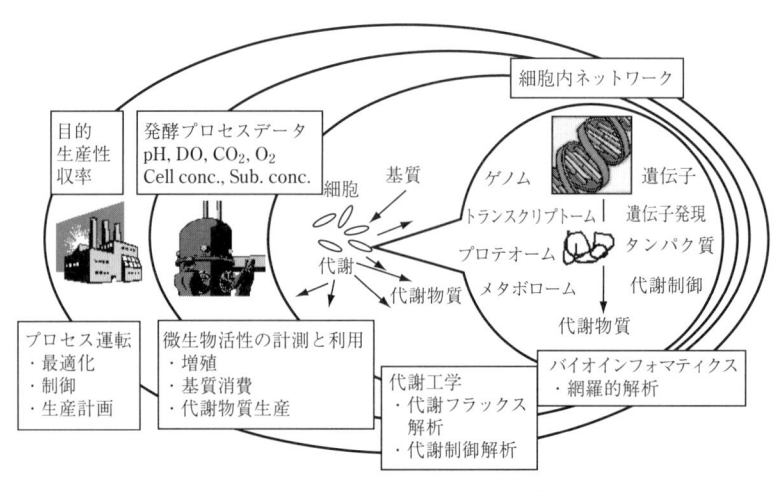

図7.54　生物プロセスシステム工学における代謝情報

のように書ける．12の観測変数r_mを利用しているのでこの反応経路は観測可能であり，情報の冗長性は3となる（化学量論係数行列Aは37行34列）．

（c） 代謝反応モデルと最適化への利用 *C. glutamicum* AJ3462株は，リジン合成経路において，鍵となる酵素DDP（ジヒドロピコリン酸）合成酵素がロイシンによって抑制を受けると同時に，ロイシン要求性である．したがって，目的物質であるリジンの高生産を考える場合，菌体を効率よく増殖させる状態と，増殖を抑えて生産活性を促進する状態に分けて，運転方策を開発することが効果的である．菌体の増殖活性を大きくするためには，ロイシンを欠乏させることなく，供給しなければならない．このとき，培地中のロイシン濃度が高いと，リジン合成が抑制される．一方，培地中のロイシンを枯渇させると菌体増殖は停止するが，リジン生産活性が高くなる．ここでは，最適生産のために代謝ネットワークの情報の取扱いについて考察する．式（7.167）のような代謝モデルを用いて，菌体増殖期とリジン生産期の菌体内代謝フラックスの分布を推定すると**図7.55**のようになる．細胞内の代謝は，培養時期において大きく変化していることがわかる．

各フラックスの関係を集約し，単位菌体当りの比速度間の関係に変換すると，グルコース比消費速度ν_g，比増殖速度μ，リジン比生産速度ρ_L，細胞維持のためのATP比消費速度m_{ATP}の関係を，つぎのように導き出すことができる．

$$\nu_g = A\mu + B\rho_L + Cm_{ATP} \tag{7.168}$$

ここで，式（7.168）中に含まれる係数A，B，Cは，ネットワークの構造の情報，酸化的リン酸化反応のP/O比や菌体増殖のためのATP収率Y_{ATP}を内部に含んだ係数となる．

式（7.168）中で，μとm_{ATP}がともにゼロとすると，$1/B$は，1 mol-gluc/(g-cell·h)のν_gに対して，得られるρ_Lの最大の速度となるから，代謝経路から考えられるグルコースからリジンへの理想的な変換収率を表している．また，培養データから，μ，ρ_Lを観測すれば，菌維持定数m_{ATP}を実験的に得ることができる．同様にして酸素消費速度r_O，二酸化炭素生産速度r_Cについても式（7.168）と同じような関係式を導き出すことができる．このモデルを使って，実験的に得られた*C. glutamicum*のm_{ATP}の値は菌体増殖期，リジン生産期においてそれぞれ，5.2 mmol-ATP/(g-cell·h)と2.0 mmol-ATP/(g-cell·h)となる．

図7.56に示したプロットは，回分培養系で，グルコースが十分供給されているもとでの初期ロイシン濃度を変化させた場合の実験より得られたμとρ_Lの関

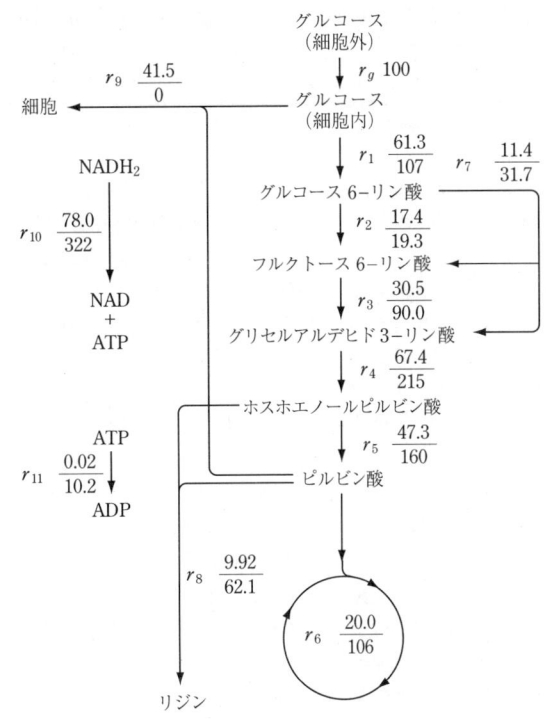

上段の数値が増殖期，下段の数値が生産期での代謝フラックスを示す．数値はグルコース消費速度を100として規格化されている．（図中反応速度：r_g：グルコース消費（グルコース（細胞外）→グルコース（細胞内），r_1：グルコース→グルコース6-リン酸，r_2：グルコース6-リン酸→フルクトース6-リン酸，r_3：フルクトース6-リン酸→グリセルアルデヒド3-リン酸，r_4：グリセルアルデヒド3-リン酸→ホスホエノールピルビン酸，r_5：ホスホエノールピルビン酸→ピルビン酸，r_6：TCA回路，r_7：ペントースリン酸経路，r_8：リジン合成経路，r_9：細胞増殖，r_{10}：酸化的リン酸化反応，r_{11}：ATP維持消費）

図7.55 リジン発酵における代謝フラックス分布

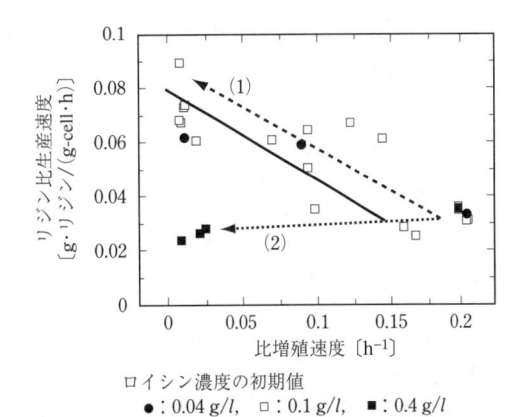

図7.56 回分培養系で，グルコースが十分供給されているもとでの初期ロイシン濃度を各種変化させた場合のμとρ_Lの関係〔Shimizu, H., Takiguchi, N., Tanaka, H. and Shioya, S.: *Metabolic Engineering*, **1**, 299–308 (1999)〕

係を示す。先に説明したように，C. glutamicum AJ3462株においては，培養経過とともにいかに増殖とリジン生産のバランスをとるかが重要である。回分培養系では，ロイシンの初期濃度が低濃度の場合 (0.04, 0.1 g/l)は，培養初期はグラフの右下のほうにプロットが集中し，ロイシン濃度の減少に伴って，菌体増殖活性が低下して，反対にリジン生産活性が上昇する(矢印(1))。一方，初期ロイシン濃度が0.4 g/lと高すぎると，ロイシンの枯渇が起こらないにもかかわらず，グルコース消費の低下を伴って，菌体増殖もリジン生産も低下してしまう(矢印(2))。また，図中の実線は，モデルから得られたμとρ_Lの関係を示している。つまり，先に求められたm_{ATP}の値を用い，増殖期にはν_gとρ_Lより，リジン生産期には，ν_gとμより他の比速度を式(7.168)に基づいて算出し，2点間を直線で結んだものである。実線の周囲にプロットは集まり，モデルの妥当性が確認されている。

このように，代謝反応モデルを簡略化して得られた比速度間の関係は，実際の現象をよく表していると同時に，従来，現象論的にのみ扱うことも多かった比速度間の関係の生化学的な意味を明らかにすることができる。

回分培養系，または半回分培養系において，菌体濃度と目的物質の生産はつぎのようなダイナミクスで表現できる。

$$\frac{d(VX)}{dt} = \mu VX \quad (7.169)$$

$$\frac{d(VP)}{dt} = \rho VX \quad (7.170)$$

ここで，V，X，Pは培養液体積，培養液中の菌体濃度，生産物(リジン)濃度である。0時間から最終時刻t_fまでの生産物の総生産量$VP(t_f)$を評価とすれば，式(7.171)で示される評価関数Jを最大にする方策を開発することが必要となる。

$$J = \int_0^{t_f} \rho VX dt \quad (7.171)$$

そのためには，増殖と生産のバランスをいかにとるかが最重要課題であり，比速度間の関係を利用して最適な比増殖速度のパターンを解析する方法が提案されている。比増殖速度μや比生産速度ρ_Lを自由に変化させることができる場合は，その関係から培養時間t_fを与えると，厳密にいつ増殖活性最大の培養条件から生産活性最大の培養条件に切り換えるかという解が得られる。すなわち，図7.56の矢印(1)のようなμとρ_Lに右下がりのトレードオフの関係

$$\rho_L = -a_1\mu + a_2 \quad (7.172)$$

が存在するとき，切換え時間t_cは

$$t_c = \frac{\ln\left(\frac{a_2}{a_2-a_1\mu_c}\right)}{\mu_c} \quad (7.173)$$

と与えられる[6]。ここで，μ_cはρ_Lの最大値を与える比増殖速度の値である。回分培養系におけるリジン生産の最適化においては，比速度を変化させるのはロイシンの供給であるから，上述の最適化手法を適用すると，図7.56に基づいて，式(7.173)を計算し，最適な時間にロイシン濃度の低下に伴う増殖状態からリジン生産状態への培養状態を移行させるよう初期ロイシン濃度を設定することが最適化の具体的な方策となる。このモデルでは，t_fを48 hとしたとき，t_cは41 hとなり，対応する初期ロイシン濃度は対ロイシン菌体収率を考慮に入れると1.0 g/lとなる。

しかし，上に示したように本菌株では，実際には，ロイシン濃度を高くしすぎるとロイシンの枯渇が起こらなくても増殖の低下が見られること，つまり，最適な比増殖速度の探索範囲が限られていることが確認された。そこで，最適な比増殖速度の探索範囲を実現可能領域に設定しなおし，最適なパターンを求めなおした。その結果，最適な切換え時間は30 hとなった。

以上を考慮して，この培養系では，培養時間t_fが48 hにおいて，初期ロイシン濃度を0.15 g/l設定し，培養初期はμを最大のμ_{max}に保ち，30 hにロイシンの低下に伴って，比増殖速度μをほぼゼロとするととも

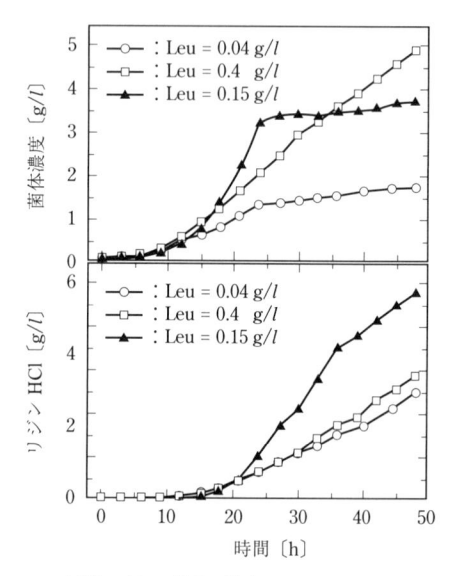

初期ロイシン濃度の設定
○：0.04 g/l，□：0.4 g/l，▲：0.15 g/l

図7.57 最適な比速度の切換え時間に基づく培養結果

に ρ を最大の約 0.08 g-Lys/(g-cell·h) に変化させることが最適であることがわかった。各初期ロイシン濃度に対する菌体増殖とリジン生産の比較を**図7.57**に示す。初期ロイシン濃度 0.15 g/l のとき，30 h まで菌体増殖を最大にし，その後，リジン生産を最大にすることによって，最終リジン生産を最適化していることがわかる[24]。

（d）フラックス分布推定に基づく培養操作の指示

最適操作法が開発された場合，つぎに問題となるのはいかに実培養系で最適戦略を実現するかという方法である。ここでは，オンラインでリジンのフラックスを推定し，これによって培養状態を監視する方法について述べる。ここでは，細胞増殖速度，グルコース消費速度以外にも，CO_2 生産速度，O_2 消費速度を観測値として用いた。ロイシンの抑制が，解除され，増殖状態からリジン生産状態へ培養状態が移行したかどうかをリジン生産反応速度をオンラインで推定することにより検出した。リジン生産状態では，オンラインでリジン生産の反応速度を推定し，これに見合ったグルコース添加を行うことができるようになる。また，長期培養に伴う菌体のリジン合成活性が落ちてきたこともリジン合成の反応速度推定より知ることができる。

図7.58は増殖状態からリジン生産状態への移行を認識するためのリジン生産速度の推定を表したものである。図の上段はロイシン濃度のオフライン観測値，中段は同じくリジンのオフライン観測値で，これらの値はアミノ酸アナライザーで測定されたが，オンラインで観測することはできない。これらのオフライン観測値を見ればわかるように，ロイシンの濃度がほぼゼロとなった培養 10 h に，すみやかにリジン合成が起こっていることがわかる。この時点で，培養状態は増殖状態からリジン生産状態へ移行したと考えられる。図の下段はオンライン推定されたリジンの生産速度であるが，上に述べた培養状態の移行を認識できていることがわかる。すなわち，7.5×10^{-3} mol/(l·h) をこの状態移行の閾値と考えれば，この時間の前後で培養状態を上述の二つの状態に分割することができる。したがって，これ以降は，リジン生産に見合ったグルコースの供給を行うように，操作を行うことが可能となった[25]。

（e）培養系を利用した代謝経路制御の解析　　代謝工学の大きな目的の一つは，ターゲットとなる目的物質生産のために，代謝経路を改変した微生物を育種したり，得られた優良な菌株を培養する際に，いかにその能力を発揮させるかという方法を確立することである。メタボリックコントロールアナリシス（MCA）は，このような観点で，複雑な代謝ネットワーク中の制御機構を明らかにし，目的にあった代謝フラックス分布を作ることを目的にしている。つまり，ネットワーク中の種々の酵素において，酵素量を上げると目的生産物のフラックスが感度よく上昇するような状態にあるのか，酵素量を上昇させてもフラックスはあまり変化しないような状態にあるかを把握することを目的とする。

培養操作と代謝フラックス解析を併用することにより，特定の遺伝子の発現量を強化したり減衰させた株間の代謝フラックス分布を比較して，実際の生産系において育種の効果を評価することができる。例えば，筆者らは，グルタミン酸発酵で最近話題になっている，2-オキソグルタル酸の分岐点に注目して解析した。分岐点周りの酵素活性を改変した複数の菌株において，全体のフラックス変化を解析しながら，この分岐点周りのフラックスを比較することにより，どの酵素の変化が最もグルタミン酸生産にとって影響力が大きいかを定量化した。**図7.59**に細胞全体のフラックス分布から注目している部分を抜き出した結果を示す。これにより，グルタミン酸生産のケースでは，主要分岐点の競合する経路の酵素の活性を減衰させることが最も大きな影響力を持つことがわかった。このことは，90年代後半に味の素（株）の研究者らによって発見されたビオチン枯渇に伴うオキソグルタル酸デヒドロゲナーゼの活性変動とグルタミン酸生産の関係が定量的に

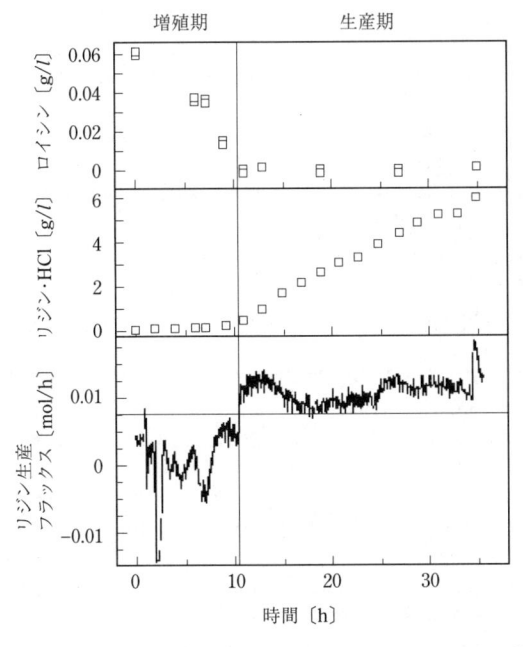

図7.58 フラックス解析を用いた増殖状態からリジン生産状態への移行の認識

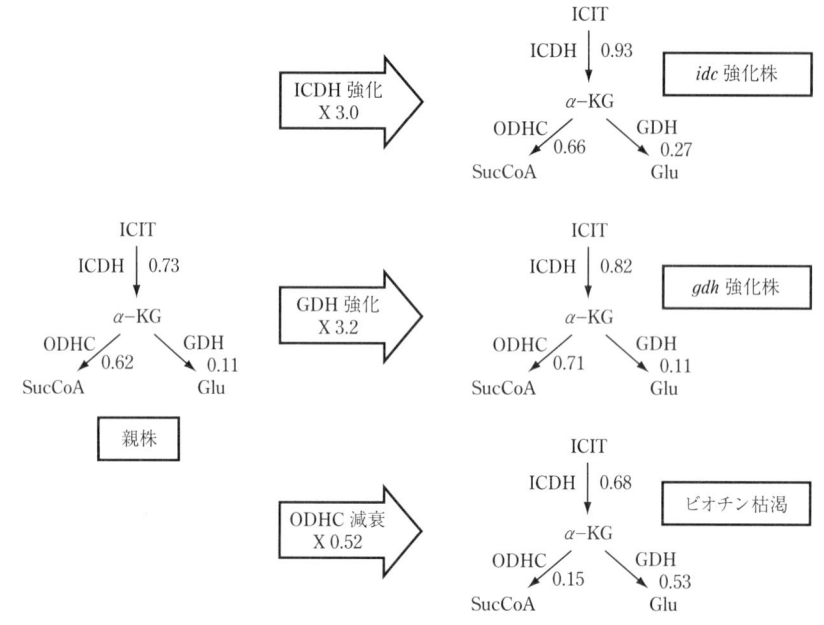

ICIT
ICDH ↓ 0.93
α-KG
ODHC ↙ 0.66   GDH ↘ 0.27
SucCoA   Glu
idc 強化株

ICDH 強化
× 3.0

ICIT
ICDH ↓ 0.73
α-KG
ODHC ↙ 0.62   GDH ↘ 0.11
SucCoA   Glu

親株

GDH 強化
× 3.2

ICIT
ICDH ↓ 0.82
α-KG
ODHC ↙ 0.71   GDH ↘ 0.11
SucCoA   Glu
gdh 強化株

ODHC 減衰
× 0.52

ICIT
ICDH ↓ 0.68
α-KG
ODHC ↙ 0.15   GDH ↘ 0.53
SucCoA   Glu
ビオチン枯渇

ICIT：イソクエン酸，αKG：2オキソグルタル酸，SucCoA：スシニルCoA，
Glu：グルタミン酸，ICDH：イソクエン酸デヒドロゲナーゼ，
GDH：グルタミン酸デヒドロゲナーゼ，ODHC：オキソグルタル酸デヒドロゲナーゼ

図7.59 グルタミン酸発酵における遺伝子に摂動を与えた場合の主要分岐点のフラックス変動の解析

裏づけられる結果となった[26]。

以上のように，培養系は物質生産を実現する場であるばかりでなく，育種の効果を確認したり，さらなる育種のデザインを行うための代謝変化を評価する最良の実験系である。その際に，細胞の代謝の変化を客観的に評価する手法として代謝フラックス分布の解析手法が確立されている。このような方法を用いることにより，また，遺伝子発現状態を示すマイクロアレイと比較することにより，より正確に微生物の状態を把握することが可能になるであろう[27]。　　　　（清水　浩）

引用・参考文献

1) 合葉修一，鈴木周一，山下　直，遠藤　勲編：発酵プロセスの最適計測・制御（総合技術資料集），p. 152，サイエンスフォーラム（1983）．
2) Stanburry, P. F. and Whitker, A.著，石崎文彬訳：発酵工学の基礎，p.145，学会出版センター（1988）．
3) 小林　猛，本多裕之：生物化学工学，p. 134，東京化学同人（2002）．
4) Imanishi, T., Hanai, T., Aoyagi, I., Uemura, J., Araki, K., Yoshimoto, H., Harima, T., Honda, H. and Kobayashi, T.: *Biotechnology and Bioprocess Engineering*, **7**, 275-280 (2002).
5) 橋本伊織，長谷部伸治，加納　学：プロセス制御工学，朝倉書店（2002）．
6) 伊藤正美：システム制御理論，昭晃堂（1976）．
7) 片山　徹：応用カルマンフィルタ，朝倉書店（1983）．
8) Shimizu, H., et al.: *Biotechnol. Bioeng.*, **33**, 354 (1989).
9) Takamatsu, T., et al.: *Biotechnol. Bioeng.*, **27**, 1675 (1985).
10) Shimizu, H., et al.: *Appl. Microbiol. Biotechnol.*, **30**, 354 (1989).
11) 市川邦彦編：適応制御，昭晃堂（1984）．
12) Richalet, J., et al.: *Automatica*, **14**, 413 (1978).
13) Shimizu, H., et al.: *Biotechnol. Bioeng.*, **34**, 794 (1989).
14) Shimizu, H., et al.: *Appl. Environmental Microbiol.*, **65**, 3134 (1999).
15) 吉田敏臣：培養工学，コロナ社（1998）．
16) 山根恒夫，塩谷捨明編：バイオプロセスの知的制御，共立出版（1997）．
17) Shimizu, H., et al.: *J. Ferment. Bioeng.*, **83**, 435 (1997).
18) Endo, I. and Inoue, I.: *Kagaku Kogaku Ronbunshu*, **2**, 416-421 (1976).
19) Kacser, H. and Burns, J. A.: The control of flux, *Symp. Soc. Exp. Biol.*, **27**, 65-104 (1973).

20) Bailey, J. E.: *Science*, **252**, 1668–1675 (1991).
21) Stephanopoulos, G. and Vallino, J. J.: *Science*, **252**, 1675–1681 (1991).
22) ステファノポーラス, G. N., アリスティッド, A. A., ニールセン, J.（清水 浩, 塩谷捨明訳）：代謝工学──原理と方法論──, pp. 243–356, 東京電機大学出版局 (2002).
23) Shioya, S.: Optimization and control in fed-batch bioreactors, in *Advances in Biochemical Engineering Biotechnology*, (Ficheter, A.), Vol. 46, pp. 111–142 (1992).
24) Shimizu, H., Takiguchi, N., Tanaka, H. and Shioya, S.: *Metabolic Engineering*, **1**, 299–308 (1999).
25) Takiguchi, N., Shimizu, H. and Shioya, S.: *Biotechnol. Bioeng.*, **55**, 170–181 (1997).
26) Shimizu, H., Tanaka, H., Nakato, A., Kimura, E. and Shioya, S.: *Bioprocess Biosyst. Engi.*, **25**, 291–298 (2003).
27) Shimizu, H.: *J. Biosci. Bioeng.*, **94**, 563–573 (2002).

8. 分離精製技術

複雑な構造や組成を持った有用物を生物由来物質，あるいは生物の機能を利用して生産することは広く行われてきたが，近年のバイオテクノロジー，特に遺伝子操作や細胞融合技術の進展に伴い，ヒト由来タンパク質などいっそう有用なものが多数生産されるようになり，バイオ生産プロセスの重要性は高まりつつある。バイオ生産プロセスにおいても，適切な原材料や，スクリーニングや遺伝子操作によって生産性の高い菌株等を用いて，目的物質生産最適条件下においてバイオリアクターで反応・生産を行い，その後分離・精製によって製品とするという，上流から下流へのプロセスの構成において，従来の化学工業プロセスと本質的には変わるところはない。生物工学技術者はバイオプロセスの構築，設計，運転制御を効率的に行う役割を担っている。しかし，これらの製品の多くは人の生命に直接関係する食品，医薬品などが多いために，安全性や純度に対する要求が高く，また対象とする物質がタンパク質など化学工業産品とは異なる特性を持ったものが多いため，分離・精製工程，いわゆるダウンストリームプロセスの重要性は高く，また生産コストの大きな部分を占める。すなわち，通常の化学プロセスにおけるとは異なった分離・精製法によって，効率的に高純度としなければならない場合が多い。本章ではバイオプロセスのダウンストリームで用いられる代表的な分離・精製操作について，その原理と設計，操作法について述べる。

（加藤滋雄）

8.1 バイオプロセスにおける分離精製技術

8.1.1 バイオ分離の特徴

バイオプロセスにおいて生産物の分離・精製，いわゆるダウンストリームプロセスは製品の安全性，生産コストに大きな影響を与える。したがって，生産目的物質とその生産法に応じて適切に分離・精製工程を構築することはバイオプロセスの成否を決定するといっても過言ではない。すなわち，低濃度，多成分系の原材料から，高純度の安全な製品を効率的に得られるプロセスが必要となる。

バイオプロセスのダウンストリームにおいては一般に分離対象物が親水性か疎水性かによって採用される分離法が異なる。脂肪，ステロイド，香料，疎水性の抗生物質などは有機溶媒による抽出，分配，クロマトグラフィーあるいは蒸留などによって分離・精製される。これに対して，タンパク質，糖類などの親水性バイオ生産物の分離・精製には沈殿，晶析，膜分離，水溶液を移動相とするさまざまなクロマトグラフィーなどがよく用いられる。本章では現在医薬品，酵素，食品などバイオ生産物の多くを占める後者に用いられる分離・精製法を中心に述べることにする。このようなバイオ生産物分離・精製の特徴はつぎのとおりである。

（a）低濃度からの濃縮 目的物含量の高い原料を用いたり，遺伝子操作などによる生物機能の変換により生産性の高い菌株，細胞を得て発現量を高めるなど，分離工程の負荷が低い生産形態を採用しても，バイオ生産では目的物質は水溶液中に低い濃度でしか存在しないことが多い。したがって，一定量の製品を得るためには分離の初期工程において大量の粗原料を取り扱わなければならず，高い選択性，親和性を示す分離法によって濃縮する工程が必要となる。このようなことが，分離の工程数や装置容量，処理時間を増し，分離コストを高めることになる。

また，低濃度から濃縮しなければならない場合，各操作の収率が問題となる。例えば，目的とする純度を達成するのに5段階の分離操作が必要とすれば，各段階の収率が70％であったとしても，5段階目ではわずか17％の収率（$0.7^5 = 0.17$）となってしまう。

（b）類似物質からの高度分離 バイオ生産物はタンパク質，糖，核酸などのそれぞれのグループで類似した特性を有する多成分系から，低濃度の目的物質を高純度にしなければならない。また，生産過程において誤ったプロセシングやフォールディングをしたものや，凝集，修飾，分解産物など類似物が生じる。これらの間のわずかな物理化学的差異を識別する選択性の高い分離法が必要となる。

8.1 バイオプロセスにおける分離精製技術

(c) 生理活性の維持と安全性の確保 バイオ生産物の多くは医薬品や食品であるので，安全性に対する要求度は高い。すなわち，有害物質，パイロジェン，原材料や培地由来の異種タンパク質，ウイルス，核酸などを完全に除かなければならない。このため，生産プロセスに対する厳しい安全性の評価と管理基準に従わなければならない。

また，生理活性を目的とした製品が多く，分離・精製工程においてそれが損なわれないよう，注意を払わなければならない。このため，限定された温度，pH，塩組成範囲での分離を行わなければならないことが多く，採用できる分離法に制限を受ける。

以上のことから，バイオプロセスにおける分離・精製工程には従来の化学プロセスとは異なった分離法が用いられるとともに，高選択性，高収率の操作が必要とされることも多い。

8.1.2 バイオ分離プロセスの流れ

図8.1にバイオ生産プロセスを模式的に示す。通常の生産プロセスと同様目的に適した生産法を検討し，適切な条件下で生産を行い，その後分離・精製によって製品とする。しかし，上述のようにバイオ生産物の分離においては低濃度，多成分系から高純度にしなければならないので，その工程はいくつかの段階を経る。すなわち，まず菌体・細胞などの分離や破砕・抽出によって目的成分を可溶化する前処理，目的成分を含む画分を濃縮する粗分画，製品に要求される純度まで高める精製，さらに機能の向上・安定化と使用上の便宜を図る製品化の工程に大別される。一般的には成分間の分離よりも，希薄な目的物を含む画分を濃縮するのに有効な方法で処理容量を減らし，その後純度を上げられる分離を行う。

菌体・細胞の分離には遠心分離（8.2.1項）が実験室的にも工業的にも利用されるが，近年膜による精密濾過（8.2.2項）も用いられる。後者は固液密度差の小さい系にも適用でき，清澄な濾液が得られるほか，ミストの生成が少なく封じ込めに有利である。粗分画には塩析，有機溶媒沈殿，等電点沈殿などの沈殿分画（8.3.1項），晶析（8.6節），抽出（8.3.3項），限外濾過濃縮（8.3.2項）などが多く利用される。高純度な目的物を得るための分離操作にはクロマトグラフィー（8.5節）が多くのバイオプロセスで採用されている。バイオ生産物の多くは，両性電解質，両親媒性でかつ特異的な立体構造をしているので，分子の大きさ，静電的特性，疎水性，立体的相互作用などの差に基づくクロマトグラフィーで分離される。そして最終段階で製品の使用目的に応じてさまざまな形態とされる（8.7節）。前記（ ）内に示した節，項において各操作について述べる。

一方，バイオ生産プロセスでは希薄な多成分系であることが分離を困難にしているので，目的物が高い濃度で生産されたり，あるいは不純物の少ない生産系であれば，当然のことながら分離が容易になる。したがって，分離のみを考えるのではなくて，微生物や細胞などの機能・特性の選択，改変によって，分離負荷の少ない生産プロセスを採用するという視点も重要である。例えば，図8.1に示すように，目的生産物が菌体外に高濃度で分泌生産されれば，菌体分離によって生産目的物を含む培養上清が得られ，菌体破砕や，破砕片（デブリ）の分離などの操作が不要となる。これに対して，菌体内に異種タンパク質を大量発現させた場合には，不活性タンパク質顆粒（インクルージョンボディ）が形成されることがある。このタンパク質は再び活性な立体構造としなければならない（リフォールディング）が，これが比較的効率よく行えるなら，インクルージョンボディは遠心分離などで容易に菌体内成分と分離できるので，分離工程が効率的になることもある。このように目的物質生産と分離工程を総合的に検討して，生産プロセス全体としての効率化を図る必要がある。

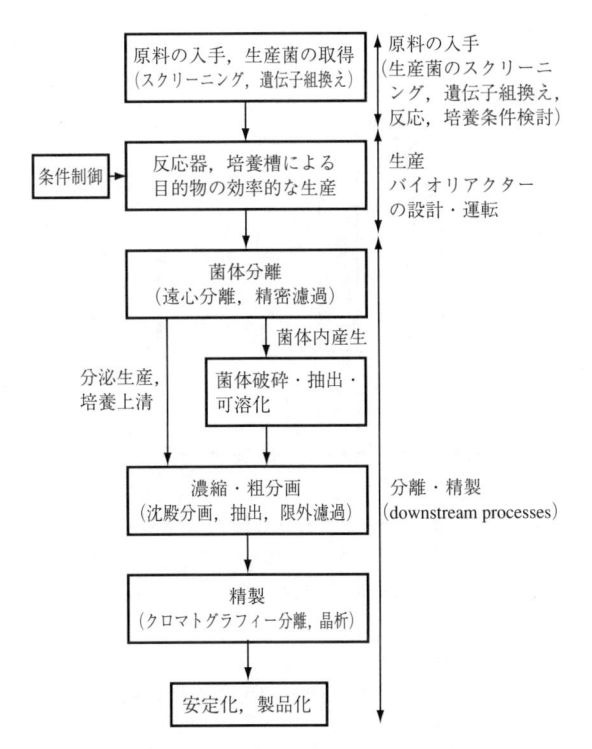

図8.1 バイオ生産プロセスの流れ模式

8.2 菌体分離と破砕

8.2.1 遠心分離
〔1〕遠心による分離の理論

図8.1に示したように培養生産における分離プロセスの最初の段階は多くの場合菌体と培養上清の分離である。菌体分離は密度差に基づく沈降，遠心分離，粒子径による分離法である濾過，精密濾過などによって行われる。本項で遠心分離法，8.2.2項で濾過，精密濾過による方法を述べる。

遠心分離法にはnmオーダーの微粒子やタンパク質を沈降分離する超遠心法があるが，菌体の分離に用いられるのはローターの回転数が20 000 rpm（2 100 radian/s）程度以下の通常の遠心分離である。また，遠心分離操作法にも，密度の均一な液体中で粒子を分離する分画遠心法と，液体中に存在する密度勾配中で粒子の密度に応じて分離する密度勾配遠心法がある。菌体分離は前者による。

重力場で密度 ρ_L〔kg/m³〕の液体中にある半径 d_p〔m〕，密度 ρ_p〔kg/m³〕の球形粒子の受ける力 F〔N〕は重力と浮力のバランスから

$$F = \frac{\pi d_p^3 (\rho_p - \rho_L) g}{6} \tag{8.1}$$

で与えられる。ここで g〔m/s²〕は重力加速度である。これと粒子の受ける液体からの抵抗とが釣り合った速度 v_g〔m/s〕（重力場における終末速度）で運動する。粒子が受ける抵抗力は，粒子基準レイノルズ数

$$Re = \frac{d_p v_g \rho_L}{\mu} \tag{8.2}$$

が2以下（菌体分離ではこの条件に当てはまる）では次式で表される（Stokesの法則）[1]。

$$抵抗力 = 3\pi d_p v_g \mu \tag{8.3}$$

ここで μ〔Pa·s〕は液体の粘度である。式（8.1）と（8.3）を等置すれば次式で終末速度が与えられる。

$$v_g = \frac{d_p^2 (\rho_p - \rho_L) g}{18\mu} \tag{8.4}$$

したがって，回転半径 r〔m〕，角速度 ω〔s⁻¹〕で回転している遠心力場での粒子の終末速度 v_t〔m/s〕は次式となる。

$$v_t = \frac{d_p^2 (\rho_p - \rho_L) r\omega^2}{18\mu} \tag{8.5}$$

ここで，遠心加速度 $r\omega^2$ を重力加速度 $g = 9.8$ m/s² の何倍にあたるかという表示をすることがしばしば行われる。粒子と流体の密度差が小さく，流体粘度の高い系では，粒子の終末速度が小さく，分離に大きな遠心力場が必要となる。密度差の小さい系では8.2.2項で述べる膜による分離が効率的である。

バイオ分離ではしばしば沈降速度を沈降係数 S を用いて，式（8.5）が以下のように表されることがある[2]。

$$v_t = S r \omega^2 \tag{8.6}$$

ここで，沈降係数の単位はSvedbergs〔10⁻¹³ s〕である。

〔2〕遠心分離装置と操作

回分遠心分離機は試料を入れたローターを回転して遠心力場を作り出して粒子を分離する。ローターは遠沈管が一定角度に固定されているアングルローターと，回転時遠心力で遠沈管が回転軸に対して垂直になるスイングローターがよく用いられるが，いずれも回分的に沈殿粒子を回収するので，大量の試料を処理するには適さない。試料液を連続的に供給しつつ遠心分離を行う連続遠心ローターも考案されているが，処理量には限界がある[2]。

比較的大規模な試料の処理に用いられる遠心機の一種に回転円筒型遠心機と分離板型遠心機が挙げられる。前者を模式的に図8.2に示す。中空円管が管軸まわりに回転し，粒子懸濁液が円管下方から連続的に供給され，粒子は遠心力により円管壁に沈降する。清澄液は円管上部から排出される。管壁に堆積した粒子は一定時間ごとに取り出されるので，操作は半回分的である。

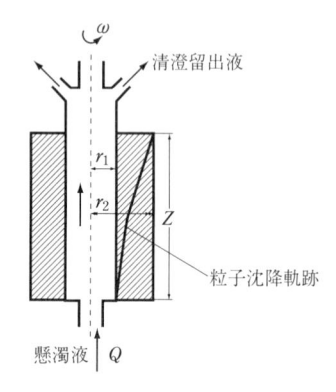

図8.2 回転円筒型遠心機における粒子分離

この遠心機における懸濁液の最大処理量 Q〔m³/s〕は式（8.4），（8.5）を用いて以下のように求められる。粒子の半径方向の終末速度は

$$v_t = \frac{dr}{dt} = v_g \frac{r\omega^2}{g} \tag{8.7}$$

で与えられ，一方液体の軸方向速度 u〔m/s〕は

$$u = \frac{dz}{dt} = \frac{Q}{\pi (r_2^2 - r_1^2)} \tag{8.8}$$

ただし，r_1, r_2〔m〕は回転軸から液表面，および回転円筒管壁までの距離である。分離されるためには液体が円筒上部から出るまでに，粒子が管壁に達しなければならないので，式（8.7），（8.8）からdtを消去し境界条件$z=0$で$r=r_1$, $z=Z$で$r=r_2$を用いて積分すれば

$$Q = v_g \frac{\pi Z (r_2^2 - r_1^2) \omega^2}{g \ln \frac{r_2}{r_1}} \tag{8.9}$$

一般にこのような形式の遠心機では液体が距離Zを線速度uで移動する間に，粒子がこの装置のせき高さHを沈降すれば分離されると考えられるので

$$\frac{H}{v_t} < \frac{Z}{u}$$

の関係が満たされればよい。遠心力場における終末速度v_tが重力場のv_gのn倍であるとし，また右辺に流れ断面積を乗ずれば

$$\frac{H}{nv_g} < \frac{V}{Q}$$

ここでVは遠心機内液体積である。したがって，Qの最大値は

$$Q = \frac{nv_g V}{H} = v_g \frac{nV}{H}$$

nV/Hは遠心沈降面積と呼ばれ，この遠心機と同等の重力場における沈降面積を示す。遠心機の処理能力はこの遠心沈降面積によって評価できる[3]。（加藤滋雄）

8.2.2 濾過, 膜による分離
〔1〕濾過による菌体分離

酵素や生理活性物質を生産するバイオプロセスにおいては，微生物菌体を利用することが多い。目的物質が微生物の菌体内の場合は培養液からの菌体の回収が，菌体外に分泌される場合は菌体の除去が，バイオプロダクトの分離精製の第一段階に必要となる。培養液の液量はその後の分離精製プロセスでの取り扱う液量と比較して大きいため，迅速かつ省エネルギー的な菌体分離法が必要である。菌体分離には遠心分離法も用いられているが，微生物と液体の密度の差は小さく，粒子径も小さいため，高い回転速度が必要となる。また，高分子多糖の発酵液など，培養液の粘度が高い場合は遠心分離が非常に困難となる。濾過による分離では適切な濾過助剤や分離膜を用いることにより効率的な菌体分離が可能である[4]。

濾過には微粒子を分離するための濾材が必要である。濾材には，濾布，不織布，濾紙，セラミック膜，高分子膜などが用いられる。ただし，濾布などは単独では微粒子が漏出する場合があるので，あらかじめ，濾過助剤でプリコートする場合が多い。それに対して高分子濾過膜では，狭い孔径分布の膜孔を有するため，膜のみで高度な分離が可能である。

図8.3に示すように濾過の進行とともに濾材表面に粒子が堆積する。この粒子層をケーク（濾滓）といい，ケークが濾過の抵抗の主たる原因になるような濾過をケーク濾過という。濾過法は一定圧力で行う定圧濾過と一定速度で行う定速濾過があるが，本項では定圧濾過を取り扱う。

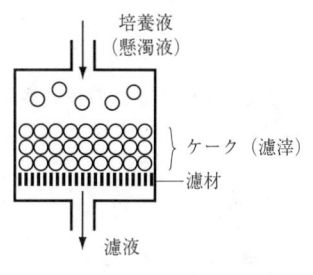

図8.3 ケーク濾過

時間t〔s〕における濾液の体積をV〔m³〕とすると，体積濾過速度F〔m³/s〕$= dV/dt$は濾過面積A〔m²〕に比例することが知られている。濾過膜や濾過の操作条件を検討するときには単位濾過面積当りの体積濾過速度，すなわち，体積透過流束J〔m³/(m²·s)〕$= F/A = (1/A)dV/dt$が評価されることが多い。濾過の対象が非圧縮性の場合，Jは濾過圧力（膜間圧力差）ΔP〔Pa〕に比例し，濾液の粘度μ〔Pa·s〕に反比例する。そのため

$$J = \frac{\Delta P}{\mu R} \tag{8.10}$$

と表される。ここでR〔m⁻¹〕は濾過抵抗である。Rはさらに濾材の濾過抵抗R_m〔m⁻¹〕と濾過により濾材表面上に生じたケーク（粒子層）の濾過抵抗R_c〔m⁻¹〕とに分けられる。

$$R = R_m + R_c \tag{8.11}$$

なお，濾過の進行とともにある濾材が目詰まりしてR_mが増加するとき，R_mは変化しないとして，濾材の目詰まり抵抗R_p〔m⁻¹〕を考え

$$R = R_m + R_p + R_c \tag{8.12}$$

と取り扱う場合もある。R_cは単位濾過面積当りのケーク質量（ここでは湿潤質量で取り扱う）w〔kg/m²〕に比例するため，その比例係数をα〔m/kg〕とすると

$$R_c = \alpha w \tag{8.13}$$

となる。αは比抵抗と呼ばれる。式（8.10），（8.11）および式（8.13）により，単位面積当りのケークの

質量がwのときの透過流束は

$$J = \frac{\Delta P}{\mu(R_m + \alpha w)} \tag{8.14}$$

となる。

また、湿潤質量基準の菌体濃度をC [kg/m³]、培養液の密度をρ_s [kg/m³]、濾液の密度をρ_p [kg/m³]、単位濾過面積当りの濾液量をv [m] ($= V/A$)とすると

$$w = \frac{\rho_p C v}{\rho_s - C} \tag{8.15}$$

$$J = \frac{dv}{dt} \tag{8.16}$$

となる。

つぎに透過流束および濾液量の時間経過を考える。式 (8.15) より、ケーク層の増加速度dw/dt [kg/(m²·s)]は

$$\frac{dw}{dt} = \frac{\rho_p C J}{\rho_s - C} \tag{8.17}$$

式 (8.14) に示したJを代入すると

$$\frac{dw}{dt} = \frac{\rho_p C}{\rho_s - C} \frac{\Delta P}{\mu(R_m + \alpha w)} \tag{8.18}$$

この微分方程式を$t = 0$のとき$w = 0$の初期条件で解くと

$$w = \frac{\sqrt{R_m^2 + \frac{2\alpha \rho_p C}{\rho_s - C} \frac{\Delta P}{\mu} t} - R_m}{\alpha} \tag{8.19}$$

となる。式 (8.14) および式 (8.19) より

$$J = \frac{\Delta P}{\mu \sqrt{R_m^2 + \frac{2\alpha \rho_p C}{\rho_s - C} \frac{\Delta P}{\mu} t}} \tag{8.20}$$

である。また、式 (8.15) および式 (8.19) から

$$v = \frac{\rho_s - C}{\alpha \rho_p C} \left\{ \sqrt{R_m^2 + \frac{2\alpha \rho_p C}{\rho_s - C} \frac{\Delta P}{\mu} t} - R_m \right\} \tag{8.21}$$

$$t = \frac{(\rho_s - C)\mu}{2\alpha \rho_p C \Delta P} \left\{ \left(\frac{\alpha \rho_p C}{\rho_s - C} v + R_m \right)^2 - R_m^2 \right\} \tag{8.22}$$

となる。濾材の目詰まりが少ないとき、式 (8.22) を用いると定圧濾過により、体積V ($= vA$) の濾液を得るために必要な時間を予測することができる。式 (8.22) 中の$\{\alpha \rho_p C/(\rho_s - C)\} v$は式 (8.13) および式 (8.15) より、R_cに等しいことが示される。濾過初期を除くと$R_m \ll R_c$であるから

$$R_m \ll \frac{\alpha \rho_p C}{\rho_s - C} v \tag{8.23}$$

である。さらに、菌体濃度が低く、かつ、培養液と濾液の密度がほぼ等しいときは

$$\rho_s - C \approx \rho_s \approx \rho_p \tag{8.24}$$

とみなせる。式 (8.23) および式 (8.24) を用いると、式 (8.22) は

$$t = \frac{\mu \alpha C}{2\Delta P} v^2 = \frac{\mu \alpha C}{2\Delta P} \frac{V^2}{A^2} \tag{8.25}$$

と近似できる[1]。

比抵抗αの測定方法には定常状態法と非定常状態法がある。定常状態法では一定量の培養液を濾過した後、濾材上にケークを形成させたあと、0.9% NaCl 溶液などを透過させて透過流束を測定し、式 (8.14) より計算する。非定常状態法では式 (8.21) を変形して得られる

$$\frac{t}{v} = \frac{\mu \alpha \rho_p C}{2\Delta P(\rho_s - C)} v + \frac{\mu R_m}{\Delta P} \tag{8.26}$$

を利用して、濾液量の経時変化からt/vとvのグラフを書き、グラフの勾配からαを計算する。

一般に菌体のケークは圧縮性であり、比抵抗αは圧力依存性を示す。比抵抗の圧力依存性は

$$\alpha = \alpha_1 \Delta P^n \tag{8.27}$$

$$\alpha = \alpha_0 (1 + \beta P) \tag{8.28}$$

$$\alpha = \alpha_0 (1 + \beta P^n) \tag{8.29}$$

などと表されるが、式 (8.27) が用いられることが多い。式 (8.27) のnは圧縮性指数と呼ばれる。**表8.1**に菌体層(菌体のケーク)の比抵抗と圧縮性指数を示す[5]〜[8]。小さな細菌は酵母と比較して比抵抗が高い。また、棒状の桿菌の比抵抗は楕円状の菌体と比較して圧縮性が高い。培養条件(培地、培養時間など)によっても菌体の比抵抗は変化する。プルラン生産酵母は高分子多糖プルランを生産するときには細胞壁が変化して、比抵抗や圧縮性が著しく高くなる[8]。

式 (8.14) および式 (8.27) より$R_m \ll \alpha w$のとき

$$J = \frac{\Delta P}{\mu \alpha w} = \frac{(\Delta P)^{1-n}}{\mu \alpha_1 w} \tag{8.30}$$

表8.1 微生物菌体層の比抵抗の例

微生物	大きさ [μm]	50 kPaのときの比抵抗 [m/kg]	圧縮性指数 [-]
細菌(楕円)	1	10^{13}	0.6
細菌(桿菌)	0.5φ×3〜6	10^{12}〜10^{14}	0.8〜1.2
酵母(卵形)	5	2〜5×10^{11}	0.3〜0.5
酵母(高分子多糖生産時)	5	10^{15}	1

[Tanaka, T., et al.: *J. Ferment. Bioeng.*, **78**, 455 (1994), Tanaka, T., et al.: *J. Chem. Eng. Japan*, **29**, 973 (1996), Tanaka, T., et al.: *Sep. Sci. Technol.*, **32**, 1885 (1997), Yamasaki, H., et al.: *Appl. Microbiol. Biotechnol.*, **39**, 26 (1993)]

となり，$0.8 < n \leq 1$ ではΔPを高めても透過流束はほとんど高くならず，$n > 1$ではΔPを高めると（濾過の初期を除いて）逆に透過流束が低下することになる。

高い圧縮性の問題を解決するために，二つの手法がとられている。一つは濾過助剤を使う方法であり，もう一つはクロスフロー濾過による菌体分離である。後者は〔2〕で述べる。

濾過助剤は濾過抵抗の低減や，濾材の目詰まり防止，濾液の清澄度の向上を目的として用いられている。珪藻土（珪藻の化石），パーライト（ガラス質火山岩），セルロースなどが加工されて用いられているが，特に珪藻土を焼成，粉砕後，分級したものがよく用いられている[9), 10)]。先に述べたように濾過助剤は目の粗い濾材の分離性能を高めるためにプリコート材としても用いられる。また，培養液に添加することにより，圧縮性の低いケークを形成することが可能となる。これをボディーフィード法と呼ぶ。図8.4に示すように濾過助剤を添加すると，透過流束が10〜100倍に高められた。

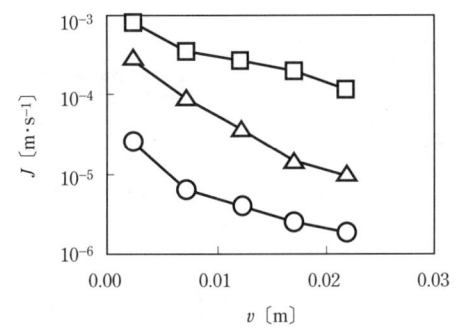

○：0.0 kg-dry/m³　△：3.2 kg-dry/m³　□：16.2 kg-dry/m培養液：*Lactobacillus delbrueckii* in MRS medium (8.2 kg-wet/m³)；濾過助剤（Celite® No. 500, Celite Co.）

図8.4　桿菌培養液の精密濾過における珪藻土系濾過助剤の添加効果

また，回転ドラム型濾過装置の濾材表面にあらかじめ濾過助剤をプリコートしておき，菌体などの粒子をこの助剤層に目詰まりさせて濾過を行う方法がある。この方法では，目詰まりした濾過助剤層の表面をナイフを用いて連続的にかきとることにより，目詰まりしていない濾過面を出現させ，高い濾過速度を維持する。

〔2〕 膜による菌体分離

濾過助剤を使用せずに分離膜のみで高い濾過速度（透過流束）を得る方法としてクロスフロー濾過法が用いられている（図8.5）。クロスフロー濾過法は膜面に平行に粒子懸濁液を送液することにより，膜面上

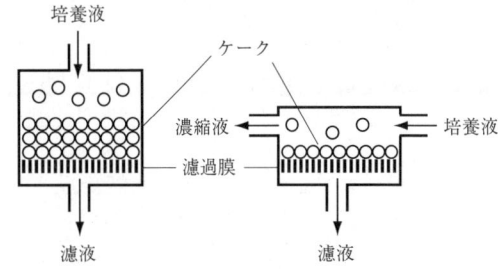

（a）デッドエンド型濾過法　（b）クロスフロー濾過法

図8.5　デッドエンド型濾過法とクロスフロー濾過法の形式

に剪断応力を生じさせ，濾過ケークの形成を抑制して高い濾過速度を得る方法である。従来の濾過法はクロスフロー濾過と対比する場合はデッドエンド型濾過と呼ばれる。

クロスフロー濾過においては膜モジュールを1回通過した場合だけでは濃縮が不十分な場合が多い。そのため，図8.6に示すように濃縮液を循環させて濾過を行う。クロスフロー濾過用のモジュールとしては平膜，管状膜，中空糸膜などが開発されているが，それぞれの特徴を理解して選択する必要がある（表8.2）。分離膜の材質には高分子とセラミックのものが多い。セラミック製の膜は逆洗（後述）や薬液洗浄に対して耐性が高いが，高分子製の膜と比較して脆い傾向がある。

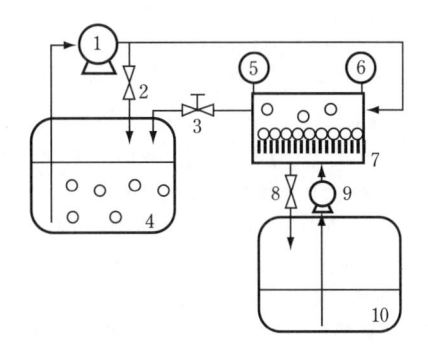

1：ポンプ，2：バイパス弁，3：調圧弁，4：培養液貯留槽，5, 6：圧力計，7：膜モジュール，8：濾液弁，9：逆洗用ポンプ，10：濾液貯留槽

図8.6　クロスフロー濾過のモジュールと周辺装置

クロスフロー濾過においても若干のケークが形成される場合がある。このケークの形成過程の解明については多くの研究がある[8)]が，実用的にはケーク表面で粒子が剪断応力によりはぎ取られる速度として「リフト速度」v_L〔m/s〕を考えて，v_Lの剪断応力τ〔Pa〕

表 8.2 クロスフロー濾過用モジュールの例

モジュール	膜の材質	利 点	欠 点
平 膜	高分子, セラミック	流路内の詰まりが少ない。	単位体積当りの濾過面積が小さい。
管 状	高分子, セラミック	流路内の詰まりが少ない。	単位体積当りの濾過面積が小さい。
中空糸 (内圧型)	高分子	単位体積当りの濾過面積が大きい。	高濃度では流路が詰まりやすい。
中空糸 (外圧型)	高分子	単位体積当りの濾過面積が大きい。流路内の詰まりが少ない。	剪断応力を高くしにくい。
回転円盤型	セラミック	ポンプ用の電力コストが低い。	装置のコストが高い。

〔海野 肇, 中西一弘, 白神直弘:生物化学工学, p. 172, 講談社サイエンティフィク (1992), Belfort, G., et al.: *J. Membr. Sci.*, **96** (1) (1994), 松本幹治監修:ユーザーのための実用膜分離技術, p. 14, 日刊工業新聞社 (1996)〕

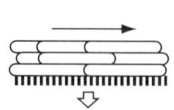

(a) 剪断応力が低い場合　(b) 剪断応力が高い場合

図 8.7　桿菌のクロスフロー濾過におけるケークの構造

や粒子濃度（菌体濃度）C への依存性を考えると便利である。リフト速度を考慮するとケークの形成速度 dw/dt は

$$\frac{dw}{dt} = \frac{\rho_p C}{\rho_s - C}(J - v_L) \tag{8.31}$$

となる。リフト速度は濾液を培養液貯留槽に戻して，菌体濃度一定の条件で濾過した場合の定常透過流束と一致するため，実験的に求められる。ケーク表面に作用する剪断応力は，培養液の送液速度，流路幅，流路厚み，ケークの厚み，および培養液の粘度から計算できる。球状の粒子（酵母菌体など）の研究例では v_L は

$$v_L = k C^a \tau^b \tag{8.32}$$

と表せて，$a = -0.3$，$b = 0.7$ 程度である[7),11)]。〔1〕と同様に式 (8.14) を式 (8.31) に代入してできる微分方程式を $t = 0$ のとき $w = 0$ の初期条件で解くと，透過流束の変化が求められる。ただし，ケークの形成により剪断応力が増加（有効な流路厚みが減少するため）し，また，濃縮により菌体濃度が増加するため，ルンゲ・クッタ法などを用いて数値的に解く必要がある[7)]。

酵母のような球菌の培養液の場合，培養液の送液速度を高めると剪断応力が高くなり，ケークの形成が抑制されて高い透過速度が得られる。膜間圧力差を高くすると初期の透過流束は高くなるが，ケークの形成が促進されるため，急速に透過流束は低下する[4)]。

菌体の形状が細長い桿菌の場合，剪断応力が高いと菌体が整列することにより，密なケークを形成する場合がある（図 8.7）。この場合，ケークの比抵抗が増加するため，ケークの量は減少しても透過流束は増加

しない[5),6)]。

また，微生物の培養液には菌体以外に培地由来の微粒子（糖蜜中の粒子や蒸気滅菌の際に生じた無機塩の凝集物）や高分子（多糖，タンパク質），界面活性剤（消泡剤など）のミセルが含まれることも多い。これらの場合，剪断応力により菌体の膜面への付着が抑制されても，ケークの表面に微粒子や高分子凝集物の密な薄層が形成される。この薄層の濾過抵抗がきわめて大きいため，透過流束は式 (8.31) から予測される値よりも著しく低くなる[13),14)]（図 8.8）。高分子は膜内部へも付着する[11)]。

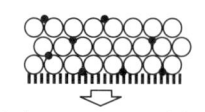

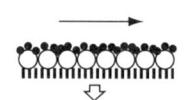

(a) デッドエンド型濾過　(b) クロスフロー濾過

図 8.8　培地由来の微粒子を含む培養液の濾過

以上のようにクロスフロー濾過でも透過流束が低下する現象が見られる。低下が著しい場合，定期的に濾過膜の逆洗が行われる。図 8.9 のように透過液の一部をポンプで逆流させて逆洗を行う場合と，圧搾空気を用いて逆洗を行う場合がある。濾過膜の材料としては高分子膜よりもセラミック膜の方が，逆圧に耐性がある。逆洗を行う場合は回復後の濾過初期の高い透過流束を利用する。一般に濾過初期においては $J \gg v_L$ であるため，式 (8.31) はデッドエンド型濾過の式 (8.17) で近似できる。濾過と逆洗を同一条件で繰り返し行うとき，1 周期における濾過時間を t_1 〔s〕，濾過時間の間に透過した単位膜面積当りの濾過液量を v_f 〔m〕，逆洗時間を t_2 〔s〕，単位膜面積当りの逆洗液量を v_b 〔m〕とする。逆洗によりケークおよび膜の目詰まりが完全に除去できた場合，平均の透過流束 J_{ave} 〔m/s〕は

$$J_{ave} = \frac{v_f - v_b}{t_1 + t_2} \tag{8.33}$$

となる。v_f を式 (8.22) で計算することにより

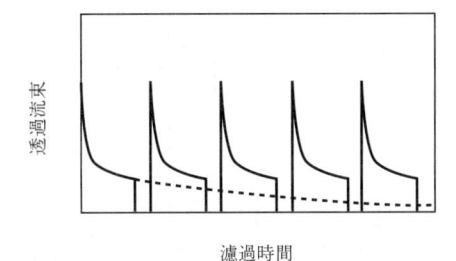

図8.9 逆洗法による透過流束の回復

$$J_{ave} = \frac{1}{t_1+t_2}\left[\frac{\rho_s-C}{\alpha\rho_p C}\left\{\sqrt{R_m^2 + \frac{2\alpha\rho_p C}{\rho_s-C}\frac{\Delta P}{\mu}t_1} - R_m\right\} - v_b\right] \quad (8.34)$$

となる。

逆洗時には濾液弁を閉じるだけでなく,バイパス弁を開いて濾過モジュールへの送液を止め,濾過モジュール内の圧力を開放したのち,逆洗を行うと低圧での逆洗が可能である。この場合,逆洗後,バイパス弁を閉じてケークを膜面から洗い流した後,濾液弁を開いて濾過を再開する[6),13)]。近年,バックパルスィング法と呼ばれる,逆洗の周期が 2 s 程度ときわめて短い間隔で行う方法も開発されている[15)]。いずれの逆洗法の場合でも膜間圧力差,逆洗の間隔,逆洗の液量,送液速度(高いほど逆洗時のケークの剥離に有利)を培養液に合わせて最適化する必要がある。　(田中孝明)

8.2.3　菌体破砕法

菌体内に目的成分が存在するときは,これを取り出すために菌体を破砕しなければならない。目的成分は細胞質やペリプラズム中に溶解して存在する場合と,膜結合タンパク質や不溶性の顆粒(インクルージョンボディ)として存在する場合がある。後者では界面活性剤や変性剤を用いる可溶化の操作が必要となる。

菌体破砕法は機械的破砕法と非機械的破砕法に大別され,表8.3に示すような方法があるが,スケールアップの困難なものが多い。一般に非機械的方法のほうが細胞に与える影響が穏和である。動物細胞は細胞壁を持たず,低剪断力の下や,浸透圧変化で破砕されるが,細菌類や植物細胞は細胞壁を有し,高剪断力やビーズミルなどで破砕する必要がある。実験室的には超音波破砕やワーリングブレンダーが用いられるが,大規模に実施することは困難で,工業的にはビーズミルや高圧破砕(フレンチプレス)等が採用される。いずれの方法においても,目的物が菌体から十分抽出され

表8.3　菌体破砕法

方　法	処理法
(機械的方法)	
ワーリングブレンダー	回転刃で切断破砕
超音波	超音波による振動で破壊
ビーズミル	ガラスビーズなどとともに摩砕
高圧破砕	高圧菌体懸濁液をバルブを通して急激に減圧し膨張破砕
(非機械的方法)	
浸透圧ショック	菌体を低張液中に投入し膜破壊
凍結融解	凍結と融解の繰返しで膜破壊
酵素法	リゾチームなどの細胞壁溶解酵素による細胞壁溶解
化学的溶解法	界面活性剤,アルカリ,有機溶媒などによる細胞溶解

るとともに,目的物の失活等の起こらない方法,条件によらなければならない[16)]。

この後の破砕片(デブリ)の分離には菌体分離と同じく遠心分離,膜分離が用いられるが,菌体破砕条件などによっては大量の効率的処理が困難なことも多く,全体の分離プロセスのネックになる場合がある。分泌生産系ではこのような問題を避けることができる。
　　　　　　　　　　　　　　　　　(加藤滋雄)

引用・参考文献

1) 亀井三郎編:化学機械の理論と計算,p.457,産業図書(1975).
2) 日本生化学会編:タンパク質Ⅰ 分離・精製・性質(新生化学実験講座Ⅰ),p.131,東京化学同人(1990).
3) Wheelwright, S. M.: *Protein Purification*, p.73, Hanser (1991).
4) 海野 肇,中西一弘,白神直弘:生物化学工学,p.172,講談社サイエンティフィク(1992).
5) Tanaka, T., et al.: *J. Ferment. Bioeng.*, **78**, 455 (1994).
6) Tanaka, T., et al.: *J. Chem. Eng. Japan*, **29**, 973 (1996).
7) Tanaka, T., et al.: *Sep. Sci. Technol.*, **32**, 1885 (1997).
8) Yamasaki, H., et al.: *Appl. Microbiol. Biotechnol.*, **39**, 26 (1993).
9) 杉本泰治:濾過,p.265,地人書館(1992).
10) 化学工学会関東支部編:粒子・流体系分離工学の展開,p.38,化学工業社(1999).
11) Belfort, G., et al.: *J. Membr. Sci.*, **96**, 1 (1994).
12) 松本幹治監修:ユーザーのための実用膜分離技術,p.14,日刊工業新聞社(1996).
13) Tanaka, T., et al.: *Biotechnol. Bioeng.*, **43**, 1094

14) Tanaka, T., et al.: *Sep. Sci. Technol.*, **33**, 707 (1998).
15) Redkar, S. G., et al., *J. Membr. Sci.*, **121**, 229 (1996).
16) 日本生化学会編：タンパク質I 分離・精製・性質（新生化学実験講座I），p.7，東京化学同人 (1990).

8.3 濃縮と粗分画

8.3.1 沈殿分離

沈殿法は，バイオプロダクトの代表的分離精製法の一つである。沈殿法は精製の第1段階，すなわち種々のクロマトグラフィーの前処理として行われており，主として核酸の分離と2～4倍のタンパク質の精製および濃縮が目的とされている。ただし，クロマトグラフィーは高価であること，タンパク質が変性することもある[1]ことから，工業的にいつも採用できるとは限らない。目的タンパク質の用途，生産量と価格，および要求される純度などを考慮して，沈殿法も含めて，それに適した分離精製法を採用することが必要である。沈殿法の優れた特徴の一つは，目的タンパク質の「分離」と同時に「濃縮」ができることである。

図8.10に，クロマトグラフィーを一切用いずに，沈殿法（晶析法）のみで，タンパク質加水分解酵素サブチリシンを，結晶として精製・回収することに成功した例を示す[2]。限外濾過によって濃縮した40～100 g/lの酵素液に，無機塩を沈殿剤として添加することによって結晶を得ている。また，溶液重量に対して10％以下の種晶を添加することによって結晶回収までの時間を40時間から18時間に短縮している。図8.11は，80 g/lのサブチリシン溶液に対して，塩化カルシウムあるいは塩化ナトリウムを沈殿剤に用いたときのサブチリシン回収率を示したものである[2]。塩化ナトリウムのほうが，広い範囲内で高回収率が得られている。図8.10に示したプロセスの特徴は，つぎのとおりである。① 環境保護の立場から，硫安を用いない（工業的規模の操作ではこのような配慮も必要である）。② 低濃度の沈殿剤で結晶化できる。③ 結晶が得られる過飽和度の範囲が広い。④ 高収率・高生産性・高純度・低コストである。したがって，⑤ コントロールが容易でプロセスとしての信頼性が高い。このように，適切な条件さえ見つければ，沈殿法で工業的規模のタンパク質を結晶として回収できることがわかる。また，沈殿法の精製度が上がれば，後段のクロマトグラフィーの負担を小さくして，分離の段数を少なくすることも可能である。

ここでは，代表的な沈殿法，すなわち① 塩溶・塩

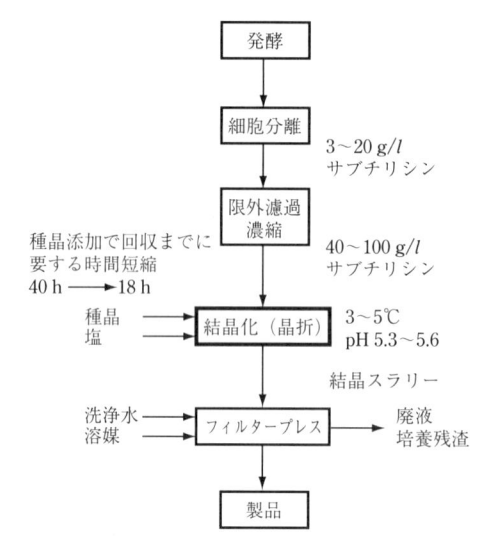

図8.10 沈殿法（晶析法）による酵素サブチリシンの精製

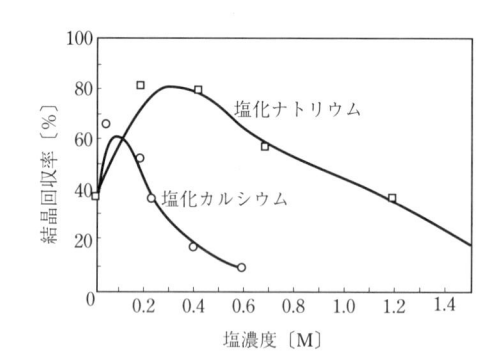

図8.11 塩化カルシウムあるいは塩化ナトリウムを沈殿剤に用いたときのサブチリシン回収率〔Becker, T. and Lawlis, V. B., Jr.: US Patent 5041377 (Aug. 20, 1991)〕

析法，② 有機溶媒法，および③ 非荷電ポリマー法について，その原理と手順を述べる。① の塩析法はタンパク質溶液に $(NH_4)_2SO_4$，Na_2SO_4 などの無機塩の粉末あるいは高濃度溶液を添加して目的タンパク質を過飽和状態にして析出させる方法である。② の有機溶媒法は，タンパク質溶液にアセトン，エタノールなどの有機溶媒を添加する方法である。③ の非荷電ポリマー法は，PEG，デキストランなどの電荷をもたない水溶性ポリマーを添加する方法である。これらの方法は，また，頻繁に用いられるタンパク質結晶化（単結晶調製）の手段でもある。

[1] 塩溶・塩析

タンパク質の溶解度は，共存する塩の濃度が低い場合には塩濃度の増大とともに増大し，塩濃度がさらに増大すると逆に減少する。前者を塩溶，後者を塩析と

いう。

（a）メカニズム 塩溶は，タンパク質を単純なイオンとしてとらえてDebye–Hükel理論で表される非特異的な静電気的相互作用で起こる。水溶液中で電荷を有するタンパク質の表面には，それに電気的中性を保つように電気二重層が形成されている。電気二重層に重なりが生じるほど接近したタンパク質分子間には，重なりによる自由エネルギーの増加を解消するように反発力が働き，たがいの分子間距離を保っている。これに塩を添加すると電気二重層は薄くなり，二重層間の重なりが少なくなるため，タンパク質分子は接近できるようになる。すなわち，タンパク質の溶解度は増大する。塩濃度がさらに高くなると，二重層はさらに薄くなり，タンパク質の電荷は反対イオンによって極度に遮蔽され，タンパク質分子はあたかも中性の双極子のように振る舞うようになる。その結果タンパク質分子間の静電気的相互作用はさらに弱くなり，タンパク質分子に拘束される水の分子数も減少する。すなわち，溶解度はさらに増大する。しかし，これらの静電気的相互作用による塩溶の効果は常につぎに述べる塩析の効果と拮抗しており，塩濃度の増大とともに塩溶から塩析へと移行する。

塩析は，塩がタンパク質を溶解している水を取り去ることによって起こると理解されている。タンパク質表面の疎水部近傍の水は，水分子間で結合してクラスレート（あるいは氷塊）と呼ばれる規則的な網目構造をつくり，疎水表面との間で界面を形成している。したがって，タンパク質表面の疎水部は水構造体が形成する隙間（キャビティ，かご）に入っていると理解できる。すなわち疎水的構造化による水の熱力学的不利（エントロピーの減少）が余儀なくされている。塩を添加することによってタンパク質の溶媒（水）が少なくなると，タンパク質分子は熱力学的不利を解消するように，すなわち，疎水表面が少なくなるように凝集し，沈殿を形成する。このような疎水性親和力による凝集，水の構造化の解消という過程のエンタルピーおよびエントロピー変化はいずれも正（$\Delta H>0$，$\Delta S>0$）であり，高温ほど凝集しやすいと考えられる。事実，硫安存在下のカゼインの溶解度は，4℃よりも25℃のほうが小さい[3]。

Hofmeisterは，卵白グロブリンの塩析を通じて種々のイオンに塩析能力の違いがあることを見出し，その順（Hofmeister系列）［SO_4^{2-}＞HPO_4^{2-}＞CH_3COO^-＞$citrate^{3-}$＞$tartrate^{2-}$＞HCO_3^-＞CrO_3^-＞Cl^-＞NO_3^-＞ClO_3^-；Li^+＞Na^+＞K^+＞NH_4^+＞Mg^{2+}；（陰イオン＞陽イオン）］を決定した[4]。

塩析法は，単結晶生成のためにも多用される。タンパク質溶液に添加するイオンの種類によって生成する結晶系が異なる場合があり，卵白リゾチームの場合は，SCN^-およびNO_3^-下では単斜晶系，Cl^-（Na^+，K^+，NH_4^+，Mg^{2+}），NH_4（$OCOCH_3$），およびNaH_2PO_4下で正方晶系であった[5]。

（b）タンパク質の溶解度 塩析領域におけるタンパク質の溶解度はCohnの経験式[6]

$$\log w = a - K_s \Gamma \qquad (8.35)$$

で表される場合が多い。ここでwは溶解度，aは切片，Γはイオン強度，K_sは塩析係数である。Green[7]は，塩析領域のみならず塩溶領域も同時に表せる経験式

$$\log w = \log w_0 + K_i \sqrt{C} - K_s C \qquad (8.36)$$

を得た。w_0は純水での溶解度，Cは塩濃度，K_iは塩溶係数である。

（c）方　法 塩析には，まず適切な塩を選ばなければならない。塩析効果が大きな塩は，前述のとおりであるが，それらのなかでも，実験室規模の10倍もの規模の塩析にはつぎのことにも配慮しなければならない。①安価な塩を選ぶ。②沈殿生成後の遠心分離を容易にするために溶液の密度と沈殿の密度の差が大きくなる塩を選ぶ。タンパク質の沈殿は多くの水を含むためその比重は小さい。硫酸アンモニウムの飽和溶解度は43.3 wt%（約4 M）で，その比重は1.235 g/cm^{3}であるので，比重が1.3程度のタンパク質沈殿の分離に使用できる。それ以下の比重のタンパク質の分離は，硫酸アンモニウム濃度を低くするか，他の塩を用いなければならない。③タンパク質の溶解度変化を大きくできるように，溶解度が大きい塩を用いる。また，④5～30℃で塩自身の溶解度の温度依存性が小さい塩が好ましい。これらの要求を満たす塩として硫酸アンモニウム（$(NH_4)_2SO_4$）が頻繁に用いられる。しかし，硫酸アンモニウムは，pH 8.0以上では緩衝作用が大きくなるので使用できない。そのような場合は，クエン酸ナトリウムが使用できる。ただし，クエン酸ナトリウムも緩衝作用のために，pH 7.0以下では使用できない。硫酸ナトリウム（Na_2SO_4）も塩析係数が大きく，塩析に適しているが，低温では溶解度が低いのが難点である（25℃で21.9 wt%）。

（d）塩析の実用操作 細胞（微生物など）の培養液あるいは細胞破砕液には，目的タンパク質のほかに無数ともいえるタンパク質や核酸などの生体高分子が含まれている。共存するタンパク質の溶解度曲線が目的のタンパク質のそれと重なっている場合も十分考えられる。一般的には，つぎのような注意が必要である。

（1）目的とするタンパク質の溶解度が純物質のそれとは異なる場合がある。共存物質が目的タンパク質

と静電気的あるいは疎水的相互作用で非特異的に結合するためである。

(2) 溶液の初期濃度が高いほど所定塩濃度における溶解度が高くなる傾向にある[8]。目的タンパク質が共存タンパク質の沈殿に巻き込まれるためである。

(3) 沈殿剤とタンパク質溶液の接触の仕方（攪拌速度の大小，沈殿剤の形態（溶液・結晶），回分式か連続式かなどによって，溶解度が異なる[9]。操作条件によって析出する粒子の大きさが異なり，微小な粒子が析出した場合には沈殿せずに液相に残るためである。

(4) イオン強度を上げる速さによってタンパク質が析出してくるイオン強度が異なり，イオン強度増大速度が大きいほど高イオン強度で析出する[10]。沈殿生成速度は，溶液の履歴（沈殿する瞬間までのタンパク質溶液の濃度，温度，pH，イオン強度，およびそれらの変化経路ならびに変化の速さ）に依存しているためである。これらの現象は見かけの溶解度変化を引き起こし，目的のタンパク質のみで得られた溶解度曲線は，そのままでは培養液からのタンパク質の分離には使えず，さらには，ビーカーなど実機以外の晶析槽で得られた溶解度曲線も実操作には役に立たないことになる。

Richardsonら[8]は，実際に分離精製の対象とする溶液について溶解度を測定し，沈殿物の純度と収率を精製係数P_fで評価する方法を提案している。まず，目的のタンパク質と全タンパク質の溶解度曲線を求める。目的のタンパク質が酵素である場合にはその溶解度は酵素活性で表せばよい。一例として培養液中のアルコール脱水素酵素（ADH）を硫安分画する場合の溶解度曲線を図8.12[8]に示す。つぎに，溶解度曲線から図8.13に示すような分画線図を作成する。図8.13では溶解度から得られる平衡曲線（B-E）に二点分画で目的タンパク質を切り出す場合の操作直線（C-D）を重ねてある。ここで，精製係数P_fを

$$P_f = \frac{E_1 - E_2}{P_1 - P_2} \quad (8.37)$$

と定義する。目的タンパク質の収率Yは

$$Y = E_1 - E_2 \quad (8.38)$$

で表される。所定の収率Yあるいは精製係数P_fのもとで他方を最大にするように分画点C，Dを決める。図8.13には図8.12のADHの例を同時に示した。収率90%で$P_f = 3.1$（操作線G-H），収率100%で$P_f = 2.5$（操作線G-I）である。この例では，初期溶液のADH活性は11.7 U/mgであり，純粋ADHの活性は450 U/mgであったので，収率90%の場合，一段の塩析操作で最大可能な精製度（$P_f = 38$に相当）の8.2%ま

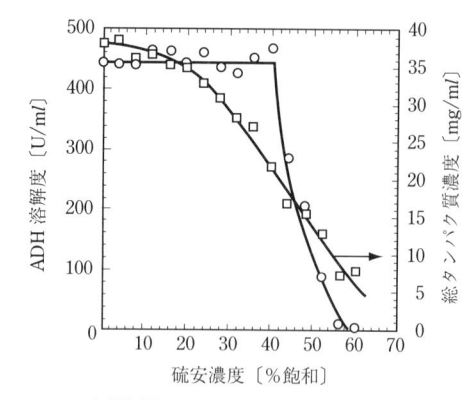

図8.12 アルコール脱水素酵素（ADH）と総タンパク質の溶解度〔Richardson, P., Hoare, M. and Dunnill, P.: *Biotechnol. Bioeng.*, **36**, 354 (1990)〕

ADH初期活性444 U/ml，総タンパク質初期濃度38.1 mg/ml，pH 5.9，5.0℃

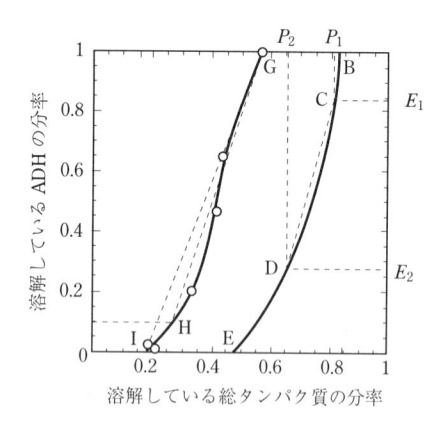

図8.13 塩析分画線図：原理とアルコール脱水素酵素（ADH）の例（○：実験値）〔Richardson, P., Hoare, M. and Dunnill, P.: *Biotechnol. Bioeng.*, **36**, 354 (1990)〕

で精製できることになる。

〔2〕 有機溶媒法

水と均一相を形成して溶解する有機溶媒をタンパク質溶液に添加するとタンパク質は沈殿する。有機溶媒としては，エタノールとアセトンが一般的である。DMSOを用いるのもよい。DMSOの最大の利点は，10℃以下ならばタンパク質の変性が少ないことである[11]。ただし，溶解熱は大きい。

(a) メカニズム この沈殿形成の推進力は，タンパク質分子間の静電気的親和力と双極子ファンデルワールス力である。これらは，溶媒の誘電率によって変化する。タンパク質溶液にエタノール，アセトンなどの有機溶媒を添加すると，タンパク質表面の疎水性部分で構造化していた水が有機溶媒に置き換わる。こ

れはタンパク質の溶解度が増す方向に作用するが，親水性部分の溶解度が減少して局部的静電気的親和力が働くため，結果としてタンパク質の溶解度は減少することになる。

(b) 方　法　一般的方法はつぎのとおりである[12), 13)]。① タンパク質が変性しないように低温（0℃以下）で行う。低温ほど回収率が高い。また，有機溶媒の溶解熱による温度の上昇に注意する。② タンパク質濃度は，$5\sim30$ mg/ml とする。③ タンパク質分子間の静電気的親和力と双極子ファンデルワールス力が沈殿生成の推進力であるため，等電点近傍で行う（等電点から離れると静電気的斥力が大きくなる）。このとき，タンパク質分子表面に電荷が多いもの（例えば分子量の大きなタンパク質）ほど分子間で局部的静電気的相互作用が働く機会が多くなるので，低濃度の有機溶媒で析出する。④ タンパク質溶液のイオン強度が小さい場合には，析出するタンパク質沈殿の粒子径が小さく，後の遠心分離を困難にする。一方，イオン強度を大きくすると，タンパク質分子間の静電気的相互作用が抑制されるため，タンパク質を析出させるのに多量の有機溶媒を必要とするようになる。したがって，溶液のイオン強度を過度に大きくしないほうがよい。イオン強度 $0.05\sim0.2$ mol/l が適当である。⑤ 遠心分離後，緩衝液に再溶解する。その際，必要最小限量の緩衝液を用いる（遠心分離後の回収液のおおよそ2，3倍量）。

有機溶媒による実用的分画についても，塩析で示したRichardsonら[8)]の操作法（図 8.13）が適用できる。

〔3〕非荷電ポリマー法

タンパク質溶液に非荷電ポリマー（例えば，ポリエチレングリコール（PEG））を添加する，あるいは非荷電性ポリマーを含むタンパク質溶液から溶媒（水）を蒸発させると，タンパク質が沈殿する。特にタンパク質の単結晶を調製する場合に多用される方法である。非荷電ポリマーには，分子量 $0.4\sim8$ kDaのPEGおよび分子量 $10\sim160$ kDaのデキストランがある。

(a) メカニズム　非荷電水溶性ポリマーによるタンパク質の沈殿生成のメカニズムは，ポリマーの体積排除効果（立体障害効果）[14)]によるものであると理解されている。体積排除効果はつぎのように説明される。タンパク質分子どうしが水溶性ポリマーの直径よりも近い距離に近づくと，タンパク質分子間にあったポリマー分子は排除され，溶媒（水）のみが存在する領域ができる。この領域とポリマーが溶解している領域との間に浸透圧が働き，タンパク質分子どうしが押しつけられることになり，凝集する。

体積排除効果から予想されるように，この方法で得られるタンパク質沈殿（特に結晶）には沈殿剤（ポリマー）の混入が少ない。タンパク質の三次元構造を決定するための単結晶の調製で頻繁にこの方法が採用されるのは，水溶性ポリマーがタンパク質を変性させないということのほかに，沈殿剤の混入がないということが大きな利点となるためである。この利点を生かすには高分子量のポリマーを用いるのがよい。

(b) タンパク質の溶解度　非荷電ポリマー存在下のタンパク質の溶解度については，多くの実験的研究がある。それらの結果を整理すると一般的につぎの傾向がある[15)]。

(1) 溶解度の対数（$\log w$）とポリマー濃度との関係は塩析で認められたような負の勾配の直線で表される。ただし，ポリマー共存下のタンパク質の溶解度曲線をポリマー濃度ゼロに外挿して純水中の溶解度を見積もることはできない。これについては理論的検討も行われており，ポリマー濃度のいずれの領域においても溶解度曲線に直線性が認められるという確証はない。

(2) 大きなタンパク質は低ポリマー濃度で沈殿する。

(3) 添加するポリマーの濃度が同じ場合には，ポリマーの分子量が大きいほどタンパク質の溶解度は小さく，(1) の直線の傾きは負に大きくなる，すなわちポリマーの分子量が大きいほど低ポリマー濃度で，タンパク質の溶解度が急速に減少する。

(4) ポリマー共存下のタンパク質の溶解度は，溶液のpHが等電点に近いほど，また，イオン強度が大きいほど，小さい。

(5) タンパク質とポリマーとの間には，特異な化学的相互作用は存在しない。

(c) 方　法　PEGおよびデキストランの濃度は，それぞれ，$2\sim40$％，数％以下で行われる場合が多い。　　　　　　　　　　　　　　　（大嶋）

8.3.2 限外濾過

膜分離法は，逆浸透法，限外濾過法，精密濾過法，透析法，電気透析法，透過気化法の6種類に分類される。これらのなかでバイオプロセスにおいては，通常，逆浸透法（reverse osmosis：RO），限外濾過法（ultrafiltration：UF）および精密濾過法（microfiltration：MF）が利用される。ROは，塩類やアミノ酸などの低分子物質の分離濃縮に，UFはタンパク質や多糖などの高分子物質の分離濃縮に，またMFは微生物菌体や動植物細胞の分離濃縮に使用される。これらの膜分離法では，膜孔の分子ふるい効果（遮り効

果）により分離が行われるので，分離対象となる物質の大きさに応じて分離膜の孔径が異なる。RO膜の孔径を正確に測定することは困難であるが，有効細孔径は通常 0.5～5 nm 程度であり，UF膜は 5～200 nm（分画分子量：5 000～500 000），MF膜では 0.2～2 μm の膜孔径を有するという[16]。ROとUFは一般に溶液中に溶解している分子を分離濃縮することから分子レベルの膜分離であり，一方，MFは粒子状の物質の分離に適用される。バイオプロセスにおいては，これらの膜分離法を用いて，分子サイズの大きい物質から順次回収される。例えば，微生物の培養液から菌体外分泌酵素を調製する場合には，まずMFで培養液から菌体や固形状の培地成分などを除去する。濾液中にはタンパク質などの高分子物質が含まれる。続いて，濾液をUFで処理し，高分子物質を回収する。必要に応じて，さらにROを用いて，濾液から低分子物質を分離回収する場合もある。

本項では，代表的な分子レベルの膜分離法であるUFに着目して分離機構，装置，操作方法および膜のファウリングと膜洗浄について述べる。UFに関する取扱いは基本的にはROに対しても成立する。なお，MFに関しては，8.2.2項を参照されたい。

一般に，濾過の方式は原液と濾液をともに膜面に対して垂直な方向に流すデッドエンド型濾過と，原液の流れ方向が濾液の流れ方向に対して直角方向，すなわち原液を膜面に平行に流すクロスフロー濾過（十字流濾過）に大別される（8.2.2項，図8.5参照）が，UFではもっぱら後者のクロスフロー濾過方式がとられている。これは，膜面に形成される付着層の膜透過流に対する比抵抗が，菌体や粒子の場合に比較して著しく大きいので，付着層厚みを可能な限り薄くすることが必要なためである。

〔1〕 膜分離機構と膜透過流束
（a） 定常状態に達するまでの挙動　　1種類のタンパク質が溶解している水溶液をUFで分離濃縮することを考える。溶質がタンパク質以外の多糖などの高分子の場合の取扱いも同様である。UF膜の原液側に圧力をかけ，水溶液を膜面に対して水平方向に流すと，膜間の圧力差を駆動力として，膜面に直角方向に膜透過流が生じる。一般にタンパク質以外の低分子や溶媒の水分子は膜孔を透過するが，タンパク質は膜により阻止される。この状態での膜透過流束 J_V は次式で与えられる[16], [17]。

$$J_V = K_P(\Delta P - \sigma \Delta \Pi) \tag{8.39}$$

ここで，J_V は体積基準の膜透過流束〔m³/(m²·s)〕，ΔP は膜間圧力差〔Pa〕，$\Delta \Pi$ は浸透圧差〔Pa〕および σ は Staverman の反射率である。

ΔP は濾過膜を挟んで原液側の圧力 P_1 と濾液側の圧力 P_2 の差，$P_1 - P_2$ である。$\Delta \Pi$ も同様に原液中の浸透圧 Π_1 と濾液側の浸透圧 Π_2 の差，$\Pi_1 - \Pi_2$ である。σ は，膜孔を透過する溶質と膜との間の相互作用の程度を表す。膜孔がすべての溶質を阻止する場合には，σ は1である。一方，タンパク質を含むすべての溶質が膜を透過する場合の σ は0である。タンパク質の一部が膜により阻止され，一部が膜孔を通過して漏れる場合には，σ は0と1の間の値をとる。比例係数 K_P は，Darcyの透過係数〔m/(Pa·s)〕である。K_P の代わりに，膜の透過抵抗 R_m〔m⁻¹〕を用いると，J_V は

$$J_V = \frac{\Delta P - \sigma \Delta \Pi}{\mu R_m} \tag{8.40}$$

ここで，μ は膜透過液の粘度〔Pa·s〕である。

濾過が進行すると，図8.14(a)に示すように，膜面近傍でのタンパク質濃度が主流中の濃度よりも高くなる。この現象を濃度分極と呼ぶ。膜面近傍でのタンパク質の濃度が増加すると，$\Delta \Pi$ が大きくなるので有効膜間圧力差（$\Delta P - \sigma \Delta \Pi$）が小さくなり，膜透過流束が低下する。タンパク質や多糖のような高分子溶液の浸透圧は通常の条件では小さいが，濃度が高くなると無視できなくなる。

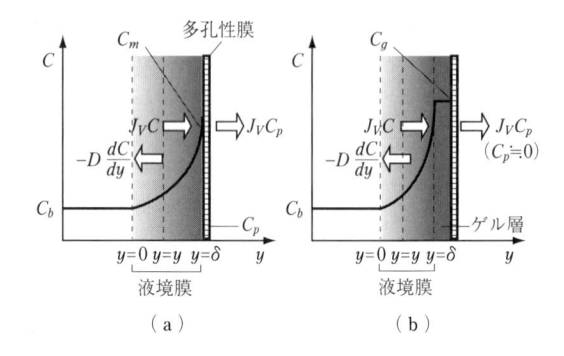

図8.14　膜近傍での溶質（タンパク質）の濃度分極（a）およびゲル層形成（b）における溶質（タンパク質）の濃度分布およびタンパク質の質量流束

濃度分極が形成された結果，タンパク質は，分子拡散により濃度分極層から主流中に向けて移動する。さらに，分子拡散に加えて膜面に平行な流れに基づく剪断応力により，タンパク質の剥離も起こる。膜面に直角な濾過流により移動する単位時間当りのタンパク質量と濃度分極層から主流中に向けて分子拡散する単位時間当りのタンパク質量が一致した時点で，定常状態が成立する。

（b） 定常膜透過流束　　(a)で述べたように，定

8.3 濃縮と粗分画

常状態においては，図8.14（a）に示す濃度境界層内の任意の位置に入ってくるタンパク質の移動量（物質流束）$J_V C$は，この位置から主流中への拡散流量$D(dC/dy)$と単位時間当りに膜から漏れる量$J_V C_p$の合計に等しい。この関係を式で表すと，つぎの式（8.41）となる。ただし，剪断応力によりはぎ取られるタンパク質量は考慮しない[17),18)]。

$$J_V C_p = J_V C - D\frac{dC}{dy} \quad (8.41)$$

ここで，Dはタンパク質の溶液中での拡散係数〔m^2/s〕，yは膜面に直角方向の距離〔m〕，C_pは濾液中の溶質濃度である。式（8.41）を，$y=0$で$C=C_b$，$y=\delta$（濃度境膜厚さ）で$C=C_m$（膜表面）の二つの境界条件のもとで解くと

$$J_V = k \cdot \ln\left(\frac{C_m - C_p}{C_b - C_p}\right) \quad (8.42)$$

kは液境膜物質移動係数〔m/s〕であり，D/δを表す。

式（8.42）中のC_pは膜固有の排除率$R_i = (C_m - C_p)/C_m$（溶液中に濃縮の対象となる溶質以外の高分子物質などが存在しない場合）により決まる。膜固有の排除率に対して，見かけの排除率は$R_a = (C_b - C_p)/C_b$で定義される。適切な膜孔を持つ膜を使用すれば，C_pは無視できる程度に低くすることができる。

（c） ゲル層の形成 操作圧力を高くすると，膜透過流束が増加するので，膜面上のタンパク質濃度C_mも増加する。しかし，C_mがある一定値よりも高くなると，溶質の溶解度を超えるので，膜面上で溶質が析出し，溶質濃度は一定となる。この状態の付着層を特にゲル層と呼ぶ（図8.14（b））。ゲル層の濃度をC_gで表し，$C_p \doteq 0$と近似できる場合には，式（8.42）は

$$J_V = k \cdot \ln\frac{C_g}{C_b} \quad (8.43)$$

となる。

タンパク質や多糖が変性・変質することにより，膜面上にゲル状の付着層が形成される場合も，膜透過流速は近似的に式（8.43）で説明される場合が多い。しかし，式（8.43）は基本的には，操作条件の変化に対して，J_Vが可逆的に変化することを前提としている点に留意する必要がある。不可逆的なゲル層の形成は，後述するようにファウリングと呼ばれている。

低分子物質は膜を自由に透過すると仮定すると，式（8.40）は次式となる。

$$J_V = \frac{\Delta P - \Delta\Pi}{\mu(R_m + R_g)} \quad (8.44)$$

ゲル層の湿潤質量基準の透過に対する平均比抵抗をα〔m/kg〕とすると，R_gは次式で与えられる。

$$R_g = \alpha w \quad (8.45)$$

ここで，wは膜単位面積当りの湿潤ゲル層の質量である。

（d） 境膜物質移動係数とゲル層濃度 境膜物質移動係数kを推算するための相関式は，伝熱係数との相似性に基づいて，下記の無次元式で整理される場合が多い。表8.4に相関式の一例を示す[16)~18)]。

表8.4 境膜物質移動係数kに対する相関式

円管（層流）	$Sh = \frac{kd}{D} = 1.62\left(Re\cdot Sc\cdot\frac{d}{l}\right)^{1/3}$	Graetz–Lévêqueの式
	$0.029d\cdot Re < l < \frac{0.2ud^2}{D}$	
矩形（層流）	$Sh = 1.85\left(Re\cdot Sc\cdot\frac{d_h}{l}\right)^{1/2}$ （ただし，d_h=水力学直径）	
	$Re\cdot Sc\cdot\frac{d_h}{l} > 100$	
円管（乱流）	$Sh = 0.023 Re^{4/5}\cdot Sc^{1/3}$	Chilton–Colburnの式
	$0.8 < Sc < 100$	
円管（乱流）	$Sh = 0.023 Re^{7/8}\cdot Sc^{1/4}$	Deislslerの式
	$0.5 < Sc < 3\,000$	

〔中村厚三：濃縮と乾燥（食品工学基礎講座6），（矢野俊正，桐栄良三監修），p.61，光琳（1989），中西一弘：バイオ生産物の分離・精製（バイオテクノロジーシリーズ），（福井三郎，佐田栄三監修），p.58，講談社サイエンティフィク（1988）〕

$$Sh = A(Re)^\phi (Sc)^\beta \left(\frac{d}{l}\right)^\omega \quad (8.46)$$

ここで，シャーウッド数Shは，$(kd)/D$，レイノルズ数Reは$(du\rho)/\mu$，シュミット数Scは$\mu/(\rho D)$で与えられる無次元数である。流路の断面が円形でない場合には，水力学相当直径d_h〔m〕を用いればよい。d_hは，円管の場合は管直径に一致する。lは流路長さ〔m〕である。円管および矩形流路に対する，式（8.46）中のϕの値は，膜流路内の流れが層流の場合は$1/3$，乱流の場合は$4/5\sim 7/8$程度である。乱流の場合には，$\omega = 0$である。

Cheryanは[19)]，詳細な解析に基づいて，Shをつぎの式（8.47），（8.48）で定義されるL_VとL_Cの関数として表した。式（8.46）中のA，ϕ，βおよびωは，ReとL_V/L_Cが1よりも大きいか小さいかに応じて，表8.5に示す値をとる。

$$L_V = Bd_h Re \quad (8.47)$$

$$L_C = 0.1\gamma_W \frac{d_h^3}{D} \quad (8.48)$$

ここで，Bは定数（$0.029\sim 0.05$），γ_Wは膜面上での剪断応力〔s^{-1}〕である。γ_Wは，式（8.49）で与えられる。

表8.5 Cheryanが提案したシャーウッド数（式（8.46））に対する係数

流れの状態	Re	L_C	L_V	A	ϕ	β	ω
乱流	>4 000	–	–	0.023	0.80	0.33	0
層流	<1 800	$l<L_C$	$l>L_V$	1.86	0.33	0.33	0.33
層流	<1 800	$l<L_C$	$l<L_V$	0.664	0.33	0.33	0.50

〔Ladisch, M. R.: *Bioseparations Engineering ——Principles, Practice, and Economics ——*, p. 52, Wiley-Interscience, New York (2001), Cheryan, M.: *Ultrafiltration and Microfiltration Handobook*, Technomic Pub., Lancaster, PA (1986)〕

$$\gamma_W = \frac{8u}{d_h} \tag{8.49}$$

ここで，uは平均線流速〔m/s〕である．

ゲル層濃度に関しては，非圧縮性の固形状物質の場合には，充填層とみなすことにより推算することができる．しかし，圧縮性の固形物質やタンパク質などの高分子物質からなるゲル層濃度を理論的に推算することは困難である．実験的には，式（8.43）から明らかなように，C_gはJ_Vと$\ln(C_b)$のプロットにおいて，$J_V = 0$に対するC_bの外挿値として求めることができる．本方法によりいくつかの系に対してC_gが求められている（**表8.6**）．

表8.6 ゲル濃度の測定値

溶質，固形状物質	ゲル濃度
主鎖がフレキシブルな線状水溶性高分子	2～5 wt %
フレキシブルでない水溶性高分子	<1 wt %
タンパク質，核酸	10～30 wt %
ポリマーラテックス	50～60 vol %

一方，付着（ゲル）層の平均比抵抗αの実測例は，微生物菌体付着層の結果と比較して少ない（8.2.2項参照）．スキムミルクをUFで処理した際に膜面上に形成される付着層のαは，おおよそ10^{16}～10^{17} m/kgのオーダーであり，微生物菌体のなかでは大きい値を示す大腸菌の付着層の比抵抗[18]に比較しても10～100倍程度高い．またαは，ΔPに比例して増加することから，付着層が圧縮性の構造をとることが示唆される．スキムミルク中のCa^{2+}の存在が，αの増加に寄与していることも明らかにされている．この理由としては，Ca^{2+}によりスキムミルク中のカゼイン分子間の相互作用が促進され，ゲル層がカゼイン分子が充填された状態からより緻密な構造に変質したためであると考えられる．このように，付着層の構造を緻密な状態に変質させる物質が溶液中に含まれる場合には，比抵抗が著しく大きくなる．

（e）膜透過流束に及ぼす操作条件の影響 膜透過流束に及ぼす膜間圧力差ΔP，膜面に水平な流れの平均線流速uおよび溶液中の溶質バルク濃度C_bの影響に関しては，基本的には〔2〕および〔3〕で述べた濃度分極モデルおよびゲル分極モデルにより説明できる．

（1）膜間圧力差の影響 膜透過流束J_Vは，膜間圧力差ΔPが比較的小さい範囲では，ΔPの上昇に伴いほぼ比例して増加するが，徐々に増加の程度は緩やかになり，ついには一定値に到達する（**図8.15**（a））．このJ_VのΔPに対する依存性は，濃度分極モデルあるいはゲル分極モデルによると，つぎのように解釈することができる．すなわち，ΔPの増加に伴い，式（8.39）からも明らかなようにJ_Vが増加する．J_Vが増加すると，式（8.42）中のC_mが増加する．さらに，この結果，浸透圧差$\Delta \Pi$も増加するので，J_VはΔPに比例するとして計算される値よりも低くなる．ΔPのさらなる増加に伴い，C_mもさらに増加する．C_mが溶質の溶解度に達すると，溶質が析出したり，あるいはゲル化が生じ，C_mはC_gに一致する．したがって，ΔPを増加してもJ_Vは変化することなく，一定値をとる．しかし，さらにΔPを増加すると，ゲル層の圧密化が生じ，比抵抗が増加するのでJ_Vが逆に低下することもある．

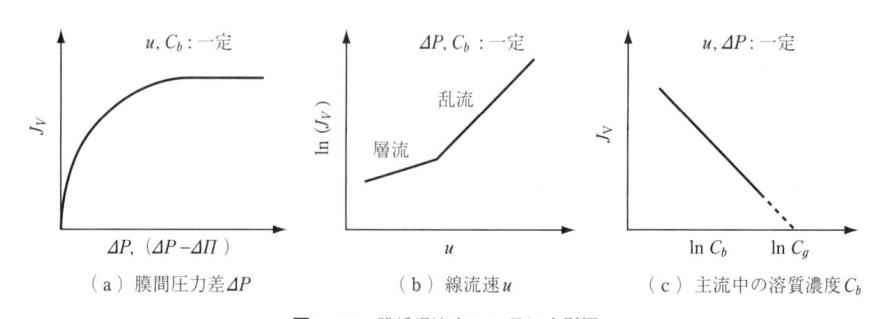

（a）膜間圧力差ΔP 　　（b）線流速u 　　（c）主流中の溶質濃度C_b

図8.15 膜透過流束J_Vに及ぼす影響

(2) 線流速の影響　J_Vが膜間圧力差に依存せずに一定値をとる条件では，J_Vの線流速依存性は式(8.42)あるいは式(8.43)中のkの流速依存性に従う。すなわち，層流ではJ_Vは平均線流速の1/3乗に，また乱流では，4/5～7/8乗に比例して増加する(図8.15(b))。しかしながら，特に乱流条件下では，J_Vの流速依存性は，kの流速依存性よりも高くなる場合がある。例えば，全乳やスキムミルクのUFにおける線流速依存性は，1.3～1.65と上述の理論値よりも2倍近く高い値を示すことが報告されている[20]。実測値が理論値よりも大きな値を示す理由としては，式(8.42)あるいは式(8.43)を導くうえで考慮されていない膜面に平行な流れの剪断応力による付着層の剥離やゲル層の流動，あるいはピンチ効果により，みかけ上，拡散係数Dが増加したことが考えられている。

(3) バルク濃度C_bの影響　J_Vが膜間圧力差に依存せずに一定値をとる条件では，上述したように，J_Vは$\ln(C_b)$に反比例して低下する(図8.15(c))。この直線の$J_V=0$に対するC_bの外挿値がC_gであり，C_gは操作条件に依存せずに一定値をとる。しかし，C_gが膜間

(a) 管状モジュール

(b) 平板型モジュール

(c) スパイラル型モジュール

(d) キャピラリー型モジュール

(e) 中空糸型モジュール

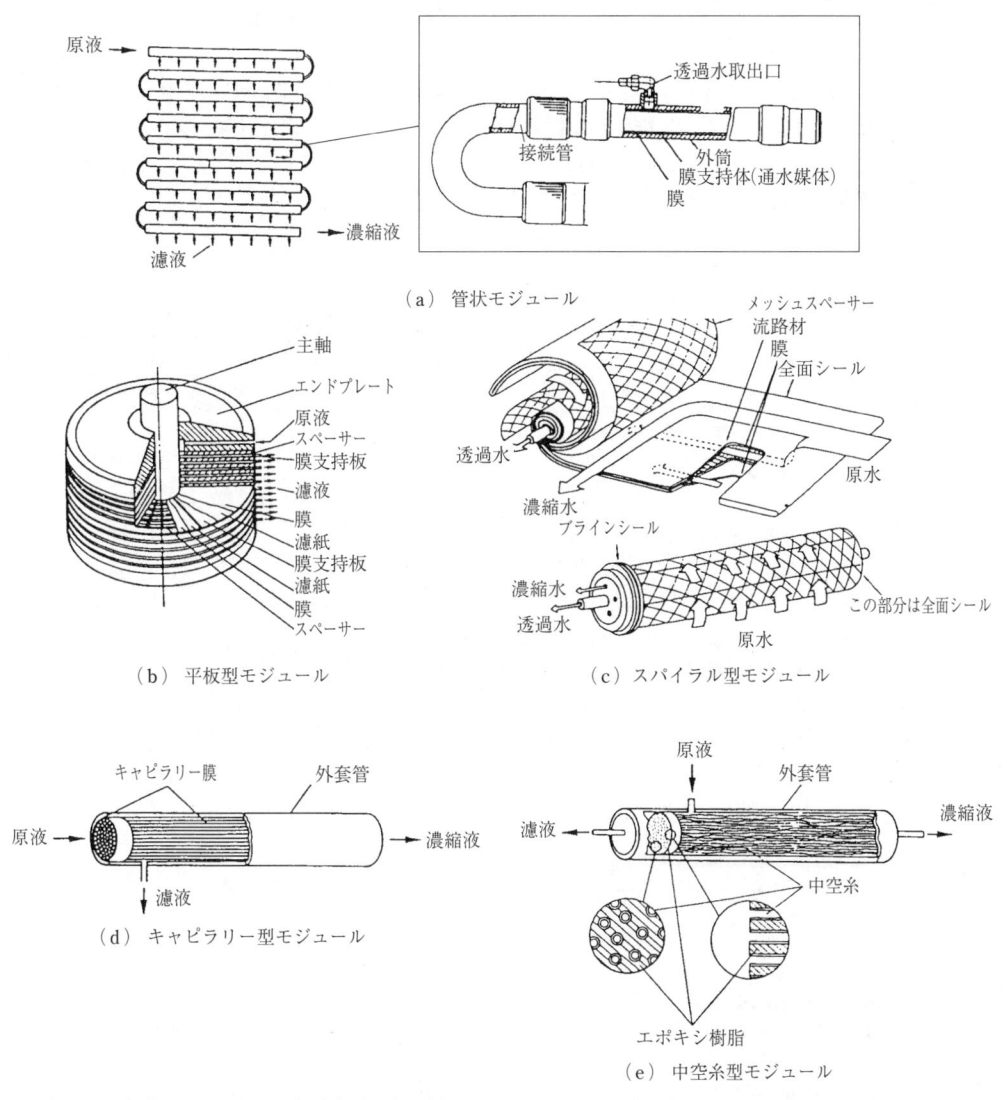

図8.16　各種モジュールの概略図〔中村厚三(矢野俊正，桐栄良三監修)：濃縮と乾燥(食品工学基礎講座6)，p.61，光琳(1989)，中西一弘(福井三郎，佐田栄三監修)：バイオ生産物の分離・精製(バイオテクノロジーシリーズ)，p.58，講談社サイエンティフィク(1988)，Strathman, H.: *Trends in Biotechnol.*, **3**, 112 (1985)〕

圧力差や流速により変化するという報告もあるが[21]，この場合は，J_V と $\ln(C_b)$ の関係は，反比例するという単純な関係では表すことはできない。

[2] モジュール，膜の種類

膜と膜を固定する支持体およびスペーサーなどの構成ユニットを容器内に収納したものをモジュールと呼ぶ。モジュールの構造は使用される膜の形に応じて異なる。現在，管状（内圧および外圧式），平板型（プレート型），スパイラル型，キャピラリー型および中空糸型（内圧および外圧式）のモジュールが市販されている。図8.16 に各タイプのモジュールの概略図を示す[18),22)]。また，表8.7 には，各モジュールの特性をまとめて示す[18)]。

管状モジュール（図8.16（a））では，1″または1/2″，あるいは最近では，より細い円筒状の膜が，多孔性の支持体に固定されている。管内径が比較的大きいために，懸濁物質を含む溶液の処理も可能である。さらに，構造が簡単なために操作終了後の装置の洗浄も容易である。反面，モジュール単位体積当りの膜面積は小さいので装置の体積は大きくなる。

平板型モジュール（図8.16（b））では円板状や長方形状の平膜が使用される。いずれの場合も何枚もの膜モジュールを1 mm 前後の間隔で重ねて使用するので，膜面積は管状モジュールの場合と比較して大きくなる。各プレートに透過液取出口があるために膜の破損箇所を容易に発見でき，しかもそのプレートの交換も可能である。

スパイラル型モジュール（図8.16（c））は2枚の平膜を多孔性の支持体に固定し（この周囲は封じてある），スペーサーを介して，中心の集水管の周囲に巻き付けたものである[17)]。このモジュールの長所はモジュール単位体積当りの膜面積が大きいことおよび構造が簡単なことである。

キャピラリー型モジュール（図8.16（d））は内径 0.25～2.5 mm のキャピラリー状の膜 100～数百本を円管状の容器に収納したものである。モジュール単位体積当りの膜面積は非常に大きい。キャピラリー膜の耐圧性は通常10気圧以下である。

中空糸型モジュール（図8.16（e））では，内径40～80 μm 程度の繊維状の中空糸膜を束ねて円管状の容器に収納されている。モジュール単位体積当りの膜面積は，上述のモジュール中では最も大きい。被処理液は通常，中空糸の外側に流すが，内側に流す方式のものもある。中空糸型モジュールの問題点としては，ファイバー間の間隙での液のチャネリングが起こる危険性がある点が指摘される。中空糸膜の耐圧性は十分高いものが多く，RO に適している。

UF に使用される膜の素材としては，酢酸セルロース，三酢酸セルロース，再生セルロース，ポリイミド，芳香族ポリアミド，ポリアクリルニトリル（PAN），ポリスルフォン，ポリエーテルスルフォン，ポリオレフィン，ポリテトラフルオロエチレン，ポリビニリデンフロライド，ポリプロピレン，PVA，ポリ塩化ビニル，ナイロンなどの有機性の材料やアルミナやジルコニアを焼結させたセラミックなどの無機材料などが用いられている[17),18),23),24)]。無機膜は有機膜に比較して，耐熱性，耐薬品性，耐磨耗性に優れているが，膜自体のコストが高いために，有機高分子膜に比較して普及は遅れている。表8.8 に代表的な有機高分子UF膜の使用条件を示す[24)]。

表8.8 膜の材質と使用条件

素　材	使用pH範囲	常用温度	耐塩素性〔ppm〕
酢酸セルロース	3～8	40℃	<1
ポリアクリルニトリル	2～11	45℃	<500
ポリオレフィン	2～11	40℃	10
ポリスルフォン	1～13	80℃	100～5 000
ポリエーテルスルフォン	1～13	85℃	100～5 000

〔中村厚三：濃縮と乾燥（食品工学基礎講座6），（矢野俊正，桐栄良三監修），p. 61，光琳（1989），佐藤　武：MRC News, **29**, 145, 食品膜技術懇談会（2003）〕

表8.7 各種モジュールの特性

モジュール	モジュール単位体積当りの膜面積	流路閉塞の危険性	洗浄の容易さ	膜交換
管状（Tubular type）	20～30	非常に小さい	非常に容易	やや容易
平板型（Plate & flame type）	400～600	大きい	容易	非常に容易
スパイラル型（Spiral type）	800～1 000	大きい	やや難しい	やや難しい
キャピラリー型（Capillary type）	600～1 200	大きい	やや難しい	難しい
中空糸膜（Hollow fiber type）*	～10 000	非常に大きい	難しい	難しい

*RO に使用される膜。

〔中西一弘：バイオ生産物の分離・精製（バイオテクノロジーシリーズ），（福井三郎，佐田栄三監修），p. 58, 講談社サイエンティフィク（1988），Strathman, H.: *Trends in Biotechnol.*, **3**, 112（1985）〕

〔3〕各種操作法

UFに対する操作方法は，図8.17に模式的に示すように，①開ループ回分操作，②閉ループ回分操作および③連続操作に大別される[18), 25)]。開ループ回分操作では，ポンプP_2を停止し，全溶液をポンプP_1で原液タンクに戻し，透過液のみを系外に取り出す。本操作では，溶液中の溶質濃度が経時的に増加するので，流量および膜間圧力差を一定の条件で操作を行うと膜透過流束が経時的に減少する。また，溶液全体を循環するので動力費が高くなるという欠点がある。

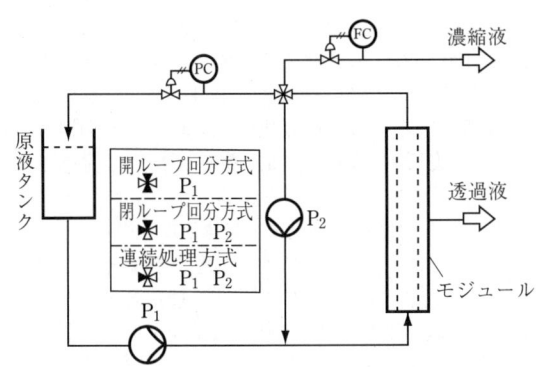

図8.17 3種類の膜処理方式〔中西一弘（福井三郎，佐田栄三監修）：バイオ生産物の分離・精製（バイオテクノロジーシリーズ），p. 58，講談社サイエンティフィク (1988)，Flaschel, E., Wandrey, Ch. and Kula, M. R.: *Adv. Biochem. Bioeng. Biotechnol.* (Fiechter, A.) **26**, 73, Springer-Verlag (1983)〕

閉ループ回分操作では，溶液は原液タンクに戻されることなく，ポンプP_2を含む閉ループ内で循環される。本操作では，膜モジュール内の溶液中の溶質濃度は開ループ回分操作よりも急速に増加するが，膜モジュール内部の流速を原液タンクからの供給速度とは独立に最適な条件に設定できる点が利点である。

連続操作では，原液を連続的に供給し，同時に膜透過液と濃縮液を連続的に取り出す。本操作は自動化が容易であるので，省力的である。しかし，膜モジュール内の溶質濃度がつねに目的とする最大の状態で操作され，透過流束が常に最小となるので，最も非効率的である。膜モジュール複数個を直列に連結すると，効率を改善することができる。これは，完全混合槽型反応器を複数個連結すると，プラグフロー型（PFR）に近づき，反応効率が上昇するのと同じ原理である。

高分子溶液中に含まれる低分子溶質を除去する目的で，透析濾過がしばしば行われる。透析濾過は，通常，UFで高分子物質を濃縮した後に，同じ装置を用いて行われる。少量の液の処理を対象とする透析濾過に対しては，閉ループ回分操作が適している。すなわち，まず閉ループ回分操作により，溶液を所定の濃度にまで濃縮を行い，その後原液タンク中に溶媒を加えて低分子溶質を除去する。

連続操作の場合は，多段にすることにより使用溶媒量を減らすことが可能である。

〔4〕UFの応用

（a）液状食品の濃縮・精製 食品工業におけるUF膜の利用は，特に乳業がさかんな欧米を中心に行われてきた。低乳糖の濃縮脱脂乳の製造，ホエーの濃縮，高タンパク質・高カルシウム牛乳の製造などに用いられているが，特に重要な例は，チーズ製造への応用である。Maubois, MocquotおよびVassalが1969年に，あらかじめUF膜で濃縮した牛乳に凝乳酵素（レンネット）を作用させて凝乳を行い，チーズを製造する方法を開発した[17]。本方法は，開発した3名の名前の頭文字をとって，MMV法と呼ばれ，チーズ製造に広く使用されている。本方法によると，濃縮液中のカゼイン濃度が高いために，より少量の凝乳酵素を用いても凝固できるだけではなく，従来ホエー中に漏出していた水溶性のホエータンパク質の回収率も高くなるという。乳業以外の分野においてもUFの用途は拡大しており，例えば清酒や清澄果汁製造時のペクチンやパルプの除去などに使用されている[17]。

（b）酵素の濃縮・精製 培養液や菌体破砕物から回収された粗酵素溶液から，UFを用いて比較的分子量の小さいきょう雑物質を除去した後に，酵素溶液の濃縮あるいは透析を行うことにより部分精製酵素を製造することは工業的に実施されて久しい。酵素溶液をUFで処理する際には，酵素の失活と膜への吸着を最小限に抑えることが重要である。UF中の酵素は，処理液の温度，pH，イオン強度などのほかに流れによる剪断応力や膜への不可逆的吸着などによって失活する可能性がある。膜からの酵素の漏出を防ぎ，酵素の回収率を高くするための方策として，硫安により酵素を凝集・沈殿させたり，酵素とは逆の荷電を有する高分子電解質や酵素の高分子インヒビターを共存させることにより，酸素を高分子化して分離精度をよくすることも考えられている[18]。

（c）酵素反応への応用 UF膜を用いて酵素反応を行うメンブレンバイオリアクターの構築が種々の反応系で検討されている。メンブレンバイオリアクターの型式は，2種類に大別される。一つは，膜モジュール内部に遊離酵素を封入して反応を行う方式である。本方式は，デンプンやセルロースなど高分子基質の加水分解反応に適している。すなわち，高分子基質

は酵素と同様に，UF膜を透過できないが，加水分解された低分子生成物は膜を自由に透過できる。したがって，酵素は繰り返し使用できる。二つ目は，酵素を直接，膜に固定化して酵素固定膜として使用する方式である。田辺製薬（株）は，中空糸膜に固定化したリパーゼを用いてジルチゼム中間体（(−)-MPGM）の製造を行っている[26]。

〔5〕 膜のファウリングと膜洗浄

UFは，食品製造やバイオプロセスにおける広い分野で利用されており，今後もその工業化例・利用例が着実に増えるものと思われる。しかし，膜の分離特性，膜の耐久性，膜洗浄の問題など依然として解決しなければならない点が多々残されている。ここでは，膜のファウリングと膜洗浄について，その概要と問題点を述べる。

(a) UF膜のファウリング

（1） ファウリングとは　膜透過流束J_Vは式(8.42)あるいは式(8.43)で与えられるが，前述したように，これらの式は操作条件の変化に対してJ_Vが可逆的に変化することを前提として導かれるものである。しかし，実際には，操作条件を変化した後に，再び元の条件に設定しても，J_Vが元の値には戻らない場合がある。特に，操作終了後に水の膜透過流束を測定すると，操作前の値よりもかなり低い値を示すことが多い。このような場合は，膜のファウリングが起こっているものと考えられる。ファウリングは，膜濾過中に溶質が膜表面や膜孔内表面に不可逆的に吸着・付着したり，溶質や共存している微粒子が膜孔を閉塞することにより膜透過流束が低下する現象として定義される。膜のファウリングは，薬剤洗浄を施すことにより回復する。

一方，過度の圧密化による膜構造の変化，損傷や加水分解や酸化などの化学反応による膜素材の変質により，膜透過流束が不可逆的に低下する場合があるが，このような現象は膜の劣化と呼ばれている。

膜のファウリングは，膜透過流束や分画能という膜性能の低下を引き起こすだけではなく，その程度は操作終了後の膜洗浄の効率をも左右する。

（2） 溶質の付着によるファウリング　主としてタンパク質に着目して，膜の表面特性と付着量の関係が調べられている。一般に，膜表面の親水性が高いほど吸着量が減少するという[24]。また，走査型電子顕微鏡，透過型電子顕微鏡，IR（赤外線スペクトロメーター），XPS（X線光電子スペクトロメーター）などの分析機器を用いて，膜面や膜孔内部に存在しているタンパク性付着物の量や構造などを調べることができる。

溶質分子が膜孔径よりも十分に小さい場合でも，溶質の種類によっては膜孔壁面上での多分子層吸着が起こる場合がある。多分子層吸着は，特にタンパク質や多糖などの高分子物質の物理的，化学的相互作用により生じる。物理的な相互作用としては，タンパク質の変性や多糖の構造変化が考えられる。牛血清アルブミン（BSA）やβ-ラクトグロブリン（β-Lg）のようなSH基やS–S結合を持つタンパク質では，遊離のSH基間，あるいは遊離のSH基とS–S結合の間のS–S交換反応により，タンパク質が凝集し，多分子層を形成する[27]。なお，BSA1分子中には35個のシステイン残基が存在するが，そのなかの34個はS–S結合を形成し，1個が遊離の状態で存在する。β-Lg1分子中には，5個のシステイン残基が存在するが，4個はS–S結合を形成し，1個は遊離状態である。S–S交換反応による凝集反応は温度が高くなると著しく促進される。

（3） 膜孔の閉塞・目詰まりによるファウリング

タンパク質や多糖をUF膜で処理する場合，溶質の大きさが膜孔径と同程度であれば，細孔の閉塞が起こる。さらに，BSAなどの構造が柔軟なタンパク質の場合は，その構造が歪むことにより，タンパク質分子よりも小さい膜孔内にも侵入し，細孔を閉塞することも知られている。

膜の閉塞による膜透過流束の低下は，一般的には，① 完全閉塞モデル，② 中間閉塞モデル，③ 標準閉塞モデルのいずれかにより定量的に説明できる[28]。完全閉塞モデルでは，閉塞された膜孔はその後の濾過には使用されないこと，新たに膜面に到達する粒子は捕捉された粒子上に重ならないことを仮定する。中間閉塞モデルは，完全閉塞モデルと異なり，新たな粒子は捕捉された粒子の上にも堆積することができると考える。標準閉塞モデルでは，粒子は円筒状の膜孔の内壁面に捕捉され，濾過が進行するとともに膜孔径が均一に細くなると考える。実際には膜孔径には分布があり，しかも拡大収縮や屈曲，さらには膜孔が三次元的なネットワークで結ばれているので，上述のモデルよりもはるかに複雑である。また，非対称膜では深さ方向に膜孔径の分布が存在することも濾過速度の挙動に影響を及ぼす。

（4） 膜面上への付着層の形成　溶質や粒子が膜孔を通過しない場合には，膜面上に付着層が形成される。この付着層は，〔1〕(d) で述べたように，膜透過に対する支配的な抵抗となる。溶質は膜面上に単に充填されている状態をとるだけではなく，強く吸着していることが多い。さらに，吸着している溶質成分間に作用する物理的，化学的相互作用により，あるいは

表8.9 ファウリング物質と洗浄剤の種類

ファウリング物質	洗浄剤	洗浄機構
微生物	温水(40～60℃) 水酸化ナトリウム(pH10～12) 次亜塩素酸ナトリウム(100～1 000 ppm) 過酸化水素(1～3％)	分散 可溶化,分散 酸化分解 酸化分解
タンパク質・多糖	水酸化ナトリウム(pH10～12) 次亜塩素酸ナトリウム(100～1 000 ppm) 界面活性剤(0.1～0.2％) 酵素(5 000～50 000 U)	可溶化 酸化分解 乳化,分散 酵素分解
油脂	水酸化ナトリウム(pH12～14) 界面活性剤(0.1～0.2％) 温水(～80℃)	けん化 濡れ,乳化 溶解
無機コロイドスケール	水酸化ナトリウム シュウ酸 クエン酸 EDTA 塩酸,硝酸	分散 キレート化 キレート化 キレート化 溶解

〔佐藤 武：*MRC News*, **29**, 145, 食品膜技術懇談会 (2003)〕

付着層が圧密化を受ける結果，ゲル状態への変質が促進される．この付着層の変質は，溶質の種類だけではなく，〔1〕(d)で述べたように共存物質の存在や溶液の温度，pH，イオン強度，圧力などの操作条件にも強く依存する．例えば，Palecekら[29), 30)]は，BSA溶液のデッドエンド型濾過により膜面上に形成される付着層が多孔質で可逆的な圧縮性を示すこと，また付着層の構造と透過流束が溶液のpHやイオン強度に依存することなどを示した．pHに関しては，等電点に近いほど，またイオン強度が大きいほどタンパク付着層の構造は密となり，透過流束は低下するという．

（5）ファウリングに対する対策　膜のファウリングをいかにして軽減するかは，膜処理の効率を高めるだけではなく，操作終了後の洗浄に対する負荷の軽減にもつながる．ファウリング防止に対する有効な対策を立てるためには，① 膜の物性，膜孔径，膜孔構造の検討，② 溶液の物性，状態，溶質の状態の制御，③ 操作条件や操作方法の検討，などが必要である．

(b) 膜洗浄　操作終了後の膜および装置の洗浄には，多くの時間とエネルギー，および多量の洗浄剤が使用されている[31)]．洗浄の効率は，上述したファウリング物質の種類や状態の違いによって著しく異なるので，それぞれの場合に応じて最適な洗浄条件を設定する必要がある．一般的には，ファウリング物質が微生物およびタンパク質や多糖の場合には，水酸化ナトリウムや次亜塩素酸ナトリウムなどが，油脂の場合には水酸化ナトリウムあるいは界面活性剤が，無機コロイドやスケールの場合には，水酸化ナトリウムや酸が洗浄剤として用いられる（**表8.9**）[24)]．膜の種類によって耐薬品性や使用温度・pHが異なるので（表8.8），使用する洗浄剤の種類や洗浄条件を変える必要がある．さらに，上述したファウリング物質の違いによっても，最適な洗浄条件を設定する必要がある．

膜洗浄に関する定量的な検討は少ない．中西とKessler[32)]は，スキムミルクを種々の条件で限外濾過した膜の水洗浄速度に関して検討を行い，洗浄速度は洗浄時の条件だけではなく，UF時の条件にも依存することを示した．UF時に膜面上に形成される付着層のゲル状化の程度が小さいほど，水洗浄時の膜透過流束の回復は大きいことを示した．水洗浄時の操作条件に関しては，膜間圧力差が小さいほど，線流速が大きいほど膜透過流束の回復は大きかった．

膜分離法は，基本的には非常に省エネルギー的なプロセスであるが，その利用の飛躍的拡大を図るためには，さらなる効率的な洗浄法の確立が必要である．

（中西一弘）

8.3.3 吸着・抽出

(a) 吸着　吸着現象には物理吸着と化学吸着がある．物理吸着は特定の分子がファンデルワールス力により吸着質が吸着剤表面上に濃縮されることであり，化学吸着は吸着質と吸着剤が化学的に結合する現象である．化学吸着は非可逆的な現象で，分離操作としての吸着は物理吸着を指す場合が多い．以降こ

ここでは物理吸着を吸着と呼ぶ。一般的にはガス吸着が工業的な用途も多く，成書でも論じられることが多いが，ここではバイオ生産物の分離操作に限定するため，液体吸着を中心に説明する。またイオン交換も操作論的には吸着操作と同様に扱うことができる。

（1）**吸着平衡** 吸着平衡とは温度が一定の状態で吸着剤と液との界面において吸着分子の吸着と脱着が平衡になっている状態をいう。平衡状態は吸着平衡式（または吸着等温線）という吸着平衡を示す式で記述される[33]。吸着平衡式は吸着操作における回分吸着で吸着成分の濃度や必要回数などを知るために重要な式である。1成分または他成分が無視できる場合，つぎのような吸着平衡式が利用できる。液中での吸着では経験的な関係式であるフロインドリッヒ（Freundlich）の吸着式がよく用いられる。吸着量 q〔kg/kg-吸着剤〕とその平衡濃度 C〔kg/m^3〕を両対数軸でプロットし直線関係が得られれば，フロインドリッヒ式で相関が可能である。

$$q = K_F C^{1/n} \quad (K_F, n \text{ は定数})$$

また固体平面上の理想的な単分子層吸着をモデル化したラングミュア（Langmuir）式も用いられる。

$$q = q_\infty \frac{K_L C}{1 + K_L C} \quad (q_\infty, K_L \text{ は定数})$$

（2）**吸着速度** 吸着速度は吸着剤表面近傍に生じる濃度勾配（境膜）内の拡散と吸着剤細孔内拡散，吸着剤表面への吸着速度に依存する。物理吸着の場合，吸着剤表面への吸着速度は速く，境膜内拡散と細孔内拡散が律速となる。どちらが律速段階となるかは吸着剤の粒子径・吸着物質の分子量・流体の混合状態によって異なる。液体吸着の場合，境膜の拡散係数が気体に比べ著しく小さいので，吸着剤の大きさが小さいと，境膜内の拡散が律速となり[34]，以下の式のように吸着速度は線形となる。ここで ρ_s は吸着剤粒子密度〔kg/m^3〕，k_f は物質移動係数〔m/s〕，a_w は吸着剤粒子比表面積，C_s は粒子表面における吸着質の濃度である。

$$\rho_s \frac{dq}{dt} = k_f a_w (C - C_s)$$

（3）**吸着剤の特性と用途** 吸着剤の一覧を**表8.10**に示す。工業上最もよく用いられる吸着剤は活性炭であるが，活性炭も粒度や吸着特性よりさまざまな種類のものが市販されている。活性炭は水蒸気賦活や薬剤賦活により製造される。有機系吸着剤では球状で粒径が均一な扱いやすい合成樹脂吸着剤も近年多くの種類が販売・利用されている。またアルミナ・シリカ系や合成ゼオライトなど無機の多孔質をもつものも吸着剤として一般的に使用される。有機系吸着剤は疎水性物質の吸着に，無機系吸着剤は親水性物質の吸着に使用される。

（4）**吸着操作** 吸着操作の形式としては1回または数回の操作ごとに吸着剤を接触させ回収する回分式吸着と粒状や球状の吸着剤をカラムに充填し吸着を行わせる固定層吸着がある。

回分式吸着は工業的にも多品種少量生産に向いており，特に粉末活性炭を利用した液相の脱色や不純物の吸着分離などによく用いられ，吸着後の粉末活性炭は濾過などにより分離される方法が一般的である。

一品種連続大量生産には粒状活性炭を用いた固定層吸着が多く用いられる。固定層吸着の場合，吸着剤は液供給側の上部から飽和していき，カラム底部が飽和に近づくと流出液から吸着させようとする物質が検出されるようになってくる。この現象を破過といい，その時間を破過時間と呼ぶ。出口の濃度変化をプロットしたものが破過曲線という（**図8.18**）。充填高さや処理サイクルなどの装置の設計には破過曲線の形や破過時間が必要である。多塔を利用した固定層吸着システムとして並流や多段吸着操作もある。

表8.10 吸着剤一覧

	名称	形態	粒径〔mm〕	比表面積〔m^2/g〕	平均孔径〔nm〕	用途
有機系	活性炭	成形	2～5	900～1500	2～4	ガス分離，有毒ガス処理，脱臭，触媒担体，溶剤回収，溶液の脱色・精製，浄水・下水処理，汚泥担体，電極材
		破砕	0.2～2	900～1500	2～4	
		粉末	0.2以下	700～3500	1～4	
	合成樹脂	球状	0.1～1	20～800	4～45	溶液脱色・精製
無機系	シリカゲル	球状	2～5	300～800	2～5	脱水・脱湿・乾燥
	活性アルミナ	球状・粉末	2～5	100～350	4～12	ガスの脱湿・液体の脱水
	活性白土	粉末	1～3	100～350	8～18	石油製品・油脂の脱色，ガスの乾燥
	合成ゼオライト	ペレット・粉末	0.1以下，1～4	400～750	0.3～0.8	ガスの脱水・精製，触媒，イオン交換

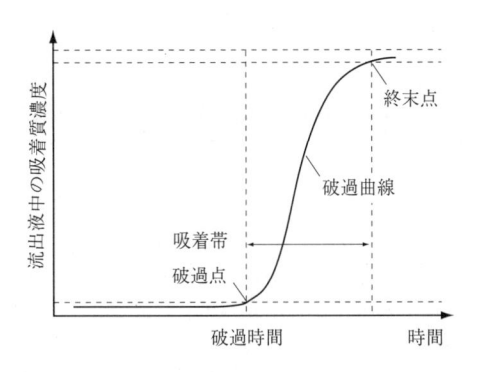

図8.18 破過曲線

そのほかにも吸着剤を連続的に分離・補充する移動層吸着や流動層吸着などの方法もある。

(5) 吸着装置と性能評価　回分操作では接触濾過装置が用いられる。吸着剤の添加量は液量に対して0.1～2.0 wt％程度で，接触時間は10～30分，すみやかに吸着剤と接触液を分離できることが好ましい。回分吸着装置の場合，吸着平衡に達するまでの時間や吸着剤の分離速度が性能評価のパラメータとなる。

固定層吸着操作ではさまざまな形の充填カラムが用いられる。図8.19に示すような工業的な径の大きいカラムでは上部の液が均一に供給されるようなディストリビューター（分散器）が必要となる。また再生や目詰まりを防ぐための逆洗操作が可能なことが好ましい。活性炭を吸着剤とした装置は活性炭濾過装置として水処理に多く用いられている[35]。固定層吸着装置の場合，吸着帯が短く，破過曲線の立上りが早くシャープな曲線であることがよい装置の必要条件となる。

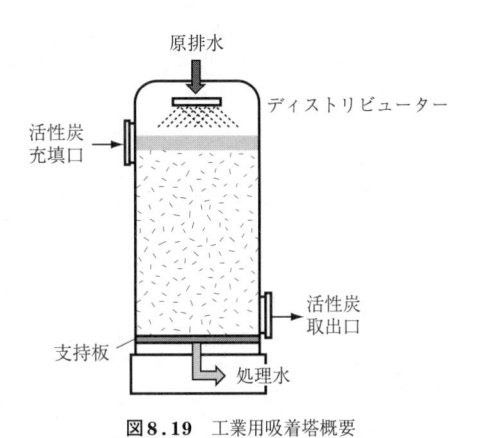

図8.19　工業用吸着塔概要

(6) バイオ分離における吸着利用　バイオ分離では主として有機系の吸着剤が用いられることが多い。例えば活性炭などは微量不純物や色素を除去するため溶液に添加して使用する。またビタミンやアミノ酸・核酸などの生体関連物質の精製で生成物の純度を上げる際には抽出法やクロマトグラフ法と並んで吸着・脱着操作がよく用いられ，その場合に合成樹脂吸着剤を利用し固定層吸着を行う場合が多い[36]。また水処理の分野でも活性汚泥法における汚泥の担体などへの利用の検討がなされている。

(b) 抽　　出　抽出操作は吸着操作とは逆に固体（担体）や液体（原溶媒）に含まれた目的成分（抽質）を溶解性のある溶媒（抽剤）に溶出し分離する操作である。溶媒のなかに含まれた抽質を別の溶媒で抽出する液液抽出と固体に含まれた抽質を溶媒で抽出する固液抽出に分けられる。

(1) 抽出平衡　最も単純な3成分系の平衡が成り立つとき，抽質Aに対する分配係数K_Aは

$$K_A = \frac{\text{抽出液中A濃度}}{\text{抽残液中A濃度}}$$

同様に原溶媒Bに対する分配係数K_Bは

$$K_B = \frac{\text{抽出液中B濃度}}{\text{抽残液中B濃度}}$$

液液抽出操作を行う場合，下記式で定義される選択度（または分離係数）$\beta > 1$であることが必要な条件となる。

$$\beta = \frac{K_A}{K_B}$$

固液抽出の場合原溶媒に相当する担体は抽残液側には溶解しないとみなすと，$K_B = 0$なので$\beta = \infty$となる。この場合の平衡関係はK_Aのみに着目すればよい。

(2) 抽剤の選択　抽出プロセスでは何よりも抽剤の選択が重要である。留意点としては抽質の抽剤への溶解度と他の物質をあまり溶解させない選択性，原溶媒もしくは担体と抽剤の密度差が大きいことなどが挙げられる。また回収が容易であることも必要である。

(3) 抽出操作　液液系の基本原理はガス吸収に，固液系の基本原理は吸着の逆の過程である脱着に類似しており，操作としては回分・半回分・多回・向流多段・向流微分操作などがある。工業的には抽剤量を少なくできる効率のよい向流多段操作が有効である（図8.20）。各種操作は最も単純な3成分系の液液抽出においては三角線図を利用して最適量を求めることが可能である（図8.21）。三角線図で溶解度曲線を記

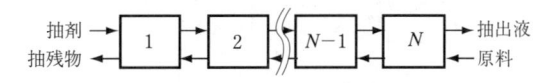

図8.20　向流多段抽出操作

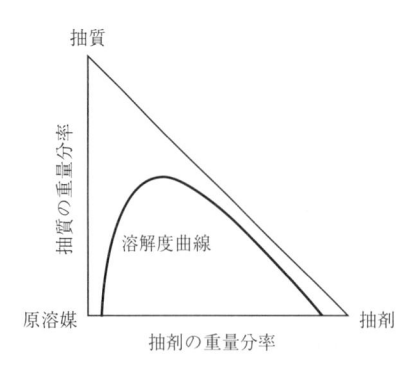

図 8.21 三角線図

入すると，曲線の内部は二相に外部は一相領域となる。理想的な平衡状態では抽出液も抽残液も溶解度曲線の上の点となる。詳細な図解法の解説は化学工学の専門書[37]を参考にしてほしい。

(4) **抽出装置と性能評価** 液液系の抽出装置は液液間の接触界面積を大きくし，その後相分離を行う装置として塔型・ミキサーセトラー型・遠心力型などがある。留意点は液滴をいかに分散させるか，処理量をいかに多くできるかにより装置形式を選択することにある。塔型装置の性能評価にはガス吸収塔や蒸留塔と同じ原理が用いられる。固液系の抽出装置としては，充填された担体中を抽剤が流れる形式のパーコレーション方式や，担体を抽剤中に分散させる方式の2種類に大別される。

近年は新規な手法を用いた特殊な抽出法も実用化に至っている。このうち超臨界抽出法と逆ミセル抽出法については以下に簡単に述べる。

(5) **超臨界抽出** 超臨界抽出とは超臨界流体を抽剤とする抽出法で，超臨界流体への物質の溶解度が温度や圧力のわずかな変化により大きく変化する性質を利用したものである。図 8.22 に超臨界抽出の概略フローを示す。なかでも抽剤に二酸化炭素を用いた超臨界二酸化炭素抽出法は溶媒が製品に残留しないという点や超臨界温度が常温に近い点などから食品や生理活性物質の工業的な抽出に広く利用されている。コーヒー豆からのカフェイン抽出ではコーヒーの風味を損なうことなく，カフェインを抽出することができ，欧米ではカフェインレス飲料として広く認知されている[38]。

(6) **逆ミセル抽出** 図 8.23 に概念図を示すが，逆ミセル抽出とは界面活性剤が有機溶媒中で水を中心にミセルを形成する作用を利用したもので，通常の有機溶媒を使用した抽出操作では抽出しにくかった親水性巨大分子の抽出などの検討がなされている。なかでもタンパク質の抽出においては工業化を含めたさまざまな検討がなされている。

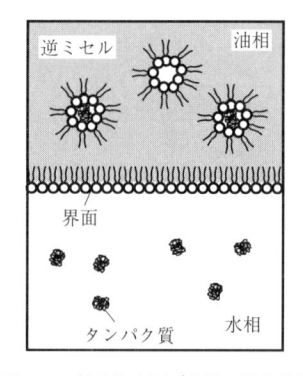

図 8.23 逆ミセル抽出概念図〔化学工学会監修：新しい抽出技術，p.103，培風館（2002）〕

(7) **バイオ分離における抽出利用** 従来から微生物や動物細胞・植物細胞から脂溶性の抗生物質・ビタミンなどを抽出する方法が多く用いられているが，近年は超臨界二酸化炭素抽出法を用いた熱に弱い生理活性物質の抽出や逆ミセルによる酵素抽出などの例も増えてきている。ここではバイオ分離の代表的な抽出プロセスとして抗生物質ペニシリンの遠心抽出機を利用した製造フローを図 8.24 に示す。微酸性にpHを調整したブロス（培養液）に有機溶媒と硫酸などの酸を加えpH 2.5程度に調整するとペニシリンは遊離酸となり疎水性が強くなり有機溶媒側へ移行しやすくなる。そこで抽出操作を行い抽出液（有機溶媒相）を得る。ここに重炭酸ソーダのようなアルカリ水溶液を添加し中和すると，ペニシリンは塩となり，水相のほうに溶解しやすくなる。ここでまた抽出操作を行うことによって抽出液のペニシリン濃度を高めることができる。さらにこの操作を数回繰り返すことでそのまま真空乾燥できる純度まで到達させ製品とする。抗生物質の精製法としてはこのほかにもイオン交換樹脂などを

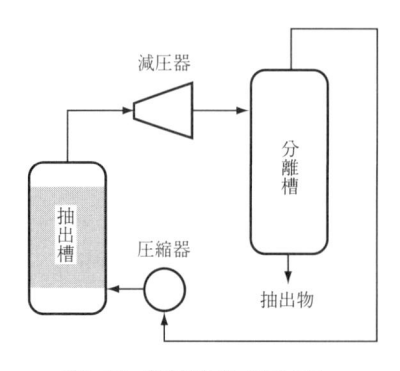

図 8.22 超臨界抽出の概略フロー

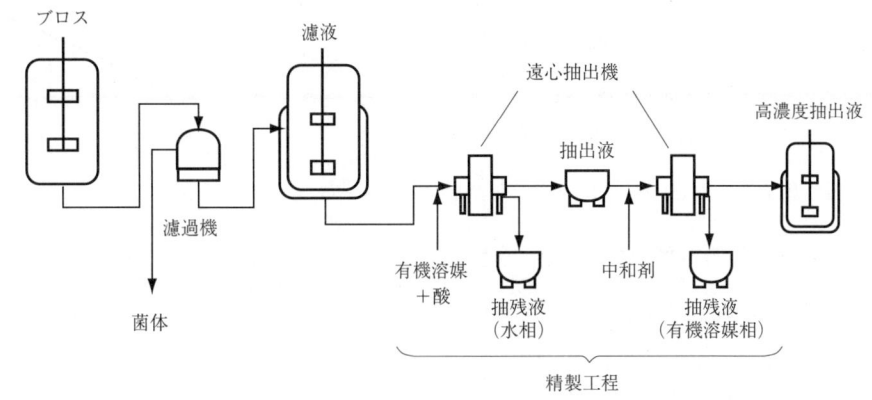

図8.24 ペニシリン製造フロー〔別冊化学工業 新増補 抽出, p.182, 化学工業社 (1987)〕

用いた吸着法などが広く用いられている。　　　（日比）

引用・参考文献

1) Ooshima, H., Sakimoto, M. and Harano, Y.: *Biotechnol. Bioeng.*, **22**, 2169 (1980).
2) Becker, T. and Lawlis, V. B., Jr.: US Patent 5041377 (Aug. 20, 1991).
3) Hoare, M.: *Trans. IChemE.*, **60**, 79 (1982).
4) Hofmeister, F.: *Arch. Exp. Pathol. Pharmakol.*, **24**, 247 (1888).
5) Ries-Kautt, M. M. and Ducruix, A. F.: *J. Biol. Chem.*, **264**, 745 (1989).
6) Cohn, E. J.: *Physiol. Rev.*, **5**, 349 (1925).
7) Green, A. A.: *J. Biol. Chem.*, **95**, 47 (1932).
8) Richardson, P., Hoare, M. and Dunnill, P.: *Biotechnol. Bioeng.*, **36**, 354 (1990).
9) Hoare, M. and Dunnill, P.: *Eur. Congr. Biotechnol.* 3rd, **1**, 591 (1984).
10) 原納淑郎, 大嶋 寛, 朝日奈稔, 嶋田太郎, 山田秀夫: 化学工学論文集, **15**, 581 (1989).
11) 江橋節郎: 生化学, **63**, 371 (1991).
12) Scopes, R. K.: *Springer Advanced Texts in Chemistry: Protein Purification —— Principle and Practice ——*, p. 52, Springer-Verlag, New York (1982).
13) Belter, P. A., Cussler, E. L. and Hu, W.-S.: *Bioseparation —— Downstream Process for Biotechnology ——*, Wiley Interscience (1988).
14) Asakura, S. and Oosawa, F.: *J. Polymer Sci.*, **33**, 183 (1958).
15) Mahadevan, H. and Hall, C. K.: *AIChE J.*, **36**, 1517 (1990).
16) Ladisch, M. R.: *Bioseparations Engineering —— Principles ——*, Practice and Economics, p. 52, Wiley-Interscience, New York (2001).
17) 中村厚三: 濃縮と乾燥（食品工学基礎講座 6), (矢野俊正, 桐栄良三監修), p. 61, 光琳 (1989).
18) 中西一弘: バイオ生産物の分離・精製（バイオテクノロジーシリーズ),（福井三郎, 佐田栄三監修), p. 58, 講談社サイエンティフィク (1988).
19) Cheryan, M.: *Ultrafilitration and Microfiltration Handobook*, Technomic Pub., Lancaster, PA (1986).
20) Yan, S. H., Hill, C. G. Jr. and Amundson, C. H.: *J. Dairy Sci.*, **62**, 23 (1978).
21) Nakao, S., Nomura, T. and Kimura, S.: *AIChEJ*, **25**, 615 (1979).
22) Strathman, H.: *Trends in Biotechnol.*, **3**, 112 (1985).
23) *MRC News*, **13**, 190, 食品膜技術懇談会 (1994).
24) 佐藤 武: *MRC News*, **29**, 145, 食品膜技術懇談会 (2003).
25) Flaschel, E., Wandrey, Ch. and Kula, M. R.: *Adv. Biochem. Bioeng. Biotechnol.*, (A. Fiechter), **26**, 73, Springer-Verlag (1983).
26) 柴谷武爾: 季刊化学総説, **33**, 35 (1997).
27) Kelly, S. T. and Zydney, A. L.: *Biotechnol. Bioeng.*, **44**, 972 (1994).
28) Hermia, J.: *Trans IChemE*, **60**, 183 (1982).
29) Palecek, S. P., Mochizuki, S. and Zydney, A. L.: *Desalination*, **90**, 147 (1993).
30) Palecek, S. P. and Zydney, A. L.: *J. Membrane Sci.*, **95**, 71 (1994).
31) 中西一弘: 輸送と洗浄（食品工学基礎講座 2),（矢野俊正, 桐栄良三監修), p. 138, 光琳 (1991).
32) Nakanishi, K. and Kessler, H. G.: *J. Food Sci.*, **50**, 1726 (1985).
33) 化学工学会編: 化学工学便覧, p. 698, 丸善 (1999).
34) 亀井三郎: 化学機械の理論と計算（第2版), p. 268,

産業図書(1989).
35) 井出哲夫:水処理工学(第2版), p. 431, 技報堂出版(1993).
36) 化学工学会 生物分離工学特別研究会編:バイオセパレーションプロセス便覧, pp. 351-355, 共立出版(1996).
37) 化学工学会編:化学工学便覧, pp. 637-683, 丸善(1999).
38) 化学工学会監修:新しい抽出技術, pp. 36-38, 培風館(2002).
39) 化学工学会監修:新しい抽出技術, p. 103, 培風館(2002).
40) 別冊化学工業 新増補 抽出, p. 182, 化学工業社(1987).

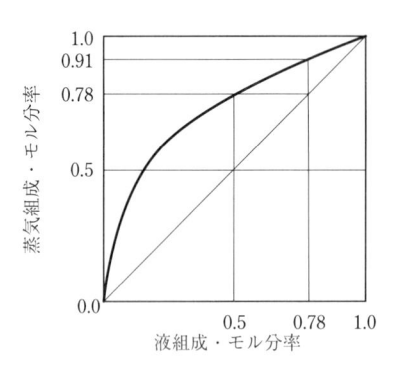

圧力:101 kPaA 液組成・蒸気組成のモル分率はメタノールを示す。

図8.25 メタノール-水系(気液平衡値)

8.4 蒸 留

発酵工業において,よく使用される有機溶剤としては,メタノール,エタノールやアセトンなどがある。これら溶剤は,発酵工業の工場内で,発酵の基質としての使用のほか,殺菌用途,アミノ酸結晶の洗浄,吸着樹脂(レジン)の溶離剤や再生洗浄剤への利用など,幅広く頻繁に使用されている。これらの溶剤は,発酵工業の製造工程で使用されると,おもに水と混ざることで濃度が下がったり,他の不揮発性のアミノ酸や塩類,揮発性のあるアンモニアや亜硫酸などが混入することがある。再使用のため,これら不純物との分離,純度向上を目的に蒸留操作を行っている。ここでは,おもにメタノールとエタノール,アセトンについての物性や,これら溶剤とおもに水との分離操作(蒸留)について述べる。

8.4.1 単蒸留理論
(a) 気液平衡 一般に2成分以上の揮発性成分からなる混合液体を一定圧力のもとで加熱沸騰させると,その液とそれから発生した蒸気とでは組成が異なり,通常低沸点成分に富んだ蒸気混合物を得ることができる。一例としてメタノール-水系の大気圧下で加熱沸騰させた場合の気液平衡関係を**図8.25**に示す。モル分率で0.5のメタノール水溶液を加熱沸騰させるとモル分率0.78のメタノール蒸気が,モル分率で0.78のメタノール水溶液を加熱沸騰させるとモル分率0.91のメタノール蒸気が発生することになる。気液平衡関係とはたがいに平衡にある気相と液相の組成および,平衡圧,平衡温度との関係をいう。一般に任意の成分について,液側モル分率に対する蒸気側モル分率の比を平衡係数といいKで示す。2成分系の成分1および成分2の液側モル分率,蒸気側モル分率,平衡係数をそれぞれx_1, x_2, y_1, y_2, K_1, K_2とするとつぎのように定義される。

$$K_1 \equiv \frac{y_1}{x_1}, \quad K_2 \equiv \frac{y_2}{x_2} \tag{8.50}$$

また,これら2成分の平衡係数の比を相対揮発度といい,一般にαで表される。すなわち成分1の成分2に対する相対揮発度α_{12}はつぎのように定義される。

$$\alpha_{12} \equiv \frac{K_1}{K_2} = \frac{\dfrac{y_1}{x_1}}{\dfrac{y_2}{x_2}} \tag{8.51}$$

平衡係数や相対揮発度は,蒸留による分離の難易度を表す因子となる。$\alpha_{12}=1$では気液が同じ組成となり,蒸留による分離はできない。この気液平衡関係は,成分の組合せによって特有の関係がある。混合液が理想溶液とみなされる場合は,純成分の蒸気圧データから気液平衡を求めることができる。理想溶液が気液平衡状態にある場合は,ラウールの法則が成立することが知られている。再度,2成分系において,成分1および成分2の平衡温度における蒸気中の分圧をp_1, p_2,平衡温度における純物質の蒸気圧をP_1, P_2,全圧(平衡圧)をPとすると以下の関係(ラウールの法則)が成り立つ。

$$p_1 = Py_1 = P_1 x_1, \quad p_2 = Py_2 = P_2 x_2 \tag{8.52}$$

$p_1 = Py_1$, $p_2 = Py_2$はドルトンの分圧の法則と呼ぶ。また,$x_1 = (1-x_2)$, $y_1 = (1-x_2)$であるので,これらの関係より,全圧Pと温度が与えられれば,純物質の蒸気圧P_1, P_2を使って,気液平衡関係を求めることができる。しかし,実液系のほとんどのケースが理想溶液としての取扱いが困難であり,特に水成分が入ってくると非理想溶液として扱うべきである。非理想溶液に対しては活量係数モデルが用いられる。成分1お

8.4 蒸留

よび成分2の活量係数γ_1，γ_2とすると，下式のような表現となる．

$$p_1 = \gamma_1 P_1 x_1, \quad p_2 = \gamma_2 P_2 x_2 \quad (8.53)$$

この理想溶液からの偏りを示す活量係数γを規定するモデルはさまざまなものが発表されているが，ここでは省略する．詳細は文献1）を参照されたい．

（b）溶剤基本物性 エタノール，メタノール，アセトンの基本物性の相違を**表8.11**に示す．これら溶剤は，いずれも常温，常圧で液体であり，水と自由に混和し二液相を作らない．大気圧下での蒸発潜熱は，エタノールが最も大きく，メタノール，アセトンの順である．蒸留での回収を考えた場合，蒸発潜熱が低いものほどエネルギー的には有利である．大気圧下でのエタノール-水系，メタノール-水系，アセトン-水系の気液平衡関係を**図8.26**に示す．水との相対揮発度は，アセトンが一番大きく，つぎにメタノール，エタノールの順であることがわかる．相対揮発度は前述のとおり蒸留による分離のしやすさを示しており，相対揮発度が大きい系であるほど，蒸留装置は小型のものですむことになる．溶剤の選定には，この回収系にかかる費用も考慮する必要がある．また，気液平衡上の特徴として，エタノールはモル分率がほぼ0.9の位置に共沸点と呼ばれる液中と蒸気中の成分組成が等しくなるポイント（相対揮発度＝1）を持つため，通常の蒸留塔1塔での精留操作では，それ以上に濃縮することはできない．この場合は，第3成分（エントレーナー）としてベンゼンなどを用いた共沸蒸留で分離することができるが，複数の蒸留装置が必要となり，装置上の取扱いは複雑になる．メタノール，アセトンに

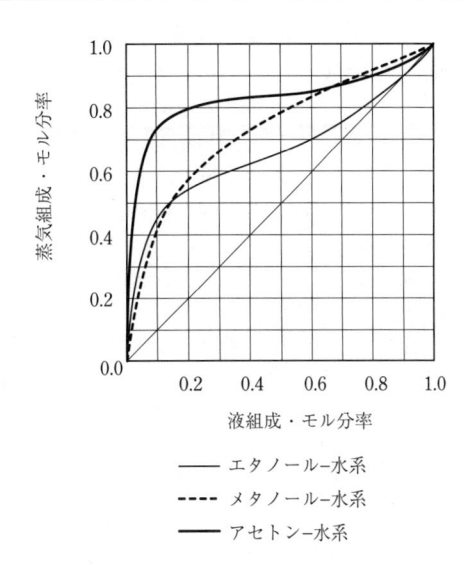

圧力：101 kPaA　液組成・蒸気組成のモル分率はそれぞれ水以外の溶剤を示す．

図8.26 エタノール-水系，メタノール-水系，アセトン-水系気液平衡値

は共沸点はなく，水との2成分系であれば1塔の蒸留塔による連続精留処理で100％に近い純度の液を得ることができる．

エタノール，メタノール，アセトンは引火点が低く可燃性の物質であるため，工業レベルでの使用は，消防法上危険物第4類として取り扱われる．ただし，アルコール類（エタノール，メタノール）は，含有量が60％未満であれば，消防法上の危険物から除外され

表8.11 エタノール，メタノール，アセトンの基本物性

	アセトン	メタノール	エタノール
分子量[6]	58.08	32.04	46.07
爆発限界〔Vol%〕[7]（常温，常圧，空気中）	2.6〜13	6.7〜36	3.3〜19
蒸気圧〔mmHg〕[8]	117（10℃） 186（20℃） 285（30℃）	55（10℃） 97（20℃） 164（30℃）	24（10℃） 44（20℃） 79（30℃）
蒸気圧は，Antoine式 $\log(P[\text{mmHg}]) = A - B/(C + t[℃])$ より計算 A, B, Cの係数を表中に示す．	$A = 7.23967$ $B = 1279.87$ $C = 237.50$	$A = 8.07246$ $B = 1574.99$ $C = 238.86$	$A = 8.21337$ $B = 1652.05$ $C = 231.48$
蒸発潜熱〔kJ/mol〕[8]（760 mmHg）	29.0	35.27	38.6
沸点〔℃〕[6]（760 mmHg）	56.2	64.7	78.3
引火点〔℃〕	−20[7] 101 kPa 空気中	11[7] 101 kPa 空気中	15.8[6] 開放
発火点〔℃〕	465[7] 101 kPa 空気中	385[7] 101 kPa 空気中	518[6] 空気中

る。したがって，この濃度範囲内での扱いであれば，防爆設備である必要はない[2]。

また，エタノールは，メタノールと比較し高価であり，その工業用途での使用目的は限られているが，2006年4月には，現状の工業用エタノール専売制度が廃止され，完全に自由化されるため使用の幅が増えてくると思われる。

（c）**単 蒸 留**　液体混合物をフラスコ内に入れ，加熱沸騰させ発生蒸気を冷却器で凝縮させると，元の液体混合物とは異なる通常低沸点成分に富んだ液体混合物を得ることができる（図8.27）。この方法を単蒸留という。工業レベルでは，飲料用エタノールの精製によく用いられる。単蒸留は回分式であるので，蒸発の過程で経時的に液組成，蒸気組成が変化する。いま，成分1，2からなる2成分の単蒸留について蒸留開始後のある時間におけるフラスコ内の液量をL〔kmol〕，発生蒸気液量をD〔kmol〕，液組成をx_1，またこのときの発生蒸気組成をy_1とし，y_1とx_1は平衡関係にあると仮定すると，微小時間内の物質収支はつぎのようになる。

$-dL$　（フラスコ内液の減少量）
　　　$= dD$　（蒸発蒸気量）　　　　(8.54)

成分1について

$-d(Lx_1) = y_1 dD$　　　　　(8.55)

両式よりdDを消去すると

$$-\frac{dL}{L} = \frac{dx_1}{y_1 - x_1}$$　　　(8.56)

この式を単蒸留前にフラスコ内にあった液量L_sと，組成x_{1s}から，終りの液量と組成L_fと，組成x_{1f}まで積分すると次式が得られる。

$$\ln \frac{L_f}{L_s} = \int_{x_{1s}}^{x_{1f}} \frac{dx_1}{y_1 - x_1}$$　　　(8.57)

この式はレイリーの式といわれている。この関係を用いれば，気液平衡関係（y_1対x_1）を既知として，L_s, x_{1s}, L_f, x_{1f}の四つの量のうち三つを与えると残りの一つが計算できる。例えば，初発の液量，液組成，終わりの液組成を与えると，気液平衡関係（通常x_1対y_1の線図使用）より，終わりの液量が計算できる。

（d）**ガス状成分が混在する場合の単蒸留**　ガス状成分が混在する場合，一定温度，一定圧力のもとで長時間接触させると，やがて平衡に達し，気相濃度および液相濃度は一定となる。このときのガス状成分の液相濃度は溶解度と呼ばれ，一定温度で圧力が大気圧付近の場合は，溶質ガスの分圧p〔atm〕のみに依存する。一定温度において，たがいに平衡にある気相中の溶質ガス濃度と液相濃度が比例して変化する場合は，ヘンリーの法則に従う。

$$p = kx$$　　　　　(8.58)

kはヘンリー定数〔atm/モル分率〕といわれ，系の種類と温度によって決まる。この法則は一般に，比較的溶解度の小さな気体（水に対するO_2，N_2，H_2など）で，その分圧が常圧以下の場合に成立する。

SO_2，NH_3などの気体は，水へ溶解後水と反応し電離するので，気液の平衡関係はヘンリーの法則に従わない。すなわち，溶質ガスの分圧p〔atm〕のみでは，溶解度は求めることができない。しかし，未解離状態のSO_2，NH_3に関してはヘンリーの法則が適用できる。例えばNH_3の水溶液中の平衡関係は

$$NH_3 + H_2O \rightleftarrows NH_4^+ + OH^-$$　　　(8.59)

で表される。この平衡関係はpHに大きく依存する。pHが高いと式（8.59）の平衡関係は左側に移行し，未解離のNH_3が多くなり，気相側のNH_3濃度が上がる結果となる。逆にpHが低いと平衡関係は右側に移行し，未解離のNH_3が少なくなり，その結果，気相側のNH_3濃度が抑えられる方向へと動く。したがって，SO_2やNH_3のような，水との電離反応がある気体を扱う場合は，このことを考慮する必要がある。

（e）**単蒸留装置と利用例**　醗酵工業の精製工程において，おもに回収率向上を目的に，アミノ酸などの結晶化工程の晶析溶媒や，有機結晶洗浄，また，レジン工程でのレジン洗浄液などにメタノール，アセトンといった有機溶剤が使用されている。使用後は不純物，水の混入による濃度低下が起こる。これらの溶剤は，一般に蒸留による回収が行われている。単蒸留では，容量数kl〜数十klの濃縮缶に液を張り込み，ジャケットもしくは内部に設置された加熱管から間接加熱を行い，蒸発，発生蒸気を凝縮器で間接冷却し留出液を得るといった設備構成をとるのが一般的である。濃縮缶は処理能力の向上を目的に，攪拌装置による攪拌（伝熱の促進）や，真空ポンプを設け濃縮缶内を減圧系とし沸点を下げ，熱媒体（通常蒸気）との温度差をとることが一般に行われている。最終残液に溶剤を残したくない場合は，その圧力での水の沸点（大気圧

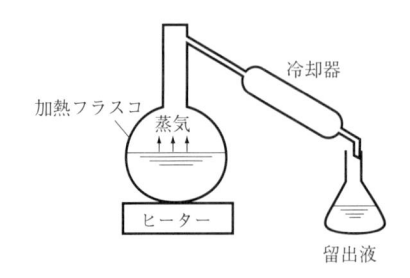

図8.27　実験室レベル単蒸留

の場合は100℃）まで単蒸留操作を続けることで対応できる。

回収すべき溶剤水溶液中に，培養・精製工程で安価なアルカリ源として頻繁に使用されているNH_3が混入することがある。このNH_3を溶剤と分離する際には，蒸留回収の実施前に酸でpH調整を行い，NH_3の気相側への蒸発を抑制させる方法が通常とられる（前項（d）参照）。酸としては装置上の腐食の問題がある場合，リン酸がよく用いられるが，廃水処理への負担がかかるといった不利益が生じるのでリンの回収方法もあわせて検討する必要がある。硫酸，塩酸の使用も可能であるが，濃縮缶などに耐腐食性の材料を選定しなければならず，初期コストが高くつくといったデメリットがある。また，有機結晶の濃縮時に，複色防止や殺菌目的で亜硫酸水素ナトリウム（$NaHSO_3$）を使用する際は，水溶液中に微量のSO_2が残留し，蒸留回収の際，揮発することで回収溶剤中に混入するため，蒸留回収前に過マンガン酸カリウムなどの酸化剤で硫酸塩の形まで酸化させ，揮発を抑え込む方法が一般にとられている。これら水と反応し電離するNH_3, SO_2については，連続精留においても同様な問題が起こる。

8.4.2 精　　留

（a） 連続精留 単蒸留では，液濃度と平衡関係にある蒸気濃度以上の液を得ることは容易ではない。含量100％に近い溶液を回収する場合は，連続精留という操作が有効である。

連続精留の基本的考え方を以下に記述する。単蒸留では，前述のとおり液体混合物を加熱蒸発後，発生する蒸気を凝縮させることによって，通常もとの液より揮発性成分に富む液が得られる。この液を再び加熱沸騰させるとさらに揮発性成分に富む蒸気を得ることができる。この単蒸留操作を繰り返すことによって含量100％に近い揮発性成分を得ることができる。再度，メタノール-水系を例にとって考える（図8.25）。モル分率で0.5のメタノール水溶液を加熱沸騰させるとモル分率0.833のメタノール蒸気が得られる。この蒸気を凝縮したモル分率0.833のメタノール水溶液を再度加熱沸騰させると，モル分率0.907のメタノール蒸気が発生し，これを凝縮することでモル分率0.907のメタノール水溶液を得ることができる。つまり，この沸騰→凝縮→沸騰→凝縮→……を繰り返すことで，メタノール濃度を上げていく操作が可能となる。しかし，この方法では複数の加熱蒸発缶と複数の凝縮器をもつことになり，装置面，エネルギーの点で非現実的である。そこで，現実的な方法として，低濃度メタノール水溶液から発生した蒸気を，直接メタノール濃度が高い液の入った加熱蒸発缶の熱源として利用することが考えられる。メタノール濃度の低い液から発生した蒸気温度（沸点）は，メタノール濃度の高い液の沸点より高い。したがって，この蒸気と液とを直接接触させることで，高濃度メタノール水溶液へ蒸発潜熱を与え再沸騰させることができる。すなわち，この複数の加熱蒸発缶を縦に並べて，液は自由落下で下部の加熱蒸発缶へ流し，蒸気は下部の加熱蒸発缶から上部の加熱蒸発缶内の液を蓄えている部分に直接吹き込む構造をもつ装置が成り立つ。この装置を蒸留塔と呼ぶ（図8.28）。また，蒸留塔内の加熱蒸発缶に相当する液を蓄える部分を段（トレイ）と呼ぶ。この構造であれば，加熱は塔底の段に対してのみ行い，凝縮器も塔頂のみでよく，一つの加熱蒸発缶と一つの凝縮器とその間に設置される複数の段（トレイ）でメタノールの濃縮が効率的に行われることになる。また，ここで塔頂のメタノール蒸気を凝縮液化し塔頂に戻す操作を還流と呼ぶ。特に，液すべて戻す操作を全還流という。このような還流を含む連続操作を精留と呼ぶ。工業レベルにおいて蒸留という言葉は，ほとんどの場合連続精留の意味合いで使用されている。

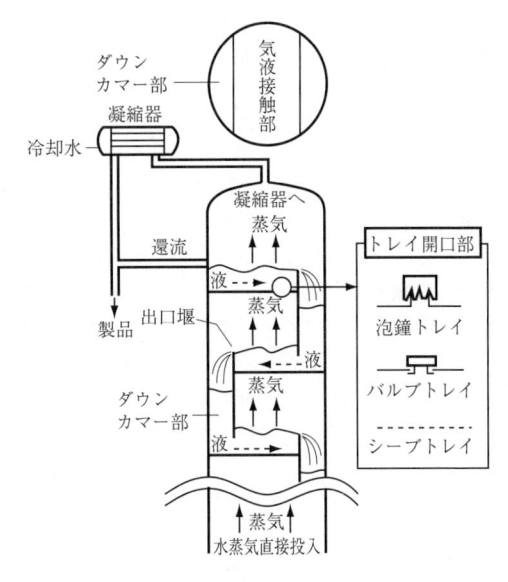

図8.28　蒸留塔構造および棚段塔トレイタイプ

（b） 連続精留塔の設計 溶剤-水系溶液の連続精留では，連続的に蒸留塔内のある段に溶剤水溶液を給液し，塔頂より低沸点成分の溶剤，塔底より高沸点成分の水をそれぞれ分離することができる。この場合，

目的とする分離が行われるには，塔内のトレイの段数をいくらにすればよいか，また還流量と塔頂回収溶剤量（製品抜取り量）の割合をいくらにすればよいかという問題に直面する。この設計の理解にあたっては，それぞれの段すべての位置で液組成が均一で，蒸気と液の接触は理想的（段上の液と蒸気は平衡の状態にある）である，また，塔内圧力損失は無視できる他いくつかの仮定をもとに，気液平衡線図を利用し，作図によって理論段を求めるマッケーブーシーレ法[3]（McCabe–Thiele method）が教材としてよく用いられる。詳細は文献1），4），5）を参照されたい。ここで求められる理論段は文字どおり分離に必要な理論上の段数である，実際の蒸留塔では，段上の液流れの不均一さや，ミスト状態での上段への飛散など，各段上での接触は必ずしも理想的ではないので，理論値よりも多い段数が必要である。この段効率（＝理論段/必要実段数）は，トレイ形式ごとに一定ではなく，運転条件や，溶液の物理的性質などにも大きく依存する。この段効率に関しては，多くの研究が行われており，その推算法も種々提案されている。

工業レベルでの蒸留塔の設計は，コンピュータによるプロセスシミュレーターで行うのが主流であり，作図によって理論段を求める方法は，塔内圧力損失による気液平衡関係の補正や，凝縮器での過冷却，蒸留塔本体や送液配管からの熱損失の補正，3成分以上の系の取扱いなどが困難であり，教育の場でしか使われていないといっても過言ではない。最近のプロセスシミュレーターのなかには，非定常状態を含む蒸留塔の運転条件検討のほか，蒸留塔のサイズ設計，概略の蒸留塔購入費，工事費，工事期間も含めたプロセス全体の最適化ができるものが開発されてきている。

（ c ） 連続精留塔と利用例　溶剤-水系溶液の蒸留設備の基本構造は，蒸留塔本体，および蒸留塔本体から発生する蒸気を凝縮させるための凝縮器からなる。それらに，液や蒸気の供給，製品取出しのための装置が付属する。運転に際しては，塔頂から発生する蒸気を凝縮液化し塔頂へ戻す。すべて戻すと製品がまったく取れなくなるので，実際は還流される液の一部を回収溶剤製品として抜き取る。それと同時に，塔の適当な段に回収すべき溶剤水溶液を供給する。熱源としては，水系であれば水蒸気を直接吹き込む形をとるのが通常である。しかし，塔底への水の混入を避けたい場合（水が高沸点成分でない場合や，水系以外の成分を対象とする場合）は，塔底に再沸器を設置し，間接加熱によって液を再沸騰させその蒸気を蒸留塔底部に戻す形をとる。蒸留塔の運転は，この装置構成のなかで，通常塔内の各段における溶剤組成（＝水組成）

を一定に保つため，塔内温度を指標にして還流量や加熱蒸気量などを制御する方法を一般的にとる。また，蒸留塔には，蒸気と液の負荷に関して操作可能な範囲が存在する（**図8.29**）。例えば，蒸気量を上げていった場合は，飛沫同伴が起こりやすくなり気液接触効率の低下や圧力損失の増加が起こる。さらに上げていくと塔内の液があふれる現象（フラッディング）が起こる。また，液量を上げていってもフラッディングが起こるポイントが存在する。また，逆に蒸気量を下げていくと気液の接触が極端に落ち込むポイントがある。この安定操作範囲に関しては，蒸留塔の内部構造に大きく依存するので，実際に採用する際には確認する必要がある。また，アミノ酸などの不揮発性の有機物を含む溶液の蒸留では，発泡の影響で蒸留塔の能力を極端に落とすこともあるので，事前に回収すべき溶液の性状を確認しておくことも重要である。

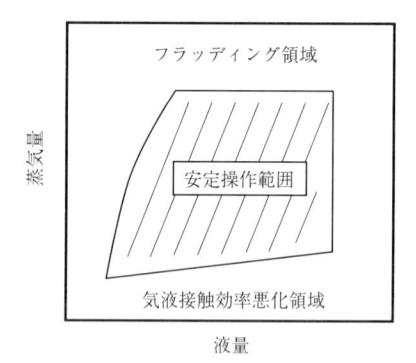

図8.29　蒸留塔の性能曲線図

要の装置である蒸留塔に関し，もう少し詳細に説明する。蒸留塔は内部構造により，大きく分けて棚段塔と充填塔がある。棚段塔は，蒸留塔内部に多数の棚段を設け，その段上に堰を設けて液だめ部分を形成し，蒸気を液中に潜らせる形で接触させるものである（図8.28参照）。その種類としては，泡鐘トレイ，多孔板トレイ，バルブトレイなどがある。また，基本的な液流れの相違により，十字流接触型，向流接触型に分けられる。十字流接触型はダウンカマーと呼ばれる液の降下部分をもつ。向流接触型はダウンカマーをもたない構造であり，トレイ上の開口部から蒸気の上昇および液の下降を同時に行わせる。

充填塔と対比させ，そのおおよその特徴を以下に示す。

［メリット］

・操作範囲が広い。ただし，一般的に向流接触型

は操作範囲が狭い。
- 給液はどの段でも可能である。
- 水のような表面張力の高い液体であっても性能が発揮できる。
- 過去からの数多くの実績がある。

［デメリット］
- 液中を蒸気が抜ける構造なので，圧力損失が高い。
- 塔内構造が複雑になるため，一般的に設備コストが高い。
- ダウンカマーをもつ十字流接触型では，塔径が太くなる。
- 液保有量が多いので，立上げに時間を要する。

といったことが挙げられる。

一方，充填塔としては，規則充填塔，不規則充填塔がある。規則充填塔は金属板を折り曲げ，波状に成形したものを塔内部に充填し，この波状金属板表面をつたって流れる液と下部から上昇してくる蒸気を接触させる構造をもつものである。容積当りの表面積や空隙率をできるだけ大きくする工夫がなされている。また，不規則充填塔は，大きさ約 10〜50 mm くらいの充填物（ラシヒリング，テラレット，カスケードリングなど）をバラ状態（不規則）で詰めた塔である。近年はさまざまな充填物が開発されており，充填容積当りの表面積，液の分散能もさまざまである。

充填塔は内部に液だめ部分や，ダウンカマーを有しておらず，運転が停止すると塔内の充填物表面を流れている液はすべて塔底へ落ち込む構造になっている。

充填塔を設計する場合は，段効率ではなく，1 理論段に相当する充填高さとしての HETP (height equivalent to a theoretical plate) を定義し，それと理論段数を乗じて必要な充填高さを求める。一般的に HETP は溶液の物理的性質や濡れに対する充填材表面の状態に依存するが，多くの場合 1 理論段当り 500 mm 以下に収まり，棚段塔と比較し蒸留塔の高さはあまり差はない。棚段塔と対比し，充填塔のおおよその特徴を示す。

［メリット］
- 圧力損失が低い。
- 立上げが短時間ですむ。
- 不規則充填剤の場合は磁製のものを使用できるので，腐蝕性物質にも対応しやすい。
- ダウンカマーが必要ないので，塔径を細くできる。（装置の大きさ，設備費面で有利）

［デメリット］
- 操作範囲が比較的狭い。
- 充填物表面での液濡れ状態を悪化させる水のような表面張力の大きい物質の蒸留には不向きである。
- ある高さ（おおよそ 5〜10 m）ごとに偏流を防ぐため充填物に対して液を均一に分散させるディストリビューター（液再分配器）が必要であり，その部分にはある程度の高さが必要である。
- ディストリビューターのある位置でないと給液ができない。

やむをえず充填塔で水系を扱う場合は，HETP を高く見積もることが必要であるが，最近の充填物は，濡れやすいように表面を加工したものが出てきている。また，塔中部から底部の水濃度が高い濡れ特性の悪い（表面張力の高い）部分を棚段塔とし，塔中部から塔頂部分の溶剤濃度が高い濡れ特性のよい（表面張力の低い）部分を充填塔とするようなそれぞれの特徴を生かしたハイブリッド型蒸留塔の設計・製作の実績もいくつかある。

溶剤分離方法としての蒸留塔の運転は，下で蒸気を投入し上で凝縮させ液を戻している装置でありエネルギー消費型の分離方法である。溶剤分離方法には，溶剤を選択的に分離する膜を組み合わせた方法（パーベパレーション法など）も盛んに研究が行われている。また，省エネルギーを目的として，塔頂の蒸気をヒートポンプで塔底の熱源として使用する蒸留装置の実績もある。今後の課題としては，現行蒸留方法よりもエネルギー的に有利な分離技術開発が望まれている。

(日高)

引用・参考文献

1) 化学工学協会編：化学工学便覧（5 版），丸善 (1988).
2) 醗酵工業協会編：アルコールハンドブック，新日本印刷 (1986).
3) McCabe, W. L. and Thiele, E. W.: *Ind. Eng. Chem.*, **17**, 605 (1925).
4) 竹内 雍，川井利長，越智健二，佐藤忠正：解説 化学工学，培風館 (1982).
5) 河東 準，岡田 功：新版 蒸留の理論と計算，工学図書 (1981).
6) 有機合成化学協会編：溶剤ポケットブック，p. 251, 258, 361, オーム社 (1967).
7) 高圧ガス保安協会編：中級高圧ガス保安技術，p. 50, pp. 338-341, 高圧ガス保安協会 (1998).
8) 日本化学会編：化学便覧 基礎編（改訂 2 版），pp. 710-731, pp. 916-920, 丸善 (1979).

8.5 クロマトグラフィー

液体クロマトグラフィー（liquid chromatography：LC）は，タンパク質あるいはペプチド医薬品などのバイオ生産物の高度分離精製プロセスとして重要な役割を果たしている[1)~8)]。ここでは，生産プロセスにおけるクロマトグラフィーの理論と実際について説明する（分析手法としてのクロマトグラフィーは，4.3.7項に解説されている）。

LCは移動速度差分離手法として定義され，平衡関係のみでは分離が困難な系においても精密分離が可能になる一方，多くの操作変数を含み，操作条件の設定や装置の設計は複雑となる。LC分離は移動相-固定相間の分配（相互作用あるいは分子認識と考えてもよい）に基づいており，主として以下の四つの相互作用が利用されている。それぞれの特徴，利点，欠点については多くの文献で議論されている[2),3),5)]。また，4.3.7項にも説明がある。

大きさ（分子量）：ゲル濾過クロマトグラフィー，
　　　　　　　　　サイズ排除クロマトグラフィー
電気的性質：イオン交換クロマトグラフィー
疎水的性質：疎水相互作用クロマトグラフィー，
　　　　　　逆相クロマトグラフィー
生物学的親和性：アフィニティクロマトグラフィー

上述のすべてのクロマトグラフィープロセスは，基本的には偏微分方程式からなる数学モデルを数値的に解けば記述できるが，計算方法は複雑である[1)~5)]。また，計算に必要なパラメーターを推算することや実験的に決定することはそれほど簡単ではない。厳密な数学的解析は他の文献[1),2),8)]に譲るとして，ここでは，複雑な数学モデルから導かれた簡単なスケールアップ変数に基づいて分離挙動を解析する手法，また，分離性能を調節する方法について説明する［付録に数学モデルについての概説をまとめている］。

〔1〕操 作 方 法

図8.30に種々のカラムクロマトグラフィー操作を示す。吸着剤粒子（充填剤）が円筒状カラムに充填されているものを固定層といい，吸着剤側を固定相（stationary phase），粒子間隙の流体を移動相（mobile phase）という。

（a）は等組成溶出（isocratic elution）といい一定組成の移動相で溶出分離する。溶質を含む少量の試料を添加し，移動相を流し続けると溶質は固定相に分配され，その分配の程度（相互作用の違い）により溶質ごとに異なる速度でカラム内部を移動する。この結果，カラム出口では異なるピーク保持時間（peak retention time）でいくつものピークが観察される。

（b）は移動相の特定成分（モジュレーター，modulator）の濃度を一定割合で変化させる方法で勾配溶出と呼ばれ分離性能は高いが操作は複雑となる。（c）は破過曲線（breakthrough curve）あるいは先端分析（frontal analysis）と呼ばれ一定濃度の試料がカラムに飽和され出口濃度が試料濃度（入口濃度）と等しくなるまで供給する。実際には（d）のように試料がわずかにカラム出口から漏出した時点（矢印）でmodulator濃度を変化させて目的物質を脱着溶出して回収する。この方法では吸着が選択的（特異的）であると精製効率がよく，アフィニティーLCでの一般的な操作方法である。イオン交換などの他のモードのLCでも精製プロセスのはじめの段階で精製とともに濃縮を目的とする操作（captureと呼ばれる）として実施される。

また，溶出液を順次変化させて複数成分の分離回収

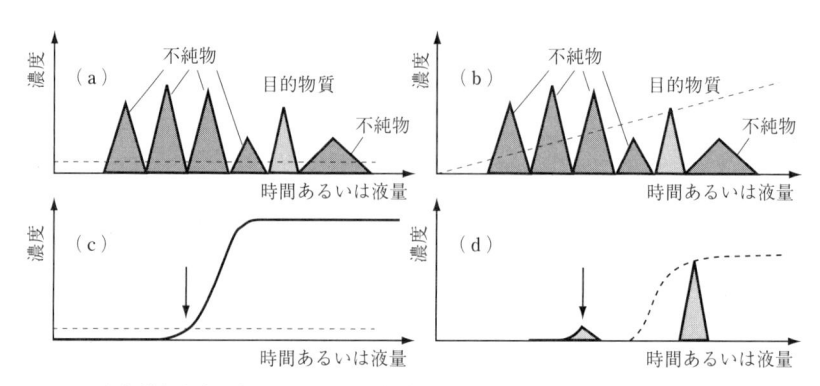

（a）等組成溶出（isocratic elution），（b）勾配溶出（gradient elution）
（c）破過曲線（breakthrough curve）あるいは先端分析（frontal analysis）
（d）段階溶出（stepwise elution）点線は移動相のmodulator濃度

図8.30　クロマトグラフィーの操作方法

8.5 クロマトグラフィー

も可能であり段階溶出クロマトグラフィーと呼ばれる（**図8.31**）。この操作では破過曲線の解析が重要とされるが，必ず（d）の工程で脱着回収が必要となり，回収率が低いと意味がない。また，医薬品などの操作では雑菌汚染を防止するために数回に1度は殺菌操作が必要となる。

後述する特殊な操作方法（装置）を除きクロマトグラフィーは原理的には不連続操作（バッチプロセス）である。固定層吸着とクロマトグラフィーは別の分野で研究されたこともあり，ほとんど同じ操作であっても異なる用語やモデルが使われてきた[9), 10]。ここでは，統一して説明するため，固定層吸着操作も含めてクロマトグラフィーとする。

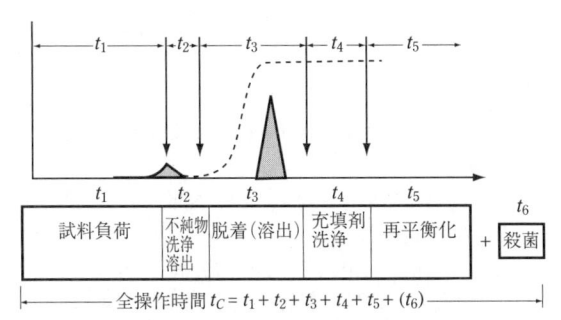

〔2〕分離の基礎概念

粒径（d_p）の粒子充填剤が内径d_c，長さZの円筒状カラムに充填されている通常の軸方向流れのカラムクロマトグラフィーの分離機構を考える（**図8.32**）。カラムは充填剤空隙部分（移動相）と充填剤部分（固定相）とで構成される。移動相（粒子間隙の流体）体積は

$$V_0 = V_t \varepsilon = \left(\frac{\pi}{4} d_c^2 Z \right) \varepsilon \qquad (8.60)$$

で与えられる。ここでεは充填層空隙率である。移動相における着目物質の濃度をCとおく。吸着剤体積すなわち固定相体積V_sは次式となり，そこでの着目物質濃度をC_sとする。

$$V_s = V_t(1-\varepsilon) \qquad (8.61)$$

カラムベッド体積は

$$V_t = V_0 + V_s = V_0\left(1 + \frac{1-\varepsilon}{\varepsilon}\right) = V_0(1+H) \quad (8.62)$$

$$H = \frac{1-\varepsilon}{\varepsilon} = \frac{V_t - V_0}{V_0} \qquad (8.63)$$

は相体積比（固定相体積/移動相体積）である。

いま，カラム入口に非常に短い時間，溶質を含む移動相溶液をパルス状に導入し，そのまま移動相を一定速度で供給したときの分離挙動を考えてみる（**図8.33**）（isocratic（等組成）溶出，図8.30（a））。

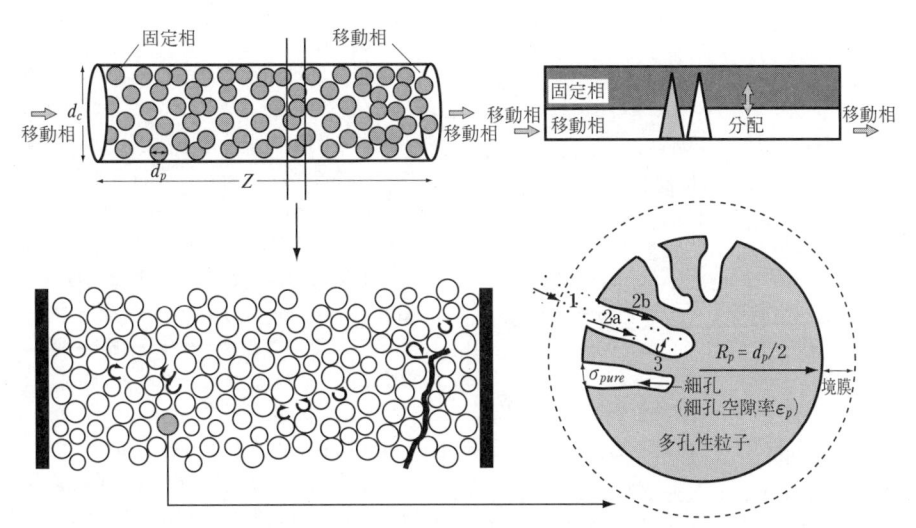

図8.30（d）の操作区分を模式的に示す。図8.30（a）の等組成溶出ではt_1は短い上にt_2がなく，t_3も試料負荷と同一組成で溶出させる。図8.30（b）の勾配溶出はt_3で時間とともにmodulator濃度を変化させるのみでほかは図8.30（d）と同じである。

図8.31 段階溶出クロマトグラフィー操作の模式図

左下は充填層内の移動相の流れ状態を表している。右下は多孔性粒子の模式図であり，小さな黒丸は着目物質を表している。1は境膜物質移動，2aは細孔拡散，2bは表面拡散，3は細孔内拡散した物質の吸着過程を表している。拡散機構の詳細は付録参照。

図8.32 多孔性粒子充填カラムと多孔性粒子の模式図

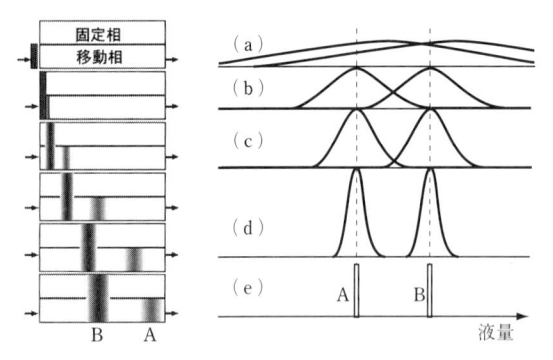

図8.33 ピークの広がりと分離挙動

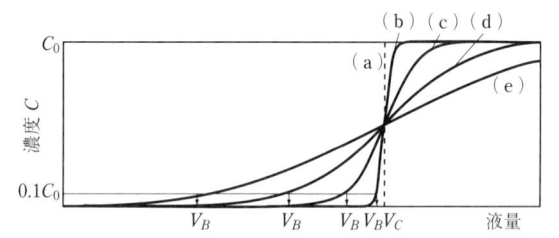

A, Bの2成分がカラム内を異なる移動速度で移動しカラム出口に到達するが，その間に各ゾーンは広がる。(e) はカラム内でまったくゾーンの広がりがないとした場合のピーク。分離性能はピークが広がることにより (d) から (a) へと悪化する。分離度 R_s の定義（式 (8.90)）に従うと (c) が $R_s=1$ であり，これ以下になると分離が悪くなる。

図8.34 破過曲線の広がりと吸着性能

カラム入口から試料を供給し続けるとカラム出口では濃度が試料濃度 (C_0) にまで変化する過程が観察される。これを破過曲線という。カラム内でまったくゾーンの広がりがないとした場合 (a) のような直角な破過曲線となるが，実際には分散現象のため広がり (b) から (e) のように広がると実際の有効吸着量（試料濃度の10%程度が出口濃度に到達した時点での液量）は大幅に減少する。

導入された試料はカラム内を次式で定義される速度で移動する。

$$\frac{dz}{dt} = \frac{u}{1+HK} \tag{8.64}$$

ここで u は移動相線速度であり，空塔基準線速度 u_0 とはカラム内径 d_c，空隙率 ε を用いて関係づけられる。

$$u_0 = \frac{F}{d_c^2 \frac{\pi}{4}} = u\varepsilon \tag{8.65}$$

K は分配係数であり

$$K = \frac{C_s}{C} \tag{8.66}$$

で定義される。C は溶質の移動相濃度，C_s は溶質の固定相濃度である。式 (8.64) から分配が大きいと移動速度が遅いことがわかる。K が一定のときには図8.33に模式的に示すような分離機構が成立する。

一方，一定濃度の単一試料を供給し続ける破過曲線（図8.30の (c)）において，K が濃度の関数であるときでもゾーンの先端の速度は式 (8.64) で表される。ただし，この場合の K は次式となり後述する吸着等温線で決定される値である。

$$K_0 = \frac{C_{s0}}{C_0} \tag{8.67}$$

図8.33において理想的な挙動 (e) から実際にはカラム内でゾーンは広がり，移動速度差による分離がゾーンの広がり（分散）により打ち消される。図8.34に示すように破過曲線（図8.30 (c)）も理想的な挙動 (a) からゾーンは広がり有効吸着量は減少する。このような分離性能あるいは吸着性能を低下させるカラム内分散現象は以下の三つにより生じる（図8.32参照）。

(1) 移動相における分散（混合拡散，分子拡散）
(2) 固定相における分散（粒子内拡散，表面拡散）
(3) 移動相−固定相間における分散（境膜物質移動）

(1) 移動相における混合拡散は流路の不均一性や粒子間の空隙における混合などにより分散する。(1)，(2)，(3) については，等組成溶出クロマトグラフィーで詳細に説明する。破過曲線においては (1)，(2)，(3) 以外に吸着平衡も広がりに影響する。

〔3〕吸着（分配）平衡

多孔性粒子（図8.32）において，粒子体積基準の濃度 (C_s) と C は以下の式で関係づけられる。

$$C_s = KC \tag{8.68}$$

吸着相互作用がないときは細孔の利用率は分子の大きさに依存し，分子が大きくなるにつれて減少する。この性質を利用した分離方法がサイズ排除クロマトグラフィー (SEC) である。K は分子量 M_W とともに減少し，K と M_W の関係を分子排除特性といい，細孔径分布についての情報を含む重要な特性である。

一定温度における C_s と C の関係（吸着平衡）を吸着等温線 (adsorption isotherm) と呼びキャプチャー (capture) では重要なデータとなる。吸着等温線は図8.35に示すような形状となり，以下に示すラングミュア (Langmuir) 式かフロインドリッヒ (Freundlich) 式で表すことが多い。できるだけ効率よい吸着のためには，図8.35に示すような直角に近い吸着平衡（直角平衡と呼ばれる）が望ましい。

(1) ラングミュア式

$$C_s = \frac{K_L QC}{1+K_L C} = KC \tag{8.69}$$

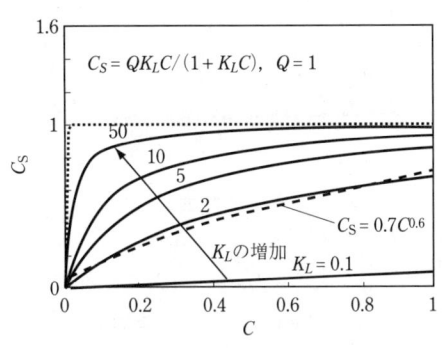

図8.35 吸着等温線

ラングミュア吸着等温線はK_Lが増加すると直角平衡（点線）に近づく。$K_L = 0$は直線平衡となる。

$$K = \frac{K_L Q}{1 + K_L C} \tag{8.70}$$

Cが小さいところでは，$C_s = K_L Q C$となり，直線平衡となる。一方，Cの増加に伴いC_sの増加率は減少し最大吸着量Qに近づいていく。またK_Lの増加とともに曲線は直角平衡（不可逆的吸着）に近づく。

ある限定された範囲で吸着平衡（等温線）の実験結果を表す際には，つぎの無次元濃度を導入すると便利である。

$$X = \frac{C}{C_0} \tag{8.71}$$

$$Y = \frac{C_s}{C_{s0}} = \frac{C_s}{K(C_0)C_0} \tag{8.72}$$

この無次元濃度を用いて式（8.69）は次式となる。

$$Y = \frac{X}{R_{eg} + (1 - R_{eg})X} \tag{8.73}$$

ここで

$$R_{eg} = \frac{1}{1 + K_L C_0} \tag{8.74}$$

R_{eq}は非線形性の尺度となり，$R_{eq} < 0.1$では直角平衡としてよい。

ラングミュア式の液相吸着における実験式としての適用性は広い。一般に$E + L \longleftrightarrow EL$のような平衡関係，あるいはイオン交換平衡からラングミュア式を得ることができる。

（2）フロインドリッヒ式

フロインドリッヒ式は次式で表される。

$$C_s = K_F C^{1/n} = KC \tag{8.75}$$

$$K = K_F C^{1/n-1} \tag{8.76}$$

ここでK_Fとnは定数であり実験データから決定される。実験式として使用されるが理論的な展開からそれぞれの定数は物理的意味を持っている。$1/n < 0.5$で好ましい（favorable，上に凸の）吸着等温線となる。$n = 1$で直線平衡である。$X(= C/nC_0)$と$Y(= C_s/C_{s0})$を用いて無次元化を行うと次式となる。

$$Y = X^{1/n} \tag{8.77}$$

図8.35に破線で示すようにデータによってはラングミュアあるいはフロインドリッヒのどちらでも表すことができる。

〔4〕 分離操作の設計

すでに分離性能あるいは吸着性能を低下させるカラム内ゾーン分散現象を定性的に説明した。分散現象を考慮したクロマトグラフィー分離操作の設計について，はじめに最もわかりやすい等組成溶出について説明する。つぎに勾配溶出を簡単に解説した後に，段階溶出（破過曲線の解析）について説明する。

（a） 等組成溶出　　等組成溶出（isocratic elution）で操作される典型的なクロマトグラフィーとしてサイズ排除クロマトグラフィー（SEC）を例にして説明する。ゲル濾過とも呼ばれる，この方法は以下の特徴を持つ。

（1）分子の大きさのみで分離するモードであり，分子量が大きいものは細孔内から排除され，早く溶出される。分子量が非常に小さい物質は細孔内を完全に利用し，カラムベッド容積近くで溶出される。その中間の大きさの物質については分子量の増加とともに溶出容積が減少する（図8.36）。

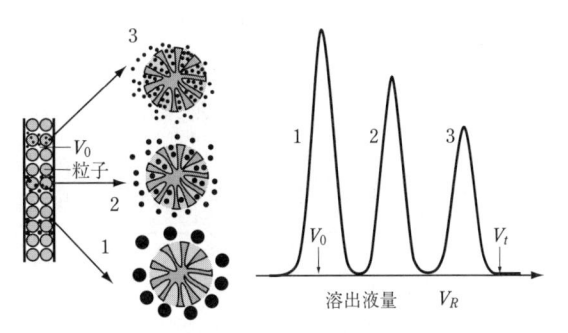

図8.36 サイズ排除クロマトグラフィーの原理
（1は細孔から完全排除）

（2） 一般に負荷量（カラム充填剤体積当りの試料体積）が低い。

（3） 溶出後の洗浄が必要ないので1サイクルは簡単化され，試料供給，移動相（溶出液）供給の1サイクルを繰り返し操作することができる。

（2），（3）は等組成溶出の特徴でもある。その他のモードのクロマトグラフィーでも吸着相互作用が非常に弱い条件では等組成溶出が行われ，ふつう分配係

数 K は濃度に依存しない（線形という）。SEC では $0 < K < 1$ であるが，吸着があるときでも $K > 5$ では溶出容積が大きくなり，ピークが希釈され操作が困難となるのでふつうは $1 < K < 5$ の条件を設定する。

溶出曲線のピーク保持体積 V_R，保持時間 t_R は次式で分配係数 K と関係づけられる。

$$V_R = Ft_R = V_o + (V_t - V_o)K = V_o(1 + HK) \quad (8.78)$$

あるいは

$$t_R = \frac{Z}{u_0}[\varepsilon + (1-\varepsilon)K] = \frac{Z}{u}(1 + HK) \quad (8.79)$$

K は試料と充填剤との平衡関係なので，一度任意のカラムで，t_R から K を式（8.78），（8.79）で決定しておけば，他のカラム形状と操作条件（流速 u）に対して t_R を推算することができる。空隙率 ε は，充填条件やカラムの大きさ（形状）で変化するので，細孔内に浸透しない（$K = 0$）巨大物質（デキストランなどの分子量200万以上の溶質）により測定しておく必要がある。SEC における K と分子量 M_W の関係は分子排除特性と呼ばれ，分離特性を表す重要なデータである（図 8.37）。

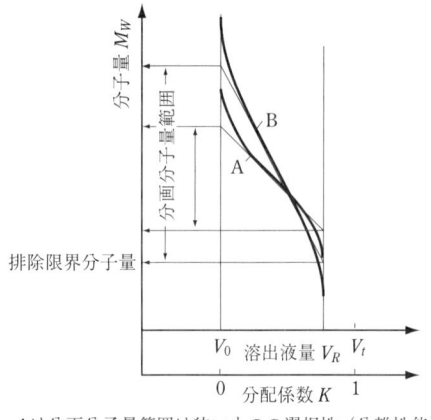

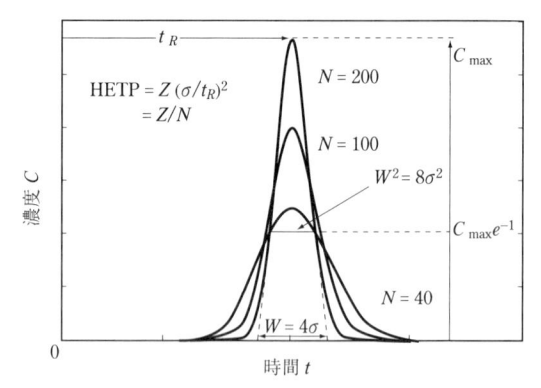

ガウス分布のときは，図中に示したような位置での測定から σ を決定することができる。$0.5\,C_{\max}$ の位置では 2.35σ となる。正確には

$$t_R\text{は一次モーメント} \quad \mu_1' = \frac{\int_0^\infty Ct\,dt}{\int_0^\infty C\,dt} = \frac{\int_0^\infty Ct\,dt}{\mu_0}$$

$$\sigma^2\text{は二次モーメント} \quad \mu_2 = \frac{\int_0^\infty C(t-\mu_1')^2\,dt}{\mu_0}$$

として計算すべきであるが対称な曲線では $\mu_1' = t_R$，$\mu_2 = \sigma^2$ が成立する（μ_0 は 0 次モーメント＝溶出曲線の面積）。

図 8.38 クロマトグラフィー溶出曲線

A は分画分子量範囲は狭いものの選択性（分離性能）は B より高い。

図 8.37 サイズ排除特性曲線

溶出曲線の広がり（カラム性能）は HETP（height equivalent to a theoretical plate）で評価される。

$$\text{HETP} = \frac{Z}{N} = Z\left(\frac{\sigma}{t_R}\right)^2 \quad (8.80)$$

ここで σ は溶出曲線の標準偏差，t_R はピークの位置（すなわちピーク保持時間）である（図 8.38）。Z はカラム長さ，N は理論段数である。HETP が小さくなれば（あるいは N が大きくなれば）幅の狭い曲線になり，分離は向上する。式（8.80）は固定層カラムを N 段の連続混合槽とみなすことにより導かれる（理論段モデル）。実際のカラムには不連続な段は存在しないが，以下に説明するように物理的因子に関連づけられるので HETP はクロマトグラフィーにおける分散の尺度を表す標準の変数として使用されている。

HETP と操作変数との関係は次式で記述される。

$$\text{HETP} = \frac{Z}{N} = A^0 + \frac{B^0}{u} + C^0 u + D^0 u$$

$$= \frac{2D_L}{u} + \frac{2\gamma_m D_m}{u} + \frac{HKd_p^2 u}{30D_s(1+HK)^2}$$

$$+ \frac{HK^2 d_p u}{3k_F(1+HK)^2} \quad (8.81)$$

ここで d_p は粒径，D_m は分子拡散係数，D_s は固定相拡散係数，D_L は混合拡散係数，k_F は境膜物質移動係数，γ_m は移動相における拡散係数の低下率である。第1，2項が移動相における分散，第3項が固定相における分散，第4項が2相間の境膜物質移動による分散を表す（図 8.32 参照）。式（8.81）は分散の加成性が成立することを意味している。

上式を d_p と分子拡散係数 D_m で無次元化すると次式となる。

$$h = A^* + \frac{B^*}{v} + C^*v + D^*v \quad (8.82)$$

8.5 クロマトグラフィー

$$h = \frac{\text{HETP}}{d_p} \tag{8.83}$$

$$v = \frac{ud_p}{D_m} = ReSc = \left(\frac{ud_p\rho}{\eta}\right)\left(\frac{\eta}{\rho D_m}\right) \tag{8.84}$$

$$A^* = 2\frac{\dfrac{D_L}{u}}{d_p} = 2\lambda = \frac{2}{Pe} \tag{8.85}$$

$$B^* = 2\gamma_m \tag{8.86}$$

$$C^* = \frac{HK}{30\gamma_s(1+HK)^2} \tag{8.87}$$

$$D^* = \frac{HK^2}{3Sh(1+HK)^2} \tag{8.88}$$

$$\gamma_s = \frac{D_s}{D_m} \tag{8.89}$$

Sh ($= k_f d_p/D_m$) はシャーウッド数，Re ($= \rho u d_p/\eta$) はレイノルズ数，Sc ($= \eta/\rho D_m$) はシュミット数，Pe ($= u d_p/D_L$) はペクレ数である (η：粘度, ρ：密度)。

A^* は通常の流速範囲では一定値となり $1\sim 5$ 程度の値をとる。γ_s は細孔内あるいは固定相内拡散係数の低下の割合を表す。$h-\nu$ とそれに対する各項の寄与を図8.39に示す。式 (8.81) の形を初めて導いた研究者名にちなんで，このようなプロットは van Deemter Plotと呼ぶことも多い[11]。実際の実験データは，図8.40，図8.41に示すように式 (8.81) の第1項 (軸方向混合) と第3項 (固定相拡散) が支配的となる次式で表現される。

$$\text{HETP} = A^o + C^o u \tag{8.81'}$$
$$h = A^* + C^*\nu \tag{8.82'}$$

HETP-u の広い範囲の実験データが $h-\nu$ では，一つのグラフで比較できて便利であることがわかる。実際に

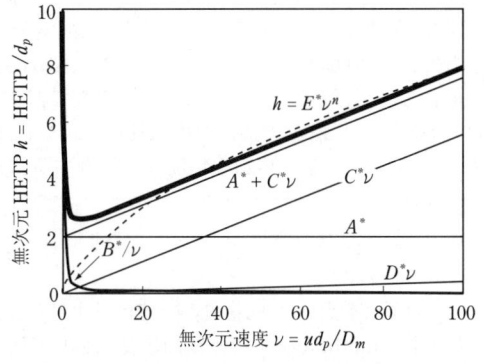

太線がすべての項を含んだ h 式である。各項の寄与を図中に示す。ν が $2\sim 5$ 以下では B^*/ν の項の影響のために ν を小さくすると h が増加する。液相では $\nu>10$ なので $A^* + C^*\nu$ で記述される。また経験式である Snyder 式 (点線) も限定された流速範囲では実験値を良好に表現できる。

図8.39 h と ν の関係

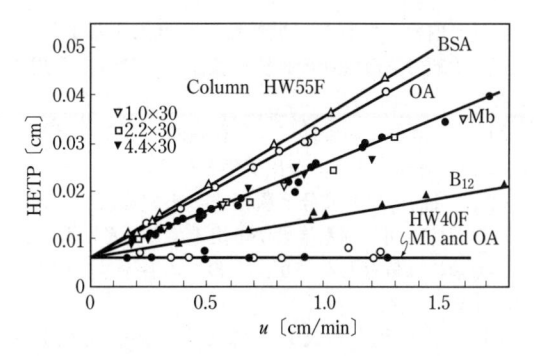

BSA：牛血清アルブミン，OA：卵白アルブミン，Mb：ミオグロビン，B_{12}：ビタミンB_{12}，HW55Fと40Fは粒子径 d_p 約44 μmのポリマー多孔性SEC充填剤 (Tosoh)。HW40Fは分子量1万以上で完全排除 ($K=0$) となる仕様。

図8.40 HETPと移動相線速度 u の関係

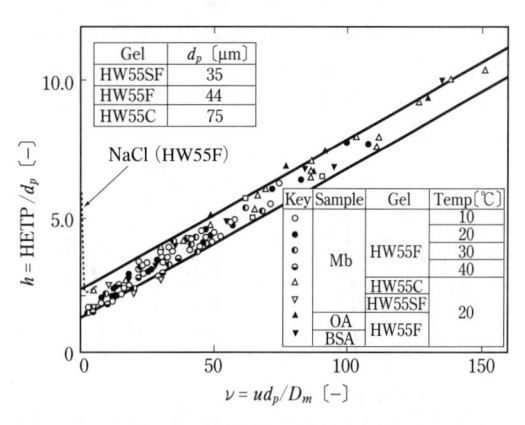

HW55SF，55Fと55Cは粒子径 d_p が異なる同じポリマー多孔性SEC充填剤 (Tosoh)。図8.40のデータも含まれている。また，温度とともにHETPは低下するが，このグラフでは同じ範囲に表示される。

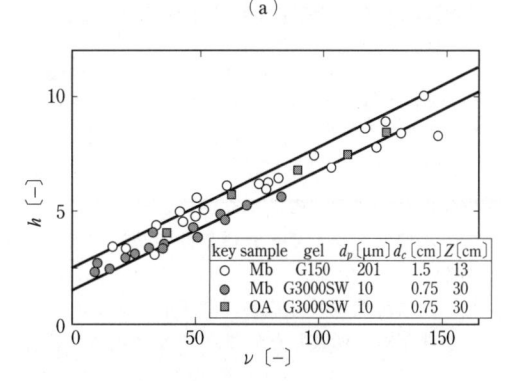

(a)

Sephadex G150は軟質デキストランゲル (Amersham)，G3000SWはシリカゲルHPLC-SEC (Tosoh)。図中の2本の線は (a) と同じ。

(b)

図8.41 無次元化HETPと無次元化移動相線速度 ν の関係

は，h–ν 曲線を解析して拡散係数を算出するよりも，以下の手順で分離性能の推定に使用するほうが実用的である．

（1）分離がよい条件で（負荷量をできるだけ少なくして），流速を変えて溶出実験を行う．

（2）目的とする成分と隣接する不純物成分の K をピーク保持時間の測定結果から決定する．K は $N > 20$ では流速には依存しないが，念のため各流速で測定し平均値をとる．

（3）目的とする成分と隣接する不純物成分のHETPを移動相線速度 u の関数として決定する（各成分が十分に分離されていないとHETPの測定が困難である）．

（4）できれば，決定されたHETP-u を h–ν に変換する．

（5）モデル（付録の**表8.12**のモデル2）により任意のカラム形状と操作条件（流速，試料負荷容量）に対して溶出曲線を計算する．

上記の方法で数値計算すると多成分分離挙動が推定できる（**図8.42**）．

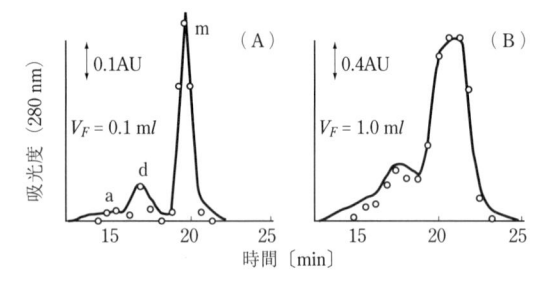

試料：牛血清アルブミン　カラム：G3000SW (Tosoh)（A）ではモノマー（m），二量体（d），四量体以上の重合物（a）が完全分離されているが V_F の増加とともに分離性能が低下する．○はモデル計算によるシミュレーション結果．

図8.42 SECにおける試料負荷量 V_F の影響〔生物分離工学特別研究会編：バイオセパレーション便覧，pp. 379–384，共立出版（1996）〕

操作条件と分離効率の簡単な関係がわかっていれば上記の方法に頼らなくても分離条件の調節ができて便利である．

隣接した溶出曲線の分離の程度を表す変数として幅とピーク間距離を考慮した分離度 R_s が使用される．

$$R_s = \frac{t_{R2} - t_{R1}}{\frac{1}{2}(W_1 + W_2)} \quad (8.90)$$

$R_s > 1.3$ で完全分離となる．$W_1 = W_2 = 4\sigma_1$ と仮定し，式（8.78），（8.80）を式（8.90）に代入すると式（8.91a）となる．この式は分離度はカラム長さ Z の平方根に比例するという一般的な等組成溶出の性質を示している．

$$R_s = \frac{H(K_2 - K_1)N^{1/2}}{4(1 + HK_1)}$$

$$= \frac{H(K_2 - K_1)Z^{1/2}\mathrm{HETP}^{-1/2}}{4(1 + HK_1)} \quad (8.91\mathrm{a})$$

HETP式（式（8.81））を代入して操作変数との関係を導くことができるが，式の形が複雑になるのでSnyder式を代入して整理し式（8.91b）となる（n はフィティング定数である）．

$$R_s = \frac{H(K_2 - K_1)}{4(1 + HK_1)} Z^{1/2} u^{-n} d_p^{-1-n} D_m^n \quad (8.91\mathrm{b})$$

この R_s 式から分離度は Z の平方根に比例すること，粒径，流速が小さいほど分離がよいことがわかる．あるいは実験データから，希望の分離度を得るための流速の調節も簡単にできる．実際の工業的分離では試料負荷量（注入量）を可能な限り増やす必要がある．図8.42でわかるように試料負荷量の増加によりピーク幅は広がる．この場合は，厳密なモデル計算（付録参照）により推定しているが，比較的試料負荷量が小さいときは次式で計算できる．

$$\sigma^2 = \sigma_0^2 + \frac{t_F^2}{12} = t_R^2 \frac{\mathrm{HETP}}{Z} + \frac{t_F^2}{12} \quad (8.92)$$

ここまでの説明で高流速で高分離性能を得るためには粒径を小さくすることが効果的であることがわかる．現在では 5 μm 程度の粒子を充填した高性能分析カラムが使われている．一方，圧力損失も粒径 d_p の 2 乗に反比例して増加するので微粒子カラムではかなり高圧となる．そのため大規模分離では依然として大きな粒径（数十から数百 μm）が用いられている．固定層の圧力損失 Δp は次式のコゼニー–カルマン（Kozney-Carman）式で計算される．ここで α は定数で 150～180 の値をとる．Δp が空塔基準の線速度 u_0（= $u\varepsilon$），$1/d_p^2$，カラム長さ Z，移動相粘度 μ に比例することがわかる．

$$\Delta p = \frac{\alpha \mu Z}{d_p^2} \frac{(1-\varepsilon)^2}{\varepsilon^3} u_0 \quad (8.93)$$

（**b**）**勾配溶出**　目的物質の吸着相互作用を変化させる物質（modulator）を時間的に変化させて溶出分離させる勾配溶出（gradient elution）は非常に高い分離性能とともに，勾配の傾きと流速により分離度を大幅に変化させることができるという特徴を持つ．ゾーンの移動過程を模式的に**図8.43**に示す．はじめに吸着しやすい条件で試料を負荷しカラム上部に保持

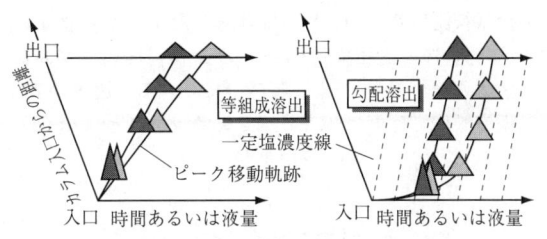

8.5 クロマトグラフィー

(a) 等組成溶出のゾーン移動
模式図

(b) カラム内ゾーン移動の
模式図

図8.43 勾配溶出クロマトグラフィーにおけるゾーンの移動過程

した後に, modulator濃度を増加させ, 脱着溶出させる。この結果, 等組成溶出と異なり希薄溶液の大量負荷による, 濃縮分離も可能である。さらに勾配溶出では, ゾーン分散現象に加えてゾーン圧縮効果がある。イオン交換クロマトグラフィー (IEC), 疎水相互作用クロマトグラフィー (HIC), 逆相クロマトグラフィー (RPC) において広く利用されている。

イオン交換クロマトグラフィーにおける勾配溶出の優れた分離性能の一例を**図8.44**に示す。わずか1アミノ酸の電荷の違いを認識して分離されている。タンパク質の類縁体 (isoform) の分離は組換えタンパク質の分離では重要なプロセスである。

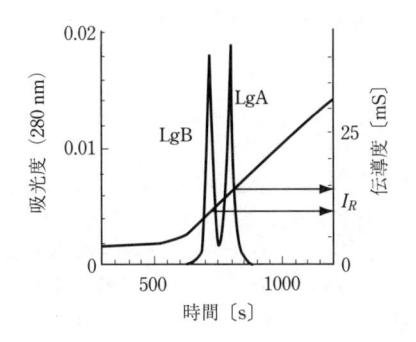

β-lactoglobulinはほぼ等量の天然異変体AとBで構成される。アミノ酸組成は2箇所異なるのみで, β-lactoglobulin A (LgA) は負電荷が一つ多い。15 mm 多孔性陰イオン交換 HPLC (Resource Q, Amersham) ではLgAとLgBが分離されるが, 2.5 mm 非多孔性陽イオン交換 HPLC (SP-NPR, Tosoh) では分離されない。

図8.44 勾配溶出イオン交換クロマトグラフィーにおける類似タンパク質の精密分離

勾配溶出の溶出位置は等組成溶出の式では推定できない。なぜならば, 勾配の傾きのみならず, 初期塩濃度や試料負荷量によって試料注入時からの溶出液量は異なるからである。

異なる傾きの勾配で実験を行い, ピーク位置の溶出塩濃度 (I_R) を測定し, 規格化した勾配 GH に対してプロットする。

$$GH = (gV_0)H = g(V_t - V_0) \quad (8.94)$$

gは体積基準の勾配である〔M/ml〕。

GH-I_R曲線は, 流速, カラムサイズ, 初期塩濃度, 試料負荷量に影響しない平衡関係となり, 任意の操作条件とカラムサイズについて溶出位置が推定できる (**図8.45**)。また, この曲線から分配係数Kと塩濃度Iの関係を算出することも可能であり, これを利用すると後述する段階溶出の溶出位置が推定できる。

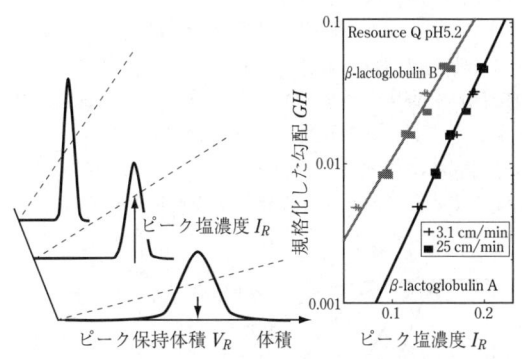

点線で示されるmodulator (塩濃度) 勾配を緩くすると, ピークは低くなり溶出液量が多くなるとともに溶出塩濃度も低くなる。

図8.45 勾配溶出クロマトグラフィーにおける規格化した勾配GHと溶出塩濃度I_Rの関係

勾配溶出からのHETPの算出方法もすでに確立されており, 溶出曲線はGH-I_Rデータを使用してシミュレーション可能である[15)]。しかしながら等組成以上にシミュレーションは複雑なので簡単な分離プロセス設計方法が必要となる。

勾配溶出の分離度については次式で相関あるいは予測できる。

$$R_s \propto \left(\frac{ZD_a I_a}{GHud_p^2}\right)^{0.5} \quad (8.95)$$

ここで, $D_a I_a$は無次元化のためのパラメーターで値は1である。等組成溶出と同様にカラムを長くすると分離がよくなるが, 勾配を緩くすることにより分離をよくすることもできるので, 必ずしも長いカラムは必要がないことが勾配溶出の特徴である。しかしながら勾配を緩くすると分離度は高いものの溶出液量が大きくなり, ピークは希釈されることに留意する必要がある。プロセスでは, 溶出液量は重要でありカラム長さと流

速についてよく検討する必要がある．実際に式(8.95)に基づいて組換えタンパク質の精製プロセスのスケールアップが実施されている．

（c）段階溶出 図8.30（d）および図8.31に示す段階溶出で高い分離性能を得るためには，生産物質を選択的に吸着させる，あるいは脱着時に選択的に溶出させることが必要である．アフィニティクロマトグラフィー（AFC）は典型的な適用例である[12]．またcapture操作では分離とともに高い濃縮効率を期待して実施される．図8.31では試料負荷，不純物洗浄，目的物質脱着，不純物洗浄，再平衡化（再生）という複数のステップが必要となる．試料負荷段階では破過曲線の解析が必要となる．

（1）破過曲線の解析 図8.46は吸着等温線の形による破過曲線の形状の変化（カラム内部のゾーンの変化）を表す．直線平衡（$K=$ 一定）では真ん中に示すようにゾーンの移動とともに分散していく．これは等組成溶出におけるゾーンの広がりとまったく同様な機構である（溶出曲線の積分が破過曲線となる）．

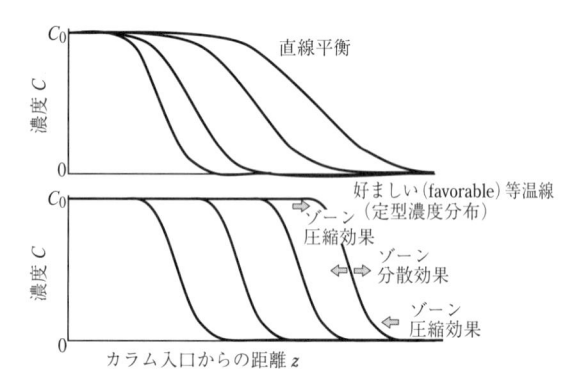

好ましい（favorable）等温線ではある程度ゾーンが広がった後は，ゾーンの幅は一定になる（定型濃度分布）．これは濃度によるカラム内移動速度を考えると理解できる．ゾーンの後半部分は濃度が高いので移動速度 $u/(1+HK)$ は中心の濃度の速度に比較して速くなる．一方，前半部分は逆に遅くなる．中心の移動速度を基準に考えるとあたかも両方から縮めようとする効果となる．この効果（zone sharpening）と通常の分散効果（zone spreading）が釣り合うと定常状態となり定型濃度分布（ゾーン幅一定）が成立する．

図8.46 吸着平衡が破過曲線に与える影響（カラム内のゾーンの移動）

直角平衡に近い吸着等温線ではある程度ゾーンが広がった後は，ゾーンの幅は一定になる．これを定型濃度分布という．その詳細な説明はここでは省略するが，破過曲線の広がりがカラム長さと無関係になることが特徴となる．

破過曲線はカラム出口濃度が破過濃度 C_B（例えば供給試料濃度 C_0 の10%）に到達した時点での液量 V_B（破過容量）と飽和濃度 C_E および飽和容量 V_E，さらには平衡吸着容量 V_C により特徴づけられる（図8.47）．実際の操作では V_C あるいは V_E まで流すことはなく V_B で打ち切るのでその推算が重要となる．

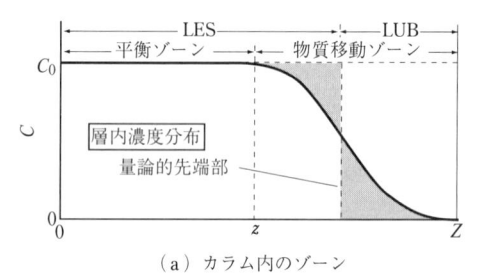

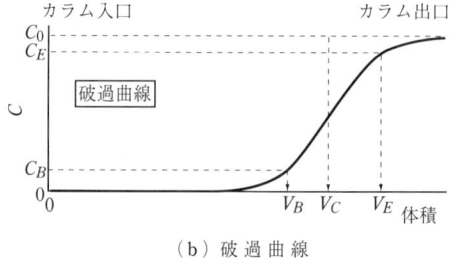

C_B を破過濃度，C_E を飽和濃度といいそれぞれに対応した液量を破過容量，飽和容量と呼ぶ．V_C は平衡吸着量でありカラム内のゾーンで示すように前後の面積が同じになっている．

図8.47 破過曲線とカラム内のゾーン

固定層吸着における破過曲線の解析やモデルについては，多くの便覧や成書[2), 8)～10)]に解説されている．不純物（不要物）の除去操作が多いので，吸着過程の解析が中心となる．クロマトグラフィーにおいては，固定層吸着で確立されたモデルが適用できる場合ばかりではないので，実験データをよく検討することが重要である．

一般的にAFCあるいはイオン交換クロマトグラフィー（IEC）のタンパク質の破過曲線は，不可逆吸着（直角平衡）モデルから計算される形状に近い．溶出曲線では理論段数 N が使用されるのに対して破過曲線には移動単位数 NTU が使用される．また総括物質移動係数 $K_F a_v$ も使用される．これらの変数を使用した数学モデル解析も重要であるが，実用的には動的吸着量の簡単な推算方法あるいは相関方法のほうが有用である．動的吸着量 DBC は10%あるいは5%などの破過容量 V_B により定義される．

$$\text{DBC} = \frac{C_0 V_B}{V_t} \tag{8.96}$$

DBCはNと同様に移動相混合拡散,固定相拡散,境膜物質移動の寄与により決定されるが,タンパク質のクロマトグラフィーでは固定相拡散支配となる。

DBCと静的吸着量SBC($= C_0 V_C / V_t$)の比,DBC/SBC($= V_B / V_C$)をZ/u_0に対してプロットして作成した実験相関式から任意のカラム長さと流速に対するV_Bを推算することができる。相関式はモデルに基づくと

$$\frac{V_B}{V_C} = 1 - \frac{C_1}{\dfrac{Z}{u_0}} \tag{8.97}$$

となるが,つぎの経験式も提案されている[12](C_1, C_2は実験定数)。

$$\frac{V_B}{V_C} = \frac{\dfrac{Z}{u_0}}{C_2 + \dfrac{Z}{u_0}} \tag{8.98}$$

抗体のプロテインAアフィニティクロマトグラフィー(AFC)におけるデータと実験相関式の一例を図8.48に示す[13]。

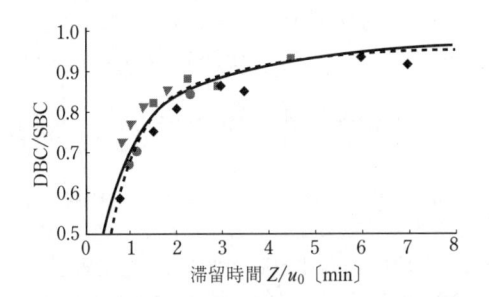

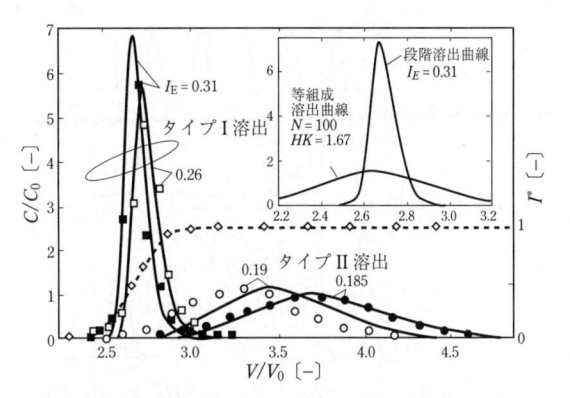

点線は塩濃度を規格化して表している。$I^* = (I - I_0)/(I_E - I_0)$
挿入図はタイプIにおけるゾーン圧縮効果を示しており,$N = 100$, $HK = 1.67$の通常のisocratic曲線と比較している。$I_E = 0.31$もほぼ$N = 100$である。

図8.49 段階溶出曲線〔Yamamoto, S., Nakanishi, K. and Matsuno, R.: *Ion-exchange chromatography of proteins*, Marcel Dekker (1988)., 山本修一:吸着(食品工学基礎講座8 分別と精製),(矢野俊正,桐栄良三監修), pp. 123–220, 光琳(1991).〕

ProteinAカラム(ProsepA, Millipore)の抗体の動的吸着量(DBC)と静的吸着量(平衡吸着量)の比。さまざまなカラム長さや流速でのデータ。
--- $1 - 0.36/(Z/u_0)$ ── $(Z/u_0)/(0.407 + (Z/u_0))$

図8.48 DBCと滞留時間の関係

上記の解析方法は定型濃度分布を仮定しているが,固定相(粒子内)拡散が著しく遅いときは成立せず,曲線も歪むので注意する必要がある。

(2)段階溶出曲線の解析　破過液量V_Bで試料供給を打ち切った後に,弱く吸着している不純物の洗浄をした後にmodulator濃度(塩濃度など)を変化させて溶出させる。この段階溶出方法の溶出曲線は図8.49に示すように2種類に分けられる。Modulatorで完全脱着する場合(タイプI:分配係数$K < 1$)と,modulator存在下で$K > 1$の場合(タイプII)である。タイプIは非常に鋭い傾きの勾配溶出に近く,鋭いピークで高い濃縮率が期待できる。タイプIIは,等組成溶出と同様な挙動を示し,AFCほど選択的吸着がない LCの溶出時に分離性能が要求されるときに使用される。前述したように,勾配溶出実験結果から得られたデータをもとに,タイプII溶出曲線も数値計算することができる。

〔5〕生　産　性
（a）等組成溶出　クロマトグラフィーは原理的に不連続の回分操作である。等組成(isocratic)溶出では繰返し注入により生産性を増加させることができる。図8.50に示すように2成分分離ではカラム出口で分離が達成されるタイミングで注入すればよい。

生産性P(カラムベッド体積,1サイクル分離時間当りの回収量)を次式で定義する。

$$P = \frac{Q_R C_0 V_F}{V_t t_C} \tag{8.99}$$

ここでQ_Rは回収率,C_0は試料濃度,V_Fは試料注入量である。Pは純度Q_Pと回収率Q_Rを満たすときの値とする。isocraticではたいてい分配係数Kが濃度に依存しない線形であるので,PもC_0に比例する。また,1サイクル分離時間t_Cは図8.50に示すAB2成分の溶出開始から終了までであり,流速により決定される。ある流速においてPはV_Fとともに増加するが,要求される純度Q_Pと回収率Q_Rを満たす限界$V_{F,M}$が存在する。流速を増加させて同じ計算をする。このときは流速の増加によりNが減少するので$V_{F,M}$も低くなる。このように各流速におけるPの最大値を$V_{F,M}$から求め流速に対してプロットすると図8.51のようになる。流速の増加とともに生産性は高くなる。これはサイクル時間t_Cの短縮のほうが$V_{F,M}$の減少を上回るか

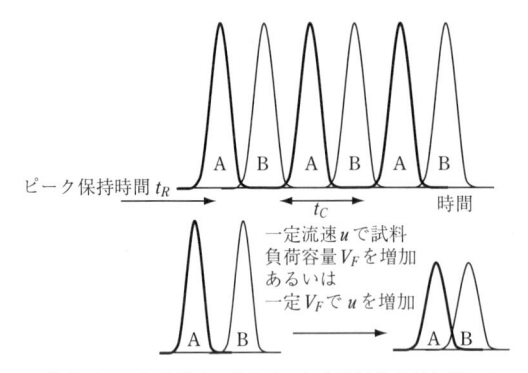

2成分（A, B）分離は一定流速のとき試料負荷量を増加すると分離が悪くなるが分離時間が同じなので生産性が上がる。また，一定試料負荷量では流速を増加すると分離は悪くなるが分離時間は短くなるので生産性が上がる。また，出口においてBが終わるところにAが溶出されるように繰り返し試料供給することにより上の図のような分離挙動となる。t_C がサイクル時間である。

図8.50 繰返し注入クロマトグラフィー等組成溶出における2成分分離の模式図

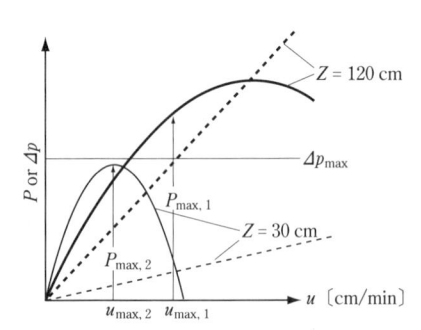

点線は圧力損失 Δp を表し，それぞれのカラムについて最大操作可能圧力損失 Δp_{max} が存在する。その結果120 cmカラムでは $u_{max,1}$ 以上では操作できず，この値が最大生産性となる。一方30 cmカラムでは Δp_{max} の制約はなく P の最大値が最大生産性となる。

図8.51 生産性 P と流速 u の関係

らである。しかしながら P の増加率は徐々に低下し，最後には減少に転じる。この点が，このカラムの最大生産性となる。この速度以上では t_C の短縮よりも $V_{F,M}$ の減少のほうが大きくなり，最後には要求する純度が満足されなくなる。この流速以上では要求された分離が達成されない。P–u 曲線はカラム形状により変わり，最大生産性 P_M とそれを与える線速度 u_M はカラム長さとともに増加する（図では右側へ移行する）。ただし低線速度領域では短いカラムのほうが高い生産性となることがある。

スケールアップしたときには圧力損失が制約因子となる。図8.51に模式的に示すようにカラムが長くなると最大圧力損失で生産性が規定され，必ずしも長いカラムのほうが有利とはならなくなり，最適カラム長さが存在することになる。

この手法はSECに対してつぎの二つの理由により最も簡単に適用できる。SECでは分配係数差は分子ふるい効果によるので移動相の組成や温度にはほとんど依存せず一定である。また操作・カラム条件を変えても使用する溶媒量（Ft_C）は大きく変化しない（F = 体積流量）。SEC以外の等組成線形溶出にはすべて適用できるが，例えば逆相クロマトグラフィー（RPC）では，移動相の温度や組成により K が変化するので複雑となる。

ここで述べた計算方法は純度と回収率を必要条件としているが，さらに回収生産物の希釈率を加えることもできる。生産物の安定性からサイクル時間を規定した計算が必要なときもある。後述する連続分離にも使用可能である。また通常操作と連続操作の比較のためにも有用である。

（b）段階溶出 段階溶出においても生産性は式（8.99）で定義される。ただし生産性の分母のサイクル時間 t_C は図8.31に示すステップの全合計となる。一般には V_B により式（8.99）は以下のようになる。

$$P = \frac{Q_R C_0 V_B}{V_t t_C} = \frac{Q_R \mathrm{DBC}}{t_C} \quad (8.100)$$

図8.48で説明したように V_B あるいはDBCは流速の増加とともに減少する。例えば t_C を（V_B + 30カラム体積）の液量を流す時間とすると P と流速の関係は**図8.52**（b）のようになり図8.51と類似の形状となる。この場合も流速の増加に伴う V_B の減少と t_C の短縮の割合で P の傾きは決まり，最大値に到達したあとは減少する（この領域では V_B が著しく小さくなる）[12]。この場合も最大操作圧力 Δp_M で最大生産性が決まる。

SBCが小さい充填剤を使用してもDBCの対流時間依存性が小さいあるいは機械的強度が強く Δp_M が小さいと，生産性が高くなることもある。

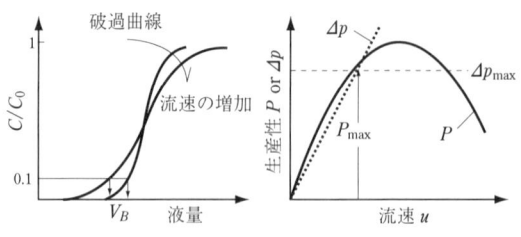

（a）破過曲線の形状　　（b）生産性と流速の関係

図8.52 破過曲線の形状と生産性と流速の関係

[6] 連続クロマトグラフィー分離

原理的に不連続操作であるクロマトグラフィーの連続化あるいは擬似連続化がいくつか考案されている。最もよく知られている装置は1960年代に考案された回転クロマトグラフィーであり多くの論文が報告されている（図8.53）。また、多成分分離が可能であるが原理的に不連続クロマトグラフィーの生産性を超えることはないことも明らかにされている。回転クロマトグラフィーの利点は例えば原料を一時的に溜めておくタンクが不要になるなどの連続化することに付随するものであると考えられる。一方、擬似移動層クロマトグラフィー（SMB）は2成分分離を目的として開発された擬似的な連続分離である[10]。現在は主として糖の分離や光学異性体分離に使用されている。通常のクロマトグラフィー分離でも十分な場合もあるので生産性についてはよく検討する必要がある。

[7] 固定層以外の操作

(a) 流動層吸着操作 固定層と比較して流動層は混合が大きく効率よい吸着操作は不可能であると考えられてきた。最近、液相吸着において混合が小さい流動層を膨張層（expanded bed）と呼び生化学物質の吸着分離に使用されている。そのような層の混合特性と吸着特性を図8.54に示す[14]。

混合特性（吸着相互作用がない条件下での滞留時間分布：等組成溶出）においては固定層よりは段数が少なくピーク幅が広いもののガウス分布形状となっており、大きな混合がないことがわかる。着色した粒子を用いた観察では、層全体にわたる大きな混合がないことが確認されている。また、どのような粒子を使用しても HETP の最大値は 1 cm 程度で流速にはほとんど依存しない。すなわち粒子が平均的に 1 cm 程度上下に振動しているような状態であると考えられる。

破過曲線については固定層と膨張層はまったく重なっている。前述したようにタンパク質の破過曲線の広がりは固定相拡散が支配しており、この程度の膨張層の混合分散は無視できることを意味している。

(b) 回分吸着操作 攪拌混合槽操作は固定層操作に比べて、吸着剤が破損する、効率が低い、吸着剤を分離する工夫がいる等の欠点がある。しかしながら、固定層が目詰まりを起こすような不溶性粒子状物質が含まれている溶液の処理には適している。

クロマトグラフィーは精密高度分離には不可欠な方法であり、食品分離等にもさらに利用されていくであろう。界面における現象は複雑であり吸着あるいは相

図8.53 回転クロマトグラフィー（annular rotating chromatography）

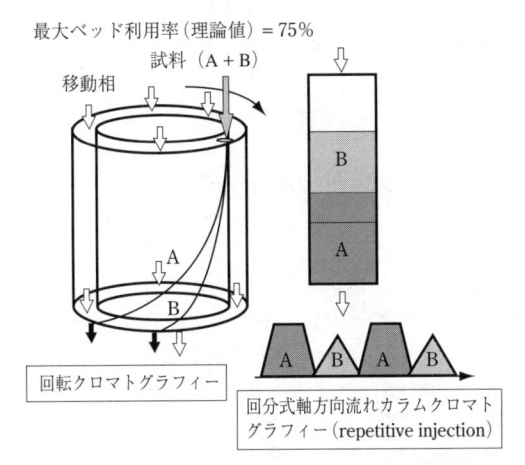

二重円筒の中に充填剤を充填しておき一定速度で回転させる。試料は一点で連続的に供給する。他の部分は移動相が供給される。ここでは2成分の例を示しているが原理的には多成分分離が可能である。もちろん試料および移動相供給と出口での目的物質の回収部分の装置的な工夫が必要である。右図は通常のカラムクロマトグラフィーにおける2成分分離で繰り返し試料注入を行ったときの模式図である。結局、回転カラムおよび通常カラムのどちらにおいても最大理論ベッド利用率は75%である。

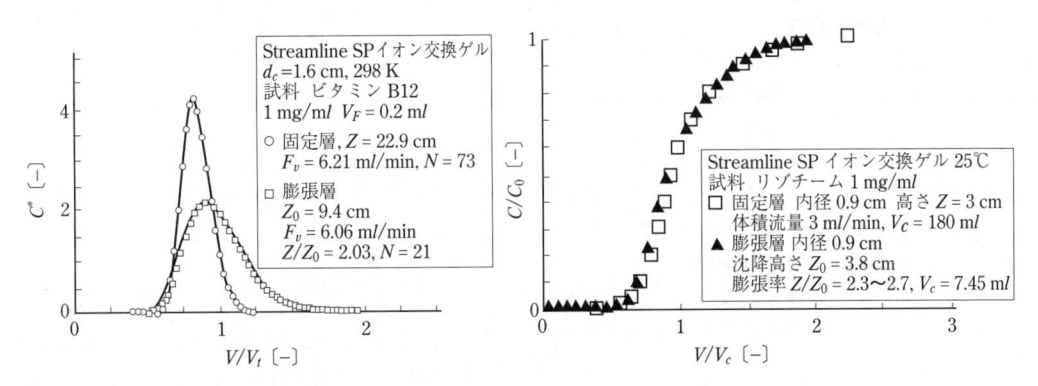

図8.54 固定層と膨張層（混合の小さい流動層）の混合特性と破過曲線[14]

互作用の本質はいまだに不明な点が多いが，実用的な見地からは本文で説明したようによく計画された実験を実施することにより装置設計や運転条件の設定が可能である．図 8.55 は設計の流れ図をまとめたものである．付録にまとめたモデルによる数値計算も計算機の能力が向上した現在ではそれほど困難ではないが，まず図 8.55 に従ってプロセスを考えることが重要である．

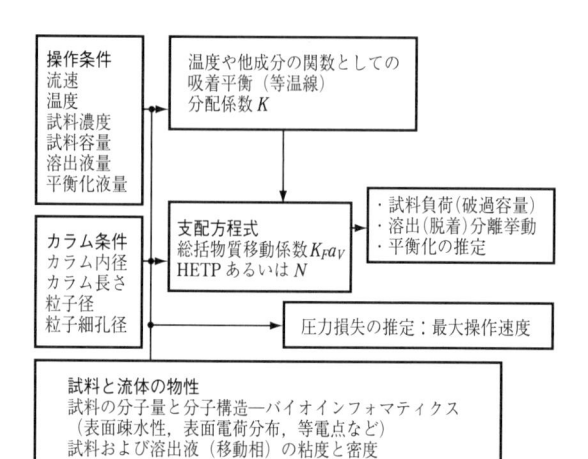

```
操作条件               温度や他成分の関数としての
流速                   吸着平衡（等温線）
温度                   分配係数 K
試料濃度
試料容量                           ・試料負荷（破過容量）
溶出液量         支配方程式        ・溶出（脱着）分離挙動
平衡化液量       総括物質移動係数 KFav ・平衡化の推定
                HETP あるいは N
カラム条件
カラム内径                         圧力損失の推定：最大操作速度
カラム長さ
粒子径
粒子細孔径

試料と流体の物性
  試料の分子量と分子構造—バイオインフォマティクス
  （表面疎水性，表面電荷分布，等電点など）
  試料および溶出液（移動相）の粘度と密度
```

分散を表す因子を総括した変数と，吸着平衡により簡単な設計ができる．

図 8.55 簡単なクロマトグラフィーおよび固定層吸着操作の設計流れ図

ほとんどの吸着・クロマトグラフィー操作は粒子内（固定相）拡散に分離性能が支配されている．それゆえクロマトグラフィーにおいては微粒子充填剤の開発が進み現在では分析クロマトグラフィーでは数 μm, 分取クロマトグラフィーでは数十 μm の粒子が使用されている．しかしながら大規模分離プロセスでは，圧力損失の観点から依然として数百 μm の粒子が主流である．充填剤メーカーも粒子径を小さくするとともに粒子径分布が狭い製品を開発しており，このような充填剤により装置の小型化と高性能化が可能になると期待される．そのほかに，拡散抵抗を減らして分離を高性能化するためには，膜や一体型（モノリス）の吸着剤が開発されている．また，貫通孔（対流孔）を持つ充填剤も同様に対流により特に高流速での吸着特性が改善される．しかしながら，従来の多孔性粒子充填剤に比べて，単位体積当りの吸着量が低いことや，汚れに弱いこと，さらに実際にはそれほど高流速が要求されていないことによりまだプロセスに一般的に利用されるには至っていない．

吸着容量を大きくする工夫としては，細孔内部にリガンドを含む高分子ゲルを埋め込んだコンポジットゲルが開発されており，従来のゲルより格段に高い吸着容量が得られている．

また，リガンドについても吸着量や選択性を上げるためにさまざまな改良がなされている．

このようなゲル（基材）構造とリガンドの進歩もまたクロマトグラフィー分離プロセスの効率化に寄与していくであろう．

吸着操作については便覧など有用な文献が多数ある．クロマトグラフィーに関しては分析用途については多数の成書があるが，プロセス対象は少ない．また，両者を統一的に扱っている参考書は多くないので本文中にも指摘したように共通する現象を異なる用語で説明していることを理解しておく必要がある．

付　録

クロマトグラフィーの数学モデル

表 8.12 によく使用されるモデルをまとめた．固定層吸着では移動単位数 NTU, クロマトグラフィーでは理論段数 N が使用されてきたが，NTU $= 2N(1-R)^2$ で関係づけられる．モデル 2 では有効混合係数 $D_{L,e}$, モデル 3 では総括物質移動係数 K_s が分散を表すただ一つのパラメータであり，理論段モデルにおける段数 N と同じ意味となる．モデル 3 は線形推進力 (linear driving force) 近似モデルと呼ばれる．

モデル 2 の線形 ($K=$ 一定) の解は $N > 20$ 以下のようになる（等組成溶出）．

$$X = \frac{C}{C_0} = f(N, T^0) - f(n, T^0 - T_F^0) \quad (8.101)$$

$$f(x, y) = 0.5 \,\mathrm{erfc}(\sqrt{x} - \sqrt{y}) \quad (8.102)$$

$$T^0 = \frac{Rut}{Z} = \frac{ut}{Z(1+HK)} \quad (8.103)$$

$$T_F^0 = \frac{Rut_F}{Z} = \frac{ut_F}{Z(1+HK)} \quad (8.104)$$

$$\mathrm{erfc}(x) = \frac{2}{\sqrt{\pi}} \int_x^\infty e^{-t^2} dt$$

$$= 1 - \mathrm{erf}(x) = 1 - \frac{2}{\sqrt{\pi}} \int_0^x e^{-t^2} dt$$

ここで t_F は試料注入時間である．erfc は相補誤差関数である．破過曲線については

$$X = \frac{C}{C_0} = f(N, T^0) \quad (8.105)$$

となる．図 8.56 に計算例を示す．注入量が小さいときにはガウス分布近似で十分計算できることがわかる．また $N > 20$ では同じ N の値であればモデル 1, 3,

表8.12 クロマトグラフィー数学モデルの分類

モデル	基礎式およびN式
1	$\dfrac{\partial C}{\partial t} + H\dfrac{\partial \overline{C_S}}{\partial t} = D_L\dfrac{\partial^2 C}{\partial z^2} - u\dfrac{\partial C}{\partial z}$ $\dfrac{\partial C_S}{\partial t} = D_S\left(\dfrac{\partial^2 C_S}{\partial r^2} + \dfrac{2}{r}\dfrac{\partial C_S}{\partial r}\right)$ $\dfrac{\partial \overline{C_S}}{\partial t} = \dfrac{6k_F}{d_p}\left(C - \dfrac{C_{S,i}}{K}\right)$ $\dfrac{1}{N} = \dfrac{2\dfrac{D_L}{u}}{Z} + \dfrac{d_P^2 R(1-R)u}{30D_S Z} + \dfrac{d_P R(1-R)Ku}{3k_F Z}$
2	$\dfrac{\partial C}{\partial t} + H\dfrac{\partial \overline{C_S}}{\partial t} = D_{L,e}\dfrac{\partial^2 C}{\partial z^2} - u\dfrac{\partial C}{\partial z}$ $\dfrac{1}{N} = \dfrac{2\dfrac{D_{L,e}}{u}}{Z}$
3	$\dfrac{\partial C}{\partial t} + H\dfrac{\partial \overline{C_S}}{\partial t} = -u\dfrac{\partial C}{\partial z}$ $\dfrac{\partial \overline{C_S}}{\partial t} = K_S(KC - \overline{C_S})$ $\dfrac{1}{N} = \dfrac{2(1-R)^2}{HKK_S\left(\dfrac{Z}{u}\right)} = \dfrac{2(1-R)^2}{NTU}$
pm	$\dfrac{\partial C_{(j)}}{\partial t} + H\dfrac{\partial C_{s(j)}}{\partial t} = N\dfrac{u}{Z}[C_{(j-1)} - C_{(j)}]$ $\dfrac{1}{N} = \dfrac{1}{N}$

モデル1～3はrate-theoryと呼ばれる。pm=plate model（理論段モデル）$R = 1/(1+HK)$である。N式は直線平衡（K = 一定）のときに導かれる。

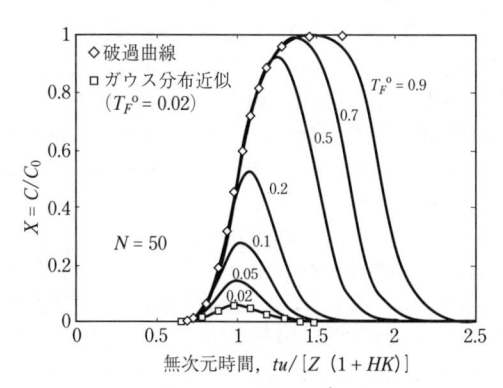

図8.56 溶出曲線と破過曲線の計算値 Model 2（式（8.101），破過曲線式（8.105））

plate modelのすべてが一致する。勾配溶出でもどのモデルを使用しても同じ溶出曲線となる[15]。

（山本修一）

引用・参考文献

1) Yamamoto, S., Nakanishi, K. and Matsuno, R.: *Ion-exchange chromatography of proteins*, Marcel Dekker (1988).
2) Ladisch, M. R.: *Bioseparations Engineering*, Wiley, New York (2001).
3) 生物分離工学特別研究会編：バイオセパレーション便覧, pp. 379-384, 共立出版 (1996).
4) 山本修一：吸着（食品工学基礎講座8 分別と精製），（矢野俊正, 桐栄良三監修），pp. 123-220, 光琳 (1991).
5) 妹尾 学, 高木 誠, 武田邦彦, 他編：分離科学ハンドブック, 共立出版 (1993).
6) 加藤滋雄, 谷垣昌敬, 新田友茂：分離工学, オーム社 (1992).
7) 中西一弘, 白神直弘, 米本年邦, 﨑山高明：生物分離工学, 講談社 (1997).
8) Guiochon, G., Shirazi, S. G. and Katti, A. M.: *Fundamentals of preparative and nonlinear chromatography*, Academic Press, Boston (1994).
9) 鈴木基之, 迫田章義, 茅原一之, 吉田弘之：13 吸着・イオン交換, 化学工学便覧（改訂6版）, pp. 689-737, 丸善 (1999).
10) LeVan, D., Carta, G., et al.: *Sec16 Adsorption and ion exchange*, in Perry's Chemical Engineering Handbook, (1997).
11) Van Deemter, J. J., et al.: *Chem. Eng. Sci.*, **5**, 271 (1956).
12) Katoh, S.: *Trends in Biotechnology*, **5**, 328 (1987).
13) Iyer, H., et al.: *Biopharm*, **15**, 14 (2002).
14) Yamamoto, S., et al.: *Bioseparation*, **8**, 33 (1999); *Japan J. Food Engineering*, **1**, 51 (2000).
15) Yamamoto, S.: *Biotechnol. Bioeng.*, **48**, 444 (1995).

8.6 晶　　析

結晶を製造する晶析技術は，食品・医薬品・その他バイオプロダクトの生産に重要な役割を果たしている。晶析の一つの目的は，反応液，抽出液，培養液，菌体破砕液などから，目的物質を結晶として分離回収することである。分離回収では，いかに効率よくすみやかに目的物質を回収するかということが重要である。しかし，晶析の目的は，これだけではない。晶析で得られた結晶が最終製品である場合が多く，それらの製品にはそれぞれ適切な「機能」が付加されていることが求められる。結晶が最終製品であるもので身近なものとしては，各種アミノ酸，医薬品原薬，油脂，塩，各種酵素剤，などがある。例えば経口医薬品の原薬には，胃腸で溶解して体内に取り込まれるという機

能が要求される。溶解速度が遅くて，排泄されるようでは医薬品としての機能を果たせない。また，アミノ酸にしても，保存中に結晶どうしが付着して固化するようでは，商品価値はない。結晶の「機能のよしあし」を決定するのは，結晶特性である。結晶には，それを評価するさまざまな特性がある。例えば，純度，粒径と粒径分布，安定性，結晶化度，多形，晶癖などである。これらの結晶特性の善しあしが，結晶の機能を決定する。純度が高い，粒径が適切にそろっている，保存安定性がよい，濾過しやすい，流動性がよい，などは結晶特性がよいと評価され，優れた機能を有する結晶となる。逆に，純度が低い，粒径がそろっていない，保存安定性がよくない，微結晶が含まれていてフィルターの目詰まりを起こし濾過できない，などは結晶特性がよくないということになる。したがって，目的物質を結晶として分離回収するだけではなく，結晶特性を適切に制御して，高い機能性をもった結晶を生産することは，晶析の重要な役割である。

晶析とは，「目的の特性をもった結晶を，さまざまな操作因子を制御することによって，再現性よく，確実に製造する技術」である。したがって，お湯に溶かしたグルタミン酸を冷蔵庫で冷やすと結晶が析出する，これは「晶析」ではない。なぜなら，結晶特性が制御されていないからである。結晶特性は，目的物質の溶液初濃度，溶媒の種類，溶液に含まれる不純物の種類と濃度，溶液を過飽和にする手段（例えば冷却）とその速度，結晶を析出させる温度，pH，攪拌速度，種晶の有無，種晶添加のタイミング，などによって変化する。これらを，最適に制御することが求められる。冷蔵庫で析出したグルタミン酸結晶は，α形かもしれないが，β形かもしれない（8.6.3項（c）図8.67参照）。おそらくは，それらの混合物であろう。また，結晶の大きさもさまざまであろう。濾過しようとすれば目詰まりを起こして，濾過できないかもしれない。晶析には，粒径のそろったα形結晶を確実に生産することが要求される。

タンパク質についても同様である。タンパク質の精製の主役は，クロマトグラフィーであるが，実生産プロセスの分離操作で高コストのクロマトグラフィーがいつも採用可能であるとは限らない。例えば，組換え菌を用いて得られた医薬タンパク質を，硫安塩析後，数段のクロマトグラフィーによって精製しようとすれば，人件費等を含んで総精製コストは，数万円/gとなる。この精製コストを製品価格に反映させられる場合は問題ない。しかし，格段に安価に供給しなければならない酵素タンパク質，例えば，洗剤用酵素，パルプ製造におけるブリーチング用酵素，バイオマスからのエタノール生産に必要なセルロース糖化酵素（セルラーゼ），食品加工用酵素などでは，医薬品などとは異なる分離精製の戦略が必要である。このような場合には，晶析が重要な役割を果たすことは間違いない。従来，産業用の酵素は，エタノール等を沈殿剤とする非晶質沈殿として回収されてきたが，非晶質ではなく，結晶として回収できれば，純度も上がり，その酵素の高度利用（高機能化）も期待できる。洗剤用のタンパク質分解酵素サブチリシンが，結晶として回収されているのはよい例である（8.3.1項参照）

日本の晶析の半分以上が，回分式であり，半回分も加えれば3/4が回分式である。バイオプロダクトの晶析も，ほとんどは回分式である。また，バイオプロダクトの晶析では，油脂のように融液からの晶析も重要であるが，日本で行われている晶析の86％が溶液からの晶析である。ここでは，主として所望の結晶特性を得るための溶液からの回分晶析操作と装置について述べる。

8.6.1 晶析理論

（a）結晶の構造　結晶は，分子が規則正しく配列したものであるが，一つの分子をサイコロに見立てて，結晶はサイコロを積み重ねたようなものであるとはいえない。結晶のなかで，サイコロ（繰返し単位）に見立てることができるのは，結晶格子である。一つの結晶格子は，コンフォメーションと位置関係（空間群）が決まった複数の分子から構成されている。結晶格子を三次元に上下左右前後に積み重ねれば結晶となる。結晶格子は，7種の結晶系（立方・正方・斜方・六方・三方・単斜・三斜）に分類できる。結晶のなかで分子が取り得る分子の位置関係（空間群）は，規則的に配列するという制約から230種であることが証明されている。光学活性体であるとその数は少なくなって65種である。すなわち，一つの化学物質（糖・タンパク質など）について，構造の違う65種類の結晶（多形；後述）が存在し得るということを意味している。しかし，実際には，化合物が変わっても，頻出するのは65種類のうち10種類ほどである。また，個々の化合物について実際に得られる結晶は，1～10種類程度であり，頻出する10種類ほどの結晶構造（空間群）でさえ，どの化合物についても，現れるということではない。多形が見つからないものある。結晶構造が異なれば，溶解度，溶解速度など，さまざまな特性が異なり，結晶の機能も異なることとなる。

（b）結晶の諸特性とその評価　おもな結晶特性は，結晶形状（外観：晶癖）・粒径・粒径分布・純度・多形・結晶化度・嵩密度である。これらの特性が異なれば，溶解度・溶解速度・安定性・保存安定性・

8.6 晶　析

操作性（流動性・濾過性・粉塵爆発性・打錠性・計量性）・バイオアベイラビリティ（医薬品の生体有効性，薬の効き目）などが異なる。

（1）結晶形状（晶癖）　結晶の構造は同じであるが，結晶の外観が違うものを，結晶形状あるいは晶癖が違うという。ドイツで開発されたアスピリン（アセチルサリチル酸：1893年；解熱・鎮痛・消炎）はよい効き目を示したが，昭和の初期に販売された日本製は効かなかった。その原因が晶癖の違いによるものであることが1955年に明らかにされている[1]。晶癖は，晶析温度・不純物の存在・溶媒などで変化する。

（2）粒径・粒径分布　一般的には，濾過しやすい数百μm以上の大きさがあり，粒径分布が狭い結晶が望まれる。大きな結晶に微結晶が混在すると，フィルターの目詰まりのため濾過性が悪くなる。2峰性粒径分布が得られる，あるいは粒径分布が広くなる原因は，結晶核の発生と結晶成長が同時に進行すること，および攪拌翼によって結晶が破砕されること，攪拌が均一ではなく，晶析缶内の過飽和度に分布があること，などにある。粒径分布の制御については，まず核発生を制御することが必要である（本項〔2〕(b)）。

（3）純　　度　結晶への不純物の取り込みについては，二つのメカニズムがある。母液が結晶に取り込まれる，あるいは結晶表面に付着することによるものと，結晶構造に組み込まれることによるものである。前者は，結晶成長の雑さ，凝集などによって引き起こされ，改善の余地があり，結晶表面に付着したものは洗浄で解決する可能性がある。後者は，溶媒の変更，多形（後述）の選択など根本的な変更が必要である。医薬品原薬の製造においては，溶媒和結晶を構成している溶媒分子も，不純物として問題になる場合が多く，そのような場合には，溶媒とその組成，多形の検討が必要である。溶媒和結晶の形成は，単結晶X線構造解析，熱重量分析（TG）などで評価できる。

（4）多　　形　化合物は同じで，結晶構造が異なる結晶を多形という。結晶溶媒の有無で溶媒和結晶は擬多形と呼ばれている。異なる多形は，$\alpha/\beta/\gamma$，A/B/C，I/II/IIIなどと呼ばれる。多形の析出は，溶媒の種類と組成・温度・過飽和度・攪拌速度・不純物の有無とその種類・pHなど晶析の操作パラメータ全般に影響を受ける。溶媒によって異なる多形が析出する場合が多く，重要な溶媒については混合溶媒も含めて，どのような結晶が析出するか，総点検することが必要である。溶媒を選択することによって，唯一目的の多形が得られる場合はよいが，同じ溶媒中で，複数の多形結晶が析出する場合がある。このような場合には，いったん析出した多形結晶（準安定）が溶解して，溶解度が小さい他の多形結晶（安定）に変化することも考えなければならない。これを溶媒媒介転移という。2種類の多形間で転移する場合が多いが，物質によっては，三つの多形間で溶媒媒介転移が起こる場合もある。この場合，最も溶解度が大きい結晶を不安定結晶と呼ぶ。目的の結晶を得るためには，転移の制御が必要である（8.6.1項〔3〕に詳述）。多形が異なれば，結晶の密度が異なることから，不純物の取込みが変わり，純度も変化する可能性がある。また，多形が異なれば，吸水性が変わる場合があり，グリシンのα形結晶のように空気中の水分によって，保存中に結晶間で融着固化することもある。さらに，多形が異なれば結晶形状が変化することが多い。しかし，反対に結晶形状が変化した，あるいは変化していないということだけで多形であるか否かは判断できない。粉末X線回折（XRD）あるいは単結晶X線回折・赤外吸収（IR）・示差走査熱量測定（DSC）などで同定する必要がある。

（5）結晶化度　急速に析出させる，あるいは溶媒が適していないなどのために，結晶性が悪くなる場合がある。結晶化度は，物質の安定性に重大な影響を及ぼし，結晶性が高いものは安定性が高い。凍結乾燥（結晶化）においては，凍結速度と結晶化速度のバランスによって物質の結晶性が決定される。これの制御も晶析の課題である。

(c) 晶析操作　結晶を析出させるためには，なんらかの方法で，溶液を過飽和にする必要がある。過飽和にする方法が，冷却によるものを冷却晶析，目的物質の溶液に貧溶媒を添加する，あるいはその逆の操作によるものを貧溶媒晶析という。貧溶媒とは，目的物質の溶液とは相互に溶解するが，目的物質は溶解しにくい溶媒をいう。また，溶媒を加熱して蒸発させる方法を蒸発晶析という。さらに，ラセミ体の分割にジアステレオマー法がある。タンパク質の晶析には，塩化ナトリウム・硫酸アンモニウム（硫安）などの塩を溶液に添加する，あるいは塩濃度を下げる操作もある。前者は塩析操作であり，後者は塩溶を逆に利用したものである（8.3.1項参照）。ほかに，反応晶析もある。例えば，Ca^{2+}の溶液とCO_3^{2-}の溶液を混合して$CaCO_3$を析出させるというものである。また，目的物質を第三の物質に取り込むがある。バイオプロダクトの晶析としては，冷却晶析，蒸発晶析，貧溶媒晶析が多い。環状デキストリンをホストとするカテキンの分離など，アダクト晶析法（包接法）も天然物の分離に利用されている[2]。これらのいずれの方法も，溶解度を測定することが重要である。

[1] 溶解度曲線と溶解度測定法

晶析操作は，溶解度曲線を求めることから始まる。溶解度測定には，過飽和溶液から結晶を析出させる方法と，結晶を溶解する方法がある。溶解度測定法の基本的手順（C_s-T曲線の作成：冷却晶析の場合）をつぎに示す。

(a) 過飽和溶液から結晶を析出させる（方法1）

密閉できるサンプル管（50～100 ml）などの容器に，一般的には室温で，所定量の結晶をとり，所定量の溶媒を添加する。これを，湯浴上で所定の高温（T_H）に加温し，結晶を完全に溶解させる。この溶液を所定の低温（T_L）まで冷却し，一定に保つ。結晶が析出しはじめてから所定時間ごとに，結晶を含まないように上澄みをサンプリングし，溶液濃度（g/l）を測定する。溶液濃度が一定になればそれを溶解度（C_s）として記録する。溶液濃度変化の典型例を図8.57に示す。破線は上述の溶媒媒介転移が起こらない場合，実線は準安定結晶から安定結晶に溶媒媒介転移する場合である。溶媒媒介転移する場合は，まず準安定結晶の溶解度に一定になってから，安定結晶の溶解度に落ち着く。この実験で二つの多形の溶解度を求めることができる。同様の操作を温度を変えて行う。

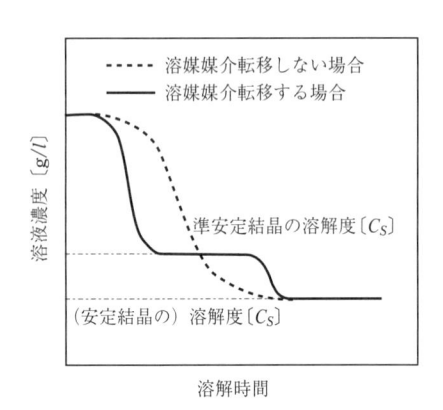

図8.57 溶解度の測定（溶解曲線の典型例）

(b) 結晶を溶解させる（方法2）

密閉できる容器に所定量の溶媒をとり，多量の結晶を添加して結晶を懸濁させる。それを所定の低温に保ち，上澄みの濃度を測定する。溶液濃度が一定になればそれを溶解度（C_s）として記録する。順次温度を上げて，同様の測定を行い，溶解度曲線を得る。溶解させる結晶が不安定結晶あるいは準安定結晶である場合はこの方法で溶解度を求める場合は細心の注意が必要である。なぜなら，測定中に懸濁している結晶が溶媒媒介転移して，溶解度を求めたい結晶とは異なる結晶に変わっている可能性があるからである。したがって，溶液濃度が一定になったときの結晶を採取して，XRD，DSCなどで目的の結晶であることを確認する必要がある。

[2] 粒径と粒径分布の制御

微結晶の生成は，粒径分布を広げ，濾過中に濾布の目詰まりを起こすなどトラブル発生のもとになることから，多くの場合，図8.58に示すように，粒径が大きく，単峰性で狭い粒径分布の結晶を調製することが望まれる。

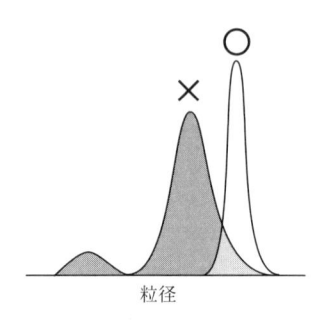

図8.58 よい粒径分布（○）とわるい粒径分布（×）

(a) 粒径分布の評価

粒径と粒径分布を定量的に評価するために，粒径分布の表示法を示す。

(1) **相対分布** 最も簡単な表示法は，ある粒径範囲（$L-\Delta L$からLの間）にある結晶の重量（W_L）と結晶全体の重量（W_{total}）との比（W_L/W_{total}）を棒グラフで表す（ヒストグラム表示する）ことである。結晶の数の比（N_L/N_{total}）で同様の表示が可能である。また，積算表示もしばしば用いられる。サイズL以上の結晶の重量比を棒グラフにして，積算ふるい上分布を得る。サイズL以下の結晶の重量比を棒グラフにすれば積算ふるい下分布となる。

(2) **密度分布** 上記の相対分布では，表示される分布は，集計した結晶の粒径範囲（棒グラフの幅）の取り方によって大きく異なる。例えば，集計する粒径の範囲が，ある粒径範囲では狭く，ある範囲では広いということになれば（すなわち棒グラフの幅がさまざまであれば），広くとった範囲では，実態以上に大きく分布しているように見えるであろう。そこで密度分布＝[相対分布]/[粒径幅] をとる。例えば，重量分布の場合は，密度分布＝(W_L/W_{total})/ΔLである。これをとることによって，実体をより反映した粒径分布を表示することができる。ΔLを限りなく小さくすれば，分布密度をLで積分することによって，連続分布を得ることができる。

(3) **分布関数による表示** 実験で得られた結晶の粒径分布を近似的に表示するいくつかの関数が提案

されている。特に，晶析後，乾燥して得られた製品結晶の粒径分布は，Rosin-Rammler-Sperling-Bennet (RRSB) 分布関数

$$R(L) = 100 \exp\left[-\left(\frac{L}{L_e}\right)^m\right] \tag{8.106}$$

で整理できる場合が多いとされている。ここで，$R(L)$ は，積算ふるい上重量分率（結晶粒径が L 以上である結晶の分率）である。L_e は，積算ふるい上分率が 36.8 % ($R(L) = 100/e$) になるときの粒径である。これが大きいほど大きな結晶が得られたことを示す。m は特性パラメータで，この値が大きいほど分布幅が狭いことを表す。図 8.59 に RRSB 分布関数による粒径分布特性パラメータ決定法を示した。分布関数を用いることによって，粒径分布をさらに定量的に表示できる。

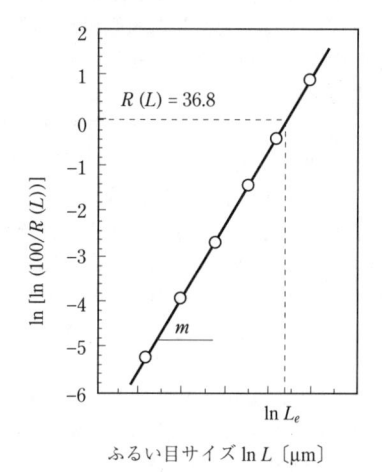

図 8.59 RRSB 分布図

（b）粒径分布制御の戦略 図 8.58 に示した幅広い分布，さらには 2 峰性の分布になるのは，① 二次核の発生，② 溶質濃度，攪拌，温度などに対する晶析缶内の不均一場の存在，③ 攪拌による結晶の破砕，などに原因がある。一次核が，なんらかの第三の界面を利用することなしに溶液から発生する核であるのに対して，二次核とは，すでに存在する結晶の表面を利用して形成される核である。また，攪拌翼と結晶あるいは結晶どうしの衝突から発生する核といえるサイズの微結晶も二次核として取り扱われる。

微結晶の生成を抑制して，粒径分布幅の狭い結晶を得る方法は二つある。一つは，種晶添加下，二次核の発生を抑えて，微結晶が生成しないようにする方法である。他の一つは，発生した微結晶を溶解して製品結晶に残らないようにする方法である。

（1）二次核の生成を抑えて，単峰性の粒径分布を得る方法　図 8.60 は，溶解度曲線のモデル（C_s–T 曲線：冷却晶析の場合）である。未飽和溶液を冷却するといずれ飽和になる（A 点）。冷却を続けると，過飽和であってもすぐには結晶は析出せず，B 点に到達して初めて析出する。溶液の初濃度を変えて同様の測定をすれば，B 点の集合としての過溶解度曲線（破線）が得られる。溶解度曲線と過溶解度曲線に挟まれた領域は，結晶成長は起こるが結晶核は発生しにくい領域で準安定領域と呼ばれている。二次核発生を抑制する方法として Griffiths (1925) が出したアイデアは，種晶存在下で準安定領域を超えないように徐々に冷却するというものである。これを実現するためには，晶析温度と溶液濃度の関係が，ほぼ溶解度曲線に沿って進むように，冷却速度をコントロールしなければならない。例えば，準安定領域の幅が晶析操作を終了する最終溶解度 C_s の 10 % であるとして，初期仕込み濃度 C_0 から結晶回収率 80 % を目指す場合，準安定領域幅は，初期仕込み濃度の 2 %（$= 0.2\,C_0 \times 0.1$）に相当するので，飽和度 S（$= C/C_s$：C は溶液濃度）がつねに 1.02 以下となるようにコントロールしなければならない。

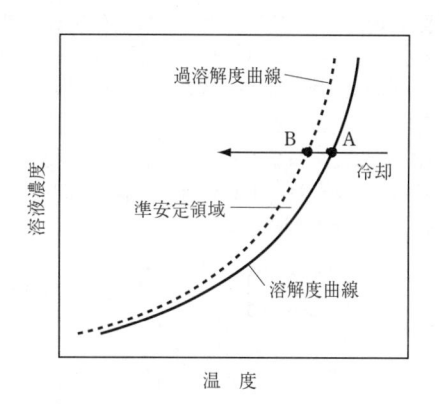

図 8.60 準安定領域の存在

これを実行することはかなり難しい。1971 年 Mullin と Nývlt は，理論的検討により過飽和度を一定に保ちながら冷却する制御冷却法（programmed cooling；controlled cooling）を提案した[3]。温度制御の概念を図 8.61 に示す。すなわち，溶液濃度が高い晶析初期は，徐々に冷却し，結晶量が増えて過飽和度が下がると冷却速度を速めるというものである。実験の結果は，微結晶が少し減少して，平均結晶径がその分増大するという若干の成果が得られたものの，やはり 2 峰性の粒径分布が大きく改善されることはなかった。そ

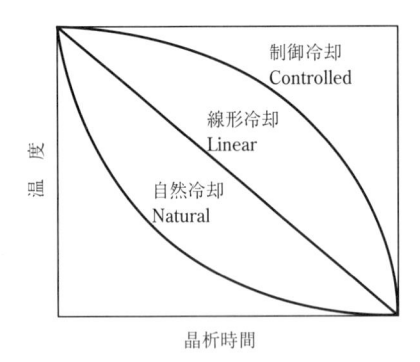

図8.61 結晶核発生を抑えるための冷却戦略

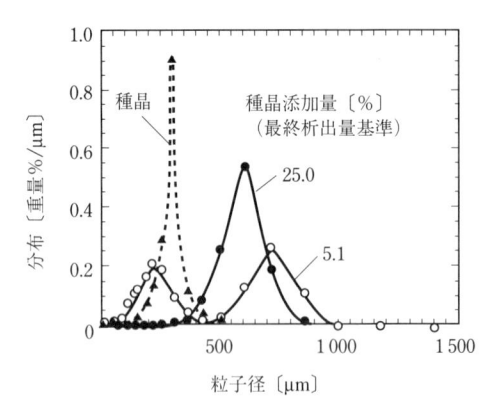

晶析液容量：600 *l*，先端攪拌速度（アンカー翼）：2.7 m/s
図8.62 種晶調整法によるカリミョウバンの晶析

の理由は，温度は制御できても，過飽和度は制御できないので，溶液が準安定領域にあるという保証がないからである。それにもかかわらず，現在，この制御冷却法を採用しているところは多いようである。

冷却速度を制御する代わりに，多量の種晶を添加することによって，過飽和度が過度に（準安定領域から出るほどに）上がらないようにする方法が提案されている[4]。外部から添加する種晶の量は，通常，析出結晶量の0.5％程度であるが，数％から数十％添加して，二次核を発生させずに種晶のみを成長させる方法である。**図8.62**は，カリミョウバンの回分晶析で得られた結果を示したものである[5]。600 *l*スケールの回分晶析装置で自然冷却でもよい結果が得られている。新たな核発生がまったく起こらず，添加した種晶だけが成長する場合には，種晶のサイズL_sに対する製品結晶のサイズLの比と最終析出量に対する種晶量の割合（種晶添加率）Y_Sとの関係は

$$\frac{L}{L_S} = \left\{\frac{(Y_S+1)}{Y_S}\right\}^{1/3} \quad (8.107)$$

となる。実際に，種晶をどれだけ添加すれば式(8.107)で表される理想的な関係が得られるかは，結晶の種類と種晶の特性によって異なる。したがって，Y_Sを変化させた数回の実験を行い，その結果を式(8.107)の関係（シードチャート）を描いた図上にプロットすることによって，種晶の最適添加量を決定

しなければならない[4]。十分な種晶を添加するということは，冷却によって発生した過飽和を一瞬にして多量の（結晶総表面積が大きい）種晶で消費するということで，過飽和度が過度にならないように自己制御していることに等しい。この方法は，温度制御を必要としないことで優れて実用的であり，適用範囲も広い。しかし，この方法も，溶質濃度，攪拌，温度などに対する晶析缶内の不均一場の存在，および攪拌による結晶の破砕による微結晶の生成を防ぐことはできない。また，医薬品製造では，異物混入の恐れから，種晶を添加できない場合もあり，この手法が適用できない場合もある。

（2）微結晶を溶解して単峰性の粒径分布を得る方法　微結晶の生成を抑えるもう一つの方法は，生成した微結晶を溶解して除去することである。JonesとChianeseは，制御冷却に加えて，回分晶析槽に微結晶溶解装置を連結し，結晶スラリーを両者間で循環させることにより製品結晶中の微結晶の数を大幅に減少させることに成功した[6]。**表8.13**はその結果を示したものである[7]。この方法は，微結晶溶解を外部循環型の溶解槽にゆだねているため，① ポンプとラインが必要である，② 構造が複雑になるため洗浄が不完全になる恐れがある，③ グラスライニング（GL）が

表8.13 K_2SO_4結晶の粒子径分布に及ぼす微結晶強制溶解の効果

	自然冷却	制御冷却 外部循環型微結晶溶解装置	
		なし	あり
微結晶（＜550 μm）含量〔％〕	64	24	9
重量平均粒子径〔μm〕	748	1 110	1 380
分散係数〔％〕	59	44	27

種晶サイズ：550 μm，溶解させる結晶サイズ：200 μm，循環数：3回（1回/h）

採用できない，などの欠点がある．したがって，医薬品，特に原薬の晶析には適していない．

微結晶を晶析缶外部にある溶解缶に導く外部循環型の欠点を克服する方法として，図8.66（a）に示すWWDJ（Wall Wetter™ & Double Decked Jacket）回分式晶析装置（WW晶析プラス™）が最近開発された[8]．ジャケットを上下二つに分割して，攪拌軸にウォールウェッター™を取り付けてある．ウォールウェッター™は，遠心力を利用して結晶スラリーを晶析缶上部の壁に散布する機能をもっている．WWDJ回分式晶析装置では，同一容器内で，温度が異なる二つの部分にスラリーを内部循環させることができる．ジャケットの上部に温水を，下部には冷水を流す．装置内部に装填したウォールウェッター™が，結晶スラリーを上部の加熱面に散布する．散布されたスラリーは加熱壁に沿って冷却槽に流れ落ちるが，その間に加熱され微結晶が溶解する．そこで生き残った結晶と下部の晶析槽にあった結晶は，溶解した結晶の過飽和分を消費して成長する．このようにして，微結晶を含まない狭く単峰性の粒径分布を有する結晶を製造できる．図8.63は，グリシン（アミノ酸）の晶析で得られた粒径分布を，従来型回分晶析装置で得られた結果と比較したものである．WWDJ回分晶析装置を用いることにより，大きな粒径で粒径分布が狭い結晶が得られることがわかる．

以上の多形があり，多形によって，溶解度，溶解速度，結晶形状，粒径，バイオアベイラビリティ（医薬品の効き目），流動性，打錠性，その他結晶取扱い特性が異なる．したがって，目的の多形を確実に生産することが要求される．一つの多形を選択的に確実に製造するためには，「多形の溶媒媒介転移」に注意が必要である．溶媒媒介転移は，ある溶媒中でいったん析出した多形結晶（準安定晶）が，他の多形結晶（安定晶）の核化と成長とともに再び溶解し，ついにはすべてが安定晶に変化する現象である．図8.64は，準安定結晶から安定結晶に転移していく様子をモデルで示したものである．領域Ⅰで準安定結晶の析出が完了している．その後，準安定結晶の安定結晶への転移が始まるが，転移の推進力は準安定結晶と安定結晶の溶解度の差である．領域Ⅱでは，安定結晶の核化・成長と準安定結晶の溶解が同時に起こっている．安定結晶の核化・成長が律速であるため，溶液濃度は準安定結晶の溶解度で一定に保たれている．さらに転移が進んで，溶解する準安定結晶がなくなると転移が終了する．領域Ⅲでは，残りの過飽和度分（ΔC = ［準安定結晶の溶解度］－［安定結晶の溶解度］）が安定結晶の成長に消費されることによって溶液濃度が減少し，ついには安定結晶の溶解度に落ち着く．すなわち，溶媒媒介転移が起こるのは，準安定結晶の溶解度が安定結晶の溶解度より高いためである．

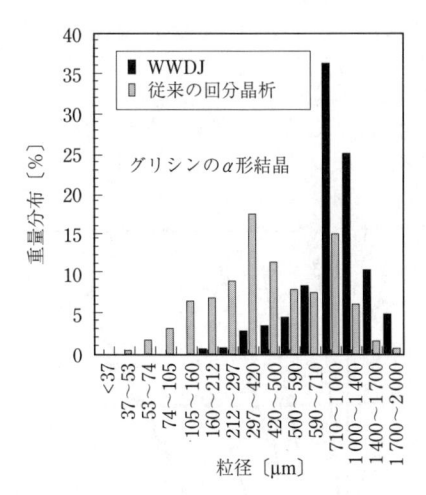

図8.63 WWDJ晶析装置によるグリシン結晶の粒径分布改善

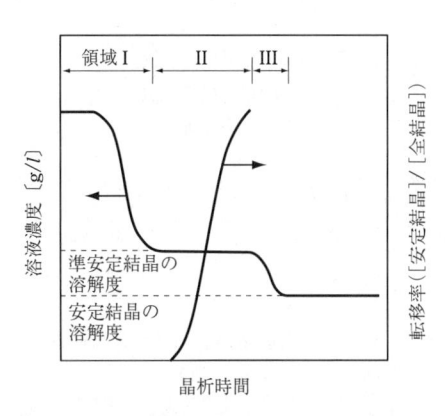

図8.64 溶媒媒介転移の濃度変化と転移率の関係

[3] 結晶多形と溶媒媒介転移

結晶多形は，上述のように，物質の化学構造は同じで，結晶構造が異なるものである．有機物であれば分子のコンフォメーションも異なる．多くの物質で二つ

溶媒媒介転移は，オストワルド（Ostwald）の段階則に従うとされている．オストワルドの段階則とは，「ある状態からつぎの状態に移行するときは，まず自由エネルギー的に近い状態に移行し，順次に安定な状態に移行する」というものである．準安定結晶の溶解度は，安定結晶の溶解度よりも高い．そこでオストワルドの段階則を晶析に適用すると，溶液濃度が準安定結

晶の溶解度よりも高い場合には，まず，準安定結晶が析出して，つぎに安定結晶に転移するということになる。実際そのような例が多い。しかし，つねにそのようになるとは限らないことも知っておく必要がある[9]。溶液中の分子のコンフォメーションが，どちらの多形に有利になっているか，多形間の溶解度差（ΔC）はどれほどか，また，結晶析出と温度変化に伴う溶液の状態変化（平衡状態の変化）は晶析速度に比較して遅れていないか，等々，多形析出を理解するために考えなくてはならない要素は多い。

8.6.2 晶析の動力学と装置

（a）成長の経時変化の表示　結晶成長速度表示については，拡散支配，化学反応（付着）支配などが提案されているが，結晶生成比率（重量比率：$x(t)$）と結晶化時間 t との関係を表す経験式（アブラミ（Avrami）の式）

$$x(t) = 1 - \exp(-bt^f) \quad (8.108)$$

が提案されており，実験値を満足する例が多い。ここで，b および f は定数である。

（b）MSMPR（Mixed Suspension Mixed Product Removal）法　連続式完全混合槽型晶析装置を用いて粒径に対するポピュレーションバランス（個数収支）をとり，最終製品の粒径分布から核発生速度 B および成長速度 G を決定する方法がある。いま，核発生速度および成長速度がそれぞれ，次式で表されるとする。

核化速度　$B \propto (C - C_s)^p = \Delta C^p \quad (8.109)$

成長速度　$G \propto (C - C_s)^q = \Delta C^q \quad (8.110)$

p および q は，定数である。個数密度

$$n = \lim_{\Delta L \to 0} \frac{\Delta N}{\Delta L} = \frac{dN}{dL} \quad (8.111)$$

を求めると，MSMPR では

$$n = \frac{B}{G} \exp\left(-\frac{L}{\tau G}\right) \quad (8.112)$$

が成立する。ここで，τ は，平均滞留時間である。$\ln(n)$ を縦軸にとり，横軸に結晶のサイズ L をとって，得られる直線の勾配と切片から成長速度 G と核化速度 B を決定できる。過飽和度を変えて実験すると，p と q を求めることができる。

その原理はつぎのとおりである。完全混合槽型晶析装置内では，結晶の成長と核化が同時に起こっているが，定常状態では，ΔC は，一定であるので，G と B は一定に保たれている。また，槽内の粒径分布と槽から出てきた製品結晶の粒径分布は同じである。温度も一定であるので，結晶の大きさは，滞留時間のみに依存する。したがって，最終製品の粒径分布から成長速度と核化速度を求めることができる。

実際には，粒子分散系で完全混合を達成できるのかという根本的な問題もある。また，撹拌翼との衝突による結晶の破砕が，核発生に重要な役割を果たしており，MSMPR 法で決定された式（8.109）および（8.110）のパラメータ値は，このような問題が凝縮されたものであると考えるのが妥当である。

（c）溶媒媒介多形転移速度　転移速度は，撹拌速度・温度・不純物の混入などによって変化するが，それらの影響は，総括転移速度定数 k_β で定量化できる[10]。いま，α 形結晶から β 形結晶に転移するとする。混合結晶中の β 形結晶の比率を重量基準で X_β とすると

$$X_\beta = \frac{W_\beta}{W_\alpha + W_\beta} \left(= \frac{W_\beta}{W_{\text{total}}}\right) \quad (8.113)$$

β 形への転移の律速段階は β 形の成長であるので（図 8.64），α 形結晶の溶解度で溶液濃度が一定に保たれている。成長速度が β 形結晶の表面積と過飽和濃度 ΔC の n 乗に比例するとすると

$$\frac{dX_\beta}{dt} = k W_{\text{total}}^{2/3} X_\beta^{2/3} \Delta C^n = K X_\beta^{2/3} \Delta C^n \quad (8.114)$$

式（8.114）を積分すると

$$X_\beta^{1/3} = k_\beta (t - \theta) \quad (8.115)$$
$$0 < t < \theta \text{ のとき，} X_\beta = 0$$

ここで，$k_\beta = (1/3) K \Delta C^n$ である。θ は，転移開始までの待ち時間である。$X_\beta^{1/3}$ を t に対してプロットして得られる直線の勾配より k_β を決定できる。

図 8.65 は，水媒体中における医薬化合物 A の溶媒媒介転移に及ぼすメタノール添加の影響をみたもので

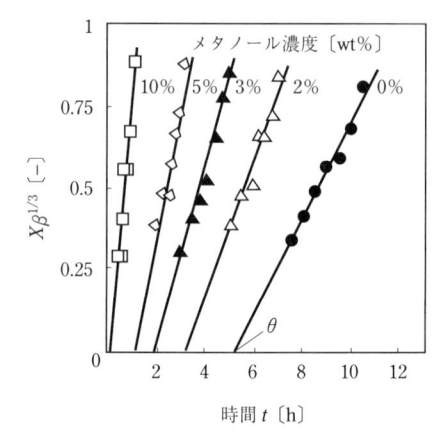

図 8.65 医薬品化合物の溶媒媒介転移における $X_\beta^{1/3}$ と t との関係（図中のメタノール濃度は，水・メタノール混合溶媒のメタノール含量を表す）

あるが,式(8.115)が,成立していることがわかる[11]。また,溶媒中のメタノール含量が増大するとともに転移速度(勾配;k_β)が増大すること,および転移開始までの待ち時間θが短くなることがわかる。

(d) 晶析装置 日本で行われている晶析を,対象化合物別に,晶析装置・規模・晶析操作について整理すると,食品,アミノ酸,天然物,発酵製品,医薬品などの製造では,単純槽型回分晶析装置が圧倒的に多く用いられている。医薬品の場合,数十 dm^3〜$10\ m^3$の容量のものが多く,アミノ酸では,1〜数十m^3の容量のものが多い。アミノ酸のなかでもグルタミン酸ナトリウム,リジンなど,大量に生産されているアミノ酸は連続法による晶析が行われている。また,過飽和を作り出す手段によって冷却晶析,蒸発晶析,反応晶析,貧溶媒晶析,圧力晶析,アダクト晶析などがあるが,医薬品では,前四者が頻繁に採用されるのに対して,アミノ酸などの食品では,冷却晶析と蒸発晶析が多くを占めている。一方,無機物の晶析は,単純槽型回分晶析装置のほかに,DTB型などのマグマ循環型晶析装置が多く用いられており,容量も1〜$100\ m^3$規模までの大きな晶析缶が多い。晶析操作は,冷却晶析,反応晶析,蒸発晶析がほとんどである。

図8.66(a)に最近開発された回分晶析装置(WWDJ回分晶析装置)を,図(b)にDTB型連続晶析装置を示す。WWDJ回分晶析装置は,粒径分布幅が小さく,大きな粒径の結晶を製造できることは前述のとおりである。さらに,この装置は,結晶多形の制御にも適用できる[12),13)]。DTB型晶析装置は,缶内にドラフトチューブとバッフルを備え,外部には,外部循環型微結晶溶解装置を装備している。結晶と原料液はドラフトチューブ内外の上昇流および下降流に乗って,缶内に均一に分布するが,バッフルの周囲には,その強制流れが及ばないスペースがあり,そこには微結晶のみが外部循環流れに乗って存在することができる。微結晶は外部加熱器を通って溶解され,再び缶内に戻される。大きくなった結晶,すなわち製品結晶は,分級脚から取り出される。この装置では,ドラフトチューブ内で結晶の破砕が起こりやすいため,ドラフトチューブの内外に逆に傾斜した大型のプロペラ翼を備えて,低撹拌速度でも十分な循環流が得られるように設計された晶析装置(DP型晶出機)も広く用いられている。

なお,8.6節(8.6.1,8.6.2項)において,WW晶析プラスおよびウォールウェッターは関西化学機械製作(株)の登録商標である。　　　　　　　　(大嶋)

8.6.3 バイオプロセスにおける晶析操作

バイオ技術を用いて生産される製品(バイオプロダクト)の最終製品形態の多くは最終段階で晶析操作により生産される結晶性粉体である。結晶がバイオプロダクトの最終製品形態として選択される理由は

(1) 一定の製品純度を保証しやすい

(2) 液体など,他の形態に比較して化学的,生物学的に安定性が高い

(3) 保存や使用において取扱いが容易

などの利点を持つためである。一方,晶析操作は最終製品を得るための手段としてばかりではなく,発酵液や酵素反応液などのバイオプロセスで生産された目的物質を含有する液体から目的物質を効率よく分離,精

(a) WWDJ回分晶析装置の概略図　　　(b) DTB型連続晶析装置

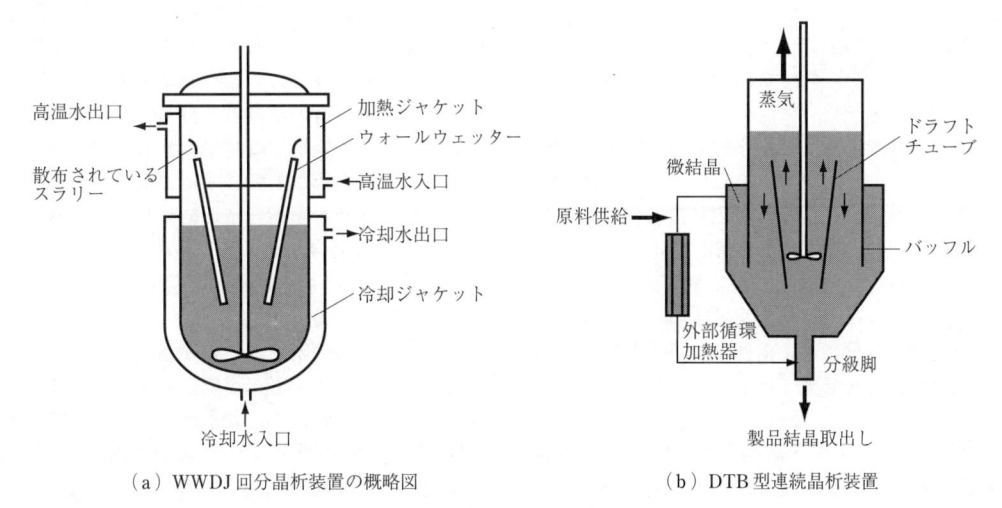

図8.66 晶析装置

製する手段としても大変有用である。晶析法が有するほかの分離，精製法に対する長所は

（1）結晶化過程で分子認識が三次元的に行われるので，分離段数当りの選択性が高い

（2）目的物質の結晶そのものが分離機能を持つため，吸着剤や膜などの分離材を必要としない

（3）分離において目的物質が希釈されず，固体として得られる

（4）生体に近い温度，pHでも操作が可能なので，分解しやすい有機物質にも適用しやすい

（5）特別に複雑な設備を必要としない

などが挙げられる。このように晶析法は，バイオプロダクトの工業的な生産技術として分離性能とともにエネルギー消費，環境負荷，設備投資面からも有利である。

晶析操作の対象となるバイオプロダクトは，一般的には低，中分子量の有機物である。高分子タンパク質の結晶は，20から80 wt％の溶媒を含む[14]ため，中，低分子物質の結晶と比較して精製効果，安定性が低い傾向があり，現在ではおもに工業的な分離手段としてよりはX線結晶構造解析を目的として行われている。

したがって，本項においては工業的に大量生産されているバイオプロダクトとして，アミノ酸，ペプチド類をおもな対象として実生産で用いられる晶析操作について実施例を挙げ，その背景となる理論を含めて解説する。特に断らない限りアミノ酸は天然形のL体を示し，対象となる操作は溶液からの晶析である。

発酵液や酵素反応液などの，バイオプロセスの反応液の一般的な特徴として

（1）生産菌体を中心とする不溶性物質

（2）溶存成分として高分子であるタンパク質，核酸，色素など

（3）培地由来の無機塩類

（4）目的物質の代謝過程で副生された中間体，分解物，類縁化合物等

を含有する水溶液であることが挙げられる。晶析操作により目的物質をバイオプロセス反応液から分離する際には，不溶成分が存在すると析出結晶と混合して精製度が低下するため，事前に分離膜，遠心分離などで反応液中の不溶成分を分離除去しておくことが必要となる。また，有効な晶析操作を実施するためには，反応液中の目的物質成分純度，溶解度を考慮して，予備精製，濃縮等の操作を必要に応じて実施することが重要となる。

（a）バイオプロダクト結晶の多様性とその性質（アミノ酸を中心として）　有機物であるバイオプロダクトは，無機物と比較してさまざまな特徴を有する多様な分子性結晶を形成する。その理由として，中，低分子の有機分子は，結晶形成において多様なコンフォーメーションをとり得ること，また，明確な電荷を持つ強いイオン結合以外に，方向性を持つ静電的な力としての水素結合や，原子間相互作用として働くファンデルワールス力が結晶形成に寄与しており，複雑で多様な力が分子間に働くためであると考えられる。なかでも水素結合は，アミノ酸結晶内で広範なネットワークを形成し，分子認識による不純物淘汰，結晶の多様性の観点から重要な役割を担っている。以下，アミノ酸が形成するさまざまな結晶と性質について述べる。結晶の基本的な性質は他のバイオプロダクトに関しても共通である。

（1）**電気的性質と塩結晶の形成**　アミノ酸を含めて，バイオプロダクトはカルボキシル基，アミノ基などの弱酸性または弱塩基性の解離基を分子内に持つことが多い。アミノ酸は，弱酸性を示すカルボキシル基と弱塩基性のアミノ基の両方を同時に備える両性電解質である。あるアミノ酸を純水に飽和濃度溶解した場合に示す水溶液のpHをそのアミノ酸の等電点と呼び，アミノ酸分子が電気的に中性の状態となる。この状態に酸を加えると，アミノ酸分子は電気的に正に荷電し，酸と塩を形成する。逆に塩基を加えると負に荷電し，塩基と塩を形成する[15]。アミノ酸は，等電点でアミノ酸分子のみで遊離体として結晶化するほか，酸や塩基との塩の結晶を形成する。

（2）**結晶多形**　結晶状態とは，同一の分子が三次元的に一定の規則性を持って配列した固体状態を示す。この分子の配列の規則性は，分子が結晶内で持つ対称性に基づく分類（斜方晶，正方晶など）と，格子定数などの数値で表される。実際には分子配列は何通りも可能である。有機物結晶の場合，同一の分子が対称性や格子定数の異なる何種類かの結晶を形成することはよく起こり，このような結晶を多形と呼ぶ。多形はそれぞれ特有の溶解度を持ち，安定形は最も溶解度が低い。準安定形は安定形よりも溶解度が高く，時間とともに安定形へと転移する。実際の晶析においては，過飽和状態から準安定形結晶が安定形結晶に先駆けて析出する場合，オストワルドの段階則[16]で説明されることが多い。しかし，実際の多形の選択的な析出には，このような熱力学的な安定性より，核発生，成長速度および安定形への転移速度のほうがより大きな影響を持つ[17]。逆に準安定形が安定形より核形成速度，成長速度が速く，安定形への転移速度が十分遅い場合に，準安定形が出現すると考えることができる。準安定形は，安定形に対して異なる構造を持つため，結晶分離性，不純物淘汰性，溶解性など安定形とは異

なる特徴を持ち，さまざまな利用価値がある。例えば，準安定形を取得することで，安定形への転移，再結晶化による精製を行うことも可能である[32]。また，準安定形は，安定形よりも溶解度が高く，経口投与される医薬品の有効性が高められるため，有用な多形の選択は最終製品の商品力において重要な要素となっている。

（3）溶媒和（水和）物結晶　バイオプロダクトの溶液からの晶析過程において，結晶中に溶媒分子が構造として取り込まれた結晶（溶媒和物結晶）が析出することはしばしば認められる現象である。特にアミノ酸の場合，水溶液からの晶析において得られる水和物結晶は重要である。アミノ酸の晶析においては，温度条件によって高温側では無水物や少水和物，低温側では多水和物結晶が得られることが多い。また，結晶水がアミノ酸分子当り一定の割合で結晶中に含まれる場合と，沸石型のように水和数を決めにくく，比較的容易に水和水が脱離する場合もある。水和物結晶を取得することは，結晶化において濃縮効果を持つためアミノ酸水溶液からの結晶取上げ率向上に寄与する。また一般的に，多水和物結晶は結晶内水素結合数が無水物，低水和物結晶と比較して多く，分子認識の精度が高いため他のアミノ酸などの類似構造を持つ不純物淘汰性に優れる傾向を持つ。しかし，水和物結晶は，目的アミノ酸の結晶重量当りの含量が低く，結晶水の一部脱離，移動による結晶溶解，再結晶化により固結しやすいなど最終製品形態としては注意すべき課題が多い。そのためリジン塩酸塩2水和物など結晶水が容易に脱離する場合は，乾燥工程により水和水を蒸発させて製品化されている[18]。

（4）結晶形状　結晶形状は，分離精製プロセスにおいては結晶分離性を中心とする設備生産性，最終製品では溶解性，流動性，造粒性，包装性などの品質上の重要な要素である。同一の構造を持つ結晶において，形状の特徴は晶癖（crystal habit）と晶相（crystal appearance）という言葉で表現される。晶癖とは表出面の種類は同じだが面積比が異なることによる形状的特徴，晶相とは表出面の種類が異なるために現れる形状的特徴を示す。晶癖は各結晶面の相対的成長速度比で決定される。結晶成長時間の経過により，結晶表面は相対成長速度の小さな結晶面の割合が多くなり成長速度の大きな面は消失する[19]。各結晶面の相対的な成長速度比は結晶成長時の温度や過飽和度，溶媒の種類によっても変化するが，バイオプロダクト結晶における晶癖変化に最も大きな影響を与えるものは目的物質と類縁の化合物であることが多い。

（5）不純物の晶癖への影響と淘汰性　きれいな平坦面で囲まれたアミノ酸結晶の各結晶面はすべて同じ構造を持つのではなく，結晶を構成する分子配列の仕方によってさまざまな異なった構造を持つ。

したがって特定の不純物は特定の結晶面に特異的に吸着し，その結晶面における本来の分子の吸着を妨げ，晶癖を変化させることが知られている。逆に，ある結晶の晶癖を変化させるため，特定の面に特異的に吸着して成長阻害を起こす不純物を，その面の構造に着目して選択して用いることが行われており，このような不純物は tailor-made additives[20] と呼ばれている。結晶化による不純物淘汰の機構は，結晶成長過程において結晶を構成する分子が構成する三次元的な構造を持った結晶面における分子吸着部位（キンク）[21]において，分子が同じか異なるかを識別し，同じ分子と認識された分子が構造の一部として取り込まれ，異なると認識された分子が排除されることによると考えられる。実際の結晶成長は，結晶を取り囲むすべての結晶面において起こるため，各結晶面の構造に応じた分子識別が行われている。例えば，結晶を形成する物質と一部共通構造を持つ類縁化合物，例えばグルタミン酸とL-α-アミノ酸基[†]という共通構造を持つアラニンは，L-α-アミノ酸基のみを識別するグルタミン酸の結晶面には吸着できるが，グルタミン酸分子のγ位のカルボキシル基を認識する結晶面では排除される。類縁構造を持つため，特定の結晶面に吸着した不純物分子は，構造的な差異のため，つぎの本来分子の吸着を妨げ，その面の成長速度を低下させると同時に結晶純度を低下させる。

晶析過程における目的物質結晶側への不純物の分配率は以下の式で表される有効分配係数[22] K_{eff} で表される。

$$K_{eff} = \frac{R_{ic}}{R_{is}}$$

ここで R_{ic} は結晶中の不純物の目的物質に対するモル比，R_{is} は晶析母液中の不純物の目的物質に対するモル比を示す。K_{eff} が小さいほど，その結晶における不純物の淘汰性がよいことを示す。特定の結晶において不純物ごとに K_{eff} を測定することにより，不純物淘汰性を評価することが可能になる。同様に，バイオプロダクトの分離精製プロセス全体を設計，構築する上での大変有効な手段となる。

（b）**晶析過程と晶析操作**　晶析の過程は，核発生と結晶成長に分けられる。結晶核が存在しない状態で過飽和溶液中で起こる核発生を一次核発生，既存の結晶に誘導される核発生を二次核発生と区別されてい

[†] ここではアミノ酸の両性解離基であるL-α-アミノ酸構造部分を示す。

る。一次核発生は，自発的な均一核発生と，他の粒子によって誘導される不均一核発生に分類される[23]。工業的には一定の形状，粒度分布の結晶を生産することは，その後の分離，乾燥，包装工程などの生産性，最終製品の品質にとって重要である。一次核発生を起こすには，通常の結晶成長よりも高い過飽和度が必要であり，また核発生は偶然性に左右されるため，工業的に常に一定の形状，粒度分布の結晶を得るように制御することは難しい。したがって，通常バッチ晶析においては，一次核発生をさせる代わりに，一定粒度の結晶核を準安定領域の過飽和溶液（図8.60）に導入し，二次核発生を制御しながら成長させることが行われている。連続晶析においては，結晶核がすでに存在するため，二次核発生により新たな結晶核が供給される。したがって，連続系では，二次核発生による結晶核の供給と，一定粒度に成長した結晶の引き抜き，一部結晶の溶解（図8.66）により，結晶数が平衡状態を保つように運転される。

結晶成長も核発生と同様に過飽和のエネルギーによって駆動される。結晶成長の機構は，過飽和度の大きさにより変化することが知られている[24]。過飽和度が小さい場合は，結晶表面の転位の芯を中心として回転運動をするようにステップがらせん状に前進する渦巻き成長を行う。さらに過飽和が大きくなると結晶面に二次元核が発生し，その核を中心に分子が二次元的に広がる層状成長に移る。この過飽和度までは結晶表面は平坦で通常のアミノ酸晶析に用いられる過飽和度である。平坦な結晶面を生ずる過飽和度での晶析においても高過飽和度で晶析を行った場合は，低過飽和度の晶析に比較して結晶内部の分子配列に乱れが生じやすい傾向を持つ。このような構造的な乱れは，結晶の転移速度や脱溶媒速度に影響を与えること[25]や，結晶内への母液の取込み（inclusion）を増加させて純度が低下することが報告されている[26]。

さらに過飽和度が上昇すると結晶表面が荒れた付着成長となり，結晶形状は樹枝状，さらに微細結晶が放射状に凝集した蝶ネクタイ状，球状に凝集した球状晶，不定形（フラクタル）となる。工業的な晶析としてこのような領域を用いる例は少ないが，通常の過飽和度では粉末状で十分な物理的結晶分離性が得にくい場合に，高分子物質を添加して球状晶を作成し分離性，流動性等の粉体物性を改善する方法がアミノ酸，医薬品において報告されている[27), 28)]。

核発生および結晶成長に必要なエネルギーは溶液の過飽和度からもたらされる。バイオプロダクトの溶液に過飽和を与える方法としては

（1）溶液の濃縮
（2）溶液の冷却（溶解度が正の温度勾配を持つ場合）
（3）pHの調整
（4）貧溶媒の添加

などが行われる。（1）の濃縮晶析は，晶析温度を一定に保つことができるため，結晶成長を制御しやすく設備生産性が高められる。（2）の冷却晶析は，目的物質の溶解度の温度依存性が大きい場合は有効な手段であるが，温度低下によって結晶成長速度が低下するため低温領域での生産性が低下する。（3）は目的物質の溶解度のpH依存性が大きい場合に有効である。アミノ酸の場合は，等電点において最も低い溶解度を示すので，酸性アミノ酸であるグルタミン酸，アスパラギン酸などは発酵液や酵素反応液に酸を添加してpH 3.2（グルタミン酸），pH 2.8（アスパラギン酸）にすることで分離回収できる。（4）アミノ酸はアルコール，ケトン類などの極性有機溶媒には不溶であるため，アミノ酸水溶液に，どのような割合でも水と混ざり合う極性有機溶媒を添加するとアミノ酸の溶解度を低下させることができる。特に，プロリンなど水に対する溶解度[29]が非常に大きいアミノ酸の晶析には有効な手段となる。

（c）バイオプロセスにおける晶析操作実施例

（1）結晶多形と転移再結晶化による精製　　ナトリウム塩が旨味調味料として使われるグルタミン酸は糖を炭素源，アンモニアを窒素源として中性pHで発酵生産されている。発酵液中からグルタミン酸を分離するには，発酵液のpHをグルタミン酸の等電点であるpH 3.2まで酸を加えて下げ，グルタミン酸結晶を分離する。グルタミン酸には，水溶液からの晶析で準安定形のα形，安定形であるβ形の2種類の結晶多形が知られている。α形はいったん溶解して安定形であるβ形に溶媒媒介転移する。α形[30)]，β形[31)]ともに斜方晶系（$P2_12_12_1$）であるが，α形は粒状，β形は薄板状でα形のほうが分離性に優れている（図8.67）。実際のグルタミン酸発酵液からグルタミン酸を分離するには，準安定形のα形を晶析分離し，α形結晶をスラリー状態で加熱しβ形に転移再結晶化で精製している[32)]。グルタミン酸発酵液は微量のL-α-アミノ酸基

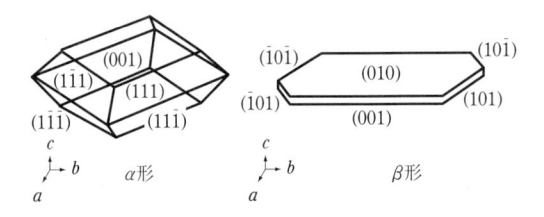

図8.67　グルタミン酸の2種類の結晶多形の形状

を持つ不純物を含み，これらの不純物はα形を優先的に晶析させること[33]，また，α形からβ形への転移速度を遅延させることが知られている[34]。

α形は起晶時には六角板状で底面 {001} 面と側面 {111} で囲まれており，側面と底面の成長速度は側面が若干大きい[35]。β形結晶は薄板状で側面は {101} 面と {001} 面，底面は {010} 面で，特に {101} 面の成長速度は他の面に対して速い[36]。L-α-アミノ酸基を持つ不純物としてフェニルアラニンを添加して各多形の結晶面成長阻害効果を測定すると，α形の底面 {001} 面は成長阻害を受けなかったが，α形の側面 {111}，およびβ形のすべての面は大きな阻害効果を受けた[35],[36]。この現象はL-α-アミノ酸基を持つ不純物が，α形を優先的に析出させ，またα形からβ形への転移を遅らせることを，結晶成長に対する阻害効果の差から説明するものである。一方，各多形の結晶構造からも，不純物の阻害を受けないα形の底面 {001} では，グルタミン酸分子はL-α-アミノ酸基と同時にグルタミン酸分子の末端に位置するγ-カルボキシル基で水素結合を形成して底面に吸着できるが，α形の {111} 面やβ形のすべての面においてはL-α-アミノ酸基のみで水素結合を形成し吸着できることが解析されている[35],[36]。

(2) 水和物結晶の利用　旨味調味料として製品化されているグルタミン酸ナトリウムは常温では1水和物であるが，低温（−0.8℃以下）では5水和物を形成することが知られている[37]。グルタミン酸ナトリウム1水和物結晶は，本来は細長い柱状の結晶であるが，アラニンなどの他のL-α-アミノ酸が0.2 mol％程度存在すると長軸方向の成長速度は低下して結晶は短くなり[38]，さらに高濃度の場合，結晶は粉末状となる。しかし5水和物結晶は他のL-α-アミノ酸存在下でも結晶形状は板状のままで変化せず成長できる[39]。グルタミン酸ナトリウム1水和物を晶析分離した母液のように，不純物が多い系からグルタミン酸ナトリウムを回収する場合，1水和物を晶析する代わりに5水和物を晶析分離すると精製度を上げやすい[40]。実際に，5水和物におけるアラニンのK_{eff}は1水和物の1/15程度で，他アミノ酸の淘汰性が大きい[39]。このような5水和物と1水和物のK_{eff}の差を結晶構造解析結果[41],[42]から解析すると，非対称単位中の2化学単位当りの水素結合数は，1水和物の16に対して5水和物では27と多く，5水和物は分子認識力が高いことが水素結合数からも裏づけられる[41],[42]。また構造の特徴として，5水和物結晶では，緊密な水素結合で形成された水-グルタミン酸層が水-Na配位層を挟んでb軸方向上下に三層構造を形成している。1水和物とは異なる5水

和物の層構造は，不純物淘汰性の重要な因子と考えられる。

(3) 塩結晶の利用　ロイシン，イソロイシン，バリンは，側鎖の構造が似ており，等電点付近において類似の構造を持つ結晶を生成する[43]。これらの結晶は，親水性部分が向き合って水素結合を形成するが，疎水的な側鎖を外側にした分子二重層はファンデルワールス力で積層する。このような共通の結晶構造を反映してこれらの結晶形状は薄片状となり，分岐鎖アミノ酸混合液から遊離形の晶析による相互分離は難しい。そのためタンパク質の加水分解による抽出法の時代から，ベンゼンスルホン酸類との塩形成による相互分離法が開発されてきた[44]。例えば，ロイシンの場合は3,4-ジメチルベンゼンスルホン酸（DMBS）と低溶解度の塩を形成する[45]。ロイシンDMBS塩におけるイソロイシンのK_{eff}はロイシン遊離体結晶に対して1/36である。同様にバリンはp-イソプロピルベンゼンスルホン酸（p-iPBS）と塩を形成する[46]。バリンp-iPBS塩結晶におけるロイシンのK_{eff}はバリン遊離体結晶の1/110である。このように分岐鎖アミノ酸のベンゼンスルホン酸塩が他のアミノ酸に対する高い淘汰性を示す理由は，結晶構造中に水素結合が多く，緊密な分子パッキングであるため，分岐鎖の違いが認識されるためである[47]。

(4) 静置晶析法　砂糖の200倍の甘味を持つ低カロリー甘味料，アスパルテーム（α-L-アスパルチルフェニルアラニンメチルエステル）はアスパラギン酸とフェニルアラニンの二つのアミノ酸から構成されるペプチドである。撹拌槽型の工業晶析装置で得られるアスパルテームの針状晶は微細で脆いため固液分離が難しく，乾燥すると粉立ちが多いなど操作上の問題点が多かった。しかし，高過飽和溶液から撹拌せずに急冷晶析すると，長い針状晶が束のようになった強固な柱状晶が得られることが見出された[48]。実際の晶析装置は図8.68のような縦に細長い槽で，内部には撹拌機を持たず，熱交換ジャケットと熱交換器のプレートが縦に設置されている。アスパルテーム溶液を晶析槽に張り込み，ジャケットと熱交換プレート内部に冷媒を流すと，アスパルテーム溶液は冷却されて静置状態で結晶が析出する。一定時間晶析後，底面からアスパルテームの結晶スラリーを抜き出し，遠心分離機で結晶を分離する。このようにして得られた束状晶は，撹拌晶析で得られた針状晶と比較して遠心分離機の分離生産性は約10倍高く，結晶の嵩比容も1/2となる。

(5) 晶析条件と脱溶媒　アミノ酸であるヒスチジン（His）とαケト酸であるイソカプロン酸（KIC）の塩は尿毒症などの治療に有効である。ヒスチジンケ

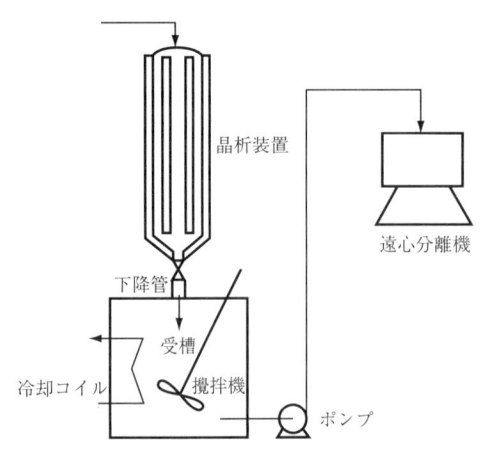

図8.68 アスパルテームの静置晶析プラントの略図

トイソカプロン酸塩（以下His・KICと略）は水，エタノール混合溶媒中で晶析すると，80 wt％程度の高エタノール領域ではエタノール和物結晶を生じる。His・KICエタノール和物結晶中ではHis，KIC，エタノールのモル比は1対1対1で，単なる熱風乾燥操作では結晶中のエタノールを除去することは不可能である。しかし，高湿度条件（313K，相対湿度60％）では，非溶媒和結晶へ転移するとともに脱エタノールが達成される。この結晶の結晶性（分子配列の規則性）は粉末X線回折の$2\theta = 9.0°$のピーク高さを指標として表されるが，このピーク高さと結晶転移性，脱エタノール性には正の高い相関が得られた。His・KICエタノール和物結晶の晶析においては，エタノール添加によって大過飽和度を急激に達成した場合は，結晶性が低く脱溶媒が難しいが，冷却操作により結晶析出速度を緩やかに行った場合は，結晶性のよい結晶が取得でき，脱エタノールが容易である[25]。このように，晶析条件により，結晶性を制御することで，溶媒和物結晶からの脱溶媒速度を高めることができる。

（6）球状晶の晶析　中性アミノ酸で分岐鎖を持つロイシン，イソロイシン，バリンや，芳香環を持つフェニルアラニン，インドール環を持つトリプトファンなどは，疎水的な側鎖を持つ。このため，等電点付近で析出する結晶は，（3）の塩結晶の利用で述べたように，側鎖同士の疎水的な結合の影響を受けて，厚みに乏しい鱗片状または，粉末状の結晶になりやすい。このような結晶は，析出時泡を巻き込んでクリーム状になる，濃縮晶析時には発泡しやすい，工業的な分離，乾燥が難しいなど，工業的な取扱いが難しい。このような課題解決のために，晶析時に対アミノ酸当り1000 ppm程度の高分子物質を添加し，分離性，流動性のよい球状晶を作る技術が報告されている。高分子物質の例としては，カルボキシルメチルセルロースなどの水溶性セルロース誘導体，ポリビニルピロリドン，ポリビニルアルコールなどの水溶性，または極性溶媒溶解性ポリビニル化合物，などである。フェニルアラニン水溶液を濃縮して結晶を晶析させる際にポリビニルピロリドンとメチルセルロースを各500 ppm添加した場合，ほとんど泡立ちがなく，球状晶が得られるが，無添加では粉末状結晶が得られることが報告されている[27]。同様な例として，抗リウマチ剤であるBucillamineのエタノール水溶液を1％（w/v）のヒドロキシメチルセルロースを含む水溶液に低温で攪拌しつつ注入する方法で，良好に球状に凝集した結晶を作成する方法が報告されている[49]。

バイオプロダクトは遊離体のほか，さまざまな塩，多形，溶媒和物の結晶を形成する。また同様に，晶析方法によって結晶はさまざまな物性を示す。最終製品形態として最も適した物性の製品を最も効率よく生産するためには，結晶の性質を把握し，適材適所に用いることが大変重要である。同時に，継続的な新たな物性を持った新結晶形の探索や新物性発現方法の研究は，つぎの進歩にとって重要な課題である。従来，経験的な部分が多かったバイオプロダクトの晶析技術において，今後は現象の解明や，新技術の開発に，結晶構造からのアプローチがますます重要になるものと考えられる。

（佐野）

引用・参考文献

1) 真崎規夫：日本結晶学会誌，**35**，149-153（1993）．
2) Yamamoto, H., Ishizu, T., Tanaka, M., Kintsu, K., Ooe, S., Akagi, S. and Sumiya, A.: *Industrial Crystallization '02*, (Chianese, A.) pp. 1011-1016, AIDIC (2002).
3) Mullin, J. W. and Nyvlt, J.: *Chem. Eng. Sci.*, **29**, 105-118 (1971).
4) Jagadesh, D., Kubota, N., Yokota, M., Sato, A. and Tavare, N. S.: *J.Chem. Eng. Japan*, **29**, 865-873 (1996).
5) Doki, N., Kubota, N., Sato, A. and Yokota, M.: *AIChE J.*, **45**, 2527-2533 (1999).
6) Jones, A. G., Chianese, A. and Mullin, J. W.: *Industrial Crystallization 84*, (Jancic, S. J., de Jong, E. J.), pp. 191-195, Elsevier, Amsterdam (1984).
7) Jones, A. G. and Chianese, A.: *Chem. Eng. Comm.*, **62**, 5-16 (1987).
8) Shan, G., Igarashi, K., Noda, H. and Ooshima, H.: *Chem. Eng. J.*, **85**, 161-167 (2002).

9) Maruyama, S. and Ooshima, H.: *J. Crystal Growth*, **212**, 239–245 (2000).
10) Sudo, S., Sato, K. and Harano, Y.: *J. Chem. Eng. Japan*, **24**, 628–632 (1991).
11) Maruyama, S., Ooshima, H. and Kato, J.: *Chem. Eng. J.*, **75**, 193–200 (1999).
12) Shan, G., Igarashi, K., Noda, H. and Ooshima, H.: *Chem. Eng. J.*, **85**, 169–176 (2002).
13) Igarashi, K., Sasaki, Y., Azuma, M., Noda, H. and Ooshima, H.: *Eng. Life Sci.*, **3**, 159–163 (2003).
14) 平山令明編著：有機結晶作成ハンドブック, p. 42, 丸善 (2000).
15) 味の素株式会社編：アミノ酸ハンドブック, pp. 121–126, 工業調査会 (2003).
16) Ostwald, W.: *Zeitschrift für Physikalische Chemie*, **22**, 289–330 (1897).
17) Mullin, J. W.: *Crystallization*, 3rd ed., pp. 200–201, Butterworth-Heinemann, 1993.
18) 永嶋伸也：有機結晶作成ハンドブック, pp. 145–146, 丸善 (2000).
19) 砂川一郎：結晶成長ハンドブック, pp. 195–198, 共立出版 (1995).
20) Berkovitch-Yellin, Z., Addadi, L., Idelson, M., Leiserowitz, L. and Lahav, M.: *Nature*, **296**, 27 (1982).
21) Kossel, W.: *Naturwissenschaften*, **18**, 901 (1930).
22) Zumstein, R. C., Ganbrel, T. and Rousseau, R. W.: *Crstallization as a Separation Process*, p. 85, American Chemical Society (1990).
23) Mullin, J. W.: *Crystallization*, 3rd ed., p. 170, Butterworth-Heinemann, 1993.
24) 砂川一郎：結晶成長ハンドブック, pp. 75–82, 共立出版 (1995).
25) 岸本信一, 田辺俊哉, 丸山昭吾, 岸下明弘, 永嶋伸也：化学工学論文集, **22**, 750–755 (1996).
26) Myerson, A. S. and Saska, M.: *AIChEJ*, **30**, 865–867 (1984).
27) 井上佳美, 関 守, 片桐 守, 西山博明, 小川善司：日本化薬株式会社, 特公平5(1993)–76463.
28) Morishima, K., Kawashima, Y., Takeuchi, H., Niwa, T., Hino, T. and Kawashima, Y.: *Int. J. Pharm.*, **105**, 11 (1994).
29) 味の素株式会社編：アミノ酸ハンドブック, pp. 128–129, 工業調査会 (2003).
30) Hirayama, N., Shirahata, K., Ohashi, Y. and Sasada, Y.: *Bull. Chem. Soc. Jpn.*, **53**, 30 (1980).
31) Lehmann, M. S., Koetzle, T. F. and Hamilton, W. C.: *J. Cryst. Mol. Struct.*, **2**, 25 (1972).
32) 伊南謙吉, 溝口直正, 太宰美代治, 藤原光太郎, 坂田義樹：味の素株式会社, 特公昭45(1970)–13806.
33) Sakata, Y.: *Agric. Biol. Chem.*, **25**, 829 (1961).
34) 平松茂美：農化, **51**, 27 (1977).
35) Sano, C. and Nagashima, N.: *J. Cryst., Growth*, **166**, 129–135 (1996).
36) Sano, C., Kashiwagi, T., Nagashima, N. and Kawakita, T.: *J. Cryst. Growth*, **178**, 568–574 (1997).
37) 小川鉄雄：工業化学, **52**, 102 (1949).
38) Sano, C., Nagashima, N., Kawakita, T. and Iitaka, Y.: *J. Cryst. Growth*, **99**, 1070 (1990).
39) Sano, C., Kashiwagi, T. and Nagashima, N.: *Proc. 5th World Congress of Chemical Eng.*, V, 720, (1996).
40) 平田忠治, 藤原 毅, 山本 泰, 上ノ山功, 田附秀夫：味の素株式会社, 特開昭50(1975)–49227.
41) Sano, C., Nagashima, N., Kawakita, T. and Iitaka, Y.: *Anal. Sci.*, **5**, 121 (1989).
42) Kashiwagi, T., Sano, C., Kawakita, T. and Nagashima, N.: *Acta Crystallogr.*, **C51**, 1053 (1995).
43) Torii, K. and Iitaka, Y.: *Acta Crystallogr.*, **B27**, 2237 (1971).
44) 赤堀四郎, 水島三一郎編：蛋白質化学1, p. 75, 共立出版 (1954).
45) 永井傳市：米山化学株式会社, 特公昭40(1965)–11373.
46) Hasegawa, K., Kaneko, T., Takahashi, N. and Sano, C.: *US Patent* No. 5689001 (1995).
47) Hasegawa, K., Ishikawa, K., Kawaoka, R., Sano, C., Iitani, K., Komatsu, H. and Nagashima, N.: *Acta Crystallogr.*, **C54**, 637 (1998).
48) Kishimoto, S. and Naruse, M.: *J. Chem. Tech. Biotechnol.*, **43**, 71 (1988).
49) Morishima, K., Kawashima, Y., Takeuchi, H., Niwa, T., Hino, T. and Kawashima, Y.: *Int. J. Pharm.*, **105**, 19 (1994).

8.7 バイオプロダクトの脱水・乾燥・濃縮および安定化の理論

　分離精製工程の最後に位置する操作は，製品をその用途に応じて出荷する形態に調製することであり，医薬品の場合は製剤化（formulation）といわれる。高度精製されたタンパク質医薬品を液状で製品化する場合には，濃縮して安定化剤を添加したバイアルにする。また，凍結乾燥などにより脱水・濃縮と安定化を同時に達成することもある。
　非加熱脱水・濃縮操作については9.3.5項にまとめている。また，8.3.2項の限外濾過や8.6節の晶析についても参照されたい。
　（a）乾燥による安定化[1)～4)]　乾燥は脱水・濃縮操作と同時に安定化を達成することが目的である。乾燥機構については9.3節に解説するのでここでは安

定化についてのみ取り扱う。

乾燥における安定性の目安（評価変数）として水分活性（water activity, a_w）が広く利用されている。

$$a_w = \frac{P}{P_{sat}}w$$

P_{sat}は，その温度での飽和水蒸気圧力，Pは対象としている試料の持つ水蒸気圧である。一定温度・湿度雰囲気下においてバイオ材料は，ある水分濃度で平衡に達する。このとき，この材料は，この相対湿度と等しい値の水分活性を持っていることになる。一定温度における相対湿度（すなわち水分活性）と平衡含水率の関係は脱着あるいは吸脱着等温線と呼ばれ，9.3節図9.4のような形状を示す。

微生物には生育最低水分活性と呼ばれる生育可能な水分活性の下限があり，それ以下の水分活性では生育できなくなる。生育最低水分活性は，微生物ごとに異なり，食品の微生物的変敗を防止する上で重要な指標となる。一般細菌は水分活性が0.90以上で増殖し，多くの食中毒菌の生育最低水分活性は0.94以上であるが，黄色ブドウ球菌は耐塩性が高く0.86以上でも生育が可能である。酵母菌は0.88以上で生育し，カビは細菌や酵母に比べ乾燥に強く，0.80以上で生育可能である。好塩性細菌，耐乾性カビおよび浸透圧性酵母などはさらに低い水分活性でも生育が可能である。水分活性を0.50以下に抑えることができれば，ほぼすべての微生物の増殖を防ぐことができる。

図9.4に示す等温線は，A，B，Cという三つの領域に分けることができるとされている。領域Aでは非常に安定化される。この領域での水分は非常に強く固体に束縛されている。単分子層吸着とみなすこともある。結合水（bound water）という用語も使用されるが，必ずしも適切な用語ではないという指摘もある。領域Bでは，水と固体の相互作用は少し弱くなるものの，依然として安定な領域である。ここでは，また膨潤（溶解）もかなり顕著となる。領域Cの水は，場合によっては通常の水と同様の挙動をすることもあり，安定化効果はかなり弱くなる。溶解性の固体では，この領域では場合によっては溶液状態となる。

ガラス転移は，水分活性と同様に安定性の重要な指標となる[2]。一定水分含量の材料を加熱していくと，ある温度でガラス状態からゴム状態へ転移する。この温度をガラス転移温度T_gといい，示差熱分析で決定されることが多い。T_gは水分濃度Wに強く依存し，水分により可塑化しT_gが低下する。ガラス状態では，ほとんどの劣化反応が事実上停止しているのに対して，T_gの低下によりゴム状態になると劣化反応が進行し始める。

熱風乾燥あるいは凍結乾燥において，すみやかに水分活性を低下させ，同時にガラス状態にすることが重要である。また糖類などを保護剤（賦形剤）として添加した場合はガラス状態かつ無定形であることが望ましく，長期保存の間に糖質が結晶化すると著しく安定性が低下するので注意する必要がある。

（b）　その他の安定化方法[5]　　タンパク質や酵素溶液の保存に糖質やポリオール（ショ糖，グリセリンなど）を添加して安定化することは日常的に行われている。この場合，上述した水分活性の低下による安定化効果も重要な因子であるが，むしろ凝固点降下のほうが重要である。凍結・解凍によりタンパク質は変性するので，グリセリンなどにより氷点以下でも凍結しない状態を可能にすると長期保存安定性が可能になる。

高濃度の塩（例えば2〜3 mol/dm³の硫安）を安定化剤として添加することもあるが，この場合は凝固点降下以外に塩析効果も寄与している。

細胞や組織の凍結過程は，細胞内で局所的に凍結濃縮が生じると，細胞内外の水や溶質の移動を伴うので複雑である。グリセリンやトレハロースなどを安定化剤（凍結保護物質）として添加することが多いが，安定化剤は細胞外のみならず，細胞内に移動して，過冷却状態を保つことが安定化機構であると考えられている[5]。

賦形剤（保護剤）の選択は，乾燥，冷蔵，冷凍（凍結）のどの安定化方法においても，たいへん重要である[5]。上述した，水分活性，ガラス化，結晶化，凝固点降下のほかにもpH変化等のミクロな環境変化への影響もある。

低温での安定化機構については過冷却状態の水溶液を水性ガラス状態と解釈するモデルで議論されることも多い。

（山本　修一）

引用・参考文献

1) Bruin, S. and Luyben, K. C. A. M.: *Drying of food materials: A review of recent developments*, Advances in drying, Vol.1, pp. 155–215, Hemisphere, New York (1980).
2) フランクス, F.（若林俊樹監訳）：プロテインバイオテクノロジー, pp. 341–370, 培風館 (1996).
3) Svensson, S.: Inactivation of enzymes during thermal processing, in *Physical, Chemical and Biochemical Changes in Food Caused by Thermal Processing*, (Hoyem, T. Kuale, O.), pp. 202–217, Applied Science (1977).
4) Troller, J. A. and Christian, J. H. B.: *Water activity and food*, Academic Press (1978).
5) Scopes, R. K.: *Protein purification*, Springer-Verlag (1987).

8.8 バイオ分離プロセスの設計

バイオプロダクトの製品価格と出発原料中の濃度とにはよい相関があることが知られており（**図8.69**）[1]，分離プロセスの重要性が認識できる。またバイオプロダクトの年間必要量と製品価格にも相関が成立し（**図8.70**）[2]，必要量が少ない高価な製品では高純度が要求される。分離プロセスの設計においては，このような製造量，純度，製品価格を考慮することが重要である[3]〜[6]。

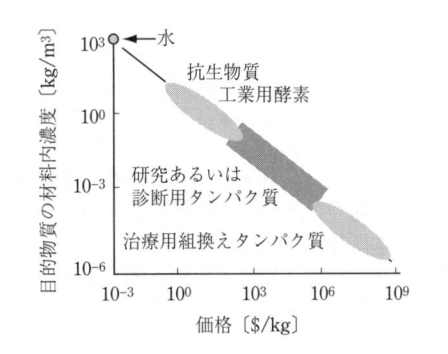

図8.69 製品の原料内濃度と製品価格との関係（Dwyer[1]の図を簡単化した）

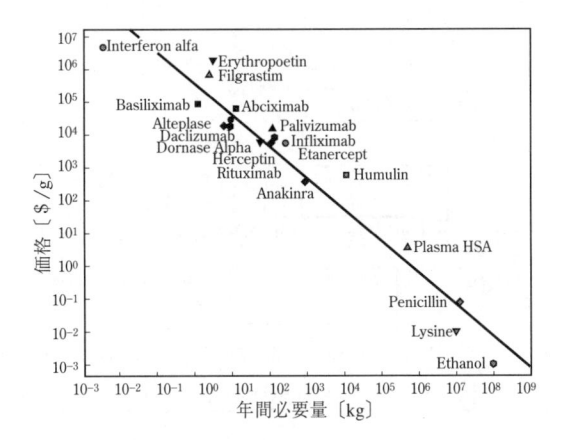

図8.70 バイオプロダクトとバイオ医薬品の価格と年間必要量の関係[2]

図8.71は典型的な細胞からの3種類の製品の製造流れ図である。細胞そのものが製品であるときは固液分離が主体である。製品が細胞外に分泌されるときは，細胞を破砕する必要がない。工業用酵素では，ほとんど精製しないこともある。E. coliによる組換えタンパク質の生産においてはタンパク質が細胞内に封入体

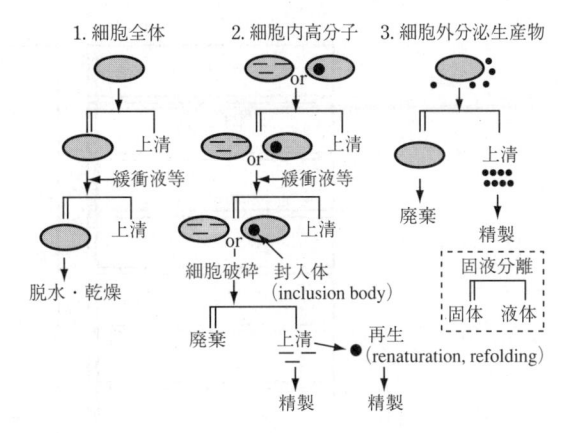

図8.71 細胞からのバイオプロダクトの分離プロセスの流れ図（Ladischの図をもとに改訂）[4]

(inclusion body) として存在するので，細胞破砕後に，再生（renaturation, refolding）過程が余分に必要となる。

タンパク質医薬品の製造プロセスと伝統的な発酵あるいは培養との違いは，組換え遺伝子操作を利用することにより目的タンパク質の生産量が初期の段階から多いことである。その結果，精製プロセスは比較的少量の不純物あるいは目的物質に非常に類似したタンパク質（類縁体あるいは変異体といってもよい）を精密に分離して超高純度（99.999％など）な製品を作り出すことが目的となる。

バイオ分離プロセスは多くの異なる分離原理の液体クロマトグラフィー（liquid chromatography：LC）と膜分離の組合せである。膜分離は濃縮や固液分離が目的であるのに対してLCは精製の中心を担う重要な分離操作である。

実際には複数のLC操作を実施することにより目的純度を達成しているので，各LC（と膜分離）の回収率が生産性に大きく影響することになる。典型的な抗体医薬品精製プロセスを**図8.72**に示す。また，封入体として生産される組換えタンパク質の各精製段階における液量，濃度，回収率の一例を**表8.14**にまとめる。

各精製段階の回収率をQ_R^iとすると最終回収率Q_R^fは次式となる。

$$Q_R^f = \prod_i Q_R^i \tag{8.116}$$

各LCの回収率Q_Rを上げることは重要な課題である。一方，医薬品ほど高価ではない食品分離では，複数のLC操作は避けるほうがよい。また表8.14でわかるように精製初期には液量が多いので容積減

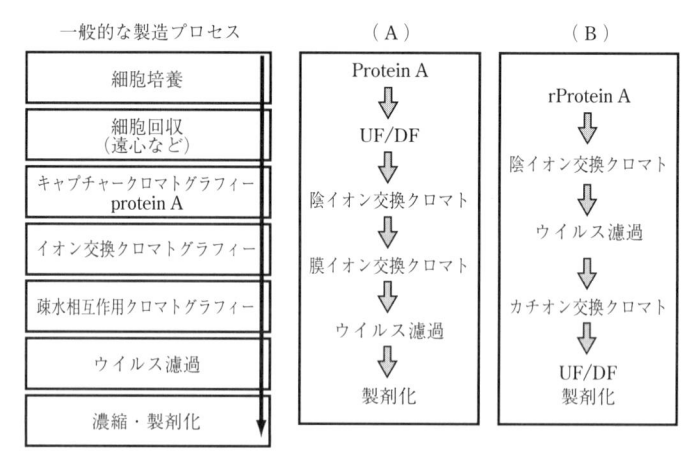

図8.72 典型的な抗体医薬品精製プロセスと改良例[10]

UF: 限外濾過，DF: ダイアフィルトレーション

表8.14 封入体（inclusion body）260 kgからの牛血清ソマトトロピン精製過程[3]

方法	容積 [dm³]	タンパク質濃度 [mg/cm³]	タンパク質 [kg]	回収率 [%]
再生（renaturation, refolding）	230 000	0.9	207	80
限外濾過	18 500	9	166	80
陰イオン交換クロマト	34 000	3	102	61
疎水相互作用クロマト	15 000	5	75	73
限外濾過	838	80	67	89
全体				25

（volume reduction）が必要であり，限外濾過のような膜濃縮に加えて最近の抗体精製ではProtein Aクロマトグラフィーにより精製と濃縮を同時に実施している．

バイオ分離プロセスがプロセス全体のコストの50％以上を占めるであろうとの指摘がされたのは10年以上前になる．最適なプロセスとは必要とされる品質や純度の製品を最も経済的に製造するプロセスであるが，特にバイオ医薬品では製品を市場（あるいは治験・臨床試験）へ最初に送り出すことも重要である（一番乗りをすれば，いろいろな面において競争力で優位に立つことができる）．また，化学プロセスとは異なり，装置の変更の容易さ以外に殺菌や安全性についても考慮しなければならない．これら制約因子はあるものの，精製プロセスにおける単位操作の選択にはかなり自由度がある．タンパク質はタンパク質ごとに大きく性質が異なる．同じタンパク質でも生産（培養）方法により性質が変わることがある．このようにタンパク質の多様性のために精製プロセスには多くの選択肢がある．当然のことながら，あるタンパク質の精製プロセスが他のタンパク質精製プロセスとしては最適でないことはしばしば起こり得る．

タンパク質精製プロセス設計は図8.73に示すようにシステム設計，操作設計，パラメーター設計の3段階により実施される[7]．

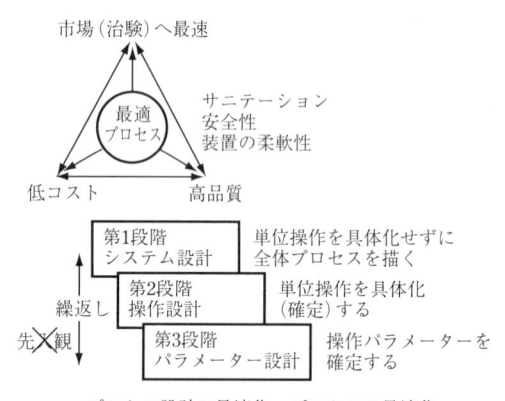

図8.73 タンパク質精製プロセス設計の概念[3], [7]

第1段階のシステム設計ではプロセス全体を考える．図8.72に示す動物細胞から分泌される抗体タンパク質製造を例に考えてみる．プロセス構成は細胞培養，培養液の濃縮，目的タンパク質の精製となる．これがプロセスに必要な構成の概略であるが，この段階では装置や方法について特に具体的な検討はされない．すなわち「ぼんやりとした輪郭」を描くことが必要なことである．一般的なシステム設計では製品仕様

に基づいてプロセスの主要な部分を具体化する。操作を具体化する前に，この段階でさまざまな代替方法を詳細に検討しておくことは見過ごされるかもしれない選択肢を明確にすることができる。この第1段階（システム設計）は設計者により無視されたり管理者（上司）のバイアス（先入観あるいは固定観念）により自動的に決定されたりすることが多く，十分には検討されない。しかしながら，システム設計は，この後の設計段階よりもコストに対する影響は大きいので，組織のどのレベルでも注意を払うことは意味がある。

バイアス（先入観あるいは固定観念）について前述の例で考えてみよう。目的タンパク質は動物細胞で生産しなければならないであろうか。ほかにどのようなシステムが選択できるであろうか。代替方法についてよく検討することにより最適な選択が可能になる。

第2段階の操作設計ではシステムの各ステップ（単位操作）を具体化する。引き続き動物細胞培養について考えてみよう。細胞培養について例えばタンク培養，ホローファイバーあるいは他の方法から選択しなければならない。細胞分離では遠心分離が用いられるが，膜分離や場合によっては流動層吸着（8.5〔7〕参照）による細胞分離と培養液濃縮の同時実施という選択肢もある。つぎの培養液濃縮では限外濾過，吸着法等を検討し，最後の精製回収ではクロマトグラフィーあるいはその他の方法のどれが適しているかを検討することになる。

第2段階は高品質（純度が高く，製品の品質幅の許容値も小さい）の製品を製造するときに最も重要である。このようなときには，例えば不純物の性質や量を大きく変化させる原因である培地成分の変動などの外的あるいは内的変動要因をできるだけ小さくしなければならない。第2段階でのステップ（単位操作）を慎重に選択することにより入力や他の変動による製品品質の変動を少なくすることができる。第2段階で製品品質変動を減らすように努力することは第3段階ですよりずっと簡単で経済的である。例えば培地成分の変動が不純物の性質や量に大きく影響するのならば，分子サイズによる分離法ではなく選択的吸着法を選ぶほうがよいであろう。このような選択により原材料の変動によるプロセスの再設計を避けることができる。クロマトグラフィー精製プロセスにおいても，緩衝液のpHや塩濃度のわずかな変化で分離挙動が大きく変化する場合がある[8],[9]。このような場合は緩衝液の調製仕様を厳しくするよりは，操作方法を変えることにより（例えば段階溶出から勾配溶出への変更），変動に強いプロセスにすることができる[8],[9]。

第3段階においては実際の運転変数を設定する。イオン交換クロマトグラフィーでは充填剤，緩衝液，pHなどを決めることになる[2]～[4]。細胞培養では培地成分などを決定する。

第1段階，第2段階，第3段階は繰り返し検討すべきであり，ある程度は重複する。プロセスを代替方法の可能性試験データなしで決定することはできない。例えば，吸着特性や膜透過流束の情報なしでクロマトグラフィーか限外濾過かの選択をすることはできない。

「プロセス設計の最適化」はプロセスの各ステップ（単位操作）を変更したり置き換えたりすることを繰り返すことにより最適なプロセスへ到達することである。運転操作変数を調節することにより最大収率や最小コストを達成する「プロセスの最適化」と「プロセス設計の最適化」は異なる。

実際のプロセスを分析してみると必ずしもいつもクロマトグラフィーがコスト支配因子ではなく，培養や膜分離あるいはリフォールディングが支配するときもある。このようなコスト計算（経済性）は長らく必要とされていなかったが，ここ数年活発に議論されるようになってきた。また図8.72に示すような抗体医薬におけるプロセスの改変による経済性の改善についても熱心に検討されている。

図8.72の例では，スキーム（A）からProtein Aカラムクロマトの滞留時間を短くするために硬質な粒子に変更し，後段のUF/DFと膜クロマトを省略し，さらにカチオン交換クロマトを新たに導入している。このような変更の結果スキーム（B）では生産性を向上することができている。ただしスキーム（B）においては8.5〔4〕（c）で説明しているような吸着特性と滞留時間の関係の基礎データをもとに条件を設定している[10]。

クロマトの順番において選択性が高いものを最初に実施するほうが効果的であるが，不純物が多いためにカラムの寿命が短くなるという傾向がある。抗体以外のタンパク質ではイオン交換や疎水相互作用クロマトでキャプチャーをすることが多い。吸着特性のほかに再生特性や寿命についてもよく考慮しなければならずNaOH洗浄が可能な充填剤が有利となることも多い[6]。

図8.73の第3段階におけるクロマトの操作条件決定にはさまざまなリガンド，粒子基材の特性，pHや塩濃度など多くの変数に対しての実験データが必要となる。このようなデータ取得のためにはハイスループットスクリーニング方法の開発が望まれている。

（山本修一）

引用・参考文献

1) Dwyer, J. L.: Scaling up bioproduct separation with high performance liquid chromatography, *Bio/Technology*, **2**, 957–964 (1984).
2) Watler, P.: personal communication.
3) Wheelwright, S. M.: *Protein Purification: Design and Scale Up of Downstream Processing*, John Wiley & Sons (1993).
4) Ladisch, M.: *Bioseparations Engineering: Principles, Practice, and Economics*, Wiley, New York (2001).
5) Bailley, J. E. and Ollis, D. F.: Product Recovery, in *Biochemical Engineering Fundamentals*, pp. 726–795, McGraw-Hill, New York (1986).
6) Sofer, G. and Hagel, L.: *Handbook of Process Chromatography*, Academic Press, San Diego, CA (1997).
7) Wheelwright, S. M., 山本修一:タンパク質精製:プロセス設計, 化学工学, **65**, 498–499 (2001).
8) Yamamoto, S., Watler, P., Feng, D. and Kaltenbrunner, O.: Characterization of unstable ion-exchange chromatographic separation of proteins, *J. Chromatogr. A*, **852**, 37–41 (1999).
9) Watler, P., Kaltenbrunner, O., Feng, D. and Yamamoto, S.: *Engineering Aspects of Ion-Exchange Chromatography Scale-Up and Optimization in Preparative Chromatography, Principles and Biopharmaceutical Applications*, (Rathore, A. S. Velayudhan, A.), pp. 123–171, Dekker, New York (2002).
10) Iyer, H., Henderson, F., Cunnigham, E., Hanson, J., Bork, C. and Conley, L.: *BioPharm*, **15**, 14–20, (2002).

9. 殺菌・保存技術

バイオ製品はその原材料や製造環境から，また流通過程でさまざまな要因によって汚染，腐敗や変敗，劣化，分解などの作用を受け，それが持つ品質的価値や活性も時間とともに低下する。これらの変化や損失をできるだけ防止する技術が要求される。さらに流通・貯蔵においてはその取扱いやすさや低容積・軽量化などの点も保存の目的に加わる。特に微生物の混入は，上述の作用のほか人命にかかわる危害を生じさせる危険もあり，これを防止，制御するための殺菌技術は，有用物質製造にかかわる基本的で必須のプロセスである。

殺菌・保存の対象物としては食品，医薬，製造環境，材料（気体，液体，固体），用水，発酵培地などがあり，規模として工業生産用の製造装置や発酵タンクのレベルから，実験室規模のもの，市販の家庭用のものまでさまざまである。制御方法には加熱や低温，薬剤添加など多くのものがあるが，これらの適用にあたっては，一般に，その方法の適性や効果，エネルギーコストを考慮するだけでなく，殺菌・保存対象物の品質や物性，特徴を重視してこれらを可能な限り損なうことのないよう，最適な条件を設定する必要がある。

殺菌（killing または inactivation of microorganism）は，対象系内に存在する汚染・有害微生物にその生存性を失わせる行為を指し，医療分野では病原微生物を殺滅することを消毒（disinfection）という。製造環境や用廃水では，殺菌，消毒が一般的であり，サニテーション（sanitation）の用語も使用される。殺菌のなかでも，存在するすべての微生物の殺滅を図る処置は特に無菌化または滅菌（sterilization）と呼ばれる。医薬・医療分野では直接人体に供する製品を適用する場合には人体への安全性が重要であり，また発酵培地では目的有用物質を生産させる生物に供する培地への混入微生物による汚染が問題で，いずれも無菌化が目標である。食品工業では，病原菌はすべて殺滅するがその後の流通保存で発育できない生残菌があっても問題にしない商業的無菌化の概念が導入されている。

除菌は系内の微生物を除去する処置であり，濾過はその代表的な手段で，医療分野ではこれによって無菌化を図る処置を濾過滅菌と呼ぶことがあるが，上述の用語の原意からは濾過無菌化とするのが望ましいと考えられる。

微生物制御手段のうち，殺菌手段としては，**表9.1**に示すようにさまざまなものが知られているが，それぞれ特徴があり，対象物の特性を考えて適正なものが用いられる。大きくは加熱殺菌と冷殺菌に分けられるが，最近では後者を非加熱殺菌と呼ぶことが多く，加熱による成分変化を嫌った品質重視の傾向が高まるなか，注目されつつある。

保存については，微生物的な要因だけでなく，化学的あるいは物理的な変化からも製品を守る必要があり，一般に冷蔵，冷凍，乾燥，濃縮，遮光などの処理が行われる。特に微生物危害の防止のための静菌は，微生物の生存性には影響を与えないが，その発育や増殖を抑制することによって製品の悪変を防止するためのものであり，これにも多くの方法がある（表9.1）。遮断は系外の微生物から製品を物理的に隔離する制御方法であり，包装はその代表的なもので，ガラス・金属容器やプラスチックフィルムなどにより，微生物だけでなく，酸素や光，化合物などに対する侵入の障壁を設けて製品を保存する。

さらに，食品などの製造・流通過程においては複数の手法が併用されることも多くあり，それぞれの方法の短所を補い合うだけでなく，相乗効果をもたらすことも企図される。この手法は，それぞれの制御手段を微生物の発育や変敗に対するハードルに見立て，それら複数のハードルによって最終的に微生物を抑制しようとするもので，ハードルテクノロジーと呼ばれる。また，近年では装置技術や周辺技術の開発と相まって，無菌包装や無菌充填などのシステム的な制御技術が発展してきているほか，HACCP（hazard analysis

表9.1 微生物制御方法の種類と利用上の留意点

種 類	方 法	利用上のおもな留意点
殺 菌	加熱	品質劣化・低下，好熱性細菌の生残，二次汚染
	薬剤	品質変化，安全性，耐性菌の生残，反応性，二次汚染
	超高圧	装置コスト，連続処理，簡便性，酵素残存，二次汚染
	紫外線	品質劣化・低下，深部殺菌，耐性菌の生残，二次汚染
	電離放射線	品質劣化・低下，安全性，装置コスト，酵素残存，二次汚染
	光パルス	装置コスト，連続処理，酵素残存，二次汚染
	電界パルス	装置コスト，連続処理，酵素残存，二次汚染
	電気衝撃	装置コスト，連続処理，酵素残存，二次汚染
	超音波	連続処理，酵素残存，二次汚染
静 菌	薬剤	耐性菌，安全性，反応性，環境への影響
	低温保持	低温性細菌の発育，品質低下，装置システム
	乾燥	品質劣化・低下，吸湿，復水
	濃縮	好浸透圧性微生物の発育，二次汚染
	溶質添加	好浸透圧性微生物・好塩菌の発育，品質変化
	雰囲気調節 (真空，ガス置換，脱酸素)	嫌気性菌の発育，密封処理
	発酵	好浸透圧性・耐酸性微生物の発育，品質変化
除 菌	濾過	酵素残存，濾材特性，二次汚染
	遠心分離	除去効率，二次汚染
	電気的集塵	装置コスト，除去効率
	洗浄	除去効率，排水，装置材質への影響
遮 断	包装	包装材の材質，密封処理，一次汚染
	被覆	被膜材の材質，被覆処理，一次汚染
	清浄気流	装置コスト，除去効率

critical control point，危害分析重要管理点）方式のような原材料から製造，流通，消費に至るまで総合的な視点からハード・ソフト面をあわせて対応を考える微生物制御システムが進展してきている。

これら技術の詳細は成書[1)~6)]を参照されたい。　　　　　　　　　　　　　　　（土戸）

9.1 加　　　熱

（a）基本概念と殺菌理論　加熱は微生物制御手段として最も古くから利用されているもので，現在でもその中核的位置を占める。

微生物の熱死滅は一般に一次反応に従い，生残曲線（熱死滅曲線）の直線の勾配から死滅速度定数〔min^{-1}〕が求まる。発酵工業や化学工業では化学反応速度論の立場からこの指標が用いられるが，食品工業や医療分野では死滅速度定数よりもその逆数関係にあるD値〔min〕（生残数が1けた低下するのに要する加熱時間）が用いられる。ある基準温度でのD値として，細菌胞子では$D_{121℃}$，栄養細胞では$D_{60℃}$などが設定される。死滅速度の温度依存性はアレニウス（Arrhenius）の式で表され，温度を絶対温度〔K〕として求める反応の活性化エネルギーがその指標になるが，D値の側からは，その対数を加熱温度〔℃〕に対してプロットした熱耐性曲線（TDT曲線，**図9.1**）により示され，この勾配からz値〔℃〕が求められる。これはD値の温度依存性の程度を示す指標である。微生物の耐熱性はこ

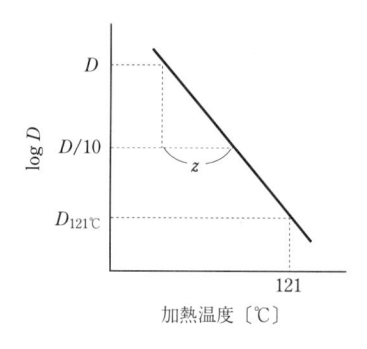

図9.1 熱耐性曲線

表9.2 おもな細菌胞子の耐熱性指標値の例

微生物	性質と種類	$D_{121℃}$値[min]	z値[℃]
Bacillus coagulans	通性中温性・好気性・胞子	0.01〜0.07	8〜10
Clostridium botulinum	中温性・嫌気性・胞子	0.1〜0.2	8〜10
Clostridium sporogenes	中温性・嫌気性・胞子	0.1〜1.5	8〜10
Clostridium thermosaccharolyticum	好熱性・嫌気性・胞子	3〜4	9〜12
Desulfotomaculum nigrificans	好熱性・嫌気性・胞子	2〜3	9〜12
Geobacillus stearothermophilus	好熱性・好気性・胞子	4〜5	8〜12

の基準温度でのD値，そしてz値の二つの情報によって規定できることになる。微生物のなかでも耐熱性の細菌胞子について，$D_{121℃}$とz値の例を表9.2に示す。

加熱殺菌は殺菌手段としてはきわめて有効であるが，品質劣化も起こすため，その殺菌の条件設定が問題になる。高温短時間（HTST）処理と超高温（UHT）処理は，それぞれ栄養細胞と細菌胞子を対象にしたもので，死滅反応と品質劣化反応とのz値の違いから，高温短時間で加熱するほうが低温長時間処理よりも品質上有利な点を利用している。

加熱プロセスでは，一般に一定温度での保持加熱期間の前後に温度上昇および下降過程があり，温度が時間とともに変化する。この非定温過程を伴う加熱プロセスの殺菌条件の設定は死滅反応の活性化エネルギーの値を用いて求められるが，食品工業などでは，F値に基づく理論が適用される。このF値は加熱プロセスの各経過温度での処理時間を121℃での加熱時間に換算し，それを積算することによって得られるもので，次式で表され，プロセスの殺菌能力を示す指標である。

$$F = \int 10^{(T-121)/z} dt$$

ここで，Tは加熱温度[℃]，tは加熱時間[min]である。zを10℃としたときのF値をF_0と呼び，この場合は温度変化の情報だけからプロセスの殺菌能力を表せる。

微生物の熱死滅は確率論的にはゼロにはならないため，殺菌目標を設定し，それをエンドポイントを設定する考えが取り入れられている。低酸性食品（pHが4.6〜7）では重篤な食中毒を起こす Clostridium botulinum を標的微生物とし，121℃で12けた死滅させる条件として，$F = 12\ D_{121℃}$を設定し，通常の腐敗性細菌の胞子を対象とする場合は$F = 5\ D_{121℃}$とする考えが基本である。しかし，この考え方には初発菌数のレベルと殺菌対象容積を考慮に入れていないため，密閉容器内の滅菌では総生菌数のエンドポイントを10^{-3}とする考えも出されている。

食品では加熱による品質低下が大きいことから，病原菌はすべて殺滅するが，一般微生物の生残菌がいても，それらが発育しない条件で流通させる場合には商業的無菌の概念化を適用し，加熱条件を軽減している。

発酵工業においては，発酵タンクやジャーファーメンターを高圧蒸気滅菌後，培地を投入して培地滅菌が行われる。

加熱殺菌に関する詳細は成書，文献を参照されたい[7]〜[11]。

（b）加熱殺菌における微生物学的および工学的問題　ある条件での加熱殺菌の効果を一義的に決定，評価することは実際には難しく，微生物学的また工学的な点で多くの留意すべき問題がある。

微生物の耐熱性は加熱中の温度，pH，水分活性，酸素の存在などの因子に依存するだけでなく加熱前，加熱後のさまざまな因子によっても多様な影響を受けて変動する。加熱前の因子は細胞の生来固有の耐性を変化させ，加熱後の因子は発生した損傷からの回復能力に影響するため，見かけの生存数が変化する。品質劣化を考慮した比較的温和な処理では，加熱直後には生死が定まらずその後の保持条件によって回復する損傷菌が発生する。この損傷菌の回復過程では損傷部位の修復が行われ，細胞内に局在する種々のタンパク質の構造・機能障害の修復に対して，加熱によって誘導合成されてくる熱ショックタンパク質が機能し，また再度の加熱処理に対する細胞の耐熱性を著しく上昇させる。

微生物の熱死滅の要因は基本的には生命維持に必須のタンパク質の変性と考えられるが，どのタンパク質の変性が致命的なのかは不明である。しかし，条件によっては細胞膜の構造変化やDNA鎖の切断も死滅要因になる場合がある。細菌胞子については，胞子本体の損傷のほかに，発芽能力が損傷を受けたために見かけ上死滅したと判断されることがある。このような場合は，リゾチームの存在などの条件によって発芽酵素の代替作用が可能となり，発芽，増殖して危害を及ぼすことがある。

殺菌効果の評価は生残数を試料の希釈後平板法によって確認する方法や，無菌試験では試料を培養して発育しないことを確認する方法がとられる。しかし，こ

れらの培養を必要とする微生物学的方法では結果を得るまでに時間がかかり，危害発生に対して迅速に対応できない。また，熱死滅は確率事象であるため，無菌性を証明するためには全数検査を行わなければならないことになる。そこで，加熱工程を含むHACCPシステムにおいては，無菌試験に頼るよりも，温度モニタリングを確実に行うこととし，工程中の温度計測とその確認，検証のシステムが構築される。工学的な問題としては，次項に記述する装置，機器の性能，効率に関する問題や均一加熱のための食品物性と伝熱，系内の温度分布に関する問題，品質劣化低減のための最適化の問題が挙げられる。

加熱工程における殺菌効果の予測においては，あらかじめ死滅データベースを構築し，それに基づく殺菌予測モデルをもとに結果を求める手法がとられつつある。これに供し得る熱死滅データベースとしては，最近，アメリカ農務省のComBase[12]があり，わが国でもThermoKill Database[13]が利用できる。またフランスではSym'Previusが開発中である。予測モデルについては，増殖経過の数式表現に適用されるGompertzモデルやBaranyiモデルなどを用いた研究がなされており，それらの加熱殺菌への実用化を目指した適合性の検討が行われている。

無菌性，滅菌工程の保証については，第Ⅱ編5章5.1節にも記載があるので参照されたい。

（c）加熱方法と装置 加熱殺菌は，水分の存在の程度により，湿熱と乾熱殺菌に分けられる。また，栄養細胞を対象とする殺菌では，100℃以下の温度が適用され，パストゥリゼーション（低温加熱殺菌）と呼ばれるのに対し，細菌胞子は100℃でもほとんど死滅しないものが多いため，それより高温で処理される。加熱方式としては，回分式と連続式とがあり，近年の無菌充填，無菌包装の技術の進歩により，後者の利用が増してきている。

殺菌方法は殺菌対象物性にも依存し，液体，固体，粘性体とそれらの混合系，粉体などによって異なり，それぞれに適した装置が開発されている。また，加熱媒体もスチーム，熱水，過熱水蒸気，遠赤外線・赤外線，マイクロ波，通電，火炎などがあり，それぞれ特性を持つ。加熱媒体を殺菌対象物と直接接触させ，比較的急速に加熱することが可能な直接加熱と金属管やプレートを介して加熱する間接加熱方式とがある。

加熱殺菌装置は，低温加熱用のパストゥライザーと高温加熱用のステリライザー（滅菌器）に分けられる。従来からのレトルトでは高温加熱用には高圧蒸気，低温加熱では熱水利用のものが主流で，動揺や回転などの方式の採用によって熱伝達の向上が図られている。

特に前者では多様な装置が開発され，静水圧利用，水封式，粉体用の過熱水蒸気を用いる気流式装置，粘性物用の表面かきとり式装置などのほか，通電加熱装置，マイクロ波加熱装置，多孔板からの直接蒸気注入式のものなどがあり，急速かつ均一加熱が可能で品質への影響がより少なく，省エネルギーの直接加熱方式の装置が多く開発されてきている。　　　　　　（土戸）

引用・参考文献

1) 芝崎 勲：新・食品殺菌工学（改訂新版），光琳（1998）．
2) 高野光男，横山理雄：食品の殺菌——その科学と技術——，幸書房（1998）．
3) 土戸哲明，高麗寛紀，松岡英明，小泉淳一：微生物制御——科学と工学——，講談社サイエンティフィク（2002）．
4) 芝崎 勲監修：有害微生物管理技術，1巻，フジ・テクノシステム（2000）．
5) Karel, M. and Lund, D., ed.: *Physical Principles of Food Preservation*, 2nd ed., Marcel Dekker, New York (2003).
6) 佐々木次雄，中村晃忠，三瀬勝利編著：日本薬局方に準拠した滅菌及び微生物殺滅法，日本規格協会（1997）．
7) 高野光男，土戸哲明共編：熱殺菌のテクノロジー，サイエンスフォーラム（1997）．
8) Stumbo, C. R.: *Thermobacteriology in Food Processing*, 2nd ed., Academic Press, Orland (1973).
9) 合葉修一，ハンフリー，A．，ミリス，N．（永谷正治訳）：生物化学工学（第2版）, pp. 249-276, 東京大学出版会（1973）．
10) 戸塚英夫：食品工業, **44** (22), 35-42 (2001).
11) 矢野俊正：食品工学・生物化学工学——科学的・工学的ものの見方と考え方——, pp. 97-122, 丸善（1999）．
12) http://wyndmoor.arserrc.gov/combase/（2004年12月現在）
13) http://www.h7.dion.ne.jp/~tbx-tkdb/item.htm（2004年12月現在）

9.2 化 学 薬 剤

現在，多種類の微生物制御薬剤が家庭環境（抗菌製品，除菌剤，消毒剤），製造環境（食品製造工場，機械金属工業，医薬・化粧品工業，製紙工業，建築材料，家電工業，廃水処理，上水道など），医療環境および工業製品の微生物劣化防止に殺菌剤，静菌剤，消毒剤および保存剤として使用されている。化学薬剤を用いた微生物制御技術は熱や放射線に比較して簡便なので

多くの分野で利用されている。

9.2.1 化学薬剤による殺菌作用機構

一般に微生物を死滅させる薬剤を殺菌剤，増殖のみを阻止（増殖速度低下，増殖遅延，最大増殖細胞数の低下）する薬剤を静菌剤として大別している。しかし，殺菌剤であっても薬剤濃度が低い場合には増殖阻害作用のみを示す場合がある。また，環境条件（pH，温度，水分含量，タンパク質，塩類，糖質，脂質，その他）にも影響を受ける。殺菌剤の作用機構は種々あるが以下のように分類できる。

（1）細胞表層破壊型　微生物細胞の表層部分に疎水的相互作用，イオン的相互作用により吸着し，表面濃度上昇に伴う濃度勾配により侵入した後，細胞壁，細胞膜などを物理化学的に破壊し，細胞表層物質および細胞内物質が漏洩し，死滅させる。（第四アンモニウム塩，ビグアナイド類）

（2）生合成阻害型　微生物細胞内に薬剤が侵入し，生合成経路（タンパク質，DNA，RNA，細胞壁，細胞膜など）の特定の経路を停止させて殺菌する。（抗生物質）

（3）DNA破壊型　DNA鎖を化学反応により修飾，切断して殺菌する。（エチレンオキサイド，プロピレンオキサイドなど）

（4）タンパク質変性型　タンパク質（酵素，チャンネルタンパク質など）の二次および三次構造を形成する水素結合やイオン結合の切断により変性して殺菌する。（エタノール，ホルムアルデヒド，グルタールアルデヒドなど）

（5）酸化およびラジカル反応型　酸化剤（オゾン，過酸化水素，次亜塩素酸ナトリウム，塩素，過酢酸，など）や光触媒（二酸化チタン，銀リン酸ジルコニウムなど）は化学反応あるいは光照射を受け，酸化力の強いヒドロキシルラジカルやスーパーオキシドアニオンラジカルのような活性酸素種を生成する。発生したラジカルが微生物細胞表層および細胞内物質と連鎖的に反応し，微生物の機能を失活させて殺菌する。

9.2.2 化学薬剤による殺菌

（a）薬剤の殺菌効果　薬剤の殺菌効力を表すのに最小殺菌濃度（minimum bactericidal concentration：MBC），静菌効力には最小発育阻止濃度（minimum inhibitory concentration：MIC）および以下に述べるD値を使用する。また，胞子に対してはMSC（minimum sporicidal concentration），真菌に対してはMFC（minimum fungicidal concentration）を使用する。

（b）薬剤殺菌の速度論　図9.2に一定濃度の異なる薬剤Aと薬剤Bを用い，一定温度において10^6個/mlの大腸菌懸濁液を殺菌処理した場合の残存生菌数と殺菌時間の関係を示した。生菌数を1/10に減少（90％死滅）させるのに要した薬剤との接触時間をD値（decimal reduction time）と称し，通常は分単位で表す。D値は薬剤の殺菌作用力と殺菌される微生物の薬剤感受性を表している。殺菌速度定数（death rate constant）kはつぎの式（9.1）で表される。またD値とkとの関係は$k = 1/D$となる。

$$k = \frac{1}{t} \log \frac{N_0}{N_t} \tag{9.1}$$

k：死滅速度定数〔min^{-1}〕
t：殺菌時間〔min〕
N_0：初発菌数
N_t：t分後の生残菌数

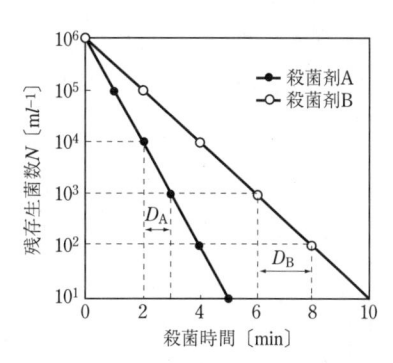

図9.2 薬剤殺菌におけるD値

薬剤殺菌も化学反応と同様に薬剤濃度依存性が存在し，薬剤濃度を増加すれば殺菌速度も早くなる。しかし，殺菌剤の種類によっては死滅した微生物あるいは微生物からの漏洩物質などに影響を受け，殺菌速度が予想より大きく低下する場合がある。殺菌剤を2倍にすれば殺菌速度も2倍となる例は非常に少ない。式（9.2）に示すように殺菌剤濃度が殺菌速度定数に指数的に影響を与える。

$$k = AC^n \tag{9.2}$$

k：死滅速度定数
A：比例定数
n：殺菌濃度指数

nの値は，殺菌剤の会合，水和および殺菌作用機構などが関係している。おもな殺菌剤の殺菌濃度指数は，過酸化水素水（0.5），ホルムアルデヒド（1.0～1.5），塩化ベンザルコニウム（2～3），次亜塩素酸ナトリウム（0.9～1.7），フェノール（4.0～6.4），エタノール（11.3），エチレンオキサイド（1.0～3.1）である。

表9.3 おもな有機系の殺菌剤・静菌剤 (○：殺菌作用, △：静菌作用, ×：効果なし)

分類	薬剤名 [一般名]	細菌 栄養細胞	細菌 芽胞	真菌	用途
アミン	ビス(3-アミノプロピル)ドデシルアミン [トリアルキルアミン]	○	×	○	医療用光学機器, 食品工業, 医環境
	トリス(ヒドロキシエチル)-D-トリアジン [ヘキサヒドロトリアジン]	△	×	△	切削油, 塗料, エマルジョン
アルコール	エチルアルコール [エタノール]	○	×	○	皮膚, 医療器具
	プロピルアルコール [プロパノール]	○	×	○	皮膚, 医療器具
	イソプロピルアルコール [IPA, イソプロパノール]	○	×	○	皮膚, 医療器具
	トリス(ヒドロキシメチル)ニトロメタン [トリスニトロ]	○	×	○	アルミ圧延, 水処理, 製紙工程, 生体標木保存, ケミカルトイレ
	1,1,1-トリクロロ-2-メチル-2-プロパノール [クロロブタノール]	△	×	×	化粧品, 医薬品
	2-ブロモ-2-ニトロプロパン-1,3-ジオール [ブロノポール]	△	×	△	用・廃水, 冷却水, 繊維, 皮革, 紙, パルプ, 化粧品
フェノール	フェノール [石炭酸]	○	×	○	医療器具
	3-メチル-4-イソプロピルフェノール [ビオゾール]	○	×	○	化粧品, 医薬品・医薬部外品, 環境殺菌
	2-ベンジル-4-クロロフェノール [クロロフェン]	○	×	○	プラスチック, 化粧品
	メチラール-4-クロロフェノール [クレゾール]	○	×	○	医療器具, 環境殺菌
	4-クロロ-3,5-ジメチルフェノール [パラクロロメタキシレノール, PCMX]	○	×	△	塗料, 接着剤, 皮革, 繊維, 切削油, ワックス
	オルトフェニルフェノール [OPP]	△	×	△	化粧品, 果実防腐, 繊維, 接着剤, 皮革, 切削油, ワックス
	オルトフェニルフェノールナトリウム [オルトフェニルフェノールナトリウム]	△	×	△	食品添加物, 果実防腐, 柑橘類防腐
	2,4,4'-トリクロロ-2-ヒドロキシフェニル [トリクロサン]	○	×	○	化粧品, 薬用石鹸
エステル	パラヒドロキシ安息香酸メチルエステル [メチルパラベン]	△	×	△	化粧品, 防腐剤, 医薬品
	パラヒドロキシ安息香酸エチルエステル [エチルパラベン]	△	×	△	化粧品, 防腐剤, 医薬品
	パラヒドロキシ安息香酸プロピルエステル [プロピルパラベン]	△	×	△	化粧品, 防腐剤, 医薬品
	パラヒドロキシ安息香酸ブチルエステル [ブチルパラベン]	△	×	△	化粧品, 防腐剤, 医薬品
	ラウリン酸グリセリンエステル [ラウリシジン]	△	×	△	食品, 環境, 化粧品, 乳化剤
	ショ糖脂肪酸エステル [シュガーエステル]	△	×	△	食品, 化粧品, 乳化剤
アルデヒド	ホルムアルデヒド [ホルマリン]	○	○	○	医環境
	α-ブロモ桂皮アルデヒド [α-ブロモシンナムアルデヒド, BCA]	○	△	○	光学機器, フィルム, 皮革製品, 木材製品
	グルタラール [グルタルアルデヒド]	○	○	○	医療用光学機器, 医環境
ニトリル	2,4,5,6-テトラクロロイソフタロニトリル [TPN]	○	×	○	プラスチック, 農薬
	1,2-ジブロモ-2,4-ジシアノブタン [テクタマール38]	○	×	○	塗料, エマルジョン, 接着剤, セメント, 顔料, インキ, ワックス

9.2 化学薬剤

表9.3 (つづき)

分類	薬剤名 [一般名]	細菌 栄養細胞	細菌 芽胞	真菌	用途
スルファミド	N,N-ジメチル-N'-(フルオロジクロロメチルチオ)-N'-フェニルスルファミド [ジクロフルアニド]	×	×	△	木材, プライマー, ラッカー
	N'-クロロフルオロメチルチオ-N,N'-メチル-p-トリルスルホンアミド [トリフルアニド]	×	×	△	木材, プライマー, ラッカー
カルボン酸	安息香酸ナトリウム/安息香酸	△	×	△	食品添加物, 化粧品, インキ, 果汁, 塗料, 接着剤
	ウンデシレン酸亜鉛 [安息香酸ナトリウム/安息香酸]	○	×	○	化粧品, タルカムパウダー
	ヘキサ-2,4-ジエノイック酸 [ソルビン酸]	△	×	○	化粧品, 食品, 経口医薬品
	ヘキサ-2,4-ジエノイック酸ナトリウム [ソルビン酸ナトリウム]	△	×	○	化粧品, 食品, 経口医薬品
	ヘキサ-2,4-ジエノイック酸カリウム [ソルビン酸カリウム]	△	×	○	化粧品, 食品, 経口医薬品
	プロピオン酸 [プロピオン酸]	△	×	△	食品
	プロピオン酸ナトリウム [プロピオン酸ナトリウム]	△	×	△	食品
	プロピオン酸カリウム [プロピオン酸カリウム]	△	×	△	食品
過酸化物/エポキシ	過酸化水素 [過酸化水素]	○	○	○	漂白剤, 無菌充填容器, 食品工場
	エチレンオキシド [EO]	○	○	○	医療器具・プラスチックシャーレなどの殺菌
	プロピレンオキシド [PO]	○	○	○	乾燥果実, デンプン, 香辛料の殺菌
	二酸化塩素 [ピナトーク]	○	○	○	無菌充填容器, 酸化剤, 重合触媒
	過酢酸 [過酢酸]	○	○	○	無菌充填容器, 酸化剤, 重合触媒
ハロゲン	パラクロロフェニール-3-ヨードプロパギルホルマール [F-1000]	△	×	○	繊維, 木材, 皮革, 塗料
	次亜塩素酸ナトリウム [次亜塩素酸ソーダ]	○	○	○	環境殺菌剤, 食品工業, 漂白
	トリクロロイソシアヌル酸 [塩素化イソシアヌル酸]	○	○	○	下・廃水, プール, 貯留水, 用水の殺菌
	ポリビニルピロリドンヨード [イソジン]	△	×	○	医療用消毒剤, 食品製造機械
	1-[(ジョードメチル)スルホニル]-4-メチルベンゼン [ヨードメチルトリルスルホン]	△	×	○	塗料, インキ
ピリジン/キノリン	8-オキシキノリン [8-キノリノール]	○	×	○	化粧品
	8-キノリノール銅 [オキシン銅]	×	×	△	農薬用殺菌剤
	2,3,5,6-テトラクロロ-4-(メチルスルホニル)ピリジン [デンジル]	○	×	○	プラスチック, 塗料, 紙
	亜鉛ビス (2-ピリジルチオ-1-オキシド) [ジンクピリチオン]	○	×	○	化粧品, 皮革, 塗料, 接着剤, 石膏ボード, 用水, 紙, 木材, プラスチック
	銅ビス (2-ピリジルチオ-1-オキシド) [カッパーピリチオン]	○	×	○	船体塗料, 漁網, プラスチック, 木材
	ナトリウム-2-ピリジルチオ-1-オキシド [ピリチオンナトリウム]	○	×	○	エマルジョン, ラテックス, 切削油, インキ, 化粧品, 木材, 紙

表9.3 (つづき)

分類	薬剤名 [一般名]	抗菌活性 細菌 栄養細胞	抗菌活性 細菌 芽胞	抗菌活性 真菌	用途
イミダゾール/チアゾール	2-(4-チアゾリル)ベンゾイミダゾール [TBZ]	×	×	○	食品添加物, 繊維, プラスチック, 塗料, 紙, 農薬
	2-ベンゾイミダゾリルカルバミン酸メチル [ブリベントールBCM]	×	×	○	塗料, プラスチック, 木材, シーリング剤
ジスルフィド	ビス(ジメチルチオカルバモイル)ジスルフィド [チウラム]	×	×	○	農薬, 化粧品
チオカーバメート	N-メチルジチオカルバミン酸ナトリウム [カーバスムナトリウム]	○	×	○	スライムコントロール, 用水
イソチアゾロン	5-クロロ-2-メチル-4-イソチアゾリン-3-オン/2-メチル-4-イソチアゾリン-3-オン [ケーソンCG]	○	×	○	塗料, 用, 紙, パルプ, 化粧品, 切削油
	2-n-オクチル-4-イソチアゾリン-3-オン [スカーンM-8]	○	×	○	繊維, 塗料, 木材, プラスチック
	N-n-ブチル-1,2-ベンゾイソチアゾリン-3-オン [ブチルBIT]	○	×	○	プラスチック, 塗料, 金属加工油
	1,2-ベンゾイソチアゾロン [デニサイド, BIT]	○	×	○	水系製品全般の防菌, 塗料, 金属
ビグアナイド	1,6-ジ(N-p-クロロフェニル)ビグアナイドグルコネート [グリコン酸クロルヘキシジン]	○	×	×	医用光学機器, 食品工業, 医環境, 環境繊維
	ポリ(ヘキサメチレンビグアナイド)塩酸塩 [ポリヘキサメチレンビグアナイド]	○	×	×	医用光学機器, 食品工業, 医環境, 環境繊維, 化粧品
界面活性剤	N,N'-ヘキサメチレンビス(4-カルボニル-1-デシルピリジニウムブロミド) [ダイマー38]	○	×	×	医用光学機器, 食品工業, 医環境, 環境塗料
	4,4'-(テトラメチレンジカルボニルジイミノ)ビス(1-デシルデシルピリジニウムブロミド) [ダイマー136]	○	×	×	医用光学機器, 食品工業, 医環境, 環境塗料
	塩化ベンザルコニウム [ハイアミン]	○	×	×	医薬, 化粧品, 環境殺菌, 医薬部外品
	ヘキサデシルトリメチルアンモニウムブロミド [セトリミド/CTAB/セタブロン]	○	×	×	医薬, 化粧品, 医薬, 環境殺菌, 医薬部外品
	アルキルジメチルベンジルアンモニウムクロリド [DDAC/バーダック]	○	×	×	手指消毒, 医薬, 化粧品
	ジデシルジメチルアンモニウムクロリド [塩化ベンザルコニウム]	○	×	×	木材, プラスチック, 用, 廃水, 医用光学機器, 消毒剤, 医環境
	ヘキサデシルピリジニウムクロリド [塩化セチルピリジニウム]	○	×	×	化粧品, 医環境, 環境, 消毒剤, 医環境
	アルキルジ(アミノエチル)グリシン [テゴー]	×	×	×	医療器具, 繊維
有機金属	N-ステアロイル-L-グルタミン酸銅・銀塩 [ホイロンキラー]	○	△	×	木材, フィルター, 繊維
天然物	β1,4-ポリ-D-グルコサミン [キトサン]	○	×	×	繊維, 水処理剤, 土壌改良剤, 食品
	ヒノキチオール [ツンヤプリシン]	○	×	×	繊維, 紙, 化粧品
	卵白リゾチーム [卵白リゾチーム]	○	×	×	食品の日もち向上剤
	核タンパク [プロタミン]	○	△	×	食品の日もち向上剤
	ε-ポリリジン [ポリリジン]	○	×	×	食品の日もち向上剤
	ナイシン [乳酸菌バクテリオシン]	○	×	×	食品の日もち向上剤

[土戸哲明, 他:微生物制御, pp.120-124, 講談社サイエンティフィク (2002)]

（c） 薬剤殺菌に及ぼす影響因子

（1） 温　　度　一般に薬剤殺菌は，作用温度の影響を著しく受け，作用温度が上昇するに従って殺菌速度が上昇する。さらに高い温度領域での薬剤殺菌は加熱による殺菌が同時に進行し，薬剤と熱が相乗的に働く。しかし，ジェミニ型第四アンモニウム塩のように温度依存性がきわめて低い場合がある。

（2） pH　解離性殺菌剤（次亜塩素酸ナトリウム，有機酸，フェノール，ビグアナイドなど）の殺菌効力は，pHの影響がある。解離状態と非解離状態の両者間で殺菌効力に大きな差異がある場合には，pHにより殺菌効力が変化する。一方，微生物の側もpH変化の影響を受けて細胞表面の疎水性が変化し，アルカリ性領域では疎水性が上昇し，酸性領域では低下する。この現象は殺菌剤との相互作用や細胞膜透過性が変化し，殺菌効果が変化することによる。次亜塩素酸は水溶液中ではつぎのような解離平衡となっている。

$$HOCl \rightleftarrows H^+ + ClO^- \quad (9.3)$$

平衡定数Kは

$$K = \frac{[H^+][ClO^-]}{[HOCl]} \quad (9.4)$$

で表される。次亜塩素酸は非解離状態のHOClが主たる殺菌作用の働きをし，ClO$^-$はHOClの約1/8程度の殺菌力しか持たない。次亜塩素酸ナトリウム水溶液を酸性領域にすると次亜塩素酸が塩素分子に変化し，有毒かつ危険な塩素ガスが多量に発生することに注意しなければならない。

（3） 水　　分　薬剤殺菌においても加熱殺菌と同様に水分活性（a_w）の影響を受けるが，食品機械や製造環境などの殺菌には殺菌剤水溶液を使用するので通常は問題とはならない。ガス殺菌の場合にはa_wが非常に大きな問題となる。エチレンオキサイド，プロピレンオキサイド，オゾン，ホルムアルデヒドなどの殺菌力は，a_wが高いほどが強い殺菌力を示す。

（4） 有機物質　殺菌対象物質内あるいは物質表面に存在する有機物（タンパク質，脂質，アミノ酸，糖類など）に殺菌剤が吸着あるいは結合し，殺菌活性の喪失や微生物を死滅させる以前に有効薬剤濃度が低下する。特に第四アンモニウム塩，ビグアナイド，両性界面活性剤，次亜塩素酸ナトリウムなどがタンパク質の影響を強く受ける。脂質を含む製品（例えばエマルジョン製品）の殺菌は，殺菌剤分子の油水分配係数に殺菌活性が依存する。微生物が水系に存在する場合，特に疎水性の高い殺菌剤は効果が低下する。

（5） 無機塩類　陽イオン（マグネシウム，カルシウム），陰イオン（リン酸アニオン，硫酸アニオン）および塩化ナトリウムなどは，微生物細胞表層を安定化あるいは保護するため細胞表面部位に作用点を有する第四アンモニウム塩，ビグアナイドなどの殺菌活性を低下させる。

9.2.3　抗菌剤（殺菌剤・静菌剤）

農薬を除く殺菌剤および静菌剤は無機系と有機系に分類され，わが国においては約120種（原体），抗菌製剤数が700品目以上ある。有機系を官能基および化学的特性に基づいて分類するとアルコール系，フェノール系，アルデヒド系，カルボン酸系，エステル系，エーテル系，ニトリル系，過酸化物，エポキシ系，ハロゲン系，ピリジン・キノリン系，トリアジン系，イソチアゾロン系，イミダゾール・チアゾール系，アニリド系，ビグアナイド系，ジスルフィド系，チオカーバメート系，界面活性剤系，天然物系および有機金属系などが使用されている。一方，無機系では大多数が銀を主剤とし，銅および亜鉛を副剤として使用している。これらの大半が担体としてゼオライト，シリカゲル，低分子ガラス，リン酸カルシウム，リン酸ジルコニウム，ケイ酸塩，酸化チタンおよびチタン酸カリウムウィスカーなどに金属イオンあるいは塩を担持させた製剤である。

有機系に比較し，無機系の経口急性毒性は非常に低く，すべてが＞2000 mg/kgである。変異原性および皮膚刺激性に関しても陰性あるいはきわめて弱いなど無機系抗菌剤群は低毒性を特徴としている。さらに，熱安定性が有機系薬剤に比較して非常に高い。

表9.3におもな殺菌剤・静菌剤を示した。　　（高麗）

引用・参考文献

1) 土戸哲明，他：微生物制御，pp. 120-124，講談社サイエンティフィク（2002）．

9.3　乾燥・濃縮

多くのバイオ生産物は，そのままでは不安定であり，なんらかの安定化の工程が必要となる。また，希薄溶液の場合は濃縮して製品化される。

9.3.1　乾燥の原理

乾燥は溶媒（一般には水）を含む固体あるいは溶液に熱を与えて溶媒を蒸発させる操作である。溶液のときは最終的に固体状態まで蒸発させるときに乾燥という。熱の供給方法，周りの気体（熱媒体，たいていは空気）の状態によりさまざまな乾燥操作に分類される。熱風を材料に対流伝熱で供給する対流熱風乾燥，加熱

板と材料を接触させ伝導加熱する伝導乾燥，（遠）赤外線で材料表面に放射伝熱で供給する放射乾燥，マイクロ波などにより材料自体を発熱させる均一発熱乾燥，真空中で伝導あるいは放射加熱して乾燥する真空乾燥，材料自身の保有する溶媒の過熱蒸気を熱媒体とする過熱蒸気乾燥などがある。材料をあらかじめ－30℃程度に凍結し真空乾燥すると氷が昇華する。この方法は凍結乾燥といい，熱に不安定な食品・医薬品に利用されるが他の乾燥に比べてコスト高となる。

ここでは，噴霧乾燥など食品に広く利用されている対流熱風乾燥について説明する。

乾燥においては含水率 u〔kg－水/kg－乾燥固体〕で水分濃度を定義する。乾燥させる材料の物理的性質により乾燥機構と乾燥速度は異なる。溶液あるいはゲル状材料においては水分拡散により水分は材料表面に移動して蒸発する。多孔質固体では自由水粘性流れ，蒸気拡散などにより水分が移動する。乾燥直後の材料予熱期間と呼ばれる短い期間の後に乾燥速度が一定の領域が存在する。これを恒率（定率）乾燥期間といい，材料に供給される熱がすべて水の蒸発に利用される。このとき材料温度は一定で，熱が熱風のみから供給されるときは湿球温度と等しくなる。材料内部の水分移動速度が遅くなり材料表面への供給が追いつかなくなると，恒率乾燥期間は終了し乾燥速度は低下する。この時点の含水率を限界含水率 u_c という。これ以降を減率乾燥と呼び，最後に平衡含水率 u_e に到達すると変化しなくなる（図9.3）。平衡含水率まで乾燥するかどうかは製品の安定性とのかねあいで決まる。

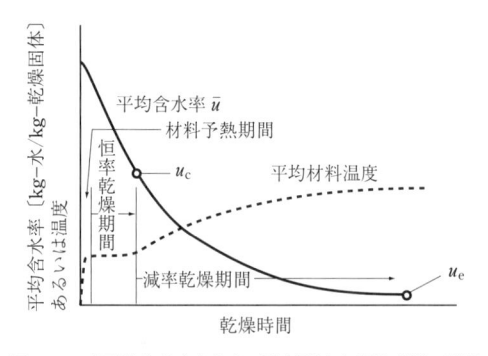

図9.3 典型的な含水率および材料温度と乾燥時間の関係

マクロにみた乾燥機構を述べたが，バイオ生産物加工技術としての「乾燥」の目的は「貯蔵・運搬のための蒸発脱水による容量減と安定性の向上」である。「乾燥」は古くから利用された食品加工技術の一つである。これを水分活性で表現すれば「脱水により水分活性の低い状態」へ変質させずにもっていく操作ということになる。図9.4に示すようにほとんどの食品と食品材料は領域Aでは非常に安定化される（水分活性は水分の存在状態を表す一つの指標である[7]）。最近では，ガラス状態に基づいた安定性の評価も議論される[3]。

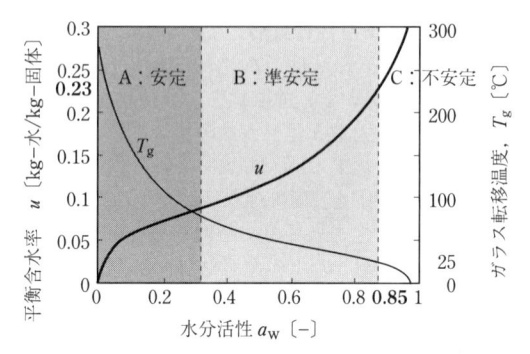

例えば，水分活性0.85を安定性の指標とすると平衡含水率0.23 kg－水/kg－個体の含水率以下で安定となる。また，このときのガラス転移温度は25℃であり，この温度以下ではガラス状態となり安定である。領域Aでは水が固体に強く結合しており，領域Bでは結合が弱くなり，領域Cでは普通の水と同様に挙動する。領域Aではタンパク質・酵素などは非常に安定となる。

図9.4 水分活性と平衡含水率の関係（吸脱着等温線）および水分活性とガラス転移温度の関係の模式図

高品質製品を乾燥製造するためには温度以外にもさまざまな要因を考慮する必要がある。例えば減率乾燥時に形成される材料内部の水分濃度分布が乾燥製品の品質に影響することがある。このためひび割れなどが生じるので，これを避けるため乾燥速度を遅くして製造されることも多い。パスタや麺などは60〜90℃程度で数時間以上かけて乾燥製造されている。

液状食品の乾燥挙動を考えるために，例えばコーヒーの1滴が熱風と接触しながら乾燥して落下していくとする（このような乾燥装置が噴霧乾燥塔である[1]）（図9.5）。熱風と液滴の温度差を推進力とし液滴に移動する熱エネルギーは水分の界面からの蒸発と（水の液滴から外部媒体への移動），液滴の温度上昇に利用される。このため乾燥は熱と物質の同時移動操作と呼ばれる。液滴内部での水分の移動は拡散により支配されている。乾燥直後，水分は容易に液滴表面（界面）まで拡散移動し，界面からは自由に水分が蒸発する（以下界面は表面とほぼ同義で使用する）。このような状態では，熱風から受け取るエネルギーはすべて水分の蒸発エネルギー（潜熱）に利用され，液滴は湿球温度と呼ばれる純粋な水滴とほぼ等しい温度を保つ（湿

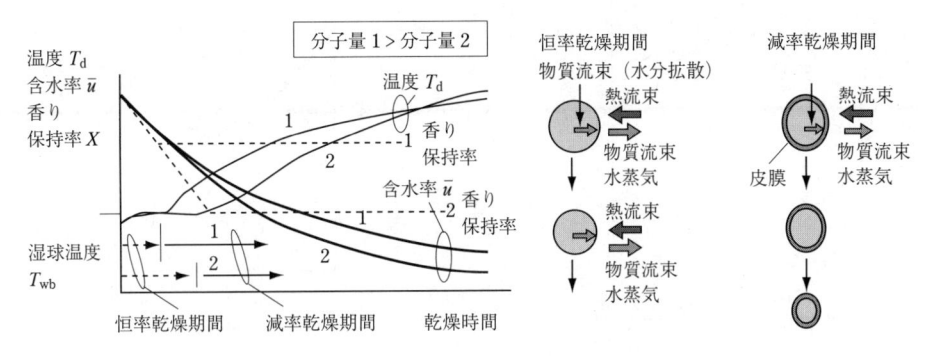

図9.5 典型的な液状食品乾燥挙動と乾燥におけるエタノール保持挙動と乾燥挙動の関係の模式図

球温度＝乾湿球温度計の示す温度）。この領域では，単位乾燥面積当りの乾燥速度はほぼ一定となる。それゆえ恒率乾燥期間という（図9.5）。

乾燥が進むにつれて固形分濃度が増加し，それに伴い拡散係数が低下するので，水分の界面への供給が界面からの乾燥蒸発に追いつかなくなる。その結果，界面濃度が減少し液滴内部には水分濃度分布が形成される。界面からの蒸発速度は界面濃度で規定されるように思えるが，実際には界面濃度に対応する水分活性により支配される。水分活性と水分濃度の関係は脱着等温線と呼ばれ図9.4のような形状をとる。ある程度以上の水分濃度では水分活性はほぼ1であり，ふつうの水と同様に振る舞う。乾燥の進行に伴い界面濃度が，この濃度以下に低下すると水分活性が1から急激に低下する。このような水は定性的には固形分に強く束縛された状態と解釈され，後述する安定性とも密接に関係する。

界面の水分活性が低下すると，濃度分布は非常に鋭くなり乾燥速度は急激に減少する。これは拡散係数が急激に低下することに起因する。この拡散係数の低下は，前述した水分活性の低下とほぼ対応しており，定性的には水と固形分の相互作用が強くなると考えてもよい。計算機シミュレーションを用いると，界面のごく近傍に急激な濃度勾配が形成されていることがわかる。界面ではほぼ水分濃度が0の完全な固体状態になっていることから，この濃度勾配は界面に乾いた層（スキン，皮膜，被膜）が存在している状態とも解釈できる。ただし，このような層（あるいは相）は不連続なものではない。乾燥の進行とともに乾燥速度はさらに低下し，熱風からのエネルギーは液滴温度の上昇に使用され，しだいに熱風温度に接近していく。水分の蒸発に伴い液滴は収縮する。理想的には蒸発水分量だけ均一に体積が減少するが実際の噴霧乾燥では内部に気泡を巻き込んだ中空状態で乾燥されることもある。

これが糖質などの液状食品の典型的な乾燥挙動である。乾燥速度は拡散係数（とその水分濃度依存性）に支配される。図9.5に示すように高分子になるほど拡散係数が小さいので乾燥速度は遅くなる。同時に恒率乾燥期間も短くなり，乾燥条件によっては，ほとんど存在しないこともある。

9.3.2 乾燥時の品質変化[2)～5), 8)～14)]

乾燥時には，揮発（芳香）成分の散逸や，タンパク質の変性，脂質の酸化，ビタミンの変質など，数多くの望ましくない変化が起きる。液状食品の乾燥における揮発成分の散逸はオランダのThijssenらにより提唱された「選択拡散理論」でほぼ説明ができるとされている[2), 5)]。彼らは相対揮発度から考えると完全に散逸されるはずの揮発成分が噴霧乾燥で保持されることに気がついた。前述した界面近傍での鋭い濃度分布領域を水より大きい揮発性分子が透過できず（拡散係数が非常に低い），揮発成分が事実上閉じ込められると考えた（図9.6）。選択拡散理論によれば界面濃度が零に近づくまで恒率乾燥期間に揮発成分は散逸し，その後一定値を保つことになる。図9.7に典型的な例を示す。恒率乾燥期間は糖質の分子量の増加とともに短くなるので，散逸も早く終了し最終保持率も高くなる（図9.5，図9.7）。簡単には，比較的高分子の糖質

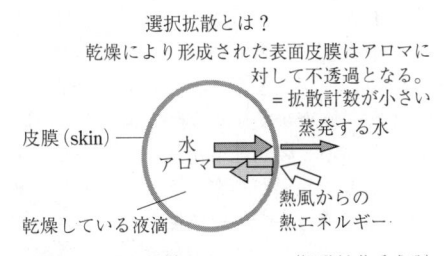

図9.6 選択拡散によるアロマ（揮発性芳香成分）の保持機構

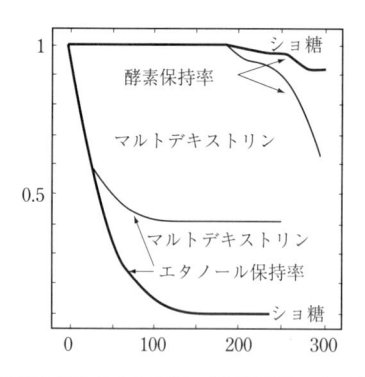

8 μlの液滴を懸垂させて90℃,相対風速1 m/sで乾燥を行い,任意時間における酵素(β-ガラクトシダーゼ)とエタノールの相対残存率を測定した。初期液滴は20%のショ糖あるいは20%のマルトデキストリン溶液で1 000 ppmのエタノールあるいは0.07%の酵素を含んでいる。

図9.7 単一液滴乾燥実験によるエタノール保持率と酵素活性保持率

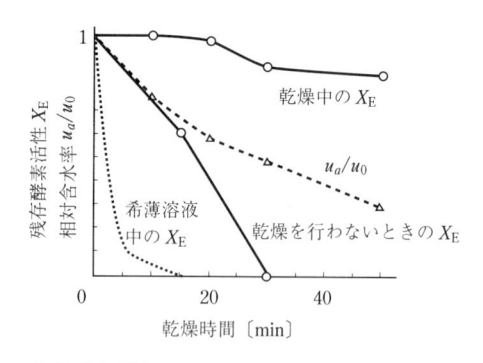

X_E = 相対酵素活性,熱風温度343 K,初期厚さ$R_0 = 1$ mm(平板上)のゲル化ショ糖溶液(初期含水率$u_0 = 4.2$)微量の酵素(β-ガラクトシダーゼ)を添加している。点線は酵素溶液単独における失活過程,実線はcゲル化ショ糖溶液を密封して乾燥させずに343 Kにおいたときの結果である。

図9.8 乾燥における酵素活性と平均含水率の変化

(マルトデキストリンなど)を用いて乾燥強度を高くすれば揮発成分の保持率は高くなる(図9.5, 図9.7)[9]。ただし実際の噴霧乾燥ではノズル近傍での挙動が重要なので,必ずしも選択拡散のみで保持を制御できるわけではない。

熱感受性物質である酵素の活性は恒率期間では温度が低いのでほとんど変化しない。恒率期間後,材料温度の上昇とともに変性失活するはずであるが,予想よりは変性速度がずっと低くなる。これは乾燥の進行とともに含水率が減少し,タンパク質が安定するからである。一般にほとんどの酵素タンパク質は低含水率では非常に安定化する[2), 3), 5)～8), 12)]。定性的には水分活性の減少と考えてもよい。酵素溶液の保存に糖質やポリオール(ショ糖,グリセリンなど)を添加することも,ほぼ同様な原理に基づいている(厳密な機構については多くの考え方がある)。この結果,適切な乾燥条件を設定すると図9.8に示すように70℃で数10秒で完全に活性が失われるような酵素でも初期活性を保ったままで乾燥することも可能となる。

酵素活性に関する糖類の安定化効果はかなり複雑であり,あるタンパク質に対してどの糖類の安定化効果が強いかを推定することは簡単ではない。以上の議論はタンパク質と糖質の溶液中での存在状態をもとにした議論であり,平衡状態を考えている。乾燥時には温度と水分濃度の両方が変化する。すでに述べたように,分子量が増加すると乾燥速度が低下するので,より高含水率で高温度の状態が存在することになり,タンパク質にとっては変性しやすい条件となる。マルトデキストリンでは,主としてこの理由により最終酵素活性が低い値となる(図9.7)。

9.3.3 添加物の効果[10]

グリセリンは食品添加物であるが,医薬品ソフトカプセル製造のために可塑化剤としてゼラチンに添加される。ゼラチン添加により乾燥速度が増加する。

ショ糖溶液の乾燥速度は,寒天ゲル化しても変化せず,ゲルよりは糖溶液の性質が支配している。レオロジー的にいうとふつうの粘度計で測定される粘度が物質移動を支配するのではなく,ゲルネットワーク内の溶液の粘度が支配していることになる。

シクロデキストリンなどの包括(包接)機能を持つ物質の添加により,フレーバー粉末を乾燥製造できる。

表面近傍の鋭い濃度分布は表面割れなど食品の品質に大きく影響するので温和な条件で乾燥されることも多い。一方,「選択拡散」による芳香成分保持では表面濃度分布(表面皮膜)が品質向上に役立っている。エマルションの乾燥などでは酸化防止の観点から表面皮膜が酸素を透過しないことが望ましい。乾燥条件と添加剤により表面構造(皮膜)を制御できるようになるとさまざまな機能を持つ食品・医薬品が製造できる。

9.3.4 凍結乾燥[3), 11)]

材料を凍結させ氷を昇華させて水分を除去する凍結乾燥では,液状水分の材料内移動がないことが特徴となる。凍結層の水分昇華面が後退して乾燥層内を水蒸気が透過していくが(一次乾燥),乾燥層に強く束縛された水分の除去(二次乾燥)は熱風乾燥の最後の過程と類似となる。低温での操作を強調する説明も多いが,むしろ乾燥による表面の硬化(皮膜形成)がなく,多孔質化することが特徴である。この結果,復元性がよいという利点とともに,吸湿・酸化速度が高い,機

械的にもろいなどの欠点も生じる。また，凍結方法により乾燥層の細孔構造が決定され，乾燥速度も影響される。さらに，ガラス転移温度を超えるとゴム状になり多孔性を失い，場合によっては各種の劣化反応が起きる。高価な医薬品の凍結乾燥においては，緩衝液，賦形剤（安定化剤），バイアル充填高さに加えて，冷却条件，保持温度，ガラス転移温度に基づいた温度設定などをよく考慮して設計する必要がある。昇華潜熱を供給して乾燥速度を増加するために棚温あるいは表面温度制御をする。

9.3.5 非加熱濃縮方法

非加熱濃縮方法として限外濾過方法が工業的に広く使用されている（8.3.2参照）。エネルギー効率もよく，低温で実施することもできる優れた方法である。せん断力による影響も一般にはあまり問題とならない。濃縮過程における環境の変化（pHなど）やタンパク質の重合反応などが起きることに留意する必要がある。

遠心薄膜濃縮方法は加熱操作ではあるが，遠心力により非常に薄いフィルム状となるので比較的低温でも数秒以内で濃縮することができる。このため，比較的安定でそれほど高価ではないバイオ物質の濃縮に利用されている。また真空蒸発にすればさらに低温での濃縮も可能になる。

凍結濃縮も低温での濃縮方法であり，品質を重視する液状食品（コーヒー，果汁）などの濃縮に利用されている。装置的には複雑でありコスト高となる。高い濃縮率を得ることは難しい。また，タンパク質では氷結晶の制御が困難であるとともに，凍結変性の可能性もある。冷凍・冷蔵については9.5節を参照。

晶析も脱水・濃縮操作であるが，その詳細は8.6節を参照されたい。　　　　　　　　　　　　（山本修一）

引用・参考文献

1) Masters, K.: *Spray Drying Handbook*, p. 570, George Godwing, London (1979).
2) Bruin, S. and Luyben, K. C. A. M.: Drying of Food Materials: A Review of Recent Developments, in *Advances in Drying*, Vol. 1, pp. 155–215, Hemisphere, New York (1980).
3) Franks, F.: *Protein Biotechnology— Isolation, Characterization and Stabilization—* (Franks, F.), Chap. 14, Humana Press (1993).
4) 化学工学会編：調湿・水冷却・乾燥，化学工学便覧（改訂6版），丸善 (1999).
5) Kerkhof, P. J. A. M. and Schoeber, W. J. A. H.: Theoretical modelling of the drying behavior of droplets in spray dryers, in *Advances in Preconcentration and Dehydration of Foods*, (Spicer, A.), pp. 349–397, Applied Science (1974).
6) Svensson, S.: Inactivation of enzymes during thermal processing, in *Physical, Chemical and Biochemical Changes in Food Caused by Thermal Processing*, (Hoyem, T., Kuale, O.), pp. 202–217, Applied Science (1977).
7) Troller, J. A. and Christian, J. H. B.: *Water Activity and Food*, Academic Press (1978).
8) 山本修一：*New Food Industry*, **36**, 71–87 (1994).
9) Yamamoto, S.: Drying of gelled sugar solutions: water diffusion behavior, in *Dehydration of Products on Biological Origin*, (Mujumdar, A. S.), pp. 165–201, Science Publisher, Eufield (2004).
10) 山本修一：噴霧乾燥，食品の高機能粉末・カプセル化技術，（古田　武，他編），pp. 165–175，サイエンスフォーラム (2003).
11) 相良泰行：凍結乾燥技術の進歩と粉末化への応用，食品の高機能粉末・カプセル化技術，（古田　武，他編），pp. 189–197，サイエンスフォーラム (2003).

9.4　包　　　　装

食品・医薬品と化学薬品は，吸湿防止，酸化防止や微生物発育阻止のため包装されており，各種包装技法が使われている。なかでも食品は，プラスチックをはじめとした各種包装材料で包装されたうえ，殺菌・保存技術などが施され，食品の安全が守られている。

この節では，食品包装を中心にまとめてみたい。

9.4.1　包装の定義

包装とは，どのようなことをいうのであろうか。この包装という用語について，日本工業規格（Japanese Industrial Standard：JIS）では，JISZ101[1)]において，つぎのように規定している。包装（packaging）とは，物品の輸送，保管などにあたって価値および状態を保護するために適切な材料容器などを物品に施す技術および施した状態をいう，包装は，個装，内装および外装[2)]の三つに分けられる。

（1）個装（individual packaging）　　物品個々の包装をいい，物品の商品価値を高めるため，または物品個々を保護するために適切な材料容器などを物品に施す技術および施した状態をいう。

（2）内装（inner packaging）　　包装貨物内部の包装をいい，物品に対する水・湿気・光熱・衝撃などを考慮して，適切な材料容器などを物品に施す技術および施した状態をいう。

(3) 外装 (outer packaging)　包装貨物外部の包装をいい, 物品を箱・袋・樽・缶などの容器に入れ, もしくは無容器のまま結紮し, 記号・荷札などを施す技術および施した状態をいう。

9.4.2　包装の目的[3]
食品包装の目的はつぎのとおりである。

(1) 食品の変敗防止と品質保持　食品は, 保管・流通と販売中につぎのような変敗が起きるが, この防止と品質保持のために包装される。

・化学的変敗　直射日光や蛍光灯の下や温度の高い場合に化学的な変化が起きる。これを防ぐため, 酸素が透過しにくく, 光や紫外線を遮断する包装材料が使われる。

・微生物的変敗　食品に生育している細菌・カビ・酵母などの微生物が発育して食品を腐敗させたり, 異常発酵させたりする。これを防止するため, 酸素が透過しにくい包装材料で包装したのち, 加熱殺菌, 冷蔵, 冷凍などの処理を行う。

・物理的変敗　粉末食品や固形食品などが水分や空気中の湿気を吸って, 食品が変質したり, 逆に食品中の水分が蒸発し, 食品が硬化することがある。これらを防止するため水蒸気の通りにくい包装材料を使い, あわせてシリカゲルなどの吸湿剤を入れて食品を包装する。

(2) 微生物やごみなどの付着防止　食品を包装することによって, 食中毒細菌などの二次汚染や塵埃の混入を防ぐことができる。

(3) 食品生産の合理化と省力化　食品生産者から見た場合, 食品包装は, 生産の合理化と省力化につながっている。

(4) 流通・輸送の合理化と計画化　生鮮食品などは, 包装により取扱いも楽になり, 変敗せずに遠方へ輸送できる。

(5) 商品価値の向上　包装形態と包装材料への印刷により, 商品価値が向上する。

9.4.3　保存と包装技術
食品の保存性は, 真空包装などの包装技法と微生物制御技術によって決まるといわれている。食品保存[4]は, 包装材料, 包装システム, 包装技法, 微生物制御と密接な関係を保っている。包装材料では, 包装材料のバリヤー性, 耐熱性, 光遮断性などが, 包装システムでは, 包装機械の種類と包装の自動化, 無人化包装などが重視されている。また, 包装技法では, 真空包装, ガス置換包装, 無菌包装のほかに, 脱酸素剤封入包装, 鮮度保持剤封入包装など新しい包装技法が採用されている。

食品を長期間保存させるためには, 微生物制御方法が大きな役割を果たしている。微生物制御方法には, 包装後の加熱殺菌, レトルト殺菌や紫外線, マイクロ波, 赤外線の物理的殺菌がある。それら以外に, pH調整, 塩分と糖分添加, 化学添加剤を加えることによって微生物の発育を阻止している。食品の流通, 販売について, VANなどの新しい情報通信の導入と宅配便などの流通方式が採用されてきており, 従来の食品保存方法のほかに, チルドなどの低温流通での微生物の発育を阻止する方法もとられている。時代の流れとともに, 食品保存と食品包装技術はしだいに変化してきている。

9.4.4　包装材料
(a) 現在使われている食品包装材料　表9.4に, 現在使われている食品包装材料[5]について示した。この表は, 日本包装技術協会[6]が体系化した包装材料のなかから, 食品用に使えるものだけを取り出したものである。

紙, 板紙製容器は, 砂糖袋に使われているクラフト袋やチーズなどの個装に使われるワックス紙などの加工紙がある。また, 個装された食品を詰める紙器や段ボール箱などがあり, 吸湿性のある食品を内装したのち詰めるファイバー容器がある。

金属製容器には, 食缶や飲料缶などに使われるブリキ缶, ティーン・フリー・スチール缶やビールのアルミニウム缶がある。

ガラス製容器には, 食料・調味料, 炭酸飲料などの飲料容器がある。最近では, ワンウェイの軽量ガラスびんやプラスチック強化びんなどが使われている。

プラスチック包装材料と容器には, ポリエチレン (PE), ポリプロピレン (PP), ポリ塩化ビニル (PVC), ポリ塩化ビニリデン (PVDC), エチレンビニルアルコール共重合物 (EVOH), ポリエステル (PET), ポリアミド (Ny) などの樹脂で作られたフィルムと容器とがある。これら樹脂の利点を生かした複合フィルムや複合容器が多く使われている。最近では, 炭酸飲料や果汁飲料などはポリエステル (PET) のプラスチックボトルに詰められており, 海外では, ビールなどもポリエステルやポリアクリルニトリルのプラスチックボトルに詰められている。

(b) 新しいプラスチック包装材料　表9.5に, 新しいプラスチック包装材料[7]について示した。鮮度保持包材は, 野菜, 果実用には, エチレン, アンモニアなどの吸着機能を持たせたポリオレフィンフィルムが使われている。生鮮魚と生鮮肉の鮮度保持包装には,

表9.4 現在使われている食品包装材料

大項目	中項目	小項目	大項目	中項目	小項目
1. 木製容器	木箱	普通木箱		ポリプロピレン	容器, びん
	木樽	洋樽			フィルム
		和樽		ポリスチレン	一般容器
2. 紙・板紙製容器	折箱				断熱容器
	クラフト紙袋	両端ミシン縫形			フィルム
	加工紙	含浸, 積層加工紙			トレー容器
	段ボール箱	外装, 内装, 個装		ポリ塩化ビニル	一般容器
	ファイバー容器	ファイバー缶など		〃（硬質）	プリスター
	紙器	貼り箱		〃（軟質）	フィルム
	セロファン	一般, 防湿用フィルム			$\begin{pmatrix}一般, ストレッチ,\\収縮\end{pmatrix}$
3. 布帛製容器	天然, 化学せんい袋				ストリップ包装
4. 金属製容器	ブリキ	食缶, 18 l 缶		ポリ塩化ビニリデン	フィルム
	化学処理鋼板	食缶, 18 l 缶			容器
	鋼	ペイル缶		その他のプラスチック	
	ステンレス	ドラム缶		ポリカーボネート	容器
	アルミニウム	食缶		ポリウレタン	
	組合せ缶	ブリキとプラスチック, ファイバー		ポリエステル	フィルム
5. ガラス製容器	食料調味料容器	食料用容器		ポリビニルアルコール	フィルム, 容器
		調味料容器		ポリアミドなど	フィルム
	食料用容器	酒類びん	7. プラスチック複合包装材料と容器	ポリエチレン	複合フィルム
		清涼飲料びん		ポリプロピレン	
		嗜好および滋養飲料用びん		ナイロン, ポリエステルなどとバリヤー樹脂	
6. プラスチック包装材料と容器	ポリエチレン	容器 $\begin{pmatrix}一般, びん,\\チューブ\end{pmatrix}$ フィルム $\begin{pmatrix}スキン包装袋\\収縮フィルム\end{pmatrix}$			

〔芝崎 勲, 横山理雄：新版食品包装講座 (3版), p.165, 日報 (1999)〕

表9.5 新しいプラスチック包装材料

区 分	用 途	包材の種類	機 能
鮮度保持包材	野菜・果実	$CaCO_3$, ゼオライト, セラミックスを練り込んだポリオレフィンフィルム	野菜・果実の発生するエチレンガスを吸着
	生鮮肉・生鮮魚	PVDC, EVOH をバリヤー層とした多層シートと多層フィルム	肉には酸素と炭酸ガス, 魚には窒素と炭酸ガス, ガス置換包装
選択透過性包材	食肉加工品	選択透過性樹脂を主成分とした単層チューブ	高温・高湿下でスモーク成分透過, 常温下でバリヤー性あり
	ナチュラルチーズ	PVDC をバリヤー層とした炭酸ガス透過性多層フィルム	包装熟成中に発生する炭酸ガスの透過
電子レンジ適正包材	レトルト食品	PP/PVDC/PP, PP/EVOH/PP のバリヤー性容器	120℃, 10分以上加熱に耐える耐熱性, マイクロ波加熱適性
	冷凍食品	PP, PP + $CaCO_3$, C-PET	−30℃低温適性マイクロ波加熱適性
ハイバリヤー性包材	調理加工食品 食肉加工品 乳製品	PET+SiO, PET + SiO_2 蒸着フィルム ハイバリヤー PVDC または EVOH に他の樹脂をブレンドしたポリマーアロイフィルム	レトルト殺菌可能, マイクロ波加熱適性 酸素透過性 1 ml/m², 24 h·atm, 20℃ (目標), 耐熱性

PVDC：塩化ビニリデン, EVOH：エチレン-酢酸ビニルの共重合物のけん化物, PP：ポリプロピレン, PET：ポリエステル, C-PET：結晶化ポリエステル〔横山理雄：PACKPIA, **36**, 104−110 (1992)〕

バリヤー性多層共押出し包材が開発され，酸素，窒素と炭酸ガスを空気と置換するガス置換包装が活発に行われている。

選択透過性包材は，食肉加工品用に高温高湿下でスモーク成分が透過し，常温下でバリヤー性のある包材が使われており，ナチュラルチーズ用には炭酸ガス透過性多層フィルムが使われている。

電子レンジ適性包材は，レトルト食品用にはポリプロピレン（PP）／ポリ塩化ビニリデン（PVDC）／PP，PP／エチレンビニルアルコール共重合物（EVOH）／PPの耐熱性バリヤー性容器が使われており，冷凍食品用には，PP単体，PP＋$CaCO_3$，PETの容器が使われている。

ハイバリヤー性包材では，調理加工食品用にレトルト殺菌が可能であってマイクロ波加熱適性のよいPET＋SiO_2蒸着フィルムが使われ出してきている。また，食肉加工品，乳製品用に酸素透過度が1 ml/m^2，24 h·atm，20℃（目標）であるハイバリヤー性包材が開発されてきている。それら包材は，ハイバリヤーPVDCまたはEVOHに他の樹脂をブレンドしたポリマーアロイフィルムであり，成形性や機械適性にも優れている。表に掲げなかったが，酸素吸収性包装材料，静電防止包材，可食包材，紫外線透過バリヤー性（包装後，紫外線殺菌可能なもの）や生分解性包装材料が今後使われてくるであろう。　　　　　　（横山理雄）

引用・参考文献

1) 楠田　洋：食品包装便覧，p. 17，日本包装技術協会 (1988).
2) 横山理雄：食品と微生物，**9**，1-10 (1992).
3) 芝崎　勲・横山理雄：新版食品包装講座（3版），p. 2，日報 (1999).
4) 高野光男・横山理雄：食品の殺菌（2版），p. 3，幸書房 (2001).
5) 芝崎　勲・横山理雄：新版食品包装講座（3版），p. 165，日報 (1999).
6) 日本包装技術協会編：包装材料の実際知識，p. 7，東洋経済新報 (1976).
7) 横山理雄：PACKPIA，**36**，104-110 (1992).

9.5　冷蔵・冷凍

9.5.1　冷蔵・冷凍による保存の原理

冷蔵保存の原理はいうまでもなく，低温効果に基づく化学反応ならびに生物的反応速度の抑制にある。冷凍保存においては，さらに凍結濃縮による水分活性低下効果が加わる。一般に，食品や生物材料の凍結において"凍結"する成分は水だけであり，微細な氷結晶が生成し，他の成分は濃縮されて，微細なスケールの凍結濃縮現象が起こる。このような凍結濃縮により凍結食品の水分活性は低下し，その値は温度のみの関数になり[1)]，家庭用冷凍庫（-18℃）程度でも水分活性はかなり低い値（0.839）となる。さらに凍結保存の場合，解凍後のもとの状態への復元性も優れており，これらのことが原因となって，凍結法は生物材料や食品の保存法として最も優れた方法である。しかしながら，生鮮野菜・果物などのように凍結保存に適さないものもある。

9.5.2　溶液の凍結における状態図

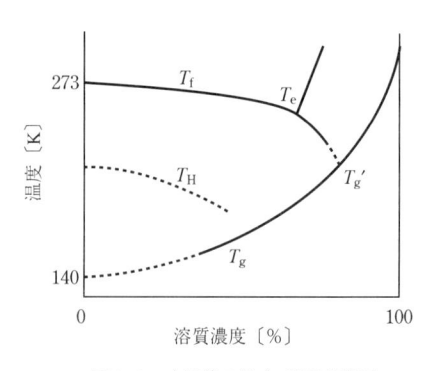

溶液の凍結に関する典型的な組成-温度状態図は**図9.9**のようになる[2)]。T_fは凍結開始温度で，溶質濃度の増加とともに低下し，やがて共晶点温度T_eに到達する。温度$T < T_e$では凍結により氷が析出するが，$T_e < T$においては逆に溶質が析出する。しかしながら，実際には$T = T_e$においても溶質の結晶化速度が遅い場合が多く，その場合，T_f-T_e線はそのまま延長されて，T_g'に至る。このT_g'はこの延長線とガラス転移温度T_gとが交わる点である。ガラス転移温度以下では結晶は析出せず，系はアモルファス状態となる。T_H線は後述する均一核生成温度であり，これは通常凍結温度T_fとガラス転移温度T_gの中間に位置する。ガラス状態においては系の分子運動が強く抑制され，各種速度過程が抑制されるために，生物材料や食品の保存においてガラス転移は重要な意味を有する。

図9.9　水溶液の組成-温度状態図

9.5.3　凍結・解凍の伝熱現象

（a）氷結率　生物材料や食品は多くの場合水が最大成分であるため，凍結によって熱物性は大きく変化する。凍結材料の熱物性を論ずる場合，まず材料の氷結率とその温度依存性を知る必要がある。氷結

9.5 冷蔵・冷凍

率は温度および溶質濃度の関数であり，温度の低下とともに増大し，溶質濃度の増加とともに低下する．一般に，氷結率はつぎの式 (9.5) により記述される[3]．

$$f_i = (x_w - x_b)\left(1 - \frac{T_f}{T}\right) \quad (9.5)$$

ここで，f_i は氷結率〔wt%〕，x_w は含水率〔wt%〕，x_b は結合水率〔wt%〕，T は温度〔℃〕，T_f は凍結開始温度〔℃〕を表す．この式のパラメーター x_b，T_f の実際の食品における値を**表9.6**に示す[4]．

表9.6 式 (9.5) におけるパラメーター

食 品	水分含量〔wt%〕	x_b〔wt%〕	T_f〔℃〕
牛赤肉	80.0	3.7	−0.733
牛赤肉	50.0	15.9	−3.628
牛赤肉	26.1	16.5	−13.458
子牛肉	77.5	6.5	−0.682
羊腰肉	64.9	7.1	−0.896
羊腰肉	44.4	8.0	−0.841
タ ラ	80.3	4.6	−0.907
卵 白	86.5	1.5	−0.506
卵 黄	50.0	5.1	−0.536
パ ン	37.3	9.0	−4.833
メチルセルロース	75.0	10.8	−0.768

（b） 凍結と伝熱物性[5]　一般に混合物の密度 ρ は次式によって表される．

$$\rho = \frac{1}{\sum_i \dfrac{x_i}{\rho_i}} \quad (9.6)$$

ここに，x_i，ρ_i はそれぞれ各成分の重量分率，密度である．生物材料・食品の代表的成分の種々の熱物性を**表9.7**に示すが，各成分の密度の値は，氷も含めて比較的近い数値範囲内にあり，温度依存性もあまり大きくはないため，凍結食品・生物材料の密度の推算に関しては問題は少ない．

表9.7 主要な食品成分の熱物性値

熱 物 性	水	氷	タンパク質	炭水化物	脂肪
密度〔kg/m³〕	997	917	～1300	～1600	～900
比熱〔kJ/(kg·K)〕	4.176	2.062	～2	～1.5	～2
熱伝導度〔W/(m·K)〕	0.583	2.220	0.2～0.3	0.2～0.4	～0.2

凍結材料の比熱は，前述した氷結率の温度依存性を反映して，凍結領域において温度の変化とともに徐々に変化する．一般に混合物の比熱 (C_P) は加成性が成立するため，成分組成がわかれば次式 (9.7) によって計算される．この式は凍結材料にも適用可能で，その場合，氷が新たな成分として加わり，その分率を先の氷結率に関する式 (9.6) より計算する必要がある．

$$C_P = \sum_i C_{Pi} x_i \quad (9.7)$$

ただし，C_{Pi} は成分 i の比熱である．

生物材料・食品の熱伝導度は，単に成分組成のみならず成分の三次元空間構造にも依存する．このために不均一系の熱伝導度は有効熱伝導度として取り扱う必要があり，その記述のためには空間構造を反映した伝熱モデルを用いる．このような伝熱モデルの代表的なものとして，直列伝熱抵抗モデル，並列伝熱抵抗モデル，分散モデルがある[6]．

食品の代表的な成分の熱伝導度を**表9.8**に示す．水，氷，空気以外では熱伝導度の値はほぼ 0.2〜0.3 W/(m·K) の程度で，たがいにそれほどかけ離れてはいない．食品のように水を多く含む混合物の有効熱伝導度 (λ_e) は未凍結状態においては，直列，並列，分散伝熱モデルのいずれもが適用可能であることが示されており[6]，実用上は，式 (9.8) に示す成分組成の体積分率基準による単純加成性の取扱いが便利である．

$$\lambda_e = \sum_i \lambda_i v_i \quad (9.8)$$

ここに，v_i は成分 i の体積分率である．この場合 λ_i は成分 i の並列伝熱抵抗モデルに基づく固有熱伝導度で，食品の実際の構造が並列伝熱モデル構造と合わない場合にはその値は表9.8の値とは多少異なることがある．また，成分 i の体積分率 (v_i) は次式により重量分率 (x_i) および密度 (ρ_i) から計算することができる．

$$v_i = \frac{\dfrac{x_i}{\rho_i}}{\sum_i \dfrac{x_i}{\rho_i}} \quad (9.9)$$

表9.8 代表的な食品成分の熱伝導度

成 分	温度〔℃〕	熱伝導度〔W/(m·K)〕
水	0	0.583
	60	0.666
氷	0	2.22
空 気	20	0.0256
タンパク質	0	0.179
炭水化物	0	0.201
脂 肪	0	0.181
繊維質	0	0.183
灰 分	0	0.330

しかしながら，近似的に成立する式 (9.8) は熱伝導度がほかと大きく異なる成分を含む場合には有効ではない．その代表的な例が凍結材料の場合である．凍結状態においては材料の熱伝導度は凍結点付近において温度により大きく変化をする．これは水と氷の熱伝

導度に約4倍の差があることと，温度により氷結率が大きく変化するためである。

凍結状態における食品の有効熱伝導度は，次式に示す氷を分散相とする分散モデル（Maxwell-Euckenモデル）により記述することができる[6]。

$$\lambda_e = \lambda_c \frac{\lambda_d + 2\lambda_c - 2v_d(\lambda_c - \lambda_d)}{\lambda_d + 2\lambda_c + 2v_d(\lambda_c - \lambda_d)} \quad (9.10)$$

ここに，λ_c は連続相（濃厚溶液）の熱伝導度，λ_d は分散相（氷）の熱伝導度，v_d は分散相の体積分率である。v_d は氷結率の値から式（9.9）を用いて，また λ_c も氷結率より濃厚溶液相の成分組成を計算し，これと式（9.8）とを組み合わせることによって推定できる。

（c）凍結・解凍の伝熱理論 凍結時間計算のための最も単純なPlankモデルにおいては，試料初期温度は凍結温度 T_f，伝熱過程は定常状態を仮定し，伝熱物性の温度依存性は無視し，以下のように表現される[7]。

$$t = \frac{L}{2m(T_f - T_a)} \left(\frac{d}{h} + \frac{d^2}{4k} \right) \quad (9.11)$$

ここに，t は凍結所要時間，L は凍結潜熱，T_f，T_a はそれぞれ，試料初期温度および冷媒温度，d は試料厚さ，h は熱伝達係数，k は凍結相の熱伝導度，m は平板では1，円柱では2，球では3の値をとる。この式は基本的には解凍にもそのまま適用可能である。

上記Plankモデルは，多くの単純化仮定のため，わかりやすい解を与えているものの，厳密性には欠け，そのためにはフーリエの伝熱方程式を直接解く必要がある。Neumannは片側半無限で均一温度の物体が界面温度一定条件で凍結する場合の解析解を与えている[8]。しかしながら，凍結・解凍問題でこのような解析解が得られる場合はきわめてまれであり，一般には，先の伝熱物性の温度依存性などを考慮した数値計算が必要である。

9.5.4 凍結と氷結晶構造

（a）氷晶形成のメカニズム[9] 凍結の実際においては，氷核生成と結晶成長の二段階の速度プロセスを考える必要がある。水が凍結するためには，まず，氷結晶核が生成される必要がある。氷結晶核生成には均質核生成，不均質核生成の二つのメカニズムがある。超純水を凍結させようとしてゆっくり冷却すると，-40℃近くまで過冷却することがあり，やがて氷結晶が生成する。これは均質核生成（図9.9）のためである。均質核生成とは純水のクラスターのみから氷結晶核が生成する現象で，そのためには液体中に新たな固体界面を形成するための大きな表面自由エネルギーを必要とする。これに対して不均質核生成は，異物核固体表面における核生成で，均質核生成の場合のように新たな表面を創出する必要がないため，核生成のための自由エネルギー障壁は大きく減少する。通常の食品などの凍結においては，系には十分量の異物核物質が存在するため，凍結は不均質核生成による。

生成した氷結晶核は結晶成長することによって初めて'氷'となることができる。純水からの氷結晶成長には，完全結晶面からの成長，らせん転位による成長，および，継続的成長の三つのメカニズムがある。継続的成長は，結晶成長の駆動エネルギーが大きい場合に起こり，粗いデンドライト構造を形成する。実際の食品などの凍結においては，この第三の機構がかかわっている。

（b）凍結調節物質 以上述べた氷結晶生成に必要な二つのメカニズムとしての，氷核生成，結晶成長に対して，これらを促進または抑制する凍結調節物質の存在が知られている（表9.9）。凍結促進物質に関しては氷核生成促進物質のみが知られており，これを氷核物質というが，最も優れた氷核物質は氷結晶そのものである。無機物の氷核物質としては氷と結晶定数の似ているAgI，PbI_2，CuS，などが知られている。

表9.9 凍結調節物質

凍結促進物質
氷核活性物質
無機物質：氷，AgI，PbI_2，CuS
氷核タンパク：*Pseudomonas*, *Erwinia*, *Xanthomonas* など
凍結阻害物質
氷核活性阻害物質：酵素修飾ゼラチン
結晶成長阻害物質
不凍性糖タンパク：極地魚，越冬昆虫体液など

有機物の氷核物質としては微生物起源の氷核タンパク[10]の存在が知られており，これを生産する微生物として *Erwinia ananas*, *E. herbicola*, *Pseudomonas fluorescens*, *P. syringae* などが特定され，その遺伝子構造も決定されている。

一方，凍結抑制物質として，氷核生成阻害機構によると推定されているものに酵素修飾ゼラチンがある。これは親水性タンパク質であるゼラチンをプロテアーゼの逆反応により両親媒性としたものである[11]。一方，結晶成長阻害機構により凍結を抑制する物質[12]として，不凍性糖タンパク（AFGP）の存在が報告されている。これは極地海域に棲む魚類の体液から見出されたもので，氷点下の海においてそれらを凍結障害から保護している。

（c）凍結条件と氷結晶状態 従来，凍結条件と氷結晶構造との関係については，最大氷結晶生成帯通過時間により，急速凍結，緩慢凍結の区別と，それに基づき，前者においては微細な氷結晶が，後者においては粗大な氷結晶が形成される[13]とされてきた。しかし，この理論は現象の定性的な説明には便利なものの，最大氷結晶生成帯の定義（通常$-1\sim-5$℃程度）のあいまいさ，最大氷結晶生成帯通過時間が凍結部位により大きく異なること，生成氷結晶構造に対する定量的知見を与えないこと，などにおいて大きな欠点が存在する。

そこで，凍結条件と生成氷結晶状態との関係に関する次元解析的アプローチが提案されており，これによれば，氷結晶の大きさがd_Pと凍結界面進行速度uとのあいだには，水の分子拡散係数D_Wを介してつぎのような関係があるとされる[14]。

$$\frac{ud_P}{D_W} \tag{9.12}$$

この式は氷結晶成長過程において水の分子拡散機構が重要な役割を果たすこと，また，試料物性，装置条件，冷媒温度などの操作条件，凍結部位による差など，種々の因子の影響が，凍結界面進行速度を指標とすることによって統一的に取り扱えることを意味している。

9.5.5 凍結と凍結傷害

（a）溶液または分散系の凍結傷害 溶液や分散系が凍結した場合，氷結晶が生成し，微細なスケールでの凍結濃縮が起こり，そのために，脱水損傷，塩析，pH変化，タンパク変性などが起こり，また，ゲル構造などが破壊され，解凍後はもとの状態に復元しないことがある。このような凍結傷害の主要な原因は氷結晶生成による機械的損傷および凍結脱水・濃縮にある。

（b）細胞構造と凍結傷害 系に細胞構造が存在すると，凍結による氷結晶生成は異なった様相を呈する。一般に細胞懸濁液を凍結する場合，図9.10に示すように，細胞外凍結がまず起こり，このため細胞外液は凍結濃縮されて大きな浸透圧が発生し，一方細胞内液は最初は過冷却状態が保たれ，この外部浸透圧により細胞内液は脱水濃縮される[15]。これが凍結誘起浸透圧脱水である。この脱水効果は食品の場合ドリップの原因となる。生細胞の場合，この効果によって細胞が十分に脱水され，最終的にはガラス状態として凍結を回避することができれば，細胞は凍結によっても生存できる可能性がある。しかしながら，細胞内液の過冷却状態が維持されずに，細胞内凍結が起こった場合は，原形質膜構造が破壊され細胞は死に至る。

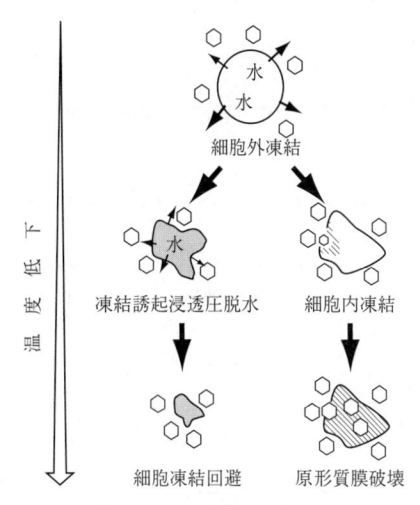

図9.10 細胞構造と凍結

凍結誘起浸透圧脱水による細胞からの脱水においては細胞原形質膜の水透過係数L_Pが重要な役割を果たす。さらに，外部浸透圧変化に対する細胞の応答速度は細胞直径Dをも考慮したL_P/Dに依存する。一般に植物細胞はL_P/Dの値が微生物や動物細胞に比較してオーダー的に低く[16]，このため植物細胞の凍結においては脱水速度が遅く，細胞内凍結が起こりやすい。このことが微生物・動物細胞に比較して植物細胞が凍結保存が困難であることの理由の一つである。このことは食品の凍結においても当てはまり，魚類や肉類に比較して，新鮮野菜や果物は凍結傷害を受けやすい。

〔宮脇〕

引用・参考文献

1) Hildebland, J. H. and Scott, R. L.: *Regular Solutions*, p. 20, Prentice Hall, Englewood Cliffs, NJ (1962).
2) フランクス，F.（村勢則郎，片桐千仭訳）：低温の生物物理と生化学，北海道大学図書刊行会（1989）．
3) Pham, Q. T.: *J. Food Sci.*, **52**, 210 (1987).
4) モーセニン，N. N.（林 弘通訳）：食品の熱物性，光琳（1982）．
5) 宮脇長人，冷凍，**78**, 459（2003）．
6) Miyawaki, O. and Pongsawatmanit, R.: *Biosci. Biotech. Biochem.*, **58**, 1222 (1994).
7) 中出政司：食品工業の冷凍，p. 48，光琳（1968）．
8) Carslaw, H. S. and Jaeger, J. C.: *Conduction of Heat in Solids*, p. 283, Oxford University Press, London (1973).
9) Fletcher, N. H.（前野紀一訳）：氷の化学物理，p. 64，共立出版（1974）．
10) Schnell, R. C. and Vali, G.: *Nature*, **236**, 163

(1972).
11) Arai, S., Watanabe, M. and Tsuji, R. F.: *Agric. Biol. Chem.*, **48**, 2173 (1984).
12) Franks, F., Darlington, J., Schenz,T., Mathias, S. F., Slade, L. and Levine, H.: *Nature*, **325**, 146 (1987).
13) 加藤舜郎:食品冷凍の理論と応用, p. 324, 光琳 (1960).
14) Miyawaki, O., Abe, T. and Yano, T.: *Biosci. Biotech. Biochem.*, **56**, 953 (1992).
15) Mazur, P.: *J. Gen. Phys.*, **47**, 347 (1963).
16) Ishikawa, E., Bae, S.K., Miyawaki, O., Nakamura, K., Shiinoki, Y. and Ito, K.: *J. Ferment. Bioeng.*, **83**, 222 (1997).

9.6 その他の方法

食品の殺菌処理においては,加熱処理が一般的であり,また食品の保存中の微生物の増殖抑制についても冷凍,冷蔵といった熱による処理が行われている。しかし,野菜や生で食する刺身などの生鮮物についても,消費者の安全性確保の要望が強く,また品質面においてもなるべく素材の持つ味や香りを保持した食品加工(ミニマムプロセス)を求めることが少なくない。これらの食材,食品の微生物的安全性確保のために熱を主とした処理ではなく,非加熱的処理の応用が注目されている。9.5節での記載にある化学薬剤の処理は一部,そのような目的で用いられているが,それ以外に物理的処理として高圧や光,さらにはガスの溶解現象などを利用した方法も殺菌処理として利用されている。表9.10にこれらの処理について示す。ここでは,表に挙げたいくつかの処理について概説する。

9.6.1 高圧処理

高圧物理学の先駆者でノーベル賞科学者Bridgmanによって高圧によるタンパクの変性についての報告[1]がなされて以来,多くの生物あるいは生化学反応への圧力の影響についての研究がなされてきた。

食品加工への高圧利用の背景には,現在の食の差別化,多様化への食品産業界のニーズに加えて,高圧装置の技術発展が挙げられる。現在,工業における高圧応用技術は多岐にわたっており,そのなかで冷間等方圧加圧技術(いわゆるCIP)の普及が食品加工への応用展開に大きく寄与している。CIPは成形ゴム型にセラミックスや金属粉体等の材料を入れ,高圧下で成形する方法であり,現在の食品高圧加工は湿式CIPに準じて行われている。

色素や香り成分を損なうことなく殺菌できる処理方法は果実製品(飲料,ジャム等)での高品質製品を実現した。高圧による殺菌作用の機構については,圧力変化による物理的な細胞壁等の損傷や高圧状態で引き起こされる生体膜の機能障害に起因していると考えられる。高圧処理の場合,処理時のエネルギーは小さいが,耐圧容器の強度維持にかかる装置コストは非常に高価である。そのため,加圧加工対象に付加価値の高いものを導入することや,熱の寄与を受けて,加圧加工の特徴を保持したまま単独処理よりも低圧側での加工を可能にし,コスト減を試みるなど実用化面での検討課題である。

9.6.2 高電圧パルス処理

高圧パルス電界処理は,液系のなかでの微生物への膜破壊(電気穿孔)を生じさせる臨界電圧以上の高圧を設定し,極短時間のパルス処理(数~数百 μs)を

表9.10 殺菌のための非熱処理操作

操作媒体	操作の方法	研究例,応用例
静水圧	高圧処理	殺菌,酵素失活,酵素反応の制御,タンパク・デンプン等の変性
電 気	高電圧パルス処理	電気穿孔による細胞破壊
	(高周波)通電処理	液体食品(ジュース・ミルク・液卵・ビール等)への応用検討
		ジュール熱および電界効果の併用
	電極接触処理	電子移動反応による細胞死滅,水の殺菌等で実用化
	高圧静電場処理	蒸発促進・鮮度保持
	水の電解処理	酸性水による殺菌,医療・食品工業・農業で利用
磁 場	磁場処理	高磁場下での増殖抑制,パルス処理で効果の向上
電子線	ソフトエレクトロン処理	電子線強度を弱めた表面殺菌処理,品質劣化を抑制
光	高強度の光パルス処理	表面殺菌処理,紫外線+αの効果
ガ ス	加圧操作によるガス溶解 除圧によるガス化	不活性ガスの溶解による鮮度保持,ガス溶解および除圧処理による細胞破壊

行うことで，電界処理時の内部での電気分解や化学変化を防止して処理を行うものである。電界による細胞膜の破壊は，強い電界下に細胞がさらされたとき膜内外の電位差のバランスが崩れ，緊縮し臨界電圧に達したときに細胞膜に穿孔が生じる。この臨界電圧は約1 Vとされ，電界と直行方向での破壊が生じ，臨界電圧以上の電圧下においては穿孔が複数箇所で生じることで不可逆的な破壊に進行していく。ビール酵母を用いた実験では，生菌数は，13 kV/cm以上（この電界強度は1 V/μm以上であり，通常の細胞径が数μm以上であることで十分に臨界電圧を超えていることになる）で低下を始め，処理電圧に応じて比例的に減少している[2]。またビール品質は通常の分析値および試飲による比較テストでも処理前後で変化がなかったことを述べている。電界強度の増加による殺菌効果は一次反応式的に増しており，液系でのパルス処理においては電圧強度を効果因子としてある程度の殺菌予測が可能と考えられ，果汁飲料や酒類等に有効な制菌処理である。比較的高い殺菌効果を期待するには，ある程度の処理時間（パルス回数）が必要であり，大量処理が求められる食品（飲料等の液状物）においては電極の設計や臨界電圧を設定するための電極間距離と発生電源の仕様において製品コストの検討が必要である。

9.6.3 高電界通電処理

加熱加工に通電加工が導入されているが，処理条件によってはあまり熱の影響を受けない殺菌効果も期待できる。高周波数の通電処理による液体試料中の殺菌効果が報告されている[3]。電極間隙を0.2 mmに設定することで印加電圧200 V（20 kHz）で10 kV/cmの電界強度を得ている。この電極間隙に液体試料を通過させることで0.1秒程度の通電処理を行うことで，処理温度70℃で大腸菌濃度を10^6個/ml程度から数個/mlにまで低下している。この通電処理においても電極の溶出や液状成分の電気分解等の変質防止の目的で高周波数を用いている。ジュール熱が発生しており，完全な非熱処理とはいえないが，処理時間がきわめて短時間であることで熱劣化を抑えた処理と考えられる。この殺菌効果は初期温度と処理後の温度差が大きいほど顕著であり，また印加電圧が高いほど効果が高いことが認められ，通電による昇温効果と電界効果の相乗作用で，比較的低電圧下で短時間の効果的な殺菌が行えることを示している。先の高電圧パルス処理と異なり，温度と電界強度が殺菌の要因となっていることで通電条件での液体の導電率によって発熱温度が異なることから，各液体の電気的特性を把握することが殺菌の予測に必要となるが十分に最適条件の設定が可

能と考えられる。

9.6.4 電解水処理

電気分解処理による電気分解水にさまざまな効果が認められ，多くの分野で利用されている。希薄食塩水の電気分解時に隔膜を配することで，陽極側に水素イオンと塩素イオン等の陰イオンが多く含まれた陽極水（酸性水）と陰極側に水酸イオンとナトリウムイオン等の陽イオンが多く含まれた陰極水（アルカリイオン水）を得ることができる。殺菌作用は陽極側での電解反応で生じる次亜塩素酸などによる酸化作用による微生物の生体膜の機能障害などであるといわれている。陽極側では次式のような反応が生じ，これらの酸化反応が消毒や殺菌に利用される。

（陽極での電解反応）

$$2H_2O \longrightarrow O_2 + 4e^-$$
$$2Cl^- \longrightarrow Cl_2 + 2e^-$$
$$溶存 Cl_2 + 2H_2O \rightleftarrows HCl + HClO$$

殺菌剤として次亜塩素酸ソーダ等が用いられるが，酸性水もほぼ同様な殺菌効果の成分を持っている。殺菌効果を高い状態で保つためには，次亜塩素酸が酸化反応などを生じやすいpH域がある。酸性水では隔膜を用いた電解処理により非平衡な状態でpHを2～3の低い状態にしている。そのために同様な消毒剤に比べて，非常に低濃度で効果が発現するのである。そのため酸性水は残存性がなく，皮膚などに対しても障害を与えにくい特徴を有している。しかし，逆に酸性水の殺菌効果を消費してしまうような状態では，目的とする殺菌効果などが得られないことも考えられる。つまり，通常の次亜塩素酸ソーダ溶液などに比べて有効塩素濃度が低いために，材料中の有機物の存在などにより殺菌等の効果が薄らぐ可能性を示している。カット野菜の処理などを念頭においてキャベツ搾汁液による酸性水中の残留塩素減少の測定を行い，消費される残留塩素の85％は窒素化合物と反応しており，残りやポリフェノールなどと反応して消費されることが報告されている[4]。この報告は各食品における残留塩素の消費等をもたらす成分に対して考慮する必要があることを示している。また食品品質成分の変化の点から考えればいくつかの塩素化合物が生じることが予想され，これらを系内に取り込むような食品形態の場合には十分な安全性の検討も必要ということである。微生物制御の活性保持の点からは連続散布等によって酸性水の効果を持続する方策を提案している。

9.6.5 ソフトエレクトロン処理

従来の放射線処理とは異なり30万電子ボルト以下

の低エネルギーの電子線（ソフトエレクトロンと林が定義している）を用いた食品殺菌技術について検討されている[5]。加熱殺菌には適さない素材への放射線殺菌はいくつかの対象に絞って実施されているが，放射線照射によっても品質劣化が生じる場合があり，また遮蔽装置も必要となる。ソフトエレクトロンを用いることで，電子線の透過力を抑えて，表面近傍のみでの殺菌処理を行うことで，対象物の品質劣化を抑えている。またこの技術では電子線の透過力が弱いために遮蔽等についても電子顕微鏡レベルの遮蔽で十分であるなど，装置コスト面でも改善された。表面殺菌を確実に行うためには対象物への全表面照射が不可欠となるため，試料への均一な照射のための振動装置もあわせて試作している。すでに米，小麦，香辛料，豆などの処理で殺菌効果を認めると同時に，デンプン等の品質劣化が少ないことを確認している。

9.6.6 光パルス処理

地表における太陽光の2万倍の強さを持つ光をパルス的に発生させ，医薬品等の殺菌や食品表面等の制菌処理に応用する技術が米国で開発され[6]，利用分野の検討が行われている。この装置は，高性能のキャパシターを装置本体に置くことで非常に強い光パルスを発生することができる。照射対象により極短時間のパルス処理の回数や距離等で最適な条件設定ができる。芽胞菌を含む一般的な微生物対象の試験においても紫外線処理以上の殺菌効果が報告されている[6]。応用例としては水産物や農産物の表面殺菌処理による鮮度保持延長効果，包装済みパンのフィルムを介したパン表面への照射による品質保持延長の効果等を紹介している。この殺菌効果としては，紫外線部分のみならず，可視域や赤外域での熱的な効果もあると考えられるが，短時間の処理であるために，表面温度の上昇や紫外線成分等に由来する化学反応をあまり生じないで表面殺菌がなされていると考えられる。水の殺菌などにも応用が進んでいる。

9.6.7 ガスの溶解作用

キセノンなどの不活性ガスの高圧雰囲気中に試料を置き，試料内部に不活性ガスを溶解させることで，顕著な鮮度保持効果を見出したことが報告されている[7]。キセノンの初期分圧0.4 MPaの調整雰囲気で保存したとき，ブロッコリー等の野菜の鮮度保持が認められたとしている。この原因として，試料中の原形質流動が低下していることを示し，キセノン等の不活性ガスの溶解により水が構造化したことを示唆している。このような細胞内部の原形質流動が変化することは，生鮮物の鮮度保持とともに微生物の制御にも影響を与える。関連する研究で，大腸菌とブドウ球菌を用いて，キセノンの分圧を変えた雰囲気下での微生物の生菌数変化を測定している[8]。ガス分圧が高いほど制菌効果が認められる結果となっている。また測定を行った2種間に差異があることから各種細胞の応答性が異なることが示唆されている。実際に生鮮物表面等に微生物を付着した系での検討例は報告されていないが，実際にそのような実験において有効性が認められれば，貯蔵下での雰囲気制御は比較的容易であり，熱依存の貯蔵技術に一石を投じる技術となるかもしれない。

ガスを用いた処理法としては，液系での利用であるが加圧・瞬間減圧処理法について報告されている[9]。菌体内に溶解しやすいガスを用いて一定の加圧下において処理を行い，十分に細胞液中にガスが溶解した段階で，瞬間的に減圧することで，再びガス化し系外に放出されることで菌体に損傷を負わせる手法である。殺菌作用としては組織膨張による物理的破壊に加えて，生理的な損傷によっていると説明している。パン酵母での制菌効果の実験では，処理圧力4 MPaで，40℃の二酸化炭素ガスを用いて3時間以上処理し，10^8個/mlの湿潤酵母細胞を完全に殺滅できるとしている。また関連研究の結果から，処理中の攪拌操作において処理時間の短縮も図れる可能性を示唆している。超高圧処理での殺菌処理はよく知られているが，この場合，数MPa程度の圧力においての効果であり，装置的には前者の処理法よりはコスト的には経済的な処理法となっている。比較的低温で制菌処理でき，副次的な利点として減圧処理において溶存酸素等の低下による対象食品の酸化防止が期待できる。

関連した技術で，ガスの浸透効果の向上や顕著な減圧時の細胞破砕効果が報告されている[10]のが，ミクロバブル超臨界二酸化炭素法である。超臨界流体を用いた食品加工処理としては，フレーバーの抽出やカフェイン除去等に用いられているが，最近では超臨界水による反応分解処理などでも注目を集めている。加圧した液体二酸化炭素を臨界状態となる反応層に注入する際に特定孔径のフィルターを介することで，ガスの溶存量を大きくし，これらの超臨界状態（35℃，6～20 Mpa程度）での対象液状物中に入れた微生物に対する殺菌効果や酵素への失活効果が報告されている。連続システムにおいてもすでに実験室レベルで検討を行い，耐熱性の高い酵母などへの殺菌効果を確認しており，常温下での液状食品の効果的な殺菌，酵素失活処理技術として期待される。

9.6.8 非熱処理による殺菌の評価

これまで述べてきた非熱的処理の場合には，主たる殺菌因子としては，圧力，次亜塩素酸，紫外線などが想定されており，対象とする微生物が，希薄な液体状態下のように十分にさらされている場合にはこれらの強度あるいは濃度に依存した死滅挙動を示すと考えられ，処理中での成分変動とのバランスで最適処理条件を想定することはそれほど困難ではないと考えられる．しかし，実際に非熱殺菌が求められているのは，生鮮物等の固体での殺菌や高濃度の不均一系の液体である場合が多い．これらの場合には，効果的な殺菌を実現するために殺菌因子の濃度変化などを十分に評価して，使用用途における殺菌効果に対する再現性の確認や予測手法の開発が重要である．　　　　（五十部）

引用・参考文献

1) Bridgman, P. W.: *Physics of High Pressure*, G. Bell and Sons, London (1958).
2) 佐藤正之，他：化学装置，**38** (1), 129-132 (1989).
3) Uemura, K. and Isobe, S.: *J. of Food Eng.*, **53**, 203-207 (2003).
4) 土佐典照，他：日本食品科学工学会誌，**47**, 287-295 (2000).
5) 林　徹：食品工業，**41** (10), 30-36 (1998).
6) Dunn, J.: *Food Technol.*, **49** (9), 95-98 (1995).
7) 大下誠一，他：化学工学会第27回秋季大会講演要旨，第2分冊，224 (1994).
8) 橋本　篤，他：化学工学会第27回秋季大会講演要旨，第2分冊，225 (1994).
9) 榎本　淳，他：食品流通技術，**23** (14), 10-15 (1994).
10) 下田満哉，他：日本食品科学工学会誌，**45**, 334-339 (1998).

II. 生物工学技術の実際

1. 醸造製品 541

1.1 清　　　酒 *541*
- 1.1.1 清酒の製造方法 *541*
- 1.1.2 清酒の原料と原料処理 *545*
- 1.1.3 清　酒　麹 *550*
- 1.1.4 清酒の酒母 *561*
- 1.1.5 清酒もろみ *572*
- 1.1.6 清酒の熟成 *578*

1.2 焼　　　酎 *586*

1.3 ビ　ー　ル *590*
- 1.3.1 ビールの製造方法 *590*
- 1.3.2 ビール酵母の育種 *595*
- 1.3.3 ビール酵母の凝集 *599*

1.4 醤　　　油 *604*
1.5 味　　　噌 *609*
1.6 食　　　酢 *614*

2. 食　　　品 *618*

2.1 有　機　酸 *618*
- 2.1.1 ク　エ　ン　酸 *619*
- 2.1.2 乳　　　酸 *620*
- 2.1.3 グルコン酸およびグルコノ-δ-ラクトン *621*
- 2.1.4 L-リンゴ酸 *622*
- 2.1.5 イ タ コ ン 酸 *622*
- 2.1.6 その他の有機酸 *623*

2.2 ア ミ ノ 酸 *623*
- 2.2.1 アミノ酸の製造法の概略 *623*
- 2.2.2 発酵法によるアミノ酸の製造法 *624*

2.3 ペプチド・タンパク質 *627*
- 2.3.1 アスパルテーム *627*
- 2.3.2 グルタチオン *628*
- 2.3.3 γ-ポリグルタミン酸 *628*
- 2.3.4 ナ　イ　シ　ン *630*

2.4 糖 *630*
- 2.4.1 トレハロース *630*
- 2.4.2 フラクトオリゴ糖 *632*
- 2.4.3 セ ル ロ ー ス *632*
- 2.4.4 プ　ル　ラ　ン *632*
- 2.4.5 エリスリトール *633*

2.5 核酸関連物質 *633*
- 2.5.1 RNAとその分解産物 *634*

- 2.5.2 5′-IMPとイノシン 634
- 2.5.3 5′-GMPとグアノシン 636
- 2.5.4 その他の核酸関連物質 637

2.6 脂　　　　　質　　　　　637
- 2.6.1 酵素法を利用して製造した機能性油脂 … 637
- 2.6.2 微生物法を利用して製造した機能性油脂 … 639
- 2.6.3 その他の機能性油脂 639

2.7 ビ タ ミ ン　　　　　639

2.8 色　　　　　素　　　　　641
- 2.8.1 ベニコウジ色素 641
- 2.8.2 ヘマトコッカス藻色素 642
- 2.8.3 フィコシアニン 642

2.9 食 品 用 酵 素　　　　　644
- 2.9.1 デンプン分解関連酵素 644
- 2.9.2 その他の糖質分解関連酵素 645
- 2.9.3 タンパク質分解酵素（プロテアーゼ）… 646
- 2.9.4 タンパク質架橋酵素（トランスグルタミナーゼ） 646
- 2.9.5 脂質分解酵素（リパーゼ） 647
- 2.9.6 その他の食品用酵素 648

2.10 微生物タンパク・菌体エキス ……… 648
2.11 漬　　　　　物　　　　　650
2.12 納　　　　　豆　　　　　653
2.13 乳　 製　 品　　　　　655
- 2.13.1 チ　　ー　　ズ 655
- 2.13.2 発酵バター 657

2.14 乳 酸 菌 製 品　　　　　658
- 2.14.1 乳 酸 菌 飲 料 658
- 2.14.2 ヨ ー グ ル ト 659
- 2.14.3 伝統的発酵乳 659
- 2.14.4 その他の乳酸菌製品 660

2.15 パ　　　　　ン　　　　　660
2.16 水 産 発 酵 食 品　　　　　662

3. 薬品・化学品　　　　　665

3.1 医　　 薬　　 品　　　　　666
- 3.1.1 微生物由来医薬品 666
- 3.1.2 バイオ医薬品 672
- 3.1.3 医薬品リード化合物探索 677
- 3.1.4 創薬ターゲットの発見 680
- 3.1.5 薬物代謝・毒性評価 684

3.2 農薬・動物薬　　　　　689
- 3.2.1 農薬用生理活性物質 689
- 3.2.2 動物用生理活性物質 694

3.3 酵素・化学品　　　　　699
- 3.3.1 医薬関連酵素 699
- 3.3.2 微 生 物 変 換 703
- 3.3.3 化　 学　 品 708

4. 環境にかかわる生物工学　　　　　714

4.1 廃水処理工学　　　　　714
- 4.1.1 活 性 汚 泥 法 714
- 4.1.2 メ タ ン 発 酵 719
- 4.1.3 固体廃棄物の可溶化 724
- 4.1.4 水 素 発 酵 725
- 4.1.5 Anammox 727
- 4.1.6 固定化菌利用 729

4.2 廃棄物処理・再利用工学 ……… 733
- 4.2.1 コンポスト化 733
- 4.2.2 バイオマス資源からのエタノール生産 … 736
- 4.2.3 乳 酸 発 酵 738
- 4.2.4 アセトン・ブタノール発酵 742

4.3 環境修復工学　　　　　745
- 4.3.1 土壌汚染修復 745
- 4.3.2 水圏環境汚染 750
- 4.3.3 ファイトレメディエーション 753

  4.3.4　干潟汚染 758
  4.3.5　重金属汚染修復のための生物工学 760
 4.4　環境モニタリング 763
  4.4.1　環境モニタリング 763
  4.4.2　環境ホルモン・環境変異源とその検出方法
                     769
 4.5　生命圏工学とグリーンケミストリー
                     774

  4.5.1　生命圏工学 774
  4.5.2　グリーンバイオテクノロジー 780
  4.5.3　生物的炭酸固定 783
  4.5.4　生分解性プラスチック 786
  4.5.5　バイオマス利用 788
  4.5.6　都市緑化 789

5. 生産管理技術　793

 5.1　製品品質保証 794
  5.1.1　ISO 9001と関連管理規格 794
  5.1.2　食品産業における安全衛生管理 797
  5.1.3　医薬品産業におけるGMP：生物工学領域を
    　　　主として 801
  5.1.4　殺菌・滅菌工程の保証 805
  5.1.5　バイオ医薬品に関する規制基準 808
 5.2　安　全　性 814
  5.2.1　遺伝子組換え実験の安全性 814

  5.2.2　遺伝子組換え食品の安全性評価 819
 5.3　知的財産権 823
  5.3.1　知的財産権の種類 823
  5.3.2　特許用語の解説 823
  5.3.3　特許取得手続 825
  5.3.4　生物工学関連発明の保護 825
  5.3.5　生物工学関連発明の特殊性 825
  5.3.6　生物工学関連発明の記載方法 826
 5.4　工　学　倫　理 828

1. 醸造製品

　わが国のおもな伝統的醸造製品である清酒，焼酎，醤油，味噌，食酢，味醂などには原料として麹が用いられるのが特徴である。麹は固体原料にカビを生やしてカビの酵素を生産させ（固体培養），その作用により原料のデンプンやタンパク質などを分解することを利用するものである。また清酒や焼酎の発酵形式は並行複発酵と呼ばれ，もろみ中で米のデンプンの糖化反応と酵母によるアルコール発酵が同時に行われるのが特徴である。一方ビールでは発芽した麦の酵素を利用して麦のデンプンを糖化するが，酵母のアルコール発酵はこれとは切り離して行われる（単行複発酵）。このように清酒や焼酎などわが国の伝統的醸造製品とビールやウイスキーなど西欧から技術が移入された醸造製品とでは，原料の違いのほかに製造方法にも大きな違いがある。表1.1にわが国のおもな醸造製品の出荷数量を示した。

（佐藤和夫）

表1.1　わが国の醸造製品の生産数量

年	清酒〔千kl〕	焼酎〔千kl〕	ビール〔千kl〕	醤油〔千kl〕	味噌〔千t〕	食酢〔千kl〕
1975	1 747	185	3 908	1 120	561	257
1980	1 473	248	4 532	1 189	579	296
1985	1 355	625	4 860	1 186	574	351
1990	1 422	599	6 586	1 177	555	382
1995	1 310	685	6 979	1 122	543	403
2000	999	782	5 416	1 065	533	427
2002	898	878	4 299	999	524	425

清酒・焼酎・ビールは課税移出数量である。

1.1　清　　　酒

1.1.1　清酒の製造方法

（a）清酒醸造の歴史　わが国に酒が存在したという確かな記録としては三世紀の三国志魏志倭人伝の記述（「其の会同は，座起に父子男女の別無く，人の性酒を嗜む…」）が最も古い。それ以前の縄文時代に果実酒が存在したとする説もあって，これはヤマブドウやガマズミなどの果実の種子が付着した土器の出土や有孔鍔付き土器が果実酒製造のための発酵容器とも思われることを根拠にしているが，はっきりとした結論には至っていない[1),2)]。また古事記や日本書紀に描かれた伝説的な酒造りでは須佐之男命の八岐大蛇退治に用いられた八塩折之酒（八醞酒）が有名であるが，その製法の記述はない。なお日本書紀には「衆菓を以って酒八甕を醸め…」とあるので古代には米以外の雑穀や果実を原料とした酒が存在したと推定される。

　さて米や麦などの穀類から酒を造るためには酵素によってデンプンの糖化を行う必要がある。これには3通りあって，それぞれ，唾液アミラーゼ（口噛み酒），カビのアミラーゼ（清酒・焼酎），麦芽などの穀芽アミラーゼ（ビール・ウイスキー）を利用する方法である。1番目の口噛み酒に関しては古事記や日本書紀と同時期に編纂された大隅国風土記に（「男女一所に集まりて，米を噛みて，酒船にはきいれて…」）という記述によって知られる。なお口噛み酒は近年まで沖縄やアイヌの民俗的儀式に伝承されてきた。2番目のカビ酒については播磨国風土記の（「大神の御粮，沾れて糂生えき。即ち酒を醸さしめて…」）によって初めて知ることができる。また3番目の方法は平安時代中頃の延喜式（奈良時代の律令の施行細則）による造酒司の酒造りに記されている。延喜式には御酒，三種糟，黒貴・白貴，醴，擣糟など米を原料とする多種類の酒造りが記述されているが，このうち三種糟と呼ばれた酒には原料の一部に小麦萌（麦芽）が用いられる。したがって延喜式の時代にはわが国では上記3通りの方法で酒が造られていたことがわかる。なお延喜式の酒

造りでは蘗（よねのもやし）が用いられたが，蘗は散麴（蒸米を原料とする粒状の麴）とする説が有力である[2]）。

ちなみに中国では麴は生の穀類粉を餅状に固めた形態（餅麴）であって蘗は麦芽である。このことから当時，わが国では中国とは異なる独自の技術で酒造りが行われていたことがわかる。なお後世の仕込みでは蒸米と麴に水（汲み水）を加えるが，御酒や三種糟では水の代わりに酒が加えられた。このように汲み水の代わりに酒を使用する方法は醞法と呼ばれ，この時代の酒造りの基本様式であった[1)～6)]。

鎌倉時代になると貨幣経済の発展とともに酒は商品として売買されるようになったが，一時期鎌倉幕府は飢饉対策や商人の統制強化策として鎌倉市中の酒の販売を禁止した（沽酒禁制）。しかし時代を経て酒は公家や寺社の課税財源となり室町時代には幕府の重要な財源となるに至った（酒屋役）。室町中期に至ると奈良の寺院を中心に酒造がさかんに行われるようになり，僧坊酒と呼ばれた。代表的な僧坊酒としては河内の天野山金剛寺の天野酒，大和の菩提山正暦寺の菩提泉，近江の釈迦山百済寺の百済寺酒などがあった。さらに田舎酒と称して地方で造られた兵庫・西宮の旨酒，加賀の菊酒，博多の練貫酒なども評判であった。この時代の酒造法は御酒之日記（佐竹文書）や多聞院日記（奈良興福寺）に詳しい。これらの文献によると，延喜式の醞法に取って代わって酘（多段掛け）と呼ばれる現在の仕込みに近い方法が行われていた。このなかで菩提泉は乳酸酸性水を使用して雑菌繁殖を抑制する方法で，現在の酒造りの先駆けともいえる技術である。また火入れと呼ばれる酒の低温殺菌法は，1876年にパスツールによって開発された技術であるが，多聞院日記によりこれをさかのぼること約300年前にはわが国で技術開発が行われていたことが知られる[7]）。

安土桃山時代から江戸時代初めにかけて南都諸白[6]）と呼ばれた僧坊酒が賞讃されたが，諸白とは掛け米・麴米ともに白米を用いた酒をいう。元禄期には大坂伊丹・池田の酒造りがさかんになり（丹醸または伊丹諸白），菱垣廻船によって江戸に大量輸送された（下り酒）。またこの頃杜氏組織による出稼ぎ酒造労務が形成された（播州杜氏・丹波杜氏）。童蒙酒造記や日本山海名産図会（図1.1）には奈良や伊丹の酒造のあらましが記述されているが，これには菩提酛（酛）・煮酛・水酛（生酛）などさまざまな酒母が用いられ，盛夏期を除いて一年中酒が造られたことが知られる。また童蒙酒造記には醪への焼酎添加を意味する柱焼酎という言葉も見見される。なお当時の精米は足ふみの臼つきによるものであったため，精米歩合は

図1.1 日本山海名産図会（部分）

およそ八分つき（92％）で現在の飯米と同程度であった。仕込み配合は麴歩合が30％前後（現在の約1.5倍），汲み水歩合が60～70％程度（現在の約半分）であった。これらのことから当時の酒は色が濃く，酸味が強く，味の多いタイプであったと思われる。

江戸時代の中頃には樽廻船が始められ上方から江戸に大量の酒が移送され，江戸入津樽数が100万樽を超えるとともに，灘目と呼ばれた現在の灘地域の酒造りがさかんとなった。幕末（1840年）には西宮で山邑太左衛門によって宮水の発見がなされ，水質が酒質に大きく影響することがわかった。またこの頃灘では寒造りへの集中化，六甲山系の水を利用した水車精米による高度の精米（標準精米歩合85％，ときには65～75％），30石（5.4 kl）大桶使用など仕込み規模の拡大と酒造用具の整備，工場制手工業方式による酒造，などの技術革新が進んで現在の清酒醸造の原型が完成した[3), 8)]。

明治の初めには西欧の微生物学の知識と発酵技術が導入され，灘では早くもサリチル酸による清酒の防腐試験が実施された。外国人教師であったR. W. Atkinsonは麴や火落ち菌の顕微鏡観察を行い，酒母・清酒・酒粕の化学分析も行った[9]）。その後矢部規矩治と古在由直により清酒酵母が同定され，*Saccharomyces sake* Yabeと命名されるなど，わが国の醸造微生物学の端緒が開かれた。明治の末には大蔵省に醸造試験所が設置され嘉儀金一郎により山卸し廃止酛が，また江田鎌次郎により速醸酛が開発されるなどして酒造の効率化に貢献した。また同所により全国新酒鑑評会が開催され現在に至っている。

昭和に至って酒造の機械化が進んだが1930年には酒造用竪型精米機が開発されたことにより原料米の高度精白が可能となった。第二次世界大戦後の1960年代に至って酒造自動化のための機械開発がさかんに行

われ，連続蒸米機や清酒醪の自動濾過圧搾機が開発されて急速に普及した。また大型の屋外タンクが設置されるなど，仕込み規模も増大した。一方醸造微生物については清酒酵母の純粋分離が第二次世界大戦前から行われていたが，1946年にはきょうかい7号清酒酵母が分離されて酒造の標準的な酵母となった。この酵母から，のちに大内弘造と秋山裕一によって泡なし変異株が分離されて酒造の効率化に貢献している[10]。

表1.2 清酒醸造の歴史

年代	事項	記事
縄文時代	B.C.100C～B.C.5C	陸稲・雑穀・果実による酒の製造？
弥生時代	水稲栽培の始まり（B.C.5C？）	魏志倭人伝（A.D. 3C）「其の会同は座起に父子男女の別無く，人の性酒を嗜む…」
712（和銅5）	古事記	八塩折之酒…醴法（汲み水の代わりに酒を用いる）による酒の製造
713（和銅6）	播磨国風土記，大隅国風土記	カビ酒，口噛み酒の記述
720（養老4）	日本書紀	八醞酒，八甕酒の記述
927（延長5）	延喜式	造酒司（宮内省の酒造部）による酒造…御酒，三種糟，黒貴・白貴など，糱（麴）・醴法による仕込み
1252（建長4）	沽酒禁制	鎌倉市中の酒の販売禁止，酒壷37 274個の破却
1371（建徳2）	酒屋役・土倉役の制定	酒壷単位の課税方式
1425（応永32）	北野神社文書	酒屋名簿…洛中洛外の酒屋342軒の記述
1355（正平10）または1489（長享3）	御酒之日記（佐竹文書）	僧坊酒（寺院による酒造），殷（多段掛け）による仕込みの記述
1568（永禄11）～1570（元亀元）	多聞院日記	火入れ（低温殺菌法），菩提泉，三段掛け法，上槽，大型酒桶の記述
1619（元和5）	菱垣廻船始まる	下り酒…伊丹・池田の酒造りがさかんになる，この頃杜氏組織の形成
1687（貞享4）	童蒙酒造記	柱焼酎（醪への焼酎添加），火入れ，滓引き法の記述
1695（元禄8）	本朝食鑑	
1697（元禄10）	幕府による酒造株の第三次統制（元禄調高）	元禄11年には全国の造り酒屋数27 251軒，製造数量169 540 klとなる
1713（正徳3）	和漢三才図会	寺島良安…図説百科全書，元禄期の酒造法の記述
1730（享保15）	樽廻船始まる	この頃灘で酒造りが起こる
1792（寛政4）	江戸入津樽規制	摂泉十二郷酒造仲間の成立
1799（寛政11）	日本山海名産図会	伊丹の酒造りの図説（木村孔恭）
1806（文化3）	勝手造り令	酒造の自由化…灘の酒造りさかんとなる
1821（文政4）	江戸入津樽数最高となる	122万4千樽…77千kl
1840（天保11）	宮水の発見	山邑太左衛門…この頃水車精米による高精白米の使用，寒造りへの集中化，仕込み規模の拡大，工場制手工業方式による酒造りが普及
1876（明治9）	灘でサリチル酸による清酒の防腐試験	
1881（明治14）	火落ち菌の発見	R. W. Atkinson: The Chemistry of Sake-brewing
1895（明治28）	清酒酵母を Saccharomyces sake Yabe と命名	矢部規矩治・古在由直
1909（明治42）	山卸し廃止酛の開発	嘉儀金一郎
1910（明治43）	速醸酛の開発	江田鎌次郎
1911（明治44）	第1回全国新酒鑑評会の実施	大蔵省醸造試験所
1930（昭和5）	酒造用竪型精米機の開発	
1946（昭和21）	きょうかい7号清酒酵母の分離	山田正一ほか
1962（昭和37）	連続蒸米機の開発	
1963（昭和38）	清酒醪の自動濾過圧搾機の開発	
1969（昭和44）	きょうかい7号清酒酵母の泡なし変異株の分離	大内弘造・秋山裕一
1973（昭和48）	清酒の製造数量最高となる	1 421千kl
1980年代	ファジィ推論による清酒製造の実用化	
1990年代	酵母・麴菌の遺伝子解析と形質転換育種の進展	
2001（平成13）	麴菌ゲノム解析プロジェクト発足	

1980年代の後半になるとパーソナルコンピュータとファジィ推論やニューラルネットワークなどの知識システム化理論の普及により酒造プロセスの自動制御の試みがなされた[11),12)]。また一方ではバイオリアクターを利用した清酒の連続発酵も行われた[13)]。1990年代には清酒酵母の遺伝子解析が進展し，尿素を生産しない清酒酵母の育種[14)]や清酒の香気成分関連酵素の遺伝子解析[15)]など清酒もろみの香気生成メカニズムの解明が進んだ。なお現在では遺伝子組換え以外の方法で育種されたカプロン酸エチル高生産酵母など，香気生成能の高い各種の酵母が実用化されている。また麹菌については1989年にはα-アミラーゼの塩基配列が明らかにされたが[16)]，最近では固体培養に特異的なグルコアミラーゼ遺伝子$GLAB$の存在が明らかにされるなど固体培養の特異的酵素生産の仕組みが明らかになりつつある[17)]。これらの研究成果は現在の麹菌のEST解析やゲノム解析，異種遺伝子の発現ベクターの開発などのプロジェクトに連なり現在に至っている。表1.2に清酒醸造についての歴史年表を掲げた。

（b）清酒の製造工程 現在の標準的な清酒仕込みのフローを図1.2に示した。また標準的な仕込み配合を表1.3に示した。詳細については技術書[18)]を参照されたい。

最初に酒造原料米は計量されて麹米と掛け米（蒸米

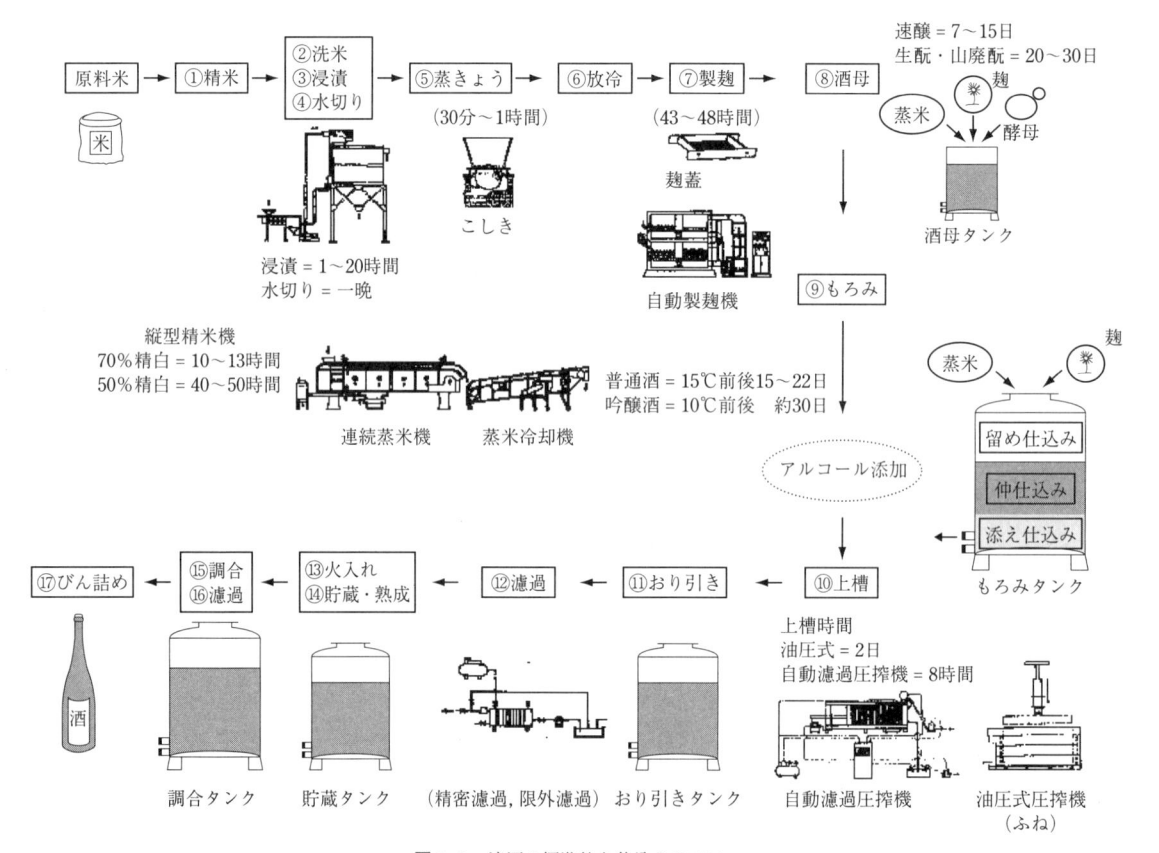

図1.2 清酒の標準的な仕込みのフロー

表1.3 清酒の仕込み配合例

	酒母	添え	仲	留め	（四段）	合計
総 米 [kg]	140	300	600	960	(200)	2 000 (2 200)
掛け米 [kg]	100	200	480	780	(200)	1 560 (1 760)
麹 米 [kg]	40	100	120	180		440
汲み水 [l]	160	300	740	1 400	(300)	2 600 (2 900)

甘口の清酒にするために四段仕込みが行われる場合がある。

のまま直接酒母またはもろみに投入される米）とに分けられる。つぎにそれぞれについて①精米〜⑥放冷（空気冷却）の順に原料処理が行われる。放冷後の蒸米は空気輸送機（エアシューター）により麹米は製麹室に，また掛け米はそのまま酒母またはもろみタンクへと送られる。

⑦製麹工程では蒸米を基質とする麹菌の培養が行われるが，後述のように培養装置にはさまざまな形式のものが用いられ，麹蓋と呼ばれる木製トレイを用いた在来様式によるものから自動製麹機と呼ばれるオートメーション装置まである。

つぎに⑧酒母（酛）はもろみのスターター仕込みである。一般的に行われる速醸酛の場合には水麹（麹に水を加えた状態）に乳酸を加え，これに純粋培養酵母を加えて培養する。場合によっては酒母を作らずに通気攪拌培養装置により大量培養した酵母で直接もろみを仕込むこともある（酵母仕込み）。

⑨もろみの仕込みは3回に分けて行うのが普通である（三段仕込み）。最初の添え仕込みでは，もろみタンクに酒母と麹と水を加えたのちに冷却した蒸米を加えて攪拌する（櫂入れ）。このときの仕込み温度は12〜14℃である。添え仕込みの翌日は酵母の増殖を促進させるために仕込みは行わない（踊り）。2日後に仲仕込みを行うが，このときの仕込み温度は9〜10℃である。続いてその翌日に留め仕込みを行う。留め仕込みの温度は7〜8℃である。その後徐々にもろみの温度を上昇させて蒸米のデンプンの分解とアルコールの生成・香味の調節を行う。もろみ末期には成分調節のために四段仕込みが行われる場合があるが，これは市販のアミラーゼ剤使用による蒸米の糖化液を加えることが多い（表1.3）。

⑩発酵が終了したもろみは上槽（固液分離）を行うが，純米酒以外は上槽直前に醸造用アルコールが添加される。上槽には油圧式の圧搾機または圧縮空気による自動濾過圧搾機が用いられる。前者で上槽した場合にはおりが多く出るのでおり引きタンクに移す（⑪おり引き）。しばらくするとタンクの底部におりが沈降するので二つあるホース接続穴のうち上部（上呑み）から澄んだ清酒を取り出して⑫濾過を行う。濾過はけいそう土（セライト）などを助剤として濾紙または濾布で行うが，あらかじめ清酒に活性炭を投入して脱色と香味の調整も行う。

清酒の貯蔵・熟成に先立ち⑬加熱殺菌（火入れ）を行う。火入れは熱交換器（蛇管またはプレートヒーター）を用いて行うが，このときの温度は62〜63℃である。火入れが不完全の場合には貯蔵期間中に火落ち菌が増殖して品質を損なうことがある（火落ち）。な

お生酒製造の場合には火入れの代わりに限外濾過（UF）を行うことがある。⑭貯蔵・熟成期間を経て出荷前にいくつかのタンクの貯蔵酒を混合してアルコール・日本酒度その他の成分と清酒の熟度や品質の調整が行われる（⑮調合）。最後に⑯濾過を行い，火入れと同程度に清酒を加温してびん詰めが行われる。

〔佐藤和夫〕

1.1.2 清酒の原料と原料処理
〔1〕原　　　　料
（a）水　　水は清酒製造のための主原料であるとともに，その水質は清酒の品質に直接，間接に大きな影響を与える。このため，昔から銘醸地とされるところには必ず名水がある。灘の宮水はその代表である。

（1）水　　源　　清酒製造には，1日の白米処理量の30〜50倍量の水を必要とする。したがって，清酒製造場の立地条件としては，衛生的で清潔な水が豊富にかつ廉価に得られることが必須の条件である。水源としては，井戸水，水道水，河川水などが用いられている。

（2）用　　途　　清酒製造に用いられる水には種々の用途があり，使用目的によりおもにつぎの三つに分けられる。

①　原料：仕込み用水，アルコール分調整用の割水
②　原料処理用：洗米水，浸漬水
③　雑用水：洗浄水，ボイラー用水

（3）水　　質　　酒造用水はまず飲用が目的である水道水の水質基準を満足することが必要である。さらに酒造用水には，鉄は水道水が0.3 ppm以下なのに対し0.02 ppm以下，有機物は10 ppm以下に対し5 ppm以下とより厳しいものが求められている。

①　有　効　成　分　　カリウム，マグネシウム，リン酸等の無機成分は麹菌や酵母の増殖を促進する。また，塩素やカルシウムは，もろみにおいて米の溶解を促進する効果がある。

宮水とその他の酒造用水に含まれる無機成分の含量を**表1.4**に示す[19]。軟水のため無機塩類が不足するときは，添加補強することがある。これを「水の加工」という。

②　有　害　成　分

鉄：鉄は清酒製造において最も有害とされる成分である。清酒に混入した鉄は麹が生産するデフェリフェリクリシンという環状ペプチドと結合して赤褐色のフェリクリシンとなる。

マンガン：清酒の日光着色を促進し，香味を劣化させる。

重金属類：鉛，水銀，カドミウムなどの重金属は人

表1.4　仕込み用水中の無機成分〔ppm〕

	用　水	宮水11点
Na	3.60　～　200.1	32.13
K	0.10　～　58.0	19.69
Ca	0.40　～　131.4	37.16
Mg	0.20　～　33.04	5.61
Fe	0　～　2.19	0.002
Mn	0　～　2.30	0.041
Zn	0.008　～　3.77	
Cu	0.001　～　0.29	
Al	0.13　～　0.62	
pH	5.32　～　9.08	6.98
有機物	0.30　～　16.6	5.07
蒸発残留物	50.0　～　524.0	301.4
HCO_3	1.64　～　158.0	64.3
SO_4	1.4　～　29.0	
SO_3	3　～　68.6	24.3
Cl	5.5　～　160.8	31.77
PO_4	0　～　65.4	6.97
SiO_2	4.1　～　78.0	24.6
NH_4	0　～　0.20	0.0056
NO_3	0　～　19.1	3.57

体に有害であり，水道水の水質基準以下でなければならない。

硝酸イオン，亜硝酸イオン，アンモニア：これらは水源の汚染が疑われる。ただし，硝酸イオンは生酛系の酒母の仕込み水には必要である。

有機物：動植物の腐食物に由来し，家庭下水の流入などが原因である。

細菌類：大腸菌は糞尿による汚染の可能性がある。

細菌酸度：乳酸菌などの生酸菌は，麹，酒母，もろみを汚染し腐造となる危険がある。

(b) 原　料　米

(1) 酒造好適米と一般米　米は清酒の最も重要な原料であり，米質が清酒の品質に大きな影響を及ぼす。酒造米の適否の判定基準としては，蒸しが容易でよい蒸米ができること，麹菌の破精込みがよく，溶解糖化のよいことなどが挙げられ，酒造米としては大粒で心白のある軟質米が適しているとされる。これを「酒造好適米」と呼び，これ以外の米を「一般米」と称して区別している。酒造好適米の持っている性質として，千粒重が大きいこと，心白率が高いこと，粗タンパクおよび粗脂肪が少ないことなどが挙げられる。

酒造好適米は「醸造用玄米」として，一般米の「水稲うるち玄米」とは別の検査規格が定められている。また，醸造用玄米の産地品種銘柄としては平成16年現在で43道府県において176産地品種が指定告示さ れている。おもな品種に「山田錦」，「五百万石」，「美山錦」，「雄町」などがある。

清酒製造で使用される原料米のうち約2割が酒造好適米であり，残りは一般米が使用されている。

(2) 玄米の外観と構造

① 外　　　観　玄米は図1.3に示すような形態を有しており，胚のある側を腹，その反対側を背と呼ぶ。酒造好適米の米粒の中心付近に見られる楕円形の白色不透明な部分を心白という。原料米としては，品種固有の色を呈していて光沢があり，腹部の発達がよく，粒形のそろっているものが望ましい。一方，溝の深いものは精米の際に糠層またはそれに近い部分が残るため，白米のタンパク質や粗脂肪含量を高めることになり酒質に悪影響を及ぼす。

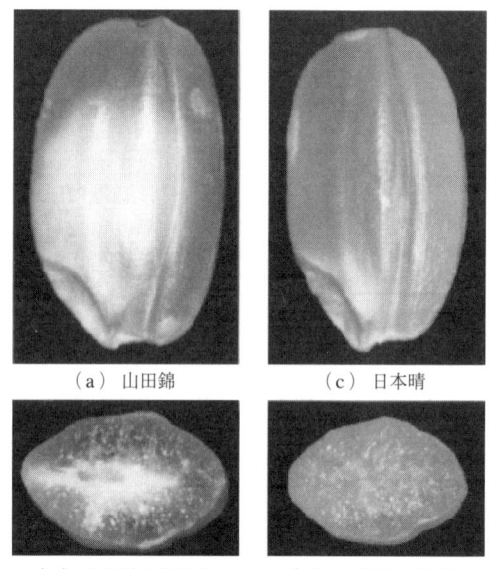

(a) 山田錦　　　　(c) 日本晴

(b) 山田錦の割断面　　(d) 日本晴の割断面

山田錦の中心部には心白（白色不透明な部分）がある。

図1.3　酒造好適米と一般米

② 構　　　造　玄米は表面を果皮と種皮に包まれていて，その内側に胚乳がある。胚乳の外表面に無機成分タンパク質および脂質に富む糊粉層があり，その内側にデンプン胚乳細胞がある。デンプン胚乳細胞内のアミロプラストには多くのデンプン粒が詰まっている。酒造好適米の中央付近では，図1.4のように丸味を帯びたデンプン複粒が見られ，一般米に比べて粗であることがわかる。

③ 性　　　状　玄米の整粒千粒重は品種によって異なるが，通常20～30gの範囲にある。同一品種

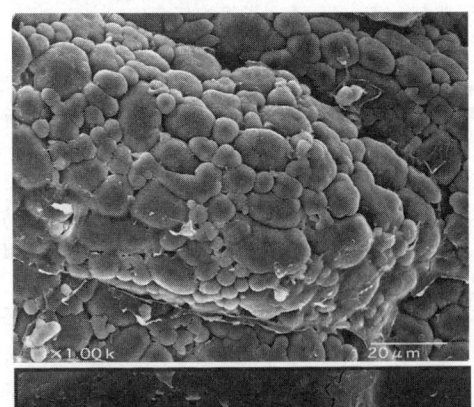

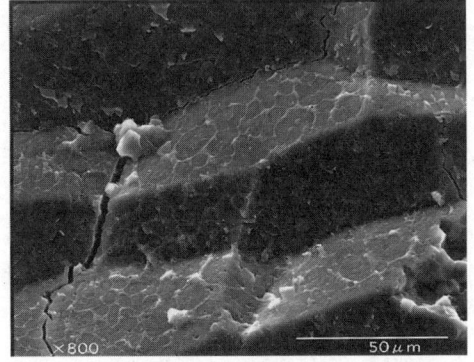

行する[21]。

脂質は、玄米中に約2％含まれており、その多くは粗脂肪で胚芽および糠層に多く、精米歩合75％くらいまでの間の減少が著しい。脂肪酸は清酒酵母の香気エステルの生成に影響し、不飽和脂肪酸はエステルの生成を大きく阻害する。

無機成分は、玄米中に約1％含まれており、各元素とも胚芽および糠層に特に多く、内部になるに従い減少する。主要なものはリン、カリウム、マグネシウムでこの三者で無機成分の90％以上を占める[22]。

（c）副原料　清酒の副原料として、醸造用アルコール、糖類、アミノ酸、有機酸などが認められているが、その使用量は厳しく制限されている。特定名称酒の吟醸酒、本醸造酒では、醸造用アルコールのみが白米量の1/10以内の使用が認められている。純米酒には、副原料の使用は認められていない。

〔2〕原料処理
（a）精米
（1）精米の目的　胚芽や外層部には、タンパク質、脂質、灰分、ビタミンが多く、これらが麹菌や酵母の生育を急進させて酒質の調和をくずし、また製成酒の着色、雑味成分となり酒質を劣化させる。したがって、これら有害成分を取り去ることが精米の目的である。昔から、米を白くするほど良質の酒ができることが知られており、「清酒の製法品質表示基準」では、吟醸酒は精米歩合60％以下、本醸造酒は70％以下である。精米時の成分の変化を**図1.5**に示す[23]。

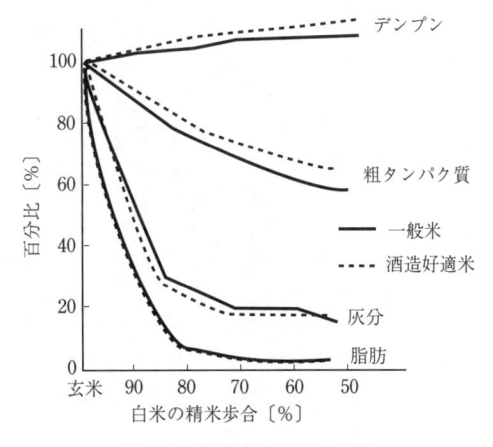

山田錦（上）はデンプンが粗に詰まっているが日本晴（下）は密に詰まっている。

図1.4　中心部の走査電子顕微鏡（SEM）写真

でも粒形の大きいもの、充実のよいものの千粒重は大きい。千粒重26g以上を大粒米、22～26gを中粒米、22g以下を小粒米と呼ぶ。

玄米の水分は通常14～16％で、検査規格では一般米は16％以下、醸造用玄米は15％以下となっている。玄米の水分が多いと剛度が低くなるため、精米時に割れやすく砕米が多くなる[20]。また、精米後の白米水分が高いため、蒸米吸水率が低く消化性が悪くなる。

デンプンは、玄米中に70～75％含まれている。水稲うるち米のデンプンは17～21％がアミロースで、残りはアミロペクチンであるが、酒造好適米は一般米に比べアミロース含量が多い。

タンパク質は、玄米中に通常7～8％含まれているが、品種によって含有量が異なる。また施肥など栽培条件によっても異なる。胚乳中のタンパク質は、主として貯蔵タンパク質顆粒であるプロテインボディー（PB）の形で胚乳細胞壁の周辺に存在する。白米中のPBにはPB-IおよびIIの2種類があり、PB-Iの主成分はプロラミンで、PB-IIの主成分はグルテリンである。清酒製造工程中では、PB-IIは麹酵素により消化されるが、PB-Iはあまり消化されず大部分は粕に移

図1.5　精米による成分の変化

（2）精米歩合　精米の程度は「（見かけ）精米歩合」として、白米と玄米の重量比で表す。

$$精米歩合 = \frac{精米後の白米重量}{張り込んだ玄米重量} \times 100 \;[\%]$$

1. 醸造製品

(3) 精米機と精米方法

① 精米機　精米とは，玄米から胚芽，果皮，種皮，糊粉層，さらには胚乳組織の一部を取り去ることである。精米歩合91～92％である飯米は，おもに果皮，種皮を取り去ればよく，これは軟らかいためこすり取ることで十分に目的を達成する。飯米用の横型精米機はこの特徴を応用したものである。しかし，90％以下の胚乳組織は硬く，削り取る方法によらなければならないため，酒造米には，竪型精米機が用いられている。

酒造用精米機はカーボランダム（金剛砂）の粒子を焼結して作った円盤（金剛ロール）によって米の表面組織を削り取る。精米機は，米タンク，精米室，万石（ふるい），バケットエレベーター，バグフィルターなどの部分からなっている。精米機の外形と精米機本機の中心部分の構造を図1.6に示す[24]。

能力としては，25馬力，張込量30俵（1800 kg）のものが多く普及している。金剛ロールは，カーボランダムの目の粗さによって区分するが，60番もしくは80番のロールが使用されている。大型精米機では，コンピュータであらかじめ設定された精米パターンで精米工程を管理する全自動方式となっている。

② 精米方法　白米の形状を決定するのは，ロールの回転速度と排出口の抵抗のかけ方である。この組合せによって形状と精米速度を自由に変化させることができるほか，除芽，除溝も任意に行うことができる。

よい米粒の形状としては，除芽，除溝がほとんど完全で玄米と同じ形に仕上がった白米，すなわち原形精米が最良とされる。

③ 白米の貯蔵（枯らし）　精米後の白米はただちに袋，ホッパーなどに移して，白米水分の変動が急激に起こらないようにし，米粒内部の水分分布が均一になるのを待って使用する。

(4) 精米の巧拙

精米の巧拙は，おもにつぎにより判定される。

① 無効精米歩合　玄米が無駄なく精米されたか否かを判定する方法で，数値が小さいほうがよい。

　　無効精米歩合〔％〕= 真精米歩合〔％〕- 見かけ精米歩合〔％〕

ただし

$$真精米歩合 = \frac{白米整粒千粒重}{玄米整粒千粒重} \times 100 \, [\%]$$

② 砕米率　白米中に含まれる砕米量と全体重量との比で表す。値は少ないほうがよい。

$$砕米率 = \frac{砕米重量}{白米重量} \times 100 \, [\%]$$

(b) 洗米および浸漬

(1) 洗米・浸漬の目的　米粒表面に付着してい

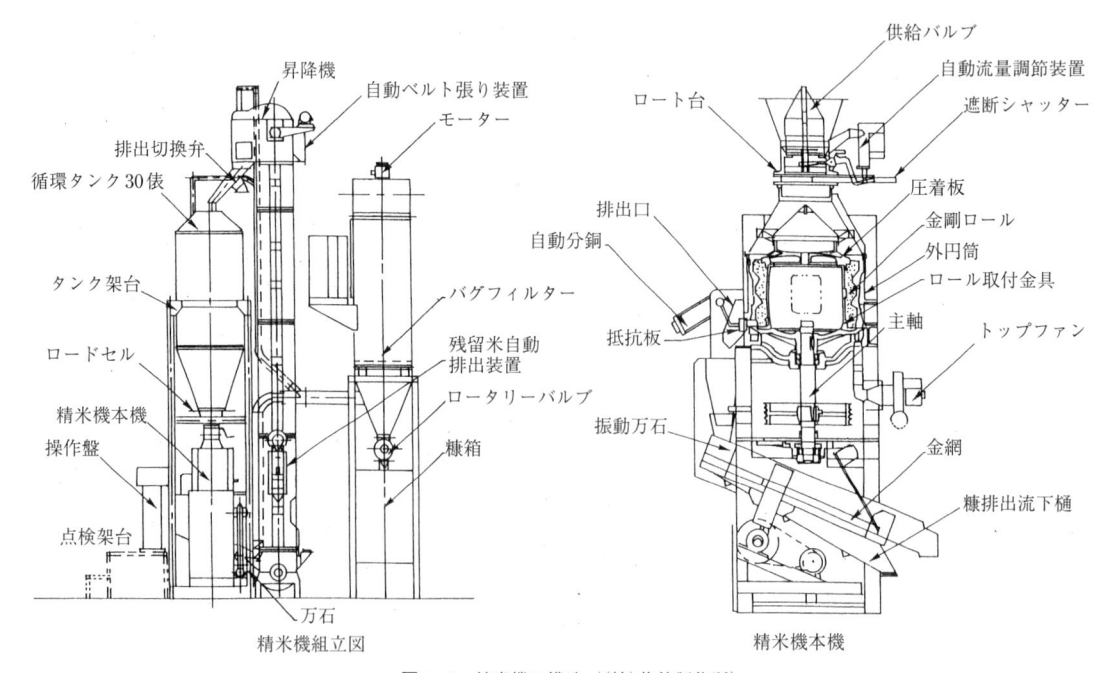

図1.6　精米機の構造（(株)佐竹製作所）

る米糠を除き，蒸米表面がべとつかないようにするために洗米を行う。また洗米中に米粒がこすれ合って表面が若干削られる精米効果もあり，第二の精米ともいわれる。

浸漬は蒸しに必要な水分を米粒に与えるために行うものであるが，逆に洗米・浸漬の過程で米粒中の水に溶けやすいカリウムなどの成分が一部溶出する。

(2) 洗米・浸漬法と浸漬吸水率　洗米には①洗米機による洗浄，②白米を水輸送して浸漬槽へ送る，③無洗米などの方法がある。

このうち②は工程合理化の一方法として普及しており，③は洗米廃水処理対策として，それを排出しないことを目的としている。

水輸送方式では，白米を水と混和してソリッドポンプで送るか，または通常のポンプで水を輸送しておき，途中にロータリーフィーダーを設けて白米を混入する。輸送の先端，浸漬槽で米と水とを分離する。

無洗米方式では，白米を研米機にかける。ブラシその他の機構によって米を研磨してよく除糠する。洗米排水のBOD（生物化学的酸素要求量）およびSS（浮遊物質）の発生量を他の方法の1/10に抑えることができる。

また，浸漬後の重量増加分をもとの白米当りの歩合で算出した値を浸漬吸水率という。

$$浸漬吸水率 = \frac{浸漬後白米重量 - 白米重量}{白米重量} \times 100 \,[\%]$$

(3) 白米水分および水温と浸漬吸水率との関係

同じ精米歩合の白米は，水分が同一であれば浸漬吸水率はほとんど同じ値になる。

また，白米の水分含量と浸漬吸水率には負の相関関係が成立する。白米水分が1％減少すると浸漬吸水率が約3％高くなり，逆に白米水分が1％増加すると，浸漬吸水率が約3％低くなる。したがって，浸漬吸水率は洗米直前の白米水分に最も大きく影響される[25]。

浸漬吸水率は60～180分で最高になり，長時間浸漬してもそれ以上の増加はほとんどなく，同じ白米の最高吸水率は洗米直前の白米水分により決定される。また，吸水速度は水温が高いと速くなる。

(4) 低精米歩合白米（吟醸米）の吸水　低精米歩合の吟醸用白米は長時間をかけて精米を行うため水分が少なく，吸水すると米質が極端にもろくなり，通常の洗米・浸漬を行うと吸水が過多で過軟の蒸米になるため，短時間浸漬（限定吸水法）を行う。同じ水分の白米について浸漬吸水率を比較すると，精米歩合が10％低くなると浸漬吸水率が1％高くなる[25]。

(5) 水切り　浸漬後，米粒周囲に残留している水を除去する。十分水切りがなされていないと，米粒がくっつき，蒸米が軟らかくなる。通常，使用前日に洗米，浸漬し，一晩水切りする。寒地では水切り中に米が凍らないように保温する。凍った米は蒸したときに過軟になる。また暖地では，20℃以上にならないように注意する。高温になると米に水棲バクテリアが繁殖して，蒸米が赤色になることがある。

(6) 洗米・浸漬により流出する成分　最も流出しやすい成分は，カリウムで洗米，浸漬中に30～40％が流出する。その他，ナトリウム，マグネシウム，リン酸，糖分，タンパク質，アミノ酸，脂質が流失し，浸漬水の性質にも影響されるが，水中のカルシウム，鉄は吸着される。カルシウムを吸着した白米は，溶解性がよくなる。

(7) 浸漬時間と消化性　浸漬吸水率はほぼ同じでも浸漬時間が長いほど米粒組織が変化して消化性も向上し，蒸米の弾性率，粘性率も徐々に低下する[26]。

(c) 蒸　し

(1) 蒸しの目的　蒸しによりβ型の米デンプンは変化し麹酵素の作用を受けやすいα型となる。また，米が殺菌され以後の製造工程が安全となる。

蒸し工程はつぎの二つに分けて考えられる[27]。

前期：蒸気が米層に到達し，冷たい米の表面に結露して凝縮水が付着。品温を100℃に上昇させ米層を吹き抜けるまでは，蒸気通過抵抗が大きい。

後期：凝縮した水分が米粒内へ浸透し，米粒のα化，タンパク質の変性，脂質の分解・揮散などを行わせる。

前期の所要時間は米層の厚さ，蒸気量，米の品温などによって異なるが，後期はおもに米デンプンのα化に要する時間で，最低15分は必要であるとされている。しかし，デンプン粒構造が変形するためには20分以上必要で，弾性率・粘性率は25分の蒸しで15分蒸しのほぼ半分となり約一定となる[26]。蒸し時間を長くするにつれて，タンパク質が変成し，もろみのアミノ酸量が少なくなり，また，脂質の分解・揮散が増加して脂質量は減少する。蒸し時間は，40～50分が標準とされる。

また，蒸米を冷却・放置すると硬化して，酵素による消化を受けにくくなる。この現象を「老化」と呼び，原料利用率に大きな影響を与える。

(2) 蒸米機

① こしき　木桶の底板に孔を開け，大釜の上に載せたものが在来のこしきである。孔の上に蒸気分散用のコマを置き，サナを設け，その上に布を敷いて浸漬米を置く（**図1.7**）。現在はボイラーが普及したので，和釜もしくはこしきへ制御した蒸気を直接導

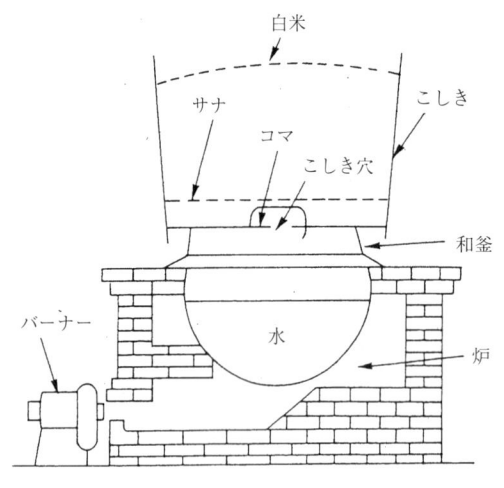

図1.7 和釜とこしき

入して米を蒸す。処理量は1回に白米2t程度までが限度である。蒸米の取出しを容易にするため移動・回転・転倒型のこしきもある。

② 横型蒸米機　ネットコンベアーの上に浸漬米を均一な薄層に堆積させて走行させ、コンベアーの下側から蒸気を供給し米層中を通過させて連続的に多量の原料米を蒸す方法である。米層を通過した余剰の蒸気を装置外に放出せず、蒸気加熱器で再加熱し、前段の蒸し工程に供給する連続多段利用型の省エネルギー型がある。外形を図1.8に示す[24]。

③ 竪型蒸米機　垂直円筒の缶体の上部から連続的に浸漬米を入れ、底部から蒸米を連続あるいは間欠的に取り出す。蒸気は底部付近から送入する。蒸米の取出し方法に、自然落下式とシャッターを開閉して蒸米を切り取る方式とがある。

④ 蒸気クリーナー　ボイラーから送られた蒸気には鉄錆、清缶剤などが混入している。また、高圧蒸気であるため、それを急に常圧に噴出させると乾き蒸気（圧力は1気圧で100℃以上の温度）となり、蒸気吹込口近くの蒸米が乾燥する。これらを防ぐため、ボイラーの蒸気をいったん清浄な水とよく接触させ、洗浄して用いる。この装置をスチームクリーナーまたは整蒸器と呼ぶ。

（3）蒸米の判定　蒸し後の重量増加をもとの白米当りの歩合で算出した値を蒸米吸水率という。

$$蒸米吸水率 = \frac{蒸米重量 - 白米重量}{白米重量} \times 100 \, [\%]$$

よい蒸米とは、古くから、外硬内軟のものとされているが、蒸米吸水率が蒸し直後35〜40%で、表面がべとつかず、十分α化された均質な蒸米となる。蒸しによる直後の重量増加は約10%前後であるから、蒸米の硬軟を決定するのは白米の浸漬吸水率と温度である。

（4）蒸米の冷却　通常、走行ベルトの上に蒸米を平らに載せ、ベルト下側から空気を吸引して蒸米を冷却する連続式冷却機が用いられている。冷却はおもに蒸米の水分蒸発によるもので、したがって初期には急激に冷えるが、徐々に緩慢になり室温に近づくとなかなか冷めない。気温の高いときには蒸米冷却が作業のネックとなる。このため、蒸米温度を測定して目的の仕込温度となるように仕込水を冷却し、さらにその一部を氷で置き換えるなどの対策をとる。

（5）蒸米の輸送　米や蒸米の空気輸送は、送風機（ターボブロアまたはルーツブロア）と原料投入機（ロータリーフィーダー）とホースの組合せ（エアシュータ）が用いられる。　　　　　　　　　（荒巻）

1.1.3　清酒麹

〔1〕清酒麹の製造方法とその特徴

（a）清酒麹の特徴　穀類などにカビ（糸状菌）を生育させ、生産される糖化酵素を利用して、原料の

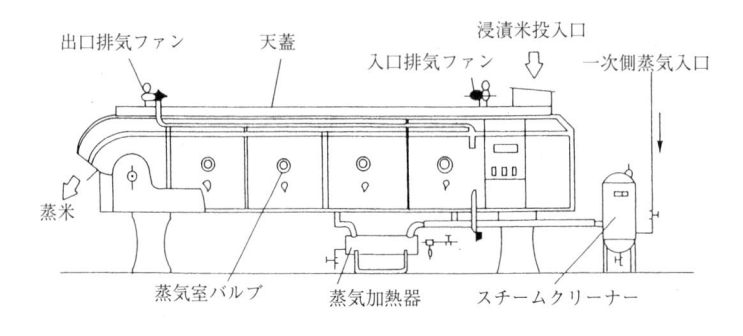

図1.8　横型連続蒸米機

デンプン質を糖化する目的で製造されるのが麹である。麹は高温多湿の東南アジア圏で広く酒造りに用いられている。清酒麹は蒸した白米（蒸米）に、黄麹菌（*Aspergillus oryzae*）だけを生育させた散麹である。これに対して、日本以外の地域では、生の穀類を粉体にして水で練り固めてレンガ状や団子状にしたものに、クモノスカビ（*Rhizopus* 属）やケカビ（*Mucor* 属）を生育させた餅麹（もちこうじ、へいきく）が使われる。生育するカビが異なるのは、穀類を生で使用するか蒸して使用するかの違いによるとされる。すなわち、*Aspergillus* 属、*Rhizopus* 属ともに生の穀類にはよく生育するが、*Rhizopus* 属は酸性カルボキシペプチダーゼ活性が低く熱変性し不溶化した白米タンパク質を分解しがたいために蒸した穀類には生育しにくい。一方 *Aspergillus* 属は酸性カルボキシペプチダーゼ活性が高く蒸した穀類でも生育できる。そのため、蒸米を用いる日本の麹では *Aspergillus* 属だけが選択的に生育したものと推定されている[28]。微生物叢が均一な清酒麹を使用する清酒は、酵母なども含む複雑な微生物叢の餅麹を使用している国の酒類に比べ、酸味の少ない淡麗な香味を特徴とする。東南アジア地域で酒造りに用いられている餅麹はそれぞれ、曲（きょく）（中国）、ブボット（フィリピン）、ルクパン（タイ）、ラギ（インドネシア）などと呼ばれ、酵母が共存することによってアルコール発酵のスターターとしての役割も有する点で清酒麹と異なる。

（b）清酒麹の役割　清酒は蒸した白米を原料とし、これを糖化・発酵して製造される。アルコール発酵を行う酵母はデンプンを利用できないため、蒸米に麹菌を繁殖させた麹を用いて蒸米を糖化する。麹中には麹菌が生産した各種の酵素が含有し、デンプンを分解糖化するアミラーゼ類が最も重要であるが、アミラーゼ以外にも蒸米の溶解を促進する効果があるタンパク質分解酵素（プロテアーゼ）も必要である。また脂肪をグリセリンと脂肪酸に分解するリパーゼなども生産される。麹の各種酵素によって蒸米から生成された成分は酵母の栄養源となる。酵母の代謝によってグルコースからアルコールが生産されるほか、アミノ酸、脂肪酸からは各種の香気成分が生成される。また、麹中に含まれる麹菌の代謝産物である、ビタミン、アミノ酸、糖類などは、酵母の栄養源となるとともに、清酒の風味を形成する香味成分ともなる。

清酒製造における麹の役割をまとめると、①蒸米の溶解、糖化に寄与する各種酵素類の供給、②清酒酵母の増殖、発酵を促進するための栄養源の供給、③麹菌の代謝産物による酒質（香味）の形成である（図1.9）。

白米中のデンプン
（ブドウ糖が数多くつながったもの）
$(C_6H_{12}O_6)_n$

糖化　麹の酵素（アミラーゼ類）でブドウ糖にまで分解する
清酒麹菌：*Aspergillus oryzae*

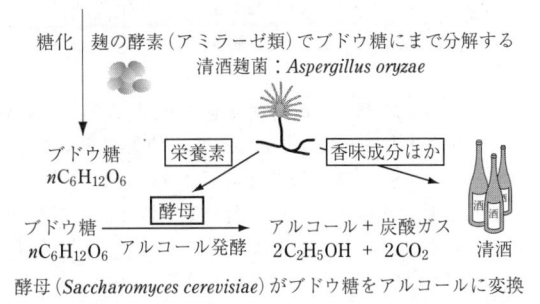

ブドウ糖　$nC_6H_{12}O_6$　栄養素　香味成分ほか

ブドウ糖　$nC_6H_{12}O_6$　酵母　アルコール発酵　アルコール＋炭酸ガス　$2C_2H_5OH + 2CO_2$　清酒

酵母（*Saccharomyces cerevisiae*）がブドウ糖をアルコールに変換

図1.9　清酒醸造における麹（麹菌）と酵母の役割

（c）清酒麹菌と種麹（たねこうじ）　清酒に使用される麹菌（*A. oryzae*）は、デンプン分解酵素（α-アミラーゼ、グルコアミラーゼ）活性が高く、蒸米によく繁殖する菌株が選抜されている。清酒麹菌として求められる性質にはそのほかに、①清酒粕の褐変の原因となるチロシナーゼ活性が低いこと、②鉄と結合して清酒の着色原因となる環状ペプチドのデフェリフェリクローム（DF）を生産しないこと、③香りのよい米麹となること、④種麹をつくるため、胞子（分生子）を着生しやすく収量もよいこと、⑤火落菌（ひおちきん）（清酒に生育する乳酸菌）の生育因子であるメバロン酸の生産が少ないこと、などが挙げられる。

麹製造時の麹菌の接種には、蒸米に麹菌胞子を着生させた種麹が使用される。種麹は、精米歩合95〜99％の蒸米に木灰を混和し、麹菌胞子を接種し、5〜6日間製麹（せいきく）し、着生した胞子を十分成熟させた後、乾燥して製造される。胞子数は 8×10^8/g 程度。木灰の添加はアルカリ性の環境が麹菌の純粋培養に適しているためとされている[29]。種麹は種麹メーカーにより供給されているが、通常は麹の使用用途に適するように複数の菌株が混合されたものが製品となっている。また、胞子のみを分離し、殺菌α化デンプンと混合した粉末種麹も市販されている。胞子数は 2×10^9/g 程度である。

特殊な麹菌としては、DF非生産性の変異株[30]が育種され実用化されており、鉄分が多い仕込み水を使わざるを得ない製造場で使用されている。鉄分は麹菌の生育に必須の元素であり、麹菌はDFを用いて鉄分を吸収している。そのためDF非生産株は増殖が遅くなる傾向にある。麹菌のDF生産にかかわる酵素の遺伝子が見出され解析された[31]。

（d）清酒麹製造方法の概要　麹を製造することを製麹と称する。清酒製造に必要な麹の各種酵素や麹

菌代謝物は，一般に麹菌体の生育量に比例して生成される。また，製麹中の蒸米水分含量は麹菌の生育速度に影響するとともに，酵素の生産量や二次代謝産物の生成にも影響する。さらに，製造された麹の水分含量（乾燥度）はもろみ中での麹からの酵素の溶出に影響し，もろみ中の蒸米の溶解速度を律速する。したがって，製麹の基本は，麹菌の発芽や菌糸伸長期間である。製麹前半は，胞子の発芽や麹菌の生育に必要な温度・湿度（蒸米水分）を保ち，酵素生産期間となる製麹後半は酵素生産に適した温度と乾燥度に導く操作を行って，清酒製造に適した品質の麹を作ることにある。目標とする酒質によっても使用する麹の特性を変える必要があり，その目的に適合する麹となるように，製麹操作も適宜変化させる。

製麹は，温度と湿度の調節が可能な専用の部屋（麹室）で行われ，2昼夜（約48時間）かけて製造される。麹室は，麹菌の生育に適した温度を保持できるよう断熱構造にし，加温用の温床線やヒーターなどが設置され，製麹中は30℃程度に保たれる。また，比較的容易に乾燥を図れるよう，また発生する炭酸ガスの排出のために換気用の天窓や換気扇を備える。最近は湿度調節のために加湿器や除湿器を置くこともある。在来型の麹室の内部は，室内の湿度を調節しやすく結露のしにくい板張りが多い。

製麹の流れの概要は，35℃程度に冷却した蒸米を麹室に引き込み，種麹の胞子を蒸米に散布する。胞子の発芽を促すため布などで全体を覆って保温し乾燥を防ぐ。約22～24時間で菌糸の生育が肉眼で認められるようになる。生育に伴う発熱で品温が上昇するようになるので，物量を小分けにしたり保温方法を調節しながら，約6～8時間かけて品温を34～35℃程度に誘導する。品温の急激な上昇を避けるため攪拌していったん温度を下げ，さらに約6～8時間かけて品温を38～39℃程度に誘導する。この間に，水分の蒸発により麹は適度に乾燥し，また麹菌の菌糸が蒸米の表面だけでなく内部にまで伸長してくる。また，酵素の生産もさかんになるが，さらに6～8時間，品温を40～42℃に保って酵素の生産と麹の乾燥を促す。最後に麹室から出して冷却後仕込みに用いる。

（e）在来法による清酒麹の製造方法（蓋麹法）

麹製造工程後半では，麹菌の旺盛な増殖によって発熱がさかんになるため，品温の上昇を制御しやすいように麹を小分けして管理する。最小の分割単位で行う方法は，縦・横・高さが45×30×5cmの柾目の杉板で作られた木箱（麹蓋）を用いる伝統的方法で蓋麹法という（図1.10）。蓋麹法は，製麹の基本的な操作を説明するのに適しているため本方法について詳しく述べる。

① 引込み　34～35℃程度に冷却した蒸米を麹室に搬入し，そのまま，または布に包んで堆積しておく。

② 種付け（種切り）　種付けは，蒸米を床（木製の広いテーブル）に広げ，種麹をふるいに入れ胞子を散布する。種麹の使用量でできあがる麹のタイプが異なる。平均的散布量では1米粒当り約2 000個の胞子が着生する。

③ 床揉み　種付け後，蒸米を揉んで胞子着生の均一化を図る。蒸米を堆積し，保温と乾燥するの

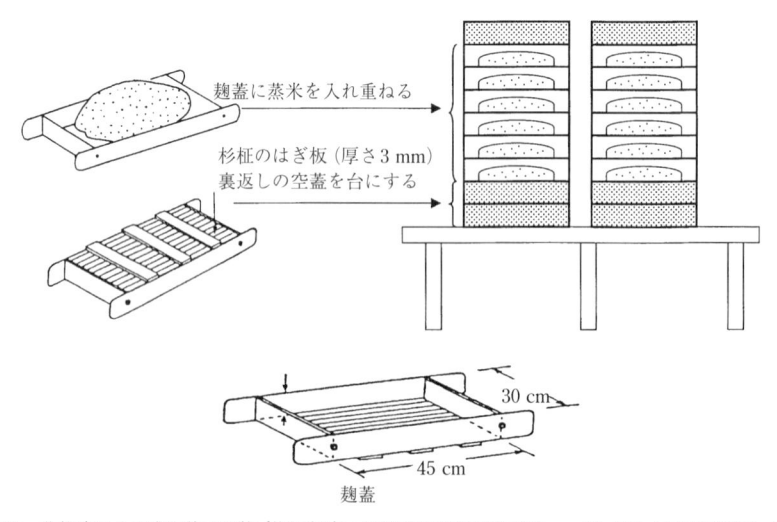

図1.10　蓋麹法による盛り後の状態〔梅田紀彦：増補改訂最新酒造講本，pp.78-104, 日本醸造協会（1996）〕

を防ぐため布で覆う。操作終了時の品温は31～32℃が標準。

④ 切り返し　床揉みから約10時間後，堆積した蒸米をもみほぐして，品温の均一化と内部にこもった水分の発散を図る。

⑤ 盛　り　切り返しから12～14時間で菌糸が見え始め，麹菌の生育が旺盛になり始める。これ以降，堆積したままでは麹菌の生育による発熱で品温が急激に上昇するため，麹蓋に約1.5kgずつ分配して，6～8枚ずつ重ねて並べ，布をかぶせて保温する（図1.10）。

⑥ 仲仕事　盛り後6～8時間で品温は34～35℃になる。この時点で品温の降下と均一化のために麹を攪拌する。

⑦ 仕舞仕事　仲仕事から6～8時間で，品温は38～39℃になる。再度，品温の降下と均一化のために麹を攪拌する。

⑧ 積替え　盛り後は，積み重ねた麹蓋の位置により品温に差が生じるため，定期的に麹蓋の上下を入れ替えて品温の均一化を図る。積替え，保温用の布の枚数，共蓋（空の麹蓋を麹の入った麹蓋に重ねる）による空間の調節などによって温度を調節して品温の管理を行う。

⑨ 出麹　仕舞仕事から6～8時間を目安に，麹菌（菌糸）の蒸米表面上の生育程度や蒸米内部への侵入程度，香味などにより麹を麹室から出す時期を判断する。出麹時の品温は40～42℃が標準である。出麹した麹を乾燥状態を保ちながら放冷する。仕込みに用いるまでの期間を枯らし期間という。

（f）蓋麹法以外の製麹法　製麹操作のポイントは，麹菌が発生する炭酸ガスや水分の除去と品温の調節である。これらの管理が可能であれば，製造量単位は大きいほうが効率的である。麹蓋の約10倍量を盛ることができる木箱を用いた箱麹法，小分けせずに全量を床上で広げて製麹する床麹法があるが，製造管理の要点は蓋麹法と同様である。攪拌機と自動通風による品温調節機能を備えた自動製麹機による機械製麹法も多用されており，これにより夜間の作業が軽減される。

箱麹法による標準的な品温経過を図1.11に示す。

（g）麹品質の判定　麹菌の生育の状態を定性的に評価する伝統的な表現として「破精」がある。破精とは肉眼で観察される麹菌の菌糸塊をいい，蒸米部分は透明感があるのに対して，菌糸が生育した部分は白く不透明である。米粒表面における麹菌菌糸の繁殖の分布状態を"破精回り"，米粒内部への菌糸の侵入状態を"破精込み"という。

麹菌の菌糸が米粒表面全面を覆って破精回りがよく，かつ米粒内部への破精込みもよい麹を総破精麹という。破精回りは斑点状であるが，破精込みがよい麹を突き破精麹といい，両タイプの麹が清酒用として望ましいとされる（図1.12）。さらに，色が白く，特有の香り（栗香）を有し，手で握った感覚に弾力性を感じ，手から離れたときにパラパラとほぐれる（サバケのよい）のがよい麹である。

破精は，使用した種麹の量でも変わり，種麹が多めの場合は総破精麹，少なめの場合は突き破精麹となる傾向がある。

破精回りだけで破精込みが少ない麹（塗り破精麹），蒸米が軟らかすぎたため，破精回りはしているが破精込みのない麹（バカ破精麹），麹菌がほとんど繁殖してない乾燥した麹（破精落ち）などは，酵素力が弱く清酒製造には適していない。

見た目には同じように見える破精でも菌糸の状態や蒸米の消化状況は異なる。突き破精麹は破精回りが少ないように見えても蒸米はよく消化されており，酵素

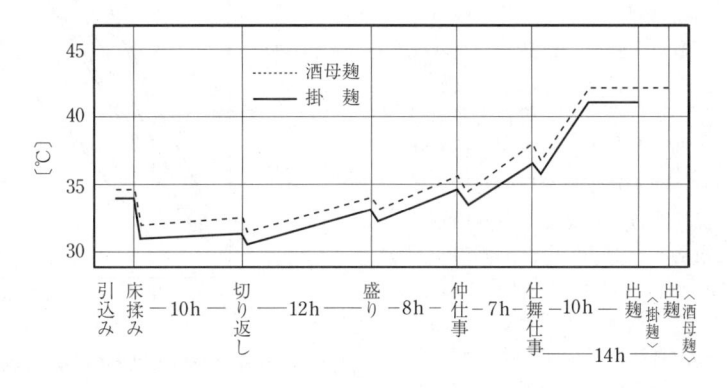

図1.11　箱麹法における品温経過（掛麹・酒母麹）〔梅田紀彦：増補改訂最新酒造講本，pp.78-104，日本醸造協会（1996）〕

表面			
割断面			

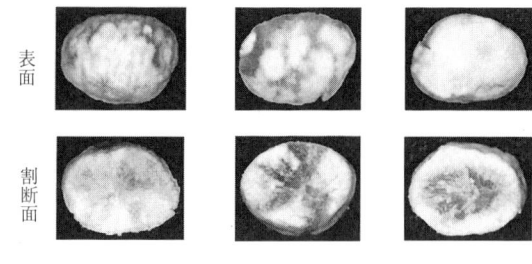

酵素力価が強く濃醇な味になる	酵素力価は強いが味は端麗で香りも高い	酵素力価が弱く味は薄く粕が多い
(a) 総破精	(b) 突き破精	(c) 塗り破精

図1.12 麹の品質評価(破精の入り方と酒質の関係)
〔吉井美華,荒巻 功:醸協,**96**,806-813(2001)〕

生産が高いことがわかる。一方,塗り破精麹は菌糸が多いように見えるが,蒸米の消化は進んでおらず,酵素生産が低いことがわかる[33]。

(h) 麹のタイプと酒質 使用した麹のタイプは,できた清酒の特徴や品質に影響する。麹のタイプには前述した破精の違いによるもののほか,製麹時間を長くして麹菌の二次代謝産物を多く蓄積させた老麹,逆に製麹時間を短くした若麹のタイプ分けもある。

同一仕込みでも用途によって麹のタイプを使い分ける場合もある。酒母用の麹は,酵母の増殖を促進するための糖や栄養源の供給が十分でなければならず,酵素生産量が多く,麹菌の代謝産物も多い麹とする必要がある。そのためには麹の増殖を促進するような操作方法がとられる。通常はもろみ用の麹に比べ品温経過を少し高めに誘導し,また出麹も遅くして麹室中の滞在時間を50時間程度にし老麹とする方法などがとられる。酒母用には総破精タイプの麹が適している。酒母用麹の製麹中の標準的な品温経過を図1.11に示す。

麹のタイプとできた清酒の特徴との関係については,総破精麹は菌体量が多く,酵素力が高く,二次代謝産物が多く,甘味も強く,これを掛麹に用いた清酒は,濃醇型の酒質となり,アルコール生成量も多くなる。突き破精麹は,麹を噛んだときに焼き栗様の香りがあり,甘味もほどよい。突き破精麹を用いた清酒は淡色で芳香が高く,軽快で淡麗なうま味のある酒質となる。塗り破精麹や破精落ち麹が多いと,酵素力が不足し,もろみでの糖化が遅れ,発酵が先行するために,うま味の乏しい酒質になる。水分過多の軟らかい蒸米で作られたバカ破精麹は,甘味は強いがうま味が乏しく,製麹期間中に雑菌に汚染される可能性が高い。バカ破精麹を使用した清酒は,色が濃く,酸味がありすっきりしない酒質となりやすい。

(i) 製麹の微生物管理 清酒麹は,麹菌(*A. oryzae*)だけで作られ,これが清酒特有の香味を生み出す。したがって麹菌以外の微生物が繁殖した場合は汚染となる。汚染微生物として問題となるのは,枯草菌,乳酸菌,野生酵母,アオカビなどである。水分過多の蒸米を使用した場合枯草菌が繁殖しやすく,納豆臭がしたり麹菌の繁殖を阻害し酵素力の弱い麹となり,仕込みには使用できない。乳酸菌のなかにはアルコール耐性がありもろみ中でも生育できる腐造乳酸菌や火落ち菌がおり,これらがもろみへ移行するともろみでの酸の生成や発酵の遅延や停止を引き起こす。乳酸菌が繁殖した麹は酸度が高くなることから,麹の酸度を測定して汚染を検出する。野生酵母も麹に繁殖するが,優良酵母を純粋大量培養した酒母を使用すれば通常は問題とならない。しかし,野生酵母のなかには清酒酵母を死滅させるキラートキシン生産酵母もおり,これらのキラー野生酵母が汚染した場合には,清酒酵母が淘汰され優良な清酒を得ることが困難となる。

麹の微生物汚染を防ぐには,麹室や使用器具の定期的な洗浄消毒が欠かせない。また過軟な蒸米を出さないなどの原料処理にも注意を払う必要がある。(秋田)

〔2〕麹の培養工学

(a) 麹菌の増殖と製麹管理 蒸米における麹菌の増殖速度は,温度30~40℃の範囲では35~37.5℃付近で最も速く(図1.13),蒸米吸水率30~51%の範囲では蒸米吸水率が多いほど速くなる傾向

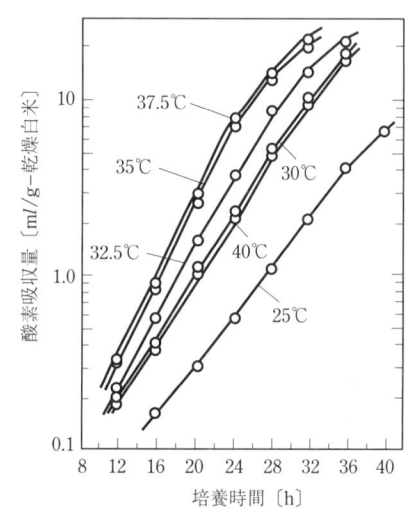

麹菌の増殖量は酸素の消費量で表している。

図1.13 麹菌の増殖に及ぼす培養温度の影響〔岡崎直人,竹内啓修,菅間誠之助:醸協,**74**,683-686(1979)〕

がある[34]。また，精米歩合が高いほど増殖速度は速くなり，増殖量も多くなる。増殖速度と増殖量は蒸米中のリンとカリウム含量に影響されることが認められている[35]。

蒸した麹米に種付けされた胞子は3～4時間ほどすると発芽して麹米表面に沿って菌糸が伸長し，10～15時間頃から徐々に麹米内部へと進入していく。菌糸の増殖に伴い麹米表面は溝状やトンネル状に浸食され（図1.14），麹米内部は空隙を伴う粒状に浸食される[36]。これらの浸食痕はいずれも光を強く乱反射し，この乱反射に菌糸自身による光の乱反射が重なって破精が形成される[37]。浸食痕ができるかどうかは麹米の水分に強く影響され，こしき肌のように水分が過剰な場合は，菌糸が旺盛に増殖しても浸食痕はできない。また，水分が過剰な場合は菌糸が麹米に埋没して増殖するため，菌糸による光の乱反射もほとんど起こらず破精が形成されない。

麹米表面は麹菌の増殖に適した環境にある。一方，

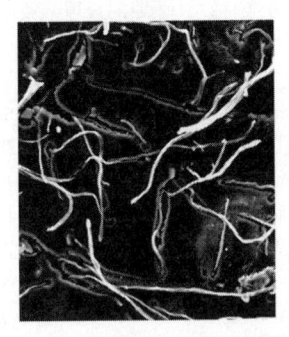

図1.14 麹米表面に増殖する麹菌の菌糸〔吉井美華，荒巻 功：醸協，**96**，806-813（2001）〕

麹米内部は炭素源，窒素源，ミネラルなどは十分にそろっているものの，麹米1g当り約0.1 mlの溶存酸素が存在するだけであり，好気性の麹菌には十分な増殖環境にはない。製麹では麹1g当り20～30 mlの酸素を必要とし[34]，これを麹表層と内部に存在する菌糸量[37]でそれぞれ按分すると，約半分の酸素は麹内部の菌糸が消費すると推察される。このことは麹には空気中の酸素を麹内部に円滑に送り込むメカニズムが存在していることを強く示唆する。おそらく麹菌の増殖に伴って麹米表面にできる溝状およびトンネル状の浸食痕や麹米内部にできる空隙などの浸食痕がたがいにネットワーク状につながり，これらを通気孔として空気中の酸素がガス状のまま麹内部に迅速に拡散するものと思われる[38]。

一般に製麹は45時間ほど行われ，製麹の中盤まではおもに基底菌糸が増殖し，製麹の終盤になると基底菌糸に加えて気中菌糸，いわゆる「毛」が増殖する。気中菌糸が旺盛に増殖すると麹は塊状となり製麹の妨げとなる。気中菌糸は基底菌糸に比べて，酵素生産にはさほど重要ではないと考えられている。

製麹のおもな目的は清酒製造に有用な酵素を麹菌に生産させることにある。α-アミラーゼのように（図1.15），有用酵素の多くは麹菌の増殖に連動して生産されるため[39]，一般的には麹菌がよく増殖した総破精麹が目指される。なお，麹菌の増殖には，微生物の増殖でよく見られる誘導期，対数増殖期，停滞期が認められる。

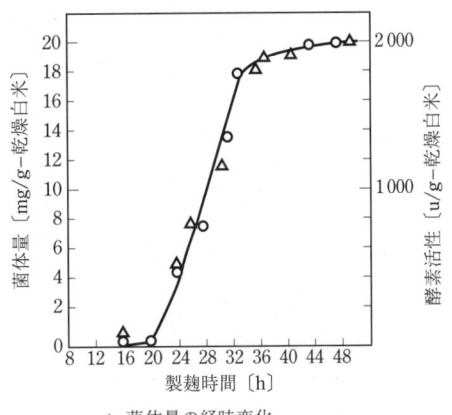

図1.15 麹菌の増殖とα-アミラーゼ生産経過
〔日本醸造協会編：増補改訂 清酒製造技術，pp. 148-149（1998）〕

製麹はおもに麹の品温を中心に管理される。一方，酵素生産は品温だけではなく麹米水分によっても影響を受ける[34]。高度な製麹管理を行うためには，生産を促したい酵素の最適な生産温度帯ではその酵素の最適生産水分になるように管理し，生産を抑制したい酵素の最適温度帯ではその酵素の最適生産水分から遠ざけるような管理の仕方も必要である。蒸米における麹菌の増殖はまだ十分に明らかにされておらず，製麹管理技術の向上にはその解明が不可欠である。

（b） 麹菌の代謝熱 麹菌は麹米のデンプンやタンパク質を自ら生産した酵素で分解し，分解産物のグルコースやアミノ酸などを代謝しながら増殖する。グルコースの代謝に伴って熱が発生し，麹の品温が上昇する。一般的な製麹では製麹期間中に約380～440 kJ/kg-乾物の熱が発生し，最大発熱速度は約30 kJ/

kg-乾物・h と測定されている[40]。発生した熱の約7割が麹水分の蒸発によって取り除かれると推定され，麹1 kg当り0.172 kgの水分が蒸発することになる。そのため水分が少なめの蒸米を使った場合は，製麹中に麹の水分レベルが過度に低くなり，麹菌の増殖や酵素生産に影響が出やすい[41]。

通風式製麹機では麹層に乾燥空気を通風して，麹水分を積極的に蒸発させて熱を除去する。麹層に入った乾燥空気は増湿しながら麹層を移動していき，ほぼ飽和湿度で麹層を抜ける。通風する空気が乾燥しているほど麹水分は蒸発しやすく麹の熱が除去されやすい。そのため麹層には通風の上流から下流に向かって上昇する温度分布が生ずる。温度分布の程度は通風量の影響を受け，この様子がシミュレーション解析（**図1.16**）されている[42]。麹層の温度分布は麹の品質にばらつきを与えるため，製麹の現場では手入れを行って麹層を均一にする操作が行われる。

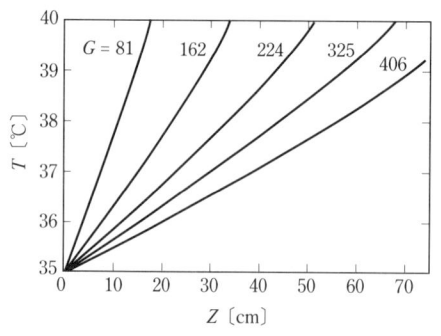

T：温度〔℃〕，Z：麹層厚さ〔cm〕，
G：通風空気の流速〔kg/m²・h〕
麹層低部温度 = 35℃，麹層上部温度 = 40℃

図1.16 麹層の定常状態における温度分布〔永谷正治，服部靖夫，市川弥太郎：醱酵工学，**55**，175-178（1977）〕

（c）麹菌の増殖量の測定 麹菌は麹米表面と内部に複雑に増殖するため，麹菌の増殖量を直接測定することは困難であり，間接的な方法が用いられる。少量の麹を培養容器に入れ酸素の消費量から増殖量を推定する方法[34]，近赤外分光分析を用いる方法[43],[44]，CCDカメラを用いた画像解析による方法[45]などが開発されている。現在は麹を酵素で処理し，麹菌の細胞壁から生ずるN-アセチルグルコサミンの量から増殖量を推定する方法が広く用いられている[46]。なお，製麹の現場では製麹中に形成される破精が麹菌の増殖量を推定するための重要な指標となっている。

麹中の増殖量の分布については，麹を小型精米機で表面から徐々に削り取り，精米機に残留する麹粒のN-アセチルグルコサミン含量から推定する方法が考案されている[47]。また，麹をカッターで細分化してN-アセチルグルコサミン含量を測定する方法も行われているが[36]，増殖量の分布を簡便に測定する方法は開発されていない。麹における増殖量分布に関するこれまでの知見からすると，麹菌は麹中に指数関数的に分布し，麹表面に多くの麹菌が増殖することが認められている[47],[48]。

（d）製麹機の概要 製麹機には簡易製麹機と自動製麹機とがある。簡易製麹機では床期間を在来法と同様に行い，盛以降の品温管理を製麹機で行う。麹米の張込みや出麹，手入れなどは人の手で行い，多くが麹室に設置して使用する。

自動製麹機は基本的に床期間から棚期間までのすべての品温管理を一貫して行う。また，麹米の張込みや出麹，手入れなども機械によって行う。保温装置を備えているものは製造場内に設置し，保温装置を備えていないものは麹室に設置して使用する。

製麹機の運転条件は，標準的な運転条件に，清酒製造場ごとのノウハウを試行錯誤的に組み込み決定される。

（1）**天幕式製麹機** 天幕式製麹機には簡易製麹機と自動製麹機が開発されている。現在最もよく普及している簡易天幕式製麹機を**図1.17**に示す。製麹槽は幅1.8 mを標準とし，長さは1.8～10.4 mまでが実用化され，最大で約1 200 kgの製麹が可能である。麹室内に設置し，室内を約28～30℃，乾湿度差を約3～5℃に設定して使用する。この製麹機の特徴は製麹槽の上部を天幕と呼ばれる木綿などの布で覆うことである。天幕には適度な保温効果と水蒸気を適度に透過または凝縮させる機能があり，製麹槽内を適温適湿に維持しやすい。床期間を終えた麹を約12 cmの厚さで盛り込む。品温が設定値より高くなった場合は送風機で製麹機内部の空気を下から上に循環させて調整する。送風の強さと外気を取り入れるダンパーの開閉度が段階的に大きくなるように制御盤にセットする。製麹の

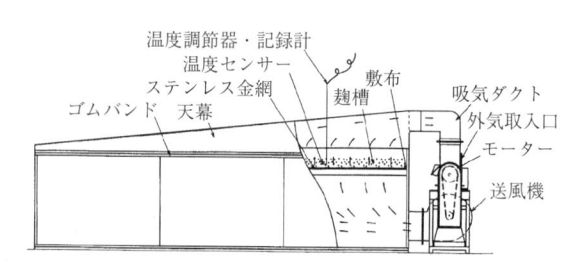

図1.17 簡易天幕式製麹機

進行に合わせて，麹室の温度と湿度を調整するとともに，麹層を仲仕事で約8 cm，仕舞仕事で約6 cmになるように人の手で徐々に広げる。

天幕式自動製麹機は，床用装置と棚用装置で構成され，麹室に設置して使用する。床装置では木製の蓋をして麹の過度な乾燥を防ぎ，棚装置では天幕を通して水分を適度に透過させて品温管理の下支えとする。麹の品温が設定値を超えた場合は通風を行って制御する。普通麹および吟醸麹の製造に用いられている。

（2）薄盛多段式製麹機　薄盛多段式製麹機には簡易製麹機と自動製麹機が開発されている。簡易薄盛多段式製麹機（**図1.18**）の製麹槽は幅1.8 m，長さ1.8～6.3 mであり，そのなかに取外しができる棚を3～5段に設置している。床期間を終えた麹をそれぞれの棚に3～5 cmほどの厚さに盛り，蓋をして製麹槽を密閉する。品温管理は仕舞仕事までは製麹槽内部の空気をそのまま循環して行い，仕舞仕事以降は除湿装置を作動させて適温適湿に調整した空気を循環して行う。ダンパーから取り入れる外気を少なくして運転するため，製麹槽内の炭酸ガス濃度はやや高めに維持される。また，棚ごとの麹の乾燥を平均化するために，麹層に対して送風を上から下，下から上へと交互に行うなどの工夫がなされている。

図1.18　簡易薄盛多段式製麹機

薄盛多段式自動製麹機は床装置と棚装置に分かれ，製麹能力5 500 kgまでが実用化されている。床期間を終えた麹は棚装置内に設置された3～4機のネットコンベアー上に3～5 cmほどの厚さに盛られ，通風量，通風温度と湿度，通風時間，外気の取入れ量などを制御して製麹管理を行う。

（3）回転円盤式自動製麹機　製麹槽は直径3～8 mの円盤状をしており，サイズに応じて1 000～3 000 kg程度の製麹能力を有する。床期間と棚期間の管理を同一の製麹機で行う機種と，床装置と棚装置に分けて行う機種とがある。**図1.19**には棚装置と床装置を別にする機種の棚装置を示している。普通麹の製造では種付けした蒸米を床装置に約30 cmの厚さで引き込み，胞子の発芽と菌糸の伸長に適した環境に維持する。翌日，麹を棚装置に移し，約12 cmの厚さに盛る。製麹槽上部の空間部には温度センサーと湿度センサーが取り付けられ，いずれかの測定値が設定値を超えると外部空調機が作動して，麹層上部の空気を除湿しながら循環する。この循環は麹水分の蒸発を適度に促し，品温管理の下支えとして機能する。麹の品温が設定値を超えた場合は，麹層を貫通する空気を送風して調整する。普通麹に加えて吟醸麹にも対応できる機種があり，吟醸麹では麹を5 cmほどの厚さに盛る。また，温度センサーと湿度センサーの測定値と設定値との差に応じて外部空調機のパワーを調整し，適度に乾燥させた空気を連続して循環させる。循環空気は麹層に直接当たらないように製麹槽周辺から中心に向かって水平方向に吹き出させる（図1.19（b））。麹から発生する熱や水蒸気はこの水平流へと移動していき，麹層に接する空気層は安定した状態に維持される。

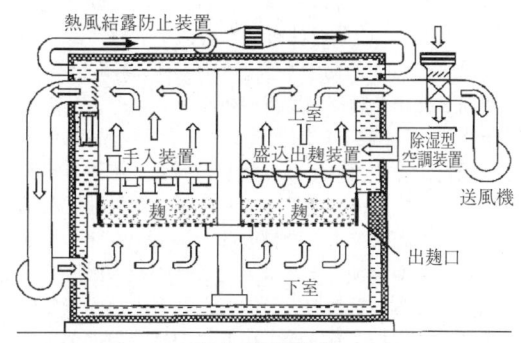

(a) 普通麹用

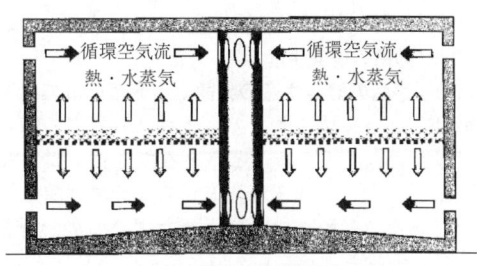

(b) 普通麹・吟醸麹兼用

図1.19　回転円盤式自動製麹機（棚装置）

（4）無通風式自動製麹機　本製麹機は床装置と棚装置で構成され，空調設備を備えた麹室に設置して使用する。床，棚装置ともにナイロンとテフロン膜の

床装置　　　　　　　　　棚装置

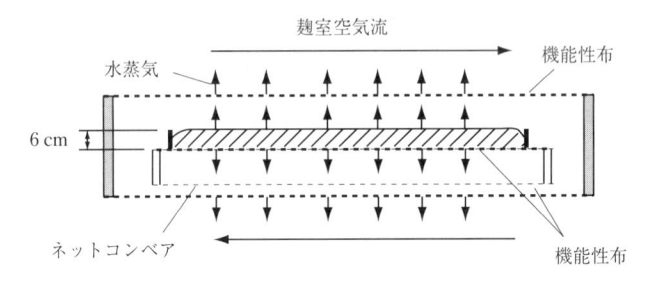

図1.20　無通風式自動製麹機

シートをラミネートした機能性布で麹層を囲っている（図1.20）。この機能性布は水蒸気が透過でき，透過速度はこの布の両側の水蒸気分圧差にほぼ比例する。床期間を終えた麹は棚装置のネットコンベアー上に約6 cmの厚さで盛る。温度センサーで麹の品温を測定し，設定値との差に応じて麹室の温度と湿度（水蒸気分圧）を調整し，機能性布の水蒸気の透過速度を制御する。この制御により麹槽内部の湿度が変化し，麹水分の蒸発速度を加速または減速させて麹の温度を設定値に近づける。製麹機を設置した麹室内部の空気は送風機で常に攪拌されるが，床および棚装置内部は機能性布で囲われているためその影響は及ばず，製麹は無通風状態で行われる。

（須藤）

〔3〕　麹菌の酵素生産

（a）　麹菌の酵素生産の特徴　　麹菌の酵素生産の特徴は，培養条件によって生産される酵素の種類と生産量が大きく異なることである[49]。例えば，麹菌を白米上に生育させる米麹培養では，清酒醸造に必要なアミラーゼやプロテアーゼなどの加水分解酵素が大量に生産される。しかしこれを液体培養すると，グルコアミラーゼなどの主要な酵素はほとんど生産されなくなる。また，同じ黄麹菌であっても，清酒麹の培養法と醤油麹の培養法では，生産される酵素の種類がまったく異なる。さらに清酒麹培養であっても，培養条件を厳密に制御しないと目的とする酵素生産のレベルに達することはできない。麹菌はタンパク質の分泌能力が高く，有用酵素が大量に生産することが知られているが，培養法を正確に選択することが重要である。

「麹造り」における酵素生産は，目的の酵素をバランスよく生産させなければならない。近年の培養工学的なアプローチでは，1種類の酵素の生産性を最適化するために培養条件を選択する。しかし，「麹造り」においては，多種多様の酵素群をバランスよく生産させることが望まれるため，単純な最適化アルゴリズムでは求める品質を満足するものは製造できない。清酒醸造をはじめとする醸造産業で確立されている「麹造り」とは，長い歴史のなかでこれらの諸条件が最適化された培養法の集大成といえる。

このように実際の麹菌の酵素生産である「麹造り」には，さまざまな経験則に基づくノウハウが蓄積されているが，その科学的な論拠はほとんど解明することができていない。一方，近年の分子生物学の発展とともに，麹菌をはじめとする糸状菌においても，遺伝子の単離・発現制御解析が可能となってきた[50]。これらの分子生物学的ツールを駆使することにより，麹菌の酵素生産メカニズムが科学的に解明されようとしている。そして，「麹造り」の固体培養の経験則にも科学のメスを入れることが可能となった。

（b）　アミラーゼ遺伝子の発現制御　　清酒醸造において，麹菌が生産する最も重要な酵素はデンプンを分解し，酵母に糖分を供給するアミラーゼである。

1989年麹菌のα-アミラーゼであるタカアミラーゼの遺伝子がクローニングされ[51]，アミラーゼ遺伝子の発現制御機構の解明が開始された。その結果，*amyB*遺伝子はデンプンによりその転写レベルで発現が誘導されることが明らかとなった[52]。その後，グルコアミラーゼやα-グルコシダーゼなどの糖化酵素の遺伝子群が相次いで単離された[53],[54]。これらのアミラーゼ遺伝子のプロモーターを比較することにより，デンプン誘導にかかわる共通のシス因子RegionIIIが見出された[55]。この領域を欠失することからアミラーゼの遺伝子発現は大幅に低下することより，遺伝子発現を正に制御するシス因子であることが証明された[56],[57]。

一方このシス因子に結合する転写因子の同定も報告されている。*amyR*と名づけられたZincFinger型転写因子が，α-グルコシダーゼ遺伝子のゲノム配列上の上流から見出された[57]。本遺伝子を破壊すると，α-アミラーゼをはじめアミラーゼ遺伝子群のデンプンによる発現誘導は消失した。

さらにアミラーゼ遺伝子がデンプンにより誘導を受ける際の，菌体内での誘導物質の検討も行われている[58]。デンプンのような巨大な分子が直接遺伝子発現を誘導するのではなく，その分解物から菌体内で合成されるイソマルトースあるいはその代謝物が真の誘導物質であるとしている。

またデンプン誘導のような正の制御機構だけでなく，グルコースによる抑制機構すなわちカタボライトレプレッションについても分子レベルでの解明が進んでいる[59]。すでにカタボライトレプレッションに関与する*creA*配列からそこに結合する*creA*タンパクの同定が行われている。

以上のように，遺伝子レベルでの発現解析を行うことにより，α-アミラーゼの酵素生産条件について従来の培養法では見出せない貴重な情報が多数得られている。

（c） 固体培養で特異的に発現する遺伝子の発見

麹菌はさまざまな加水分解酵素を菌体外に分泌するが，なかでもグルコアミラーゼは，清酒醸造において最も重要な酵素である[60]。この麹菌のグルコアミラーゼの特徴は，液体培養ではほとんど生産されず，米麹のような固体培養で非常に大量に生産される点である。それぞれの培養法で生産されるグルコアミラーゼを解析した結果，麹菌には2種類の発現条件が異なるグルコアミラーゼ遺伝子（*glaA*, *glaB*）が存在することを見出した[61]〜[63]。一つは他の*Aspergillus*属でも同様の遺伝子が見つかっている遺伝子（*glaA*）で，おもに液体培養で少量発現する。もう一つはまったく新しいグルコアミラーゼ遺伝子（*glaB*）であり，固体培養で特異的に発現し，液体培養ではまったく発現しない。麹菌が固体培養でグルコアミラーゼを大量に生産する理由は，この*glaB*遺伝子の高発現に由来することが明らかとなった（**図1.21**）。さらに固体培養で生産される*glaB*グルコアミラーゼは糖鎖を大量に付加されており，水分が少ない固体基質の分解に非常に適していることも示された。

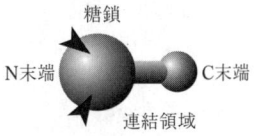

図1.21 *Aspergillus*属のグルコアミラーゼ
(a) *A. niger*のグルコアミラーゼ
(b) *A. oryzae*のグルコアミラーゼ

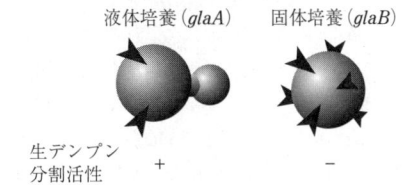

またこの*glaB*遺伝子の発現条件をさらに解析した結果，遺伝子発現は培地の水分活性を低下させたり，培養温度を高温で行ったり，菌糸伸長にストレスを与えることなどによっても強く誘導されることが明らかとなった[64]（**図1.22**）。興味深いことに，これらの誘導条件はすべて清酒醸造での「麹造り」の培養操作に割り付けることができる。現在の米麹培養法は多くの試行錯誤の繰返しによって確立されたことを考える

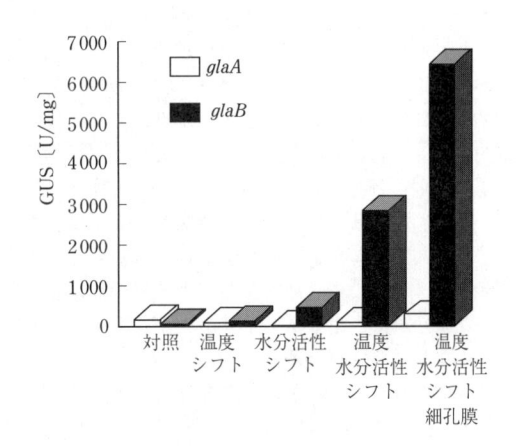

図1.22 *glaB*遺伝子の高発現条件

と，このglaB遺伝子の発現誘導条件はすでに先人たちにより解明されていたことになる。

（d）固体培養での遺伝子発現　このように固体培養で特異的に発現する遺伝子が単離されたことにより，もっとほかにも固体培養に特異的に発現する遺伝子が存在すると推定された。例えば，酒粕が酵素反応により褐変化する「黒粕」の原因酵素であるチロシナーゼについて，液体培養で発現するチロシナーゼ遺伝子（melO）[65]とは異なる新規チロシナーゼ遺伝子（melB）が発見された[66]。このmelB遺伝子は，glaB同様に液体培養ではまったく発現せず，固体培養でのみ特異的に高発現していることが明らかとなった。

さらに固体培養で発現する酸性プロテアーゼ遺伝子（pepA）も単離され[67]，その発現プロファイルが明らかとなっている[68]。pepA遺伝子は，glaB遺伝子と同様に米麹培養でのみ特異的に発現する遺伝子であったが，その発現条件は大きく異なる。glaBが培養温度を高温にすることにより発現が誘導されるのに対して，pepAは温度が上昇するにつれて発現は大きく抑制される。これは清酒麹培養が，高グルコアミラーゼ，低プロテアーゼ活性を目指すことに非常に合致する。

また固体培養と液体培養とからcDNAサブトラクション法により，各培養特異的に発現する遺伝子の包括的単離を試みた結果，Sugar Tranporter遺伝子など固体培養で特異的に発現する遺伝子群の単離に成功している[69]。また，中島らは糸状菌の細胞表層に局在する低分子タンパクであるハイドロフォビンの遺伝子について，培養特異的に発現することを示している[70]。ハイドロフォビンは麹菌の菌糸形状を決定する重要な因子であると考えられ，これらの遺伝子解析から麹菌の菌糸増殖について新たな展開が生まれるかもしれない。

（e）固体培養での遺伝子発現の複雑性　固体培養においては，液体培養では解析できないような有用遺伝子が多数発見できる。しかしながら，今後の固体培養を解析するうえにはまだまだ障害も多い。その一つには，菌糸の生育環境の多様性が挙げられる。糸状菌が固体基質上で生育する場合は，大きく三つの生育環境が考えられる（**図1.23**）。一つは基質表面に菌糸を伸長させる場合で，寒天培地における生育に類似している。この場合まず菌糸が基質に付着することが重要であり，その後基質表面上でより好適な環境に向けて菌糸を伸長させるセンサリングが行われる。麹菌ではこのような役割を果たすため，ハイドロフォビンなどの多数のシグナルタンパクを分泌していると考えられる。一方，糸状菌は固体基質表面に生育拠点ができると，気中菌糸となって空気中に菌糸を生育させ，

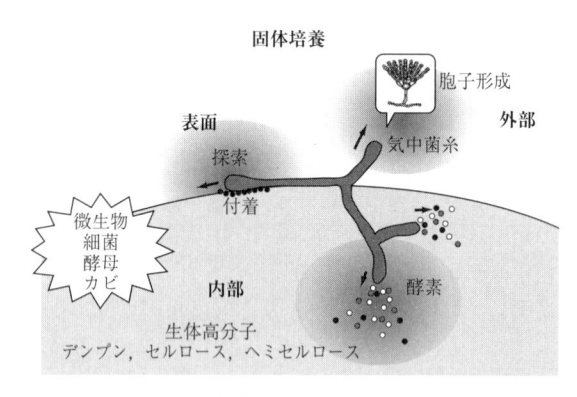

図1.23　麹菌の固体培養での生育環境

最終的には胞子形成へと進む。これらの気中菌糸においては，固体基質に接触している基底菌糸から与えられる栄養分を従属的に利用している。さらに固体培養でもう一つ重要な生育環境は，固体基質の内部での増殖である。ここでは菌糸伸長とともに，酸素分圧の低下や水分活性の低下などが引き起こされ，基質の表面増殖とはまったく異なる環境が生み出される。固体培養では，このような多数の異なる環境で生育し続ける細胞を，まとめて解析することになる。今後固体培養をより詳細に解析するためには，それぞれの環境における細胞を個別に解析することも必要となるであろう。

（f）麹菌と異種タンパク生産　このように麹菌のタンパク生産について，分子生物学的な解明が進む一方で，麹菌の強力なタンパク生産能を異種遺伝子発現に利用する試みもなされている。前述のように液体培養では多くの酵素の生産量は低下するが，α-アミラーゼについては非常に生産性が高く，分泌タンパクの50％以上を占める場合がある。このα-アミラーゼ遺伝子の液体培養での高発現能に着目し，異種タンパク発現のプロモーターとしての利用が進められている。α-アミラーゼ遺伝子プロモーター下流に，さまざまなカビ由来の酵素遺伝子を連結し，麹菌での目的タンパクの高生産が報告されている[71]。本システムを用いて，チーズ加工用のプロテアーゼから洗剤用のリパーゼまでわれわれの身近な酵素が工業生産されている[72]。麹菌のタンパク生産能力を有効に利用した例である。

また異種タンパク生産用のプロモーターの開発も多数報告されている。まず先述のアミラーゼ遺伝子のシス因子を複数連結したプロモーターを作成することにより，発現能が親株の数千倍にも向上した形質転換株が得られる[73]。この改変プロモーターを利用して，ヌ

クレアーゼS1や1,2 α-マンノシダーゼなどの研究用試薬が実生産されている。ほかには、培養特異的に発現するプロモーターの利用例が報告されている。液体培養でしか発現しないチロシナーゼ遺伝子（*melO*）のプロモーターを利用して、1 *l* 当り数gのタンパク生産が可能である報告もなされている[74]。

このように麹菌の持つ高い酵素生産（分泌）能力は、異種タンパク生産の宿主として非常に注目されている。特に麹菌は長年醸造産業で使用されてきた経験を有し、地球上で最も安全性の高い微生物といっても過言ではない。今後多くのタンパク質が、麹菌を用いて安全に高生産されることが期待される。

（g）酵素生産とポストゲノム 麹菌においてもゲノム解析が積極的に進んでいる。まず1998年から産学官の共同コンソーシアムにてEST解析が開始され、さまざまな培養でのESTが収集され、4000近い遺伝子が同定された[75]。さらに2002年からは、製品評価機構（NITE）を中心に全ゲノム解析が開始され、2004年には解析が終了する予定である。このようなゲノム情報を積極的に活用することにより、酵素生産のメカニズムがより詳細に解明されることが期待できる。

例えば、麹菌のEST解析から、各培養条件での発現する遺伝子の種類を検討したところ、液体培養に比べて固体培養では、非常に多種多様な遺伝子が発現していることが明らかとなっている[76]。EST解析はさまざまな培養条件からクローンが収集されているため、培養特異的に発現する遺伝子が抽出可能である。発現プロファイルの類似した遺伝子群を抽出して、そのプロモーターに含まれる共通シス因子の推定も可能となっている。

またEST情報から麹菌のDNAマイクロアレイも開発されている。これらの網羅的な遺伝子発現解析により、より複雑な遺伝子発現ネットワークの解析も可能となる。今後はこのような遺伝子発現情報を蓄積することにより、固体培養を超える超高生産法も開発できるかもしれない。

一般的に麹菌はアミラーゼなどの糖化酵素の生産性が高い。これは清酒麹の目的が、原料米のデンプンを分解し、酵母の栄養源となるグルコースを供給することにあるからである。一方醤油麹で重要なプロテアーゼや味噌麹で重要なリパーゼなどは比較的活性は低い。これはプロテアーゼやリパーゼの分解産物であるアミノ酸や脂肪酸は、清酒にとっては不必要なものとされるからである。

このような特性は麹菌を使う人間にとっては非常に好都合なことであるが、麹製造技術がすぐに確立されたわけではない。日本人の長年の努力により、多数の菌株の改良と培養法の工夫が蓄積されて、今日の麹造りが完成している。今後はこれらの菌株や培養法が分子レベルで解明されることにより、麹菌の酵素生産の「秘訣」が明らかになると期待される。　　　（秦）

1.1.4 清酒の酒母
〔1〕酒母の製造方法とその特徴
（a）酒母の種類 酒母は、米、米麹、水を原料として、これに種酵母（*Saccharomyces cerevisiae*）を添加・培養して製造され、通常この酒母に3回に分けて同様の原料を加えて仕込み規模を大きくし、清酒もろみとする。したがって、清酒もろみを健全な発酵に導くために、酒母は活性の高い多量の清酒酵母を含んでいなければならない。しかしながら、清酒醸造は開放発酵で行われ、しかも原料の麹は殺菌されていないので、麹菌とともに細菌や野生酵母が共存している[77]。酒母は多量の乳酸を含むことにより、酸性に弱い汚染菌の増殖を防いでいる。また、乳酸は他の酸類に比較して、麹の糖化力に対する阻害が小さいとされている。

酒母は、乳酸を添加するか、乳酸菌によって乳酸を作らせるかによって、二つに大別される。一つは、市販の乳酸を、酒母を仕込むときに添加し、同時に種酵母も添加する速醸系酒母である。もう一つは伝統的な製法に基づくもので、自然に乳酸菌が増殖するように環境を整え、乳酸が十分蓄積されたところで酵母を添加する。この方法で作られた酒母を、生酛系酒母と呼ぶ。

速醸系酒母には、速醸酛、高温糖化酛、高温短期速醸酛、希薄酒母などが含まれる。

生酛系酒母には、生酛と山廃酛がある。

（b）酒母の製造方法[78],[79]
（1）**速醸酛** 明治42年に江田鎌次郎によって生酛に代わる酒母の作り方として創案され、第二次世界大戦後、乳酸を容易に入手できるようになってから一般に採用されるようになった。今日、酒母製造のほとんどがこの方法によるものである。速醸系酒母では、最初から乳酸を加えているため、気温が高くても比較的安全に、短期間に仕上げることができる。このメリットを生かして、高温糖化酒母、希薄酒母などのバリエーションがある。いずれの場合も、微生物学的に純粋なものにするために、優良な清酒酵母を早期に多量添加して、野生酵母に増殖の余地を与えないようにする。

現在では、温調や攪拌設備を持った酒母タンクが用いられることが多いが、伝統的な酒造用語を交えながら、以下に製造方法の例を挙げる。

酒母の仕込みに用いる蒸米と麹は，原料白米の比率で7：3であり，この原料米に対して110％の汲み水を加えるのが標準である。醸造用乳酸（醸造用資材規格に適合した90％乳酸）は，汲み水100 l 当り700 ml 程度を添加する。

まず，酒母タンクに水と麹を入れ，このときに乳酸を加える。乳酸酸性は野生酵母の汚染に対する効果がないので，同時に優良清酒酵母も多量に（少なくとも1/100量程度）添加しておく。物量を軽く撹拌して混合し，麹の酵素を溶出させるために，10〜12℃くらいの品温に置く。これを「水麹」という。

2時間ほど経過したところで，水麹に蒸米を加えて品温が20℃程度になるようにする。この操作を「仕込み」と呼ぶ。以下の式によって，蒸米の品温を調節する。Fは3.5〜4で，気温の高いときや蒸米比率が大きいときは，小さくする。

$$蒸米温度 = (仕込予定温度 - 水麹温度) \times F + 水麹温度$$

仕込み後数時間経過して米粒が十分吸水したところで，撹拌する。撹拌操作は，「櫂入れ」といい，特にこのときの櫂入れを「荒櫂」という。

以降徐々に品温が下がるが，この間を「打瀬」という。ときどき櫂入れをして物量を均一化する。

3日目に目標品温（10℃くらい）まで下げ，以降加温操作を始める。これを「暖気」操作といい，最初の加温を特に「初暖気」という。これは木製の暖気樽と呼ばれる容器に熱湯を詰めて加温したことに由来する。日に2〜3℃ずつ昇温する。

4，5日目に，酵母の増殖発酵に伴う二酸化炭素の発生によって，物量が盛り上ってくる。これを「ふくれ」という。

5，6日目には酒母の全面が泡で覆われ，旺盛な発酵が観察されるようになる。これを「湧付き」という。その後も加温を続けるが，20〜23℃に達すると発酵熱のために加温の必要がなくなる。この時期を「湧付き休み」と呼ぶ。酵母による糖の消費のために，酒母の液部の比重（ボーメ）は，1日当り2.5〜3度減少（これを「ボーメが切れる」という）していく。

2，3日して，ボーメが8〜10度になったとき，品温を落として発酵を休止させる。これを「分け」と呼ぶ。昔は，タンクから数枚の「半切り（たらいのように底の浅い桶）」に分けて冷やしたことに由来する。

これ以降使用するまでの間6〜7℃の低温に放置するが，この期間を「枯らし」という。速醸系酒母は，生酛系酒母と異なり長期間の枯らしに耐えられないので，通常4〜5日の間に使用する。

（2）高温糖化酛　高温糖化酛は，あらかじめ酵素の至適温度で蒸米を溶解糖化し，その際の高温によって物量の殺菌も同時に行わせる方法である。以下に手順の一例を挙げる。

糖化後の糖濃度が高くなりすぎて酵母の増殖が遅れないようにするためと，加温冷却の効率を上げるために，汲み水は160％と多めにするのが普通である。45〜50℃で水麹を行い，蒸米を加えて55〜60℃にする。少なくとも6〜8時間この温度を維持して溶解糖化を進めるとともに殺菌を行う。糖化後は，すみやかに冷却し，汲み水100 l 当り700 ml 程度の乳酸と酵母を添加する。乳酸は40℃以下で加え，酵母は30℃以下になって添加する。多くの場合，20℃くらいの定温で発酵を進め，1週間くらいの育成期間とする。その他の操作は速醸酛と同じである。

（3）生酛と山廃酛　生酛は，微生物の知識のない江戸時代に，清酒酵母を集積するために経験的に編み出されたもので，自然の生態系を巧みに利用した複雑な微生物遷移の後に，酵母だけを純粋培養する伝統技術である。そのため，多くの労力を要する。

まず約30℃まで冷却した蒸米を布類に包んだり，半切りに入れて布で被い，12〜16時間かけて徐々に冷却する。この操作を「埋け飯」という。埋け飯の間に2〜4回蒸米を撹拌する。これを蒸米の「手入れ」という。埋け飯の目的は，蒸米のデンプンを均一に老化させて，前半には溶解を抑えることにある。

仕込みに用いる蒸米，麹，汲み水は，この順に何枚かの半切りに均等に分けて入れ，「爪」と呼ばれる木製のへらを用いてよく混ぜ，表面をならして終わる。仕込み例を挙げると，酒母歩合7.8％の場合，総米1 t当り78 kgが酒母の総米となり，これを半切り6枚に分けて仕込むことになる。蒸米と麹米の比率は速醸酛の場合と同じだが，汲み水は原料米当り100％といくぶん少ない。しかし，実際はこの時点で加えられる汲み水は85％程度である。

仕込み後5〜6時間たって，蒸米と麹が吸水して表面に水分がなくなったら，爪を用いて軽くまぜ合わせる。この操作を「手酛」という。

仕込み後10〜12時間経過した頃，半切りに仕込んだ物量を蕪櫂ですり潰す。これを「酛摺り」，または「山卸し」という。通常3回に分けて行い，最初を「荒摺り」（または一番摺り，本摺り）と呼び，半切り1枚当り10分間前後行う。4〜5時間後に「二番摺り」を，3〜4時間後に「三番摺り」を行う。「酛摺り」に代わる操作として「酛踏み」（または「荒踏み」）がある。仕込み後15〜20時間たってから，1人が半切り1枚当り数十秒間足で踏み，15〜18人が順次すべての半切りの物量を踏み潰すことにより，半切り1枚当り

10〜15分を踏むことになる。現在灘地方で行われている生酛は，この方法による。

三番摺りが終わると，半切り2枚を1枚に合併する。これを「折込み」という。さらに，気温の低い夜半に，3回くらい櫂で攪拌することを「時搔き」という。こうして折込みから約12時間して，気温の最も低い早朝に半切りの物量をすべて酒母タンク（酛卸桶）に投入する。これを「酛寄せ」または「打明け」と呼ぶ。今日では，酒母室はふつう10℃以下に空調されているため，酛踏みが終わるとただちに打明けが行われる例が多い。

3〜4日間ほどは6〜8℃の品温に管理する（「打瀬」）。この間は1日に4回くらい櫂入れを行う。生酛系酒母の打瀬期間は速醸酛のそれと異なり，低温性微生物のミクロフローラを形成させるための重要な期間である。

「初暖気」前に汲み水を行い，以降日順を追って酵母添加頃まで加水をする。暖気操作により2〜3℃品温が上昇するが，翌日には下降する。これを繰り返し鋸歯状の品温経過をたどらせながら毎日1℃くらいずつ昇温していき，10日目で15℃くらいにする。酒母のなかでは後述する微生物相の遷移があり，酒母の温度上昇とともに乳酸菌による乳酸の生成，および糖化とアミノ酸の生成が進み，仕込みから2週間ほどで酵母の培地が整う。ここへ1/100量程度の酵母培養液を接種し，暖気操作を続けて，ふくれ，湧付きへと導く。

湧付き休み期間の2〜3日は加温せずに23〜25℃の品温を保つ。その後に暖気操作により品温を30℃くらいまで昇温させて数時間維持するが，これを「温み取り」といい，この操作に使用する暖気を「温み取り暖気」と呼ぶ。この操作は，乳酸菌と野生酵母を残存させないための有効な手段であるが，省略されることが多くなった。

最後に，氷を詰めた冷管（冷温器ともいう。アルミニウムまたはステンレス製の円筒形の容器）を投入して急冷し（分け），数日の枯らしを行ってから使用する。したがって，3〜4週間の製造期間になる。

山廃酛は，生酛の酛摺り（山卸し）を廃止した酒母製造法で，明治42年に嘉儀金一郎によって行われた。半切り桶を使用せず，酛卸桶で「水麹」を行い，3時間後に，生酛とほとんど同様に処理した蒸米を投入して仕込みを完了する。酛摺りを行わない代わりに，酛卸桶で櫂入れを行うか，「汲掛け」操作を行う点が生酛と異なる。櫂入れは，鬼櫂と呼ばれる棒状の櫂を用いて行われ，物量を潰して攪拌する。「汲掛け」とは，汲掛け枠（袋状に細竹を編んだもの，あるいは杉，金属製の筒）を挿入し，中に浸透してくる液を随時翌日まで酒母の表面にふり掛けて，酵素作用を促進させることである。

（c）酒母の特徴

（1）生酛の微生物遷移　速醸酛は，市販乳酸を用い，簡単な操作で短期間（1〜2週間）に製造できて，関与する微生物も酵母だけである。それに対して生酛は，温度管理と原料処理によって起こる複雑な微生物遷移を利用しており，3〜4週間の期間を要する。

その間の微生物遷移は，図1.24のように示される[80), 81)]。8℃前後の低温で酒母を仕込み，数日この温度に保っておくと，野生酵母などの活動は抑えられ，仕込水に由来する水棲細菌（*Pseudomonas*属，*Enterobacter*属など）が出現して，硝酸塩を還元して亜硝酸を生成する。生成量は，仕込後1週間ほどで約10 ppmに達するが，その後菌の増殖とともに減少し，やがて消滅する。ついで，麹に由来する乳酸菌が増殖を始め，乳酸の生成が始まると，硝酸還元菌は死滅する。乳酸菌の増殖は，低温環境で増殖可能な，球菌の*Leuconostoc mesenteroides*と桿菌の*Lactobacillus sakei*の2種に限られている。桿菌のほうが球菌より乳酸生成能が高く，最終的な乳酸量は酒母の1％に達する。

麹などに由来する産膜酵母は，生酛の嫌気的環境で増殖できず，やがて死滅する。*Saccharomyces cerevisiae*に属する野生酵母も，亜硝酸と乳酸の相乗

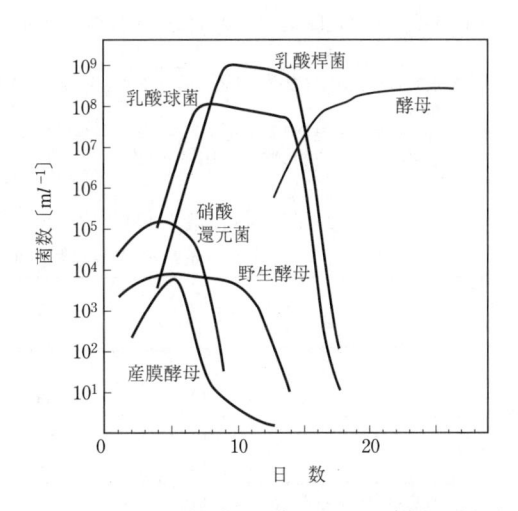

図1.24　生酛中の微生物の遷移　モデル図（秋山：清酒酵母の研究（1972））をもとに，乳酸菌と酵母の実測値を加えて作成した。〔秋山裕一：清酒酵母の研究（清酒酵母研究会編），pp. 409-412，清酒酵母研究会（1972）．寺川悦子，野澤通代，溝口晴彦，原　昌道：生酛において*Lactobacillus sakei*を優勢とする因子，日本生物工学会大会講演要旨集，325（1998）〕

効果により死滅するが，その殺菌作用のためには亜硝酸が1 ppm以上残存しているときに酸度[†1]が2以上になる必要がある。そのほか，低温や濃糖環境も関与しているといわれている[78]。

このようにして2週間ほどすると，乳酸菌のほかは，ほぼ無菌の状態になるので，培養液にして1/100量程度の種酵母を酒母に接種する。生酛中の乳酸菌はエタノールに弱いため，酵母の発酵が始まるとすみやかに死滅し，添加された酵母のみからなる酒母が完成する。

接種用の優良な清酒酵母を培養する技術のなかった時代は，自然に生酛中に生き残っている清酒酵母が増殖してくるのを待った。また，自然に酵母が増殖して発酵してきた酒母を，種として添加する（差し酛という）ことが，一般に行われた。

（2）酒母の特徴　製造方法の違いに起因して，速醸酛と生酛の間には，いくつかの興味深い特徴がある。

例えば，使用時の速醸酛の酸度は7，アミノ酸度[†2]は2～3であるのに対し，生酛の酸度は10，アミノ酸度は5～8で，生酛のアミノ酸度が著しく高い。

また，生酛の酵母は長期間の枯らしを行っても，高い生存率を維持し，生酛を用いて仕込んだもろみは，発酵は穏やかだが，もろみ末期までよく発酵することが経験的に知られている。

以下に，両酒母の相違について詳述する。

（3）アミノ酸度の違い[82)～84)]　生酛ではアミノ酸濃度が高いが，速醸酛では鎖長2～3のペプチドの濃度が高い。これは，つぎの理由による。乳酸を添加して製造する速醸酛は，初期から低pHであるため，タンパク質は麹に由来する酸性プロテアーゼによって，すみやかに短鎖ペプチドにまで分解される。このような低分子ペプチドは，酸性カルボキシペプチダーゼの基質とはなり難いため，ペプチド含量が高くなる[83]。他方，生酛では，乳酸菌の作る乳酸によって徐々にpHが低下する時期に，酸性プロテアーゼによって，分子量1万以上の多量のタンパク質が液相中に溶出する。これらのタンパク質は，酸性カルボキシペプチダーゼの良好な基質となるために，多量のアミノ酸を生成し，ペプチド含量は低くなる[84]。しかし，もろみでは逆に，生酛を使うとペプチド濃度が大きくなる。これは，高濃度のアミノ酸がペプチドトランスポーター遺伝子 PTR2 の発現を抑制し，酵母のペプチド取込み能を低下させることに起因する[85]。

（4）脂肪酸組成の違い[86]　速醸酛と生酛の間には，遊離脂肪酸組成の大きな違いが見られる。速醸酛では，2価不飽和酸であるリノール酸（$C_{18:2}$）が主要な脂肪酸であるのに対し，生酛では，飽和酸であるパルミチン酸（$C_{16:0}$）が大部分を占める。このような違いは，生酛中に生育する乳酸菌に起因して生じる。生酛では，低温下に自然の乳酸菌を増殖させる期間があるが，このとき2種類の乳酸菌，*Leuconostoc mesenteroides* と *Lactobacillus sakei* はリノール酸を利用しながら，選択的に増殖する。さらに，リノール酸には *L. sakei* の増殖量を増大させる効果があり，乳酸菌相の遷移の一因となっていると考えられる。こうして，生酛では遊離リノール酸が減少し，パルミチン酸の比率が高くなると考えられる。

表1.5に示すように，このような遊離脂肪酸組成の違いは酵母の脂質組成にも影響を及ぼす。速醸酛で

[†1] 酸度：濾過液10 mlを中和するために必要な0.1 N NaOHのml数。
[†2] アミノ酸度：濾過液10 mlをフォルモール滴定法により滴定するとき必要な0.1 N NaOHのml数。

表1.5　生酛および速醸酛の酵母リン脂質の脂肪酸組成

	酵母の リン脂質	脂肪酸組成〔%〕						Δ/mol (不飽和価)
		14:0	16:0	16:1	18:0	18:1	18:2	
生酛	PC	不検出	29.5	12.3	32.7	19.9	5.5	0.43
	PE	7.3	35.2	23.8	15.1	15.1	痕跡	0.39
速醸酛	PC	不検出	23.4	痕跡	17.6	20.1	48.4	1.17
	PE	不検出	29.1	5.9	14.9	19.5	30.6	0.87
生酛を用いたもろみ（留仕込後10日）	PC	6	42.2	12.8	23.8	12.1	3.1	0.31
	PE	4.6	39.3	10.5	27.5	13.9	4.2	0.33
速醸酛を用いたもろみ（留仕込後10日）	PC	痕跡	37.5	3.5	20.4	9.2	39.5	0.72
	PE	4.1	50.9	7.2	19.8	8.8	9.2	0.34

Δ/mol=（一不飽和酸〔%〕+二不飽和酸〔%〕）/2
PC：ホスファチジルコリン，PE：ホスファチジルエタノールアミン

生育した酵母の中性脂肪やリン脂質中の脂肪酸組成を見ると，リノール酸が主要脂肪酸である。他方，生酛で生育した酵母では，リノール酸がほとんど見られず，パルミチン酸またはステアリン酸（$C_{18:0}$）の割合が大きい。

酵母のリン脂質脂肪酸の違いは，エタノールに対するリン脂質膜のバリアー能に影響を及ぼす。多価不飽和酸であるリノール酸を含まず，パルミチン酸含量の多いリン脂質からなる細胞膜は，エタノールによる物質の漏出に対して抵抗性を持ち，これに照応して細胞の生存性は向上することが示されている。

他方，速醸酛を使って仕込んだもろみ中の酵母の脂質組成を見ると，リノール酸の減少とともにパルミチン酸が増大して，生酛酵母の示す組成に近づく。これは，酵母が清酒もろみ中で，4％以上のエタノール存在下に増殖することによる適応現象と考えられている。

（5）長期保存性の違い　酵母が，生酛に自然に湧きつくのを待っていた頃は，ひと冬の酒造期間のはじめにまずすべての酒母を製造し，順次もろみに使った。したがって，最後の仕込みに使われる酒母は，2カ月近くの枯らしに耐えた。図1.25に示すように，速醸酛の酵母に比べて，生酛の酵母は長期間にわたって著しく高い生存率を維持できるからである。前項で述べたように，生酛酵母の脂肪酸組成はパルミチン酸に富んでおり，発酵速度は劣るが，細胞膜バリアー能が高いことが，この相違の一要因と考えられる。

また，生酛の高アミノ酸度と高酸度が相乗的に働いて酵母のエタノール発酵を緩慢にさせ，エタノール濃度が低く保たれて，これが酵母の高生存率に寄与していることも報告されている[87]。

（6）蒸米溶解の違い　生酛中の乳酸菌は，湧付き休み中に蓄積されるエタノールと温み取りの高温によって完全に死滅する。そのとき，乳酸菌死滅菌体から遊離する細胞壁多糖のテイコ酸が，清酒もろみ中で蒸米の溶解を促進することが報告されている。もろみの初期には，麹菌由来のα-アミラーゼが，静電的相互作用により米タンパク質オリゼニンに吸着して，見かけ上活性が低下しているが[88]，生酛を使用したもろみでは，アニオンポリマーであるテイコ酸がオリゼニンを捕捉するため，α-アミラーゼが遊離することにより，蒸米の溶解が促進されると考えられる。高い精米技術のなかった時代には，酵母の発酵だけが先行することを防ぐうえで意義があったと考えられる。

（d）酒母の省略　通気培養によって多量の酵母を準備することができれば，酒母を省略してダイレクトスターター法を用いることができる。通常，もろみの初添（添仕込み）に，仕込み総米1 t当り500 g程度の酵母と，汲み水100 l当り300〜500 mlの乳酸を加える。この方法は，一般に酵母仕込みと呼ばれている。培養酵母は，水分73％前後の固形酵母を用いる例が多い。自社で固形酵母を製造し，すべての仕込みを酵母仕込みで行う工場もある。

酵母製造は，100〜数百 lの培地で30℃，30時間くらい通気培養することにより行われ，培地100 lから3〜5 kgの固形酵母が得られる。培地の調整法や製造方法については，清酒メーカーごとに工夫がされている。

酵母仕込みでは，もろみの後半に発酵が鈍ることがあることから，活性酒母を使用する例が多い。活性酒母とは，乳酸とともに多量の固形酵母を添加した酒母を仕込み，高温（25℃）で2日間くらい発酵させたものである。

酵母を乾燥して保存性を高め，この乾燥酵母をスターターとする方法も用いられる[90]。乾燥酵母は1年以上の長期保存が可能であるため，生産量の少ない酒造場にとってメリットが大きい。パン酵母の製造方法に準じたきょうかい701号ときょうかい901号の乾燥酵母が，日本醸造協会より販売されている。

これらの酵母製造は，生育とともに糖源の供給を増加させる流加培養により行われ，培養後半にヒートショックを与えることにより，トレハロースの蓄積量を高めて乾燥耐性を付与している。しかしながら，10％以上のアルコールを含むもろみに乾燥酵母を加えても発酵が認められないことから，乾燥酵母自体のアルコール耐性は低く，もろみ中で順応させる必要が

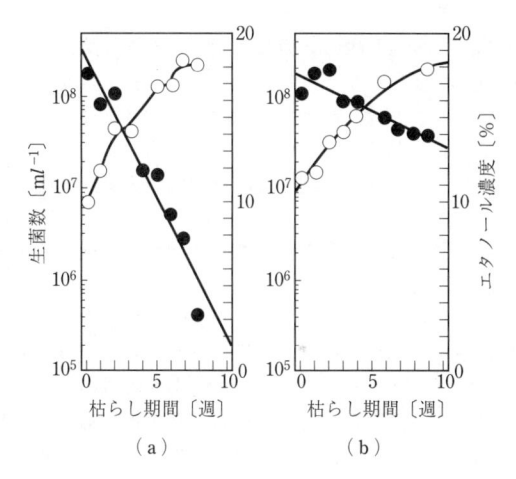

速醸酛（a）および生酛（b）を10℃におき，9週間にわたってエタノール濃度（○）と酵母生菌数（●）を測定した。

図1.25　長期保存における酒母中の酵母生存率の変化

あると考えられている。　　　　　　　　　（溝口）

〔2〕 清酒もろみの高泡と泡なし酵母

（a） 清酒もろみの高泡　清酒製造に使用されている優良な清酒酵母のほとんどがもろみにおいて高泡を形成することが知られている（図1.26）。高泡は、アルコール発酵によって生成した二酸化炭素の泡が容易には消えない現象である。そのため、アルコール発酵が進行するにつれて泡の層が高くなり、ついにはタンクからあふれ出すこともある。泡があふれないようにするために泡笠でタンク上部をかさ上げしたり、泡消し器を用いるのが普通である。その後、もろみのアルコール分が多くなると泡はしだいに消えていき（落ち泡）、泡のない状態になる（地）。高泡形成に伴うもろみの状貌の変化は、発酵状態の指標として長年使用されてきたが、近年では分析によって発酵の進行状況を科学的に管理することが可能となったため、必ずしも高泡の形成を観察する必要性はなくなってきた。

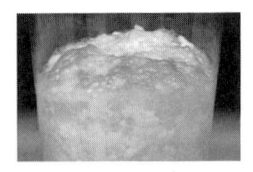

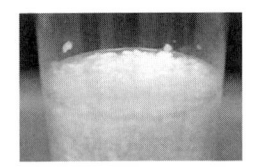

　　　　（a）泡あり酵母　　　　　（b）泡なし酵母
　　　　　　　図1.26　泡あり酵母と泡なし酵母

（b）　泡なし酵母の開発　清酒もろみにおける高泡形成は清酒酵母の特徴の一つであり、ビール酵母やワイン酵母などの他の醸造用酵母を用いて清酒醸造を行っても、高泡は形成しないことが知られている[91]。しかし、高泡の出ないもろみがまれに存在することは古くから知られていたようであり、1916年に善田[92]、高橋[93]は独立に高泡形成能のない酵母の分離を報告し、高橋はこれを無泡酵母と呼んでいる。これらの酵母は泡消しが必要でなく、同一容器で従来より大量の仕込みが可能であることが指摘されたが、実用化されることはなかった。おそらく、当時は、高泡形成がもろみ管理の指標として使用されていたことや酵母の醸造特性にも問題があったためではないかと考えられる。

　第二次世界大戦後の復興と経済発展に伴い清酒の増産が始まると、高泡形成のない酵母を用いてタンクの使用効率を上げることは十分意味のあることとなった。1963年に秋山らは、高泡を示さないもろみから高泡形成能を示さない酵母を分離し、これを「泡なし酵母」と名づけ、詳しい解析を行った[94]。その後も多数の泡なし酵母が分離され、実用化試験が行われた。しかし、これらの泡なし酵母はいわゆる野生酵母であり、清酒醸造に適した特性を持っていなかったため、広く使用されるには至らなかった。

　その後、大内らは、高泡形成酵母は気泡吸着性であるが、泡なし酵母は気泡に吸着しないことを利用して、優良な泡あり酵母から泡なし変異株を分離することに成功した[95]。泡あり酵母の懸濁液に通気すると酵母は気泡に吸着して浮上してくる。そのとき、下部に存在する酵母を回収すると、そこでは泡なし変異株が濃縮されていると考えたのである。この操作を繰り返すことによって泡あり酵母の中にごく少数含まれている泡なし変異株を単離することが可能となった。大内らはこの方法を froth floatation 法と名づけたが、その後、泡あり酵母が乳酸菌、セライト、ショ糖エステルなどと凝集するが、泡なし酵母は凝集しないことを利用する凝集法も開発した[96]。

　泡なし変異株は、高泡を形成しないという点を除いて、ほかの醸造特性は親株とほとんど変わらないため、多くの優良清酒酵母から泡なし変異株が育種され、全国の清酒醸造場で使用されている。ただし、泡なし酵母を用いた場合、従来は高泡部分に集中していた酵母がもろみの液部に分散することになるので、発酵が旺盛となりもろみ期間が短縮される傾向がある。また、製成酒の酸度が少ないこと、酵母が比較的死滅しやすいことが報告されている[97]。

　泡なし変異株の実用化は、突然変異によって生じた好ましい性質の酵母を巧妙な方法で分離し、それが実際に広く使用されるようになったという点で画期的なことであった。

（c）　高泡形成のメカニズム　泡あり酵母から他の特性が変化せず高泡形成能のみが消失した変異株が得られることは、高泡形成に酵母が大きな役割を果たしていることを示している。また、泡なし変異株の分離法は、いずれも、泡なし酵母の細胞表層の物理的性質が泡あり酵母と異なっていることを利用している。泡あり酵母は気泡吸着性であることから、細胞の表層が疎水性であることが考えられ、大内らは、水−ベンゼン二相系における酵母の分配を検討した[98]。その結果、泡あり酵母はベンゼン層に分配され、泡なし酵母は水層に分配されることから、泡あり酵母の表層は疎水性であり、泡なし酵母の表層は親水性であることを確認した。また、泡あり酵母をプロテアーゼで処理すると気泡吸着性を失うことから疎水性には細胞表層のタンパク質が関与していると推察した。

　表層が疎水性の酵母の存在は高泡形成の必要条件で

あるが，泡あり酵母の培養液単独ではもろみの高泡に認められるような安定な泡の形成はない。これは，酵母以外に清酒もろみ中に存在する成分が高泡形成に寄与していることを示している。

熊谷らは，清酒もろみから分離調整した上清液，糊物，酵母について泡立ち試験を行い，それぞれの区分の高泡形成への寄与を調べた[99]。その結果，酵母区分に単独で高泡形成能があることを示した。さらに，酵母区分を水抽出すると水抽出画分にも酵母画分にも高泡形成能はなくなるが，両者を混合すると高泡形成能があること，水抽出画分と培養泡なし酵母を加えても高泡形成能は認められないことを示した。これらの結果から高泡形成には，酵母菌体，水溶性物質，酵母以外の不溶性物質が関与しているものと推定されたが，これらの物質が具体的にいかなる成分であるのかは明らかとなっていない。

（d）高泡形成遺伝子 *AWA1* のクローニング　高泡形成に関与する酵母側の因子を解析するために，下飯らは，高泡形成に関与する酵母の遺伝子をクローニングし，その構造の解析を行った[100]。予備実験によりきょうかい7号酵母の高泡形成能は優性であると考えられたことから，きょうかい7号酵母の単コピー型ゲノムライブラリーを作成し，泡なし酵母であるきょうかい701号を形質転換した。多数の形質転換体のなかから高泡形成能を獲得した株を濃縮するために，形質転換体ときょうかい7号を混合して小仕込みを行い，高泡部分を回収した。高泡部分には，高泡形成能を獲得した形質転換体が濃縮されていることが予想された。多数の形質転換体からこの濃縮操作を3回繰り返した後，単独の小仕込みで高泡を形成する形質転換体を取得した。この株からプラスミドを抽出し，再度きょうかい701号を形質転換すると，形質転換体は高泡を形成した。また，プラスミドを脱落させた株は高泡形成能を失った。以上の結果から，得られたプラスミドは，泡なし酵母に高泡形成能を与える遺伝子を含んでいることが明らかとなった。このプラスミドにはタンパク質をコードするORFが一つ含まれており，日本語の「あわ」から遺伝子の名前は *AWA1* と命名された。

（e）*AWA1* 遺伝子とそのタンパク質の構造　塩基配列から予想されるAwa1タンパク質は，1713アミノ酸，分子量166873であり，かなり大きなタンパク質である。実験室酵母のタンパク質アミノ酸配列のデータベースと比較すると，Awa1タンパク質は，実験室酵母の第XV番染色体に存在するYOL155Cがコードするタンパク質とよく似ていることがわかった（図1.27）。しかし，YOL155Cタンパク質は967アミノ酸にすぎず，Awa1タンパク質に比べてかなり小さい。また，Awa1タンパク質にはYOL155Cとは異なるORFであるYJR151Cタンパク質とホモロジーのある配列が挿入されており，タンパク質中央部分のセリンリッチな繰返し配列の数もAwa1タンパク質のほうが多い。したがって，*AWA1* 遺伝子は，実験室酵母には存在しない清酒酵母に特異的な遺伝子であると考えられた[100]。

きょうかい7号酵母の半数体も高泡形成を行うことが知られているが，その *AWA1* 遺伝子をG418耐性遺伝子で置換して遺伝子破壊を行うと，泡形成能を示さなくなることがわかった。したがって，*AWA1* 遺伝子は，きょうかい7号酵母の高泡形成能に必須な遺伝子であると結論された[100]。

（f）Awa1タンパク質は細胞表層に局在する

Awa1タンパク質の一次構造を解析するとN末端およびC末端の両方に疎水性の領域があり，これらの配列は，糖脂質の一種である glycosyl phosphatidyl inositol（GPI）が結合したタンパク質に特徴的なシグナルである[101]。これらのタンパク質は，GPIを介して細胞膜に結合していることから，GPIアンカータンパク質と呼ばれている。酵母の細胞壁タンパク質の多くがGPIアンカータンパク質としての特徴を持っていることが明らかにされている[102]。これらのタンパク質は合成後，小胞体内でGPIアンカーの付加を受け，細胞膜に達した後，細胞壁グルカンに転移すると考えられている。Awa1タンパク質の中間部分にはセリン

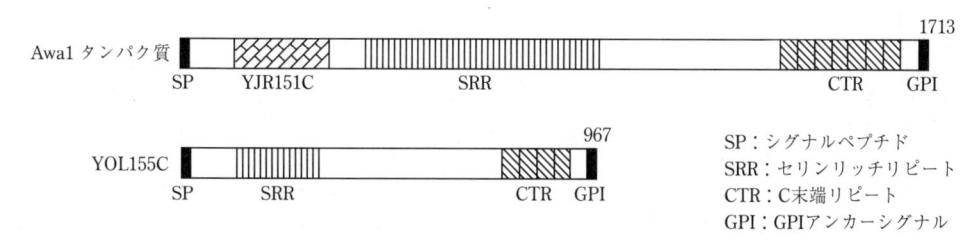

図1.27　Awa1タンパク質とYOL155Cの構造

SP：シグナルペプチド
SRR：セリンリッチリピート
CTR：C末端リピート
GPI：GPIアンカーシグナル

リッチで複雑な繰返し配列が存在するが，これも，ビール酵母の凝集因子Flo1タンパク質で見られるように細胞壁タンパク質の特徴である[103]。Awa1タンパク質の細胞での局在性は，AWA1遺伝子にインフルエンザウイルスのエピトープであるHAタグを導入することで解析された。HAタグに対する抗体を用いて，Awa1タンパク質の局在性を調べた結果，Awa1タンパク質は，実際に，細胞壁グルカンに結合して，細胞表層に存在することが確認された。

（g） Awa1タンパク質と細胞表層の疎水性 清酒酵母の高泡形成は細胞表層の疎水性と関連していると報告されているが，AWA1遺伝子の有無が細胞表層の疎水性を決定しているのかどうかについて，酵母の細胞表層の疎水性を疎水クロマトグラフィーを用いて測定することにより検討された[100]。その結果，きょうかい7号酵母やきょうかい701号酵母のAWA1遺伝子形質転換株など高泡形成能を示す酵母は疎水性が高く，きょうかい701号酵母やきょうかい7号酵母半数体の遺伝子破壊株など，高泡形成能を示さない株は疎水性が低いことがわかった（図1.28）。AWA1遺伝子の有無，高泡形成，細胞表層の疎水性はすべて一致しており，AWA1遺伝子の存在は細胞表層を疎水性にすることによって，高泡形成に関与していると考えられる。

細胞表層が疎水性であることは，自然界に生息する微生物が厳しい環境のなかで生き残るためにはたいへん重要な性質である[104]。疎水性によって固体表面に付着した細胞は，そこにマイクロコロニーを形成し，たがいに凝集することで環境の変化に耐え，生き延びることができる。培養酵母の添加がなかった時代においては，細胞表層が疎水性であり高泡形成能を持つ酵母のほうが酒造場の環境のなかで生き延びることができるとも考えられる。泡なし酵母の生存性が低いと報告されていることもこのことを示唆している。

（h） 高泡形成のモデル AWA1遺伝子のクローニングとそれに続く解析によって，泡あり酵母では細胞表層にAwa1タンパク質が存在し，そのため細胞表層が疎水性となり，酵母が発酵で生じた二酸化炭素の泡に吸着し，泡を安定化していることが考えられた（図1.29）。Awa1タンパク質はC末端側で細胞壁に結合し，N末端のほうが細胞外に突出していることを考えると，N末端側に気泡吸着性を示す領域がある可能性がある。Awa1タンパク質は，実験室酵母のYOL155CとYJR151Cの一部が融合した構造をしており，YJR151Cの部分はN末端に近い部位に存在する。YOL155Cを持つがAWA1遺伝子を持たない実験室酵母は高泡形成能を示さないことを考えあわせると，YJR151Cの部分に気泡吸着性を示す構造が存在する可能性が考えられる。N末端側には疎水性が高いアミノ酸が連続しているわけではないが，なんらかの立体構造をとったときに，タンパク質表面の一部が疎水性となって，気泡吸着性を持つことも考えられる。

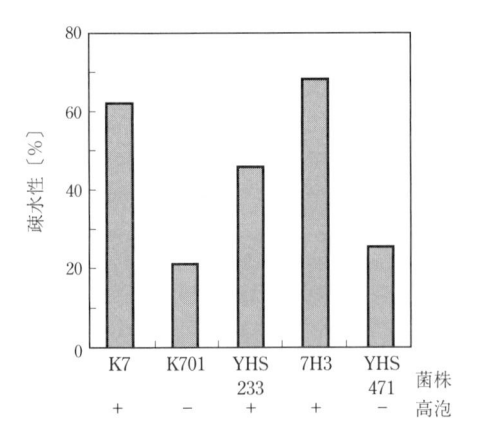

K7：きょうかい7号酵母
K701：きょうかい701号酵母
YHS233：K701のAWA1形質転換体
7H3：K7の半数体
YHS471：7H3のAWA1遺伝子破壊株

図1.28 きょうかい7号系酵母の細胞表層の疎水性の比較

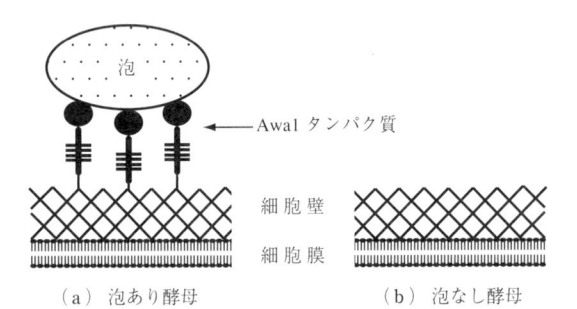

図1.29 Awa1タンパク質と高泡形成

AWA1遺伝子が清酒酵母の高泡形成に必須であることから，泡なし酵母ではAWA1遺伝子に変異が生じていることが考えられる。宮下らは，代表的な泡なし酵母であるきょうかい701号酵母についてAWA1遺伝子の構造を解析した[105]。その結果，きょうかい701号酵母では，AWA1遺伝子と相同性を持つ別の染色体に存在する遺伝子とAWA1遺伝子との間で組換えが生じていることが示された。組換えの結果，きょうかい

701号ではAwa1タンパク質のC末端側の構造が変化しており，もはや細胞壁に結合できなくなったと考えられる。その結果，細胞表層の疎水性が低下して，気泡吸着性がなくなり，高泡が形成されないものと考えられる（図1.29）。

遺伝子クローニングの結果，清酒酵母の高泡形成についての酵母側の因子はAwa1タンパク質であることが判明したが，*AWA1*遺伝子が進化の過程でどのようにして生じたのかは不明である。しかし，*AWA1*遺伝子は染色体の末端付近にあり，この領域では染色体の組換えや変異が生じやすいことが報告されている[106]。清酒酵母以外の醸造用酵母を含めたさまざまな酵母について*AWA1*遺伝子の構造を解析することが必要であろう。　　　　　　　　　　　　　　　　　　（下飯）

〔3〕 清酒酵母による香気生成

清酒の品質に大きな影響を与えるものとして香りは味とともに重要なファクターである。清酒には実に多種多様な香気成分が検出されているが，そのほとんどは酵母が生成しているものであり，高香気生成は醸造酵母の特徴の一つとして挙げられる。古くから清酒酵母の香気生成機構の解明がさかんに行われてきたが，近年では差別化を目指して香りに特徴のある清酒の醸造が試みられるようになり，その最も有効な手段として清酒酵母の香気生成の改良が研究されている。

（a）清酒の香気成分　ガスクロマトグラフィーの発展に伴い，清酒中から約100種類の香気成分が検出されている[107]。これらはおもにアルコール，エステル，有機酸，カルボニル化合物，アミン，硫黄化合物からなる。そのなかでも閾値を超える値を示すのが高級アルコールとエステルである。おもな高級アルコールとしてイソアミルアルコール，β-フェネチルアルコールが挙げられる。また，エステルにはエタノールとカルボン酸，高級アルコールと酢酸のエステルが存在している。特に吟醸香の主成分として知られる酢酸イソアミルやカプロン酸エチルはフルーティな香りを醸し出している。

高級アルコールやエステルが清酒の品質の向上に寄与しているのとは対照的に，カルボニル化合物であるジアセチルやアセトアルデヒドは清酒の品質を低下させる原因物質として知られている。清酒では好ましくない風味を「つわり香」「木香様臭」と表現する場合があるが，この「つわり香」の原因物質がジアセチルであり，「木香様臭」の原因物質がアセトアルデヒドである。

（b）酵母の香気成分の生成機構

（1）高級アルコール　酵母の高級アルコールの生成機構としておもに以下の二つ経路が知られている[107]

$$\text{R-CHNH}_2\text{COOH} \xrightarrow{①}_{②} \text{R-COCOOH} \longrightarrow \text{R-CHO} \longrightarrow \text{R-CH}_2\text{OH}$$

アミノ酸　　　　ケト酸　　　　アルデヒド　　　アルコール

① Ehrlich 経路
② アミノ酸生合成経路

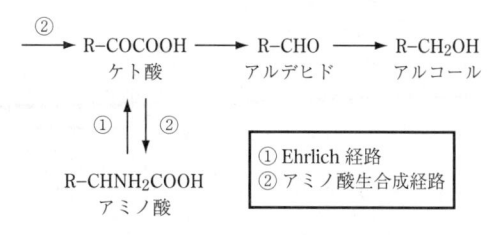

図1.30　高級アルコールの生成反応

（図1.30）。

① Ehrlich経路　菌体外から取り込まれたアミノ酸が脱アミノ作用によりケト酸となり，さらに脱炭酸されてアルデヒドとなって最終的にもとのアミノ酸より炭素数が一つ少ないアルコールに還元される経路である。この経路によりロイシンからイソアミルアルコール，イソロイシンから活性アミルアルコール，バリンからイソブチルアルコール，スレオニンからn-プロパノール，フェニルアラニンからβ-フェネチルアルコールがそれぞれ生成される。

② アミノ酸生合成経路　アミノ酸生合成経路の中間体であるケト酸はアミノ基が不足した状態では脱炭酸と還元を経て高級アルコールになる。バリンの生合成を例にとると，まず解糖系を経て生成されたピルビン酸が活性アセトアルデヒドと縮合してα-アセト乳酸となる。さらに代謝が進むとα-ケトイソバレリアン酸が生成する。ここでアミノ基が転移してバリンが生成するが，アミノ基が不足している場合はイソプロピルアルデヒドを経てイソブタノールへと還元される。

（2）エステル　酢酸イソアミルや酢酸β-フェネチルのような高級アルコールと酢酸のエステルは酵母のalcohol acethyltransferase（AATase）によりアセチルCoAと高級アルコールを基質として生成される（図1.31）。細胞膜に局在する酵母のAATaseは2種類精製されており[108]，それぞれをコードする遺伝子も同定されている[109,110]。全AATase活性の70～80％を占めるAATase Iは熱に不安定であり，不飽和脂肪酸により阻害を受ける。一方，残りの活性を持つAATase IIは熱に比較的安定で不飽和脂肪酸による阻害も受けず，二つの酵素には性質の違いが見られている。AATase I，AATase IIをコードする遺伝子の破壊実験[111]より清酒醸造における酢酸イソアミル生成はAATase Iの寄与がほとんどであると考えられる。また，この二つの酵素をコードする遺伝子をどちらも破壊することにより酢酸イソアミルや酢酸イソブチルはまったく生成されなくなる。しかしながら，酢酸エチルは半分程度にしか減少せず，他の生成経路の関与が

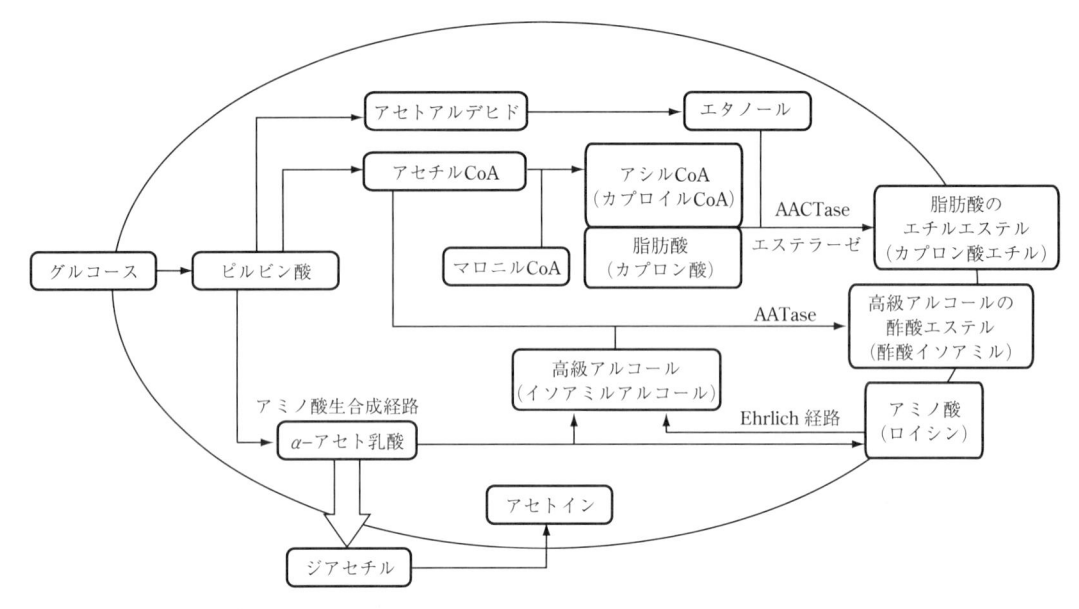

図1.31 清酒酵母の香気生成反応

示唆されている。

カプロン酸エチルをはじめとする脂肪酸とエタノールのエステルについては二つの生成経路が考えられる。一つは低級脂肪酸とエタノールを基質としてエステラーゼの作用により生成される反応である。合成活性を持つエステラーゼは3種類精製されている[112]。もう一つはエタノールとアシルCoAを基質としてalcohol acyltransferase（AACTase）が作用する反応である。酵母のAACTaseをコードする遺伝子の一つとして*ETH1*がクローニングされ，その高発現と破壊実験が試みられたが[113]，酵素活性の増減はあったものの清酒中のカプロン酸エチルの生成量に変化はなかった。

（3）カルボニル化合物　ダイアセチルは酵母のバリン-イソロイシン生合成経路の中間代謝産物であるα-アセト乳酸が菌体外に漏出し，非酵素的に酸化されることによって生成すると考えられる[114]。酵母のα-アセト乳酸はピルビン酸と活性アセトアルデヒドがアセト乳酸シンターゼの作用により縮合することで生成するが，この酵素は最終代謝産物であるバリンによりフィードバック阻害を受ける。生成したジアセチルは酵母の強いアセトインリダクターゼの作用によりアセトインへとすみやかに還元されていると思われ，発酵が旺盛な清酒もろみ中からはダイアセチルは検出されない[115]。しかしながら，α-アセト乳酸が残存している状態で酵母を除去したり，酵母のアセトインへの還元能が弱まった場合はダイアセチルの発生を招く恐れがある。

アセトアルデヒドはピルビン酸とエタノールの中間体であるが，もろみ末期のエタノール添加により，しばしば木香様臭が発生することが経験的に知られていた。その後の研究から，この現象についてはもろみ中のエタノール濃度の増加による酵母の膜透過性の増大とそれに続くピルビン酸デカルボキシラーゼの作用が指摘されている[116]。

（c）香気成分に特徴のある酵母の育種

（1）高級アルコール　生成機構でも記述したように高級アルコールの生成はアミノ酸代謝と密接なかかわりを持つ。酵母のアミノ酸生合成経路は経路の最終代謝産物のアミノ酸によりフィードバック阻害を受ける（**図1.32**）。この抑制を解除できれば，アミノ酸の有無にかかわらず生合成経路を働かせることができ，高級アルコールの生成も増加することになる。このように代謝制御に異常が起こった変異株を取得する方法の一つとして最終生成物のアミノ酸のアナログを用いる方法が知られている。培地にある程度のアミノ酸アナログを添加することにより，通常の酵母の場合，アミノ酸アナログを取り込んだ株は正常なタンパクを生成できず，さらにアナログにより代謝抑制も起こるために培地に生育することができない。それに対し，アナログ耐性株を取得すれば，そのアミノ酸の合成経路に抑制がかからなくなり，アミノ酸生合成が継続した変異株が存在している場合がある。このような育種方法の代表的な例としてロイシンアナログ耐性株によ

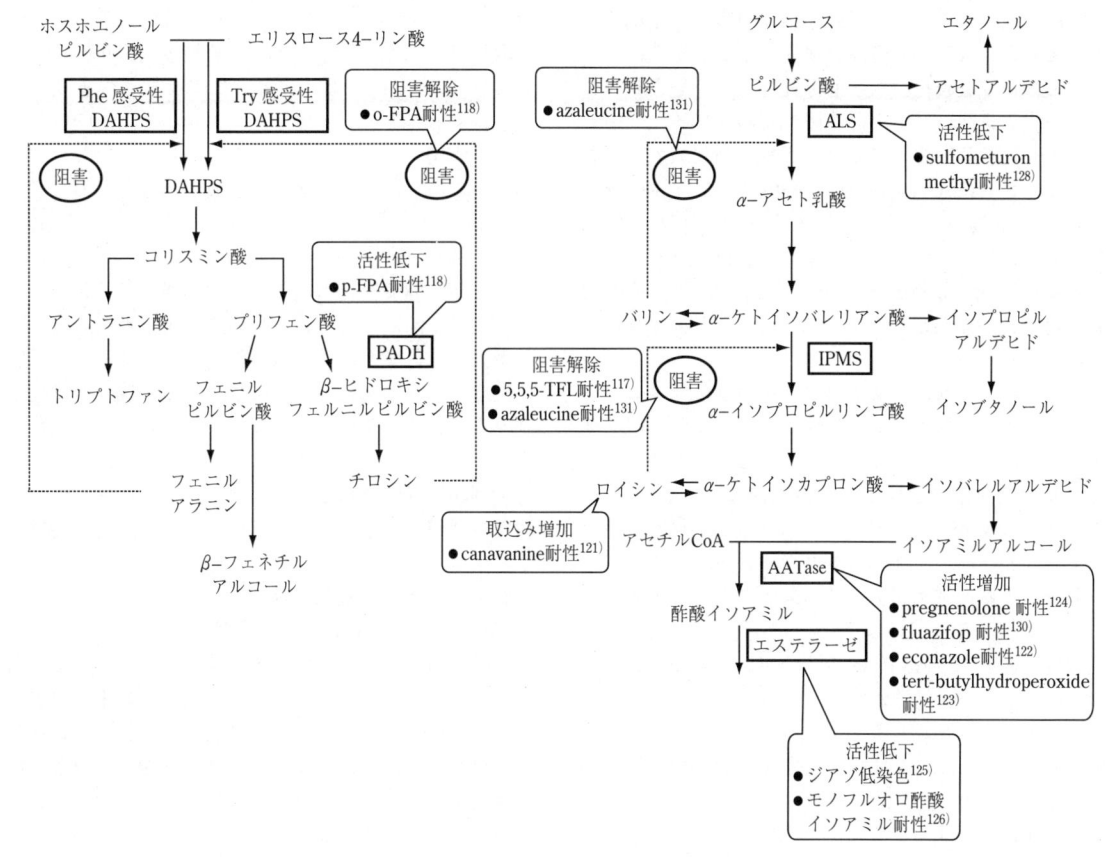

図1.32 香気成分に関するおもな酵母育種の概要（より詳しい説明は図中の肩付き数字の文献を参照のこと）

DAHPS：3-デオキシ-D-アラビノヘプツロソン酸-7-リン酸シンターゼ，FPA：フルオロフェニルアラニン
PADH：プリフェン酸デヒドロゲナーゼ，TFL：トリフルオロ-DL-ロイシン
ALS：アセト乳酸シンターゼ，IPMS：α-イソプロピルリンゴ酸シンターゼ

るイソアミルアルコール高生産株[117]，フェニルアラニンアナログ耐性株によるβ-フェネチルアルコール高生産株の育種が挙げられる[118]〜[120]。これらの耐性株に関しては詳細な解析が行われており，耐性株ではフィードバック阻害が解除されていたり，代謝制御に関与する遺伝子の変異などを起こしている。

代謝制御の異常はアミノ酸合成経路に由来するものであるが，Ehrlich経路に関連した手法としてアミノ酸の取込みに着目した方法がある。アルギニンの取込みが低下した株をアルギニンのアナログであるcanavanineを用いてスクリーニングすることができる[121]。canavanine耐性株は酵母のアルギニン透過酵素をコードする*CAN1*に変異が起こりアルギニンの消費が著しく低下する。これによりアルギニンより取り込みにくいアミノ酸であるロイシンの取込みが増大し，イソアミルアルコールの生成を増加させている。

前述のように酢酸エステルはAATaseにより高級アルコールとアセチルCoAから生成されるが，基質の高級アルコールの生成が律速となっている。高級アルコールの生成量を高めることはエステルの生成量を高めることにもつながり，実際にこれまでに挙げたイソアミルアルコール，β-フェネチルアルコール高生産株はそれぞれ酢酸イソアミル，酢酸β-フェネチル生成量が増加している。

（2）エステル　高級アルコールと酢酸のエステルについては基質の高級アルコールを増加させることが有効な手段だが，同時に高級アルコールも高生産されるために，比較的重い香りになる懸念が生じる。それに対してAATase活性のみを増加させれば，エステル/アルコールの比が高まり，より軽快で華やかな香りが実現できると思われる。AATaseが細胞膜に局在し，不飽和脂肪酸により阻害を受けることから，菌

体の脂肪酸組成における不飽和脂肪酸の比率を低くすることによりAATase活性が増加することが期待できる。このようなねらいから酵母細胞膜の不飽和脂肪酸に作用する薬剤に対する耐性株が取得され[122),123)]、そのなかには脂肪酸組成における不飽和脂肪酸の比が減少するとともにAATase活性、酢酸イソアミル生成量が高まったものが得られている。このほかではAATaseによって無毒化されるpregnenoloneに耐性のある変異株を取得する方法も試みられ[124)]、その結果、耐性株のAATase活性と酢酸イソアミル生成量が増加している。

一方で生成された酢酸イソアミルは酵母のエステラーゼによって分解される。酢酸イソアミルの分解活性が低い酵母を取得することによりもろみ中の酢酸イソアミル含量を増加させることも検討されている。α-ナフチル酢酸がエステラーゼにより分解を受けα-ナフトールとなり、ファーストブルーB塩と反応して暗赤色を呈する性質を利用してエステラーゼ低生産性株の分離が試みられている[125)]。この手法で得られた染色強度の弱い株はAATase活性は親株と変わらないもののエステラーゼ活性が低く、結果として清酒もろみ中の酢酸イソアミル含量を増加させることを可能にしている。また、これと同様な性質を持つ株の取得方法としてエステラーゼによる分解により強い毒性を示すモノフルオロ酢酸イソアミルの耐性株を取得する方法がある[126)]。

脂肪酸エチルエステルの代表格であるカプロン酸エチルを高生産する変異株の取得方法としてcerulenin耐性株を分離する手法がある[127)]。ceruleninは脂肪酸合成経路の阻害剤であり、ceruleninに耐性を獲得した株のなかには脂肪酸合成酵素に変異が起きている場合もある。酵母の脂肪酸合成酵素は7種類もの反応を触媒する活性を持つ多機能酵素で2種類のサブユニットが6分子ずつ集合した構造をしており、それぞれのサブユニットは*FAS1*、*FAS2*遺伝子にコードされている。カプロン酸エチルの高生産を示すcerulenin耐性株には*FAS2*に変異が起こっており、カプロン酸エチルの基質となるカプロン酸が高生産される。しかしながら、このときにステアリン酸やパルミチン酸、ミリスチン酸といったその他の脂肪酸についても生成量が変化することから、生成される脂肪酸組成が全体的に変化していると考えられる。

(3) カルボニル化合物　ダイアセチルの前駆体であるα-アセト乳酸の酸化はわずかな酸素の存在下でも起こることから、ダイアセチルの低減にはα-アセト乳酸の生成を抑えることが重要となる。アセト乳酸シンターゼの阻害剤であるsulfometuronmethylの耐性株からアセト乳酸シンターゼ活性が低下した酵母が取得され、もろみ中のアセト乳酸生成量が低下している[128)]。また、分岐鎖アミノ酸アナログの感受性株を取得することによりトータルダイアセチルの低くなった株が得られている[129)]。これはアセト乳酸を中間体とするバリン生合成経路に変異が起きたものと考えられる。

同じ醸造酒でも原料由来の香りが強いワインやビールに比べて清酒の場合は酵母の生成する香気成分の関与が大きい。また、その味も淡麗であることから品質に及ぼす香りの影響はより重要になる。香りの改良を試みる場合、ある成分に着目し、その含量を増減させることを主体としていることがほとんどであるが、味との調和も考慮されるべきであり、その点もふまえた酵母育種が求められている。　　　　　（広常、脇坂）

1.1.5　清酒もろみ
〔1〕　もろみの製造方法と発酵制御
（a）　清酒もろみの製造方法　　清酒もろみは清酒の香味を決定づける重要な工程であり、香味を構成する主要な成分は酵母によって形成される。清酒もろみは酒母および麹の状態によって影響を受け、酒造管理者は精米、原料処理、酒母、製麹に至る各工程において所望の状態になるように操作するが、最終的に前工程の影響が清酒もろみにおいて顕現する。大半の清酒もろみは3段階を経て仕込みが行われる。

図1.33に清酒もろみの典型的な一例を示した。吟醸、本醸造、純米、普通酒などの別によってもろみ温度（品温）経過に違いはあるが、基本的な傾向は同じである。

水麹とは第一段の仕込みである初添えの前段階にあたり、麹に水を加えて麹中の易溶成分であるミネラル、ビタミンあるいは酵素を溶液中に前もって供給させ、酵母の増殖を促すための操作である。清酒は開放型の発酵であるからつねに微生物汚染（腐造）を招く恐れがあり、これを避けるために高い酵母濃度を維持しながら仕込みを拡大することが重要となる。多段仕込みにおけるもう一つの大きな目的は、もろみ品温の制御のためであり、蒸米を冷却してもろみに順次投入するが、米粒の中心部まで冷却するためには相当大きな熱交換量が要求されるので、掛け米（麹とせずにそのまま蒸して冷却した白米）投入後の品温を一定値にとどめる目的から3段階に小分けして掛け米を投入していく。仕込み時の温度制御は、米粒の持つ熱量と酵母増殖に伴う発熱からくる品温の急激な上昇を避けながら操作される。以上のような主旨のもとに、初添、仲添、

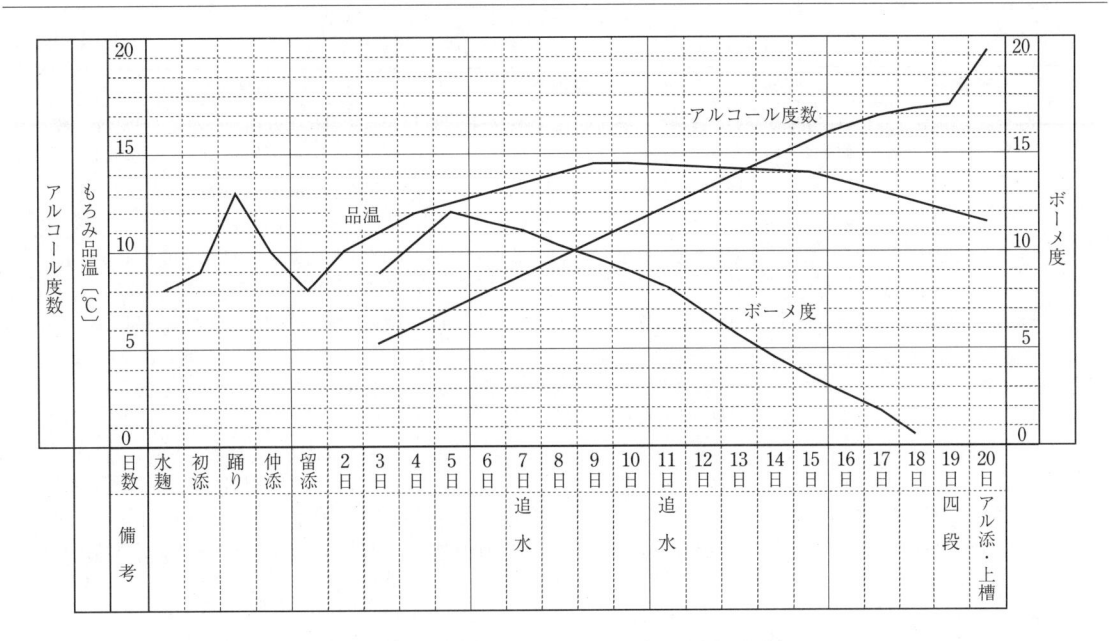

図1.33 典型的な清酒の発酵経過（本醸造酒の場合）

留添の3段階に仕込みが行われ，留後品温が10度以下になるように注意が払われる。特に留添後2～3日の間は急激な発熱を伴うので，十分な冷却能力がない限り，この留時点の温度が最高品温を決定づける。留後1週間の品温操作は米の溶解，酵母の増殖，香味成分生成の大半が同時進行する重要な期間であり，この期間の品温操作のミスは中盤以降では取り戻せないと考えてよい。

留以後の品温経過は前急（最高品温に2～3日で上昇させる），前高後低（1週間目頃に最高品温をとる），前緩後急（もろみ後半に最高品温をとる）などと呼ばれ諸説あるが，近年では前高後低型の品温経過が推奨されている。酒造管理者は積算温度という指標を重要視し，留以後の品温の累計値ともろみの分析値（主としてボーメ度，酸度）を判断材料として温度制御を行う。

もろみ初期から中期にかけては追水という，加水操作が行われることが多い。追水の温度を上下させることによって，品温操作を行うとともに，アルコールが生成して発酵が鈍くなってきた場合などは酵母の再活性化に有効であるとされている。もろみ初期の高泡がタンク側壁に付着してこれが乾燥して異臭がつく原因となるので，洗浄することもあわせて行われる。もろみ後半には品温が下げられ，酒造管理者は酵母の死滅によるアミノ酸の上昇を気遣う。もろみ後半に生成するアミノ酸は清酒の雑味の原因となり，香味のバランスを損なう。目標のボーメ度（日本酒度と対応関係にあり日本酒度はボーメ度を10倍して符号を変えた指標。ともに比重から換算する）に近づくと，四段掛け（四段仕込み）が実行される。四段掛けは簡単にいうと甘酒であり，酵素反応によって白米もしくは α 化米を糖化したものである。純米酒の場合を除き，発酵終了（上槽，搾り）直前に希釈された醸造用アルコールが投入され（アル添），フィルタープレスにて圧搾上槽される。四段掛けおよびアル添直前の成分がたいへん重要であり，この成分を所望の範囲内に納めることが清酒もろみの発酵制御の目標となる。

（b）清酒もろみと各種の指標 表1.6に清酒もろみの制御操作において管理され，また目標とされる指標をまとめた。粕歩合およびアルコール収得率は清酒製造の経済性に直結する。もちろん原料処理の最初の段階である精米歩合も重要な指標であり，購入した原料のうちどのくらいを酒にするかということである。清酒の品質の大きな部分を左右する指標となり，これらの意思決定から広義の清酒の製造制御が始まっているといってよく，酒造会社経営の中枢である。これとあわせて原料米の選定も非常に重要となる。清酒もろみに持ち込まれた原料米の価値に見合うだけの品質を引き出せるか否かが酒造管理者の力量と規定することも可能であろう。

これらの拘束下で酒造管理者は，大吟醸，純米大吟醸，吟醸，純米，本醸造および普通酒という種類別に

表1.6 発酵もろみ中の代表的管理指標と温度の影響

管理指標	酒造管理者が留意すべき経験則の一例	温度の影響
粕歩合（溶解率）	原料利用率が高いと経済性に優れるが，雑味成分が増え製品品質が落ちる。	温度上昇により粕歩合が低下するが，酵素失活により溶解速度がしだいに低下
アルコール収得率	収得率が高いと経済性に優れるが，発酵が行きすぎると製品が辛くなりすぎる。	溶解率とアルコール濃度に従属する。
アルコール濃度	米の溶解率と必ずしも連動せず，酵素力価が低いと溶解が進まずアルコール濃度のみ上昇することがある。	温度上昇により生成速度が増大する一方，累積的に酵母にダメージを与える。
日本酒度（比重）	米の溶解とアルコール生成を同時に把握するための非常に重要な指標	米の溶解とアルコール生成に従属する。
酸度	もろみ初期の急上昇は雑菌汚染の兆候を示す。酵母が同じであれば，積算温度に連動して増加する。	一般的に温度上昇により酸度上昇
アミノ酸度	初期の上昇は米の溶解により増加し（麹のでき方に強く依存する），後半の上昇は酵母の死滅による場合が多い。	温度上昇により溶解由来のアミノ酸度は増えるが，酵母活性化により消費もあり，挙動は複雑
香気成分濃度	酵母菌株に最も強く依存するが，もろみ初期の酵母数の増加で決定づけられる。	香気生成速度が増大するが，分解消失速度も大きい。温度履歴の違いにより細胞当りの香気生成速度が異なる。
色度	精米歩合と麹のでき方に強く依存する。	温度上昇により着色増大する。
官能評価	総合的な経過の結果として顕現する。	上記の総合作用により非線形性が強い。

用意した酒質イメージを追求していく。表1.6に示すように，もろみ中の成分分析値を計器情報として，原料処理の情報からの予見とともに，また人間の五感から得られる情報を頼りに清酒もろみの制御を操作することとなる。泡の状態，泡のはじける音，また発生ガス中の香りなど酵母の生態を汲み取るかのように類推する。異常あるいは思惑から外れた状態になりそうであれば，原料処理や酒母，麹の製造状況をかんがみ，現行の状態の原因を類推し，打つべき操作を決定する。このように，プロセスの現時点の状況を正しく把握し，プロセスの上流から現在の状況に至る因果関係を見抜き，所望の状態を達成するための最適施策を選び取るという高度な判断を行っている。

また発酵プロセスの初期，中期および後期によって重視する指標が異なる。アルコール度数は初期に正常な発酵を確認するための指標であり，中期以降は健全なもろみであれば二次的な情報となる。初期，米の溶け具合とアルコール発酵のバランスをとらえることができ，酒造管理者が最も重要視する指標は最高ボーメである。ボーメ度の最高値であり，最高ボーメが高すぎれば発酵が遅れて米の溶解が進みすぎており，最高ボーメが低すぎれば発酵が旺盛で米の溶解が遅れているかもしれない。酸度は腐造（酒が腐造乳酸菌などに汚染されること）の確認のために重要で，極度の上昇には十分な注意が必要である。それ以外の要因で酸度が高すぎた場合には製麹等に原因があるのではないかと類推する。もろみ末期，アミノ酸度は後半には非常に重要で，酒母の熟成が十分でないか変異株を用いた場合など，酵母のアルコール耐性が十分でないと得てしてアミノ酸度の上昇を招く。この場合はアルコール添加の時期を早めるなどして雑味の多い酒となることを防ぐ。後半に重要視するのは日本酒度（ボーメ度と同義）の「キレ」であり，一般的な健全なもろみであれば発酵とともにBMD曲線と呼ばれる管理図が直線を描く。以上の一例のように，酒造管理者は各種の指標をもとに清酒もろみを制御する必要がある。

清酒の香気成分の大半は酵母が増殖，発酵と連動して生成する。近年では香気成分を多量に作る変異株もさまざまに用意されている。香気成分は呈味成分でもあり，芳醇さとともにまろやかさ，上品な甘さなども付加する重要な要素である。菌株が同じであれば，もろみ初期の酵母菌体数が香気成分生成量を左右する最も大きな要因となってくる。このためにも留め仕込みまでの酵母増殖にとって十分な環境を整えることが肝要であり，もろみ発酵プロセス全体を見た場合，酵母増殖を促すために温度配分をプロセス前半に高めに誘導することが得策となる。酵母増殖が健全であれば初期に生成したアミノ酸が酵母増殖によって取り込まれ，アミノ酸度が一時期低下することが経験的にも知られている。

(c) **品質と経済性を左右するもろみ制御** この項の最後にコンピュータを用いた清酒もろみの制御の例を紹介する。実用例の多くは，所望のもろみ中の指標を軌道化している。すなわち，例えば「何日目にはボーメ度やアルコール度数がどの程度であるべきか」という条件をあらかじめ規定しておく。「この軌道をどの程度外れたか」を制御中に検出する手段を設け，これを矯正して軌道に戻すための操作手段を用意しておく。制御ポリシーの設定，計測手段の設定，および操作手段の設定である。

① **コンピュータ制御導入に際しての注意点** 清酒製造現場は，長年培った勘と経験の支配する職人気質の強い部門である。したがって完全にコンピュータが支配する合理化された酒造工場設計を意図することが難しい。(b)で述べたように「言葉で表現」して，製造現場と共有できる知識の体系を用意した後に，これらをコンピュータで処理できるように翻訳することが重要となる。数理的な手法をそのまま現場に適用すると，製造システムとしての全体最適化が図れない。この点で「わかりやすさ」，「シンプルさ」も非常に重要となり，数式モデルで記述した状態方程式を列記したとしても，現場の知識との融合がなされなければうまくいかない。ソースコードの記述が多少泥臭くなったとしても「わかりやすさ」，「シンプルさ」を優先したほうが導入に抵抗がない。

② **ファジィ制御** ファジィ制御の詳細はⅠ編5.2.2項を参照されたい。ここでは前記のわかりやすさの観点から，製造現場の知識をプロダクションルールとして記述しやすい点を強調したい。「条件（前件部）がこうである場合は，この状態はこれ（後件部）である」，というように酒造管理者の状況判断の思考方式をルール化することも可能であるし，「条件がこの場合には，こうする（操作量の決定）」のように操作手順をルール化することもできる。推論を多段に重ねて，いくつかの指標（表1.6など）をもとにして結論を引き出す構成とすることもできる。

土屋ら[132]は実用レベルでの制御事例を報告しており，アルコール度数とボーメ度の状態から品温操作量を推論するシステムを構築した。これは表1.6にもまとめたが，米の溶解と発酵の進展を同時に管理するという点で実用的である。大石ら[133]は，現場スケールでの液化仕込みを用いてボーメ度をオンライン計測しながら品温を制御した。このとき，状態方程式を用いて未来の状態を予測しつつ，ファジィ推論を組み合わせて品温制御を行った。

③ **その他の事例** 松浦ら[134]は杉本ら[135]の方法を改良して，発酵速度をガス流量計でオンライン計測し，あらかじめ用意した発酵速度軌道に追従するように品温を管理し，もろみプロセスを発酵終了まで誘導した。数十tレベルの仕込みを実施している。また，布川ら[136]および岩野[137]はオフラインでアルコール度数と日本酒度から品温操作量，酵素添加量を算出するプログラムを配布しており，もろみの状態判断に役立つ。佐藤ら[138]は実用レベルのオンラインサンプリング装置，チュービングセンサー法の開発，オンライン比重計の開発なども含めて清酒もろみの実用規模の制御を行い，報告している。清酒もろみの後半に粉末α化米を添加する日本酒度の新規な制御方法を提案している。松浦ら[139]は発酵終了後に清酒の成分を制御することのできる霧化分離法を実用化している。また，本多ら[140]，松浦[141]らは実験室スケールではあるが，官能評価を最適化するための手法を報告している。

(松浦)

〔2〕 **清酒醸造と酵素**

清酒もろみでは，清酒麹（*Aspergillus oryzae*）から分泌される酵素による「原料（デンプンやタンパク質）の分解」と，清酒酵母（*Saccharomyces cerevisiae*）による「アルコール発酵」の二つの反応を同時に進行させる。このような発酵方法を並行複発酵と呼ぶ。

「原料の分解」は，清酒や焼酎では米，麦などから作られる麹の酵素，ビールでは麦芽由来の酵素により行われる。一方，「アルコール発酵」は酵母菌体内で行われる。酵母菌体内における酵素反応によって生じる代謝物がもろみ中に分泌され，清酒などの成分となる。このことから清酒や焼酎，ビールなどは，酵素反応の生成物であるといえる。「酵素」はこれらの反応を円滑に進める触媒としての役割を担っている。

ここでは以下，清酒製造にかかわる酵素について解説する。

(a) **麹由来の酵素** 清酒もろみの並行複発酵を順調に進めるためには，清酒麹から生産される酵素により，まず「アルコール発酵」の出発物質であるグルコースやアミノ酸などが清酒もろみ中に供給されなくてはならない。並行複発酵で製造される清酒の風味形成には，清酒麹から生産される諸酵素のバランスが重要な影響を及ぼす。このため清酒製造において麹造りは最も重要な工程の一つととらえられている。しかし，清酒製造場の麹の酵素活性には大きなばらつきがあることが報告されている[142]。麹の酵素活性がばらつく原因としては，種麹（胞子）の摂取量，製麹工程における温度経過，製麹時間などが異なるためと考えられている。

(1) **糖質関連酵素** 清酒製造において，グルコースは清酒酵母が増殖するための炭素源であり，「ア

ルコール発酵」の出発物質となることから非常に重要な化合物といえ、グルコース生成に関与する糖質関連酵素については、さまざまな検討がなされている。清酒もろみ中での、糖質の変化について**図1.34**に示した。

① α-アミラーゼ　α-アミラーゼはデンプンなどのα-1,4-グルコシド結合をランダムに加水分解し、デキストリンやオリゴ糖を生成する反応を触媒する。アミロペクチンの分岐に存在するα-1,6-グルコシド結合には作用できない。α-アミラーゼはデンプン分子にendo型に作用するため、湖精化力（液化力）に優れ、液化酵素とも呼ばれる。

*Aspergillus oryzae*が生産するα-アミラーゼを単独デンプンに作用させた場合、最終生成物はおもにマルトースである。

通常、清酒製造では原料（原料米と米麹）に対し、およそ1.3倍量の仕込水を用いるため、もろみ初期では固形分が多く、α-アミラーゼによるデンプンの分解が進むと徐々に固形分が減少していく（清酒製造では「米が溶ける」と表現される）。

一方、清酒もろみ中ではα-アミラーゼの無効吸着と呼ばれる現象が認められる[143]。これはα-アミラーゼが原料米中のタンパク質に吸着し、もろみ中のα-アミラーゼ活性が見かけ上、低下する現象である。吸着されたα-アミラーゼは「米が溶ける」につれて清酒もろみ中に遊離し、液化酵素として働く。このため、清酒もろみ中の遊離α-アミラーゼ活性はもろみ初期では低く、原料の溶解が進む仕込み7〜10日後に最大となる。α-アミラーゼは後述するグルコアミラーゼなどと比べてアルコール耐性が低いため、「アルコール発酵」が進み、アルコール濃度が高くなると失活し、その活性は徐々に低下する。

② グルコアミラーゼ　グルコアミラーゼはグルコースがα-1,4-グルコシド結合した糖質を基質とし、非還元末端からβ-グルコースを遊離するexo型の酵素である。デンプンやデキストリン、マルトオリゴ糖などに作用し、グルコースを生成させることから糖化酵素とも呼ばれる。比較的重合度の大きな基質に作用しやすいが、マルトースなどの低分子化合物にも作用する。またα-1,6-グルコシド結合にも作用する。

清酒もろみ中ではα-アミラーゼによる「液化」とグルコアミラーゼによる「糖化」が並行して進行する。グルコアミラーゼはデンプンにも作用できるが、α-アミラーゼの作用で生じたデキストリンなどに作用することで、より効率的にグルコースを生成させることができる。

グルコアミラーゼは、清酒酵母の「エサ」となるグルコースを生成させることから、糖質関連酵素のなかでも最も重要な酵素である。清酒麹のグルコアミラーゼ活性が低いと、もろみ中でのグルコース生成が「アルコール発酵」の律速反応となる。もろみ中のグルコースが不足すると発酵が順調に進まず、香気成分の生成量が低くなるなど酒質へ大きく影響することが知られている。香気成分が重要視される吟醸酒などでは特

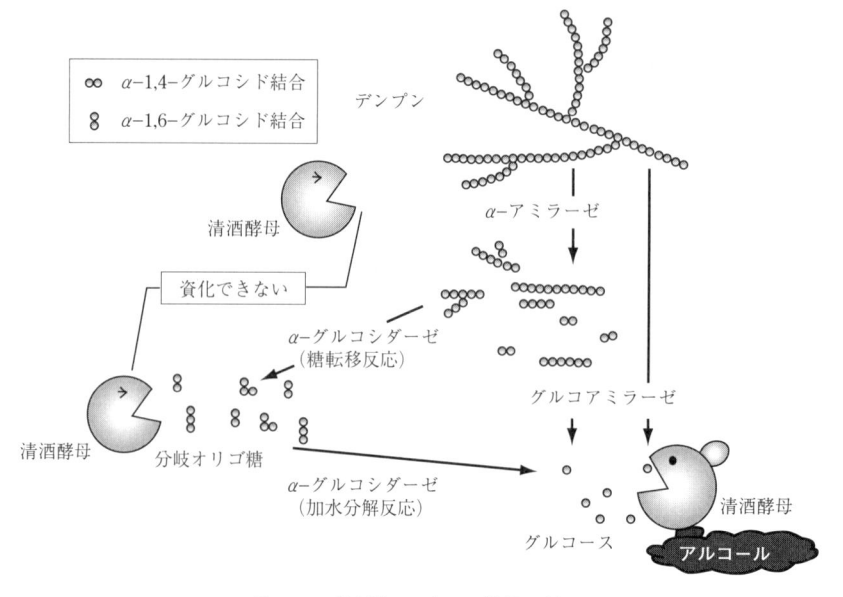

図1.34　清酒もろみ中での糖質の分解

にグルコアミラーゼ活性が重要視され，清酒麹のグルコアミラーゼ活性を補強する目的で市販グルコアミラーゼ剤を用いることもある。

③ α-グルコシダーゼ　α-グルコシダーゼはα-1,4あるいはα-1,6-グルコシド結合を有するオリゴ糖を加水分解し，非還元末端からα-グルコースを遊離させるexo型の酵素である。反応性生物がα-グルコースであることと，マルトースなど比較的重合度の低い基質によく作用する点で，グルコアミラーゼと異なる[144]が，グルコースを生成する酵素としてグルコアミラーゼとともに重要な役割を担っている[145]。また，清酒麹など糸状菌のα-グルコシダーゼは反応条件によってマルトオリゴ糖を基質としてα-1,6-グルコシド結合を有する分岐オリゴ糖を生成する糖転移反応も触媒することからトランスグルコシダーゼとも呼ばれる。これに対し酵母のα-グルコシダーゼはマルトースを2分子のグルコースに加水分解するマルターゼとして知られている。

トランスグルコシダーゼとして糖転移反応を触媒する場合には清酒もろみ中にα-エチルグルコシドや分岐オリゴ糖など[146]が生成される。

α-エチルグルコシドはグルコースの1位の炭素にエトキシル基がα結合した非還元性糖で，甘味と苦味をあわせ持つ特徴を有する。分岐オリゴ糖は清酒にこく味を与えるが，清酒酵母が資化できない非発酵性糖であることから，清酒もろみ中の分岐オリゴ糖濃度が増加すると，「アルコール発酵」が進まず，もろみの発酵が遅延する場合がある。このようなもろみの状態では「割り水」により酵母の増殖を試みても発酵が促進されないが，市販α-グルコシダーゼ剤を用いて，もろみ中の分岐オリゴ糖をグルコースに加水分解することで再び発酵を促進させることができる。このほかα-D-グルコシルグリセロールが糖転移反応によって清酒中に生成することが報告されている[147]。

(2) タンパク質関連酵素　清酒麹が生産する種々のタンパク質分解酵素（プロテアーゼ，ペプチダーゼ）は原料米中のタンパク質を加水分解し，ペプチドやアミノ酸を生成させる。アミノ酸は清酒の重要な呈味成分の一つであり，また酵母の増殖や有機酸，香気生成にも関与している。

① 酸性プロテアーゼ　酸性プロテアーゼはアスパルティックプロテアーゼの一種であり，タンパク質やポリペプチドなどを加水分解し，ペプチドを生成するendo型の酵素である。

清酒もろみにおいては，米タンパク質を加水分解し，ペプチドを遊離させるほか，米タンパク質を分解することにより，前述したα-アミラーゼの無効吸着を解消する役割を担っている[148]。

② 酸性カルボキシペプチダーゼ　酸性カルボキシペプチダーゼはセリンタイプのカルボキシペプチダーゼである。清酒麹の酸性カルボキシペプチダーゼには数種のアイソザイムが存在する[149]。ポリペプチドなどのペプチド結合をカルボキシル末端から加水分解し，アミノ酸を遊離させるexo型の酵素である。

アミノ酸は清酒の重要な呈味成分の一つであるが，多すぎると雑味や重い酒質と感じられたり，貯蔵中の着色の原因にもなる。

(3) その他

① 脂質分解酵素　脂質は米粒の外層部ほど多く含まれている。清酒の製造において，原料を精白することで粗脂肪は減少するが結合脂質の量的変化は少ない[150]。

リパーゼはトリアシルグリセロールなどの脂質を分解し，脂肪酸とグリセリンに加水分解する反応を触媒する酵素である。清酒麹のリパーゼに関しての研究報告はほとんどないが，市販酵素剤を用いた吟醸酒もろみにおいてリパーゼが原料米の溶解促進に寄与していることが報告されている[151]。

② リン酸遊離酵素　フィターゼは穀類のリン酸の貯蔵形態であるフィチン酸（イノシトール-6-リン酸）から酵母の増殖に必要なリン酸を遊離する反応を触媒する。清酒麹のフィターゼは1分子のフィチン酸から5分子のリン酸を遊離しイノシトールリン酸を生成させる。

酸性ホスファターゼはフィターゼに比べて基質特異性が広く，フィチン酸やイノシトールリン酸だけでなく種々のリン酸エステルからリン酸を遊離する。フィターゼと酸性ホスファターゼにより生成するイノシトールは酵母の増殖因子になる[152]。

③ ムレ香生成酵素　生酒を除く清酒では「火入れ（パスツリゼーション）」を行う。これは「火入れ」により，清酒製品中に残存する酵素活性を失活させ，酵素による貯蔵中の成分変化を防ぐことを目的としている。

生酒には「火入れ」工程がないため，残存するアルコールオキシダーゼにより清酒の劣化臭の一つであるムレ香（i-valeraldehyde, ethyl i-valerate, 1,1-diethoxy-3-methylbutaneの複合香）が生成することが報告されている[153]。

④ チロシナーゼ　チロシナーゼはcopper oxidaseの一種である。チロシナーゼは清酒製造に直接かかわる酵素ではないが，酒粕の褐変にかかわることが報告されている。このような酒粕は「黒粕」と呼ばれ，酒粕の商品価値を大きく低下させる。「黒粕」化

の機構は酒粕中のチロシンにチロシナーゼが作用しドーパを生成させ、これが最終的にメラニンとなって褐変することが明らかにされている[154]。

(b) 清酒酵母由来の酵素 グルコースやアミノ酸は清酒もろみ中で清酒酵母に利用され、アルコールや有機酸、香気成分などに変換される。酵母菌体内には種々の酵素が存在し、これらの酵素の働きにより複雑な清酒のフレーバーが生成される。ここでは香気成分の生成にかかわる代表的な酵素を紹介する。

(1) 酢酸エステル生成に関与する酵素　アルコールアセチルトランスフェラーゼ（AATase）は吟醸酒などの代表的な香気成分である酢酸イソアミルや酢酸エチルなどのエステルの生成に関与している[155]。温度安定性が低く、低温で醸造する吟醸もろみではもろみ末期まで活性がほぼ一定に保たれるが、普通もろみではAATaseの失活が認められると報告されている[156]。吟醸香の高い清酒を製造するために、わざわざ長期間（4～5週間）にわたり10℃前後の低温で発酵させることで酵素活性を維持し、酢酸エステルを生成させていると考えられている。

また、不飽和脂肪酸はこの酵素のmRNA転写を阻害していることが明らかにされており[157]、原料米中の不飽和脂肪酸を除去するために原料米の浸漬時にリパーゼ剤を用いることもある。

(2) 脂肪酸エステル生成に関する酵素　代表的な脂肪酸エステルであるカプロン酸エチルの生成には、二つの経路が考えられている[156]。アルコールアシルトランスフェラーゼ（AACTase）により、カプロイルCoAとエチルアルコールからカプロン酸エチルが生成する経路と、エステラーゼによりカプロン酸とエチルアルコールからカプロン酸エチルを合成する経路である。

また清酒酵母は酢酸エステルを分解するカルボキシエステラーゼを有することが知られている。

(c) その他の清酒製造における酵素の利用

(1) 酵素剤による四段仕込み　四段仕込みとは、清酒の製造においてもろみを上槽（濾過によりもろみを固液分離し、原酒を得る工程）直前に、味質を調整するために蒸米から糖液を調製し、もろみに添加する方法をいう。

糖液の調製には麹や市販酵素剤などが利用される。Rhizopus起源のグルコアミラーゼ剤を利用しグルコースが主成分の糖液を調製する方法が一般的であるが、Aspergillus niger起源のα-グルコシダーゼの糖転移反応を利用して、イソマルトースやパノースなど分岐オリゴ糖の多い糖液を調製する方法がある。分岐オリゴ糖はグルコースと比べて甘味が少なく、こく味を有するため、甘さを抑えたこくのある味質の清酒を製造することができる。このほか、Bacillus起源の耐熱性α-アミラーゼを単独で用いる方法がある。

(2) 液化仕込み　通常の清酒製造では先に述べたとおり、「原料の分解」と「アルコール発酵」をもろみ中で同時に進行させる並行複発酵が行われている。並行複発酵では固形物（蒸米）を原料とするため、初期のもろみの流動性が悪く、温度管理などが難しい。そこでBacillus起源の耐熱性α-アミラーゼを利用してあらかじめ原料を液化し、初期のもろみの流動性を向上させて仕込む「液化仕込み」と呼ばれる方法が開発されている。液化仕込みには、原料処理方法の違いにより、姫飯造り、融米造り、焙焼造りなどの方法がある。

(3) プロテアーゼ剤によるおり下げ　清酒製造において、貯蔵中にタンパク質由来の濁り（白ボケ）が生じることがある。この濁り生成を防止する工程が「おり下げ」である。おり下げ剤としてプロテアーゼ剤を利用する方法がある。一つはendo型プロテアーゼでペプチドを生成させ、ペプチド間の疎水結合による凝集・高分子化により沈殿させる方法である。もう一つはexo型のプロテアーゼ（ペプチダーゼ）により濁りの原因であるタンパク質をアミノ酸に分解する方法である。

最近では液体培養では発現せず、清酒麹のような固体培養で特異的に発現するグルコアミラーゼ遺伝子[158]やチロシナーゼ遺伝子[159]の存在が報告されている。また、製麹工程において製麹温度が38℃を超えると酸性プロテアーゼの転写が抑制されること[160]が報告されるなど、これまで「経験」に従って行われていた麹造りにおける酵素生産のメカニズムが徐々に明らかにされつつある。また、清酒酵母のもろみ中での代謝が遺伝子レベルで明らかにされつつある。

今後の研究の進展により清酒製造の新しい技術に結びつくことが期待される。
　　　　　　　　　　　　　　　　　　（天野）

1.1.6　清酒の熟成

搾りたての清酒は若々しくて荒々しい香味を有しているが、貯蔵熟成が進行するに従い、成分の変化を伴いながら、新酒の粗い味は消え、香味が調和しおいしく飲みやすくなる。例えば、新酒の間は舌触りがどことなく男性的でおし味があり、しっかりした味わいの酒が、一夏を越すと酒質に丸みが出て飲みやすくなる。この現象は「秋晴れ」[161]と呼ばれており、清酒の貯蔵熟成の代表例である。さらに熟成が進むと、着色度が増加し、雑味や苦味、老香が発生し、より重厚な味

わいとなる。

清酒の熟成のパターンは複雑であり，熟成の機構を詳細に解明することは困難である。その理由として醸造酒であるため熟成に関与する物質の種類が多いこと[162]，香りや味に関与する物質の閾値が低く，官能による評価と分析による測定値を関連づけることが困難なこと，味覚においてはどうしても複合系で評価するため解析が難しいこと，温度，時間，酸素濃度など外的要因によって反応速度が変化すること，酵素反応，酸化反応，縮合反応，結合反応など反応のタイプが多岐にわたることなどが挙げられる。

一方，貯蔵中の変化であっても，清酒の品質向上に寄与しない変化は，熟成とはいわず劣化現象とみなすのが普通である。熟成と劣化は表裏一体の関係であり，したがって清酒の品質を設計，保持する際に熟成工程（貯蔵）は重要な要因といえる。清酒の熟成には，上槽後火入れまでの間に進行する酵素反応が主体をなす火入れ前熟成（生熟成）と，火入れ後の貯蔵期間中に進行する化学反応による貯蔵熟成の二つがある[163]。

（a） 火入れ前熟成（生熟成） 通常清酒は上槽後火入れと呼ばれる熱殺菌を行うまで生で貯蔵するが，その生での貯蔵期間に進行する酵素反応を主体とする熟成のことを火入れ前熟成（生熟成）という。

（1）糖組成の変化 生酒貯蔵期間中に麹菌由来のグルコアミラーゼによるオリゴ糖の分解反応やトランスグルコシダーゼによる糖転移反応が起こり，清酒中の糖組成が変化する。生酒を10℃および30℃で1カ月貯蔵した場合の変化を**表1.7**[164]に示す。甘味を付与するグルコースと即効性の甘味と遅効性の温和な苦味を呈し[165]，清酒の風味に大きな影響を及ぼすと考えられるα-エチルグルコシド（α-EG）が増加し，清酒の味に膨らみを与えるといわれている非発酵性オリゴ糖の一つであるイソマルトースが減少する。

（2）香りの変化 生での貯蔵期間中に進行する香りの変化は酒質を劣化させることが多い。生酒での代表的な劣化臭は「ムレ香」と呼ばれ，**図1.35**に示

表1.7 生貯蔵期間での糖の変化

貯蔵温度	貯蔵日数	グルコース [mg/ml]	α-EG [mg/ml]	イソマルトース [mg/ml]
15℃	0日	18.3	5.1	4.6
	15日	25.6	5.3	4.6
	30日	30.6	5.6	4.1
30℃	15日	35.6	6.2	3.7
	30日	39.0	7.0	3.2

すようにその生成機構が詳細に研究されている[166]。「ムレ香」は，イソバレルアルデヒド（i-Val）を主体とし，イソバレリアン酸エチルおよび1,1-ジエトキシ-3-メチルブタンとの複合香であり[167]，官能評価による判定が困難であるがi-Valを測定することで劣化の程度がわかる。

（3）劣化防止 生貯蔵における熟成の変化の大半は酵素反応によるものである。したがって，過熟や劣化を防止するには，低温で貯蔵することで反応速度を遅くする，限外濾過処理により酵素を除去する[168]，貯蔵期間を短くすることが挙げられる。

（b） 貯蔵熟成 火入れ処理後，タンクあるいはびんで貯蔵することで清酒の熟成は行われる。時間の経過とともに，温度や光，酸素の影響を受けながら，酸化反応，縮合反応，結合反応などの化学反応が主体となり化学成分の変化が生じる。

（1）色の変化

① 時間経過による着色 清酒は熟成するにつれて色が濃くなる。この着色反応はきわめて複雑であり，十分に解明されていないが，他の一般の食品と同様，アミノカルボニル反応によりメラノイジンが生成されるものと考えられ[169]，アミノカルボニル反応の中間体である3-デオキシグルコソン（3-DG），3-デオキシペントソン（3-GP）が清酒から分離されている[170]。

② 日光による着色 清酒は太陽光線にさらされると著しく着色するとともに，日光臭と呼ばれる不快

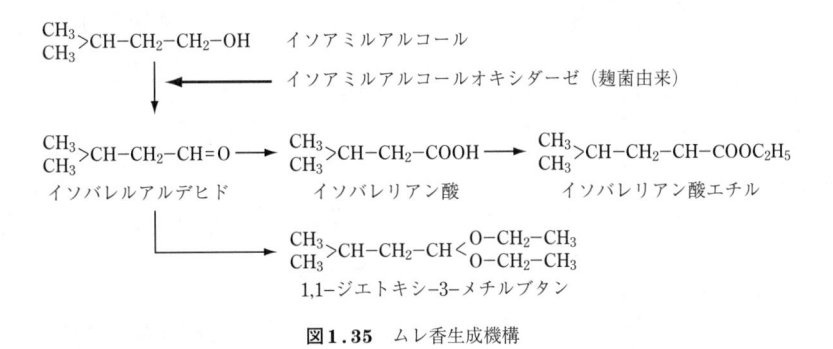

図1.35 ムレ香生成機構

臭が発生するが，日本酒度，酸度，アミノ酸度などは変化しない。日光による清酒の着色機構は詳細に検討されており，図1.36に示す三つの反応経路が提唱されている[171]。清酒の日光着色全体のうち，反応系Iが30～35％，反応系IIが20～45％，反応系IとIIで75％を，残りの25％が反応系IIIと考えられている[172]。

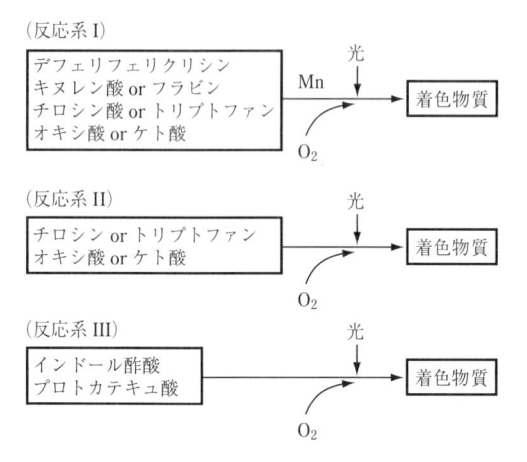

(反応系I)
デフェリフェリクリシン
キヌレン酸 or フラビン
チロシン酸 or トリプトファン
オキシ酸 or ケト酸
→ Mn, 光, O$_2$ → 着色物質

(反応系II)
チロシン or トリプトファン
オキシ酸 or ケト酸
→ 光, O$_2$ → 着色物質

(反応系III)
インドール酢酸
プロトカテキュ酸
→ 光, O$_2$ → 着色物質

図1.36　日光着色の機作

日光による着色を防止するには，380 nm以下の光を遮断すること，日光着色に関与する物質の活性炭による除去，さらに日光着色には酸素が必要なので酸素を除去することが重要である。清酒中の溶存酸素を低減することでこの日光着色や貯蔵着色を防止する方法が実用化されている[173]。また，貯蔵中の溶存酸素濃度の各成分に与える影響を表1.8に示した[174]。

③　鉄による着色　清酒の貯蔵中に鉄が混入すると，清酒は赤褐色に着色する。この鉄による着色は，麹菌が生産する環状ペプチドであるデフェリフェリクリシンが3価の鉄をキレートして，赤褐色のフェリクリシンになるためである[175]。

鉄による着色は活性炭で除去できないので，鉄による着色は絶対に防止しなければならない。また，デフェリフェリクリシン非生産性麹菌も育種されている[176]。

(2) 香りの変化　新酒の香りも貯蔵とともに変化し，その新酒の香りが消失するとともに老香が生じてくる。老香は熟成酒から検出されている複数の成分からなる複合香と考えられている。

①　老　香　老香の強い古酒から得た焦げ臭物質を検討した結果，その焦げ臭物質は3-ヒドロキシ-4,5-ジメチル-2(5H)-フラノン（HDMF）と同定された[177]。HDMFは天然物から初めて分離された物質で老酒やフロールシェリー[178]の主要香でもあり，また濃度によって香りの性質が変わる物質である。濃度が濃い場合はカレー様の香りであり，ごく薄い場合（0.1 ppb程度）では糖蜜臭，その中間の濃度で焦げ臭（老香）を示す特徴がある。HDMFの生成は，スレオニンが酸性下で分解してα-ケト酪酸とアセトアルデヒドを生成し，それらが縮合してHDMFが生成されると考えられる。

揮発性硫黄化合物は，新酒ではメチルメルカプタンだけであるが，熟成が進むと，ジメチルジスルフィド（DMDS）が新たに検出される。DMDSは濃い場合にはニンニク臭，薄い場合には腐敗臭を呈する。DMDSは，メチオニン，システインおよび未知の含硫窒素化合物から生成され，老香の一部として寄与していると考えられる[179]。

有機酸では，熟成するに従い酢酸，プロピオン酸，イソバレリアン酸が増加し，特に酢酸は顕著な増加が認められ熟成香味への影響は大きいと考えられる[180]。また，ねずみの尿臭を呈し，老香を構成すると考えられているフェニル酢酸も古酒から検出される。フェニル酢酸はフェニルアラニンから生成されると推定されている[181]。

カルボニル化合物では，弱い焦げ臭を持つアセトンが増加し，青臭，未熟臭といわれるアセトアルデヒド，イソバレルアルデヒド，n-カプロンアルデヒドが熟成期間中に減少する[182]。

焦げ臭と同様古酒から分離された化合物にバニリンがある[183]。バニリンは甘臭を呈し老香の基調香を構成すると考えられている。バニリンの生成機構は，米由来のフェルラ酸が熟成中にバニリンに変換されると推定されている[184]。

②　日光臭，びん香　清酒を日光にさらすと，日光臭やびん香と呼ばれる異臭が発生する。日光臭の

表1.8　各物質の貯蔵中の変化と溶存酸素の影響

化合物	貯蔵中の変化	溶存酸素の影響
蛍光物質	増加	増加抑制
着色物質	増加	増加抑制
3-DG	増加	増加抑制
アセトアルデヒド	増加	増加抑制
フルフラール	増加	増加抑制
プロリルロイシン無水物	増加	影響なし
ハルマン	増加	増加抑制
テトラヒドロハルマン-3-カルボン酸	減少後増加	増加抑制
メチルチオアデノシン	変化なし	—
チロソール	変化なし	—
トリプトファン	減少	増加抑制

本体はメチオニンやシステインから生成したメチルメルカプタンだと考えられている[185]。また，びん香は「けもの（獣）」のような臭いと表現されているが，この香りは老香と日光臭の複合香と考えるのが妥当である。老香，日光臭，びん香は活性炭処理で除去できる。

(3) 味の変化　熟成が進むにつれて，清酒の味も変化する。新酒の粗い味わいはなくなり，調和のとれた味となる。さらに熟成が進むと，雑味や苦味が強くなり味わいの多い清酒となる。

① アミノ酸　呈味成分のなかでもアミノ酸は熟成によってすべての種類が減少する。特に，スレオニン，トリプトファン，含硫アミノ酸の減少が著しい[186]。減少する理由としては，スレオニンは老香成分のHDMFへ，トリプトファンは着色物質[187]やハルマン[188]などの苦味物質に，含硫アミノ酸は揮発性含硫黄化合物に変化するためと考えられる。アミノ酸は，貯蔵中に生じる色，香り，味に関係する物質の前駆物質であるので，アミノ酸の種類，含有量が貯蔵熟成後の清酒の品質に大きく影響する。

② 苦味成分　環状ペプチドであるプロリルロイシン無水物は，貯蔵によって増加する[189]。メチルチオアデノシンは酵母菌体から溶出したs-アデノシルメチオニンが火入れ貯蔵により分解して生じる[190]。テトラヒドロハルマン-3-カルボン酸[191]は，トリプトファンとアセトアルデヒドの縮合によって生成され，日光照射によって増加するハルマンの中間体である。

熟成によって苦味物質は増加するので，熟成が進むと清酒の味わいは濃くなり，苦味のある雑味の多い酒質となる。

③ 酸味物質　熟成により酸性物質も変化する。揮発酸が増加するがその大半は酢酸の増加に由来する。その他，アミノ酸に由来するi-系酸は増加し，n-系酸は減少する[179]。不揮発酸では，コハク酸，リンゴ酸が減少し，すっきりした酸味を呈するコハク酸モノエチル，ほとんど無臭なコハク酸ジエチルとリンゴ酸モノエチルが増加する。また，グルタミン酸のラクタム化によりピログルタミン酸が増加する[192]。

(c) 熟成の指標　熟度の指標として用いる成分は，清酒の熟度と相関が高く，容易に測定できる成分が望ましい。

(1) 3-デオキシグルコソン(3-DG)による貯蔵管理　清酒の熟度と3-DG濃度にはきわめて高い相関があり[193]，清酒の上槽後からびん詰めまでの3-DG増加の予測式から3-DGが熟度の指標となり得る[194]。

(2) コハク酸モノエチル(MES)　MESの生成において，温度と反応速度定数の関係を求めたところ直線関係が得られた。したがって，MESを指標とする清酒の熟度の推定も可能である[192]。

(d) 混濁
(1) タンパク混濁　清酒を火入れして貯蔵しておくとしだいに透明度が低下し，薄く濁ってさえが悪くなることがある。この濁りは，清酒中に溶解していたタンパク質が熱変性により肉眼で確認できる微粒子まで凝集したものである。再度加熱すると透明になるので，火落ちによる混濁と区別することができる。このタンパク混濁を防止するには，おり下げと呼ばれるタンパク質を除去する方法を行う必要がある。おり下げの方法は，タンニンとゼラチンによる凝固沈殿やアルギン酸と混濁物質の共沈させる物理的方法と酸性プロテアーゼを使用する酵素的方法があるが，それぞれに長所短所があるので適した方法を採用する必要がある[195]。

(2) 火落ち　清酒が貯蔵中または出荷後に火落ち菌が増殖して濁る現象を火落ち[196]という。火落ちした場合，混濁が増大する，酸味が増す，火落ち香が発生し香りが悪くなるなど品質が著しく低下する。

火落ち菌は乳酸菌に属する桿菌であるが，火落ち酒から最も多く分離される菌は，メバロン酸を必須的に要求し，他のアルコール飲料であるビールやワインでは増殖しないヘテロ醗酵型真性火落ち菌である[193]。一方，ホモ発酵型火落ち菌はアルコール耐性があるため，貯蔵庫内の原酒の火落ち酒によく見出される。

(e) 長期熟成酒　毎年収穫された米で造った酒を1年でほぼ消費していたこと，原料の米が貴重であったこと，火入れ（殺菌）技術が未熟であったため清酒が貯蔵中に腐敗したこと，などの理由により高品質の「熟成酒」を商品化することは困難であった。「熟成酒」の育成を目的に長期熟成酒研究会が発足し，熟成酒の技術と商品の普及を推進している[197]。

また，江戸時代中期の清酒が発見され，その古酒の詳細な成分分析が行われた。その結果，アルコール濃度が約2％の液体で，粘度が高く，強い酸味と甘味および苦味を有し，香りは強い老香様を呈していた[198]。

今後，清酒の熟成機構がより詳細に解明され，品質の高い熟成酒が市場に出ることが期待される。（西村）

引用・参考文献

1) 加藤百一：日本の酒5000年，技報堂出版（1987）．
2) 吉田集而：東方アジアの酒の起源，ドメス出版（1993）．
3) 柚木　学：酒造りの歴史，雄山閣（1987）．

4) 坂口謹一郎：坂口謹一郎酒学集1, 岩波書店（1997）.
5) 坂口謹一郎監修, 加藤辨三郎編：日本の酒の歴史, 研成社（1977）.
6) 加藤百一：酒は諸白, 平凡社（1989）.
7) 吉田 元：日本の食と酒, 人文書院（1991）.
8) 吉田 元：江戸の酒——その技術・経済・文化——, 朝日新聞社（1997）.
9) Atkinson, R. W.: *The Chemistry of Sake-Brewing, Memoirs of the Science Department, Tokio Daigaku*, No.6（1881）.
10) Ouchi, K. and Akiyama, H.: *Agric. Biol. Chem.*, **35**, 1024-1032（1971）.
11) 土屋重信, 小泉淳一, 末成和夫, 手島義春, 永井史郎：醗酵工学, **68**, 123-129（1990）.
12) Oishi, K., Tominaga, M., Kawato, A. and Imayasu, S.: *J. Ferment. Technol.*, **73**, 153-158（1992）.
13) 広常正人, 中田冨士男, 浜地正昭, 本馬健光：醸協, **82**, 582-586（1987）.
14) Kitamoto, K., Oda, K., Gomi, K. and Takahashi, K.: *Appl. Environ. Microbiol.*, **57**, 301（1991）.
15) Fujii, T., Nagasawa, N., Iwamatsu, A., Bogaki, T., Tamai, Y. and Hamachi, M.: *Appl. Environ. Microbiol.*, **60**, 2786-2792（1994）.
16) Tada, S., Iimura, Y., Gomi, K., Takahashi, K., Hara, S. and Yoshizawa, K.: *Agr. Biol. Chem.*, **53**, 593-599（1989）.
17) Hata, Y., Ishida, H., Kojima, Y., Ichikawa, E., Kawato, A., Sugiyama, K. and Imayasu, S.: *J. Ferment. Bioeng.*, **84**, 532-537（1997）.
18) 石川雄章編：増補改定 清酒製造技術, 日本醸造協会（1998）.
19) 日本醸造協会編：醸造物の成分, p.8, 日本醸造協会（1999）.
20) 武田俊久, 荒巻 功, 木崎康造, 岡崎直人：醸協, **89**, 477-480（1994）.
21) 古川幸子, 水間智哉, 柳内敏晴, 清川良文, 若井芳則：醸協, **95**, 295-303（2000）.
22) 古賀秀徳, 竹田弘美, 田村新八郎, 片山 脩：食工誌, **43**, 735-739（1996）.
23) 吉澤 淑, 石川雄章：醸協, **69**, 645-650（1974）.
24) 石川雄章編：増補改訂 清酒製造技術, p.107, 日本醸造協会（1998）.
25) 熊谷知栄子, 黒柳嘉弘, 野白喜久雄：醸協, **71**, 718-722（1976）.
26) 若井芳則, 水間智哉, 宮崎紀子, 清川良文, 柳内敏晴：生物工学, **73**, 191-197（1995）.
27) 栗山一秀：醸協, **57**, 679-681（1962）.
28) 田中俊雄, 岡崎直人：無蒸煮穀類上における糸状菌の増殖, 醗酵工学, **60**, 11-17（1982）.
29) 奈良原英樹：麹学, p.37, 日本醸造協会（1986）.
30) 原 昌道, 菅間誠之助, 吉沢照夫, 本郷和夫：Deferriferrichrome非生産性麹菌変異株による清酒小仕込み試験, 醗酵工学, **52**, 314-320（1974）.
31) Yamada, O., Nan, S. N., Akao, T., Tominaga, M., Watanabe, H., Sato, T., Enei, H. and Akita, O.: *J. Biosci. Bioeng.*, **95**, 82-88（2003）.
32) 梅田紀彦：増補改訂 最新酒造講本, pp.78-104, 日本醸造協会（1996）.
33) 吉井美華, 荒巻 功：醸協, **96**, 806-813（2001）.
34) 岡崎直人, 竹内啓修, 菅間誠之助：醸協, **74**, 683-686（1979）.
35) 岡崎直人, 深谷伊和男, 菅間誠之助, 田中利雄：醗酵工学, **59**, 491-500（1981）.
36) 吉井美華, 荒巻 功：醸協, **96**, 806-813（2001）.
37) 須藤茂俊, 小関卓也, 木崎康造：醸協, **97**, 369-376（2002）.
38) Sudo, S., Kobayashi, S., Kaneko, A., Sato, K. and Oba, T.: *J. Ferment. Bioeng.*, **79**, 252-256（1995）.
39) 日本醸造協会編：増補改訂 清酒製造技術, pp.148-149, 日本醸造協会（1998）.
40) 佐藤和夫：醸協, **87**, 874-879（1992）.
41) 佐藤和夫, 長田俊巳, 永谷正治：醗酵工学, **57**, 360-365（1979）.
42) 永谷正治, 服部靖夫, 布川弥太郎：醗酵工学, **55**, 175-178（1977）.
43) 小島泰弘, 浅井由香里, 秦 洋二, 市川英治, 川戸章嗣, 今安 聰：農化, **68**, 801-807（1994）.
44) 荒巻 功, 福田賢一, 橋本寿之, 石川朝章, 木崎康造, 岡崎直人：生物工学, **73**, 33-36（1995）.
45) 本多裕之, 大楠栄治, 花井泰三, 西田淑男, 深谷伊和男：生物工学, **73**, 409-412（1995）.
46) 五味勝也, 岡崎直人, 田中利雄, 熊谷知栄子, 井上博, 飯村 穣, 原 昌道：醸協, **82**, 130-133（1987）.
47) 原田祥司, 瀬頭一平, 吉田 肇, 若林邦宏, 伊藤 清, 蓮尾徹夫, 宮野信之：醸協, **83**, 485-495（1988）.
48) Ito, K., Kimizuka, A., Okazaki, N. and Kobayashi, S.: *J. Ferment. Bioeng.*, **68**, 7-13（1989）.
49) 村上英也編著：麹学, 日本醸造協会（1980）.
50) Nunberg, J. H., Meade, J. H., Cole, G., Lawyer, P. C., MaCabe, P., Schweickart, V., Tal, R., Wittman, V. P., Flatgaard, L. E. and Innis, M. A.: *Mol. Cell. Biol.*, **4**, 2306-2315（1984）.
51) Tada, S., Iimura, Y., Gomi, K., Takahashi, K., Hara, S. and Yoshizawa, K.: *Agric. Biol. Chem.*, **53**, 593-599（1989）.
52) Tada, S., Iimura, Y., Gomi, K., Takahashi, K., Hara, S. and Yoshizawa, K.: *Mol. Gen. Genet.*, **229**, 301-306（1991）.
53) Hata, Y., Kitamoto, K., Gomi, K., Kumagai, C., Tamura, G. and Hara, S.: *Agric. Biol. Chem.*, **55**, 941-949（1991）.
54) Minetoki, T., Gomi, K., Kitamoto, K., Kumagai, C. and Tamura, G.: *Biosci. Biotech. Biochem.*, **59**, 1516-1521（1995）.
55) Minetoki, T., Kumagai, C., Gomi, K., Kitamoto, K.

56) and Takahashi, K.: *Appl. Microbiol. Biotechnol.*, **50**, 459-467 (1998).
57) Peterse, K. L., Lehmbeck, J. and Christensen, T.: *Mol. Gen. Genet.*, **262**, 668-676 (1999).
58) Gomi, K., Akeno, T., Minetoki, T., Ozeki, K., Kumagai, C., Okazaki, N. and Iimura, Y.: *Biosci. Biotech. Biochem.*, **68**, 816-827 (2000).
59) Kato, N., Murakoshi, Y., Kato, M., Kobayashi, T. and Tsukagoshi, N.: *Curr. Genet.*, **42**, 43-50 (2002).
60) Carlsen, M. and Nielsen, J.: *Appl. Microbiol. Biotechnol.*, **57**, 346-349 (2001).
61) 布川弥太郎, 佐藤 信, 合瀬健一: 醸協, **71**, 982-989 (1976).
62) Hata, Y., Tsuchiya, K., Kitamoto, K., Gomi, K., Kumagai, C., Tamura, G. and Hara, S.: *Gene*, **108**, 145-150 (1992).
63) Hata, Y., Ishida, H., Kojima, Y., Ichikawa, E., Kawato, A., Suginami, K. and Imayasu, S.: *J. Biosci. Bioeng.*, **84**, 532-537 (1998).
64) Hata, Y., Ishida, H., Ichikawa, E., Kawato, A., Suginami, K. and Imayasu, S.: *Gene*, **207**, 127-134 (1998).
65) Ishida, H., Hata, Y., Ichikawa, E., Kawato, A., Suginami, K. and Imayasu, S.: *J. Biosci. Bioeng.*, **86**, 301-307 (1998).
66) Nakamura, M., Nakajima, T., Ohba, Y., Yamauchi, S., Lee, B. and Ichishima, E.: *Biochem. J.*, **350**, 537-545 (2000).
67) 小畑 浩: バイオサイエンスとバイオインダストリー, **61**, 328-329 (2003).
68) Gomi, K., Arikawa, K., Kamiya, N., Kitamoto, K. and Hara, S.: *Biosci. Biotech. Biochem.*, **59**, 1095-1100 (1995).
69) Kitano, H., Kataoka, K., Furukawa, K. and Hara, S.: *J. Biosci. Bioeng.*, **93**, 563-567 (2002).
70) Akao, T., Gomi, K., Goto, K., Okazaki, N. and Akita, O.: *Curr. Genet.*, **41**, 275-281 (2002).
71) 岩崎太郎, 他: 平成12年農芸化学会大会講演要旨集, 106 (2000).
72) Barbesgaard, P., Heldt-Hansen, H. P. and Diderichsen, B.: *Appl. Microbiol. Biotechnol.*, **36**, 569-572 (1992).
73) Lissau, B. G., Pederse, P. B., Petersen, B. R. and Budolfsen, G.: *Food Addit Contam.*, **15**, 627-636 (1998).
74) 峰時俊貴: *BIO INDUSTRY*, **14**, 30-39, シーエムシー出版 (1997).
75) Ishida, H., Matsumura, K., Hata, Y., Kawato, K., Abe, Y., Suginami, K., Imayasu, S. and Ichishima, E.: *Appl. Microbiol. Biotechnol.*, **57**, 131-137 (2001).
76) 町田雅之: 化学と生物, **39**, 384-388 (2001).
77) 秦 洋二: 化学と生物, **39**, 113-120 (2001).
78) 奈良原英樹, 真野史義, 大川弘幸, 川井嘉子, 松山正宣: 清酒こうじに関する研究 (第1報), 醸協, **64**, 915-918 (1969).
79) 飯村 穣, 鈴木秀彌: 増補改定清酒製造技術, (石川雄章, 佐藤和夫, 浜田由紀雄編), pp. 167-208, 日本醸造協会 (1998).
80) 森 太郎: 醸造論文集第50輯記念号, (日本醸友会編), pp. 69-88, 日本醸友会 (1995).
81) 秋山裕一: 清酒酵母の研究, (清酒酵母研究会編), pp. 409-412, 清酒酵母研究会 (1972).
82) 寺川悦子, 野澤通代, 溝口晴彦, 原 昌道: 生酛において *Lactobacillus sakei* を優勢とする因子, 日本生物工学会大会講演要旨集, 325 (1998).
83) 秋山裕一: 新酒母育成論の提唱, 醸協, **53**, 105-108 (1958).
84) Iemura, Y., Yamada, T., Takahashi, T., Furukawa, K. and Hara, S.: Properties of the peptides liberated from rice protein in sokujo-moto, *J. Biosci. Bioeng.*, **88**, 276-280 (1999).
85) Iemura, Y., Takahashi, T., Yamada, T., Furukawa, K. and Hara, S.: Properties of TCA-insoluble peptides in kimoto (traditional seed mash for sake brewing) and condition for liberation of the peptides from rice protein, *J. Biosci. Bioeng.*, **88**, 531-535 (1999).
86) 山田 翼, 古川恵司, 原 昌道: 清酒酵母のペプチド取り込みに与えるアミノ酸の影響, 日本生物工学会大会講演要旨集, 368 (2001).
87) 溝口晴彦: 清酒醸造に見られる酵母のエタノール耐性獲得機作, 生物工学, **76**, 122-130 (1998).
88) 佐藤俊一: 酒母の枯し, 醸協, **85**, 148-154 (1990).
89) 椎木 敏, 土橋潤三, 島田豊明, 布川弥太郎: 農化, **58**, 261-266 (1984).
90) 溝口晴彦, 鶴本真人, 古川彰久, 川崎 恒: 生酛中の乳酸菌に由来するテイコ酸のα化米溶解促進作用機作, 醱酵工学, **69**, 219-224 (1991).
91) 浅野行蔵, 富永一哉, 吉川修司, 田村吉史, 柿本雅史, 北村秀文, 森本良久, 津村 弥: 乾燥酵母協会701号および協会901号による清酒製造, 醸協, **94**, 338-345 (1999).
92) 竹田正久: 清酒酵母の特性と生態, p. 29, 東京農業大学出版会 (1996).
93) 善田猶蔵: 醸試報, **65**, 1-33 (1916).
94) 高橋源次郎: 醸協, **11**, 15-24 (1916).
95) 秋山裕一: 醸協, **63**, 27-30 (1968).
96) Ouchi, K. and Akiyama, H.: *Agric. Biol. Chem.*, **35**, 1024-1032 (1971).
97) 大内弘造: 改訂清酒酵母の研究, p. 219, 清酒酵母研究会 (1980).
98) 布川弥太郎, 大内弘造: 改訂清酒酵母の研究, p. 231, 清酒酵母研究会 (1980).

98) Ouchi, K. and Nunokawa, Y.: *J. Ferment. Technol.*, **51**, 85–95 (1973).
99) 熊谷知栄子, 五十嵐盈三, 布川彌太郎, 塩田昌平：醸協, **67**, 466–469 (1972).
100) Shimoi, H., Sakamoto, K., Okuda, M., Atthi, R., Iwashita K. and Ito, K.: *Appl. Environ. Microbiol.*, **68**, 2018–2025 (2002).
101) Kinoshita, T. and Inoue, N.: *Curr. Opin. Chem. Biol.*, **4**, 632–638 (2000).
102) 下飯 仁：バイオサイエンスとインダストリー, **55**, 408–411 (1997).
103) Watari, J., Takata, Y., Ogawa, M., Sahara, H., Koshino, S., Onnela, M. L., Airaksinen, U., Jaatinen, R., Penttila, M. and Keranen, S.: *Yeast*, **10**, 211–225 (1994).
104) Doyle, R. J. and Rosenberg, M.: *Microbial cell surface hydrophobicity*, American Society for Microbiology (1990).
105) Miyashita, K., Sakamoto, K., Kitagaki, H., Iwashita, K., Ito, K. and Shimoi, H.: *J. Biosci. Bioeng.*, **98**, 159–166 (2004).
106) Kellis, M., Patterson, N., Endrizzi, M., Birren, B. and Lander, E. S.: *Nature*, **423**, 241–254 (2003).
107) 高橋康次郎：食品工業, **30**, 60–68 (1987).
108) 峰時俊貴：清酒酵母の研究, p. 140, 清酒酵母研究会 (1992).
109) Fujii, T., Nagasawa, N., Iwamatsu, A., Bogaki, T., Tamai, Y. and Hamachi, M.: *Appl. Environ. Microbiol.*, **60**, 2786 (1994).
110) Nagasawa, N., Bogaki, T., Iwamatsu, A., Hamachi, M. and Kumagai, C.: *Biosci. Biotechnol. Biochem.*, **62**, 1852 (1998).
111) 藤井敏雄, 長澤 直：清酒酵母の研究, p.111, 清酒酵母・麹研究会 (2003).
112) 栗山一秀, 芦田晋三, 斉藤義幸, 秦 洋二, 杉並孝二, 今安 聰：醸酵工学, **64**, 175–180 (1986).
113) 坊垣隆之, 尾関健二, 浜地正昭, 熊谷知栄子：日本農芸化学大会講演要旨集, 329 (2000).
114) 井上 喬：ジアセチル, 幸書房 (2001).
115) 小林 健, 佐藤和夫：日本生物工学大会講演要旨集, 133 (2002).
116) 溝口晴彦, 原 昌道：生物工学, **73**, 37–42 (1995).
117) Ashida, S., Ichikawa, E., Suginami, K. and Imayasu, S.: *Agric. Biol. Chem.*, **51**, 2061–2065 (1987).
118) 福田和郎：生物工学, **75**, 111–124 (1997).
119) Akita, O., Ida, T., Obata, T. and Hara, S.: *J. Ferment. Bioeng.*, **69**, 129–131 (1990).
120) Koganemaru, K., Sumi, T., Kanda, K., Kato, F., Tashiro, K. and Kuhara, S.: *J. Brew. Soc. Japan*, **98**, 201–209 (2003).
121) 秋田 修, 蓮尾徹夫, 原 昌道, 吉沢 淑：醸酵工学, **67**, 7–14 (1989).
122) Aasano, T., Inoue, T., Kurose, N., Hiraoka, N. and Kawakita, S.: *J. Biosci. Bioeng.*, **87**, 697–699 (1999).
123) 高下, 他：特開平10-276767.
124) 堤, 他：特開平14 (2002)-191355.
125) 若井芳則, 柳内敏靖：清酒酵母の研究, p. 150, 清酒酵母研究会 (1992).
126) Watanabe, M., Tanaka, N., Mishima, H. and Takemura, S.: *J. Ferment. Bioeng.*, **76**, 229–231 (1993).
127) 市川英治：醸協, **88**, 101–105 (1993).
128) 脇坂 靖, 広常正人, 小幡孝之：日本生物工学大会講演要旨集, 132 (2002).
129) 今野, 他：特開平14 (2002)-291465.
130) Mizoguchi, H., Watanabe, M., Nagai, H., Nishimura, A. and Kondo, K.: *J. Brew. Soc. Japan*, **93**, 665–670 (1998).
131) Watanabe, M., Fukuda, K., Asano, K. and Ohta, S.: *Appl. Microbiol. Biotech.*, **34**, 154–159 (1990).
132) 土屋義信, 小泉淳一, 成末和夫, 手島義春, 永井史郎：広島杜氏のもろみ管理のファジィ規則化とファジィシミュレーターの構築, 醸酵工学, **68**, 123–129 (1990).
133) Oishi, K., Tominaga, M., Kawato, A., Abe, Y., Imayasu, S. and Nanba, A.: Application of fuzzy control theory to the Sake brewing process., *J. Ferment. Bioeng.*, **72**, 115–121 (1991).
134) 松浦一雄, 広常正人, 浜地正昭：発酵速度軌道制御による清酒プロセスのオンライン制御, 生物工学, **72**, 453–460 (1994).
135) 杉本芳範, 藤田栄信：清酒醪のプロセス制御, 醸酵工学, **65**, 199–215 (1987).
136) 布川弥太郎：清酒醸造における諸酵素の役割, 醸酵工学, **58**, 391–398 (1980).
137) 岩野君夫：私信
138) 佐藤和夫, 宇都宮仁, 近藤恭一, 三島秀夫, 竹村成三, 吉沢 淑：粉末α化米を用いた清酒もろみの発酵経過のシミュレーション, 醸酵工学, **68**, 25–29 (1990).
139) Matsuura, K., Kobayashi, M., Hirotsune, M., Sato, M., Sasaki, H. and Shimizu, K.: *Jpn. Soc. Chem. Eng. Symposium series*, **46**, 44 (1995).
140) Honda, H., Hanai, T., Katayama, A., Tohyama, H. and Kobayashi, T.: Temeperature control of Ginjo sake mashing process by automatic fuzzy modeling using fuzzy neural networks., *J. Ferment. Bioeng.*, **85**, 107–112 (1998).
141) Matsuura, K., Shiba, H., Hirotsune, M. and Hamachi, M.: Optimizing control of sensory evaluation in the sake mashing process by decentralized learning of fuzzy inference using a genetic algorithm., *J. Ferment. Bioeng.*, **80**, 251–

258 (1995).
142) 醸造用資材規格協議会編：日本酒資材 Q&A, p. 39.
143) 三吉和重，他：清酒製造における吸着酵素の反応性，醱酵工学，**51**, 306-314 (1973).
144) 千葉誠哉：グリコシダーゼの分子機構に関する研究，農化，**73**, 1001-1012 (1999).
145) 岩野君夫，他：清酒醸造に関連する諸酵素の研究（第12報），Glucoamylase および Transglucosidase によるオリゴ糖の分解速度の比較，醸協，**74**, 49-52 (1979).
146) 岩野君夫，他：清酒醸造に関連する諸酵素の研究（第10報），清酒製造における Transglucosidase の役割，醸協，**72**, 521-525 (1977).
147) Takenaka, F., et al.: Identification of α-D-Glucosylglycwrol in Sake, *Biosci. Biotechnol. Biochem.*, **74**, 378-385 (2000).
148) 岩野君夫，他：清酒醸造に関連する諸酵素の研究（第5報）蒸米の溶解に及ぼす α-amylase, glucoamylase, acid protease の影響，醸協，**71**, 943-947 (1976).
149) 三上重明：清酒もろみ中におけるアミノ酸生成と清酒麹菌酸性カルボキシペプチダーゼ，醸協，**83**, 512-516 (1988).
150) 吉沢 淑，他：酒造米の脂質の精米歩合による脂肪酸組成の変化，農化，**47**, 713-717 (1973).
151) 岩野君夫，他：低温発酵における酸性ホスファターゼ及びリパーゼの添加の効果，醸協，**95**, 672-678 (2000).
152) 古川恵司，他：清酒醪における酵母菌体イノシトール含量の増大要因，生物工学，**74**, 367-374 (1996).
153) 西村 顕：清酒の「ムレ香」に関する研究，生物工学，**73**, 213-223 (1995).
154) 大場俊輝：米こうじの褐変と黒粕，醸協，**66**, 864-869 (1971).
155) Fujii, T., et al.: Molecular Cloning, Sequence Analysis and Expression of the Yeast Alcohol Acetyltransferase Gene, *Appl. Environ. Microbiol.*, **60**, 2786-2792 (1994).
156) 栗山一秀：清酒に関する酵素の研究，醱酵工学，**67**, 105-117 (1989).
157) Fujii, T., et al.: Effect of Aeration and Unsaturated Fatty Acids on Expressin of the *Saccharomyces cerevisiae* Alcohol Acetyltrandferase Gene, *Appl. Environ. Microbiol.*, **63**, 910-915 (1997).
158) Hata, Y., et al.: Comparison of Two Glucoamylases Produced by *Aspergillus oryzae* Cluture (*Koji*) and in Submerged Culture, *J. Fermen. Bioeng.*, **84**, 532-537 (1997).
159) 小畑 浩，他：日本農芸化学大講演要旨集，339 (2001).
160) Kitano, H., et al.: Specific Expression and Temperture-Dependent Expression of the Acid Protease-Encoding Gene (*pepA*) in *Aspergillus oryzae* in Solid-Culture (Rice-Koji), *J. Biosci. Bioeng.*, **93**, 563-567 (2002).
161) 灘酒研究会編：改訂 灘の酒用語集，p. 253, 灘酒研究会 (1997).
162) 日本醸造協会編：醸造物の成分，日本醸造協会 (1999).
163) 佐藤 信監修：食品の熟成，p. 26, 光琳 (1984).
164) 近藤恭一，草間 透，中沢英五郎，竹村成三：醸協，**78**, 303-305 (1983).
165) 岡 智，佐藤 信：農化，**50**, 455-461 (1976).
166) 西村 顕：生物工学，**73**, 213-223 (1995).
167) 西村 顕，近藤恭一，中沢英五郎，竹村成三：醸協，**85**, 576-579 (1990).
168) 西村 顕：醸協，**84**, 583-587 (1989).
169) 岩野君夫，布川弥太郎：醸協，**73**, 968-970 (1978).
170) 高橋康次郎，国分伸二，大地正一，大場俊輝，佐藤信：醸協，**73**, 886-890 (1978).
171) 中村欽一：醸協，**66**, 13-18 (1971).
172) 中村欽一，佐藤 信，蓼沼 誠，浜地正昭，小関 隆：醸協，**66**, 62-70 (1971).
173) 岡本匡史，山内 徹，川北貞夫：醸協，**97**, 172-177 (2002).
174) 小川慶治，山中寿城，岡本匡史，黒瀬直孝，川北貞夫，高橋康二郎，中村輝也：醸協，**96**, 719-725 (2001).
175) Tadenuma, M. and Sato, S.: *Agric. Biol. Chem.*, **31**, 1482-1489 (1967).
176) 菅間誠之助，西谷尚道，大場俊輝，村井総一郎，江頭信次，原 昌道：醸協，**70**, 666-670 (1975).
177) Takahashi, K., Tadenuma, M. and Sato, S.: *Agr. Biol. Chem.*, **40**, 325-332 (1976).
178) Dubois, P., Rigaud J. and Dekimpe, J.: *Lebensm.-Wiss.U.-Technol.*, **9**, 366-372 (1976).
179) 佐藤 信，蓼沼 誠，高橋康次郎，小池勝徳：醸協，**70**, 588-591 (1975).
180) 佐藤 信，蓼沼 誠，高橋康次郎，根立恵夫：醸協，**69**, 838-840 (1974).
181) 大場俊輝，難波康之祐，佐藤 信：昭和56年日本醱酵工学会大会講演要旨集，190 (1981).
182) 高橋康次郎，大場俊輝，佐藤 信：醸協，**71**, 799-802 (1976).
183) 山本 淳，佐々木喜代，猿野琳次郎：農化，**35**, 715-719 (1961).
184) Yoshizawa, K., Tadenuma, M. and Sato, S.: *Agric. Biol. Chem.*, **34**, 170-180 (1970).
185) 佐藤 信，蓼沼 誠，高橋康次郎，小池勝徳：醸協，**70**, 592-594 (1975).
186) 佐藤 信，大場俊輝，高橋康次郎，杉谷 守：醸協，**73**, 473-478 (1978).
187) 佐藤 信，中村欽一，蓼沼 誠，高橋康次郎，安岡正博：醸協，**66**, 723-728 (1971).

188) Katase, S. and Murakami, H.: *Agr. Biol. Chem.*, **30**, 869-879 (1966).
189) Takahashi, K., Tadenuma, M., Kitamoto, K. and Sato, S.: *Agr. Biol. Chem.*, **38**, 927-932 (1974).
190) 蓼沼 誠, 高橋康次郎, 林 積徳, 佐藤 信: 醸協, **70**, 585-587 (1975).
191) 佐藤 信, 蓼沼 誠, 高橋康次郎, 中村訓男: 醸協, **70**, 821-824 (1975).
192) 佐藤 信, 蓼沼 誠, 高橋康次郎, 根立恵夫: 醸協, **69**, 595-598 (1974).
193) 岩野君夫, 衣山陽三, 中村伝市, 大町得蔵, 河地元彦: 醸協, **65**, 63-65 (1970).
194) 岩野君夫: 醸協, **74**, 82-86 (1979).
195) 醸造用資材規格協議会編: 日本酒用資材Q&A, p. 154 (1998).
196) 野白喜久雄: 醸協, **64**, 109-113 (1969).
197) 長期熟成研究会編: 古酒神酒——長期熟成酒の魅力——(1995).
198) 江村隆幸, 岡崎直人, 石川雄章: 醸協, **94**, 726-732 (1999).

1.2 焼　　　酎

(a) 焼酎の歴史と分類　わが国へ蒸留酒が伝わったのは，大陸や南海諸国との交易において中国の焼酒，南海諸国の南蛮酒などが琉球（現在の沖縄県）にもたらされた14世紀頃と考えられている。焼酎はこれら蒸留酒の影響を受け誕生したが，蒸留器や発酵法がどのようなルートで伝来し定着したかは，琉球経路，南海諸国経路，朝鮮半島経路など諸説があり定かではない。一般的にはシャム国（現在のタイ国）から沖縄に伝来した技術が15世紀頃として定着し，その後，鹿児島，宮崎，熊本と各地に伝播していく過程で多様な原料を用いた伝統的焼酎の製法が確立されていったと考えられている[1]。

時代が下って，明治中期に連続式蒸留機が導入され，精留したアルコールを水で希釈したものが「酒精式焼酎」，「新式焼酎」などとして製造販売されるようになった[2]。大正，昭和の時代に全国に広がり定着したことから，昭和28年の酒税法改正で焼酎は蒸留方式により「甲類」と「乙類」に類別され，甲類はアルコール含有物を連続式蒸留機で蒸留しアルコール分36度（v/v％と同じ意味）未満のもの，乙類はアルコール含有物を単式蒸留機で蒸留しアルコール分が45度以下のものと定義された。その後，乙類焼酎がわが国の伝統的焼酎であることから，「本格焼酎」および「泡盛」の表示が特例で認められるようになり，さらに，平成14年11月からは，乙類焼酎のうち麹の使用や原料など製法を規定したうえで「本格焼酎」，「泡盛」の表示が許されている。

平成14（2002）年度の実績では甲類焼酎46.8万kl，乙類焼酎36.4万klの消費数量があり，これは合わせて全酒類消費数量の8.7％に相当する。

(b) 焼酎の製造工程[1]〜[4]

(1) 本格焼酎および泡盛　アルコール発酵の特徴としては，水と麹・酵母と主原料を用いて固・液混合の「もろみ」を仕込み，糖化と発酵を同時に進める並行複発酵形式であり，蒸留工程までは清酒製造法と共通点が多い。製造工程を図1.37に示した。

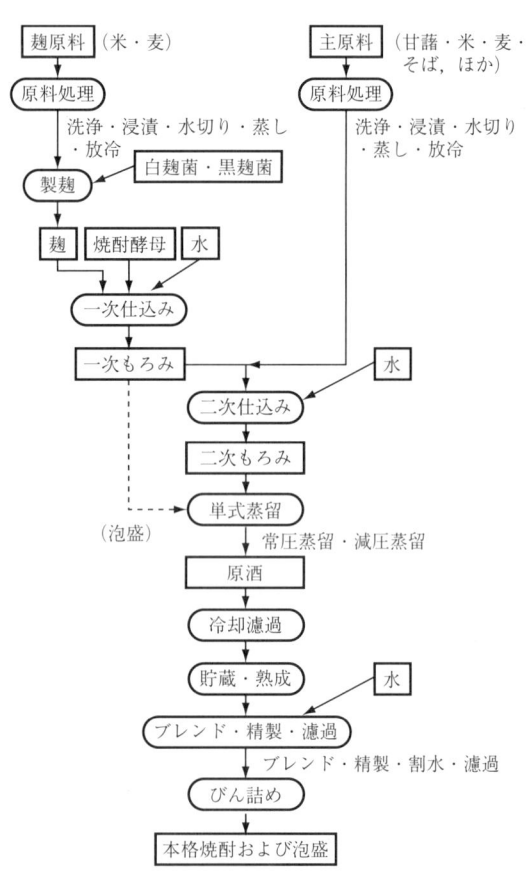

図1.37　本格焼酎および泡盛の製造工程

原料は麹原料と主原料があり，主原料によって甘藷，米，麦，そば，黒糖ほかの各種焼酎になる。麹原料は通常は白米を使用するが，麦焼酎では精白した大麦を使用する場合が多い。まず，麹原料を洗浄・浸漬し蒸した後に，焼酎用麹菌である白麹菌（*Aspergillus kawachii*）または黒麹菌（*Aspergillus awamori*）の胞子を接種して麹を製造する。焼酎麹の特徴は製麹中に麹菌が生産するクエン酸を蓄積することで，出麹時

に糖化酵素力とともに十分な酸度が確保できていることが重要な要件となる。つぎに，麹と焼酎酵母と水を加え一次仕込みを行う。清酒の酒母に当たる一次もろみは麹由来のクエン酸でpH3.0〜3.5に保たれ，5〜7日間の発酵によりクエン酸耐性の強い焼酎酵母が優先的に増殖する。二次仕込みはさらに水と蒸した主原料を加え10〜14日間発酵させる。原料により異なるが蒸留前の熟成もろみのアルコール分は14〜18％となる。これを単式蒸留機で蒸留して焼酎原酒を得る。蒸留法は常圧蒸留と減圧蒸留があり，蒸留温度の違いにより前者は原料特性の強い香味に特徴のある酒質，後者は香気が華やかなソフトタイプの酒質となる。得られた原酒は油臭の原因となる油性物質（高級脂肪酸類）を除去した後，タンク・カメ・樫樽などの容器で貯蔵・熟成される。その後，ブレンド，精製，割水，仕上げ濾過を経て製品化される。精製の程度は目的とする酒質で異なり，ほぼ無処理のものから吸着処理などによりアルデヒド類，有機酸類，中沸点脂肪酸エステル類を除去し，軽快な酒質に仕上げたものまで種々のものがある。製品のアルコール度数は20度，25〜44度まで多様である。また，特殊な製造法として清酒の副産物である清酒粕をタンクに踏み込んで数カ月間再発酵させ，籾殻と混ぜ合わせて固形状のままセイロ式蒸留機で蒸留した粕取り焼酎がある。

泡盛は，図1.37において麹原料にタイ米を用い黒麹菌を使用する。一次仕込みのみで15〜20日間発酵させたもろみを蒸留し，原酒をカメまたはタンクで長期間熟成させる。沖縄県特産で原料にすべて麹を使う全麹仕込みが伝統的製法として規定されていることから本格焼酎とは区別される。

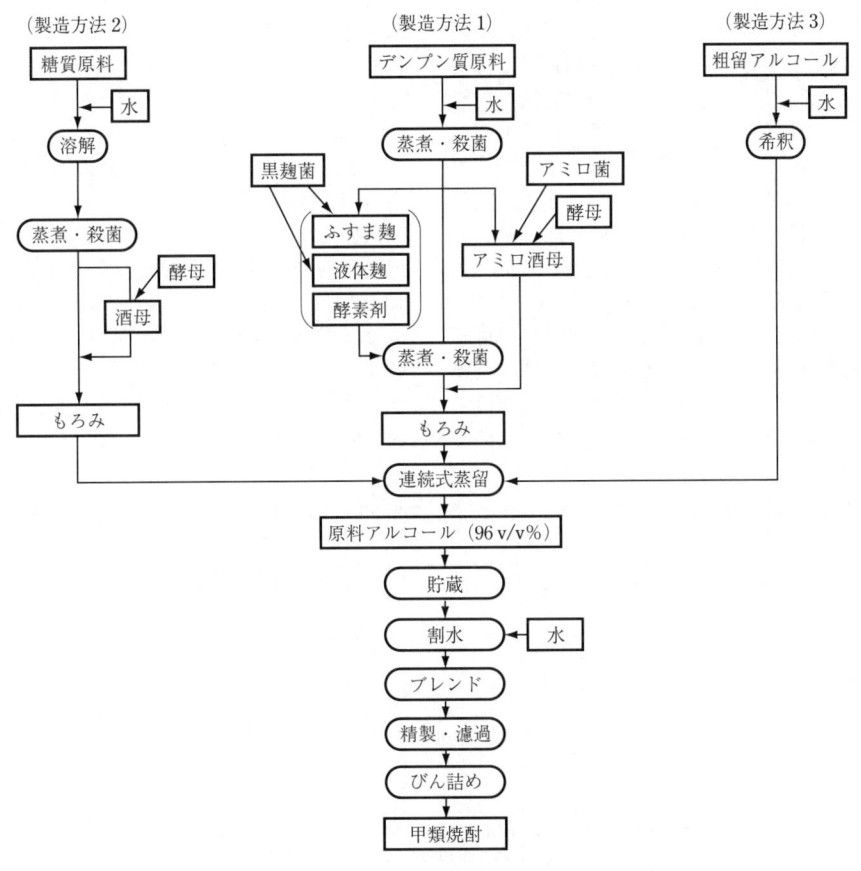

（2）甲類焼酎　図1.38に甲類焼酎の製造工程を示した。デンプン質原料を使用する場合は，かつては，ふすま麹，アミロ菌，液体麹，酵素剤などにより糖化するわが国独特のさまざまな発酵法がとられていた（製造方法1）。しかし，しだいに輸入糖蜜を使用する単発酵形式に変わっていった（製造方法2）。糖蜜は糖濃度が50〜60％あることから，希釈により糖濃度を調整後殺菌し，31〜33℃で3〜4日間発酵させ

図1.38　甲類焼酎の製造工程

るとアルコール分8〜12％のもろみが得られる。最近は，海外の製糖原産国であらかじめ糖蜜から粗留アルコール（アルコール分88％程度）を製造し，これを輸入して国内の工場で再蒸留する製造法が一般的である（製造方法3）。

連続式蒸留機は，スーパーアロスパス蒸留機に減圧蒸留塔を併用したものが順次改良され使用されている。もろみ塔，精留塔，抽出塔，濃縮塔，不純物処理塔などからなる装置群で，内部には精留棚が15〜60段設けられている。理論的には精留棚1段が単式蒸留機1基に相当し，蒸留効果を繰り返すことにより水以外の不純物を含まない96％エチルアルコール（原料アルコール）を取り出すことが可能である。原料アルコールはそのまま貯蔵タンクに貯蔵した後，割水，ブレンド，精製，濾過の工程を経てアルコール分36％未満の甲類焼酎に仕上げられる。また，品質の多様化のために本格焼酎や樫樽貯蔵焼酎をブレンドした製品もある。

（c） 本格焼酎および泡盛の製法特性[1), 3)]

（1） 原料の多様性　図1.37に示した本格焼酎および泡盛の製造工程は，温暖地域において野生酵母や乳酸菌汚染による腐造を防ぐ優れた方法であると同時に，主原料として多様な原料の使用を可能にしている。穀類（米，麦，そばなど），いも類（甘藷，馬鈴薯，里芋など），清酒粕，黒糖（奄美諸島に地域が限定される），その他（くり，ごま，かぼちゃなど）の原料を使用した本格焼酎は地域の農産物と密着した蒸留酒といえる。2001年度本格焼酎の原料別生産シェアは麦54.6％，甘藷19.0％，米（泡盛含む）16.7％，そば6.0％，黒糖1.5％，酒粕0.3％，その他1.9％となっており，麦・甘藷・米の3大原料で90.3％の構成であった。主要原料である米は国産米または長粒種（インディカ米）のタイ米を90％程度精米した破砕米または丸米，麦は二条大麦を60〜65％精麦した丸麦，

表1.9 本格焼酎および泡盛の種類とおもな産地

種類	一次仕込み 麹原料	二次仕込み 主原料	おもな産地
甘藷焼酎	米	甘藷	鹿児島県，宮崎県南部，東京都伊豆諸島
米焼酎	米	米	熊本県球磨
麦焼酎	米	大麦	長崎県壱岐
	大麦	大麦	大分県，鹿児島県，宮崎県
そば焼酎	米	そば・大麦・米	宮崎県，長野県，北海道
黒糖焼酎	米	黒糖	奄美諸島
粕取り焼酎	―	清酒粕	全国各地
泡盛	米	―	沖縄県

甘藷は白色系のコガネセンガンがおもに用いられる。本格焼酎のおもな産地を表1.9に示した。

（2） 焼酎用麹菌（黒麹菌・白麹菌）　泡盛製造では伝統的に黒麹菌が使用される。一方，南九州の本格焼酎製造では明治末期までは清酒と同様に黄麹菌（*Aspergillus oryzae*）が使用されていた。生酸性のある黒麹菌を使用するようになったのは大正・昭和の時代であり，その後，黒麹菌の胞子白色変異株である白麹菌が分離されてからは，着衣が黒く汚れないなど作業性に優れているため多用されるようになった。最近は，焼酎の風味を特徴づけるため黒麹菌や黄麹菌を使用した本格焼酎も見られる。

黒麹菌，白麹菌はともにクエン酸を生成し，製麹後の焼酎麹には酸度（麹20 g/水100 mlで抽出した液10 mlを0.1 N水酸化ナトリウム溶液で中和滴定したml数）が4〜7含まれる。表1.10に示したように40℃一定の高温経過では酵素力価は高くなるが酸度が低く，逆に35℃一定の低温経過では酸度が高い反面，酵素力価が低くなる。したがって，製麹前半では

表1.10 白麹の各種酵素生産に及ぼす製麹温度変化の影響（酵素活性U/g-wet koji）

製麹時間		酸度	AAase	GAase	APase ($\times 10^3$)	ACPase ($\times 10^3$)	TGase ($\times 10^3$)	RSD
40℃ [h]	35℃ [h]							
0	48	7.0	130	185	16.5	7.8	2.5	7.6
24	24	7.5	135	230	22.5	10.6	2.9	8.4
27	21	6.8	150	250	24.0	10.3	3.7	8.6
30	18	6.8	175	270	26.0	10.6	3.9	10.0
33	15	6.0	180	280	24.0	10.4	4.0	8.8
43	0	3.5	270	405	28.0	10.0	5.6	9.8

AAase：*α*-amylase，GAase：glucoamylase，APase：acid protease，ACPase：acid carboxypeptidase，TGase：transglucosidase，RSD：生デンプン分解力
〔岩野君夫，三上重明，福田清治，能勢　晶，椎木　敏：醸協，**82**，200-204（1987）〕

発熱による温度上昇で40～42℃まで品温を高めながら麹菌の増殖を促進させ，その後，後半は30～35℃に温度を下げてクエン酸生成を促進させる。この経過により麹中に1～1.5％のクエン酸を蓄積していくと同時に，製麹前半で生成された非耐酸性α-アミラーゼは失活し，耐酸性α-アミラーゼが生成される。焼酎麹は清酒麹に比べてα-アミラーゼ活性が低いが，耐酸性を有し，もろみ中の高温酸性下で安定なため，熟成もろみにおいても原料の溶解に十分な活性が残存する。また，酸性プロテアーゼ活性が高く生デンプン分解活性を有する特徴がある。これらの酵素群は黄麹菌と比較して分子生物学的に差異があり，酵素の多様性や耐酸性に関する研究が進められている[6]。

(3) 焼酎酵母ともろみ　焼酎酵母（*Saccharomyces cerevisiae*）は高温酸性下で旺盛な増殖を示しアルコール生成能が高いという特徴を有する。また，酵母の倍数性は二倍体であり，その接合型はホモ型である。キラー酵母による汚染の可能性は低いが，焼酎もろみにおいてもキラー酵母の存在が報告されている[7]。使用されている代表的焼酎酵母を**表1.11**に示した。熊本焼酎酵母は米焼酎もろみから分離した焼酎酵母と清酒酵母であるきょうかい9号との細胞融合により造成され，熊本県産米焼酎の差別化の役割を果たしている[9]。これら優良酵母は仕込み時に純粋酵母として添加されるが，3～4日目の一次もろみをつぎの一次仕込みの種もろみとして少量添加する「差しもと」も数回から数十回程度併用して行われる。

表1.12に甘藷焼酎，穀類焼酎，黒糖および泡盛の仕込み配合例を示した。清酒の酒母にあたる一次の仕込み配合が主原料に関係なく同じであるのに対して二次の仕込み配合が異なるのは，デンプン価が甘藷と穀類（米）でそれぞれ27と75と異なるためである。そのために，麹歩合は主原料に対する麹原料の使用割合で表し，米だけを原料とする清酒の麹歩合の表現と異なるので注意する。

(4) 常圧蒸留と減圧蒸留　本格焼酎および泡盛は単式蒸留機が使用される。加熱方法は直火式，水蒸気吹き込み式，間接加熱式があり，さらに，大気圧下で蒸留（85～100℃）する常圧蒸留機に加えて，蒸留機の末端に真空ポンプを連結し蒸留釜の中を8.0～

表1.11 本格焼酎および泡盛に使用されるおもな焼酎酵母

酵母名	分離源	分離者	分離年
宮崎酵母	甘藷焼酎もろみ（宮崎県）	日高	1951年
鹿児島酵母Ko	泡盛もろみ（沖縄県）	角田，他	1952年
協会焼酎酵母	米焼酎もろみ（熊本県）	菅間，他	1965年
泡盛1号酵母	泡盛もろみ（沖縄県）	玉城，他	1981年
熊本酵母	米焼酎もろみ（熊本県）	土谷，他[9]	1993年
鹿児島酵母H5, C4	甘藷焼酎もろみ（鹿児島県）	高峯，他[10]	1994年

〔西谷尚道：醸協, **77**, 872-880（1982）〕

表1.12 本格焼酎および泡盛の仕込み配合例（総原料1 000 kg）

(a) 甘藷製

原料	一次	二次	計
麹米〔kg〕	167	—	167
甘藷〔kg〕	—	833	833
汲水〔*l*〕	200	500	700

麹歩合20％，一次汲水歩合120％，
総汲水歩合70％

(b) 米製・麦製・雑穀製

原料	一次	二次	計
麹原料〔kg〕	300	—	300
掛原料〔kg〕	—	700	700
汲水〔*l*〕	360	1240	1600

麹歩合43％，一次汲水歩合120％，
総汲水歩合160％

(c) 黒糖製

原料	一次	二次	計
麹米〔kg〕	340	—	340
黒糖〔kg〕	—	660	660
汲水〔*l*〕	400	2 000	2 400

麹歩合52％，一次汲水歩合118％，
総汲水歩合240％

(d) 泡盛

原料	数量
麹米〔kg〕	1 000
汲水〔*l*〕	1 500～1 600

全麹，総汲水歩合150～160％

表1.13 大麦焼酎がオロチン酸含有食を投与したラットの肝臓脂質に及ぼす影響[*1]

群	基本食群	対照食群	2.5 % BSL[*3]	5 % BSL	10 % BSL
総脂質〔mg/g of liver〕	$78.8 \pm 2.5^{a*2}$	322.6 ± 7.8^c	287.2 ± 31.8^c	187.5 ± 14.0^b	57.9 ± 6.2^a
コレステロール〔mg/g of liver〕	3.38 ± 0.22^a	9.56 ± 0.29^d	8.25 ± 0.31^c	6.05 ± 0.33^b	2.50 ± 0.12^a
トリグリセリド〔mg/g of liver〕	28.2 ± 2.1^a	165.5 ± 6.7^c	142.4 ± 12.8^c	91.8 ± 6.0^b	17.6 ± 4.5^a
リン脂質〔mg/g of liver〕	20.3 ± 0.4^a	26.9 ± 1.0^b	24.2 ± 0.6^b	24.9 ± 1.1^b	19.5 ± 0.9^a

*1 ラットは16日間給餌された。
*2 数値は,平均値±標準誤差 ($n=6$),一つの列において共通の上付文字がない平均値どうしは,テューキーの多重比較試験による有意差(危険率0.05未満)あり。
*3 BSL:大麦焼酎粕
〔望月 聡,宮本安紀子,萩原美和子,竹嶋直樹,大森俊郎:醸協, **96**, 559-563 (2001)〕

13.3 kPaの減圧下で蒸留(40〜55℃)する減圧蒸留機が1970年代にわが国で開発された。米焼酎,麦焼酎,そば焼酎は原料風味が抑えられた減圧蒸留酒が主流となっている。一方,甘藷焼酎,黒糖焼酎,泡盛は伝統的な常圧蒸留酒が多い。

近年,甘藷焼酎および泡盛の特徴香について生成機作が解明された。前者は,甘藷中に存在するゲラニオール,ネロールなどのモノテルペン類が,白麹菌のβ-グルコシダーゼによってもろみ中に遊離し,酵母や蒸留工程中の酸と熱によりシトロネロールなどの特徴香に変換され製品に移行する[11]。また,後者は米・麦のヘミセルロースに存在するフェルラ酸が,麹菌のフェルラ酸エステラーゼによりもろみ中に遊離し,蒸留時に4-ビニルグアヤコールに変換され原酒中に留出する。その後,貯蔵中にバニリン,バニリン酸に変換され熟成香となる[12]。これらは,焼酎麹菌および酵母の作用と常圧蒸留による加熱が複合的に関与していることを示したもので,特徴香の制御の可能性を示唆する知見である。

(5) 焼酎粕の処理 焼酎蒸留残渣(以下,焼酎粕)は,BOD値30 000〜70 000 ppmの高濃度有機性汚泥である。平成13(2001)酒造年度に主要産地である南九州4県で年間41.7万t発生し,その処理状況は海洋投入30.1 %,肥料26.3 %,飼料17.6 %,その他26.0 %であった。海洋投入は原則禁止の方向にあり,低コストで効率的な処理法や有効利用が検討されている。焼酎粕は,原料の主成分であるデンプンをアルコールに変換し,蒸留によって除去して原料由来のさまざまな有効成分を濃縮させた天然素材でもあることから,その機能性に着目した研究が行われるようになった。麦焼酎粕の乾燥物はオロチン酸含有食を投与したラットの脂肪肝モデル試験で,顕著に脂肪肝抑制効果があることが報告された(表1.13参照)[13]。また,焼酎粕から製造した醸造酢は優れた抗ラジカル活性およびACE阻害活性を示し,その活性は焼酎粕由来の物質であった[14]。

(下田)

引用・参考文献

1) 本格焼酎製造技術,日本醸造協会(1991).
2) 発酵工学20世紀のあゆみ——バイオテクノロジーの源流を辿る——,生物工学会誌特別号,pp. 66-68,日本生物工学会(2000).
3) 吉沢 淑,石川雄章,蓼沼 誠,長澤道太郎,永見憲三編集:醸造・発酵食品の辞典,pp. 345-366,朝倉書店(2002).
4) 今中忠行監修:微生物利用の大展開,pp. 618-624,エヌ・ティー・エス(2002).
5) 岩野君夫,三上重明,福田清治,能勢 晶,椎木 敏:醸協, **82**, 200-204 (1987).
6) 伊藤 清:醸協, **95**, 635-640 (2000).
7) 工藤哲三,下中野健,三浦道雄,西山和男,日高照利:醸協, **81**, 333-336 (1986).
8) 西谷尚道:醸協, **77**, 872-880 (1982).
9) 土谷紀美,木田建次,中川 優,西村賢了,園田頼和:醸協, **88**, 701-707 (1993).
10) 高峯和則,瀬戸口真治,亀澤浩幸,神渡 巧,緒方新一郎,尾ノ上国昭,濱崎幸男:鹿児島県工業技術センター研究報告, **8**, 1-6 (1994).
11) 太田剛雄:醸協, **86**, 250-254 (1991).
12) 小関卓也,岩野君夫:醸協, **93**, 510-517 (1998).
13) 望月 聡,宮本安紀子,萩原美和子,竹嶋直樹,大森俊郎:醸協, **96**, 559-563 (2001).
14) 森村 茂,叶 秀娟,重松 亨,木田建次:生物工学, **80**, 417-423 (2002).

1.3 ビール

1.3.1 ビールの製造方法

ビールは世界で最も多く飲まれている酒類であり,2002年にはその生産量は世界で約1億4407万kl(発泡酒含む)に達したと推定されている。国別で見ると1位は2360万klの中国で,1993年以来2位であったが,ついに米国を抜いてトップに立った。米国は2346万klで2位に後退した。以下ドイツの1084万

kl，ブラジル841万klと続き，前年5位の日本はロシアに抜かれて6番目の約700万klである。

日本の酒税法においてビールとは，「麦芽，ホップ，水を原料として発酵させたもの。あるいは，麦芽，ホップ，水および米その他の政令で定める物品（米，とうもろこし，こうりゃん，馬鈴薯，デンプン，糖類，または旧大蔵省令で定める苦味料もしくは着色料）を原料として発酵させたもの，ただしその重量は麦芽の重量の半分以下でなければならない」と定義づけられている。近年人気の出てきた発泡酒は，麦芽の使用比率が原料の半分以下であり，日本の酒税法では雑酒に含まれる。

（a）ビールの歴史 メソポタミアから出土した，モニュマン・ブルーと呼ばれる紀元前3000年頃の粘土板にビール造りの様子が描かれており，その頃にはすでにビールが造られていたとされる。

エジプト古王朝時代（紀元前2700〜2200）のニアンククヌムとクヌプヘテプの墳墓に，ビール造りの壁画が残されている（**図1.39**）。その壁画には，乳酸を含むサワーブレッドを作っていると思われる場面や，種酵母を培養していると思われる場面が描かれており，清酒の生酛作りに似た方法が用いられていたらしい。ちなみに，壁画を解読し，そこに書かれた方法に従って復元された古代ビールは，アルコール分を約10％含み，高い乳酸濃度のためにボディーがあり，白ワインに似た味の飲み物であったと報告されている[1]。

図1.39 ニアンククヌムとクヌプヘテプの墳墓の壁画に描かれたビール造りの様子

古代バビロニア王国（紀元前1800頃）のハムラビ法典には，すでにビールが一般人の飲み物として販売されていた，との記述がある。

メソポタミアで発祥しエジプトに伝えられたビール造りは，北アフリカ，イベリア半島を経てヨーロッパのガリア地方（現在のフランス）に伝わった。ビールといえばドイツであるが，もともとゲルマン民族は北ヨーロッパに住む狩猟民族であり，もっぱら蜂蜜酒（ミード）を飲んでいた。それが4世紀頃からの民族大移動により，6世紀頃にガリア地方のビール造りがドイツに伝わったものと思われる。キリスト教に帰依したフランク王国が樹立された7〜8世紀には，もっぱら修道院でビールが造られ，その方法は現在とあまり変わらなかったようである。しかし当時のビールにはホップが使われず，グルートという薬草で味付けされたものであった。ホップも最初はグルートの一つであったが，そのさわやかな苦味と，何にもましてビールを腐敗から防ぐ防腐剤としての性質から，他のグルートを駆逐していった。ドイツでは，1516年にバイエルン領主のウィルヘルム4世によって有名な「ビール純粋令」が制定され，「ビールは大麦，ホップ，水だけを使って醸造しなければならない」とされ，ホップのみがビールに使用されるようになった。

その後，フランスのパスツールによって「発酵は微生物によって行われる」ことが発見され，ついでデンマークのハンセンにより酵母の純粋培養技術が開発された。これらの発見により，雑菌によるビールの変質や腐敗が抑えられ，安定した品質のビールが製造できるようになった。また，ドイツのリンデが圧縮式アンモニア冷凍機を発明したことにより，低温で発酵・熟成させるピルスナータイプのビールが，季節に関係なく製造できるようになった[2]〜[4]。

（b）世界のビール ビールの製法はそれぞれの国の気候，農業，食生活に適合するように発展してきた背景があり，発酵方法，色，産地によってじつに多様なビールが造られている。ビールの大まかな分類を**表1.14**に示す[5]。

現在では世界の主流は下面発酵酵母を用いたピルスナータイプのラガービールであるが，イギリスでは上面発酵ビールへのこだわりが強く，エールやスタウトが好まれるようである。隣国アイルランドでは，アーサーギネス社が上面発酵酵母で造るスタウトだけを造り続けている。しかし，イギリスでも消費の多い夏に冷やして飲むラガーが大きく伸び，エールは衰退気味のようである。

その他の国々では上面発酵ビールは地域性の高い特殊ビールとして飲まれることが多い。ドイツのケルン

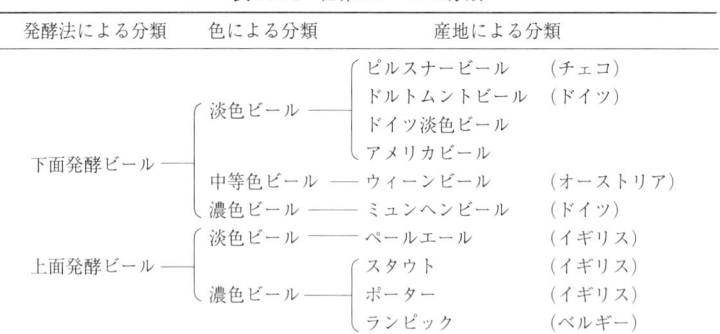

表1.14 世界のビールの分類

発酵法による分類	色による分類		産地による分類
下面発酵ビール	淡色ビール	ピルスナービール	（チェコ）
		ドルトムントビール	（ドイツ）
		ドイツ淡色ビール	
		アメリカビール	
	中等色ビール	ウィーンビール	（オーストリア）
	濃色ビール	ミュンヘンビール	（ドイツ）
上面発酵ビール	淡色ビール	ペールエール	（イギリス）
	濃色ビール	スタウト	（イギリス）
		ポーター	（イギリス）
		ランビック	（ベルギー）

近辺で造られるケルシュ，デュッセルドルフ近辺で造られるアルトビール，バイエルン地方のバイツェンビール，ベルリンのベルリナーバイスなどは上面発酵酵母を用いたビールである。

ベルギーも多種多様なビールを造る国である。伝統的な上面発酵ビールには，フルーティで酸味があり，ワインとビールの中間的な味わいのものが多い。おそらく，緯度が高くブドウが穫れない土地柄から，よいワインが造れないので，工夫を重ねてワイン様ビールを造り上げたものであろう。代表的なランビックは，木製の発酵槽に生息している酵母や乳酸菌，酢酸菌による複雑な自然発酵を1～2年かけて行い製造される。このランビックにサクランボを漬けたクリークランビック，木イチゴを漬けたフランボワースなどは，ビールというより上等のカクテルといえる。このほかに，今なお5箇所の修道院で造られるトラピストビールや，小麦麦芽を原料とした白ビールなど，個性の強いビールが造られている。

（c）ビールの原料 ビールの原料は酒税法により，麦芽，糖質原料，ホップに分類される。また，酵母は麦汁に含まれる糖分を消費してアルコールと二酸化炭素に変えるという重要な働きを担っているので，ここでは原料に加えた。それぞれ簡単な概要を説明したが，詳細については成書を参照されたい[6]～[14]。

（1）大麦（麦芽） ビールの原料となる大麦は，イネ科に属する *Hordeum distichum* という学名の二条大麦である。ビールの原料として紀元前から16世紀までは六条大麦が使用されていたが，近世になって，粒が大きくビール製造に適した二条大麦が主流になった。栽培時期によって同じ品種でも冬大麦（秋播き）と夏大麦（春播き）に分けられるが，日照時間の長い時期に栽培された夏大麦のほうが低タンパク，高デンプンで醸造に適している。なお，麦芽は大麦を発芽させ乾燥させて製造する。

（2）小麦 醸造用小麦も大麦と同様に，高デンプンであることが求められる。また，小麦のタンパク質であるグルテンは粘度が高く濾過困難の原因になりやすいので，低タンパクであることも重要である。小麦の場合は，冬小麦がこれらの特徴を持っている。小麦ビールには，小麦を製麦した小麦麦芽が用いられる。

（3）ホップ ホップはアサ科に属し，宿根多年生，雌雄異株のつる性植物で，学名を *Humulus lupulus* という。ホップは冷涼な気候を好み，その成長は日長時間に左右されるので，栽培適地が限られる。西ドイツのハラタウ地方，チェコのザーツ地方，米国のヤキマ渓谷などが栽培適地として有名である。

原料に用いるのは雌花であるが，受精すると香りが落ちるので，未受精の毬花のみが使用される。毬花中には，ルプリン粒と呼ばれる黄金の粒がある。ルプリン粒中には，苦味成分の一種であるフムロン類の物質が含まれている。このフムロン類が，麦汁の煮沸の際に異性化されてイソフムロン類に変化し，ビールに爽快な苦味を与えることになる。

また，イソフムロン類は，麦芽のアルブミン，グロブリンというタンパク質に由来する起泡タンパクと複合体を作り，ビールの泡を安定化させるのに役立っている。「泡はビールの花」といわれるように，泡はビールを特徴づけるのに不可欠なものであり，ビールに苦味と泡をもたらすホップは，まさにビールの魂といえる。

さらにホップ精油はビールに上品な香りを与える。香りの優れたアロマホップのなかでも，チェコのザーツ種，ドイツのシュパルト種，テトナング種は最も優れた香りを生み出すことからファインアロマホップと呼ばれている。

（4）水 ビールを製造するためには，製麦用水，醸造用水，洗浄用水など，「製品ビールになる水」あ

るいは「直接製品と接する水」があり、すべて「水道法」の基準を満たしていなければならない。ほかに、ボイラー水、冷却水、床洗浄水など「製品に直接接しない水」もあるが、ここではビールの原料となる醸造用水について説明する。

醸造用水の水質のなかで、ビールの品質に最も影響するのは、硬度である。水の硬度というのは、水の中のカルシウムやマグネシウム濃度のことで、日本や米国では炭酸カルシウムの量に、ドイツでは酸化カルシウムの量に換算して度数を決めている。一般に、日本のビールの主流である淡色タイプのビールには軟水が適しており、ドイツなどの濃色ビールには硬水が適している。日本は全体として軟水が多く、土壌が石灰質のヨーロッパは逆に硬水が多い。

醸造用水で最も忌み嫌われているのは、鉄塩である。多量の鉄塩があると発酵を阻害し、ビールの味を粗くし、色も濃くなってしまう。

(5) 糖質原料

① 米、デンプン　麦芽の半分以下であれば、スターチ、コーングリッツ等の糖質原料を使うことにより、ビールにすっきりした味を付加できる。また、醸造米を使用すると、米のうま味を調和させることができる。

② 着色料　酒税法で許可されている着色料は「カラメル」である。このカラメルは、デンプンから作ったブドウ糖を加圧状態で焙焦して作るので、天然加工物である。なお、ビールは自然食品であり、化学合成品による添加物の添加は認められない。

(6) 酵母　原料の麦芽に含まれる糖分を発酵してアルコールと炭酸ガスに変える役目を担うのが酵母である。酵母は真核生物に属する微生物で、5〜10 μmの球形または卵形をした単細胞生物である。なお、「酵母」というのは、分類学的な学問上の名称ではなく、「人」や「草」等と同様に一般的な用語である。

ビールは5000年以上も前からエジプトやメソポタミアで造られていたが、ビールの沈殿物と発酵が密接な関係を持つことを知ったのは、16世紀になってドイツのバイエルン地方でビールの沈殿物を採取し、つぎの発酵に使うようになってからである。1680年にはオランダのレーウェンフックが手製の凸レンズでビール中の沈殿物を観察し、それが球形の微小な物体であることを発見した。発酵の原因をめぐる論争は、化学反応説と酵母細胞説の間で大論争に発展するが、19世紀にパスツールにより酵母細胞説が実証され、「生命なきところに発酵なし」の原則が確立された。その後、1897年にブフナーが酵母の破砕液でも発酵が起こることを発見し、生きた酵母の持つ酵素が発酵の原因物質であることがわかり、大論争に決着がついたのである。

発酵論争の後、デンマークのハンセンは酵母の純粋培養技術を確立し、ビール酵母の純粋培養に成功した。彼は、上面発酵酵母を「サッカロミセス・セレビシエ (*Saccharomyces cerevisiae*)」、下面発酵酵母を「サッカロミセス・カールスベルゲンシス (*Saccharomyces carlsbergensisn*)」と命名した。なお、下面発酵酵母は現在では「サッカロミセス・パストリアヌ (*Saccharomyces pastrianus*)」に分類されている[15]。ハンセンの純粋培養技術のおかげで、優れた酵母を選抜することができ、安定して高品質のビールを造ることが可能になった。

(d) ビールの製造工程　ビールの製造方法は、ビールや発泡酒の種類によってさまざまであるが、ここでは現在の主流であり、世界中で最も多く飲まれている下面発酵淡色ピルスナータイプビールの製造工程を例に述べる。詳細は成書を参照されたい[6]〜[14]。製造工程のフローチャートを図1.40に示す。

(1) 製麦工程

① 浸麦　収穫した大麦は数カ月間保管して休眠させた後、穀皮のまま水中に浸漬して、発芽と生育に必要な水分を補給する。この工程を浸麦という。浸麦中でも大麦は呼吸しているので、空気を送入した

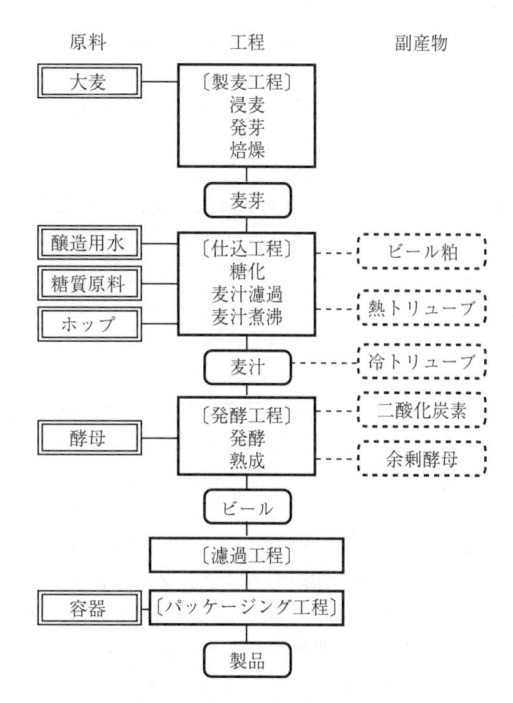

図1.40　ビール製造工程の概要

り，水を切ったりする。浸麦中に，植物ホルモンの一種アブサイシン酸が溶け出し，穀皮中の含量が低下するので，大麦は休眠から目覚め，発芽の準備を整える。

② 発　芽　休眠から目覚めた大麦を，発芽に適した温度，湿度に保たれた発芽室に移し，発芽を促進する。発芽中は大麦の呼吸がさかんになるので，攪拌機で麦の層をよく攪拌して，炭酸ガスや熱がこもらないようにする。発芽に伴って，外観的には幼芽や幼根が伸張し，大麦の中で眠っていたα-アミラーゼ，β-アミラーゼ，プロテアーゼなど糖化に必要な酵素が活性化される。また，胚乳の溶けが進み，大麦は指先でつぶせるほど軟らかくなる。こうしてできた大麦もやしを「緑麦芽」と呼ぶ。

③ 焙　燥　緑麦芽を焙燥室に移し，熱風で乾燥・焙焦することで酵素反応を停止させる。このとき，酵素が失活するとつぎの糖化が困難になるので，最初は40℃の低温から始めて徐々に温度を上げ，約80℃で終了する。この最後の温度で麦芽は着色し，ビールに琥珀色を付与することができる。

黒ビールに一部使われるカラメル麦芽は，約120℃まで焙焦して色を濃くした麦芽である。さらにスタウトのように濃色の場合は，約200℃まで焙焦した色麦芽を使用する。

（2）仕込工程

① 糖　化　原料である麦芽を粉砕機で粉砕し，副原料と一緒に「糖化槽」でお湯に溶かし，おかゆ状の「もろみ」を作る。もろみの温度を酵素が働きやすい温度に保つことで，麦芽の中の酵素が活性化され，デンプンやタンパク質を酵母が食べられる大きさまで分解する。これを糖化という。

デンプンはブドウ糖がたくさんつながった物質で，そのままでは大きすぎて酵母は細胞内に取り込むことができない。ビール酵母が取り込むことができるのは果糖やブドウ糖，ブドウ糖が2個つながった麦芽糖（マルトース），3個つながったマルトトリオースまでである。

ところで，デンプン分解酵素やタンパク質分解酵素が働くのに，それぞれ最も適した温度がある。糖化ではこれらの酵素が効率よく働くよう，温度を厳密に管理する必要がある。

もろみの温度を高める方法として，デコクション法とインフュージョン法がある。デコクション法は，もろみの一部を取り分けて煮沸し，もとのもろみに再度戻すことにより，段階的に温度を上げていく方法である。一方，インフュージョン法は，もろみ全体を緩やかに加熱して温度を上昇させる方法である。

② 麦汁濾過　糖化が終了すれば，麦汁濾過によってもろみから不溶解分を取り除き，透明な糖液（麦汁）とする。

このとき取り除かれた不溶解分は麦芽の穀皮やデンプンなどを含み栄養価が高いので，ビール粕として牛の飼料などに利用される。

③ 麦汁煮沸　濾過された麦汁を煮沸釜（ウォルトパン）に移し，煮沸する。このときにホップを加え，苦味成分と，ホップの香りである精油成分を煮沸抽出する。さらに，ホップからタンニンが溶け出し，麦汁中のタンパク質と不溶性の結合物を作る。この不溶成分は，ホップの粕とともにワールプールタンクで沈殿し，熱トリューブとして麦汁から除去される。

（3）発酵工程　酵母を添加して発酵を開始するため，麦汁を適温まで冷却し，発酵タンクに移す。このとき，溶解度が下がって再びタンパク質やポリフェノールが凝固するので，冷トリューブとして取り除く。冷却された麦汁には酵母の増殖に必要な酸素を供給するため無菌空気を吹き込み，酵母を添加する。

酵母は，まず種酵母を純粋培養で増殖させて使用するが，2回目からは発酵液から回収して使用する。

① 発　酵　発酵初期には，酵母は酸素とアミノ酸や糖類を取り込んで増殖する。酸素がなくなると，酵母はアルコール発酵を行うようになり，麦汁中のブドウ糖や麦芽糖を分解して炭酸ガスとアルコールを生じるようになる。

下面発酵酵母を用いたピルスナータイプのビールの場合，発酵は5〜15℃の低温でじっくりと発酵させる。発酵盛期を過ぎると凝集して発酵液下部に沈降するので，回収してつぎの発酵に使用する。これを「ピッチング」と呼んでいる。

糖類のほとんどが分解されアルコールと炭酸ガスに変わった時点で発酵は終了するが，まだ味が粗いため「若ビール」呼ばれ，さらに熟成させて香味を整える。下面発酵ビールの場合は0℃以下の低温で1カ月以上熟成させる。下面発酵ビールは世界的にラガービールと呼ばれるが，これは長期間熟成させる（ドイツ語でラーゲルン）ことに由来する。日本では誤って熱殺菌したビールをラガービールと呼んでいたが，熱殺菌の有無にかかわりなく，長期熟成したビールがラガービールである。

② 熟　成　ラガービールの場合，若ビールを貯蔵タンクに移し，0℃以下の低温で1カ月以上熟成させる。熟成中に，若ビールの中に残っている麦汁の臭いや発酵中にできた不快な臭いが消失し，香味が整えられる。また，残っている酵母や若ビール中の不溶成分も凝集して沈殿し取り除かれる。こうして，透

明感があり，調和のとれた香味のビールができあがるのである。

③ 発酵・貯蔵タンク　1960年代になって，ステンレス製円筒縦型ジャケット付き発酵タンク（アサヒタンク）がわが国で開発され，世界のビール工場に普及した。このタンクにより初めて屋外発酵が可能となり，それまでのタンク容量が一挙に3～5倍に拡大した。現在では，円筒形の胴部と逆円錐形の底部から構成される大容量のシリンドロコニカル型タンクが開発され，広く採用されている。このような新しい形状のタンクが開発されたおかげで，醸造設備の規模は格段に大型化した。

（4）濾過工程　熟成の終了したビールは，酵母やタンパク質，ポリフェノール，ホップ樹脂などの不溶成分が残っているため，濾過を行って清澄化する。

（5）パッケージング工程　濾過が終了したビールは，びん，缶，樽に詰められて製品となる。この工程では，できあがったビールの品質を低下させることなく容器に充填することが重要である。

酸素はビールの品質に多大の影響を与えるので，充填に際しては事前に容器内を炭酸ガスで置換する。またビールが酸素を巻き込まないよう極力穏やかに充填する。充填後は，容器に炭酸ガスを吹き入れたり，ビールを泡立てるなどして酸素を追い出し，すみやかに密封する。

（e）ビールに関する新しい話題　適度のアルコールは，精神の緊張をほぐして心地よい酔いをもたらす。軽度の酔いは，気分を高揚させてコミュニケーションを促進し，ストレス解消や発想の転換，などメンタル面で好影響を与える。また，アルコールは食欲を増進し，食べ物の味を引き立てるなど食生活に潤いを与えるほか，適量の飲酒は健康の維持増進に役立つなど，その効用は計り知れない。一方では，長期にわたる過度の飲酒が脳の萎縮や，アルコール性肝障害，果てはアルコール依存症など悲惨な結末をもたらすこともよく知られるところである。

従来，アルコールの身体に及ぼす影響では，もっぱら過剰飲酒による罪の部分に焦点を当てて取り上げられてきたが，近年，ようやく適量飲酒の功の面も科学的に実証され始めている。特に，適度のアルコール摂取が心冠状動脈の硬化が引き金となる虚血性心疾患のリスクを低減するとの報告は多い。赤ワイン摂取による虚血性心疾患リスク低減効果については，フレンチパラドックスとして世界的に有名となったが，同様の効果が赤ワインだけでなくビールについても認められるとの研究成果も相次いで報告されている[16]～[18]。

適量飲酒が生活習慣病のリスクを下げるとの報告は，虚血性心疾患だけにとどまらない。最近，米国人男性47 000人を対象とした12年間追跡調査では，適量飲酒によりⅡ型糖尿病（インスリン非依存性糖尿病）罹患リスクが低下することが判明した[19]。1日当り15～29gのアルコールを摂取した群でまったく飲まない群より罹患率が約4割低下していた。高頻度で飲むのが効果的らしく，週5日以上の頻度で飲んでいた場合は量が少なくてもリスクが低い。ビール，ワインなど種類による効果の差はないといっている。

日本人男性（40～45歳約19 000人）を対象とした7年間にわたる追跡調査では，適量飲酒によってがんをはじめとする各種疾患による死亡率が低減することが明らかにされている[20]。この場合の適量とは週にアルコール149g以下（ビール換算大びん約6本/週）である。摂取量が増加するに従って，効果は認められなくなり，この3倍量（週450g以上）摂取するとかえってがん死亡リスクが上昇していた。この摂取量と効果の関係はJカーブ効果やUカーブ効果などと呼ばれ，上記すべての報告に共通している。すなわち，アルコールの過剰摂取はその効用を打ち消すどころか，かえってリスクを上昇させるので注意が必要である。

ビールの持つ生活習慣病予防効果についても，興味深い研究がなされている。興味のある方は，総説を参照されたい[21]。　　　　　　　　　　　　　　　　（多田）

1.3.2　ビール酵母の育種

ビール醸造に酵母を用いてきたのは，メソポタミアに人類の文明が生まれてきて以来のことではあるが，実際に発酵すなわち，糖がアルコールと二酸化炭素に変換することにおける酵母の明白な役割についての認識は，1861年パスツールによって示されて以来のことであろう。ビール醸造において，最初に酵母の純粋培養を行ったのは，1883年，デンマークのカールスバーグ醸造場のハンゼンによってである。1842年にピルゼンにて今日の下面ビール（ラガービール）のもとになるピルゼンビールが現れた際に，その製造方法のもととなったミュンヘンのビール醸造場からデンマークのヤコブ・クリスチャン・ヤコブセンが酵母を入手し，これよりハンゼンが1908年に下面ビール酵母 *Sacchromyces carlsbergensis* を分離した。ビール酵母の育種は，このとき以来，現在に至るまで絶えることなく続けられてきた。よい醸造用酵母として，最も重要な性質としてつぎの点が挙げられる[22]。

① 速い発酵速度であること
② マルトース，マルトトリオースの効果的な利用とエタノールへのよい変換効率
③ アルコール濃度，温度，浸透圧等によるストレ

スに耐えられる活性を持っていること
④　一定のレベルの香気成分を再現よく生産されること
⑤　採用している工程において最適な凝集性であること
⑥　よいハンドリング性であること（例えば，貯酒，ポンピング等において生存率を維持していること）
⑦　遺伝的安定性を有していること

（a）ビール酵母の染色体構造，生活環とビール酵母の育種　下面ビール酵母は，1908年にハンゼンによって分離され，分離当初は*Sacchromyces carlsbergensis*に分離されていたが，その後，*S. cerevisiae*に統合され[23]，さらに，染色体DNAの相同性から，下面ビール酵母は，*S. cerevisiae*と*S. bayanus*の交雑体（hybrid）で，多数倍体（polyploid）あるいは異数倍体（aneuploid）であって，*S. pastorianus*に分類すべきであるとされてきた[24]。しかし，染色体構造の検討から，下面ビール酵母は，*S. carlsbergensis*に分類すべきであるとの報告もある[25]。一方，エール等の上面ビール酵母は，実験室酵母，パン酵母等と同様に*S. ceevisiae*と分類されている。

現在，酵母研究者で実験室酵母として用いられている酵母は，*S. cerevisiae* S288Cとその誘導体である。この菌株の染色体DNAは，1996年に全塩基配列が決定されている[26]。しかし，産業上利用されている酵母，特に下面ビール酵母と実験室酵母とではその染色体構造はかなり異なっていることが知られている。近年，*S. cerevisiae*の全染色体DNA塩基配列に加えて，*S. cerevisiae*の近縁の菌種や醸造用酵母の全ゲノム配列も解明されてきており[27]～[29]，進化の過程やビール醸造との関連が注目されている。このような複雑な染色体構造を有していることなどにより，ビール酵母の育種にはかなりの困難がある。例えば，下面ビール酵母は記載したように多数倍体あるいは異数倍体であるので，変異処理などにより有用な菌を選択することは相当な困難があるものと思われる。

酵母は原則として，1組の染色体を有する半数体（haploid）と2組の染色体を有する二倍体（diploid）で存在する。半数体はaあるいはαの接合型（mating type）があるが，一方の接合型を有する細胞が他方の接合型を有する細胞と接触すると双方の細胞が接着し，異核体（heterokaryon）を形成した後，核が融合し，接合子（または接合体，zygote）となった後，二倍体を形成する。これを接合（mating）という（図1.41）。ビール酵母から半数体を分離した後，接合させることで，もとの株よりよい性質やもとの株にはなかった性質を持つ菌株を作り出すことが可能となる。

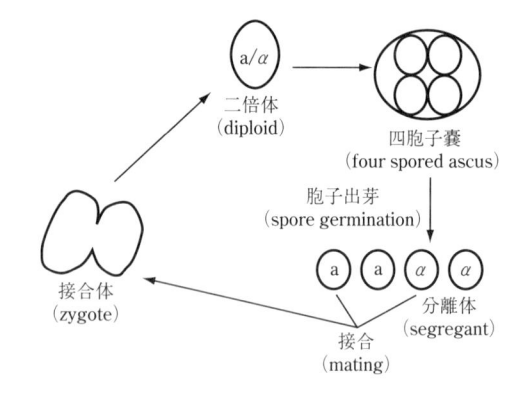

図1.41　酵母の生活環（life cycle）

しかし，ビール酵母，特に下面ビール酵母は，胞子形成率が低く，また，四胞子を形成することはほとんどない。さらに，形成された胞子の生残率はきわめて低いことが観察されている。したがって，接合によるビール酵母の育種にはかなりの困難がある。

aあるいはαの接合体は，第Ⅲ染色体のMAT座の遺伝子によって支配される。清酒酵母はビール酵母と同様に胞子形成能が低い。そこで，清酒酵母の胞子形成能が低いのはMAT座周辺の染色体構造に変化がある可能性があるので，サザンハイブリダイゼーションを用いて調べた。すると，清酒酵母は実験室酵母の二倍体と同じ染色体構造を有していた。また，接合型特異的な遺伝子発現も清酒酵母は，実験室酵母の二倍体と同様な遺伝子発現をしていることがわかった[30]。ビール酵母でのMAT座の解析では，ビール酵母のMAT座は，実験室酵母のそれと構造が異なっているとのことであった[31]。これは，下面ビール酵母の染色体構造が*S. cerevisiae*と*S. bayanus*の交雑体であることによるものとも思われる[25],[32]。ビール酵母の接合型遺伝子の発現についての報告はないが，清酒酵母と同様であって，接合型特異的な遺伝子発現は実験室酵母の二倍体と同様な遺伝子発現をしているものと思われる。

（b）古典的な遺伝学手法によるビール酵母の育種
古典的な遺伝学的な手法によるビール酵母の育種としては，変異（mutation），接合（mating），プロトプラスト融合等が挙げられる。以下に具体的な施策について記載する。

変異および選択では，2-デオキシグルコース（DOG）耐性変異を利用した変異株の分離の報告がある[33]。通常の発酵ではグルコースによるカタボライトリプレッション（catabolite repression）によって，マルトースは，麦汁中のグルコース濃度が半分になるまで資化が始まらない。DOG耐性の変異株ではカタ

ボライトリプレッションが解除されるため，マルトースとグルコースが同時に資化され，発酵能を向上することができた。ただし，DOG耐性変異株が分離できたのは，S. cerevisiaeに分類されるエール酵母等の上面ビール酵母だけであった。これは，すでに記載したように下面ビール酵母が多数倍体であることに関連するものと思われる。

一方，変異株を優性的に分離することが可能であると，変異株の分離は比較的容易である。ビールのオフフレーバーであるジアセチルはピルビン酸から変換されるα-アセト乳酸が非酵素的に変換されるものである（図1.42）。そこで，ピルビン酸からα-アセト乳酸を合成するアセト乳酸シンターゼ（AHAS）をコードするILV2遺伝子が変異した酵母を分離して，ビール製造を行うとジアセチルが低減できることを期待された。スルホメチロンメチル（SM）に耐性の変異株はAHAS活性が低下することが知られているので，SM耐性を選択マーカーにして，AHAS活性が低下したビール酵母を分離した報告がある[34), 35)]。

下面ビール酵母が多数倍体であるという困難にもかかわらず，下面ビール酵母から接合型を示す分離体（segregant）を得，接合によるビール酵母の育種を行った報告がある[36)]。得られた交雑株は元株より発酵性が改善されたとのことであった。

また，ビール酵母から接合型を有する分離体を得ることは難しいので，希少接合（rare mating）によるビール酵母の育種法が報告されている。希少接合とは，接合型に依存しない接合をいう。多数倍体であり，接合型を示さないビール酵母と接合型を有する一倍体であって，デキストリン資化性を有する酵母とを希少接合させ，デキストリン資化性のビール酵母を造成するという報告がある[37)]。デキストリンは麦汁の糖の約25％を占めるが，ビール酵母はデキストリンを資化することができないので，ビールの主要なカロリー源となっている。したがって，デキストリンを資化できる酵母を育種することができると低カロリービールを造ることが可能となる。デキストリン資化性ビール酵母の造成をプロトプラスト融合によって行った報告もある[38)]。プロトプラスト融合とは，融合させる酵母菌株を細胞壁溶解酵素によってプロトプラスト化して，ポリエチレングリコール存在下で細胞融合させるものである。

（ c ） 分子生物学的手法によるビール酵母の育種

古典的な遺伝学的手法による育種は，酵母の他の発酵特性にも影響を与えることなく，付加あるいは除去しようとする形質だけ改変することはほとんど不可能である。さらに，実用酵母，特に下面ビール酵母は多数倍体あるいは異数倍体であり，胞子形成能がきわめて低く，加えて胞子の発芽率もきわめて低いなどといった特性があり，古典的な遺伝学的手法による育種を困難なものとしている。1978年，実験室酵母での形質転換の報告があり[39)]，これ以降，改変しようとする遺伝的形質のみを操作することができる遺伝子工学的手法を用いた育種が試みられてきている。形質転換を用いることによって，望ましい形質あるいは除去したい形質のみをビール酵母に変更させることが可能となるからである。しかし，前述したように，下面ビール酵母は多数倍体あるいは異数倍体であるので，栄養要求性変異株の分離は難しく，実験室酵母で行われていた栄養要求性の相補による形質転換は難しい。実験室酵母の形質転換は，栄養要求性を有する変異株に，その栄養要求性変異を相補する遺伝子を有するDNAを導入することで行ってきたからである。そこで，栄養要求性変異のないビール酵母の形質転換には形質転換

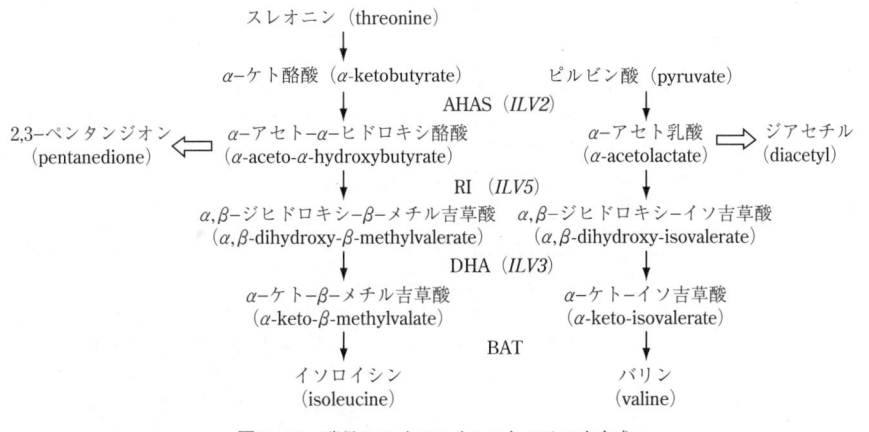

```
                    スレオニン (threonine)
                          ↓
                    α-ケト酪酸 (α-ketobutyrate)
                                         AHAS (ILV2)
                                         ピルビン酸 (pyruvate)
2,3-ペンタンジオン  ⇐  α-アセト-α-ヒドロキシ酪酸         α-アセト乳酸         ⇒  ジアセチル
  (pentanedione)      (α-aceto-α-hydroxybutyrate)    (α-acetolactate)         (diacetyl)
                                         RI (ILV5)
              α,β-ジヒドロキシ-β-メチル吉草酸    α,β-ジヒドロキシ-イソ吉草酸
              (α,β-dihydroxy-β-methylvalerate)   (α,β-dihydroxy-isovalerate)
                                         DHA (ILV3)
              α-ケト-β-メチル吉草酸              α-ケト-イソ吉草酸
              (α-keto-β-methylvalate)           (α-keto-isovalerate)
                                         BAT
                    イソロイシン                        バリン
                    (isoleucine)                      (valine)
```

図1.42 酵母でのイソロイシンとバリン生合成

株を優性的に選択する（positive selection）ことが行われてきた[40)～44)]。優性的なマーカーとしては，抗生物質であるG-418，メソトレキレート，ハイグロマイシンB，クロラムフェニコール，あるいは重金属である銅の耐性等が用いられている。

実験室酵母の形質転換は，当初はプロトプラスト化した細胞にポリエチレングリコール存在下でDNAを導入する方法がとられていたが，その後，プロトプラスト化せずに，細胞に直接リチウム塩を処理する方法[45)]や電気パルスで処理する方法が開発された[46)]。酵母菌体をプロトプラスト化せずに，形質転換するこれらの方法は，ビール酵母の形質転換のように，抗生物質耐性等を選択マーカーとして用いる際には，形質転換株の分離が容易である点で有利であるとの報告がある[47), 48)]。

実際の育種例として，S. diastaticusのグルコアミラーゼ遺伝子（STA1）をビール酵母に導入した形質転換株を造成し，デキストリン資化能を有するビール酵母を造成したことが報告されている[49)]。また，α-アセト乳酸をα,β-ジヒドロキシイソ吉草酸に変換する酵素をコードするILV5遺伝子を強発現することでジアセチルを低減することが可能となったことも報告されている[50)]。また，Enterobacter aerogenesのα-アセト乳酸脱炭酸酵素（ALDC）をコードする遺伝子をクローニングし，ビール酵母で発現させた[51)]。その結果，ALDCが発現した酵母でビールを発酵させると産生されるジアセチルの量も減少したことが報告されている。この際，ALDC遺伝子を有する発現カセットを酵母染色体上に多コピーで安定的に維持させるためにリボソームRNAをコードする遺伝子rDNA上に組み込むことも行っている[52)]。

イオウ含有化合物の研究にはつぎのようなものがある。揮発性のイオウ含有化合物には，しばしばたいへん低い官能閾値を有しているものがあるので，ビールの香りにかなりの寄与を与えていることがある。イオウ含有化合物のうちのいくつか，硫化水素と亜硫酸は，酵母の発酵中に産生されるものであるが，高濃度であるとビールに好ましくない香りと味を与えることとなる。一方，最終製品のビール中の亜硫酸は，抗酸化作用を有するのでビールの香味安定に寄与することが知られている。硫化水素や亜硫酸を含むイオウ含有化合物の代謝は，図1.43のようになっている。このうち，シスタチオニンシンターゼをコードするCYS4（NHS5）遺伝子をビール酵母に導入することで硫化水素が低減することが見出されている[53)]。また，O-アセチルセリンスルフヒドロラーゼをコードするMET25遺伝子をビール酵母に導入したところ硫化水素の発生が低減したことが報告されている[54)]。亜硫酸の研究では，ホモセリン-O-アセチルトランスフェラーゼをコードするMET2遺伝子あるいは亜硫酸還元酵素をコードするMET10遺伝子を破壊したビール酵母を造成し，ビール醸造を行ったところ，亜硫酸量が増加したことが見出されている[55), 56)]。下面ビール酵母の遺伝子破壊は，前述した下面ビール酵母から胞子形成させてから得られた接合型を有する分離体（segregant）[36)]を用いて行ったものである。

酵母の形質転換が行われて四半世紀たつが，分子生物学的手法を用いて作られた新規の酵母を直接応用することは全世界的に行われていない。啓蒙活動等を通

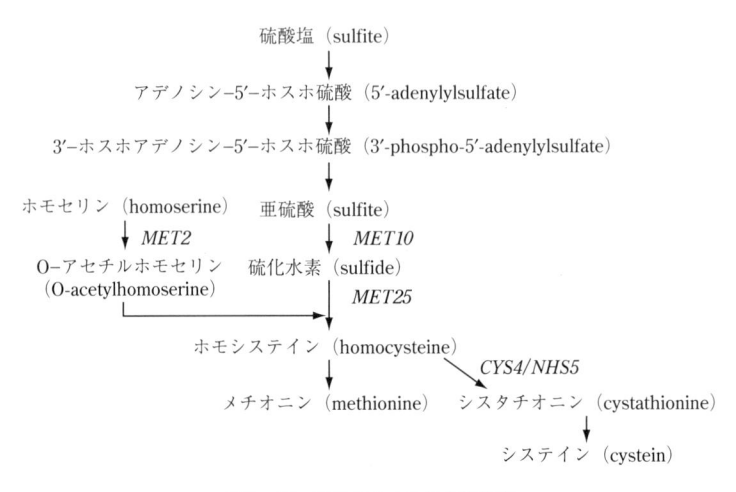

```
硫酸塩（sulfite）
   ↓
アデノシン-5′-ホスホ硫酸（5′-adenylylsulfate）
   ↓
3′-ホスホアデノシン-5′-ホスホ硫酸（3′-phospho-5′-adenylylsulfate）
   ↓
ホモセリン（homoserine）    亜硫酸（sulfite）
   ↓ MET2                  ↓ MET10
O-アセチルホモセリン        硫化水素（sulfide）
（O-acetylhomoserine）
              ↘     ↙ MET25
           ホモシステイン（homocysteine）
                ↓           ↘ CYS4/NHS5
           メチオニン（methionine）  シスタチオニン（cystathionine）
                                      ↓
                                  システイン（cystein）
```

図1.43 酵母のイオウ化合物代謝

じて，時間をかけたコンセンサスを作り上げていくべきであろう。また，実験室酵母やビール酵母の全染色体DNA塩基配列決定等の成果は，ビール醸造での酵母の生理等の理解を深め，新たなビール酵母の育種への道を開いていくであろうことが期待される。（尾形）

1.3.3 ビール酵母の凝集

ビール醸造には，15～20℃の比較的高い温度で発酵する上面ビール酵母と5～10℃の比較的低い温度で発酵する下面ビール酵母の大きく分けて2種類の酵母が使用される。前者は，発酵の際に炭酸ガスとともに発酵液の表面に浮かび上がるのに対して，後者は，発酵後期に酵母が凝集して沈降するという性質を持つ。下面ビール酵母は，上面ビール酵母が変異，または他の酵母と交雑することによって誕生したと考えられるが，その形質，具体的には，活動する温度帯と，活動後の挙動が大きく異なる点は，非常に興味深く，世界中の醸造技術者の研究対象となってきた。

主発酵と後発酵からなる下面ビール醸造では，この酵母の凝集して沈降する形質が工程に直接利用される。主発酵終了後に大半の酵母は，遠心分離操作なしにタンクの底から効率的に回収され，つぎの発酵に使用される。通常，この工程が数回繰り返される（図1.44）。

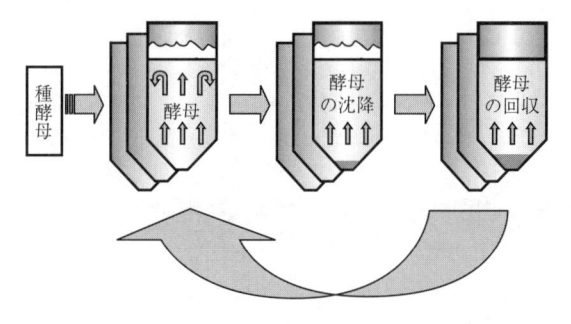

図1.44 下面ビール醸造における酵母の流れ

ここでは，酵母 Saccharomyces cerevisiae と下面ビール酵母の凝集性遺伝子の解析と実用面における下面ビール酵母の凝集性の不安定性の原因解明までの研究をまとめることとする。

当初，酵母の凝集性は，環境変化に応答する複数の遺伝子によって制御されているために，単純に研究対象とすることは，難しいと考えられていた。すなわち，培地組成の違い（ビール醸造では麦汁組成），発酵中の温度やpHの変化，それに伴う酵母細胞膜の荷電の変化，表面張力の変動などのさまざまな環境による要因によって酵母の凝集が起こるという報告がある。一方で，酵母の凝集性を遺伝子レベルで解析した非常に明快な研究も報告されている。まず，Saccharomyces cerevisiae からクローニングされた FLO1 遺伝子と下面ビール酵母からクローニングされた Lg-FLO1 遺伝子について解説する。

（a） FLO1遺伝子のクローニングと解析 酵母の凝集に関する遺伝子レベルでの研究は，最初に，酵母 Saccharomyces cerevisiae において行われた。同酵母における凝集性遺伝子の存在が明らかになったのは，1970年代末にさかのぼる。Mikiらは FLO1 遺伝子がカルシウムイオン依存性のレクチン様タンパク質の本体であり，レクチンタンパク質と酵母細胞表層の糖鎖（マンノース鎖）の相互作用が凝集メカニズムの本質であることを提案している[57]。その後発展した分子生物学的手法によって凝集性遺伝子 FLO1 が1980年代末にWatariらによってクローン化された[58]。この遺伝子は，第Ⅰ染色体上に存在し，ORFが4611 bpもあり，その塩基配列から1537個のアミノ酸からなるタンパク質をコードしていると推測された。Flo1タンパク質のN末端およびC末端領域には疎水性の高いアミノ酸が存在し，中央にはセリンとスレオニンに富んだ45アミノ酸のユニットが18回繰り返された領域が存在している。また，Flo1タンパク質のC末端領域は，GPI（グリコシルホスファチジルイノシトール）が結合し，細胞表層に固定化される機能を持つと考えられる[59]。Bonyらは，C末端領域を欠失させるとFlo1タンパク質が培地中に分泌されるようになったことを抗体を用いた実験で確認している[60]。

一方，中間の繰返し領域は，FLO1 遺伝子全域を大腸菌に形質転換するとその一部が高頻度で脱落することから，非常に不安定であると考えられる。後にWatariらは，FLO1 のクローニングに用いたプラスミド（pUC系では維持できないが，pBR系では維持可能）や宿主とした大腸菌（JA221が比較的安定）の選択が，理由はよくわからないが，全塩基配列決定に成功した秘訣であったと述べている[61]。これが，当時 FLO1 の塩基配列の決定を競い合っていたオランダのTeunissenらとの運命を分けることになったようである。現時点での技術でもこのような長い繰返し配列のシーケンスは，まだ難しいようである。なお，Teunissenらは，中間の繰返し配列が脱落した短い FLO1 遺伝子の配列を報告しており，ほぼWatariらが報告した配列と同じであった[62]。さらに，Watariらは，セルフクローニング系を利用して FLO1 遺伝子を非凝集性の下面ビール酵母に形質転換して，凝集形質が付与されたことを小スケール発酵試験で確認した[63]。形質転換株は，浮遊酵母数があまり上昇しなかったため，元株と比較

すると発酵は遅れ気味であったが，回収酵母は通常工場で使用される下面ビール酵母と同等の強さの凝集能を示した。*FLO1*遺伝子の形質転換体が，凝集形質が付与されたにもかかわらず，ビール醸造ではうまく機能しなかった理由については，つぎの下面ビール酵母からの凝集性遺伝子のクローニングで紹介することとする。

（b） 下面ビール酵母の凝集性遺伝子 Lg-*FLO1*

もう一つの優性の凝集性遺伝子である*FLO5*も*FLO1*の相同遺伝子であることが示されたため，下面ビール酵母においても，*FLO1*または*FLO1*の相同遺伝子の産物が細胞表層に存在して，凝集形質に関与していることが予測されていた。ところで，酵母の凝集は二つのタイプ，Flo1タイプとNewFloタイプに分類できることが知られている[64]。Flo1タイプの凝集は，マンノースで阻害されるがグルコースやガラクトースでは阻害されない。もう一方のNewFloタイプの凝集は，マンノースのほかにグルコースやマルトース（麦汁中のおもな糖質）でも阻害されるが，ガラクトースでは阻害されない。この性状は，カルシウムイオンを加え凝集している状態の酵母懸濁液に上記の糖を適当量添加して，撹拌後に目視で容易に確認することができる。すなわち，凝集が阻害されるとは，添加した糖と酵母細胞表層のレクチン様タンパク質が結合するために，マンノース鎖とレクチン様タンパク質間の相互作用による凝集がほぐれることを意味する。

下面ビール酵母の凝集タイプは，NewFloタイプであることが知られていたが，下面ビール酵母は，その高次倍数性，異数性，もともと遺伝的には*Saccharomyces cerevisiae*と*Saccharomyces bayanus*とのハイブリットであるらしい，胞子形成は困難でまたほとんど発芽しないなど，従来の遺伝学的解析はほとんど不可能であった。ところが，先に解析が行われた*FLO1*遺伝子の研究成果が契機になり，Kobayashiらによって下面ビール酵母から凝集性遺伝子がクローン化された。中間の繰返し領域は，*FLO1*と同様に大腸菌に形質転換した際に不安定であったため完全に塩基配列を決定することは難しかったようである。繰返し領域を除いたN末端領域（636 bp）とC末端領域（2550 bp）の塩基配列の決定が行われた[65]。

下面ビール酵母は，別名Lager酵母とも呼ばれることから，その凝集性遺伝子は，Lg-*FLO1*遺伝子と命名された。その塩基配列は，*FLO1*の配列と部分的に異なり，特に，マンノース結合部位に関与していると推定されるN末端部位が異なるため，両レクチン様タンパク質の認識する糖がそれぞれ異なることが確認された。すなわち，Trp-228がFlo1タンパク質による マンノースの認識に重要であり，一方，Thr-202がLg-Flo1タンパク質によるマンノース，グルコースの認識に重要である可能性が示唆されている。さらに，Kobayashiらは，Flo1タイプの凝集性酵母の*FLO1*遺伝子を破壊し，*FLO1*遺伝子とLg-*FLO1*遺伝子をそれぞれ導入する実験を行った。

その結果，得られた形質転換体はそれぞれ，Flo1タイプおよびNewFloタイプの凝集性を示すことを確認している。ビール醸造において主発酵がスムーズに開始されるためには，下面ビール酵母の凝集タイプがグルコースまたはマルトース感受性であることが望ましく，Flo1タイプの凝集では酵母添加時に凝集している酵母が拡散できず，そのため良好な発酵は期待できない。前述したWatariらの行った*FLO1*形質転換体の浮遊酵母数が増加せず発酵性がよくなかった理由は，形質転換した*FLO1*遺伝子の表現型が，麦汁中のおもに含まれる糖質であるグルコースやマルトースを認識しないために凝集が阻害されない，Flo1タイプであったため，発酵開始時にうまく酵母が拡散できなかったことに起因すると推察できる。15世紀後半にドイツで始まったとされる下面ビール酵母による醸造では，現在までにさまざまな技術者による酵母選抜が行われてきたと考えられる。その過程でビール醸造に適合したNewFloタイプの凝集性を示す酵母が選択され，今日に至るのかもしれない。

ここまで述べてきた二つの凝集性遺伝子の解析結果は，Mikiらが提唱したレクチン様タンパク質と酵母細胞表層のマンノース鎖の相互作用による酵母の凝集メカニズムを支持した（図1.45）。前述した環境要因が酵母の凝集性に影響を及ぼしている可能性も完全には否定できないが，一遺伝子を形質転換することで，

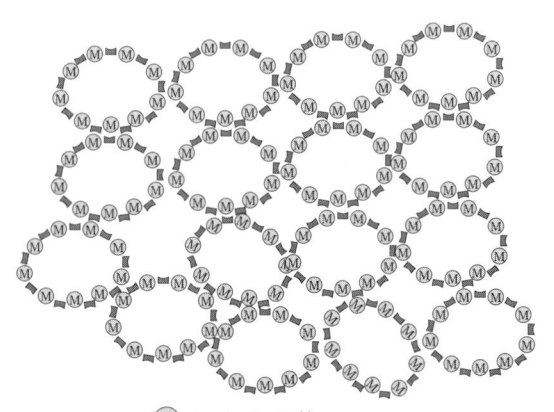

Ⓜ：マンノース鎖
▬：レクチン様タンパク質

図1.45 酵母の凝集モデル

凝集能が付与されたり，凝集性のタイプが入れ替わったり，ダイナミックに表現型が変化していることは，これらの凝集性遺伝子（レクチン様タンパク質の本体）が凝集形質に深く関与していることを意味している。

（c） Lg-FLO1遺伝子の不安定性について このように長年の疑問であった酵母の凝集性について分子遺伝学的な解析が行われ，凝集性の実体にかなり迫ることができた。ところが，ビール醸造現場において比較的高頻度で起こる凝集能弱化現象のメカニズムについては，まだ解決すべき課題として残されていた。酵母の凝集能の弱化は，発酵終了時における酵母回収量の低下につながるだけでなく，ビール品質にも多大な影響を与える可能性がある。また，このような場合，遠心分離による酵母回収も考えられるが，新たに設備を導入したり，維持・管理に必要な経費は膨大であり，さらに後発酵（ビール醸造における熟成工程）へ移行する酵母数の制御の難しさなどを考えると，現状では合理的ではない。酵母の凝集能の弱化は，つぎの発酵に使用する酵母が確保できないという重大な問題につながる可能性がある。逆に凝集性が強すぎる場合も，発酵渋滞や熟成不良の原因になることが多く問題である。したがって，理想的な発酵を行うためには，ビール酵母に主発酵後期の適度な凝集性が要求される。

そこで，つぎに，最近明らかになった下面ビール酵母の凝集性遺伝子Lg-FLO1の変異メカニズムに関する研究を紹介する。

下面ビール酵母の凝集能は，一般にHelm's試験でその強さが評価される。この方法では，カルシウムイオンを含むpH 4.5の酢酸緩衝液に酵母を懸濁して酵母を強制的に凝集させ，その強さの順にF0（非凝集），F1（弱い），F2（中庸），F3（強）までの4段階に目視で評価する。F2の凝集能を示す酵母が，繰り返し使用することでまったく凝集能を失ったF0に変化することがあった。もちろん，この変化は，瞬時に起こるものではなく，比較的緩やかに起こる現象であった。当時，このような酵母の凝集能の弱化現象は，細胞集団の全体に及ぶ変化であると考えることが一般的であり，酵母細胞集団全体に及ぶものであるか，または一部の細胞における変化であるかを確認した実験は報告されていなかった。

筆者らは，前述したFLO1遺伝子のショットガンクローニングの際にも使用した96穴のマイクロプレートを用いた実験を行った。F2株とF0株，さらにその中間的な凝集能を示すF1株からそれぞれシングルコロニーを取得し，マイクロプレートで培養した。そして，96個の細胞中何個の細胞が凝集能を示したかを目視で判定し，凝集性細胞の比率を算出した。その結果，F0株からは，凝集性を示す細胞が検出されないこと，F1株とF2株を比較した場合，全体としての凝集能が強いほうに凝集性細胞の比率が多いことが判明した。この結果から，下面ビール酵母の凝集能の弱化現象が，酵母細胞集団中における非凝集性細胞の比率が増加することによって起こると推定した。ここで，凝集能の弱化現象は，細胞全体に及ぶ変化ではないことが示された[66)]。

つぎに，ここまでの実験で得られた凝集能を失った細胞のLg-FLO1遺伝子のサザンおよびノーザン解析を行った。ゲノムDNAをHindIIIで処理後，プローブとしてC末端領域のDNA配列を用いたサザン解析を行った。その結果，試験した非凝集性細胞の9割以上において，通常の凝集性細胞に検出されるLg-FLO1遺伝子を含む9.0 kbのシグナルが検出されなかった[66)]。さらに，Lg-FLO1遺伝子の変異の詳細を調べるために，強い凝集性株（F3），中庸な凝集性株（F2）と非凝集性株（F0）のゲノムDNAについて，HindIII処理後にLg-FLO1のC末端とN末端領域をプローブとしたサザン解析を行った（図1.46(a)）。C末端プローブを用いた場合，F3とF2株には，9.0 kbのLg-FLO1を含むと推定されるシグナルが検出されたが，F0株では，前述したようにシグナルが検出されず，少なくともC末端領域になんらかの変異が起こっている可能性が推察された。ところが，N末端プローブを用いた場合には，興味深いことにF0株において，9.4 kbのシグナルが検出された。これは，F3株からは検出されず，9.0 kbのシグナルのみが観察さ

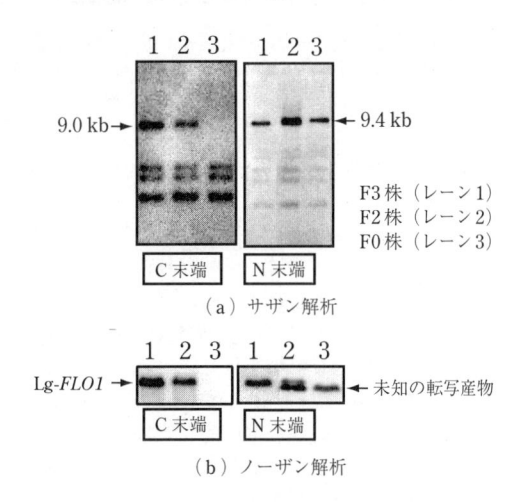

図1.46 C末端とN末端DNAプローブを用いた解析〔佐藤雅英，渡 淳二：バイオサイエンスとインダストリー，**61**, 173-176 (2003) より改変〕

れた。中庸な凝集性を示すF2株では，両方のシグナルが検出された。ノーザン解析の結果においても，Lg-*FLO1*由来のmRNAよりもやや低分子側にシグナルが検出された（図1.46（b））。これらの結果からLg-*FLO1*のC末端部位が未知のDNA配列に置き換わっている可能性を推察することができた。

筆者らは，この遺伝子を含む9.4 kb断片をinverse PCRによって取得し，解析を行った結果，染色体間の転座に伴って，Lg-*FLO1*遺伝子のC末端領域がS. *cerevisiae*の第IX染色体に存在するYIL169cの配列の一部に置き換わっていることを報告した[67)～69)]（図1.47）。この転座によってLg-Flo1タンパク質がうまく細胞表層に固定化されなくなったために凝集能を失ったと推察した。さらに，ヨーロッパの主要菌株保存機関より入手したF3～F0の凝集能を示す下面ビール酵母の解析と元来強い凝集能を示すF3株の植継ぎ試験の結果からも，Lg-*FLO1*遺伝子は元来複数のコピーが存在し，本転座によって段階的に不活性化し，最終的に凝集能が失われることが示された[70)]。なお，転座によって生成したと考えられるLg-*FLO1*とYIL169cの融合遺伝子は，不活性化（inactivated）したLg-*FLO1*からILF1と命名された。

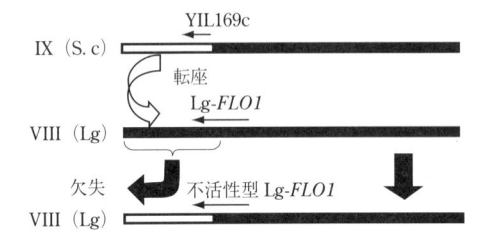

図1.47 Lg-*FLO1*遺伝子の不活性化モデル〔Sato, M., Maeba, H., Watari, J. and Takashio, M.: *J. Biosci. and Bioeng.*, **93**, 395-398（2002）より改変〕

凝集性は，19世紀後半にパスツールによってビール酵母で最初に報告されている。その後，その不安定性についての指摘もあった。しかし，凝集とその非凝集化のメカニズムの解明は，当時の技術では難しいものであった。本書で示したように，その後に発展した分子生物学は，従来のアプローチでは解明が困難であった現象に，本質的な解答を与えてくれた。下面ビール酵母は，S. *cerevisiae*とS. *bayanus*の交雑株であると考えられ，非常に複雑な遺伝的な背景を持つがゆえに，現在でも遺伝子レベルで明らかにされていない部分も多い。昨今の酵母のゲノム解析やアレイ技術の発展によってその全容が解明されることを期待してやまない。

（佐藤雅英）

引用・参考文献

1) 石田秀人：醸協，**98**，23-30（2003）.
2) 鳥山國士，北嶋 親，濱口和夫：ビールのはなし，技報堂出版（1994）.
3) キリンビール(株)編：ビールのうまさをさぐる，裳華房（1996）.
4) 井上 喬：やさしい醸造学，工業調査会（1997）.
5) 朝日新聞社：世界のビール（1979）.
6) Narziss, L.: *Abriss der Bierbrauerei*, Vol. 6 Auflage Ferdinand Enke Verlag（1995）.
7) Kunze, W.: *Technology Brewing and Malting*, VLB Berlin（1996）.
8) Pollock, J. R. A.: *Brewing Science*, Academic Press（1987）.
9) Hough, J. S., Briggs D. E., Stevens, R. and Young, T. W.: *Malting and Brewing Science*, 2nd ed., Chapman and Hall（1987）.
10) 松山茂助：麦酒醸造学，東洋経済新報社（1970）.
11) 宮地秀夫：ビール醸造技術，食品産業新聞社（1999）.
12) ビール酒造組合国際技術委員会（BCOJ）編：ビールの基本技術，日本醸造協会（2002）.
13) 吉沢 淑，他編：醸造・発酵食品の事典，朝倉書店（2002）.
14) 東 和夫編：発酵と醸造II，光琳（2003）.
15) Kurzman, C. P. and Fell, J. W.: *The Yeast; a taxonomic study*, 4th ed., Elsevier（1998）.
16) Brenner, H., Rothenbacher, D., Bode, G., Marz, W., Hoffmeister, A. and Koenig, W.: *Epidemiology*, **12**, 390-395（2001）.
17) Keil, U., Chambless, L. E., Doring, A., Filipiak, B. and Stieber, J.: *Epidemiology*, **8**, 150-156（1997）.
18) Bobak, M., Skodova, Z. and Marmot, M.: *BMJ*, **320**, 1378-1379（2000）.
19) Conigrave, K. M., Hu, B. F., Camargo, C. A., Jr., Stampfer, M. J., Willett, W. C. and Rimm, E. B.: *Diabetes*, **50**, 2390-2395（2001）.
20) Tsugane, S., Fahey, M. T., Sasaki, S., Baba, S.: *Am. J. Epidemiol.*, **150**, 201-207（1999）.
21) 近藤恵二：醸協，**98**，228-240（2003）.
22) Hammond, J. R. M.: *Brewing Microbiology*, 3rd ed., (Priest, F. G., Campbell, I.), pp. 67-112, Kluwer Academic/Plenum Publishers, New York（2003）.
23) Yarrow, D.: *The Yeasts, a taxonomic study*, 3rd ed., (Kreger-van Rij, N. J. W.), pp. 379-395, Elsevier, Amsterdam（1984）.
24) Vaughan-Martini, A. and Martinii, A.: *The Yeasts, a taxonomic study*, 4th ed., (Krutzman, C. P., Fell, W.), pp. 358-371, Elsevier, Amsterdam（1998）.
25) Yamagishi, H. and Ogata, T: *System. Appl.*

Microbiol., **22**, 341-353 (1999).
26) Goffeau, A., et al.: *Science*, **274**, 546-567 (1996).
27) Kellins, M., Patterson, M., Endrizzi, M., Birren, B. and Lander, E.: *Nature*, **423**, 241-254 (2003).
28) 梅基直行, 石黒達治, 岩脇はるみ, 田中圭子, 嶋田恵美子, 水谷 悟, 小林 統：日本分子生物学会年会要旨集, 741 (2001).
29) 中尾嘉弘, 中村規尚, 伊藤武彦, 服部正平, 柴 忠義, 芦刈俊彦：日本農芸化学会大会要旨集, 158 (2003).
30) Nakazawa, N., Tsuchihara, K., Hattori, T., Akita, K., Harashima, S. and Oshima, Y.: *J. Ferment. Bioeng.*, **78**, 6-11 (1994).
31) Tuboi, M. and Takahashi, S.: *J. Ferment. Technol.*, **66**, 605-613 (1988).
32) Tamai, Y., Monma, T., Yoshimoto, H. and Kaneko, K.: *Yeast*, **14**, 923-933 (1998).
33) Jones, R. M., Russel, I. and Stewart, G. G.: *J. Am. Soc. Brew. Chem.*, **44**, 161-166 (1986).
34) Galvan, L., Perez, A., Delgado, M. and Conde, J.: *Proceeding of the 21st Congress of the European Brewery Convention*, 385-392, Madrid (1987).
35) Gjermansen, C., Nilsson-Tillgren, T., Petersen, J. G. L., Sigsgaard, P. and Holmberg, S.: *J. Basic Microbiol.*, **28**, 175-183 (1988).
36) Gjermansen, C. and Sigsgaard, P.: *Carlsberg Res. Commun.*, **46**, 1-11 (1981).
37) Tubb, R. S., Searle, B. A., Goodey, A. R. and Brown, A. J. P.: *Proceeding of the 18th Congress of the European Brewery Convention*, 487-496, Copenhagen (1981).
38) Barney, M. C., Jqansen, G. P. and Helbert, J. R.: *J. Am. Soc. Brew. Chem.*, **38**, 1-5 (1980).
39) Hinnen, A., Hick, J. B. and Fink, G. R.: *Proc. Natl. Acad. Sci. USA*, **75**, 1929-1933 (1978).
40) Jimenez, A. and Davies, J.: *Nature*, **287**, 869-871 (1980).
41) Zhu, J., Contreras, R., Gheysen, D., Ernst, J. and Fieres, W.: *Bio/Technol.*, **3**, 451-456 (1985).
42) Gritz, L. and Davies, J.: *Gene*, **25**, 179-188 (1983).
43) Hadfield, C., Cashmore, A. M. and Meacock, P. A.: *Gene*, **45**, 149-158 (1986).
44) Fogel, S. and Welch, J. W.: *Proc. Natl. Acad. Sci. USA*, **79**, 5342-5346 (1982).
45) Ito, H., Fukuda, Y., Murata, K. and Kimura, A.: *J. Bacteriol.*, **153**, 163-168 (1983).
46) Becker, D. and Guarente, L.: *Method in Enzymol.*, Vol. 194, (Guthrie, C., Fink, G. R.), pp. 182-187, Acadmic Press, New York (1991).
47) Sakai, K. and Yamamoto, M.: *Agric. Biol. Chem.*, **50** 1177-1182 (1986).
48) Ogata, T., Okumura, Y., Tadenuma, M. and Tamura, G.: *J. Gen. Appl. Microbiol.*, **39**, 285-294 (1993).
49) Sakai, K., Fukui, S., Yabuuchi, S., Aoyagi, S. and Tsumura, Y.: *J. Am. Soc. Brew. Chem.*, **47**, 87-91 (1989).
50) Mithieux, S. M. and Weiss, A. S.: *Yeast*, **11**, 311-316 (1995).
51) Sone, H., Fujii, T., Kondo, K., Shimizu, F., Tanaka, J. and Inoue, T.: *Appl., Environ., Microbiol.*, **54**, 38-42 (1988).
52) Fujii, T., Kondo, K., Shimizu, F., Sone, H., Tanaka, J. and Inoue, T.: *Appl., Environ., Microbiol.*, **56**, 997-1003 (1990).
53) Tezuka, H., Mori, T., Okumura, Y., Kitabatake, K. and Tsumura, Y.: *J. Am. Soc. Brew. Chem.*, **50**, 130-133 (1992).
54) Omura, F., Shibano, Y., Fukui, N. and Nakatani, K.: *J. Am. Soc. Brew. Chem.*, **53**, 58-62 (1995).
55) Hansen, J. and Kielland-Brandt, M. C.: *J. Biotechnology*, **50**, 75-87 (1996).
56) Hansen, J. and Kielland-Brandt, M. C.: *Nature Biotechnology*, **14**, 1587-1591 (1996).
57) Miki, B. L. A., Poon, N. H., James, A. P. and Seligy, V. L.: *J. Bacteriol.*, **150**, 878-889 (1982).
58) Watari, J., Takata, Y., Ogawa, M., Nishikawa, N., and Kamimura, M.: *Agric. Biol. Chem.*, **53**, 901-903 (1989).
59) Watari, J., Takata, Y., Ogawa, M., Sahara, H., Koshino, S., Onnela, M. L., Airaksinen, U., Jaatinen, R., Penttila, M. and Keranen, S.: *Yeast*, **10**, 211-225 (1994).
60) Bony, M., Thines-Sempoux, D., Barre, P. and Blondin, B.: *J. Bacteriol.*, **179**, 4929-4936 (1997).
61) 渡 淳二：酵母とバイオ, pp. 238-247, 医学出版センター (1994).
62) Teunissen, A. W. R. H., Holub, E., van der Hucht, J., van den Berg, J. A. and Steensma, H. Y.: *Yeast*, **9**, 423-427 (1993).
63) Watari, J., Nomura, M., Sahara, H. and Koshino, S.: *J. Inst. Brew.*, **100**, 73-77 (1994).
64) Stratford, M. and Assinder, S.: *Yeast*, **7**, 559-574 (1991).
65) Kobayashi, O., Hayashi, N., Kuroki, R. and Sone, H.: *J. Bacteriol.*, **180**, 6503-6510 (1998).
66) Sato, M., Watari, J. and Shinotsuka, K.: *J. Am. Soc. Brew. Chem.*, **59**, 130-134 (2001).
67) Sato, M., Maeba, H., Watari, J. and Takashio, M.: *J. Biosci. and Bioeng.*, **93**, 395-398 (2002).
68) 渡 淳二：清酒酵母の研究, pp. 155-158, 日本醸造協会 (2003).
69) 佐藤雅英, 渡 淳二：バイオサイエンスとインダストリー, **61**, 173-176 (2003).
70) Sato, M., Yokoi, S., Watari, J. and Takashio, M.: *Proc. Eur. Brew. Conv. Congr. Dublin*, 656-668 (2003).

1.4 醤　　　油

　醤油はわが国や東南アジア諸国で微生物の発酵を利用して作られる液体調味料である。塩を添加することにより，腐敗せず，高塩濃度でも生育する有用微生物により発酵が進む現象を利用している。原料は大豆や小麦等の穀類であり，これらを蒸煮後，麹菌と呼ばれる糸状菌を接種し，繁殖させてタンパク質や植物繊維成分の分解酵素を生産させる。これらがタンパク質やデンプン等を分解して，酵素反応産物であるアミノ酸や糖類が旨みや甘味を醤油に与えることになる。ここでは，主としてわが国で生産されている醤油について解説することにする。

　（a）歴　　史　醤油の原型であるひしお（比之保，あるいは醤）が作られたのは約2000年前の弥生時代から大和時代のことであるといわれている。その頃のひしおは米や麦を塩と混ぜて寝かせ，魚や野菜，肉を漬ける一種の調味料であったようだ。7世紀に入り，大陸から大豆が伝来し，それに伴って大豆のひしおも入ってきたと考えられる。当時のひしおは液体と固形分が混ざったもろみ状態，あるいは味噌状態であり，味噌と醤油の分化はまだ見られない。文武天皇の時代に施行された大宝律令（701年）には，宮内省の大膳職に属する醤院という部署で，大豆を原料とした各種のひしおが作られていたとの記述が見られる。現在の醤油の原形ができたのは室町時代であり，建長寺の僧であった易林が記した室町時代の日常語辞典である易林本節用集（室町時代，慶長2年（1597年））に書物上では初めて醤油の字が見られる。その後江戸時代初期にかけて，京都，湯浅（和歌山県），竜野（兵庫県），野田（千葉県），銚子（千葉県）等に醤油を生産する業者が出現した。元禄時代には庶民の食文化に醤油が定着するようになった。

　戦後になり，醤油の発酵過程や原料処理工程の研究が進み，大豆由来窒素成分の利用率が大幅に向上し，効率的な醤油生産システムができあがった。醤油は肉の調理に使用すると，とても相性がよいことが欧米でも認識され，わが国の大手醤油メーカーが生産拠点を米国やヨーロッパ（オランダ），東南アジア（シンガポール，台湾）に作って，現地で醤油を供給している。

　（b）醤油の種類　日本農林規格（JAS）では，醤油は5種類に分類される（**表1.15**）。すなわち，濃口醤油，淡口醤油，溜醤油，再仕込み醤油白醤油である。2002年度のわが国における醤油総生産数量は999 465 kl であり，そのうちJASを受験した数量は740 685 kl であった。

表1.15　5種類の醤油の特徴

種類	原料	特徴
濃口醤油	ほぼ等量の大豆と小麦	代表的な醤油。魚や肉料理にも適す。
淡口醤油	ほぼ等量の大豆と小麦	濃口醤油よりも色が薄い。塩分が高い。低い温度で火入れをする。
溜醤油	おもに大豆，少量の小麦	窒素成分が高い。色が濃い。
再仕込醤油	ほぼ等量の大豆と小麦	食塩水の代わりに生揚げ醤油を用いて仕込む。濃厚な味。
白醤油	おもに小麦，少量の大豆	淡口醤油よりも色が薄い。糖分が高い。加工用・業務用に使用される。

　濃口醤油はそのうち82.6％であり，わが国の醤油の大勢を占めている。ふつう，醤油といえば，濃口醤油のことである。果物の香りと似た香味を持っているので，生臭みの多い魚料理，肉などにもよく合う。主原料は大豆（または脱脂加工大豆）とほぼ等量の小麦，それに食塩である。

　淡口醤油は，JAS受験数量のうちで14.1％を占める。淡口醤油は濃口醤油よりも色が薄いのが特徴である。最初，兵庫県竜野地方で生産されていたが，現在では全国各地で作られている。料理の素材を生かす際やうす味の煮物，吸い物などの調理用として，京阪神方面で愛用されていた。原料も製法も濃口醤油とほぼ同じであるが，色を淡く仕上げるために塩分を多くし，発酵を抑えたり，火入れのときも濃口醤油より低い温度にするなど工夫されている。また塩味をやわらげるために，仕上げの段階で甘酒を加えるのが特徴である。

　溜醤油は愛知，三重，岐阜を中心とした地域で生産されており，全受験数量の1.8％を占める。この醤油は大豆（または脱脂加工大豆）をおもな原料とし，きわめて少量の小麦を加えて作るため，窒素成分が高く，独特の香味があり，色も濃いことが特徴である。この醤油は刺身醤油として使われたり，照り焼きや煮物に使われている。また，赤みが出るため，佃煮やせんべいなどの加工用にも使われている。

　再仕込醤油は山口県の柳井地方が本場で，甘露醤油とも呼ばれている。最近では九州から山陰地方など広く生産されており，全受験数量の0.81％を占める。製法は基本的に濃口醤油と同じであるが，濃口醤油は醤油麹に食塩水を加えて仕込むのに対して，再仕込醤

油は食塩水の代わりに火入れをしていない生揚げ醤油を使って仕込む。この製法は醤油を2度醸造する形をとるため，呼び名も再仕込醤油となった。色も成分も濃厚で，刺身や寿司などの付け醤油として使われている。

白醤油は，全受験数量の0.61％と少量である。淡口醤油よりさらに色が薄く，水あめのような色が特徴である。溜醤油とは逆に小麦がおもな原料で，少量の大豆を加えて麹を作り，食塩水を加える。これにより色が濃くなるのを抑えている。うどんのつゆや吸い物，鍋料理などに使われる。デンプン含量が高い小麦が主原料であるため，糖分が高いのも特徴の一つである。愛知県が主産地だが，千葉県などでも作られている。この醤油はほとんど加工用や業務用として使われる[1]。

JASの格付けによる醤油の等級は特級，上級，標準の3種類があり，上記の5種類の醤油について，それぞれの等級の規格が存在する。JASを受験していない醤油については，このような等級あるいは類似の言葉を表示できない。醤油と関連したものとして，めん類等用つゆと呼ばれる食品がある。これは，醤油に糖類および風味原料（かつおぶし，こんぶ，乾しいたけなど）から抽出しただしを加えたものである。あるいは上記のものにみりん，食塩，その他の調味料を加えて風味を調整したものも含まれる。これらは直接または希釈して，主としてそば，うどん等のめん類のつけつゆ，かけつゆもしくは煮込用つゆまたは天ぷらつゆとして用いる。このめん類等用つゆについてもJAS規格が制定されていた。しかし，平成15年1月30日開催の農林規格調査会において「めん類等用つゆの日本農林規格の廃止について」審議の結果，廃止が決定された。これに基づき平成15年6月9日までに詰めた製品をもってJASマークはつけられなくなった[1]。

（c）醤油の製造方式　JASの定義によれば，醤油の製造は本醸造方式によるもの，新式醸造方式によるものに分けられる。本醸造方式とは，大豆およびその他の穀類を加熱処理したものを出発原料として，微生物の力による発酵のみで熟成させたものを指す。それに対し，新式醸造方式は，本醸造方式の発酵・熟成工程の前にアミノ酸液（大豆等の植物タンパク質を酸分解したもの）または酵素処理液（植物タンパク質をタンパク質分解酵素により分解処理したもの）を添加してから，発酵・熟成させたものである。このほかに，化学方式として，上述のアミノ酸液が入る場合もあるが，JASでは醤油として認められていない。本醸造方式で製造したものが全醤油量の80％，新式醸造方式のものが17％を占めているので，わが国の醤油の大部分は本醸造方式で製造されていることになる。

（d）原料　醤油の原料は，大豆，小麦，食塩，水である。大豆は，醤油製造においてタンパク質の供給源となる。もともと大豆の種子の全部分をそのまま使っていた（これを丸大豆と呼ぶ）。ところが第二次世界大戦中に物資の不足のため，大豆油を搾った後の脱脂大豆を使用するようになった。脱脂大豆を使い始めた当初は品質のよいものができなかったが，醸造技術や機械の進歩により，現在では丸大豆を使ったものと本質的な優劣がない醤油ができるようになった。脱脂大豆の窒素含量（タンパク質やその他の窒素成分の総量を示す指標）は丸大豆の6％よりも高く，脱皮しないもので約7.6％，脱皮したもので約7.9％である。窒素含量が高いと旨み成分であるアミノ酸がより多く供給されるため，経済的である[2]。一方で，近年になり丸大豆を用いた醤油が再認識されるようになり，大手メーカーも含めて生産量が増加の傾向にある。脱脂大豆を使った醤油は香りが強く，味はきりっとしていて，色はいくぶん濃い目である。これに対して，丸大豆醤油は香り，味がまろやかで，色もいくぶん薄い。この特徴が日本料理の高級志向化に一役買っていることもあって，丸大豆醤油の消費が伸びている一因のようである。

小麦は醤油製造においてデンプン等糖質のおもな供給源となる。それとともに，醤油窒素成分の約4分の1の供給をしている。したがって，醤油製造には窒素含量の高い外国産小麦が有利とされている。用いる食塩の品質は，塩化ナトリウム含有率が高く，硫酸カルシウム・塩化マグネシウムの合計が1％以下で，鉄分の少ないものが望ましい。現在，国産並塩や輸入原塩等が使用されている。水は清酒製造のように厳密な制限がなく，水道水の基準に適合したものでよい。色を重要視する淡口醤油や白醤油では鉄分の少ない水が要求されている。

（e）醤油の製造工程　醤油の製造工程は製麹（せいきく），もろみ発酵，圧搾生成の三つに分けられる。以下，わが国の主要な醤油の製造方式である本醸造方式における製造工程について説明する。工程の流れ図を**図1.48**に示した。

（1）製麹　醤油製造では昔から「一麹（こうじ），二櫂（かい），三火入れ」といわれるように，製麹，すなわち麹作りが最も重要と考えられている。製麹は加熱処理した原料に麹菌と呼ばれる糸状菌を接種し，麹菌が増殖するにつれて生産する種々の酵素，アミラーゼ（デンプン分解酵素）等の糖質分解酵素やプロテアーゼ，ペプチダーゼ（タンパク質分解酵素）等により，原料成分が分解を受けて，後のもろみ発酵が順調に進むよ

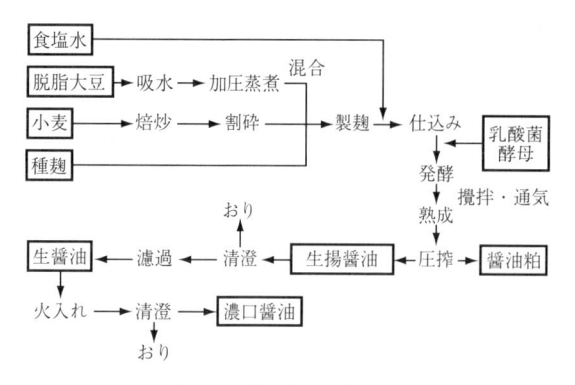

図1.48 濃口醤油の製造工程

うにする。したがって，用いる麹菌はこれらの酵素群を効率よく生産する株である必要があるし，使用する原料はこれらの酵素が十分に働くような分子構造を取るために処理されていなければならない。

まず原料である丸大豆は水に浸漬して吸水させた後，加圧蒸煮する。脱脂大豆の場合は，水を散布して吸水させた後，加圧蒸煮する。過熱により，大豆タンパク質は変性を受け，麹菌由来のタンパク質分解酵素の作用が受けやすくなる。この加熱工程は加圧により短時間に高温処理するほど，タンパク質分解酵素による分解率が高くなることが解明された。それまで窒素成分の利用率は6～7割程度であったのが，高温短時間処理により9割に達した。この理由は科学的な解明が進み，以前の処理法である115℃で1時間の蒸煮後20時間ほど蒸煮釜の中に留め置く（これを留釜という）ことによる大豆タンパク質の過度な変性が進み，分子間架橋や還元糖との結合反応により酵素の分解が受けにくくなるためであることがわかった。処理装置として近年では連続式の大型装置が用いられており，散水した脱脂大豆を160～170℃（ゲージ圧5～7 kg/cm³）の飽和水蒸気で15～16秒処理する連続膨化処理装置，散水しない脱脂大豆を270℃（ゲージ圧6 kg/cm³）の不飽和水蒸気で5～6秒間処理する連続膨化処理装置，128～132℃（ゲージ圧1.6～1.8 kg/cm³）の飽和水蒸気で3分間処理する連続蒸煮装置等がある[3]。

大豆と同じく主要な原料である小麦は，炒って割砕する。小麦の生デンプンは，アミロペクチンの一部が見せる構造をとっているため，アミラーゼで分解されにくい。加熱により，小麦に含まれるデンプンはミセル構造が破壊され，アルファ化して，アミラーゼにより分解されやすくなる。同時に小麦水分を減少させる目的もある。小麦の焙炒装置としては，高圧短時間膨化処理装置（大豆処理装置との兼用），熱風による流動焙炒装置，砂を加熱媒体として均一に炒った後で砂とふるい分けする連続流動焙炒装置などがある。焙炒の温度は160～180℃で行う。焙炒処理した小麦は冷却後，割砕機で1粒を4～5粒に割砕する。この際，30メッシュ以上の微粉末が20％ほど生じるようにし，後ほど水分の多い蒸煮大豆と混合した際にその表面を微粉末により被覆して水分を低下させ，細菌の増殖や大豆原料どうしの粘着を防ぐことで製麹を容易にする。

上記のように処理した大豆および小麦を，種麹とともに混合する。大豆原料と小麦原料の混合比は，濃口醤油の場合5：5～6：4であり，蒸煮大豆を40℃以下に冷却してから，焙炒割砕小麦と，麹原料の0.1～0.3％の種麹を混合する。ここで，種麹とは，麹菌の種（スターター）としての胞子のことで，自社で優良菌株から種麹を製造するか，あるいは市販の種麹を使用する。麹菌として，*Aspergillus oryzae*または*Aspergillus sojae*に分類される株が用いられる。種麹の原料には，小麦ふすま（小麦粒の外皮の部分）や砕米などを用い，散水・蒸煮殺菌後，保存麹菌株をフラスコ内で純粋培養したふすま麹と混合して，さらに培養を続け，胞子を多数着生させる。伝統的に麹蓋と呼ばれる杉材の箱でこの培養を行っていたが，近年では，無菌的環境で種麹が製造できる小型製麹装置も開発されている。市販種麹は，専門の種麹製造会社より入手するもので，麹菌の胞子をデンプンと混合して包装した製品である。

種麹と混合した原料は，伝統的方法では上記の麹蓋に入れて，麹室と呼ばれる部屋に積み上げて麹菌の増殖を待ち，麹を製造した。しかし，この方法では温度や湿度の管理が難しく，雑菌汚染も生じるため，多大な労力を費やしながら均一な品質の麹を製造することは困難であった。近年は，培養条件を自在に調節する機能を有した強制通風機械製麹装置が普及した。これにより，季節によらず優良な麹を製造できるようになった。この装置では，製麹室は円形で，細かい穴の空いたステンレス板の床に麹原料を20～40 cmに堆積し，その下部から温度・湿度を調節した無菌空気を強制的に通じる。製麹開始後は25～30℃，湿度がほぼ100％の空気を通じ，16～18時間経過すると麹菌が増殖してきて，その呼吸熱で品温が35℃以上に上昇する。そこで攪拌して通風をよくし，品温を低下させ25～28℃にする。やがて麹菌の胞子が着生して，42～45時間後に麹ができあがる。これを三日麹と呼ぶ。品温を低下させることにより，醤油醸造で最も重要な酵素であるタンパク質分解酵素の活性が高い優良な麹ができる。ちなみに，清酒用の製麹工程では，デ

ンプン分解酵素が最も重要な酵素であるため，その最適な生産温度である40～42℃にまで品温を上昇させる．

（2）もろみ発酵　できあがった麹はただちに約23～25％の食塩水と混合し，発酵タンクに投入する．これを仕込みと呼ぶ．食塩水と混合した麹は発酵によりどろどろの状態になるが，これをもろみと呼ぶ．「二櫂」とは仕込みのことであり，伝統的には櫂を使って樽の中のもろみを混合し，酸素供給して発酵を促した．このとき使用する食塩水の製造は，室温で食塩の下部から水を混合しながら溶解する上昇流方式が最もよく用いられる．仕込み食塩水の量は使用した大豆と小麦の原料段階での容量の1.1～1.2倍で，原料の成分が溶出してくるために，もろみの食塩濃度は最終的に17～18％（w/v）となる．仕込み初期にはもろみの温度を15～20℃に保って乳酸菌の増殖を緩慢にし，pHの低下を抑制して麹菌由来の酵素により原材料成分のタンパク質やデンプン等の分解を促す．その後，品温を徐々に上げて酵母の増殖と発酵を促し，最後に品温を下げて熟成させると，良質のもろみが得られる．発酵と熟成の期間は5～8カ月で，その間に適宜攪拌を行う．醤油もろみは開放系で発酵を管理するが，食塩濃度が高いため，耐塩性を有する微生物しか増殖することができない．伝統的には，これらの菌が空気中や水などの工場環境から混入して増殖するのに任せていたが，温度管理も自然に任せた状態であったため，乳酸菌や酵母の増殖状態や発酵過程を制御することは困難であった．最近では，優良な醤油乳酸菌（*Tetragenococcus halophilus*）や醤油酵母（*Zygosaccharomyces rouxii*）を純粋培養してもろみに添加し，発酵を促すのが通例となっている．また，もろみの仕込み容器に関しても，かつては杉材で作った桶やコンクリートタンクが使われていたが，現在は空気攪拌装置を有した鉄製の大型発酵タンクが用いられている．発酵中は，1週間に1回くらい圧縮空気で攪拌・通気し，発酵の開始時期から最盛期にかけてはその回数を多くする．その目的は醤油酵母の増殖と発酵を促すことである．発酵最盛期以降は攪拌・通気を控えめにして，醤油品質の劣化を引き起こす産膜性酵母の増殖を防止する．

（3）圧搾生成　熟成したもろみは，圧搾により液汁部と固形部に分別する．この工程では，まず，圧搾装置の中に熟成もろみをナイロン製の布で包むように充填して積み重ね，一晩もろみの自重による醤油液汁の濾過と分離を行う．これを自然垂れといい，約70％の液汁が得られる．翌日から圧力をかけて圧搾し，残りの液汁をとったあと，固形部である醤油粕をナイロン布から分離する．醤油もろみは濾過性が悪く，目詰まりしやすいが，それは原料である大豆や小麦の酵素未消化部分（細胞壁成分など）や麹菌体などの微細粒子による．これらの粒子も含めて醤油粕が除去されるわけであるが，醤油粕は醤油生産量の約1割量排出されるといわれており，その一部が家畜飼料用に回されるほかは，ほとんど産業廃棄物として処理されている．

もろみの圧搾濾過で得られた液汁を生揚醤油（きあげ）という．再仕込醤油ではこの生揚醤油を塩水の代わりに用いて醤油を仕込む．生揚醤油は清澄処理のためにタンクに入れて数日間静置し，上層の醤油油と下層に蓄積するおりを除去する．さらにセライトなどを用いて濾過し，微粒子として残っている油分や固形物を除く．この清澄処理を行った醤油を生醤油（なま）と呼び，10～15℃の貯蔵タンクに移して保管する．その後，生醤油は火入れと呼ばれる加熱処理をする．火入れの目的は三つある．第一に，生醤油中に残存する醤油発酵にかかわった微生物や，空気中から混入した微生物を殺菌する．第二に，生醤油中に存在する麹菌由来の酵素を不活性化する．第三に，生醤油にない醤油の風味と色を生成させる．通常の火入れは生醤油を80～85℃で10～30分間加熱した後，60～65℃に急冷し，清澄タンクに移して数日放置する．この過程で加熱により不活性化された麹菌の酵素タンパク質が不溶化し，火入おりとして清澄タンクの底部に沈殿する．

① 火入れに伴う含有成分の変化　主油の品質は火入れまでの工程で決定される．生醤油の火入れにより色沢が増し，醤油に特徴的な赤褐色の明るい色調が強くなる．これは加熱により醤油中のアミノ酸と糖の間でアミノカルボニル反応が起こり，メラノイジンと呼ばれる褐色色素が増加するためである．褐変反応は，ペントースのほうがヘキソースよりも起こりやすく，ペプチドがアミノ酸より起こりやすい．醤油の色は，もろみ熟成中に製品醤油の40～50％，火入れ中にその残りが生成する．この反応は酵素の関与しない加熱褐変と呼ばれる．

火入れの際には独特の香りも生じ，これを火香（ひが）という．醤油の芳醇な香りを増強する．これらは，糖から生じるジケトン類とアミノ酸が反応し，ストレッカー分解によりアミノ酸から炭素数が一つ少ないアルデヒドができるものである．また，別反応により生成するピラジン化合物と合わせて火香成分となる．フェノール類も火入れ中に増加する．

② 微生物の醤油製造への関与　醤油製造に用いられる微生物のうち，一番早い工程で使われるものが麹菌である．この菌は，*A. oryzae*あるいは*A. sojae*に

属する糸状菌である。A. oryzaeは醤油のほか，味噌，清酒製造に用いられているが，A. sojaeはほぼ醤油のみに用いられている。両者は生理代謝の違いから，麹のpHが異なる，もろみ粘度が異なるなどの生産物の品質に与える特徴に違いがある。麹菌は原料の成分であるタンパク質や糖質を分解する能力が高い菌株が醤油製造のためには望ましい。それらは製麹中に生産され，麹と食塩水が混合された，約18％の食塩濃度のもろみの中で活性を発揮する。タンパク質分解酵素としては，タンパク質を内部から分解するエンド型分解酵素（アルカリプロテイナーゼなど）と外側の端から分解するエキソ型分解酵素（酸性カルボキシペプチダーゼなど）の存在がそれぞれ数種確認されている。これらの働きにより，タンパク質からアミノ酸が生成し，うま味の主要成分となる。アミノ酸のなかで特にうま味の強いグルタミン酸は，上記のようにタンパク質の分解により直接生成するほか，グルタミンからグルタミナーゼの作用により脱アミド化されることによっても生成する。糖質分解酵素としては，デンプン分解酵素でありエンド型分解酵素のα-アミラーゼやエキソ型酵素のグルコアミラーゼのほか，材料の大豆や小麦の細胞壁構成成分であるセルロースやペクチン，ヘミセルロース（キシラン，ガラクタンなど）を分解するセルラーゼ，ペクチナーゼ，ペクチンリアーゼ，キシラナーゼなどが確認されており，これらのうちいくつかはタンパク質や遺伝子が解明されている。デンプンの分解によって生成したグルコースは，醤油の重要なうま味成分であり，同時にもろみ発酵において醤油乳酸菌や醤油酵母の増殖に必要な成分である。グルコースの供給が不十分だと，これらの増殖・発酵活動が十分に行われず，最終的に醤油の品質が低下することになるので，麹菌の酵素生産性の高さが醤油製造のなかできわめて重要度が高いことがわかる。この酵素生産性を高めるために，胞子の紫外線処理などによる各種の酵素高生産変異株が取得されている。

近年，植物由来のフラボノイド類は，抗酸化性などのさまざまな生物活性を示すことで注目されている。醤油中には，大豆由来のイソフラボンのほか，イソフラボンの酒石酸誘導体であるショーユフラボンが見出され，麹菌の生産する酵素によりイソフラボンとトランスエポキシ酒石酸がエーテル結合して生成することがわかった[4]。ショーユフラボンはイソフラボンよりもヒスタミン合成に関与するヒスチジン脱炭酸酵素の阻害活性が高い[5]。ヒスタミンの蓄積は種々のアレルギー反応につながるため，これを抑制するフラボノイド誘導体の解明は，われわれの健康増進に寄与すると考えられる。

麹と食塩水を混合して仕込んだもろみにおいては，食塩濃度が高いために麹菌や耐塩性のない微生物は生育できずに死滅する。耐塩性あるいは好塩性を有する微生物がそれに代わって生育してくる。もろみ中に最初に生育する細菌は，好塩性乳酸菌である T. halophilus である。醤油乳酸菌は，上記の酵素反応により生成したグルコースを乳酸に変換し，大豆由来のクエン酸を主として酢酸に変換する。その結果，もろみのpHが低下する。醤油乳酸菌は同じ T. halophilus に属する菌株でも，糖の発酵性により異なる多くの菌株が存在する。また，菌株により原料中のクエン酸やリンゴ酸を代謝する株としない株があり，それはもろみのpH低下速度やもろみ最終pHに影響する。

もろみのpHが乳酸菌の増殖につれて低下し，pH5.3程度になると醤油酵母 Z. rouxii が生育してくる。この酵母はもろみの主発酵に関与し，醤油の風味に重要な影響を及ぼす発酵を行う。まず，この酵母は，グルコースを発酵して，アルコール（エタノール）と少量のグリセロールを生成する。生成するアルコール濃度はもろみ中で2～3％ほどになる。アルコールは雑菌である白カビ（産膜酵母とも呼ばれる。本体は産膜性の Z. rouxii var. halomembranis）の増殖も抑制する。また，醤油酵母は，醤油の香気の主成分である4-hydroxy-2(5)-ethyl-5(2)-methyl-3(2H)-furanone（HEMF）を生成する。この出発物質は大豆や小麦から麹菌酵素により生成されたD-キシルロース-5-リン酸である。濃口醤油の場合，HEMFの香気に与える寄与率は75％ときわめて高い[6]。最近，HEMFが強力な抗がん作用を示すことがマウスを用いた動物実験により示された。その投与量は体重1 kg当り4 mgを毎日摂取することで効果が見られた[7]。また，これを機に，HEMFの生成量が高くなる発酵条件が検討された[8], [9]。

醤油酵母以外に，もろみ中には耐塩性の酵母 Candida versatilis や Candida etchellsii がおり，これらは後熟酵母と呼ばれる。これらの酵母はアルコール発酵やHEMF発酵も行うが，4-エチルグアヤコールや4-エチルフェノールを生産する特徴がある。4-エチルグアヤコールも醤油の香気成分として重要であり，これを1 ppm含んだ醤油は香気的に優位であるといわれる。以上のような香気成分とその他30種類以上の微量成分によって，醤油独特の香気が形成される。

以上述べてきたように，醤油は長い歴史と伝統がある発酵食品であるが，科学的な視点から製造法に改良が加えられ，大規模工業生産が行われている。1930

(昭和5) 年には全国の醤油出荷量が683千klであったのが，ピークの1973 (昭和48) 年には1294千klになった。平成14 (2002) 年の出荷量は999千klで，近年は横ばいから下降気味の推移をたどっている。それに対して，醤油の輸出量は1930 (昭和5) 年が3.8千klであったのが，1939 (昭和14) 年には14.0千klになり，第二次世界大戦後の低調期を経て近年は増加傾向にあり，平成14 (2002) 年には12.3千klとなっている。これも醤油の持つ複雑多様な呈味成分と香気成分が海外でも十分認識され，テリヤキソースなどの名称で受け入れられたことが大きい。醤油の風味が肉と相性がいいことが要因であろう。戦後の洋食ブームに押された感が強い日本食は，健康食で低カロリーであることから近年見直され，海外でも外食における人気メニューの一つになっている。これからも醤油は日本食に欠かせないものとして，また海外における調味料として，消費が伸びると予測されている。　　(楠本)

引用・参考文献

1) 日本醤油協会ホームページ：http://www/soysauce.or.jp/ (2004年12月現在)
2) 野白喜久雄，他編：醸造の事典，pp. 398-440 (1988).
3) 福島男兒：日本醤油研究所雑誌，**24**，83-94 (1998).
4) Kinoshita, et al.: *J. Agric. Food Chem.*, **48**, 2149-2154 (2000).
5) Kinoshita, et al.: *Biosci. Biotechnol. Biochem.*, **62**, 1488-1491 (1998).
6) 布村伸武，他：日本醤油研究所雑誌，**24**，209-223 (1998).
7) Nagahara, et al.: *Cancer Res.*, **52**, 1754-1756 (1992).
8) 林田安生，他：日本醤油研究所雑誌，**26**，123-127 (2000).
9) 桝沼淳夫，他：日本醤油研究所雑誌，**27**，233-239 (2001).

1.5　味　　　噌

　味噌は，わが国の代表的な伝統的発酵食品の一つであり，大豆，米，麦を原料として用い，食塩存在下で，麹菌の酵素を利用して原料のタンパク質を分解し，発酵，熟成を行うことによって高い香味を生成させたものである。味噌品質表示基準によれば，「大豆もしくは大豆および米，麦などの穀類を蒸煮したものに，米，麦などの穀類を蒸煮して麹菌を培養したものを加えたもの，または大豆を蒸煮して麹菌を培養したもの，もしくはこれに米，麦などの穀類を蒸煮したものを加えたものに食塩を混合し，これを発酵させ，および熟成させた半固体状のものをいう」と規定されている[1]。

　味噌の起源は古代中国の「醤」であるといわれており，これは獣肉や魚肉の挽きつぶしたものを塩とまぜて漬け込み，長期間熟成させたもので醤油と同じように使われていたようである。その後，穀物を発酵させた「豉」が作られるようになった。日本では奈良時代の大宝律令に醤の記述があるため，このころには大陸から伝来していたとされる。また，味噌に関する記録は，正倉院文書に醤になる前の段階と考えられる「未醤」の記述があるが，中国にはこの記録が見られない。平安時代の延喜式には「味噌」の記述がなされており，この頃には日本独特の発酵食品として食されていたと考えられる。鎌倉時代以降には，兵糧や非常用食料として生産され，現在のような形に発展してきた[2]。現在では，全国各地で地域的に特徴のある品質の味噌が生産されている (**表1.16**)。味噌はその品質に特徴がありかつ多様であるため，日本農林規格 (JAS) においても統一的な規格は定められていない。

　(a) 味噌の微生物　味噌は，麹菌の酵素を利用して原料大豆のタンパク質を食塩存在下で加水分解し，アミノ酸，ペプチドの呈味成分を生成した半固体状の発酵食品であるが，長期にわたる発酵熟成期間中に多くの種類の微生物が働いている。図1.49に示したように，味噌に関連する微生物は主として麹菌，耐塩性酵母，耐塩性乳酸菌である。麹菌は原料成分であるタンパク質，糖質，脂質の分解酵素であるプロテアーゼ，アミラーゼ，リパーゼなどの酵素源として，耐塩性酵母は高級アルコール，脂肪酸エステル，有機酸など香気成分の生成，耐塩性乳酸菌は乳酸や有機酸生成による味質の向上に関連してそれぞれ重要な役割を果たしている。

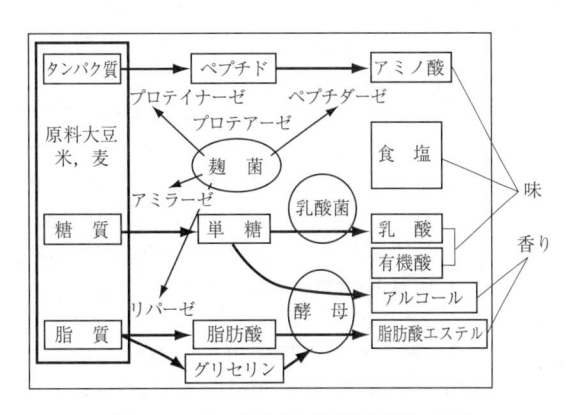

図1.49　米，麦味噌の発酵熟成過程の概要

表 1.16 味噌の分類

種類	味・色による分類		麹歩合*範囲 (一般例)	塩分〔%〕範囲 (一般例)	おもな産地
米味噌	甘味噌	白	15～30 (20)	5～7 (5.5)	近畿各府県, 岡山, 広島, 山口, 香川
		赤	12～20 (15)	5～7 (5.5)	東京
	甘口味噌	淡色	8～45 (12)	7～12 (7.0)	静岡, 九州地方
		赤	10～15 (14)	11～13 (12.0)	徳島, その他
	辛口味噌	淡色	5～10 (6)	11～13 (12.2)	関東甲信越, 北陸など
		赤	5～10 (6)	11～13 (12.5)	関東甲信越, 東北, 北海道など
麦味噌	甘口味噌		15～25 (17)	9～11 (10.5)	九州, 四国, 中国地方
	辛口味噌		8～15 (10)	11～13 (12.0)	九州, 四国, 中国地方, 関東地方
豆味噌	–		(全量)	10～12 (11.0)	中京 (愛知, 岐阜, 三重)

*麹歩合：(米(麦)重量/大豆重量)×10
〔全国味噌技術会編, みそ技術ハンドブックより〕

(1) 麹 菌 種麹として用いられている麹菌は, ほとんどのものが *Aspergillus oryzae* である。現在では種麹メーカーによって, 数多くの種麹品種がそろえられており, 目的とする味噌の品質に適した品種を選択することができる。経験的に分生子柄がやや長いもの (中長毛種) はプロテアーゼよりもアミラーゼ活性が高く, 分生子柄が短い短毛種は逆にプロテアーゼ活性が高いとされている。一般的に味噌に用いられる麹菌は, 蒸し米によく生育し生育速度が高いもの, プロテアーゼ活性が高く短毛種であるものが選択される。

(2) 酵 母 味噌発酵工程で生育する酵母は主として *Zygosaccharomyces rouxii* である。*Z. rouxii* は, 食塩濃度18%においても生育可能な耐塩性酵母であり, アルコールやエステルを生成し, 味噌の香気成分を生成する重要な役割を果たしている。古くは, 味噌醸造所特有の酵母が自然に仕込み味噌中に繁殖していたが, 近年ではほとんどの味噌醸造で培養酵母を添加することが行われている。実際には, 味噌仕込み量1g当り10^5程度となるように添加する。

近年, 味噌用酵母の実用化品種の開発がさかんになっており, 高級アルコール, 脂肪酸エステルなどの香気成分の生産性の高い品種が選抜育種され, 実用に供されている[3]。また, 醤油の芳香成分であるHEMF (4-hydroxy-2(5)-ethyl-5(2)-methyl-3(2H)-furanone) が耐塩性酵母によって生成されることも明らかになっている[4]。

(3) 乳酸菌 味噌発酵工程では, 主として *Tetragenococcus halophilus* が耐塩性乳酸菌として生育している。この菌は食塩濃度20%以上の条件でも生育することができる。耐塩性乳酸菌は発酵熟成過程で乳酸を生産し, 乳酸による食塩の塩辛みをマスクしやわらげる効果 (塩なれ) によって, 味噌の味をまろやかにすることが知られている。現在行われている乳酸菌添加では, *T. halophilus* の培養菌体を味噌仕込み量1g当り10^6程度の割合で添加する。

(b) 味噌の種類と製造工程 表1.6に示したように, 味噌は, 地域によって多様な品質の製品がある[4]。味噌の主原料は大豆であるが, 麹の原料によって米味噌, 麦味噌, 豆味噌に大きく分けられる。米味噌, 麦味噌は, 蒸煮した大豆に米麹 (蒸し米に麹菌を繁殖させたもの), あるいは麦麹 (蒸煮した大麦に麹菌を繁殖させたもの) を加え, さらに食塩を混合して仕込み, 一定期間発酵熟成させて製造する。製造工程は, 原料処理, 製麹, 混合仕込み, 発酵熟成の各工程に分けられる。発酵熟成工程では, 麹菌の酵素が原料大豆のタンパク質, 穀類のデンプンを分解し, アミノ酸, ペプチド, 単糖などを生成する。さらに, 耐塩性酵母, 耐塩性乳酸菌の作用によって, 有機酸, 高級アルコール, 脂肪酸エステル, 乳酸などの香気, 呈味成分が生成される。豆味噌は大豆に直接麹を作製し, その全量を食塩とともに仕込み, 長期間熟成させるものである。

図1.50に示すように, 米味噌, 麦味噌は米あるいは麦を麹として用い製造工程はほとんど同一である。また, 豆味噌は図1.51に示すように, 原料大豆全量を直接麹とするため, 前二者とは製造工程が異なるものである。味噌醸造については, これまでに多くの詳細な技術書[5]〜[8]がまとめられている。味噌醸造の実際については, これらの成書を参照されたい。

1.5 味噌

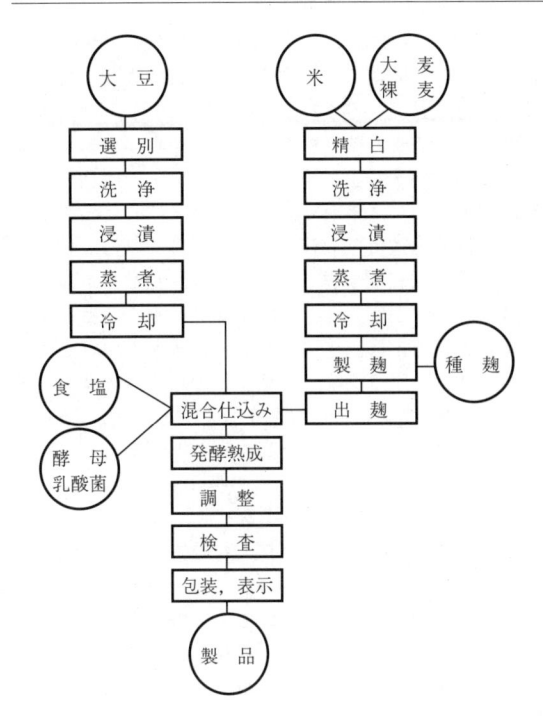

図1.50 米味噌・麦味噌の製造工程の概要

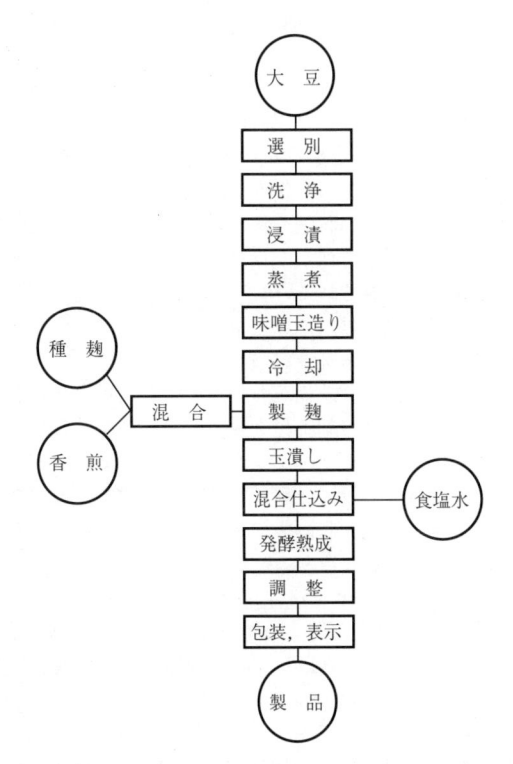

図1.51 豆味噌の製造工程の概要

（1）原　料　味噌の主原料である大豆は，タンパク質35％前後の含量であり，グリシニンが主体である。構成アミノ酸はグルタミン酸，アスパラギン酸が多くメチオニン，シスチンが少ないことが特徴である。脂質は20％前後であり，リノール酸を主体とする不飽和脂肪酸のグリセリドからなる。糖質はスタキオース，ラフィノース，シュクロース等の水溶性糖類が約30％を占め，残りはアラビノガラクタン，ペクチン，セルロースからなる細胞壁多糖である。糖質の構成糖である，アラビノースやキシロースなどのペントースは，味噌の熟成中での着色に関連している[9]。

味噌用大豆の品質条件は，大粒種であること，種皮が薄く目が淡色であること，蒸煮が短時間でできること，吸水率が高いこと，糖質含量が高いことなどが挙げられる。

麹の原料となる米は，甘味噌，甘口味噌などの麹歩合の高い味噌において，その品質が味噌製品に与える影響が大きい。米は，品種としては短粒種であるジャポニカ種と長粒種であるインディカ種に大きく分けられる。また，胚乳に含まれるデンプンの種類によって，うるち米，もち米に分けられ，うるち米はデンプンのうち約20％前後がアミロースであり，もち米ではデンプンはほとんどがアミロペクチンであり，アミロースは含まれていない。また，タンパク質は玄米で7〜8％前後の含量である。味噌醸造には，精白歩留まりで90〜92％の精白米を使用する。国内産のうるち米が用いられる。

麦麹の原料には大麦が用いられる。大麦には，籾殻に相当する穎が子実に付着している皮大麦，穎が子実から容易に剥離する裸大麦があり，いずれも麦麹原料として用いられる。皮大麦は東日本において多く，裸大麦は西日本で多く栽培されているが，国内産大麦は生産量が少なく，味噌用途のものはほとんどが輸入に依存している。

麦の成分は，米に比較してタンパク質が多く糖質の割合が少ない。タンパク質はプロラミン，グルテリンであり，糖質はデンプンが主体であるが，キシラン，アラビナンなどのペントーザンも8〜10％含まれ，味噌の着色の要因となっている。また，種々のフェノール性物質（フェルラ酸，バニリン酸など）が含まれており，麦味噌特有の香気のもととなっている。麦味噌醸造には，皮大麦で60〜70％，裸大麦で75〜85％の精白歩留まりのものが通常用いられるが，淡色系麦味噌にはさらに精白度の高いものを用いる[10]。

（2）製　麹

① 米，麦麹　米，麦味噌の製麹工程は，原料

穀物の選別，洗浄，浸漬，水切り，蒸し，冷却，種付け，引込み，培養，出麹の順で行われる。製品への異物混入を避けるため，原料の選別，異物除去，洗浄は注意深く行われる。浸漬，水切りによる原料への吸水後，蒸し米機により蒸しを行い，適温に冷却した蒸し米に種麹を種付けし，引込み，麹菌の培養を行う（図1.50）。

種麹は，麹菌 A. oryzae の成熟分生子（胞子）を乾燥したもので，種麹メーカーから味噌醸造用の種麹製品が市販されている。実用的には麹菌の分生子柄の長さによって，長毛種，中毛種，短毛種に大別され，味噌醸造用のものは，中毛種，短毛種である。一般的傾向として，中，短毛種はプロテアーゼ活性が高く，長毛種はアミラーゼ活性が高いものが多い。

製麹は，種麹粉末を蒸し米に散布接種することから開始される。35℃前後の温度にて製麹装置に引込みを行うと，麹菌の胞子は水分を吸収して発芽し，種付け後8～10時間後から発熱し始める。18時間後頃から発熱がさかんになり温度が40℃を超えるようになるため，適当な間隔で攪拌（切返し，手入れ）を行い品温を下げる。品温経過は製麹前半35～38℃，後半35℃以下となるように温度管理を行う。製麹中の温度経過を30℃以下の低温にするとプロテアーゼ活性が高くなり，35～40℃程度の高温にするとアミラーゼ活性が高まる。このような温度経過によって酵素生産量が変化する要因はよくわかっていない。製麹には伝統的な木製麹蓋も一部では用いられているが，温湿度を調整した通風式の機械製麹装置が一般的になっている。

麹は，麹菌菌糸が蒸し米，蒸麦の内部に深く食い込んだいわゆる破精込みのよいものが望ましい。破精込みのよいものは酵素活性が高く，雑菌汚染も少ないため良質の麹の指標とされているが，完成した出麹を放置すると呼吸による発熱により品質劣化が起こる。これを防ぐため，食塩を混合し発熱を停止させる塩切りが行われるが，塩切りによって酵素活性低下などが起こるため，機械製麹が完備した現在では，出麹の低温保存や出麹後ただちに仕込みを行うことが一般的である。

② 豆　麹　一方，豆味噌麹では，味噌玉を作製することが特徴である（図1.51）。味噌玉は，蒸煮大豆を60℃程度まで冷却し，味噌玉造り機を用いて挽きつぶすとともに径10～60 mm程度の玉状にしたものである。これに種麹を接種すると，麹菌は味噌玉の表面近くで繁殖するが中心部までは破精込みしない。味噌玉中心部は嫌気的条件のため，乳酸菌が繁殖しpHを低下させ雑菌の繁殖を抑制する。

30℃程度まで冷却した味噌玉に種麹を混合した香煎を散布し麹菌を接種する。香煎とは大麦，裸麦を炒って粉にしたものであり，種麹の麹菌胞子の分散剤，味噌玉の過剰水分の吸収剤，微生物生育のための炭素源などの役割を示す。種麹にはプロテアーゼ活性が高く，中毛ないしは短毛である麹菌菌株が用いられる。

製麹は通風式機械製麹機を用いて行われる。麹の品温は製麹工程初期には27～28℃の低温とし，最高温度は35～37℃とする。これは低温にすることにより枯草菌の繁殖を抑制するとともに乳酸菌の生育を促進し麹を酸性にするためである。この結果，麹菌を優勢に生育させ，さらに最高温度を低くすることによって，麹菌のプロテアーゼ生産を高めることができる。完成した味噌麹は，ローラー式の押圧機で押しつぶし，種水が浸透しやすいようにする。

③ 原料大豆処理　原料大豆の処理は，選別，洗浄，浸漬，蒸煮，冷却の工程からなる。原料の段階で混入した異物を後の工程で除去するのは不可能であるので選別，洗浄は注意深く行われる。選別には，ふるい分け，風選，ロール選別を組み合わせた選別装置が用いられている。浸漬は，大豆重量の3倍以上の水に16時間程度浸漬し，吸水させるとともに，着色の原因となる大豆色素，水溶性糖類を溶出させる。

浸漬大豆は十分に水切りを行った後に，蒸煮を行う。大豆蒸煮を行うことによって，大豆組織の軟化，タンパク質の変性，生理活性物質の失活，大豆臭の除去，糖類の可溶化，殺菌が同時に行われる。蒸煮には，加圧高圧蒸気による蒸し法（蒸熱法）と直接煮る方法（煮熱法）がある。味噌の種類により適した蒸煮方法がとられるが，白味噌や淡色系味噌では，着色物質を除くために煮る方法がとられる。近年，大規模な連続蒸煮装置が開発されている。

蒸煮後の大豆は，通風式冷却装置などによって適温まですみやかに冷却される。蒸煮大豆はそのまま放置すると高温により着色が進むため，高品質の製品を製造するためには冷却工程も重要である。冷却された蒸煮大豆はチョッパーによって挽きつぶされる。

④ 混合仕込み　麹，蒸煮大豆，食塩，種水を所定量計量して混合し，樽，タンクなどの発酵熟成容器に詰める作業が仕込み工程である。

原料大豆の重量（S）に対する麹原料である米，麦の重量（R）の比率をとって麹歩合（$R/S \times 10$）として表される。麹歩合は，味噌の種類によって異なるが甘味噌，甘口味噌では高い値（10～30）に，辛口味噌では比較的低い値（5～10）に設定される。食塩は，製品重量に対して，辛口味噌10～13％，甘味噌5～7％，甘口味噌7～12％の濃度である。水分量を調整

する目的で種水を添加し，これらの混合比率で混合機で十分に混合し，ステンレスタンク，強化プラスチック（FRP）タンクなどの発酵容器に詰め込む作業を行う。

・微生物添加　現在，多くの味噌醸造工程では，酵母あるいは乳酸菌を仕込みの種水に添加して仕込むことが行われている。耐塩性酵母 Z. rouxii の培養を仕込み味噌1g当り10^5程度となるように種水に添加する。また，乳酸菌は乳酸を生成して味噌のpHを下げることによって雑菌の生育をするとともに，塩なれにより味質を向上させる働きを示す。耐塩性乳酸菌 T. halophilus の培養を仕込み味噌1g当り10^6程度となるように種水に添加する。

⑤　発酵熟成　混合仕込み後，原料大豆のタンパク質，脂質，麹原料である米，麦のデンプンなどは麹菌の酵素によって分解され，酵母，乳酸菌の発酵作用によって香気成分，呈味成分の生成が行われ，発酵熟成工程となる。

・酵素作用　原料大豆のタンパク質は麹菌のプロテアーゼ群の作用によって，低分子ペプチドとアミノ酸に加水分解される。生成したアミノ酸のうち，最も強いうま味を示すのは，グルタミン酸である。また，麹菌のグルタミナーゼは，タンパク質から遊離したグルタミンの一部をグルタミン酸に変換し味噌のうま味を高める。グルタミンは，非酵素的に無味のピログルタミン酸に変化する。生成したアミノ酸は，味噌熟成中にアミノカルボニル反応によって褐変物質となり味噌の着色に関与する。

糖質の大部分を占める米，麦のデンプンは，麹菌のアミラーゼ（α-アミラーゼおよびグルコアミラーゼ）によってグルコースにまで分解される。グルコースは味噌のうま味に関与するとともに，炭素源として酵母や乳酸菌の繁殖を促進し，有機酸や，乳酸の生成に利用される。大豆，大麦由来のキシラン，アラビノガラクタン，アラビナンなどの多糖は麹菌のヘミセルラーゼによってキシロース，アラビノース，ガラクトースなどの単糖やオリゴ糖に加水分解される。これらのペントースはアミノ酸とアミノカルボニル反応により褐変物質を生成し，これらの量は着色に深く関与している。

大豆脂質はリパーゼの作用によって，遊離脂肪酸とグリセロールに加水分解される。生成した脂肪酸は，リパーゼの逆反応によって酵母が生成したアルコールとエステル化し脂肪酸エチルを生成する。これらのエステル類は味噌の香気の主成分である。また，大豆脂質から生成する脂肪酸エステル，不飽和脂肪酸は，味噌の呈味成分であるばかりでなく，栄養価，機能性にも関与している。

・発酵作用　味噌の発酵熟成中には乳酸菌，酵母がさかんに作用している。添加された乳酸菌は，25～30℃の温度で熟成期間の初めから発酵し，グルコースから乳酸を生成して味噌のpHを下げるとともに，塩なれによって塩辛みを，味噌の色を淡色化し冴えのある色調にする効果を示す。また，添加された酵母はグルコースを発酵して，エタノール，グリセリンなどのアルコール類を生成し，エタノールは有機酸や脂肪酸とエステル化して，香気成分として味噌の品質に大きく関与する。酵母は味噌の香気成分であるイソアミルアルコールやイソブチルアルコールなどの高級アルコールを生成する。醤油の芳香物質の一つであるHEMF（4-hydroxy-2(5)-ethyl-5(2)-methyl-3(2H)-furanone）は，味噌にも存在することが明らかにされ[11]，熟成期間中において耐塩性酵母によって生成されることが解明された[4]。

・温度管理　味噌の発酵熟成は，自然の温度条件下で行う天然醸造と人工的に温度調整を行う加温醸造が行われる。天然醸造は低温で長期間発酵熟成を行わせる醸造方法であるが，寒冷地などでは酵素作用や微生物の生育が十分に行われないことがあり，品質の高い製品を製造するには熟練を要する。最近はほとんどが温度調節可能な工場での加温醸造が行われている。加温を行うことによって，酵素作用を進めるほか発酵微生物の成育を助け，品質の高い製品を短期間で生産することができる。甘味噌や白味噌などの発酵をしない味噌醸造では，酵素反応のみを促進させるため高温に加温し短期間で熟成させるが，辛口味噌や赤色系味噌などの発酵型味噌の醸造では，添加した微生物の生育適温である30℃程度の加温醸造が行われる。

・豆味噌の熟成　豆味噌は，微生物の生育が微弱であるため，発酵型の味噌ではなく，タンパク質の酵素分解を重点とする酵素分解型の味噌であるといえる。そこで，プロテアーゼ作用に適した条件で熟成を行い，うま味，味の調和，色調，光沢などの豆味噌の独特の品質に作り上げる。

豆味噌の熟成は天然醸造では，6カ月から1年間の長期間をかける。特に八丁味噌では2年間もの期間をかけて熟成を行う。豆味噌では熟成期間が長いために十分な塩なれと独特の濃厚な風味をもち，品質の変化が少ない。

（c）　味噌の食品機能性と展望　味噌の成分は，大部分が大豆タンパク質の酵素分解物である。麹菌酵素によって，タンパク質のおよそ60％が可溶化し，約25％がアミノ酸まで加水分解されているため，味噌を食事として摂取したときのタンパク質成分の消化

吸収はきわめてよい。また，大豆脂質にはリノール酸をはじめとする不飽和脂肪酸が多く含まれているため血中コレステロールの増加を防止するなど栄養面からの機能性が知られている。

最近の研究では，味噌が体調を調節し，健康によい機能を持つことが明らかになり，注目を集めている。これらの生理機能として，抗腫瘍性[12]，抗変異原性[13]，放射性障害防止[14]，胃潰瘍防止[15]，抗酸化性[16]，抗菌作用[17]の効果などが知られている。また，血圧上昇抑制，抗酸化活性などの生理機能を有するGABA（γ-amino butylic acid）が A. oryzae や紅麹菌（Monascus 属）の酵素作用よって生成することがわかっている[18],[19]。これらの生理機能性を利用した機能性を持つ味噌製品の開発が期待されている。

味噌は，全国各地において米味噌，麦味噌，豆味噌など特徴のある多様な製品が醸造されている。発酵熟成工程のなかでは酵素，微生物によって，あるいは非酵素的過程で原料成分が種々の物質に変換される。現在発酵熟成過程の研究が進められているがその全貌が解明されたわけではない。今後の研究により，味噌の新たな機能が明らかになることが期待される。（柏木）

引用・参考文献

1) みそ品質表示基準：農林水産省告示第1664号（平成12年12月19日）．
2) みそ健康づくり委員会編：みそ文化誌，pp. 19-39, 全国味噌工業協同組合連合会・中央味噌研究所（2001）．
3) 渡辺隆幸：醸協，**93**, 22-27（1998）．
4) Sugawara, E. and Sakurai, Y.: *Biosci. Biotechnol. Biochem.*, **63**, 749-752（1999）．
5) 中野政弘編著：味噌の醸造技術，日本醸造協会（1982）．
6) 全国味噌技術会編：みそ技術ハンドブック，全国味噌技術会（1995）．
7) 今井誠一，松本伊左尾編著：味噌技術読本，新潟味噌技術会（1990）．
8) 東　和男編著：発酵と醸造I，光琳（2002）．
9) 山内文男，大久保一良編：大豆の科学（シリーズ食品の科学），pp. 31-40, 朝倉書店（1992）．
10) 東　和男編著：発酵と醸造I，pp. 16-24, 光琳（2002）．
11) 菅原悦子：日食工誌，**38**, 491-493（1991）．
12) Watanabe, H., et al.: *Oncol. Rep.*, **6**, 1-5（1999）．
13) Kiyosawa, I., et al.: *Food Sci. Technol.*, **2**, 181-182（1996）．
14) 渡辺敦光，高橋忠照，石本達郎，伊藤明弘：味噌の科学と技術，**39**, 29-32（1991）．
15) Ohara, M., et al.: *Oncol. Rep.*, **9**, 613-616（2002）．
16) Chuyen, N. V., et al.: *Adv. Exp. Med. Biol.*, **434**, 201-212（1998）．
17) Kato, T., et al.: *Biosci. Biotechnol. Biochem*, **65**, 330-337（2001）．
18) 宮間浩一，阿久津智美，渡邉恒夫，岡本竹己：味噌の科学と技術，**46**, 168（1998）．
19) Kono, I. and Himeno, K.: *Biosci. Biotechnol. Biochem.*, **64**, 617-619（2000）．

1.6 食　酢

(a) 食酢とは　食酢は酸味を受け持つ調味料で，甘味の砂糖，鹹味の食塩と並ぶ基本調味料の一つである。しかし，砂糖や食塩と異なり，主成分である酢酸を単独で用いることはほとんどない。もっぱら，香りを含んだ発酵調味料として利用されてる。そういう意味では，食酢はむしろ味噌や醤油と並ぶ調味料といえる。

食酢との関連で記述しておくべきものに，天然果汁がある。JAS法（日本農林規格）の規定によると，食酢の主成分は酢酸である。したがって，主成分がクエン酸等である天然果汁は食酢とは呼ばれない。しかし，天然果汁には酸味料として利用されることがある。そこで，酸味料として利用される天然果汁を天然果汁酢と呼ぶ。食酢と天然果汁酢をあわせた概念としてはお酢になる。一般にはお酢と食酢は区別されないが，天然果汁酢の存在を意識する場合は，区別するのが妥当である。酢の種類を**図1.52**にまとめた。

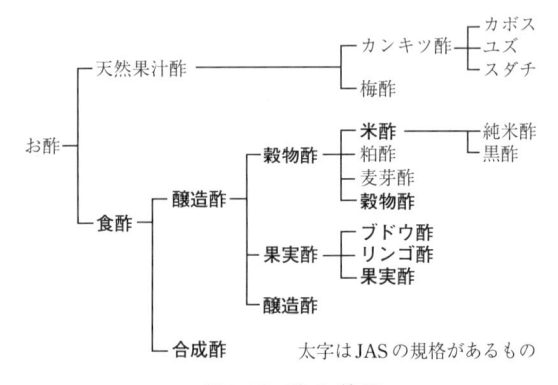

```
                              ┌─ カボス
              ┌─ カンキツ酢 ─┼─ ユズ
   ┌天然果汁酢┤               └─ スダチ
   │          └─ 梅酢
   │                          ┌─ 純米酢
   │          ┌─ **米酢** ───┴─ 黒酢
   │          │  粕酢
お酢┤  ┌醸造酢┤  麦芽酢
   │  │       │  **穀物酢**
   │食酢      │
   │  │       │  ┌─ **ブドウ酢**
   │  │       │  │  **リンゴ酢**
   │  │果実酢 │  │  **果実酢**
   │  │       └─ **醸造酢**
   │  └合成酢      太字はJASの規格があるもの
```

図1.52 酢の種類

食酢は後述するので，ここでは天然果汁酢について述べる。諸外国を見ると，天然果汁酢はもっぱらカンキツ酢である。しかし，日本の場合は梅酢が多かった。「いい塩梅だ」という言葉に表れている。日本でもカンキツ酢が存在しており，"カボス"や"ユズ""スダチ"が利用されている。梅酢もカンキツ酢も，酸味の

主成分はクエン酸である。天然果汁の酸味は，リンゴ酸（リンゴと日本ナシ）とか酒石酸（ブドウ）が主成分の例もある。しかし，これらの果汁が酸味料として利用されたことはない。人々が酢酸・クエン酸の酸味を好むためであろう。

微生物を利用した酢酸生産が普及すると，天然果汁酢の利用は減退した。これが，梅酢やカンキツ果酢が食酢と呼ばれなくなった背景にある。しかし，まったくなくなったわけではない。ポン酢の原材料として，料理の隠し味として広く利用されている。

なお，クエン酸は微生物を利用して生産されている。おもにデンプン粕を原料に黒麹菌（*Aspergillus niger*）を用いて固体培養している。発酵液をそのまま酸味料として利用することはなく，クエン酸が精製される。固体培養で製造している数少ない発酵生産物である。最近まで九州の南部でかなりの量が生産されていたが，現在では生産拠点が東南アジアに移動している。おもな用途はドリンク剤の酸味である。

（b）**食酢の種類** JAS法による食酢の分類と規格値を**表1.17**に示した。食酢は，まず醸造酢と合成酢に大別される。合成酢と呼ばれているが，合成した酢酸だけを原料とした酢は食用とならない。最低60％（業務用40％）以上は醸造酢を含んでいなくてはならない。合成酢には各種調味料，香料を添加して風味の向上が図られているが，醸造酢と比肩できる品質にまで至っていない。

醸造酢はさらに，穀物酢，果実酢，醸造酢に分類される。穀物酢や果実酢と呼べるのは，原料として穀物・果実を一定量以上使用している場合である。原料としてエタノールの使用量が多いものは，そのまま醸造酢と呼ばれる。これはしばしば高酸度醸造酢と呼ばれる。穀物酢は図1.52のようにさらに，米酢，粕酢，麦芽酢，穀物酢等に分類できるが，このうちJAS法の規定があるのは，表1.17に示した米酢と穀物酢だけである。米酢と呼べるのは，原料として米の使用量が1 l中40 g以上の場合であって，これ以外は，単に穀物酢と呼ぶ。純米酢や黒酢と呼ばれる商品も市場に出回っているが，これらは特徴ある米酢に対する呼称である。

一方，果実酢も原料を基準に，ブドウ酢，リンゴ酢があり，原料基準を満たさない場合は，果実酢のままで呼ばれる。

別視点での分類に，和酢と洋酢がある。和酢には米酢や粕酢が該当し，洋酢にはリンゴ酢，ブドウ酢，麦芽酢が該当する。

以上は，主要な食酢である。後述のように穀物か果実があれば食酢は生産できる。酒の数だけ食酢があるといっても過言ではない。したがって図1.52以外にも，多様な食酢が存在する。例えば日本にも，柿酢，キビ酢あるいは焼酎酢などがある。

代表的な市販食酢の成分値を**表1.18**に示した。この値は必ずしも代表値ではないが，およその特徴を示している。食酢の種類によって，カリウムとかポリフェノールのような微量成分だけでなく，酢酸や糖類も成分値が案外大きく異なることがわかる。

（c）**微生物** 食酢の主成分である酢酸は，

表1.17 日本農林規格（JAS）による食酢の分類と規格値

分類			主原料の使用量	酸度	無塩可溶性固形分
醸造酢	穀物酢	穀物酢	穀物の使用量が1 l中40 g以上使用したもの	4.2％以上	1.3〜8.0％
		米酢	穀物酢であって米の使用量が1 l中40 g以上使用したもの		1.5〜8.0％ (0〜9.8％)[*1]
	果実酢	果実酢	果実の搾汁の使用量が1 l中300 g以上使用したもの	4.5％以上	1.2〜5.0％
		リンゴ酢	果実酢であってリンゴの搾汁の使用量が1 l中300 g以上使用したもの		1.2〜5.0％[*2]
		ブドウ酢	果実酢であってブドウの搾汁の使用量が1 l中300 g以上使用したもの		1.2〜5.0％[*2]
	醸造酢	醸造酢	穀物酢・果実酢以外の醸造酢	4.0％以上	1.2〜4.0％
合成酢	合成酢		醸造酢の使用割合が60％以上であること（業務用は40％以上）	4.0％以上	1.2〜2.5％

[*1] 糖類・アミノ酸および原材料の項に規定する食品添加物を使用していない米酢に適用。
[*2] 果実酢で原材料として1種類の果実のみを使用したものには適用されない。

表1.18 市販食酢の成分分析値（100 m*l* 当り）

種　類	穀物酢	米　酢	玄米酢	黒　酢	リンゴ酢	ブドウ酢
酸度〔g〕	4.3	4.5	4.5	4.5	4.7	6.1
糖類〔g〕	1.8	5.8	2.3	1.7	3.4	0.5
アミノ酸〔g〕	0.4	0.8	1.8	3.3	0.3	0.3
エキス分〔g〕	2.8	7.8	3.9	5.8	4.7	1.3
カリウム〔mg〕	21.7	35.6	85.3	136.4	212.1	107.1
ポリフェノール〔mg〕	6.4	18.7	36.8	78.5	25.7	13.1

〔資料：農林水産消費技術センター〕

クエン酸やリンゴ酸のように植物体や動物体に蓄積されることはない。したがって，食酢を生産するためには微生物の助けを借りる必要がある。

酢酸発酵にかかわる微生物は一般に酢酸菌と呼ばれる。酢酸菌とは，エタールを酸化して酢酸を生成する細菌の総称である。「Bergey's Manual of Determinative Bacteriology 第9版」によれば，エタノールを酸化して酢酸を生成する細菌として *Acetobacter* 属，*Gluconobacter* 属，*Acidomonas* 属および *Frateuria* 属の4属を挙げている。これらはいずれも，グラム陰性の好気性短桿菌である。ただし，一般に酢酸菌といえば，*Acetobacter* 属と *Gluconobacter* 属の細菌を指す。両属は乳酸と酢酸の酸化能および鞭毛が周毛か極毛かなどを基準に分類されている。このうち *Gluconobacter* 属はその名のとおり，グルコン酸を大量に蓄積することが多く，実用上重要な菌は含まれない。*Acetobacter* 属のうち，食酢生産に適した酢酸菌は，*Acetobacter aceti*, *A. pasteurianus* および *A. liquefaciens* である。

Acetobacter 属細菌の一部は菌体外に繊維状物質（セルロース）を蓄積する。特に *A. xylinum* が顕著であり，この性質を利用して生産したセルロースの利用が試みられている。また，"紅茶きのこ"と呼ばれる健康食品の優占菌である。

（d）食酢の製造工程　食酢の原料には，大別して穀物（デンプン），果実（糖）およびエタノールがある。原料が例えば米のような穀物（米酢）の場合，デンプン→糖→エタノール→酢酸の順に変換される。各プロセスは糖化，エタノール発酵，酢酸発酵と呼ばれる。原料が例えばブドウのような果実（果実酢）の場合は糖化工程は不要となり，エタノール発酵と酢酸発酵のみとなる。原料がエタノールの場合は，酢酸発酵だけである。

各工程ごとに別々の微生物が働く。通常は，糖化には麹菌，エタノール発酵には酵母，酢酸発酵には酢酸菌を用いる。ただし，麦芽酢のように糖化工程を麦芽自身によるアミラーゼを利用する例もある。このうちエタノール発酵は嫌気発酵であり，酢酸発酵は好気発酵であるところに，食酢生産プロセスの複雑さがある。

微生物は各工程の反応を触媒するだけでなく，多様な香り成分や味成分を副生する。これが食酢にかぎらず醸造食品のおいしさの源である。したがって，一般に工程の長い食酢ほど味わいの深い食酢が得られる。

各工程ごとに発酵管理条件も異なるので，各工程を別々に進めるのが一般的である。しかし，ゆっくりと熟成させるような製造方法では，一つの容器で複数の工程を進めることもある。典型的な例がいわゆる壺酢で，この場合は上記3工程を同じ壺の中で進める。

代表的な食酢である米酢を例に，食酢製造工程の概要を示した（**図1.53**）。米酢の場合，清酒製造と同様のプロセスをとるので，並行複発酵が起こり，糖化とエタノール発酵が並行して進行する。

酢酸発酵は表面発酵法（静置発酵法）と全面発酵法（通気発酵法）に大別できる。表面発酵法は木桶あるいはステンレスタンクに仕込んで静置する。表面に酢酸菌の皮膜が形成され，発酵が進行する。酢酸発酵は好気発酵なので効率性には問題が指摘でき，発酵に1カ月以上かける。その結果，濃厚でコクのある食酢を

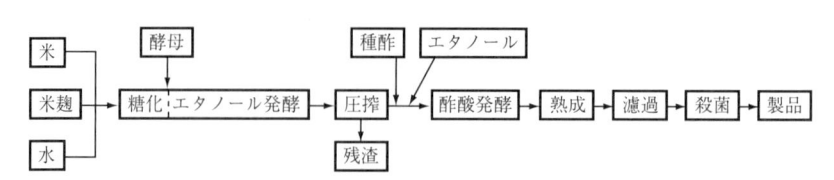

図1.53 食酢（米酢）の製造工程

生産することができる。食酢生産を単なる酢酸生産でなく，好ましい風味成分もあわせて生産するプロセスと理解すれば説明できる。発酵と熟成を同時に行う形態であり，本格的な食酢はすべて表面発酵による。

全面発酵法では空気を送り込みながら撹拌して発酵を促進する。全面発酵法にはアセテーター法とキャビテーター法の区別がある。効率的な酢酸発酵が可能で，数日で最終酢酸濃度が15％に達する。また発酵管理も容易なので，均質な製品を得ることができる。しかし，表面発酵法に比べると，コクの点では劣る。エタノールを原料にした食酢生産は全面発酵によることが多い。

食酢製造で特筆すべきことに，種酢の利用がある。古くはほとんどすべての醸造食品・発酵食品で，良好なもろみをつぎの醸造・発酵に用いてきた。しかし，優良菌を選抜し，雑菌汚染を最小限に抑えて醸造・発酵することが一般的になっている。これに対し，食酢製造では現在でも種酢の利用が一般的である。もろみを使用することも多いが，表面発酵法では前述のように皮膜を形成するので，これを移植することも多い。食酢製造で種酢の利用が現在でも一般的なのは，もろみのpHが低いので雑菌汚染の懸念がないこと，および種酢を構成する多様な微生物叢が食酢に深みのある風味を与えてくれるためである。

（e）生産の現状　食酢生産量の変化を見ると，1975年の25.7万kℓから現在（2002年）の42.5万kℓにまで増加した（**図1.54**）。最近はやや頭打ちであるが，発酵調味料には生産が停滞しているものが多いなかで，食酢の増加は特筆される。

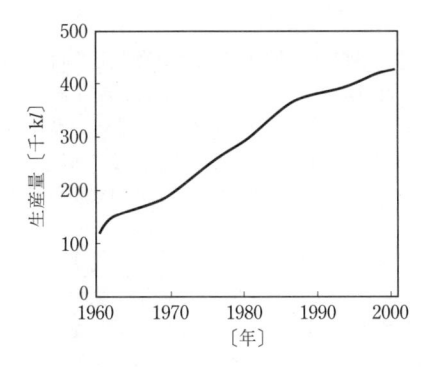

図1.54　食酢の生産動向（1960～2000年）

現在における種類別の生産量を見ると（**表1.19**），合成酢は2 400 kℓとわずかで，醸造酢が大部分を占める。醸造酢のうちでは，穀物酢がおよそ半分の約21万kℓを占め，ついで，その他（醸造酢）が約19万kℓ

表1.19　食酢の種類別生産量（2002年）

食酢の種類	生産量〔kℓ〕
醸造酢	422 100
穀物酢	210 800
米酢	68 900
粕酢	5 000
麦芽酢	700
その他	136 200
果実酢	19 000
その他	192 300
合成酢	2 400
合計	424 500

〔資料：農林水産省総合食料局〕

生産されている。果実酢は約1.9万kℓにすぎない。穀物酢のなかでは，米酢は約6.9万kℓ生産されているが，粕酢は0.5万kℓ程度で，麦芽酢はわずかである。

一般に本格的な食酢と考えられている製品は案外少ない。これは消費者に直接届く食酢は本格的な製品が多い半面，加工用などに利用される食酢は価格を配慮して安価な原料を使用するためである。

（f）用　　途　お酢には，鹹味を和らげる作用がある。また，魚を一緒に煮ると，骨まで軟らかくなるという特性もある。さらに，酸味には刺激や緊張を緩和し，ストレスを和らげる作用もある。

お酢は単独で利用されることは少ないが，他の調味料とは不思議に調和する。日本人にとって味噌や醤油と相性がよいのは，非常に都合がよい。この性質を利用して，さまざまな合わせ酢が開発されてきた。砂糖だけと調合することはないが，砂糖を加えた合わせ酢は数多い。食用油とも合うので，サラダドレッシングとして利用されている。隠し味的な利用法としては，マヨネーズ・マリネがある。

調味料としての利用以外に，バーモントドリンクとかサワードリンクとしても飲用されることがある。これらはお酢の持つ爽やかさと健康機能によっている。また，清涼飲料水や各種ドリンクには，たいてい酸味が付与されている。　　　　　　　　　　　　　（柳本）

引用・参考文献

1) 柳田藤治：醸造・発酵食品の辞典，（吉沢　淑，他編），p. 458，朝倉書店（2002）.
2) 森　明彦：食品と科学，**45**，41-46（2003）.
3) 柳本正勝：地域伝承食品発掘調査報告書，p. 1，食生活情報サービスセンター（2002）.
4) 飴山　実：酢の科学，（飴山　実，他編），p. 67，朝倉書店（1990）.

2. 食　　　品

　食品が具備すべき基本特性として，安全性，栄養性，嗜好性の三つがある。あまり指摘されることはないが，入手性もここに含められるべきである。入手性とは，食品は市場から入手することが一般的になっている今日，価格とほぼ同義語である。食品は毎日摂取する必要があるので，入手できなければならない。なぜ等閑視されているのか，不思議である。なお本書では，醸造製品は食品と別の章となっているが，いうまでもなく醸造製品も食品である。

　生物工学は，食品の基本特性の改良・向上に重要な貢献をしてきた。安全性に関しては，有用微生物の分離とか雑菌の汚染防除技術の確立等により，衛生的で安全性の高い製品が提供されるようになった。栄養性に関しては，安価な穀物・大豆を分解して消化しやすくするとともに，タンク内で各種栄養成分を生産できるようになった。近年注目されている機能性素材の生産も微生物・酵素の役割が大きい。嗜好性に関しては，各種食品素材が安価に提供されるようになり，特に味覚的には安価な加工食品でも満足されるものになった。また，発酵食品も日本人の嗜好に適合するよう改良されている。入手性に関しては，生物工学が最も貢献した分野である。生産効率を向上させることにより，安価で良質な発酵食品，食品素材を提供できるようになった。国民の豊かで健康的な食生活に大きく貢献した。

　上述のように食品分野における生物工学の貢献は，誠に目覚ましいものであった。これまでの貢献に比べると，つぎの解決目標がやや不明確になっているようにみえる。しかし，食品分野において生物工学が従来に増して期待される分野も少なくない。

　まず，食品の安全性確保がある。国民の食品安全に対する期待は非常に高い。安全性確保のさらなる徹底が求められている。つぎに循環資源再生利用技術がある。今後とも輸入農産物に頼らざるを得ない日本は，農産物を100％利用する責務を負っている。そして三つ目に染色体操作技術の利用がある。微生物工場菌（MGF）あるいはオーダーメード発酵微生物（CGM）が創出される。その結果，産業ではゲノムが大幅に改良された微生物を用いられるようになる。

〔柳本〕

2.1　有　機　酸

　有機酸とは分子内にカルボキシル基（–COOH）を有する有機化合物で，微生物の代謝過程において有機酸が大量に蓄積される現象を有機酸発酵と呼ぶ。嫌気的発酵により解糖系の最終産物が蓄積される乳酸発酵のような例もあるが，有機酸発酵の多くは酸化発酵によるものである。すなわち好気的な代謝過程により有機化合物が不完全酸化され中間代謝産物としての有機酸が大量に蓄積されるもので，クエン酸発酵，グルコン酸発酵，酢酸発酵などが酸化発酵の代表例である。多段階の代謝過程に応じて，あるいは代謝流路の相違によって，多種多様な有機酸が蓄積されることが知られている。したがって，同属同種の微生物であっても同じ有機酸を生産するとは限らず，同一の菌株であっても培養条件が異なればまったく異なる代謝産物（有機酸とは限らない）を生産することも起こる。

　これまでに，微生物による生産が報告されている有機酸は約70種類にのぼるが，図2.1に示すように，大きな需要がある有機酸は解糖系やTCA回路とそれらの周辺の代謝経路上にあるものに集中している。また，酢酸やフマル酸のように化学的合成法による安価な製法が確立されている場合もあり，発酵法や酵素法により工業的に生産されている有機酸となると世界的に見てもそれほど多くはない。しかし，他のバイオ製品と同様に，資源リサイクル技術やバイオマス利用技術の展開に伴い，環境負荷低減型の生産方式（グリーンプロセス）や生物系原料からの生産が指向されるようになれば，各種有機酸の工業的生産が発酵法や酵素法に転換される可能性も高い。

　以下に，図2.2に示すような代表的な有機酸につ

2.1 有機酸

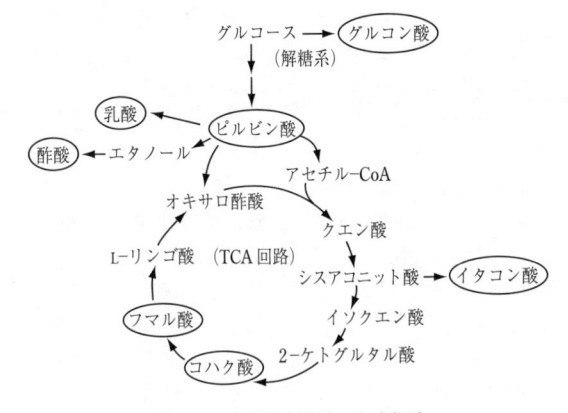

図2.1 主要な有機酸の生成経路

図2.2 主要な有機酸の構造
C*は不斉炭素原子を示す。

いて生産例を示す。なお，酢酸発酵は食酢の生産に限定されるため1.6節を参照されたい。

2.1.1 クエン酸

クエン酸[1〜3]は図2.2に示すように，分子内に三つのカルボキシル基と一つの水酸基を有するヒドロキシ酸で，広く生体に見出される。特に柑橘類やパイナップルに多く含まれており，古くはこれらの果実から抽出し製造されていた。梅酢や黒酢，あるいは焼酎の酸味もクエン酸のものである。日本語のクエン酸の名称はレモンを意味する中国の古語「枸櫞」に由来する。世界的な需要は年間約90〜100万t，日本における需要も約3万tに達しており（2004年現在），そのすべてが発酵法により生産されている。したがって，クエン酸はその工業的規模からも有機酸発酵の代表例であるが，製品としては安価であり，低価格な原料の開拓とより効率的な生産法の開発が望まれている。

〔**生産の歴史と現状**〕 クエン酸の工業的発酵生産の歴史は古いが，生産諸国の原料事情や経済的背景から多様な生産方式が現在なお共存していることが特徴である。

糸状菌（カビ）が菌体外にクエン酸を大量に生産する現象は1893年にWehmerによって発見された。これまでに*Aspergillus*属や*Penicillium*属に強い生産性のものが見出されているが，工業的に利用されているのは*Aspergillus niger*である。クエン酸の工業的発酵生産は表面培養法によるものが最初で，1919年にベルギーで小規模な発酵工場が建設された。1923年には米国でも工場が建設され，糖蜜やビート搾汁（甜菜の糖液）を原料とした表面培養法による生産が開始された。なお，一部の欧州地域では，現在でも旧設備を継続使用した表面培養法による生産が行われている。1940年代より大型の培養槽を使用した発酵法すなわち液内培養法に関する研究が行われ，1961年には米国で液内培養法による大規模な工業生産が開始された。その後の欧米，さらにはブラジルやメキシコなど南米諸国での生産方式も液内培養法が主流となり現在に至っている。原料としてはデンプン糖化液や糖蜜が使用される。

わが国においては，1942年に表面培養法によるクエン酸生産が開始されたが，量産には至らず中止された。一方，サツマイモ（甘藷）のデンプン製造に際して副生するデンプン粕の有効利用を目的として，固体培養法（麹法とも呼ばれる）によるクエン酸発酵の研究が行われ，1953年にデンプン粕を主原料とした固体培養法の工場が建設された。1970年代には液内培養法による工業生産も開始された。しかし，安価な輸入品の流入などにより国内のクエン酸生産規模は縮小し，現在では中国や東南アジア製のものが需要を支えている。

タイやインドネシアなどの東南アジア諸国では，わが国あるいは台湾の技術供与を受けて，種々の発酵形式による工業生産を開始した。バガスなどの担体（これ自体は栄養分にならない）に糖蜜やパイナップル加工残渣搾汁などの液体培地を浸み込ませ，胞子を接種して発酵を行う方法（固体培養法の一種で半固体培養法とも呼ばれる）も行われたが，現在ではタピオカデンプンなどを原料とした固体培養法と液内培養法が実施されている。中国では，サツマイモ薄片を原料として，1970年代中頃までは固体培養法が主流であったが，1970年代後半より徐々に液内培養法に転換されていった。現在では，外資系企業による大規模工場が上海に建設され，デンプン糖化液を原料とした液内培養法による生産も行われている。

〔製造にかかわる微生物〕 工業的な使用菌株はクロコウジカビまたはクロカビと呼ばれる糸状菌 *A. niger* である。クエン酸生産菌としてはクエン酸を高収率で生成し，かつシュウ酸やグルコン酸を副生しにくい菌株が選択される。工業的には能力を強化した変異株が利用され，突然変異による方法が主流であるが，細胞（プロトプラスト）融合法による育種も可能である。また，クエン酸生産にかかわる酵素の遺伝子クローニングも進んでいる。一方，*Candida lipolytica*（現在の *Yarrowia lipolytica*）などの酵母が n-パラフィンから高い収率（140～150％）でクエン酸を生産することが見出され工業化も策定されたが，現在は使用されていない。

〔製造原理〕 TCA回路においてオキサロ酢酸とアセチル–CoAの縮合により生成する最初の中間体がクエン酸である。$C_6H_{12}O_6 + \frac{3}{2} O_2 \rightarrow C_6H_8O_7 + 2H_2O$ の式より，グルコースからの理論収率は107％（w/w）となるが，実験的に得られる最高収率は約80～90％（w/w）である。TCA回路の最初の中間体であるクエン酸が大量生産される機構に関しては，解糖系やTCA回路の諸酵素活性のバランスによるとの説明，菌体内における代謝中間体の蓄積が解糖系やTCA回路の制御を不完全なものにするとの説明がある。シアン非感受性呼吸の関与など呼吸系の重要性も明らかにされた。しかし，代謝制御や遺伝子発現については不明な点が多く，好気的な有機酸発酵のモデルとして研究が進められている。

〔用途〕 クエン酸は爽快な酸味を示し水への溶解度が高いため，最大の用途は食品および飲料用の酸味料で，清涼飲料，キャンデー，ジャムに，酸化防止を目的として油脂系食品にも使用されている。カルシウムイオンやマグネシウムイオンとキレート化合物を形成し，ヒト腸内でミネラル吸収促進効果を示すため，これを考慮した利用も進んでいる。医薬品成分の安定化剤や去痰剤としても使用されている。工業用薬品としては，合成樹脂や塗料の原料としての用途がある。強力なキレート作用を示すことから，防錆剤や家庭用ポット洗浄剤を含めた清缶剤のほか，欧米では洗剤用のビルダー（洗浄力保持剤）としての用途も大きい。

〔製造工程〕 クエン酸は代謝中間体であり，*A. niger* による生産では過剰な栄養源の存在は蓄積を妨害するだけでなく他の有機酸副生の原因になり，特にシュウ酸の副生がその主たるものである。そこで，培地初発をpH 2～3に調節，窒素源としてアンモニウム塩の使用（硝酸塩はシュウ酸の生成を招く），低濃度でのリン酸塩の使用，微量金属塩濃度の調節などの培養管理が重要となる。特に液体培養で糖蜜を原料とする場合には，過剰な栄養源や金属塩を除去するために酸や黄血塩を添加して前処理が行われる。また，液体培養では菌糸の切断損傷によりクエン酸収量が低下するため注意が必要である。菌株によっては，2～3％（v/v）のメタノールの添加によりクエン酸生産量の顕著な向上が見られる。

世界的には，表面培養法，液内培養法（タンク培養法），固体培養法，の三つの生産方式が共存している。表面培養法は，静置した表面積の広い皿状の発酵槽に培地を薄く流し込み，胞子を接種して培地表面に菌体を生育させ発酵を行う。糖蜜やビート搾汁（スクロース濃度で100～150 g/l）を使用して30℃付近で5～7日間発酵を行った場合の対糖収率は60～65％である。液内培養法では，邪魔板などを備えた大きな発酵槽内に培地を入れ，1～2日間前培養した菌糸を接種して通気攪拌して酸素を十分に供給しながら発酵を行う。糖蜜やビート搾汁（スクロース濃度で100～150 g/l），デンプン糖化液（100～150 g/l）を原料として30℃付近で5～9日間発酵を行った場合の対糖収率は55～70％である。固体培養法では，仕込みの原料濃度を高くできること，短期間で発酵が終了することが特徴である。デンプン粕やサツマイモ薄片，粉砕したタピオカなどの原料に適切な栄養源（窒素源や微量金属塩など）を加えてから蒸煮滅菌し，塊状に粉砕して箱状の容器に数cmの厚さで盛り込み，胞子を接種して静置発酵を行う。33～38℃で1～2日間培養し菌体を発育させた後，30～35℃でさらに1～2日間培養しクエン酸を蓄積させる。発酵後は熱水を加えて培地成分とともにクエン酸を抽出し，濾過によって抽出液を得る。糖濃度に換算して200～400 g/lの培地を使用した場合には3～5日間で発酵が終了し，対糖収率は50～70％である。

発酵液からのクエン酸の回収は，培養液からの除菌後，濾液に水酸化カルシウムを加えてpH 3.0として一次中和しシュウ酸を不溶性のカルシウム塩として除去する。ついで，濾液に水酸化カルシウムを加えてpH 5.0として二次中和し，クエン酸をカルシウム塩として分離する。得られた粗結晶のクエン酸カルシウムに硫酸を加えて遊離のクエン酸としてから，イオン交換樹脂で処理してカルシウムイオンを除去した後，減圧濃縮してクエン酸を結晶化する。

2.1.2 乳　　　酸

乳酸[1),2)]は解糖系の最終生成物であるため，各種生物細胞に広く分布している。図2.2に示すように，不斉炭素原子を有するためFischer投影式に基づく D-乳酸とL-乳酸が存在する。ヒト筋肉をはじめとし

て細胞内で検出されるのはL-乳酸で，ヨーグルトや発酵乳，乳酸菌飲料，酒（赤ワインや日本酒など），醤油，漬物などの食品にはL-乳酸が含まれている。ポリ乳酸製造（後述）への利用量が年々増大しており，化学的合成法によるものを含めて世界的には年間約20万t，日本でも約2万5000tの需要がある（2004年現在）。

〔生産の歴史と現状〕　牛乳を放置すると酸敗することは古くから知られていたが，この実体が乳酸発酵であることを1857年にL. Pasteurが明らかにした。工業的な乳酸発酵は1881年に米国で開始され，1896年に50℃で発酵能力を示す好熱性の乳酸菌（現在の*Lactobacillus delbrueckii*）が発見され工業的使用に至った。50℃以上で発酵能力を示す*Rhizopus*属糸状菌も利用されている。原料として，ビート搾汁や糖蜜，デンプン糖化液が使用されている。

わが国では，サツマイモデンプンを使用した乳酸発酵について研究が行われ，1917年に工業化された。しかし，原料価格の高騰や化学的合成法によるアセトアルデヒドからのラセミ体（DL-乳酸）の生産が普及し，発酵乳酸の需要は低下した。その一方で，近年，ポリ乳酸の原料として光学純度の高い標品の需要が増大し，発酵法による生産に期待が寄せられている。

〔製造にかかわる微生物〕　乳酸菌はヘキソースを資化して乳酸を生成するが，発酵形態は生成物が乳酸のみのホモ型乳酸発酵と酢酸やアルコールなど他の生産物を同時生成するヘテロ型乳酸発酵に分かれる。乳酸のみの生産を目的とする場合には収率向上の目的で前者が，発酵食品製造の場合には風味の形成を考慮して後者が利用されることが多い。代表的な乳酸菌としては，*Lactococcus*属，*Streptococcus*属，*Leuconostoc*属，*Pediococcus*属，*Lactobacillus*属などの細菌がある。*Leuconostoc*属細菌はヘテロ型乳酸発酵を行う細菌でD-乳酸を生産する。工業的な乳酸発酵には，ホモ型乳酸発酵を行いL-乳酸を生産する好熱性の*Lactobacillus leichmannii*や*L. delbrueckii*が使用される。また，糸状菌*Rhizopus oryzae*（クモノスカビ）は好気的にL-乳酸を生産する菌として使用される。

〔製造原理〕　ヘキソースからピルビン酸に至る解糖系は酵母のアルコール発酵と同様であるが，一般に乳酸菌はピルビン酸デカルボキシラーゼを有していないため，ピルビン酸が脱炭酸されずにL-またはD-乳酸デヒドロゲナーゼの作用により還元されてL-またはD-乳酸が生成する。また，両方の酵素を有する菌株ではDL-乳酸を生成する。乳酸ラセマーゼの作用により，DL-乳酸が生成することもある。

〔用　途〕　乳酸には酵母や細菌の繁殖を抑制する効果があるため，酒，味噌，醤油などの醸造製品の製造工程には不可欠である。酸味料としての用途もあるが，クエン酸などとは味質が異なる。最近では生分解性プラスチックや生体適合性材料としてのポリ乳酸の原料としての需要が増大している。生分解性プラスチックへの利用では，DL-乳酸を原料とすると強度や透明度が低下するため，光学純度の高い標品，すなわちD-乳酸もしくはL-乳酸のどちらか一方が必要とされる。

〔製造工程〕　工業的生産はビート搾汁や糖蜜（スクロース），デンプン糖化液（グルコース）などを原料として行われる。*L. delbrueckii*を生産菌とする場合には，糖濃度100〜150 g/*l*，48〜50℃で4〜7日間撹拌しながら発酵を行う。対糖収率は約90％である。通常，発酵液中に炭酸カルシウムを添加するため，生成した乳酸のほとんどが不溶性の乳酸カルシウムとして沈殿する。発酵終了後，水酸化カルシウムを添加してpH 10に調節し，加熱処理して菌体その他の有機物を凝固沈殿させ濾別する。濾液を放置すると乳酸カルシウムの粗結晶が得られる。この粗結晶を再結晶あるいはイソプロピルエーテルで抽出し，精製した乳酸を製造する。

2.1.3　グルコン酸およびグルコノ-δ-ラクトン

ハチミツ，ワイン，食酢などの食品に検出されるグルコン酸は，グルコースの1段階の酸化によって生成する。グルコン酸がさらに酸化された5-ケトグルコン酸や2-ケトグルコン酸を蓄積する*Acetobacter*属や*Gluconobacter*属の細菌群も知られている。世界的には年間約7万5000t，日本でも約2万tの需要がある（2004年現在）。

〔生産の歴史と現状〕　L. Boutrouxが1878年に乳酸発酵の培養液中にグルコン酸を発見，1880年には*Acetobacter aceti*がグルコン酸発酵を行うことを報告した。それ以後多数の研究がなされ，1930年頃には発酵法による工業的製法が確立された。一方，グルコースオキシダーゼの強力な生産菌である*Aspergillus niger*が発見されたことによって，1950年代には当該菌株による液内培養法が世界的に実施されるに至った。連続発酵法や*A. niger*菌体またはそのグルコースオキシダーゼを固定化したバイオリアクターも考案されている。なお，現在でも，*Acetobacter*属や*Gluconobacter*属生産菌に関する育種と生産法の改良に関する研究が継続されている。グルコン酸の製法として化学的にグルコースを酸化する方法もあるが，現在では発酵法が主流となっている。

〔製造にかかわる微生物〕　主として*Aspergillus niger*が使用されている。

〔製造原理〕 グルコースオキシダーゼまたはグルコースデヒドロゲナーゼによってグルコースの1-位が酸化されることによりグルコン酸が生成する。さらに，グルコン酸の分子内脱水によりグルコノ-δ-ラクトンが生成する[1],[2]。

〔用 途〕 グルコン酸には，食品添加物（保存剤，pH調整剤，酸味料など）および工業用薬品（キレート剤，洗浄剤，パルプや綿布の漂白剤，コンクリート混和剤，皮革製造用薬品など）としての用途がある。グルコノ-δ-ラクトンは大豆タンパクの凝固剤として豆腐製造に利用されている。また，グルコン酸とグルコノ-δ-ラクトンには腸内のビフィズス菌を増殖させる作用があり，飲料への使用も行われている。5-ケトグルコン酸はビタミンC（L-アスコルビン酸）の前駆体，2-ケトグルコン酸は抗酸化剤としてのアラボアスコルビン酸の前駆体としての用途がある。

〔製造工程〕 グルコース濃度として200～250 g/lの培地に適量の窒素源と金属塩を加えて，A. nigerの胞子あるいは前培養して得た菌糸を接種して30℃付近で5～7日間液内培養を行う。あらかじめ炭酸カルシウムを添加した培地を使用するか培養過程で水酸化ナトリウム溶液を添加することによってpHを中性付近に保ちながら発酵を行う。グルコースからの1段階の酸化で副生物も少ないことから対糖収率は90％以上となる。生成したグルコン酸はカルシウム塩またはナトリウム塩として回収する。別法として，A. niger菌体を使用した連続発酵を行い，グルコン酸ナトリウム塩を晶析により回収する生産方式もある。

2.1.4 L-リンゴ酸

リンゴ酸[1]はヒドロキシ酸の一種で，図2.3に示すように分子内に不斉炭素原子を有するためD-体とL-体が存在する。自然界に広く存在するのは，TCA回路やグリオキシル酸回路の中間体としてのL-リンゴ酸で，植物，特にリンゴ，モモ，ブドウ，アンズなどの酸味成分として含まれている。発酵製品であるワイン，清酒，味噌などにも含まれている。現在，ラセミ体（DL-リンゴ酸）は化学的合成法により供給されており，L-リンゴ酸は図2.3に示すようなフマル酸を原料とした酵素法によって工業的に生産されている。欧米ではDL-リンゴ酸の光学分割による製造も行われている。世界的にはDL-リンゴ酸を含めて年間約2万4000 t，日本でも約6000 tの需要がある（2004年現在）。

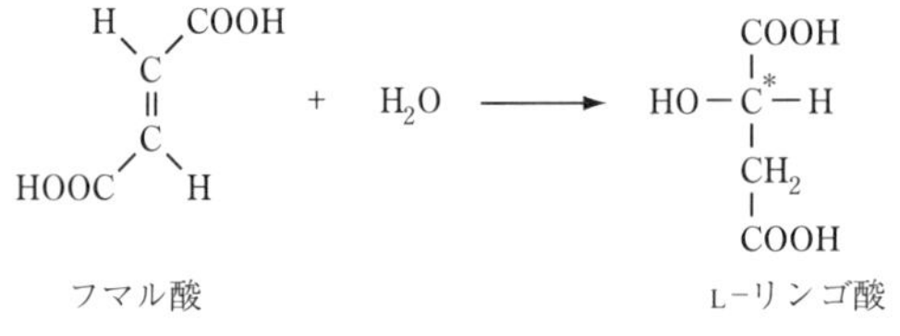

〔生産の歴史と現状〕 リンゴ酸は古くからAspergillus属やRhizopus属の糸状菌などの培養液中に副生物として存在が認められていた。A. oryzaeやA. flavusの液体培養による発酵法で対糖収率約30～55％で生産可能であるが工業的には利用されていない。一方，Lactobacillus brevis由来のフマラーゼ（EC 4.2.1.2.）を利用した回分法によるL-リンゴ酸の製造法が開発され，現在でも工業的に使用されている。さらに，わが国においてPseudomonas sp.由来のフマラーゼを固定化酵素として利用する製法，包括固定化したBrevibacterium属の細菌（固定化微生物）を充填したバイオリアクターを用いる製法が開発された。

〔製造にかかわる微生物〕 遊離のフマラーゼとしてはL. brevis由来のもの，固定化微生物としてはBrevibacterium ammoniagenesやB. flavumが使用されている。

〔製造原理〕 図2.3に示すように，フマラーゼの作用によるフマル酸への水付加によりL-リンゴ酸を選択的に生産する。

〔用 途〕 L-リンゴ酸は医薬品として高アンモニア血症や肝機能不全の治療，アミノ酸輸液の成分として使用されている。酸味料や乳化安定剤などの用途もあるが，食品添加物としてはDL-リンゴ酸が使用されることが多い。

〔製造工程〕 固定化微生物を利用した方法では，B. flavumをx-カラギーナンで包括固定しビーズ状に成型，これを充填したカラム型バイオリアクターにフマル酸ナトリウム溶液を連続的に供給することによってL-リンゴ酸を含む流出液が得られる。フマラーゼによる平衡反応はL-リンゴ酸生成に偏っているため生産に適している。固定化微生物の半減期は約70日，副生成物も微量，きわめて高収率（90％以上）で生産が可能である。

2.1.5 イタコン酸

イタコン酸[1],[2]は，Aspergillus terreusの液内培養によって，糖類やデンプンの糖化液を原料として発酵生産されている。図2.2に示すように，イタコン酸は分子内に二つのカルボキシル基を有するため水への溶解度が高い。おもな用途は合成樹脂や塗料の原料で，他の単量体と共重合させることにより得られる高分子に親水性を付与することができる。世界的には年間約

図2.3 フマラーゼによるフマル酸からL-リンゴ酸の生成

1万t，日本でも約2000tの需要がある（2004年現在）。

2.1.6 その他の有機酸[1), 2)]

ピルビン酸には芳香族アミノ酸やL-ドーパなどの医薬品，香料などの合成原料としての用途があり，生産に適した酵母 *Torulopsis glabrata* の変異株が作成され発酵法による工業的生産が行われている。また，*Candida tropicalis* 等の酵母を n-パラフィンに作用させて，香水（ムスク）の原料となるトリデカンジカルボン酸（ブラシル酸）などの長鎖ジカルボン酸を工業的に発酵生産することが行われている。いずれもわが国で研究開発された成果である。

特殊用途の有機酸として，ウロカニン酸（紫外線防御作用を示すため化粧品素材），スピクリスポール酸（コンクリート補強剤や界面活性剤），メバロン酸（皮膚の老化防止作用を示すため化粧品素材），L-ピペコリン酸（医薬中間体）などがあり，わが国の技術で発酵法や酵素法により工業化されている。また，2-ケト-L-グロン酸（L-ソルボースからの発酵法，ビタミンCの合成中間体）は中国で工業的に生産されている。生分解性プラスチックの原料となるコハク酸については，現在は化学的合成法によるものが供給されているが，近い将来，発酵法での工業的生産が可能になるものと予想される。

（桐村，宇佐美）

引用・参考文献

1) 栃倉辰六郎，山田秀明，別府輝彦：発酵ハンドブック，（左右田健次監修），共立出版（2001）．
2) Roehr, M.: *Biotechnology*, 2nd ed., Vol. 6, VCH, Weinheim (1996).
3) 宇佐美昭次，桐村光太郎：発酵と工業，**43**，1032-1037（1985）．

2.2 アミノ酸

2.2.1 アミノ酸の製造法の概略

アミノ酸の生産が工業的に開始されたのは，L-グルタミン酸ナトリウムがうまみ調味料として製造が始まった90年ほど前にさかのぼる。1908年，東京帝国大学教授の池田菊苗博士は，コンブのおいしさのもとがグルタミン酸であることをつきとめ，特許を取得した。

L-グルタミン酸ナトリウムの製造法として当時採用されたのはL-グルタミン酸を多く含むコムギのタンパク質（グルテン）の酸加水分解であった。コムギよりのグルタミン酸の製造に際して多量のデンプンが副生する。L-グルタミン酸ナトリウムの市場の拡大によって副生物であるデンプンの販売が限界となり，食用油の製造副生物である脱脂大豆もタンパク質原料として利用され，L-グルタミン酸ナトリウムが製造されるようになった。

タンパク質を加水分解しアミノ酸を製造する場合，コムギ由来のデンプンのような多量の副生物が得られる。また原料タンパク質のアミノ酸組成に従いアミノ酸が生産されるので目的のアミノ酸だけを需要に応じて生産することが難しい。さらに各種アミノ酸の混合した加水分解液から目的のアミノ酸を純粋に分離することは煩雑な精製プロセスを必要とし，それでも分離困難なアミノ酸がある。加水分解に強酸を使うことにより，L-メチオニンやL-トリプトファンのような酸に不安定なアミノ酸は製造過程での分解による損失が無視できない。強酸を使うことは製造設備が腐食に耐えるように高級材料の使用が求められるだけでなく，環境に与える負荷も問題になる。加水分解液よりアミノ酸を晶析により取得した後に残る強酸性でCOD，窒素を多量に含む母液の処理は相当困難である。

化学合成によりアミノ酸を製造する方法も多々あるが，生体内に含まれるアミノ酸は光学異性体を持たないグリシンを除き，すべてL型の異性体であり，L型異性体を得たい場合は化学合成で得られたDL混合物から光学分割によって目的のL型アミノ酸が分離される。残存したD型アミノ酸はラセミ化して工程にリサイクルする必要があり効率が悪い。またイソロイシンのように複数の光学異性体を持つアミノ酸では光学異性体の分離はきわめて困難である。L-メチオニンは飼料添加物として重要なアミノ酸である。発酵法による製造が難しく，酸に不安定であり抽出法での生産も難しい。しかし動物はD-メチオニンもL-メチオニンと同様に利用することができ，飼料添加物として大量のDL-メチオニンが化学合成法で製造されている。

現在では抽出法以外に発酵法，酵素法の製法が多種のアミノ酸の製造プロセスとして開発され，工業化されている。しかし現在でもL-ロイシン，L-チロシン，L-システイン等の比較的溶解度が低いアミノ酸の一部はタンパク質加水分解によっても製造されている。またコラーゲン中に特有に存在するL-ヒドロキシプロリンも動物タンパク質の加水分解法で製造されている。近年の狂牛病の発見から動物由来のタンパク質を加水分解の原料として使用することへの疑問も呈されるようになってきた。

生体に含まれるL型のアミノ酸だけを製造するプロセスとしては前述のとおり発酵法と酵素法がある。どちらも生物の助けを得て生体に含まれるL型アミノ酸の製造プロセスとして開発された。

表2.1 アミノ酸のおもな製法および用途

品名	おもな製法				用途				
	発酵	酵素	合成	抽出	医薬	食品	化粧品	飼料	その他工業用
グリシン			●		●	●	●		●
L-アラニン		●	●(分割)		●	●	●		
DL-アラニン			●			●			
L-アスパラギン酸		●			●	●	●		●
L-アスパラギン		●		●	●				
L-アルギニン類	●				●	●	●		
L-システイン類		●		●	●	●	●		
L-グルタミン酸ナトリウム	●					●		●	
L-グルタミン	●				●				
L-ヒスチジン類	●				●				
L-イソロイシン	●				●	●			
L-ロイシン				●					
L-リジン塩酸塩	●				●	●	●	●	●
L-メチオニン			●(分割)		●	●			
DL-メチオニン			●		●			●	
L-フェニルアラニン	●		●(分割)		●	●		●	
L-プロリン	●			●	●	●	●		
L-セリン	●	●			●				
L-スレオニン	●				●	●		●	
L-トリプトファン	●	●			●	●			
L-チロシン				●	●				
L-バリン	●		●(分割)		●	●			

〔アミノ酸資料集I 平成15年度改訂版,日本必須アミノ酸協会〕

アミノ酸の製造法が発達してきた背景には,アミノ酸の利用分野と使用量の拡大がある。**表2.1**にアミノ酸のおもな製法および用途をまとめた。このなかでも生産量が多いものは調味料用としてのL-グルタミン酸,飼料添加物としてのDL-メチオニン,L-リジン,L-スレオニン,甘味料であるアスパルテームの原材料であるL-フェニルアラニン,L-アスパラギン酸等であり,全世界で年間200万tを超すアミノ酸が製造されていると推定されている。

以下発酵法,酵素法による各種アミノ酸のなかからおもに食品に応用されているアミノ酸の製法について述べる。

2.2.2 発酵法によるアミノ酸の製造法
〔グルタミン酸の製造法(野生株を用いる製造法)〕

発酵法によるL-グルタミン酸の製造法は1956年に協和醱酵工業(株)により初めて発表された。遅れて各社から別種の菌によるL-グルタミン酸の製造が発表,実用化された。これらの一群のグルタミン酸生産菌は密接な近縁関係にあると現在では考えられている。これらのグルタミン酸生産菌は,グラム陽性,胞子を形成しない,運動性を持たない,短桿菌,ビオチン要求という共通した特徴を持つ。

代表的な株として *Corynebacterium glutamicum*, *Brevibacterium lactofermentum*, *Brevibacterium flavum* 等がよく知られている。

これらの菌は生育に必要なビオチンが制限された条件でグルコースやスクロース等の炭素源とアンモニアや尿素等の窒素源から好気的にL-グルタミン酸を多量に生成する。しかし発酵工業で安価な工業原料としてよく用いられる廃糖蜜(サトウキビの絞り汁から砂糖の結晶を単離した母液)には多量のビオチンが含ま

2.2 アミノ酸

れており，そのままでは菌が旺盛に生育するのみでL-グルタミン酸はほとんど生産されない。しかしビオチンを多量に含む条件で生育させても，培養途中でペニシリンを添加することでL-グルタミン酸の生成が可能になることが発見された。さらにある種の界面活性剤がペニシリンと同様の効果を示すことも追って明らかとなった。また脂肪酸やグリセリンの要求変異株を取得して要求物質を制限して培養すればビオチンが存在してもL-グルタミン酸の生成が可能であることが別途示された。ビオチンは脂肪酸合成に重要な役割を果たすアセチル-CoAカルボキシラーゼの補酵素であり，これらの現象から脂質の生合成の阻害によって引き起こされる膜透過性の変化とL-グルタミン酸の生成に関係があることが示唆され，多くの研究がなされた。その結果ビオチンや要求する脂肪酸の制限，あるいはペニシリンや界面活性剤の添加によって膜透過性が弱化して細胞内に合成されたL-グルタミン酸が漏出に近い状態で排出されると考えられた。またL-グルタミン酸の細胞内での前駆体である2-オキソグルタル酸をL-グルタミン酸が生成しないようにサクシニル-CoAを経て代謝する oxoglutarate dehydrogenase complex（ODHC）はL-グルタミン酸生産菌には存在しないとされてきた。

最近になってグルタミン酸生産菌にODHCの存在が確認され，またL-グルタミン酸の排出が漏出ではなく，能動的な排出系によることが明らかにされた。さらにその後の検討によって以前は膜透過性と関係があるとされていたビオチン制限やペニシリン，界面活性剤の添加等の条件下においてはODHC活性が著しく低下することが示された。ODHC欠損変異株が単離され，ビオチンを制限しなくても著量のL-グルタミン酸を生成することが示された。いまだに全容は明らかではないが，L-グルタミン酸の膜透過と関係があるとされていた前記の現象はODHCの活性を抑制することによる代謝フラックスの変化として説明される現象と考えられる（図2.4）。

〔L-リジンの製造法（栄養要求変異株による製造法）〕 前記のように，L-グルタミン酸生産菌は自然界から分離された。しかし他のアミノ酸を生産する菌を自然界から単離しようとする試みは成功しなかった。同時期に生化学，分子遺伝学の発展によりアミノ酸生産菌を人為的に育種しようとする試みが行われ，L-リジンほか多種のアミノ酸の生産菌が育種され工業化されている。

L-グルタミン酸生産菌がビオチンを過剰に与えられたときにはL-グルタミン酸を生成せず，菌が増殖するのみである。菌の生育に必要なすべてのアミノ酸は必要なだけグルコースを炭素源およびエネルギー源として生成している。しかし過剰なアミノ酸の蓄積は見られない。生体内では必要以上のアミノ酸を作らないように何重にも調節が働いている。これらの調節機構を破壊すれば，目的のアミノ酸を生産する菌株を得ることができる。調節の詳細なメカニズムの解説は紙幅の関係で省略するが，インヒビターやコリプレッサーの菌体内濃度を低下させる方法と，それらが高濃度になったときにも調節が働かないようにする二つの方法がある。前者の例としてホモセリン要求株によるL-リジン生産を取り上げる。

L-グルタミン酸生産菌として単離され，利用されてきた B. flavum 細菌のL-リジン，L-スレオニン，L-メチオニンの生合成は他の多くの細菌と同じようにL-アスパラギン酸を出発物質として枝分かれしている（図2.5）。合成系の調節はASA（アスパルトセミアルデヒド）からHse（ホモセリン）へと触媒するホモセリン脱水素酵素がL-メチオニンによってリプレッションを受け，L-スレオニンによってフィードバック阻害される。さらに三つのアミノ酸生合成の出発点であるアスパルトキナーゼはL-スレオニンとL-リジンによって協奏阻害される。すなわちL-リジン，L-スレオニンが単独に存在するときには活性はほとんど阻害されないが，双方存在するときにのみ酵素活性が阻害される（図2.5破線矢印）。

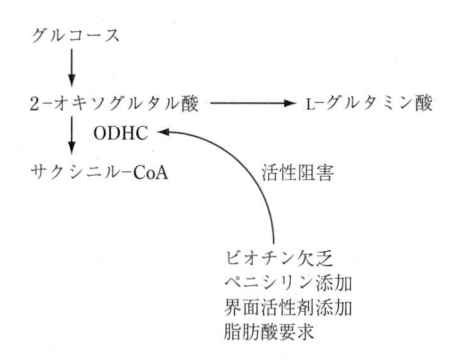

図2.4 グルタミン酸生成機構

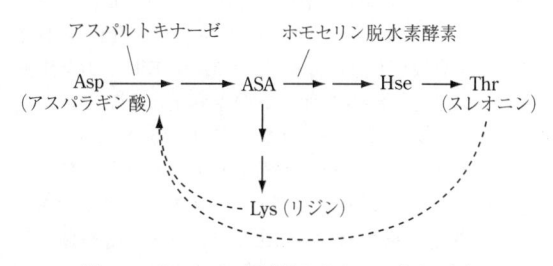

図2.5 ホモセリン要求株によるL-リジンの生産

ホモセリン脱水素酵素を欠損させてL-ホモセリン栄養要求株を取得する。その株をL-ホモセリン（あるいはL-リジンとL-メチオニン）を制限量与えて培養すると，菌体内のL-スレオニン濃度が低く保たれるために，アスパルトキナーゼは阻害されない。L-リジンが生成されてもアスパルトキナーゼは阻害されず，L-リジンを生産することが可能となる。このように一群のアミノ酸の代謝調節機構を栄養要求によって回避させることによってアミノ酸生産菌とすることができる。しかしこの方法では生合成の調節のメカニズムによっては生産できないアミノ酸もある。例えばASAからLysに至る経路のどこかに欠損変異を持たせ，L-リジンやその生合成中間体を制限して培養してもL-スレオニンは生産されない。これはホモセリン脱水素酵素が目的生産物のL-スレオニンによって強く阻害されてしまうからである。

〔L-スレオニンの製造法（アナログ耐性変異株による製造法）〕 前記のように栄養要求変異株では生産できないアミノ酸を生産させるためにアナログ耐性変異株が用いられるようになった。これは生体内でアミノ酸が過剰に生合成されないメカニズムとして，インヒビターやコリプレッサーの菌体内濃度が高濃度になったときにアミノ酸合成が停止するメカニズムを破壊する方法である。ここで大腸菌（*Escherichia coli*）からのL-スレオニン生産菌株の誘導を例にとって説明する。AHV（α-amino-β-hydroxyvaleric acid）は大腸菌の生育を阻害する。その生育阻害はL-スレオニンの添加によって回復する。

図2.6に示すようにAHVの化学構造がL-スレオニンと似ているのでAHVの添加によってL-スレオニンが生体内に存在するときと同様にL-スレオニンの生合成が停止する。しかし生体内にはL-スレオニンが不足しているので生育が阻害され，L-スレオニンの添加によって生育が回復すると考えられる。このときにAHVをL-スレオニンのアナログと呼ぶ。AHV存在下で生育可能になった変異株を取得すると，そのなかにはL-スレオニンの生合成調節機構が破壊され，AHV存在下でもL-スレオニンの生合成が停止せず，L-スレオニン欠乏に陥らずに生育可能になった変異株が存在する。この株はL-スレオニンが存在してもL-スレオニンの生合成が停止しないために，L-スレオニンを過剰に生合成し，L-スレオニンの生産菌となることが期待される。実際にそのような株が取得され，L-スレオニン生産菌が得られた。大腸菌のアスパラギン酸系アミノ酸生合成の調節は*B. flavum*の生合成調節機構よりはいささか複雑である（図2.7）。AHV耐性株ではL-スレオニンによってフィードバック阻害を受けるア

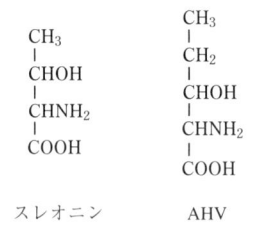

```
  CH3            CH3
   |              |
  CHOH           CH2
   |              |
  CHNH2          CHOH
   |              |
  COOH           CHNH2
                  |
                 COOH

 スレオニン        AHV
```

図2.6 スレオニンとAHVの化学構造

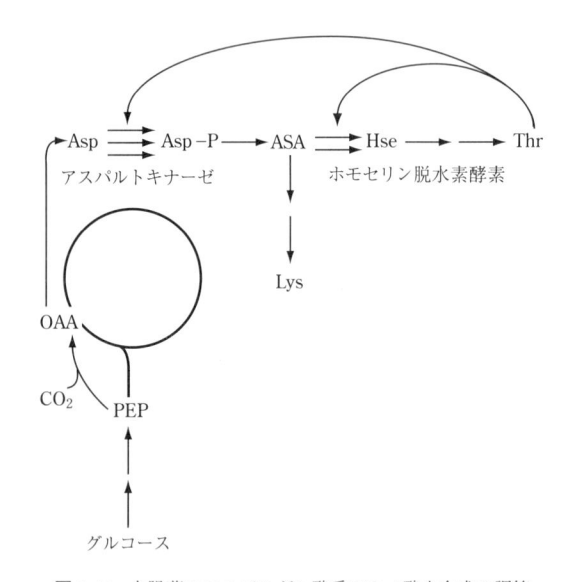

図2.7 大腸菌のアスパラギン酸系アミノ酸生合成の調節

スパルトキナーゼとホモセリン脱水素酵素の複合酵素に変異が入り，L-スレオニンによるフィードバック阻害を受けなくなっていることが判明した。

このようなアナログ耐性株によるアミノ酸生産菌の育種はL-スレオニン以外にもL-リジン，L-トリプトファン，L-フェニルアラニン，L-イソロイシン，L-バリン，L-ロイシン，L-アルギニン，L-グルタミン等のほとんどすべてのアミノ酸生産菌の育種に応用されてきた。使用される菌も当初は*B. flavum*等のL-グルタミン酸生産菌が主であったが，大腸菌，枯草菌（*Bacillus subtilis*），*Serratia marcescens*等の多種の菌株が用いられるようになった。そもそも化学合成従属細菌（chemoheterotrophs）に属し簡単な培地で旺盛に生育可能な菌であればどんな菌であっても工業的に使用できるアミノ酸生産菌となり得る可能性を持っている。

実際に工業的に使用される生産菌は栄養要求変異とアナログ耐性変異の双方を持ち，数多くの変異によって育種改良されてきた。近年それらの菌株からアミノ

酸生合成にかかわる遺伝子をクローニングし，プラスミドベクターなどで遺伝子を増幅することによって生産能力を向上させる試みが多く行われている．特許や報文で見る限りほとんどすべてのアミノ酸で研究開発が行われているようであるが，実用化の程度はつまびらかではない．

〔L-アスパラギン酸の製造法（酵素法による製造法）〕 いままで述べた発酵法と総称される，生産菌を用いてグルコース等の炭素源から目的のアミノ酸を生産させる方法とは別に，酵素法と呼ばれる前駆体から酵素反応によって目的のアミノ酸を得る方法によって生産されているアミノ酸がある．

L-アスパラギン酸を発酵法で生産させようという試みがなされたが，代謝回転が速く生産菌を得ることができなかった．L-アスパラギン酸はフマル酸とアンモニアからアルパルターゼを用いて酵素的に合成することができる．原料であるフマル酸は化学合成で大量かつ安価に得られる．

$$HOOC-CH=CH-COOH + NH_3 \leftrightarrow HOOC-CH_2-CH-COOH$$
（フマル酸）　　　　　　　　　　　　　　　　　　　|
　　　　　　　　　　　　　　　　　　　　　　　　NH$_2$
　　　　　　　　　　　　　　　　　　　　　　L-アスパラギン酸

アスパルターゼ源として *Escherichia, Pseudomonas, Bacillus, Brevibacterium* 属などの細菌が用いられている．近年固定化微生物，固定化酵素による生産も行われている．

前記のように，タンパク質の加水分解で製造されていたL-アミノ酸は自然界から分離された菌株，栄養要求変異株，アナログ耐性変異株を用いることにより発酵法により効率よく生産することが可能になった．発酵法で生産が難しいアミノ酸も酵素法の開発により生産が可能となった．

（児島）

2.3 ペプチド・タンパク質

2.3.1 アスパルテーム

アスパルテームは，α-L-aspartyl-L-phenylalanine methylester の一般名であり，タンパク質中に存在するL-アスパラギン酸とL-フェニルアラニンの二つのアミノ酸が縮合したジペプチドである．

〔生産の歴史と現状〕 アスパルテームは，米国G.D.サール社（現ニュートラスウィート社）の研究者が消化管ホルモンであるガストリンのフラグメントを合成中に，その強い甘味を偶然に見出したこと（1965年）から端を発した，いわゆるセレンディビティー商品である[1]．わが国の味の素（株）が化学合成法によ

る製法を確立[2]し，1970年より両社が提携して開発を行ってきた．現在，ダイエット・スリム化志向の進展により，当初の予想を上回る巨大な市場に発展し，年間生産量1万t（世界）を超える市場規模に成長している．製造方法は大部分が化学合成法であり，味の素社，ニュートラスウィート社を中心に大量生産されている．酵素法は磯和ら[3]により開発され，オランダ・スウィートナー社で生産されているが，前者に比べ生産量は少ない．この背景には，原料のアスパラギン酸，フェニルアラニンがそれぞれ酵素法，発酵法によりL体として安価に供給されることが挙げられる．

〔製造にかかわる酵素〕 好熱菌 *Bacillus* sp.（文献によっては，*Bacillus thermoproteolyticus* Rokko と記載されているものもある）の生産する thermolysin（粗酵素商品名は thermoase）が使用される．thermolysin は Zn イオンを補欠因子とする金属酵素であり，至適 pH は中性付近，また Ca イオン存在下で安定性が向上する．触媒部位は Zn イオン，Glu143，His231 の3点であることが判明している[4]．

〔製造原理〕 thermolysin が有するペプチド加水分解反応の逆反応（脱水縮合反応）を利用してZ-L-Asp-L-Phe-OMe を酵素合成し，Z基を化学的に除去してアスパルテームを得る方法を以下に示す．

Z-L-Asp + L-Phe-OMe
↓ thermolysin
Z-L-Asp-L-Phe-OMe
↓ 化学的脱保護
L-Asp-L-Phe-OMe

（Z：カルボベンゾキシ基）

〔用途〕 食品の低カロリー化に有効な甘味料で，卓上用甘味料，炭酸飲料，粉末飲料，シリアル，チューインガム等に広く用いられている．特徴は，甘味質が砂糖に似てさわやか，砂糖の200倍の甘さがある，タンパク質と同様に消化，吸収，代謝される，虫歯の原因とならない，安全な甘味料などが挙げられる．

〔製造工程〕 本法では，基質として DL 体の Phe-OMe を用いても L 体の Phe-OMe のみが反応する．また，残存する D-Phe-OMe は Z-L-Asp-L-Phe-OMe（Z-アスパルテーム）と水難溶性の付加物を形成するので，反応平衡は合成側に片寄らせることができる（下図）．

Z-L-Asp + DL-Phe-OMe
↓ thermolysin
Z-L-Asp-L-Phe-OMe・D-Phe-OMe

〔安全性〕 安全性については，食品添加物である性格上，徹底的に確認がなされ，米国FDAの歴史上こ

れほど徹底的に安全性が確認されたものはないといわれるほどである。この結果，1981年に米国FDAにより，1983年にわが国の厚生省により認可され，現在までに使用が許可された国は120カ国以上にのぼり，グローバルな素材として広く利用されている。

2.3.2 グルタチオン

グルタチオンは，γ-L-glutamyl-L-cysteinyl-glycineの一般名であり，分子内にγとαのペプチド結合を有するトリペプチドである。

〔生産の歴史と現状〕 グルタチオンは，1921年，F. G. Hopkinsら[5]により酵母あるいは動物組織より初めて単離されて以来，数多くの製造方法が開発されてきた。グルタチオンの工業的製造方法としては現在でも酵母による発酵菌体からの抽出方法が主流となっている（興人等）。酵母としてはグルタチオン生産性の高い $Candida\ utilis$[6]や $Saccharomyces\ cerevisiae$[7]，$Saccharomyces\ cystinovolens$[8] 等が用いられ，至適条件下では菌体重量の5％以上のグルタチオンが蓄積される[6]。一方，さらなる効率生産を目指したATPの再生系を共役させた $E.\ coli$ 菌体を用いる酵素法も近年開発され，工業生産されるに至っている（協和発酵）。$E.\ coli$ のγ-グルタミルシステインシンセターゼは，最終生産物であるグルタチオンによってフィードバック阻害を受けるが，京都大学の木村ら[9],[10]は，脱感作型の本酵素遺伝子とグルタチオンシンセターゼ遺伝子を高発現した $E.\ coli$ 組換え株を構築した。本法は，本菌株を界面活性剤で処理することによりグルタチオン透過性を高めた方法である[11]。反応の進行とともにATPはADPに変換されるが，グルコース代謝によるエネルギーを利用してADPはATPに再生することができることが特徴となっている。

〔製造にかかわる酵素〕 微生物の有するグルタチオン生合成に関与するATP依存性γ-グルタミルシステインシンセターゼとATP依存性グルタチオンシンセターゼの2段階の合成反応で生産される。

〔製造原理〕 L-グルタミン酸，L-システイン，グリシンからγ-グルタミルシステインシンセターゼとグルタチオンシンセターゼの2段階の酵素反応で合成される。

```
L-グルタミン酸 + L-システイン
        │
   ATP ─┤
        │  γ-グルタミルシステインシンセターゼ
   ADP ←┤
        ▼
   γ-L-グルタミン酸-L-システイン
```

```
γ-L-グルタミン酸-L-システイン + グリシン
        │
   ATP ─┤
        │  グルタチオンシンセターゼ
   ADP ←┤
        ▼
   グルタチオン
```

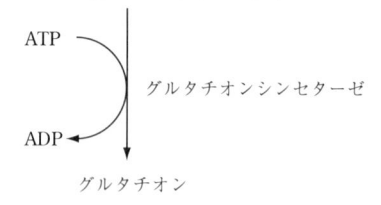

〔用 途〕 生体内での酸化還元レベルのバランスの維持，ならびにグルタチオンパーオキシダーゼを介して有害な過酸化物の解毒という重要な機能を有し，肝機能促進剤，解毒剤として医薬を中心に広く用いられており，近年は健康食品としても広く利用されている。

〔製造工程〕 発酵法の場合には，酵母のグルタチオン生合成経路を利用して，グルコース等のC源を主原料にしてグルタチオンを菌体内に蓄積させ，これを抽出する方法が用いられる。酵素法の場合には，γ-グルタミルシステインシンセターゼとグルタチオンシンセターゼを高発現した $E.\ coli$（界面活性剤処理）を酵素源として用い，グルコース，L-グルタミン酸，L-システイン，グリシンを原料にして生成させる方法が用いられる。

2.3.3 γ-ポリグルタミン酸

ポリペプチドの中には，1種のアミノ酸のみを縮合して得られるホモポリマーと呼ばれるポリアミノ酸も存在し，代表例としてグルタミン酸のγ位のカルボキシ基とα位のアミノ基が直鎖状に結合したγ-ポリグルタミン酸が挙げられる。

〔生産の歴史と現状〕 γ-ポリグルタミン酸は，D-グルタミン酸およびL-グルタミン酸がγ-グルタミル結合で縮合した分子量数十万～百万の生体高分子であり，$Bacillus\ natto$ 等の $Bacillus$ 属細菌の糸引き物質の主成分[12],[13]，あるいは莢膜成分として生合成されることは古くより知られていた。γ-ポリグルタミン酸の工業的製造方法としては，現在でも $Bacillus$ 属細菌での発酵法が主流となっている。

〔製造にかかわる酵素〕 $Bacillus$ 属細菌の膜画分に存在するγ-ポリグルタミン酸合成酵素によりグルタミン酸が重合して生成する。$Bacillus\ licheniformis$ の膜画分を用いたγ-ポリグルタミン酸合成が検討され，ATPとMgイオン依存性であることが判明している[14]。γ-ポリグルタミン酸にはD体のグルタミン酸が多く含まれるが，最近，左右田ら[15]により，γ-ポリグルタミン酸の生合成にはグルタミン酸ラセマーゼによるL-グルタミン酸のラセミ化反応が重要な役割

を果たしていることが示された。

〔製造原理〕 L-グルタミン酸およびD-グルタミン酸からATP依存性γ-ポリグルタミン酸合成酵素により生合成される。

〔製造工程〕 γ-ポリグルタミン酸生産菌は，培地にグルタミン酸を添加したときに著量の蓄積を示す群（納豆菌を含む*Bacillus subtilis*等）と，この性質を持たない群（*Bacillus lichenformis*等）に大別され，これらを至適条件下で培養すると，20 g/l 以上のγ-ポリグルタミン酸が蓄積される[16]。最近，*Bacillus subtilis*のγ-ポリグルタミン酸合成酵素遺伝子を*E. coli*で発現させた報告もなされている[17]。

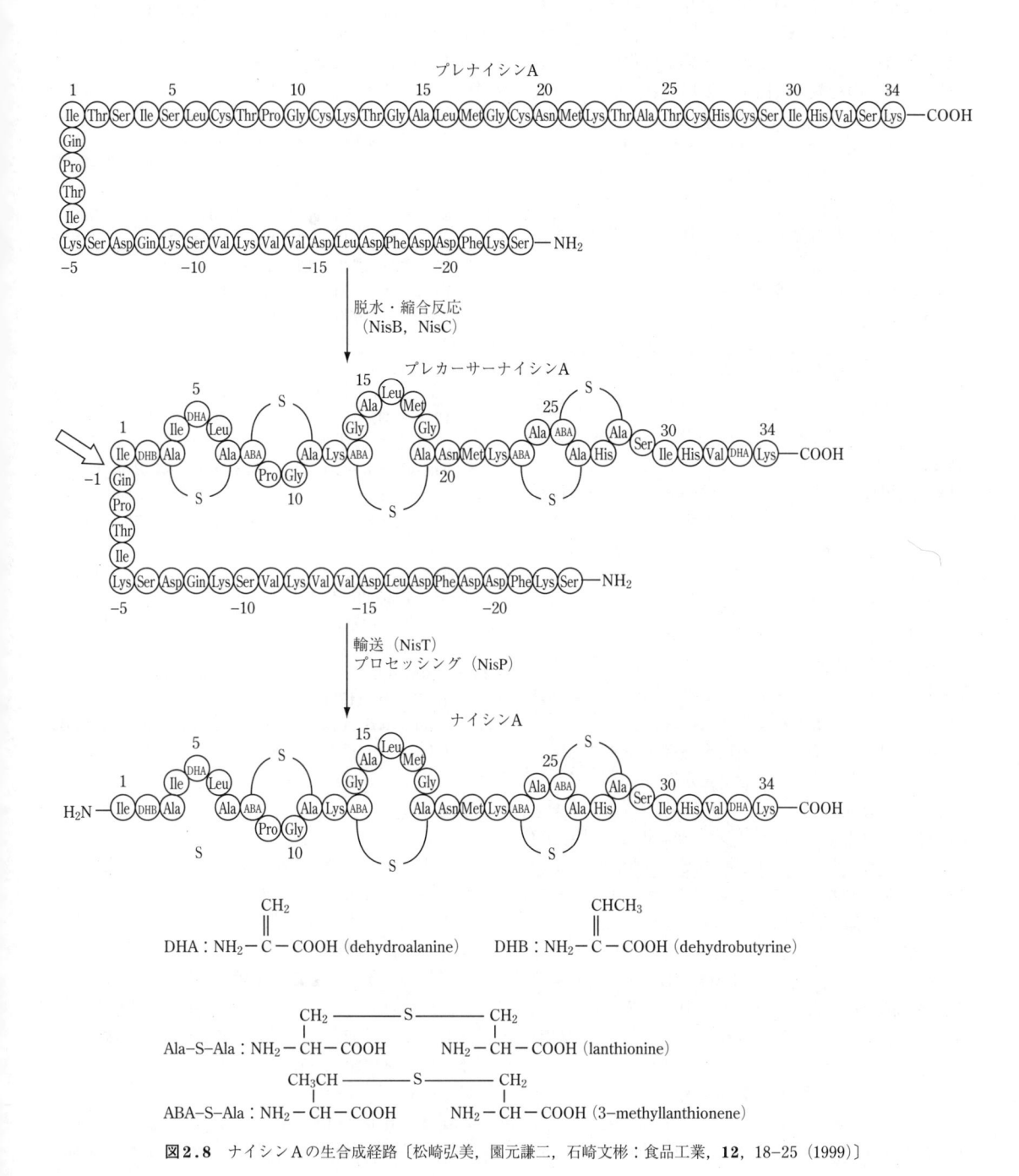

図2.8 ナイシンAの生合成経路〔松崎弘美，園元謙二，石崎文彬：食品工業，**12**, 18-25（1999）〕

2.3.4 ナイシン

ポリペプチドのなかで，食品用途の抗菌剤として最近特に注目されているものに，乳酸菌の生産するバクテリオシンがあり，代表例としてはナイシンAが挙げられる。

〔生産の歴史と現状〕 乳酸菌は，乳酸（pH低下）による食品中の雑菌増殖抑制や食品への風味付与の性質を有し，古くより発酵食品を中心に利用されてきた。近年，乳酸菌が生産する雑菌増殖抑制物質として，乳酸以外の種々の特徴ある因子が見出されており，特にバクテリオシン[18),19)]が食品工業に有用な因子として注目されている[20),21)]。このなかでも，*Lactococcus lactis*の生産するナイシンAは，欧米を中心に広く実用化されている。使用形態としては，乳酸菌の培養物そのものを用いる場合と培養液より単離した標品を用いる場合の双方がある。

〔製造にかかわる酵素〕 ナイシン前駆体のペプチドを分子内で脱水縮合してランチオニン環，3-メチルランチオニン環を形成する脱水酵素および縮合酵素，N末端のリーダーペプチドを切断してナイシンAを生成するプロセッシング酵素の存在で生合成すると考えられているが，反応の詳細は不明である（図2.8）[20),21)]。

〔製造原理〕 まず最初に，通常のタンパク質と同様にリボソームでナイシン前駆体が生合成される。このナイシン前駆体のセリンとスレオニン残基が脱水されて，それぞれデヒドロアラニン，デヒドロブチリンに変換され，これら不飽和アミノ酸がシステインと分子内縮合してランチオニン環と3-メチルランチオニン環を生成すると考えられている。つぎにN末端側に存在するリーダーペプチドが切断されることにより活性型のナイシンAが菌体外に分泌生産される。

〔製造工程〕 ナイシン生産菌を至適培養条件下で培養することにより菌体外に分泌生産される。ナイシンAのN末端から27番目のヒスチジンがアスパラギンに置換したナイシンZ（ナイシンAよりも中性pHでの溶解度が高くナイシンAと同程度の抗菌活性，抗菌スペクトルを示す）については，バイオリアクターによる高効率生産が報告されている[22),23)]。

〔安全性〕 ナイシンAは，GRAS物質として認められているとともに，WHOやFAOにおいて安全な天然食品保存料として認可され欧米を中心に多くの国で食品保存料として使用されている。

（横関）

引用・参考文献

1) Mazur, R. H., et al.: *J. Am. Chem. Soc.*, **97**, 2684-2691 (1969).
2) Ariyoshi, Y., et al.: *Bull. Chem. Soc. Jpn.*, **46**, 1893-1895 (1973).
3) Isowa, Y., et al.: *Tetrahedron Lett.*, **28**, 2611-2612 (1979).
4) 上島孝之：酵素テクノロジー，p. 73, 幸書房 (1999).
5) Hopkins, F. G.: *Biochem. J.*, **15**, 286-305 (1921).
6) 興人：特願昭61-051874.
7) 旭化成：特開昭48-92579.
8) 鐘紡：特開昭53-94089.
9) Murata, K. and Kimura, A.: *Appl. Environ. Microbiol.*, **44**, 1444-1448 (1982).
10) Murata, K., et al.: *Agric. Biol. Chem.*, **47**, 1381-1383 (1983).
11) 藤尾達郎：BIO INDUSTRY, **3**, 453-461 (1986).
12) 藤井久雄：農化, **37**, 1000-1004 (1962).
13) 村尾沢夫：農化, **43**, 595-598 (1969).
14) Gardner, J. M. and Troy, F. A.: *J. Biol. Chem.*, **254**, 6262-6269 (1979).
15) Ashiuti, M., et al.: *H. J. Biochem.*, **123**, 1156-1163 (1998).
16) Ito, Y., et al.: *Biosci. Biotechnol. Biochem.*, **60**, 1239-1242 (1996).
17) Ashiuti, M., et al.: 特開平13-0123
18) Klaenhammer, T. R.: *FEMS Microbiol. Rev.*, **12**, 39-85 (1993).
19) Ralph, W. J., et al.: Microbiol. Rev., **59**, 171-200 (1995).
20) 園元謙二，他：バイオサイエンスとインダストリー，**54**, 492-496 (1996).
21) 松崎弘美，園元謙二，石崎文彬：食品工業, **12**, 18-25 (1999).
22) Matusaki, H., et al.: *Appl. Microbiol. Biotechnol.*, **45**, 36-40 (1996).
23) Chinachoti, N., et al.: *Biosci. Biotech. Biochem.*, **62**, 1002-1024 (1998).

2.4 糖

微生物を用いた糖の生産技術は，酵素法と発酵法に大別される。酵素法は，微生物の培養によって得た酵素剤を糖液などの原料に作用させて目的とする糖質を得るもので，発酵法は糖濃度の高い培地で微生物を培養して目的とする糖質を培養液中に蓄積させるものである。一般的に，単糖やオリゴ糖の生産には酵素法を，多糖の生産には発酵法を用いることが多い（表2.2）。以下に，糖質生産の具体例を示す。

2.4.1 トレハロース

〔生産の歴史と現状〕 従来は，培養した酵母菌体内

表2.2 製法によるおもな糖質の分類

I. 多 糖	（抽出・分離法）	キチン，アラビノガラクタン，カラギーナン，グアーガム，ペクチン，セルロース
	（発酵法）	デキストラン，プルラン，カードラン，バクテリオセルロース，ジェランガム，レバン
	（酵素法）	シクロアミロース，クラスターデキストリン
II. オリゴ糖・単糖	（抽出・分離法）	スクロース，ラクトース，大豆オリゴ糖
	（発酵法）	L-ソルボース，D-リボース
	（酵素法）	マルトオリゴ糖，シクロデキストリン，トレハロース，フラクトオリゴ糖，ニゲロオリゴ糖，ゲンチオオリゴ糖，ガラクトオリゴ糖，D-グルコース，D-フルクトース
	（酸加水分解）	D-フルクトース，N-アセチルグルコサミン，L-フコース
III. 糖アルコール	（発酵法）	エリスリトール
	（水添法）	ソルビトール，還元水飴，マルチトール，キシリトール，ラクチトール，還元パラチノース

に蓄積されたトレハロースを抽出することによっておもに製造されてきた[1]。しかし，菌体内のトレハロース含量自体がせいぜい20％と低く，かつ抽出後の精製効率も悪いため，大量生産には向かない方法であった。価格も高く，用途が限定されていた（化粧品，医薬品など少量使用で付加価値の高いもの）。

抽出法に代わる方法として，アミノ酸発酵微生物（*Brevibacterium*属などの細菌）を培養し，ブロス中に生成したトレハロースを回収する方法（発酵法）も検討された[2]。収率は，培養液1 l 当り約9 gと低く，大量生産は不可能であった。

これとは別に，デンプンからトレハロースを生産する*Arthrobacter*属細菌が土壌から単離された[3]。この菌株のトレハロース生成に関与する酵素について調べたところ，マルトオリゴシルトレハロースシンターゼ（MTSase）およびマルトオリゴシルトレハローストレハロハイドロラーゼ（MTHase）によってデンプンからトレハロースを生成する系の存在が明らかとなった。この系を用いてデンプンから高純度のトレハロースを製造する技術（酵素法）が1994年に開発され，大量生産と大幅なコストダウンが実現した[4]。現在，年間約2万tが生産されている。

〔製造にかかわる微生物〕 *Arthrobacter*属細菌が用いられる。

〔製造原理〕 ①デンプンにイソアミラーゼを作用させて直鎖状の $α$-1,4-グルカン（アミロース）を得る。②MTSaseがアミロースに作用して還元末端グルコース残基が分子内転移し，$α,α$-1,1結合を形成する。すなわち，アミロースの還元末端がトレハロース構造をとり，アミロシルトレハロースとなる。③アミロシルトレハロースのトレハロース構造に隣接する $α$-1,4結合をMTHaseが特異的に水解し，トレハロースを遊離する。④MTHaseがトレハロースを遊離した残りのグルカンは，再び②，③の過程を経てトレハロースを生じる。このサイクルは，直鎖状グルカンの重合度が3以下になるまで続く。このトレハロース生成系の概略を図2.9に示す。MTSase/MTHase系によるトレハロース生成は，このサイクルのおかげで高収率（対原料重量比80％以上）が得られる。

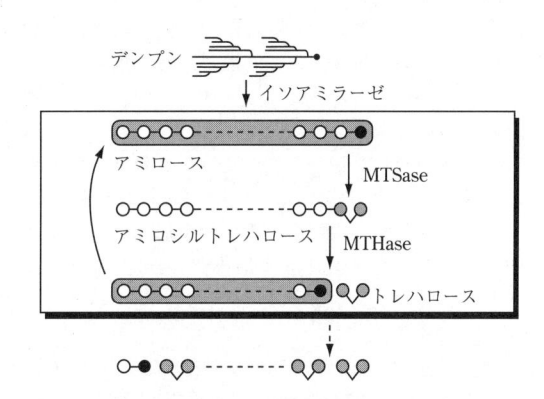

図2.9 MTSaseとMTHaseによるデンプンからのトレハロース生成機構

〔用 途〕 食品（甘味料，デンプンの老化防止作用，脂質酸化防止作用，凍結時の離水防止作用など），化粧品（保湿作用など）への応用が代表的である。

〔製造工程〕

① トレハロース生成酵素生産菌の培養を行う。

② 培養液を溶菌処理した後，菌体除去および濃縮を行いMTSase／MTHase酵素剤を調製する。

③ 液化デンプンに酵素剤（MTSase／MTHase，イソアミラーゼ，シクロデキストリングルカノトランスフェラーゼ）を添加し，糖化反応を行う。

④ 糖化液を脱色・濾過・脱塩する。

⑤ 濃縮後，晶析・分蜜を行い精製する。

⑥ 結晶を乾燥・粉末化する。

2.4.2 フラクトオリゴ糖

〔生産の歴史と現状〕 フラクトオリゴ糖は野菜や果物などの植物中に含まれている。しかし，その生理機能および製造法は知られていなかった。そこで，フルクトース転移活性の強い糖転移酵素の検索が行われ，数株のβ-フラクトフラノシダーゼ生産菌が得られた[5),6)]。これらのうち，*Aspergillus niger*，*Aureobasidium pullulans*由来酵素に強い糖転移活性が見られ，フラクトオリゴ糖生産に応用可能であるとわかった。1983年に工業生産が開始され，現在では年間約4000 tが生産されている[7)]。酵素法によるオリゴ糖生産という点で前項のトレハロースとは共通している。ただし，トレハロース生産が液状酵素剤を用いたバッチ反応を採用しているのに対して，フラクトオリゴ糖は固定化菌体を用いたバイオリアクターで生産されている。

〔製造にかかわる微生物〕 *A. niger*が使用されている。

〔製造原理〕 β-フラクトフラノシダーゼをショ糖に作用させた際の糖転移作用による。同酵素は，本来は加水分解酵素であり，ショ糖濃度が低い場合はグルコースとフルクトースを生じる。ところが，基質濃度の上昇に伴い転移反応が見られるようになり，50%では転移反応のみが起こる[6)]。このときのフラクトオリゴ生成率は60%に達する。同酵素の糖転移反応によって，フルクトースがβ-2,1結合を形成して直鎖状に伸長する。おもな生成物は1-ケストース（GF_2），ニストース（GF_3），および1^F-フラクトシルニストース（GF_4）である。

〔用 途〕 食品に用いられる。摂取により難消化性，腸内菌叢改善および脂質代謝改善作用を示す。

〔製造工程〕
① フラクトフラノシダーゼ生産菌を培養する。
② 菌体を回収・固定化し，バイオリアクターへ充填する。
③ バイオリアクターへ基質ショ糖液を通液し，糖化反応を行う。
④ 糖化液の脱色，脱塩および濃縮を行う。
⑤ （製品により）分画・精製する。

2.4.3 セルロース

〔生産の歴史と現状〕 酢酸菌（*Acetobacter*属細菌）などの細菌が生産するセルロースをバクテリアセルロースと呼ぶ。これは植物セルロースと比較して繊維が細く，微細な網目構造をとる。したがって高い強度のゲルを形成可能であり，さまざまな応用が期待されている。発酵食品ナタデココの主成分はバクテリアセルロースであるが，これに代表されるように，バクテリアセルロースゲルは従来酢酸菌を静置培養することによって製造されてきた[8)]。しかし，この方法はコスト的に不利で，工業的大量生産を行う際のネックになっている。そこで，通気撹拌培養によって生産性を上げる検討がなされている。現在，連続培養法により生産速度0.95 g/(l·h)，対消費糖収率46%を実現している[9)]。

〔製造にかかわる微生物〕 *Acetobacter aceti*，*Acetobacter xylinum*などの酢酸菌が利用される。

〔製造原理〕 セルロース合成を担う酵素はセルロースシンターゼである。本酵素はUDP-グルコースを供与体としてβ-1,4グルカン鎖を伸長する。本酵素を含む一連のセルロース合成酵素群は，細胞膜上にターミナルコンプレックスという複合体を形成する。細胞内のUDP-グルコースはこの複合体を介して，セルロース繊維として吐出される。

セルロース生産菌は，グルコース1-リン酸をUDP-グルコースに変換するUDP-グルコースピロホスホリラーゼの活性が強い。したがって，培養中のUDP-グルコース生産能力とセルロース生産能力には相関があると考えられている[9)]。

〔用 途〕 食品（ナタデココ，懸濁安定化剤，増粘剤など），音響振動板[10)]，人工皮膚などに用いられている。

〔製造工程（通気撹拌培養による製造）〕
① フルクトースを炭素源とした培地にセルロース生産菌を接種する。
② 通気撹拌培養を行うと，バクテリアセルロースは小さな粒状または繊維状となり，培養液中で懸濁状態となる。
③ アルカリ処理により，セルロースと菌体を分離する。
④ 分離したセルロースを洗浄後ホモジナイズする。

2.4.4 プルラン

〔生産の歴史と現状〕 プルランは水溶性多糖の一種で，マルトトリオース単位がその非還元末端でα-1,6結合することにより重合した構造をとる。不完全菌*Aureobasidium pullulans*，*Dematium pullulans*，*Pullularia fermentans* var. *fermentans*などがこの多糖を生産し，培養液中に蓄積する[11)]。このうち*A. pullulans*の育種を行い，安価な水飴を炭素源として利用可能な黒色色素非生産性の菌株を取得した。同株を用いた発酵法によるプルランの工業生産は1976年に開始され，現在では年間約700 tが生産されている。

〔製造にかかわる微生物〕 *A. pullulans* が用いられる。

〔製造原理〕 現段階で詳細については不明である。ただし，UDP-グルコースから糖脂質中間体を経てグルコースの重合が起こり，プルランが生成されるという機構が提唱されている[12]。UDP-グルコースを供与体とする点では前項で述べたセルロース生産の原理と類似している。しかし，グルコシル基が最終産物へ直接転移しない点で異なる。

〔用 途〕 食品（増粘剤など）や，容易にフィルム状に加工できる利点を生かしてカプセル基材などに使用されている。

〔製造工程〕

① 水飴を炭素源とした原料液に，十分生育したプルラン生産菌を接種する。

② 炭素源がほぼ完全に消費されたら，濾過により除菌する。

③ 培養液上清の脱色，脱塩（省略する製品もある）および濃縮を行う。液状品はこの工程で終了する。

④ 上記液状品を乾燥，粉砕後，ふるい分けすることによって粉末品を製造する。

2.4.5 エリスリトール

〔生産の歴史と現状〕 エリスリトールは糖アルコールのなかでは比較的後発であるが（1990年開発），糖由来のものとしては唯一のノンカロリー甘味料（正確には0.2 kcal/g）として，すでにその地位は確固たるものとなっている[13]。一般的に糖アルコールは原料糖に水素添加することによって製造される。エリスリトールもこの方法で製造することは可能である。しかし，原料となるエリスロースの大量入手が難しく，かつ高価であることから現実的でない。そこで，エリスリトールを生産する微生物の検索が行われ，その結果エリスリトールを培養液中に蓄積する菌が数種見出された[14]。菌株の改良を行うことで発酵法による工業化に成功し，現在では年間5000 t以上が生産されている[7]。

〔製造にかかわる微生物〕 *Aureobasidium* 属，*Trichosporonoides* 属および *Moniliella* 属のエリスリトール生産菌が用いられる。

〔製造原理〕 芳香族アミノ酸生合成系の中間生成物の一つエリスロース-4-リン酸が脱リン酸化によりエリスロースとなり，これがエリスロースレダクターゼの作用により還元されてエリスリトールを生じると考えられている[15]。同酵素はエリスリトール生産菌 *Aureobasidium* sp. SN-G42株から単離・精製されている[16]。

〔用 途〕 食品（低カロリー，後味の残らない甘みなどの特性を生かして飲料，菓子などにおもに利用されている），医薬品（味質改善剤，コーティング剤など），安定化剤などに利用されている。

〔製造工程〕

① グルコースを主とした原料液に，十分生育したエリスリトール生産菌を接種する。

② グルコースが完全に消費されたら，菌体を分離する。上清をクロマト分離し，エリスリトール画分を得る。

③ 粗エリスリトール液を脱色，脱塩して不純物を除去する。

④ 濃縮後，晶析・分蜜して精製する。

⑤ 結晶を乾燥した後，粉末化・ふるい分けを行う。

(山下)

引用・参考文献

1) Stewart, L. C., et al.: *J. Am. Chem. Soc.*, **72**, 2059-2061 (1950).
2) 土田隆康，他：特開平5-211882 (1993).
3) Maruta, K., et al.: *Biosci. Biotech. Biochem.*, **59**, 1829-1834 (1995).
4) 岡田勝秀，杉本利行：食品と開発，**30**, 49-52 (1995).
5) 日高秀昌，他：農化，**61**, 915-923 (1987).
6) Hidaka, H., et al.: *Agric. Biol. Chem.*, **52**, 1181-1187 (1988).
7) 「食品と開発」編集部：食品と開発，**36**, 32-38 (2001).
8) 沖山 敦，山中 茂：高分子，**45**, 391 (1996).
9) 吉永文弘，他：化学と生物，**35**, 772-779 (1997).
10) 山中 茂，他：農化，**72**, 1039-1044 (1998).
11) 杉本 要：発酵と工業，**36**, 98-108 (1978).
12) Catley, B. J. and McDowell, W.: *Carbohydr. Res.*, **103**, 65-75 (1982).
13) 春見隆文，他：*J. Appl. Glycosci.*, **47**, 117-124 (2000).
14) 若生勝雄，他：醗酵工学，**66**, 209-215 (1988).
15) 大倉哲也：化学と生物，**40**, 638-640 (2002).
16) Ishizuka, H., et al.: *Biosci. Biotech. Biochem.*, **56**, 941-945 (1992).

2.5 核酸関連物質

核酸は遺伝情報を担う生体成分であり，特に生殖細胞に多く含まれている。DNAやRNAというと通常は高分子ポリマーを指し，呈味性を示さない。しかしながらRNAを構成するモノマー成分（5'-IMP，5'-

GMP) にうま味があることが見出され，製造方法の研究が数多く行われるようになった。また核酸関連物質にはビタミン B_2（リボフラビン）など重要な生理活性物質が多く含まれる。

2.5.1 RNAとその分解産物

〔生産の歴史と現状〕 カツオ節のうま味の主成分が，RNAの分解産物の一種であるイノシンモノリン酸（IMP）であるとの報告は古く，1913年にさかのぼる[1]。しかしながら当時の分析技術では，リン酸基の結合位置までを特定できなかった。RNAの酵素的分解により生成してくるモノリン酸リボヌクレオチドは，そのリン酸基の結合位置により3種類の異性体が存在する（図2.10）。1960年前後には，3種の異性体のうち5′-IMPのみが呈味性を示すことが確認されると同時に，5′-グアニル酸（5′-GMP），5′-キサンチル酸（5′-XMP）なども呈味性を示すことが判明した[2]。特に5′-IMPと5′-GMP（シイタケのうま味の主成分）は，グルタミン酸ソーダとの相乗効果により強いうま味が生まれることから，化学調味料としての需要が生まれた。まず初めに実用化されたのはRNAを原料とした酵素的分解による製造方法であった。この製造方法は，酵母によるRNAの生産，回収したRNAの酵素的分解，分解産物の分離精製という三つの主要工程から構成されており，以下に概説する。

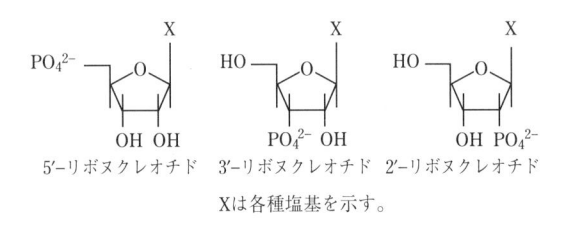

図2.10 モノリン酸リボヌクレオチドの異性体

〔製造にかかわる微生物〕 RNAの製造には酵母がよく用いられる。これは各種酵母が，DNAに比較して高いRNA含量を示すためである。RNA製造に最もよく用いられているものは *Candida utilis* と思われる。本菌の安全性は広く認識されており，大量培養方法も確立している。

RNAの酵素処理には2種類の酵素が用いられる。一つは5′-リボヌクレオチドを選択的に生産するヌクレアーゼであり，もう一方は5′-AMPデアミナーゼで，こちらは分解により生成してくる5′-AMPを5′-IMPへと変換する酵素である。ヌクレアーゼとしては，

Penicillium citrinum 由来のヌクレアーゼP1の工業利用が報告されている[3]。5′-AMPデアミナーゼとしては *Aspergillus oryzae* 由来の酵素が用いられている[4]。さらには *Streptomyces aureus* 由来の複合酵素（エンドヌクレアーゼ，エキソヌクレアーゼ，5′-AMPデアミナーゼ活性を含む）が用いられることもある[5]。

〔製造原理〕 酵母菌体より抽出したRNAをヌクレアーゼにて分解し，5′-リボヌクレオチド混合液を得る。それらを分離，精製し目的産物を得る。5′-IMPに関しては，5′-AMP画分に対してデアミナーゼを作用させて，これを得る。

〔用途〕 酵母菌体は家畜飼料用や食用として使用されている。高分子RNAそのものには大きな需要はない。5′-IMPと5′-GMPは化学調味料として商業流通している。他のヌクレオチドは，医薬品中間体として利用されているものもある。

〔製造工程〕 酵母は安価な糖質を材料に非常によく生育する。亜硫酸パルプ廃液，糖蜜などを原材料とした好気的培養により酵母菌体が製造される。

酵母菌体より抽出したRNAに対して，ヌクレアーゼP1を作用させ，4種の5′-リボヌクレオチド混合液（5′-AMP，5′-GMP，5′-CMP，5′-UMP）を得る。イオン交換樹脂を用いて各化合物を分離する。5′-AMP画分に対しては，5′-AMPデアミナーゼを作用させて，5′-IMPを得る。各画分を精製することで，5′-IMPならびに5′-GMPを得ると同時に，副産物として5′-CMP，5′-UMPを得ることになる[4]。*S. aureus* 由来の複合酵素を用いる場合には，分解反応と同時にデアミネーション反応が進行するので，分解液中には5′-IMP，5′-GMP，5′-CMP，5-UMPの4種の5′-リボヌクレオチドが生成してくる。同様の樹脂を用いて，これらを精製する[5]。

2.5.2 5′-IMPとイノシン

〔生産の歴史と現状〕 前項で記述したように呈味性リボヌクレオチドの工業生産としては，酵母RNAを用いた酵素分解法が1961年頃にまず実用化された[6]。この酵素分解法は，呈味性を示す5′-IMPあるいは5′-GMPの選択的な生産方法ではなく，ピリミジン系ヌクレオチドを副産物として伴うものであった。そこで，より選択的な5′-IMPあるいは次項に述べる5′-GMP製造方法の開発研究がさかんに行われた。

5′-IMPの工業製造方法は，5′-IMPの直接発酵法，発酵生産したイノシンを化学的にリン酸化する複合プロセス，発酵生産したイノシンを酵素的にリン酸化するバイオ複合プロセス，の三つに分類される。

〔製造にかかわる微生物〕 5′-IMP直接発酵には

*Corynebacterium ammoniagenes*の変異株が用いられている。イノシンの発酵菌としては，*C. ammoniagenes*あるいは*Bacillus subtilis*の変異株が用いられている。イノシンの酵素的リン酸化には，大腸菌（*Escherichia coli*）K-12株由来のグアノシンイノシンキナーゼを用いる方法と，モルガン菌（*Morganella morganii*）由来の酸性フォスファターゼを用いる方法とがある。

〔製造原理〕 5′-IMPはプリン系化合物の生合成経路上の共通中間体であり，ペントースリン酸回路より供給されるリボース5-リン酸から11段階の酵素反応にて生合成される（図2.11）。この5′-IMPの5位のリン酸基が加水分解により遊離すると，ヌクレオシドであるイノシンが生成する。5′-IMPは通常細胞内ではさほど蓄積しない。これは5′-IMPが，アデノシンあるいはグアノシン系列のプリンヌクレオチド生合成へと利用されると同時に，生産されるプリン系ヌクレオチドにより5′-IMP生合成系がフィードバック阻害されるからである。そこで変異処理を行い，*purA*（図2.11）および*guaB*（図2.11）を欠失あるいは微弱化することにより，アデノシンおよびグアノシン系列ヌクレオチドの細胞内濃度を低下させ，これらによるフィードバック阻害を解除してやると，5′-IMPの細胞内濃度が高まる。アデノシンおよびグアノシン系列ヌクレオチドは生育に必須であるので，必要最小限量のアデニンおよびグアニンを培地に添加し，サルベージ回路を通して必要量のプリン系ヌクレオチドを供給しておく。細胞内に蓄積した5′-IMPは膜透過性に乏しいので，通常は加水分解的に脱リン酸化され，イノシンとして細胞外に放出され，培地中に蓄積する[7), 8)]。膜構造の変化した特殊な*C. ammoniagenes*変異株では，培地中に5′-IMPが蓄積することが報告されている[9)]。

化学合成反応にてイノシンをリン酸化する場合には，塩化リン（$POCl_3$）を用いる製造方法が報告されている[10)]。

グアノシンイノシンキナーゼにてイノシンをリン酸化する際には，ATPが補因子として要求される。イノシン発酵を終了した*C. ammoniagenes*発酵液に，高濃度のグアノシンイノシンキナーゼを添加し，*C. ammoniagenes*が保有する強いATP再生活性とキナーゼ反応を共役させることで，効率的にリン酸化が進行することが報告されている[11)]。

酸性フォスファターゼを用いたリン酸化を行う場合には，ピロリン酸あるいはポリリン酸をリン酸基供与体として過剰量添加し，フォスファターゼの逆反応を利用して，イノシンをリン酸化する[12)]。

〔用 途〕 前述のように5′-IMPは化学調味料として需要がある。イノシンは5′-IMP製造の中間体としておもに利用されているが，医薬品中間体としての需要もある。

〔製造工程〕 直接発酵法においては，5′-IMP発酵液から，イオン交換樹脂等を利用して，5′-IMPを分離，精製する。

イノシンの化学的リン酸化法においては，イノシン発酵液からイノシンを部分精製した後，これを有機合成反応にてリン酸化する。生成した5′-IMPをイオン交換樹脂などで分離，精製する。

イノシンの酵素的リン酸化法では，使用する酵素により，製造工程が異なる。キナーゼ利用の場合には，イノシン発酵が終了した発酵槽にイノシンキナーゼを添加して，イノシン発酵に続きリン酸化反応を連続的に一つの発酵槽内で行う。発酵槽での最終産物は5′-IMPであり，これを分離，精製する[11)]。それに対しフォスファターゼ法は，イノシン発酵液からいったんイノシンを精製した後に，酵素的なリン酸化反応を別途行う[12)]。

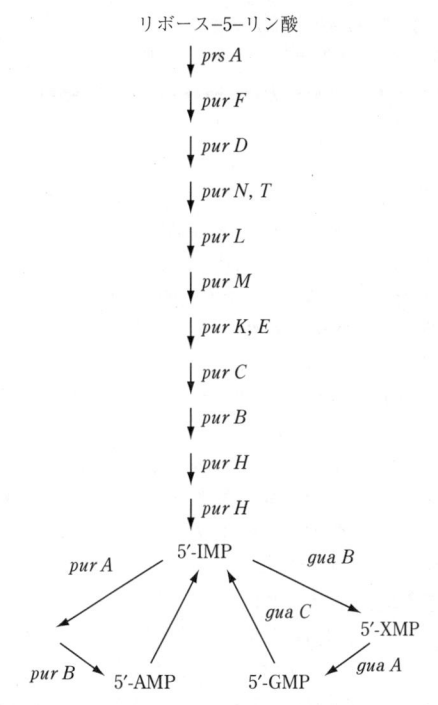

リボース-5-リン酸
↓ *prs A*
↓ *pur F*
↓ *pur D*
↓ *pur N, T*
↓ *pur L*
↓ *pur M*
↓ *pur K, E*
↓ *pur C*
↓ *pur B*
↓ *pur H*
↓ *pur H*
5′-IMP

pur A → 5′-IMP ← *gua B*
gua C
5′-XMP
pur B 5′-AMP 5′-GMP *gua A*

各反応を触媒する酵素をコードする大腸菌遺伝子の名称を列挙した。大腸菌には5′-AMP→5′-IMPを触媒するAMPデアミナーゼの構造遺伝子は存在しない。

図2.11 プリン生合成経路

2.5.3 5′-GMPとグアノシン

〔生産の歴史と現状〕 5′-IMPの製造方法の開発と並行して，5′-GMP製造方法についても，開発研究がさかんに行われた。

5′-GMPの工業製造方法は，発酵生産したグアノシンを化学的にリン酸化する複合プロセス，発酵生産したグアノシンを酵素的にリン酸化するバイオ複合プロセス，発酵生産した5′-XMPを酵素的にリン酸化するバイオ複合プロセス，の三つに分類される。

〔製造にかかわる微生物〕 グアノシンの発酵菌としては，B. subtilis の変異株が用いられている。グアノシンの酵素的リン酸化には，前項で述べたモルガン菌 (M. morganii) 由来の酸性フォスファターゼが用いられる。5′-XMP発酵には C. ammoniagenes の変異株が用いられている。5′-XMPの酵素的アミネーション反応には，大腸菌 K-12 株由来の guaA 遺伝子産物（XMPアミナーゼ）を用いる。

〔製造原理〕 5′-GMPは，プリン生合成経路の共通中間体である5′-IMPから2段階の酵素反応により生合成される。プリン系ヌクレオチドによる生合成系のフィードバック阻害があるため，5′-IMPと同様に，5′-GMPも通常細胞内ではさほど蓄積しない。そこで変異処理を行い，purA（図2.11）を欠失あるいは微弱化することにより，アデノシン系列ヌクレオチドの細胞内濃度を低下させ，これらによるフィードバック阻害を解除してやると同時に5′-IMPから5′-GMPへ流れやすくする。しかしながら蓄積させたい5′-GMPそのものがフィードバック阻害を引き起こす。それを解除するために，プリンアナログに対する耐性を付与するという方法がとられる。8-アザグアニンなどがよく用いられるが，アナログ耐性株は，正常なプリンヌクレオチドを増産することで，アナログ化合物取込みの致死的影響を回避していることが多い。その結果，プリンアナログ耐性変異株の取得により，5′-AMPや5′-GMPによるキーエンザイムへのフィードバック阻害が解除され，プリン系化合物を著量生産する菌株を効率よく作製することができる。加えて，5′-GMPの分解系を遮断することも重要である。主要な分解酵素はGMPレダクターゼ（guaC，図2.11）であり，この活性を欠失させる。細胞内に蓄積した5′-GMPは膜透過性に乏しいので，通常は加水分解的に脱リン酸化され，グアノシンとして細胞外に放出され，培地中に蓄積する[13], [14]。ただこの脱リン酵素の特異性は低く，5′-IMPにも作用するため，グアノシン発酵菌は多少なりともイノシンを併産する。

合成反応にてグアノシンをリン酸化する場合には，塩化リン（$POCl_3$）を用いる。酸性フォスファターゼを用いたリン酸化を行う場合には，ピロリン酸あるいはポリリン酸をリン酸基供与体として過剰量添加し，フォスファターゼの逆反応を利用して，グアノシンをリン酸化する[10]。

前述のように5′-GMPそのものがフィードバック阻害を引き起こすため，発酵菌の作製が比較的困難である。そこで比較的生産しやすい5′-GMPの前駆体（5′-XMP）を発酵生産した後に，酵素的に5′-XMPを5′-GMPへと変換する生産方法が開発された。前項で解説した5′-IMP生産菌の製造方法と同様に5′-AMPと5′-GMPの生合成系を遮断あるいは微弱化することで，プリン系ヌクレオチドによるフィードバック阻害を回避する。ただし5′-XMPを蓄積させるので，purA と guaA（図2.11）を欠損ないしは微弱化する。細胞内に蓄積した5′-XMPは膜透過性に乏しいが，膜構造の変化した特殊な C. ammoniagenes 変異株では，培地中に5′-XMPが蓄積することが報告されている[15]。XMPアミナーゼにて5′-XMPを5′-GMPへと転換する反応では，ATPが補因子として要求される。5′-XMP発酵を終了した C. ammoniagenes 発酵液に，高濃度のXMPアミナーゼを添加し，C. ammoniagenes が保有する強いATP再生活性を利用したアミネーション反応を進行させ，効率的に5′-GMPが生産できることが報告されている[16]。

〔用　途〕 5′-GMPは化学調味料として需要がある。グアノシンは5′-GMP製造の中間体としておもに利用されているが，医薬品中間体としての需要もある。5′-XMPは5′-GMP製造の中間体として利用されているのみである。

〔製造工程〕 化学的リン酸化法においては，グアノシン発酵液からグアノシンを粗精製した後，これを有機合成反応にてリン酸化する。生成した5′-GMPをイオン交換樹脂などで分離，精製する。リン酸化工程では，イノシンとグアノシンの混合物を同時にリン酸化することもできる[10]。

フォスファターゼによる酵素的リン酸化法では，グアノシン発酵液からいったんグアノシンを精製した後に，酵素的なリン酸化反応を別途行う。この場合も，イノシンとグアノシンの混合液を同時にリン酸化することができる[17]。

5′-XMPの酵素的アミネーションによる5′-GMP製造方法では，5′-XMP発酵が終了した発酵槽にXMPアミナーゼを添加して，5′-XMP発酵に続いてアミネーション反応を連続的に一つの発酵槽内で行う。発酵槽での最終産物は5′-GMPであり，これを分離，精製する[16]。

2.5.4 その他の核酸関連物質

前項までに紹介した核酸系化合物以外にも工業的に生産されているものがある。おもに医薬品あるいは医薬合成原料として用いられることが多い。化合物名とおもに用いられている製造方法を列挙する。詳細については，文献を参照していただきたい。

・ウリジン，枯草菌変異株による発酵生産[18]

・オロチン酸，*Corynebacterium glutamicum* 変異株による発酵生産[19]

・ATP，*C. ammoniagenes* 変異株菌体を酵素源として利用するアデニンからの酵素転換法[20]

・リボフラビン，子嚢菌 *Ashbya gossypii* および酵母 *Candida famata* の変異株ならびに枯草菌 *B. subtilis* の組換え株による発酵生産[21]

・FMN および FAD，*C. ammoniagenes* 変異株菌体を酵素源として利用するリボフラビンからの酵素転換法[22],[23]

・CDP-コリン，組換え大腸菌と *C. ammoniagenes* 変異株菌体を酵素源として利用する複合酵素反応によるオロチン酸と塩化コリンからの酵素転換法[24]

・糖ヌクレオチド，糖と核酸を原材料とした酵素転換法[25],[26]

〈森　英郎，藤尾〉

引用・参考文献

1) 小玉新太郎：東京化学会誌, **34**, 751-757 (1913).
2) 國中　明：農化, **34**, 489-492 (1960).
3) Kuninaka, A., et al.: *Bull. Agr. Chem. Soc. Jpn.*, **23**, 239-243 (1959).
4) 國中　明：核酸発酵，(アミノ酸・核酸集談会編), pp. 76-85 (1976).
5) 中尾義雄：核酸発酵，(アミノ酸・核酸集談会編), pp. 86-99 (1976).
6) 國中　明：アミノ酸・核酸集談会30年記念講演集, (バイオインダストリー協会アミノ酸・核酸集談会編), pp. 21-46 (1988).
7) Ishii, K. and Shiio, I.: *Agric. Biol. Chem.*, **37**, 287-300 (1973).
8) Kotani, Y., et al.: *Agric. Biol. Chem.*, **42**, 399-405 (1978).
9) 手柴貞夫，古屋　晃：発酵と工業, **42**, 488-498 (1984).
10) Yoshikawa, M., et al.: *Bull. Chem. Soc. Jpn.*, **42**, 3505-3508 (1969).
11) Mori, H., et al.: *Appl. Microbiol. Biotechnol.*, **48**, 693-698 (1997).
12) Mihara, Y., et al.: *Appl. Environ. Microbiol.*, **66**, 2811-2816 (2000).
13) 野上晃雄，米田雅彦：化学と生物, **7**, 371-377 (1969).
14) 松井　裕：発酵と工業, **41**, 847-854 (1983).
15) Misawa, M., et al.: *Agric. Biol. Chem.*, **33**, 370-376 (1969).
16) Fujio, T., et al.: *Biosci. Biotech. Biochem.*, **61**, 840-845 (1997).
17) Asano, Y., et al.: *J. Biosci. Bioeng.*, **87**, 732-738 (1999).
18) Doi, M., et al.: *Biosci. Biotech. Biochem.*, **58**, 1608-1612 (1994).
19) 高山健一郎，松永智子：特開平1-104189
20) Maruyama, A. and Fujio, T.: *Biosci. Biotechnol. Biochem.*, **65**, 644-650 (2001).
21) Stahmann, K. P., et al.: *Appl. Microbiol. Biotechnol.*, **53**, 509-516 (2000).
22) Watanabe, T., et al.: *Appl. Microbiol.*, **27**, 531-536 (1974).
23) 北辻　桂, 他：特開平5-304975
24) Fujio, T., et al.: *Biosci. Biotech. Biochem.*, **61**, 960-964 (1997).
25) Koizumi, S., et al.: *Nature Biotech.*, **16**, 847-850 (1998).
26) Ishige, K., et al.: *Biosci. Biotech. Biochem.*, **65**, 1736-1740 (2001).

2.6 脂　　質

植物サラダ油を主製品とする油脂産業界における大きな研究の流れの一つは，酵素法および微生物法による機能性油脂の開発である。本節ではこれまでに商品化された機能性油脂の製造方法と最近の研究開発の動向を紹介する。

2.6.1 酵素法を利用して製造した機能性油脂

(1) エステル交換反応を利用して製造した油脂

ほとんどの天然油脂（トリグリセリド，TAG）は，グリセロール骨格の1,3-位に飽和脂肪酸あるいは不飽和度の低い脂肪酸が結合し，2-位に不飽和度の高い脂肪酸が結合した多種多様な TAG 分子種で構成されている。天然油脂の1,3-位に結合している脂肪酸を特定の脂肪酸でエステル交換すると物性や栄養機能において特徴のある油脂を製造することができる。この型の機能性油脂の製造には TAG の1,3-位のエステル結合のみを認識するリパーゼ（*Rhizomucor miehei*, *Rhizopus oryzae* 由来のリパーゼ等）の利用が有効であり[1]，有機溶媒（ヘキサン）を含むあるいは含まない反応系が開発され，カカオ脂代替脂や母乳代替脂などが工業生産されている。

① カカオ脂代替脂　カカオ脂の主成分は，1,3-位にパルミチン酸とステアリン酸が結合し，2-位にオ

レイン酸が結合したTAGである。体温に近い温度に融点を持つカカオ脂の特徴は限定された分子種で構成されていることに起因し，この脂はチョコレートの原料として重宝されている。このカカオ脂と同じような物性を持つ脂を製造するために，酵素法の導入が試みられた。固定化した1,3-位特異的なリパーゼを触媒とし，ヘキサン中で安価なパーム油（パームオレイン）をステアリン酸（あるいはステアリン酸エチル）でエステル交換すると1,3-位にステアリン酸，2-位にオレイン酸が結合したTAG（SOS脂）を製造することができ[2]，わが国では1983年にこのSOS脂が発売されている。開発当時，固定化リパーゼを充填した固定層型リアクターによる連続生産法の斬新さが油脂産業界に一石を投じ，その後の酵素法による機能性油脂開発の導火線となっている。SOS脂が販売された後，さらに融点の高い脂として1,3-位にベヘン酸，2位にオレイン酸の結合したBOB脂も開発され，夏に出荷されるチョコレートの原料として使用されている。

② 母乳代替脂　母乳中には2-位にパルミチン酸，1,3-位にオレイン酸が結合したTAG種（OPO）が多く含まれており，この特徴ある構造が乳児における脂質の吸収効率を高めているといわれている[3]。このOPO脂もカカオ脂と同様の方法で製造することができる。固定化1,3-位特異的リパーゼを触媒とし，パーム固形脂（2-パルミトイルTAG種が多く含まれている）の1,3-位の脂肪酸をオレイン酸でエステル交換する方法で生産されている。海外では，製造されたOPO脂を育児粉乳の成分として使用している。

③ 中鎖脂肪酸含有油　大豆や菜種など多くの植物油はC18の長鎖脂肪酸からなるTAG分子種で構成されている。摂取されたTAGは，膵臓リパーゼで脂肪酸とモノグリセリド（MAG）に分解されて腸粘膜から吸収される。吸収された分解物はTAGに再構成されて脂肪組織に貯蔵された後，必要に応じて分解されてエネルギー源となる。一方，C8，C10の中鎖脂肪酸は長鎖脂肪酸より早く吸収されて肝臓で素早く分解されるため，脂肪組織に蓄積されることはない。この中鎖脂肪酸の特性が注目され，中鎖脂肪酸のTAGと長鎖脂肪酸のTAGをエステル交換した油が生産されている。この油は特定保健用食品の認可を受けて2003年から販売が開始されており，この種のエステル交換油の製造にリパーゼを利用した反応が有効であるという報告もある[4]。

④ 高吸収性油脂　1,3-位に中鎖脂肪酸，2-位に長鎖脂肪酸が結合したMLM型TAGは，長鎖脂肪酸だけで構成されているTAGより早く体内に吸収されるという報告がある[5]。一方，高度不飽和脂肪酸は各種の生活習慣病に対する予防効果や症状改善効果をはじめ多彩な生理機能を有することが知られている。これらの報告から，2-位に高度不飽和脂肪酸を含むMLM型TAGは，脂質代謝や脂質吸収機能の低下した患者や高齢者の栄養源として期待されている。MLM型TAGの製造方法に関する研究は1995年以後さかんに行われている[1),6)~8)]。

⑤ リン脂質　リン脂質は食品用あるいは化粧品用の乳化剤として重宝され，またその生理活性が注目され健康補助食品としても利用されている。また，ホスファチジルセリン（PS）は脳神経細胞を活性化する機能を有することが知られている。ホスホリパーゼDを触媒として用いると，レシチンの極性基であるコリンをセリンでエステル交換することができPSを合成することができる[9]。この反応系は，高純度PSの工業的製造法として注目され，今後の展開が期待されている。

（2）エステル化反応を利用して製造した油　食物として摂取されたTAGは，脂肪酸とモノグリセリドに分解されて吸収される。吸収された分解物はTAGに再合成された後，いったん脂肪組織に蓄積される。一方，ジアシルグリセロール（DAG）は分解・吸収された後にTAGに再合成されにくいため，体脂肪がつきにくいといわれている。基本的にDAGは，固定化1,3-位特異的リパーゼを触媒として用い，1 mol当量のグリセリンを2 mol当量の脂肪酸でエステル化することにより合成することができる。なお，エステル化反応によって生じる水を除去すると反応効率を高めることができる。酵素法によって生産されたDAGは，油脂関連製品で第1号となる特定保健用食品の認可を受け，1999年から発売されている。

（3）加水分解反応を利用して製造した油　カカオ脂代替脂，母乳代替脂などはリパーゼの位置特異性を利用して製造されている。一方，リパーゼの脂肪酸特異性を利用して天然油脂を加水分解すると，そのリパーゼが基質として認識しにくい脂肪酸を未分解の油（グリセリド）中に濃縮することができる[1]。

マグロ油には，抗動脈硬化作用，抗高脂血症作用をはじめ多彩な機能を有するドコサヘキサエン酸（DHA）が20~25％含まれている。DHAを認識しにくい*Candida rugosa*のリパーゼでこれらの油を加水分解すると，未分解グリセリド画分のDHA含量を50％以上に高めることができる[1]。この方法によって製造されたDHA高含有油は1994年から健康補助食品として販売され，その地位を確保している。この選択的加水分解反応を利用すると，γ-リノレン酸やアラキドン酸などの高含有油を製造することもできる[1]。

2.6.2 微生物法を利用して製造した機能性油脂

微生物による油の生産は地域や季節に左右されないという利点があり，20世紀の初めから研究が開始されている。生産された微生物油は single-cell oil と呼ばれている。この製造方法は微生物を利用しているため，培養方法の改良および変異の導入などにより，生理活性を持った特定の脂肪酸を高含有する油を製造することができる。

（1）γ-リノレン酸（GLA）含有油　*Mortierella isabellina* を用いて最初に工業生産された single-cell oil であり[10]，わが国では1986年から化粧品基材として販売が開始された。GLA はアトピー性皮膚炎やリウマチの症状を緩和する機能や，免疫賦活活性を有していることが報告されており，この脂肪酸を含む植物油（月見草油やボラージ油）などとともに，*Mucor* 属糸状菌によって生産された single-cell oil も健康補助食品，ペットフードへの添加物として利用されている。

（2）アラキドン酸（AA）含有油　AA は局所ホルモン（プロスタグランジン，ロイコトリエン，トロンボキサン）の前駆体である。この脂肪酸を最も高含有する食品素材は卵黄レシチンであるが，それでもその含量は3％程度である。清水らの生産および生合成経路に関する包括的な研究が基盤となり[11]，*Mortierella alpina* を用いて AA を40％以上含む油が工業生産されている。AA は DHA とともに乳児の発育を促進することが報告され，工業生産された single-cell oil は育児粉乳の成分として利用されている。なおこの株に種々の変異を導入し，ジホモ-γ-リノレン酸，ミード酸をはじめとするさまざまな機能性高度不飽和脂肪酸含有 single-cell oil の実用化規模での生産プロセスも確立されている[11]。

（3）ドコサヘキサエン酸（DHA）含有油　前述したように，DHA を多く含むマグロ油が健康補助食品，育児粉乳の成分として使用されている。しかし，魚臭が欧米での DHA 含有油の消費拡大の妨げとなっていた。そこで，DHA を生産する微生物の検索が精力的に行われ，*Thraustchytrium* 科に属する微生物，特に *Schzochytrium limacinum* が DHA 含有 single-cell oil の高生産株として報告されている[12]。海外では DHA 含有 single-cell oil が健康補助食品として利用されている。

2.6.3 その他の機能性油脂

（1）低カロリー油　長鎖飽和脂肪酸が1，3-位に結合した TAG は吸収されにくいことが知られている。この事実に着目し，海外では化学法により，ベヘン酸，短鎖脂肪酸，中鎖脂肪酸を含んだエステル交換油も製造され，低カロリー油脂として商品化されている[8]。

（2）植物ステロール添加油　ステロールあるいはその脂肪酸エステル（ステロールエステル）は血中コレステロール値を下げる機能を有している。この機能が注目され，ステロールを添加した油やステロールエステルを配合したマーガリンが特定保健用食品の認可を受けて発売されている。

（3）共役リノール酸（conjugated linoleic acid：CLA）　CLA は，リノール酸含有油をプロピレングリコールあるいはエチレングリコールの存在下でアルカリ共役化して工業生産されている。その製品は 9*cis*, 11*trans*- と 10*trans*, 12*cis*-異性体をほぼ等量含む脂肪酸混合物である。この混合物は体脂肪低減作用，抗動脈硬化作用，抗高脂血症作用，抗がん作用など多彩な性質を持つことが報告されており，海外では健康補助食品としての地位を確保しており，ペットフードへの添加物としても利用されている。なお，リパーゼを触媒として用い，CLA 混合物をグリセリンでエステル化して製造された TAG を主成分とするグリセリド混合物も市販されている。

（島田）

引用・参考文献

1) Shimada, Y., et al.: *Enzymes in Lipid Modification*, (Bornscheuer, U. T.), pp. 128-147, Wiley-VCH, Weinheim (2000).
2) Yokozeki, K., et al.: *J. Appl. Microbiol. Biotechnol.*, **14**, 1-5 (1982).
3) Innis, S. M., et al.: *Lipids*, **29**, 541-545 (1994).
4) Negishi, S., et al.: *Enz. Microb. Technol.*, **32**, 66-70 (2003).
5) Ikeda, I., et al.: *Lipids*, **26**, 369-373 (1991).
6) 岩崎雄吾，山根恒夫：オレオサイエンス，**1**, 825-833 (2001).
7) Xu, X.: *INFORM*, **11**, 1121-1131 (2000).
8) Akoh, C. C.: *INFORM*, **6**, 1055-1061 (1995).
9) Iwasaki, Y., et al.: *J. Am. Oil Chem. Soc.*, **80**, 653-657 (2003).
10) 鈴木　修：油化学，**41**, 779-786 (1992).
11) Certik, M. and Shimizu, S.: *J. Biosci. Bioeng.*, **87**, 1-14 (1999).
12) Yaguchi, T., et al.: *J. Am. Oil Chem. Soc.*, **74**, 1431-1434 (1997).

2.7　ビタミン

ビタミンとは「微量で体内の代謝に重要な働きをしているにもかかわらず自分でつくることができない化合物」と定義されており（日本ビタミン学会および

(社) ビタミン協会による「ビタミン」の定義），一般に13種類の水溶性および脂溶性のビタミンが知られている。各ビタミンには誘導体が存在するが，ここでは代表的なビタミン名と物質名のみ表記する。以下に，おもに発酵生産に関する生物工学とビタミンとのかかわりについて述べる。

ビタミンは水溶性（ビタミンB_1, B_2, B_6, B_{12}, C, ナイアシン，ビオチン，パントテン酸および葉酸）および脂溶性（ビタミンA, D, EおよびK）があり，微生物による発酵技術により生産されているものもある。

〔発酵生産の歴史と現状〕 ビタミンはその化学構造が複雑であり，化学的な合成による製造が困難であったり，コスト的に優位でない場合がある。そこで，ある種のビタミンの生産やその中間体生産には，発酵生産法が採用されている。

水溶性ビタミンであるビタミンB_2（リボフラビン）およびビタミンB_{12}（シアノコバラミン）は古くから工業的製造に発酵法が採用されており，各生産メーカーにおいて発酵法による生産が行われている。古くは1935年に*Eremothecium ashbya*がビタミンB_2の工業的生産に使用され始めたという歴史がある[1]。現在は，**表2.3**中の*Ashbya gossypyii*による生産法が確立されており（BASF社），発酵による工業生産が行われている。

ビタミンB_{12}は金属コバルトを囲む四つのピロール核からなる環状構造を有する複雑な構造を持ち，発酵生産のみにより工業的に生産されている。また，ビタミンB_6（ピリドキシン）は化学合成による製造が一般的であったが，近年，発酵法による生産も行われるようになりつつある。

水溶性ビタミンのなかで最も生産量が多いビタミンC（推定10万t/年）も，その製造時の中間体であるL-ソルボースは発酵法によって生産されており[2]，最終的には合成反応により製品化されるものの，生物工学である発酵法とのかかわりが深い。

脂溶性ビタミンでは，ビタミンKが発酵法により生産されている。他の脂溶性ビタミンについては天然物からの抽出精製や合成によりおもに生産されている。発酵法で生産可能なビタミンKはビタミンK_2（メナキノン）であり，生産性の向上などが図られ工業化レベルに達しており，協和発酵（株）から食品添加物製剤として発売されている。

〔製造にかかわる微生物〕 生産に使用されている代表的な微生物を表2.3に示した。

〔製造原理〕 発酵法によるビタミンの製造はおもにバクテリアを用いた発酵法によることが多い。製造においては，高い生産性を得るために，生合成経路を活

表2.3 ビタミンの生産にかかわる微生物

ビタミン	使用される代表的微生物
ビタミンB_2	*Ashbya gossypyii*
ビタミンB_6	*Ryzobium meliloti*
ビタミンB_{12}	*Propionibacterium freudenreihii*, *Psedomonas denitrificans*
ビタミンK	*Flavobacterium* sp.[3]

性化させる培地成分を添加するなどの試みがなされている。

これらの培地成分のなかでも，微量金属成分やビタミンを構成する成分の存在がビタミン生合成経路に影響し，その生産性を左右することがある。例えば，ビタミンB_{12}の生産においては，ビタミンB_{12}の構成成分である金属コバルトが必須である。通常，多くの発酵プロセスにおいてコバルトの過剰な含有は微生物生育阻害を引き起こすが，ビタミンB_{12}生産発酵においては欠くべからざる金属である。また，ビタミンB_{12}生産菌として*Propionibacterium*属が使用されているが，本菌は培養液中にプロピオン酸を蓄積し，それがビタミンB_{12}生産菌の生育を阻害する。そこで，膜により物理的にプロピオン酸を取り除く方法なども検討されている[4]。

〔用途〕 それぞれの発酵法によって生産されたビタミンは，そのままあるいは誘導体に変換後，医薬品，医薬品原料，栄養機能食品，食品添加物，飼料添加物等として使用されている。

〔製造工程〕 各発酵法ごとに特徴はあるが，一般にはグルコース，炭化水素，あるいはモラセス等の炭素源，ペプトン，酵母エキスおよびアンモニウム塩等の窒素源からなる天然培地に各種ビタミンおよびミネラル類を添加し，直接発酵で生産されている。

〔その他のビタミン様物質〕 ビタミンの活性を有するがビタミンと認められていないものにユビキノン（コエンザイムQ，ビタミンQ）あるいはPQQ（ピロロキノリンキノン）等がある。

コエンザイムQは脂溶性の物質で，細胞内の電子伝達系に必須な補酵素である。1970年代より国内において発酵生産の研究開発が活発に行われ，現在3社（旭化成（株），鐘淵化学工業（株），三菱ガス化学（株））が発酵による生産を行い，国内外に医薬品および食品として販売されている[5]。

PQQは，その生理活性が解明され始めたことから，最近ビタミンB群メンバーとして認められることが提案されている[6]。研究用試薬用途で生産が発酵により行われているようであるが，詳細は不明である。

(坂田)

引用・参考文献

1) Florent, J.: *Biotechnol.*, **4**, 115-157, VCH Verlagsgesellshaft, Weinheim (1986).
2) 金高一彦:発酵ハンドブック,(バイオインダストリー協会 発酵と代謝研究会編), p. 257, 共立出版 (2001).
3) Tani, Y., et al.: *J. Ferment. Technol.*, **62**, 321-327 (1984).
4) Hatanaka, H., et al.: *Appl. Microbiol. Biotechnol.*, **27**, 470-473 (1988).
5) 川向 孝:発酵ハンドブック,(バイオインダストリー協会 発酵と代謝研究会編), p. 406, 共立出版 (2001).
6) Kasahara, T. and Kato, T.: *Nature*, **422**, 832 (2003).

2.8 色　素

2.8.1 ベニコウジ色素

ベニコウジカビの培養液から得られた, アンカフラビン類およびモナスコルブリン類[1]を主成分とするものをベニコウジ色素という(**図2.12**)。

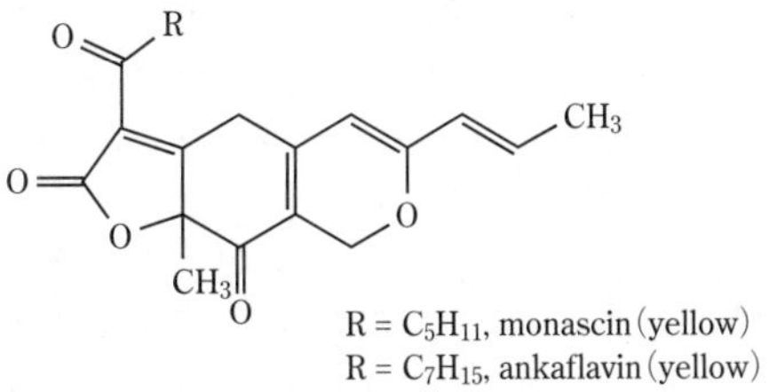

R = C_5H_{11}, monascin (yellow)
R = C_7H_{15}, ankaflavin (yellow)

(a) アンカフラビン, モナスシン

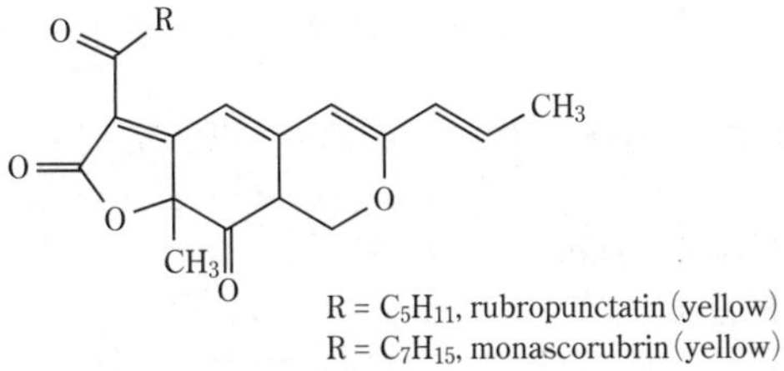

R = C_5H_{11}, rubropunctatin (yellow)
R = C_7H_{15}, monascorubrin (yellow)

(b) モナスコルブリン, ルブロパンクタチン

図2.12 アンカフラビン, モナスコルブリンの構造

〔生産の歴史と現状〕 ベニコウジカビは, 味噌, 醬油, 清酒の麹として用いられるコウジカビ(*Aspergillus* 属)と同じ子嚢菌類に属し, 菌糸が紅色で, 中国では古くから紅酒の麹として使用されている。1970年代に入り, 発酵法(固体, 液体)による大量生産技術が確立され, 赤色系色素としての使用が始まった。現状では, 安全な添加物と支持されており, 多くの食品に使用されている。国内需要は, 色素力価60 (10％E)で約650 t/年であり, 液体品と粉末品が流通している。

〔生産にかかわる微生物〕 子嚢菌類ベニコウジカビ *Monascus purpureus* WENT., *Monascus pilosus*

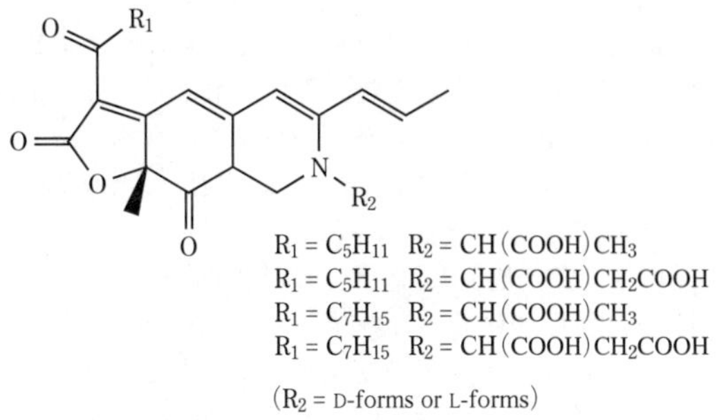

$R_1 = C_5H_{11}$　$R_2 = CH(COOH)CH_3$
$R_1 = C_5H_{11}$　$R_2 = CH(COOH)CH_2COOH$
$R_1 = C_7H_{15}$　$R_2 = CH(COOH)CH_3$
$R_1 = C_7H_{15}$　$R_2 = CH(COOH)CH_2COOH$

(R_2 = D-forms or L-forms)

(a)

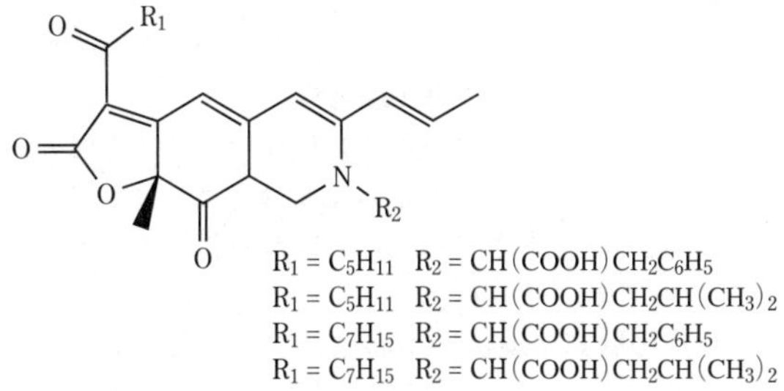

$R_1 = C_5H_{11}$　$R_2 = CH(COOH)CH_2C_6H_5$
$R_1 = C_5H_{11}$　$R_2 = CH(COOH)CH_2CH(CH_3)_2$
$R_1 = C_7H_{15}$　$R_2 = CH(COOH)CH_2C_6H_5$
$R_1 = C_7H_{15}$　$R_2 = CH(COOH)CH_2CH(CH_3)_2$

(b)

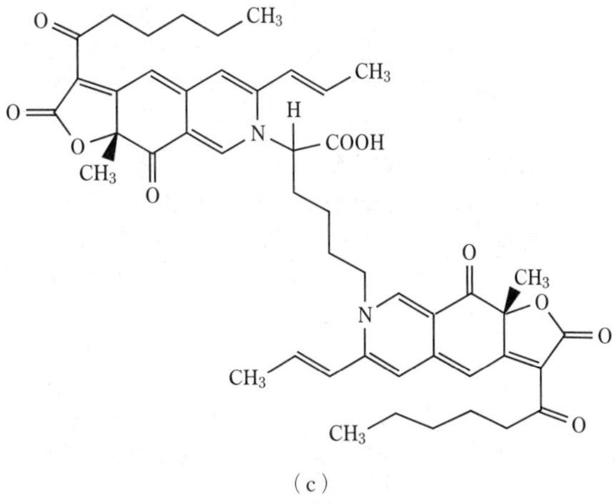

(c)

図2.13 ベニコウジ色素の構造〔佐藤恭子, 他: *Chem. Pharm Bull.*, **45**, 227-229 (1997). 平井孝昌, 他:日本食品化学学会 第4回総会学術大会講演要旨集, pp. 45-46 (1998)〕

K.SATO ex D.HAWKSWORTH et PITT.

〔製造原理〕 ベニコウジカビが増殖中に産出する赤色色素（アンカフラビン類，モナスコルブリン類）を抽出・精製を行う。赤色色素は多種存在していると推測され，近年，数種の成分の構造が単離され，発表されている（図2.13）[2),3)]。

〔用 途〕 食品添加物の着色料として，ハム・ソーセージ，魚肉練製品，水産加工品，菓子，冷菓などに使用されている。

〔製造工程〕 穀物を主原料とした培地にベニコウジカビを接種培養した培養物（固体，液状）より室温時あるいは微温時に含水エタノールまたは含水プロピレングリコールで抽出する。性状は，抽出した液体品とそれを乾燥した粉末品がある。

〔規格・安全性〕 規格は，食品添加物公定書（第7版）[1)]に収載されている。発がん性試験は，日浅ら[4)]によりF34ラットを用いた混餌投与による試験において，ベニコウジ色素投与に起因する腫瘍の発生は認められなかった。また，多世代毒性試験[5)]ならびに変異原性試験の報告もある[5)~7)]。

2.8.2 ヘマトコッカス藻色素

ヘマトコッカスの全藻から得られた，アスタキサンチンを主成分とするものをヘマトコッカス藻色素という。橙色〜赤色を呈する[8)]。アスタキサンチンの構造式を図2.14に示す。

〔生産の歴史と現状〕 食品添加物としての研究開発が1980年代に行われ，培養の形態は従来，オープンポンドシステムであったが，最近クローズドシステムによる生産も始まった[9)]。

近年アスタキサンチンが優れた抗酸化作用を持つこと，またその効果は最も広く使われているビタミンEの100〜1000倍であることが判明し，生理機能について多くの成果が発表されている[10)]。

〔生産にかかわる微生物〕 コナヒゲムシ科ヘマトコッカス（*Haematococcus* C. A. AGARCH）

〔製造原理〕 コナヒゲムシ科ヘマトコッカスの全藻を乾燥後，粉砕したもの，またはこれを二酸化炭素で抽出したもの，もしくは室温時含水エタノール，エタノール，アセトン，ヘキサンもしくはこれらを2種以上混合したもので抽出し溶媒を除去したものである[8)]。

〔用 途〕 食品添加物の着色料として飲料，ゼリー，漬物，菓子および健康食品に使われる。

〔製剤化工程〕 溶媒除去後に食用油脂を混合，もしくはO/W型乳化を行い製剤化する。

〔規格・安全性〕 日本食品添加物協会が自主規格を設定している[11)]。また小野ら[12)]により，ラットでの混餌投与によるヘマトコッカス藻色素の毒性はきわめて低いものと考察されている。

（長谷川，上原）

2.8.3 フィコシアニン

フィコシアニン（phycocyanin）は，おもに藍藻類（cyanobacteria）に含まれる青色を呈する光合成色素である。

〔生産の歴史と現状〕 フィコシアニンは，天然物ではほかにない明るい青色を呈することから，食品用天然着色料への利用が考えられた。フィコシアニンの原料となる藍藻類スピルリナ（*Spirulina*）は，1960年代半ばにJ. LeonardおよびG. Clementら[13)]により，未来の食糧資源として世界に紹介されたことから，その工業化研究が開始された。

スピルリナの大量培養生産およびフィコシアニンの工業生産は，1978年に大日本インキ化学工業（株）によりタイおよび日本でそれぞれ開始された。

現在，スピルリナは，タイ，米国，中国等で約1500 t/年生産され，その一部がフィコシアニン原料として利用されている。スピルリナから抽出・精製されたフィコシアニンは，スピルリナ色素（spirulina colour）と呼ばれ，食品用天然着色料として利用されている。

〔製造にかかわる微生物〕 藍藻類（Cyanobacteria），アルスロスピラ属（*Arthrospira*），*Arthrospira* (*Spirulina*) *platensis*

〔製造原理〕 フィコシアニンは，フィコビリン（phycobilin）タンパクの一種である。このなかには

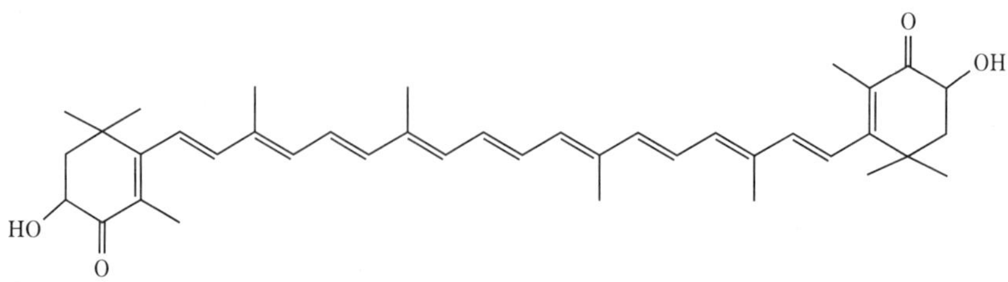

図2.14 アスタキサンチンの構造式

フィコエリスリン (phycoerythrin)、アロフィコシアニン (allophycocyanin) がある。フィコシアニンは、おもに藍藻類に含まれ、赤色を呈するフィコエリスリンは、おもに紅藻類に含まれる[14]。ウシケノリ科アマノリ属 (*Porphyra*) のフィコエリスリンは、ノリ色素としてスピルリナ色素と同様に既存添加物（着色料）に収載されている。

フィコビリンタンパクは、いずれも色素部分フィコビリンと水溶性タンパク質とが共有結合した状態で存在している。そのため抽出精製時に有機溶媒は使用できず、水溶性タンパク質として取り扱うことが必要である。フィコシアニンは、フィコビリンの一種であるフィコシアノビリン (phycocyanobilin)（図2.15）を3分子が2種 ($\alpha\beta$) のポリペプチドからなる単量体（分子量40 000）に結合したもので、通常三量体を形成している[14), 15)]。藍藻類のフィコシアニンは、615～620 nm に吸収極大を有している（図2.16）。吸収極大の吸光係数 $[E_{1cm}1\%]$ は、50～65 である[14]。

〔用　途〕食品添加物・着色料（冷菓、製菓、乳製品等）。

〔製造工程〕原料となるスピルリナは、炭酸水素ナトリウムに富む高pH培地条件下、太陽光を利用した独立栄養培養により屋外開放型人工培養池で大量培養されている。スピルリナは、培養液から、収穫、洗浄、濃縮、噴霧乾燥されて粉末製品として生産されている。

フィコシアニンは、スピルリナ粉末を原料にした水抽出工程、遠心分離等による分離工程、限外濾過等による精製濃縮工程、および凍結乾燥等による乾燥工程により生産されている。各工程は、タンパク質が変性しない条件下で行う必要がある。フィコシアニンは、糖類等を使用して製剤化されて最終製品とされている。

〔安全性〕フィコシアニンは、単回投与毒性試験、反復投与毒性試験、変異原性試験、鶏胚法試験により安全性が確認されている[16]。　　　　　　　　（榊原）

図2.15　フィコシアノビリンの化学構造

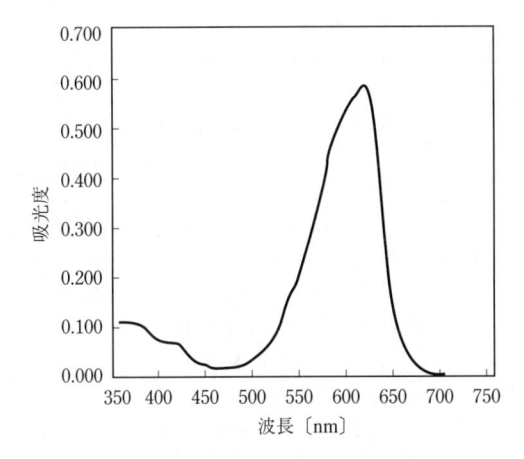

図2.16　スピルリナのフィコシアニンの吸収スペクトル

引用・参考文献

1) 日本食品添加物協会編：食品添加物公定書（第7版），厚生省復刻版（1999）.
2) 佐藤恭子，他：*Chem. Pharm Bull.*, **45**, 227-229 (1997).
3) 平井孝昌，他：日本食品化学学会　第4回総会学術大会講演要旨集，45-46 (1998).
4) 日浅義雄，他：*J. Toxicol. Phathol.*, **10**, 187-192 (1997).
5) 古泉快夫，他：新潟医学会雑誌，**95**, 469-474 (1981).
6) 石館　基，他：変異源と毒性　第12集，p.82 (1980).
7) 蜂谷紀之，他：変異原性試験，**1**, 13 (1992).
8) 厚生省生活衛生局食品化学課編：既存添加物名簿関係法令通知集 (1996).
9) 山下栄次：農化，**76**, 740-743 (2002).
10) 山下栄次：藻類，**50**, 49-51 (2002).
11) 日本食品添加物協会編：既存添加物自主規格（第三版）(2002).
12) 小野　敦，他：*Bull. Natl. Health Sci.*, **117**, 91-98 (1999).
13) Clement, G., et. al.: *J. Sci. Food Agric.*, **18**, 497 (1967).
14) 西澤一俊，千原光雄編：藻類研究法，pp. 474-507，共立出版 (1979).
15) Sidler, W. A.: *The Molecular Biology of Cyanobacteria*, (Bryant, D. A.), pp. 139-216, Kluwer Academic Publishers (1994).
16) 清水孝重，中村幹雄：新版・食用天然色素，pp. 149-151，光琳 (2001).

2.9 食品用酵素

微生物酵素の食品分野への応用は伝統的な醸造工業の延長線上で発展し，食品原料の主成分である糖質，タンパク質，脂質の分解に関与するアミラーゼ，プロテアーゼ，リパーゼなどが，原料の有効利用，食品加工法の改良，風味の改良などに利用されてきた。そして近年，食品の物性の改良，栄養性の改良，生理活性機能の付与など食品の品質向上や健康志向を反映した食品の開発にも利用されるようになった。

2.9.1 デンプン分解関連酵素

〔種類と反応〕食品の糖質原料の中心であるデンプンはグルコースの重合体であり，グルコースが α-1,4-グリコシド結合により直鎖状に長く伸びたアミロースとこのグルコースのところどころで α-1,6-グリコシド結合を介して分岐した構造を持つアミロペクチンからなる。デンプンに作用する酵素の種類はきわめて多く，その作用様式によりいくつかの酵素に分類される。

① α-アミラーゼ（α-amylase, EC 3.2.1.1）
〔作用〕デンプンの α-1,4-グリコシド結合をエンド型でランダムに加水分解し，α-1,6-グリコシド結合に挟まれた内部の α-1,4-グリコシド結合も分解する。おもな反応生成物はデキストリンやオリゴ糖である。デンプン溶液の粘度が急速に低下するので液化型アミラーゼともいわれる。
〔微生物〕*Bacillus subtilis*, *B. licheniformis* などの細菌や *Aspergillus oryzae*, *A. niger* などのカビにより菌体外に分泌される。
〔用途〕デンプンの液化，水飴や各種オリゴ糖の製造，製パンや清酒製造などに使用される。

② β-アミラーゼ（β-amylase, EC 3.2.1.2）
〔作用〕デンプンの α-1,4-グリコシド結合を非還元末端からマルトース単位で順次加水分解し，α-1,6-グリコシド結合の手前で停止する。分岐点より内部の α-1,4-グリコシド結合には作用しないのでアミロペクチンでは β-リミットデキストリンを生成する。
〔微生物〕*Bacillus* 属細菌で生産されるが，大豆や麦芽にも多く存在する。
〔用途〕麦芽糖水飴やハイマルトースシロップの製造，菓子類の老化防止，ビールやウイスキーの醸造などに使用される。

③ グルコアミラーゼ（glucoamylase, EC 3.2.1.3）
〔作用〕デンプンの α-1,4-グリコシド結合を非還元末端からグルコース単位で順次加水分解する。α-1,6-グリコシド結合も分解するので，デンプンのほぼ100％をグルコースに分解できる。
〔微生物〕*Aspergillus niger*, *A. usami*, *Rhizopus delemer* などのカビが菌体外に分泌する。
〔用途〕グルコースの製造などに使用される。

④ イソアミラーゼ（isoamylase, EC 3.2.1.68）
〔作用〕デンプンの α-1,6-グリコシド結合を加水分解し，アミロース様の直鎖多糖類を生成する。
〔微生物〕*Bacillus* 属や *Pseudomonas amyloderamosa* などの細菌で生産される。
〔用途〕マルトースや各種オリゴ糖の製造に使用される。

⑤ プルラナーゼ（pullulanase, EC 3.2.1.41）
〔作用〕プルランの α-1,6-グリコシド結合を加水分解し，最終的にマルトトリオースを生成する。アミロペクチンや分岐オリゴ糖の α-1,6-グリコシド結合も分解する。
〔微生物〕*Bacillus acidopullulyticus*, *Klebsiella pneumoniae* などの細菌で生産される。
〔用途〕マルトオリゴ糖，分岐シクロデキストリン，グルコースの製造などに使用される。

⑥ シクロデキストリン グルカノトランスフェラーゼ（cyclomaltodextrin glucanotransferase, EC 3.2.1.19）
〔作用〕デンプンからグルコースが6，7，8個結合した α-, β-, γ-シクロデキストリンなどの環状デキストリンを生成する。
〔微生物〕*Bacillus macerans*, *B. coagulans*, *B. circulans* などの細菌で生産される。
〔用途〕シクロデキストリンの製造やカップリングシュガーなどの転移糖の製造などに使用される。

⑦ グルコースイソメラーゼ（glucose isomerase, EC 5.3.1.18）
〔作用〕グルコースをフルクトースに変換する。
〔微生物〕*Streptomyces* 属や *Bacillus* 属などで生産される。
〔用途〕フルクトースの製造に使用される。

⑧ トレハロース生成酵素（trehalose forming enzymes）
〔作用〕トレハロースの生成には maltooligosyl trehalose synthase（マルトオリゴサッカリドからマルトオリゴトレハロースを生成）と maltooligosyl trehalose trehalohydrolase（マルトオリゴトレハロースをトレハロースとマルトオリゴサッカリドに分解）の2種類の酵素が関与する。
〔微生物〕両酵素とも *Arthrobacter* 属や *Sulfolobus* 属などの細菌で生産される。

〔用　途〕 α-アミラーゼ，イソアミラーゼと組み合わせてトレハロースの製造に使用される。

〔酵素の製造方法〕 一般に細菌の酵素は通気攪拌培養などの液体培養法，カビの酵素はフスマなどを用いた固体培養法で生産される。

〔デンプンを原料にした糖類の製造原理〕 酵素の基質特異性を組み合わせて水飴，グルコース，マルトース，異性化糖，オリゴ糖，サイクロデキストリンなどが製造される。例えば，①グルコースはα-アミラーゼとグルコアミラーゼを作用させて製造する。②マルトースの製造にはβ-アミラーゼとイソアミラーゼを用いる。③異性化糖はグルコースにグルコースイソメラーゼを作用させて製造する。④オリゴ糖の製造には加水分解酵素と転移酵素が使用される。製造された各種糖類は甘味調整剤，デンプン老化防止剤，保湿剤などで利用される。デンプン消費量の 60 % 以上が各種糖類の製造原料として利用される。

2.9.2　その他の糖質分解関連酵素

〔種類と反応〕 セルロース，ヘミセルロース，配糖体，少糖類，単糖類などに作用する酵素が食品加工や食品の保存のために利用されている。

① セルラーゼ (cellulase)

〔作　用〕 セルラーゼは植物細胞壁に存在するセルロースを加水分解する酵素であり，作用機作からエンド-1,4-β-グルカナーゼ (endo-1,4-β-glucanase, EC 3.2.1.4)，β-グルコシダーゼ (β-glucosidase または cellobiase, EC 3.2.1.21)，エキソセロビオヒドロラーゼ (exo-cellobiohydrolase, EC 3.2.1.91) に大別される。

〔微生物〕 *Aspergillus niger*，*Trichoderma viride* などのカビや *Bacillus subtilis* などで生産される。

〔用　途〕 果汁の搾汁率の向上に使用される。

② ペクチナーゼ (pectinase)

〔作　用〕 ペクチンを分解する酵素の総称で，ポリガラクツロナーゼ (polygalacturonase または pectinase, EC 3.2.1.15)，ペクチンリアーゼ (pectin lyase, EC 4.2.2.10)，ペクチンエステラーゼ (pectinesterase, EC 3.1.1.11) などが含まれる。

〔微生物〕 *Aspergillus* 属や *Rhizopus* 属などのカビで生産される。

〔用　途〕 果汁やワイン発酵液の清澄やミカン果皮の除去に使用される。

③ マンナーゼ (mannase, EC 3.2.1.25)

〔作　用〕 マンナンのβ-1,4-マンノシド結合を加水分解する。

〔微生物〕 *Aspergillus niger* や *Rhizopus* 属などのカ ビで生産される。

〔用　途〕 インスタントコーヒーの製造に使用される。

④ リゾチーム (lysozyme, EC 3.2.1.17)

〔作　用〕 細胞壁中の N-アセチルグルコサミンと N-アセチルムラミン酸のβ-1,4結合を分解する。

〔微生物〕 *Bacillus subtilis* などの細菌で生産されるが，卵白の酵素がおもに使用される。

〔用　途〕 魚肉加工品の防腐剤や酵母エキスの製造などに使用される。

⑤ ナリンジナーゼ (naringinase)

〔作　用〕 ナリンジン（カンキツ類の苦味物質）のα-1,2-ラムノシド結合をL-ラムノースとプルニンに分解する。

〔微生物〕 *Aspergillus usamii* などのカビで生産される。

〔用　途〕 夏ミカンやグレープフルーツなどのカンキツ類の苦味の除去に使用される。

⑥ ヘスペリジナーゼ (hesperidinase)

〔作　用〕 ヘスペリジン（カンキツ類に含まれるフラボノイド配糖体）のα-1,6-ラムノシド結合を分解してL-ラムノースとヘスペレチン-7-グリコシドを生成する。

〔微生物〕 *Aspergillus niger* などのカビで生産される。

〔用　途〕 ミカン缶詰などの白濁防止に使用される。

⑦ アントシアナーゼ (anthocyanase)

〔作　用〕 アントシアニンをグルコースとアントシアニジンに分解する。

〔微生物〕 *Aspergillus niger* や *A. oryzae* で生産される。

〔用　途〕 桃果汁や赤ブドウ果汁の脱色などに使用される。

⑧ タンナーゼ (tannase, EC 3.1.1.20)

〔作　用〕 タンニン酸のエステル結合およびデプシド結合を加水分解する。

〔微生物〕 *Aspergillus* 属の培養液から得られる。

〔用　途〕 茶飲料の混濁防止などに使用される。

⑨ ラクターゼ (lactase, EC 3.2.1.23)

〔作　用〕 乳糖のβ-ガラクトシド結合を分解して，ガラクトースとグルコースを生成する。

〔微生物〕 *Aspergillus oryzae* や *Rhizopus oryzae* などのカビ，*Bacillus acidicaldarius* などの細菌，*Kluyveromyces lactis* などの酵母により生産される。

〔用　途〕 低乳糖牛乳の製造に使用される。

⑩ グルコースオキシダーゼ (glucose oxidase,

EC 1.1.3.4）

〔作　用〕　β-D-グルコースを酸化してD-グルコノ-δ-ラクトンと過酸化水素を生成する。

〔微生物〕　*Aspergillus*属や*Penicillium*属などのカビで生産される。

〔用　途〕　食品の酸化防止や防カビなどに使用される。

2.9.3　タンパク質分解酵素（プロテアーゼ）

〔定義と種類〕　プロテアーゼ（protease）は，タンパク質やペプチドのペプチド結合を加水分解する酵素の総称であり，タンパク質分子内のペプチド結合を加水分解するエンドペプチダーゼ（endo-peptidase）とアミノ末端またはカルボキシ末端のペプチド結合を加水分解するエキソペプチダーゼ（exo-peptidase）に分けられる。前者はプロテイナーゼ（proteinase）ともいわれ，後者はアミノ末端からアミノ酸を遊離するアミノペプチダーゼとカルボキシ末端からアミノ酸を遊離するカルボキシペプチダーゼに分類される。また作用pH，活性部位の構造，起源などによっても分類される。例えば，作用pHでは酸性プロテアーゼ，中性プロテアーゼ，アルカリ性プロテアーゼに分類され，活性部位の構造ではセリンプロテアーゼ，システイン（チオール）プロテアーゼ，金属プロテアーゼ，アスパルティックプロテアーゼの4種に大別される。

〔製造にかかわる主要な微生物〕　*Bacillus subtilis*, *Geobacillus stearothermophilus*, *B. thermoproteolyticus*などの細菌や*Aspergillus oryzae*, *A. melleus*, *Rhizopus oryzae*などのカビで生産される。

〔酵素の作用様式〕　プロテアーゼの種類は多いが，機能を要約するとつぎの五つに分けられる。食品分野ではおもにペプチド結合の加水分解反応が利用される。

・ペプチド結合の加水分解
・ペプチド結合の合成とペプチドの転移
・アミノ酸の酸アミド結合の加水分解
・アミノ酸エステルの加水分解
・水とアミノ酸のカルボニル基の間の酸素の交換

〔おもな用途〕

① チーズ製造のためのカードの製造　　*Mucor pusillus*や*M. miehei*が産生するプロテアーゼはエンドペプチダーゼの一種で，レンニン（仔ウシ第4胃から得られる一種のプロテアーゼ）にきわめて類似し，カゼインのミセル構造に変化を起こさせて凝乳作用を示すので，チーズのカードを製造するために使用される。

② 天然調味液の製造　　天然調味液を製造するタンパク質原料は魚肉や鶏肉などの動物性タンパク質と大豆やトウモロコシなどの植物性タンパク質の2種類に大別されるが，同じタンパク質原料を用いてもプロテアーゼの種類によって呈味性は大きく異なる。よって苦味成分が少なくうま味のある天然調味液を製造するために，個々の原料に対して各種のプロテイナーゼとペプチダーゼを組み合わせた酵素剤が開発されている。

③ 人工甘味料アスパルテームの前駆物質の製造
アスパルテームは砂糖の約200倍の甘みを持つ人工甘味料で，その前駆物質（アスパルチルフェニルアラニン）は*Bacillus thermoproteolyticus*が産生する中性プロテアーゼ（サーモライシン）を用いた縮合反応により合成される。

④ 味噌や醤油の製造における麹の補助剤　　糸状菌や細菌の中性プロテアーゼが用いられる。

⑤ 食肉の軟化
⑥ 肉エキスの製造
⑦ 小麦グルテンの改質
⑧ アレルギーの低減
⑨ 機能性ペプチドの製造

2.9.4　タンパク質架橋酵素（トランスグルタミナーゼ）

〔生産の歴史と現状〕　トランスグルタミナーゼ（transglutaminase）は哺乳動物の生体内に広く分布し，血液凝固時にはフィブリンの架橋に関与するカルシウム依存性のアシル転移反応を触媒する酵素で，タンパク質の物性の改良や食品の栄養価の改良などに利用できることが示唆されていた。1989年に安藤らは*Streptoverticillium*属などの放線菌がトランスグルタミナーゼを産生することを見出し，トランスグルタミナーゼの工業的生産を可能にした。現在使用されている*S. mobaraense*の酵素は，カルシウム非依存性で，熱やpHに対して安定でり，畜肉加工，水産加工，小麦加工など各種の食品タンパク質の加工に広く使用されている。

〔製造にかかわる主要な微生物〕　*Streptoverticillium*属以外に*Streptomyces*属や*Bacillus subtilis*も酵素を産生するが，現在は*S. mobaraense*の菌株が液体培地で通気撹拌培養され，菌体外に分泌された酵素が培養液から精製されている。

〔酵素の作用様式〕　トランスグルタミナーゼはポリペプチド鎖中のグルタミン残基のγ-カルボキシアミド基をアシル転移する反応を触媒する酵素であり，タンパク質分子間の架橋反応，タンパク質分子の脱アミド反応，タンパク質分子への一級アミンの導入反応，

を触媒する機能を持つ。アシル受容体としてタンパク質中のリジン残基のε-アミノ基が作用すると分子内および分子間にε-(γ-Glu)Lysの架橋結合が形成される。

〔おもな用途〕 トランスグルタミナーゼが持つ三つの機能のうち，食品分野ではおもにタンパク質分子を架橋して高分子化する反応が利用されており，魚肉や畜肉などの動物性タンパク質から大豆や小麦などの植物性タンパク質まで広い範囲でタンパク質のゲルの物性改良に用いられている。このトランスグルタミナーゼの架橋形成反応によるゲルの改質機能は，非加熱でゲル化できる（各種食品タンパク質），非ゲル化形成タンパク質にゲル形成能を付与できる（乳タンパク質），ゲル形成能を向上させ，さらに粘弾性を付与できる（魚肉タンパク質，畜肉タンパク質，小麦タンパク質など），ゲルに耐熱性や耐酸性などの新しい機能を付与して安定性の高いゲルにする（ゼラチンなど），などに分類できる。

2.9.5 脂質分解酵素（リパーゼ）

〔生産の歴史と現状〕 リパーゼ（lipase, EC 3.1.1.3）はアミラーゼ，プロテアーゼとともに三大消化酵素の一つとして重要視されてきたが，リパーゼの基質（油脂）が水に溶けず，反応が不均一系で行われるために，反応の速度論的な解析が困難であり，酵素の挙動がつかみにくく，その研究は他の主要な加水分解酵素に比べて著しく遅れた。しかし1962年に福本らが*Aspergillus niger*が産生するリパーゼの精製結晶化に成功した後，数多くの微生物から基質特異性や安定性の異なるリパーゼが見出された。現在までに多くのリパーゼのアミノ酸配列や立体構造が明らかにされ，一次構造から5グループに分類されている。しかし，同じグループに属していても基質に対する作用性や酵素の諸性質は一様ではない。

〔製造にかかわる主要な微生物〕 *A. niger, Mucor javanicus, Penicillium camembertii, P. roqueforti, Rhizopus japonicus, R. niveus, R. oryzae, Rhizomucor miehei*，などのカビ，*Candida rugosa*などの酵母，*Arthrobactor*属，*Chromobacterium*属，*Pseudomonas*属など細菌が産生し，動物（膵臓）や植物（米糠やヒマシ）にも広く存在するが，食品分野ではおもにカビと酵母の酵素が使用されている。同一菌株が性質の異なる複数のリパーゼを産生する場合もある。また脂質を添加した培地で産生される酵素（誘導酵素）と脂質無添加培地で産生される酵素（構成酵素）がある。

〔作用様式〕 リパーゼは，式（2.1）のように高級脂肪酸トリグリセリドのエステル結合を部分グリセリドあるいはグリセリンと脂肪酸に加水分解する反応を触媒する。その反応は可逆反応であり，分解と合成の平衡関係は，反応系の水分含量に支配され，水分濃度により加水分解反応，エルテル合成反応，エステル交換反応，アシル転位反応，が生じる。広義にはエステラーゼに属するが，真の基質が脂質（lipid）である点でカルボキシエステラーゼ（carboxylesterase, EC 3.1.1.1, 脂肪酸モノエステルを脂肪酸とアルコールに加水分解する酵素）やアリルエステラーゼ（arylesterase, EC 3.1.1.2, 芳香族アルコールの短鎖脂肪酸エステルを加水分解する酵素）などの狭義のエステラーゼと区別される。トリグリセリドのエステル結合を加水分解するリパーゼには，トリグリセリドの3箇所のエステル結合をすべて切断するリパーゼ（non-specific lipase）とsn-2位に作用しないリパーゼ（1,3-specific lipase）が存在する。またモノグリセリドのエステル結合を加水分解して脂肪酸とグリセロールを生成するモノグリセリドリパーゼ（EC 3.1.1.23）や生物の体液や組織の構成成分であるリポプロテインのグリセリド部分に作用して脂肪酸を遊離するリポプロテインリパーゼ（EC 3.1.1.34）も存在する。現在のところsn-2位にのみ作用するリパーゼは報告されていない。リパーゼには広い基質特異性を持つものが多く，分類には基質特異性や反応速度に関する詳細な検討が必要である。

$$\begin{array}{l} CH_2OCOR' \\ CHOCOR'' \\ CH_2OCOR''' \end{array} + 3H_2O \rightleftharpoons \begin{array}{l} CH_2OH \\ CHOH \\ CH_2OH \end{array} + \begin{array}{l} R'COOH \\ R''COOH \\ R'''COOH \end{array}$$

トリグリセリド　　　グリセロール　脂肪酸

(2.1)

〔おもな用途〕 食品分野では天然油脂の分解，油脂の改質，乳製品のフレーバーの製造，清酒の製造，などに使用される。特に近年，機能性に優れた油脂や健康志向の油脂など付加価値の高い油脂の製造への利用がさかんで，例えば，ドコサヘキサエン酸（DHA）やエイコサペンタエン酸（EPA）などの高度不飽和脂肪酸含有量の高い油脂の製造や体内への吸収性を高めた機能性脂質（構造脂質）の製造に利用されている。食品分野でリパーゼを使用するには油脂原料の脂肪酸組成と酵素の基質特異性の組合せ，および水分含量のコントロールが重要である。食品分野以外では，洗剤，臨床検査，化学物質の合成に利用される。特にエステル交換反応やエステル合成反応を利用した有用物質の合成への応用がさかんで，有機溶媒中で光学活性体を合成する研究が積極的に行われている。

2.9.6 その他の食品用酵素

前記以外の食品用酵素として使用される酵素を以下に示す。

① グルタミナーゼ（glutaminase, EC 3.5.1.2） L-グルタミンをL-グルタミン酸に変換する酵素で，呈味性の向上やうま味の付与に使用される。

② ウレアーゼ（urease, EC 3.5.1.5） 尿素をアンモニアと二酸化炭素に分解する酵素で，酒質の保全に使用される。

③ カタラーゼ（catalase, EC 1.11.1.6） 過酸化水素の除去に使用される。

④ アスコルビン酸オキシダーゼ（ascorbate oxidase, EC 1.10.3.3） ドウや水産練り製品の改質に使用される。

食品用酵素は，1996年の食品衛生法の改正により，食品添加物として扱われるようになり，同年の既存添加物名簿リストに収載されなかった酵素を食品分野で使用するためには，酵素の有効性のほかに生産菌や酵素の安全性なども検証して申請することが必要になった。

おもな食品用酵素は，天野エンザイム（株），エイチビィアイ（株），新日本化学工業（株），大和化成（株），ナガセケムテックス（株），ノボザイムズ ジャパン（株）などから購入できる。 （礒部）

引用・参考文献

1) 丸尾文治，田宮信夫：酵素ハンドブック，朝倉書店 (1982).
2) 児玉 徹, 熊谷英彦：食品微生物学，文永堂出版 (1997).
3) 栃倉辰六郎, 他：発酵ハンドブック，共立出版 (2001).
4) Harada, O., et al.: *Cereal Chem.*, **77**, 70-76 (2000).
5) Siswoyo, T. A., et al.: *Food Sci. Technol. Res.*, **5**, 356-361 (1999).
6) Yamamoto, K., et al.: *J. Agric. Food Chem.*, **48**, 962-966 (2000).
7) Maruta, K., et al.: *Biosci. Biotech. Biochem.*, **59**, 1829-1834 (1995).
8) 岩瀬仁勇, 他：糖鎖の科学入門，培風館 (1994).
9) 上島孝之：産業用酵素，丸善 (1995).
10) 辻坂好夫, 他：応用酵素学，講談社サイエンティフィク (1979).
11) 中森 薫, 川副剛之：食品と開発，**32**, 14-16 (1997).
12) Zind, T.: *Food Process* (Itasca), **61**, 57-61 (2000).
13) 一島英治：プロテアーゼ，学会出版センター (1983).
14) Ashie, I. N. A., et al.: *J. Food Sci.*, **67**, 2138-2142 (2002).
15) Kristinsson, H. G. and Rasco, B. A.: *Crit. Rev. Food Sci. Nutr.*, **40**, 43-81 (2000).
16) Tsumura, K., et al.: *Food Sci. Technol. Res.*, **5**, 171-175 (1999).
17) Hamada, J. S.: *J. Food Sci.*, **65**, 305-310 (2000).
18) Arima, K., et al.: *Agric. Biol. Chem.*, **31**, 540-545 (1967).
19) Ikura, K., et al.: *Agric. Biol. Chem.*, **45**, 2587-2592 (1981).
20) Ando, H., et al.: *Agric. Biol. Chem.*, **53**, 2613-2623 (1989).
21) Nonaka, M., et al.: *Agric. Biol. Chem.*, **53**, 2619-2623 (1989).
22) 本木正雄, 他：農化，**69**, 1301-1308 (1995).
23) 添田孝彦：*New Food Ind.*, **38**, 65-71 (1996).
24) Motoki, M. and Kumazawa, Y.: *Food Sci. Technol. Res.*, **6**, 151-160 (2000).
25) Fukumoto, J., et al.: *J. Gen. Appl. Microbiol.*, **9**, 353-361 (1963).
26) 岩井美枝子：リパーゼ，幸書房 (1991).
27) 島田裕司, 他：油脂，**50**, 66-70 (1997).
28) 島田裕司：*Foods Food Ingred J. Jpn*, **184**, 6-15 (2000).
29) Shimada, Y., et al.: *J. Am. Oil Chem. Soc.*, **76**, 189-193 (1999).
30) 安部京子：*Bio Industry*, **19**, 62-71 (2002).
31) 黒坂玲子：食品と開発，**32**, 17-19 (1997).
32) Jennings, B. H., et al.: *J. Food Lipids*, **7**, 21-30 (2000).
33) Zhang, H., et al.: *Eur. J. Lipid Sci. Technol.*, **102**, 411-418 (2000).
34) Bhattacharyya, S., et al.: *Eur. J. Lipid Sci. Technol.*, **102**, 323-328 (2000).

2.10 微生物タンパク・菌体エキス

〔生産の歴史と現状〕 微生物はタンパク質系食品であるが，古くは食料にはならなかった。これは微生物が目に見えないほど小さいことと，自然界では純粋培養にならないためである。例外として，スピルリナの利用がある[1]。スピルリナは藍藻の一種で，原核微生物である。チャド湖周辺と古代メキシコ（アズテック）の時代に利用されていた（図2.17）。スピルリナが利用されたのは，藻体がやや大きいので簡単な用具でも収穫できたこと，一部のアルカリ湖においては藻としてスピルリナがほぼ純粋に増殖することが挙げられる。なお，日本にも「天狗の麦飯」と呼ばれる菌塊が長野県から群馬県に自生する。修道僧により摂取されたと伝えられるが，実際に食されたという確証はない。

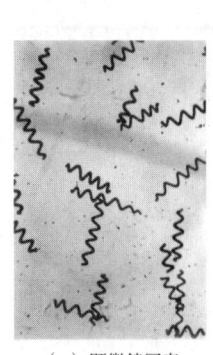

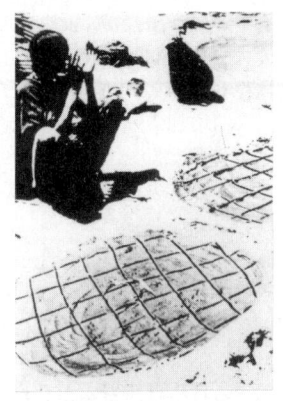

(a) 顕微鏡写真　　(b) 収穫後乾燥している様子

図2.17　スピルリナ

発酵食品の生産が始まると，製造にかかわる微生物を摂取するようになった。現在最も大量に摂取している微生物はパン酵母であり，世界で約43万t生産されている。パン生地での発酵中にも増殖するので，それよりもやや多い量の酵母菌体が食されていることになる。しかし，発酵食品製造に利用される微生物菌体は付随的に消費されているために，一般には微生物タンパクの利用とはみなさない。また，酒類ではドブロクのように酵母菌体が懸濁していることも多かった。ただし，現在では菌体を除去するのが一般的である。

微生物を培養して菌体を収穫し，これを食品にする試みを最初に行ったのはドイツである。第一次世界大戦での食糧難がその契機となった。そのときに用いられた微生物はトルラ酵母であった[2]。この試みは成功しなかったが，トルラ酵母はその後亜硫酸パルプ廃液を原料として微生物タンパク生産に利用された[3]。用途はもっぱら飼料であった。用途が飼料であったために大豆粕などと厳しい価格競争を強いられ，亜硫酸パルプ廃液を原料としたトルラ酵母の生産は衰退している。なお後述のように，1970年頃に微生物タンパクを大量培養する試みが世界的になされた。

微生物タンパクのなかで，現在最も大量に利用しているのは，ビール製造で副生するビール酵母（余剰酵母）である。生産量は世界で約20万tと見込まれている。

乳清や廃糖蜜等食品加工副産物を原料として多種多様な微生物菌体が販売されている。しかし量的にはわずかである。これらはタンパク質源というよりも健康機能を期待して摂取されている。このようななかで注目されるのは，イギリスで開発された糸状菌タンパクquorn（商品名）である[4]。新規食品の安全性審査機関であるACNFP（Advisory Committee on Novel Foods and Processes）の確認を得ている。また，糸状菌菌体が示す肉様のテクスチャーを期待し，タンパク質素材として販売されている。

特殊な消費形態に乳酸菌等がある。乳酸菌はヨーグルト，チーズ，漬物など多様な発酵食品に利用される，代表的な発酵微生物の一つである。乳酸菌の種類も多く，量もかなり多い。ところがおもしろいことに，生きた乳酸菌自体の摂取を目的とした消費形態が存在する。人間の腸に生息する乳酸菌あるいはビフィズス菌を分離し，これを在来の乳酸菌の代わりに増殖させてヨーグルトとか乳酸菌飲料を生産する。製品は，乳酸菌等による整腸作用を期待して摂取されている。

〔微生物名〕　古くから摂取されていたスピルリナは*Spirulina platensis*である。ただし，筆者の試験でも類縁の*Oscillatoria*属の藻も含まれていた[5]。発酵食品に付随して最も大量に消費されているパン酵母は，*Saccharomyces cerevisiae*である。微生物菌体として最も大量に消費されているビール酵母（下面酵母）は*Saccharomyces pastorianus*である。ただし，ビール酵母の分類名は時代とともに変化しており，*Saccharomyces cerevisiae*, *Saccharomyces carlsbergensis*, *Saccharomyces uvarum*と呼ばれていたこともあった。イギリスの糸状菌タンパクは*Fusarium venenatum*である。

〔用　途〕　微生物菌体はタンパク質含有量が高い。したがって，タンパク質資源として利用するのが合理的である。しかし，微生物菌体をタンパク質資源とみなしているのは，飼料用にすぎない。じつは飼料用としても，微生物菌体の価格競争力は低い。特別に培養した微生物菌体はもちろん，ビール酵母のような副産物の場合でも，飼料向けにはあまり利用されていない。実際に飼料として利用されている微生物菌体は，発酵残渣といわれている。

食品素材として見ると微生物菌体には，風味にくせがある，菌体のままでは消化に難点のある，核酸含有量が高いため大量に摂取するのは適切でない，などの問題がある。このために，直接食品として摂取されている量は多くない。

現在消費量が最も多い形態は，菌体エキスにして調味料あるいは隠し味として利用することである。微生物は一般に酵母なので，酵母エキスと呼ばれる。なかでもビール酵母が多く，国内だけでも年間約9 000 t生産されている。なお，酵母エキスは食品であることから，食品添加物の表示は不要である。菌体エキスの特殊な利用法として，微生物の培地成分としての利用がある。

酵母菌体にはビタミンや各種アミノ酸等が豊富に含

まれるので，錠剤の形態でサプリメントとして古くから利用されてきた。この場合，消化性を向上させるために，加熱等の処理がなされている。

健康機能を期待した微生物菌体が多数販売されていることは，前述のとおりである。

〔製造工程〕　パン酵母や現在のトルラ酵母は通常廃糖蜜を原料とし，無菌培養する。ビール酵母は副産物なので，余剰酵母をよく洗浄して夾雑物を除去する。

菌体エキスの製造工程は，酵母菌体をエキスに分解するが，その分解方法に自己消化法，酵素分解法，酸分解法がある。このうち，自己消化法が一般的であるが，酵素分解法によるとうま味とコクの高い製品になる。分解後は未分解物を除去して乾燥する。

〔SCP生産について〕　微生物菌体を本格的にタンパク資源として利用しようとした時代があった。1970年代前半のSCP（single cell protein）生産である[6)～9)]。

1963年，BP（British Petroleum）社がノルマルパラフィンを原料として酵母（*Candida lipolytica*）を大量培養する技術を公表した。その後一つのタンクで年間10万tの菌体を生産する技術として完成させたので，世界に大きな衝撃を与えた。当時は，人口の増加に比して農耕地の増加が見込めない「成長の限界」[10)]が強調されていたので，食料危機を解消できる夢の技術と考えられた。

ノルマルパラフィンからの酵母生産が提案されると，石油や天然ガスなどから安価に生産できる各種の化成品が原料として注目され，使用する酵母も広くスクリーニングされた。酵母より一般に増殖が速くタンパク質含有量も高い細菌もスクリーニングされた。その代表的なものは，ICI社が開発したメタノール資化性菌（*Pseudomonas methylotropha*）である。

日本でも活発に技術開発が行われ，なかでも鐘淵化学工業（株）と大日本インキ（株）が開発したプロセスは海外への技術移転がなされ，国内でも実用化の手前まで進んだ。

日本で本格的なSCP生産が開始されなかった直接の理由は，消費者の強い反対運動があり，1973年に先行メーカーが製造を断念したためである。

日本のSCP生産は安全性を理由に断念に追い込まれたが，欧米の多くの国ではSCPの安全性は承認された。しかし，現在SCPを大規模に生産している国はない。過去にはあったが，旧東欧圏においてであった[11)]。当時これらの国々には，米国等からの大豆の確保に制約があったためである。旧東欧圏が崩壊すると，SCP生産もすぐに消滅した。

じつは，"人口が激増するので近い将来食糧危機になる"という主張が，正しくなかった。世界の穀物生産，大豆生産は順調に推移した。この30年で世界の穀物生産量は1.71倍にもなった。人口は1.62倍なので，人口増加よりも上回ったのである。直接競合する大豆生産量に至ってはじつに3.65倍にもなった。少なくとも欧米先進国にとって，新たな食料（飼料）資源は必要でなかった。

農業大国でもある欧米先進国と日本とを，同列にとらえるのは誤りである。食料のかなりの部分は輸入に頼らざるを得ない日本は，少しでも食料自給率を高める努力が不可欠である。微生物タンパクを飼料として利用する技術は，日本が独自にでも取り組むべき課題である。

また，農産廃棄物や食品廃棄物は，環境保護および資源の有効利用の視点から，再生利用率の向上が求められている。農産廃棄物や食品廃棄物を有効利用する一方策として，微生物タンパクに変換するシステムの確立が期待される。

〈柳本〉

引用・参考文献

1) 鈴木智雄：微生物工学技術ハンドブック，pp. 308-319，朝倉書店（1990）．
2) 三輪萬治：酵母利用工業，pp. 328-356，共立出版（1957）．
3) 筒井芳男：醗協誌，**32**，278-285（1974）．
4) クォーン社のホームページ：http://www.quorn.com/（2005年1月現在）
5) Yanagimoto, M. and Saitoh, H.: *J. Ferment. Technol.*, **60**, 305-310 (1982).
6) 桝田淑郎：微生物タンパクの開発，講談社サイエンティフィク（1981）．
7) 山田浩一，中原忠篤：石油発酵，pp. 51-122，幸書房（1970）．
8) 蓑田泰治：微生物工学——基礎と応用——，pp. 205-223，産業図書（1983）．
9) Tannenbaum, S. R., Cooney, C. L., et al.: *Protein Resouces and Technology: Status and Research Needs*, pp. 502-521, AVI Publishing Company (1976).
10) メドウス，D. H.，他（大来佐武郎監訳）：成長の限界，ダイヤモンド社（1973）．
11) 鈴木弥彦：醗酵と工業，**39**，1037-1043（1981）．

2.11　漬　物

〔生産の歴史と現状〕　漬物は野菜に塩をまぶすだけで保存が可能となることから，最も古い保存食品の一つである。3000年前にはすでに作られていたものと

考えられている．わが国と中国との交流が始まり，醸造技術が伝来するとともに醤油漬をはじめとする多種多様な漬物が発展してきたのは約1600年前である．

漬物は，漬液や漬床によって，塩漬，醤油漬，味噌漬，粕漬，麹漬，酢漬，糠漬，辛子漬，もろみ漬，その他の漬物に分類されている．塩漬には日本の三大菜漬と呼ばれる野沢菜漬，広島菜漬，高菜漬や浅漬類，梅漬，梅干しなどがある．以前は，食塩濃度も高く，保存タイプのものが多く消費されていたが，近年は，浅漬や減塩梅干しのように低塩で新鮮なタイプの漬物が主流となっている．

最近10年間のおもな漬物の生産量の変化を見ると，糠漬類（たくあん）が減少傾向にあるのに対し，乳酸発酵と香辛料を生かしたキムチの生産量が急速に増大している．漬物の生産割合を見ると浅漬やキムチの割合が高く，生鮮野菜が持つ栄養素や発酵漬物が有する機能性を重視する消費傾向が見られる．酢漬類は，おもに食酢を用いた調味液に原料野菜を漬けたもので，らっきょう漬や千枚漬などが知られている．糠漬類は糠と食塩に原料野菜を漬込んだもので，たくあん漬がほとんどである．また，粕漬は下漬野菜を酒粕をおもな材料とする調味床に漬け込んだもので，奈良漬やわさび漬がよく知られている．また，発酵漬物は世界各地にあり，それぞれの地域の特性に合わせた製造法により作られている．日本では酸茎漬，飛騨の赤カブ漬，しば漬など，国外ではキムチ，ザウアークラウト，発酵ピクルス，泡菜（パオツァイ），搾菜（ザーツァイ）など多種類の発酵漬物が知られている．

〔製造にかかわる微生物〕 製造に微生物が大きく関与する漬物は発酵漬物である．発酵漬物に重要な役割を果たしているのが乳酸菌で，おもなものを**表2.4**に示した．なかでも *Leuconostoc mesenteroides* や *Lactobacillus plantarum* などが発酵漬物に共通する主要な乳酸菌である．前者は発酵漬物の初期に出現する乳酸菌で，後者は発酵中期以降に優勢となる乳酸菌である．発酵漬物の種類によっては糠味噌漬のように酵母が風味の形成に大きな役割を果たしているものもある．

〔製造原理〕 野菜は多くの細胞から成り立っているが，一つの細胞には，比較的固い細胞壁とその内側にある細胞膜から成り立っている．細胞膜はいわゆる半透膜であることから，細胞は張り切った状態にある．この細胞の周りに食塩水があると食塩水の持つ浸透圧の作用により，細胞内の水分が外部に浸出するようになる．さらに浸透圧が強い場合は，原形質分離を起こすので，細胞の生活作用が停止する細胞死の状態となる．形状的には細胞の張り切った状態からしんなりし

表2.4 漬物における主要な乳酸菌の性状

乳酸菌	形状	生育温度〔℃〕	生育pH	生育限界食塩濃度〔％〕
Leuconostoc mesenteroides	球菌	5～10	5.4～6.8	0.5
Enterococcus faecalis	球菌	10～45	4.5～9.6	6.5
Enterococcus faecium	球菌	10～45	4.5～9.6	6.5
Lactobacillus plantarum	桿菌	10～45	3.5～8.2	6.5
Lactobacillus brevis	桿菌	15～45	3.7～8.2	6.5
Pediococus acidilactici	球菌	5～50	4.0～8.2	6.5～10
Pediococus pentosaceus	球菌	5～45	4.5～8.2	6.5～10
Tetragenococcus halophilus	球菌	10～45	5.0～9.0	6.5～10

た状態となる．これがいわゆる「漬かった」状態で，食塩が細胞壁を通して細胞の内部に入るので，野菜に塩味が付与される一方，酵素作用によって自己分解が起こり，呈味成分が生成され，青臭みが消失するようになる．この結果，生鮮野菜とは異なる漬物独特の風味が生成されるのである．下漬野菜のように食塩濃度が20％を超えるような場合は，微生物の生育だけでなく，野菜の酵素作用も阻害されるので，長期に保存することが可能となる．一方，浅漬のように食塩濃度が2～3％と低い場合は，酵素作用は進行するので浅漬特有の風味が形成される．

発酵漬物では，以下に示す経過を経て製造される．

① 発酵初期　食塩の浸透圧によって野菜の中の水分や可溶性成分，例えば糖分などが食塩水に浸出する．逆に食塩は野菜の内部に浸透する．その結果，最終的には野菜および食塩水の食塩含量は2～5％に収斂していく．この過程では，乳酸菌，酵母，大腸菌群など，食塩に強い微生物も弱い微生物も同時に増殖し，活動している．したがって，発酵初期には大腸菌群が優勢になることが多い．大腸菌群に属する細菌は糖分を乳酸，酢酸，コハク酸，エタノール，炭酸ガスおよび水素などに変換するので，発酵初期は大量のガスが生成する．一方，発酵初期で生じる乳酸量は少なく，通常0.3～0.4％である．乳酸菌は，食塩濃度や温度により強く影響を受けるが，一般的な発酵漬物の初期においては，乳酸球菌の *Leuconostoc* 属菌が優勢となることが多い．なかでも，*L. mesenteroides* が中心となる．これ以外には，同様に乳酸球菌である *Enterococcus* 属菌が増殖することが多い．

② 発酵中期　発酵初期の乳酸生成量は約0.3％程度であるが，乳酸菌の活動によりpHは低下し，大腸菌群は死滅するようになる．大腸菌群や乳酸球菌に代わって優勢となるのはホモ型乳酸発酵菌の

Lactobacillus 属菌で, そのなかでも主要なものは *L. plantarum* である。ホモ型乳酸発酵菌は糖分のほとんどを乳酸に変換し, ガスを発生しない。したがって, 発酵中期はガスの生成量は減少するが, 乳酸量は急速に増加し, 0.4～0.8％に達する。この乳酸量になると酸に弱い微生物は増殖できなくなり, 死滅に至る。したがって, 発酵中期では, 大腸菌群, 腐敗細菌や酪酸菌などは死滅し, 乳酸菌と酵母が生育している状態となる。

③ 発 酵 後 期　泡菜の発酵は引き続き継続するが, この段階では特に *Lactobacillus brevis* のように耐酸性のある乳酸菌しか生育することはできない。この段階で乳酸量は1％以上に達する。さらに乳酸発酵が進行すると乳酸量は1.2％以上にまで達するが, この状態になるとすべての乳酸菌の活動が抑制されるようになる。以上が, 各発酵段階のおもな特徴である。このなかでは発酵中期のものが最も品質がよく, 乳酸量としては約0.6％の頃が最もおいしい時期である。一般的に乳酸量が1.0％を超えると味覚は低下する。

〔品質保持〕　たくあん漬, 野菜醤油漬などプラスチック製袋詰製品のうち加熱殺菌を行ったものは微生物による変敗を生ずることは少ないが, 加熱不足があるとヘテロ型乳酸菌や酵母によってガス膨張を生じることがある。また, 非加熱殺菌製品のなかでも梅干しやキュウリ古漬のように食塩濃度が比較的高いものやらっきょう甘酢漬のようにpHの低い漬物においては細菌の増殖はほとんど見られないが, 酵母やカビの増殖が見られることがある。食塩濃度が2％前後の浅漬け類は漬物のなかでは最も微生物管理の困難なものの一つである。漬物の変敗とおもな原因菌を**表2.5**にまとめた。

① 加 熱 殺 菌　プラスチック製小袋詰め製品の変敗のなかで, 比較的多いものが膨張である。膨張原因のほとんどは発酵性酵母であるが, ガスを生成する乳酸菌や耐熱性芽胞菌が原因となることもある。加熱殺菌は通常70～85℃程度で行われることが多いが, 漬物の種類, 包装形態, 包装袋の形状, pH, 保存料などによって殺菌効果が異なる。

② 低 温 保 存　浅漬類やキムチなど加熱殺菌のできない漬物の場合は低温保存が基本となる。低温保存は微生物の増殖を抑制し, 漬物の変敗を防ぐ。低温保存は10℃以下で保存されることが多いが, 10℃ではまだ不十分と考えられるので, 5℃以下で保存することが望ましい。

③ 保存性向上剤の利用

・ソルビン酸：ソルビン酸は漬物の保存性向上に最も効果的な化学的合成保存料である。ソルビン酸は酵母に対して特に有効であることから, 包装袋の膨張を防ぐ目的や産膜酵母, カビの増殖抑制の目的から利用されることが多い。ソルビン酸はpHの低いところで抗菌効果を発揮することから, 酢漬類などのpHが低い漬物に特に効果的である。

・グリシン：アミノ酸の一種で, グラム陽性菌のなかでも特に, 耐熱性芽胞菌の *Bacillus* に有効であることが知られており, 多くの食品で芽胞菌対策として利用されている。グリシンの単独使用では2％程度の添加が必要であるが, 酢酸ナトリウムや溶菌酵素のリゾチームと併用することにより, 添加量を減らすことができる。

・アルコール：アルコールは安全性に優れており, 消費者にも馴染みがあることから, さまざまな形で利用されている。水分活性が高い浅漬に利用しても効果は小さいが, 福神漬のように水分活性の低いものに対しては効果が現れやすい。また, 安全性が高いので製品のほかに製造環境の殺菌や手指等の殺菌に効果があ

表2.5　漬物の変敗とおもな原因菌

変敗の状態	おもな原因菌
調味液の濁り	乳酸菌, 大腸菌, *Pseudomonas*, *flavobacterium*
酸　敗	乳酸菌, 酢酸菌, *Bacillus*
酪酸臭の生成	*Clostridium*
粘性化	*Pseudomonas*, *Bacillus*, *Leuconostoc*
変　色	*Pseudomonas*, *Micrococcus*, *Alcaligenes*, *Bacillus*, *Candida*
着　色	*Micrococcus*, *Rhodotorula*, *Halobacterium*
軟　化	*Erwinia*, *Pseudomonas*, *Bacillus*, *Penicillium*, *Cladosporium*
膨　張	*Leuconostoc mesenteroides*, *Lactobacillus brevis*, *Saccharomyces*, *Zygosaccharomyces*
産　膜	*Debaryomyces*, *Pichia*, *Kloeckella*, *Candida*
酢酸エチルの生成	*Hansenulla anomala*
真空現象	*Micrococcus*, 酵母

・カラシ抽出物：ワサビやカラシに抗菌力があることは，古くから知られていたが，それを抗菌剤として積極的に利用する研究が始められたのは最近のことである。カラシ抽出物の主成分はイソチオシアン酸アリル（allylisothiocyanate：AIT）で，強い抗菌作用を有する物質である。AITは多種類の微生物の増殖を抑制するが，特に真菌類（カビ，酵母）や細菌のなかでもグラム陰性菌（大腸菌やサルモネラ菌など）の増殖を効果的に抑制するが，乳酸菌に対してはやや弱い傾向が認められる。

・その他の天然物由来物質：自然界に存在する香辛料，魚介類，竹や樹木などから抗菌作用を有するものを抽出し，製剤化したもので，プロタミン，ローズマリー抽出物，ポリリジン，孟宗竹抽出物などがある。天然系の保存性向上剤はそれ自身では強力な抗菌力を有しないが，他の物質と併用することにより効果が出る場合が多い。
　　　　　　　　　　　　　　　　　　（宮尾）

引用・参考文献

1) 小川敏男：漬物製造学，光琳（1989）．
2) 宮尾茂雄：漬物入門，日本食糧新聞社（2000）．

2.12 納　　　　豆

〔種　類〕納豆には，無塩発酵の糸引き納豆と加塩発酵の塩納豆（寺納豆）の2種類があるが，一般的に納豆といえば生産量の圧倒的に多い糸引き納豆を指す。歴史的に見ると，塩納豆は8世紀に中国から伝わった豆鼓(とうち)が元祖で，味噌，醤油と同じ起源の食品で，おもに寺で作られたので寺納豆ともいう。煮豆を麹菌で発酵させた豆麹に塩水を加え熟成した後，乾燥して製造する。京都の大徳寺納豆や浜名湖の大福寺納豆が有名である。一方糸引き納豆は，煮豆を稲わらで包み，わらについた納豆菌で発酵させた食品で，11世紀に起きた源義家の東北遠征にまつわる納豆伝説が東北，関東の各地にあることから，この時代に東北地方で食されていたものと考えられる。文献から見ると，室町時代には武士階級に広まり，江戸時代には庶民一般の食品となったと思われる。納豆菌による発酵食品は，中国雲南，タイ，ネパール等東南アジアの各地に存在する。

〔生産の現状〕納豆は当初大豆煮豆を稲わらで包み，このわらづとをいくつか束ねたものを，土の中や雪の中に埋めて保温し自然発酵させて製造したものと思われる。このような製法はいまでも東北，関東の農村地帯に残っている。

　江戸時代以降納豆が商業生産されるようになると，木炭火鉢で保温した土室や石室で発酵が行われるようになり，このようなわらづと納豆の生産が明治時代まで続いた。しかし稲わらについた納豆菌による発酵では，雑菌による汚染で品質は安定せずサルモネラ菌による食中毒の発生など衛生上の問題もあった。

　大正時代に北海道大学の半沢教授は，純粋培養した納豆菌を種菌にし，容器も経木で作った箱を使用して衛生的かつ安定な納豆の製造法を開発し，この方法の普及に努めた結果，大正末期にはこの半沢式納豆製造法が全国に広まった。さらに昭和37年頃から現在の発泡スチロール製の容器が導入され，生産の自動化，機械化が進み，生産規模も大規模化した。現在大手メーカーの工場では，1日に20～30 tの大豆を処理し，80～120万食（50 g）の納豆を生産している。納豆の消費量は，1985年頃までは原料大豆の年間使用量として8万tぐらいで推移していたが，この頃からナットキナーゼによる血栓症の予防，ビタミンKによる骨粗鬆症の予防など納豆の健康増進作用が注目されるようになり消費量は増加を続け，2002年には約12万tの大豆が使用された（製品として24万t）。生産は大手メーカーによる寡占化が進み，大手5社で全生産量の60％を占めるようになった。

〔納豆菌〕納豆菌は1905年に農科大学の沢村博士によって納豆から純粋分離され，*Bacillus natto* Sawamuraと命名された[1]。しかしその後Smithらの研究[2]により枯草菌のシノニムとされ，これに基づいて*Bergeys Mannual of Determinative Bacteriology*でも第6版から枯草菌のなかに入れられている。また最近のDNA塩基配列の比較でも納豆菌は枯草菌*Bacillus subtilis* Marburg 168株と相同性が非常に高いことがわかっている。しかし納豆菌はビオチン要求性やγ-ポリグルタミン酸産性において枯草菌と異なり，納豆菌だけに特異性を有するファージの存在も報告[3]されているので，わが国では現在でも枯草菌と区別して納豆菌の名称が用いられている。現在納豆生産に使われている種菌は，宮城野納豆製造所（宮城県），高橋発酵研究所（山形県），成瀬発酵研究所（東京）の3社から供給されている。また最近では特徴のある納豆菌を開発し，種菌の自社生産を行っているメーカーもある。フレシア（株）による納豆臭の成分である分岐低級脂肪酸非生産納豆菌株[4]やビタミンK高生産納豆菌株[5]の開発，旭松食品（株）による二次発酵しにくい低温感受性納豆菌株[6]の開発等である。

〔製造工程〕納豆の製造工程を図2.18に示す。
　原料大豆は粒径により，極小（5.8 mm未満の粒が

10時間になると発酵熱のために品温が上昇し始め，14〜16時間で45〜50℃の最高品温に達する。図2.19に，発酵中の煮豆の可溶性糖の消長と粘質物，アンモニアの生成のタイムコースを示す。納豆菌は発芽後，煮豆中の可溶性糖を炭素源として増殖するため可溶性糖は急速に減少し13時間ぐらいでなくなる。可溶性糖がなくなると炭素源としてアミノ酸を使うので，この時点からアンモニアが増えてくる。またこの頃から胞子の形成が始まり，貯蔵物としての粘質物（ポリグルタミン酸，フラクタン）の生産がさかんになる。18〜20時間で発酵室の温度を下げ納豆を冷却して納豆菌の繁殖を止める。この時点で胞子形成率は50〜90％になっている。胞子形成率が高いほど品質の安定した納豆になる。冷却した納豆はつぎに熟成室に入れ，5℃以下の低温で1〜2日間熟成（後熟）する。この間にプロテアーゼの働きでアミノ酸が増え，納豆のうま味が作られる。また熟成中に残っている納豆菌の生菌が死に，納豆が安定化する。

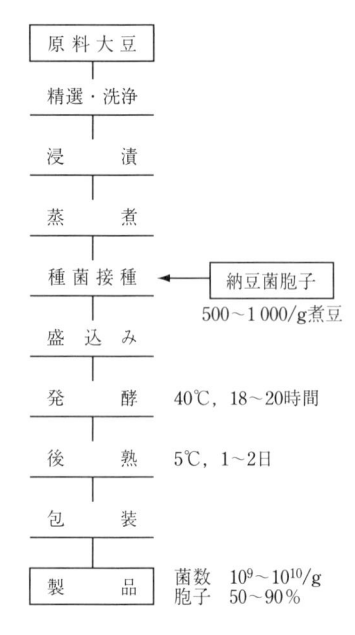

図2.18 納豆の製造工程

原料大豆 → 精選・洗浄 → 浸漬 → 蒸煮 → 種菌接種 ← 納豆菌胞子 500〜1000/g煮豆 → 盛込み → 発酵 40℃，18〜20時間 → 後熟 5℃，1〜2日 → 包装 → 製品 菌数 $10^9 \sim 10^{10}$/g，胞子 50〜90％

70％以上），小粒（6.4 mm未満の粒が70％以上），大粒（7.3 mm以上の粒が70％以上）に分類されるが，これ以外に大豆をひき割ったひき割り大豆がある。このうち極小大豆が最も多く70％ぐらいのシェアで，小粒が20％ぐらい，ひき割り，大豆で10％ぐらいのシェアである。年間の使用量12万tのうち，国産大豆は2000 tぐらいで，あとはすべて米国，カナダ，中国で契約栽培された輸入大豆である。原料大豆は，ロール選別機，比重選別機，色彩選別機等により，異物，割れ豆，変色豆等を除いた後洗浄し，浸漬する。浸漬は豆が十分吸水するまで行い，豆の重量は2〜2.2倍になる。このとき乳酸産性菌等の雑菌が繁殖してpHが6以下に低下すると納豆菌の生育が阻害されるので浸漬は20℃以下の低温で行うことが望ましい。常温で浸漬するときは，夏期は8〜10時間，冬期は12〜14時間行う。浸漬した大豆は水を切り，蒸煮釜に入れ，通常120〜130℃で加圧蒸煮を行う。蒸煮終了後品温が100℃以下に下がったら釜から出し，このとき納豆菌胞子懸濁液を種菌として散布する。種菌量は，煮豆1 g当り胞子500〜1000個が適当である。種菌の散布は，ファージ，雑菌等の汚染を防ぐために品温70℃以上で行い，その後すみやかに納豆容器に定量的に盛り込む。盛り込んだ煮豆の上に，発酵中の乾燥を防ぐために小さな穴の空いた被膜をかぶせ，容器の蓋をして発酵室に収納する。発酵は通常36〜40℃で18〜20時間行う。胞子は4時間ぐらいで発芽し，8〜

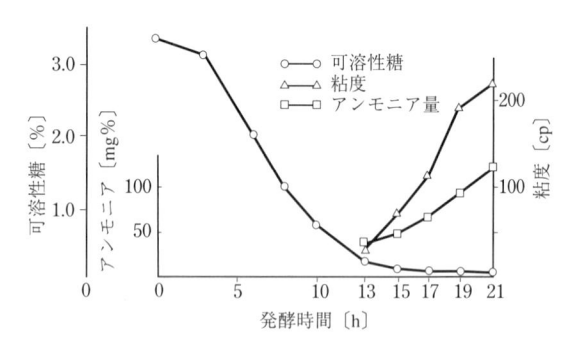

図2.19 納豆の発酵中の糖の消長と粘質物，アンモニアの生成

〔品質と保存性〕 納豆は煮豆の表面にきれいな白色の納豆菌膜（白粉）が付き，強い糸引きがあり，マイルドな臭いとうま味があるものがよいとされる。納豆中には酵素活性が残存し，生菌も存在しているので，10℃以下の低温で流通しても，タンパクの過分解によるにがみペプチドの生成，生菌の繁殖によるアンモニアの増加，組織の軟化，難溶性アミノ酸（主としてチロシン）や無機塩（ストラバイト）の結晶化による食感の劣化が進む。したがって通常賞味期限は7〜14日に設定されている。特に粒の小さいひき割り納豆は劣化が速く賞味期限も短めに設定されている（通常7日）。

（田村）

引用・参考文献

1) Sawamura, S.: *Bull. Coll. Agric. Tokyo Imp.Univ.*, **7**, 107-111 (1906).
2) Smith, N. R., et al.: *US. Dep. Agric. Misc. Publ.*, **559**, 1-3 (1969).
3) 藤井久雄, 他：農化, **41**, 39-46 (1969).
4) 竹村 浩, 他：食科工誌, **47**, 773-779 (2000).
5) 角田宏之, 他：特開平12-28 7676.
6) 田村正紀, 他：微生物, **5**, 104-108 (1989).

2.13 乳 製 品

乳製品とは家畜から搾った乳を加工した保存食品であり、チーズおよび発酵バターは製造過程で微生物を利用する代表的な乳製品である。

2.13.1 チ ー ズ

〔生産の歴史と現状〕 自家消費のためにチーズ製造が始められた時代の原料は未殺菌乳であった。したがって、乳や製造環境に存在する微生物叢によってチーズの特徴が形成され、地域ごとに伝統食品として確立していった[1]。

しだいに、チーズが自家消費から商品として製造されるようになると、製造時間の短縮化と品質の安定化が必要となってきた。そのために、乳を加熱殺菌し、乳酸菌の培養物をスターター（starter）として添加するチーズ製造が広まった[2]。

チェダーに代表されるように、スケールアップが容易なチーズは、1バッチの加工乳量が10 000～20 000 kgの装置で繰り返し製造が行われている。生産規模の拡大に伴い、チーズ製造者と安定した品質のスターターを大量に供給する専門企業や公的機関とに分業化が進んでいった[3]。

ヨーロッパやオセアニアを中心に膨大なチーズ研究が行われており、熟成にかかわる微生物の役割や製造方法と品質との関係などが明らかになってきている。現在、これらの技術要素を組み合わせて、伝統的チーズとは区別された、スペシャリティ（speciality）と呼ばれる新しいカテゴリーのチーズが製造されており、チーズの種類はさらに増加し続けている。

〔製造にかかわる微生物と酵素〕

（1）スターター 乳酸発酵はチーズ製造において中心的な役割を果たしており、製造の開始時に乳酸菌が添加される。製造温度が30～38℃であるチェダー、ゴーダ、エダム、ブルー、カマンベールなどのチーズには中温性乳酸菌カルチャーと高温性乳酸菌カルチャーが併用される。一方、製造工程で高い温度（50～55℃）に加温されるエメンタール、グリュエール、パルメザンなどのチーズには高温性乳酸菌カルチャーが使用されている。

中温性乳酸菌カルチャーは乳酸発酵速度が高い *Lactococcus lactis* ssp. *cremoris*, *Lactococcus lactis* ssp. *lactis* およびクエン酸から diacetyl, CO_2 を生成する *Lactococcus lactis* ssp. *lactis biovar. diacetylactis*, *Leuconostoc* sp. から構成されている。複数の菌種を組み合わせたカルチャーは風味が良好であり、バクテリオファージ耐性が強いことから、多くのチーズに使用されている。しかし、オセアニアでは *Lactococcus lactis* ssp. *cremoris* のバクテリオファージ感受性、至適温度の異なる菌株を組み合わせた単一菌種のカルチャーを用いる製造法が確立している[3]。

高温性乳酸菌カルチャーは *Streptococcus thermophilus* を単独または *Lactobacillus delbrueckii* ssp. *bulgaricus*, *Lactobacillus delbrueckii* ssp. *lactis*, *Lactobacillus helveticus* などと組み合わせて使用されている。

（2）二次菌叢（secondary flora） チーズ中にはスターターのほかに、細菌、カビ、酵母から構成される多様な微生物叢が存在する。これらは乳または製造環境から混入し、乳酸発酵にはかかわらず、熟成過程で増殖してチーズの特徴を形成する。主要な菌株は純粋分離されてスターターとともに添加されたり、あるいはスペシャリティの製造に応用されている。

Propionibacterium freudenreichii ssp. *shermanii* は嫌気条件下で乳酸を分解し、プロピオン酸と酢酸、CO_2 を生成するプロピオン酸菌である。エメンタールなどスイス系のチーズ内部に特徴的なガス孔とプロピオン酸の甘い風味を形成する。

Brevibacterium linens はポン・レベックなどウォッシュタイプと呼ばれるチーズの特徴を形成する好気性細菌である。チーズ表面でメチオニンを分解し、重要な風味成分である methanethiol を生成するとともに、菌体内にカロテノイドを蓄積し、チーズ表面をオレンジ色に変化させる。

Penicillium camemberti はカマンベールやブリーなどの表面を覆う白色のカビである。チーズ中の乳酸を資化するとともにアンモニアを生成し、表面から中心部へpH勾配を確立し、表面から軟らかくなる組織を形成させる。

Penicillium roqueforti は低酸素下でも生育が可能であり、ロックフォール、ゴルゴンゾーラ、スチルトンなどブルーチーズの亀裂に生育するアオカビである。脂肪酸を分解し独特の風味を形成させる。

Geotrichum candidum や *Debaryomyces hansenii* などの酵母は *Brevibacterium linens* や *Penicillium camemberti* とチーズ表面で共生し，増殖を促進させたりフレーバー欠陥の発生を抑制する。

(3) レンネット (rennet)　酸と加熱により乳を凝固させたことがチーズ製造の始まりと考えられる。しかし，優れた嗜好性により，レンネットと総称される凝乳酵素の利用を中心にチーズ製造は発展した。

レンネットには伝統的に子牛の第4胃から抽出されたキモシンが使用されてきたが，現在は，菜食主義者や宗教上の制約を受ける消費者のために *Mucor miehei* などが生産する凝乳酵素も併用されている。また，米国やヨーロッパでは組換えDNAの技術で生産されたキモシンも広まっている。

〔製造原理と工程〕　チーズの製造方法は多種多様ではあるが，基本的にはカードメーキング (curd making) と熟成 (ripening) の工程から構成されている。各工程で行われる基本操作とそこで起こる反応を図2.20に整理した。

(1) カードメーキング　カードメーキングでは乳，レンネット，微生物，食塩を原料とし，乳をレンネットにより凝固させて熟成に必要な微生物と酵素を取り込ませる。

通常，殺菌は75℃，15秒間の条件で行われ，これより強い条件ではレンネットによる凝乳反応が阻害される。したがって，耐熱性胞子を形成する *Bacillus* 属や *Clostridium* 属などの細菌は乳の中に生残し，チーズの劣化要因となる。乳の品質が悪い地域では，遠心分離により殺菌前に細菌の除去が行われる。

スターターを添加した後，30～32℃で0～60分間静置し，さらにレンネットを添加して20～30分間で滑らかなカードを形成させる。凝乳反応が阻害あるいは遅延し，カードが軟らかすぎるとその後の工程でカードが破砕して収量低下につながる。

凝乳反応が進むと，シネリシス (syneresis) と呼ばれる現象が起こり，カードが収縮して内部からホエーと呼ばれる水溶液が排出され始める。凝乳反応とシネリシスの進行には乳酸発酵によるpH低下が必要条件となっている。

ホエーの排出を効率よく行わせるために，カードは水平刃と垂直刃のカードナイフで立方体に切断されて比表面積を拡大される。カードの大きさはチーズの種類に従って0.5～5cm程度とし，水分が低いチーズほど小さく切断する。

さらに，撹拌を行ってカードをホエー中に浮遊させ，カードどうしの衝突や剪断力によりホエー排出を促進させる。水分が34～45％以下となるチーズの製造では38～55℃まで加温操作が行われる。

脱水されたカードはモールドと呼ばれる型に集めて自重または圧搾によりカードを結着させ，直方体または円盤状に成型する。チーズの種類により大きさは100g程度から20kgまでさまざまであるが，熟成期間が長いものほど大きくなる。

成型されたチーズは飽和塩水に浸漬するかあるいは食塩を表面にまぶすことにより加塩を行う。一部のチーズは成型前のカードに食塩を加える。

熟成工程における微生物の増殖および酵素反応はチーズの水分，pH，食塩濃度に依存することから，チーズ製造では成型から一晩経過したチーズの水分，pHを工程管理の重要な指標とする。

(2) 熟　　成　成型されたチーズはチーズの種類に応じた微生物，レンネットが含まれており，そ

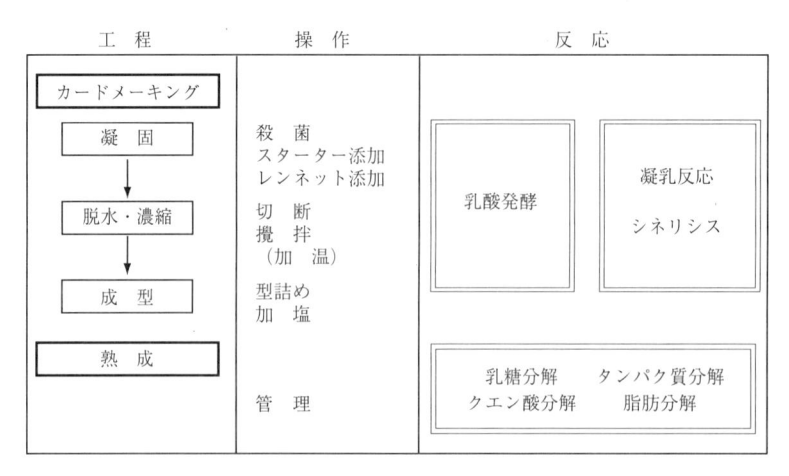

工程	操作	反応	
カードメーキング 凝固 ↓ 脱水・濃縮 ↓ 成型 熟成	殺菌 スターター添加 レンネット添加 切　断 撹　拌 （加温） 型詰め 加塩 管理	乳酸発酵	凝乳反応 シネリシス
		乳糖分解　　タンパク質分解 クエン酸分解　　脂肪分解	

図2.20　チーズ製造の基本工程

れらの働きが安定化するように熟成環境や衛生状態の管理を行う。

熟成中のチーズは80〜90％の湿度で5〜20℃の温度に保管される。チーズは定期的に反転され自重による形状の変化や水分分布および発酵熱による温度分布を最小限にして熟成の進行を均一にする。またチーズの種類に応じて，定期的に表面を塩水で洗うなど熟成にかかわる微生物が優勢となるような作業が行われる。

（3）バルクスターター（bulk starter）の調製　カードメーキングで添加される乳酸菌カルチャーは特にバルクスターターと呼ばれ，通常，10％濃度の還元脱脂乳を培地として調製する。

培地の殺菌は95℃，30〜60分間殺菌する。種菌となる乳酸菌カルチャーは凍結タブレットまたは凍結乾燥粉末として10^9CFU/gで供給される。

培養は中温性カルチャーで20〜22℃，高温性カルチャーで37℃で16〜18時間行われる。培養終了時には培地が凝固して10^9CFU/gの生菌数に到達する。

現在，10^{10}CFU/gのカルチャーも供給されており，スターターとして直接，乳に添加する方式も行われている。

2.13.2　発酵バター

〔生産の歴史と現状〕　バターとは乳からクリームを分離し，攪拌操作によりその脂肪を固体化させた乳製品である。

フランス，デンマーク，オランダなどヨーロッパの一部では，乳酸菌により発酵したクリーム（cultured cream）から発酵バター（cultured butter）が製造されてきた。通常のバターは発酵バターと区別する場合，甘性バター（sweet butter）と呼ばれる。

コンテマブ（contimab）などの連続製造装置が開発され，1時間当り4 000〜7 000 kgのクリームが加工されるようになると，バター工場の集約化が進められるようになった。しかし，発酵バターは賞味期間が短く，その副産物であるバターミルクも酸性で用途が少ないために生産規模の拡大が困難であった。

現在，発酵バターの製造はオランダで開発された，甘性バターに乳酸菌カルチャーおよび乳酸を練り込むIBA法（indirect biological acidification method）が主流となっている[4),5)]。この方法で製造したバターは品質も劣化しにくく，甘性バターと同等のバターミルクが生成される。

〔製造にかかわる微生物〕　発酵バター風味の主成分であるdiacetylは*Lactococcus lactis* ssp. *lactis biovar. diacetylactis*または*Leuconostoc* sp.のクエン酸代謝により生成される[6)]。diacetyl生成は好気条件下の低いpH環境で起こることから，通常，これらの乳酸菌と乳酸発酵速度の高い*Lactococcus lactis* ssp. *cremoris*との混合培養が行われる。

〔製造原理と工程〕　IBA法による発酵バターの製造方法を図2.21に示した。基本的操作は甘性バターとほとんど共通している。

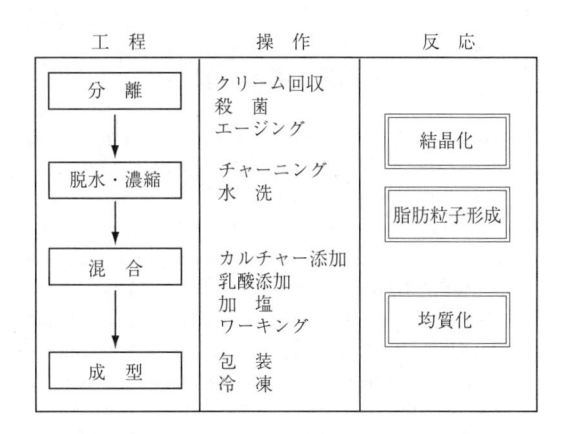

工程	操作	反応
分離	クリーム回収 殺菌 エージング	結晶化
脱水・濃縮	チャーニング 水洗	脂肪粒子形成
混合	カルチャー添加 乳酸添加 加塩 ワーキング	均質化
成型	包装 冷凍	

図2.21　発酵バター（IBA法）の基本工程

（1）乳酸菌カルチャーの調製　乳酸菌カルチャーの練り込み量はバターに対して1〜2％が限度である。したがって，diacetyl濃度の高い乳酸菌カルチャーを必要とするために，通常，*Lactococcus lactis* ssp. *cremoris*と*Lactococcus lactis* ssp. *lactis biovar. diacetylactis*との混合カルチャーが用いられる。

16％に溶解した還元脱脂乳に混合カルチャーの種菌を接種し，21〜22℃で16〜18時間培養する。菌体内でdiacetylはさらにacetoin，butanediol分解されるために，diacetyl濃度が最も高くなった時点で培養を停止しなければならない。

培養管理はpHを指標として行い，pH4.85で培養を終了し，pH3.3まで乳酸を添加して増殖を停止させる。乳酸菌カルチャーはバターに添加する直前に攪拌し，酸素とα-acetolactateの反応によるdiacetyl生成を行い，100 mg/kg以上の濃度とする[6)]。

（2）発酵バターの製造　乳より分離したクリームは95℃，60秒間加熱殺菌する。エージング工程ではクリームを冷却し，チャーニングまで3〜13℃，8時間以上保持し，脂肪の結晶化を促進させる。

チャーニング工程では，エージングしたクリームを激しく攪拌し，衝撃を与えることにより，脂肪球が集合しバター粒子とバターミルクとに分離する。

バター粒子を分離し，冷水で洗浄後，乳酸菌カルチャーおよび食塩のスラリーを添加して混練する。この工程はワーキングと呼ばれ，バターの組織および組成

を均一にする。

さらに，*Lactococcus lactis* ssp. *lactis biovar. diacetylactis* はフレーバー欠陥の原因となるアセトアルデヒドも生成する。これを除去するために，*Leuconostoc* sp.を含むカルチャーの添加を行う場合もある[7]。ワーキング後にバターは成型，冷凍保存される。

(石井)

引用・参考文献

1) Kosikowski, F. V. and Mistry, V. V.: *Cheese and Fermented Milk Foods*, 3rd ed.,(Kosikowski, F. V.), L. L. C. Connecticut (1997).
2) Lawrence, R. C., Thomas, T. D. and Terzaghi, B. E.: Reviews of the progress of Dairy Science ; Cheese starter, *J. Dairy Res.*, **43**, 141-193 (1976).
3) Limsowtin, G. K. Y., Bruinenberg, P. G., and Powell, I. B.: A strategy for cheese starter culture management in Australia, *J. Microbiol. Biotechnol.*, **7**, 1-7 (1997).
4) Veringa, H. A., van den Berg, G., and Stadhouder, J.: An alternative method for the production of cultured butter, *Milchwissenschaft*, **31**, 658-662 (1976).
5) Mortensen, B. K. and Danmark, H.: Manufacturing of cultured butter using lactic concentrates, *Milchwissenschaft*, **37**, 402-404 (1982).
6) Hugenholtz, J.: Citrate metabolism in lactic acid bacteria, *FEMS Microbiol. Rev.*, **12**, 165-178 (1993).
7) Keenan, T.W. and Lindsay, R. C.: Removal of green flavor from ripened butter cultures, *J. Dairy Sci.*, **49**, 1563-1565 (1966).

2.14 乳酸菌製品

古代ギリシャ人がすでに発酵乳を作っていたとする記録があり，乳製品の保存性を高める目的で乳酸菌が利用されてきた。最近の研究では，一部の乳酸菌やビフィズス菌の整腸効果や感染予防効果などが解明され，このような乳酸菌を利用した食品が増えている。

2.14.1 乳酸菌飲料

〔種 類〕 厚生労働省の乳等省令（乳および乳製品の成分規格等に関する省令）による分類では，乳酸菌飲料とは乳酸菌数または酵母数が 1 ml 当り 100 万以上の飲料をいい，そのうち，無脂乳固形分が 3.0 ％以上で乳酸菌数または酵母数が 1 ml 当り 1 000 万以上の飲料を乳製品乳酸菌飲料という。乳製品乳酸菌飲料には生菌と殺菌タイプの 2 種類がある。

〔生産の現状〕 農林水産省および（社）食品需給センターの統計では，平成 13 年の乳酸菌飲料と乳製品乳酸菌飲料を合わせた生産量は 50 万 kl で売上規模としてはおよそ 835 億円である。

〔製造にかかわる微生物〕 発酵に使用する乳酸菌としては *Lactobacillus* 属の *L. casei*, *L. acidophilus*, *L. delbrueckii* subsp. *bulgaricus*, *L. gasseri* や *Streptococcus* 属の *S. thermophilus*, *S. cremoris*, および *Lactococcus* 属の *lactis* などが代表的な菌種である。また，ビフィズス菌としては *Bifidobacterium* 属の *B. breve*, *B. bifidum*, *B. longum* などである。

〔製造原理と工程〕 乳酸菌体内酵素により乳糖はグルコースとガラクトースに分解され，乳酸菌はおもにグルコースを資化して増殖し，その過程において乳酸を生成する。この乳酸発酵には乳酸菌やビフィズス菌の種類によって以下に示す三つの形式がある。

ホモ型乳酸発酵

$$C_6H_{12}O_6 \longrightarrow 2CH_3 \cdot CHOH \cdot COOH \text{（乳酸）}$$

ヘテロ型乳酸発酵

$$C_6H_{12}O_6 \longrightarrow CH_3 \cdot CHOH \cdot COOH \text{（乳酸）}$$
$$+ C_2H_5OH \text{（アルコール）} + CO_2$$

ヘテロ型乳酸発酵（ビフィズス菌による発酵）

$$2C_6H_{12}O_6 \longrightarrow 2CH_3 \cdot CHOH \cdot COOH \text{（乳酸）}$$
$$+ 3CH_3COOH \text{（酢酸）}$$

乳酸菌やビフィズス菌の増殖過程では乳酸や酢酸以外にカルボニル化合物，揮発性脂肪酸，ペプチド，ビタミン類および粘性多糖類なども生成され，これらの生成には酸素，温度，pH，基質となる物質，乳酸菌の組合せの種類などが影響する。

一般的な製造工程を以下に示す。生乳，牛乳，全粉乳，脱脂粉乳などを原料とする仕込乳を殺菌した後に，スターターとして一種以上の乳酸菌を接種し 30～45 ℃で発酵する。発酵に伴い生成される乳酸や酢酸によって pH が低下し，およそ pH5.3 から乳の凝固が始まり，カゼインタンパク質の等電点である pH4.6～4.7 において凝固は最大となる[1]。凝固した乳を一般的にカードというが，このカードを均質化処理して破砕する。このときカード中のカゼインミセルの集合体であるカゼイン粒子は 1 μm 程度の大きさに分散する。これに風味を付けるためのシロップや，必要に応じてカゼイン粒子の沈殿を防止する目的で安定剤を添加し，最終製品とする。なお，仕込乳に風味を付けるための甘味料などをあらかじめ添加してから殺菌し，発酵する場合もある。

〔将来展望〕 発酵した乳製品には風味ならびに保存性の向上のほかに，つぎのような利点がある。① 乳酸菌の増殖に伴う乳糖の分解と乳タンパク質の分解に

よる消化吸収性の向上，② 生きたまま腸まで届く乳酸菌やビフィズス菌がもたらす腸内環境の改善と整腸効果，③ 一部の乳酸菌やビフィズス菌による免疫力の向上や免疫調節作用および血圧降下やコレステロール低減などの生理効果．

現在，乳酸菌飲料は海外でも30カ国近い国々で飲用されており，乳酸菌の摂取による保健効果が注目され，特に欧州では「プロバイオティクス」として脚光を浴びており，今後の伸長が期待される．

2.14.2 ヨーグルト

乳等省令による分類では，「無脂乳固形分が8.0％以上で乳酸菌数または酵母数が1 ml当り1000万以上の乳製品をはっ酵乳」としている．日本で一般的にヨーグルトといわれている製品は，このはっ酵乳に該当する．

〔種　類〕　ヨーグルトはその製造方法から固形のハードタイプ，糊状のソフトタイプ，液状のドリンクタイプおよびアイスクリーム状のフローズンタイプの計4種類に分類できる．

〔生産の歴史と現状〕　農林水産省および（社）食品需給センターの統計では，平成13年の発酵乳の生産量は80万klで売上規模としてはおよそ2940億円である．過去5年間で見れば年平均1.8％の割合で伸びている．

〔製造にかかわる微生物〕　使用する乳酸菌は前述の乳酸菌飲料，乳製品乳酸菌飲料に準じるが，複数の乳酸菌がスターターとして使用されることが多い．最近は，増粘安定剤やゲル化剤などの使用を控える意味から，粘性多糖類を産生する乳酸菌が併用される傾向がある．

〔製造原理と工程〕　2種類以上の乳酸菌を使用する大きな理由として共生効果がある．共生効果とは2種類以上の乳酸菌を同時に接種し発酵することで，それぞれの代謝産物がたがいの増殖の促進物質となり，単一の乳酸菌で発酵するものより多量の乳酸や酢酸が生成される現象をいい，多くのヨーグルトの製造に利用されている．例えば，*Lactobacillus delbrueckii* subsp. *bulgaricus* がカゼインからアミノ酸を遊離して，それが *Streptococcus thermophilus* の生育を促進し，*Streptococcus thermophilus* が生成するギ酸により *Lactobacillus delbrueckii* subsp. *bulgaricus* の生育が促進される[2]ことで，必要とする乳酸量となるまでの発酵時間が短縮される．

ヨーグルトの一般的な製造工程をつぎに示す．ハードタイプの代表であるプレーンヨーグルトの製造方法は，殺菌した乳に乳酸菌スターターを接種し，ただちに容器に充填し，それを発酵室に静置して容器ごと発酵を行い，発酵が終了したら容器のまま冷却し最終製品とする．ヨーグルトの硬さを補強する場合には，仕込乳にゼラチンなどのゲル化剤をあらかじめ加えてから殺菌，充填，発酵する．一方，タンク内で発酵した場合には，カードに寒天などのゲル化剤溶液を添加混合してから容器に充填し，その後の冷却過程でゲル化剤の凝固能とカゼインの再凝集力とにより凝固したものを最終製品とする．冷却開始後の乳酸菌の増殖可能温度域においては，発酵が進むため，その間に生成される乳酸などの量を考慮して発酵を停止する必要がある．

糊状のソフトタイプヨーグルトの製造方法は，乳をタンク内で発酵し，得られたカードを軽く撹拌してタンクから排出し，その後滑らかなテクスチャーを得るためにフィルターを通過させる処理を行ってから容器に充填する．ヨーグルトの食感の改良や粘性を調整する目的で，乳タンパク質のゲル化能の高い乳原料を仕込乳に利用することが多い．フルーツの果肉を含むヨーグルトの場合は，カードをフィルターで処理した後に，プレパレーション（果肉，果汁，甘味料および安定剤をあらかじめ混合し殺菌調製したもの）を，インラインミキシングして，容器に充填する．プレパレーションの安定剤としてはペクチンのほかに増粘多糖類などが使用される．

ドリンクタイプヨーグルトの製造方法は，タンク内で発酵して得られたカードを均質化機で破砕し，果汁，甘味料および安定剤などを含むシロップと混合し容器に充填する．凝固したカゼイン粒子の沈殿を防止する安定剤として，ペクチンが使用されることが多い．

フローズンヨーグルトの製造方法は基本的にはアイスクリームに準じるが，発酵乳のpHが低いためそれに適した乳化剤および安定剤を用い，また，乳酸菌には凍結に強い菌種を使用する必要がある．

〔将来展望〕　ヨーグルトに，前述した乳酸菌やビフィズス菌の保健効果が付与された，いわゆる機能性ヨーグルトが増えており，それらの需要は今後さらに高まるものと考えられる．

2.14.3 伝統的発酵乳

伝統的発酵乳の一つに，コーカサス地方の酵母を含有するアルコール発酵乳ケフィア（ケフィール）がある．ケフィアは複数の酵母と乳酸菌からなるケフィア粒と呼ばれるスターターにより製造される．また，同じように酵母を含有する発酵乳としてモンゴル地方のクミース（馬乳）があり，アルコール発酵が利用されている．乳等省令では乳酸菌と同様に酵母も利用可能

であるが，現状，日本国内では生きた酵母を含む製品は見当たらない。

2.14.4 その他の乳酸菌製品

〔種　類〕乳酸菌やビフィズス菌の粉末，顆粒およびタブレットあるいはカプセル状の健康食品や菓子がある。

〔製造原理と工程〕乳原料あるいは増殖に必要な成分を含む培地で培養したものを凍結乾燥して，乳酸菌あるいはビフィズス菌の生菌末を得る。これに，賦形剤，結合剤，崩壊剤および滑沢剤などのうち適当な添加剤を加え，造粒，打錠などを行い最終製品とする。

〔将来展望〕口内の歯周病菌や虫歯菌を抑える乳酸菌入りタブレットとか，腸内の有用菌の増殖促進物質を含むタブレットなどが市場に見られ，乳酸菌やビフィズス菌と健康とのかかわりに着目した製品が増加している。　　　　　　　　　　　　　　　　　（水澤）

引用・参考文献

1) Rasic, J. L. and Kurmann, J. A.：ヨーグルト，p. 44, 実業図書（1980）．
2) Rasic, J. L. and Kurmann, J. A.：ヨーグルト，p. 22, 実業図書（1980）．

2.15　パ　　　ン

〔種　類〕パン類は，一般に便宜上，その使用原料の穀物の名称で，例えば「ライ麦」パンなど，外皮が入っている割合に応じて，例えば「全粒粉入り」パンなど，また，糖や油脂類など副原材料の添加量の多少により「リッチ」や「リーン」などと呼ぶほか，添加した副原材料の名称により「レーズン」ブレッドと，さらにフィリングやトッピング，製造法や，できあがったパンの形状や大きさで，それぞれ「クリーム」や「チョコレート」パン，「揚げ」や「蒸し」パン，「山形」や「ロール」パンなどと呼ばれている。また，製法等が伝わってきた地域や国名がパンに付され，「イギリス」パンなどと呼ばれている。

（社）日本パン工業会は，パン類を実用的な観点から表2.6に示すように，「食パン」，「硬焼パン」，「菓子パン」，「その他のパン」に4大分類している。一方，行政の立場から農林水産省では，食糧庁が「食パン」，「菓子パン」，「その他パン」，「学校給食パン」に分類し，また，JAS法の品質表示基準において，「パン類」，「食パン」，「菓子パン」，「その他のパン」を定義している。

なお，「調理パン」は，上記のパン類に入れられていないが，旧（財）日本パン科学会研究所[1]で検討された案では，パン類の大分類に1項が新たに設けられ，二つに中分類されている。

表2.6　パン類の実用分類

1. 食パン	ホワイトブレッド	山形食パン 角型食パン ブレッドタイプ	2. 硬焼パン	ハードブレッド （ハースブレッド） ／ハードロール	フランスパン ドイツパン イタリアパン
		ロール（コッペパン）		ハードバラエティ ブレッド/ロール	ライブレッド
	バラエティブレッド	ホールホイート 　ブレッド（全粒粉） スペシャルティ 　ブレッド（他種穀粉） フルーツブレッド 　（乾果物） ベジタブルブレッド 　（野菜） ナッツブレッド	3. 菓子パン	日本式菓子パン 欧米式菓子パン 揚げパン （リングドーナツ） 蒸しパン	
			4. その他のパン	クイックブレッド	マフィン
			5. 調理パン	惣菜添加後熱加工 （惣菜パン）	ピザ，ピロシキ
	テーブルロール （食卓ロール）	ソフトロール バンズ （ハンバーガー）		熱加工後惣菜添加 （料理パン）	サンドイッチ

〔日本パン科学会研究所：パン科学会誌，**46**(4), 5-9（2000）〕

〔生産の現状〕 パンの生産量は，通常，小麦粉使用量で表される。わが国のパン生産量を，表2.7に示す。この10年間，ほぼ一定の数字で推移している。このうち冷凍生地としてのパン生産量は合計76 318 tであり，全生産量の6%強にあたる。なお，大手企業とは，（社）日本パン工業会に所属している企業であり，中小企業には個人企業も含まれ，全国に推定5 000工場以上が散在している。

表2.7 わが国のパン生産量（小麦粉使用t数）

種類	大手企業	中小企業	合計
食パン[*1]	477 124	141 875	618 999
菓子パン[*2]	268 041	102 825	370 866
その他パン[*3]	151 611	65 163	216 774
学校給食パン	1 841	36 600	38 441
合計	898 617	346 463	1 245 080

〔2002年，食糧庁調べ〕
*1 普通食パン，コッペパン，レーズンパンなど
*2 あんパン，クリームパン，ジャムパン，デニッシュペストリーなど糖配合10%以上のもの
*3 フランスパン，欧州硬焼きパン，クロワッサン，調理パンなど

〔製造にかかわる微生物・酵素〕 パン酵母は，Saccharomyces属のS. cerevisiae酵母のうち，炭酸ガス発生能の高い菌株が用いられている。パン酵母の多くは二倍体細胞であるが，三倍体，四倍体細胞もある。子嚢胞子を形成する，単一炭素源としてグルコース，スクロース，マルトース，ガラクトースを資化し，同時にこれらからガスを産生する性質を有するものである。近年，製造するパンの種類により，それぞれの生地発酵に適切なパン酵母が育成され，用いられている。例えば，作業性の観点から冷凍生地が用いられることが多くなったが，従来のパン酵母では酵母自体が冷凍障害を受けやすく，十分な発酵，つまり膨れを期待できない。それゆえ，冷凍生地において十分パンを膨らませ得る冷凍耐性酵母が育成されている。そのほとんどは，やはりS. cerevisiae酵母である。しかし，同様な目的から，冷凍耐性を有する酵母Torulaspora delbrueckii（旧名S. rosei）が見出され，一部の市場で用いられている。

一方，パネトーネ種などのサワー生地，すなわち，乳酸，酢酸などを作る乳酸菌が共生して酸性状態となったパン生地を膨らませる酵母としてS. exiguusが見出されている[2]。

サワー種生地中には，明らかに乳酸菌が存在し，生地のサワー化，つまり酸味のある生地やパンの製造に関与している。サワー生地中には各種のLactobacillus属乳酸菌が見出されている。代表的な菌種は，利用性糖から，乳酸，酢酸のほかエタノールを生成するヘテロ発酵型のL. brevis, L. hilgardii, L. sanfrancisensis, L. fermentumなどや，乳酸のみを生成するホモ発酵型のL. plantarum, L. caseiなどが見出されている。しかし，これら特定の乳酸菌を純粋培養して用いるパン作りは一般市場ではあまり行われていなかった。近年，わが国でL. sakei, L. plantarum, L. hilgardiiを用いたサワーブレッドの製造が行われるようになった[3]。

通称「天然酵母」は，多くは微生物単体ではなく，各種微生物ならびにその発酵素材を含むもの，つまり「発酵種」に相当するものを指している。例えば，干しぶどうをもとに興したパン種を「発酵種（干しぶどう）」と記すのが適切であるような場合である。市販パン酵母では，通常，酵母数の100分の1程度の乳酸菌が混在していることが示されている[4]が，これら「発酵種」には，酵母のみならず乳酸菌他の微生物が含まれていることが多い。

パンやパン生地の改善のために酵素が利用される場合がある。α-アミラーゼ，セルラーゼ，ヘミセルラーゼ，キシラナーゼやグルコースオキシダーゼは，それぞれ，冷凍生地用やパンの老化防止，生地の改良やライ麦パンなど焼成品のボリュームアップ，グルテン構造の強化を目的に使用されたりしている。また，カビプロテアーゼやパパインは生地の改良や品質の改良，リポキシゲナーゼは生地の漂白，リパーゼは生地の安定性のために利用されている。

〔製造原理と工程〕 製パンの歴史は古く，およそ4400年前，エジプト古王国時代のエアンククヌムとクヌムヘテプの墳墓に描かれたビール製造工程図の壁画の中に，すでにサワードウ造りとパン焼きを描いた箇所がある。すなわち，焼いたパンに酵母と麦汁を加え，発酵させてビールが造られたことが記されている[5]。ビールが「液体のパン」といわれるゆえんである。

パンの基本原料は，小麦粉，酵母，食塩，水で，パンの種類により，砂糖，牛乳や乳製品，鶏卵のほか，油脂類が適宜配合されて作られる。さらに他種穀類や乾果物・野菜等が副原材料として用いられる。基本的な食パンの配合は，小麦粉重量を100として，砂糖2～8，油脂2～12，脱脂粉乳0～6，卵0～6，食塩1.5～2，パン酵母2～3，水60～65の割合である[6]。なお，製パンでは，小麦粉重量を基準に配合割合が記され，一般にベーカーズパーセントと称し，慣用されている。

原料の小麦粉は，主としてパン用小麦粉である強力

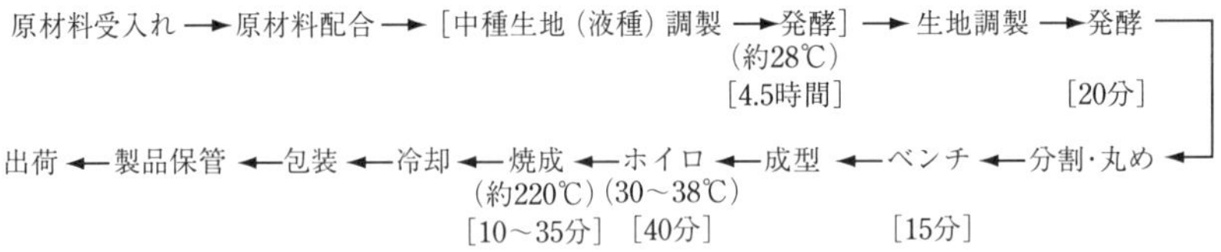

原材料受入れ → 原材料配合 → [中種生地(液種)調製 → 発酵] → 生地調製 → 発酵
　　　　　　　　　　　　　　　　　　　　　(約28℃)
　　　　　　　　　　　　　　　　　　　　　[4.5時間]　　　　　　　　　[20分]

出荷 ← 製品保管 ← 包装 ← 冷却 ← 焼成 ← ホイロ ← 成型 ← ベンチ ← 分割・丸め ←
　　　　　　　　　　　　　　　(約220℃)(30～38℃)
　　　　　　　　　　　　　　　[10～35分][40分]　　　　　　　　[15分]

図2.22 パンの製造工程(温度と時間)

粉,または準強力粉が用いられる。小麦のタンパク質の80～85%を占める,グルテニンとグリアジンが吸水・ミキシング(水和)することにより凝集してできたグルテンの分子やその塊中に,添加した酵母が小麦粉中に含まれる発酵性糖類や添加された糖類を利用・分解し,生じた炭酸ガスや各種発酵生産物が封じ込められることにより生地が膨れる。この際,原料配合や温度,攪拌棒などのミキシングの条件がパンの品質を左右する。さらに,発酵を終え成型した生地をホイロし,続いてこれを焼成してパンとするが,前者で約8割,後者で約2割の膨れとなるよう焼成すると,内相の良好な本格的なパンとなり,パンの特徴的な香りを生じる。また,食感,食味の向上のため,乳化剤や酵母の活性維持を目的にその栄養剤であるイーストフードが用いられることが多い。

わが国における生地の製法は,回分法が大部分で,配合原材料のすべてを混捏した生地を用いる,直捏生地法,原材料の一部とパン酵母等で生地種を作り,これを残り全量の原料に加えて作る生地を用いる,中種生地法,同様に原材料の一部とパン酵母で液種を作りこれを残り全量の原料に加えて作る生地を用いる,液種生地法が,一般に用いられている。

パンの種類によって,一部原材料や製造工程が異なる。すなわち,図2.22の工程図を基本として,あんパン,ペストリー,カレーパン等焼成前加工をするパン類は,別に調製した一部原材料を成型時に添加する。コロネ,コロッケパン等,加熱材料で焼成後加工するパン類は,焼成・冷却後の仕上げ加工段階で加熱材料を添加する,サンドイッチ等非加熱材料で焼成後加工するパン類は,洗浄・殺菌して調製した非加熱材料を仕上げ加工段階で加える。なお,ベンチは生地の"ねかし"であり,ホイロ(焙炉,proofing)は最終発酵のことである。　　　　　　　　　　　　　(森　治彦)

引用・参考文献

1) 日本パン科学会研究所:パン科学会誌, **46**(4), 5-9 (2000).
2) Sugihara, T. F., et al.: Baker's Digest, **44**(4), 51-57 (1970).
3) 森　治彦, 他:日本国特許 第3066587号 (2000).
4) 武田泰輔, 他:日食科工, **31**, 642-648 (1984).
5) 石田秀人:醸協, **98**, 23-30 (2003).
6) 田中康夫, 松本　博:製パンの科学(I)製パンプロセスの科学, p.9, 光琳 (1991).

2.16　水産発酵食品

魚介類を原料とした発酵食品は,その化学的・微生物学的特徴や製造原理が解明されているものは少ないが,製造法などから考えてつぎの二つに整理することができる。

① 塩蔵型発酵食品　原料魚介を塩蔵している間に特有の風味を持つようになったもので,塩辛,くさや,魚醤油など。

② 漬物型発酵食品　魚自体は糖質が少ないため,発酵基質として米飯や糠を用い,これに塩蔵しておいた魚を漬け込んだもので,ふなずし,糠漬など。

(1) くさや　くさや[1,2]は伊豆諸島(新島,大島,八丈島など)で,独特の塩汁に漬けて作られているアオムロ,ムロアジ,トビウオなどの干物の一種で,独特の臭気を有し普通の干物よりも腐りにくいという特徴がある。製造法は島によって異なる点もあるが,新島の例について記すとつぎのとおりである。原料魚を開いて内臓を除去し,十分水洗,血抜きを行って水切りしたのち,独特のくさや汁に浸漬する。10～20時間ほど浸漬した後,魚体をざるに取り出して汁を滴下後,水洗し,天日乾燥または通風乾燥する。

くさやが普通の干魚と異なる製法上の特徴は,塩水の代わりにくさや汁を用いる点である。このくさや汁は同じ液が百年以上にわたって繰り返し使用されているもので,粘性を有し,強い臭いのする茶色味を帯びた液である。くさや汁の成分は,pH(中性),総窒素 (0.40～0.46 mg/100 ml),生菌数 (10^7～10^8/ml)などには島の間に大きな差異は見られないが,食塩濃度は八丈島のくさや汁では8.0～11.1%,他島のものでは2.7～5.5%と異なる。また,くさや汁の微生物

相は新島，大島，三宅島，式根島，神津島ではいずれも *Corynebacterium*（遺伝子解析の結果からは *Carnobacterium* に近縁）が優勢である。ほかに特徴的な微生物として新属の *Marinospirillum*（らせん菌）が存在する。

くさやの臭気成分は，酢酸，プロピオン酸，イソ酪酸，n-酪酸，イソバレリアン酸，プロピオンアルデヒドなどのほか，揮発性イオウ化合物が重要である。これらの臭いの生成にはくさや汁中の *Clostridium*, *Peptostreptococcus*, *Sarcina* 属の嫌気性細菌の関与が大きいと考えられる。

くさやの保存性が優れている原因はくさや汁中の優勢菌群である "*Corynebacterium*" 属の細菌が抗菌物質を生産しているためと考えられている。

くさや汁中には上記以外に，*Bacteroides*, *Flavobacterium*, *Fusobacterium*, *Eggerthela*, *Clostridium* などに該当するいわゆる VBNC 細菌（viable but nonculturable bacteria）が 7.6×10^{11}/ml 程度存在すると考えられている[3]。

くさや汁は臭いや見かけが好ましくないため，食品衛生面での危惧がもたれるが，汁中からは大腸菌，腸炎ビブリオ，ブドウ球菌などの食品衛生細菌は検出されず，アレルギー様食中毒の原因物質であるヒスタミンのような腐敗産物もほとんど蓄積していないので，これらによる食中毒の心配はなく安全であるといえる。

（2）塩辛　塩辛[1,2]は魚介類の筋肉，内臓などに食塩を加えて，腐敗を防ぎながらうま味を醸成させたものである。塩辛には，イカの塩辛のほか，カツオの塩辛（酒盗），ウニの塩辛，アユの卵・精巣・内臓の塩辛（うるか），ナマコの内臓の塩辛（このわた），サケ内臓の塩辛（めふん）など多種類のものが作られている。

イカ塩辛の作り方は，細切りしたイカに肝臓と10数％程度の食塩を加えてときどき撹拌しながら漬け込んでおくのが昔からの伝統的な製造法である。塩辛は熟成中にうま味成分やにおい成分が増加する。

塩辛の熟成中には，グルタミン酸，ロイシン，アルギニン，プロリン，リジンなどの遊離アミノ酸（呈味成分）が増加するが，これはおもに自己消化酵素による。微生物はこれらアミノ酸生成にはほとんど関与せず，酢酸，乳酸などの有機酸生成に関与する。

塩辛からは優勢菌群として *Staphylococcus xylosus*, *S. saprophyticus*, *S. equorum*, *S. warneri* などが検出される。塩辛中では *Staphylococcus* 属細菌が多く存在するにもかかわらず，これと同属の食中毒菌である黄色ブドウ球菌（*S. aureus*）はまったく検出されないが，この原因にはイカ肝臓成分やトリメチルアミンオキシドが関与していると考えられている。また，黒作り（イカ墨を加えて作る塩辛で富山の特産）では赤作り（普通のイカ塩辛）に比べて賞味期間が長いが，この原因としてはイカ墨中の耐熱性成分に細菌抑制効果があることが知られている。

（3）魚醤油　魚醤油[1,2]はハタハタ，マイワシ，アジ，カタクチイワシ，小サバなどの魚介類を高濃度の食塩とともに1〜数年間熟成させて製造される調味料で，わが国では秋田のしょっつるが有名である。

しょっつるは，原料や製造法がかなり多様であると考えられ，その成分も，例えば総窒素が約300〜1600 mg/100 ml，グルタミン酸が380〜1080 mg/100 ml，乳酸が67〜460 mg/100 ml というようにかなり異なる。このような違いは製品の呈味や保存性にも大きく影響すると考えられる。

魚醤油は，熟成中の菌数が一般に少なく，また高塩分であるため微生物の役割は少なく，その熟成は自己消化酵素によるところが大きいと考えられている。しかし熟成期間が長いこと，特に魚醤油の主産地である東南アジアでは年中気温が高いこと，また魚醤油中の細菌には20％以上の高塩分下でもよく増殖できる *Tetragenococcus* 属細菌が存在すること等を考慮すると，再検討の余地があると思われる。

なお，イカ肝臓を原料として作られている飛島（酒田市）の魚醤油からは新種の好塩性乳酸菌 *Tetragenococcus muriaticus* が発見されている。

しょっつるは食塩濃度が25〜30％と高いため一般には長期保存の可能な調味料であるが，貯蔵中に白濁して悪臭を放つようになることがある。腐敗品では揮発性塩基窒素，トリメチルアミン，揮発酸などが正常品に比べて高く，生菌数も $10^7 \sim 10^8$/ml に増加している。主要な腐敗菌は *Halobacterium* である。しょっつるの腐敗防止には低温貯蔵やpHの調節，濾過方法の改良，濾過後の製品の再加熱などが有効であろう。

（4）ふなずし　ふなずし[1,2]は，塩蔵したニゴロブナを米飯に漬け込み，その自然発酵によって作られる製品で，滋賀県の特産品である。独特の強い臭いと酸味を持っている。

ふなずしの原料には3月終わりから4月終わりにかけて琵琶湖でとれる子持ちブナが用いられる。雌のフナを用いるのは製品を輪切りにしたときに卵巣の部分がきれいな朱色を呈し，また味の点からも重宝されるためである。製造法は，まず包丁で鱗を取り除いたのち，えらを取り，そこから内臓を除去する。魚卵は体内に残したまま腹腔へ食塩を詰め込み，それを桶中に

並べて食塩をかぶせ，何層にも重ねた状態で重石をして塩漬けする。約1年してから取り出し，塩を全部洗い出す。次に米飯に塩を混ぜ，卵を潰さないように注意して，えら穴から魚の内部へ詰めたのち，桶に米飯と魚を交互に漬け込む。重石をして2日後ぐらいに塩水を張り，この状態で約1年間熟成させる。

製品の分析例では，pH4.0～4.5，水分64％，食塩2.3％，粗脂肪4.5％，粗タンパク25％，有機酸は乳酸（1.1％）のほか，ギ酸，酢酸，プロピオン酸，酪酸などが検出される。

ふなずしの製造で最も重要な工程は米飯漬けであり，この間に特有の風味が生成される。したがってよい製品を作るためには，漬け込み後に急速かつ十分に発酵を行わせることが重要であるので，漬け込みは通常土用に行われ，盛夏を越すようにしている。この発酵過程は嫌気性であるので，重石をして，さらに押し板の上を水で満たして気密を保つようにしている。

この工程では漬け込み開始後すぐに各種微生物が増加，特に乳酸菌の増加が著しい。この工程での風味づけは主として，魚肉の自己消化によって生成される種々のエキス成分と，乳酸菌，嫌気性細菌，酵母などが生産する乳酸，酢酸，プロピオン酸，酪酸などの有機酸やアルコールなどによるものである。また生成された有機酸などの影響でpHが低下することにより，腐敗細菌やボツリヌス菌などの食中毒菌の増殖が抑制されるため，同時に保存性も付与されることになる。

ふなずしの熟成に関与する微生物として，*Lactobacillus plantarum*, *L. pentoaceticus*, *L. kefir*, *Streptococcus faecium*, *Pediococcus parvulus* などが知られている。

（5） 糠　漬　魚の糠漬[1),2)]はイワシ，ニシン，フグなどを塩蔵（または塩蔵後に乾燥）して，麹とともに糠に漬け込んで熟成させたものであり，主産地は石川県である。

いわし糠漬では，乳酸菌と酵母，嫌気性菌が漬込み初期から盛期（6月中旬～8月下旬）にかけて急増，pHは初期の5.5から終期には5.2付近にまで若干低下し，遊離アミノ酸，揮発性塩基，有機酸，アルコールなどが増加する。製品の成分は，pH5.2～5.5，食塩9.8～14.1％，アミノ態窒素350～390 mg/100 g，揮発性塩基窒素32～100 mg/100 g，乳酸0.44～0.96％，アルコール0.07～0.08％である。

また，珍しい糠漬にフグの卵巣を用いたものがある。フグ卵巣糠漬の塩分は約13％で，乳酸は糠漬中に0.13～0.69％になり，pHも塩蔵中の5.7～5.8から糠漬後には5.1～5.4に低下する。また，この過程における主要な乳酸菌は好塩性の *Tetragenococcus* で，塩蔵中には10^3～10^5/g，糠漬中には10^4～10^6/g程度存在する。またこの塩蔵工程からは新種の偏性嫌気性細菌 *Haloanaerobium fermentans* が発見されている。糠漬は原料が有毒にもかかわらず，製品になったときには卵巣の毒量が原料の1/30にまで減少し食用可能な状態になっている。この原因については不明であるが，微生物の関与は可能性が少ないと考えられる。

（藤井）

引用・参考文献

1) 藤井建夫：塩辛・くさや・かつお節――水産発酵食品の製法と旨味――（増補版），恒星社厚生閣（2001）．
2) 藤井建夫：魚の発酵食品，成山堂書店（2000）．
3) Takahashi, H., Kimura, B., Mori, M. and Fujii, T.: *Jpn. J. Food Microbiol.*, **19**, 179-185（2002）．

3. 薬品・化学品

　生物工学と医薬品とのかかわりを論じる場合，第一に微生物代謝産物由来の医薬品が挙げられる。その代表例は，抗生物質，免疫抑制剤，高脂血症治療薬などであろう。近年，製薬企業における微生物代謝産物の研究は縮小傾向にあるが，画期的な医薬品の探索源として微生物はなお魅力ある存在であることに変わりはない。事実，珍しい糸状菌 *Coleophoma empetri* の生産する強力なリポペプチド系抗真菌薬が2002年にわが国で実用化され，注目されている。

　1970年代後半からは，遺伝子組換え技術を用いて，生体内に微量に存在する生理活性タンパク質を生産しようとする研究が活発化し，1980年代には各種のバイオテクノロジー応用医薬品（バイオ医薬品）が相ついで開発された。最近では治療用抗体の開発研究が世界中で活発に展開されている。

　一方，医薬品の芽となるリード化合物の探索に遺伝子組換え技術や細胞培養技術が有効活用されている。探索しようとする薬物のターゲット分子をコードするヒト型遺伝子を動物細胞などで発現させて*in vitro*探索系を構築し，ねらった分子に直接作用する化合物を高速度で探索しようとするものである。この場合，ターゲット分子の選定が最も重要であり，真に新しい薬効を持った化合物を探索するためには，疾患に関連するターゲット分子を新たに発見する必要がある。実際，ゲノム情報をもとに新しい創薬ターゲットの発見に向けた研究が製薬企業やベンチャー企業で激化している。

　リード化合物を医薬品の開発につなげるためには，創薬研究の初期段階からヒト生体内での化合物の代謝と毒性を*in vitro*で予測する系を構築し，候補化合物を評価・選別する必要がある。そのために，多種類のヒト薬物代謝酵素やヒト肝細胞を用いた代謝試験，変異原性試験などが実施されており，またトキシコゲノミックスの重要性が指摘されている。

　医薬品のみならず農薬（殺菌剤，殺虫剤，除草剤）として，放線菌の生産する各種抗生物質がわが国で実用化されている。またネコインターフェロン（ネコカリシウイルス感染症，イヌパルボウイルス感染症），ネコ型化中和抗体（ウイルス性鼻気管炎，カリシウイルス感染症）などの動物用医薬品がバイオテクノロジーを応用して製造されている。

　酵素は，洗剤，繊維，食品，飼料添加などの用途に加えて，医療用またはヘルスケアー用にも開発されている。消化酵素製剤や消炎酵素製剤が古くから医薬品として使用されているが，現在では血栓溶解剤（TPA），活性酸素除去剤（SOD），ゴーシェ病治療剤（グルコセレブロシダーゼ）などの遺伝子組換え酵素がバイオ医薬品として実用化されている。

　また医薬品や医薬品中間体の工業生産プロセスの一部に酵素が利用されている。特に光学活性医薬品の開発には，微生物酵素を用いる微生物変換の技術が有用である。実際，微生物酵素を固定化した膜型リアクターを用いて，カルシウム拮抗薬の工業生産がわが国で実施されている。

　化学品の大部分は，石油・天然ガスを出発原料として化学合成反応によって製造されているが，その製造工程の一部にバイオプロセスを組み込んでいる実例がある。地球環境保全，廃棄物削減，省エネの観点から，バイオマスから微生物を用いて汎用の化学品を製造しようとする試みも積極的に進められている。

　以上のように医薬品，農薬，動物薬，酵素，化学品の研究開発および製造において，生物工学の技術が広く活用されている。

（澤田）

3.1 医薬品

3.1.1 微生物由来医薬品

微生物代謝産物の医薬品への利用は，1928年のA. Flemingによるアオカビの生産するペニシリンの発見とその実用化（1940年代）に始まる．以後さまざまな抗生物質の開発は，感染症の制圧に大きな力を発揮するとともに，微生物代謝産物の多様性を証明し，新たな微生物資源の開拓に合目的性を与えた．分離された各種微生物の培養物は，医薬品リード化合物のスクリーニング・ライブラリーとして利用されてきている．微生物代謝産物がそのまま医薬品として使用される例もあるが，大部分は，誘導体合成により，より活性の高い特徴ある化合物が創出され，医薬品として利用される場合が多い．特に感染症治療薬としての抗生物質は，出現する耐性菌に対応して，化合物の基本骨格をベースにして，数多くの有効な誘導体が合成されている．このような発展の経緯を考え，リード化合物を含めた微生物二次代謝産物の医薬品への利用をまとめる．また，最近では，これら有用化合物の生合成経路の解析より，その生合成遺伝子群を機能的に改変することにより，天然には存在しない新しい有用物質を創製しようとする試みも行われている．

（a）抗生物質 S. A. Waksmanの定義によると「種々の微生物種（細菌，真菌，放線菌など）により生産され，他の微生物の発育を抑制し，究極的にそれらを破壊する化学物質」をantibioticsと呼ぶ．現在までに発見された抗生物質の数は4000を超え，3万以上の誘導体が作られ，50以上の化合物が臨床的に使用されている．

（1）β-ラクタム系[1]　β-ラクタム薬は細菌細胞膜上のペニシリン結合タンパク質（penicillin binding protein：PBP）に作用し，細菌固有の構造である細胞壁成分のpeptidoglycanの生合成を阻害し，細菌を溶菌，殺菌する．網目状の高分子であるmureinを主成分とする細胞壁はヒトなどの真核細胞には存在しないため，β-ラクタム薬はその作用機序の面からも過敏症などを除けば，直接的な毒性はきわめて低く，安全性の高い抗菌薬ということができる．β-ラクタム薬はその化学構造式からpenicillin系，cephem系，carbapenem系，penem系，monobactam系などに分類することができる．

① penicillin系　アオカビの一種 *Penicillium* 属から単離された抗生物質で，β-ラクタム環と呼ばれる4員環構造にイオウ（S）を含む二重結合のない5員環（thiazolidine）が隣接した化学構造を持つ6-aminopenicillanic acid（6APA）：1を基本骨格とし，誘導体合成された一群の抗菌薬（例 ampicillin：2）である．L-α-aminoadipic acid, L-cysteine, L-valineがnonribosomal peptide synthetase（NRPS）の一種のACV synthetaseにより結合，isopenicillin N（IPN）synthaseにより環化，IPN：3, penicillin N：4を経て，生合成される．

6APA：1

ampicillin：2

L：isopenicillin N（IPN）：3
D：penicillin N：4

② cephem系　β-ラクタム環と6員環からなる7-aminocephalospolanic acid（7ACA）：5を基本骨格とした抗生物質の総称である．cephem系は化学構造上から，カビから抽出精製されたその原型ともいうべきcephalosporin C：6系と，放線菌から発見された7-ACAの7位にメトキシ基（-OCH$_3$）を有するcephamycin C：7系が報告されている．IPNよりIPN epimeraseにより生成されるpenicillin Nの5員環部分がexpandaseで6員環に広がる生合成経路が確認されている．

7-aminocephalosporanic acid（7ACA）：5

cephalosporin C（CPC）：6

cephamycin C：7

③ carbapenem系　Streptomyces cattleya の培養液から発見された thienamycin：8 は強い抗菌力を持つとともに，penicillinase や cephalosporinase などの β-lactamase に対する阻害作用を持つといった従来の β-ラクタム薬にない特性を有する。その基本骨格は，β-ラクタム環に隣接する5員環よりなる点でpenicillin に類似しているが，5員環部分に二重結合を有し，イオウ(S)原子に代わって炭素原子(C)を持つ点で異なる。carbapenem薬（例えば imipenem：9）は，グラム陽性菌からグラム陰性菌，嫌気性菌まで幅広い抗菌力を示すのが特徴である。acetyl-CoA と γ-glutamyl phosphate が結合・閉環して基本骨格が生合成され，その後 cysteine が付加される経路が明らかにされている[2]。

thienamycin：8

imipenem：9

④ monobactam系　Pseudomonas acidophila[3] や Flexibactor sp.[4] の生産する新規 β-ラクタムとして見出された。penicillin薬や cephem薬と異なり，β-ラクタム環に隣接する部位にイオウを含む5員または6員の環状構造を持たないことから monobactam：10 と呼ばれている。細菌が細胞分裂時に必要な隔壁合成をつかさどる PBP3 に対する結合親和性が高く，細菌をフィラメント状化させ抗菌性を示す。好気性グラム陰性桿菌に対する抗菌力は優れているもののグラム陽性菌には無効であり，嫌気性菌に対する抗菌力も弱い。化学合成により，誘導体展開が進められている（aztronam：11）。

⑤ clavulanic acid：12　cephamycin C を生産する Streptomyces clavuligerus の培養液より単離された[5]。低い抗菌活性しか持たないが，多くの細菌によって産生される β-lactamase を阻害する。例えば，ampicillin, amoxillin などの β-ラクタム薬と併用すると，非併用時には抵抗性を示すある種の病原菌に対して効果を持つようになる。その基本骨格は，D-glycer aldehyde-3-phosphate と arginine より生合成される。

monobactam：10

aztronam：11

clavulanic acid：12

(2) aminoglycoside系　アミノ糖を主骨格に含む配糖体抗生物質群で，細菌の30Sリボソームに結合し，タンパク合成阻害により，抗菌作用を示す。放線菌（streptomycin：13, kanamycin：14 など）や細菌（butirosin など）の産生する物質として発見され，さらにそれらを出発物質として半合成されている。また，その耐性機構の研究[6]から，耐性菌や緑膿菌などの不感受性菌にも有効な化合物がつぎつぎと開発され，現在では gentamicin, tobramycin, amikacin：15, sisomicin, neomycin, paromomycin などが臨床的に用いられている。

① streptomycin　1944年に米国で分離された Streptomyces griseus の培養液中に発見された。グラム陰性桿菌および結核菌にも強く作用することから汎用され，特に結核治療では第一次選択薬として広く用いられてきた。三塩酸塩化カルシウム複塩，塩酸塩，硫酸塩，リン酸塩の4種の塩が製造されたが，現在では聴器毒性が低いことなどの面から streptomycin sulfate がおもに用いられている。

streptomycin sulfate：13

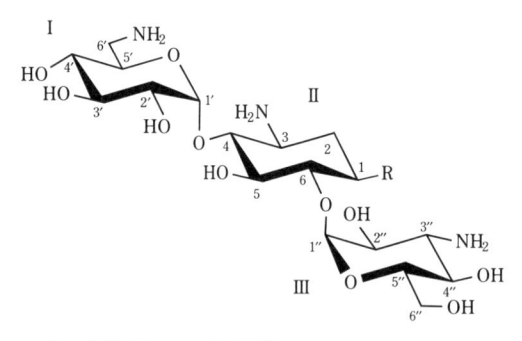

R = NH₂：kanamycin：14

R = (HN-CO-CH(OH)-CH₂-CH₂-NH₂)：amikacin：15

② kanamycin　*Streptomyces kanamyceticus* の生産する国産初の抗生物質で，1957年に発見された。当時臨床的に使用されていた抗生物質に耐性の病原菌，特にstreptomycin耐性菌による結核の治療に貢献した。アミノ配糖体抗生物質は，経口投与により吸収されないので注射で用いるが，強弱の差こそあれ聴力障害などの副作用を伴う。

（3）tetracycline系　*Streptomyces aureofaciens* の産生するchlortetracycline：16 を基本として，開発された一連の化合物群で，骨格に四つの環状構造を持つのが特徴である。培養中のClイオンの制御により，tetracycline：17 が主生産物となる。細菌の30Sリボソームと結合し，アミノアシルtRNAが，mRNA・リボソーム複合物と結合するのを妨げ，ペプチド鎖延長過程でタンパク質合成を阻害し，広範囲の菌に静菌的抗生作用を示す。malonyl CoAとmalonamyl CoAより polyketide synthetase（PKS）により，生合成される[7]。

chlortetracycline：16

tetracycline：17

（4）chloramphenicol：18　1947年に *Streptomyces venezuela* の培養液より発見された広範囲スペクトル抗生物質で，それまで治療困難だった腸チフスをはじめとする各種疾患の治療が可能となり，広く使われるようになった。しかし，まれに生じる造血器障害などの重篤な副作用のため，現在ではその使用は著しく制限されている。工業的に完全合成されるようになった最初の抗生物質である。

chloramphenicol：18

（5）macrolide系　大環状ラクトンに糖が結合した構造を持つ，一群の抗生物質である。14員環macrolide：19 には，erythromycin, oleandomycin, 16員環macrolide：20 には，josamycin, midecamycin, spiramycin などがある。グラム陽性菌，一部のグラム陰性菌（淋菌，髄膜炎菌，百日咳菌），*Mycoplasma*, *Rickttsia*, *Chlamydia* に活性を示す。細菌の70Sリボソームの50Sサブユニットに作用し，ペプチド転移反応を阻害してタンパク合成を抑制する。14員環の薬剤は，構造上立体障壁がなくジメチルアミノ基（3級アミン）が肝臓の薬物代謝酵素のcytocrome P-450系活性中心と結合しやすいため，

14-membered (19) macrolide (6-dEB)

16-membered (20) macrolide

酵素活性阻害作用が強く薬物相互作用の報告も多い。一方，16員環の薬剤は，アミノ糖に直列に結合している中性糖が立体障害となり，安定な不活性複合体を形成しにくいといわれている。その環状ラクトン骨格は，各生産菌に独特のPKSにより，acetyl CoA, propionyl CoA, malonyl CoAなどの低分子脂肪酸が縮合・環状化して，生合成される[8]）。

・erythromycin B : 21 *Saccharopolyspora erythraea* により産生される。6-deoxyerythronolide B (6-dEB) synthase (DEBS) により，propionyl CoAをプライマーにして6分子のmethylmalonyl-CoAが縮合，閉環し，14員環アグリコン部分の6-dEBが生合成される[8]）。

（6）lipopeptide系抗真菌薬　環状ヘキサペプチド構造を持ち，そのornithine部分のアミノ基に脂肪アシル側鎖を有した化合物群で，真菌の細胞壁合成酵素の一つである1,3-β-glucan synthaseを阻害する。本群の化合物としては，echinocandinBが最初に*Aspergillus nidulans* var. *echinatus* 培養液から分離された。脂肪酸側鎖の脂溶性に起因すると推定される溶血毒性を回避するためさまざまな改良が加えられ，anidulafunginが創出された。その後，*Coleophoma empetri* の培養液から側鎖にpalmytoil基を持つechinocandinに類似した新たな化合物FR901379も発見され，この側鎖をヘテロ環を含んだフェニルカルボニル基に変換し，抗真菌活性と薬物動態の向上したmicafungin : 22が創出された[9]）。本化合物は，環状ペプチドのhomotyrosine部分に硫酸ナトリウムが結合した特徴ある構造を有し，これが優れた水溶性をもたらしている。本化合物群の微生物での生合成は，NRPSによっていると推定される。

（b）抗腫瘍薬　1950年代，抗生物質の新分野開拓を目指した探索より，放線菌培養液より各種の制がん性物質が発見された[6]）。bleomycin, mitomycin C, daunorubicin, adriamycin, actinomycin Dなどが発見された。

（1）mitomycin C : 23　1958年，mitomycin Aを生産する*Streptomyces caespitosus* の培養液中に，より強力な抗腫瘍活性を示す物質として見出された。分子量約300の低分子であるが，がん細胞に入ると，還元酵素によって活性体に変化し，二重らせん構造の二本鎖DNA分子と結合する。このため二本鎖DNAが

erythromycin B : 21

micafungin : 22 : FK463 ← FR901379

mitomycin C : 23

完全にほどけなくなり，がん細胞の分裂が妨げられる。

(2) bleomycin　これより先に発見されていたphleomycin より腎毒性が弱く化学的に安定な新規制がん物質として，1963年に *Streptomyces verticillus* の培養液より発見された。分子量約1500の糖ペプチドで，構造の一部分が異なる10種以上の成分が天然に存在する。そのうちのA_2, B_2の2成分を主成分とする混合物：24が，扁平上皮がん，悪性リンパ腫等の治療薬として開発された。さらに，副作用軽減と強い抗腫瘍効果を目標とした誘導体研究より，peplomycin：25 が開発された。がん細胞中で，鉄(Fe^{2+})とキレートして，酸素分子を活性化し，それがDNA鎖を切断することによりがん細胞の増殖を抑制する。分子中に，DNAと静電的に引き合う部分，DNA分子の隙間に入り込む部分，化学的にDNA鎖を切断する部分を持つ。また，生合成面からは，NRPSs, PKSs と糖鎖付加が関与した二次代謝産物としても興味深い[10]。

(c) その他の医療用生理活性物質

(1) HMG-CoA 還元酵素阻害剤　生体内コレステロール生合成系の律速段階は，3-hydroxy-3-methylglutaryl CoA (HMG-CoA) から mevalonate が生成される段階にある。この段階の酵素HMG-CoA 還元酵素が抑制されることにより，肝細胞内コレステロール量が低下，これが肝細胞表面のLDL受容体を誘導，血中LDL取込みが亢進される結果，血中コレステロールが低下するという新しい機序の高脂血症治療薬として開発された。微生物二次代謝産物として見出されたML236B：26 と lovastatin：27，これらの誘導体である pravastatin：28 と simvastatin：29，さらにこれら化合物を基本にして合成展開して得られた statin 系化合物として，fluvastatin：30, atorvastatin：31, cerivastatin：32 などがある。微生物由来の statin は，2種のPKSsにより生合成され

た2種の直鎖状polyketideが，閉環，結合することにより，生成される[11), 12)]。

① pravastatin　HMG-CoA還元酵素の阻害物質の探索より見出された*Penicillium citrinum*により生産されるML236B（compactin）を，*Streptomyces carbophilus*により微生物変換（水酸化）することにより生産される。他のstatin類に比べ，水溶性が高い。

② lovastatin　pravastatinの水酸基部分が，メチル基になった化合物で*Aspergillus terreus*の培養液より単離された。simvastatinは，本化合物より半合成される。

(2) 免疫抑制剤　臓器移植後の拒絶反応予防薬，または，過剰な免疫応答により発症する自己免疫疾患やアレルギー疾患の治療薬として，cyclosporin Aやtacrolimusが開発されている。抗原刺激を受けたT細胞に対し，cyclosporin Aはcyclophilin，tacrolimusがFKBP12と結合したうえで，カルシニューリンの脱リン酸化反応を阻害することにより，サイトカイン産生を抑制，免疫抑制効果を示す。

① cyclosporin A：33　*Tolypocladium niveum*の培養液から分離された環状ポリペプチドである。NRPSにより，11のアミノ酸から生合成される[13)]。

② tacrolimus：34　*Streptomyces tukubaensis*の培養液より単離・精製された23員環の環状マクロライド系化合物で，cyclosporin Aの10〜100倍強い活性を持つ。主骨格は，PKSsによりshikimate誘導体にmalonyl CoA，またはmethylmalonyl CoAが順次縮合することによりpolyketide鎖が延び，最後にpipecolic acidが結合，閉環して生合成される[14)]。

fluvastatin：30

atorvastatin：31

cerivastatin：32

cyclosporin A：33

MeBmt：(4R)-4-[(E)-2-butenyl]-4-methyl-L-threonine
Abu：2-aminobutyric acid

tacrolimus : <u>34</u>

acarbose : <u>35</u>

voglibose : <u>36</u>

(3) α-glucosidase 阻害剤　食物中の糖類消化の最終段階である二糖類から単糖類への分解を緩和に阻害して，十二指腸，空腸，回腸部分にわたって徐々に単糖類を吸収することにより，糖尿病患者で特に問題になる食後の血糖値の急上昇を防いで病気の進行を抑える．

① acarbose : <u>35</u>　*Actinoplanes* sp. SE50/110 により生産される擬似四糖類で，sedoheptulose 7-phosphate 由来の vanienol, maltose, 4-amino-4,6-dideoxyglucose よりなる[15]．

② voglibose : <u>36</u>　*Streptomyces hygroscopicus* subsp. *limoneus* により生産される trehalase 阻害剤 validamycin は，その構造に acarbose と類似の2種の vanienol 部分を持つ．分解産物の valienamine に着目し α-glucosidase 阻害作用を示す物質を微生物培養液よりスクリーニングし，valiolamine を見出した．さらに，誘導体展開により，voglibose が見出された．acarbose に比べ，α-glucosidase 阻害活性は強いが，α-amylase 阻害活性は弱い．

以上，微生物由来医薬品の一部について示したが，その化合物の構造は非常に多岐にわたっている．また，近年の遺伝子クローニング技術の進歩により，その生合成にかかわる遺伝子とその制御機構の解明も，着実に進展している．特に，PKS と NRPS は，各種のモジュールの組合せによって，それぞれの化合物に特異な部分を構成しており，多くの生合成産物の基本骨格形成に関与している．この点を応用して，異なった二次代謝産物を生産する微生物よりクローニングした遺伝子を組み合わせ，新たなホスト微生物に導入することにより，新たな化合物を生産しようとする combinatorial biosynthesis の試みが行われている．近い将来には，このような意図した微生物代謝産物が医薬品として利用されることも予想される[16)~18)]．　　　（吉川）

3.1.2　バイオ医薬品

(a) **バイオ医薬品の概要**　バイオテクノロジー応用医薬品（以下バイオ医薬品と略す）とは，生命現象や生体機能を利用した技術により生産された医薬品の総称である．日本では，厚生労働省により「遺伝子工学」「細胞工学」「細胞大量培養技術」「バイオリアクター技術」などの技術革新により初めて入手可能となった，主としてタンパク性の医薬品がバイオ医薬品と定義されている．すでに承認されたバイオ医薬品は，生体に微量存在するタンパク性の生理活性物質（例えば「ヒトインターフェロン」「成長ホルモン」「エリスロポエチン」など）やペプチド（「ヒトインシュリン」など），抗体あるいは酵素などである．これらの物質は，その存在がまったく知られていなかったか，あるいは予測されていたにもかかわらず微量成分であるため医薬品としての開発ができなかったものである．

しかしながら，1973年のコーエン・ボイヤーによる遺伝子クローニングの成功（組換え基本技術）[21)]と，

1975年のケーラー・ミルシュタインによる細胞融合の成功（ハイブリドーマ細胞株の作製，細胞融合基本技術）[22]に端を発したバイオテクノロジーの急速な発展が，これらのタンパク性微量物質などを医薬品として開発することを可能ならしめた。近年，バイオ医薬品の範囲は，生命科学のさらなる発展とヒトゲノムの解読とがあいまって，「抗体医薬」，「遺伝子治療薬や核酸医薬」，さらには再生医療に貢献が期待される「組織培養細胞」にまで拡大している。

本項では，最初にバイオ医薬品開発法の変遷と製造法の概略を紹介し，つぎにバイオ医薬品の市場規模ならびに薬効別分類上でのバイオ医薬品の位置付けを示し，最後に2005年時点で開発が進められているバイオ医薬品を紹介しその近未来像を展望する。

（b） 創薬方法とバイオ医薬品開発法の変遷 創薬方法は，病気の症状を改善する対症療法薬の無作為探索に始まり，しだいに疾患の発症機構を推定して，病態モデル動物を構築し，この動物を用いて化合物をランダムスクリーニングし医薬品を探索する手法へと変化した。1960年代までは，タンパク性の医薬品は自然界から大量に入手可能なものを除いては，その開発すらできない状況であった。これが，1970年代半ばの「遺伝子組換え技術」と「細胞融合技術」の登場により，ヒト生体内に微量しか存在しないタンパク質を大量生産し，バイオ医薬品として開発できるようになった。「遺伝子組換え技術」を応用する場合の医薬品候補タンパク質調製法を以下に示す。

① 形質を頼りに目的タンパク質を単離・精製し，部分アミノ酸配列を決めDNA配列を推定

② プローブを作製し，遺伝子ライブラリーから目的タンパク質をコードするmRNAを釣り上げ，逆転写によりcDNAを合成

③ 遺伝子組換え技術により，cDNAを組み込んだ組換え体を育種し，目的タンパク質を大量生産する。

「細胞融合技術」を応用する場合は，別途融合細胞を育種する必要がある。現在市販されているバイオ医薬品の大部分はこれらの手法により創薬された第一世代のバイオ医薬品である。

近年，疾患は遺伝子が背景にあり，特定の遺伝子（群）の発現量が正常状態から逸脱することや，環境因子により誘導される一過性あるいは継続性の遺伝子発現変動が発症につながることが明らかになってきた。加えて，1987年に始まったヒトゲノム解読プロジェクトが，医薬品開発のターゲット分子を絞り込むゲノム創薬方法をもたらした。すなわち，『「健康なとき」と「病気のとき」で組織の中でどの遺伝子（群）が発現しているのか，また発現していないのか』を比較することにより，創薬の標的となる疾患関連遺伝子を正確にとらえ，組織が正常に機能するために必要なタンパク質と病気に関係したタンパク質の双方を特定する（3.1.4項参照）。これにより病気に対する診断法の開発や異常タンパク質あるいは変異遺伝子の働きを変えるような新薬を開発する。このようなゲノム創薬の一連の流れを**図3.1**に示す。

ゲノム創薬のスタートはゲノミクス手法で疾患の原因遺伝子を特定することである。細胞の中で発現しているmRNAの相補DNA（cDNA）を包括的に解析し，特定の疾患に関連する「標的遺伝子」を選び出す。「標的遺伝子」が明らかになると，その遺伝子の持つ情報がどのようなタンパク質を介して発現するかを判定し，この原因タンパク質の存在やその量的な関係を知ることにより病気の原因を推定する。さらにそのタンパク質の作用メカニズムを解明することにより，診断薬を開発したり，創薬や治療のターゲット分子を特定することができる。このターゲット分子に作用する低分子化合物をスクリーニングし最適化することで，これまでのランダムスクリーニングでは得られない革新的な新薬を見つけることが可能となる。また，病気の原因タンパク質あるいは遺伝子そのもので疾病を治癒できる場合は，目的タンパク質や遺伝子を遺伝子組換え法などで大量生産し，バイオ医薬品として開発することになる。このような「疾患の発症機構を遺伝子

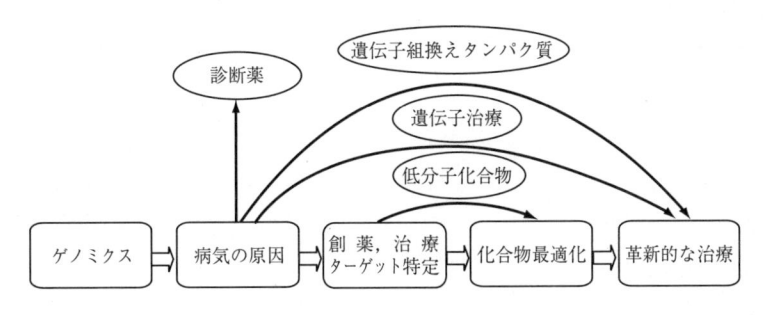

図3.1 ゲノム創薬の流れ

レベルで解明し診断・創薬するゲノム創薬」方法が，抗体医薬や遺伝子治療薬などの第二世代バイオ医薬品を生み出している。

（c）バイオ医薬品製造法の概略　バイオ医薬品の開発にとって，遺伝子操作や細胞融合技術は必要不可欠な技術である。しかしながらバイオ医薬品を実生産するためには，遺伝子組換え体や融合細胞をバイオハザードが生じないようそれぞれの危険度に応じた封じ込め（生物学的および物理的）を行ったうえで大量培養し，不純物を除き，生成したタンパク質を安定かつ効率よく分離する高度な分離・精製技術を確立しなければならない。通常，バイオ医薬品の多くは複雑で不安定な高分子物質であり，宿主細胞由来のタンパク質やペプチド，DNAやRNAなどの核酸，エンドトキシンや複合脂質など多くの夾雑物から単離・精製することは非常に困難な場合がある。バイオ医薬品の製造工程は，培養・抽出・遠心分離・濾過・分別沈殿・濃縮・吸着あるいはイオン交換クロマトグラフィー・ゲル濾過クロマトグラフィー・膜分離などの単位操作により構成される。表3.1に，タンパク性のバイオ医薬品を「遺伝子組換え体」や「動物細胞」を用いて製造する際の，代表的なプロセス構成とバイオ医薬品特有の注意点を示した（なお，培養装置，培養法ならびに分離・精製法の単位操作についてはI編7, 8章を参照のこと）。一般的に，遺伝子の高発現株では目的とするタンパク質が宿主のプロテアーゼにより部分分解したり，糖鎖付加あるいは切断などの翻訳後修飾反応が律速となって不完全な修飾分子（擬似分子）を生じる場合がある。したがって，バイオ医薬品を製造する際には，さまざまな擬似分子の生成を阻止するか最小化する目的で，培養時に不足する成分を補ったり，翻訳後修飾反応を制御して擬似分子の生成を防ぐか，分離・精製の際に擬似分子を特異的に除去する工夫が必要となる。擬似分子も夾雑物の一種であり，目的タンパク質を高純度に精製するために，分配様式の異なるいくつかの単位操作を組み合わせるという方法がとられる。例えば，抗体アフィニティークロマトグラフィーと陰イオンクロマトグラフィーを組み合わせることで，宿主由来のタンパク質とDNAを除くことができる場合がある。このように，工業的な分離・精製プロセスを構築するには，単位操作の適切な選択とスケールアップが重要である（クロマトグラフィーの理論[23]，スケールアップ[24]およびプロセス・システムとそのデザイン[25]については，おのおのの文献を参照のこと）。

（d）バイオ医薬品の市場規模の推移と適応治療領域
　バイオテクノロジーが医薬品の開発に応用され，バ

表3.1　タンパク質性バイオ医薬品製造プロセスの概略と注意点

	遺伝子組換え微生物	動物培養細胞	バイオ医薬品製造に特異的な注意点
培養	回分培養あるいは半回分培養	回分培養，半回分培養あるいは灌流培養	（共通）バイオハザード （宿主が遺伝子組換え微生物の場合） 　エンドトキシン生成 　アミノ末端にメチオニンが残存 　カルボキシ末端がアミド化されない 　翻訳の誤り （宿主が動物培養細胞の場合） 　糖鎖付加あるいは切断などの翻訳後修飾
分離	菌体回収 ↓ 菌体破砕 ↓ 遠心分離	細胞分離（膜）	（共通）プロテアーゼによる部分分解 　分子内/分子間に非天然型ジスルヒド結合形成 （宿主が遺伝子組換え微生物の場合） 　封入体
精製（例）	イオンクロマトグラフィー ↓ 硫安沈殿 ↓ 疎水性クロマトグラフィー ↓ ゲル濾過クロマトグラフィー ↓ UF濃縮 ↓ ゲル濾過クロマトグラフィー ↓ 高純度タンパク質		（共通）パイロジェン 　無菌濾過 　擬似分子の分離・除去 　宿主由来のタンパク質・核酸・リポポリサッカライド除去 　プロテアーゼによる部分分解物の除去 （宿主が遺伝子組換え微生物の場合） 　封入体の可溶化 　タンパク質のリフォールディング

イオ医薬品第一号であるヒトインシュリンが米国で上市された1982年以降，バイオ医薬品の種類と生産額は年とともに増加している．2004年に，日本国内で市販されているバイオ医薬品は20数品目あり，2004年度のバイオ医薬品総売上額は4029億円と，全医薬品工業売上額の約6％を占めている．おもなバイオ医薬品の日本国内での上市年度と，年度ごとの売上額の推移を製薬工業協会[26]と日経バイオ年鑑[27]の資料をもとにまとめた（表3.2）．日本国内で上市された最初のバイオ医薬品は，1986年のヒト成長ホルモンである．その後ヒトインシュリン，エリスロポエチンや血液凝固第8因子など大型バイオ医薬品が上市され，第一次バイオ医薬品ブーム（1986～1993年）が起こった．その後数次にわたる薬価切り下げにもかかわらず，バイオ医薬品総売上額は3500億円を前後していた．近年，第二世代のバイオ医薬品である抗体医薬の登場もあいまって，バイオ医薬品総生産額が4000億円を突破し，再び大きく増加する傾向を示している．

つぎに，バイオ医薬品を日本医薬品集[28]の分類に従い薬効分類の観点からまとめた（表3.3）．バイオ医薬品が治療に最も貢献している薬効は「代謝性医薬」領域である．ヒトエリスロポエチンやインターフェロン類・顆粒球増殖因子・血液凝固第8因子など血液・体液用製剤に分類されるものが主で，バイオ医薬品総売上額の42％（1710億円）がこの薬効領域に属する．この領域はビタミン剤なども含まれる全医薬品売上高でも第二番目の薬効群（1兆4952億円，全売上高の20.8％）で，その11％をバイオ医薬品が占めることになる．ついで薬効領域として大きいのは，ヒトインシュリンやヒト成長因子などのホルモン剤を含む「個々の器官系用医薬」である．この領域は医薬品総売上額の41.6％を占める最大薬効領域（2兆9972億円）で，この領域のバイオ医薬品総売上額1083億円は本薬効領域全体の4％にすぎない．これ以外の薬効領域ではこれまでほとんどバイオ医薬品が開発されない状態であったが，抗腫瘍活性を有する抗体医薬品が「組織細胞機能用医薬」領域でつぎつぎと登場している．技術の進歩とゲノム情報により，バイオ医薬品の薬効領域が広がり，かつ総売上額も段階的に増加する傾向にある．

（e）バイオ医薬品の将来展望　前述したようにゲノム創薬により，遺伝子そのものや遺伝子がコードするタンパク質に特異的に作用する薬剤（分子標的薬）が開発されつつある．標的は，病気の発症や悪化にかかわる遺伝子やタンパク質で，特に抗体医薬品によるがんや関節リウマチの新しい療法剤が生まれつつある．さらに，抗体医薬がアレルギーの分野にも登場した（FDAがアレルギー性喘息治療薬を承認．日本国内では臨床第3相試験中である）．また，バイオ医薬

表3.2　バイオ医薬品売上額の推移

バイオ医薬品				年度売上額〔億円〕								
名　称	適応(対象疾患)	薬効番号	発売年度	1986	1988	1990	1992	1994	1996	1998	2000	2002	2004[*2]
エリスロポエチン	腎性貧血	399（代謝性医薬品・その他）	1990	0	0	200	550	750	960	1010	1110	1200	1250
ヒト成長ホルモン	小人症	241（脳下垂体ホルモン剤）	1986	0	85	240	500	640	730	700	600	600	580
顆粒球増殖因子	好中球減少症	339（血液・体液用剤）	1992	0	0	0	400	520	410	430	450	430	385
ヒトインシュリン	糖尿病	249（ホルモン剤・その他）	1986	0	33	65	184	225	320	360	430	490	360
インターフェロンα	がん・肝炎	639（生物学的製剤）	1988	0	70	140	790	1050	585	400	380	460	390
インターフェロンβ	がん・肝炎	639（生物学的製剤）	1985	0	70	61	204	330	285	250	200	161	120
血液凝固第8因子	血友病	634（血液製剤）	1994	0	0	0	0	18	50	94	120	85	95
グルカゴン	膵臓ホルモン	249（ホルモン剤・その他）722（機能検査用試薬）	1996	0	0	0	0	0	38	60	60	60	50
tPA	血栓溶解	395（酵素製剤）	1991	0	0	0	75	68	52	24	25	29	25
インターロイキン2	血管肉腫	639（生物学的製剤）	1992	0	0	0	4	18	21	25	70	105	130
ナトリウム利尿ペプチド	急性心不全	217（血管拡張剤）	1995	0	0	0	0	0	9	24	40	50	55
ヒトモノクローナル抗体[*1]	悪性腫瘍等	429（腫瘍用薬・その他）	1995	0	0	0	0	0	1	1	1	130	440
線維芽細胞増殖因子	皮膚潰瘍治癒	269（外皮用薬・その他）	2001	0	0	0	0	0	0	0	0	27	38
グルコセレブロシダーゼ	ゴーシェ病治療薬	395（酵素製剤）	1998	0	0	0	0	0	0	12	30	37	50
その他				0	45	59	64	85	42	39	34	41	61
バイオ医薬品総売上額				0	303	765	2771	3704	3503	3429	3550	3905	4029
医療用医薬品総売上額（薬価ベース）									65222	67345	61049	64853	68511	72032

[*1] 抗CD3抗体，抗HER2抗体，抗CD20抗体，抗CD25抗体，抗TN-α抗体および抗RSウイルス抗体
[*2] 2004年1月～12月

表3.3 薬効別分類におけるバイオ医薬品の位置付け

薬効別分類		バイオ医薬品	バイオ医薬品		全医薬品	全医薬品
			2004年度売上額〔億円〕		2004年度売上額〔億円〕	
大分類	中分類	バイオ医薬品名	中分類総売上額	大分類総売上額	中分類総売上額	大分類総売上額
1. 神経系および感覚器官用医薬	11 中枢神経系 12 末梢神経系 13 感覚器官 14 その他			0	5880 1985 	7865(10.9%)
2. 個々の器官系用医薬	21 循環器官用 22 呼吸器官用 23 消化器官用 24 ホルモン剤 25 泌尿生殖器官および肛門用 26 外皮用 27 歯科口腔用 29 その他	ナトリウム利尿ペプチド ヒトインシュリン ヒト成長ホルモン グルカゴン 線維芽細胞増殖因子	55 360 580 50 38	1083	15141 4482 5812 3144 1329 64	29972(41.6%)
3. 代謝性医薬	31 ビタミン剤 32 滋養強壮薬 33 血液・体液用 34 人工透析用 39 その他	 エリスロポエチン 顆粒球増殖因子 tPA グルコセレブロシダーゼ	 1250 385 25 50	1710	1208 4815 2414 6515	14952(20.8%)
4. 組織細胞機能用医薬	41 細胞賦活用 42 腫瘍用 43 放射性医薬 44 アレルギー用 45 その他	ヒトモノクローナル抗体	440	440	 6303 1875	8178 (11.4%)
5. 生薬および漢方処方に基づく医薬	51 生薬 52 漢方薬 59 その他			0	 901	901(1.3%)
6. 病原生物に対する医薬	61 抗生物質製剤 62 化学療法剤 63 生物学的製剤 64 寄生動物に対する薬 69 その他	 インターフェロンα/β インターロイキン2 血液凝固第8因子	 510 130 95	735	7897 1370 5	9272(12.9%)
7. 治療を主目的としない医薬	71 調剤用 72 診断用 73 公衆衛生用 74 体外診断用 79 その他			0	 703	703(1%)
8. 麻薬	81 アルカロイド系 82 非アルカロイド系			0		224(0.4%)
その他			61	61	189	189 (0.3%)

品自体が従来のタンパク性物質から,「RNA干渉などの人工RNA」や「DNAを遺伝病やがんなどの治療剤とする遺伝子治療薬」に拡大しつつある。

欧米ではバイオ医薬品の候補物質が,近年急増している(2003年1月現在欧米で申請されているものおよび臨床試験に入っているものがそれぞれ20品目に及ぶ)。製薬企業各社の研究開発パイプラインにあるこれら候補物質とその成功率を掛け合わせることで上市医薬品の伸びを予測できる[29]。これによると,今後欧米で少なく見積もっても年間5品目,楽観的な見方では年間10品目,平均すると8品目が上市されると思われる。日本でのバイオ医薬品の販売開始は欧米に比べて2ないし3年遅れるのが通例であるが,同様の経過をたどるものと予想される。

これらのバイオ医薬品は,今後生活習慣病や中枢神経系の病気など市場拡大を見込める分野での製品開発が期待される。このように近年のバイオテクノロジーのめざましい発展により,従来の医薬品では対応しきれなかった各種疾患に対して,バイオ医薬品は大きく貢献することが期待される。　　　　　　　(杉本)

3.1.3　医薬品リード化合物探索

近年,ロボットシステムを用いた高速スクリーニング(high-throughput screening:HTS)の登場により,医薬品リード化合物の探索方法が一変した[30],[31](図3.2)。効率のよい医薬品リード化合物探索のためには,つぎに挙げる四つのインフラストラクチャーが必要不可欠とされる[32]。まず,化合物ライブラリーや天然物エキスライブラリーなど被験物質の供給システム,HTSに適したアッセイ系のデザイン,スクリーニングロボットなどのラボラトリーオートメーション機器,そしてロボットから出力される膨大なデータを迅速に処理するためのデータマネージメントシステムである。これら四つのインフラストラクチャーがバランスよくたがいに連携して初めて効率のよい医薬品リード化合物探索を行うことができる。ここではこれら四つの側面から医薬品リード化合物探索を論じたい。

(a) ライブラリー構築　医薬品リード化合物探索は,まず探索の対象となる被験化合物の収集から始まる。製薬企業各社は,歴史的に合成されてきた化合物のほかに市販化合物の購入などを通してライブラリーの多様性を確保しているが,近年のコンビナトリアルケミストリーの急速な進歩により,収集される化合物の数は100万件に及ぶようになってきた。収集の際には,多様性確保のために「数」をそろえることは重要であるが,同時に「質」を高めなければならない。なぜなら,アッセイを妨害して偽陽性になりやすい化

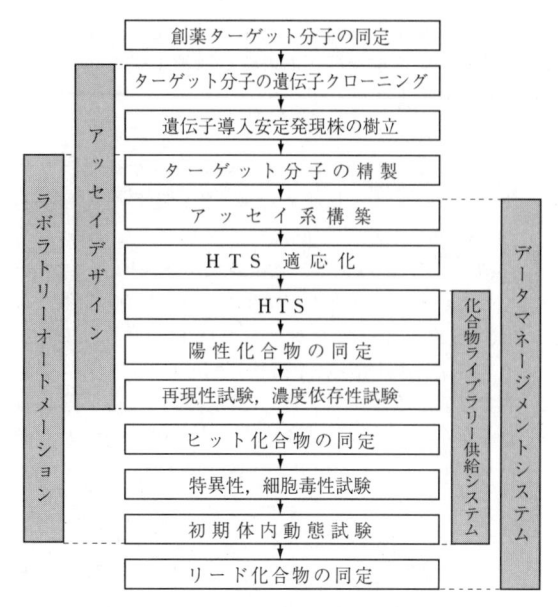

図3.2　医薬品リード化合物探索研究の流れ

[フローチャート: 創薬ターゲット分子の同定 → ターゲット分子の遺伝子クローニング → 遺伝子導入安定発現株の樹立 → ターゲット分子の精製 → アッセイ系構築 → HTS適応化 → HTS → 陽性化合物の同定 → 再現性試験,濃度依存性試験 → ヒット化合物の同定 → 特異性,細胞毒性試験 → 初期体内動態試験 → リード化合物の同定。縦の括りとして: ラボラトリーオートメーション,アッセイデザイン,化合物ライブラリー供給システム,データマネージメントシステム]

合物が多く含まれていると,いくらHTSを行っても真の生理活性化合物を見落としてしまうからである。アッセイを妨害する化合物として,反応性官能基を持つ化合物など非特異的な作用によりさまざまなアッセイで陽性と判定される化合物が挙げられる[33],[34]。これらは化合物収集の対象からはずしておく必要がある。一般に化合物を収集する際にはリピンスキのルール[35]に代表される「ドラッグライクネス」を指標にふるい分けし,多様性を解析しながら進められる。

さて,化合物を収集するだけではそのままHTSに使えるわけではない。収集した化合物を秤量し,所定量の溶媒(ジメチルスルホキシド(DMSO)がよく使われている)を添加して溶解し,マイクロプレートに分注して初めてHTSに使用できるようになる。使用されるマイクロプレートは,ポリプロピレン製のディープウェルプレートや96本のミニチューブ(チューブの底面に二次元コードが付いていておのおののチューブを識別できるようになっている)がマイクロプレートの大きさのラックに収容されたもので,これらをマスタープレートと呼んでいる。化合物溶液の濃度は,10 mMに調製されていることが多いが,これを1 mMの濃度に希釈したもの(ドータープレートと呼ぶ)も使用される。DMSOは自動分注機でも比較的扱いやすい溶媒であるが,容易に水分を吸収するという厄介な問題を抱えている。水分を吸収すると化合物の分解も促進されるので,特に長期間化合物溶液を保存するマスタープレートの密封は重要な問題である。これら

の化合物プレートは通常冷凍保存されるが，化合物の分解を誘発する可能性がある凍結融解を最小限にする対策が必要である[36]。

アッセイのデータ処理やクオリティーコントロール（QC）を行うためにポジティブコントロールやネガティブコントロール，レファレンス化合物の活性を測定する必要があるので，96穴マイクロプレートには96化合物ではなく80化合物が収納されていることが多い。したがって，保有している化合物が100万件であれば，96穴マイクロプレートでは12 500枚，384穴マイクロプレートでは3 125枚，1 536穴マイクロプレートでは782枚になり，最近では，これらのなかから必要なマイクロプレートを取り出す作業を効率よく行うために自動倉庫が利用されるようになってきている。これらのマスタープレート，ドータープレートだけでなく実際に生物試験を行うアッセイプレートにはバーコードが貼られ，自動倉庫の入出庫や生物試験の各ステップにおいてバーコードリーダーに通すことにより，追跡を可能にしている。

HTSを行ってあるクライテリアを超えた化合物を「陽性化合物」と呼んでいるが，まず，これらの陽性化合物の活性に再現性があるか否かを確認することになる。その際，陽性化合物のみを膨大なライブラリーのなかから集めてくる（この作業を「チェリーピッキング」と呼ぶ）必要が生じるが，100万件の化合物をスクリーニングし，陽性率が1％であったとすると，数多くのマイクロプレートに分散して存在している1万件の化合物一つひとつをチェリーピッキングして集め，再現性試験用のドータープレートを作製しなければならなくなる。再現性が認められた化合物はつぎに濃度依存性試験に供されるが，その際には，化合物を2倍系列希釈したドータープレートが必要になってくる。これらの過程は非常に手間のかかる作業であるが，前述した自動倉庫を利用して効率よく迅速に進められるようになってきている。

以上，述べてきたとおり，被験化合物の供給システムの整備は，リード化合物探索全体のパフォーマンスを左右するといって過言ではない。

（b）アッセイ系構築　高効率なHTSを行うためにはアッセイ系のデザインが重要である。なぜならHTSがうまくいくか否かはアッセイ系に依存しており，スクリーニングのスピード（処理量）もアッセイのステップ数，反応時間などに依存しているからである。1回1，2枚の96穴マイクロプレートでのアッセイができたからといって，1回100枚，200枚の1 536穴マイクロプレートでアッセイができるとは限らない。HTSに適したアッセイをデザインする際には，

つぎのポイントに注意しなければならない。①試薬添加のステップが少なくできるか。②濾過や洗浄ステップを省略できるか。すなわち，ホモジニアスアッセイが可能か。③使用する試薬はアッセイ条件下で少なくとも24時間は安定か。④エンドポイントシグナルが長時間にわたって安定か。これらは，HTSを精度よく実施するための必要条件である。これを可能にするアッセイテクノロジーは数多く報告されており，そのすべてをここで紹介することは不可能であるが，代表例としては，ルシフェラーゼを用いたレポータージーンアッセイ[37]，生細胞のミトコンドリアの脱水素酵素活性を測定するMTT法[38]（HTSでは水溶性のホルマザン色素を生成するWST-8などが使用されることが多い）を用いたセルサバイバルアッセイ，scintillation proximity assay（SPA）[39]，homogeneous time-resolved fluorescence（HTRF）[40]などが挙げられる。

SPA法はアマシャム・バイオサイエンス社で開発された放射性同位元素を用いるHTS技術で，試薬の分注操作のみで測定ができ，従来法では必要な分離操作やシンチレーションカクテルを使用しない画期的な方法である。そのため，ロボットを用いた自動化に理想的な技術として広く利用されている。簡単に原理を説明すると，ラジオリガンドがレセプターを結合させたシンチラント含有マイクロビーズに結合すると，放射性同位元素から放出されたベータ線のエネルギーがこのビーズに転移され，ビーズから光が生じるというものである。受容体結合試験，酵素アッセイなど非常に多くの応用例が報告されている[41]。HTRF法はCISバイオインターナショナル社で開発された技術で，SPA法が放射性同位元素を用いる固相反応であるのに対し，HTRF法は蛍光標識を用いた液相反応である。HTRF法ではエネルギードナーにユウロピウムクリプテートを，エネルギーアクセプターに化学架橋したアロフィコシアニン（XL665）を使用する。もしこれらの標識体が近接していれば，励起光で励起されたユウロピウムのエネルギーがXL665に転移され，XL665から665 nmの長寿命蛍光が生じるというものである。HTRF法もイムノアッセイ，酵素アッセイなどさまざまなアッセイ系に利用されている[42]。

受容体，酵素など創薬ターゲットが同定されると，まず，創薬ターゲット分子のヒトおよび動物の遺伝子クローニングが行われ，遺伝子を導入した安定発現細胞株の樹立，細胞膜画分や精製酵素など，アッセイに必要な材料の調製が行われる。細胞系アッセイの場合，細胞株によってはアッセイの感度やHTSの精度，処理量が大きく変わってくることも多い。できるだけ多

くのクローンを樹立し，HTSに適したクローンを選ぶことが肝要である。また安定したレスポンスが長期間にわたって見られる細胞株がよいのはいうまでもない。アッセイに必要な材料がそろうとHTSに適したアッセイ系が構築される。アッセイ系構築にあたっては，時間的ロスを少なくするために，最初からHTSと同じフォーマット（例えば1536穴フォーマット）で系構築を行うべきである。HTSで使用する自動分注機は，最低分注量など制約が多く，それぞれの自動分注機の性能を理解したうえで系を組み立てる必要がある。特に1536穴マイクロプレートの場合，総液量は5～10 μl で反応が行われるため，各ステップにおける添加量にそれほど自由度はない。アッセイ系構築の際，リードアウト値に対するDMSOの影響を調べておく必要がある。細胞によっては，1％DMSOの添加で大きく影響を受けるものもあるからである。酵素，受容体アッセイの場合も同様である。DMSO濃度の微妙な変化にリードアウト値が大きく影響を受ける場合は，被験化合物の分注量の誤差がそのままアッセイ精度に大きく影響するため，注意が必要である。

最近，ハイコンテントスクリーニング（high-content screening：HCS）[43]なる概念も登場してきた。1回の測定で多情報を得るアッセイを行ってスクリーニングする方法である。細胞内カルシウム濃度変化，細胞の形態変化，細胞の運動性変化，シグナル情報伝達分子の核移行などターゲット分子の細胞内局在変化を一つひとつの細胞レベルで観察するなど，これまで非常に手間がかかっていたアッセイがコンフォーカルレーザー顕微鏡と画像処理システムを搭載したスクリーニングシステムで高速に実施可能になってきている。ゲノム創薬で見出される新規のターゲットはそのバリデーションに時間がかかるという問題点も抱えているが，HCSは細胞内で起きるイベントを直接観察するため，未知のターゲットを含めて数種類のターゲットを網羅的に調べることが可能になるテクノロジーとして注目を集めている。

（c）　ハイスループットスクリーニング　アッセイ系が構築されると，つぎに実際にスクリーニングロボットを用いてHTSが行えるように適応化が行われる。前述したとおり，マイクロプレート1，2枚のアッセイと100枚，200枚のアッセイはまったく異質のものである。アッセイ系構築を行った際の精度を維持しながら，実際のHTSで使用されるプロトコルを完成させなければならない。アッセイの精度を測る指標としてZ'値[44]が一般に使用されている。Z'値は次式で算出される。なお3SDは標準偏差の3倍である。

$$Z' = 1 - \frac{\left(\begin{array}{l}\text{ポジティブコントロールの3SD}\\+\text{ネガティブコントロールの3SD}\end{array}\right)}{\left(\begin{array}{l}\text{ポジティブコントロールの平均値}\\-\text{ネガティブコントロールの平均値}\end{array}\right)}$$

Z'値はアッセイの適応化の指標，HTSのQCパラメータとしてS/B値（シグナル/バックグラウドもしくはポジティブコントロール/ネガティブコントロール）とともに使用される。通常のHTSでは生化学的アッセイの場合 Z' 値は0.8～0.9を示すことが多く，細胞系アッセイの場合は Z' 値は0.5～0.6になることも少なくない。HTSの1回のランにおける各マイクロプレートの Z' 値を算出し，Z' 値が0.5を下回るとそのマイクロプレートのアッセイは精度不良としてデータ不採用にし再試験を行う，というように Z' 値は使用されている。

HTSを行う際，使用されるスクリーニングロボットには，マイクロプレートを搬送する手段としてレール上を走行するロボットアームやベルトコンベアーが装備され，レールやベルトコンベアーの周辺には，アッセイを行うための実験機器（マイクロプレートを収納するホテル，バーコードリーダー，32チャネルバルクディスペンサー，384穴同時分注機，攪拌装置，恒温器，測定機など）が配置されている[45]。バルクディスペンサーは同じ試薬を繰り返し分注するのに適しているが，試薬ボトルから試薬を吸引して小分け分注するためデッドボリュームが大きく，貴重（高価）な試薬を分注するには適さない。384穴同時分注機は384個のピペットチップが搭載されており，384穴マイクロプレートや1536穴マイクロクロプレートへの被験化合物の分注が可能な分注機である。測定機は従来の光電子増倍管からCCD（charge coupled device）カメラを搭載したプレートイメージャーに代わりつつある。1536穴マイクロプレートの測定ではHTRF法の場合，従来の時間分解蛍光プレートリーダーで1時間かかる測定がCCD方式では1分で終了する。この分野の技術革新は日進月歩で，スクリーニングのスピードアップ，経費削減，廃棄物削減につながる新しい技術や周辺機器が毎年のように開発されているのが現状である。

アッセイでは吸光，蛍光，発光など特定の波長の光を検出することが多い。それゆえ，蛍光測定の際，励起する波長の光を吸収する化合物や測定する波長の光を吸収する化合物はカラークエンチングを引き起こして真値より低値を示してしまう。一方，測定する波長と同じ波長の蛍光を発する化合物は真値より高値を示す。これらの化合物はライブラリー構築時に除去することが困難であるため，できるだけ妨害を受けないようなアッセイをデザインする必要がある。化合物の色

や化合物が持つ自家蛍光の影響で偽陰性になる場合は，別のアッセイフォーマットを試みる必要があるが，偽陽性になる場合は，カウンタアッセイを行って本当に陽性化合物か否かを見極めなければならない。カウンタアッセイには，似て非なるアッセイ系での化合物の影響を調べる方法と，ポストアディションテストと呼ばれる方法がある。ポストアディションテストとは，例えば酵素アッセイの場合，酵素と蛍光基質を反応させた後に被験化合物を添加することによって，被験化合物のアッセイ系そのものに対する影響を調べるというものである。アッセイフォーマットに依存して偽陽性になる化合物は，あらかじめカウンタアッセイを行って調べておき，データベース化しておくことにより偽陽性を効率よく除去できる。

HTSを行って，ある一定のクライテリアを満たした化合物は，カウンタアッセイによる偽陽性の除去後，前述のとおり「チェリーピッキング」を行って化合物の活性に再現性があるかどうか確認し，合成化学者のチェックを経て，濃度依存性試験を行いIC_{50}値やEC_{50}値を求めて「ヒット化合物」選出に至る。

(d) データマネージメントシステム 毎日スクリーニングロボットから膨大なデータが出力されるが，迅速なデータ処理ができないとHTSを行う価値がなくなってしまう。特に，アッセイが十分精度を保って行われたかどうかチェックするために10万件のデータを一つひとつ調べることは骨の折れる仕事であるが，この作業を短時間で行ってQCのクライテリアに満たなかったアッセイをつぎの日にやり直すことができるようにしなければ，リード化合物に行き着く時間が長くかかってしまう。

HTSのデータ解析を効率よく行うためには①化合物ライブラリー情報管理，②アッセイデータ処理，③データマイニングの3点について充実したシステムが必要となる。例えば，1回のHTSのランで1536穴マイクロプレート100枚のアッセイを行ったとすると153 600のデータポイントが発生するが，これをあらかじめ定義した計算式により生物活性値（生データを計算式に当てはめて得られる阻害率などの値）とS/B値，Z'値などのQCデータを計算し，アッセイプレートのバーコード情報から各データポイントと実際の被験化合物番号との対応付けを行い，それらをデータベースへ登録した後，詳細なデータ分析を実施することになる。

IDBS社のActivity Base[46]などのアッセイデータ管理システムは，化合物ライブラリーの管理とデータ処理，精度管理が統合的に行えるデータベースシステムである。これらのシステムはアッセイ結果がデータベース上に蓄積されるので，同一化合物の異なるアッセイによる活性プロファイリングが可能となり，偽陽性化合物の除去などにも活用できる。また最近の傾向として特にHTSの精度管理，より詳細なデータ分析にはSpotfire[47]のようなデータマイニングソフトウエアを併用することが一般的になっている。「データマイニング」とは多種・多量のデータを解析してその傾向や特徴を見出したり，目的の条件に一致するデータを抽出したりする作業をいう。Spotfireを使ってHTSのデータを多彩な方法で視覚化して多角的にデータを分析することで，Z'値だけでは発見されにくいエッジ効果（マイクロプレート内の温度不均一等によりマイクロプレート内の辺縁部と中央部の値が異なる現象）や分注時のエラーなどを容易に発見することができる。

以上のとおり，データマネージメントは化合物ライブラリー情報管理という医薬品リード化合物探索の入口からデータ解析という出口まで，ライブラリー，アッセイテクノロジー，ハードウエアという他の三つのインフラストラクチャーを有機的につなげる重要な役割を果たしている。

HTSにより選出された「ヒット化合物」は，LC/MSやLC/NMRなどの機器分析で構造の確認作業が行われた後に，合成化学者により，構造最適化研究が展開しやすい化合物か否かがチェックされ，優先順位が付けられる。さらに，他の酵素や受容体に対する交差性，細胞に対する生理活性や毒性を評価してさらに絞り込まれ，簡単な体内動態の試験が行われて，「リード化合物」に至る。この「リード化合物」は合成化学者による構造最適化研究や疾患モデル動物の薬効試験を経て「開発化合物」になり，詳細な安全性評価の後に，初めて「新薬の候補」として臨床試験に進められることになる。　　　　　　　　　　　　　　（武本）

3.1.4 創薬ターゲットの発見

医薬品は患者の体内で特定の分子と結合し，その分子の機能を抑制または促進することで薬効を発揮する。この分子のことを「医薬品（薬剤）ターゲット」という。一方，新規医薬品を創出する目的で，医薬品の芽となる「リード化合物」を探索する際にねらいをつける分子のことを「創薬ターゲット」という。ほとんどの場合，両者は結果的に同一の分子になるが，まれに異なる場合もある。現在，ヒトや実験動物のゲノム情報をもとに新しい創薬ターゲットの発見に向けた研究が製薬企業やベンチャー企業で活発化している。

約30億個の塩基配列から構成されているヒトゲノム全体のうち，タンパク質をコードしていないイントロン部分が98％強，遺伝子部分は2％弱にすぎない。

ヒト遺伝子は当初10万個程度と推定されていたが,実際は約2万2000個と意外に少ないことがわかってきた.創薬ターゲット遺伝子として,2003年頃までに500程度が見出されているが,将来的には3000以上に拡大すると予想されている.一方,約2万2000個の遺伝子から作られるタンパク質の種類は10万個を超え,さらに修飾されてその数倍の修飾タンパク質になるといわれている.つまりヒトでは,遺伝情報発現後のタンパク質の構造・機能変化がいかに多彩であるかを物語っており,タンパク質の構造と機能の解析,タンパク質間相互作用の解析が,創薬ターゲット発見のために今後ますます重要になる.

新規な創薬ターゲットを特定するためには,大別して三つの手法が考えられる(表3.4).一つは,リード化合物探索に適した生体内の機能分子,いわゆる「drugable target」,例えば受容体,酵素,イオンチャネル,トランスポーターなどを,既知遺伝子との相同性(類似性)に基づいて検索し,生体内での機能や病気との関係を明らかにしたうえで創薬ターゲットとする方法である.二つ目は,まず疾患特異的に発現が変動する分子を見つけ出し,ついでその機能を明らかにして,リード化合物探索に適した分子であることを確認したうえで創薬ターゲットとする方法である.三つ目は,細胞レベルおよび動物個体で薬効が認められるが,薬剤の作用分子が不明な場合,その薬剤の結合タンパク質を特定することによって新しい創薬ターゲットを発見する方法である.

表3.4 新規創薬ターゲット発見の手法

1. 新しい機能分子の探索に基づく創薬ターゲットの発見
   新規受容体,酵素,イオンチャネル,トランスポーターなどの探索
   疾患との関連性検証
2. 疾患特異的変動分子の探索に基づく創薬ターゲットの発見
   ヒト病変組織/正常組織,疾患モデル動物/正常動物の遺伝子またはタンパク質の発現解析
3. 薬剤標的タンパク質の同定に基づく創薬ターゲットの発見
   薬理作用の明確な化合物の結合タンパク質の探索
   作用機序の解明

さらに,SNP(single nucleotide polymorphism:1塩基多型)と特定の疾患との関係について,集団遺伝学的解析を進め,新しい創薬ターゲットの発見につなげようとする研究が進められている.

(a) 新しい機能分子の探索 実用化されている医薬品のうちで世界トップ100(売上げ)の医薬品をターゲットの面から分類すると,受容体に作用するのが最も多く,ついで酵素,イオンチャネルの順になる.受容体のなかでも,細胞膜を7回貫通する共通の構造を有し,GTP結合タンパク質を介して細胞内へシグナルを伝えるタイプの受容体(7回膜貫通型受容体またはGタンパク質共役型受容体GPCRと呼ばれる)が最も注目されている.このタイプの受容体は,ホルモン,ケモカイン,神経伝達物質などペプチド性あるいは低分子性の多様な生理活性物質からのシグナル伝達にかかわっており,疾患との関連性が明らかにされているものも少なくない.実際に多くの製薬企業では,疾患に関連する既知のGPCRをターゲットとしたリード化合物の探索がいまも活発に行われている.

しかし,本当の意味で新しい作用を持った医薬品を開発するためには,まず新しい創薬ターゲットを発見しなければならない.現在では,「バイオインフォマティクス」(bioinformatics:BI)(I編5.6節参照)の技術を駆使し,創薬ターゲットとしてすでに注目されている既知遺伝子の配列,機能ドメイン,膜貫通領域などとの類似性に基づいて,新たな創薬ターゲットの候補となる新規遺伝子をコンピュータ上で探索することが可能になっている(図3.3).この情報に基づいて,実際にGPCRを中心に新規受容体がつぎつぎとクローニングされ,リガンドがいまだ特定されていない「オーファン受容体」が数多く発見されている.さらにオーファン受容体に対するリガンドが探索された結果,現在では相当数の新しい受容体/リガンドの組合せが明らかにされるとともに,これら受容体とリガンドの発現組織分布,生理機能についても,かなり解明が進んでいる[48]).

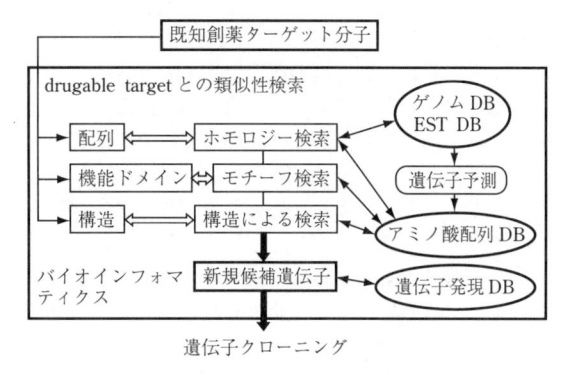

図3.3 既知創薬ターゲット分子との類似性検索に基づく新規候補遺伝子の探索

森ら[49])は,オーファン受容体SLC-1(GPR24)のリガンドとしてMCH(melanin-concentrating hormone)を同定した.MCHは19個のアミノ酸からなるペプチドで1組のジスルヒド結合を有している.

このMCHの発現が遺伝性肥満 ob/ob マウスや絶食条件で亢進していること，MCHノックアウトマウスでは恒常的な摂餌量の減少と代謝亢進および体重減少が認められることが報告され，MCHは重要な食欲調節因子の一つとして注目されるようになった。そこで抗肥満薬を求めてMCH受容体拮抗薬のスクリーニングが実施され，実際にリード化合物が発見されている。

イオンチャネルやトランスポーターの異常によって生じる疾患も各種知られている[50), 51)]。したがって，これらに分類される遺伝子を，ゲノム解析情報に基づいて多数発見し，それらと疾患との関係を明らかにすることで新しい創薬ターゲットを見出そうとする研究も世界中で活発に展開されている。

(b) 疾患特異的変動分子の探索 病気とは体内のタンパク質の量や質が変化し，代謝バランスが異常になった状態と考えることができる。そこで，病気のときと健康時の遺伝子の発現(mRNA)またはタンパク質を網羅的に比較し，病気のときに発現が変化している遺伝子またはタンパク質を見出すことにより，創薬ターゲットを発見しようとする研究が活発化している。

DNAマイクロアレイ(I編5.2.1項参照)やDNAチップ(I編4.4.3項参照)などを用いると1万個程度の遺伝子の発現量を一度に測定できるので，網羅的な遺伝子発現解析は比較的容易である。

一方，タンパク質は，量的変化がなくてもリン酸化や限定分解などの翻訳後修飾を受け，またタンパク質間の相互作用により機能が変わることがある。さらに，一つの遺伝子から多種類のタンパク質ができるため，ヒトの体内では10万種類以上のタンパク質が機能しているといわれている。二次元電気泳動，HPLC，質量分析などを組み合わせてタンパク質を網羅的に解析する方法(I編5.2.2項参照)，酵母ツーハイブリッド法などタンパク質間の相互作用の解析法などが開発され，タンパク質レベルでの詳細な解析も可能になってきた[52)]。実際，各種病態のプロテオミクス研究[53), 54)]が増加しており，近い将来，創薬ターゲットの発見につながることが期待される。しかし，タンパク質の網羅的解析には感度，効率面でまだ問題が残されており，現状では遺伝子発現解析からのターゲット探索が主流を占めている。

創薬ターゲット分子を発見するためには，ヒトの病変組織と正常組織との発現比較，疾患モデル動物での特異的遺伝子発現，既知遺伝子との相同性，遺伝子発現の組織分布，発現頻度などから新規候補遺伝子を選出し，それらの遺伝子産物について機能を解析しなければならない。ある特定の疾患に関連して発現が特異的に変動する機能未知の遺伝子を見出した場合，各種

データベースを活用して，機能既知の遺伝子とのホモロジーを検索するとともにモチーフを解析し，立体構造を予測して機能を推定することができる(**図3.4**)。このような手順で候補遺伝子を絞り込んだ後，実験的に機能を検証しなければならない。具体的には候補遺伝子の発現抑制/強制発現，中和抗体の投与，特異的阻害剤などのケミカルプローブを用いた実験，Tg動物やKO動物の作製など *in vitro* と *in vivo* での機能解析，さらにヒト疾患組織での検証が必要になる(**表3.5**)。すなわち目的の化合物を探索するためのターゲット分子として妥当であることを十分に検証すること(target validation)が肝要である。

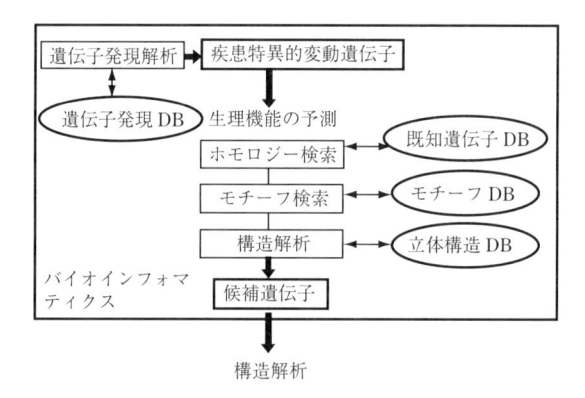

図3.4 疾患特異的変動遺伝子の機能予測に基づく候補遺伝子の選定

表3.5 候補分子の機能解析，ターゲット検証

1. *in vitro* 機能解析
    培養細胞での遺伝子発現抑制(アンチセンス，RNAi，リボザイム)
    培養細胞での遺伝子強制発現(センス)
    中和抗体，活性(発現)阻害/増強(ケミカルプローブ)など
2. *in vivo* 機能解析
    疾患モデル動物での遺伝子発現抑制(アンチセンス)
    正常動物での遺伝子強制発現(センス)
    Tg/KOマウス，中和抗体
3. ヒト疾患組織での検証
    遺伝子発現解析，タンパク質発現解析
    SNP解析

中西ら[55)]は，気道過敏性モデル動物と正常動物の遺伝子発現解析の比較から，呼吸器疾患関連遺伝子を見出した。気道過敏症，杯細胞(goblet細胞)の過形成，粘液の過剰産生は，気管支喘息の特徴的な症状である。これらの肺における病理の分子機構を解明するために，マウスのアレルギー性気道炎症モデルの肺に

おいて優先的に発現している遺伝子を suppression subtractive hybridization 法で調べた．その結果，このモデルマウスの気道上皮に選択的発現パターンを示す *gob-5* と呼ばれる遺伝子を見出した．*gob-5* 遺伝子は，Ca 依存性クロライドチャネルのファミリーに属し，マウスの喘息の誘導において鍵となる分子であることがわかってきた．アンチセンス RNA を発現するアデノウイルスを気道過敏性モデルマウスの気管支内に投与すると，気道過敏症や粘液の過剰産生など喘息の表現型が有意に抑制された．逆にアデノウイルスベクターによる気道上皮における *gob-5* の過剰産生は，喘息症状を悪化させた．*gob-5* またはヒトのカウンターパートである *hCLCA1* をヒト粘液上皮細胞株 NCI-H292 に導入すると，粘液産生にかかわる *MUC5AC* 遺伝子の発現が誘導され，粘液産生が増加した．また気管支喘息患者の気道上皮で *hCLCA1* の発現が実際に上昇していることを確認している[56]．これらの結果は，*gob-5* はマウス喘息において重要な役割を果たしていること，さらにヒトの *hCLCA1* は喘息治療薬探索のターゲットになる可能性を示すものである．

（c） **薬剤標的タンパク質の同定**　特定の生体内機能分子をターゲットとしたスクリーニングが実施されるようになったのは比較的最近のことである．すでに実用化されている医薬品のなかには，動物実験で顕著な作用を示し，臨床試験でも明らかな薬効を示したものの，ターゲット分子がいまだ特定されていないものも存在する．また最初から動物培養細胞を用いてスクリーニングされ，疾患モデル動物でも作用が認められた薬剤については，そのターゲット分子を明らかにする必要がある．このような薬剤のターゲット分子がわかり，それが魅力ある創薬ターゲットである場合，その分子に直接作用する化合物を新たにスクリーニングすることになる．

薬剤のターゲット分子（タンパク質）を探索する手段として，一般にアフィニティークロマトグラフィーが利用される．特定の薬剤を固定化したクロマトグラフィー担体をカラムに充填し，特定の細胞または組織由来のタンパク質溶液をそのカラムに流して結合タンパク質を分離しようとするものである．結合タンパク質の同定には，前述のタンパク質解析技術が有用である．通常複数のタンパク質が同定されるので，そのうち，真に薬理作用を示すタンパク質を特定するための検証が必要である（図3.5）．

```
┌─────────────────────┐
│ 薬理作用を示す化合物の選定      │
│ （構造活性相関，作用選択性）    │
└─────────┬───────────┘
          ↓
┌─────────────────────┐
│ 薬剤固定化カラムの作製          │
└─────────┬───────────┘
          ↓
┌─────────────────────┐
│ 特異的結合タンパク質の単離      │
└─────────┬───────────┘
          ↓
┌─────────────────────┐
│ 遺伝子クローニング              │
│ 組換えタンパク質の調製          │
└─────────┬───────────┘
          ↓
┌─────────────────────┐
│ 薬剤と標的タンパク質の結合確認  │
│ 薬理作用の検証                  │
└─────────┬───────────┘
          ↓
┌─────────────────────┐
│ 創薬ターゲットの発見            │
└─────────────────────┘
```

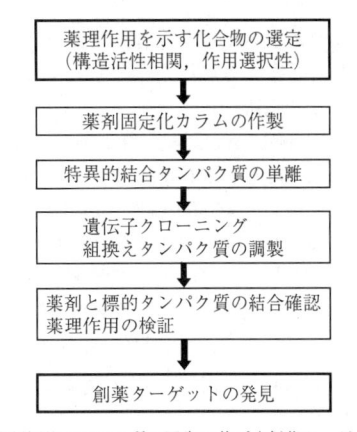

図3.5　薬剤標的タンパク質の同定に基づく創薬ターゲットの発見

半田ら[57]は，非特異的な吸着が少なく優れた分離精製効率を持つナノスケールの特殊な無孔性ビーズを開発し，免疫抑制剤 FK506 や抗炎症剤 E3330 のターゲットタンパク質をそれぞれ効率よく同定している．

以上の三つの切り口から，新規創薬ターゲットを発見するプロセスの概要を図3.6に示した．

（d）**遺伝子多型解析による疾患関連遺伝子の探索**
遺伝子多型とは，ある塩基の違いが，人口のなかで

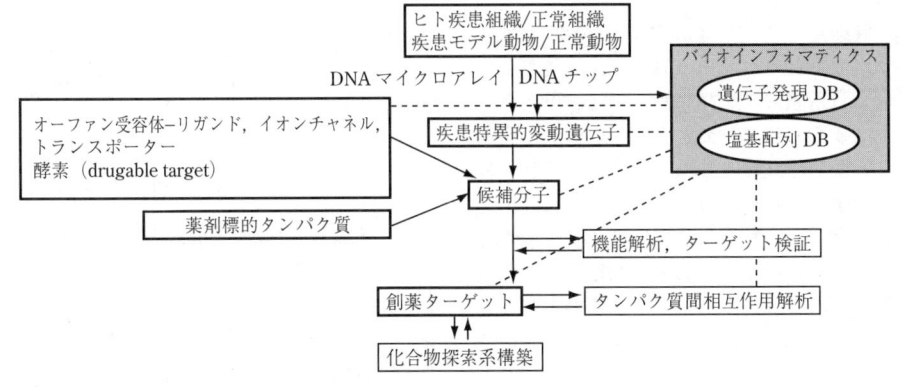

図3.6　新規創薬ターゲット発見のプロセス

1％以上の頻度で存在するものと定義されている。例えば，人口10万人の集団のなかで，1000人以上に出現する塩基の違いがあれば，それが遺伝子多型である。遺伝子多型には数種のタイプがあるが，一つの塩基が別の塩基に置き換わっているタイプの変異で1塩基多型（SNP）といわれるものが，疾患との関係で注目されている。

DNAポリメラーゼによるDNA複製時に，必ずある頻度で複製のミスが起こり，SNP候補が生じるが，種の保存に大きな影響を及ぼすような変異は淘汰され，遺伝子の継承から外れていくことになる。しかし，遺伝的な変異が複数重なったとき，または特殊な環境下にさらされたときのみ疾患が発症するような遺伝子変異のなかには，淘汰から生き延びてつぎつぎと子孫に伝えられ，SNPを形成するものがある。SNPは，ヒトゲノム上に300～1000塩基に一つの割合で存在するといわれており，約30億個の塩基対で構成されるヒトゲノムにおいては，300万～1000万も存在することになる。タンパク質のコード領域にあってアミノ酸置換を起こすSNPは，そのタンパク質の機能変化を引き起こす，またプロモーター領域のSNPは転写活性に影響することが予想されるので，いずれも疾患との関連性が疑われる。

複数のSNP（SNPs）が複雑に関係すると考えられる疾患は，糖尿病[58]，高血圧[59]，心筋梗塞[60]などの生活習慣病をはじめ，がん，炎症性疾患などほとんどの疾患に及ぶ。このような疾患は現代の生活習慣に起因するが，同じような環境下で生活している人でも，発症する人としない人がおり，遺伝子の関与が濃厚であると考えられる。特定の遺伝子のSNPsと疾患との関係が統計学的に抽出され，その遺伝子の機能がわかれば，創薬ターゲットとして活用できる。機能がわからず創薬ターゲットにならない場合でも，疾患との関係が明確であれば診断マーカーとして利用することができる[61]。

最近では，DNAチップによる遺伝子発現情報やSNP情報も大量に蓄積されるようになり，今後さらに遺伝子の発現解析情報，タンパク質の相互作用，高次構造，パスウェイなどのプロテオミクス情報が逐次追加されてくると予想される。これらゲノム，トランスクリプトーム（遺伝子転写産物の発現プロファイル），プロテオーム（タンパク質の発現プロファイル）研究から蓄積されてくる膨大なデータを収集整理し，有用な情報を研究者が活用できるシステムを構築することが不可欠であり，バイオインフォマティクスの重要性が増大している。

ゲノム情報をもとにバイオインフォマティクス技術を駆使して，新規創薬ターゲットの候補分子が相ついで発見されているが，それだけでけっしてゲノム創薬が始まるわけではない。個々の候補分子について，創薬ターゲットになり得るか否かを十分に検証する，いわゆる「ターゲットバリデーション」といわれる時間と手間のかかる研究が必要である（表3.5）。これらの候補分子の検証が進み，真に疾患に関連する分子が多数特定されるようになると，これらをターゲットとしたリード化合物が発見され，従来とは異なる新しいコンセプトに基づいた画期的な医薬品が開発されることは間違いない。

（澤田）

3.1.5 薬物代謝・毒性評価

医薬品の研究・開発は，*in vitro*試験系や実験動物を用いる非臨床試験およびヒトで実施する臨床試験を通じて行われる。これらの研究はヒトにおける有効性と安全性を予測し，検証することを最終的な目的とする。本項では，ヒト試料などを用いた*in vitro*試験系による低分子有機化合物の薬物代謝・毒性推定・評価法について記述する。

（a）薬物代謝

（1）薬物動態と代謝　薬物の生体内での動きを薬物動態という。薬物の体内における移行過程はつぎの4項目に分けられる（図3.7）。

・吸収（absorption）：投与部位から血流への移行
・分布（distribution）：血流から組織への移行
・代謝（metabolism）：薬物の体内での化学的変化
・排泄（excretion）：体外への排出

これらの過程のなかで，吸収・分布・排泄は，薬物の物理化学的特性に大きく依存するが，代謝過程は，酵素反応に依存する生化学的プロセスである。

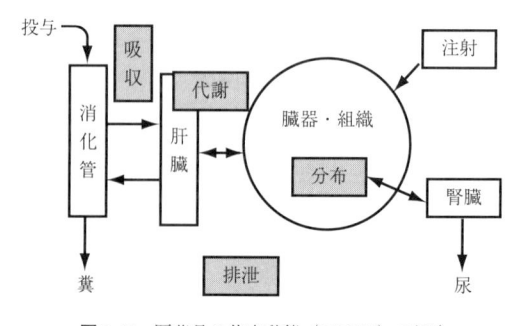

図3.7　医薬品の体内動態（ADME）の概念

（2）薬物代謝の特徴　生体に取り込まれる薬物・食品添加物・農薬・環境汚染物質などを総称して生体異物（xenobiotics）と呼ぶ。生体内に取り込まれた生体異物は，より排泄されやすい形態に変換され

る。この生体内変換は，主要な生体異物の解毒反応であり，薬物代謝酵素と呼ばれる酵素群が関与している。これらの薬物代謝酵素には，多種多様な酵素群の存在，低い基質特異性，酵素の誘導と阻害，大きな種差・個体差，遺伝的多型 (genetic polymorphysm) の存在，という特徴があり，これらが研究のポイントとなっている。

（3）薬物代謝酵素の種類[62]　薬物代謝反応は，酸化 (oxidation)，還元 (reduction)，加水分解 (hydrolysis)，抱合 (conjugation) に大別される。一般的に疎水性の高い薬物は，前三者の反応によりより親水性（極性）の高い代謝物に変換され，水酸基やアミン基が生成する。この過程を第一相 (Phase I) 反応という。引き続き生じる第二相 (Phase II) 反応では，グルクロン酸などの生体成分による抱合反応により，さらに親水性の高い代謝物へ変換される（図3.8）。

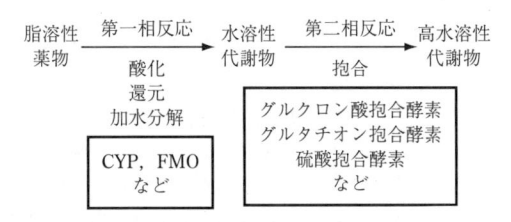

図3.8　薬物の代謝反応

薬物代謝は，ほぼすべての臓器や組織で行われるが，特に肝臓，肺，腎臓，消化器などでさかんに行われている。肝臓は薬物代謝において最も重要な役割を果たしており，肝細胞内の小胞体 (endoplasmic reticulum) および細胞質 (cytosol) に薬物代謝酵素群が分布している。

第一相反応に関与する酵素として以下のものが挙げられる。酸化反応：シトクロム P450 (cytochrome P450：CYP)，フラビン含有モノオキシゲナーゼ (flavin-containing monooxygenase：FMO)，アルコール脱水素酵素 (alcohol dehydrogenase：ADH)，アルデヒド脱水素酵素 (aldehyde dehydrogenase：ALDH)，モノアミンオキシダーゼ (monoamine oxidase：MAO)，キサンチン酸化酵素 (xanthine oxidase)，アルデヒド酸化酵素 (aldehyde oxydase) など。還元反応：シトクロム P450，NADPH シトクロム P450 還元酵素 (NADPH cytochrome P450 reductase)，アルデヒド還元酵素 (aldehyde dehydrogenase) など。加水分解：各種エステラーゼ (esterase)，エポキシヒドラターゼ (epoxide hydrolase) など。

第二相反応に関与する酵素として以下のものがある。グルクロン酸抱合：UDP-グルクロン酸転移酵素 (UDP-glucuronosyltransferase：UDPGT)。硫酸抱合：硫酸転移酵素 (sulfotransferase)。グルタチオン抱合：グルタチオン S-転移酵素 (glutathione S-transferase：GST)。アセチル抱合：アセチル転移酵素 (acetyltransferase)。メチル抱合：メチル基転移酵素 (methyltransferase) など。

（4）シトクロム P450　シトクロム P450 は，薬物の代謝反応の約80％に関与するとされている。CYP は，ヘム含有タンパク質であり原核生物から高等植物，哺乳類まで広く分布し，スーパーファミリーを形成している。アミノ酸配列の相同性を基準とした分子種に分類され，CYP の後ろにファミリー（アラビア数字，CYP1A1），サブファミリー（アルファベット，CYP1A1）をつけ，ファミリー中の複数の分子種に対しては，最後にアラビア数字を入れ（CYP1A1），系統的に命名される[63]。CYP 分子種の分類・命名に関する最新情報は，インターネットで検索可能である[64]。

哺乳動物に存在する CYP の機能は多岐にわたるが，医薬品研究開発に広く関与するのは，薬物代謝型ともいわれるもので，おもに肝ミクロソーム画分に分布している。これらは CYP1〜CYP3 に分類され，基質特異性は低く，動物種によりその分布と機能はさまざまである。

（5）ヒト薬物代謝型 CYP 分子種　ヒトの薬物代謝型 CYP は20種程度存在するが，ヒト肝における主要分子種は，CYP1A2，CYP2A6，CYP2B6，CYP2C8，CYP2C9，CYP2C19，CYP2D6，CYP2E1，CYP3A4 である。これらのヒト肝における平均的な発現分布を図3.9 (a) に示す。また，現在使用されている医薬品の代謝にかかわる CYP 分子種の割合を図3.9 (b) に示す[65]〜[67]。これらのなかで CYP3A4 は，含量が高く基質となる医薬品の数が最も多いので，医薬品の代謝研究では最も注意すべき分子種である。

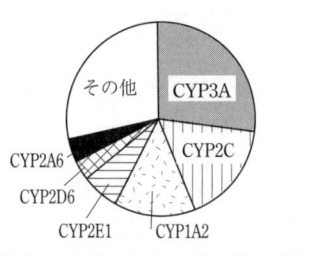

(a) ヒト肝における CYP 分子種の存在比
(b) 医薬品の代謝にかかわるヒト CYP 分子種の割合

図3.9　ヒト肝における CYP 分子種の発現分布と医薬品の代謝

また，薬物代謝酵素の多くには遺伝的多様性に起因する代謝能の個体差が存在する[68]。表現型として正常な代謝活性を持つextensive metabolizer（EM），代謝能が欠損あるいは著しく低いpoor metabolizer（PM），中間的表現型を示すintermediate metabolizer（IM）などが存在し，遺伝子型としては，野生型のホモ接合体（*wt/wt*），変異型のホモ接合体（*mt/mt*），ヘテロ接合体（*wt/mt*）が対応する。一般に，ある人口集団において1％以上の野生型以外の変異遺伝子が存在する場合に遺伝的多型が存在するという。CYP分子種における遺伝的多型の例としてCYP2D6，CYP2C19およびCYP2C9がよく知られている。ヒトゲノム配列決定の後を受けて，1塩基多型（single nucleotide polymorphism：SNP）解析が進められており薬物代謝酵素における遺伝的多型の存在，頻度，機能が明らかになりつつある。

(6) 薬物代謝と医薬品の効果・安全性の関係

図3.10（a）に経口投与した薬物の血中濃度の推移例を示す。薬物はある一定の濃度範囲（therapeutic window）で薬効を発現し，その濃度範囲に届かない場合は薬効が発現せず，これを超える場合は副作用が発現する。薬物代謝酵素は，以下の点から薬物の効果と安全性に影響を与える。すなわち，薬物を代謝する速度は，標的臓器における薬物濃度に影響を与え，酵素活性の個体差は薬効と副作用の発現頻度に大きく影響する。薬物代謝酵素の活性個体差は，おもに遺伝的多型（内因性）と薬物相互作用（drug drug interaction）（外因性）に起因する。図3.10（b），（c）に示すように，薬物代謝酵素が欠損している患者（PM）や，併用薬物により代謝酵素が阻害された患者では，薬物の血中濃度が高くなりこれが副作用の危険因子となる。一方，薬物や食品により代謝酵素が誘導された患者では，薬物の血中濃度が低くなり効果が発現しなくなる図3.10（d）。

薬物治療の現場では，多剤併用が一般的で，併用薬物による代謝阻害により血中濃度が上昇し死亡を含む副作用が発生したことが過去に報告されている[69]。このため，薬物相互作用は，薬物代謝の重要な研究課題となっている。

(7) 薬物代謝研究に用いる材料　遺伝子工学の発達およびヒト試料を用いるための倫理体系の整備[70]により，薬物代謝研究ではヒト由来の酵素を用いる実験が一般化している。大腸菌，酵母，昆虫細胞，動物細胞に発現させたさまざまな薬物代謝酵素が，試薬として入手可能である。特にCYP各分子種については，CYPとNADPH CYP reductaseを共発現させた細胞のミクロソーム画分が広く利用されている。一方，ヒ

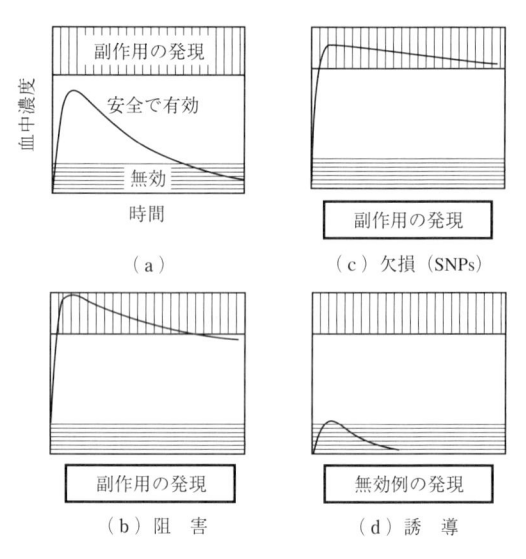

(a) 経口投与後の薬物の血中濃度推移と治療域
(b)〜(d) 薬物代謝酵素活性の変動要因と薬物の有効性と安全性の変化

図3.10 薬物代謝酵素活性の変動要因と医薬品の有効性・安全性

ト肝臓における代謝を総合的に評価する手段としてヒト肝試料も利用されている。最も広く用いられているのは，ヒト肝のミクロソーム画分（Ms）であり，ここにはCYP，FMO，NADPH CYP reductaseなどの酸化系酵素やUDPGTなどの抱合酵素が含まれている。一方，ヒト肝細胞は，培養により急速に薬物代謝酵素活性を喪失する点が利用上の大きな問題点であったが，初代肝細胞の凍結技術の進歩により凍結肝細胞の利用が広まりつつある。こうしたヒト由来の試料を用いる場合は，実験施設における倫理規定およびその運用体制を確立する必要がある。

(8) 薬物代謝研究の方法　おもな研究ポイントを以下に示す。

① 代謝安定性　ヒト肝ミクロソーム画分（Ms）や肝細胞を用いて，開発化合物が肝臓においてどの程度の速度で代謝されるか調べる。

② 代謝経路　Msや肝細胞を用い，開発化合物が変換される過程の代謝マップを作成する。

③ 代謝酵素　発現系酵素やMsを用い，代謝マップの各経路に関与する酵素を詳細に検討する。

④ 代謝酵素阻害　開発化合物によるCYPの阻害を発現系酵素やMsを用いて調べる。一方，開発化合物を代謝する酵素の併用薬物による影響も調べる。

⑤ 代謝酵素誘導　肝細胞を用いて，CYP3A4などの代謝酵素の誘導を評価する。

⑥ 遺伝的多型　発現系酵素，Msを用いて開発

化合物を代謝する酵素について遺伝的多型の影響を調べる.

1990年代半ばより，創薬研究の初期段階で化合物の生理活性と同様に代謝に関する性質についてハイスループットスクリーニング試験が実施され，後に記述する毒性評価や物性評価とあわせADME/TOXスクリーニングなどと呼ばれている.

冒頭に記述したように薬物代謝研究はヒトにおける有効性と安全性を予測することを最終的な目的とする．特に薬物相互作用や遺伝的多型は，有効性と安全性に直接結びつく変動因子であり，薬物を審査する立場からもガイドラインあるいはガイダンスが発行され，つねに最新の科学的知見をもとに検証を行うことが要請されている[71)~73)].

(b) 毒性評価 従来，薬物の安全性評価はおもに動物実験とそこでの病理・組織学的所見観察に基づいて行われてきたが，薬物代謝研究と同様に，ハイスループットの概念が遺伝子発現解析などの新しい科学技術とともに導入されている[74)]．ここでは，化合物スクリーニングの視点から細胞傷害性試験と遺伝毒性試験，近年重要性が増しているhERGチャネル阻害試験，新しい技術であるトキシコゲノミクスについて紹介する.

(1) 細胞傷害性試験 生体異物の生体への影響は，基本的に細胞に対する影響を経て表現されると考えられるため，細胞傷害性試験は化合物の生体への影響を検出する最も単純な手法として広く用いられている．HepG2, HeLa, CHOなどの株化細胞や種々の初代培養細胞が，目的に応じて使用されている[75)]．また，代謝物の毒性を検出するためCYP分子種を発現させた細胞系も開発されている[76)]．細胞傷害の検出マーカーとしては細胞形態，チミジン取込み試験，MTT試験，乳酸脱水素酵素（lactate dehydrogenase：LDH）漏出，細胞内ATP含量，クリスタルバイオレット（crystal violet）染色，クマシーブルー（Coomassie blue）染色，トリパンブルー（trypan blue）排除，培地pHなど多くのものが用いられている.

(2) 遺伝毒性試験 遺伝毒性試験のなかでエイムス試験（Ames test）は，第一次スクリーニング法として広く世界中で用いられている．本試験法は，ヒスチジン要求性のサルモネラ変異株を用い，化合物に起因するDNA損傷の修復ミスに起因する非要求性への復帰突然変異を検出する方法である．細菌類ではDNA損傷に対しSOS反応が誘導されるが，このSOS反応の誘導システムを用い，DNA損傷を検出する試験法としてumuテストが開発されている[77)]．umuテストは，細菌のSOS反応のうち突然変異生成に直接関与する$umuC$遺伝子と$β$-ガラクトシダーゼ遺伝子を融合させたものをAmes試験株に発現させDNA損傷に由来するumuオペロンの発現を$β$-ガラクトシダーゼ活性で測定するものである．本試験法は，Ames試験との一致度が高く，変異原性の高速スクリーニングに適用されている.

(3) hERG阻害試験 心筋活動電位を形成するイオンチャネルの機能異常により，特徴的な心電図異常（QT間隔延長，torsade de pointes型心室頻拍）を呈し，ときに突然死をきたす，QT延長症候群と呼ばれる不整脈疾患がある[78)]．本疾患は，薬物の副作用としても引き起こされるため，国際的に規制上の対応が進められている．薬物に起因するQT延長の原因は，活動電位の再分極に関与するK電流の一つIKrを形成する膜電位依存性Kチャネル（IKrチャネル）の薬物による阻害と関連すると考えられている．hERG（human ether-a-go-go related gene）は，IKrチャネルの主サブユニットをコードする遺伝子であり[79)]，hERGチャネル発現細胞に対する薬物の効果をパッチクランプ（patch-clamp）などによる電気生理学的手法で調べることによりQT間隔延長のリスク評価が行われている.

(4) トキシコゲノミクス in vitro毒性試験の新たな展開としてトキシコゲノミクス（toxicogenomics）が挙げられる[80)~82)]．この技術は，毒性化合物を暴露した細胞における遺伝子発現変動をDNAマイクロアレイなどにより解析するものであり，利用法は「メカニズム解析」と「毒性予測」に分けられる．前者は，変動遺伝子から毒性発現のメカニズムを推定するものであり，後者は多数の既知毒性化合物の暴露により得られた遺伝子発現変動プロファイルをデータベース化し，新規化合物の発現プロファイルと比較することにより毒性を予測するものである．複数のベンチャー企業がデータベースおよび予測システムの開発を進めている[83)~85)]．また，同様の試みは厚生労働省による産官学プロジェクトでも行われている．本技術により，従来の細胞毒性試験による評価を超えたより精緻な予測が可能となることが期待されている．

(朝日)

引用・参考文献

1) Brakhge, A. A.: *Microb. Mol. Biol. Rev.*, **62**, 547–585 (1998).
2) Williamson, J. M., Inamine, E., Wilson, K. E., Douglas, A. W., Liesch, J. M. and Albers-Schonberg, G.: *J. Biol. Chem.*, **260**, 4637–4647 (1985).

3) Asai, M., Haibara, K., Muroi, M., Kintaka, K. and Kishi, T.: *J. Antibiot.*, **34**, 621-627 (1981).
4) Cooper, R., Bush, B., Orincipe, P. A., Trejo, W. H., Wells, J. S. and Sykee, R. B.: *J. Antibiot.*, **36**, 1252-1257 (1983).
5) Li, R., Khaleeli, N. and Townsend, G. A.: *J. Bacteriol.*, **182**, 4087-4095 (2000).
6) http://bikaken.or.jp/mcrf.i/contribution/（2005年1月現在）
7) Behal, V. and Hunter, I. S.: Tetracycline, in *Genetics and Biochemistry of Antibiotics Production*, (Vining, L. C., Stuttard, C.), Biotechnology, Vol. 28, pp. 359-384, Butterworth-Heinemann, Newton, MA (1994).
8) Khosla, C., Gokhale, R. S., Jacobsen, J. R. and Cane, D. E.: *Annu. Rev. Biochem.*, **68**, 219-253 (1999).
9) Tawara, S., Ikeda, F., et al.: *Antimicrob. Agents Chemother.*, **44**, 57-62 (2000).
10) Du, L., Sanchez, C., Chen, M., Edwards, J. D. and Shen, B.: *Chem. Biol.*, **7**, 623-642 (2000).
11) Kennedy, J., Auclair, K., Kendrew, S. G., Park, C., Vederas, J. C. and Hutchinson, C. R.: *Science*, **284**, 1368-1372 (1999).
12) Abe, Y., Suzuki, T., Ono, C., Iwamoto, K., Hosobuchi, M. and Yoshikawa, H.: *Mol. Genet. Genomics*, **267**, 636-646 (2002).
13) Hoffmann, K., Schneider-Scherzer, E., Kleinkauf, H. and Zocher, R.: *J. Biol. Chem.*, **269**, 12710-12714 (1994).
14) Wu, K., Chung, L., Revill, W. P., Katz, L. and Reeves, C. D.: *Gene*, **251**, 81-90 (2000).
15) Zhang, C. S., Stratmann, A., Block, O., Brucker, R., Podeschwa, M., Altenbach, H. J., Wehmeier, U. F. and Piepersberg, W.: *J. Biol. Chem.*, **277**, 22853-22862 (2002).
16) Cane, D. E. and Walsh, C. T.: *Chem. Biol.*, **6**, R319-R325 (1999).
17) Pfeifer, B. A. and Khosla, C.: *Microb. Mol. Biol. Rev.*, **65**, 106-118 (2001).
18) Martin, V. J., Pitera, D. J., Withers, S. T., Newman, J. D. and Keasling, J. D.: *Nature Biotechnol.*, **21**, 796-802 (2003).
19) バイオインダストリー協会編：発酵ハンドブック，共立出版（2001）.
20) 田中信男，他編：抗生物質大要，東京大学出版会（1992）.
21) Cohen, S., Chang, A., Boyer, H. and Helling, R.: *Proc. Natl. Acad. Sci. USA*, **70**, 3240-3244 (1973).
22) Kohler, G. and Milstein, C.: *Nature*, **256**, 495-497 (1975).
23) Janson, J. and Joensson, J.: *Protein Purification*, pp. 35-62, VCH Publishers (1989).
24) 坂本澄昭：化学工学，**53**，481-484（1989）.
25) 杉浦治彦，嶋田敏明：化学工学，**53**，485-489（1989）.
26) 日本製薬工業協会データブック：医薬出版センター（1993-2002）.
27) 日経バイオ年鑑，日経BP出版センター（1986-2004）.
28) 日本医薬品集，日本医薬情報センター（2005）.
29) Odum, J. N.: *Pharm. Eng.*, **21**, 22-33 (2001).
30) 石川智久，堀江 透編：創薬サイエンスのすすめ，共立出版（2002）.
31) 日本農芸化学会：ハイスループットスクリーニング技術の新しい動向，化学と生物，**38**，4-9（2000）.
32) Babiak, J.: *J. Biomol. Screen.*, **2**, 139-143 (1997).
33) Rishton, G. M.: *Drug Discov. Today*, **2**, 382-384 (1997).
34) Rishton, G. M.: *Drug Discov. Today*, **8**, 86-96 (2003).
35) Lipinski, C. A., Lombardo, F., Dominy, B. W. and Feeney, P. J.: *Adv. Drug Deliver. Rev.*, **23**, 3-25 (1997).
36) Kozikowski, B. A., Burt, T. M., Tirey, D. A., Williams, L. E., Kuzmak, B. R., Stanton, D. T., Morand, K. L. and Nelson, S. L.: *J. Biomol. Screen.*, **8**, 210-215 (2003).
37) Roelant, C. H., Burns, D. A. and Scheirer, W.: *Biotechniques*, **20**, 914-917 (1996).
38) Mosman, T.: *J. Immunol. Methods*, **65**, 55-63 (1983).
39) Cook, N., Sutton, J. and Takeuchi, K.: *Pharm. Manuf. Int.*, **1**, 49-53 (1992).
40) Bazin, H., Préaudat, M., Trinquet, E. and Mathis, G.: *Spectrochim. Acta A*, **57**, 2197-2211 (2001).
41) http://www4.amershambiosciences.com/aptrix/upp00919.nsf/content/drugscr_HomePage（2004年12月現在）
42) http://www.htrf-assays.com/（2004年12月現在）
43) Giuliano, K. A., DeBiasio, R. L., Dunlay, R. T., Gough, A., Volosky, J. M., Zock, J., Pavlakis, G. N. and Taylor, D. L.: *J. Biomol. Screen.*, **2**, 249-259 (1997).
44) Zhang, J.-H., Chung, T. D. Y. and Oldenburg, K. R.: *J. Biomol. Screen.*, **4**, 67-73 (1999).
45) 日本ロボット工業会：特集 創薬ロボット，ロボット，**137**（2000）.
46) http://www.idbs.co.uk/（2004年12月現在）
47) http://www.spotfire.com/（2004年12月現在）
48) 藤澤幸夫，音田治夫，藤野政彦：日本臨床，**60**，31-37（2002）.
49) 森 正明，鈴木伸宏，藤野政彦：*Mol. Med.*, **39**, 448-454（2002）.
50) 倉智嘉久，他：医学のあゆみ，**201**，945-1232（2002）.

51) 遠藤 仁, 横山宏和：ファルマシア, **39**, 431-435 (2003).
52) 磯辺俊明, 高橋信弘編：注目のプロテオミクスの全貌を知る！, 羊土社 (2003).
53) 大石正道：医学のあゆみ, **202**, 331-334 (2002).
54) 荒木令江, 川野克巳：医学のあゆみ, **202**, 335-342 (2002).
55) Nakanishi, A., Morita, S., Iwashita, H., Sagiya, Y., Ashida, Y., Shirafuji, H., Fijisawa, Y., Nishimura, O. and Fijino, M.: *Proc. Natl. Acad. Sci. USA*, **98**, 5175-5180 (2001).
56) Hoshino, M., Morita, S., Iwashita, H., Sagiya, Y., Nagi, T., Nakanishi, A., Ashida, Y., Nishimura, O., Fujisawa, Y. and Fujino, M.: *Am. J. Respir. Crit. Care Med.*, **165**, 1132-1136 (2002).
57) 宇賀 均, 加部泰明, 大羽玲子, 明石哲行, 長谷川慎, 半田 宏：細胞工学, **22**, 156-160 (2003).
58) 原 一雄, 門脇 孝：実験医学, **21**, 5-10 (2003).
59) 三木哲郎, 名倉 潤, 小原克彦：実験医学, **21**, 11-16 (2003).
60) 木村彰方：実験医学, **21**, 17-23 (2003).
61) 松村正明：日経サイエンス, **32**, 28-35 (2002).
62) 加藤隆一, 鎌滝哲也編：薬物代謝学 (第2版), 東京化学同人 (2000).
63) 吉田雄三, 後藤 修：化学と生物, **36**, 393-398 (1998).
64) http://drnelson.utmem.edu/nelsonhomepage.html (2004年12月現在)
65) Shimada, T., et al.: *J. Pharmacol. Exp. Ther.*, **270**, 414-423 (1994).
66) Inoue, K., et al.: *Pharmacogenetics*, **7**, 103-113 (1997).
67) Guengerich, F. P.: *J. Pharmacokinet. Biopharm.*, **24**, 521 (1996).
68) 澤田康文：薬物動態・作用と遺伝子多型, 医薬ジャーナル社 (2001).
69) 加藤隆一：臨床薬物動態学 (第2版), p.122, 南江堂 (1998).
70) ヒトゲノム・遺伝子解析研究に関する倫理指針, 文部科学省・厚生労働省・経済産業省 (平成13年3月29日).
71) 薬物相互作用の検討方法について, 医薬審発813号 (平成13年6月4日).
72) Guidance for Industry on *In Vivo* Drug Metabolism/Drug Interaction Studies — Study Design, Data Analysis, and Recommendations for Dosing and Labeling, FDA (1999).
73) Note for Guidance on the Investigation of Drug Interactions, EMEA (1998).
74) 堀井郁夫：*Molecular Medicine*, **38**, 1164-1173, 中山書店 (2001).
75) 日本組織培養学会編：細胞トキシコロジー試験法, 朝倉書店 (1991).
76) Yoshitomi, S., et al.: *Toxicol. in Vitro*, **15**, 245-256 (2001).
77) Reifferscheid, G. and Heil, J.: *Mutat. Res.*, **369**, 129-145 (1996).
78) Tamargo, J.: *Jpn. J. Pharmacol.*, **83**, 1-19 (2000).
79) Sanguinetti, M. C., et al.: *Cell*, **81**, 299-307 (1995).
80) Schmidt, C. W.: *EHP Toxicogenomics*, **111**, A20-5 (2003).
81) Castle, A. L., et al.: *Drug Discov. Today*, **7**, 728-736 (2002).
82) Orphanides, G.: *Toxicol. Lett.*, 140-141, 145-148 (2003).
83) http://www.genelogic.com/ (2004年12月現在)
84) http://www.curagen.com/ (2004年12月現在)
85) http://iconixpharm.com/ (2004年12月現在)

3.2 農薬・動物薬

3.2.1 農薬用生理活性物質

ペニシリンの実用化に続きストレプトマイシンが発見されて以来, つぎつぎと医薬用の優れた抗生物質が見出され, 抗菌剤の分野で大きな進歩が見られた。

このような進歩に刺激され, 農業分野でも, 医薬用抗生物質の利用が検討され, 細菌病防除にストレプトマイシンなどが使用されるようになった。特に日本では, イネのいもち病 (*Pyricularia oryzae*) 防除剤を主体に, 1950年から農業用抗生物質の研究が強力に推進され, 発酵生産技術の進歩と相まって, 同分野で世界をリードするまでになった[1]。一方, 殺虫剤ではBT剤に加えて, アバメクチン, エマメクチン, ミルベメクチン, スピノサドなどが微生物源殺虫剤として農業用殺虫剤の一分野を形成している。

(a) 微生物の生産する主要な農薬用生理活性物質
(1) 殺 菌 剤 (図3.11)
① ストレプトマイシン[2),17)]　1944年にWaksmanにより放線菌 *Streptomyces griseus* の培養濾液から抽出・分離されたアミノ配糖体抗生物質で, 医薬, 特に結核の治療薬として広く用いられてきたが, 農業用としても実用化された。まず米国でリンゴ, ナシの火傷病 (*Erwinia amylovora*) などに使用され, 日本でもストレプトマイシン製剤 (1955年), 銅剤およびオキシテトラサイクリンとの混合剤が, 野菜・果樹などの広い範囲の細菌病を対象に農薬登録されている。

ストレプトマイシンはハクサイ・タマネギなどの軟腐病, ジャガイモの疫病 (*Erwinia carotovola*), モモのせん孔細菌病 (*Xanthomonas pruni*), カンキツのかいよう病 (*Xanthomonas citri*), ウメのかいよう

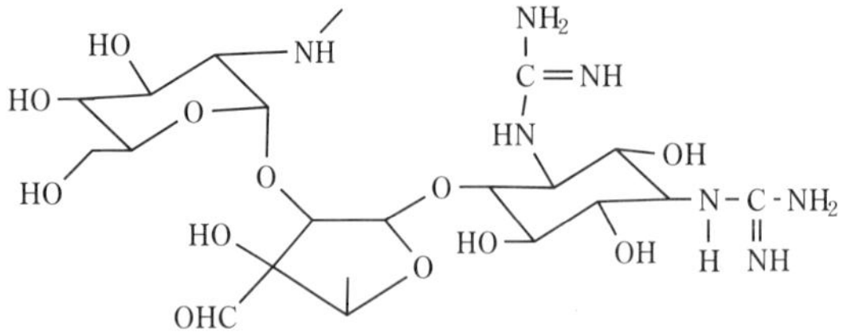

ストレプトマイシン

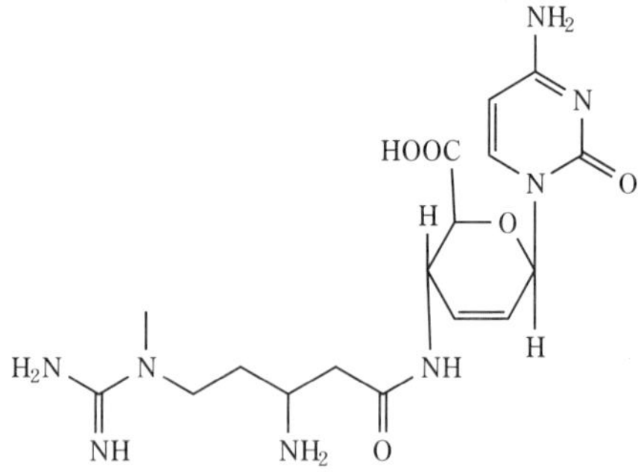

ブラストサイジン-S

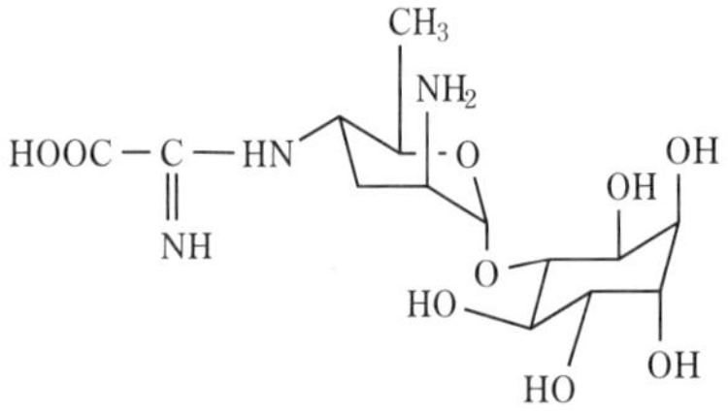

カスガマイシン

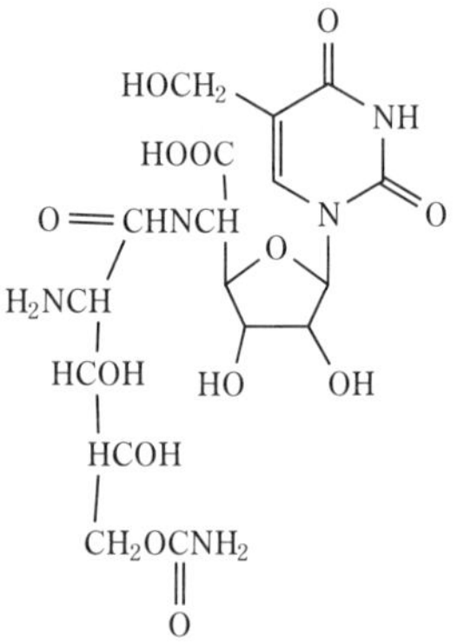

ポリオキシンB

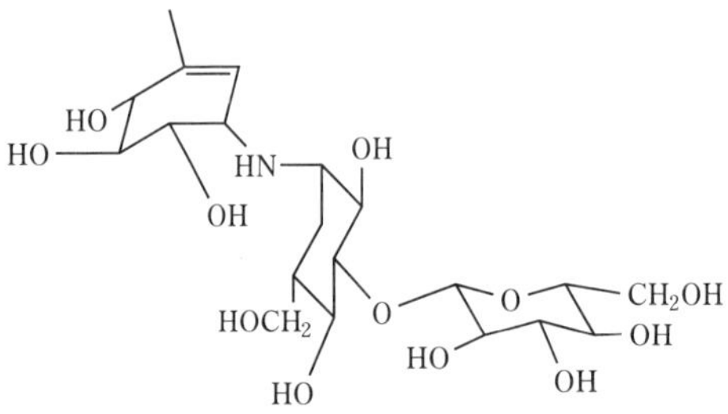

バリダマイシン

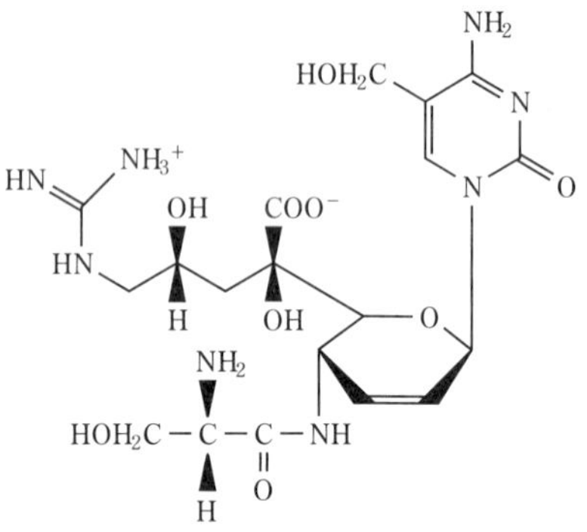

ミルディオマイシン

図3.11　殺菌剤として利用されている生理活性物質

病（*Pseudomonas syringae*）など広い範囲の細菌病に有効である。

作用機構はタンパク質生合成阻害で，リボソームの30Sサブユニットに結合し，m-RNA情報の誤読，異常タンパク質合成により細菌を死滅させる。

②　ブラストサイジン-S[1), 18)]　東京大学と農業技術研究所の共同研究により，土壌放線菌 *Streptomyces griseochromogenes* の培養液からいもち病に著効を示す物質として単離・同定された（1958）[3)]。科研化学，日本農薬，クミアイ化学工業が製造法確立，製剤研究など実用化に対し貢献した。ブラストサイジン-Sのラウリル硫酸塩と水銀との混合剤ブラエスMが1961年に，ベンジルアミノベンゼンスルホン酸塩が1962年に，いもち病防除剤として農薬登録され，国産抗生物質農薬第1号として，その後の微生物源農薬の発展に大きな影響を与えた。

ブラストサイジン-SはアミノアシルtRNAのリボソームへの結合を阻害し，ペプチド鎖の伸長を阻害す

る[4]。

③ カスガマイシン[5), 19)]　春日神社の境内で採取した土から分離された放線菌 Streptomyces kasugaensis の生産する抗生物質で、微生物化学研究所により発見され、その塩酸塩がいもち病防除剤として北興化学工業により開発された（1965）。当時いもち病防除は水銀剤が主体で、毒性や残留が問題となっており、薬効・安全性の面から多大なメリットをもたらした。植物病原糸状菌ばかりでなく、細菌にも有効で、葉鞘褐変病（Pseudomonas fuscovaginae）、もみ枯細菌病（Pseudomonas glumae）、苗立枯細菌病（Pseudomonas plantarii）、さらに甜菜褐斑病（Cercospora beticola）などにも適用拡大されている。

作用機構はタンパク合成阻害で、糸状菌に対する作用は、植物の細胞内に侵入した菌糸の生育を抑制、または先端を奇形化して隣接細胞への侵入を防ぎ、病斑の形成や進展を阻止して顕著な治療効果を発揮する。

マウス、ラットに対する急性経口毒性は、それぞれ、20 900 mg/kg、22 000 mg/kg、魚毒もA類ときわめて安全性が高い。

④ ポリオキシン[6), 20)]　阿蘇山で採集した土壌から分離された放線菌 Streptomyces cacaoi の生産する抗生物質で、理化学研究所により発見され（1964）、科研製薬により実用化された（1967）。ポリオキシンはAからMまで13種類が単離・確認されている。イネ紋枯病（Rhizoctonia solani）に有効であるとともに、ナシ黒斑病（Alternaria kikuchiana）、リンゴ斑点落葉病（Alternaria mali）に卓効を示す。また、果樹・蔬菜のウドンコ病に有効であるなど、非常に広範囲の病原菌に活性を示す。細菌にはほとんど効果を示さない。

ポリオキシンに接触した菌糸は先端部が膨大化し、最後に細胞内容物が流れ出して死滅する。細胞壁の合成、特にキチン質の合成阻害がおもな作用点と考えられている。安定な物質であり散布後10日以上の持続性が認められる。急性経口毒性値は20 000 mg/kg以上（ポリオキシンB）で、魚毒もA類と安全性の高い化合物である。

⑤ バリダマイシン[8), 21)]　武田薬品工業により1966年に明石市の土壌から分離された放線菌 Streptomyces hygroscopicus var. limoneus nov. var. の培養液から単離されたアミノサイクリトール系抗生物質である。紋枯病は菌糸の伸長によって蔓延する病害であることから、菌糸の伸長を阻害する物質のスクリーニング法を用い、リゾクトニア菌生育菌糸先端の分枝異常（過多）をもたらす物質として見出された。1972年にイネ紋枯病防除剤として農薬登録された。

種々のリゾクトニア菌、白絹病菌（Colticium rolfisii）に有効で、キャベツ黒腐病（Xanthomonas campestris）・軟腐病、レタス腐敗病（Pseudomonas viridiflava など）・軟腐病、カンキツかいよう病、モモせん孔細菌病などの細菌性病害にも有効である。

急性経口毒性値は20 000 mg/kg以上で、ウサギの皮膚・眼粘膜刺激性も認められない。慢性毒性の点でもきわめて安全で、魚毒もA類である。

⑥ ミルディオマイシン[22)]　武田薬品工業により1973年にパプア・ニューギニアの土壌から分離された放線菌 Streptoverticillium rimofaciens により生産され、核酸塩基部分に5-ヒドロキシメチルシトシンを有するアミノヌクレオシド抗生物質である。ウドンコ病菌（powdery mildew fungi）に高い抗菌活性を示すことからミルディオマイシンと命名された。1983年にバラなど非食用作物のウドンコ病防除剤として農薬登録された。

⑦ その他　オキシテトラサイクリンが細菌病防除剤として、単独または前述のようにストレプトマイシンとの混合剤として使用されている。一方、クロラムフェニコール、セロサイジンがイネ白葉枯病防除剤、ノボビオシンがトマトかいよう病防除剤、エゾマイシンがマメの菌核病、また、グリセオフルビンが軟腐病防除剤として商品化されたが、現在では登録が失効している。

(2) 殺虫剤（図3.12）

① アバメクチン[23)]　1974年に静岡県川奈町の土壌より分離された放線菌 Streptomyces avermitilis の生産物から単離された16員環ラクトンを含むマクロライド系化合物で、北里研究所・メルク社間のプロジェクトで発見された。avermectin B1a, avermectin B1bの混合物が1985年にメルク社により殺虫・殺ダニ剤として開発された（現在はシンジェンタ社）。

野菜、果樹、ワタなどのハダニ類（Panonychus, Tetranychus）、ハモグリバエ（Liriomyza sativae など）、カブトムシ類（Batocera lineolata, Anomala rufocuprea など）、吸汁害虫などの防除に使用されている。使用薬量は5～450 g (a.i.)/haである。

昆虫における興奮伝達は、興奮性神経系と抑制性神経系によって調整されている。昆虫の抑制性神経接合部で、神経前膜から放出された抑制性神経伝達物質であるγ-アミノ酪酸（GABA）が、神経後膜のGABAレセプターに結合してクロライドチャネルを開け、クロライドイオンの細胞内への透過性を促進する。このため、細胞内は電気的にマイナスとなり、興奮の伝達は抑制される。アバメクチンのターゲット部位は対象害虫の末梢神経系におけるGABAレセプターである。

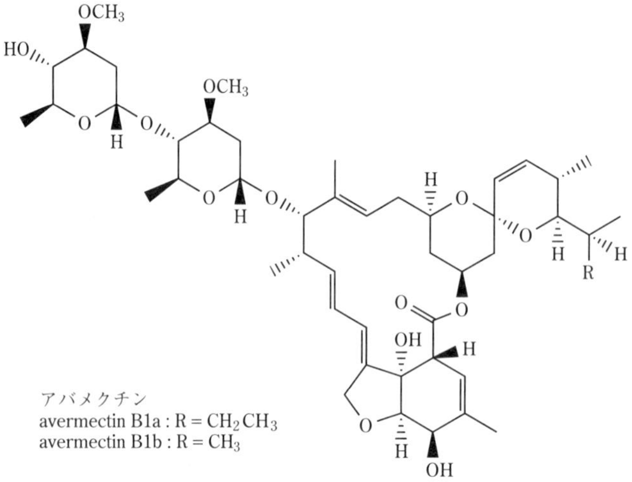

アバメクチン
avermectin B1a : R = CH$_2$CH$_3$
avermectin B1b : R = CH$_3$

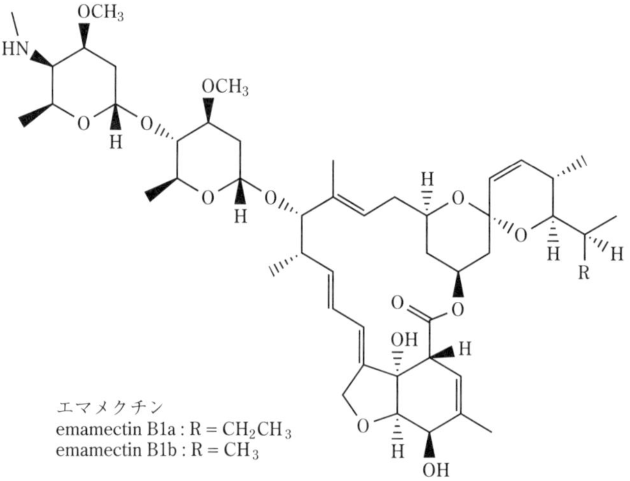

エマメクチン
emamectin B1a : R = CH$_2$CH$_3$
emamectin B1b : R = CH$_3$

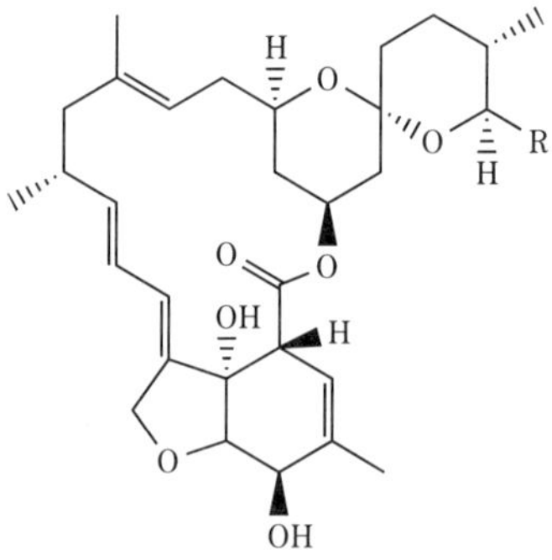

ミルベメクチン
milbemycin A$_3$: R = CH$_3$
milbemycin A$_4$: R = CH$_2$CH$_3$

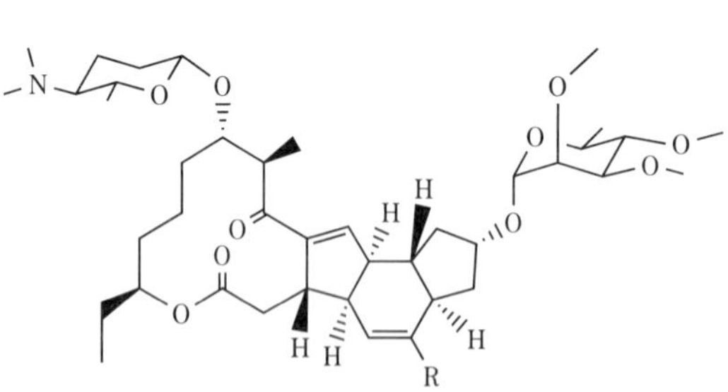

スピノサド
spinosyn A : R = H
spinosyn D : R = CH$_3$

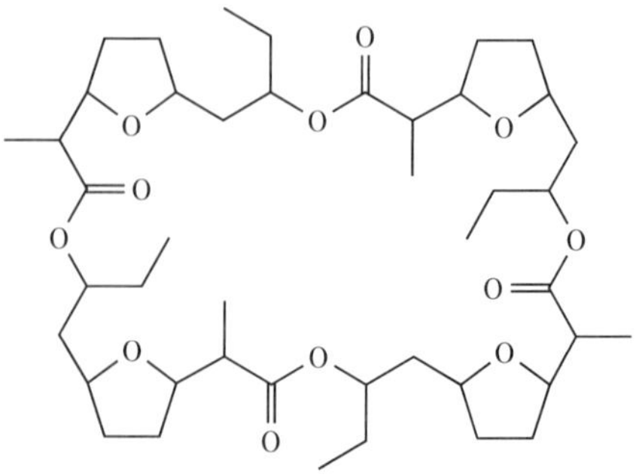

テトラナクチン

図3.12 殺虫剤として利用されている生理活性物質

GABAの放出を促進するとともに，シナプス後膜のレセプター部位へのGABAの結合および細胞内へのクロライドイオン流入を促進し，興奮の伝達が過度に抑制され，麻痺から死に至る。

原体の急性経口毒性（ラット）は10 mg/kg，魚毒LC$_{50}$（ニジマス，96時間）も3.2 mg/lと強いが，製剤は有効成分濃度が低いため，毒性も低い。土壌と強く結合するとともに，土壌微生物によりすみやかに分

解される。

② エマメクチン[9]　アバメクチンを原料として合成されるマクロライド骨格を有する殺虫剤で，メルク社により発明され，その安息香酸塩がアファーム乳剤として，日本では1997年に農薬登録された（現在はシンジェンタ社）。

広範囲の鱗翅目（*Lepidoptera*），アザミウマ目（*Thysanoptera*）害虫に対して，選択的にきわめて高い活性を示し，ハダニ類成虫に対しても高い活性が認められる。効果発現は速効的で，植物体内移行性はないが，表面から葉裏への浸達殺虫力があり，安定した防除効果が得られる。

エマメクチンは害虫の抑制性神経接合部に作用し，GABAレセプターに直接作用することなく，クロライドチャネルを開け，クロライドイオンを細胞内に流入させる。このため，細胞内は電気的にマイナスとなり，興奮の伝達は抑制される。また，神経前膜においてGABAの放出を活性化する。この結果，害虫は，興奮の伝達が抑制され，外部刺激に対する反応性を失い麻痺，死亡する。原体は劇物であるが，製剤（1％乳剤）は普通物である。魚介類には毒性が強いので注意を要する。

③ ミルベメクチン[24]　北海三共によって，北海道の土壌から分離された放線菌 *Streptomyces hygroscopicus* の生産物から殺ダニ活性物質として単離された（1969）。アバメクチンと同系統の化合物で，13種の活性成分がミルベマイシンと命名され，A3とA4を30：70で含有するミルベメクチンが三共により殺ダニ剤として農薬登録された（1990）。販売開始後10年以上が経過するが，大きな抵抗性問題が発生することもなく順調に推移している。効力の変動がほとんど見られないのは，抵抗性発現の生じやすい殺ダニ剤の常識から考えても稀有な例といえよう[10]。

殺ダニスペクトラムは，ハダニ類から，サビダニ類（*Aculops pelekassi* など），ホコリダニ類（*Polyphagotarsonemus latus* など）に及び，ホソガ類（*Phyllonorycter ringoniella* など）に対する登録を持つほか，アブラムシ類（Aphidoidea），コナジラミ類（*Trialeurodes vaporariorum*, *Bemisia tabaci*），アザミウマ目などの小型の吸汁性昆虫にも活性を示すことが知られている。また動物の抗フィラリア剤としても販売されている。

GABA作動性のクロライドチャネルにアゴニストとして作用し，チャネルを活性化することで神経系を撹乱し，ダニ類もしくは昆虫類を死に至らしめると考えられている。

④ スピノサド[12]　イーライリリー社の研究者が訪れたバージン諸島のラム酒工場跡で，1982年に採取された土壌サンプルに含まれていた放線菌 *Saccharopolyspora spinosakara* の生産物から，ラクトンを含む環状構造を有する殺虫活性物質として1989年に単離された。同属放線菌生産物の農薬への利用はスピノサドが初めてである。米国では1995年に果樹・野菜に登録され，日本では1999年に農薬登録された。

スピノサドはスピノシンAおよびDの2成分からなり，いずれもC，H，O，Nの4元素からなる分子で，太陽光線や微生物によりすみやかに分解され，低毒性であるとともに，人畜・環境に対して負荷の少ない殺虫剤であり，Naturalyte（天然素材）として米国政府から環境保護貢献賞を受賞している。アバメクチンおよび同系統の化合物に続く新規の骨格である。

鱗翅目害虫に加え，アザミウマ目，マメハモグリバエ（*Liriomyza trifolii* など）に有効である。速効性に優れ，散布翌日から高い効果が認められるが，植物体内での浸透移行性が少ないので，葉裏まで十分散布する必要がある。

スピノサドは，昆虫のニューロン接合部（シナプス）で，シナプス後膜のニコチン性アセチルコリン受容体を活性化させるが，ニコチンやクロロニコチニル系殺虫剤とは活性化部位が異なる。また，スピノサドはGABAレセプターにも影響を与えるが，殺虫作用に対する役割は不明である。現状では他殺虫剤との交差抵抗性は認められていない。

人畜毒性は，ラットでの急性経口毒性LD_{50}値3783 mg/kg以上（オス），5000 mg/kg以上（メス），ラットでの急性経皮毒性2000 mg/kg以上で普通物，魚毒性はコイLC_{50}（48時間）1000 ppm以上，ミジンコ（3時間）40 ppm以上でA類相当である。

⑤ BT剤[13]　BT剤として使用される芽胞細菌 *Bacillus thuringiensis* は，1911年にドイツのチューリンゲンで，スジコナマダラメイガ（*Anagasta kuniella*）の病死体から分離・報告されたが，わが国においては，その10年前の1901年に，石渡により記載されている。1960年に米国で最初に商品化されたが，その後日本でも商品化され，現在では生菌製剤が微生物農薬として他殺虫剤とのローテーションに組み込まれ普及している。

Bacillus thuringiensis 菌株は，栄養体細胞の表層にある鞭毛の抗原性（H抗原）と，栄養体細胞中のエステラーゼ型をもとに，*kurstaki*，*aizawai*，*kenyae*，*israelensis* などの亜種に分類される。*Bacillus thuringiensis* の産生する毒素にはβ-外毒素とγ-内毒素があり，β-外毒素は人畜に対する安全性が懸念さ

れることから，米国，日本などでは同毒素を産生する菌株はBT剤に使用することが認められていない。γ-内毒素はタンパク毒素で*Bacillus thuringiensis*の産生する結晶性物質のなかに含まれるため，この結晶性物質を結晶性毒素という。その形態は菌株によって特徴があり，バイピラミッド型，キュービック型，不定形立方体型などがあり，殺虫活性は亜種によって異なる。

*kurstaki, aizawai*はモンシロチョウ(*Pieris rapae crucivora*)，コナガ(*Plutella xylostella*)などの鱗翅目昆虫に強い殺虫活性を示すが，他目の昆虫には活性を示さない。一方，*israelensis*はカ(*Anopheles*など)，ブユ(*Simulium*)などの双翅目(*Diptera*)昆虫に活性を示すが，鱗翅目昆虫などには活性を示さない。

γ-内毒素の毒性発現は，まず結晶性毒素が昆虫消化液中のプロテアーゼにより分解され，毒素が活性化される。活性化された毒素は，幼虫消化管の中腸上皮細胞膜に付着し，上皮細胞を膨潤・破壊する。BT剤の散布は害虫による被害が目立たない初期密度の状態のときに行われることが必要である。

⑥　テトラナクチン[14]　　*Streptomyces aureus*の生産するマクロテトロライド系抗生物質で，殺ダニ性抗生物質としては世界に先駆けて中外製薬(株)により開発された(1973)。テトラナクチンはダニ類に対して強い効果を示すが，他の生物，特に温血動物に対してはきわめて低毒性である。殺ダニ剤につきものの抵抗性系統の出現による効力の低減が認められず，長年使用されたが現在では登録が失効している。

(3) 除草剤・植物成長調整剤（図3.13）

①　ジベレリン[7), 25)]　　馬鹿苗病の苗の徒長はカビの一種(*Gibberella fujikuroi*)が分泌する物質が原因であることを台湾の農業試験場の黒沢が明らかにした(1926)。1938年藪田と住木はこの物質を取り出すことに成功し，ジベレリン(gibberellin)と名づけた。ジベレリンは1957年に武田薬品工業から，ついで協和発酵工業，明治製菓から発売された。ジベレリン研究会ではデラウエアへの適用検討を進め，満開予定日の14日前，満開の10日後に100 ppmのジベレリン液に房を浸すことにより有核顆粒とほとんど同じ大きさの"種なし"ブドウができることがわかった。1960年頃からはこの"種なし"ブドウが大量に市場に出回るようになった。当初ジベレリンは農薬取締法の対象にならなかったが，1963年の改正により成長調整剤として農薬に格付けされた。現在では蔬菜類の生育促進，花卉類の開花促進などを含め広範な用途に使用されている。

②　ビアラホス[11), 16), 26)]　　福井県美浜町で採取された土壌から分離された放線菌*Streptomyces hygroscopicus*の生産するトリペプチドで，C-P-C結合を有するフォスフィノトリシンと2個のアラニンからなる(1973)。宇都宮大学と明治製菓の共同で非選択性茎葉処理型除草剤としての開発を進め，1984年に農薬登録された。現在のハービー液剤は1993年の農薬登録である。

雑草の茎葉部に散布することにより，付着部位より体内に浸透し，一年生のイネ科(*Gramineae*)雑草，広葉雑草とともに，多年生雑草も枯殺する。必要薬量は18％液剤で300～1 000 ml(54～180 g a.i./10a)である。接触型(薬剤散布部位が枯れる)の除草剤であるが，一定期間雑草の再生を抑制する。土壌中では不活化されるので，果樹園の下草防除，野菜などでの畦間・定植前処理，水田・小麦などでの耕起前処理，水田畦畔・ハウス周りなどで使用できる。

雑草のグルタミン合成酵素阻害を一次作用点とし，アンモニアの異常蓄積，光合成阻害などにより雑草を枯死させる。

(b)　微生物の生産する農薬用生理活性物質の特徴

多様な微生物生産物は，新しい化学構造，優れた生理活性化合物（またはそのリード化合物）の，いわば宝の山である。微生物生産物にも毒性の高いものは少なくないが，選抜，または手を加えて安全性の高い農薬を見出すことが可能である。微生物生産物はもともと自然界の循環のなかにあるので，代謝分解を受けやすい特徴がある。それらの特徴を生かせれば，環境負荷の少ない，持続発展可能な循環型農業にふさわしい素材といえる。　　　　　　　　　　　　　　(橘)

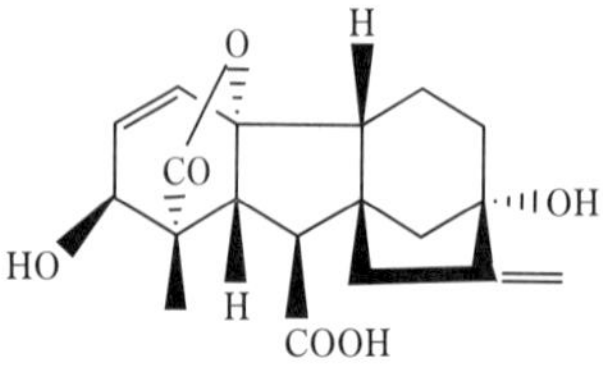

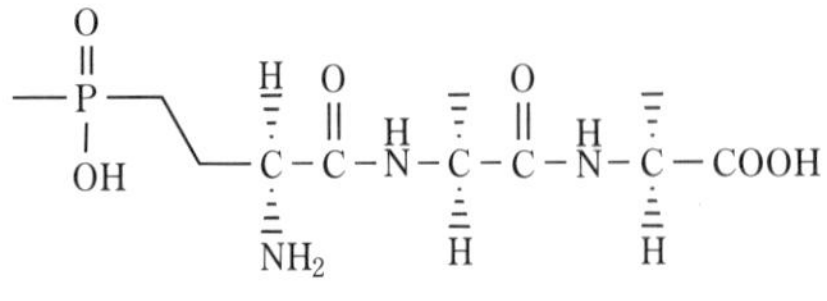

図3.13　除草剤・植物成長調整剤として利用されている生理活性物質

3.2.2　動物用生理活性物質

(a)　サイトカインについて　　ここでは，わが国

において実用化されている動物用サイトカインとしてネコインターフェロンについて紹介するが,その前に,サイトカインについて概説する。

サイトカインは免疫系,造血系,炎症反応およびウイルス感染防御などに重要な役割を果たしている生理活性を示すタンパク質の総称であり,その作用は,サイトカインが標的細胞の表面にある特異的受容体(レセプター)に結合することにより伝えられる。

サイトカインは,その機能的特徴として,多面的作用(pleiotropy)がある。すなわち,一つのサイトカインが複数の種類の細胞に作用し,異なった働きをすることである。さらに,複数の異なるサイトカインが同じ作用を示す機能重複(redundancy)もサイトカインの特徴である。免疫系をはじめとする生体の高次機能は,多数のサイトカインが形成する複雑なサイトカインネットワークによって,維持・調節されており,サイトカイン産生量の低下,あるいは過剰によりこのバランスが崩れることが,さまざまな疾患に深い関係があることが調べられている。

ある種の疾患ではサイトカインの投与が効果的であることが示され,医薬品としてすでに実用化されている。わが国で現在実用化されているサイトカイン医薬については,II編3.1.2項を参照されたい。

ヒトでは,多数のサイトカイン遺伝子およびサイトカインレセプター遺伝子がクローニングされ,その構造が解明されている。さらには,遺伝子組換え技術により大量のサイトカインが得られるようになり,その生理作用についての多くの研究がなされている。

動物(獣医療)においても,種々の動物サイトカイン遺伝子のクローニングが行われ,その薬理作用の検討も行われている。表3.6にクローニングが報告された犬,猫のサイトカインのおもなものを示す。多くのサイトカイン遺伝子がクローニングされているが,動物用医薬品として実用化されているものは,ネコインターフェロン(IFN-ω)の1種のみである。

(b) ネコインターフェロン　今日では,犬,猫は単なるペットとしてではなく,家族の一員,伴侶として位置づけられるようになり,コンパニオンアニマルとも呼ばれている。しかしながら,医療の面では,まだまだ十分に医薬品が開発されている状況ではない。犬,猫には寄生虫,細菌,ウイルスなどの感染症が多く見られ,特にウイルス感染症は致死性のものも多く,本質的な治療法の開発が待望されていた。1993年に,ネコカリシウイルス感染症(猫風邪)を適応症とするネコインターフェロン製剤がわが国で実用化され,1997年にはイヌパルボウイルス感染症(ウイルス性下痢症)を適応症として追加することが承認された。ネコカリシウイルス感染症は,口腔内および舌の潰瘍,咳,くしゃみ,食欲の低下,発熱などの風邪症状を示す病気で,体力のない子猫などでは死亡することもある。一方,イヌパルボウイルスは腸管粘膜細胞に感染し,重症の出血性下痢を引き起こす,死亡率の高いウイルス病である。これらの感染症に対しては,従来から対症療法が行われてきたが,ネコインターフェロンの出現により,ウイルス病を根本的に治療することが可能となった。

(c) ネコインターフェロン生産方法の検討　ネコインターフェロン遺伝子の塩基配列およびアミノ酸配列を図3.14に示す。23個のアミノ酸からなるシグナル配列(網掛け部分)を有し,システインをN末端とする170個のアミノ酸からなっている。ヒトインターフェロン-αと60%,ヒトインターフェロン-βと35%のアミノ酸配列の相同性が認められる。また,79番目のアスパラギン(下線部分)には糖鎖が付加されている。

遺伝子組換え技術によるネコインターフェロン生産法の開発にあたり,いろいろな生産系を用いて,その生産性が比較された。その結果,大腸菌,酵母,ハムスター細胞(CHO)およびサル細胞(COS)といった一般的な方法に比べて,カイコを用いた方法での生産性が高く,特にカイコの培養細胞ではなく,カイコ体内に生産させる方法が,きわめて高い生産性を示すことが明らかとなった。表3.7に各生産系での生産性の比較を示した。インターフェロンの活性(表中では,培養液またはカイコの体液〔ml〕当りのU(units)で示した)は,抗ウイルス活性を,国際標準品の活性をもとに測定し表示したものである。

カイコを用いた生産系は,カイコに感染するバキュロウイルスに有用遺伝子を組み込んだ組換えウイルスを作製し,それをカイコに感染させ,カイコ体液中に目的の有用物質を生産,蓄積させる方法である。カイコなどの昆虫のバキュロウイルスは,自らの保存安定性のため,多角体という結晶状のタンパク質に包まれている。多角体はポリヘドリンと呼ばれるタンパク質からなり,この生産性の高さから,ポリヘドリンプロ

表3.6 クローニングされた犬,猫のサイトカイン

犬	猫
IFN-γ[27]	IFN-ω[33]
IL-2[28]	IFN-γ[34]
IL-8[29]	IL-2[35]
G-CSF[30]	IL-6[36]
GM-CSF[31]	
SCF[32]	

```
GATCCCCA ATG GCG CTG CCC TCT TCC TTC TTG GTG GCC CTG GTG GCG CTG GGC TGC AAC TCC GTC TGC GTG
         Met Ala Leu Pro Ser Ser Phe Leu Tyr Ala Leu Val Ala Leu Gly Cys Asn Ser Val Cys Val
CTG GGC TGT GAC CTG CCT CAG ACC CAC GGC CTG CTG AAC AGG AGG GCC TTG ACG CTC CTG GGA CAA ATG
Leu Gly Cys Asp Leu Pro Gln Thr His Gly Leu Leu Asn Arg Arg Ala Leu Thr Leu Leu Gly Gln Met
AGG AGA CTC CCT GCC AGC TCC TGT CAG AAG GAC AGA AAT GAC TTC GCC TTC CCC CAG GAC GTG TTC GGT
Arg Arg Leu Pro Ala Ser Ser Cys Gln Lys Asp Arg Asn Asp Phe Ala Phe Pro Gln Asp Val Phe Gly
GGA GAC CAG TCC CAC AAG GCC CAA CCC CTC TCG GTG GTG CAC GTG ACG AAC CAG AAG ATC TTC CAC TTC
Gly Asp Gln Ser His Lys Ala Gln Pro Leu Ser Val Val His Val Thr Asn Gln Lys Ile Phe His Phe
TTC TGC ACA GAG GCG TCC TCG TCT GCT GCT TGG AAC ACC ACC CTC CTG GAG GAA TTT TGC ACG GGA CTT
Phe Cys Thr Glu Ala Ser Ser Ser Ala Ala Trp Asn Thr Thr Leu Leu Glu Glu Phe Cys Thr Gly Leu
GAT CGG CAG CTG ACC CGC CTG GAA GCC TGT GTC CAG GAG GTG GAG GGA GAG GCT CCC CTG ACG
Asp Arg Gln Leu Thr Arg Leu Glu Ala Cys Val Gln Glu Val Glu Gly Glu Ala Pro Leu Thr
AAC GAG GAC ATT CAT CCC GAG GAC TCC ATC CTG AGG AAC TAC TTC CAA AGA CTC TCC CTC TAC CTG CAA
Asn Glu Asp Ile His Pro Glu Asp Ser Ile Leu Arg Asn Tyr Phe Gln Arg Leu Ser Leu Tyr Leu Gln
GAG AAG AAA TAC AGC CCT TGT GCC TGG GAG ATC GTC AGA GCA GAA ATC ATG AGA TCC TTG TAT TAT TCA
Glu Lys Lys Tyr Ser Pro Cys Ala Trp Glu Ile Val Arg Ala Glu Ile Met Arg Ser Leu Tyr Tyr Ser
TCA ACA GCC TTG CAG AAA AGA TTA AGG AGC GAG AAA TGAGACCTGTTCAACATGGAAATGATTCTCACTGACTCATC
Ser Thr Ala Leu Gln Lys Arg Leu Arg Ser Glu
ACACCACACTTTCCACCTGTCCTGCCATGTCAAAGACTCTCATTTCTCCATTCTGCTGTGACATGAATGGAATCAATTTGTCCAATGTTTTC
AGGAGTATTAAATGACATCATGTC
```

図3.14 ネコインターフェロン遺伝子の塩基配列およびアミノ酸配列

表3.7 各生産系でのネコインターフェロンの生産性

生産系	インターフェロン活性（×10^6 U/m*l*）
大腸菌	0.2
酵母	0.005
CHO細胞	0.9
COS細胞	0.9
カイコ細胞	2.5
カイコ幼虫	120

モーターを用いた生産系が考案され，1983年にはSmithら[37]によりヒトインターフェロン-βの生産が，1985年にはMaedaら[38]によりヒトインターフェロン-αの生産が報告されている。

（d）カイコを用いたネコインターフェロンの生産法[39]　バキュロウイルスの遺伝子はおよそ130 kbと大きく，生産したい有用物質遺伝子をバキュロウイルス遺伝子に挿入することは，通常の生化学的な遺伝子組換え技術では容易ではなかった。そこで，バキュロウイルスが感染できる培養細胞の培養上清に，野生型のバキュロウイルスDNAと，ネコインターフェロン遺伝子DNAを添加し，培養細胞中での生体内組換え（in vivoリコンビネーション）による，バキュロウイルスDNAへの外来DNAの挿入を利用して組換えウイルスを作製した（図3.15）。

組換えウイルスは，ポリヘドリンプロモーターの下流に，ポリヘドリン遺伝子に代わりネコインターフェロン遺伝子が挿入されているため，ポリヘドリン産生能がなく，多角体を形成しない。このことにより，野生型ウイルスからの組換えウイルスのスクリーニングが容易となった。また，多角体に包埋されない組換えウイルスは培養環境外ではきわめて不安定なため，組換えウイルスが環境中に漏出する危険性もほとんどない。組換えウイルスは-80℃で保存可能である。

カイコを用いたネコインターフェロンの生産方法の概要を図3.15に示した。凍結保存した組換えウイルスを融解し，5齢のカイコ体内に注射により接種する。カイコは人工飼料での飼育が可能である。約4日間飼育する間に，カイコ体内（体液中）で組換えウイルスが増殖し，多量のネコインターフェロンが体液中に蓄積する。カイコをメスなどを用いて切開し，体液を回収する。このとき，ネコインターフェロンが酸性で安定であることを利用して，カイコ体液を塩酸が入った容器に回収し，組換えウイルスの不活化とカイコ由来のタンパク質分解酵素の不活化を行っている。続いて，ブルーセファロース，および銅キレートセファロースの2段階のカラムクロマトグラフィーによりネコインターフェロンを精製し，安定剤などの添加物を加え，凍結乾燥を行っている。

（e）ネコインターフェロンの単一成分化[40]　精製されたネコインターフェロンを逆相HPLCで分析したところ，2種類の混合物であることが明らかとなった。1種類の遺伝子から2種類の遺伝子産物が生成したということから，ネコインターフェロンの前駆体からシグナル配列が切断されるプロセシングの過程

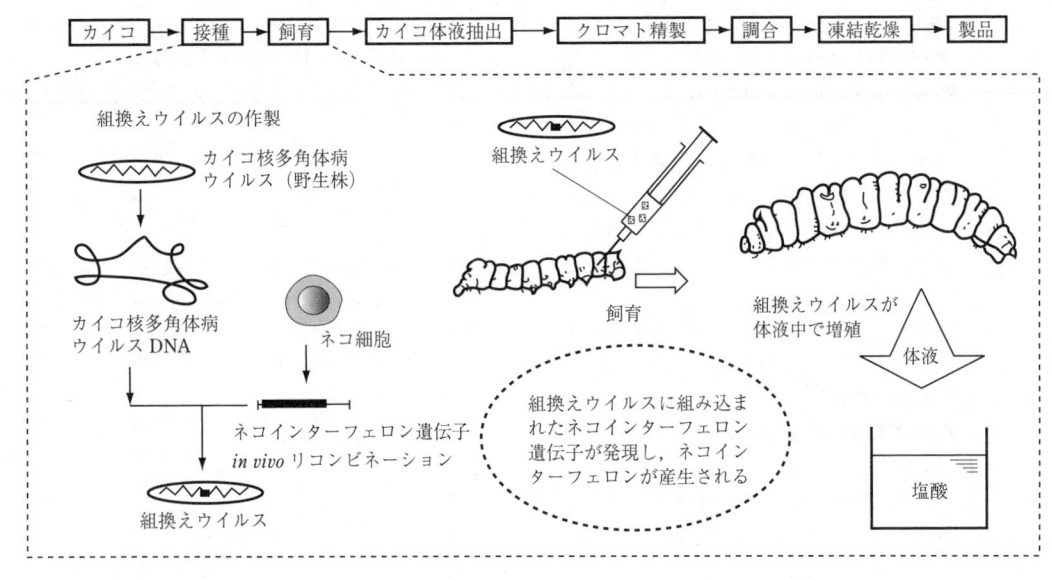

図3.15 ネコインターフェロンの生産法

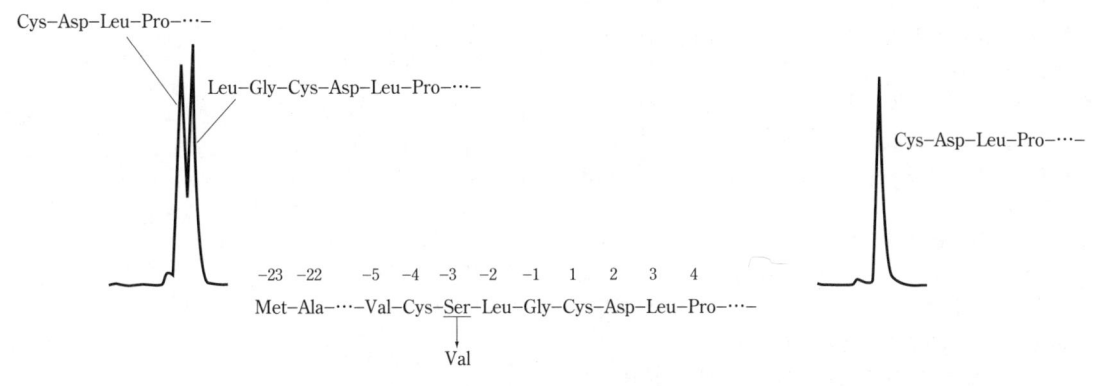

図3.16 ネコインターフェロンの単一成分化

で，異なる2箇所での切断が起こっている可能性が考えられた．これら2成分をそれぞれ分取し，N末端アミノ酸配列を調べたところ，α型インターフェロンのN末端アミノ酸配列に共通なCys-Asp-Leu-Pro-…のものと，これにさらに2アミノ酸が付加された形のLeu-Gly-Cys-Asp-Leu-Pro-…のものとの混合物であることがわかった（**図3.16**）．このことから，シグナル配列の切断が，Gly-Cys間とSer-Leu間の2箇所で起こっているためと考えられた．これら2成分のネコインターフェロン活性を調べたところ，Cys-Asp-Leu-Pro-…にのみ活性が認められ，Leu-Gly-Cys-Asp-Leu-Pro-…には活性が検出されなかった．

そこで，シグナル配列の切断が，Gly-Cys間でのみ起こり，Cys-Asp-Leu-Pro-…のみが産生されるよう，検討を行った．シグナル配列の切断部位付近のアミノ酸の出現頻度については詳細な分析が行われている．この結果を参考に，ネコインターフェロンのシグナル配列を見ると，−3位のSerと−2位のLeuの間で切断が起こりやすい配列となっていることがわかった．また，SerをValに変換することで，−3位と−2位の間での切断がきわめて起こりにくくなることが推定された．DNA配列を変換することによりSerをValに変換した組換えウイルスを作製し，カイコに接種し，産生されたネコインターフェロンのN末端アミノ酸配列を解析したところ，期待どおり，CysをN末端とする，単一のネコインターフェロンが産生されていた．

（f）組換えウイルスの封じ込め　組換え体を用いた製造プロセスの実用化のためには，組換え体の封じ込めが重要な課題である．カイコは数千年にわたり人間の手で飼育された，最も家畜化された昆虫であり，

その結果,野外環境での生存は不可能である。よって,組換えウイルスが感染したカイコが逃げ出して,組換えウイルスが野外に広がる可能性はない。

また,組換えウイルスは,ポリヘドリン遺伝子を失っており,ウイルス自身を外部環境から保護する多角体を形成できないため,万一漏出しても生存できない。さらに,ネコインターフェロンを含むカイコ体液を塩酸で抽出するため,組換えウイルスは完全に不活化される。

カイコを用いたネコインターフェロンの生産プロセスは,このように,厳重な封じ込めがなされており,きわめて安全性の高い生産法である。

（g）その他の動物用生理活性物質[41] 2003年末現在で実用化されている動物用サイトカインはネコインターフェロンのみであるが,新たにイヌインターフェロンが農林水産省に新薬としての製造承認申請中であり,近々実用化される見通しである。

開発中のイヌインターフェロンはγ型のインターフェロンであり,ネコインターフェロンと同様に,カイコを用いて生産されている。対象とする疾患は,近年犬に多く見られるアトピー性皮膚炎であり,その有効性については,学会等ですでに報告されている。

サイトカインではないが,動物用のバイオ医薬品としてすでに実用化されているものとして,ネコ型化抗体製剤がある。

このネコ型化抗体は,ネコインターフェロンの適応症の一つであるネコカリシウイルス感染症と,猫の主要な呼吸器感染症である,ネコウイルス性鼻気管炎の二つのウイルスに対する抗体製剤である。

本剤の特徴は,マウス型の抗体とネコ型の抗体のキメラ分子であることである。ネコカリシウイルスまたは,ネコヘルペスウイルス1型（ネコウイルス性鼻気管炎の原因ウイルス）に対するマウス型抗体の可変領域と,ネコ型抗体の定常領域を持つキメラ抗体分子を遺伝子組換え技術により作製したものである。

このように,動物用医薬品においても,ヒトと同様に,ますます多くのバイオ医薬品が実用化され,動物の健康にバイオ技術がなくてはならないものとなってきた。

（桜井）

引用・参考文献

1) 見里朝正：公害のない農薬——その可能性を求めて——, p. 122, 日経新書（1973）.
2) 見里朝正編：農業用抗生物質ハンドブック, アグリマイシン研究会（1980）.
3) Takeuchi, S.: *J. Antibiot. Ser. A*, **11**, 1, 1–5 (1958).
4) Huang, K. T., Misato, T. and Suyama, H.: *J. Antibiot. Ser. A*, **17**, 65–70 (1964).
5) 堀 正侃：日本新農薬物語, p. 124, 日本植物防疫協会（1973）.
6) 堀 正侃：日本新農薬物語, p. 309, p. 479, 日本植物防疫協会（1973）.
7) 堀 正侃：日本新農薬物語, p. 53, 日本植物防疫協会（1973）.
8) 稲紋枯病の発生と防除の新しい動向——バリダシンの誕生を記念して——, 武田薬品工業（1973）.
9) 内山次男：新規殺虫剤アファーム乳剤の作用・効果について, 農薬春秋, **75**, 37–43（1997）.
10) 佐々木満, 梅津憲治, 坂 齋, 中村完治, 浜田虎二編：日本の農薬開発, p. 175, 日本農薬学会（2003）.
11) 佐々木満, 梅津憲治, 坂 齋, 中村完治, 浜田虎二編：日本の農薬開発, p. 355, 日本農薬学会（2003）.
12) 兼次克也：微生物由来の殺虫剤スピノサドの開発, 植物防疫, **54**, 9, 25–27（2000）.
13) 梅谷献二, 加藤 肇共編：農業有用微生物——その利用と展望——（総合農業研究叢書 18）, p. 230, 農林水産省農業研究センター（1990）.
14) 同上, p. 329.
15) 協和発酵編：奇跡の植物ホルモン——みんなで育てたジベレリン——（1980）.
16) 橘 邦隆, 金子邦夫：除草剤ビアラホスの開発, 日本農薬学会誌, **11**, 297–304（1986）.
17) 栃倉辰六郎, 山田秀明, 別府輝彦, 左右田健次監修：発酵ハンドブック, p. 225, バイオインダストリー協会, 発酵と代謝研究会（2001）.
18) 同上, p. 354.
19) 同上, p. 107.
20) 同上, p. 372.
21) 同上, p. 323.
22) 同上, p. 388.
23) 同上, p. 90.
24) 同上, p. 389.
25) 同上, p. 212.
26) 同上, p. 327.
27) Devos, K., Duerinck, F. and van Audenhove, K.: Cloning and expression of the canine interferon-gamma gene, *J. Interferon Res.*, **12**, 95–102 (1992).
28) Knapp, D. W., Williams, J. S. and Andrisani, O. M.: Cloning of the canine interleukin-2-encoding cDNA, *Gene*, **159**, 281–282 (1995).
29) Ishikawa, J., Suzuki, S. and Hotta, K.: Cloning of a canine gene homologous to human interleukin-8-encoding gene, *Gene*, **131**, 305–306 (1993).
30) Zinkl, J. G., Cain, G. and Jain, N. C.: Hematological response of dogs to canine recombinant granulocyte colony stimulating factor (Rcg-CSF), *Comp. Haematol. Int.*, **2**, 151–156 (1992).
31) Nash, R. A., Schuening, F. and Appelbaum, F.: Molecular cloning and *in vivo* evaluation of canine

granulocyte-macrophage colony-stimulating factor, *Blood*, **78**, 930-937 (1991).
32) Shull, R. M., Suggs, S. V. and Langley, K. E.: Canine stem cell factor (c-kit ligand) supports the survival of hematopoietic progenitors in long-term canine marrow culture, *Exp. Hematol.*, **20**, 1118-1124, (1992).
33) Nakamura, N., Sudo, T., Matsuda, S. and Yanai, A.: Molecular cloning of feline interferon cDNA by direct expression, *Biosci. Biotech. Biochem.*, **56**, 211-214 (1992).
34) Schijns, V. E., Wierda, C. M. and Vahlenkamp, T. W.: Molecular cloning and expression of cat interferon-γ, *Immunogenetics*, **42**, 440-441 (1995).
35) Cozzi, P. J., Padrid, P. A. and Takeda, J.: Sequence and functional characterization of feline interleukin-2, *Biochem. Biophys. Res. Commun.*, **194**, 1038-1043 (1993).
36) Ohashi, T., Matsumoto, Y. and Watari, T.: Molecular cloning of feline interleukin-6 cDNA, *J. Vet. Med. Sci.*, **55**, 941-944 (1993).
37) Smith, G. E., Summers, M. D. and Fraser, M. J.: Production of human beta interferon in insect cells infected with a baculovirus expression vector, *Mol. Cell Biol.*, **3**, 2156-2165 (1983).
38) Maeda, S., Kawai, T., Obinata, M., et al.: Production of human α-interferon in silkworm using a baculovirus vector, *Nature* (Lond.), **315**, 592-594 (1985).
39) Sakurai, T., Ueda, Y., Sato, M. and Yanai, A.: Feline interferon production in silkworm by recombinant baculovirus, *J. Vet. Med. Sci.*, **54**, 563-565 (1992).
40) Ueda, Y., Sakurai, T. and Yanai, A.: Homogeneous production of feline interferon in silkworm by replacing single amino acid code in signal peptide region in recombinant baculovirus and characterization of the product, *J. Vet. Med. Sci.*, **55**, 251-258 (1993).
41) Iwasaki, T. and Hasegawa, A.: Double-blinded, placebo-controlled study of recombinant canine Interferon-γ (KT-100) for canine atopic dermatitis, *Proc. 23rd Annual Meeting of the Japanese Society of Clinical Veterinary Medicine*, **3**, 95-99 (2002).

3.3 酵素・化学品

3.3.1 医薬関連酵素

酵素の世界市場は，1998年のデータによれば約1 800億円といわれており，その大部分が産業用酵素である洗剤用，繊維用，食品用となっている（**図3.17**）[1]。わが国における酵素の市場は約400億円といわれており，そのうちの産業用酵素は約240億円と世界市場の約12％を占めるにとどまっている。国内酵素市場のなかでは，洗剤用酵素の比率が食品用酵素の比率より少なくなっており，医薬用酵素，診断薬用酵素や遺伝子工学用酵素の市場が大きく，50～55億円と酵素市場全体の約38％を占めている（**図3.18**）[1]。さらに，医薬品に関連する酵素として，医薬品製造に用いられる酵素類は，約30億円と予想されており，医薬品関連酵素全体で約135億円の市場となっている。国内酵素の市場のもう一つの特徴は，産業用酵素に比べて医薬関連酵素の比率が高いことである。本節では，医薬関連酵素として，医薬用酵素とあわせて医薬製造用酵素についても記述する[2]。

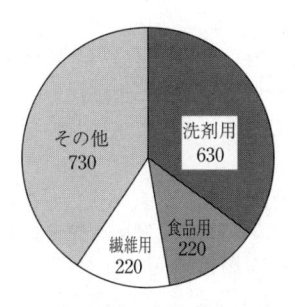

図3.17 世界産業用酵素市場（1998年）〔億円〕〔一島英治編：産業用酵素の技術と市場，シーエムシー（1999）．シーエムシー：*Bio Industry*, **18** (2001)〕

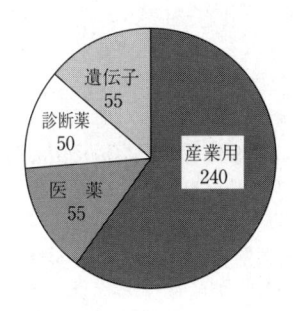

図3.18 国内酵素市場（1999年）〔億円〕〔一島英治編：産業用酵素の技術と市場，シーエムシー（1999）．シーエムシー：*Bio Industry*, **18** (2001)〕

（a） 医薬用酵素[3]

（1） 消化酵素剤　ブタ膵臓由来のパンクレアチンや麦芽由来のジアスターゼは古くから複合消化酵素剤として用いられている。パンクレアチン製剤は，世界で最も使用されている医薬用酵素であり，膵外分泌不全患者に対して年間約600億円の売上（医薬品ベー

ス）になっている。ジアスターゼは，種々の炭水化物分解酵素を含むため，炭水化物の消化異常の改善に使用されている。日本国内においては，微生物由来のアミラーゼ，プロテアーゼ，リパーゼがそれぞれ単独あるいは複合消化酵素剤として使用されてきた。代表的な複合消化酵素剤としては，*Aspergillus oryzae* が産生するビオヂアスターゼは，アミラーゼ，プロテアーゼ，セルラーゼ活性を有する医薬用酵素であり，また，*Aspergillus niger* が産生するリパーゼAPも，脂肪消化推進を目的として多くの医薬品に配合されている。*Aspergillus saitoi* などが産生する酸性プロテアーゼは，胃ペプシン様の作用と十二指腸のエンテロペプチダーゼ様の作用（トリプシノーゲン活性化作用）を持つことが知られており，モルシンという消化酵素として用いられている。

消化酵素剤は，ヨーロッパにおいては日本と同じく医薬品として扱われているが，米国においては医薬品というよりはヘルスケアとして認知されているようである。

（2）消炎酵素剤　古くより，パイナップルに含まれるブロメラインに炎症を抑える働きがあることが知られていたが，腸内細菌の1種である *Seratia marcescens* が産生するセラチオペプチダーゼに抗炎症作用があることがわかり，1968年より消炎酵素剤として広く用いられている。さらに，喀痰喀出作用が追加され，今日においても，なお約100億円近い売上となっている。トリプシンやキモトリプシンに比べて強力な活性を持つ，最適pHが9付近の微アルカリ性プロテアーゼであり，活性発現に亜鉛を必要とする金属酵素である。経口投与後1時間以内に，リンパを介して血中に移行することがわかっている。その他，同じ作用を持つ消炎酵素として，*Aspergillus melleus* が産生するセミアルカリプロテイナーゼや *Streptomyces griseus* が産生するプロナーゼがある。

術後の腫脹の緩解を目的として，*Streptococcus hemolyticus* H46A株が産生するストレプトキナーゼ・ストレプトドルナーゼや卵白由来の塩化リゾチームも消炎酵素剤として使用されている。

（3）血栓溶解剤　1951年に，ヒト尿中に繊維素溶解作用を示す物質としてウロキナーゼが発見され，末梢静脈血栓症や脳血栓症などの治療剤として，広く用いられている。本酵素は，注射剤として用いられるもので，現在は，ヒト尿からの抽出に加えて，ヒト腎臓細胞からの細胞培養によって製造されている。血栓溶解のメカニズムとしては，プラスミノーゲンをプラスミンに活性化することにより，繊維素であるフィブリンを溶解することが知られている。消炎酵素剤として用いられているストレプトキナーゼについても，ウロキナーゼと同じメカニズムによる血栓溶解作用が認められている。TPA（tissue plasminogen activator）は，血管内皮細胞より作られるプロテアーゼで，ウロキナーゼやストレプトキナーゼと同様にプラスミノーゲンをプラスミンに活性化させ，血栓中に含まれるフィブリンに対して溶解作用を持つことが特徴である。冠状動脈の血栓症に対して有効である。

（4）抗腫瘍酵素　ある種の白血病細胞には，増殖にL-アスパラギンを必要とするものがあり，この細胞の栄養源となるL-アスパラギンを選択的に分解することにより，この白血病細胞を死に至らしめるものである。L-アスパラギンをL-アスパラギン酸とアンモニアに分解するアスパラギナーゼは，特に急性リンパ性白血病や小児白血病の治療目的に用いられている。このアスパラギナーゼは，大腸菌由来であるため抗原性が問題となり，副作用としてアナフィラキシーが見られることがある。アスパラギナーゼの抗原性を軽減するために，酵素の表面をポリエチレングリコールで被膜し，抗原性をほとんど消失させる試みがなされている。それと同時に，酵素自体の半減期を延長させる効果も認められている。その他，グルタミナーゼやロイシン脱水素酵素など特定のアミノ酸を分解する作用を持つ酵素に抗腫瘍作用を示すことが見られており，正常細胞に比べて増殖のさかんながん細胞に対して選択的に効果を示すことがわかっている。

（5）ビリルビン分解酵素　肝臓障害が進行してくると血中のビリルビン濃度が上昇し，黄疸が現れる。黄疸値が基準レベル以上に達すると血液障害が起こり，死に至ることになる。*Myrothecium* sp.由来のビリルビンオキシダーゼは，ビリルビンをビリベルジンを経由して，可溶性のイミダゾール誘導体へと分解する働きがある。ビリルビンオキシダーゼについても，抗原性とともに半減期が短い欠点があることから，ポリエチレングリコールによる修飾が試みられた。本酵素は，市販段階まで至っていないものの基質選択性を利用した医薬用酵素へのアプローチとしてたいへん興味のあるものである。

（6）スーパーオキシドジスムターゼ（SOD）

体内では，呼吸により消費する酸素の2％がスーパーオキシドラジカルで代表される活性酸素になるといわれており，これは細菌やウイルスなどの進入やストレスや紫外線などの刺激に対し，防衛目的で作られているものである。しかし，この活性酸素が過剰に存在すると，細胞膜や遺伝子に対し損傷を与えることが知られており，結果として生活習慣病やがんなどの病気の原因とも考えられている。過剰に存在する活性酸素

を除去する酵素として，そもそもSODは体内で産生されている酵素であるが，治療目的としては，アトピー性皮膚炎，慢性関節リウマチやベーチェット病の治療に有効である。また，虚血性心疾患や重症の火傷患者にも有効性が期待されている。以前は，ヒト胎盤から抽出されていたが，現在ではヒト由来のSODが大腸菌を用いて量産されている。本酵素も血中半減期が短く，リン脂質であるレシチンを化学的に共有結合させたレシチン化SODが研究されており，血中半減期の延長や細胞親和性の増大などの効果が確認されている。

(7) ゴーシュ病用酵素剤　血球の膜を構成しているスフィンゴ糖脂質は，網内系でグルコセレブロシダーゼにより段階的に分解されるが，グルコセレブロシダーゼが先天的に欠損しているゴーシェ病患者は基質となるグルコセレブロシドが分解できず，マクロファージの中に蓄積して特有の形態を示すゴーシェ細胞となる。これが肝臓や脾臓にたまり肝脾の腫大を生じ，脾機能の亢進をきたして貧血や血小板の減少を招くため，約40％の症例は幼児期に脾摘出を受けることになる。遺伝子組換え体で量産されているグルコセレブロシダーゼは，マクロファージに効果的にターゲットできるように糖鎖が修飾されており，マクロファージのリソソーム中に効果的に取り込まれて，蓄積されているグルコセレブロシドを分解するものである。本酵素は，オーファンドラッグとしてFDAより注射剤として認可されている。

(8) 乳糖分解酵素　ラクターゼは，β-ガラクトシダーゼともいわれ乳糖（ラクトース）をグルコースとガラクトースに分解する酵素である。体内でラクターゼの産生が先天的に欠損している人（乳糖不耐症）は，牛乳中に含まれる乳糖を分解できないことから，牛乳を飲むと下痢をする現象が見られる。一般に，この遺伝子の欠損は，有色人種に多いといわれているが，ラクターゼ製剤を用いることにより下痢を抑えることができる。おもに，乳児の乳糖不耐による消化不良の改善に用いられている。日本においては*Aspergillus oryzae*が産生するラクターゼが医薬品として扱われており，約2億円の市場となっている。一方，米国ではヘルスケアとして扱われており，酵素医薬品との考え方の違いが見られる。

(b) 医薬関連酵素　表3.8に医薬関連酵素の工業化例[4]を示す。酵素による有用物質の生産[5]は，ファインケミカルへの応用を中心に進められ，医薬品あるいは医薬中間体の製造において見事な成果を上げている。近年では，環境にやさしい手法として酵素の利用がますます広まり，医薬品への応用のみならず一般の化成品へも対象が広がっている。

(1) L-アシラーゼ　N-アセチル-D,L-アミノ酸に，*Aspergillus melleus*が産生するL-アシラーゼを作用させ，L-体のアミノ酸のみを選択的に加水分解することにより，L-アミノ酸を得る方法である（図3.19(a)）。残ったD-体の原料は，再度ラセミ化を行うことにより出発原料に戻し再利用することができる。この方法は，田辺製薬で行われたバイオリアクターを利用する世界に先駆けた物質生産の例である。

近年，大分大学の森口らにより大腸菌で大量に発現されたD-アミノアシラーゼは，L-アシラーゼと同じ反応様式でD-アミノ酸を効率よく製造するための酵素として注目を集めている[6]。

(2) リパーゼ　リパーゼ（図3.19(b)）で代表される加水分解酵素は，水の中のみならず一般の有機溶媒中でも反応することができ，さらに室温でも安定で取扱いが簡単なことから，酵素に馴染みの少な

表3.8　医薬関連酵素の工業化例

製造物	生体触媒（固定化酵素，微生物）	開始年	企業名
L-アミノ酸	L-アミノアシラーゼ	1969	田辺製薬
6-APA	ペニシリンアミダーゼ	1973	旭化成
低乳糖乳	ラクターゼ	1977	雪印乳業
7-ACA	セファロスポリンアミダーゼ	1980	旭化成
フラクトオリゴ糖	β-フラクトフラノシダーゼ	1985	明治製菓
アクリルアミド	ニトリルヒドラターゼ	1985	日東化学
ジルチアゼム中間体	リパーゼ	1993	田辺製薬
D-p-ヒドロキシフェニルグリシン	ヒダントイナーゼ／デカルバモイラーゼ	1995	鐘淵化学工業
L-DOPA	チロシンフェノールリアーゼ	1995	味の素
ニコチンアミド	ニトリルヒドラターゼ	1998	ロンザジャパン
D-パントテン酸	ラクトナーゼ	1999	第一ファインケミカル

〔土佐哲也：生物工学, **12**, 70-81 (2000)〕

(a) L-アシラーゼ　　　　　　　N-Ac-D,L-amino acid　──L-アシラーゼ──▶　L-amino acid ＋ N-Ac-D-amino acid

(b) リパーゼ

(c) ラクトノヒドラーゼ　　D,L-パントラクトン ──ラクトノヒドラーゼ──▶ D-パント酸

(d) ヒダントイナーゼと
　　デカルバモイラーゼ
　　──ヒダントイナーゼ──▶
　　──デカルバモイラーゼ──▶ p-ヒドロキシフェニルグリシン

(e) チロシンフェノールリアーゼ
　　HO–C₆H₄–OH ＋ $CH_3COCOOH$ ＋ NH_3 ──チロシンフェノールリアーゼ──▶ L-DOPA

(f) ニトリルヒドラターゼ　3-シアノピリジン ──ニトリルヒドラターゼ──▶ ニコチンアミド

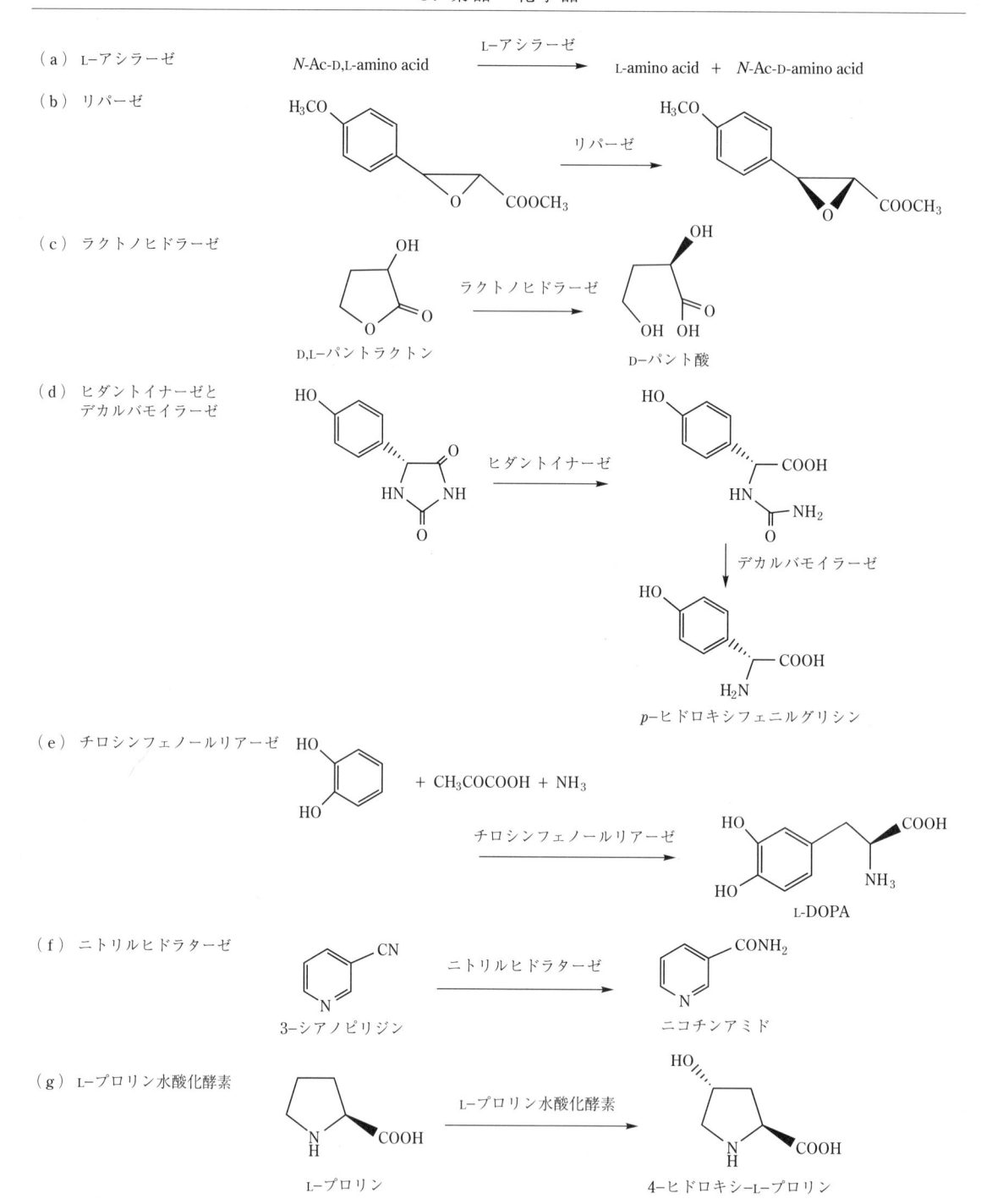

(g) L-プロリン水酸化酵素　L-プロリン ──L-プロリン水酸化酵素──▶ 4-ヒドロキシ-L-プロリン

図 3.19 医薬関連酵素

い有機化学者でも化学試薬の一つとして一気に利用が広まった．有機溶媒としては，エーテル類や炭化水素系の溶媒などを用いることができ，可逆反応であるエステルの加水分解やエステル合成を調整することにより，アルコールやカルボン酸，あるいはエステルを製造することが可能である．特に，酵素の持つ立体選択性を利用し，光学活性なアルコールなどを得る目的で使用される．代表的な例は，ジルチアゼム中間体の光

学分割にSerratia marcescens由来のリパーゼをホロファーバーの中空糸膜に固定化し，有機溶媒によって抽出し，不要の原料を光学分割するものであった[7]。この結果，製造コストは2/3に軽減できた。

(3) ラクトノヒドラーゼ　ラクトノヒドラーゼ（図3.19（c））は，D-パントテン酸の中間体であるD-パントイルラクトンの製造に固定化菌体の形で用いられている[8]。Fusarium oxysporumが産生するこの酵素は，必要なD-体のみを加水分解し，D-パント酸は化学的にD-パントテン酸に変換される。従来の化学法と比較して，排水量が1/2，BODが1/3，無機塩量が1/3，有機溶媒量が1/2，消費エネルギーはCO_2換算で2/3に軽減されており，グリーンケミストリーの概念にマッチする環境調和型のプロセスとなっている。

(4) ヒダントイナーゼおよびデカルバモイラーゼ
D-p-ヒドロキシフェニルグリシンは，ペニシリン系抗生物質であるアモキシシリンの側鎖として重要な医薬中間体であり，Pseudomonas striataの産生するD-ヒダントイナーゼを利用した製造が行われている（図3.19（d））[9]。この酵素の至適pHが弱アルカリ側にあり，この条件で自発的に基質のラセミ化が起こり，100％目的物が得られる。引き続き，生成物のN-カルバモイル体を加水分解するAgrobacterium sp.由来のデカルバモイラーゼを組み合わせることにより，効率的なプロセスが確立された[10]。デカルバモイラーゼは，変異により熱安定性が10℃以上向上した三重変異体として大腸菌で大量発現されている。

(5) チロシンフェノールリアーゼ（図3.19（e））
Erwinia herbicolaが産生するチロシン分解酵素として知られていた本酵素は，ピロカテコール，ピルビン酸，アンモニアを原料とする逆反応により，L-DOPAを製造できることが示された[11]。従来，L-DOPAの製造において，化学法や他の酵素反応が行われていたが，工程の短さのみならず，50 g/l以上でL-DOPAを蓄積するという優れた生産性により，酵素の発見から24年を経過して工業的なプロセスに結びついた。炭素−炭素結合を形成する酸化的反応であり，酵素反応としてもたいへん興味深いものである。

(6) ニトリルヒドラターゼ　水溶性ビタミンの1種であるニコチンアミドは，コモディティであるアクリルアミドの製造に用いられているRhodococcus rhodochrousが産生する同じニトリルヒドラターゼにより，3-シアノピリジンから製造されている（図3.19（f））。ニコチン酸まで加水分解されることはなく，約1500 g/lの濃度で蓄積される。

(7) L-プロリン水酸化酵素（図3.19（g））　4-ヒドロキシ-L-プロリンは，消炎剤，血圧降下剤やカルバペネム系抗生物質の側鎖に利用される光学活性な医薬中間体であり，L-プロリンを立体選択的に4位を水酸化することにより得ることができる。これまでは，動物由来のコラーゲンから抽出して作られており，化学法では効率のよい方法がない。Dactylosporamgium sp.が産生する水酸化酵素は，L-プロリンに対して立体選択的に，かつ位置特異的に水酸基を導入することができる酸化酵素であり，2-オキソグルタル酸依存型ジオキシゲナーゼの一種とされる[12]。工業的には，大腸菌で大量発現されており，2-オキソグルタル酸はグルコース代謝系により供給され，41 g/lの濃度で蓄積される。
(広瀬)

3.3.2 微生物変換

1980年代には30件未満であった微生物変換の工業化例が2000年代には100件を超えるようになり，近年の増加は目を見張るものがある[13]。また，医薬品業界に目を向けると，1995年以降ラセミ体での開発は減少しており，2001年に承認された新規医薬品26品目中の合成品のなかには，ラセミ体として市場に出たものは皆無となった[14]。今後は，微生物酵素の特徴である不斉認識能力が，光学活性医薬品の開発にますます利用されるものと期待される。筆者の研究所でも医薬品製造プロセスへの酵素反応の導入を契機として，化学の研究者のなかにも酵素を利用しようとする意識が芽生えてきた。しかし，まだ日常の研究材料として受け入れられてはいない。その理由としては，酵素は水溶液中でしか作用しないのではないか，天然の基質にしか作用しないのではないか，不安定な触媒ではないか，製造プロセスに利用するには高価ではないか，また，酵素反応は化学反応に比べて基質仕込み濃度が低くて実用的ではないのではないかと思われていることや使い方に慣れていない，といった点が挙げられる。

本項では，カルシウム拮抗剤として田辺製薬で開発されたヘルベッサー®/ジルチアゼム（カルシウム拮抗剤）の光学活性体の微生物変換を中心として，近年実用的レベルで開発が進められている医薬品の微生物変換の例を挙げて，その工業化への工夫を紹介したい。

(a) 選択性　微生物変換の第一の利点は，位置および立体選択的な反応にある。位置選択的反応の例としては，図3.20（a）に示すようにGlaxo Smith Klaineで開発されている抗leukaemic剤にCandida antarctica lipaseのアシル化反応が利用されている。この反応の利点は，化学的合成では必要な保護基がなくても，位置特異的に反応が進行する点にあ

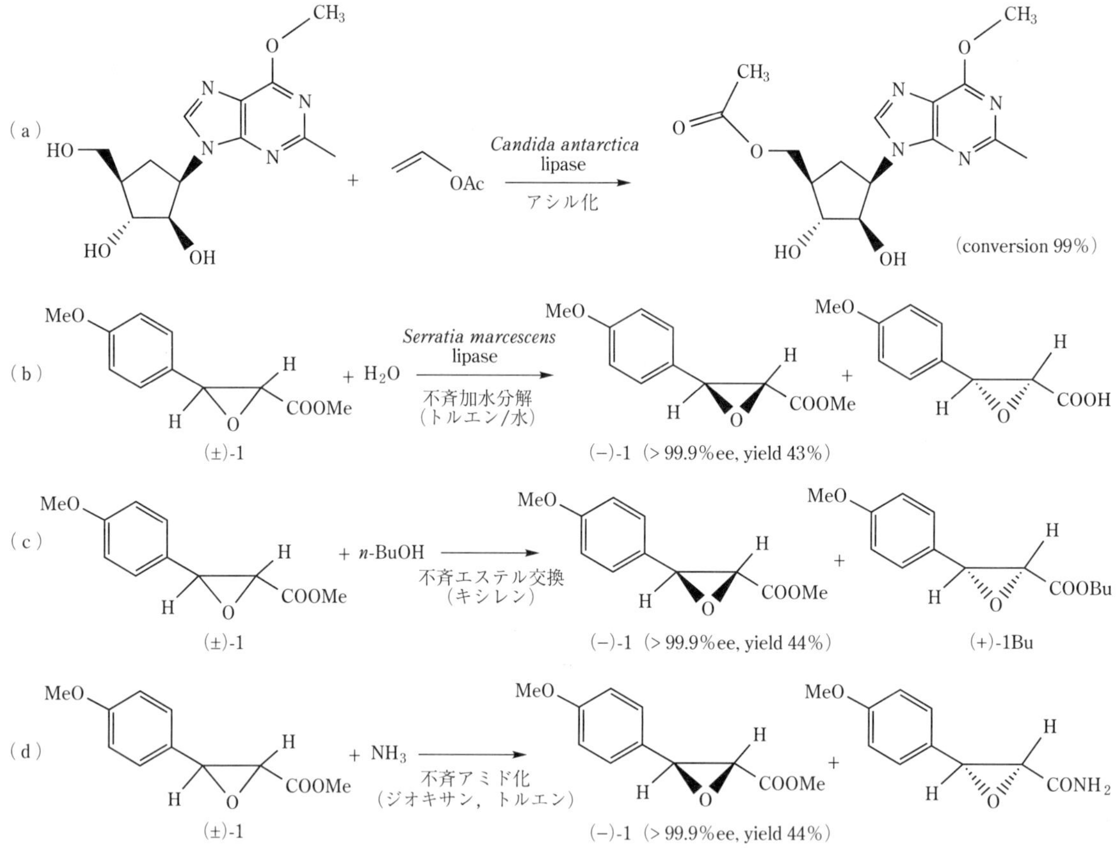

図3.20 微生物変換と選択性

る[15]。この酵素は，配糖化医薬品開発において糖の水酸基の位置特異的なアシル化にも利用されている。

立体選択性に目を向けると，図3.20(b)〜(d)に示したglycidic acid ester (±)-1は，酸・塩基の官能基を持っておらず，しかもベンゼン環に隣接して反応性に富むオキシラン環を有するため，化学的な光学分割を用いての(−)-1の工業化は難しい。筆者らはSerratia marcescensのlipaseSMを用いる(±)-1の不斉加水分解，不斉エステル交換および不斉アミド化反応を試みたところ，ラセミ型の基質の厳密に一方の立体配置にのみlipaseSMが作用することを見出し，ジルチアゼムの製法を工業化へと導いている（図3.20(b)〜(d)）[16]。LipaseSMは本来油脂の分解に利用される酵素であるが，油脂や(±)-1以外にも非天然の多数のラセミ型基質に対して立体選択性を示しており，「酵素は天然の基質にしか作用しないのでは」という疑問は打ち消される。

また，立体選択的な変換を目的として酵素をスクリーニングしても，満足できる選択性が得られない場合もある。このような場合には，①DMF, DMSO, t-BuOH, CH$_3$CNといった有機溶媒の添加，②クラウンエーテルやサイクロデキストリンなどの添加が試みられている[17], [18]。

(b) 有機溶媒中での反応　図3.20(b)に示したジルチアゼム中間体であるラセミ型の(±)-1は水に難溶で，しかも水溶液中では不安定な物質であるが，水と非極性有機溶媒の二相系では比較的安定であることがわかった。「酵素は水溶液中でしか作用しないのでは」といった化学者の疑問に反して，lipaseは非極性有機溶媒中でも安定で，二相系で反応を行うことで非極性有機溶媒に溶解した(±)-1に対して，水相中に溶解したlipaseをその二相の界面で直接作用させて，不斉加水分解反応を行うことができた[16]。

実用化に際してはトルエン/水の二相系で，(±)-1の不斉加水分解反応を試みた。しかし，二相系でも一部のエステルが非酵素的に分解した。そこで，水を含まないキシレン溶媒中でlipaseSMが安定であることを利用して，(±)-1のエステル交換反応を試みた。図

3.3 酵素・化学品

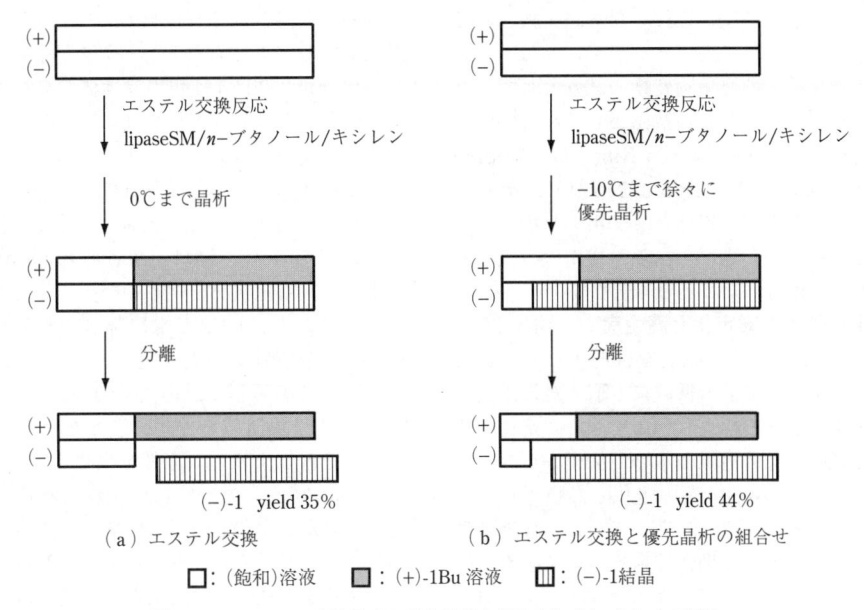

```
(+) [     ]                          (+) [     ]
(-) [     ]                          (-) [     ]
     ↓ エステル交換反応                    ↓ エステル交換反応
       lipaseSM/n-ブタノール/キシレン        lipaseSM/n-ブタノール/キシレン
     ↓ 0℃まで晶析                        ↓ -10℃まで徐々に
                                        優先晶析
(+) [  |▓▓▓]                         (+) [ |▓▓▓]
(-) [     ]                          (-) [|    ]
     ↓ 分離                              ↓ 分離
(+) [  |▓▓▓]                         (+) [ |▓▓▓]
(-) [     ]                          (-) [     ]
         [‖‖‖]                              [‖‖‖]
      (-)-1 yield 35%                    (-)-1 yield 44%
   (a) エステル交換              (b) エステル交換と優先晶析の組合せ
```

□:(飽和)溶液　▓:(+)-1Bu 溶液　‖:(-)-1結晶

図3.21 エステル交換反応と優先晶析を組み合わせた (-)-1 の製法

3.20 (c), 図 3.21 (a), 図 3.22 に示すように (±)-1 のキシレン溶液中に n-ブタノールおよび lipaseSM を加えて, 30 ℃ で 24 時間撹拌すると, (+)-1 のメチルエステルのみが n-ブチルエステルに交換されて (+)-1Bu が生成する. この物質は油状物質であり結晶化しないので, 結晶化する (-)-1 とは容易に分離可能である. しかし, 通常このようなエステル交換反応には化学平衡が存在するため, 本製法においても図 3.22 に示すように 60 % のエステルが交換された 10 時間反応時から反応速度が急激に低下する. この課題を克服するために, 本エステル交換反応と優先晶析分割とを巧みに組み合わせた手法を考案した. 酵素反応を 70 % まで進行させた時点で, (-)-1 の結晶を取得すると, 図 3.21 (a) に示すように最高でも (±)-1 に対して収率は 35 % (理論収率 50 %) 止まりであった. これに対して, 図 3.21 (b) に示すように -10 ℃ まで徐々に冷却してさらに (-)-1 を優先晶析させると, 収率を 44 % (> 99.9 % ee) まで向上させることができた. (±)-1 はラセミ化合物であり, 通常の系では優先晶析できないが, わずかな構造の違い (擬ラセミ混合物) があると優先晶析が可能となる. このエステル交換法は, セライトに固定化した lipase の繰返し利用が可能であり, 加水分解法を上回るコストパフォーマンスを示している[19]).

上記エステル交換法は平衡反応であることから, 晶析技術を駆使した製法の開発が必要となる. しかし, 図 3.20 (d) の (±)-1 のトルエン溶液にアンモニア/

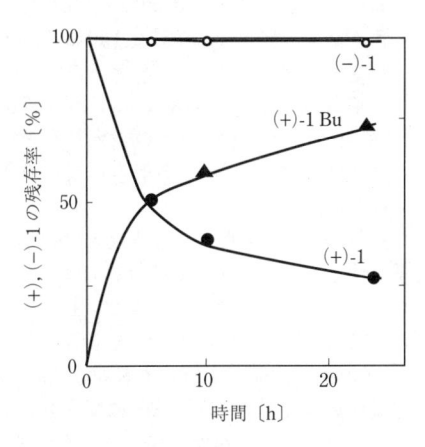

図3.22 (±)-1 の酵素的エステル交換反応

t-ブチルアルコールおよび lipaseSM を加えて, (+)-1 のメチルエステルのみを選択的に不斉アミド化する方法を用いると, 平衡を生じずに選択的に (+)-1 のアミド体と (-)-1 (収率 44 %, > 99.9 % ee) を取得できた. この際 lipaseSM は, 生成した (+)-1 のアミド体を加水分解できない (逆反応が進行しない) ことがこのような効果を生じており, ジルチアゼムの製法とともに光学活性アミド化合物の実用的製造法としても興味深い[20]).

以上, 非極性有機溶媒中での酵素反応について示してきたが, 水と混じり合う極性溶媒中では酵素は不安定であるという通念がある. しかし, CH_3CN や THF

や t-BuOH 中で効果的に反応を行った例が発表されている[21],[22]。

また，非水媒体系での微生物変換の試みとして，有機溶媒に代わる環境にやさしい溶媒として注目されているイオン性液体の利用がある[23]。Kim らは，*Candida* および *Pseudomonas* 由来の lipase を用いて，その立体選択性がイオン性液体を媒体として用いた場合にどのように変化するのかを調べた結果，従来の有機溶媒より高い選択性が得られたことを報告している[24]。

(c) 微生物酵素の安定化と高生産　図 3.20 に示す (−)-1 の工業的製法の確立を目的として，酵素触媒の安定化およびコストの低減にも取り組んだ。精製工程の簡素化や酵素の繰返し利用を図る固定化システムの導入を試み，有機溶媒と水の二液相からなる親水性限外濾過膜に lipaseSM を固定化した膜型リアクターシステムの開発に成功した[16]。さらに，酵素の生産性については，遺伝子組換え技術を用いて酵素遺伝子とその酵素の分泌遺伝子をともにクローニングし，酵素の生産量を野生株の 40 倍に向上させることに成功した。さらに，この組換え微生物の培養条件を検討することによって，酵素の生産性を 140 倍に高めることにより，酵素触媒のコストを大幅に低減した[16],[25]。本製法に基づく効率的な工業生産が，57 m^2 の膜面積を持つコンテナを多数並列したスケールで 1993 年に実施され，ジルチアゼムの製造原価低減に大きく寄与した。

(d) 基質の仕込み濃度　酵素反応は化学反応に比べて基質仕込み濃度が低くて実用的ではないともいわれている。しかし，筆者らは図 3.20 (b) に示した lipaseSM を用いてジルチアゼムの光学活性中間体である (−)-1 の工業化研究を行った結果，200 g/l (1 M) の基質仕込み濃度で 6 時間以内に反応を完結する撹拌槽型リアクター反応を開発することができた[16]。その他の実用化例も含めて判断すると，lipase を用いる反応では，化学反応に匹敵する基質濃度仕込みを達成できると考えられる。

Lipase は，有機溶媒中でも利用できる酵素であることから水に溶けにくい基質でも仕込み濃度を向上させることができたが，水に溶解した基質に作用する還元酵素に，水に溶けにくい基質を作用させた場合でも基質仕込み濃度が高められるのだろうか。

図 3.23 に示したジルチアゼム中間体 (±)-2 は，エノール化することによりケトンの α 位でエピメリ化すると考えられる。したがって，動的速度論分割を伴って (±)-2 を不斉還元できれば，理論上 100％ の収率で (2S, 3S)-(+)-3 が得られる。それゆえ，不斉還元反応は先に示した lipaseSM を用いる分割反応より高い収率が期待され，ジルチアゼム中間体の製法として優れていると考えられる。(±)-2 が還元されて生産される化合物 3 には 4 種類の異性体が存在するが，実際に目的とする不斉還元微生物のスクリーニングを行ってみると，(±)-2 に作用する微生物のほとんどが (±)-2 の (S) 体を優先的に目的とする (+)-3 へと還元した[26]。そのなかで，市販品として安価に購入することができるパン酵母 (*Saccharomyces cerevisiae*) を用いて実用化検討を開始した。

基質である (±)-2 が水に難溶であるため，まずは (±)-2 を溶解補助溶媒であるジメチルホルムアミド (DMF) に溶解して，逐次添加を試みた。その結果，25 g/l (67 mM) まで基質濃度を向上できた[27]。しかし，それ以上に基質濃度を高めると DMF の添加量が 10％ を超え，微生物に含まれる不斉還元酵素の失活を招いた。この DMF に溶解した (±)-2 を水中に添加した際に，基質が乳化状態となり時間とともに凝集して沈殿を形成した。この凝集体を回収後乾燥して粉末 X 線解折を試みたところ，(±)-2 の非晶質が形成されていることを明らかにした。この非晶質化した基質を用いて不斉還元反応を行うと，水に対する溶解度および溶解速度が 2 倍以上に向上することにより，溶解補助剤無添加の場合でも，基質仕込み濃度を 100 g/l (334 mM) まで向上させることが可能で，95％ の転換率 (>99.9％ ee) で (+)-3 を生成することができた[27]。医薬品中間体の微生物変換においては，非極性の基質を利用することが多く，先に示した有機溶媒/水の二相系の利用や基質を含む溶媒の逐次添加などの対策が実用化に向けてなされている[28],[29]。本不斉還元反応では，基質の非晶質化への着目が重要なポイントとなり，(±)-1 から (+)-3 への収率を不斉加水分解法に比べて 1.5 倍に向上させることができた。

(e) ラセミ化を伴う微生物変換　微生物変換のなかでは，加水分解酵素が光学活性カルボン酸，アミンおよびアルコールの製造に最もよく利用されている。しかし，分割反応ではラセミ体基質の 50％ しか利用できないので，不必要な光学活性体をラセミ化して再利用する場合が多い。例えば，D-hydantoinase と D-carbamoylase をあわせて利用する D-p-hydroxyphenylglycine の合成では，未反応の L-hydantoin が自然にラセミ化する[30]。武田薬品工業においても，インスリン抵抗性改善薬の候補化合物として見出された光学活性 2,4-oxazolidinedione 誘導体の合成に，図 3.24 (a) に示す hydantoinase を利用して 91％ の収率で光学活性体を得ることに成功している[31]。近年では，遷移金属触媒と lipase の組合せによる基質の 100％ 利用が注目されている。その一つは，図 3.24

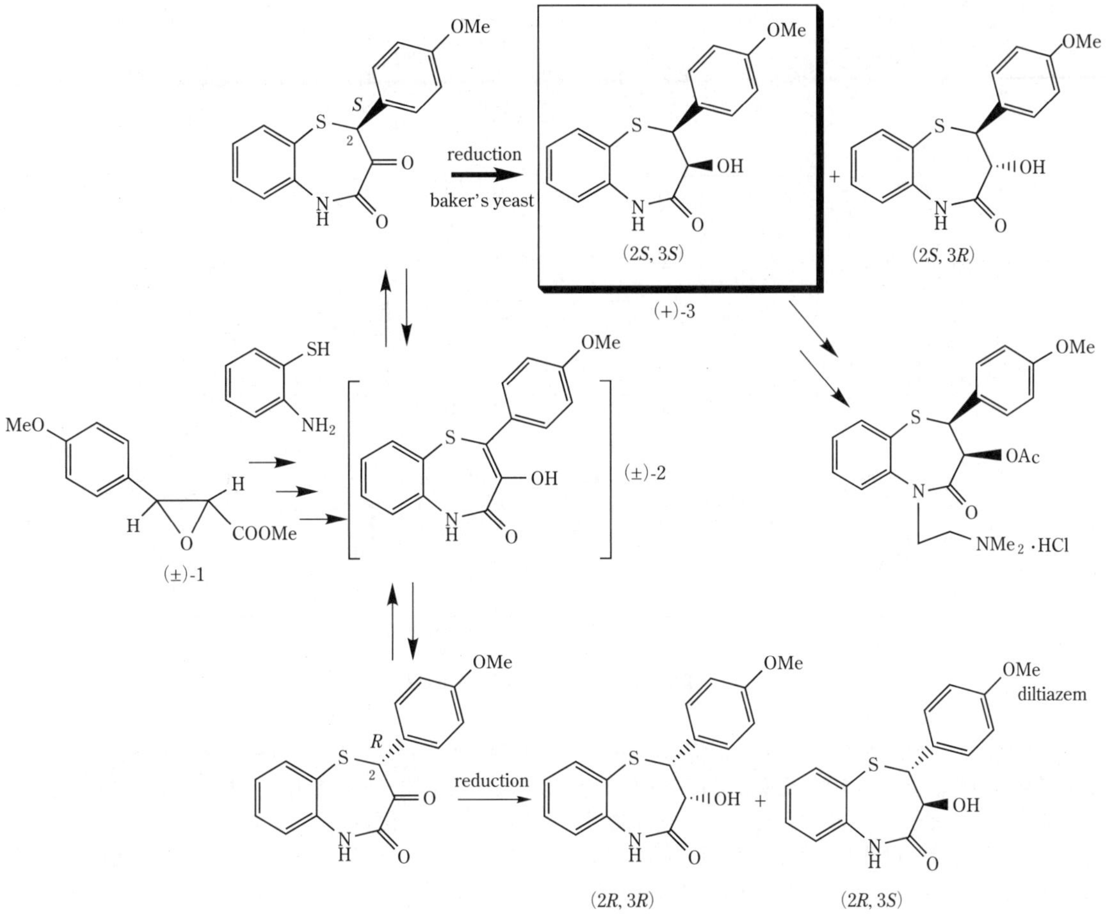

図3.23 動的速度論分割によるジルチアゼム中間体(+)-3の生成機構

(b)に示すように α-methylbenzyl alcohol の速度論的分割において, lipase の不斉アシル化反応と ruthenium 触媒の酸化還元ラセミ化反応を組み合わせたものである[32]。もう一つは, phenyethyl amine の速度論的分割において, lipase の不斉アシル化反応と palladium 触媒による phenyethyl amine のラセミ化反応を組み合わせたものである (図3.24 (c))。ラセミ化を伴う微生物変換は, 効率がよいことから, 今後多くの実用化が期待される[33]。

(f) 期待される微生物変換 立体制御を行いながら炭素–炭素結合を行うことは, 有機化学合成上の重要な課題であり, 微生物変換によるアルドール反応はその一つのよい例である。この反応については, (S)-hydroxynitorile lyase の組換え微生物が (S)-m-phenoxybenzaldehyde cyanohydrin への変換に利用可能で, ピレスロイド殺虫剤の生産に用いられている[34]。また, 保護基を用いない立体選択的なアルドール縮合に 2-deoxyribose-5-phosphate aldolase を用いて, 2種類の異なる aldehydes の立体選択的なアルドール反応が成し遂げられている。また, 遺伝子のシャッフリングや部位特異的変異技術等を利用して, 基質の利用範囲と立体選択性の拡大が図られており, 今後の実用化が期待される。

(g) 微生物変換と開発コスト 酵素的光学分割と化学的光学分割を比較した場合に, 化学的分割剤は kg 当り数千～数万円で入手でき, 回収再利用も可能で, 短期間でスケールアップできる点が魅力である。これに対して酵素分割剤については, 天野エンザイム, 長瀬産業, 名糖産業, 日本ベーリンガーインゲルハイム, 東洋紡績等から比較的安価 (kg 当り数万～数十万円) なバルク lipase が販売されているので, これを用いることで短期間に目的酵素のスクリーニングから

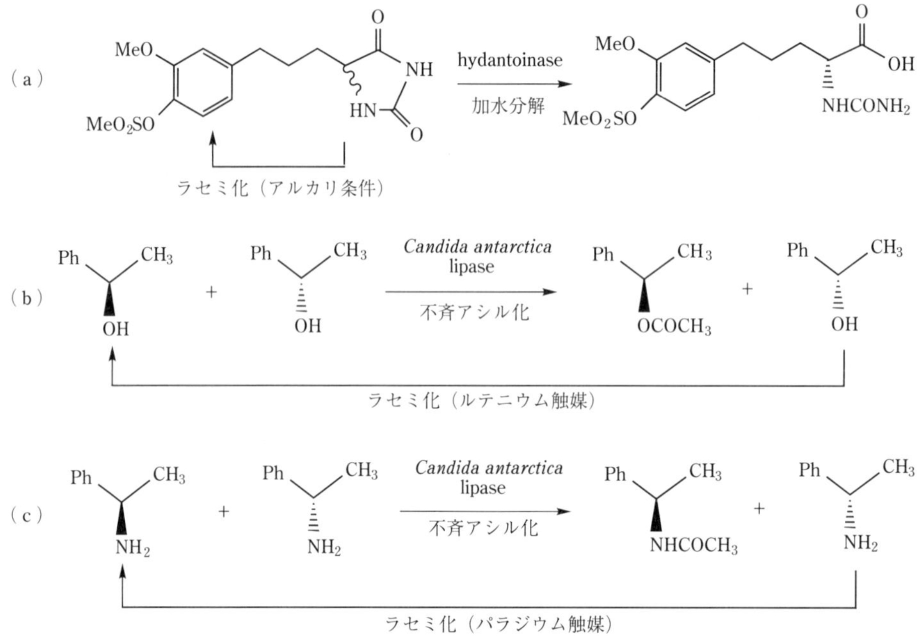

図3.24 ラセミ化を伴う微生物変換

スケールアップが可能である。これらの結果を比較して，医薬品の光学活性体の開発を酵素で行うか化学分割剤で行うかを決定する。特に目的酵素の自社開発を含めた微生物変換を利用する場合には，得られる製品（光学活性体等）の費用の1～10％を目的生体触媒の開発および原材料費に使用することを考える必要がある。この場合，目的製品を年間10 t製造し，その製品の原価が10万円/kgであるならば，1億円/年間×製造年数が生体触媒を開発するための根拠となる。このようなコスト感覚から開発に着手すべきか否かを判断することが重要である。　　　　　　　　　　（松前）

3.3.3 化　学　品

この項における化学品の定義を，従来は石油化学工業で製造されている年産量が数万t以上の，一般にコモディティケミカルズと呼ばれている汎用化学品とし，すでに食品分野，医薬品分野において発酵工業で生産されている，エタノール，アミノ酸，核酸，有機酸，糖，抗生物質，ステロイド，ビタミンなどは除くこととする。

現在の化学品の大部分は石油・天然ガスを原料として生産され，そのほとんどのプロセスが化学合成反応であり，高温，高圧の多段階の反応を要し，ハロゲン系の有害な溶媒を用いることも少なくない。省エネルギー，地球温暖化防止，廃棄物削減，環境汚染防止を目的にグリーンケミストリー（サステナブルケミストリー）として，世界各国でさまざまな取組みがされている。その手法の一つとして，米国を中心に欧州や日本で，グリーンバイオプロセスの開発が進められ，植物由来の糖類を原料にしたり，石油・天然ガスなどからのプロセスにバイオテクノロジー手法を組み入れる試みがさかんに行われるようになった。現状では，コスト面で見合わない場合が多いが，近い将来には環境対応も含めた製造のトータルコストで有利になる可能性も高く，グリーンバイオテクノロジーの深耕化と実用化が，産業そのものの資源循環・環境調和型産業構造への転換を大きく促進させるものと期待されている。そういうなかで2002年に内閣府で「バイオテクノロジー戦略大綱」がまとめられた[35]。重点戦略項目としてバイオプロセスを活用した画期的な新製品の生産技術や省エネルギー型の環境負荷の少ない生産システムを確立するための研究開発の推進が挙げられている。

一方，それに先立ち，2000年にバイオインダストリー協会の主催により，製薬，化学，食品業界31社の企業からなる「グリーンバイオ戦略フォーラム」が設定され，基本理念を21世紀の質的産業革命に置きながら，グリーンバイオテクノロジーの可能性と戦略提言がなされた[36]。その戦略のなかから，バイオテクノロジーの活用により，過度に化石資源に依存した産

業システムからバイオプロセスを導入した環境調和型循環産業システムへの変革を図るため，産業界のグリーンバイオプロセス化を目指して，2001年から協和発酵工業・藤尾が発案したミニマムゲノムファクトリー（MGF）というコンセプトをもとにした10年計画での国家プロジェクト「生物機能を活用した生産プロセスの基盤技術開発」が，開始された[37]。さまざまな微生物の全ゲノム解析が進むなか，まず，微生物を，工業生産に必要な機能だけにゲノムを削減した宿主細胞（MGF）と物質生産のための遺伝子という構成パーツとして分けて開発する。そして，それらを再びアセンブルし，理想的な微生物工場を構築して，グリーンバイオプロセスに利用しようという，ポストゲノム時代の戦略的な試みである。このプロジェクトの成果によって得られた基盤技術は直接，多くの産業プロセスにバイオプロセスを導入することに貢献すると期待される。

これまでも汎用化学品をバイオ手法で生産する試みとしてはメタノール資化性菌のアルコール酸化酵素を用いたアルデヒド生産，methane monooxygenase を用いたアルカンからのアルコール生産，嫌気性菌を用いた炭酸ガスと水素からの酢酸生産，ブタン資化性菌を用いたフェノールからのヒドロキノン生産など，数多くある[38]が，いずれも実験室レベルであり，工業的に生産されている例はほとんどない。その理由としてはバイオプロセスの生産性が大量生産としての工業化レベルに達していないこともさることながら，石油の留分や天然ガスから日常的に一次製品，二次製品，三次製品とつながりながら製造され，製品が流れている完成された石油化学工業体系に，後からのバイオプロセスの導入が非常に難しいことがある。言い換えれば，バイオプロセスの導入のために，過大な設備投資まで行って，既存の化学プロセスを変更することには，なんらかのインセンティブが必要だが，それを製造コストという面だけから見出すことは難しかった。

しかしながら，このような汎用化学品をバイオプロセスで実生産しようと試みたエポックメーキングな技術，製品として，つぎの四つの例が挙げられる。

① ガス状炭化水素からのエチレンオキシド，プロピレンオキシド生産（米シータス社プロセス）：1970～1980年代

② アクリロニトリルからのアクリルアミド生産（三菱レイヨン プロセス）：1980～1990年代

③ グルコースからの1,3-プロパンジオール生産（米国デュポン社プロセス）：1990～2000年代

④ グルコースからのL-乳酸生産（米国カーギルダウ社プロセス）：1990～2000年代

エチレンオキシドは1859年にA. Wurtzによって発見された最も簡単なエチレンの部分酸化生成物であり，反応性に富み，多くの工業的に重要な誘導体がある化学品である。エチレンからエチレンオキシドへの直接酸化は1931年にT. E. Lefortによって初めて発見され，1937年にユニオン・カーバイド社によって工業化され，年間1000万t以上生産されている。また，プロピレンオキシドも同様に多くの誘導体が生産される化学品で，クロロヒドリン法などで工業生産されている。これらの重要な汎用化学品であるエポキシドをバイオテクノロジー手法によってオレフィンから生産するプロセスを米国シータス社が1979年に発表した[39]。それまで，*Pseudomonas*や*Corynebacterium*，メタン資化性菌などがオレフィンからエポキシドを生産することは知られていた[40]が，米国シータス社の発表がセンセーショナルだったのは図3.25のように固定化酵素のhaloperoxidaseとpyranose-2-oxidaseと包括固定化細菌（halohydrin epoxidase）を用いて，アルケン酸化工程と過酸化水素生産工程の2系列を共役させるバイオプロセスをシステムとして構築することによって，ガス状炭化水素から汎用化学品を作ることが可能であることを示したところにある。既存の石油化学工業にバイオプロセスを組み入れ，導入することが可能なシステムであった。結局は，酵素の耐久性が低いという問題を解決できないでシータスプロセスは実用化されなかったが，複数の酵素反応を組み合わせることによって化学品を作るという方向性を示したことには大きなインパクトがあった。

そして，1980年代後半に入り，画期的なバイオプロセスが成功した。三菱レイヨン（旧日東化学）と京都大学の山田らが行ったアクリルアミド生産[41]である。ポリアクリルアミドは高分子凝集剤，紙力増強剤などに広く使用され，その原料であるアクリルアミドは全世界で年産20万t以上の汎用化学品である。アクリルアミドの工業的製法は米国アメリカン・サイアナミド社により1952年に開発された硫酸水和法で始まり，1970年からは銅触媒法によって化学合成されてきた。そういうなかでの三菱レイヨンによるバイオプロセスへの変換は，設備の老朽化や再構築によって旧来の化学合成プロセスが成り立たなくなった機会に，うまくバイオプロセスに置き換わったという，典型的ではあるが，希少な成功例であった。バイオプロセスによるアクリルアミド生産の成功の要因としては，従来からアクリルアミドが銅触媒法の化学的水和反応で工業生産されていたこと，京都大学の山田らが世界で初めて発見したnitrilehydratase（以下，NHase）によるニトリルの水和反応が，その反応機構からも非常

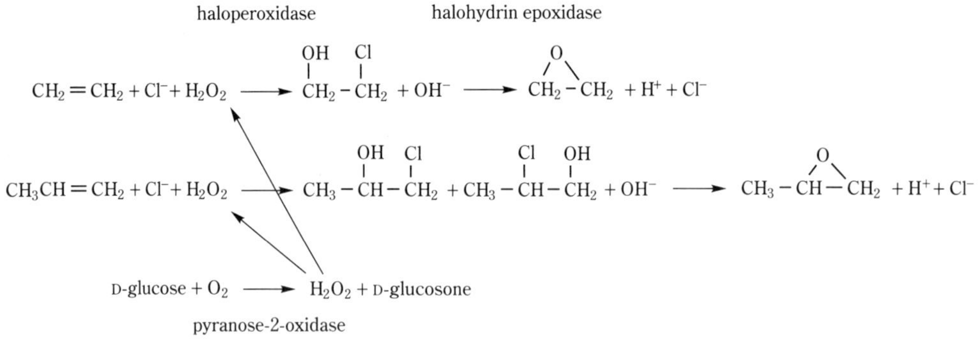

図3.25 シータスプロセスによるエポキシド生産

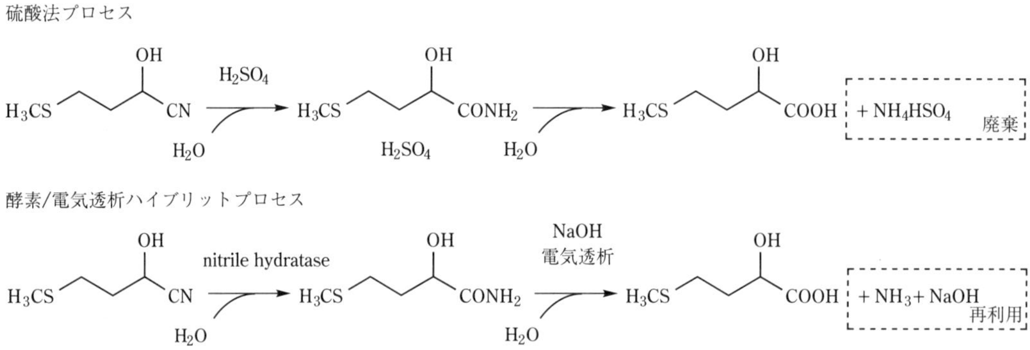

図3.26 2-ヒドロキシ-4-メチルチオ酪酸生産プロセス

に生産性が高く，かつ化学法で見られたような副生物が生じない反応であったこと，京大・山田，長澤がアクリルアミド生産に最適なNHaseを高生産する*Rhodococcus rhodochrous* J1株を自然界から見つけたこと，三菱レイヨンの研究陣がその生産菌を生産性の高い精密なバイオリアクターに仕上げたことなどが挙げられる。シンプルで，二酸化炭素の排出量，エネルギーの消費をそれぞれ30％削減可能にしたバイオプロセス[36]は，その後，銅触媒法を凌駕して，世界のアクリルアミド生産の標準プロセスとなりつつある。また，同じ酵素を用いたニコチンアミド生産[42]も工業化された（I編6.2節参照）。

NHaseを利用したアクリルアミドのつぎに位置する化学品のターゲットとしてメチオニンの代替物質である2-ヒドロキシ-4-メチルチオ酪酸（以下，HMBA）がある。メチオニンはおもに飼料添加物として全世界で年間50万tと大量生産されている重要なアミノ酸である。メチオニンのアミノ基の代わりに水酸基が入った化合物がHMBAであり，生物の体内に入るとすみやかにメチオニンに変換されて，メチオニンと同等の効果を示す。メチオニンが粉体であるのに対して，HMBAは液状で扱いやすく，代謝的にも効率よく体内に取り込まれ，メチオニンの代替物質として広く使用されている。HMBAはおもに北米で20万t生産され，消費されているが，従来の化学プロセスでは硫酸による水和，加水分解方法を用いるところから，ほぼ製品と同量の塩が大量の廃棄物として出るという環境面での問題を含んでいる。この問題の解決法として，図3.26に示したように，岐阜大学の長澤とダイセル化学工業の研究グループが酵素法と電気透析法を組み合わせるハイブリッドプロセスを構築し，副生物をそのまま再利用して廃棄物を出さずに製造することができることを見出した[43]。このプロセスの最も重要なポイントはHMBA生産に適した高活性な生体触媒であった。従来知られている種々のNHaseを検討したが，その原料のニトリルに対しては十分な活性を示さなかった。そこで，改めて自然界からの探索を行い，ニトリルから2-ヒドロキシ-4-メチルチオ酪酸アミドの変換能の高い新規なNHaseを*Rhodococcus* sp. Cr4株に見出した。そして，この菌株を用

いた環境調和型のHMBA生産の基本プロセスを確立し，実用化が期待されている。

上記のような，従来の石油化学工業体系にバイオプロセスを組み込んで行く方向とは異なり，石油化学に依存しないグリーンバイオプロセスの開発がある。米国はグリーンケミストリーの取組みとして2010年までにバイオ製品とバイオエネルギーの国内での使用を1999年の3倍にする目標を掲げた。それにこたえ，米国の企業もグリーンカンパニーを目指した動きを開始した。例えば，米国デュポン社は2010年に全エネルギーの10％を再生可能資源から供給すること，売上げの25％を化石資源以外の分野で達成することを決めた。そのなかで新しいプラスチックの原料になる1,3-プロパンジオール（以下，1,3PDO）をバイオマスであるグルコースから生産するバイオプロセスを開発した[44]。

1,3PDOとテレフタル酸のポリマーであるポリトリメチレンテレフタレート（polytrimethylene terephthalate：PTT）は，ペットボトルなどに大量に使用されているポリエチレンテレフタレート（polyethylene terephthalate：PET）とは物性が異なり，より収縮力が高く，その物性を生かした織物の分野で使用される将来性のあるプラスチックである。化学合成ではアクロレインの水和/還元反応やエチレンオキシドのヒドロホルミル化反応で作る方法がある。

一方，バイオ法による1,3PDO生産は19世紀にグリセリン発酵における副生物として見出された。その後，代謝系も調べられ，図3.27のようなグルコースから1,3PDO生産のルートが解明された。そこでデュポン社の研究陣はグリセリン発酵をベースにグリセリンからの1,3PDO変換を組み合わせたバイオプロセスを遺伝子組換え大腸菌を用いて構築した。遺伝子組換え大腸菌の生産性は40時間の培養で約14％の1,3PDOの蓄積が見られ，エタノール発酵と同レベルに達して，実用化の一歩手前のパイロット設備において試験運転されている。

最後に，グリーンバイオプロセスの目指すところである，バイオマスからの汎用化学品生産への戦略的な挑戦について述べる。2002年春，米国穀物メジャーであるカーギル社と化学大手のダウケミカル社の共同出資によって設立されたカーギルダウ社によるL-乳酸の年産14万tのプラントが稼働を始めた[45]。L-乳酸は，近年需要が増大している生分解性プラスチックであるポリ乳酸の原料であり，発酵のなかでも非常にエネルギー効率の優れた代謝産物である。昔から多くの微生物が乳酸を生産することが知られているが，高生産菌としては乳酸菌（*Lactobacillus, Lactococcus*）やカビ（*Rhizopus*）があり，そのなかでカーギルダウ社は耐酸性の乳酸菌を用いているといわれている[46]。近年，ポリ乳酸などの生分解性プラスチックの需要は増大しているが，将来に既存の化学合成で作られたプラスチックがすべて生分解性プラスチックに置き換わるわけでもなく，プラスチックのリサイクルが主流なのに対して，生分解性プラスチックは限定された用途になるといわれている[47]。そういうなかでカーギルダウ社の真のねらいはL-乳酸を石油化学工業体系ではない，植物由来のバイオマスを出発としたポストペトロケミストリー体系のなかの基幹化合物にすることにある。彼らは将来，年産450万tのレベルまで生産量を上げる計画を持っており，1kg当り1ドルという価格設定をねらっている。原料になる大量のバイオマスをどう調達するかという問題があるにせよ，そのような低価格化が成功するとさまざまな化学品がL-乳酸から誘導して合成しても経済的に成り立つようになるだろう。カーギルダウ社の戦略はバイオエタノールとL-乳酸をそのような汎用化学品の基幹化合物ととらえ，石油化学工業からの脱却を目指している。

現状，化学プロセスからバイオプロセスへの変換に関してコスト低減だけに着目して進めるのは難しく，カーギルダウ社のような戦略が必要だと思われる。従来からバイオテクノロジー手法の導入が環境負荷の低減に貢献するといわれながら，実際にはどうであるか明確にすることは困難であった。しかしながら，排出される炭酸ガスの低減が国際的な経済活動に大きく影響を与えるような時代になりつつある今日[48]，ライフ

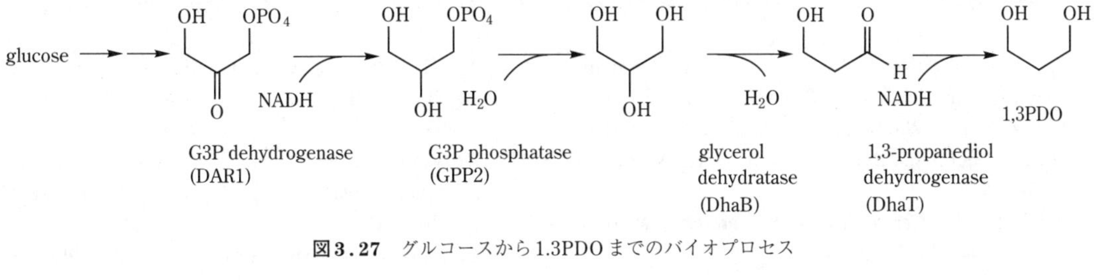

図3.27 グルコースから1,3PDOまでのバイオプロセス

サイクルアセスメント（以下，LCA）の手法を用いることによって製品，プロセスの環境影響を数値化し，コスト削減に結び付けることが可能になってきた。LCAとは製品の設計および材料調達段階から廃棄に至るまでの各段階のエネルギー，資源の投入と排出物量を把握し，環境負荷，環境影響を評価する手法であり，1997年には国際標準規格（ISO-14040）になった[49]。バイオプロセス開発も今後は，このようなLCAの手法を持って，その対抗となる化学プロセスに対する優位性を明らかにして進めていかなくてはならないと思われる。

近代になり，醸造から発酵工業が生まれた。バイオテクノロジーは遺伝子工学の発展とともにその発酵工業の技術から分子生物学の技術に進化していった。しかし，21世紀に入り，ポストゲノムの時代になって，そのニューバイオテクノロジーから，再びオールドバイオテクノロジーへの回帰が始まったようだ。生物資源を原料とした生物資源による物作り，地球上の限られた資源の循環を求めるなら，そこに物作りの原点がある。微生物の機能でバイオマスから化学品を作り，炭素としてのゼロエミッションの世界を構築する，そこにグリーンバイオプロセスの究極の姿を見ることができるだろう。

（後藤，松山）

引用・参考文献

1) 一島英治編：産業用酵素の技術と市場，シーエムシー出版（1999）．*Bio Industry*, **18**, シーエムシー出版（2001）．

2) 産業用酵素に関する一般的な総説として以下のものを参照されたい．
上島孝之：産業用酵素，丸善（1995）．
御園生誠監修，日本化学会編：第6版化学便覧，丸善（2003）．
板倉辰六郎，山田秀明，別府輝彦，左右田健次監修：発酵ハンドブック，共立出版（2001）．
一島英治：酵素――ライフサイエンスとバイオテクノロジーの基礎――，東海大学出版会（2001）．

3) 日本公定書協会編：日本薬局方外医薬品規格，薬業時報社（1997）．

4) 土佐哲也：生物工学，**12**, 70-81（2000）．

5) 医薬関連酵素に関する総説等は以下のものを参照されたい．
天野エンザイムホームページ：http://www.amano-enzyme.co.jp（2005年2月現在）
Drauz, K. and Waldmann, H.: *Enzyme Catalysis in Organic Synthesis*, 2nd ed., Wiley-VCH, Weinheim（2002）．
Patel, R. N.: *Stereoselective Biocatalysis*, Marcell Dekker, New York（2000）．

6) 天野エンザイム：国際公開特許 WO 00/78926A1（2000）．
Moriguchi, M., Sakai, K., Miyamoto, Y. and Wakayama, M.: *Biosci. Biotech. Biochem.*, **57**, 1149-1152（1993）．
Wakayama, M., Katsuno, Y., Hayashi, S., Miyamoto, Y., Sakai, K. and Moriguchi, M.: *Biosci. Biotech. Biochem.*, **59**, 2115-2119（1995）．
Wakayama, M., Hayashi, S., Yasuda, Y., Katsuno, Y., Sakai, K. and Moriguchi, M.: *Protein Expres. Purif.*, **7**, 395-399（1996）．

7) Matsumae, H., Furui, M. and Shibatani, T.: *J. Ferment. Bioeng.*, **75**, 93-98（1993）．

8) Kataoka, M., Shimizu, K., Kakimoto, K., Yamada, H. and Shimizu, S.: *Appl. Microbiol. Biot.*, **43**, 974-977（1995）．

9) Takahashi, J., Ohashi, T., Kii, Y., Kumagai, H. and Yamada, H.: *J. Ferment. Technol.*, **57**, 328-332（1979）．

10) Ikenaka, Y., Nanba, H., Yajima, K., Yamada, Y., Takano, M. and Takahashi, S.: *Biosci. Biotech. Biochem.*, **62**, 1668-1671（1998）．

11) 江井 仁，中沢英次，土田隆康，滑川俊雄，熊谷英彦：バイオサイエンスとインダストリー，**54**, 11-15（1996）．

12) 尾崎明夫，柴崎 剛，森 英郎：バイオサイエンスとインダストリー，**56**, 11-16（1998）．
柴崎 剛，森 英郎，尾崎明夫：有機合成協会誌，**57**, 523-531（1999）．

13) Straathof, A. J. J., Panke, S. and Schmid, A.: *Curr. Opin. Biotech.*, **13**, 548-556（2002）．

14) 村上尚道：ファインケミカル，**32**, 22-30（2003）．

15) Mahmoudian, M., Eaddy, J. and Dawson, M.: *Biotechnol. Appl. Bioc.*, **29**, 229-233（1999）．

16) Shibatani, T., Omori, K., Akatsuka, H., Kawai, E. and Matsumae, H.: *J. Mol. Catal. B-Enzym.*, **10**, 141-149（2000）．

17) Watanabe, K. and Ueji, S.: *Biotechnol. Lett.*, **22**, 599-603（2000）．

18) Lee, M. Y. and Dordick, J. S.: *Curr. Opin. Biotech.*, **13**, 376-384（2002）．

19) 古谷正敏，中川修吾，桧垣洋文，吉岡龍藏，古井正勝，沼波憲一：日本化学工学会大67年会要旨集，I309（2002）．

20) 柴谷武爾，吉岡龍藏，松前裕明，出井晶子：日特開平11-192098．

21) Topgi, R. S., Ng, J. S., Landis, B., Wang, P. and Behling, J. R.: *Bioorg. Med. Chem.*, **7**, 2221-2229（1999）．

22) Koskinen, A. M. P. and Klibanov, A. M., eds.: *Enzymatic Reactions in Organic Media*, Blackie, London（1996）．

23) 塩谷光彦：化学，**56**, 12-16，化学同人（2001）．

24) Kim, K.-W., Song, B., Chi, M.-Y. and Kim, M.-J.: *Org. Lett.*, **3**, 1507-1509 (2001).
25) Idei, A., Matsumae, H. Kawai, E., Yoshioka, R., Shibatani, T. and Omori, K.: *J. Ferment. Bioeng.*, **58**, 409-415 (2001).
26) Matsumae, H., Douno, H., Yamada, S., Nishida, T., Ozaki, Y., Shibatani, T. and Tosa, T.: *J. Ferment. Bioeng.*, **79**, 28-32 (1995).
27) Kometani, T., Sakai, Y., Matsumae, H., Shibatani, T. and Matsuno, R.: *J. Ferment. Bioeng.*, **84**, 195-199 (1997).
28) Schmid, A., Dordick, J. S., Hauer, B., Kiener, A., Wubbolys, M. and Witholt, B.: *Nature*, **409**, 258-268 (2001).
29) Thomas, S. M., Dicosimo, R. and Nagarajan, V.: *Trends Biotechnol.*, **20**, 238-242 (2002).
30) Liese, A., Seelbach, K. and Wandrey, C.: *Industrial Biotransformations*, Wiley-VCH, Weinheim (2000).
31) 山野 徹：ファインケミカル，**32**，9-15（2003）．
32) Larsson, A. L. E., Persson, B. A. and Backvall, J.-E.: *Angew. Chem. Int. Ed. Engl.*, **36**, 1211-1212 (1997).
33) Kim, M.-J., Ahn, Y. and Park, J.: *Curr. Opin. Biotech.*, **13**, 578-587 (2002).
34) Griengl, H., Schwab, H. and Fechter, M.: *Trends Biotechnol.*, **18**, 252-256 (2000).
35) 首相官邸のホームページ：http://www.kantei.go.jp/（2003年6月現在）
36) グリーンバイオ戦略フォーラム：グリーンバイオテクノロジーの可能性と戦略提言，バイオインダストリー協会（2000）．
  大橋武久：グリーンバイオケミストリーの展開，有機合成化学協会誌，**61**，506-516（2003）．
37) 渡辺久也：Green biotechnology in the genomicera, Green Biotechnology Symposium 要旨集，1-6 (2001).
38) 引地健司：バイオサイエンスとインダストリー，**59**，712-713（2001）．
38) 谷 吉樹：バイオサイエンスとインダストリー，**48**，635-640（1990）．
39) Neidleman, S. L.: *Hydrocarb. Process.*, **59**, 135 (1980).
40) May, S. W. and Abbott, B. J.: *Biochem. Biophys. Res. Commun.*, **48**, 1230-1234 (1972).
  古橋 敬三：発酵と工業，**39**，1029-1036（1981）．
41) 山田秀明，長澤 透：バイオサイエンスとインダストリー，**46**，3063-3065（1988）．
  長澤 透，吉田豊和：化学工学，**65**，409-412（2001）．
42) 長澤 透，山田秀明：バイオサイエンスとインダストリー，**46**，3516-3518（1988）．
43) 古田智嗣，和田 裕，吉田豊和，松山彰収，小林良則，河辺正人，長澤 透：日本農芸化学会大会講演要旨集，143（2000）．
44) Anton, D. L.: *Abstracts of International Symposium on Transformation into Environmentally Friendly Industry through Biotechnology*, pp. 101-121 (2000).
  デュポン社のホームページ：http://www1.dupont.com/（2003年6月現在）
45) カーギルダウ社のホームページ：http://www.cargilldow.com/（2003年6月現在）
  Walt, D.: *Appl. Biochem. Biotechnol.*, **107**, 1-3, 635 (2003).
46) WO99 19503 (1999).
47) 石岡領治：バイオサイエンスとインダストリー，**58**，739-742（2000）．
48) 環境省のホームページ，http://www.env.go.jp/earth/（2003年6月現在）
  京都議定書．
49) 稲葉 敦：微生物利用の大展開，pp. 1148-1154, エヌ・ティー・エス（2002）．

4. 環境にかかわる生物工学

　現在，私たち日本人は1人平均として1年間に約17 tの資源を消費し約10 tの生産物を生産している。この間に，国民1人当り約4 tの廃棄物と9 t以上の炭酸ガスを排出している。そのような人間活動が，地球レベルでは大気中の炭酸ガス濃度の増加，国のレベルでは資源・エネルギー問題や都市廃棄物問題，さらには地域における各種の環境汚染問題から個人レベルの住環境問題に至るまで，人類の生存そのものを脅かす問題になっているのは事実である。そして現在，このような消費・垂れ流し型の生活から，資源循環型・持続型の生活へ移行していかなければならない時期が迫っていることに疑う余地はない。

　このような新しい循環型社会への転換にはあらゆる技術的ブレイクスルーが試みられなければならないが，特に生物工学への期待が大きいと思われる。それは，生物学的手法が本来的に，環境調和型である，省資源・省エネルギー型である，基本的に小型・地域分散型である，などの理由によると考えられる。

　さらに，このような社会の変化のためには国民全体のコンセンサスや技術に対するアクセプタンスが重要であるが，現在の社会において，生物学的技術が一般に環境負荷の小さい手法であることは広く国民に理解されている。生物工学技術者・研究者はこの国民の理解を大切にし，その信頼を裏切ることなく，環境関連の生物工学技術の開発・革新に努力しなければならない。

　また環境にかかわる生物工学技術は，一方で地球の環境を論じながら他方で1部屋，1平方メートル，さらにはもっと細かい微環境までも考えなければならない分野でもある。これにかかわる研究者は，地球を外から見る宇宙飛行士の目から地面をはう蟻の目までをあわせ持つ，幅広い知見の持ち主であることが求められる。

（五十嵐）

4.1　廃水処理工学

4.1.1　活性汚泥法
(a)　活性汚泥法の基本原理
(1)　有機物変換プロセスとしての活性汚泥法

　活性汚泥法は，生物学的廃水処理法の一つであり，下水や工場排水などの廃水からBOD（生物化学的酸素要求量）やCOD（化学的酸素要求量）などの有機汚濁物質を除去するために用いられる最も一般的な方法である。廃水中の有機物は炭素源および電子供与体として好気性従属栄養微生物の増殖のために用いられ，廃水中からは除去される。すなわち，廃水中の有機炭素に注目すると，除去された有機炭素の一部は生合成の結果としてバイオマスに変換され，残りは呼吸によるエネルギー生成の結果として二酸化炭素に酸化されて大気中に放出される。活性汚泥法における以上のような有機物の物質変換の様子を図4.1に示した。

(2)　標準活性汚泥法の構造[1]　標準的な活性汚泥法を構成する基本単位は曝気槽と最終沈殿池であ

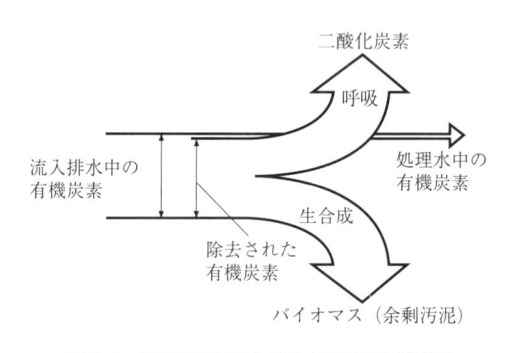

図4.1　活性汚泥法における有機物の物質変換

り，そのフローの概略を図4.2に示す。曝気槽は好気性従属栄養微生物の増殖により廃水中の有機汚濁物質を分解除去する機能を，また，沈殿池は清澄な上澄みと微生物とを分離する固液分離機能を果たす。

　有機物を含む廃水（工場排水・都市下水・し尿など）は，沈殿による固形分の除去や希釈による有機物濃度の調整などの前処理を必要に応じて施した後，まず曝気槽に導かれ，ここで微生物の集合体である「活性汚

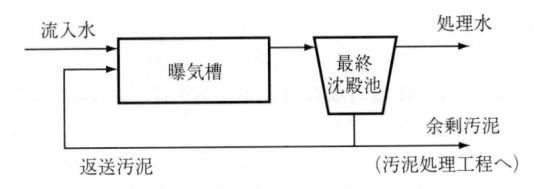

図4.2 標準活性汚泥法のフロー概略図

泥」と混合される。曝気槽では散気装置により，汚泥と廃水の混合液に空気が吹き込まれ好気的条件が維持される。そこで，好気性従属栄養微生物の増殖が促され，その働きにより，廃水中の有機汚濁物質が分解除去される。曝気槽の滞留時間は6～8時間が標準とされる。

曝気槽を経て，汚泥・廃水混合液は最終沈殿池に導かれる。ここでは汚泥と上澄みが重力沈降により分離される。上澄みは，必要に応じて塩素などによる消毒を行った後，処理水として放流される。一方，沈殿した汚泥は返送汚泥として曝気槽に戻される。返送汚泥量は流入水量に対して10～30%程度に設定されるのが一般的である。この沈殿および返送工程があるために，増殖した活性汚泥は系外に流出することなく曝気槽内に高濃度に維持され，短い滞留時間で高い処理効率を得ることができる。

しかし，曝気槽内の活性汚泥濃度（mixed liquor suspended solids：MLSS）が高すぎると，曝気槽での酸素供給が呼吸速度に追いつかなくなり溶存酸素不足を生じて処理が悪化する。また，最終沈殿池での汚泥界面が高くなりすぎて固液分離に障害が生じることもある。したがって，活性汚泥法においてはMLSSの制御が非常に重要である（標準的には1 500～2 000 mg/l）。MLSSを一定に制御するために増殖した活性汚泥量分だけ汚泥を系外に引き抜く必要がある。この引き抜かれる汚泥を余剰汚泥という。余剰汚泥は一般に返送汚泥のラインから分離して引き抜かれることが多い。

（3）**活性汚泥法の微生物生態学的な特色** 活性汚泥法をはじめとする廃水処理技術は開放系で使われることを前提としている。外来の生物種がいつでも入ってくることが可能であり，その場の環境に最も適した微生物生態系利用して処理を行っているのが生物学的廃水処理技術だといえる。言い換えると，プロセスの運転条件を決めるとそれが生態学的な選択圧として働き，そこに形成される微生物群集構造に強く影響することになる。生物間の競合の結果，その系においてニッチを確保することのできた生物のみが活性汚泥の生態系を形成する。

活性汚泥法において最も重要な生態学的選択圧となる条件は，流入水から有機物が供給されること，曝気槽において好気条件が保たれている（酸素が利用可能である）こと，および沈殿池において沈殿するものだけが系内に維持されることである。最初の2点は好気性従属栄養微細菌が活性汚泥の主要構成生物であることの要因となり，さらに細菌を下位の生物とする食物連鎖により，原生動物や微小後生生物（輪虫など）が定着する要因となっている。一方，沈殿池で沈むためには，分散して増殖するような細菌は不利であり，細胞どうしが凝集して数十～数百 μm程度のかたまり（フロックと呼ばれる）を形成するような性質を持った細菌が優占する。

多くの活性汚泥法の曝気槽はプラグフロー（流下方向に混合のない流れ）に近い混合特性を持っており，活性汚泥による基質（炭素源）の摂取に伴い流入端から流出端に向かって基質の濃度勾配が生じている。また，回分式の反応槽を持つ活性汚泥法（回分式活性汚泥法）でも回分操作において時間的に減少する濃度勾配が生じる。このような場合，後段になるほど摂取できる炭素源の量が少なくなるので，従属栄養細菌にとって炭素源をいかに速く摂取できるかが競合に勝ち残って系内に定着するための条件となる。炭素源の摂取速度を上げるための戦略として，活性汚泥中に棲息する細菌の多くが基質貯蔵能力を持ち，炭素源を摂取したのちすぐに増殖には使わずに多糖類・ポリヒドロキシアルカン酸（PHA）などの高分子の形で細胞内に貯蔵している[2]。

また，生物学的廃水処理プロセスは工学技術としてはやや特異であり，インプットが一般には制御できない。例えば下水処理では，流入水質・水量が時間的に著しく変動する。洗濯排水は晴れた日の午前中，厨房排水は食事時間の後に多く流入するし，人間活動が低下する夜間から早朝にかけては汚濁物質濃度・水量とも減少する。また，合流式下水道と呼ばれる雨水と汚水を同じ管渠に流す下水道においては，強い雨の降り始めに管渠内にたまっていた汚濁物質が流出してくるので一時的に汚濁物質負荷が急激に上昇するが，その後は雨による希釈効果で低濃度の流入水が入ってくる。このような要因により，生物が利用可能な基質負荷量は大きく変動するので，活性汚泥中の生物は数時間から数日のオーダーの飢餓時間に耐えなくてはならない。細胞中に基質を貯蔵する能力を持つことはこのような飢餓に耐えるうえでも有利に働くと考えられている。

（4）**汚泥滞留時間と汚泥の比増殖速度の関係**[3]

活性汚泥法の重要な制御因子に汚泥滞留時間

(sludge retention time : SRT) がある. SRT とは, 汚泥が曝気槽内に滞留する平均の時間〔d〕のことであり, 次式で定義される.

$$\mathrm{SRT} = \frac{\text{曝気槽内に存在する汚泥量〔kg〕}}{\text{1日当り系外に流出する汚泥量〔kg/d〕}}$$

$$= \frac{V \cdot X}{(Q-q) \cdot Xe + q \cdot Xf} \quad 〔d〕$$

ただし, V：曝気槽容積〔m^3〕, X：曝気槽内平均MLSS〔kg/m^3〕, Q：流入廃水量〔m^3/d〕, q：余剰汚泥量〔m^3/d〕, Xe：放流水中の汚泥濃度〔kg/m^3〕, Xf：余剰汚泥中の汚泥濃度〔kg/m^3〕である. 放流水中の汚泥濃度をほぼゼロと仮定すると分母第1項は無視できるので, $\mathrm{SRT} = V \cdot X/q \cdot Xf$ となり, 工学的には余剰汚泥の引抜き量 q を変えることでSRTが制御可能であることがわかる.

活性汚泥プロセスが定常状態で運転されている状態を仮定するとプロセス内で増殖した生物量は余剰汚泥として引き抜かれる汚泥量とつり合っているはずなので, SRTは増殖速度と理論的に関係づけることができる. 曝気槽が完全混合型の1槽のみの場合を仮定すると, 汚泥の平均的な比増殖速度 μ〔d^{-1}〕とSRTは

$$\mathrm{SRT} = \frac{1}{\mu} \quad 〔d〕$$

の関係にある. つまり, 理論的には, 余剰汚泥の引抜き量を制御してSRTを決めることは比増殖速度を強制的に固定することを意味する. 一般に活性汚泥法のSRTは3〜8日程度で運転されることが多い. 増殖速度の遅い微生物（例えば後述するように, 窒素除去において重要な独立栄養細菌である硝化細菌）をプロセス内に安定して維持しようとするとSRTをさらに長くとる必要がある.

(b) 活性汚泥法の運転管理上の諸問題

(1) バルキングとスカム　活性汚泥中に糸状性の微生物が異常増殖することがあり, その場合には汚泥の沈降性が著しく悪化する. 糸状性の微生物により汚泥の沈降性が悪化する現象をバルキングと呼んでいる. バルキングが生じると活性汚泥が沈殿池で沈まずに放流水中に流出するので, 処理水中の浮遊物質濃度が上昇し処理水質が一時的に悪化するだけでなく, 曝気槽のMLSSの著しい低下につながり, 活性汚泥法の処理性能そのものを脅かす結果となる. さまざまな種類の糸状性微生物がバルキングを引き起こすことが知られており, 実務上はEikelboomの整理した分類[4]に従って命名された名前で呼ばれることが多い. 日本で最も高い頻度で出現するバルキング原因微生物は, *Type021N*と呼ばれる糸状性細菌[5]である. バルキングは活性汚泥法の運転管理上の重大な問題の一つである. 曝気槽の流入端にセレクターと呼ばれる小さな槽を設け, そこで返送汚泥と流入水を接触させることにより高いF/M比（基質量と汚泥量の比）を維持することがバルキング原因微生物の増殖抑止効果を持つ[6]. また, 曝気槽流入端に嫌気ゾーンを設けることもバルキング抑止に効果的である. バルキングが発生してしまった場合には, フロックから細胞体を糸状に伸ばしている糸状性微生物を塩素の注入により選択的にたたいたり, あるいは石灰などの凝集剤の投入により汚泥の沈降性を物理的に改善するなどの対策がとられている.

また, *Gordonia amarae* と呼ばれる放線菌の一種や *Microthrix parvicella* と呼ばれる糸状性細菌は曝気槽や沈殿池の水面に分厚いケーキ層（スカムと呼ばれる）を形成することが知られている. SRTが短く比較的高い負荷で運転される活性汚泥法が多い日本では前者が主流であるが, SRTが長く低負荷のプロセスが多いヨーロッパでは後者がスカム発生の主要因である.

(2) 汚泥処理と戻り負荷　活性汚泥法を運転すると必ず余剰汚泥が発生する. 言い換えれば, 活性汚泥法では流入廃水中の有機汚濁物質の一部は無機化するが一部は固形物化して余剰汚泥の形に変換したにすぎないといえる. この余剰汚泥は, 廃棄物として別途処理しなくてはならない. 活性汚泥法を使って廃水処理をしている処理場には一般に汚泥処理施設が付属しており, 濃縮・脱水・嫌気性消化・焼却などの組合せにより汚泥処理が行われている. これらの汚泥処理工程ではさらに排水を生じるので, その排水は活性汚泥法に返送されることが多い. このような汚泥処理工程から水処理系（活性汚泥法）への汚濁物質の戻り負荷をできるだけ少なくすることは活性汚泥法を良好に運転管理するうえで重要であり, 汚泥処理まで含めて初めてシステムとしての活性汚泥法が完結するといえる.

(c) 活性汚泥法による窒素・リン除去

(1) 窒素・リン除去の物質収支　活性汚泥法では, 流入水として入ってきた物質は余剰汚泥として系外に引き抜かれるか, 気体に変換され大気中に放散されるか, あるいは処理水に残存するかのいずれかの経路をたどる. 下水処理のように炭素が増殖制限基質となっている場合には, 下水中の炭素量に応じた増殖量（すなわち余剰汚泥量）が発生するので, 余剰汚泥のC：N：P比に見合った窒素・リンは除去されるが, 残りは一般には除去しきれずに処理水中に残存する. このような残存栄養素をさらに除去するためには別途方策が必要になる.

生物学的窒素除去は, 廃水中の窒素成分を最終的に

窒素ガスとして大気中に放出させる処理法であり，二つのステップ，すなわちアンモニアを亜硝酸・硝酸に酸化する「硝化」と亜硝酸・硝酸を窒素ガスに還元する「脱窒」から構成される。一方，生物学的リン除去法は，ポリリン酸蓄積能力を持つ微生物をプロセス内に優占させることにより余剰汚泥のリン含有率を高め，余剰汚泥として引き抜かれるリン量を増やすことによりリンを除去する。

（2）窒素除去[7]　流入廃水中の窒素は下水をはじめ多くの場合，有機性窒素あるいはアンモニア性窒素の形である。有機性窒素は比較的容易にアンモニア性窒素に加水分解されるので，事実上，処理対象とすべき窒素形態はアンモニア性窒素である。

硝化とはアンモニア性窒素を亜硝酸さらには硝酸に酸化する好気的プロセスであり，硝化細菌と呼ばれる独立栄養好気性細菌により行われる。硝化細菌はアンモニア酸化細菌と亜硝酸酸化細菌に分けられる。それぞれの代謝反応は以下のように示される。

$$NH_4^+ + \frac{3}{2} O_2 \longrightarrow NO_2^- + 2H^+ + H_2O$$

$$NO_2^- + \frac{1}{2} O_2 \longrightarrow NO_3^-$$

これらの反応では，アンモニアあるいは亜硝酸が電子供与体となり好気的な（酸素を電子受容体とした）無機呼吸反応によりエネルギーが生成される。

脱窒とは，有機物あるいは還元性の無機物質を電子供与体とし，硝酸または亜硝酸を電子受容体とする嫌気呼吸により窒素ガス（N_2）あるいは一酸化二窒素（N_2O）を発生する反応の総称である。活性汚泥法における主要な脱窒反応は，廃水中の有機物を電子供与体としてN_2を発生させるものである。

循環式硝化脱窒法と呼ばれる一般的な生物学的窒素除去法のフローを図4.3に示す。流入水はまず脱窒槽に導かれそこで返送汚泥と混合されるが，脱窒槽では酸素が供給されていないので硝化は起こらず，流入水中のアンモニアはそのまま後段の曝気槽に送られる。曝気槽では酸素供給により，有機物の酸化と硝化がともに生じる。硝化した活性汚泥混合液は脱窒槽に循環される（循環率は流入水量に対して50～200％程度）。脱窒槽では，無酸素条件下で流入水中の有機物と硝化液中の硝酸・亜硝酸とが混合され，これらが脱窒細菌に供給されることにより脱窒が進行し，窒素が除去される。なお，図4.3（a）のようなフローでは，曝気槽から脱窒槽へ循環されずに沈殿池に直接流出してしまう硝酸が一定割合で存在するので，窒素の除去率に限界が生じてしまう。そこで後段にさらに第二脱窒槽および再曝気槽を付加したのが図4.3（b）のレイアウトである。第二脱窒槽では，第一脱窒槽や曝気槽で脱窒細菌の細胞内に貯蔵された有機物や汚泥に吸着して運ばれてきた有機物を電子供与体として脱窒が進行する。電子供与体が不足する場合には外部から有機物（価格が安いのでメタノールが用いられることが多い）を添加する場合もある。

日本では1960年代からし尿処理法として生物学的窒素除去法の開発が進み，図4.3（b）のようなフローを持つシステムが1970年代には完成していた。ただし，当時のし尿処理では窒素除去を目的としていたというよりも，硝化により多量の酸（H^+）が生成され

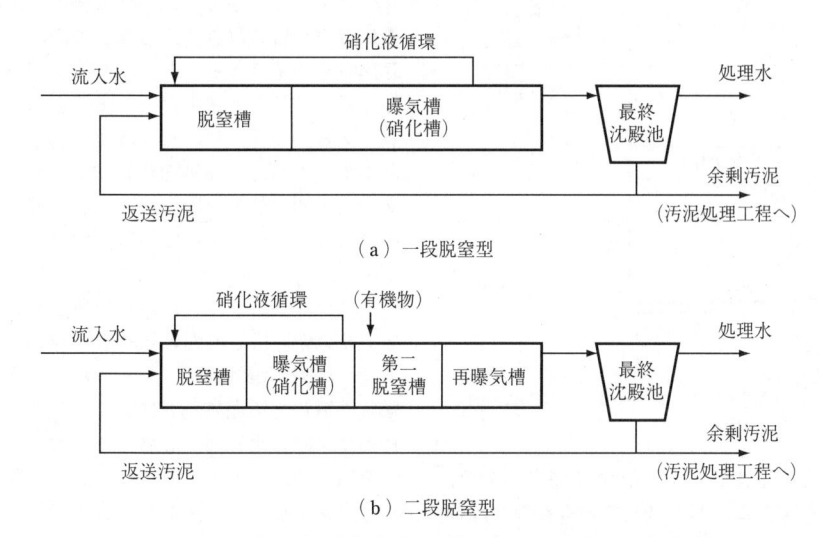

（a）一段脱窒型

（b）二段脱窒型

図4.3　循環式硝化脱窒法のフロー概略図

るので，これを脱窒により発生するアルカリ度で中和するために硝化液を循環したのである。し尿処理の場合，あるいは窒素濃度が高い排水を硝化脱窒法で処理する場合に，硝化槽での過度の酸の生成のためにpHが低下しすぎることがあり，その中和のためのアルカリ剤添加設備が必要となる。

循環式硝化脱窒法は，物理化学的な窒素除去法に比べて設備が簡略であり運転コストも安価なので，排水からの窒素除去法として広く普及している。しかし，硝化細菌が独立栄養細菌で増殖速度が遅いため，これを系内に保つには十分に大きなSRTを維持せねばならず，したがって大きな反応槽容積（水理学的滞留時間が16〜48時間）を必要とするところが欠点である。硝化細菌を浮遊活性汚泥とは独立して系内に維持するために，スポンジ，プラスチック，セラミックス，礫などの担体を活性汚泥中に投入して，その表面に硝化細菌を付着させたり，あるいはポリビニルアルコールのようなゲル状担体に硝化細菌を包括固定化して活性汚泥に投入する方法が開発され効果を上げている[8]。

（3）リン除去[9], [10]　生物学的リン除去法は，ポリリン酸を蓄積する能力のある細菌を優占させることにより，活性汚泥のリン除去能力を高める方法である。その基本的なフローと処理過程でのリンおよび有機物の挙動を図4.4に示した。生物学的リン除去法は曝気槽前段に酸素も硝酸・亜硝酸も存在しない嫌気工程を持つことが特徴であり，後段の好気工程とあわせて「嫌気好気活性汚泥法」とも呼ばれる。

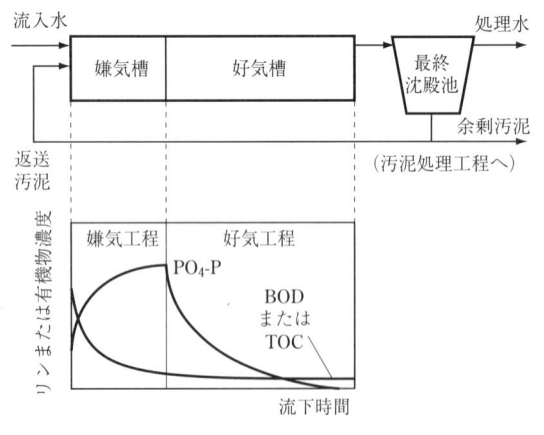

図4.4 生物学的リン除去法（嫌気好気活性汚泥法）のフロー概略図と処理過程でのリンおよび有機物の挙動

嫌気工程では流入排水と返送汚泥が混合されるので，炭素源を嫌気条件下でより速く摂取できるものが競合に勝つという強い生物学的選択圧が生じる。ポリリン酸は高エネルギー化合物であり，加水分解してオルトリン酸になる際に高いエネルギーを放出するので，ポリリン酸蓄積微生物（polyphosphate accumulating organisms：PAOs）は，細胞内に蓄積したポリリン酸を分解することにより非酸化的に炭素源を摂取するためのエネルギーを得ることができる。したがって，生物学的リン除去法の嫌気工程では，有機物が汚泥に摂取されるとともに，ポリリン酸が分解された結果としてリン酸が上澄み中に放出される（図4.4参照）。なお，PAOsは炭素源として酢酸をはじめとする揮発酸を好んで摂取することが知られており，PAOsに摂取された有機酸はすぐに増殖に使われるわけではなく，ポリヒドロキシアルカン酸（PHA）という還元性ポリマーの形で細胞内に蓄えられる。また，PHAの合成のために必要な還元力を嫌気条件下で得るために，PAOsは細胞内に蓄えたグリコーゲンを嫌気的に代謝し，その一部を二酸化炭素に酸化している。以上のように，ポリリン酸の蓄積は，嫌気条件下で炭素源をすばやく摂取するために有効な能力として機能しており，嫌気工程を導入することによりPAOsが優占するので汚泥のリン含有率が上昇し，結果的にリン除去効率が上がるのである。

嫌気工程に引き続く好気工程では，酸素が利用可能であり，PAOsは嫌気工程で蓄えたPHAを炭素源・電子供与体として用いて増殖するとともに，呼吸により生成したエネルギーを用いてポリリン酸およびグリコーゲンの合成を行っている。ポリリン酸およびグリコーゲンの蓄積量を回復しておくことは，汚泥が嫌気工程に返送されたときに有機物をすばやく摂取できるために必須である。

生物学的リン除去法は，曝気槽流入端の曝気装置を機械攪拌装置に置き換えるなどの簡易な変更により既存施設を改造できること，また凝集剤のような薬品添加なしにリンを廃水中から除去できることが大きな利点である。一方，リンを高濃度に含有した余剰汚泥が発生するので，その処理処分には十分な対策が必要である。生物学的リン除去法の余剰汚泥が重力式濃縮槽や嫌気性消化槽に入って嫌気条件にさらされるとリンが汚泥から上澄みに放出される。この放出されたリンが活性汚泥法のラインに戻り負荷として戻ってしまうと，リンが除去されたことにならない。この対策としては，汚泥が嫌気条件にさらされるような重力濃縮や嫌気性消化を汚泥処理で使わないこと，あるいは嫌気性のリン吐き出し槽を設置して強制的にリンを汚泥から溶出させ，その上澄み中のリンを物理化学処理により除去するなどの方法がとられている。

（4）窒素・リン同時除去　無酸素槽に硝化液を

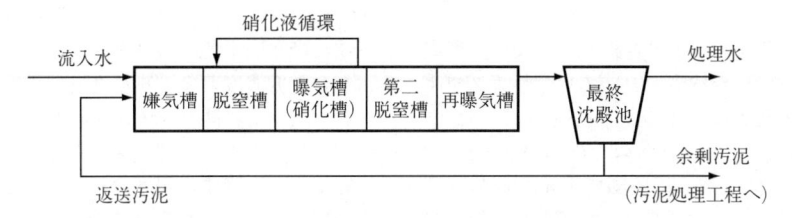

図4.5 生物学的窒素リン同時除去法のフロー概略図

返送することが窒素除去の条件であり，廃水流入端に嫌気工程を設けてそこで返送汚泥と流入水を接触させることがリン除去の条件なので，その両者を同時に満たせば窒素とリンを一つのプロセスで除去することができる。そのような生物学的窒素リン同時除去法のフローを図4.5に示した。

(d) 活性汚泥法の変法

(1) オキシデーションディッチ法（OD法）[11]
循環水路に表面曝気装置あるいは水中エアレータを設置し，その推進力で水路に循環流速を与えて活性汚泥混合液を循環させる方式のプロセスをオキシデーションディッチ法（OD法）という。小規模処理場向けの技術として発展し，日本では中小自治体の下水処理場において，水理学的滞留時間が1日程度で余剰汚泥発生量が少なく維持管理の手間が少ない技術として広く普及している。また，エアレータの直下流では酸素が存在するが，循環するにつれ消費されてしまうので，結果的に汚泥混合液が水路を循環するうちに無酸素条件・好気条件を繰り返すことになる。したがって，窒素除去も期待できる。

(2) 回分式活性汚泥法[12]　廃水を連続的に曝気槽に流入させるのではなく，回分的に処理を行う方法を回分式活性汚泥法という。空間的に廃水と汚泥を移動させながら処理をするのではなく一つの反応槽で時間的に処理反応を進行させる方法である。シーケンサーなどでタイマー制御することで時間的に嫌気工程や無酸素工程を作ることもできるので，窒素・リンの除去にも対応できる。反応槽が1槽で簡易なので，小規模システムや工場廃水処理によく利用され，また夜間電力を利用して夜間に曝気時間を設定したシステムが広く受け入れられている。

(3) ステップエアレーション法　限られた曝気槽容積を有効に利用するために，流入水の流量をいくつかに分割し，曝気槽の途中に多段に流入させるシステムをステップエアレーション法という。流入水量が増加しているのに敷地の拡大ができない場合などに使われる。

(4) 膜分離活性汚泥法[13]　活性汚泥法において汚泥と処理水を分離するための固液分離装置として通常は沈殿池が使われる。これに対し沈殿池の代わりに膜による固液分離を用いた膜分離活性汚泥法が開発されている。膜分離ユニットに汚泥混合液を導いて固液分離する方式と，浸漬型の膜分離ユニットを曝気槽内に設置するタイプがある。し尿処理ではすでに最も多く利用されている技術となっており，またビル内の廃水処理などにも普及している。膜のファウリングが技術上の障害となってきたが，高性能の膜の開発によりその用途は小規模処理から拡大しつつある。

(e) 活性汚泥法のモデル化[14]　活性汚泥法の挙動を表現するための数学モデルは工学の他の分野で使われている数学モデルとは本質的に異なる点がある。それは流入水にさまざまな成分が含まれ，その性質を表現するのがきわめて難しいこと，つまりモデルへのインプットが一義的に定義できないことである。1986年以降1995年までに国際水質汚濁研究協会（現在は国際水学会，IWA）のタスクグループがリファレンスとなる三つの活性汚泥モデル（IWAモデル）を提案したことによりモデルを構築するための基本的な考え方が整理され，その研究が著しく進展した。IWA活性汚泥モデルは，流入水中の生物分解可能な有機物成分を分解速度により大きく二つに区分することを前提に，従属栄養微生物・硝化細菌・リン蓄積微生物の3種類の生物の増殖を記述したモデルであり，酸素収支をもとに構築されている。特に必要酸素量や窒素除去・リン除去の予測に威力を発揮しており，施設設計，施設改造のためのシナリオ解析，運転支援などの目的で実務上でも使われるようになってきている。（味埜）

4.1.2 メタン発酵

メタン発酵は，多くの微生物の共生，すなわち多くの反応から構成されており，有機物を嫌気的に分解する過程で発生する二酸化炭素や，生成する中間代謝物である酢酸をメタンに還元する方法である。以下に基本的な技術をベースに先端的な内容も含めて概説す

（1）メタン発酵技術の変遷過程および反応速度向上へのチャレンジ　自然界において可燃性ガスを生成するメタン発酵現象は18世紀に観察されていたが，これが廃棄物処理に利用され始めたのは19世紀末である。そして，20世紀初めに英国で下水汚泥の減容化法として採用されたが，当初，発酵槽は無加温で発生ガスの回収利用も行われず，処理日数も30〜60日要していた。その後，反応速度の向上を図るために加温され，機械攪拌やガス攪拌されるようになり処理日数も10〜15日まで短縮されるようになった[15]。このメタン発酵法は，産業廃水やし尿などの処理にも採用されるようになったが，ほとんどが好気性処理槽の前段に設置されており，長い間好気性処理のための負荷軽減策として考えられてきた。

メタン発酵法は，好気性処理法の代表である活性汚泥法に比べて，曝気動力を必要としないこと，および燃料ガスが回収できることから省エネ型廃水処理法となるが，上述したように反応速度が遅く，処理対象物が2〜4％の下水汚泥や有機物濃度10 000〜100 000 mg/lの産業廃水に限定されていた。

1973年の石油ショックを契機として，メタン発酵法を単なる廃棄物処理法としてだけでなく，石油代替燃料の生産手段として見直す動きが高まり，特に反応速度の向上を目的に，多くの研究開発が行われるようになった。その結果，現在ではつぎのようなメタン発酵装置およびシステムが開発・採用されている[16]。

① 下水汚泥消化のメタン発酵装置　汚泥の減容化と脱水性の改善および衛生面での安全性を得ることを目的としたもので，発酵槽の形状と攪拌方法に種類が多い。一般的なプロセスとしては，中温発酵で2槽消化であり，1槽目は完全混合槽として攪拌し，これに原液を少量ずつ投入してメタン発酵を行う。2槽目は静置槽とし，残留ガスの捕集，沈殿消化汚泥の引抜き，処理脱離液の取出しに供せられる。消化が終わると汚泥は脱水機に送られ，消化液は下水処理工程に返される。発酵槽は，攪拌の効率をよくし，かつ沈降汚泥を中央に集められるような形状が求められている。発酵槽の1槽目の攪拌方法には機械攪拌方式と，発生したガスを吹き込んで攪拌するガス攪拌方式がある。

② し尿処理のメタン発酵装置　有機物の除去と衛生面での安全性を目的としたもので，し尿の衛生処理，後段の活性汚泥処理負荷低減のために採用された。メタン発酵装置およびプロセスは①と同様である。昭和30〜40年代にわが国ではさかんに建設された。しかし，窒素が放流規制対象となったために，窒素除去ができないメタン発酵方式はほとんど採用されなくなった。

③ 産業廃水処理のメタン発酵装置　可溶性有機物を含む低濃度および高濃度有機性廃水に対して，メタン生成反応に関与する微生物を高濃度に保持できる新しいリアクターが開発された。例えば，微生物が凝集して重力沈降する程度のフロックを形成する，微生物が担体に自然に付着してリアクター内にとどまる，などである。代表的な処理プロセスとしては，前者で上向流式嫌気性汚泥床法（upflow anaerobic sludge blanket：UASB）[17]が，後者では嫌気性濾床法（upflow anaerobic filter process：UAFP）[18]および嫌気性流動床法（anaerobic fluidized-bed reactor：AFBR）[19]などが開発されている。さらに，有機物成分の毒性を軽減するなどのためにメタン発酵を酸生成とガス生成反応に分割する二相式メタン発酵法[20]が開発されるようになった。

④ 畜産糞尿処理のメタン発酵装置　家畜糞尿に固形有機物を混合したものをメタン発酵槽に供給して，衛生処理と同時にバイオガスエネルギーを回収する試みが1980年代の後半から始まった。濃度が高く，固形沈殿物が生じやすいため，いかに小さな動力で攪拌を行うか，いかに沈殿物を排除するかなどを工夫したさまざまなメタン発酵装置が考案されている。発生ガス量が多いため，中温発酵だけでなく，高温発酵も用いられる。IEA（International energy agency）の分類では湿式メタン発酵装置に分類される（**図4.6**）。わが国にも現在多くの湿式メタン発酵槽が導入されている。メビウスシステムのWAASA発酵槽，REMシステムのBIMA発酵槽，リネッサシステムのS-Uhde発酵槽などが導入されている。

⑤ 固形有機物のメタン発酵装置　原料を生ごみや剪定枝等の固形有機物とするもので，④よりもさらにバイオガスエネルギーの取出しを効率的に行おうとするものである。IEAの分類では乾式メタン発酵処理に分類される。メタン発酵装置をまず回分式と連続式に分け，さらにそれぞれ押出流れと完全混合の装置に分け，発酵温度を中温発酵と高温発酵に分けている。わが国に現在導入されているものとして，連続式押出流れの高温メタン発酵方式のKompogas方式やDranco方式がある。しかしわが国においては，生ごみのメタン発酵に関しては湿式メタン発酵方式が主として採用されている。

前述したように多くの技術開発がなされてきたが，われわれもメタン発酵法のさらなる発展と，地球環境に優しい廃水・廃棄物処理技術とするために，開発されたリアクターを用いて，種々の廃水・廃棄物に適した処理プロセスの確立[21]，反応速度向上のための微量

4.1 廃水処理工学

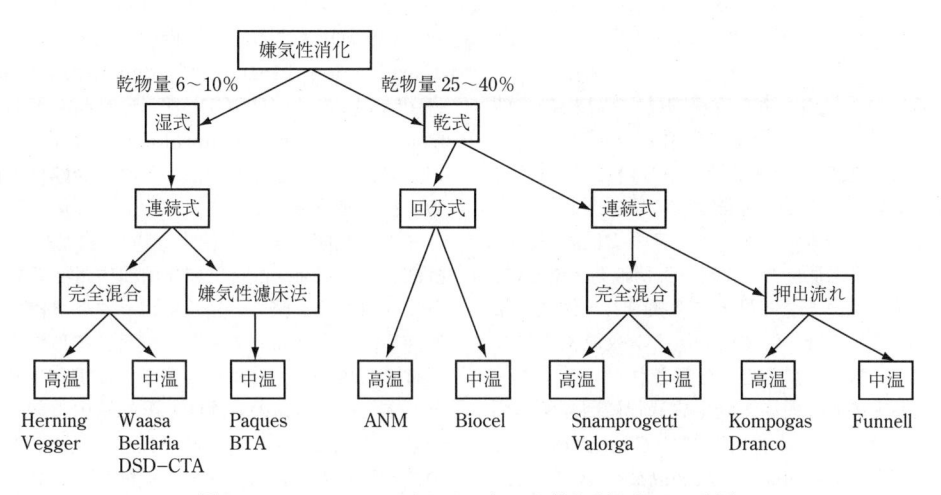

```
                        嫌気性消化
           乾物量6～10% ╱        ╲ 乾物量25～40%
                湿式              乾式
                 │          ╱         ╲
               連続式     回分式       連続式
              ╱    ╲      ╱  ╲        ╱   ╲
          完全混合  嫌気性濾床法      完全混合  押出流れ
           ╱ ╲      │       ╱  ╲      ╱  ╲    ╱  ╲
         高温 中温  中温   高温 中温  高温 中温 高温 中温
        Herning Waasa Paques ANM Biocel Snamprogetti Kompogas Funnell
        Vegger Bellaria BTA              Valorga    Dranco
               DSD-CTA
```

図4.6 ヨーロッパのバイオガスプラント技術分類（IEAの分類）

表4.1 メタン発酵の問題点と研究成果

問題点	研究成果
限られた廃水に対する処理技術	種々の有機物濃度を有する廃水・廃棄物の処理試験 → それぞれのプロセスの確立＝汎用的水処理技術
反応速度が遅い	新規リアクター Ni^{2+} および Co^{2+} 添加 ｝→ 最大TOC容積負荷 42 g/(l·d)（高温メタン発酵） 24 g/(l·d)（中温メタン発酵）
NH_4^+ が増加する	メタン発酵で残存する有機物による同時除去 廃水→メタン発酵→生物学的脱窒→硝化→ 循環（NO_3^-）N_2
不安定な処理技術である	分子生態学による菌叢および代謝経路の解明

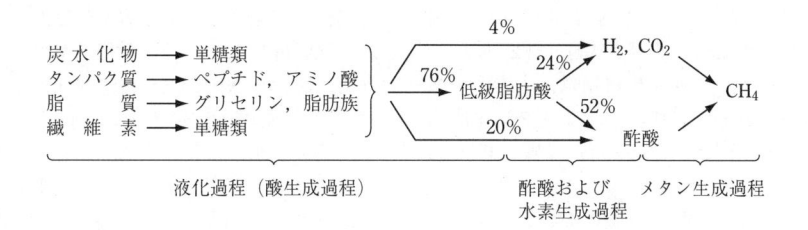

```
炭水化物 → 単糖類  ╲
タンパク質→ペプチド，アミノ酸   ╲ 76%          4%→ H_2, CO_2
脂 質   → グリセリン，脂肪族    ├ 低級脂肪酸 ─24%→        ╲
繊 維 素 → 単糖類            ╱         ╲52%        → CH_4
                                 20%→ 酢酸 ─╱
     液化過程（酸生成過程）  酢酸および    メタン生成過程
                         水素生成過程
```

図4.7 メタン発酵の機構

メタルの添加効果[22]，NH_4^+ の効率的除去技術の確立[23]，分子生態学による菌叢および代謝経路の解明[24]などの検討を行い，それぞれに対して表4.1に示す成果を得てきた．その結果，メタン生成反応に関与する微生物の活性制御やそれに伴う代謝変換が起こることを明らかにすることにより，メタン発酵の安定性やさらなる反応速度の向上を目指している．

（2）反応経路と微生物群　メタン発酵による有機物からガスへの分解は，一般的にはつぎのBuswellの式[25]で示されるが，実際は図4.7に示すように3段階[26]で行われる複雑な反応である．

$$C_nH_aO_b + \left(n - \frac{a}{4} - \frac{b}{2}\right)H_2O$$

$$\longrightarrow \left(\frac{n}{2} + \frac{a}{8} - \frac{b}{4}\right)CH_4$$

$$+\left(\frac{n}{2}-\frac{a}{8}+\frac{b}{4}\right)CO_2$$

すなわち，分子量の大きな有機物は，第1段階の酸生成過程（液化過程）で酸生成細菌群の作用により，単糖類，アミノ酸などの分子量の小さい物質を経て，酢酸およびプロピオン酸，酪酸などの低級脂肪酸，そして乳酸やエタノールになる。つぎの第2段階においては酢酸以外の低級脂肪酸，乳酸およびエタノールは，水素生成細菌により水素と酢酸に変換され，最後の第3段階において基質特異性の強いメタン生成菌群により，メタン，二酸化炭素などに分解される。

図4.7に示した第1段階の酸生成過程に関与する細菌[27]には，炭水化物分解菌として *Clostridium* 属，*Bacteroides* 属，*Bacillus* 属，*Lactobacillus* 属など，また繊維素分解菌として *Ruminococcus albus*, *Clostridium* 属，*Bacteroides* 属，*Thermoanaerobacter ethanolicum* などがある。また，タンパク質分解菌には *Bacteroides ruminicola*, *Butyrivibrio fibrisolvens*, *Clostridium* 属，*Streptcoccus bovis* および *Bacillus* 属などが知られており，低分子化したアミノ酸は *Clostridium* 属，*Peptococcus aerogenes*, *Selenomonas acidaminophila* などにより，酢酸，プロピオン酸，酪酸などの低級脂肪酸に変換される。

第2段階におけるプロピオン酸や酪酸の酢酸および水素への転換は，熱力学的には進行しないため，水素資化性のメタン生成菌あるいは硫酸イオン存在下での硫酸還元菌との共生が必要となり，それぞれの反応に関与する微生物として *Syntrophobacter wolinii* および *Syntrophobacter wolfei* などが知られている[28]。

第3段階のガス生成過程に関与するメタン生成菌は，16S rRNAの塩基配列に基づき4目9科25属に分類される[29]。ほとんどのメタン生成菌は，水素とギ酸を基質にできるが，酢酸を基質にできるメタン生成菌は，*Methanosarcina* 属と *Methanosaeta* 属だけである。

（3）**分子生態学による微生物叢のモニタリング技術とプロセスへの応用**　近年，分子生態学的手法を用いてメタン発酵槽内の微生物叢を解析する方法が開発され，それまでブラックボックスであった発酵槽内の微生物叢を解析できるようになった[30]。おもに使用されている解析方法は16S rDNAクローン解析法である。これは発酵槽内からDNAを抽出し，16S rDNAをPCR法で増幅した後，16S rDNAのクローンライブラリーを構築し，系統解析を行う方法である。この方法により，メタン発酵槽内に Archaea（古細菌）に属するメタン生成菌や Bacteria（真正細菌），そして多数の未同定微生物が生息することが明らかとなってきた。16S rDNAクローン解析法に加えて，蛍光 *in situ* hybridization（FISH）法[31]，denaturing gradient gel electrophoresis（DGGE）法[32]，terminal restriction fragment length polymorphisms（T-RFLP）法[33]，定量PCR法[24] などの手法もメタン発酵槽内微生物叢の解析に適用されている。

メタン発酵による有機化合物の分解過程において，酢酸とプロピオン酸は主要な中間代謝物である。酢酸，特にプロピオン酸の分解反応はメタン発酵プロセスの律速段階と考えられており，高負荷条件でメタン発酵処理する場合や，発酵槽のトラブル等が生じると，主としてこの2種類の有機酸が発酵槽内に蓄積する。したがって，これらの有機酸を分解するメタン発酵槽内の微生物叢の解析は，メタン発酵プロセスを安定に制御するうえで非常に重要と考えられている。

酢酸からのメタン生成反応には①酢酸資化性メタン生成菌による反応（表4.2（1）），および②酢酸酸化細菌と水素資化性メタン生成菌による熱力学的共生反応（表4.2（4））の2種類の経路が考えられている[28]。②の反応に従事する酢酸酸化細菌としては，*Thermacetogenium phaeum* と *Clostiridium ultunense* が報告されている[28, 34]。一方，プロピオン酸から酢酸への分解反応は，プロピオン酸酸化細菌と水素資化性メタン生成菌の熱力学的共役反応（表4.2（7））によって進行する。

われわれは，酢酸またはプロピオン酸を唯一の炭素源として，嫌気性消化汚泥を微生物源とする中温（37℃）条件のメタン発酵プロセス（連続培養系）を構築した。Ni^{2+}，Co^{2+} の添加効果を確認するとともに，発酵槽内の培養液からDNAを抽出して16S rDNAクローン解析を行った[24]。酢酸を分解するメタン発酵プロセスでは，Ni^{2+}，Co^{2+} 無添加では最大希釈率0.025 d^{-1} であったが，添加することにより菌体活性が増加し，最大希釈率は0.7 d^{-1} まで向上した。希釈率0.025 d^{-1}（低希釈率）と 0.6 d^{-1}（高希釈率）の二つの条件でのクローン解析を行った結果，両希釈率条件とも Archaea では，酢酸資化性メタン生成菌である *Methanosaeta* 属および *Methanosarcina* 属に分類されるクローンが検出された。しかし，低希釈率では *Methanosaeta* 属が，高希釈率では *Methanosarcina* 属がそれぞれ優占していた（図4.8）。また，Bacteria では Firmicutes 門に分類されるクローンが多くを占めていた。既知の酢酸酸化細菌はいずれも Firmicutes 門に属することが報告されているので，構築したメタン発酵プロセスにおいて酢酸の分解に関与するメタン生成菌および細菌が濃縮されていることが示された。一方，プロピオン酸を分解するメタン発酵プロセスで

表4.2 酢酸およびプロピオン酸のメタン発酵条件下の分解反応

反 応	$\Delta G^{0\prime}$ [kJ/reaction]
(1) 酢酸資化性メタン生成菌による酢酸からのメタン生成 $CH_3COO^- + H_2O \longrightarrow CH_4 + HCO_3^-$	−31.0
(2) 酢酸酸化細菌による酢酸の分解 $CH_3COO^- + 4H_2O \longrightarrow 2HCO_3^- + 4H_2 + H^+$	+104.6
(3) 水素資化性メタン生成菌によるメタン生成 $4H_2 + HCO_3^- + H^+ \longrightarrow CH_4 + 3H_2O$	−135.6
(4) (2)+(3) の共役反応 $CH_3COO^- + H_2O \longrightarrow CH_4 + HCO_3^-$	−31.0
(5) プロピオン酸酸化細菌によるプロピオン酸の分解 $CH_3CH_2COO^- + 3H_2O \longrightarrow CH_3COO^- + HCO_3^- + 3H_2 + H^+$	+76.0
(6) (3)×3+(5)×4 の共役反応 $4CH_3CH_2COO^- + 3H_2O \longrightarrow 4CH_3COO^- + 3CH_4 + HCO_3^- + H^+$	−100.8
(7) (6)+(1)×4 の共役反応 $4CH_3CH_2COO^- + 7H_2O \longrightarrow 7CH_4 + 5HCO_3^- + H^+$	−224.8

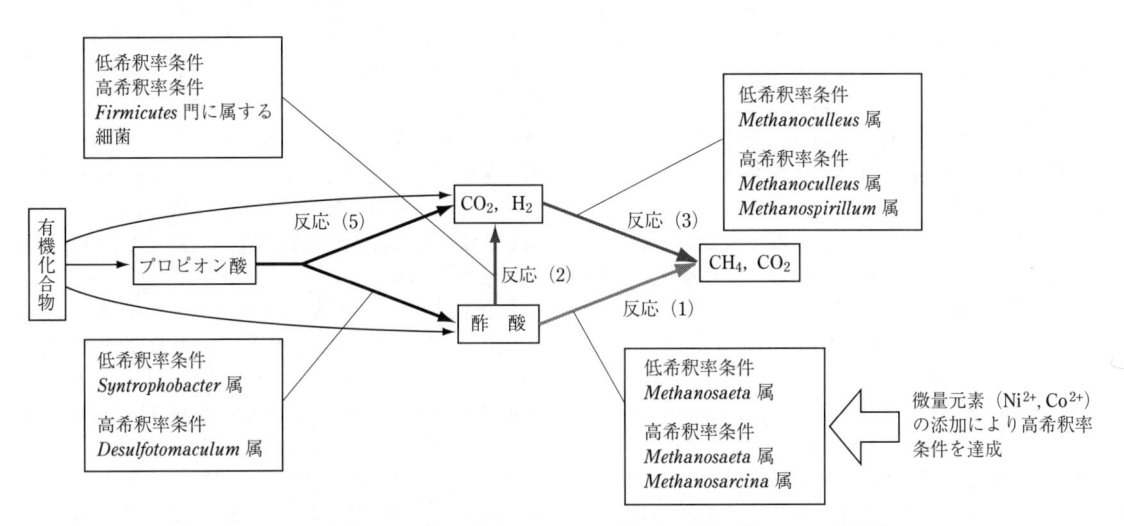

図4.8 酢酸・プロピオン酸からのメタン生成経路とおもに検出された微生物
(図中の各反応の番号は表4.2に対応)

は, 希釈率0.01 d^{-1} (低希釈率), 0.08 d^{-1} (中希釈率), 0.3 d^{-1} (高希釈率) の条件での解析を行った。Archaeaでは低希釈率および中希釈率条件においてMethanosaeta属およびMethanoculleus属水素資化性メタン生成菌に分類されるクローンが検出された。中希釈率および高希釈率条件においてはMethanospirillum属に分類されるクローンも検出された。一方, Bacteriaの解析結果から, 低希釈率条件ではプロピオン酸酸化共生細菌であるSyntrophobacter属, 脂肪酸酸化共生細菌であるSyntrophothermus属に近縁なクローンが多く検出されたが, 中希釈率および高希釈率条件では硫酸塩還元細菌であるDesulfotomaculum属に近縁なクローンが多く検出された。以上の結果から, 構築したメタン発酵プロセスにおいてプロピオン酸の分解に関与するメタン生成菌および細菌が濃縮されていることが示された。また, 低希釈率条件と高希釈率条件で優占する微生物の種類が異なることが判明した。

今後, 上述した分子生態学的方法により得られた発酵槽内に生息する微生物に関する知見をデータベースとして, 実際の廃水やバイオマス系廃棄物を処理するメタン発酵槽内の微生物叢を解析・評価し, 発酵プロセスの安定化, 高効率化にフィードバックする制御システムの構築が期待される。

(4) 資源循環型プロセス技術としてのメタン発酵への期待　4省(現, 経済産業省, 農林水産省, 国

土交通省，環境省）と民間団体でつくる生物系廃棄物リサイクル研究会の調査によると，生ごみ，家畜糞尿，下水汚泥，食品産業汚泥のそれぞれの年間排出量は約18百万t，94百万t，85百万t（乾物ベースで171万t），約15百万t（食品加工工程約15百万t，動植物性残渣約248千t）であり，これらを含めた生物系廃棄物の年間総量は2億8143万tに達し，廃棄物総量の57％を占めている。これらをすべて堆肥にすれば，年間の化学肥料使用量を大幅に上回ることから（窒素換算で2.6倍，リン換算で同量，カリ換算で1.9倍），生物系廃棄物の農業利用を進める一方で，メタン発酵によるサーマルリサイクルや総量削減の必要性が提言されている[35]。

このようにメタン発酵は，従来，下水汚泥の減容や有機性廃水の処理として利用されてきたが，近年，カーボンニュートラルなバイオマスからエネルギーを取り出す技術として注目されるようになってきた。なぜなら完全に消化されると，バイオマスの持つエネルギーのほぼ100％をメタンに変換できることになる[35]。また非燃焼型プロセスとして地球温暖化防止に貢献できることから，最近ではヨーロッパだけでなくわが国においてもメタン発酵によるサーマルリサイクルのプラントが実用化されてきた。

循環型社会を構築するために，厚生労働省が推進した汚泥再生処理センターの開発研究や，農林水産省が中心となり各省庁が協力して進めているバイオマス・ニッポンにより，バイオマスが再び脚光を浴びている。特に水分を多く含むバイオマスからの再生可能なエネルギー生産技術として，メタン発酵は中心的な技術となり，湿式メタン発酵（乾物量として6～10％）と乾式メタン発酵（乾物量として25～40％）に大別され，先にも述べたように，多くの技術が主としてヨーロッパから導入され実用化されている。

以上メタン発酵法は，維持管理の容易な省エネ型廃水処理技術として認知されるだけでなく，地球温暖化防止や資源循環型社会を構築するために，バイオマスからのサーマルリサイクルの主たる技術になるものと期待されている。

（重松，木田）

4.1.3 固体廃棄物の可溶化

環境問題への国民の関心が高まるなかで，有機性廃棄物や排水からメタンやアルコール，あるいはポリ乳酸などの有価物を生産する技術が注目されるようになった。メタン発酵は従来から高濃度の有機性排水処理に利用されてきたが，エネルギー回収の視点から，難分解性の成分もメタンガスへ転換できる技術が求められるようになってきた。

メタン発酵は高分子有機物の加水分解に携わる加水分解過程，揮発性脂肪酸やアルコールを生成する酸生成過程，メタン生成過程の三つの過程よりなるが，固体廃棄物を対象とした場合，特に高分子有機物の加水分解が律速になることが知られている。微生物による加水分解反応を促進するためには，はじめに固体廃棄物を水に溶解する形に変換する，あるいは少なくとも水に分散する程度まで微細化する可溶化処理が必要となる。難分解性の有機物に対し，生物処理だけでは限界があるため，従来から物理化学的処理や熱処理技術が開発されてきた。

平成12年度のわが国の産業廃棄物総排出量は約4億600万tであり（産業廃棄物の排出および処理状況等（平成12年度実績）について，平成15年1月24日環境省報道発表資料），そのうちの46.6％が汚泥である。汚泥の再生利用率は8％ときわめて低く，その一因として有機性排水の活性汚泥処理から排出される余剰汚泥がきわめて難分解性であることが挙げられる。**表4.3**に余剰汚泥を対象にした物理処理，化学処理，熱処理の条件と特性をまとめた。

表4.3 余剰汚泥を対象にした物理処理，化学処理，熱処理の条件と特性

	処理名称	処理時間	処理温度	処理圧力	薬剤使用
物理処理	粉砕・破砕	30分～1時間	常温	常圧	―
	超音波照射	～30分	常温	常圧	―
	マイクロ波照射	～30分	200℃以上	5MPa以上	―
	蒸煮・爆砕	～30分	200℃以上	5MPa以上	―
化学処理	希酸処理	30分～1時間	200℃以上	～5MPa	あり
	濃硫酸処理	30分～1時間	～200℃	常圧	あり
	アルカリ処理	1時間以上	～200℃	常圧	あり
	オゾン処理	30分～1時間	常温	常圧	―
熱処理	加熱法	30分～1時間	～200℃	常圧	―
	湿式酸化法	～30分	200℃以上	5MPa以上	あり
	水熱加水分解法	～30分	200℃以上	～5MPa	あり

余剰汚泥に対しては，湿式酸化処理，水熱処理，熱処理，熱−酸処理，熱−アルカリ処理といった加熱を行う処理法において，可溶化率が高い傾向にある。Wuらは125〜300℃，4.8〜14.8 MPaの条件で実験を行い，275℃以上ではVS減少率86％が得られたことを報告している[36]。また山下らは給食センター排水の活性汚泥を対象として230℃，10分の処理で固形物をCOD_{Cr}として84％減少できたと報告している[37]。永井らは人工廃水の余剰活性汚泥に硫酸0.4 Nを添加し，121℃で1時間処理することにより，固形物を90％可溶化できたとしている[38]。熱−アルカリ処理では可溶化率はやや低く，NaOH 300 meq/l，175℃，1時間の処理条件で可溶化率55％（COD換算）との報告がある[39]。しかし，これらの加熱を行う処理法では汚泥中の難分解性のタンパク質成分や着色成分も同時に多量に放出されることが課題となっている。

湿式ミル破砕処理では，可溶化率は20〜30％程度でそれほどは高くない[40]。破砕・粉砕処理では処理物の粒径を小さくすることで生物活性が上昇することが期待されるが，粒径を小さくするほど必要エネルギーが急激に上昇するため，投入エネルギーに対する可溶化効果を把握する必要がある。超音波処理は，超音波を照射することにより生じる圧力波やキャビテーションにより微細化する技術である。人工廃水の余剰汚泥（SS濃度1.8％）を対象とした超音波処理では，可溶化率が60〜70％と高い例が報告されている[41]。必要エネルギーは比較的小さく，また既設設備への導入が容易であるが，高濃度スラリーへの対応は困難と考えられる。

オゾン処理はオゾンの酸化力を利用し有機物の可溶化を行うもので，好気性処理では汚泥減容化処理として実用化されている。余剰汚泥を対象とした可溶化率は20％程度でそれほどは高くないが，メタン発酵と組み合わせた場合には汚泥が38〜44％減少するとの報告がある[42]。オゾン処理ではさまざまな反応副生成物が生成されることが指摘されており，これらがメタン発酵を阻害する恐れもあることに留意する必要がある。

一方，微生物や酵素を添加して可溶化する方法についてもさまざまな廃棄物・廃水について検討されてきた。北詰らは余剰汚泥を対象として*Clostridium bifermentas*を添加して37℃，20日反応させ，25〜40％可溶化できたことを報告している[43]。また，好熱性細菌である*Bacillus stearothermophilus*を添加して65〜70℃，5日間反応させた場合には可溶化率50％が得られている[44]。余剰汚泥の場合，酵素添加では高い可溶化率は得られていない。

油脂は難分解性有機物の一つであり，排水処理工程ではスカムの原因になるなど取扱いがきわめて困難なため，従来は排水処理工程の前段で分離して，産業廃棄物として処分していた。ハオらは植物性油含有廃水についてリパーゼ前処理と高温メタン発酵を組み合わせることにより，COD_{Cr}除去率70％を達成し，除去されたCOD_{Cr}のほぼ100％がメタンとして回収されたことを報告している[45]。

一方，セルロースは油脂とともに固体廃棄物中の難分解性物質の代表的な成分である。従来セルラーゼを生産する微生物については研究が行われてきたが，メタン発酵系において実際にセルロース分解にかかわっている微生物に関する知見はほとんどなかった。長屋らはメタン発酵汚泥のセルロース集積培養体から，*Clostridium thermocellum*にきわめて近い新規なセルロース分解細菌を単離し，この細菌がさまざまな高温メタン発酵汚泥中に普遍的に存在することを確認している[46]。活性汚泥やメタン発酵のような複雑な微生物系に，外部から分解菌を添加してもなかなか定着できないことが指摘されている。しかし，系内に存在している分解菌を優占化する技術が確立できれば，難分解性物質の可溶化を促進できると期待される。

以上のように，固体廃棄物の可溶化技術はそれぞれ長所，短所があり，全種類の廃棄物に適用可能な技術はないのが現状である。前処理としての物理・化学・熱処理では，可溶化率の観点だけでなく，装置の取扱いやすさ，必要エネルギー，使用薬剤の環境負荷，反応副生成物による阻害などを考慮して，対象廃棄物に最適なプロセスを選択する必要がある。また，生物処理は対象が限定されることをつねに考慮する必要がある。

（宮）

4.1.4 水 素 発 酵

水素は燃焼後に二酸化炭素を生じないクリーンエネルギーで，燃料電池に供給することで電気エネルギーにできることから次世代のエネルギーとして注目されている。また，化学工業原料としても重要な物質の一つである。微生物による水素生産は化石燃料を原料とせず，有機性廃棄物等のバイオマス資源から水素ガスを回収できるために環境調和型のプロセスといえる。

微生物による水素生成は，基本的にさまざまな生化学反応で生じる電子を分子状水素に変換し，水素ガスとして回収するものである。水素ガスを生成する微生物には光合成微生物，窒素固定菌，嫌気性微生物など多種多様なものが知られている。これらの微生物は，光合成または有機物の嫌気的な酸化，すなわち発酵で還元力を生成し，水素ガスを放出する。光合成によら

ず発酵で生じる余剰電子を水素ガスとして回収する発酵様式を水素発酵と呼んでいる[47]。本項では水素発酵の原理を解説するとともに，その現状と展望をまとめた。

(a) 水素発酵の原理 発酵とは微生物の嫌気的なエネルギー獲得反応である。その反応で最も重要なことはATP生成と，生成した還元力の再酸化である。発酵における酸化還元は厳密に保たれており，生成した還元力は，その発酵過程の別の段階で生成される中間代謝産物に転移されるか，プロトン還元によって処理される。多くの場合，生成した余剰電子はヒドロゲナーゼの触媒によりプロトンを還元し，その結果つぎのように水素ガスが生成する。

$$2e^- + 2H^+ \longrightarrow H_2$$

発酵では，酸化によって生じた電子がどのような形で消費されるかによって最終産物が決定する。アルコール類や乳酸のように還元された物質が生成すれば，余剰電子は少なくなり，結果的に水素生成量は減少し，逆に有機酸のように酸化された形の物質が多く生成すればその分水素生成量は増加する。**図4.9**に純粋菌によるグルコースの発酵で生じる余剰電子と代謝産物を総括的に示す。

グルコースの嫌気分解経路のうち，ピルビン酸を経る経路を示す。1分子のグルコースが2分子のピルビン酸に変換されるとき，4個の余剰電子が生成し，これは2分子の水素に相当する。2分子のピルビン酸から2分子の乳酸，あるいはエタノールが生成するときには還元のために4電子が消費されるため，余剰電子は生成せず，水素の発生はない。こうして化学量論的には1 molのグルコースからピルビン酸を生じる解糖系で2 mol，さらにピルビン酸の発酵で酢酸あるいはアセトンが生成した場合2 molの水素が生成し，最高合計4 molの水素の回収が可能である。他の副産物が生成した場合は電子の消費を伴うため，水素生産量は減少する。**表4.4**にグルコースから各種の代謝産物が生成する際に発生する水素の理論収率を示した。蓄積した発酵産物を完全に水素にまで分解する反応は，熱力学的に負となり進行しない。

表4.4 グルコースの水素発酵における化学量論

$C_6H_{12}O_6 + 2H_2O \longrightarrow 2CH_3COOH + 2CO_2 + 4H_2$
$C_6H_{12}O_6 + H_2O \longrightarrow CH_3COCH_3 + 3CO_2 + 4H_2$
$C_6H_{12}O_6 + H_2O \longrightarrow CH_3CHOHCH_3 + 3CO_2 + 3H_2$
$C_6H_{12}O_6 \longrightarrow CH_3CHOHCOCH_3 + 2CO_2 + 2H_2$
$C_6H_{12}O_6 \longrightarrow CH_3CH_2CH_2COOH + 2CO_2 + 2H_2$

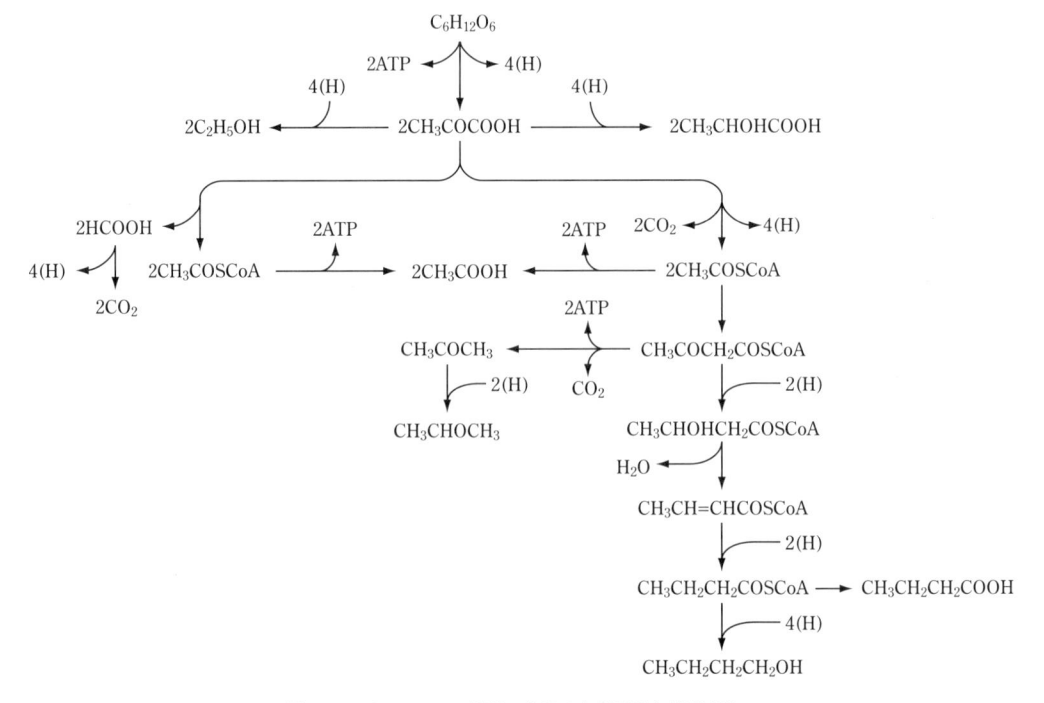

図4.9 グルコースの発酵で生じる余剰電子と代謝産物

(b) 単離菌による水素発酵 単離微生物による水素ガス生成については多くの報告がある。直接水素発酵をターゲットにしているものは少ないが，糖代謝あるいは発酵生産の副産物として分子状の水素が生成している例を含めればその数はきわめて多い[48),49)]。これまで *Acetomicrobium flavidum* において基質であるグルコース 1 mol 当り 4 mol という高い水素生産収率が報告されているが[50)]，そのほかはいずれも低級脂肪酸やアルコールが数種類副成する発酵様式をとり，水素の収率はおおむねグルコース（ヘキソース）1 mol 当り 1～2 mol 前後となっている。

単離菌では水素ガス生成とエネルギー代謝系は密接にリンクしており，また，最終発酵産物と水素発生量の関係がはっきりしているために，その育種や改良において戦略が立てやすい。例えば，特定の酵素活性をコントロールし水素生産を効率化することも可能であろう。*Enterobacter aerogenes* においては変異株の作出により，還元性代謝産物の生成を抑えることで水素生成能の向上も図られている[51)]。

(c) ミクロフローラによる水素発酵 発酵工業などでは単一菌あるいは既知の微生物の組合せによる物質生産が行われているが，廃水処理など環境関連分野では自然の微生物の混合系，いわゆるミクロフローラ系が用いられている。特別な菌の準備や滅菌の必要がないことが実用上最大のメリットになっている。

嫌気性微生物のミクロフローラを用いた反応系であるメタン発酵では，水素は中間代謝産物として酸生成の際に副成しているが，メタン生成菌や硫酸還元菌等による水素消費反応により，見かけ上ガスとして生成していない（表4.5）。すなわち，嫌気的環境において水素はきわめて反応しやすい物質であるために，容易には系外に放出されない。この点が単離菌による水素生成と最も異なる部分といえる。また，菌種が未同定，混合微生物系であるがゆえの不安定さなどの問題を残してきた。

表4.5 ミクロフローラ系でのおもな水素消費反応

	ΔG_0 [kJ]
$2HCO_3^- + 4H_2 + H^+ \rightarrow CH_3COO^- + 4H_2O$	-104.6
$HCO_3^- + 4H_2 + H^+ \rightarrow CH_4 + 3H_2O$	-135.6
$SO_4^{2-} + 4H_2 + H^+ \rightarrow HS^- + 4H_2O$	-151.9
$NO_3^- + 4H_2O + H_2 \rightarrow NH_4^+ + 3H_2O$	-599.6

ミクロフローラによる水素発酵については，完全攪拌混合型発酵槽での消化汚泥の連続培養で，希釈率を上げることで酸生成を優先化させて水素を生成させる[52)]，pH を低下させる[53)]など培養工学的な手法によって水素発酵が検討されている。また，実際に実廃水を原料に汚泥コンポストから集積した高温ミクロフローラを用いて，完全攪拌混合型バイオリアクターの水理学的滞留時間（HRT）を制御し，水素生成性の酢酸酪酸発酵により，約200日間の安定した連続水素発酵が非殺菌系で確認されている。HRT = 0.5 d における平均水素発酵収率は原料廃水中のヘキソース 1 mol 当り 2.6 mol であった[54)]。

これらの結果は適当なミクロフローラを選択し，培養条件を制御することで，自然界から集積したミクロフローラを用いた場合でも，単離菌と同等の水素発酵能を得ることが可能であることを示している。

近年，分子生態学的手法による解析により，水素発酵ミクロフローラは，複数種の *Clostridium* 属近縁菌を中心とした微生物群集構造となっていることも明らかとなってきた[52),55)]。

資源循環型社会の構築が急務となっている現在，有機性廃棄物の再資源化が注目されている。有機性廃棄物の水素発酵では，有機酸等が蓄積するために廃水処理（有機物分解）としては完結しない。副成した有機酸等を利用する以外は，後段に廃水処理プロセスを必要とする。水素発酵をエネルギー生産プロセスとして考える場合は，原料や投入エネルギー，後工程も含めた全体としての評価が必要なことはいうまでもない。

セルロースなどの難分解性物質を含む有機性廃棄物のメタン発酵では，加水分解プロセスが全体の反応の律速になっていることが多い。メタン発酵の前段として，これら難分解性物質の可溶化プロセスとして水素発酵を用いれば，メタン発酵しやすい原料の調整とエネルギー回収を両立させることが可能になるものと考えられる。

ミクロフローラによる水素発酵は，嫌気条件における電子の回収方法の一つであり，メタン発酵において中間代謝産物として生成している水素を人為的に系外に放出させる技術ともいえる。したがって，メタン発酵における電子の流れ，すなわち発酵の方向性を人為的に制御する技術（directed fermentation）とも考えられる。環境浄化などの分野ではこうしたミクロフローラの育種や制御技術が今後ますます重要になってくるものと期待される。 （上野）

4.1.5 Anammox

(a) Anammox の発見 1995年にデルフト工科大学から新しい窒素の代謝経路「嫌気性アンモニア酸化(anaerobic ammonium oxidation : Anammox)」

が報告された[56]。当初，NH_4^+, NO_3^- がAnammoxの反応基質であると報告されていたが，その後反応基質はNO_3^-でなくNO_2^-であると訂正され[57]，つぎの化学量論式が提案された。

$$1.0\,NH_4^+ + 1.32\,NO_2^- + 0.066\,HCO_3^- + 0.13\,H_2O$$
$$\longrightarrow 1.02\,N_2 + 0.26\,NO_3^- + 0.066\,CH_2O_{0.5}N_{0.15}$$
$$+ 2.03\,H_2O \qquad (4.1)$$

Anammox反応は図4.10に示すように，窒素循環系に加わる新たな窒素変換経路で，NH_4^+が水素供与体，NO_2^-が水素受容体となる独立栄養脱窒反応である。Anammox反応は多くの研究者の注目を集め追試が行われたが，Anammox菌の生育速度が遅い（倍化時間は約11〜16日）ことと，当初反応基質がNO_3^-と発表されたことなどが原因でそのほとんどが失敗に終わり，Anammox反応の真偽が疑われていた。しかし，1999年NatureにAnammox菌の特性が発表され[58]，その16Sr DNAの塩基配列がGenBankに登録されたことから論議に決着がついた。この結果，FISH法でAnammox菌の検出が可能となり，Anammox菌が広く自然界に分布していることが明らかになった。

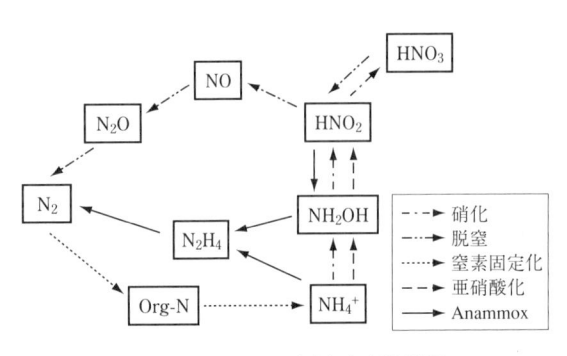

図4.10　Anammoxを含む窒素循環経路

（b）Anammox菌の生理特性と反応経路

Anammox菌はplanctomycete-typeの絶対嫌気性の独立栄養性細菌で，生育速度が遅いうえ，培養環境の変化に敏感で，細胞濃度がある一定値以上にならないと明白な反応や生育が認められない。これまでに純粋分離されたAnammox菌はなく，ショ糖濃度勾配法の適用で純度が99.6％のAnammox菌が得られたとの報告[58]があるだけである。

Anammox汚泥中でAnammox菌の濃度が高まると培養環境の変動に対して比較的安定となり，2.6 kg-N/$(m^3 \cdot d)$という非常に高い窒素除去能が得られる[59]。

Anammox反応には3種の酵素が反応に関与することが提案されている[59]。NH_4^+とNH_2OHが膜に結合したhydrazine forming enzymeによってN_2H_4に変換される。生成したN_2H_4はペリプラズム中のhydroxylamine oxidoreductaseの働きで窒素ガスに酸化される。その際に4個のH^+と4個のe^-が発生する。発生したe^-は電子伝達系を通じて細胞膜中のnitrite reductaseに移送されNO_2^-と反応してNH_2OHが生成される。

（c）Anammox汚泥の馴養

これまでの伝統的な汚泥の馴養方法である懸濁式のfill & draw法ではAnammox汚泥を馴養することはできないので，付着担体の使用が必要となる。付着担体に種汚泥を付着固定化させ，連続法で時間をかけて窒素負荷量を段階的に高める馴養方法でAnammox汚泥は馴養できる。図4.11に示す上向流カラムリアクタに，活性汚泥微生物の付着固定化能力に優れているポリエステル製の不織布[60]を充填し，脱窒活性汚泥を種汚泥として連続法にて馴養を行った結果，1.25 kg-N/$(m^3 \cdot d)$という高いT-N除去速度が得られている[61]。

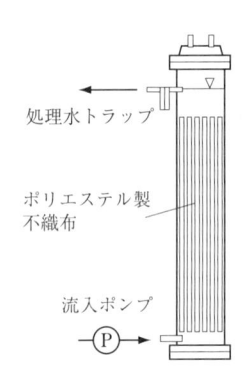

図4.11　上向流カラムリアクタ模式図

（d）Anammox汚泥の菌相[62]

ポリエステル製不織布を活用することで馴養に成功したAnammox汚泥はおもに*Planctomycete*，*Zoogloea ramigera*類縁菌，*Aquaspirillium methamorphum*類縁菌から構成されていた。検出された*Planctomycete*は16Sr DNAの塩基配列の解析結果から，Anammox反応を触媒している細菌として初めて報告された*Candidatus* Brocadia anamoxidansと最も相同性が高かった。塩基配列の一致の程度（92.2％）から，本菌は新規の種のAnammox細菌であると考えられている（KSU-1株と命名）（図4.12）。定量的PCR法でこのAnammox汚泥の構成比が検討された（表4.6）。KSU-1株，*Z. ramigera*類縁菌が優占種で，それぞれの相対存在比はおおよそ12対1であった。FISHによ

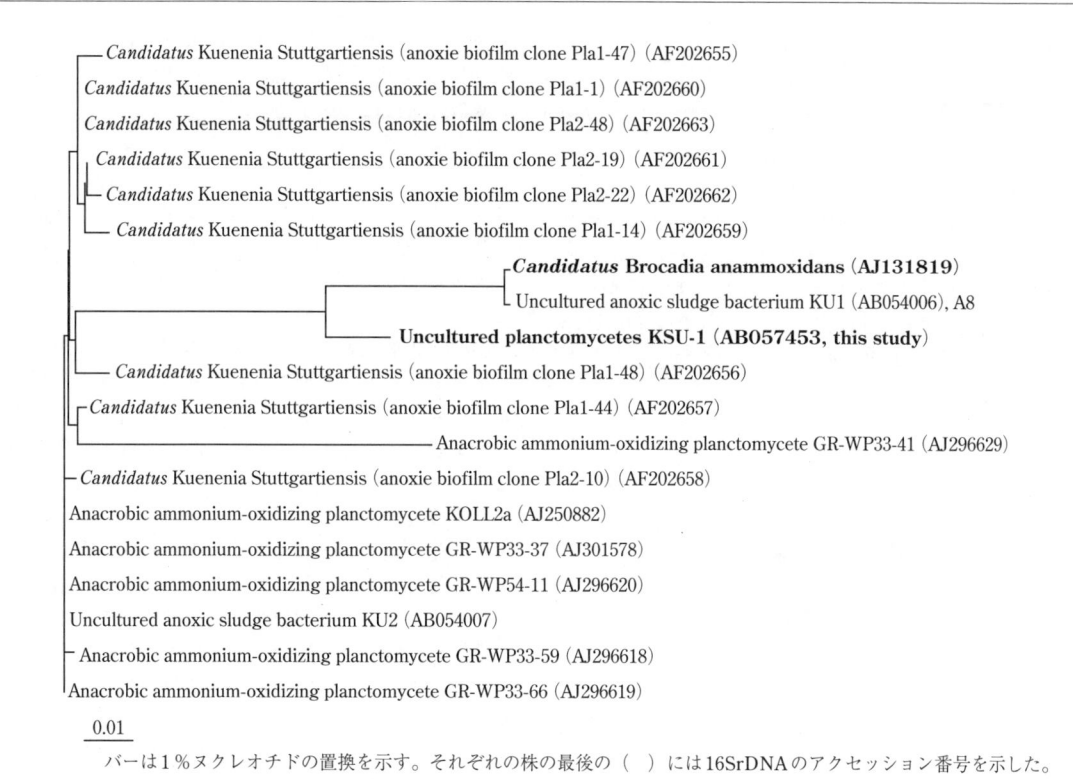

- *Candidatus* Kuenenia Stuttgartiensis (anoxie biofilm clone Pla1-47) (AF202655)
- *Candidatus* Kuenenia Stuttgartiensis (anoxie biofilm clone Pla1-1) (AF202660)
- *Candidatus* Kuenenia Stuttgartiensis (anoxie biofilm clone Pla2-48) (AF202663)
- *Candidatus* Kuenenia Stuttgartiensis (anoxie biofilm clone Pla2-19) (AF202661)
- *Candidatus* Kuenenia Stuttgartiensis (anoxie biofilm clone Pla2-22) (AF202662)
- *Candidatus* Kuenenia Stuttgartiensis (anoxie biofilm clone Pla1-14) (AF202659)
- ***Candidatus* Brocadia anammoxidans (AJ131819)**
- Uncultured anoxic sludge bacterium KU1 (AB054006), A8
- **Uncultured planctomycetes KSU-1 (AB057453, this study)**
- *Candidatus* Kuenenia Stuttgartiensis (anoxie biofilm clone Pla1-48) (AF202656)
- *Candidatus* Kuenenia Stuttgartiensis (anoxie biofilm clone Pla1-44) (AF202657)
- Anaerobic ammonium-oxidizing planctomycete GR-WP33-41 (AJ296629)
- *Candidatus* Kuenenia Stuttgartiensis (anoxie biofilm clone Pla2-10) (AF202658)
- Anaerobic ammonium-oxidizing planctomycete KOLL2a (AJ250882)
- Anaerobic ammonium-oxidizing planctomycete GR-WP33-37 (AJ301578)
- Anaerobic ammonium-oxidizing planctomycete GR-WP54-11 (AJ296620)
- Uncultured anoxic sludge bacterium KU2 (AB054007)
- Anaerobic ammonium-oxidizing planctomycete GR-WP33-59 (AJ296618)
- Anaerobic ammonium-oxidizing planctomycete GR-WP33-66 (AJ296619)

0.01

バーは1%ヌクレオチドの置換を示す。それぞれの株の最後の( )には16SrDNAのアクセッション番号を示した。

図4.12 16SrDNAの塩基配列の比較結果に基づく系統樹

表4.6 Anammox汚泥中のKSU-1株と*Zoogloea* sp.の定量

種	平均C_t値	SD	相対コピー数
KSU-1	24.52	0.168	5.68×10^{-6} (72.8%)
Zoogloea sp.	28.11	1.84	3.74×10^{-7} (6.05%)
Bacteria	24.61	0.0946	7.8×10^{-6} (100%)

りAnammox菌を赤く，*Zoogloea ramigera*を緑色に染色後，共焦点レーザー顕微鏡で観察し，顆粒状で生育するAnammox菌の周辺を*Z. ramigera*類縁菌がフィルム状にカバーしていることが認められた。集積されたAnammox汚泥は，流入水に溶存酸素や有機物がある程度存在しても安定したAnammox活性を示すが，これにはAnammox菌と共生する，*Z. ramigera*類縁菌の生理特性が関係していると推定されている。

（e）Anammoxを活用する窒素除去 Anammox反応を排水からの窒素除去に適用するには，Anammox処理に先立って排水中に含まれる有機物質を除去するとともに，排水に含まれるNH_4^+の半量をNO_2^-に酸化（部分亜硝酸化：partial nitrition）処理しなければならない。一般的な硝化処理では，アンモニア酸化細菌の活性よりも亜硝酸酸化細菌の活性が高いことからNO_2^-の段階で反応を停止させることは難しい。培養環境（pHと温度）と汚泥の増殖速度を制御することで亜硝酸化処理は可能となる。部分亜硝酸化とAnammoxを組み合わせるとつぎのように反応は進む。

部分亜硝酸化：
$$2NH_4^+ + 1.5O_2 \longrightarrow NH_4^+ + NO_2^- + H_2O + 2H^+$$

Anammox：
$$NH_4^+ + NO_2^- \longrightarrow N_2 + 2H_2O$$

全体：
$$2NH_4^+ + 1.5O_2 \longrightarrow N_2 + 3H_2O + 2H^+$$

従来の硝化-脱窒処理に比べ，この部分亜硝酸化-Anammox処理では，酸素供給量，外部炭素源供給量をそれぞれ50％，100％削減できることから，きわめて経済的な窒素除去プロセスの構築が可能となる。

（古川憲治）

4.1.6 固定化菌利用

排水処理にかかわる微生物を反応槽内に高密度に保持する目的や，微生物と処理水との固液分離操作を不要化して処理装置を小型化，単純化するなどの目的で，

なんらかの支持体（担体，濾材などと呼ばれる）に固定した状態の微生物（固定化菌）を利用することが行われている。また，排水処理分野においては，反応槽内の微生物は外部からの多様な微生物の進入による淘汰や排水性状の変動による環境変化にもさらされる。したがって，比増殖速度が小さいことや環境変化の影響を受けやすいことなどの理由で浮遊状態では優占種となり得ない有用な微生物を利用したい場合にも，固定化菌の利用は有効な技術となる。固定化菌利用には以下の生物膜法，包括固定化法，自己造粒法などがある（図4.13）。

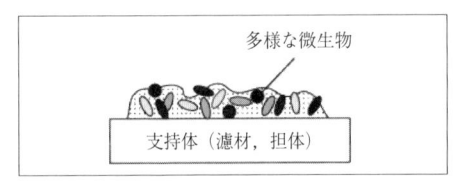

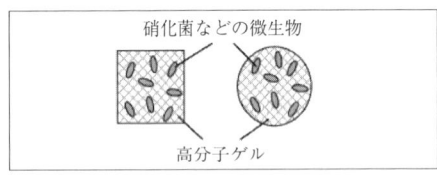

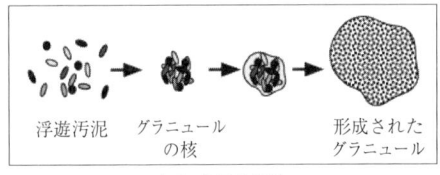

接触曝気法などのさまざまな排水処理装置に幅広く利用されており，排水に含まれる有機物の除去だけでなく窒素の除去にも適用されている。しかし，生物膜法では生物膜が肥厚して目詰まりしたり支持体から剥離してしまうなどの問題がある。現在，生物膜内部の微生物の状態について，微小電極などを用いて詳細な解析[64]が行われており，硝化菌と脱窒菌の両方が働ける反応場を生物膜内に形成しようという試みもある[65]。

（b）包括固定化法 包括固定化法は，微生物をポリアクリルアミドやポリビニルアルコール，ポリエチレングリコールなどの高分子ゲルの格子内部に生きたまま閉じ込め利用するものである。排水処理分野では，比増殖速度が小さい硝化菌などの独立栄養細菌を利用する場合に多く用いられ，硝化菌などを包括固定化した球状やキュービック状のゲル担体を曝気槽に投入して利用する検討が行われてきた[66]。その結果，活性汚泥法や前述の生物膜法に比べ硝化（アンモニア態窒素の亜硝酸態または硝酸態窒素への酸化）を効率よく進めることが可能であるが，微生物の固定化操作に要するコストが高く，酸素やアンモニアなどの基質の供給が高分子ゲルの表面のみに限られ，長期間使用した場合には濾材表面に硝化菌の生物膜を形成したものと同じになってしまう。そのような理由から，活性汚泥法などと併用して実適用された例[67]がある（図4.14）が実用化例は少ない。そのため，硝化菌と脱窒菌を一緒にゲル内部に固定して，使われないゲル内部も有効に使う方法が検討されている[68],[69]。排水と接するゲル担体の表面では好気な微生物反応（硝化）を，ゲル内部では嫌気な微生物反応（脱窒）を同時に行うことにより，一つの反応槽だけで窒素除去を行うもので，実排水を用いた検討も行われている[70]（図4.15）。

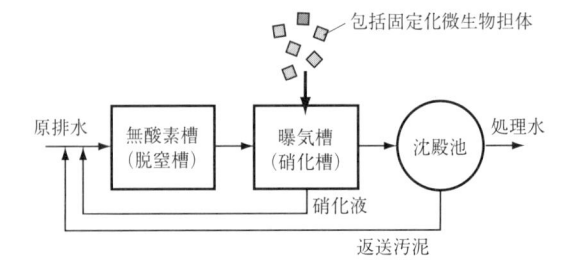

図4.13 廃水処理分野における固定化菌利用

（a）生物膜法 生物膜法は，反応槽内に充填する支持体の表面に微生物を付着させ利用するものであり，活性汚泥法よりも古くから利用されてきた方法である[63]。支持体には，比表面積の大きい波板状やハニカム状，繊維状，スポンジ状などのさまざまな形状のものがあり，プラスチック，セラミック，活性炭などの多様な材質が使われる。これら支持体の表面は微生物が付着しやすいように化学的な修飾が施される場合もあるが，微生物が自然に付着するのを待つものが多い。支持体表面に形成される生物膜は，好気性菌や嫌気性菌などの多様な微生物から構成され，硝化菌のような比増殖速度が小さい微生物を高密度で定着させた生物膜も形成可能である。散水濾床法，回転円盤法，

図4.14 包括固定化微生物担体を用いた窒素除去プロセス

（c）自己造粒法 排水中の微生物に上昇流などの適当な水利条件を与えると，微生物が増殖する過程で微生物相互が密に集合し，微生物の生成するバイオ

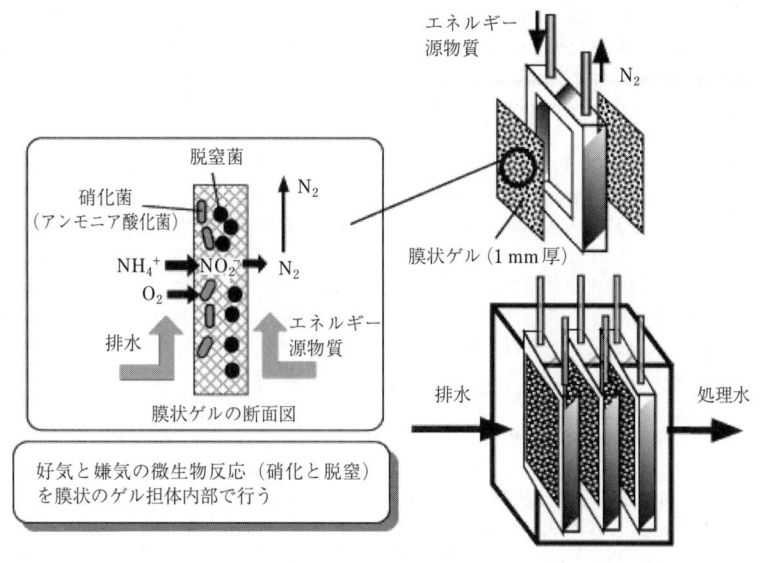

図 4.15 硝化と脱窒を同時に行う窒素除去バイオリアクター

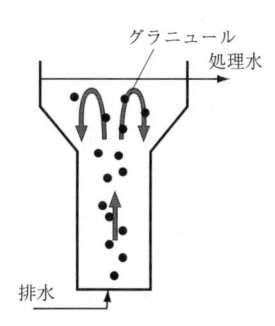

図 4.16 自己造粒法を用いた上向流式嫌気性汚泥床(UASB)

ポリマーや糸状微生物などが絡まるように粒状に成長する。自己造粒法は，このようにして形成された直径数 mm の微生物塊（ペレットまたはグラニュールと呼ばれる）を排水処理に利用するもので，支持体は必要としないが固定化菌利用の一つである[71]。これまでに嫌気性処理における上向流式嫌気性汚泥床（upflow anaerobic sludge blanket：UASB）として用いられてきた（**図 4.16**）が，好気条件でも自己造粒が起こることがわかり，メタン発酵や食品工場や生活系排水などのさまざまな対象の排水処理に適用されている[72),73)]。自己造粒法で形成された微生物塊は，浮遊汚泥に比べ高い微生物濃度と活性を有しており，有機性排水を高負荷条件で処理できる。また，汚泥が減量化できる利点を持つ。しかし，自己造粒する機構については不明な点が多く，自己造粒までに時間がかかる

などの問題が残されている。また，硝化菌のような独立栄養細菌をグラニュール内部に高密度に保持させることは難しいため，包括固定化法などと組み合わせる必要がある。 　　　　　　　　　　　　　　　　　　(植本)

引用・参考文献

1) 日本下水道協会編：下水道施設設計指針と解説(後編)，pp. 15-18 (2001).
2) 花田茂久，佐藤弘泰，味埜　俊，松尾友矩：都市下水処理場活性汚泥における蓄積基質の挙動，環境工学研究論文集，**36**，179-186 (1999).
3) メットカーフアンドエディ社（松尾友矩監訳）：水質環境工学，pp. 281-286，技報堂 (1993).
4) Eikelboom, D. H. and van Buijsen, H. J. J.: Microscopic sludge identification manual, *Delft: IMG-TNO Report*, A94a (1981).
5) Kanagawa, T., Kamagata, Y., Aruga, S., Kohno, T., Horn, M. and Wagner, M: Phylogenetic analysis of and oligonucleotide probe development for Eikelboom *Type 021N* filamentous bacteria isolated from bulking sludge, *Appl. Environ. Microbiol.*, **66**, 5043-5052 (2000).
6) ワンナー，J.（河野哲郎，柴田雅秀，深瀬哲郎，安井英斉訳）：活性汚泥のバルキングと生物発泡の制御，技報堂 (2000).
7) 日本下水道協会編：下水道施設設計指針と解説(後編)，pp. 217-226 (2001).
8) 江森弘祥，中村裕紀，竹島　正，田中和博，中西　弘：包括固定化微生物を用いた窒素除去リアクターの

開発, 土木学会論文集, **515**, 115-125 (1995).

9) Mino, T., van Loosdrecht, M. C. M. and Heijnen, J. J.: Review: Microbiology and biochemistry of enhanced biological phosphate removal process, *Water Research*, **32**, 3193-3207 (1998).

10) Seviour, R, Mino, T. and Onuki, M.: The microbiology of biological phosphorus removal in activated sludge systems, *FEMS Reviews*, **27**, 99-127 (2003).

11) 日本下水道協会編：下水道施設設計指針と解説 (後編), pp. 119-127 (2001).

12) 日本下水道協会編：下水道施設設計指針と解説 (後編), pp. 133-141 (2001).

13) 綾日出教：膜分離技術の変遷――膜分離活性汚泥法を中心として――, 水環境学会誌, **22**, 242-247 (1999).

14) Henze, M., Gujer, W., Mino, T. and van Loosdrecht, M.: Activated sludge models ASM1, ASM2, ASM2d and ASM3, *Scientific and Technical Report*, No. 9, IWA Publishing, London (2000).

15) 園田頼和：廃水の生物処理, (高原義昌編著), p. 167, 地球社 (1980).

16) 木田建次, 益田光信：バイオマス・エネルギー・環境, (坂志朗編著), pp. 356-379, アイピーシー (2001).

17) Lettinga, G., van Velsen, A. F. M., Homba, S. W., de Zeeum, W. and Klapwijk, A.: *Biotechnol. Bioeng.*, **22**, 699-734 (1980).

18) Young, J. C. and Dahab, M. F.: *Wat .Sci. Technol.*, **15**, 369-383 (1987).

19) Jeris, J. S.: *Wat. Sci. Technol.*, **15**, 169-176 (1983).

20) Cohen, A., Zoetemeyer, R. J., van Deursen, A. and van Andel, J. G.: *Water Res.*, **13**, 571-580 (1979).

21) 木田建次, 森村 茂, 種村公平：生物工学, **74**, 381-396 (1996).

22) Kida, K., Shigematsu, T., Kijima, J., Numaguchi, M., Mochinaga, Y., Abe, N. and Morimura, S.: *J. Biosci. Bioeng.*, **91**, 590-595 (2001).

23) Kida, K., Morimura, S., Mochinaga, Y. and Tokuda, M.: *Process Biochem.*, **34**, 567-575 (1999).

24) 重松 亨, 湯 岳琴, 森村 茂, 木田建次：用水と廃水, **45**, 866-876 (2003).

25) Buswell, A. M.: *J. Am. Chem. Soc.*, **70**, 1778-1780 (1948).

26) 木田建次：*Bio Industry*, **7**, 79-92 (1990).

27) 木田建次：環境管理, **35**, 539-546 (1999).

28) Schink, B.: *Microbiol. Mol. Biol. Rev.*, **61**, 262-280 (1997).

29) Boone, D. R. and Castenholz, R.W. eds.: *Bergey's Manual of Systematic Bacteriology*, 2nd ed., Vol. 1, Springer-Verlag, New York (2001).

30) Sekiguchi, Y., Kamagata, Y. and Harada, H.: *Curr. Opin. Biotechnol.*, **12**, 277-282 (2001).

31) Amann, R. I.: *Molevular Microbial Ecology Manual*, 3.3.6, 1-15 (1995).

32) Muyzer, G., de Waal, E. C. and Uitterlinden, A. G.: *Appl. Environ. Microbiol.*, **59**, 695-700 (1993).

33) Liu, W.-T., Marsh, T. L., Cheng, H. and Forney, L. J.: *Appl. Environ. Microbiol.*, **63**, 4516-4522 (1997).

34) Hattori, S., Kamagata, Y., Hanada, S. and Shoun, H.: *Int. J. Syst. Evol. Microbiol.*, **50**, 1601-1609 (2000).

35) 生物系廃棄物リサイクル研究会編：生物系廃棄物のリサイクルの現状と課題, pp. 1-6, 有機資源化推進会議 (1999).

36) Wu, Y. C., Hao, O. J., Olmstead, D. G., Hsieh, K. P. and Scholze, R.J.: Wet air oxidation of anaerobically digested sludge, *J. Water Pollut. Control Fed.*, **59**, 39-46 (1987).

37) 山下雅治, 吉岡和三, 福永 栄：有機性廃棄物の水熱可溶化とバイオガス回収システム, 石川島播磨技報, **41**, 235-239 (2001).

38) 永井史郎, 西尾尚道, 藤本忠生, 河杉忠昭：汚泥の熱処理とメタン発酵, 水質汚濁研究, **9**, 274-280 (1986).

39) Rajan, R. V., Lin, J.-G. and Ray, B. T.: Low-level chemical pretreatment for enhanced sludge solubilization. Res., *J. Water Pollut. Control Fed.*, **61**, 11-12, 1678-1683 (1989).

40) 中川輝雄, 福島雄三, 内山直明, 渡辺常一：汚泥の前処理――嫌気性消化法のための湿式ミル前処理の効果――, 第25回下水道研究発表会講演集, 472-474 (1988).

41) 清水達雄, 工藤憲三, 那須義和：嫌気性消化プロセスにおける前処理法としての余剰汚泥の超音波処理, 用水と廃水, **34**, 221-226 (1992).

42) 岸本民也, 赤木靖春：オゾン処理した余剰汚泥のメタン発酵効率に関する基礎的研究, 化学工学論文集, **15**, 1051-1056 (1989).

43) 北詰昌義, 上山貞夫, 辨野義巳：自然界より分離した酸生成菌による余剰活性汚泥の可溶化分解, 醗酵工学, **69**, 363-372 (1991).

44) Hasegawa, S. and Katsura, K.: Solubilization of organic sludge by thermophilic aerobic bacteria as a pretreatment for anaerobic digestion, *Proc. II International Symposium on Anaerobic Digestion of Solid Waste* (II ISAD-SW), 145-152 (1999).

45) ハオ リンユン, 片岡直明, 宮 晶子, 鈴木隆幸：油脂含有排水のメタン発酵連続処理特性, 第35回日本水環境学会年会講演集, 394 (2001).

46) 長屋由亀, 珠坪一晃, 宮 晶子：高温メタン発酵系における優占セルロース分解細菌の同定と検出, 第37回日本水環境学会年会講演集, 282 (2003).

47) 蓑田泰治：バイオマス――生物資源の高度利用――, pp. 147-164, 朝倉書店 (1985).

48) Kataoka, N., Miya, A. and Kiriyama, K.: *Wat. Sci. Tech.*, **36**, 41–47 (1997).
49) Zeikus, J. G.: *Ann. Rev. Microbiol.*, **34**, 423–464 (1980).
50) Soutschek, E., Winter, J., Schindler, F. and Kandler, O.: *System. Appl. Microbiol.*, **5**, 377–390 (1984).
51) Rachman, M. A., Furutani, Y., Nakashimada, Y., Kakizono, T. and Nishio, N.: *J. Ferment. Bioeng.*, **83**, 358–363 (1997).
52) Ueno, Y., Haruta, S., Ishii, M. and Igarashi, Y.: *Appl. Microbiol. Biotechnol.*, **57**, 65–73 (2001).
53) Lay, J. J.: *Biotechnol. Bioeng.*, **68**, 269–278 (2000)
54) Ueno, Y., Otsuka, S. and Morimoto, M.: *J. Ferment. Bioeng.*, **82**, 194–197 (1996).
55) Ueno, Y., Haruta, S., Ishii, M. and Igarashi, Y.: *Appl. Microbiol. Biotechnol.*, **57**, 555–562 (2001).
56) Mulder, A., Van de Graaf, A. A., Robertson, L. A. and Kuenen, J. G.: *FEMS Microbiol. Ecol.*, **16**, 177–183 (1995).
57) Straus, M., Heijinen, J. J., Kuenen, J. G. and Jetten, M. S. M.: *Appl. Microbiol. Biotechnol.*, **50**, 589–596 (1998).
58) Straus, M., Fuerst, J. A., Kramer, E. H. M., Logerma, S., Muyzer, G., Van de Pas-Schoonen, K. T., Webb, R., Kuenen, J. G. and Jetten, M. S. M.: *Nature*, **400**, 446–449 (1999).
59) Van Dongen, L. G. J. M., Jetten, M. S. M. and van Loosdrecht, M. C. M.: *The Combined Sharon/Anammox Process, Water and Wastewater Series: STOWA Report*, p. 21, IWA Publishing (2001).
60) Furukawa, K. and Fujita, M.: *Environmental Res. Forum*, **5–6**, 319–324 (1996).
61) Rouse, D. J., Yoshida, N., Hatanaka, H., Imajo, U. and Furukawa, K.: *Japanese J. Wat. Treat. Biol.*, **39**, 33–41 (2003).
62) Fujii, T., Sugino, H., Rouse, J. D. and Furukawa, K.: *J. Biosci. Bioeng.*, **94**, 412–418 (2002).
63) 稲森悠平, 他：用水と廃水, **39**, 655–665 (1997).
64) Okabe, S., et al.: *Appl. Environ. Microbiol.*, **65**, 3182–3191 (1999).
65) 青木議輝, 他：用水と廃水, **45**, 129–133 (2003.)
66) 橋本 奨：用水と廃水, **29**, 412–421 (1987).
67) 角野立夫, 江森弘祥：用水と廃水, **39**, 672–677 (1997).
68) Kokufuta, E., et al.: *Biotech. Bioeng.*, **31**, 382–384 (1984).
69) Uemoto, H. and Saiki, H.: *Appl. Environ. Microbiol.*, **62**, 4224–4228 (1996).
70) 森田仁彦, 他：化学工学会講演要旨集, 102 (2003).
71) 孔 海南, 稲森悠平：用水と廃水, **39**, 678–687 (1997).
72) Lettinga, G., et al.: *Biotechnol. Bioeng.*, **22**, 699–734 (1980).
73) Beun, J. J., et al.: *Water Research*, **36**, 702–712 (2002).

4.2 廃棄物処理・再利用工学

4.2.1 コンポスト化

(a) コンポストとは コンポスト（堆肥）は, 肥料取締法では「わら, もみがら, 樹皮, 動物の排せつ物その他の動植物質の有機質物をたい積又は攪拌し, 腐熟させたもの」と定義されており特殊肥料に分類されている（**表4.7**）。ただし汚泥を原料としているものについては有害成分を含有する恐れがあるため普通肥料に分類されている。またこれまで稲わらや落ち葉を堆積処理したものを「堆肥」, 家畜ふん尿を主原料とするものを「きゅう肥」, 都市ごみを高速堆肥化したものを「コンポスト」として区別していたが, 現在は原料や方法によらず有機物を生物分解したものを広くコンポスト（堆肥）と呼んでいる（たい肥は法律用語）。

コンポストの品質や施肥基準は遅効性の窒素分や多

表4.7 肥料取締法による肥料の区分

区　分	規定項目（一部）	規制物質	肥料の例
普通肥料	含有すべき主成分の最小量（肥料ごとに異なる）	肥料ごとに異なる	化学肥料, 油かすなど
	主要な成分の含有量（窒素, リン酸, カリウム, 銅, 亜鉛, 石灰）の表示	ヒ素, カドミウム, 水銀, ニッケル, クロム, 鉛	汚泥発酵肥料（下水, し尿, 工業汚泥を原料としたたい肥）
特殊肥料	原料および主要な成分の含有量（窒素, リン酸, カリウム, 銅, 亜鉛, 石灰, 炭素/窒素比, 水分含量）の表示	ヒ素, カドミウム, 水銀	たい肥（汚泥を除く）
			米ぬか, コーヒーかす, 糞尿など

〔農業・生物系特定産業技術研究機構果樹研究所：http://www.fruit.affrc.go.jp/kajunoheya/fertilizers/fertmain.html（2003年6月現在）〕

様な微量金属・腐植質のように測定困難な成分にも依存するため一律に規定するのは難しく，先人たちは経験に基づき外観，色，におい，触感などから判断していた。肥料取締法では規制物質は指定されているが品質については明言されていない。一方，全国農業協同組合中央会を中心とした「有機質肥料等品質保全推進事業」により肥料の品質推奨基準が作成されている。そこでは有機物量，CN比，窒素全量，無機態窒素・リン酸・カリウム全量，アルカリ分，水分，pH，電気伝導度，塩基置換容量（陽イオン吸着能力）について原料ごとに望ましい基準を提示している。またコマツナによる幼植物栽培試験を推奨している。

窒素，リン酸，カリウムといった三大肥効成分の濃度は化学肥料に及ばないが，コンポストは緩効性の有機態窒素や腐植質を含んでいる点で優れている。また近年，化学肥料に頼らない「有機農法」や「循環型・持続型農業」が注目され，さらに循環型社会形成推進基本法およびその関連法（資源有効利用促進法や食品リサイクル法）の整備，また「バイオマス・ニッポン総合戦略」[2), 3)]により未利用有機物のリサイクルが推進されるようになりコンポストの需給が増加している（図4.17）。

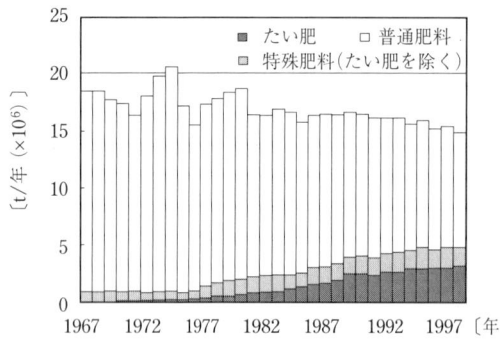

壌で酸素欠乏および窒素飢餓が生じ作物に害を与える。またコンポスト化過程では有機物分解に伴い二酸化炭素や水が排出されるため肥効成分が濃縮される。生成される腐植質は土壌粒子を団粒化し土壌環境を整える作用がある。さらに高温での処理が続けば，原料由来の病原微生物，寄生虫の卵，雑草の種子の不活化にも有効であるばかりでなく，農薬やフェノール類などの植物生長阻害物質の分解も期待される。

またコンポスト化は有機質肥料・土壌改良材の製造という面だけでなく，表4.8に示すような幅広い雑多な固体有機物を減量化・無害化できるという点で廃棄物処理としての重要性も高い。

表4.8 コンポスト化処理の対象となる廃棄物

種　類	例
畜産廃棄物	家畜糞尿，鶏糞，食肉加工場（と殺場）残渣
農産廃棄物	稲わら，桑，野菜くず
水産廃棄物	魚介類の非食部，養殖場艶死魚
林産廃棄物	バーク（樹皮），おがくず，廃材，間伐材
食品加工業廃物	おから，発酵工業廃物，ビールかす，コーヒーかす，茶葉
都市廃棄物	一般家庭ごみ（生ごみ，紙ごみ），落葉，剪定枝，刈り草，下水汚泥，し尿処理，製紙汚泥

図4.17 肥料生産量の推移（輸入量を含む）〔農業・生物系特定産業技術研究機構果樹研究所：http://www.fruit.affrc.go.jp/kajunoheya/fertilizers/fertmain.html（2003年6月現在）〕

（b）コンポスト化の意義　コンポスト化は自然界で起こっている有機物の循環を効率化したものであり，有機性廃棄物の処理・再利用技術である。コンポスト化処理の第一の目的はタンパク質，デンプン，セルロースなどの高分子有機物の低分子化である。これら易分解有機物が分解されていなければ，施用した土

（c）コンポスト化装置[4), 5)]　古くからのコンポスト化法では原料を積み上げ，ときどき積み替えをするだけなので酸素供給が不十分で，また原料の均一化が遅いために処理に数カ月かかる。このような野積み法（windrow）も各農家で収穫後に開始し，つぎの耕作までにコンポスト化するには十分であった。一方，短期間で処理する高速コンポスト化施設では酸素供給効率を上げる工夫がされており，装置により通気，切返し・混合の機構や散水装置の有無，臭気対策法に違いが見られる。図4.18に代表的な装置の概略図を示す（詳しくは文献[4), 5)]を参照）。

また電動撹拌式の小型生ごみ処理装置も数多く市販されている。それらは撹拌装置および通気機構を備えており，ヒーターや脱臭装置を装備しているものもある。家庭，食堂，ホテルなどから排出される生ごみや紙ごみをオンサイトで連続的に減量化することが主目的であり，熟成度や塩類の蓄積の問題から処理物を直接コンポストとして使用することはできず，二次発酵を必要とする。各事業所や家庭で減量化した未熟コンポストを収集し，コンポスト施設で完熟コンポストを生産するといった試みも行われている[6)]。

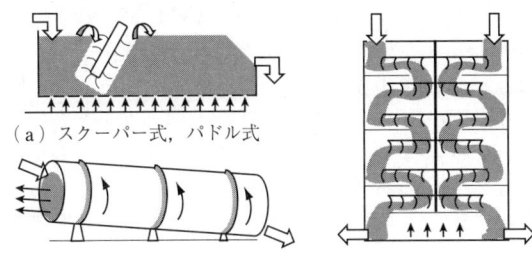

(a) スクーパー式，パドル式
(b) ロータリーキルン式（円筒横型）
(c) 段塔式
⇨：原料から製品への流れ　→：通気流

図4.18　種々のコンポスト化装置

（d）コンポスト化過程の制御[4),7)]　好気条件での高速コンポスト化に影響を与える因子として以下の項目が挙げられる。

（1）通気量　酸素濃度を高く保つことが重要であるが，通気量を大きくしすぎると材料温度の低下につながる。

（2）水分量　水分量が高いと通気性が低下するため微生物の嫌気的代謝が中心となる。一方，水分が低すぎると生物反応が抑制されるうえに，塵埃による作業環境の悪化が問題となる。原料によっても異なるが，一般的に50～60％が適当である。

（3）pH　好気的分解時にはpHは8～9になる。酸性の原料についてはアンモニア発生時期の半熟成コンポストとの混合等で調整される。これには酸性原料の臭気を抑える働きもある。

（4）CN比　一般に25前後が適している。CN比の異なる複数の原料の混合で調整される。

（5）温度　有機物の酸化に伴う発熱により内部温度は70℃以上まで上昇する。特にプラント規模での施設では材料自身の保温効果も高いため冬期の野外でも加温設備を必要としない。高温にすることで，分解速度を高める，水分蒸発を促す，病原微生物や雑草の種子を失活させる，といった効果が期待される。ただしアンモニアのような揮発性の肥効成分の損失も考慮しなければならない。小型装置を使ったコンポスト化実験では約60℃で有機物分解量が最大であったと報告している[8)]。また60℃を超えると微生物の多様性が減少するという報告もある[9)]。

（6）微生物　戻し堆肥や微生物製剤といった「微生物（群）の添加」は必ずしも必要ではない。ただしコンポスト化の立上りを促進し処理期間を短縮し得る。また長年処理を行っているコンポスト施設のコンポストは品質がよいといわれており，完熟または半熟成コンポストを新たな処理に添加していくことは有効な機能を持つ微生物群を選抜しながら受け継いでいる可能性もある。

コンポスト化は多様な無殺菌基質の複雑な分解反応であり，その過程に働く微生物についてはまだよくわかっていない。*Bacillus*属細菌を中心とした好熱性細菌とともにプロテオバクテリアや放線菌類，糸状菌類がコンポスト化過程から単離されている。しかし一般自然環境と同様にコンポスト化過程でも実験室で容易に培養できる微生物は全体の1％にも満たないと考えられ，まだまだ多様な微生物が存在している可能性がある。個々の微生物を培養することなく検出する手法が数多く開発されているが[10)]，固体有機物が豊富に混在するコンポスト化過程の微生物叢の核酸解析や顕微鏡法による解析は容易ではない[11)]。また固体培養であるために系内の均一性が低く，高温好気コンポスト化過程でも温度が低いまたは嫌気的な部分もあると予想され，それぞれの環境に応じて微生物の代謝パターンが変化することも示唆されている[12)]。さらにコンポスト化で生成されるフミン酸は電子受容体として微生物の代謝に直接関与し得ると報告されており[13)]，コンポスト化過程での微生物の代謝研究を複雑にしている。また細菌・カビ類に加え原生動物や微小動物の関与する過程もあるが，それらを総合的に解析した研究はほとんどない。

微生物については，作物への安全面・衛生面からも制御が必要である。エアロゾルにのってコンポスト化過程の微生物が1km以上離れた位置まで拡散するとの報告もある[14)]。多くの病原微生物はコンポスト化過程での高温によって死滅することが期待されるが，それらの簡便・高感度な検出法の確立と安全基準を明確にする必要がある。

近年，コンポスト化過程は社会の注目度の高まりと解析手法の発展が相まって微生物解析を中心に研究が進んでいる[14)]。コンポスト関連の科学学術研究論文の数も90年代から加速的に増加しており，数多くの特許も出願されるようになっているが，まだ理論的な制御法の確立には至っていない。

（e）コンポスト化の応用とこれからの課題　生産性主体の農作活動により世界各地で土壌中の有機物が不足している。コンポスト化は有機資源の循環を促し土壌の枯渇を防ぐためにも見直されている技術である。また宇宙開発においても人間活動で排出される有機性廃棄物のコンポスト化処理が重要視されている。近年，高温（50～60℃）・酸性（pH 3.5～5.6）条件で長期間，連続処理可能な「アシドロコンポスト化」といった新たな処理技術も開発されており[15)]，伝統的技術であるが今後も技術革新が進むと期待される。

しかし日本国内では原料と製品の需給のバランスがとれていないのが現状である。廃棄物の安定確保とコンポストの需要拡大が必要である。コンポストは農耕地だけでなく公園，ゴルフ場などの緑地開発やきのこ栽培，ミミズ・昆虫の養殖にも利用可能であり，土壌侵食防止材，脱臭材としても効果的である。さらに植物病原菌に対する biological control agent といった付加価値を高める研究も進んでいる。またコンポスト化過程で生じる廃熱の利用や活発な微生物代謝を利用した有害化学物質（ダイオキシンなど）の分解についても成果が報告されつつある。　　　　　　（春田，崔）

4.2.2　バイオマス資源からのエタノール生産

（a）背　　景　エタノールは太古の昔以来人類に最も"身近な化学物質"といえる。各地の気候風土の微妙な特性を生かした多様な製造法"醸造"は遠く古代からさまざまな文化を醸し出してきた。世界各地域の醸造法とその土地の文化様式とはまさに表裏一体といえ，エタノール醸造研究はこれまで「おいしさの追求」が主体であった。ところが近年この分野に大きな変化が起きている。エタノールが地球温暖化対策に重要な役割を担うと期待され，徹底したコスト低減化という新たな研究が活発に行われるようになった。再生可能なバイオマス資源から製造されたエタノールをガソリン代替として使用し，化石燃料使用量を減少させるねらいである。燃料として使用されたエタノールはCO_2として排出されるが光合成により再びバイオマスに再生されることから，大気中のCO_2は増減ゼロとみなすことができる。

エタノール醸造法はバイオマス資源を原料とする大規模生産の目標に対しては，生産性（space time yield：STY）がきわめて低いこと，炭素数5の糖類を利用できないことなど多くの課題を有する。さらに嗜好製品製法としての醸造のさまざまな利点は，その多くが大規模工業生産においては逆に「阻害要因」となってしまう。例えば醸造は嫌気状態が基本であるものの微量の酸素供給が必要であり，この微妙な"醸造状態"が"おいしい酒"造りに寄与する。酵母は自ら生成するエタノールに対する耐性（エタノールは生体に対する"毒性"がある）を得るために特殊な生体成分を合成しているが，この合成に"微量の酸素"が必要である。このような培養管理は大規模生産においては複雑な工程管理となり，コストアップ要因となる。

近年，従来の醸造法とは技術思想を異なる新規製造法が続々と報告されており以下に紹介する。

（b）各種微生物を用いたエタノール生産　工業用および燃料用エタノールの生産には，これまでに *Saccharomyces cerevisiae* に属する酵母が広く用いられていた。1970年代になってエタノール生産細菌である *Zymomonas* 属の利用に関する研究がさかんになり，その後80年代後半からは遺伝子組換えによるエタノール生産菌の創製が試みられている。

以下に，これまでの研究動向と技術課題を解説する。

（1）"醸造法"を基盤とするエタノール生産

① *Saccharomyces cerevisiae*　酵母 *S. cerevisiae* のエタノール生産に関する研究は1800年代のPasteurらの研究に端を発し，近年の遺伝子レベルの解析研究まで，豊富な技術蓄積がある。グルコース，フルクトース，スクロースなどのC_6糖（hexose）は解糖系を経て代謝されエタノールに変換される[16]。本菌を用いたエタノール生産の利点は，そのエタノール耐性の高さと，原料糖からの変換効率が高いことである[17]。またpH 4.5付近で用いることで，他の微生物種の混入を極力抑えた連続生産も可能である[18]。しかしながら，細菌と比較して増殖速度が遅いため生産性STYが低いこと，C_5糖（pentose）を利用できない課題がある。

〔C_5糖利用能の付与〕*S. cerevisiae* に対するC_5糖利用能付与を目的に，C_5糖の資化能を有する *Pichia stipitis* 由来の xylose reductase, xylitol dehydrogenase をコードする遺伝子の導入による報告があるが，発酵過程で代謝中間体である xylitol が多量に蓄積するなど，効率的なエタノール生産には至っていない[19)～22)]。

② *Zymomonas mobilis*　*Zymomonas* 菌はグラム陰性通性嫌気性桿菌で，pH 5.5で生育し，エタノールを生産する[23]。酵母とはエタノール発酵経路が異なり，Entner-Doudoroff 経路によって糖類よりエタノールを生産する。本菌の糖類利用能はきわめて限定的であり，グルコースとフルクトース，スクロースのみが利用可能である。グルコースを基質とする場合には，エタノールへの収率，生成速度において酵母よりも優れているが，他の糖を利用した場合は酵母に劣る。耐塩性が低い（＜2％ NaCl）ことも，多量の無機塩を含む廃糖蜜などを利用する場合に問題となる。

〔C_5糖利用能の付与〕*Z. mobilis* に対するC_5糖利用能付与は，大腸菌由来の xylose isomerase, xylulokinase をコードする二つの遺伝子の導入による報告がある[24]。しかしながら，xylose 原料の場合では xylitol や lactate, glycerol などの副産物が認められること，また，xylose の利用は培地中の glucose の存在により抑制されることなどの課題がある[25]。

（2） 新規技術：エタノール生産微生物の創製

エタノール生成技術に関して，遺伝子組換えは大きな革新を与え微生物研究者にとっては"衝撃"的なことともいえることであった。微生物研究者にとってエタノール生成微生物は酵母をはじめ"特殊"な微生物と思い込んでいたのであるが，大腸菌等のエタノール非生成微生物に，たった2個の遺伝子を導入することにより容易にエタノール生成能を付与できることが報告されたのである[26]（図4.19）。

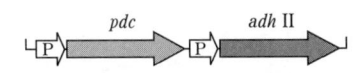

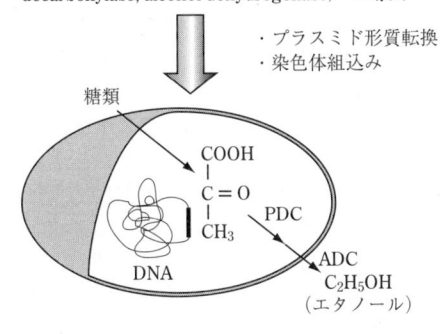

図4.19 エタノール生成微生物の創製

以下に"新規なエタノール生産微生物"の代表である大腸菌に対する遺伝子組換え研究の概要，および，筆者らの新規コンセプトによるエタノール生産プロセスに関する研究開発をあわせて紹介する。

① エタノール生産能を有する大腸菌　大腸菌は本来，嫌気発酵においてエタノールを微量生成する。しかし，Ingramらは1989年にこの大腸菌に$Zymomonas$由来の二つの遺伝子pdc（pyruvate decarboxylase）とadh（alcohol dehydrogenase）を導入することで，優れたエタノール生産株を作製することに成功した[26]（図4.19）。その後，この$Zymomonas$由来の遺伝子の大腸菌染色体上への組込み，またxyloseからの高効率エタノール生産も報告されている[27]〜[29]。グルコースを基質とする場合の菌体当りのエタノール生成速度は前記の微生物種よりも低いが，大腸菌は種々の糖類を資化することが可能であり，さらに分子生物学分野の基礎研究知見も豊富なことから，今後のさらなる遺伝子レベルの改変による生産性の向上が期待される。

② コリネ型細菌による新規製造法　筆者らは近年，新規なエタノール製造プロセスを提唱している。

図4.20（a）に示すように微生物細胞の生育を人為的に停止した状態でエタノール製造を行わせる。これにより微生物細胞はあたかも化学反応における触媒のように用いることが可能となる。既存発酵法（図4.20（b）と異なり生育（細胞分裂）する「場」が不要となり，反応器に高密度で「触媒（微生物細胞）」を充填する。連続反応様式によるエタノール製造が可能なことから，大幅な高効率化プロセスとなると考えている。用いる微生物種はコリネ型細菌である。この微生物は好気的条件下で生育しアミノ酸等の工業生産に広く利用されている。ところがこの微生物は嫌気条件下において分裂生育は停止するものの主要代謝系は活性を維持するという特性を有しており，この特性を利用しエタノール生成に関与する遺伝子を付与し用いている（図4.19）。

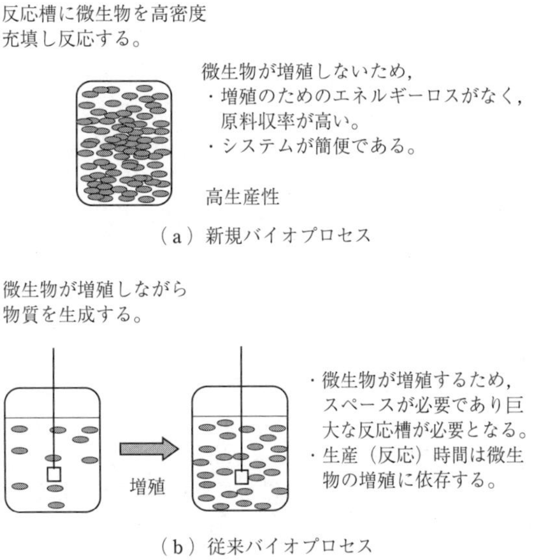

図4.20 新規バイオプロセスによる高効率エタノール生産

（c） 燃料エタノール生産の現状

燃料用のエタノールはすでに醸造法を改良した製法を基本として相当の規模で生産されている。以下に現状を紹介する。

現在燃料用エタノールはブラジルと米国でかなりの規模で生産されている。ブラジルでは特産のサトウキビ由来の砂糖，米国ではトウモロコシデンプン由来のグルコースを原料として生産されている。

（1） ブラジルの状況　ブラジルの最近10年間の自動車燃料用エタノール生産量は年間1200万〜1400万klである。ブラジルのエタノール燃料発展の歴史は，

1970年代初頭の第一次石油危機勃発のときに始まる。石油燃料を輸入に大きく依存していた同国は石油価格の急激な上昇により貿易収支が大幅に悪化した。このため，砂糖の国際価格安定の目標も兼ねて砂糖原料エタノール生産が国策として開始された（エタノール・ガソリン混合燃料使用を国策として行うアルコール推進計画 Pro-alcohol Program を1975年スタート）。しかしながら，当時予測されたほどの石油価格の上昇はなく，このためエタノール使用への国の財政援助は大きな負担となり現在政策転換が急速に行われている。

ブラジルでは2種類の燃料としてエタノールが使用されている。すなわち ① エタノール（エタノール成分96％，水分4％）のみで走る自動車に使用される"含水エタノール燃料"（E96）と ② 無水エタノールとガソリンが24：76で混合されている"ガソリン燃料"（E24）である。

ブラジルでは ① のE96燃料を使用する車は"エタノール車"，② の無水エタノール/ガソリン混合燃料で走る車を"ガソリン車"と称している。

E96の1999年の消費量は約700万klでピーク時（1989年の約1100万kl）に比し，相当の落込みとなっている。逆にガソリン燃料（E24）の使用は増加傾向で消費量は1999年には約500万klに達し，90年代初期の消費量の約2倍である。E96燃料消費量の低下は1999年からアルコール車への補助が全廃され魅力がなくなったことがおもな要因である。つぎに述べる米国における燃料エタノール市場の急拡大という新たな状況に対し，政府・民間企業連携にて生産量の大幅増大を図るべく積極的な対応を計画していると伝えられている。

（2）米国の状況と今後　中部コーンベルト地域におけるコーンデンプン原料よりの生産が最近急増し，2003年末には1000万klに達している。燃料用エタノールはおもにE10（ガソリンに10％混合）として用いられ，一部E85（ガソリンに85％混合）も使用されている。

今後は政府等の手厚い補助策の継続，高生産性トウモロコシ（遺伝子組換え種）栽培の普及とともに，さらに生産が急増するものと予測されている（図4.21）。現在，バイオマス資源（コーンストバーなどの農産廃棄物）からの糖類製造研究がエネルギー省，農務省等による巨額な研究支援策により進展中であり，大幅なコスト低下となる革新技術が2010～2015年には実用化レベルに到達するものと予測される。（川口，湯川）

4.2.3　乳　酸　発　酵

乳酸発酵はおもに発酵飲料や食・飼料の製造手段として利用されてきたが，未利用生物資源の物性・保存性の改善や，工業原料としての乳酸生産の手段としても研究され，遊離の形以外にその塩やエステルが食品添加物，医薬品原料，工業原料として使用されている。昨今，生分解性を有する循環型プラスチックとして用途が広がりつつあるポリ乳酸の原料として注目されている。工業的にはアセトニトリルからの化学合成法に対して，光学活性な乳酸が生産可能な発酵法が9割以上を占めており，原料はトウモロコシおよび砂糖大根が世界的には主流である。乳酸菌の分類と代謝については第I編2.1.1項，6.1.1項に，有機酸発酵の一つとしての乳酸発酵は本編2.1.1項に述べられている。本項では廃棄物処理・再利用工学の立場から未利用バイオマスを原料とした乳酸の発酵生産について解説する。また，乳酸菌の一般的技術については成書[30]が，発酵生産全般については Hofvendahl & Hahn[31] や Lichefield[32] の総説がある。

（a）未利用廃棄物からの乳酸生産の意義　本来，バイオマスはカーボンニュートラル，すなわち化石資源を使わず生産−消費−廃棄（燃焼）が循環の輪を作る再生可能資源である。未利用バイオマスは石油等の化石資源に代わる資源として重要であり，その有効利用は持続型生産体系の構築のために必要であることはいうまでもない。グルコースなどを基質として進行するホモ乳酸発酵の場合，曝気のいらない嫌気条件下で2 mol の乳酸を蓄積し CO_2 を発生しない。グルコース分子は解裂するのみで炭素の酸化還元は起こらないため，自由エネルギー変化は-197 kJ/mol と小さく，完全燃焼のエネルギーの9割以上が分子内に固定されている。この観点からは環境インパクトの最小化が重要な廃棄物処理・再利用工学の手段として，石崎の提唱したラクテートインダストリーの一翼に未利用バイオマス資源を用いる考え方は理にかなっている[33]。

しかしながら，例えば組換え植物を使った微生物ポ

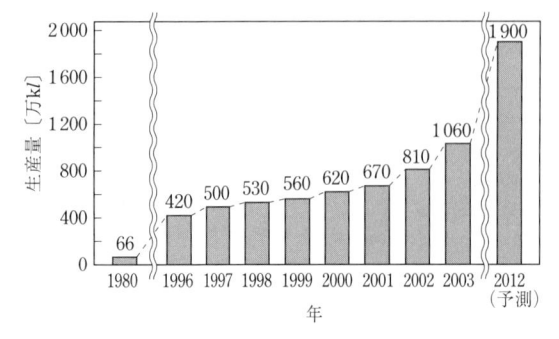

図4.21　米国におけるバイオエタノール市場予測

リエステルの生産技術の開発で指摘されているように，出発原料はバイオマスであっても，その収集運搬と変換プロセス等で従来法に比べて化石資源由来エネルギーを過剰使用しCO_2を発生する場合にはトータルではむしろネガティブになってしまう[34]。このことは一般的な環境配慮型生産技術におけるライフサイクルアセスメント（LCA）と環境負荷影響の評価法として重要である。

純粋な食品工業や発酵工業に対して，廃棄物利用工学としての乳酸発酵では加えて別の観点が必要である。農林水産物生産，食品加工においては本来の主用途に用いられない組織，飲食物加工に適さないグレードの原料や製品が排出される。これらはまず廃棄物ありきであり，発酵原料としての選択の余地がほとんどない。また，モデル実験での結果は実プロセスに反映しがたい。例えば，精製原料を基質とする発酵では対糖収率は対原料収率とイコールであるが，廃棄物処理・利用の立場からは対粗原料収率が重要である。さらに，新しく開発されたプロセスの評価は乳酸生産法としての比較とともに従来の廃棄物処理法，例えば焼却法やコンポスト化法を比較対象に考慮する必要がある。すなわち一般的な発酵プロセスの最適化の考え方以外に発酵を介した廃棄物処理における有価物回収の最適化と環境負荷の最小化が重要となる。

一方で，食品産業のようにすでに確立されている産業の廃棄物を新たな原料として利用する場合には，その原料製造費と廃棄物処理費は従前の産業にすでにコストとして組み込まれているので，それら生産行為全体のLCA評価において有利な減少分として働く。また，CO_2排出の観点から考える場合，例えば焼却せずに乳酸として固定され，工業製品として一定の滞留がある場合にはこれもCO_2排出量の減少，すなわち環境負荷の低減になる。さらに，乳酸発酵の直接の基質である糖質は食・飼料やアルコール発酵用原料でもあるため，廃棄物利用によって資源の競合を避けられることで，新たな生産による環境負荷を追加せずにすむメリットがある。

（b）廃棄物バイオマスからの乳酸発酵の検討要素

乳酸発酵の基質は糖質であるので，相当量の糖質が含まれる有機性廃棄物が処理対象になる。これはアルコール発酵と同様であり，タンパク質，脂質，有機酸などを基質として利用できるメタン発酵や，窒素，リン，カリウムが重要なコンポスト化処理とは異なる。従来の研究において，古紙[35]や製紙スラッジ[36]，廃木材[37]，廃ポテト[38]，サトウキビ圧搾残渣[39]，廃糖蜜[40]~[42]，乳清[43]，都市生ごみ[44],[45]などの糖質を含む未利用産業廃棄物を基質とした乳酸の発酵生産が論じられており，そのいくつかを表4.9にまとめた。以下，各検討要素について解説する。

（1）使用微生物　乳酸生産菌として多くのグラム陽性，低G+C含量の球，桿菌が研究されている。それらの選択については最適条件下での生産性と関連する，利用糖質，栄養要求性，耐塩性，耐酸素性，生育温度，生成乳酸の光学異性などがポイントとなる。D-グルコースなどのヘキソースからは多くの乳酸菌がホモ乳酸発酵を行い，比較的高い対糖収率で乳酸のみを蓄積する。また，ヘテロ乳酸発酵菌も知られており，エタノール，CO_2などを同時に生成する。一方，グラム陰性菌でもヘテロ乳酸発酵に準じた発酵形式をとる微生物も知られている。また，ペントースからは一般的に乳酸以外に酢酸やギ酸などを生成し，その生成比率は培養条件に依存する。アミラーゼ活性を有する乳酸菌も知られているが糸状菌に比べると弱い。セロオリゴ糖利用性も比較的低い。特殊な廃棄物・排水

表4.9　廃棄物バイオマスからの乳酸発酵生産の研究例

廃棄物	微生物	前処理	添加栄養素	乳酸濃度〔g/l〕	収率〔g/g乾燥原料〕	文献
古紙	Lb. delbrueckii B445	セルラーゼ	酵母エキス	31	0.84	35)
製紙汚泥スラッジ	Lb. pentosus B-227	酸加水分解	酵母エキス，ペプトン	58	0.73	36)
廃木材	Strain LA1	セルラーゼ	-	6.9	0.01	37)
廃ポテト	Lb. delbrueckii sp. lactis ATCC12315	アミラーゼ	コーンスチープリカー	93	0.78	38)
サトウキビ圧搾残渣	Lb. casei subsp. casei CFTRI 2022	-	-	53〔g/kg〕	0.18	39)
廃糖蜜（砂糖大根）	Lb. rhamnosus ATCC 10863	インベルターゼ	-	16	0.81	40)
廃糖蜜（砂糖大根）	B. coagulans TB/04	-	酵母エキス	52	0.86	41)
廃糖蜜（大豆）	Lb. salivalius sp. salivalius ATCC 11742	-	酵母エキス	5.5	0.85	42)
乳清（チーズ製造）	Lb. casei SU No 22	-	酵母エキス，ペプトン	40	0.83	43)
都市生ごみ	Lb. rhamnosus K-3	アミラーゼ	-	74	0.55	44)
標準家庭生ごみ	Mixed culture (Lb. plantarum)	-	-	45	0.45	45)

処理に特化した乳酸菌種の検索には0.5％のCaCO₃を懸濁した白亜寒天培地を用いてその溶解斑を見ることで分離する方法がある[46]。

（2）発酵原料の供給と糖源の種類　糖質を多く含む未利用資源や廃棄物でもその糖源はさまざまで，ラクトース（乳清），スクロース（廃糖蜜，モラセス），デンプン（小麦，トウモロコシ，馬鈴薯，米，生ごみなど），セルロース（木質，古紙）D-キシロース（木質）などがある。生ごみのように単糖，オリゴ糖と多糖の混合物であったり，リグノセルロース分解物のようにD-グルコースとともにD-キシロースなどの五単糖を含む複数の発酵性糖質が共存することは未利用バイオマスの特徴でもある。都市生ごみの場合，その成分的組成はきわめてばらつきが多いものの，一般事業所，家庭生ごみのいずれも潜在的に糖質含量が高いことが実生ごみについて調査されている[47]。デンプンを主要基質として乳酸菌を用いる場合，アミラーゼによる糖化工程を前処理として行う方法が多い。古紙や木質廃棄物の場合には酸あるいはセルラーゼ分解のいずれかの前処理が行われている。

（3）窒素・微量栄養素などの補足　窒素成分のフィードと発酵pHの調節を兼ねてアンモニアが用いられることがある。一般的に乳酸菌は栄養要求性が高く，ほとんどの菌種がなんらかの有機体窒素やビタミンなどを微量増殖因子として要求する。そのため，発酵生産には多くの場合でペプトン，酵母エキス，コーンスチープリカーなどが補足成分として用いられる。一方，廃糖蜜や生ごみなどのように比較的有機窒素その他の成分が豊富であり，補足する必要がない場合もある。従来，添加栄養素の使用は生産コストへの影響と最大生産性（g/($l \cdot h$)）の大小などから論じられてきたが，むしろ化石資源エネルギーの投入と二酸化炭素排出を最小にするLCAの視点から考慮する必要がある。

（4）pH，温度　生成物である乳酸の蓄積によりpHが低下すると発酵が抑制され，また乳酸自身の毒性は酸性下で強められる。そのため，一般的には弱酸性〜中性での制御下で発酵が行われる。

発酵の至適温度は菌種に依存し，25〜45℃で行われている。また，中等度好熱性を示す*Bacillus coagulans*では50℃に発酵の至適温度がある。

（5）光学異性　生成乳酸の光学異性は菌種特異的であり，*Lactobacillus salivalius*，*Lb. rhamnosus*，*Lb. casei*，*Lactococcus lactis*，*Streptococcus faecalis*など以外に胞子形成桿菌の*Bacillus coagulans*，糸状菌である*Rhizopus oryzae*などもL-乳酸を生産する。これに対し，*Lb. derbrueckii*はD-乳酸を生産する。また，DL-乳酸を生産する*Lb. amylophilus*や*Lb. plantarum*なども研究されている。

どのような光学異性の乳酸が必要とされるかはその後段の用途に左右され，それに従って菌株を選ぶ必要がある。ポリ乳酸製造においては乳酸の光学純度が重合度や結晶性に影響を及ぼすため高い光学純度のL-（あるいはD-）乳酸が必要である（ポリ乳酸の性状等は4.5.4項を参照）。都市生ごみなどには収集・運搬の段階ですでに乾物量当りおよそ1.6％のDL-乳酸が自然発酵により蓄積していることが実ごみでの調査からわかった。このような低品質原料に対して，*Propionibacterium freudenreichii*が弱酸性条件で示す乳酸の糖に対する優先的分解能力を利用した2段階発酵によって高い光学純度の乳酸を得る方法が提案されている（**図4.22**）。

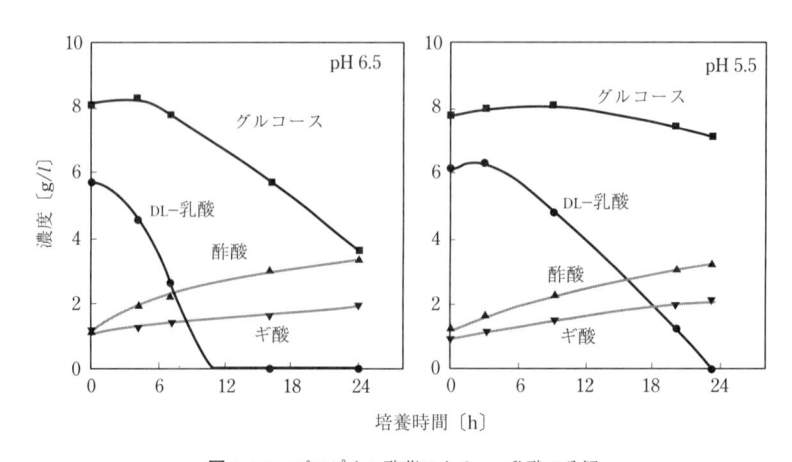

図4.22　プロピオン酸菌によるDL-乳酸の分解

一方，ラセミ乳酸の安価な発酵法として生ごみの開放系乳酸発酵においてpH5.5付近で間欠的に中和することで選択的な乳酸蓄積を促す，pH振動制御発酵が検討されている．本法は低品質バイオマスからの発酵生産のデメリット解消のために，プロセスへの設備費，投入エネルギーの低減化を目指した生ごみの殺菌と密閉系培養装置を必要としない乳酸生産法として検討されたが，このようなpH振動制御発酵における優勢菌は，DL-乳酸を生成する Lb. plantarum である（表4.10）．

（6）発酵モード　連続発酵，菌体固定化，高密度培養などはLCAを考慮した処理効率を意識しながら今後さらに検討されるべき課題である．

乳酸は培養液からなんらかの形で分離，精製する必要があるが，有機性廃棄物の場合，種々の有機酸や固形夾雑物が混入することが避けられない．カルシウム沈殿法などとともに，高純度の乳酸を得る方法にアルコールとのエステルに変換してから蒸留精製を行う方法がある．この場合エステル化を阻害する水分の蒸留除去に多大なエネルギーを必要とするので，発酵における乳酸濃度を上げ，水分を減らす工夫が必要であり，（半）固体培養や，膜分離によって発酵しながら系外に乳酸を濃縮抽出する，同時抽出発酵なども有効と思われる．

（7）発酵副生成物の利用法　製紙，製糖，デンプン製造業などから排出される廃棄物バイオマスを除いて生物由来廃棄物は糖質以外の成分を相当割合で含んでいる．特に汚泥類では顕著である．また，都市ごみにおいてはその組成成分は雑多であるが，廃棄物再利用の立場から有用成分以外の副生成物処理が求められる．

表4.9において対原料収率が高い事例は原料が粗精製を経ているため資源化が比較的しやすく，低い事例は乳酸として回収されない成分が多いことを意味している．前者に属し，排出量の多い廃棄物ではおのおのの主製造プロセスに比較的容易に乳酸発酵を付加導入することが可能と思われる．後者に属する場合は，例えば前処理残渣，発酵残渣，乳酸精製残渣などの利用が発酵プロセスと一体で設計されないと廃棄物処理に用いることはできない．例えば都市生ごみの場合，その組成や成分的特徴から，糖質炭素は乳酸として，その他の炭素と窒素，リン酸，カリウムなどは緑農地に還元可能な有機肥料や，飼料添加物となり得る微生物菌体の培養基として利用するという設計概念が提案されている[48]．ここには石油化学コンビナートなどで見られるカスケードプロセスによる原料成分の総合的利用の視点がある．得られる全生産物のLCA改善効果が，未利用資源のトータルな循環利用のために不可避的に増加してしまう化石エネルギーコスト，環境負荷を相殺する駆動力になる．

また，乳酸生産の観点以外に，例えばチーズ製造工業の副産物である乳清などでは，むしろ有機態窒素や発酵物そのものに食品添加物としての利用価値があったり，飼料としての物性や保存性改善のために乳酸発酵が有効な場合もあろう．

（c）乳酸発酵基質としての廃棄物バイオマス

国内で排出される廃棄物に焦点を絞った場合，2000年におけるおよその年間排出量は汚泥・糞尿が12000万t，生ごみを含む食品廃棄物が2000万t，草本性廃棄物，木質系廃棄物がそれぞれ1200万tである．糖質の含量・種類などから，乳酸発酵生産が成立しやすいのは，まず，食品産業廃棄物および都市生ごみであろう（図4.23）．これはすでに収集・運搬システムが社会システムとして既存である点が大きく，実験的に

表4.10　標準生ごみの開放系乳酸発酵に及ぼす間欠的pH制御と初期pHの影響

実験	pH	調整間隔〔h〕*1	生産性〔g/(l·h)〕	乳酸蓄積量〔g/l〕	乳酸選択性〔%〕*2
1-1	7	0	1.05	19	83
1-2	7	6	0.70	44	92
1-3	7	12	0.58	45	94
1-4	7	24	0.40	31	94
1-5	7	−*3	0.25	13	87
2-6	3	−*3	0.04	2.0	−
2-7	5	6	0.42	32	96
2-8	7	6	0.65	45	94
2-9	10	6	0.58	45	92

*1　pH調整の間隔
*2　全有機酸当りに占める乳酸の割合
*3　pH調整なし

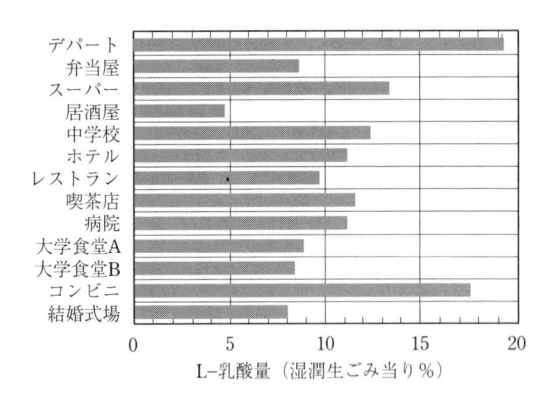

図4.23 種々の都市生ごみからのL-乳酸生産

生ごみからの乳酸発酵を介したポリL-乳酸の製造が例示されている。食・飼料の過半は輸入であるから，残渣あるいは排泄物として得られる廃棄物バイオマスも輸入超過の産物であり，わが国は廃棄物バイオマス資源国あるいは輸入大国であるともいえる。また，木質・草本系バイオマスも潜在的糖含量が高く，一部は排出後集約されるシステムがあるので，LCA的に有効な前処理と副産物利用法が設計できれば乳酸発酵の魅力的な原料となると思われる。 (酒井)

4.2.4 アセトン・ブタノール発酵

アセトンやブタノールはイソプレン，イソブテン，ブテンなど多岐にわたる化学合成の原材料として，第一次世界大戦から第二次世界大戦後の20世紀半ば頃まで発酵法により世界中で工業生産されていた。しかし，石油化学工業の発達とともに化学合成法に転換され，発酵法は衰退していった。昨今，環境問題や化石資源枯渇化が懸念されるようになり，アセトン・ブタノールはもとより発酵法による化学原料生産が注目されるようになってきた。アセトン・ブタノール発酵はおもに*Clostridium*属細菌によって行われ，それらは広範な炭素源資化能を有していることより，これまで利用されなかった未利用バイオマスを原料とすることが期待される。本項では，環境・エネルギー問題の解決方法の一つとして検討された未利用バイオマスからのアセトン・ブタノール（ABE）発酵について概説する。

（a）未利用バイオマス・廃棄物からのブタノール生産　サゴヤシは東南アジアに広く分布する植物で，年間デンプン生産量が1 ha当り25 tと他の植物バイオマスと比較して非常に大きい。すなわち炭酸ガス固定化能が非常に高く，化石資源に代わる植物バイオマスとして注目されている。また，サゴヤシからデンプンを抽出した廃液の排出量も膨大であり，環境汚染物質として問題となりつつある。一方，日本国内に目を向けると，一般廃棄物中の生ごみの年間排出量は増え続けており，生ごみの処理方法とリサイクル方法は環境保全のために重要な課題である。また，焼酎の製造工程で排出される焼酎蒸留廃液の年間排出量は40万t以上であり，多くは海洋投棄により処理されていた。しかし，2001年のロンドン条約による海洋投棄禁止を受け，焼酎蒸留廃液の新しい処理方法の開発がますます必要とされている。

しかし，これまで廃棄物として問題視されてきたサゴデンプン廃液，生ごみ，焼酎蒸留廃液等は発想を転換することにより，安定供給が可能であり非常に安価な実用性の高い発酵原料としてとらえることができる。そこで，これらを*Clostridium*属細菌によるABE発酵の原料として活用した例について以下に紹介する。

九州大学農学部で分離・同定された*Clostridium saccharoperbutylacetonicum* N1-4は世界有数の高ブタノール生産菌であり[49]，本菌株を用いてサゴデンプンやパーム油等の熱帯産バイオマスやその廃棄物，さらには焼酎蒸留廃液や生ごみ等からのABE発酵[50]～[53]が行われた。

酵素加水分解処理したサゴデンプン廃液のみを発酵原料として用いた場合，十分に菌体は増殖せず，生産ブタノールは1.0 g/l以下であり，サゴデンプン廃液の栄養源不足が示唆された。そこでサゴデンプンおよびトウモロコシデンプン製造工場より排出されるコーンスチープリカーを添加すると3.5 g/lのブタノールが生産された。加水分解処理した廃パーム繊維を発酵原料として用いた場合のブタノール生産量は4.4 g/lであったが，BODは発酵前より66%減少した。加水分解処理したモデル生ごみ（コメ，ニンジン，キャベツ，バナナ，さしみ）を発酵原料として用いた場合は10.1 g/lのブタノールが生産され，標準培地と比較して同等あるいはそれ以上であった。さらに，加水分解処理した4種類の焼酎蒸留廃液（イモ，ムギ，ソバ，ゴマ）のみを発酵原料として用いた場合は0.4～3.3 g/lのブタノールが生産されたが，前述のモデル生ごみを同時添加すると9.5～11.8 g/lのブタノールが生産された。焼酎蒸留廃液に生ごみを添加することにより，それぞれを単独で発酵原料とした場合よりも高いブタノール生産量が得られた。また，発酵後のBOD，COD，全窒素量，全リン量，懸濁物質量等もそれぞれ減少したことより，ごみの減量化にも有効であり，廃棄物処理・再利用法としても本ABE発酵は非常に新しい技術とみなすことができる。このように，サゴ

デンプン廃液，廃パーム繊維，生ごみ，焼酎蒸留廃液などの廃棄物を原料とした低環境負荷型再利用システム構築の可能性が示された。

（b） ABE抽出発酵によるブタノール含有バイオディーゼル燃料生産 ABE発酵では生産物であるブタノールによる阻害が顕著であり，回分培養においてブタノールは最大16 g/l前後までしか生産されない。その最終生産物阻害を軽減するために培養液中のブタノールを低濃度に保つことが検討され，これまでに連続培養法，浸透気化法，吸着法，抽出法等が試みられている。代表的な抽出溶剤であるオレイルアルコールの代替溶剤の検討を行い，植物油脂（パーム油，食用廃油）の利用を試みた報告がある[54),55)]。パーム油は主に東南アジアやアフリカで生産され，年間生産量は500万tと非常に高い。また，日本での食用廃油年間排出量は230万tと非常に高く，一部は回収され再利用されているが，いまだ有効な処理方法は開発されていない。しかしながら，パーム油を抽出溶剤として用いた場合のブタノールに対する分配係数はわずか0.04と非常に低く，ブタノールの最終生産物阻害を回避することは困難であった。そこで，抽出効率を増加させるために，パーム油のメチルエステル化物（CPOE）を調製した結果，ブタノールに対する分配係数は1.0と顕著に増加した。一方，エチルエステル化物はCPOEと比較してブタノールに対する分配係数が低く，コスト的にもCPOEが有望であると考えられた。CPOEを抽出剤として用いたところ，培養液中のブタノール濃度は低く維持され，ブタノール生産量は32％増加した。さらに，生産速度・基質消費速度ともに増加し，CPOEによる増殖阻害は観察されなかった。また，食用廃油メチルエステル化物（COME）を調製したところ，CPOE同様にブタノールに対する分配係数は1.0であり，抽出剤としての有効性が示唆された。実際に抽出剤として用いた結果，CPOEと同様に培養液中のブタノール濃度を低く維持し，ブタノール生産量は30％増加した。またCOMEも増殖阻害は示さず，生産速度・基質消費速度は増加した。よって，植物油脂メチルエステル化物類を抽出剤として用いることにより，ブタノールによる阻害を軽減し，生産量・生産速度・基質消費速度を増加させることが可能であることが明らかとなった。

近年，環境問題や化石燃料の枯渇などのエネルギー問題に対応する技術として，植物油脂をバイオディーゼル燃料として使用することが提案されている[56)]。バイオディーゼル燃料とは，植物油脂に起因するディーゼル燃料の代替物あるいはディーゼル燃料の添加物と定義されている。燃料特性指標の一つであるセタン価（着火性を示す）を調べたところ，前述のCPOEは49とJIS2号軽油規格内であり，またブタノール含有物も45以上で同規格内であった。すなわち，ディーゼルエンジンの交換および改良を行わず，直接ディーゼル燃料として利用可能であることが示された。また，流動点を比べた場合には，CPOEのみ（－5.0℃）よりもブタノール抽出CPOEのほうがJIS2号軽油なみの－12.5℃と低く，寒冷地でも使用できる優れたバイオディーゼル燃料といえる。つまり，植物油脂エステル化物を抽出剤として用いてブタノールによる阻害を軽減し，その後，抽出剤をそのままバイオディーゼル燃料として利用する効率的なシステムの構築が示唆されている。

本項で述べたABE発酵は嫌気発酵の一例である。嫌気発酵の理論構築は好気発酵のそれと比較して立ち遅れているが，嫌気発酵はプロセスのCO_2発生量が低い，菌体当りの物質転換率が高い等の優れた特徴が挙げられ，省エネルギー・環境調和型プロセスを備えた未来技術として有望である[57)]。特に *Clostridium* 属細菌の基質資化性は非常に広く，廃棄物などの未利用資源を原料として発酵を行うことが可能である。前述のサゴデンプン廃液，廃パーム繊維，生ごみ，焼酎蒸留廃液以外に，種々の有機廃液や廃材などに含まれるリグノセルロース，コーン粕などのさまざまな未利用資源を原料としたABE発酵が検討されている。将来，*Clostridium* 属細菌を含めた嫌気発酵は未利用資源の有効利用および処理方法として期待され，石油依存型社会への負荷を軽減できる技術として大いに期待される。

（園元，小林元太）

引用・参考文献

1) 農業・生物系特定産業技術研究機構果樹研究所：http://www.fruit.affrc.go.jp/kajunoheya/fertilizers/fertmain.html （2003年6月現在）
2) 農林水産省ホームページ：http://www.maff.go.jp/biomass/index.htm （2003年6月現在）
3) 小宮山宏，迫田章義，松村幸彦：バイオマス・ニッポン，日刊工業新聞社（2003）．
4) 藤田賢二：コンポスト化技術，技報堂出版（1993）．
5) Haug, R. T.: *The Practical Handbook of Compost Engineering*, Lewis Publishers (1993).
6) 有機質肥料生物活性利用技術研究組合編：環境保全型肥料生産基盤技術の開発，有機質肥料生物活性利用技術研究組合（2001）．
7) 有機質資源化推進会議編：有機廃棄物資源化辞典，農山漁村文化協会（1997）．
8) Nakasaki, K., Shoda, M. and Kubota, H.: Effect of temperature on composting of sewage sludge,

Appl. Environ. Microbiol., **50**, 1526–1530 (1985).

9) Strom, P. F.: Effect of temperature on bacterial species diversity in thermophilic solid-waste composting, *Appl. Environ. Microbiol.*, **50**, 899–905 (1985).

10) 五十嵐泰夫, 春田 伸, 中村浩平: 環境中の微生物集団を解析するための分子生物学的手法の概説, 環境技術, **31**, 674–678 (2002).

11) 春田 伸: 生ゴミ分解過程の微生物群集の解析, 環境技術, **31**, 698–700 (2002).

12) Pedro, M. S., Haruta, S., Nakamura, K., Hazaka, M., Ishii, M. and Igarashi, Y.: Isolation and characterization of predominant microorganisms during decomposition of waste materials in a field-scale composter, *J. Biosci. Bioeng.*, **95**, 368–373 (2003).

13) Benz, M., Schink, B. and Brune, A.: Humic acid reduction by *Propionibacterium freudenreichii* and other fermenting bacteria, *Appl. Environ. Microbiol.*, **64**, 4507–4512 (1998).

14) Insam, H., Riddech, N. and Klammer, S., eds.: *Microbiology of Composting*, Springer (2002).

15) Nishino, T., Nakayam, T., Hemmi, H., Shimoyama, T., Yamashita, S., Akai, M., Kanagawa, T. and Hoshi, K.: Acidulocomposting, an accelerated composting process of garbage under thermo-acidophilic conditions for prolonged periods, *J. Environ. Biotechnol.*, **3**, 33–36 (2003).

16) 栃倉辰六郎, 他: 発酵ハンドブック, pp. 43–50, 共立出版 (2001).

17) Yang, B., Lu, Y., Gao, K. and Deng, Z.: *Chinese J. Biotechnol.*, **13**, 253–261 (1998).

18) Nigam, J. N: *J. Biotechnol.*, **80**, 189–193 (2000).

19) Wahlbom, C. F., Cordero Otero, R. R., van Zyl, W. H., Hahn-Hagerdal, B. and Jonsson, L. J.: *Appl. Environ. Microbiol.*, **69**, 740–746 (2003).

20) Jin, Y. S. and Feffries, T. W.: *Appl. Biochem. Biotechnol.*, **106**, 277–286 (2003).

21) Jeppsson, M., Johansson, B., Hahn-Hagerdal, B. and Gorwa-Grauslund, M. F.: *Appl. Environ. Microbiol.*, **68**, 1604–1609 (2002).

22) Zaldivar, J., Borges, A., Johansson, B., Smits, H. P., Villas-Boas, S. G., Nielsen, J. and Olsson, L.: *Appl. Microbiol. Biotechnol.*, **59**, 436–442 (2002).

23) Doelle, H. W., Kirk, L., Crittenden, R., Toh, H. and Doelle, M. B.: *Crit. Rev. Biotechnol.*, **13**, 57–98 (1993).

24) Mohagheghi, A., Evans, K., Chou, Y. C. and Zhang, M.: *Appl. Biochem. Biotechnol.*, **98–100**, 885–898 (2002).

25) Krishnan, M. S., Blanco, M., Shattuck, C. K., Nghiem, N. P. and Davison, B. H.: *Appl. Biochem. Biotechnol.*, **84–86**, 525–541 (2000).

26) Alterthum, F. and Ingram, L. O.: *Appl. Environ. Microbio.*, **55**, 1943–1948 (1989).

27) Ohta, K., Beall, D. S., Mejia, J. P., Shanmugam, K. T. and Ingram, L. O.: *Appl. Envirion. Microbiol.*, **57**, 893–900 (1991).

28) Nichols, N. N., Dien, B. S. and Bothast, R. J.: *Appl. Microbiol. Biotechnol.*, **56**, 120–125 (2001).

29) Underwood, S. A., Zhou, S., Causey, T. B., Yomano, L. P., Shanmugam, K. T. and Ingram, L. O.: *Appl. Environ. Microbiol.*, **68**, 6263–6272 (2002).

30) 乳酸菌研究集団会編: 乳酸菌の科学と技術, 学会出版センター (1996).

31) Hofvendahl, K. and Hageldal, B. H.: *Enz. .Microb. Technol.*, **26**, 87–107 (2000).

32) Litchfield, J. H.: *Adv. Appl. Microbiol.*, **42**, 45–95 (1996).

33) 石崎文彬: 生物工学, **78**, 2 (2000).

34) Gerngross, T. U. and Slter, S. C.: *Sci. Am.*, Aug., 24–29 (2000).

35) Schmidt, S. and Padukone, N.: *J. Indst. Microbiol. Biotechnol.*, **18**, 10–14 (1997).

36) Nakasaki, K., Akakura, N., Adachi, T. and Akiyama, T.: *Environ. Sci. Technol.*, **33**, 198–200 (1999).

37) McCaskey, T., Zhov, S. D., Britt, S. N. and Strickland, R.: *Appl. Biochem. Biotechnol.*, **45/46**, 555–568 (1994).

38) Tsai, T. S. and Millard, C. S.: *PCT Int. Appl. Patent 1994* (June 23); WO 94/13826:93/11759.

39) Xavier, S. and Lonsane, B. K.: *Appl. Biochem. Biotechnol.*, **41**, 291–295 (1994).

40) Aksu, Z. and Kutsal, T.: *Biotechnol. Lett.*, **8**, 157–160 (1986).

41) Payot, T., Chemaly, Z. and Fick, M.: *Enz. Microb. Technol.*, **24**, 191–199 (1999).

42) Montelongo, J. L., Chassey, B. M. and McCord, J. D.: *J. Food. Sci.*, **58**, 863–866 (1993).

43) Roukas, T. and Kotzekidou, P.: *Enz. Microb. Technol.*, **22**, 199–204 (1998).

44) Sakai, K., Taniguchi, M., Miura, S., Ohara, H., Matsumoto, T. and Shirai, Y.: *J. Indust. Ecol.*, **7**, 63–74 (2004).

45) Sakai, K., Murata, Y., Yamazumi, H., Tau, Y., Mori, M., Moriguchi, M. and Shirai, Y.: *Food Sci. Technol. Res.*, **6**, 140–145 (2000).

46) 岡田早苗, 内村 泰, 小原直弘, 小崎道夫: 農化, **57**, 227–230 (1983).

47) 白井義人: 地球環境, **10**, 84 (2002).

48) 酒井謙二, 白井義人: 廃棄物学会誌, **15**, 89–96 (2004).

49) 本江元吉, 他: ブタノール発酵 (第31報) サッカロ型ブタノール・リッチ生産菌 *Clostridium saccharoperbutylacetonicum* の工業的使用試験, 農化, **39**, 247–251 (1965).

50) Lee, T. M. et al.: Production of acetone, butanol

and ethanol from palm oil waste by *Clostridium saccharoperbutylacetonicum* N1-4, *Biotechnol. Lett.*, **17**, 649-654 (1995).
51) Ishizaki, A. et al.: Extractive ABE fermentation using crude palm oil methylester: a new approach for sago waste treatment, *Biotechnology for Sustainable Utilization of Biological Resources in the Tropics*, **12**, 1-9 (1998).
52) 小宮山晶子, 他：焼酎蒸留廃液処理としてのアセトン・ブタノール発酵, 九大農学芸誌, **55**, 185-191 (2001).
53) 小宮山晶子, 他：焼酎蒸留廃液を原料とするアセトン・ブタノール発酵における食用廃油メチルエステル(COME) による最終生産物阻害解除, 九大農学芸誌, **55**, 193-198 (2001).
54) Ishizaki, A. et al.: Extractive acetone-butanol-ethanol fermentation using methylated crude palm oil as extractant in batch culture of *Clostridium saccharoperbutylacetonicum* N1-4 (ATCC 13564), *J. Biosci. Bioeng.*, **87**, 352-356 (1999).
55) Edward, C. et al.: Biodiesel production from crude palm oil and evaluation of butanol extraction and fuel properties, *Process Biochemistry*, **37**, 65-71 (2001).
56) Alvantara, R. et al.: Catalytic production of biodiesel from soy-bean oil, used frying oil and tallow, *Biomass and Bioenergy*, **18**, 515-527 (2000).
57) 石崎文彬：嫌気性微生物による有用物質生産に関する生物工学的研究, 生物工学, **78**, 2-12 (2000).

4.3 環境修復工学

4.3.1 土壌汚染修復

（a）**土壌汚染の現況** 現在，市街地や工場跡地において，トリクロロエチレン(TCE)，テトラクロロエチレン(PCE)，ダイオキシン類，油，および水銀などによる土壌汚染が顕在化し大きな問題となっている[1),2)]。このため，1991年8月に水銀，ヒ素，鉛等の重金属を含む10物質について土壌環境基準が設定され，さらに1994年2月には，TCE 0.03 mg/l，PCE 0.01 mg/l，1,1,1-トリクロロエタン(TCA) 1 mg/l等を含む15物質が，1999年にはダイオキシン1 000 pg/g土壌が，2001年にはホウ素，フッ素が追加された。以後，都道府県および政令市における土壌汚染調査がなされ，2001年度までに805件の土壌汚染の事例が報告された。汚染事例としては，TCE221件，PCE191件，TCA15件およびシス-1,2-ジクロロエチレン(DCE)が135件と，有機塩素化合物による汚染が，また鉛239件，ヒ素228件，六価クロム95件，総水銀99件と重金属による汚染も見出され大きな問題となっている。

現在，重金属による汚染の浄化には，物理化学的手法が，また有機塩素化合物による汚染の浄化には，地下水の揚水・曝気・活性炭処理法や土壌ガスの吸引除去法が広く用いられている[2)]。しかしながら，物理化学的な処理法はコストが高く無害化処理技術でないため，生物を活用するバイオレメディエーション技術の開発が期待されている。ここでは，バイオレメディエーションについて述べる。

（b）**バイオレメディエーション技術の現状** バイオレメディエーション技術とは，微生物，植物および動物などの生物機能を活用して汚染した環境を修復する技術である。生物を用いる環境浄化技術として，これまでに排水処理や有害物質分解微生物等の多くの技術開発が行われてきた[2)～6)]。1989年にエクソン社のバルディーズ号がアラスカ湾で座礁し4万m^{3}の原油が流出した際に，その浄化にバイオレメディエーション技術が活用され，効果が認められた。以後，本技術は注目され，多くの分野で実用化に向けた研究がなされている。

現在実用化されている技術および今後実用化が期待される技術の対象物質，活用場所および活用生物を**表4.11**に示す。下線を引いた部分はすでに実用化されている技術である。重金属に関しては，無機水銀を微生物により金属水銀に還元し除去する方法がドイツで，また6価のクロムを微生物により毒性の低い3価に還元し沈殿除去する技術が中国で確立している。さらに鉛，アルミニウムを蓄積する植物による浄化も注目されている。PCBは，紫外線照射により高塩素化PCBを低塩素化物にした後に好気性微生物によって処理する方法が，またテトラクロロエチレンを鉄粉でトリクロロエチレンに分解した後に，微生物を利用して処理する方法が実用化している。多環芳香族化合物(PAH)，ガソリン添加剤であるメチル-t-ブチルエーテル(MTBE)，ダイオキシンを分解する微生物，さらに2,4-D等の農薬を分解する微生物が見出され実用化への研究が精力的になされている。硝酸態，亜硝酸態窒素，リンの微生物による除去は，排水処理で実用化されている。

（c）**バイオレメディエーション技術の種類**[6)] 汚染土壌・地下水の浄化を目的とするバイオレメディエーション技術は，微生物の活用法により二つに分類される。一つは，バイオスティミュレーション(biostimulation)といわれ，汚染した土壌・地下水に窒素，リンなどの無機栄養塩類，メタン，堆肥などの微生物の増殖に必要なエネルギー源としての有機

表4.11 バイオレメディエーション技術の活用可能な対象物質，活用場所および活用生物

汚染対象物質	活用場所			
	土壌	水域	大気	排水処理
重金属（蓄積・分解）				
Hg	微生物	植物		<u>微生物</u>
Cd, Pb	植物	植物		
Cr^{6+}				<u>微生物</u>
有害化学物質（分解）				
PCB	微生物			<u>微生物</u>
ダイオキシン	微生物			
トリクロロエチレン	<u>微生物</u>			微生物
	植物			
テトラクロロエチレン	<u>微生物</u>			微生物
PAH	微生物			
	植物			
MTBE	微生物			
農薬	微生物		植物	
環境ホルモン	微生物		植物	微生物
NO$_x$, SO$_x$			植物	
有機汚濁物質（分解・蓄積）				
BOD, COD 化合物		<u>微生物</u>		<u>微生物</u>
		植物		
窒素	微生物	<u>微生物</u>		<u>微生物</u>
		植物		
リン		植物		<u>微生物</u>
油	<u>微生物</u>	微生物		<u>微生物</u>
	植物			

PAH：多環芳香炭化水素化合物
MTBE：メチル-t-ブチルエーテル
下線：実用化されている技術

物，さらに空気や過酸化水素等を添加し，現場に生息している微生物を増殖させて浄化活性を高める方法である。他の一つはバイオオーグメンテーション（bioaugmentation）といわれ，汚染現場に浄化微生物が生息していない場合に，培養した微生物を添加して浄化する方法である。汚染した環境を病人にたとえると，栄養を取り体力を増強させるのがバイオスティミュレーションに相当し，症状が重い場合に投薬を用いて治療するのがバイオオーグメンテーションに相当する。

また利用するプロセスにより，固体処理（solid phase bioremediation：バイオパイル，ランドファーミング，ランドトリートメント），スラリー処理（slurry phase bioremediation），原位置処理（*in situ* bioremediation：バイオベンティング，バイオスパージング，直接注入方式，地下水循環方式，微生物壁方式，ファイトレメディエーション，ナチュラルアテニュエーション）の3種に分類される。原位置処理は，汚染現場で土壌を掘削しないでそのままで浄化処理する方法で，現在最も注目されている。バイオレメディエーション技術において，つぎつぎと新しい方式が発表されているが，代表的なものを以下に示す。

（1）**固体処理**　汚染した土壌を一定の場所に集め1m程度の高さに積み重ねたり（バイオパイル）あるいは現場の土壌を掘り起こし（ランドファーミング，ランドトリートメント），土壌への通気，撹拌，さらに水分や窒素，リンなどの栄養塩類を添加して，土壌中の好気性の微生物の活性を増大させて浄化する方法である。浄化効果は，透水性，水分含量や密度等の土質や汚染物質の種類，天候により影響を受けるが，石油汚染の浄化に有効であり，わが国でも実用化されている（図4.24）。

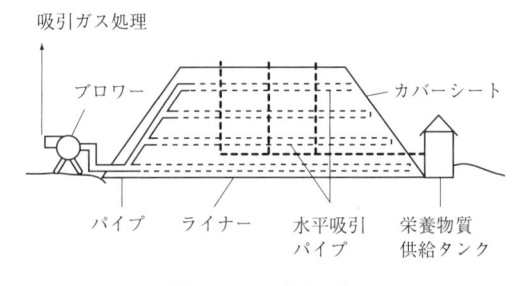

図4.24 バイオパイル

（2）**スラリー処理**　汚染土壌に水を加えスラリー状にし，これを反応槽中に移し，分解微生物や栄養物質を添加し，撹拌混合して処理する方法である。汚染物質が2,4-Dやペンタクロロフェノールのように難分解性で，かつ高濃度である場合に適しており，米国

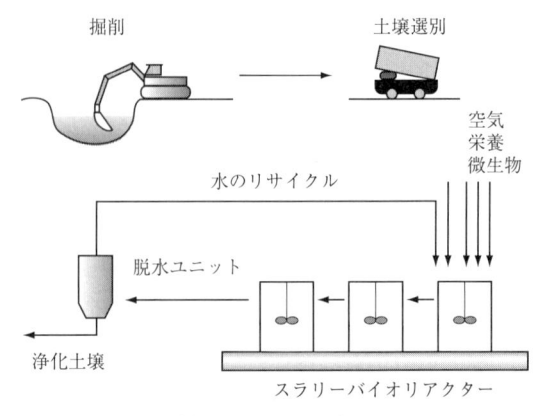

図4.25 スラリー処理

では実用化されている（図4.25）。

（3）バイオベンティング　土壌の不飽和帯に空気の流れを作ることで現場に生息する微生物活性を高め，有機物の分解を促進する技術である。空気注入と真空抽出を同時に行うが，さらに窒素やリン等の栄養塩類を添加すると効果が増大する。一般に浄化に6カ月～2年を要し，透過性の低い土壌や粘土質土壌には不向きである（図4.26）。

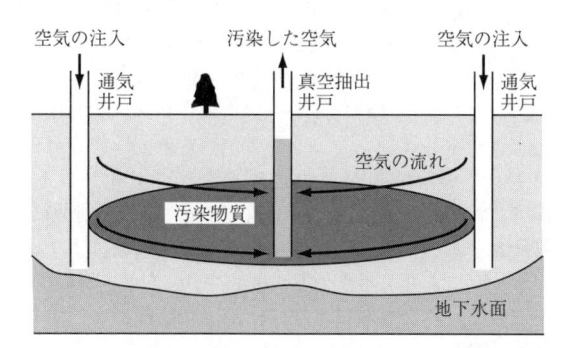

図4.26　バイオベンティング

（4）バイオスパージング　空気あるいは酸素および栄養塩類を水飽和帯に注入し，微生物活性を増大させ汚染物質を分解除去する技術である。ディーゼル油，ジェット燃料，ガソリン等の石油汚染の浄化に有効であり，同時に，水不飽和帯の土壌に吸着している物質の除去にも有用である。汚染物質が揮発性の場合は特に効果が高い。しばしば真空抽出やバイオベンティングと併用される（図4.27）。

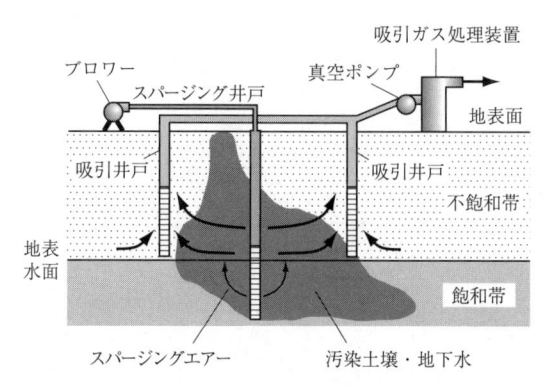

図4.27　バイオスパージング

（5）直接注入方式　微生物，窒素，リン等の栄養塩類，また空気や過酸化水素等の酸素供給物質，さらにメタン，トルエン，糖蜜等の有機物を，地下水あるいは土壌中に垂直井戸や水平井戸を用いて直接注入し，微生物活性を高める方法である。注入物質の制御が困難なことから，汚染物質や分解生成物の挙動をモニタリングし，影響範囲をつねに把握することが必要である（図4.28）。

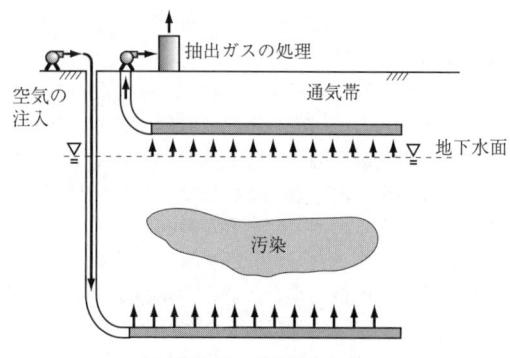

図4.28　直接注入方式

（6）地下水循環方式　一般に，注入井戸と揚水井戸の2本の井戸を用い，下流側の井戸から汚染した地下水をくみ上げ，汚染物質を除去した後に栄養物質を加え，汚染の上流側の井戸から注入する。1本の井戸で行う場合は，上部と下部にくみ上げおよび注入ポンプを設置し垂直混合を行うことで汚染物質や注入物質の制御が可能となる（図4.29）。

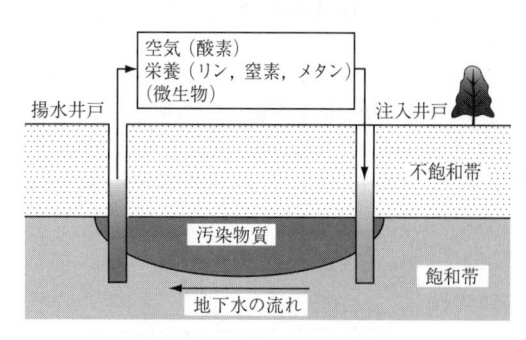

図4.29　地下水循環方式

（7）微生物壁方式（permeable reactive barriers）[7]
　栄養塩類，酸化物質，還元物質等で活性な微生物壁を作り，地下水が通過する際に浄化される方式である。微生物壁への栄養物質の常時注入や，微生物壁を厚くする等の検討がなされている。揮発性有機塩素化合物に関しては検討が開始されはじめた段階である。

（8）ファイトレメディエーション[8]　最近，土

壌の浄化に植物を活用するファイトレメディエーション（phytoremediation）の研究が注目されている。汚染した土壌に浄化植物を植え，根圏による浄化あるいは植物の根が汚染物質を吸収し，体内で分解し，大気へ放出する現象を活用するもので，植物の浄化力がつぎつぎと報告されている。

（9）ナチュラルアテニュエーション（natural attenuation）[9]　ナチュラルアテニュエーションとは，土壌や地下水の自然の浄化力を利用する，受身的な浄化技術である。石油汚染の浄化に有効であり，浄化能は生物分解，拡散，揮発，吸着等の作用に基づいている。石油等の炭化水素類の浄化には，生物分解が最も重要な作用である。そこで土質が多孔質の場合は酸素が大気中より供給され好気分解が進行するが，粘土質のように透過性の低い場合は酵素の供給が少ないため嫌気的となり，嫌気分解が重要な作用となる。

バイオレメディエーション技術の長所は，生物を活用するため，常温，常圧で反応が進む省エネルギー的技術である，薬品を使用しないため二次汚染が少ない，原位置での汚染の修復が可能である，低濃度，広範囲の汚染の浄化に適応できる，他の処理法と比較しコストが安い，などが挙げられる。

また，短所としては，種々の物質で汚染されている場合は，技術開発が必要である，物理化学的処理に比べ浄化に長期間を要する，生物分解されない物質には適応できない，有害な中間分解生成物の有無を調べる必要がある，などが挙げられる。

（d）揮発性有機塩素化合物の原位置における分解機構

（1）好気的分解（直接分解）　好気的直接分解は，汚染物質が微生物の増殖物質として利用されるとともに電子を放出する反応である。発生した電子は，電子受容体を必要とする。ここでの電子受容体は，酸素，硝酸，マンガン（4価），鉄（3価），イオウ，二酸化炭素である。塩素数の少ない化合物ジクロロエチレン（DCE），ジクロロエタン（DCA），ビニルクロリド（VC），ジクロロメタン（MC），クロロメタン（CM）は好気的に分解され，エネルギー源として利用されると同時に二酸化炭素，水，塩化物イオンが生成される[9), 10)]。

（2）好気的分解（共役分解）　好気的共役分解は，対象外物質の代謝により生成された酵素や補酵素により対象物質が分解される反応である（図4.30）。エネルギーの生成が認められないため，分解微生物の増殖に役に立たない。好気的分解の電子供与体としてメタン，エタン，プロパン，エチレン，ブタン，芳香族炭化水素（トルエン，フェノール），アンモニア等が利用されて分解酵素が生成されることにより，TCE，DCE，VC，TCA，DCA，CF，MCの好気的分解が可能となる。一般に，塩素化脂肪族炭化水素はオキシゲナーゼによりエポキシドが生成され，エポキシドは，不安定のためただちにアルコール，脂肪酸に変化する（図4.31）。

（3）嫌気還元的脱塩素化分解　嫌気還元的脱塩

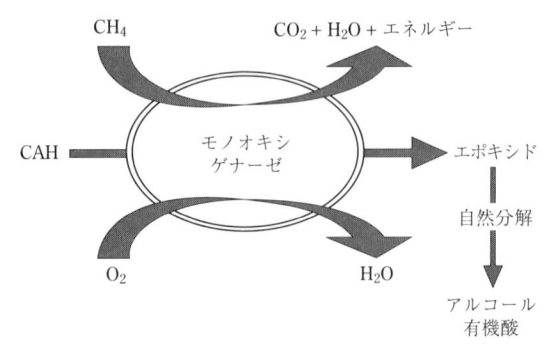

図4.30　好気的分解（共役）

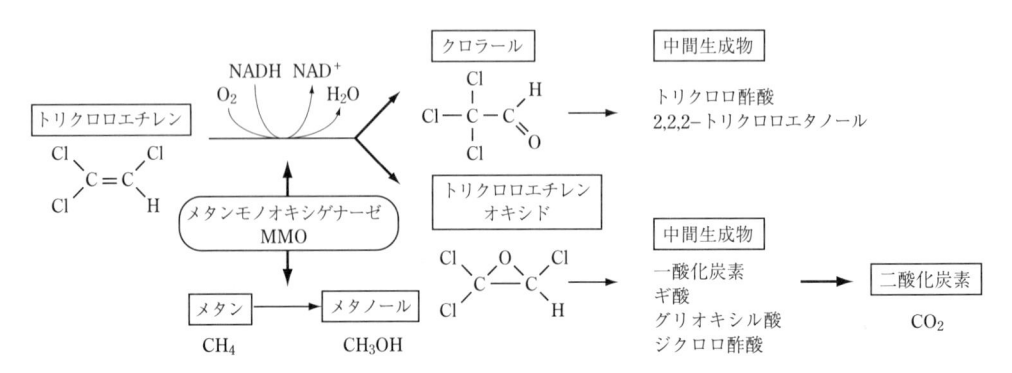

図4.31　メタン酸化細菌 *Methylocystis* sp. M株にTCEの好気的分解経路

素化反応は，塩素イオンが水素と置換する反応であり，その際微生物がエネルギーを獲得し増殖できる場合とエネルギーを利用できない2種の系が存在する。エネルギーを利用できる系では，塩素化合物が電子受容体として働き，水素は電子供与体として働く。この反応はハロ呼吸あるいはデハロ呼吸と呼ばれる。嫌気還元的脱塩素化反応は，PCE，TCE，DCE，VC，DCAが電子受容体として働き，塩素が水素と置換して外れるが，この際にエネルギーが生成され，このエネルギーを嫌気性微生物は利用できる。この反応は，塩素数の多い物質ほど容易に進行する。この反応は，乳酸，酪酸，メタノール，エタノール，安息香酸等の存在で促進される。

一方，エネルギーを利用できない場合を嫌気還元的共役脱塩素化反応と呼び，乳酸，酪酸，メタノール等の共役化合物の代謝により生産される酵素や補酵素により分解反応が進行する。これらの酵素は水素受容反応に関与するもので，PCE，TCE，DCE，VC，DCA，CTは嫌気条件下で脱ハロゲン化される。

（4）嫌気的脱塩素化分解と好気的分解の併用　嫌気還元的共役脱ハロゲン化反応と好気的反応の両者を利用する併用分解が注目されている。嫌気還元的共役分解微生物は，分解対象物質の100～1000倍量の有機物を必要とすることがあるので，嫌気還元的共役分解微生物の持つ高塩素化脱ハロゲン反応を利用し，低塩素化合物に変換した後に，好気分解微生物を活用することが検討されている。

（e）**米国におけるバイオレメディエーション**[10]

米国では，バイオレメディエーション技術の開発が精力的になされている。その理由は，米国においては，規制の緩い有害廃棄物の処分地や地下タンクからの貯蔵物質の漏洩が数多く発生し，土壌・地下水汚染が深刻な問題となっているからである。1980年のいわゆるスーパーファンド法制定以来，積極的に土壌浄化の問題に取り組み，従来法の焼却，固化・安定化法に加え，種々の革新的な対策技術が開発されている。スーパーファンド法に基づいて浄化が義務づけられた区域（スーパーファンドサイト）において1982～1999年会計年度までに採用された汚染修復技術は739件で，全体の58％（425件）は原位置外処理技術，残りの42％（314件）は原位置処理技術である。革新的技術のなかで特に注目されるのが，真空抽出技術26％（196件）とバイオレメディエーション技術12％（84件）である。バイオレメディエーション技術は，原位置5％（35件），原位置外7％（49件）と全体の12％程度であるが，年々比率が増加している。

スーパーファンドサイトでのバイオレメディエーションプロジェクトで扱われる対象物質は，ベンゼン，トルエン，キシレン等と石油系汚染物質が多く，塩素系化合物はペンタクロロフェノール，TCE等で，有機塩素系化合物による汚染の多い日本と汚染状況が異なっている。またバイオレメディエーションプロジェクトにおける利用技術は，現位置外ではランドトリートメントが，原位置ではバイオベンティングや地下水循環方式が多く用いられている。塩素化脂肪族炭化水素（chlorinated aliphatic hydrocarbon：CAH）で汚染した土壌・地下水浄化のための代表的バイオレメディエーション技術を以下に示す[11]。浄化データは，日本でも容易に入手が可能である。

（1）地下水循環方式によるエドワード空軍基地（Edwards Air Force Base）の浄化　ロサンゼルスから60 km離れたところに位置し，1958～1967年の間空軍基地として使用されていたが，エンジンの洗浄にTCEが使用され，500～1200 μg/lでの汚染が認められた。1本の井戸でTCEで汚染した地下水を揚水し，これにトルエンと酸素および過酸化水素を含んだ水を注入する循環方式による浄化が試みられた。開始後317～444日にはTCEが97％減少し，トルエンの効果が確認された。

（2）バイオスパージングによるスーパーファンドサイト（Avco Lycoming Superfund Site）の浄化

本サイトはペンシルベニア州にあり，自転車製造，ミシン製造など，多くの工場が1929年から稼働しているが，1980年代に水道水源地下水がTCE，DCE，六価クロム，カドミウムで汚染されていることが判明した。1997年1月に糖蜜が注入された。1998年7月では，多くの井戸が嫌気的となり脱塩素化反応が進行した。六価クロムは1950 μg/lが10 μg/lとなり99％が除去された。またTCEは90％（67→6.7 μg/l），DCEは開始10カ月後に7→100 μg/lと増加したが，その後19 μg/lに減少した。糖蜜の注入はTCEおよび六価クロムの除去に有効であることが明らかとなった。

（3）バイオオーグメンテーションによるドーバー空軍基地（Dover Air Force Base）の浄化　本基地は1941年から使用されていたが1989年にTCE，PCE，重金属，ヒ素による土壌，地下水汚染が見出された。PCE，TCE，cis-DCE，VC揮発性化合物の濃度は46，7500，1200，34 μg/lであった。地下水循環方式による嫌気的脱塩素化反応とバイオオーグメンテーションが検討された（**図4.32**）。3本の注入井戸と3本の抽出井戸が設置され，3.06 gal/min（約11.6 l/min）の速度で地下水が循環された。乳酸ナトリウムは炭素として100 mg/lの濃度で注入され，3.75日

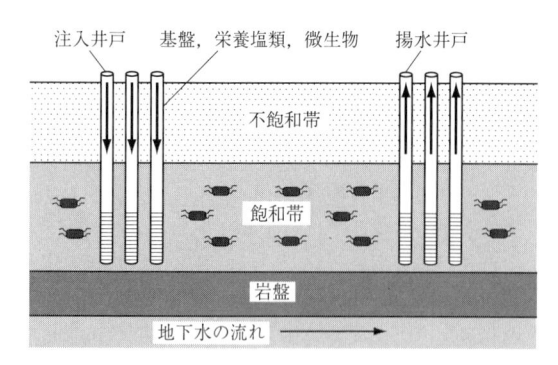

図4.32 ドーバー空軍基地における嫌気的バイオオーグメンテーション処理システム

は乳酸を，その後の2.75日はアンモニアとリン酸を含む栄養塩溶液が交互に注入された。1997年1月に200 mg/lの乳酸ナトリウムが注入された。さらに6月に180 lと171 lの微生物が注入された。1998年3月にはTCE，DCEの75〜80%がエタンにまで分解された。無処理の対照区ではTCEからDCEの生成は認められなかったことから浄化の効果が確認された。

（f）今後の課題 米国では，バイオレメディエーション技術の確立に国を挙げて取り組んでおり，石油やペンタクロロフェノール汚染土壌の浄化技術を確立している。しかしながら土壌汚染は，対象物質が重金属から有害有機物質と多岐にわたるため，浄化技術の確立されていない物質が多く，今後の発展が期待されている。今後の課題として，難分解性でかつ毒性の高い有害物質を含む汚染に対する効果的な浄化技術の確立，窒素・リン，微生物等を添加することによる安全性，従来の物理化学的手法との経済性，ならびに社会的受容の獲得等の課題が残されている。

これまで，生物的に分解が困難とされている物質は，揮発性有機塩素化合物，重金属，原油，PAH，農薬，爆薬，MTBE，ダイオキシン，PCBと多岐にわたっているが，これらの難分解性物質に対しても，いろいろな工夫が試みられている。ダイオキシン，PCE，高塩素化PCBのような難分解性物質でも，嫌気条件下では脱ハロゲン反応が生じ分解されることが見出された[12]。最近，鉄粉，水素およびポリ乳酸の添加により嫌気条件を作成し脱ハロゲン反応を促進させる方法や，化学的な嫌気処理後に好気的微生物を用いて分解する手法を組み合わせた技術が開発されており，これらの技術の実用化が期待される。また亜鉛，水銀，銅，クロム，ヒ素，鉛，アルミニウム等の金属の除去に植物，藻類，微生物の有する蓄積能の活用が期待されている。

バイオレメディエーション技術は，環境ホルモンのように低濃度，広範囲な土壌・地下水汚染の浄化にも最も適した技術と考えられ，ますますの発展が期待される[13],[14]。　　　　　　　　　　　　　　（矢木）

4.3.2 水圏環境汚染

海洋，内湾，湖沼，河川および地下水からなる水圏環境には，陸域での人間活動の結果として，さまざまな汚染物質が流れ込む。加えて，水圏環境そのものにおいても，船による人や物資の輸送，港湾やダムの建設あるいは栽培漁業などさまざまな人間活動が営まれており，その結果としても汚染物質が負荷されることになる。もともと，水圏環境には汚染を浄化する能力があり，自浄能力の範囲内であれば，汚染は可逆的に修復される。しかし，自浄能力の限界を超えて汚染物質が負荷されると，水質の汚染はもはや不可逆的なものとなり，汚染問題が顕在化する。水圏環境に流れ込む汚染物質は，水質を悪化させるばかりでなく，そこに棲息する生物を死滅させるなど生態系を攪乱し，ひいては水圏環境そのものの経済的価値をも喪失させることになりかねない。

水圏環境におけるおもな汚染問題としては，①水銀やカドミウムなどの重金属やPCBなどの難分解性物質による汚染と，これらの有害物質が食物連鎖を経て魚介類等へ蓄積される生物濃縮の問題，②湖沼や内湾など閉鎖性の強い水域へ，リンや窒素などの栄養塩類が流入し，赤潮やアオコが大発生する富栄養化問題，③トリクロロエチレンやジクロロエタンなどの揮発性有機塩素化合物による地下水の汚染や，農地への肥料の過剰散布により地下水中の硝酸イオンが増加する問題，および④石油タンカーの事故等により流出する原油による海洋汚染の問題がある[15]。そのほか，4.4.2項でも述べるように，人間や野生動物の内分泌系のバランスを攪乱させる環境ホルモン（内分泌系攪乱物質）による汚染問題も，最近注目を集めるようになってきた。

水圏環境の汚染問題を解決するためには，まず汚染源を絶つとともに，流れ込んだ汚染物質を可能な限り回収して取り除く必要がある。汚染物質の回収方法には，底泥の浚渫や地下水のくみ上げ，アオコや流出原油の吸引濾過による分離などがあるが，いずれも回収にかなりのコストがかかる。そこで，処理コストをできるだけ低く抑えるために，水圏環境の自浄能力を最大限に活用することが望ましい。汚染した水圏環境を修復するための生物技術もまた，自然の浄化能力をうまく利用し，むしろその手助けになることで，経済的に見合った効果が期待できる。

(a) 重金属や難分解性物質による汚染の修復

水銀，カドミウム，六価クロムやヒ素などの有害重金属については，排水基準が厳しく定められており，これらの汚染物質が水圏環境に多量に流れ込むことは，本来あり得ないことになっている。しかし，めっき工場などで老朽化した貯蔵タンクから六価クロムが漏れ出す事故や，工場の敷地内などに廃棄されて埋められていたカドミウムやヒ素などが，誰も気づかないうちに周辺の地下水を汚染したり，産業廃棄物の焼却処分場などから水銀やダイオキシンなどが飛散して周囲の土壌を汚染するなどのトラブルも，まだ完全になくなったわけではない。また，農薬として使用されている難分解性物質のなかには，使用後も環境中に残留しやすいものが多く，ゴルフ場で殺虫剤や除草剤として使用された農薬が，上水源を汚染した例も知られている[16]。

重金属は有機物質のように，微生物によって分解されてなくなることはない。それでも，重金属のなかには還元されたり硫化物に変換されると，不活性化して毒性が著しく低下するものが多い。例えば，六価クロム（CrO_4^{2-}）は還元されて三価クロム（Cr^{3+}）になると，すみやかに難溶性の水酸化クロム（$Cr(OH)_3$）を形成して沈殿してしまう。カドミウムや鉛なども硫化物になると不溶化して毒性が低下する。また，水銀は2価の陽イオン（Hg^{2+}）やメチル化された状態では生体によく取り込まれるが，Hg^0 に還元されると気化しやすくなり，曝気により汚染した水から取り除くことができる。

前にも述べたように，重金属は分解されてなくなることがないから，生物技術だけで重金属で汚染した水圏環境を修復することは難しい。それでも，くみ上げた汚染水やスラリー化した浚渫底泥を，重金属をよく吸着する微生物で処理したり，二価水銀や六価クロムを酵素的に還元する微生物を用いて不活性化する試みはさかんに行われている（**図4.33**）。特に重金属をよく吸着する微生物は，排水からの重金属を除去するための安価な吸着剤として，発展途上国などでは利用価値が高いと注目されている。また，硫酸還元細菌は硫酸イオン（SO_4^{2-}）を電子受容体として還元するが，その際に発生する硫化水素（H_2S）は，多くの重金属を硫化物に変え不活性化する。したがって，硫酸還元細菌を使えば有害な重金属を嫌気条件下で無害化できる可能性がある。もっとも，硫化水素は強い悪臭物質でもあるから，臭気対策はきちんと行わなければならない。このほかに，重金属を過剰に蓄積する植物を利用する水圏環境の修復技術の開発も行われており，ファイトレメディエーションと呼ばれて注目を集めている（4.3.3項参照）。

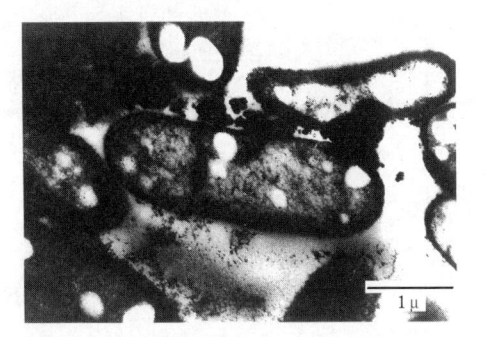

図4.33 六価クロムを還元する細菌〔大竹久夫：有害重金属に耐える細菌たち，クリーンテクノロジー，**8**，64-67（1998）〕

(b) 閉鎖性水域の富栄養化問題 リンと窒素は，すべての生物にとり必須の元素であり，農業生産をはじめ人間活動にとっても欠くことができない。しかしその一方で，多量のリンや窒素が湖沼や内湾などの閉鎖性の強い水域に流れ込むと，アオコや赤潮などと呼ばれる微細藻類の異常増殖を引き起こす。特にアオコと呼ばれるシアノバクテリアが湖沼で大発生すると，栽培漁業は壊滅的な打撃を受ける。アオコが大発生した後の湖底にはヘドロが堆積し，エビや貝などの底生生物は酸素の欠乏により死滅する。また，湖面での水泳，魚釣りやボート遊びなども困難となり，観光資源としての湖沼の経済的価値は大きく下落してしまう。さらには，アオコが生産するミクロシスチンなどの毒性物質のために，上水などを目的とした取水ができなくなることさえある[18]。

富栄養化を防止するためには，閉鎖性水域に流れ込む排水，特に都市下水からリンや窒素を取り除くことが最も効果的である。都市下水からリンや窒素を除去する生物技術としては，活性汚泥を用いた生物学的処理法がある。これらの生物技術については，4.1.1項を参照されたい。特にリンは，将来的に地球的規模で枯渇することが懸念されている貴重資源でもあり，リンを都市下水から除去する技術は，リン資源を回収リサイクルする技術としても重要である（**図4.34**）[19]。一方，すでに富栄養化が進行した内湾や湖沼を修復するための技術としては，大量発生した赤潮やアオコをポンプで吸い上げ，濃縮分離後に焼却処分する技術，リンや窒素が堆積した底泥を浚渫する技術や，人工的に曝気をして酸素を底層水中に供給する技術などがある[18]。これらの技術はいずれも物理的な修復技術であるが，生物技術としては回収した赤潮やアオコをバイオマス資源としてメタン発酵に用いたり，コンポスト

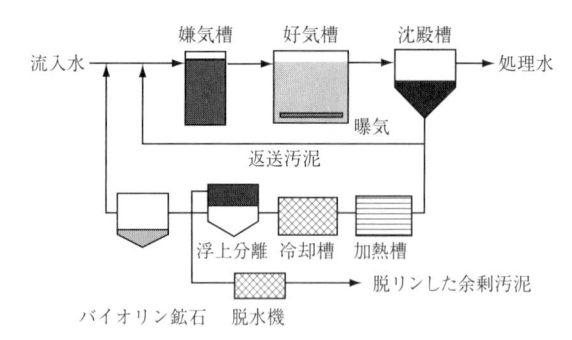

図4.34 リン資源の回収リサイクルプロセス

化するなどの技術がある。メタン発酵やコンポスト化の生物技術については，4.1.2項および4.2.1項を参照されたい。

一方，赤潮やアオコを殺滅する細菌やウイルスの存在も知られており，その殺滅機構が分子レベルで研究されている[15]。将来，これらの基礎研究から赤潮やアオコを駆除するための生物農薬が開発できるかもしれない。また，ホテイアオイやオランダガラシなどの大型の水生植物を富栄養化した水域で栽培し，リンや窒素などを吸収させ，汚染した水圏環境を修復しようとする生物技術も開発されている。ホテイアオイなどの浮標植物は，リンや窒素などの栄養塩類を水中に広げた根から吸収するので，溶解性の栄養塩類を除去する能力が優れているといわれている。ホテイアオイは，水温が10℃前後あれば越冬することもできるが，それより水温が下がると腐って再び水域を汚染してしまうので，人為的に回収しなければならない。このほか，アシなどの自然の植生を生かして流域の浄化能力を高め，富栄養化した湖沼を修復する手助けをしようとする試みもなされている。

(c) 地下水汚染　トリクロロエチレンやテトラクロロエチレンなどの揮発性有機塩素化合物は，衣類や半導体製品などから油汚れを取り除くための洗浄剤として広く利用されてきた。しかし，これらの揮発性有機塩素化合物には発がん性があり，地下水に流れ込むと地下水が飲料水に使えなくなるなど，深刻な汚染問題を引き起こす[20]。揮発性有機塩素化合物により汚染した地下水を修復する技術としては，地下水をくみ上げ曝気する方法や，地下水の上部にたまったガスを吸引し，減圧下で地下水から揮発性有機塩素化合物を引き抜く方法などがある。一般に，地下水の汚染は土壌汚染の結果として生じることが多いから，地下水の浄化は汚染土壌の修復と一緒に行われることが多い。揮発性有機塩素化合物による汚染土壌の修復技術については，4.3.1項を参照されたい。

生物技術を用いた汚染地下水の修復技術には，地下水に窒素やリンなどの栄養塩類やメタンと空気を送り込んで，汚染現場に生息している分解微生物の活性を高めて，汚染物質を除去する方法がある。これは，自然の浄化能力を手助けすることにより，汚染した地下水を修復しようとする技術である[20]。しかし，汚染現場に有効な分解微生物が存在しない場合には，実験室などで培養した分解微生物を，栄養塩などと一緒に地下水中に送り込む必要がある。揮発性有機塩素化合物を分解できる微生物の探索や分子育種は，世界各国でさかんに行われている[21]。トリクロロエチレンを好気条件下で分解する微生物としては，メタン酸化細菌が知られている。この細菌が持つメタンモノオキシゲナーゼは，トリクロロエチレンをメタンと同様に酸化して分解することができる。このほか，嫌気条件下において揮発性有機塩素化合物を脱ハロゲン化する細菌も見つかっており，汚染地下水の修復への応用が期待されている。

ところで，畑や水田などの農地に窒素肥料を過剰に散布すると，農作物に吸収されずに残ったアンモニアイオン（NH_4^+）は，土壌中で硝酸イオン（NO_3^-）にまで酸化される。硝酸イオンは土壌に吸着されにくいため，やがて地下水などに流れ込む。硝酸イオンを多く含む地下水を飲料水に用いると，人の体内に取り込まれた硝酸イオンが還元され，発がん性物質を生成することが知られている。硝酸イオンで汚染された地下水を浄化するためには，地下水をくみ上げて硝酸イオンを窒素ガスにまで還元し，大気中に飛散させる必要がある。硝酸イオンの還元には，脱窒細菌を用いる生物技術が経済的であり，すでに実用化レベルの研究もなされている。脱窒細菌としては，イオウ酸化細菌がよく用いられる。この細菌はイオウから電子を受け取り，硝酸イオンに電子を受け渡してこれを還元する。

(d) 原油流出による汚染　わが国では油井の破損による原油の流出事故はまずもって考えられないが，石油タンカーなどの座礁や沈没により原油が流出する事故は，わが国の沿岸域でもしばしば発生している。流れ出した原油は，海面を広がりながら蒸発したり，光化学的に分解されたりして，残りが海岸線にまで漂着する。この過程で，海鳥が原油にまみれて飛べなくなったり，魚介類や海草に原油が付着するなどして，生態系が傷つけられるとともに，漁業にも深刻な被害が発生する。原油流出による水圏環境の汚染は，海洋以外でも発生する可能性はある。事実，海外では地震によって石油備蓄の地下タンクに亀裂が入り，地下水が原油で汚染されるという事故も発生している。

原油で汚染された海洋や海岸の修復には，海面を漂う原油をくみ取ったり，吸着シートを浮かべて除去するなどの応急措置がまず施される．流出した原油が広い範囲にまで広がった場合には，これらの物理的方法では，もはや修復しきれない．このような場合には，石油を分解する微生物を用いて，広がった原油を無機化する生物技術に期待がかかる．生物技術を用いて，原油で汚染された海域を修復する作業においても，自然の浄化能力をできるだけ活用する工夫が必要である．そのためには，汚染現場に生息する石油分解微生物の活性を高めるために，リンや窒素などの栄養塩類を添加したり，原油の水への溶解性を高めるために，界面活性剤などを散布することなどが行われる．

これまでの研究から，多くの種類の微生物が原油を分解する能力を持つことがわかっている．世界のいたるところで，原油で汚染された現場などから，石油分解微生物が分離されている．石油分解微生物のなかには，生分解性の界面活性剤（バイオサーファクタント）を生産するものも見つかっている．バイオサーファクタントは，微生物が原油を分解するのを助けるので，汚染現場の修復に利用することが検討されている．しかし，微生物による原油の分解速度は，水温が低下すると著しく遅くなってしまう．したがって，冬期に原油の流出事故が発生すると，生物技術による修復の効果はあまり期待できない．また，原油を分解できる微生物製剤も市販されてはいるが，実際に原油による汚染現場の修復にどれだけの効果があるのかは，まだよくわかっていないようである． （大竹）

4.3.3 ファイトレメディエーション

ファイトレメディエーション（phytoremediation）のphytoはギリシャ語で植物を意味し，remediationはラテン語で修復を意味する．つまり，植物利用による環境修復である．このコンセプト自体は，新しいものではない．すなわち，わが国には，甲子園のツタで大気を浄化したり，ヨシ林で琵琶湖の水を浄化するなどの環境修復方法が古くから存在している．しかし，ツタがどのように大気汚染を修復しているか，ツタがベストか，ツタは本当に環境修復に役立っているか，などについて理解を深め，その成果の活用を図るのが，現代ファイトレメディエーションである．また，植物の環境修復作用の仕組みや遺伝子あるいは微生物との相互作用についての理解をいっそう深化・発展させ，その知見に裏づけられた植物テクノロジーを確立し，多種多様な環境汚染問題解決への適用を図ることである．

(a) 世界の動き ファイトレメディエーション活動は，米国，EUを中心に，中国，タイ，ベトナムなどアジア諸国でも精力的に進められている．米国におけるファイトレメディエーション活動が先行している基礎は，1980年施行の「スーパーファンド法」や2002年施行の「ブラウンフィールド再生法」にある[22), 23)]．これら一連の法律により，環境汚染責任者が環境浄化責任を負うことを義務付け，汚染にかかわる4当事者（① 現在の所有者，管理者，② 過去の所有者，管理者，③ 有害物質発生者，および④ 有害物質輸送業者）の責任を明確にする一方，汚染土壌問題は単なる環境問題ではなく，たまたま環境問題をかかえた不動産処理の案件として，連邦政府や米国社会全体がとらえるという姿勢にあると思われる．現在，米国内には425 000箇所，2億haの汚染サイトがあるといわれる．米国ではすでに10数社のファイトレメディエーションを専門とする企業が出現している．米国におけるファイトレメディエーション関連のプライベートセクターのホームページには，つぎのアドレスでアクセスできる．〔http://www.mobot.org/jwcross/phytoremediation/phytorem_sponsors-corp.htm（2003年12月現在）〕

(b) わが国の動き 2003年2月から土壌汚染対策法が施行された[24)]．カドミウム化合物，六価クロム化合物，トリアジン，トリクロロエチレンなど25種類の「特定有害物質」で汚染されている土地の所有者に対してその調査，浄化を義務付けしたものである．

わが国には，イタイイタイ病事件を契機として1970年に制定された「農用地の土壌の汚染防止等に関する法律」である．この法律は農地の土壌汚染を規制する法律として世界の先駆けであったが，市街地の土壌汚染防止法は未制定であった．米国「スーパーファンド法」よりも約40年遅れている．どれほどの実効性を持つかは，今後の課題である．

わが国には，ばく大な数の汚染土壌サイトがあるといわれ，ファイトレメディエーションに対する関心も急速に高まった．また，本法律の施行直後，ある企業の土地が汚染のため経済価値を失ったとの新聞報道がなされ，効果が生まれつつある．

(c) 植物利用の特徴 植物葉には，四つの工場がある（図4.35）．すなわち，発電所，ATPエネルギー生産工場，デンプン工場およびアミノ酸工場である．これらの工場が集中一体化し，さまざまな物質の酸化・還元を進めている．これら工場のエネルギーはすべて太陽光エネルギーである．

大気汚染や水汚染はもとより，土壌汚染といえどもいったん環境中に放出された汚染物質は，いずれ（瞬時にまたは何年もかかって）環境中に広く拡散する．

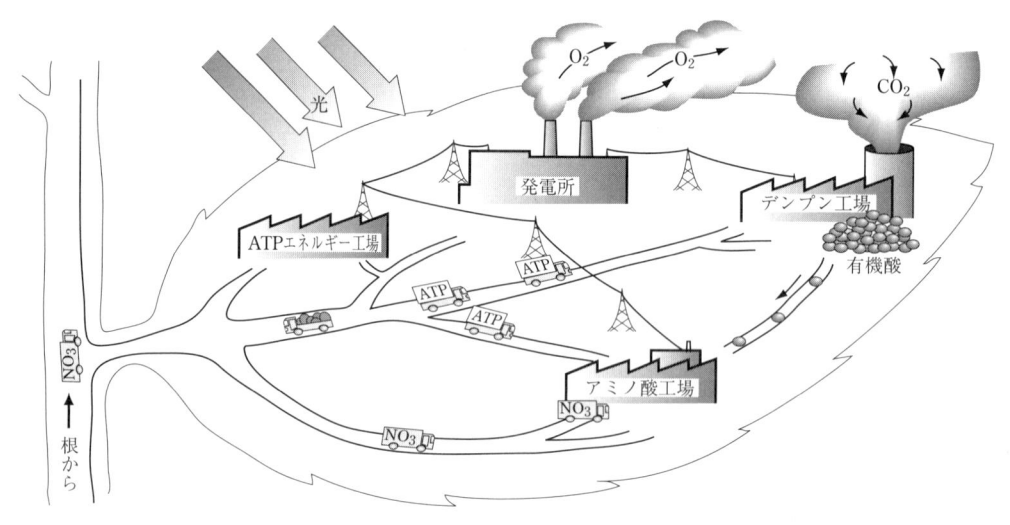

図4.35 植物葉にある四つの工場

　環境問題の解決を図るには，汚染物を出さない（ゼロエミッション）技術や汚染物を出さないまたは少ないライフスタイルの構築が重要であることはいうまでもないが，他方環境中に広がった高いエントロピーを持つ汚染物質の処理問題も重要な環境問題である．環境中に広がった汚染問題の多くは，いわば産業革命以来100年以上もかけて汚染してきた結果である．かかる環境問題の解決は，一朝一夕には難しく，時間のかかる作業である．また，コストもかかる．時間をかけて環境問題の解決へ向けた50年，100年計画の立案が望まれている．汚染土壌の熱処理または溶媒抽出処理など物理化学的処理をするとさらなる環境破壊を引き起こしかねない．また，二次的な環境問題を引き起こすことになる．

　そこで，環境汚染修復法として今世紀最も注目されるのが，植物利用による方法である．植物は，太陽エネルギーをエネルギー源として，汚染化学物質を含む多様な化学物質を吸収，代謝する．また，植物は自己増殖する性質も備えている．このような形質を活用して，環境中に広がった汚染問題の解決を図るのがファイトレメディエーションである．植物の長所の一つは，多くの場合汚染物質をエネルギー源として利用しないことである．また，微生物とは異なり，環境や環境中の他生物の影響を比較的受けにくい点である．他方，植物を用いる方法の短所は，時間がかかることである．長年かけて汚してきた環境を短時間で修復するには，残念ながらいまのところある程度の時間がかかることは覚悟せざるを得ないのが実情である．いかに短時間で効率よく汚染を修復できるかは，植物バイオテクノロジーに課せられた大きな挑戦である．

　（d）環境問題の特徴　わが国では，過去20年以上にわたって大気中の二酸化窒素濃度はほぼ変化していない．このおもな発生源の一つは車であろうといわれ，発生源の絶対数の増加が発生源の性能（車の排気ガス排出量の低下）を相殺しているため，増加も低下もしないといわれるが，詳細はわからない．いずれにせよ，この例は環境中に広がった汚染についてわれわれはなす術をほとんど持たないことを物語っている．他方，タイのバンコクではかつて有鉛ガソリン使用等により，大気汚染が広がっていたが，国の強力な無鉛化政策により，大気中の鉛濃度問題はほぼ解決された．このバンコクの例は大気改善策の成功例としてアジア各国の手本となっているといわれる．

　米国スーパーファンド法成立の契機になったのは，1978年に起こったラブキャナル事件である[22]．ある化学企業が，化学廃棄物を1942～1952年までラブキャナルと呼ばれる運河に廃棄していた．当時の法律ではそれは合法的であった．その後，その運河は埋め立てられ宅地にされたが，30年後，そこに建てられた住宅や小学校に悪臭や有毒ガスが発生し，有毒物質による地下水や土壌汚染の問題が表面化し，地域住民の健康調査でも流産や死産の発生が高いことが確認され，社会問題となった．かかる状況は，基本的にはわが国でも同様であり，「地球は無限」との考えのもとに発展してきた世界共通の人類社会の負の遺産である．食糧，資源，エネルギー，医療なども重要な課題であるが，環境問題は今世紀における最重要課題の一つであることは疑いない．

(e) ファイトテクノロジー/ファイトレメディエーション　植物利用による環境保全修復技術はより広義には，ファイトテクノロジーと呼び，積極的な環境修復や汚染物質の分解を目指すより狭義の植物利用による環境修復技術は，ファイトレメディエーションと呼ばれている[25]。植物は根，茎，葉などの器官を光独立栄養的に自己再生するので，ファイトテクノロジーはコスト的には他の物理化学的方法よりも優れている。しかし，微生物を用いるバイオレメディエーションでは汚染サイトに導入した有用微生物が，土着の微生物にキックアウトされやすいとの課題がある。植物根圏の微生物フローラは，植物が規定するといわれる。ゆえに，この点においても，植物（植物根圏とマイコライザの共生関係の利用する方法を含む）は優れている（表4.12）。

(f) 植物根の近傍における植物と微生物との相互作用　オクラホマ大のJ. Fletcherら[26]は，1940年代から1980年代初頭まで，ユニオンカーバイド社が産廃処理場として用いており，1982年以降は水を抜かれた沼地について，1958〜1980年までの植生の状態（すべて裸地），1982〜1995年までの14年間の生態学的な回復について航空写真を用いて調査した。この産廃処理場が，ある航空写真の片隅に写っていることの発見から本研究が始まったとのことである。PAH（多環式芳香族炭化水素，トータルで20 000 ppm）やBTEX（ベンゼン，トルエン，エチルベンゼン，キシレン類）などが主たる汚染物質であった。この解析から，Fletcherらは，ある種のクワが分解力の高い樹木であることを発見した。クワの木直下の地表60 cmのPAH量は10〜20％に減少していた。さらに，そこからPAH分解菌が分離された。Fletcherらは，クワ，ニセアカシア，リンゴなどは，根からフラボノイドなどポリフェノールを分泌すること，また，PCB分解菌である *Alcaligenes eutrophus*, *Pseudomonas putida*, *Corynebacterium* sp.は，クワなどのポリフェノールを与えると成長が促進されることを報告している。PCB分解菌がクワなどの根圏に集まり，PCBを"ボランティア的"に分解（co-metabolism）すると考えられる（図4.36）。Fletcherらは，植物の根の一部は，毎年生まれ変わるが，根部は，ポリフェノールのインジェクターとして機能していると考えている[27]。すなわち，死滅した根からのポリフェノール分泌，微生物の生育促進，物質分解促進の順に進行するとしている。死滅する根の容積は，毎年全容積の約5％であり，全体の分解には，約20年要すると計算される[28]。

(g) 重金属の吸収除去　鉛，銅，カドミウム，亜鉛，ニッケル，クロム，水銀など重金属による環境汚染は，世界各国で深刻な問題である。A. Baker（メルボルン大植物学教授）は世界中の重金属をよく吸収する植物を調査している。被子植物の約0.2％に相当する80科400種以上が，重金属を高濃度（乾燥重量の0.01〜1％の金属）にため込む植物（hyper-accumulatorと呼ばれる）である[29]。また，ごく最近シダの一種がヒ素を大量に蓄積することが報告された[30]。シダ植物にも鉛やカドミウムなどをたくさんため込む植物が知られている。アブラナ科の仲間のインドカラシナはいわゆるhyperaccumulatorではないが，大量のバイオマスを生産し，また，比較的たくさんの重金属をため込むので，植物当りに吸収される金属の量は多く，鉛やウラン汚染の浄化に使われている。

表4.12　ファイトテクノロジー/ファイトレメディエーションの基礎となる植物の作用

ファイトスタビライゼーション（Phytostabilization）	根ゾーン，根細胞表面，根細胞内に無機，有機物コンタミナントを沈殿・吸収・固定化する方法。環境への拡散を防ぐことが目的で，汚染物質の除去・分解が目的ではない。
ライゾデグラデーション（Rhizodegradation）	根系植物体外におけるTPH，PAH，PCBなどの分解。植物の分泌する酵素と根圏微生物の作用。植物とマイコライザとの共生関係が重要。
ファイトアキュミュレーション（Phytoaccumulation）	Phytoextractionともいわれる。無機，有機コンタミナントを植物体内へ蓄積。hyper-accumulatorや好塩性植物による地上部への重金属や塩類の濃縮。根圏のマイコライザとの共生関係が重要。
ファイトデグラデーション（Phytodegradation）	Phytotransformationともいわれる。無機，有機コンタミナントの植物による吸収分解。大気中のNO_2の吸収分解。デハロゲナーゼ，酸化酵素，ニトロゲナーゼ，ペルオキシダーゼなどが鍵酵素となる。
ファイトボラタイゼーション（Phytovolatilization）	植物が無機，有機コンタミナントを吸収，大気中に気化させる。セレン，水銀，TCE等の浄化について報告例。
エバポトランスピレーション（Evapotranspiration）	蒸散流によって土壌中の水がポンプアップされる。水溶性の無機，有機汚染物質の除去。

〔海老塚良吉：http://homepage1.nifty.com/ebizuka/ronbun/cyak0306.pdf〕

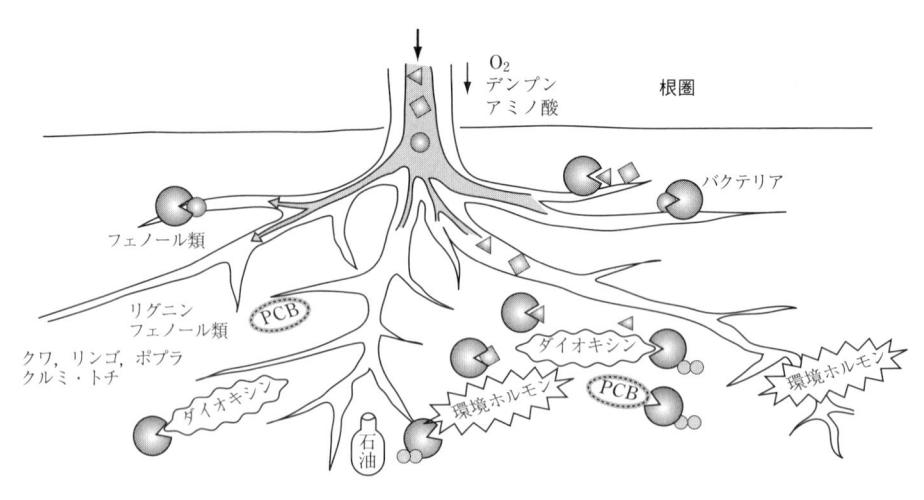

図4.36 ファイトレメディエーションの概念図

また，ゼラニウムにはレモンなどの香りを放つものがあるが，よい香りのするゼラニウムは，鉛やカドミウムをたくさんため込むとのことである[31]．また，Bakerらは，ニッケルをたくさんため込む植物（木本植物が多い）を用いた「植物鉱山（phytomining）」を構想している．今後重金属をため込んだ植物の収穫後の処理法（廃鉱に保存するなどが考案されている）や処理区での食物連鎖による生物濃縮の回避などが問題となる．上述のエデンスペース・システムズ社では，その他，インドカラシナとヒマワリの連作によりTrenton（NJ州）鉛汚染土壌サイトで75％の範囲で400 ppm（NJ州の基準値）まで減少させたと画期的な報告をしている．また，ウラン汚染サイトで450 ppbのウランを含む水のヒマワリによる連続処理により，5 ppbにまで減少させたとの報告もある．

（h）フィールドでの有機/無機汚染処理例 米国におけるフィールドでの実施例[32]を見ると，地下水，爆薬基地，石油産廃処理場，木材保存剤処理場，農業排水で汚染した場所などが汚染した場所である．また，汚染物質は，トリクロロエチレン（TCE），2,4,6-トリニトロトルエン（TNT），ヘキサヒドロ-1,3,5-トリニトロ-1,3,5-トレアジン（RDX），BTEX，全石油炭化水素（TPH），ペンタクロロフェノール（PCP），PAH，アトラジン（除草剤）や硝酸などである．植物としては，ハイブリッドポプラが主で，その他，カナダモ，アシ，クサヨシ，ヒルムシロ，クズウコンなどが用いられている．ハイブリッドポプラは，生長が早く，ファイトレメディエーションの適用例が多いが，特に能力が高いことが示されてはいない．TCEは機械部品の脱脂（degrease），ドライクリーニングをはじめとして多くの工場で溶剤として使われている揮発性で水溶性の物質で，この汚染はわが国でも大きな問題となっている（上述参照）．植物がこれらの汚染物質を分解代謝することは比較的少ないようである．なお，窒素酸化物は植物体内に取り込まれ，還元されてアミノ酸となる（後述）．

（i）水や揮発性物質のポンプアップ 雨水による汚染の拡散，地下水への浸透を防止するうえで，植物による水の蒸散力が注目されている．葉の気孔を介した蒸散力により，植物は，大量の水をポンプアップする．ポプラ，ユーカリ，ヤナギなどは，1日当り約200 kgの水を蒸散するが，1 t以上の水を蒸散する場合もあるとのことである．これらの木は，地下3～4 mまで根を張るが，10 m近くまで根を伸ばす場合もあるとのことである．植物は太陽エネルギーを使った天然のポンプである．これだけの水を電気や機械を使ってポンプアップすると，何十倍ものコストや運転費がかかる．硝酸で汚染された地下水を5年間かけて，従来法（ポンプアップ-逆浸透システム）とハイブリッドポプラによるファイトレメディエーションの処理コストを比較すると，前者は66万ドルかかり，後者の1.5～2倍かかるといわれる[33]．さらに，「植物ポンプ」はこれ以外の効果もある．植物ポンプの作用で土壌中の水分量が減ると，有機物や重金属等汚染物質の濃度が高まり，沈殿，拡散防止などの効果がある．

（j）難分解性有機汚染物質（POPS）の分解 難分解性で環境中に広がったPCB，DDT，ダイオキシンなどの有機塩素芳香族化合物やノニルフェノールなどの芳香族化合物は，persistent organic pollutants（POPS）と呼ばれる．POPSは，ヒトや動物の内分泌ホルモン作用を攪乱する場合もある．植物は一般にダ

イオキシンを分解する能力はないとされている。ウリ科カボチャ属のズッキーニやセリ科ニンジン属のニンジンは，ダイオキシンを吸収するといわれる。また，表面に油を分泌するマツの葉はダイオキシンをトラップするという。ヒラタケ，カワラタケ，エリンギ，シイタケなど白色腐朽菌は，木材中のリグニン（フラボノイドやタンニンなどフェノール物質の仲間）を分解・資化するが，ダイオキシンやPCBも分解することが知られている[34]。キノコが分泌するリグニンペルオキシダーゼ，マンガンペルオキシダーゼ，ラッカーゼというリグニン分解酵素にある。リグニンとダイオキシンの化学構造が類似しているので，この酵素がダイオキシンを分解すると考えられている。遺伝子操作でキノコや微生物の遺伝子を持つ植物[35]を作ることにより，植物によるダイオキシン，PCB，DDT，DESなどのPOPS分解が実現できるであろう。

（k） 大気汚染の分解処理 二酸化窒素などの窒素酸化物は，車の排気ガスに含まれ，オゾンなど光化学オキシダントなど呼吸器障害の大きな原因となる大気汚染の一つである。わが国の都市部の大気中の窒素酸化物の50％は車の排気ガス由来であるといわれる[36]。またその75％は，ディーゼル車由来である。わが国の車の保有数は約7000万台のうち，ディーゼル車は約18％を占めるに過ぎないが，大気汚染の主原因となっている。最近，Greggら[37]は，ある種の樹木はニューヨークの都会のほうが田舎よりも生育が高いことを報告した。都会の空気のオゾン量（16 ppb）が田舎の空気のそれ（28 ppb）よりも少ないからであると解釈している。わが国では一般局（一般環境大気測定局）のオゾン量は確かに自排局（自動車排出ガス測定局）よりも高いが，いずれも30 ppb以上であり，そのような樹木の生育促進は期待できない。

植物は二酸化窒素を吸収同化しアミノ有機化する。われわれは，200種以上の植物の二酸化窒素吸収分解能力を調査した[38]。幹線道路沿いの雑草や公園の植物や街路樹合計200種以上を調査した。その結果，ユーカリノキの仲間（ユーカリプタス・ビビナリス），タバコ，ダンドボロギクなどが高い二酸化窒素同化能力を示した。この能力が最大（ユーカリプタス・ビビナリス）と，最小（エアープラントの一種の多肉植物のイオナンタ）の値の差はじつに600倍以上あった。このほか，能力の高いのは，コブシ，クチナシ，イタリアポプラ，ナンキンハゼ，ユーカリプタス・シネラ（以上木本），ボラジ（草本）などであった。ダンドボロギクはキク科北米原産の雑草で，山火事の後に最初に出現する好窒素性植物である。野生草本，園芸草本，木本植物において，能力の高いものと低いものがほぼ均等に分布していた。筆者らの研究室のホームページ〔http://www.mls.sci.hiroshima-u.ac.jp/mpb/Home.html（2004年12月現在）〕で公開している。また，最近ケナフが高い二酸化窒素同化能を持つことを見出した。筆者らはまた，遺伝子操作による植物の二酸化窒素分解能力の改良の基礎研究を進めている。これまでに，亜硝酸還元酵素のキメラ遺伝子を過剰発現させて，酵素活性が約80％高まり，二酸化窒素同化能力が40％アップした植物を作り，発表した[40]。

（1） 夢の植物：壁面パネル植栽 植物の力で環境修復するには，それを植える場所の確保が必須の課題である。都市部の市街地など緑地を確保が難しい地域ほど，その必要性が高い。そこで，ビルなどの建物の表面に植物を生やしたパネルを張りつける「壁面パネル植栽」を提案している。（図4.37）市街地に環境を修復する植物を植えるスペースを確保することは真に「必要」である。パネルとなる高分子材料を工夫する必要がある。また，この植栽に適した植物は乾燥，寒冷，風，過湿に耐えることが必要である。ドイツの研究者は壁面緑化の繊維素材を開発中とのことである[41]。近年，建設省公園緑地課と財団法人都市緑化技術開発機構がビルの屋上やビルの壁面を「特殊緑化空間（ネオグリーンスペース）」と命名し，その緑化を推進するマニュアルを作成・発表している[42]。ビルの屋上，壁面を植物で覆うと，植物の蒸散作用でビル表面の温度が下がり，ヒートアイランド現象の緩和にも資することが指摘されている。分野の違う専門家の創

市街地のビルの表面や屋上や高速道路の壁面をパネル式植物壁で覆い，窒素酸化物，ディーゼル微粒子，ダイオキシンなどの大気汚染の修復と，ヒートアイランド現象の緩和に役立てることができる。

図4.37 壁面パネル植栽の概念図

意工夫を結集すれば，このような技術を発展させることができるであろう。

以上述べたように，植物には環境汚染を解決するすばらしい力がある[22]。しかも植物を用いれば，他の生物の生活や生態系をあまり壊さずに環境修復することが可能である。また，太陽エネルギーを利用するので，エネルギー補給の必要はない。しかし，植物を用いる環境修復法の難点は時間がかかることである。土地を焼いたり，溶媒抽出などによる従来型の環境修復法は，速い，ニーズ即応型であるなどの理由で"日本好み"の方法である。河川護岸工事で水生生物が激減しても「見た目にきれい」が，日本人好みであるようだ。さまざまな人工的な処理を加える方法は，環境修復というよりは，別のタイプの環境破壊でもあるわけである。経済効果と同時に自然の大切さと将来を考えて，どちらの方法を採用するかは，単に土地の所有者と利用者だけの判断にまかされるのではなく，社会全体として選択されるべき問題でもある。ファイトレメディエーションは技術としても，その基礎学問の面においてもいまだ"揺籃期"にある。ここに紹介した植物の計り知れない力を活用した環境修復が進められることは，世界的な流れであり，今後ますます広がるものと思う[23]。

（森川）

4.3.4　干潟汚染

干潟は，海と陸が接する境界面に形成され，潮汐によって冠水と干出を繰り返す海浜を表す言葉である。干潟が生物に提供する環境は二つの点で大きな特徴がある。一つ目は，干潟が海と陸の境界面に存在することから，陸と海の両方の影響を受けることである。陸域からは淡水の流入，それに伴うさまざまな物質の移動が起こり，特に河口に形成された干潟ではこの影響が著しい。二つ目は，潮汐によって冠水と干出を繰り返すために，干潟上に存在する生物は，水と空気への曝露を繰り返し受ける。このことは，水中あるいは空中でしか生きることができない生物の存在を阻むだけでなく，一定の間，空中にさらされることにより，大きな気温変化を受けることを意味する。このように海と陸の境界，あるいは河口干潟では淡水と海水の境界面に位置する干潟は，水界生態系と陸上生態系，あるいは淡水生態系と海洋生態系の両方の影響を受けるものの明らかにそれらの生態系とは異なる独特な生態系を形成している。

冠水と干出を繰り返す干潟の特徴は，そこに存在する生物を捕獲，捕食する人間を含む高次消費者にも便宜を与える。鳥類にとっては，干出時あるいは水深の浅いときに容易にベントスを捕食することができるため，干潟は重要な餌場であり，多くの渡り鳥の生息場所となっている。人間にとっても，重要な水産資源であるアサリをはじめとする貝類が豊富に存在するため，重要な漁場であると同時にレクリエーションの場としても古くから人々に親しまれてきた。

一方で，陸と海の境界面に形成された干潟は人間活動の影響を受けやすい場所でもある。一つは埋め立てのような生態系そのものの喪失である。穏やかな沿岸域に存在し，干潮時に広大な面積が干出する干潟の特徴は，同時に埋め立てが容易な場所であることを示している。環境庁の調査によれば，わが国に存在する干潟の総面積は昭和20年には82 321 haであったが，平成4年には49 780 haまで減少している[45]。

もう一つの要因は石油のような人為的な汚染物質の排出による汚染である。わが国の沿岸では，かつて水島精油所から瀬戸内海への石油流出事故，また最近では日本海沿岸におけるナホトカ号の油流出事故があった。このような沿岸海域における油濁の一部は海岸に漂着し，漂着地点が干潟のような脆弱かつわれわれにとって重要な生態系であるほどその影響は多大なものとなる。

油濁は海域中に生息するさまざまな生物に急性的あるいは慢性的に大きな影響を与える。また，その生態系の構造，機能にも大きな影響を与え，さらに物質循環などを滞らせる可能性を持つ。干潟生態系はその構造，機能，物質循環が沿岸海域とはまったく異なる脆弱，かつ緊急の保全が必要な生態系とみなされている。したがって，油濁の沿岸域生態系への影響は外洋以上に深刻かつ多様と考えられる。

図4.38は干潟汚染のプロセスを模擬的に示している。干潟の油濁では，漂着した油分の干潟土壌への浸入と移動の過程（波，潮汐の影響），土壌に浸入後の微生物による分解過程，さらにこれらが生態系に影響

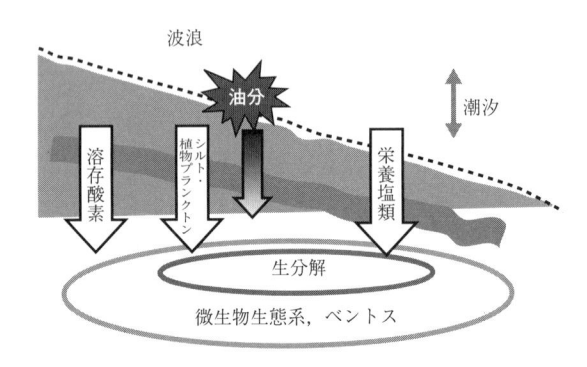

図4.38　干潟生態系における油汚染が生態系に及ぼす影響

を及ぼす過程がある，また，油分の浸入が海水中の植物プランクトン，溶存酸素，有機物，栄養塩等の浸入過程を変化させるため，それが油自身の分解に与える影響もある．汚染対策としては，分散剤の散布や土壌耕運（混合と酸素の供給等）等によるバイオレメディエーションの促進などが考えられている．

干潟に漂着した油分はそのほとんどが土壌表面に存在する．しかしながらこれが蓋をしたような状態となって海水（溶存酸素）や空気の移動を阻害する．このため，土壌内部は還元化する．一例として，**図4.39**に油濁時における酸化還元電位（ORP）の深さ方向の変化を示す．図中のOは油汚染がある場合，Cはない場合の1 cm，5 cmの深さのORPを示す．油汚染の8日後，1 cmの深さでもORPはマイナスを示し，嫌気化したことがうかがえる．その後完全にもとの状態には回復しなかったが，1カ月以降はORPが上昇する傾向を示した．

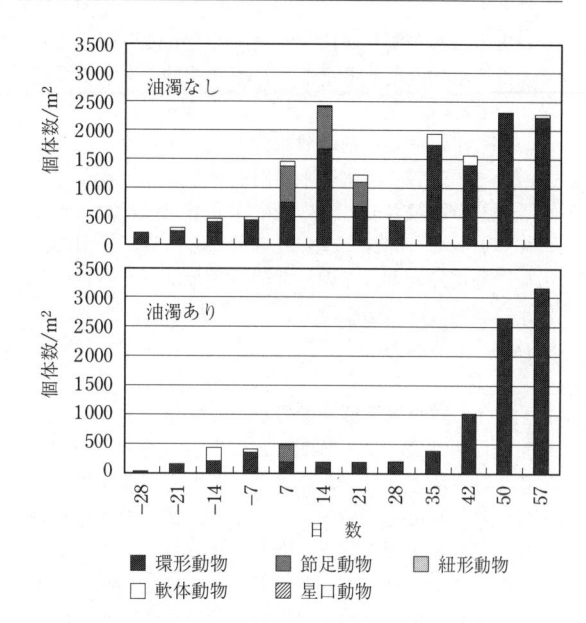

図4.40 油汚染がマクロベントスに及ぼす影響

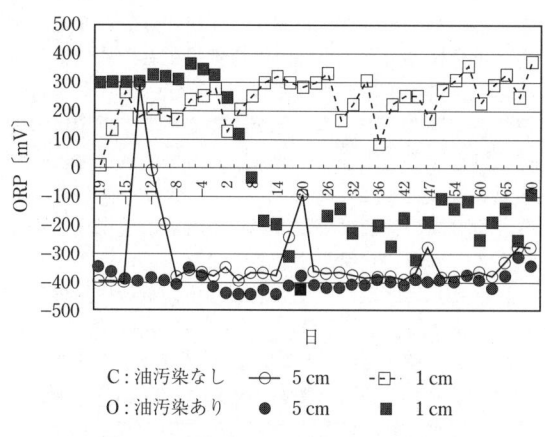

図4.39 油汚染がORP変化に及ぼす影響

図4.40は油汚染がマクロベントスの現存量に与える影響を示す．優占種は*Capitella* sp., *Ceratonereis erthraeensis*および*Mediomastus* sp.であった．油汚染前のマクロベントスの現存量は425～525 m^{-2}の範囲であった．油汚染がない場合には平均1500（525～2400）m^{-2}まで個体数が増加したが，油汚染によって310（200～525）m^{-2}まで減少した．しかしながら，42日以降は油の微生物分解が進み，ベントス個体数の回復も認められた．

油流出によるマクロベントスの現存量の減少原因としては，油自身の毒性と海水浸透阻害による溶存酸素および植物プランクトン等の食物供給の遮断が考えられる．しかしながら，本研究で観察された油分濃度は文献等に報告されている毒性値よりはるかに低い．したがって，油流出によるマクロベントスの現存量の減少は海水浸透量の減少に伴う溶存酸素および植物プランクトン供給の減少によるものと推定される．

図4.41に分散剤を散布した後，15潮汐後の土壌中油分濃度鉛直分布を示す．分散剤を散布した場合，0～2 cmにおける海水の浸透の律速となる表層部の濃度が大きく減少した．分散剤を散布した後，油の浸透深さは徐々に深くなり，干潟土壌内を油分が水平方向にも流れた．漂着油に対する分散剤の散布は油の浸透を著しく促進するとともに微生物分解が促進される場

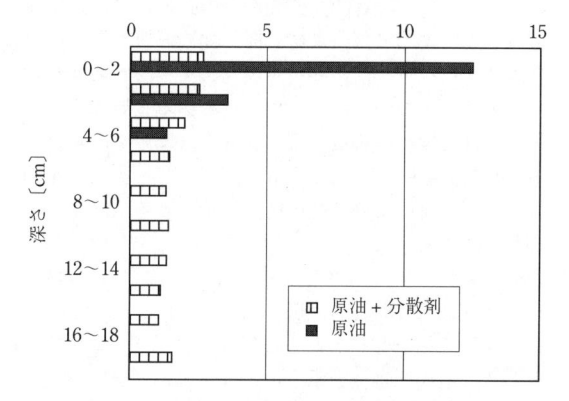

図4.41 分散剤の散布による油分濃度の鉛直分布

合があることが明らかになった．油を分散させることで表面の油分濃度を低下させ，その結果，海水の浸透が回復した．

しかしながら処理剤の散布によって漂着油を除去しても，干潟底質の海水透水が回復せず，むしろ還元的な雰囲気を継続させ，油の微生物分解が遅れ，結果としてベントスの回復を遅らせる場合もある．干潟の油汚染の回復技術としての分散剤の散布は，その特性と効果を理解した適切な使用（他の方法との組合せなど）が必要であるといえる．

〔岡田〕

4.3.5 重金属汚染修復のための生物工学

鉱業周辺地域や工場跡地などの土壌・地下水が重金属により汚染されていることが，新たな環境問題として深刻になってきている．これは，工業原材料等として使われた重金属が漏出したり廃棄されたりして土壌を汚染すること，鉱石原料や石炭などの化石燃料に多量に含まれている重金属が原料貯蔵場や廃棄物貯蔵場から溶出して土壌や水系を汚染することなどによる．また，化石燃料や廃棄物の燃焼によって周辺に飛散したり，廃棄物燃焼残滓の処分過程で溶出したりすることが，低レベルながら広域にわたる重金属環境汚染の原因であるといわれている．私たちが日常的に使っている工業製品の中にも重金属が含まれており，使い捨て電池はもちろんのこと，テレビ，コンピュータその他の電気製品は重金属の固まりといっても過言ではない．したがって，それらが廃棄される際に，さまざまな有害重金属が私たちの生活から環境に放出されることになる．

さらに，近年になって，魚介類の摂食などによる低濃度重金属の長期間曝露による健康影響の問題が指摘されるようになってきている．メカジキなどの大型食用魚に含まれるメチル水銀の濃度は，平常値としても妊婦等の摂取基準を超過しているといわれている．この例のように，穀物や魚介類からの摂取による重金属の微量濃度長期曝露による人間の健康影響や遺伝的影響は，新たなタイプの重金属環境汚染として大きな社会問題になりつつある．したがって，重金属によって汚染された環境を修復すると同時に，廃水や廃棄物から重金属を除去し，たとえ微量であっても重金属を環境に放出しないための技術的な対策をとることが必要である．

毒性のある重金属として知られているものに水銀，カドミウム，クロム，亜鉛，鉛，コバルト，ニッケル，スズ，銅，銀などがある．これらはいずれも金属元素としては生物に毒性を示すことはほとんどないが，しかしいったん酸化されたりして重金属イオンになると強い毒性を示す．また，有機化合物と結合してメチル水銀やエチル鉛，ブチルスズのようにいわゆる有機化することによって，生物細胞に進入し細胞内などに蓄積して毒性を示す．

自然界には通常の生物にとってきわめて毒性の高い重金属に対してもそれを細胞から排除したり無毒な金属状態に変換したりすることによって解毒して生きている生物が存在している．これらの生物は，一般に重金属耐性生物と呼ばれている．これらの生物の重金属化合物を変換する能力や排除または蓄積する能力を活用することによって，廃水に含まれる重金属の除去を行ったり重金属によって汚染された環境を清浄な状態に修復したりすることができる．すなわち，重金属耐性の生物機能を利用して重金属汚染修復のための生物工学技術を開発することが可能である．

重金属耐性のメカニズムを解明することによって，生物が行っている重金属無毒化のための生物反応の全容を理解することができるようになる．また，そのメカニズムを応用して新しい重金属の無毒化処理や除去のためのバイオテクノロジーの開発が可能になる．生物が重金属に対する高い耐性を獲得するためには，重金属耐性遺伝子といわれる特別な遺伝子群を発現可能な状態で保有していることが必要である．重金属の耐性に関与する遺伝子は，通常いくつかの関連遺伝子が同時に発現を調節されるオペロンとして存在しており，重金属の種類によって異なる特別の遺伝子および異なるオペロンが発現するようになっている．これまでに構造が解明された代表的な細菌の重金属耐性オペロンを図4.42に示す[48]．

生物の無機化合物耐性は，重金属以外にもヒ素，セレン，テルルといったきわめて毒性の強い化合物についても発見されている．これらの毒性物質に対する生物の耐性発現はさまざまな方法によることが明らかになっているが，いくつかの共通な耐性メカニズムもある．例えばヒ酸に対する耐性は，水銀に対する場合と同様にヒ酸（5価）を亜ヒ酸（3価）還元してから細胞外に排出する能力によることがわかっている．また，セレン酸やテルル酸に対しては水銀と同様に還元して元素セレンや元素テルルに変えて無毒化するが，これらの単体元素は水銀のように気化して放出されるわけではないので細胞内に蓄積されるといわれている．

筆者らが水俣湾の底泥から分離した水銀耐性細菌の*Bacillus megaterium* MB1株およびその水銀耐性遺伝子をクローニングした大腸菌DH5α株は，図4.43に示したように水銀イオンと塩化メチル水銀および酢酸フェニル水銀などの有機水銀を金属水銀蒸気として除去することができる[49]．廃水や廃棄物からの水銀の除

4.3 環境修復工学

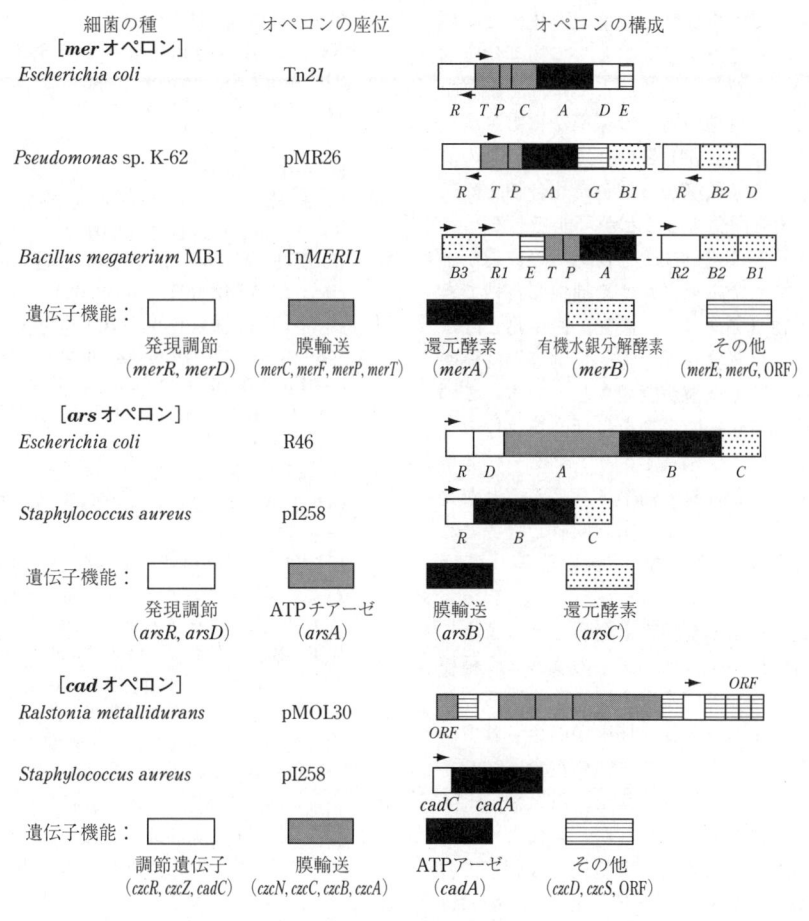

[merオペロン]

細菌の種	オペロンの座位	オペロンの構成
Escherichia coli	Tn*21*	R T P C A D E
Pseudomonas sp. K-62	pMR26	R T P A G B1　R B2 D
Bacillus megaterium MB1	Tn*MERI1*	B3 R1 E T P A　R2 B2 B1

遺伝子機能：
- □ 発現調節 (*merR, merD*)
- ▨ 膜輸送 (*merC, merF, merP, merT*)
- ■ 還元酵素 (*merA*)
- ▦ 有機水銀分解酵素 (*merB*)
- ▤ その他 (*merE, merG*, ORF)

[arsオペロン]

細菌の種	オペロンの座位	オペロンの構成
Escherichia coli	R46	R D A B C
Staphylococcus aureus	pI258	R B C

遺伝子機能：
- □ 発現調節 (*arsR, arsD*)
- ▨ ATPチアーゼ (*arsA*)
- ■ 膜輸送 (*arsB*)
- ▦ 還元酵素 (*arsC*)

[cadオペロン]

細菌の種	オペロンの座位	オペロンの構成
Ralstonia metallidurans	pMOL30	ORF ... ORF
Staphylococcus aureus	pI258	cadC cadA

遺伝子機能：
- □ 調節遺伝子 (*czcR, czcZ, cadC*)
- ▨ 膜輸送 (*czcN, czcC, czcB, czcA*)
- ■ ATPアーゼ (*cadA*)
- ▤ その他 (*czcD, czcS*, ORF)

図4.42 細菌が持つ代表的な重金属耐性オペロンの例

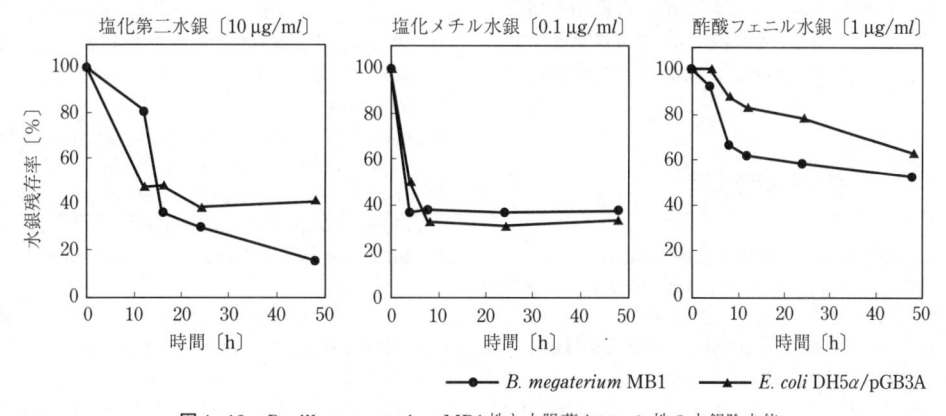

図4.43 *Bacillus megaterium* MB1株と大腸菌クローン株の水銀除去能

― ●― *B. megaterium* MB1　　―▲― *E. coli* DH5α/pGB3A

（塩化第二水銀 [10 μg/ml]、塩化メチル水銀 [0.1 μg/ml]、酢酸フェニル水銀 [1 μg/ml]）

去および水銀によって汚染された環境の浄化のためにこれまで用いられてきた方法は，主として物理化学的方法である．しかしながら上述したように，重金属耐性微生物のあるものは自身の周りの環境から重金属をなんらかの方法で排除する能力を持っている．この能力を利用して廃水や汚染環境から重金属化合物を除去する新しい環境技術を開発することが可能である．

自然界に存在する重金属耐性微生物あるいは遺伝子組換え技術によって重金属をより多く捕捉し蓄積できるようにした微生物（アームド（武装）微生物と呼ばれる）を用いて，重金属含有水や汚染土壌等の洗浄廃水から重金属を取り除く技術が開発されている．この際に，これらの重金属除去微生物を包括または付着した固定化微生物としてカラムバイオリアクターに適用することによって，重金属除去効率を高めることができるとともに，蓄積除去した重金属を回収し資源として再利用することが可能になると考えられている[50], [51]．

一方，重金属耐性遺伝子を植物で発現させるようにして蓄積能力を持つ植物を育種し，そのような育種植物によって環境を汚染している重金属を除去するいわゆるファイトレメディエーション技術が開発されている．自然界に存在するものでも植物体に重金属類を蓄積するものが知られている．カラシナ，シダ類，セイタカアワダチソウ，コンフリーなどがその代表であるが，土壌を汚染している低濃度の重金属を吸収して蓄積する能力と効率は，重金属汚染を浄化するためには十分ではない．そこで，ファイトケラチンやメタロチオネンなどの重金属を結合する能力を持つ生体分子を高発現できる形質転換植物の育種と，分子育種した植物のファイトレメディエーション技術への適用の研究がなされている[52]．植物の機能を応用するファイトレメディエーション技術については，4.3.3項で詳しく取り上げられている．

〈遠藤〉

引用・参考文献

1) 環境省：環境白書，平成16年度版（2004）．
2) 児玉　徹，大竹久夫，矢木修身：地球をまもる小さな生きもの たち，p. 238, 技報堂出版（1995）．
3) 黒川陽一郎：土壌汚染対策の現状と土壌汚染対策法について，用水と廃水，**45**, 7–11（2003）．
4) King, F. B.: *Practical Environmental Bioremediation*, pp. 59–76, Lewis Pubishers（1998）．
5) 藤田正憲編著：バイオレメディエーション実用化への手引き，p. 377, リアライズ社（2001）．
6) U. S. EPA: Remediation Reactive Barrier Technologies for Contaminant Remediation, EPA／600／R-98／125, Sept.（1998）．
7) Nyer, E. K.: *Groundwater and Soil Remediation*, p. 226, Ann Arbor Press（1998）．
8) 森川弘道：ファイトレメディエーションとファイトテクノロジー，ケミカルエンジンニアリング，**46G**, 665–673（2001）．
9) Stegmann, I. R.: *Treatment of Contaminated Soil*, p. 658, Springer-Verlag（2001）．
10) U. S. EPA: Use of Bioremediation at superfund sites, EPA 542-R01-019（2001）．
11) U. S. EPA: Engineered Approaches to *in situ* Bioremediation of Chlorinated Solvents: Fundamental and Field Applications, EPA 542-R-00-008（2000）．
12) 今中忠行監修：微生物利用の大展開，pp. 780–899, エヌ・ティー・エス（2002）．
13) 藤田正憲，矢木修身監訳：バイオレメディエーションエンジニアリング，設計と応用，p. 505, エヌ・ティー・エス（1997）．
14) 岡村和夫，渋谷勝利，中村寛治：TCE汚染サイトのバイオオーグメンテーション実証試験結果，バイオサイエンスとインダストリー，**59**, 196–199（2001）．
15) 児玉　徹，大竹久夫，矢木修身編：地球をまもる小さな生きものたち，技報堂出版（1995）．
16) 安藤　満：よくわかる農薬汚染，合同出版（1990）．
17) 大竹久夫：有害重金属に耐える細菌たち，クリーンテクノロジー，**8**, 64–67（1998）．
18) 松永　是，倉根隆一郎編：おもしろい環境汚染浄化のはなし，日刊工業新聞社（1999）．
19) 大竹久夫，黒田章夫，加藤純一，池田　宰，滝口　昇，木下　勉，糠信輝領謹：リンの回収と再資源化のためのバイオテクノロジー，環境バイオテクノロジー学会誌，**1**, 25–32（2001）．
20) 児玉　徹監修：バイオレメディエーションの基礎と実際，シーエムシー出版（2003）．
21) 西村　実，矢木修身，内山裕夫，藤田正憲，大竹久夫，古川謙介，大岡健三：地球がよみがえる――動きはじめたバイオレメディエーション――，シーエムシー出版（1994）．
22) 小川和宣：http://www.rrr.gr.jp/iso/ogawa/papercon.htm（2003年12月現在）
23) 海老塚良吉：http://homepage1.nifty.com/ebizuka/ronbun/cyak0306.pdf（2003年12月現在）
24) http://www.env.go.jp/water/dojo/law.html（2003年12月現在）
25) Interstate Technology and Regulatory Cooperation (ITRC) Work Group: http://www.itrcweb.org（2003年12月現在）
26) Olson, P. E. and Fletcher, J. S.: Ecological recovery of vegetation at a former industrial sludge basin and its implication to phytoremediation, *Environ. Sci. Pollut. Res.*, **7**, 195–204（2000）．
27) Leigh, M. B., Fletcher, J. S., Fu, X. and Schmitz, F. J.: Root turnover: an important source of microbial

substrates in rhizosphere remediation of recalcitrant contaminants, *Environ. Sci. Technol.*, **36**, 1579–1583 (2002).
28) Olson, P. E., Wong, T., Leigh, M. B. and Fletcher, J. S.: Allometric modeling of plant root growth and its application in rhizosphere remediation of soil contaminants, *Environ. Sci. Technol.*, **37**, 638–643 (2003).
29) Baker, A. J. M., McGrath, S. P., Reeves, R. D. and Smith, J. A. C.: *Phytoremediation of Contaminated Soils and Water*, (Terry, N., Banuelos, G. S.), pp. 85–107, CRC Press Inc., FL (2000).
30) Ma, L. Q., Komar, K. M., Tu, C., Zhang, W. H., Cai, Y. and Kennelly, E. D.: *Nature*, **409**, 579 (2001).
31) http://www.uoguelph.ca/research/spark/newtech/saxena.html（2003年12月現在）
32) http://www.hawaii.edu/abrp/Technologies/phytran.html（2003年12月現在）
33) Schnoor, J. L., Licht, L. A., McCutcheon, S. C., Wolfe, N. L. and Carreira, L. H.: *Environ. Sci. Technol.*, **29**, 318A–323A (1995).
34) Takeda, S., Nakamura, M., Matsueda, T., Kondo, R. and Sakai, K.: *Appl. Environ. Microbiol.*, **12**, 4323–4328 (1996).
35) Takahashi, M., Tanimura, A., Sasaki, Y., Kawaguchi, A., Honda, Y., Kuwahara, M. and Morikawa, H.: *Proc. of SOIREM 2000*, (Luo, Y., et al.), Hangzhou, China (2000).
36) 日本学術振興会 未来開拓学術研究推進事業：エネルギー利用の高効率化と環境影響低減化，研究推進委員会：http://soukei.net.che.tohoku.ac.jp/pollution.htm（2003年12月現在）
37) Gregg, J. W., Jones, C. G. and Dawson, T. E.: Urbanization effects on tree growth in the vicinity of New York City, *Nature*, **424**, 183–187 (2003).
38) Morikawa, H., Higaki, A., Nohno, M., Takahashi, M., Kamada, M., Nakata, M., Toyohara, G., Okamura, Y., Matsui, K., Kitani, S., Fujita, K., Irifune, K. and Goshima, N.: *Plant, Cell & Environment*, **21**, 180 (1998).
39) Takahashi, M., Kodo, K. and Morikawa, H.: Assimilation of nitrogen dioxide in selected plant taxa, *Acta Biotechnol.* (2003).
40) Takahashi, M., Sasaki, Y., Ida, S. and Morikawa, H.: *Plant Physiol.*, **126**, 731–741 (2001).
41) Maehlmann, J.: Sachsisches Textilforschungs institute.V. maehlmann@stfi.de
42) 建設省都市局公園緑地課推薦／財団法人都市緑化技術開発機構編集：環境共生時代の都市緑化技術 屋上・壁面緑化技術のてびき
43) 森川弘道：植物利用による環境修復——ファイトレメディエーション——「植物による環境負荷低減技術」，pp. 49–94，エヌ・ティー・エス (2000).
44) Morikawa, H., Takahashi, M. and Kawamura, Y.: Air Pollution Clean Up Using Pollutant —— Philic Plants —— Metabolism of nitrogen dioxide and genetic manipulation of related genes, *Phytoremediation: Transformation and Control of Contaminants*, (McCutcheon, S. C., Schnoor, J. L.), pp. 765–786, John Wiley & Sons (2003).
45) Baba, E., Cheong, C.-J. and Okada, M.: *Environmental Sciences*, **7**, 139–148 (2000).
46) 鄭 正朝，西嶋 渉，馬場栄一，岡田光正：土木学会論文集，**678**, 105–110 (2001).
47) Baba, E., Kawarada, H., Nishijima, W., Okada, M. and Suito, H.: *Waves and Tidal Flat Ecosystems*, Springer, Berlin (2003).
48) Endo, G., Narita, M., Huang, C.-C. and Silver, S.: *J. Environ. Biotechnol.*, **2**, 71 (2002).
49) Narita, M., Yamagata, T., Ishii, H., Huang, C.-C. and Endo, G.: *Applied Microbiol. and Biotechnol.*, **59**, 86 (2002).
50) Von Canstein, H., Kelly, S., Li, Y. and Wagner-Dobler, I.: *Appl. Environ. Microbiol.*, **68**, 2829 (2002).
51) Pan-Hou, H., Kiyono, M., Omura, H., Omura, T. and Endo, G.: *FEMS Microbiol. Letters.*, **10325**, 59 (2002).
52) 早川孝彦，栗原宏幸：環境バイオテクノロジー学会誌，**2**, 103 (2002).

4.4 環境モニタリング

4.4.1 環境モニタリング

環境には，モニタリングすべき数多くの負荷物質が存在する。本項では，特に汚染化学物質を生物の機能を利用してモニタリングするための工学的技術について述べる。

化学合成の技術は天然に存在しない多くの有益な化学物質を提供してきた。しかし，化学物質の性質に関する知識と，適正な管理技術が伴わなかったために，有害な物質を環境に放出，蓄積する結果となった。近年，問題となっている環境ホルモンに分類される化学物質の多くは，生体に有害であると長年認識されなかった化学物質である。全ゲノム解読など生物科学の進歩により，ある物質がどのように生体に作用し，また毒性を持つのかが解き明かされていく。環境ホルモンの例のように，有害物質として新たに認識，分類される物質は増加する一方と予測される。

このような状況において人類は，環境中の化学物質の分布を可能な限り明らかにし，少しでも汚染箇所の回復処理を行う責任がある。しかしながら対象とするべき化学物質の数はばく大であり，現在の化学分析技

術では，汚染状況を網羅的に正確にモニタリングすることは難しい。

そこで，生物の機能を利用した検出技術の開発が期待される。生物は微量な化学物質に反応するしくみをもともと持っているので，これを利用することで，高感度で特異的な検出技術の構築が可能であると考えられる。1999年のベルギーの鶏肉ダイオキシン汚染事件では，一時的に10万件の分析が発生したためにHRGC-MSなどの機器を利用した化学分析では間に合わず，Chemical-Activated Luciferase Gene Expression（CALUX）に代表されるバイオアッセイやイムノアッセイが利用された。2003年6月現在，日本国内では，このような簡易検出法は，環境分析における公定法として認められていない。しかしながら，環境分析を実施する企業では，汚染検体の絞り込みに使用する意味で価値ありと認識されており，潜在的なニーズは大きい。

（a）モニタリング対象物質　環境中のモニタリング対象の物質は，有機化学物質，重金属類，ガス類に分類される。

有機化学物質のなかでも，特に残留性有機汚染物質（persistent organic pollutants：POPs）は，国際的に化学物質対策が進められており，2001年5月，人の健康と環境の保護を図ることを目的としてPOPsをなくすこと・減らすことを目標とした残留性有機汚染物質に関するストックホルム条約（POPs条約）が採択され，PCB，ダイオキシンをはじめとする12物質が指定されている。日本ではPCB汚染問題を契機として，1973年に「化学物質の審査及び製造等の規制に関する法律（化審法）」が制定されており，指定された物質は全部で435種類ある。2003年2月現在，PCBなど生物体内に蓄積して長期毒性を示す危険な13物質が第一種特定化学物質に指定され製造・輸入および使用が事実上禁止されており（そのうち8種が有機塩素化合物），水質汚染の問題となっているトリクロロエチレンなど23物質が第二種特定化学物質として，クロロホルムなど676物質が指定化学物質としてそれぞれ指定され，規制が行われている。そのほか，一般化学物質があり，環境ホルモンなどで問題になっている物質や農薬などが挙げられる。

ヒ素，カドミウム，クロム，鉛，水銀，銅，ニッケル，亜鉛など，重金属類の定量分析では，おもに誘導結合プラズマ（ICP）発光分光分析法やICP質量分析法が用いられる。またヒ素やセレンは水素化物にして原子吸光法，有機水銀はGCで分析するという手法が用いられている[1]。一方，バイオアッセイも開発されており，発光微生物による重金属の分析や，微生物由来水銀応答遺伝子を用いた組換え大腸菌による水銀センサーシステムの報告がなされている[2],[3]。これらの手法を用いることによって，pg/mlオーダーの高感度検出が可能となっている。そのほかにもムラサキツユクサなどの植物を用いた突然変異や形態異常の誘発による試験が行われている。二重鎖切断を受けた染色体断片が細胞分裂時に通常の核から取り残され，小核として発見されることを利用した放射線感受性解析法の一つである小核アッセイ法（micronucleus assay）が開発されている[4]。

モニタリングが必要なガスには，大気汚染物質であるNO_X，SO_Xや，削減対象のCO_2，フロンなどが挙げられる。一般的に，濾紙上に補修した気体中に含まれる物質に対して，化学分析やイオンクロマトグラフィーなどの分離分析を行う。近年，クリーンエネルギーとして水素が注目されており，燃料電池の利用によって，上記大気汚染問題が解決されると期待されている。しかし，将来的に水素の利用が高まると，その引火性から，適正な管理技術が必要となる。すなわち漏出をモニターする技術が不可欠となるが，他の燃焼性ガスと区別して水素を特異的にモニターする技術が必要であろう。生物機能を用いた水素ガスモニタリング技術に関して，後段で詳述する。

（b）生物機能を利用したモニタリング技術　生物機能を取り入れたモニタリング技術には，レポータージーンアッセイを主とする生物そのものを用いた技術がまず挙げられる。CALUXに代表されるこの技術は，非常に高感度な物質検出を達成できる（図4.44）。CALUXはダイオキシン検出のためのすでに製品化されたキットのことでもあり，前述のベルギーにおける調査でも活用されたものである。pg/mlオーダーの非常に高感度な検出を可能とするが，あらゆる物質に対応できるわけではなく，検出までに時間を要するという欠点もある。

本項では，生物機能を利用し，かつ，測定装置を用いた，有機化学物質をターゲットとした検出技術を中心に述べる。これは，検出対象とする標的物質を補足する結合素子と，標的物質が補足されたシグナルを検出するため装置の二つの構成要素からなる技術である（図4.45）。一般的に有機化学物質がターゲットの場合，低分子量であるため，図に示すように競合結合を基本とする検出系の構成となる。

化学物質を補足するためには，まず化学物質をできるだけ特異的に高親和性で結合する結合素子が必要である。生物が関与するのはまさにこの部分であり，免疫抗体，レセプターなどの利用が考えられる。この結合素子の性質が，検出性能を決定するといっても過言

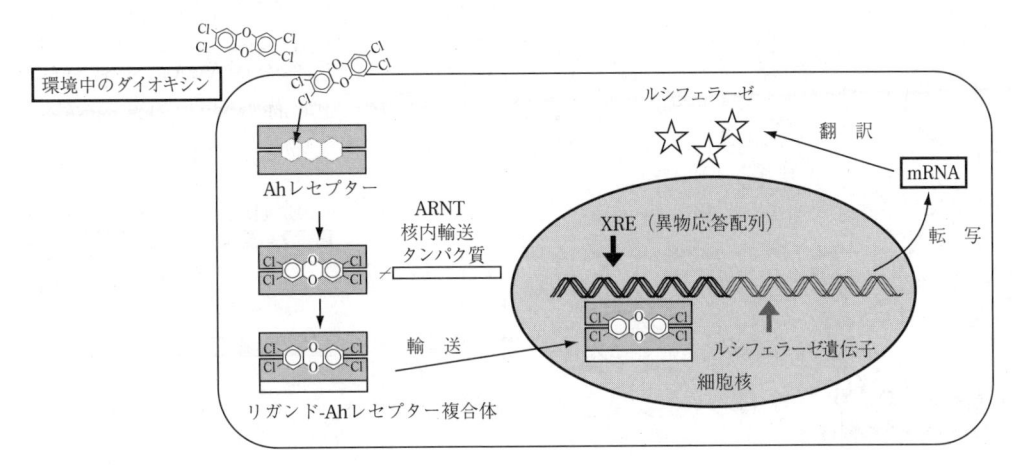

図 4.44 CALUX によるダイオキシン類検出の概略図

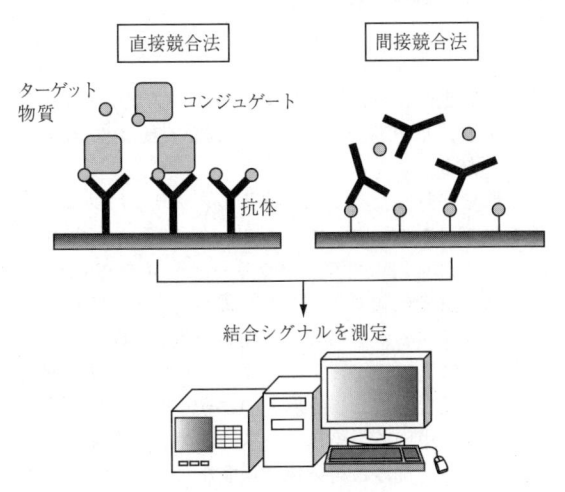

図 4.45 生物機能を利用した検出素子と装置

ではない。

装置としては，蛍光・発光を検出する装置や電気化学的な検出装置などが用いられる。ほかにも微量な物質の結合を測定できる装置として，表面プラズモン共鳴測定装置（SPR），エバネッセント蛍光測定装置，水晶振動子マイクロバランス（QCM）などを用いることができる。いずれの組合せにおいても結合素子と標的物質の特異的な結合シグナルをいかに，定量的な信号として取り出すかがかぎである。

（c）**結合素子の開発**　生物はレセプター分子により血中の微量ホルモンを認識し，あるいは，空気中の微量物質の匂いを感知するなど，高度な分子認識能があり，環境汚染化学物質に対しても応答機構を持っている。環境ホルモンが問題になっているが，まさに生体が化学物質に応答することが原因である。生物のこれらの機能を利用することができれば，正確で迅速な環境汚染化学物質の定量的な分析を行うことができると考えられる。生物学的手法を用いた検出方法の代表的なものとして，免疫抗体を結合素子として利用する方法が数多く開発されている[5]。特にモノクローナル抗体が材料として有用であり，実用化もなされている[6],[7]。免疫抗体にも欠点があり，作製に長期間を要する，低分子化学物質や毒性の高い物質の抗体を取得するのが困難であるといった問題点がある。また，POPsなど標的物質が水に溶けにくい場合は，有機溶媒を用いて抽出，溶解させる必要があり，これが免疫抗体の変性を起こすことになる。いうまでもなく抗体が生理的環境で働くタンパク質であるからであるが，抗体の結合機能のみを抽出した変性の問題のない材料ができれば，結合素子として理想的である。このような目的から，近年，遺伝子組換え抗体やペプチド抗体が作製されている。また，人工的に合成された核酸分子，アプタマーも分子認識が可能な材料である。

（d）**遺伝子組換え抗体**　遺伝子組換えにより免疫抗体の可変領域の重鎖と軽鎖を1本のアミノ酸配列として合成させたもので，単鎖抗体とも呼ばれる。はじめにモノクローナル抗体ありきの技術であり，抗体の遺伝子配列が既知である必要がある。**図4.46**に示すように，ファージディスプレイを用いた手法により標的に対して高親和性の分子を簡便にスクリーニングすることができる。しかしながら，ファージ本体の影響は少なくなく，ファージから切り離した形で，大腸菌などで生産させると結合力が低下したり，失われたりする場合が多く見られる。

組換え遺伝子をデザインする際に，どれくらいの領

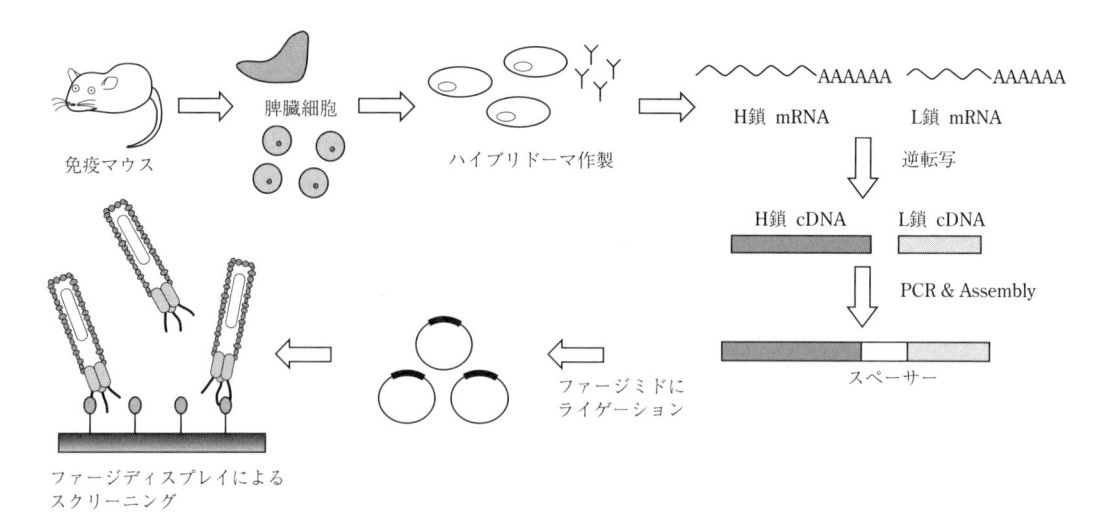

図4.46 ファージディスプレイを利用した単鎖抗体の作製と検索

域を用いるか，重鎖と軽鎖のスペーサー長をどのように調整するかなど，最適化の作業は不可欠である。

単鎖抗体は，タンパク質の高次構造が結合領域を規定しているので，高濃度の有機溶媒を含むような高次構造を崩壊させる条件ではやはり，結合力の低下を引き起こす可能性がある。このような問題を回避するためには，はじめから可能な限り標的物質検出時に近い条件でスクリーニングを行うべきである。

（e）ペプチド抗体 レセプターでも抗体でも，生物の持つ分子認識は，タンパク質すなわちペプチド（アミノ酸）の分子認識である。抗体の分子認識は5,6個程度のアミノ酸によると考えられている。よって天然アミノ酸のみを用いた短いペプチドでも結合素子が作製できると期待される。実際にコンビナトリアルケミストリーによるスクリーニングにより，低分子有機化学物質を結合するペプチド分子の取得が実施されており，エンケファリン[8]やポルフィリン[9]に対して結合するペプチドが報告されている。このような短いペプチドは，アミド結合が加水分解を受ける環境でない限り，安定に使用することができる。POPsに代表される有機化学物質はおおむね疎水性が高く，有機溶媒を混合させないと水溶液中での測定はできない。ペプチド抗体は，このような溶媒環境においても変性のない材料といえる。スプリット合成法によって作製されるペプチドのコンビナトリアルライブラリーにおいては，1個のライブラリービーズの上にはただ1種類のアミノ酸配列しか存在しない。システインを除く天然アミノ酸19種類を材料に使用した場合，5アミノ酸ペプチドのフルライブラリーの総数は約250万種類

である。完全にランダムな配列のライブラリーを作製する場合，取り扱うことができる最大長は5,6残基程度である。

筆者らが行ったペプチド抗体のスクリーニングの過程を**図4.47**に示す。まず，ターゲット物質を蛍光標識し，これを用いてライブラリービーズを染色する。染色は，蛍光標識ターゲット物質とペプチドの結合であると判断するが，アミノ酸配列が極端に疎水性の場合など，蛍光標識ターゲット物質がビーズに非特異的に強固に結合してしまう。このような場合には，有機溶媒などを用いても染色ビーズの洗浄ができない場合が多いので，洗浄と再染色が可能なビーズを一次スクリーニングで選択する。その後に，ターゲット物質が競合的に結合することによって起こる消光を指標に二次スクリーニングを行う。一連の操作は，蛍光顕微鏡を用いた手作業により行う。ダイオキシン結合ペプチドをスクリーニングした結果，ビーズ上での結合定数が$10^8/M$を超える配列が取得されており，免疫抗体に遜色ない材料が開発されてきている。

目的の分子を認識する抗体の超可変領域から短鎖ペプチドをデザイン・合成し，ターゲット分子に対して結合能を持ったペプチドを合成する手法も報告されている[10]。センサー化については，11残基からなるペプチドを水晶振動子と組み合わせて用いて，イミダゾールとヒスチジンを定量した例が報告されている[11]。また，筆者のグループではポルフィリン結合ペプチドを利用した検出方法を開発している[12],[13]。

（f）検出装置 従来，検出装置としては電気化学的な測定装置や，蛍光・発光を測定する装置が用

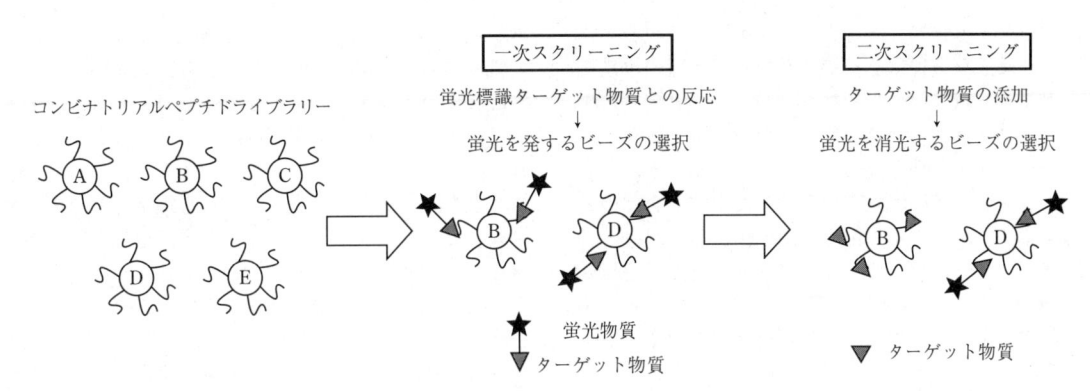

図4.47 コンビナトリアルケミストリーによるペプチド抗体の検索

いられてきた．これには，ターゲット物質そのものが，電気化学，分光学的に顕著な特徴を持っている場合においてのみ可能である．ダイオキシンをはじめとするターゲット有機化学物質の多くは，そのような特徴を持たない分子である．このような物質を検出する装置として，SPRやQCMなどの利用が考えられる．図4.48に示すSPRは金属薄膜表面に結合素子を固定化し，そこに結合する分子による屈折率変化をSPR角度の変化として光学的に検出するものである．またQCMでは共振周波数の変化を検知することで，その表面に析出・吸着した物質の微量重量変化を知ることができる．これらの装置では標的物質の濃度，結合・解離速度をリアルタイムで観測できる．また標識物質などを使わずに結合の検出ができ，少ない試料で測定ができる．さらにこれらの装置は非常にコンパクトにできるために，実験室内だけでなく実際の汚染現場で使用することも考えられる．

SPRは高感度検出方法として多く用いられている．筆者らは，これら検出装置とペプチド抗体を組み合わせた検出技術の開発に取り組んでいる．SPRでは，結合定数10^5 M^{-1}のポルフィリン結合ペプチドを結合素子として利用した場合，100 ng/ml程度の濃度において直接検出が可能であった[13]．

（g）高感度検出 上記のような検出装置を用いる場合，ターゲット物質が低分子化合物である場合には，物質モル量当りの検出シグナルが小さくなるために，高感度検出のために工夫が必要となる．免疫抗体を使用する場合には，サンドイッチ結合なども難しく，図4.45に示すような競合法による検出の工夫が必要になる．SPRやQCMでは，ターゲット分子量が200 Daの場合に，図4.45の直接競合法を利用し，分子量20 kDaの物質とターゲット物質のコンジュゲートを作製することで，シグナルはおよそ100倍に上昇させることができる．また，ターゲット側を基板上に結合させる間接競合法であれば，免疫抗体は分子量150 kDaの大質量を持つ分子なので結合シグナルを十分検出可能である．よって，直接競合法の場合には，コンジュゲート作製が，間接競合法の場合は，ターゲットを固定化した表面作製が，最も高感度化の成否を左右する．免疫抗体を使用する場合には，抗体取得時に使用したハプテンコンジュゲートをそのまま使用できる．また，コンジュゲート作製時に使用したターゲット物質誘導体を検出表面に固定化する材料として使用できる．

つぎに，測定系表面での非特異的な結合をなるべく抑えた環境作りが重要である．表面材料の選択，表面修飾，ブロッキング，溶媒の塩濃度，pH，混合する有機溶媒，界面活性剤の種類と濃度など，ほかにも多くの検討すべき条件が存在する．これらパラメーター

図4.48 表面プラズモン共鳴測定装置の概略

は，ターゲット物質，結合素子，検出装置の組合せに依存し，最適な条件はそれぞれ異なる。上記の単鎖抗体，ペプチド抗体は，免疫抗体と違い *in vitro* でスクリーニングを行うために，最終的な検出系を想定してスクリーニング条件を整えることができる。また，スクリーニングに検出装置そのものを使用するなどの工夫をすることができる。例えば，単鎖抗体におけるファージスクリーニングを，ターゲット物質を固定化したSPRチップ上で行えば，SPRを用いた間接競合法による検出系で，最も適した配列を選択できると期待される。

ペプチド抗体の場合，免疫抗体と違い立体障害の問題が小さいためにサンドイッチ結合による直接検出が可能である。QCMの信号増幅においてラテックスビーズを用いる質量増感の例を示す。9 MHzの水晶振動子にポルフィリン結合ペプチドを固定化し，直接ポルフィリンを検出した場合，検出限界20 μg/mlであった。これに対し，ペプチド固定化ラテックスビーズを用い，検出系にこれを添加することによって10 ng/mlまで検出することが可能であった[14]。図4.49に示すように，ペプチド抗体がポルフィリンに対してサンドイッチ結合が可能であるためにラテックスビーズによる質量的な増感が可能であったと考えられる。

素が数十％，漏出することが推定されている。最近，大気中へ大量の水素が漏出した場合，成層圏において水となる際に成層圏の温度を低下させ，やがては8％に及ぶオゾン層を破壊する可能性があることが報告されている[16]。よって，近未来の社会では，用途に合致した水素センサーの設置・搭載が必須条件となる。水素漏れのモニタリングにとどまらず，地球環境中の水素をモニタリングするシステムやセンサーの開発が必要になり，その市場規模はきわめて大きいことが予想される。

筆者らは，生物機能，特に微生物由来のヒドロゲナーゼ（H_2ase）を活用した水素センサーの開発を試みている。H_2ase [EC 1.12.2.1] は，水素とプロトンと電子の反応を可逆触媒するタンパク質である。H_2aseは，白金黒などの人工触媒より単位面積当りの活性点が多いため[17]，高感度な水素センサーや高効率な非金属電池などへの応用が期待されている。図4.50に示すように，クレイサンドイッチによるH_2ase固定化グラッシーカーボン電極を作製した。キャスト法により，H_2aseをビオロゲンポリマーと混合したクレイ粒子層で挟み込んだ層構造を形成している。本センサーの水素ガス投入から電流値飽和までの応答時間は短く，検

図4.49 ペプチド固定化水晶振動子センサーとサンドイッチ結合による質量増感

（h） 水素モニタリング　近年，都心を中心に10数箇所の水素ステーションが完成し，水素自動車が市街を走行できる環境が整ってきている[15]。また，燃料電池を用いた家庭用コジェネレーションシステムも市場に投入される状況にあることから，水素の需要は急激に増加すると考えられる。一方，水素自動車が搭載する水素の高圧容器，液体水素容器や，燃料電池スタックからの水素漏れの危険性が指摘されている。さらに，水素の製造・輸送・貯蔵・供給工程においても水

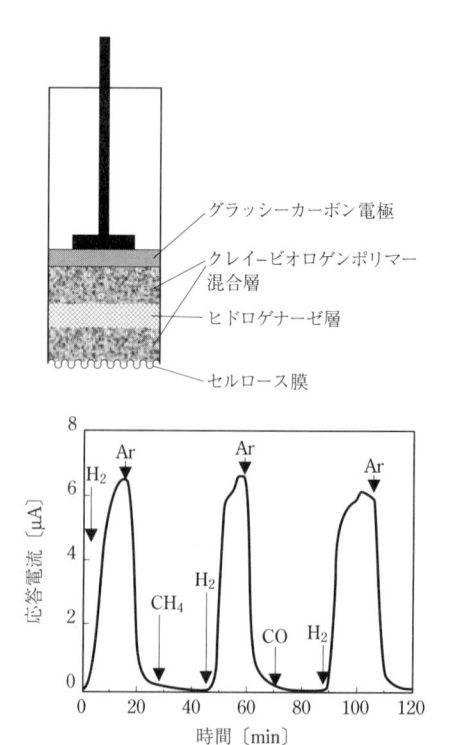

図4.50 ヒドロゲナーゼを利用した水素センサーとその電気化学応答

出限界最小濃度は5 vol%であった。H_2aseセンサーとして工業的に利用するには，水素ガスに対する応答特異性が重要な特性となる。さらに混合ガス中においても水素を検出できることが必須である。100%のメタンガス，一酸化炭素ガスを投入しても，クレイサンドイッチH_2ase電極による応答電流は観察されなかった[18]。

H_2aseは，工業的利用の観点からも物理的環境に安定なものが見出されており，バイオ分子デバイスの素材としてさらなる応用が可能と考えられる[19]。

(i) 新しい化学物質リスク評価 環境ホルモン問題，化学物質過敏症など，人の健康と自然環境を脅かす諸問題へ対応するには，現在流通している数多くの化学物質の危険有害性を把握し，それぞれの化学物質のリスク管理を推進することもさることながら，化学物質の被曝による生体システムへの影響，変化を正確に把握するリスク評価が必要である。

従来，化学物質の毒性は主として指標動物，培養細胞，微生物の致死率，変異率などの単純な指標によって評価するバイオアッセイ法により行われてきた。環境ホルモンの作用や，花粉症とディーゼル排ガスの因果関係など，多様化した環境化学物質の生体へ与える影響は十分理解されていない。現在，細胞の組織培養による臓器組織の人工的再生が可能になりつつある。ヒト細胞をベースに用いた動物実験代替法の開発など，人間への影響をより正確に知るための新しい方法の開発が期待される。 〔三宅，中村，若山〕

4.4.2 環境ホルモン・環境変異源とその検出方法

近年，環境中の微量化学物質が，野生生物を含む生態系や人の健康に影響を及ぼす可能性が指摘されるようになった。これらの化学物質は，生物に対して変異源性などの毒性を示すことが懸念され，代表的な物質として，ビスフェノールなどの外因性内分泌攪乱物質，いわゆる環境ホルモンや，重金属類，農薬などが挙げられる。一方，化学物質の多くについて，環境中での濃度，分布，動態など不明な点が多い。これは，環境中の化学物質の存在量や濃度がきわめて少量であるがゆえ，有効な計測手段がないことが大きな障害になっている。"エコモニタリング"の目的は，微量化学物質を簡易・迅速かつ高感度に計測する技術を確立し，環境中の化学物質の情報を容易に把握できるようにすることである。これまで，環境計測の技術開発は，質量分析を中心とした化学的分析法を主体に行われてきたが，最近では，より多数の試料を網羅的に把握することを目的に，安価かつ簡便な計測法の開発が望まれている。この点で注目されているのが，生体の機能を計測に利用する生物的分析法である。本項では，環境変異源として環境ホルモン類を例に，開発された生物的分析法を中心にまとめた。

(a) 生物的分析法の種別 生物的分析法は，計測に用いる生物的要素のレベルによって，以下の3種類に大別できる。①生物由来のタンパク質などの生体高分子である抗体や受容体を物質と結合する素子として用いる。②検出に微生物や動物細胞を直接用いる。従来は，本来細胞が示す物質に対する特徴的な細胞応答から評価する方法が用いられてきた。現在は，遺伝子操作により，細胞内で起こる前述の生物素子を導入し，物質と素子の反応を転写や発現活性として検出する方法が主流である。③生物を個体レベルで検出素子として用いる。ここでは，生物応答を物質の作用量として多面的な評価を行う。したがって，より複雑な解析が必要である。これらのうち，①と②の方法は，化学物質の毒性評価のスクリーニング試験や，環境中の特定物質の計測法として，その応用が最も期待されており，以下にその詳細を記す。

(b) 生体素子を用いる方法

(1) 酵素免疫測定法 酵素免疫測定法は，ELISA (Enzyme-Linked Immuno-Sorbent Assay)法として現在最も汎用的に行われている測定法である[20]。通常，定量的検出を目的とする場合，抗原と特異的に結合反応する抗体が生物素子として用いられ，被測定対象物質を結合反応から定性・定量を行う。固相反応にはマイクロタイタープレート上に成形した96ウェルを用いる。酵素標識した抗体あるいは抗原を含む試料をウェルに分注し，ウェル内で起こる抗原抗体反応を標識した酵素の活性に置き換えて測定し，活性から試料中の抗原量を換算する。測定事項は，標識する酵素によって異なるが，吸収，蛍光や化学発光などの光学的な測定が多い。また，酵素の代わりに蛍光色素などを用いる場合もある。測定の形式は，非競合法と競合法に大別できる（図4.51）。競合法では，多くの場合，被測定物質と特異的に結合する抗体をウェル上に固相固定する。この後，試料に酵素標識した被測定物質の類似物質を混合し，ウェルに導入する。ウェルの中では，固相上の抗体の結合部位に対し，被測定物質と酵素標識類似物が競合的に結合反応を起こす。具体的には，被測定物質を含まない試料では，酵素標識類似物のみが抗体に結合する。一方，被測定物質を含む試料では，その含有量に依存して競合反応が起こるため，酵素標識類似物が抗体に結合する量が減少する。ウェルを洗浄した後，基質を添加し，抗体に結合した酵素量を酵素反応に由来する光学的変化として測定する。被測定物質の濃度が低く，抗体に結合した酵

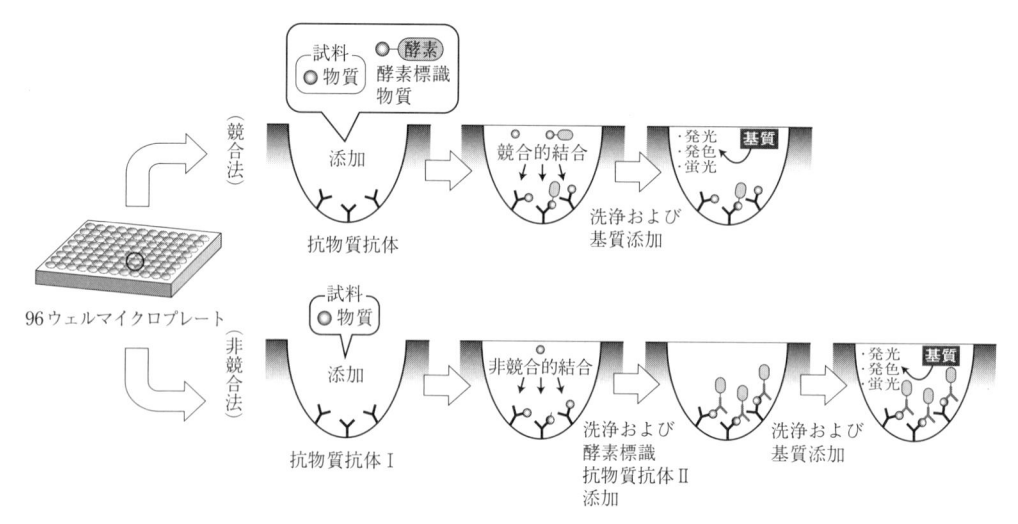

図 4.51 酵素免疫測定法のしくみ

素標識類似物が多い場合には，光学的変化が大きい，また，被測定物質の濃度が高く，抗体に結合した酵素標識類似物が少ない場合には，光学的変化が小さい。定量した酵素量は，酵素標識類似物に対する被測定物質の競合反応の結果であるので，最終的に光学的変化は，被測定物質の濃度の関数となり，定量が可能になる。一方，非競合法でも，ウェル上に被測定物質と特異的に結合する抗体を固相固定する。この後，物質を含む試料をウェルに導入して抗体と物質の結合を促し，続いて同じく物質に特異的な結合性を有する酵素標識抗体を導入し，ウェル上にちょうど二つの抗体が物質に結合した複合体を形成させる。この複合体量を標識した酵素の基質依存的反応から種々の光学的変化に置き換えて定量する。ただし，非競合法では，2種類の抗体が同時に物質に結合する必要があるため，分子量の小さい化学物質には適用し難く，多くの場合化学物質の検出には，競合法が用いられる。

一方，環境ホルモンの測定では，抗体の代わりに女性ホルモン受容体などを用いる場合もある[21]。女性ホルモン受容体は，元来天然の女性ホルモンであるエストラジオールなどに結合性を有する核内受容体であり，ホルモン様物質が受容体に結合すると2量体化した後，特定の配列を持つ遺伝子に結合することで，転写に続く発現を誘発する。したがって，女性ホルモン活性を有する化学物質は，女性ホルモン受容体に結合性を有する可能性が高く，受容体への結合性を指標に化学物質のホルモン活性を判定することができる。受容体を用いた場合も，基本的に競合法にて分析が可能であり，図4.51の抗体を受容体に置き換えて考えることができる。また，ダイオキシン類の検出では，受容体と物質との結合とそれに続く遺伝子への結合を利用し，抗体により複合体を検出する方法なども報告されている[22]。

（2）**蛍光偏光法** 蛍光偏光法では，分子のブラウン運動の度合を蛍光偏光度によって観測し，小分子が大分子に結合する際の偏光度の減少から結合解析を行う。溶液中の蛍光物質に偏光した励起光を当てると，ブラウン運動により励起平面とは異なった平面に蛍光を発し，偏光が解消される[23]。簡単には，溶液中において化学物質のように小さい分子は，活発なブラウン運動の結果，偏光が解消されて，偏光度が小さくなる。タンパク質のように大きな分子は，ブラウン運動が活発でないため，偏光が解消できないので，偏光度は大きい。つまり，蛍光標識ホルモン類似物質がホルモン受容体に結合する際の偏光度の変化から，結合解析が行えることになる。試料中にホルモン受容体に結合し得る化学物質が存在すると，蛍光標識ホルモン類似物質の受容体への結合を競争的に阻害し，偏光度変化から目的とする化学物質の存在量を定量できる[24]（**図4.52**）。

（3）**表面プラズモン共鳴法** 近年，物質間相互作用を計測する方法として表面プラズモン共鳴法（SPR法，surface plasmon resonance）が普及した。表面プラズモン共鳴とは，金属薄膜と誘電体試料の界面に存在する自由電子のゆらぎに，励起光を照射すると，光の屈折率が特定の入射角（共鳴角）で減衰する

し，セル内に連続的に蓄積・濃縮され，高い蛍光強度を示す。一方，試料が女性ホルモンを含む場合，加えた抗体はすでに液中の女性ホルモンと結合しているので，ビーズ上に蓄積されにくく，低い蛍光強度が得られる。したがって，この蛍光強度の減少率から試料中の女性ホルモン濃度が決定できる。この方法の特徴は，セミリアルタイム検出が可能な迅速性と，抗体の達成し得る理想的な検出限界を実現できる感度にある。この方法は，高感度を実現するために重要な二つの効果を有する[26]。一つには抗体の蓄積効果である。きわめて希薄な物質を検出する場合には，試料中の抗体濃度をできるだけ薄くし，結合抗体/未結合抗体比を大きく設定することが肝要である。具体的には，抗体濃度を抗原と複合体を形成し得る濃度（平衡解離定数）まで薄くできれば，両者の結合平衡は，抗体自身の結合親和性に支配される状態となる。この方法では，ビーズに多量のホルモンを固定できる。このため，多くの抗体を捕捉でき，抗体濃度がきわめて希薄な場合でも連続的な試料の通液によって抗体をビーズ上に蓄積できる。もう一つの特徴は，結合平衡除外効果である。

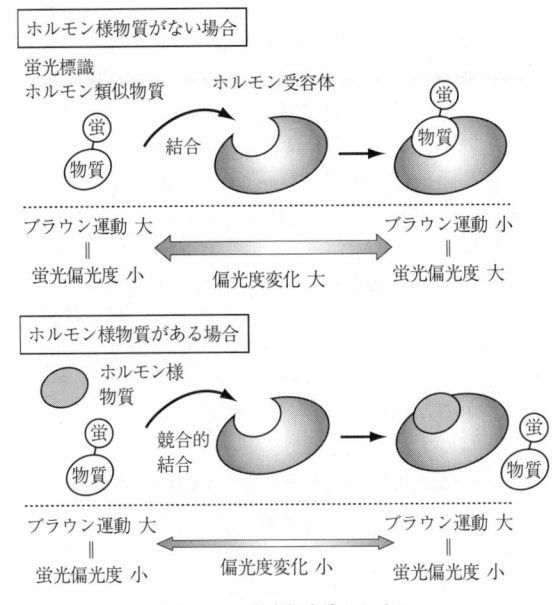

図4.52 蛍光偏光法のしくみ

現象である[25]。よって，金属膜表面あるいは極近傍に，タンパク質あるいは核酸などを固相固定し，膜表面に液体試料を連続的に導入することにより，試料中の被測定物質と固相固定した物質との間の結合を共鳴角の変化としてとらえることができる（図4.53）。

（4）蛍光蓄積・結合平衡除外法　本法では，液中の物質間相互作用を微小粒子を固相としたフローセルにて蛍光強度から測定する[26],[27]（図4.54）。女性ホルモンの検出では，女性ホルモンとタンパク質の複合体をプラスチックビーズ（100 μm）表面に固定し，微小ガラスフローセル（直径数mm）に積層する。つぎに試料に蛍光標識した抗女性ホルモン抗体を加え，セルに送液する。試料に女性ホルモンが含まれていない場合，加えた抗体はビーズ上の女性ホルモンと結合

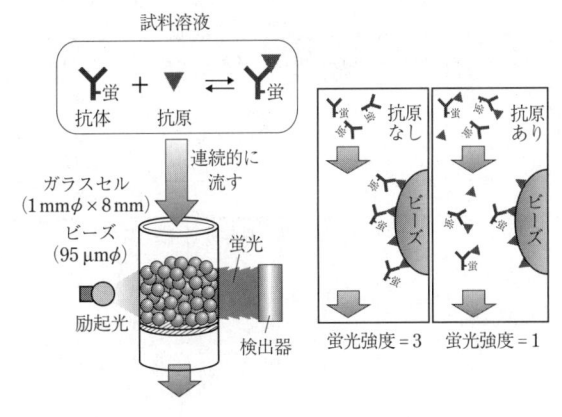

図4.54 蛍光蓄積・結合平衡除外法のしくみ

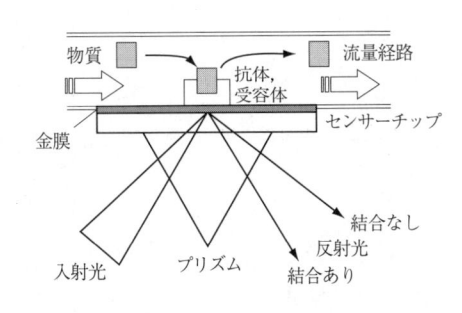

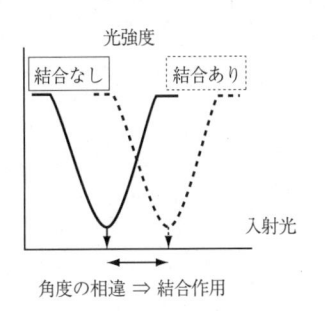

図4.53 表面プラズモン共鳴法のしくみ

この効果は，測定において試料中の抗原と添加した抗体との間にいったん成立した液相での結合平衡が，測定中に固相の抗原あるいは抗体によって乱されることがない（除外される）ことから名づけられた．具体的には，この方法ではフローセルを利用しているため，試料となる結合平衡液が固相と接触する時間が，ミリセカンドオーダーであることから，液相と固相の結合反応を相互に除外して扱うことができる．したがって，競合反応がない理想的な検出限界を達成することができる．

（c） 細胞を用いる方法（レポータージーン法）

細胞を用いたホルモン作用は，従来，MCF-7株に代表されるヒト乳腺培養細胞に化学物質を暴露することで，その増殖能の変化を指標に評価されてきた[28]．しかし，最近では，ホルモン受容体を介した転写調節過程を遺伝操作により，活性検出系とともにヒトや酵母細胞に導入し，化学物質を暴露したときのレポータータンパク質の発現から転写活性，すなわちホルモン活性を評価するレポータージーン法が使われている[29]〜[31]．ガラクトシダーゼやルシフェラーゼ遺伝子が用いられることが多く，最終的な測定項目は，吸収や化学発光などの光学的な項目である．酵母の場合，女性ホルモン受容体とそれに応答する配列，プロモーター，レポーターを含むDNAを組み込む（図4.55）．この組換え酵母に女性ホルモン作用を有する疑いのある化学物質を暴露する．物質がホルモン作用を有する場合，物質は酵母細胞内に存在する女性ホルモン受容体に結合し，受容体は結合後に二量体を形成する．二量体は，挿入したDNA上の受容体に応答する配列に結合し，基本転写因子によりプロモーターを介して下流のレポーターを活性化する．その結果，レポーターの活性は，光学的な変化としてとらえることができる．したがって，光学的な変化は，化学物質の有する女性ホルモン活性の指標として使用できるようになる．最近は，女性ホルモンを含む各種ホルモン受容体において，

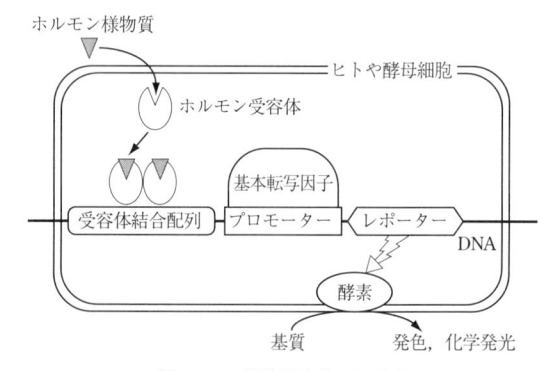

図4.55 細胞測定法のしくみ

表4.13 環境ホルモンの検出例

方 法	素 子	測定時間	物質名	測定範囲〔ppb〕	文献
酵素免疫	抗体，受容体	数時間/プレート	エストラジオール	0.05〜1	14)
			エストロン	0.05〜1	
			ビスフェノールA	5〜500	
			ノニルフェノール	5〜500	
			直鎖アルキルベンゼンスルホン酸（C12）	20〜500	
			ノニルフェノールエトキシレート類	20〜500	
			アルキルエトキシレート（C12EO7）	20〜1 000	
蛍光偏光	抗体，受容体	1時間以内	エストラジオール	0.5〜15	5)
			ジエチルスチルベストロール	0.3〜15	
			タモキシフェン	4〜150	
			ビスフェノールA	1 000〜100 000	
			ノニルフェノール	100〜8 000	
表面プラズモン共鳴	抗体，受容体	リアルタイム	エストラジオール	0.3〜30	15)
			ジエチルスチルベストロール	0.3〜30	
			ビスフェノールA	20〜20 000	
蛍光蓄積・結合平衡除外	抗体，受容体	セミリアルタイム	エストラジオール	0.001〜0.1	7)
			エストリオール	0.001〜0.1	
レポータージーン（酵母）	受容体	数日	エストラジオール	0.03〜300	16)
			ジエチルスチルベストロール	0.03〜300	
			ビスフェノールA	2 000〜200 000	
			ノニルフェノール	100〜10 000	

DNAに結合した受容体構造を認識して基本転写因子群に伝えるコアクチベーターを酵母細胞に同時に導入すると，短時間で活性が発現されることも報告されている[32]）。

（d）**測定法の特徴と環境ホルモンの検出例**　以上に記載した環境ホルモンの測定法の検出例を**表4.13**にまとめた。酵素免疫測定法の最大の利点は，多検体処理と簡便性にあり，測定感度も悪くない。しかし，測定時間は長く，モニタリングへの適用は難しい。蛍光偏光法の特徴は，溶液中で結合反応が測定できる点にあり，プレート上での操作も可能なため，多検体処理も期待できる。表面プラズモン共鳴法の長所は，測定において，いかなる物質も標識する必要がなく，物質間相互作用を生理的な条件に近い溶液中で測定できる点にある。また，リアルタイム測定も可能で，モニタリングに適している。一方，測定が，試料のマトリックス（共存物質）やpHなどに影響されやすい短所がある。蛍光蓄積・結合平衡除外法は，抗体の結合能力を理想的に検出に反映させることができるため，高感度検出が大きな特徴である。また，測定もセミリアルタイムで行えるため，モニタリングに適している。レポータージーン法の最大の利点は，より個体レベルに近いホルモン作用を検出できることにある。反面，受容体を素子に採用するため，特定の物質の定量には向かない。

（e）**まとめと課題**　化学分析法にない生物的方法の最大の利点は，特に環境ホルモンのように他種類の既知，未知の化学物質が試料に存在する場合，個体の反応により近いホルモン総量として評価できることである。一方，生物分析法にて特定の物質を検出する場合，化学分析法に比し，安価かつ迅速な検出を提供できるかがかぎとなる。オンサイト検出などができることが最も望ましい。ただし，生物分析法による環境計測の実現には，解決しなければならない問題も残されている。それは，環境試料中の無差別的な受容体あるいは抗体の活性阻害である。これは，疑似陽性や陰性の原因となり，測定の信頼性を失わせる。解決には，生物分析の利点である簡便性を保ちつつ，より簡易な試料の前処理を組み合わせるか，この問題を根本的に解消し得る技術を開発するしかない。　　　（大村，斉木）

引用・参考文献

1) 山本　敦, 松永明信, 安井典美：分析化学, **45**, 363, 日本分析化学会 (1996).
2) Ulitzur, S., Lahav, T. and Ulitzur, N.: *Environ. Toxicol.*, **17**, 291–296 (2002).
3) Yamagata, T., Ishii, M., Narita, M. Huang, G.-C. and Endo, G.: *Water. Sci. Technol.*, **46**, 253–256 (2002).
4) Hans, S., Kong, M.-S., Christoph, H., Sonja, E., Te-Hsiu, M., Othmar, H., Michael, K. and Siegfried, K.: *Environ. Mol. Mutagenesis*, **46**, 183–191 (1998).
5) 前田昌子：ぶんせき, 10号, 839–843, 日本分析化学会 (1999).
6) 牛山正志：ぶんせき, 10号, 736–747, 日本分析化学会 (1998).
7) 中田昌伸, 大川秀郎：ぶんせき, 6号, 492–500, 日本分析化学会 (1999).
8) Cheng, Y., Suenaga, T. and Still, W. C.: *J. Am. Chem. Soc.*, **118**, 1813–1814 (1996).
9) Sugimoto, N. and Nakano, S.: *Chem. Lett.*, **26**, 939–940 (1997).
10) Takahashi, M., Ueno, A., Uda, T. and Mihara, H.: *Bioorg. Med. Chem. Lett.*, **8**, 2023–2026 (1998).
11) Tatsuma, T. and Buttry, D. A.: *Anal. Chem.*, **69**, 887–893 (1997).
12) Nakamura, C., Inuyama, Y., Shirai, K., Nakano, S., Sugimoto, N. and Miyake, J.: *Synthetic Metals*, **117**, 127–129 (2001).
13) Nakamura, C., Inuyama, Y., Shirai, K., Nakano, S., Sugimoto, N. and Miyake, J.: *Biosens. Bioelectron.*, **16**, 1095–1100 (2001).
14) Nakamura, C., Song, S., Chang, S., Sugimoto, N. and Miyake, J.: *Anal. Chim. Acta.*, **169**, 183–188 (2002).
15) JHFCのホームページ：http://www.jhfc.jp/ (2004年12月現在)
16) Tromp, T. K., Shia, R.-L., Allen, M., Eiler, J. M. and Yung, Y. L.: *Sience*, **300**, 1740–1742 (2003).
17) Okura, I.: *Coord. Chem. Rev.*, **68**, 53–99 (1985).
18) Qian, D.-J., Nakamura, C., Wenk, S. O., Ishikawa, H., Zorin, N. A. and Miyake, J.: *Biosens. Bioelectron.*, **17**, 789–796 (2002).
19) Wenk, S. O., Qian, D.-J., Wakayama, T., Nakamura, C., Zorin, N. A., Rogner, M. and Miyake, J.: *Int. J. Hydrogen Energy*, **27**, 1489–1493 (2002).
20) Gosling, J. P.: *Clin. Chem.*, **36**, 1408–1427 (1990).
21) 西部隆宏, 平安一成, 伊達睦広, 田中　巧：日本内分泌攪乱化学物質学会第二回研究発表会要旨集, 15 (1999).
22) 小林康男, 山田隆生, 萩原克俊, 中西俊夫：資源環境対策, **37**, 957–962 (2001).
23) Perrin, F.: *J. Phys. Radium.*, **7**, 390–401 (1926).
24) Bolger, R., et al.: *Environ. Health. Perspect.*, **106**, 551–557 (1998).
25) Brecht, A. and Gauglitz, G.: *Biosens. Bioelectron.*, **10**, 923–936 (1995).
26) Ohmura, N., Lackie, J. S. and Saiki, H.: *Anal.*

27) Ohmura, N., et al.: *Anal. Chem.*, **75**, 104-110 (2003).
28) Soto, M. A., et al.: *Environ. Health. Perspect.*, **103**, 113-122 (1995).
29) Yamasaki, K., et al.: *Toxicology*, **170**, 21-30 (2002).
30) Yamasaki, K., et al.: *Toxicology*, **183**, 95-113 (2003).
31) Routledge, J. E. and Sumpter, P. J.: *Environ. Toxicol. Chem.*, **15**, 241-248 (1996).
32) Nishikawa, J., et al.: *Toxcol. Appl. Pharmacol.*, **154**, 76-83 (1999).
33) 日本エンバイロケミカルズ ホームページ：http://www.jechem.co.jp/（2003年7月現在）
34) 井口泰泉：環境ホルモンの最新動向と測定・試験・機器開発, p.224, シーエムシー出版 (2003).
35) 井口泰泉：環境ホルモンの最新動向と測定・試験・機器開発, p.232, シーエムシー出版 (2003).

4.5 生命圏工学とグリーンケミストリー

4.5.1 生命圏工学

（a）未来気候科学なる新学問領域の必要性 18世紀後半, 産業革命以来, 新しい形態の産業がスタートした。そして, その後の200年の間に, われわれの生活圏で予想をはるかに超えた多くの変化がもたらされた。

特に, 18世紀までのエネルギーを植物源に依存していた時代から, 産業革命以降, 石炭・石油をエネルギー源とする産業様式に変わり, 生活必需品の大半を天然資源に依存していた時代は, 化学合成に頼る時代へと様変わりし, 新たに多くの化学物質が使われるようになった。すなわち, 化石燃料を基盤とした繁栄は, 関連産業を巻き込み, 著しい勢いで発展してきた。もともと, 化石燃料にまったく依存しないであろうと思われる農業であっても, あらゆる分野の産業と関連を持ちながら発展を遂げており, 促成栽培に見られる花卉や野菜などの生産の場においても, ビニール製の覆いの原料やその製造プロセスに要するエネルギーの多くは化石燃料由来あり, 骨組みのパイプやロープ製造に使われるエネルギーや農薬の製造, 消毒・給水システムの運転に要するエネルギーまでも, 化石燃料と関連なしでは片付けられない。21世紀は, 20世紀の石油・石炭に依存した環境への負の遺産を正へと方向転換しなければならない時代であり, 新しい試みに取り組まねばならない。その主要課題はエネルギー・食糧確保であり, その中心的役割を担うのは光合成生物である。

生命圏工学は, われわれの住むこの地球をさらに住みよい居住空間に造り上げるためのコアとなる手法開発と知識蓄積を工学的に達成しようとする新しい統合工学である。そして, その実は, さまざまな工学研究分野を有機的に連携させ, 種々の叡智を, よりよい地球環境構築のために結集することによって達成できると思われる。

（b）地球年表とエネルギー蓄積：グリーンゴールドの時代21世紀 地球年表を例に現在に至るまでの生命圏確立の経過を説明すると理解しやすい。諸説はあるものの, 地球は, およそ46億年前に誕生し, 40億年前には生命の兆しが認められた。その後, 数十億年をかけて海洋生物の進化が進み, 約4億年前に, 一部の生物が地上へと移動を始めたとされる。その後, 4〜3億年前から前裸子植物は裸子植物へと進化して, 3億年前の石炭紀には, 大型な裸子植物を中心とする森が存在した。その後, 2〜1億5000万年前のジュラ紀を中心に爬虫類の全盛期を迎えたとされ, この時期に多くの植物が彼らの生活を支える食物連鎖の要となった。石油は, ときおり起こる激しい地殻変動のなか, デボン紀以前から継続的に海洋生物（微生物）の死骸の堆積がなされ, 埋没した有機体が地中での高圧・高温プロセスを経てできあがったといわれている。したがって, 石油, 石炭などの油田や炭田は, じつに数億年の時を経過した太陽エネルギーの貯水池と考えられる（表4.14）。

（c）地球の保有するエネルギー 地球が惑星として誕生以来, 保有する物理的エネルギーは, 地球自体がマグマなどとして有する固有のエネルギーと公転・自転・引力などの物理的エネルギーとの総和である。これに対して, 有機物として蓄積されたエネルギーは, 化学的エネルギーであり, 光合成を根幹とする生物によって数十億年かけて, 炭酸ガスと水から太陽エネルギーを使って変換されたエネルギー蓄積形態で, おもに化石燃料として地中に埋蔵されてきた。

当然, 自転の周期も有史以来着実に遅くなっており, 恐竜のいた時代では, 1日は現在の24時間より短かったといわれている（図4.56）。

地球に太陽からもたらされるエネルギーは, 5.5×10^{24} J/年であり, 地上に達するエネルギーは, 3.0×10^{24} J/年で, その約1000分の1が光合成で固定されると予測されている[1]。

したがって, 概算であるが, 地球の蓄積エネルギー総量は, 現時点とほぼ同等な光合成能が維持されてきたと仮定すると, 生命の誕生以来$10^{21～24} \times 40$億年強となる。その一部は, 地中に存在する有機体として, また, 石油・石炭・天然ガスなどの化石燃料として蓄

4.5 生命圏工学とグリーンケミストリー

表4.14 地球誕生の歴史

地質年代区分 (相対年代)			放射年代 (絶対年代)	生物に関する出来事	おもな化石
先カンブリア時代	冥王代		46億年前	地球の誕生	
	太古代	(始生代)	40億	酸素呼吸の開始, 真核生物が登場, 光合成の開始 生命誕生	最古の化石
	原生代		25億	大絶滅, 動物が登場, 多細胞生物が登場	ストロマトライト
顕生代	古生代	カンブリア紀	5.7億	さまざまな無脊椎動物の爆発的登場 (カンブリア爆発=バージェス動物群)	サンゴ, 筆石, 三葉虫
		オルドビス紀	5.1億	大絶滅	
		シルル紀	4.1億	動物 (昆虫) が上陸, シダ植物が上陸	
		デボン紀	4.1億	大絶滅, 魚類が繁栄	フズリナ, ウミユリ サンゴ
		石炭紀	3.6億	シダ植物・両生類が繁栄 前裸子植物から裸子植物へ進化	
		二畳紀	2.9億	大絶滅	
	中生代	三畳紀	2.5億	大絶滅, 哺乳類が登場, 爬虫類 (恐竜) が繁栄 裸子植物が繁栄 (森の形成)	アンモナイト サンカクガイ 腕足類, サンゴ
		ジュラ紀	2.1億		
		白亜紀	1.4億		
	新生代	第三紀	6500万	人類が登場, 被子植物・哺乳類が繁栄	
		第四紀	170万	農耕の開始, 人類が進化・世界へ広がる	現生に似る

図4.56 恐竜の時代 (巨大爬虫類の時代は, 全盛期のジュラ紀から6500年前頃まで続いた) [大英博物館内パネルより]

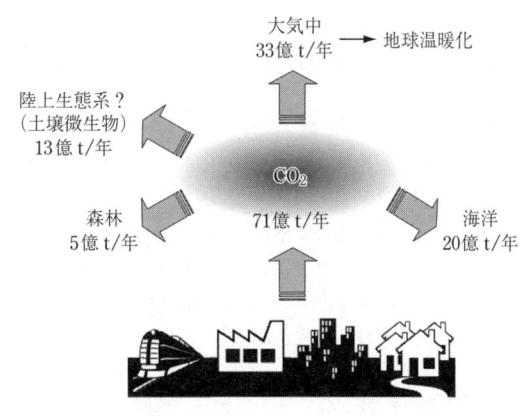

図4.57 炭酸ガスの排出と吸収

えられていることになる。当然ながら, われわれが恩恵に浴している化石燃料は, 太陽のエネルギーが数億年の長きにわたり, 有機体に変換され地中に埋没し蓄積してできたエネルギー集積物である。したがって, 化石燃料の燃焼は, 長年かけて集積した太陽エネルギーを地上に放出することを意味する (**図4.57**)。

IPCCのシミュレーションによる気温の上昇や海面の上昇に関する予測から, ここ100年間で莫大な容量の大気の組成も変わり, そのなかで, 炭酸ガスは30％も増加したといわれている。また, ここ約100年間 (1990～2100年) の人口増加や経済成長などをシミュレーションした将来の温室効果ガス等の推定排出メカニズムに関する六つのシナリオを公表しているが, 2100年のCO_2の排出量が1990年の3倍弱となる中位の予測では, 全球平均気温は2100年には, 2℃上

昇し，海面水位は約50 cm上昇するとしている[2]）。

化石燃料由来の炭酸ガスは，他の人為的に合成されたガスとともに，温室効果をもたらし，地球上の温度は，急激な上昇を余儀なくされ，温度上昇は数世紀続くと予想される。また，嫌気的発酵によって湿地帯や水田から生じるメタンガスは，炭酸ガスの約20倍の温暖化効果を持つとされる。また，反芻動物の年間排出するメタンガスの量は，9500万tにも達する。今後も人口増加は予想をはるかに上回るスピードで進み，今後50年間で70億に達すると予測されている。現実に，われわれは，限られた耕作地で食料供給することは不可能であるとの地球規模での認識が必要であり，経済と科学が協調して，未来の環境問題をとらえざるを得ない時期にきている[3]）。

（d） **生命圏工学の目指すところ**　生命圏（地球）を気圏（atmosphere），水圏（hydrosphere），地圏（geosphere）の三つに大別して，しばしば論議される。気圏は，直接，生活圏から排出される，炭酸ガスや一酸化窒素，メタンガス，フレオンガスなどのリザーバーであり，これらのガスは，温室効果作用を持つことは無論のこと，太陽光中の紫外線により活性化され，オゾン層の破壊に大きな影響を与える。

炭酸ガスの排出量は，産業革命以来，急速に増加している[2]）。

大気中の炭素量は，CO_2の形で750ギガトン〔Gt〕，深海域の海洋は，38000 Gt，海洋表層は，1000 Gtと推定されている。

メタンガスの発生は，湿地帯から年間で115 Mt，天然ガス採掘や燃焼により，100 Mt，反芻胃を有する動物から40 Mt程度排出されると見込まれ，総量の概算では，535 Mt（±125 Mt）の量に達する。

大気の温暖化は，土壌微生物の生育に大きな影響を与え，1℃の温度の上昇によって湿地帯の微生物活性は10％程度増加する。

一酸化二窒素は，土壌や淡水生物の介在によって生じ，温室効果を引き起こすガスとして注目されている。特に，熱帯域の土壌が主要な発生源（75％）であり，熱帯域での農業における窒素肥料の施肥と大きくかかわりを持つとされている。また，人為的燃焼によって年間5.7 Mtが生産されると予想され，総量では，14.7 Mt（±3.5 Mt）にも達する[2]）。

（e） **水　圏**　われわれの生活に直接かかわりを持つ良質の水の確保は近年，重大な問題となっている。地球全体の約7割は，海であり，炭酸ガスのリザーバーとしてその機能はきわめて大きい。

統合工学的立場からも海洋の有効利用は重要で，海洋は，人類にとって最も大きな可能性を秘めた未開域である。サンゴ礁や海洋微細藻類による炭酸ガスの固定化の問題や海藻の環境浄化作用，さらに，それらを活用するタンパク質・多糖類生産などの取組みは有用物質生産の点からも重要であり，今後，大きく発展する可能性が高い。そして，これらの発展に海洋バイオテクノロジーが関与する意義はきわめて大きい。

他の水圏域の可能性として，汽水域の有効利用が挙げられる。汽水域を中心とする海域でも生育可能な植物やマリーンプラントの育成プロジェクトも興味ある問題である。

（f） **21世紀に予想される環境変動**　日本の近年の歴史において，冷夏，干ばつなどにたびたび見まわれた事例が見られる。その結果，農業生産に甚大な影響が現れ，飢餓などの社会問題が発生した。その後，品種改良や農薬の開発，さらに，化学肥料の改良や施肥技術の進歩によって，以前のような深刻な凶作による社会問題は軽微となった。しかし，近年，局地的な気候の変動が地球規模で発生し，時期はずれの台風やハリケーン，サイクロン，また，干ばつや大積雪が毎年のように各地で認められるようになった。その要因の一つとして，炭酸ガスの増大による大気や海洋表面の温度の上昇が指摘され，地球温暖化との関連が論議されている。気候変動の大きな変化は，エルニーニョ・ラニーニョ現象を誘起する。気象庁によると，1971〜2100年の海面温度の平均変化を見ると赤道に沿った海域では日付変更線から南米にかけて1℃高く，西経100°付近では，4℃高くなると予想している。温暖海流の潮流変化は，冷海水（深度海水）の潮流変化を誘導するためラニーニョ現象が現れ，その結果，農作物生産に大きな打撃を与える。特に，太平洋赤道域の海面水温は，西部で高く，東部で低くなっている。

IPCCの報告は，今後，100年間で，1.4〜5.8℃くらい，海面が9〜88 cm上昇すると予測している。その結果，異常な高温や台風などの異常気象が起きる可能性が高い。

また，地上での紫外線は，オゾンホールの拡大により，2003年は，史上最大規模の拡大が確実視されており，この状態が継続されると種の保存や作物の生産にも影響が出るものと懸念されている。

太陽は波長の異なるガンマ線，X線，紫外線，可視光線，赤外線を放射している。ガンマ線，X線，紫外線の一部は地表には到達しない。地表に届く太陽光線は，290〜400 nmの紫外線，400〜760 nmの可視光線，780 nm以上の赤外線で，太陽光は波長が短いほど強いエネルギーを有し，生物に大きな影響を与える。地表に届く太陽光線のエネルギーの割合は紫外線がす

べての6.1％，可視光線が51.8％，赤外線は42.1％である。

紫外線は波長により，A紫外線（320〜400 nm），B紫外線（280〜320 nm，地表に到達する紫外線は290 nm以上），C紫外線（190〜280 nm）に大別される。このうち，C紫外線とB紫外線の一部はオゾン層に吸収されるため地表には届かないが，オゾン層を通過できたA紫外線（UV-A）とB紫外線（UV-B）だけが地表に達し生物に影響を与える。

紫外線（UV-B）が20％増加すると豆類の収量は，20％減少するといわれている。オゾンホールの存在が初めて発見されたのは1982年である。1985年，イギリスのファーマンらは南極基地で観測した過去の気象観測データを調べ，10月のオゾン量が年々減少し，特に1970年以後，激減していることを発表し，南半球のフロン濃度増加量とオゾン減少量の因果関係を指摘した。その後，NASAが観測した南極上空のオゾン量のデータを解析した結果，オゾンの希薄な部分（オゾンホール）の存在が明らかになり，世界中に大きな衝撃が走った。オゾンが1％減少すると，UV-Bは1〜2％増大するといわれている。オゾン層の減少に伴ってUV-C（280〜190 nm）は波長が短いため地球上には到達しにくく直接的影響は受けないが，320〜280 nmの波長領域のUV-Bは確実に増加する。

紫外線の生物に対する影響について種々の報告がなされているなかで，アブラナ科植物においては，オゾン層が現在の約4倍程度破壊された場合を想定した実験系においては，ハナヤサイ類で収量に影響が現れた。核酸や芳香環を有する生体成分であるタンパク質や核酸類は，260〜280 nm近辺に最大吸収値を有するため，UV-B域の紫外線の影響を受けやすい[2]。

（g） 植物の持つポテンシャル 食糧増産・環境浄化・炭酸ガス削減など快適な居住域を構築するうえで，その中心に位置する生物は植物であり，植物と人類の接点をあらゆる角度から検討することはきわめて重要である。

地球上に生物が出現して40億年，食物連鎖によって微生物から哺乳動物までがたがいに密接な関係を作り上げた時点でその中心に位置してきたのは植物であり，植物こそ太陽エネルギーを有機化合物の結合エネルギーに変換可能な根幹生物といえる。そして，われわれが生存している快適な地球環境を産みだした主役は，光合成生物であり，異なった環境下で生育する植物の優れた適応能と独立栄養生物が，現存の生物棲息にとって適した環境の確立に果たした役割の大きさは十分に理解できるところであり，植物は，21世紀において，地球再生（バイオリミディエーション）の主役としての使命を担っていくはずである[4]。

化石燃料の燃焼は，即，炭酸ガスの増大，地球温暖化につながるとの見地から，この問題を解決する一義的な方法は植物の持つ光合成能の増強と関連する代謝機能の向上による炭酸ガス固定の増大であろう。そして，また，工業レベルでの物質生産を考えたとき，いかに植物が有利な生産の場であるかも認識する必要がある。

（h） 植物の生産の場としての優位性と微生物培養生産との比較 植物を生産の場とする，いわゆる植物工場を微生物による生産過程と比較してみると，温度調節や撹拌などに必要とされるエネルギーが節約できる，滅菌装置や培養装置などの機器への設備投資がほとんど不要である，電源のない遠隔地での生産も可能であり，生産現場を選ばない，産業廃棄物を排出しない，目的物の生産に付随するバイオマスの有効利用が望める，などのいくつかの優位性が挙げられる。

現存する植物は，約50万種あるといわれている。なかでも，ほとんどの高等植物は，自ら光合成能を持ち，デンプン，セルロース，リグニンなどを大量に生産蓄積する。

目的に適った植物種を得るために，近縁種間交雑により新品種を作出する試みや自然界で起こる突然変異の個体を安定個体として確保する試み，さらに，植物自身の持つ再生能を生かした挿し木，取り木などによりクローン苗を誘導して，目的とする種を取得しようとする試みがなされてきた。しかし，近年，人工種子によるクローン技術の確立や外来遺伝子導入による新植物の作出も可能となり，植物バイオテクノロジーによる新機能植物の作出が脚光を浴びている。総じて，草本植物における形質転換植物の作出は，木本植物に比して容易であるが，木本植物形質転換での最大の問題点は，遺伝子導入後の個体の選抜と再生過程をいかに効率化するかである[4]。

（i） 有用形質を持った植物作出の重要性 近年の遺伝子組換え技術の進展に伴って新しい形質を持つ植物が作出されつつある。新しい形質を持った野菜や作物の開発とともに，近年，non-crop植物が注目を集めている。

手法としては，新形質を担う遺伝子の導入と恒常的に存在する遺伝子の発現を抑制・増強する方法がとられる。従来の遺伝子改変法では一形質を担う遺伝子を導入する方法が一般的であるが，まだ，現段階では，複数の遺伝子を導入し，それを統合的に制御することは難しく，今後の多重遺伝子の効率導入法の開発に期待が寄せられている。ごく近い将来，複数の遺伝子を同時に発現させる技術が確立されると同時に，核以

外の細胞小器官内（オルガネラ）に存在する遺伝子をターゲットとしたオルガネラ工学の進展が期待されている（図4.58）。

（j） オルガネラ工学・染色体工学　核の遺伝情報と核以外の遺伝子とがクロストークしている植物では，細胞小器官の機能改変は新しい研究分野として期待されている。

そのためのゲノムへの遺伝子導入技術として，アグロバクテリウムを用いた生物的手法とパーティクルガン法を用いた物理的手法がすでに確立されているが，オルガネラの遺伝子改変に適した手法の確立は今後の問題である。その手法として筆者らはレーザーによる細胞加工法を提案し試行している。効率的に細胞小器官遺伝子を改変できる技術の開発や in vitro で遺伝子改変処理を行った後，細胞内に戻し機能させる技術の開発も近い将来可能になると思われる。

このほか，染色体分断技術の確立と人工染色体の複製技術など，より多くの遺伝情報を組み込んだ植物の開発への技術開発が達成されつつあり，これらの技術が植物による地球再生技術の一つとして応用される可能性が出てきた[5]。

（k） 植物バイオマス生産能の強化　バイオマスとして最も有望と考えられているのが植物である。そのなかで特に，セルロース，油脂，さらに，炭化水素生産が注目されている。セルロースやペクチンなどの多糖類は，オリゴ糖や単糖へと分解され，食品や微生物培地（エタノール等の生産培地）として活用される。また，油脂は，バイオジーゼルとして注目されており，これらの化合物の代謝経路の解明や代謝経路の増強は直接バイオマスの増産につながるものと期待されている。

（1） 植物における炭化水素化合物生産増強の将来性（石油代替化学素材原料と燃料）　化学素材原料や燃料源として利用可能な植物資源として，アルコールや炭化水素が注目される。このなかで特に炭化水素（天然ゴム）やメタノール，さらに，脂肪酸（油脂）の生産性向上への取組みは新しい試みである（図4.59）。

植物の生産する油脂や炭化水素生産は，化石燃料に代わるエネルギーと有機材料の点で注目されている。代表的な炭化水素である天然ゴムには，シス型とトランス型がある。いずれもC5ユニットであるイソペンテニールピロリン酸（IPP）の重合産物であるため，IPP生合成機構とその重合機構の解明が重要な意味を持つ。また，高分子炭化水素（ポリイソプレン）の増産を図るには，C5ユニットのIPP生合成経路の増強と重合および蓄積能の機能アップが必要である。

メタノールは，木精といわれ，植物原料の乾留液中に多量に含まれており，葉面からも揮散する。リグニンやペクチンはメタノールのメチル基のリザーバーであるとされている。われわれは，カビ由来のペクチンメチルエステラーゼ遺伝子をタバコに導入すると植物体にメタノールが蓄積することを見出している。また，この植物体は，メタノールを含むC1化合物代謝の変化に起因すると思われるユニークな生育特性を示した。

特に，メタノールは燃料電池の燃料として注目されている。燃料電池は，炭酸ガスを産出しないクリーンエネルギーであり，今後のエネルギー生産の中心となることは確実視されている（図4.60）。

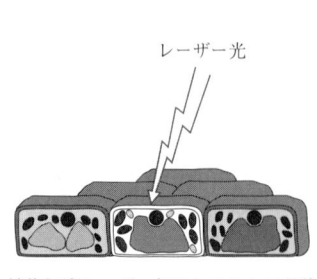

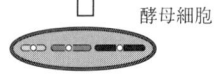

図4.58　新規遺伝子導入法の開発とその応用

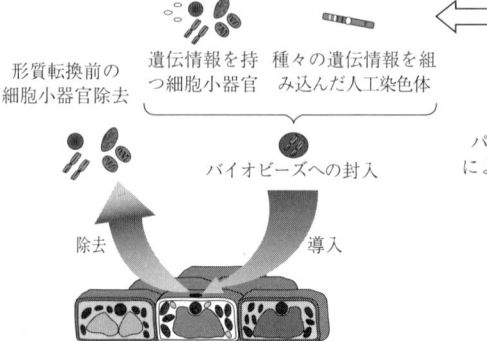

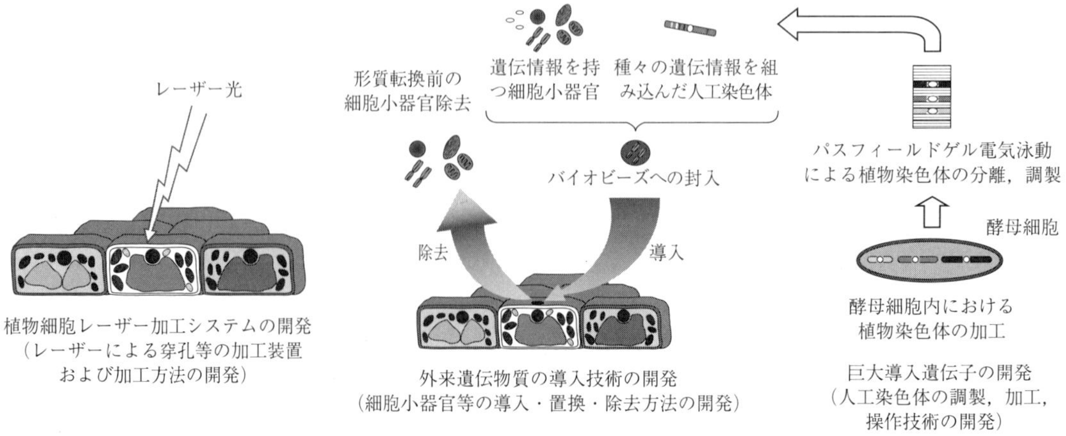

(a) IPP生合成経路（メバロン酸経路）

(b) IPP生合成経路（非メバロン酸経路）

図4.59 テルペンの生合成経路

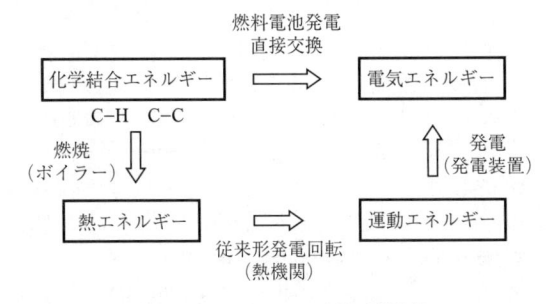

図4.60 エネルギー確保の新形態

（m） 植物の持つ潜在能力の開発 極限生育環境下での生物機能を引き出すことによっていままで見出すことのできなかった新しい機能を発見していく試みは，快適な生命圏を構築していくうえで有効なアプローチとなり得る．現存する生物は，進化の過程で遭遇した生活環境を潜り抜け生き延びてきたと考えることができる．

その意味で種々の人為的生育環境条件下，植物が，どのような応答を示すかを解析することによって新しい機能を見出すことが可能となる．筆者らは，そのための特別な環境を任意に設定できる装置化と複合的環境下で植物が示す機能応答を解析し，生産に生かすことの重要性を強調している．

以上，述べたように，生命圏工学とは，われわれが求める快適居住空間構築に向けて必要となる要素技術を工学的に統合した新しい統合工学を意味している．今回は，生命圏工学の展開のなかで植物のかかわりと

植物生産の重要性を中心に述べた。

比較的単純な生命単位であるウイルスや微生物から高等生物の新機能を予測し，植物機能の向上や代謝制御を高次元で達成することによって，快適居住空間構築を効率的におし進めるうえでの主体となる技術として活用していくことは重要であり，その一歩として，植物改変とそれに付随する装置化技術の開発がきわめて重要であると思われる。そして，将来予測される気候変動を想定し，それに対応可能な方策を打ち立てることの重要性をわれわれは真摯に受け止める必要がある。

（n）未来プロジェクト的地球科学研究コア設立の重要性　近い将来予想される，人類が初めて経験する過酷な環境のもとで，あるいは，人類が作り出した新しい生活圏において，人類を含め多くの生物がどのような応答を示すか，また，地球温暖化や火山活動，地震といった極限的生活環境のなかで，われわれはいかに対応すべきであるか，また，そのような条件下で植物はいかに高い生産性を維持し続けるかをシミュレーションし，実際に試してみる必要がある。また，近い将来予想される不都合な生命圏での出来事に対する対応策をシミュレーションするとともに，真に快適な生命圏，居住圏を構築するためのノウハウを蓄積する過程で見出される新知見をうまく産業化し，経済活動の活性化と協調して進めていくことが地球温暖化・急激な人口増加に向けた取組み策として必要と思われる（**図4.61**）。

今後の環境産業は，これらの視点からエネルギー・食糧生産・水，空気確保など，人類の生存にかかわる要素の改善を念頭に置き，多くの産業が相互に関係し発達するものと思われる。そして，前段で触れたように，地球規模で地球再生と快適居住性を思考した取組みが必要となる。

環境関連産業はマイナス的なイメージで受け取られがちであるが，視点を変え快適な未来地球環境構築を強く意識して取り組んでいく態勢を作りプラス思考で進める必要がある。その意味で，未来地球気候科学研究を産官学共同のもとに多面的におし進めることができる中心施設（Biosphere3）の建造を可能としたい。

（小林昭雄）

4.5.2　グリーンバイオテクノロジー

20世紀は，「大量生産」，「大量消費」，「大量廃棄」というキーワードで特徴づけられる時代であった。世界人口の急増と生活水準の上昇が続くなかで，これまでのような資源を大量に消費し，環境への負荷を一方的に増大させるような経済活動を継続すれば，早晩地球環境の限界にぶつからざるを得ないとの認識は広く共有されるに至っている。しかし，地球環境と共生できる循環型社会とは具体的にどのような姿であるかについては，まだ明確なビジョンができあがっているわけではない。このように，21世紀は地球環境に負荷をかけない形での循環型社会を構築しなければならない，という共通認識は持ちつつも，どのように達成するかについて多くの提案がなされている。

現行の化学工業におけるプロセス・製品はコスト・性能重視で設定されたものが大部分である。最近になって，地球温暖化問題などに象徴されるように，循環型社会への対応が新たな価値観を形成しつつあり，社会的にもこのような価値観を持つことが要求されるようになってきた。製品の価値も単なる最終生産物のみの評価でなく，原料・プロセス・製品・廃棄の全ライフスタイルを考慮し，より環境調和のとれた製品であることが望まれるようになってきた。

このような考え方は欧米の化学産業界，環境関連省庁などでは定着しつつあり，米国では「Green Chemistry」という言葉で呼ばれている。米国では，1995年に当時のクリントン大統領が声明を出し，The Presidential Green Chemistry Challenge プログラムがスタートした。大統領 Green Chemistry 賞では，Green Chemistry の概念に適合している技術や製品を開発・研究した企業，政府研究機関，大学研究者などが表彰されている。日本でも，2002年から日本化学会において類似の賞が設定された。

グリーンケミストリーとは，Anastas ら[6)]によれば

（a）エデンプロジェクト（イギリスプリモス近郊）

（b）Biosphere 2センター（米国アリゾナ州）

図4.61　海外における未来環境生態プロジェクト試行

人間の健康や環境に害のある原料，製品，副成物，溶媒，試薬などの使用や発生を減少あるいは停止するために化学的技術で解決する手法である．すなわち，化学品の全ライフサイクルで，人間の健康と環境への害を防止・削減するために，原料，反応，溶媒，製品をより安全で，環境に影響を与えないものに変換することであり，選択率の高い触媒やプロセスの開発により，廃棄物のより少ないシステムを構築することである．

バイオ技術は本質的にグリーンケミストリーの概念に合っている．酵素は基質特異性が高く，ラセミ体であってもどちらか一方のみと反応できる．再生可能な資源である植物バイオマスを出発原料とすることができる．溶媒も基本的には水でもよいので，有機溶媒の環境中への漏洩などを心配する必要がない．反応温度も高温である必要はなく，室温でよい．したがって，バイオ技術をもっと積極的に応用すれば従来にないトータルな評価で，現状のプロセス・製品より優位なプロセスに変換できる可能性が大きい．このような状況のもとに，グリーンケミストリーの諸活動にはバイオテクノロジーの導入が重要であるとの認識が急速に高まってきた．

1998年度に通産省資源エネルギー庁（現経済産業省）の委託でバイオインダストリー協会で調査が始まったが，このような概念をどのような言葉で端的に定義すればよいかを議論し，「Biogreen Chemistry」と名づけることとした．しかし，バイオという概念をより強調するためには，「グリーンバイオテクノロジー」と呼んだほうがよいのであろう．いずれにしても，以上のような概念に基づいて，各種産業におけるグリーンバイオテクノロジーの事例調査，今後導入が可能な事例調査，海外の技術動向，導入のための課題と提言をまとめた．

この調査などが引き金となって，2000年2月にバイオインダストリー協会が音頭を取って，グリーンバイオ戦略フォーラム「グリーンバイオテクノロジーの可能性と戦略提言」がなされた．2010年までの達成目標として，「日本の化学工業製品・プロセスの約3割にバイオテクノロジーを導入する」や，「石油換算で約400万klをバイオテクノロジーによる資源循環型エネルギーで代替する」などの目標が掲げられた．今後検討すべき技術課題として，ミニマムゲノムファクトリーや再生可能資源からの化学品生産などを含むグリーンバイオプロセス化，天然品を超える新素材の開発などによる新しい付加価値の創出，バイオマスからの水素やエタノール生産などによる再生可能資源・バイオエネルギーの利用拡大などが提案されている．さらに2000年度（実質的には2001年度）から「生物機能を活用した生産プロセスの技術基盤開発」プロジェクトが経済産業省からの委託事業としてバイオインダストリー協会で始まった．この委託事業のなかには細胞モデリング技術といったかなり基礎的な研究も含まれているが，ミニマムゲノムファクトリーという概念に基づいた宿主細胞の創製や自然界からの新しい微生物遺伝子資源のライブラリー作成といった意欲的で，化学工業の生産プロセスに利用できる技術を開発するものである．最初は，協和発酵工業（株）藤尾達郎博士が全体のリーダーを務め，2003年から京都大学清水昌教授に変更になった．

（a）グリーンバイオテクノロジーの具体例 グリーンバイオテクノロジーという視点がない状況でも，少しでも生産コストを下げるという視点から多くのグリーンバイオテクノロジーに基づく事例が開発されてきた．表4.15に代表的な例を示す．

表4.15 グリーンバイオテクノロジーに寄与しているいくつかの実例

工業分野	製品分野	製品名
化学工業	汎用化学品	アクリルアミド
	精密化学品	ビタミン B_2，ニコチンアミド
	プラスチックス	ポリ乳酸，PHB
製薬工業	光学活性物質	ヂルチアゼム，L-DOPA，D-アミノ酸，D-パントテン酸，4-ヒドロキシプロリン
	抗生物質	Cefotetan, 7-ACA
食品工業	甘味剤	アスパルテーム，エリスリトール，キシリトール
	ヌクレオチド	5'-GMP, 5'-IMP
製紙工業	漂白促進	キシラナーゼ処理

このなかで最も有名な例は山田秀明らによるアクリルアミドの生産[7),8)]である．ニトリル類の微生物による分解過程は2通りあり，一つはニトリラーゼ（式(4.1)）によって直接加水分解されて対応するカルボン酸とアンモニアとなる．もう一つは，まずニトリルヒドラターゼ（式(4.2)）によって対応するアミドに変換され，さらにアミダーゼによってカルボン酸とアンモニアとなる．

$$RCN + 2H_2O \longrightarrow RCOOH + NH_3 \quad (4.1)$$
$$RCN + H_2O \longrightarrow RCONH_2 \quad (4.2)$$
$$RCONH_2 + H_2O \longrightarrow RCOOH + NH_3 \quad (4.3)$$

したがって，ニトリラーゼとアミダーゼを生産せず，ニトリルヒドラターゼを大量に生産する微生物を利用すれば，アクリロニトリルからアクリルアミドが生産

できることとなる。山田秀明らと日東化学工業（現三菱レイヨン）の足名芳郎らはこのような微生物を各種分離し、そのなかから生産物であるアクリルアミドに対する耐性が高い微生物を利用した生産プロセスを完成した。第三世代のニトリルヒドラターゼを生産する *Rhodococcus rhodochrous* J1 の場合には、50％のアクリルアミド濃度でもその触媒活性は影響を受けない。現在は、より高活性に育種された組換え菌が使用されている。この微生物触媒法は従来からの還元銅などの重金属系金属を用いる銅触媒法と比較して生産プロセスが非常に簡略化された。

アクリルアミドの工業生産に対して、省エネルギーおよび炭酸ガス排出量削減の観点から評価[9]が試みられている。表4.16と表4.17に銅触媒法と微生物触媒法におけるエネルギー消費量と炭酸ガス排出量の比較が示されている。製造プラントの建設に占める原単位は製造プラントの運転に占める原単位と比較して非常に小さく、1％以下である。原料であるアクリロニトリルの占める原単位は非常に高いので、アクリロニトリルのもっと安価な生産方法の開発が重要であることがよくわかるが、全体的に見れば、微生物触媒法に切り換えることによってそれぞれ30％も削減できると評価された。世界全体ではアクリルアミドの生産量は年間20万tを超えるとされているので、かなりの削減が達成できることとなる。

表4.15に示した事例以外にも、さらに多くの有望なグリーンバイオテクノロジーに基づく事例も開発されつつある。開発のキーポイントは、工業化に必要な性質を備えた酵素を生産する微生物のスクリーニングである。酵素の高濃度の生成物に対する耐性、酵素の操作安定性、有機溶媒耐性など、多くの克服すべき問題点を解決する必要がある。

(b) 今後の展望 今後導入が可能な事例調査や海外の技術動向も勘案しつつ、グリーンバイオテクノロジーの具体化を推進する必要があるが、今後の展望として、最も大きな研究課題は、バイオマスの循環的利用である。この重要性はこれまでにも指摘されてきており、4.5.5項でも記載されているが、さらに強力な研究が必要な部分である。バイオマスは、植物が光合成の結果として空気中の炭酸ガスを固定して生産される。バイオマスを原料としたエネルギーを燃焼すれば炭酸ガスが生成するが、これはもともとの炭酸ガスになったと考えられるので、バイオマスを原料としたエネルギー生産は地球環境という立場からはカーボンニュートラルである。風力や地熱による発電がすでに実施されているが、新たな実用的な新エネルギー源の開発が求められている。わが国における新エネルギー導入目標のなかで、電力利用として2010年に原油換算34万kl、熱利用として同67万klという値が設定され、これを受けて新エネルギー促進法の政令改正が2002年1月に行われた。

バイオマスを利用しやすくするためにセルラーゼな

表4.16 二つの製造方法のエネルギー原単位〔MJ/t-アクリルアミド〕の比較

投入素材、原料およびユーティリティ	銅触媒法	微生物触媒法
プラント建設		
素　材		
セメント	20	20
鉄	11	11
ステンレス	57	46
小　計	88	77
プラント運転		
原　料		
アクリロニトリル	32 855	32 355
NaHCO$_3$	—	85
Na$_2$CO$_3$	—	1
ユーティリティ		
電力	1 262	584
スチーム	16 415	2 412
小　計	50 532	35 437
合　計	50 620	35 514

表4.17 二つの製造方法の炭酸ガス排出原単位〔kg-CO$_2$/t-アクリルアミド〕の比較

投入素材、原料およびユーティリティ	銅触媒法	微生物触媒法
プラント建設		
素　材		
セメント	4	4
鉄	1	1
ステンレス	6	5
小　計	11	10
プラント運転		
原　料		
アクリロニトリル	2 527	2 489
NaHCO$_3$	—	0
Na$_2$CO$_3$	—	0
ユーティリティ		
電力	73	34
スチーム	1 235	181
小　計	3 835	2 704
合　計	3 846	2 714

どの生体触媒の機能を飛躍的に向上させる研究，バイオマスの抜本的な前処理法の開発，エタノールや有機酸に変換した後の省エネルギー的分離技術の開発，などが必要である。いかにして経済的なバイオプロセスが構築できるかがかぎとなるので，酵素工学，化学工学，生物分離工学などの多方面からの集中的かつ協調的な取組みが必須である。バイオマスができてしまうから，それを循環利用するという立場から，さらに見方を進めて，バイオマスとして利用しやすいように，さらにはバイオマスができにくいように，植物を改変する取組みも大いに研究されるべきことである。

　バイオマスを原料としたエネルギー生産に関して解決すべき多くの問題点がある。1日当り数tないしは数十t程度のバイオマスが広い範囲にわたって発生するということが第一の問題点である。このような希薄な原料供給体制は効率的なエネルギー生産という観点から大きな制約条件となる。第二の問題点はどのようにして大量処理しやすい形にバイオマスの前処理を行うか，である。超臨界水によるバイオマスの分解が研究されているが，もっと効率的な方法が開発される必要があろう。

　補酵素再生系は大変重要な検討課題となろう。光学活性物質の生産などにおいて，補酵素NADあるいはNADPの循環利用は大変重要である。これまでは，比較的高価格の物質生産が検討されてきたので，生産プロセスがある程度効率的でなくとも実際に生産されてきた。例えば，グルコースを基質として利用し，グルコース脱水素酵素がNADおよびNADPのどちらも基質としてNADHおよびNADPHが再生されるので便利であり，これまで利用もされてきた。しかし，この酵素反応の欠点はグルコン酸が等量生成してしまうことである。グルコン酸がある程度蓄積すれば，そこでバイオプロセスは止めなければならないこととなる。グリーンバイオテクノロジーの具体化をさらに推進するためには，生成物が反応液中に蓄積しない酵素反応系を構築し，補酵素再生系がどんどんと進行するようにしてやる必要性が高い。例えば，ギ酸脱水素酵素の場合には生成物は炭酸ガスであるから，反応液中に蓄積しない。また，ヒドロゲナーゼを利用することができるようになれば，水素から水が生成する酵素反応となるので，生成物の蓄積が問題とはならない。このような補酵素再生系の酵素反応ともう一つの酵素反応を組み合わせることによって，補酵素が再生され，目的の生産物濃度を非常に高めることが可能となり，したがって生産物のコストも低減できることとなる。

　欧米と比較して比較的劣勢に立っていない分野をまず第一に強化することが戦略的にも重要と考えられるので，グリーンバイオテクノロジーに関する産官学のまとまった集中的な取組みが期待される。また，「生物機能を活用した生産プロセスの技術基盤開発」プロジェクトに続く新しい視点のプロジェクトを立ち上げることも重要である。　　　　　　　　　　（小林　猛）

4.5.3　生物的炭酸固定

　20世紀における各分野の産業はproduct中心に発展を遂げ，われわれの生活を飛躍的に豊かにしてきたが，エネルギー消費に伴うCO_2などの酸化物の大量放出，各種産業による難分解性物質の蓄積，有害重金属イオンの流出など，多くの環境問題を引き起こしてきたことも事実である。21世紀では地球環境の浄化は緊急課題であり，環境にやさしいprocessを意識した産業の発展も望まれている。なかでもCO_2の放出は炭素換算で年間70～90億tにも達しており，その大気中濃度は確実に1.0～2.0 ppm/年上昇している。CO_2はメタンやフロンとともに温室効果ガスであり，その蓄積は地球温暖化の主要因であると考えられている。したがって，太陽エネルギーや水素などのクリーンエネルギーを利用することによるCO_2の排出削減対策や大気中からCO_2を固定するための技術開発がさまざまな観点から検討されている。

　生物的炭酸固定の種類　　生物的炭酸固定の研究は古くから植物，藻類，cyanobacteriaなどの光独立栄養生物を題材として進められてきた。これらは共通にribulose 1,5-bisphosphate carboxylase/oxygenase（Rubisco）を鍵酵素とするCalvin-Benson-Bassham cycle（CBB回路）によって炭酸固定を行っている。CBB回路は現在でもさかんに研究されているが，この背景には世界的な食糧問題，環境問題が密接にかかわっている。植物の光合成効率を少しでも高めることができれば，大気中CO_2濃度の抑制のみならず増殖速度の高い植物が得られ，双方の問題の解決に大きく貢献できると期待されている。特にRubiscoの触媒する反応がCBB回路の律速段階としてとらえられているため，本酵素の機能改良を目指した研究はさかんに行われている。一方，Rubiscoに依存しない光合成細菌も発見され，緑色硫黄細菌*Chlorobium*属はreductive tricarboxylic acid cycle（RTCA回路）を，緑色非硫黄細菌*Chloroflexus*属などは3-hydroxypropionate cycle（3-HP回路）を利用している。さらに化学合成独立栄養生物のなかにはメタン生成菌や酢酸生成菌のようにacetyl-CoA経路を利用するものも知られている。現在知られている炭酸固定経路はこれらの4種のみであり，CBB回路，RTCA回路，3-HP回路は光合成・化学合成独立栄養生物の双方に存在し，acetyl-

CoA経路は化学合成独立栄養生物にのみその存在が確認されている（表4.18）。

（1）CBB回路とRubisco　CBB回路は13の酵素反応から構成され，炭酸固定反応はRubiscoが触媒する1反応のみである（図4.62（a））[10]～[12]。他の12種の反応はribulose 1,5-bisphosphate（RuBP）の再生のための反応である。Rubiscoのcarboxylase反応ではそれぞれ1分子のRuBP，CO_2，H_2Oが2分子の3-phosphoglycerate（3-PGA）に変換される。Rubisco反応が3回転した際に6分子の3-PGAが生成するが，5分子はRuBP再生の原料に使われ，残る1分子が生命維持に必要なあらゆる有機物の出発物質として利用される。CBB回路の鍵酵素はRubiscoであることは間違いないが，そのほかにCBB回路特有の酵素としてphosphoribulokinase，sedoheptulose bisphosphataseが挙げられる。

（2）RTCA回路　RTCA回路は代表的な異化代謝系であるTricarboxylic acid cycle（TCA回路）の逆反応に対応し，8[H]と2分子のCO_2から酢酸やacetyl-CoAが合成される回路である（図4.62（b））[10],[13]。本回路の存在は緑色硫黄細菌 Chlorobium limicola，硫酸還元細菌 Desulfobacter hydrogenophilus，高度好熱性水素細菌 Hydrogenobacter thermophilus，超好熱始原菌 Thermoproteus neutrophilus などで確認されている。TCA回路とRTCA回路とを比較すると，malate dehydrogenase, fumarase, succinate dehydrogenase, isocitrate dehydrogenase（IDH），aconitaseなどの酵素は双方に共通して存在している。RTCA回路の鍵酵素としては2-oxoglutarate synthase（2-OGS），pyruvate synthase（PS），ATP-citrate lyase（ACL）などが挙げられ，CO_2固定酵素としては2-OGS，IDH，PS，phosphoenolpyruvate carboxylaseまたはpyruvate carboxylaseの四つが機能している。C. limicolaではACLがRTCA回路の回転方向や速度を調節していることがわかっている[14]。

（3）3-HP回路　3-HP回路を介して炭酸固定を行う微生物として緑色非硫黄細菌 Chloroflexus aurantiacus，通性嫌気性始原菌 Acidianus brierleyi，化学独立栄養始原菌 Metallosphaera sedula などが挙げられる。本回路は全体として2分子のCO_2から1分子のglyoxylateを生成する（図4.62（c））。3-HP回路には三つの還元的反応と一つの酸化反応が存在する。炭酸固定反応を触媒するのはbiotin依存型carboxylaseである acetyl-CoA carboxylase および propionyl-CoA carboxylaseであり，双方ともに炭酸固定反応を触媒する際にはATPの加水分解を必要とする。Malonyl-CoAからpropionyl-CoAへの変換は5段階からなるが，最近これらは二つの酵素の作用により触媒されていることが明らかとなっている。また，succinyl-CoAとmalate存在下でglyoxylateとacetyl-CoAが生成することは確認されていたが，この反応は①succinyl-CoAからmalateへのCoA転移反応，②malyl-CoAのmalyl-CoA lyaseによるacetyl-CoAとglyoxylateへの開裂，という二つの段階を介していることも判明した。①の反応より遊離するsuccinateはsuccinate dehydrogenaseとfumarate hydrataseによりmalateへと酸化される[15]～[17]。

（4）Acetyl-CoA経路　メタン生成菌や酢酸生成菌はacetyl-CoA経路を利用して炭酸固定を行っている。Acetyl-CoA経路は大きく分けて三つの段階からなる（図4.62（d））。第1段階ではCO_2がメチル基の状態まで還元される。この段階の反応はformate

表4.18　現在知られている炭酸固定経路とそれらを利用しているおもな生物種

炭酸固定系	光合成生物	非光合成生物
Calvin-Benson-Bassham cycle	植物・藻類などのすべての真核光独立栄養生物 藍藻 Synechococcus 紅色非硫黄細菌 Rhodobacter 紅色硫黄細菌 Chromatium	硫黄酸化細菌 Thiobacillus 好気性水素細菌 Ralstonia
Acetyl-CoA pathway		メタン生成菌 Methanobacterium, Methanosarcina, Methanococcus 酢酸生成菌 Clostridium
3-Hydroxypropionate cycle	緑色非硫黄細菌 Chloroflexus	通性嫌気性始原菌 Acidianus 化学独立栄養始原菌 Metallosphaera
Reductive tricarboxylic acid cycle	緑色硫黄細菌 Chlorobium	高度好熱性水素細菌 Hydrogenobacter 超好熱始原菌 Thermoproteus 硫酸還元細菌 Desulfobacter

4.5 生命圏工学とグリーンケミストリー

(a) CBB回路

(b) RTCA回路

(c) 3-HP回路

(d) Acetyl-CoA回路

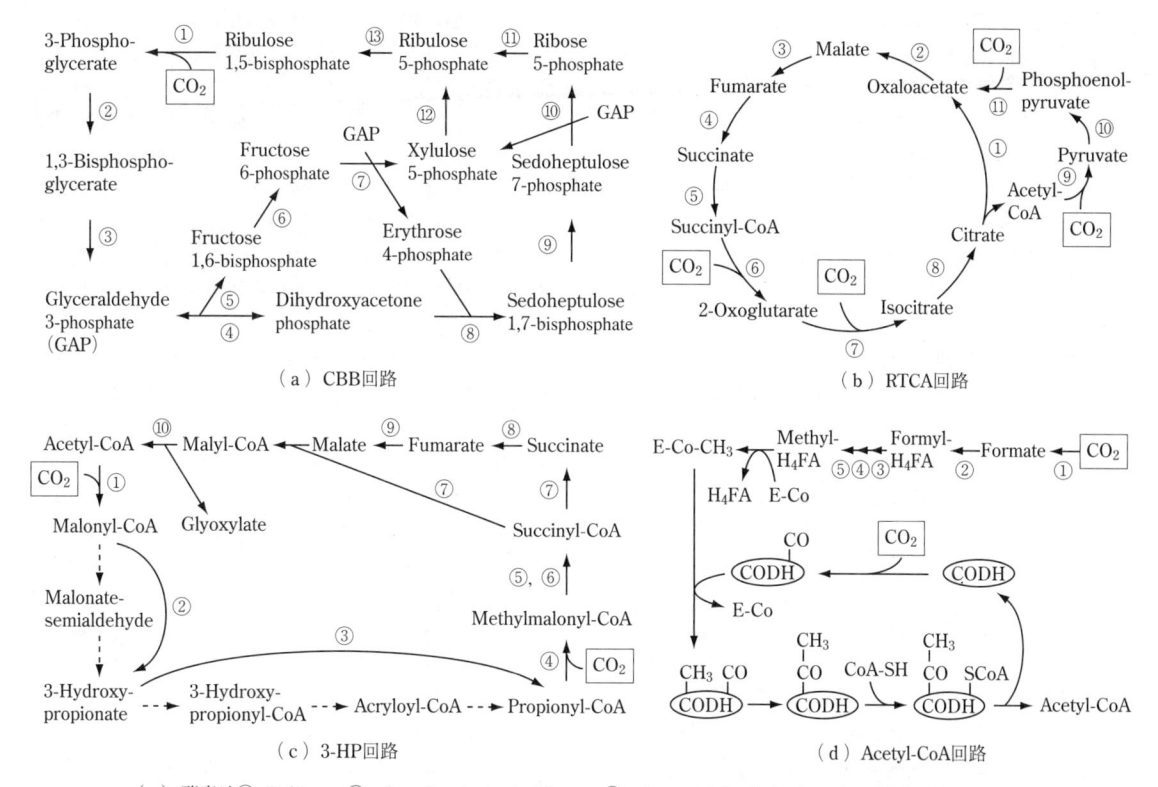

(a) 酵素は①, Rubisco; ②, phosphoglycerate kinase; ③, glyceraldehyde 3-phosphate dehydrogenase; ④, triose phosphate isomerase; ⑤, fructose bisphosphate aldolase; ⑥, fructose 1,6-bisphosphatase; ⑦, transketolase; ⑧, aldolase; ⑨, sedoheptulose bisphosphatase; ⑩, transketolase; ⑪, ribose 5-phosphate isomerase; ⑫, ribulose 5-phosphate 3-epimerase; ⑬, phosphoribulokinase。
(b) 酵素は①, ATP-citrate lyase; ②, malate dehydrogenase; ③, fumarase; ④, succinate dehydrogenase; ⑤, acetyl-CoA: succinate CoA transferase (*D. hydrogenophilus*); ⑥, 2-oxoglutarate synthase; ⑦, isocitrate dehydrogenase; ⑧, aconitase; ⑨, pyruvate synthase; ⑩, phosphoenolpyruvate synthetase; ⑪, phosphoenolpyruvate carboxylase。
(c) 酵素は①, acetyl-CoA carboxylase; ②, malonyl-CoA reductase; ③, propionyl-CoA synthase; ④, propionyl-CoA carboxylase; ⑤, methylmalonyl-CoA epimerase; ⑥, methylmalonyl-CoA mutase; ⑦, succinyl-CoA: malate CoA transferase; ⑧, succinate dehydrogenase; ⑨, fumarate hydratase; ⑩, malyl-CoA lyase。
(d) 酵素は①, formate dehydrogenase; ②, 10-formyl-H_4folate synthetase; ③, 5,10-methenyl-H_4folate cyclohydrolase; ④, 5,10-methylene-H_4folate dehydrogenase; ⑤, 5,10-methylene-H_4folate reductase; E-Co, corrinoid/iron-sulfur protein; CODH, carbon monoxide dehydrogenase。

図4.62 現在知られている4種の炭酸固定経路

dehydrogenase (FDH) およびfolate依存型酵素により触媒される。Formateは活性化されtetrahydrofolate (H_4folate) と結合し，段階的にメチル基まで還元される。第2段階はメチル基のcorrinoid/iron-sulfur protein (E-Co) への転移である。これを触媒するのがmethyltransferaseという酵素である。最終段階であるメチル基，カルボニル基およびCoAからのacetyl-CoAの生成はnickel/iron-sulfur proteinであるcarbon monoxide dehydrogenase (CODH) によって行われている[18]。

以上のように，植物・藻類などの真核生物がCBB回路のみを利用するのに対して，微生物は多様なCO_2固定経路を介して化学独立栄養増殖を行っている。しかしながら，古くから研究されているCBB回路と比較して，3-HP回路やRTCA回路はまだ主要酵素の解析が進められている段階であり，未知な部分が多く残されている。これらの回路が実際に大気中のCO_2固定技術に利用されるまでには研究のさらなる進展を待たなければならないが，化学独立栄養微生物のなかには今後の技術開発のシーズとなる高効率なCO_2固定酵素

や経路が潜んでいる可能性が十分にある．さらに最近，高温・高圧条件といった生命にとっては極限的な環境からも新しい微生物がつぎつぎと分離されている．これらは従来の微生物に見られない多彩な能力や生命戦略を有しており，基礎・応用両面で興味深い研究対象である．極限環境微生物のなかには化学独立栄養増殖を示すものが多く，これらの研究を通じてさらに新しい生物的炭酸固定経路の存在が明らかになるものと期待している． （今中，跡見）

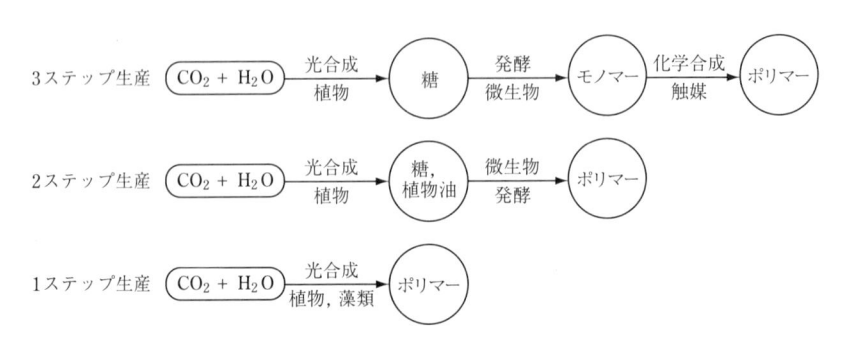

4.5.4 生分解性プラスチック

生分解性プラスチック（biodegradable plastic）とは，使用中はプラスチックとしての性能を発揮し，使用後は自然界において微生物によってすみやかに低分子量化され，最終的には水と二酸化炭素に分解されるプラスチックのことである．グリーンプラとも呼ばれている．生分解性プラスチックには，化石資源から作られるものと再生可能な資源から作られるものがあるが，今日の環境問題や資源問題などの観点から，その原料にはバイオマスや二酸化炭素などの再生可能な資源を原料とすることが望ましい．

生分解性プラスチックの用途は，つぎの二分野に大別される．一つは，自然環境中で利用され，使用後は完全に分解されることが期待される分野である．例えば農林水産用資材，土木・建設用資材，野外レジャー製品への応用である．もう一つは，食品容器包装用品，紙オムツなどの衛生用品，ごみ袋やコップなどの日用品などリサイクル使用が困難な製品であり，使用後は生ごみとともにコンポスト化処理によってすみやかに分解されることが期待される分野である．

（a） 生産プロセス 再生可能な資源から生産が可能で，熱可塑性を有する生分解性プラスチック素材としては，ポリ乳酸（PLA），ポリブチレンサクシネート（PBS）などの化学合成高分子，ポリヒドロキシアルカン酸（PHA）のような微生物が作るポリエステルがある．これらの生産プロセスは，二酸化炭素を出発原料とすると三つのプロセスに分けられる（**図4.63**）．3ステップ生産法は，植物によって大気中の二酸化炭素をデンプンなどの糖へと変換し，これを原料として発酵により有機酸，アルコール，アミノ酸などのモノマーを生産し，得られたモノマーを化学合成してポリマーを生産する方法である．2ステップ生産法は，微生物によって糖や植物油からポリマーを生産する方法である．1ステップ生産法は，藻類や植物によって二酸化炭素から直接ポリマーを生産する方法である．

3ステップ生産法では既存の発酵技術と化学合成技術を使用できることから，現在，実用化に向けた活発な研究開発が行われている．3ステップ生産法により生産が可能な生分解性プラスチック素材にPLAやPBSなどがある．一方，2ステップ生産法および1ステップ生産法は，生産工程を簡略化できることから低コスト化が期待できる．これらにより生産が可能な生分解性高分子素材としては，デンプンやセルロースなどの天然高分子もあるが，融点を持ち射出成形が可能なのは微生物が作るPHAのみである．

（b） 化学合成ポリマー 代表的な化学合成ポリマーであるポリ乳酸（PLA）は透明性が高く，破壊伸びが50％以上の高強度フィルムになる（**図4.64**）．また，ガラス転移点（約60℃）付近での生分解性が優れていることから，コンポスト化による処理が求められるプラスチック製品への利用が適している．医療分野では，生体適合性があり生体内で吸収されることから，縫合糸や骨接合材として古くから利用されている．

PLAは，3ステップ生産法により大量生産プロセスが確立されつつある．この生産法では，トウモロコシなどから得られる糖を乳酸発酵により光学純度の高い

図4.63 生分解性プラスチックの生産プロセス

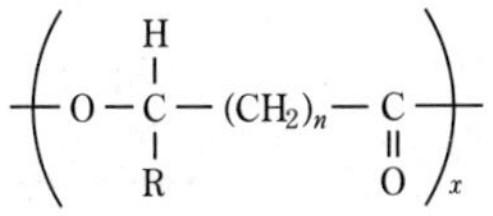

$$\left(\begin{array}{c}\text{H}\\ \text{O}-\text{C}-(\text{CH}_2)_n-\text{C}\\ \text{R}\text{O}\end{array}\right)_x$$

n = 0　R = メチル　　乳酸
n = 1　R = メチル　　3-ヒドロキシブタン酸 (3HB)
　　　 R = エチル　　3-ヒドロキシペンタン酸 (3HV)
　　　 R = プロピル　3-ヒドロキシヘキサン酸 (3HHx)
n = 2　R = 水素　　　4-ヒドロキシブタン酸 (4HB)

図4.64 脂肪族ポリエステルの構造

S体の乳酸へと変換し、さらに、乳酸を二量化またはオリゴマー化し、オクチル酸スズなどを触媒として開環重合または共重合することによって化学合成されている。PLAの物性は、モノマーとなる乳酸の光学純度が高いほど結晶化度や融点は高くなる。そのため、化学合成で得られるラセミ体（RS体）の乳酸ではなく、発酵法により得られる光学純度の高いS体の乳酸がモノマーとして使用されている（乳酸製法の詳細は4.2.3項を参照）。

PLAと同様にポリブチレンサクシネート（PBS）も3ステップ生産が可能である。モノマーとなるコハク酸とジオールはそれぞれバイオマスなどを原料として発酵生産することができる。PBSはフィルムや包装資材などの軟質系プラスチック材料として利用できる。

（c）微生物合成ポリマー　微生物合成ポリマーであるポリヒドロキシアルカン酸（PHA）は、おもに細菌が炭素源およびエネルギー貯蔵物質として菌体内に蓄積するポリエステルである。最も一般的なものは（R)-3-ヒドロキシブタン酸（3HB）をモノマーとするポリ（3-ヒドロキシブタン酸）［P(3HB)］であり、その物性はポリプロピレンと類似している。共重合体PHAの物性は、分子量や共重合体組成によって、硬い材料から軟らかいフィルム状の材料やゴム状のエラストマーまで変化する。一方でPHAは、環境中において好気・嫌気条件ともに優れた生分解性を示す。したがって、コンポスト化による処理が求められるプラスチック製品以外に、環境中に流失しやすい製品への利用が適している。また、生体適合性があることから、PLAと同様に医療分野での利用も検討されている。

これまでに200種類以上の微生物がPHAを合成・蓄積することが明らかになっている。微生物にとってPHAは、有機炭素の貯蔵物質であり、植物におけるデンプンや動物における脂肪（トリグリセリド）と同じ役割をする。一般的に、活発に増殖している菌体の内部ではPHAの含有率は相対的に低くなっているが、生育環境中の窒素化合物やリン化合物などが少なくなると菌は増殖を停止し、飢餓状態に備えて菌体内に大量のPHAを蓄積する。そして、飢餓状態になると菌はPHAを分解してエネルギーを得、生命活動を維持しようとする。

代表的なPHA合成細菌である*Ralstonia eutropha*は、さまざまな炭素源から側鎖構造の異なるPHAを合成・蓄積する（図4.64）。グルコースや酢酸などを炭素源として*R. eutropha*を培養すると、P(3HB)を乾燥菌体当り約80％（w/w）の含有率で蓄積する。また、プロピオン酸やペンタン酸などの奇数鎖長の脂肪酸を炭素源に用いて培養すると、3HBと（R)-3-ヒドロキシペンタン酸（3HV）の共重合体PHAであるP(3HB-*co*-3HV)を蓄積する。そのほかには、γ-ブチロラクトンや1,4-ブタンジオールを炭素源に用いると、3HBと4-ヒドロキシブタン酸（4HB）の共重合体PHAであるP(3HB-*co*-4HB)を蓄積する。

一方、*Aeromonas*属や*Nocardia*属は、植物油や脂肪酸から3HBと（R)-3-ヒドロキシヘキサン酸（3HHx）の共重合体PHAであるP(3HB-*co*-3HHx)を蓄積する。また、*Pseudomonas*属細菌では、炭素鎖数6～14の中鎖長の（R)-3-ヒドロキシアルカン酸（3HA）をモノマーユニットとする共重合体PHAを蓄積する。このように、合成されるPHAのモノマーユニットやその組成は、用いる炭素源と微生物が持つPHA合成酵素の基質特異性に依存して多様に変化する。

近年では遺伝子組換え技術を応用することで、PHAの発酵生産性が向上し、さらに、分子量が通常の10倍以上である1千万（1×10^7 g/mol）を超える超高分子量PHAや低密度ポリエチレンと同等の物性を示す軟質系PHAの合成も可能になった。また、本来植物はPHAを合成しないが、PHA合成酵素遺伝子群を導入したトランスジェニック植物は大気中の二酸化炭素から直接PHAを合成する。

（d）生分解機構　高分子材料の微生物分解は二つの過程を経て分解される場合が多い。まずはじめに、微生物は菌体外に高分子加水分解酵素を分泌する。その酵素が高分子材料表面に結合して、表面の高分子鎖を加水分解反応によって切断して低分子量の水溶性化合物を生成する。ついで、分解生成物は菌体内に取り込まれ、さまざまな代謝経路を経て、各種の生体物質の合成に用いられたり、エネルギー生産に用いられ二酸化炭素に変換される。

生分解は、高分子材料の非結晶領域から始まり、結晶領域へと進行する。結晶領域の分解では構造的に弱い部分が起点となって進行する。分解酵素の研究も活発に行われており、細菌や糸状菌などから分解酵素が

単離されている。PHA分解酵素の構造は，多くの場合，高分子材料への結合部位，加水分解を行う触媒部位，これらをつなぐ連結部位からなっていることが明らかになっている。
　　　　　　　　　　　　　　　　　（土肥，柘植）

4.5.5　バイオマス利用

バイオマスはカーボンニュートラルなエネルギー源といわれている。燃焼などによりエネルギーとして使用し，二酸化炭素を大気中に排出しても，同量の二酸化炭素を光合成によりバイオマスとして固定する限り，正味で大気中の二酸化炭素濃度に変化を与えない。この性質を称してカーボンニュートラルと呼んでいる。バイオマスは他の再生可能エネルギーと比較してユニークな特徴がある。それは炭素系であることで，電気や熱以外にメタン，メタノール，エタノール，DME（ジメチルエーテル），ガソリンのような化学品や燃料が製造できることである。4.1節と4.2節で，メタン発酵やアルコール発酵など生物化学的な変換プロセスについては，説明されているので，ここでは発電やガス化，液化などについて述べる。

（a）発　　電　わが国の新エネルギー導入目標によれば，バイオマス発電は2010年度の目標ケースは原油換算で34万klであるが，1999年度実績は5.4万klであった。新たに指定されたバイオマス熱利用は，67万klである。黒液を含むバイオマス発電の2000年度の実績によれば，発電所総数が80箇所，炉数が169，総出力は約350万kWであったが，出力の98％は黒液によるものである。これに対して，木質系バイオマス発電の炉数は25，バガスの炉数は20で，出力はそれぞれ4.1万kW，2.4万kWである。発電規模は最大でも5000kW級である。木質系に関しては，間伐材，林地残材，剪定枝，ダムにおける流木，古紙などがある。

発電に関しては，最も先端的な技術はバイオマスのIGCC（ガス化複合発電）であり，現在スウェーデンのベルナモでは実証プラントが稼動しており，近い将来の商業的な規模での稼動を目指している。このベルナモのプラントは熱電併給（CHP）型で発電が6MWに対して熱供給が9MWである[26]。現時点での発電効率は32％であるが，将来は規模の拡大に伴い45〜50％となる可能性もある。石炭のIGCCと比べると，石炭の場合は酸素吹込みになるために大型で複雑になるが，バイオマスの場合は空気のほうが効率的であると判断されている。

現時点ではまだこの最新のIGCCシステムは稼動されておらず，蒸気タービンによる発電が主流である。北欧で熱電併給が普及している背景には，林業や紙パルプ産業の活動に伴い間伐材，林地残材などが安定的に供給され，寒冷地ゆえに熱需要があり，熱供給管のインフラが整備され，日本の急峻な山に比べてなだらかで木材運搬が楽であることなどによる。このほかに，化石系燃料に高い各種の税を課して，バイオマス導入を誘導する施策によるところも大きい。基本価格ではバイオマスは石炭や重油，経由に比べて高いが，エネルギー税，イオウ税，炭素税を課してバイオマス利用促進に誘導している。

わが国でこのような熱電併給システムを普及させるためには，熱需要のある北海道や東北が候補地として挙げられるが，5000kW級の発電をするためには，日量で100t近い木質系バイオマスが必要となり，1万円/m³前後の原料を使うと仮定すると経済的に成り立つことが難しい。2003年4月から施行された，いわゆるRPS法やその他なんらかの優遇策が必要と考えられる。

（b）熱 分 解　欧米では，熱分解が多くの大学や民間企業で研究されている。操作温度は350〜600℃で，操作圧力は大気圧か減圧下である。熱分解にはいくつかの方式があるが，供給するバイオマスの粒度，熱分解炉への供給システム，熱源との接触方式などにいろいろの工夫がなされている。

急速熱分解の代表的なプロセスはカナダのEnsyn社のプロセスである。この方式のプラントはイタリアで稼働中であり，バイオマス供給量は650kg/hと報告されている。このプロセスでは，2mm程度に粉砕したバイオマスを2秒以内に500℃まで急速に加熱する。供給するバイオマスの含水率は10％以下にすることが望ましい。

生成した熱分解ガス中の固形分をサイクロンで分離し，ガスを冷却することでオイルが得られる。オイル収率は80％に達する。熱分解炉は，操作性が優れている点や大型化が容易な点で流動床型がよい。生成したオイルは，黒褐色で刺激臭があり比重も1.2と大きい。また，15〜30％の水分を含むために発熱量も4000〜4500kcal/kgである。したがって，石油系のオイルと異なりディーゼル代替の輸送用燃料としては不適である。

最近，この熱分解オイルを暖房用に使用する試みがされているが，ストーブに使用するのであればペレットよりはハンドリングが容易であり，このような使用法が適切と考える。熱分解オイルを触媒を用いて水素化して，アップグレーディングすることは技術的には可能であるが，経済性の面では引き合わない。あくまで，ハンドリングの容易さを利点とする暖房用やボイラー用燃料としての利用が現実的であろう。

（c）バイオマスガス化メタノール製造　バイオマスをガス化して合成ガスを作り，この合成ガスからメタノールやジメチルエーテル（DME）を合成する技術は輸送用燃料や燃料電池の燃料としてもおおいに有望と考える．木材やバガス，農産廃棄物を粉砕し，900℃前後で水蒸気を用いてガス化し，生成したガス組成をメタノール合成に適した水素対一酸化炭素比を2にし，共存する二酸化炭素を除去して，メタノール合成触媒でメタノールを製造する．メタノールを脱水するとDMEができ，メタノールとDMEはほぼ等価ともいえる．DMEはLPGと同じような性質であり，そのままディーゼル車に使え，有力な輸送用燃料として有望である．バイオマスガス化経由のメタノール合成に関しては，現在，三菱重工業（株）と長崎総合科学大学を中心に技術開発が行われている[27],[28]．天然ガスや石炭をガス化して液体燃料を製造する技術はすでに完成されており，これらの技術をバイオマスに適用することが基本的に可能である．生成されたメタノールが，利用できるような社会システム作りがこれからの課題である．

（d）バイオディーゼル製造　エステル化は菜種油やパーム油をメチルエステル化して粘性を低下させるために行い，生成するオイルをバイオディーゼルとかジエステルと称する．わが国では滋賀県や京都府で廃食品油から作られている．EUでは，2020年までに輸送用燃料の20％を石油代替燃料で供給することを政策として掲げている．参考値として，2005年末には2％，2010年末には5.75％を設定している．ドイツでは現在，年間で約63万klのバイオディーゼルを菜種油のエステル化反応で製造しており国内に1500箇所のスタンドがある．バイオディーゼルのシェアは軽油総消費量の1％以上になっている．フランスでは，軽油の大半にバイオディーゼルが5％混合されておりBDF5として販売されている．公共車輌の一部は30％混合してBDF30として，約4000台程度に利用されている．2000年には35.3万klが利用され，年々増加傾向にある．

バイオディーゼルを使用しても特に普通のディーゼル車と同じ使用で問題はないが，副生するグリセリンの有効利用にはいたっていないようである．グリセリンを原料としたバイオポリマーの製造など新規技術の開発が期待されている．

わが国では廃食品油のエステル化によるバイオディーゼルを地方都市で生産しているが，ある量以上の普及のためには量の確保とならんで，なんらかの政策的な支援が必要である．

〔横山伸也〕

4.5.6　都市緑化

都市域の開発に伴い自然環境が喪失され，緑が減少して都市住民の生活環境が悪化している．これに対し，修景，生活環境保全，防災などの目的で都市空間に緑を創出し，回復し，保全することを都市緑化という[29]．

環境への意識の高まりと，緑地の環境保全機能に関する認識が進んだことにより，都市では，いままであまり緑化されていなかった場所への新たな形態での緑化が必要とされてきている．例えば，人工地盤，屋上，壁面などの緑化であり，環境保全林などの整備やビオトープの形成である．これらの緑化形態を実現するための緑化技術は，つぎつぎと開発されてきているが，さらに技術開発の必要性が高いものも多い[30]．ここでは，特に，屋上緑化における人工軽量土壌，高分子吸水ポリマー，緑化植物，微生物利用についてと，ビオトープにおける動物の導入の問題点を取り上げる．

屋上緑化では，その場所の特性から，他の場所の緑化とは異なる特殊な緑化技術が用いられている．建物の荷重制限から，一般には，屋上緑化は軽量である必要がある．そのため，人工軽量土壌を用い，土壌の厚さを薄くした緑化が必要である．

人工軽量土壌は，真珠岩パーライトなどを主体とした無機質系，針葉樹樹皮などを用いた有機質系，無機質に有機質を混合した有機質混合人工軽量土壌に分類される[31]．これらの軽量土壌は，黒土などの自然土壌に比較して軽量であり，一般に土壌中の気相率が高く，通気性，透水性が高いものが多い[32]．薄い土壌での緑化を可能にするため，土壌の保水性が高いものが多いが，灌水設備を前提にした土壌も多い[31]．

灌水に関しては，基本的には雨水による水の供給を主体にするものから，散水ホースによる手動灌水，スプリンクラー，散水パイプ，点滴パイプ，しみ出しパイプ，底面灌水などの灌水装置を用いたものなど，さまざまな灌水方法が用いられている[31]．

保水性を確保するために，高分子吸水ポリマーを利用する例もある．高分子吸水ポリマーには，アニオン系（ポリアクリル酸ナトリウム系）とノニオン系（ポリビニルアルコール系，ポリエチレンオキサイド系）吸水ポリマーがある．アニオン系のポリアクリル酸ナトリウム系ポリマーは吸水能が高く，低コストで生産できるため，紙おむつなどに広く使われている．しかし，多量に使用した場合，植物の生育阻害があるとされ，緑化用にはあまり用いられていなかった．植物に対する生育阻害がないポリマーとして，ノニオン系のものが開発されている．一方で，アニオン系のポリアクリル酸ナトリウム系ポリマーによる植物生育阻害

は，ポリマーによるCa^{2+}吸収による植物のCa^{2+}欠乏症状であるという研究から，ポリマー中にあるNa$^+$の一部をCa^{2+}に置き換えた安価に製造可能な植物適合性保水剤が開発されている[33),34)]。今後，これらの高分子吸水ポリマーは，屋上緑化だけではなく，法面緑化，砂漠緑化などへの応用が期待される。

近年，屋上緑化で特に多く用いられている植物にセダム類（*Sedum*，ベンケイソウ科マンネングサ属植物）がある。ベンケイソウ科植物は，サボテンなどとともに代表的なCAM（ベンケイソウ型有機酸代謝）植物であり，湿度の高い夜間に気孔を開いて二酸化炭素を体内に取り入れて蓄え，光があたる昼間には気孔を閉じて蓄えた二酸化炭素を使って光合成を行うしくみを持つ多肉植物である。そのため，耐乾性が非常に高い。耐乾性が高いことから，厚さ数cmの非常に薄い土壌でも，ほとんど無灌水で生育が可能である。非常に軽量な緑化が可能となるため，荷重制限の厳しい既存建物の屋上で使用可能で，灌水などの管理が少ないことから広く屋上緑化に用いられている。メキシコマンネングサ，ツルマンネングサ，メノマンネングサ，モリムラマンネングサ，タイトゴメなど多くの種や品種が用いられている。壁面に土壌を固定して，セダム類で壁面を緑化している例もある。

さらに，土壌がほとんどいらない植物として，コケ植物の利用がある。蘚類であるスナゴケやハイゴケなどをシート状にした資材が開発されており，屋上や壁面などに設置して緑化している例がある。コケによる緑化は，ほとんど土壌がいらないことが利点であるが，生長が遅い点，他の緑化植物に比較して厚みが少なく平面的である点などが問題となる。

緑化による気象緩和効果に関しては，植物による蒸散が重要である。日射による顕熱を蒸散により潜熱に変えることで，気温や地表面温度の上昇を抑えることが可能となる。植物の蒸散量は，植物の種類，日当たり，気温，水分条件など多くの要因で変化する。各種の緑化植物による単位面積当りの蒸散速度を推定した例では，ケヤキ樹林地の1997年9月2日10：00～17：00までの毎時の蒸散速度の平均値は，0.739 08 g/(m^2・s)（東京都千代田区麹町地区）と0.743 58 g/(m^2・s)であった。ケヤキの場合を1とした場合の，各種植被の蒸散速度は，コウライシバ植栽地8％，屋上のカンツバキ植栽地21％，カナリーキヅタによる南側の緑化壁面26％，西側の緑化壁面26％，東側の緑化壁面21％，北側の緑化壁面15％となっていた[35)]。蒸散量から見ると，高木の樹林地が最も効果が高く，シバ植栽地ではかなり効果が小さくなる可能性が高い。屋上緑化におけるセダム類の蒸散量に関しては，十分な研究がないが，シバよりもさらに蒸散量が少ないという測定結果もある。コケに関しても，十分な研究例がないが蒸散量が小さい可能性が高い。今後，緑化の効果という観点からの緑化植物の評価も必要と考えられる。

微生物の緑化への利用も近年行われるようになってきた。AM菌（アーバスキュラー菌根菌，aubuscular mycorrhizal fungi）は，糸状菌のなかまで，以前はVA菌根菌またはVAM菌と呼ばれ，のう状体（vesicle）と樹枝状体（arbuscule）をつくるカビやキノコのなかまである。のう状体をつくらないものもあるため，最近では，AM菌の呼び方のほうが一般的である。陸上植物の80％以上と共生することができるといわれている。AM菌は土壌中に張りめぐらした菌糸のネットワークを利用し，リン酸，窒素，カリウムなどのミネラルや水を吸収し宿主植物に与える。そのため，緑化に利用した場合，化学肥料の使用量の削減や乾燥耐性の向上などの効果が期待できる[36),37)]。平成5年頃から農業では利用されており，平成9年にはVA菌根菌資材として地力増進法に定める土壌改良資材の政令指定を受けている。都市緑化でも，屋上緑化等に使用することで，肥料の削減，肥料成分の流出防止，耐乾燥性の向上などの効果が期待できる。

ビオトープ（biotop）あるいはバイオトープ（biotope）とは，生物を表すbioと場所を表すtopという語から作られた造語で，「特定の生物群集が生存できるような，特定の環境条件を備えた均質なある限られた地域。生活圏。単に生活環境の意味にも用いる」とされている[38)]。近年，環境問題への意識の高まりや，生物多様性への関心の高さなどから，野生生物の生息場所，環境教育の場，人々の憩いの場としてのビオトープの創生がさかんになっている。本来のビオトープの目的からは，基本的には，その地域にもともと成立する生態系の一部を再生するものとすべきであり，他地域の動植物を導入すべきではない。しかし，ビオトープの存在意義をアピールしようとするあまり，シンボル的な動植物を導入する場合が見られる。例えば，人々に人気の高いホタルである。ゲンジボタルは，発光パターンの違いにより東日本型と西日本型があり，地域により生息している型が決まっている[39)]。安易に他地域産のゲンジボタルを増殖し，新たに導入すると，自然分布を乱す可能性があり，さらには，本来の地域個体群の遺伝子を汚染する可能性もある。

メダカも童謡に歌われているように，かつては，北海道を除く日本全国にごく普通に見られ，身近な淡水魚の代表であったが，農業用水路がコンクリート三面張りとなったり，水田の水管理方法の変化，農薬など

の影響で，急激に減少し，環境省のレッドデータブックで絶滅危惧Ⅱ類に指定されるまでになってしまった。そのため，メダカに注目した自然保護や，ビオトープの整備，ビオトープへのメダカの放流もさかんになっている。日本には北日本集団と南日本集団が生息し，南日本集団は，さらに琉球型，薩摩型，有明型，北部九州型，山陰型，大隅型，西瀬戸内型，東瀬戸内型，東日本型に分けられる。南日本集団の山陰型と北日本集団の分布の境界付近にはハイブリッド集団も認められる。これらの各集団，型は，それぞれ遺伝的特性を持っている[40]。メダカに注目したビオトープ整備やメダカの放流もあり得るが，まず，検討すべきことは，その地域にもともと生育しているメダカの個体群や生息環境の保全である。安易に他地域起源のメダカを放流することは，その地域特有の遺伝的特性を持つ野生個体群の遺伝子を汚染することになりかねない。十分な配慮が必要である。 (高山)

引用・参考文献

1) 堂免一成：化学と工業, **52**, 14 (1999).
2) IPCC（気候変動に関する政府間パネル，2001年評価報告書）
   IPCC (Climate Change 2001-Third Assessment Report of the IPCC) (IPCC report)
3) 平成13年度 環境白書
4) 則久雅司，他：緑化技術の新時代，エヌ・ティー・エス (2003).
5) （生研機構小林プロジェクト H.11〜15年度）30th ANNUAL MEETING Plant Growth Regulation Society of America & Japanese Society for Chemical Regulation of Plant (Abstract Papers, Proceedings, Aug. 3-6, 2003, Vancouver).
6) Anastas, P. T. and Williamson, T. C.: *ACS Symp. Ser.*, **626**, 1-17 (1996).
7) Kobayashi, M., Nagasawa, T. and Yamada, H.: *Trends Biotech.*, **10**, 402-408 (1993).
8) Ashina, Y. and Suto, M.: *Industrial Application of Immobilized Biocatalysts*, (Tanaka, A., Tosa, T., Kobayashi, T.), pp. 91-107, Marcel Dekkar, New York (1993).
9) 阪本勇輝，廣渡紀之，柳沢幸雄：環境情報科学, **25**, 61-66 (1996).
10) Atomi, H.: Microbial enzymes involved in carbon dioxide fixation, *J. Biosci. Bioeng.*, **94**, 497-505 (2002).
11) Shively, J. M., Keulen, G. V. and Meijer, W. G.: Something from almost nothing: Carbon dioxide fixation in chemoautotrophs, *Annu. Rev. Microbiol.*, **52**, 191-230 (1998).
12) 跡見晴幸：炭酸固定経路，微生物利用の大展開，(今中忠行監修), pp. 1066-1079, エヌ・ティー・エス, (2002).
13) 跡見晴幸，福居俊昭，今中忠行：Rubiscoに依存しない炭酸固定系——緑色硫黄細菌の還元的TCA回路——，バイオサイエンスとインダストリー, **60**, 23-26 (2002).
14) Kanao, T., Fukui, T., Atomi, H. and Imanaka, T.: Kinetic and biochemical analyses on the reaction mechanism of a bacterial ATP-citrate lyase, *Eur. J. Biochem.*, **269**, 3409-3416 (2002).
15) Herter, S., Fuchs, G., Bacher, A. and Eisenreich, W.: A bicyclic autotrophic CO_2 fixation pathway in *Chloroflexus aurantiacus*, *J. Biol. Chem.*, **277**, 20277-20283 (2002).
16) Hugler, M., Menendez, C., Schagger, H. and Fuchs, G.: Malonyl-coenzyme A reductase from *Chloroflexus aurantiacus*, a key enzyme of the 3-hydroxypropionate cycle for autotrophic CO_2 fixation, *J. Bacteriol.*, **184**, 2404-2410 (2002).
17) Alber, B. E. and Fuchs, G.: Propionyl-coenzyme A synthase from *Chloroflexus aurantiacus*, a key enzyme of the 3-hydroxypropionate cycle for autotrophic CO_2 fixation, *J. Biol. Chem.*, **277**, 12137-12143 (2002).
18) Ragsdale, S. W.: Enzymology of the acetyl-CoA pathway of CO_2 fixation, *Crit. Rev. Biochem. Mol. Biol.*, **26**, 261-300 (1991).
19) 土肥義治編：生分解性プラスチックのおはなし，日本規格協会 (1991).
20) 柘植丈治，土肥義治：ケミカルエンジニヤリング, **46**, 520-527 (2001).
21) Doi, Y. and Steinbüchel, A., eds: *Biopolymers 3a, Polyesters I*, Wiley-VCH (2002).
22) Doi, Y. and Steinbüchel, A., eds: *Biopolymers 3b, Polyesters II*, Wiley-VCH (2002).
23) Doi, Y. and Steinbüchel, A., eds: *Biopolymers 4, Polyesters III*, Wiley-VCH (2002).
24) Sudesh, K., et al.: *Prog. Polym. Sci.*, **25**, 1503-1555 (2000).
25) Tsuge, T.: *J. Biosci. Bioeng.*, **94**, 579-584 (2002).
26) Biomass IGCC, Sydkraft社資料.
27) 坂井正康：バイオマスが拓く21世紀エネルギー，森北出版 (1998).
28) 坂井正康，中川 仁：バイオマス新液体燃料，化学工業日報社 (2002).
29) 日本緑化工学会編：緑化技術用語事典，山海堂 (1990).
30) 伊藤 滋，高橋潤二郎，尾島俊雄監修，建設省都市環境問題研究会編：環境共生都市づくり——エコシティ・ガイド——，ぎょうせい (1993).
31) 都市緑化技術開発機構編：新・緑空間デザイン技術マニュアル（特殊空間緑化シリーズ②），誠文堂新光社

(1996).
32) 工藤 善:人工地盤緑化培養土の物理・化学的性質, 鹿島技術研究所年報第47号, pp. 215-220 (1997).
33) 小保内康弘, 吉岡 浩, 森 有一:植物にやさしいハイドロゲル, バイオサイエンスとインダストリー, **56**, 40-41 (1998).
34) 森 有一:植物と高分子, 機能材料, **20**, 4, 47-53 (2000).
35) 野島義照:都市における植生からの蒸散による夏期の温熱環境改善力に関する研究, 京都大学大学院農学研究科博士論文 (1998).
36) 斎藤雅典, 上田哲也, 俵谷圭太郎:VA菌根菌の分類と生理, 日本土壌肥料学会誌, **63**, 103-113 (1992).
37) 久保繁夫, 河島章二郎:微生物を利用した化学肥料削減緑化工法, 日本緑化工学会誌, **28**, 497-500 (2003).
38) 沼田 眞編:生態学辞典 増補改訂版, 築地書館 (1983).
39) 大場信義:ゲンジボタル, 文一総合出版 (1988).
40) 酒泉 満:メダカはどういう生きものか, 水環境学会誌, **23**, 130-134 (2000).

5. 生産管理技術

　バイオ製品は衣食住にかかわる人間の生活と密接につながったものが多いだけに，一般の工業製品における製造や利用に共通した問題に加えて，生産管理上いくつかの点について考慮しなければならない。さらに，原料供給源である動植物の飼育や栽培から始まり，収穫，加工，製造，流通保存，そして消費に至るまでの一連のプロセスにおいて，個々のプロセスだけでなく総合的な立場からも管理がなされるようになり，その範囲はたいへん広い。ここでは，製品品質保証の問題，安全性の問題および知的財産権（特許）の問題のみを取り上げ解説し，最後に工学倫理に言及した。

　バイオ製品では品質上の管理とともに安全性に関する管理が重要なものが多い。この安全には製品や副産物，廃棄物の人体に対するもの，環境への影響，それに工場などでの労務管理上のものも含まれる。基本的な品質についての管理には国際標準化機構（ISO）が制定したISO 9001とその関連規格があり，環境への対応管理についてはISO 14001などの規格が設けられている。製品の安全性については，近年PL法（製造物責任法）が制定されるなど，生産者保護の立場から消費者保護へシフトしており，それに伴って生産安全管理の問題はいっそう重要視されるようになり，そのためのシステムが整備されてきている。

　医薬品の製造管理においては最初にGMP（製造適正基準）が制定され，その後，研究開発におけるGLP（適正前臨床試験基準），臨床試験段階のGCP（適正臨床試験基準）が整備されている。最近ではそのバリデーションシステムも整備されてきている。そのほか，市販後調査における基準や特定の問題においてはガイドラインや指針が設けられている。ここではこれらの解説とともに，バイオ医薬品に特有の規制・基準と規制基準に関する国際的調和の問題が取り上げられている。

　食品についてはHACCP（危害分析重要管理点）システムが各種食品に導入されており，従来の微生物検査に頼るのではなく，危害を特定するとともに発生を予測し，迅速な対応がとれるようより科学的な管理が行われつつある。また，食中毒発生など危害への対応のため，リスクアセスメントの導入も図られている。危害微生物対策では，さらに増殖や腐敗，死滅に関するデータベースをもとに数学モデルを構築してこれらの挙動を予測する予測微生物学と呼ばれる手法がとられ，HACCPやリスクアセスメントへの利用が期待されている。

　医薬品や医療器具，食品は人間の生命に直接かかわるものだけに，その微生物的安全性の点で殺菌，滅菌工程の保証についての概念的原理の構築が図られてきた。これらバイオ製品は品質や機能の保持が重要なものが多く，この低下を極力抑制する必要があり，一方で必要最小限の殺菌効果や滅菌目標が達成されなければならない。本章では従来の微生物試験を含めてこの保証についての考え方が提示されている。

　一般の製品同様バイオ製品においても，リスクアセスメント，リスクマネージメントを含むリスクアナリシスの概念が浸透してきており，なかでも最近はリスクコミュニケーションの重要性が高まりつつある。また，問題発生時にその原因解明のために発生過程から上流へ（また下流へ）追跡できるよう，トレーサビリティシステムも導入されてきている。安全性の問題については，ここでは特にバイオ製品自体についてのものに限定し，最近話題になっている遺伝子組換え実験とそれを利用した遺伝子組換え食品に関する問題が取り上げられている。

　一方，バイオ分野ではさまざまな新しい製品や技術が開発されてきており，それらの知的財産権の問題が生産管理に関連して重要になってきている。これからの技術競争社会の

なかで，企業が成長し，生き延びていくために不可欠なものとしてこれに関する項目が記述されている。

　最後に，工学上の倫理的な問題がある。科学技術の応用においては，技術が一人歩きして人間の存在がそれに従属してしまう恐れがある。技術と人間・社会との関係を本来あるべき姿に維持し，生産や開発など技術に携わる人間の，技術やそれを通じての社会に対するありようを確立しておく必要がある。

(土戸)

5.1 製品品質保証

　企業は顧客が満足する製品を作り提供しようと努力している。しかし，時としてクレームが発生する。当初は，クレームの事後対応が行われていたが，積極的によい製品を製造しクレームをなくす工夫がなされるようになった。それを組織的に行ったのが製造工程を中心とする品質管理「統計的品質管理：SQC」である。このQCの考え方は米国で生まれ，1950年代に日本に伝えられたが，1960年代になり大きく日本的な発展を遂げ，1970年代には日本的QCで作られた"Made in Japan"の品物は「安くて性能がよいもの」の代名詞にまでなった。これは，単に製造工程で不良品を作り出さないようにするだけではなく，設計段階で不良品が製造できないような工夫がなされるまでに至ったからである。その結果，品質管理QCの歴史は，製造部門中心のSQCから製造に直接関係しない部分まで広がり全社的品質管理（company wide QCやtotal QC）の段階になり，さらに経営的な部分にまで普及しTQM（total quality management）の段階にまで向上した。製造中心の品質管理であったがCWQCやTQCの頃から，ものの製造だけでなく，サービス部門にまでこの考え方は拡大していった（表5.1）。

　このような日本における品質管理の驚異的な効果を目のあたりにした欧米諸国は，日本的QCを参考にした一つのしくみを作り上げた。ISO 9000ファミリーによる品質管理システムである。「規格」とはもともと度量衡を意味し，長さや重さの単位を統一することにより，ものづくりを効率的にする概念であった。ところが，ISO 9001はマネージメントシステム規格であり，単なる「もの」ではなく「組織」そのものに適用する規格である。これらの規格の制定により，企業（組織）はより広い市場に，品質の安定した製品・サービスの供給が可能となり，消費者は品質の安定した製品・サービスの供給を受けることができるようになる。

　ISOでは当初は「物」に対する規格作りが中心であったが，ISO 9001の制定以後，マネージメントシステム規格など多くのソフト的規格が制定されている。そのなかには，バイオ分野に関連する規格も多い。微生物の測定法や滅菌効果の確認方法などは，本書の読者にとっては目を離すことのできない分野になってきた[1]。

5.1.1 ISO 9001と関連管理規格
（a）品質マネージメントシステムと適合性評価

　多くの企業が，品質マネージメントシステムの国際規格ISO 9001の審査登録を取得するようになってきた。新幹線や高速道路沿いの企業の壁に大きく「ISO 9001認証工場」とか「ISO 9001審査登録工場」と書かれている看板をよく見る。新聞・雑誌，ラジオ・テレビの広告でもISO 9001審査登録はよく出てくる。もちろんバイオ・食品・医薬品関連企業のなかでもこの規格をすでに取得しているところがあるし，これから取得しようと準備中の企業も多い。

　ISO 9001は企業活動全般に関するマネージメントシステムの基本となるものである。この国際規格の審査登録を取得する企業が，わが国だけでなく世界的に急速に増加している。当初は，大企業中心に普及してきた審査登録であったが，最近では中小企業に及びあらゆる業種業態の企業が審査登録を取得する動きが活発である。このなかで，従業員数人の食品企業や旅館，バー，クラブ，焼鳥屋までもが審査登録を受ける時代になってきた[2]。

　ISO 9001の審査登録は，「適合性評価」といわれ国

表5.1　品質管理・品質保証の歴史

1	クレームが発生すると，菓子折持参で謝りにいく（事後対応の品質保証）
2	できあがった製品を検査し，合格品のみ出荷する（検査による品質保証）
3	不合格品ができないように，製造工程を管理する（統計的品質管理：SQC）
4	製造工程で不合格品ができないような設計をする（設計による品質保証）
5	顧客が満足する製品ができるように設計をする（営業情報なども活用する全社的品質管理：TQC）
6	企業活動全体を「顧客第一」の精神で行う（TQM）

際規格に基づいた方法で行われている．企業や組織のマネージメントシステムが規格に適合しているかどうかは第三者機関であるマネージメントシステム審査登録機関が審査し，適合したとき当該企業や組織を登録・公表するという制度になっている．その審査をする審査登録機関が，適正に運営され，適正に審査しているかどうかは，日本においては(財)日本適合性認定協会（The Japan accreditation board for conformity assessment：JAB）が国際的なルールである ISO/IEC ガイド 61 および 62 に従って行っている[3),4)]．2005年1月20日現在，日本では ISO 9001 の認証を受け JAB のホームページに記載されている企業は 40 137 件である．

（b） ISO規格の制定と改定 ISO 9001 は，1987年に第1版が制定され，1994年と2000年に改訂されている．1987，1994年版 ISO 9001 が，大規模製造産業向けの規格という根強い批判を強く意識して，2000年版の ISO 9001 はあらゆる業種および規模の組織にも適用できるような記述に努めており，サービス業やソフトウエア産業をも意識したものとなっている．さらに各プロセスに対する要求事項はかなり一般的な記述となっており，食品産業・医薬品産業・バイオ産業などの具体的な産業に適用するときには，その産業に見合った解釈が必要である．

2000年に制定された ISO 9001 規格は，その制定年度をコロン（：）の後ろに示し，ISO 9001:2000 と記載され，以前の版と区別される．その日本語版が JIS Q 9001「品質マネジメントシステム──要求事項」規格である．ISO 9001 は，品質マネジメントシステムの最低限の基準であるので，もし能力があれば，さらに高いレベルの品質マネジメントシステム（ISO 9004 や TQM）を作ればよいことになっている．

ISO において各種国際規格の制定を企画し，提出された規格案の審議を行うに際して組織される委員会を「専門委員会」（technical committee：TC）という．TC は ISO の理事会委員会の一つである「計画委員会」の勧告に基づいて，取り扱う業務範囲を明確にしたうえで理事会が設置する．すでに220以上の TC が作られ，現在180ほどの TC が活動している．最近話題になっている品質マネジメントシステムの規格である ISO 9001 は，TC176「品質管理及び品質保証」で，また，環境マネジメント規格である ISO 14001 は，TC207「環境マネジメント」で検討され成立したものである．

国際規格である ISO の審議プロセスは，つぎのような段階を踏んで決定されている．

① 提案段階：AWI（aproved work item）
② 作成段階：WD（working draft）
③ 委員会段階：CD（committee draft）
④ 照会段階：DIS（draft of international standard）
⑤ 承認段階：FDIS（final draft of international standard）
⑥ 発行段階：ISO 規格

現在作成中といわれている ISO 規格に後述する HACCP を組み込んだ要求事項の規格 ISO 22000「食品安全のマネジメントシステム──要求事項」があるが，この規格もこの段階を踏んで決定されることになる．通常は，CD または DIS になると多くの人の目に触れることになるが，AWI や WD の段階では関係者以外にはわからないことが多い．ISO 22000 は，2004年11月現在 DIS の段階である．

（c） ISO 9001審査登録の効果 企業において効果的な品質マネジメントシステムを構築することは，つぎのような点で有効であるとの認識が一般的である[2)]．

① 自社の品質マネージメントを見直し，強化することができる．
② 他社との差別化ができる．
③ 顧客満足が向上し，顧客の厚い信頼が得られる．
④ 社会的な要求にこたえることができる．

また，この ISO 9001 規格の審査登録を受けることによる効果として，つぎのような項目が挙げられている[2)]．

① 世界に通用する国際的な品質マネジメントシステムが構築できる．
② 顧客満足を高め，品質マネジメントシステムの充実が図られる．
③ 品質方針および品質目標の浸透と品質意識の改革ができる．
④ 文書管理，記録の整備により，仕事のやり方が改革できる．
⑤ だれにでもわかる仕事のしくみ，ルールができるので，確認，承認，指示，引継ぎ，検証が確実になる．
⑥ 業務の責任と権限が明確となり，あいまいさが除去される．
⑦ 業務の標準化が進み，改善活動がやりやすくなる．
⑧ 標準体系の確立，古い資料の排除，二重保管の減少により，資料類が削減できる．
⑨ 源流の問題点の顕在化により，設計・開発段階の品質マネジメントシステムが強化される．

⑩ 個々のやり方で行われていた顧客による第二者監査が，第三者による審査登録によって，簡略化される．

（d）ISO 9004との関係　ISO 9001には，その兄貴格にあたる規格ISO 9004がある．2000年版のISO 9000ファミリーには，コンシステントペア（整合性のある1対の）規格としてISO 9001とISO 9004とがある．両者は章構成（**表5.2**）が同じであり，ISO 9004の対応する箇所にISO 9001の要求事項が枠組みで書き込まれている．つまり，ISO 9004のなかに，ISO 9001がすっぽりと含まれている構造になっている（**図5.1**）．ISO 9001が「品質マネジメントシステム——要求事項」であるのに対して，ISO 9004はより高いレベルの規格「品質マネジメントシステム——パフォーマンス改善の指針」とされている．

このISO 9004規格は，ISO 9001を超えてさらに高いレベルでの品質マネジメントシステムを構築するための指針で，日本的品質管理TQM（total quality management）に近いものである．ISO 9001を本当に活用するためには，ISO 9004を十分に理解しておく必要があるといわれており，ISO 9001は品質マネジメントシステムの最低限の基本部分である[5]（図5.1）．

ISO 9000ファミリーを作ったTC176では，ISO 9001に引き続き，ISO 9004を普及することをつぎの目標とすべく準備しているので，いまから，このISO 9004規格を十分に学習しておく必要がある．

（e）管理対象・対象産業の広がり　ISO 9001の品質マネジメントシステムが企業にとってたいへん役に立つものであることがわかったので，同じような管理方法で「品質」（quality）以外の対象である環境（ISO 14001），労働安全衛生（OHSAS18001），個人情報保護（ISO 15001），危機管理などをも管理しようとするマネージメント規格が，続々と作られ出している（**図5.2**）．管理対象，特性値の拡大である．それらの構造・章構成は，すべて基本的にはISO 9001と同じである．

表5.2　ISO 9001:2000（JIS Q 9001）章構成

0	序文
1	適用範囲
2	引用規格
3	定義
4	一般要求事項
5	経営者の責任
6	資源の運用管理
7	製品実現
8	測定，分析および改善
付属書A, B, C（参考文献）	

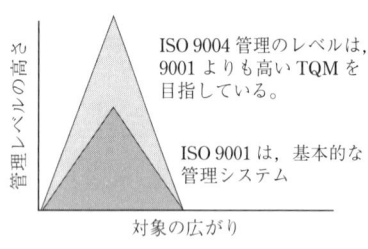

（a）管理システムの高度化

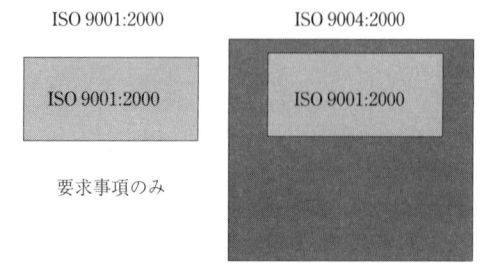

（b）ISO 9004は，ISO 9001にTQM的な解説が加わったもの

図5.1　ISO 9001とISO 9004との関係

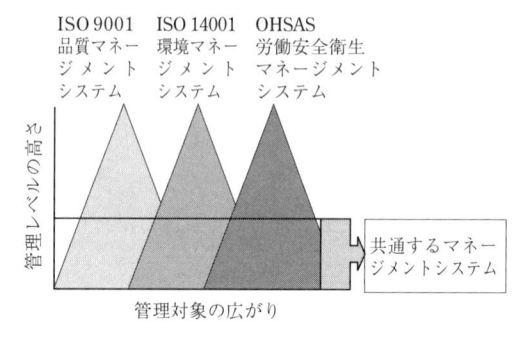

図5.2　管理システム対象の広がり

ISO 9001はすべての産業に利用可能であるが，それぞれの産業においてその産業独自の品質や管理対象が存在する．そのような独自性を加味したマネージメントシステムが多くの分野で検討され，規格化されている．最も早かったのは米国自動車産業のビッグ3（GM，フォード，クライスラー）が中心となって作成したQS9000規格であり，それをさらに一般化したものがISO 16949である．QS9000では，ISO 9001とビッグ3の要求および各社の個別要求から構成されている．同様に，航空機産業（AS9000）や電気通信産業（TL9000）などの規格も作られている．ほかにも，食品産業におけるISO 9001とHACCPシステムとの

融合規格（ISO 15161やISO 22000），医療機器・ヘルスケアー製品産業における各種滅菌方法やバイオバーデン測定方法などの規格（TC198が作る規格群）などが検討されている（**図5.3**）[1]。

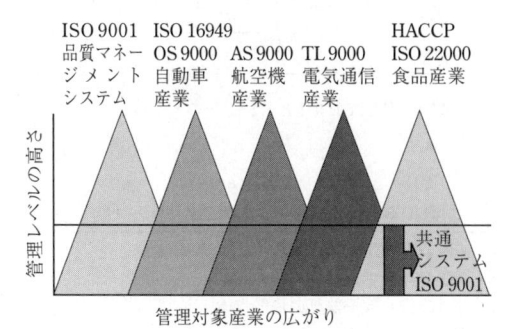

図5.3 管理対象産業の広がり

ISO 9001を基本規格として，品質以外の特性値を管理対象としたり，特殊な特性値を持つ産業を対象とするマネージメントシステムが今後数多く作られるであろう。そのとき，ISO 9001は，その産業のマネージメントシステムの基本部分，最低限の部分となる。この意味において，ISO 9001はたいへん重要な国際規格となったことになる。今後，この規格を無視した企業活動は行えなくなるであろう[1]。

5.1.2 食品産業における安全衛生管理

（a）HACCPシステム　HACCPシステム（hazard analysis and critical control point system，途中のandは入っていないときもある。意味的にはandは必要だが，多くの文書はandの有無に注目していない）は，「危害要因分析と必須管理点管理方式」と訳され[6]，「食品の生産，加工，製造並びに最終消費に至るまで，あらゆる食品の生産段階における潜在的な危害について分析・確認し，存在するおそれのある危害について評価を行い，それらを制御するための防除手段を明確にする管理システム」と定義されている。

では，ここにいう「危害」とは何か。HACCPシステムにおける「危害」は，「身体的危害を招く可能性」を指し，「危害には，生物学的，化学的および物理的なもの」が含まれる。このうち，最も対応しにくいものが「生物学的危害」であり，そのなかでも食中毒の原因となる微生物的危害である。それに対する対応，すなわち制御方法が衛生管理や殺菌・消毒である。言い換えると，HACCPシステムの目的は，食品由来の微生物的危害を防ぐことといってもいいすぎではない。昨今，「生物学的，化学的，物理的危害」といういい方が定着し，最も大事な「微生物学的危害」の比重が落ちている感がするのは残念である。これらの危害こそ製造物責任PL（product liability）法にいう「人的被害」そのものである。

日本ではこの考え方を用いたシステムを「総合衛生管理製造過程」といい，平成7年5月に改正された食品衛生法第7条の3に規定された。日本ではこの制度を政令で定めた業種ごとの任意承認制度として発足させた。対象業種は，**表5.3**に示した5業種である。

表5.3 総合衛生管理製造過程の対象製品・業種

発足年月	対象製品	承認数
平成 8年 5月	乳・乳製品	（341施設502件）
	食肉製品	（84施設150件）
平成 9年 3月	容器包装詰加圧加熱殺菌食品	（37施設43件）
平成 9年11月	魚肉練り製品	（24施設32件）
平成13年 7月	清涼飲料水	（82施設123件）
合　計		（568施設850件）

2004年12月31日承認分

従来，食品工場や給食場で生産された食品の安全性の保証，すなわち「品質保証」はその日に製造された全食品から「適当に」サンプリングされたものについて「検査」を行い，その検査結果が「適」であれば，その日に生産された残りのすべてのものも大丈夫であろうとしてきた。この検査担当者を「品質管理」と呼ぶことが多い。しかし，この検査による品質保証のレベルはたいへん保証精度の低いものであることが，数理統計学的に証明されている[7]。一般的な工業製品の生産においても，当初これと同じ「検査による品質管理」が行われていたが，その不備が明白になり，「製造工程における品質の作り込みによる品質管理」に代わっていった。日本で発達した全社的品質管理TQMは，そのような思想のうえに立ったものである。

食品産業においてTQM的に，生産される食品の品質を製造工程の品質管理によって保証しようというシステム，それがHACCPシステムである。世界的な品質保証のモデルであるISO 9001も同様の製造工程の品質管理のうえに立ったものであり，HACCPシステムはISO 9001の食品産業限定版ともいえるものであり，部分システムでもある[8]~[11]。

（b）HACCPシステムの7原則12の手順　食品企業がHACCPシステムを導入するのにどのようにするのがよいかについては，いくつかの方法・手順が公表されている。そのなかで最も有名なのが，米国

NACMCF（食品微生物基準全米諮問委員会）によるHACCP方式の七つの原則（1989年11月）である。それを発展させたのが，FAO/WHOのCAC（国際食品規格委員会，通称「コーデックス委員会」）が「HACCP方式の適用に関するガイドライン」（1993年7月）中に示したHACCPシステム構築の12手順である（**表5.4**）。日本の厚生労働省は，この12手順をもとに総合衛生管理製造過程を構築するように，指導し解説している。

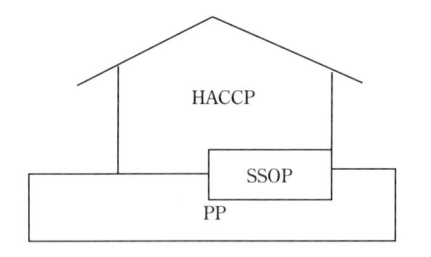

図5.4 HACCPはPPとSSOPの土台の上に立つ

表5.4 HACCP構築の12手順

手順 1)	HACCPチームの編成
手順 2)	製品の特性についての説明
手順 3)	意図する用途の確認
手順 4)	製造工程一覧図（フローダイアグラム）の作成
手順 5)	フローダイアグラムについての現場検証
手順 6)	各段階における危害とその防除方法のリストアップ（原則第1）
手順 7)	CCPの決定—決定方式図（decision tree：DT）の適用（原則第2）
手順 8)	CCPに対する管理基準の設定（原則第3）
手順 9)	CCPに対する監視/測定方法の設定（原則第4）
手順10)	基準からの逸脱時に取るべき修正措置の設定（原則第5）
手順11)	HACCP方式の検証方法（確認試験）の設定（原則第6）
手順12)	記録保存および文書作成要領の規定（原則第7）

FAO/WHOのCAC（国際食品規格委員会，通称「コーデックス委員会」）による「HACCP方式の適用に関するガイドライン」（1993年7月）

ここで，HACCPシステムの基本を最も簡単に示すと，
① HA（危害分析）ステップ
② CCP（重要管理点）決定ステップ
③ CCPによる工程管理ステップ
④ システムの妥当性検証ステップ

の4ステップである。この全ステップにおいて記録・保存・管理という文書化が必要になる。この文書化は，ISO 9001と同じものと考えてよい。

（c）**一般的衛生管理プログラム** 一般衛生管理プログラムとは，HACCPシステムを導入し効果的に機能させるための前提となるものとされ，PP（pre-requisite program）ともいわれている。HACCPシステムは，それ単独では機能するものではなく製造工程全般にわたる総合的な衛生管理システムの一部，さらにはその基礎と把握すべきものである（**図5.4**）。そこで，このHACCPシステムを効果的に機能させるための前提条件となるプログラムが必要であり，厚生労働省は，**表5.5**に示す10項目を提示している。衛生標準作業手順（SSOP）は，PPのうちのソフト的部

表5.5 一般的衛生管理プログラムの要件

1	施設設備の衛生管理
2	従事者の衛生教育
3	施設設備，機械器具の保守点検
4	そ族昆虫の防除
5	使用水の衛生管理
6	排水及び廃棄物の衛生管理
7	従事者の衛生管理
8	食品等の衛生的な取り扱い
9	製品の回収プログラム
10	製品等の試験検査に用いる設備等の保守管理

厚生省生活衛生局乳肉衛生課監修，動物性食品のHACCP研究班編集「HACCP：衛生管理計画の作成と実践—総論編」中央法規（1997年5月）

分を手順化したものともいえる。

（d）**Codex-HACCP** ISO 9001規格は，各国がISO決定規格を忠実に自国語に翻訳し，自国の規格として利用している。一方，HACCPシステムは，各国が独自の規格を作成しており，内容は国により異なる。さらに米国においてはFDAのHACCPシステムと農務省USDAのHACCPシステムとは異なる文章で記載され，細部においてはかなり異なっている。そこで，ISO 9001規格のように世界的に統一されたHACCPシステムが必要になってきた。このようなHACCPシステムの基本となっているのが，Codex食品規格委員会の食品衛生部会が決定した「食品衛生の一般原則の実践に関する勧告国際規約」（1997）とその付属書としての「HACCPシステムとその活用の指針」である。この国際規約は**表5.6**に示すような目次から成り立っている[12]。

この指針の「序文」では，「HACCPを成功させるには，経営陣や作業者の全面的な協力と参加が必要である」と明記されている[12]。HACCPシステムは，経営者がトップに立ち推進する必要のあるシステムであり，トップ経営陣の参加しない，知らないふりをしているHACCPシステムでは実のあるシステムにならず，有効に稼働しない。

5.1 製品品質保証

表5.6 Codex-HACCP食品衛生の一般原則の実践に関する勧告

序文
セクション 1　目的
セクション 2　適用範囲, 活用及び定義
セクション 3　第一次生産
セクション 4　営業施設:設計及び施設
セクション 5　作業管理
セクション 6　営業施設:維持及び衛生
セクション 7　営業施設:個人の衛生
セクション 8　輸送
セクション 9　製品情報及び消費者の認識喚起
セクション10　教育訓練
付属書　HACCPシステムとその活用の指針

前述のCodex国際規約ではHACCPシステムは, 付属書として記載されており, 食品衛生の中心はセクション3～10に記載された一般的衛生管理プログラムそのものである。

Codex食品衛生部会で現在検討されている重要課題は,

① 小規模施設におけるHACCPの適用
② 微生物学的リスクマネージメント取扱い原則とガイドライン
③ 食品中の微生物危害のリスクアセスメントに関する専門家会議報告

などである[13]。食品安全のシステムについて考えるとき, このCodex食品衛生部会の活動, およびその動向は無視できない。

(e) ISO-HACCPの制定　食品産業において大事な食品衛生・食品安全のための必要事項をISO 9001のなかに組み込む試みが始まった。食品衛生と食品安全の国際的に認められたシステムは, HACCPシステムである。ISO 9001とHACCPとの統合の試みはかなり以前からISOの専門委員会TC34で行われていた。ISO-HACCPへの試みである。

1998年に両者の統合規格であるISO/DIS15161「ISO 9001及びISO 9002の食品・飲料産業への適用に関する指針」の最終投票が行われた。この規格は, 1994年版のISO 9001の構造に沿ったもので, ISO 9001:1994の章・節ごとにHACCP的解説が記載されていた。しかし, HACCPの元祖を自認する米国などの反対で, このDIS案は成立しなかった。その結果を受け, ISO/TCの上部機関やCodexなどが仲介をして, ISO規格化することが推進された[14]。

Codexの全般問題規格部会の一つである「輸出入検査認証部会」が1999年2月にオーストラリアのメルボルンで行われ, 議長国であるオーストラリアが主導権をとり, TC34で決まらなかったHACCPシステムのISO化に向けて議論を主導した。オーストラリアは, 主要輸出品であるオージービーフの安全性をISO 9002を基礎としたMSQA (meat safety quality assurance) システムを用いて保証しており, HACCPシステムのISO化に抵抗はなかった[15]。米国・フランス・オーストラリアなど8カ国の非公開ワーキンググループを作り, 検討が行われた。どのような検討が行われたのかはわからないが, 改訂されたISO 9001:2000の構造を持つ新しいISO版のHACCPシステムが2001年11月15日に制定された。次節で紹介するISO 15161「ISO 9001:2000の食品・飲料産業への適用に関する指針」である。

なお, TC34「農産食品」には, 15の小委員会 (Subcommittee: SC) があり, それぞれが国際規格を立案している[1]。詳細は, ISOのホームページを参照していただきたい。

(f) ISO 15161「ISO 9001:2000の食品・飲料産業への適用に関する指針」　前述のようにISO 9001とHACCPとの統合システムであるISO 15161「ISO 9001:2000の食品・飲料産業への適用に関する指針」が, 2001年11月15日に交付された。その構成は, ISO 9001:2000と同じものであり, 各章・節ごとにまずISO 9001:2000の文章が枠組みのなかに記載され, そのあとに, その章・節に関連するHACCP的解説が記載されている。この構造は, **図5.5**のように示される。

食品産業における品質マネージメントシステム

| ISO 9001:2000 | すべての産業・企業に共通する要求事項 |

| HACCPシステム (CODEX-HACCP) | 食品産業に特異的な安全・衛星などに関連する要求事項 |

↓

ISO 15161 および ISO 22000

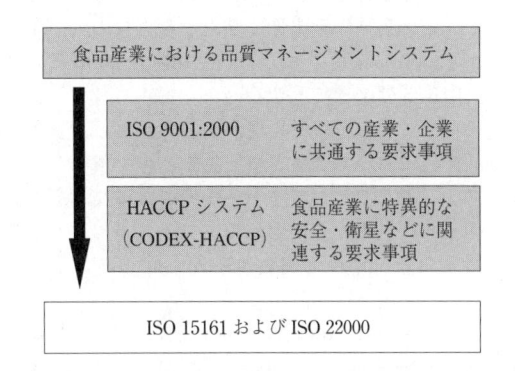

図5.5　ISO 15161は, ISO 9001:2000にHACCPに関する解説を加えたもの

序文にはつぎのように書かれている[16]。

「この国際規格は, 食品・飲料産業内でのISO 9000シリーズの活用を促することを目的としたものである。本シリーズとこの産業分野で一般的に使われているほかのシステムとの併用により, 品質マネジメントシステムの効率的な運用を通して, 顧客満足ならびに組織全体の有効性へのよりよい対応に寄与することができる。

またISO 9001は品質マネジメントシステムの継続的改善の追求を組織に求めている。これは，食品・飲料産業で一般的に使われている種々の食品安全マネジメントモデルではしばしば欠けている側面である」。

HACCPなどに欠けているマネジメントの側面が，ISO 9001と統合したマネジメントシステムを作ることにより，補足できることになることを主張している。また，同じ序文のなかで「現在国際的に認められているHACCPの原則及びステップは，Codex食品委員会が食品衛生一般原則に関する国際業界基準の提言のなかで明確化したものである」とあり，ISO/TC34では，Codex-HACCPをもって国際的な基準のHACCPとすることを明記している。

食品（関連）産業のすべての分野で，この規格を研究し，新しい流れに対応しなければならない。この規格は，（財）日本規格協会から英和対訳版が出版されている[16]。

（g）ISO 22000「食品安全のマネジメントシステム——要求事項」　HACCPの国家などによる審査登録は各国が独自に行っており，その基準は国により異なる。そのため，ある国で承認されても他の国では承認されないということになる。そのような問題をなくすために国際的にただ一つの審査登録基準を作ろうという動きが出てきた。それが，「食品安全のマネジメントシステム——要求事項」を定めるISO 22000規格である（ただし，当初はISO 20543という番号であったが，この規格の重要性にかんがみきりのよい番号として22000に変更された）。ISO 9001:2000との関係は，図5.5のように示せる。

この要求事項を定めた規格ができあがると，世界中の食品産業において食品安全と品質とのマネジメントシステムの基準として用いられることになり，各国独自の基準は色あせることになるであろう[5]。もちろん，日本の総合衛生管理製造過程も同じことであろう。

Lloyd's register quality assurance, Japanのホームページによると，TC34のWG8が，2001年11月13，14日にデンマーク規格協会で会議を開き，ISO 20543（現在のISO 22000）についていくつかの合意をしたと記載されている。そのなかで，審査登録範囲を「非食料品及びサービスの供給者を含む，すべての食品サプライチェーン」と定義しているので，この規格ができあがったときの影響範囲はたいへん大きいといえる。またスケジュールとしては，2002年1月に作業原案（WD），2002年9月に委員会原案（CD），2003年8月に国際規格案（DIS），2004年9月に新規格の発効となっている。この計画は大幅に遅れており2004

表5.7　ISO/DIS22000の目次・構成[18]

序文
1　適用範囲
2　引用規格
3　用語及び定義
4　食品安全マネジメントシステム
　4.1　一般要求事項
　4.2　文書化に関する要求事項
5　経営者の責任
　5.1　経営者のコミットメント
　5.2　食品安全方針
　5.3　食品安全マネジメントシステムの計画
　5.4　責任と権限
　5.5　食品安全チームリーダー
　5.6　コミュニケーション
　5.7　緊急事態に対する備え及び対応
　5.8　マネジメントレビュー
6　資源の運用管理
　6.1　資源の提供
　6.2　人的資源
　6.3　インフラストラクチャー
　6.4　作業環境
7　安全な製品の計画及び実現
　7.1　一般
　7.2　前提条件プログラム
　7.3　ハザード分析を可能にするための準備段階
　7.4　ハザード分析
　7.5　オペレーションPRPsの設計と再設計
　7.6　HACCP計画の設計と再設計
　7.7　事前情報及びPRPs並びにHACCP計画を規定する文書の更新
　7.8　検証計画
　7.9　食品安全マネジメントシステムの運用
8　食品安全マネジメントシステムの検証，妥当性確認及び改善
　8.1　一般
　8.2　モニタリング及び測定
　8.3　食品安全マネジメントシステムの検証
　8.4　管理手段の組合せの妥当性確認
　8.5　改善

年6月にDISが発表され，6～11月に投票が行われたところである。現在提出されているISO/DIS 22000の章構成は，ISO 9001を基本とし，HACCP的な部分をCodex-HACCPに準じたものとなっている（表5.7）[18]。しかし，問題となっている部分もかなり存在するので，決して予定どおりには成立しないであろうが，歴史は逆戻りをすることなく着実に進むことであろう。

（h）ISO-HACCP規格の将来　ISO 15161指針（ガイドライン）に引き続いて，審査のための条件を示した「要求事項」に関する規格ISO 22000が作成されようとしている。ISO 9000ファミリーとHACCPシステムとの関係を要求事項と指針という観点でまと

めると，**表5.8**のようになり，ISO 9001に対応するのがISO 22000，ISO 9004に対応するのがISO 15161となる。また，要求事項が"shall"事項であるという点からまとめると，ISO 22000は，ISO 9004やISO 15161と異なり，ISO 9001と同様にすべてがshall記載事項となろう[17), 18)]。

表5.8 ISO規格の比較

	要求事項	指針
ISO 9000 ファミリー規格	ISO 9001:2000	ISO 9004:2000
HACCP関連規格	ISO 22000:200x	ISO 15161:2001

ISO 22000規格ができあがると，どうなるであろうか。筆者の推定ではISO 9001の審査と同じような審査が，第三者審査機関によって行われることになる。現在すでに**表5.9**に示すISO 9001の審査登録機関がISO-HACCPの審査登録を表明し，実際に審査登録を行っている機関もいくつかあるが，ISO 22000規格の成立とともに，JABの示す審査範囲1, 3, 30などの審査ができる多くの審査機関は，こぞってこの審査登録を行うとみて間違いなかろう。そのときの審査員は，食品産業のOBたちでISO 9001の審査員資格と，HACCPに関する十分な知識を持った者が担当することになるであろう。そうなれば，現在の教条主義的な一部の食品衛生監視員などの「検査」ではない実質的な「審査」が行われるようになり，食品産業分野へのISO 9001やHACCPの浸透が急速に加速されることになろう。

日本版HACCPである総合的衛生管理製造過程の承認制度で欠けている経営者の食品安全に対する責任とコミットメントがISO 22000規格では明確に規定され

表5.9 ISO-HACCP審査機関

R002	：日本検査キューエイ（JICQA）
R006	：日本海事検定キューエイ（NKKKQA）
R009	：日本品質保証機構（JQA）
R016	：ロイド・レジスター・クオリティ・アシャランス・リミティド（LRQSA）
R020	：デット・ノルスケ・ベリスタ エーエス DNV 認証事業 日本支社（DNV RJ）
R027	：ビューロ・ベリスタ・クオリティー・インターナショナル（BVQi）
R030	：アンダーライターズ・ラボラトリーズ・インクレジストレーションサービシス（ULI）
R039	：ビーエスアイジャパン（BSI-J）

2003年1月時点で，ホームページ中にHACCP審査を掲載しているJAB認定機関

ている。企業活動における「人・物・金」という経営資源をいかに有効利用するかは経営者の責任であり，その責任のなかに食品安全に対する責任も含まれている。ISO 9001とHACCPとを融合したシステムなくして，食品産業のマネージメントシステムは成り立たないであろう。その意味で，ISO 22000は重要な規格といえる。　　　　　　　　　　　　　　　（米虫）

5.1.3 医薬品産業におけるGMP：生物工学領域を主として

GMP（good manufacturing practice，医薬品の製造および品質管理の基準）は，医薬品を製造するための技術管理の方法として必須の要件である。GMPの歴史的意義，内容，生物工学的側面および今後の展望について解説する。

（a） GMPの歴史　　GMPは，1963年に米国FDAで初めて制定された。その後，1969年にWHO-GMPが制定され，WHOにより，国際取引において，GMPを実施し，GMPに基づいた証明制度を採用することが加盟各国に勧告された。その後，世界各国・地域でGMPが制定され，GMPに基づく医薬品の製造管理が行われるようになった。わが国では，1974年に，厚生省GMP案が公表され，1976年から行政指導として実施され，1980年以降，薬事法に基づく規定として施行されている。その後，米国のFDA-GMP，WHO-GMP，および，わが国のGMPともに，数度の改定を経て，新しい技術・管理方法を取り入れて今日に至っている。

（b） GMPの分類と内容

（1）**一般のGMP（general GMP）**　　GMPでは，つぎに述べる規定，文書類，管理組織および構造設備が完備していることが，医薬品製造の必須の要件である。

① **GMPの目的**　　GMPでは，人為的な誤りを最小限にすること（混同，手違いの防止），医薬品に対する汚染および品質低下を防止すること，高い品質を保証するシステムの設計，の観点から，作業管理，構造設備，の各面について遵守すべき事項が規定されている。

「人為的な誤りの防止」策，「汚染，品質低下の防止」策および「品質保証システム」と「構造設備」，「管理組織」および「作業管理」の関係のGMP概要を**表5.10**に示す。

② **GMPで必要な文書類**　　つぎの文書類を完備することが求められている。

・製造管理基準書類:製品標準書，製造管理基準書，製造衛生管理基準書

表5.10 GMPの概要

	人為的な誤りの防止	汚染,品質低下の防止	品質保証システム
構造設備	・作業室の広さ ・異種作業間の間仕切りなど,人の作業空間の整備	・手洗い設備,更衣室 ・作業,保管室の設備など,人,機械設備の整備	・機械設備と工程の配列,制御 ・ロット管理 ・試験,工程試験の充実など,ソフト,ハードシステムの整備
管理組織	・品質管理部門の独立 ・自己点検,教育,訓練 ・責任者の明確化 など	・作業員の衛生管理 ・製造衛生（清拭など）管理 など	・製造管理,品質管理の独立 ・自己点検,教育訓練システム など
作業管理	・製造,品質管理の作業標準書,記録書の完備 ・品質標準書の完備 ・各記録の自己点検 など	・清掃,洗浄 ・作業室立入りの制限 など	・ロット製造,試験記録 ・保存サンプルの調査 ・製造の出荷の可否の決定システム など

〔川村邦夫：良い薬の保証と確保,（日本薬学会編）, p.50 (1980)〕

・製造指図書
・記録類：製造記録,表示・包装に関する記録,保管出納記録,製造衛生管理記録,設備点検記録
・品質管理基準書
・試験検査記録
・その他の製造管理,品質管理に関する書類（手順書類,記録類）

③ 管理組織・責任者の業務　GMPでは,組織上,つぎの責任者および管理組織を完備することが要件となっている。
・医薬品製造管理者
・製造管理責任者
・品質管理責任者

（「GMPの概要」(1), (2), (3) について,表5.10参照）

④ 構造設備　GMPでは,「構造設備規則」（厚生労働省令）で定められた構造設備,およびその他の必要な構造設備を明確にし,これを完備することが求められている。

(2) 新しい薬事制度によるGMP　2002年7月に薬事法が改正され,これに伴い,GMPに関係する項目も改正された。2003年に改正されたおもな点は,つぎのとおりである。

① 委託製造　委託受託製造の範囲が広がることとなる。すなわち
・全面的な委託製造が可能になる（規制緩和の側面）。
・国際的な整合性が図られる。

② 「製造販売（元売）承認」制度　「製造販売（元売）承認」制度が新設され,工場ごとの品目許可制度は廃止される。
・ライセンスホルダー（製造販売所）が,上記①の委託製造先すべての管理責任を負うこととなる。
・製造販売業には総括責任者を置き,製造販売の総括的責任を負う立場をとることとなる。

③ 「製造販売（元売）承認の要件」GMP　GMPは「製造販売（元売）承認の要件」となる。従来,GMPは製造業（GMPIは輸入販売業）の許可要件であったが,新薬事法施行に伴い,自社製造,委託製造を問わず,また,委託先は,国内外を問わず,当局のGMP査察の対象となる。GMPに適合していることが「製造販売（元売）承認」（輸入を含む）の要件となる。

④ 国際的調和　国際的に共通のGMPによって,国内,海外を問わず,同じレベルのGMPが適用され,厚生労働省の査察が行われることとなる。

⑤ 「生物由来製品」の記録の保存期間　「生物由来製品」は,その内容により,記録の保存期間が,製品の有効期間に最長30年を加算した期間に延長される。生物学的製剤は,その由来により,「生物由来製品」とそれ以外に区分される。生物由来製品は,さらに,「特定生物由来製品」,「細胞組織医薬品」,「人血液由来原料製品」など,に区分され,それぞれその由来により,固有の保存期間が定められることとなる。

(3) バリデーションの規定　「バリデーション」は,製造所の構造設備ならびに手順,工程その他の製造管理および品質管理の方法が「期待される結果」を与えることを「検証」し,これを「文書」とすることによって,目的とする品質に適合する医薬品を「恒常的」に製造できるようにすることを目的としている。

バリデーションは，製造設備，プロセスの設計，設置，稼働の第一歩であり，設備，製造プロセス，製造方法，品質試験方法設定のための不可欠な要件である。例えば，「凍結乾燥機にリークのないことの証明」，「蒸留水製造設備の冷却用原水が蒸留水に混入しないことの証明」，「空気差圧管理において差圧（清浄側が陽圧）が，「恒常的」に逆転しないことの「検証」を行い，機器が本来，当然，持つべき「期待」される機能を持ち，その性能を発揮しているように設計・建設・設置・製造され，納入・据付けされ，「恒常的」にその性能を発揮していることを「検証」することが求められる。このような，「期待」内容の明確化から，「恒常的」適合性の「検証」に至る一連の流れが「バリデーション」であり，設備・機器バリデーションとして求められている。

（4）追加あるいは除外規定のあるその他のGMP

① 一部追加事項のあるGMP　つぎに挙げる「GMP」では，「一般的GMP」に対して，品目・用途により，その製品の特性を考慮し，「一般的GMP」に一部を追加し，規定されている：「原薬GMP」，「生物学的製剤等GMP」，「治験薬GMP」，「医療用漢方エキス製剤GMP」，「一般用漢方生薬製剤GMP」，「医療用成形パップ剤GMP」，「コンピュータ使用医薬品等製造所適正管理ガイドライン」

② 部分的に適用が除外されているGMP　つぎに挙げる「GMP」では，「一般的GMP」に対して，品目・用途により，その製品の特性を勘案し，「一般的GMP」から一部が削除されている：「体外診断用医薬品GMP」，「防疫用殺虫剤GMP」

（c）生物学的製剤GMP，バイオ医薬品のGMPと生物工学的側面

（1）生物学的製剤GMP

① WHOの生物学的製剤GMPはつぎの範囲の製品に適用されることとなっている。

・微生物および真核細胞の株の増殖による生成物
・人，動物および植物組織（アレルゲンを含む）からの抽出物
・DNA組換え技術による生成物
・細胞融合技術による生成物
・胚細胞または動物における微生物の増殖による生成物

これらの方法によって製造される生物学的製剤には，アレルゲン，抗原，ワクチン，ホルモン，サイトカイン，酵母，ヒト全血および血漿製剤，免疫血清，免疫グロブリン（モノクローナル抗体を含む），発酵法による製品（組換えDNA製品を含む）および体外診断薬が含まれる。

② 米国FDA生物製剤GMP　米国の「薬事法（ACT）3；CFR 600.3（h）[21]」では，Biological Productとは「ウイルス，血清，毒素，抗毒素および類似の製品でヒトの疾病あるいは傷病の予防，処置，治療に適用されるもの」と定義されている。具体的には，ワクチン，体内アレルギー診断薬，体内DTH診断薬，アレルゲン，血液および血液製剤，イムノグロブリン製剤，細胞（intact cell）あるいは微生物（intact micro-organism）含有製品，細胞培養により生成したタンパク質，ペプタイドあるいは炭水化物（抗生物質，ホルモンを除く），動物の遺伝子操作による動物の体液に由来するもの，動物体液あるいは体液成分由来のものなどがある。これらのバイオ製品には，従来の化学物質のGMPに追加した内容の「GMP」が適用される。

（2）バイオ製品の品質保証上の特徴　バイオ製品のなかには，ワクチンのように古くからあるものと，最新の科学技術の成果によるものとがあり，通常の化学物質からなる医薬品とは異なるところが多い。特に品質の同等性，有効性，安全性の確保の観点からは，できた製品について規定した品質試験を行うだけでは品質を保証するのに不十分であり，下記の事項に留意しなければならない。

・製造のsource（cell）（培地等を含む）の管理と同一性の確認
・製造プロセスとその管理，製造法の変更および精製方法，スケールアップのプロセスの管理
・最終製品の試験，規格適合性
・分子および性状の一致性の確認
・不純物（ウイルス，バクテリア，核酸等を含む）の除去方法とそのバリデーション

（3）ICH原薬GMP　ICH（international conference on harmonization，日米EU医薬品規制整合化国際会議）で合意された原薬GMPでは，細胞培養および発酵製品について，つぎの点について厳密な管理を行うべきことを規定している。

・セルバンクの管理と記録
・細胞培養および発酵のプロセス
・培養液採取，単離，精製の工程

これらの諸事項は，同等性の確保と品質確保の観点から，バイオGMPにおける最も重要な点である。

（4）バイオ製品製造上の留意点：バイオGMPの特徴　バイオ製品のGMPとして代表的なものは，「WHOの生物製剤のGMP」および「米国FDAの規定」である。これらは一般のGMPに追加，補足されるものである。したがって，先に述べた，「一般の医薬品のGMP」が遵守されていることが前提となる。

バイオGMPの追加項目としてつぎの項目などが特に重視される。
- 変更管理
- 製品の同等性，およびプロセスの同等性
- 原材料のトレーサビリティー
- 製品の出荷後のトレーサビリティー
- 温度，経時安定性
- 製造エリアのウイルス，微生物，特に芽胞形成菌の汚染防止，空気遮蔽
- 使用後の機器設備の滅菌
- 動物の飼育，管理
- 製造工程および製品からの排出物による汚染防止（例：生ワクチン製造工程）

（5）バイオ製品の製造プロセス管理のGMP上の要点　バイオ製品では，品質は製造プロセスに依存する部分が多いため，製品の品質の同等性を確保するためには製造プロセスの同等性を確保しなければならない。その第一は，精製プロセスの確立と管理である。

① 精製工程の管理　精製工程の管理の第一歩は，精製工程の設計である。ウイルス，核酸および不純物としての抗原の除去方法を確立し，その方法の強靭性についてバリデーションを行っておかなければならない。精製は通常クロマトグラフィーによって行われるが，設備は専用とし，ライフスパンを規定しておかなければならない。

② 製造工程の管理　培養条件により生成物に変化が起こることがある。培養条件の管理幅とその同等性が保証される条件を明確にしておかなければならない。このためには培養条件の違いによる宿主/ベクターの性質，核酸塩基配列の確認が必要となることもある。

③ 変更，スケールアップ管理　製造法の変更やスケールアップを行うときは生成物（製品）の同等性を証明することが重要である。変更は，意図的なものだけではなく，自然に起きる種菌（seed cell）の変異，培地の性能の違いにも留意する必要がある。

④ 製造工程における汚染防止　汚染防止のためには，設備面，エンジニアリング面，管理面の一般的留意事項に加え，バイオ製品特有の問題として，つぎの点が挙げられ，それぞれの性質に応じた管理が必要となる。
- 動物飼育，使用設備の他の施設からの隔離
- 芽胞形成菌，病原性ウイルスの取扱い室をほかの設備から隔離すること
- 血液，血漿およびこれらをもとにした製品の製造設備等についての注意事項
- 芽胞形成菌の隔離，取扱いについての注意事項
- 生菌，生ウイルスを用いる製品の製造環境の管理（汚染，拡散防止）

以上，医薬品産業におけるGMPのうち，主としてバイオ製品について，生物工学的側面を含めて解説した。要約すると，その内容は科学技術の専門的知見を基礎とし，実地に繰り返し実施した場合にも，同等性がいささかも失われることがないよう，細心の注意を払うことである。このためには，高度な科学的判断力を必要とし，かつ，繰返し作業を行うものであるから，管理および業務に従事する人に対する配慮も必要となる。科学技術的なバックグラウンドと人に対する理解をもって，初めてGMPが生きたものとなる。製造品質の確保の体系を図5.6に示す。GMP実施の前提として，基準をいかに定めるか，が重要である。また，

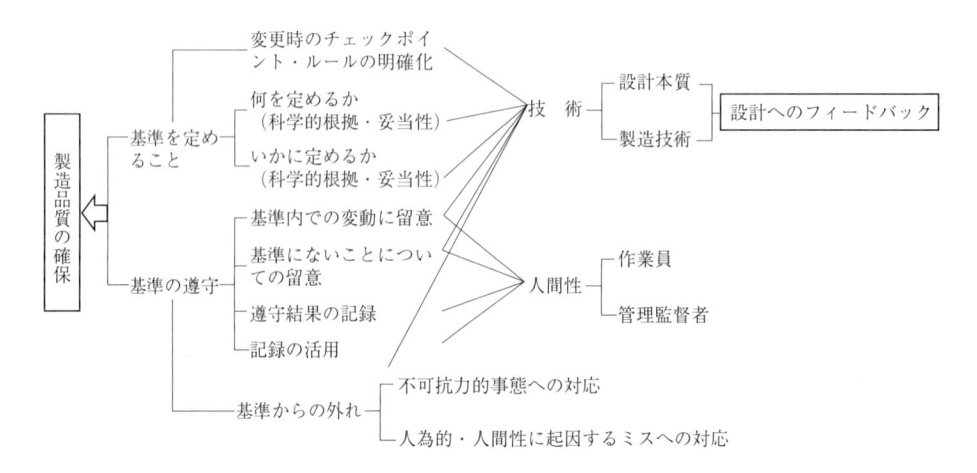

図5.6 製造品質の確保システム体系図〔川村邦夫：改定バリデーション総論，p.17，じほう社（1997）〕

基準の遵守は，当然であるが，基準内での変動，基準に規定されていない異常に対しても留意することも重要である（図5.6参照）。　　　　　　　　　（川村）

5.1.4 殺菌・滅菌工程の保証
〔1〕 食品製造における無菌性の保証

常温で流通，販売する缶・びん詰およびレトルト食品などの密封容器詰食品（以下，缶詰食品と総称する）は加熱殺菌によって保存性を付与している。

缶詰食品の製造方法を図5.7に示す。一般に，缶詰食品は加工または調理した食品を容器に充填，密封後，加熱殺菌を施す。国際的には容器と中身を別々に加熱殺菌し，無菌室で充填，密封する無菌充填缶詰もこの範疇に入る。缶詰食品に施される加熱殺菌は当該食品の"商業的無菌状態"を確保するためのもので完全殺菌（滅菌）を目的としたものではない。

```
原料→調理→詰込みまたは充填→注液→脱気
→密封→殺菌→冷却→打検・荷造り→製品
```

図5.7　缶詰食品の製造方法

わが国の食品衛生法では，pHが4.6または水分活性が0.94を超える容器包装詰加圧加熱殺菌食品には120℃，4分間と同等以上の殺菌効果を有する加熱殺菌を施すことが規定されている。これは食品衛生上ヒトに危害を及ぼすボツリヌス菌を殺滅することを目的としたものである。また，これら容器包装詰加圧加熱殺菌食品の商業的無菌性を調べる方法として細菌試験[28]が規定されている。

（a）**商業的無菌性**　缶詰食品の商業的無菌状態とは"非冷蔵の常温の保存状態において当該食品中に発育し得る微生物が存在しない"ことである。このことは仮に，当該食品が40℃以上の高温に放置された場合や当該食品のpHや水分活性など微生物の発育にもっと好適な条件であれば発育する微生物が存在することがあり得るといえる。しかし，現実には通常の条件であれば当該食品中では発育できないため特に問題にする必要はない。

一般に，缶詰食品に施される加熱殺菌条件（加熱温度・時間）は当該食品の原材料やpHまたは水分活性などにより異なる。通常，pHが4.6を超える製品には100℃以上の高温殺菌が，またpH4.0付近や水分活性の低い製品では100℃以下の低温殺菌が施される。

（b）**細菌試験**　常温で流通，販売する容器包装詰加圧加熱殺菌食品の商業的無菌性を保証するための細菌試験法の概略を図5.8に示す。本試験は当該食品の恒温試験と内容物の培養試験からなっている。まず当該食品を35℃，14日間恒温放置し，容器の外観が膨脹を呈しないこと，また内容物の漏洩が認められないことを確認する。恒温試験中に容器の外観が膨脹を呈したり，内容物の漏洩が認められた当該食品は"陽性"すなわち"商業的無菌性が保持されていない"と判定する。

恒温試験において"陰性"の当該食品についてはつぎに内容物の培養試験を行う。内容物を無菌的に25g採取し，これに滅菌リン酸緩衝液225mlを加え，よく混和する。この1mlを9mlの滅菌リン酸緩衝液に加えよく混和した後1mlずつを5本のTGC培地の底部に接種する。この5本のTGC培地は35℃，48±3時間培養する。培養結果はTGC培地5本すべてに微

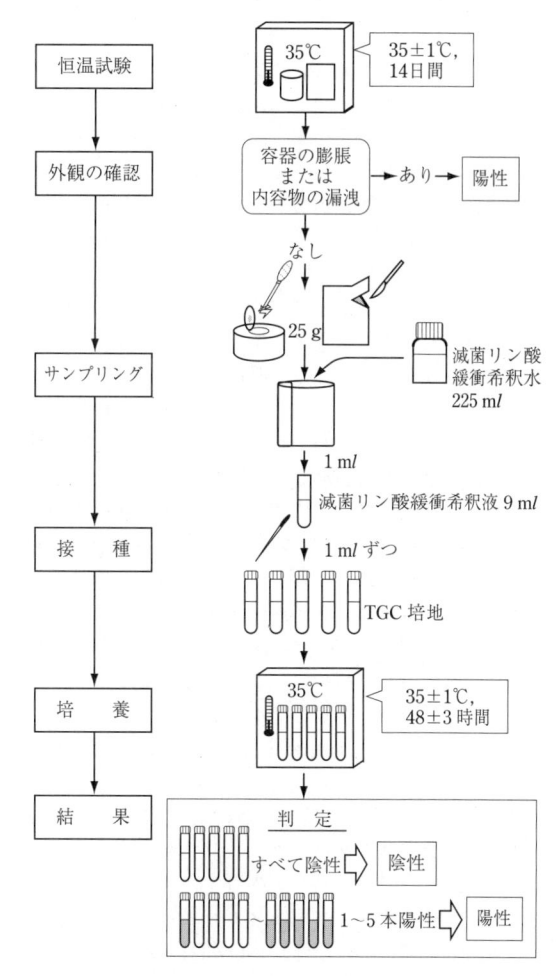

図5.8　細菌試験〔厚生省告示第17号「容器包装詰加圧加熱殺菌食品，1. 成分規格」〕の概要

生物の発育が認められなければ"陰性"と，TGC培地5本のうち1本以上に微生物の発育が認められれば"陽性"と，判定する。

　低温殺菌により製造する缶詰食品の商業的無菌性を調べる方法は特に規定されていない。通常，恒温試験と内容物の生菌数測定により判断する。恒温試験は30℃，14日間から1カ月間行う。恒温試験では容器の外観が膨脹を呈しないこと，また内容物の漏洩が見られないことを確認する。つぎに内容物の生菌数は好気性生菌数と嫌気性ガス産生菌を調べる。生菌数は好気性生菌数が10 cfu未満/10 g，嫌気性ガス産生菌が"陰性/25 g"に管理することが望ましい[29]。　　（駒木）

〔2〕 **医薬・医療器具製造における滅菌工程の保証**

　滅菌工程の保証（滅菌保証）とは対象製品を滅菌し，一定の無菌性保証（SAL）を達成することを指す。SALとして一般的に10^{-6}の要求がある。滅菌バリデーション実施に伴い医療用品の滅菌後の無菌試験は不要とされた。ただし，最終滅菌が不可能な生物製剤などに対しては現在も無菌試験は要求される。

　医療用品の滅菌保証法とは滅菌器内あるいは載荷内の滅菌最困難部位に存在するバイオバーデンの死滅を確認することである。バイオバーデンとは製品内あるいは製品上の生育微生物数のことで，そのなかには抵抗性は入らない（ISO/TC 198規格）[30]。滅菌バリデーションで生物指標菌（BI）が用いられる理由は，その滅菌法に対して最抵抗性を有するBIが死滅した場合，滅菌最困難部位に存在しているバイオバーデンも死滅しているであろうという仮定を想定している。

　BIではなく，バイオバーデン菌を用いて滅菌保証を行う場合は，バイオバーデン数の測定，同定ならびに抵抗性の測定等が要求される[31]。

　滅菌保証達成に関していえば，必ずしも最抵抗性菌であるBIを用いなければならないわけではない。製造現場で検出されるバイオバーデン菌のなかの最抵抗性菌を用いて滅菌保証を達成する絶対バイオバーデン法がある[30]。BI菌を用いて滅菌保証を得る方法としては，後述するBI/バイオバーデン併用法，オーバーキル法ならびにハーフサイクル法がある。

　短い滅菌時間で要求されるSAL達成が可能であれば，滅菌保証と品質保証とを同時に満足させることが容易となる。その目的に一番合致した方法として絶対バイオバーデン法がある。滅菌バリデーション実施に伴い定期的にバイオバーデンの測定が要求される。通常は季節変動を考慮して最低3カ月ごとにバイオバーデンを測定している。ただしISO/TC 198各規格ごとに要求の記載が異なり，記載のない規格もある。滅菌バリデーションを実施していくうえで，バイオバーデンをもとにした絶対バイオバーデン法の採用はオーバーキル法やハーフサイクル法より短い時間で満足できるSALの達成を容易にさせる。実際，滅菌後の製品の品質保証の確保を容易にさせるため，絶対バイオバーデン法を採用する製薬会社もある[31]。

　それでは具体的に滅菌バリデーション/滅菌保証方法の実施をいかに行うかというと，滅菌器内/滅菌器内にある製品内にBIと物理センサーを近傍にバリデートされた数を設置し，適当な部分生残時間滅菌し，菌の死滅が見られない滅菌最困難部位を数箇所特定して部分生残法でD値を計算する[30]。滅菌最困難部位に設置されたBIの全死滅から製品の全バイオバーデン菌の全死滅の推定が可能となる。それゆえ滅菌バリデーションとは，滅菌器内ならびに製品内に存在する滅菌最困難部位を再現よく同定し，それらの滅菌最困難部位に設置されたBIの全死滅が再現よく確認可能な科学的根拠を求めることといえる。滅菌器内あるいは滅菌器内の載荷内の滅菌最困難部位は単数とは限らない。日常管理ではバリデーションで決定された載荷条件を再現させ，滅菌困難部位にBIを集中的に設置し，BIの死滅で滅菌保証が確認され，製品の出荷が可能となる。

　滅菌最困難部位にペーパーストリップ型BIを設置することが困難な場合が考えられる。その場合にはBI菌あるいはバイオバーデン菌の最抵抗性菌の懸濁液を滅菌最困難部位に直接塗布する接種法の採用も可能である[32]。

　医療機器の滅菌法としては，放射線滅菌，高圧蒸気滅菌ならびにエチレンオキサイドガス（EOG）滅菌が主として実施されている。EOGの残留毒性が懸念されるため[33]滅菌法の主流は放射線滅菌に移行し，電子線滅菌も多用されるようになっている。

　菌の死滅はおおむね一次反応式に従い，得られる生残曲線はおおむね直線となる[34]。例外として，ショルダーを示す場合やテーリングを示す場合があり，これらの場合のD値は直線的な生残曲線を示す菌より高くなる[34]。

　微生物は滅菌量の増加に伴って死滅し，限りなく減少していくが，決して全死滅したとはいえない。菌の死滅は確率論で議論されるためSALという概念が導入された。SAL 10^{-6}が一般に要求される値で，それは限りなくゼロに近い一番大きな値であるという考えに由来する（ISO 11137）[30], [32]。

　以下に医療機器の滅菌保証法について具体的に詳述する。

（a）　放射線滅菌における滅菌条件の設定

（1）　ISO 11137付属書Bの方法1[30]　　各ロット当

り10製品以上を用い，計3ロットで最低30個の製品の平均バイオバーデンを求め，平均バイオバーデンに対する検定線量（方法1の表1でのSAL 10^{-2} 達成に要する照射線量）を製品100個に照射し，無菌試験後の陽性数が2個以下の場合に合格とされ，SAL 10^{-6} に相当する滅菌線量を製品に照射する[30]。それ以降3カ月ごとに監査を行う。監査の場合，1ロットの製品から最低10個の製品のバイオバーデンを測定し，滅菌線量を決定したときの検定線量ならびに滅菌線量をISO 11137の付属書Bの表1に沿って評価する。

（2）ISO 11137付属書Bの方法2[31]　本方法はバイオバーデン測定を必要とせずに滅菌線量が設定できる。通常は2 kGy間隔で2〜18 kGyまで（20個/照射線量）段階的に照射する一種の生残曲線法的な滅菌方法である。これを通常3回繰り返す。

一般的に方法1に比べ本方法を用いた場合は比較的低線量で滅菌保証達成が可能となる。しかしバリデーションで本法を用いた場合は640個以上の試料を要するため敬遠されがちであるが，その後の監査ではバリデーション時より少ない試料数でよい[30]。

重要なことは同じバイオバーデン数を有する医療機器の滅菌保証達成に際し，方法論（この場合方法1と方法2）の相違で照射線量が異なることで，方法2のほうが滅菌線量は少なくてすむ。両方法での滅菌線量の乖離(かいり)については将来的に解決される必要がある。

また現在の医療機器の滅菌の主流は放射線滅菌法であるが，放射線滅菌の場合は素材の劣化などが懸念され[35]，ISO 11137 Aにも記述が見られる[30]。

放射線滅菌を用いる滅菌保証方法には上記以外の方法論がある。それらは文献[32]を参照されたい。

（b）**高圧蒸気滅菌における滅菌条件の設定**

（1）オーバーキル法　一般的には初期菌数 10^6 cfu/担体のBIを用いSAL 10^{-6} を達成する方法をいう。計算式は，滅菌時間 = D 値 × $\log N/N_0$ で，N は初期菌数，N_0 はSAL，D 値は滅菌器内/滅菌器内の載荷内の滅菌最困難部位でのBI（*Geobacillus stearothermophilus* ATCC 7953あるいは12980）[30]の抵抗値を意味する。オーバーキル法での滅菌時間は通常12D 時間が多いが，SALが 10^{-3}，10^{-12} の場合にはそれぞれ9D ならびに18D 時間となる。オーバーキル法は素材が耐熱性であれば高圧蒸気滅菌にも適用は可能であり，ISO 11134 A.6.3.1（高圧蒸気滅菌）にはオーバーキル法の記述が認められる[30]。

（2）絶対バイオバーデン法　絶対バイオバーデン法での滅菌保証法は，プラントでのバイオバーデンの抵抗性を測定し，最抵抗性バイオバーデン菌をBI菌の代わりに用い，初期菌数を平均バイオバーデン数 + 3標準偏差（SD）としてBIを自作し，SALを 10^{-6} とし，最滅菌困難部位をバリデーションで同定し，その部位に置かれたバイオバーデン菌から作成されたBIの全死滅から滅菌保証を達成する。耐熱性の少ない医薬品製造の際に，最終滅菌として高圧蒸気滅菌を用いる場合の滅菌保証法として実用されている[31]。

絶対バイオバーデン法は滅菌保証と品質保証との同時達成が一番容易な方法で，10^0〜10^1 cfu/担体の低バイオバーデンレベルに維持されている現在のプラント内で製造された製品の滅菌保証を得るのに一番適した方法と考える[31]。SALを 10^{-6} とした場合，前者では6D，後者では7D 時間の滅菌時間でよいし，D 値そのものがBI菌の場合よりはるかに小さい[31]。121.1℃でのBIの D 値を1.5〜2.5分とした場合，バイオバーデンのそれは一番高くて0.02分である[31]。

ところで高圧蒸気滅菌の場合にバイオバーデンとしてほとんど存在しない *G. stearothermophilus* をBI菌として用いるのは実際的ではないと考える。同時にBIの定義では，その滅菌法での最抵抗性菌を用いることになっているが[30]，その定義に忠実に従うならば高圧蒸気滅菌のBI菌は *G. stearothermophilus* ではなく *C. thermosaccharolyticum* となる[36]。ただし *C. thermosaccharolyticum* や *G. stearothermophilus* がバイオバーデンとして存在する確率は皆無に等しい。バイオバーデンとして実在の可能性が皆無で，菌数も非現実的な 10^6 cfu/担体を使用する要求は過度すぎる要求と考える。なぜならば製造プラントで検出されるバイオバーデン数が 10^0〜10^1 cfu/製品であることと，10^2 cfu/製品以上の汚染菌の存在をGMPが容認していないことをと同時に勘案した場合，過度な滅菌保証の要求は品質保証を損なうことのリスクのほうが大きい。

（3）BI/バイオバーデン併用法　高圧蒸気滅菌において本法を用いて滅菌保証を行う場合，バイオバーデン数を測定し，その初期菌数は絶対バイオバーデン法の場合と同様に平均バイオバーデン + 3 SD とする。ロット当りの試験数については絶対バイオバーデン法と同様ISO規格間で要求が異なる[30]が10個以上/ロットが必要とされる。

BI/バイオバーデン併用法では平均バイオバーデン + 3 SD の初期菌数のBI菌（高圧蒸気滅菌の場合 *G. stearothermophilus* ATCC 7953あるいは12980，後者のほうが a_w = 1 での湿熱滅菌での抵抗性が高い）を用いてBIを自作する。ただし，本法の場合は初期菌数として平均バイオバーデン + 3 SD より菌数は多いが 10^3 cfu/担体の市販BIを用いてもよいとされている（ISO 14161）[30]。10^3 cfu/担体以下の市販BIの使用は認められない（ISO 14161）[30]。

(c) エチレンオキサイドガス（EOG）滅菌における滅菌条件の設定

（1）ハーフサイクル法　バリデーションで初期菌数 10^6 cfu/担体の BI を用い，それが全部死滅した時間（ハーフサイクルウインドウは SAL $10^0 \sim 10^{-2}$）の2倍時間滅菌する方法をいう（ISO 11135 B.4.3）[30]。本滅菌方法はオーバーキル法の場合よりさらに過度に長時間の滅菌時間（通常 $12D \sim 16D$ 時間以上）が要求されるため，一般的には滅菌に伴う素材劣化が比較的少ない EOG 滅菌にのみ適用される。ISO/TC 198 規格でも本法の記載が認められるのも ISO 11135 B.4.3（EOG 滅菌）のみである[30]。EOG 滅菌での素材の劣化は比較的少ないが，アルキル化剤であるため素材の親水性基と反応して品質を変性させる可能性はある。アルキル化反応は活性化エネルギーの順位から核酸でおもに起こり，それがおもな滅菌機序となる。

滅菌器内の EOG 量測定では GC 法ならびに IR 法がおもに用いられるが（ISO 11135）[30]，ISO 10993-7 での EOG 測定の記載では，37度，24時間の水抽出が容認されている。水抽出の場合の抽出量は有機溶媒（例えばアセトンあるいはエタノール）での抽出量に比べ少ない可能性が考えられる[33]。

（2）絶対バイオバーデン法の変法[30]　EOG 滅菌の場合の併用法の要求事項はバイオバーデン数が 10^2 cfu/担体未満あるいは 10^2 cfu/担体以上で異なる（ISO 11135 B.4）[30]。

10^2 cfu/担体未満の場合は，BI のラベル D 値を用いそれを $1.5 \sim 2$ 倍する[30]。一般的な SAL は 10^{-6} であるので例えばバイオバーデンが 99 cfu/担体の場合滅菌時間は約 $8D \times (1.5 \sim 2)$ となり，約 $12D \sim 16D$ 時間の滅菌となる。一方，10^2 cfu/担体以上の場合はバイオバーデン菌の抵抗値が BI（*B. atrophaeus* ATCC 9372）より高い場合はバイオバーデン菌を用い，低い場合は BI を用いる。

一般的にプラントで見られるバイオバーデン菌は *B. atrophaeus* あるいは *B. subtilis* が多いので[31] EOG 滅菌の場合は最抵抗性バイオバーデン菌の抵抗値は BI のそれと等しいかそれ以下となる[31]（通常それ以下の場合が多い）。10^2 cfu/担体以上の場合，例えばバイオバーデンを 10^3 cfu/担体としたときの滅菌時間は $9D$ となる（この場合の SAL は 10^{-6}）。この場合の D 値は滅菌最困難部位で得られる D 値を使用する。通常許容されているバイオバーデン数は 10^2 cfu/担体以下であり，10^2 cfu/担体以上は実際には容認されていないためバイオバーデン数 10^2 cfu/担体未満の場合の $12D \sim 16D$ 滅菌時間が一般に使用されることになる。

（3）BI/バイオバーデン併用法　高圧蒸気滅菌のB-3に記述した内容に準じる。　　　　　（新谷）

5.1.5　バイオ医薬品に関する規制基準

（a）医薬品の規制に関する法体系　医薬品に関するすべての規制や基準は，ほかの法体系と同様，法律（薬事法）と政令，省令，告示および通知により成り立っている。

法律　薬事法
政令　薬事法施行令
省令　薬事法施行規則
告示　（日本薬局方などの告示）
通知　医薬局長通知・課長通知など

「薬事法」には医薬品の規制に関する根幹的な事項が定められ，薬事法を施行するために必要な事項が「薬事法施行令」に定められている。薬事法の規定を受け，実際に医薬品を開発し販売するために遵守しなければならない規則や基準・規定については「厚生労働省令」で規定され，その細目については「告示」（日本薬局方など）や厚生労働省医薬局長通知・課長通知（指針・ガイドラインなど）の形で発令される。

厚生労働省令には多くの規則が定められているが，特にバイオ医薬品が関連するおもなものとしては，つぎのような省令がある。

・生物学的製剤製造規則
・医薬品の安全性に関する非臨床試験の実施に関する省令（GLP）
・医薬品の臨床試験の実施に関する省令（GCP）
・医薬品の製造管理および品質管理規則（GMP）
・医薬品の市販後調査に関する省令（GPMSP）

薬事法は昭和35年に制定されて以来10数回の一部改正が行われたが，そのうち医薬品の研究開発に関しては下記のような制定や薬事法改正が行われている。

昭和35年　現行薬事法の制定
昭和42年　医薬品製造承認制度（承認の基本方針）
昭和49年　GMP 制定（昭和51年実施）
昭和54年　再評価再審査制度，GMP 制度の法制化
昭和57年　GLP 制定（昭和58年実施）
昭和58年　海外製薬企業からの直接承認申請制度
平成　1年　GCP 制定
平成　3年　GPMSP 制定
平成　5年　オーファンドラッグ制度の導入
平成　8年　GCP・GPMSP 法制化など
平成12年　省庁の再編成に伴う改正
平成14年　薬事法の抜本的改定。製造承認から販売承認制など

このなかで，平成14年7月に行われた薬事法改正は，従来の一部改正と異なり，21世紀の薬事行政の

方向を示す抜本的な改定となった。この大幅な改正が行われた背景には，バイオテクノロジーや医療機器の飛躍的な発展があり高度な医療機器に対応できる体制が求められたこと，ゲノム情報を利用した医薬品の安全性の確保，さらには再生医療を含む先端医科学に即応できる体制の整備が必要になったこと，また，ICH（薬事規制の調和に関する国際会議）が進展し薬事法も国際化に順応できる法体系が求められてきたことなどがある。平成14年の改正では，昭和42年以来守られてきた「製造承認制度」から「販売承認制度」に改正され，医薬品会社が承認申請する際に自社で新薬を製造する必要がなくなり，外注生産が可能になった。

（b） 医薬品の研究開発における規制・基準　医薬品の研究開発から承認されるまでのプロセスとそれにかかわる規制を**図5.9**に示す。また，各プロセスの結果が医薬品の申請資料のどの部分に利用されるのかを示した。医薬品の候補化合物を見出すためには，開発対象となる疾患について標的分子を探索し，見出された疾患の標的分子に作用する化合物のスクリーニングが行われ候補化合物が選択される。選択された候補化合物は，実験動物を使った非臨床試験で有効性や安全性の研究が行われ，さらに，薬物動態試験や安全性試験，有効性試験などを参考に医薬品としての最適化が図られる。また，投与方法などを考慮して製剤化研究が行われる。バイオ医薬品の場合，非臨床試験を開始するにはある程度の量を製造する必要があり，まず製造方法の研究から始められるケースも多い。

非臨床試験では，試験の「科学的な品質」を担保するために，いくつかの基準やガイドライン，指針が定められている。毒性試験については，GLPを遵守して試験することが義務づけられ，薬物動態や薬物相互作用，安定性試験などについてもそれぞれの指針やガイドラインに従って実施することが求められている。

厚生労働省令で定められている医薬品の製造と開発に関する規則（基準）としては，「GXP」と呼ばれるつぎのような規則がある。

（1）**医薬品の安全性に関する非臨床試験の実施の基準**（Good Laboratory Practice：GLP）　安全性にかかわる毒性試験を実施する場合の試験の質の確保を図ることを目的として規定されたもので，「信頼性保証部門」の設置を義務づけたほか，試験施設や機器などハード面での基準や，動物の飼育管理方法，動

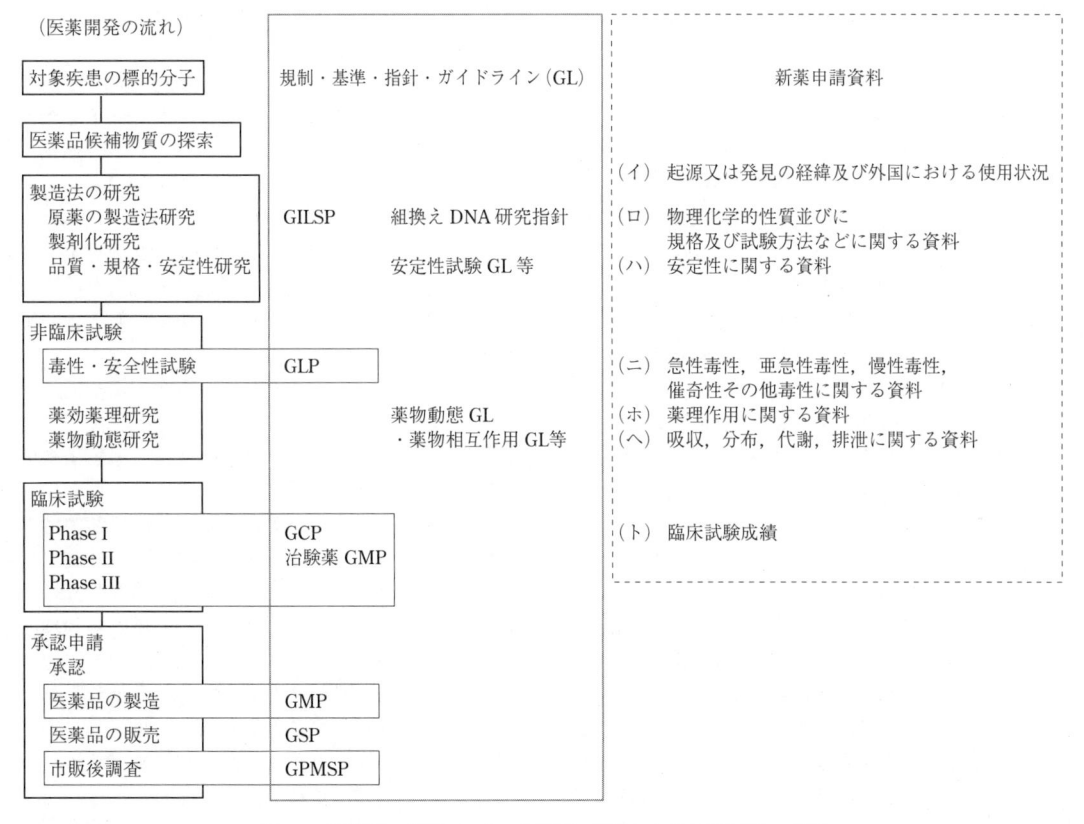

図5.9 医薬品の開発プロセスと規制・基準および申請資料との関係

物の取扱い方法，実験実施の方法などソフト面での基準が示されている．

（2）医薬品の臨床試験の実施の基準（Good Clinical Practice：GCP）　動物で安全性と有効性が確かめられた新規薬剤は，ヒトを対象に試験を実施する．これを治験（臨床試験）と呼んでいる．治験には健常人を対象に薬物動態や安全性を調べる試験（Phase I），薬の有効性を調べる探査的試験（E-Phase II），薬の投与方法等を調べる用量反応試験（L-Phase II），多くの患者を対象に有効性や安全性を確認する検証的試験（Phase III）があり，さらに，薬剤の特性に応じて，特殊な疾患（腎臓や肝臓疾患など）を有する人や老人，小児を対象に行う試験などが行われる．これらの試験を倫理的にも科学的にも適正に治験が行われるよう，省令で遵守すべき規準を示している．この基準をGCPと呼んでいる．GCPでは，倫理面においては被験者の人権を守るための条項や同意書の取り方の基準が示され，治験の契約方法や治験の実施方法，治験の責任体制や治験薬の交付，治験の実施状況の把握方法（モニタリング）など細かく規定されている．

治験を実施する際には，厚生労働省に治験の実施を届け出ることが薬事法と省令により義務づけされており，この制度を「治験の届出制度」と呼んでいる．

臨床試験の評価を科学的に適切に行うために，一般的臨床評価ガイドラインや統計解析ガイドライン，高齢者ガイドラインなどの一般的な評価ガイドラインが定められており，さらに，抗生物質や鎮痛消炎剤，抗狭心症薬，抗不整脈治療薬など薬効別に臨床試験の成績を評価するガイドラインが定められており，ガイドラインに従った評価を行うことが求められている．

（3）医薬品の製造管理および品質管理規則（Good Manufacturing Practice：GMP）　GMPについては，5.1.3項で詳細に記載されているため，ここでは説明を割愛するが，臨床試験には，治験薬GMPで製造された薬剤を用いること，販売する医薬品を製造するためにはGMPに準拠した方法で製造，管理し，品質を保証しなければならない．

（4）医薬品の市販後調査の基準（Good Post-Marketing Surveillance Practice：GPMSP）　新薬開発が承認されるまでにはPhase I～Phase IIIまで多くの臨床試験を実施するがその症例数は限られている．そのため，薬の安全性を確保するためにはさらに多くのケースについて安全性について調査することが必要である．市販される新規医薬品には「一般医療用医薬品添付文書および使用上の注意」が添付されている．添付文書情報および使用上の注意に従って使用されるが，臨床試験で見出されなかった副作用が出る可能性がある．そのため，新医薬品の販売が承認された後に，多くの症例について安全性の調査を行うことが義務づけられている．この調査を実施する際に定められた基準が「医薬品の市販後調査の基準（GPMSP）」である．少数例の臨床試験では見出せなかった副作用が多数の患者に投与するこの調査段階で見出される例は多く，安全性確保には欠かせない調査となっている．副作用が見出された場合には，ただちに厚生労働省に届け出るとともに使用者に注意を促す情報を適切に通知する必要がある．この制度が「医薬品等安全性情報報告制度」である．その他，医薬品の販売に関する基準としてGSPがある．

（5）ガイドラインや指針　医薬品の承認申請を行う場合，図5.9に示した（イ）～（ト）の資料が必要である．先に述べたようにこの資料のうち毒性試験など安全性にかかわる非臨床試験はすべてGLPを遵守して実施された試験結果のみが有効で，治験薬GMPで製造された薬剤を用いてGCPを遵守して実施された治験結果のみが審査の対象となる．申請のためにはGLP，GCP，GMPを遵守した試験が必要であるが，これらの規則以外についても指針・ガイドラインが示されており，それらに従った試験を行う必要がある．そのいくつかを紹介する．

① 「ヒトゲノム・遺伝子解析研究に関する倫理指針」（平成13年3月29日）　薬の標的分子を探索する場合，ヒトゲノムや遺伝子を解析し，その成果を利用して創薬する方法（ゲノム創薬）が多く用いられる．また，安全性や有効性の高い薬を開発するために遺伝子の発現情報や一塩基多型（SNPs）を解析する必要がある．このようなケースでは通常の検査とは異なり患者の血液や組織から遺伝子など患者の個人情報を取り扱うため，プライバシーの保護など倫理面に十分な配慮が必要である．そのため，ヒトゲノムや遺伝子解析を伴う研究が適正に行われるよう厚生労働省・文部科学省・経済産業省より「ヒトゲノム・遺伝子解析研究に関する倫理指針」が定められている．さらに遺伝子検査を行う7学会・1研究会では「遺伝学的検査に関するガイドライン」が，また，検査受託機関（日本衛生検査所協会）からは「ヒト遺伝子検査受託に関する倫理指針」が出され，おのおのの立場から倫理的な配慮を行う努力が払われている．

後述するICHの進展や，薬理ゲノム学やトキシコゲノミクスが発展したことを背景に，医薬品の安定性試験や薬物動態や相互作用に関するガイドラインが改訂もしくは新規に出されている．

② 「安定性試験ガイドライン」（平成13年5月課長

通知）医薬品の安全性を調べる試験についてICHのガイドライン（平成11年4月）合意により，この通知が本通知として示された．

③「医薬品の薬物動態試験について」（平成13年6月）　平成4年の薬物動態試験ガイドラインについて，遺伝子多型により薬物動態が異なることが予想される場合には遺伝子多型を考慮するよう改定された．

④「薬物相互作用の検討方法について」（平成13年6月）　相互作用に関する遺伝子多型から薬物相互作用の発現を予測し臨床検査を実施するよう基本的な考え方を示したガイドラインが設定された．

⑤「安全性薬理試験ガイドライン」（平成13年6月）　ICH合意に基づき，安全性に関する薬理試験のガイドラインが設定された．

（c）バイオ医薬品に特有な規制・基準　ここでは「バイオ医薬品」の定義を「バイオテクノロジー応用医薬品と生物起源由来医薬品」に限定し，それに特有な規制について述べる．

バイオ医薬品に関する規制については，（財）ヒューマンサイエンス振興財団（規制基準委員会）がバイオ医薬品に関する関連通知の一覧をホームページ上に掲載している〔http://www.jhsf.or.jp〕．

バイオ医薬品に対する規制は，大きく分けて（1）製造原料の品質にかかわる規制，（2）バイオ医薬品の製造法にかかわる規制，（3）バイオ医薬品の試験方法や評価に関する基準，の三つに分けられる．

（1）**製造原料の品質にかかわる規制**　バイオ医薬品には，ヒトまたは動物由来成分を原料として製造される医薬品が含まれる．ヒトまたは動物由来成分については，古くは血液製剤に含まれる肝炎ウイルスやエイズウイルスなどのウイルスが輸血の中に含まれ感染が重大な問題に発展した．最近では，欧州で発生した狂牛病（BSE）が問題になり，医薬品や化粧品などの原料に含まれる動物由来の成分が社会問題になった．これらは，事件が発生するたびに安全性を確保するための規制（「ヒト又は動物由来成分を原料として製造される医薬品等の品質および安全性確保について」）が設けられてきた．

（2）**バイオ医薬品の製造法にかかわる規制**　組換えDNA技術により生体内の微量成分が大量に生産できるようになり，それを医薬として利用できるようになった．ヒトの遺伝子を大腸菌など異種の宿主で発現させタンパクを生産する場合，「組換えDNA実験指針」に基づいて研究を行い，GILSP（Good Industrial Large Scale Practice）に準拠した方法で製造しなければならない．組換えDNA技術を応用して，ヒト型の成長ホルモンやインターフェロン，インターロイキン-2，エリスロポエチンなど数多くのバイオ医薬品が開発されるようになり，それに伴い，昭和59年にはバイオ医薬品を新薬として承認申請する場合にどのような資料を提出しなければならないのかを示す基準「組換えDNA技術応用医薬品の承認申請に必要な添付資料」が示された．また昭和61年には，バイオ医薬品の品質を確保するための方法——遺伝子や生産細胞の管理，安全性を確保するバイオ医薬品の製造方法などを定めた「組換えDNA応用医薬品の製造のための指針」が制定された．

さらに，高等動物などの培養技術が開発されるとともに，生産宿主が大腸菌など微生物から高等動物の細胞にまで応用されるようになり，「細胞培養技術を応用した医薬品の製造指針」や申請資料などについてのガイドラインが出された．

遺伝子欠損症による重篤な病気に対して欠損する遺伝子を体内に適当なベクターで組み込み，疾患の治療を行う遺伝子治療が可能になると，遺伝子治療に用いる遺伝子やベクターの品質，さらには安全性に関する問題が新たに提起されるようになった．そのため，品質については「遺伝子治療医薬品の品質および安全性の確保に関する指針」（平成7年11月），臨床研究には「遺伝子治療臨床研究に関する指針」（平成13年3月）が出された．

重篤な熱傷や血管梗塞を人工的に合成された皮膚やパイプを利用して治療してきたが，自家（または他家）皮膚や血管組織をあらかじめ培養して造っておき，その組織を移植する再生医療が可能になってきた．先行する米国では，CGTP（Current Good Tissue Practice for Manufacture of Human Cellular and Tissue-Based Products）が制定され移植利用する組織や器官の品質や安全性を示しているが，日本ではGTPを定めることなく現行の薬事法のなかで規制していくことになっている．再生医療に使用する細胞や組織の製造方法に関して品質や安全性を確保するために，二つのガイドライン「細胞・組織を利用した医療用具または医薬品の安全確保について」（平成11年7月）および「細胞組織医薬品および細胞組織医療用具に関する取扱いについて」（平成13年3月）が示されている（詳細は，平成15年3月（財）ヒューマンサイエンス振興財団発行HSレポートNo.40規制動向調査報告書「再生医療の進展と規制動向」を参考にされたい）．

（3）**バイオ医薬品の試験方法や評価に関する基準**　バイオ医薬品の原料や製造方法にかかわる試験法や評価方法についていくつかの指針やガイドラインが出されている．ヒトまたは動物細胞を利用してバイオ医薬品を製造する場合，ウイルスの混入などの安全性が

問題になるが，安全性評価については，平成12年12月「ヒト又は動物細胞株を用いて製造されるバイオテクノロジー応用医薬品のウイルス安全性評価について」が出され，ウイルスの安全性評価についての標準的な方法が示された。

非臨床試験についてもバイオ医薬品は一般医薬品と試験方法や考え方が大きく異なる。インターフェロンなどサイトカインやホルモンなどバイオ医薬品の多くは種特異性が高く一般の医薬品で用いた安全性試験や有効性試験が適切でない場合が多い。例えばヒトのインターフェロンを動物で実験すると実験動物にとっては異種タンパクであるためそのもの自体で毒性を示す。また，有効性についても実験動物のためのインターフェロンを作製しない限りヒト型のものを使っても作用が見られない場合がある。そのため，バイオ医薬品の非臨床試験を適切に評価するためのルールが必要になる。そのため安全性評価についてガイドラインとして「バイオテクノロジー応用医薬品の非臨床試験における安全性評価について」が出され，安全性試験における動物種やモデルの選択方法，医薬の投与経路や投与量，薬物動態試験法など一般的な原則と基準が示された。

ICHの合意が進むにつれ，国際的に統一した方法で生産され，評価されることが重要になってきたため，ICHに基づくガイドラインの制定や改訂も示されてきた。安定性試験については平成6年に「生物医薬品の安定性試験について」，また，品質の確保を図る重要な項目である分析法についても「組換えDNAを応用したタンパク質生産に用いる遺伝子発現の分析について」，また製造用基材の由来や調製法の標準的方法として「生物医薬品（バイオテクノロジー応用医薬品/生物起源由来医薬品）製造用細胞基材の由来，調製及び特性解析」（平成12年7月）が出されている。

（d） 国際的な調和：ICH バイオ製品を含む医薬品に関する規制基準に関連する事項にICHがある。ICHの正式名は，"International Conference on Harmonization of Technical Requirements for Registration of Pharmaceuticals for Human Use"といい，薬事規制のハーモナイゼーションに関する国際会議である。このなかで，医薬品の品質に関しても国際的な協議がなされ，医薬品開発における種々のガイドラインが策定されている。ICHは医薬品の国際化に伴い，これまで申請各国でまちまちであった医薬品の許認可に関する技術要件を調和させるため，日米EU3極の規制当局と製薬業界の共同プロジェクトとして1990年に設立された。その目的は，医薬品の規制当局による承認審査資料のハーモナイゼーションを図

ることにより，非臨床試験や臨床試験データの国際的な相互受入れを実現し，新薬の研究開発の促進，承認審査の迅速化，患者への新薬の早期の提供を可能にすることである。これまでに5回の全体会議が以下のように3極で順次開催されてきた。

　第1回（ICH-1）1991年11月ベルギー・ブリュッセル
　第2回（ICH-2）1993年10月米国・オーランド
　第3回（ICH-3）1995年11月日本・横浜
　第4回（ICH-4）1997年7月ベルギー・ブリュッセル
　第5回（ICH-5）2000年11月米国・サンディエゴ
　第6回（ICH-6）2003年11月日本・大阪

ICHには，日米EU3極の規制当局と製薬業界の計6団体が参加している。日本からは，日本製薬工業協会（JPMA），厚生労働省（MHLW），米国からは，米国製薬協（PhRMA），食品医薬品局（FDA），EUからは，EU製薬団体連合会（EFPIA），欧州政府（EU）が参加し，このほかにオブザーバーとして，WHOやカナダなど日米EU以外の国々が参加している。討議されるトピックには，品質（Quality），安全性（Safety），有効性（Efficacy）のほか，規制情報伝達（Multi-disciplinary）の各セッションがある。検討されるトピックについては運営委員会で承認されたのち，専門家ワーキンググループに諮られ，ガイドラインの作成が開始される。協議の進展度合いはStepで表され，ガイドライン案が協議されている状態がStep 1，運営委員会による案の検討承認と，3極の規制当局による当該地域での案の意見収集状態がStep 2，その結果に基づき，ガイドライン案を訂正されるのがStep 3である。その後，3極の調和ガイドラインの検討・承認（Step 4）を経て，当該地域における規制に反映され（Step 5），作業が完了となる。これまでに討議されてきたトピックは50を超えている。そのうち半分以上は最終合意（Step 4以上）に達しており，合意された内容がガイドラインとして公表され，各国・地域の国内規制に取り込まれている。

バイオ医薬品に関しても多くのガイドラインが策定されているが，製造する面から特に重要なものは，品質（Quality）セッションのなかの「バイオテクノロジー応用医薬品の品質」に関するものであり，課題の番号ではQ5A～Q5D，Q6B，Q7Aに相当する。各トピックの番号，ガイドライン名，国内通知日を**表5.11**にまとめた。

ガイドラインの名称に見られるように，バイオ医薬品の製造に使用される遺伝子発現構成体，製造用細胞株の由来，調製，特性解析や，細胞培養，目的タンパク質の分離・精製段階での製法，種々の分析試験，および最終製品の規格・試験に関して準拠すべき規定が

表5.11 ICHで検討されたバイオ医薬の品質に関するガイドライン

トピック	ガイドライン名	国内通知日
Q5A	ヒト又は動物細胞株を用いて製造されるバイオテクノロジー応用医薬品のウイルス安全性評価について	平成12年 2月22日
Q5B	組換えDNA技術を応用したタンパク質生産に用いる細胞中の遺伝子発現構成体の分析について	平成10年 1月 6日
Q5C	生物薬品（バイオテクノロジー応用医薬品/生物起源由来医薬品）の安定性試験について	平成10年 1月 6日
Q5D	生物薬品（バイオテクノロジー応用医薬品/生物起源由来医薬品）製造用細胞基材の由来，調製及び特性解析について	平成12年 7月14日
Q6B	生物薬品（バイオテクノロジー応用医薬品/生物起源由来医薬品）の規格及び試験方法の設定について	平成13年 5月 1日
Q7A	原薬GMPのガイドラインについて	平成13年11月 2日

詳細に示されている。したがって，バイオ医薬品の新規開発にあたっては，製造方法の研究開発の段階から要求される品質を保証するため，これらのガイドラインに沿った製造法さらには規格・試験方法を設定する必要がある。

さらにICH-4以降，規制情報伝達のセッションのなかで，各規制当局に提出する申請資料の様式等を統一するための国際共通化資料（Common Technical Document：CTD）と呼ばれる作業（課題番号M4）も進められていたが，ICH-5で最終合意に達した。これを受け，平成13年6月21日に，厚生労働省医薬局審査管理課長発でCTD作成要領に関するガイドライン「新医薬品の製造又は輸入の承認申請に際し添付すべき資料の作成要領について」（医薬審発第899号）が発出され，平成15年7月からCTD作成が義務化されることになった。合意されたCTD申請資料の概括資料（第2部）のなかで，医薬品の品質に関する情報を記載する部分にも新たに要求される事項が含まれることになった。　　　　　　　　　　（蔭山，光島）

引用・参考文献

1) 米虫節夫：防菌防黴誌, **31**, 245-256 (2003).
2) 細谷克也編著，西野武彦著：超簡単! ISO 9001の構築, pp. 7-8, 日科技連出版 (2003).
3) 日本適合性認定協会編（編者代表 大坪孝至）：適合性評価ハンドブック, 日科技連出版 (2002).
4) 矢野友三郎：ISOを理解するための50の原則, 日科技連出版 (2000).
5) 米虫節夫：標準化と品質管理, **55** (11), 13-18 (2002).
6) 田中信正：National advisory committee on microbiological criteria for food, 日本食品微生物学会誌, **14**, 203-216 (1998).
7) 米虫節夫，松尾佑子，角野久史，冨島邦雄：日本防菌防黴学会第28回年次大会要旨集, 60 (2001).
8) 米虫節夫，上野武美，土井恭三，藤田藤樹夫：平成8年度大阪品質管理大会報文集, 189-194 (1996).
9) 米虫節夫：環境管理技術, **14**, 198-205, (1996).
10) 米虫節夫：月刊HACCP, **3** (3), 71-82, (4), 54-59, (1997).
11) 米虫節夫，角野久史，冨島邦雄編著（細谷克也監修）：こうすればHACCPシステムが実践できる（HACCP実践講座3）, p. 319, 日科技連出版 (2000).
12) Codex Alimentarius Basic Text: Recomended International Code of Practice General Principles of Food Hygiene（食品衛生一般原則の実践に関する勧告国際規約）第三改正 (1997), 日本品質保証機構ISO審査本部 (1999).
13) 岩田修二：日本防菌防黴学会 微生物制御システム研究部会例会資料 (2003).
14) 米虫節夫：月刊食品工場長, 1月号, 16-17 (2002).
15) 米虫節夫：月刊食品工場長, 12月号, 12-13 (2001).
16) 日本規格協会普及事業部海外規格課：ISO 15161「ISO 9001:2000の食品・飲料産業への適用に関する指針」英和対訳版 (2002).
17) 米虫節夫：ソフトドリンク技術資料, 1月号, 79-99 (2003).
18) 日本規格協会普及事業部カスタマーサービス課：ISO/DIS22000「食品安全マネジメントシステム——フードチェーン全体における組織に対する要求事項」英和対訳版 (2004).
19) 厚生省令第16号, 平成11年「医薬品及び医薬部外品の製造及び品質管理規則」.
20) 厚生労働省令93号, 平成15年「医薬品及び医薬部外品の製造及び品質管理規則」の一部改正.
21) WHO Technical Report Series 823, Geneva (1992).
22) WHO Technical Report Series 822, Geneva (1992).
23) Code of Federal Regulations, 211 Current Good

Manufacturing Practice Finished Pharmaceuticals, US FDA（2002）．
24) Code of Federal Regulations, 606 Current Good Manufacturing Practice for Blood and Blood Components, US FDA（2002）．
25) ICH Good Manufacturing Practice Guide for Active Ingredients（2000）．
26) 川村邦夫：良い薬の保障と確保，（日本薬学会編），p. 50（1980）．
27) 川村邦夫：改定バリデーション総論，p. 17，じほう社（1997）．
28) 食品衛生研究会編：食品衛生関係法規集1，p. 1425，中央法規出版（1990）．
29) 駒木　勝，他：缶詰時報，**76**，162-168（1997）．
30) 古橋正吉監修，新谷英晴編：医療用品の滅菌方法/滅菌バリデーション/滅菌保証，日本規格協会（1996）．
31) 佐々木公一（新谷英晴監修）：医薬品，医療用具製造の滅菌バリデーション，p. 268，薬業時報社（現在，じほう社）（1999）．
32) 新谷英晴，越川富比古：有害微生物管理技術，（芝崎勲監修），Vol. 1，p. 1096，フジ・テクノシステム（2000）．
33) Golberg, L.: *Hazard Assessment of Ethylene Oxide*, CRC Press（1986）．
34) Block, S. S.: *Disinfection, Sterilization, and Preservation*, 5th ed.,（Block, S. S.），p. 79, Lippincott Wiliams & Wilkins（2001）．
35) Shintani, H.: *Biomed. Instrum. Technol.*, **29**, 513-519（1995）．
36) Block, S. S. ed.: *Disinfection, Sterilization and Preservation*, 5th ed., p. 90, Lippincott Wiliams & Wilkins（2001）．

5.2　安　全　性

5.2.1　遺伝子組換え実験の安全性

　遺伝子組換え実験は，その安全性確保のため，「遺伝子組換え生物等の使用等の規制による生物の多様性の確保に関する法律（平成16年2月19日施行，通称カルタヘナ法）」ならびに，この法律のもとの省令・告示等に従って実施されなければならない．この法律は，従来の「組換えDNA実験指針」に代わり，遺伝子組換え生物等の使用による生物の多様性への影響を防止することを目的として制定されたものである．基本的には従来の実験指針の考え方を踏襲しており，実験のリスク評価に対応した物理的な拡散防止措置とリスク軽減・回避のため宿主-ベクター系の選択の二つのハード（封じ込め）とソフト（教育・システム）によって安全性を確保するものである（**図5.10**）．つまり，法令を遵守して実験を計画・実施し，さらには採るべき安全対策について研究者自らが考え，実行することにより「安全」は確保できるものと考えられる．本項ではこの法的な規制システムについて概説し，「安全」とともに重要な「安心」の確保についても触れる．なお，安全については環境リスクに対するものだけではなく健康リスクに対してのものも含まれることを忘れてはいけない．

　遺伝子組換え技術が両刃の剣であることに気づいて欧米の科学者が1975年2月にカリフォルニアのアシロマに集まり，自主的な規制によりリスクを管理すべきであるという宣言を発表した．それ以来，米国を先頭にして世界各国でガイドライン（実験指針）が作成され，**図5.11**に示した国際標識も統一された．わが国でも文部省（当時）が1978年に指針を告示し，その後2004年の法制化までに二度の大幅改訂を含む9次の改訂が行われた．1982年に行われた改訂では，実験の安全性に関する知見が集積されたことから，おもに物理的封じ込めレベルが大きく緩和された．例えば，霊長類のDNAを供与体とする実験はP3～P4であったが，P1～P2となった（**表5.12**）．これは高等動物のDNAを微生物に導入したとしても遺伝子の転写・翻訳・機能発現のシステムが大幅に異なるために簡単にタンパク質ができることはなく，またできたとしても翻訳後の修飾ができないことなどのため機能を持つまでに至らないこと，などがわかってきたためである．その後文部省と科学技術庁が合併したこともあり，2002年に統一指針が出された．これは両省庁の指針をあわせ，以下の点がおもに改訂された．（1）実験の分類方法の変更等に伴い，安全確保の観点に立って手続きが適宜整理された．（2）知見に基づき，

図5.10　微生物のリスク管理

図5.11　国際バイオハザード標識

表5.12 組換えDNA実験の封じ込めレベル基準の変遷

DNA供与体	生物学的封じ込めレベル	
	B1	B2
	1982年8月	
動物（下等真核生物に属するものを除く）	P2	P1
植物（下等真核生物に属するものを除く）	P1	P1
微生物および下等真核生物	P1～P3	P1～P2
病原性の高い微生物および下等真核生物	大臣の承認が必要	
上記以外	大臣の承認が必要	
	1978年11月	
霊長類	P4	P3
霊長類以外の哺乳動物および鳥類	P3	P2
変温脊椎動物	P3	P2
無脊椎動物および植物	P2	P1

Agrobacterium 属の系は認定宿主ベクターから削除された。（3）高等学校等で実施されることを想定して「教育目的組換えDNA実験」の枠組みが設けられた。（4）その他，封じ込めの方法，実験の安全確保のための手続き，健康管理，安全管理のための組織等の諸規定が適宜加除・修正された。

2004年2月からはカルタヘナ法ならびに関連する省令・告示等が施行され，法的な規制を受けることになった。法令化にあたっては指針の基本的な考え方はそのままであるが，*Agrobacterium* 属細菌（*Rhizobium* に名称変更）の系が認定宿主ベクターに戻された。また「教育目的組換えDNA実験」の規定は削除されている。さらに，従来の指針に比べて各機関の自主性と自己責任が大幅に重視されている。例えば，従来の「機関届出実験」と「機関承認実験」は「機関実験」として一括され，その取扱いは各機関にゆだねられることになった。なお，カルタヘナ法ならびにその運用については文献5）に関係省庁のホームページアドレスを記載したので参照して頂きたい。

（a）ハード（封じ込め）　現行のシステムでは，遺伝子組換え実験（科を越えた細胞融合も同じ規制に含まれるため，正式には遺伝子組換え実験等と表記される）は「拡散防止措置を執って行う」実験〈第二種使用〉と実験室外で行う〈第一種使用〉に大別される。実際にはほとんどの実験が〈第二種使用〉であると思われるので，以下には第二種使用について解説する。

遺伝子組換え実験のリスク（危険度）は，基本的には用いるDNAの由来（核酸供与体）と宿主によって規定される。「研究開発等にかかわる遺伝子組換え生物等の第二種使用等に当って執るべき拡散防止措置等を定める省令」では，宿主と核酸供与体の双方にクラス1～4までの実験分類を定めており，動物および植物ならびに微生物等（きのこ類と寄生虫を含む）のうち，哺乳類と鳥類に対して病原性がないものであって，文部科学大臣が定めるものを，最も安全と考えられるクラス1に分類し，微生物等のうち，病原性を有するものについては，その想定される危険度に応じてクラス2～4に分類されている（表5.13）。

微生物使用実験での封じ込めレベルは，供与核酸体のクラスにかかわらず，使用する核酸が同定済核酸（塩基配列からその生成物等の機能が推定可能なもの，あるいはその核酸が移入される宿主と同じ種であるか，その種と自然条件で核酸の交換を行うもの）であり，病原性等に関与しないことと考えられる場合であって，宿主のクラスがクラス1, 2であればそれぞれP1, P2の拡散防止措置となる。逆に使用する核酸が同定済みではなく，哺乳類等への病原性等に関与し，しかも遺伝子組換えによって宿主の病原性を増強すると考えられるケースでは1段階上の拡散防止措置を講じることになっている。宿主と核酸供与体双方の実験分類がクラス1～3の場合，それぞれの高いほうのクラスに対応してP1からP3までの拡散防止措置が対応する。例えばマウス（動物＝クラス1）を核酸供与体とし，これを大腸菌（クラス1宿主）に入れる実験は，宿主と核酸酸供与体双方がクラス1であるため，P1レベルの拡散防止措置となる。同じく核酸供与体がペスト菌（クラス3）で，宿主がコレラ菌（クラス2，このような実験が現実にあるかどうかは別として）とした実験では，高いほうをとりP3レベルの封じ込めレベルとなる。

拡散防止措置の決定にあたっては使用する宿主ベクター系が特定認定宿主ベクター系（後述する認定宿主ベクター系のうち，特殊な培養条件以外での生存率がきわめて低い宿主と他の生物への伝達性がきわめて低いベクターの組合せであって文部科学大臣が定めるもの，表5.14）の場合は核酸供与体によって規定される拡散防止措置を1ランク下げられる（P1はP1のまま）。

認定宿主ベクターとは特殊な培養条件下以外での生存率が低い宿主と，その宿主以外の生物への伝達性が低いベクターの組合せであって文部科学大臣が定めるものであり，安全性から二つのレベル（B1, B2）に区分したものである（表5.14）。B1レベルの宿主－ベクター系で，特に人体・環境中で生残・増殖できないような性質を持っている株を宿主とし，限定されたベクターの組合せは特に安全性が高いとしてB2レベルとし，特定認定宿主ベクター系としてと認定している。例えば，米国建国年号にちなんで命名された大腸菌X 1776は，ジアミノピメリン酸を栄養要求し，胆汁酸や紫外線に感受性であるなどの性質を付与された

表5.13 実験分類の区分ごとの微生物等の分類（文部科学省告示 別表第2より抜粋）

クラス	内容	ウイルス	細菌・マイコプラズマ	真菌
1	微生物，きのこ類および寄生虫のうち，哺乳類・鳥類に対する病原性がないもの	アデノ（ヒト型以外） 魚ウイルス 昆虫ウイルス 植物ウイルス	クラス2，3以外	クラス2，3以外
2	微生物，きのこ類および寄生虫のうち，哺乳類・鳥類に対する病原性が低いもの	アデノ（ヒト型） 牛痘 ポリオ（1〜3型） コクサッキー（A, B 全型） 単純ヘルペス（1, 2型） ヒトヘルペス（6〜8） おたふく風邪 インフルエンザ（A, B, C 型） はしか	セレウス菌 キャンピロバクター・ジェジュニ ボツリヌス菌 大腸菌（病原性系統） 赤痢菌（シゲラ全菌種） 黄色ブドウ球菌 コレラ菌 破傷風菌 腸炎ビブリオ	アスペルギルス・フミガタス カンジダ・アルビカンス クリプトコッカス・ネオホルマンス
3	微生物，きのこ類のうち，哺乳類・鳥類に対する病原性が高く，かつ伝播性が低いもの	HIV1, 2 コロラドダニ熱 西ナイル熱 黄熱病	炭疽菌 サルモネラ（チフス菌） サルモネラ（パラチフス菌A） ペスト菌	コクシオイデス・イミチス ヒストプラズマ・カプスラーツム
4	微生物のうち，哺乳類・鳥類に対する病原性が高く，かつ伝播性が高いもの	エボラ ラッサ熱 マールブルグ病	なし	なし

表5.14 認定宿主・ベクター系（告示より抜粋）

B1 レベル
EK1 (*Escherichia coli* K12株・誘導体) − （プラスミド，ファージ）
SC1 (*Saccharomyces cerevisiae*) − （プラスミド，ミニクロムソーム・誘導体）
BS1 (*Bacillus subtilis* Marburg 168 誘導体/nutr_/spo−) − （プラスミド，ファージ）
Thermus 属細菌 (*T.thermophilus, T.agnatics, T.fluvus*, etc.) − （プラスミド・誘導体）

B2 レベル
EK2 (*E. coli* x1776) − (pSC101, pMB9, pBR313, pBR322, pBR325, etc.)
　　(*E. coli* DP50supF) − (λWES.lB, λgtALOlB, Charon21A)
　　(*E. coli* K12) − (λgtvJZ−B)
　　(*E. coli* DP50) − (Charon3A, Charon4A, Charon16A, etc.)

株であり，それと27種のプラスミドの組合せなどである。前述のように特定認定宿主ベクター系の場合は，拡散防止措置のレベルを1ランク下げることが可能になる。しかし，一般にB2レベルの細菌株は増殖に栄養豊富な培地を必要とし，増殖速度が低いことから，雑菌によるコンタミを受けやすく，大量培養実験には不向きであり，組換え実験もやや困難である。

この実験分類は病原体に関する研究成果に従って必要に応じて改訂されるものと考えられる。なお，これらの拡散防止措置の決定には複雑な面もあるので担当省庁のホームページ等を参照していただきたい。また，宿主や核酸供与体が実験分類のリストにないケースやクラス4の核酸供与体を用いるケースあるいは使用する核酸の産物が毒素であるケースなど，特殊な場合は従来と同じく大臣確認実験になる。

拡散防止措置とは檻のなかにネコやイヌを閉じ込め，逃げないようにするのと同様に個室の中やP3実験では安全キャビネットと呼ばれる装置の中に閉じ込め，その微生物を外に漏出しないようにすることである。これらの装置・設備はリスクレベルに応じてP1〜P3レベルに区分される（20 l 以上の大量培養実験の場合はLS-C，LS-1，LS-2の3レベル，動物・植物を使用する実験ではそれぞれP1A〜P3Aおよび特定飼育区画，P1P〜P3Pおよび特定網室）。これらの各レベルの拡散防止措置は，旧指針によるものから若干の整理がされているが基本的に同じと考えて差し支

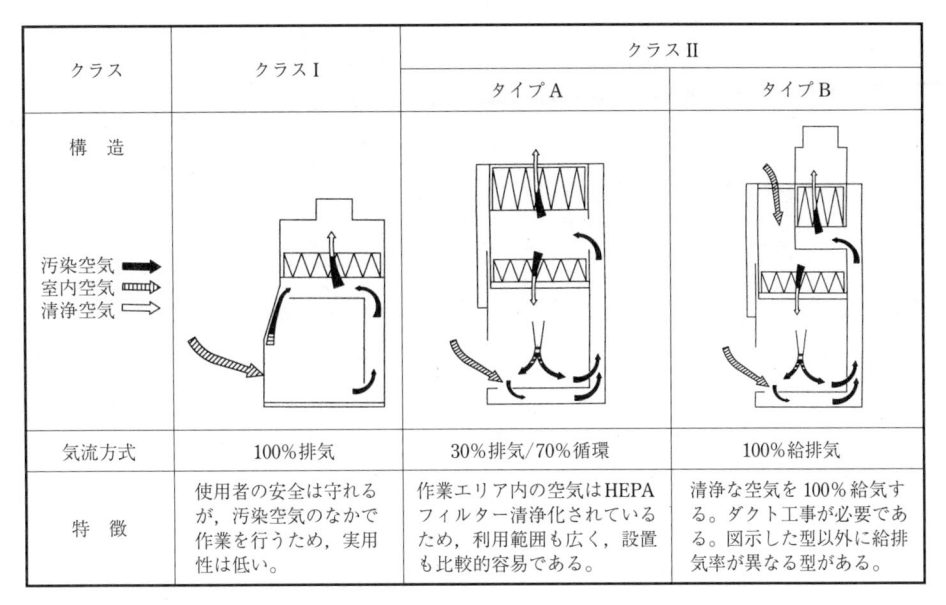

クラス	クラス I	クラス II	
		タイプ A	タイプ B
構造			
気流方式	100%排気	30%排気/70%循環	100%給排気
特徴	使用者の安全は守れるが，汚染空気のなかで作業を行うため，実用性は低い。	作業エリア内の空気はHEPAフィルター清浄化されているため，利用範囲も広く，設置も比較的容易である。	清浄な空気を100%給気する。ダクト工事が必要である。図示した型以外に給排気率が異なる型がある。

汚染空気 ■▶
室内空気 ⇛
清浄空気 ⇨

図5.12 クラス別安全キャビネット

ない。P2レベル以上の実験設備・施設には法令に基づいて遺伝子組換え実験を実施中である旨の表示をつけねばならない。これは単に組換え実験を行う従事者だけではなく，関係者にも「安全」の注意を喚起するためでもある。

拡散防止措置のレベルが決定できれば，通常の微生物実験室の設備にプラスして，各レベルに応じた物理的封じ込め装置が必要である。**図5.12**に各クラス別の安全キャビネットの構造を示したが，高性能（HEPA）フィルターで流入・排出空気が除菌され，内部が陰圧となるような工夫がなされた実験装置である。類似した構造のクリーンベンチと呼ばれる装置は，バイオハザード対応型もあるが，通常内部が陽圧になっており，装置内で取り扱っている微生物は実験者のほうに流出してくるので，外部からの雑菌の混入防止には有効であるが，組換え実験や病原体実験に対しては有害である。

(b) ソフト（教育・システム） ソフトは，人が行う処置といえる。安全委員会などの組織や実験計画の申請・審査システムなどの整備および実験従事者の健康管理も重要であるが，最も重要なソフトは実験従事者の安全教育・訓練である。そのために各機関でも安全講習会等が行われ，そのためのテキストなどが作られている。大阪大学では，「組換えDNA実験安全の手引」が作成され，そのなかには教育訓練で行うべき内容の例が挙げられている（**表5.15**）。これらを使った教育訓練により実験従事者の安全に関する正しい知識と意識が最低限得られるはずであり，得なければならない。

図5.13は，大阪大学における実験の計画から開始までの一般的な手続きのフロー図である。遺伝子組換え実験を実施する機関は法令に従って安全確保のための組織体制を整える必要がある。そのうえで，まず，実験責任者は実験が遺伝子組換え実験に該当するかどうかを判断する。例えば，ある種の微生物のDNAのみを同種の微生物に導入する実験は自然界でも起こり得る可能性があるとして適用外実験となり，組換え実験には該当しない。ただし，これらの微生物が病原性を持つものであるならば「大学等における研究用微生物安全管理マニュアル」等の別のガイドラインに従う必要がある。該当する場合は，安全主任者の指導・助言を受け，実験計画申請書を作成し，学長宛に提出する。安全委員会が計画書を審議し，機関届出実験，機関承認実験，大臣確認実験に区分する。大臣確認実験は大臣の確認ののち，それ以外はそのまま学長に答申され，最終的には学長の承認によって実験開始となる。大阪大学の吹田キャンパスの部局の場合は，吹田市の条例による届出も必要である。これは後述する「安心」という点でも重要となる。

直接の実験従事者は基本的な知識を持ち，実験の目的・内容がわかっているので，自分たちの実験は危険なものではなく，安全性についても十分確保できると信じている。しかし，いくら知識があったとしても偶然に危険な組換え体が作成される可能性，すなわちリ

表5.15 教育訓練の内容例

実験責任者（部局安全主任者および部局長）は，実験開始前に実験従事者に対し，指針を周知させるとともに，つぎの事項に関する教育訓練を行うこと（例示は，安全委員会で示したものであり，各部局で柔軟に対応すること）

（1）危険度に応じた微生物安全取扱い技術
　（例）・微生物やウイルス使用時のエアロゾルの発生の可能性とその防止法
　　　　・組換え体動物の逃亡防止措置
　　　　・組換え体植物の花粉などの外部への拡散防止措置，等

（2）物理的封じ込めに関する知識および技術
　（例）・P1レベル，P2レベルおよびP3レベルの装置の構造と機能の説明
　　　　・設備の説明（安全キャビネット，ヘパフィルター，ヘパフィルター付き遠心機），等

（3）生物学的封じ込めに関する知識および技術
　（例）・認定宿主・ベクター系を用いた場合の生物学的封じ込めレベルB1およびB2の説明
　　　　・安全性が高いことが確認された宿主・ベクター系の説明，等

（4）実施しようとする実験の危険度に関する知識
　（例）・用いる宿主・ベクター系とDNAの供与体の種類により，その危険度が規定されていることの説明，等

（5）事故発生の場合の措置に関する知識
　（例）・事故発生時の連絡体制
　　　　・処置，等

（大阪大学「安全の手引き」を参考に改変）

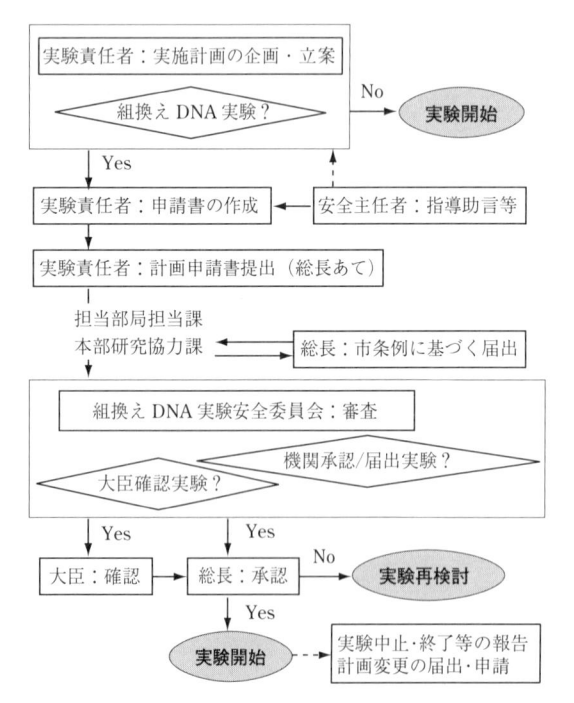

図5.13 大阪大学における組換えDNA実験の実験開始までの手続きフロー図

スクについての意識が低いと法令の遵守がおろそかになる。そして，それが間接的にかかわっている人たちに不安を与えることになる。HIVやSARSの流行の当初に，その原因が組換えDNA実験で作成されたウイルスであるという風評が流れた。このようなことは一般の人が遺伝子組換え実験の安全性に疑問を持っていることを示すものである。すなわち，実験の実施には「安全」とともに「安心」を考えねばならない。「安心」の基本は情報公開により得られる実験者と関連する人の間の信頼関係と知識の共有である。結論的には組換え実験の「安全」と「安心」は実験者と関連する人の安全に対する正しい知識と適切な意識，すなわちソフトによって達成できると筆者は考える。

　微生物のリスク管理の原則は生菌数をリスクレベルに応じた一定数以下に保つことであり，その手段として遺伝子組換え実験ではリスクレベルに応じた物理的および生物学的封じ込めの手段がとられ，「安全」が確保できるのである。

　以上は，おもに組換え実験の健康リスクについて述べてきたが，環境リスクについては十分な知識（経験）があるとはいえず，また，特に開放系用途の遺伝子組換え体自身の安全性については「安全」以上に「安心」を十分確保するのは非常に困難な状態であることも認識すべきであろう。例えば多くの日本人は遺伝子組換え大豆で作った納豆を避ける傾向にある。ルールを守った「安全」な実験の経験を積み上げ，正しい情報の公開によって信頼関係の形成をすることしか「安心」を確保できないことを忘れてはならない。（西原，大島）

5.2.2 遺伝子組換え食品の安全性評価

本項では，遺伝子組換え食品の安全性確保に向けた国際機関等での検討の経緯，遺伝子組換え食品の安全性評価に関する国際的共通認識，およびこの共通認識に基づく日本での規制の枠組みについて解説する。

本項でいう「遺伝子組換え食品」とは以下のものを示す。

・遺伝子組換え作物（食品）
・遺伝子組換え作物を原料とした加工食品
・遺伝子組換え微生物により生産された酵素等（食品添加物），およびその酵素を用いて加工した食品ないし食品添加物

なお，類似した用語に「バイオ食品」があるが，これは遺伝子組換え技術だけでなく，細胞融合技術等を利用した食品も含んでいる。また，国の安全性評価指針では，「組換えDNA技術応用食品」という用語も使われていたが，最近の厚生労働省のホームページでも，「遺伝子組換え食品」が広く用いられていることから，本項では，上記3項目を含めて「遺伝子組換え食品」とする。

（a） 食品の安全性 安全とは危険がない状態のことをいうのであるから，安全性を証明するには危険の不存在証明をしなければならない。一般に，不存在証明は著しく困難，もしくは不可能である場合が少なくない。危険性は逐一指摘できても，危険性がないことを証明すること，すなわち安全性を証明することは，事実上不可能である。

それでは，食品の安全性を評価する場合に，その食品に危険性がないことをどのように証明してきたのだろうか。われわれはこの難問に対して，危険性の不存在証明という演繹的な方法ではなく，経験則で対応してきた。つまり，長年その食品を摂取してきたが，特に問題は起こらなかったという「食経験」を食品の安全性を評価する根幹としてきた。

米国におけるGRAS（Generally Recognized As Safe）認定においては，食経験を基本に食品の安全性を評価するというこの基本的な考え方が如実に示されている。米国FDA（Food and Drag Administration）は，1958年，パン，ワイン，ヨーグルト，チーズ等の発酵食品の製造に用いられる微生物に対して，「1958年以前の米国における食品への通常使用」の基準を満たしているとして，「一般に安全と認められたもの（GRAS）」とした。この後FDAは，ビール酵母やパン酵母等の微生物菌体，ビタミン等の食品成分および食品加工用酵素の生産に用いる微生物にもGRAS認定を与えた。また，味噌，醤油，納豆など，東洋の発酵食品に対してもGRAS認定を行った。

以下に述べる遺伝子組換え食品の安全性評価の枠組みにおいても，この食経験による安全性の評価が根幹となっていることは変わらない。すなわち，遺伝子組換え食品が，長年の食経験によって安全性が担保されている従来型食品と「実質的同等性」が確認できれば，導入遺伝子およびその産物等の当該遺伝子組換え食品が従来型食品と異なる部分についてだけ，安全性を評価すればよいという考え方である。

（b） 安全性確保への国際的取組み 遺伝子組換え技術は，ワトソン，クリックのDNA二重らせん構造の解明（1953年）に端を発した分子生物学の発展をもとに，コーエン，ボイヤーがその基本技術を確立した（1973年）。遺伝子組換え技術は生命科学分野の研究手法として画期的なものであったので，遺伝子組換え実験の安全性の確保について，まず国際的な取組みがなされた。すなわち，1975年米国カリフォルニア州アシロマにおいて，世界の生命科学分野の研究者を集めて開催されたアシロマ会議で，遺伝子組換え実験についての「潜在的危険の可能性」および「予想しがたいリスク」に対して，研究者自身の自主規制と自主管理を基本理念とするアシロマ会議宣言が採択された。これを受けて翌年には，米国NIHによる物理的・生物的封じ込めを基本とする「組換えDNA実験指針」が発表され，その後，各国で制定された「指針」の雛形となった。

1980年代の半ばに至って，それまでの世界各国における遺伝子組換え技術に関する研究成果および遺伝子組換え実験の経験から，懸念されていた「潜在的危険の可能性」はなく，「リスク」は予測可能であるという認識に至った。遺伝子組換え技術は，従来の育種方法の延長線上にあって育種期間を短縮するものにすぎず，遺伝子組換え生物の持つ危険性は，従来の育種方法によって育種された生物のものと同等であると認識されるようになった。

一方，1980年代初頭には，遺伝子組換え技術によって大腸菌で大量生産されたインシュリン，成長ホルモンなどの生体微量ペプチドが医薬品として上市されることになり，遺伝子組換え技術が，医薬品だけでなく工業，農業，環境等での産業利用を目指した開発を目指して進められた。このような状況に至って，遺伝子組換え技術の産業利用に関して，国際的調和を図りながら各国が国内の規制を定めるという枠組みに沿って，OECDを中心とする各種の国際機関での検討がなされた。

（c） OECDにおける検討 経済協力開発機構（Organization for Economic Co-operation and Development：OECD）は，西欧，北米および日本を含む

太平洋地域の先進工業国からなり，加盟国間の自由な意見交換，情報交換を通じて，経済成長，貿易自由化および途上国支援を目的とする政府間の組織である。遺伝子組換え技術の産業利用に関する規制が加盟国間で異なることは，「貿易自由化」を阻害するという観点から，OECD科学技術政策委員会は，工業，農業，環境における組換え生物の安全使用のための科学的原則および基準を制定することを目的とするバイオテクノロジー安全性専門家会合（GNE）を1983年に創設した。GNEは，3年間の検討作業の後，組換え生物とその利用における安全性評価の一般的な科学的枠組みに関しての勧告を行い，その勧告はOECDの理事会で採択された後，OECDの報告書「組換えDNAの安全性に関する考察」[7]，いわゆるブルーブックとして出版された。

このブルーブックは遺伝子組換え技術の産業利用における最初の国際的な枠組みであり，遺伝子組換え生物の産業利用について，以下の一般原則を提示したもので，加盟国の規制に責任を持つ省庁においてその後の指針となった。

① 遺伝子組換え技術の潜在的危険性は推測に留まり，従来の育種法と同様の危険性であるから，遺伝子組換え生物の産業利用について特別な規制をする科学的根拠はない。

② 長期間にわたり，安全性の問題がなく製造工業で利用されてきた生物に，特性が明らかで有害な配列を含まないDNA断片を導入しても，新たな危険性を誘起することはない。

③ 閉鎖系における大規模利用に際しては，組換え体の安全性評価を個々のケースごとに行い，それぞれに対応した生物学的，物理学的封じ込めによって，製造工程における安全性を確保する必要がある。

④ 危険度が低い組換え体には，GILSP（優良工業製造規範）という基準を設け，これまでの発酵工業で用いられてきた物理的封じ込めと同等に取り扱うことができる。

ついで，GNEはブルーブックに提示した個々の原則を食品の安全性評価に展開し，1993年に「遺伝子組換え食品の安全性評価：概念と原則」[8]を発表した。この報告書では，遺伝子組換え食品のような新しい食品の安全性評価について，既存食品との「実質的同等性」を判断することから始めるという原則を提示している。さらに，キモシン，α-アミラーゼ，乳酸菌，パン酵母，トマト，ジャガイモ，コメ等をケーススタディとして取り上げ，遺伝子組換え食品の安全性評価の概念と原則，特に実質的同等性の概念を例証している。

（1）食品の安全性の概念　食品は長い食経験をもとに安全であると考えられてきた。原則として，食品は有意な有害性が確認されない限り安全であるとみなされてきた。遺伝子組換え技術は，食品として用いられる生物の遺伝子改変の範囲を広げるものであるが，従来技術による食品より，安全性で劣るものを作り出すものではない。したがって，遺伝子組換え技術のような新しい技術によって作り出される食品および食品成分を評価する場合，すでに確立されている原則を基本的に変えることは必要なく，また，異なった安全性の基準も必要ない。

（2）安全性評価と実質的同等性　遺伝子組換え食品のような遺伝的に改変された新しい食品あるいは食品成分が，既存の食品と実質的に同等であると判断されれば，それ以上の安全性ないし栄養上の問題はなく，それら既存の食品および食品成分と同様な方法で取り扱われる。新しい食品または食品成分についてあまりよく知られていない場合は，実質的同等の概念を適用するのは難しいので，類似物の安全性評価で得られた経験を考慮して評価される。新しい食品が実質的に同等でないと判断されたら，その確認された相違点を中心にしてさらに評価を進めるべきである。新しい食品または食品成分の比較対照がない場合は，それ自身の組成と特性をもとに評価されるべきである。

（d）**国際機関における取組み**　遺伝子組換え食品の安全性評価については，既述のOECD以外にもさまざまな学術団体や国際機関においてその枠組みが検討され，報告書が刊行されている。そのおもなものについて，概略を述べる。

（1）1990年IFBCレポート「バイオテクノロジーと食品——バイオ食品の安全性確保に向けて——」[9]

国際食品バイオテクノロジー協会（IFBC）は，遺伝子組換え技術を応用して生産された食品および食品成分の安全性を評価し保証するための課題を明確にし，一定の科学的基準を確立することを目的に米国で設立された。この報告書の草稿は13カ国150名に及ぶ産業界，政府，学会の専門家に送付され，その多くの意見を取り込み，IFBCレポートとしてまとめられた。このレポートはこのような慎重な作成方法により，科学性，客観性，中立性を確保した労作であり，米国FDAの指針にも大きな影響を与えた。

このレポートの特徴は，食品中の栄養素や毒性物質の変動などについての詳細なデータ，および従来の遺伝的改変技術と遺伝子組換え技術との相違点を十分理解したうえで，遺伝子組換え技術を応用した食品の安全性について検討していることである。安全性評価の規準と評価方法は，微生物由来の食品および食品成分，

単一化学物質と単純混合物，食品そのものとその他の複合的混合物の三つのカテゴリーに分けて，それぞれで食品として許容される条件がデシジョン・ツリーで明快に示されている。

（2） 1990年FAO/WHO合同諮問会議報告書「バイオテクノロジー応用食品の安全性評価のための戦略」[10] 1990年11月，ジュネーブにおいて国連食糧農業機関（FAO）と世界保健機関（WHO）は，遺伝子組換え食品の安全性について，専門家による諮問委員会を合同で開催した。この会議には，16カ国から26名の専門家が参加し，各国から遺伝子組換え食品の開発・研究の現伏，安全性評価方針，手法，あるいは規制などに関する資料が持ち寄られ，遺伝子組換え技術を食糧生産や食品加工に応用した場合に生ずるかもしれないリスクについて，徹底してその可能性の有無と対応について論議された。この会議の議論と結論は，1年近い月日をかけて会議書記局の努力により報告書としてまとめられた。

食品の安全性は，いかなるものであっても評価対象となる食品の分子生物学的性質，生物学的性質，化学的性質に基づいて評価すべきであり，それらを熟慮したうえで動物を用いた毒性学的試験の必要性やその範囲を決めるべきであるとした，包括的結論に至った。この結論をもとに以下の勧告がなされた。

① 世界の技術発展の歩調に合わせた各国政府による包括的で強力な規制が必要である。

② 遺伝子組換え技術で作られた食品の安全性評価に役立てるため，以下の項目についてのデータベースを設立すべきである。
・食品の栄養素ならびに毒性成分含量に関する情報
・食品生産に用いられる生物の分子レベルにおける分析結果に関する情報
・食品生産への応用を意図した遺伝的改変生物の分子生物学的，栄養学的ならびに毒性成分に関する情報

③ FAOとWHOは，科学的ならびに技術的進歩の光に照らして，この会議の勧告の妥当性を精査するための専門家会議を，適切な時期に開くべきである。

（3） 1996年「バイオテクノロジーと食品の安全性に関するFAO/WHO合同専門家会議」 1990年のFAO/WHO合同諮問会議での勧告を踏まえて，1996年，ローマにおいて遺伝子組換え食品の安全性評価についての国際的な指針を示すことを目的とした，専門家会議「バイオテクノロジーと食品の安全性」が開催された。この会議では，実質的同等性等の遺伝子組換え食品の安全性評価の枠組みに関する1990年の結論を再確認して，アレルギー誘発性，遺伝子の水平移行，後代交配種などが検討され，以下のような結論に至った。

① 食物アレルギーについては，科学的に可能な限り慎重な評価が必要である。

② 抗生物質耐性マーカー遺伝子の植物からの水平移行の可能性はほとんどない。

③ 従来品種と同等の安全性が確保された遺伝子組換え品種の後代交配種については，遺伝子組換え品種に特有な評価方法による安全性評価は必要ない。

（e） 安全性確保に関する共通認識 遺伝子組換え食品の安全性確保についての国際的な取組みにおいて，規制当局の共通認識は以下のようである。

（1） 実質的同等性 以下の三つのステップからなる検討によって，遺伝子組換え食品の安全性が確保されるとしている。

① 新しい食品あるいは食品成分が，既存の食品と実質的に同等かを判断する。

② 食品の成分組成を検討し，栄養成分，毒性成分および導入遺伝子産物について含量および摂取量を，対応する既存食品それらと比較する。

③ 栄養成分および毒性成分の含量および摂取量が有意に変化せず，導入遺伝子産物の安全性が担保されれば，遺伝子組換え食品の安全性は確保される。

（2） DNA自体の安全性 DNAは遺伝子の本体であり，すべての生物にDNAが含まれている。したがって，導入されたDNAが食品中に存在することは，食品の安全性に新たな問題を惹起しない。

（3） 導入遺伝子の安全性 導入される遺伝子は，除草剤耐性遺伝子や害虫抵抗性遺伝子などの遺伝子組換え本来の目的遺伝子，および形質転換細胞の選択に用いる薬剤耐性遺伝子などのマーカー遺伝子である。実質的同等性の概念からは，導入された遺伝子の産物（タンパク質），および遺伝子産物（酵素）による生成物を取り出して安全性評価を実施すればよい。

作物の染色体に導入遺伝子が組み込まれることにより，意図しない形質の変化をもたらすことがある。すなわち，導入遺伝子が，コード領域に挿入された場合は当該遺伝子の不活性化が，制御領域に挿入された場合は当該遺伝子の発現量の変化が起こり得る。しかし，染色体上のコード領域および制御領域の占める割合は低いので，こうした形質の変化が起こる確率は低く，たとえ起こったとしても遺伝子の不活性化のほうが優先的に起こる。また，これらの意図しない形質の変化は，交配や突然変異といった従来の育種方法によっても同様に起こるので，遺伝子組換え作物に特有の潜在的危険性ではない。

（4） アレルゲンの可能性 遺伝子組換えにより，

その食品のアレルギー誘発性が有意に増加していないかを，導入遺伝子産物（タンパク質）のアレルギー誘発性，および宿主の持つ機知のアレルゲンのレベルの増加の両面から十分に検討することが必要である。

一般に，既知アレルゲンタンパク質は，加熱に対する安定性が高く，消化器のタンパク質分解酵素による消化や酸性条件に対しても安定で，10 000～70 000ダルトンの糖タンパク質である。導入遺伝子産物と既知のアレルゲンタンパク質の物理化学的および生化学的特性について，有意な一致が見られない場合は，新規導入タンパク質がアレルゲンとなる可能性は低いと判断できる。

（5）薬剤耐性選択マーカー遺伝子　マーカー遺伝子は形質転換細胞を選択する際に必須のものであり，アミノグリコサイド系抗生物質に対する耐性遺伝子および除草剤耐性遺伝子が，植物での薬剤耐性マーカー遺伝子として用いられている。これらの薬剤耐性マーカー遺伝子の「DNA自体の安全性」および「導入遺伝子の安全性」については，前述した。また，これらのマーカー遺伝子の産物がアレルギー誘発性を有するとは知られていない。

マーカー遺伝子が安全性の課題として注目されるのは，抗生物質耐性遺伝子が導入された食品の摂取によって，その抗生物質の効力を低下させる可能性が懸念されるからである。しかし，抗生物質耐性遺伝子産物（タンパク質）は調理中ないし消化管中で分解・不活性化されるので，投与された抗生物質を不活性化することはない。また，抗生物質耐性遺伝子（DNA）も同様に分解されるし，仮に分解を免れたDNAがあったとしても，それがヒトの消化管細胞に移行して抗生物質耐性遺伝子がその消化管細胞で発現することはない。

抗生物質耐性遺伝子が分解されずに大腸にまで到達し，腸内細菌に抗生物質耐性遺伝子が移行（水平移行）して，抗生物質を不活性化する可能性はきわめて低い。水平移行によって腸内細菌が抗生物質耐性になる確率は，自然突然変異によって腸内細菌が抗生物質耐性になる確率よりも著しく低いから，抗生物質耐性遺伝子を摂取することによって腸内細菌が抗生物質耐性になる付加的なリスクは無視することができる。

（f）遺伝子組換え食品の安全性評価指針　（c），（d）で述べた国際的取組みに呼応して，日本でも遺伝子組換え食品の安全性を確保するための「指針」の検討が，昭和63年，食品衛生調査会に設置されたバイオテクノロジー特別部会で始まった。平成3年に，「バイオテクノロジー応用食品・食品添加物の安全性確保のための基本方針」，「組換えDNA技術応用食品・食品添加物の製造指針」および「組換えDNA技術応用食品・食品添加物の安全性評価指針」からなる指針案[11]が公表され，同年，生活衛生局長通知として交付された。この指針は「組換え体を食さない」場合，すなわち，遺伝子組換えされた微生物によって生産されたキモシンやアミラーゼなどの食品加工用酵素（食品添加物）に関する指針であったが，平成8年には，遺伝子を組み換えたトマトや大豆などの作物を対象とした「組換え体を食する」場合も含めた指針に改訂された。この遺伝子組換え食品の指針は（e）に述べた安全性確保についての国際的な共通認識に基づくものであり，1998年末までに22の遺伝子組換え作物が「指針適合」の確認を得た。

指針は以下の構成になっているが，詳細は文献[13]を参照されたい。
第1章　総則
　1．目的
　2．用語の定義
　3．適用範囲
第2章　製造過程に関する安全性評価
　1．組換え体の製造方法（施設設備を含む）
　2．組換え体以外の製造原料及び製造器材
　3．生産物の精製
第3章　生産物に関する安全性評価
　1．組換え体を食さない場合の安全性評価
　2．組換え体を食する場合の安全性評価
第4章　厚生大臣の確認
　別表1　組換え体を食さない場合の組換え体等の安全性評価に必要な資料
　別表2　組換え体を食する場合の組換え体等の安全性評価に必要な資料
　付表1　抗生物質耐性マーカーの安全性評価に必要な資料
　付表2　アレルギー誘発性に関する安全性評価に必要な資料
　別表3（安全性試験項目等）

安全性審査の手続きは以下の手順で行われる。
　①　申請者が厚生労働大臣に安全性審査の申請。
　②　厚生労働大臣が食品安全委員会に対し，安全性についての意見聴取（健康影響評価）。
　③　食品安全委員会が厚生労働大臣に対し，健康影響評価の結果について通知。
　④　厚生労働大臣より安全性審査を経た旨の公示（官報）。
　⑤　同時に，プレスリリース等による公表，および申請書の公開（於：食品衛生協会）。

安全性評価指針による安全性審査は法律に基づかない任意のしくみであったが，平成12年に「食品，添加物の規格基準」（厚生省告示）を改正することにより，安全性審査の「法的義務化」が実施された。これにより，平成13年4月1日から，安全性審査を受けていない遺伝子組換え食品は，輸入，販売等が法的に禁止されることとなった。平成15年7月1日現在，55種の遺伝子組換え食品（作物），および12種の食品添加物（酵素など）が安全性審査の手続きを経た。

（柴野）

引用・参考文献

1) 大阪大学・研究協力部・研究協力課：組換えDNA実験安全の手引き (2002).
2) 学術審議会特定領域推進分科会・バイオサイエンス部会：大学等における研究用微生物安全管理マニュアル（案）(1998).
3) 大阪大学微生物病研究所：微生物病研究所における研究用微生物取扱安全管理内規 (2000).
4) 吹田市：遺伝子組換え施設に係る環境安全の確保に関する条例 (2002).
5) 環境省におかれたバイオセーフティクリアリングハウスのホームページ，カルタヘナ法関連の情報が一覧できる。http://www.bch.biodic.go.jp/ （2005年1月現在）
6) 文部科学省ライフサイエンス課生命倫理・安全対策室のホームページ法令の運用について詳しく載っている。
  http://www.mext.go.jp/a_menu/shinkou/seimei/kumikae.htm （2005年1月現在）
  http://www.mext.go.jp/a_menu/shinkou/seimei/04030901.htm （2005年1月現在）
7) OECD: *Recombinat DNA Safety Considerations*, Paris (1986).
8) OECD: *Safety Evaluation of Foods Derived by Modern Biotechnology: Concept and Principles*, Paris (1993).
9) 粟飯原景昭・矢野圭司翻訳監修：バイオテクノロジーと食品——遺伝子組換え食品の安全性確保に向けて——，建帛社 (1991).
10) 粟飯原景昭翻訳監修：FAO/WHOレポート 遺伝子組換え食品の安全性——バイオテクノロジー応用食品の安全性評価のための戦略——，建帛社 (1992).
11) 池田千絵子：バイオテクノロジー応用食品の安全性評価について——FAO/WHO合同専門家会議報告——，食品衛生研究，**47** (2), 13-35 (1997).
12) 厚生省生活衛生局食品保健課監修：食品分野への組換えDNA技術応用に関する指針（和英対訳版），中央法規出版 (1992).
13) 佐原康之：食品衛生研究，**47** (11), 7-27 (1997).

5.3 知的財産権

生物工学は，酒，ビールなどの醸造（発酵），アミノ酸，酵素などの食料・工業品の製造，医薬品・診断薬の製造，排水処理，エネルギー生産など，広く微生物が関連する分野を含んでいる。近年，産業界に知的財産権の重要性が認識され，そして，遺伝子操作技術の著しい進展とともに，生物工学関連発明の知的財産権による保護のあり方が問題となりつつある。

以下，まず，知的財産権の概要について説明し，つぎに，生物工学関連発明の保護対象，特殊性，どのような保護が可能かを説明する。

5.3.1 知的財産権の種類

特許権・実用新案権・意匠権・商標権などの産業財産権（工業所有権），および著作権を含めた知的活動により生じる権利を包括した用語である。産業財産権は特許庁，著作権は文化庁が管轄する。

① 産業財産権は，特許庁の行政処分（設定登録）により発生する。

（i）特許権　産業上利用できる，新規性・進歩性などの特許要件を満たす発明に対して与えられる独占排他権（特68）。

特許権は設定登録により発生し（特66），特許料の納付（特107）を条件に存続し，出願の日から20年で存続期間が満了する（特67 (1)）。

薬事法などの認可を受けるために特許発明の実施ができなかった場合，延長登録出願により5年を限度として延長が認められる（特67 (2)）。

（ii）実用新案権　物品の形状・構造または組合せにかかわる考案に対して与えられる独占排他権（実16）。方法の考案は保護されない（特許で保護）。簡単な医療器具，医療機器，培養装置など形のある物が保護される。無審査で登録され，出願の日から6年で存続期間が満了する。

② 著作権は，思想または感情を創作的に表現したものであって，文芸，学術，美術または音楽の範囲に属する著作物（著2）に関する権利である。著作権は創作と同時に発生する（登録は発生要件ではない）。学術論文は著作物である。

5.3.2 特許用語の解説
（a）日本国特許法関連

① 発　明　自然法則を利用した技術的思想の創作のうち高度のもの（特2 (1)）。技術的思想は，観念・概念（アイデア）をいい，具体的なもの（実施

例に記載されたもの）に限定されないと解釈するのが一般的である．

② 特許発明　特許を受けている発明（特2(2)）

③ 発明の種類　物の発明と方法の発明とがある．方法の発明には，単純方法の発明と物を生産する方法の発明があり，それぞれ，効力が異なる（特2(3)）（⑤を参照）．

物または方法の発明に属するが，ある物の特定の性質をもっぱら利用する発明を用途発明という．例えば，「ニトログリセリンを含有する心臓薬」など．

④ 特許請求の範囲　出願人が特許を受けた（受けたいと考える）範囲を記載した書面．一般に1または2以上の請求項（クレーム）が含まれる．請求項は，物あるいは方法の発明として記載する．

⑤ 実施（特2(3)）と特許権の効力（特68）

実施：物の発明においては，その物を生産し，使用し，譲渡し，輸入し，譲渡の申出をする行為をいう．物を生産する方法の発明においては，その方法を使用する行為のほか，その方法により生産した物を使用し，譲渡し，輸入し，譲渡の申出をする行為をいう．物の発明の効力範囲は方法の発明の効力範囲よりも広い．

特許権の効力：実施が特許権の範囲を画定する．特許権者は，業として特許発明の実施をする権利を専有し（特68），権原なき第三者の業としての特許発明の実施は特許権侵害となり，差止請求，損害賠償請求，刑事罰の対象となる．

⑥ 特許権の効力が及ばない範囲（特69）　特許権の効力は，試験または研究のためにする特許発明の実施には及ばない（特69(1)）．特許発明を用いる試験・研究（実施行為）は本来特許権の侵害であるが，改良・発展を目的とする試験・研究は特許法が目的とする産業の発達に貢献するものであるから，特許権の効力を及ぼさないこととしている．

また，特許品を正当なルートで購入した場合，購入者が自ら特許品を使用などする場合には，特許権が用い尽くされたとして，特許権の効力が及ばない．

⑦ 特許を受ける権利（特29等）　産業上利用できる発明をした者（発明者：自然人）は特許を受ける権利を有する（特29）．特許を受ける権利は移転できる（特33）．法人（会社等）は発明者となることができないため，発明者から特許を受ける権利を譲り受けなければ出願できない．

⑧ 職務発明（特35）　会社・国の従業者・公務員などが職務上完成させた発明．会社等は職務発明についての特許を受ける権利または特許権を予約承継できる．予約承継した場合，発明者（従業者等）は会社等に対価の支払いを受ける権利を有する（特35(3)）．対価の額について従業者が訴訟をおこすケースが増加しつつあり，2004年度に法改正が行われた．

⑨ 国内優先権（特41）　先の出願から1年以内に，先の出願の内容に新たな発明，実施例などを追加し，新たな出願として包括的な特許取得を可能とする制度．先の出願の内容は，後の出願までの間における発明の公表，他人の同一内容の出願による拒絶などの不利な扱いを受けない．

⑩ 出願公開制度（特64）　特許出願の日から1年6カ月経過後に，その内容を強制的に公開する制度．新たな発明を生み出すための技術文献，他社の技術・研究動向調査などの資料として利用される．

⑪ 先願主義（特39）　同一発明の出願が競合した場合，先に出願した者（先願者）に特許を与える主義．米国は先発明主義．

⑫ 利用発明（特72等）　先願特許発明を利用する発明．例えば，先願特許発明のベクターの機能Aに新たな機能Bを付加し，進歩性が認められた後願改良ベクターは特許（後願特許）となる．しかし，後願特許権者が後願改良ベクターを実施（販売）すると，必然的に機能Aを使用するため，先願特許権の侵害となる．他方，先願特許権者が後願改良ベクターを実施（販売）すると機能Bを使用するため，後願特許権の侵害となる．結局，両者が実施できないため，クロスライセンスを含め，それぞれの実施を促すための制度がある（特92）．

⑬ 均等論　特許発明と異なる部分を有するものであっても，一定条件下，特許発明との同一性を認める概念．異なる部分が特許発明の本質的部分でなく，置換しても特許発明の目的を達し得，特許発明と同一の作用効果を奏し，置換容易であるなどの条件を備えた場合に適用される．もっぱら侵害訴訟で争われ，均等が認められると特許権の侵害となる．条件については最高裁平成10年2月24日判決・民集52巻1号113頁（ボールスプライン軸受事件）参照．

（b）外国特許関連

① 優先権制度　工業所有権の保護に関するパリ条約の取決めの一つで，同盟の1国にした出願に基づいて1年以内に他の同盟国に出願した場合に，不利な扱いを受けないとする制度．日本で出願し，1年後に優先権を主張して欧州に出願した場合，欧州出願は日本出願後欧州出願前にした発表，あるいはこの間の他人の出願で拒絶されない．パリ条約にはほとんどの国が加盟している．

② 国際特許出願（PCT出願）制度　特許協力条約（PCT）に基づき，PCT締約国の1国に出願する

と，他の締約国にも出願したものとみなす制度。主要国が加盟している。日本人が日本国特許庁（受理官庁）に日本語でPCT出願した場合，米国，欧州，中国，韓国などの締約国に同時に出願したとみなされる。所定の期間内に，特許取得を希望する国にその国の言語に翻訳した明細書を提出し，審査を受けなければ，その国で権利取得はできない。

5.3.3 特許取得手続
発明しただけでは特許は受けられない。特許庁に出願し，審査を受け，設定登録されることが必要である。

（a）出　願　　願書を提出することが必要である。願書には特許請求の範囲，明細書，要約書および必要に応じて図面を添付しなければならない（特36（2））。

（b）審査請求　　出願の日から3年以内に出願審査の請求をしなければ，その出願は取り下げられたものとみなされ（特48の3（4）），特許を受けることができなくなる。

（c）審　　査　　審査官が特許要件（特49）について審査する。おもな特許要件を説明する。

① 新規性（特29（1））　　発明が以下に該当しないこと。日本国内または外国において
（i）特許出願前に公然知られた発明
（ii）特許出願前に公然実施された発明
（iii）特許出願前に頒布された刊行物に記載された発明，またはインターネットなどの電気通信回線を通じて利用可能となった発明　　学位取得のための修士論文も図書館などで閲覧可能な状態になれば刊行物とみなされる（H13.9.27東京高裁平12（行ケ）207）。

② 進歩性（特29（2））　　発明が，その技術分野における専門家（当業者）が特許出願時の技術水準（上記（i）～（iii））から容易に考え出せない程度のものであることをいう。

③ 明細書の記載要件（特36（4））　　明細書が実施可能な程度に明確かつ十分に記載されていること。当業者が発明を再現できる程度に記載されていなければならない。生物工学関連発明においては，実施例を記載することが好ましい。

④ 新規性喪失の例外（特30）　　①の新規性を失った場合の救済規定である。発明者が出願前に刊行物（論文，新聞など），インターネット，学会などで発明を発表した場合に適用される。発表の日から6ヵ月以内にその発明者が出願した場合，その出願の審査において，その刊行物，発表などの内容は新規性・進歩性判断の対象とされない。発表した発明者から特許を受ける権利を譲り受けた者（会社など）が出願しても，この例外規定の適用は受けられる。原則的に発明者と発表者とは一致する必要がある。

（d）拒絶理由通知（特50）　　審査の結果，特許要件を満足しない場合，拒絶理由が通知される（特50）。出願人は意見書・補正書を提出して反論できる。それでも覆らない場合は拒絶査定となる。拒絶査定に対しては，審判を請求することができる。審判では通常3名の審判官で審理される。

（e）登録（権利の発生）　　審査または審理の結果，特許要件を満たすと判断されれば特許査定（特51）となる。登録料を納付することにより登録され，特許権が発生する（特66）。

5.3.4 生物工学関連発明の保護
（a）保護される発明　　天然物自体は保護されないが，自然界から単離された，または創出された有用性がある生物自体，動物細胞，植物細胞，融合細胞，遺伝子，タンパク質（抗体，抗原，酵素）などに関する発明は，特許法で保護される（ただし，ヒトは除く）。また，これらの調製方法，使用方法などに関する発明も保護される。

（b）保護されない発明　　ヒトの病気の治療・診断・予防方法などの純医療的発明は，特許法では保護されない。人道上広く開放すべきであること，および医療業は産業ではないと解釈されることによる。

（c）ヒトに関連する発明の保護　　純医療的発明に該当しないヒトの病気の治療薬・診断薬・予防薬など，ヒトの病気の治療・診断・予防に利用される発明は保護される。人体からの分離物・排泄物（血，尿など）を用いる測定方法あるいは検査方法の発明は，治療方法と判断される場合を除き，保護される。治療方法に該当するか否かは特許庁発行の『審査基準　第II部　特許要件2.1「産業上利用できる発明」に該当しないものの類型』を参照のこと。

5.3.5 生物工学関連発明の特殊性
（a）寄託（特施27の2等）

① 生物（微生物，植物，動物または増殖可能なこれらの細胞　　以下，この項においては，これらを代表して微生物という）は，人工的に創製できないため，明細書に詳しく記載したとしてもその微生物を入手することができない。そのため，微生物に関する発明においては，微生物が現に存在することを証明し，かつ第三者が研究目的で入手可能なように，寄託制度を採用し，出願時に受託証の提出を義務づけている。

2004年12月現在，特許庁長官が指定する特許微生

物の寄託機関は産業技術総合研究所特許生物寄託センター（IPDO）および製品評価技術基盤機構（NITE）特許微生物寄託センター（NPMD）である。

寄託された微生物は，特許権の設定登録後など一定の条件下，試験研究のためにのみ請求人に分譲され，第三者への分譲は禁止される（特施27の3）。

なお，上記機関以外にIFO（（財）発酵研究所），JCM（理化学研究所）なども寄託機関である。第三者への分譲については各機関により対応が異なるので，寄託の際，確認することが望ましい。

② 寄託の不要な微生物　日本国内の寄託機関（IFO，JCMなど）あるいは外国寄託機関（アメリカンタイプカルチャーコレクション（ATCC）など）に寄託された微生物を用いる発明は，当該寄託番号を明細書に記載すれば入手可能性が担保されるので，当該微生物の寄託は不要である。市販のパン酵母，麹菌，納豆菌などを用いる発明も寄託は不要である。

スクリーニングなどにより，目的の微生物が再現性よく得られることが明細書中に実施例などで示されていれば，寄託を必要としない場合がある。

③ 国内寄託　国内寄託は，上記寄託機関に行う。IPDOでは寄託すべき生物試料および寄託申請書を提出し，手数料を支払う。寄託すると寄託番号が付される（例：FERM P-0123）。寄託生物の維持は，継続寄託料を支払うことにより行う。継続寄託料を支払わなければ，寄託は継続されない（中止できる）。特許権の存続期間中は，維持の必要がある。

寄託できる生物は，寄託機関により異なる。IPDOでは2004年12月末現在，カビ，酵母，細菌，放線菌，プラスミド（単独），動物細胞，受精卵（胚），原生動物，植物細胞，種子，藻類である。ただし，健康または環境に害を及ぼす（恐れのある）微生物（病原菌など），ならびに「組換えDNA実験指針」によるP3，P4レベルの物理的封じ込めを必要とする微生物は受託されない。

④ 国際寄託　生物を用いる発明について，外国寄託機関でした寄託微生物をその国でも有効な寄託と認め，特許取得手続を簡易なものとするために結ばれたブダペスト条約に基づく寄託（以下，国際寄託）をいう。日本国では，IPDOおよびNPMDが，国際寄託当局である。IPDO又はNPMDに国際寄託を行うと，ブダペスト条約加盟国に出願する際，改めて当該国の寄託機関に寄託をしなくてもよい。日本をはじめとし，米国，イギリス，ドイツ，フランス，中国，韓国など主要国がこの条約に加盟している。

国際寄託においては寄託料は一括して支払い，継続寄託料は不要である。国際寄託の寄託期間は30年である。国内寄託を国際寄託に変更することもできる。

（b）遺伝子発明　遺伝子配列解析技術の急速な進歩により，ヒトをはじめ，種々の生物のゲノム配列が解明され，そのゲノム配列に基づくタンパク質の機能解明と医薬品の開発を目指す，いわゆるゲノム創薬の時代となってきた。このような状況下，機能不明のESTs（expressed sequence tag）の一部が1998年に米国で特許されるに及んで，機能未知の遺伝子に特許を与えると，研究開発が阻害されるとの批判が世界中から起こり，問題となった。

従来，日本および欧州は機能不明のESTsには特許を与えないため，日本・米国・欧州の特許庁が3極会合を開き，以下の合意に達した。

（ⅰ）塩基配列を決定しただけでは，DNA断片の特許は受けられない。特定の機能の記載が必要である。

（ⅱ）慣用の方法で得られ，DNAデータベースと相同性検索により機能を推定しただけのDNA断片は，特許を受けられない（日本，欧州）。断言された有用性がなければ，特許を受けられない（米国）。

（ⅲ）特定の病気の診断薬として使用できるなどの有用性の開示があるDNA断片は特許され得る。

機能推定タンパク質は，この塩基配列と同様の取扱いを受ける。

5.3.6　生物工学関連発明の記載方法
（a）微生物に関する発明

① 微生物自体の発明　天然から分離した新規抗生物質の生産菌，人工的突然変異を施した抗生物質の高生産微生物など，有用性のある微生物は，特許の対象となる。ただし，寄託が必須である。特許請求の範囲には，微生物は，原則として，種で特定して記載する。例：「抗生物質Aの生産菌 Streptomyces sp.1234（FERM P-0123）」明細書には，その微生物を特定するための菌学的性質（同定データ）を記載し，受託番号を記載する。

② 微生物が生産する新規物質の発明　新規物質の構造が特定できる場合，特許請求の範囲には「以下の化学式Xを有する抗生物質A」のように構造で記載する。明細書には構造を特定するために必要なデータを記載する。

構造が特定できない場合，「Streptomyces sp.1234（FERM P-0123）を培養し，陽イオン交換樹脂処理，およびエタノール沈殿処理をこの順で行うことにより得られる，グラム陰性菌の増殖を阻害する抗生物質A」のように，生産方法を特定して記載してもよい。明細書には，抗生物質Aの取得方法を詳しく記載する。

アミノ酸配列が未知の新規酵素の場合，特許請求の範囲に，酵素の基質特異性，熱安定性，pH安定性，分子量など，その酵素を特定するための必要最低限のデータを記載する。

　③　方法の発明　　使用する微生物を属で記載することができる。例えば，「バシラス属に属する微生物とβ-グルカンとを接触させる工程を含む，β-グルカンの分解方法」という記載，あるいは排水処理，エネルギー生産関連で，例えば，「エンテロバクター属に属する微生物とパルプ廃液を接触させる工程を含むメタンの発酵方法」という記載も可能である。ただし，使用する属に属する微生物の実施例が少なくとも一つ必要である。用いる微生物が入手可能な微生物であれば，寄託は不要である。

（b）遺伝子工学関連発明

　①　遺伝子工学関連発明の明細書において，10塩基対以上のDNA配列の記載があるときは，明細書に配列表を添付しなければならない。

　②　遺伝子の発明

　（i）遺伝子は，例えば，「ATCCGT…AGCTTAの配列を有するDNA断片」，「配列ATCCGT…AGCTTAを有する大腸菌O-157検出用プローブ」のように記載する。明細書には遺伝子の機能を記載する。機能の記載のない遺伝子は，有用性がないとして拒絶される。

　（ii）タンパク質をコードする遺伝子配列は「Met-Glu-Phe-Ala-…-Ser-Trpで表されるアミノ酸配列（タンパク質X）をコードする遺伝子」あるいは「ATG GAA TTT GCT…TCG TGGの配列を有するタンパク質Xをコードする遺伝子」のように記載する。コドンの縮重を考慮すると，アミノ酸配列で特定するほうが権利範囲は広い。明細書にはタンパク質の活性（機能）を記載する。機能の記載がない場合，有用性がないとして拒絶される。

　（iii）タンパク質をコードする遺伝子配列は「Met-Glu-Phe-Ala-…-Ser-Trp（特定配列）で表されるアミノ酸配列，または該アミノ酸配列において，1または2以上のアミノ酸が欠失，置換もしくは付加されたアミノ酸配列を有し，かつ○○活性を有するタンパク質をコードする遺伝子」のように記載してもよい。この記載によって，コドンの縮重をカバーし，かつアミノ酸が改変されているが同一活性を有するタンパク質をコードする遺伝子が保護される。明細書には，後者に該当する実施例を少なくとも一つ記載することが，実施可能性を担保するうえで好ましい。

　（iv）その他　　ある遺伝子との相同性，あるいはハイブリダイゼーションの程度で規定する記載も可能

であるが，その遺伝子からの進歩性が問題となる場合が多い。

　③　タンパク質（組換えタンパク質）の発明

　（i）アミノ酸配列で記載する。例えば，「Met-Glu-Phe-Ala-…-Ser-Trpで表されるアミノ酸配列を有するタンパク質X」のように記載する。原則として，タンパク質Xの機能と，発現されたことを記載する必要がある。

　（ii）新規なタンパク質をより広い範囲となるように記載するには，「Met-Glu-Phe-Ala-…-Ser-Trpで表されるアミノ酸配列，または該アミノ酸配列において，1または2以上のアミノ酸が欠失，置換もしくは付加されたアミノ酸配列を有し，かつ○○活性を有するタンパク質」のように記載する。この記載によって，アミノ酸が改変されているが同一活性を有するタンパク質が保護される。明細書には，後者に該当する実施例を少なくとも一つ記載することが，実施可能性を担保するうえで好ましい。

　④　ベクターの発明　　組み換えた遺伝子の特徴で記載する。例えば，「タンパク質Xをコードする遺伝子を有する組換えベクター」のように記載する。

　遺伝子を組み込むベクターが入手可能であれば，原則的に寄託は不要である。ベクターの作成方法を再現可能なように明細書に記載する。

　⑤　形質転換体の発明　　組み換えた遺伝子の特徴で記載する。例えば，「タンパク質Xをコードする遺伝子を有する組換えベクターで形質転換された酵母」のように記載する。

　宿主およびベクターが入手可能であれば，原則的に寄託は不要である。明細書には，形質転換体の取得法を，再現可能なように記載する。

　⑥　融合細胞の発明　　「細胞Aと細胞BとをPEGの存在下，融合させて得られ，抗原Mに対するモノクローナル抗体を生産し得る融合細胞」のように記載する。原則として融合細胞の寄託は必要であるが，細胞Aと細胞Bとが入手可能であり，再現性が得られることが実証されていれば，寄託は不要である。

　⑦　モノクローナル抗体の発明　　「抗原Mに対するモノクローナル抗体」のように記載する。原則として融合細胞の寄託は必要であるが，抗原の入手が可能であり，同一モノクローナル抗体が複数個再現性よく取得できることが実証されていれば，寄託は不要である。

　⑧　用途発明　　「○○に対するモノクローナル抗体を含有する，△△病治療剤」，「○○遺伝子を有する組換えベクターを含む，遺伝子治療剤」などのように記載する。

（c） その他の生物工学関連発明　診断薬関連については，例えば「○○を含む第1試薬と××を含む第2試薬とを備えた血中のグルコース濃度を測定するキット」などのように記載する。

生物工学関連の発明は，遺伝子組換え技術の進歩，分析技術の進歩に伴い，出願・審査の両面において複雑化している。そのため，今後の出願・審査の動向を注目しながら，研究開発と権利の取得を考える必要があると思われる。

（備考）

法令形式の略号は以下のとおりである。

特：特許法，特施：特許法施行規則，実：実用新案法，著：著作権。

引用条文の略号は以下のとおりである。

例：特29（1）は，特許法第29条第1項を意味する。
（南條）

5.4　工　学　倫　理

日本技術者教育認定機構（JABEE）では，学習・教育の目標の一つとして「技術が社会や自然に及ぼす影響や効果，および技術者が社会に対して負っている責任に関する理解（技術者倫理）」を掲げている[1]。ではなぜいま，技術（工学）倫理が必要なのだろうか。

広辞苑（第5版）では，技術を「科学を実地に応用して自然の事物を改変・加工し，人間生活に利用するわざ」としている。これに対して，日本における工学倫理教育の草分け的存在である中村は，技術を「危険なものを安全に利用する知恵」としている[2]。工学倫理および技術者倫理の必要性を理解するために，どのような視点の違いによってこのような差が生じるのかをまず考察する。

人々は古くから食べ物を確保し，自然からの災厄から身を守るための技術を，さらには，非能率や不経済を矯正し，より快適な衣食住を得るための技術を発展させてきた。しかし，利便性，経済性を追求する技術はしばしば事故や公害などの新たな災厄を招いてきた。わが国では高度成長期以降，人々の関心はしだいに物質的な豊かさから精神的な豊かさにシフトし，最近では安全，安心，健康がまず第一に求められるようになってきた。食品添加物や農薬は嫌われ，以前は高級車のオプションであったABSやエアバッグが大衆車に標準装備されるようになったのもこの傾向の現れである。上述の定義の違いは，近年求められている安全性を意識しているかどうかに起因する。

山田は「工学倫理が伝えたい倫理性とは，大多数の人間が持っているはずの「良心」の自然な延長物に過ぎない」としており[3]，本節でもこの観点から，「良心」の発現を助けるための考え方を紹介する。

（a） 技術者の責任とPL法　人々は日常生活で利用するものに対して安全性を求める。近年，技術は高度化の一途をたどり，ユーザー自身がその内容，特に安全性を吟味することが難しくなってきている。例えば，魚の鮮度であれば消費者は自分の目で判断することができるが，加工食品に使用されている添加物の安全性を具体的に知る者は少ない。また，パソコンの欠陥の有無を一般消費者が見分けることはほぼ不可能である。すなわち，技術が高度化するほど，製品の設計製造に携わる技術者と，製品を使うユーザーの間の，情報，知識，能力の格差が大きくなる[4]。このためユーザーは，ちょうど患者が医師を信頼して治療を受けるように，技術者を信頼して製品を使用するしかない。したがって技術者は，ユーザーの信頼に応えるため，その製品の欠陥によってユーザーやその周囲の者が損害を被らないよう，可能な限りの努力をしなければならない。

これまで，製品の欠陥が原因でそのユーザーが損害を被った場合，損害賠償を請求することは難しかったが，1995年に施行された製造物責任法（PL法）によってこれが容易になった†。これは「技術者は社会に対して特別の責任を負う職業である」[2]ことが法律という形でも社会から確認されたことを意味する。

工学を修めた者のほとんどは，技術者として，専門家として，社会に出るのであるから，この責任を改めて自覚しなければならない。

（b） 工学の役割　技術を用いて生み出されるものには，経済性と利便性そして，安全性が求められる。しかし，多くの場合，この三者はたがいに相反し，トレードオフの関係にある（**図5.14**）。いかに人々が安全を重視するとはいえ，技術者は経済性および利便性とのバランスを考慮しなければならない。例えば，自動車の衝突安全性を極端に重視すれば，その自動車は

---

† 損害賠償はこれまで，民法709条「故意または過失によって他人の権利を侵害した者は，これによって生じた損害を賠償する責めに任ずる。」をよりどころとしていた。このため，損害賠償を請求するためには，その欠陥が故意または過失によって引き起こされたことを立証しなければならなかった。しかし，1995年7月1日に施行された製造物責任法の第3条では「（前略）その引き渡したものの欠陥により他人の生命，身体又は財産を侵害したときは，これによって生じた損害を賠償する責めに任ずる。（後略）」となり，その欠陥が原因で被害を被ったことが立証できれば損害賠償を請求できるようになった。

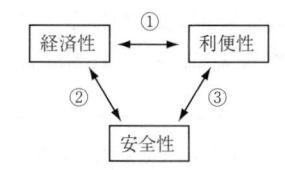

図 5.14 安全性，経済性，利便性はたがいに相反する。例えば，レトルト食品は便利だが割高であり（①），無農薬の野菜も割高となり（②），保存料無添加の食品は日持ちしない（③）。

戦車のようなグロテスクなものになり，高価で利便性（操作性や乗り心地）が悪いものになるだろう。技術者は，どこまで車を頑丈にし，どのように軽量化し，どのように価格を下げればよいか，を考えている。言い換えれば，製造コストを下げ，利便性（性能）を向上させ，安全性を高めるための研究を行っているのである。このような視点から見れば，工学とは，安全性，経済性，利便性を，よりよい方向でバランスさせるための学問だということができる†。

（c）ユーザーが求める「安全性」とは　ここまで，「安全」という言葉を用いてきたが，どのような技術にも未知の要素が残されており「絶対の安全」（ゼロリスク）はあり得ない[5]。したがって「安全」とは「リスクが許容できる範囲にある」と言い換えなければならない。さらに，この「許容できる範囲」は，あくまでユーザーの側に立って考えなければならない。

ユーザーは，政府などが定める公的な水準はもとより，メーカーが保証する水準よりも高い安全性を期待する。この「期待」には，ユーザー自身がはっきり意識していない「期待」も含まれる。例えば，塩素系カビ取り剤と酸性洗剤を併用し，発生した塩素ガスによる死亡事故が相次いだが，ここには「家庭用の製品がそんな危険なものであるはずがない」，という無意識の「期待」が存在する。したがって，設計者は「設計者が意図した使用法」だけでなく，「消費者がしそうな使用法」[6]まで想定して危険性を予知し，その対策（製品自体への警告の記載を含む）を講じなければならない。

また，PL法においては，「当該製造物をその製造業者等が引き渡したときにおける科学または技術に関する知見によっては，当該製造物にその欠陥があることを認識できなかったこと」を賠償を免れるための要件としており（第四条一項），PL法の審査を行った衆参両院の商工委員会は「各種法令による安全規制においては，最新の技術等の環境の変化に適切に対応させ，危害の予防に万全を期すこと」との付帯決議を行っている。すなわち技術者は，法律や規制を熟知することはもとより，これまでの事故例や内外の最新の技術動向にもつねに目を配り，製品の安全性向上に努めなければならない。

（d）安全性の評価　経済性は金銭的な評価によって行われる。利便性，および，被害の対象が物品である場合の安全性についても，金銭に換算して客観的に評価することが可能である。したがって，これらの場合の相反問題は，費用便益法を用いて解を得ることが可能である。しかし，被害の対象が人である場合，安全性を客観的に評価することは難しい。

人が精神的肉体的被害を被った場合，賠償金という形で被害が金銭に換算される。しかし，これはあくまで被害が生じてしまった後の話であり，被害を未然に防ぐ責務を負った技術者が，これから生じる被害を金銭に換算することは道義的に決して許されない†。

ユーザーの安全性に対する価値観は時代，地域，民族，宗教，教養，収入などによって大きく異なり，一般的，客観的に評価することは容易ではない。例えば，死に瀕した患者は，重篤な副作用の可能性がある薬による治療を受け入れるが，他国でその安全性に実績のある食品添加物であっても，無認可であれば回収騒ぎが起きる。すなわち，どれほど状況が差し迫っているかによって受け入れるリスクは異なり，理屈では説明できない要素も入る。また，毎年国内で1万人前後の死亡事故を起こす自動車を人々は許容しており，状況が差し迫っていなくても，利便性が大きければ相当なリスクを許容する場合もある。

したがって技術者が，安全性と経済性，および，安全性と利便性の相反問題を考えるとき，ユーザーの安全性に対する価値観の多様性，および，生命や健康などの金銭に換算できない要素を十分に考慮し，倫理的

---

† 広辞苑（第5版）では，工学を「基礎科学を工業生産に応用して生産力を向上させるための応用的科学技術の総称」としている。これに対して「工学における教育プログラムに関する検討委員会」は，工学を「数学と自然科学を基礎とし，ときには人文社会科学の知見を用いて，公共の安全，健康，福祉のために有用な事物や快適な環境を構築することを目的とする学問」としている〔http://www.eng.tohoku.ac.jp/jeep/eep.home/8-10/pamph1.html（2004年12月現在）〕。前者は経済性と利便性に重点を置いた定義であり，後者は安全性に重点を置いた定義であるといえる。

† フォード・ピント事件が代表例である。1960年代後半に発売された大衆車ピントには，追突事故によってガソリンが漏れ，有意な確率で車が引火炎上する欠陥が指摘されていた。フォード社は，「その対策費用×生産台数」と「賠償金額×予想される事故件数」を天秤にかけ，対策を施さなかった。その結果，500人以上が焼死し，フォード社には懲罰的賠償を求める訴訟が殺到した。

な判断をしなければならない。

（e） 倫理的な行動とは　1999年の東海村での臨界事故以来，さまざまな学協会や企業で倫理規定（規程，要綱）を制定する動きが活発化した[2]。しかし，これらの倫理規定に従って実際に行動しようとすると以下のような問題点に直面する。

まず，倫理規定は，適用される大多数の者が同意するものでなければならないため，どうしても最大公約数的で抽象的なものになりがちな点である[7][†]。また，学協会が制定する要綱には，個人会員だけでなく，企業会員の意向が反映され，ユーザーとは異なる視点から制定されているものも少なくない[2]。

つぎに，表現が抽象的になるほど，受け取る者の立場や価値観によって，解釈に相違が生じる点である。抽象的な倫理規定を活用するには，それを解釈するための知識，経験，判断力が求められる。学協会の倫理規定の多くは，ある程度経験を積んだ専門家をおもな対象として書かれており，学生あるいは社会に出て間もない会員をどのように啓蒙しサポートするかが今後の課題であろう。この点に関して，日本百貨店協会が食品売り場の店員向けに制定した危機管理7カ条は，パートタイムの従業員にも理解できるよう，具体的でわかりやすく書かれているので，その全文を引用しておく。

多くの倫理規定には，「公共の安全，福祉，健康を守る」ことと，「雇用者（委託者）のために誠実な代理人（受託者）でなければならない」ことが記されているが，これらが相いれない状況が生じる場合があることが最大の問題点となる[†1]。ここで問題とするのは，違法行為や明らかに不道徳な行為があった場合ではなく，立場や解釈の違いによって対立が生じる場合である。この場合，一般的な指針や規範を示すことは難しく，本節の文献に挙げた書籍では，この問題を事例研究として取り上げ，多くのページを割いている。最も有名な事例として，1986年1月のスペースシャトルチャレンジャー号の爆発事故[2],[6],[8]〜[11]が挙げられる。

（f） チャレンジャー号の事故が教えてくれるもの

この事故は，固体ブースターロケットの接続部分のO-リングに問題があり，漏れた高温の燃焼ガスが外部燃料タンクを貫き，引火爆発したのが原因であった。しかし，その可能性はスペースシャトル1号機の打上げの前からすでに指摘されていた。固定ブースターを製造するモートンサイオコール（MT）社の技術者であるボイジョリーはこの問題を検討していたが，事故の前年の1月に打上げに使用された固体ブースターのO-リング部分にすすを発見し，気温が低い冬に打ち上げた場合，O-リングの弾性が低下し，漏れがひどくなると考えた。ボイジョリーは会社上層部とNASAに繰り返し対策の必要性を訴えたが無視され，限られた予算で自説の検証実験を続け，対策を検討した。チャレンジャー号の打上げ当日はかつてない低温が予想されたため，ボイジョリーはMT社の技術担当役員のルンドを説き伏せ，NASAに打上げ中止を進言した。しかし，シャトル計画が大幅に遅れ，予算削減の危機に直面していたNASAは激しく反発し，低温と漏れの因果関係を証明する十分なデータがないことを理由に，MT社に打上げ承認を迫った[†2]。MT社は固体ブースター納入の独占業者であり，契約更改を控えていたこ

食品売場の危機管理7カ条

1. その商品について，あなたの知識は充分か？（危機管理は，確かな商品知識，法律知識から）
2. コンプライアンス（法律遵守）をはみ出した行為をしていないか？
   （違法行為，不当表示は誰かに見られている，必ず告発される）
3. 「ほかでもやっている」という甘えた判断をしていないか？
   （業界慣習と慣れの中にリスクの芽が潜んでいる）
4. 「問題ありそう」をうやむやにしていないか？
   （不適切な内部処理，隠蔽は事態を最悪化する）
5. そのことは，誰に対しても堂々と説明できるか？
   （後ろめたいことはまったくない，家族にも堂々と説明できるか）
6. お客さまの立場，お客さまの顔を浮かべて仕事をしているか？
   （会社の都合，企業の論理で対応していないか）
7. その商品は，自信をもって販売できるか？
   （自分の家族にも安心して食べさせることができるか）

（日本百貨店協会より許可を得て引用）

---

† 例外的に日本原子力学会が制定した倫理規定〔http://wwwsoc.nii.ac.jp/aesj/rinri/（2004年12月現在）〕には，国民の感性を意識した具体的な行動の手引きが付記されている[2]。

†1 例えば，化学工学会倫理規定〔http://www.scej.org/jp_html/kagakukougakukai/rinrikitei.htm（2004年12月現在）〕の憲章の第1項と第7項，全米専門技術者協会〔http://www.nspe.org/（2004年12月現在）〕倫理規定の基本的規範の第1項と第4項など。「守秘義務」と「公共の利益のための情報公開」が相いれない場合もある。

†2 チャレンジャー号には高校教師のマコーリフ先生が搭乗し，宇宙授業を行う予定であった。教育軽視を酷評されていた当時のレーガン大統領は，打上げ直後に予定されている年頭教書演説でこれに触れ，批判をかわすつもりであった（原稿はすでに用意されていた）。また，打上げ見学のため，副大統領がすでにフロリダ入りしており，NASA関係者は是が非でも打上げを継続したい状況にあった。

ともあり，上級副社長のメイソンは最後まで反対するルンドに対して「技術者の帽子を脱いで経営者の帽子をかぶりたまえ」と迫った。MT社の幹部4名で行われた投票では4対0で打上げが承認され，NASAはなんら疑義を挟むことなくこれを受け入れた。その結果，異常低温下で打ち上げられたチャレンジャー号は73秒後に爆発し，乗員7名全員が死亡した。

ボイジョリーは，事故の可能性を予測し，ただちにそれをしかるべき関係者に適切な方法で周知し，同僚やほかの専門家にも助言を仰いで自説を検証するとともに，その対策を検討した。直属の上司の了解を得たうえでルンドにも書面で対策を訴え，さらには，この問題が通常の方法では解決できない可能性を悟り，自らの行動と周囲の反応を詳細に日記に記録した。ボイジョリーは，事故調査委員会でも進んで証言をし，技術者としての最善をつくし責務を果たしたとして，米国科学振興協会から Scientific Freedom and Responsibility 賞を受けた[†1]。

「技術者と経営者の帽子」に違和感を持つ者は多いが，経営者の立場からいえば，これは「正しい」発言であるともいえる（違法行為や明らかに不道徳な行為であるとはいえない）。すなわち，経営者は経済性を優先し，技術者は安全性と利便性を優先するが，立場の違いを考えればこれは自然なことなのかもしれない。藤本はこれらの問題を，倫理的相対主義と倫理的絶対主義の立場，および，善玉悪玉論の是非の観点からわかりやすく解説しているので一読されたい[11]。

（g）技術者の責務と内部告発 内部告発は企業や官庁の不正を正し，公益を守る強力な手段であることは間違いない。しかし，内部告発者の多くはなんらかの嫌がらせを受け，過半数の者が職を追われているという統計もある[†2]。このため，政府はイギリスの公益開示法を参考に，公益通報者保護制度の平成16年度内制定を目指しており，多くの企業でも内部告発者保護制度の制定が検討されている。しかしながら坂下は，技術者にとって内部告発が道徳的に許される条件として，つぎの四つを挙げている[6]。

① 問題を放置すれば公衆への明確で重大な害があり，決して組織への個人的な恨みが動機ではないこと。

② 単なるうわさではなく直接の証拠をつかんでおり，その証拠を使って問題を説明できる専門知識を持っていること。

③ 組織内部の人間や機関に相談しても問題解決できないこと。

④ 上の3条件が満たされていて，しかも，問題を放置しておくと起こる害の危険が切迫している場合。

ここで最も注目すべきは③であり，技術者が内部告発を考える状況のほとんどは，安全性と経済性が相反した場合であることに注意しなければならない。上述のように，工学（engineering）とは，安全性，経済性，利便性をよりよい方向でバランスさせるための学問である。技術者（engineer）は，これを生業としているのであるから，③を無視して内部告発することは，技術者としての本務を放棄したに等しいということもできる。技術者は，経営者の立場（例えば，出資者への責任，従業員の雇用の確保など），ユーザーの価値観の多様性を理解したうえで，個々のケースにおいて，その時点および状況で最善と思われる解決策を策定し提案する立場にあるからである。多数の大学で工学（技術）倫理の講師を勤める札野は，「solution providers」としての技術者を育成する必要性を強調している[12]。技術者は，自身と経営者の調整役を公益通報支援センター[13]などの第三者機関に求めるのではなく，自らが経営者とユーザーの間に立って「解を提供する者」であることを自覚すべきであろう。

（h）遺伝子操作と工学倫理 遺伝子操作の倫理については，それ自体の是非，生命の尊厳，未知の危険性など，広範な議論が必要である。ライスとストローハンは，遺伝子操作にかかわる倫理問題を，操作自体が悪いという「内在的問題」と，操作の結果起こることが悪いという「外在的問題」に分けるなどして，わかりやすく考察している[14]。「外在的問題」については，彼らが個々のケースについて深く考察しているので，ここでは「内在的問題」を中心に技術者が知っておくべき点について述べる。

原理・原則を追求する純粋な基礎研究を行う際には，それにかかわる者は特定少数であるから，倫理の必要度は相対的に低いだろう。これに対して応用研究は，その成果に不特定多数の人々がかかわり，その成果が不特定多数の人々に影響を及ぼすため，倫理の必要度は相対的に高い。

組換え食品はまさに不特定多数の人々に影響を及ぼす応用研究であり，法や規制を熟知することはもちろんのこと，ユーザーの多様な価値観を十分に理解しておく必要がある。バロット（孵化しかけのアヒルの卵のゆで卵）を食べたくない人がいるように，組換え食品を食べたくない人もいる。少なくとも，消費者には選択の自由が与えられるべきである。陳列された通常

[†1] 事故を防げなかったのになぜ賞を受けたのか，といぶかる向きもあるであろうが，事故を未然に防げるかどうかは，周囲が協力的であるか否かに大きく左右され，技術者倫理の範囲を越えた別の問題となる。

[†2] 文献11）のp.115参照。ボイジョリーもMT社を解雇され，住んでいた町（MT社の企業城下町）を追われている。

のゆで卵にバロットが混入していれば，たとえそれが不可抗力であったとしても消費者は納得しないことも忘れてはならない。米国で遺伝子操作ミルクホルモンの乳牛への使用が許可された際，FDAは「遺伝子操作ミルクホルモンを使わないで生産したミルクだと公言する場合は，"ホルモンを使ったミルクより特に優れたミルクではありません"という説明文を併記せよ」とのガイドラインを定め，物議をかもしている[14]。科学的な側面だけを見れば，おそらくこのガイドラインは間違ってはいない。しかし，一般市民の感覚からずれていないかを再考する必要があるだろう。

純粋な基礎研究に携わる研究者も，その成果を公開すれば，その瞬間から不特定多数の人々に影響を及ぼすこと，そして発見された原理・原則は必ず応用されることを自覚すべきである。例えば，薬の副作用情報を医師に周知しなければ患者が危険にさらされるように，危険性に関する検証が十分ではない技術を，その技術を熟知しない者が扱えば，その周囲の一般市民に災厄をもたらすことは珍しくない。組換え作物の研究も同様であり，実生産に入れば，暴風などで花粉が拡散する可能性を否定できないし，不用意に非組換え作物と同じラインやコンテナで取り扱えば，「ゆで卵」に「バロット」が混入することも忘れてはならない。

（ⅰ）教育・研究機関に求められる倫理 2003年3月，水戸地裁は，臨界事故を起こしたJCOの技術者と幹部を，作業効率を優先するあまり安全のために定められた手順を無視し，従業員にもほとんど安全教育を施していなかったと糾弾し，全員に有罪判決を下した。また，牛乳の食中毒事件では，問題の脱脂粉乳を製造した工場の責任者は，エンテロトキシンは加熱しても失活しないことを知らなかったという。われわれは「まさかこんなことになるとは思わなかった」と後悔する事故の当事者を「そんなことにも気づかなかったのか（知らなかったのか）」と嘲笑し，「お粗末」と酷評する。

では，学生に，十分な安全教育をせずに試薬や機器を扱わせる教員，組換えDNA実験指針の趣旨を十分に理解させずに組換え体を扱わせる教員はどうだろうか。生物工学の分野では，他の研究分野に比べて非常に多岐にわたる試薬，機器，材料を扱うため，すべてについて十分な安全指導をすることは容易ではないだろう。だとすれば教員は，他の研究分野以上に，学生に自ら学ぶ重要性を自覚させ，自ら過去の失敗事例を学ぶとともに危険を予知するテクニックを身につけ，自ら危険を回避するシステムを構築できるよう指導しなければならない[15]。研究を優先するあまり，十分な安全教育や必要な申請，対策を怠れば，上述のお粗末な事故例と同様の，いや，それ以上のそしりを受けることになるだろう。 （片倉）

引用・参考文献

1) JABEEホームページ：http://www.jabee.org/
2) 中村収三：実践的工学倫理，化学同人（2003）．
3) 山田健二：倫理工学としての工学倫理，京都大学哲学研究室紀要，No.3（2000）*．
4) 齊藤了文：工学倫理の考え方，京都大学哲学研究室紀要，No.3（2000）*．
5) 中原俊輔：なにゆえ今，技術者倫理なのか，化学工学，**67**，190-193（2003）．
6) 齊藤了文，坂下浩司：はじめての工学倫理，昭和堂（2001）．
7) 伊藤 均：設計問題と倫理問題のアナロジー，京都大学哲学研究室紀要，No.3（2000）*．
8) チャレンジャー号事故の詳細記録：http://www.matsunaga.net/sf30.html
9) 西原英晃監訳：工学倫理入門，丸善（2002）．
10) ウイットベック，C.（札野 順，飯野弘之訳）：技術倫理1，みすず書房（2000）．
11) 藤本 温編著，技術者倫理の世界，森北出版（2002）．
12) 札野 順：ワークショップ「技術者倫理」資料，p.31, 日本工学教育協会（2003）．
13) 公益通報支援センターホームページ：http://www006.upp.so-net.ne.jp/pisa/
14) ライス，M.，ストローハン，R.（白楽ロックビル訳）：生物改造時代がくる――遺伝子組換え食品・クローン動物とどう向き合うか――，共立出版（1999）．
15) 片倉啓雄：文部科学省科学技術振興調整費（科学技術政策提言）「科学技術倫理教育システムの研究調査」平成14年度報告書，pp.94-123（2003）**．

（* は http://www.bun.kyoto-u.ac.jp/phil/frame.prospectus.html で，** の一部は http://www.bio.eng.osaka-u.ac.jp/ps/hp/indexj.html で閲覧可。Web siteはいずれも2004年12月現在）

索引

■あ■

アオカビ	85
アオコ	750
赤潮	750
アカパンカビ	68
アクリルアミド	372
——の生産	709, 781
アグロバクテリウム	107
アシ	752
アシドロコンポスト化	735
亜硝酸化−Anammox処理	729
亜硝酸化細菌	717, 729
アシル化反応	703
アスコルビン酸オキシダーゼ	648
アスタキサンチン	642
アスパルテーム	627
アセトン・ブタノール発酵	353, 742
新しい機能分子の探索	681
アッセイ系構築	678
アテニュエーション	360
アデノウイルス	126
——ベクターを使った方法	105
アトラジン	756
アナログ画像	239
アナログ耐性	358, 363
アーバスキュラー菌根菌	790
アバメクチン	691
アフィニティー・バイオセンサ	290
アフィニティークロマトグラフィー	277, 279, 488
アプタマー	765
アミノ酸置換行列	302
アミノ酸度	574
アミノ酸配列決定法	261
アミノ酸配列データベース	299
アミノ酸発酵	13
——原料	6
アミノ酸分析	267
アミノペプチダーゼ	646
アミラーゼ	739, 740
——遺伝子の発現制御	558
アームド微生物	762
アラゲカワラタケ	71
亜硫酸ソーダ法	428
アルギニン	81
アルコール	652
——発酵	13, 351
アルフォイド	147
アレイ型プロテインチップ	291
アロイソクエン酸	357
アロステリック阻害	359
泡なし酵母	566
泡盛	588
暗視野顕微鏡	233
安全キャビネット	817
安全性	828
安定結晶	496
アントシアナーゼ	645
アンペロメトリックセンサ	288
アンモニア酸化細菌	717, 729
アンモニア性窒素	717

■い■

イオン交換クロマトグラフィー	278, 487
イオントラップ型質量分析計	210
イソアミラーゼ	644
位相差顕微鏡	233
イソクエン酸	355
イタコン酸	356, 622
板ばね	286
1,1,1-トリクロロエタン	745
1,3-プロパンジオール生産	709
1塩基多型	32, 102, 684
I型終結シグナル	129
一次元NMRスペクトル	218
1フェムト（=1/1000兆）	236
一般形質導入	92
一般質量作用則	339
一般的衛生管理プログラム	798
遺伝子改変法	777
遺伝子組換え	736
遺伝子組換え実験	814
——のリスク	815
遺伝子組換え抗体	765
遺伝子組換え食品	819
遺伝子組換えトウモロコシ	11
遺伝資源の取得の機会	47
遺伝子シャッフリング	174
遺伝子銃	107, 265
遺伝子制御ネットワーク	326
遺伝子センサー	293
遺伝子多型解析	683
遺伝子導入技術	49
遺伝子ネットワーク解析	338
遺伝子ネットワークのスイッチングの機構	326
遺伝子破壊株	340
遺伝子発現の相互作用	309
遺伝子融合	178
遺伝的アルゴリズム	328, 332
遺伝毒性試験	687
移動相	480
糸状菌	67
糸状性細菌	716
イヌインターフェロン	698
イネ	33, 35, 88
イノシン	82, 634
——発酵	362
イムノアッセイ	281, 764
イメージングプレート	227
イモビライン試薬	270
医薬関連酵素	699
医薬品の微生物変換	703
医薬品リード化合物探索	677
医薬用酵素	699
イントロン配列	155

■う■

ウイルスの膜融合活性を用いた方法	105
ウシ・キモシン	69
ウシパピローマウイルス	126
ウレアーゼ	648
ウンシュウミカン	88

■え■

永久電気双極子	248
栄養菌糸	61
栄養繁殖性遺伝資源の超低温保存法	34
栄養要求性変異株	81
液境膜移動係数	427
液境膜酸素移動容量係数	427
エキスパートシステム	328, 332, 442
エキソヌクレアーゼI	100
エキソンシャッフリング	176
液体シンチレーションカウンター	225
エクソン配列	155
エコモニタリング	769
エストラジオール	770
エタノール	736
エチルベンゼン	755
エチレンオキシド生産	709
エネルギー準位	245
エノキタケ	71
エバネッセント波	221
エポキシド生産	710
エマメクチン	693
エラーバックプロパゲーション法	333
エリスリトール	633
エルニーニョ・ラニーニョ現象	776
エレクトロスプレーイオン化法	210
エレクトロポレーション	30, 103, 265
塩化リチウム法	66
塩基の互変異性	78
塩基配列決定法	257, 258
塩基配列データベース	298
塩酸加水分解	267
遠心沈降面積	453
遠心分離法	452
塩析	458
塩素化脂肪族炭化水素	749
円二色性	244
——スペクトル	248
エンハンサー	140, 155
塩溶	458

■お■

オオムギ	88
——ストックセンター	37
——データベース	37
オキシデーションディッチ法	719
屋上緑化	789, 790
オクタロニー法	281
オージェ電圧	230
オストワルドの段階則	499
汚染土壌サイト	753
オゾン処理	725
汚濁物質負荷	715
汚泥処理	716
汚泥滞留時間	715
オペロン	153
オーバーキル法	807
オーファン受容体	681
オープンサンドイッチ法	204
オランダガラシ	752
オルガネラ工学	778
オルニチン	81, 82
オレンジ	87
オンサイト検出	773
温室効果	775
——ガス	775
温暖化	776
温度変化検出方センサ	288

■か■

海外動物細胞バンク	44
開口数	232
カイコ多角体ウイルス	127
カイコを用いたネコインターフェロンの生産法	696
階層的クラスタリング	307
回転円筒型遠心機	452
回転円盤式自動製麹機	557
回転円盤法	730
回転クロマトグラフィー	491
回転ドラム型バイオリアクター	418
解凍	528
解糖	349
回分式活性汚泥法	719
回分式吸着	470
回分培養	386
カカオ脂代替脂	637
化学イオン化法	210
化学シフト	217
化学センサ	288
化学的アミノアシル化法	176
化学的酸素要求量	714
化学的修飾	180
化学分解法	258
化学分類	26
核菌類	23
核酸供与体	815
核酸合成法	252
核酸発酵	362
拡散防止措置	815
核磁気共鳴	216
——スペクトルによる構造解析	182
——装置	313
核四極共鳴	220
学習	333
隠れマルコフモデル	304
化合物ライブラリー	677
仮根	20
ガス撹拌方式	720
ガス化複合発電	788
カスガマイシン	691
ガスクロマトグラフィー	277
画像解析	239
加速電子	231
カソードルミネッセンス	230
カタボライトリプレッション	364
カタラーゼ	648
カードメーキング	656
活性汚泥	714
——濃度	715
——プロセスのシミュレーション	335
——法	714
カブ	88
カプロン酸エチル	572
カーボンニュートラル	788
下面発酵ビール	592
可溶化処理	724
カラシ抽出物	653
ガラス転移	508, 528
カラタチ	87
カラムバイオリアクター	762
カリフラワーキャベツ	88
カリフラワーモザイクウイルスの35S RNA遺伝子	107
カルタヘナ議定書	46, 48
カルタヘナ法	814
カルボキシペプチダーゼ	646
カルマンフィルター	440
環境浄化作用	776
環境調和型	714
環境ホルモン	750, 763, 769, 770
環境モニタリング	763
還元	760
緩効性	734
乾式メタン発酵処理	720
管状モジュール	466
乾燥	521
カンチレバー	286
カンラン	88
還流	477
灌流培養	398
灌流流加培養法	419
緩和時間	217

■き■

気液平衡	474
機械撹拌方式	720
危害分析重要管理点	514

機関実験	815	局所的アラインメント	302	グルタチオン	628
気菌糸	61	魚醤油	663	グルタチオン S-トランスフェラーゼ	136
黄麹菌	551	切出し酵素	97	グルタミナーゼ	648
擬似移動層クロマトグラフィー	491	均一競合法	283	グルタミン酸発酵	6, 8, 331, 361
偽子嚢殻	22	菌界	14	グレープフルーツ	88
技術者倫理	828	菌体エキス	649	黒麹菌	586
基準株	14	緊縮制御	365	クロスフロー濾過法	455
基準振動	248	菌蕈綱	24, 64	クロボキン綱	24, 64
――解析	248	近接場光	287	クロルデン	55
キシレン類	755	近接場光学顕微鏡	286	クロロメタン	748
気相式プロテインシーケンサー	263	菌相	728	クワ	755
キックアウト	755	金属処理法	103		
基底菌糸	61	菌体破砕法	457	■け■	
基底状態	245	菌体分離	452	蛍光	230, 244
軌道角運動量	246	均等論	824	蛍光 in situ hybridization 法	247, 722
キネトコア	147	金粒子	265	蛍光共鳴エネルギー移動	203
機能性油脂	637	菌類の分類	18	蛍光共鳴エネルギー転移	259
キノコ	70			蛍光顕微鏡	234
キノン	26	■く■		蛍光色素	305
気泡塔型バイオリアクター	401	グアノシン	636	蛍光蓄積・結合平衡除外法	771, 773
生酛	562	グアノシン 5′-二リン酸 3′-二リン酸		蛍光偏光解消	244
逆洗	456	（ppGpp）	365	蛍光偏光法	770, 773
逆転写 PCR	99	クエン酸	354, 619	蛍光量子収率	247
逆転写酵素	98, 102	――発酵	619	経済性	828
逆平行 β シート	158	クエンチャー	254	形質転換	52
逆ミセル抽出	472	くさや	662	Agrobacterium を介した――	30
逆問題	310, 338	組換え DNA 技術	49	葉緑体を用いた――	30
キャッサバ生産量	6	組換え DNA 実験指針	811, 814	形質転換技術	50
キャッサバデンプン	5	組換えトウモロコシ	10	形質転換体の選抜	31
キャッサバの輸出入量	6	組換え発現技術	163, 165	形質導入	51, 92
キャップ構造	155	組換えビタミン B_2 生産	330	形態学的性状	25
キャパシティー比	276	組込み酵素	97	継代培養保存法	26
キャピラリー型	259	クモノスカビ	69	経路探索法	322
――モジュール	466	クラス 1	815	ケイン	12
キャピラリー電気泳動法	273	クラス 2	815	――モラセス	12
キャベツ	88	クラス 3	815	ケカビ	69
吸光度	247	クラスタリング解析	306	結晶格子	494
休止菌体	371	グラニュール	731	結晶多形	495, 499, 502
吸収スペクトル	244	グリーンケミストリー	348, 774	血栓溶解剤	700
吸着平衡	470	グリーンバイオテクノロジー	708, 781	ゲノミックライブラリー	50, 112
きゅう肥	733	グリーンバイオプロセス	708	ゲノム創薬	673
競合ハイブリダイズ	306	グリーンバイオプロセス化	781	ゲノム工学	49, 145
競合法	282	グリーンプラ	786	ゲノムシャッフリング計画	150
教師信号	333	クリーンベンチ	817	ケモスタット	393
共焦点顕微鏡	235	グリオキシル酸サイクル	353	ゲル層	463
共振モード	286	グリシン	652	ゲル濾過	277
凝乳酵素	69	グリセリン	789	減圧蒸留	590
境膜物質移動係数	463	グルコアミラーゼ	576, 644	原位置処理	746
共鳴周波数	217	グルコースイソメラーゼ	644	限界含水率	522
共鳴ラマン散乱分光法	249	グルコースオキシダーゼ	645	限外濾過法	461
共役リノール酸	639	グルコノ-δ-ラクトン	622	嫌気還元的脱塩素化分解	748
極限環境微生物	786	グルコン酸	621	嫌気好気活性汚泥法	718
極限生育環境	779	――発酵	621	嫌気性アンモニア酸化	727

嫌気性微生物	725, 727	酵素反応データベース	300	——の縮退	153
嫌気性流動床法	720	酵素免疫測定法	281, 769, 773	コハク酸	356
嫌気性濾床法	720	抗体医薬品	675	コーヒーの官能評価値の推定	334
嫌気代謝	348	高電圧パルス処理	532	コムギ	
原子間力顕微鏡	287	高電界通電処理	533	——ストックセンター	37
原子写像行列	313	高度好塩菌	72	——データベース	37
原生生物界	14	勾配溶出	480, 486	コリネ型細菌	57
原生動物	715	高頻度形質導入	94	コールターカウンター	243
顕微操作法	237	高分子吸水ポリマー	789	コンタクトモード	286
原油流出	752	酵母	736	コンティグマップ	111
減率乾燥	522	——の細胞分裂の分子ネットワーク		コンデンサーレンズ	231
		シミュレーション	326	コントラスト	232
■こ■		——の分類	24	コンピテントセル法	108
5-bromo-4-chloro-3-indolyl-β-D-		酵母エキス	649	コンビナトリアル・バイオシンセシス	
galactopyranoside	115	酵母菌	64		363
5-bromo-4-chloro-3-indolyl-β-D-		酵母人工染色体	146, 147	コンビナトリアルケミストリー	766
glucuronide	115	酵母染色体断片化	146	コンビナトリアルライブラリー	766
5′-イノシンモノリン酸	634	恒率乾燥期間	522	コンプライアンス	830
高圧処理	532	合流式下水道	715	コンポスト	733
広域接合型プラスミド	59	小エビ由来アルカリフォスファターゼ	100		
高温短時間処理	515	呼吸商	379, 392	■さ■	
高温糖化酛	562	5′-グアノシンモノリン酸	636	細菌人工染色体	146
高温発酵	720	国際細菌命名規約	15	細菌の命名	15
光学活性医薬品の開発	703	国際植物命名規約	14	最終沈殿池	714
光学顕微鏡	232	国際生化学分子生物学連合	300	最小殺菌濃度	517
光学純度	740	国際特許出願制度	824	最小発育阻止濃度	517
光学的センサ	288	国内動物細胞バンク	43	サイズ排除クロマトグラフィー	483
好気性従属栄養微生物	714	国内優先権	824	再生医療	42
好気代謝	353	国連食糧農業機関	821	サイトカイン	694
好気的分解	748	コケ植物	790	サイトメガロウイルス	128
工業所有権	823	古細菌	71, 722	細胞株	41
抗菌剤	521	ゴーシュ病用酵素剤	701	細胞周期解析	244
光合成生物	777	コスミドベクター	110	細胞傷害性試験	687
光合成微生物	725	古生子嚢菌門	21	細胞チップ	294
コウジ菌	116	古生子嚢菌類	22	細胞内局在シグナル	155
——のEST解析	561	枯草菌	53	細胞のモデリング	321
——の酵素生産	558	固相合成	252	細胞培養	41
——の増殖と製麹管理	554	固体NMR	219	細胞培養——安全評価	41
——の代謝熱	555	固体処理	746	細胞表面抗原解析	244
仔ウシ腸由来アルカリフォスファターゼ		固体培養で特異的に発現する遺伝子	559	細胞壁構造	26
	99	固体培養バイオリアクター	409	細胞融合	49, 86
麹品質の判定	553	固定化pH勾配	270	細胞融合技術	49
広宿主プラスミドRP4	90	——二次元電気泳動法	270	酢酸イソアミル	572
抗腫瘍酵素	700	固定化菌	730	酢酸菌	60
抗腫瘍薬	669	固定化酵素	403	酢酸発酵	616
構成代謝	357	固定化生体触媒バイオリアクター	403	酢酸リチウム法	66
抗生物質	367, 666	固定化増殖微生物	403	サゴヤシ	7, 742
酵素	371	固定化微生物用バイオリアクター	405	——の生育地	7
構造-配列適合性関数	189	固定金属キレートアフィニティー		——のプランテーション栽培	7
高速液体クロマトグラフィー	277	クロマトグラフィー	280	殺菌	513
高速原子衝撃法	210	固定相	480	殺菌剤	517, 521, 689
高速コンポスト化	734	固定層吸着	470	殺菌濃度指数	517
酵素的修飾	179	コドン	153	殺虫剤	691

サツマイモ	8	支持体	730	種晶	498
サトウキビ	12, 737	脂質修飾	180	酒造好適米	546
砂糖大根	12	脂質組成	26	酒造用水	545
サニテーション	513	子実体（キノコ）	70	出願公開制度	824
砂漠緑化	790	自浄能力	750	準安定結晶	496
サビキン綱	24, 64	シス-1,2-ジクロロエチレン	745	循環型・持続型農業	734
サポートベクター	309	システムバイオロジー	337	循環型社会	780
サーマルサイクラー	254	シストロン	153	循環式硝化脱窒法	717
3HB	787	シダ植物	755	馴養	728
3-HP回路	783	疾患関連遺伝子	673	省エネ型廃水処理法	720
3-hydroxypropionate cycle	783	疾患特異的変動分子の探索	682	消炎酵素剤	700
酸化還元電位	759	湿式ミル破砕処理	725	小核アッセイ法	764
三角線図	471	湿式メタン発酵装置	720	消化酵素剤	699
酸加水分解	267	実質的同等性	819	硝化細菌	717
産業財産権	823	実数値遺伝的アルゴリズム	338	硝化-脱窒処理	729
散水濾床法	730	実用新案権	823	商業的無菌化	513
酸性ホスファターゼ遺伝子	116	質量電荷比	209	商業的無菌性	805
酸性カルボキシペプチダーゼ	577	質量同位体分布	316	上向流式嫌気性汚泥床	731
酸性プロテアーゼ	577	質量分析	311	上向流式嫌気性汚泥床法	720
酸素移動容量係数	402	質量分析法	209	蒸散	790
酸素収支	719	質量分布ベクトル	315	状態観測器	440
三大肥効成分	734	質量変化検出型センサ	288	焼酎酵母	589
サンドイッチ結合	767	シトクロムP450	685	焼酎蒸留廃液	742
サンドイッチ法	282	ジニトロフェノール法	261	焼酎の製造工程	586
残留性有機汚染物質	764	子嚢殻	22	焼酎の歴史と分類	586
		子嚢菌亜門	19	消毒	513
■し■		子嚢菌門	21	晶癖	495, 503
ジアセチル	569, 598	子嚢盤	22	小房子嚢菌類	24
シアノバクテリア	317, 751	子嚢胞子	22	上面発酵ビール	592
シイタケ	70	磁場型質量分析計	211	醤油	604
塩辛	663	ジベレリン	694	——の種類	604
ジオデオキシ法	258	姉妹染色分体分離	147	——の製造工程	605
紫外吸収系	214	シミュレーション	780	上流活性化配列	119
色素体	107	ジメチルエーテル	788	除菌	513
磁気モーメント	216	ジャーマンアイリス	88	食酢	
磁気力顕微鏡	286	シャイン・ダルガーノ配列	164	——の種類	615
シグナル仮説	132	弱毒性のテンペレートファージ	92	——の製造工程	616
シグナル配列	155	遮断	513	食品の安全性	819
シグナルペプチド	132	重金属汚染	760	植物	
シクロデキストリン グルカノトランス		——修復	760	——遺伝子資源	31
フェラーゼ	644	重金属耐性遺伝子	760	——ストックセンター	38
ジクロロエタン	748	重金属耐性生物	760	——データベース	38
ジクロロエチレン	748	重金属無毒化	760	——保存機関	34
ジクロロメタン	748	重原子同型置換法	184	植物遺伝子，データベース	33
シーケンスタグ法	311	充填層型バイオリアクター	402	植物界	14
始原菌	71	充填塔	479	植物寄生菌類	64
資源循環型・持続型	714	終末速度	452	植物鉱山	756
指向性転移	94	縦列型反復配列多型	102	植物細胞バイオリアクター	415
自己造粒法	730	16S rDNAクローン解析法	722	植物ステロール添加油	639
自己組織化地図法	132	縮合剤	255	植物バイオテクノロジー	777
自己組織化マップ	307	宿主・植物	30	植物防疫法施行規則	28
自己調節因子	366	宿主-ベクター系	814	食物連鎖	777
自己伝達性プラスミド	90	種子の保存	34	食用廃油メチルエステル化物	743

女性ホルモン受容体	770
除草剤・植物成長調整剤	694
除草剤耐性遺伝子	822
しょっつる	663
自律複製配列	118, 145
シロイヌナズナ	33, 34, 35, 149
白麴菌	586
進化分子工学	174
新機能植物	777
シングレットパターン	315
人工軽量土壌	789
人工ニューラルネットワーク	307, 308, 332
真正菌門	19
真正細菌	15, 71
真正子嚢菌綱	64
真正子嚢菌門	21
シンチレーションカクテル	226
振動式密度計	214
振動分光法	247

■す■

水圏環境	750
水晶振動子	290
水素センサー	768
水素発酵	725, 726
水分活性	508
水理学的滞留時間	727
スカム	716
スクリーニング	372
スケールアップ	426, 429
スターター	655
スタッファー領域	112
ステップエアレーション法	719
ストックセンター	35
ストックホルム条約	764
ストレプトマイシン	366, 689
スパイラル型モジュール	466
スーパーオキシドジスムターゼ（SOD）	700
スーパーファンド法	749, 753
スピノサド	693
スピルリナ	642, 648
スピン角運動量	246
スピン多重度	245, 246
スピン量子数	216
スフェロプラスト法	66
スプライシング	155
スプライソゾーム	155
スラブ型	259
スラリー処理	746
3Dプロファイル法	187
スレオニン	81

スレディング法	187

■せ■

生化学的変異株	81
静菌	513
静菌剤	517, 521
制限酵素	99
生産性	736
生産物収率	379
清酒	
——の熟成	578
——の製造工程	544
清酒麴	550
——製造方法	551
清酒酵母	566
——による香気生成	569
清酒醸造の歴史	541
清酒もろみ	572
——の高泡	566
——の制御	575
精製係数	460
製造物責任法	797, 828
生体外遺伝子操作	50
生体外タンパク質合成系	167
生体内遺伝子操作	49, 50
生物化学的酸素要求量	714
生物学的窒素除去	716
生物学的窒素リン同時除去法	719
生物学的リン除去法	717
生物五界説	14
生物三界説	14
生物指標菌	806
生物情報科学	337
生物処理	725
生物素子	769
生物多様性条約	45
生物的分析法	769
生物農薬	752
生物膜法	730
生分解性プラスチック	11, 711, 786
精米機	548
生命圏工学	774
生命システムのシミュレーション	325
生命の設計原理	326
生命分子ネットワーク	321, 322
西洋マッシュルーム	70
生理活性物質	363
生理生化学的性状	26
世界のサツマイモ生産統計	9
世界保健機関	821
赤外吸収スペクトル	248
赤外吸収分光法	247
石油分解微生物	753

石油流出事故	758
セダム類	790
接合	51, 90
接合菌亜門	19
接合菌綱	21
接合菌類	20
接合体	90
接合伝達	90
接触曝気法	730
絶対嫌気法	728
絶対バイオバーデン法	807
セルラーゼ	645, 740, 782
セルロース	632
ゼロエミッション	754
繊維状ファージ	96
線形判別分析	308
先願主義	824
旋光分散	244
センサー	766
センサーグラム	221
センサーチップ	221
染色体工学	49, 145, 778
染色体分断法	146
全石油炭化水素	756
選択拡散理論	523
選択マーカー	164
セントラルドグマ	153
セントロメア	111
——配列	145
前方散乱光	244

■そ■

操作安定性	782
走査型近接場光学顕微鏡	287
走査型電子顕微鏡	231
走査トンネル顕微鏡	286
走査プローブ顕微鏡	286
増殖収率	378
相対揮発度	474
僧坊酒	542
創薬ターゲット	680
——の発見	680
速醸酛	561
側方散乱光	243
疎水性クロマトグラフィー	277, 280
ソフトエレクトロン	533
ソフトセンサー	436
ソルビン酸	652

■た■

大域的アラインメント	302
第一種使用	815
ダイオキシン類	745

耐乾性	790	担子菌門	24	漬物	650
大気圧化学イオン化法	210	単純ターミネーター	129	ツーハイブリッドシステム	116
大気や海洋表面の温度の上昇	776	単蒸留	476	ツボカビ門	20
ダイコン	88	探針	286	■て■	
代謝経路解析	342	弾性光散乱	244		
代謝工学	312, 322, 346, 444	炭疽菌	53	低カロリー油	639
代謝制御	348	タンナーゼ	645	定型濃度分布	488
代謝流束解析	326	タンパク質		ディジタル画像	239
代謝流束分布計算	313	——の発現解析	310, 312	ディスタンスジオメトリー法	182
代謝流束分布計算法	316	——のリン酸化	179	ティッシュエンジニアリング	42
代謝流束ベクトル	312	タンパク質工学	152	低頻度形質導入	94
代謝量論係数行列	312	タンパク質間の架橋化反応	180	定量PCR	254
代謝量論式	312	タンパク質融合法	114	データベース	35, 298
ダイターミネーター法	259	■ち■		データマネージメントシステム	680
大腸菌	51			デカルバモイラーゼ	703
ダイナミックメジュアメント法	428	地域別サトウキビ栽培量	12	適応共鳴理論	307
第二種使用	815	地域別ビート栽培量	12	適合コドン	131
堆肥	733	チェックポイント機構	147	デコンボリューション法	236
対物レンズ	231	チェレンコフ効果	227	デッドエンド型濾過法	455
対話型遺伝子ネットワーク推定システム		地下水循環方式	747	テトラクロロエチレン	745
	341	地球温暖化問題	780	テトラサイクリンリプレッサー	129
多核体タンパク質	96	地球再生	780	テトラナクチン	694
多環芳香族化合物	745	治験	810	テロメア	111
濁度センサー	436	チーズ	655	——配列	145
ターゲットバリデーション	684	窒素固定菌	725	転移酵素	125
ターゲット物質	768	窒素除去	729, 730	電解水	533
多光子顕微鏡	236	知的財産権	823	電気化学的成分測定用センサー	433
多次元NMR	217	知的情報処理	328	電気化学的センサ	288
多重共鳴法	220	中間レンズ	231	電気穿孔法	66, 108
多重同位置換法	223	中空糸型モジュール	466	電気透析を伴う培養	399
多層ニューラルネットワーク	332	中鎖脂肪酸含有油	638	電子イオン化法	209
脱窒	717, 730	抽出	471	電子銃	230, 232
脱窒細菌	752	抽出培養	397	電子スピン共鳴分光	219
脱ハロゲン呼吸	55	中性子回折法	184	電子スピン量子数	245
脱ファジィ化	330	中立変異	77	電子線回折法	185
多糖類	715	超音波処理	725	転写	153
棚段塔	478	超高圧電子顕微鏡	231	転写因子GAL4	116
多波長異常散乱法	184	超高温処理	515	転写活性化配列	115
多波長異常分散法	223	超好熱菌	72	転写終結部位	129
タピオカ	5	超臨界水	783	転写融合法	114
タービドスタット	393	超臨界抽出	472	電子レンズ	231, 232
ダブレット	315	直接固相法	282	点像分布関数	236
タマネギ	88	直接注入方式	747	伝統的発酵乳	659
ターミネーター	129	直接法	223	伝熱理論	530
——配列	153, 154, 164	チロシンフェノールリアーゼ	703	天幕式製麹機	556
単位容積当りの動力	430	沈降係数	213, 452	電流測定型	288
段階溶出	481, 488	沈降速度法	213	■と■	
炭化水素	778	沈降平衡法	213		
単鎖抗体	765	沈降を伴う培養	398	同位体写像行列	314
炭酸ガス	776	沈殿分離	458	同位体分布ベクトル	314
——の固定化	776	■つ■		投影レンズ	231
担子菌	69, 70			透過電子	230
担子菌亜門	19	通気攪拌槽型バイオリアクター	400	——顕微鏡	230

糖鎖修飾	179	■な■		■ぬ■		
凍結	528	ナイシン	630	糠漬	664	
凍結界面進行速度	531	——A	630	■ね■		
凍結乾燥	524	——Z	630			
——保存法	26	内分泌系攪乱物質	750	ネギ	88	
凍結傷害	531	中温発酵	720	ネコインターフェロン	695	
凍結調節物質	530	ナガエノスギタケ	71	ネコ型化抗体	698	
凍結保存法	26	ナタネ	88	熱—アルカリ処理	725	
統合データベース	301	ナチュラルアテニュエーション	748	熱死滅データベース	516	
透析培養	396	納豆	653	熱ショック応答	326	
等組成溶出	480, 483	納豆菌	53	熱耐性曲線	514	
動的吸着量	488	ナホトカ号の油流出事故	758	熱伝導度	529	
等電点	270	ナメコ	71	熱電併給	788	
動物——凍結保存法	42	ナリンジナーゼ	645	熱分解	788	
動物界	14	ナンセンス変異	77	熱レンズ顕微鏡	291	
動物細胞バイオリアクター	412	■に■		ネナガノヒトヨタケ	71, 89	
動物細胞培養用担体	412			ネーブルオレンジ	88	
動物用サイトカイン	695	II型終結シグナル	129	燃料用エタノール	11, 737	
動物用生理活性物質	694	293細胞	106	■の■		
トウモロコシ	10	二形性	118			
——デンプン	10, 737	二光子励起顕微鏡	236	濃縮	525	
トキシコゲノミクス	687	2抗体固相法	282	濃度分極	462	
ドキシサイクリン	128	二次菌叢	655	農薬用生理活性物質	689	
特殊形質導入	92, 93	二次元電気泳動	310	野積み法	734	
特殊肥料	733	——法	270	ノニルフェノール	757	
特性X線	230	二次元ポリアクリルアミドゲル電気		ノンコンタクトモード	286	
毒性評価	687	泳動法	270	■は■		
特徴選択法	309	二次代謝	363			
特定部位	92	二次電子	230	肺炎双球菌	91	
独立栄養生物	777	二重境膜説	426	バイオアッセイ	764	
独立栄養脱窒反応	728	二重ダブレット	315	バイオ医薬品	672	
土壌汚染	745	二相式メタン発酵法	720	——の市場規模	674	
——修復	745	2値画像	240	——の薬効領域	675	
都市緑化	789	日光着色	580	バイオ医薬品開発法	673	
特許権	823	ニトリル	372	バイオ医薬品製造法	674	
突然変異技術	49	ニトリルヒドラターゼ	373, 703, 781	バイオインフォマティクス	337	
トマト	87	2-ヒドロキシ-4-メチルチオ酪酸生産		バイオオーグメンテーション	746	
ドメイン	14, 158		710	バイオコンバージョン	371	
トランジション	78	日本技術者教育認定機構	828	バイオジーゼル	778	
トランスグルタミナーゼ	646	日本酒	574	バイオ情報	298	
トランスジェニック植物	30	2命名法	14	バイオ情報技術	298	
トランスジェニック生物	97	乳酸	620	バイオ情報データベース	299	
トランスバージョン	78	乳酸菌	58, 651, 661	バイオスティミュレーション	745	
トランスポゼース	125	乳酸菌飲料	658	バイオスパージング	747	
トランスポゾン	78	乳酸生産菌	739	バイオセンサー	436	
——ベクター	125	乳酸発酵	352, 621, 658, 738	バイオディーゼル	789	
トリクロロエチレン	745	乳製品	655	——燃料	743	
トリプトファン合成	361	乳糖分解酵素	701	バイオテクノロジー	781	
トルエン	755	ニューラルネットワーク	328, 442	バイオテクノロジー安全性専門家会合		
トレハロース	631	ニューロン	333		820	
——生成酵素	644	——の学習	333	バイオトープ	790	
		2,4,6-トリニトロトルエン	756	バイオパイル	746	

バイオハザード対応型	817	パン酵母	661	ヒトインターロイキン6	122
バイオプロセス	328	——生産のファジィ制御	331	ヒトゲノム・遺伝子解析研究に関する	
バイオベンティング	747	半子嚢菌綱	64	倫理指針	44
バイオマスガス化	789	半子嚢菌門	21	ヒトサイトメガロウイルス	122
バイオマス資源	736	反射電子	230	ヒト人工染色体	147, 148
バイオマスの有効利用	777	判別モデル	308	ヒトのEBウイルス	105
バイオマス発電	788	汎用化学品	372	ヒトリボコルチンI	122
バイオリアクターのスケールアップ	402			ヒト薬物代謝型CYP分子種	685
バイオレメディエーション	743, 745	■ひ■		ビート	12
バイオレメディエーション技術	745	ビアラホス	694	——モラセス	12
倍加時間	382	火落ち	581	ビニルクロリド	748
廃棄物処理	734	ビオトープ	789, 790	微分干渉顕微鏡	234
廃棄物燃焼残滓	760	干渇汚染	758	ヒマワリ	756
廃棄物バイオマス	742	非荷電ポリマー法	461	氷核物質	530
ハイコンテントスクリーニング	679	光刺激ルミネッセンス	228	氷結率	528
ハイスループットスクリーニング	679	光独立栄養生物	783	氷晶形成	530
胚性幹細胞	42	光パルス処理	534	病原微生物	735
バイナリーベクター	107	光ピンセット	237	標識ベクトル	313
ハイブリッド抗生物質	367	光ファイバーセンサ	289	表面プラズモン共鳴	220, 290, 770
培養フェーズ	329	光プローブ顕微鏡	286, 287	——法	770, 773
倍率	232	非競合法	282	ヒラタケ	70, 89
配列比較	302	ピクセル	239	ビリルビン分解酵素	700
配列モチーフ	303	飛行時間型質量分析計	211	ビール	
破過曲線	470, 488	微小後生生物	715	——の製造工程	593
バキュロウイルス	96, 128	ヒスチジンタグ	179	——の歴史	591
曝気槽	714	微生物	348	ビール酵母	649
ハクサイ	88	——のスクリーニング	782	——の育種	595
白色腐朽菌	89	——の同定	24	——の凝集	599
白色腐朽性キノコ	70	——の保存	26	ピルビン酸	349, 357
バクテリアセルロース	632	微生物塊	731	品質管理	794
バクテリアの分類	15	微生物株			
バクテリオファージT7	109	——の寄託	28	■ふ■	
パスウェイデータベース	301	——の分譲	27	ファイトケラチン	762
パストゥリゼーション	516	微生物株保存機関	27	ファイトテクノロジー	755
パターン	304	微生物壁方式	747	ファイトレメディエーション	
発酵	348	微生物群集	727		746, 747, 751, 753
発酵バター	657	——構造	715	ファイトレメディエーション技術	762
パーティクルガン	107, 265	微生物制御方法	514	ファウリング	468
——法	30, 103	微生物タンパク	648	ファジィ制御	328, 329, 442, 575
パーティクルデリバリー法	265	微生物バイオリアクター	400	ファジィニューラルネットワーク	
ハードルテクノロジー	513	微生物フローラ	755		309, 333
ハナショウブ	88	微生物変換	703	ファージセラピー	96
パポバウイルス	126	微生物油	639	ファージ提示法	206
ハーフサイクル法	808	微生物由来医薬品	666	ファージディスプレイ	765
パーム油のメチルエステル化物	743	比増殖速度	377, 382, 715	——法	96
バリダマイシン	691	ビタミン	639	ファミリーシャッフリング	175
バルキング	716	非弾性光散乱	244	フィコシアニン	642
バルクスターター	657	ヒダントイナーゼ	703	フィジオローム	337
パルスフィールドゲル電気泳動法	274	ヒット化合物	680	部位指定突然変異法	172
パルスフーリエ法	217	比抵抗	453, 454	部位特異的組換え	146
ハロゲン呼吸	55	非天然アミノ酸導入	176	部位特異的突然変異誘発法	81
パン	660	ヒトBL60細胞	97	部位特異的変異	172
盤菌類	23	ヒトHT1080細胞	148	——導入技術	172

フィードバック制御	391, 438
フィードバック阻害	359
フィードバック抑制	359
フィードフォワード制御	439
フィールドアプリケーションベクター	125
封入体	157, 164
フェニルイソチオシアナート法	261
フェムト秒レーザー	236
フェリクリシン	580
フォーゲルブッシュ型バイオリアクター	401
フォールダーゼ	157
フォールディング	155
フォールディング・ファネル	156
フォールド	158
——予測法	187
不完全菌亜門	19
不均一非競合固相法	282
複製開始領域	164
腐植質	734
不斉アミド化反応	704
不斉エステル交換	704
不斉加水分解	704
不整子嚢菌類	22
武装微生物	762
蓋麹法	552
付着担体	728
付着部位	92
付着末端	93
普通肥料	733
復帰変異株	83
物質生産	41
物理量計測センサー	433
不適合コドン	131
ブドウ球菌	53
ふなずし	663
普遍形質導入	92
フマラーゼ	356
フマル酸	356
不溶性顆粒	132
ブラウンフィールド再生法	753
フラクタン	654
フラクトオリゴ糖	632
プラスチック	10
——生産	8
プラスチド	107
ブラストサイジン-S	690
プラバスタチン前駆体ML236B生産	331
ブーリアンネットワーク	310
——モデル	338
フリーフラックス	316
プルラナーゼ	644
プルラン	632
フレームシフト	80
プレラベル法	268
フロインドリッヒ式	483
フローサイトメトリー	242
プローブ	286
プロセッシビティー	98
フロック	716
ブロッコリー	88
プロテアーゼ	646
プロテアソーム	137
プロテイナーゼ	646
——K	100
プロテインエンジニアリング	152
プロテインボディー	547
プロテオーム	337
プロトプラスト法	103
プロバイオティクス	58
プロピレンオキシド生産	709
プロファージ	59, 92
プロファイル	304
プロモーター・オペレーター領域	164
プロモーター配列	153, 154
プロリン	82
分解能	232
分 散	482
分散モデル	530
分子系統解析	16, 25
分子系統樹	14
分子シャペロン	156
分子生態学	727
分子置換法	184, 223
分子標的薬	675
分配係数	482
分泌発現	165
分離型バイオリアクター	396
分離度	486
分類階級名	15
分類学階級	16

■へ■

ペアワイズアラインメント	302
平行βシート	158
平衡含水率	522
閉子嚢殻	22
平板型モジュール	466
ヘキサヒドロ-1,3,5-トリニトロ-1,3,5-トレアジン	756
べき乗則	338
壁面パネル植栽	757
ペクチナーゼ	645
ベースコールプログラム	260
ヘスペリジナーゼ	645
ヘテロカリオン	67
ヘテロ乳酸発酵	739
ベニコウジ色素	641
ペニシリン	364
ペプチド抗体	765, 766
ペプチドシーケンスタグ法	213
ペプチド自動合成機	255
ペプチドマスフィンガープリント（プリンティング）法	212, 262, 311
ヘマトコッカス藻色素	642
ペリプラズム	139
ペレット	731
変形菌門	19
ベンゼン	755
返送汚泥	715
ペンタクロロフェノール汚染	750
ベントス	759
偏比容	214
鞭毛菌亜門	19
鞭毛菌類	20
ヘンリーの法則	476

■ほ■

包括固定化法	730
胞子嚢	20
放射性免疫測定法	281
放射線感受性解析法	764
放線菌	61, 364
包 装	525
包装材料	526
膨張層	491
法面緑化	790
法律遵守	830
補酵素再生系	783
保持時間	484
保持体積	484
保持能	276
保持比	276
ポストカラム法	268
ホスホエノールピルビン酸カルボキシラーゼ	317
ホスホルアミダイト法	252
ホタル	790
ホタル・ルシフェラーゼ	116
ホップ	592
ホテイアオイ	752
ポテト	87
母乳代替脂	638
ポプラ	756
ホモカリオン	67
ホモセリン	82
——要求株	82
ホモ乳酸発酵	739

ホモロジー検索	302	満頭機構	92	モルテン・グロビュール状態	156
ホモロジー法	186	マンナーゼ	645	モロニー白血病ウイルス	127
ポリL-乳酸	742				
ポリエチレングリコール修飾	180	■み■		■や■	
ポリ塩化ビフェニル	55	ミカン科	88	薬剤標的タンパク質の同定	683
ポリオキシン	691	ミクロシスチン	751	薬事法	808
ポリグルタミン酸	654	ミクロフローラ	727	薬物代謝	684
ポリケタイド	368	ミスセンス変異	77	薬物代謝研究	686
ポリ乳酸	738, 786	味噌の種類と製造工程	610	薬物代謝酵素	685
ポリヌクレオチドキナーゼ	100	ミニマムゲノムファクトリー	781	薬物動態	684
ポリヒドロキシアルカン酸	715, 786	ミルディオマイシン	691	山廃酛	562
ポリフェノール	755	ミルベメクチン	693		
ポリブチレンサクシネート	786			■ゆ■	
ポリヘドリン	96	■む■		有害重金属	760
ポリメラーゼ連鎖反応	101	無菌化	513	ユーカリノキ	757
ポリリン酸蓄積微生物	718	無菌性保証	806	有機酸	354, 356
ポリリン酸	717	無血清培地	40	——発酵	618
ボン・ガイドライン	46, 48	ムコールレンネット	69	誘起電気双極子	248
本格焼酎	588	無細胞タンパク質合成系	167, 168	有機農法	734
ホンシメジ	71	蒸米機	549	有機溶媒耐性	782
翻訳	153	ムレ香	579	有機溶媒中での反応	704
翻訳開始コドン	153			有機溶媒法	460
翻訳後修飾	155, 163, 168, 179	■め■		油脂	778
翻訳停止コドン	153	明視野顕微鏡	232	ユビキチン	137
翻訳融合法	114	メダカ	790	——活性化酵素	137
		メタノール	778	——結合酵素	137
■ま■		——資化酵母	66	——リガーゼ	137
マイクロインジェクション	237	メタボリックエンジニアリング	312		
——法	97, 105	メタボローム	337	■よ■	
マイクロキャリヤー法	413	メタロチオネン	762	溶解度	459, 496
マイクロバイオリアクター	419	メタンガス	776	陽荷電脂質やリン酸カルシウムゲルと	
マイクロ流路型イムノチップ	291	メタン菌	72	DNAの複合体を使う化学的手法	105
マージン	309	メタン酸化細菌	752	溶菌ファージ	92
マイタケ	71	メタン生成菌	722	溶原性ファージ	92
-35領域	127	メタンモノオキシゲナーゼ	752	溶媒媒介転移	495, 499
-10領域	127	メタン発酵	719	葉緑体	107
マウスES細胞	97	メチル-t-ブチルエーテル	745	ヨーグルト	659
膜洗浄	469	メチル水銀	760	抑制	81
膜透過流束	462	滅菌	513	余剰汚泥	715, 724
膜分離活性汚泥法	719	滅菌バリデーション	806	余剰電子	726
マクロベントス	759	免疫電気泳動法	281	4塩基コドン	176
マクロライド	367	免疫抑制剤	671	四重極型質量分析計	210
摩擦力顕微鏡	286	メンバーシップ関数	328		
マススペクトロメトリー	313	メンブランリアクター	396	■ら■	
マスタグ法	262			ライフサイクルアセスメント	711, 739
マックスブレンドファーメンター	418	■も■		ライブラリー構築	677
マトリックス	212	モジュール	158	ライブラリービーズ	766
マトリックス支援レーザー脱離イオン		モチーフ	158, 300, 303	ラウールの法則	474
化法	210	——検索	303	ラクターゼ	645
マルチクローニングサイト	109	——データベース	300	ラクトノヒドラーゼ	703
マルチプルアラインメント	302	モネラ界	14	ラジオルミノグラフィー	227
マルトース結合タンパク	136	モノクローナル抗体	86, 765	ラセミ化を伴う微生物変換	706
マンガンペルオキシダーゼ（MnP）	70	モラセス	12	ラブルベニア菌類	23

ラマン散乱	244	リボソームディスプレイ法	168	レーザーダイセクション	237
——スペクトル	248	リポフェクション法	105	レセプター分子	765
——分光法	247	リボフラビン生産	358	レトロウイルス	127
ラーモア周波数	216	流加培養	390	レトロウイルスベクターを使う生物	
ランアウェイプラスミド	126	粒径分布	496	学的手法	105
卵菌門	20	硫酸還元菌	722	レポーター	254
ラングミュア式	482	硫酸還元細菌	751	——遺伝子	114
ランダム変異	171	流束制御解析	346	——ジーンアッセイ	764
ランドトリートメント	746	流動パラフィン重層法	26	——ジーン法	772, 773
ランドファーミング	746	緑色蛍光タンパク質	116, 247	連続精留	477
		緑膿菌	104	連続培養	393
■り■		理論段	478	レンネット	656
リアルタイム検出法	254	——数	484		
リアルタイム測定	773	りん光	244	■ろ■	
リカレントニューラルネットワーク	332	リンゴ酸	356, 622	老香	580
リグニンペルオキシダーゼ（LiP）	70	リン酸カルシウム法	105	漏出型変異株	83
リジン	81, 83	リン脂質	638	濾過	453, 513
——発酵	358			濾過助剤	455
リゾチーム	645	■れ■		濾過抵抗	453
リーダー配列	140	励起状態	245	濾過培養	396
リード化合物	680	冷蔵	528	ロバストネス	326
リパーゼ	647, 701	冷凍	528	ロンドン条約	742
リフォールディング	139, 157	レイリー干渉系	214		
利便性	828	レイリー散乱光	248	■わ■	
リボソーム RNA	14	レイリーの式	476	ワルドホッフ型バイオリアクター	401

■A■		*Acinetobacter*	55	aminoglycoside 系	667
		AcNPV	96	AMV	98
A. awamori	68	*Acremonium chrysogenum*	69	*Amycolatopsis*	61
A. cepa	88	*Actinobacillus actinomycetemcomitans*		anaerobic ammonium oxidation	
A. ficuum	68		93	（Anammox）	727
A. kawachii	68	Actinobacteria	18, 61	anaerobic fluidized-bed reactor	
A. nidulans	68	Actinomycetales	61	（AFBR）	720
A. niger	68	*Actinoplanes*	61	anaerobic respiration	348
A. sojae	68	activation domain	116	*Ancylobacter*	55
A. terreus	68, 69	*Actobacter xylinum*	60	Anfinsen のドグマ	155
ABE	742	AD	116	Animalia	14
acarbose	672	adaptive resonance theory（ART）	307	ANN	307, 308, 332
Acetobacter	60, 91	aerial mycelia	61	AOX1 プロモーター	133
Acetobacter 属	104	*Aerobacter*	55	apothecium	22
Acetobacter aceti	60, 616	*Agaricus bisporus*	70	*Aquifex* 属	72
Acetobacter diazotrophicus	60	*Agrobacterium*	55, 91	Aquificae	17
Acetobacter europaeus	60	*Agrobacterium* 菌	91	*Archaea*	722
Acetobacter methanolicus	60	*Agrobacterium* 属細菌	815	Archaebacteria	14, 71
Acetobacter pasteurianus	60	*Agrobacterium tumefaciens*	107	Archaeoglobi	19
Acetobacter polyoxogenes	60	*Alcaligenes*	55	Archeae	14
acetyl-CoA 経路	783	*Alcaligenes* 属	124	Archiascomycetes	21
acetyl-CoA carboxylase	784	alcohol acetyltransferase	569	ARE	134
Acheae	16	alcohol dehydrogenase	737	ARS	118, 145
Achromobacter	55	*Allium ampeloprasum*	88	*Arthrobacter*	55
Acidobacteria	18	Alphaproteobacteria	17	artificial neural network（ANN）	328
Acidomonas	60	AM 菌	790	Ascomycetes	21

索引

Ascomycota		21
Ascomycotina		19
ascosore		22
ascotroma		22
Aspergillus		67, 354
Aspergillus awamori		586
Aspergillus kawachii		586
Aspergillus nidulans		67, 117
Aspergillus oryzae		67, 116, 551, 606
Aspergillus sojae		606
atmospheric pressure chemical ionization (APCI)		210
atom mapping matrix (AMM)		313
attachment (att) site		92
aubuscular mycorrhizal fungi		790
AU-rich element		134
Autographa californica nuclear polyhedrosis virus		96
autonomously replicating sequence		118, 145
auxotrophic mutant		81
avian myeloblastosis virus		98
AWA1遺伝子		567
Awa1タンパク質と細胞表層の疎水性		568
Azotobacter		55

■B■

B. acidopullulyticus	54
B. amyloliquefaciens	53
B. amylosacchariticus	53
B. anthracis	53, 54
B. brevis	53
B. cereus	53, 54
B. circulans	53
B. coagulans	53
B. flavum	57, 83
B. halodurans	54
B. lactofermentum	57
B. licheniformis	53, 54
B. natto	53
B. oleracea var. botrytis	88
B. oleracea var. capitata	88
B. oleracea var. italica	88
B. polymyxa	53
B. rapa	88
B. rapa var. glabra	88
B. stearothermophilus	53
B. thuringiensis	53, 54
B1レベル	815
B2レベル	816
BAC	111, 146
BACベクター	112
Bacillus	55, 125
Bacillus anthracis	97
Bacillus brevis	121
Bacillus subtilis	121
back mutant	83
Bacteria	14
Bacterial artificial chromosome	111, 146
Bacteroidetes	18
bait	116
basic local alignment search tool (BLAST)	303
Basidiomycetes	70
Basidiomycota	24
Basidiomycotina	19
BD	116
Betaproteobacteria	17
BI	806
BiBAC vector	150
Bifidobacterium 属	59
bioaugmentation	746
biochemical engineering system analyzing tool-KIT (BEST-KIT)	343
biochemical mutant	81
Biochemical Pathways	301
biochemical system theory (BST)	324, 338
BioCyc	301
Biomolecular Interaction Network Database (BIND)	301
Biomolecular Relations in Information Transmission and Expression (BRITE)	301
biostimulation	745
biotop	790
biotope	790
BiP	140
BL21 (DE3)	109
BLAST	302
bleomycin	670
BLOCKS	304
blocks amino acid substitution matrix (BLOSUM)	302
BOD	714
Bordetella avium	93
Bovine Papilloma virus	105
bph	56
BPV ウイルス	123
bradytroph	83
Brassica rapa var. amplexicaulis	88
BRENDA	300
Brevibacillus brevis	53
Brevibacillus choshiensis	121
Brevibacterium	55
Brevibacterium thiogenitalis	82
BT剤	693
BTEX	755, 756
Burkholderia	55

■C■

C. boidinii	66
C. jambhiri	88
C. maltosa	66
C. unshu	88
CAAT (キャット) ボックス	155
CAH	749
CALUX	764
Calvin-Benson-Bassham cycle	783
CAM	56
Campbell モデル	93
Campylobacter jejuni	121
CaMV36S	107
CAM 植物	790
Candida albicans	65
Candida boidinii	64
Candida maltosa	64
Candida rugosa	64
Candida tropicalis	64
Candida utilis	64
carbapenem 系	667
carbon monoxide dehydrogenase	785
cassava	5
CBB 回路	783
CD	248
cDNA	305
cDNA ライブラリー	50, 113
CDR grafting	206
cell-free protein synthesis system	167
CEN 配列	145
Cephalosporium acremonium	69
cephem 系	666
CGTP	811
chemical ionization (CI)	210
Chlamydiae	18
chloramphenicol	668
chlorinated aliphatic hydrocarbon	749
Chlorobi	17
Chloroflexi	17
Chou-Fasman の方法	186
CHP	788
chromosome engineering	145
chromosome fragmentation	146
Chrysiogenetes	17
Chytridiomycota	20
Citrobacter	91
Citrus paradisi	88

Citrus sinensis	87, 88	DDT	55, 756	ED 経路	350
Clark 型酸素電極	288	Deferribacteres	17	Edman 法	262
clavulanic acid	667	defuzzification	330	electron ionization（EI）	209
cleistothecium	22	*Dehalobacter*	55	electroporation 法	105, 108
Clostridium	53, 55, 353	*Dehalococcoides*	55	electrospray ionization（ESI）	210
Clostridium perfringens	97	dehalorespiration	55	Elementary Mode（EM）	323
CM	748	*Dehalospirillum*	55	ELISA	769
CMA	324	Dehydrofolate reductase 遺伝子	127	Embden–Meyerhof–Parnas 経路	349
CN 比	734, 735	*Deinococcus-Thermus*	17	EMBL	298
COD	714	Deltaproteobacteria	18	embryonic stem	149
Codex 食品規格委員会	798	denaturing gradient gel electro-phoresis 法	722	*Emericella nidulans*	67, 68
CODH	785			EMP 経路	349
Codon Plus	131	*Desulfitobacterium*	55	Enndogonales	21
cohesive ends site	93	Deuteromycotina	19	*Enterobacter*	91
Comamonas	55	DGGE 法	722	*Enterococcus*	125
combinatorial biosynthesis	363	DHFR	127	*Enterococcus faecium*	96
COME	743	dhfr 遺伝子増幅系	123	Entner–Doudoroff 経路	350
competitive assay	282	*Dictyoglomi*	18	Entomophthorales	21
conjugation	51, 90	Dimargaritales	21	Entrez システム	301
conjugative transfer	90	dimorphism	118	enzyme immunoassay（EIA）	281
Convention on Biological Diversity（CBD）	45	directed transposition	94	enzyme multiplied immunoassay technique	283
		Disocomycetes	23		
Coprius macrorhizus	89	distance geometry 法	182	Enzyme-Linked Immuno-Sorbent Assay	769
Coriolus hirsutus	71	DME	788		
corn	10	DNA シーケンサー	259	enzyme-linked immunosorbent assay（ELISA）	282
Corynebacterium	55, 358	DNA シャッフリング	175		
Corynebacterium ammoniagenes	58	DNA チップ	305	Epsilonproteobacteria	18
Corynebacterium diphtheriae	95	DNA トポイソメラーゼ I	100	error back-propagation	333
Corynebacterium glutamicum	57, 122	DNA 任意増幅法	31	Error-prone PCR 法	172
COS 細胞	106, 123, 126	DNA の G＋C 含量	26	errorprone repair system	80
cos site	93	DNA プローブ	305	*Erwinia*	91
cosN	112	DNA ポリメラーゼ	98	*Erwinia* 菌	91
co-transfection	106	DNA マイクロアレイ	260, 305	*Erwinia carotovora* 菌	90
co-translational	119	DNA リガーゼ	99	erythromycin	669
CPOE	743	DNA gyrase B 配列（gryB）	25	ES	149
Cre recombinase	112	DNA/RNA 合成機	253	ES 細胞	42
Crenarchaeota	19, 72	DNA-binding domain	116	*Escherichia*	55, 91
Crenarchaeota 門	72	DNA–DNA 相同性試験	26	*Escherichia coli*	51
Cryptococcus	64	DNase	100	*Escherichia coli* BL21［DE3］	136
CV-1 細胞	126	DNP 法	261	ESR	219
Cyanobacteria	17	DO スタット	392	Euascomycetes	64
cyclosporin A	671	domain	14	Eubacteria	71
		drugable target	681	Eukarya	14
■D■				Eumycota	19
D 値	514, 517	■E■		Euryarchaeota	19, 72
dam 変異	108	*E. carotovora*	91	exchange coefficients	316
Database of Interacting Proteins（DIP）	301	E1	137	exicisonase	97
		E2	137	ExPASy データベース	300
DBGET	302	E3	137	expert system	328
DCA	748	EB ウイルス	123	Extreme Pathway（EP）	323
DCE	745, 748	EBI	298		
dcm 変異	108	E-CELL	325	■F■	
DDBJ	298	EcoCyc	321	*F* 値	515

FAB-Sector MS	212	Gluconacetobacter	60	Hymenomycetes	24, 64
FAO	821	Gluconobacter	60	Hyperthermophiles	72
fast atom bombardment（FAB）	210	Gluconobacter 属	104	■I■	
FASTA	302, 303	Gluconobacter oxydans	60		
FAVs	125, 126	GMA	324	ICH	803, 812
fermentation	348	GMP	801, 810	IEA	720
Fibrobacteres	18	GNE	820	IF〜THEN ルール	328
field application vectors	126	GPMSP	810	IGCC	788
Firmicutes	15, 18	Gracilicutes	15	in planta 形質転換法	107
FISH 法	722, 728	GRAS	819	in situ bioremediation	746
Flammulina velutipes	71	Green Chemistry	348, 780	in vitro パッケージング	110
Flavobacterium	55	green fluorescent protein	116	inclusion body	132, 139, 157
FLO1 遺伝子	599	Grifola frondosa	71	integrase	97
florescence resonance energy transfer（FRET）	203, 254, 259	GST	136	interactive inference system of genetic networks	341
flow cytometry	242	GUI	341	International energy agency	720
fluorescence activated cell sorter（FACS）	243	GUS	114	International Union of Biochemistry and Molecular Biology（IUBMB）	300
flux control analysis	346	GUS 遺伝子	115		
FLUXANALYER	324	■H■		InterPro	304
Fmoc 法	255	HACCP	513, 797	inverse problem	338
FNN	309, 333, 336	Haemophilus influenzae	104	ion trap（IT）	210
Fourier-transform ion cyclotron resonance	211	Halobacteria	19	IPG	270
Freundlich 式	470	Haloferax volcanii	74	IPLab	242
FT-ICR 型質量分析計	211	Halomonas 菌	91	Ipomoea batatas	8
Fungi	14	Halophiles	72	ipt 遺伝子	31
Fusobacteria	18	halorespiration	55	IRE	134
fuzzy control	328	Hansenula polymorpha	64, 66	Iris ensata	88
■G■		HAT 培地	87	Iris germanica	88
GA	339	hCMV	122	iron-responsible element	134
Gammaproteobacteria	18	headful mechanism	92	ISO 15161	799
GC-MS	319	Hebeloma radicosum	71	ISO 22000	800
GCP	810	HeLa 細胞	97	ISO 9001	794
GC-Q（GC-IT）MS	211	HEMF	608, 613	ISO 9004	796
GC-Sector MS	211	Hemiascomycetes	21, 64	isopentenyltransferase	31
GenBank	298	hemolysin の輸送系	140	isotopomer distribution vector（IDV）	314
gene dosage effect	126	hERG 阻害試験	687	isotopomer mapping matrix（IMM）	314
General Mass Action（GMA）	324, 339	heterokaryon	67		
generalized transduction	92	HETP	479, 484	IWA モデル	719
Generally Recognized As Safe	819	HFT	94	■J■	
genetic algorithm（GA）	328, 338	hidden Markov model（HMM）	304	J カップリング	217
genome engineering	145	high-content screening（HCS）	679	JABEE	828
Genomic Object Net	325	high-frequency transducing	94	JM シリーズ	108
GenPept	300	high-scoring segment pair（HSP）	303	■K■	
Geothermobacterium 属	72	high-throughput screening（HTS）	677	kanamycin	668
Gepasi	324	His-tag	136, 179	KEGG	301, 321
GFP	116	HMG-CoA 還元酵素阻害剤	670	Kickxellales	21
GILSP	811	Hofmeister 系列	459	Klebsiella	55, 91
global alignment	302	homokaryon	67	Kluyveromyces lactis	64, 65
Glomales	21	homology search	302	k-means クラスタリング	307
GLP	809	Hordeum vulgare	88		
		HPLC	277		
		HRT	727		
		HTST	515		

Korarchaeota	72	LQR 制御	439	MMLV	98, 106
Kozak 配列	115	LS-1	816	*mob*	90
Kunkel 法	173	LS-2	816	molecular replacement (MR)	223
K-W 法	270	LS-C	816	moloney murine leukemia virus	98, 106
		Luc	116		
■L■		*Lycopersicon esculentum*	87	*Monascus*	69
L-アシラーゼ	701	*Lyophyllum shimeji*	71	Monera	14
L-アスパラギン酸	627			monobactam 系	667
L-乾燥保存方法	26	■M■		Monod 式	384
L-グルタミン酸ナトリウム	623	*M. pusillus*	69	MPSS	261
L-スレオニン	626	*m/z*	209	MR 法	184
L-乳酸生産	709	M13	96	MS	313, 315
L-プロリン水酸化酵素	703	M13 系ファージベクター	110	MS/MS 測定	211
L-リジン	625	macrolide 系	668	MS-Tag	262
L. casei	91	MAD 法	184	MTBE	745
Laboulbeniomycetes	23	magnetic sector	211	*Mucor*	69
Lactobacillaceae	58	maize	10	*Mucor rouxii*	69
Lactobacillus 属	58	*Malassezia*	64	Mucorales	21
Lactobacillus 属細菌	104	MALDI-TOF	311	multiple alignment	302
Lactobacillus acidophilus	95	MALDI-TOF MS	212	multiple antigen peptide (MAP)	257
Lactobacillus bulgaricus	95	MALDI-TOF/TOF MS	212	multiple isomorphous replacement (MIR)	223
Lactobacillus casei	95	*Manihot esculenta* Crantz	5		
Lactobacillus diacetilactis	95	mass distribution vector (MDV)	315	multiple-wavelength anomalous dispersion (MAD)	223
Lactobacillus sakei	563	Mastigomycotina	19		
Lactobacillus salivarius	95	mating	90	Mushroom	70
Lactococcus 属	58	matrix-assisted laser desorption/ionization (MAL)	210	*Mycobacterium bovis*	95
Lactococcus lactis	95			*Mycobacterium smegmatis*	95
Lactococcus lactis subsp. *cremoris*	95	MAT ベクター	107	*Mycobacterium tuberculosis*	95
lacZ	114	MBC	517	Myxomycota	19
Langmuir 式	470	MBP	136		
large T 抗原遺伝子	126	MC	748	■N■	
LCA	739	MCS	109	*n*-アルカン	355
LC-IT MS	212	Mendosicutes	15	N-末端則	138
LC-IT/FT-ICR MS	212	Metabolic Control Analysis (MCA)	324	NAH7	56
LC-QqQ MS	212			Nanoarchaeota	72
LC-QqTOF MS	212	metabolite activity vector (MAV)	313	National Biomedical Research Foundation (NBRF)	299
LC-TOF MS	212	MetaModel	324		
leaky mutant	83	METATOOL	324	NCBI	298
Lentinula edodes	70	Methanobacteria	19	*Neisseria gonorrhoeae*	104
Leuconostoc 属	59	Methanococci	19	*Neurospora*	68
Leuconostoc mesenteroides	563	Methanogens	72	*Neurospora crassa*	68, 119
Levinthal のパラドックス	155	Methanopyri	19	*Nicotiana tabacum*	88
LFT	94	*Methanosarcina acetivorans*	74	NIH3T3 細胞	97
LinkDB	302	Metroxylansagu	7	NIH-Image	240
lipopeptide 系抗真菌薬	669	MIC	517	Nitrospira	17
Listeria	53, 125	*Microcitrus papuana*	88	NMD	135
Listeria monocytogenes	93	*Micromonospora*	61	NMR	182, 216, 313, 315, 319
local alignment	302	micronucleus assay	764	NMR 分光法	248
Loculoascomycetes	24	min-max 重心法	329	NOESY スペクトル	219
lon プロテアーゼ	136	MIR 法	184	noncompetitive assay	282
lovastatin	671	mitomycin C	669	nonsense-mediated mRNA decay	135
low-frequency transducing	94	mixed liquor suspended solids (MLSS)	715	non-stop decay	135
lox P1	112			NQR	220

索引

NSD		135

■O■

OCT		56
OD法		719
O'Farrell法		270
one-hybrid system		117
Oomycota		20
ori領域		164
oriT		90
ORP		759
Oryza sativa		88
Ouchterlony		281

■P■

P. aeruginosa		56
P. camemberti		68
P. chrysogenum Q		68
P. citrinum		68
P. columbinus		89
P. fluorescens		104
P. griseofulvum		68
P. pseudoalcaligenes		56
P. pulmonarius		89
P. putida		104
P. roqueforti		68
P. sajor-caju		89
P1 phage vector		111
P1レベル		815
P2レベル		815
P3レベル		815
PAC		111
PACベクター		111
pac site		95
Paenibacillus polymyxa		53, 54
PAH		745
pairwise alignment		302
Panerochaete chrysosprium		89
PBC		55
pBR322		109
PBS		786
PCB分解遺伝子		56
PCE		745
PCR		100
PCT出願		825
PEG修飾		180
PEG法		66
penicillin系		666
Penicillium		67, 68, 364
Penicillium chrysogenum		85
Penicillium notatum		68
pentose		736
Pentose-Phosphate経路		351
percent accepted mutations（PAM）		302
perithecium		22
persistent organic pollutants		757
PEST配列		138
pET		121
pETシステム		164
pETベクター		136
pET3/pET13		109
PFAM		300, 304
PHA		715, 786
PHA合成酵素遺伝子群		787
Phaffia rhodozyma		64
phage therapy		96
Phanerochaete chrysosporium		70
PHO5		116
Pholiota nameko		71
phosphomannose isomerase		31
photostimulated luminescence（PSL）		228
*Phrobaculum*属		72
Phrococcus abyssi		74
physio-logical state control		329
phytomining		756
pH勾配		270
pHスタット		392
Pichia angusta		66
Pichia pastoris		64, 66, 122
PID制御		439
pKT		124
PLA		786
Planctomycetes		18
Plantae		14
plasmid for Expression by T7 RNA polymerase		121
Plectomycetes		22
Pleurotus ostreatus		70, 89
PlofileFind		304
P_Lプロモーター		128
PL法		797, 828
PMF		262
*pmi*遺伝子		31
pMMB		124
polymerase chain reaction（PCR）		101, 253
polyphosphate accumulating organisms（PAOs）		718
Poncitrus trifoliate		87
Persistent Organic Pollutants（POPs）		757, 764
POPs条約		764
Position Specific Iterative BLAST（PSI-BLAST）		304
power-law formalism		338
PP経路		351
pravastatin		671
Predictome		301
prophage		92
Propionibacterium		91
propionyl-CoA carboxylase		784
PROSITE		300, 304
Protein Data Bank（PDB）		300
protein fusion		114
Protein Information Resources（PIR）		299
Proteobacteria		17
Proteus		91
Proteus vulgaris		93
Protista		14
Protomyces		64
Pseudomonas		55, 91
*Pseudomonas*属		124
*Pseudomonas*属細菌		55
Pseudomonas aeruginosa		93, 104
pseudothecium		22
pUC18/pUC19		109
pYAC4		111
Pyrenomycetes		23
*Pyrococcus*属		72
Pyrococcus furiosus		101
Pyrococcus woesei		101
pyruvate decarboxylase		737

■Q■

quadrupole（Q）		210
Quik Change法		174

■R■

Rプラスミド		95
R. arrhizus		69
R. delemar		69
R. japonicus		69
R. nigricans		69
RACE（rapid amplification of cDNA ends）-PCR		102
radio immunoassay（RIA）		281
Ralstonia		55
random amplified polymorphic DNA analysis		31
Raphanus sativus		88
RDX		756
Recurrent FNN（R-FNN）		336
reductive tricarboxylic acid cycle		783
REMI		118
repeat-induced point mutation		68, 120
reporter gene		114

repression	81	
Research Collaboratory for Structural Bioinformatics (RCSB)	300	
restriction enzyme-mediated integration法	118	
Restriction Fragment Length Polymorphism (RFLP) 解析法	70	
revertant	83	
RFHR 二次元電気泳動法	271	
Rhizobium	91	
Rhizobium meliloti	95	
rhizoid	20	
Rhizomucor pusillus	69	
Rhizopus	69	
Rhizopus niveus	69	
Rho 依存性終結シグナル	129	
Rho-dependent terminator	129	
Rhodococcus	55, 374	
Rhodosporidium	64	
Rhodotorula glutinis	64	
RIP	68, 120	
RNase	100	
RSF1010	124	
RT (reverse transcriptase)-PCR法	102	
RTCA 回路	783	
RT-PCR	99	
Rubisco	784	
(R)-3-ヒドロキシブタン酸	787	

■S■

S. abony	104
S. fradiae	89
S. kitasatoensis	89
S. lincolensis	89
S. mycarofaciens	89
S. narbonnensis	89
S. shibatae	73
S. solfataricus	73
S. venezuelae	89
Saccharomyces bayanus	600
Saccharomyces carlsbergensis	596
Saccharomyces cerevisiae	64, 65, 122, 561, 599, 736
Sago Industry	8
SAL	806
Salmonella	91
Salmonella typhimurium	104
saturation mutagenesis	174
SCAMP	324
Schizosaccharomyces pombe	64, 65, 122
Schwaniomyces occidentalis	64
SCP	64, 650
SD 配列	137, 154, 164

SDS 電気泳動法	270
self-organizing map (SOM)	132, 307
Sequence Retrieval System (SRS)	301
Serpulina hyodysenteriae	93
Serratia	91
Serratia marcescens	93
Sf 21	96
Sf 9	96
Shigella flexneri	93
Shine-Dalgarno 配列	154
simple terminator	129
Single Cell Protein	64
single nucleotide polymorphism (SNP)	32, 102
site-directed mutagenesis	81, 172
site-specific mutagenesis	172
site-specific recombination	146
sludge retention time (SRT)	715
slurry phase bioremediation	746
Smith-Waterman (SW) 法	302
SNOW	287
SNP	102, 261
Solanum integrifolium	88
Solanum tubersum	87
solid phase bioremediation	746
SOM	132
SOS 修復系	80
SoyBase	301
space time yield	736
specialized transduction	92
Sphaerotilus natans	93
Sphingomonas	55
Sphingomonas paucimobilis	55, 56
Spirochaetes	18
Spodoptera frugiperda	96
sporangium	20
Sporobolomyces	64
SPR法	770
ssu rRNA	14
S-system	324, 338
S-system モデル	338
Staphylococcus	53, 55, 125
Staphylococcus aureus	93
Stokes の法則	452
Streptococcus	125
Streptococcus 属	58
Streptococcus lactis	91
Streptococcus pneumoniae	59, 91, 104
streptokinase 融合タンパク	140
Streptomyces	55, 364
Streptomyces 属	61
Streptomyces avermetilis	62
Streptomyces azureus	95

Streptomyces carbophilus	68
Streptomyces coelicolor	62
Streptomyces fradiae	95
Streptomyces griseofuscus	95
Streptomyces hygroscopicus	95
Streptomyces lividans	64
Streptomyces venezuelae	95
streptomycin	667
STY	736
substitution matrix	302
substrate mycelia	61
Sulfolobas 属	72
Surface Plasmon Resonance	770
surface plasmon resonance (SPR)	290
SV40	106
SWISS-PROT	300
synergistic system (S-system)	310
Syntrophobacter	722
Systems Biology Markup Language (SBML)	325, 346
Systems Biology Workbech (SBW)	325

■T■

T. reesei	69
T. viride	69
T7RNA ポリメラーゼ	306
T7 プロモーター	128
tacrolimus	671
Taphrina	64
Taq DNA polymerase	254
TaqMan ケミストリー	254
target validation	682
TATA (タタ) ボックス	155
tautomerism	78
tBoc法	255
TCA	745
TCA サイクル	353
TCE	745
TEL 配列	145
temperate phage	92
Tenericutes	15
terminal restriction fragment length polymorphisms法	722
terminator	129
tetracycline 系	668
Tetragenococcus halophilus	607, 610
Thauea	55
Thermococci	19
Thermococcus 属	72
Thermococcus kodakaraensis	73, 101
Thermococcus litoralis	101
Thermodesulfobacteria	17

Thermomicrobia	17	(UAFP)	720	YAC	111, 126, 146, 147
Thermomyces lanuginosa	68	upflow anaerobic sludge blanket		*Yarrowia lipolytica*	64, 118
Thermotoga maritima	101	(UASB)	720, 731	YCF	146
Thermotoga 属	72	upstream activating sequence	119	yeast artificial chromosome	
Thermotogae	17	upstream activation sequence	115		111, 126, 146, 147
Thermus aquaticus	101	Urediniomycetes	24, 64	yeast chromosome fragmentation	146
Thermus flavus	101	Ustilaginomycetes	24, 64	yeast episomal plasmid	126
Thermus thermophilus	101	*Ustilago maydis*	64	YEp	126
Thermus ubiquitos	101				
threading 法	190	■ V ■		■ Z ■	
Ti プラスミド	107	Varshavsky 則	138	*Z. rouxii*	67
time-of-flight (TOF)	211	VA 菌根菌資材	790	Zes mays Linnaeus	10
TNT	756	VC	748	Zoopagales	21
TOL プラスミド	56	Verrucomicrobia	18	Zygomycetes	21
TPH	756	*Vibrio cholerae*	93	Zygomycotina	19
transconjugant	90	*Vibrio vulnificus*	96	*Zygosaccharomyces fermentati*	89
transcriptional fusion)	114	Virtual Cell	325	*Zygosaccharomyces rouxii*	64, 607, 610
transduction	51, 92	virulent phage	92	*Zymomonas*	351, 736
TRANSFAC	321	voglibose	672	*Zymomonas* 属細菌	104
transformation	52	VRE	96	Z' 値	679
translational fusion	114			z 値	514
TrEMBL	300	■ W ■			
T-RFLP 法	722	WHO	821		
Trichoderma	67, 69	windrow	734	α-グルコシダーゼ	577
Trichosporon	64	WIT	301	α-ケトグルタル酸	355
TROSY 法	219			α-サテライト	147
two-hybrid system	116	■ X ■		α ヘリックス	158
type I terminator	129	*Xanthobacter*	55	β-アミラーゼ	644
type II terminator	129	*Xanthomonas* 菌	91	β-ガラクトシダーゼ遺伝子	114
type species	14	*Xanthomonas campestris*	93	β-グルクロニダーゼ遺伝子	114
		X-gal	115	β シート	158
■ U ■		X-gluc	115	β-ラクタム系	666
UAS	115, 119	X 線回折像	222	γ-ポリグルタミン酸	628
UASB	731	X 線回折斑点	222	γ-HCH	55
UBC	137	X 線結晶構造解析	183	λ ファージベクター	110
UHT	515	X 線結晶構造解析法	222	λ terminase	112
uidA	114, 115			λEMBL3	110
UM-BBD	301	■ Y ■			
upflow anaerobic filter process		*Y. lipolytica*	64, 66		

生物工学ハンドブック
Handbook of Biotechnology

© 社団法人 日本生物工学会　2005

2005年6月30日　初版第1刷発行

検印省略	編　者	社団法人 日本生物工学会 大阪府吹田市山田丘2番1号 大阪大学工学部内
	発行者	株式会社　コロナ社 代表者　牛来辰巳
	印刷所	三美印刷株式会社

112-0011　東京都文京区千石4-46-10
発行所　株式会社　コロナ社
CORONA PUBLISHING CO., LTD.
Tokyo　Japan
振替00140-8-14844・電話(03)3941-3131(代)
ホームページ　http://www.coronasha.co.jp

ISBN 4-339-06734-2　　（大井）　　（製本：愛千製本所）
Printed in Japan

無断複写・転載を禁ずる
落丁・乱丁本はお取替えいたします

すべては、お客さまの「うまい!」のために。

変わることのない、アサヒが貫き続ける信念です。

「うまい!」という歓びを高める。「うまい!」という感動を広げる。
うまさと品質をどこまでも磨き続けるとともに、新発想でオリジナリティある提案を実行する。
私たちのすべての活動の原点は、変わることがありません。
これからも、挑戦を続けるアサヒにご期待ください。

Asahi

アサヒビール神奈川工場

自然の恵みから最高の「うまい!」を生み出すためにも、神奈川工場では、従来の廃棄物100％再資源化、完全ノンフロン化の達成に加え、風力発電の委託、敷地50％以上緑化など、常に次の環境活動を推進していきます。──アサヒの「うまい!」への挑戦に、ご注目ください。

www.asahibeer.co.jp　飲酒は20歳になってから。ほどよく、楽しく、いいお酒。

○自動販売機による酒類の販売は午後11時から午前5時まで停止されています。
○お客様相談室　0120-011121　アサヒビール株式会社

アサヒビールグループは愛・地球博を応援します。　EXPO 2005 AICHI JAPAN

＊この広告についてのお問い合わせは、巻末カタログ・資料請求用紙をご利用下さい。　（広告No. 1）

農林水産業からバイオテクノロジーまで網羅！

生物生産機械ハンドブック

農業機械学会 編／A5判／1182頁／定価26,250円

　農業機械学会では，1957年に「農業機械ハンドブック」を発行し，1969年に改訂版を，1984年に新版を発行してきた。これらは農業機械あるいは農業機械化の発展や理解に大いに役立ってきたと信じている。しかし，これもやがて10年が経過しようとした1992年に，「農業機械ハンドブック」とは別に新しいハンドブックを作成することが決定された。

　その背景として，日本農業の変革に対する農業機械の役割がきわめて大きいこと，また農業機械と利用技術の発展，大学における教育体制の変化，学会の対象の広がりなどがあった。

　編集方針としては，この新ハンドブックが従来の「新版農業機械ハンドブック」に取って代わられるものとすること，生物生産に立脚し，定説的，基礎的かつ利用度の高い事項や資料に重点を置くこと，を挙げた。

　内容としては，バイオテクノロジー，水産および林業を加え，農業機械工学よりも生物生産あるいは農業生産寄りにするものとし，編集委員の方々にはつぎのようなことをお願いした。

　すなわち，農法の違いによって，日本に現在見られない機器であっても，今後可能性の大きいもの，技術的に興味深いものは含めてもよい。因果関係が明瞭でないものについては，推測による記載を避ける。またこれからは，物性，自動化，計測，環境問題がますます重要になると考えられ，これらはいずれも編を構成するに値する項目であるが，たがいに重なり合うことが多いと考えられるので各項目のなかで取り扱う。ただし，センサは単独に取り扱った。さらに，現在開発中で普及していない技術であっても，ハンドブックの寿命を考慮し，将来期待できるものは含めてもよい，とした。

　本ハンドブックを多くの方々にご活用いただき，21世紀の斯界の発展に少しでもつながれば幸いである。

主要目次

生物生産システム／センサ／エネルギー変換／トラクタ／耕うん／施肥播種移植機／灌漑，排水および管理／防除／穀物収穫／飼料作物の生産と調製／園芸・特用作物の生産と調製／農産加工と施設／バイオテクノロジー／施設栽培／家畜・家禽飼育および養蚕，養蜂／林業および緑化／水産機械

株式会社 コロナ社
〒112-0011 東京都文京区千石4-46-10　振替00140-8-14844
TEL (03)3941-3131(代), -3132, -3133(営業部直通)
FAX (03)3941-3137(代), -3142(注文専用)
http://www.coronasha.co.jp
E-mail eigyo@coronasha.co.jp

うま味調味料「味の素」ができるまでについて、
もう一度お話しします。

原料は、天然のさとうきび。
さとうきびをしぼる。
しぼった汁から糖蜜をとる。
糖蜜
糖蜜に発酵菌をくわえる。
発酵菌が糖分をとりこみ、グルタミン酸につくりかえてくれます。
グルタミン酸ナトリウムの結晶に。
うま味調味料「味の素」のできあがり！
うま味調味料「味の素」は、グルタミン酸ナトリウムを主成分につくられています。

畑から、味の素。

あしたのもと
AJINOMOTO

うま味調味料「味の素」の知って得する
お役立ち情報があります。ぜひご覧ください。
www.ajinomoto.co.jp

＊この広告についてのお問い合わせは、巻末カタログ・資料請求用紙をご利用下さい。（広告Ｎｏ．３）

酵素を通して、
新しい価値を創生し、
豊かな生活に貢献します。

大和化成株式会社
本社 〒520-3203 滋賀県湖南市日枝町4番地19
電話番号 0748-75-1194　FAX番号 0748-75-0312　http://www.daiwa-enzymes.co.jp/

天野エンザイム株式会社
本社 〒460-8630 愛知県名古屋市中区錦一丁目2番7号
電話番号 052-211-3032　FAX番号 052-211-3054　http://www.amano-enzyme.co.jp/

＊この広告についてのお問い合わせは、巻末カタログ・資料請求用紙をご利用下さい。（広告Ｎｏ．４）

HPLCカラム インタクト

高速・高分解能・省溶媒型ODSカラム
Cadenza CD-C18
カデンツァ

粒子径 3 μm
細孔径 12 nm

世界最高理論段
5万段カラム
（250×4.6mm出荷時）

高性能3μmシリカ粒子，高理論段数，高分解能，低残存シラノール，耐酸性，耐アルカリ性，ＬＣ-ＭＳ対応

高性能MSには高性能カラムを

高性能MSメーカー御用達

インタクトのHPLCカラムは，高感度・高分解能・高速LC-MSで活躍しています。

Applied Biosystems API 4000 (TAKARA BIO INC.)

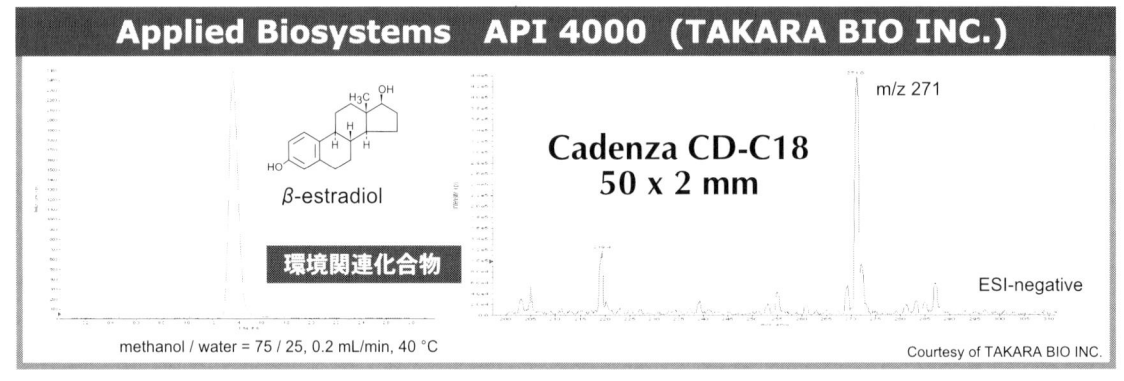

β-estradiol
環境関連化合物

Cadenza CD-C18
50 x 2 mm

m/z 271
ESI-negative

methanol / water = 75 / 25, 0.2 mL/min, 40 °C

Courtesy of TAKARA BIO INC.

Bruker Daltonics Esquire 3000plus

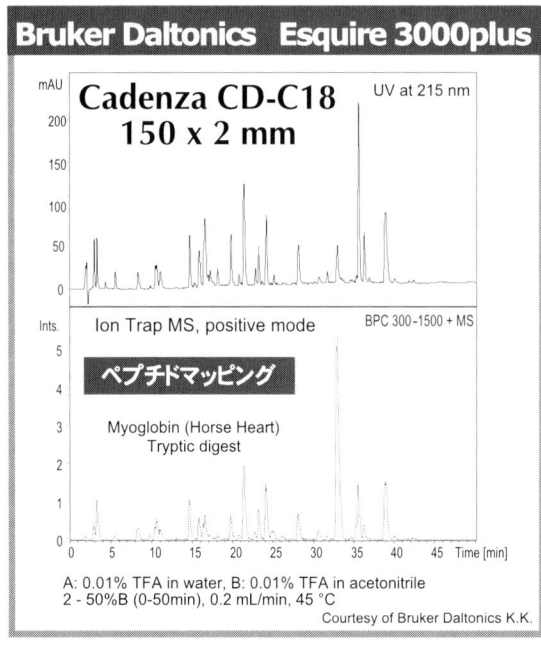

Cadenza CD-C18
150 x 2 mm
UV at 215 nm

Ion Trap MS, positive mode
BPC 300-1500 + MS

ペプチドマッピング

Myoglobin (Horse Heart)
Tryptic digest

A: 0.01% TFA in water, B: 0.01% TFA in acetonitrile
2 - 50%B (0-50min), 0.2 mL/min, 45 °C

Courtesy of Bruker Daltonics K.K.

Shimadzu LCMS-2010A

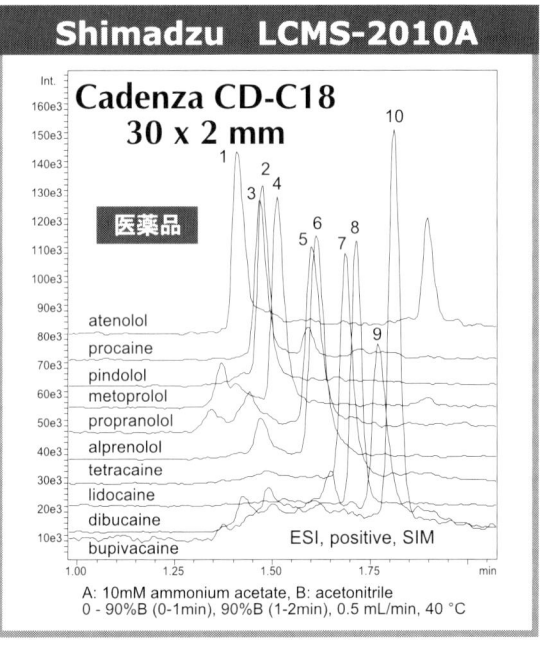

Cadenza CD-C18
30 x 2 mm

医薬品

atenolol
procaine
pindolol
metoprolol
propranolol
alprenolol
tetracaine
lidocaine
dibucaine
bupivacaine

ESI, positive, SIM

A: 10mM ammonium acetate, B: acetonitrile
0 - 90%B (0-1min), 90%B (1-2min), 0.5 mL/min, 40 °C

新開発エンドキャッピングなどカラムの詳細情報は資料をご請求ください。
弊社ホームページにも最新情報があります。

Imtakt
インタクト株式会社

インタクト株式会社は，ベンチャー都市京都から世界に向けて発信するHPLCカラムメーカーです。

http://www.imtakt.com

〒600-8813 京都市下京区中堂寺南町 京都リサーチパーク
PHONE: 075-315-3006 FAX: 075-315-3009 E-mail: info@imtakt.com

＊この広告についてのお問い合わせは、巻末カタログ・資料請求用紙をご利用下さい。（広告Ｎｏ． 5）

発酵装置
バイオプラントをエンジニアリング

多くの経験と豊かなアイデア、蓄積された多数の運転経験により、殺菌・洗浄などのノウハウを駆使し、時代に即応した製品をお届けしています。

ファジー制御付バイオリアクター

- 組織培養、固定化酵素、微生物用のバイオリアクター。
- ファジィ制御による培養の最適化が可能。
- 装置滅菌・培地滅菌から培養まで、一連の操作をコントロールする全自動システム。
- その他、お客様のニーズに応じたプラントを作製しております。

〈営業品目〉
- 発酵装置　● 蒸留装置
- バイオプラント　● スクラバー
- 抽出装置　● 吸着装置
- 蒸発装置　● ファメンター

新しい技術に挑戦する
エンジニアリング＆メーカー

関西化学機械製作株式会社
バイオ・エナジー株式会社

http://www.kce.co.jp　e-mail:technical@kce.co.jp

本社・工場　〒660-0053 兵庫県尼崎市南七松町2丁目9番7号　TEL(06)6419-7121　FAX(06)6419-7126

＊この広告についてのお問い合わせは、巻末カタログ・資料請求用紙をご利用下さい。（広告No. 6）

うれしいを、つぎつぎと。
KIRIN

澄みきった
コク。

キリン一番搾り

www.kirin.co.jp　キリンビール株式会社

飲酒は20歳になってから。お酒は楽しく、ほどほどに。のんだあとはリサイクル。

＊この広告についてのお問い合わせは、巻末カタログ・資料請求用紙をご利用下さい。（広告Ｎo．7）

バイオセンサ Bio Flow シリーズ

固定化酵素電極方式、微生物電極方式など多様なバイオセンサを提供します。

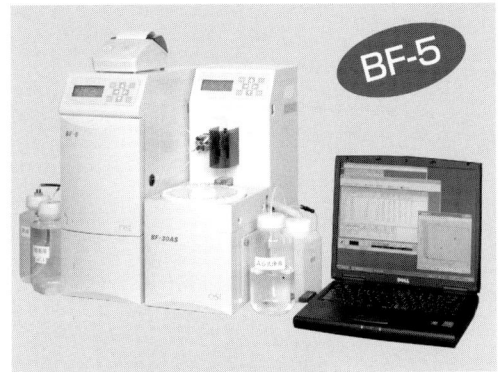

BF-5　BF-5は高い選択性を有する固定化酵素-過酸化水素電極を用いたフロー方式バイオセンサです。微生物、動物、植物細胞の培養管理、医薬・食品・飲料などの研究開発から品質管理まで、広範な用途にご利用いただけます。

測定対象　グルコース、フラクトース、スクロース、ラクトース、マルトース、マルトオリゴ糖、キシロース、アルコール（メタノール・エタノール）、L-乳酸、D-乳酸、ピルビン酸、L-グルタミン酸、L-リジン、L-グルタミン、グリセロール、酢酸、チラミン・ヒスタミン、アンモニア、L-アスコルビン酸、過酸化水素、その他キットと併用でデンプン分析などが可能です。

BF-2000　固定化微生物センサによる排水中の有機汚濁量を連続計測する装置です。ラボ用途と現場据置型BF-2000Bがあります。

マルチチャンネルアナライザー　グルコース、乳酸、グルタミン酸、グルタミンの動物細胞培養に必須の成分を同時計測する専用機です。

■詳細は下記までお問い合わせください

OSI Oji Scientific Instruments　王子計測機器株式会社

大阪事業所　〒660-0811　兵庫県尼崎市常光寺4-3-1
TEL.06-6487-1032　FAX.06-6489-1301
e-mail;sales@osi.ojipaper.co.jp
URL;http://www.oji-keisoku.co.jp

麦芽とホップが、すべて「協働契約栽培」になった。

SAPPORO　北海道生搾り

新庄"こだわり"つよし。

New!

発泡酒　飲酒は20歳になってから。あきかんはリサイクル。
ご協力のお願い：自動販売機による酒類の販売は午後11時から午前5時まで停止されています。

namashibori.com

広告 No. 10

HMG-CoA還元酵素阻害剤
高脂血症治療剤
メバロチン® MEVALOTIN
錠5・錠10・細粒0.5%・細粒1%

指定医薬品 ※処方せん医薬品:注意—医師等の処方せんにより使用すること
一般名/プラバスタチンナトリウム
薬価基準収載

● 効能・効果、用法・用量、禁忌・原則禁忌を含む使用上の注意等は添付文書をご覧下さい。

製造販売元(資料請求先)
三共株式会社 SANKYO
〒103-8426 東京都中央区日本橋本町3-5-1
※2005年4月改訂
05.4

*この広告についてのお問い合わせは、巻末カタログ・資料請求用紙をご利用下さい。(広告No. 10)

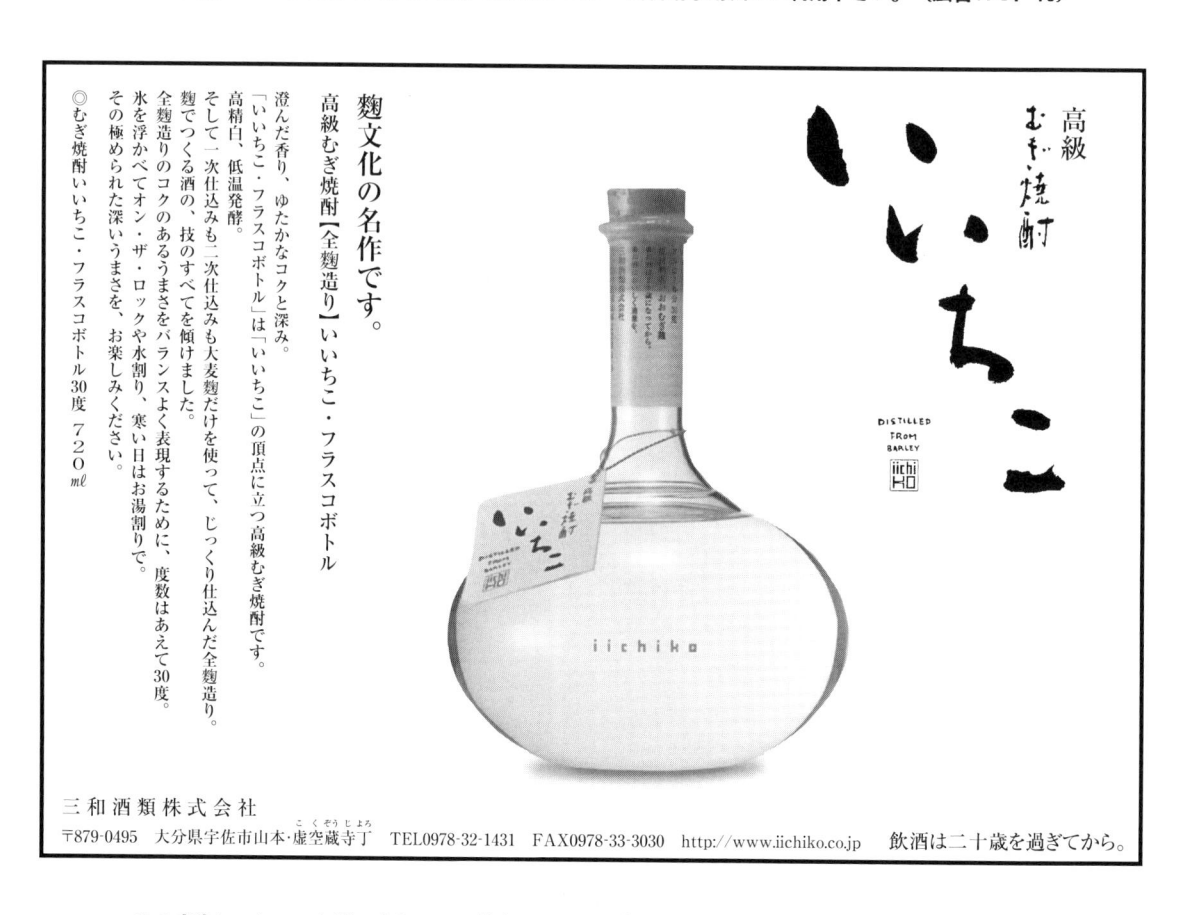

広告 No. 11

高級むぎ焼酎 **いいちこ**
DISTILLED FROM BARLEY
iichiko

麹文化の名作です。
高級むぎ焼酎【全麹造り】いいちこ・フラスコボトル

澄んだ香り、ゆたかなコクと深み。
高精白、低温発酵。
「いいちこ・フラスコボトル」は「いいちこ」の頂点に立つ高級むぎ焼酎です。
そして一次仕込みも二次仕込みも大麦麹だけを使って、じっくり仕込んだ全麹造り。
麹でつくる酒の、技のすべてを傾けました。
全麹造りのコクのあるうまさをバランスよく表現するために、度数はあえて30度。
氷を浮かべてオン・ザ・ロックや水割り、寒い日はお湯割りで。
その極められた深いうまさを、お楽しみください。

◎むぎ焼酎いいちこ・フラスコボトル 30度 720ml

三和酒類株式会社
〒879-0495 大分県宇佐市山本・虚空蔵寺丁(こくぞうじょろ) TEL0978-32-1431 FAX0978-33-3030 http://www.iichiko.co.jp 飲酒は二十歳を過ぎてから。

*この広告についてのお問い合わせは、巻末カタログ・資料請求用紙をご利用下さい。(広告No. 11)

培養のタイテック　　　　　　　　　　　　　　　　WWW.TAITEC.ne.jp

振とう培養ができるCO_2インキュベーター登場!!

オプションユニット追加で
灌流培養も可能。

- インビトロジェン社FreeStyle™293 Expression Systemによるタンパク質生産
- CHO細胞の培養
- HeLa細胞の培養
- 嫌気性菌の高密度培養
- 小容量でのバイオプロセス開発

哺乳類細胞用恒温振とう培養機
CO_2-BR-40LF

製品の詳細はタイテック・オンライン[総合WEBサイト]
をご覧下さい。WWW.TAITEC.ne.jp

**動物細胞も植物細胞も、バイオプロセスなら
タイテックの培養・培養モニタリング製品**

スピナーフラスコ&低速スターラー

製品の詳細はタイテック・オンライン[総合WEBサイト]
WWW.TAITEC.ne.jp をご覧下さい。

- 昆虫細胞の培養
- 哺乳類細胞等の高密度培養

特許DVI機構で一般的なスピナーフラスコの2倍の培養効率を実現!!

DOセンサーユニットでモニタリングも可能。

タイテック株式会社　本社/テクニカルセンター　〒343-0822 埼玉県越谷市西方2693-1
お問合せは商品企画部まで　TEL 048-988-8359　FAX 048-988-8362

＊この広告についてのお問い合わせは、巻末カタログ・資料請求用紙をご利用下さい。（広告No.12）

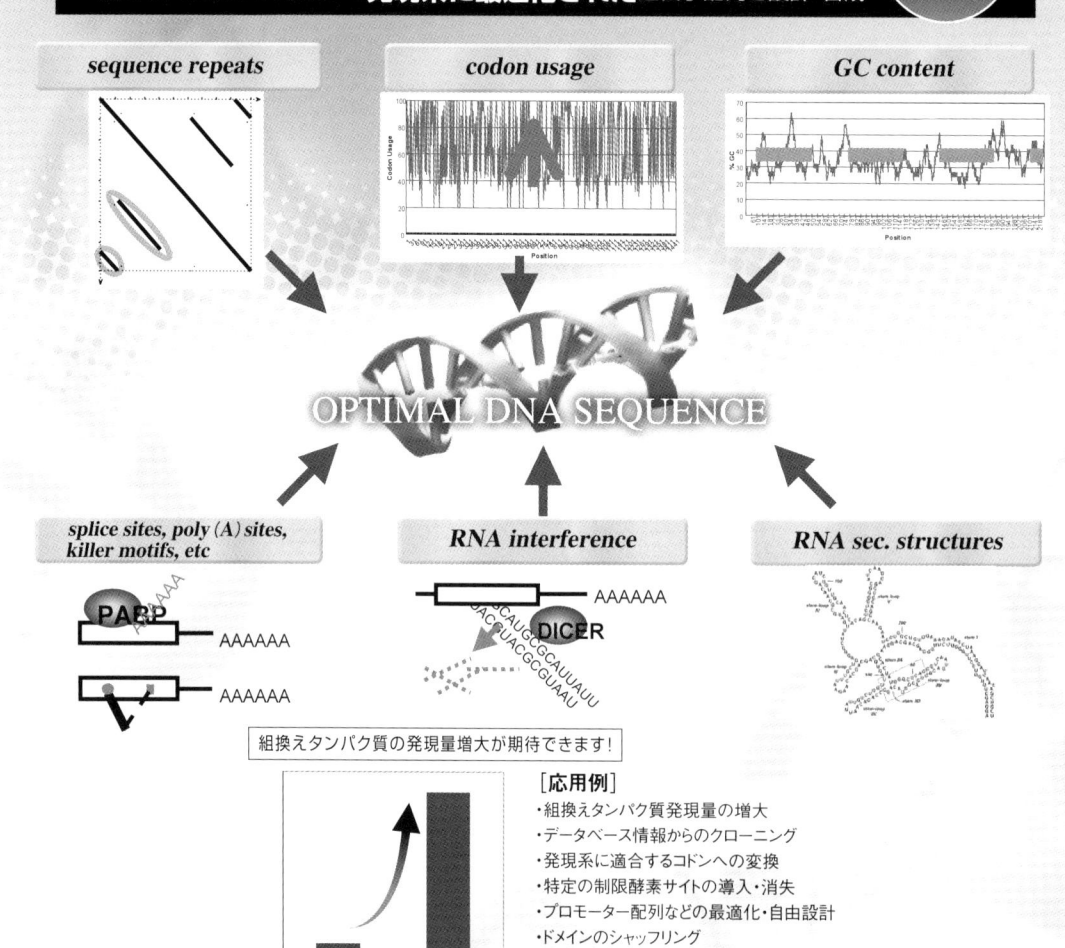

TAKASAKI working for BIO-Science

連続振とう培養OD測定装置

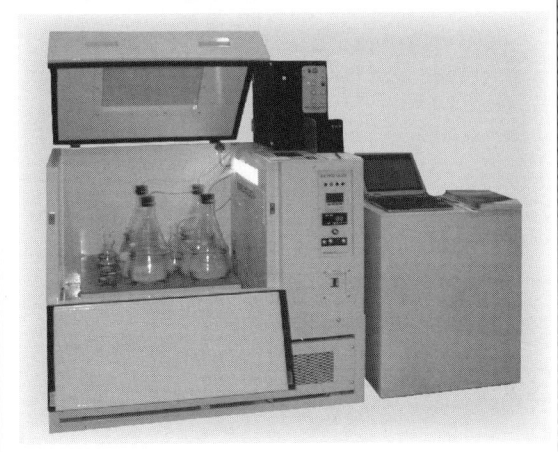

TIC-OD-500

振とう培養装置の培養サンプルを任意の時間設定により測定できます。

角型高圧滅菌装置

TX-CK4シリーズ

低温恒温槽付振とう培養機

パネル前面引出し式

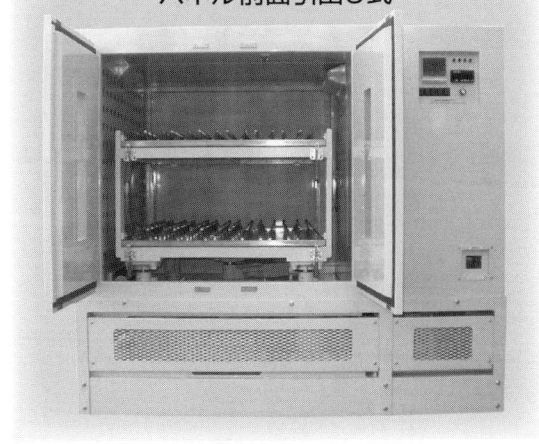

TB-98R
（500mlフラスコ98本架）

低温恒温槽付縦型六室振とう培養機

TXY-25R-6F
（500ml 三角フラスコ25本架×6槽）

高﨑科学器械株式会社

Home Page http://www.takasaki-kagaku.co.jp/
E-mail mailadm@takasaki-kagaku.co.jp

本　社　〒332-0021 埼玉県川口市西川口1-39-10
　　　　TEL 048（255）2941（代）　FAX 048（253）1697
関西営業所　〒616-8443 京都市右京区嵯峨観空寺明水町22
　　　　TEL 075（865）2839（代）　FAX 075（882）0132
芝下工場　〒333-0848 埼玉県川口市芝下2-15-8
　　　　TEL 048（266）7835　FAX 048（266）8144

＊この広告についてのお問い合わせは、巻末カタログ・資料請求用紙をご利用下さい。（広告No. 14）

今、話題のPCR酵素！
Blend Taq™
Blend Taq™-Plus-

優れた検出感度の実績例

品名	包装	Code No.	価格	
Blend Taq™	50U×1本	BTQ-101T	5,000円	トライアルサイズ
	250U×1本	BTQ-101	19,000円	
	1000U×1本	BTQ-102	62,000円	
	1000U×3本	BTQ-103	170,000円	
Blend Taq™-Plus-	50U×1本	BTQ-201T	6,000円	トライアルサイズ
	250U×1本	BTQ-201	21,000円	

図1 Blend Taq™

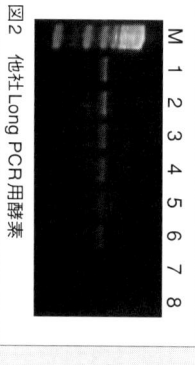

M 1 2 3 4 5 6 7 8

図2 他社Long PCR用酵素

M 1 2 3 4 5 6 7 8

※ゲノムDNAを鋳型としたhuman β globin gene 3.6kbのPCR例

この他にも、ご使用のお客様から次々とPCRの成功事例が報告されてきています!!

特徴

I 優れたDNA増幅効率
・微量の鋳型からも効率良くPCRを行うことが可能。

II 優れた伸長性
・本酵素はBarnesらの方法をベースに作られた酵素であり、PCRにおける伸長性が向上。
・human β globin gene 17.5kbの増幅を確認済み。

III 簡単な条件設定
・TaqベースのPCR用酵素のため、Taqと同じサイクル条件でPCRを行うことが可能。(以下、実施例をご参照)

IV PCRパフォーマンス向上
・Blend Taq™-Plus-は抗Taqモノクローナル抗体anti-Taq highを含んでいるため、PCR反応前の常温下でのPolymerase活性を抑制。これにより特別な操作なしにホットスタートPCRが可能であり、エキストラバンドが減少し、特異性の高いPCRが実現。

V TAクローニング可能
・Blend Taq™およびBlend Taq™-Plus-のPCR産物はTAクローニング可能。

[NOTICE TO PURCHASER]
"Purchase of this product is accompanied by a limited license to use it in the Polymerase Chain Reaction (PCR) process for The Research Field in conjunction with a thermal cycler whose use in the automated performance of the PCR process is covered by the up-front license fee, either by the payment to Perkin-Elmer or as purchased, i.e., an authorized thermal cycler."

TOYOBO
東洋紡績株式会社
ライフサイエンス事業部(大阪) 大阪市北区堂島浜二丁目2番8号 〒530-8230
　TEL.06-6348-3786　FAX.06-6348-3833　(E-mail) order_lifescience@bio.toyobo.co.jp
ライフサイエンス事業部(東京) 東京都中央区日本橋小網町17番9号 〒103-8530
　TEL.03-3660-4819　FAX.03-3660-4951　(E-mail) order_lifescience@bio.toyobo.co.jp
[URL] http://www.toyobo.co.jp/seihin/xr/lifescience.html

テクニカルライン：TEL. 06-6348-3888　FAX. 06-6348-3833　(E-mail) techosk@bio.toyobo.co.jp

＊この広告についてのお問い合わせは、巻末カタログ・資料請求用紙をご利用下さい。（広告No. 15）

HIRAYAMA

今までの概念を破る！ HG-50
ハイクレーブ

新開発「フタ自動開閉」システム搭載。
画期的なオートクレーブの誕生！

NEW MODEL DEBUT

スイッチひとつで、フタの自動開閉＆自動ロックを実現。冷却時間を短縮する強制冷却装置の搭載や、不快な蒸気漏れを抑えるドレーン化処理機能など、全ての機能性・操作性において進化を遂げました。
今までの概念を破る画期的なオートクレーブ「HG-50」誕生です。

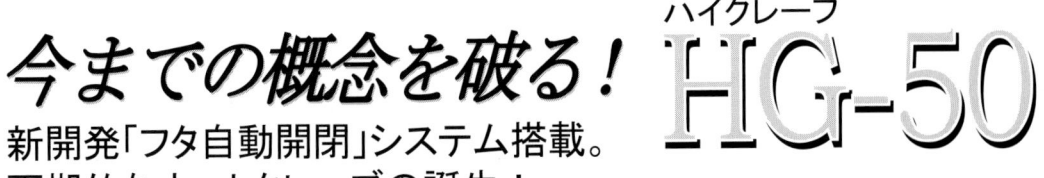

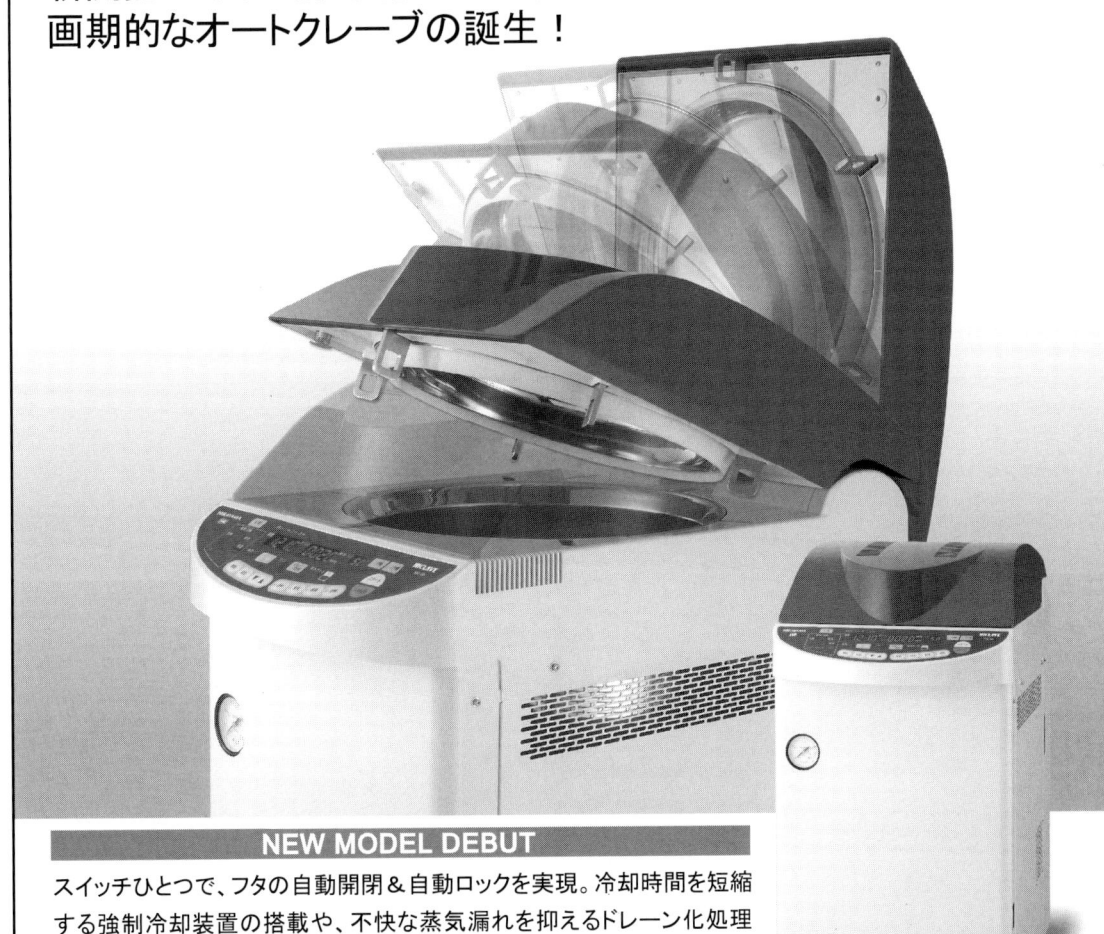

※資料のご請求は本社・支店・営業所・各事務所にお願い致します。

ISO9001認証取得
株式会社 平山製作所

ホームページアドレス http:// www.hirayama-hmc.co.jp/

本　　　社	〒344-0014	埼玉県春日部市豊野町2-6-5	TEL (048) 735-1241	仙台事務所　〒983-0038　仙台市宮城野区新田4-18-12-103	TEL (022) 235-3660
東京営業所	〒113-0034	文京区湯島2-23-13	TEL (03) 5807-2909	福岡事務所　〒812-0007　福岡市博多区東比恵4-5-7(ヤガミ福岡ビル)	TEL (092) 433-3031
大阪支店	〒540-0038	大阪市中央区内淡路町1-4-8-101	TEL (06) 6910-5842	サービスセンター　〒344-0014　埼玉県春日部市豊野町2-6-5	TEL (048) 735-1222

●サービスステーション 札幌 (011) 736-1311/札幌 (011) 644-6100/青森 (0172) 32-5504/新潟 (025) 231-9519/湘南 (0557) 36-5574/北陸 (0766) 21-0765/名古屋 (052) 991-0413/大阪 (06) 6910-5842/広島 (0848) 25-4712/四国 (0886) 41-5566/福岡 (092) 433-3031

＊この広告についてのお問い合わせは、巻末カタログ・資料請求用紙をご利用下さい。　(広告Ｎo. 16)

Supporting the future bioprocess

次世代のバイオプロセスを支援します。

バイオプロセスの中心となる培養装置をはじめとしたバイオ関連機器、システム、ソフトウェアなどの丸菱バイオエンジの製品はアップストリームからダウンストリームに至るバイオインダストリーの様々な場面で使われています。長い歴史の中で蓄積されたノウハウから生み出されたその品質と先進性は、国内随一の納入実績に現われています。丸菱バイオエンジは経験と技術と一貫した思想でユーザーニーズを実現します。

B.E.MARUBISHI made equipments and instruments, systems and soft-ware are widely used in various bioindustries from up-stream to down-stream of their process.
High quality and advantage of MARUBISHI products resulted from the long term experiences and continuous efforts to progressive improvements have being supported by many customers. B.E.MARUBISHI realizes what you need with experience, technology and consistent vision.

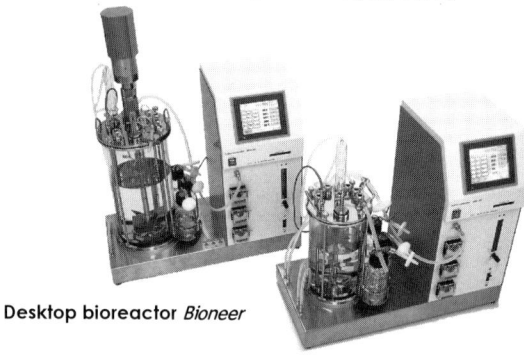

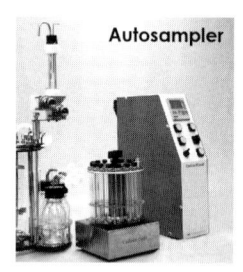

Desktop bioreactor Bioneer

Autosampler

Photo bioreactor

Fermentor model MPF for GMP applications

Automatic Stem cell cultivation system

Pilot Plant Scale Fermentor model MPF

R&D Scale Fermentor model MSJ

株式会社 丸菱バイオエンジ
B.E. MARUBISHI Co., Ltd.

〒101-0031 東京都千代田区東神田 2-10-15
TEL:03-3866-6777 FAX:03-3866-6999
http://bemarubishi.co.jp

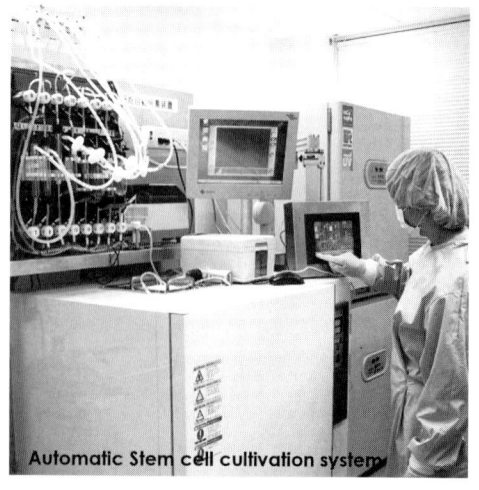

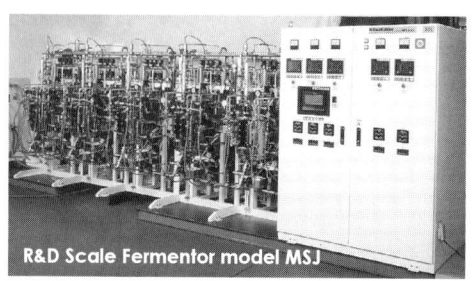

ISO9001:2000

＊この広告についてのお問い合わせは、巻末カタログ・資料請求用紙をご利用下さい。　（広告Ｎｏ．17）

やがて、いのちに変わるもの。ミツカン。

mizkan
やがて、いのちに変わるもの。

〒475-8585 愛知県半田市中村町2-6 ☎(0569)21-3331 ●お客様相談センター ☎0120-261-330 ●ミツカンホームページ http://www.mizkan.co.jp/

＊この広告についてのお問い合わせは、巻末カタログ・資料請求用紙をご利用下さい。　（広告Ｎｏ．18）

この21世紀は知の時代です
知的財産権の専門家
をめざしませんか！
個性を生かした多様な就業形態

■ 私達は、世界の大学・企業の知的財産の評価・権利化・権利行使・紛争解決・ライセンスを戦略性とスピードをもって行うスペシャリスト集団です。バイオ・バイオインフォ・医学・薬学・電子・情報のようなハイテク分野と法律の専門家もしくはその補佐として、世界の超一流のお客様のために国際的視野で実力を発揮したい方を広く求めています。米・欧・亜の弁護士・弁理士も常勤（所員約200名）。
■ 米国オハイオ州・アリゾナ州・カリフォルニア州の各法律事務所での研修制度も実施しています。
■ 募集対象者：　●特許担当―理系大学院卒。　●商標担当―法律系大学院又は大学卒。
　　　　　　　　●翻訳担当―英語又は独語、大学院又は大学卒。
■ OBPクリスタルタワー大阪本部または帝国ホテルタワー東京支部勤務。
■ 土日祝休み。年末年始・夏期休暇・年次有給休暇有。弁理士試験準備長期(4カ月)有給休暇制度有。
　社会保険完備。交通費全支給。勤務時間＝9時〜17時。フレックス制もあり。履歴書郵送大阪本部人事宛。

山本秀策特許事務所
＊インターネットのホームページを開設しています。
http://www.shupat.gr.jp/

大阪本部／〒540-6015　大阪市中央区城見1-2-27
クリスタルタワー15F　PHONE/06-6949-3910
東京支部／〒100-0011　東京都千代田区内幸町1-1-1
帝国ホテルタワー11F　PHONE/03-5157-0250

＊この広告についてのお問い合わせは、巻末カタログ・資料請求用紙をご利用下さい。　（広告Ｎｏ．19）

ISOIL & ISOIL for Beads Beating

土壌からのDNA抽出キット―アイソイルシリーズ

- 火山灰土壌からもDNA抽出が可能
- 高純度のDNAが効率よく抽出可能
- 最短40分間でのDNA抽出が可能*
- 抽出DNAの使用目的に応じた キット選択が可能
- スケールアップが容易**

    * ISOIL for Beads Beating の場合
    ** ISOILの場合

実験データ

ISOIL, ISOIL for Beads Beating によって各種土壌から抽出したDNAのPCR-DGGE解析

● ISOIL for Beads Beating ● ISOIL

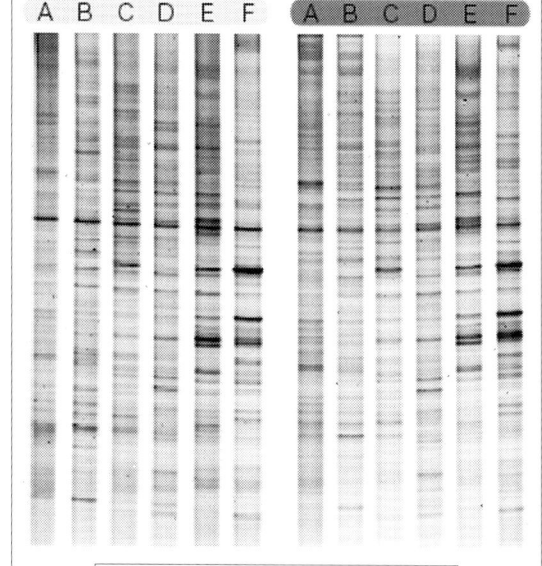

A B C D E F   A B C D E F

土壌サンプル A, B, C：火山灰土壌
土壌サンプル D, E, F：非火山灰土壌

本実験データの作成に際しては、東京大学大学院 農学生命科学研究科 応用生命化学専攻 頼 泰樹 博士にご協力いただきました。

ISOIL, ISOIL for Beads Beatingにおける土壌DNA抽出法は東京大学TLOが特許出願中です。ニッポンジーンは、土壌DNA抽出法に関して東京大学TLOよりライセンスを受けています。

ISOIL
- 高分子の土壌DNA抽出が可能
- 界面活性剤存在下での加熱抽出法を採用
- メタゲノムライブラリー構築用DNAの抽出
- 遺伝子資源探索用DNAの抽出

ISOIL for Beads Beating
- 高収量
- 界面活性剤による化学的な溶菌とビーズによる物理的な菌体破砕法を併用
- PCR-DGGE解析による土壌微生物群集構造解析用DNAの抽出
- 土壌診断用DNAの抽出
- 土壌バイオマス推定用DNAの抽出
- 高濃度アロフェン質土壌には専用オプションバッファー（Lysis Solution BB SP1）で対応

コードNo.	品　名	容量
316-06211	ISOIL	50回用
319-06201	ISOIL for Beads Beating	50回用
313-06221	Lysis Solution BB SP1	50ml

製造元　**株式会社　ニッポンジーン**
〒930-0008
富山市問屋町1-8-7　TEL.(076)451-6548　FAX.(076)451-6547
E-mail：info@nippongene.jp
URL：http://www.nippongene.jp

販売元　**和光純薬工業株式会社**
本社　〒540-8605　大阪市中央区道修町三丁目1番2号　TEL.(06)6203-3741(代表)
支店　〒103-0023　東京都中央区日本橋本町四丁目5番13号　TEL.(03)3270-8571(代表)
E-mail：labchem-tec@wako-chem.co.jp
URL：http://www.wako-chem.co.jp
Flee Dial：0120-052-099　Flee Fax：0120-052-806

*この広告についてのお問い合わせは、巻末カタログ・資料請求用紙をご利用下さい。（広告Ｎｏ．20）

生物工学ハンドブック

広告索引

<資料請求番号>

アサヒビール（株）酒類研究所	1
味の素（株）発酵技術研究所	3
天野エンザイム（株）	4
インタクト（株）	5
王子計測機器（株）	8
関西化学機械製作（株）	6
キリンビール（株）	7
サッポロビール（株）価値創造フロンティア研究所	9
三共（株）	10
三和酒類（株）	11
タイテック（株）	12
タカラバイオ（株）	13
高﨑科学器械（株）	14
東洋紡績（株）	15
（株）平山製作所	16
（株）丸菱バイオエンジ	17
（株）ミツカングループ本社	18
山本秀策特許事務所	19
和光純薬工業（株）	20

本誌広告一手取扱

理工企画株式会社

〒103-0022　東京都中央区日本橋室町1－6－12
TEL 03-3246-1261（代）　FAX 03-3241-2296
E－mail：info@rikoh-kikaku.co.jp

カタログ・資料請求用紙

平成　年　月　日

ご請求書	住　所 〒□□□-□□□□
	会社名
	所　属
	フリガナ 氏　名
	TEL（　　　）　－　　　　FAX（　　　）　－

生物工学ハンドブック

〈資料請求欄〉 請求No.を記入し、希望項目欄に〇印をつけてください。

希望項目＼請求No.						
カタログ送れ						
プライスリストを送れ						
技術資料欲しい						
担当者と話したい						
購入希望						

〈資料請求欄〉 請求No.を記入し、希望項目欄に〇印をつけてください。

希望項目＼請求No.						
カタログ送れ						
プライスリストを送れ						
技術資料欲しい						
担当者と話したい						
購入希望						

↑ FAX 03-3241-2296 ↑
（FAXは24時間受付）

本誌広告一手取扱　理工企画株式会社

〒103-0022　東京都中央区日本橋室町1-6-12
TEL 03-3246-1261（代）　FAX 03-3241-2296
E-mail : info@rikoh-kikaku.co.jp

点線より切り取って下さい。